항공정비사 Aircraft Maintenance

Preface

항공정비사 수험생들에게 좋은 길잡이가 되기를 진심으로 바랍니다.

항공사의 오랜 실무 경력과 교육경험을 토대로, 기존에 발간하였던 교재와 수험서를 재정리하여 이 책을 1권 및 2권으로 나뉘고, 항공정비사 실기 시험문제를 추가하여 새롭게 출간하고자 합니다.

이 책이 출간되기까지 많은 도움을 주신 한국항공우주기술협회 회원님들과 각 교육기관장님들의 관심과 격려에 깊은 감사의 말씀를 드리며, 교재 내용을 감수하여 주신 여러 교수님들의 노고에 감사를 드립니다.

21세기 항공 산업은 첨단기술을 바탕으로 급속히 발전되고 있으며, 세계 10위권을 유지하고 있는 우리나라 항공운송사업은, 아시아를 비롯하여 세계적으로 증가 추세를 보이고 있는 저비용 항공사(Low Cost Carriers)들의 블루 오션(Blue Ocean) 경영 정책으로, 기존의 대형항공사의 구조를 위협하며 빠른 속도로 발전하고 있습니다. 이에 따른 항공사들의 현실은 "스펙을 갖춘 능력 중심"의 전문기술 인력의 확보입니다.

이 책의 구성은 국제민간항공기구 교육훈련기준에 의거하여, 국토교통부 전문교육기관지정 기준의 표준 교재 내용에서 발췌하였으며, 항공정비사의 시험과목인 항공법규, 항공기일반(항공역학 및 인적요소 등 포함), 항공기 기체와 항공기시스템, 항공기엔진 및 항공기전기·전자장비에 관련된 기술과 지식내용을 핵심으로 구성하였습니다.

이 책의 특징은 학습교재를 수험기준을 중심으로 해설하였으며, 그동안 출제되었던 기출문제와 예상문제, 그리고 구술문제를 수록하여 수험생들에게 많은 도움이 될 것으로 기대합니다.

이 책이 항공정비사 면허취득을 준비하는 수험생들과 장래에 항공정비사를 희망하는 학생 여러분들에게 좋은 길잡이가 되기를 진심으로 바랍니다.

집필자

Contents

1권

1편 항공법규

2편 항공기 정비일반

Contents

3편 항공기 기체 I

Contents

4편 항공기 엔진(ATA70~80 계열)

5편 항공기 전자·전기·계기

항공기 전자(ATA22, 23, 34, 45, 46)

1. 용기 밑바닥 압력	$P=\rho gh$
2. 임의의 고도에서의 온도	$T \cdot C=15-6.5h[\mathrm{km}]$
3. 상태방정식	$PV=nRT,\ \frac{P}{\rho}=RT$
4. 연속방정식	• 질량유량 $\dot{m}=\rho_1 A_1 V_1=\rho_2 A_2 V_2$ • 체적유량 $Q=A_1 V_1=A_2 V_2$
5. 베르누이 방정식	$P_1+\frac{1}{2}\rho V_1^2=P_2+\frac{1}{2}\rho V_2^2$ $P_1+\frac{1}{2}\rho V^2=$일정
6. 압력계수	$C_p=\frac{P-P_0}{\frac{1}{2}\rho V_0^2}$
7. 마찰력	$F=\mu S\frac{V}{h}$
8. 레이놀즈수	$Re=\frac{\rho VL}{\mu}=\frac{VL}{v}$
9. 음속	$C=\sqrt{\gamma gRT}=C_0\sqrt{\frac{273+t}{273}}$
10. 마하각	$\sin=\frac{1}{M}=\frac{a}{V}=\frac{at}{Vt}$

11. 양력, 항력, 모멘트	• $L=\frac{1}{2}\rho V^2 C_L S$ • $D=\frac{1}{2}\rho V^2 C_D S$ • $M=\frac{1}{2}\rho V^2 C_M Sc$
12. 가로세로비	$AR=\frac{b}{c}=\frac{b^2}{bc}=\frac{b^2}{S}$
13. 평균공력시위	$\bar{c}=\frac{S}{b}$
14. 테이퍼비	$\lambda=\frac{\text{날개끝부분의 길이}}{\text{날개뿌리부분의 길이}}=\frac{C_t}{C_r}$
15. 유도항력계수	$C_{Di}=\frac{C_L^{\ 2}}{\pi e AR}$
16. 실속속도	$V_S=\sqrt{\frac{2W}{\rho C_{L\max} S}}$
17. 원심력	$C.F.=\frac{W}{g}=\frac{V^2}{R}$
18. 필요마력	$P_r=\frac{DV}{75}=\frac{1}{150}\rho V^3 C_D S$
19. 수평등속도 비행시의 필요마력	$P_r=\frac{WV}{75}\cdot\frac{1}{\frac{C_L}{C_D}}$
20. 이용마력	$P_a=\frac{TV}{75}=BHP\times\eta$

21. 상승률	$R.C.=V\sin\gamma=\dfrac{75(P_a-P_r)}{W}$
22. 임의의 고도에서의 속도, 필요마력	$V=V_0\sqrt{\dfrac{\rho_0}{\rho}}$, $P_r=P_{r0}\sqrt{\dfrac{\rho_0}{\rho}}$
23. 프로펠러 비행기의 항속거리	$R=\dfrac{540\eta}{c}\cdot\dfrac{C_L}{C_D}\cdot\dfrac{W_1-W_2}{W_1+W_2}[\text{km}]$
24. 활공각	$\tan\theta=\dfrac{1}{\text{양항비}}=\dfrac{\text{고도}}{\text{활공거리}}$
25. 종극속도	$V_D=\sqrt{\dfrac{2W}{\rho C_D S}}$
26. 이륙거리	$S=\dfrac{W}{2g}\cdot\dfrac{V^2}{T-D-F}$
27. 등속수평비행	$W=L=\dfrac{1}{2}\rho V^2 C_L S$
28. 선회비행시	$W=L_t\cos\phi=\dfrac{1}{2}\rho V^2 C_L S\cos\phi$
29. 선회비행시 힘의 관계	• $L\sin\phi=\dfrac{W}{g}\cdot\dfrac{V^2}{R}$ • $L\cos\phi=W$
30. 선회비행시의 속도	$V_t=\dfrac{V}{\sqrt{\cos\phi}}$

31. 하중배수	$n=\frac{\text{항공기에작용하는힘}(L)}{\text{항공기의무게}(W)}$ $=\frac{\text{항공기의무게}(L)+\text{관성력}(\vec{F}=m\vec{a})}{\text{항공기의무게}(W=mG)}$
32. 힌지모멘트	$H=C_h\frac{1}{2}\rho V^2bc^2=C_hqbc^2$
33. 조종력	$F_e=KH_e$
34. 프로펠러의 회전 선속도	$V_r=\Omega\cdot r$
35. 유도속도	$V_1=\sqrt{\frac{T}{2\rho A}}$
36. 회전 깃속도	$V_\phi=V\cos\alpha\sin\phi+r\cos\beta_0\Omega$
37. 추력, 토크, 동력	• $F=C\rho n^2D^4$ • $Q=C_p\rho n^2D^5$ • $P=C_p\rho n^3D^5$
38. 프로펠러 효율	$\eta=\frac{\text{이용동력}}{\text{공급동력}}=\frac{TV}{P}=\frac{C_T}{C_P}J=\frac{V}{V+\frac{v}{2}}$
39. 프로펠러 항속거리, 항속시간	• 항속거리 : $\frac{C_L}{C_D}$ • 항속시간 : $\frac{C_L^{\frac{3}{2}}}{C_D}$
40. 제트기 항속거리, 항속시간	• 항속거리 : $\frac{C_L^{\frac{1}{2}}}{C_D}$ • 항속시간 : $\frac{C_L}{C_D}$

Aircraft Maintenance

제1편 항공법규

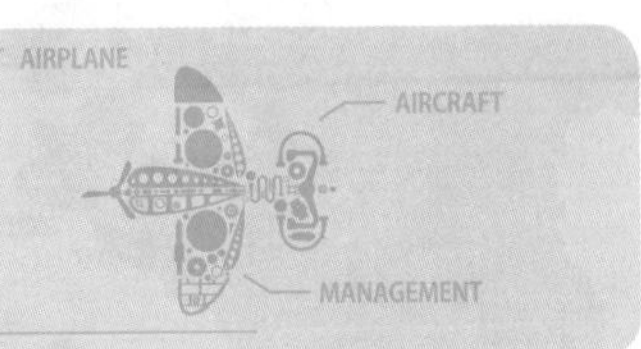

국제민간항공협약
(Convention on International Civil Aviation)

1. 설립배경

세계 제2차 대전 중에 항공기술의 발달로 급속한 발전이 예상되는 국제민간항공의 수송체계 및 질서를 확립하기 위해, 1944년 11월 1일 시카고 국제회의에서 채택된 민간항공 운영을 위한 기본조약으로 연합국과 중립국 52개국이 체결하였으며, 일명 시카고조약, 시카고협약이라고도 부른다.

국제민간항공회의는 (i) 국제민간항공협약의 제정, (ii) 국제민간항공기구(ICAO)의 설치, (iii) 하늘의 자유(Open Sky Policy)의 확립에 관한 문제를 협의하여, 1944년 12월 7일 국제민간항공협약을 체결하였으며 1947년 4월 4일 이 협약이 발효되었다.

국제민간항공회의는 영구적인 기구의 설립 시까지 활동할 임시 국제민간항공기구(PICAO : Provisional International Civil Aviation Organization)를 설치하였으며, 국제민간항공협약(Convention on International Civil Aviation)이 발효됨에 따라서 국제민간항공기구(ICAO : International Civil Aviation Organization)가 1947년 10월 정식으로 창설되어 유엔의 경제 · 사회이사회(Economic and Social Council)산하 전문기구로서 현재까지 민간항공부문에서 가장 중요한 국제기구로 활동하고 있다. ICAO의 본부는 캐나다 퀘벡주의 몬트리올에 있다.

2. 설립 목적

세계 각국과 민간항공의 안전하고 정연하게 발전할 수 있도록, 우호와 이해를 창조하고 유지시키며, 국제항공운송업무가 기회균등주의를 기초로 하여 건전하고 경제적으로 운영되도록 국제민간항공에 관한 원칙과 기술을 개발하고, 항공분야 발전을 목적으로 설립되었다.

① 세계전역을 통하여 국제민간항공의 안전하고 정연한 발전을 보장
② 평화적 목적을 위한 항공기 설계와 운송기술을 장려
③ 국제민간항공을 위한 항공로, 공항 및 항공시설 발전을 촉진
④ 안전하고 정확하며 능률적이고 경제적인 항공운송에 대한 세계 각국민의 요구에 부응
⑤ 불합리한 경쟁으로 발생하는 경제적 낭비 방지
⑥ 체약국의 권리가 충분히 존중되도록 하고, 체약국이 모든 국제항공기업을 운영할 수 있는 공정한 기회를 갖도록 보장
⑦ 체약국 간의 차별대우를 금지
⑧ 국제항공상의 비행의 안전 증진
⑨ 국제민간항공의 모든 부문의 전반적 발전 촉진

3. 국제항공협약의 원칙과 기준

국제항공협약은 각국과 각국의 민간항공간의 마찰을 피하고 협력을 촉진하기 위해서 체결된 것으로 국제항공운송업체가 기회를 균등하게 보장받아 건전하고 경제적으로 운영되도록 일정의 원칙과 기준을 제시했다.

국제항공협약은 총 4부로 구성되어 있으며, 제1부는 체약국의 영공에 대한 배타적인 주권의 인정과 출입국에 대한 규제, 항공기의 등록, 세관업무, 출입국의 수속 및 사고조사 등이 있으며, 제2부는 국제민간항공기구의 조직과 임무이며, 제3부는 국제항공운송의 원활한 조치, 제4부에는 해당조약이 1919년 파리조약과 1928년 아바나조약을 보완하고 대체하는 것을 규정하였다.

Tip 몬트리올협약(Montreal Convention)

바르샤바조약과 헤이그 의정서 등 여러 차례의 잦은 개정 등으로 복잡해진 조약의 체계와 각국의 차이를 통일하기 위하여 1999년 5월 28일에 몬트리올협약이 성립하였고, 2003년 11월 4일부로 발효되었다. 정식 명칭은 "국제항공운송에 있어서의 일부 규칙 통일에 관한 협약"(Convention for the Unification of Certain Rules for International Carriage by Air Done at Montreal on 28 May 1999)이다.

우리나라도 2007년 12월 29일자로 82번째 당사국이 되어 협약 내용이 발효되었으며, 항공운송에 대한 책임과 관련하여 현재 바르샤바조약과 몬트리올협약 등이 세계 나라들이 각국의 판단에 의해서 조인하고 있으며, 조인된 협약에 따라서 운송인(항공사)의 책임을 규정하고 있다.

Tip 몬트리올협약에 따른 항공사의 책임한도

① 사망 및 신체상해의 경우 승객의 고의가 없는 한 항공사 무과실 책임을 인정함으로서 승객의 권익을 보호한다. 다만 기본적으로는 113,100 SDR(Special Drawing Rights)의 배상 한도를 가지며, 그 이상의 경우에는 항공사의 책임이 없다는 증명을 할 수 있다.

② 수하물의 파손과 분실, 손상과 지연의 경우, 대부분의 경우에 여객 1인당 1,131 SDR(약 1,200 유로, 1,800 US 달러 상당액)로 제한된다.

③ 지연으로 인한 손해에 관하여는 대부분의 경우 여객 1인당 4,694 SDR(약 5,000 유로, 7,500 US 달러 상당액)로 제한된다.

4. 하늘의 자유(Freedoms of the air)

국제민간항공조약(시카고조약)의 회의는 하늘의 자유와 권리를 규정하려고 노력하였지만 하늘의 자유를 전면적으로 인정하자는 미국의 개방주의와 자유주의의 견해와 보호주의적 견해를 가진 영국의 대립을 둘러싸고 참가국의 의견이 분분하였다. 회의결과 부정기 비행에 대해 하늘의 자유을 확정하고, 국제항공운송의 5개 자유협정과 2개의 국제항공업무협정을 작성하여 각국이 하나를 선택할 수 있도록 하였다.

1944년 시카고회의는 각국의 항공기가 여러 나라를 거쳐 비행하면서 발생되는 이해관계와 권리를 정의하기 위한 기본원칙의 개념이 확립되었다. 하늘의 자유는 9가지로 분류하여 정의되어 있으며, 항공협정을 통해서는 일반적으로 제1의 자유부터 제6의 자유까지 허용되나, 7, 8, 9의 자유는 자국의 항공 산업보호를 위해서 타 국적의 항공사에게 개방하는 경우는 많지 않으며 최근에는 오픈스카이 개념으로 타국적의 항공사에게 7~9자유를 확대하여 허용하는 경우도 있다.

제1의 자유(First Freedom)

영공통과(Overflight)의 자유, 즉 타국의 영공을 무착륙으로 횡단비행할 수 있는 자유

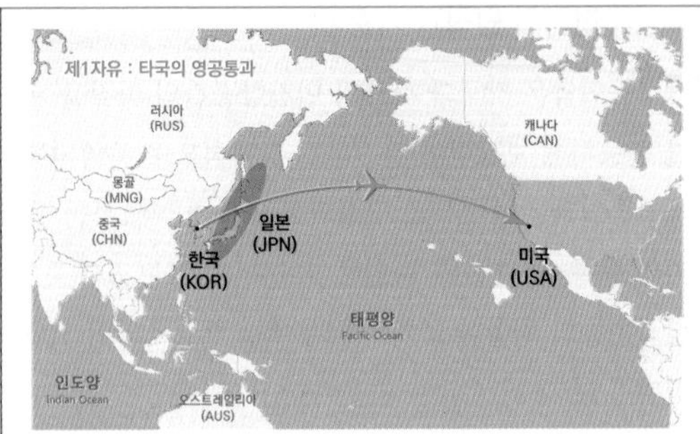

제2의 자유(Second Freedom)

항공운송 이외의 급유 또는 정비와 같은 기술적 목적을 위하여 상대국에 착륙(Technical Landing)할 수 있는 자유

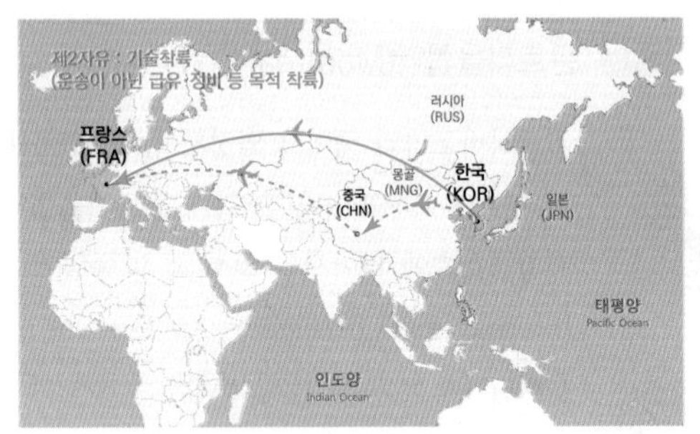

제3의 자유(Third Freedom)

자국 영역 내에서 승객과 화물을 싣고 상대국으로 수송할 수 있는 자유

제4의 자유(Fourth Freedom)

상대국 영역 내에서 승객과 화물을 싣고 자국으로 수송하는 자유

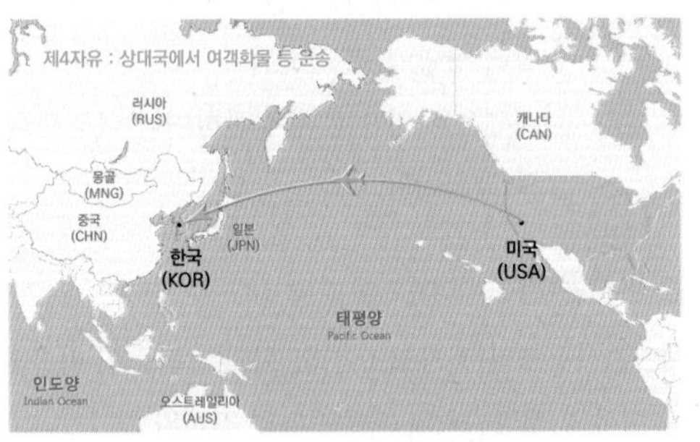

제5의 자유(Fifth Freedom)

상대국과 제3국간 승객과 화물을 수송할 수 있는 자유

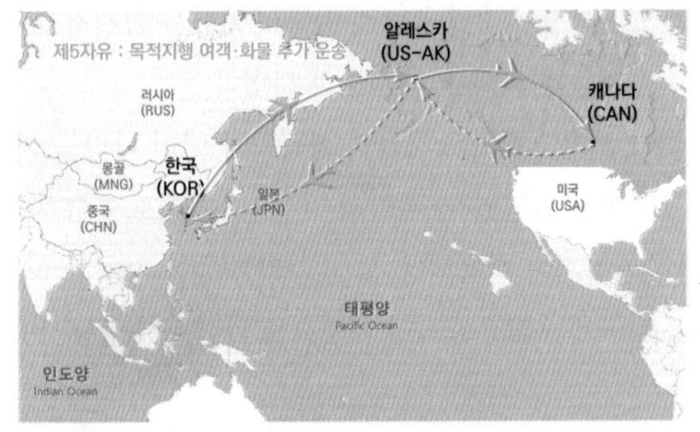

제6의 자유(Sixth Freedom)

상대국과 제3국간 승객과 화물을 자국을 경유하여 수송하는 자유

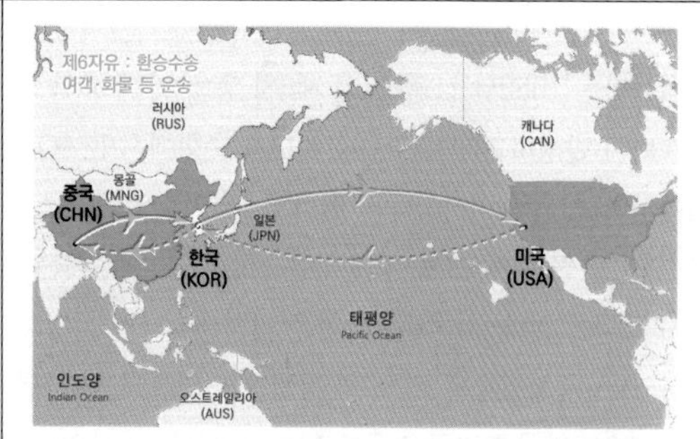

제7의 자유(Seventh Freedom)

자국에서 출발하거나 기착하지 않고, 상대국과 제3국간만 왕래하면서 승객과 화물을 수송하는 자유

제8의 자유(Eight Freedom)

자국에서 출발하여 상대국 국내 지점 간 승객과 화물을 수송하는 자유(Consecutive Cabotage)

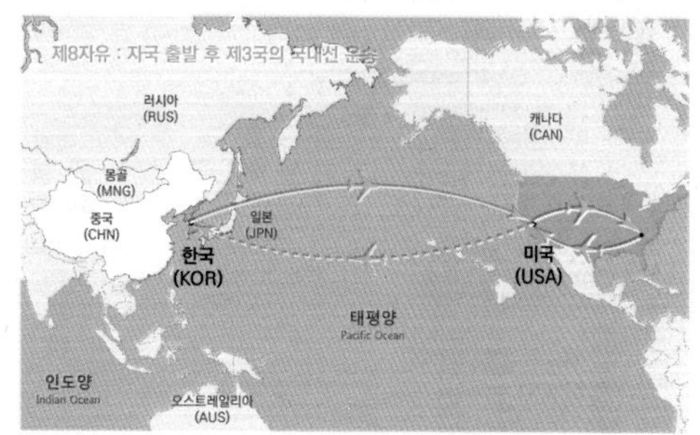

제9의 자유(Ninth Freedom)

상대국 내에서만 운항하며, 상대국 국내 지점 간 승객과 화물을 수송하는 자유(Stand-alone Cabotage)

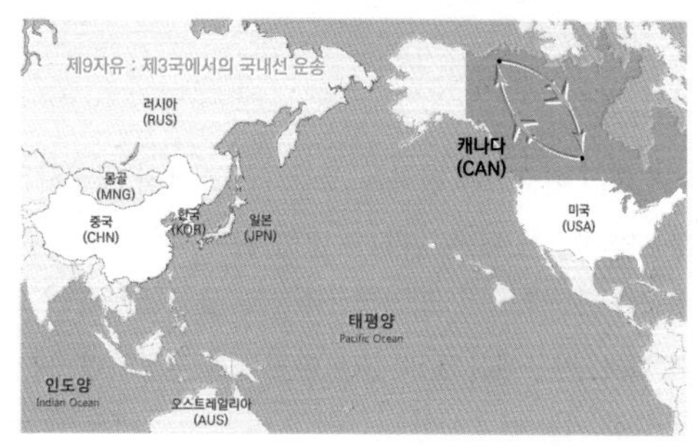

5. 회원 수

우리나라는 1952년 11월 11일 제6차 총회 기간 중인 국제민간항공협약 가입서를 기탁하였으며, 1952년 12월 11일자로 가입효력이 발생하였다. 2001년 제33차 총회에서 ICAO Part Ⅲ 소속 33개 상임이사국으로 피선되었으며 2013년 제38차 총회에서 36개 상임이사국중의 멤버로 5연임되었다.

2017년 11월 현재 ICAO 회원국은 192개국이며, 이는 193명의 UN 회원국(도미니카공화국, 리히텐슈타인 제외)과 쿡 제도로 구성되어 있다. 리히텐슈타인은 리히텐슈타인의 영토에 적용할 수 있도록 하기 위해 스위스에게 이 조약을 시행하도록 위임하였다. 중화민국은 ICAO의 창립 멤버였으나 1971년 중국의 법정대리인으로 중국인민공화국으로 대체되어 가입하지 않았다. 2013년 중화민국은 중화 타이페이라는 이름의 옵서버로 ICAO 제38차 총회에 처음으로 초청되었다.

6. 조 직

ICAO 주요기관으로는 총회, 이사회 및 사무국이 있고, 이사회의 보조기관으로서는 각종 전문 위원회가 있다.

[ICAO 조직]

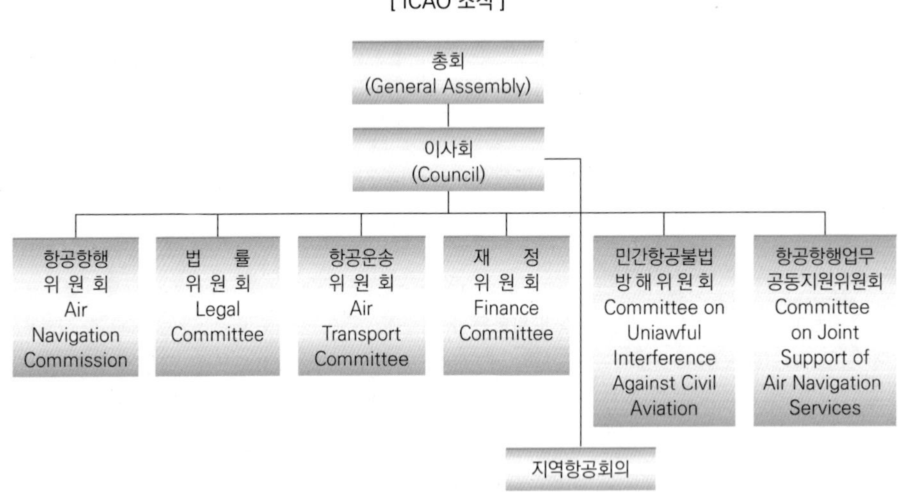

7. 총 회

정기총회는 이사회가 정하는 시일과 장소에서 결정하는데 10차 총회까지는 매년 개최되었으나, 1956년 이후 매 3년에 1회 이상 개최하도록 되어 있다. 특별총회는 이사회 또는 전체 체약국 1/5이상의 요청이 있을 때 개최된다. 총회의 의사정족수는 회원국의 과반수이며, 의결정족수는 통상 유효투표의 과반수이다. 총회는 이사국 선출, 총회자체의 의사규칙 결정 및 보조위원회 설치, 기구예산 및 회원권 분담금을 결정하며, 타 국제기구와의 협조를 위한 협정 체결, 본 협약의 개정안 심의 승인 등의 중요한 기능을 수행한다.

8. 이사회(Council)

이사회는 총회에 대해 책임을 지는 상설기관으로써 총회에서 선출하는 36개 체약국으로 구성되며, 선거는 매 3년마다 행하고, 선출은 3개의 범주(Category) 즉, Part Ⅰ은 항공수송에 있어 가장 중요한 10개국, Part Ⅱ는 국제민간항공을 위한 시설의 설치에 최대 공헌을 한 11개국, Part Ⅲ는 Part Ⅰ과 Part Ⅱ에 포함되어 있지 않은 국가로서 세계 모든 주요지역의 대표가 될 수 있는 12개국으로 구성되어진다. 이사회는 대개 1년에 3차례의 회의를 소집하며 3년 임기를 갖는 회장과 1년 임기를 갖는 3명의 부회장을 선출한다. 이사회는 총회에 연차보고서를 제출하며, 총회 지시사항 수행, 항공위원회 및 항공운송위원회

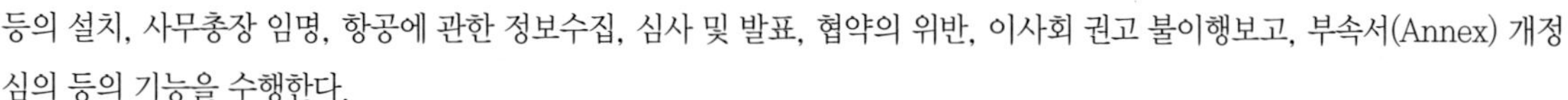

등의 설치, 사무총장 임명, 항공에 관한 정보수집, 심사 및 발표, 협약의 위반, 이사회 권고 불이행보고, 부속서(Annex) 개정 심의 등의 기능을 수행한다.

9. 항공 항행위원회(Air Navigation Commission)

항공 기술면의 이론 및 실제에 대한 적당한 자격 및 경험이 있는 자로서 이사회가 임명한 19인의 위원으로 구성된다. 위원회의 임무는 협약 부속서의 수정을 심의하고 이사회에 권고하는 것과 국제 항공의 발달에 필요한 정보의 수집 및 체약국에 통지 할 내용을 이사회에 조언하는 것이다.

10. 항공 운송위원회(Air Transport Committee)

이사국의 대표자 중에서 이사회가 선출한 위원으로 구성되며 주로 항공수송의 경제적인면 및 통계를 담당한다.

11. 법률위원회(Legal Committee)

국제항공 수송의 법률적 측면을 담당하는 위원회로서 각 체약국의 법률전문가로 구성된다. 협약초안의 심의, 이사회에 대한 법률문제 조언, 항공에 대한 국제법상의 문제에 대한 국제기관과의 협력이 주된 업무이다.

12. 사무국 및 지역사무소

사무국은 본부를 캐나다 몬트리올에 두고 있으며, 사무총장 및 사무국 직원으로 구성된다. 또한 세계 각 지역의 특수한 사정에 따라서 국제항공 문제를 구체적으로 처리하기 위해 7개 지역(방콕, 카이로, 다카르, 리마, 멕시코시티, 나이로비, 파리)에 지역사무소가 설치되어 있으며, 우리나라가 속해 있는 아시아 · 태평양 지역사무소는 태국의 방콕에 소재해 있다. 또한 동북아지역 사무소는 중국 북경에 소재해 있다.

13. 주요 업무

- 표 준 화 : 국제민간항공협약 부속서에 반영할 국제표준과 권고사항을 채택
- 항공운송 : 정기 · 부정기 항공운송에 관한 국제협정, 국제항공운송의 간편화, 과세정책, 국제항공우편, 공항과 항로시설 관리, 통계, 경제 분석, 계획수립을 위한 예측, 항공운송과 운임의 규제, 항공운송에 관한 간행물 발간 특정항공운항 서비스에 대한 공동 재정 지원
- 법률문제 : 국제민간항공협약의 해석과 개정, 국제항공법, 국제민간항공에 영향을 미치는 사법관련 제반 문제를 검토하고 권고사항을 입안
- 기술지원 : 항공기 사고 조사 및 방지, 항공통신과 정비, 항공기상업무, 공항기술, 정비, 공항에서 구조 및 진화, 항공보안 등 국제민간항공에 대한 불법적 방해에 관한 문제 기술, 경제, 법률부문에 대한 간행물 발간

Tip **우리나라 ICAO 이사국 6년 연임에 성공**

우리나라는 캐나다 몬트리올에서 열린 ICAO총회에서 투표에 참여한 172개 국가 중 총 146표를 얻어서 3년 임기로 우리나라가 이사국 6연임에 성공하여 18년연속 ICAO 중추 회원국으로 활동하게 됐다.

이번 ICAO 이사국 6연임은 대한민국이 국제항공사회에서 명실상부하게 지도국가의 위치를 확보했음을 확인시켜줬다. 이를 바탕으로 정부는 앞으로 국적항공사 경쟁력 강화, 인천공항 동북아 허브공항 육성 등 우리 항공분야의 국제경쟁력 강화정책이 원활히 진행될 수 있도록 최선의 노력을 다할 것이라고 밝혔다.

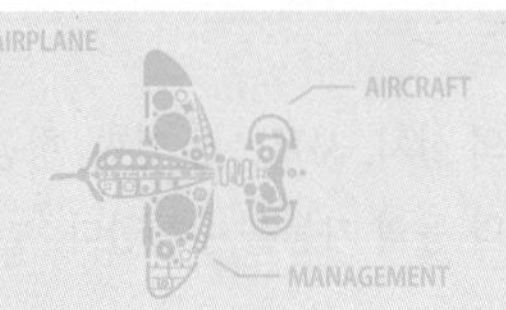

국제민간항공협약 및 부속서

(Convention on International Civil Aviation)

(조약 제38호, 1952. 11. 11 가입)

[국제민간항공협약]

국제민간항공협약의 세부 목차

제1부 항공(Air Navigation)

제25조 조난 항공기(Aircraft in distress)
제26조 사고의 조사(Investigation of accidents)
제27조 특허권에 대하여 청구되는 차압(差押)의 면제(Exemption from seizure on patent claims)
제28조 항공시설 및 표준양식(Air navigation facilities and standard systems)

제5장 항공기에 관하여 이행시킬 조건(Conditions to be Fulfilled with Respect to Aircraft)

제29조 항공기가 휴대(携帶)할 서류(Documents carried in aircraft)
제30조 항공기의 무선장비(Aircraft radio equipment)
제31조 감항증명서(Certificates of airworthiness)
제32조 항공종사자의 면허장(자격증명)(Licenses of personnel)
제33조 증명서 및 면허장의 승인(Recognition of certificates and licenses)
제34조 항공일지(Journey log books)
제35조 화물의 제한(Cargo restrictions)
제36조 사진기(Photographic apparatus)

제6장 국제표준과 권고 방식(International Standards and Recommended Practices)

제37조 국제표준 및 절차의 채택(Adoption of international standards and procedures)
제38조 국제표준 및 절차로부터의 이탈(벗어남)(Departures from international standards and procedures)
제39조 증명서 및 면허장의 배서(Endorsement of certificates and licenses)
제40조 배서된 증명서와 면장의 효력(Validity of endorsed certificates and licenses)
제41조 감항성의 현행 표준의 승인(Recognition of existing standards of airworthiness)
제42조 항공종사자의 기술의 현행 표준의 승인(Recognition of existing standards of competency of personnel)

제2부 국제민간항공기구(The International Civil Aviation Organization)

제7장 기관(The Organization)

제43조 명칭 및 구성(Name and composition)
제44조 목적(Objectives)
제45조 항구적 소재지(Permanent seat)
제46조 총회의 제1회 회합(First meeting of Assembly)
제47조 법률상의 행위능력(Legal capacity)

제8장 총회(The Assembly)

제48조 총회의 회합의 표결(Meetings of Assembly and voting)
제49조 총회의 권한 및 임무(Powers and duties of Assembly)

제9장 이사회(The Council)

제50조 이사회의 구성 및 선거(Composition and election of Council)
제51조 이사회의 의장(President of Council)
제52조 이사회에서의 표결(Voting in Council)
제53조 투표권 없는 참가(Participation without a vote)
제54조 이사회의 의무적 임무(Mandatory functions of Council)
제55조 이사회의 임의적 임무(Permissive functions of Council)

제10장 항공위원회(The Air Navigation Commission)

제56조 위원의 지명 및 임명(Nomination and appointment of Commission)
제57조 위원회의 임무(Duties of Commission)

제11장 직원(Personnel)

제58조 직원의 임명(Appointment of personnel)
제59조 직원의 국제적 성질(International Character of personnel)
제60조 직원의 면제 및 특권(Immunities and privileges of personnel)

제12장 재정(Finance)

제61조 예산 및 경비의 할당(Budget and apportionment of expenses)
제62조 투표권의 정지(Suspension of voting power)
제63조 대표단 기타 대표자의 경비(Expenses of delegations and other representatives)

제13장 기타 국제협정(Other International Arrangements)

제64조 안전보장협정(Security arrangements)
제65조 다른 국제단체와의 협정(Arrangements with other international bodies)
제66조 다른 협정에 관한 임무(Functions relating to other agreements)

제3부 국제항공운송(International Air Transport)

제14장 정보와 보고(Information and Reports)

제67조 이사회에 보고의 제출(File reports with Council)

제15장 공항과 기타 항공보안시설(Airports and Other Air Navigation Facilities)

제68조 항공로 및 공항의 지정(Designation of routes and airports)
제69조 항공시설의 개선(Improvement of air navigation facilities)
제70조 항공시설의 비용부담(Financing of air navigation facilities)

제71조 이사회에 의한 시설의 설치 및 유지(Provision and maintenance of facilities by Council)
제72조 토지의 취득 또는 사용(Acquisition or use of land)
제73조 자금의 지출 및 할당(Expenditure and assessment of funds)
제74조 기술적 원조 및 수입의 이용(Technical assistance and utilization of revenues)
제75조 이사회로부터의 시설의 인수(Taking over of facilities from Council)
제76조 자금의 변제(辨濟)(Return of funds)

제16장 공동운영조직과 공동계산업무(Joint Operating Organizations And Pooled Services)

제77조 공동운영조직의 허가(Joint operating organizations permitted)
제78조 이사회의 임무(Function of Council)
제79조 운영조직에의 참가(Participation in operating organizations)

제17장 기타 항공협정과 항공협약(Other Aeronautical Agreements and Arrangements)

제80조 파리 협약과 하바나 협약(Paris and Habana Conventions)
제81조 현존 협정의 등록(Registration of existing agreements)
제82조 양립하지 않는 협정의 폐지(Abrogation of inconsistent arrangements)
제83조 새로운 협정의 등록(Registration of new arrangements)
제83조의 2 일정한 권한 및 의무의 이양(Transfer of certain functions and duties)

제18장 분쟁과 위약(Disputes and Default)

제84조 분쟁의 해결(Settlement of disputes)
제85조 중재(仲裁)절차(Arbitration procedure)
제86조 제소(提訴)(Appeals)
제87조 항공기업의 위반에 대한 제재(Penalty for non-conformity of airline)
제88조 국가의 위반에 대한 제재(Penalty for non-conformity by State)

제19장 전쟁(War)

제89조 전쟁 및 긴급상태(War and emergency conditions)

제20장 부속서(Annexes)

제90조 부속서의 채택 및 개정(Adoption and amendment of Annexes)

제21장 비준, 가입, 개정과 폐기(Ratifications, Adherences, Amendments and Denunciations)

제91조 협약의 비준(Ratification of Convention)
제92조 협약에의 가입(Adherence to Convention)
제93조 다른 나라가의 가입(Admission of other States)
제93조의 2(Article 93 bis)
제94조 협약의 개정(Amendment of Convention)
제95조 협약의 폐기(Denunciation of Convention)

제22장 **정의(Definitions)**

제96조 (a) "항공업무(Air service)"

(b) "국제항공업무(International air service)"

(c) "항공기업(Airline)"

(d) "운송이외의 목적으로서의 착륙(Stop for non-traffic purposes)"

국제항공 운송협회
(International Air Transport Association)

1. 국제항공 운송협회(IATA : International Air Transport Association)

1919년 헤이그에서 설립된 국제항공수송협회를 계승하여 1945년 4월 쿠바 아바나에서 조직이 구성되었으며, 초기에는 주로 유럽지역에서 활동했다. 기술이 급속도로 발전하고 대형 항공기가 개발되는 등 여러 조건의 개선에 힘입어 항공 운송 수요가 늘어남에 따라 성장을 거듭하였다.

2. 국제항공 운송협회의 업무

1955년까지 독극물, 가연성 물질, 부식성 물질은 항공운항이 불가능했다. IATA 위험물질규정을 만들었고 1년에 컨테이너를 500만개 이상 운송한다. 1965년에는 동물도 항공 운송할 수 있는 규정을 만들었다. 1979년 10월 조직을 무역과 운임으로 나누었다. 무역 부문에서는 기술, 법률, 재정, 교통 서비스, 기관업무 등을 다루고, 운임 부문에서는 여객운임, 화물운임, 위탁업무 등을 담당한다.

3. 국제항공 운송협회의 조직

조직에는 총회 · 집행위원회 이외에 재정 · 기술 · 법무 · 운수 · 보건 등 5개 상설위원회가 있고 해마다 연차 총회가 열린다. 항공운송 발전과 제반 문제 연구, 안전하고 경제적인 항공운송, 회원 업체 사이의 우호 증진 등을 목적으로 한다. 국제민간항공기구 등 관련기관과 협력한다. 주로 국제항공운임을 결정하고 항공기 양식통일, 연대운임 청산, 일정한 서비스 제공 등의 활동을 한다.

4. 국제항공 운송협회의 회원

유럽과 북아메리카에서 31개국 57개 회원으로 시작했으나 2001년 현재 130여 개국에서 276개사가 회원으로 가입하고 있다. 한국은 대한항공이 1989년 1월 정회원, 아시아나항공이 2002년 5월 정회원으로 가입하였다. 본부는 캐나다 퀘벡주 몬트리올, 스위스 제네바, 싱가포르에 있다.

참고 자료(표 참조)

이 사 회

이사회 회원국은 3가지 종류로 나뉘어 구성되어 있다.

분 류	특 성	회원국	비고
PART 1	항공운송의 주요한 영향을 주는 국가	독일 러시아 미국 브라질 오스트레일리아 영국 이탈리아 일본 중화인민공화국 캐나다 프랑스	
PART 2	항공교통 시설에 큰 공헌을 준 국가	남아프리카 공화국 나이지리아 멕시코 사우디아라비아 스웨덴 스페인 싱가포르 아르헨티나 아일랜드 인도 이집트 콜롬비아	
PART 3	지리적 대표성을 지닌 국가	대한민국 말레이시아 아랍에미리트 알제리 에콰도르 우루과이 카보베르데 케냐 콩고 공화국 쿠바 탄자니아 터키 파나마	

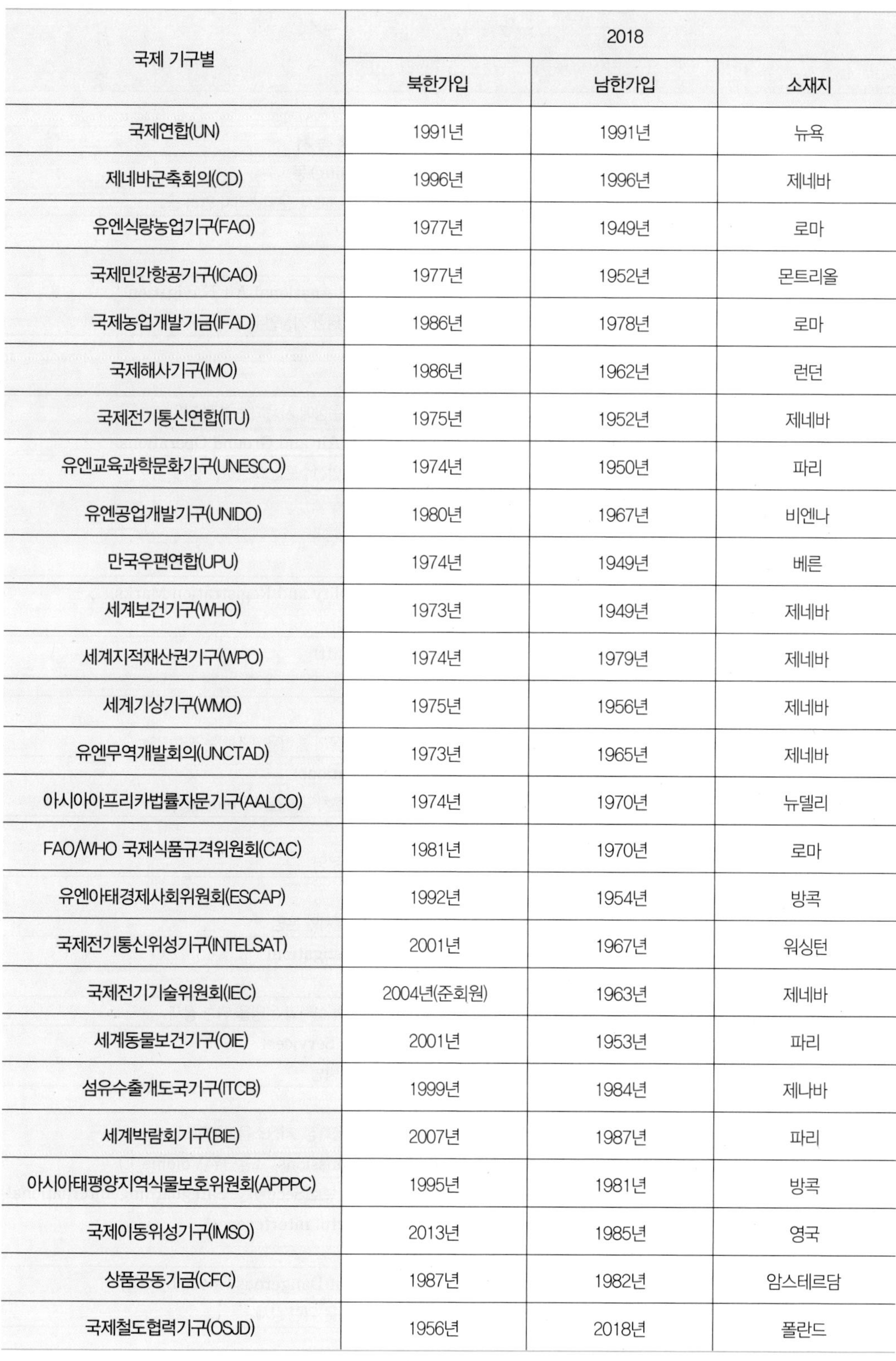

국제 기구별	2018		
	북한가입	남한가입	소재지
국제연합(UN)	1991년	1991년	뉴욕
제네바군축회의(CD)	1996년	1996년	제네바
유엔식량농업기구(FAO)	1977년	1949년	로마
국제민간항공기구(ICAO)	1977년	1952년	몬트리올
국제농업개발기금(IFAD)	1986년	1978년	로마
국제해사기구(IMO)	1986년	1962년	런던
국제전기통신연합(ITU)	1975년	1952년	제네바
유엔교육과학문화기구(UNESCO)	1974년	1950년	파리
유엔공업개발기구(UNIDO)	1980년	1967년	비엔나
만국우편연합(UPU)	1974년	1949년	베른
세계보건기구(WHO)	1973년	1949년	제네바
세계지적재산권기구(WPO)	1974년	1979년	제네바
세계기상기구(WMO)	1975년	1956년	제네바
유엔무역개발회의(UNCTAD)	1973년	1965년	제네바
아시아아프리카법률자문기구(AALCO)	1974년	1970년	뉴델리
FAO/WHO 국제식품규격위원회(CAC)	1981년	1970년	로마
유엔아태경제사회위원회(ESCAP)	1992년	1954년	방콕
국제전기통신위성기구(INTELSAT)	2001년	1967년	워싱턴
국제전기기술위원회(IEC)	2004년(준회원)	1963년	제네바
세계동물보건기구(OIE)	2001년	1953년	파리
섬유수출개도국기구(ITCB)	1999년	1984년	제나바
세계박람회기구(BIE)	2007년	1987년	파리
아시아태평양지역식물보호위원회(APPPC)	1995년	1981년	방콕
국제이동위성기구(IMSO)	2013년	1985년	영국
상품공동기금(CFC)	1987년	1982년	암스테르담
국제철도협력기구(OSJD)	1956년	2018년	폴란드

국제민간항공조약 부속서
(ANNEXES TO THE ICAO CONVENTION ON CIVIL AVIATION)

Annex	부 속 서
제 1부속서(Annex 1)	항공종사자 교육 및 면허(Personnel Licensing) 등 운항승무원, 항공정비사, 항공기관사, 항공교통관제사, 운항관리사 면허 등
제 2부속서(Annex 2)	항공규칙(Rules of the Air) 하늘의 규칙, 시계 및 계기비행에 관한 규칙
제 3부속서(Annex 3)	항공기상(Meteorological Service for International Air Navigation) 국제항공운항을 위한 기상 및 국제항공운항을 위한 기상업무
제 4부속서(Annex 4)	항공지도(Aeronautical Charts) 국제항공에 사용할 항공지도의 상세
제 5부속서(Annex 5)	공지통신에 사용되는 측정단위(하늘과 지상의 운항에 사용되는 측정 단위) (Units of Measurement to be used in Air and Ground Operations)
제 6부속서(Annex 6)	항공기의 운항(Operation), 최소기준 이상에 안전수준을 보장하는 명세 Part Ⅰ : 국제 상업 항공운송 Part Ⅱ : 국제 일반운항 Part Ⅲ : 헬리콥터에 의한 국제 운항
제 7부속서(Annex 7)	항공기 국적 및 등록기호(Aircraft Nationality and Registration Marks) 항공기 등록과 식별을 위해 필요한 사항
제 8부속서(Annex 8)	항공기의 감항성(Airworthiness of Aircraft) 단일절차에 의한 항공기의 증명 및 검사
제 9부속서(Annex 9)	출입국의 간편화(Facilitation) 국제공항에서 항공기, 사람, 화물 및 기타 대상물의 출입을 촉진하는 사항
제10부속서(Annex 10)	항공통신(Aeronautical Telecommunications) 통신장비, 시스템의 표준화(Volume Ⅰ), 통신절차의 표준화(Volume Ⅱ)
제11부속서(Annex 11)	항공교통업무(Air Traffic Services) 항공교통관제, 비행정보 경보서비스의 설정과 운영
제12부속서(Annex 12)	수색과 구조(Search and Rescue) 수색과 구조를 위해 필요한 시설과 서비스의 설치와 운영
제13부속서(Annex 13)	항공기 사고조사(Aircraft Accident Investigation) 항공기 사고의 통지, 보고의 단일화
제14부속서(Annex 14)	비행장(Aerodrome)헬리포트(Volume Ⅱ)의 설계와 운영을 위한 상세
제15부속서(Annex 15)	항공정보업무(Aeronautical Information Services) 항공운항에 필요한 항공정보의 수집과 배포의 방법
제16부속서(Annex 16) Volume Ⅰ Volume Ⅱ	환경보호(Environmental Protection) 항공기 소음(Aircraft Noise), 소음증명, 소음측정, 지상소음단위(Volume Ⅰ) 항공기 기관 배출물질(Aircraft Engine Emissions), 소음단위(Volume Ⅱ)
제17부속서(Annex 17)	보안-불법방해 행위에 대한 국제민간항공의 보호(Security-Safeguarding International Civil Aviation against Acts of Unlawful interference) 국제민간항공을 보호하기 위한 세부 사항
제18부속서(Annex 18)	위험물의 안전수송(The Safe Transport of Dangerous Goods by Air) 위험물 수송, 위험화물의 표시 부착, 포장, 수송을 위한 상세
제19부속서(Annex 19)	안전관리(Safety Management)

Aircraft Maintenance

Aircraft Maintenance

국제항공법
기출 및 예상문제
상세해설

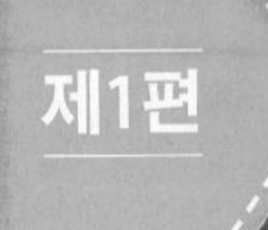

국제항공법

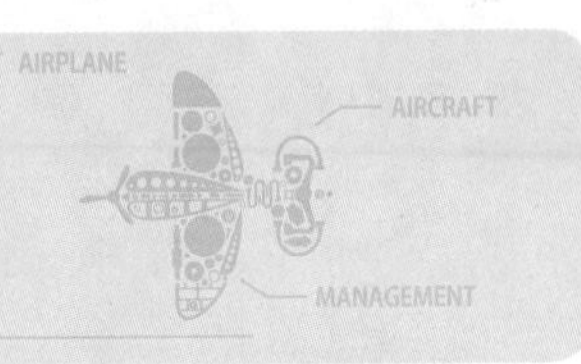

01 다음 중에서 국제민간항공조약의 전문 내용으로 틀린 것은?

① 세계 각국과 각국 민간에 있어서의 우호와 이해를 창조하고 유지
② 세계 각국과 체약국의 이익 보호
③ 세계 평화의 기초인 각국과 각 국민간의 협력을 증진
④ 국제민간항공이 안전하고 정연한 발달

해설

시카고 국제민간항공조약 전문

① 세계 각국과 각국 민간에 있어서의 우호와 이해를 창조하고 유지
② 세계 평화의 기초인 각국과 각 국민간의 협력을 증진
③ 국제민간항공이 안전하고 정연하게 발달되도록 함
④ 국제항공운송업무가 기회균등주의를 기초로 하여 수립되어 건전하고 또한 경제적으로 운영되도록 하기 위함

02 다음 중에서 국제민간항공조약(시카고조약)에 대한 설명이 잘못된 것은?

① 1947년 발효되었다.
② 완전한 상공의 자유를 확립하였다.
③ 완전하고 배타적인 주권을 인정하고 있다.
④ 국제민간항공조약을 보완하는 협정으로 국제항공업무 통과협정이 있다.

해설

문제 1번 해설 참조

03 다음 중에서 시카고 국제민간항공조약에 대한 설명 중 틀린 것은?

① 국제민간항공조약은 1944년 제정되었다.
② 국제민간항공기구의 소재지는 캐나다 몬트리올이다.
③ 완벽한 항공의 자유를 확립하는 것을 목적으로 하였다.
④ 국제항공에 있어 항공시설 및 관리방식의 통일화와 그 표준에 관한 규정을 설정하고 있다.

해설

문제 1번 해설 참조

04 다음 중에서 항구적인 국제민간 항공기구(ICAO)의 소재지는?

① 스위스 제네바
② 미국 시카고
③ 프랑스 파리
④ 캐나다 몬트리올

해설

시카고 국제민간항공조약 제45조

1947. 4. 4 국제민간항공기구(ICAO : International Civil Aviation Organization)의 결의에 의하여 항구적인 소재지는 캐나다 몬트리올에 두기로 하였으며, 1954년 소재지에 관한 조약 제45조의 규정을 개정하여 총회에서 체약국의 5분의 3 이상의 결의로 국제민간항공기구의 본부를 다른 장소로 이동할 수 있게 되었다

05 각국이 자국의 영역상의 공간에 있어서 완전하고 배타적인 주권을 행사할 수 있는 것을 국제적으로 인정하는 법은? (각국의 영공 주권의 원칙은 어디에 규정하고 있는가?)

① 국제항공운송협정
② 시카고 국제민간항공협약
③ 바르샤바 조약/버뮤다 항공협정
④ 국제항공업무통과협정

해설

시카고 국제민간항공조약 제1조 : 영공 주권의 원칙

영공주권의 원칙은 1919년 파리 조약에서 최초로 성문화 하였으며, 시카고 조약(국제민간항공조약 제 1조 : 시카고 국제민간항공조약 제1조)은 그러한 영공주권의 원칙을 재확인하였다.
조약의 제 1조에서 "각국이 자기 나라 영역상의 공간에서 완전하고도

[정답] 01 ② 02 ② 03 ③ 04 ④ 05 ②

배타적인 권리를 가질 것을 승인한다"라고 규정하여, 체약국은 각국이 그 영공에서 완전하고 배타적인 주권을 갖고 있음을 인정하고 있다.

06 다음 중에서 각국의 영공 주권 원칙은 어디에서 규정하고 있는가?

① 국제항공 운송협정
② 시카고 국제민간 항공조약
③ 바르샤바 조약
④ 국제항공업무 통과협정

해설

문제 5번 해설 참조

07 다음 중에서 국제민간항공조약이 규정하는 국가의 영토를 잘못 설명한 것은?

① 그 나라의 주권, 종주권하에 있는 육지와 그에 인접한 영해
② 그 나라의 위임통치하에 있는 육지와 그에 인접한 영토
③ 그 나라의 보호하에 있는 육지
④ 그 나라의 위임통치하에 있는 육지

해설

시카고 국제민간항공조약 제2조 영토

"그 나라의 주권, 종주권, 보호 또는 위임통치하에 있는 육지와 그에 인접하는 영수를 말한다."로 규정하고 있다

08 다음 중에서 국제민간항공조약에서 규정한 국가항공기가 아닌 것은?

① 군 항공기 ② 세관 항공기
③ 경찰 항공기 ④ 산림청 항공기

해설

시카고 조약 제3조 : 국가 항공기

"국가항공기"란 군, 세관, 경찰 업무에 사용되는 항공기를 말하며 민간항공기라도 국가원수나 외교사절이 전세로 사용하는 경우에는 국가 항공기로 취급한다.

09 국가업무 항공기로 취급할 수 없는 항공기는?

① 군 업무에 사용하고 있는 항공기
② 세관 업무에 사용하고 있는 항공기
③ 국가원수나 외교사절이 전세로 사용하는 민간 항공기
④ 지방항공청이 감항검사를 하고 있는 항공기

해설

문제 8번 해설 참조

10 다음 중에서 체약국의 영역상공을 무착륙으로 횡단할 수 있는 특권의 자유는?

① 제1의 자유 ② 제2의 자유
③ 제3의 자유 ④ 제4의 자유

해설

국제항공업무통과협정(국제항공운송협정)

① 제1의 자유 : 체약국의 영역을 무착륙으로 횡단하는 자유
② 제2의 자유 : 운수 이외의 목적으로 착륙하는 자유(기술착륙의 자유)
③ 제3의 자유 : 자국 내에서 적재한 여객 및 화물을 체약국인 타국에서 하기하는 자유
④ 제4의 자유 : 다른 체약국의 영역에서자국을 향해 여객 및 화물을 적재하는 자유
⑤ 제5의 자유 : 제3국의 영역으로 향하는 여객 및 화물을 다른 체약국의 영역 내에서 적재하는 자유 또는 제3국의 영역으로부터 여객 및 화물을 다른 체약국의 영역 내에서 하기하는 자유

참고

국제항공통과협정 제1조제2항이 규정하는 2개의 자유 중 제1의 자유는 체약국의 영역을 무착륙으로 횡단하는 특권을 말하며, 이것을 무해항공의 자유 또는 통과권·교통권이라고 한다. 제3의 자유 및 제4의 자유를 상업권 또는 운송권이라 한다.

11 다음 중에서 체약국의 영역을 운수 이외의 목적으로 착륙하는 특권의 자유는?

① 제1의 자유 ② 제2의 자유
③ 제3의 자유 ④ 제4의 자유

해설

국제항공통과협정 제1조제2항이 규정하는 2개의 자유 중 제2의 자유는 체약국의 영역을 운수 이외의 목적으로 착륙하는 특권을 말하며, 이것을 기술착륙 또는 제2의 자유라고 한다.

[정답] 06 ② 07 ② 08 ④ 09 ④ 10 ① 11 ②

12 자국 내에서 적재한 여객 및 화물을 체약국인 타국에서 하기하는 자유는?

① 제1의 자유 ② 제2의 자유
③ 제3의 자유 ④ 제4의 자유

해설

국제항공통과협정 제1조제2항이 규정하는 제3의 자유는 자국 내에서 적재한 여객 및 화물을 체약국인 타국에서 하기하는 자유를 상업권 또는 운수권이라 한다.

13 정기국제항공에 있어 상업권(운수권)의 자유는?

① 제1의 자유
② 제2의 자유
③ 제2의 자유와 제3의 자유
④ 제3의 자유와 제4의 자유

해설

국제항공통과협정 제1조 제2항이 규정하는 제3의 자유는 자국 내에서 적재한 여객 및 화물을 체약국인 타국에서 하기하는 자유를 상업권 또는 운수권이라 한다.

14 체약국인 타국의 항공기가 우리나라 인천국제공항에서 홍콩으로 향하는 여객·화물을 싣는 특권의 자유는?

① 제2의 자유 ② 제3의 자유
③ 제4의 자유 ④ 제5의 자유

해설

제3국의 영역으로 향하는 여객·화물을 다른 체약국의 영역 내에서 싣는 자유 또는 제3국으로부터 여객·화물을 다른 체약국의 영역 내에서 부리는 자유를 제5의 자유라고 한다.

15 시카고 조약 제6조 당해 양국 간에 항공협정 내용이 아닌 것은?

① 양국 간에 항공협정을 체결하였으면, 체약국의 특별한 허가를 받지 않아도, 당해 체약국의 영역을 비행하거나 그 영역 내에서 항공활동을 할 수 있다.
② 체약국의 특별한 허가를 받지 않고, 당해 체약국의 영역을 비행하거나 그 영역 내에서 항공활동을 할 수 없다.
③ 체약국의 특별한 허가를 받고, 그 조건에 따르는 경우 당해 체약국의 영역을 비행할 수 있다.
④ 체약국의 특별한 허가를 받고, 그 조건에 따르는 경우 당해 체약국의 영역 내에서 항공활동을 할 수 있다.

해설

정기국제항공업무는 당해 양국간간의 협정을 체결함으로서 국제항공운송이 운영 되고 있다.
시카고 조약 제6조는"정기국제항공업무는 체약국의 특별한 허가, 기타의 허가를 받고 그 조건에 따르는 경우를 제외하고는 당해 체약국의 영역을 비행하거나 그 영역 내에서 항공활동을 할 수 없다"라고 규정하고 있다. 따라서 정기국제항공업무는 당해 2개국 간의 항공협정에 근거하여 운영되고 있다.

16 Air Cabotage의 금지란?

① 다른 체약국의 영역에서 자국을 향해 여객 · 화물을 적재하는 것을 금지하는 것
② 외국 항공기가 자국 내의 지점간에 있어 여객 · 화물의 적재 및 하기를 금지하는 것
③ 제3국의 영역으로 향하는 여객 · 화물을 다른 체약국의 영역 내에서 적재하는 것을 금지하는 것
④ 제3국의 영역으로부터 여객 · 화물을 다른 체약국의 영역 내에서 하기하는 것을 금지하는 것

해설

시카고 조약 제7조

각 체약국은 다른 체약국의 항공기가 유상 또는 전세로 자국의 영역 내에 있는 지점 간에 여객, 화물, 우편물을 적재할 때, 항공운송을 하는 것을 금지할 수 있다고 규정하고 있다. 이것이 에어 카보타지(Air Cabotage)의 금지 규정으로서 자국 내 지점간의 국내수송을 자국의 항공기만이 운항할 수 있는 것 이다. 타국의 영역 내에서 그 나라의 국내 운송을 하는 자유를 에어 카보타지의 자유 또는 제6의 자유라고도 한다.

17 다른 체약국의 항공기가 비행금지 구역을 침범하였을 경우 조치 아닌 것은?

[정답] 12 ③ 13 ④ 14 ④ 15 ① 16 ② 17 ①

① 추방을 지시하며, 응하지 않을 경우 격추시킨다.
② 영역 외로 추방한다.
③ 지정 공항에 착륙할 것을 지시한다.
④ 침입 항공기를 계속 감시하며, 영역 외의 추방을 지시한다.

해설

시카고 조약 제9조
체약국이 설정한 비행금지 구역을 항공기가 침범하였을 경우 가능한 한 신속하게 그 영역 내에 지정한 공항에 착륙할 것을 지시할 수 있다.

18 국제항공업무에 사용되는 체약국의 모든 항공기가 공해 상공에 있어 준수하여야 할 항공 규칙은?

① 시카고 조약 제 9조에 의해 ICAO가 설정한 항공규칙을 준수하여야 한다.
② 시카고 조약 제10조에 의해 ICAO가 설정한 항공규칙을 준수하여야 한다.
③ 시카고 조약 제11조에 의해 ICAO가 설정한 항공규칙을 준수하여야 한다.
④ 시카고 조약 제12조는 공해 상공을 비행하는 체약국의 항공기는 국제민간항공기구 가 설정하는 항공규칙을 준수하여야 한다.

해설

시카고 조약 제12조
공해 상공을 비행하는 체약국의 항공기는 국제민간항공기구가 설정하는 항공규칙을 준수하여야 한다.

19 국제항공업무에 사용되는 항공기에 관세 면제의 적용 대상 물품이 아닌 것은?

① 항공기에 실려 있는 장비품
② 항공기에 실려 있는 연료 및 윤활유
③ 해당 항공기로부터 지상에 부려 놓은 항공기의 물품
④ 체약국 세관의 감시 하에 물품을 보관할 경우

해설

시카고 조약 제 24조 관세 면제의 규정
당해 항공기로부터 지상에 부려 놓은 항공기의 물품에 대하여 관세 면제의 적용을 받지 않는다. 다만 체약국 세관의 감시 하에 물품을 보관할 경우에는 면제의 적용을 받는다.

20 다른 체약국 영역 내에서 사고를 일으켰을 경우 사고조사의 의무는?

① 다른 체약국의 법률이 허용하는 한도 내에서 사고조사를 한다.
② 사고가 발생한 나라는 법률에 따라 ICAO가 권고하는 수속에 따라 사고조사를 한다.
③ 다른 체약국의 법률이 허용하는 한도 내에서 ICAO가 입회하여 사고조사를 한다.
④ 사고가 발생한 나라는 법률에 따라 ICAO가 입회하여 사고조사를 한다.

해설

시카고 조약 제26조
체약국의 항공기가 다른 체약국 영역 내에서 사고를 일으켰을 경우 그 사고가 사망 혹은 중상을 수반하였을 때, 또는 항공기 혹은 항공시설의 중대한 기술적 결함을 표시하는 때에는, 그 사고가 발생한 나라는 자국의 법률 이 허용하는 한도 내에서 국제민간항공기구가 권고하는 수속에 따라 사고의 사정을 조사하여야 할 의무를 갖는다고 규정하고 있다. 그리고 사고 항공기의 등록국에는 조사에 참석할 입회인을 파견할 기회를 주도록 하여야 하며, 또는 사고조사를 하는 국가는 항공기 등록국에 조사한 사항을 보고하여야 한다.

21 다른 체약국 영역 내에서 사고를 일으켰을 경우 사고조사의 의무는?

① 다른 체약국의 법률이 허용하는 한도 내에서 사고조사를 한다.
② 사고가 발생한 나라는 법률에 따라 ICAO가 권고하는 수속에 따라 사고조사를 한다.
③ 다른 체약국의 법률이 허용하는 한도 내에서 ICAO 입회하여 사고조사를 한다.
④ 사고가 발생한 나라는 법률에 따라 ICAO 입회하여 사고조사를 한다.

해설

문제 20번 해설 참조

[정답] 18 ④ 19 ③ 20 ② 21 ②

22 비행기의 감항 분류기호 U(Utility)는?

① 최대인가 이륙중량이 5,670[kg] 이하이며, 곡기비행을 하지 않도록 설계된 비행기
② 최대인가 이륙중량이 5,670[kg] 이하 비행기
③ 최대인가 이륙중량이 5,670[kg] 이하이며, 제한된 곡예비행을 할 수 있게 설계된 비행기
④ 최대인가 이륙중량이 5,700[kg]을 초과하는 수송류 비행기

해설

비행기의 감항분류(항공기 기술기준 참조)

항공기종류	감항분류	기호	내 용
비행기	보통	N	조종사 좌석을 제외한 좌석이 9인승 이하이고 최대인가 이륙증량이 5,670[kg](12,500[lb]) 이하이며 곡기비행을 하지 않도록 설계된 비행기
	실용	U	조종사 좌석을 제외한 좌석이 9인승 이하이고 최대인가 이륙증량이 5,670[kg](12,500[lb]) 이하이며 제한된 곡예비행을 할 수 있게 설계된 비행기
	곡예	A	조종사 좌석을 제외한 좌석이 9인승 이하이고 최대인가 이륙증량이 5,670[kg](12,500[lb]) 이하로서, 요구되는 비행시험결과 제한이 필요하다고 입증된 경우를 제외하고는 제한사항 없이 사용하도록 설계된 비행기
	커뮤터	C	조종사 좌석을 제외한 좌석이 19인승 이하이며, 최대인가 이륙중량이 8,618[kg](19,000[lb]) 이하인 다발 프로펠러 비행기
	수송	T	최대중량이 5,700[kg]을 초과하는 수송류 비행기

23 회전익 항공기의 감항 분류 기호를 잘못 설명한 것은?

① 감항분류 보통기호 N은 최대중량 3,100[kg](7,000[lb]) 이하이며, 탑승자가 9인 이하의 회전익항공기
② 감항분류 수송기호 TA는 최대중량이 9,000[kg](20,000[lb])을 초과하고 승객좌석수가 10개 이상인 회전익항공기는 수송 TA급에 대한 형식증명을 받아야한다.
③ 감항분류 수송기호 TB는 최대중량이 9,000[kg](20,000[lb])이하이고 승객좌석수가 9개 이하인 회전익항공기는 수송 TB급에 대한 형식증명을 받을 수 있다.
④ 감항분류 수송기호 U는 조종사 좌석을 제외한 좌석이 9인승 이하이고 최대인가 이륙 중량이 5,670[kg](12,500[lb]) 이하이며 제한된 곡기비행을 할 수 있게 설계된 비행기

해설

회전익 항공기 감항분류(항공기 기술기준 참조)

항공기종류	감항분류	기호	내 용
비행기	보통	N	최대중량 3,1008[kg](7,000[lb]) 이하이며, 탑승자가 9인 이하의 회전익항공기
	수송	TA	최대중량이 9,0008[kg](20,000[lb])를 초과하고 승객좌석수가 10개 이상인 회전익항공기는 수송 TA급에 대한 형식증명을 받아야한다.
	수송	TB	최대중량이 9,0008[kg](20,000[lb]) 이하이고 승객좌석수가 9개 이하인 회전익항공기는 수송 TB급에 대한 형식증명을 받을 수 있다.

24 임계 발동기라 함은 해당 발동기가 정지하였을 때 어떤 영향이 있는가?

① 항공기의 성능 또는 조종특성이 있는 발동기
② 항공기의 성능 또는 조종특성에 가장 심각한 영향을 미치는 발동기
③ 항공기의 성능 또는 조종특성에 영향을 미치지 않는 발동기
④ 항공기의 성능 또는 조종특성이 없는 발동기

해설

임계 발동기

해당 발동기가 정지하였을 때 항공기의 성능 또는 조종특성에 가장 심각한 영향을 미치는 발동기를 말한다.

[정답] 22 ③ 23 ④ 24 ②

25 **우리나라 국적기호 HL은 어떻게 선정 되었는가?**

① 국제전기 통신조약에 의해 ICAO가 선정한 것이다.
② 국제전기 통신조약에 의해 건설교통부가 선정한 것이다.
③ 국제전기 통신조약에 의해 무선국의 호출부호 중에서 선정한 것이다.
④ 국제전기 통신조약에 의해 IATA에 통보한 것이다.

해설

국제전기통신조약에 의하여 각국에 할당된 무선국의 호출부호 중에서 우리나라의 국적기호를 HL로 선정한 것이다.

26 **국제항공에 종사하는 모든 항공기가 휴대할 서류와 관계없는 것은?**

① 감항증명서, 등록증명서
② 항공일지, 형식증명서
③ 여객을 운송할 때는 성명, 탑승지 및 목적기의 기록표
④ 화물을 운송할 때는 적재목록 및 화물의 세목신고서

해설

국제민간항공조약
시카고 조약 제29조에서 국제항공에 종사하는 체약국의 모든 항공기는 이 조약에서 정하는 요건에 합치되는 다음의 서류를 휴대하여야 한다고 규정하고 있다.
① 등록증명서
② 감항증명서
③ 각 승무원의 면허
④ 항공일지
⑤ 무선기를 장비할 때에는 항공기국 면허장
⑥ 여객을 운송할 때는 성명, 탑승지 및 목적기의 기록표
⑦ 화물을 운송할 때는 적재목록 및 화물의 세목신고서

27 **국제민간항공협약 부속서는 몇 개로 이루어져 있는가?**

① 14개 ② 16개
③ 19개 ④ 21개

해설

국제민간항공조약 부속서 1～19

28 **항공종사자 자격 및 교육훈련 내용을 명시한 부속서는?**

① 제1부속서 ② 제2부속서
③ 제3부속서 ④ 제4부속서

해설

제1부속서(Annex 1) : 항공종사자 면허(Personnel Licensing)

29 **항공기 감항성에 대한 내용을 명시한 부속서는?**

① 제5부속서 ② 제6부속서
③ 제7부속서 ④ 제8부속서

해설

제8부속서(Annex 8) : 항공기의 감항성(Airworthiness of Aircraft)

30 **항공기 사고 조사, 보고, 통지 등을 명시한 부속서는?**

① 제13부속서 ② 제14부속서
③ 제15부속서 ④ 제16부속서

해설

제13부속서(Annex 13) : 항공기 사고조사(Aircraft Accident Investigation)

31 **항공기 환경보호 및 소음 규제에 대한 내용 등을 명시한 부속서는?**

① 제15부속서 ② 제16부속서
③ 제17부속서 ④ 제18부속서

해설

제16 부속서(Annex 16) : 환경보호(Envir onmental Protection), 항공기소음(Aircraft Noise), 공기기관 배출물질(Aircraft Engine Emissions)

[정답] 25 ③ 26 ② 27 ③ 28 ① 29 ④ 30 ① 31 ②

32 국제항공운송협회(IATA)의 정회원 자격은?

① ICAO 가맹국의 국제항공 업무를 담당하는 회사
② ICAO 가맹국의 국내항공 업무를 담당하는 회사
③ ICAO 가맹국의 정기항공 업무를 담당하는 회사
④ 어떤 회사든 모두 가능하다.

해설

국제항공운송협회(IATA)는 정회원과 준회원으로 구성되어 있다. 정회원은 국제민간항공기구(ICAO)의 가맹국의 항공기업으로서 국제항공업무를 담당하는 회사여야 하며, 준회원은 국제항공운송 이외의 정기항공업무를 운영하고 있는 항공기업으로서 국제민간항공기구의 가맹국에 속하는 회사여야 한다.
국제항공운송협회는 원래 정기항공기업의 단체로써 발족을 하였으나 근년에 있어 급속히 발달하고 있는 부정기 항공기업도 1975년 캐나다 특별법의 개정 및 이에 따르는 정관의 개정에 의해 국제항공운송협회의 회원이 될 수 있게 되었다.

33 국제항공운송협회(IATA)의 설립목적과 관계없는 것은?

① 안전한 항공운송의 발달과 촉진
② 항공기업간의 협조
③ 국제기관간의 협조
④ 국가 항공기의 관리

해설

국제항공운송협회(ISTA)의 정관 제3조에 제재되어 있는 주요 목적은 다음과 같다.
① 세계 인류의 이익을 위해 안전하고 정기적이며 또한 경제적인 항공운송을 조성하며, 항공사업을 조장하고 또한 이에 관하는 제반 문제를 연구한다.
② 국제항공업무에 직접 간접으로 종사하고 있는 항공기업간의 협력을 위해 모든 수단을 제공한다.
③ 국제민간항공기구 및 기타의 국제기구에 협력한다.

[정답] 32 ① 33 ④

Aircraft Maintenance

Aircraft Maintenance

국내항공법 기출 및 예상문제 상세해설

제1편 국내항공법

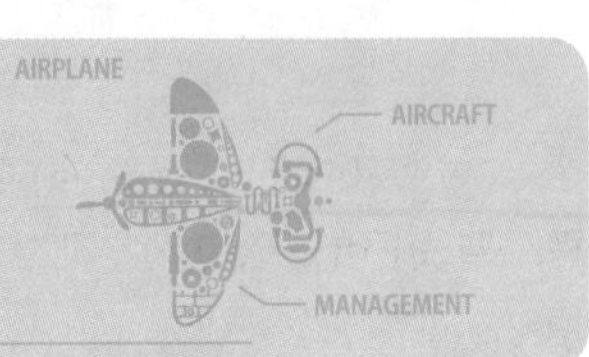

1 「항공안전법」

제1장 총칙

01 다음 중에서 항공안전법의 목적을 잘못 설명한 것은?

① 항공사업자의 의무등에 관한 사항을 정한다.
② 항공종사자의 의무등에 관한 사항을 정한다.
③ 안전하고 효율적인 항행을 위한 방법을 정한다.
④ 항공산업을 보호하고 육성한다.

해설

항공안전법 제1조(목적)
이 법은 「국제민간항공협약」 및 같은 협약의 부속서에서 채택된 표준과 권고되는 방식에 따라 항공기, 경량항공기 또는 초경량비행장치의 안전하고 효율적인 항행을 위한 방법과 국가, 항공사업자 및 항공종사자 등의 의무 등에 관한 사항을 규정함을 목적으로 한다. 〈개정 2019. 8. 27.〉

02 다음 중에서 항공안전법의 구성 체계를 잘못 설명한 것은?

① 제1장은 항공용어의 정의이다.
② 제2장은 항공기 등록이다.
③ 제3장은 항공기기술기준 및 형식증명 등이다.
④ 제4장은 항공종사자 등이다.

해설

항공안전법 구성
제1장 총칙
제2장 항공기 등록
제3장 항공기기술기준 및 형식증명
제4장 항공종사자 등
제5장 항공기 운항
제6장 공역 및 항공교통업무 등
제7장 항공운송사업자 등에 대한안전관리
제8장 외국항공기
제9장 경량항공기
제10장 초경량비행장치
제11장 보칙
제12장 벌칙

03 다음 중에서 항공안전법의 시행규칙을 바르게 설명한 것은?

① 항공법 및 시행령에 필요한 사항을 정하고 현행제도의 일부 미비점을 개선, 보완된 규칙이다.
② 항공안전법 및 같은 법 시행령에서 위임된 사항과 그 시행에 필요한 사항을 정한 규칙이다.
③ 항공법의 목적과 항공용어의 정의를 규정한 규칙이다.
④ 법조문의 실효성을 확보하기 위해 각종의 벌칙을 규정한 규칙이다.

해설

항공안전법 시행규칙 제1조(목적)
이 규칙은 「항공안전법」 및 같은 법 시행령에서 위임된 사항과 그 시행에 필요한 사항을 규정함을 목적으로 한다.

04 다음 중에서 항공기의 정의를 바르게 설명한 것은?

① 민간항공에 사용되는 대형 항공기를 말한다.
② 공기의 반작용으로 뜰 수 있는 기기로서 비행기, 헬리콥터, 비행선, 활공기와 그밖에 대통령령으로 정하는 기기
③ 민간항공에 사용하는 비행선과 활공기를 제외한 모든 것
④ 비행기, 비행선, 활공기, 회전익 항공기를 말한다.

해설

항공안전법 제2조(정의)
이 법에서 사용하는 용어의 뜻은 다음과 같다. 〈개정 2019. 8. 27.〉
1. "항공기"란 공기의 반작용(지표면 또는 수면에 대한 공기의 반작용은 제외한다. 이하 같다)으로 뜰 수 있는 기기로서 최대이륙중량, 좌석 수 등 국토교통부령으로 정하는 기준에 해당하는 다음 각 목의 기기와 그 밖에 대통령령으로 정하는 기기를 말한다.

[정답] 항공안전법-제1장 총칙 01 ④ 02 ① 03 ② 04 ②

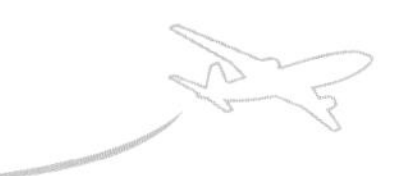

가. 비행기
나. 헬리콥터
다. 비행선
라. 활공기(滑空機)

05 다음 중에서 대통령령으로 정하는 항공에 사용할 수 있는 기기는?

① 자체중량이 150[kg] 미만인 1인승 비행장치
② 자체중량이 200[kg] 이상인 2인승 비행장치
③ 연료용량이 18[ℓ] 이상인 1인승 비행장치
④ 지구 대기권 내외를 비행할 수 있는 항공우주선

해설

항공안전법 시행령 제2조(항공기의 범위)

1. 최대이륙중량, 좌석 수, 속도 또는 자체중량 등이 국토교통부령으로 정하는 기준을 초과하는 기기
2. 지구 대기권 내외를 비행할 수 있는 항공우주선

06 다음 중에서 비행기 또는 헬리콥터에 사람이 탑승하는 경우 항공기의 기준이 아닌 것은?

① 최대이륙중량이 600[kg]을 초과 할 것
② 조종사 좌석을 포함한 탑승좌석 수가 1개 이상일 것
③ 발동기가 1개 이상일 것
④ 동력을 일으키는 기계장치(이하 "발동기"라 한다.)가 1개 이상일 것

해설

항공안전법 시행규칙 제2조(항공기의 기준)

1. 비행기 또는 헬리콥터
 가. 사람이 탑승하는 경우 : 다음의 기준을 모두 충족할 것
  1) 최대이륙중량이 600[kg](수상비행에 사용하는 경우에는 650[kg])을 초과 할 것
  2) 조종사 좌석을 포함한 탑승좌석 수가 1개 이상일 것
  3) 동력을 일으키는 기계장치(이하 "발동기"라 한다.)가 1개 이상일 것
 나. 사람이 탑승하지 아니하고 원격조종 등의 방법으로 비행하는 경우 : 다음의 기준을 모두 충족할 것
  1) 연료의 중량을 제외한 자체중량이 150[kg]을 초과할 것
  2) 발동기가 1개 이상일 것
2. 비행선
 가. 사람이 탑승하는 경우 다음의 기준을 모두 충족할 것
  1) 발동기가 1개 이상일 것
  2) 조종사 좌석을 포함한 탑승좌석 수가 1개 이상일 것
 나. 사람이 탑승하지 아니하고 원격조종 등의 방법으로 비행하는 경우 다음의 기준을 모두 충족할 것
  1) 발동기가 1개 이상일 것
  2) 연료의 중량을 제외한 자체중량이 180[kg]을 초과하거나 비행선의 길이가 20[m]를 초과 할 것
3. 활공기 : 자체중량이 70[kg]을 초과할 것

07 다음 중에서 "항공기인 기기의 범위"가 아닌 것은?

① "최대이륙중량, 좌석 수, 속도 또는 자체중량 등이 대통령령으로 정하는 기준을 초과하는 기기"
② 제4조제4호부터 제7호까지의 제한요건 중 어느 하나 이상의 제한요건을 벗어나는 비행기
③ 제4조제4호부터 제7호까지의 제한요건 중 어느 하나 이상의 제한요건을 벗어나는 헬리콥터
④ 제5조제1호 각 목의 기준 중 어느 하나의 기준을 초과하는 제5조제7호 나목의 동력 패러글라이더

해설

항공안전법 시행규칙 제3조(항공기인 기기의 범위)

항공안전법 시행영 제2조제1호에서 "최대이륙중량, 좌석 수, 속도 또는 자체중량 등이 국토교통부령으로 정하는 기준을 초과하는 기기"란 다음 각 호의 어느 하나에 해당하는 것을 말한다.

1. 제4조제1호부터 제3호까지의 기준 중 어느 하나 이상의 기준을 초과하거나 같은 조 제4호부터 제7호까지의 제한요건 중 어느 하나 이상의 제한요건을 벗어나는 비행기, 헬리콥터, 자이로플레인 및 동력 패러슈트
2. 제5조제5호 각 목의 기준을 초과하는 무인비행장치

08 다음 중에서 경량항공기가 아닌 것은?

① 항공기 외에 공기의 반작용으로 뜰 수 있는 기기
② 최대이륙중량, 좌석 수 등 국토교통부령으로 정하는 기준에 해당하는 소형무인항공기
③ 최대이륙중량, 좌석 수 등 국토교통부령으로 정하는 기준에 해당하는 비행기
④ 최대이륙중량, 좌석 수 등 국토교통부령으로 정하는 기준에 해당하는 헬리콥터

[정답] 05 ④ 06 ③ 07 ① 08 ②

해설

항공안전법 제2조2호(경량항공기)

항공기 외에 공기의 반작용으로 뜰 수 있는 기기로서 최대이륙중량, 좌석 수 등 국토교통부령으로 정하는 기준에 해당하는 비행기, 헬리콥터, 자이로플레인(Gyroplane) 및 동력패러슈트(Powered Parachute) 등을 말한다.

09 다음 중에서 경량항공기의 기준은?

① 탑승자, 연료 및 비상용 장비의 중량을 제외한 자체중량이 115[kg] 이하일 것

② 유인자유기구 또는 무인자유기구

③ 조종석은 여압(與壓)이 되지 아니할 것

④ 좌석이 1개일 것

해설

항공안전법 시행규칙 제4조(경량항공기의 기준)

1. 최대이륙중량이 600[kg](수상비행에 사용하는 경우에는 650[kg]) 이하일 것
2. 최대 실속속도 또는 최소 정상비행속도가 45노트 이하일 것
3. 조종사 좌석을 포함한 탑승 좌석이 2개 이하일 것
4. 단발(單發) 왕복발동기를 장착할 것
5. 조종석은 여압(與壓)이 되지 아니할 것
6. 비행 중에 프로펠러의 각도를 조정할 수 없을 것
7. 고정된 착륙장치가 있을 것. 다만, 수상비행에 사용하는 경우에는 고정된 착륙장치 외에 접을 수 있는 착륙장치를 장착할 수 있다.

10 다음 중에서 초경량 항공기가 아닌 것은?

① "자체중량, 좌석 수 등 국토교통부령으로 정하는 기준에 해당하는 동력비행장치 등

② 최대이륙중량, 좌석 수 등 국토교통부령으로 정하는 기준에 해당하는 헬리콥터 등

③ "자체중량, 좌석 수 등 국토교통부령으로 정하는 기준에 해당하는 패러글라이더 등

④ "자체중량, 좌석 수 등 국토교통부령으로 정하는 기준에 해당하는 기구류 등

해설

항공안전법 제2조3호(초경량비행장치)

항공기와 경량항공기 외에 공기의 반작용으로 뜰 수 있는 장치로서 자체중량, 좌석수 등 국토교통부령으로 정하는 기준에 해당하는 동력비행장치, 행글라이더, 패러글라이더, 기구류 및 무인비행장치 등을 말한다.

11 다음 중에서 초경량 항공기의 기준이 아닌 것은?

① 동력비행장치 ② 헬리콥터

③ 패러글라이더 ④ 무인비행장치

해설

항공안전법 시행규칙 제5조(초경량비행장치의 기준)

행글라이더, 패러글라이더, 기구류, 무인비행장치, 회전익비행장치, 동력패러글라이더 및 낙하산류 등을 말한다.

12 다음 중에서 "동력비행장치"가 아닌 것은?

① 고정익비행장치일 것

② 좌석이 1개 일 것

③ 탑승자, 연료 및 비상용 장비의 중량을 제외한 자체중량이 115[kg] 이하 일 것

④ 동력비행장치의 연료용량이 좌석이 1인 경우 19[ℓ], 좌석이 2인 경우 30[ℓ] 이하일 것

해설

항공안전법 시행규칙 제5조1(동력비행장치)

동력을 이용하는 것으로서 다음 각 목의 기준을 모두 충족하는 고정익비행장치

① 탑승자, 연료 및 비상용 장비의 중량을 제외한 자체중량이 115[kg] 이하일 것

② 좌석이 1개일 것

13 다음 중에서 "무인비행장치"라 함은?

① 자체무게가 180[kg] 미만이고, 길이가 20[m] 미만인 무인헬리콥터

② 자체무게가 180[kg] 미만이고, 길이가 20[m] 미만인 무인활공기

③ 자체무게가 150[kg] 미만인 무인비행기 및 무인회전익비행장치

④ 자체중량이 150[kg] 미만인 무인비행선

[정답] 09 ③ 10 ② 11 ② 12 ④ 13 ③

해설

항공안전법 시행규칙 제5조5(무인비행장치)

① 무인동력비행장치 : 연료의 중량을 제외한 자체중량이 150[kg] 이하인 무인비행기, 무인헬리콥터 또는 무인멀티콥터
② 무인비행선 : 연료의 중량을 제외한 자체중량이 180[kg] 이하이고 길이가 20[m] 이하인무인비행선

14 다음 중에서 "국가기관 등 항공기"가 아닌 것은?

① 재난, 재해 등으로 인한 수색, 구조
② 산불의 진화 및 예방
③ 응급환자의 수송 등 구조, 구급활동
④ 군·경찰·세관용 항공기

해설

항공안전법 제2조4(국가기관 등 항공기)

군용·경찰용·세관용 항공기는 제외한 항공기
① 재난·재해 등으로 인한 수색(搜索)·구조
② 산불의 진화 및 예방
③ 응급환자의 후송 등 구조·구급활동
④ 그 밖에 공공의 안녕과 질서유지를 위하여 필요한 업무

15 다음 중에서 "국가기관 등 항공기"에 속하는 것은?

① 해군 초계기　② 경찰청 항공기
③ 산림청 헬리콥터　④ 세관 업무용 항공기

해설

항공안전법 제2조4호(14번 문제 참조)

산불의 진화 및 예방은 산림청항공기의 업무

16 다음 중에서 공공기관이라 함은?

① 국립공원관리공단　② 군 항공기관
③ 경찰 항공기관　④ 세관용 항공기관

해설

항공안전법 시행령 제3조(국가기관 등 항공기 관련 공공기관의 범위)

국립공원공단법에 따른 국립공원공단

17 다음 중에서 "항공업무"가 아닌 것은?

① 항공기의 운항(항공기의 조종연습 제외)
② 항공교통관제(항공교통관제연습 제외)
③ 항공기의 운항관리 및 무선시설의 조작
④ 항공기에 탑승하여 비상탈출진행 등 안전업무 수행하는 승무원

해설

항공안전법 제2조5호(항공업무)

① 항공기의 운항(무선설비의 조작 포함) 업무(제46조에 따른 항공기 조종연습 제외)
② 항공교통관세(무선설비의 조작 포함) 업무(제47조에 따른 항공교통관제연습 제외)
③ 항공기의 운항관리 업무
④ 정비·수리·개조된 항공기·발동기·프로펠러, 장비 품 또는 부품에 대해 안전하게 운용할 수 있는 성능이 있는지를 확인하는 업무

18 항공안전법 제2조6호의 국토교통부령으로 정하는 항공기의 사고가 아닌 것은?

① 사람의 사망, 중상 또는 행방불명
② 항공기의 사고
③ 항공기의 파손 또는 구조적 손상
④ 항공기의 위치를 확인할 수 없거나 항공기에 접근이 불가능한 경우

해설

항공안전법 제2조6호(항공기 사고)

① 사람의 사망, 중상 또는 행방불명
② 항공기의 파손 또는 구조적 손상
③ 항공기의 위치를 확인할 수 없거나 항공기에 접근이 불가능한 경우

19 다음 중에서 항공기 사고로 인한 사망·중상의 적용 기준이 아닌 것은?

① 항공기에 탑승한 사람이 사망하거나 중상을 입은 경우
② 항공기의 후류로 인하여 사망하거나 중상을 입은 경우
③ 초경량비행 장치에 탑승한 사람이 사망하거나 중상을 입은 경우
④ 자연적인 원인 또는 자기 자신이나 타인에 의하여 발생된 경우

[정답] 14④ 15③ 16① 17④ 18② 19④

해설

항공안전법 시행규칙 제6조

항공안전법 제2조제6호가목에 따른 사람의 사망 또는 중상에 대한 적용기준 참조

20 다음 중에서 항공기의 운항과 관련하여 발생한 사망·중상의 범위는?

① 사고가 발생한 날부터 30일 이내에 그 사고로 사망한 경우

② 부상을 입은 날부터 5일 이내에 48시간을 초과하는 입원치료가 필요한 부상

③ 코뼈, 손가락, 발가락 등의 간단한 골절

④ 2도나 3도의 화상 또는 신체표면의 3[%]를 초과하는 화상

해설

항공안전법 시행규칙 제7조(사망·중상의 범위)

항공안전법 제2조제6호가목, 같은 조 제7호가목 및 같은 조 제8호가목에 따른 사람의 사망은항공기사고, 경량항공기사고 또는 초경량비행장치사고가 발생한 날부터 30일 이내에 그 사고로사망한 경우

21 다음 중에서 항공기 사고로 인한 사망·중상의 범위가 아닌 것은?

① 부상을 입은 날부터 7일 이내에 48시간 이상의 입원을 요하는 부상

② 코뼈·손가락·발가락 등의 간단한 골절

③ 열상(찢어진 상처)으로 인한 심한 출혈·신경·근육 또는 힘줄의 손상

④ 2도나 3도의 화상 또는 신체표면의 5[%] 이상의 화상

해설

항공안전법 시행규칙 제7조

1. 항공기사고, 경량항공기사고 또는 초경량비행장치사고로 부상을 입은 날부터 7일 이내에 48시간을 초과하는 입원치료가 필요한 부상
2. 골절(코뼈, 손가락, 발가락 등의 간단한 골절은 제외한다.)
3. 열상(찢어진 상처)으로 인한 심한 출혈, 신경·근육 또는 힘줄의 손상
4. 2도나 3도의 화상 또는 신체표면의 5[%]를 초과하는 화상(화상을 입은 날부터 7일 이내에 48시간을 초과하는 입원치료가 필요한 경우만 해당한다.)
5. 내장의 손상
6. 전염물질이나 유해방사선에 노출된 사실이 확인된 경우

22 다음 중에서 항공기의 파손 또는 구조적 손상의 범위가 아닌 것은?

① 항공기에서 발동기가 떨어져 나간 경우

② 덮개와 부품(Accessory)을 포함하여 한 개의 발동기의 고장 또는 손상

③ 비상탈출로 중상자가 발생했거나 항공기가 심각한 손상을 입은 경우

④ 레이돔(Radome)이 파손되거나 떨어져 나가면서 항공기의 동체 구조 또는 시스템에 중대한 손상을 준 경우

해설

항공안전법 시행규칙 제8조 별표 1 참조

23 다음 중에서 항공기의 파손 또는 구조적 손상의 범위에 속하지 않는 것은?

① 덮개와 부품(Accessory)을 포함하여 한 개의 발동기의 고장 또는 손상

② 항공기 구조물에 영향을 미쳐 대수리가 요구되는 것

③ 항공기의 성능에 영향을 미쳐 구성품의 교체가 요구되는 것

④ 비행특성에 영향을 미쳐 대수리가 요구되는 것

해설

항공안전법 시행규칙 제8조 별표 1 참조

24 항공안전법 시행규칙 별표 1, 제1호에서 항공기의 중대한 손상·파손 및 구조상의 결함으로 보지 아니 한 것은?

① 덮개와 부품(Accessory)을 포함하여 한 개의 발동기의 고장 또는 손상

[정답] 20 ① 21 ② 22 ② 23 ① 24 ①

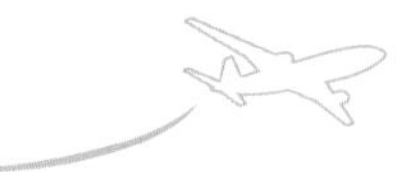

② 프로펠러, 날개 끝(Wing tip), 안테나, 프로브(Probe), 베인(Vane), 타이어, 브레이크, 바퀴, 페어링(Faring), 패널(Panel), 착륙장치 덮개, 방풍창 및 항공기 표피의 손상
③ 주 회전익, 꼬리회전익 및 착륙장치의 경미한 손상
④ 우박 또는 조류와 충돌 등에 따른 경미한 손상(레이돔(Radome)의 구멍을 포함한다.)

해설

항공안전법 시행규칙 제8조 별표 1 참조

25 **다음 중에서 "항공기 준사고"의 범위에 속하지 않는 것은?**

① 정상적인 비행 중 지표 또는 수면과의 충돌(CFIT)을 가까스로 회피한 비행
② 폐쇄 중이거나 다른 항공기가 사용 중인 활주로에서의 이륙포기
③ 비행 중 다른 항공기 또는 물체와의 거리가 500[ft] 이상으로 근접하여 충돌
④ 폐쇄되거나 다른 항공기가 사용 중인 활주로에의 착륙 또는 착륙시도

해설

항공안전법 시행규칙 제9조 별표 2 참조

26 **다음 중에서 항공기준사고의 범위에 포함되지 않는 것은?**

① 다른 항공기와 충돌위험이 있었던 것으로 판단되는 근접비행이 발생한 경우
② 조종사가 연료량 연료분배 이상으로 비상선언을 한 경우
③ 운항 중 발동기에서 화재가 발생한 경우
④ 운항 중 엔진 덮개가 풀리거나 이탈한 경우

해설

항공안전법 시행규칙 별표 2 참조

27 **항공기가 비행 중 항공안전장애 내용 경우가 아닌 것은?**

① 공중충돌경고장치 회피기동(ACAS RA)이 발생한 경우
② 공중충돌경고장치 회피기동(ACAS RA)이 발생한 경우
③ 지형·수면·장애물 등과 최저 장애물회피고도가 확보되지 않았던 경우
④ 고도 및 경로의 허용된 오차범위 내에서 운항한 경우는 제외한다.

해설

항공안전법 시행규칙 제10조 별표 3 참조

28 **항공기가 이륙·착륙 중 항공안전장애 내용은?**

① 착륙표면에 항공기 동체 꼬리, 날개 끝, 엔진 덮개 등이 비정상적으로 접촉된 경우
② 사고
③ 항공기준사고
④ 정비교범에 따른 항공기 손상·파손 허용범위 이내인 경우

해설

항공안전법 시행규칙 제10조 별표 3 참조

29 **항공기가 지상운항 중 항공안전장애 내용이 아닌 것은?**

① 장애물, 차량, 장비와 접촉한 경우
② 장애물, 차량, 동물 등과 충돌한 경우
③ 항공기의 제어손실이 발생하여 유도로를 이탈한 경우
④ 항공기 운항허용범위 이내의 손상인 경우

해설

항공안전법 시행규칙 제10조 별표 3 참조

[정답] 25 ③ 26 ④ 27 ④ 28 ① 29 ④

30 항공기가 운항 준비 중 항공안전장애 내용이 아닌 것은?

① 지상조업 중 비정상 상황이 발생하여 항공기의 안전에 영향을 준 경우
② 급유 중 인위적으로 제거하여야 하는 다량의 기름유출 등
③ 위험물 처리과정에서 부적절한 라벨링, 포장, 취급 등이 발생한 경우
④ 화재경보시스템이 작동한 경우

해설

항공안전법 시행규칙 제10조 별표 3 참조

31 항공기가 화재로 연기가 발생한 항공안전장애 내용은?

① 단순 이물질에 의한 것으로 확인된 경우
② 탑승자의 일시적 흡연이 확인된 경우
③ 객실 조리기구·설비에서 경미한 화재 및 연기가 발생한 경우
④ 탑승자의 일시적인 스프레이 분사가 확인된 경우

해설

항공안전법 시행규칙 제10조 별표 3 참조

32 항공기 고장으로 인한 항공안전장애 내용이 아닌 것은?

① 지상 활주 중 제동력 상실을 일으키는 제동시스템 구성품의 고장이 발생한 경우
② 운항 중 착륙장치의 내림이나 올림 또는 착륙장치의 문 열림과 닫힘이 발생한 경우
③ 운항 중 항공기 구조의 내부 손상
④ 운항 중 엔진 덮개가 풀리거나 이탈한 경우

해설

항공안전법 시행규칙 제10조 별표 3 참조

33 공항 및 항행서비스의 안전장애 내용이 아닌 것은?

① 위험물이 활주로, 유도로 등 공항 이동지역에 방치된 경우
② 항행안전무선시설, 공항정보방송시설(ATIS) 등의 운영이 중단된 상황
③ 활주로 등 공항 이동지역 내에서 차량과 차량, 장비가 충돌한 경우
④ 운항허용범위 이내의 손상인 경우

해설

항공안전법 시행규칙 제10조 별표 3 참조

34 다음 중에서 "비행정보구역"으로 맞는 것은?

① 항공기가 안전하고 효율적인 비행과 수색 또는 구조에 필요한 정보를 제공하기 위한 공역
② 국제민간항공기구 부속서에 따라 대통령령으로 그 명칭을 지정·공고한 공역
③ 국제민간항공기구 부속서에 따라 대통령령으로 수직을 지정·공고한 공역
④ 국제민간항공기구 부속서에 따라 대통령령으로 수평 범위를 지정·공고한 공역

해설

항공안전법 제2조11호

비행정보구역이란 항공기, 경량항공기 또는 초경량비행장치의 안전하고 효율적인 비행과 수색 또는 구조에 필요한 정보를 제공하기 위한 공역으로서「국제민간항공협약」 및 같은 협약 부속서에 따라 국토교통부장관이 그 명칭, 수직 및 수평 범위를 지정·공고한 공역을 말한다.

35 항공안전법 제2조11호 다음 중에서 대한민국의 영공이 아닌 것은?

① 대한민국의 영토
② 대한민국 영해 및 접속 수역법
③ 대한민국 영해의 상공
④ 대한민국 영해의 수역

[정답] 30 ④ 31 ③ 32 ③ 33 ④ 34 ① 35 ④

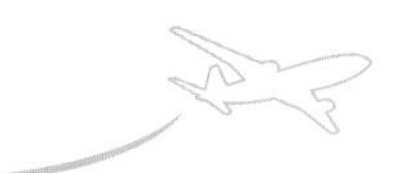

해설

항공안전법 제2조12호

영공(領空)이란 대한민국의 영토와 「영해 및 접속 수역법」에 따른 내수 및 영해의 상공을 말한다.

36 다음 중에서 항공로의 설명이 바르게 설명된 것은?

① 국토교통부장관이 항공기의 항행에 적합하다고 지정한 지구의 표면상에 표시한 공간의 길

② 국제민간항공이 항공기의 항행에 적합하다고 지정한 지구의 표면상에 표시한 공간의 길

③ 지방항공청장이 항공기의 항행에 적합하다고 지정한 지구의 표면상에 표시한 공간의 길

④ 대통령으로 정한 항공기의 항행에 적합하다고 지정한 지구의 표면상에 표시한 공간의 길

해설

항공안전법 제2조13호

국토교통부장관이 항공기, 경량항공기 또는 초경량비행장치의 항행에 적합하다고 지정한지구의 표면상에 표시한 공간의 길을 말한다.

37 다음 중에서 "항공로"라 함은?

① 항공기의 항행에 적합하다고 지정한 지구의 표면상에 표시한 공간의 길

② 항공교통의 안전을 위하여 국토교통부장관이 지정한 공역

③ 비행장 및 그 주변의 공역

④ 지표면 또는 수면으로부터 200[m] 이상 높이의 공역

해설

항공안전법 제2조13호

국토교통부장관이 항공기, 경량항공기 또는 초경량비행장치의 항행에 적합하다고 지정한 지구의 표면상에 표시한 공간의 길을 말한다.

38 항공안전법이 정하는 "항공종사자"의 설명이 잘못된 것은?

① 자격증명 취소처분을 받고 그 취소일 부터 2년이 지나지 아니한 사람

② 항공안전법 제34조1에 따른 항공종사자 자격증명을 받은 사람

③ 운항관리사 자격증명을 받을 수 있는 나이는 18세

④ 군인은 국방부장관으로부터 자격인정을 받아 항공교통관제 업무를 수행할 수 있다.

해설

항공안전법 제2조14호 및 제34조

- 국토교통부령으로 정하는 바에 따라 국토교통부장관으로부터 항공종사자 자격승명을 빋아야 한다.
  ① 자가용 조종사 자격 : 17세
  ② 사업용 조종사, 부조종사, 항공사, 항공기관사, 항공교통관제사 및 항공정비사 자격 : 18세
  ③ 운송용 조종사 및 운항관리사 자격 : 21세
- 제43조제1에 따른 자격증명 취소처분을 받고 그 취소일 부터 2년이 지나지 아니한 사람(취소된자격증명을 다시 받는 경우에 한정한다.)
- 국토교통부장관은 항공종사자가 다음 각 호의 어느 하나에 해당하는 경우에는 그 자격증명이나자격증명의 한정(이하 이 조에서 "자격증명 등"이라 한다.)을 취소하거나 1년 이내의 기간을 정하여 자격증명 등의 효력정지를 명할 수 있다. 다만, 제1호 또는 제31호에 해당하는 경우에는 해당자격증명 등을 취소하여야 한다.
- 「군사기지 및 군사시설 보호법」을 적용받는 항공작전기지에서 항공기를 관제하는 군인은 국방부장관으로부터 자격인정을 받아 항공교통관제 업무를 수행할 수 있다.

39 항공안전법이 정하는 모의 비행장치의 설명이 잘못된 것은?

① 항공기의 조종실을 모방한 장치

② 기계·전기·전자장치 등에 대한 통제기능이 실제의 항공기와 동일하게 재현될 수 있게 고안된 장치

③ 항공기의 시스템 및 조종실을 실제의 항공기와 동일하게 재현될 수 있게 고안된 장치

④ 기계·전기·전자장치 등에 대한 비행 성능이 실제의 항공기와 동일하게 재현될 수 있게 고안된 장치를 말한다.

해설

항공안전법 제2조15호 모의 비행장치

항공기의 조종실을 모방한 장치로서 기계·전기·전자장치 등에 대한 통제기능과 비행의 성능 및 특성 등이 실제의 항공기와 동일하게 재현될 수 있게 고안된 장치를 말한다.

[정답] 36 ① 37 ① 38 ③ 39 ③

40 항공안전법이 정하는 운항승무원의 종류가 아닌 것은?

① 운송용 조종사 ② 항공기 기관사
③ 항공기 승무원 ④ 운항관리사

해설

항공안전법 제2조16호 및 제35조

"운항승무원"이란 제35조제1호부터 제6호까지의 어느 하나에 해당하는 자격증명을 받은 사람으로서 항공기에 탑승하여 항공업무에 종사하는 사람을 말한다.

1. 운송용 조종사 2. 사업용 조종사
3. 자가용 조종사 4. 부조종사
5. 항공사 6. 항공기관사
7. 항공교통관제사 8. 항공정비사
9. 운항관리사

41 항공안전법이 정하는 객실 승무원의 포괄적 업무는?

① 승객의 서비스 업무와 승객을 안전하게 탈출 시키는 업무
② 승객의 안전을 위하여 비상시 업무를 수행하는 사람
③ 승객에게 쾌적감을 제공하는 서비스 업무 등
④ 승객의 서비스와 기내 면세품 판매 업무 등

해설

항공안전법 제2조17호 객실 승무원

항공기에 탑승하여 비상시 승객을 탈출시키는 등 승객의 안전을 위한 업무를 수행하는 사람을 말한다.

42 항공안전법에서 정하는 "계기비행"이라 함은?

① 항공기의 자세·고도·위치를 국토교통부장관이 정한다.
② 항공기에 장착된 계기에 의존하여 비행하는 것을 말한다.
③ 국토교통부장관이 정한 항공기에 장착된 계기에 의존하여 비행하는 것을 말한다.
④ 비행계획에 의거 항공기에 장착된 계기에 의존하여 비행하는 것을 말한다.

해설

항공안전법 제2조18호 계기비행

항공기의 자세·고도·위치 및 비행방향의 측정을 항공기에 장착된 계기에만 의존하여 비행하는 것을 말한다.

43 항공안전법에서 정하는 계기 비행의 방식은?

① 항공교통업무증명을 받은 자가 지시하는 비행의 방법에 따라 비행하는 방식을 말한다.
② 지방항공청장이 지시하는 이동·이륙·착륙의 순서 및 시기와 비행의 방법에 따라야 한다.
③ 지방항공청장이 지시하는 비행의 방법에 따라야 한다.
④ 지방항공청장의 항공교통업무증명을 받아야 한다.

해설

- **항공안전법 제2조19호 계기비행 방식**
  계기비행을 하는 사람이 제84조 제1에 따라 국토교통부장관 또는 제85조 제1에 따른 항공교통업무증명(이하 "항공교통업무증명"이라 한다.)을 받은 자가 지시하는 이동·이륙·착륙의 순서 및 시기와 비행의 방법에 따라 비행하는 방식을 말한다.
- **항공안전법 제84조(항공교통관제 업무 지시의 준수)**
  ① 비행장, 공항, 관제권 또는 관제구에서 항공기를 이동·이륙·착륙시키거나 비행하려는 자는 국토교통부장관 또는 항공교통업무증명을 받은 자가 지시하는 이동·이륙·착륙의 순서 및 시기와 비행의 방법에 따라야 한다.
- **항공안전법 제85조(항공교통업무증명 등)**
  ① 국토교통부장관 외의 자가 항공교통업무를 제공하려는 경우에는 국토교통부령으로 정하는 바에 따라 항공교통업무를 제공할 수 있는 체계(이하 "항공교통업무제공체계"라 한다.)를 갖추어 국토교통부장관의 항공교통업무증명을 받아야 한다.

44 항공안전법에서 정하는 피로 위험관리시스템 이란?

① 항공종사자가 충분한 주의력이 있는 상태에서 해당 업무를 할 수 있는 시스템
② 운항승무원과 객실승무원이 충분한 주의력이 있는 상태에서 해당 업무를 할 수 있는 시스템
③ 객실승무원이 충분한 주의력이 있는 상태에서 해당 업무를 할 수 있는 시스템
④ 운항승무원이 충분한 주의력이 있는 상태에서 해당 업무를 할 수 있는 시스템

해설

항공안전법 제2조20호 피로위험관리시스템

운항승무원과 객실승무원이 충분한 주의력이 있는 상태에서 해당 업무를 할 수 있도록 피로와 관련한 위험요소를 경험과 과학적 원리 및 지식에 기초하여 지속적으로 감독하고 관리하는 시스템을 말한다.

[정답] 40 ③ 41 ② 42 ② 43 ① 44 ②

45 항공안전법에서 정하는 "비행장"으로 맞는 것은?

① 육지의 일정한 구역으로서 항공안전법이 정하는 것을 말한다.

② 육지의 일정한 구역으로서 국토교통부령으로 정하는 것을 말한다.

③ 육지 또는 수면의 일정한 구역으로서 항공안전법이 정하는 것을 말한다.

④ 육지 또는 수면의 일정한 구역으로서 대통령령으로 정하는 것을 말한다.

해설

항공안전법 제2조21호 및 공항시설법 제2조2호

「공항시설법」 제2조제2호에 따른 비행장을 말한다.
항공기·경량항공기·초경량비행장치의 이륙[이수(離水)를 포함한다. 이하 같다]과 착륙[착수(着水)를 포함한다. 이하 같다]을 위하여 사용되는 육지 또는 수면(水面)의 일정한 구역으로서 대통령령으로 정하는 것을 말한다.

46 항공안전법에서 정하는 "공항"을 맞게 설명 한 것은?

① 국토교통부장관령으로 공항시설을 갖춘 공공용 비행장을 말한다.

② 대통령령으로 그 명칭·위치 및 구역을 지정·고시한 것을 말한다.

③ 지방항공청장이 그 명칭·위치 및 구역을 지정·고시한 것을 말한다.

④ 항공 안전법이 그 명칭·위치 및 구역을 고시한 것을 말한다.

해설

항공안전법 제2조22호 및 공항시설법 제2조3호

「공항시설법」제2조제3호에 따른 공항을 말한다.
공항시설을 갖춘 공공용 비행장으로서 국토교통부장관이 그 명칭·위치 및 구역을 지정·고시 한 것을 말한다.

47 다음 중에서 항공안전법에서 정하는 "공항시설"이 아닌 것은?

① 공항구역에 있는 시설과 공항구역 밖에 있는 시설

② 항공기의 이륙·착륙 및 항행을 위한 시설

③ 항공 여객 및 화물의 운송을 위한 시설

④ 비행장시설을 갖춘 공공용 공항을 말한다.

해설

항공안전법 제2조23호 및 공항시설법 제2조7호

"공항시설"이란 공항구역에 있는 시설과 공항구역 밖에 있는 시설 중 대통령령으로 정하는 시설로서 국토교통부장관이 지정한 다음 각 목의 시설을 말한다.

가. 항공기의 이륙 · 착륙 및 항행을 위한 시설과 그 부대시설 및 지원시설

나. 항공 여객 및 화물의 운송을 위한 시설과 그 부대시설 및 지원시설

48 다음 중에서 항공안전법에서 정하는 "항행안전 시설"이 아닌 것은?

① 유선통신, 무선통신을 이용하여 항공기의 항행을 돕기 위한 시설

② 전파(電波)를 이용하여 항공기의 항행을 돕기 위한 시설

③ 인공위성, 불빛, 색채를 이용하여 항공기의 항행을 돕기 위한 시설

④ 항공기의 항행을 돕기 위한 시설로서 대통령령으로 정하는 시설

해설

항공안전법 제2조24호 및 공항시설법 제2조15호

"항행안전시설"이란 유선통신, 무선통신, 인공위성, 불빛, 색채 또는 전파(電波)를 이용하여 항공기의 항행을 돕기 위한 시설로서 국토교통부령으로 정하는 시설을 말한다.

49 다음 중에서 항공안전법에서 정하는 "관제권"이 아닌 것은?

① 비행장과 그 주변의 공역

② 공항과 그 주변의 공역

③ 지표면 또는 공역

④ 국토교통부장관이 지정·공고한 공역

해설

항공안전법 제2조25호

[정답] 45 ④ 46 ① 47 ④ 48 ④ 49 ③

"관제권"(管制圈)이란 비행장 또는 공항과 그 주변의 공역으로서 항공교통의 안전을 위하여 국토교통부장관이 지정 · 공고한 공역을 말한다.

50 다음 중에서 항공안전법에서 정하는 "관제권"이라 함은?

① 국토부장관이 지정한 공역
② 국토부령으로 정한 공역
③ 대통령이 지정한 공역
④ 지방항공청장이 지정한 공역

해설

항공안전법 제2조25호
"관제권"(管制圈)이란 비행장 또는 공항과 그 주변의 공역으로서 항공교통의 안전을 위하여 국토교통부장관이 지정 · 공고한 공역을 말한다.

51 다음 중에서 항공안전법에서 정하는 "관제구"란?

① 지표면 또는 수면으로부터 100[m] 이상 높이의 공역
② 지표면 또는 수면으로부터 200[m] 이상 높이의 공역
③ 지표면 또는 수면으로부터 300[m] 이상 높이의 공역
④ 지표면 또는 수면으로부터 400[m] 이상 높이의 공역

해설

항공안전법 제2조26호
"관제구"(管制區)란 지표면 또는 수면으로부터 200[m] 이상 높이의 공역으로서 항공교통의 안전을 위하여 국토교통부장관이 지정 · 공고한 공역을 말한다.

52 다음 중에서 "항공운송사업"이 아닌 것은?

① 경항공 운송사업　② 국내항공 운송사업
③ 국제항공 운송사업　④ 소형항공 운송사업

해설

항공안전법 제2조27호 및 항공사업법 제2조7호
"항공운송사업"이란 국내항공운송사업, 국제항공운송사업 및 소형항공운송사업을 말한다.

53 다음 중에서 "항공운송사업자"가 아닌 것은?

① 경항공 운송사업자　② 국내항공 운송사업자
③ 국제항공 운송사업자　④ 소형항공 운송사업자

해설

항공안전법 제2조28호 및 항공사업법 제2조8호
"항공운송사업자"란 국내항공운송사업자, 국제항공운송사업자 및 소형항공운송사업자를 말한다.

54 다음 중에서 "항공기사용사업"이 아닌 것은?

① 항공운송사업 외의 사업
② 타인의 수요에 맞추어 항공기를 사용하여 유상으로 농약을 살포
③ 국토교통부령으로 정하는 업무를 하는 사업
④ 항공기를 이용한 비행

해설

항공안전법 제2조29호 및 항공사업법 제2조15호
"항공기사용사업"이란 항공운송사업 외의 사업으로서 타인의 수요에 맞추어 항공기를 사용하여 유상으로 농약살포, 건설자재 등의 운반, 사진촬영 또는 항공기를 이용한 비행훈련 등 국토교통부령으로 정하는 업무를 하는 사업을 말한다.

55 다음 중에서 "항공기사용사업자"가 아닌 것는?

① 국토교통부장관에게 항공기사용사업을 등록한 자
② 국토교통부령으로 정하는 업무를 하는 사업자
③ 운항개시예정일 등을 적은 신청서를 국토교통부장관에게 등록한 자
④ 항공기사용사업을 경영하려는 자

해설

- **항공안전법 제2조30호 및 항공사업법 제2조16호**
  "항공기사용사업자"란 제30조제1에 따라 국토교통부장관에게 항공기사용사업을 등록한 자를 말한다.
- **항공사업법 제30조1호**
  항공기사용사업을 경영하려는 자는 국토교통부령으로 정하는 바에 따라 운항개시예정일 등을 적은 신청서에 사업계획서와 그 밖에 국토교통부령으로 정하는 서류를 첨부하여 국토교통부장관에게 등록하여야 한다.

[정답] 50 ① 51 ② 52 ① 53 ① 54 ④ 55 ②

56 다음 중에서 항공기정비업의 설명을 잘못한 것은?

① 국토교통부장관에게 항공기정비업을 등록한 자

② 정비업을 경영하려는 자

③ 정비업을 경영하려는 자는 국토교통부장관에게 등록하여야 한다.

④ 등록 사항을 변경하려는 경우에는 국토교통부장관에게 변경신청을 하여야 한다.

해설

- **항공안전법 제2조31호 및 항공사업법 제2조18호, 제42조1호**
  "항공기정비업자"란 제42조제1에 따라 국토교통부장관에게 항공기정비업을 등록한 자를 말한다.
- **항공사업법 제42조1**
  항공기정비업을 경영하려는 자는 국토교통부령으로 정하는 바에 따라 국토교통부장관에게 등록하여야 한다. 등록한 사항 중 국토교통부령으로 정하는 사항을 변경하려는 경우에는 국토교통부장관에게 신고하여야 한다.

57 다음 중에서 초경량비행장치 사용사업의 설명이 잘못된 것은?

① 초경량비행 장치를 사용하여 유상으로 농약을 살포하는 등의 사업을 말한다.

② 초경량비행 장치를 사용하여 유상으로 국토교통부령으로 정하는 업무를 하는 사업을 말한다.

③ 초경량비행 장치를 사용하여 유상으로 사진촬영 등의 사업을 말한다.

④ 초경량비행 장치를 사용하여 유상으로 하는 사용사업을 말한다.

해설

- **항공안전법 제2조32호 및 항공사업법 제2조23호**
  "초경량비행장치 사용사업"이란 타인의 수요에 맞추어 국토교통부령으로 정하는 초경량비행장치를 사용하여 유상으로 농약살포, 사진촬영 등 국토교통부령으로 정하는 업무를 하는 사업을 말한다.
- **시행규칙 제6조**
  ① 법 제2조제23호에서 "국토교통부령으로 정하는 초경량비행장치"란 「항공안전법 시행규칙」 제5조제2제5호에 따른 무인비행장치를 말한다.
  ② 법 제2조제23호에서 "농약살포, 사진촬영 등 국토교통부령으로 정하는 업무"란 다음 각 호의 어느 하나에 해당하는 업무를 말한다.
  1. 비료 또는 농약 살포, 씨앗 뿌리기 등 농업 지원
  2. 사진촬영, 육상 · 해상 측량 또는 탐사
  3. 산림 또는 공원 등의 관측 또는 탐사
  4. 조종교육
  5. 그 밖의 업무로서 다음 각 목의 어느 하나에 해당하지 아니하는 업무
     가. 국민의 생명과 재산 등 공공의 안전에 위해를 일으킬 수 있는 업무
     나. 국방 · 보안 등에 관련된 업무로서 국가 안보를 위협할 수 있는 업무

58 다음 중에서 초경량비향장치 사용사업 범위가 아닌 것은?

① 비료 또는 농약 살포, 씨앗 뿌리기 등 농업 지원

② 사진촬영, 육상·해상 측량 또는 탐사

③ 산림 또는 공원 등의 관측 또는 탐사

④ 국민의 생명과 재산 등 공공의 안전에 위해를 일으킬 수 있는 업무

해설

항공안전법 제2조32호 및 항공사업법 제2조23호, 시행규칙 제6조(문제57번 참조)

59 다음 중에서 무인비행장치 기준이 아닌 것은?

① 연료의 중량을 제외한 자체중량이 150[kg] 이하인 무인헬리콥터

② 연료의 중량을 제외한 자체중량이 150[kg] 이하인 무인비행선

③ 연료의 중량을 제외한 자체중량이 150[kg] 이하인 무인비행기

④ 연료의 중량을 제외한 자체중량이 150[kg] 이하인 멀티콥터

해설

- **항공안전법 제2조32호(문제57번 참조)**
  연료의 중량을 제외한 자체중량이 150[kg] 이하인 무인 비행선

[정답] 56 ④ 57 ④ 58 ④ 59 ②

60 초경량비행장치 사업을 경영하려는 자가 국토교통부장관에게 등록하여야할 사항은?

① 자본금이 1천만원 이상으로서 대통령령으로 정하는 금액 이상이어야 한다.

② 자본금이 2천만원 이상으로서 대통령령으로 정하는 금액 이상이어야 한다.

③ 자산평가액이 2천만원 이상으로서 대통령령으로 정하는 금액 이상이어야 한다.

④ 자산평가액이 3천만원 이상으로서 대통령령으로 정하는 금액 이상이어야 한다.

해설

- **항공안전법 제2조33호 및 항공사업법 제2조24호**
  "초경량비행장치사용사업자"란 제48조제1에 따라 국토교통부장관에게 초경량비행장치사용사업을 등록한 자를 말한다.
- **항공사업법 제48조1, 2**
  ① 초경량비행장치사용사업을 경영하려는 자는 국토교통부령으로 정하는 바에 따라 신청서에 사업계획서와 그 밖에 국토교통부령으로 정하는 서류를 첨부하여 국토교통부장관에게 등록하여야 한다. 등록한 사항 중 국토교통부령으로 정하는 사항을 변경하려는 경우에는 국토교통부장관에게 신고하여야 한다.
  ② 제1에 따른 초경량비행장치사용사업을 등록하려는 자는 다음 각 호의 요건을 갖추어야 한다.
  1. 자본금 또는 자산평가액이 3천만원 이상으로서 대통령령으로 정하는 금액 이상일 것. 다만, 최대이륙중량이 25[kg] 이하인 무인비행장치만을 사용하여 초경량비행장치사용사업을 하려는 경우는 제외한다.
  2. 초경량비행장치 1대 이상 등 대통령령으로 정하는 기준에 적합할 것
  3. 그 밖에 사업 수행에 필요한 요건으로서 국토교통부령으로 정하는 요건을 갖출 것

61 다음 중에서 이·착륙장이란?

① 비행장 외에 비행기가 이륙 또는 착륙을 위하여 사용되는 육지 또는 수면

② 비행장 외에 헬리콥터가가 이륙 또는 착륙을 위하여 사용되는 육지 또는 수면

③ 비행장 외에 활공기가 이륙 또는 착륙을 위하여 사용되는 육지 또는 수면

④ 비행장 외에 경량항공기의 이륙 또는 착륙을 위하여 사용되는 육지 또는 수면

해설

항공안전법 제2조34호 및 항공시설법 제2조19호

"이착륙장"이란 비행장 외에 경량항공기 또는 초경량비행장치의 이륙 또는 착륙을 위하여 사용되는 육지 또는 수면의 일정한 구역으로서 대통령령으로 정하는 것을 말한다.

62 다음 중에서 "군용항공기 등의 적용특례"사항이 아닌 것은?

① 군용항공기와 이에 관련된 항공업무에 종사하는 자에 대하여는 이 법을 적용하지 아니한다.

② 세관업무 또는 경찰업무에 사용하는 항공기와 이에 관련된 항공업무에 종사하는 자에 대하여는 이 법을 적용하지 아니한다.

③「대한민국과 아메리카합중국간의 상호방위조약」제4조의 규정에 의하여 아메리카합중국이 사용하는 항공기와 이에 관련된 항공업무에 종사하는 자에 대하여는 제2의 규정 을 준용하지 아니한다.

④「대한민국과 아메리카합중국간의 상호방위조약」제4조의 규정에 의하여 아메리카합중국이 사용하는 항공기와 이에 관련된 항공업무에 종사하는 자에 대하여는 적용하지 아니한다.

해설

항공안전법 제3조

① 군용항공기와 이에 관련된 항공업무에 종사하는 사람에 대해서는 이 법을 적용하지 아니한다.
② 세관업무 또는 경찰업무에 사용하는 항공기와 이에 관련된 항공업무에 종사하는 사람에 대하여는 이 법을 적용하지 아니한다. 다만, 공중 충돌 등 항공기사고의 예방을 위하여 제51조, 제67조, 제68조제5호, 제79조 및 제84조제1을 적용한다.
③「대한민국과 아메리카합중국 간의 상호방위조약」제4조에 따라 아메리카합중국이 사용하는 항공기와 이에 관련된 항공업무에 종사하는 사람에 대하여는 제2을 준용한다.

[정답] 60 ④ 61 ④ 62 ③

63 다음 중에서 "긴급운항"의 범위가 아닌 것은?

① 국토교통부령이 정하는 공공목적으로 긴급히 운항(훈련을 포함한다.) 하는 경우
② 항공기를 이용하여 재해·재난의 예방, 산림 방제·순찰, 산림보호사업
③ 항공기를 이용하여 재해·재난의 예방, 산림 방제·순찰, 산림 보호 사업을 위한 화물수송 그 밖에 이와 유사한 목적으로 긴급하게 운항하는 경우
④ 세관, 소방·산림업무 등에 사용되는 항공기를 이용하여 화물수송을 긴급하게 운항하는 경우

해설

항공안전법 제4조 및 시행규칙 제11조

시행규칙 제11조는 법 제4조제2에서 "국토교통부령으로 정하는 공공목적으로 긴급히 운항(훈련을 포함한다)하는 경우"란 소방 · 산림 또는 자연공원 업무 등에 사용되는 항공기를 이용하여 재해 · 재난의 예방, 응급환자를 위한 장기(臟器) 이송, 산림 방제(防除) · 순찰, 산림보호사업을 위한 화물 수송, 그 밖에 이와 유사한 목적으로 긴급히 운항(훈련을 포함한다)하는 경우를 말한다.

64 항공기 운항 등에 관련된 권한 및 의무의 이양에 관한 사항이 아닌 것은?

① 외국에 등록된 항공기를 임차하여 운영하는 경우
② 대한민국에 등록된 항공기를 외국에 임대하여 운항하게 하는 경우 임대차
③ 임대차 항공기에 대한 권한 및 의무이양에 관한 사항은 대통령이 정하여 고시한다.
④ 임대차 항공기에 대한 권한 및 의무이양에 관한 사항은 국제민간항공협약에 따른다.

해설

항공안전법 제5조

외국에 등록된 항공기를 임차하여 운영하거나 대한민국에 등록된 항공기를 외국에 임대하여 운영하게 하는 경우 그 임대차(賃貸借) 항공기의 운영에 관련된 권한 및 의무의 이양(移讓)에 관한 사항은 「국제민간항공협약」에 따라 국토교통부장관이 정하여 고시한다.

제2장 항공기등록

01 다음 중에서 국토교통부장관에게 등록을 하여야 하는 자는?

① 군 또는 세관에서 사용하거나 경찰업무에 사용하는 항공기 소유자
② 국내에서 제작한 항공기로서 제작자외의 소유자가 결정되지 아니한 항공기 소유자
③ 외국에 등록된 항공기를 임차하여 법 제5조의 규정에 따라 운영하는 자
④ 항공기를 소유하거나 임차하여 항공기를 사용할 수 있는 권리가 있는 자

해설

항공안전법 제7조(항공기 등록)

① 항공기를 소유하거나 임차하여 항공기를 사용할 수 있는 권리가 있는 자(이하 "소유자등"이라 한다)는 항공기를 대통령령으로 정하는 바에 따라 국토교통부장관에게 등록을 하여야 한다. 다만, 대통령령으로 정하는 항공기는 그러하지 아니하다. 〈개정 2020. 6. 9.〉

02 다음 중에서 항공기의 권리를 등록하여야 하는 항공기는?

① 군·경찰 또는 세관업무에 사용하거나 경찰업무에 사용하는 항공기
② 외국에 임대할 목적으로 도입한 항공기로서 국내 국적을 취득할 항공기
③ 국내에서 제작한 항공기로서 제작자외의 소유자가 결정되지 아니한 항공기
④ 외국에 등록된 항공기를 임차하여 법 제5조의 규정에 따라 운영하는 경우 그 항공기

해설

제4조(등록을 필요로 하지 않는 항공기의 범위)

법 제7조제1항 단서에서 "대통령령으로 정하는 항공기"란 다음 각 호의 항공기를 말한다. 〈개정 2021. 11. 16.〉

1. 군 또는 세관에서 사용하거나 경찰업무에 사용하는 항공기
2. 외국에 임대할 목적으로 도입한 항공기로서 외국 국적을 취득할 항공기

[정답] 63 ④ 64 ③ 제2장 항공기등록 01 ④ 02 ②

3. 국내에서 제작한 항공기로서 제작자 외의 소유자가 결정되지 아니한 항공기
4. 외국에 등록된 항공기를 임차하여 법 제5조에 따라 운영하는 경우 그 항공기
5. 항공기 제작자나 항공기 관련 연구기관이 연구·개발 중인 항공기 [제목개정 2021. 11. 16.]

03 항공기 등록에 필요한 정비인력 기준이 아닌 것은?

① 항공기·발동기·프로펠러(이하 "항공기 등"이라 한다)의 점검 및 정비

② 위탁받은 항공기 등의 정비(다른 항공운송사업자로부터 항공기 등의 정비를 위탁받은 항공운송사업자만 해당한다)

③ 법 제93조제1항 및 제2항에 따라 인가받은 정비 훈련 프로그램의 운용

④ 운항 및 정비에 따른 업무에 준하는 업무

해설

항공안전법 시행규칙 제11조의2(항공기 등록에 필요한 정비인력 기준)

① 법 제7조제2항에 따른 항공기 등록에 필요한 정비 인력은 다음 각 호의 업무 수행에 필요한 인력(휴직·병가·휴가 등을 하는 정비 인력의 업무를 대행하는 인력을 포함한다. 이하 이 조에서 같다)으로 한다. 다만, 국내항공운송사업자의 경우에는 제1호에 따른 업무 수행에 필요한 인력으로 한다.
  1. 항공기·발동기·프로펠러(이하 "항공기등"이라 한다)의 점검 및 정비
  2. 위탁받은 항공기등의 정비(다른 항공운송사업자로부터 항공기등의 정비를 위탁받은 항공운송사업자만 해당한다)
  3. 법 제93조제1항 및 제2항에 따라 인가받은 정비 훈련프로그램의 운용
  4. 제1호부터 제3호까지의 규정에 따른 업무에 준하는 업무

② 제1항 각 호에 따른 업무별 가중치 및 그 산출의 세부기준은 국토교통부장관이 정하여 고시한다. [본조신설 2020. 12. 10.]

04 다음 중에서 항공기 등록시 필요한 서류가 아닌 것은?

① 등록원인을 증명하는 서류

② 감항증명서

③ 등록세납부증명서

④ 항공기 취득가액을 증명하는 서류

해설

항공안전법 등록령 제18조(신규등록)

법 제7조 본문에 따라 항공기에 대한 소유권 또는 임차권의 등록을 하려는 자는 신청서에 다음 각 호의 서류를 첨부하여야 한다.
1. 소유자 · 임차인 또는 임대인이 법 제10조제1에 따른 등록의 제한 대상에 해당하지 아니함을 증명하는 서류
2. 해당 항공기의 소유권 또는 임차권이 있음을 증명하는 서류

05 다음 중에서 항공기 국적의 취득에 대한 설명이 잘못된 것은?

① 국적을 취득한다.

② 분쟁 발생 시 소유권을 증명한다.

③ 권리를 갖는다.

④ 의무를 갖는다.

해설

항공안전법 제8조

제7조에 따라 등록된 항공기는 대한민국의 국적을 취득하고, 이에 따른 권리와 의무를 갖는다.

06 다음 중에서 항공기 소유권 등에 대한 등록할 사항이 아닌 것은?

① 소유권　② 임대권

③ 임차권　④ 저당권

해설

항공안전법 제9조

① 항공기에 대한 소유권의 취득·상실·변경은 등록하여야 그 효력이 생긴다.

② 항공기에 대한 임차권(賃借權)은 등록하여야 제3자에 대하여 그 효력이 생긴다.

07 다음 중에서 항공기 소유권 등의 득실 변경과 관계가 없는 것은?

[정답] 03 ④ 04 ② 05 ② 06 ② 07 ③

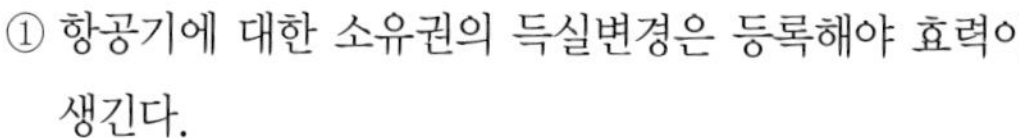

① 항공기에 대한 소유권의 득실변경은 등록해야 효력이 생긴다.

② 항공기에 대한 임차권은 등록해야 제3자에 대하여 그 효력이 생긴다.

③ 항공기에 대한 임대권은 등록해야 제3자에 대하여 그 효력이 생긴다.

④ 항공기를 사용할 수 있는 권리가 있는 자는 이를 국토부장관에게 등록하여야 한다.

해설

항공안전법 제9조(문제5번 참조)

08 다음 중에서 항공기의 등록의 효력 중 행정적 효력과 관계없는 것은?

① 대한민국의 국적을 취득한다.

② 분쟁 발생시 소유권을 증명한다.

③ 항공에 사용할 수 있다.

④ 감항증명을 받을 수 있다.

해설

항공안전법 제7조(항공기 등록), 제8조(항공기 국적의 취득), 제7조(항공기 등록)

항공기를 소유하거나 임차하여 항공기를 사용할 수 있는 권리가 있는 자(이하 "소유자등"이라 한다)는 항공기를 대통령령으로 정하는 바에 따라 국토교통부장관에게 등록을 하여야 한다. 다만, 대통령령으제8조(항공기 국적의 취득) 제7조에 따라 등록된 항공기는 대한민국의 국적을 취득하고, 이에 따른 권리와 의무를 갖는다.로 정하는 항공기는 그러하지 아니하다.

09 다음 중에서 항공기 등록의 민사적 효력과 관계없는 것은?

① 항공기의 소유권을 공증한다.

② 소유권에 관해 제3자에 대한 대항조건이 된다.

③ 항공에 사용할 수 있는 요건이 된다.

④ 항공기를 저당하는 데 있어 기본조건이 된다.

해설

항공안전법 제7조, 제8조(문제 7번 참조)

10 다음 중에서 항공기 등록의 제한에 대한 설명이 잘못된 것은?

① 대한민국 국민이 아닌 사람

② 외국정부 또는 외국의 공공단체

③ 외국의 법인 또는 단체

④ 대한민국의 법인이 임차하여 사용할 수 있는 권리가 있는 항공기

해설

항공안전법 제10조

① 다음 각 호의 어느 하나에 해당하는 자가 소유하거나 임차한 항공기는 등록할 수 없다. 다만, 대한민국의 국민 또는 법인이 임차하여 사용할 수 있는 권리가 있는 항공기는 그러하지 아니하다.

1. 대한민국 국민이 아닌 사람
2. 외국정부 또는 외국의 공공단체
3. 외국의 법인 또는 단체
4. 제1호부터 제3호까지의 어느 하나에 해당하는 자가 주식이나 지분의 2분의 1 이상을 소유하거나 그 사업을 사실상 지배하는 법인
5. 외국인이 법인 등기사항증명서상의 대표자이거나 외국인이 법인 등기사항증명서상의 임원 수의 2분의 1 이상을 차지하는 법인

② 제1 단서에도 불구하고 외국 국적을 가진 항공기는 등록할 수 없다.

11 다음 중에서 대한민국 국적으로 등록할 수 있는 항공기는?

① 외국에서 우리나라 국민이 제작한 항공기

② 외국에서 우리나라 국민이 수리한 항공기

③ 외국인 국제항공운송사업자가 국내에서 해당 사업에 사용하는 항공기

④ 외국 항공기의 국내 사용 단서에 따라 국토교통부장관의 허가를 받은 항공기

해설

항공안전법 제10조(문제9번 참조)

[정답] 08 ② 09 ③ 10 ④ 11 ①

기출+예상

12 다음 중에서 항공기의 등록 신청시 첨부 서류가 아닌 것은?

① 항공기의 종류 및 형식　② 감항 증명서
③ 항공기의 정치장　④ 항공기의 제작자

해설

항공안전법 제11조 및 항공기 등록령 제12조

① 국토교통부장관은 제7조에 따라 항공기를 등록한 경우에는 항공기 등록원부(登錄原簿)에 다음 각 호의 사항을 기록하여야 한다.
1. 항공기의 형식
2. 항공기의 제작자
3. 항공기의 제작번호
4. 항공기의 정치장(定置場)
5. 소유자 또는 임차인 · 임대인의 성명 또는 명칭과 주소 및 국적
6. 등록 연월일
7. 등록기호

② 제1에서 규정한 사항 외에 항공기의 등록에 필요한 사항은 대통령령으로 정한다.

13 다음 중에서 항공기 등록증명서에 포함될 사항이 아닌 것은?

① 등록증명서번호
② 국적 및 등록기호
③ 항공기 제작자 및 항공기 형식
④ 항공기 감항증명서

해설

항공기 등록령 15조(등록증명서)

법 제12조에 따른 등록증명서에는 다음 각 호의 사항이 포함되어야 한다.
1. 등록증명서번호
2. 국적 및 등록기호
3. 항공기 제작자 및 항공기 형식
4. 항공기 제작일련번호
5. 항공기 소유자 또는 임차인의 성명 및 주소

14 항공기 변경등록은 그 사유가 있는 날부터 며칠 이내에 신청하여야 하는가?

① 10일　② 15일
③ 20일　④ 30일

해설

항공안전법 제13조

소유자등은 제11조제1제4호 또는 제5호의 등록사항이 변경되었을 때에는 그 변경된 날부터 15일 이내에 대통령령으로 정하는 바에 따라 국토교통부장관에게 변경등록을 신청하여야 한다.

15 항공기 변경등록을 신청하여야 하는 경우는?

① 항공기 소유자의 변경
② 항공기 등록번호의 변경
③ 항공기 형식의 변경
④ 정치장의 변경

해설

항공안전법 제11조4호 및 제15조(문제11번, 12번 참조)

16 다음 중에서 항공기 등록 사유가 아닌 것은?

① 신규등록　② 변경등록
③ 임차등록　④ 이전등록

해설

항공안전법 제7조~제15조 및 항공기 등록령 제18조~제30조(본서 국내법 참조)

17 항공기의 소유권 또는 임차권을 이전하는 경우 누구에게 등록을 신청하여야 하는가?

① 국토교통부장관　② 항공안전본부장
③ 지방항공청장　④ 관할등기소

해설

항공안전법 제14조

등록된 항공기의 소유권 또는 임차권을 양도 · 양수하려는 자는 그 사유가 있는 날부터 15일 이내에 대통령령으로 정하는 바에 따라 국토교통부장관에게 이전등록을 신청하여야 한다.

[정답] 12② 13④ 14② 15④ 16③ 17①

18 **항공기 이전등록은 그 사유가 있는 날부터 며칠 이내에 신청하여야 하는가?**

① 10일　② 15일
③ 20일　④ 30일

해설

항공안전법 제14조(문제16번 참조)

19 **항공기의 등록을 신청하여야 할 사항이 아닌 것은?**

① 항공기 정치장을 이동하였다.
② 항공기를 타인에게 양도하였다.
③ 외국인의 항공기를 소유할 권리가 생겼다
④ 항공기 소유자의 주소지가 변경되었다.

해설

항공안전법 제7조(문제 7번 참조), 제13조(문제 13번 참조), 제14조(문제16번 참조)

20 **항공기 이전등록 시 증여 또는 상속으로 인한 경우 며칠 이내에 신청하여야 하는가?**

① 10일 이내　② 15일 이내
③ 20일 이내　④ 30일 이내

해설

항공안전법 제14조 및 항공기 등록령 제20조(문제16번 참조)

21 **항공기 등록에 대한 설명이 잘못된 것은?**

① 항공기를 등록한 때에는 신청인에게 항공기등록증명서를 발급하여야 한다.
② 사유가 있는 날부터 15일 이내에 국토부장관에게 변경등록을 신청하여야 한다.
③ 소유자·양수인 또는 임차인은 국토부장관에게 이전등록을 신청하여야 한다.
④ 사유가 있는 날부터 10일 이내에 국토부장관에게 말소등록을 신청하여야 한다.

해설

항공안전법 제12조~제15조(국내법 참조)

22 **항공기 말소등록은 그 사유가 있는 날부터 며칠 이내에 신청하여야 하는가?**

① 7일　② 10일
③ 15일　④ 20일

해설

항공안전법 제15조1

① 소유자등은 등록된 항공기가 다음 각 호의 어느 하나에 해당하는 경우에는 그 사유가 있는 날부터 15일 이내에 대통령령으로 정하는 바에 따라 국토교통부장관에게 말소등록을 신청하여야 한다.
1. 항공기가 멸실(滅失)되었거나 항공기를 해체(정비등, 수송 또는 보관하기 위한 해체는 제외한다)한 경우
2. 항공기의 존재 여부를 1개월(항공기사고인 경우에는 2개월) 이상 확인할 수 없는 경우
3. 제10조제1 각 호의 어느 하나에 해당하는 자에게 항공기를 양도하거나 임대(외국 국적을 취득하는 경우만 해당한다)한 경우
4. 임차기간의 만료 등으로 항공기를 사용할 수 있는 권리가 상실된 경우

23 **다음 중 말소등록은 언제 하는가?**

① 항공기사고 등으로 항공기의 위치를 1개월 이내에 확인할 수 없다.
② 보관을 위해 항공기를 해체하였다.
③ 임차기간이 만료되었다.
④ 대한민국 국민이 아닌 자에게 항공기를 양도하였다. (단, 대한민국 국적은 유지함)

해설

항공안전법 제15조1(문제21번 참조) 2, 3

② 제1에 따라 소유자등이 말소등록을 신청하지 아니하면 국토교통부장관은 7일 이상의 기간을 정하여 말소등록을 신청할 것을 최고(催告)하여야 한다.
③ 제2에 따른 최고를 한 후에도 소유자등이 말소등록을 신청하지 아니하면 국토교통부장관은 직권으로 등록을 말소하고, 그 사실을 소유자등 및 그 밖의 이해관계인에게 알려야 한다.

[정답] 18 ② 19 ② 20 ④ 21 ④ 22 ③ 23 ③

24 다음 중에서 항공기 말소등록의 대상이 아닌 것은?

① 항공기가 멸실되었거나 항공기를 해체한 경우
② 항공기의 존재여부가 3개월 이상 불분명한 경우
③ 항공기를 법 제10조제1호에 해당하는 자에게 양도 또는 임대한 경우
④ 항공기를 사용할 수 있는 권리가 상실된 경우

해설

항공안전법 제15조(문제21, 22번 참조)

25 소유자 등이 국토부장관에게 말소등록을 신청하지 않았을 때의 조치사항은?

① 국토교통부장관은 즉시 직권으로 등록을 말소하여야 한다.
② 국토교통부장관은 7일 이상의 기간을 정하여 말소등록을 할 것을 최고하여야 한다.
③ 국토교통부장관은 말소등록을 하도록 독촉장을 발부하여야 한다.
④ 300만원 이하의 벌금에 처하고, 말소등록을 하도록 사용자 등에게 통보하여야 한다.

해설

항공안전법 제15조2～3(문제22 참조)

26 항공기 등록원부의 열람은 어떻게 하는가?

① 국토교통부장관에게 항공기 등록원부를 열람을 청구할 수 있다.
② 지방항공청장에게 항공기 등록원부를 열람을 청구할 수 있다.
③ 국토교통부장관과 지방항공청장에게 항공기 등록원부를 열람을 청구할 수 있다.
④ 국토교통부 정책실장에게 항공기 등록원부를 열람을 청구할 수 있다.

해설

항공안전법 제16조

① 누구든지 국토교통부장관에게 항공기 등록원부의 등본 또는 초본의 발급이나 열람을 청구할 수 있다.
② 제1에 따라 청구를 받은 국토교통부장관은 특별한 사유가 없으면 해당 자료를 발급하거나 열람하도록 하여야 한다.

27 항공기 등록기호표는 부착은 언제 하는가?

① 항공기를 등록 시　　② 감항증명 신청 시
③ 항공기를 등록한 후　　④ 감항증명 발급 시

해설

항공안전법 제17조

① 소유자등은 항공기를 등록한 경우에는 그 항공기 등록기호표를 국토교통부령으로 정하는 형식 · 위치 및 방법 등에 따라 항공기에 붙여야 한다.
② 누구든지 제1에 따라 항공기에 붙인 등록기호표를 훼손해서는 아니 된다.

28 항공기 등록기호표의 부착은 누가 하는가?

① 항공기 소유자 등　　② 국토교통부 담당 공무원
③ 항공기 제작자　　④ 유자격 정비사

해설

항공안전법 제17조(문제26번 참조)

29 다음 중에서 항공안전법에서 정한 항공기 등록기호표의 부착에 대한 설명은?

① 대통령령이 정하는 형식·위치 및 방법에 따라 항공기에 부착한다.
② 국토교통부장관과 지방청장이 정하는 형식·위치 및 방법에 따라 항공기에 부착한다.
③ 지방청장이 정하는 형식·위치 및 방법에 따라 항공기에 부착한다.
④ 국토교통부령으로 정하는 형식·위치 및 방법에 따라 항공기에 부착한다.

해설

[정답] 24 ② 25 ② 26 ① 27 ③ 28 ① 29 ④

항공안전법 제17조(문제26번 참조) 및 시행규칙 제12조1

① 항공기를 소유하거나 임차하여 사용할 수 있는 권리가 있는 자(이하 "소유자등"이라 한다)가 항공기를 등록한 경우에는 법 제17조제1에 따라 강철 등 내화금속(耐火金屬)으로 된 등록기호표(가로 7[cm] 세로 5[cm]의 직사각형)를 다음 각 호의 구분에 따라 보기 쉬운 곳에 붙여야 한다.
1. 항공기에 출입구가 있는 경우 : 항공기 주(主)출입구 윗부분의 안쪽
2. 항공기에 출입구가 없는 경우 : 항공기 동체의 외부 표면

30 다음 중에서 항공기 등록기호표 부착 방법을 바르게 설명한 것은?

① 항공기 출입구 윗부분에 가로 7[cm], 세로 5[cm]의 내화 금속으로 만들어 보기 쉬운 곳에 부착한다.
② 항공기 윗부분에 가로 7[cm], 세로 5[cm]의 내화 금속으로 만들어 보기 쉬운 곳에 부착한다.
③ 등록기호표에는 국적기호 및 등록기호(이하 "등록부호"라 한다.)와 국기, 소유자 등의 명칭을 기재하여야 한다.
④ 등록기호표에는 국적기호 및 등록기호(이하 "등록부호"라 한다.)와 국기, 소유자 등과 제작자 명칭을 기재하여야 한다.

해설

항공안전법 제17조(문제26번 참조) 및 시행규칙 제12조1(문제28번 참조)

31 다음 중에서 항공기의 "등록기호표"에 기재하여야 할 사항은?

① 국적기호, 등록기호, 소유국 국기
② 국적기호, 등록기호, 항공기 형식
③ 국적기호, 등록기호, 소유자 등의 명칭
④ 국적기호, 등록기호, 항공기 제작사

해설

항공안전법 제17조(문제26번 참조) 및 시행규칙 제12조2

② 제1의 등록기호표에는 국적기호 및 등록기호(이하 "등록부호"라 한다)와 소유자등의 명칭을 적어야 한다.

32 다음 중에서 소유자 등이 항공기를 항공에 사용하기 위하여 표시해야 하는 것은?

① 국적기호, 등록기호
② 국적기호, 등록기호, 항공기호의 명칭
③ 국적기호, 등록기호, 소유자의 성명 또는 명칭
④ 국적기호, 등록기호, 소유자의 성명 또는 명칭, 감항분류

해설

항공안전법 제18조

① 누구든지 국적, 등록기호 및 소유자등의 성명 또는 명칭을 표시하지 아니한 항공기를 운항해서는 아니 된다. 다만, 신규로 제작한 항공기 등 국토교통부령으로 정하는 항공기의 경우에는 그러하지 아니하다.
② 제1에 따른 국적 등의 표시에 관한 사항과 등록기호의 구성 등에 필요한 사항은 국토교통부령으로 정한다.

33 다음 중에서 항공기 "등록기호"는 어떻게 표시하여야 하는가?

① 장식체가 아닌 4개의 아라비아 숫자와 문자로 표시
② 장식체가 아닌 4개의 로마 대문자로 표시
③ 장식체가 아닌 4개의 아라비아 숫자로 표시
④ 4개의 장식체의 숫자 및 문자로 표시

해설

항공안전법 시행규칙 제13조

① 법 제18조제1 단서에서 "신규로 제작한 항공기 등 국토교통부령으로 정하는 항공기"란 다음 각 호의 어느 하나에 해당하는 항공기를 말한다.
1. 제36조제2호 또는 제3호에 해당하는 항공기
2. 제37조제1호가목에 해당하는 항공기
② 법 제18조제2에 따른 국적 등의 표시는 국적기호, 등록기호 순으로 표시하고, 장식체를 사용해서는 아니 되며, 국적기호는 로마자의 대문자 "HL"로 표시하여야 한다.
③ 등록기호의 첫 글자가 문자인 경우 국적기호와 등록기호 사이에 붙임표(-)를 삽입하여야 한다.
④ 항공기에 표시하는 등록부호는 지워지지 아니하고 배경과 선명하게 대조되는 색으로 표시하여야 한다.
⑤ 등록기호의 구성 등에 필요한 세부사항은 국토교통부장관이 정하여 고시한다.

[정답] 30 ① 31 ③ 32 ③ 33 ③

34 다음 중에서 항공기의 국적기호 및 등록기호 표시방법이 잘못된 것은?

① 등록기호는 국적기호의 뒤에 이어서 표시해야 한다.
② 국적기호는 장식체가 아닌 로마의 대문자 HL로 표시해야 한다.
③ 등록기호는 장식체의 4개의 아라비아 숫자로 표시해야 한다.
④ 등록부호는 지워지지 않도록 선명하게 표시해야 한다.

해설

항공안전법 시행규칙 제13조(문제32번 참조)

35 다음 중에서 우리나라의 국적기호를 "HL"로 정한 것은?

① ICAO가 선정한 것이다.
② 우리나라 국회가 선정하여 각 체약국에 통보한 것이다.
③ 국제전기통신조약에 의하여 각국에 할당된 무선국의 호출부호 중에서 선정한 것이다.
④ 각국이 선정하여 ICAO에 통보한 것이다.

해설

국제전기통신 조약

국제전기통신조약에 의하여 각국에 할당된 무선국의 호출부호 중에서 우리나라의 국적기호를 "HL"로 선정한 것이다.

36 다음 중에서 비행기 등록부호 표시 방법이 잘못된 것은?

① 주 날개와 꼬리날개 또는 주 날개와 동체에 표시하여야 한다.
② 주 날개에 표시하는 경우에는 오른쪽 날개 아랫면과 왼쪽날개 윗면에 표시한다.
③ 주 날개의 앞 끝과 뒤 끝에서 같은 거리에 위치하도록 표시한다.
④ 기호는 보조날개와 플랩에 걸쳐서는 아니 된다.

해설

항공안전법 시행규칙 제14조1

1. 비행기와 활공기의 경우에는 주 날개와 꼬리 날개 또는 주 날개와 동체에 다음 각 목의 구분에 따라 표시하여야 한다.
   가. 주 날개에 표시하는 경우 : 오른쪽 날개 윗면과 왼쪽 날개 아랫면에 주 날개의 앞 끝과 뒤 끝에서 같은 거리에 위치하도록 하고, 등록부호의 윗 부분이 주 날개의 앞 끝을 향하게 표시할 것. 다만, 각 기호는 보조 날개와 플랩에 걸쳐서는 아니 된다.
   나. 꼬리 날개에 표시하는 경우 : 수직 꼬리 날개의 양쪽 면에, 꼬리 날개의 앞 끝과 뒤 끝에서 5[cm] 이상 떨어지도록 수평 또는 수직으로 표시할 것
   다. 동체에 표시하는 경우 : 주 날개와 꼬리 날개 사이에 있는 동체의 양쪽 면의 수평안정판 바로 앞에 수평 또는 수직으로 표시할 것

37 다음 중에서 헬리콥터의 등록부호는 어떻게 표시하는가?

① 동체 앞면과 옆면에 표시한다.
② 동체 윗면과 아랫면에 표시한다.
③ 동체 윗면과 옆면에 표시한다.
④ 동체 아랫면과 옆면에 표시한다.

해설

항공안전법 시행규칙 제14조2

2. 헬리콥터의 경우에는 동체 아랫면과 동체 옆면에 다음 각 목의 구분에 따라 표시하여야 한다.
   가. 동체 아랫면에 표시하는 경우 : 동체의 최대 횡단면 부근에 등록부호의 윗부분이 동체좌측을 향하게 표시할 것
   나. 동체 옆면에 표시하는 경우 : 주 회전익 축과 보조 회전익 축 사이의 동체 또는 동력장치가 있는 부근의 양 측면에 수평 또는 수직으로 표시할 것

38 다음 중에서 비행선의 등록부호는 어떻게 표시하는가?

① 선체에 표시하는 경우에는 대칭축과 직교하는 최대 횡단면 부근의 윗면과 양 옆면에 표시한다.
② 수평안정판에 표시하는 경우에는 오른쪽 아랫면과 왼쪽 아랫면에 등록부호의 윗부분이 수평안정판의 앞 끝을 향하게 표시한다.

[정답] 34 ③ 35 ③ 36 ② 37 ④ 38 ①

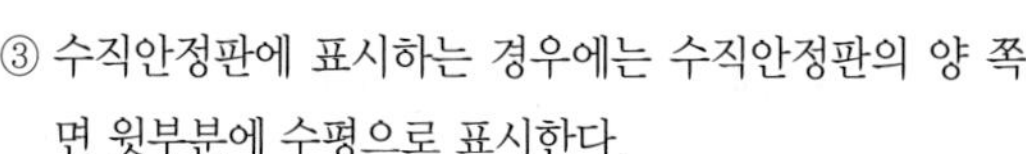

③ 수직안정판에 표시하는 경우에는 수직안정판의 양 쪽면 윗부분에 수평으로 표시한다.

④ 동체 아랫면에 표시하는 경우에는 동체의 최대 횡단면 부근에 등록부호의 윗부분이 동체좌측을 향하게 표시한다.

해설

항공안전법 시행규칙 제14조3

3. 비행선의 경우에는 선체 또는 수평안정판과 수직안정판에 다음 각 목의 구분에 따라 표시하여야 한다.
   가. 선체에 표시하는 경우 : 대칭축과 직교하는 최대 횡단면 부근의 윗면과 양 옆면에 표시할 것
   나. 수평안정판에 표시하는 경우 : 오른쪽 윗면과 왼쪽 아랫면에 등록부호의 윗부분이 수평안정판의 앞 끝을 향하게 표시할 것
   다. 수직안정판에 표시하는 경우 : 수직안정판의 양 쪽면 아랫부분에 수평으로 표시할 것

39 다음 중에서 등록부호 문자와 숫자의 높이가 잘못된 것은?

① 비행기와 활공기 : 주 날개에 표시하는 경우에는 50[cm] 이상

② 헬리콥터 : 동체 옆면에 표시하는 경우에는 50[cm] 이상

③ 비행선 : 선체에 표시하는 경우에는 50[cm] 이상

④ 비행선 : 수평안정판과 수직안정판에 표시하는 경우에는 15[cm] 이상

해설

항공안전법 시행규칙 제15조(등록부호의 높이)

등록부호에 사용하는 각 문자와 숫자의 높이는 같아야 하고, 항공기의 종류와 위치에 따른 높이는 다음 각 호의 구분에 따른다.

1. 비행기와 활공기에 표시하는 경우
   가. 주 날개에 표시하는 경우에는 50[cm] 이상
   나. 수직 꼬리 날개 또는 동체에 표시하는 경우에는 30[cm] 이상
2. 헬리콥터에 표시하는 경우
   가. 동체 아랫면에 표시하는 경우에는 50[cm] 이상
   나. 동체 옆면에 표시하는 경우에는 30[cm] 이상
3. 비행선에 표시하는 경우
   가. 선체에 표시하는 경우에는 50[cm] 이상
   나. 수평안정판과 수직안정판에 표시하는 경우에는 15[cm] 이상

40 다음 중에서 항공기 등록부호의 폭, 선 굵기 및 간격이 잘못된 것은?

① 폭은 문자 및 숫자의 높이의 3분의 2

② 선의 굵기는 문자 및 숫자의 높이의 6분의 1

③ 간격은 각 기호의 폭의 4분의 1 이상, 2분의 1 이하

④ 아라비아 숫자의 폭은 문자 및 숫자 높이의 3분의 2

해설

항공안전법 시행규칙 제16조(등록부호의 폭·선 등)

등록부호에 사용하는 각 문자와 숫자의 폭, 선의 굵기 및 간격은 다음 각 호와 같다.

1. 폭과 붙임표(-)의 길이 : 문자 및 숫자의 높이의 3분의 2. 다만 영문자 I와 아라비아 숫자 1은 제외한다.
2. 선의 굵기 : 문자 및 숫자의 높이의 6분의 1
3. 간격 : 문자 및 숫자의 폭의 4분의 1 이상 2분의 1 이하

41 다음 중에서 항공기 등록부호 표시의 예외 사항은?

① 부득이한 사유가 있다고 인정하는 경우에는 등록부호의 높이, 폭 등을 따로 정할 수 있다.

② 지방항공청장이 등록부호의 표시장소 등을 따로 정할 수 있다.

③ 국토교통부장관이 등록부호의 표시장소, 높이, 폭 등을 따로 정할 수 있다.

④ 관계 중앙행정기관의 장이 등록부호의 표시장소, 높이, 폭 등을 따로 정할 수 있다.

해설

항공안전법 시행규칙 제17조(등록부호 표시의 예외)

① 국토교통부장관은 제14조부터 제16조까지의 규정에도 불구하고 부득이한 사유가 있다고 인정하는 경우에는 등록부호의 표시위치, 높이, 폭 등을 따로 정할 수 있다.

② 법 제2조제4호에 따른 국가기관등항공기에 대해서는 제14조부터 제16조까지의 규정에도 불구하고 관계 중앙행정기관의 장이 국토교통부장관과 협의하여 등록부호의 표시위치, 높이, 폭 등을 따로 정할 수 있다.

[정답] 39 ② 40 ④ 41 ①

42 **항공안전법 제7조에 의하여 국내항공운송사업자가 등록하여야 할 사항은 ?**

① 항공기 안전한 운항을 위해 국토교통부령으로 정하는 바에 따라 필요한 정비 인력을 갖추어야 한다.
② 항공기 안전한 운항을 위해 국토교통부령으로 정하는 바에 따라 필요한 안전 인력을 갖추어야 한다.
③ 항공기 안전한 운항을 위해 국토교통부령으로 정하는 바에 따라 필요한 안전 시설을 갖추어야 한다.
④ 항공기 안전한 운항을 위해 국토교통부령으로 정하는 바에 따라 필요한 운항 인력을 갖추어야 한다.

해설

제7조(항공기 등록)

② 제90조제1항에 따른 운항증명을 받은 국내항공운송사업자 또는 국제항공운송사업자가 제1항에 따라 항공기를 등록하려는 경우에는 해당 항공기의 안전한 운항을 위하여 국토교통부령으로 정하는 바에 따라 필요한 정비 인력을 갖추어야 한다. 〈신설 2020. 6. 9.〉

제3장 항공기 기술기준 및 형식증명 등

01 **다음 중에서 항공기기술기준 고시에 포함되어야 할 사항이 아닌 것은?**

① 항공기 등의 감항기준
② 항공기 등의 환경기준
③ 항공기 등 장비품 인증절차
④ 항공기 등의 정비기준

해설

항공안전법 제19조

국토교통부장관은 항공기등, 장비품 또는 부품의 안전을 확보하기 위하여 다음 각 호의 사항을 포함한 기술상의 기준(이하 "항공기기술기준"이라 한다)을 정하여 고시하여야 한다.
1. 항공기등의 감항기준
2. 항공기등의 환경기준(배출가스 배출기준 및 소음기준을 포함한다)
3. 항공기등이 감항성을 유지하기 위한 기준
4. 항공기등, 장비품 또는 부품의 식별 표시 방법
5. 항공기등, 장비품 또는 부품의 인증절차

02 **다음 중에서 형식증명의 대상이 아닌 것은?**

① 항공기　② 장비품
③ 발동기　④ 프로펠러

해설

항공안전법 제21조1

① 항공기등의 설계에 관하여 외국정부로부터 형식증명을 받은 자가 해당 항공기등에 대하여 항공기기술기준에 적합함을 승인(이하 "형식증명승인"이라 한다)받으려는 경우 국토교통부령으로 정하는 바에 따라 항공기등의 형식별로 국토교통부장관에게 형식증명 승인을 신청하여야 한다. 다만, 다음 각 호의 어느 하나에 해당하는 항공기의 경우에는 장착된 발동기와 프로펠러를 포함하여 신청할 수 있다.
1. 최대이륙중량 5천700[kg] 이하의 비행기
2. 최대이륙중량 3천175[kg] 이하의 헬리콥터

03 **다음 중에서 "항공기의 형식증명"이란?**

① 항공기의 강도·구조 및 성능에 관한 기준을 정하는 증명
② 항공기의 취급 또는 비행 특성에 관한 것을 명시하는 증명
③ 항공기 형식의 설계에 관한 감항성을 별도로 하는 증명
④ 항공기의 감항성에 관한 기술을 정하는 증명

해설

항공안전법 제20조2

② 국토교통부장관은 제1에 따른 신청을 받은 경우 해당 항공기등이 항공기기술기준 등에 적합한지를 검사한 후 다음 각 호의 구분에 따른 증명을 하여야 한다.
1. 해당 항공기등의 설계가 항공기기술기준에 적합한 경우 : 형식증명
2. 신청인이 다음 각 목의 어느 하나에 해당하는 항공기의 설계가 해당 항공기의 업무와 관련된 항공기기술기준에 적합하고 신청인이 제시한 운용범위에서 안전하게 운항할 수 있음을 입증한 경우 : 제한형식증명
가. 산불진화, 수색구조 등 국토교통부령으로 정하는 특정한 업무에 사용되는 항공기(나목의 항공기를 제외한다)
나. 「군용항공기 비행안전성 인증에 관한 법률」 제4조제5제1호에 따른 형식인증을 받아 제작된 항공기로서 산불진화, 수색구조 등 국토교통부령으로 정하는 특정한 업무를 수행하도록 개조된 항공기

[정답] 42 ① 제3장 항공기 기술기준 및 형식증명 등 01 ④ 02 ② 03 ③

04 **다음 중에서 "형식증명신청서"에 첨부할 서류가 아닌 것은?**

① 인증계획서
② 항공기 3면도
③ 발동기의 설계, 운용특성에 관한 자료
④ 설계계획서

해설

항공안전법 시행규칙 제18조(형식증명 등의 신청)
1. 인증계획서(Certification Plan)
2. 항공기 3면도
3. 발동기의 설계 · 운용 특성 및 운용한계에 관한 자료(발동기에 대하여 형식증명을 신청하는 경우에만 해당한다)
4. 그 밖에 국토교통부장관이 정하여 고시하는 서류

05 **다음 중에서 형식증명을 위한 검사 범위에 해당되지 않는 것은?**

① 제작공정의 설비에 대한 검사
② 해당 형식의 설계에 대한검사
③ 제작과정에 대한 검사
④ 완성 후의 상태 및 비행성능에 대한 검사

해설

항공안전법 시행규칙 제20조(형식증명 등을 위한 검사범위)
국토교통부장관은 법 제20조제2에 따라 형식증명 또는 제한형식증명을 위한 검사를 하는 경우에는 다음 각 호에 해당하는 사항을 검사하여야 한다. 다만, 형식설계를 변경하는 경우에는 변경하는 사항에 대한 검사만 해당한다.
1. 해당 형식의 설계에 대한 검사
2. 해당 형식의 설계에 따라 제작되는 항공기등의 제작과정에 대한 검사
3. 항공기등의 완성 후의 상태 및 비행성능 등에 대한 검사

06 **다음 중에서 "형식증명승인"에 대한 설명이 아닌 것은?**

① 대한민국에 수출하려는 제작자는 국토부령으로 정하는 바에 따라 국토교통부장관의 승인을 받을 수 있다.
② 형식증명승인을 할 때에는 해당 항공기등이 항공기기술기준에 적합한 지를 검사하여야 한다.
③ 대한민국과 항공안전에 관한 협정을 체결한 국가로부터 형식증명을 받은 항공기등도 검사를 받아야 한다.
④ 검사 결과 항공기등이 항공기기술기준에 적합하다고 인정할 때에는 국토교통부령으로 정하는 바에 따라 형식증명승인서를 발급하여야 한다.

해설

항공안전법 시행규칙 제21조1～3
① 항공기등의 설계에 관하여 국토교통부장관의 증명을 받으려는 자는 국토교통부령으로 정하는 바에 따라 국토교통부장관에게 제2 각 호의 어느 하나에 따른 증명을 신청하여야 한다. 증명받은 사항을 변경할 때에도 또한 같다.
② 국토교통부장관은 제1에 따른 신청을 받은 경우 해당 항공기등이 항공기기술기준 등에 적합한지를 검사한 후 나음 각 호의 구분에 따른 증명을 하여야 한다.
1. 해당 항공기등의 설계가 항공기기술기준에 적합한 경우 : 형식증명
2. 신청인이 다음 각 목의 어느 하나에 해당하는 항공기의 설계가 해당 항공기의 업무와 관련된 항공기기술기준에 적합하고 신청인이 제시한 운용범위에서 안전하게 운항할 수 있음을 입증한 경우 : 제한형식증명
   가. 산불진화, 수색구조 등 국토교통부령으로 정하는 특정한 업무에 사용되는 항공기(나목의 항공기를 제외한다)
   나. 「군용항공기 비행안전성 인증에 관한 법률」 제4조제5제1호에 따른 형식인증을 받아 제작된 항공기로서 산불진화, 수색구조 등 국토교통부령으로 정하는 특정한 업무를 수행하도록 개조된 항공기
③ 국토교통부장관은 제2제1호의 형식증명(이하 "형식증명"이라 한다) 또는 같은 항 제2호의 제한형식증명(이하 "제한형식증명"이라 한다)을 하는 경우 국토교통부령으로 정하는 바에 따라 형식증명서 또는 제한형식증명서를 발급하여야 한다.

07 **다음 중에서 형식증명승인을 위한 검사범위는?**

① 해당 형식의 설계가 감항성의 기준에 적합여부를 검사하여야 한다.
② 해당 형식의 설계, 제작과정에 대한 검사를 하여야 한다.
③ 해당 형식의 설계, 제작과정 및 완성후의 상태에 대한 검사를 하여야 한다.
④ 해당 형식의 설계, 제작과정 및 완성후의 상태와 비행성능에 대한 검사를 하여야 한다.

[정답] 04 ④ 05 ① 06 ③ 07 ③

해설

항공안전법 제21조3

③ 국토교통부장관은 형식증명승인을 할 때에는 해당 항공기등(제2에 따라 형식증명승인을 받은 것으로 보는 항공기 및 그 항공기에 장착된 발동기와 프로펠러는 제외한다)이 항공기기술기준에 적합한지를 검사하여야 한다. 다만, 대한민국과 항공기등의 감항성에 관한 항공안전협정을 체결한 국가로부터 형식증명을 받은 항공기등에 대해서는 해당 협정에서 정하는 바에 따라 검사의 일부를 생략할 수 있다.

08 다음 중에서 형식증명을 받은 항공기 등을 제작하고자 할 때 받아야하는 증명은?

① 감항증명 ② 제작증명

③ 형식증명승인 ④ 부품등제작자증명

해설

항공안전법 제22조1

① 형식증명 또는 제한형식증명에 따라 인가된 설계에 일치하게 항공기등을 제작할 수 있는 기술, 설비, 인력 및 품질관리체계 등을 갖추고 있음을 증명(이하 "제작증명"이라 한다)받으려는 자는 국토교통부령으로 정하는 바에 따라 국토교통부장관에게 제작증명을 신청하여야 한다.

09 다음 중에서 제작증명 신청서에 첨부하여야 할 서류가 아닌 것은?

① 품질관리규정

② 제작설비 및 인력현황

③ 비행교범 또는 운용방식을 기재한 서류

④ 품질관리의 체계를 설명하는 자료

해설

항공안전법 제22조(문제8번 참조) 및 시행규칙 제32조2

② 제1에 따른 신청서에는 다음 각 호의 서류를 첨부하여야 한다.

1. 품질관리규정
2. 제작하려는 항공기등의 제작 방법 및 기술 등을 설명하는 자료
3. 제작 설비 및 인력 현황
4. 품질관리 및 품질검사의 체계(이하 "품질관리체계"라 한다)를 설명하는 자료
5. 제작하려는 항공기등의 감항성 유지 및 관리체계(이하 "제작관리체계"라 한다)를 설명하는 자료

10 다음 중에서 항공기 "제작증명"을 위한 검사범위가 아닌 것은?

① 제작기술

② 설계기술

③ 설비·인력·품질관리체계

④ 제작관리체계 및 제작과정

해설

항공안전법 제22조2 및 시행규칙 제33조

② 국토교통부장관은 제1에 따른 신청을 받은 경우 항공기등을 제작하려는 자가 형식증명 또는 제한형식증명에 따라 인가된 설계에 일치하게 항공기등을 제작할 수 있는 기술, 설비, 인력 및 품질관리체계 등을 갖추고 있는지를 검사하여야 한다.

11 항공기의 안전성을 확보하기 위한 기본적인 제도는?

① 성능 및 품질검사 ② 수리·개조승인

③ 감항증명 ④ 형식증명

해설

항공안전법 제23조1

① 항공기가 감항성이 있다는 증명(이하 "감항증명"이라 한다)을 받으려는 자는 국토교통부령으로 정하는 바에 따라 국토교통부장관에게 감항증명을 신청하여야 한다.

12 다음 중에서 감항증명은 누구에게 신청하여야 하는가?

① 지방항공청장

② 국토교통부장관

③ 항공정책실장

④ 국토교통부장관 및 지방항공청장

해설

항공안전법 제23조1(문제 11번 참조)

13 다음 중에서 감항증명신청서는 누구에게 제출해야 하는가?

[정답] 08 ② 09 ③ 10 ② 11 ③ 12 ② 13 ③

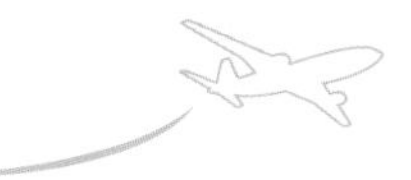

① 국토교통부장관

② 지방항공청장

③ 국토교통부장관 또는 지방항공청장

④ 항공정책실장

해설

- **항공안전법 제23조1(문제 11번 참조)**
- **시행규칙 제35조1(감항증명의 신청)**

① 법 제23조제1에 따라 감항증명을 받으려는 자는 별지 제13호서식의 항공기 표준감항증명 신청서 또는 별지 제14호서식의 항공기 특별감항증명 신청서에 다음 각 호의 서류를 첨부하여 국토교통부장관 또는 지방항공청장에게 제출하여야 한다.

1. 비행교범
2. 정비교범
3. 그 밖에 감항증명과 관련하여 국토교통부장관이 필요하다고 인정하여 고시하는 서류

14 항공기를 항공에 사용하기 위하여 필요한 절차는?

① 항공기의 등록 → 감항증명 → 시험비행

② 항공기의 등록 → 시험비행 → 감항증명

③ 시험비행 → 항공기의 등록 → 감항증명

④ 감항증명 → 항공기의 등록 → 시험비행

해설

항공안전법 제23조4

④ 국토교통부장관은 제3항 각 호의 어느 하나에 해당하는 감항증명을 하는 경우 국토교통부령으로 정하는 바에 따라 해당 항공기의 설계, 제작과정, 완성 후의 상태와 비행성능에 대하여 검사하고 해당 항공기의 운용한계(運用限界)를 지정하여야 한다. 다만, 다음 각 호의 어느 하나에 해당하는 항공기의 경우에는 국토교통부령으로 정하는 바에 따라 검사의 일부를 생략할 수 있다.

15 다음 중에서 항공기의 "감항증명"에 대한 설명이 잘못된 것은?

① 항공기가 안전하게 비행할 수 있는 성능이 있다는 증명이다.

② 항공기가 안전하게 비행할 수 있는 감항성이 있다는 증명이다.

③ 국토교통부령이 정하는 바에 따라 지방항공청장에게 이를 신청하여야 한다.

④ 감항증명은 대한민국의 국적을 가진 항공기가 아니면 이를 받을 수 없다.

해설

항공안전법 제23조1(문제 11번 참조), 2

② 감항증명은 대한민국 국적을 가진 항공기가 아니면 받을 수 없다. 다만, 국토교통부령으로 정하는 항공기의 경우에는 그러하지 아니하다.

16 다음 중에서 감항증명은 검사희망일 며칠 전까지 신청하여야 하는가?

① 검사희망일 7일전까지　② 검사희망일 10일전까지

③ 검사희망일 15일전까지　④ 검사희망일 20일전까지

해설

항공기 기술기준 제21조

(c) 감항증명 신청은 다음의 경우를 제외하고 검사희망일 7일전까지 하여야 한다.

(1) 항공기를 수입 후 수리·개조 또는 재생을 하고자 하는 경우 수리·개조 또는 재생 작업 착수 전에 신청

(2) 국외에서 감항증명을 받고자 하는 경우 15일전까지 신청하거나 사전 협의

17 다음 중에서 국내에서 제작하는 항공기에 대한 감항증명 신청내용은?

① 설계의 초기에 신청하여야 한다.

② 제작의 착수 전에 신청하여야 한다.

③ 국토교통부장관이 정하여 고시하는 감항증명의 종류별로 신청하여야 한다.

④ 설계의 초기 또는 제작의 착수 전에 신청하여야 한다.

해설

항공기 기술기준 제21조(문제 16번 참조)

[정답] 14② 15③ 16① 17④

기출+예상

18 다음 중에서 감항증명 신청시 첨부하여야 할 서류가 아닌 것은?

① 비행교범
② 정비교범
③ 해당 항공기의 정비방식을 기재한 서류
④ 감항증명의 종류별 신청서류

해설

항공안전법 제23조1(문제 11번 참조) 및 시행규칙 제35조1(문제 13번 참조)

19 다음 중에서 감항증명신청서에 대한 설명이 잘못된 것은?

① 감항증명신청서는 지방항공청장에게 제출하여야 한다.
② 비행교범 내용을 지방항공청장에게 제출하여야 한다.
③ 정비교범 내용을 지방항공청장에게 제출하여야 한다.
④ 수리교범 내용을 지방항공청장에게 제출하여야 한다.

해설

항공안전법 제23조1(문제 11번 참조) 및 시행규칙 제35조1(문제 13번 참조)

20 다음 중에서 감항증명 신청 시 첨부하는 비행교범에 포함되지 않는 사항은?

① 항공기의 종류·등급·형식 및 제원에 관한 사항
② 항공기의 제작 정비에 관한 사항
③ 항공기의 성능 및 운용한계에 관한 사항
④ 항공기 조작방법 등 그 밖에 국토교통부장관이 정하여 고시하는 사항

해설

- **항공안전법 제23조1(문제 11번 참조)**
- **시행규칙 제35조2(감항증명의 신청)**
  ② 제1항제1호에 따른 비행교범에는 다음 각 호의 사항이 포함되어야 한다.
  1. 항공기의 종류 · 등급 · 형식 및 제원(諸元)에 관한 사항
  2. 항공기 성능 및 운용한계에 관한 사항
  3. 항공기 조작방법 등 그 밖에 국토교통부장관이 정하여 고시하는 사항

21 다음 중에서 "예외적으로 감항증명을 받을 수 있는 항공기"가 아닌 것은?

① 국토교통부령으로 정하는 국내에서 제작하는 항공기
② 국내에서 수리·개조 또는 제작한 후 수출할 항공기
③ 대한민국의 국적을 취득하기 전에 감항증명을 위한 검사를 신청한 항공기
④ 대한민국에서 사용하다 외국에 임대할 항공기

해설

- **항공안전법 제23조2**
  ② 감항증명은 대한민국 국적을 가진 항공기가 아니면 받을 수 없다. 다만, 국토교통부령으로 정하는 항공기의 경우에는 그러하지 아니하다.
- **시행규칙 제36조(예외적으로 감항증명을 받을 수 있는 항공기)**
  법 제23조제2항 단서에서 "국토교통부령으로 정하는 항공기"란 다음 각 호의 어느 하나에 해당하는 항공기를 말한다.
  1. 법 제101조 단서에 따라 허가를 받은 항공기
  2. 국내에서 수리 · 개조 또는 제작한 후 수출할 항공기
  3. 국내에서 제작되거나 외국으로부터 수입하는 항공기로서 대한민국의 국적을 취득하기 전에 감항증명을 신청한 항공기

22 다음 중에서 특별감항증명 대상 항공기가 아닌 것은?

① 항공기의 제작자, 연구기관 등의 연구 및 개발 중인 항공기
② 재난·재해 등으로 인한 수색·구조에 사용하는 항공기
③ 항공기의 제작·정비·수리 또는 개조 후 시험비행을 하는 경우
④ 외국에서 수입하여 외국으로 임대할 항공기의 경우

해설

항공안전법 제23조3 및 시행규칙 제37조

③ 누구든지 다음 각 호의 어느 하나에 해당하는 감항증명을 받지 아니한 항공기를 운항하여서는 아니 된다.
1. 표준감항증명 : 해당 항공기가 형식증명 또는 형식증명승인에 따라 인가된 설계에 일치하게 제작되고 안전하게 운항할 수 있다고 판단되는 경우에 발급하는 증명
2. 특별감항증명 : 해당 항공기가 제한형식증명을 받았거나 항공기의 연구, 개발 등 국토교통부령으로 정하는 경우로서 항공기 제작자 또는 소유자등이 제시한 운용범위를 검토하여 안전하게 운항할 수 있다고 판단되는 경우에 발급하는 증명

[정답] 18 ③ 19 ④ 20 ② 21 ④ 22 ④

23 **다음 중에서 특별감항증명 대상 항공기가 아닌 것은?**

① 항공기의 생산업체 또는 연구기관이 시험·조사·연구를 위하여 시험비행을 하는 경우

② 항공기의 제작·정비·수리 또는 개조 후 시험비행을 하는 경우

③ 운용한계를 초과하지 않는 시험비행을 하는 경우

④ 항공기를 수입하기 위하여 승객이나 화물을 싣지 아니하고 비행을 하는 경우

해설

항공안전법 제23조3(문제 22번 참조) 및 시행규칙 제37조1, 2

24 **다음 중에서 항공안전법이 정하는 항공에 사용할 수 있는 항공기는?**

① 국내에서 수리·개조 또는 제작한 후 수출할 항공기

② 현지답사를 위해 일시적으로 비행하는 항공기

③ 형식증명을 변경하기 위하여 운용한계를 초과하지 않는 비행을 하는 항공기

④ 특별감항증명을 받은 항공기

해설

항공안전법 제23조3(문제 22번 참조) 및 시행규칙 제37조1, 2

25 **다음 중에서 "특정한 업무"를 수행하기 위하여 사용하는 경우가 아닌 것은?**

① 재난·재해 등으로 인한 수색(搜索)·구조에 사용되는 경우

② 산불의 진화 및 예방에 사용되는 경우

③ 응급환자의 수송 등 구조·구급활동에 사용되는 경우

④ 설계에 관한 형식증명을 위해 특별시험비행을 하는 경우

해설

- **항공안전법 제23조3(문제 22번 참조)**
- **시행규칙 제37조4**

4. 특정한 업무를 수행하기 위하여 사용되는 다음 각 목의 어느 하나에 해당하는 경우
   가. 재난 · 재해 등으로 인한 수색 · 구조에 사용되는 경우
   나. 산불의 진화 및 예방에 사용되는 경우
   다. 응급환자의 수송 등 구조 · 구급활동에 사용되는 경우
   라. 씨앗 파종, 농약 살포 또는 어군(魚群)의 탐지 등 농 · 수산업에 사용되는 경우
   마. 기상관측, 기상조절 실험 등에 사용되는 경우

26 **다음 중에서 감항증명의 유효기간을 잘못 설명한 것은?**

① 감항증명의 유효기간은 1년으로 한다.

② 정비조직인증을 받은 자의 정비능력을 고려하여 국토교통부령으로 정하는 바에 따라 유효기간을 연장할 수 있다.

③ 정비 등을 위탁하는 경우에는 정비조직인증을 받은 자의 정비능력을 고려한다.

④ 감항증명의 유효기간을 연장할 수 있는 항공기는 항공기의 감항성을 지속적으로 유지하기 위하여 지방항공청장이 정하는 정비방법(고시)에 따라 정비 등이 이루어지는 항공기를 말한다.

해설

항공안전법 제23조4 및 시행규칙 제38조

④ 국토교통부장관은 제3항 각 호의 어느 하나에 해당하는 감항증명을 하는 경우 국토교통부령으로 정하는 바에 따라 해당 항공기의 설계, 제작과정, 완성 후의 상태와 비행성능에 대하여 검사하고 해당 항공기의 운용한계(運用限界)를 지정하여야 한다. 다만, 다음 각 호의 어느 하나에 해당하는 항공기의 경우에는 국토교통부령으로 정하는 바에 따라 검사의 일부를 생략할 수 있다.

1. 형식증명, 제한형식증명 또는 형식증명승인을 받은 항공기
2. 제작증명을 받은 자가 제작한 항공기
3. 항공기를 수출하는 외국정부로부터 감항성이 있다는 승인을 받아 수입하는 항공기

27 **다음 중에서 감항증명에 대한 설명이 잘못된 것은?**

① 감항증명을 받은 경우 유효기간 이내에는 감항성 유지에 대한 확인을 받지 않는다.

② 국토교통부장관이 승인한 경우를 제외하고는 대한민국 국적을 가진 항공기만 감항증명을 받을 수 있다.

③ 유효기간은 1년이며, 항공기의 형식 및 소유자등의 감항성 유지능력 등을 고려하여 연장이 가능하다.

[정답] 23 ③ 24 ④ 25 ④ 26 ④ 27 ①

④ 감항증명 당시의 항공기기술기준에 적합하지 아니한 경우에는 감항증명의 효력을 정지시키거나 유효기간을 단축시킬 수 있다.

해설

항공안전법 제23조2(문제 21번 참조), 4(문제 26번 참조), 6

⑥ 국토교통부장관은 제4에 따른 검사 결과 항공기가 감항성이 있다고 판단되는 경우 국토교통부령으로 정하는 바에 따라 감항증명서를 발급하여야 한다.

28 다음 중에서 감항증명의 유효기간을 연장할 수 있는 경우는?

① 항공기 소유자등의 정비능력등을 고려하여 국토교통부령으로 정하는 바에 따라 유효기간을 연장할 수 있다.
② 정비조직인증을 받은 자의 정비능력을 고려하여 기종별 소음등급에 따라 유효기간을 연장할 수 있다.
③ 정비조직인증을 받은 자에게 정비 등을 위탁하는 경우 유효기간을 연장할 수 있다.
④ 항공기의 감항성을 지속적으로 유지하기 위하여 관련 규정에 따라 정비등이 이루어지는 경우 유효기간을 연장할 수 있다.

해설

항공안전법 제23조4(문제 26번 참조)

29 다음 중에서 감항증명의 유효기간을 연장할 수 있는 항공기는?

① 항공운송사업에 사용되는 항공기
② 국제항공운송사업에 사용되는 항공기
③ 국토교통부장관이 정하여 고시하는 방법에 따라 정비등이 이루어지는 항공기
④ 항공기의 종류, 등급 등을 고려하여 국토교통부장관이 정하여 고시하는 항공기

해설

항공안전법 제23조4 및 시행규칙 제38조(문제 26번 참조)

30 감항증명을 할 때 검사의 일부를 생략할 수 있는 항공기가 아닌 것은?

① 제20조의 규정에 의한 형식증명을 받은 항공기
② 제21조의 규정에 의한 형식증명승인을 얻은 항공기
③ 제22조의 규정에 의한 제작증명을 받은 자가 제작한 항공기
④ 법27조의 규정에 의한 기술표준품 형식승인을 받은 항공기

해설

항공안전법 제23조5

⑤ 감항증명의 유효기간은 1년으로 한다. 다만, 항공기의 형식 및 소유자등(제32조제2항에 따른 위탁을 받은 자를 포함한다)의 감항성 유지능력 등을 고려하여 국토교통부령으로 정하는 바에 따라 유효기간을 연장할 수 있다.

31 형식증명승인을 받은 항공기에 대한 감항증명을 할 때 국토교통부령이 정하는 바에 따라 생략할 수 있는 검사는?

① 설계에 대한 검사
② 설계에 대한 검사와 제작과정에 대한 검사
③ 비행성능에 대한 검사
④ 제작과정에 대한 검사

해설

항공안전법 제23조5(문제 30번 참조)

32 다음 중에서 감항증명을 위한 검사 범위는?

① 설계, 제작과정 및 완성 후의 상태와 비행성능
② 설계, 제작과정 및 완성 후의 비행성능
③ 설계, 제작과정 및 완성 후의 상태
④ 설계, 완성 후의 상태와 비행성능

해설

- **항공안전법 제23조5(문제 30번 참조)**
- **시행규칙 제39조(항공기의 운용한계 지정)**

[정답] 28 ① 29 ③ 30 ④ 31 ② 32 ①

① 국토교통부장관 또는 지방항공청장은 법 제23조제4항 각 호 외의 부분 본문에 따라 감항증명을 하는 경우에는 항공기기술기준에서 정한 항공기의 감항분류에 따라 다음 각 호의 사항에 대하여 항공기의 운용한계를 지정하여야 한다.
1. 속도에 관한 사항
2. 발동기 운용성능에 관한 사항
3. 중량 및 무게중심에 관한 사항
4. 고도에 관한 사항
5. 그 밖에 성능한계에 관한 사항

② 국토교통부장관 또는 지방항공청장은 제1항에 따라 운용한계를 지정하였을 때에는 별지 제18호서식의 운용한계 지정서를 항공기의 소유자등에게 발급하여야 한다.

33 다음 중에서 감항증명서의 교부는 누가 하는가?

① 국토교통부장관

② 지방항공청장

③ 국토교통부장관 또는 지방항공청장

④ 항공정책실장

해설

- **항공안전법 제23조5(문제 30번 참조)**
- **시행규칙 제42조(감항증명서의 발급 등)**

① 국토교통부장관 또는 지방항공청장은 법 제23조제4항 각 호 외의 부분 본문에 따른 검사 결과 해당 항공기가 항공기기술기준에 적합한 경우에는 별지 제15호서식의 표준감항증명서 또는 별지 제16호서식의 특별감항증명서를 신청인에게 발급하여야 한다.

34 다음 중에서 항공기기술기준의 운용한계는 무엇에 의하여 지정하는가?

① 항공기의 사용연수

② 항공기의 감항분류

③ 항공기의 종류, 등급, 형식

④ 항공기의 중량

해설

- **항공안전법 제23조5(문제 30번 참조)**
- **시행규칙 제39조(항공기의 운용한계 지정)**

35 다음 중에서 운용한계 지정서에 포함될 사항이 아닌 것은?

① 항공기의 종류 및 등급

② 항공기의 국적 및 등록기호

③ 항공기의 제작일련번호

④ 감항증명번호

해설

항공안전법 제23조4(문제 26번 참조)

36 다음 중에서 항공기의 운용한계가 아닌 것은?

① 조작금지한계 ② 적재한계

③ 대기속도한계 ④ 고도한계

해설

시행규칙 제39조(문제 32번 참조)

37 다음 중에서 감항증명을 행한 항공기의 운용한계에 관한 사항이 아닌 것은?

① 고도한계

② 항속거리한계

③ 동력장치 운전한계

④ 장비품 등의 운용방식한계

해설

시행규칙 제39조(문제 32번 참조)

38 형식증명을 받은 항공기에 대한 감항증명을 할 때 생략할 수 있는 검사는?

① 설계에 대한 검사

② 제작과정에 대한 검사

③ 설계에 대한 검사와 형식에 대한 검사

④ 설계에 대한 검사와 제작과정에 대한 검사

해설

[정답] 33 ③ 34 ② 35 ① 36 ① 37 ② 38 ①

- **항공안전법 제23조4(문제 26번 참조)**
- **시행규칙 제40조(감항증명을 위한 검사의 일부 생략)**

  법 제23조제4항 단서에 따라 감항증명을 할 때 생략할 수 있는 검사는 다음 각 호의 구분에 따른다.
  1. 법 제20조제2항에 따른 형식증명 또는 제한형식증명을 받은 항공기 : 설계에 대한 검사
  2. 법 제21조제1항에 따른 형식증명승인을 받은 항공기 : 설계에 대한 검사와 제작과정에 대한 검사
  3. 법 제22조제1항에 따른 제작증명을 받은 자가 제작한 항공기 : 제작과정에 대한 검사
  4. 법 제23조제4항제3호에 따른 수입 항공기(신규로 생산되어 수입하는 완제기(完製機)만 해당한다) : 비행성능에 대한 검사

39 다음 중에서 감항증명을 위한 검사의 일부 생략할 수 없는 것은?

① 형식증명을 받은 항공기 설계에 대한 검사
② 형식증명승인을 받은 항공기 : 설계에 대한 검사와 제작과정에 대한 검사
③ 제작증명을 받은 자가 제작한 항공기 : 제작과정에 대한 검사
④ 신규로 생산되어 수입하는 완제기에 대한 검사

해설

- **항공안전법 제23조4(문제 26번 참조)**
- **시행규칙 제40조(문제 38번 참조)**

40 다음 중에서 감항증명서의 효력의 정지를 명할 수 있는 경우는?

① 항공기가 감항증명 당시의 항공기기술기준에 적합하지 아니하게 된 경우
② 제21조의 규정에 의한 형식증명승인을 얻은 항공기
③ 제22조의 규정에 의한 제작증명을 받은 자가 제작한 항공기
④ 항공기를 수출하는 외국정부로부터 수입하는 항공기

해설

항공안전법 제23조7

⑦ 국토교통부장관은 다음 각 호의 어느 하나에 해당하는 경우에는 해당 항공기에 대한 감항증명을 취소하거나 6개월 이내의 기간을 정하여 그 효력의 정지를 명할 수 있다. 다만, 제1호에 해당하는 경우에는 감항증명을 취소하여야 한다.
1. 거짓이나 그 밖의 부정한 방법으로 감항증명을 받은 경우
2. 항공기가 감항증명 당시의 항공기기술기준에 적합하지 아니하게 된 경우

41 다음 중에서 감항증명서를 반납하여야 하는 경우는?

① 지방항공청장이 감항증명의 효력을 정지시키고 반납을 명한 경우
② 감항증명의 유효기간이 단축된 경우
③ 감항증명의 유효기간이 경과된 경우
④ 운용한계의 지정사항이 변경된 경우

해설

- **항공안전법 제23조7(문제 40번 참조)**
- **시행규칙 제43조(감항증명서의 반납)**

  국토교통부장관 또는 지방항공청장은 법 제23조제7항에 따라 항공기에 대한 감항증명을 취소하거나 그 효력을 정지시킨 경우에는 지체 없이 항공기의 소유자등에게 해당 항공기의 감항증명서의 반납을 명하여야 한다.

42 다음 중에서 항공기의 감항성을 유지하여야 사항이 아닌 것은?

① 해당 항공기의 운용한계 범위에서 운항할 것
② 항공사의 검사·정비방법에 따른 정비 등을 수행할 것
③ 국토교통부장관이 정하여 고시하는 정비방법에 따라 정비 등을 수행할 것
④ 항공안전법 제23조제8항에 따른 검사·정비 명령에 따른 정비 등을 수행할 것

해설

- **항공안전법 제23조9항**

  ⑨ 국토교통부장관은 제8항에 따라 소유자등이 해당 항공기의 감항성을 유지하는지를 수시로 검사하여야 하며, 항공기의 감항성 유지를 위하여 소유자등에게 항공기등, 장비품 또는 부품에 대한 정비등에 관한 감항성개선 또는 그 밖의 검사 · 정비등을 명할 수 있다.
- **시행규칙 제44조(항공기의 감항성 유지)**

  법 제23조제8항에 따라 항공기를 운항하려는 소유자등은 다음 각 호의 방법에 따라 해당 항공기의 감항성을 유지하여야 한다.

[정답] 39 ④ 40 ① 41 ① 42 ②

1. 해당 항공기의 운용한계 범위에서 운항할 것
2. 제작사에서 제공하는 정비교범, 기술문서 또는 국토교통부장관이 정하여 고시하는 정비방법에 따라 정비등을 수행할 것
3. 법 제23조제9항에 따른 감항성개선 또는 그 밖의 검사 · 정비등의 명령에 따른 정비등을 수행할 것

43 **항공기, 장비품 또는 부품에 대한 정비 등 명령에 대한 설명이 잘못된 것은?**

① 해당되는 항공기 등, 장비품 또는 부품의 형식

② 정비 등을 하여야 할 시기 및 그 방법

③ 그 밖에 정비 등을 수행하는데 필요한 기술자료

④ 정비 등을 완료한 후 그 이행 결과를 지방항공청장에게 통보하여야 한다.

해설

- **항공안전법 제23조9(문제 42번 참조)**
- **시행규칙 제45조1(항공기등·장비품 또는 부품에 대한 감항성개선 명령 등)**

① 국토교통부장관은 법 제23조제9항에 따라 소유자등에게 항공기등, 장비품 또는 부품에 대한 정비등에 관한 감항성개선을 명할 때에는 다음 각 호의 사항을 통보하여야 한다.
1. 항공기등, 장비품 또는 부품의 형식 등 개선 대상
2. 검사, 교환, 수리 · 개조 등을 하여야 할 시기 및 방법
3. 그 밖에 검사, 교환, 수리 · 개조 등을 수행하는 데 필요한 기술자료
4. 제3항에 따른 보고 대상 여부

44 **다음 중에서 감항승인 신청서에 첨부하여야 하는 서류가 아닌 것은?**

① 기술표준품형식승인기준에 적합함을 입증하는 자료

② 지방항공청장이 정한 서류

③ 제작사가 발행한 정비교범

④ 감항성개선 명령의 이행 결과 등

해설

- **항공안전법 제24조1**

① 우리나라에서 제작, 운항 또는 정비등을 한 항공기등, 장비품 또는 부품을 타인에게 제공하려는 자는 국토교통부령으로 정하는 바에 따라 국토교통부장관의 감항승인을 받을 수 있다.

- **시행규칙 제46조2(감항승인의 신청)**

② 제1항에 따른 신청서에는 다음 각 호의 서류를 첨부하여야 한다.
1. 항공기기술기준 또는 법 제27조제1항에 따른 기술표준품형식승인기준(이하 "기술표준품형식승인기준"이라 한다)에 적합함을 입증하는 자료
2. 정비교범(제작사가 발행한 것만 해당한다)
3. 그 밖에 법 제23조제9항에 따른 감항성개선 명령의 이행 결과 등 국토교통부장관이 정하여 고시하는 서류

45 **다음 중에서 감항승인을 위한 검사 범위가 아닌 것은?**

① 해당 항공기 등 부품의 상태 및 성능에 대하여 검사를 하여야 한다.

② 해당 항공기 등 장비품의 상태 및 성능에 대하여 검사를 하여야 한다.

③ 해당 항공기 등의 상태 및 성능에 대하여 검사를 하여야 한다.

④ 지방항공청장이 해당 항공기 등의 성능에 대하여 검사를 하여야 한다.

해설

- **항공안전법 제24조2**

② 국토교통부장관은 제1항에 따른 감항승인을 할 때에는 해당 항공기등, 장비품 또는 부품이 항공기기술기준 또는 제27조제1항에 따른 기술표준품의 형식승인기준에 적합하고, 안전하게 운용할 수 있다고 판단하는 경우에는 감항승인을 하여야 한다.

- **시행규칙 제47조(감항승인을 위한 검사범위)**

법 제24조제2항에 따라 국토교통부장관 또는 지방항공청장이 감항승인을 할 때에는 해당 항공기등 · 장비품 또는 부품의 상태 및 성능이 항공기기술기준 또는 기술표준품형식승인기준에 적합한지를 검사하여야 한다.

46 **다음 중에서 "항공기 등의 감항승인" 내용이 아닌 것은?**

① 국토부령으로 정하는 바에 따라 국토부장관에게 감항승인을 신청할 수 있다.

② 국토부장관은 해당 항공기등·장비품을 검사한 후 기술기준에 적합하다고 인정하는 경우에는 감항승인을 하여야 한다.

[정답] 43 ④ 44 ② 45 ④ 46 ④

기출+예상

③ 국토부장관은 해당 항공기등·부품을 검사한 후 기술기준에 적합하다고 인정하는 경우에는 감항승인을 하여야 한다.

④ 장비품·부품의 감항승인 신청서를 국토부장관에게 제출하여야 한다.

해설

- **항공안전법 제24조2(문제 45번 참조)**
- **시행규칙 제48조(감항승인서의 발급)**

 국토교통부장관 또는 지방항공청장은 법 제24조제2항에 따른 감항승인을 위한 검사 결과 해당 항공기가 항공기기술기준에 적합하다고 인정하는 경우에는 별지 제21호서식의 항공기 감항승인서를, 해당 발동기 · 프로펠러, 장비품 또는 부품이 항공기기술기준 또는 기술표준품형식승인기준에 적합하다고 인정하는 경우에는 별지 제22호서식의 부품 등 감항승인서를 신청인에게 발급하여야 한다.

47 **다음 중에서 항공안전법이 정하는 "소음기준적합증명"은 언제 받아야 하는가?**

① 감항증명을 받을 때 ② 형식증명을 받을 때

③ 운용한계를 지정할 때 ④ 항공기를 등록할 때

해설

항공안전법 제25조1

① 국토교통부령으로 정하는 항공기의 소유자등은 감항증명을 받는 경우와 수리 · 개조 등으로 항공기의 소음치(騷音値)가 변동된 경우에는 국토교통부령으로 정하는 바에 따라 그 항공기가 제19조제2호의 소음기준에 적합한지에 대하여 국토교통부장관의 증명(이하 "소음기준적합증명"이라 한다)을 받아야 한다.

48 **다음 중에서 "소음기준적합증명"을 받아야 하는 항공기는?**

① 국제선을 운항하는 터빈발동기를 장착한 항공기

② 국내선을 운항하는 터빈발동기를 장착한 항공기

③ 국제선을 운항하는 왕복발동기를 장착한 항공기

④ 국제선을 운항하는 왕복발동기를 장착한 항공기

해설

- **항공안전법 제25조1(문제 47번 참조)**
- **시행규칙 제49조(소음기준적합증명 대상 항공기)**

 법 제25조제1항에서 "국토교통부령으로 정하는 항공기"란 다음 각 호의 어느 하나에 해당하는 항공기로서 국토교통부장관이 정하여 고시하는 항공기를 말한다.
 1. 터빈발동기를 장착한 항공기
 2. 국제선을 운항하는 항공기

49 **다음 중에서 "소음기준적합증명" 대상 항공기는?**

① 국제민간항공협약 부속서 16에 규정한 항공기

② 항공운송사업에 사용되는 터빈발동기를 장착한 항공기

③ 최대이륙중량 5,700[kg]을 초과하는 항공기

④ 터빈발동기를 장착한 항공기로서 국토교통부장관이 정하여 고시하는 항공기

해설

- **항공안전법 제25조1**

① 국토교통부령으로 정하는 항공기의 소유자등은 감항증명을 받는 경우와 수리 · 개조 등으로 항공기의 소음치(騷音値)가 변동된 경우에는 국토교통부령으로 정하는 바에 따라 그 항공기가 제19조제2호의 소음기준에 적합한지에 대하여 국토교통부장관의 증명(이하 "소음기준적합증명"이라 한다)을 받아야 한다.

- **시행규칙 제49조(문제 48번 참조)**

50 **다음 중에서 "소음기준적합증명 신청"은 어떻게 하는가?**

① 10일 전까지 지방항공청장에게 제출

② 15일 전까지 지방항공청장에게 제출

③ 10일 전까지 국토부장관에게 제출

④ 15일 전까지 국토부장관에게 제출

해설

- **항공안전법 제25조1(문제 47번 참조)**
- **시행규칙 제50조(소음기준적합증명 신청)**

 ① 법 제25조제1항에 따라 소음기준적합증명을 받으려는 자는 별지 제23호서식의 소음기준적합증명 신청서를 국토교통부장관 또는 지방항공청장에게 제출하여야 한다.
 ② 제1항에 따른 신청서에는 다음 각 호의 서류를 첨부하여야 한다.
 1. 해당 항공기가 법 제19조제2호에 따른 소음기준(이하 "소음기준"이라 한다)에 적합함을 입증하는 비행교범
 2. 해당 항공기가 소음기준에 적합하다는 사실을 입증할 수 있는 서류(해당 항공기를 제작 또는 등록하였던 국가나 항공기 제작기술을 제공한 국가가 소음기준에 적합하다고 증명한 항공기만 해당한다)

[정답] 47 ① 48 ① 49 ④ 50 ①

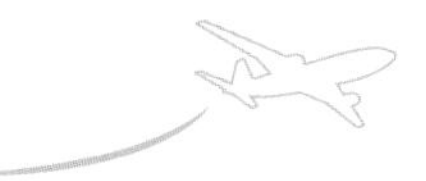

3. 수리 · 개조 등에 관한 기술사항을 적은 서류(수리 · 개조 등으로 항공기의 소음치(騷音値)가 변경된 경우에만 해당한다)

51 **다음 중에서 "소음기준적합증명 신청서"에 첨부되는 서류가 아닌 것은?**

① 해당 항공기의 비행교범

② 해당 항공기가 소음기준에 적합하다는 사실을 증명할 수 있는 서류

③ 해당 항공기의 제작 증명서

④ 수리 또는 개조에 관한 기술사항을 적은 서류

해설

- **항공안전법 제25조1(문제 47번 참조)**
- **시행규칙 제50조(문제 50번 참조)**

52 **"소음기준적합증명"의 검사기준과 소음의 측정방법 등에 관한 세부적인 사항은 누가 정하는가?**

① 대통령령으로 정한다.

② 대통령이 정하여 고시한다.

③ 국토교통부령으로 정한다.

④ 국토교통부장관이 정하여 고시한다.

해설

- **항공안전법 제25조1(문제 47번 참조)**
- **시행규칙 제53조1(소음기준적합증명의 검사기준 등)**

  법 제25조제1항에 따른 소음기준적합증명의 검사기준과 소음의 측정방법 등에 관한 세부적인 사항은 국토교통부장관이 정하여 고시한다.

53 **다음 중에서 소음기준적합증명의 기준과 소음의 측정방법은?**

① 국제민간항공조약 부속서16에 의한다.

② 항공기 제작자가 정한 방법에 의한다.

③ 지방항공청장이 정하여 고시하는 바에 따른다.

④ 국토교통부장관이 정하여 고시하는 바에 따른다.

해설

- **항공안전법 제25조1(문제 47번 참조)**
- **시행규칙 제51조(소음기준적합증명의 검사기준 등)**

  법 제25조제1항에 따른 소음기준적합증명의 검사기준과 소음의 측정방법 등에 관한 세부적인 사항은 국토교통부장관이 정하여 고시한다.

54 **소음기준적합증명을 받지 않고 운항할 수 있는 경우가 아닌 항공기는?**

① 항공기 생산업체가 장비품 등의 연구·개발을 위하여 시험비행을 하는 경우

② 항공기의 제작·정비·수리 또는 개조 후 시험비행을 하는 경우

③ 항공기의 정비 또는 수리·개조를 위한 장소까지 공수비행을 하는 경우

④ 항공기의 설계 변경을 위하여 시험비행을 하는 경우

해설

- **항공안전법 제25조2**

  ② 소음기준적합증명을 받지 아니하거나 항공기기술기준에 적합하지 아니한 항공기를 운항해서는 아니 된다. 다만, 국토교통부령으로 정하는 바에 따라 국토교통부장관의 운항허가를 받은 경우에는 그러하지 아니하다.
- **시행규칙 제53조1(문제 52번 참조)**

55 **다음 중에서 항공기기술기준 변경에 따른 요구 사항이 아닌 것은?**

① 항공기기술기준에 적합하지 아니하게 된 경우에는 형식증명을 받아야 한다.

② 항공기기술기준에 적합하지 아니하게 된 경우에는 양수한 자에게 변경된 항공기기술기준을 따르도록 요구할 수 있다.

③ 항공기기술기준에 적합하지 아니하게 된 경우에는 감항증명을 받아야 한다.

④ 항공기기술기준에 적합하지 아니하게 된 경우에는 소유자 등에게 변경된 항공기기술기준을 따르도록 요구할 수 있다.

[정답] 51 ③ 52 ④ 53 ④ 54 ④ 55 ④

해설

항공안전법 제26조

국토교통부장관은 항공기기술기준이 변경되어 형식증명을 받은 항공기가 변경된 항공기기술기준에 적합하지 아니하게 된 경우에는 형식증명을 받거나 양수한 자 또는 소유자등에게 변경된 항공기기술기준을 따르도록 요구할 수 있다. 이 경우 형식증명을 받거나 양수한 자 또는 소유자등은 이에 따라야 한다.

56 기술표준품의 설계, 제작에 대한 형식승인을 신청할 때 필요한 서류가 아닌 것은?

① 품질관리규정

② 감항성 확인서/제품식별서

③ 제조규격서 및 제품사양서

④ 적합성 확인서

해설

- **항공안전법 제27조**
  ① 항공기등의 감항성을 확보하기 위하여 국토교통부장관이 정하여 고시하는 장비품(시험 또는 연구 · 개발 목적으로 설계 · 제작하는 경우는 제외한다. 이하 "기술표준품"이라 한다)을 설계 · 제작하려는 자는 국토교통부장관이 정하여 고시하는 기술표준품의 형식승인기준(이하 "기술표준품형식승인기준"이라 한다)에 따라 해당 기술표준품의 설계 · 제작에 대하여 국토교통부장관의 승인(이하 "기술표준품형식승인"이라 한다)을 받아야 한다. 다만, 대한민국과 기술표준품의 형식승인에 관한 항공안전협정을 체결한 국가로부터 형식승인을 받은 기술표준품으로서 국토교통부령으로 정하는 기술표준품은 기술표준품형식승인을 받은 것으로 본다.
- **시행규칙 제55조(기술표준품형식승인의 신청)**
  ① 법 제27조제1항에 따라 기술표준품형식승인을 받으려는 자는 별지 제26호서식의 기술표준품형식승인 신청서를 국토교통부장관에게 제출하여야 한다.
  ② 제1항에 따른 신청서에는 다음 각 호의 서류를 첨부하여야 한다.
  1. 법 제27조제1항에 따른 기술표준품형식승인기준(이하 "기술표준품형식승인기준"이라 한다)에 대한 적합성 입증 계획서 또는 확인서
  2. 기술표준품의 설계도면, 설계도면 목록 및 부품 목록
  3. 기술표준품의 제조규격서 및 제품사양서
  4. 기술표준품의 품질관리규정
  5. 해당 기술표준품의 감항성 유지 및 관리체계(이하 "기술표준품관리체계"라 한다)를 설명하는 자료
  6. 그 밖에 참고사항을 적은 서류

57 다음 중 설계, 제작하려는 경우 형식승인을 받아야 하는 것은?

① 모든 장비품

② 사고한계 부품

③ 제작사에서 만든 부품

④ 국토교통부장관이 고시하는 장비품

해설

항공안전법 제27조1(문제 56번 참조)

58 다름 중에서 형식승인이 면제되는 기술표준품이 아닌 것은?

① 대한민국과 기술표준품의 형식승인에 관한 항공안전협정을 체결한 국가로부터 형식승인을 받은 기술표준품

② 감항증명을 받은 그 항공기에 포함되어 있는 기술표준품

③ 형식증명(승인)을 받은 그 항공기에 포함되어 있는 기술표준품

④ 제작증명을 받은 그 항공기에 포함되어 있는 기술표준품

해설

- **항공안전법 제27조(문제 56번 참조)**
- **시행규칙 제56조(형식승인이 면제되는 기술표준품)**
  법 제27조제1항 단서에서 "국토교통부령으로 정하는 기술표준품"이란 다음 각 호의 기술표준품을 말한다.
  1. 법 제20조에 따라 형식증명 또는 제한형식증명을 받은 항공기에 포함되어 있는 기술표준품
  2. 법 제21조에 따라 형식증명승인을 받은 항공기에 포함되어 있는 기술표준품
  3. 법 제23조제1항에 따라 감항증명을 받은 항공기에 포함되어 있는 기술표준품

59 다음 중에서 기술표준품 형식승인의 검사범위가 아닌 것은?

① 기술기준에 적합하게 설계되었는지 여부

② 설계·제작과정에 적용되는 품질관리체계

③ 장비품 및 부품의 식별서

④ 기술표준품관리체계

[정답] 56 ② 57 ④ 58 ④ 59 ③

해설

- **항공안전법 제27조2**

  ② 국토교통부장관은 기술표준품형식승인을 할 때에는 기술표준품의 설계·제작에 대하여 기술표준품형식승인기준에 적합한지를 검사한 후 적합하다고 인정하는 경우에는 국토교통부령으로 정하는 바에 따라 기술표준품형식승인서를 발급하여야 한다.

- **시행규칙 제57조1(기술표준품형식승인의 검사범위 등)**

  ① 국토교통부장관은 법 제27조제2항에 따라 기술표준품형식승인을 위한 검사를 하는 경우에는 다음 각 호의 사항을 검사하여야 한다.

  1. 기술표준품이 기술표준품형식승인기준에 적합하게 설계되었는지 여부
  2. 기술표준품의 설계·제작과정에 적용되는 품질관리체계
  3. 기술표준품관리체계

60 **기술표준품 형식승인 검사를 할 때 품질관리체계에 포함되는 내용이 아닌 것은?**

① 기술　　② 조직
③ 설비　　④ 인력

해설

- **항공안전법 제27조2(문제 59번 참조)**
- **시행규칙 제57조3(기술표준품형식승인의 검사범위 등)**

  ③ 국토교통부장관은 제1항제2호에 따른 사항을 검사하는 경우에는 해당 기술표준품을 제작할 수 있는 기술·설비 및 인력 등에 관한 내용을 포함하여 검사하여야 한다.

61 **다음 중에서 기술표준품 형식승인의 발급기준이 아닌 것은?**

① 검사결과 해당 기술표준품이 기술기준에 적합하다고 판단되는 경우
② 기술표준품을 제작할 수 있는 기술, 설비 및 인력 등이 적합하다고 판단되는 경우
③ 기술표준품의 제조시설을 이전·축소 또는 확장하는 경우에는 그 사실을 10일 이내 지방항공청장에게 서면으로 보고
④ 설계·제작과정에 적용되는 품질관리체계가 적합하다고 판단되는 경우

해설

- **항공안전법 제27조2(문제 59번 참조)**
- **시행규칙 제58조(기술표준품형식승인서의 발급 등)**

  ① 국토교통부장관은 법 제27조제2항에 따른 검사 결과 해당 기술표준품의 설계·제작이 기술표준품형식승인기준에 적합하다고 인정하는 경우에는 별지 제27호서식의 기술표준품형식승인서를 발급하여야 한다.

  ② 법 제27조에 따른 기술표준품형식승인을 받은 자는 해당 기술표준품에 기술표준품형식승인을 받았음을 나타내는 표시를 할 수 있다.

62 **다음 중에서 기술표준품 형식승인서에 기록되지 않는 것은?**

① 기술표준품 명칭　　② 기술표준품 부품번호
③ 유효기간　　④ 적용 최소성능표준

해설

- **항공안전법 제27조2(문제 59번 참조)**
- **시행규칙 제58조(문제 61번 참조)**

63 **다음 중에서 항공기기술기준위원회에 대한 설명으로 옳은 것은?**

① 국제민간항공조약 부속서를 고시한다.
② 대한민국과 항공안전협정을 체결한 국가의 기준을 고시한다.
③ 항공기기술기준 제·개정안을 심의·의결한다.
④ 위원회의 구성, 위원의 선임기준 및 임기 등은 대통령령으로 정한다.

해설

항공안전법 시행규칙 제60조(항공기기술기준위원회의 구성 및 운영)

① 항공기기술기준 및 기술표준품형식승인기준의 적합성에 관하여 국토교통부장관의 자문에 조언하게 하기 위하여 국토교통부장관 소속으로 항공기기술기준위원회를 둔다.

② 항공기기술기준위원회는 다음 각 호의 사항을 심의·의결한다.

1. 항공기기술기준의 제·개정안
2. 기술표준품형식승인기준의 제·개정안

③ 항공기기술기준위원회의 구성, 위원의 선임기준 및 임기 등 항공기기술기준위원회의 운영에 필요한 세부사항은 국토교통부장관이 정하여 고시한다.

[정답] 60 ② 61 ③ 62 ③ 63 ③

64 다음 중에서 부품등제작자증명 신청서에 첨부할 서류가 아닌 것은?

① 품질관리규정
② 적합성 계획서 또는 확인서
③ 제작자, 제작번호 및 제작연월일
④ 장비품 및 부품의 식별서

해설

항공안전법 시행규칙 제61조(부품등제작자증명의 신청)

① 법 제28조제1항에 따른 부품등제작자증명을 받으려는 자는 별지 제29호서식의 부품등제작자증명 신청서를 국토교통부장관에게 제출하여야 한다.
② 제1항에 따른 신청서에는 다음 각 호의 서류를 첨부하여야 한다.
1. 장비품 또는 부품(이하 "부품등"이라 한다)의 식별서
2. 항공기기술기준에 대한 적합성 입증 계획서 또는 확인서
3. 부품등의 설계도면 · 설계도면 목록 및 부품등의 목록
4. 부품등의 제조규격서 및 제품사양서
5. 부품등의 품질관리규정
6. 해당 부품등의 감항성 유지 및 관리체계(이하 "부품등관리체계"라 한다)를 설명하는 자료
7. 그 밖에 참고사항을 적은 서류

65 다음 중에서 부품등제작자증명의 검사범위가 아닌 것은?

① 해당 부품의 설계적합성
② 해당 부품의 품질관리체계
③ 해당 부품의 제작과정
④ 제조규격서 및 제품사양서

해설

- **항공안전법 제28조2**
  ② 국토교통부장관은 부품등제작자증명을 할 때에는 항공기기술기준에 적합하게 장비품 또는 부품을 제작할 수 있는지를 검사한 후 적합하다고 인정하는 경우에는 국토교통부령으로 정하는 바에 따라 부품등제작자증명서를 발급하여야 한다.
- **시행규칙 제62조(부품등제작자증명의 검사범위 등)**
  ① 국토교통부장관은 법 제28조제2항에 따라 부품등제작자증명을 위한 검사를 하는 경우에는 해당 부품등이 항공기기술기준에 적합하게 설계되었는지의 여부, 품질관리체계, 제작과정 및 부품등관리체계에 대한 검사를 하여야 한다.
  ② 제1항에 따른 검사의 세부적인 검사기준 · 방법 및 절차 등은 국토교통부장관이 정하여 고시한다.

66 다음 중에서 항공기 부품등제작자증명을 받지 않아도 되는 부품은?

① 전시 또는 연구의 목적으로 제작되는 장비품 또는 부품
② 훈련목적으로 제작되는 장비품 또는 부품
③ 제작승인을 얻어 제작하는 기술표준품
④ 군사목적으로 제작되는 장비품 또는 부품

해설

- **항공안전법 제28조1**
  ① 항공기등에 사용할 장비품 또는 부품을 제작하려는 자는 국토교통부령으로 정하는 바에 따라 항공기기술기준에 적합하게 장비품 또는 부품을 제작할 수 있는 인력, 설비, 기술 및 검사체계 등을 갖추고 있는지에 대하여 국토교통부장관의 증명(이하 "부품등제작자증명"이라 한다)을 받아야 한다. 다만, 다음 각 호의 어느 하나에 해당하는 장비품 또는 부품을 제작하려는 경우에는 그러하지 아니하다.
  1. 형식증명 또는 부가형식증명 당시 또는 형식증명승인 또는 부가형식증명승인 당시 장착되었던 장비품 또는 부품의 제작자가 제작하는 같은 종류의 장비품 또는 부품
  2. 기술표준품형식승인을 받아 제작하는 기술표준품
  3. 그 밖에 국토교통부령으로 정하는 장비품 또는 부품
- **시행규칙 제63조(부품등제작자증명을 받지 아니하여도 되는 부품등)**
  법 제28조제1항제3호에서 "국토교통부령으로 정하는 장비품 또는 부품"이란 다음 각 호의 어느 하나에 해당하는 것을 말한다.
  1. 「산업표준화법」 제15조제1항에 따라 인증받은 항공 분야 부품등
  2. 전시 · 연구 또는 교육목적으로 제작되는 부품등
  3. 국제적으로 공인된 규격에 합치하는 부품등 중 국토교통부장관이 정하여 고시하는 부품등

67 다음 중에서 국토교통부장관의 부품등제작자증명을 받아야 하는 경우는?

① 형식증명 당시 장착되었던 장비품 또는 부품의 제작자가 제작하는 동종의 장비품 또는 부품
② 제작증명을 받아 제작하는 기술표준품
③ 기술표준품형식승인을 받아 제작하는 기술표준품
④ 산업표준화법에 따라 인증받은 항공분야 장비품 또는 부품

해설

항공안전법 제28조 및 시행규칙 제63조(문제 66번 참조)

[정답] 64 ③ 65 ④ 66 ① 67 ②

68 **다음 중에서 부품등제작자증명서의 발급내용이 잘못된 것은?**

① 검사 결과 기술기준에 적합하다고 판단되면 부품등제작자증명서를 발급하여야 한다.

② 해당 부품등이 장착될 항공기등의 형식을 지정하여야.

③ 해당 부품등에 대하여 부품등 제작증명을 받았음을 표시할 수 있다.

④ 기술표준품의 형식승인은 "부품 등 제작형식승인"으로 본다.

해설

항공안전법 시행규칙 제64조(부품등제작자증명서의 발급)

① 국토교통부장관은 법 제28조제2항에 따른 검사 결과 부품등제작자증명을 받으려는 자가 항공기기술기준에 적합하게 부품등을 제작할 수 있다고 인정하는 경우에는 별지 제30호서식의 부품등제작자증명서를 발급하여야 한다.

② 국토교통부장관은 제1항에 따른 부품등제작자증명서를 발급할 때에는 해당 부품등이 장착될 항공기등의 형식을 지정하여야 한다.

③ 법 제28조에 따른 부품등제작자증명을 받은 자는 해당 부품등에 대하여 부품등제작자증명을 받았음을 나타내는 표시를 할 수 있다.

69 **다음 중에서 과징금의 부과 및 납부에 대한 법령을 잘못 설명한 것은?**

① 통지를 받은 자는 통지를 받은 날부터 30일 이내에 수납기관에 과징금을 내야 한다.

② 과징금의 전액을 한꺼번에 내기 어렵다고 인정하는 경우에는 그 납부기한을 연기하거나 분할 납부하게 할 수 있다.

③ 납부기한 간의 간격은 4개월 이내로 하며, 분할 횟수는 3회 이내로 한다.

④ 부득이한 사유로 그 기간에 과징금을 낼 수 없는 경우에는 그 사유가 없어진 날부터 7일 이내에 내야 한다.

해설

항공안전법 시행령 제6조(과징금의 부과 및 납부)

① 국토교통부장관은 법 제29조제1항에 따라 과징금을 부과하려는 경우에는 그 위반행위의 종류와 해당 과징금의 금액을 명시하여 이를 납부할 것을 서면으로 통지하여야 한다.

② 제1항에 따라 통지를 받은 자는 통지를 받은 날부터 20일 이내에 국토교통부장관이 정하는 수납기관에 과징금을 내야 한다. 다만, 천재지변이나 그 밖의 부득이한 사유로 그 기간에 과징금을 낼 수 없는 경우에는 그 사유가 없어진 날부터 7일 이내에 내야 한다.

③ 국토교통부장관은 법 제29조제1항에 따라 과징금을 부과받은 자가 납부해야 하는 과징금이 5억원 이상 또는 전년도 매출액에 100분의 20을 곱한 금액을 초과한 경우로서 다음 각 호의 어느 하나에 해당하는 사유로 과징금의 전액을 한꺼번에 내기 어렵다고 인정하는 경우에는 그 납부기한을 연기하거나 분할납부하게 할 수 있다. 〈신설 2020. 11. 3.〉

1. 재해 또는 재난 등으로 재산에 현저한 손실을 입은 경우
2. 사업 여건의 악화로 사업이 중대한 위기에 처해 있는 경우
3. 그 밖에 제1호 또는 제2호에 준하는 사유가 있는 경우로서 과징금을 한꺼번에 내기 어려운 사유가 있다고 인정되는 경우

④ 제3항에 따라 과징금 납부기한의 연기 또는 분할납부를 신청하려는 자는 그 납부기한의 10일 전까지 납부기한의 연기 또는 분할납부의 사유를 증명하는 서류를 첨부하여 국토교통부장관에게 신청해야 한다. 〈신설 2020. 11. 3.〉

⑤ 제3항에 따른 납부기한의 연기는 그 납부기한의 다음 날부터 1년 이내로 하고, 분할하여 납부하는 경우 분할된 납부기한 간의 간격은 4개월 이내로 하며, 분할 횟수는 3회 이내로 한다. 〈신설 2020. 11. 3.〉

⑥ 국토교통부장관은 다음 각 호의 어느 하나에 해당하는 경우에는 납부기한의 연기 또는 분할납부 결정을 취소하고 과징금을 한꺼번에 징수할 수 있다. 〈신설 2020. 11. 3.〉

1. 분할납부하기로 결정된 과징금을 납부기한까지 내지 않은 경우
2. 강제집행, 경매의 개시, 파산선고, 법인의 해산, 국세 또는 지방세의 체납처분을 받은 경우 등 과징금의 전부 또는 잔여분을 징수할 수 없다고 인정되는 경우
3. 제3항 각 호에 따른 사유가 해소되어 납부의무자가 과징금을 한꺼번에 납부할 수 있다고 인정되는 경우

⑦ 제2항에 따라 과징금을 받은 수납기관은 그 납부자에게 영수증을 발급하여야 한다. 〈개정 2020. 11. 3.〉

⑧ 과징금의 수납기관은 제2항에 따른 과징금을 받으면 지체 없이 그 사실을 국토교통부장관에게 통보하여야 한다. 〈개정 2020. 11. 3.〉

70 **감항증명을 받은 항공기의 소유자 등이 해당 항공기를 국토교통부령으로 정하는 범위 안에서 수리 또는 개조하고자하는 경우 누구의 승인을 받아야 하는가?**

① 항공기기술기준에 적합한지 여부에 관하여 국토부장관의 승인을 받아야 한다.

② 항공기기술기준에 적합한지 여부에 관하여 지방항공청장의 승인을 받아야 한다.

[정답] 68 ④ 69 ① 70 ①

③ 대통령령이 정하는 수리·개조 사항을 국토교통장관의 승인을 받아야 한다.

④ 국토교통부령이 정하는 수리·개조 사항을 국토부장관의 승인을 받아야 한다.

해설

항공안전법 제30조1

① 감항증명을 받은 항공기의 소유자등은 해당 항공기등, 장비품 또는 부품을 국토교통부령으로 정하는 범위에서 수리하거나 개조하려면 국토교통부령으로 정하는 바에 따라 그 수리 · 개조가 항공기술기준에 적합한지에 대하여 국토교통부장관의 승인(이하 "수리 · 개조승인"이라 한다)을 받아야 한다.

71 다음 중에서 항공기의 수리·개조승인을 얻어야 하는 수리 또는 개조의 범위는?

① 정비조직인증을 받은 업무범위 안에서 항공기를 수리·개조하는 경우

② 정비조직인증을 받은 업무범위를 초과하여 항공기를 수리·개조하는 경우

③ 정비조직인증을 받은 자가 항공기 등을 수리·개조하는 경우

④ 정비조직인증을 받은 자에게 항공기 등의 수리·개조를 위탁하는 경우

해설

항공안전법 시행규칙 제65조(항공기등 또는 부품등의 수리·개조승인의 범위)

법 제30조제1항에 따라 승인을 받아야 하는 항공기등 또는 부품등의 수리 · 개조의 범위는 항공기의 소유자등이 법 제97조에 따라 정비조직인증을 받아 항공기등 또는 부품등을 수리 · 개조하거나 정비조직인증을 받은 자에게 위탁하는 경우로서 그 정비조직인증을 받은 업무 범위를 초과하여 항공기등 또는 부품등을 수리 · 개조하는 경우를 말한다.

72 다음 중에서 정비조직인증을 받은 업무범위를 초과하여 항공기를 수리·개조한 경우는?

① 국토교통부장관의 검사를 받아야 한다.

② 국토교통부장관의 승인을 받아야 한다.

③ 항공정비사 자격증명을 가진 자에 의하여 확인을 받아야 한다.

④ 국토교통부장관에게 신고하여야 한다.

해설

- **항공안전법 제30조1(문제 69번 참조)**
- **시행규칙 제65조(문제 70번 참조)**

73 다음 중에서 수리·개조승인의 신청은 어떻게 하는가?

① 작업착수 10일전 지방항공청장

② 작업착수 10일전 국토교통부장관

③ 작업착수 15일전 지방항공청장

④ 작업착수 15일전 국토교통부장관

해설

항공안전법 시행규칙 제66조(수리·개조승인의 신청)

법 제30조제1항에 따라 항공기등 또는 부품등의 수리 · 개조승인을 받으려는 자는 별지 제31호서식의 수리 · 개조승인 신청서에 다음 각 호의 내용을 포함한 수리계획서 또는 개조계획서를 첨부하여 작업을 시작하기 10일 전까지 지방항공청장에게 제출하여야 한다. 다만, 항공기사고 등으로 인하여 긴급한 수리 · 개조를 하여야하는 경우에는 작업을 시작하기 전까지 신청서를 제출할 수 있다.

1. 수리 · 개조 신청사유 및 작업 일정
2. 작업을 수행하려는 인증된 정비조직의 업무범위
3. 수리 · 개조에 필요한 인력, 장비, 시설 및 자재 목록
4. 해당 항공기등 또는 부품등의 도면과 도면 목록
5. 수리 · 개조 작업지시서

74 다음 중에서 수리 또는 개조의 승인 신청 시 첨부하여야 할 서류는?

① 수리 또는 개조 방법과 기술 등을 설명하는 자료

② 수리 또는 개조설비, 인력현황

③ 수리 또는 개조규정

④ 수리 또는 개조계획서

해설

항공안전법 시행규칙 제66조(문제 72번 참조)

[정답] 71 ② 72 ② 73 ① 74 ④ 75 ④

75 **다음 중에서 항공기 등의 수리·개조승인의 검사범위가 아닌 것은?**

① 지방항공청장은 수리신청을 받은 경우에는 수리계획서가 기술기준에 적합하게 이행될 수 있을지 여부를 확인한 후 승인하여야 한다.

② 지방항공청장은 개조신청을 받은 경우에는 개조계획서가 기술기준에 적합하게 이행될 수 있을지 여부를 확인한 후 승인하여야 한다.

③ 지방항공청장은 수리신청을 받은 경우에는 수리계획서만으로 곤란하다고 판단되는 때에는 작업완료 후 수리결과서에 작업지시서 수행본 1부를 첨부하여 제출하는 것을 조건으로 승인할 수 있다

④ 지방항공청장은 개조계획서만으로 확인이 곤란하다고 판단되는 때에는 작업완료 후 수리결과서를 제출하는 것을 조건으로 승인할 수 있다.

해설

항공안전법 시행규칙 제67조(항공기등 또는 부품등의 수리·개조승인)

① 지방항공청장은 제66조에 따른 수리 · 개조승인의 신청을 받은 경우에는 수리계획서 또는 개조계획서를 통하여 수리 · 개조가 항공기기술기준에 적합한지 여부를 확인한 후 승인하여야 한다. 다만, 신청인이 제출한 수리계획서 또는 개조계획서만으로 확인이 곤란한 경우에는 수리 · 개조가 시행되는 현장에서 확인한 후 승인할 수 있다.

② 지방항공청장은 제1항에 따라 수리 · 개조승인을 하는 때에는 별지 제32호서식의 수리 · 개조 결과서에 작업지시서 수행본 1부를 첨부하여 제출하는 것을 조건으로 신청자에게 승인하여야 한다.

76 **기술기준에 적합할 때, 수리·개조 승인을 받은 것으로 볼 수 없는 경우는?**

① 기술표준품형식승인을 받은 자가 제작한 기술표준품을 그가 수리·개조하는 경우

② 부품등제작자증명을 받은 자가 제작한 장비품 또는 부품을 그가 수리·개조하는 경우

③ 성능 및 품질검사를 받은 자가 수리·개조하는 경우

④ 정비조직인증을 받은 자가 항공기등, 장비품 또는 부품을 수리·개조하는 경우

해설

항공안전법 제30조3

③ 제1항에도 불구하고 다음 각 호의 어느 하나에 해당하는 경우로서 항공기기술기준에 적합한 경우에는 수리·개조승인을 받은 것으로 본다.
1. 기술표준품형식승인을 받은 자가 제작한 기술표준품을 그가 수리 · 개조하는 경우
2. 부품등제작자증명을 받은 자가 제작한 장비품 또는 부품을 그가 수리 · 개조하는 경우
3. 제97조제1항에 따른 정비조직인증을 받은 자가 항공기등, 장비품 또는 부품을 수리 · 개조하는 경우

77 **감항증명을 받은 항공기를 기술표준품 형식승인을 받은 자가 제작한 기술표준품을 개조하였을 때 해당되지 않는 것은?**

① 해당 항공기의 감항성을 확보한다.

② 수리·개조승인을 받은 것으로 본다.

③ 해당 항공기의 감항증명의 유효기간에 의하여 규제된다.

④ 해당 항공기의 감항성 유무에 관한 보고를 국토교통부장관에게 한다.

해설

항공안전법 제30조3(문제 75번 참조)

78 **다음 중 수리·개조 승인의 검사자가 될 수 없는 사람은?**

① 법 제35조제8호의 항공정비사 자격증명을 받은 사람

② 국가기술자격법에 의한 항공기사 이상의 자격을 취득한 사람

③ 국가기관등 항공기의 품질보증업무에 5년 이상 종사한 경력이 있는 사람

④ 항공 관련 학사학위를 취득한 후 설계·제작·정비업무 등에 종사한 경력이 있는 사람

해설

항공안전법 제31조

① 국토교통부장관은 제20조부터 제25조까지, 제27조, 제28조, 제30조 및 제97조에 따른 증명 · 승인 또는 정비조직인증을 할 때에는 국토교통부장관이 정하는 바에 따라 미리 해당 항공기등 및 장비품을 검사하거나 이를 제작 또는 정비하려는 조직, 시설 및 인력 등을 검사하여야 한다.

[정답] 76 ① 77 ④ 78 ④

② 국토교통부장관은 제1항에 따른 검사를 하기 위하여 다음 각 호의 어느 하나에 해당하는 사람 중에서 항공기등 및 장비품을 검사할 사람(이하 "검사관"이라 한다)을 임명 또는 위촉한다.
  1. 제35조제8호의 항공정비사 자격증명을 받은 사람
  2. 「국가기술자격법」에 따른 항공분야의 기사 이상의 자격을 취득한 사람
  3. 항공기술 관련 분야에서 학사 이상의 학위를 취득한 후 3년 이상 항공기의 설계, 제작, 정비 또는 품질보증 업무에 종사한 경력이 있는 사람
  4. 국가기관등항공기의 설계, 제작, 정비 또는 품질보증 업무에 5년 이상 종사한 경력이 있는 사람
③ 국토교통부장관은 국토교통부 소속 공무원이 아닌 검사관이 제1항에 따른 검사를 한 경우에는 예산의 범위에서 수당을 지급할 수 있다.

79 항공기 등의 검사관으로 임명 또는 위촉될 수 있는 사람은?

① 항공정비사 자격증명을 받은 사람
② 항공검사원 자격증명을 받은 사람
③ 항공산업기사 자격을 취득한 사람
④ 3년 이상 항공기의 설계·제작·정비 또는 품질보증 업무에 종사한 경력이 있는 사람

해설

항공안전법 제31조(문제 77번 참조)

80 다음 중에서 항공기 등의 정비 등의 확인 행위는?

① 법 제35조제6호의 항공정비사 자격증명을 가진 사람이 항공기등에 대하여 감항성 확인
② 법 제35조제7호의 항공정비사 자격증명을 가진 사람이 장비품에 대하여 감항성 확인
③ 법 제35조제8호의 항공정비사 자격증명을 가진 사람이 장비품, 부품에 대하여 감항성 확인
④ 법 제35조제9호의 항공정비사 자격증명을 가진 사람이 장비품, 부품에 대하여 감항성 확인

해설

항공안전법 제32조

① 소유자등은 항공기등, 장비품 또는 부품에 대하여 정비등(국토교통부령으로 정하는 경미한 정비 및 제30조제1항에 따른 수리·개조는 제외한다. 이하 이 조에서 같다)을 한 경우에는 제35조제8호의 항공정비사 자격증명을 받은 사람으로서 국토교통부령으로 정하는 자격요건을 갖춘 사람으로부터 그 항공기등, 장비품 또는 부품에 대하여 국토교통부령으로 정하는 방법에 따라 감항성을 확인받지 아니하면 이를 운항 또는 항공기등에 사용해서는 아니 된다. 다만, 감항성을 확인받기 곤란한 대한민국 외의 지역에서 항공기등, 장비품 또는 부품에 대하여 정비등을 하는 경우로서 국토교통부령으로 정하는 자격요건을 갖춘 자로부터 그 항공기등, 장비품 또는 부품에 대하여 감항성을 확인받은 경우에는 이를 운항 또는 항공기등에 사용할 수 있다.
② 소유자등은 항공기등, 장비품 또는 부품에 대한 정비등을 위탁하려는 경우에는 제97조제1항에 따른 정비조직인증을 받은 자 또는 그 항공기등, 장비품 또는 부품을 제작한 자에게 위탁하여야 한다.

81 다음 중에서 "경미한 정비"의 범위는?

① 감항성에 미치는 영향이 경미한 개조작업
② 복잡한 결합작용을 필요로 하는 규격 장비품 또는 부품의 교환 작업
③ 간단한 보수를 하는 예방작업으로서 리깅 또는 간극의 조정 작업
④ 법 제32조의 행위를 하는 경우

해설

항공안전법 시행규칙 제68조(경미한 정비의 범위)

법 제32조제1항 본문에서 "국토교통부령으로 정하는 경미한 정비"란 다음 각 호의 어느 하나에 해당하는 작업을 말한다.
1. 간단한 보수를 하는 예방작업으로서 리깅(Rigging) 또는 간극의 조정작업 등 복잡한 결합작용을 필요로 하지 아니하는 규격장비품 또는 부품의 교환작업
2. 감항성에 미치는 영향이 경미한 범위의 수리작업으로서 그 작업의 완료 상태를 확인하는 데에 동력장치의 작동 점검과 같은 복잡한 점검을 필요로 하지 아니하는 작업
3. 그 밖에 윤활유 보충 등 비행전후에 실시하는 단순하고 간단한 점검 작업

82 다음 중에서 국토교통부령으로 정하는 "국외 정비확인자의 자격"이 없는 자는?

① 외국정부가 발급한 항공정비사 자격증명을 받은 사람
② 외국정부의 항공정비사 자격증명을 가진 사람

[정답] 79 ① 80 ③ 81 ③ 82 ③

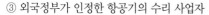

③ 외국정부가 인정한 항공기의 수리 사업자
④ 외국정부가 인정한 항공기 정비사업자에 소속된 사람으로서 항공정비사 자격증명을 받은 사람과 같은 이상의 능력이 있는 사람

해설

항공안전법 시행규칙 제71조(국외 정비확인자의 자격인정)

법 제32조제1항 단서에서 "국토교통부령으로 정하는 자격요건을 갖춘 자"란 다음 각 호의 어느 하나에 해당하는 사람으로서 국토교통부장관의 인정을 받은 사람(이하 "국외 정비확인자"라 한다)을 말한다.
1. 외국정부가 발급한 항공정비사 자격증명을 받은 사람
2. 외국정부가 인정한 항공기정비사업자에 소속된 사람으로서 항공정비사 자격증명을 받은 사람과 동등하거나 그 이상의 능력이 있는 사람

83 **다음 중에서 국외 정비확인자의 자격 조건으로 맞는 것은?**

① 외국정부로부터 자격증명을 받은 사람
② 법 제97조의 규정에 의한 정비조직인증을 받은 외국의 항공기 정비업자
③ 외국정부가 인정한 항공기의 수리사업자로서 항공정비사 자격증명을 받은 사람과 같은 이상의 능력이 있다고 국토교통부장관이 인정한 사람
④ 외국정부가 인정한 항공기 정비사업자에 소속된 사람으로서 항공정비사 자격증명을 받은 사람과 같은 이상의 능력이 있다고 국토교통부장관이 인정한 사람

해설

항공안전법 시행규칙 제71조(문제 81번 참조)

84 **국외 정비확인자의 인정의 유효기간은?**

① 6월　　② 1년
③ 2년　　④ 3년

해설

항공안전법 시행규칙 제73조(국외 정비확인자 인정서의 발급)

① 국토교통부장관은 제71조에 따른 인정을 하는 경우에는 별지 제33호서식의 국외 정비확인자 인정서를 발급하여야 한다.
② 국토교통부장관은 제1항에 따라 국외 정비확인자 인정서를 발급하는 경우에는 국외 정비확인자가 감항성을 확인할 수 있는 항공기등 또는 부품등의 종류 · 등급 또는 형식을 정하여야 한다.
③ 제1항에 따른 인정의 유효기간은 1년으로 한다.

제4장 항공종사자 등

01 **다음 중에서 항공종사자 자격증명의 설명이 잘못된 경우는?**

① 운송용 조종사의 경우 항공기의 종류, 등급 또는 형식을 한정한다.
② 사업용 조종사의 경우 항공기의 종류, 등급 또는 형식을 한정한다.
③ 항공기관사의 경우 항공기의 종류, 등급 또는 형식을 한정한다.
④ 항공정비사의 경우 항공기의 종류, 등급 또는 형식을 한정한다.

해설

- **항공안전법 제34조1**
  ① 항공업무에 종사하려는 사람은 국토교통부령으로 정하는 바에 따라 국토교통부장관으로부터 항공종사자 자격증명(이하 "자격증명"이라 한다)을 받아야 한다. 다만, 항공업무 중 무인항공기의 운항 업무인 경우에는 그러하지 아니하다.
- **시행규칙 제75조(응시자격)**
  법 제34조제1항에 따른 항공종사자 자격증명(이하 "자격증명"이라 한다) 또는 법 제37조제1항에 따른 자격증명의 한정을 받으려는 사람은 법 제34조제2항 각 호의 어느 하나에 해당되지 아니하는 사람으로서 별표4에 따른 경력을 가진 사람이어야 한다.

02 **다음 중에서 항공종사자 자격증명의 응시연령이 잘못된 것은?**

① 경량항공기 조종사는 만16세
② 자가용 조종사는 만17세
③ 항공정비사는 만18세
④ 사업용 조종사는 만18세

해설

[정답] 83 ④　84 ②　제4장 항공종사자 등　01 ④　02 ①

항공안전법 제34조2

② 다음 각 호의 어느 하나에 해당하는 사람은 자격증명을 받을 수 없다.
1. 다음 각 목의 구분에 따른 나이 미만인 사람
 가. 자가용 조종사 자격: 17세(제37조에 따라 자가용 조종사의 자격증명을 활공기에 한정하는 경우에는 16세)
 나. 사업용 조종사, 부조종사, 항공사, 항공기관사, 항공교통관제사 및 항공정비사 자격: 18세
 다. 운송용 조종사 및 운항관리사 자격: 21세
2. 제43조제1항에 따른 자격증명 취소처분을 받고 그 취소일부터 2년이 지나지 아니한 사람(취소된 자격증명을 다시 받는 경우에 한정한다)

03 항공종사자 자격증명 취소처분을 받고 다시 취득할 수 있을 유효기간은?

① 1년 경과 ② 2년 경과
③ 3년 경과 ④ 4년 경과

해설

항공안전법 제34조2(문제 2번 참조)

04 항공작전기지에서 근무하는 군인이 국방부장관으로부터 자격인정을 받아 수행할 수 있는 업무는?

① 항공기 조종 ② 항공관제
③ 항공정비 ④ 급유 및 배유

해설

항공안전법 제34조3

③ 제1항 및 제2항에도 불구하고 「군사기지 및 군사시설 보호법」을 적용받는 항공작전기지에서 항공기를 관제하는 군인은 국방부장관으로부터 자격인정을 받아 항공교통관제 업무를 수행할 수 있다.

05 항공기 종류 한정이 필요한 항공정비사 자격증명을 신청하는 경우가 아닌 것은?

① 4년 이상의 항공기 정비 실무경력이 있는 사람
② 국토교통부장관이 지정한 전문교육기관에서 항공기 정비에 필요한 과정을 이수한 사람
③ 항공관련 전문대 또는 대학을 졸업한 자
④ 외국정부가 발급한 항공기 종류 한정 자격증명을 받은 사람

해설

항공안전법 제34조(문제 2번 참조) 및 시행규칙 제75조 참조

06 다음 중에서 항공종사자의 종류가 아닌 것은?

① 운송용조종사 ② 항공사
③ 객실승무원 ④ 부조종사

해설

항공안전법 제35조(자격증명의 종류)

자격증명의 종류는 다음과 같이 구분한다.
1. 운송용 조종사 2. 사업용 조종사
3. 자가용 조종사 4. 부조종사
5. 항공사 6. 항공기관사
7. 항공교통관제사 8. 항공정비사
9. 운항관리사

07 항공안전법 제36조3 자격증명의 업무범위가 아닌 것은?

① "국토교통부령으로 정하는 항공기"란 중급 활공기 또는 초급 활공기를 말한다.
② 시험비행 등을 하는 경우는 국토교통부장관의 허가를 받아야 한다.
③ 시험비행 등의 허가신청서는 지방항공청장에게 제출하여야 한다.
④ "국토교통부령으로 정하는 항공기"란 상급, 중급, 초급 활공기를 말한다.

해설

- **항공안전법 제36조3**

 ③ 다음 각 호의 어느 하나에 해당하는 경우에는 제1항 및 제2항을 적용하지 아니한다.
 1. 국토교통부령으로 정하는 항공기에 탑승하여 조종(항공기에 탑승하여 그 기체 및 발동기를 다루는 것을 포함한다. 이하 같다)하는 경우

[정답] 03 ② 04 ② 05 ③ 06 ③ 07 ④

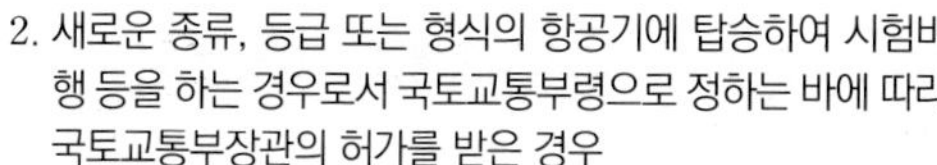

2. 새로운 종류, 등급 또는 형식의 항공기에 탑승하여 시험비행 등을 하는 경우로서 국토교통부령으로 정하는 바에 따라 국토교통부장관의 허가를 받은 경우

- **시행규칙 제79조제80조(항공기의 지정)**
  법 제36조제3항제1호에서 "국토교통부령으로 정하는 항공기"란 중급 활공기 또는 초급 활공기를 말한다.
- **시행규칙 제79조제80조(시험비행 등의 허가)**
  법 제36조제3항제2호에 따라 시험비행 등을 하려는 사람은 별지 제25호서식의 시험비행 등의 허가신청서를 지방항공청장에게 제출하여야 한다.

08 항공안전법 제36조3에 따라 지방항공청장에게 신고를 하지 않고 조종할 수 있는 것은?

① 중급 또는 초급 활공기 ② 무인비행장치
③ 헬리콥터 ④ 초경량비행장치

해설

항공안전법 제36조3 및 시행규칙 제79조(문제 7번 참조)

09 다음 중에서 자격증명의 한정을 바르게 설명한 것은?

① 항공기의 종류, 등급 또는 형식에 의한다.
② 항공업무에 의한다.
③ 항공종사자의 기능에 의한다.
④ 항공종사자 자격에 의한다.

해설

항공안전법 제37조1

① 국토교통부장관은 다음 각 호의 구분에 따라 자격증명에 대한 한정을 할 수 있다.
1. 운송용 조종사, 사업용 조종사, 자가용 조종사, 부조종사 또는 항공기관사 자격의 경우 : 항공기의 종류, 등급 또는 형식
2. 항공정비사 자격의 경우 : 항공기의 종류 및 정비분야

10 다음 중에서 자격증명의 형식 한정을 않아도 되는 것은?

① 운송용조종사 ② 사업용조종사
③ 자가용조종사 ④ 항공정비사

해설

항공안전법 제37조1(문제 9번 참조)

11 다음 중에서 항공기의 종류와 등급의 한정을 바르게 설명한 것은?

① 국토교통부장관은 자격증명을 받고자 하는 자가 실기시험에 사용하는 항공기의 종류와 등급으로 한정하여야 한다.
② 국토교통부장관은 자격증명을 받고자 하는 자가 실기시험에 사용하는 항공기의 종류·등급 또는 형식으로 한정하여야 한다.
③ 국토교통부장관은 자격증명을 받고자 하는 자가 실기시험에 사용하는 항공기의 형식으로 한정하여야 한다.
④ 국토교통부장관은 항공정비사에 대하여는 자격증명을 받고자 하는 자가 실기시험에 사용하는 항공기의 종류와 등급으로 한정하여야 한다.

해설

항공안전법 시행규칙 제81조1(자격증명의 한정)

① 국토교통부장관은 법 제37조제1항제1호에 따라 항공기의 종류 · 등급 또는 형식을 한정하는 경우에는 자격증명을 받으려는 사람이 실기시험에 사용하는 항공기의 종류 · 등급 또는 형식으로 한정하여야 한다.

12 항공기의 종류의 한정은 어떻게 구분 하는가?

① 비행기, 헬리콥터, 비행선, 활공기, 항공우주선
② 육상단발 및 육상다발
③ 수상기의 경우 수상단발 및 수상다발로 구분한다.
④ 활공기의 경우 상급 및 중급 항공기

해설

항공안전법 시행규칙 제81조2(자격증명의 한정)

② 제1항에 따라 한정하는 항공기의 종류는 비행기, 헬리콥터, 비행선, 활공기 및 항공우주선으로 구분한다.

[정답] 08 ① 09 ① 10 ④ 11 ② 12 ①

13 다음 중에서 항공기의 종류에 해당되지 않는 것은?

① 비행기 ② 비행선
③ 항공우주선 ④ 수상기

해설

항공안전법 시행규칙 제81조2(문제 12번 참조)

14 다음 중에서 항공기의 등급의 한정에 대한 설명이 잘못된 것은?

① 육상기의 경우에는 육상단발 및 육상다발로 구분한다.
② 수상기의 경우 수상단발 및 수상다발로 구분한다.
③ 활공기의 경우에는 상급 및 중급으로 구분한다.
④ 항공정비사의 경우에는 육상단발 및 육상다발로 구분한다.

해설

항공안전법 시행규칙 제81조3

③ 제1항에 따라 한정하는 항공기의 등급은 다음 각 호와 같이 구분한다. 다만, 활공기의 경우에는 상급(활공기가 특수 또는 상급 활공기인 경우) 및 중급(활공기가 중급 또는 초급 활공기인 경우)으로 구분한다.
1. 육상 항공기의 경우 : 육상단발 및 육상다발
2. 수상 항공기의 경우 : 수상단발 및 수상다발

15 다음 중에서 항공정비사의 자격증명에 대한 한정은?

① 항공기의 종류에 의한다.
② 항공기 종류 및 정비업무 범위에 의한다.
③ 항공기 등급 및 정비업무 범위에 의한다.
④ 항공기 종류, 등급 또는 형식에 의한다.

해설

항공안전법 제37조2

② 제1항에 따라 자격증명의 한정을 받은 항공종사자는 그 한정된 항공기의 종류, 등급 또는 형식 외의 항공기나 한정된 정비분야 외의 항공업무에 종사해서는 아니 된다.

16 항공정비사의 자격증명을 한정하는 경우 정비업무 범위가 아닌 것은?

① 기체 관련분야 ② 왕복발동기 관련분야
③ 항공전자장치 관련분야 ④ 프로펠러터 관련분야

해설

항공안전법 시행규칙 제81조6

⑥ 국토교통부장관이 법 제37조제1항제2호에 따라 항공정비사의 자격증명을 한정하는 정비분야 범위는 다음 각 호와 같다.
1. 기체(機體) 관련 분야
2. 왕복발동기 관련 분야
3. 터빈발동기 관련 분야
4. 프로펠러 관련 분야
5. 전자 · 전기 · 계기 관련 분야

17 항공종사자 시험 실시 내용이 잘못된 것은?

① 지식 및 능력에 관하여 학과시험 및 실기시험에 합격하여야 한다.
② 항공기 탑승경력 및 정비경력 등을 심사하여야 한다.
③ 한정에 대한 최초의 자격증명의 한정은 실기시험에 의하여 심사할 수 있다.
④ 항공기의 종류·등급 또는 형식별로 한정 심사를 하여야 한다.

해설

항공안전법 제38조1, 2

① 자격증명을 받으려는 사람은 국토교통부령으로 정하는 바에 따라 항공업무에 종사하는 데 필요한 지식 및 능력에 관하여 국토교통부장관이 실시하는 학과시험 및 실기시험에 합격하여야 한다.
② 국토교통부장관은 제37조에 따라 자격증명을 항공기의 종류, 등급 또는 형식별로 한정(제44조에 따른 계기비행증명 및 조종교육증명을 포함한다)하는 경우에는 항공기 탑승경력 및 정비경력 등을 심사하여야 한다. 이 경우 항공기의 종류 및 등급에 대한 최초의 자격증명의 한정은 실기시험으로 심사할 수 있다.

18 항공종사자 시험의 일부 또는 전부를 면제받을 수 없는 사람은?

① 외국정부로부터 자격증명을 받은 사람
② 법 제48조의 규정에 의한 전문교육기관의 교육과정을 이수한 사람

[정답] 13④ 14④ 15② 16③ 17③ 18③

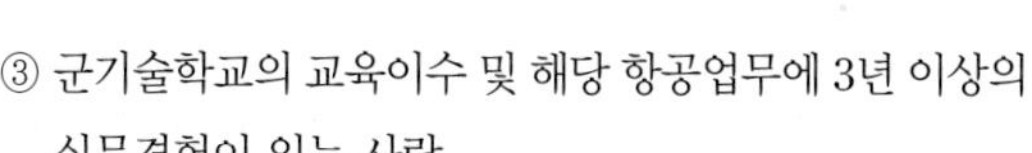

③ 군기술학교의 교육이수 및 해당 항공업무에 3년 이상의 실무경험이 있는 사람

④ 「국가기술자격법」에 의한 항공기술분야의 자격을 가진 자

해설

항공안전법 제38조3

③ 국토교통부장관은 다음 각 호의 어느 하나에 해당하는 사람에게는 국토교통부령으로 정하는 바에 따라 제1항 및 제2항에 따른 시험 및 심사의 전부 또는 일부를 면제할 수 있다.
1. 외국정부로부터 자격증명을 받은 사람
2. 제48조에 따른 전문교육기관의 교육과정을 이수한 사람
3. 항공기 탑승경력 및 정비경력 등 실무경험이 있는 사람
4. 「국가기술자격법」에 따른 항공기술분야의 자격을 가진 사람

19 **다음 중에서 항공정비사 자격증명 시험에 응시할 수 없는 사람은?**

① 4년 이상의 항공기 정비 경력이 있는 사람

② 고등교육법에 의한 대학 및 전문대학에서 항공정비사에 필요한 과정을 이수한 사람

③ 국토교통부장관이 지정한 전문교육기관에서 항공기 정비에 필요한 과정을 이수한 사람

④ 외국정부가 발급한 항공기 종류 한정 자격증명을 받은 사람

해설

항공안전법 시행규칙 제75조 별표 4 참조

20 **항공 "업무 범위 한정"이 필요한 항공정비사 자격증명을 신청할 수 있는 사람은?**

① 정비업무 분야에서 3년 이상의 정비와 개조의 실무경력이 있는 사람

② 3년 이상의 정비와 개조의 실무경력과 1년 이상의 검사경력이 있는 자

③ 전문교육기관에서 2년 이상의 교육을 받은 사람

④ 고등교육법에 의한 전문대학 이상의 교육기관에서 필요한 과정을 이수한 사람

해설

항공안전법 시행규칙 제75조 별표 4 참조

21 **항공정비사의 시험과목 및 범위가 틀린 것은?**

① 항공법규는 해당 업무에 필요한 항공법규

② 항공역학은 이론과 항공기의 중심위치의 계산에 관한 지식

③ 항공발동기는 구조·성능·정비에 관한 지식과 항공기 연료·윤활유에 관한 지식

④ 전자·전기·계기는 항공기 장비품의 구조·성능·정비 및 전자·전기·계기에 관한 지식

해설

항공안전법 시행규칙 제82조 별표 5 참조

22 **항공정비사 자격증명 학과시험의 과목이 아닌 것은?**

① 항공법규 ② 항공역학
③ 항공유압 ④ 전자·전기·계기

해설

항공안전법 시행규칙 제82조 별표 5 참조

23 **자격증명시험 또는 한정심사의 일부과목 또는 전 과목에 합격한 사람의 유효기간은?**

① 1년 ② 2년
③ 3년 ④ 4년

해설

항공안전법 시행규칙 제85조(과목합격의 유효)

자격증명시험 또는 한정심사의 학과시험의 일부 과목 또는 전 과목에 합격한 사람이 같은 종류의 항공기에 대하여 자격증명시험 또는 한정심사에 응시하는 경우에는 제83조제1항에 따른 통보가 있는 날(전 과목을 합격한 경우에는 최종 과목의 합격 통보가 있는 날)부터 2년 이내에 실시(자격증명시험 또는 한정심사 접수 마감일을 기준으로 한다)하는 자격증명시험 또는 한정심사에서 그 합격을 유효한 것으로 한다.

24 **자격증명을 받은 사람이 다른 자격증명을 받기 위해 응시하는 경우은?**

[정답] 19 ② 20 ② 21 ② 22 ③ 23 ② 24 ④

① 국토교통부장관이 인정한 경우 학과시험의 일부를 면제할 수 있다.
② 안전공단이사장이 인정한 경우 학과시험의 일부를 면제할 수 있다.
③ 지방항공청장이 인정한 경우 학과시험의 일부를 면제할 수 있다.
④ 항공법시행규칙 별표6에 따라 학과시험의 일부를 면제할 수 있다.

해설

항공안전법 시행규칙 제86조 별표 참조

25 항공정비사 자격시험에서 실기시험이 일부 면제되는 경우는?

① 대학을 졸업하고 항공정비사 학과시험의 범위를 포함하는 각 과목을 이수한 사람
② 3년 이상 항공정비에 관한 실무경험이 있는 사람
③ 외국정부가 발행한 항공정비사 자격증명을 소지한 사람
④ 항공정비사 자격증명을 받고, 3년의 실무경력이 있는 사람

해설

항공안전법 시행규칙 제88조(자격증명시험의 면제)

① 법 제38조제3항제1호에 따라 외국정부로부터 자격증명(임시 자격증명을 포함한다)을 받은 사람에게는 다음 각 호의 구분에 따라 자격증명시험의 일부 또는 전부를 면제한다.
  1. 다음 각 목의 어느 하나에 해당하는 항공업무를 일시적으로 수행하려는 사람으로서 해당 자격증명시험에 응시하는 경우 : 학과시험 및 실기시험의 면제
    가. 새로운 형식의 항공기 또는 장비를 도입하여 시험비행 또는 훈련을 실시할 경우의 교관요원 또는 운용요원
    나. 대한민국에 등록된 항공기 또는 장비를 이용하여 교육훈련을 받으려는 사람
    다. 대한민국에 등록된 항공기를 수출하거나 수입하는 경우 국외 또는 국내로 승객·화물을 싣지 아니하고 비행하려는 조종사
  2. 일시적인 조종사의 부족을 충원하기 위하여 채용된 외국인 조종사로서 해당 자격증명시험에 응시하는 경우 : 학과시험(항공법규는 제외한다)의 면제
  3. 모의비행장치 교관요원으로 종사하려는 사람으로서 해당 자격증명시험에 응시하는 경우 : 학과시험(항공법규는 제외한다)의 면제
  4. 제1호부터 제3호까지의 규정 외의 경우로서 해당 자격증명시험에 응시하는 경우 : 학과시험(항공법규는 제외한다)의 면제

② 법 제38조제3항제2호 또는 제3호에 해당하는 사람이 해당 자격증명시험에 응시하는 경우에는 별표 7 제1호에 따라 실기시험의 일부를 면제한다.
③ 제75조에 따른 응시자격을 갖춘 사람으로서 법 제38조제3항제4호에 따라 「국가기술자격법」에 따른 항공기술사·항공정비기능장·항공기사 또는 항공산업기사의 자격을 가진 사람에 대해서는 다음 각 호의 구분에 따라 시험을 면제한다.
  1. 항공기술사 자격을 가진 사람이 항공정비사 종류별 자격증명시험에 응시하는 경우 : 학과시험(항공법규는 제외한다)의 면제
  2. 항공정비기능장 또는 항공기사자격을 가진 사람(해당 자격 취득 후 항공기 정비업무에 1년 이상 종사한 경력이 있는 사람만 해당한다)이 항공정비사 종류별 자격증명시험에 응시하는 경우 : 학과시험(항공법규는 제외한다)의 면제
  3. 항공산업기사 자격을 가진 사람(해당 자격 취득 후 항공기 정비업무에 2년 이상 종사한 경력이 있는 사람만 해당한다)이 항공정비사 종류별 자격증명시험에 응시하는 경우 : 학과시험(항공법규는 제외한다)의 면제

26 항공정비사 자격증명 시험에 응시하는 경우 학과시험 일부를 면제 받을 수 없는 사람은?

① 항공기술사 자격을 취득한 사람
② 항공기사 자격을 취득한 후 항공기 정비업무에 1년 이상 종사한 경력이 있는 사람
③ 항공산업기사 자격 취득한 후 항공기 정비업무에 2년 이상 종사한 경력이 있는 사람
④ 항공정비기능사 자격 취득 후 항공기 정비업무에 3년 이상 종사한 경력이 있는 사람

해설

- **항공안전법 제38조3(문제 18번 참조)**
- **시행규칙 제88조(문제 25번 참조)**

27 다음 중에서 "한정심사의 면제" 대상이 아닌 것은?

① 국토교통부장관이 지정한 외국의 전문교육기관을 이수한 조종사
② 국토교통부장관이 지정한 외국의 전문교육기관을 이수한 항공기관사

[정답] 25 ③ 26 ④ 27 ④

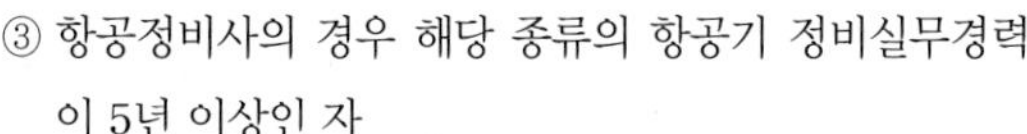

③ 항공정비사의 경우 해당 종류의 항공기 정비실무경력이 5년 이상인 자

④ 조종사의 경우 해당 등급의 비행경력이 1,000시간 이상인 자

해설

항공안전법 시행규칙 제89조 별표 7 참조

28 **다음 중에서 자격증명의 효력에 대한 설명이 맞는 것은?**

① 그 상급의 자격증명을 받은 경우에는 종전의 자격에 관한 항공기의 등급·형식의 한정에 관하여도 유효하다.

② 그 상급의 자격증명을 받은 경우에는 종전의 자격에 관한 항공기의 등급·형식의 계기비행증명 자격증명에 관하여도 유효하다.

③ 그 상급의 자격증명을 받은 경우에는 종전의 자격에 관한 항공기의 등급·형식의 계기비행증명·조종교육증명에 관한 자격증명에 관하여도 유효하다.

④ 항공정비사의 자격증명을 받은 사람이 비행기 한정을 받은 경우에는 활공기에 대한 한정을 함께 받은 것으로 본다.

해설

항공안전법 시행규칙 제90조(조종사 등이 받은 자격증명의 효력)

① 자가용 조종사 자격증명을 받은 사람이 같은 종류의 항공기에 대하여 부조종사 또는 사업용 조종사의 자격증명을 받은 경우에는 종전의 자가용 조종사 자격증명에 관한 항공기 형식의 한정 또는 계기비행증명에 관한 한정은 새로 받은 자격증명에도 유효하다.

② 부조종사 또는 사업용 조종사의 자격증명을 받은 사람이 같은 종류의 항공기에 대하여 운송용 조종사 자격증명을 받은 경우에는 종전의 자격증명에 관한 항공기 형식의 한정 또는 계기비행증명 · 조종교육증명에 관한 한정은 새로 받은 자격증명에도 유효하다.

③ 항공정비사 자격증명을 받은 사람이 비행기 한정을 받은 경우에는 활공기에 대한 한정을 함께 받은 것으로 본다.

29 **항공정비사가 받은 자격증명의 효력에 대한 설명 중 맞는 것은?**

① 모든 종류의 항공기에 대한 자격증명을 받은 것으로 본다.

② 헬리콥터에 대한 자격증명을 받은 것으로 본다.

③ 활공기에 대한 자격증명을 받은 것으로 본다.

④ 비행선에 대한 자격증명을 받은 것으로 본다.

해설

항공안전법 시행규칙 제90조3(조종사 등이 받은 자격증명의 효력)

③ 항공정비사 자격증명을 받은 사람이 비행기 한정을 받은 경우에는 활공기에 대한 한정을 함께 받은 것으로 본다.

30 **모의비행장치를 이용한 자격증명 실기시험의 실시 내용이 아닌 것은?**

① 항공기 대신 모의비행장치를 이용하여 실기시험을 실시할 수 있다.

② 모의비행장치를 이용한 탑승경력은 항공기 탑승경력으로 본다.

③ 항공기 대신 모의비행장치를 이용하여 구술시험을 실시할 수 있다.

④ 모의 비행장치의 지정기준 등에 관하여 필요한 사항은 국토교통부령으로 정한다.

해설

항공안전법 제39조(모의비행장치를 이용한 자격증명 실기시험의 실시 등)

① 국토교통부장관은 항공기 대신 국토교통부장관이 지정하는 모의비행장치를 이용하여 제38조제1항에 따른 실기시험을 실시할 수 있다.

② 국토교통부장관이 지정하는 모의비행장치를 이용한 탑승경력은 제38조제2항 전단에 따른 항공기 탑승경력으로 본다.

③ 제2항에 따른 모의비행장치의 지정기준과 탑승경력의 인정 등에 필요한 사항은 국토교통부령으로 정한다.

31 **모의비행장치의 지정기준이 틀리는 것은?**

① 모의비행장치의 설치과정 및 개요에 대하여 지정받아야 한다.

② 교관의 자격·경력 및 정원에 대하여 지정받아야 한다.

[정답] 28 ④ 29 ③ 30 ③ 31 ②

③ 모의비행장치의 성능·점검요령에 대하여 지정받아야 한다.

④ 모의비행장치의 관리 및 정비방법에 대하여 지정받아야 한다.

해설

항공안전법 시행규칙 제91조1(모의비행장치의 지정기준 등)

① 법 제39조제1항에 따라 항공기 대신 이용할 수 있는 모의비행장치의 지정을 받으려는 자는 별지 제42호서식의 모의비행장치 지정신청서에 다음 각 호의 서류를 첨부하여 지방항공청장에게 제출하여야 한다.

1. 모의비행장치의 설치과정 및 개요
2. 모의비행장치의 운영규정
3. 항공기와 같은 형식의 모의비행장치 시험비행기록 비교 자료
4. 모의비행장치의 성능 및 점검요령
5. 모의비행장치의 관리 및 정비방법
6. 모의비행장치에 의한 훈련계획
7. 모의비행장치의 최소 운용장비 목록과 그 적용방법(항공운송사업 또는 항공기사용사업에 사용되는 항공기만 해당한다)

제5장 항공기의 운항

01 다음 중에서 항공기에 설치·운용하는 "무선설비"의 내용이 잘못된 것은?

① 항공기를 운항하려는 자는 비상위치무선표지설비 등을 설치·운용하여야 한다.

② 항공기에 2차 감시레이더용 트랜스폰더 등을 설치·운용하여야 한다.

③ 항공기 소유자 등은 비상위치무선표지설비 등을 설치·운용하여야 한다.

④ 지방항공청장이 정하는 무선설비를 설치·운용하여야 한다.

해설

항공안전법 제51조(무선설비의 설치 · 운용 의무)

항공기를 운항하려는 자 또는 소유자등은 해당 항공기에 비상위치무선표지설비, 2차감시레이더용 트랜스폰더 등 국토교통부령으로 정하는 무선설비를 설치 · 운용하여야 한다.

02 항공운송사업에 사용되는 항공기가 국내에서 운항시 설치하지 않아도 되는 무선설비는?

① 초단파(VHF) 또는 극초단파(UHF) 무선 전화 송수신기

② 계기 착륙시설(ILS) 수신기

③ 거리 측정시설(DME) 수신기

④ 기상 레이더

해설

항공안전법 시행규칙 제107조(무선설비)

① 법 제51조에 따라 항공기에 설치 · 운용하여야 하는 무선설비는 다음 각 호와 같다. 다만, 항공운송사업에 사용되는 항공기 외의 항공기가 계기비행방식 외의 방식(이하 "시계비행방식"이라 한다)에 의한 비행을 하는 경우에는 제3호부터 제6호까지의 무선설비를 설치 · 운용하지 아니할 수 있다.

1. 비행 중 항공교통관제기관과 교신할 수 있는 초단파(VHF) 또는 극초단파(UHF)무선전화 송수신기 각 2대. 이 경우 비행기[국토교통부장관이 정하여 고시하는 기압고도계의 수정을 위한 고도(이하 "전이고도"라 한다) 미만의 고도에서 교신하려는 경우만 해당한다]와 헬리콥터의 운항승무원은 붐(Boom) 마이크로폰 또는 스롯(Throat) 마이크로폰을 사용하여 교신하여야 한다.
3. 자동방향탐지기(ADF) 1대[무지향표지시설(NDB) 신호로만 계기접근절차가 구성되어 있는 공항에 운항하는 경우만 해당한다]
4. 계기착륙시설(ILS) 수신기 1대(최대이륙중량 5천 700[kg] 미만의 항공기와 헬리콥터 및 무인항공기는 제외한다)
5. 전방향표지시설(VOR) 수신기 1대(무인항공기는 제외한다)
6. 거리측정시설(DME) 수신기 1대(무인항공기는 제외한다)

03 항공운송사업에 사용되는 항공기 외의 항공기가 시계비행방식에 의한 비행을 하는 경우 설치하여야 하는 의무 무선설비가 아닌 것은?

① SSR Transponder

② VOR 수신기

③ VHF 또는 UHF 무선 전화 송수신기

④ ELT

해설

항공안전법 시행규칙 제107조1항 2(무선설비)

기압고도에 관한 정보를 제공하는 2차감시 항공교통관제 레이더용 트랜스폰더(Mode 3/A 및 Mode C SSR transponder. 다만, 국외를 운항하는 항공운송사업용 항공기의 경우에는 Mode S transponder) 1대

[정답] 제5장 항공기의 운항 01 ④ 02 ④ 03 ②

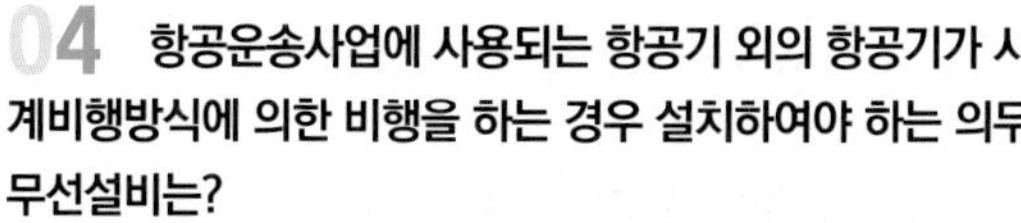

04 항공운송사업에 사용되는 항공기 외의 항공기가 시계비행방식에 의한 비행을 하는 경우 설치하여야 하는 의무 무선설비는?

① 2차감시 항공교통관제 레이더용 트랜스폰더 1대
② 자동방향탐지기(ADF) 1 대
③ 계기착륙시설(ILS) 수신기 1대
④ 전방향표지시설(VOR) 수신기 1대

해설

항공안전법 시행규칙 제107조(문제 3번 참조)

05 항공운송사업에 사용되는 최대이륙중량 5,700[kg] 미만의 항공기와 헬리콥터의 경우 설치하지 않아도 되는 무선설비는?

① SSR Transponder
② ILS 수신기
③ VHF 또는 UHF 무선전화 송수신기
④ DME 수신기

해설

항공안전법 시행규칙 제107조(문제 2번 참조)

06 다음 중에서 기상레이더를 설치·운용하여야 하는 항공기는?

① 국제선 항공운송사업에 사용되는 비행기
② 국제선 항공운송사업에 사용되는 비행기로서 여압장치가 장착된 비행기
③ 국제선 항공운송사업에 사용되는 헬리콥터
④ 계기비행방식에 의한 비행을 하는 항공운송사업에 사용되는 비행기

해설

항공안전법 시행규칙 제107조1항 7(무선설비)

다음 각 목의 구분에 따라 비행 중 뇌우 또는 잠재적인 위험 기상조건을 탐지할 수 있는 기상레이더 또는 악 기상 탐지장비

가. 국제선 항공운송사업에 사용되는 비행기로서 여압장치가 장착된 비행기의 경우 : 기상레이더 1대
나. 국제선 항공운송사업에 사용되는 헬리콥터의 경우 : 기상레이더 또는 악 기상 탐지장비 1대
다. 가목 외에 국외를 운항하는 비행기로서 여압장치가 장착된 비행기의 경우 : 기상레이더 또는 악 기상 탐지장비 1대

07 다음 중에서 항공계기 등의 설치·탑재 및 운용 등에 대한 설명이 잘못된 것은?

① 항공계기등을 설치하여 운용하여야 한다.
② 서류 등을 탑재하여 운용하여야 한다.
③ 구급용구 등을 탑재하여 운용하여야 한다.
④ 운용방법 등에 관하여 필요한 사항은 지방항공청장이 정한다.

해설

항공안전법 제52조(항공계기 등의 설치 · 탑재 및 운용 등)

① 항공기를 운항하려는 자 또는 소유자등은 해당 항공기에 항공기 안전운항을 위하여 필요한 항공계기(航空計器), 장비, 서류, 구급용구 등(이하 "항공계기등"이라 한다)을 설치하거나 탑재하여 운용하여야 한다. 이 경우 최대이륙중량이 600[kg] 초과 5,700[kg] 이하인 비행기에는 사고예방 및 안전운항에 필요한 장비를 추가로 설치할 수 있다.
② 제1항에 따라 항공계기등을 설치하거나 탑재하여야 할 항공기, 항공계기등의 종류, 설치·탑재기준 및 그 운용방법 등에 필요한 사항은 국토교통부령으로 정한다.

08 다음 중에서 항공기에 비치하여야 하는 항공일지는?

① 발동기 항공일지 ② 프로펠러 항공일지
③ 탑재용 항공일지 ④ 기체 항공일지

해설

항공안전법 시행규칙 제108조1(항공일지)

① 법 제52조제2항에 따라 항공기를 운항하려는 자 또는 소유자등은 탑재용 항공일지, 지상 비치용 발동기 항공일지 및 지상 비치용 프로펠러 항공일지를 갖추어 두어야 한다. 다만, 활공기의 소유자등은 활공기용 항공일지를, 법 제102조 각 호의 어느 하나에 해당하는 항공기의 소유자등은 탑재용 항공일지를 갖춰 두어야 한다.

[정답] 04 ① 05 ② 06 ② 07 ④ 08 ③

09 다음 중에서 활공기의 소유자가 갖춰야 할 서류는?

① 활공기용 항공일지
② 탑재용 항공일지
③ 지상비치용 발동기 항공일지
④ 지상비치용 프로펠러 항공일지

해설

항공안전법 시행규칙 제108조(문제 8번 참조)

10 다음 중에서 항공기 소유자 등이 갖춰야 할 항공일지가 아닌 것은?

① 탑재용 항공일지
② 탑재용 발동기 항공일지/지상비치용 기체 항공일지
③ 지상비치용 발동기 항공일지
④ 지상비치용 프로펠러 항공일지

해설

항공안전법 시행규칙 제108조(문제 8번 참조)

11 다음 중에서 탑재용 항공일지의 기재사항이 아닌 것은?

① 항공기 등록부호 및 등록 연월일
② 감항분류 및 감항증명번호
③ 장비교환 이유
④ 발동기 및 프로펠러의 형식

해설

항공안전법 시행규칙 제108조2(항공일지)

② 항공기의 소유자등은 항공기를 항공에 사용하거나 개조 또는 정비한 경우에는 지체 없이 다음 각 호의 구분에 따라 항공일지에 적어야 한다.
  1. 탑재용 항공일지(법 제102조 각 호의 어느 하나에 해당하는 항공기는 제외한다)
    가. 항공기의 등록부호 및 등록 연월일
    나. 항공기의 종류 · 형식 및 형식증명번호
    다. 감항분류 및 감항증명번호
    라. 항공기의 제작자 · 제작번호 및 제작 연월일
    마. 발동기 및 프로펠러의 형식
    바. 비행에 관한 다음의 기록
      1) 비행연월일
      2) 승무원의 성명 및 업무
      3) 비행목적 또는 편명
      4) 출발지 및 출발시각
      5) 도착지 및 도착시각
      6) 비행시간
      7) 항공기의 비행안전에 영향을 미치는 사항
      8) 기장의 서명
    사. 제작 후의 총 비행시간과 오버홀을 한 항공기의 경우 최근의 오버홀 후의 총 비행시간
    아. 발동기 및 프로펠러의 장비교환에 관한 다음의 기록
      1) 장비교환의 연월일 및 장소
      2) 발동기 및 프로펠러의 부품번호 및 제작일련번호
      3) 장비가 교환된 위치 및 이유

12 탑재용 항공일지의 수리·개조 또는 정비의 실시에 관한 기록 사항이 아닌 것은?

① 실시 연월일 및 장소
② 실시 이유, 수리·개조 또는 정비의 위치
③ 교환 부품명
④ 확인자의 자격증명번호/비행 중 발생한 항공기의 결함

해설

항공안전법 시행규칙 제108조2항(항공일지)

자. 수리·개조 또는 정비의 실시에 관한 다음의 기록
  1) 실시 연월일 및 장소
  2) 실시 이유, 수리·개조 또는 정비의 위치 및 교환 부품명
  3) 확인 연월일 및 확인자의 서명 또는 날인

13 외국국적 항공기의 탑재용 항공일지 기재사항이 아닌 것은?

① 승무원의 성명 및 업무
② 발동기 및 프로펠러의 형식
③ 항공기의 비행안전에 영향을 미치는 사항
④ 항공기의 등록부호, 등록증번호, 등록 연월일

해설

항공안전법 시행규칙 제108조2(문제 11번 참조)

[정답] 09 ① 10 ② 11 ③ 12 ④ 13 ②

14 지상 비치용 항공일지의 기재 사항이 아닌 것은?

① 발동기 또는 프로펠러의 형식
② 발동기 또는 프로펠러의 장비교환에 관한 기록
③ 발동기 또는 프로펠러의 수리·개조 또는 정비의 실시에 관한 기록
④ 항공기의 형식 및 형식증명번호/감항증명서 번호

해설

항공안전법 시행규칙 제108조2항 3(항공일지)

지상 비치용 발동기 항공일지 및 지상 비치용 프로펠러 항공일지
가. 발동기 또는 프로펠러의 형식
나. 발동기 또는 프로펠러의 제작자 · 제작번호 및 제작 연월일
다. 발동기 또는 프로펠러의 장비교환에 관한 다음의 기록
  1) 장비교환의 연월일 및 장소
  2) 장비가 교환된 항공기의 형식 · 등록부호 및 등록증번호
  3) 장비교환 이유
라. 발동기 또는 프로펠러의 수리 · 개조 또는 정비의 실시에 관한 다음의 기록
  1) 실시 연월일 및 장소
  2) 실시 이유, 수리 · 개조 또는 정비의 위치 및 교환 부품명
  3) 확인 연월일 및 확인자의 서명 또는 날인
마. 발동기 또는 프로펠러의 사용에 관한 다음의 기록
  1) 사용 연월일 및 시간
  2) 제작 후의 총 사용시간 및 최근의 오버홀 후의 총 사용시간

15 활공기용 항공일지의 기재 사항이 아닌 것은?

① 발동기 또는 프로펠러의 형식
② 활공기의 형식 및 형식증명서번호
③ 비행에 관한 다음의 기록에서 비행구간 또는 장소
④ 비행에 관한 다음의 기록에서 비행시간 또는 이·착륙 횟수

해설

항공안전법 시행규칙 제108조4(항공일지)

4. 활공기용 항공일지
  가. 활공기의 등록부호 · 등록증번호 및 등록 연월일
  나. 활공기의 형식 및 형식증명번호
  다. 감항분류 및 감항증명번호
  라. 활공기의 제작자 · 제작번호 및 제작 연월일
  마. 비행에 관한 다음의 기록
    1) 비행 연월일
    2) 승무원의 성명
    3) 비행목적
    4) 비행 구간 또는 장소
    5) 비행시간 또는 이 · 착륙횟수
    6) 활공기의 비행안전에 영향을 미치는 사항
    7) 기장의 서명

16 항공운송사업에 사용되는 모든 비행기에 갖추어야 할 사고예방장치는?

① 공중충돌경고장치　② 기압저하경고장치
③ 비행자료기록장치　④ 조종실음성기록장치

해설

항공안전법 제52조2항 시행규칙 제109조(사고예방장치 등) 1항 1

다음 각 목의 어느 하나에 해당하는 비행기에는 「국제민간항공협약」 부속서 10에서 정한 바에 따라 운용되는 공중충돌경고장치(Airborne Collision Avoidance System, ACAS Ⅱ) 1기 이상

17 최대이륙중량 5,700[kg] 이상의 비행기에 장치해야 할 사고예방장비는?

① CVR, FDR　② FDR, GPWS
③ CVR, GPWS　④ FDR, DME

해설

항공안전법 제52조2 시행규칙 제109조1항4

4. 최대이륙중량이 5,700[kg]을 초과하거나 승객 9명을 초과하여 수송할 수 있는 터빈발동기(터보프롭발동기는 제외한다)를 장착한 항공운송사업에 사용되는 비행기에는 전방돌풍경고장치 1기 이상. 이 경우 돌풍경고장치는 조종사에게 비행기 전방의 돌풍을 시각 및 청각적으로 경고하고, 필요한 경우에는 실패접근(Missed approach), 복행(Go-around) 및 회피기동(Escape manoeuvre)을 할 수 있는 정보를 제공하는 것이어야 하며, 항공기가 착륙하기 위하여 자동착륙장치를 사용하여 활주로에 접근할 때 전방의 돌풍으로 인하여 자동착륙장치가 그 운용한계에 도달하고 있는 경우에는 조종사에게 이를 알릴 수 있는 기능을 가진 것이어야 한다.

18 항공운송사업에 사용되는 터빈발동기를 장착한 비행기에 사고예방장치(또는 사고조사)를 위하여 장착하여야 하는 장치는?

[정답] 14 ④　15 ①　16 ①　17 ①　18 ③

① ACAS, FDR ② GPWS, CVR
③ FDR, CVR ④ ACAS, GPWS

해설

항공안전법 제52조2 시행규칙 제109조1항 4(문제 17번 참조)

19 ICAO 부속서 6에서 정한 디지털방식으로 자료를 기록할 수 있는 장치는?

① 비행자료기록장치(FDR)
② 지상접근경고장치(GPWS)
③ 공중충돌경고장치(ACAS)
④ 전방돌풍경고장치

해설

ICAO 부속서 6 참조

20 전방돌풍경고장치를 의무적으로 장착해야 될 항공기의 무게기준은?

① 4,600[kg] ② 5,700[kg]
③ 7,600[kg] ④ 15,000[kg]

해설

항공안전법 시행규칙 제109조1항4(문제 17번 참조)

21 항공운송사업에 사용되는 터빈 발동기를 장착한 비행기로서 지상접근경고장치(GPWS) 1기 이상을 장착하여야 하는 비행기는?

① 최대이륙중량 15,000[kg]을 초과하거나 승객 30명을 초과하는 항공기
② 최대이륙중량 15,000[kg]을 초과하지 않는 항공기
③ 최대이륙중량 5,700[kg]을 초과하거나 승객 9명을 초과하는 항공기
④ 최대이륙중량 5,700[kg]을 초과하지 않는 항공기

해설

항공안전법 제52조2 시행규칙 제109조1항 4(문제 17번 참조)

22 항공기의 소유자가 항공기에 갖추어야 할 구급용구가 아닌 것은?

① 비상식량 ② 구명동의
③ 음성신호발생기 ④ 구명보트

해설

항공안전법 시행규칙 제110조 별표 15 참조

23 헬리콥터가 수색구조가 특별히 어려운 산악지역, 외딴지역 및 국토교통부 장관이 정한 해상 등을 횡단 비행하는 경우 갖추어야 할 구급용구는?

① 구명동의 또는 이에 상당하는 개인부양장비, 구급용구
② 불꽃조난신호장비, 구명장비
③ 음성신호발생기, 구명장비
④ 비상신호등 및 휴대등, 구명장비

해설

항공안전법 시행규칙 제110조 별표 15 참조

24 수상비행기가 갖추어야 할 구급용구가 아닌 것은?

① 음성신호발생기 ② 불꽃조난 신호장비
③ 해상용 닻 ④ 일상용 닻

해설

항공안전법 시행규칙 제110조 별표 15 참조

25 승객 150명을 탑승시킬 수 있는 항공기에 비치하여야 할 소화기 수는?

① 3개 ② 4개
③ 5개 ④ 6개

해설

항공안전법 시행규칙 제110조 별표 15 참조

[정답] 19① 20① 21③ 22① 23② 24② 25①

26 **항공운송사업용 항공기에 비치해야 할 도끼 수는?**

① 1개 ② 2개
③ 3개 ④ 4개

해설

항공안전법 시행규칙 제110조 별표 15 참조

27 **승객 좌석수가 250석일 때 비치해야 할 메가폰 수는?**

① 1개 ② 2개
③ 3개 ④ 4개

해설

항공안전법 시행규칙 제110조 별표 15 참조

28 **항공기에 장비하여야 할 구급용구에 대한 설명 중 틀린 것은?**

① 승객 200명일 때 소화기 3개
② 승객 500명일 때 소화기 5개
③ 항공운송사업용 및 항공기사용사업용 항공기에는 도끼 1개
④ 항공운송사업용 여객기의 승객이 200명 이상일 때 메가폰 3개

해설

항공안전법 시행규칙 제110조 별표 15 참조

29 **항공기에 장비하여야 할 구급용구에 대한 설명 중 틀린 것은?**

① 승객 좌석수 201석부터 300석까지의 객실에는 소화기 4개
② 항공운송사업용 및 항공기사용사업용 항공기에는 도끼 1개
③ 승객 좌석수 200석 이상의 항공운송사업용 여객기에는 메가폰 2개
④ 승객 좌석수 201석부터 300석까지의 모든 항공기에는 구급의료용품 3조

해설

항공안전법 시행규칙 제110조 별표 15 참조

30 **승객 좌석수가 159석인 항공기에 탑재해야 할 구급의료용품의 수는?**

① 1개 ② 2개
③ 3개 ④ 4개

해설

항공안전법 시행규칙 제110조 별표 15 참조

31 **항공기에 비치하여야 할 구급의료용품에 포함하여야 할 최소 품목 아닌 것은?**

① 부상 치료를 위한 기구
② 코 충혈완화 스프레이
③ 물 혼합 소독제/피부 세척제
④ 혈압계

해설

항공안전법 시행규칙 제110조 별표 15 참조

32 **항공기에 비치하여야 할 비상의료용구가 아닌 것은?**

① 외과용 소독장갑
② 혈압계
③ 물 혼합 소독제/피부 세척제
④ 지혈붕대 또는 지혈대

해설

항공안전법 시행규칙 제110조 별표 15 참조

33 **승객 및 승무원의 좌석 장착에 대한 설명이 틀린 것은?**

[정답] 26 ① 27 ③ 28 ② 29 ③ 30 ② 31 ④ 32 ③ 33 ③

① 2세 이상의 승객과 모든 승무원을 위한 안전벨트가 달린 좌석을 장착하여야 한다.

② 승무원의 좌석에는 안전벨트 외에 어깨 끈을 장착하여야 한다.

③ 승객의 좌석에는 안전벨트 외에 어깨 끈을 장착하여야 한다.

④ 운항승무원의 좌석에 장착하는 어깨 끈은 급감속 시 상체를 자동적으로 제어하는 것이어야 한다.

해설

항공안전법 시행규칙 제111조(승객 및 승무원의 좌석 등)

① 법 제52조제2항에 따라 항공기(무인항공기는 제외한다)에는 2세 이상의 승객과 모든 승무원을 위한 안전벨트가 달린 좌석(침대좌석을 포함한다)을 장착하여야 한다.

② 항공운송사업에 사용되는 항공기의 모든 승무원의 좌석에는 안전벨트 외에 어깨끈을 장착하여야 한다. 이 경우 운항승무원의 좌석에 장착하는 어깨끈은 급감속시 상체를 자동적으로 제어하는 것이어야 한다.

34 항공기에 타고 있는 모든 사람이 사용할 수 있는 낙하산을 갖춰야 하는 경우는?

① 허가를 받아 시험비행 등을 하는 항공기

② 항공운송사업을 위한 모든 항공기

③ 국토교통부장관이 지정한 항공기

④ 곡예비행을 하는 헬리콥터

해설

항공안전법 시행규칙 제112조(낙하산의 장비)

항공안전법 제52조제2항에 따라 다음 각 호의 어느 하나에 해당하는 항공기에는 항공기에 타고 있는 모든 사람이 사용할 수 있는 수의 낙하산을 갖춰 두어야 한다.

1. 법 제23조제3항제2호에 따른 특별감항증명을 받은 항공기(제작 후 최초로 시험비행을 하는 항공기 또는 국토교통부장관이 지정하는 항공기만 해당한다)
2. 법 제68조 각 호 외의 부분 단서에 따라 같은 조 제4호에 따른 곡예비행을 하는 항공기(헬리콥터는 제외한다)

35 항공기에 탑재해야 할 서류가 아닌 것은?

① 형식증명서/화물적재분포도

② 감항증명서/무선국허가증명서

③ 항공기 등록증명서

④ 탑재용 항공일지/운용한계지정서

해설

항공안전법 시행규칙 제113조(항공기에 탑재하는 서류)

항공안전법 제52조제2항에 따라 항공기(활공기 및 법 제23조제3항 제2호에 따른 특별감항증명을 받은 항공기는 제외한다)에는 다음 각 호의 서류를 탑재하여야 한다.

1. 항공기등록증명서
2. 감항증명서
3. 탑재용 항공일지
4. 운용한계 지정서 및 비행교범
5. 운항규정(별표 32에 따른 교범 중 훈련교범·위험물교범·사고절차교범·보안업무교범·항공기 탑재 및 처리 교범은 제외한다)
6. 항공운송사업의 운항증명서 사본(항공당국의 확인을 받은 것을 말한다) 및 운영기준 사본(국제운송사업에 사용되는 항공기의 경우에는 영문으로 된 것을 포함한다)
7. 소음기준적합증명서
8. 각 운항승무원의 유효한 자격증명서 및 조종사의 비행기록에 관한 자료
9. 무선국 허가증명서(Radio station license)
10. 탑승한 여객의 성명, 탑승지 및 목적지가 표시된 명부(Passenger manifest)(항공운송사업용 항공기만 해당한다)
11. 해당 항공운송사업자가 발행하는 수송화물의 화물목록(Cargo manifest)과 화물 운송장에 명시되어 있는 세부 화물신고서류(Detailed declarations of the cargo)(항공운송사업용 항공기만 해당한다)
12. 해당 국가의 항공당국 간에 체결한 항공기 등의 감독 의무에 관한 이전협정서 사본(법 제5조에 따른 임대차 항공기의 경우만 해당한다)
13. 비행 전 및 각 비행단계에서 운항승무원이 사용해야 할 점검표
14. 그 밖에 국토교통부장관이 정하여 고시하는 서류

36 항공기등록증명서, 감항증명서, 탑재용항공일지 등 국토교통부령으로 정하는 서류를 탑재하지 않아도 되는 항공기는?

① 비행선

② 활공기/특별감항증명을 받은 항공기

③ 헬리콥터

④ 동력비행장치

해설

항공안전법 시행규칙 제113조(문제 35번 참조)

[정답] 34 ① 35 ① 36 ②

37 **여압장치가 없는 항공기가 700헥토파스칼[hPa] 미만인 비행고도에서 비행하려는 경우 장착하여야 하는 산소량은?**

① 승객 10[%]와 승무원 전원이 그 초과되는 시간 동안 필요로 하는 양
② 승객 전원과 승무원 전원이 해당비행시간 동안 필요로 하는 양
③ 승객 전원과 승무원 전원이 비행고도 등 비행환경에 따라 적합하게 필요로 하는 양
④ 승객 전원과 승무원 전원이 최소한 10분 이상 사용할 수 있는 양

해설

항공안전법 시행규칙 제114조1(산소 저장 및 분배장치 등)

여압장치가 없는 항공기가 기내의 대기압이 700헥토파스칼[hPa] 미만인 비행고도에서 비행하려는 경우에는 다음 각 목에서 정하는 양

가. 기내의 대기압이 700헥토파스칼[hPa] 미만 620헥토파스칼[hPa] 이상인 비행고도에서 30분을 초과하여 비행하는 경우에는 승객의 10[%]와 승무원 전원이 그 초과되는 비행시간 동안 필요로 하는 양
나. 기내의 대기압이 620헥토파스칼[hPa] 미만인 비행고도에서 비행하는 경우에는 승객 전원과 승무원 전원이 해당 비행시간 동안 필요로 하는 양

38 **항공운송사업에 사용되는 헬리콥터에 장착하여야 하는 산소량은?**

① 승객 전원과 승무원 전원이 비행고도 등 비행환경에 적합하게 필요로 하는 양
② 승객 10[%]와 승무원 전원이 그 초과되는 시간 동안 필요로 하는 양
③ 승객 전원과 승무원 전원이 해당비행시간 동안 필요로 하는 양
④ 승객 전원과 승무원 전원이 최소한 5분 이상 사용할 수 있는 양

해설

항공안전법 시행규칙 제114조2(산소 저장 및 분배장치 등)

기내의 대기압을 700헥토파스칼[hPa] 이상으로 유지시켜 줄 수 있는 여압장치가 있는 모든 비행기와 항공운송사업에 사용되는 헬리콥터의 경우에는 다음 각 목에서 정하는 양

가. 기내의 대기압이 700헥토파스칼[hPa] 미만인 동안 승객 전원과 승무원 전원이 비행고도 등 비행환경에 따라 적합하게 필요로 하는 양
나. 기내의 대기압이 376헥토파스칼[hPa] 미만인 비행고도에서 비행하거나 376헥토파스칼[hPa] 이상인 비행고도에서 620헥토파스칼[hPa]인 비행고도까지 4분 이내에 강하할 수 없는 경우에는 승객 전원과 승무원 전원이 최소한 10분 이상 사용할 수 있는 양

39 **376hPa 미만인 비행고도로 비행하려는 경우에 장착하여야 하는 것은?**

① 기내의 압력이 떨어질 때 운항승무원에게 이를 경고할 수 있는 기압저하경보장치 1기를 장착하여야 한다.
② 승객 10[%]와 승무원 전원이 그 초과되는 시간 동안 필요로 하는 양
③ 승객 전원과 승무원 전원이 해당 비행시간 동안 필요로 하는 양
④ 승객 전원과 승무원 전원이 최소한 5분 이상 사용할 수 있는 양

해설

항공안전법 시행규칙 제114조2(문제 38번 참조)

40 **헬리콥터 기체진동을 감시할 수 있는 시스템은?**

① 최대이륙중량이 3,175[kg]을 초과하는 헬리콥터
② 최대이륙중량이 3,500[kg]을 초과하는 헬리콥터
③ 승객 10명을 초과하여 수송할 수 있는 국제항공노선을 운항하는 헬리콥터
④ 승객 15명을 초과하여 수송할 수 있는 국제항공노선을 운항하는 헬리콥터

해설

항공안전법 시행규칙 제115조(헬리콥터 기체진동 감시 시스템 장착)

최대이륙중량이 3,175[kg]을 초과하거나 승객 9명을 초과하여 수송할 수 있는 국제항공노선을 운항하는 항공운송사업에 사용되는 헬리콥터는 법 제52조제1항에 따라 기체에서 발생하는 진동을 감시할 수 있는 시스템(Vibration health monitoring system)을 장착해야 한다.

[정답] 37 ① 38 ① 39 ① 40 ①

41 **항공운송사업용 항공기가 방사선투과량계기를 갖추어야 하는 경우는?**

① 평균 해면으로부터 15,000[m]를 초과하는 고도로 비행하는 경우
② 평균 해면으로부터 25,000[m]를 초과하는 고도로 비행하는 경우
③ 평균 해면으로부터 35,000[m]를 초과하는 고도로 비행하는 경우
④ 평균 해면으로부터 45,000[m]를 초과하는 고도로 비행하는 경우

해설

항공안전법 시행규칙 제116조(방사선투사량계기)

① 법 제52조제2항에 따라 항공운송사업용 항공기 또는 국외를 운항하는 비행기가 평균해면으로부터 15,000[m](49,000[ft])를 초과하는 고도로 운항하려는 경우에는 방사선투사량계기(Radiation Indicator) 1기를 갖추어야 한다.
② 제1항에 따른 방사선투사량계기는 투사된 총 우주방사선의 비율과 비행 시마다 누적된 양을 계속적으로 측정하고 이를 나타낼 수 있어야 하며, 운항승무원이 측정된 수치를 쉽게 볼 수 있어야 한다.

42 **계기비행 시 항공기에 장착해야 되는 정밀기압고도계의 수는?**

① 1개 ② 2개
③ 3개 ④ 4개

해설

항공안전법 시행규칙 제117조1 별표 16 참조

43 **시계비행을 하는 항공기에 갖추어야 할 항공계기 등이 아닌 것은?**

① 나침반 ② 속도계
③ 정밀기압고도계 ④ 승강계/온도계

해설

항공안전법 시행규칙 제117조1 별표 16 참조

44 **시계비행을 하는 항공기에 갖추어야 할 계기는?**

① 정밀기압고도계 ② 선회계
③ 승강계 ④ 외기온도계

해설

항공안전법 시행규칙 제117조1 별표 16 참조

45 **결빙이 있거나 결빙이 예상되는 지역으로 운항하려는 항공기에 장치하여야 할 장비는?**

① 제빙장치 또는 결빙 방지 장치
② 제빙장치 및 제우장치
③ 결빙방지 장치 및 제우장치
④ 제빙 부츠장치 및 제우장치

해설

항공안전법 시행규칙 제118조(제빙·방빙장치)

법 제52조제2항에 따라 결빙이 있거나 결빙이 예상되는 지역으로 운항하려는 항공기에는 결빙을 제거할 수 있는 제빙(De-icing)장치 또는 결빙을 방지할 수 있는 방빙(Anti-icing)장치를 갖추어야 한다.

46 **항공안전법 제53조에서 정하는 항공기 연료 탑재량 설명이 틀린 것은?**

① 지방항공청장이 정하는 연료 및 오일을 실어야 한다.
② 시계비행시 최초 착륙예정 비행장까지 비행에 필요한 양에 순항속도로 45분간 더 비행할 수 있는 양
③ 계기비행시 최초 착륙예정 비행장까지 비행에 필요한 양에 순항속도로 2시간 더 비행할 수 있는 양
④ 국토교통부장관이 정하는 양의 연료 및 오일을 실어야 한다.

해설

- **항공안전법 제53조(항공기의 연료)**
  항공기를 운항하려는 자 또는 소유자등은 항공기에 국토교통부령으로 정하는 양의 연료를 싣지 아니하고 항공기를 운항해서는 아니 된다.
- **항공안전법 시행규칙 제119조(항공기의 연료와 오일)**
  법 제53조에 따라 항공기에 실어야 하는 연료와 오일의 양은 별표 17과 같다.
- **항공안전법 시행규칙 제119조 별표 17 참조**

[정답] 41 ① 42 ② 43 ④ 44 ① 45 ① 46 ①

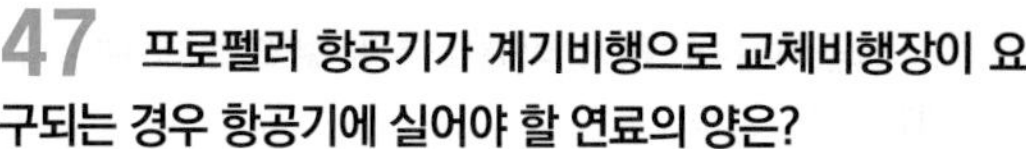

47 **프로펠러 항공기가 계기비행으로 교체비행장이 요구되는 경우 항공기에 실어야 할 연료의 양은?**

① 교체 비행장으로부터 순항속도로 45분간 더 비행할 수 있는 연료의 양
② 교체 비행장으로부터 순항속도로 60분간 더 비행할 수 있는 연료의 양
③ 교체비행장의 상공에서 30분간 체공하는데 필요한 연료의 양
④ 이상사태 발생시 연료소모가 증가할 것에 대비하여 국토교통부장관이 정한 추가 연료의 양

해설

항공안전법 시행규칙 제119조 별표 17 참조

48 **항공운송사업 및 항공기사용사업용 항공기중 계기비행으로 교체비행장이 요구되는 왕복발동기 장착 항공기에 실어야 할 연료의 양은?**

① 순항속도로 45분간 더 비행할 수 있는 양
② 순항속도로 60분간 더 비행할 수 있는 양
③ 최초 착륙예정 비행장까지 비행에 필요한 양에 해당 예정 비행장의 교체비행장 중 소모량이 가장 많은 비행장까지 비행을 마친 후, 다시 순항속도로 45분간 더 비행할 수 있는 양을 더한 양
④ 최초 착륙예정 비행장까지 비행에 필요한 양에 해당 예정 비행장의 교체비행장 중 소모량이 가장 많은 비행장까지 비행을 마친 후, 다시 순항속도로 60분간 더 비행할 수 있는 양을 더한 양

해설

항공안전법 시행규칙 제119조 별표 17 참조

49 **항공운송사업용 비행기(왕복발동기 항공기)가 시계비행시 착륙예정 비행장 까지 비행에 필요한 연료의 양에 추가로 실어야 할 연료는?**

① 다시 순항속도로 30분간 더 비행할 수 있는 양
② 다시 순항속도로 45분간 더 비행할 수 있는 양
③ 다시 순항속도로 50분간 더 비행할 수 있는 양
④ 다시 순항속도로 60분간 더 비행할 수 있는 양

해설

항공안전법 시행규칙 제119조 별표 17 참조

50 **항공운송사업용 및 항공기사용사업용 헬리콥터가 시계비행을 할 경우 실어야 할 연료의 양이 아닌 것은?**

① 최초 착륙예정 비행장까지 비행에 필요한 양
② 최초 착륙예정 비행장의 상공에서 체공속도로 2시간 동안 체공하는데 필요한 양
③ 최대항속속도로 20분간 더 비행할 수 있는 양
④ 이상사태 발생시 연료의 소모가 증가할 것에 대비하여 운항기술기준에서 정한 추가의 양

해설

항공안전법 시행규칙 제119조 별표 17 참조

51 **항공운송사업용 및 항공기사용사업용 헬리콥터가 계기비행으로 교체비행장이 요구될 경우 실어야 할 연료의 양은?**

① 최초 착륙예정 비행장까지 비행예정시간의 10[%]의 시간을 비행할 수 있는 양
② 최초 착륙예정 비행장의 상공에서 체공속도로 2시간 동안 체공하는데 필요한 양
③ 교체비행장에서 표준기온으로 450[m](1,500[ft])의 상공에서 30분간 체공하는데 필요한 양에 그 비행장에 접근하여 착륙하는 데 필요한 양을 더한 양
④ 최대항속속도로 20분간 더 비행할 수 있는 양의 양

해설

항공안전법 시행규칙 제119조 별표 17 참조

[정답] 47 ① 48 ③ 49 ② 50 ② 51 ③

52 **항공운송사업용 헬리콥터가 착륙예정 비행장의 기상상태가 도착예정시간에 양호할 것이 확실한 경우, 비행장 상공에서 몇 분간 체공하는 데 필요한 연료의 양을 채워야 하는가?**

① 20분 ② 30분
③ 45 ④ 60분

해설

항공안전법 시행규칙 제119조 별표 17 참조

53 **항공운송사업 및 항공기사용사업용 헬리콥터가 계기비행으로 적당한 교체비행장이 없을 경우 최초 착륙예정 비행장까지 비행에 필요한 양 이외에 추가로 필요한 연료의 양은?**

① 최대항속속도로 20분간 더 비행할 수 있는 양
② 최초 착륙예정 비행장에 표준기온으로 450[m](1,500[ft])의 상공에서 30분간 체공하는데 필요한 양에 그 비행장에 접근하여 착륙하는 데 필요한 양을 더한 양
③ 30분간 체공하는데 필요한 양에 그 비행장에 접근하여 착륙하는 데 필요한 양을 더한 양
④ 최초 착륙예정 비행장의 상공에서 체공속도로 2시간 동안 체공하는데 필요한 양

해설

항공안전법 시행규칙 제119조 별표 17 참조

54 **항공기를 정박하는 데 있어 야간을 뜻하는 것은?**

① 일몰 30분 전부터 일출 30분 후
② 일몰 1시간 전부터 일출 1시간 전까지
③ 일몰시부터 일출시까지
④ 일몰 10분 전부터 일출 10분 전까지

해설

항공안전법 제54조(항공기의 등불)

항공기를 운항하거나 야간(해가 진 뒤부터 해가 뜨기 전까지를 말한다. 이하 같다)에 비행장에 주기(駐機) 또는 정박(碇泊)시키는 사람은 국토교통부령으로 정하는 바에 따라 등불로 항공기의 위치를 나타내야 한다.

55 **항공기가 야간에 정박해 있을 때 무엇으로 위치를 알리는가?**

① 등불 ② 충돌방지등
③ 무선설비 ④ 수기

해설

항공안전법 제54조 시행규칙 제120조(항공기의 등불)

① 법 제54조에 따라 항공기가 야간에 공중 · 지상 또는 수상을 항행하는 경우와 비행장의 이동지역 안에서 이동하거나 엔진이 작동 중인 경우에는 우현등, 좌현등 및 미등(이하 "항행등"이라 한다)과 충돌방지등에 의하여 그 항공기의 위치를 나타내야 한다.
② 법 제54조에 따라 항공기를 야간에 사용되는 비행장에 주기(駐機) 또는 정박시키는 경우에는 해당 항공기의 항행등을 이용하여 항공기의 위치를 나타내야 한다. 다만, 비행장에 항공기를 조명하는 시설이 있는 경우에는 그러하지 아니하다.
③ 항공기는 제1항 및 제2항에 따라 위치를 나타내는 항행등으로 잘못 인식될 수 있는 다른 등불을 켜서는 아니 된다.
④ 조종사는 섬광등이 업무를 수행하는 데 장애를 주거나 외부에 있는 사람에게 눈부심을 주어 위험을 유발할 수 있는 경우에는 섬광등을 끄거나 빛의 강도를 줄여야 한다.

56 **항공기가 야간에 공중과 지상을 항행할 때 필요한 등불은?**

① 우현등, 좌현등, 회전지시등
② 우현등, 좌현등, 충돌방지등
③ 우현등, 좌현등, 미등
④ 우현등, 좌현등, 미등, 충돌방지등

해설

항공안전법 시행규칙 제120조1(문제 55번 참조)

57 **야간에 항행하는 항공기의 위치를 나타내기 위한 등불이 아닌 것은?**

① 좌현등 ② 우현등
③ 기수등 ④ 충돌방지등

해설

항공안전법 시행규칙 제120조1(문제 55번 참조)

[정답] 52 ② 53 ④ 54 ③ 55 ① 56 ④ 57 ③

58 항공기 항행등의 색깔은?

① 우현등 : 적색, 좌현등 : 녹색, 미등 : 백색

② 우현등 : 녹색, 좌현등 : 적색, 미등 : 백색

③ 우현등 : 백색, 좌현등 : 적색, 미등 : 녹색

④ 우현등 : 녹색, 좌현등 : 백색, 미등 : 적색

해설

항공안전법 시행규칙 제120조1(문제 55번 참조)

우현등 : 녹색, 좌현등 : 적색, 미등 : 백색

59 주류등에 의하여 항공종사자가 업무를 정상적으로 수행할 수 없는 경우는?

① 업무에 종사하는 동안에는 주류 등을 섭취하거나 사용하여서는 아니 된다.

② 국토부장관은 주류 등의 섭취여부를 호흡측정기검사 방법으로 측정할 수 있다.

③ 국토부장관은 항공종사자의 동의를 얻어 소변검사 등을 측정할 수 있다.

④ 주정성분이 있는 음료의 섭취로 혈중 알콜농도가 0.03[%] 이상인 경우

해설

항공안전법 제57조3, 5(주류등의 섭취 · 사용 제한)

① 항공종사자(제46조에 따른 항공기 조종연습 및 제47조에 따른 항공교통관제연습을 하는 사람을 포함한다. 이하 이 조에서 같다) 및 객실승무원은 「주세법」 제3조제1호에 따른 주류, 「마약류 관리에 관한 법률」 제2조제1호에 따른 마약류 또는 「화학물질관리법」 제22조제1항에 따른 환각물질 등(이하 "주류등"이라 한다)의 영향으로 항공업무(제46조에 따른 항공기 조종연습 및 제47조에 따른 항공교통관제연습을 포함한다. 이하 이 조에서 같다) 또는 객실승무원의 업무를 정상적으로 수행할 수 없는 상태에서는 항공업무 또는 객실승무원의 업무에 종사해서는 아니 된다.

② 항공종사자 및 객실승무원은 항공업무 또는 객실승무원의 업무에 종사하는 동안에는 주류등을 섭취하거나 사용해서는 아니 된다.

③ 국토교통부장관은 항공안전과 위험 방지를 위하여 필요하다고 인정하거나 항공종사자 및 객실승무원이 제1항 또는 제2항을 위반하여 항공업무 또는 객실승무원의 업무를 하였다고 인정할 만한 상당한 이유가 있을 때에는 주류등의 섭취 및 사용 여부를 호흡측정기 검사 등의 방법으로 측정할 수 있으며, 항공종사자 및 객실승무원은 이러한 측정에 응하여야 한다.

④ 국토교통부장관은 항공종사자 또는 객실승무원이 제3항에 따른 측정 결과에 불복하면 그 항공종사자 또는 객실승무원의 동의를 받아 혈액 채취 또는 소변 검사 등의 방법으로 주류등의 섭취 및 사용 여부를 다시 측정할 수 있다.

⑤ 주류등의 영향으로 항공업무 또는 객실승무원의 업무를 정상적으로 수행할 수 없는 상태의 기준은 다음 각 호와 같다.

1. 주정성분이 있는 음료의 섭취로 혈중알코올농도가 0.02[%] 이상인 경우
2. 「마약류 관리에 관한 법률」 제2조제1호에 따른 마약류를 사용한 경우
3. 「화학물질관리법」 제22조제1항에 따른 환각물질을 사용한 경우

⑥ 제1항부터 제5항까지의 규정에 따라 주류등의 종류 및 그 측정에 필요한 세부 절차 및 측정기록의 관리 등에 필요한 사항은 국토교통부령으로 정한다.

60 항공종사자의 주류등의 종류 및 측정에 대한 설명이 틀린 것은?

① 주류 등은 사고력 등에 장애를 일으키는 에틸알코올 성분이 포함된 발효주 등

② 지방항공청장은 소속 공무원으로 하여금 주류 등의 섭취 사용사실을 측정하게 할 수 있다.

③ 공항경찰대는 주류 등의 섭취 또는 사용 사실을 측정하게 할 수 있다.

④ 주류 등의 섭취를 적발한 공무원은 섭취 또는 사용 적발보고서를 작성하여 국토교통부장관에보게 보고하여야 한다.

해설

항공안전법 시행규칙 제129조(주류 등의 종류 및 측정 등)

① 법 제57조제3항 및 제4항에 따라 국토교통부장관 또는 지방항공청장은 소속 공무원으로 하여금 항공종사자 및 객실승무원의 주류 등의 섭취 또는 사용 여부를 측정하게 할 수 있다.

② 제1항에 따라 주류등의 섭취 또는 사용 여부를 적발한 소속 공무원은 별지 제61호서식의 주류등 섭취 또는 사용 적발보고서를 작성하여 국토교통부장관 또는 지방항공청장에게 보고하여야 한다.

61 항공안전 목표를 달성하기 위한 항공안전프로그램 수립 내용의 고시가 아닌 것은?

[정답] 58 ② 59 ④ 60 ③ 61 ①

① 항공운송 업무 등에 관한 사항
② 국가의 항공안전에 관한 목표
③ 항공기 운항 및 항공기 정비 등 세부 분야별 활동에 관한 사항
④ 항공기사고 및 항공안전장애 등에 대한 보고체계에 관한 사항

해설

항공안전법 제58조1(항공안전프로그램 등)

① 국토교통부장관은 다음 각 호의 사항이 포함된 항공안전프로그램을 마련하여 고시하여야 한다.
1. 국가의 항공안전에 관한 목표
2. 제1호의 목표를 달성하기 위한 항공기 운항, 항공교통업무, 항행시설 운영, 공항 운영 및 항공기 설계 · 제작 · 정비 등 세부 분야별 활동에 관한 사항
3. 항공기사고, 항공기준사고 및 항공안전장애 등에 대한 보고체계에 관한 사항
4. 항공안전을 위한 조사활동 및 안전감독에 관한 사항
5. 잠재적인 항공안전 위해요인의 식별 및 개선조치의 이행에 관한 사항
6. 정기적인 안전평가에 관한 사항 등

62 사고예방 및 비행안전프로그램의 수립·운용 내용이 아닌 것은?

① 항공운송사업자의 안전정책과 종사자의 책임
② 항공운송사업자의 안전정책과 종사자의 처우
③ 비행안전을 저해하거나 저해할 우려가 있는 상태 등에 대한 보고
④ 비행안전을 저해하거나 저해할 우려가 있는 상태 등에 대한 분석체계

해설

- **항공안전법 제58조4항 2(항공안전프로그램 등)**
  2. 제2항에 따른 항공안전관리시스템에 포함되어야 할 사항, 항공안전관리시스템의 승인기준 및 구축 · 운용에 필요한 사항
- **시행규칙 제132조1(항공안전관리시스템에 포함되어야 할 사항 등)**
  ① 법 제58조제4항제2호에 따른 항공안전관리시스템에 포함되어야 할 사항은 다음 각 호와 같다.
  1. 안전정책 및 안전목표
     가. 최고경영자의 권한 및 책임에 관한 사항
     나. 안전관리 관련 업무분장에 관한 사항
     다. 총괄 안전관리자의 지정에 관한 사항
     라. 위기대응계획 관련 관계기관 협의에 관한 사항
     마. 매뉴얼 등 항공안전관리시스템 관련 기록 · 관리에 관한 사항
  2. 위험도 관리
     가. 위험요인의 식별절차에 관한 사항
     나. 위험도 평가 및 경감조치에 관한 사항
  3. 안전성과 검증
     가. 안전성과의 모니터링 및 측정에 관한 사항
     나. 변화관리에 관한 사항
     다. 항공안전관리시스템 운영절차 개선에 관한 사항
  4. 안전관리 활성화
     가. 안전교육 및 훈련에 관한 사항
     나. 안전관리 관련 정보 등의 공유에 관한 사항
  5. 그 밖에 국토교통부장관이 항공안전 목표 달성에 필요하다고 정하는 사항

63 항공기 사고를 보고해야 할 의무가 있는 사람은?

① 기장 ② 항공기의 소유자
③ 항공정비사 ④ 기장 및 항공기의 소유자

해설

- **항공안전법 제59조1(항공안전 의무보고)**
  ① 항공기사고, 항공기준사고 또는 항공안전장애를 발생시켰거나 항공기사고, 항공기준사고 또는 항공안전장애가 발생한 것을 알게 된 항공종사자 등 관계인은 국토교통부장관에게 그 사실을 보고하여야 한다.
- **시행규칙 제134조2**
  ② 법 제59조제1항에 따른 항공종사자 등 관계인의 범위는 다음 각 호와 같다.
  1. 항공기 기장(항공기 기장이 보고할 수 없는 경우에는 그 항공기의 소유자등을 말한다)
  2. 항공정비사(항공정비사가 보고할 수 없는 경우에는 그 항공정비사가 소속된 기관 · 법인 등의 대표자를 말한다)
  3. 항공교통관제사(항공교통관제사가 보고할 수 없는 경우 그 관제사가 소속된 항공교통관제기관의 장을 말한다)
  4. 「공항시설법」에 따라 공항시설을 관리 · 유지하는 자
  5. 「공항시설법」에 따라 항행안전시설을 설치 · 관리하는 자
  6. 법 제70조제3항에 따른 위험물취급자

64 항공기사고, 항공기준사고 또는 항공안전장애를 발생시키거나 발생한 것을 알게 된 경우 국토교통부장관에게 보고하여야 할 관계인이 아닌 자는?

① 항공기 조종사 ② 항공정비사
③ 항공교통관제사 ④ 항행안전시설 관리자

[정답] 62 ② 63 ④ 64 ①

해설

항공안전법 제59조1(문제 63번 참조)

65 항공안전장애를 발생시키거나 발생한 것을 알게 된 경우에는?

① 국토부장관에게 즉시 보고하여야 한다.

② 국토부장관에게 24시간 이내 보고하여야 한다.

③ 국토부장관에게 72시간 이내 보고하여야 한다.

④ 국토부장관에게 10일 이내 보고하여야 한다.

해설

항공안전법 시행규칙 제134조3항 2

2. 항공안전장애
   가. 별표 3 제1호부터 제4호까지, 제6호 및 제7호에 해당하는 항공안전장애를 발생시켰거나 항공안전장애가 발생한 것을 알게 된 자 : 인지한 시점으로부터 72시간 이내(해당 기간에 포함된 토요일 및 법정공휴일에 해당하는 시간은 제외한다). 다만, 제6호가목, 나목 및 마목에 해당하는 사항은 즉시 보고하여야 한다.
   나. 별표 3 제5호에 해당하는 항공안전장애를 발생시켰거나 항공안전장애가 발생한 것을 알게 된 자 : 인지한 시점으로부터 96시간 이내. 다만, 해당 기간에 포함된 토요일 및 법정공휴일에 해당하는 시간은 제외한다.

66 항공안전장애 중 발생한 것을 알았을 경우 즉시 보고하여야 하는 경우는?

① 항공기가 지상에서 운항 중 다른 항공기와 충돌한 경우

② 운항 중 발동기에 화재가 발생한 경우

③ 항공기 급유 중 항공기의 안전에 영향을 줄 정도의 기름이 유출된 경우

④ 항공정보통신시설의 운영이 중단된 상황

해설

항공안전법 시행규칙 제134조3항 2(문제 65번 참조)

67 항공안전위해요인을 발생시켰거나 발생한 것을 보고하여야하는 자는?

① 국토부장관에게 그 사실을 보고할 수 있다.

② 발생일로부터 72시간 이내에 국토부장관에게 그 사실을 보고할 수 있다.

③ 발생일로부터 10일이내에 국토부장관에게 보고하여야 한다.

④ 발생일로부터 10일이내에 지방항공청장에게 보고하여야 한다.

해설

항공안전법 제61조1(항공안전 자율보고)

① 항공안전을 해치거나 해칠 우려가 있는 사건 · 상황 · 상태 등(이하 "항공안전위해요인"이라 한다)을 발생시켰거나 항공안전위해요인이 발생한 것을 안 사람 또는 항공안전위해요인이 발생될 것이 예상된다고 판단하는 사람은 국토교통부장관에게 그 사실을 보고할 수 있다.

68 항공안전위해요인을 발생시킨 경우 발생일부터 며칠 이내에 국토교통부장관에게 보고한 경우 처분을 하지 않을 수 있는가?

① 5일 ② 7일

③ 10일 라 15일

해설

항공안전법 제61조4(항공안전 자율보고)

④ 국토교통부장관은 항공안전위해요인을 발생시킨 사람이 그 항공안전위해요인이 발생한 날부터 10일 이내에 항공안전 자율보고를 한 경우에는 제43조제1항에 따른 처분을 하지 아니할 수 있다. 다만, 고의 또는 중대한 과실로 항공안전위해요인을 발생시킨 경우와 항공기사고 및 항공기준사고에 해당하는 경우에는 그러하지 아니하다.

69 항공안전위해요인을 보고하려는 경우 항공안전 자율보고서는 누구에게 제출하여야 하는가?

① 국토교통부장관

② 교통안전공단 이사장

③ 항공교통관제소장

④ 지방항공청장

해설

[정답] 65 ③ 66 ④ 67 ① 68 ③ 69 ②

항공안전법 시행규칙 제135조1(항공안전 자율보고의 절차 등)

① 법 제61조제1항에 따라 항공안전 자율보고를 하려는 사람은 별지 제66호서식의 항공안전 자율보고서 또는 국토교통부장관이 정하여 고시하는 전자적인 보고방법에 따라 한국교통안전공단의 이사장에게 보고할 수 있다.

70 항공안전 자율보고에 대한 설명 중 틀린 것은?

① 항공안전위해요인이 발생한 것을 안 사람 또는 발생될 것이 예상된다고 판단하는 사람은 국토부장관에게 보고할 수 있다.

② 국토부장관이 정하여 고시하는 전자적인 보고방법에 따라 국토교통부장관 또는 지방항공청장에게 보고할 수 있다.

③ 항공안전 자율보고를 한 사람의 의사에 반하여 보고자의 신분을 공개하여서는 아니 된다.

④ 항공안전위해요인을 발생시킨 사람이 10일 이내에 보고를 한 경우에는 처분을 하지 아니할 수 있다.

해설

항공안전법 제61조 시행규칙 제135조(문제 67, 68번 참조)

71 항공안전위해요인(경미한 항공안장애)이 아닌 것은?

① 항공기 급유 중 항공기 정상운항을 지연시킬 정도의 기름이 유출된 경우

② 공항 근처에 항공안전을 해칠 우려가 있는 장애물 또는 위험물이 방치된 경우

③ 항공안전을 해칠 우려가 있는 절차나 제도 등이 발견된 경우

④ 항공기 운항 중 항로 또는 고도로부터 위험을 초래하지 않는 이탈을 한 경우

해설

항공안전법 제62조1~5(기장의 권한 등)

① 항공기의 운항 안전에 대하여 책임을 지는 사람(이하 "기장"이라 한다)은 그 항공기의 승무원을 지휘 · 감독한다.

② 기장은 국토교통부령으로 정하는 바에 따라 항공기의 운항에 필요한 준비가 끝난 것을 확인한 후가 아니면 항공기를 출발시켜서는 아니 된다.

③ 기장은 항공기나 여객에 위난(危難)이 발생하였거나 발생할 우려가 있다고 인정될 때에는 항공기에 있는 여객에게 피난방법과 그 밖에 안전에 관하여 필요한 사항을 명할 수 있다.

④ 기장은 운항 중 그 항공기에 위난이 발생하였을 때에는 여객을 구조하고, 지상 또는 수상(水上)에 있는 사람이나 물건에 대한 위난 방지에 필요한 수단을 마련하여야 하며, 여객과 그 밖에 항공기에 있는 사람을 그 항공기에서 나가게 한 후가 아니면 항공기를 떠나서는 아니 된다.

⑤ 기장은 항공기사고, 항공기준사고 또는 항공안전장애가 발생하였을 때에는 국토교통부령으로 정하는 바에 따라 국토교통부장관에게 그 사실을 보고하여야 한다. 다만, 기장이 보고할 수 없는 경우에는 그 항공기의 소유자등이 보고를 하여야 한다.

72 항공기 기장의 직무와 권한에 관한 설명 중 틀린 것은?

① 해당 항공기의 승무원을 지휘·감독한다.

② 항공기 안에 있는 여객에 대하여 안전에 필요한 사항을 명할 수 있다.

③ 규정에 의한 사고가 발생한 때에는 국토교통부장관에게 보고하여야 한다.

④ 항공기 내에서 발생한 범죄에 대하여 사법권을 갖는다.

해설

항공안전법 제62조1~5(문제 71번 참조)

73 항공기의 운항에 필요한 준비가 끝난 것을 확인하지 않고 항공기를 출발시켜 사고가 발생했다면 누구의 책임인가?

① 확인 정비사 ② 기장
③ 운항관리사 ④ 항공기 소유자

해설

항공안전법 제62조2(문제 71번 참조)

74 기장의 권한이 아닌 것은?

① 항공기에 위난이 생길 우려가 있다고 인정되는 때에는 안전사항을 명할 수 있다.

[정답] 70 ② 71 ① 72 ④ 73 ② 74 ④

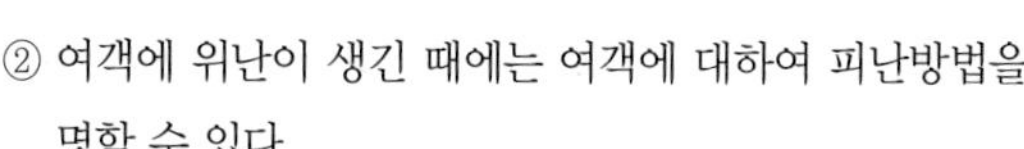

② 여객에 위난이 생긴 때에는 여객에 대하여 피난방법을 명할 수 있다.

③ 여객에 위난이 생긴 때에는 여객에 대하여 안전에 필요한 사항을 명할 수 있다.

④ 항공기에 위난이 생길 우려가 있다고 인정되는 때에는 피난방법을 명할 수 있다.

해설

항공안전법 제62조3(문제 71번 참조)

75 기장의 의무사항이 아닌 것은?

① 기장은 항공기사고 발생 시 국토부장관에게 그 사실을 보고하여야 한다.

② 기장은 항공기사고 또는 항공기준사고 발생 시 지방항공청장에게 그 사실을 보고하여야 한다.

③ 기장은 항공기준사고 발생 시 국토부장관에게 그 사실을 보고하여야 한다.

④ 기장이 보고할 수 없는 경우에는 해당 항공기의 소유자 등이 보고하여야 한다.

해설

항공안전법 제62조5(문제 71번 참조)

76 기장이 국토교통부장관에게 보고하여야 할 사항이 아닌 것은?

① 다른 항공기준사고 발생에 대하여 보고한다.

② 다른 항공기사고 발생에 대하여 보고한다.

③ 항공안전장애가 발생 시 보고하여야 한다.

④ 무선설비를 통하여 그 사실을 안 경우도 보고하여야 한다.

해설

항공안전법 제62조6(기장의 권한 등)

⑥ 기장은 다른 항공기에서 항공기사고, 항공기준사고 또는 항공안전장애가 발생한 것을 알았을 때에는 국토교통부령으로 정하는 바에 따라 국토교통부장관에게 그 사실을 보고하여야 한다. 다만, 무선설비를 통하여 그 사실을 안 경우에는 그러하지 아니하다.

77 항공기 출발 전 기장이 확인하여야 할 사항이 아닌 것은?

① 해당 항공기와 그 장비품의 정비 및 정비 결과

② 이륙중량, 착륙중량, 중심위치 및 중량분포

③ 해당 항공기의 운항에 필요한 기상정보

④ 항공일지 여객명단

해설

항공안전법 시행규칙 제136조1(출발 전의 확인)

① 법 제62조제2항에 따라 기장이 확인하여야 할 사항은 다음 각 호와 같다.

1. 해당 항공기의 감항성 및 등록 여부와 감항증명서 및 등록증명서의 탑재
2. 해당 항공기의 운항을 고려한 이륙중량, 착륙중량, 중심위치 및 중량분포
3. 예상되는 비행조건을 고려한 의무무선설비 및 항공계기 등의 장착
4. 해당 항공기의 운항에 필요한 기상정보 및 항공정보
5. 연료 및 오일의 탑재량과 그 품질
6. 위험물을 포함한 적재물의 적절한 분배 여부 및 안정성
7. 해당 항공기와 그 장비품의 정비 및 정비 결과
8. 그 밖에 항공기의 안전 운항을 위하여 국토교통부장관이 필요하다고 인정하여 고시하는 사항

78 항공기 출발 전 기장이 항공기와 그 장비품의 정비 및 정비결과를 확인하는 경우 점검하여야 할 사항이 아닌 것은?

① 항공기의 외부 점검

② 발동기의 지상 시운전 점검

③ 장비품의 정비 및 정비 결과

④ 기타 항공기의 작동사항 점검

해설

항공안전법 시행규칙 제136조2(출발 전의 확인)

② 기장은 제1항제7호의 사항을 확인하는 경우에는 다음 각 호의 점검을 하여야 한다.

1. 항공일지 및 정비에 관한 기록의 점검
2. 항공기의 외부 점검
3. 발동기의 지상 시운전 점검
4. 그 밖에 항공기의 작동사항 점검

[정답] 75 ② 76 ④ 77 ④ 78 ③

79 기장이 비행계획을 변경하고자 하는 경우에 누구의 승인을 받아야 하는가?

① 국토교통부장관 ② 지방항공청장
③ 운항관리사 ④ 항공교통관제사

해설

항공안전법 제65조2(운항관리사)

② 제1항에 따라 운항관리사를 두어야 하는 자가 운항하는 항공기의 기장은 그 항공기를 출발시키거나 비행계획을 변경하려는 경우에는 운항관리사의 승인을 받아야 한다.

80 항공운송사업에 사용되는 항공기를 출발시키거나 그 비행계획을 변경하고자 하는 경우에는?

① 운항관리사의 승인은 필요하지 않다.
② 운항관리사의 승인만 있으면 된다.
③ 해당 항공기의 기장과 운항관리사의 의견이 일치해야 한다.
④ 해당 항공기의 기장이 결정한다.

해설

- **항공안전법 제65조2(문제 79번 참조)**
- **시행규칙 제158조(운항관리사), 제159조**
  ① 법 제65조제1항에 따라 운항관리사를 두어야 하는 자는 운항관리사가 연속하여 12개월 이상의 기간 동안 운항관리사의 업무에 종사하지 아니한 경우에는 그 운항관리사가 제159조에 따른 지식과 경험을 갖추고 있는지의 여부를 확인한 후가 아니면 그 운항관리사를 운항관리사의 업무에 종사하게 해서는 아니 된다.
  ② 법 제65조제1항에 따라 운항관리사를 두어야 하는 자는 운항관리사가 해당 업무와 관련된 항공기의 운항 사항을 항상 알고 있도록 하여야 한다.
- **시행규칙 제159조(운항관리사에 대한 교육훈련 등)**
  법 제65조제1항에 따라 운항관리사를 두어야 하는 자는 법 제65조제3항에 따라 운항관리사가 다음 각 호의 지식 및 경험 등을 갖출 수 있도록 교육훈련계획을 수립하고 매년 1회 이상 교육훈련을 실시하여야 한다.
  1. 운항하려는 지역에 대한 다음 각 목의 지식
     가. 계절별 기상조건
     나. 기상정보의 출처
     다. 기상조건이 운항 예정인 항공기에서 무선통신을 수신하는데 미치는 영향
     라. 화물 탑재 절차 등
  2. 해당 항공기 및 그 장비품에 대한 다음 각 목의 지식
     가. 운항규정의 내용
     나. 무선통신장비 및 항행장비의 특성과 제한사항
  3. 운항 감독을 하도록 지정된 지역에 대해 최근 12개월 이내에 항공기 조종실에 탑승하여 1회 이상의 편도비행(해당 지역에 있는 비행장 및 헬기장에서의 착륙을 포함한다)을 한 경험(항공운송사업자에 소속된 운항관리사만 해당한다)
  4. 업무 수행에 필요한 다음 각 목의 능력
     가. 인적요소(Human Factor)와 관련된 지식 및 기술
     나. 기장에 대한 비행준비의 지원
     다. 기장에 대한 비행 관련 정보의 제공
     라. 기장에 대한 운항비행계획서(Operational Flight Plan) 및 비행계획서의 작성 지원
     마. 비행 중인 기장에게 필요한 안전 관련 정보의 제공
     바. 비상시 운항규정에서 정한 절차에 따른 조치

81 비행장이 아닌 곳에서 이착륙이 가능한 항공기는?

① 헬리콥터 ② 항공우주선
③ 활공기 ④ 경량항공기

해설

항공안전법 제66조1 시행령 제9조(항공기 이륙 · 착륙의 장소)

① 누구든지 항공기(활공기와 비행선은 제외한다)를 비행장이 아닌 곳(해당 항공기에 요구되는 비행장 기준에 맞지 아니하는 비행장을 포함한다)에서 이륙하거나 착륙하여서는 아니 된다. 다만, 각 호의 경우에는 그러하지 아니하다.
1. 안전과 관련한 비상상황 등 불가피한 사유가 있는 경우로서 국토교통부장관의 허가를 받은 경우
2. 제90조제2항에 따라 국토교통부장관이 발급한 운영기준에 따르는 경우

82 항공기의 이·착륙 장소에 대한 설명 중 잘못된 것은?

① 육상에 있어서는 비행장
② 수상에 있어서는 대통령이 지정한 장소
③ 불가피한 사유가 있는 경우 국토부장관의 허가를 얻어야 한다.
④ 활공기는 비행장 외의 장소에서도 이·착륙이 가능하다.

해설

항공안전법 제66조1 시행령 제9조(문제 81번 참조)

[정답] 79 ③ 80 ③ 81 ③ 82 ②

83 **육상비행장에 이륙하거나 착륙하려는 경우가 아닌 것은?**

① 공항시설법 시행규칙 별표 1에서 정한 활주로의 폭을 갖추어야 한다.
② 국토부장관이 발급한 운영기준에 따른 경우에는 그러하지 아니하다.
③ 항공기는(활공기 제외) 육상비행장에서 이·착륙하여야 한다.
④ 수상에서는 지방항공청장이 정하는 장소에서 이·착륙하여야 한다.

해설

항공안전법 제66조1 시행령 제9조(문제 81번 참조)

84 **비행장 안의 이동지역에서 이동하는 항공기의 충돌예방을 위한 기준이 아닌 것은?**

① 추월하는 항공기는 다른 항공기의 통행에 지장을 주지 아니하도록 충분한 분리 간격을 유지할 것
② 기동지역에서 지상이동하는 항공기는 정지선등이 꺼져 있는 경우에 이동할 것
③ 기동지역에서 지상이동하는 항공기는 관제탑의 지시가 없는 경우에는 활주로 진입전 대기지점에서 정지·대기할 것
④ 교차하거나 이와 유사하게 접근하는 항공기 상호간에는 다른 항공기를 좌측으로 보는 항공기가 진로를 양보할 것

해설

항공안전법 시행규칙 제162조(항공기의 지상이동)

법 제67조에 따라 비행장 안의 이동지역에서 이동하는 항공기는 충돌예방을 위하여 다음 각 호의 기준에 따라야 한다.

1. 정면 또는 이와 유사하게 접근하는 항공기 상호간에는 모두 정지하거나 가능한 경우에는 충분한 간격이 유지되도록 각각 오른쪽으로 진로를 바꿀 것
2. 교차하거나 이와 유사하게 접근하는 항공기 상호간에는 다른 항공기를 우측으로 보는 항공기가 진로를 양보할 것
3. 추월하는 항공기는 다른 항공기의 통행에 지장을 주지 아니하도록 충분한 분리 간격을 유지할 것
4. 기동지역에서 지상이동 하는 항공기는 관제탑의 지시가 없는 경우에는 활주로진입전대기지점(Runway Holding Position)에서 정지 · 대기할 것
5. 기동지역에서 지상이동하는 항공기는 정지선등(Stop Bar Lights)이 켜져 있는 경우에는 정지 · 대기하고, 정지선등이 꺼질 때에 이동할 것

85 **항공기 상호간의 통행의 우선순위가 가장 빠른 것은?**

① 활공기 ② 비행선
③ 동력활공기 ④ 헬리콥터

해설

항공안전법 시행규칙 제166조1(통행의 우선순위)

① 법 제67조에 따라 교차하거나 그와 유사하게 접근하는 고도의 항공기 상호간에는 다음 각 호에 따라 진로를 양보하여야 한다.
1. 비행기 · 헬리콥터는 비행선, 활공기 및 기구류에 진로를 양보할 것
2. 비행기 · 헬리콥터 · 비행선은 항공기 또는 그 밖의 물건을 예항(曳航)하는 다른 항공기에 진로를 양보할 것
3. 비행선은 활공기 및 기구류에 진로를 양보할 것
4. 활공기는 기구류에 진로를 양보할 것
5. 제1호부터 제4호까지의 경우를 제외하고는 다른 항공기를 우측으로 보는 항공기가 진로를 양보할 것

86 **비행중 교차하거나 그와 유사하게 접근하는 동순위의 항공기 상호간에 있어서 진로의 양보는?**

① 다른 항공기를 상방으로 보는 항공기가 진로를 양보한다.
② 다른 항공기를 하방으로 보는 항공기가 진로를 양보한다.
③ 다른 항공기를 우측으로 보는 항공기가 진로를 양보한다.
④ 다른 항공기를 좌측으로 보는 항공기가 진로를 양보한다.

해설

항공안전법 시행규칙 제166조5(통행의 우선순위)

⑤ 비상착륙하는 항공기를 인지한 항공기는 그 항공기에 진로를 양보하여야 한다.

87 **항공기의 진로와 속도 등에 대한 설명이 아닌 것은?**

① 통행의 우선순위를 가진 항공기는 그 진로와 속도를 유지하여야 한다.

[정답] 83 ④ 84 ④ 85 ① 86 ③ 87 ④

② 진로를 양보하는 항공기는 그 다른 항공기의 상하 또는 전방을 통과해서는 아니 된다.

③ 충돌할 위험이 있을 정도로 정면 또는 이와 유사하게 접근하는 경우에는 서로 기수를 오른쪽으로 돌려야 한다.

④ 추월당하는 항공기의 왼쪽을 통과하여야 한다.

해설

항공안전법 시행규칙 제167조(진로와 속도 등)

① 법 제67조에 따라 통행의 우선순위를 가진 항공기는 그 진로와 속도를 유지하여야 한다.

② 다른 항공기에 진로를 양보하는 항공기는 그 다른 항공기의 상하 또는 전방을 통과해서는 아니 된다. 다만, 충분한 거리 및 항적난기류(航跡亂氣流)의 영향을 고려하여 통과하는 경우에는 그러하지 아니하다.

③ 두 항공기가 충돌할 위험이 있을 정도로 정면 또는 이와 유사하게 접근하는 경우에는 서로 기수(機首)를 오른쪽으로 돌려야 한다.

④ 다른 항공기의 후방 좌 · 우 70도 미만의 각도에서 그 항공기를 추월(상승 또는 강하에 의한 추월을 포함한다)하려는 항공기는 추월당하는 항공기의 오른쪽을 통과하여야 한다. 이 경우 추월하는 항공기는 추월당하는 항공기와 간격을 유지하며, 추월당하는 항공기의 진로를 방해해서는 아니 된다.

88 항공기 또는 선박이 근접하는 경우 충돌예방 방법이 아닌 것은?

① 수상에서 야간에 비행하는 항공기는 수상접근경고장치를 작동시킬 것

② 선박을 오른쪽으로 보는 항공기가 진로를 양보하고 충분한 간격을 유지할 것

③ 항공기 또는 선박이 정면 또는 이와 유사하게 접근하는 경우에는 서로 기수를 오른쪽으로 바꾸고 충분한 간격을 유지할 것

④ 추월하려는 항공기는 충돌을 회피할 수 있도록 진로를 변경하여 추월할 것

해설

항공안전법 시행규칙 제168조(수상에서의 충돌예방)

법 제67조에 따라 수상에서 항공기를 운항하려는 자는 「해사안전법」에서 달리 정한 것이 없으면 다음 각 호의 기준에 따라 운항하거나 이동하여야 한다.

1. 항공기와 다른 항공기 또는 선박이 근접하는 경우에는 주변 상황과 그 다른 항공기 또는 선박의 이동상황을 고려하여 운항할 것
2. 항공기와 다른 항공기 또는 선박이 교차하거나 이와 유사하게 접근하는 경우에는 그 다른 항공기 또는 선박을 오른쪽으로 보는 항공기가 진로를 양보하고 충분한 간격을 유지할 것
3. 항공기와 다른 항공기 또는 선박이 정면 또는 이와 유사하게 접근하는 경우에는 서로 기수를 오른쪽으로 돌리고 충분한 간격을 유지할 것
4. 추월하려는 항공기는 충돌을 피할 수 있도록 진로를 변경하여 추월할 것
5. 수상에서 이륙하거나 착륙하는 항공기는 수상의 모든 항공기 또는 선박으로부터 충분한 간격을 유지하여 선박의 항해를 방해하지 말 것
6. 수상에서 야간에 이동, 견인 및 정박하는 항공기는 별표 22에서 정하는 등불을 작동시킬 것. 다만, 부득이한 경우에는 별표 22에서 정하는 위치와 형태 등과 유사하게 등불을 작동시켜야 한다.

89 편대비행을 하려는 조종사가 다른 기장과 협의하여야 할 사항이 아닌 것은?

① 편대비행의 실시계획

② 편대의 형

③ 국토교통부장관에게 위치보고

④ 선회 그 밖의 행동의 요령

해설

항공안전법 시행규칙 제170조1(편대비행)

① 법 제67조에 따라 2대 이상의 항공기로 편대비행(編隊飛行)을 하려는 기장은 미리 다음 각 호의 사항에 관하여 다른 기장과 협의하여야 한다.

1. 편대비행의 실시계획
2. 편대의 형(形)
3. 선회 및 그 밖의 행동 요령
4. 신호 및 그 의미
5. 그 밖에 필요한 사항

90 항공기와 활공기의 탑승자사이에 상의하여야 할 사항이 아닌 것은?

① 출발 및 예항의 방법

② 예항줄의 이탈의 시기·장소 및 방법

③ 연락신호 및 그 의미

④ 항공기에 연락원을 배치

해설

[정답] 88 ① 89 ③ 90 ④

항공안전법 시행규칙 제171조1(활공기 등의 예항)

① 법 제67조에 따라 항공기가 활공기를 예항하는 경우에는 다음 각 호의 기준에 따라야 한다.
1. 항공기에 연락원을 탑승시킬 것(조종자를 포함하여 2명 이상이 탈 수 있는 항공기의 경우만 해당하며, 그 항공기와 활공기 간에 무선통신으로 연락이 가능한 경우는 제외한다)
2. 예항하기 전에 항공기와 활공기의 탑승자 사이에 다음 각 목에 관하여 상의할 것
   가. 출발 및 예항의 방법
   나. 예항줄 이탈의 시기 · 장소 및 방법
   다. 연락신호 및 그 의미
   라. 그 밖에 안전을 위하여 필요한 사항
3. 예항줄의 길이는 40[m] 이상 80[m] 이하로 할 것
4. 지상연락원을 배치할 것
5. 예항줄 길이의 80[%]에 상당하는 고도 이상의 고도에서 예항줄을 이탈시킬 것
6. 구름 속에서나 야간에는 예항을 하지 말 것(지방항공청장의 허가를 받은 경우는 제외한다)

91 항공기로 활공기를 예항하는 방법 중 맞는 것은?

① 항공기와 활공기 간에 무선통신으로 연락이 가능한 경우에는 항공기에 연락원을 탑승시킬 것
② 예항줄의 길이는 60[m] 이상 80[m] 이하로 할 것
③ 야간에 예항을 하려는 경우에는 지방항공청장의 허가를 받을 것
④ 예항줄 길이의 80[%]에 상당하는 고도 이하의 고도에서 예항줄을 이탈시킬 것

해설

항공안전법 시행규칙 제171조1(문제 90번 참조)

92 항공기가 도착비행장에 착륙 시 관할 항공교통업무기관에 보고하여야 할 사항은?

① 감항증명 번호
② 최대이륙중량
③ 항공기의 식별부호
④ 항공기 소유자의 성명 또는 명칭 및 주소

해설

항공안전법 시행규칙 제188조1(비행계획의 종료)

① 항공기는 도착비행장에 착륙하는 즉시 관할 항공교통업무기관(관할 항공교통업무기관이 없는 경우에는 가장 가까운 항공교통업무기관)에 다음 각 호의 사항을 포함하는 도착보고를 하여야 한다. 다만, 지방항공청장 또는 항공교통본부장이 달리 정한 경우에는 그러하지 아니하다.
1. 항공기의 식별부호
2. 출발비행장
3. 도착비행장
4. 목적비행장(목적비행장이 따로 있는 경우만 해당한다)
5. 착륙시간

93 관제탑과 항공기간의 무선통신이 두절된 경우 빛총신호가 잘못된 것은?

① 비행중인 항공기에 보내는 연속되는 녹색신호 – 착륙을 허가함
② 비행중인 항공기에 보내는 연속되는 적색신호 – 착륙하지 말 것
③ 지상에 있는 항공기에 보내는 연속되는 녹색신호 – 이륙을 허가함
④ 지상에 있는 항공기에 보내는 연속되는 적색신호 – 정지할 것

해설

항공안전법 시행규칙 제194조 별표 26의 5 참조

94 항공기 운항승무원에 대한 유도원의 유도신호의 의미는?

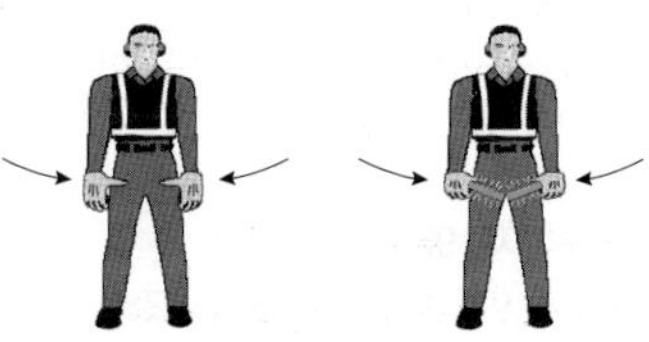

① 시동 걸기 ② 파킹 브레이크
③ 서행 ④ 초크 삽입

해설

항공안전법 시행규칙 제194조 별표 26의 6 참조

[정답] 91 ③ 92 ③ 93 ② 94 ④

95 국제표준시(UTC : Coordinated Universal Time)를 잘 못 설명한 것은?

① 시각은 자정을 기준으로 하루 24시간을 시·분으로 표시한다.
② 필요하면 시 분 초 단위까지 표시하여야 한다.
③ 관제비행을 하려는 자는 관제비행의 시작 전과 비행 중에 필요하면 시간을 점검하여야 한다.
④ 데이터링크통신에 따라 시간을 이용하려는 경우에는 국제표준시를 기준으로 1초 이내의 정확도를 유지·관리하여야 한다.

해설

항공안전법 시행규칙 제195조(시간)

① 법 제67조에 따라 항공기의 운항과 관련된 시간을 전파하거나 보고하려는 자는 국제표준시(UTC : Coordinated Universal Time)를 사용하여야 하며, 시각은 자정을 기준으로 하루 24시간을 시·분으로 표시하되, 필요하면 초 단위까지 표시하여야 한다.
② 관제비행을 하려는 자는 관제비행의 시작 전과 비행 중에 필요하면 시간을 점검하여야 한다.
③ 데이터링크통신에 따라 시간을 이용하려는 경우에는 국제표준시를 기준으로 1초 이내의 정확도를 유지 · 관리하여야 한다.

96 시각신호, 요격절차와 요격방식을 잘못 설명한 것은?

① 시각신호를 이해하고 응답하여야 한다.
② 요격절차와 요격방식 등을 준수하여 요격에 응하여야 한다.
③ 국제기준의 요격절차와 요격방식 등을 준수하여 요격에 응하여야 한다.
④ 외국 정부가 관할하는 요격절차와 요격방식 등을 준수하여 요격에 응하여야 한다.

해설

항공안전법 시행규칙 제196조(요격)

① 법 제67조에 따라 민간항공기를 요격(邀擊)하는 항공기의 기장은 별표 26 제3호에 따른 시각신호 및 요격절차와 요격방식에 따라야 한다.
② 피요격(被邀擊)항공기의 기장은 별표 26 제3호에 따른 시각신호를 이해하고 응답하여야 하며, 요격절차와 요격방식 등을 준수하여 요격에 응하여야 한다. 다만, 대한민국이 아닌 외국정부가 관할하는 지역을 비행하는 경우에는 해당 국가가 정한 절차와 방식으로 그 국가의 요격에 응하여야 한다.

97 곡예비행이라 할 수 없는 것은?

① 항공기를 옆으로 세우거나 회전시키며 하는 비행
② 항공기를 뒤집어서 비행
③ 항공기를 등속수평비행
④ 항공기를 급강하 또는 급상승시키는 비

해설

항공안전법 시행규칙 제203조(곡예비행)

법 제68조제4호에 따른 곡예비행은 다음 각 호와 같다.
1. 항공기를 뒤집어서 하는 비행
2. 항공기를 옆으로 세우거나 회전시키며 하는 비행
3. 항공기를 급강하시키거나 급상승시키는 비행
4. 항공기를 나선형으로 강하시키거나 실속(失速)시켜 하는 비행
5. 그 밖에 항공기의 비행자세, 고도 또는 속도를 비정상적으로 변화시켜 하는 비행

98 항공기 곡예비행 금지구역이 아닌 것은?

① 사람 또는 건축물이 밀집한 지역의 상공
② 관제구 및 관제권
③ 지표로부터 450[m](1,500[ft]) 미만의 고도
④ 가장 높은 장애물의 상단으로부터 300[m] 이하의 고도

해설

항공안전법 시행규칙 제204조(곡예비행 금지구역)

법 제68조제4호에서 "국토교통부령으로 정하는 구역"이란 다음 각 호의 어느 하나에 해당하는 구역을 말한다.
1. 사람 또는 건축물이 밀집한 지역의 상공
2. 관제구 및 관제권
3. 지표로부터 450[m](1,500[ft]) 미만의 고도
4. 해당 항공기(활공기는 제외한다)를 중심으로 반지름 500[m] 범위 안의 지역에 있는 가장 높은 장애물의 상단으로부터 500[m] 이하의 고도
5. 해당 활공기를 중심으로 반지름 300[m] 범위 안의 지역에 있는 가장 높은 장애물의 상단으로부터 300[m] 이하의 고도

99 국토교통부령이 정하는 "긴급하게 운항하는 항공기"가 아닌 것은?

① 재난·재해 등으로 인한 수색·구조 항공기
② 응급환자의 수송 등 구조·구급 활동을 하는 항공기

[정답] 95 ② 96 ① 97 ③ 98 ① 99 ③

③ 자연재해 발생 시의 긴급복구를 하는 항공기

④ 긴급 구호물자를 수송하는 항공기

해설

항공안전법 시행규칙 제207조1(긴급항공기의 지정)

① 법 제69조제1항에서 "응급환자의 수송 등 국토교통부령으로 정하는 긴급한 업무"란 다음 각 호의 어느 하나에 해당하는 업무를 말한다.
1. 재난 · 재해 등으로 인한 수색 · 구조
2. 응급환자의 수송 등 구조 · 구급활동
3. 화재의 진화
4. 화재의 예방을 위한 감시활동
5. 응급환자를 위한 장기(臟器) 이송
6. 그 밖에 자연재해 발생 시의 긴급복구

100 긴급항공기 지정신청서에 적어야 할 사항이 아닌 것은?

① 항공기 형식 및 등록부호

② 긴급한 업무의 종류

③ 항공기 장착장비 및 정비방식

④ 긴급한 업무수행에 관한 업무규정

해설

항공안전법 시행규칙 제207조3(긴급항공기의 지정)

③ 제2항에 따른 지정을 받으려는 자는 다음 각 호의 사항을 적은 긴급항공기 지정신청서를 지방항공청장에게 제출하여야 한다.
1. 성명 및 주소
2. 항공기의 형식 및 등록부호
3. 긴급한 업무의 종류
4. 긴급한 업무 수행에 관한 업무규정 및 항공기 장착장비
5. 조종사 및 긴급한 업무를 수행하는 사람에 대한 교육훈련 내용
6. 그 밖에 참고가 될 사항

101 긴급항공기를 운항한 자가 운항이 끝난 후 24시간 이내에 제출하여야 할 사항이 아닌 것은?

① 조종사의 성명과 자격

② 조종사 외의 탑승자의 인적사항

③ 긴급한 업무의 종류

④ 항공기 형식 및 등록부호

해설

항공안전법 시행규칙 제208조2(긴급항공기의 운항절차)

② 제1항에 따라 긴급항공기를 운항한 자는 운항이 끝난 후 24시간 이내에 다음 각 호의 사항을 적은 긴급항공기 운항결과 보고서를 지방항공청장에게 제출하여야 한다.
1. 성명 및 주소
2. 항공기의 형식 및 등록부호
3. 운항 개요(이륙 · 착륙 일시 및 장소, 비행목적, 비행경로 등)
4. 조종사의 성명과 자격
5. 조종사 외의 탑승자의 인적사항
6. 응급환자를 수송한 사실을 증명하는 서류(응급환자를 수송한 경우만 해당한다)
7. 그 밖에 참고가 될 사항

102 폭발성이나 연소성이 높은 물건을 운송할 때 누구의 허가를 받아야 하는가?

① 법무부장관　② 국토교통부장관

③ 국방부장관　④ 경찰청장

해설

항공안전법 제70조1(위험물 운송 등)

① 항공기를 이용하여 폭발성이나 연소성이 높은 물건 등 국토교통부령으로 정하는 위험물(이하 "위험물"이라 한다)을 운송하려는 자는 국토교통부령으로 정하는 바에 따라 국토교통부장관의 허가를 받아야 한다.

103 국토교통부령으로 정하는 위험물이 아닌 것은?

① 폭발성 물질　② 화학성 액체

③ 가연성 물질류　④ 산화성 물질류

해설

항공안전법 시행규칙 제209조1, 2(위험물 운송허가 등)

① 법 제70조제1항에서 "폭발성이나 연소성이 높은 물건 등 국토교통부령으로 정하는 위험물"이란 다음 각 호의 어느 하나에 해당하는 것을 말한다.
1. 폭발성 물질
2. 가스류
3. 인화성 액체
4. 가연성 물질류
5. 산화성 물질류
6. 독물류
7. 방사성 물질류
8. 부식성 물질류
9. 그 밖에 국토교통부장관이 정하여 고시하는 물질류

② 항공기를 이용하여 제1항에 따른 위험물을 운송하려는 자는 별지 제76호서식의 위험물 항공운송허가 신청서에 다음 각 호의 서류를 첨부하여 국토교통부장관에게 제출하여야 한다.

[정답] 100 ③　101 ③　102 ②　103 ②

104 **항공기를 이용하여 운송하고자 하는 경우, 국토교통부장관의 허가를 받아야 하는 품목이 아닌 것은?**

① 가소성 물질 ② 인화성 액체
③ 산화성 물질류 ④ 방사성 물질류

해설

항공안전법 제28조 시행규칙 제209조1,2(문제 103번 참조)

105 **항공기 내에서 여객이 지닌 전자기기의 사용을 제한할 수 있는 권한을 가진 자는?**

① 기장 ② 운항승무원
③ 항공운송사업자 ④ 국토교통부장관

해설

항공안전법 제73조(전자기기의 사용제한)

국토교통부장관은 운항 중인 항공기의 항행 및 통신장비에 대한 전자파 간섭 등의 영향을 방지하기 위하여 국토교통부령으로 정하는 바에 따라 여객이 지닌 전자기기의 사용을 제한할 수 있다.

106 **항공기가 운항 중에 사용할 수 없는 전자기기는?**

① 이동전화 ② 휴대용 음성녹음기
③ 심장박동기 ④ 전기면도기

해설

항공안전법 시행규칙 제214조2(전자기기의 사용제한)

2. 다음 각 목 외의 전자기기
   가. 휴대용 음성녹음기
   나. 보청기
   다. 심장박동기
   라. 전기면도기
   마. 그 밖에 항공운송사업자 또는 기장이 항공기 제작회사의 권고 등에 따라 해당항공기에 전자파 영향을 주지 아니한다고 인정한 휴대용 전자기기

107 **운항 중에 전자기기의 사용을 제한할 수 있는 항공기는?**

① 시계비행방식으로 비행 중인 항공기
② 계기비행방식으로 비행 중인 헬리콥터
③ 응급환자를 후송 중인 항공기
④ 화재진압 임무 중인 항공기

해설

항공안전법 시행규칙 제214조1(전자기기의 사용제한)

1. 다음 각 목의 어느 하나에 해당하는 항공기
   가. 항공운송사업용으로 비행 중인 항공기
   나. 계기비행방식으로 비행 중인 항공기

108 **다음 중에 전자기기의 사용을 제한하지 않는 항공기는?**

① 시계비행방식으로 비행 중인 항공기
② 시계비행방식으로 비행 중인 헬리콥터
③ 계기비행방식으로 비행 중인 비행기
④ 계기비행방식으로 비행 중인 헬리콥터

해설

항공안전법 시행규칙 제214조1(문제 107번 참조)

109 **여객운송에 사용되는 항공기로 승객을 운송하는 경우, 장착 좌석수가 51석 이상 100석 이하 일 때 항공기에 태워야 할 객실승무원의 수는?**

① 1명 ② 2명
③ 3명 ④ 4명

해설

항공안전법 시행규칙 제218조1항 2(승무원 등의 탑승 등)

2. 여객운송에 사용되는 항공기로 승객을 운송하는 경우에는 항공기에 장착된 승객의 좌석 수에 따라 그 항공기의 객실에 다음 표에서 정하는 수 이상의 객실승무원

장착된 좌석수	객실승무원 수
20석 이상 50석 이하	1명
51석 이상 100석 이하	2명
101석 이상 150석 이하	3명
151석 이상 200석 이하	4명
201석 이상	5명에 좌석 수 50석을 추가할 때마다 1명씩 추가

[정답] 104 ① 105 ④ 106 ① 107 ② 108 ① 109 ②

110 **항공안전법 제76조에서 정하는 승무원 등의 탑승에 대한 설명이 아닌 것은?**

① 국토부령으로 정하는 바에 따라 운행의 안전에 필요한 승무원을 태워야 한다.

② 운항승무원은 자격증명서 및 항공신체검사증명서를 지녀야 한다.

③ 운항관리사 및 항공정비사는 자격증명서를 지녀야 한다.

④ 항공정비사는 자격증명서 및 항공신체검사증명서를 지녀야 한다.

해설

항공안전법 시행규칙 제219조(자격증명서와 항공신체검사증명서의 소지 등)

법 제76조제2항에 따른 자격증명서와 항공신체검사증명서의 소지 등의 대상자 및 그 준수사항은 다음 각 호와 같다.

1. 운항승무원 : 해당 자격증명서 및 항공신체검사증명서를 지니거나 항공기 내의 접근하기 쉬운 곳에 보관하여야 한다.
2. 항공교통관제사 : 자격증명서 및 항공신체검사증명서를 지니거나 항공업무를 수행하는 장소의 접근하기 쉬운 곳에 보관하여야 한다.
3. 운항승무원 및 항공교통관제사가 아닌 항공정비사 및 운항관리사 : 해당 자격증명서를 지니거나 항공업무를 수행하는 장소의 접근하기 쉬운 곳에 보관하여야 한다.

111 **국토교통부장관이 정하여 고시하는 운항기술기준에 포함되는 사항이 아닌 것은?**

① 항공기 계기 및 장비

② 항공운송사업의 운항증명

③ 항공종사자의 훈련/항공신체검사증명

④ 항공종사자의 자격증명

해설

항공안전법 제77조 시행규칙 제220조1(항공기의 안전운항을 위한 운항기술기준)

① 국토교통부장관은 항공기 안전운항을 확보하기 위하여 이 법과 「국제민간항공협약」 및 같은 협약 부속서에서 정한 범위에서 다음 각 호의 사항이 포함된 운항기술기준을 정하여 고시할 수 있다.

1. 자격증명
2. 항공훈련기관
3. 항공기 등록 및 등록부호 표시
4. 항공기 감항성
5. 정비조직인증기준
6. 항공기 계기 및 장비
7. 항공기 운항
8. 항공운송사업의 운항증명 및 관리
9. 그 밖에 안전운항을 위하여 필요한 사항으로서 국토교통부령으로 정하는 사항

112 **안전운항을 위한 운항기술기준 등이 아닌 것은?**

① 항공훈련기관

② 항공기의 감항성, 항공기의 운항

③ 정비조직 인증기준

④ 형식증명 및 수리개조능력 인정

해설

항공안전법 제77조 시행규칙 제220조1(문제 111번 참조)

제6장 공역 및 항공교통업무 등

01 **비행정보구역을 공역으로 구분하여 지정·공고할 수 없는 것은?**

① 관제공역 ② 비관제공역

③ 비통제공역 ④ 주의공역

해설

항공안전법 제78조1(공역 등의 지정)

① 국토교통부장관은 공역을 체계적이고 효율적으로 관리하기 위하여 필요하다고 인정할 때에는 비행정보구역을 다음 각 호의 공역으로 구분하여 지정 · 공고할 수 있다.

1. 관제공역 : 항공교통의 안전을 위하여 항공기의 비행 순서 · 시기 및 방법 등에 관하여 제84조제1항에 따라 국토교통부장관 또는 항공교통업무증명을 받은 자의 지시를 받아야 할 필요가 있는 공역으로서 관제권 및 관제구를 포함하는 공역
2. 비관제공역 : 관제공역 외의 공역으로서 항공기의 조종사에게 비행에 관한 조언 · 비행정보 등을 제공할 필요가 있는 공역
3. 통제공역 : 항공교통의 안전을 위하여 항공기의 비행을 금지하거나 제한할 필요가 있는 공역
4. 주의공역 : 항공기의 조종사가 비행 시 특별한 주의 · 경계 · 식별 등이 필요한 공역

02 **서울의 상공의 통제공역은 누가 지정·공고할 수 있는가?**

[정답] 110 ④ 111 ③ 112 ④ 제6장 공역 및 항공교통업무 등 01 ③ 02 ②

① 대통령 ② 국토교통부장관
③ 국방부장관 ④ 서울특별시장이 정한다.

해설

항공안전법 제78조3(공역 등의 지정)

③ 제1항 및 제2항에 따른 공역의 설정기준 및 지정절차 등 그 밖에 필요한 사항은 국토교통부령으로 정한다.

03 항공교통의 안전을 위하여 항공기의 비행을 금지 또는 제한할 필요가 있는 공역은?

① 관제공역 ② 비관제공역
③ 통제공역 ④ 주의공역

해설

항공안전법 제78조1(문제 1번 참조)

04 주의공역에 포함되지 않는 공역은?

① 훈련공역 ② 군작전공역
③ 위험공역＋경계공역 ④ 통제공역

해설

항공안전법 시행규칙 제221조 별표 23 참조

05 공역의 종류에 대한 설명이 아닌 것은?

① 관제공역 : 항공교통의 안전을 위하여 항공기의 비행순서·시기 및 방법 등에 관하여 국토교통부장관의 지시를 받아야 할 필요가 있는 공역
② 비관제공역 : 관제공역 외의 공역으로서 조종사에게 비행에 필요한 조언·비행정보 등을 제공하는 공역
③ 통제공역 : 항공기의 안전을 보호하거나 기타의 이유로 비행허가를 받지 아니한 항공기의 비행을 제한하는 공역
④ 주의공역 : 항공기의 비행시 조종사의 특별한 주의·경계·식별 등이 필요한 공역

해설

항공안전법 제78조1(문제 1번 참조)

06 항공교통업무에 따른 관제공역의 내용이 아닌 것은?

① A등급 공역은 모든 비행기가 계기비행을 하여야 하는 공역
② B등급 공역은 계기비행 및 시계비행을 하는 항공기가 비행가능 한 공역
③ C등급 공역은 계기비행 을 하는 항공기에 항공교통관제 업무가 제공되는 공역
④ D등급 공역은 시계비행을 하는 항공기간에는 비행정보 업무만 제공되는 공역

해설

항공안전법 시행규칙 제221조 별표 23 참조

07 항공안전법 시행령 제11조에서 "공역위원회"의 기능이 아닌 것은?

① 공역의 설정·조정 및 관리에 관한 사항
② 항공기의 비행 및 항공교통관제에 관한 중요한 절차의 제·개정에 관한 사항
③ 항공통계 및 자료의 발간에 관한 사항
④ 항공기가 공역 및 항공시설을 안전하고 효율적으로 이용하는 방안에 관한 사항

해설

항공안전법 시행령 제11조(위원회의 기능)

위원회는 다음 각 호의 사항을 심의한다.

1. 법 제78조제1항 각 호에 따른 관제공역(空域), 비관제공역, 통제공역 및 주의공역의 설정 · 조정 및 관리에 관한 사항
2. 항공기의 비행 및 항공교통관제에 관한 중요한 절차와 규정의 제정 및 개정에 관한 사항
3. 공역의 구조 및 관리에 중대한 영향을 미칠 수 있는 공항시설, 항공교통관제시설 및 항행안전시설의 신설 · 변경 및 폐쇄에 관한 사항
4. 그 밖에 항공기가 공역과 공항시설, 항공교통관제시설 및 항행안전시설을 안전하고 효율적으로 이용하는 방안에 관한 사항

08 항공교통업무 등을 잘못 설명한 것은?

① 국토교통부장관은 항공기 또는 경량항공기 등에 항공교통관제 업무를 제공할 수 있다.

[정답] 03 ③ 04 ④ 05 ③ 06 ③ 07 ③ 08 ③

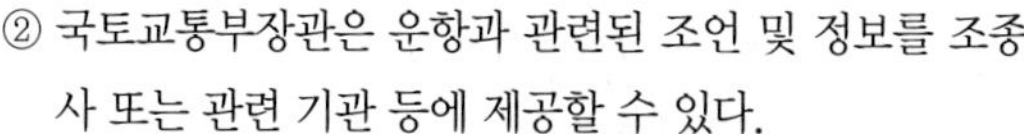

② 국토교통부장관은 운항과 관련된 조언 및 정보를 조종사 또는 관련 기관 등에 제공할 수 있다.
③ 지방항공청장은 비행정보구역 안에서 수색·구조를 필요로 하는 경량항공기에 관한 정보를 조종사 또는 관련 기관에게 제공할 수 있다.
④ 항공교통업무증명을 받은 자는 항공기 등에 항공교통관제 업무를 제공할 수 있다.

해설

항공안전법 제83조1~3(항공교통업무의 제공 등)

① 국토교통부장관 또는 항공교통업무증명을 받은 자는 비행장, 공항, 관제권 또는 관제구에서 항공기 또는 경량항공기 등에 항공교통관제 업무를 제공할 수 있다.
② 국토교통부장관 또는 항공교통업무증명을 받은 자는 비행정보구역에서 항공기 또는 경량항공기의 안전하고 효율적인 운항을 위하여 비행장, 공항 및 항행안전시설의 운용 상태 등 항공기 또는 경량항공기의 운항과 관련된 조언 및 정보를 조종사 또는 관련 기관 등에 제공할 수 있다.
③ 국토교통부장관 또는 항공교통업무증명을 받은 자는 비행정보구역에서 수색 · 구조를 필요로 하는 항공기 또는 경량항공기에 관한 정보를 조종사 또는 관련 기관 등에 제공할 수 있다.

09 항공교통업무의 목적이 아닌 것은?

① 항공기간의 충돌방지
② 기동지역 안에서 항공기와 장애물 간의 충돌방지
③ 항공교통흐름의 촉진 및 질서 유지
④ 전파에 의한 항공기 항행의 지원

해설

항공안전법 시행규칙 제228조1(항공교통업무의 목적 등)

① 법 제83조제4항에 따른 항공교통업무는 다음 각 호의 사항을 주된 목적으로 한다.
1. 항공기 간의 충돌 방지
2. 기동지역 안에서 항공기와 장애물 간의 충돌 방지
3. 항공교통흐름의 질서유지 및 촉진
4. 항공기의 안전하고 효율적인 운항을 위하여 필요한 조언 및 정보의 제공
5. 수색 · 구조를 필요로 하는 항공기에 대한 관계기관에의 정보 제공 및 협조

10 항공교통관제 업무의 종류가 아닌 것은?

① 착륙유도관제　② 비행장관제
③ 지역관제업무　④ 접근관제업무

해설

항공안전법 시행규칙 제228조2(항공교통업무의 목적 등)

② 제1항에 따른 항공교통업무는 다음 각 호와 같이 구분한다.
1. 항공교통관제업무 : 제1항제1호부터 제3호까지의 목적을 수행하기 위한 다음 각 목의 업무
가. 접근관제업무 : 관제공역 안에서 이륙이나 착륙으로 연결되는 관제비행을 하는 항공기에 제공하는 항공교통관제업무
나. 비행장관제업무 : 비행장 안의 기동지역 및 비행장 주위에서 비행하는 항공기에 제공하는 항공교통관제업무로서 접근관제업무 외의 항공교통관제업무(이동지역 내의 계류장에서 항공기에 대한 지상유도를 담당하는 계류장관제업무를 포함한다)
다. 지역관제업무 : 관제공역 안에서 관제비행을 하는 항공기에 제공하는 항공교통관제업무로서 접근관제업무 및 비행장관제업무 외의 항공교통관제업무
2. 비행정보업무 : 비행정보구역 안에서 비행하는 항공기에 대하여 제1항제4호의 목적을 수행하기 위하여 제공하는 업무
3. 경보업무 : 제1항제5호의 목적을 수행하기 위하여 제공하는 업무

11 항공교통업무기관이 표류항공기에 대한 조치사항이 아닌 것은?

① 표류항공기와 양방향 통신을 시도할 것
② 모든 가능한 방법을 활용하여 표류항공기의 위치를 파악할 것
③ 표류하고 있을 것으로 추정되는 지역의 관할 항공교통업무기관에 사실을 통보할 것
④ 표류항공기의 위치를 관계기관에 통보하여야 한다.

해설

항공안전법 시행규칙 제235조1항 1(우발상황에 대한 조치)

1. 표류항공기의 경우
가. 표류항공기와 양방향 통신을 시도할 것
나. 모든 가능한 방법을 활용하여 표류항공기의 위치를 파악할 것
다. 표류하고 있을 것으로 추정되는 지역의 관할 항공교통업무기관에 그 사실을 통보할 것
라. 관련되는 군 기관이 있는 경우에는 표류항공기의 비행계획 및 관련 정보를 그 군 기관에 통보할 것
마. 다목 및 라목에 따른 기관과 비행 중인 다른 항공기에 대하여 표류항공기와의 교신 및 표류항공기의 위치결정에 필요한 사항에 관하여 지원요청을 할 것
바. 표류항공기의 위치가 확인되는 경우에는 그 항공기에 대하여 위치를 통보하고, 항공로에 복귀할 것을 지시하며, 필요한 경우 관할 항공교통업무기관 및 군 기관에 해당 정보를 통보할 것

[정답] 09 ④　10 ①　11 ④

12 **항공기가 조난되는 경우, 항공기 수색이나 인명구조에 대한 설명이 아닌 것은?**

① 대통령령으로 정하는 바에 따라 수색이나 인명을 구조한다.
② 국토교통부장관은 관계 행정기관의 역할 등을 정한다.
③ 국토교통부장관은 항공기 수색·구조 지원에 관한 계획을 수립·시행하여야 한다.
④ ICAO가 정하는 바에 따라 수색이나 인명을 구조한다.

해설

- **항공안전법 제88조(수색 · 구조 지원계획의 수립 · 시행)**
  국토교통부장관은 항공기가 조난되는 경우 항공기 수색이나 인명구조를 위하여 대통령령으로 정하는 바에 따라 관계 행정기관의 역할 등을 정한 항공기 수색 · 구조 지원에 관한 계획을 수립 · 시행하여야 한다.
- **시행령 제20조1(항공기 수색·구조 지원계획의 내용 등)**
  ① 법 제88조에 따른 항공기 수색 · 구조 지원에 관한 계획에는 다음 각 호의 사항이 포함되어야 한다.
  1. 수색 · 구조 지원체계의 구성 및 운영에 관한 사항
  2. 국방부장관, 국토교통부장관 및 주한미군사령관의 관할 공역에서의 역할
  3. 그 밖에 항공기 수색 또는 인명구조를 위하여 필요한 사항

제7장 항공운송사업자 등에 대한 안전관리

01 **항공운송사업의 운항을 개시하는 조건은?**

① 인력, 장비, 시설 등을 지방항공청장의 검사를 받아야 한다.
② 인력, 장비, 시설 등을 지방항공청장의 검사를 받아야 한다.
③ 인력, 장비, 시설, 운항관리지원 등을 국토부장관의 검사를 받아야 한다.
④ 인력, 장비, 시설, 정비관리지원 등을 지방항공청장의 검사를 받아야 한다.

해설

항공안전법 제90조1(항공운송사업자의 운항증명)

① 항공운송사업자는 운항을 시작하기 전까지 국토교통부령으로 정하는 기준에 따라 인력, 장비, 시설, 운항관리지원 및 정비관리지원 등 안전운항체계에 대하여 국토교통부장관의 검사를 받은 후 운항증명을 받아야 한다.

02 **항공운송사업자가 운항을 시작하기 전에 안전운항 체계에 대하여 받아야 하는 것은?**

① 운항증명 ② 항공운송사업면허
③ 운항개시증명 ④ 항공운송사업증명

해설

항공안전법 제90조2(항공운송사업자의 운항증명)

② 국토교통부장관은 제1항에 따른 운항증명(이하 "운항증명"이라 한다)을 하는 경우에는 운항하려는 항공로, 공항 및 항공기 정비방법 등에 관하여 국토교통부령으로 정하는 운항조건과 제한 사항이 명시된 운영기준을 운항증명서와 함께 해당 항공운송사업자에게 발급하여야 한다.

03 **국토교통부장관의 운항증명을 받지 않아도 되는 것은?**

① 국내항공운송사업 ② 소형항공운송사업
③ 항공기사용사업 ④ 항공기 취급업

해설

항공안전법 제90조2(문제 2번 참조)

04 **항공운송사업자가 운항증명을 받으려는 경우 신청서를 제출해야하는 기일은?**

① 운항개시 예정일 30일 전까지
② 운항개시 예정일 60일 전까지
③ 운항개시 예정일 90일 전까지
④ 운항개시 예정일 120일 전까지

해설

항공안전법 시행규칙 제257조1(운항증명의 신청 등)

① 법 제90조제1항에 따라 운항증명을 받으려는 자는 별지 제89호 서식의 운항증명 신청서에 별표 32의 서류를 첨부하여 운항 개시 예정일 90일 전까지 국토교통부장관 또는 지방항공청장에게 제출하여야 한다.

05 **국토부장관 또는 지방항공청장은 운항증명 신청이 있을 때 며칠 이내로 운항증명 검사계획을 수립하여 신청인에게 통보하여야 하는가?**

[정답] 12 ④ 제7장 항공운송사업자 등에 대한 안전관리 01 ③ 02 ① 03 ④ 04 ③ 05 ②

① 7일 이내　　② 10일 이내
③ 15일 이내　　④ 20일 이내

해설

항공안전법 시행규칙 제257조2(운항증명의 신청 등)

② 국토교통부장관 또는 지방항공청장은 제1항에 따른 운항증명의 신청을 받으면 10일 이내에 운항증명검사계획을 수립하여 신청인에게 통보하여야 한다.

06 운항증명 신청 시 제출해야 할 서류가 아닌 것은?

① 부동산을 사용할 수 있음을 증명하는 서류
② 지속감항정비 프로그램
③ 비상탈출절차교범
④ 최소장비목록 및 외형변경목록

해설

항공안전법 시행규칙 제257조 별표 32 참조

07 항공운송사업자의 운항증명을 위한 검사의 구분은?

① 상태검사, 서류검사　　② 현장검사, 서류검사
③ 상태검사, 현장검사　　④ 현장검사, 시설검사

해설

- **항공안전법 제90조1**
- **시행규칙 제258조(운항증명을 위한 검사기준)**

법 제90조제1항에 따라 항공운송사업자의 운항증명을 하기 위한 검사는 서류검사와 현장검사로 구분하여 실시하며, 그 검사기준은 별표 33과 같다.

08 운항증명을 위한 검사기준에서 서류검사 기준이 아닌 것은?

① 제출한 사업계획서 내용의 추진일정
② 운항을 하기에 적합한 조직체계와 충분한 인력을 확보
③ 항공법규 준수의 이행 서류와 이를 증명하는 서류
④ 운항통제조직의 운영

해설

항공안전법 시행규칙 제258조 별표 33 참조

09 운항증명을 위한 검사기준 중 현장검사 기준 사항이 아닌 것은?

① 지상의 고정 및 이동 시설, 장비 검사
② 운항통제조직의 운영
③ 운항을 하기에 적합한 조직체계와 충분한 인력을 확보
④ 훈련프로그램 평가

해설

항공안전법 시행규칙 제258조 별표 33 참조

10 운항증명을 위한 현장검사 중 정비검사 시스템의 운영검사 기준은?

① 통제, 감독 및 임무배정 등이 안전운항을 위하여 적절하게 부여되어 있을 것
② 정비방법, 기준 및 검사절차 등이 적합하게 갖추어져 있을 것
③ 지상시설, 장비, 인력 및 훈련 프로그램 등이 적합하게 갖추어져 있을 것
④ 정비사의 자격증명 소지 등 자격관리가 적절히 이루어지고 있을 것

해설

항공안전법 시행규칙 제258조 별표 33 참조

11 항공기 안전운항을 위한 운영기준 변경시 언제부터 적용 되는가?

① 변경 후 바로　　② 7일 이후
③ 30일 후　　④ 국토부장관이 고시한 날

해설

항공안전법 시행규칙 제261조2(운영기준의 변경 등)

② 제1항에 따른 변경된 운영기준은 안전운항을 위하여 긴급히 요구되거나 운항증명 소지자가 이의를 제기하는 경우가 아니면 발급받은 날부터 30일 이후에 적용된다.

[정답] 06 ① 07 ② 08 ④ 09 ③ 10 ② 11 ③

기출+예상

12 항공기 운항정지 처분의 사유가 아닌 것은?

① 감항증명을 받지 아니한 항공기를 운항한 경우
② 소음기준 적합증명을 받지 아니한 항공기를 운항한 경우
③ 설치한 의무무선설비가 운용되지 아니하는 항공기를 운항한 경우
④ 항공기 운항업무를 수행하는 종사자의 책임과 의무를 위반하였을 경우

해설

항공안전법 제91조1(항공운송사업자의 운항증명 취소 등)

① 국토교통부장관은 운항증명을 받은 항공운송사업자가 다음 각 호의 어느 하나에 해당하는 경우에는 운항증명을 취소하거나 6개월 이내의 기간을 정하여 항공기 운항의 정지를 명할 수 있다. 다만, 제1호, 제39호 또는 제49호의 어느 하나에 해당하는 경우에는 운항증명을 취소하여야 한다.
1. 거짓이나 그 밖의 부정한 방법으로 운항증명을 받은 경우
2. 제18조제1항을 위반하여 국적 · 등록기호 및 소유자등의 성명 또는 명칭을 표시하지 아니한 항공기를 운항한 경우
3. 제23조제3항을 위반하여 감항증명을 받지 아니한 항공기를 운항한 경우
4. 제23조제9항에 따른 항공기의 감항성 유지를 위한 항공기등, 장비품 또는 부품에 대한 정비등에 관한 감항성개선 또는 그 밖에 검사 · 정비등의 명령을 이행하지 아니하고 이를 운항 또는 항공기등에 사용한 경우
5. 제25조제2항을 위반하여 소음기준적합증명을 받지 아니하거나 항공기기술기준에 적합하지 아니한 항공기를 운항한 경우

13 항공운송사업자가 항공기 이용자 등에게 심한 불편을 주거나 공익을 해칠 우려가 있는 경우에는 과징금을 얼마나 부과할 수 있는가?

① 100억원 ② 50억원
③ 30억원 ④ 10억원

해설

항공안전법 제92조1(항공운송사업자에 대한 과징금의 부과)

① 국토교통부장관은 운항증명을 받은 항공운송사업자가 제91조제1항제2호부터 제38호까지 또는 제40호부터 제48호까지의 어느 하나에 해당하여 항공기 운항의 정지를 명하여야 하는 경우로서 그 운항을 정지하면 항공기 이용자 등에게 심한 불편을 주거나 공익을 해칠 우려가 있는 경우에는 항공기의 운항정지처분을 갈음하여 100억원 이하의 과징금을 부과할 수 있다.

14 항공기의 운항 및 정비에 관한 운항규정 및 정비규정은 누가 제정 하는가?

① 국토교통부장관 ② 항공기 제작사
③ 항공운송사업자 ④ 지방항공청장

해설

항공안전법 제93조1, 2(항공운송사업자의 운항규정 및 정비규정)

① 항공운송사업자는 운항을 시작하기 전까지 국토교통부령으로 정하는 바에 따라 항공기의 운항에 관한 운항규정 및 정비에 관한 정비규정을 마련하여 국토교통부장관의 인가를 받아야 한다. 다만, 운항규정 및 정비규정을 운항증명에 포함하여 운항증명을 받은 경우에는 그러하지 아니하다.
② 항공운송사업자는 제1항 본문에 따라 인가를 받은 운항규정 또는 정비규정을 변경하려는 경우에는 국토교통부령으로 정하는 바에 따라 국토교통부장관에게 신고하여야 한다. 다만, 최소장비목록, 승무원 훈련프로그램 등 국토교통부령으로 정하는 중요사항을 변경하려는 경우에는 국토교통부장관의 인가를 받아야 한다.

15 항공운송사업자가 운항규정 및 정비규정을 제정하거나 변경하고자 하는 경우에는?

① 국토교통부장관의 허가를 받아야 한다.
② 국토교통부장관의 인가를 받아야 한다.
③ 국토교통부장관의 승인를 받아야 한다.
④ 국토교통부장관에게 신고하여야 한다.

해설

항공안전법 제93조1(문제 14번 참조)

16 운항규정 및 정비규정에 대한 설명이 아닌 것은?

① 최소장비목록 등은 국토교통부장관에게 신고하여야 한다.
② 최소장비목록 등은 국토교통부장관의 인가를 받아야 한다.
③ 정비규정을 제정할 때에는 국토교통부장관의 인가를 받아야 한다.
④ 승무원 훈련프로그램 등은 국토교통부장관의 인가를 받아야 한다.

해설

항공안전법 제93조1, 2(문제 14번 참조)

[정답] 12④ 13① 14③ 15② 16①

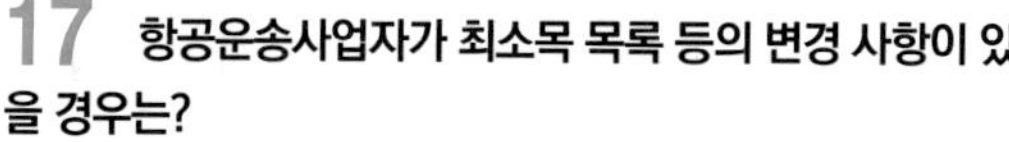

17 **항공운송사업자가 최소목 목록 등의 변경 사항이 있을 경우는?**

① 국토교통부장관의 인가를 받아야 한다.
② 국토교통부장관의 승인를 받아야 한다.
③ 국토교통부장관에게 신고하여야 한다.
④ 국토교통부장관에게 제출하여야 한다.

해설

항공안전법 제93조2(문제 14번 참조)

18 **운항규정 및 정비규정에 포함되어야 할 사항이 아닌 것은?**

① 운항승무원 및 객실승무원의 승무시간·근무시간 계약
② 장거리 운항과 관련된 장소에서의 장거리항법절차
③ 항공기 등의 품질관리절차
④ 항공기등, 장비품 및 부품의 정비방법 및 절차

해설

항공안전법 제93조1 시행규칙 제266조 별표 36, 37 참조

19 **운항규정과 정비규정의 인가사항이 아닌 것은?**

① 항공기 운항업무를 수행하는 종사자의 책임과 의무
② 조종사와 정비사의 인력 수급
③ 정비에 종사하는 사람의 훈련방법
④ 항공기등, 장비품 및 부품의 정비방법 및 절차

해설

항공안전법 제93조1 시행규칙 제266조4(문제 14번 참조)

20 **운항규정에 포함될 사항이 아닌 것은?**

① 항공기 운항정보 ② 훈련
③ 지역, 노선 및 비행장 ④ 최저장비목록

해설

항공안전법 제93조1 시행규칙 제266조 별표 36 참조

21 **정비규정에 포함될 사항이 아닌 것은?**

① 항공기 등의 품질관리 절차/정비 매뉴얼, 기술문서의 관리방법
② 교육훈련/직무적성검사/직무능력평가/중량 및 균형관리
③ 항공기의 감항성을 유지하기 위한 정비 및 검사 프로그램
④ 항공기등 및 부품의 정비방법 및 절차

해설

항공안전법 제93조1 시행규칙 제266조 별표 36 참조

22 **항공운송사업자에 대한 안전개선명령이 아닌 것은?**

① 운수권에 대한 배분
② 항공기 및 그 밖의 시설의 개선
③ 항공에 관한 국제조약을 이행하기 위하여 필요한 사항
④ 항공기의 안전운항에 방해 요소를 제거하기 위하여 필요한 사항

해설

항공안전법 제94조(항공운송사업자에 대한 안전개선명령)

국토교통부장관은 항공운송의 안전을 위하여 필요하다고 인정되는 경우에는 항공운송사업자에게 다음 각 호의 사항을 명할 수 있다.

1. 항공기 및 그 밖의 시설의 개선
2. 항공에 관한 국제조약을 이행하기 위하여 필요한 사항
3. 그 밖에 항공기의 안전운항에 대한 방해 요소를 제거하기 위하여 필요한 사항

23 **항공기사용사업자의 운항증명 취소 사항이 아닌 것은?**

① 안전운항체계에 대하여 국토교통부장관의 검사를 받은 후 운항증명을 받지 않은 경우
② 거짓이나 그 밖의 부정한 방법으로 운항증명을 받은 1년 이내의 정지 명령
③ 소유자등의 성명 또는 명칭을 표시하지 아니한 항공기를 운항한 경우
④ 감항증명을 받지 아니한 항공기를 운항한 경우

해설

[정답] 17 ① 18 ① 19 ② 20 ④ 21 ② 22 ① 23 ②

항공안전법 제95조1(항공기사용사업자의 운항증명 취소 등)

① 국토교통부장관은 제96조제1항에서 준용하는 제90조에 따라 운항증명을 받은 항공기사용사업자가 제91조제1항 각 호의 어느 하나에 해당하는 경우에는 운항증명을 취소하거나 6개월 이내의 기간을 정하여 항공기 운항의 정지를 명할 수 있다. 다만, 제91조 제1항제1호, 제39호 또는 제49호의 어느 하나에 해당하는 경우에는 운항증명을 취소하여야 한다.

24 항공기정비업 등록자가 국토교통부령으로 정하는 정비 등을 하려고 할 때 받아야 하는 것은?

① 정비조직인증　② 안전성인증
③ 수리·개조승인　④ 형식승인

해설

항공안전법 제97조1(정비조직인증 등)

① 제8조에 따라 대한민국 국적을 취득한 항공기와 이에 사용되는 발동기, 프로펠러, 장비품 또는 부품의 정비등의 업무 등 국토교통부령으로 정하는 업무를 하려는 항공기정비업자 또는 외국의 항공기정비업자는 그 업무를 시작하기 전까지 국토교통부장관이 정하여 고시하는 인력, 설비 및 검사체계 등에 관한 기준(이하 "정비조직인증기준"이라 한다)에 적합한 인력, 설비 등을 갖추어 국토교통부장관의 인증(이하 "정비조직인증"이라 한다)을 받아야 한다. 다만, 대한민국과 정비조직인증에 관한 항공안전협정을 체결한 국가로부터 정비조직인증을 받은 자는 국토교통부장관의 정비조직인증을 받은 것으로 본다.

25 다음 중 정비조직인증을 취소하여야 하는 경우는?

① 정비조직인증 기준을 위반한 경우
② 고의 또는 중대한 과실에 의하여 항공기 사고가 발생한 경우
③ 승인을 받지 아니하고 항공안전관리시스템을 운영한 경우
④ 부정한 방법으로 정비조직인증을 받은 경우

해설

항공안전법 제98조1(정비조직인증의 취소 등)

① 국토교통부장관은 정비조직인증을 받은 자가 다음 각 호의 어느 하나에 해당하는 경우에는 정비조직인증을 취소하거나 6개월 이내의 기간을 정하여 그 효력의 정지를 명할 수 있다. 다만, 제1호 또는 제5호에 해당하는 경우에는 그 정비조직인증을 취소하여야 한다.

1. 거짓이나 그 밖의 부정한 방법으로 정비조직인증을 받은 경우
2. 제58조제2항을 위반하여 다음 각 목의 어느 하나에 해당하는 경우
   가. 업무를 시작하기 전까지 항공안전관리시스템을 마련하지 아니한 경우
   나. 승인을 받지 아니하고 항공안전관리시스템을 운용한 경우
   다. 항공안전관리시스템을 승인받은 내용과 다르게 운용한 경우
   라. 승인을 받지 아니하고 국토교통부령으로 정하는 중요 사항을 변경한 경우
3. 정당한 사유 없이 정비조직인증기준을 위반한 경우
4. 고의 또는 중대한 과실에 의하거나 항공종사자에 대한 관리 · 감독에 관하여 상당한 주의의무를 게을리함으로써 항공기사고가 발생한 경우
5. 이 조에 따른 효력정지기간에 업무를 한 경우

26 정비조직인증을 받은 자의 과징금 부과에 대한 설명으로 맞는 것은?

① 운항정지처분을 갈음하여 50억원 이하의 과징금을 부과할 수 있다
② 중대한 규정 위반시에는 업무정지 처분과 더불어 과징금을 부과한다.
③ 부득이하게 업무정지를 할 수 없을 때에는 과징금 5억 이하를 부과한다.
④ 과징금을 기간 이내에 납부하지 않으면 국토교통부령에 의하여 이를 징수한다.

해설

항공안전법 제99조1(정비조직인증을 받은 자에 대한 과징금의 부과)

① 국토교통부장관은 정비조직인증을 받은 자가 제98조제1항제2호부터 제4호까지의 어느 하나에 해당하여 그 효력의 정지를 명하여야 하는 경우로서 그 효력을 정지하는 경우 그 업무의 이용자 등에게 심한 불편을 주거나 공익을 해칠 우려가 있는 경우에는 효력정지처분을 갈음하여 5억원 이하의 과징금을 부과할 수 있다.

제8장 외국 항공기

01 외국의 국적 항공기가 항행 시 장관의 허가를 받아야 할 사항이 아닌 것은?

① 대한민국 밖에서 이륙하여 대한민국 밖에 착륙하는 항행
② 대한민국 밖에서 이륙하여 대한민국 안에 착륙하는 항행

[정답] 24 ① 25 ④ 26 ③ 제8장 외국 항공기 01 ①

③ 대한민국 안에서 이륙하여 대한민국 밖에 착륙하는 항행
④ 대한민국 밖에서 이륙하여 대한민국을 통과하여 대한민국 밖에 착륙하는 항행

해설

항공안전법 제100조1 항공사업법 제54조 및 제55조(외국항공기의 항행)

① 외국 국적을 가진 항공기의 사용자(외국, 외국의 공공단체 또는 이에 준하는 자를 포함한다)는 다음 각 호의 어느 하나에 해당하는 항행을 하려면 국토교통부장관의 허가를 받아야 한다. 다만, 「항공사업법」 제54조 및 제55조에 따른 허가를 받은 자는 그러하지 아니하다.
  1. 영공 밖에서 이륙하여 대한민국에 착륙하는 항행
  2. 대한민국에서 이륙하여 영공 밖에 착륙하는 항행
  3. 영공 밖에서 이륙하여 대한민국에 착륙하지 아니하고 영공을 통과하여 영공 밖에 착륙하는 항행

② 외국의 군, 세관 또는 경찰의 업무에 사용되는 항공기는 제1항을 적용할 때에는 해당 국가가 사용하는 항공기로 본다.

02 국가항공기가 아닌 것은?

① 군용기
② 국가원수가 전세로 사용하는 민간비행기
③ 세관이 소유하는 업무용 항공기
④ 국토부가 소유하는 점검용 항공기

해설

항공안전법 제100조(문제 1번 참조)

03 "외국항공기의 항행허가신청서"에 기재하여야 할 사항이 아닌 것은?

① 신청인의 성명, 주소 및 국적
② 항공기의 등록부호, 형식 및 식별부호
③ 최저비행고도
④ 운항의 목적

해설

항공안전법 시행규칙 제274조(외국항공기의 항행허가 신청)

법 제100조제1항제1호 및 제2호에 따른 항행을 하려는 자는 그 운항 예정일 2일 전까지 별지 제100호서식의 외국항공기 항행허가 신청서를 지방항공청장에게 제출하여야 하고, 법 제100조제1항제3호에 따른 통과항행을 하려는 자는 별지 제101호서식의 영공통과 허가신청서를 항공교통본부장에게 제출하여야 한다.

04 "외국 항공기의 국내사용 허가 신청서"의 기재내용이 아닌 것은?

① 항공기 사용자의 성명, 주소 및 국적
② 항공기의 국적, 등록부호, 형식 및 식별부호
③ 여객의 성명, 국적 및 여행의 목적
④ 운항의 목적

05 외국 항공기의 국내사용 허가 변경신청서는 누구에게 제출하는가?

① 지방항공청장
② 국토교통부장관
③ 국토교통부 항공정책실장
④ 외교부장관

해설

항공안전법 시행규칙 제276조(외국항공기의 국내사용허가 신청)

법 제101조 단서에 따라 외국 국적을 가진 항공기를 운항하려는 자는 그 운항 개시 예정일 2일 전까지 별지 제104호서식의 외국항공기 국내사용허가 신청서를 지방항공청장에게 제출하여야 한다.

06 항공안전법 시행규칙 제278조에 의한 증명서 등의 인정이 아닌 것은?

① 항공기 등록증명 ② 감항증명
③ 항공종사자자격증명 ④ 형식증명

해설

항공안전법 시행규칙 제278조(증명서 등의 인정)

법 제102조에 따라 「국제민간항공협약」의 부속서로서 채택된 표준방식 및 절차를 채용하는 협약 체결국 외국정부가 한 다음 각 호의 증명·면허와 그 밖의 행위는 국토교통부장관이 한 것으로 본다.
1. 법 제12조에 따른 항공기 등록증명
2. 법 제23조제1항에 따른 감항증명
3. 법 제34조제1항에 따른 항공종사자의 자격증명
4. 법 제40조제1항에 따른 항공신체검사증명
5. 법 제44조제1항에 따른 계기비행증명
6. 법 제45조제1항에 따른 항공영어구술능력증명

[정답] 02 ④ 03 ④ 04 ③ 05 ① 06 ④

07 **외국인국제항공운송사업을 하려는 자는 운항개시 예정일 며칠 전까지 운항증명승인 신청서를 제출하여야 하는가?**

① 30일 ② 60일
③ 90일 ④ 120일

해설

항공안전법 시행규칙 제279조1(외국인국제항공운송사업자에 대한 운항증명승인 등)

①「항공사업법」 제54조에 따라 외국인 국제항공운송사업 허가를 받으려는 자는 법 제103조제1항에 따라 그 운항 개시 예정일 60일 전까지 별지 제106호서식의 운항증명승인 신청서에 다음 각 호의 서류를 첨부하여 국토교통부장관에게 제출하여야 한다. 다만, 「항공사업법 시행규칙」 제53조에 따라 이미 제출한 경우에는 다음 각 호의 서류를 제출하지 아니할 수 있다.
1. 「국제민간항공협약」 부속서 6에 따라 해당 정부가 발행한 운항증명(Air Operator Certificate) 및 운영기준(Operations Specifications)
2. 「국제민간항공협약」 부속서 6(항공기 운항)에 따라 해당 정부로부터 인가받은 운항규정(Operations Manual) 및 정비규정(Maintenance Control Manual)
3. 항공기 운영국가의 항공당국이 인정한 항공기 임대차 계약서(해당 사실이 있는 경우만 해당한다)
4. 별지 제107호서식의 외국항공기의 소유자등 안전성 검토를 위한 질의서(Questionnaire of Foreign Operators Safety)

08 **외국인국제항공운송사업의 운항증명승인 신청서에 첨부하여야 할 서류가 아닌 것은?**

①「국제민간항공조약」 부속서 6에 따라 해당 정부가 발행한 운항증명 및 운영기준
②「국제민간항공조약」 부속서 6에 따라 해당 정부로부터 인가받은 운항규정 및 정비규정
③ 사업경영 자금의 내역과 조달방법, 최근의 손익계산서와 대차대조표
④ 항공기 운영국가의 항공당국이 인정한 항공기 임대차 계약서

해설

항공안전법 시행규칙 제297조(문제 4번 참조)

09 **외국인 국제항공운송사업자의 항공기에 탑재하여야 할 서류가 아닌 것은?**

① 항공기등록증명서 ② 감항증명서
③ 형식증명서 ④ 소음기준적합증명서

해설

항공안전법 제104조 시행규칙 제281조(외국인국제항공운송사업자의 항공기에 탑재하는 서류)

법 제104조제1항에 따라 외국인국제항공운송사업자는 운항하려는 항공기에 다음 각 호의 서류를 탑재하여야 한다.
1. 항공기 등록증명서
2. 감항증명서
3. 탑재용 항공일지
4. 운용한계 지정서 및 비행교범
5. 운항규정(항공기 등록국가가 발행한 경우만 해당한다)
6. 소음기준적합증명서
7. 각 승무원의 유효한 자격증명(조종사 비행기록부를 포함한다)
8. 무선국 허가증명서(Radio station license)
9. 탑승한 여객의 성명, 탑승지 및 목적지가 표시된 명부(Passenger manifest)
10. 해당 항공운송사업자가 발행하는 수송화물의 목록(Cargo manifest)과 화물 운송장에 명시되어 있는 세부 화물신고서류(Detailed declarations of the cargo)
11. 해당 국가의 항공당국 간에 체결한 항공기 등의 감독 의무에 관한 이전협정서 사본(법 제5조에 따른 임대차 항공기의 경우만 해당한다)

10 **외국인국제항공운송사업자의 항공기 운항 정지에 해당 되는 사항이 아닌 것은?**

① 거짓이나 그 밖의 부정한 방법으로 허가를 받은 때
② 운항증명승인을 받지 아니하고 운항한 경우
③ 운항조건·제한사항을 준수하지 아니한 경우
④ 항공운송의 안전을 위한 명령에 따르지 아니한 경우

해설

항공안전법 제105조(외국인국제항공운송사업자의 항공기 운항의 정지 등)

① 국토교통부장관은 외국인국제항공운송사업자가 다음 각 호의 어느 하나에 해당하는 경우에는 6개월 이내의 기간을 정하여 항공기 운항의 정지를 명할 수 있다. 다만, 제1호 또는 제6호에 해당하는 경우에는 운항증명승인을 취소하여야 한다.
1. 거짓이나 그 밖의 부정한 방법으로 운항증명승인을 받은 경우
2. 제103조제1항을 위반하여 운항증명승인을 받지 아니하고 운항한 경우

[정답] 07 ② 08 ③ 09 ③ 10 ①

3. 제103조제3항을 위반하여 같은 조 제2항에 따른 운항조건 · 제한사항을 준수하지 아니한 경우
4. 제103조제5항을 위반하여 변경승인을 받지 아니하고 운항한 경우
5. 제106조에서 준용하는 제94조 각 호에 따른 항공운송의 안전을 위한 명령에 따르지 아니한 경우
6. 이 조에 따른 항공기 운항의 정지기간에 항공기를 운항한 경우

제9장 경량항공기

01 경량항공기의 안전성인증에 대한 설명으로 맞는 것은?

① 기술상의 기준에 적합하다는 안전성인증을 교통안전공단에서 받아야 한다.

② 기술상의 기준에 적합하다는 안전성인증을 국토교통부에서 받아야 한다.

③ 기술상의 기준에 적합하다는 안전성인증을 지방항공청에서 받아야 한다.

④ 안전성인증서 발급은 국토교통부장관이 정한다.

해설

항공안전법 제108조1 시행규칙 제284조4(경량항공기 안전성인증 등)

① 시험비행 등 국토교통부령으로 정하는 경우로서 국토교통부장관의 허가를 받은 경우를 제외하고는 경량항공기를 소유하거나 사용할 수 있는 권리가 있는 자(이하 "경량항공기소유자등"이라 한다)는 국토교통부령으로 정하는 기관 또는 단체의 장으로부터 그가 정한 안전성인증의 유효기간 및 절차 · 방법 등에 따라 그 경량항공기가 국토교통부장관이 정하여 고시하는 비행안전을 위한 기술상의 기준에 적합하다는 안전성인증을 받지 아니하고 비행하여서는 아니 된다. 이 경우 안전성인증의 유효기간 및 절차 · 방법 등에 대해서는 국토교통부장관의 승인을 받아야 하며, 변경할 때에도 또한 같다.

02 경량항공기의 정비 확인을 위한 자료가 아닌 것은?

① 제작자가 제공하는 최신의 정비교범 및 기술문서

② 제작자가 정비프로그램을 제공하지 않아 소유자 등이 수립한 정비프로그램

③ 국토교통부장관이 정하여 고시하는 기술기준에 부합하는 기술자료

④ 안전성인증 검사를 받을 때 제출한 검사프로그램

해설

항공안전법 시행규칙 제285조1(경량항공기의 정비 확인)

① 법 제108조제4항 본문에 따라 경량항공기소유자등 또는 경량항공기를 사용하여 비행하려는 사람이 경량항공기 또는 그 부품등을 정비한 후 경량항공기 등을 안전하게 운용할 수 있다는 확인을 받기 위해서는 법 제35조제8호에 따른 항공정비사 자격증명을 가진 사람으로부터 해당 정비가 다음 각 호의 어느 하나에 충족되게 수행되었음을 확인받은 후 해당 정비 기록문서에 서명을 받아야 한다.
1. 해당 경량항공기 제작자가 제공하는 최신의 정비교범 및 기술문서
2. 해당 경량항공기 제작자가 정비교범 및 기술문서를 제공하지 아니하여 경량항공기소유자등이 안전성인증 검사를 받을 때 제출한 검사프로그램
3. 그 밖에 국토교통부장관이 정하여 고시하는 기준에 부합하는 기술자료

03 경량항공기의 종류를 한정하는 것이 아닌 것은?

① 타면조종형비행기 ② 경량헬리콥터

③ 자이로플레인 ④ 초급활공기

해설

항공안전법 시행규칙 제290조(경량항공기 조종사 자격증명의 한정)

국토교통부장관은 법 제111조제3항에 따라 경량항공기의 종류를 한정하는 경우에는 자격증명을 받으려는 사람이 실기심사에 사용하는 다음 각 호의 어느 하나에 해당하는 경량항공기의 종류로 한정하여야 한다.
1. 타면조종형비행기
2. 체중이동형비행기
3. 경량헬리콥터
4. 자이로플레인
5. 동력패러슈트

04 경량항공기의 의무무선설비가 아닌 것은?

① 초단파(VHF) 무선전화 송수신기 1대

② 극초단파(UHF) 무선전화 송수신기 1대

③ 2차 감시 항공교통관제 레이더용 트랜스폰더 1대

④ 거리측정시설

해설

항공안전법 시행규칙 제297조2(경량항공기의 의무무선설비)

② 법 제119조에 따라 경량항공기에 설치 · 운용 하여야 하는 무선설비는 다음 각 호와 같다.

[정답] 제9장 경량항공기 01 ① 02 ② 03 ④ 04 ④

1. 비행 중 항공교통관제기관과 교신할 수 있는 초단파(VHF) 또는 극초단파(UHF) 무선전화 송수신기 1대
2. 기압고도에 관한 정보를 제공하는 2차 감시 항공교통관제 레이더용 트랜스폰더(Mode 3/A 및 Mode C SSR transponder) 1대

05 경량항공기를 사용하여 비행하려는 사람이 지켜야 할 사항이 아닌 것은?

① 미리 비행계획을 수립하여 국토교통부장관의 승인을 받아야 한다.

② 비행안전을 위한 기술상의 기준에 적합하다는 안전성 인증을 받아야 한다.

③ 항공정비사 자격증명을 가진 자로부터 기술상의 기준에 적합하다는 확인을 받아야 한다.

④ 경량항공기의 조종교육을 위한 비행은 영리목적으로 사용할 수 없다.

해설

항공안전법 제121조, 제67조(경량항공기에 대한 준용규정)

① 경량항공기의 등록 등에 관하여는 제7조부터 제18조까지의 규정을 준용한다.
② 경량항공기에 대한 주류등의 섭취 · 사용 제한에 관하여는 제57조를 준용한다.
③ 경량항공기의 비행규칙에 관하여는 제67조를 준용한다.
④ 경량항공기의 비행제한에 관하여는 제79조를 준용한다.
⑤ 경량항공기에 대한 항공교통관제 업무 지시의 준수에 관하여는 제84조를 준용한다.

제10장 초경량항공기

01 신고를 요하지 아니하는 초경량 비행장치가 아닌 것은?

① 유인비행기

② 동력을 이용하지 아니하는 비행장치

③ 계류식 무인비행장치

④ 낙하산류

해설

항공안전법 제122조 시행령 제24조(신고를 필요로 하지 아니하는 초경량비행장치의 범위)

법 제122조제1항 단서에서 "대통령령으로 정하는 초경량비행장치"란 다음 각 호의 어느 하나에 해당하는 것으로서 「항공사업법」에 따른 항공기대여업 · 항공레저스포츠사업 또는 초경량비행장치사용사업에 사용되지 아니하는 것을 말한다.

1. 행글라이더, 패러글라이더 등 동력을 이용하지 아니하는 비행장치
2. 계류식(繫留式) 기구류(사람이 탑승하는 것은 제외한다)
3. 계류식 무인비행장치
4. 낙하산류
5. 무인동력비행장치 중에서 연료의 무게를 제외한 자체무게(배터리 무게를 포함한다)가 12[kg] 이하인 것
6. 무인비행선 중에서 연료의 무게를 제외한 자체무게가 12[kg] 이하이고, 길이가 7[m] 이하인 것
7. 연구기관 등이 시험 · 조사 · 연구 또는 개발을 위하여 제작한 초경량비행장치
8. 제작자 등이 판매를 목적으로 제작하였으나 판매되지 아니한 것으로서 비행에 사용되지 아니하는 초경량비행장치
9. 군사목적으로 사용되는 초경량비행장치

02 초경량비행장치 신고서에 첨부하여 지방항공청장에게 제출해야 할 서류가 아닌 것은?

① 소유하고 있음을 증명하는 서류

② 제작자 및 제작번호

③ 제원 및 성능표

④ 보험가입을 증명하는 서류(개정)

해설

항공안전법 시행규칙 제301조(초경량비행장치 신고)

① 법 제122조제1항 본문에 따라 초경량비행장치소유자등은 법 제124조에 따른 안전성인증을 받기 전(법 제124조에 따른 안전성인증 대상이 아닌 초경량비행장치인 경우에는 초경량비행장치를 소유하거나 사용할 수 있는 권리가 있는 날부터 30일 이내를 말한다)까지 별지 제116호서식의 초경량비행장치 신고서(전자문서로 된 신고서를 포함한다)에 다음 각 호의 서류(전자문서를 포함한다)를 첨부하여 지방항공청장에게 제출하여야 한다. 이 경우 신고서 및 첨부서류는 팩스 또는 정보통신을 이용하여 제출할 수 있다.

1. 초경량비행장치를 소유하거나 사용할 수 있는 권리가 있음을 증명하는 서류
2. 초경량비행장치의 제원 및 성능표
3. 초경량비행장치의 사진(가로 15[cm], 세로 10[cm]의 측면 사진)

[정답] 05 ④ 제10장 초경량항공기 01 ① 02 ②

03 **초경량비행장치 안전성인증 대상인 초경량비행장치가 아닌 것은?**

① 동력비행장치 ② 회전익비행장치
③ 유인자유기구 ④ 무인비행장치

해설

항공안전법 시행규칙 제305조1(초경량비행장치 안전성인증 대상 등)

① 법 제124조 전단에서 "동력비행장치 등 국토교통부령으로 정하는 초경량비행장치"란 다음 각 호의 어느 하나에 해당하는 초경량비행장치를 말한다.
1. 동력비행장치
2. 행글라이더, 패러글라이더 및 낙하산류(항공레저스포츠사업에 사용되는 것만 해당한다)
3. 기구류(사람이 탑승하는 것만 해당한다)
4. 다음 각 목의 어느 하나에 해당하는 무인비행장치
가. 제5조제5호가목에 따른 무인비행기, 무인헬리콥터 또는 무인멀티콥터 중에서 최대이륙중량이 25[kg]을 초과하는 것
나. 제5조제5호나목에 따른 무인비행선 중에서 연료의 중량을 제외한 자체중량이 12[kg]을 초과하거나 길이가 7[m]를 초과하는 것
5. 회전익비행장치
6. 동력패러글라이더

04 **초경량비행장치 조종자 증명이 필요한 초경량비행장치가 아닌 것은?**

① 동력비행장치 ② 회전익비행장치
③ 낙하산류 ④ 동력패러글라이더

해설

항공안전법 시행규칙 제306조1(초경량비행장치의 조종자 증명 등)

① 법 제125조제1항 전단에서 "동력비행장치 등 국토교통부령으로 정하는 초경량비행장치"란 다음 각 호의 어느 하나에 해당하는 초경량비행장치를 말한다.
1. 동력비행장치
2. 행글라이더, 패러글라이더 및 낙하산류(항공레저스포츠사업에 사용되는 것만 해당한다)
3. 유인자유기구
4. 초경량비행장치 사용사업에 사용되는 무인비행장치. 다만 다음 각 목의 어느 하나에 해당하는 것은 제외한다.
가. 제5조제5호가목에 따른 무인비행기, 무인헬리콥터 또는 무인멀티콥터 중에서 연료의 중량을 제외한 자체중량이 12[kg] 이하인 것
나. 제5조제5호나목에 따른 무인비행선 중에서 연료의 중량을 제외한 자체중량이 12[kg] 이하이고, 길이가 7[m] 이하인 것
5. 회전익비행장치
6. 동력패러글라이더

05 **초경량비행장치 조종자 전문교육기관의 지정기준이 아닌 것은?**

① 비행시간이 200시간 이상인 지도조종자 1명 이상이 있을 것
② 비행시간이 400시간 이상인 실기평가조종자 1명 이상이 있을 것
③ 강의실 및 사무실 각 1개 이상이 있을 것
④ 이착륙 시설 및 훈련용 비행장치 1대 이상이 있을 것

해설

항공안전법 시행규칙 제307조2(초경량비행장치 조종자 전문교육기관의 지정 등)

② 법 제126조제3항에 따른 초경량비행장치 조종자 전문교육기관의 지정기준은 다음 각 호와 같다.
1. 다음 각 목의 전문교관이 있을 것
가. 비행시간이 200시간(무인비행장치의 경우 조종경력이 100시간) 이상이고, 국토교통부장관이 인정한 조종교육교관과정을 이수한 지도조종자 1명 이상
나. 비행시간이 300시간(무인비행장치의 경우 조종경력이 150시간) 이상이고 국토교통부장관이 인정하는 실기평가과정을 이수한 실기평가조종자 1명 이상
2. 다음 각 목의 시설 및 장비(시설 및 장비에 대한 사용권을 포함한다)를 갖출 것
가. 강의실 및 사무실 각 1개 이상
나. 이륙 · 착륙 시설
다. 훈련용 비행장치 1대 이상
3. 교육과목, 교육시간, 평가방법 및 교육훈련규정 등 교육훈련에 필요한 사항으로서 국토교통부장관이 정하여 고시하는 기준을 갖출 것

06 **초경량비행장치의 비행계획 승인 불필요한 초경량비행장치는?**

① 최저비행고도(150[m]) 미만의 고도에서 운영하는 계류식 기구
② 프로펠러에서 추진력을 얻는 것일 것
③ 차륜(車輪)·스키드(Skid) 등 착륙장치가 장착된 고정익비행장치일 것
④ 플로트(Float) 등 착륙장치가 장착된 고정익비행장치일 것

해설

[정답] 03 ④ 04 ③ 05 ② 06 ①

항공안전법 시행규칙 제308조(초경량비행장치의 비행승인)

① 법 제127조제2항 본문에서 "동력비행장치 등 국토교통부령으로 정하는 초경량비행장치"란 제5조에 따른 초경량비행장치를 말한다. 다만, 다음 각 호의 어느 하나에 해당하는 초경량비행장치는 제외한다.
  1. 영 제24조제1호부터 제4호까지의 규정에 해당하는 초경량비행장치(항공기대여업, 항공레저스포츠사업 또는 초경량비행장치사용사업에 사용되지 아니하는 것으로 한정한다)
  2. 제199조제1호나목에 따른 최저비행고도(150[m]) 미만의 고도에서 운영하는 계류식 기구
  3. 「항공사업법 시행규칙」 제6조제2항제1호에 사용하는 무인비행장치로서 다음 각 목의 어느 하나에 해당하는 무인비행장치
    가. 제221조제1항 및 별표 23에 따른 관제권, 비행금지구역 및 비행제한구역 외의 공역에서 비행하는 무인비행장치
    나. 「가축전염병 예방법」 제2조제2호에 따른 가축전염병의 예방 또는 확산 방지를 위하여 소독 · 방역업무 등에 긴급하게 사용하는 무인비행장치
  4. 다음 각 목의 어느 하나에 해당하는 무인비행장치
    가. 최대이륙중량이 25[kg] 이하인 무인동력비행장치
    나. 연료의 중량을 제외한 자체중량이 12[kg] 이하이고 길이가 7[m] 이하인 무인비행선
  5. 그 밖에 국토교통부장관이 정하여 고시하는 초경량비행장치

07 초경량비행장치의 구조지원 장비를 장착해야 하는 것은?

① 동력을 이용하지 아니하는 비행장치

② 동력패러글라이더

③ 계류식 기구 및 무인비행장치

④ 유인비행장치

해설

항공안전법 시행규칙 제309조2(초경량비행장치의 구조지원 장비 등)

① 법 제128조 본문에서 "국토교통부령으로 정하는 장비"란 다음 각 호의 어느 하나에 해당하는 것을 말한다.
  1. 위치추적이 가능한 표시기 또는 단말기
  2. 조난구조용 장비(제1호의 장비를 갖출 수 없는 경우만 해당한다)

② 법 제128조 단서에서 "무인비행장치 등 국토교통부령으로 정하는 초경량비행장치"란 다음 각 호의 어느 하나에 해당하는 초경량비행장치를 말한다.
  1. 동력을 이용하지 아니하는 비행장치
  2. 계류식 기구
  3. 동력패러글라이더
  4. 무인비행장치

08 다음 중 초경량비행장치 조종자의 준수사항이 아닌 것은?

① 인명이나 재산에 위험을 초래할 우려가 있는 낙하물을 투하하는 행위

② 인구가 밀집된 지역의 상공에서 인명 또는 재산에 위험을 초래할 우려가 있는 비행

③ 사람이 많이 모인 장소의 상공에서 재산에 위험을 초래할 우려가 있는 비행

④ 국토교통부장관의 허가를 받아 관제공역·통제공역·주의공역에서 비행

해설

항공안전법 시행규칙 제310조(초경량비행장치 조종자의 준수사항)

① 초경량비행장치 조종자는 법 제129조제1항에 따라 다음 각 호의 어느 하나에 해당하는 행위를 하여서는 아니 된다. 다만, 무인비행장치의 조종자에 대해서는 제4호 및 제5호를 적용하지 아니한다.
  1. 인명이나 재산에 위험을 초래할 우려가 있는 낙하물을 투하(投下)하는 행위
  2. 인구가 밀집된 지역이나 그 밖에 사람이 많이 모인 장소의 상공에서 인명 또는 재산에 위험을 초래할 우려가 있는 방법으로 비행하는 행위
    2의2. 사람 또는 건축물이 밀집된 지역의 상공에서 건축물과 충돌할 우려가 있는 방법으로 근접하여 비행하는 행위
  3. 법 제78조제1항에 따른 관제공역 · 통제공역 · 주의공역에서 비행하는 행위. 다만, 법 제127조에 따라 비행승인을 받은 경우와 다음 각 목의 행위는 제외한다.
    가. 군사목적으로 사용되는 초경량비행장치를 비행하는 행위
    나. 다음의 어느 하나에 해당하는 비행장치를 별표 23 제2호에 따른 관제권 또는 비행금지구역이 아닌 곳에서 제199조제1호나목에 따른 최저비행고도(150[m]) 미만의 고도에서 비행하는 행위
      1) 무인비행기, 무인헬리콥터 또는 무인멀티콥터 중 최대이륙중량이 25[kg] 이하인 것
      2) 무인비행선 중 연료의 무게를 제외한 자체 무게가 12[kg] 이하이고, 길이가 7[m] 이하인 것
  4. 안개 등으로 인하여 지상목표물을 육안으로 식별할 수 없는 상태에서 비행하는 행위
  5. 별표 24에 따른 비행시정 및 구름으로부터의 거리기준을 위반하여 비행하는 행위
  6. 일몰 후부터 일출 전까지의 야간에 비행하는 행위. 다만, 제199조제1호나목에 따른 최저비행고도(150[m]) 미만의 고도에서 운영하는 계류식 기구 또는 법 제124조 전단에 따른 허가를 받아 비행하는 초경량비행장치는 제외한다.
  7. 「주세법」 제3조제1호에 따른 주류, 「마약류 관리에 관한 법률」 제2조제1호에 따른 마약류 또는 「화학물질관리법」 제22조제1항에 따른 환각물질 등(이하 "주류등"이라 한다)의 영향으로 조종업무를 정상적으로 수행할 수 없는 상태에서 조종하는 행위 또는 비행 중 주류등을 섭취하거나 사용하는 행위
  8. 그 밖에 비정상적인 방법으로 비행하는 행위

[정답] 07 ④ 08 ④

09 초경량비행장치 사고의 보고 내용이 아닌 것은?

① 사고가 발생한 일시 및 장소
② 초경량비행장치의 종류 및 신고번호
③ 사고를 발생케 한 사람
④ 사람의 사상 또는 물건의 파손 개요

해설

항공안전법 시행규칙 제312조(초경량비행장치사고의 보고 등)

법 제129조제3항에 따라 초경량비행장치사고를 일으킨 조종자 또는 그 초경량비행장치소유자등은 다음 각 호의 사항을 지방항공청장에게 보고하여야 한다.

1. 조종자 및 그 초경량비행장치소유자등의 성명 또는 명칭
2. 사고가 발생한 일시 및 장소
3. 초경량비행장치의 종류 및 신고번호
4. 사고의 경위
5. 사람의 사상(死傷) 또는 물건의 파손 개요
6. 사상자의 성명 등 사상자의 인적사항 파악을 위하여 참고가 될 사항

10 초경량비행장치 사용에 대한 설명이 잘못된 것은?

① 초경량비행장치를 소유한 자는 이를 지방항공청장에게 신고하여야 한다.
② 국토교통부령이 정하는 기관 또는 단체로부터 국토교통부장관이 정하여 고시하는 자격기준에 적합하다는 증명을 받아야 한다.
③ 비행안전을 위한 기술상의 기준에 적합하다는 안전성 인증을 받아야 한다.
④ 초경량비행장치를 사용하여 비행하고자 하는 자는 국토교통부령이 정하는 보험에 가입하여야 한다.

해설

항공안전법 제125조1(초경량비행장치 조종자 증명 등)

① 동력비행장치 등 국토교통부령으로 정하는 초경량비행장치를 사용하여 비행하려는 사람은 국토교통부령으로 정하는 기관 또는 단체의 장으로부터 그가 정한 해당 초경량비행장치별 자격기준 및 시험의 절차 · 방법에 따라 해당 초경량비행장치의 조종을 위하여 발급하는 증명(이하 "초경량비행장치 조종자 증명"이라 한다)을 받아야 한다. 이 경우 해당 초경량비행장치별 자격기준 및 시험의 절차 · 방법 등에 관하여는 국토교통부령으로 정하는 바에 따라 국토교통부장관의 승인을 받아야 하며, 변경할 때에도 또한 같다.

제11장 보칙

01 다음 중 국토교통부장관에게 업무보고를 해야 하는 사람이 아닌 것은?

① 항공정비사
② 항행안전시설 관리직원
③ 출입사무소 관리소장
④ 소형항공운송사업자

해설

항공안전법 제132조(항공안전 활동)

① 국토교통부장관은 항공안전의 확보를 위하여 다음 각 호의 어느 하나에 해당하는 자에게 그 업무에 관한 보고를 하게 하거나 서류를 제출하게 할 수 있다.
1. 항공기등, 장비품 또는 부품의 제작 또는 정비등을 하는 자
2. 비행장, 이착륙장, 공항, 공항시설 또는 항행안전시설의 설치자 및 관리자
3. 항공종사자 및 초경량비행장치 조종자
4. 항공교통업무증명을 받은 자
5. 항공운송사업자(외국인국제항공운송사업자 및 외국항공기로 유상운송을 하는 자를 포함한다. 이하 이 조에서 같다), 항공기사용사업자, 항공기정비업자, 초경량비행장치사용사업자, 「항공사업법」 제2조제22호에 따른 항공기대여업자 및 「항공사업법」 제2조제27호에 따른 항공레저스포츠사업자
6. 그 밖에 항공기, 경량항공기 또는 초경량비행장치를 계속하여 사용하는 자

02 항공안전 활동업무에 관한 보고 및 서류의 제출을 하게 할 수 있는 자가 아닌 것은?

① 항공기등, 장비품의 제작 또는 정비등을 하는 자
② 공항지역 출입직원
③ 비행장, 공항시설 또는 항행안전시설의 설치자 및 관리자
④ 항공종사자 및 초경량비행장치 조종자

해설

항공안전법 제132조(문제 1번 참고)

[정답] 09 ③ 10 ② 제11장 보칙 01 ③ 02 ②

03 항공안전에 관한 전문가로 위촉받을 수 없는 사람은?

① 항공종사자 자격증명을 가진 사람으로서 해당 분야에서 10년 이상의 실무경력을 갖춘 사람
② 항공종사자 양성 전문교육기관의 해당 분야에서 5년 이상 교육훈련업무에 종사한 사람
③ 5급 이상의 공무원으로 항공분야에서 7년 이상의 실무경력을 갖춘 사람
④ 6급 이상의 공무원으로 항공분야에서 10년 이상의 실무경력을 갖춘 사람

해설

항공안전법 시행규칙 제314조(항공안전전문가)

법 제132조제2항에 따른 항공안전에 관한 전문가로 위촉받을 수 있는 사람은 다음 각 호의 어느 하나에 해당하는 사람으로 한다.

1. 항공종사자 자격증명을 가진 사람으로서 해당 분야에서 10년 이상의 실무경력을 갖춘 사람
2. 항공종사자 양성 전문교육기관의 해당 분야에서 5년 이상 교육훈련업무에 종사한 사람
3. 5급 이상의 공무원이었던 사람으로서 항공분야에서 5년(6급의 경우 10년) 이상의 실무경력을 갖춘 사람
4. 대학 또는 전문대학에서 해당 분야의 전임강사 이상으로 5년 이상 재직한 경력이 있는 사람

04 처분을 하고자 하는 경우 청문을 실시하지 않아도 되는 것은?

① 항공종사자자격증명의 취소/항공신체검사증명의 취소
② 항공기사용사업 등록의 취소
③ 공항개발사업 허가의 취소
④ 항공운송사업 면허 또는 등록의 취소

해설

제134조(청문)

국토교통부장관은 다음 각 호의 어느 하나에 해당하는 처분을 하려면 청문을 하여야 한다. 〈개정 2017. 10. 24., 2017. 12. 26.〉

1. 제20조제7항에 따른 형식증명 또는 부가형식증명의 취소
2. 제21조제7항에 따른 형식증명승인 또는 부가형식증명승인의 취소
3. 제22조제5항에 따른 제작증명의 취소
4. 제23조제7항에 따른 감항증명의 취소
5. 제24조제3항에 따른 감항승인의 취소
6. 제25조제3항에 따른 소음기준적합증명의 취소
7. 제27조제4항에 따른 기술표준품형식승인의 취소
8. 제28조제5항에 따른 부품등제작자증명의 취소
9. 제43조제1항 또는 제2항에 따른 자격증명등 또는 항공신체검사증명의 취소 또는 효력정지
10. 제44조제4항에서 준용하는 제43조제1항에 따른 계기비행증명 또는 조종교육증명의 취소
11. 제45조제6항에서 준용하는 제43조제1항에 따른 항공영어구술능력증명의 취소
12. 제48조의2에 따른 전문교육기관 지정의 취소
13. 제50조제1항에 따른 항공전문의사 지정의 취소 또는 효력정지
14. 제63조제3항에 따른 자격인정의 취소
15. 제71조제5항에 따른 포장 · 용기검사기관 지정의 취소
16. 제72조제5항에 따른 위험물전문교육기관 지정의 취소
17. 제86조제1항에 따른 항공교통업무증명의 취소
18. 제91조제1항 또는 제95조제1항에 따른 운항증명의 취소
19. 제98조제1항에 따른 정비조직인증의 취소
20. 제105조제1항 단서에 따른 운항증명승인의 취소
21. 제114조제1항 또는 제2항에 따른 자격증명등 또는 항공신체검사증명의 취소
22. 제115조제3항에서 준용하는 제114조제1항에 따른 조종교육증명의 취소
23. 제117조제4항에 따른 경량항공기 전문교육기관 지정의 취소
24. 제125조제2항에 따른 초경량비행장치 조종자 증명의 취소
25. 제126조제4항에 따른 초경량비행장치 전문교육기관 지정의 취소

05 항공운송사업자가 취항하고 있는 공항에 대한 정기 안전성 검사 시 검사항목이 아닌 것은?

① 항공기운항·정비 및 지원에 관련된 업무·조직 및 교육훈련
② 항공기부품과 예비품의 보관 및 급유시설
③ 항공기 운항허가 및 비상지원절차
④ 항공기 정비방법 및 절차/공항내 비행절차

해설

항공안전법 시행규칙 제315조1(정기안전성검사)

① 국토교통부장관 또는 지방항공청장은 법 제132조제3항에 따라 다음 각 호의 사항에 관하여 항공운송사업자가 취항하는 공항에 대하여 정기적인 안전성검사를 하여야 한다.

1. 항공기 운항 · 정비 및 지원에 관련된 업무 · 조직 및 교육훈련
2. 항공기 부품과 예비품의 보관 및 급유시설
3. 비상계획 및 항공보안사항
4. 항공기 운항허가 및 비상지원절차
5. 지상조업과 위험물의 취급 및 처리
6. 공항시설
7. 그 밖에 국토교통부장관이 항공기 안전운항에 필요하다고 인정하는 사항

[정답] 03 ③ 04 ③ 05 ④

06 **항공운송사업자가 취항하고 있는 공항에 대한 정기적인 안전성 검사는 누가 실시하는가?**

① 국토교통부장관 또는 지방항공청장
② 항공교통본부장
③ 공항공사사장
④ 교통안전공단이사장

해설

항공안전법 시행규칙 제315조(문제 5번 참조)

07 **국토교통부장관이 권한을 위임할 수 있는 사항이 아닌 것은?**

① 감항증명 ② 소음기준적합증명
③ 수리·개조승인 ④ 형식증명의 검사범위

해설

항공안전법 제135조1(권한의 위임 · 위탁)

① 이 법에 따른 국토교통부장관의 권한은 그 일부를 대통령령으로 정하는 바에 따라 특별시장 · 광역시장 · 특별자치시장 · 도지사 · 특별자치도지사 또는 국토교통부장관 소속 기관의 장에게 위임할 수 있다.
② 국토교통부장관은 제20조부터 제25조까지, 제27조, 제28조 및 제30조에 따른 증명, 승인 또는 검사에 관한 업무를 대통령령으로 정하는 바에 따라 전문검사기관을 지정하여 위탁할 수 있다.
③ 국토교통부장관은 제30조에 따른 수리 · 개조승인에 관한 권한 중 국가기관등항공기의 수리 · 개조승인에 관한 권한을 대통령령으로 정하는 바에 따라 관계 중앙행정기관의 장에게 위탁할 수 있다.
④ 국토교통부장관은 제89조제1항에 따른 업무를 대통령령으로 정하는 바에 따라 「항공사업법」 제68조제1항에 따른 한국항공협회(이하 "협회"라 한다)에 위탁할 수 있다.
⑤ 국토교통부장관은 다음 각 호의 업무를 대통령령으로 정하는 바에 따라 「한국교통안전공단법」에 따른 한국교통안전공단(이하 "한국교통안전공단"이라 한다) 또는 항공 관련 기관 · 단체에 위탁할 수 있다.

08 **국토교통부장관이 지방항공청장에게 위임한 권한은?**

① 항공기기술기준 적합 여부의 검사 및 운용한계의 지정
② 국가기관등항공기의 수리·개조 승인
③ 항공교통관제사에 대한 항공신체검사명령
④ 항공영어구술능력증명서의 발급

해설

항공안전법 제135조(권한의 위임·위탁)

① 이 법에 따른 국토교통부장관의 권한은 그 일부를 대통령령으로 정하는 바에 따라 특별시장 · 광역시장 · 특별자치시장 · 도지사 · 특별자치도지사 또는 국토교통부장관 소속 기관의 장에게 위임할 수 있다.

시행령 제26조(권한의 위임 · 위탁)

① 국토교통부장관은 법 제135조제1항에 따라 다음 각 호의 권한을 지방항공청장에게 위임한다. 〈개정 2018. 6. 19., 2019. 8. 27., 2020. 2. 25., 2020. 5. 26.〉
1호~60호 참조

09 **감항증명 등의 항공관련업무를 수행하는 전문검사기관은 누가 지정·고시하는가?**

① 대통령 ② 국토교통부장관
③ 지방항공청장 ④ 교통안전공단

해설

항공안전법 시행령 제26조(문제 8번 참조)

10 **항공기 및 장비품의 증명을 위한 검사업무를 수행하기 위하여 인가받아야 하는 규정은?**

① 운항규정 ② 정비규정
③ 관리규정 ④ 검사규정

해설

항공안전법 시행령 제27조1(전문검사기관의 검사규정)

① 제26조제3항에 따라 지정 · 고시된 전문검사기관(이하 "전문검사기관"이라 한다)은 항공기등, 장비품 또는 부품의 증명 또는 승인을 위한 검사에 필요한 업무규정(이하 "검사규정"이라 한다)을 정하여 국토교통부장관의 인가를 받아야 한다. 인가받은 사항을 변경하려는 경우에도 또한 같다.

11 **항공기 검사기관의 검사규정에 포함되지 않아도 되는 것은?**

① 검사관의 업무범위 및 책임
② 시설 및 장비의 운용·관리/기술도서 및 자료의 관리, 유지

[정답] 06 ① 07 ④ 08 ① 09 ② 10 ④ 11 ④

③ 증명 또는 검사업무의 체계 및 절차

④ 검사관의 자격관리/공항내 비행절차

해설

항공안전법 시행령 제27조2(전문검사기관의 검사규정)

② 제1항에 따른 검사규정에는 다음 각 호의 사항이 포함되어야 한다.
1. 증명 또는 승인을 위한 검사업무를 수행하는 기구의 조직 및 인력
2. 증명 또는 승인을 위한 검사업무를 사람의 업무 범위 및 책임
3. 증명 또는 승인을 위한 검사업무의 체계 및 절차
4. 각종 증명의 발급 및 대장의 관리
5. 증명 또는 승인을 위한 검사업무를 수행하는 사람에 대한 교육훈련
6. 기술도서 및 자료의 관리 · 유지
7. 시설 및 장비의 운용 · 관리
8. 증명 또는 승인을 위한 검사 결과의 보고에 관한 사항

12 국토교통부장관이 교통안전공단에 위탁하지 않은 업무는?

① 자격증명 시험업무 및 자격증명 한정심사업무

② 계기비행증명업무 및 조종교육증명업무

③ 항공안전 자율보고의 접수·분석 및 전파에 관한 업무

④ 항공신체검사증명에 관한 업무

해설

항공안전법 시행령 제26조(문제 8번 참조)

제12장 벌칙

01 항행 중인 항공기를 추락 또는 전복시키거나 파괴한 사람에 대한 처벌은?

① 5년 이상에 처한다. ② 10년 이상에 처한다.

③ 15년 이상에 처한다. ④ 20년 이상에 처한다.

해설

항공안전법 제138조(항행 중 항공기 위험 발생의 죄)

① 사람이 현존하는 항공기, 경량항공기 또는 초경량비행장치를 항행 중에 추락 또는 전복(顚覆)시키거나 파괴한 사람은 사형, 무기징역 또는 5년 이상의 징역에 처한다.

② 제140조의 죄를 지어 사람이 현존하는 항공기, 경량항공기 또는 초경량비행장치를 항행 중에 추락 또는 전복시키거나 파괴한 사람은 사형, 무기징역 또는 5년 이상의 징역에 처한다.

02 항행 중의 항공기에서 죄를 범하여 사람을 사상에 이르게 한 사람에 대한 처벌은?

① 사형, 무기 또는 5년 이상의 징역에 처한다.

② 사형, 무기 또는 7년 이상의 징역에 처한다.

③ 사형 또는 7년 이상의 징역이나 금고에 처한다.

④ 사형 또는 5년 이상의 징역이나 금고에 처한다.

해설

항공안전법 제139조(항행 중 항공기 위험 발생으로 인한 치사·치상의 죄)

제138조의 죄를 지어 사람을 사상(死傷)에 이르게 한 사람은 사형, 무기징역 또는 7년 이상의 징역에 처한다.

03 항행안전시설을 파손하거나 항공상의 위험을 발생하게 한 사람에 대한 처벌은?

① 1년 이상의 유기징역에 처한다.

② 2년 이상의 유기징역에 처한다.

③ 3년 이상의 유기징역에 처한다.

④ 4년 이상의 유기징역에 처한다.

해설

항공안전법 제140조(항공상 위험 발생 등의 죄)

비행장, 이착륙장, 공항시설 또는 항행안전시설을 파손하거나 그 밖의 방법으로 항공상의 위험을 발생시킨 사람은 10년 이하의 징역에 처한다.

04 직권을 남용하여 항공기 안에 있는 사람에 대하여 권리행사를 방해한 기장에 대한 처벌은?

① 1년 이상 5년 이하의 징역

② 2년 이상 10년 이하의 징역

③ 2년 이상 5년 이하의 징역

④ 1년 이상 10년 이하의 징역

해설

항공안전법 제142조(기장 등의 탑승자 권리행사 방해의 죄)

① 직권을 남용하여 항공기에 있는 사람에게 그의 의무가 아닌 일을 시키거나 그의 권리행사를 방해한 기장 또는 조종사는 1년 이상 10년 이하의 징역에 처한다.

② 폭력을 행사하여 제1항의 죄를 지은 기장 또는 조종사는 3년 이상 15년 이하의 징역에 처한다.

[정답] 12 ④ 제12장 벌칙 01 ① 02 ①,② 03 ② 04 ④

05 기장이 항공기를 이탈한 죄에 대한 처벌은?

① 5년 이하의 징역 ② 3년 이하의 징역
③ 10년 이하의 징역 ④ 20년 이하의 징역

해설

항공안전법 제143조(기장의 항공기 이탈의 죄)
제62조제4항을 위반하여 항공기를 떠난 기장(기장의 임무를 수행할 사람을 포함한다)은 5년 이하의 징역에 처한다.

06 감항증명 받지 아니한 항공기 사용 등의 죄의 처벌은?

① 5년 이하의 징역 ② 3년 이하의 징역
③ 1천만원 이하의 징역 ④ 3천만원 이하의 징역

해설

항공안전법 제144조(감항증명을 받지 아니한 항공기 사용 등의 죄)
다음 각 호의 어느 하나에 해당하는 자는 3년 이하의 징역 또는 5천만원 이하의 벌금에 처한다.

07 수리·개조승인을 받지 아니한 항공기를 운항한 자에 대한 처벌은?

① 2천만원 이하의 벌금 ② 3천만원 이하의 벌금
③ 4천만원 이하의 벌금 ④ 5천만원 이하의 벌금

해설

항공안전법 제144조(감항증명을 받지 아니한 항공기 사용 등의 죄)
다음 각 호의 어느 하나에 해당하는 자는 3년 이하의 징역 또는 5천만원 이하의 벌금에 처한다.

08 항공안전법 제32조제1을 위반하여 정비등을 한 항공기등에 대하여 감항성을 확인받지 아니하고 운항한 자의 처벌은?

① 2년 이하의 징역 또는 3천만원 이하의 벌금
② 2년 이하의 징역 또는 5천만원 이하의 벌금
③ 3년 이하의 징역 또는 3천만원 이하의 벌금
④ 3년 이하의 징역 또는 5천만원 이하의 벌금

해설

항공안전법 제144조(감항증명을 받지 아니한 항공기 사용 등의 죄)
다음 각 호의 어느 하나에 해당하는 자는 3년 이하의 징역 또는 5천만원 이하의 벌금에 처한다.

09 주류 등을 섭취한 후 항공업무에 종사한 경우의 처벌은?

① 2년 이하의 징역 또는 2천만원 이하의 벌금
② 2년 이하의 징역 또는 3천만원 이하의 벌금
③ 3년 이하의 징역 또는 3천만원 이하의 벌금
④ 3년 이하의 징역 또는 4천만원 이하의 벌금

해설

항공안전법 제146조(주류등의 섭취·사용 등의 죄)
다음 각 호의 어느 하나에 해당하는 사람은 3년 이하의 징역 또는 3천만원 이하의 벌금에 처한다.

10 항공종사자 자격증명을 받지 않고 항공업무에 종사한 때의 처벌은?

① 1년 이하의 징역 또는 1천만원 이하의 벌금
② 1년 이하의 징역 또는 2천만원 이하의 벌금
③ 2년 이하의 징역 또는 1천만원 이하의 벌금
④ 2년 이하의 징역 또는 2천만원 이하의 벌금

해설

항공안전법 제148조(무자격자의 항공업무 종사 등의 죄)
다음 각 호의 어느 하나에 해당하는 사람은 2년 이하의 징역 또는 2천만원 이하의 벌금에 처한다.

11 무자격 정비사가 항공기를 정비했을 때의 처벌은?

① 1년 이하의 징역 또는 1천만원 이하의 벌금
② 1년 이하의 징역 또는 2천만원 이하의 벌금
③ 2년 이하의 징역 또는 1천만원 이하의 벌금
④ 2년 이하의 징역 또는 2천만원 이하의 벌금

해설

항공안전법 제148조(무자격자의 항공업무 종사 등의 죄)
다음 각 호의 어느 하나에 해당하는 사람은 2년 이하의 징역 또는 2천만원 이하의 벌금에 처한다.

[정답] 05 ① 06 ② 07 ④ 08 ④ 09 ③ 10 ④ 11 ④

12 과실로 항공기·비행장·공항시설 또는 항행안전시설을 파손한 사람에 대한 처벌은?

① 1년 이하의 징역 또는 1천만원 이하의 벌금
② 2년 이하의 징역 또는 1천만원 이하의 벌금
③ 1년 이하의 징역 또는 2천만원 이하의 벌금
④ 2년 이하의 징역 또는 2천만원 이하의 벌금

해설

항공안전법 제149조(과실에 따른 항공상 위험 발생 등의 죄)

① 과실로 항공기 · 경량항공기 · 초경량비행장치 · 비행장 · 이착륙장 · 공항시설 또는 항행안전시설을 파손하거나, 그 밖의 방법으로 항공상의 위험을 발생시키거나 항행 중인 항공기를 추락 또는 전복시키거나 파괴한 사람은 1년 이하의 징역 또는 1천만원 이하의 벌금에 처한다.
② 업무상 과실 또는 중대한 과실로 제1항의 죄를 지은 경우에는 3년 이하의 징역 또는 5천만원 이하의 벌금에 처한다.

13 항공정비사가 업무상 과실로 항공기를 파손하였을 경우 처벌은?

① 1년 이하의 징역이나 또는 1천만원 이하의 벌금
② 2년 이하의 징역이나 또는 1천만원 이하의 벌금
③ 3년 이하의 징역이나 또는 5천만원 이하의 벌금
④ 2년 이하의 징역이나 또는 2천만원 이하의 벌금

해설

항공안전법 제149조(문제 12번 참조)

14 국적, 등록기호 등의 명칭을 표시하지 않은 항공기 소유자의 죄는?

① 1년 이하의 징역 또는 2천만원 이하의 벌금
② 1년 이하의 징역 또는 3천만원 이하의 벌금
③ 2년 이하의 징역 또는 2천만원 이하의 벌금
④ 1년 이하의 징역 또는 5천만원 이하의 벌금

해설

항공안전법 제150조(무표시 등의 죄)

제18조에 따른 표시를 하지 아니하거나 거짓 표시를 한 항공기를 운항한 소유자등은 1년 이하의 징역 또는 1천만원 이하의 벌금에 처한다.

15 승무원의 자격이 없는 자를 항공기에 승무시키거나 항공법에 의하여 승무시켜야 할 항공종사자를 승무시키지 아니한 소유자 등에 대한 처벌은?

① 1년 이하의 징역 또는 1천만원 이하의 벌금
② 1년 이하의 징역 또는 1천만원 이하의 벌금
③ 2년 이하의 징역 또는 2천만원 이하의 벌금
④ 2년 이하의 징역 또는 2천만원 이하의 벌금

해설

항공안전법 제151조(승무원을 승무시키지 아니한 죄)

항공종사자의 자격증명이 없는 사람을 항공기에 승무(乘務)시키거나 이 법에 따라 항공기에 승무시켜야 할 승무원을 승무시키지 아니한 소유자등은 1년 이하의 징역 또는 1천만원 이하의 벌금에 처한다.

16 무자격 계기비행 등의 죄에 대한 처벌은?

① 1천만원 이하의 벌금
② 1천5백만원 이하의 벌금
③ 2천만원 이하의 벌금
④ 2천5백만원 이하의 벌금

해설

항공안전법 제152조(무자격 계기비행 등의 죄)

제44조제1항 · 제2항 또는 제55조를 위반한 자는 2천만원 이하의 벌금에 처한다.

17 기장이 보고의무 등의 위반에 관한 죄를 범했을 때의 처벌은?

① 2년 이하의 징역에 처한다
② 1천만원 이하의 벌금에 처한다
③ 1년 이하의 징역에 처한다
④ 500만원 이하의 벌금에 처한다

해설

항공안전법 제158조(기장 등의 보고의무 등의 위반에 관한 죄)

다음 각 호의 어느 하나에 해당하는 자는 500만원 이하의 벌금에 처한다.

[정답] 12 ③ 13 ③ 14 ① 15 ① 16 ③ 17 ④

18 **검사 또는 출입을 거부, 방해 또는 기피한 자에 대한 죄는?**

① 300만원 이하의 벌금 ② 500만원 이하의 벌금
③ 1천만원 이하의 벌금 ④ 3천만원 이하의 벌금

해설

항공안전법 제163조(검사 거부 등의 죄)

제132조제2항 및 제3항에 따른 검사 또는 출입을 거부 · 방해하거나 기피한 자는 500만원 이하의 벌금에 처한다.

19 **양벌 규정의 적용을 받지 않는 것은?**

① 국적 등의 표시를 아니한 항공기를 항공에 사용한 경우
② 무자격자가 항공업무에 종사한 경우
③ 항공종사자를 승무시키지 아니한 경우
④ 규정에 위반하여 계기비행을 한 경우

해설

항공안전법 제164조(양벌규정)

법인의 대표자나 법인 또는 개인의 대리인, 사용인, 그 밖의 종업원이 그 법인 또는 개인의 업무에 관하여 제144조, 제145조, 제148조, 제150조부터 제154조까지, 제156조, 제157조 및 제159조부터 제163조까지의 어느 하나에 해당하는 위반행위를 하면 그 행위자를 벌하는 외에 그 법인 또는 개인에게도 해당 조문의 벌금형을 과(科)한다. 다만, 법인 또는 개인이 그 위반행위를 방지하기 위하여 해당 업무에 관하여 상당한 주의와 감독을 게을리하지 아니한 경우에는 그러하지 아니하다.

20 **법인 또는 기타 종업원이 업무에 관하여 규정에 위반한 때 처벌이 아닌 것은?**

① 행위자를 벌한다.
② 법인을 벌한다.
③ 법인에게 벌금형을 한다.
④ 개인에게 벌금형을 한다.

해설

항공안전법 제165조(벌칙 적용의 특례)

제144조, 제156조 및 제163조의 벌칙에 관한 규정을 적용할 때 제92조(제106조에서 준용하는 경우를 포함한다) 또는 제95조제4항에 따라 과징금을 부과할 수 있는 행위에 대해서는 국토교통부장관의 고발이 있어야 공소를 제기할 수 있으며, 과징금을 부과한 행위에 대해서는 과태료를 부과할 수 없다.

21 **벌칙 적용의 특례 사항에 대한 설명으로 옳은 것은?**

① 항공운송사업자의 업무 등에 대하여 과징금을 부과할 수 있는 행위는 국토교통부장관의 고발이 있어야 공소를 제기할 수 있다.
② 검사거부 등의 죄에 대하여 과징금을 부과할 수 있는 행위는 국토교통부장관의 고발이 있어야 공소를 제기할 수 있다.
③ 출입을 거부·방해 등의 죄에 대하여 과징금을 부과할 수 있는 행위는 국토교통부장관의 고발이 있어야 공소를 제기할 수 있다.
④ 과징금을 부과한 행위에 대하여는 과태료를 부과할 수 있다.

해설

항공안전법 제165조(문제 20번 참조)

22 **초경량비행장치의 안전성인증을 받지 아니하고 비행한 사람의 과태료는?**

① 500만원 이하 ② 1,000만원 이하
③ 2,000만원 이하 ④ 3,000만원 이하

해설

항공안전법 제166조(과태료)

① 다음 각 호의 어느 하나에 해당하는 자에게는 500만원 이하의 과태료를 부과한다.

2 「항공사업법」

01 **"항공기 취급업"에 속하지 않는 것은?**

① 항공기급유업
② 지상조업사업
③ 항공기하역업
④ 항공기정비업/항공기운송업/화물운송사업

[정답] 18 ② 19 ④ 20 ② 21 ① 22 ① 항공사업법 01 ④

해설

항공사업법 시행규칙 제5조(항공기취급업의 구분)

법 제2조제19호에 따른 항공기취급업은 다음 각 호와 같이 구분한다.

1. 항공기급유업 : 항공기에 연료 및 윤활유를 주유하는 사업
2. 항공기하역업 : 화물이나 수하물(手荷物)을 항공기에 싣거나 항공기에서 내려서 정리하는 사업
3. 지상조업사업 : 항공기 입항 · 출항에 필요한 유도, 항공기 탑재 관리 및 동력 지원, 항공기 운항정보 지원, 승객 및 승무원의 탑승 또는 출입국 관련 업무, 장비 대여 또는 항공기의 청소 등을 하는 사업

02 항공운송사업자가 사업계획으로 업무를 정하거나 변경하려는 경우 국토교통부장관에게 해야 하는 것은? (다만, 국토교통부령으로 정하는 경미한 사항은 제외)

① 인가　　② 신고
③ 등록　　④ 제출

해설

항공사업법 제12조3(사업계획의 변경 등)

③ 항공운송사업자는 제1항에 따른 사업계획을 변경하려면 국토교통부령으로 정하는 바에 따라 국토교통부장관의 인가를 받아야 한다. 다만, 국토교통부령으로 정하는 경미한 사항을 변경하려는 경우에는 국토교통부장관에게 신고하여야 한다.

03 항공기급유업을 등록하기 위하여 필요한 장비는?

① 터그카　　② 서비스카
③ GPU　　④ 스텝카

해설

항공사업법 제44조 시행령 제21조 별표 7 참조

04 외국인 국제항공운송사업의 허가신청서에 첨부하여야 할 서류가 아닌 것은?

① 「국제민간항공조약」 부속서 6에 따라 해당 정부가 발행한 운항증명 및 운영기준
② 최근의 손익계산서와 대차대조표
③ 사업경영 자금의 내역과 조달방법
④ 운항규정 및 정비규정/운송약관과 그 번역본

해설

항공사업법 제54조 시행규칙55조(외국인 국제항공운송사업의 허가 신청)

법 제54조에 따라 외국인 국제항공운송사업을 하려는 자는 운항개시예정일 60일 전까지 별지 제30호서식의 신청서(전자문서로 된 신청서를 포함한다)에 다음 각 호의 서류(전자문서를 포함한다)를 첨부하여 국토교통부장관에게 제출하여야 한다.

1. 자본금과 그 출자자의 국적별 및 국가 · 공공단체 · 법인 · 개인별 출자액의 비율에 관한 명세서
2. 신청인이 신청 당시 경영하고 있는 항공운송사업의 개요를 적은 서류(항공운송사업을 경영하고 있는 경우만 해당한다)
3. 다음 각 목의 사항을 포함한 사업계획서
   가. 노선의 기점 · 기항지 및 종점과 각 지점 간의 거리
   나. 사용 예정 항공기의 수, 각 항공기의 등록부호 · 형식 및 식별부호, 사용 예정 항공기의 등록 · 감항 · 소음 · 보험 증명서
   다. 운항 횟수 및 출발 · 도착 일시
   라. 정비시설 및 운항관리시설의 개요
4. 신청인이 해당 노선에 대하여 본국에서 받은 항공운송사업 면허증 사본 또는 이를 갈음하는 서류
5. 법인의 정관 및 그 번역문(법인인 경우만 해당한다)
6. 최근의 손익계산서와 대차대조표
7. 운송약관 및 그 번역문
8. 「항공안전법 시행규칙」 제279조제1항 각 목의 제출서류
9. 「항공보안법」 제10조제2항에 따른 자체 보안계획서
10. 그 밖에 국토교통부장관이 정하는 사항

05 "외국 항공기의 유상운송허가 신청서"에 기재하여야 할 사항이 아닌 것은?

① 항공기의 국적, 등록부호, 형식 및 식별부호
② 운송을 하려는 취지
③ 여객의 성명 및 국적 또는 화물의 품명 및 수량
④ 목적 비행장 및 총 예상 소요비행시간

해설

항공사업법 제55조 시행규칙56조(외국항공기의 유상운송허가 신청)

법 제55조에 따라 외국 국적을 가진 항공기를 사용하여 유상운송을 하려는 자는 운송 예정일 10일 전까지(국내 및 국외의 재난으로 인한 물자 · 인력의 수송, 국가행사 지원, 긴급수출품 운송 등의 경우에는 운송개시 전까지로 한다) 별지 제31호서식의 신청서에 다음 각 호의 사항을 적은 운항 내용을 첨부하여 국토교통부장관 또는 지방항공청장에게 제출하여야 한다.

1. 항공기의 국적 · 등록부호 · 형식 및 식별부호
2. 기항지를 포함한 항행의 경로 · 일시 및 유상운송 구간
3. 해당 운송을 하려는 취지
4. 기장 · 승무원의 성명과 자격
5. 여객의 성명 및 국적 또는 화물의 품명 및 수량

[정답] 02 ① 03 ② 04 ③ 05 ④

6. 운임 또는 요금의 종류 및 액수
7. 「항공안전법 시행규칙」 제279조제1항제1호 및 제2호의 제출서류(주 1회 이상의 운항 횟수로 4주 이상 운항하는 것을 계획한 경우만 해당한다)
8. 그 밖에 국토교통부장관이 정하는 사항

3 「항공시설법」

01 다음 중에서 비행장의 구분이 잘못된 것은?

① 육상비행장 ② 옥상헬기장
③ 해상구조물헬기장 ④ 육상구조물헬기장

해설

공항시설법 시행령 제2조(비행장의 구분)

「공항시설법」(이하 "법"이라 한다) 제2조제2호에서 "대통령령으로 정하는 것"이란 다음 각 호의 것을 말한다.

1. 육상비행장 2. 육상헬기장
3. 수상비행장 4. 수상헬기장
5. 옥상헬기장 6. 선상(船上)헬기장
7. 해상구조물헬기장

02 다음 중에서 비행장이란?

① 항공기의 이·착륙을 위해 사용되는 육지 또는 수면
② 항공기가 이·착륙하는 활주로와 유도로
③ 항공기를 계류시킬 수 있는 곳
④ 항공기에 승객을 탑승시킬 수 있는 곳

해설

공항시설법 제2조2(정의)

2. "비행장"이란 항공기 · 경량항공기 · 초경량비행장치의 이륙[이수(離水)를 포함한다. 이하 같다]과 착륙[착수(着水)를 포함한다. 이하 같다]을 위하여 사용되는 육지 또는 수면(水面)의 일정한 구역으로서 대통령령으로 정하는 것을 말한다.

03 다음 중에서 "공항"이라 함은?

① 국회에서 그 명칭·위치 및 구역을 법으로 정한 것을 말한다.
② 지방항공청장이 그 명칭·위치 및 구역을 지정고시한 것을 말한다.
③ 국토교통부장관이 그 명칭·위치 및 구역을 지정고시한 것을 말한다.
④ 대통령령으로 그 명칭·위치 및 구역을 지정 고시한 것을 말한다.

해설

공항시설법 제2조3(정의)

3. "공항"이란 공항시설을 갖춘 공공용 비행장으로서 국토교통부장관이 그 명칭 · 위치 및 구역을 지정 · 고시한 것을 말한다.

04 항공기의 이륙·착륙 및 여객·화물의 운송을 위한 시설과 그 부대시설 및 지원시설은?

① 공항시설 ② 공항
③ 비행장 ④ 화물터미널

해설

공항시설법 제2조7(정의)

7. "공항시설"이란 공항구역에 있는 시설과 공항구역 밖에 있는 시설 중 대통령령으로 정하는 시설로서 국토교통부장관이 지정한 다음 각 목의 시설을 말한다.
   가. 항공기의 이륙 · 착륙 및 항행을 위한 시설과 그 부대시설 및 지원시설
   나. 항공 여객 및 화물의 운송을 위한 시설과 그 부대시설 및 지원시설

05 다음 중에서 "공항시설"이 아닌 것은?

① 항공기의 이륙·착륙 및 여객·화물의 운송을 위한 시설
② 항공기의 이륙·착륙 및 여객·화물의 운송을 위한 부대시설
③ 항공기의 이륙·착륙 및 여객·화물의 운송을 위한 지원시설
④ 공항구역 밖에 있는 시설 중 대통령령이 지정하는 시설

해설

공항시설법 제2조7(문제 4번 참조)

[정답] 항공시설법 01 ④ 02 ① 03 ③ 04 ① 05 ④

06 **공항시설법 제2조제7호에서 공항구역 안에 있는 시설과 공항구역 밖에 있는 시설은 누가 지정 하는가?**

① 국토교통부장관이 정하고 국토교통부장관이 지정한다.
② 대통령이 정하고 국토교통부장관이 지정한다.
③ 국토교통부장관이 정하고 지방항공청장이 지정한다.
④ 국회에서 제정하고 대통령이 지정한다.

해설

공항시설법 제2조7(문제 4번 참조)

07 **다음 중에서 공항시설의 구분에서 "기본시설"이 잘못된 것은?**

① 활주로·유도로·계류장·착륙대등 항공기의 이·착륙시설
② 여객터미널·화물터미널 등 여객 및 화물처리시설
③ 항행안전시설, 기상관측시설
④ 공항운영, 관리시설/항공기 급유 시설/공항 이용객 편의시설 및 공항근무자 후생복지 시설/항공기 정비시설

해설

공항시설법 시행령 제3조1(공항시설의 구분)

법 제2조제7호 각 목 외의 부분에서 "대통령령으로 정하는 시설"이란 다음 각 호의 시설을 말한다.

1. 다음 각 목에서 정하는 기본시설
   가. 활주로, 유도로, 계류장, 착륙대 등 항공기의 이착륙시설
   나. 여객터미널, 화물터미널 등 여객시설 및 화물처리시설
   다. 항행안전시설
   라. 관제소, 송수신소, 통신소 등의 통신시설
   마. 기상관측시설
   바. 공항 이용객을 위한 주차시설 및 경비 · 보안시설
   사. 공항 이용객에 대한 홍보시설 및 안내시설

08 **다음 중에서 공항시설의 구분에서 "지원시설"이 잘못된 것은?**

① 항공기 및 지상조업장비의 점검·정비 등을 위한 시설
② 운항관리·의료·교육훈련·소방시설 및 기내식 제조공급 등을 위한 시설
③ 공항의 운영 및 유지·보수를 위한 공항운영·관리시설
④ 관제소·송수신소·통신소 등의 통신시설

해설

공항시설법 시행령 제3조2(공항시설의 구분)

2. 다음 각 목에서 정하는 지원시설
   가. 항공기 및 지상조업장비의 점검 · 정비 등을 위한 시설
   나. 운항관리시설, 의료시설, 교육훈련시설, 소방시설 및 기내식 제조 · 공급 등을 위한 시설
   다. 공항의 운영 및 유지 · 보수를 위한 공항 운영 · 관리시설
   라. 공항 이용객 편의시설 및 공항근무자 후생복지시설
   마. 공항 이용객을 위한 업무 · 숙박 · 판매 · 위락 · 운동 · 전시 및 관람집회 시설
   바. 공항교통시설 및 조경시설, 방음벽, 공해배출 방지시설 등 환경보호시설
   사. 공항과 관련된 상하수도 시설 및 전력 · 통신 · 냉난방 시설
   아. 항공기 급유시설 및 유류의 저장 · 관리 시설
   자. 항공화물을 보관하기 위한 창고시설
   차. 공항의 운영 · 관리와 항공운송사업 및 이와 관련된 사업에 필요한 건축물에 부속되는 시설
   카. 공항과 관련된 「신에너지 및 재생에너지 개발 · 이용 · 보급 촉진법」 제2조제3호에 따른 신에너지 및 재생에너지 설비

09 **다음 중에서 "공항시설"이 아닌 것은?**

① 도심공항터미널
② 헬기장 안에 있는 여객·화물처리시설 및 운항지원시설
③ 지방항공청장이 지정·고시하는 시설
④ 국토교통부장관이 공항의 운영 및 관리에 필요하다고 인정하는 시설

해설

공항시설법 시행령 제3조(문제 7, 8번 참조)

10 **다음 중에서 대통령령으로 정하는 공항의 시설 중 "지원시설"은?**

① 도심공항터미널 ② 화물처리시설
③ 기상관측시설 ④ 항공기 급유시설

해설

공항시설법 시행령 제3조(문제 8번 참조)

[정답] 06 ② 07 ④ 08 ④ 09 ③ 10 ④

11 수평표면의 원호 중심은 활주로 중심선 끝으로부터 몇 [m] 연장된 지점에 있는가?

① 50[m] ② 60[m]
③ 80[m] ④ 100[m]

해설

공항시설법 제2조14 시행령 제5조 시행규칙 제4조 별표 2의 나

나. 수평표면(비행장 및 그 주변의 위쪽에 수평한 평면을 말한다. 이하 같다)
1) 수평표면의 원호 중심은 다음과 같다.
가) 육상비행장에서는 활주로 중심선 끝에서 60[m] 연장한 지점
나) 수상비행장에서는 착륙대 중심선 끝 지점
다) 비계기접근 또는 비정밀접근에 사용되는 육상헬기장, 옥상헬기장, 선상헬기장 및 수상헬기장에서는 착륙대 중심선의 끝 지점

12 공항시설법이 정하는 항행안전시설이 아닌 것은?

① 항행안전무선시설 ② 항공등화
③ 항공정보통신시설 ④ 항공장애 주간표지

해설

공항시설법 시행규칙 제5조(항행안전시설)

법 제2조제15호에서 "국토교통부령으로 정하는 시설"이란 다음 항공등화, 항행안전무선시설 및 항공정보통신시설을 말한다.

13 다음 중에서 "항행안전시설"이 아닌 것은?

① 유선통신·무선통신에 의해 항공기의 항행을 돕기 위한 시설
② 불빛·색채에 의하여 항공기의 항행을 돕기 위한 시설
③ 항공기의 항행을 돕기 위한 시설로서 국토교통부장관이 정하는 시설
④ 형상에 의하여 항공기의 항행을 돕기 위한 시설

해설

공항시설법 제2조15(정의)

15. "항행안전시설"이란 유선통신, 무선통신, 인공위성, 불빛, 색채 또는 전파(電波)를 이용하여 항공기의 항행을 돕기 위한 시설로서 국토교통부령으로 정하는 시설을 말한다.

14 다음 중에서 항행안전무선시설이 아닌 것은?

① 무지향표지시설(NDB)
② 전방향표지시설(VOR)
③ 거리측정시설(DME)
④ 자동방향탐지시설(ADF)

해설

공항시설법 시행규칙 제7조(항행안전무선시설)

법 제2조제17호에서 "국토교통부령으로 정하는 시설"이란 다음 각 호의 시설을 말한다.
1. 거리측정시설(DME)
2. 계기착륙시설(ILS/MLS/TLS)
3. 다변측정감시시설(MLAT)
4. 레이더시설(ASR/ARSR/SSR/ARTS/ASDE/PAR)
5. 무지향표지시설(NDB)
6. 범용접속데이터통신시설(UAT)
7. 위성항법감시시설(GNSS Monitoring System)
8. 위성항법시설(GNSS/SBAS/GRAS/GBAS)
9. 자동종속감시시설(ADS, ADS-B, ADS-C)
10. 전방향표지시설(VOR)
11. 전술항행표지시설(TACAN)

15 다음 중에서 항공이동통신시설이 아닌 것은?

① 단거리이동통신시설(VHF/UHF Radio)
② 단파이동통신시설(HF Radio)
③ 초단파디지털이동통신시설(VDL)
④ 항공종합통신망(ATN)

해설

공항시설법 시행규칙 제8조2(항공정보통신시설)

2. 항공이동통신시설
가. 관제사 · 조종사간데이터링크 통신시설(CPDLC)
나. 단거리이동통신시설(VHF/UHF Radio)
다. 단파데이터이동통신시설(HFDL)
라. 단파이동통신시설(HF Radio)
마. 모드 S 데이터통신시설
바. 음성통신제어시설(VCCS, 항공직통전화시설 및 녹음시설을 포함한다)
사. 초단파디지털이동통신시설(VDL, 항공기출발허가시설 및 디지털공항정보방송시설을 포함한다)
아. 항공이동위성통신시설[AMS(R)S]

[정답] 11 ② 12 ④ 13 ③ 14 ④ 15 ④

16 **다음 중에서 항공장애 표시등 및 항공장애 주간표지 설치는?**

① 50[m] 이상 ② 60[m] 이상
③ 80[m] 이상 ④ 100[m] 이상

해설

공항시설법 제36조2(항공장애 표시등의 설치 등)

② 장애물 제한표면 밖의 지역에서 지표면이나 수면으로부터 높이가 60[m] 이상 되는 구조물을 설치하는 자는 제1항에 따른 표시등 및 표지의 설치 위치 및 방법 등에 따라 표시등 및 표지를 설치하여야 한다. 다만, 구조물의 높이가 표시등이 설치된 구조물과 같거나 낮은 구조물 등 국토교통부령으로 정하는 구조물은 그러하지 아니하다.

17 **항행안전시설 휴지 등을 고시할 때 고시하여야 할 사항이 아닌 것은?**

① 설치자 성명 및 주소
② 항행안전시설 종류 및 명칭
③ 휴지의 경우 휴지기간
④ 폐지 또는 재개의 경우 그 개시일

해설

공항시설법 제49조 시행규칙 제41조3(항행안전시설 사용의 휴지 · 폐지 · 재개)

③ 법 제49조제3항에 따른 항행안전시설 사용의 휴지 · 폐지 · 재개 고시는 다음 각 호의 사항을 고시하는 것으로 한다.
1. 항행안전시설의 종류 및 명칭
2. 설치자의 성명 및 주소
3. 항행안전시설의 위치와 소재지
4. 휴지의 경우에는 휴지 개시일과 그 기간
5. 폐지 또는 재개의 경우에는 그 예정일

18 **다음 중에서 공항시설법이 정하는 금지행위가 아닌 것은?**

① 국토교통부장관 허가 없이 착륙대에 출입해서는 아니 된다.
② 국토교통부장관 허가 없이 유도로에 출입해서는 아니 된다.
③ 국토교통부장관 허가 없이 격납고(格納庫)에 출입해서는 아니 된다.
④ 국토교통부장관 허가 없이 정비시설에 출입해서는 아니 된다.

해설

공항시설법 제56조1(금지행위)

① 누구든지 국토교통부장관, 사업시행자등 또는 항행안전시설설치자등의 허가 없이 착륙대, 유도로(誘導路), 계류장(繫留場), 격납고(格納庫) 또는 항행안전시설이 설치된 지역에 출입해서는 아니 된다.

19 **다음 중에서 공항시설법이 정하는 금지행위가 아닌 것은?**

① 국토교통부령으로 정하는 공항시설을 파손하여서는 아니 된다.
② 항공기를 향하여 위험을 일으킬 우려가 있는 행위를 하여서는 아니 된다.
③ 지방청장의 허락하에 상품 및 서비스의 구매 등의 행위를 하여서는 아니 된다.
④ 시설을 무단으로 점유하는 행위를 하여서는 아니 된다.

해설

공항시설법 제56조2～5(금지행위)

② 누구든지 활주로, 유도로 등 그 밖에 국토교통부령으로 정하는 공항시설 · 비행장시설 또는 항행안전시설을 파손하거나 이들의 기능을 해칠 우려가 있는 행위를 해서는 아니 된다.
③ 누구든지 항공기, 경량항공기 또는 초경량비행장치를 향하여 물건을 던지거나 그 밖에 항행에 위험을 일으킬 우려가 있는 행위를 해서는 아니 된다.
④ 누구든지 항행안전시설과 유사한 기능을 가진 시설을 항공기 항행을 지원할 목적으로 설치 · 운영해서는 아니 된다.
⑤ 항공기와 조류의 충돌을 예방하기 위하여 누구든지 항공기가 이륙 · 착륙하는 방향의 공항 또는 비행장 주변지역 등 국토교통부령으로 정하는 범위에서 공항 주변에 새들을 유인할 가능성이 있는 오물처리장 등 국토교통부령으로 정하는 환경을 만들거나 시설을 설치해서는 아니 된다.

20 **공항시설법이 정하는 비행장의 출입금지구역으로 맞는 것은?**

① 착륙대, 유도로, 계류장, 격납고, 항행안전시설지역
② 활주로, 유도로, 급유시설, 항행안전시설지역
③ 착륙대, 유도로, 관제탑, 항행안전시설지역
④ 착륙대, 운항실, 격납고, 급유시설, 항행안전시설

[정답] 16② 17④ 18④ 19③ 20①

해설

문제 18번 해설 참조

21 다음 중에서 항행에 위험을 일으킬 우려가 있는 행위가 아닌 것은?

① 착륙대, 유도로 또는 계류장에 금속편·직물 또는 그 밖의 물건을 방치하는 행위
② 흡연을 금지한 장소에서 화기를 사용하거나 흡연을 하는 행위
③ 운항 중인 항공기에 장애가 되는 방식으로 항공기나 차량 등을 운행하는 행위
④ 국토부장관의 승인 없이 불꽃놀이를 하는 행위

해설

공항시설법 제56조 시행규칙 제47조2(금지행위 등)

② 법 제56조제3항에 따른 항행에 위험을 일으킬 우려가 있는 행위는 다음 각 호와 같다.
1. 착륙대, 유도로 또는 계류장에 금속편 · 직물 또는 그 밖의 물건을 방치하는 행위
2. 착륙대 · 유도로 · 계류장 · 격납고 및 사업시행자등이 화기 사용 또는 흡연을 금지한 장소에서 화기를 사용하거나 흡연을 하는 행위
3. 운항 중인 항공기에 장애가 되는 방식으로 항공기나 차량 등을 운행하는 행위
4. 지방항공청장의 승인 없이 레이저광선을 방사하는 행위
5. 지방항공청장의 승인 없이 「항공안전법」 제78조제1항제1호에 따른 관제권에서 불꽃 또는 그 밖의 물건(「총포 · 도검 · 화약류 등의 안전관리에 관한 법률 시행규칙」 제4조에 따른 장난감용 꽃불류는 제외한다)을 발사하거나 풍등(風燈)을 날리는 행위
6. 그 밖에 항행의 위험을 일으킬 우려가 있는 행위

22 국토교통부장관이 항공기 항행의 안전을 확보하기 위한 보호공역 설정 사항이 아닌 것은?

① 레이저광선 금지공역 ② 레이저광선 제한공역
③ 레이저광선 위험공역 ④ 레이저광선 민감공역

해설

공항시설법 제56조 시행규칙 제47조3(금지행위 등)

③ 국토교통부장관은 제2항제4호에 따른 레이저광선의 방사로부터 항공기 항행의 안전을 확보하기 위하여 다음 각 호의 보호공역을 비행장 주위에 설정하여야 한다.
1. 레이저광선 제한공역
2. 레이저광선 위험공역
3. 레이저광선 민감공역

23 다음 중에서 항공안전 확보 등을 위하여 금지되는 행위가 아닌 것은?

① 표찰, 표시, 화단을 훼손 또는 오손하는 행위
② 공항의 시설 또는 주차장의 차량을 훼손 또는 오손하는 행위
③ 지정한 장소에 쓰레기, 그 밖에 물건을 버리는 행위
④ 공항관리·운영기관의 승인을 얻지 아니하고 불을 피우는 행위

해설

공항시설법 제56조

① 누구든지 국토교통부장관, 사업시행자등 또는 항행안전시설설치자등의 허가 없이 착륙대, 유도로(誘導路), 계류장(繫留場), 격납고(格納庫) 또는 항행안전시설이 설치된 지역에 출입해서는 아니 된다.
② 누구든지 활주로, 유도로 등 그 밖에 국토교통부령으로 정하는 공항시설 · 비행장시설 또는 항행안전시설을 파손하거나 이들의 기능을 해칠 우려가 있는 행위를 해서는 아니 된다.
③ 누구든지 항공기, 경량항공기 또는 초경량비행장치를 향하여 물건을 던지거나 그 밖에 항행에 위험을 일으킬 우려가 있는 행위를 해서는 아니 된다.
④ 누구든지 항행안전시설과 유사한 기능을 가진 시설을 항공기 항행을 지원할 목적으로 설치 · 운영해서는 아니 된다.
⑤ 항공기와 조류의 충돌을 예방하기 위하여 누구든지 항공기가 이륙 · 착륙하는 방향의 공항 또는 비행장 주변지역 등 국토교통부령으로 정하는 범위에서 공항 주변에 새들을 유인할 가능성이 있는 오물처리장 등 국토교통부령으로 정하는 환경을 만들거나 시설을 설치해서는 아니 된다.
⑥ 누구든지 국토교통부장관, 사업시행자등, 항행안전시설설치자등 또는 이착륙장을 설치 · 관리하는 자의 승인 없이 해당 시설에서 다음 각 호의 어느 하나에 해당하는 행위를 해서는 아니 된다.
1. 영업행위
2. 시설을 무단으로 점유하는 행위
3. 상품 및 서비스의 구매를 강요하거나 영업을 목적으로 손님을 부르는 행위
4. 그 밖에 제1호부터 제3호까지의 행위에 준하는 행위로서 해당 시설의 이용이나 운영에 현저하게 지장을 주는 대통령령으로 정하는 행위
⑦ 국토교통부장관, 사업시행자등, 항행안전시설설치자등, 이착륙장을 설치 · 관리하는 자, 국가경찰공무원(의무경찰을 포함한다) 또는 자치경찰공무원은 제6항을 위반하는 자의 행위를 제지(制止)하거나 퇴거(退去)를 명할 수 있다.

[정답] 21 ④ 22 ① 23 ③

24 **다음 중에서 항공안전 확보 등을 위하여 금지되는 행위가 아닌 것은?**

① 휘발성액체를 사용하는 행위
② 특별히 정한 구역 이외의 장소에 가연성의 액체가스를 보관하는 행위
③ 흡연이 금지된 장소에서 담배피우는 행위
④ 공항관리·운영기관이 승인할 경우에 일정한 용기에 넣어 항공기내에 보관하는 행위

해설

공항시설법 제56조(문제 23번 참조)

25 **다음 중에서 항공안전 확보 등을 위하여 금지되는 행위는?**

① 급유 또는 배유작업 중의 항공기로부터 30[m] 이내의 장소에서 담배피우는 행위
② 시운전중의 항공기로부터 30[m] 이내의 장소에 들어가는 행위
③ 작업에 종사하는 자가 급유 또는 배유작업, 정비 장소에 들어가는 행위
④ 공항관리·운영기관이 정하는 조건을 구비한 건물 내에 내화작업을 행하는 행위

해설

공항시설법 제56조(문제 23번 참조)

26 **다음 중에서 항공안전 확보 등을 위하여 금지되는 행위는?**

① 격납고, 그 밖에 건물의 마루를 청소하는 경우에 휘발성 가연물을 사용하는 행위
② 허가 없이 기름이 묻은 걸레를 보관용기에 버리는 행위
③ 폐기물에 의하여 부식되거나 파손되지 아니하는 재질로 된 보관시설 이외에 버리는 행위
④ 공항시설에서 질서를 문란하게 하거나 타인에게 폐가 미칠 행위를 하는 행위

해설

공항시설법 제56조(문제 23번 참조)

4 「항공·철도사고조사에 관한 법률」

01 **다음 중에서 항공철도사고조사에 관한 법률의 목적은?**

① 사고 등의 예방과 안전 확보
② 항공사고를 발생시킨 자의 행정 처분
③ 항공시설의 설치와 관리를 효율화
④ 항공기 항행의 안전을 도모

해설

항공·철도사고조사에 관한 법률 제1조(목적)
이 법은 항공 · 철도사고조사위원회를 설치하여 항공사고 및 철도사고 등에 대한 독립적이고 공정한 조사를 통하여 사고 원인을 정확하게 규명함으로써 항공사고 및 철도사고 등의 예방과 안전 확보에 이바지함을 목적으로 한다.

02 **다음 중에서 사고조사 위원회의 목적이 아닌 것은?**

① 사고원인의 규명
② 항공기 항행의 안전 확보
③ 항공사고의 예방
④ 사고 항공기에 대한 고장 탐구

해설

항공·철도사고조사에 관한 법률 제1조(문제 1번 참조)

03 **다음 중에서 "항공사고"가 아닌 것은?**

① 항공기의 중대한 손상·파손 또는 구조상의 고장
② 경량항공기의 추락·충돌 또는 화재 발생
③ 초경량비행장치의 추락·충돌 또는 화재 발생
④ 조종사가 연료 부족으로 비상선언을 한 경우

해설

[정답] 24 ④ 25 ③ 26 ② 항공·철도사고조사에 관한 법률 01 ① 02 ④ 03 ④

항공철도사고조사에 관한 법률 제2조1 항공안전법 제2조6~8

1. "항공사고"란 「항공안전법」 제2조제6호에 따른 항공기사고, 같은 조 제7호에 따른 경량항공기사고 및 같은 조 제8호에 따른 초경량비행장치사고를 말한다.

04 항공·철도사고조사 등에 대한 사고조사에 관한 적용 사항이 아닌 것은?

① 사람이 사망 또는 행방불명된 경우
② 대한민국 영역 안에시 발생한 항공사고 등
③ 대한민국 영역 안에서 발생한 철도사고 등
④ 「국제민간항공조약」에 의하여 대한민국을 관할권으로 하는 항공사고 등

해설

항공·철도사고조사에 관한 법률 제3조1(적용범위 등)

① 이 법은 다음 각 호의 어느 하나에 해당하는 항공 · 철도사고등에 대한 사고조사에 관하여 적용한다.
1. 대한민국 영역 안에서 발생한 항공 · 철도사고등
2. 대한민국 영역 밖에서 발생한 항공사고등으로서 「국제민간항공조약」에 의하여 대한민국을 관할권으로 하는 항공사고등

05 국가기관 등 항공기에 대한 항공·철도 사고조사에 관한 법률을 적용하지 않는 경우는?

① 사람이 사망 또는 행방불명된 경우
② 수리·개조가 불가능하게 파손된 경우
③ 항공기의 중대한 손상·파손 또는 구조상의 고장의 경우
④ 위치를 확인할 수 없거나 접근이 불가능한 경우

해설

항공·철도사고조사에 관한 법률 제3조2(적용범위 등)

② 제1항의 규정에 불구하고 「항공안전법」 제2조제4호에 따른 국가기관등항공기에 대한 항공사고조사에 있어서는 다음 각 호의 어느 하나에 해당하는 경우 외에는 이 법을 적용하지 아니한다.
1. 사람이 사망 또는 행방불명된 경우
2. 국가기관등항공기의 수리 · 개조가 불가능하게 파손된 경우
3. 국가기관등항공기의 위치를 확인할 수 없거나 국가기관등항공기에 접근이 불가능한 경우

06 항공·철도사고조사위원회에 대한 설명이 아닌 것은?

① 항공·철도사고 등의 원인 규명과 예방을 위한 사고조사를 독립적으로 수행
② 국토교통부에 항공·철도사고조사위원회를 둔다.
③ 국토교통부장관은 일반적인 행정사항에 대하여는 위원회를 지휘·감독한다.
④ 국토교통부장관은 사고조사에 대하여는 관여한다.

해설

항공·철도사고조사에 관한 법률 제4조(항공 · 철도사고조사위원회의 설치)

① 항공 · 철도사고등의 원인규명과 예방을 위한 사고조사를 독립적으로 수행하기 위하여 국토교통부에 항공 · 철도사고조사위원회(이하 "위원회"라 한다)를 둔다.
② 국토교통부장관은 일반적인 행정사항에 대하여는 위원회를 지휘 · 감독하되, 사고조사에 대하여는 관여하지 못한다.

07 다음 중에서 항공사고조사위원회는 어디에 설치되어 있는가?

① 국무총리실 ② 국토교통부
③ 서울지방항공청 ④ 재난 안전대책본부

해설

항공·철도사고조사에 관한 법률 제4조(문제 6번 참조)

08 다음 중에서 항공철도사고조사위원회의 수행업무가 아닌 것은?

① 사고조사
② 제26조의 규정에 의한 안전권고
③ 사고조사에 필요한 조사·연구
④ 사고조사 관련연구 및 교육

해설

항공·철도사고조사에 관한 법률 제5조(위원회의 업무)

위원회는 다음 각 호의 업무를 수행한다.
1. 사고조사
2. 제25조의 규정에 의한 사고조사보고서의 작성 · 의결 및 공표
3. 제26조의 규정에 의한 안전권고 등
4. 사고조사에 필요한 조사 · 연구
5. 사고조사 관련 연구 · 교육기관의 지정
6. 그 밖에 항공사고조사에 관하여 규정하고 있는 「국제민간항공조약」 및 동 조약부속서에서 정한 사항

[정답] 04 ① 05 ③ 06 ④ 07 ② 08 ④

09 다음 중에서 사고조사위원회에 대한 설명이 잘못된 것은?

① 사고조사단의 구성, 운영에 관하여 필요한 사항은 대통령령으로 정한다.
② 위원의 임기는 5년이다.
③ 12명 이내의 위원으로 구성되어 있다.
④ 위원은 직무와 관련하여 독립된 권한을 행사한다.

해설

- **항공·철도사고조사에 관한 법률 제6조(위원회의 구성)**
  ① 위원회는 위원장 1인을 포함한 12인 이내의 위원으로 구성하되, 위원 중 대통령령이 정하는 수의 위원은 상임으로 한다.
  ② 위원장 및 상임위원은 대통령이 임명하며, 비상임위원은 국토교통부장관이 위촉한다.
  ③ 상임위원의 직급에 관하여는 대통령령으로 정한다.
- **제11조(위원의 임기)**
  위원의 임기는 3년으로 하되, 연임할 수 있다.

10 항공사고와 관계가 있는 물건의 보존, 제출 및 유치를 거부 또는 방해한 자에 대한 처벌은?

① 1년 이하의 징역 또는 2천만원 이하의 벌금
② 2년 이하의 징역 또는 3천만원 이하의 벌금
③ 3년 이하의 징역 또는 3천만원 이하의 벌금
④ 4년 이하의 징역 또는 5천만원 이하의 벌금

해설

항공·철도사고조사에 관한 법률 제35조(사고조사방해의 죄)
다음 각 호의 어느 하나에 해당하는 자는 3년 이하의 징역 또는 3천만원 이하의 벌금에 처한다.
1. 제19조제1항제1호 및 제2호의 규정을 위반하여 항공 · 철도사고 등에 관하여 보고를 하지 아니하거나 허위로 보고를 한 자 또는 정당한 사유없이 자료의 제출을 거부 또는 방해한 자
2. 제19조제1항제3호의 규정을 위반하여 사고현장 및 그 밖에 필요하다고 인정되는 장소의 출입 또는 관계 물건의 검사를 거부 또는 방해한 자
3. 제19조제1항제5호의 규정을 위반하여 관계 물건의 보존 · 제출 및 유치를 거부 또는 방해한 자
4. 제19조제2항의 규정을 위반하여 관계 물건을 정당한 사유 없이 보존하지 아니하거나 이를 이동 · 변경 또는 훼손시킨 자

5 「항공(운항) 기술기준」

01 항공기 기술기준의 형식 증명과 감항증명의 내용이 잘못된 것은?

① 수송용 항공기의 형식증명 신청 유효기간은 5년
② 기타 형식증명 신청 유효기간은 3년
③ 국외에서 감항증명을 받고자 하는 경우 10일전까지 신청
④ 지방항공청장은 표준감항증명서의 유효기간을 1년으로 지정

02 임계엔진이라 함은 해당 엔진이 정지하였을 때 어떤 영향이 있는가?

① 항공기의 성능 또는 조종특성이 있는 발동기
② 항공기의 성능 또는 조종특성에 가장 심각한 영향을 미치는 발동기
③ 항공기의 성능 또는 조종특성에 가장 심각한 영향을 미치지 않는 발동기
④ 항공기의 성능 또는 조종특성이 없는 발동기

해설

임계엔진(Critical Engine)
어느 하나의 엔진이 고장난 경우 항공기의 성능 또는 조종특성에 가장 심각하게 영향을 미치는 엔진을 말한다.

주 일부 항공기에는 하나 이상의 동일한 임계엔진이 있을 수 있으며, 이 경우 '임계엔진'은 이러한 임계엔진들 중 어느 하나를 의미한다.

03 승무원 및 승객의 설계단위중량은 얼마인가?

① 67[kg/인] ② 72[kg/인]
③ 77[kg/인] ④ 80[kg/인]

해설

설계단위질량(Design unit mass)
구조설계에 있어 사용하는 단위질량으로 활공기의 경우를 제외하고는 다음과 같다.
① 연료 0.72[kg/l](6 [lb/gal]) 다만, 가솔린 이외의 연료에 있어서는 그 연료에 상응하는 단위중량으로 한다.
② 윤활유 0.9[kg/l](7.5 [lb/gal])
③ 승무원 및 승객 77[kg/인](170[lb/인])

[정답] 09 ② 10 ③ 항공(운항) 기술기준 01 ③ 02 ② 03 ③

04 설계단위중량 중 틀린 것은?

① 연료 0.62[kg/ℓ]　　② 윤활유 0.9[kg/ℓ]
③ 승무원 77[kg/인]　　④ 승객 77[kg/인]

해설

문제3번 해설 참조

05 안전벨트 또는 박대는 착용자의 중량을 얼마로 산정하는가?

① 150[lbs]　　② 160[lbs]
③ 170[lbs]　　④ 180[lbs]

해설

안전벨트 또는 박대는 착용자의 중량의 170[lbs]로 산정

06 감항분류 기호 중 비행기 U(실용)의 최대인가 이륙중량은?

① 2,740[kg] 이하　　② 5,670[kg] 이하
③ 7,520[kg] 이하　　④ 15,170[kg] 이하

해설

비행기의 감항분류(항공기 기술기준 참조)

항공기종류	감항분류	기호	내 용
비행기	보통	N	조종사 좌석을 제외한 좌석이 9인승 이하이고 최대인가 이륙중량이 5,670[kg](12,500[lb]) 이하이며 곡기비행을 하지 않도록 설계된 비행기
	실용	U	조종사 좌석을 제외한 좌석이 9인승 이하이고 최대인가 이륙중량이 5,670[kg](12,500[lb]) 이하이며 제한된 곡예비행을 할 수 있게 설계된 비행기
	곡예	A	조종사 좌석을 제외한 좌석이 9인승 이하이고 최대인가 이륙중량이 5,670[kg](12,500[lb]) 이하로서, 요구되는 비행시험결과 제한이 필요하다고 입증된 경우를 제외하고는 제한사항 없이 사용하도록 설계된 비행기
	커뮤터	C	조종사 좌석을 제외한 좌석이 19인승 이하이며, 최대인가 이륙중량이 8,618[kg](19,000[lb]) 이하인 다발 프로펠러 비행기
	수송	T	최대중량이 5,700[kg]을 초과하는 수송류 비행기

07 다음 중 비행기의 감항분류에 해당되지 않는 것은?

① U　　② T
③ N　　④ X

해설

문제6번 해설 참조

08 비행기의 감항분류에 해당되는 것은?

① 보통, 실용, 곡기, 커뮤터, 수송
② 보통, 특수, 곡기, 커뮤터, 수송
③ 보통, 실용, 특수, 커뮤터, 수송
④ 보통, 실용, 곡기, 커뮤터, 특수

해설

문제6번 해설 참조

09 비행기의 감항분류와 그 기호가 잘못 연결된 것은?

① 수송 : T　　② 곡기 : A
③ 보통 : N　　④ 실용 : C/곡기 : K

해설

문제6번 해설 참조

10 비행기의 감항분류 기호 U(Utility)는?

① 최대인가 이륙중량 5,670[kg] 이하이며 곡기비행을 하지 않도록 설계된 비행기
② 최대인가 이륙중량 5,670[kg] 이하 비행기
③ 최대인가 이륙중량 5,670[kg] 이하이며 제한된 곡기비행을 할 수 있게 설계된 비행기
④ 최대인가 이륙중량 5,700[kg]을 초과하는 수송류 비행기

해설

문제6번 해설 참조

[정답] 04 ① 05 ③ 06 ② 07 ④ 08 ① 09 ④ 10 ③

11 헬리콥터의 감항분류에 속하지 않는 것은?

① N　　② TA
③ TB　　④ U

해설

회전익 항공기 감항분류(항공기 기술기준 참조)

항공기종류	감항분류	기호	내 용
헬리콥터	보통	N	최대중량이 보통 3,175kg(7,000Ib) 이하이며, 탑승자가 9인 이하의 회전익항공기
	수송	TA	최대중량이 9,071kg(20,000Ib)를 초과하고 승객좌석수가 10개 이상인 회전익 항공기는 수송 TA급에 대한 형식증명을 받아야한다.
	수송	TB	최대중량이 9,071kg(20,000Ib)이하이고 승객좌석수가 9개 이하인 회전익항공기는 수송 TB급에 대한 형식증명을 받을 수 있다.

12 MTOW이 3,100[kg](7,000[lbs]) 이하인 헬리콥터의 감항분류는?

① TA　　② TB
③ N　　④ U

해설

문제11번 해설 참조

13 헬리콥터의 감항분류 기호를 잘못 설명한 것은?

① 감항분류 보통기호 N은 최대중량 3,100[kg](7,000[lb]) 이하이며, 탑승자가 9인 이하의 헬리콥터
② 감항분류 수송기호 TA는 최대중량이 9,000[kg](20,000[lb])를 초과하고, 승객 좌석수가 10개 이상인 헬리콥터는 수송 TA급에 대한 형식증명을 받아야 한다.
③ 감항분류 수송기호 TB는 최대중량이 9,000[kg](20,000 [lb]) 이하이고, 승객 좌석수가 9개 이하인 헬리콥터는 수송 TB급에 대한 형식증명을 받을 수 있다.
④ 감항분류 수송기호 U는 조종사 좌석을 제외한 좌석이 9인승 이하이고, 최대인가 이륙중량이 5,670[kg](12,500 [lb]) 이하이며, 제한된 곡기비행을 할 수 있게 설계된 비행기

해설

문제11번 해설 참조

14 비상 탈출구의 게시판 및 그 조작위치는 무슨 색으로 도색하는가?

① 백색　　② 녹색
③ 적색　　④ 황색

해설

비상탈출구의 조작 및 위치 설명은 적색으로 표시한다.

15 우리나라 국적기호 HL은 어떻게 선정되었는가?

① 국제전기통신조약에 의해 ICAO가 선정한 것이다.
② 국제전기통신조약에 의해 국토교통부가 선정한 것이다.
③ 국제전기통신조약에 의해 무선국의 호출부호 중에서 선정한 것이다.
④ 국제전기통신조약에 의해 IATA에 통보한 것이다.

해설

국제전기통신조약에 의하여 각국에 할당된 무선국의 호출부호 중에서 우리나라의 국적기호를 "HL"로 선정한 것이다.

16 최소장비목록(MEL)의 제정권자는?

① 항공기 제작사　　② 전문검사기관
③ 국토교통부장관　　④ 지방항공청장

해설

최소장비목록(MEL)의 제정권자는 항공기 제작사이다.

[정답] 11 ④ 12 ③ 13 ④ 14 ③ 15 ③ 16 ①

Aircraft Maintenance

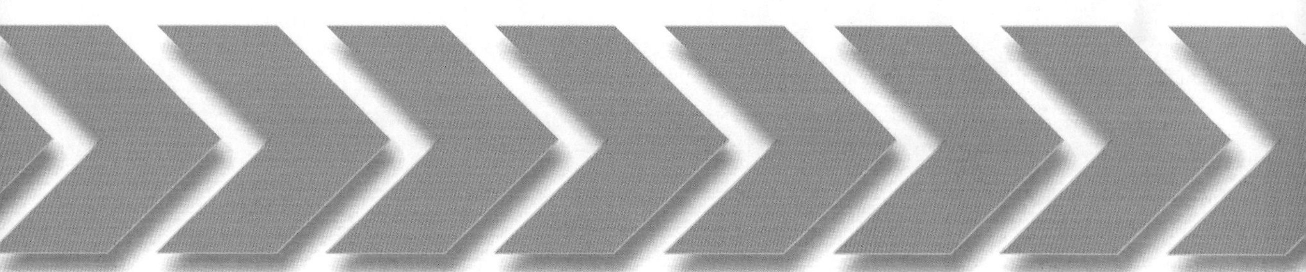

Aircraft Maintenance

제2편 항공기 정비일반

제1장 항공역학(Aerodynamics)

제2장 항공기 도면(Aircraft Drawings)

제3장 항공기 중량 및 평형관리
(Aircraft Weight)

- 기출 및 예상문제 상세해설
(역학, 도면, 중량)

제4장 항공인적요인관리(Human Factors)

- 기출 및 예상문제 상세해설
(항공인적요인 관리)

제1장 항공역학(Aerodynamics)

AIRPLANE
AIRCRAFT
MANAGEMENT

1 서론(Introduction)

항공기의 제작, 작동, 수리에 직접적으로 관련된 분야는 항공역학, 항공기 조립 그리고 항공기 리깅(Aircraft Rigging)이다. 각 분야는 궁극적으로 항공기가 비행을 위해 무엇이 필요한지 과학적이고 물리적인 이해를 돕기 위해 연구된다. 항공역학을 통해 항공기 비행의 원리를 이해할 수 있다.

항공역학은 움직이는 물체와 대기 사이의 상호 작용을 연구하는 동역학 분야이다. 즉, 항공기는 대기상태의 변화에 따라 영향을 받아 대기 공간을 운동하는 물체로 정의한다. 공기가 흐를 때 물체 주위의 공기 흐름은 배의 뱃머리를 지나가는 물의 유동과 유사하다. 물과 공기의 주요 차이점은 공기는 압축성이고, 물은 비압축성이다. 구조물에 공기흐름의 작용은 항공역학 연구의 중요한 부분이다. 방향타(Rudder), 선체(Hull), 수선(Water line), 킬빔(Keel beam)과 같은 일반적인 항공기 용어는 선박 용어에서 가져왔다.

2 대기(Atmosphere)

비행의 기본법칙을 고찰하기 전에, 항공기는 공기 안에서 작동되는 것을 인지해야 한다. 따라서 항공기의 제어와 성능에 영향을 미치는 공기의 특성에 대해 이해해야 한다.

지구의 대기에 있는 공기는 주로 질소와 산소로 구성되어 있다. 공기는 흐르는 능력이 있으며, 그것이 담겨진 용기의 모양을 취하는 능력을 갖는 물질이기 때문에 유체로 분석된다. 만약 용기가 가열된다면 압력은 증가하고, 만약 냉각된다면 압력은 감소한다.

공기의 무게는 해수면을 기준으로 위쪽의 모든 공기가 누르는 압력이다. 이 압력을 대기압이라 한다.

대기권의 구조는 대류권, 성층권, 중간권, 열권, 극외권으로 구성되어 있다. 대류권과 성층권의 경계면을 대류권계면이라고 하며, 이 영역에서 제트기류가 존재하고 대기가 안정되며 구름이 없고 기온이 낮아 항공기의 순항고도로 적합하다.

1. 압력(Pressure)

대기압은 보통 그 표면 위쪽에 공기의 무게로서 지표면에 대하여 가해진 힘으로 정의한다. 무게는 압력으로 어떤 면적에 가해진 힘이다. 힘(F)은 면적(A) 곱하기 압력(P)으로 $F=AP$와 같다. 따라서 압력의 양은 힘을 면적으로 나눈 값이다. 즉, $P=F/A$이다. 해수면에서 대기의 최상부까지 뻗어있는 공기의 기둥, 1[inch^2]은 약 14.7[lb] 무게이다. 따라서 대기압은 pounds per square inch[psi]로 나타낸다. 그러므로 해수면에서 대기압은 14.7[psi]이다.

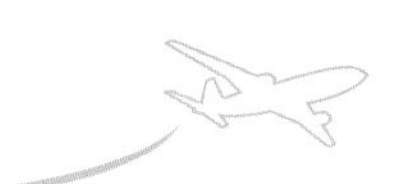

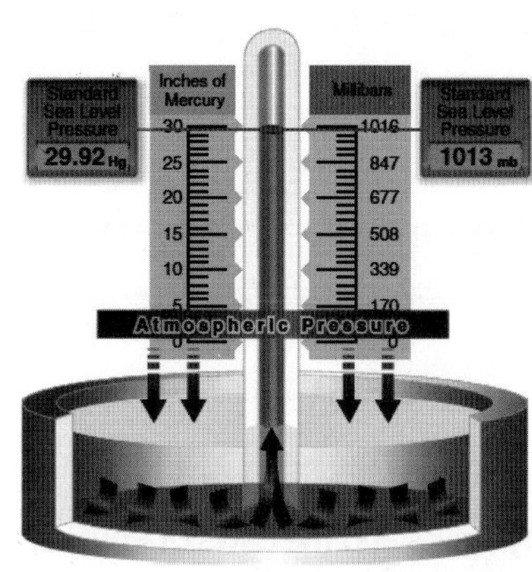

[그림 2-1 표준 해수면 압력]

그림 2-1에서 보는 것과 같이, 대기압은 inch of mercury[inHg]로 대기압을 기록하는 튜브에 수은으로 구성된 기압계라고 부르는 계기로 측정된다. 항공용 고도계에서 표준측정과 미국 일기예보에서 단위는 [inHg]로 표기된다. 그러나 일부 미국 이외에서 제작된 항공기 계기는 미터법 단위인 millibar[mb]로 압력을 지시한다. 해수면에서 평균대기압은 14.7[psi]이고, 기압은 29.92[inHg]이며, 미터 측정은 1013.25[mb]이다.
대기압은 고도에 따라 변화하는 성질을 갖고 있다. 해수면으로부터 고도가 높아질수록 압력은 낮아진다.
항공기가 상승할 때 대기압은 떨어지고, 공기의 산소함유량은 감소하며 온도는 떨어진다. 고도의 변화는 양력과 엔진마력 등의 항공기 성능에 영향을 미친다.

2. 밀도(Density)

밀도는 단위 체적당 무게이다. 공기는 가스의 혼합물이므로 압축될 수 있다. 만약 하나의 용기에 있는 공기가 이상적인 용기에 있는 똑같은 양의 공기만큼 압력의 1/2배하에 있다면, 고압의 공기는 저압의 용기에 있는 공기의 2배 무게이다. 고압의 공기는 다른 용기에 있는 공기의 밀집도의 2배이다.
기체의 밀도는 다음 법칙에 따른다.

(1) 밀도는 압력에 비례하여 변한다.
(2) 밀도는 온도에 반비례하여 변한다.

그러므로 고고도에서 공기는 저고도에서 공기보다 밀집도가 낮고, 뜨거운 공기의 질량은 찬 공기의 질량보다 밀집도가 낮다. 밀도의 변화는 동일한 마력을 가지고 있는 항공기의 공력특성에 영향을 준다.
항공기는 밀도가 더 큰 저고도에서보다 밀도가 낮은 고고도에서 더 빨리 비행할 수 있다. 이것은 공기가 단위체적당 공기입자의 수를 분석하여 더 적은 수를 담고 있을 때 항공기에 더 작은 저항을 제공하기 때문이다.

3. 습도(Humidity)

습도는 공기 중에 포함되어 있는 수증기의 양이다. 공기가 수용할 수 있는 수증기의 최대량은 온도에 따라 변한다. 공기의 온도가 높으면 높을수록, 수증기를 더 많이 흡수할 수 있다.

(1) 절대습도(Absolute Humidity)는 공기의 단위체적당 수증기의 무게이다.
(2) 상대습도(Relative Humidity)는 현재 포함한 수증기량과 공기가 최대로 포함할 수 있는 수증기량(포화 수증기량)의 비를 퍼센트[%]로 나타낸다.

온도와 압력을 동일하게 유지한다고 가정하면, 공기의 밀도는 습도에 역으로 변한다. 습기 찬 날에, 공기밀도는 건조한 날보다 더 적은 것이다. 이와 같은 이유로, 항공기는 습기 많은 날에 이륙을 위하여 건조한 날보다 더 긴 활주로를 필요로 한다.

3 항공역학과 물리법칙(Aerodynamics and the Laws of Physics)

에너지 보존법칙은 에너지가 새롭게 만들어지거나 소멸되지 않는다는 것이다. 운동이란 장소 또는 위치를 바꾸는 행위, 또는 그 과정을 말한다. 물체의 운동은 상대적으로 어떤 물체에 대하여 움직이게 되고, 다른 물체에 대하여 정지해 있게 된다. 예를 들어, 200[knot]로 비행하는 항공기에 가만히 앉아있는 사람은 항공기에 대하여 움직이지 않는, 또는 정지한 것이지만, 사람과 항공기는 대기에 대하여 그리고 지표면에 대하여 움직이고 있는 것이다. 공기는 압력을 제외하고 비록 그것이 움직이고 있는 것일지라도, 어떤 힘 또는 동력을 갖지 않는다.
그러나 공기가 움직이고 있을 때, 그것의 힘은 명백한 것이 된다. 정지한 공기에서 이동물체는 그 물체 자신의 운동의 결과로서 공기에 가해진 힘을 갖는다. 물체가 공기에 대하여 움직이고 있거나, 또는 공기가 물체에 대하여 움직이고 있을 때 그 결과는 동일하다. 물체 주위의 공기유동은 공기 또는 물체의 움직임에 의해서 발생하며, 물체주위의 공기 흐름을 상대풍(Relative Wind)이라고 한다.

1. 속도와 가속도(Velocity and Acceleration)

속력(Speed)과 속도(Velocity)란 말은 흔히 같은 말로 쓰이지만, 그 뜻은 다르다. 속도는 시간에 대한 운동의 비율이고, 속력은 시간에 대하여 특정한 방향으로 운동하는 비율이다. 어떤 항공기가 서울에서 출발하여 260[mph]의 평균속도로 10시간을 비행한다. 10시간 후에 이 항공기는 동경이나 방콕을 지나고 있을 수 있으며, 순환비행이라면 다시 서울에 되돌아 올 수도 있다. 만약 이 동일한 항공기가 260[mph]의 속력으로 남서쪽 방향으로 비행했다면, 10시간 후에는 대만에 도착했을 것이다. 단지 운동의 비율은 첫 번째 예에서 나타나고 항공기의 속도를 의미한다. 두 번째 예는 방향을 포함하고 있으므로 속력의 예이다.
가속(Acceleration)이란 속력 변화의 비율로 정의된다. 속력이 증가하고 있는 항공기는 가속도를 나타내며, 속력을 줄이고 있는 항공기는 감속도(Negative Acceleration)를 나타낸다.

2. 뉴턴 운동 법칙(Newton's Laws of Motion)

날개 주위의 공기 작용을 규명하는 기본법칙은 뉴턴의 운동 법칙이다. 뉴턴의 제1법칙은 관성의 법칙이다. 항공기 동체가 힘이 가해지지 않으면 움직이지 않고, 외부 힘이 가해지면 움직인다. 동체가 직선으로 일정불변의 속도로 움직이고 있다면 가해진 힘은 속도를 증가시키거나 감소시킨다. 항공기가 직선으로 일정불변의 속도로 날아가고 있을 때, 관성은 움직이는 항공기를 유지하려는 경향이 있다. 약간의 외력(External Force)은 비행경로에서 항공기를 변화시키기 위해 요구된다. 뉴턴의 제2법칙은 만약 일정불변의 속도로서 움직이는 항공기가 외력에 의해 영향을 받는다면, 운동의 변화는 힘이 작용하는 곳에서 그 방향으로 일어난다.
이 법칙은 다음과 같이 수식으로 나타낼 수 있다.

$$하중=질량\times 가속도(F=ma)$$

만약 항공기가 상대풍을 향하여 비행하고 있을 때, 속도가 떨어진다. 만약 바람이 항공기의 비행방향의 양쪽에서 오고 있다면, 항공기는 조종사가 바람방향을 향하여 교정하지 않는 한 항로를 벗어나 밀려서 움직인다.
뉴턴의 제3법칙은 작용과 반작용의 법칙이다. 이 법칙은 모든 작용하는 힘에 대하여 동일한 그리고 정반대의 반작용 힘이 발생한다는 것을 말한다. 이 법칙은 총을 발사하는 예로 설명할 수 있다. 작용은 탄알의 전진이고, 반면에 반작용은 총(Gun)의 뒤쪽 방향으로 반동하는 것이다. 지금까지 설명한 운동의 3가지 법칙은 비행(Flight)의 이론에 적용 시킨다. 3가지 법칙은 모두 동시에 항공기에 작용한다.

3. 베르누이 원리와 아음속 유동(Bernoulli's Principle and Subsonic Flow)

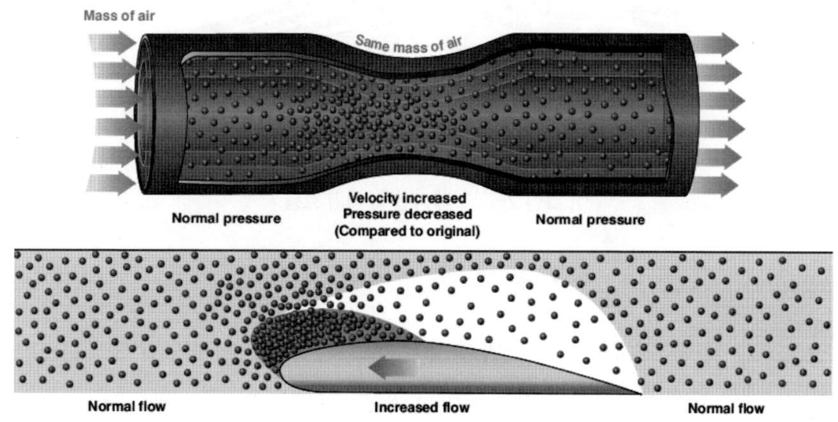

[그림 2-2 베르누이의 원리]

그림 2-2에서 보여준 것과 같이, 베르누이의 원리란 관을 통해 흐르는 유체, 즉 공기가 좁아지는 관에 도달할 때, 그 좁아진 관을 통과하여 흐르는 유체의 속도는 증가되고 압력은 감소된다. 날개 단면인 에어포일(Airfoil)의 상면은 유선형으로 관이 좁아지는 부분과 유사함을 보여준다.
공기가 에어포일의 윗면 위로 흐를 때, 공기의 속도, 또는 속력은 증가하고 그 압력은 감소한다. 이와 같이 에어포일의 윗면에는 저압이 형성된다. 아랫면에는 더 높은 압력이 형성되고 그리고 이 높은 압력이 날개를 위쪽방향으로 쳐들게 한다. 날개의 윗면과 아랫면에서의 이 압력 차이를 양력(Lift)이라고 부른다. 에어포일의 전체 양력의 3/4은 윗면의 압력감소에 의한 것이며, 나머지 1/4은 에어포일의 자세에 의한 하단 면에 작용하는 공기의 충격력에 의해 발생하는 것이다.

4 에어포일(Airfoil)

에어포일이란 공기가 이동하는 곳을 통하여 공기로부터 양력을 얻도록 설계된 표면이다. 그래서 그것은 양력으로 공기저항을 전환하는 항공기의 어느 부분이라도 에어포일이라고 주장할 수 있다. 그림 2-3에서 보여준 것과 같이, 전통적인 날개의 측면은 에어포일의 전형적인 예이다.

최초 공기가 에어포일에 도달하여 에어포일의 상단 면 위로 흐르는 공기와 아래쪽을 흐르는 공기는 분리되어 일정한 시간에 날개의 끝단에 도달해야만 한다. 이것이 이루어지기 위해, 상단 면 위로 지나가는 공기는 그것이 상단 면을 따라 이동해야 하는 더 긴 거리 때문에 날개 아래로 지나가는 공기보다 더 빠른 속력으로 이동한다. 베르누이의 원리에 따르면 이 증대된 속력은 표면에 압력이 감소하는 것을 의미한다. 그래서 더 저압의 방향인 위쪽으로 날개를 밀고 나가는 압력 차이가 날개의 윗면과 아랫면 사이에서 발생한다.

양력은 받음각(AOA : Angle-Of-Attack), 날개면적, 공기의 밀도 또는 에어포일의 형태를 변형하여 증가시킬 수 있다. 항공기의 날개에 양력이 중력과 같을 때, 항공기는 수평비행을 유지한다.

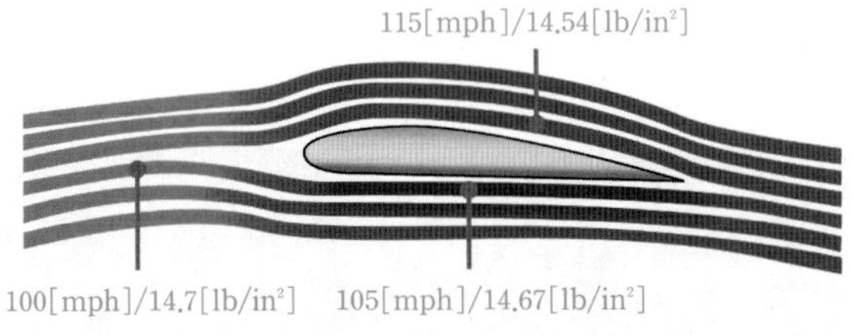

[그림 2-3 날개 부분의 공기 흐름]

1. 에어포일의 형태(Shape of the Airfoil)

에어포일 단면 특성은 날개의 2차원 평면 단면 형상이므로 3차원의 전체적인 날개 또는 항공기의 특성과 다소 차이가 있다. 날개는 날개 뿌리로부터 날개 끝까지 경사(Taper), 꼬임(Twist) 또는 후퇴(Sweepback)로서 여러 가지의 에어포일 형태를 갖게 된다. 날개의 공기역학적 특성은 날개 길이를 따라 각각의 단면의 작용에 의해 결정된다. 그 결과로 날개의 효율에 영향을 미치는 에어포일의 모양은 그것이 만들어내는 난류 또는 표면 마찰의 양을 결정한다. 난류와 표면 마찰은 최대 두께의 에어포일의 시위(Chord)의 비율(Ratio)이라고 정의된 날씬비(Fineness Ratio)의 영향을 받는다. 만약 날개가 높은 종횡비를 갖는다면, 그것은 아주 얇은 날개이다. 두꺼운 날개는 낮은 종횡비를 갖는다. 높은 종횡비를 가지고 있는 날개는 많은 양의 표면 마찰을 일으킨다. 낮은 종횡비를 가지고 있는 날개는 많은 양의 난류를 일으킨다. 최상의 날개는 최소로 난류와 표면마찰 모두를 유지하도록 절충된 형태이다.

날개의 효율은 양항비로써 결정된다. 양항비는 받음각에 따라 변하지만 특정한 받음각에 대해 최댓값을 갖는다. 이 각도에서, 날개는 최대효율을 갖는다. 에어포일의 모양은 날개가 가장 효율적인 곳에서 받음각을 결정하는 요소이다. 통상 에어포일의 전면에서 뒤쪽으로 약 1/3 지점에서 에어포일의 최대 두께를 갖는다.

날개에서 고양력 날개와 고양력 장치는 바람직한 효과를 만들어내도록 에어포일을 구체화하기 위해 발전되었다.

에어포일에 의해 발생한 양력은 날개 캠버(Camber)의 증가로 증대한다. 캠버는 시위선 면 위쪽과 아래쪽에 에어포일의 만곡을 말한다. 상부 캠버는 윗면을 말하고, 하부 캠버는 아랫면 그리고 평균 캠버는 단면의 평균선을 말한다.

캠버는 시위선에서 출발이 밖을 향한 것일 때 양의 것이고 그것이 안을 향한 것일 때 음의 것이다.

2. 붙임각(Angle of Incidence)

[그림 2-4 날개입사각 형태]

그림 2-4에서 보여준 것과 같이, 항공기의 세로축과 이루는 날개시위의 각도를 입사각(Angle Of Incidence), 또는 날개 붙임각(Angle Of Wing Setting)이라고 부른다. 대부분의 경우에 붙임각은 고정된 붙박이각도이다. 날개의 앞전(Leading Edge)이 뒷전(Trailing Edge)보다 더 높을때, 붙임각은 양의 값이라고 말한다. 붙임각은 앞전이 날개의 뒷전보다 더 낮을 때 음의 값이다.

3. 받음각(AOA : Angle of Attack)

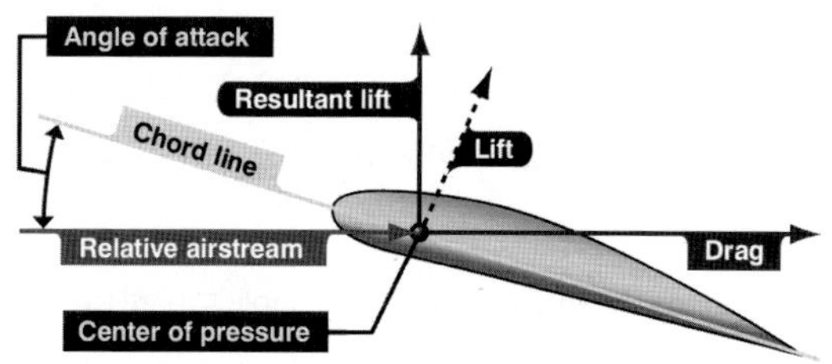

[그림 2-5 날개부분의 공기흐름]

그림 2-5에서 보여준 것과 같이, 받음각(AOA : Angle-Of-Attack)과 에어포일의 효과를 검토하기 전에, 시위(Chord)와 압력중심(CP : Center Of Pressure)의 용어를 살펴보자. 그림 2-5에서 보여준 것과 같이, 에어포일의 시위(Chord) 또는 날개단면은 앞전과 뒷전까지 단면을 거쳐지나가는 가상의 직선이다. 각도의 다른 쪽은 상대기류의 방향을 나타내는 선으로 형성된다. 그래서 받음각은 날개의 시위선과 상대풍의 방향 사이의 각도로 정의된다. 이것은 날개의 시위선과 항공기의 세로축 사이의 각도이다. 그림 2-4에서 보여준, 붙임각과 혼동하지 말아야 한다.

에어포일 또는 날개면의 각각의 부분에서, 작은 힘이 존재한다. 이것은 이 지점에서 앞쪽으로, 또는 뒤쪽으로 다른 지역에 작용하는 어떤 힘으로부터 서로 다른 크기와 방향의 것이다. 수학적으로 이들 작은 힘의 모두를 더하는 것은 가능한 것이다. 그 합을 양력이라고 말한다. 그림 2-5에서 보여준 것과 같이, 이 합성력은 크기,

방향 그리고 위치를 갖고 있으므로 벡터로 나타낼 수 있다. 에어포일의 시위선과 합성력선의 교차 지점은 압력중심이라고 한다.

압력중심은 받음각이 변화할 때 에어포일 시위를 따라 이동한다. 대부분 비행범위의 전체에 걸쳐서 압력중심은 받음각이 증가할 때 앞쪽방향으로 그리고 받음각이 감소할 때 뒤쪽방향으로 이동한다.

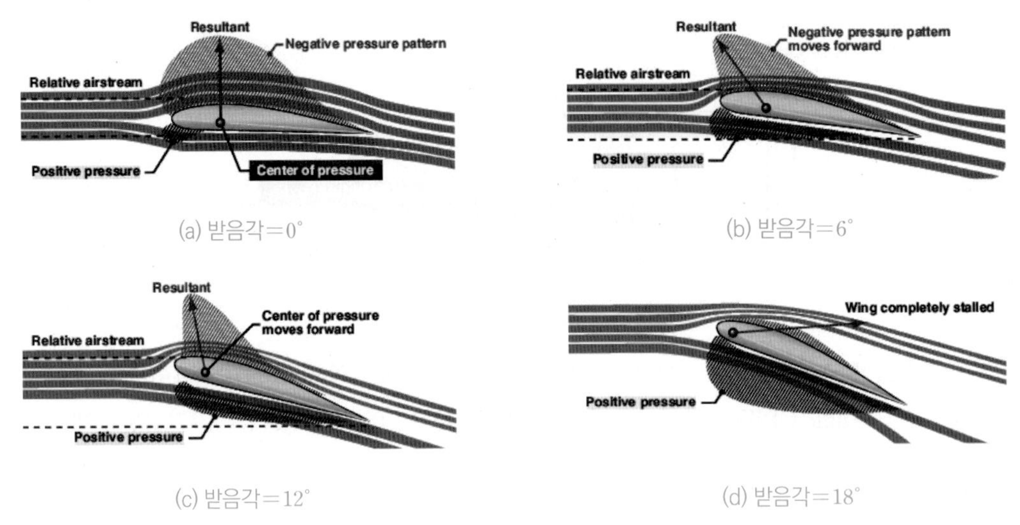

(a) 받음각=0°　(b) 받음각=6°　(c) 받음각=12°　(d) 받음각=18°

[그림 2-6 받음각의 증가에 대한 변화]

그림 2-6에서는 압력중심에서 받음각이 증가했을 때 결과를 보여준다. 받음각은 항공기 자세가 변할 때 변화한다. 적절하게 설계된 에어포일에서, 양력은 받음각이 증대되었을 때 증가한다. 받음각이 양의 받음각 쪽으로 점차적으로 증가되었을 때, 양력 성분은 어떤 지점까지 급격히 증가하고 그런 다음 급격히 줄어들기 시작한다. 이 작용 내내, 항력 성분은 처음에 서서히 증가하고, 그다음에 양력이 줄어들기 시작할 때 급격히 증가한다.

받음각이 최대양력의 각도로 증가할 때, 박리점(Burble Point)에 도달한다. 이것은 임계각(Critical Angle)이라고 한다. 임계각에 도달했을 때 공기는 에어포일의 상단면 위로 원활하게 흐르지 못하고 박리와 소용돌이가 발생한다. 이것은 공기가 날개의 상부캠버에서 이탈하는 것을 의미한다. 이전에 감소된 압력의 영역은 이러한 박리공기로 채워진다. 이 현상이 발생할 때, 양력의 양은 감소하고 항력은 과도하게 증가한다. 중력은 자체에 가해지고 항공기의 기수는 떨어진다. 이것이 실속이다. 그러므로 박리점은 실속각이다.

4. 경계층(Boundary Layer)

물리학과 유체역학의 연구에서, 경계층(Boundary Layer)은 경계곡면의 바로 가까이에 있는 유체의 층이다. 항공기에서 경계층은 항공기의 표면에 가장 가까운 공기흐름이다. 고성능 항공기를 설계하기 위해서 무시할 수 없는 주의사항은 최소의 압력항력(壓力抗力, Pressure Drag)과 표면마찰항력(Skin Friction Drag)으로 경계층의 작용을 제어하는 것이다.

5 추력과 항력(Thrust and Drag)

그림 2-7에서 보여준 것과 같이 모든 항공기의 비행은 4가지 힘의 크기와 방향인 무게, 양력, 항력, 추력의 힘에 따라 움직인다.

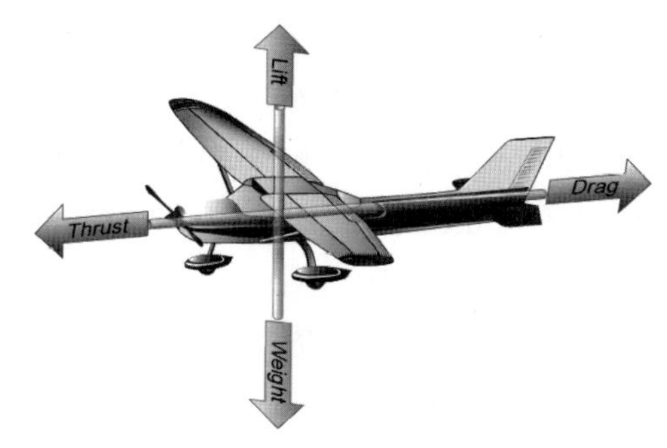

[그림 2-7 비행 중 작용하는 힘]

(1) 무게 : 지구 쪽으로 항공기를 끌어당기는 힘인 무게는 항공기 자체 무게, 승무원, 연료, 화물과 같은 항공기에 적용되는 모든 중량에 대한 아래쪽방향으로 작용하는 중력이다.

(2) 양력 : 위쪽방향으로 항공기를 밀어주는 힘인 양력은 수직으로 작용하고 무게를 들어 올리는 힘이다.

(3) 추력 : 앞쪽방향으로 항공기를 움직이는 힘인 추력은 항력의 힘에 이겨내는 동력장치에 의해 발생된 앞쪽방향의 추진 힘이다.

(4) 항력 : 뒤로 항공기를 잡아당기도록 제동동작을 가하는 힘인 항력은 뒤쪽방향의 견제력이고 날개, 동체 및 돌출된 물체에 의해 공기흐름의 와해로서 발생한다.

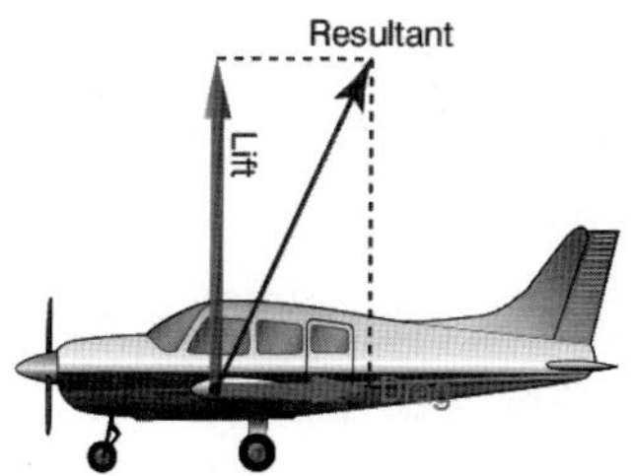

[그림 2-8 리프트 및 드래그 결과]

항공기에 작용하는 이들 4가지 힘은 오직 항공기가 직선수평정속비행을 할 때 균형을 이룬다. 그림 2-8에서 보여준 것과 같이, 양력과 항력의 힘은 상대풍과 항공기 사이의 관계로 발생한다. 양력의 힘은 항상 상대풍에 직각으로 작용하고, 항력의 힘은 상대풍에 평행한 방향으로 작용한다. 이들 힘은 실제로 날개에 합성양력(Resultant Lift)을 만들어 내는 성분이다. 무게는 양력과 일정한 관계를 갖고, 추력은 항력과 일정한 관계를 갖는다.

이들 관계는 아주 간단한 것이지만, 비행의 공기역학을 이해하기 위해서 아주 중요한 것이다. 앞서 서술한 것처럼, 양력은 상대풍에 직각을 이루는 날개 위쪽 방향의 힘이다. 항공기의 중력에 의해 발생한 양력은 항공기의 무게에 반작용하기 위해 요구된다. 이 무게 힘은 무게중심이라고 부르는 지점을 통해 아래쪽 방향으로 작용한다. 무게중심은 항공기의 모든 무게를 집중시키도록 고려된 가상의 점이다.

날개면적은 동체에 의해 보이지 않은 부분까지 포함하며 날개 면적은 하단부로 투영된 면적이다. 다른 변수가 동일할 때 날개 면적이 2배가 되면 비례하여 날개에 의해 발생하는 양력, 항력은 2배가 된다. 양력을 만들어내는 물체 위에서 공기의 상대운동은 항력을 같이 발생시킨다. 항력은 공기를 통과하여 움직이는 물체에 작용하는 공기의 저항력이다. 만약 항공기가 수평항로에서 비행하고 있다면, 양력은 그것을 지탱하기 위해 수직으로 작용하는 반면에 항력은 뒤로 그것을 붙들고 있기 위해 수평으로 작용한다.

항공기에 항력의 총량은 수많은 부분으로 구성되지만 여기에서는 3가지를 고려하는데, 유해항력(Parasite Drag), 형상항력(Profile Drag) 그리고 유도항력(Induced Drag)이다. 유해항력은 수많은 다른 항력의 조합으로 구성된다. 항공기 비행 중에 노출된 물체는 공기에 저항을 일으킨다. 이러한 돌출된 물체가 많으면 많을수록, 유해항력은 많아진다. 유해항력은 항공기가 매끄럽지 않고 거친 표면 형상에 의해서도 발생한다. 형상항력은 에어포일의 유해항력으로 간주된다. 유해항력의 여러 가지 성분은 형상항력과 유사한 성질을 지니고 있다.

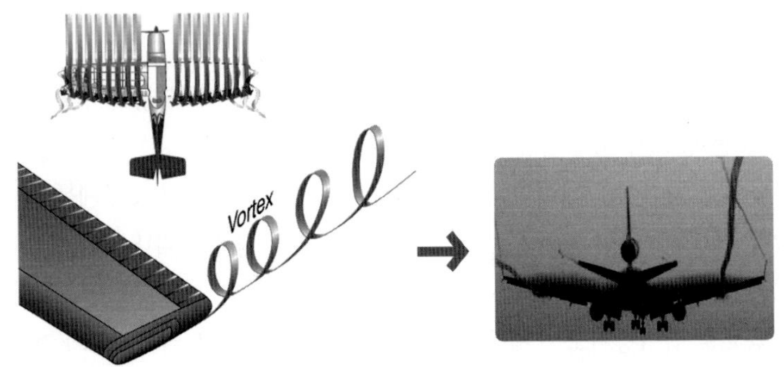

[그림 2-9 날개 끝 와류현상]

그림 2-9에서 보여준 것과 같이, 양력을 만들어내는 에어포일 작용은 또한 유도항력의 원인이 된다. 날개 위쪽 압력은 대기압 보다 작고, 날개 아래쪽 압력은 대기압과 같거나 더욱 크다. 유체는 고압에서 저압으로 이동하기 때문에 동체 바깥 방향과 날개 끝 주위의 위쪽방향으로 공기 이동이 일어나면서 와류(Vortex)가 발생한다. 이러한 공기의 흐름은 날개의 뒷전의 안쪽 부분에서 유사한 와류를 형성한다. 이들 와류를 만들어낸 난류 때문에 항력이 증가하고 이는 유도항력을 구성한다. 또한, 유도항력은 받음각이 더 크게 되는 것처럼 증가한다. 이것은 받음각이 증가되었을 때 날개의 위쪽과 바닥 사이에 압력차는 더 크게 되기 때문에 일어난다. 이는 더 많은 난류와 더 많은 유도항력의 원인이 된다.

6 무게중심(CG : Center of Gravity)

중력은 지구의 중심으로 지구의 중력장 내에 모든 물체를 끌어당기려는 인력이다. 무게중심은 항공기의 모든 무게가 집중되는 점으로 가정된 점이다. 만약 항공기가 자신의 정확한 무게중심에서 지탱된다면, 그것은 어떤 위치에서 균형이 잡혀있다고 볼 수 있다. 항공기 설계 과정에서 무게중심이 어디까지 이동 가능할지 고려하여 설계한다. 또한 비행 평형상태를 위해 복원모멘트가 발생할 수 있도록 설계한다. 통상적으로 압력중심의 앞쪽에 무게중심을 설정한다.

7 비행기의 기체축(The Axes of an Airplane)

항공기가 비행중에 항공기의 자세를 변경할 때에는 언제나 3개축(Axis)중 1개 또는 그 이상에 대하여 회전해야 한다. 그림 2-10에서는 항공기의 중심을 거쳐 지나가는 가상선인 3개의 축을 보여준다.

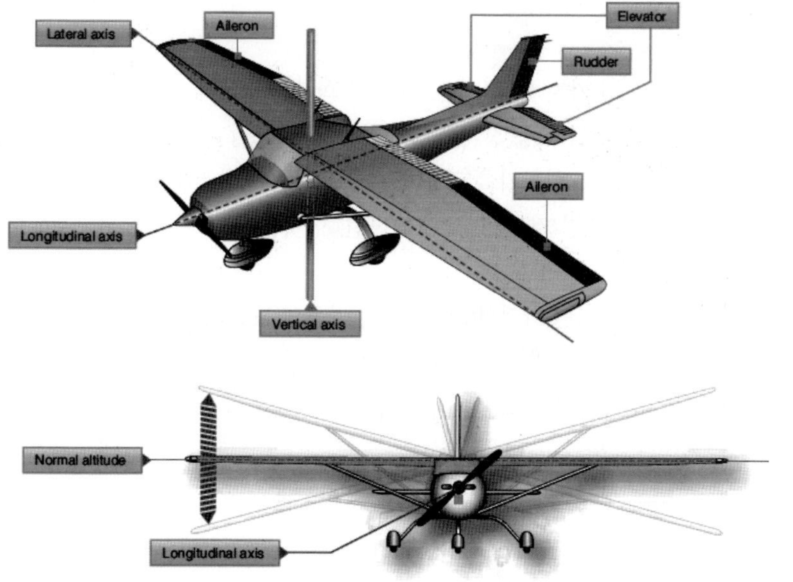

(a) 에일러론의 영향을받는 뱅킹(롤) 제어

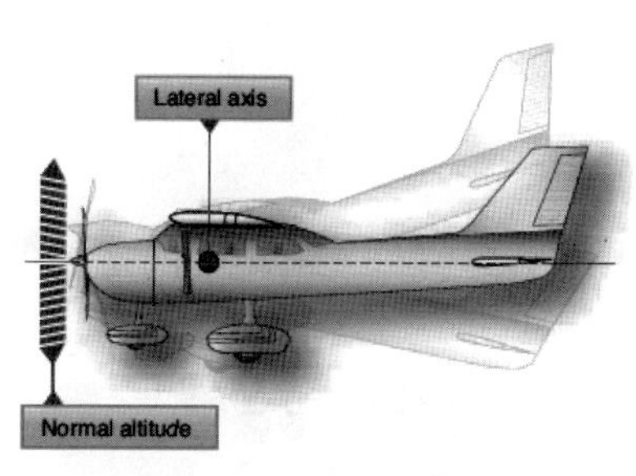

(b) 엘리베이터 이동으로
상승 및 하강(피치) 컨트롤이 영향을 받음

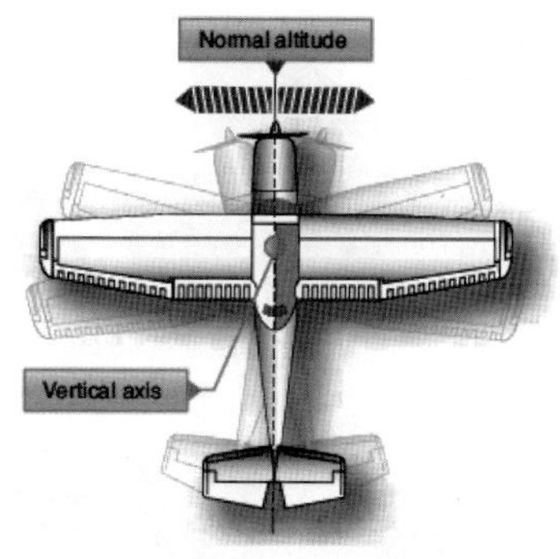

(c) 방향타의 영향을받는 방향성(요) 제어

[그림 2-10 축에 대한 항공기의 움직임]

항공기의 3개 축 모두는 교차하는 곳의 중심에서 각각의 축은 다른 2개의 축에 수직이다. 기수에서 꼬리까지 동체를 통과한 세로로 연장한 축은 세로축(Longitudinal Axis)이라고 부른다. 한쪽 날개 끝에서 다른 쪽 날개 끝까지 가로로 연장한 축은 가로축(Lateral Axis), 또는 피치축(Pitch Axis)이다. 항공기 위쪽에서 밑바닥까지, 중심을 거쳐지나간 축은 수직축(Vertical Axis) 또는 요축(Yaw Axis) 이라고 부른다. 롤(Roll), 피치(Pitch), 요(Yaw)는 3개의 조종면(Control Surface)에 의해 조종된다. 롤은 날개의 뒷전에 위치한 에일러론(Aileron)에 의해 조종된다. 피치(Pitch)는 수평꼬리날개 후방부분에 위치한 엘리베이터(Elevator)에 의해 조종된다. 요는 수직꼬리 날개의 후방부분 러더(Rudder)에 의해 조종된다.

8 안정성과 제어(Stability and Control)

항공기는 비행경로를 유지하고 여러 가지 외부 교란으로부터 회복하기 위해 충분한 안정성을 갖추어야 한다. 항공기가 조종성이 좋다는 것은 항공기가 조종 장치의 움직임에 쉽게 그리고 신속히 반응하는 것을 의미한다. 3개의 조종면은 3개의 축의 각각에 대하여 항공기를 조종하는데 사용된다. 항공기의 조종면을 움직이는 것은 항공기의 표면 위에 공기흐름을 변경하기 위한 것이다. 다시 말하면, 이것은 수평 비행하는 항공기를 유지하기 위해 작용하는 힘의 균형에 변화를 만들어내는 것이다.

항공기의 안정성 측면에서 3가지 용어인 안정성(Stability), 기동성(Maneuverability), 조종성(Controllability)을 검토할 필요가 있다. 안정성은 항공기가 직선수평비행경로로 비행하게 하려는 특성이다. 기동성은 요구된 비행경로로 용이하게 비행하게 하는 항공기의 특성이다. 조종성은 항공기를 기동시키는 동안 조종사의 명령에 항공기의 반응성 을 나타내는 것이다.

1. 정안정성(Static Stability)

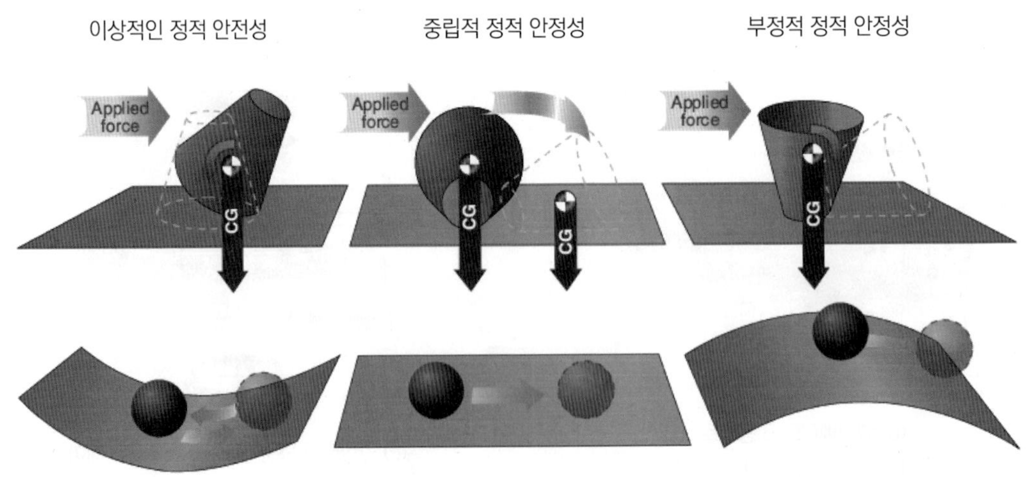

[그림 2-11 3가지 유형의 안정성]

항공기는 항공기에 작용하는 모든 힘과 모든 모멘트의 합이 "0"일 때 평형상태이다. 평형상태에 있는 항공기는 가속이 없고 안정된 상황이 지속된다. 돌풍 또는 조종의 조종입력 등이 평형상태를 교란(Disturbance)시키고 항공기는 모멘트 또는 힘의 불균형으로 가속하게 된다.

정안정성(Static Stability)의 3가지 형태는 평형 상태로부터 어떠한 교란이 발생했을 때 이에 대한 움직임의 특성에 의해 규정된다. 양(Positive)의 정안정성은 교란된 물체가 평형상태로 되돌아오려는 경향이 있을 때 존재한다. 음(Negative)의 정안정성 또는 정적불안정은 교란된 물체가 교란의 방향으로 지속하려는 경향이 있을 때 존재한다. 중립정안정성(Neutral Static Stability)은 교란된 물체가 어떤 경향도 있지 않고 교란의 방향에서 평형상태로 남아 있지도 않을 때 존재한다. 그림 2-11에서 이들 3가지 형태의 안정성을 보여주고 있다.

2. 동안정성(Dynamic Stability)

동안정성(Dynamic Stability)은 시간이 흐름에 따라 운동의 변화를 분석한 것이다. 만약 물체가 평형상태에서 교란된 결과로 초래된 운동이 있다고 할 때 시간이력(Time History)이 물체의 동적 안정을 규정한다. 만약 물체의 진폭이 시간의 흐름에 따라 감소한다면 양의 동안정성이라고 한다. 운동의 진폭이 시간의 흐름에 따라 증가한다면 물체는 동적 불안정(Dynamic Instability)을 갖고 있다.

어떠한 항공기라도 정안정성과 동안정성의 요구도를 증명해야 한다. 만약 항공기가 정적 불안정과 빠른 비율의 동적 불안정을 갖고 설계되었다면, 그 항공기는 비행이 상당히 어렵다.

3. 세로 안정성(Longitudinal Stability)

항공기가 상대풍에 대하여 일정한 받음각을 유지하려는 경향을 갖고 있을 때 세로 안정성(Longitudinal Stability)을 갖는다고 말한다. 즉, 항공기의 기수를 급강하시키거나 들어 올리려는 힘이 없거나 실속하려는 경향이 없는 상태를 세로 안정하다고 한다. 세로 안정성은 피치 운동을 나타낸다. 수평 안정판(Horizontal Stabilizer)은 세로안정을 조종하는 1차 조종면이다. 수평 안정판의 작용은 항공기의 속도와 받음각에 따른다.

4. 방향 안정성(Directional Stability)

수직축(Vertical Axis)에 대하여 안정성은 방향안정성(Directional Stability)으로 정의한다. 항공기는 직선 수평비행에 있을 때, 항공기에서 비록 조종사가 조종장치에서 그의 손과 발을 떼어도 항공기의 비행 방향으로 진로를 유지하도록 설계되어야 한다. 만약 항공기가 미끄럼으로부터 자동적으로 복귀된다면 방향균형을 위해 잘 설계된 것이다. 수직 조종면(Vertical Stabilizer)은 방향안정을 조종하는 1차 조종면이다. 방향안정은 대형 등지느러미(Dorsal Fin), 긴 동체, 후퇴익(Sweptback Wing)을 사용하여 개선할 수 있다.

5. 가로 안정성(Lateral Stability)

항공기의 세로축에 대한 운동은 횡운동(Lateral Motion) 또는 롤링(Rolling) 운동이다. 이러한 운동으로부터 원래 자세로 되돌아가려는 경향을 가로안정(Lateral Stability)이라고 정의한다.

6. 더치 롤(Dutch Roll)

더치롤(Dutch Roll)은 요와 롤의 이상 조합으로 이루어진 항공기 운동이다. 더치롤 안정(Dutch Roll Stability)은 요 댐퍼(Yaw Damper)의 장착으로서 인위적으로 증대될 수 있다.

9 기본 비행 제어(Primary Flight Control)

1차 조종장치는 요구된 비행경로 항공기가 비행할 수 있도록 항공기의 공기력을 제어하기 위해 에일러론, 엘리베이터, 러더를 사용한다. 비행 조종면은 비행 시 항공기의 표면 위에 공기흐름을 바꿔서 항공기의 자세를 변화하도록 설계되었다. 3가지 조종면은 3개의 축에 대하여 항공기를 움직이는데 사용된다.

전형적으로, 에일러론과 엘리베이터는 조종간(Control Stick), 조종핸들(Control Wheel) 그리고 조종륜 조립품(Yoke Assembly)에 의하여 조종실에서 조작된다. 러더는 대부분의 항공기에서 발에 의한 페달(Foot Pedal)로 작동된다. 횡방향 조종은 에일러론에 의해 조종되는 항공기의 롤 운동이다. 종 방향조종은 엘리베이터에 의해 조종되는 항공기의 급강하이동 또는 피치이다. 방향 조종은 러더에 의해 조종되며, 항공기의 왼쪽 이동과 오른쪽 이동 또는 요이다.

10 평형 비행 제어(Trim Controls)

평형상태조종에 속하는 것은 트림 탭(Trim Tab), 서보 탭(Servo Tab), 밸런스 탭(Balance Tab) 그리고 스프링 탭(Spring Tab)이다. 그림 2-12와 같이, 트림 탭은 1차 조종면의 뒷전 안으로 오목한 곳에 둔 작은 에어포일이다. 트림 탭은 원치 않는 비행자세 쪽으로 움직이려는 항공기의 어떤 경향을 수정하기 위해 사용된다. 트림 탭의 목적은 1차 조종장치에 어떤 압력이라도 가하지 않고, 비행 시 존재하게 되는 어떤 불균형상황이라도 균형을 잡도록 조종사가 가능하게 하는 것이다.

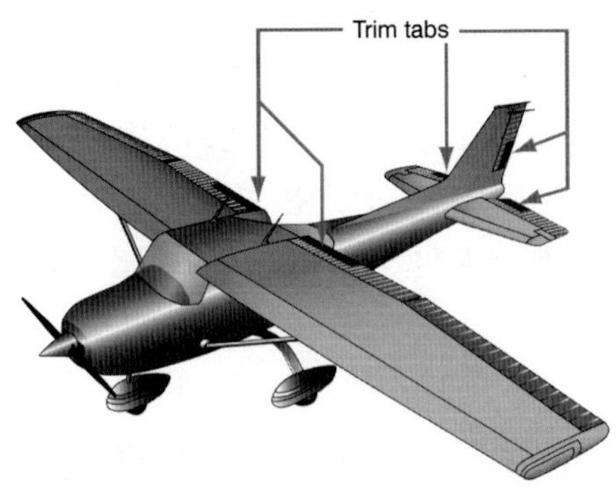

[그림 2-12 Trim tabs]

때때로 비행 탭(Flight Tab)이라고도 하는, 서보탭은 대형 주조종면에 주로 사용된다. 서보탭은 주조종면을 움직이고 요구된 위치에서 그것을 유지하기에 도움이 된다. 오직 서보탭은 1차 비행조종장치 중 조종사의 움직임에 반응하여 움직인다.

밸런스 탭은 1차 비행조종장치 중 반대방향으로 움직이도록 설계되었다. 그래서 밸런스탭에 작용하는 공기력은 1차 조종면을 움직이게 돕는다. 스프링 탭은 트림 탭과 외관상 유사하지만 완전히 다른 목적을 위해 적용된다. 스프링 탭은 1차 조종면을 움직이도록 조종사를 도와주기 위해 유압작동기와 같은 목적으로 사용된다. 그림 2-13에서는 어떻게 각각의 트림탭이 1차 조종면에 힌지로 움직이는지를 보여준다. 그러나 독립 조종에 의해 동작된다.

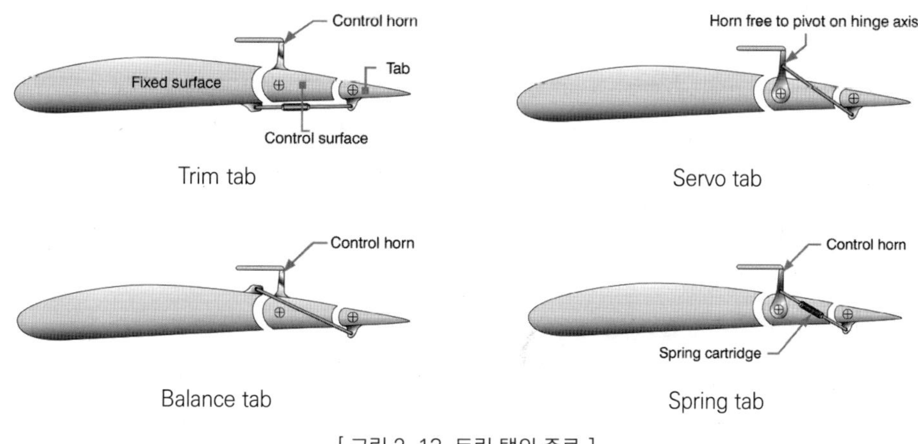

[그림 2-13 트림 탭의 종류]

11 보조양력장치(Auxiliary Lift Devices)

비행조종면의 보조양력 장치(Auxiliary Lift Devices Group)에 포함된 것은 날개 플랩(Wing Flap), 스포일러(Spoiler), 스피드 브레이크(Speed Brake), 슬랫(Slat), 앞전 플랩(Leading Edge Flap)과 슬롯(Slot)이다. 보조양력장치는 2개의 소그룹으로 분류되는데, 이들의 주목적은 양력을 증가시키는 것과 감소시키는 것이다. 첫 번째 그룹에는 플랩, 양쪽 뒷전 슬랫과 앞전 슬랫, 슬롯이다. 양력감소장치는 스피드 브레이크와 스포일러이다.

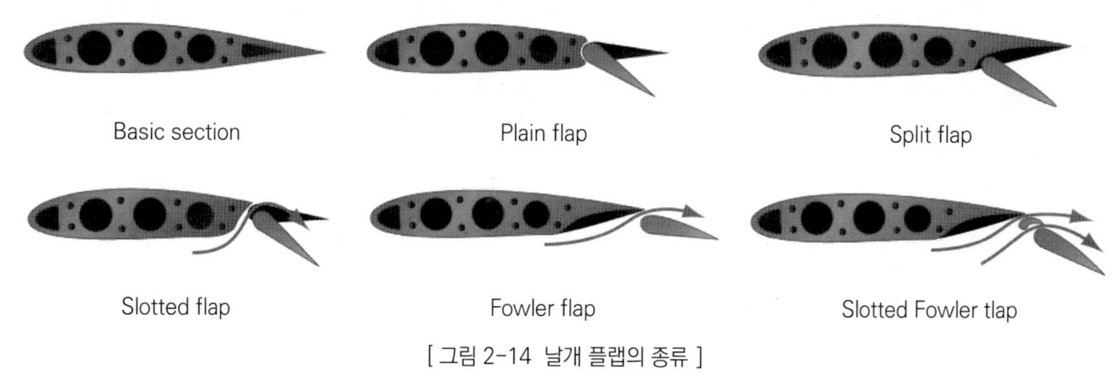

[그림 2-14 날개 플랩의 종류]

그림 2-14와 같이, 이륙 시 양력을 증가시키고 착륙 시 속도를 감소시키는, 뒷전 에어포일, 즉 플랩은 날개 면적을 증가시킨다. 이들 에어포일은 접어 넣을 수 있다. 앞전 플랩은 날개의 앞전으로부터 펼쳐지고 앞전 안으로 수축시켜진 에어포일 이다. 일부 앞전 플랩은 펼쳐진 에어포일과 앞전 사이에 열린 공간인 슬롯을 만들어낸다. 슬랫이라고도 하는 플랩과 슬롯은 이륙과 착륙 상태에서 추가적인 양력을 만들어낸다.

Fixed slot

Automatic slot

[그림 2-15 Wing Slots]

그림 2-15와 같은 경우는 날개의 앞전에 설치된 영구적인 슬롯을 갖는다. 순항 속도에서 뒷전 플랩과 앞전 플랩, 즉 슬랫은 고유의 날개 안으로 수축시킨다. 슬랫은 날개의 앞전에 부착된 가동 조종면이다. 슬랫이 오므라들어 졌을 때, 그것은 날개의 앞전을 형성한다. 앞쪽 방향으로 펼쳐졌을 때, 슬롯은 슬랫과 날개 앞전 사이에 만들어 진다. 저 대기속도에서 항공기가 정상 착륙속도 이하인 대기속도에서 조종되게 하는 슬롯은 양력을 증가시키고 조종 안정성을 향상한다.

[그림 2-16 Speed Brake]

양력감소장치는 스피드 브레이크, 즉 스포일러이다. 스포일러는 2가지 형태이다. 제동동작에 도움을 주는 지상 스포일러는 오직 항공기가 지상에 있을 때 펼쳐진다. 비행 스포일러는 날개에 보조익이 위쪽으로 순환되었을 때 언제나 펼쳐져 횡방향 제어를 돕는다. 스피드 브레이크로서 작동할 때, 양쪽 날개에 스포일러판은 위쪽으로 올라간다. 그림 2-16에서 보여준 것과 같이, 비행 중에 스포일러는 동체의 아래에 옆쪽을 따라, 또는 미부에서 뒤쪽을 따라 위치한다. 일부 항공기 설계에서, 위로 향하는 보조익 쪽에 날개판은 아래로 향하는 보조익 쪽에 날개판보다 더 올라간다. 이것은 동시에 스피드 브레이크 작용과 횡방향 제어를 같이한다.

1. 윙렛(Winglets)

윙렛(Winglet)은 비행기가 공기를 통과하여 이동할 때 날개 끝에서 발생시킨 와류에 관련된 공기항력을 줄이는 날개 끝의 수직 연장 날개 형태이다. 날개의 끝에서 유도항력(Induced Drag)을 줄임으로써 연료소비량은 줄어들고 항속거리는 연장된다. 그림 2-17에서는 윙렛이 장착된 항공기의 예를 보여준다.

[그림 2-17 Winglets on a Bombardier Learjet 60]

2. 귀날개(Canard Wings)

선미익기 또는 귀날개(Canard Wing)는 작은 날개 또는 수평 날개가 전통적인 항공기에서 처럼 뒤쪽에 있는 것보다 오히려 주날개의 앞쪽에 배치한 형태이다. 귀날개는 고정식, 가동식 2가지 모두 가능하며 엘리베이터로 적용되기도 한다.

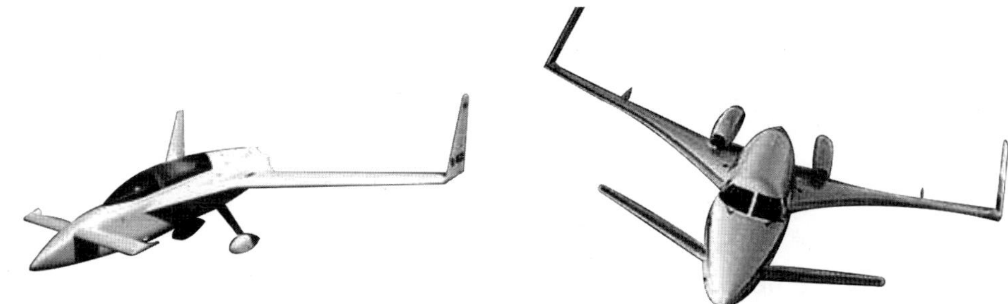

[그림 2-18 Canard wings on a Rutan VariEze]

[그림 2-19 The Beechcraft 2000 Starship has canard wings]

그림 2-18과 그림 2-19에서 보여준 것과 같이 선미익을 가지고 있는 항공기의 좋은 예로 Rutan VariEze와 Beechcraft 2000 Starship이 있다.

3 실속막이 판(Wing Fences)

[그림 2-20 실속막이 판]

그림 2-20과 같이, 실속막이 판(Wing Fence)은 날개의 윗면에 고정된 수직평판이다. 이 장치는 날개를 따라 날개 길이방향 공기흐름을 차단하고 동시에 전체 날개가 실속되는 것을 방지한다. 이 장치는 가끔 고받음각에서 공기의 날개 길이방향 이동을 방지하기 위해 후퇴익 항공기에 부착된다.

12 대형 항공기의 제어시스템(Control Systems for Large Aircraft)

1. 기계식 제어(Mechanical Control)

초기 항공기를 조종하기 위해 사용되었던 장치로 공기력이 과도하지 않은 소형항공기에 널리 사용되었던 장치이다. 조종 장치는 기계식과 수동식이 있다.

항공기를 조종하는 기계식 방식은 케이블(Cable), 푸시풀 튜브(Push-Pull Tube), 토크 튜브(Torque Tube)를 포함한다. 케이블장치는 부착된 곳에 구조물의 변형이 작동에 영향을 주지 않기 때문에 가장 폭 넓게 사용된다. 일부 항공기는 3가지 모두를 조합하여 사용한다. 이들 시스템은 케이블 어셈블리(Cable Assembly), 케이블 유도장치(Cable Guide), 연결장치(Linkage), 가변제어장치(Adjustable Stop), 조종면 완충기 또는 기계식 고정장치로 만든다. 보통 돌풍 안전장치로 부르는 조종면 고정장치(Surface Locking Device)는 항공기를 손상시킬 수 있는 외부 풍력을 제한한다.

2. 유압기계식 제어(Hydromechanical Control)

항공기의 크기, 복잡성, 속도가 증대되었을 때, 비행 중에 조종 장치의 작동은 더욱 어렵게 된다. 전통적인 조종계통에 의해 동작되었던 스프링 탭은 가장 낮은 고속 범위 250~300[mph]로 운용하는 항공기에서만 작동이 충분하다. 고속에서 유압 제어 방식(Hydraulic Control System)으로 설계되었다.

전통적인 케이블 방식 또는 푸시풀 튜브 방식(Push-Pull Tube System)은 유압방식으로 조종 장치에 연결된다. 조종익면 움직임으로 유압이 작동되고 조종 장치의 조종사 움직임은 기계적 연결부를 통해 서보 밸브(Servo Valve)를 작동시킨다. 유체역학적 비행 조종계통의 영향 때문에 조종면의 공기력은 조종사가 느낄 수 없으므로 항공기의 구조물에 과응력을 가할 수 있는 위험이 있다. 이 문제점을 극복하기 위해 항공기 설계자는 고속에서 조종 장치에 증대된 저항력을 주는 설계로 인공 조타 감각장치(Artificial Feel System)를 적용시켰다. 유압식 조종계통을 가지고 있는 일부 항공기는 조종사에게 인공 실속 경보를 주는 장치를 장착하였다.

3. 전기 신호 제어(Fly-By-Wire Control)

Fly-by-wire(FBW) 조종계통은 조종실에서 컴퓨터를 통해 여러 가지의 비행 조종 작동을 위해 조종사의 행위를 전달하는 전기 신호를 사용한다. 유체역학방식의 계통 무게를 줄이기 위한 방식으로 도출된 전기 신호 제어 시스템은 정비비용을 줄이고 신뢰성을 개선하였다. 전기 신호 제어 조종계통은 항공기 반응이 모든 비행 조건에 안정하도록 반응하게 되어있다. 또한 컴퓨터는 실속하기와 급회전하기 같은 위험스러운 특성을 예방하기 위해 프로그램을 적용할 수 있다. 새로운 고성능 군용 항공기 중 다수는 공기역학적으로 안정한 것이 아니다. 따라서 불안정에 반응할 수 있도록 컴퓨터를 통해 조종사의 조종을 돕는다.

13 고속 항공역학(High-Speed Aerodynamics)

압축성 역학 분야인 고속 항공역학(High-Speed Aerodynamics)은 항공학 연구에 특별한 영역이다.
설계된 항공기가 마하(Mach) 1 이상에 도달하는 속도까지 비행할 능력이 있는 항공기를 설세할 때 적용된다.
기체역학(Gas Dynamics)을 연구했던 19세기 후반 물리학자, 에른스트 마흐(Ernst Mach)의 명성에 이름을 붙인 특별한 매개 변수, 마하수(Mach Number)에 의해 분석된다. 마하수는 공간의 음속에 대한 항공기의 속도의 비율이고 압축성효과의 다양한 크기를 결정한다.
항공기가 대기를 통과하여 이동할 때, 항공기 근처에 공기분자는 교란되어 항공기 주위로 이동한다.
공기분자는 마치 보트가 물을 통과하여 이동할 때 선수파(Bow Wave)를 일으키는 것과 같이 옆으로 밀려난다. 만약 항공기가 전형적으로 250[mph] 이하의 저속에서 지나간다면 공기의 밀도는 일정하게 유지된다. 그러나 더 고속에서 항공기의 에너지 중 일부는 공기를 압축시키고 공기의 밀도를 바꾼다.

[그림 2-21 충격파]

그림 2-21과 같이 속도가 증가할 때 이 효과는 증가한다. 해수면에서 760[mph] 음속 근처에서 격렬한 교란은 항공기의 양력과 항력 모두에게 영향을 주는 충격파를 초래한다. 충격파는 모든 방향에서 바깥쪽 방향 및 뒤쪽 방향으로 이동하는 압축된 공기분자의 원뿔체를 형성하고 지면으로 퍼진다. 충격파에 의해 형성된 후에, 압력의 격렬한 해방은 음속폭음(Sonic Boom) 처럼 진행된다.
항공기의 설계속도가 증가할 때 항공기에 의해 마주치는 상황의 범위는 다음과 같다.

(1) 아음속 조건(Subsonic Condition)은 100~350[mph] 이하의 마하수에서 일어난다. 가장 낮은 아음속조건에서 압축성은 무시할 수 있다.
(2) 물체의 속도가 음속에 도달할 때, 비행 마하수는 Mach 1(350~760[mph])과 같고 흐름은 천음속(Ransonic)이라고 한다. 물체의 일부 영역에서 공기의 국부 속도는 음속을 초과한다. 압축성효과는 천음속 흐름에서 가장 중요한 것이고 음속 장벽을 발생시킨다.

(3) 초음속 1조건(Supersonic Condition)은 Mach 5 보다는 크고 Mach 3(760~2,280[mph]) 보다는 낮은 수에서 일어난다. 기체의 압축성효과는 물체의 표면에 의해 발생된 충격파 때문에 초음속항공기의 설계에서 중요한 것이다. Mach 3과 Mach 5(2,280~3,600[mph]) 사이에 극초음속(High-Supersonic Speed)에서, 공력가열(Aerodynamic Heating)은 항공기 설계에서 매우 중요한 요소이다.

(4) Mach 5 이상의 속도에서 흐름은 극초음속(Hypersonic)이라고 한다. 이들 속도에서 물체의 에너지 중 일부는 바로 공기의 질소분자와 산소분자를 함께 결합시키는 화학결합을 들뜨게 한다. 극초음속에서, 공기의 화학반응은 물체에 힘을 결정짓기 때문에 고려하여야 한다. Mach 25로 접근한 우주왕복선이 고극초음속(High Hypersonic Speed)에서 대기로 재 진입할 때, 가열공기는 기체의 전리 플라즈마(Ionized Plasma)가 되고 우주선은 극단적으로 고온으로부터 차단되어야 한다.

14 회전익 항공기 형상(Configurations of Rotary-wing Aircraft)

1. 오토자이로(Autogyro)

[그림 2-22 An Autogyro]

그림 2-22와 같이 오토자이로(Autogyro)는 회전날개를 통해 위쪽방향으로 공기의 통과로 인하여 돌아가는 자유회전 수평회전날개(Free-Spinning Horizontal Rotor)를 가지고 있는 항공기이다. 공기 이동은 끄는 형이거나 미는 형으로 엔진 및 프로펠러 설계의 결과로서 항공기의 전진운동에서 발생한다.

2. 단일 회전날개 헬리콥터(Single Rotor Helicopter)

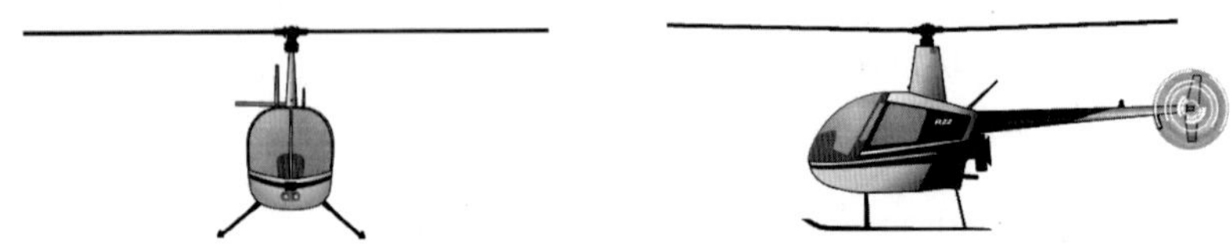

[그림 2-23 Single rotor helicopter]

그림 2-23과 같이 단일 수평 주 회전날개(Single Horizontal Main Rotor)를 가지고 있는 항공기는 단일 회전날개 헬리콥터(Singlerotor Helicopter)이다. 미익부에 수직하게 설치된 2차 회전날개는 동체의 요를 교정하기 위해 주 회전날개의 회전력인 토크와 반대로 운동한다.

3. 이축 회전날개 헬리콥터(Dual Rotor Helicopter)

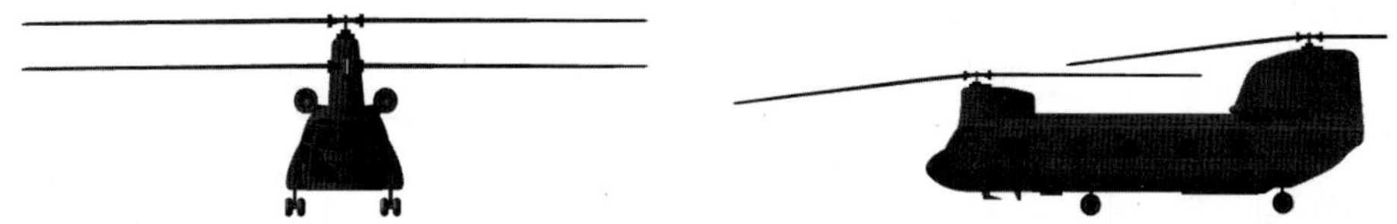

[그림 2-24 Dual rotor helicopter]

그림 2-24와 같이 양력과 방향제어 모두를 제공하는 이중 수평 회전날개(Two Horizontal Rotor)를 가지고 있는 항공기는 이축 회전날개 헬리콥터(Dual Rotor Helicopter)이다. 회전날개는 공력 토크(Aerodynamic Torque)의 균형을 잡기 위해 역회전하고 있고 독립된 토크 평형장치의 필요성을 배제시킨다.

15 회전날개 시스템의 형태(Types of Rotor Systems)

1. 완전 관절형 회전날개(Fully Articulated Rotor)

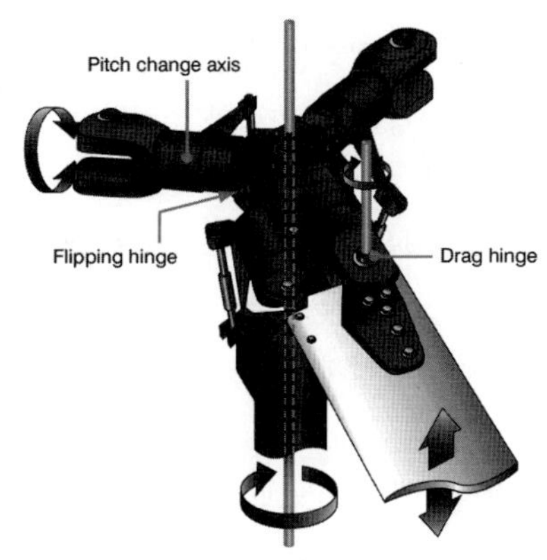

[그림 2-25 관절형 회전날개 헤드구조]

그림 2-25와 같이 완전 관절형 회전날개(Fully Articulated Rotor)는 2개 이상의 날개깃(Blade)을 가지고 있는 항공기에서 찾아볼 수 있고 3개 방향으로 각각의 날개깃이 움직인다. 각각의 날개깃은 양력을 변화시키기 위해 피치축(Pitch Axis)에 대하여 회전할 수 있는데 평면으로 앞뒤로 움직일 수 있고(Lead-Lag), 다른 날개깃은 독자적인 힌지를 통해 위아래로 퍼덕거리게 한다.

2. 반고정형 회전날개(Semirigid Rotor)

반붙박이 회전날개(Semi-Rigid Rotor)는 이중 회전날개깃(Two Rotor Blade)을 가지고 있는 항공기 에서 찾아볼 수 있다. 날개깃은 위로 퍼덕거리게 하고(Flap), 반대쪽은 아래로 퍼덕거리게 하는 방식으로 구성되어 있다.

3. 완전고정형 회전날개(Rigid Rotor)

붙박이 회전날개 방식(Rigid Rotor System)은 희귀한 설계이지만 완전 관절형 회전날개와 반붙박이 회전날개의 장점을 접목한 것이다. 날개깃은 리드래그 또는 플랩핑을 위한 힌지를 갖고 있지 않다. 대신에 날개깃은 탄성베어링을 사용한다.

일반적인 베어링처럼 회전하는 대신에 날개깃의 적당한 움직임을 허용하도록 비틀리거나(Twist) 구부러지도록(Flex) 설계되었다.

16 헬리콥터의 하중(Forces Acting on the Helicopter)

헬리콥터와 고정익항공기 사이의 차이점 중 한 가지는 양력의 주공급원이다. 고정익항공기는 고정 날개 표면에서 양력이 발생하는 반면 헬리콥터는 회전 날개의 에어포일에서 양력을 발생시킨다.

무풍상황(No-Wind Condition)에서 공중정지비행(Hovering)하는 동안, 끝 통과면(Tip Path Plane)은 수평위치, 즉 지지 면에 평행시킨다. 양력과 추력은 일직선 위로 작용하고, 무게와 항력은 일직선 아래로 작용한다. 양력과 추력의 합은 공중정지 비행하는 헬리콥터에 대한 무게와 항력의 합과 같아야 한다.

무풍상황에서 수직 비행할 때 양력과 추력은 수직으로 위쪽방향으로 작용한다. 무게와 항력은 수직으로 아래쪽방향으로 작용한다. 무게와 항력 이 동일할 때 헬리콥터는 하늘에 공중정지비행을 하는데, 만약 양력과 추력이 무게와 항력보다 작다면 헬리콥터는 수직으로 하강하고, 양력과 추력이 무게와 항력보다 크다면, 헬리콥터는 수직으로 상승한다.

전진비행 시 수직면으로부터 전체양력과 추진력을 앞쪽방향으로 기울일 때(Tilting) 양력과 추진력은 2개의 성분으로 변형시킬 수 있는데 수직으로 위쪽 방향으로 작용하는 양력과 비행 방향에 수평으로 작용하는 추력이다. 이외에 아래쪽 방향으로 작용하는 힘인 무게와 관성저항, 바람저항이 있다. 뒤쪽 방향으로 작용력 또는 지체력(Retarding Force)이 있다.

직선수평(Straight And Level), 비가속전진비행(Unaccelerated Forward Flight)에서 양력은 무게와 같고 추력은 항력과 같다. 직선 수평비행(Straight And Level Flight)은 일정한 비행 방향과 일정한 고도로 비행한다. 만약 양력이 무게를 초과하면 헬리콥터를 상승시키고, 양력이 무게보다 작으면 헬리콥터가 하강한다. 만약 추력이 항력을 초과하면 헬리콥터는 속도가 증가하고, 추력이 항력보다 작으면 속도가 감소한다.

측진비행(Sideward Flight)에서 옆쪽으로 전체 양력-추력벡터를 기울이는 끝 통과면(Tip Path Plane)은 비행이 요구하는 방향인 옆쪽으로 기울어진다. 이런 경우에 수직면 또는 양력성분은 여전히 위로 일직선이고, 무게는 아래로 일직선이지만 수평면 또는 추력의 성분은 바로 반대쪽으로 작용하는 항력과 함께 옆쪽으로 작용한다.

후진비행(Rearwad Flight)에서 끝 통과면(Tip Path Plane)은 뒤쪽방향으로 양력-추력벡터를 기울인다. 그때 전진비행에서 정반대의 추력성분은 뒤쪽방향으로 항력성분은 앞쪽방향을 향한다. 후진비행은 위로 일직선이고, 무게중심은 아래로 일직선이다.

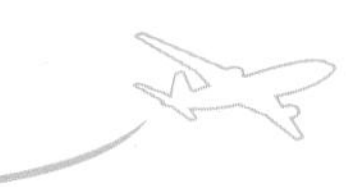

1. 회전력 보상(Torque Compensation)

뉴턴의 제3법칙은 작용과 반작용의 법칙이다. 헬리콥터의 주 회전날개가 한쪽방향으로 돌아갈 때, 동체는 그 반대방향으로 회전하려는 경향이 있다. 회전하려는 동체에 대한 이 경향을 토크라고 한다. 동체의 토크효과는 주 회전날개에 공급된 엔진동력의 결과이므로 엔진동력 변화는 토크효과에 변화를 준다. 엔진동력이 크면 클수록, 토크효과는 커진다. 자동회전 시 주 회전날개에 공급되고 있는 엔진동력이 없기 때문에, 자동회전 시 토크반작용도 없다.

[그림 2-26 Aerospatiale Fenestron tail rotor system(left), NOTAR system(right)]

토크 및 방향조종에 대비하여 여러 가지 방법이 적용된다. 단일 주 회전날개는 전형적으로 미익부의 끝단에 위치한 보조 회전날개(Auxiliary Rotor)가 적용된다. 그림 2-26과 같이, 대개 꼬리 회전날개라고 부르며 주 회전날개에 의해 발생한 토크반작용의 반대 방향으로 추력을 일으킨다. 조종실에 있는 페달(Foot Pedal)은 필요할 때, 토크 효과를 무효하게 하기 위해 조종사가 꼬리 회전날개 추력을 증가, 또는 감소시키도록 가능하게 한다.

그림 2-26과 같이 왼쪽 헬리콥터는 덕트 내부에 꼬리 회전날개가 삽입된 방식이며, 오른쪽 헬리콥터는 꼬리 회전날개 없이 날개 형태로 설계된 형상이다.

2. 자이로 하중(Gyroscopic Forces)

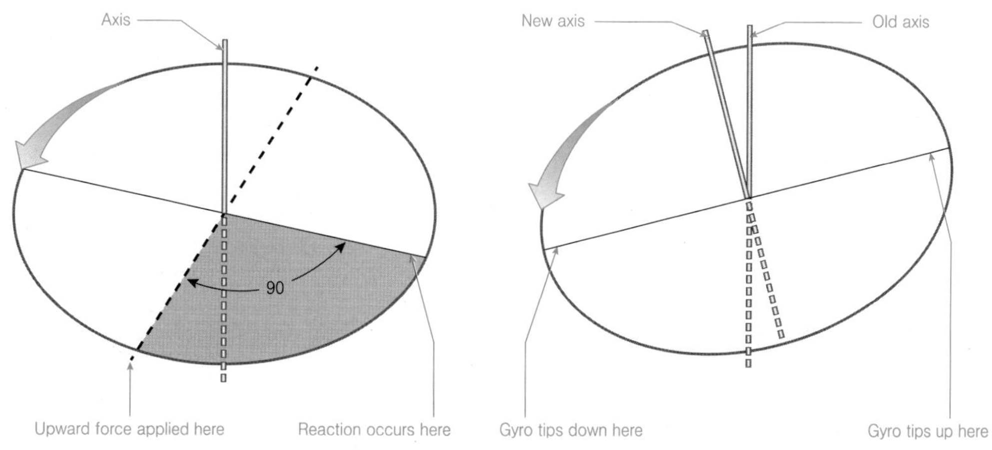

[그림 2-27 자이로스코프 세차운동의 원리]

헬리콥터의 급회전 주 회전날개(Spinning Main Rotor)는 자이로스코프(Gyrosmpe)처럼 작용한다. 즉 힘이 이러한 물체에 가해졌을 때 급회전물체의 합력작용 또는 편향이 된다. 그림 2-27과 같이, 이러한 작용은 힘이 가해진 지점으로부터 회전의 방향으로 거의 90°로 일어난다. 이 원리로 인해 주 회전날개의 끝 통과면(Tip Path Plane)은 수평면으로부터 기울어지게 된다.

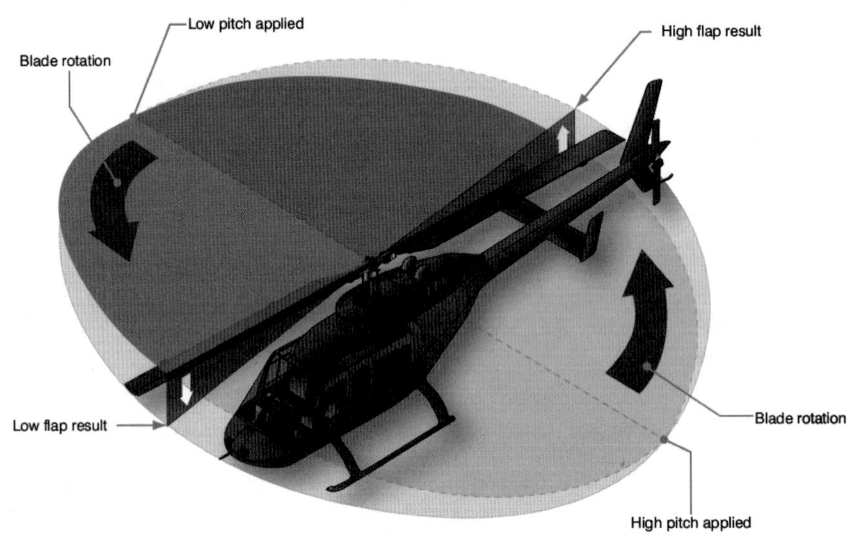

[그림 2-28 자이로스코프 세차운동]

자이로스코프의 세차운동(Gyroscopic Precession)이 끝 통과면(Tip Path Plane)의 움직임에 영향을 주는지를 보기위해 두 날개깃식 회전날개장치(Two-Bladed Rotor System)를 분석하였다. 주기적 피치 조종장치(Yclic Pitch Control)를 움직이는 것은 더욱 큰 양력이 회전면에 가해진 결과로서 하나의 회전날개의 받음각을 증가시킨다. 이러한 동일한 조종운동은 동일한 양으로 다른 날개깃의 받음각을 감소시키므로 양력은 감소하도록 회전면에 작용한다. 증가된 받음각의 날개깃은 위로 퍼덕거리려는 경향이 있고, 감소된 받음각의 날개깃은 아래로 퍼덕거리려는 경향이 있다. 회전날개 디스크(Rotor Disk)는 자이로처럼 작용하기 때문에 날개깃은 회전면에 약 90° 이후 지점에서 최대편향(Maximum Deflection)에 도달한다. 그림 2-28에서는 보여준 것처럼 최대편향은 날개깃이 따로따로 앞쪽과 뒤쪽에 있을 때 약 90° 이후에 일어나기 때문에 끝 통과면(Tip Path Plane)의 앞쪽방향으로 기울어진다. 따라서 후퇴 날개깃 받음각은 증대되고 전진 날개깃 받음각은 감소된다. 두 날개깃식 회전날개장치에서 주기적 피치 조종 장치의 움직임은 더 큰 양력이 회전면에 가해진 결과로서 한쪽 회전날개깃의 받음각을 증대시킨다. 이 동일한 조종장치 움직임은 동시에 같은 양이므로 회전면에 가해진 양력을 감소시켜 다른 날개깃의 받음각을 감소시킨다. 증가된 받음각으로서 날개깃은 올리려는 경향이 있고, 감소된 받음각으로서 날개깃은 내리려는 경향이 있다.

세 날개깃식 회전날개(Three-Blade Rotor)에서 받음각의 최대 증가와 최대감소가 두 날개깃식 회전날개와 동일한 지점을 지나고 있다. 이때 끝 통과면(Tip Path Plane)의 앞쪽방향으로 기울이는 주기적 피치 조종장치의 움직임은 최종결과가 동일한 것이도록 적절한 양으로 각각의 날개깃의 받음각을 바꾼다. 각각의 날개깃이 왼쪽의 90° 위치를 지날 때 받음각의 최대증가가 일어난다. 각각의 날개깃이 오른쪽의 90° 위치를 지날 때 받음각의 최대감소가 일어난다. 최대 편향(Maximum Deflection)은 뒤쪽에서 최대 위쪽방향 편향(Maximum Upward Deflection) 그리고 앞쪽에서 최대 아래쪽방향 편향(Maximum Downward Deflection)으로 90° 더 늦게 일어나고, 끝 통과면(Tip Path Plane)은 앞쪽 방향으로 기운다.

17 헬리콥터 비행 상태(Helicopter Flight Conditions)

정비일반

1. 정지 비행(Hovering Flight)

[그림 2-29 일정한 고도에서 호버를 유지하는 조건]

공중정지비행 시, 헬리콥터는 보통 지면 위에 선택된 지점 위에서 정위치를 유지한다. 그림 2-29와 같이 하늘에 멈춰 떠 있기 위한 헬리콥터에서 회전날개장치에 의해 발생한 양력과 추력은 수직 위쪽으로 작용하고 수직 아래쪽으로 작용하는 무게와 항력이 같아야 한다. 공중정지하기 동안에 주 회전날개 추력은 공중정지 고도를 유지하기 위해 변화될 수 있다. 이것은 콜렉티브 피치(Collective Pitch)를 움직여서 회전날개깃의 입사각을 변경하여 적용할 수 있다. 받음각을 변경하는 것은 회전날개의 항력을 변경하고 엔진에 의한 동력은 일정한 회전날개속도를 유지하도록 변경해야 한다.

지탱되어야 하는 무게는 헬리콥터와 탑승자의 전체 무게이다. 만약 양력이 실제의 무게보다 더 크다면 헬리콥터는 상승력이 고도를 얻는 무게와 같을 때까지 위쪽방향으로 가속하고, 만약 추력이 무게보다 작다면, 헬리콥터는 아래쪽방향으로 가속한다. 지면 근처에서 작동할 때는 지면의 근접 효과 때문에 다소 차이가 있다.

공중정지하기 헬리콥터의 항력은 주로 날개깃이 양력을 발생시키고 있는 동안 초래된 유도항력이다. 그러나 공기 속에서 회전할 때 날개깃에 일부 형상항력이 있다. 여기서 항력은 유도항력과 형상항력 모두를 포함한다.

1. 평행 이동 또는 편류 경향(Translating Tendency or Drift)

그림 2-30과 같이, 공중정지비행 시 단일 주 회전날개 헬리콥터는 편류 하려는 경향이 있거나 또는 꼬리 회전날개의 추력 방향으로 이동하려는 경향이 있다. 이 편류 경향(Drifting Tendency)은 평행 이동 경향(Translating Tendency)이라고 부른다.

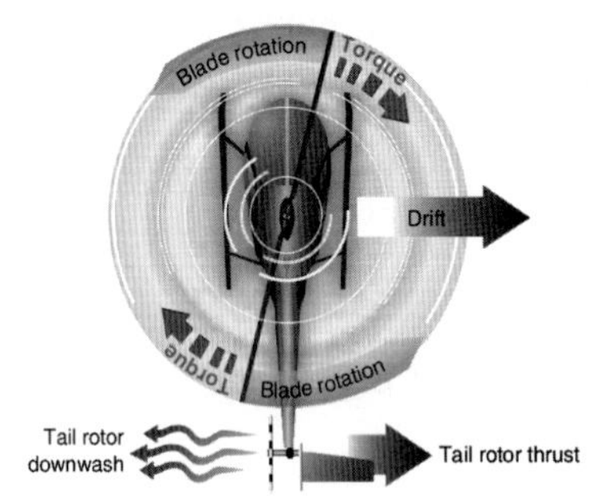

[그림 2-30 테일 로터는 토크 반대 방향으로 추력을 생성하도록 설계됨]

이 편류를 방해하기 위해 다음과 같은 방법이 사용되는데 모든 예는 주 회전날개장치를 반시계방향으로 회전하는 방법이다.

① 주변속기는 회전날개가 꼬리 회전날개 추력에 반대하기 위해 붙박이 경사를 갖도록 뒤에서 보았을 때 왼쪽으로 약간의 각을 주어 설치된다.

② 비행 조종장치는 회전날개 디스크가 회전할 때 약간 오른쪽으로 기울어져 있도록 조립하거나 조절할 수 있다.

③ 만약 변속기가 로터축이 동체에 대하여 수직이 되도록 설치된다면 헬리콥터 공중정지비행 시 근소한 미끄럼 효과를 발생시킨다.

④ 전진비행에서 꼬리 회전날개는 오른쪽으로 밀어주도록 지속하고 헬리콥터의 회전날개는 수평일 때 슬립 볼(Slip Ball)이 중간에 있으면 바람에 작은 각도를 만든다. 이것은 고유한 옆으로 미끄러짐(Sideslip)이라고 부른다.

2. 지면 효과(Ground Effect)

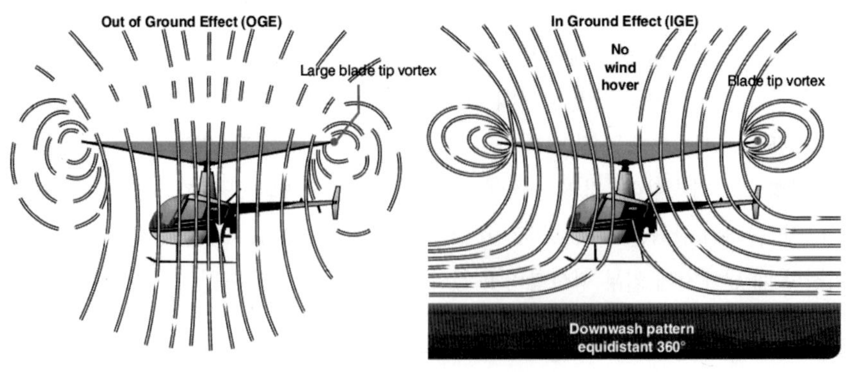

[그림 2-31 OGE를 가리킬 때와 IGE를 가리킬 때의 공기 순환 패턴 변경]

지면 근처에서 공중정지비행 때, 지면효과(Ground Effect)라고 알려진 현상이 일어난다. 이 효과는 보통 표면과 표면 위쪽으로 거의 1개의 회전날개직경 사이의 높이에서 일어난다. 지면의 마찰은 회전날개에서

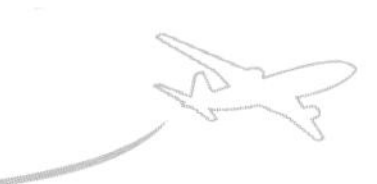

날개가 밑으로 밀어젖히는 공기로 인해 헬리콥터로부터 바깥쪽방향으로 이동하게 한다. 회전날개 디스크를 통한 유도 공기흐름이 표면마찰에 의해 감소되었을 때 양력벡터는 증가한다. 유도항력을 줄이는 이것은 동일한 양력에 대해 더 낮은 회전날개각도를 허용한다. 지면효과는 또한 양력을 생성하는 날개깃의 더 넓은 부분을 만드는 세류(Down-Wash)와 바깥쪽방향 공기흐름으로 인하여 날개깃끝(Blade Tip) 와류의 생성을 제한한다. 헬리콥터가 전진대기 속도 없이 수직으로 고도를 늘릴 때 유도된 공기흐름은 더 이상 제한되지 않고 날개깃끝 와류는 바깥쪽방향 공기흐름의 감소에 반대하여 증가한다. 이 결과로서 더 고피치각을 의도하는 항력은 증가하고 더 많은 동력은 회전날개를 통해 아래쪽으로 공기를 이동하는 것이 필요하다.
그림 2-31과 같이 지면효과는 고정된 매끄러운 표면 위에 무풍상황에서 지면효과의 최대량을 갖는다. 회전날개끝 와류에서 증가의 원인이 되며 지면의 거친 형태나 해수면 등의 표면 형태에 따라 변화된다.

3. 코리올리 효과(Coriolis Effect(Law of Conservation of Angular Momentum))

코리올리 효과(Coriolis Effect)는 각운동량(Angular Momentum) 보존의 법칙으로 적용된다. 이는 회전체의 각운동량의 값은 외력이 가해지지 않는 한 변하지 않는다는 것이다. 다시 말해 회전체는 어떤 외력이 회전의 속도를 변경하도록 가해졌을 때까지 동일한 회전속도로 돌아가는 것을 지속한다.
각운동량은 회전의 속도로서 곱해진, 질량×[회전의 중심에서 거리]^2, 관성모멘트(Moment Of Inertia)이다. 각가속도(Angular Acceleration)와 각감속도(Angular Deceleration)로 알려진 각속도(Angular Velocity)에서 변화는 회전체의 질량이 회전의 축에 더 가깝게 이동하려 할 때, 또는 더 멀리 떨어지려 할 때 일어난다. 회전질량의 속도는 반지름의 제곱에 비례하여 증가하거나 또는 감소한다.
이 원리의 훌륭한 예로서 스케이트를 타는 사람의 급회전이 있다. 스케이터는 다른 쪽 다리와 양쪽 팔은 펼치고 발 하나로 회전을 시작한다. 스케이터의 몸의 회전은 비교적 느리다. 스케이터가 안쪽방향으로 양쪽 팔과 한쪽 다리를 끌어당길 때, 관성모멘트(질량×반지름^2)는 더 많이 작아지게 되고 몸은 눈이 따라가는 것 보다 더 빠르게 회전하고 있다.

2. 수직 비행(Vertical Flight)

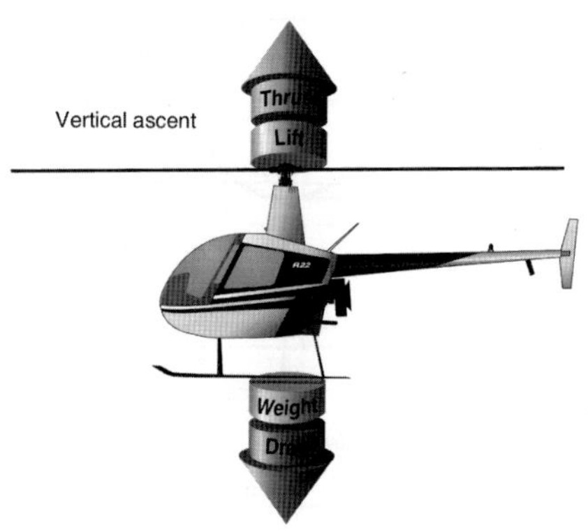

[그림 2-32 수직비행]

그림 2-32와 같이 공중정지비행은 실제로 수직비행의 요소이다. 일정한 회전속도를 유지하는 동안 회전날개, 즉 피치의 받음각을 증가시키면 추가적인 양력을 발생시켜 헬리콥터는 상승한다. 피치를 감소시키면 헬리콥터는 하강한다.

3. 전진 비행(Forward Flight)

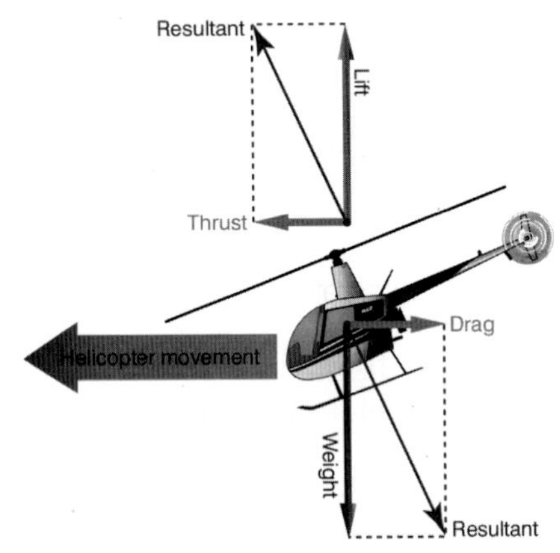

[그림 2-33 전진 비행]

그림 2-33과 같이 대기속도 또는 수직속도에 변화 없이 정속 전진 비행(Steady Forward Flight)에서 양력, 추력, 항력, 무게의 4가지 힘은 균형이 잡혀있어야 한다. 끝 통과면(Tip Path Plane)이 앞쪽방향으로 기울어졌을 때 전체양력-추력 또한 앞쪽방향으로 기울어진다. 이 합성 양력-추력은 2가지 성분으로 분석되는데, 수직 위쪽방향으로 작용하는 양력과 비행의 방향에서 수평으로 작용하는 추력이다. 양력과 추력에 추가하여 아래쪽방향으로 작용력은 무게와 공기를 통과하는 에어포일의 운동에 정반대의 힘인 항력이 있다.

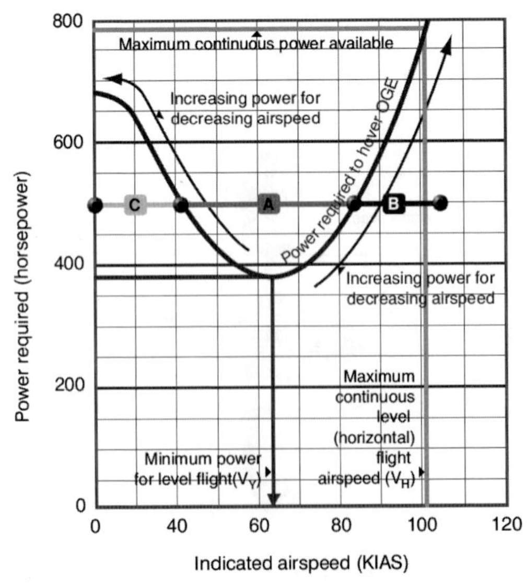

[그림 2-34 전진 비행 시 도표]

그림 2-34와 같이 일정한 비행방향과 일정한 고도의 직선수평(Traight-And-Level), 비가속 전진비행(Unaccelerated Forward Flight)에서, 양력은 무게와 같고 추력은 항력과 같다. 만약 양력이 무게를 넘어선다면, 헬리콥터는 힘의 균형이 잡혀있을 때까지 수직으로 가속하고, 만약 추력이 항력보다 작다면, 헬리콥터는 힘의 균형이 잡혀 있을 때까지 속력을 늦춘다. 헬리콥터가 앞쪽방향으로 이동할 때, 양력은 추력이 앞쪽방향으로 전환되었을 때 상실되기 때문에 고도를 상실하기 시작한다. 그러나 헬리콥터가 가속하기 시작할 때 회전날개는 증가된 공기흐름으로 인하여 더 효율적이게 된다. 지속적인 가속은 회전날개 디스크를 통한 공기흐름의 더 큰 증가를 위해 더 많은 잉여동력을 필요로 한다.

비가속비행을 유지하기 위해서 조종사는 동력 또는 순환 이동에서 어떤 변화도 일으키지 않아야 한다.

1. 전이 양력(Translational Lift)

방향 비행의 결과로서 일어나는 개선된 회전날개 효율(Rotor Efficiency)을 전이 양력(Translational Lift)이라고 부른다. 공중정지회전 날개장치의 효율은 항공기 또는 지상풍(Surface Wind)의 수평이동에 의해 얻어진 유입된 바람으로 인해 더 크게 개선된다. 유입된 바람이 항공기 이동에 의해 생성되었거나 지상풍이 회전날개장치에 들어올 때 난류와 와류는 뒤에 남고 공기의 흐름은 더욱 수평적이 된다.

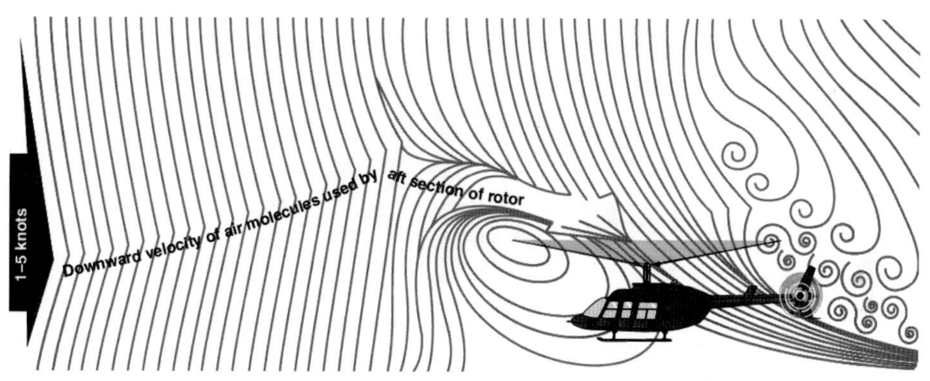

[그림 2-35 전진비행 1～5 [노트]의 기류 패턴]

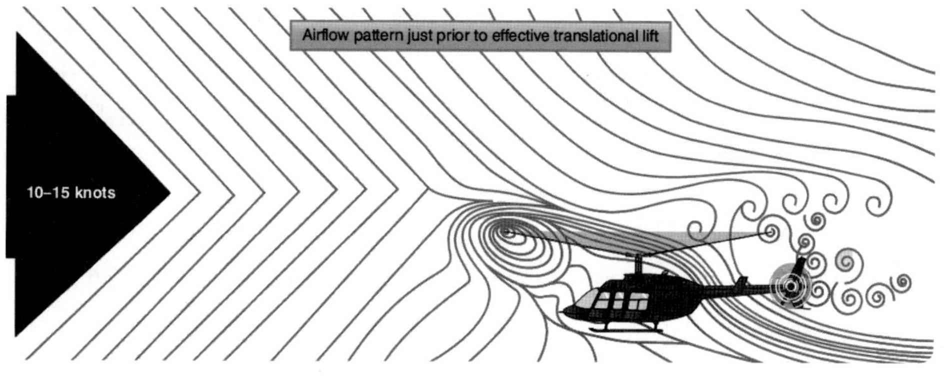

[그림 2-36 10～15 [노트] 속도의 기류 패턴]

꼬리 회전날개는 공중정지비행에서 전진 비행 시 공기역학적으로 더욱 효율적이다. 꼬리 회전날개를 점진적으로 적은 난류에서 작동시킬 때 반시계방향 주 회전날개 선회로 항공기의 기수가 왼쪽으로 벗어나게 하면서 개선된 효율은 더 많은 반토크 추력을 발생시킨다.
그리고 이에 대응하여 꼬리 회전날개깃에서 받음각이 감소하도록 오른쪽 페달을 작동시키도록 조종사에게 작동하게 한다. 그림 2-35와 그림 2-36에서는 서로 다른 속도에서 공기흐름 형태에 따라 꼬리 회전날개의 효율에 어떻게 영향을 주는지를 보여준다.

2. 유효 전이 양력(ETL : Effect Translational Lift)

대략 16~24[knots]에서 전진비행으로 전이하는 동안 헬리콥터는 유효 전이 양력(Effective Translational Lift)을 경험한다. 전이 양력은 회전날개가 전진대기속도가 증가할 때 더욱 효율적이다. 16~24[knots] 사이에 회전날개장치는 이전 와류의 재순환보다 완전히 빨라지고 비교적 방해받지 않은 공기에서 작동하기 시작한다. 회전날개장치를 통과한 공기의 흐름은 더욱 수평적으로 되고 유도흐름과 유도항력은 줄어든다. 회전날개장치가 더욱 효율적으로 동작하게 만드는 받음각은 계속해서 증대된다. 이러한 증가된 효율은 최상의 상승 대기속도에 도달할 때까지 그리고 전체 항력이 가장 낮은 지점에 도달할 때까지 증가된 대기속도로 이어진다.

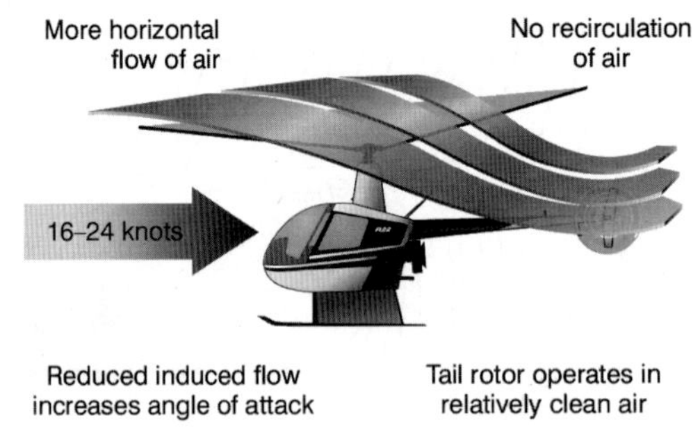

[그림 2-37 실제 비행에서 효율적인 전이 양력]

그림 2-37과 같이 속도가 증가할 때, 기수가 위로 올라가거나 앞뒤로 흔들리고 항공기가 오른쪽으로 좌우로 흔들리는 전이 양력은 더욱 효율적이게 된다. 양력의 비대칭 결합효과, 자이로스코프 세차운동(Gyrosmpic Precession), 횡방향 흐름효과(Transverse Flow Effect)는 이런 경향의 원인이 된다. 헬리콥터가 유효 전이 양력을 통해 전이하고 있을 경우 조종사는 앞쪽방향으로 작동시키고 정속 회전날개 디스크(Constant Rotor Disk) 자세를 유지하기 위해 측면 순환 입력(Lateral Cyclic Input)을 중지하는 것이 필요하다.

3. 양력의 비대칭(Dissymmetry of Lift)

양력의 비대칭(Dissymmetry)은 각각의 절반의 영역에 서로 다른 바람유속에 의해 일으켜진 회전날개 디스크의 전진부(Advancing Halves)와 후진부(Retreating Halves) 사이에 동일하지 않은 양력이 발생하는 것이다. 양력의 대칭을 얻기 위해 이렇게 같지 않은 양력을 보정하기(Compensating), 교정하기(Correcting) 또는 배제하기(Eliminating)의 수단이 필요하다.

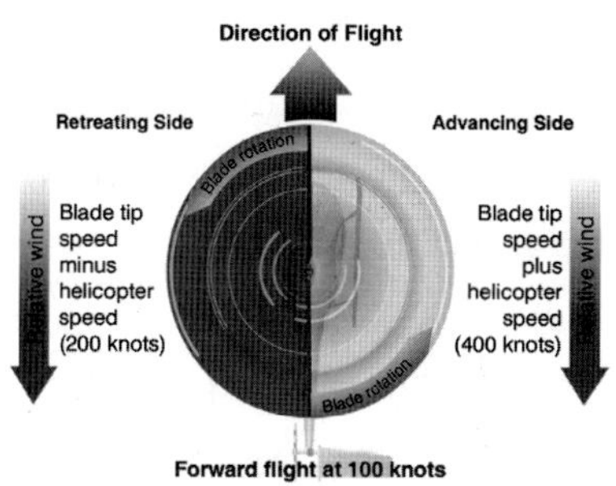

[그림 2-38 헬리콥터의 블레이드 팁 속도가 약 300 [노드]일때]

그림 2-38과 같이 헬리콥터가 공기를 지나서 이동할 때 주 회전날개 디스크를 통과한 상대적 공기흐름은 후진 쪽과 전진 쪽이 다르다. 전진날개깃에 의해 마주친 상대풍은 헬리콥터의 전진속도에 의해 증대되는 반면 후퇴날개깃에 작용하는 상대풍은 헬리콥터의 전진 대기속도에 의해 줄어든다. 따라서 상대풍속의 결과로 회전날개 디스크의 전진날개깃 쪽은 후퇴날개깃 쪽보다 더 많은 양력을 생성한다.

이러한 상황에서 반시계방향으로 주 회전날개깃 회전에 따라 헬리콥터는 양력의 차이 때문에 왼쪽으로 좌우로 흔들리게 될 것이다. 주 회전날개깃은 회전날개 디스크의 전역에서 양력을 동등하게 하도록 자동적으로 위아래로 퍼덕거리고 수평으로 젓는다(Feather). 보통 3개 이상 날개깃을 가지고 있는 관절형 회전날개 방식은 개개의 회전날개깃이 움직이게 하도록, 또는 그들이 회전할 때 위로 또는 아래로 퍼덕거리는(Flap), 수평힌지, 즉 플래핑 힌지(Flapping Hinge)를 적용한다. 날개깃이 단일체처럼 퍼덕거리게 하는 반고정형 회전날개방식, 즉 2개의 날개깃은 테터링 힌지(Teetering Hinge)를 활용한다. 한쪽 날개깃이 위로 퍼덕거릴 때 다른 쪽 날개깃은 아래로 퍼덕거린다.

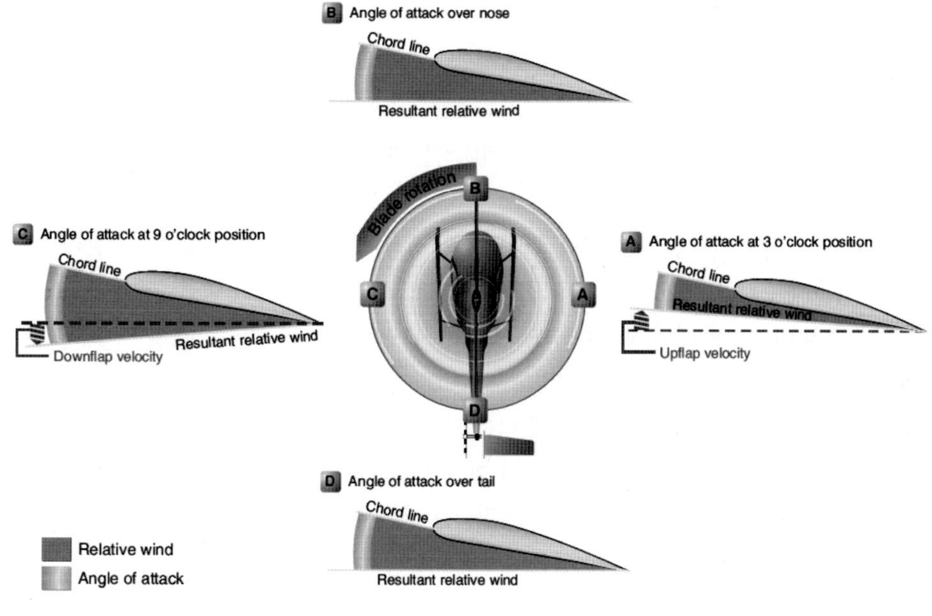

[그림 2-39 후퇴 블레이드의 상하 플래핑 결합]

그림 2-39의 A에서 보여준 것과 같이 회전날개깃(Rotor Blade)이 회전날개 디스크의 전진 쪽에 도달할 때 그것은 최대 상향 플래핑 속력(Maximum Upward Flapping Velocity)에 도달한다. 날개깃이 위쪽방향으로 퍼덕거릴 때, 시위선과 합성 상대풍(Resultant Relative Wind) 사이에 각도는 감소한다. 날개깃에 의해 일으켜진 양력의 양을 줄여 받음각을 감소시킨다.

위치 C에서 회전날개깃은 그것의 최대 하양 플래핑 속력(Maximum Downward Flapping Velocity)으로 있다. 하향 플래핑으로 인하여 시위선과 합성 상대풍 사이에 각도는 증가한다. 이것은 받음각을 증가시키고 양력을 발생하게 한다. 후퇴날개깃에 작용하는 날개깃 플래핑과 느린 상대풍의 조합은 정상적으로 헬리콥터의 최대 전진속도를 제한 한다. 고전진속도에서 후퇴날개깃은 고받음각과 느린(Slow) 상대풍으로 인하여 실속을 발생시킨다. 이 상황을 "후퇴날개깃 실속(Retreating Blade Stall)"이라고 부르며, 기수 올림 피치(Nose Up Pitch), 진동 그리고 보통 반시계방향 날개깃 회전으로 헬리콥터에서 왼쪽으로, 롤링 경향에 의해 입증된다.

양력의 비대칭에 대해 보상하기 위해 회전날개깃의 공력 플래핑 시 전진날개깃은 기수 위에서 최대상향 플래핑 변위(Maximum Upward Flapping Displacement)를 이루고 미익부에서 최대하향 플래핑 변위(Maximum Downward Flapping Displacement)를 이룬다. 이는 끝 통과면(Tip Path Plane)으로 하여금 뒤쪽으로 기울어지게 하고 블로우백(Blowback)이라고 부른다.

[그림 2-40 블로우 백을 보상하려면 사이클을 앞으로 이동]

그림 2-40에서는 어떻게 회전날개 디스크가 최초에 초기순환입력에 따르는 정면 아래로 향하게 되는지 보여준다. 대기속도가 얻어졌고 플래핑이 양력의 비대칭을 제거할 때 디스크의 정면은 오르고 디스크의 뒤쪽은 내려간다.

회전날개 디스크의 방향전환은 전체 회전날개 추력이 작용하는 곳에서 방향을 변경하는데 헬리콥터의 전진속도는 속력을 늦추지만 순환입력으로 교정될 수 있다. 조종사는 그들이 회전날개 디스크의 자세를 제어하게 하는 양력의 비대칭에 대해 보상하도록 주기적 페더링(Cyclic Featiiering)을 사용한다.

주기적 페더링은 다음과 같이 받음각을 변경하는 양력의 비대칭에 대해 보상한다. 공중정지에서 같은 양력은 평행이동경향(Translating Tendency)에 대한 보상을 무시하는 회전날개장치에서 같은 피치, 모든 날개깃에 같은 받음각 그리고 모두 같은 지점에서 회전날개장치 주위에서 생성된다.

회전날개 디스크는 수평선에 평행한 것이다. 추진력을 발생시키기 위해 회전날개 장치는 움직임이 요구된 방향으로 기울어져야 한다. 주기적 페더링은 회전날개장치 주위에 차별적으로 입사각을 변경한다.

전방순환이동은 다른 부분에서 각도를 증가하는 동안 회전날개장치에 한 부분에서 입사각을 감소시킨다.

기수 위에 날개깃의 최대하향 플래핑과 미익부 위에 날개깃의 최대상향 플래핑은 앞쪽방향으로 회전날개 디스크와 추력벡터를 기울인다. 발생한 블로우백을 방지하기위해 조종사는 헬리콥터의 속력이 증가할 때 앞쪽방향으로 순환하는 것을 끊임없이 움직여야 한다.

그림 2-40에서는 순환이 증가된 대기속도에서 앞쪽방향으로 움직였을 때 피치각의 변화를 보여준다. 공중정지에서 순환은 전진날개깃과 후퇴날개깃의 피치각은 동일한 것이다. 저전진속도에서 앞쪽방향으로 순환하는 것을 움직이기는 전진날개깃에 피치각을 줄이고 후퇴날개깃에 피치각을 증대한다. 이것은 약간의 회전날개 경사의 원인이 된다. 고전진속도에서 조종사는 앞쪽방향으로 순환하는 것을 이동하기 위해 지속해야 한다. 이것은 전진날개깃에 피치각을 더욱 줄이고 후퇴날개깃에 피치각을 더욱 증대시킨다.

결과적으로 더 저속에서보다 회전날개에 한층 더 많은 경사가 지게 된다. 이러한 수평양력성분, 즉 추력은 더 고속의 속도를 발생시킨다.

더 고속은 양력의 대칭을 유지하기 위해 날개깃 플래핑을 유발한다. 플래핑과 주기적 페더링의 조합은 양력의 대칭과 회전날개장치 및 헬리콥터에 원하는 자세를 유지한다.

정비일반

4. 자동회전(Auto-Rotation)

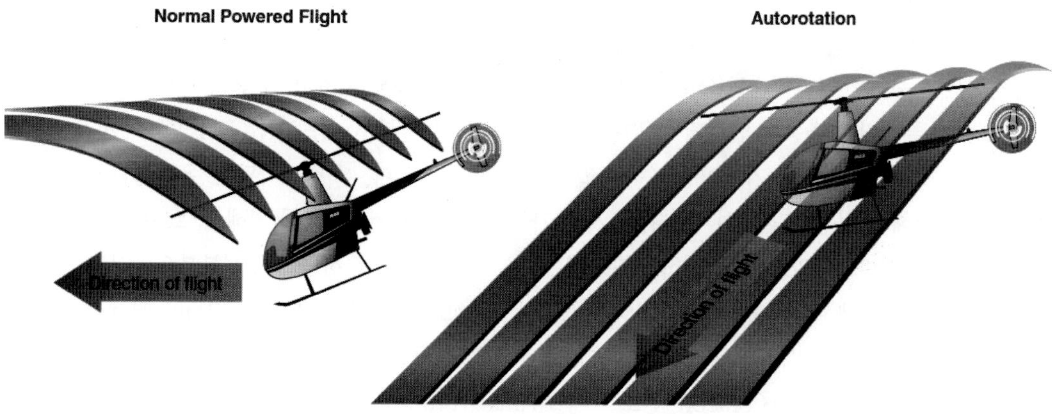

[그림 2-41 자동 회전 중에 상대 바람의 상향 흐름]

그림 2-41과 같이 자동회전(Auto Rotation)은 헬리콥터의 주 회전날개장치가 회전날개를 가동하는 엔진동력보다 오히려 회전날개를 통해 위쪽으로 이동하는 공기의 작용에 의해 회전하는 비행 상태이다. 동력비행 시 공기는 위쪽으로부터 주 회전날개장치에 말려들고 아래쪽 방향으로 배출되지만, 자동회전 시 공기는 헬리콥터가 내려갈 때 아래쪽으로부터 회전날개장치 안으로 위쪽으로 이동한다.

자동회전은 비록 엔진이 동작하고 있지 않는다고 할지라도 주 회전날개가 선회를 지속하게 하는 특별한 클러치장치(Clutch Mechanism)인, 자유회전 장치(Freewheeling Unit)에 의해 기계적으로 가능케 된다.

만약 엔진이 고장 난다면 자유회전 장치(Freewheeling Unit)는 자동적으로 주 회전날개가 자유롭게 회전하게 한다. 이는 헬리콥터가 만약 엔진이 파손된 경우 안전하게 착륙시킬 수 있는 장치이다.

18 회전익 항공기 제어(Rotorcraft Controls)

1. 경사판(Swash Plate Assembly)

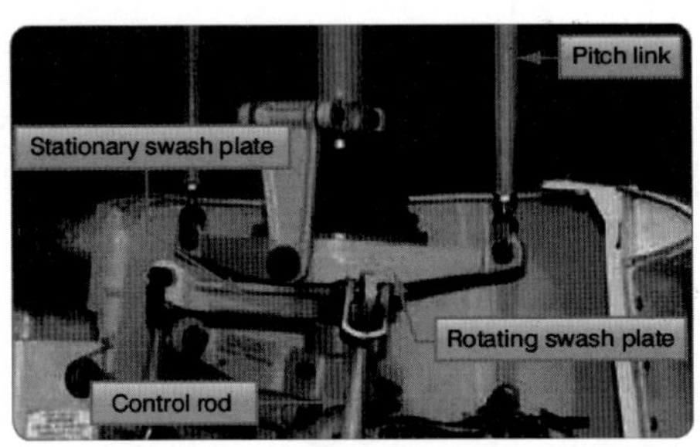

[그림 2-42 고정 및 회전경사판]

그림 2-42와 같이 경사판(Swash Plate)의 목적은 콜렉티브조종(Collective Control)과 주기적조종(Cyclic Control)으로부터 주 회전날개깃으로 조종입력을 전달하는 것이다. 그것은 2개의 주부품으로 이루어지는데, 고정경사판(Stationary Swash Plate)과 회전경사판(Rotating Swash Plate)이다.

고정경사판은 주 회전날개마스트(Main Rotor Mast) 주위에 설치되어 있고, 일련의 푸시로드(Pushrod)로서 주기 조종과 콜렉티브 조종에 연결되어 있다. 이는 가동방지연결부(Anti-Drive Link)에 의한 회전하기에서 억제되지만 모든 방향으로 기울어질 수 있고 수직으로 움직인다. 회전경사판은 유니볼슬리브(Uni-Ball Sleeve) 에 의해 고정경사판에 설치된다. 그것은 가동연결부(Drive Link)에 의해 마스트(Mast)에 연결되어 지고 주 회전날개마스트와 함께 회전하도록 허용된다. 양쪽 경사판은 하나의 구성부분으로서 기울어지고 위와 아래로 미끄러지게 한다. 회전경사판은 피치 연결부(Pitch Link)에 의해 피치혼(Pitch Horn)에 연결된다.

헬리콥터에는 조종사가 비행 시에 사용해야 하는 3가지의 주요 조종이 있다. 이는 콜렉티브 조종(Collective Control), 주기적 조종(Yclic Control), 반토크 페달(Anti-Torque Pedal) 또는 꼬리 회전날개 조종(Tail Rotor Control) 이다. 3가지 주요 조종에 추가하여 조종사는 헬리콥터를 비행하기위해 콜렉티브 조종에 직접 설치된 스로틀 조종장치(Throttle Control)를 사용해야 한다.

2. 콜렉티브 피치 조종(Cdlective Pitch Control)

콜렉티브 피치 조종(Collective Pitch Control)은 조종사 좌석의 왼쪽에 위치하고 왼손으로 동작한다.

콜렉티브는 이름에서 의미하듯이 동시에 또는 공동으로 모든 주 회전날개깃의 피치각(Pitch Angle)에 변화를 주기 위해 사용한다. 콜렉티브 피치조종이 끌어올려졌을 때 모든 주 회전날개깃의 피치각은 동시에 똑같이 증가하고, 내려갔을 때 피치각은 동시에 똑같이 감소한다. 그림 2-43과 같이 이것은 일련의 기계식 장비를 통해 이루어지고 콜렉티브 레버(Collective Lever)의 움직임의 양은 날개깃 피치변화의 양을 결정한다. 가변 마찰 제어(Adjustable Friction Control)는 부주의한 콜렉티브 피치 움직임을 방지하는 데 도움을 준다.

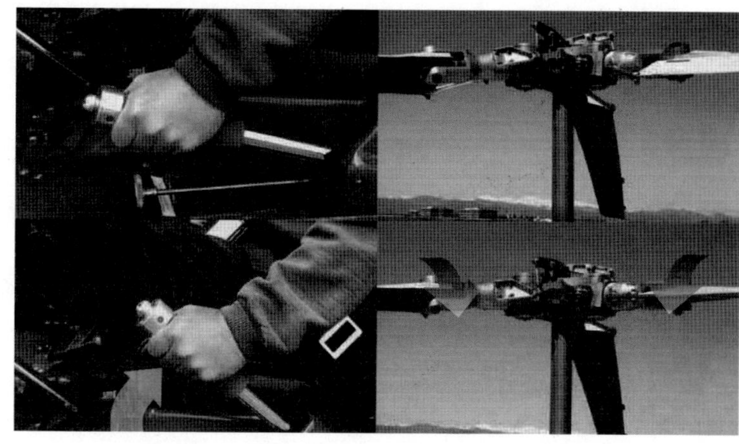

[그림 2-43 전체 피치 컨트롤을 높이면 피치 각도가 증가]

3. 스로틀 조종(Throttle Control)

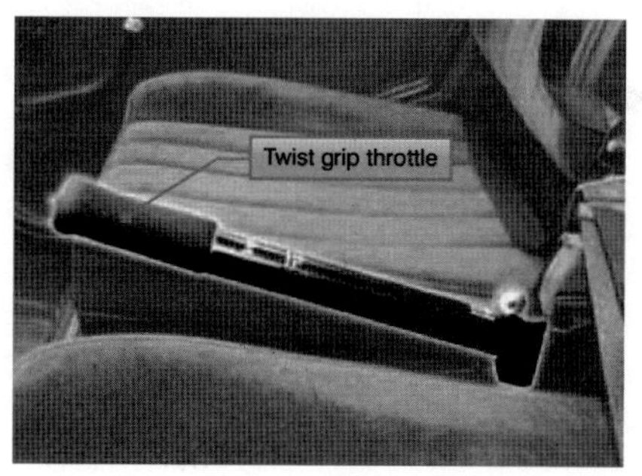

[그림 2-44 트위스트 그립 스로틀은 일반적으로 끝에 장착]

그림 2-44 스로틀의 기능은 엔진회전수를 조절하는 것이다. 만약 상관기 장치(Correlator System) 또는 조속기 장치(Governor System)가 콜렉티브가 끌어올려지거나 또는 내려졌을 때 요구된 rpm을 유지하지 못한다면, 또는 만약 이들 시스템이 장착되지 않았다면 스로틀(Throttle)은 rpm을 유지하기 위해 비틀어서 가속기를 조작하는 트위스트 그립(Twist Grip)으로 수동 조작해야 한다. 스로틀 조종장치는 마치 모터사이클 스로틀과 아주 유사하고 거의 같은 방식으로 작동하는데, 왼쪽으로 스로틀을 비틀면 rpm은 증가하고, 오른쪽으로 스로틀을 비틀면 rpm은 감소한다.

4. 조속기/상관기(Govemor/Correlator)

조속기(Governor)는 회전날개의 엔진회전수를 감지하는 감지장치(Sensing Device)이고 일정한 회전날개회전수를 유지하기 위해 필요한 조정(Adjustment)을 한다. 회전날개회전수가 정상 작동일 때 조속기는 일정한 rpm을 유지하고 어떤 스로틀 조정이라도 만들어 줄 필요가 없다. 조속기는 그것이 터빈엔진의 연료제어계통의 기능이 있을 때, 모든 터빈헬리콥터에서 사용되며 일부 피스톤 동력 헬리콥터에서 사용된다.

상관기(Correlator)는 콜렉티브 레버(Collective Lever)와 엔진 스로틀 사이의 기계식 연결이다. 콜렉티브 레버가 끌어올려졌을 때 동력은 자동적으로 증대되고 내려갔을 때 동력은 감소한다. 이 시스템은 목표값에 근접한 rpm을 유지하지만 정밀함을 위해 스로틀의 조정을 여전히 요구한다.

일부 헬리콥터는 상관기 또는 조속기를 갖추고 있지 않고 모든 콜렉티브 이동(Collective Movement)과 스로틀 이동(Throttle Movement)의 일치를 필요로 한다. 콜렉티브가 끌어올려졌을 때 스로틀은 증가되어야하고, 콜렉티브가 내려가졌을 때 스로틀은 감소되어야 한다.

피스톤 헬리콥터에서, 콜렉티브 피치는 매니폴드 압력(Manifold Pressure)에 대해 1차 조종장치이고 스로틀은 rpm에 대해 1차 조종장치이다. 그러나 콜렉티브 피치조종 또한 rpm에 영향을 주고, 스로틀 또한 매니폴드 압력에 영향을 준다. 따라서 각각 기능은 2차 조종장치(Secondary Control)인 것으로 간주된다. 회전속도계(Tachometer), 즉 회전수 지시계(Rpm Indicator)와 매니폴드 압력계(Manifold Pressure Gauge) 모두는 적절한 사용을 결정하기위해 분석되어야 한다. 표 2-1에서는 이들의 관계를 보여준다.

[표 2-1 매니 폴드 압력, rpm, 콜렉티브 및 스로틀의 관계]

매니 폴드 압력	and rpm is	스로틀의 관계
LOW	LOW	스로틀을 늘리면 매니 폴드 압력과 rpm이 증가
HIGH	LOW	전체 피치를 낮추면 매니 폴드 압력이 감소하고 rpm이 증가
LOW	HIGH	전체 피치를 높이면 매니 폴드 압력이 증가하고 rpm이 감소
HIGH	HIGH	스로틀을 줄이면 매니 폴드 압력과 rpm이 감소

5. 주기적 피치 조종(Cyclic Pitch Control)

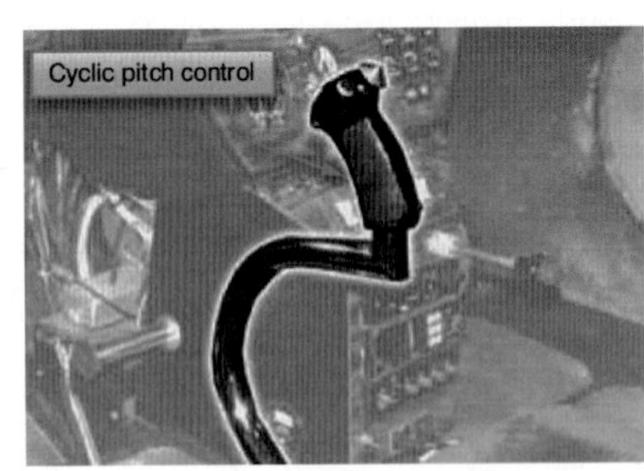

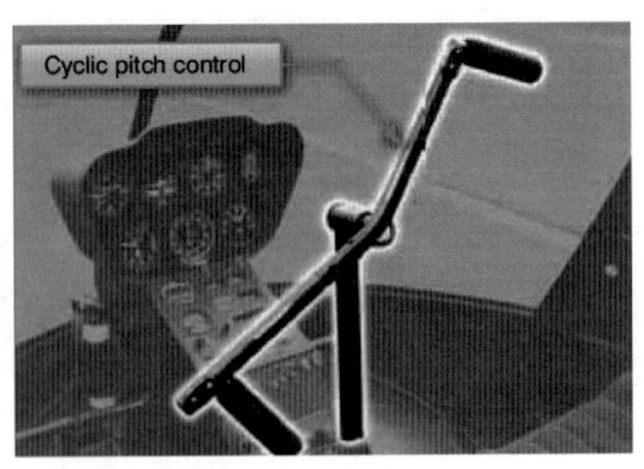

[그림 2-45 주기적 피치 컨트롤은 수직으로 장착 가능]

그림 2-45와 같이 주기적 피치 조종장치(Cyclic Pitch Control)는 조종사의 다리 사이에 또는 일부 헬리콥터에서는 2명의 조종사 좌석사이의 조종석 바닥에 수직으로 설치된다.

이는 1차 비행조종장치(Primary Flight Control)로서 조종사가 어떤 수평의 방향, 전후, 옆쪽으로 헬리콥터를 비행하게 한다. 전체양력은 항상 주 회전날개의 끝 통과면(Tip Path Plane)에 수직으로 발생한다.

주기적 피치 조종장치의 목적은 원하는 수평 방향으로 끝 통과면(Tip Path Plane)을 기울이는 것이다. 주기적 조종(Cyclic Control)은 이 힘의 방향을 바꾸고 헬리콥터의 자세와 대기 속도를 제어하는 것이다.
회전날개 디스크는 주기적 피치 조종장치가 움직이는 같은 방향으로 기운다. 만약 앞쪽방향으로 움직인다면, 회전날개 디스크는 앞쪽 방향으로 기운다.
만약 뒤쪽방향으로 움직인다면 회전날개 디스크는 뒤쪽방향으로 기운다. 회전날개 디스크는 자이로처럼 작용하기 때문에 주기적 조종간(Cyclic Control Rod)에 대한 기계식 연동장치(Mechanical Linkage)는 회전날개 디스크 주기적 변위(Cyclic Displacement)의 방향에 도달하기 전에 회전날개깃 약 90°의 피치각을 감소시키고 회전날개 디시크의 주기적 변위(Cyclic Displacement)의 방향을 지나친 후에 회전날개깃 약 90°의 피치각을 증대하는 방식으로 작동한다.

6. 반 토크 페달(Anti-torque Pedals)

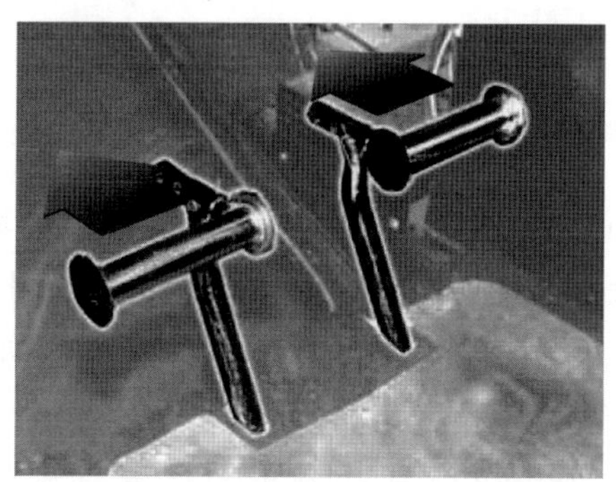

[그림 2-46 반 토크 페달]

그림 2-46과 같이 반 토크 페달(Anti Torque Pedal)은 조종사의 발 위치에 맞게 바닥에 위치한다. 이 장치는 피치(Pitch)를 통해 꼬리 회전날개깃의 추력을 제어한다. 뉴턴의 제3법칙은 헬리콥터 동체가 비록 반작용과 제어가 될지라도 꼬리 회전날개깃(Tail Rotor Blade)이 어떻게 주 회전날개깃(Main Rotor Blade)의 반대방향으로 회전하는지를 적용한다.
가능한 비행을 하고 토크에 보상하기 위해 대부분의 헬리콥터 설계는 반토크(Anti Torque) 또는 꼬리 회전날개를 합체시킨다. 반토크 페달은 조종사가 세로의 트림에 헬리콥터를 놓는 전진비행에서 꼬리 회전날개깃의 피치각을 제어하게하고 공중정지 시에 조종사가 헬리콥터가 360°를 회전하는 것을 가능케 한다. 피치에 연결된 반 토크 페달은 꼬리 회전날개 기어박스에 기계장치 변경하고 꼬리 회전날개깃에 피치각이 증가되거나 감소시키게 한다.
종렬회전날개(Tandem Rotor)로 설계된 헬리콥터는 반 토크 회전날개를 갖추지 않는다. 이들 헬리콥터는 꼬리 회전날개를 사용하기보다는 오히려 토크를 방해하기 위해 반대방향으로 회전하는 쌍방 회전날개장치(Botii Rotor System)로 설계되었다.

19 조종면 시스템(Stabilizer Systems)

1. 벨 안정판 막대 시스템(Bell Stabilizer Bar System)

Arthur M. Young은 2개의 날개깃에 직각을 이루는 안정판막대(Stabilizer Bar)를 추가하면 안정성이 상당히 증가될 수 있다는 것을 발견하였다. 안정판막대는 회전면에서 비교적 안정되게 머무르게 하고 무겁게 된 끝단을 갖게 한다. 안정판막대는 피치 각속도를 줄이는 방식으로서 경사판(Swash Plate)과 연결된다. 2개의 날개깃은 단일체처럼 퍼덕거릴 수 있으므로 전체 로터가 1회전당 속력을 늦추고 가속하는 래그-리드 힌지(Lag-Lead Hinge)를 필요로 하지 않는다. 2날개 깃방식(Two-Bladed System)은 추력이 증대되었을 때 회전날개 디스크에 알맞은 원추형을 가능케 하도록 단일 테터링 힌지(Single Teetering Hinge)와 2개의 원추형 힌지(Coning Hinge)를 필요로 한다.

2. 오프셋 플래핑 힌지(Offset Flapping Hinge)

오프셋 플래핑 힌지(Offset Flapping Hinge)는 회전날개 허브의 중심으로부터 치우친(Offset) 형태이고 헬리콥터를 조종하기에 유용한 강력한 모멘트를 만들어낼 수 있다. 힌지에서 일으킨 힘을 곱 한 오프셋(Offset), 중심축으로부터 힌지의 거리는 중심축에서 모멘트를 일으킨다. 오프셋(Offset)이 커지면 커질수록 날개깃에 의해 일으켜진 동일한 힘에 대한 모멘트는 더 커진다.

플래핑 운동은 양력, 원심력, 관성력 사이에 일정하게 균형변화를 일으키는 것이다. 날개깃의 상승과 하강은 대부분의 헬리콥터의 특성이고 가끔 새의 날개짓에 비유된다. 날개깃은 유연성 있게 설계되고 헬리콥터가 정지하여 회전날개가 돌아가지 않을 때 축 처지게 제작된다. 비행 시 필요한 강성(Rigidity)은 날개깃의 회전의 결과로써 일어나는 강력한 원심력에 의해 만들어진다. 날개깃을 뻣뻣하게 하는(Stiffening) 이 힘은 날개 끝을 바깥쪽방 향으로 잡아당기고 날개깃이 접히는 것을 막는다.

3. 안정성 증가 시스템(Stability Augmentation Systems(SAS))

일부 헬리콥터는 비행 중 그리고 공중정지비행에서 헬리콥터를 안정시키는데 도움을 주는 안정보강장치(SAS : Stability Augmentation System)를 적용한다. 이들 시스템 중 가장 간단한 것은 그것이 풀려진 위치에서 주기적 조종(Cyclic Control)을 잡아 주기 위해 자기클러치(Magnetic Clutch)와 스프링을 사용하는 방식이다. 더 개선된 시스템은 유압 서보(Hydraulic Servo)에서 입력을 만드는 전기식 작동기(Electric Actuator)를 사용한다. 이들 서보는 헬리콥터 자세를 감지하는 컴퓨터로부터 조종명령을 받는다. 비행방향, 속도, 고도 그리고 항법정보와 같은 입력값들은 완전한 자동조종계통(Autopilot System)을 형성하기 위해 컴퓨터에 공급된다.

안정보강장치는 기본적인 항공기 조종을 향상시키고 교란을 감소시켜 조종사 업무량을 줄인다. 이러한 시스템은 조종사가 수색작업(Search Operations)과 구조작업(Rescue Operations)과 같은 다른 임무를 수행하도록 요구되었을 때 매우 유용한 것이다.

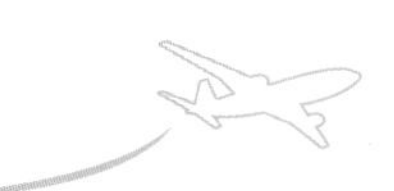

4. 헬리콥터 진동(Helicopter Vibration)

헬리콥터의 진동은 여러가지 형태가 있다. 표 2-2에서는 주파수(Frequency)가 구분된 곳에서 일반적인 수준을 보여준다.

[표 2-2 헬리콥터의 진동 형태]

헬리콥터 진동 형태	
극저진동	1/rev 이하
저진동	1/rev 또는 2/rev 형태 진동
중진동	4/rev, 5/rev, 6/rev
고진동	꼬리 날개 속도

1. 극저주파 진동(Extreme Low Frequency Vibration)

극저주파 진동은 파일론(Pylon) 흔들림이다. 2~3[cps]의 파일론 흔들림은 회전날개, 마스트(Mast) 그리고 변속장치에서 본래부터 가지고 있는 것이다. 주목할 만한 수준에까지 이르는 진동을 막기위해, 변속기마운트 완충장치가 흔들림을 흡수하기 위해 결합되어 있다.

2. 저주파 진동(Low Frequency Vibration)

1/rev와 2/rev, 저주파 진동은 회전날개 자체에 의해 발생한다. 1/rev 진동은 2가지 기본 형태로 수직의(Vertical)것과 측면의(Lateral) 것이다. 1/rev는 단순히 동일한 지점에서 발생하는 다른 날개깃보다 주어진 지점에서 더 많은 양력을 발생시키는 하나의 날개깃에 의해 발생한다.

3. 중주파 진동(Medium Frequency Vibration)

4/rev에서 6/rev, 중주파 진동은 대부분 회전날개에서 본래부터 갖고 있는 또 다른 진동이다. 그 주파수에서 진동하는 진동 수준의 증가는 진동을 흡수하도록 동체의 능력 변화 또는 활주부(Skid)와 같은 기체구성 부분에 의해 발생한다.

4. 고주파 진동(High Frequency Vibration)

고주파진동은 고속에서 회전하거나 또는 진동하는 헬리콥터에 있는 상태에서 발생할 수 있다. 가장 보편적이고 알기 쉬운 원인은 경사판혼(Swash Plate Horn)에서 느슨한 엘리베이터 연결장치 또는 꼬리회전 날개 균형과 궤도이다.

5. 주 회전날개 날개깃 트래킹(Rotor Blade Tracking)

날개깃 트래킹(Blade Tracking)는 회전날개 중심대가 돌아가고 있는 동안 서로 상대적인 회전날개깃 끝의 위치를 측정하고, 허용한계 내에 이들 위치를 유지하도록 필요한 교정을 하는 과정이다.

1. 플래그 및 폴(Flag and Pole)

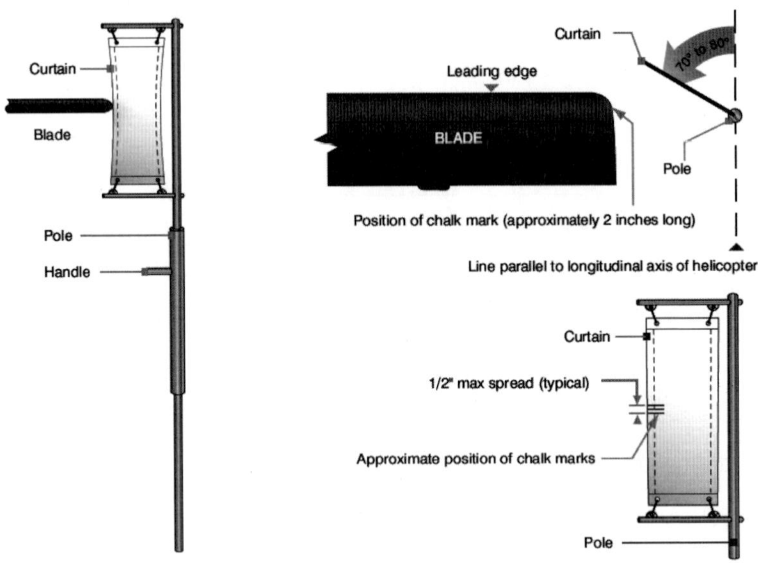

[그림 2-47 플래그 및 폴 블레이드]

그림 2-47의 플래그 및 폴(Flag and pole) 방법은 회전날개깃의 상대적 위치를 보여준다. 날개깃 끝은 분필 또는 유성연필로 표시한다. 각각의 날개깃 끝은 서로 회전날개깃 판정 이 용이하도록 서로 다른 색으로 표기한다. 이 방법은 날개깃 끝에서 제트 추진을 갖지 않은 모든 형태 의 헬리콥터에 사용할 수 있다.

2. 전자식 날개깃 트래커(Electronic Blade Tracker)

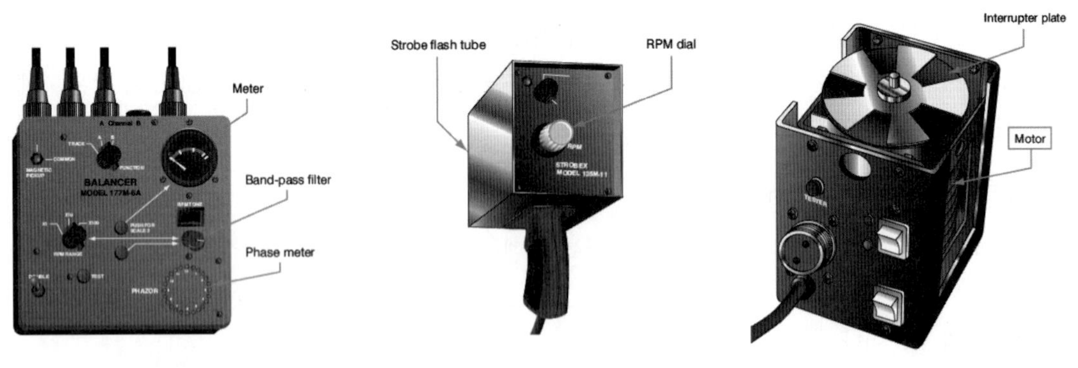

[그림 2-48 Balancer/Phazor] [그림 2-49 Strobex tracker] [그림 2-50 Vibrex tracker]

그림 2-48에서 그림 2-50까지 가장 일반적인 전자식 날개깃 트래커(Electronic Blade Tracker)는 Balancer/Phazor, Strobex 트래커, Vibrex 트래커로 이루어진다. Strobex 트래커는 지면에 있는 동안 헬리콥터 내부와 외부에서 또는 비행 중에 헬리콥터 내부에서 날개깃 트래킹을 가능하게 한다.

이 시스템은 날개깃 끝에서 고정표적 이 정지된 것처럼 보이도록 주 회전날개깃의 회전에 따라 차례차례로 번쩍이는 불빛(Light Beam)을 사용한다. 각각의 날개깃은 일정한 장소에 날개깃의 하면에 테이프로 붙인 또는 부착되어 길게 된 광선을 역반사하는 숫자에 의해 확인된다. 헬리콥터 내부의 각도에서 볼 때 테이프로 붙인 숫자는 정상으로 보일 것이다. 트래킹은 추적끝마개반사기(Tracking Tip Cap Reflector)와 섬광등(Strobe Light)으로 수행된다. 끝마개(Tip Cap)는 각각의 날개깃의 끝에 임시로 부착된다. 섬광등은 회전하는 날개깃에 시간을 맞춰서 번쩍인다. 섬광등은 항공기 전력원으로 동작한다. 반사된 끝마개 잔상을 관찰하여 회전하는 날개깃의 궤도를 보는 것이 가능하다. 트래킹은 4가지 녹립된 단계의 순서로 이루어지는데 지상 트레킹(Ground Tracking)은 공중정지확인, 전진비행확인, 자동회전(Auto Rotation), 회전수조정(Rpm Adjustment)이다.

6. 꼬리 회전날개 트래킹(Tail Rotor Tracking)

꼬리 회전날개 트래킹(Tracking)의 표시법과 전자식 방법은 다음과 같다.

1. 표시법(Marking Method)

[그림 2-51 꼬리 회전날개 표시법]

그림 2-51에서 보여준 것과 같이, 표시법(Marking Method)을 이용하는 꼬리 회전날개 트래킹의 절차는 다음과 같다.

① 꼬리 회전날개 허브, 날개깃 또는 피치 변경장치(Pitch Change System)의 교환 또는 장착 후 꼬리 회전날개 조립·조절하기를 점검하고 꼬리 회전날개깃을 트래킹 한다. 꼬리 회전날개끝(Tail Rotor Tip) 여유 공간은 트래킹 전에 설정하도록 하고 트래킹 후 다시 점검하도록 한다.

② 섬광형(Trobe-Type) 트래킹 장치는 만약 이용할 수 있다면 사용한다. 1/2×1/2[inch] 소나무 막대기 또는 다른 장치를 끝단에 6[inch] 길이 연질고무호스를 부착한 청색안료(Prussian Blue) 또는 오일을 가지고 있는 유사한 형태의 얇은 고무호스를 씌운다.

2. 전자식 방법(Electronic Method)

전자식 방법의 트래킹은 Model 177M-6A Balancer, Model 135M-11 Strobex, Track and Balance 도표, 가속도계, 케이블 그리고 부착 브래킷으로 이루어진다.

Vibrex 균형키트(Balancing Kit)는 헬리콥터의 주 회전날개와 꼬리 회전날개에 의해 유발한 진동의 크기를 측정하고 지시하는 데 사용한다. Vibrex는 궤도이탈 또는 불균형 회전날개에 의해 유발한 진동과 진동 진폭(Vibration Amplitude)을 분석하고 회전 날개 궤도와 무게 변화의 양과 장소를 도표에 시계 각도로 결정한다. 또한, 알지 못하는 교란 주파수 또는 rpm을 측정하는 장비로 이용한다.

7. 회전날개 날개깃의 보존 및 보관(Rotor Blade Preservation and Storage)

회전날개깃 보존과 보관에 대해 다음의 조건을 만족해야 한다.

① 수리할 수 없는 손상된 날개깃이라면 모두 폐기처분한다.
② 습기와 부식으로부터 날개깃의 내부를 보호하기 위해 길이방향 손상(Tree Damage), 또는 외부 충격 손상(FOD : Foreign Object Damage)과 같은 날개깃에 있는 모든 구멍을 테이프로 붙인다.
③ 자극성이 없는 비눗물로 날개깃 전체의 외부표면에서 이물질을 완전히 제거한다.
④ 부식 방지(Corrosion Preventive)의 엷은 도료 또는 초벌칠 도료(Primer Mating)로 날개깃 외부침식면을 보호한다.
⑤ 부식 방지의 엷은 도료로 날개깃 주 볼트 구멍 부싱(Bushing), 항력 보존 볼트(Drag Brace Retention Bolt) 구멍 부싱, 노출된 금속 부품 등을 보호한다.
⑥ 완충 마운트 지주에 날개깃을 고정시키고 용기(Container)의 뚜껑을 고정한다.

제2장 항공기 도면(Aircraft Drawings)

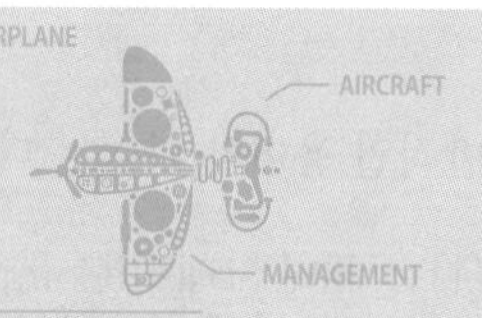

생각을 명확하게 전달한다는 것은 직업이나 신분을 막론하고 누구에게나 매우 중요한 일이다. 일반적으로 말이나 글로써 그 의미를 전달하고 있지만, 때에 따라서 이것만으로는 부족한 경우가 많다. 복잡하고 예민한 산업분야에서는 작은 표현의 차이가 전혀 나른 결과를 초래할 수 있기 때문에 의사를 명확하게 전달하기 위한 방법이 강구되어야 한다.

항공기는 수많은 부품으로 구성되며, 이 항공기의 복잡한 구조를 완벽히 설계, 제작하고, 설계한 대로 조립되어야만 원하는 성능을 발휘하게 된다. 그러므로 타 산업보다도 고도의 기술과 정밀한 작업이 요구된다. 기술 집약체인 항공기는 각 분야별 전문가들의 수많은 아이디어가 집약되어 하나의 완결체로 완성된다. 서로의 아이디어를 소통하기 위하여 말이나 글로써 표현할 때, 적절치 못한 단어의 선택으로 인하여 원래의 뜻으로부터 왜곡될 수 있다. 그래서 아이디어를 표현할 때는 이런 실수를 방지하기 위하여 도면을 사용한다. 도면에서는 물체의 구성 또는 조립에 대한 생각을 전달하기 위하여 상징화된 선, 주석, 약어 그리고 기호를 이용한다. 항공기나 항공기 부품을 설계, 제작할 때 또는 이를 개량하고자 할 때는 제일 먼저 그 항공기나 부품에 대한 도면을 그린다. 이때 도면은 약속된 선, 문자, 기호 등으로 구성되며, 부품의 형태와 구조, 크기나 재료, 가공법등을 일정한 규약에 따라 명확하고 간결하게 표현한다.

이렇듯 도면은 그림으로 표현되는 세계 공통의 언어이다. 완전하게 그려진 도면은 누구에게나, 언제 어디서나 같은 내용을 정확하게 전달할 수 있다. 항공기 도면은 항공기 제작에만 필요한 것이 아니고 항공기의 취급, 부품의 장탈 또는 장착과 같은 정비작업 등 여러 분야에서 사용된다. 따라서 항공기 생산 및 정비작업에 직접 관계된 자재구매자, 생산기술자, 작업자 등은 아이디어가 집약된 도면을 정확하게 해독하고, 이에 따랐을 때 비로소 주어진 설계 성능을 만족시키는 제품을 만들고, 운영할 수 있게 된다. 특히 항공기 조립, 제작, 수리 등 정비를 수행하는 항공정비사에게 도면을 해독하고 그 의미를 이해한다는 것은 대단히 중요하다.

1 컴퓨터 그래픽(Computer Graphics)

항공기를 개발하던 초창기부터 항공기 엔진 및 부품의 개발에서 도면은 매우 중요한 역할을 했다.

최근 20세기 초까지만 해도 종이 위에 연필이나 펜으로 도면을 그렸다. 그러나 20세기 후반에 들어서면서 컴퓨터의 개발과 발전으로 도면을 그리는 방법이 크게 바뀌었다. 컴퓨터를 이용하면 도면을 그리는 것 뿐만 아니라, 그려진 도면을 보는 각도에 따라 각 방향에서 보이게 될 형상을 실제로 구현할 수 있다는 장점이 있다. 더구나 설계된 부품의 상호 연관성을 가상공간에서 확인하면서 조립상태를 점검할 수 있는 컴퓨터 소프트웨어 프로그램들도 개발되었다. 또한, 컴퓨터 네트워크와 인터넷을 통해 최신의 정보를 공유하는 것이 가능해지면서 설계자는 언제 어디서나 다른 엔지니어나 제작자들과 함께 작업하는 것이 가능해졌다. 말 그대로 컴퓨터 제어를 이용한 제작기술은 종이에 나타내지 않고도 부품을 설계하고 정밀하게 제작하는 것이 가능하게 하였다.

일반적인 용어와 약어는 다음과 같다.

(1) 컴퓨터 그래픽(Computer Graphic) – 컴퓨터를 사용하여 도면 그리는 작업
(2) 컴퓨터 지원 설계제도(Computer Aided Design Drafting : CADD) – 컴퓨터 지원을 통한 디자인 변환이나 설계과정
(3) 컴퓨터 지원 설계(Computer Aided Design : GAD) – 컴퓨터를 이용한 제품 설계
(4) 컴퓨터 지원 제조(Computer Aided Manufacturing : CAM) – 컴퓨터 지원을 통한 제품 가공
(5) 컴퓨터 지원 공학(Computer Aided Engineering : CAE) – 컴퓨터를 이용한 제품 개발이나 연구

컴퓨터 하드웨어와 소프트웨어가 지속적으로 발전함에 따라, 컴퓨터 지원 공학을 활용하면 저렴한 비용으로 짧은 시간에 제품을 설계할 수 있게 되었다. 또한, 컴퓨터 지원 공학은 제품 설계와 더불어, 제품 분석, 조립, 해석 시뮬레이션 및 정비와 관련된 정보를 제공하기도 한다.

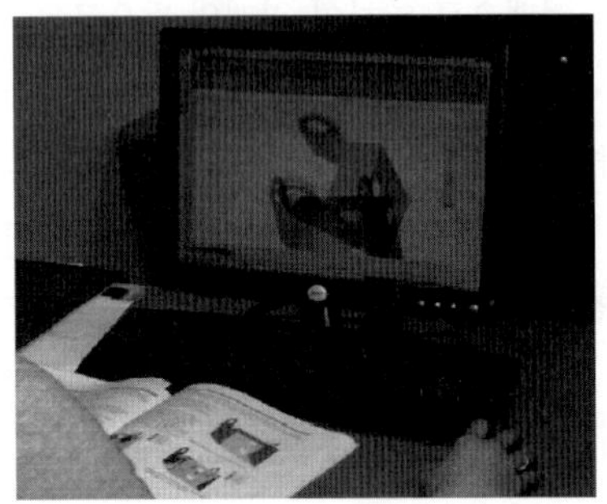
[그림 2-52 Computer graphics work station]

[그림 2-53 Large format printer]

2 항공기 도면의 목적과 기능(Purpose and Function of Aircraft Drawings)

도면이나 청사진은 항공기를 설계하는 엔지니어와 항공기를 제작하거나 수리하는 정비사 사이를 서로 연결해준다. 청사진은 항공기나 부품의 설계도를 복사한 작업도면이라고 생각할 수 있다. 이것은 화학 처리한 종이위에 도면을 복사한 트레이싱페이퍼를 놓고 짧은 시간 동안 강한 빛을 투과시켜 얻는다. 시간이 지나면서 빛이 통과한 바탕은 푸르게 변하고, 잉크 선은 빛이 통과하지 못하므로 흰색 선으로 남게 된다. 다른 종류의 감광지는 종류에 따라 현상하였을 때 흰색 바탕에 색 선으로 나타나거나 색 바탕에 흰색 선으로 나타나기도 한다.
컴퓨터로 그린 도면은 컴퓨터모니터를 통해서 보거나 잉크젯 프린터나 레이저 프린터를 이용하여 복사지에 인쇄한다. 대형도면은 플로터나 또는 대형 프린터를 이용하여 인쇄한다. 대형 프린터는 롤 페이퍼를 이용하여 42[inch] 폭에 600[inch] 길이의 도면을 인쇄할 수도 있다.

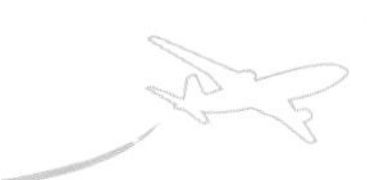

3 도면의 관리와 사용(Care and Use of Drawings)

도면은 값이 비싸고 소중한 것이므로 주의하여 취급해야 한다. 도면을 펼칠 때는 종이가 찢어지지 않도록 천천히 조심해서 펼쳐야 하며, 또한 도면을 펼쳤을 때에도 접혔던 부분을 서서히 펴야 하고 반대로 구부러지는 일이 없도록 해야 한다.

도면을 보호하기 위해서는 바닥에 펼쳐놓아서는 안되며, 도면 위에 손상을 줄 수 있는 공구나 다른 물건을 올려놓아서도 안된다. 도면을 취급할 때는 도면을 더럽히거나 또는 오염시킬 수 있는 오일(Oil), 그리스(Grease) 또는 다른 더러운 것이 손에 묻어 있지 않도록 주의해야 한다. 다른 사람이 혼동하거나 잘못 작업할 수 있기 때문에 절대로 도면에 글씨나 기호를 써서는 안된다. 만약 그럴 필요가 있다면 인가자의 허락을 얻고 나서, 주석을 달거나 변경하고 반드시 그 사람의 서명과 날짜를 기록해야 한다.

도면을 사용한 후에는 원래 접었던 대로 반드시 접어서 제자리에 놓는다.

4 도면의 종류(Types of Drawings)

도면에는 물체나 그 부품들의 크기와 모양, 사용하여야 하는 재료에 대한 부품명세서, 부품들을 어떻게 조립하여야 하며, 재료를 어떻게 마무리해야 하는지, 그 밖에 제작하거나 조립하는데 필요한 정보가 담겨 있어야한다.

그림 2-54 도면은 (1) 상세도, (2) 조립도, (3) 설치도(장착도)로 나눌 수 있다.

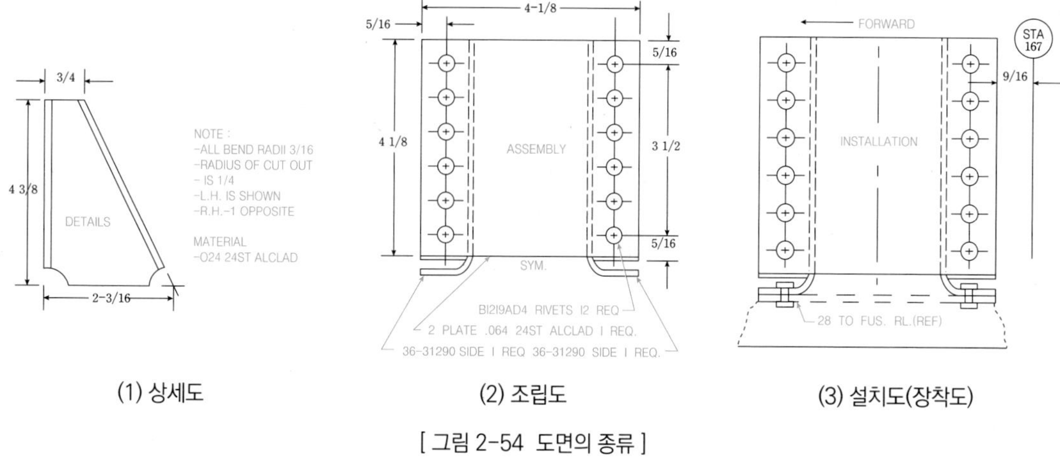

(1) 상세도 (2) 조립도 (3) 설치도(장착도)

[그림 2-54 도면의 종류]

1. 상세도(Detail Drawing)

상세도는 만들고자 하는 단일 부품을 제작할 수 있도록 선, 주석, 기호, 설계명세서 등을 이용하여 그 부품의 크기, 모양, 재료 및 제작방법 등을 상세하게 표시한다. 부품이 비교적 간단하고 소형일 경우에는 여러 개의 상세도를 도면 한 장에 그릴 수도 있다.

2. 조립도(Assembly Drawing)

조립도는 2개 이상의 부품으로 구성된 물체를 표시한다. 그림 2-54의 중앙에서 보는 바와 같이 조립도는 보통 물체를 크기와 모양으로 나타낸다.
이 도면의 주목적은 서로 다른 부품들 사이의 상호관계를 보여주는 것이다. 조립도는 일반적으로 여러 부품의 상세도로 이루어지기 때문에 상세도보다 더 복잡하다.

3. 설치도(Installation Drawing)

그림 2-54 설치도(장착도)는 부품들이 항공기에 장착되었을 때의 최종적인 위치에 관한 정보를 나타내는 도면이다. 이 도면은 특정한 부품과 다른 부품과의 상호 위치에 대한 치수나 공장에서 다음 공정에 필요한 기준치수를 표시하고 있다.

4. 단면도(Sectional View Drawings)

단면도는 물체의 한 부분을 절단하고 그 절단면의 모양과 구조를 보여주기 위한 도면이다. 절단 부품이나 부분은 단면선(해칭)을 이용하여 표시한다. 단면도는 물체의 보이지 않는 내부 구조나 모양을 나타낼 때 적합하다. 단면의 종류는 다음과 같다.

1. 전단면(Full Section)

전단면은 외관상으로는 물체의 내부 구조나 특징을 나타낼 수 없을 때 사용한다.
예를 들어, 그림 2-55는 동축케이블 커넥터의 전단면으로서 커넥터의 내부구조를 나타낸다.

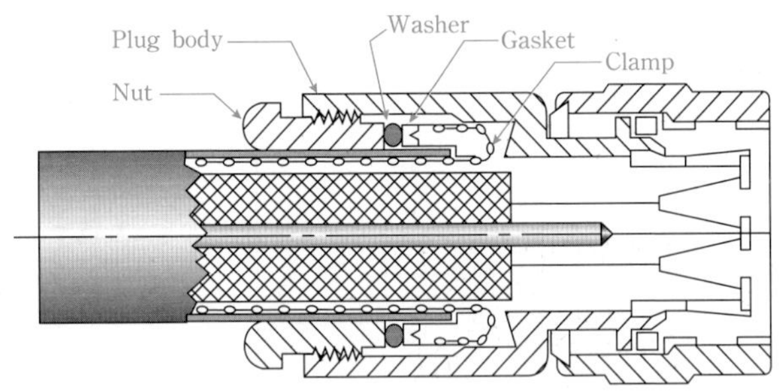

[그림 2-55 케이블 커넥터의 단면도]

2. 반 단면(Half Section)

반 단면은 물체의 절반을 절단면으로 나타내고, 나머지 절반을 절단면과 연장해서 그 물체의 외형으로 나타낸다. 반 단면은 대칭인 물체에서 내부와 외부를 한꺼번에 나타낼 수 있어 편리하다.
그림 2-56에서는 항공기 유압계통에 사용되는 신속 분리장치의 반 단면이다.

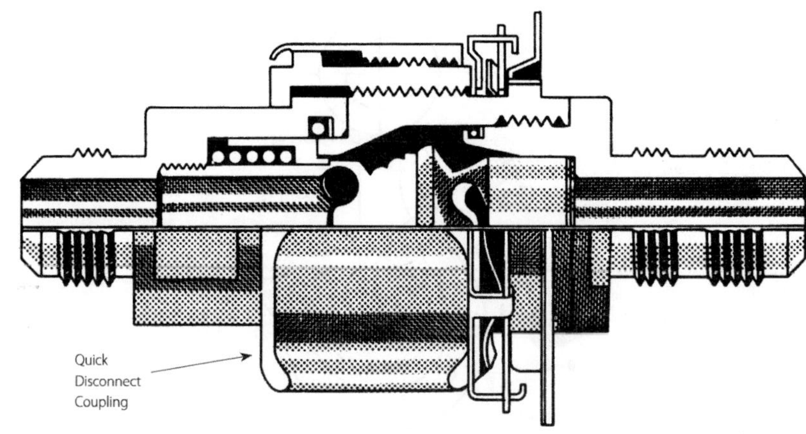

[그림 2-56 Half section]

3. 회전단면(Revolved Section)

회전단면은 바퀴의 살(spoke)과 같은 구조에서 단면 모양을 회전시켜 외형상에 직접 그린다. 그림 2-57은 회전단면의 예이다.

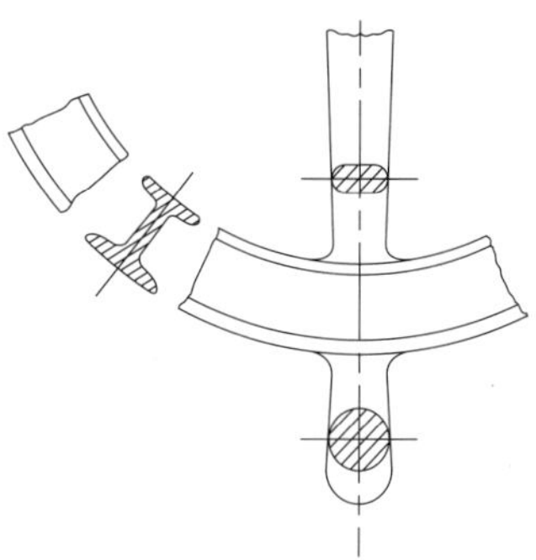

[그림 2-57 Revolved section]

4. 분리단면(Removed Section)

분리단면은 물체의 특정한 부분을 구체적으로 나타낼 때 적합하다. 분리단면은 회전단면과 비슷하게 그리지만, 외형으로부터 옆으로 분리하여 그린다는 점이 다르다. 때에 따라 좀 더 상세하게 표현하고자 할 때는 더욱 큰 축적으로 확대한 분리단면을 그리기도 한다.

그림 2-58은 분리단면의 한 예이다. 단면 A-A는 A-A선을 따라 절단한 곳에서의 단면형상이고, 단면 B-B는 B-B선을 따라 절단한 곳에서의 단면형상이다. 이 단면도는 기본 도면에 적용되는 척도와 같은 축적으로 그리지만, 때에 따라서는 관련 항목을 세부적으로 나타내기 위해 더욱 큰 축적으로 확대하여 그리기도 한다.

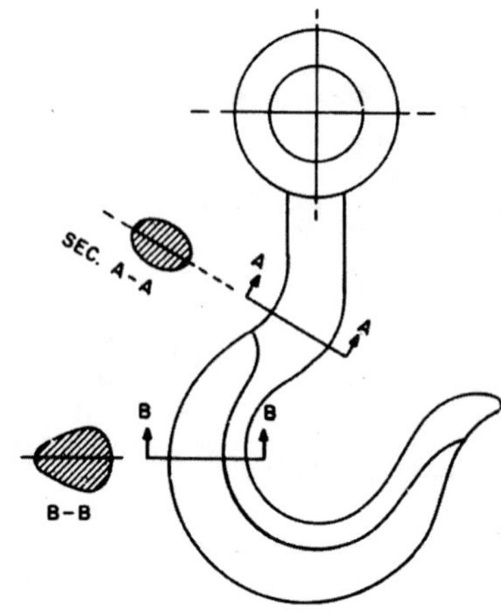

[그림 2-58 Removed Section]

5 표제란(Title Blocks)

도면을 다른 도면과 구별하기 위한 방법이 필요한데, 이 방법으로 표제란이 사용된다.

그림 2-59 표제란은 도면번호와 도면에 관련되는 다른 정보 그리고 그것을 나타내는 목적 등으로 구성된다. 표제란은 눈에 잘 띄는 장소에 나타내며, 보통 도면의 오른쪽 아래에 많이 나타낸다. 때로는 표제란을 도면 하단의 전체에 걸쳐 좁고 긴 형태로 나타내기도 한다.

비록 표제란의 배치는 표준 형식을 따르지 않더라도, 반드시 다음 사항들은 명시되어 있어야 한다.

(1) 도면을 철할 때 구별하고, 다른 도면과 혼동하는 것을 막기 위한 도면번호
(2) 부품 또는 조립품의 명칭
(3) 도면의 축척(Scale)
(4) 제도 날짜
(5) 회사명
(6) 제도자, 확인자, 인가자 등의 이름

LEWIS AVIATION	ENGINEER JOE SMITH	A/C MAKE/MODEL DASSAULT AVIATION MYSTERE - FALCON 900	
	DRAFTER DALE LEWIS		
	REGISTRATION N32GH	SERIAL NO. 017	SCALE FULL
	CHECK (SIGNATURE) Matt Jones	APPROVAL (SIGNATURE) Roger Lewis	
	TITLE GALLEY INSTALLATION		SHT 1 OF 2
All information contained in this document is property of Duncan Aviation and may not be reproduced in whole or part, without permission of Duncan Aviation	DRAWING NO. 6384-521		REV C

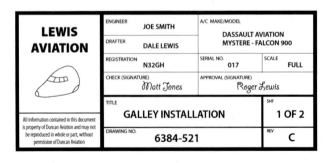

[그림 2-59 표제란(Title Blocks)]

1. 도면번호 또는 인쇄번호(Drawing or Print Numbers)

모든 도면에는 구분을 위한 번호가 오른쪽 하단에 있는 표제란의 번호란에 기재되어 있다. 또한 위쪽 경계선 가까이나 오른쪽 상단, 또는 도면을 접거나 또는 둥글게 말았을 때 번호가 보일 수 있도록 도면의 뒷면 양쪽 끝에 기재한다. 도면번호는 도면을 쉽고 빠르게 구분하기 위하여 기재한다. 만약 도면이 두 장 이상이고 각 도면이 같은 도면번호를 가질 때는 도면에 도면번호와 함께 용지의 일련번호를 같이 기재하여 구분한다.

2. 참조번호와 대시번호(Reference and Dash Numbers)

표제란에 있는 참조번호는 다른 도면의 숫자를 참조하도록 기재한다. 만일 도면에 그려진 상세도가 두 장 이상일 경우에는 대시번호로 구분한다. 같은 도면번호에 더하여 40267-1, 40267-2와 같이 부품 각각에 대시번호를 부여한다. 대시번호는 표제란에 기재하지만, 각 부품을 구별하기 위하여 해당 부품의 도면 앞에 추가하기도 한다. 또한, 오른쪽과 왼쪽 부품을 구별하기 위해 대시번호를 사용하기도 한다. 항공기에는 서로 대칭인 부품들이 많이 있으며, 보통 왼쪽에 있는 부품을 도면에 나타내고 오른쪽에 있는 부품은 표제란에만 표시한다. 예를 들어 표제란 위쪽에 470204-1LH라고 표기되어 있다면, 반대쪽은 470204-2RH이다.
두 부품은 같은 번호를 갖고 있지만 대시번호에 의 하여 서로 구별된다. 어떤 도면에서는 좌측일 때 홀수번호를, 우측일 때 짝수번호를 사용하기도 한다.

6 일반적인 번호부여 방식(Universal Numbering System)

일반적인 번호부여 방식은 표준 도면의 크기를 표준화하였다. 일반적인 번호부여 방식에서, 각각의 도면번호는 6자리 또는 7자리로 구성된다. 첫 번째 숫자는 항상 1, 2, 4, 또는 5로 시작되며, 도면의 크기를 표시한다. 나머지 숫자로 도면을 구분한다. 많은 회사들이 이런 번호부여 방식을 회사의 특성에 맞게 수정하여 사용하고 있으며, 숫자 대신 문자를 사용하기도 한다. 표준도면 크기를 나타내는 문자나 숫자는 번호로부터 대시를 붙여서 분리한 접두어로 나타낸다. 또 다른 번호부여 방식에서는 도면번호 앞에 사각형을 마련하고 그 안에 도면크기 문자를 기재하여 나타낸다. 또 다른 방식으로는 조립도에 기재된 부품번호를 도면번호로 지정하기도 한다.

7 부품목록(Bill of Material)

부분품이나 어떤 시스템을 조립하는 데 필요한 재료 또는 구성품의 목록을 종종 도면에 표시한다. 이 목록은 보통 부품번호, 부품명칭, 부품의 제작에 사용되는 재료, 요구되는 수량 그리고 부품 또는 재료의 출처 등을 목록으로 만들어 표로 기재한다. 표 2-3은 대표적인 부품목록이다. 도면에 부품목록이 없을 때, 날짜를 도면에 직접 표시하기도 한다. 조립도에서의 각 품목을 원이나 사각형 안에 기재한 숫자로 구분한다. 부품목록 안에서 품목번호를 연결하는 화살표는 해당 품목의 위치를 나타내는 것을 지원한다.

[표 2-3 부품목록표]

BILL OF MATERIAL			
ITEM	PART NO.	REQUIRED	SOURCE
CONNECTOR	UG-21 D/U	2	STOCK

8 기타 도면 자료(Other Drawing Data)

1. 개정란(Revision Block)

설계나 치수 또는 재료를 바꾸고자 할 때는 도면을 변경해야만 한다. 개정란은 대개 표제란 근처나 또는 도면 한쪽 모퉁이에 표를 그리고 해당 목록을 기재한다. 승인된 개정사항은 복제된 모든 도면에도 주의하여 기록해야 한다.

[표 2-4 개정표]

REV	ZONE	REVISION DESCRIPTION	DATE	APPR
A	ALL SHTS	INITIAL RELEASE	12/05/05	RL
B	PG2 C-2	ADDED ADDITIONAL MOUNTING POINTS	12/05/05	RL
C	PG2 A-1	ADDED ACCESS PANEL IN BULKHEAD	01/02/06	RL

개정사항이 있을 때는 이를 주지시키기 위하여 문자나 숫자로 그것을 표시하고 그 기호에 해당하는 개정사항을 개정란에 기재해야 한다.[표 2-4]

개정란에는 식별기호(문자나 숫자), 개정날짜, 개정 내역, 개정 인가자, 개정시킨 제도사의 이름을 기재한다. 대부분의 회사에서는 원도면과 개정도면을 구별할 수 있도록 표제란이나 다른 공간에 도면이 개정되었음을 표시하는 기호를 넣어준다.

2. 주석(Notes)

여러 가지 이유에서 도면에 주석을 첨가한다. 장착 방법이라든가 제작 방법을 설명하는 주석이 있고, 같은 물

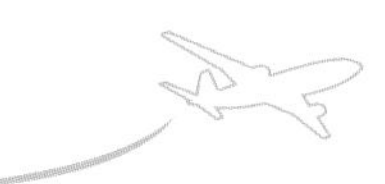

건을 다른 유형으로 사용할 수 있도록 표시하는 주석도 있으며, 다른 사람이 사용할 수 있는 수정사항을 나열한 것도 있다. 주석에는 참조가 되는 항목을 함께 찾아볼 수 있다. 주석이 길 때는 도면의 어느 곳에 써도 좋으나 알기 쉽게 숫자나 문자로 표시해야 한다. 주석은 일반적인 방법으로 정보를 적절하게 전달할 수 없을 때, 또는 도면의 복잡함을 피하고자 할 때 사용한다. 그림 2-60에 주석을 사용한 한 가지 예를 나타냈다.

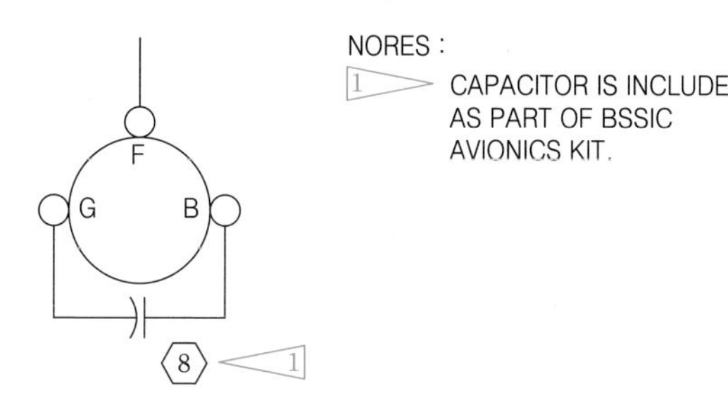

[그림 2-60 주석(Notes)]

주석을 어느 특정 부품에 적용할 때는 해당 부품에 화살표로 연결하여야 한다. 만약 주석이 2가지 이상의 부품에 적용된다면 그것이 해당하는 부품을 혼동하지 않도록 구분해서 나타내야 한다. 만약 주석이 여러개라면, 한곳에 모아서 쓰고 각각에 번호를 부여한다.

3. 구역번호(Zone Numbers)

도면에서의 구역번호는 지도의 모서리에 인쇄된 숫자나 문자와 같은 의미를 가진다. 이 숫자나 문자는 특정한 지점의 위치를 알 수 있도록 한다. 어떤 지점을 찾고자 한다면, 표시된 숫자나 문자로부터 수평선과 수직선을 그렸을 때, 이 두 선의 교차점이 찾고자 하는 위치가 된다.

대형 도면, 특히 조립도에서 부품이나 부분품, 또는 시각적 위치를 표시하기 위해 구역번호를 사용한다. 표제란에 번호가 붙여진 어떤 부품을 찾으려면 도면의 아래쪽 끝에 일정한 간격으로 쓰인 번호를 찾아가면 그 위치를 찾을 수 있다. 구역번호는 오른 쪽에서 왼쪽으로 읽어간다.

4. 스테이션 번호와 항공기 위치표시(Station Numbers and Location Identification on Aircraft)

항공기와 같은 대형 구조물에서는 동체 스테이션(Fuselage Station)과 같은 스테이션 번호부여 방식을 사용한다. 예를 들어 동체 스테이션 185(FS 185.0)는 항공기의 기준선으로부터 185인치 떨어져 있음을 의미한다. 이때 기준선은 일반적으로 항공기 기수에 위치하지만 때로는 방화벽에서 시작하거나 제작사에서 지정한 어떤 지점에서 시작하기도 한다. 항공기 세로축을 기준으로 왼쪽과 오른쪽 위치는 버톡 라인(Buttock Line)으로 표시하며, 버트 위치라고 부른다. 비행기에서 수직 위치는 워터 라인(Waterline)을 기준으로 하여 표시한다.

날개와 꼬리날개에서도 이와 같은 스테이션 번호부여 방식을 사용한다. 위치 측정은 항공기의 중심선이나 또는 별도의 기준선으로부터 시작한다. 그림 2-61에 동체 스테이션(FS), 워터 라인(WL) 그리고 왼쪽과 오른쪽 버톡 라인(RBL과 LBL)의 사용법을 나타내었다.

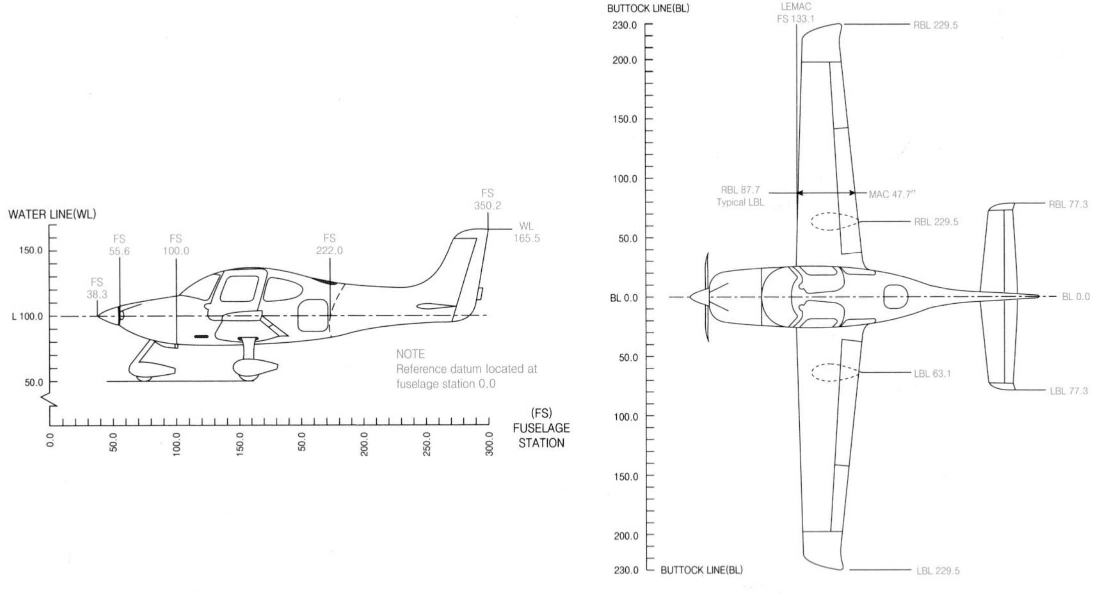

[그림 2-61 Station numbers]

5. 허용공차(Allowances and Tolerances)

도면에 기재한 치수는 완성된 제품의 크기를 나타낸다. 그러나 실제로 부품을 도면에 기재한 치수대로 완벽하게 가공하기란 매우 어렵다. 따라서 부품의 사용목적에 따라 허용할 수 있는 여유 범위를 미리 정하고, 이 오차 범위 내에서 가공하면 매우 편리하다.

도면에 주어진 기준 치수에 허용되는 오차를 고려하여, 허용오차를 더하면(+) 최대허용치수가 되고 허용오차를 빼면(–)최소허용치수가 된다. 더하고 빼는 허용오차의 합을 공차라고 부른다. 예를 들어 0.225+0.0025–0.0005로 표기되어 있다면, 기준 치수 0.225 보다 0.0025 이상 크지 않아야하고, 0.225 보다 0.005 이상 작지 않아야 한다는 것을 나타내며, 허용공차는 0.0030(0.0025max+0.0005min)이 된다.

만약 더하고 빼는 허용오차가 같을 때는 0.224±0.0025처럼 나타낸다. 이때 허용공차는 0.0050이 된다. 허용공차는 분수 또는 소수 형태로 표시할 수 있다. 아주 정밀한 치수가 필요할 때는 소수로 나타내고 그렇지 않은 경우에는 분수로 나타낸다. 표제란에는 대부분의 도면에 적용되는 표준 허용공차인 –0.010 또는 –1/32가 표시된다.

6. 다듬질 기호(Finish Marks)

표면을 어느 정도로 다듬어야 하는지를 나타내기 위하여 다듬질 기호를 사용한다. 잘 다듬어진 표면은 보기도 좋고 또한 접하는 다른 부분과 잘 밀착된다. 마무리 공정에서는 요구되는 한계와 허용공차를 준수해야만 한다. 페인트나 에나멜, 크롬도금 또는 이와 유사한 도장작업을 기계로 가공하는 마무리공정과 혼동해서는 안된다.

7. 축적(Scale)

어떤 도면에서는 그리고자 하는 부품을 실제크기와 같은 크기로 그리는데, 이때의 축적이 1:1이다. 도면에서는 다른 축적도 사용한다. 그러나 컴퓨터를 이용하여 도면을 그리면, 도면의 크기를 쉽게 확대하거나 축소할 수 있다. 이와 같은 기능을 갖춘 전자 프린터도 있다. 그러나 도면을 1:1로 복사할 때, 복사본의 크기는 원본과 약간 다를 수 있다. 정확한 정보는 도면에 나타낸 치수를 참고해야만 한다.

9 도면 작도법(Methods of Illustration)

1. 기하학의 적용(Applied Geometry)

기하학은 선, 각도, 그림 그리고 도형을 다루는 수학의 한 분야이다. 도면에서처럼 기하학을 적용하면, 사물은 이들 성분을 이용하여 정확하고 올바르게 그림으로 표현할 수 있게 된다. 과거에는 제도사들이 여러 종류의 자를 비롯한 제도기로 형상이나 선 등을 그렸지만, 오늘날에는 제도기 없이 컴퓨터 소프트웨어 프로그램을 이용하여 사물에 대한 형상과 치수, 곡선 등을 그린다.

사물을 그림으로 나타내는 데 많은 방법들이 사용된다. 그중 가장 널리 쓰이는 것으로는 정투영도, 입체도, 도표 그리고 흐름도가 있다.

2. 정투영도(Orthographic Projection Drawings)

복잡한 물체에 대해 모든 부분의 모양과 크기를 정확하게 나타내고자 할 때는 여러 방향에서 보는 투시도가 필요한데, 이때 사용하는 것이 정투영도이다.

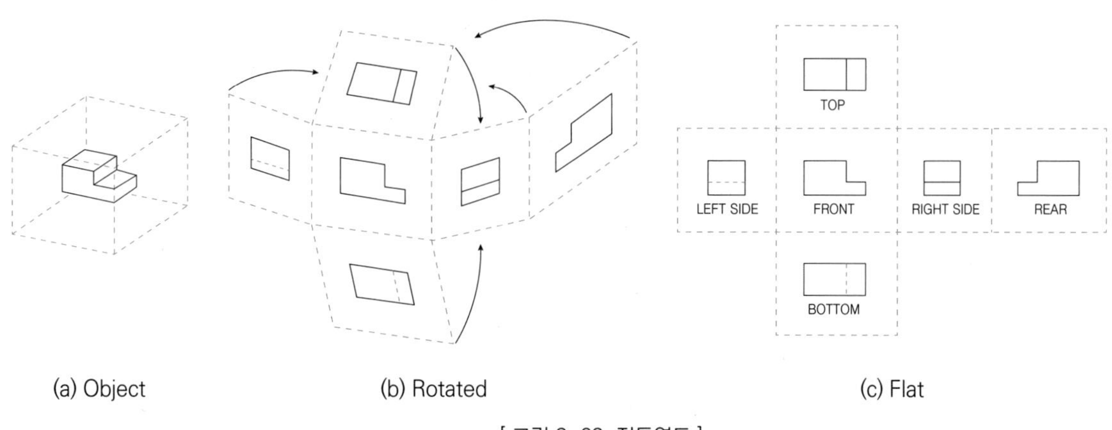

[그림 2-62 정투영도]

모든 물체는 정면, 평면, 저면, 배면, 우측면 그리고 좌측면으로 물체의 여섯 방향에서 볼 수 있기 때문에, 여섯 개의 그림으로 물체를 나타낼 수 있다. 그림 2-62의 (a)는 물체를 투명한 상자 속에 넣은 상태이며, 물체를 상자의 여섯 면에 대해 직각으로 보았을 때 보이는 모양을 그리는 것이다. 물체의 모양을 그린 상자의 여섯 면을 펼쳤을 때, 그림 2-62의 (b)와 같이 된다. 그림 2-62의 (c)는 앞의 그림을 평평하게 펼친 모양이며, 이것이 여섯 개의 정투영도가 된다.

대상 물체를 묘사하기 위해 여섯 개의 도면 모두가 필요한 것은 아니기 때문에, 요구되는 물체의 특성을 표현하는데 필요한 면만 그리면 된다. 하나(1면도), 둘(2면도) 또는 세 개(3면도)의 투영도를 가장 널리 선택한다. 선택하는 면의 개수에 관계없이 면의 배치는 그림 2-62에 나타낸 것과 같으며, 이중 정면도를 중심도면으로 한다. 만일 우측면도가 필요하다면 정면도의 우측에 그리고, 좌측면도가 필요하다면 정면도의 좌측에 그리면 된다. 만약 평면도와 정면도가 필요하다면 정면도를 기준으로 각각의 해당 위치에 그리면 된다.

일반적으로 개스킷(Gasket), 심(Shim), 평판 등과 같이 두께가 일정한 물체를 그릴 때는 1면도가 적합하다.

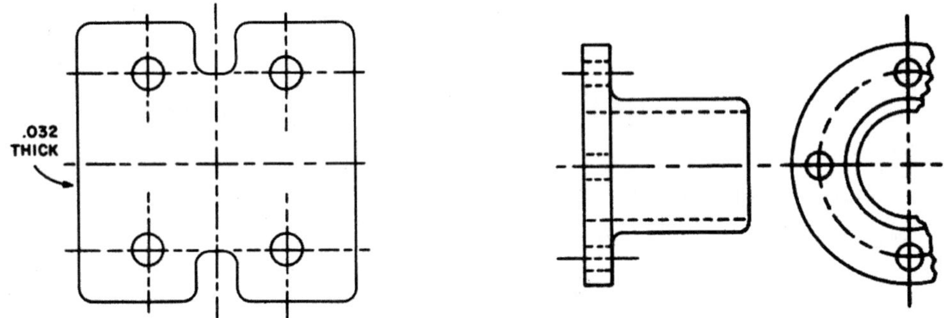

[그림 2-63 단면 그림(One-view drawing)] [그림 2-64 외부 대칭 그림(Symmetrical object with exterior half view)]

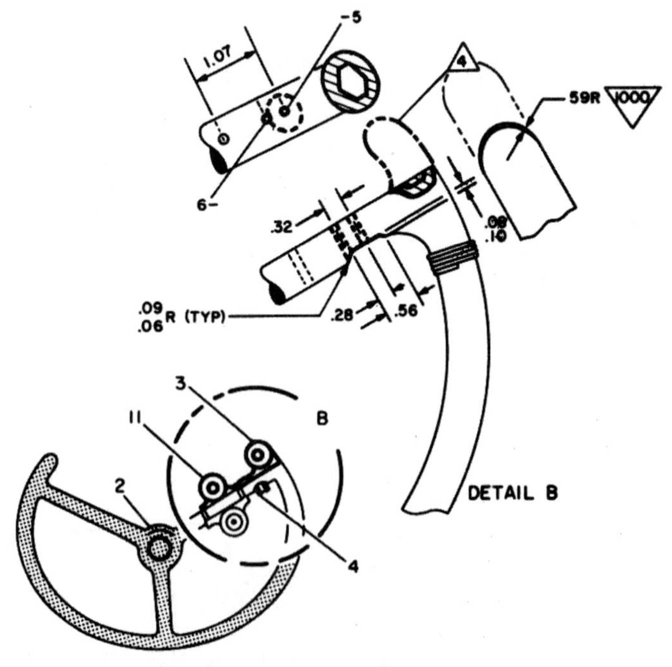

[그림 2-65 상세도(Detail view)]

그림 2-63에 나타낸 것처럼, 두께에 대한 치수는 주석으로 표시한다. 또한 원통형, 구형 또는 정사각형 모양의 부품 등을 한 개의 도면으로 충분히 표시할 수 있다면 1면도를 사용한다.

그림 2-64에서 보여준 것과 같이, 좁은 공간에서 2면도를 그려야 하는 경우, 대칭인 물체는 중심선을 기준으로 한쪽은 생략하고 나머지 반만 그리는 것도 가능하다.

항공기 도면에서는 부품을 표현하기 위해 2면도 이상을 필요로 하는 경우는 많지 않다. 대신 전체를 나타내는 투영도와 하나 이상의 상세도(세부도)또는 단면도로 나타내는 것이 일반적이다.

3. 상세도(Detail View)

상세도는 물체의 한 부분을 더 큰 축적으로 아주 상세하게 확대하여 그린 투영도이다. 도면에서 상세하게 나타내고자 하는 부분은 굵은 선의 원으로 영역을 표시한다. 그림 2-65는 상세도에 대한 예이다. 기본 투영도는 조종핸들 전체의 모양을 그린 도면이고, 반면에 상세도는 조종핸들의 일부를 확대시킨 도면이다.

4. 입체도(Pictorial Drawings)

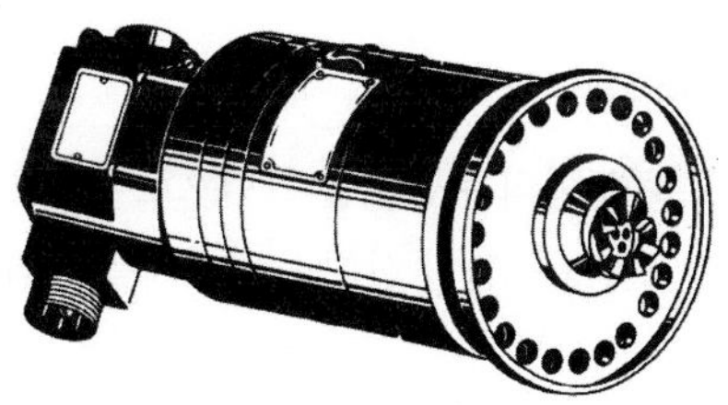

[그림 2-66 Pictorial Drawings]

그림 2-66 입체도는 사진과 유사하다.

이것은 물체가 눈에 보이는 대로 나타내지만, 그러나 물체가 복잡한 형태일 때는 만족할 만큼 충분히 나타낼 수 가없다. 입체도는 물체의 일반적인 외형을 보여주는 데 유용하며 정투영도로서 광범위하게 사용된다.

입체도는 정비, 오버홀 그리고 부품번호를 표기할 때 사용한다. 항공기 엔지니어와 정비사는 3가지 유형의 입체도를 자주 사용하는데, 그것은 (a) 투시도, (b) 등각투영도, (c) 경사투영도이다.

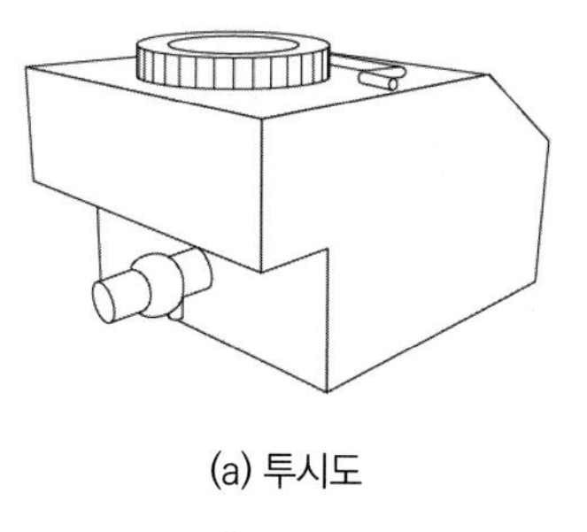

(a) 투시도 (b) 등각투영도

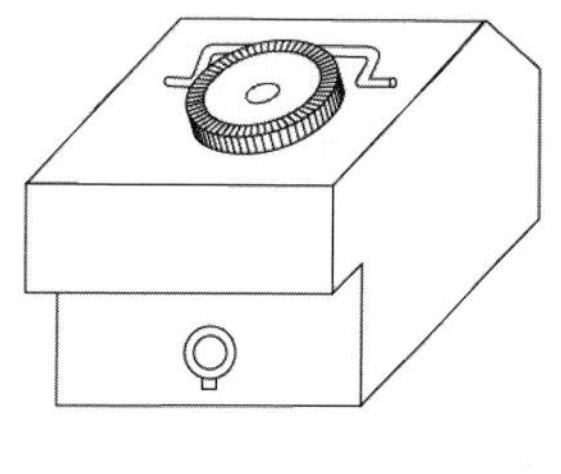

(c) 경사투영도

[그림 2-67 입체도의 유형]

1. 투시도(Isometric Drawings)

그림 2-67의 (a)에 나타낸 것과 같이, 투시도는 물체를 원근법에 따라 그린 그림으로 보는 사람에게 입체적으로 보인다. 투시도는 물체를 사진으로 보는 것과 매우 유사하다. 원근법으로 인하여 물체의 선중 일부는 평행하지 않으며, 따라서 실제 각도와 치수가 정확한 것은 아니다.

2. 등각투영도(Isometric Drawings)

그림 2-67의 (b)에 나타낸 것과 같이, 등각투영도는 물체의 3면을 하나의 도면에 투영시킨 것으로서 정면도와 그 물체를 앞으로 회전시킨 도면의 조합이며 하나의 도면에서 3면을 볼 수 있도록 하는 방법이다. 이것은 보는 사람에게 3차원 입체 형상으로 보이게 한다. 선이 멀어질수록 좁아져서 실제 치수가 아닌 투시도와는 달리, 등각투영도에서의 선은 평행하며, 이때 선의 길이는 정투상도에서처럼 크기를 의미한다.

3. 경사투영도(Oblique Drawings)

그림 2-67의 (c)에 나타낸 것과 같이, 경사투영도는 물체의 한 면이 도면과 평행하도록 그린다는 차이를 제외하면 등각투영도와 비슷하다. 경사투영도에서는 항상 3개의 좌표축 중에 2개가 서로 직각이 된다.

4. 분해조립도(Exploded View Drawings)

분해조립도는 2개 이상의 부품으로 조립되는 물체를 그림으로 그린 도면이다. 이 도면은 각각의 부품 그리고 그들과 관련된 조립되기 이전의 부품들과의 상대적인 위치를 나타낸다.

5. 다이어그램(Diagrams)

다이어그램은 하나의 조립품 또는 시스템에 대하여 여러 가지 부분을 가리키거나 작동원리 또는 방법을 도형으로 나타내는 방법이다.
다이어그램은 여러 가지 유형이 있지만, 그러나 항공정비사의 정비작업과 관련된 다이어그램의 종류는 4가지 유형으로 나눠진다. 즉, (1) 설치도, (2) 계통도, (3) 블록다이어그램, (4) 배선도로 분류할 수 있다.

1. 설치도(Installation Diagrams)

그림 2-68은 설치도(장착도)의 한 예이다. 이 그림은 항공기의 비행유도 제어장치에 대한 설치도이다. 시스템을 구성하고 있는 각 구성품을 식별하고, 항공기에서의 위치를 표시한다. 각 숫자(1, 2, 3, 4)는 비행유도 제어장치 구성품의 조종실 안에서 위치를 상세하게 나타내고 있다. 설치도는 항공기 정비 교범과 수리교범에 광범위하게 사용되고 있으며, 구성품의 식별과 위치 확인, 다양한 시스템의 동작을 이해하는데 매우 귀중한 정보를 제공한다.

2. 계통도(Schematic Diagrams)

계통도는 각 구성품에 대한 항공기에서의 위치를 나타내지는 않지만, 계통 내에서의 다른 구성품과 관계되는 상대적인 위치를 표시한다.

그림 2-69에서 항공기 유압계통의 계통도를 설명하고 있다. 유압계기는 반드시 항공기에서 착륙장치 선택밸브 위에 있어야 하는 것은 아니지만, 선택밸브와 연결된 압력라인에 연결되어 있으면 된다.

이 유형의 계통도는 주로 고장탐구에 사용된다. 각각의 라인은 흐름을 해석하고 추적하기 쉽도록 기호나 색상으로 구분한다. 각 구성품에는 명칭이 기재되어 있으며, 계통 내에서의 위치는 계통 안으로 들어오는 라인과 나가는 라인을 확인함으로써 확실히 알 수 있다. 계통도와 설치도는 항공기 정비교범에 광범위하게 이용된다.

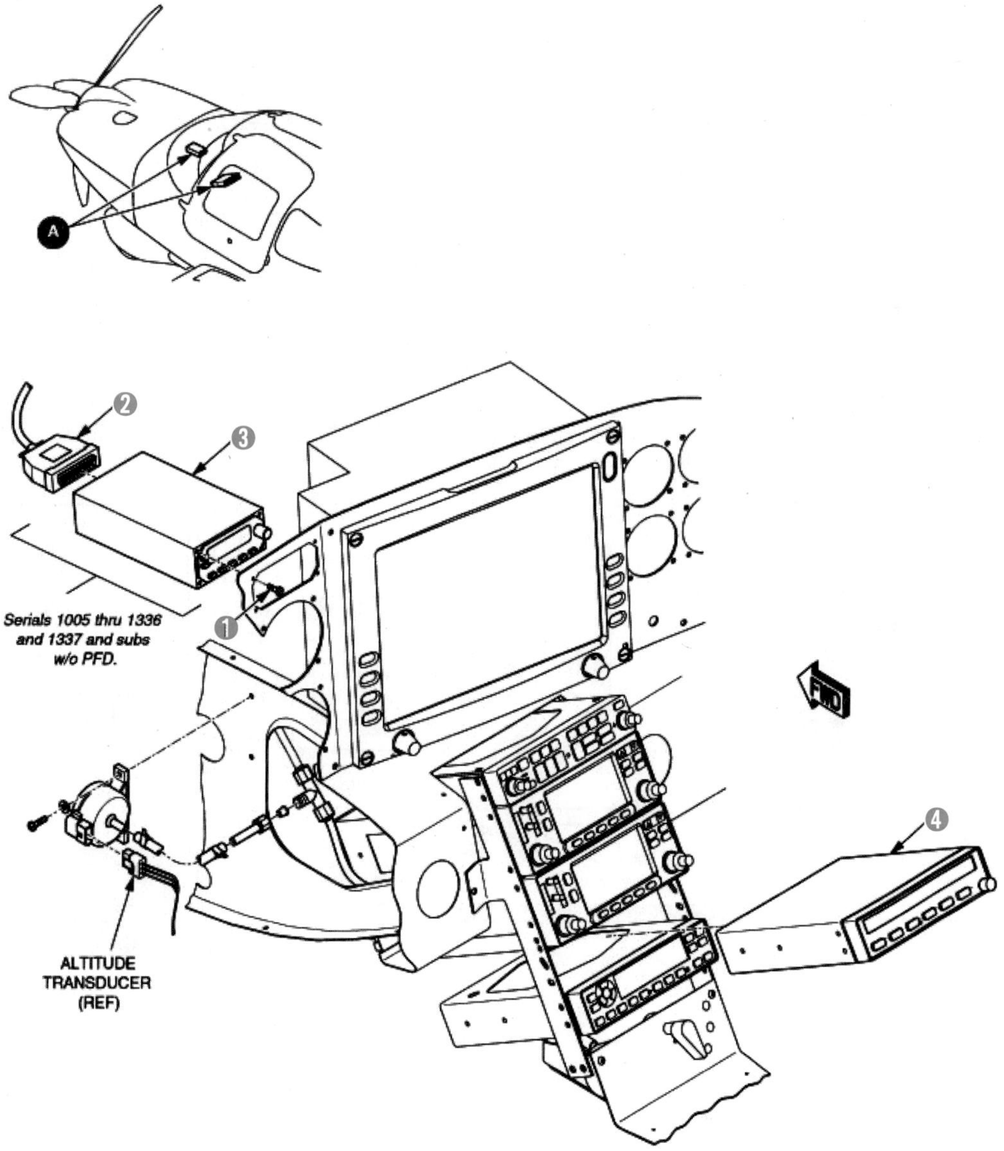

[그림 2-68 설치 다이어그램의 예]

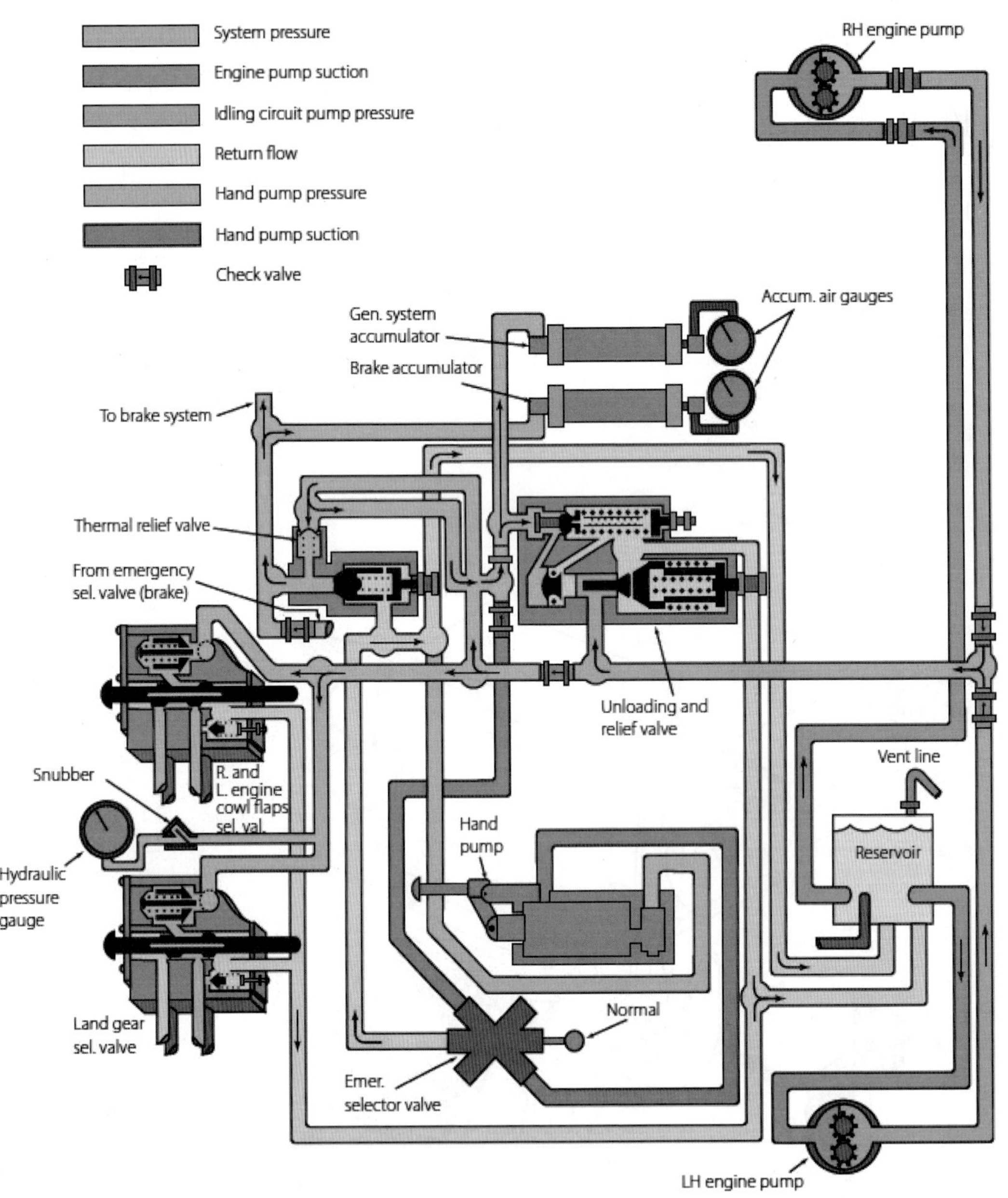

[그림 2-69 항공기 유압 시스템 회로도]

3. 블록다이어 그램(Block Diagrams)

그림 2-70에 나타낸 것과 같이, 아주 복잡한 시스템에서 구성품을 간략하게 표현할 때는 블록다이어그램을 이용한다. 각 구성품은 사각형 블록으로 간략하게 그리며, 계통 작동 시에 접속되는 다른 구성품 블록과는 선으로 연결된다.

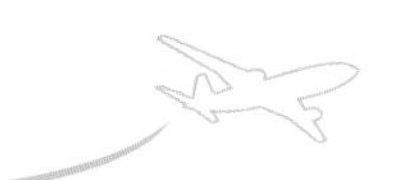

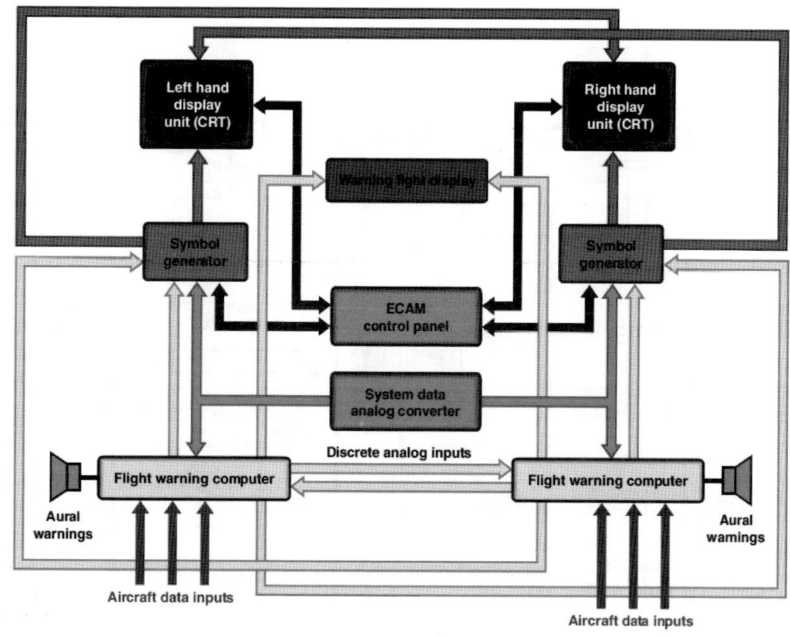

[그림 2-70 Block diagram]

4. 배선도(Wiring Diagrams)

그림 2-71에 나타낸 것과 같이, 배선도는 항공기에 사용되는 모든 전기기기와 장치들에 대한 전기배선과 회로 부품을 기호화하여 나타낸 그림이다. 이 그림은 비교적 간단한 회로라고 할지라도 매우 복잡할 수 있다. 전기장치를 수리하고 항공기에 장착하는 정비사는 배선도와 전기 도면을 완벽하게 이해하고 있어야 한다.

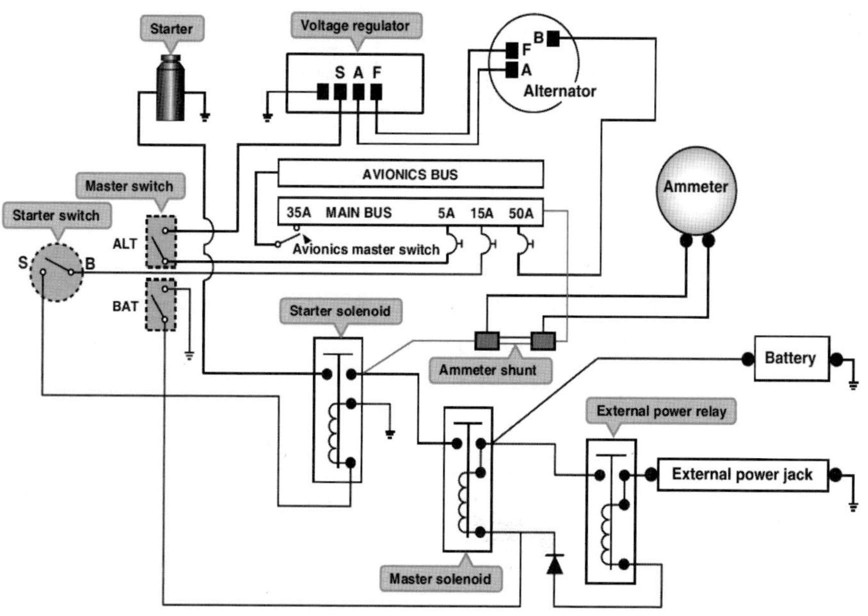

[그림 2-71 배선도]

6. 흐름도(Flowcharts)

특별한 순서 또는 사건의 흐름을 도표로 나타낼 때는 흐름도(작업공정도)를 이용한다.

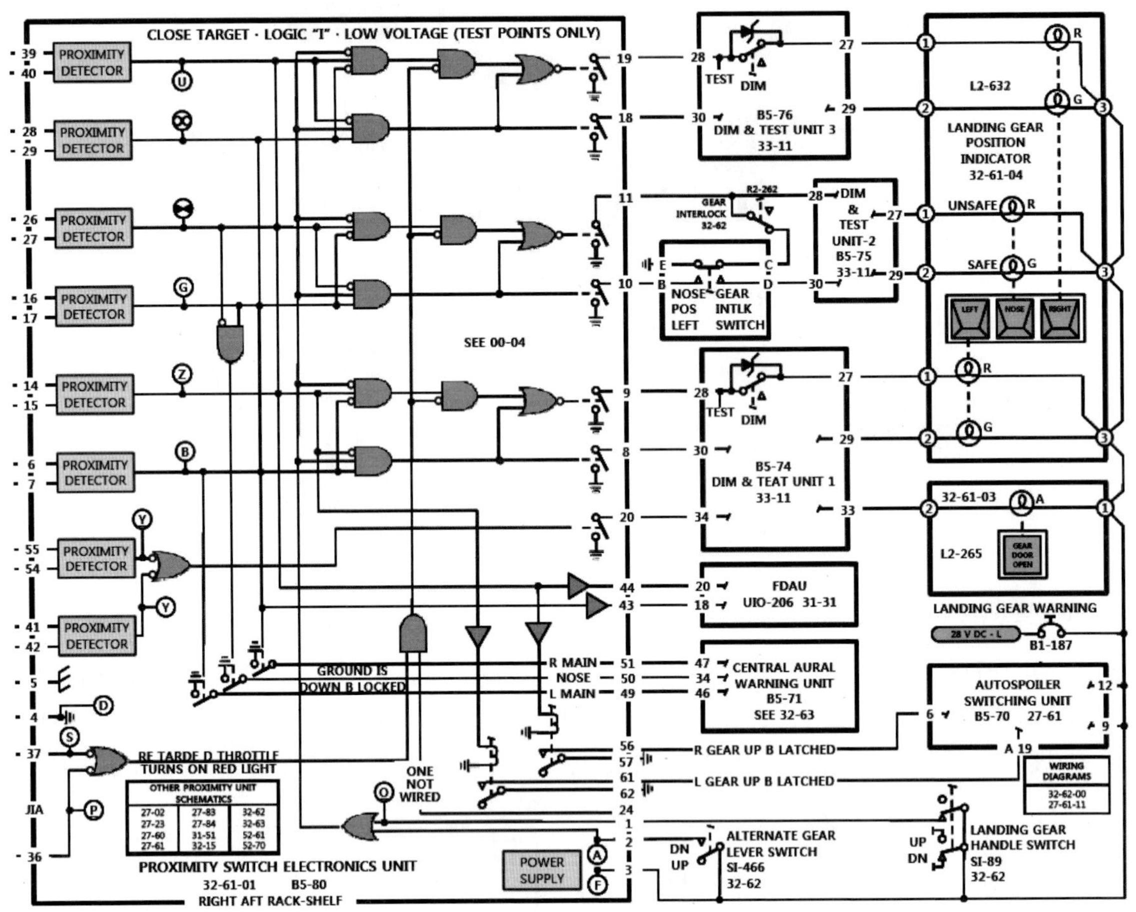

[그림 2-72 논리 흐름도]

1. 고장탐구 흐름도(Troubleshooting Flowchart)

고장탐구 흐름도는 결함이 자주 발생하는 부품의 고장탐구에 이용된다. 고장탐구 흐름도는 "예(Yes)" 또는 "아니오(No)"를 묻는 연속적인 질문으로 이루어져 있다.

만약 질문에 대한 대답이 "예"라고 한다면, 다음 과정으로 진행되지만, 대답이 "아니오"라고 한다면, 다른 과정으로 넘어간다.

이런 간단한 방법으로, 특정 문제에 대한 논리적인 해결책을 얻을 수 있다. 디지털 제어 구성품 및 시스템 분석을 위해 특별히 개발된 흐름도의 또 다른 유형이 논리 흐름도이다.

2. 논리 흐름도(Logic Flowchart)

그림 2-72 논리 흐름도는 논리 게이트의 특별한 유형과 시스템상에서 다른 디지털장치와의 상호 관계를 나타내 기 위해 표준화된 기호를 사용한다. 디지털 시스템은 전압이 있거나 없을 때, 불이 켜졌거나 꺼졌을 때 등과 같이 "1" 또는 "0"으로 표현할 수 있는 2진법으로 만든다.

따라서 논리 흐름도는 입력에 따라 출력이 입력과 같거나 또는 반대로 출력되는 개별 구성품으로 구성된다. 입력 또는 다중입력을 분석함으로써 디지털 출력들을 결정하는 것이 가능하다.

10 선의 종류와 의미(Lines and Their Meanings)

모든 도면은 선으로 이루어져 있다. 선은 면의 경계, 모서리 그리고 면의 교차부분을 표시한다. 치수 그리고 보이지 않는 면을 보여주기 위해, 또한 중심을 나타내기 위해 선을 사용한다.

만약 같은 종류의 선으로 이 모든 것을 표시하였다면, 도면은 아무의미도 없는 선들의 집합이 될 것이다. 이러한 이유로 항공기 도면에서는 여러 종류의 표준화된 선들이 사용된다.

이 선들에 대하여 그림 2-73에서 설명하였으며, 이들의 정확한 사용사례는 그림 2-74에서 보여준다. 대부분 도면에서는 가는 선, 중간 선, 굵은 선의 3가지 폭, 또는 농도를 사용한다. 물론 이 선들의 폭이 도면마다 차이는 나겠지만, 그러나 항상 가는 선과 굵은 선 사이에는 뚜렷한 구분이 있어야 하며, 중간선의 폭은 이들 두 선의 중간이면 된다.

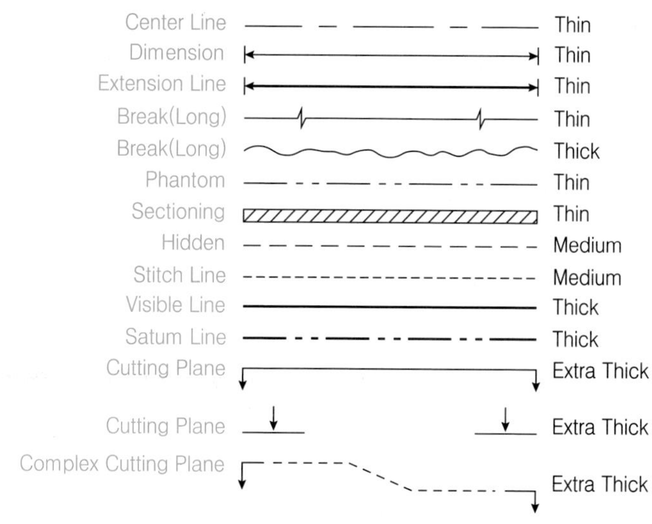

[그림 2-73 선의 종류와 의미]

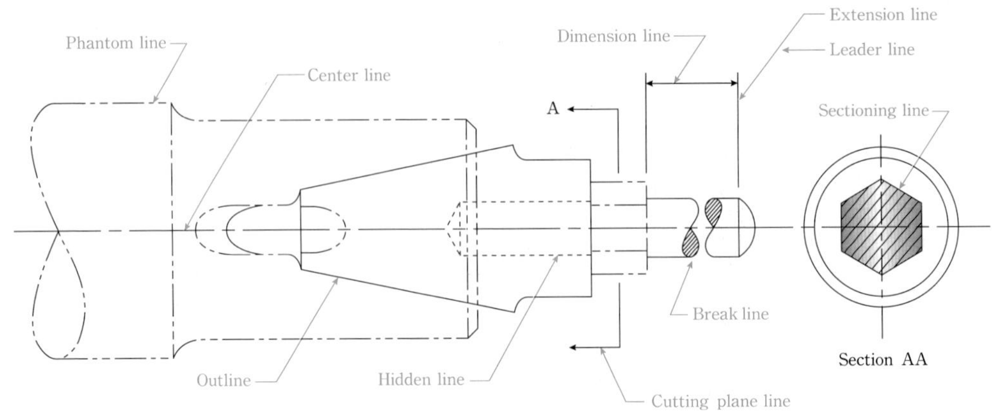

[그림 2-74 선 사용의 올바른 예]

1. 중심선(Center Lines)

중심선은 일점쇄선(긴 대시선과 짧은 대시선을 번갈아 그은 선)으로 구성된다. 중심선은 물체의 중심을 표시한다. 중심선이 교차할 때는 짧은 대시선을 교차시켜 대칭으로 만든다. 아주 작은 원의 중심선을 표시할 때는 끊어지지 않은 선으로 표시해도 된다.

2. 치수선(Dimension Lines)

치수선은 가는 실선을 사용하며, 치수가 들어가는 가운데 부분은 선을 그리지 않는다. 치수선의 양쪽 끝은 바깥을 향한 화살표를 그어서 치수가 측정된 범위를 표시한다. 일반적으로 치수선은 치수를 의미하는 부분과 평행한 선으로 물체의 외곽선과 조금 떨어져서 그린다. 또한 두 개 이상의 그림 사이의 거리를 나타내는 경우에는 그림과 그림 사이에 그려 넣는다.

모든 치수와 문자는 왼쪽에서 오른쪽 방향으로 쓴다. 각도를 표시할 때는 해당 부분에 원호를 그리고 그 원호 안에 각도를 도(Degree)단위로 기재한다. 원의 치수는 보통 원의 지름으로 나타내고 치수 뒤에 문자 D, 또는 DIA를 기재한다. 원호의 치수는 그 원호의 반지름으로 나타내고 치수 뒤에 문자 R을 기재한다. 치수선을 평행하게 여러 개 그려야 하는 경우, 치수가 큰 것을 물체 외곽선으로부터 멀리 떨어져 그려야 하고 작은 것을 가깝게 그려야 한다. 여러 개의 그림이 있는 도면에서는 치수를 명확하게 표현할 수 있는 가장 효과적인 부분에 표시한다.

물체에 있는 구멍 사이의 거리를 표시할 때는, 보통 구멍 중심과 중심 사이의 거리를 표시한다. 서로 다른 크기의 구멍이 여러 개가 있을 때, 구멍 지름의 치수는 지시선을 그리고 각각의 구멍에 대한 가공방법을 나타내는 주석과 함께 표시한다. 만약 같은 크기의 구멍 3개가 동일한 간격으로 배치되어 있다면, 이러한 내용을 간략하게 주석으로 표시할 수 있다. 정밀한 작업이 요구될 때는 크기를 소수점을 써서 표시한다. 완전히 끝까지 뚫지 않는 구멍은 지름과 깊이로 표시한다.

다음의 그림 2-75와 같이 접시머리구멍에서는 접시머리의 각도와 구멍의 지름을 표시한다.

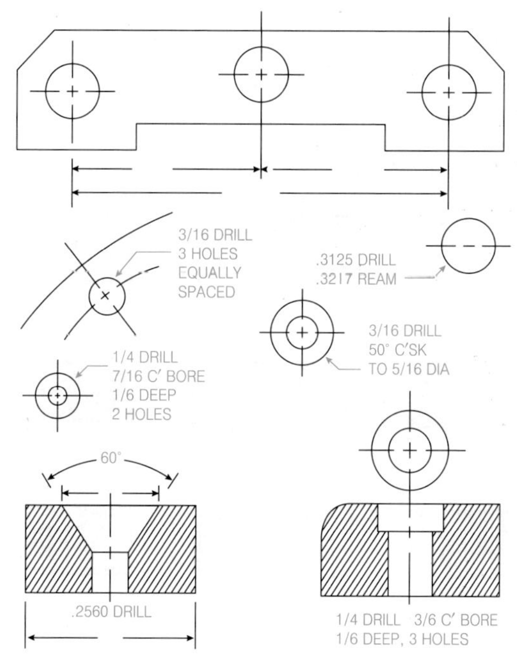

[그림 2-75 치수 구멍]

공차에 대한 치수는 움직이는 부품 사이에 허용할 수 있는 간격의 정도를 의미한다. 정(+)의 허용오차는 부품과 다른 부품이 서로 미끄러지거나 회전해야하는 경우에 적용된다. 부(−)의 허용오차는 강제적인 끼워 맞추는 경우를 의미한다. 가능하면 금속의 끼워 맞춤에 대한 공차, 허용오차, 계측은 이에 대한 표준지침을 따른다. 표준지침에 명시된 끼워 맞춤의 등급은 조립도에 표시하게 된다.

3. 연장선(Extension Lines)

연장선은 치수를 기재할 목적으로 물체 외형선의 측면이나 모서리로부터 연장시킨 선을 의미한다. 이 연장선은 물체로부터 조금 떨어져서 시작하고 치수선의 화살표를 조금 지나간 거리까지 연장해서 짧게 그린다.

4. 단면표시선(Sectioning Lines)

단면표시선은 단면도에서 물체의 절단된 면을 나타낸다. 이 단면표시선은 일반적으로 가는 실선을 사용하지만 단면의 재질에 따라 다양하게 사용한다.

5. 가상선(Phantom Lines)

이점쇄선(한 번의 긴 선과 두 번의 짧은 선을 반복해서 그린 선)으로 구성된 가상선은 물체의 움직임이 되풀이되는 구간을 나타낼 때, 가공전과 가공후의 모양을 나타낼 때, 공구나 지그의 위치를 참고로 표시할 때, 도시된 단면의 앞쪽에 있는 부분 등을 표시할 때 사용한다.

6. 파단선(Break Lines)

파단선은 도면상에 물체의 일부를 파단한 경계 또는 일부를 떼어낸 경계를 표시할 때 사용한다. 짧은 파단선은 실선을 불규칙한 파형으로 그린다. 긴 파단선은 굵은 실선을 지그재그로 그린다. 축, 로드, 튜브 등과 같이 긴 부품은 그림 2-76에 나타난 것과 같이 중간을 생략하고 파단하여 그릴 수 있다.

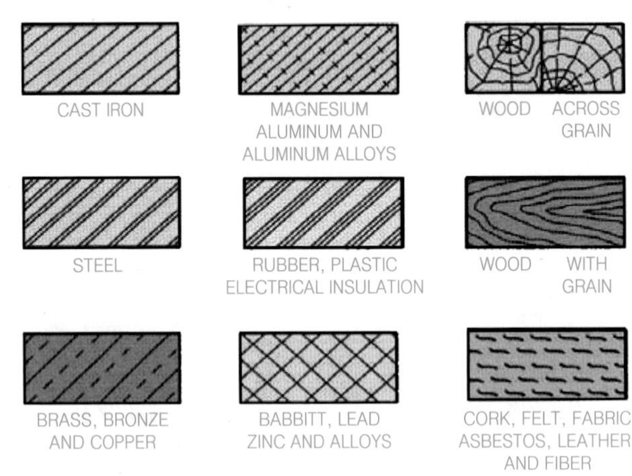

[그림 2-76 표준 재료 기호]

7. 지시선(Leader Lines)

지시선은 한쪽에만 화살표를 가진 실선이며 주석, 기호 또는 기술 등을 표시하기 위해 끌어낼 때 사용한다.

8. 은선(Hidden Lines)

눈에 보이지 않는 물체의 모서리 또는 윤곽을 표시할 때는 은선을 사용한다. 은선은 짧은 대시를 일정한 간격으로 그린 선으로 대시선이라 불리기도 한다.

9. 외형선 또는 유형선(Outline or Visible Lines)

외형선 또는 유형선은 도면상에서 물체의 보이는 부분을 나타내며, 굵은 실선을 사용한다.

10. 스티취 선(Stitch Line)

스티취 선은 바느질 선 또는 재봉선을 가리키며, 균등하게 배치된 대시로 이루어진다.

11. 절단면과 평면선(Cutting Plane and Viewing Plane Lines)

절단면은 물체의 절단부분 모양을 나타내는 도면이다. 절단면은 평면선을 따라 물체를 절단하였을 때 보이게 될 평면모양을 의미한다.

11 도면기호(Drawing Symbols)

도면은 부품의 모양과 재질을 묘사하는 기호와 규칙으로 이루어진다. 기호는 도면을 그리는 속기 도구이다. 기호의 사용은 최소한의 도면으로 부품의 특성을 묘사하는 것이 가능하게 해준다.

1. 재료기호(Material Symbols)

구성하고 있는 부품의 재료 종류를 단면선 기호로 표현한다. 만약 도면의 어딘가에 부품에 대한 정확한 규격을 설명하였다면, 재질을 기호로 나타내지 않을 수 있다. 이런 경우, 재료에 대한 단면 기호를 단면 안쪽에 그려 넣는다. 재료규격은 부품 목록으로 만들거나 또는 주석으로 표시된다. 그림 2-76은 몇 가지 재료 기호에 대한 예이다.

2. 형상기호(Shape Symbols)

형상기호는 물체의 형상을 나타낼 필요가 있을 때 매우 편리한 장점을 가지고 있다. 그림 2-77은 항공기 도면에 사용되는 대표적인 형상기호이다. 형상기호는 일반적으로 회전시킨 단면 또는 제거된 단면처럼 도면에 나타낸다.

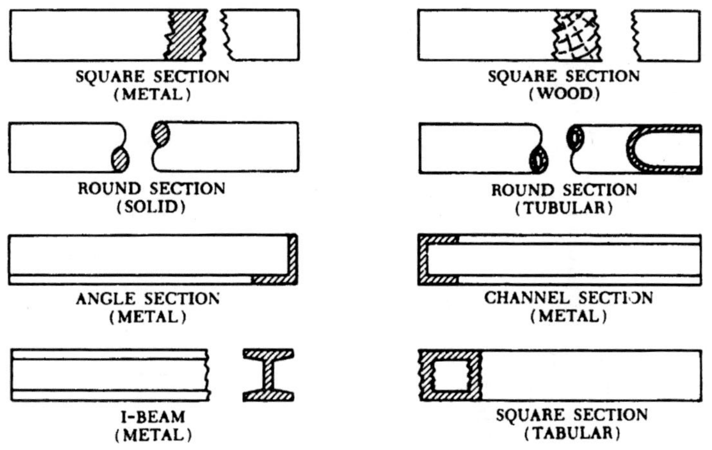

[그림 2-77 형상기호]

3. 전기기호(Electrical Symbols)

그림 2-78에 나타난 것과 같이, 전기기호는 부품들의 실제 모양을 나타낸 도면이라기보다는 여러 가지 전기 장치를 표현해 준다. 여러 가지 전기 기호를 이해하고 나면, 전기 도면을 보고 각 부품이 무엇인지, 그것이 어떤 역할을 하는지, 그리고 계통 내에서 어떻게 연결되는지 확인하는 것은 비교적 간단하다.

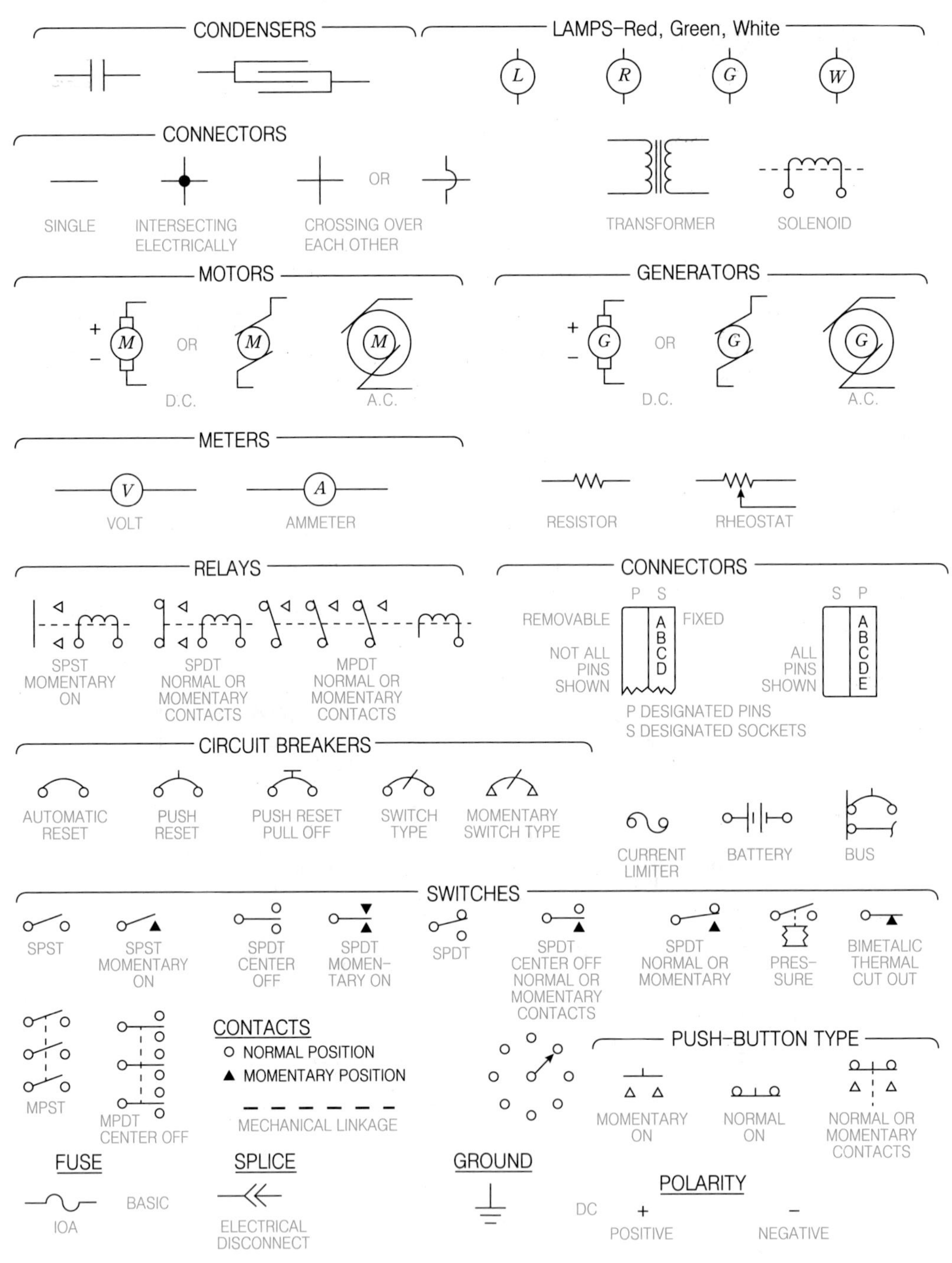
CONDENSERS
LAMPS-Red, Green, White
L
R
G
W
CONNECTORS
OR
SINGLE
INTERSECTING ELECTRICALLY
CROSSING OVER EACH OTHER
TRANSFORMER
SOLENOID
MOTORS
+
-
M
OR
D.C.
A.C.
GENERATORS
G
OR
D.C.
A.C.
METERS
V
A
VOLT
AMMETER
RESISTOR
RHEOSTAT
RELAYS
SPST MOMENTARY ON
SPDT NORMAL OR MOMENTARY CONTACTS
MPDT NORMAL OR MOMENTARY CONTACTS
CONNECTORS
P S
REMOVABLE
FIXED
A B C D
NOT ALL PINS SHOWN
S P
A B C D E
ALL PINS SHOWN
P DESIGNATED PINS
S DESIGNATED SOCKETS
CIRCUIT BREAKERS
AUTOMATIC RESET
PUSH RESET
PUSH RESET PULL OFF
SWITCH TYPE
MOMENTARY SWITCH TYPE
CURRENT LIMITER
BATTERY
BUS
SWITCHES
SPST
SPST MOMENTARY ON
SPDT CENTER OFF
SPDT MOMEN-TARY ON
SPDT
SPDT CENTER OFF NORMAL OR MOMENTARY CONTACTS
SPDT NORMAL OR MOMENTARY
PRES-SURE
BIMETALIC THERMAL CUT OUT
MPST
MPDT CENTER OFF
CONTACTS
○ NORMAL POSITION
▲ MOMENTARY POSITION
MECHANICAL LINKAGE
PUSH-BUTTON TYPE
MOMENTARY ON
NORMAL ON
NORMAL OR MOMENTARY CONTACTS
FUSE
BASIC
IOA
SPLICE
ELECTRICAL DISCONNECT
GROUND
POLARITY
DC
+
-
POSITIVE
NEGATIVE

[그림 2-78 전기기호]

12 도면 판독(Reading and Interpreting Drawings)

항공정비사가 도면 만드는 것을 필요로 하지 않지만, 도면이 전달하고자 하는 정보를 이해하고 이와 관련된 실무를 수행하는 데 필요한 지식은 갖추고 있어야 한다. 새로운 항공기나 부품을 제작 또는 조립하거나, 개조 및 수리를 하는 동안 대부분 도면을 보면서 작업을 수행하기 때문이다.

인쇄된 전 페이지를 한눈에 읽을 수 없는 것처럼, 도면도 동시에 모든 것을 다 판독할 수는 없다. 양쪽 모두 한 번에 한 행씩 읽어가야 한다. 효과적으로 도면을 판독하기 위해서는, 체계적인 절차를 따라야 한다.

도면을 보면, 우선 도면번호와 항목에 대한 설명을 읽는다. 그다음에 적용된 모델, 최종 변경된 내용이나 목록으로 만든 부분품에 대한 조립 명세서를 확인한다. 도면이 정확하다고 판단되면 도면 판독을 진행한다.

다면도(2면도, 3면도 등)를 판독할 때는, 우선 모든 도면을 자세히 관찰하고 각 도면 사이의 연계성을 분석한다면 물체의 개략적인 형상을 구상할 수 있다. 그 다음 한 면씩을 선택하여 더욱 자세히 분석한다.

앞뒤로 연계되는 도면을 서로 참조 한다면, 각 선들이 무엇을 나타내는지 판독하는 것이 가능해진다. 한 도면에서 각 선은 면의 방향이 변화하는 것을 나타내지만 또 다른 도면을 고려하여 그 변화가 어떤 것인지를 판단해야만 한다. 예를 들어, 그림 2-79에 나타낸 물체의 평면도에서와 같이, 한 면에서 원은 구멍이 될 수도 있고 돌출된 돌기가 될 수 있다. 평면도를 보면 2개의 원이 보이는데, 연계된 또 다른 면을 보면 평면도에서 각각의 원이 무엇을 나타내는지를 판독할 수 있다. 여기서 작은 원은 구멍을 나타내고 큰 원은 돌출된 돌기를 나타낸다.

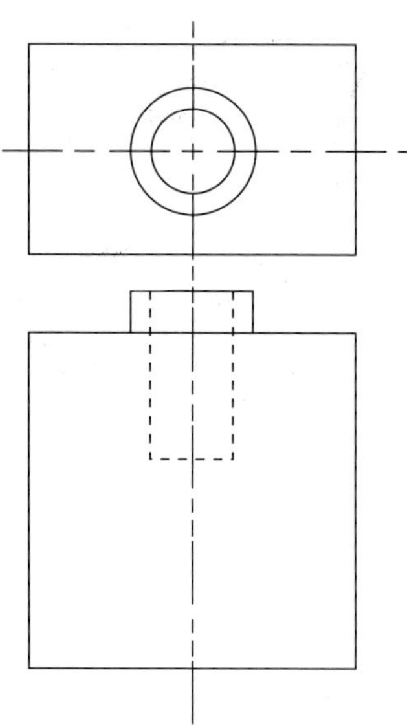

[그림 2-79 도면 판독]

이처럼 둘 이상의 도면이 주어져 있을 때, 하나의 도면만으로는 물체를 판독할 수 없다는 것을 알 수 있다. 2면도로도 물체를 완벽하게 표현할 없을 경우에는 3면도를 이용하며, 3면도의 연계된 부분을 분석하여 물체의 모양이 정확하게 표현되었는지 확인 해야만 한다.

물체의 형태가 결정되고 나면 그 크기를 결정한다. 도면을 그리는데 필요한 치수나 공차에 관한 정보는 설계 요구조건에 부합하도록 주어진다. 치수에는 인치 표시를 하거나 또는 생략하기도 한다. 만약 단위가 없다면, 치수의 단위는 인치이다. 치수를 기재할 때는, 부분적인 치수와 해당 부분의 전체 길이를 나타내는 전체 치수를 적는 것이 보통이다. 만약 전체 치수를 기재하지 않았다면, 각 부분별 치수를 더하여 판단할 수 있다.
도면에서는 소수와 분수로서 그 치수를 나타내게 된다. 이것은 특히 허용오차에 적용된다. 많은 회사들이 허용오차를 나타낼 때, (+)와 (−)부호를 사용하는 대신 허용오차를 계산한 완전한 치수로 나타내기도 한다.
예를 들어,만약 치수가 2±0.01[inch]라면, 도면에는 전체치수를 다음과 같이 표시한다.

2.01
1.99

일반적으로 표제란에 기재된 허용오차는 치수를 매우 정밀하게 취급해야 하는 부품이 아닌 보편적인 경우에 적용하는 허용오차이다. 치수선에 별도의 허용오차가 명시되지 않은 경우에는 표제란의 허용오차를 적용한다.
도면 판독을 완료하기 위해서는, 재료란의 일반적인 주석이나 내용을 읽고, 편입된 여러가지 변경사항을 점검하고, 도면과 단면 안이나 주변에 주어진 특별한 정보를 읽어야 한다.

13 도면 스케치(Drawing Sketches)

스케치는 너무 세밀하지 않게 대강 빨리 그린 밑그림이다. 스케치는 간단한 그림에서부터 복잡한 다면정사투영도에 이르기까지 다양한 형태를 가지게 된다.
도면을 만드는 것과 같은 높은 기술을 필요로 하지 않는 항공정비사는 완벽한 화가가 될 필요는 없다. 그러나 많은 상황에서, 항공정비사는 새로운 디자인, 개조 또는 수리 방법을 강구하기 위해, 생각을 도면으로 표현할 수 있는 준비가 되어 있어야 한다. 스케치는 이것을 이루기 위한 훌륭한 수단이 된다.
기계적인 도면을 그리는 규칙과 형식은 물체를 정확하게 그리기 위해 필요한 도면들이 적절한 연계성을 가지고 표현되어야 한다는 것이다. 그림 2-73과 그림 2-74에 나타난 것과 같이, 올바른 선의 사용과 크기를 나타내는 치수에 대한 규칙을 준수하는 것이 필요하다.

1. 스케치기법(Sketching Techniques)

스케치를 하기위해 먼저 그 물체를 표현하는 데 필요한 그림이 어떤 것인지를 결정한다. 그 다음 가는 실선을 사용하여 그림을 배치한다. 이어서 상세도를 완성하고, 물체의 외형선을 굵은 실선으로 진하게 그린다. 그리고 연장선과 치수선을 그린다. 주석, 치수, 부품 명칭, 날짜 그리고 필요한 경우 그린 사람의 이름을 추가하여 도면을 완성한다. 그림 2-80에서 물체를 스케치하는 단계를 설명하였다.

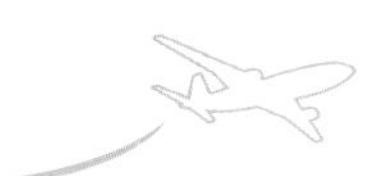

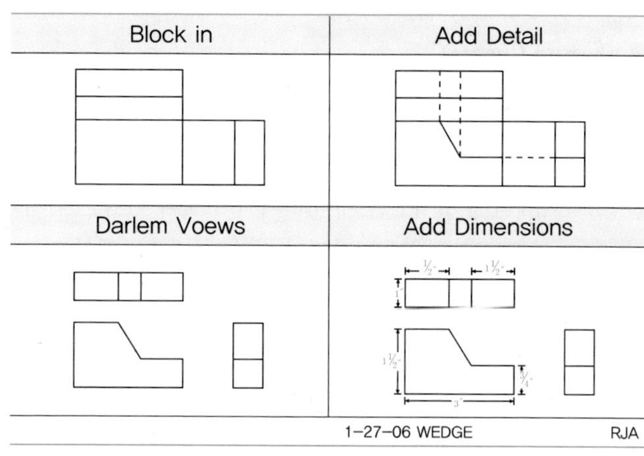

[그림 2-80 스케치별 단계도]

2. 기본도형(Basic Shapes)

스케치의 복잡한 정도에 따라, 원이나 직사각형 같은 기본도형은 제도용구 없이 맨손으로 그리거나 템플릿(운형자)을 사용하여 그린다. 만약 스케치가 아주 복잡하거나 또는 정비사가 자주 스케치를 해야 하는 경우라면, 여러 종류의 템플릿이나 다른 제도 용구를 사용하면 편리하다.

3. 수리 스케치(Repair Sketches)

수리하거나 또는 교환하고자 하는 부품을 제작하기 위해 스케치하는 경우가 많다. 이런 스케치는 부품을 수리하는 사람이나 제작하는 사람에게 필요한 모든 정보를 제공해야 한다.

스케치를 완성하는 정도는 계획된 사용 목적에 달려있다. 단지 그림으로 물체를 표현하고자 할 때 사용되는 스케치는 크기를 나타내는 치수를 기재할 필요는 없다. 만약 스케치를 보고 부품을 제작해야 한다면, 필요한 부분을 상세하게 모두 나타내야 한다.

14 제도용구의 관리(Care of Drafting Instruments)

좋은 제도용구는 값비싼 정밀 공구이다. 올바른 사용 방법과 보관이 제도용구의 수명을 길게 한다.

T-자, 삼각자, 직선자 등은 그것의 면이나 모서리를 손상시킬 수 있는 곳에서 사용하거나 보관해서는 안된다. 손상을 방지하기 위해서는 반드시 제도판 위에서 사용하고, 면이나 모서리를 손상시킬 수 있는 방법으로 사용해서는 안된다. 컴퍼스, 디바이더, 펜 등은 부주의한 취급으로 인해 손상되지 않았고, 정확한 모양을 갖추고 있으며 바늘이 충분히 뾰족하다면 더 좋은 결과를 얻을 수 있다.

제도용구는 다른 공구나 장비와의 접촉으로 인해 손상될 염려가 없는 장소에 별도로 보관한다. 컴퍼스와 디바이더의 바늘은 부드러운 고무나 또는 이와 유사한 재질로 된 조각에 꽂아서 보관한다. 드로잉 펜(Drawing Pen)의 잉크는 깨끗이 세척한 다음 완전히 건조시켜서 보관해야만 한다.

15 그래프와 도표(Graphs and Charts)

그래프와 도표는 그림으로 정보를 전달하거나 또는 정보가 어떤 상태인지를 알려주기 위해 자주 사용한다. 그래프에서의 값은 해당 위치에서 X축과 Y축에 수직선을 내리고 각각의 축과 만나는 위치의 값을 이용한다. 또한, 자료가 컴퓨터데이터베이스(Computer Database)에 저장되어 있다면, 소프트웨어 프로그램을 이용하여 이 자료를 막대그래프 또는 원형도표 등의 그림으로 나타낼 수 있다.

1. 그래프와 도표의 해석(Reading and Interpreting Graphs and Charts)

해석하고자 하는 정보가 그래프나 차트(Chart)로 표현되었을 때, 제공된 정보를 올바르게 해석하기 위해서는, 제일 먼저 모든 주석과 범례에 대하여 충분히 이해하는 것이 대단히 중요하다.

2. 노모그램(Nomograms)

Density Variation of Aviation Fuel
Based on Average Specific Gravity

Fuel	Average Specific Gravity ar 15°C (59°F)
Aviation Kerosene Jet A and Jet A1	.812
Jet B (JP-4)	.785
AV Gas Grade 100/130	.703

Note: The fuel quantity indicator is calibrated for correct indication when using Aviation Kerosene Jet A and Jet A1. When using other fuels, multiply the indicated fuel quantity in pounds by .99 for Jet B (JP-4) or by .98 for Aviation Gasoline (100/130) to obtain actual fuel quantity in pounds.

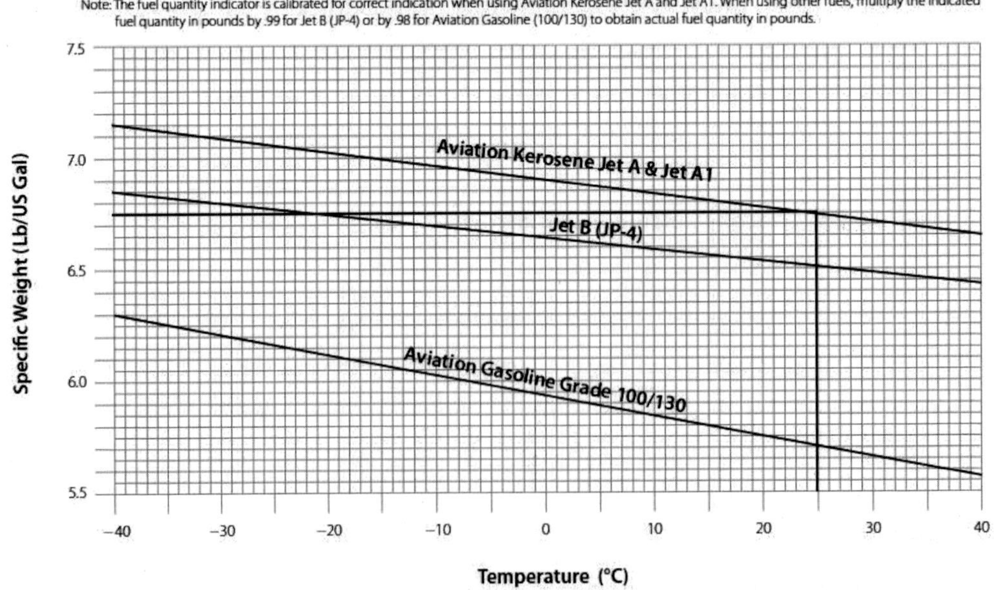

[그림 2-81 Nomogram]

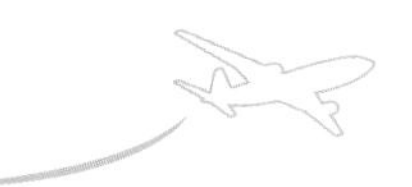

노모그램(계산도표)은 보통 3가지 집합의 데이터로 구성되는 그래프이다. 데이터의 집합들 중 2가지를 알면, 나머지 모르는 세 번째 집합의 상응하는 값을 해석을 통해 구할 수 있다. 노모그램의 한 가지 형식은 그래프의 X축 값과 Y축 값이 서로 교차하는 지점에서 세 번째 집합의 곡선이 만났을 때, 이 지점으로 부터 세 번째 상응하는 값을 계산할 수 있는 형식이다. 그림 2-81은 항공기연료, 비중량 그리고 온도 사이의 관계를 보여주는 노모그램의 한 가지 예이다.

16 마이크로필름(Microfilm)과 마이크로피쉬(Microfiche)

과거에는 도면, 부품 카탈로그(Parts Catalogs), 정비교범과 오버홀교범 등을 마이크로필름에 기록하였다. 마이크로필름은 보통 16[mm] 또는 35[mm] 필름이며, 35[mm] 필름이 더 크기 때문에 16[mm] 필름보다 더 좋은 도면 복사가 가능하다. 마이크로피쉬는 여러 장의 마이크로필름을 격자 형태로 배열한 한 장의 카드이다. 마이크로필름과 마이크로피쉬에 기록된 정보를 보거나 복사하기 위해서는 특수한 장치가 필요하다.
현재 대부분 항공기제작사는 마이크로필름과 마이크로피쉬를 CD, DVD, 기타 저장장치에 저장하는 디지털저장방식을 채택하고 있다. 과거에 수행되었던 항공기 서비스나 수리에 대한 방대한 정보를 디지털 저장장치에 저장하고 있다. 그러나 아직도 옛날 방법으로 정보에 접근해야 하는 경우도 많다. 시설이 잘 갖추어진 사무실이라면 이 2가지 방법 모두 가능할 것이다.

17 디지털 이미지(Digital Images)

도면은 아니지만 디지털 카메라로 찍은 디지털 이미지는 항공기의 감항성이나 기타 관련 정보를 평가하고 공유하는 차원에서 항공정비사에게 큰 도움이 된다. 디지털 이미지를 이메일에 첨부하여 인터넷을 통해 빠르게 전송할 수 있다. 요구되는 디자인이나 페인트 방법뿐만 아니라, 구조적 피로균열, 손상 부품 또는 다른 결함들이 디지털 이미지로 만들어져 인터넷을 통해 많은 사용자들과 공유할 수 있게 되었다. 그림 2-82는 복합재료구조물의 충격손상 부분을 간단한 디지털 카메라로 찍은 디지털 이미지이다. 사진 촬영 전에 측정용 자나 동전 등과 같은 물건을 손상부분 근처에 놓는다면 손상된 크기를 상대적으로 비교할 수 있을 것이다. 그리고 손상된 부분의 실제 위치는 동체 스테이션, 날개 스테이션 등 위치표시 방법을 이용하여 이메일의 본문에 설명하면 된다.

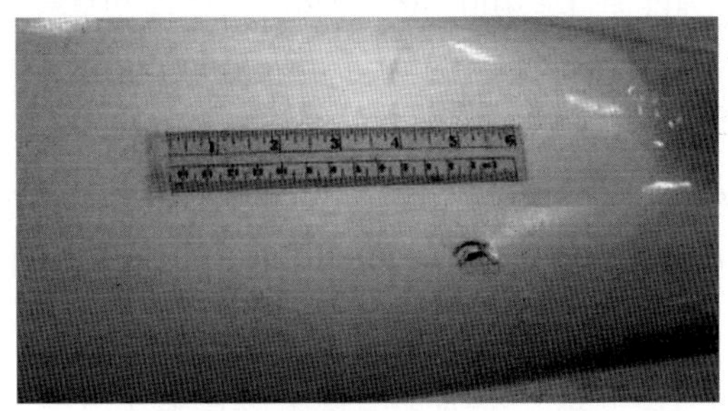

[그림 2-82 손상부위의 디지털 사진]

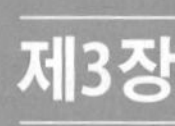

제3장 항공기 중량 및 평형관리(Aircraft Weight)

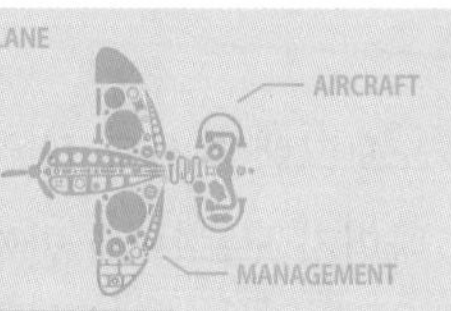

1 일반(General)

1. 목적(Purpose)

항공기에 적재하는 중량은 항공기 성능에 크게 영향을 미치고, 최근의 항공기들은 대량의 인원과 화물을 적재하기 때문에 얼마만큼의 중량을 어디에 싣는지 고려해야 한다. 항공기마다 탑재할 수 있는 중량은 다르지만, 한계를 초과하여 중량을 싣게 되면 항공기 성능의 감소는 물론이고, 구조적으로도 손상을 주게 된다. 또 다른 고려 사항으로 어디에 싣는지가 중요하다. 항공기마다 제작사가 정해 놓은 무게중심(Center of Gravity)한계라는 범위가 있다.

이 무게중심 한계를 넘어갔다면 승객, 연료, 화물을 재배치하거나 중량을 줄여야 안전하고 효과적인 비행을 할 수 있다. 부적절한 하중은 고도, 기동성, 상승률, 속도 그리고 연료소비율 면에서 효율을 저하 시킨다.

지상에서 정비 과정이나 비행 중에 항공기의 무게중심을 알아내는 작업을 하고, 무게중심이 정해진 위치에 놓이도록 중량을 조절하여 평형을 이루도록 하는 작업을 항공의 중량 및 평형관리라고 한다. 항공기 설계자는 운항조건에 맞도록 설계한 항공기의 날개나 회전익 항공기의 회전날개(Rotor)에서 발생하는 양력의 크기에 근거하여 최대중량을 설정한다. 항공기 구조적 강도도 항공기가 안전하게 운항하도록 최대중량을 제한한다. 무게중심 범위의 이상적 위치는 설계자가 매우 조심스럽게 결정하고, 특정 위치에서의 최대편차로 산출한다. 항공기 제작사는 인도할 때 자중과 무게중심의 위치를 제공한다. 유자격 항공정비사나 항공기 운용자는 중량평형 보고서를 현재 상태로 유지하여야 하며, 수리나 개조로 인한 변화 정도를 기록 유지하여야 한다. 기장은 비행마다 최대허용중량과 무게중심한계를 반드시 알고 있어야 할 책임이 있다.

2. 중량 관리(Weight Control)

중량은 항공기 제작과 운항에 있어서 관리되어야 할 주요 요소이고, 중량 초과는 항공기의 효율성을 저하시키고, 비상사태가 발생하는 경우에 대비한 안전 여유를 감소시킨다. 항공기 설계에 있어서 필요 구조 강도는 가능한 한 가벼워야 하고, 날개나 로터는 최대허용중량을 지지할 수 있도록 설계한다. 항공기 중량이 증가되면 날개와 로터는 양력을 추가적으로 발생시켜야 하고, 구조는 추가 정하중뿐만 아니라, 기동에 의한 동하중도 지지할 수 있어야 한다. 예를 들어 3,000파운드 날개는 수평 비행에서는 3,000파운드를 지지하지만, 항공기가 완만하거나 급격하게 60° 각도로 선회 비행을 한다면 동하중은 2배인 6,000파운드가 필요하다. 심각하게 통제가 어려운 기동이나 난류 속에서의 기동은 구조에 고장을 일으킬 수 있을 정도의 동하중이 부과된다.

감항분류 "N(Normal)" 항공기는 중량의 3.8배에 견딜 수 있을 만큼 강해야 한다. 즉 항공기 1파운드 중량에 대해 기체 구조는 3.8파운드 이상을 지지할 수 있는 기체구조의 강도가 필요하다는 것이다.

감항분류 “U(Utility)” 항공기는 4.4의 하중배수(Load Factor)를 지지하는 구조 강도를 가져야 하고, 감항 분류(Acrobatic) 항공기는 중량의 6배를 견딜 만큼 강한 구조이어야 한다. 날개에서 발생하는 양력은 에어포일 모양, 받음각(Angle of Attack), 대기 속도, 공기밀도 등에 따라 결정된다. 낮은 밀도 곧, 높은 고도에 위치한 공항에서 항공기 이륙은 해면고도 공항에서 이륙 시에 필요한 만큼 충분한 양력을 얻기 위해서는 항공기 속도를 높여야 하므로 활주거리가 더 길어질 수도 있다. 이 때문에, 고도가 높은 공항에서는 반드시 비행교범 등에 명시된 고도, 온도, 바람의 크기와 방향 및 활주로 상태 등을 고려하여 최대허용중량 이내에서 항공기를 운용 하여야 한다.

3. 중량 효과(Effects of Weight)

현대 항공기는 승객, 화물, 연료가 모두 최대인 상태에서 운용하도록 설계되므로 항공기가 자칫과 하중(Over-load) 상태로 운용될 소지가 있다. 이러한 설계개념으로 조종사는 비행 요건에 세심한 주의를 기울여야 한다. 최대비행거리가 필요한 경우에 탑재량을 제한해야 하며, 최대탑재량을 수송해야 하면 탑재 연료량에 의해 결정되는 최대항속거리를 줄여야 할 것이다. 하중 초과로 나타나는 문제는 다음과 같다.

- 더 큰 이륙속도를 얻기 위해 더 긴 이륙활주를 하여야 한다.
- 상승각, 상승률 모두 감소한다.
- 서비스 최대고도가 낮아진다.
- 순항속도가 감소한다.
- 순항거리가 짧아진다.
- 기동성능이 감소한다.
- 착륙속도가 커지므로 착륙거리가 길어진다.
- 초과하중으로 착륙장치 등 기체 구조부에 무리가 따른다.

조종사가 준수해야 하는 항공기 중량별 항공기성능 도표(Chart, Graph)가 있다. 비행 계획의 중요한 부분으로, 안전운항을 위한 항공기 탑재중량, 위치를 결정하기 위해는 반드시 제시된 도표에 따라 확인하고 점검하여야 한다.

4. 중량 변화(Weight Changes)

항공기 최대허용중량(Maximum Allowable Weight)은 설계 고려 요소다.

최대운용중량(Maximum Operational Weight)은 활주로면의 상태, 고도와 길이 등에 제한을 받는다. 비행 전에 또 하나의 고려할 사항으로 항공기 탑재중량의 분배 문제가 있다.

최대착륙중량은 최대 허용중량 이하이어야 하고, 비행교범이 조종사 운용 핸드북에 규정된 한계 값이내로 무게중심이 유지되도록 탑재중량의 적정한 분배가 필요하다. 만약에 무게중심이 전방으로 치우치면, 몸중량이 무거운 승객은 뒤쪽 좌석으로 이동시키거나, 전방화물칸의 화물을 후방 화물칸으로 이동시켜야 한다. 만약에 무게중심이 후방으로 치우치면 승객이나 화물을 전방으로 이동시켜야 한다.

연료는 항공기 횡축에 따라 균형적으로 탑재되어야 한다. 비행 중에 항공기 평형 유지를 위하여 조종사는 특히 연료계통 작동에 주의를 기울여야 한다. 몇몇 회전익 항공기(Helicopters)는 이륙 시에 적정하게 연료가 탑재되었어도 장시간 비행 후 착륙할 때에는 연료 탱크가 거의 바닥이 날 수도 있어 평형 유지가 곤란할 정도로 무게중심이 이동될 수도 있다. 장시간 비행하기 전에 반드시 착륙을 대비한 연료 및 무게중심이 허용범위에 있는지 반드시 점검하고 확인하여야 한다. 일렬식의 의자 배치 항공기의 단독 비행에서 조종사가 전방석에 앉거나 후방석에 앉을 수도 있도록 할 수 있다. 어떤 회전익 항공기는 특정한 의자, 즉 좌측, 우측, 중앙 의자에 앉아 단독 비행을 한다. 이러한 착석 제한 사항은 계기판에 플래카드로 붙여 있으므로 반드시 준수하여야 한다.

항공기는 사용 연수가 증가하면 중량도 증가하는 경향이 있다. 접근이 곤란한 곳에 이물질이 축적되기도 하고, 객실의 보호 설비에 습기가 축적되기 때문이다. 중량 증가량은 크지 않지만, 추정하기보다는 중량을 실측하여 정확하게 알아야 한다.

항공기의 개조 특히, 장비의 변경은 항공기 중량이 변하게 되는 주요 요인이다. 여분의 통신 기기, 계기의 추가 장착으로 오버로드가 되기도 한다. 다행스럽게도 구형 전자장비보다는 신형 장비가 가벼워 중량이 감소한다. 이러한 중량 변화는 무게중심의 이동을 초래하므로 이동 값을 산출하여 중량과 평형 기록에 기록하여 두어야 한다. 수리와 개조는 중량변화의 주요 근원이며, 중량 변화를 수반하는 수리나 개조를 수행한 정비사는 중량과 위치를 확인하여 새로운 자중 및 자중 무게중심 위치를 산출하여 중량과 평형 보고서에 반영하여야 한다. 산출된 무게중심이 제작 시의 무게중심 범위를 초과하다면, 탑재의 불합리성을 반드시 점검해야 한다. 무게중심이 무게중심 전방 범위로 이동했는지, 후방으로 이동한 것인지 그리고 최대중량을 점검해야 한다. 이 중량과 평형의 극단 상태는 항공기의 최대 전, 후방 무게중심 위치를 말한다. 항공기 설계 무게중심 범위 내에 있지만 가장 극단적인 평형 상태를 창출하게 된다. 점검결과 탑재 무게중심 위치가 벗어나면, 위치를 재배열하고, 부적절한 탑재를 방지하도록 플래카드를 붙여야 한다.

정상 무게중심 범위 내에서 항공기를 운용하기 위해 평형추(Ballast)를 장착하기도 한다. 정비사는 중량과 평형기록이 현재 상태이고 정확한지 연간 또는 수시로 상태검사를 실시해야 한다. 항공기 운항에 있어 현재의 중량과 평형 자료를 사용해야 한다.

5. 안정성과 평형 관리(Stability and Balance Control)

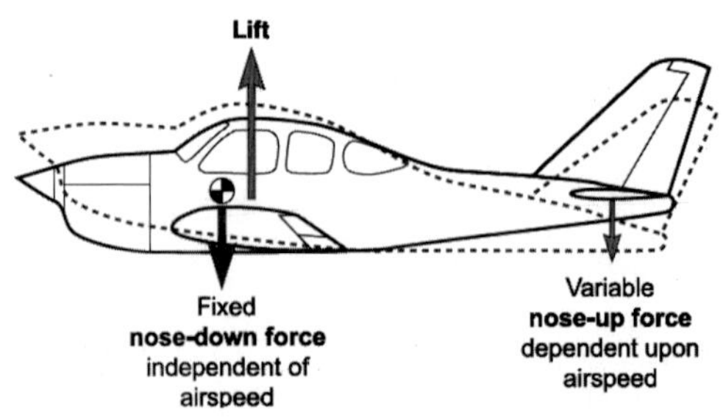

[그림 2-83 비행 중에 비행기에 작용하는 종 방향 힘]

무게중심은 항공기 총중량이 집중되는 지점이고, 특정의 한계 내에 위치해야 한다. 종적, 횡적 평형은 모두 중요하지만 종적 평형이 주 관심사이다.

1. 무게중심과 종적 안정성

종적 안정성은 무게중심이 양력중심의 전방에 위치하도록 하여 항공기 기수를 하향으로 누르는 힘을 생성되도록 하는 것이다. 그림 2-83과 같이 기수를 들어 올리는 힘과 수평 미익을 아래로 누르는 힘과 평형을 이룬다.

만약 상승기류가 기수를 들게 하는 요인이 발생하면 항공기는 속도가 줄어들고 꼬리날개에 걸리는 아래로 누르는 힘이 줄어들 것이다.

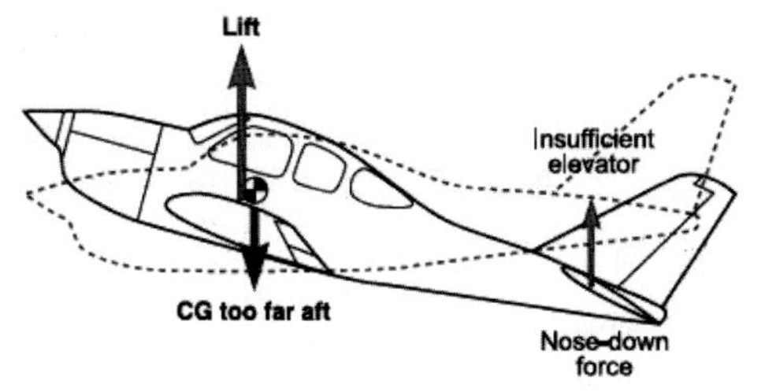

[그림 2-84 낮은 실속 속도에서 CG가 너무 멀어지면 엘리베이터 기수의 다운 충분하지 않을 수 있다. 회복을 위해 기수를 내린다.]

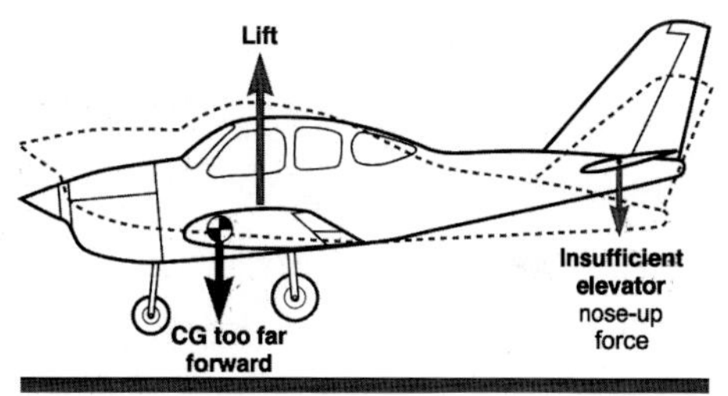

[그림 2-85 CG가 너무 멀리 있으면 엘리베이터 기수를 들어올리는 힘이 충분하지 않다. 이·착륙 활주거리도 늘어난다.]

그림 2-84와 같이 무게중심에 집중된 중량은 기수를 다시 아래로 끌어내릴 것이다. 만약 비행 중 기수가 아래로 떨어진다면 항공기 속도는 증가하고 꼬리날개에 증가된 아래 방향의 하중은 기수를 다시 위쪽으로 들게 하여 수평 비행을 하게 된다.

무게중심 위치가 너무 앞쪽에 있으면 항공기 앞이 너무 무거워지고, 무게중심 위치가 너무 뒤쪽에 있으면 꼬리가 무거워진다. 무게중심이 매우 앞쪽에 위치하면 수평자세를 유지하기 위해 항공기 꼬리를 누르는 힘이 증가한다.

이는 꼬리 쪽에 중량을 추가하는 것과 같은 효과를 낸다. 즉 항공기는 더 큰 받음각으로 비행하게 되고, 항력도 증가한다. 무게중심 위치가 앞쪽에 치우치면 상승성능이 감소한다. 저속 이륙 시에 승강타(Elevator)는 부양을 위한 충분한 기수 상승력을 생성하지 못하고, 착륙 시에는 최종단계에서 항공기를 들어 올리는, 즉 플레어하는 상승력을 생성하지 못한다. 그림 2-85와 같이 무게중심이 앞쪽에 치우치면 이착륙 활주 길이도 늘어난다.

2. 무게중심과 횡적 안정성

종축을 중심으로 좌우 방향, 같은 위치, 높이에 같은 중량의 장비가 장착되도록 설계한다. 횡적 불안정성은 균등하지 않은 연료 탑재나, 소모에서 발생한다. 항공기 횡적 무게중심 위치는 일반적으로 산정하지 않아도 되지만, 조종사는 횡적 불안정성에 의한 비행 특성 변화 효과를 알아야 한다.

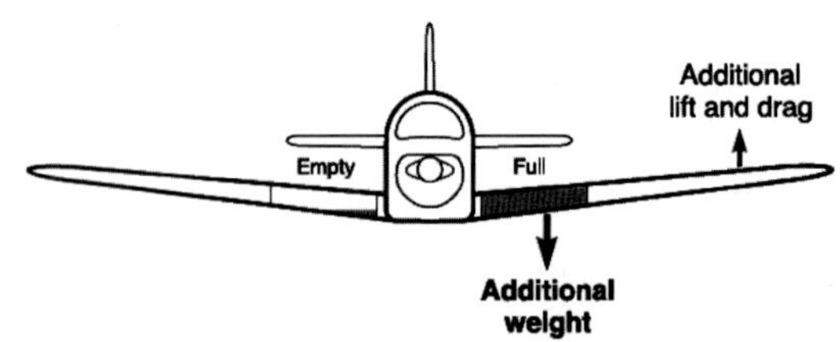

[그림 2-86 CG가 너무 멀리 있으면 엘리베이터 기수를 들어올리는 힘이 충분하지 않다. 이·착륙 활주거리도 늘어난다.]

그림 2-86과 같이 횡적 안정성은 항공기 평형 유지를 위해 무거운 쪽 연료탱크 연료가 충분히 소모될 때 에일러론 트림 탭(Aileron Trim Tab)을 사용한다. 무거운 쪽에 양력을 추가 발생시키고 동시에 항력도 발생되어 비효율적이다.

회전익 항공기는 횡적 안정성에 크게 영향을 받는다. 연료나 탑재 중량이 한쪽으로 치우치면 평형 유지가 어려워 비행 안전을 해칠 수도 있고, 외부에서의 수송 중량으로 횡적 안정성이 변화되면 수평비행을 유지하기 위한 주기조종효과(Cyclic Control Effectiveness)를 해칠 수도 있다.

그림 2-87과 같이 뒤제침 날개를 가진 항공기(Sweptwing Airplanes)는 연료 중량의 불균형에 의한 영향이 매우 크다. 바깥 쪽 탱크 연료를 사용하면 무게중심이 전방으로 이동하게 되고, 안쪽 탱크 연료를 사용하면 무게중심이 후방으로 이동한다.

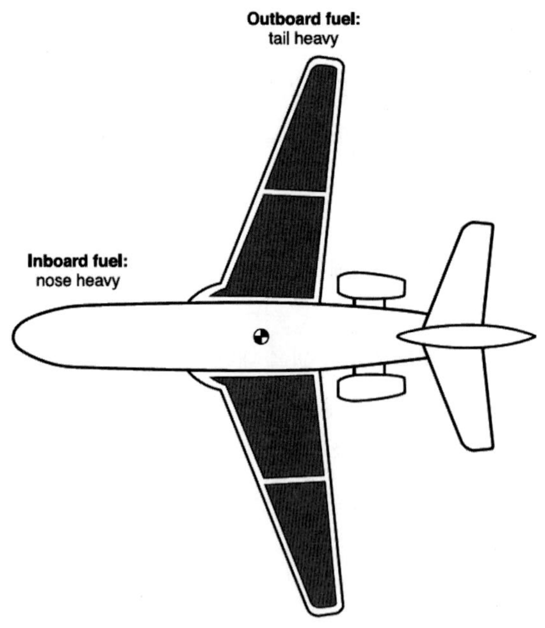

[그림 2-87 항공기날개의 연료탱크는 측면 및 세로 균형에 모두 영향을 미친다.]

2 중량과 평형관리 이론(Weight and Balance Management Theory)

항공기 중량과 평형에 있어 필수적 고려 요소는 2가지다.

- 항공기의 형식별 총중량은 감항당국이 허용한 총중량보다 크면 안된다.
- 무게중심 또는 항공기의 모든 중량이 집중되는 지점은 항공기의 운용중량의 허용범위 내에 유지되어야 한다.

1. 항공기 중량, 거리, 모멘트(Aircraft Weights, Arms & Moments)

거리(Arm)는 기준선(Datum Line)과 중량 사이의 수평거리이다. 기준선의 앞과 좌측은 음(-)으로 기준선의 뒤와 오른쪽은 양(+)부호를 붙여 사용한다. 항공기 전방에 기준선이 있다면 모든 거리는 양의값을 가지게 된다. 중량은 파운드 단위로 측정하고, 항공기에서 중량이 감소하면 음(−)으로 중량이 주가 되면 양(+)으로 표현한다.

항공기 제작사는 최대중량과 기준선과의 거리로 무게중심의 범위를 설정한다. 기준선으로부터 특정 거리에 위치하는 평균공력시위(MAC : Mean Aerodynamic Chord)의 백분율[%]로 규정하기도 한다. 기준선은 날개의 앞전이나 쉽게 식별할 수 있는 무게중심에서 특정 거리가 떨어진 곳에 정하기도 한다. 일반적으로 항공기 전방의 특정한 거리에 정하며, 예를 들어 항공기 기수로 부터, 날개의 앞전부 또는 엔진 방화벽에서 일정 거리의 가상적 면으로 설정하기도 한다. 회전익 항공기는 기준선을 로터마스트(Rotor Mast)의 중심에 정하기도 하는데 이 위치로 부터의 거리는 양과 음의 값이 병존한다. 항공기 제작사가 측정과 장비의 장착 위치, 중량과 평형 계산이 편리한 곳에 기준선의 위치를 결정한다.

그림 2-88은 기준선이 날개 앞전(Leading Edge)에 있는 항공기로 전방으로는 양의 값, 후방으로는 음의 값을 갖는 거리를 보여주고 있다.

모멘트는 물체를 회전시키려는 힘으로 파운드-인치[lb-in]부호는 방향을 나타낸다.

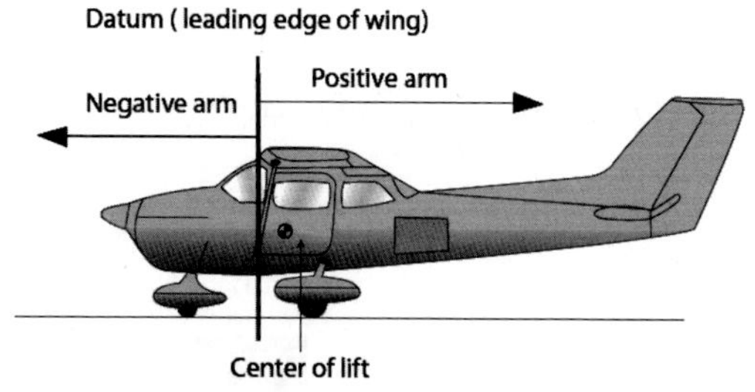

[그림 2-88 데이텀 위치 및 포지티브 및 네거티브 암에 미치는 영향]

표 2-5는 중량, 거리, 모멘트의 부호와 회전과의 관계를 나타낸다. 양의 모멘트는 항공기 기수를 들어 올리는 회전력, 음의 모멘트는 기수를 내려 누르는 회전력이다.

[표 2-5 중량, 거리, 모멘트의 부호와 회전과의 관계]

Weight	Arm	Moment	Rotation
+	+	+	Nose up
+	−	−	Nose down
−	+	−	Nose down
−	−	+	Nose up

2. 지렛대 법칙(The Law of the Lever)

이 법칙은 받침점을 기준으로 한 쪽에 놓인 중량과 받침점에서 거리를 곱한 값은 반대쪽에 놓인 중량과 받침점에서 거리를 곱한 값은 같아 평형을 이룬다는 것이다. 지렛대의 양쪽 모멘트 합이 대수적으로 "0"일 때 평형상태가 된다.

$$\sum M_0 = -P_1 l_1 + P_2 l_2 + R \times 0 = 0$$

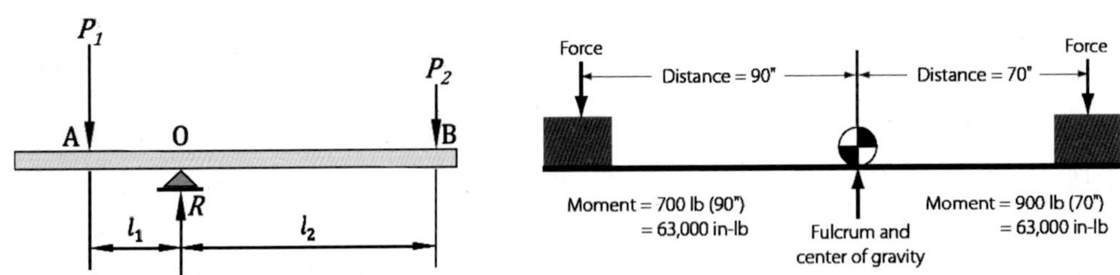

[그림 2-89 C.G 평형 상태]

그림 2-89에서 시계 방향으로 돌리려는 모멘트와 반시계 방향으로 작용하는 모멘트가 같을 때 편형상태가 된다. 그림 2-90에서 받침점에서 좌측 50″거리에 100[lb] 중량이 작용하고 있고, 받침점에서 우측 25″ 거리에 200[lb] 중량이 작용하고 있다. 이를 도표화하면 표 2-6과 같다. 표 2-6에서 양쪽 모멘트의 합이 "0"이다. 시계 방향으로 돌리려는 모멘트와 반시계방향으로 돌리려는 모멘트가 같아 지렛대가 평형을 이룬다.

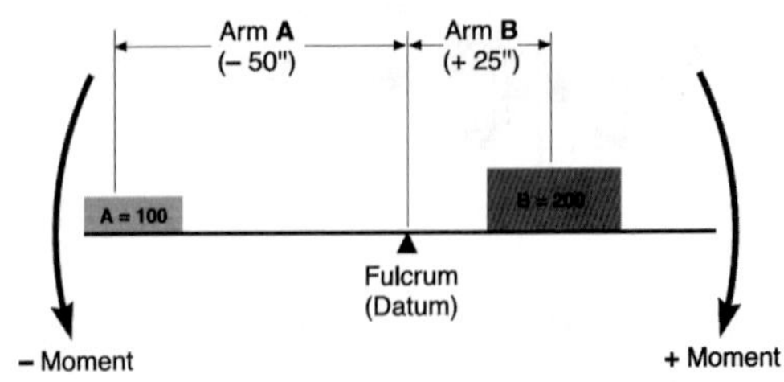

[그림 2-90 모멘트의 대수 합이 "0" 일 때 레버가 균형을 이룬다.]

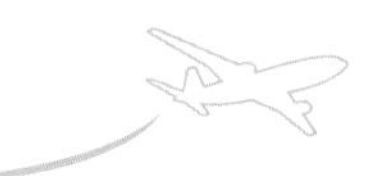

[표 2-6 중량, 거리, 모멘트의 부호와 회전과의 관계]

Item	Weight [lb]	Arm [in]	Moment [lb-in]
Weight A	100	−50	−5,000
Weight B	200	+25	+5,000
	300		0

3. 무게중심 찾기(Determining the Center of Gravity)

그림 2-91과 같이 기준선은 전방 일정 지점에 설정하고 여러 중량이 작용할 때 무게중심을 다음 순서로 구해 보자.

1) 기준점에서의 각 중량까지 거리를 측정한다.
2) 각각의 중량에서 작용하는 모멘트를 계산한다.
3) 중량의 합과 모멘트의 합을 구한다.
4) 총 모멘트를 총 중량으로 나누어 CG를 구한다.

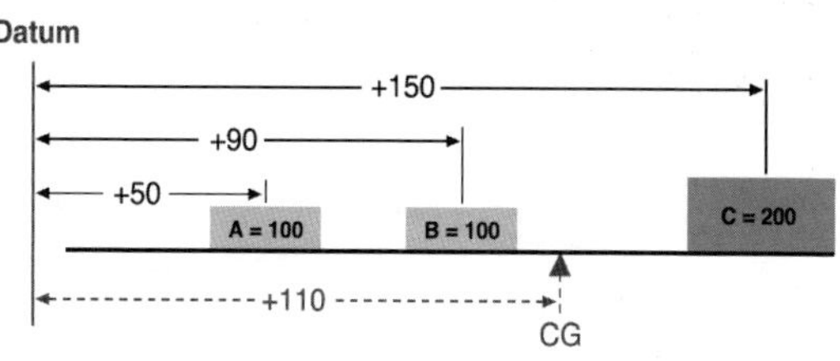

[그림 2-91 보드 외부에있는 데이텀에서 C.G 결정]

[표 2-7 보드에서 떨어진 데이텀에서 무게 중심과의 관계]

Item	Weight	Arm	Moment	CG
Weight A	100	50	5,000	
Weight B	100	90	9,000	
Weight C	200	150	30,000	
	400		44,000	110″

무게중심이 기준점으로부터 110″에 있음을 증명하기 위해 기준 을 110″으로 변경하면 그림 2-92와 같고, 표 2-8과 같이 계산된다.

모멘트 합이 "0"일 때 평형상태이다. 기준선 위치는 어디에 정해도 되나, 이 기준선으로부터 각각의 중량까지 거리를 측정하여야 한다는 것을 알 수 있다. 항공기의 무게중심도 같은 방법으로 구한다.

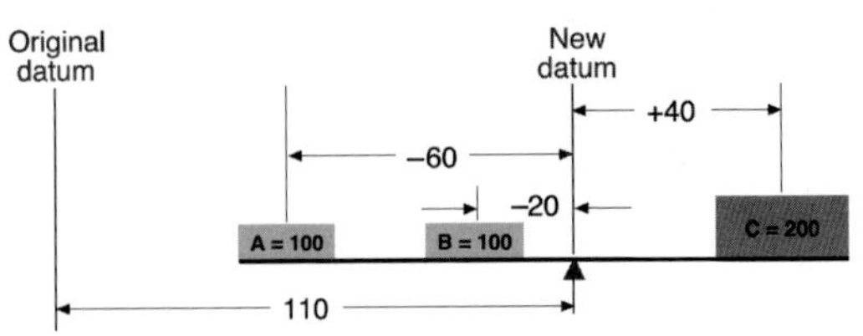

[그림 2-92 CG에 지정된 데이텀의 암]

[표 2-8 보드는 원래 데이텀 오른쪽의 110″ 지점에서 균형을 잡는다.]

Item	Weight	Arm	Moment	CG
Weight A	100	−60	5,000	−6,000
Weight B	100	−20	9,000	−2,000
Weight C	200	+40	30,000	+8,000
			44,000	0

그림 2-93과 같이 중량 측정 준비를 하고, 저울위에 항공기를 올려놓고 중량을 측정한다. 항공기 및 저울을 고정하기 위한 도구(받침목 등)의 중량은 제외되어야 한다. 형식증명서에 기준선에서 인치 단위로 표시되는 위치선(Station No.)으로 중량과 무게중심 위치를 나타낸다.

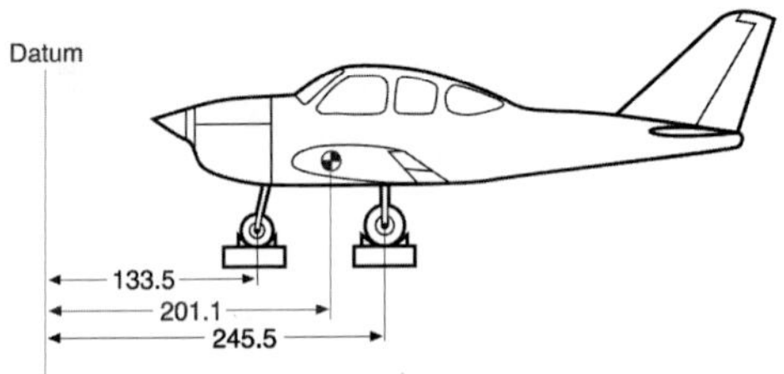

[그림 2-93 데이텀이 비행기보다 앞서있는 비행기의 CG 결정]

[표 2-9 데이텀이 비행기보다 앞서있는 비행기의 CG 결정 차트]

Item	Weight	Arm	Moment	CG
Main wheels	3,540	245.5	869,070	
Nose wheel	2,322	133.5	309,987	
	5,862		1,179057	201.1

4. 무게중심 이동(Shifting the CG)

무게중심을 원하는 곳으로 이동시키기 위해서는 승객의 배정 좌석을 변경하거나, 수하물이나 화물을 다른 위치에 탑재하기도 한다. 그림 2-94와 같이 무게중심이 기준선의 72″ 지점에 있다.

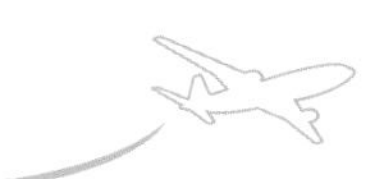

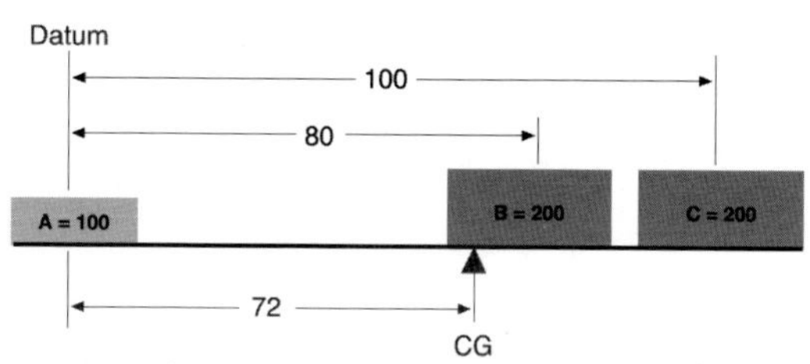

[그림 2-94 가중치를 변경하여 보드의 CG 이동]

[표 2-10 무게 중 하나를 움직여 보드의 CG 이동]

Item	Weight	Arm	Moment	CG
Weight A	100	0	0	
Weight B	200	80	16,000	
Weight C	200	100	20,000	
	500		36,000	72

중량 B를 기준선 후방 50″ 또는 중량 A의 50″ 후방으로 이동하여 평형을 이루려 한다면 표 2-11과 같이 중량 A와 C에 대한 모멘트가 변화된다.

중량 묘의 길이를 구하려면 전체 모멘트 합이 "0" 이어야 하므로, 모멘트 −5,000[in−lb]를 중량 200[lb]로 나누어 −25[in] 거리가 구해진다. 평형 상태를 유지하기 위해서는 그림 2-95와 같이 무게중심 50[in]의 25[in] 앞쪽에 중량 B를 위치시켜야 한다.

[표 2-11 가중치 A와 C의 결합 모멘트의 결정 관계]

Item	Weight	Arm	Moment
Weight A	100	−50	−5,000
Weight B			
Weight C	200	+50	+10,000
			+5,000

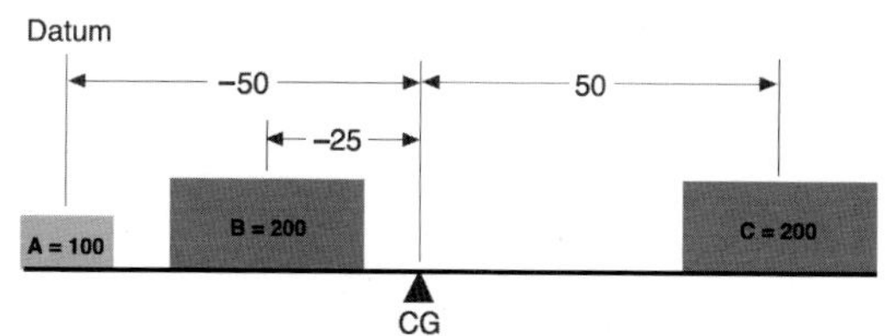

[그림 2-95 무게 중심 B를 배치하여 보드의 중심에 균형을 맞춘다.]

5. 중량과 평형의 기본 방정식(The Basic Equation of the Weight and Balance)

$$Ws/Wt = \Delta CG/Dw$$
$$Dw = (Wt \times \Delta CG)/Ws$$
$$\Delta CG = (Dw \times Ws)/Wt$$
$$Ws = (Wt \times \Delta CG)/Wt$$
$$Wt = (Dw \times Ws)/\Delta CG$$

여기서, Ws : 이동 중량, Wt : 총중량, ΔCG : 무게중심 변화값, Dw : 중량이동거리

$\Delta CG = (Dw \times Ws)/Wt$를 이용하여 그림 2-94의 무게중심 이동거리는 다음과 같다.

$= (200 \times 55)/500 = 22[\text{inch}]$

6. 항공기 무게중심 이동(Center of Gravity)

다음과 같은 항공기 자료와 그림 2-96 항공기의 무게중심 이동을 알아보자.

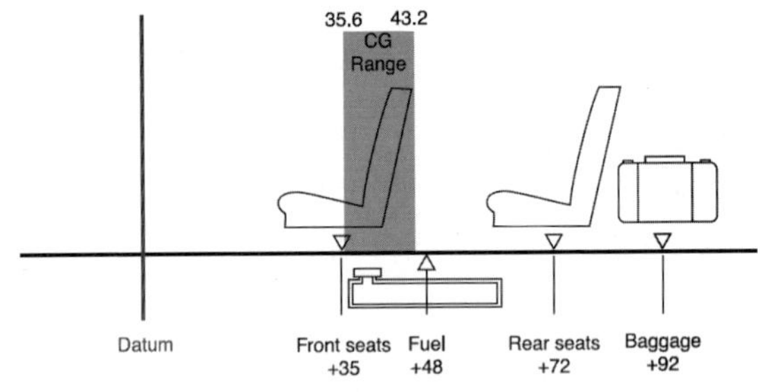

[그림 2-96 일반적인 단일 엔진 비행기의 적재 다이어그램]

- 항공기 자중 : 1,340[lbs]
- 무게중심 : +37″
- 최대총중량 : 2,300[lbs]
- 무게중심 범위 : +35.6″~+43.2″
- 전방좌석 2개 위치 : +35″
- 후방좌석 2개 위치 : +72″
- 연료량 및 위치 : 40[gal] @+48″
- 최대탑재 화물 중량 : 60[lbs] @+92″

140[lb] 조종사와 115[lb] 승객이 전방 좌석에 앉고, 212[lb]와 97[lb] 승객이 후방석에 앉는다. 수하물은 50[lb], 연료는 최대항속거리를 보증하기 위해 최대로 탑재한다. 이 자료로 무게중심을 구하기 위한 계산표는 표 2-12와 같다.

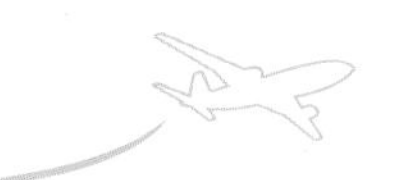

항공기 총중량은 최대중량 2,300[lb] 이내인 2,194[lb]지만 무게중심이 +0.9[in] 초과한다. 무게중심 범위 이내로 변경을 위해 212[lb] 승객과 115[lb] 승객의 좌석을 바꾸고 ΔCG를 구하면, ΔCG=(214−115)×(72−35)+2194=1.6[inch]이다.

즉, 무게중심이 전방으로 1.6″ 이동한다. 이를 증명하기 위해 무게중심 계산을 하면 표 2-13과 같다.

[표 2-12 완성된 로딩 차트는 무게가 한계 내에 있지만 CG가 너무 멀다는 것을 보여준다.]

Item	Weight 2,300 max	Arm	Moment	CG +35.6 to +43.2
Airplane	1,340	37	49,580	
Front Seats	255	35	8,925	
Rear Seats	309	72	22,248	
Fuel	240	48	11,520	
Baggage	50	92	4,600	
	2,194		96,873	44.1

[표 2-13 이 적재 도표는 무게와 균형이 허용 한계 내에 있음을 보여준다.]

Item	Weight 2,300 max	Arm	Moment	CG +35.6 to +43.2
Airplane	1,340	37	49,580	
Front Seats	352	35	12,320	
Rear Seats	212	72	15,264	
Fuel	240	48	11,520	
Baggage	50	92	4,600	
	2,194		93,284	42.5

3 중량과 평형관리 용어(Weight & Balance Terminology)

1. 기준선(Reference Datum)과 3축 운동

항공기의 3축이란 항공기의 무게중심을 관통하는 가상의 선들을 가리킨다. 각각의 축은 3차원에서 서로 90°를 이룬다. 기수부터 꼬리까지를 연결하는 축을 종축(Longitudinal Axis)이라고 하고, 좌측 날개 끝과 우측 날개 끝을 연결하는 축을 횡축(Lateral Axis)라고 하며, 기체를 수직으로 관통하는 축을 수직축(Vertical Axis)이라고 한다. 3개의 축, 주조종면, 항공기의 회전운동 관계는 그림 2-97과 같다.

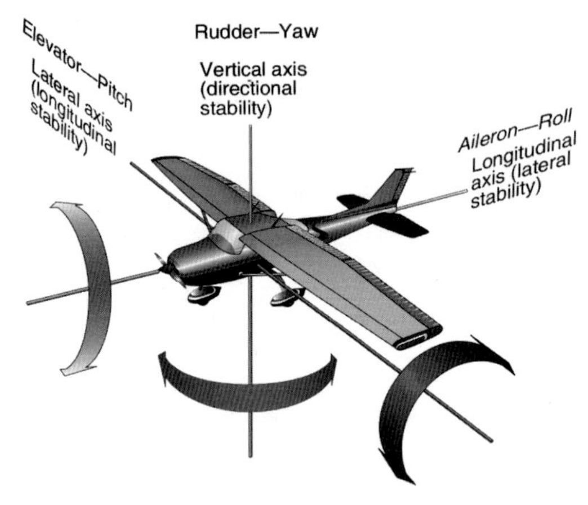

Primary Control Surfece	Airplane Movement	Axes of Rotation	Type of Stability
Aileron	Roll	Longitudinal	Lateral
Elevator/ Stabilator	Pitch	Lateral	Longitudinal
Rudder	Yaw	Vertical	Directional

[그림 2-97 3 축 비행]

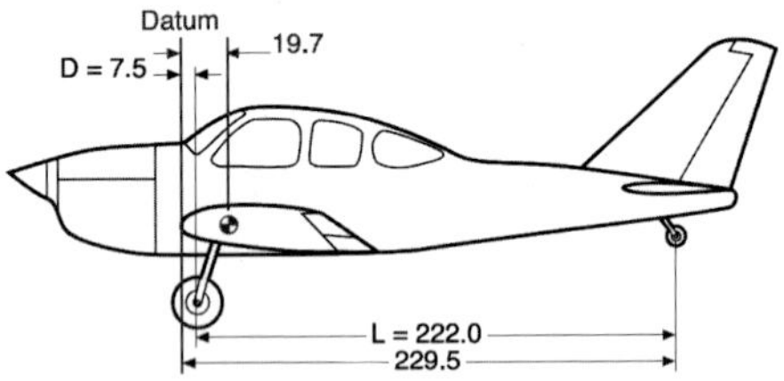

[그림 2-98 꼬리 바퀴 비행기의 기준은 날개 안쪽 앞 가장자리이다.]

기준선은 수평비행 자세에서 정해지는 가상의 수직면으로, 항공기 종축과 수직축과 평행한 종축 위 어떤 지점의 가상의 면이다. 항공기의 도면 또는 사진에서 보면 수평축 위의 수직선으로 나타난다. 항공기에 장착되는 모든 장비, 부품들은 이 기준선에서의 거리로 표현된다. 예를 들어, 연료 탱크의 연료는 기준선의 뒤쪽 60[in]에 있게 되고, 조종실에 있는 통신 라디오는 기준선의 앞쪽 방향으로 90[in]에 있게 된다. 기준선의 위치를 정하는 규칙은 없다. 기준선은 항공기의 기수, 기수의 앞쪽 방향으로 특정한 거리, 엔진 방화벽, 회전익 항공기의 주 회전날개의 축의 중심 등에 정하게 된다. 항공기 제작사가 측정과 장비의 장착 위치, 중량과 평형 계산이 편리한 곳 기준선의 위치를 결정한다. 그림 2-98은 기준선이 날개 앞전(Leading Edge)에 있는 항공기이다. 기준선 위치는 항공기설계규격 도면 또는 형식증명자료집에서 알 수 있다. 항공기 설계규격서에는 항공기에 장착된 장비목록도 포함되어 있다. 형식증명서에는 장비 목록을 별도로 갖고 있다.

2. 중량변화에 따른 모멘트(Moment)

항공기의 무게중심으로부터 수평거리에 중량을 곱하면 무게중심에서의 모멘트가 된다. 중량증감에 따른 모멘트의 대수적 부호는 기준선의 위치에 따라, 그리고 중량이 증가되었는지 또는 제거되었는지 여부에 따라 다음과 같다.

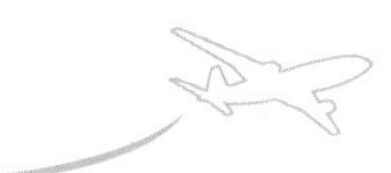

① 기준선 뒤쪽방향으로 증가된 중량은 (+)모멘트를 만들어낸다.
② 기준선 앞쪽방향으로 증가된 중량은 (–)모멘트를 만들어낸다.
③ 기준선 뒤쪽방향으로 감소된 중량은 (–)모멘트를 만들어낸다.
④ 기준선 앞쪽방향으로 감소된 중량은 (+)모멘트를 만들어낸다.

3. 무게중심(Center of Gravity)

항공기의 무게중심은 그 지점에서 수방향의 모멘트와 미익 방향의 모멘트가 정확하게 일치하여 평형을 이루는 지점이다. 수평비행 상태에서 무게중심에서의 모멘트의 합이 "0"이다.

4. 평균공력시위(MAC)와 %MAC

평균공력시위는 항공기 날개의 공기역학적 특성을 대표하는 시위로, 항공기의 무게중심을 대표하는 기본단위로 쓰이기도 한다. 한쪽 날개 평면의 도심(Centeroid)을 지나는 시위이다. 항공기의 무게중심 위치는 비행안정성을 위해 MAC상 풍압중심의 전방에 위치한다.

MAC 위의 어떤 점이나 기준선을 나타낼 때 기준선에서 미터 단위로 표기할 수도 있지만 중량과 평형에서는 MAC 길이의 백분율로, 즉 %MAC으로 나타낸다. 만약 날개 길이가 [lm]이고, 항공기의 무게중심이 MAC 위의 30[cm]에 있다면, 30%MAC에 무게중심이 있다고 한다. MAC은 항공기 날개의 면적을 날개 Span의 길이로 나누어 구한다.

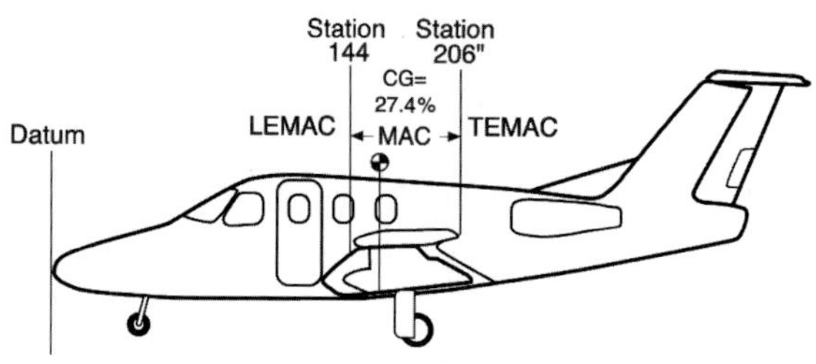

[그림 2-99 항공기 중량 및 균형 계산 다이어그램]

그림 2-99에서

MAC＝206－144＝62[inch]

LEMAC＝station 144

CG＝160－144＝17.0[inch]

CG in %MAC＝(17×100)/62＝27.4[%]

5. 최대 중량(Maximum Weight)

최대중량은 항공기 설계명세서 또는 형식증명자료집에 명기되어 있으며 항공기 중량에 대한 용어 정의는 다음과 같다.

① 최대 램프중량(Maximum Ramp Weight)

최대 램프중량은 항공기가 지상(Ground)에 주기하고 있는 동안 적재할 수 있는 가장 무거운 중량이다. 최대 지상이동 중량(Maximum taxi weight)이라고도 한다.

② 최대 이륙중량(Maximum Takeoff Weight)

최대 이륙중량은 항공기가 이륙활주를 시작 할 때 허용 가능한 최대 항공기 중량으로 가장 무거운 중량이다. 이 중량과 최대램프중량(Maximum Ramp Weight)사이에 차이는 이륙 이전에 지상 이동 중에 소모되는 연료의 중량과 같게 된다.

③ 최대 착륙중량(Maximum Landing Weight)

최대 착륙중량은 항공기가 정상적으로 착륙할 수 있는 최대 중량이다. 대형 상업용 항공기는 최대이륙중량과 100,000[lb] 이상 적다.

④ 최대 무연료 중량(Maximum Zero Fuel Weight)

최대 무연료 중량은 처리할 수 있는 연료와 오일을 탑재하지 않은 상태로 승객, 화물을 최대로 실을 수 있는 중량으로 가장 무거운 중량(Weight)이다.

6. 자중(Empty Weight)

항공기의 자중은 항공기에 장착되어 동작되는 모든 장비중량을 포함한 항공기 자체의 중량이다.

기체(Airframe), 동력장치(Powerplant), 필요한 장비(Equipment), 선택장비(Optional Equipment) 또는 특별장비(Special Equipment), 고정 발라스트(Fixed Ballast), 유압유, 잔류연료와 잔류오일의 중량을 포함한다.

잔류연료와 잔류오일은 그들이 연료관(Fuel Line), 오일관(Oil Line)등 계통 내에 갇혀 있기 때문에 정상적으로 사용(배출)되지 못한 유체로 항공기 자중에 포함된다. 엔진윤활 계통의 냉각을 위해 사용되는 연료량도 자중에 포함된다.

항공기 자중 용어 중 기본자중(Basic Empty Weight), 허가자중(Licensed Empty Weight), 표준자중(Standard Empty Weight)이 있는데, 기본자중은 엔진오일계 통의 전용량이 포함되었을 때이고, 허가자중은 잔류 오일의 중량이 포함되었을 때로 1978년 이전에 인가 제작된 항공기에서 사용한다. 표준자중은 항공기 제작사가 제공하는 값으로, 특정한 항공기에만 장착되는 항공기 구매 옵션 장비품의 중량이 포함되지 않은 항공기 자중이다.

7. 자중 무게중심(Empty Weight Center of Gravity)

항공기 자중 무게중심은 자중 조건에 있을 때 무게중심을 이룬 지점을 중심으로 평형을 이루게 된다.

항공기를 중량 측정을 하는 이유가 이 자중 무게중심을 알고자 함이다. 비행을 위해 항공기에 승객 탑승, 화물의 탑재, 장비 장착이나 장탈로 무게중심 변화를 계산하는 점검 등 중량과 평형 계산은 알고 있는 하중과 자중무게중심에서 시작된다.

8. 유용하중(Useful Load)과 유상하중(Payload)

항공기 이륙중량과 표준운항중량 간의 차이, 여기에는 유상하중, 유용한 연료, 및 기타 운항용 물품에 포함되지 않은 유용한 액체들이 포함된다. 감항분류 카테고리를 2개로 인가 받은 항공기는 2가지 유용하중이 있을 수 있다.

예를 들어 900[lbs] 자중 항공기가 감항분류 자의 최대중량이 1,750[lb]이면, 850[lb]의 유용하중을 가질 것이다. 감항분류 "U"로 운항할 때, 최대허용중량은 600[lb]로 유용하중은 1,500[lbs] 감소한다. 유용하중은 연료, 자중에 포함되지 않는 액체(Fluid), 승객, 수하물, 조종사, 부조종사 그리고 승무원으로 구성된다.

엔진오일 중량이 유용하중으로 간주되는지 여부는 항공기가 인증될 때에 좌우되며 항공기실세명세서 또는 형식 증명사료집에 명기되어 있다. 항공기의 유상하중(Payload)은 연료를 포함하지 않는 것을 제외하면 유용하중과 유사하다.

9. 최소연료(Minimum Fuel)

무게중심전방한계의 앞쪽에 모든 유용하중이 적재되고, 연료탱크가 무게중심전방한계 뒤쪽에 위치한 경우에는 연료량이 최소연료이다. 최소연료는 순항출력으로 30분 동안 비행에 필요한 양이다. 피스톤동력항공기에서 최소연료는 엔진의 최대 허용이륙(METO : Maximum Except Take-Off)마력을 기반으로 계산된다. 엔진 METO 마력당 1/2[lbs] 연료가 소모된다.

이 연료 양은 순항비행에서 피스톤엔진 1마력당, 1시간당, 1[lb]의 연료를 연소시킬 것이라는 가정에 근거한 것이다. 현재 소형 항공기에 사용되는 피스톤 엔진은 더 효율적이지만, 그러나 최소연료에 대한 기준은 여전히 동일하다.

Minimum Fuel[pound]=Engine METO Horsepower/2

전방 유해 상태점검이 500 METO 마력을 가진 피스톤 동력식 쌍발 엔진에서 수행되었다면, 최소연료는 250[lbs]가 된다. 터빈엔진 동력식 항공기에서 최소연료는 엔진마력에 근거하지 않지만 수행된다면 항공기 제작사는 최소연료 정보를 제공한다.

10. 무부하 중량(Tare Weight)

항공기를 저울 위에 놓고 중량을 측정할 때에 항공기를 고정하는 보조 장치가 필요하다. 예를 들어, 항공기 꼬리날개 쪽이 쳐진 항공기는 수평 자세를 확보하기 위해 잭(Jack)으로 받쳐야 하고, 잭은 저울위에 위치하게 된다. 잭의 중량이 항공기 중량에 포함되어 측정된다.

이 여분의 잭 중량을 무부하 중량 이라 하고 측정된 중량에서 제외하여야 정확한 항공기 중량이 측정된다. 무부하 중량의 예는 저울 위에 놓여있는 버팀목(Wheel Chock)과 착륙장치의 고정 핀(Ground Lock Pin) 등이다.

4 중량측정 절차(Procedures for Weighing)

1. 개요(Summary)

항공기의 중량을 측정하는 이유는 자중과 무게중심을 찾기 위함이다. 기장은 항공기의 적재중량과 무게중심이 어디에 있는지 알아야 한다. 운항관리사는 자중과 자중무게중심을 알아야 유상하중, 연료량 등을 산출할 수 있다. 무게중심을 찾기 위해 사용할 수 있는 방법으로 그림 2-100과 같이 지상에서 2회 들어 올려, 매달리는 지점에서의 수직선들이 교차하는 지점을 찾으면, 그 지점이 바로 무게중심이다. 이와 같은 방법을 항공기에 적용한다는 것은 현실성도 없고, 수직선의 교차점을 찾는 것도 쉽지 않다. 따라서 저울을 사용하여 중량을 측정한다.

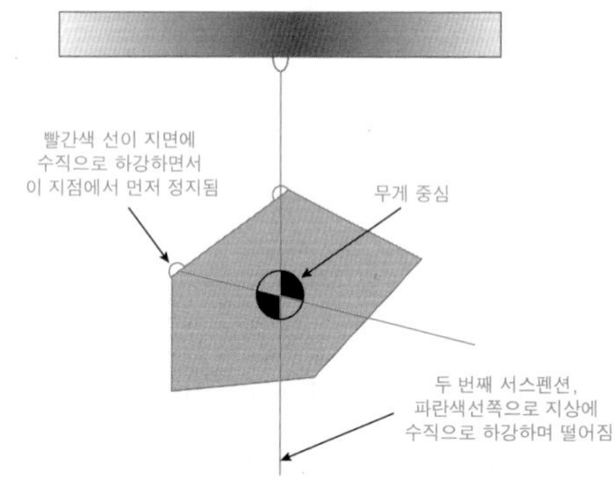

[그림 2-100 두 개의 서스펜션 포인트로 결정된 C.G]

2. 중량과 평형 자료(Weight and Balance Data)

항공기 중량 측정, 자중무게중심을 산출하기 위해서는 항공기에 관한 중량과 평형 정보가 기록된 문서를 알아야 한다.

① 항공기 설계명세서(Aircraft Specifications)
항공기설계명세서에는 장비 목록, 장착 위치, 거리등이 명기되어 있고, 감항당국에서 인증하는 것으로 첫 번째 항공기에 적용된다.

② 항공기 운용한계(Aircraft Operating Limitations)
항공기운용한계는 항공기 제작사가 제공한다.

③ 항공기 비행메뉴얼(Aircraft Flight Manual)
항공기 비행메뉴얼은 항공기 제작사가 제공한다.

④ 항공기 중량과 평형 보고서(Aircraft Weight and Balance Report)
항공기 중량과 평형 보고서는 초도에는 항공기 제작사에서 측정하여 제공하고, 항공기 운용자(정비사)가 주기적으로 측정하여 발행한다.

⑤ 항공기 형식증명자료집(Aircraft Type Certificate Data Sheet)

항공기 형식증명자료집은 항공기에 장착된 장비들의 중량과 거리등의 목록으로 항공기 제작사 감항당국이 인가한 것이다. 형식증명자료집에서 찾아볼 수 있는 중요한 중량과 평형 정보는 다음과 같은 것들이 있다. 그림 2-101의 형식증명자료집을 참고하라.

(1) 무게중심 범위(C.G range)
(2) 최대중량(Maximum Weight)
(3) 수평 도구(Leveling Means)
(4) 좌석의 수와 설치 위치(Location)
(5) 수화물 탑재량(Baggage Capacity)
(6) 연료 탑재량(Fuel Capacity)
(7) 기준선 장소(Datum Location)
(8) 엔진마력(Engine Horsepower)
(9) 오일용량(Oil Capacity)
(10) 자중에서 연료의 양
(11) 자중에서 오일의 양

DEPARTMENT OF TRANSPORTATION
FEDERAL AVIATION ADMINISTRATION

TYPE CERTIFICATE DATA SHEET NO. A7SO – REVISION 14

PIPER
PA-34-200
PA-34-200T
PA-34-220T

June 1, 2001

This data sheet, which is a part of type certificate No. A7SO, prescribes conditions and limitations under which the product for which the type certificate was issued meets the airworthiness requirements of the Federal Aviation Regulations.

Type Certificate Holder:
The New Piper Aircraft, Inc.
2926 Piper Drive
Vero Beach, Florida 32960

I. Model PA-34-200 (Seneca), 7 PCLM (Normal Category), Approved 7 May 1971.

Engines	S/N 34-E4, 34-7250001 through 34-7250214: 1 Lycoming LIO-360-C1E6 with fuel injector, Lycoming P/N LW-10409 or LW-12586 (right side); and 1 Lycoming IO-360-C1E6 with fuel injector, Lycoming P/N LW-10409 or LW 12586 (left side). S/N 34-7250215 through 34-7450220: 1 Lycoming LIO-360-C1E6 with fuel injector, Lycoming P/N LW-12586 (right side); and 1 Lycoming IO-360-C1E6 with fuel injector, Lycoming P/N LW-12586 (left side).
Fuel	100/130 minimum grade aviation gasoline
Engine Limits	For all operations, 2,700 RPM (200 hp)

Propeller and Propeller Limits	Left Engine 1 Hartzell, Hub Model HC-C2YK-2 ( ) E, Blade Model C7666A-0; 1 Hartzell, Hub Model HC-C2YK-2 ( ) EU, Blade Model C7666A-0; 1 Hartzell, Hub Model HC-C2YK-2 ( ) EF, Blade Model FC7666A-0; 1 Hartzell, Hub Model HC-C2YK-2 ( ) EFU, Blade Model FC7666A-0; 1 Hartzell, Hub Model HC-C2YK-2CG (F), Blade Model (F) C7666A (This model includes the Hartzell damper); or 1 Hartzell, Hub Model HC-C2YK-2CGU (F), Blade Model (F) C7666A (This model includes the Hartzell damper). Note: HC-( )2YK-( ) may be substituted for HC-( )2YR-( ) per Hartzell Service Advisory 61. Right Engine 1 Hartzell, Hub Model HC-C2YK-2 ( ) LE, Blade Model JC7666A-0; 1 Hartzell, Hub Model HC-C2YK-2 ( ) LEU, Blade Model JC7666A-0; 1 Hartzell, Hub Model HC-C2YK-2 ( ) LEF, Blade Model FJC7666A-0; 1 Hartzell, Hub Model HC-C2YK-2 ( ) LEFU, Blade Model FJC7666A-0; 1 Hartzell, Hub Model HC-C2YK-2CLG (F), Blade Model (F) JC7666A (This model includes the Hartzell damper); or 1 Hartzell, Hub Model HC-C2YK-2CLGU (F), Blade Model (F) JC7666A (This model includes the Hartzell damper.) Note: HC-( )2YK-( ) may be substituted for HC-( )2YR-( ) per Hartzell Service Advisory 61. Pitch setting: High 79° to 81°, Low 13.5° at 30" station. Diameter: Not over 76", not under 74". No further reduction permitted. Spinner: Piper P/N 96388 Spinner Assembly and P/N 96836 Cap Assembly, or P/N 78359-0 Spinner Assembly and P/N 96836-2 Cap Assembly (See NOTE 4) Governor Assembly: 1 Hartzell hydraulic governor, Model F-6-18AL (Right); 1 Hartzell hydraulic governor, Model F-6-18A (Left). Avoid continuous operation between 2,200 and 2,400 RPM unless aircraft is equipped with Hartzell propellers which incorporate a Hartzell damper on both left and right engine as noted above.

Airspeed Limits			
	VNE (Never exceed)	217 mph	(188 knots)
	VNO (Maximum structural cruise)	190 mph	(165 knots)
	VA (Maneuvering, 4,200 lb)	146 mph	(127 knots)
	VA (Maneuvering, 4,000 lb)	146 mph	(127 knots)
	VA (Maneuvering, 2,743 lb)	133 mph	(115 knots)
	VFE (Flaps extended)	125 mph	(109 knots)
	VLO (Landing gear operating)		
	Extension	150 mph	(130 knots)
	Retract	125 mph	(109 knots)
	VLE (Landing gear extended)	150 mph	(130 knots)
	VMC (Minimum control speed)	80 mph	(69 knots)

CG Range (Gear Extended)	S/N 34-E4, 34-7250001 through 34-7250214 (See NOTE 3): (+86.4) to (+94.6) at 4,000 lb (+82.0) to (+94.6) at 3,400 lb (+80.7) to (+94.6) at 2,780 lb S/N 34-7250215 through 34-7450220: (+87.9) to (+94.6) at 4,200 lb (+82.0) to (+94.6) at 3,400 lb (+80.7) to (+94.6) at 2,780 lb Straight line variation between points given. Moment change due to gear retracting landing gear (-32 in-lb)
Empty Weight CG Range	None
Maximum Weight	S/N 34-E4, 34-7250001 through 34-7250214: 4,000 lb – Takeoff 4,000 lb – Landing See NOTE 3.
Maximum Weight	S/N 34-7250215 through 34-7450220: 4,200 lb – Takeoff 4,000 lb – Landing
No. of Seats	7 (2 at +85.5, 3 at +118.1, 2 at +155.7)
Maximum Baggage	200 lb (100 lb at +22.5, 100 lb at +178.7)
Fuel Capacity	98 gallons (2 wing tanks) at (+93.6) (93 gallons usable) See NOTE 1 for data on system fuel.
Oil Capacity	8 qt per engine (6 qt per engine usable) See NOTE 1 for data on system oil.

Control Surface Movements	Ailerons	(±2°)	Up 30°	Down	15°
	Stabilator		Up 12.5° (+0,-1°)	Down	7.5° (±1°)
Rudder	(±1°)	Left 35°		Right	35°
	Stabilator Trim Tab (Stabilator neutral)	(±1°)	Down 10.5°	Up 6.5°	
	Wing Flaps	(±2°)	Up 0°	Down 40°	
	Rudder Trim Tab (Rudder neutral)	(±1°)	Left 17°	Right 22°	
	Nosewheel Travel	S/N 34-E4, 34-7250001 through 34-7350353: (±1°)	Left 21°	Right 21°	
	Nosewheel Travel	S/N 34-7450001 through 34-7450220: (±1°)	Left 27°	Right 27°	

Manufacturer's Serial Numbers 3449001 and up.

DATA PERTINENT TO ALL MODELS

Datum	78.4" forward of wing leading edge from the inboard edge of the inboard fuel tank.
Leveling Means	Two screws left side fuselage below window.

Certification Basis Type Certificate No. A7SO issued May 7, 1971, obtained by the manufacturer under the delegation option authorization. Date of Type Certificate application July 23, 1968.

Model PA-34-200 (Seneca I):
14 CFR part 23 as amended by Amendment 23-6 effective August 1, 1967;
14 CFR part 23.959 as amended by Amendment 23-7 effective September 14, 1969; and 14 CFR part 23.1557(c)(1) as amended by Amendment 23-18 effective May 2, 1977. Compliance with 14 CFR part 23.1419 as amended by Amendment 23-14 effective December 20, 1973, has been established with optional ice protection provisions.

Production Basis Production Certificate No. 206. Production Limitation Record issued and the manufacturer is authorized to issue an airworthiness certificate under the delegation option provisions of 14 CFR part 21.

Equipment The basic required equipment as prescribed in the applicable airworthiness regulations (see Certification Basis) must be installed in the aircraft for certification. In addition, the following items of equipment are required:

MODEL	AFM/POH	REPORT #	APPROVED	SERIAL EFFECTIVITY
PA-34-200(Seneca)	AFM	VB-353	7/2/71	34-E4, 34-7250001 through 34-7250214
	AFM	VB-423	5/20/72	34-7250001 through 34-7250189 when Piper Kit 760-607 is installed; 34-7250190 through 34-7250214 when Piper Kit 760-611 is installed; and 34-7250215 through 34-7350353
	AFM	VB-563	5/14/73	34-7450001 through 34-7450220
	AFM Supp.	VB-588	7/20/73	34-7250001 through 34-7450039 when propeller with dampers are installed
	AFM Supp.	VB-601	11/9/73	34-7250001 through 34-745017 when ice protection system is installed

NOTES

NOTE 1 Current Weight and Balance Report, including list of equipment included in certificated empty weight, and loading instructions when necessary, must be provided for each aircraft at the time of original certification. The certificated empty weight and corresponding center of gravity locations must include undrainable system oil (not included in oil capacity) and unusable fuel as noted below:

Fuel: 30.0 lb at (+103.0) for PA-34 series, except Model PA-34-220T (Seneca V), S/N 3449001 and up
Fuel: 36.0 lb at (+103.0) for Model PA-34-220T (Seneca V), S/N 3449001 and up
Oil: 6.2 lb at (+ 39.6) for Model PA-34-200
Oil: 12.0 lb at (+ 43.7) for Models PA-34-200T and PA-34-220T

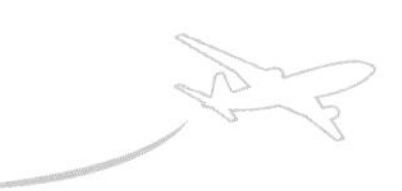

NOTE 2 All placards required in the approved Airplane Flight Manual or Pilot's Operating Handbook and approved Airplane Flight Manual or Pilot's Operating Handbook supplements must be installed in the appropriate location.

NOTE 3 The Model PA-34-200; S/N 34-E4, 34-7250001 through 34-7250189, may be operated at a maximum takeoff weight of 4,200 lb when Piper Kit 760-607 is installed. S/N 34-7250190 through 34-7250214 may be operated at a maximum takeoff weight of 4,200 lb when Piper Kit 760-611 is installed.

NOTE 4 The Model PA-34-200; S/N 34-E4, 34-7250001 through 34-7250189, may be operated without spinner domes or without spinner domes and rear bulkheads when Piper Kit 760-607 has been installed. --

----

NOTE 5 The Model PA-34-200 may be operated in known icing conditions when equipped with spinner assembly and the following kits: --

NOTE 6 Model PA-34-200T; S/N 34-7570001 through 34-8170092, may be operated in known icing conditions when equipped with deicing equipment installed per Piper Drawing No. 37700 and spinner assembly.

NOTE 7 The following serial numbers are not eligible for import certification to the United States: --

NOTE 8 Model PA-34-200; S/N 34-E4, S/N 34-7250001 through 34-7450220, and Model PA-34-200T; S/N 34-7570001 through 34-8170092, and Model PA-34-220T may be operated subject to the limitations listed in the Airplane Flight Manual or Pilot's Operating Handbook with rear cabin and cargo door removed.

NOTE 9 In the following serial numbered aircraft, rear seat location is farther aft as shown and the center seats may be removed and replaced by CLUB SEAT INSTALLATION, which has a more aft CG location as shown in "No. of Seats," above:PA-34-200T: S/N 34-7770001 through 34-8170092.

NOTE 10 These propellers are eligible on Teledyne Continental L/TSIO-360-E only.

NOTE 11 With Piper Kit 764-048V installed weights are as follows: 4,407 lb – Takeoff 4,342 lb - Landing (All weight in excess of 4,000 lb must be fuel) Zero fuel weight may be increased to a maximum of 4,077.7 lb when approved wing options are installed (See POH VB-1140).

NOTE 12 With Piper Kit 764-099V installed, weights are as follows: 4,430 lb - Ramp 4,407 lb - Takeoff, Landing, and Zero Fuel (See POH VB-1150).

NOTE 13 With Piper Kit 766-203 installed, weights are as follows: 4,430 lb - Ramp 4,407 lb - Takeoff, Landing and Zero Fuel (See POH VB-1259).

NOTE 14 With Piper Kit 766-283 installed, weights are as follows: 4,430 lb - Ramp 4,407 lb - Takeoff, Landing and Zero Fuel (See POH VB-1558).

NOTE 15 With Piper Kit 766-608 installed, weights are as follows: 4,430 lb - Ramp 4,407 lb - Takeoff, Landing and Zero Fuel (See POH VB-1620).

NOTE 16 With Piper Kit 766-632 installed, weights are as follows: 4,430 lb - Ramp 4,407 lb - Takeoff, Landing and Zero Fuel (See POH VB-1649).

NOTE 17 The bolt and stack-up that connect the upper drag link to the nose gear trunnion are required to be replaced every 500 hours' time-in-service. --

----

[그림 2-101 Type certificate data sheet]

3. 중량과 평형 측정 장비(Weight and Balance Equipment)

1. 저울(Scale)

항공기 중량 측정하는 저울은 기계식과 전자식이 있다. 기계식 저울은 균형추와 스프링 등으로 기계적으로 동작된다. 전자식 저울은 로드셀(Load Cell)이라고 부르는 것으로서 전기적으로 동작하는 것이다. 경항공기 등 소형기는 기계적 저울로 중량측정을 한다. 전자저울은 착륙장치 아래에 놓고 측정하는 플랫폼형과 잭(Jack)의 상부에 부착하는 잭 부착형이 있다. 플랫폼 위에 착륙장치를 안착시키는 플랫폼형 저울은 내부에 중량을 감지하여 전기적 신호를 발생시키는 로드셀이 있다. 로드셀 내부에는 가해진 중량을 전기 저항으로 변환하는 전자그리드(Electronic Grid)가 있다. 이 저항 값은 케이블에 의해 지시계기로 연결되고, 지시계기는 저항의 변화량을 디지털 숫자로 지시한다. 그림 2-102는 플랫폼형 저울로 Piper Archer 항공기 중량을 측정 하는 사진이다.

[그림 2-102 전자 플랫폼 저울을 사용하여 파이퍼 아처 무게 측정]

그림 2-103는 Mooney M20 항공기 중량을 휴대용 플랫폼 저울로 측정하고 있다. 항공기 수평비행 자세 유지를 위해 노즈 타이어의 압력을 제거한 상태에 유의하라. 이 저울은 이동하기 쉽고 가정용 전기 또는 내장되어 있는 배터리로 작동한다.

[그림 2-103 Mooney M20은 휴대용 전자 플랫폼 저울로 무게 측정]

그림 2-104는 중량 측정기의 지시부이다. 전력공급 스위치, 중량의 단위 선택 스위치, Power On/Off 스위치가 있다. 색이 칠해진 노브(Knob)3개는 영점을 조정하는 전위차계로 항공기의 중량을 가하기 전에 지시장치가 “0”을 나타낼 때까지 전위차계를 돌려준다. 그림 2-104의 지시값 546[lbs]는 그림 2-103의

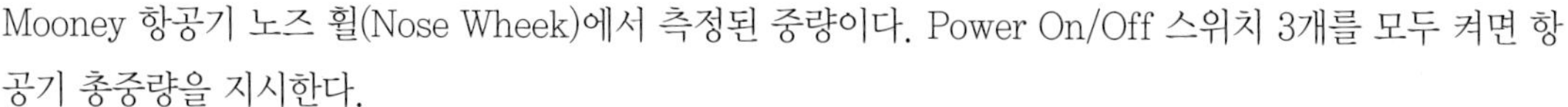

Mooney 항공기 노즈 휠(Nose Wheek)에서 측정된 중량이다. Power On/Off 스위치 3개를 모두 켜면 항공기 총중량을 지시한다.

두 번째 형태의 전자저울은 잭의 맨 위쪽에 로드셀을 부착하는 형태이다. 잭 상부와 항공기 잭 패드(Jack Pad)로드셀이 장착된다. 모든 로드셀은 지시계기로 전기케이블에 의해 연결된다. 이 저울의 장점은 항공기 수평을 잡기가 쉽다는 것이다. 플랫폼 형태의 저울은 수평을 잡는 방법으로 항공기의 타이어 공기압력을 제거하거나 착륙장치 스트러트(Landing Gear Strut)를 이용하여 수평을 잡는다.

그림 2-105는 잭에 로드셀을 부착하여 중량 측정할 때, 항공기 수평은 잭의 높이를 조정하면 된다.

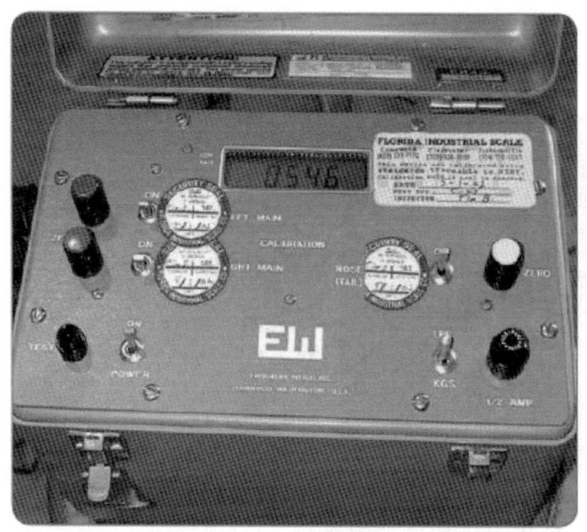

[그림 2-104 노즈 휠의 무게를 측정하는 디스플레이 장치 Moonet M2]

[그림 2-105 로드 셀의 하중을 잭으로 받치고있는 비행기]

2. 수평측정기(Spirit Level)

정확한 중량 측정값을 얻기 위해서는 항공기가 수평 비행자세에 있어야 한다. 항공기 수평 상태 확인에 사용하는 방법은 수평측정기로 수평 상태를 확인하는 것이다. 수평측정기는 작은 기포와 액체를 채운 유리관으로 되어 있다. 기포가 2개의 검은 선 사이에 중심으로 모아질 때, 수평 상태임을 나타낸다.

그림 2-106은 수평측정기로 항공기 수평비행자세를 점검하고 있다. 이 수평 점검 위치는 항공기 형식증명 자료집에서 구할 수 있고 표식(Marking)이 있다.

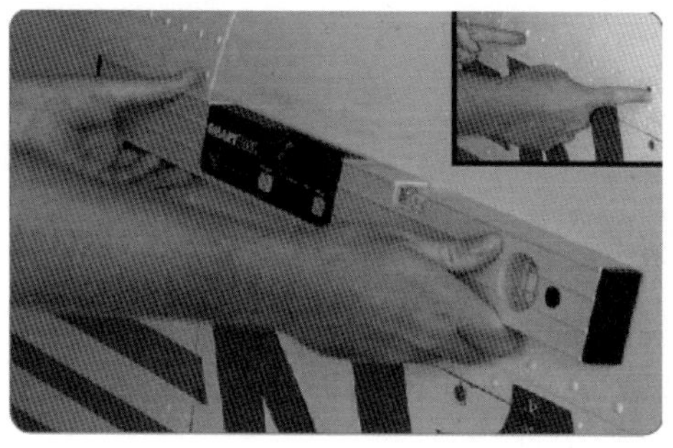

[그림 2-106 무니 M20의 피릿 수평을 측정]

3. 측량추(Plumb Bob)

측량추는 한쪽 끝이 무겁고 날카로운 원추형 추를 줄에 매단 형태이다. 줄을 항공기에 고정하고 추의 끝이 지면에 거의 닿을 정도로 늘어뜨린다면, 추 끝이 닿는 지점과 줄이 부착된 곳은 직각을 이룰 것이다. 측량추를 이용하여 항공기의 기준선으로부터 주 착륙 장치 바퀴축의 중심까지 거리를 측정하는 방법이 있다. 날개의 앞전이 기준점이었다면, 측량추를 앞전에서 내려뜨려 격납고 바닥에 표시를 하고 또 다른 측량추는 주 착륙 장치의 바퀴축 중심에서 내려뜨려 격납고 바닥에 표시를 하고, 줄자로 2개 지점 사이의 거리를 잰다면 기준점에서 주 착륙장치까지의 거리를 구할 수 있다. 측량추는 항공기의 수평을 유지하는데 사용할 수 있다.

회전익 항공기 중량과 평형 부분에서 설명한다. 그림 2-107은 항공기 날개의 앞전에서 내려진 측량추이다.

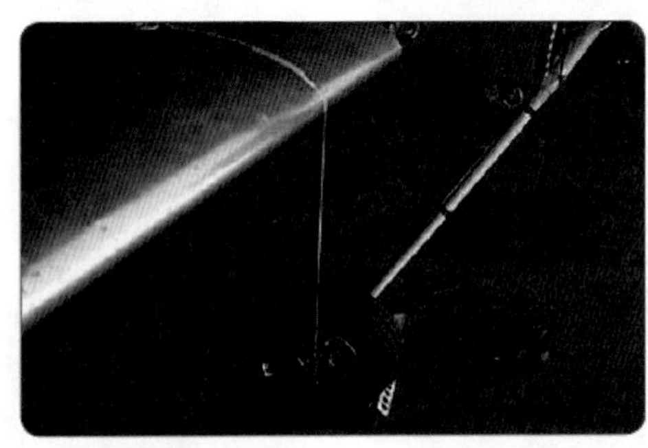

[그림 2-107 날개의 가장자리에서 떨어져 있는 측량추]

4. 비중계(Hydrometer)

항공기 연료탱크에 연료가 가득 찬 상태로 중량을 측정하는 경우에는 해당 연료를 산술적으로 저울의 지시중량에서 연료중량을 제외하여야 실제 항공기중량이 될 것이다. 따라서 연료량을 중량으로 환산하여야 한다. 항공용가솔린(AVGas)의 표준중량은 6.0[lb/gal], 제트연료는 6.7[lb/gal]로 법적으로 정해져 있지만, 비중은 온도의 영향을 크게 받으므로 항상 이 표준중량을 사용할 수는 없다. 예를 들어,기온이 높은 여름철에 비중계로 측정한 AVGas 중량은 5.85~5.9[lb/gal] 정도이다. 100[gal]의 연료를 탑재하고 중량이 측정되었다면 표준중량으로 환산한 연료의 중량의 차이는 10~15[lb] 정도가 난다.

갤런당 연료의 중량은 비중계로 점검한다. [lb/gal]의 값을 지시한다.

4. 중량 측정 준비(Preparing an Aircraft for Weighing)

정확한 중량 측정 및 무게중심을 찾으려면 철저한 준비를 요한다. 철저한 준비는 시간을 절약하고 측정오차를 방지한다. 중량측정을 위한 장비는 다음과 같다.

(1) 저울, 기중기, 잭, 수평측정기
(2) 저울 위에서 항공기를 고정하는 블록, 받침대, 또는 모래주머니
(3) 곧은 자, 수평측정기, 측량추, 분필, 줄자
(4) 항공기설계명세서와 중량과 평형 계산 양식

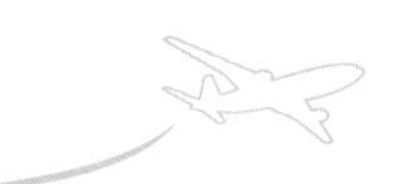

(5) 중량측정은 공기 흐름이 없는 밀폐된 건물 속에서 시행해야 한다. 옥외에서 측정은 바람과 습기의 영향이 없는 경우에만 가능하다.

1. 연료계통(Fuel System)

항공기의 자중을 측정할 경우에 연료는 잔존연료 또는 사용할 수 없는 연료의 중량을 포함하여도 된다. 잔존연료는 다음의 3가지 조건 중 한 가지 상태이다.

(1) 항공기 연료탱크 또는 연료관에 연료가 전혀 없는 상태
(2) 연료탱크나 연료관에 연료가 있는 상태로 측정
(3) 연료탱크가 완전히 가득 찬 상태로 중량을 측정

잔존연료의 중량을 계산할 수 있고, 항공기설계명세서 또는 형식증명서에 명시된 잔존연료량을 더 해야 한다. 사용할 수 있는 연료 중량은 빼야 한다. 잭 부착형 로드셀 저울을 사용하는 경우에는 잭의 용량도 점검해야 한다.

2. 엔진 윤활유 계통(Oil System)

1978년 이후에 제작된 항공기의 형식증명서에는 엔진 윤활유 탱크가 가득 찬 상태에서의 윤활유 중량이 항공기 자중에 포함되었다. 항공기 중량 측정을 준비하는 단계에서 항공기 엔진 윤활 유량을 점검하여 만충 상태로 서비스한다. 형식증명서에 잔존 오일이 항공기 자중에 포함된 항공기라면, 다음의 2가지 방법 중 한 가지를 적용해야 한다.

(1) 잔존오일 양이 남을 때까지 엔진 오일을 배출 한다.
(2) 엔진 윤활유량을 점검하여, 잔존오일양만 남기고 산술적으로 뺀다. 윤활유의 표준중량은 7.5[lb/gal](1.875[lb/qt])이다.

3. 기타 유체(Miscellaneous Fluids)

항공기설계명세서 또는 제작사 사용 지침에 특별한 주석이 없다면, 작동유 리저버, 엔진의 정속구동장치 윤활유는 채워야 하고, 물탱크, 오물탱크는 완전히 비워야한다.

4. 조종계통(Flight Controls)

조종계통의 스포일러, 슬랫, 플랩, 회전익 항공기 회전날개의 위치는 제작사의 지침에 따라야 한다.

5. 기타 고려해야 할 사항(Other Considerations)

자중에 포함되도록 하는 장비나 물품이 해당 장소에 장착되어 있는지 항공기 상태 검사를 실시해야 한다.

(1) 비행 시에 정기적으로 갖추지 않는 물품은 제거해야 한다.
(2) 수하물 실은 비어 있는 상태이어야 한다.
(3) 점검 구, 점검 창, 점검 커버, 오일탱크 뚜껑, 연료탱크 뚜껑, 엔진 카울, 출입문, 비상구 문, 윈도우, 케노피는 정상비행 상태의 위치에 있도록 한다.

(4) 과도한 먼지, 윤활유, 그리스, 습기는 제거해 야 한다.
(5) 측정 작업 중에 구르거나 떨어지는 물건에 의해 항공기, 장비, 인명이 손상을 입지 않도록 유의한다.
(6) 저울에 Wheel을 올려놓고 측정하는 경우에 사이드로드(Side Load)에 의한 오차 발생을 방지 하도록 항공기 제동장치는 풀어 놓는다.
(7) 모든 항공기는 수평 상태 확인 가능한 수준기 또는 러그등이 있으므로 이를 참고하여 수평 비행과 같은 상태에서 측정 작업이 실시되어야 한다.
(8) 고정익 경항공기에서 가로축의 수평이 그다지 중요하지 않지만 세로축 수평은 유지된 상태이어야 한다.
(9) 회전익 항공기는 가로, 세로 모두 수평 상태에 서 작업이 이루어져야 한다.

6. 중량 측정점(Weighing Points)

중량을 측정할 때 항공기의 중량이 저울로 전달되는 지점을 알아야 기준선으로부터의 거리를 정확히 산출할 수 있다. 착륙장치가 3개인 경항공기를 플랫 폼형 저울로 측정할 때 항공기 중량은 엑슬의 중심을 통해 전달된다. 잭에 저울을 부착하여 측정하는 경우는 잭 패드 중심부를 통해 전달된다. 착륙 스키드를 가진 회전익 항공기의 경우는 이 중량점을 알기 위해 스키드와 저울 사이에 파이프를 삽입하고 측정한다. 이러한 조치가 없다면 저울의 상면 전체와 스키드가 접촉하여 하중 이동의 중심을 정확히 알 수 없을 뿐더러 기준선으로부터의 중량 측정점까지 거리도 알 수 없다.
중량 측정점까지 거리를 알 수 없다면 이전 측정하였을 때의 기록이나, 실측을 하여야 한다.
측량추를 기준점과 중량 측정점 중심부에서 떨어 뜨려 측정장소 바닥에 표식을 하고 거리를 재는 것이다.
그림 2-108은 세스나 310 항공기의 앞바퀴 중심선에서 기준선까지 거리를 측정하고 있는 모습이다.

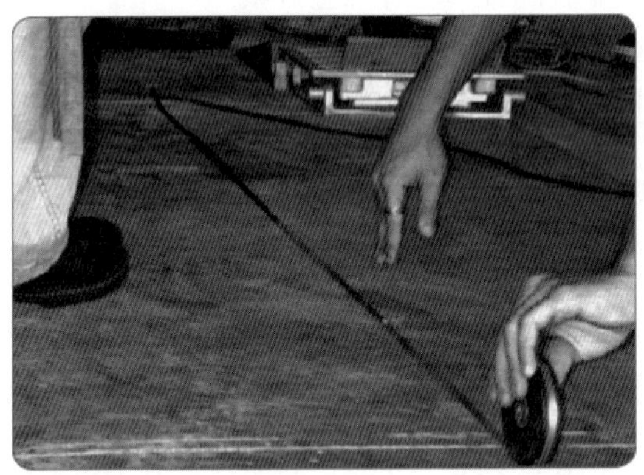

[그림 2-108 Cessna 310에서 노즈 휠 암 측정]

5. 무게중심 범위(C.G Range)

항공기 무게중심 범위는 수평비행 상태에서 무게중심이 이 범위 안에 유지되어야 하는 한계로 전방한계와 후방한계로 구별된다. 파이퍼 세네카 항공기의 형식증명서에 무게중심 범위는 다음과 같다.

[표 2-14 C.G envelope for the piper seneca]

CG Range : (Gear Extended)
S/N 34-E4, 34-7250001 through 34-7250214(See NOTE 3) : (+86.4[inch])to(+94.6[inch])at 4,000[lb] (+84-0[inch])to(+94.6[inch])at 3,400[lb] (+80.7[inch])to(+94.6[inch])at a780[lb] Straight line variation between points given. Moment change due to gear retracting landing gear(-32[inch-lb])

이 항공기는 착륙장치가 전개되었을 때 범위로, 착륙장치가 들어간다면 총 모멘트는 32[in] 감소된다고 명기되어 있다. 착륙장치가 들어갔을 때 무게중심의 변화를 알려면 탑재된 중량으로 나누면 된다.
항공기가 3,500[lb] 중량이라면, 무게중심은 전방으로 32÷3,500=0.009[in] 이동된다. 항공기에 탑재된 중량이 증가할 때, 무게중심 범위는 점점 더 작아진다. 전방한계는 뒤로, 후방한계는 동일하여 작아지 는 것이다.
그림 2-109은 중량과 무게중심간의 관계를 나타내는 무게중심 영역도이다.

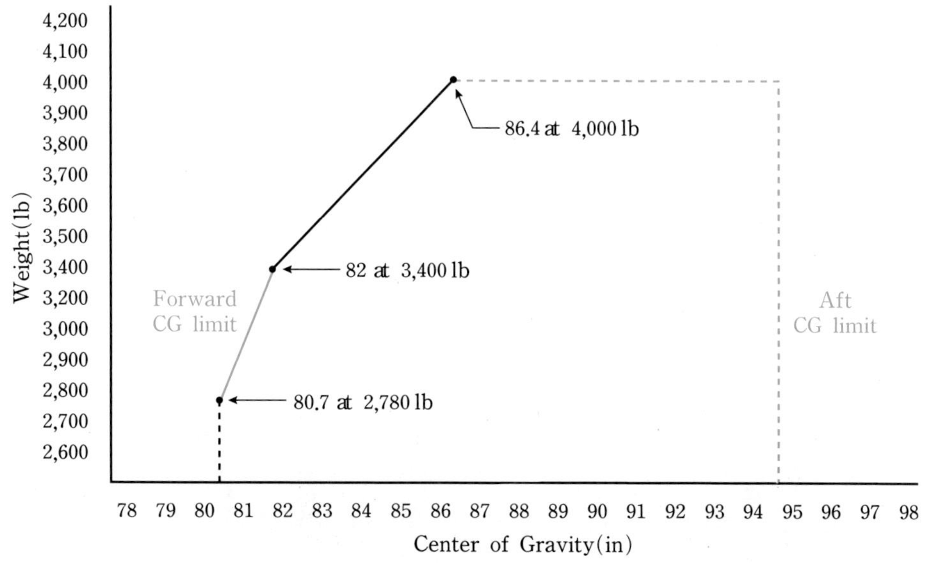

[그림 2-109 중량과 무게중심 간의 관계를 나타낸 영역도]

1. 자중무게중심 범위(Empty Weight C.G Range)

일반적이지 않지만, 회전익 항공기의 경우 자중상태에서 무게중심 범위가 주어지는 경우도 있다. 범위가 매우 작고 사람과 연료 중량에 제한적인 경우에 적용된다. 만약 항공기의 자중무게중심 범위에서 표준 탑재를 한 경우에는 무게중심한계 이내에 무게중심이 있음을 알 수 있다. 항공기설계명세서 또는 형식증명서에 목록화되고, 적용되지 않았다면 "None"으로 표기된다.

2. 운항무게중심 범위(Operating C.G Range)

무게중심한계를 갖는 항공기는 탑재되고 비행을 위한 준비로 운항조건을 확인하여야 한다. 항공기가 하나 이상의 감항분류로 인가된 형식증명을 갖고 있다면, 감항분류별 운항무게중심 범위를 설정하고, 항공기 무게중심은 이 한계 내에 있어야 한다.

3. 표준중량(Standard Weights used for Aircraft Weight and Balance)

중량과 평형에서 사용되는 표준중량은 다음과 같다.

1	Aviation Gasoline	6.0[lb/gal]
2	Turbine Fuel	6.7[lb/gal]
3	Lubricating Oil	7.5[lb/gal]
4	Water	8.35[lb/gal]
5	Crew and Passengers	170[lb per person]

4. 무개측정 예(Example Weighing of an Airplane)

그림 2-110의 플랫폼 저울로 중량을 측정하고 있는 항공기설계명세서의 중량 자료는 다음과 같다.

① 항공기는 가득찬 연료탱크로 중량을 재었으므로 연료 중량은 빼야하고 사용할 수가 없는 연료 중량은 더한다. 이 중량은 비중, 즉 5.9[lb/gal]에 산정한다.

② 고임목 중량은 무부하중량으로 저울 지시 값에서 빼야 한다.

③ 주륜 중심점은 기준선 뒤쪽 70[in]에 있기 때문에 거리는 +70[in]이다.

④ 전륜 거리는 -30[in]이다.

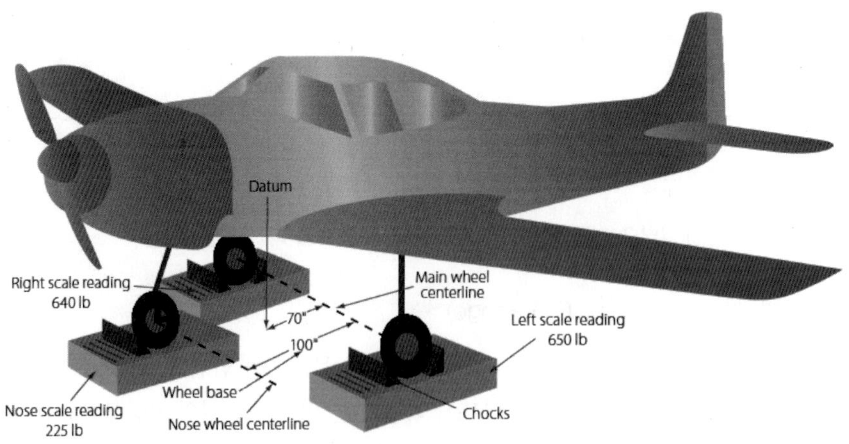

[그림 2-110 무게를 측정하는 비행기의 예]

1	Aviation Gasoline	Leading edge of the wing
2	Leveling Means	Two screws, left side of fuselage below window
3	Wheelbase	100[inch]
4	Fuel Capacity	30[gal] aviation gasoline at (+)95[inch]
5	Unusable Fuel	6[lb] at (+)98[inch]
6	Oil Capacity	8[qt] at (−)38[inch]
7	Note 1	Empty weight includes unusable fuel and full oil
8	Left Main Scale Reading	650[lb]
9	Right Main Scale Reading	640[lb]
10	Nose Scale Reading	225[lb]
11	Tare weight	5[lb] chocks on left main 5[lb] chocks on right main 4−5[lb] chocks on nose
12	During weight	Fuel tanks full and oil full Hydrometer check on fuel shows 5.9[lb/gal]

[표 2-15 C.G. Calculation]

Item	Weight [lb]	Tare [lb]	Net Wt. [lb]	Arm [inch]	Moment [in−lb]
Nose	225	−2.5	222.5	−30	−6,675
Left Main	650	−5	645	+70	45,150
Right Main	640	−5	635	+70	44,450
Subtotal	1,515	−12.5	1,502.5		82,925
Fuel Total			−177	+95	−16,815
Fuel Unuse			+6	+98	588
Oil			Full		
Total			1,331.5	+50.1	66,698

항공기의 자중과 자중무게중심을 계산표는 표 2-15와 같고 무게중심은 기준선의 뒤쪽 50.1[in]이다.

5 탑재관리(Loading an Aircraft for Flight)

항공기의 중량과 평형에 문제가 있는지 없는지는 비행을 위해 승객, 화물, 연료를 탑재한 이후에 알 수 있다. 기장은 운항 전에 탑재된 항공기의 중량과 평형을 확인하여야 하고, 비행안전에 영향이 있는지 여부를 결정하여야 한다.

1. 항공기 탑재 예(Example Loading of an Airplane)

탑재가 완료된 쌍발 파이퍼 세네카(Twin Piper Seneca)항공기를 예로 살펴보자. 이 장의 앞부분에 이 항공기의 형식증명서가 그림 2-101에서 제시되어 있다. 형식증명서에서의 중량과 평형 정보는 다음과 같다.

CG Range(Gear Extended)	• S/N 34-E4, 34-7250001 through 34-7250214 (See NOTE 3): • (+86.4[inch]) to (+94.6[inch]) at 4,000[lb] • (+84-0[inch]) to (+94.6[inch]) at 3,400[lb] • (+80.7[inch]) to (+94.6[inch]) at 2,780[lb] • Straight line variation between points given. • -32[in-lb] Moment change due to gear retracting landing gear
Empty weight CG Range	• None
Maximum weight	• S/N 34-7250215 through 34-7250220 • 4,200[lb] ··· Takeoff • 4,000[lb] ··· Landing
No. of Seats	• 7 (2 at +85.5[inch], 3 at +118.1[inch], 2 at +155.7[inch])
Maximum Baggage	• 200[lb] (100[lb] at +24-5[inch], 100[lb] at +178.7[inch])
Fuel Capacity	• 98[gal] (2 wing tanks) at (+93.6[inch]) (93[gal] usable). • See NOTE 1 for data on system fuel.

항공기의 탑재에 대해 다음과 같은 정보(Information)가 포함된다.

1	Airplane Series Number	34-7250816
2	Airplane Empty weight	2,650[lb]
3	Airplane Empty weight CG	+86.8[inch]

다음과 같은 유용하중이 탑재된다.

1	1 Pilot at 180[lb] at an arm of (+) 85.5[inch]
2	1 Passenger at 160[lb] at an arm of (+) 118.1[inch]
3	1 Passenger at 210[lb] at an arm of (+) 118.1[inch]

4	1 Passenger at 190[lb] at an arm of (+)118.1[inch]
5	1 Passenger at 205[lb] at an arm of (+)155.7[inch]
6	50[lb] of baggage at (+)24-5[lb]
7	100[lb] of baggage at (+)178.7[inch]
8	80[gal] of fuel at (+)93.6[inch]

표 2-16은 탑재중량과 무게중심을 계산한 도표이다.

형식증명서에 근거하여, 이 항공기의 최대이륙중량은 4,200[lb]이고, 무게중심한계는 +94.6[in]이다. 탑재된 항공기는 55[lb] 무겁고, 무게중심은 1.82[in] 뒤쪽에 있다. 하중은 55[lb] 감소시키고 하중의 일부는 앞쪽방향으로 이동시켜야 한다. 예를 들어, 수하물은 25[lb]로 감소시키고, 100[lb] 전부는 더 앞쪽에 탑재할 수 있다. 만약 이렇게 변화가 만들어졌다면, 표 2-16과 같이 탑재중량은 4,200[lb]의 최대허용 중량 이내이고, 무게중심은 앞쪽방향으로 4.41[in] 이동 된다.

[표 2-16 탑재중량과 무게중심을 계산한 도표]

Item	Weight[lb]	Arm[inch]	Moment[in-lb]
Empty Weight	2,650	+86.80	230,020.0
Pilot	180	+85.50	15,390.0
Passenger	160	+118.10	18,896.0
Passenger	210	+118.10	24,801.0
Passenger	190	+118.10	22,439.0
Passenger	205	155.70	31,918.5
Baggage	50	+178.70	1,125.0
Baggage	100	+93.60	17,870.0
Fuel	480	11.87	44,928.0
Total	4,225	+96.42	407,387.5

[표 2-17 탑재중량이 변한 무게중심을 계산한 도표]

Item	Weight[lb]	Arm[inch]	Moment[in-lb]
Empty Weight	2,650	+86.8	230,020.0
Pilot	180	+85.5	15,390.0
Passenger	210	+85.5	17,955.0
Passenger	160	+118.1	24,801.0
Passenger	190	+118.1	22,439.0

Passenger	205	+118.1	24,210.5
Baggage	100	+22.5	2,250.0
Baggage	25	+178.7	4,467.5
Fuel	480	93.6	44,928.0
Total	4,200	+92.0	386,461.0

6 중량과 평형의 양극단상태(Weight and Balance Extreme Conditions)

중량과 평형의 양극단상태 점검은 가능한 한 기수 방향으로 무겁게 또는 그 반대로 미익 방향으로 무겁게 탑재하여 무게중심이 허용 한계 이내인지 계산상으로 점검하는 것이다.

무게중심전방한계의 앞쪽에 모든 유용하중이 탑재 되고, 그 뒤쪽은 비워둔 상태로 점검하는 것을 무게중심전방극단 상태점검이라 한다. 만약 무게중심전방한계의 앞쪽에 2개의 좌석과 수하물실이 있다면, 170[lb] 중량 두 사람은 좌석에 앉고, 최대허용수화물을 탑재한다.

무게중심전방한계 뒤쪽의 좌석 또는 수하물실은 비워 둔다. 만약 연료가 무게중심전방한계 뒤쪽에 위치했다면, 최소연료 중량을 고려한다. 최소연료는 엔진의 METO 마력을 2로 나누어 계산한다. 무게중심후방한계의 앞쪽에 모든 유용하중이 탑재되고, 그 뒤쪽은 비워둔 상태로 점검하는 것을 무게중심후방극단 상태점검이라 한다. 무게중심후방한계 뒤쪽에 모든 유용하중이 탑재되고, 그 앞쪽은 빈곳으로 남긴다. 비록 조종사의 좌석이 무게중심후방한계의 앞쪽에 위치하겠지만, 조종사의 좌석은 빈곳으로 남겨둘 수가 없다. 만약 연료탱크가 무게중심후방한계의 앞쪽에 위치했다면 최소연료로 계산한다.

1. 전·후방극단상태 점검사례(Example Fwd and Aft Extreme Condition Checks)

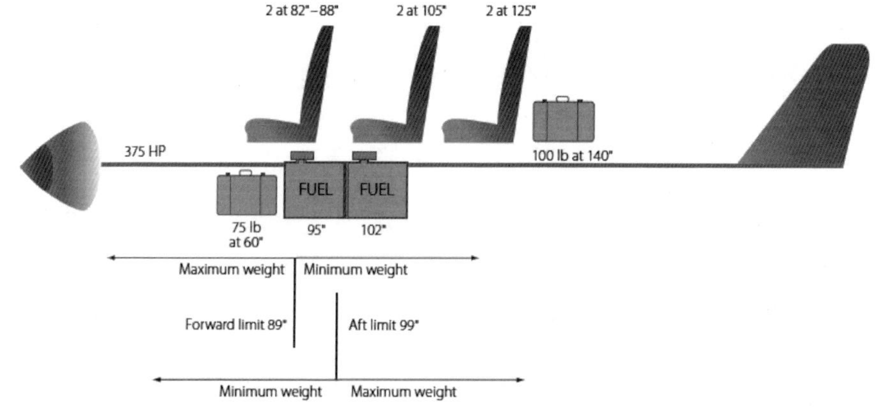

[그림 2-111 극단적인 상태 점검을위한 비행기 예]

그림 2-111의 사례를 살펴보자. 전방점검에서 89[in]의 앞쪽에 모든 유용하중을 탑재하고, 그 뒤쪽은 비워둔다. 후방점검에서는 최대중량은 99[in] 뒤쪽에 추가되고, 앞쪽에 최소중량이 탑재될 것이다. 만약 연료가 최대중량 장소에 위치되지 않았다면 최소연료로 계산한다. 앞쪽의 좌석은 그들이 앞쪽과 뒤쪽으로 조정할 수 있는 것을 의미하는 82~88[in]를 유의하여야 한다. 전방점검에서는 조종사의 좌석은 82[in]로, 후방점검에서는 88[in]로 한다.

1	Airplane Empty weight	1,850[lb]
2	Empty weight CG	+94-45[inch]
3	CG Limit	+89 to +99[inch]
4	Maximum weight	3,200[lb]
5	Fuel Capacity	45[gal] at +95[inch] (44 usable) 40[gal] at +102[inch] (39 usable)

[표 2-18 무게중심극단 점검표]

Extreme Condition Forward Check			
Item	Weight[lb]	Arm[inch]	Moment[in-lb]
Empty Weight	1,850.0	+92.45	171,032.5
Pilot	170.0	+82.00	13,940.0
Passenger	170.0	+82.00	13,940.0
Baggage	75.0	+60.00	4,500.0
Fuel	187.5	+95.00	17,812.5
Total	2,452.5	+90.20	221,225.0

Extreme Condition Aft Check			
Item	Weight[lb]	Arm[inch]	Moment[in-lb]
Empty Weight	1,850	+92.45	171,032.5
Pilot	170	+88.00	14,960.0
2 Passenger	340	+105.00	35,700.0
2 Passenger	340	+125.00	42,500.0
Baggage	100	+140.00	14,000.0
Fuel	234	+102.00	23,868.0
Total	3,034	+99.60	302,060.5

표 2-18의 무게중심극단 점검표에서 다음과 같은 사실을 알 수 있다.

(1) 항공기 무게중심이 Total-Arm 난에 나타나 있다.
(2) 전방점검에서, 전방한계 뒤쪽에 탑재된 물건은 단지 최소연료다.
(3) 전방점검에서, 조종사 좌석과 승객좌석은 82[in] 위치다.
(4) 전방점검에서, 무게중심은 항공기가 비행할 수 있는 한계 이내에 있다.
(5) 후방점검에서, 후방한계의 앞쪽에는 88[in] 거리의 조종사이다.
(6) 후방점검에서, 102[in]에 있는 연료탱크는 최소 연료보다 많다.
(7) 후방점검에서, 무게중심은 항공기가 이대로 비행할 수 없는 0.6[in] 벗어났다.

7 항공기 개조와 장비품 교환(Equipment Change and Aircraft Alteration)

새로운 레이다 계통, 지상접근경고장치(Ground Proximity Warning System)의 장착, 좌석의 장탈 등 항공기에 있는 장비가 변경되었을 때, 항공기 중량과 평형도 변경된다.
화물실문 날개보에 보강판을 부착하는 것과 같이 항공기의 장비, 계통, 구조의 개조로 인해 항공기의 중량과 평형도 변경된다. 실측에 의한 산정이나, 또는 산술적으로 계산하여 산출할 수도 있다. 그러나 산술적인 방법은 모든 변경된 거리와 중량을 알 수 있을 때 가능하다.

1. 장비변경 사례(Example Calculation After an Equipment Change)

쌍발경항공기에 일부 새로운 장비를 장착하고, 기존장비를 장탈한 내역은 다음과 같다.

1	Airplane Empty weight	2,350[lb]
2	Airplane Empty weight CG	+24.7[inch]
3	Airplane Datum	Leading Edge of the Wing
4	Radio installed	5.8[lb] at an arm of (−)28[inch]
5	Global Positioning System installed	7.3[lb] at an arm of (−)26[inch]
6	Emergency Locator Transmitter installed	4-8[lb] at an arm of (+)105[inch]
7	Strobe Light removed	1.4[lb] at an arm of (+)75[inch]
8	Automatic Direction Finder(ADF)	3.0[lb] at an arm of (−)28[inch]
9	Seat removed	34.0[lb] at an arm of (+)60[inch]

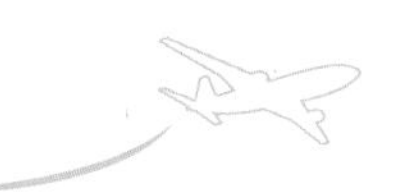

[표 2-19 장비변경 후 C.G 계산]

Extreme Condition Forward Check			
Item	Weight[lb]	Arm[inch]	Moment[in-lb]
Empty Weight	2,350.0	+24.70	58,045.0
Radio Install	+5.8	-28.00	-162.4
GPS Install	+7.3	-26.00	-189.8
ELT Install	+2.8	+105.00	294.0
Strobe Remove	-1.4	-75.00	-105.0
ADF Remove	-3.0	-28.00	84.0
Seat Remove	-34.0	+60.00	-2,040.0
Total	2,327.5	24.03	55,925.8

새로운 자중과 자중무게중심을 계산하면 표 2-19와 같다. 다음과 같은 내용을 인지할 수 있다.

① 장비의 중량은 추가 장착 또는 제거 되었는지를 + 또는 -로써 표기되었다.
② 모멘트의 부호는 중량과 거리의 부호에 의해 결정된다.
③ Strobe와 ADF는 제거되었으나, 오직 Strobe 만이 -모멘트이다.
④ 항공기의 무게중심은 Total-Arm에 있다.
⑤ 항공기의 중량이 24-5[1b] 감소하였고 무게중심은 앞쪽방향 0.67[in] 이동하였다.

8 평형추 사용(The Use of Ballast)

평형추는 평형을 얻기 위하여 항공기에 사용된다. 보통 무게중심 한계 이내로 무게중심이 위치하도록, 최소한의 중량으로 가능한 전방에서 먼 곳에 둔다.
영구적 평형추는 장비제거 또는 추가 장착에 대한 보상 중량으로 장착되어 오랜 기간 동안 항공기에 남아있는 평형추다. 그것은 일반적으로 항공기 구조물에 볼트로 체결된 납봉이나 판(Lead Bar, Lead Plate)이다. 빨간색으로 "PERMANENT 평형추 -DO NOT REMOVE"라 명기되어 있다. 영구 평형추의 장착은 항공기 자중의 증가를 초래하고, 유용 하중을 감소시킨다. 임시평형추 또는 제거가 가능한 평형추는 변화하는 탑재 상태에 부합하기 위해 사용한다. 일반적으로 납탄 주머니, 모래주머니 등 이다. 임시 평형추는 "평형추 xx LBS. REMOVE REQUIRES WEIFGHT AND BALANCE CHECK." 명기되고 수하물실에 싣는 것이 보통이다. 평형추는 항상 인가된 장소에 위치하여야 하고, 적정하게 고정되어야 한다. 영구 평형추를 항공기의 구조물에 장착하려면 그 장소가 사전에 승인된 평형추 장착을 위해 설계된 곳이어야 한다. 대개조 사항으로 감항당국의 승인을 받아야 한다. 임시 평형추는 항공기가 난기류나 비정상적 비행 상태에서 쏟아지거나 이동되지 않게 고정한다. 필요한 평형추 중량은 다음과 같이 구한다.

$$\text{Ballast Needed} = \frac{\text{Loaded weight of aircraft(distance c.g is out of limits)}}{\text{Arm from ballast location to affected limit}}$$

표 2-20은 무게중심이 0.6[inch]만큼 한계를 벗어난 상태에서 항공기의 앞쪽에 임시평형추를 장착을 하게 된다. 이 평형추는 전방 수하물실에 장착한다.

$$\text{평형추중량} = \frac{3{,}304[\text{lb}](0.6[\text{inch}])}{39[\text{inch}]} = 46.68[\text{lb}]$$

[표 2-20 무게중심극단 점검표]

Item	Weight[lb]	Arm[inch]	Moment[in-lb]
Empty Weight	1,850	+92.54	171,032.5
Pilot	170	+88.00	14,960.0
2 Passenger	340	+105.00	35,700.0
2 Passenger	340	+125.00	42,500.0
Baggage	100	+140.00	14,000.0
Fuel	234	+102.00	23,868.0
Total	3,034	+99.60	302,060.5

[표 2-21 밸러스트 계산]

Item	Weight[lb]	Arm[inch]	Moment[in-lb]
Loaded Weight	3,034	+99.60	302,060.5
Ballast	47	+60.00	2,820.0
Total	3,081	+98.96	304,880.5

표 2-21과 같이 무게중심은 후방한계 99[in] 이내 인 98.96[in]이다.
평형추 장착에 대한 다음 사항을 기억하라.

① 무게중심이 한계를 벗어났을 때 어떻게 측정하였는가를 고려하라.
② 무게중심이 한계를 벗어난 간격은 무게중심위치와 무게중심한계 위치의 차이다.
③ 영향을 받는(Affected)한계는 초과된 무게중심 한계다.
④ 후방한계와 평형추 사이의 거리가 이 식의 분모 이다.

그림 2-112는 제1종 지렛대의 법칙을 이용하여 평형추를 산출한 것이다.

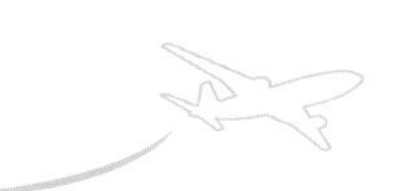

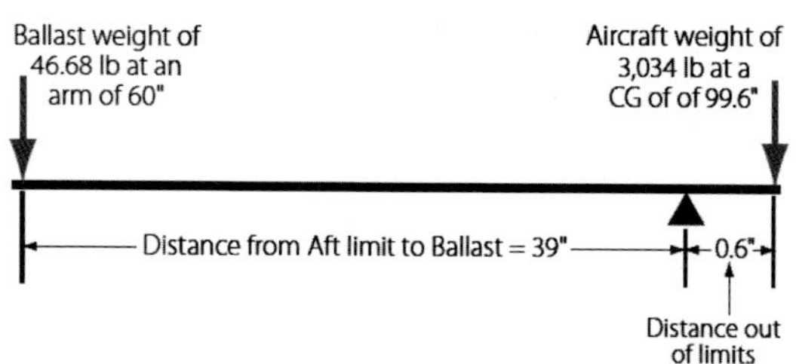

[그림 2-112 1종 지렛대 법칙으로 밸러스트 계산]

9 탑재그래프와 무게중심한계범위도(Loading Graphs and CG Envelopes)

이 방법은 탑재 물품의 배치와 무게중심 위치를 결정하는 우수하고 빠른 방법이다. 이 방법은 모든 형식의 항공기에 적용될 수 있지만 주로 소형기에서 사용한다.

항공기 제작사에서는 형식증명자료로 항공기 형식 별로 그림 2-113과 2-114 같은 그래프를 준비하여 인가를 받는다.

이 그래프들은 항공기의 영구 보존 문서이며, 비행교범, 운항핸드북, 중량과 평형 보고서에도 반영 되어야 한다. 그림 2-113는 탑재되어야 하는 모든 인원, 물품의 중량과 모멘트(1/1000 INDEX)관계를 그래프로 나타낸 것이다. 알고 있는 중량을 나타내는 구축에서 찾아 X축과 수평하게 직선을 그어 물품별 직선과 만나는 지점에서 Y축과 평행하게 수직선을 그어 X축의 모멘트를 찾으면 된다.

그림 2-114에서 총중량과 총모멘트가 만나는 지점의 좌표를 구한다. 그림에는 2가지 감항분류별 무게중심한계범위가 주어져 있다. 감항분류 N으로 비행하기 위해서는 이 총중량과 총 모멘트가 만나는 지점의 좌표가 "Normal Category" 안에 있어야 한다.

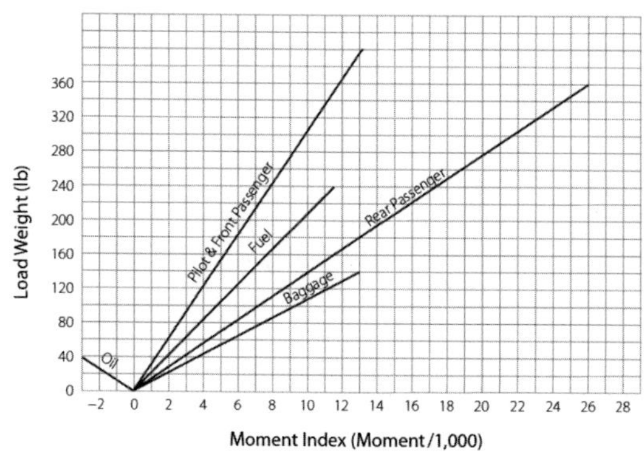

[그림 2-113 항공기 로딩 그래프]

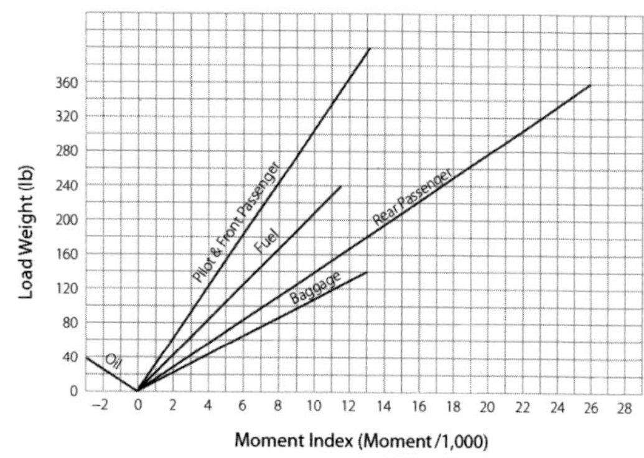

[그림 2-114 C.G envelope]

다음 같은 항공기 설계명세서와 중량과 평형 자료를 그림 2-115과 2-116에 적용해 보자.

1	Normal of Seat	4
2	Fuel Capacity (Usable)	38[gal] of Av Gas
3	Oil Capacity	8[qt] (included in empty 중량)
4	Baggage	120[lb]
5	Empty weight	1,400[lb]
6	Empty weight CG	38.5[inch]
7	Empty weight Moment	53,900[in-lb]

비행을 위해 총 탑재중량과 총 탑재모멘트의 예는 표 2-22와 그림 2-115와 같다. 유용하중에 대한 모멘트를 결정하기 위해 탑재그래프는 그림 2-115을 이용한다. 각 중량별 색은 그래프의 색과 같다. 총탑재중량 2,258[lb], 총 탑재모멘트 99,400[in-lb]이다. 그림 2-116에서 탑재된 중량과 모멘트로 좌표를 찾은 것이고, 무게중심이 감항분류 N 범주 내에 있는 무게중심 위치이다.

그림에서 빨간 선은 전방한계를 나타내고, 파란 선과 녹색 선은 감항분류 2가지에 대한 후방한계선이다.

[표 2-22 Aircraft load chart]

Item	Weight[lb]	Moment[in-lb]
Aircraft Empty Wt.	1,400	53,900
Pilot	180	6,000
Front Passengers	140	4,500
Rear Passengers	210	15,000
Baggage	100	9,200
Fuel	228	10,800
Total	2,258	99,400

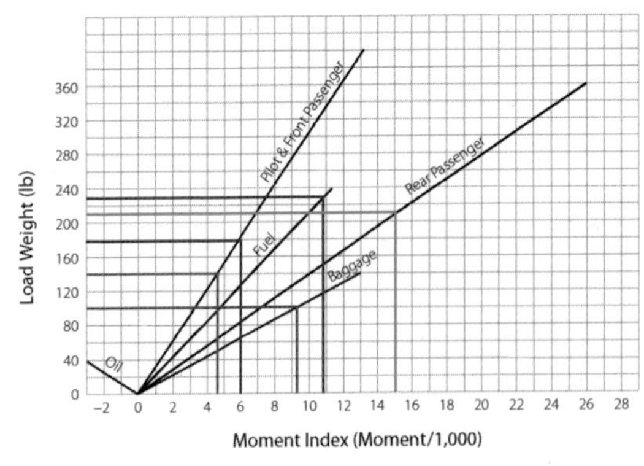

[그림 2-115 하중에 대한 플롯]

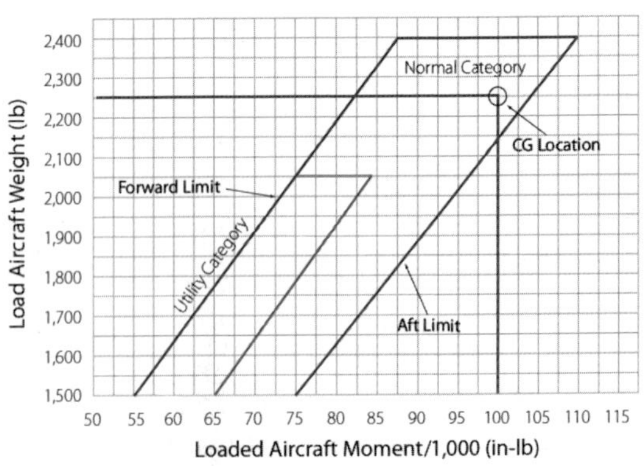

[그림 2-116 C.G 엔벨로프의 예 plot.g 그래프]

10 헬리콥터의 중량과 평형(Helicopter Weight and Balance)

1. 일반(General)

항공기 중량과 평형에 적용되는 대부분의 용어와 개념이 주 회전날개 중량과 평형에도 적용된다.
주 회전날개는 항공기보다 훨씬 더 제한된 무게중심 범위를 갖고 있다. 보통 주 회전날개(Main Rotor Blade) 마스트의 앞쪽과 뒤쪽에 가까운 거리를 연장시키거나 또는 이중회전날개인 경우 이 날개 사이에 둔다. 항공기는 세로축을 따라 무게중심 범위를 갖지만, 주 회전날개는 가로와 세로 무게중심 범위가 모두 있다.
주 회전날개의 중량은 마치 진자처럼 작용한다.

2. 헬리콥터의 중량측정(Helicopter Weighing)

헬리콥터의 중량을 측정하여 무게중심 위치를 알고자 하는 경우에는 세로와 가로축 중량측정 위치를 알아야 한다. 세로축의 기준선 뒤쪽은 +거리로, 기준선의 앞쪽 위치는 −로 측정한다. 가로축 거리는 헬기 앞을 보고 Butt Line의 오른쪽 거 리 는 +이고, 왼쪽 거리는 −이다. 헬리콥터는 수평적으로, 수직적으로 모두 평형상태이어야 한다. 수평측정기도 사용하지만 측량추가 주로 사용된다. Bell Jet Ranger 회전익 항공기는 측량추를 부착하는 장소가 마련되어 있고, 바닥으로 내려뜨리도록 되어 있다. 가로축과 세로축에 의한 십자 형태로 되어 있으며, 측량추 원뿔 팁이 교차점을 가리키면 가로 세로 모두 수평 상태이다.
그림 2-117은 측량추 팁이 이 지점앞을 향하면 기수가 내려가 있다는 의미이고 왼쪽으로 치우치면 왼쪽이 낮다는 의미다. 측량추 팁은 항상 낮은 지점으로 이동한다. 이 헬리콥터는 3개의 잭패드가 있고, 앞쪽에 2개 그리고 뒤쪽에 1개이다. 잭패드에 잭을 고정하고 잭 아래에 저울을 놓는다. 헬리콥터의 수평을 유지하기 위해 측량추 팁이 정확하게 십자선의 중앙을 가리킬 때까지 잭의 높이를 조정한다.
헬리콥터의 중량측정의 예로, 그림 2-117 헬리콥터의 설계명세서의 중량측정 자료를 활용해 보자.
표 2-23에 가로, 세로 무게중심이 나타나 있다.
자중은 1,985[lb], 세로 무게중심은 +108.73[in], 가로 무게중심은 − 0.31[in]이다.

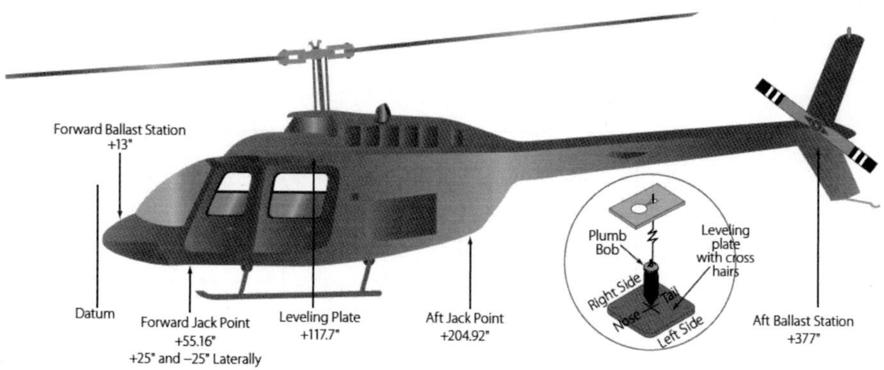

[그림 2-117 Bell Jet Ranger]

1	Datum	55.16[inch] forward of the front jack point centerline
2	Leveling Means	Plumb line from ceiling left rear cabin to index plate on floor
3	Longitudinal CG Limits	+106[inch] to +111.4[inch] at 3,200[lb] +106[inch] to +114–1[inch] at 3,000[lb] +106[inch] to +114–4[inch] at 2,900[lb] +106[inch] to +113.4[inch] at 2,600[lb] +106[inch] to +114.2[inch] at 2,350[lb] +106[inch] to +114.2[inch] at 2,100[lb] Straight line variation between points given
4	Lateral CG Limits	4.3[inch] left to 3.0[inch] right at longitudinal CG +106.0[inch] 3.0[inch] left to 4.0[inch] right at longitudinal CG +108.0[inch] to +114.2[inch] Straight line variation between points given
5	Fuel and Oil	Empty weight includes unusable fuel and unusable oil
6	Left Front Scale Reading	650[lb]
7	Left Front Jack Point	Longitudinal arm of +55.16[inch] Lateral arm of –25[inch]
8	Right Front Scale Reading	625[lb]
9	Right Front Jack Point	Longitudinal arm of +55.16[inch] Lateral arm of +25[inch]
10	Aft Scale Reading	710[lb]
11	Aft Jack Point	Longitudinal arm of +204.92[inch] Lateral arm of 0.0[inch]
12	Notes	The helicopter was weighed with unusable fuel and oil. Electronic scale were used, which were zeroed with the jacks in place, so no tare weight needs to be accounted for.

[표 2-23 Bell Jet Ranger의 C.G 계산]

Longitudinal CG Calculation					
Item	Scale[lb]	Tare Wt.[lb]	Nt. Wt.[lb]	Arm[inch]	Moment[in–lb]
Left Front	650	0	650	+55.16	35,854.0
Right Front	625	0	625	+55.16	34,475.0
Aft	710	0	710	+204.92	145,493.2
Total	1,985		1,985	+108.73	215,822.2

Longitudinal CG Calculation					
Item	Scale[lb]	Tare Wt.[lb]	Nt. Wt.[lb]	Arm[inch]	Moment[in-lb]
Left Front	650	0	650	-25	-16,250
Right Front	625	0	625	+25	+15,625
Aft	710	0	710	0	0
Total	1,985		1,985	-.31	-625

11 체중이동형비행장치(Trikes)와 동력식 낙하산의 중량과 평형 (Weight and Balance-Weight-Shift Control Aircraft and Powered Parachutes)

일부 경량 항공기는 전통적인 고정익 또는 회전익 항공기와 다른 조종계통을 갖고 있기 때문에 중량과 평형을 결정하는 방법도 다르다. 주목할 항공기는 체중이동형비행장치(Weight Shift Control Aircraft), 동력 낙하산 그리고 항공기구(Balloons)이다. 이러한 항공기(구)는 자중무게중심이나 무게중심 범위를 규정하지 않는다. 오직 최대 중량 만에 의해 인증되는데 그 이유는 이들 항공기구가 어떻게 조종되는지 알면 쉽게 이해할 수 있다.
항공기구나 체중이동형비행장치 모두 비행에 양력, 중력, 추력 그리고 항력과 3개축을 중심으로 조종한다. 그러나 조종방법의 차이로 체중이동형비행장치는 오직 중량만 필요하다. 고정익 항공기는 다양한 키놀이(Pitch), 종놀이(Yaw), 옆놀이(Roll)에 따라 움직이는 에어포일에 의해 양력을 생성하는 움직이는 조종면을 갖고 있다. 이러한 양력의 변화로 비행 특성이 변한다.

[그림 2-118 무게 이동 항공기의 무게와 균형]

중량은 비행 중에 연료 소모로 인해 감소하고 항공기 무게중심도 중량 변화로 인해 변화한다. 항공기는 여러 가지 비행모드와 무게중심 변화 때문에 조종면을 활용하여 조종성을 유지, 보정한다. 체중이동형경비행장치는 상대적으로 플랫폼한 날개로 되어 있다. 조종사는 중량을 이동시켜가면서 조종한다. 날개의 한 지점에 동체 중량과 페이로드 중량을 담당하도록 매다는 형태로 설계한다. 조종은 이 팬들럼 길이(Arm)과 조종면을 조절하여 비행한다. 항공기의 중량을 적절한 거리와 방향으로 이동하여 비행 특성을 바꾼다. 이 변화는 순간적으로 4가지 힘의 평형 상태를 방해한다. 날개 자체의 고유 안정성으로 인해 4가지 힘의 관계를 그것의 유연성과 모양 변화로 달성한다.

수직 꼬리날개가 없기 때문에 Yaw를 조종하는 능력은 없지만 고정익 항공기와는 달리 날개에 의한 무게중심은 변화가 없다. 항공기 중량이 한 점에 달려있고, 무게중심의 변화는 단순히 팬들럼 길이에 따르기 때문이다. 연료가 소모되더라도 중량이 날개에 부착된 포인트에 집중되어 있고, 이동 범위가 고정되어 있어 새로운 무게중심 위치를 산출할 필요가 없다는 것이다.

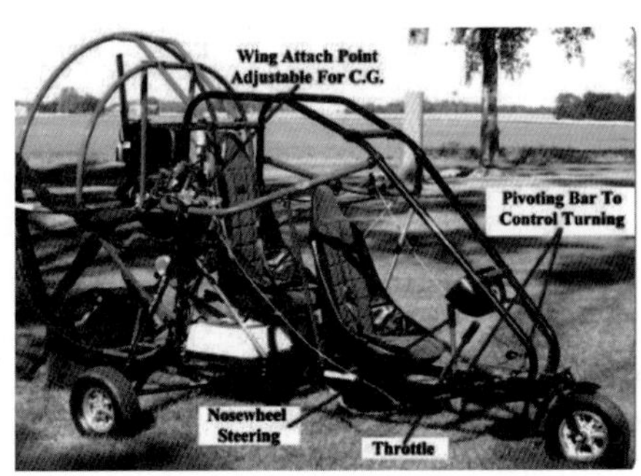

[그림 2-119 날개 부착 지점이있는 동력 낙하산 구조]

동력 낙하산 역시 이런 원리와 같다. 동체 무게중심이 팬들럼 형태로 고정되어 있다.

Pitch 조종은 주로 동력 조절로 얻는다. 동력을 증가시켜 양력을 얻는데 수평 비행을 할 수 있는 순항동력을 활용하고, 하강 시에는 동력을 줄인다. 무게중심이 항공기 날개 한 지점에 고정되어 있으므로 무게중심 범위가 없다는 것이다. 동력 낙하산의 Roll 조종은 날개 모양을 변화시켜 얻는다. 날개 끝 뒤쪽에 달린 줄로 양력을 변화시킨다. 낙하산의 뒤쪽 오른쪽을 약하게 당기면, 반대편에는 항력이 발생한다. 이러한 항력 변화로 항공기 방향을 조종하게 된다.

풍선기구(비행선)는 수직적 차원을 이용한다. 다른 형태의 항공기와 반대로 양력과 중량을 통하여 조종된다. 바람이 여타 다른 움직임을 담당한다. 곤도라 무게중심은 기구의 풍선 바로 밑에 유지된다. 체중이동형경비행장치와 동력낙하산과 같이 무게중심 한계가 없다. 안전성과 효율성은 규정된 중량과 평형특성을 유지하고 있을 때 달성된다. 항공기에 적용했던 중량과 평형의 용어, 이론, 개념 등은 또한 중심이동항공기, 동력 낙하산에도 적용된다.

12 대형항공기의 중량과 평형(Weight and Balance for Large Airplanes)

대형 항공기에 대한 중량과 평형은 소형기에서와 매우 유사하다. 잭과 저울은 더 커질 것이고, 더 많은 개수가 소요된다. 이 장비들을 다루는 더 많은 사람을 동반하게 되지만 개념과 과정은 동일한 것이다.

1. 부착식 전자 중량측정(Built-in Electronic Weighing)

대형 항공기에서 찾아볼 수 있는 한 가지 차이점은 항공기의 착륙장치에 전자로드셀(Electronic Load Cell)이 부착되어 있다는 것이다. 이러한 시스템으로 항공기가 활주로에 안착될 때, 자체의 중량 측정을 할 수가 있다. 로드셀을 착륙장치의 액슬(Axle), 또는 스트럿(Stmt)에 부착하여 측정한다. Wide Body 항공기 대부분이 이 시스템을 채용하고 있다. B777 항공기의 경우 비행관리컴퓨터(Flight Management Computer)에 비행

정보를 공급하는 2개의 독립된 시스템을 활용한다. 이 2개의 시스템의 중량과 무게중심에 일치한다면, 정보의 정확성을 신뢰하고 항공기를 출발시키는 것이다. 조종사는 비행관리컴퓨터의 중량과 평형 자료를 디스플레이시키고 확인한다.

2. 평균공력시위에 의한 무게중심(Mean Aerodynamic Chord)

대형항공기의 무게중심과 범위는 %MAC으로 나타낸다. 평균공력시위는 용어설명 부분에서 이미 설명한 바 있다. 중량과 평형에서는 평균공력시위 길이의 백분율인 %MAC으로 나타낸다. 만약 날개 길이가 100[in]이고, 항공기의 중심이 평균공력시위 위의 20[in]에 있다면 20%MAC에 무게중심이 있다고 한다. 그것은 뒤쪽 방향으로 1/5 떨어져 있다는 의미이다. 그림 2-120 항공기에서 중량과 평형을 살펴보자.

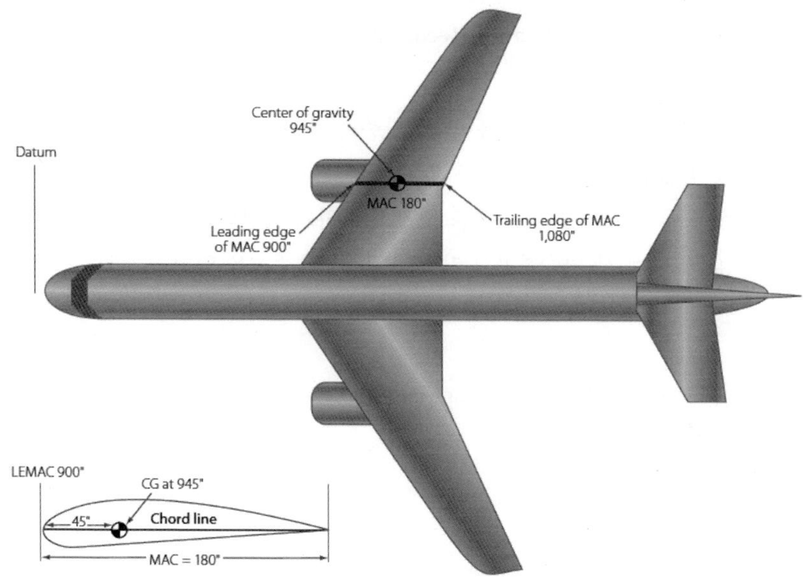

[그림 2-120 대형 항공기 운송의 C.G 위치]

기준선은 항공기의 기수의 앞쪽에 있고, 이 지점에서 모든 중량까지의 거리가 나타나있다. %MAC으로 무게중심 위치를 변환해보자.

(1) 기준선으로부터 무게중심까지의 거리(CG)

(2) 기준선으로부터 평균공력 시위의 앞전까지 거리($LEMAC$)

(3) CG에서 $LEMAC$를 뺀다.

(4) 평균공력시위 값으로 (3)을 나눈다.

(5) 100을 곱하여 퍼센트로 변환시킨다.

$$\%\ \text{of}\ MAC = \frac{CG - LEMAC}{MAC} \times 100 = \frac{945 - 900}{180} \times 100 = 25[\%]$$

이 식을 이용하여 평균공력시위를 길이단위로 구할 수 있다.

$$CG \text{ in inches} = \frac{MAC\%}{100} \times MAC + LEMAC$$

그림에서 만약 무게중심이 평균공력시위의 34~35[%]라면, 무게중심을 인치단위로 다음과 같이 구할 수 있다.

$$CG \text{ in inches} = \frac{MAC\%}{100} \times MAC + LEMAC$$

$$= \frac{32.5}{100} \times 180 + +900 = 958.5$$

13 중량과 평형 기록(Weight and Balance Records)

정비사는 항공기의 중량과 평형과 관련된 작업을 할 때 자중과 자중무게중심을 산출한다. 빈도는 낮지만 평형추가 필요한지, 극단 탑재상황에서 무게중심을 계산하기도 한다. 자중과 자중무게중심 계산은 저울로 중량을 측정하거나, 새로운 장비를 항공기에 장착한 후에 계산적으로 산출하기도 한다.

감항당국은 비행안전을 위해 현재 상태의 항공기 자중과 자중무게중심을 알고 있는지 감독활동을 한다. 이것은 반드시 항공기 영구 보존 기록인 중량과 평형보고서에 포함되어야 한다. 이 중량과 평형보고서는 비행하고 있는 항공기에 있어야 한다.

이 보고서의 형식은 규정하지 않지만 대부분 표 2-24과 같다. 일반 적인 형식의 양식으로 항공기별로 중량과 평형 산출 란을 변경하여 사용하면 된다.

[표 2-24 항공기 중량 및 균형 보고서]

Aircraft Weight and Balance Report

Results of Aircraft Weighing

Make ______________________ Model ______________________

Serial # ______________________ N# ______________________

Datum Location ____

Leveling Means ____

Scale Arms: Nose ________ Tail ________ Left Main ________ Right Main ________

Scale Weights: Nose ________ Tail ________ Left Main ________ Right Main ________

Tare Weights: Nose ________ Tail ________ Left Main ________ Right Main ________

Weight and Balance Calculation

Item	Scale (lb)	Tare Wt. (lb)	Net Wt. (lb)	Arm (inches)	Moment (in-lb)
Nose					
Tail					
Left Main					
Right Main					
Subtotal					
Fuel					
Oil					
Misc.					
Total					

Aircraft Current Empty Weight: ______________________________

Aircraft Current Empty Weight CG: ______________________________

Aircraft Maximum Weight: ______________________________

Aircraft Useful Load: ______________________________

Computed By: ______________________________ (print name)

______________________________ (signature)

Certificate #: ______________________ (A&P, Repair Station, etc.)

Date: ______________

Aircraft Maintenance

항공기 정비일반
(역학, 도면, 중량)
기출 및 예상문제
상세해설

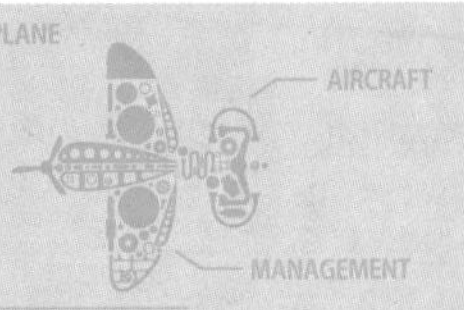

1 공기의 기초역학

1 대기

01 표준대기 상태에서 10,000[m] 고도에 있어서의 온도는 얼마인가?

① −45[°C] ② −50[°C]
③ −55[°C] ④ −60[°C]

해답

아래의 식 (1-2)에서 $T=T-0.0065[h]$이므로 $h=10,000[m]$를 대입하면 $T=15-0.0065\times10,000=-50°C$
실제의 대기는 기압, 온도, 밀도 등이 고도에 따라 복잡하게 변화 할 뿐만 아니라, 곳곳에 따라 시시각각으로 변화한다.
표준대기는 국제적으로 통용이 되어야 하므로 국제민간항공기구(ICAO : International Civil Aviation Organization)에서 국제표준대기(ISA : International Standard Atmosphere)를 설정하였다. 표준대기는 해발고도 및 대기권 내에서는 다음과 같이 정해졌다.

- 해발고도
  압력 : $P_0=760[mmHg]=29.9213[inHg]$
  $=1013.25[milibar]=101425.0[N/m^2]$
  밀도 : $\rho_0=0.0023769[slug/ft^3]=0.12499[kg_f\cdot s^2/m^4]$
  $=1.2250[kg/m^3]$
  온도 : $T_0=15°C$
  절대온도 : $T=(273+15)°K$
  대기권내 고도 [hm]에서는

  압력 : $P=P_0\left(1-\frac{0.0065}{288}h\right)^{5.256}$ (1-1)

  온도 : $T=T_0-0.0065h=15°C-0.0065h$ (1-2)

  밀도 : $\rho=\rho_0\left(1-\frac{0.0065}{288}h\right)^{4.256}$ (1-3)

  식(1-2)는 고도에 따른 섭씨(°C) 온도를 실측 평균한 식이고, 식(1-1)과 식(1-3)은 대기를 완전기체의 상태식에 의해 단열 팽창하는 것으로 가정해서 유도된 식으로, 실제와 잘 부합되는 식들이다.

02 대기권에서 제트기류(Jet Stream)가 부는 공간은 어디인가?

① 대류권 ② 성층권
③ 대류권계면 ④ 성층권계면

해답

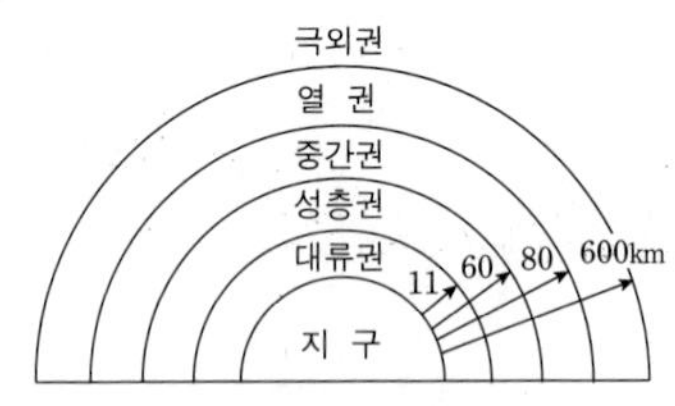

[대기권의 구조]

대기권의 구조는 그림과 같으며 대류권과 성층권의 경계면을 대류권계면이라 한다. 이 공간에서는 100[km/h] 정도의 서풍 또는 편동풍이 불며 이를 제트기류(Jet Stream)라 한다. 제트여객기가 이 기류를 이용하여 비행하면 연료를 절약할 수가 있다.

03 지구 퍼텐셜 고도(Geopotential Height)에 대한 올바른 설명은?

① 지구의 중력가속도가 일정한 고도
② 지구의 중력가속도 변화를 고려한 고도
③ 운동에너지가 일정한 고도
④ 위치에너지가 일정한 고도

해답

고도에는 지구의 중력가속도(g)가 일정한 것으로 가정해서 정한 종래의 기하학적 고도(Geometrical Height)와 현재의 표준대기로 사용하는 것으로 고도에 따라 (g)의 변화를 고려해서 높은 고도에 적합하게 만들어진 지구 퍼텐셜 고도(Geopotential Height)가 있다. 기하학적 고도(h)에서 지구 퍼텐셜 고도(H)의 환산식은 다음과 같다.

$$H=h\left(1-\frac{h}{r_0}\right)$$

여기서, H=지구 퍼텐셜 고도, h=기하학적 고도,
r_0=지구의 반지름($r_0=6.376\times10^6[m]$)

[정답] 01 ② 02 ③ 03 ②

04 "국제표준대기(ISA)"에 대하여 바르게 기술한 것은?

① 국제연합(UN)에서 정한 표준대기이다.
② 온대지방의 기상상태를 표준으로 설정한 대기이다.
③ 국제민간항공기구(ICAO)에서 정한 표준대기이다.
④ 세계 각 지역의 기상상태를 평균하여 설정한 표준대기이다.

해답

국제표준대기(ISA)는 국제민간항공기구(ICAO)에서 설정하였으며 온도는 대기의 온도분포를 실측 평균한 식으로, 압력과 밀도는 완전기체의 상태식에 의해 유도된 식으로 계산하여 구하였다.

05 대기권에 대한 설명 중 틀린 것은?

① 대류권에서는 고도가 높을수록 온도는 감소한다.
② 성층권에서는 온도변화가 거의 없다.
③ 제트기류가 부는 공간은 성층권이다.
④ 대기권과 성층권의 경계면은 대류권계면이다.

해답

대류권에서는 고도가 높을수록 온도가 감소하며 성층권(11[km]~50[km])에 이르면 온도는 일정하다. 제트기류는 대류권과 성층권의 경계면인 대류권계면에서 분다.

06 대류권에서의 기온체감률(Lapse rate)은 얼마인가?

① −5.6[°C]/1,000[m] ② −4.5[°C]/1,000[m]
③ −6.5[°C]/1,000[m] ④ −9.8[°C]/1,000[m]

해답

대류권에서는 구름이 생성되고, 비, 눈, 안개 등의 기상현상이 생기며 1[km] 올라갈 때마다 기온이 6.5°C씩 내려간다.
즉 −6.5/1,000[m]를 기온체감률이라 한다.

07 구름이 없고 기온이 낮아 항공기의 순항 고도로 적합한 경계면은?

① 대류권계면 ② 성층권계면
③ 중간권계면 ④ 열권계면

해답

대류권(평균 11[km]까지)은 고도가 증가할수록 온도, 밀도, 압력이 감소하고, 고도가 1[km] 증가할수록 기온이 6.5°C씩 감소한다. 고도 10[km] 부근(대류권계면)에 제트기류가 존재하고 대기가 안정되며, 구름이 없고 기온이 낮아 항공기의 순항고도로 적합하다.

08 "성층권"에 대한 올바른 설명은?

① 온도가 증가 ② 온도가 감소
③ 온도의 변화 없음 ④ 온도 감소 후 증가

해답

성층권
평균적으로 고도 변화에 따라 기온 변화가 거의 없는 영역을 성층권이라고 하나 실제로는 많은 관측 자료에 의하면 불규칙한 변화를 하는 것으로 알려져 있다.

09 "중간권"에 대한 올바른 설명은?

① 온도가 가장 낮다. ② 온도의 변화 없음
③ 온도가 증가 ④ 온도가 감소

해답

중간권(50~80[km])은 높이에 따라 기온이 감소하고, 대기권에서 이곳의 온도가 가장 낮다.

10 "열권"에 대한 올바른 설명은?

① 실제로는 많은 관측 자료에 의하여 불규칙한 변화를 하는 것으로 알려져 있다.
② 높이에 따라 기온이 감소하고, 대기권에서 이곳의 온도가 가장 낮다.
③ 고도가 올라감에 따라 온도는 높아지지만 공기는 매우 희박해지는 구간이다.
④ 열권 위에 존재하는 구간이고 열권과 극외권의 경계면인 열권계면의 고도는 약 500[km]이다.

[정답] 04 ③ 05 ③ 06 ③ 07 ① 08 ③ 09 ① 10 ③

해답

열권

고도가 올라감에 따라 온도는 높아지지만 공기는 매우 희박해지는 구간이다. 전리층이 존재하고, 전파를 흡수, 반사하는 작용을 하여 통신에 영향을 끼친다. 중간권과 열권의 경계면을 중간권계면이라고 한다.

11 **"극외권"에 대한 올바른 설명은?**

① 실제로는 많은 관측 자료에 의하여 불규칙한 변화를 하는 것으로 알려져 있다.
② 높이에 따라 기온이 감소하고, 대기권에서 이곳의 온도가 가장 낮다.
③ 고도가 올라감에 따라 온도는 높아지지만 공기는 매우 희박해지는 구간이다.
④ 열권 위층에 존재하는 구간이고 열권과 극외권의 경계면인 열권계면의 고도는 약 500[km]이다.

해답

극외권

열권 위층에 존재하는 구간이고 열권과 극외권의 경계면인 열권계면의 고도는 약 500[km]이다.

12 **대기권을 고도에 따라 낮은 곳부터 높은 곳까지 순서대로 분류한 것은?**

① 대류권 – 성층권 – 열권 – 중간권
② 대류권 – 중간권 – 열권 – 성층권
③ 대류권 – 중간권 – 성층권 – 열권
④ 대류권 – 성층권 – 중간권 – 열권

해답

대기권은 고도에 따른 분류

대류권 – 성층권 – 중간권 – 열권 – 극외권으로 구분된다.

2 유체흐름의 기초이론

01 **이상유체에 대한 설명 중에서 맞는 것은?**

① 모든 유체는 이상유체로 가정할 수 있다.
② 무게가 없는 가벼운 유체를 이상유체라 한다.
③ 점성이 없는 유체를 이상유체라 한다.
④ 공기는 점성이 없기 때문에 이상유체이다.

해답

점성이 없는 유체를 이상유체라 한다. Newton이 유체해석을 쉽게 하기 위하여 점성이 없는 이상유체의 개념을 처음 도입하였다. 공기는 점성이 작기 때문에 이상유체라 가정하여 해석하는 경우가 많다.

02 **압축성 유체에 대한 설명 중 맞는 것은?**

① 흐름속도가 변할 때 밀도는 일정하고 압력만 변한다.
② 압력, 온도, 밀도는 흐름의 마하수에 따라 변한다.
③ 밀도와 온도는 일정하고 압력은 마하수에 따라 변한다.
④ 압력, 온도, 밀도의 변화는 흐름속도의 함수가 된다.

해답

비압축성 유체에서는 속도가 변하면 압력만 변화하고 밀도와 온도는 일정하다. 그러나 압축성 유체에서는 속도가 변하면 압력, 온도, 밀도가 전부 변하는데 이들 값은 마하수의 함수로 변화한다. 이 이론은 오스트리아의 과학자 Ernest Mach가 처음으로 발표하였다.

03 **단위면적을 통과하는 흐름의 양을 올바르게 나타낸 식은?**

① 밀도 × 속도 ② 밀도 × 체적
③ 밀도 × 면적 ④ 밀도 × 질량

해답

흐름의 양은 부피 × 밀도로 표시된다. 부피는 단면적 × 길이가 되는데 길이는 속도 × 단위시간(1)으로 표시된다. 따라서 흐름의 양은 속도 × 밀도 × 1(단위시간) × 1(단위면적) = 속도 × 밀도가 된다.

[정답] 11 ④ 12 ④ 01 ③ 02 ② 03 ①

04 연속의 방정식을 바르게 설명한 것은?

① 유관의 단면적과 흐름속도는 비례한다.
② 유체의 속도와 단면적의 비는 일정하다.
③ 단위시간에 통과하는 유량은 일정하다.
④ 유관의 단면적과 흐름속도는 항상 반비례한다.

해답

연속의 식은 유관내에 유입되는 양과 유출되는 양이 같다는 것을 식으로 표시한 것이다. 즉 단위시간에서 볼 때 통과하는 유량은 일정하게 된다.

참고

연속방정식

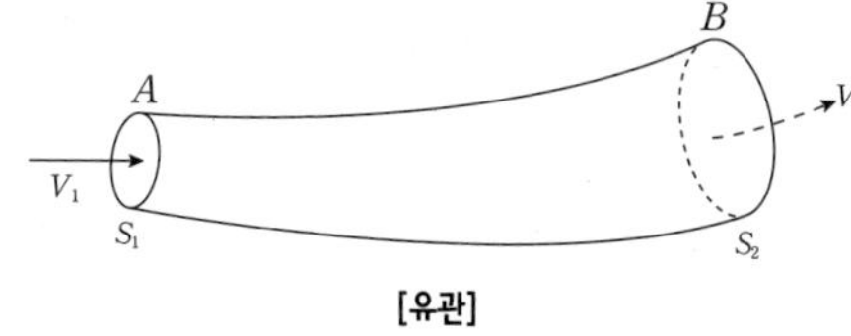

[유관]

그림과 같은 원통관 속을 유체가 가득하게 화살표 방향으로 계속적으로 흘러간다면, 이 관 속을 유체가 정상적으로 계속하여 흘러가기 위해서는, 단면 A를 통하여 흘러 들어오는 유체의 질량과 단면 B를 통하여 흘러 나가는 유체의 질량은 같아야 된다는 조건하에서 다음 식이 성립된다. 유체의 밀도를 ρ라고 하면

$$S_1V_1\rho_1 = S_2V_2\rho_2$$

이 식을 연속방정식이라 한다. 공기는 그 흐름속도가 음속이하일 때는 압축성 영향을 무시할 수 있으며, 밀도 ρ가 일정하기 때문에 $\rho_1 = \rho_2$가 되어 다음과 같은 식이 성립한다.

$$S_1V_1 = S_2V_2$$

이 식에 의하면 압축성의 영향을 무시할 경우, 흐름속도는 단면적에 반비례함을 알 수 있다.

05 비압축성 유체가 지나가는 유관에서 출구의 직경을 반으로 줄이면 흐름속도는?

① 2배로 증가한다.　② 4배로 증가한다.
③ 반으로 감소한다.　④ 일정하다.

해답

비압축성 유체의 연속의 식은 $A_1V_1 = A_2V_2$이다. 즉 출구의 속도(V_2)는 단면적(A_2)에 반비례한다. 단면적은 $\frac{\pi}{4}\times$직경^{2}이므로 직경이 반으로 줄면 단면적은 1/4로 줄기 때문에 속도는 4배로 증가한다.

06 날개 주위를 흐르고 있는 유동장에서 어떤 단면에서의 유선의 간격이 25[mm]이고 그 점에서의 유속은 36[m/s]이다. 이 유선이 하류 쪽에서 18[mm]로 좁아졌다면, 이곳에서의 유속은?

① 20[m/s]　② 36[m/s]
③ 50[m/s]　④ 62[m/s]

해답

$A_1V_1 = A_2V_2$에서, 단위깊이(1[m])의 유관이라 하면, 하류에서의 속도 V_2는 $36\times(0.025\times1) = V_2\times(0.018\times1)$
$\therefore V_2 = 50$[m/s]

07 비압축성 흐름에 대한 베르누이 정리를 올바르게 설명한 것은?

① 흐름속도가 빠르면 동압은 작아지고 정압은 커진다.
② 동압과 정압의 합은 속도에 따라 변한다.
③ 동압은 항상 정압보다 크다.
④ 동압과 정압의 합을 전압이라 하고 항상 일정하다.

해답

베르누이 정리 또는 베르누이 방정식이라 함은 정압(P)와 동압($\frac{1}{2}\rho V^2$)의 합은 항상 일정하다는 것이다. 이 정압과 동압의 합을 전압(Total pressure)이라 한다.

참고

베르누이 방정식(Bernoulli's equation)

수압이나 대기압 같이 유체의 운동상태에 관계없이 항상 모든 방향으로 작용하는 유체의 압력을 정압(Static pressure)이라 하며, 유체가 갖는 속도로 인해 속도의 방향으로 나타나는 압력을 동압(Dynamic pressure)이라고 하고, 동압은 유체의 흐름을 직각되게 판으로 막았을 때 판에 작용하는 압력을 말한다. 그 크기는

$$q = \frac{1}{2}\times\rho V^2$$

여기서, q(동압) : kg_f/m^2, N/m^2
ρ(밀도) : $kg_f\cdot s^2/m^4$, kg/m^3
V(속도) : m/s

윗 식에서 알 수 있는 바와 같이, 동압은 유체가 갖는 운동에너지가 압력으로 변한 것임을 알 수 있다. 연속적인 흐름에서 같은 유선상의 정압 P와 동압 q는 다음과 같은 관계가 있으며 정압과 동압의 합을 전압(Total pressure)이라 한다.

$$P + q = \text{const} \quad \text{혹은} \quad P + \frac{1}{2}\rho V^2 = \text{const}$$

이 식을 비압축성 베르누이(Bernoulli)의 방정식 또는 베르누이 정리라 하며, 흐름의 속도가 커지면 정압은 감소한다는 것을 나타낸다.

[정답] 04 ③ 05 ② 06 ③ 07 ④

기출+예상

08 비행기가 밀도 $\rho=0.1\text{kg}\cdot\text{s}^2/\text{m}^4$인 고도를 200[km/h]의 속도로 날고 있다. 항공기에 부딪히는 동압은?

① 154[kg/m²] ② 100[kg/m²]
③ 300[kg/m²] ④ 500[kg/m²]

해답

동압, $q=\frac{1}{2}\times\rho V^2$이므로

$$q=\frac{1}{2}\times 0.1[\text{kg}\cdot\text{s}^2/\text{m}^4]\times\left(\frac{200\times 1000[\text{m}]}{23600[\text{s}]}\right)^2=154.3[\text{kg/m}^2]$$

09 베르누이 정리는 어느 조건하에서만 성립하는가?

① 유체흐름의 중간에서 에너지의 공급을 받았을 때
② 유체흐름의 중간에서 에너지의 공급을 받지 않았을 때
③ 유체흐름이 고속으로 흐를 때
④ 유체흐름이 저속으로 흐를 때

해답

베르누이 정리는 유체의 흐름에서 정압과 동압의 합은 일정하다는 정리로, 중간에서 에너지 공급이 있으면 안된다.

10 밀도 ρ, 속도 V인 공기흐름이 벽면에 충돌하였을 때 받는 힘은?

① 속도에 비례한다. ② 속도 제곱에 비례한다.
③ 속도에 반비례한다. ④ 속도 제곱에 반비례한다.

해답

공기흐름이 벽면에 충돌하였을 때 받는 힘은 동압($\frac{1}{2}\rho V^2$)이 되므로 동압은 속도 제곱에 비례한다.

11 어떤 점에서 압력계수(C_p)가 영이라고 하면?

① 그 점에서의 흐름속도가 영이다.
② 그 점에서의 압력이 영이다.
③ 그 점에서의 압력은 진공이다.
④ 그 점에서의 압력은 주위의 대기압과 같다.

해답

압력계수 C_p는 다음 식으로 정의된다.

$$C_p=\frac{P-P_\infty}{\frac{1}{2}+\rho V_\infty^2} \text{ 또는 } C_p=1-\left(\frac{V}{V_\infty}\right)^2$$

여기서 첨자 ∞는 대기의 상태

$C_p=0$이면, $p=p_\infty$가 되어 어떤 점에서의 압력(p)은 대기압(p_∞)과 같다.

※ $C_p>0$이면 정압으로 대기압보다 큰 압력이,
$C_p<0$이면 부압으로 대기압보다 작은 압력이 작용한다.

3 점성 및 압축성 유체의 흐름

01 공기의 점성계수를 올바르게 성명한 것은?

① 온도와 압력에 관계없이 일정하다.
② 온도가 올라가면 점성계수는 커진다.
③ 밀도에 비례한다.
④ 압력에 비례한다.

해답

액체의 점성계수는 온도가 높아지면 묽어져서 작아지나 기체는 온도가 높아지면 분자운동이 활발해져서 점성계수는 커진다.

02 동점성계수(Kinematic Viscosity)의 정의로 옳은 것은?

① 속도와 점성계수의 비 ② 밀도와 점성계수의 비
③ 점성계수와 속도의 비 ④ 점성계수와 밀도의 비

해답

레이놀즈 수는 $Re=\frac{\rho vl}{\mu}$ 또는 $Re=\frac{vl}{\mu/\rho}$로 쓸 수있다. 이때 분모항인 $\frac{\mu}{\rho}$는 자주 사용이 되므로이를 동점성계수 ν로 정의한다. 즉 점성계수와 밀도의 비를 동점성계수라 한다.

03 임계 레이놀즈 수가 되면 흐름의 변화는?

① 난류 → 천이 → 층류 ② 난류 → 층류 → 박리
③ 층류 → 천이 → 난류 ④ 층류 → 천이 → 박리

[정답] 08 ① 09 ② 10 ② 11 ④ 01 ② 02 ④ 03 ③

해답

층류에서 난류로 변하는 "천이"현상이 일어나는 레이놀즈 수를 임계 레이놀즈 수(Critical Reynolds number)라 한다.
즉, 층류 → 천이 → 난류로 된다.

04 레이놀즈 수(Reynolds number)를 올바르게 정의한 것은?

① 점성력과 밀도의 비 ② 관성력과 밀도의 비
③ 관성력과 점성력의 비 ④ 점성력과 압력의 비

해답

비행체가 공기 중을 비행할 때 비행체에 작용하는 공기력은 동압으로 인한 관성력, 정압에 의한 힘, 그리고 점성에 의한 마찰력으로 구분할 수 있다. 관성력과 점성력의 비를 레이놀즈 수(Reynolds number)라 하며 물체에 작용하는 점성력의 특성을 가장 잘 나타낼 수 있는 무차원 수이다.

05 날개 윗면에 천이(Transition)현상이 일어난다. 그 현상은?

① 표면에서 공기가 떨어져 나가는 현상
② 층류가 난류로 변하는 현상
③ 충격파에 의해서 압력이 급증하는 현상
④ 풍압중심이 이동하는 현상

해답

레이놀즈 수가 점점 커지게 되면 층류흐름이 난류로 변하는 천이현상이 생긴다.(이때의 레이놀즈 수를 임계 레이놀즈 수라 한다.)

06 일반적으로 레이놀즈 수(Reynolds number)는?

① $\frac{\text{속도}\times\text{길이}}{\text{동점성계수}}$ ② $\frac{\text{속도}\times\text{면적}}{\text{동점성계수}}$
③ $\frac{\text{면적}\times\text{시간}}{\text{점성계수}}$ ④ $\frac{\text{밀도}\times\text{속도}}{\text{점성계수}}$

해답

레이놀즈 수는 $Re=\frac{\rho vl}{\mu}$ 또는 $Re=\frac{vl}{\mu/\rho}$로 표시된다.

여기서 v는 속도, l은 길이, ν는 동점성계수이다.

따라서, 레이놀즈 수$=\frac{\text{속도}\times\text{길이}}{\text{동점성계수}}$이다.

07 날개의 시위길이가 3[m], 공기의 흐름속도가 360[km/h], 공기의 동점성계수가 0.15[cm²/s]일 때 레이놀즈 수는?

① 2×10^7 ② 1.5×10^7
③ 20×10^7 ④ 2×10^5

해답

$Re=\frac{vl}{\nu}$에서 $v=360[\text{km/h}]=100[\text{m/s}]$, $l=3[\text{m}]$,
$\nu=0.15[\text{cm}^2/\text{s}]=0.000015[\text{m}^2/\text{s}]$,
$\therefore Re=\frac{vl}{\nu}=\frac{100\times3}{0.000015}=2\times10^7$

08 레이놀즈 수가 크다는 것은 일반적으로 어떤 의미인가?

① 압력항력＝마찰항력 ② 압력항력＞마찰항력
③ 압력항력＜마찰항력 ④ 형상항력＜압력항력

해답

레이놀즈 수$=\frac{\text{관성력}}{\text{점성력}}$으로 표시되는데 관성력은 ρV^2S로 표시되며 이는 평판 S를 흐름에 수직으로 놓았을 때 받는 압력항력과 같다. 따라서 레이놀즈 수가 크다는 것은 압력항력이 마찰항력보다 크다는 것을 의미한다.

09 천이점(Transition Point)에 대하여 맞게 기술한 것은?

① 레이놀즈 수와는 관계가 없다.
② 레이놀즈 수가 임계치 이상이면 천이점이 생긴다.
③ 층류흐름에서 박리가 생기는 점이다.
④ 난류경계층에서 박리가 일어나는 점이다.

해답

레이놀즈 수가 임계치 이상이 된다는 것은 임계 레이놀즈 수가 된다는 것을 의미하며, 이 때 층류에서 난류로 변하는 천이점이 생긴다.

10 박리(Separation)현상의 원인은 무엇인가?

[정답] 04 ③ 05 ② 06 ① 07 ① 08 ② 09 ② 10 ①

기출+예상

① 역압력 구배 때문이다.

② 압력이 증기압 이하로 떨어지기 때문이다.

③ 압력 구배가 0이 되기 때문이다.

④ 경계층 두께가 0으로 되기 때문이다.

해답

박리(Separation)

경계층 속을 흐르는 유체 입자가 뒤쪽으로 갈수록 점성 마찰력으로 인하여 운동량을 계속 잃게 되고, 또 압력이 계속 증가하면 결국 역압력 구배가 일어난다. 유체입자는 표면을 따라서 계속 흐르지 못하고 표면으로부터 떨어져 나가는 박리현상이 일어나게 된다.

11 와류발생장치(Vortex Generator)의 목적은?

① 경계층의 박리현상을 방지시켜 준다.

② 날개 뒷전에서의 정전기를 분산시키다.

③ 110[V] 교류를 24[V] 직류로 바꿔준다.

④ 와류를 증가시켜 추력을 감소시킨다.

해답

어떤 항공기의 날개에는 표면에 난류 경계층이 쉽게 발생되도록 하는 와류발생장치를 붙인다. 이 장치는 고아음속 제트여객기의 날개에 종종 사용되는 장치로서, 날개에 수직으로 가로세로비가 작은 조그만 금속판을 날개면에 수직으로 장착한 것인데, 이 금속판의 끝에서 발생되는 와류가 경계층흐름에 에너지를 공급해 주어 경계층의 박리를 지연시키는 역할을 한다.

12 비행기날개의 윗 표면에서 일어나는 천이 현상에 대해 바르게 설명한 것은?

① 표면에 공기가 떨어져 나가는 현상

② 층류경계층이 난류경계층으로 변하는 현상

③ 충격파에 의하여 압력이 격증하는 현상

④ 풍압중심이 이동하는 현상

해답

천이현상

층류에서 난류로 변하는 현상을 말하며, 천이가 일어나는 점을 천이점이라 한다.

참고

경계층

아래 그림은 날개골(Airfoil)의 윗면을 흐르는 공기흐름 모양을 나타내고 있다. 날개골로부터 조금 떨어진 윗부분의 흐름속도는 유입되는 흐름의 속도와 같으나 날개골 가까운 구역의 흐름속도를 확대하여 살펴보면, 흐름속도가 유입되는 흐름의 속도보다 작음을 알 수 있다. 이는 흐름의 속도가 점성의 영향으로 작아지기 때문이다. 이와 같이 공기가 어떤 면 위를 흐를 때 점성의 영향이 거의 없는 구역과 점성 영향이 나타나는 두 구역으로 구분할 수 있는데, 점성의 영향이 뚜렷한 벽 가까운 구역을 경계층이라 한다. 경계층은 흐름의 상태에 따라 층류경계층과 난류경계층으로 구분된다.

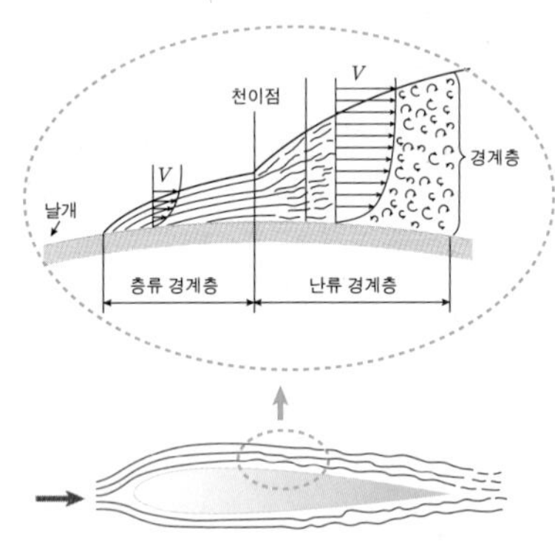

[날개골 윗면의 경계층]

13 경계층의 박리현상이란?

① 물체표면에서 형성되었던 유체의 경계층이 물체표면에서 떨어져 나가는 현상

② 경계층이 난류로 변하는 현상

③ 경계층이 난류로 변하지 않고 층류상태를 유지하면서 박리되는 현상

④ 경계층이 난류로 형성되어 있지 않은 상태

해답

경계층 박리현상

경계층 속에 흐르는 유체입자가 평판의 뒤쪽으로 흘러갈수록 점성 마찰력으로 인해 운동량을 계속 잃게 되고, 또 뒤쪽에서 가해지는 압력이 계속 증가하면서 유체입자가 평판을 따라서 계속 흐르지 못하고 평판으로부터 떨어져 나가는 현상을 말한다.

참고

경계층의 박리현상(흐름의 떨어짐)

다음 그림은 날개골을 따라 공기가 흐르는 현상을 그림으로 나타낸 것이다. 날개골 주위에는 경계층이 형성되고, 앞전 가까운 구역에서는 속도가 점점 증가하여 최댓값에 이르고, 계속 뒤쪽으로 가면 속도는 감소하고, 베르누이의 정리에 따라 압력은 점점 커지게 된다.

[정답] 11 ① 12 ② 13 ①

경계층 속의 유체입자는 날개골을 따라 계속 흘러가면서, 점성 마찰력으로 인해서 운동량을 계속 잃어버리게 되어 유체입자의 운동에너지는 감소되고, 뒤쪽으로부터 가해지는 압력이 계속 커지게 되면 유체입자는 더 이상 날개골을 따라 흐르지 못하고 떨어져 나가게 된다. 이를 흐름의 떨어짐(Separation)또는 "박리"라 한다.
경계층 속에서 흐름의 떨어짐이 일어나면, 그곳으로부터 뒤쪽으로 역류현상이 발생하여 후류가 일어나 와류현상을 나타낸다. 흐름의 떨어짐으로 인하여 후류가 발생하면 압력이 높아지고, 운동량의 손실이 크게 발생하여 날개골의 양력은 급격히 감소하게 된다. 흐름의 떨어짐은 층류경계층과 난류경계층 어느 경우에도 일어 날 수 있는데, 난류경계층보다 층류경계층에서 쉽게 일어난다.
난류경계층에서는 경계층의 외부에 있는 빠른 속도를 가진 유체입자들이 경계층의 벽면 가까이에 있는 느린 입자들에게 운동에너지를 전달해 주기 때문에, 난류유체입자들이 층류 경계층에서보다 점성 마찰력과 높아지는 뒤쪽 압력에 잘 견디기 때문이다. 그래서 어떤 항공기의 날개에는 표면에 난류경계층이 쉽게 발생되도록 와류발생장치(Vortex generator)를 붙인다. 이 장치는 고아음속 제트여객기의 날개에 종종 사용되는 장치로서, 날개표면에 수직으로 가로세로비가 작은 조그만 금속판을 날개면에 수직으로 장착하여 박리를 지연시킨다.

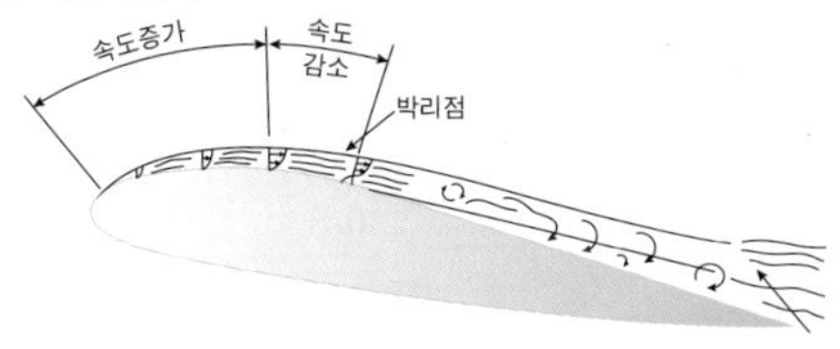

[날개 윗면에서 흐름의 떨어짐]

14 경계층에 관한 다음 사항 중 맞는 것은?

① 레이놀즈 수와는 관계가 없다.
② 레이놀즈 수가 1,000 이상이면 경계층이 형성된다.
③ 레이놀즈 수의 압력항력만이 경계층과 관계된다.
④ 레이놀즈 수는 경계층의 상태와 밀접한 관련이 있다.

해답

경계층(Boundary Layer)
공기가 어떤 면 위를 흐를 때 점성의 영향이 거의 없는 구역과 점성 영향이 나타나는 구역으로 구분할 수 있는데, 점성의 영향이 뚜렷한 벽 가까운 구역을 말한다.

15 유선(Stream Line)의 정의로서 가장 적당한 것은?

① 유체내의 어떤 곡선의 수평방향이 유체의 운동방향과 일치되는 곡선을 유선이라 함
② 유체내의 어떤 곡선의 수직방향이 유체의 운동방향과 일치되는 곡선을 유선이라 함
③ 유체내의 어떤 곡선의 접선방향이 유체의 운동방향과 일치되는 곡선을 유선이라 함
④ 유체내의 흐름의 방향을 유선이라 한다.

해답

유선은 흐름의 경로에 따른 유체입자의 운동을 나타낸다. 정상류(유체내의 어떤 점에서 속도, 압력 및 밀도가 시간에 대해서 일정한 값을 가지는 경우)에서 유체흐름의 접선방향이 유체입자의 운동방향과 일치되는 곡선을 유선이라 한다.

16 유체흐름에서 점성 저층(Viscous Sublayer)은 어느 부분에서 나타나는가?

① 층류경계층의 아랫부분에서
② 난류경계층의 아랫부분에서
③ 층류경계층과 난류경계층의 경계 영역에서
④ 관 입구에서의 중심 부분에서

해답

점성 저층(Viscous Sublayer)
난류경계층에서는 벽면 가까운 곳에 점성 저층이라는 새로운 층이 형성되는데, 점성 저층 속에서의 흐름의 특성은 층류와 유사하다.

17 경계층 제어장치를 사용하는 목적은?

① 항력의 감소 ② 층류흐름의 형성
③ 흐름의 떨어짐 억제 ④ 흐름속도의 증가

해답

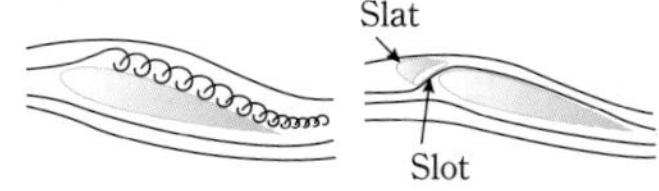

경계층 제어장치는 흐름의 떨어짐을 억제시키는 장치로 날개의 앞전 안쪽에 슬롯(Slot)을 설치하여 날개 밑면을 통과하는 흐름을 강제로 윗면으로 흐르도록 하여 흐름의 떨어짐을 억제하고 또 가동 슬랫(Slat)이라 하여 날개 앞전에 얇은 판(Slat)이 필요시 앞으로 움직여 슬롯을 만들어 줌으로써 흐름의 떨어짐을 방지한다.

[정답] 14 ④ 15 ③ 16 ② 17 ③

18 날개에서 공기흐름의 떨어짐(Separation)이 생기면 어떤 현상이 일어나는가?

① 양력이 증가한다.
② 항력이 감소한다.
③ 양력은 감소하고 항력이 증가한다.
④ 층류흐름이 형성된다.

해답

날개 윗면에서 흐름의 떨어짐이 생기면 날개 윗면의 압력이 커지게 되어 양력은 감소하고 항력이 증가한다.

19 날개의 윗면에 흐름의 떨어짐(Separation)을 지연시키는 장치와 관계없는 것은?

① Vortex Generator ② Slat
③ Slot ④ Spoiler

해답

날개 윗면에 흐름의 떨어짐을 지연시키는 장치로 Slot, Slat 외에 Vortex Generator(와류발생장치)가 있다. 이 장치는 날개의 윗면에 작은 금속판을 수직으로 붙여 금속판의 끝에서 발생하는 와류가 경계층 흐름에 에너지를 공급하여 흐름의 떨어짐을 지연시킨다. 흐름의 떨어짐은 난류보다 층류에서 더 빨리 일어난다. Spoiler는 고의적으로 흐름의 떨어짐을 발생시켜 항력을 증가시키는 장치이다.

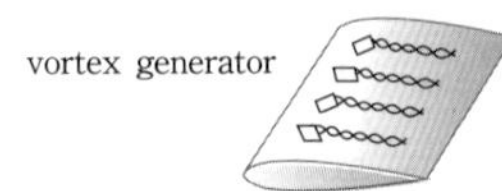

20 마하수(Mach Number)를 바르게 정의한 것은?

① 비행기의 속도를 그때의 음속으로 나눈 것
② 비행기의 속도를 압력으로 나눈 것
③ 비행기의 속도를 음속으로 곱한 것
④ 음속을 비행기의 속도로 나눈 것

해답

비행기의 속도를 그때의 음속으로 나눈 값을 마하수라 한다.
압축성 유체에서 압력, 온도, 밀도의 변화는 속도에 따라 변하지 않고 속도를 그때의 음속으로 나눈 값, 즉 Mach 수에 따라 변한다.

21 임계 마하수(Critical Mach Number)라 함은?

① 날개 윗면의 속도가 마하 1이 될 때의 비행기의 마하수
② 비행기의 속도가 음속이 될 때의 마하수
③ 날개 윗면에 충격파가 발생할 때의 마하수
④ 날개 윗면에 흐름의 떨어짐현상이 생길 때의 비행기의 마하수

해답

비행 중에 날개 윗면의 속도는 비행기의 속도보다 훨씬 빠르다. 따라서 날개 윗면의 속도가 먼저 음속(마하 1)이 된다. 이때 비행기의 마하수를 임계마하수라 한다. 임계마하수가 되면 날개 윗면에 수직 충격파가 발생하여 충격실속(Shock stall)이 일어나고 양력은 감소하고 항력이 증가하게 된다. 따라서 이 임계마하수를 크게 하는 것이 제트여객기의 설계목표가 되고 있다.

22 표준대기상태에서 해면상을 1,224[km/h]로 비행하는 비행기의 마하수는?

① 0.5 ② 0.8
③ 1 ④ 1.5

해답

표준대기일 때 해면상에서 각 단위별로 소리속도는 다음과 같다.

- 소리속도
  $a=1{,}224[\text{km/h}](340[\text{m/s}])$
  $a=1{,}116[\text{ft/s}]$
  $a=660[\text{knot}]$
  비행기의 속도가 음속과 같으면 마하 1이 된다.

23 음속에 가장 큰 영향을 주는 요소는 무엇인가?

① 습도 ② 압력
③ 밀도 ④ 온도

해답

음속을 구하는 식은 다음과 같다.

$a=\sqrt{\gamma gRT}$ ····························(1)

여기서, a : 음속,
γ : 비열비(공기는 1.4)
g : 중력가속도(9.8[m/s^2])
R : 기체상수(R=29.27)
T : 절대온도(T=273+°C)

[정답] 18③ 19④ 20① 21① 22③ 23④

※ 대기온도 −20°C일 때의 음속은?

$a=\sqrt{\gamma gRT}$

$=\sqrt{1.4\times 9.8\times 29.27\times(273-20)}$

$=319[\mathrm{m/s}]$

(SI단위 : $a=\sqrt{KRT}=\sqrt{1.4\times 287\times(273-20)}=319$)

식 (1)에서 음속(a)은 $\sqrt{T}$, 즉 온도에만 비례한다.

24 초음속으로 날아가는 비행체의 마하파각이 30°라면 이 비행체의 마하수는?

① 0.5 ② 1

③ 1.5 ④ 2

해답

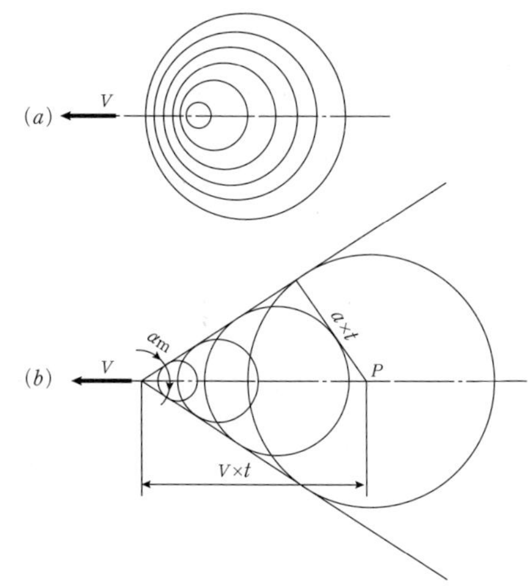

[아음속 및 초음속 비행체에 생기는 압력파]

마하파각에 대한식은 $\sin\alpha_m=\frac{1}{M}$ 이므로

$$M=\frac{1}{\sin\alpha_m}=\frac{1}{\sin 30}=2$$

그림 (b)에서 보면, 점 P에서 어떤 물체가 t시간 동안에 V속도로 비행할 때 진행 거리는 $V\times t$가 된다. 또, 점 P에서 t시간 동안에 압력파는 소리속도로 전파되므로 그 거리는 $a\times t$가 된다. 그러면 다음과 같은 식이 성립된다.

$$\sin\alpha_m=\frac{a\times t}{V\times t}=\frac{1}{\frac{V}{a}}=\frac{1}{M}$$

여기서 α_m을 마하파각 또는 마하각(Mach Angle)이라 한다. $M=1$로 비행하는 비행체 앞에 생기는 충격파의 마하각은 $\sin 90°=1$이므로 $\alpha_m=90°$가 된다.

참고

마하파각

압축성 유체에서, 압력, 온도, 밀도의 변화는 속도의 함수가 아니고 마하수의 함수가 된다. 그림과 같이 공기 중을 점이라고 생각되는 작은 비행체가 속도 V로 비행할 경우, 물체는 공기에 압력을 주게 된다. 이 압력의 전파속도와 음속과는 같기 때문에 이 물체가 공기에 주는 압력교란은 음속으로 공기 중에 확산된다. 물체의 속도가 음속보다 작으면 그림 (a)와 같이 압력의 전파는 물체보다 앞서서 전파되지만, 물체의 속도가 음속보다 크면 그림 (b)와 같이 물체자체가 만든 압력피보다 앞서서 비행하기 때문에 이 압력파는 계속 쌓이게 되어 그림과 같이 쐐기 모양의 파가 나타나게 된다. 이 압력파를 마하파(Mach Wave) 또는 충격파(Shock Wave)라고 부른다.

25 초음속흐름이 지나는 유관에서 단면적과 속도와의 관계를 바르게 설명한 것은?

① 단면적이 작을수록 속도는 빨라진다.

② 단면적이 클수록 속도는 빨라진다.

③ 단면적과 관계없이 속도는 일정하다.

④ 이상 정답이 없다.

해답

비압축성 유체에서의 연속의 식은 $A_1V_1=A_2V_2$가 되어 속도는 단면적에 반비례하므로 면적이 좁아질수록 속도는 빨라진다. 단면적을 극한으로 작게 하고 엄청난 압력으로 공기를 불어넣어도 출구에서의 속도는 음속을 넘지 못한다. 그래서 옛날에 한 때는 인간이 만들 수 있는 유체흐름의 한계속도는 음속이다라는 결론을 내린 적도 있었다. 그 후에 드 라발(De Laval)이란 학자가 최초로 출구를 좁혔다가 넓힘으로써 초음속 흐름을 만들어 냈다. 그래서 초음속 흐름의 유관을 De Laval nozzle, 또는 축소 확대 노즐이라 한다. 초음속 유관에서는 단면적이 클수록 속도는 빨라진다. 로켓과 같은 초음속 비행체의 모든 분사구는 De Laval 노즐 형태로 되어 있다.

26 초음속흐름에서 수직 충격파가 발생하였다면 충격파 뒤의 흐름은?

① 초음속이다. ② 천음속이다.

③ 아음속이다. ④ 흐름속도는 일정하다.

해답

초음속흐름이 아음속흐름으로 변할 때는 수직 충격파란 강한 압력파를 형성시킨다. 그러므로 수직 충격파가 발생했다면 뒤의 흐름은 반드시 아음속이 된다.

[정답] 24 ④ 25 ② 26 ③

참고

날개골 표면에서의 충격파

다음 그림은 어떤 비행체의 날개골이 아음속에서 천음속을 거치는 과정에서, 날개골 표면에 생기는 충격파에 대한 그림이다. 비행체의 마하수가 0.5일 때 날개골 윗면과 아랫면은 모두 아음속 흐름에 놓이게 되고, 날개골의 가장 두꺼운 부분에서 최대속도에 이른 후 뒤쪽으로 흘러갈수록 속도는 점점 감소한다. 날개골 윗면에서의 최대속도가 음속(마하 1)이 될 때 비행체의 마하수를 임계마하수(Critical Mach number)라 한다.

아래 그림에서 비행체의 임계 마하수가 0.72라고 하면 날개골 윗면의 최대속도가 생기는 점에서의 마하수는 1이 된다. 최대속도인 점을 지나면서 흐름은 서서히 감소되어 아음속흐름이 된다.

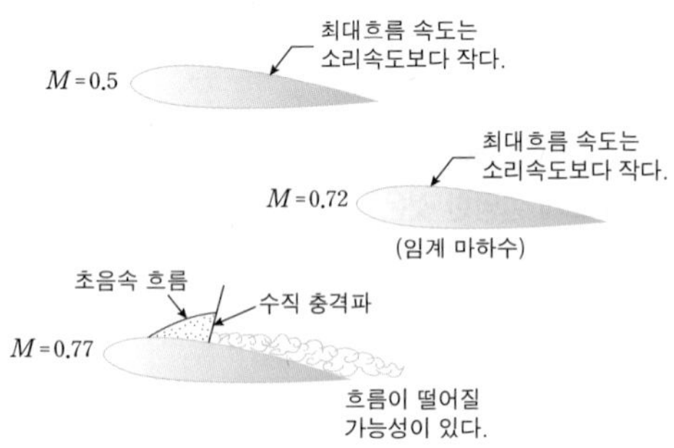

[날개골에서의 충격파발생]

마하수가 증가되어 0.77이 되면, 날개골 윗면의 앞부분은 초음속흐름이 되고 이 흐름은 조금 진행하다가 충격파를 발생하며, 충격파를 지나면 흐름속도는 급격히 감소되어 아음속이 되고 밀도와 압력은 증가되며 물체표면 가까이에 존재하던 경계층에서 흐름의 떨어짐이 일어나게 된다. 충격파 뒤에서는 압력이 급속히 증가되므로, 날개골 경계층 내에 있는 유체입자는 압력상승에 견디지 못하여 떨어져 나가게 된다. 이 결과 양력은 감소되고 항력은 급격하게 증가되는데, 이 현상은 날개골의 받음각을 크게 할 때의 실속현상과 비슷하므로 이를 충격실속(Shock stall)이라 한다.

초음속흐름에서 충격파로 인하여 발생하는 항력을 조파항력(Wave drag)이라 하며, 이 항력은 아음속흐름에는 존재하지 않는다.

충격파의 발생으로 인한 조파항력을 최소로 하기 위해서 초음속 날개골의 앞전은 뾰족하게 하고, 두께는 가능한 범위 내에서 얇게 하여야 한다.

27 비행체의 임계 마하수를 크게 하는 방법은?

① 날개두께비를 작게 한다.

② 큰 후퇴각을 준다.

③ 가로세로비를 작게 한다.

④ 이상 다 맞는다.

해답

임계 마하수를 크게 하는 방법은 날개 윗면의 속도를 너무 빠르게 하지 않는 것으로, 우선 날개두께비를 작게 하고 큰 후퇴각을 주고 가로세로비를 작게 하는 방법이 있다.

28 충격파를 지난 공기흐름에 일어나는 현상은?

① 압력과 속도가 증가한다.

② 압력은 증가하고 속도는 감소한다.

③ 밀도는 감소하고 속도가 증가한다.

④ 압력과 밀도가 감소한다.

해답

초음속흐름이 지나가는 면의 상태에 따라 다음과 같이 세 가지의 파가 생긴다.

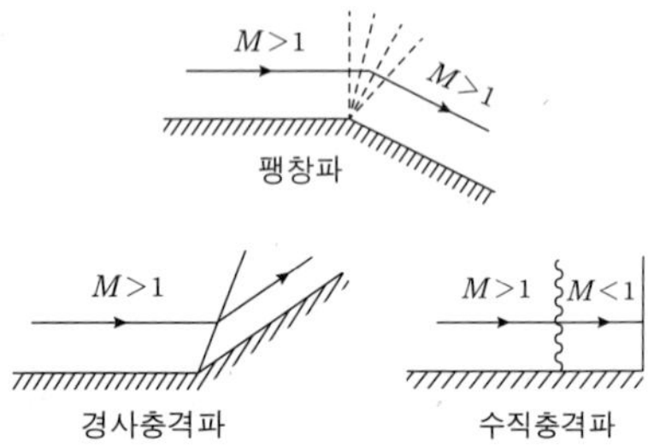

수직 충격파와 경사 충격파는 초음속흐름이 압축될 때 생기며 파를 지난 흐름은 압력이 증가하고 속도는 감소한다. 반대로 팽창파는 흐름이 팽창(확산)될 경우 생기는 파로 뒤의 흐름은 속도가 커지고 압력은 감소한다.

29 조파항력(Wave Drag)에 대한 설명 중 틀린 것은?

① 조파항력은 충격실속(Shock stall)이 원인이 된다.

② 날개의 두께비가 클수록 조파항력은 커진다.

③ 날개의 받음각이 클수록 조파항력은 작아진다.

④ 날개의 캠버가 크면 조파항력은 커진다.

해답

조파항력

임계 마하수에 도달한 비행체의 날개 위에 충격파가 생기고 충격파 뒤에서는 압력이 급속히 증가하고 속도는 감소되어 흐름이 떨어지는 충격실속이 생긴다. 또 항력도 생긴다. 이와 같이 초음속 흐름에서 충격파로 인하여 발생하는 항력을 조파항력(Wave drag)이라 한다. 조파항력은 날개의 두께비, 받음각 및 캠버가 클 수록 증가한다.

[정답] 27 ④ 28 ② 29 ③

2 에어포일 이론

01 받음각이 커지면 압력중심(또는 풍압중심)은 일반적으로 어떻게 되는가?

① 앞전 쪽으로 이동한다.
② 뒷전 쪽으로 이동한다.
③ 이동하지 않는다.
④ 흐름의 상태에 따라서 선진 또는 후퇴한다.

해답

압력중심(C.P : Center of Pressure)은 날개표면 면에 작용하는 압력의 합력점으로서 이점에서의모멘트 합은 영이 된다.
즉, $\sum M=0$이 되는 점이다. 받음각이 커지면 날개면에 작용하는 압력은 앞전 쪽으로 이동하므로 압력중심도 앞으로 이동한다.

02 비행기 날개의 받음각(Angle of Attack)이란?

① 기축선과 시위선이 이루는 각이다.
② 진행방향과 시위선이 이루는 각이다.
③ 상반각과 붙임각의 합이다.
④ 후퇴각과 상반각의 합이다.

해답

비행기 날개의 받음각은 다음과 같이 3가지 종류가 있다.
① 기하학적 받음각(Geometrical Angle of Attack)
날개의 시위선과 비행기의 진행 방향과 이루는 각이다.
② 영양력 받음각(Zero Lift Angle of Attack)
양력이 영이 되는 흐름선, 즉 영양력 선과 날개의 시위선과 이루는 각으로 이 받음각은 항상 음(−)의 값을 갖는다.
③ 절대 받음각(Absolute angle of attack)
영양력 선과 비행기의 진행방향과 이루는 각이다.
※ 우리가 보통 받음각(AOA : Angle of Attack)이라 부르는 것은 기하학적 받음각을 말한다.
이를 그림으로 설명하면 아래와 같다.

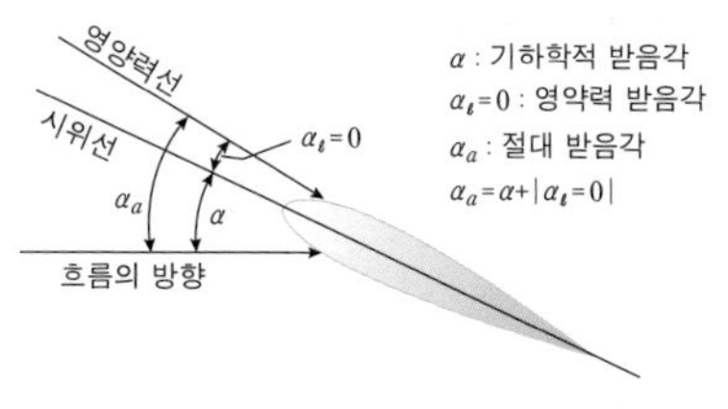

[받음각의 종류]

03 비행기의 중심위치가 MAC 25[%]에 있다 함은?

① 날개뿌리 시위의 25[%]에 중심이 있다는 것이다.
② 날개길이의 75[%] 선과 시위의 25[%] 선과의 교점에 중심이 있다는 것이다.
③ 날개의 평균공력시위의 25[%]에 중심이 있다는 것이다.
④ 기수에서 25[%] 후방에 중심이 있다는 것이다.

해답

MAC(Mean Aerodynamic Chord)
평균 공기역학적 시위를 말하는 것으로 이를 줄여서 평균 공력시위라 부른다. MAC는 날개면적(S)을 날개길이(b)로 나누어서 구한다. 즉 $MAC=S/b$가 된다.
이는 날개면적과 동일한 직사각형 날개의 시위를 말하는 것으로 이는 날개의 면적중심을 지나는 시위가 된다. 보통 비행기의 무게중심(c.g.)위치는 날개의 MAC의 %로 표시한다.

04 비행기 속도와 받음각이 일정할 때 양력은 고도의 변화에 따라 어떤 현상이 일어나는가?

① 증가한다. ② 변화하지 않는다.
③ 감소한다. ④ 변화한다.

해답

양력 $L=C_L\frac{1}{2}\rho V^2S$ 이므로 받음각이 일정하면 C_L 값이 일정하므로 고도에 따라 변하는 것은 밀도(ρ)가 된다.
따라서 고도의 변화에 따라 양력도 변화한다.

05 NACA 2412 날개골에서 4는 무엇을 나타내는가?

① 4는 최대캠버의 위치가 시위의 40[%]에 있음을 나타낸다.
② 4는 최대캠버가 시위의 4[%]에 위치함을 나타낸다.
③ 4는 두께비가 시위의 40[%]라는 것을 나타낸다.
④ 4는 두께비가 시위의 4[%]임을 타나낸다.

해답

아래에서 설명한 NACA 4자 계열의 표시법을 참고 하면 ①번이 정답이 된다.

[정답] 01 ① 02 ② 03 ③ 04 ④ 05 ①

- NACA 2412

  각 숫자의 뜻은 다음과 같다.
  2 : 최대캠버가 시위의 2[%]이다.
  4 : 최대캠버의 위치가 앞전에서부터 시위 40[%] 뒤에 있다.
  12 : 최대두께가 시위의 12[%]이다.
  4자 계열은 주로 ○○××, 24××, 44××로 표시되며, ○○××는 대칭형 날개골을 뜻한다.

06 공력중심(Aerodynamic Center)이라 하는 것은?

① 풍압력의 작용선과 시위의 교점을 말한다.
② 풍압력이 날개 앞전 둘레의 모멘트와 균형이 되는 점이다.
③ 날개골의 모멘트계수가 받음각에 관계없이 대략 일정히 되는 점이다.
④ 평균공력시위(MAC)의 중심점을 말한다.

해답

날개골에는 양력, 항력과 모멘트가 작용한다. 이들을 공기역학적인 힘이라 하고 줄여서 공기력이라고 한다. 날개골에는 이들 공기력이 작용하는 중심점(Center)을 설정할 필요가 있다.

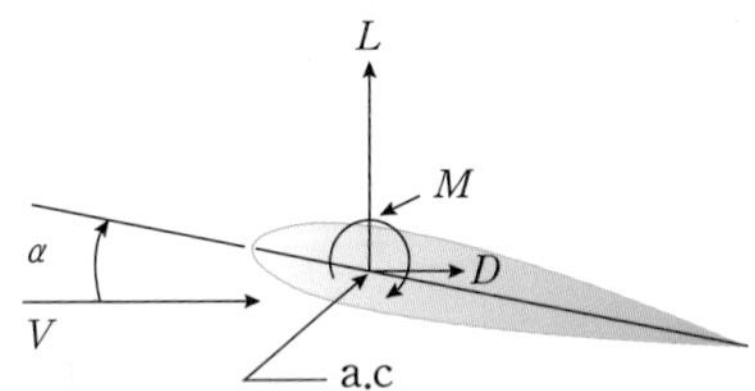

[공력중심(a.c.)에 작용하는 양력(L), 항력(D)과 모멘트(M)]

압력중심에도 이들 힘이 작용하지만, 압력중심은 받음각이 변함에 따라 이동하기 때문에 날개골의 공력중심점(기준점)으로 정하기가 곤란하다. 따라서, 받음각이 변하더라도 위치가 거의 변하지 않는 중심점이 필요하다.
이 점을 공력중심(a.c.)이라고 하는데, 이 점에 대한 정의는 받음각이 변하더라도 모멘트계수 값이 일정한 점이 된다.
대부분의 날개골에 있어서 이 공기력 중심은 앞전에서부터 시위의 25[%]인 점에 위치하고 초음속흐름에서는 시위의 50[%]인 점에 위치하게 된다.

07 초음속기에 사용되는 날개골(Airfoil)의 최대두께는?

① 시위의 15[%] 이하　② 시위의 10[%] 이상
③ 시위의 5[%] 이하　④ 시위의 20[%] 이상

해답

초음속기에서는 날개의 충격파에 의해서 생기는 조파항력을 줄이는 것이 목적이다. 이 조파항력을 줄이기 위해서는 날개의 앞전을 뾰족하게 하고 최대두께를 시위의 15[%] 이하로 줄여야 한다. 시위의 5[%] 이하의 두께는 날개의 구조강도상 문제된다.

08 클라크(Clark)Y형은 어떤 형태의 날개골인가?

① 대칭형인 저속형이다.
② 밑면이 평평한 저속형 날개골이다.
③ 윗면이 평평한 고속형 날개골이다.
④ 캠버가 없는 평판 날개골이다.

해답

Clark Y형 날개골은 제1차 세계대전 당시에 많은 날개골을 설계한 미국의 Virginius E. Clark에 의해서 설계된 날개골로서 그 당시에 사용됐던 목제, 우포로 된 복엽기 등에 적합한, 성능이 우수한 날개골이었다. 그 특징은 날개골의 밑면이 시위의 30[%] 후방에서부터 뒷전까지 평평한 모양을 하고 있다.

09 현용 금속제 비행기의 날개골의 캠버는 시위의 몇 [%]인가?

① 0~3[%] 정도이다.　② 3~6[%] 정도이다.
③ 6~9[%] 정도이다.　④ 9~12[%] 정도이다.

해답

현용 금속제 비행기는 캠버가 시위의 0~3[%] 정도의 고속용 날개골을 사용한다. 캠버가 이보다 크면 양력은 증가하나 항력도 같이 증가하여 고속비행에 적합하지 않다.

10 일반적으로 비행기에 사용되는 날개의 최대두께는 보통 시위의 몇 [%]인가?

① 0~3[%]이다.　② 4~7[%]이다.
③ 10~18[%]이다.　④ 20~25[%]이다.

해답

비행기에 사용되는 날개골의 최대두께는 보통 10~18[%]일 때, 양항특성이 좋고 또 강도상 무난하다.

[정답] 06 ③ 07 ① 08 ② 09 ① 10 ③

11 공력중심(a.c.)과 압력중심(c.p.)에 있어서의 위치는?

① a.c.는 c.p.와 항상 평행이동 한다.
② a.c.는 앞전으로부터 대개 25[%]의 위치에 있다.
③ a.c.와 c.p.는 일치한다.
④ a.c.가 전진하면 c.p.는 후방으로 온다.

해답

공력중심(a.c.)과 압력중심(c.p.)의 다른 점은 a.c.는 받음각에 따라 그 위치가 대략 일정하나 c.p.는 받음각에 따라 그 위치가 변한다. a.c.는 보통 아음속에서는 날개의 앞전에서부터 시위의 25[%]에 위치하고 초음속에서는 50[%]에 위치한다.

12 날개의 붙임각(Incidence Angle)이란?

① 날개의 시위선과 동체기준선이 이루는 각이다.
② 시위선과 진행방향이 이루는 각이다.
③ 수평선과 시위선이 이루는 각이다.
④ 큰 날개의 시위선과 꼬리날개의 시위선이 이루는 각이다.

해답

날개를 동체에 붙이는 붙임각(Incidence Angle)은 동체의 세로방향의 기준선인 기축선(x축)과 날개의 시위선과 이루는 각이다. 기축선인 x축은 비행기 설계시에 정해지며 대개 추력선과 평행하다.

13 영양력(Zero Lift) 받음각이란?

① 날개의 시위선과 영양력선이 이루는 각이다.
② 시위선과 진행방향이 이루는 각이다.
③ 영양력선과 진행방향이 이루는 각이다.
④ 기하학적 받음각과 영양력 받음각은 일치한다.

해답

영양력 받음각(Zero Angle of Attack)
양력이 영이 되는 흐름방향인 영양력선(Zero Lift Line)과 시위선이 이루는 각이다. 이 값은 항상 음(-)의 값을 갖는다.

14 날개골의 형식을 표시하는데 일반적으로 NACA 계열을 많이 사용한다. NACA 23012에서 제일 앞의 2는 무엇을 나타내는가?

① 최대캠버의 위치가 시위의 2[%]
② 최대캠버가 날개시위의 2[%]
③ 날개의 두께가 시위의 2[%]
④ 최대두께의 위치가 시위의 2[%]

해답

아래에서 설명한 "NACA 5자 계열"의 표시법에 따르면 ②번이 정답이다.

- **NACA 5자 계열**
  NACA 5자 계열은 4자 계열의 날개골을 개선하여 만든 것으로서 다섯 자리 숫자로 되어 있고, 첫 자리 숫자와 마지막 두 자리 숫자가 의미하는 것은 4자 계열과 같고 둘째와 셋째 자리 숫자가 4자 계열과 다르다. 그 계열번호의 의미를 설명하면 다음과 같다.
- **NACA 23015**
  2 : 최대캠버의 크기가 시위의 2[%]이다.
  30 : 최대캠버의 위치가 시위의 30/2=15[%]이다.
  15 : 최대두께가 시위의 15[%]이다.
  이 날개골은 중형·대형 프로펠러 비행기에 많이 사용하는 날개골이며, 이러한 모양의 날개골은 프로펠러 비행기에는 적합하나 제트기와 같은 고속기에는 성능이 떨어지기 때문에 적합하지가 않다. 속도가 빠른 고속기에는 6자 계열의 날개골을 사용한다.

15 NACA 23015의 날개골에서 최대캠버의 위치는?

① 15[%] ② 20[%]
③ 23[%] ④ 30[%]

해답

NACA 5자 계열의 표시법에 따라 최대캠버 위치는 시위의 15[%]이다.

16 어떤 비행기에 사용된 날개골이 NACA 0009이다. 이 날개골은 어떤 형태인가?

① Clark Y형이다. ② 대칭형 날개골이다.
③ 캠버형 날개골이다. ④ 초임계 날개골이다.

해답

NACA 4자와 NACA 5자 계열에서, 앞의 첫 째, 둘째 숫자는 캠버의 크기와 위치를 표시하는데 이 값이 영이면 대칭형 날개골이 된다.

[정답] 11 ② 12 ① 13 ① 14 ② 15 ① 16 ②

기출+예상

17 공력중심의 위치에 대하여 바르게 설명한 것은?

① 날개두께가 커지면 공력중심은 시위의 25[%]에서 앞쪽으로 이동한다.
② 초음속흐름의 날개골에서는 공력중심은 대략 시위의 50[%]에 위치한다.
③ 받음각이 커지면 공력중심은 이동한다.
④ 압력계수의 위치에 따라 공력중심은 이동한다.

해답

날개골의 공력중심은 보통 아음속흐름에서는 시위의 25[%]에 위치하나, 초음속흐름에서는 대략 시위의 50[%]에 위치하게 된다.

18 다음은 날개골의 특성에 관계되는 것들이다. 틀린 것은?

① 최대 양력계수가 클수록 날개 특성은 좋다.
② 항력계수가 작을수록 날개 특성은 좋다.
③ 압력중심의 위치 변화가 작을 수록 날개 특성은 좋다.
④ 실속속도가 클수록 날개 특성은 좋다.

해답

날개골은 최대 양력계수(C_{Lmax})가 크고 최소 항력계수(C_{Dmin})가 작으며, 압력중심의 변화가 작을수록 좋다. 또한 실속속도가 작을수록 이착륙거리가 단축되어 유리하다.

19 층류 날개골을 올바르게 설명한 것은?

① 날개표면에 공기를 분출시켜 층류를 만드는 날개
② 층류경계층을 길게 유지시켜주기 위하여 최대 두께부를 시위의 30[%]에 위치시킨 것
③ 얇은 날개로서 최대 두께비가 시위의 30[%] 이내인 날개
④ 층류경계층을 길게 유지시켜주기 위하여 최대 두께부를 시위의 40~50[%]에 둔 것

해답

보통 NACA 6자 계열의 날개골을 층류 날개골(Laminar airfoil)이라 하며 이는 층류경계층을 길게 유지시켜 항력을 줄일 목적으로 최대 두께부의 위치를 시위의 40~50[%]에 위치시킨 것이다.

20 날개골의 압력중심은 어떤 사항에 따라 변화하는가?

① 날개골의 두께　② 날개골의 캠버
③ 날개골의 받음각　④ 날개골의 붙임각

해답

날개골의 압력중심은 날개표면의 압력분포에 따라 그 위치가 변하는데 압력분포는 받음각에 따라 변하게 된다. 보통 받음각이 증가하면 압력중심은 앞전 쪽으로 이동한다.

21 다음 중 초음속 날개골이 아닌 것은?

① 이중 쐐기형 날개골　② 볼록렌즈형 날개골
③ 캠버형 날개골　④ 대칭형 날개골

해답

초음속 비행기에 사용되는 날개골은 캠버가 없는 대칭형 날개골이 사용되며 대칭형 날개골에는 이중 쐐기형인 다이아몬드 형태의 날개골과 양면이 원호형으로 된 볼록렌즈형 날개골이 사용된다. 날개골에 캠버를 주면 양력과 항력이 증가하는데 초음속에서의 항력의 증가는 매우 나쁜 결과를 초래하게 된다.

22 다음은 고속기 날개에서 임계 마하수를 크게 하기 위한 방법들이다. 맞는 것은?

① 캠버가 큰 날개골을 사용한다.
② 가로세로비를 크게 한다.
③ 얇은 날개로서 앞전 반경을 크게 한다.
④ 날개골 윗면의 캠버를 작게 한다.

해답

임계 마하수

날개 윗면에서의 흐름속도가 음속($M=1$)이 될 때의 비행기의 마하수를 말한다. 날개 윗면에서의 흐름 속도는 윗면의 캠버가 클수록 속도가 빨라지기 때문에 임계 마하수는 작아진다. 따라서 임계 마하수를 크게 하기 위해서는 날개 윗면을 평평하게 해주면 좋다. 이렇게 설계된 날개골이 임계 마하수를 크게 하는 초임계 날개골(Supercritical Airfoil)이다.

[정답] 17 ② 18 ④ 19 ④ 20 ③ 21 ③ 22 ④

23 NACA 0012의 날개골에서 최대두께는 시위의 몇 [%]인가?

① 9[%]이다. ② 12[%]이다.
③ 0[%]이다. ④ 6[%]이다.

해답

NACA 4자 및 5자 계열에서 끝의 두 자리 숫자는 날개골의 최대 두께를 표시하는 것으로 시위의 12[%]가 된다.

24 NACA 4412의 날개골은 어떤 형태인가?

① 캠버형이다.
② 대칭형이다.
③ 두께가 없는 평판형이다.
④ 다이아몬드형이다.

해답

NACA 4412는 캠버가 시위의 4[%]가 되는 캠버형 날개골이다.

25 층류 날개골에서 말하는 항력버킷(Drag Bucket)이란?

① 받음각이 큰 점에서 항력이 최대가 되는 현상
② 받음각이 작은 점에서 항력이 최대가 되는 현상
③ 받음각이 작은 곳에서 항력이 급격히 적어지는 현상
④ 받음각이 큰 곳에서 충격파로 인하여 항력이 증가하는 현상

해답

NACA 6자 계열 날개골의 양항 극곡선에서 특히 항력이 작아지는 부분을 항력버킷(Drag bucket)이라 하는데, 이것은 양항 극곡선의 어떤 양력계수 부근에서 항력계수가 갑자기 작아지는 부분을 말하며, 이 곡선중심의 양력계수가 설계 양력계수이다.
아래 그림은 6자 계열의 날개골과 캠버가 있는 날개골을 비교한 양항 극곡선이다. 양항 극곡선이란, 양력계수를 x축에 놓고 항력계수를 y축으로 하여 양력계수 변화에 대한 항력계수 특성을 나타내는 곡선으로서, 날개골의 양항특성을 알 수 있는 중요한 곡선이다. 곡선에서 B와 같이 밑에 오목하게 들어간 부분이 항력버킷이다. 두께가 얇을수록, 또는 레이놀즈 수가 클수록 항력버킷은 좁아지고 깊어진다.

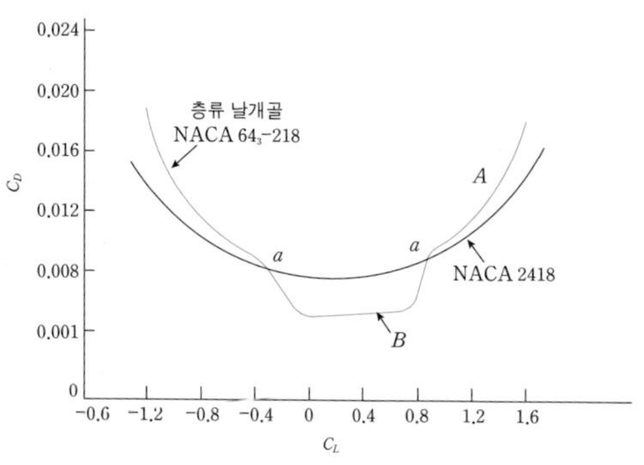

[층류 날개골에서의 항력버킷(그림에서 B)]

26 최대 양력계수($C_{L\max}$)가 큰 비행기의 특징은?

① 활공속도가 커지고 착륙속도는 작아진다.
② 착륙속도가 커진다.
③ 수평비행속도가 커진다.
④ 실속속도가 작아진다.

해답

최대 양력계수가 크면 실속속도는 작아지고, 마찬가지로 착륙속도도 작아진다. 또한 활공 비행 시 활공속도도 작아진다.

27 비행기 무게가 4,000[kg]이고 날개면적이 25[m]가 되는 비행기가 해면상을 360[km/h]로 수평 비행할 때 양력계수는? (단, 공기밀도는 0.125[kg·s/m]이다.)

① 0.072 ② 0.256
③ 0.066 ④ 0.128

해답

수평 비행 시 양력(L)과 무게(W)는 같다.
즉 $W=L$이 된다.

$W=L=C_L\frac{1}{2}\rho V^2 S$에서

$$C_L=\frac{2W}{\rho V^2 S}=\frac{2\times 4000[\text{kg}]}{0.125[\text{kg}\cdot\text{s}^2/\text{m}^4]\times\left(\frac{360\times 1000[\text{m}]}{3600[\text{s}]}\right)^2\times 25[\text{m}^2]}$$
$$=0.256$$

[정답] 23 ② 24 ① 25 ③ 26 ④ 27 ③

28 수평 비행 시 항력계수(C_D) 값은 일반적으로 어떤 값을 갖는가?

① 양력계수(C_L)보다 큰 값을 갖는다.
② 급강하 시에는 음의 값을 갖는다.
③ 받음각이 변해도 항상 양(+)의 값을 갖는다.
④ 받음각이 음(−)일 때 항력계수는 음(−)의 값을 갖는다.

해답

수평 비행 시 항력계수 값은 양력계수 값보다 작고 항상 양(+)의 값을 갖는다.

29 다음 중에서 날개의 양력과 관계없는 것은?

① 날개골의 모양　② 공기의 밀도
③ 날개 면적　④ 상반각의 크기

해답

양력에 대한 식은 $C_L\frac{1}{2}\rho V^2 S$이다.

여기서 C_L은 날개골의 모양에 관계되고, 그 외로 양력은 비행기의 속도, 밀도, 날개면적에 관계되며 상반각에는 관계없다.

30 날개의 길이가 10[m]이고 평균공력시위가 1.5[m]인 비행기가 해면상을 300[km/h]로 수평등속도 비행을 하고 있다. 이때 총 항력이 300[kg]이라면 항력계수는 얼마인가? (단, 공기밀도는 0.125[$kg \cdot s^2/m^4$]이다.)

① 0.012　② 0.025
③ 0.046　④ 0.067

해답

항력에 대한 식은 $D=C_D\frac{1}{2}\rho V^2 S$이다.

항력계 수에 대해서 식을 정리하면

$$C_D=\frac{2D}{\rho V^2 S}$$

$$=\frac{2\times 300[kg]}{0.125[kg\cdot s^2/m^4]\times\left(\frac{360\times 1000[m]}{3600[s]}\right)^2\times 10[m]\times 15[m]}$$

$$=0.046$$

31 속도 300[km/h]로 비행하는 항공기의 날개 윗면의 어떤 점에서의 흐름속도가 360[km/h]이다. 이 점에서의 압력계수는?

① 0.25　② 0.45
③ −0.30　④ −0.44

해답

압력분포를 나타내는 무차원 계수로써 압력계수(Pressure coefficient)를 정의하고, 이를 C_p라고 하면 다음과 같이 표시된다.

$$C_p=\frac{P-P_\infty}{\frac{1}{2}+\rho V_\infty^2}=1-\left(\frac{V}{V_\infty}\right)^2$$

여기서 $C_p<0$인 경우 부압이, $C_p>0$일 때 정압이 작용한다는 것을 알 수 있다. 따라서 $C_p=1-\left(\frac{V}{V_\infty}\right)^2=1-\left(\frac{360}{300}\right)^2=-0.44$

32 수평 비행 시 비행기 날개 윗면에서의 공기흐름은?

① 비행기의 속도보다 크고 주위의 대기압보다 크다.
② 비행기의 속도보다 작고 주위의 대기압보다 크다.
③ 비행기의 속도보다 크고 주위의 대기압보다 작다.
④ 비행기의 속도보다 작고 주위의 대기압보다 작다.

해답

날개 윗면은 볼록하게 되어 있다. 즉 캠버를 가졌다고 한다. 이렇게 윗면이 볼록하면 공기흐름은 윗면에서 속도가 빨라진다. 그 속도는 비행기의 속도보다 더 빨라서 부압(-)이 형성된다. 부압은 대기압보다 낮은 압력이므로 수평 비행 시에는 날개 윗면에서의 공기흐름은 항상 비행기의 속도보다 크고 주위의 대기압보다 작다.

33 비행기의 날개에 작용하는 양력은?

① 날개면적에 반비례한다.
② 양력계수의 제곱에 비례한다.
③ 속도 제곱에 비례한다.
④ 밀도에 반비례한다.

해답

비행기 날개에 작용하는 양력(L)은 다음 식으로 표시된다.

$$L=C_L\frac{1}{2}\rho V^2 S$$

즉, 양력(L)=양력계수(C_L)×동압($\frac{1}{2}\rho V^2$)×날개면적(S)이다.

따라서 양력은 동압, 즉 속도(V)의 제곱에 비례한다.

[정답] 28 ③　29 ④　30 ③　31 ④　32 ③　33 ③

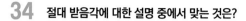

34 절대 받음각에 대한 설명 중에서 맞는 것은?

① 진행방향과 날개의 시위선이 이루는 각이다.

② 영양력선과 진행방향이 이루는 각이다.

③ 영양력선과 시위선이 이루는 각이다.

④ 추력선과 시위선이 이루는 각이다.

해답

절대 받음각(Absolute angle of attack)은 영양력선(Zero lift line)과 진행방향이 이루는 각이다.

35 받음각에 대한 관계식에서 맞는 것은? (단, α_a : 절대 받음각, α_0 : 영양력 받음각, α : 기하학적 받음각)

① $\alpha_a=\alpha+|\alpha_0|$ ② $\alpha_a=\alpha-|\alpha_0|$

③ $\alpha=\alpha_a+\alpha_0$ ④ $\alpha_0=\alpha_a+\alpha$

해답

절대 받음각=기하학적 받음각+영양력 받음각 이므로
따라서 $\alpha_a=\alpha+|\alpha_0|$가 된다.

36 다음 중에서 날개에 작용하는 공기력은?

① 양력과 중력 ② 추력과 중력

③ 양력과 추력 ④ 양력과 항력

해답

날개에 작용하는 공기력은 흐름방향에 수직 성분인 양력(Lift)과 평행 성분인 항력(Drag)으로 나누어진다.

37 받음각(α), 양력계수(C_L)와 항력계수(C_p)와의 설명에서 맞는 것은?

① C_L이 영일 때의 받음각을 절대 받음각이라 한다.

② C_L값이 최대인 받음각에서 C_p값이 최소가 된다.

③ 받음각이 증가하면 C_L은 직선적으로 증가한다.

④ 실속 받음각에서 C_L값은 최대가 된다.

해답

C_L이 영일 때의 받음각은 영양력 받음각(α_0)이다. α가 증가하면 실속각 이내에서만 직선적으로 C_L이 증가하다가 받음각이 너무 크면 날개 윗면에 박리가 일어나서 양력이 급격히 떨어진다. 이때의 받음각을 실속각이라 한다. 실속각에서 C_L 값은 최대가 되고 그 후에는 감소한다. C_L이 증가하면 C_D도 같이 증가한다.

38 NACA 653-218에 대한 설명에서 틀린 것은?

① 최대두께는 시위의 18[%]이다.

② 양력이 영일 때, 최소압력이 시위의 50[%] 위치에 생긴다.

③ 설계 양력계수는 0.3이다.

④ 항력버킷(Drag bucket)의 범위는 설계 양력계수를 중심으로 ±0.3이다.

해답

왼쪽에서 설명된 바와 같이 NACA 6자 계열에서 뒤에서 셋째 자리 숫자는 설계 양력계수가 0.2임을 나타낸다.

참고

NACA 6자 계열

이 계열은 최대두께 위치를 중앙부근에 위치하도록 하여 설계 양력계수 부근에서 항력계수가 작아지도록 하고, 받음각이 작을 때 앞부분의 흐름이 층류를 유지하도록 한 날개골로서 층류 날개골(Laminar Flow Airfoil)이라고도 한다. 이 날개골은 속도가 빠른 천음속 제트기에 많이 사용되는 날개골이다.
이 6자 계열의 숫자가 의미하는 것은, 4자와 5자 계열의 끝에 두 자리 숫자가 나타내는 날개골의 최대두께를 의미하는 것만 동일하며, 그 밖의 숫자는 다른 뜻을 가지고 있다.
그 계열번호를 설명하면 다음과 같다.

- NACA 651-215
  6 : 6자 계열 날개골임을 나타낸다.
  5 : 기본대칭형 두께분포에서 양력이 영일 때 최소압력은 시위의 50[%]에 생긴다.
  1 : 항력계수가 작은 양력계수의 범위가 설계 양력계수를 중심으로 해서 ±0.1이다.
  2 : 설계 양력계수가 0.2이다.
  15 : 최대두께가 시위의 15[%]이다.

  이 6자 계열의 특징은 항력계수가 작은 양력계수의 범위를 나타내는 것이며, 이 범위를 계열번호로써 나타내는 이유는 비행기가 비행할 때 이 양력계수의 범위에서 비행이 이루어지도록 하기 위한 것이다. 고속기에서는 항력이 작은 범위에서 비행하는 것이 연료 절약면이나 비행 성능면에서 아주 중요하다.
  6자 계열 날개골의 양항 극곡선에서 특히 항력이 작아지는 부분을 항력버킷(Drag bucket)이라 하는데, 이것은 양항 극곡선의 어떤 양력계수 부근에서 항력계수가 갑자기 작아지는 부분을 말하며, 이 곡선 중심부분의 양력계수가 설계 양력계수이다.

[정답] 34 ② 35 ① 36 ④ 37 ④ 38 ③

39 양항 극곡선(Drag Polar)이란?

① 받음각과 양력계수와의 관계곡선
② 받음각과 항력계수와의 관계곡선
③ 양력계수와 항력계수와의 관계곡선
④ 받음각에 대한 양력계수와 항력계수 곡선

해답

양항 극곡선
양력계수를 가로축에 놓고 항력계수를 세로축으로 하여 양력계수 변화에 대한 항력계수 특성을 나타내는 곡선으로서, 날개골의 양항 특성을 알 수 있는 중요한 곡선이다.

40 초임계 날개골(Supercritical Airfoil)이란?

① 날개골의 윗면을 평평하게 하여 임계 마하수를 크게 한 날개골이다.
② 앞전을 뾰족하게 하여 조파항력을 감소시킨 날개골이다.
③ 날개골의 밑면을 평평하게 하여 양력계수를 증가시킨 날개골이다.
④ 천음속에서 임계 마하수를 크게 하기 위한 대칭형 날개골이다.

해답

초임계 날개골
임계 마하수를 크게 하기 위하여 NASA에서 개발된 최신의 고속용 날개골로서 날개골의 윗면이 평평하며 뒷전 부근에 캠버가 조금 있다.

참고

초임계 날개골(Supercritical Airfoil)
음속에 가까운 속도로 비행하는 최근의 제트 여객기에서는, 충격파의 발생으로 인한 항력의 증가를 작게 하기 위해서 날개 윗면의 초음속 영역을 종래의 날개골보다 넓혀, 충격파를 약하게 해서 항력의 증가를 억제하고 비행속도를 음속에 가깝게 한 초임계날개골이 개발되었다. 이 날개골은 1968년 NACA의 리처드 휘트콤(Richard T. Whitcomb)이 개발한 최신의 고속기용 날개골로서, 그 모양은 그림과 같이 앞전 반지름이 조금 있고 날개골의 윗면은 평평하며, 뒷전 부근에 캠버가 조금있다.

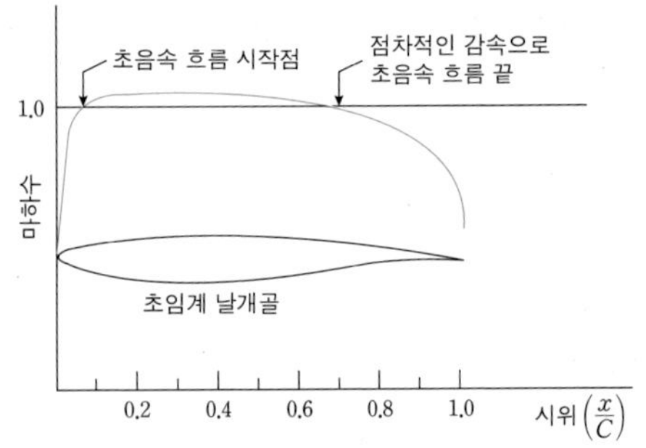

[초임계 날개골]

아래 그림은 세로축에 항력계수, 가로축에는 순항 마하수를 나타내고 있다. 초임계 날개골은 고아음속에서 층류 날개골과 같은 두께비인 경우 순항 마하수에서 항력을 증가시키지 않고 임계 마하수를 크게 할 수 있는 장점이 있다.

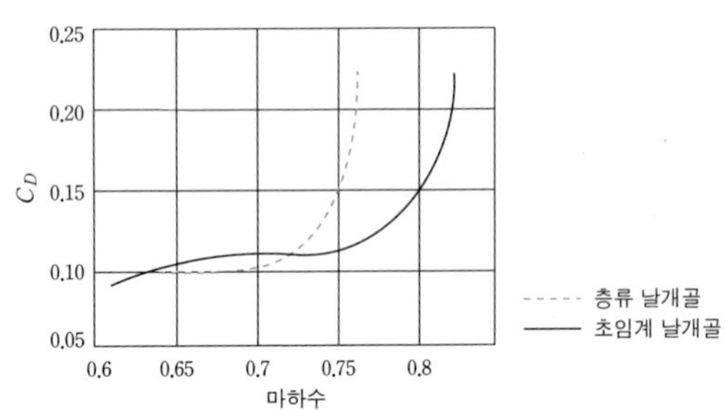

[초임계 날개골의 장점]

41 날개골의 받음각이 증가하여 흐름의 떨어짐 현상이 발생하면 양력과 항력의 변화는?

① 양력과 항력이 모두 증가한다.
② 양력과 항력 모두 감소한다.
③ 양력은 증가하고 항력은 감소한다.
④ 양력은 감소하고 항력은 증가한다.

해답

경계층 속에서 흐름의 떨어짐이 일어나면 그 곳으로부터 뒤쪽으로 역류현상이 발생하여 와류가 생기고 흐름의 떨어짐으로 인한 운동량의 손실로 날개골의 양력은 급격히 감소하고 항력은 증가하게 된다.

[정답] 39 ③ 40 ① 41 ④

42 **최초로 날개 윗면에 충격파가 발생하는 비행기의 마하수는?**

① 아음속 마하수　② 천음속 마하수
③ 극초음속 마하수　④ 임계 마하수

해답

임계 마하수
날개 윗면에서 최대속도가 마하수 1이 될 때 비행기의 마하수이다.

43 **에어포일의 양력이 증가하면 항력은 어떻게 되는가?**

① 감소한다.
② 영향을 받지 않는다.
③ 같이 증가한다.
④ 양력이 변화하고 있을 때 증가하지만 원래의 값으로 되돌아온다.

해답

양력과 항력은 밀도(ρ), 면적(S),속도 제곱(V^2)에 비례한다.
양력$(L)=\frac{1}{2}\rho V^2 C_L S$, 항력$(D)=\frac{1}{2}\rho V^2 C_D S$
(ρ : 공기밀도, V : 속도, C : 양력계수, S : 날개면적, C : 항력계수)

44 **어떤 유체가 초음속으로 흐를 때 팽창파가 발생하였다면 팽창파 뒤의 흐름의 Mach수는 팽창파 앞의 Mach수보다 어떠한가?**

① 크다.　② 작다.
③ 같다.　④ 관계없다.

해답

수직 충격파나 경사 충격파를 지난 뒤의 흐름은 속도는 감소하고 압력이 증가하는 반면, 팽창파를 지난 뒤의 흐름의 속도는 빨라지고 압력은 감소하게 된다.

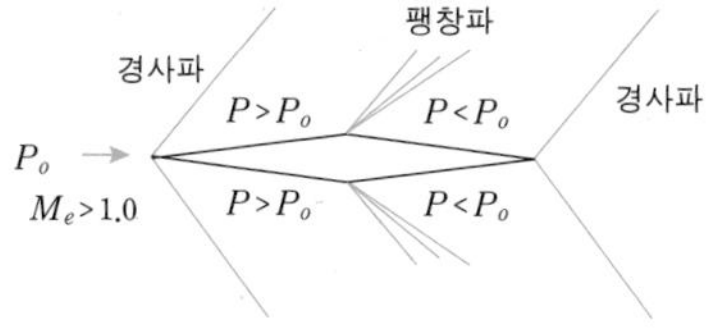

45 **층류형 에어포일에 대한 다음의 설명 중에서 맞는 것은?**

① 최대 두께비의 위치는 비교적 앞부분에 있고 경계층 천이점(Transition Point)은 비교적 앞부분에 있도록 되어 있다.
② 최대 두께비의 위치는 시위상의 40~50[%] 근방에 있고 앞전 반지름도 크며 경계층 천이점을 뒷부분으로 이동시킨 에어포일이다.
③ 어떤 범위의 양력계수에서는 에어포일 윗면의 흐름변화를 비교적 작게 하고 또한 압력항력을 작게 하는 특징이 있다.
④ 에어포일의 최소 압력점을 가능한 뒷부분으로 하고 날개 윗면경계층의 천이점을 뒷부분에 있게 해서 마찰항력을 작게 하도록 되어 있다.

해답

층류형 에어포일의 특성
① 날개 앞전 반지름이 작고 두께가 얇다.
② 최대 날개골의 두께 위치를 앞전에서부터 40~50[%] 후방으로 하여 표면에서의 난류 영역을 작게 하여 흐름 속도의 증가를 늦추고 완만하게 한다.
③ 최소항력계수가 작다.
④ 최대양력계수가 작아 실속속도가 커진다.

3 날개 이론

01 **비행기 날개의 가로세로비를 크게 할 경우 맞는 설명은?**

① 유도항력이 작아진다.
② 유도항력이 커진다.
③ 유도항력에는 관계없고 양력만 증가한다.
④ 공력성능에는 관계없다.

해답

유도항력계수의 식은 $C_{Di}=\frac{C_L^2}{\pi eAR}$으로 표시된다.

가로세로비(AR)가 크면, 즉 날개가 길수록 유도항력은 작아진다. 활공기는 날개를 길게 하여 유도항력을 줄이고 있다.

[정답] 42 ④　43 ③　44 ①　45 ④　01 ①

기출+예상

02 비행기 날개의 길이가 10[m], 날개면적이 20[m²]일 때, 가로세로비(Aspect ratio)는?

① 2　　② 4
③ 5　　④ 6

해답

가로세로비 : $AR=\frac{b}{\bar{c}}=\frac{b\times b}{\bar{c}\times b}=\frac{b^2}{s}$이므로 $AR=\frac{10^2}{20}=5$이다.
여기서 $\bar{c}$: 평균공력시위, s : 면적, b : 날개길이

03 날개끝 실속이 일어나는 원인은 다음 중 어느 것인가?

① 날개에 작용하는 비틀림 모멘트로 인하여 날개끝 부분의 받음각이 커지기 때문이다.
② 날개끝 와류로 인하여 날개끝 부분의 받음각이 감소된 때문이다.
③ 날개끝 부분의 내리흐름(Down wash) 효과 때문이다.
④ 날개끝에 있는 도움날개 작용으로 날개끝의 흐름을 난류로 만들기 때문이다.

해답

날개끝에서는 날개끝 와류가 발생하고 내리흐름(Down Wash)이 생기게 되어 흐름의 방향을 밑으로 쳐지게 하기 때문에 날개의 모양에 따라 실제의 받음각이 달라지게 된다. 특히 테이퍼가 큰 날개에서는 날개끝 부분에서 받음각이 커지는 효과가 생겨 날개 뿌리보다 먼저 실속하는 날개끝 실속(Tip Stall)이 생기게 된다.

04 파울러 플랩(Fowler Flap)의 역할은?

① 날개면적의 증대와 캠버의 증가
② 날개의 캠버를 증가시켜 양력을 크게 함
③ 양력을 증가시키고 항력을 감소시킴
④ 날개의 항력만을 증가시켜 착륙거리를 짧게 하기 위한 장치

해답

파울러 플랩(Fowler Flap)
날개면적이 증가하고 캠버도 커지게 되어 고양력을 얻게 된다.

참고

고양력 장치

날개의 고양력장치에는 앞전장치와 뒷전장치가 있다.

구분	종류	형상
앞전장치	Fixed Slot	
	Slat	
	Droop	
	Krüger Flap	
뒷전장치	Plain Flap	
	Split Flap	
	Fowler Flap	
	Single–Slotted F.	
	Double–Slotted F.	
	Multiple–Slotted F.	

표에서 앞전장치인 Fixed slot(고정 슬롯)과 Slat(슬랫)은 앞전에서 흐름 박리를 지연시켜주는 고양력장치로 같은 역할을 하나 기하학적으로는 다르다. Slot은 날개 앞전에 붙어 있는 작은 날개골이지만 Slot은 같은 효과를 내면서도 날개골 앞전 내에 구멍을 형성시킨 것이다. Droop과 Krüger Flap은 앞전 반지름이 작은 날개골이 저속에서 받음각이 커지면 앞전 근처에 부압이 크게 되어 흐름의 박리가 생겨서 실속하게 된다. 이와 같은 부압을 감소시킬 목적으로 이러한 앞전 플랩이 사용된다.
표의 Plain과 Split Flap은 평균 캠버선의 곡률을 증가시켜 줌으로써 $C_{L\max}$을 크게 해주고, 또한 항력을 증가시켜서 영양력각을 변화시키며, 공기력 중심 주위의 Diving Moment 계수를 증가시킨다. Split Flap의 항력계수 증가는 Plain Flap보다 크다. 그 이유는 저압구역이 Split Flap 상부표면과 날개 뒷전의 밑부분 사이에 존재하기 때문이다.
Fowler Flap과 Slotted Fowler Flap은 캠버선과 날개면적을 증가시켜 주는 Flap으로서, 어떠한 다른 Flap보다도 양력계수를 가장 많이 증가시킨다. 대형 여객기에는 2중(Double) 또는 다중(Multiple) 슬롯의 Fowler Flap이 사용된다.
아래 그림은 대형 여객기(B727, B737, B747)에 사용된 Krüger Flap과 3중 슬롯 Fowler Flap의 고양력장치를 나타낸 그림이다.

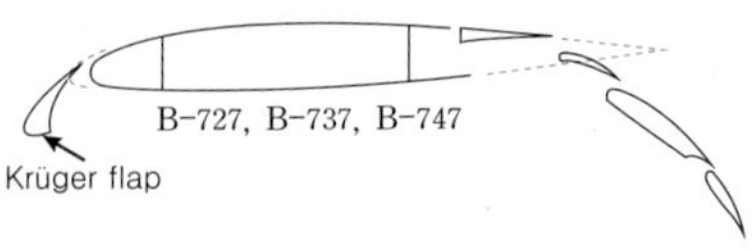

[대형여객기의 플랩]

[정답] 02 ③　03 ③　04 ①

05 후퇴익(Swept Wing)에 관하여 다음 기술 중 틀린 것은?

① 후퇴익은 임계 마하수를 높일 수 있다.
② 후퇴익은 날개끝 실속을 일으키기 쉽다.
③ 후퇴익은 방향 안정성이 좋다.
④ 후퇴익은 상승성능이 좋다.

해답

- 후퇴익의 장점
  ① 임계 마하수를 크게 한다.
  ② 방향 안정성이 좋다.
- 후퇴익의 단점
  ① 날개끝 실속을 일으키기 쉽다.
  ② 후퇴익과 상승성능과는 관계가 없다.

06 고양력장치는 어떤 효과를 얻을 수 있는가?

① 최소수평속도를 저하시키고 착륙시의 활공각을 크게 한다.
② 최소수평속도를 저하시키고 활공각을 작게 한다.
③ 최소수평속도와 활공각을 모두 증가시킨다.
④ 최대수평속도를 크게 한다.

해답

고양력장치는 최소수평속도(실속속도)를 작게 하여 이·착륙거리를 단축시키는 장치이다. 양력이 커지게 되면 양항비가 커지게 되어 활공각은 작아진다.(활공각은 양항비에 반비례함)

07 날개면적과 날개골이 동일한 비행기로 활공비만 크게 하려면?

① 가로세로비를 크게 한다.
② 가로세로비를 작게 한다.
③ 가로세로비와 관계없이 직사각형날개로 한다.
④ 삼각날개로 한다.

해답

활공비는 양항비에 비례한다. 날개의 가로세로비를 크게 하면 유도항력이 작아져서 양항비가 커지게 된다. 따라서 활공비도 커진다.

08 날개면적이 24[m], 가로세로비가 6일 때 평균공력시위는?

① 2[m] ② 4[m]
③ 6[m] ④ 8[m]

해답

가로세로비 : $AR=\frac{b}{c}=\frac{b\times\bar{c}}{\bar{c}\times\bar{c}}=\frac{S}{c^2}$

$\therefore \bar{c}=\sqrt{\frac{S}{AR}}=\sqrt{\frac{24}{6}}=2[\mathrm{m}]$

여기서, $\bar{c}$: 평균공력시위, b : 날개길이, s : 면적

09 다음 그림은 날개에 생기는 와류를 나타낸 것이다. 와류의 방향으로 맞는 것은?

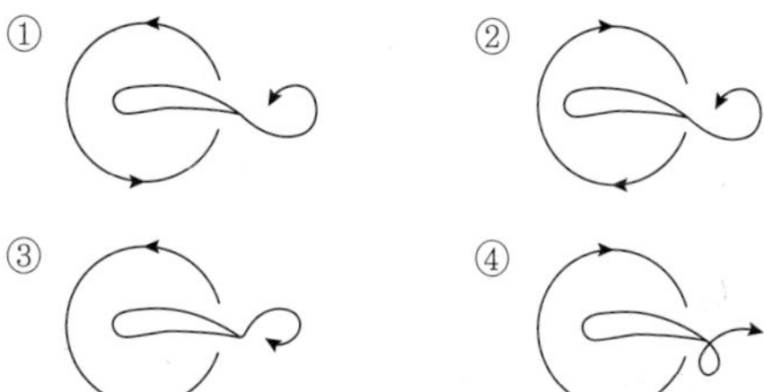

해답

아래 그림에서 보는 바와 같이 날개뒷전에서는 위로 말아 올라가는 출발와류가 생기고 이 와류가 생기면 날개에는 크기가 같고 방향이 반대인 속박와류(Bound Vortex)가 생긴다.

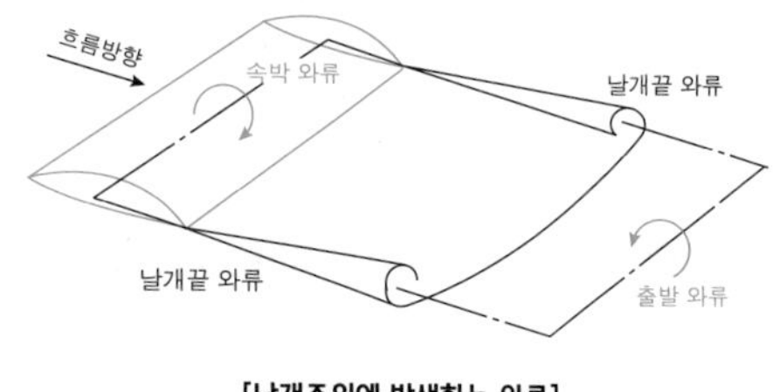

[날개주위에 발생하는 와류]

10 비행 중 날개의 둘레에 생기는 순환은?

① 양력을 감소시킨다. ② 양력을 발생한다.
③ 항력을 감소시킨다. ④ 항력을 증가시킨다.

[정답] 05 ④ 06 ② 07 ① 08 ① 09 ② 10 ②

기출+예상

해답

날개둘레에 순환이 생기면 날개윗면의 흐름속도는 빨라지고 밑면은 흐름속도가 작아져 베르누이 정리에 따른 압력차가 생겨서 양력이 발생한다. 이를 Kutta-Joukowsky 양력이라 한다.($L=\rho V\Gamma$)

11 후퇴익의 윗면에 붙이는 경계층 격벽판(Boundary Layer Fence)의 목적은?

① 항력을 감소시킨다. ② 풍압중심을 전진시킨다.
③ 양력의 증가를 돕는다. ④ 익단 실속을 방지한다.

해답

후퇴익의 최대단점은 비행시 흐름이 날개끝쪽으로 흘러서 그 결과로 날개끝에서는 양력이 떨어지는 날개끝 실속이 생기게 된다. 따라서 흐름이 날개끝쪽으로 흘러가지 못하도록 막는 판을 설치한다. 이를 경계층 격벽판(Boundary Layer Fence) 또는 실속 막이판(Stall Fence)이라 한다.

12 날개에 상반각(쳐든각-Dihedral Angle)을 주는 이유는?

① 유도항력을 작게 하기 위하여
② 옆미끄럼을 작게 하기 위하여
③ 날개끝 실속을 제어하기 위하여
④ 선회성능을 향상시키기 위하여

해답

상반각을 주변 옆미끄럼 시 양쪽날개의 양력차이로 비행기를 원래의 자세로 되돌리는 복원력 즉, 옆미끄럼을 방해하는 효과가 생긴다.

13 비행기의 플랩이 내려가지 않을 경우 착륙 조작상 타당한 조치는?

① 양력증가 때문에 받음각을 크게 하여 접지한다.
② 실속속도가 커지므로 빠른 속도로 접지한다.
③ 착륙거리가 연장되므로 느린 속도로 접지한다.
④ 양력을 최대로 하여 접지한다.

해답

착륙 비행시 플랩이 내려가지 않으면 양력이 작아져서 실속이 일어나기 쉽다. 따라서 실속을 방지하기 위하여 빠른 속도로 접지해야 한다.

14 어떤 날개에서 뿌리는 NACA 23016, 끝은 NACA 23012 날개골로 하는 이유는?

① 날개의 모멘트를 작게 하기 위하여
② 날개의 강도를 일정하게 하기 위하여
③ 익단실속(Tip Stall)을 방지하기 위하여
④ 유도항력을 작게 하기 위하여

해답

비행기에는 구조강도상 테이퍼 진 날개를 많이 사용하는데 이러한 날개는 날개끝 실속이 생기기 쉽다. 이를 방지하기 위하여 날개끝에서 실속이 늦게 일어나는 날개골을 사용한다.(NACA 23012는 NACA 23016보다 실속이 늦게 일어난다 : 2차대전시 B-29 폭격기의 날개에 사용된 날개골이다.) 이러한 날개끝 실속 방지방법을 공기역학적 비틀림(Aerodynamic Twist)이라 한다.

15 가로세로비가 작은 후퇴익의 특징은?

① 높은 양항비를 갖는다.
② 높은 활공비를 갖는다.
③ 착륙시 작은 출력으로 진입할 수 있다.
④ 높은 받음각에서 큰 항력을 나타낸다.

해답

가로세로비가 작은 후퇴익은 유도항력이 커서 양항비(활공비)가 작다. 따라서 이착륙시인 저속에서는 양력을 얻기 위하여 높은 받음각의 자세를 취한다. 그러므로 큰 항력이 생기게 된다.

16 Kutta-Joukowsky 이론을 올바르게 성명한 것은?

① 진행 중인 날개에 생기는 베르누이 양력이론이다.
② 진행 중인 날개둘레에 생기는 와류이론이다.
③ 진행 중인 날개주위의 순환에 따른 마그너스 효과와 같은 양력이론이다.
④ 유한날개의 유도항력 발생이론이다.

해답

Kutta-Joukowsky 이론

야구공을 회전시키면서 던지면 곡선을 그리게 되는데 이 현상을 마그너스(Magnus) 효과라 하고 이때 곡선을 그리게 하는 공기력을 Kutta-Joukowsky 양력이라 한다. 즉, 진행 중인 날개주위에 순환(Circulation, Vortex) 흐름이 생기면 양력이 발생한다는 이론이다.

[정답] 11 ④ 12 ② 13 ② 14 ③ 15 ④ 16 ③

17 제트 플랩(Jet Flap)의 최대양력계수는?

① 7 ~ 8　② 10 ~ 15
③ 2 ~ 6　④ 5 ~ 7

해답

제트 플랩(Jet Flap)
날개뒷전에서 고속공기의 흐름을 밑으로 분출시켜 고양력을 얻는 장치이다. 이 플랩은 STOL기에 사용되며 양력계수가 10~15 정도이다.

18 다음은 날개특성에 관계되는 것들이다. 틀린 것은?

① 최대양력계수가 클수록 날개특성은 좋다.
② 유해항력계수가 작을수록 날개특성은 좋다.
③ 압력중심의 이동이 적을수록 날개특성은 좋다.
④ 실속속도가 클수록 날개특성은 좋다.

해답

날개는 실속속도가 작을수록 좋다.

19 다음과 같은 날개를 가지는 비행기의 가로세로비는?

- 날개뿌리에서 끝까지의 거리 : 7.5[m]
- 평균시위의 길이 : 1.25[m]

① 5　② 6
③ 10　④ 12

해답

날개의 길이는 7.5[m]×2=15[m]이다.
따라서 가로세로비$=\frac{15}{1.25}=12$

20 날개둘레에 생기는 순환 Γ는 다음과 같은 관계가 있다. 틀린 것은?

① 밀도에 반비례한다.　② 양력에 반비례한다.
③ 속도에 반비례한다.　④ 날개길이에 반비례한다.

해답

날개둘레의 순환 Γ에 의한 양력의 식은 $L=\rho V\Gamma b$이다.
이를 Γ에 대해서 정리하면 $\Gamma=L/\rho Vb$이다.
즉 Γ는 L(양력)에 비례하고 ρ(밀도), V(속도)와 b(날개길이)에 반비례한다.

21 현재 대형 여객기에 사용되는 Fowler Flap의 최대양력계수는?

① 1 ~ 2　② 2 ~ 4
③ 5 ~ 7　④ 6 ~ 8

해답

Fowler Flap의 최대양력계수는 여객기의 기종에 따라 다르나 보통 2~4 정도이다.

22 진행 중인 날개둘레에는 순환이 발생한다. 이때 양력의 크기는?

① 밀도×순환×진행속도×날개길이
② 밀도×순환×양력계수×날개길이
③ 밀도×순환×압력계수×날개길이
④ 밀도×순환×점성계수×날개길이

해답

이때의 양력을 Kutta-Joukowsky 양력이라 하며 이를 식으로 쓰면 $L=\rho V\Gamma b$이다.
여기서 ρ : 밀도, Γ : 순환, V : 진행속도, b : 날개길이

23 날개의 면적은 같고 스팬(Span)만 2배로 하면 유도항력은?

① 1/2이 된다.　② 1/4이 된다.
③ 2배가 된다.　④ 변화없다.

해답

유도항력계수는 $C_{Di}=C_L^2/\pi eAR$이다.
여기서 $AR=\frac{b^2}{S}$이므로 날개면적(S)을 일정히 하고 스팬 b를 두배로 하면 가로세로비가 4배가 되어 유도항력은 $\frac{1}{4}$이 된다.

[정답] 17 ② 18 ④ 19 ④ 20 ② 21 ② 22 ① 23 ②

기출+예상

24 비행 중 날개끝에는 와류가 발생한다. 날개후방에서 볼 때 와류의 회전방향은?

① 우익은 시계, 좌익은 반시계
② 우익은 시계, 좌익은 시계
③ 우익은 반시계, 좌익은 반시계
④ 우익은 반시계, 좌익은 시계

해답

비행 중인 날개에는 윗면은 압력이 작고 밑면은 압력이 커서 날개 끝에서 밑면의 흐름은 위쪽으로 말아서 올라간다. 따라서 날개 뒤에서 볼 때 우익(오른쪽 날개)은 반시계(왼쪽)방향으로 회전하고, 좌익(왼쪽 날개)은 시계(오른쪽)방향으로 회전한다.

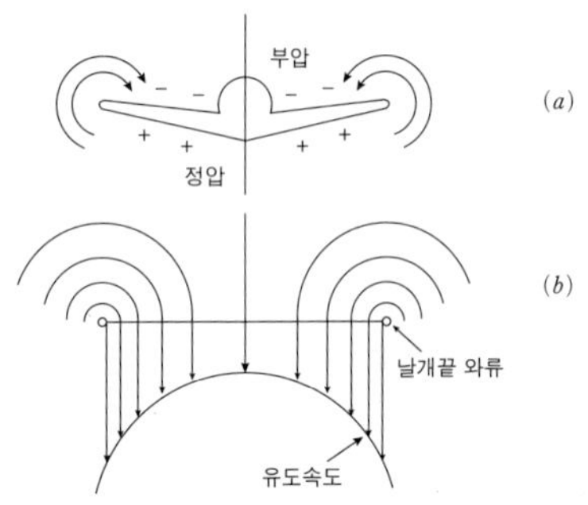

[날개끝와류와 유도속도]

25 후퇴익의 특성에 관한 기술 중 맞는 것은?

① 실속은 날개뿌리보다 날개끝쪽에서 생긴다.
② 가로안정성과 방향안정성이 나쁘다.
③ 최대양력계수가 크므로 이착륙 때 기수가 크게 들린다.
④ 저속 비행시 공력특성이 좋다.

해답

후퇴익의 특성

날개끝 실속이 생기는 것이며, 이는 날개뿌리보다 날개끝에서 먼저 실속(흐름의 떨어짐)이 생긴다.

26 날개끝을 앞쪽으로 비틀림(Wash Out)을 주는 이유는?

① 실속이 날개끝에서 생기는 것을 방지하기 위해
② 실속이 날개뿌리에서 생기는 것을 방지하기 위해
③ 공력중심의 이동을 작게 하기 위해
④ 날개에서 양력을 증가시키기 위해

해답

테이퍼 날개에서는 날개뿌리보다 날개끝에서 먼저 실속이 생기므로 이를 방지하기 위해서는 날개끝을 앞쪽으로 비틀어서(Wash Out) 날개뿌리보다 받음각을 작게 하여 날개끝 실속을 방지한다. 이를 기하학적 비틀림(Geometrical Twist)이라 한다.
※ 공기역학적 비틀림은 문제 14번 참조

27 날개 양끝에서 밑면의 공기가 윗면으로 올라감으로써 생기는 항력은?

① 형상항력 ② 조파항력
③ 유도항력 ④ 압력항력

해답

유도항력

날개끝 와류에 의하여 생기는 항력으로 날개끝에서 밑면의 압력이 윗면보다 크기 때문에 공기가 윗면으로 올라가서 날개끝 와류가 생기게 된다.

28 면적이 일정한 날개에서 스팬을 2배로, 양력계수를 반으로 줄이면 유도항력계수는?

① 1/2로 감소 ② 1/16로 감소
③ 1/3로 감소 ④ 1/4로 감소

해답

유도항력계수는 양력계수제곱에 비례하므로 양력 계수가 반($\frac{1}{2}$)으로 줄면 $\frac{1}{4}$로 줄어든다. 또 가로세로비에 반비례하며 가로세로비는 스팬의 제곱에 비례하므로 스팬이 2배가 되면 가로세로비는 4배가 되고 유도항력계수는 $\frac{1}{4}$이 된다. 따라서 총 유도항력계수는 $\frac{1}{16}$로 감소한다.

29 공기흐름을 방해해서 양력을 감소시키는 장치는?

① 슬롯(Slot)
② 플랩(Flap)
③ 스포일러(Spoiler)
④ 와류발생기(Vortex Generator)

[정답] 24 ④ 25 ① 26 ① 27 ③ 28 ② 29 ③

해답

슬롯은 박리를 지연시켜주는 경계층 제어장치이고, 플랩은 고양력 장치이며, 와류발생기는 날개윗면에 얇은 와류층을 형성시켜 박리를 지연시켜주는 장치이다. 반대로 스포일러는 고의적으로 흐름을 방해하고 박리를 유발시켜 양력을 감소하고 항력을 증가시키는 장치이다.

30 테이퍼형 날개와 직사각형 날개의 실속현상에 맞는 것은?

① 테이퍼 날개는 날개끝에서, 직사각형 날개는 날개뿌리에서 실속한다.

② 테이퍼나, 직사각형 날개 모두 날개끝에서 실속한다.

③ 테이퍼 날개는 날개뿌리에서, 직사각형 날개는 날개끝에서 실속한다.

④ 테이퍼와 직사각형 날개 모두 날개뿌리에서 실속한다.

해답

아래의 "날개의 실속특성"에 대한 설명에서 보면 테이퍼형 날개는 익단(날개끝)쪽에서 실속하고 직사각형 날개는 익근(날개뿌리)에서 실속한다.

참고

날개의 실속특성

실속(Stall)이란, 날개에서 발생하는 양력이 비행기의 무게보다 작아서 비행기가 고도를 유지할 수 없는 상태를 말하며, 이와 같은 상태는 받음각이 실속각보다 커지는 것과 관계된다. 받음각이 실속각 이상이 되면 날개표면에는 흐름의 떨어짐이 생기게 되고, 받음각이 실속각 이상이 되면 받음각이 커질수록 증가하던 양력계수가 감소하기 시작하고, 반대로 항력계수가 더욱 증가해서 흐름의 떨어짐에 의한 영향이 뚜렷해진다. 이와 같은 현상이 생기는 부분을 실속영역(Stall Region)이라 한다.

이를 날개별로 설명하면 다음과 같다.

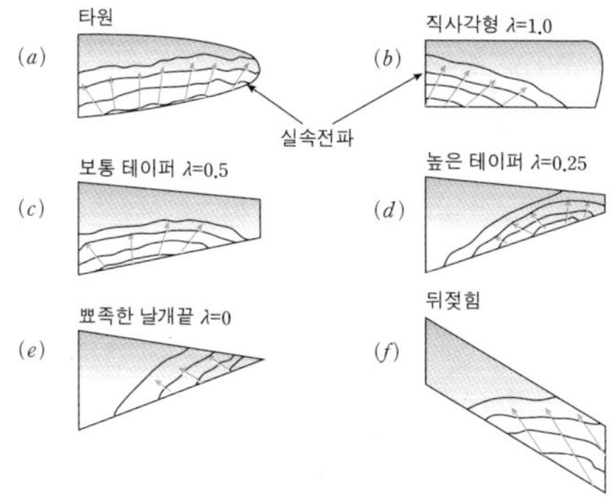

[날개모양에 따른 실속영역]

위의 그림은 여러 가지 모양의 날개에 대하여 날개의 반쪽만 그린 그림이다. 그림에서 날개의 왼쪽 끝은 날개뿌리가 되고 오른쪽은 날개의 끝이 된다.

- 그림 (a) : 타원형 날개에서 실속(흐름의 떨어짐)이 전파되는 현상을 나타낸 것이다. 타원날개는 날개의 뿌리나 끝에서 실속이 거의 균일하게 생기고 있음을 알 수 있다. 따라서 타원날개는 길이 방향으로 균일하게 흐름의 떨어짐이 생기므로 다른 날개보다 실속특성이 좋다.
- 그림 (b) : 직사각형 날개의 실속전파 형태를 그린 것이다. 실속이 날개뿌리부터 먼저 생기고 차차 날개끝쪽으로 파급된다. 이러한 실속을 날개뿌리실속(Root Stall)이라 한다.
- 그림 (c) : 테이퍼비 λ가 0.5인 날개이다. 이는 반쪽 날개의 중앙에서 실속이 생겨서 날개뿌리와 날개끝쪽으로 파급됨을 알 수 있다.
- 그림 (d) : 테이퍼비 λ가 0.25인 날개로 실속이 날개끝에서 먼저 생기고 차차 날개뿌리쪽으로 파급된다. 이러한 실속을 날개끝 실속(tip stall)이라 하고 가장 나쁜 실속특성을 가지고 있다. 그 이유는 날개끝이 실속이 되면 도움날개가 실속흐름 속에 들어가서 옆놀이 조종에 방해가 되고, 또 흐름의 떨어짐 현상이 비행기 무게중심에서 먼 곳에 흐름의 교란이 생김으로 비행기 진동의 원인이 되기 때문이다.
- 그림 (e) : 삼각 날개의 실속형태를 나타낸 것으로 날개끝 실속이 생김을 알 수 있다.
- 그림 (f) : 뒤젖힘 날개의 실속특성을 나타낸 것으로 실속이 날개끝에서 생기기 때문에 실속특성은 좋지 않다.

31 비행기 날개끝에 장착하는 윙렛(Winglet)의 목적은?

① 형상항력 감소　　② 유도항력 감소

③ 압력항력 감소　　④ 점성항력 감소

해답

Winglet

날개 끝에 거의 수직으로 붙어있는 작은 날개를 말한다. Winglet은 날개끝 와류 흐름을 제어하여 유도항력을 감소시켜주는 장치이다.

32 유도항력(Induced Drag)에 대해서 바르게 설명한 것은?

① 날개의 가로세로비에 비례하여 증가한다.

② 양력계수에 비례하여 증가한다.

③ 양력계수의 제곱에 비례하여 증가한다.

④ 날개의 길이에 비례하여 증가한다.

[정답] 30 ① 31 ② 32 ③

해답

유도항력계수는 $C_{Di}=\dfrac{C_L^2}{\pi eAR}$ 으로 표시되므로 양력계수제곱에 비례하여 증가한다.

33 유도항력을 감소시키는 방법이 아닌 것은?

① 타원날개의 사용
② Winglet 설치
③ 가로세로비를 크게
④ Vortex Generator 사용

해답

타원날개는 스팬효율계수 $e=1$이 되어 최소의 유도항력을 가지며, Winglet은 유도항력 감소장치이다. Vortex Generator는 고의적으로 날개 윗면에 와류층을 형성시켜 박리를 지연시켜주기 때문에 유도항력과는 관계가 없다.

34 날개끝 실속(Wing Tip Stall)을 방지하는 방법 중 틀린 것은?

① 공력적 비틀림을 준다.
② 날개뿌리에 스트립을 장착한다.
③ 날개뿌리에 슬롯을 설치한다.
④ 기하학적 비틀림을 준다.

해답

날개끝 실속을 방지하려면 날개뿌리보다 날개 끝에 슬롯을 설치해야 한다.

참고

날개끝 실속방지 방법

비행기 날개에 날개끝 실속이 생기게 되면, 비행기 중심에서부터 먼 위치에 실속에 의한 공기력의 변화로 인하여 비행기의 가로안정성이 좋지 않다. 또, 날개끝부분에 위치한 도움날개가 박리 흐름 속에 들어가기 때문에 도움날개의 효과를 나쁘게 하며, 따라서 비행기를 설계할 때 날개끝 실속이 일어나지 않도록 해야 한다. 날개끝 실속을 방지하는 방법에 다음과 같은 것들이 있다.

① 날개의 테이퍼비를 너무 크게 하지 않는다.
② 날개끝으로 감에 따라 받음각이 작아지도록 날개를 비튼다. 이를 날개의 앞내림(Wash Out)이라 한다. 앞내림을 주면 실속이 날개뿌리에서부터 시작하게 한다. 이렇게 날개끝이 앞쪽으로 비틀린 것을 기하학적 비틀림이라 한다.
③ 날개끝부분에는 두께비, 앞전 반지름, 캠버 등이 큰 날개골, 즉, 실속각이 큰 것을 사용하여 날개뿌리보다 실속각을 크게 한다. 이것을 공기역학적 비틀림이라고 한다.
④ 날개뿌리에 스트립(Strip)을 붙여 받음각이 클 경우, 흐름을 강제로 떨어지게 해서 날개끝보다 날개뿌리에서 먼저 실속이 생기도록 한다.
⑤ 날개끝부분의 날개 앞전 안쪽에 슬롯(Slot)을 설치하여 날개 밑면을 통과하는 흐름을 강제로 윗면으로 흐르도록 유도해서 흐름의 떨어짐을 방지한다.

35 날개뿌리부분의 시위가 3[m]이고, 테이퍼비가 0.6일 때 날개끝 시위의 길이는?

① 2.0[m]　② 1.8[m]
③ 1.5[m]　④ 1.2[m]

해답

테이퍼비는 $\lambda=\dfrac{c_t}{c_r}$ 로 정의된다.

여기서, c_r : 날개뿌리 시위, c_t : 날개끝 시위

그러므로 $0.6=\dfrac{c_t}{3[m]}$　$\therefore c_t=1.8[m]$

36 비행기에서 일반적으로 많이 사용되는 고양력장치는?

① 드루프(Droop) 앞전　② 슬롯(Slot)
③ 플랩(Flap)　④ 스포일러(Spoiler)

해답

비행기에서 가장 많이 사용되는 보편적인 고양력장치는 플랩이다.

37 가로세로비가 5, 양력계수가 1.0, 스팬효율계수가 0.8인 날개의 유도항력계수는?

① 0.05　② 0.06
③ 0.07　④ 0.08

해답

$C_{Di}=\dfrac{C_L^2}{\pi eAR}$ 에서 $C_{Di}=\dfrac{1}{3.14\times0.8\times5}=0.08$

[정답] 33 ④　34 ③　35 ②　36 ③　37 ④

38 공력중심(A.C)과 풍압중심(C.P)에 대한 아래 사항 중 맞는 것은?

① A.C는 C.P와 언제나 평행이동을 한다.
② A.C는 날개앞전으로부터 약 25[%] 후방에 위치한다.
③ C.P와 A.C는 일치되어 있다.
④ A.C는 C.P가 전진하면 후퇴한다.

해답

- 풍압중심 또는 압력중심(Center of Pressure : C.P)
  날개 윗면에 발생하는 부압과 아랫면에 발생하는 정압의 차이로 날개를 뜨게 하는 양력의 합력점이고, 받음각에 따라 움직이게 되는데 받음각이 증가하면 앞전으로 이동하고, 받음각이 작아지면 압력중심은 후퇴한다.
- 공력중심(Aerodynamic Center : A.C)
  받음각이 변하더라도 모멘트계수가 변하지 않는 기준점을 말하고 대부분의 날개골에 있어서 이 공력중심은 앞전에서부터 25[%] 뒤쪽에 위치한다.

39 비행 중에 날개의 둘레에 생기는 순환은?

① 양력을 감소시킨다. ② 양력을 발생한다.
③ 저항을 감소시킨다. ④ 저항을 증가시킨다.

해답

비행기가 출발하고 나면 출발와류는 계속 남아 있어야 되나, 실제 유동에서는 점성의 영향으로 소멸되어 없어지고, 날개에는 속박와류만 남게 된다. 이는 균일흐름과 합성된 형태로 날개에 작용하게 되며 양력을 발생한다.

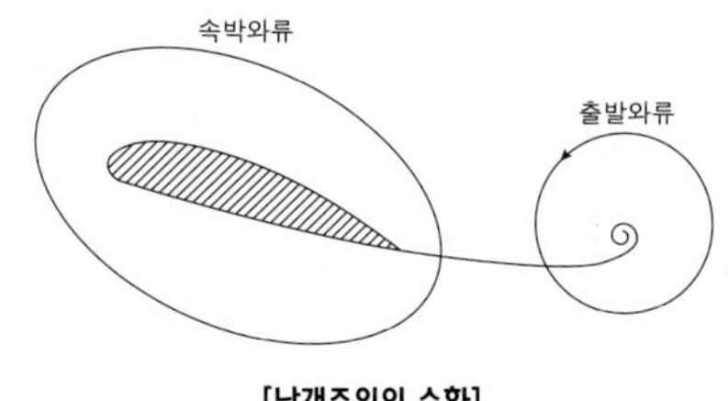

[날개주위의 순환]

40 항공기 날개의 붙임각(Angle of Incidence)은?

① 고도 상승시 조종사가 변경시킨다.
② 날개의 상반각(Dihedral)에 영향을 준다.
③ 비행시 주위 공기의 흐름과 날개의 시위와 이루는 각이다.
④ 비행 중에 변경시키지 못한다.

해답

취부각(붙임각)

흔히 붙임각이라고 하며 기체의 세로축과 날개의 시위선과 이루는 각이다. 비행기가 순항비행을 할 때에 기체가 수평이 되도록 날개에 부착한다.

41 후퇴익에 관해서 다음 사항 중 틀린 것은?

① 후퇴익은 임계 마하수를 높일 수 있다.
② 후퇴익은 상승성능이 좋다.
③ 후퇴익은 방향안전성이 좋다.
④ 후퇴익은 익단실속을 일으키기 쉽다.

해답

후퇴익의 장·단점

- 장점
  ① 천음속에서 초음속까지 항력이 적다.
  ② 충격파 발생이 느려 임계 마하수를 증가 시킬 수 있다.
  ③ 후퇴익 자체에 상반각 효과가 있기 때문에 상반각을 크게 할 필요가 없다.
  ④ 직사각형 날개에 비해 마하 0.8까지 풍압중심의 변화가 적다.
  ⑤ 비행 중 돌풍에 대한 충격이 적다.
  ⑥ 방향안정성 및 가로안정성이 있다.
- 단점
  ① 날개끝 실속이 잘 일어난다.
  ② 플랩 효과가 적다.
  ③ 뿌리부분에 비틀림 모멘트가 발생한다.
  ④ 직사각형 날개에 비해 양력 발생이 적다.

42 공력평균시위(MAC : Mean Aerodynamic Chord)라고 하는 것은?

① 날개에서 25[%]되는 위치의 시위를 말한다.
② 날개의 공력중심을 통과하는 시위를 말한다.
③ 날개의 공력중심에서 25[%]되는 위치의 시위를 말한다.
④ 날개에 작용하는 Moment가 0이 되는 위치의 시위를 말한다.

해답

평균공력시위(MAC : Mean Aerodynamic Chord)

[정답] 38 ② 39 ② 40 ④ 41 ② 42 ②

기출+예상

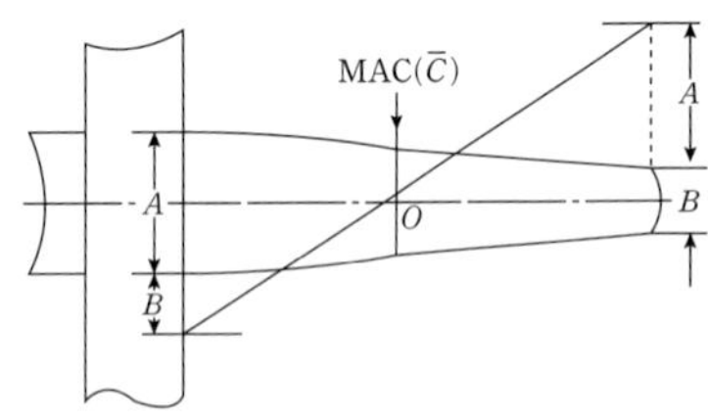

날개의 공기역학적 특성을 대표하는 시위를 말하며 날개의 공력중심, 보통 날개의 면적중심(도심)을 지나는 시위를 말한다. 이를 작도에 의해서 그리는 방법은 위의 그림과 같다.

43 항공기 날개에 작용하는 양력의 특징은?

① 밀도의 제곱에 비례한다.
② 날개면적의 제곱에 비례한다.
③ 속도의 제곱에 비례한다.
④ 양력계수의 제곱에 비례한다.

해답

날개의 양력은 밀도, 양력계수, 날개면적과 속도의 제곱에 비례한다. 즉, $L=C_L\frac{1}{2}\rho V^2S$이다.

44 유도항력의 원인은 무엇인가?

① 날개끝와류 ② 속박와류
③ 간섭항력 ④ 충격파

해답

유도항력(Induced Drag)

날개가 흐름 속에 있을 때 날개 윗면의 압력은 작고, 아랫면의 압력이 크기 때문에 날개끝에서 흐름이 날개 아랫면에서 윗면으로 올라가는 와류가 생긴다. 이 날개끝 와류로 인하여 날개에는 내리흐름이 생기게 되고, 이 내리흐름으로 인하여 유도항력이 발생한다. 비행기 날개와 같이 날개끝이 있는 것에는 반드시 유도항력이 발생한다. 유도항력이 생기는 현상은 아래 그림과 같이 날개끝와류로 인한 유도속도(ω) 때문에 날개를 지나는 흐름(일정속도인 흐름과 유도속도의 합성된 흐름)이 밑으로 쳐저서 흐르기 때문에 이 흐름에 수직인 양력이 뒤로 기울어지게 되어 비행을 방해하는 항력인 유도항력이 생기게 되는 것이다.

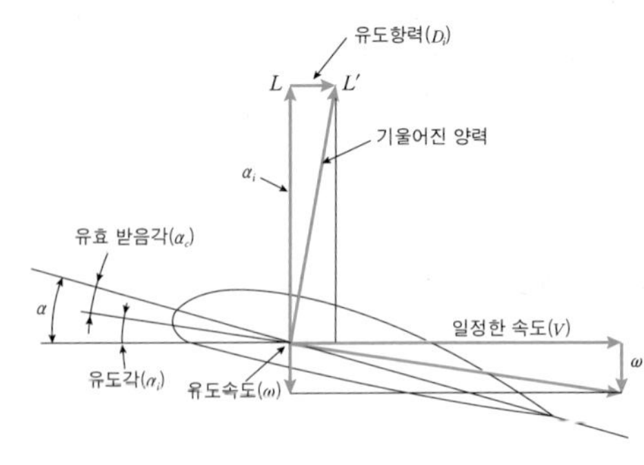

[유도속도와 유도항력]

45 주날개 상면에 붙이는 경계층 격벽판(Boundary Layer Fence)의 목적은?

① 저항감소 ② 풍압중심의 전진
③ 양력의 증가 ④ 날개끝 실속의 방지

해답

경계층 격벽판

일반적으로 높이가 15~20[cm]이고, 앞전에서부터 뒷전으로 항공기 대칭면에 평행하게 부착을 하여 공기의 흐름이 날개끝으로 흐르는 것을 막아 날개끝 실속을 방지한다.

46 후퇴날개에 대한 다음의 설명에서 틀린 것은?

① 임계 마하수가 커진다.
② 최대양력계수가 작 아진다.
③ 실속특성이 아주 나빠진다.
④ 세로안정성이 좋아진다.

해답

후퇴날개는 방향안정성은 좋으나 세로안정성은 좋지 않다.

47 지상에서 스포일러(Spoiler)를 사용하는 목적으로 맞는 것은?

① 양력을 감소시키기 위해서
② 실속을 방지하기 위해서

[정답] 43 ③ 44 ① 45 ④ 46 ④ 47 ④

③ 양항비를 증가시키기 위해서

④ 항공기속도를 줄이기 위해서

해답

스포일러(Spoiler)

항력을 증가시키는 보조 조종면으로 항공기가 활주할 때 브레이크의 작용을 보조해 속도를 줄여주는 지상 스포일러(Ground Spoiler)와 비행 중 도움날개의 조작에 따라 작동되어 항공기의 가로 조종을 보조해주는 공중 스포일러(Flight Spoiler)가 있다.

48 **Buffeting은 항공기의 기체부분에 발생하는 진동 현상 이다. 이것이 발생하는 이유는 무엇인가?**

① 부정확한 플랩의 조정

② 박리된 공기의 불안정

③ 부정확한 보조익의 조정

④ 알 수 없는 힘의 종류

해답

버핏(Buffet)

일반적으로 비행기의 조종간을 당겨 기수를 들어 실속속도에 접근하게 되면 비행기가 흔들리는 현상인 버핏이 일어난다. 이것은 흐름이 날개에서 박리되면서 후류가 날개나 꼬리날개를 진동시켜 발생되는 현상으로서 이러한 현상이 일어나면 실속이 일어나는 징조이고, 승강키의 효율이 감소하고 조종간에 의해 조종이 불가능해지는 기수내림(Nose Down)현상이 나타난다.

49 **타원날개의 공력특성에 대한 설명에서 틀린 것은?**

① 날개길이 방향의 양력분포가 타원이다.

② 날개길이 방향의 유도받음각이 일정하다.

③ 유도항력이 최소인 날개이다.

④ 스팬효율계수(Span Efficiency Factor) $e=1.0$이기 때문에 날개끝 실속이 먼저 일어난다.

해답

타원형 날개의 특징

① 날개의 길이 방향의 유도속도가 일정하다.
② 유도항력이 최소이다.
③ 제작이 어렵고, 고속 비행기에는 적합하지 않다.
④ 실속이 날개길이에 걸쳐서 균일하게 일어난다.(일단 실속에 들어가면 회복이 어렵다.)

50 **날개 윗면에 돌출시켜 항력을 생기도록 하여 양력을 감소시키는 것은?**

① 에일러 론 ② 플랩

③ 슬랫 ④ 스포일러

해답

스포일러(Spoiler)

공기의 정상흐름을 방해하여 항력을 증가시키는 장치로 지상 스포일러와 공중 스포일러가 있다.

51 **날개에 앞내림(Wash Out)을 줌으로써 날개끝 실속을 방지하는 것은?**

① 상반각 ② 하반각

③ 공력적 비틀림 ④ 기하학적 비틀림

해답

테이퍼 날개에서는 날개뿌리보다 날개끝에서 먼저 실속이 생기므로 이를 방지하기 위해서는 날개끝을 앞쪽으로 비틀어서(Wash Out) 날개뿌리보다 받음각을 작게 하여 날개끝 실속을 방지한다. 이를 기하학적 비틀림(Geometrical Twist)이라 한다.

4 항력

01 **항력어떤 날개의 형상항력계수가 0.013이고 양력계수는 0.5, 날개효율계수는 0.9이며, 가로세로비가 6일 때 날개의 전체항력계수는?**

① 0.028 ② 0.015

③ 0.03 ④ 0.01

해답

전체항력계수＝형상항력계수＋유도항력계수이므로

$$C_D=C_{DP}+C_D=C_{DP}+\frac{C_L^2}{\pi eAR}$$

$$=0.013+\frac{0.5^2}{3.14\times0.9\times6}=0.0277$$

[정답] 48 ② 49 ④ 50 ④ 51 ④ 01 ①

02 윙렛(Winglet)에 의해서 감소되는 항력은?

① 간섭항력 ② 유도항력
③ 조파항력 ④ 마찰항력

해답

윙렛(Winglet)
작은 날개를 주날개끝에 수식 방향으로 붙인 것으로서 비행 중에 날개끝 와류가 이 장치에 공기력이 작용하게 되는데 이 공기력은 유도항력을 감소시켜 주는 방향으로 작용하게 된다.

03 물체에 작용하는 항력의 요인이 아닌 것은?

① 유체의 밀도 ② 유체의 속도
③ 물체의 평면면적 ④ 물체의 길이

해답

$L=C_D\frac{1}{2}\rho V^2S$에서 물체의 평면면적 S가 중요하며 물체의 길이는 큰 요인이 아니다.

04 날개의 특성에 관계되는 것들을 서술한 것이다. 틀린 사항은?

① 최대양력계수가 클수록 날개특성은 좋다.
② 유해항력계수가 적을수록 날개특성은 좋다.
③ 풍압중심의 위치변화가 적을수록 날개 특성은 좋다.
④ 실속속도가 클수록 날개특성은 좋다.

해답

실속속도가 작을수록 이·착륙거리가 단축되어 날개특성은 좋아진다.

05 형상항력은 아래와 같은 항력으로 분류할 수 있는데, 이에 해당되지 않은 것은 어느 것인가?

① 유도항력 ② 마찰항력
③ 압력항력 ④ 점성항력

해답

① 유도항력 : 날개가 흐름 속에 있을 때 날개 윗면의 압력은 작고 아랫면의 압력은 크기 때문에 날개끝에서 흐름이 아랫면에서 윗면으로 올라가는 와류현상이 생긴다. 이 날개끝와류로 인하여 날개에는 내리흐름이 생기게 되고. 이 내리흐름으로 인하여 유도항력이 발생한다. 비행기 날개와 같이 날개끝이 있는 것에는 반드시 유도항력이 발생한다.
② 형상항력 : 날개의 형상에 의한 압력항력과 점성항력인 표면마찰항력을 합한 항력을 말한다.

06 조파항력(Wave Drag)이라 함은?

① 천음속 유체의 흐름 속에 있는 물체에 생기는 항력
② 충격파에 의해서 발생하는 항력
③ 팽창파에 의해서 발생하는 항력
④ 고아음속 비행기에 생기는 항력

해답

조파항력(Wave Drag)
날개에 초음속흐름이 형성되면 충격파가 발생하고 이 때문에 생기는 항력을 조파항력이라 한다.

07 날개의 면적은 같으나 날개의 길이만 2배로 하면 유도항력은?

① 1/2이 된다. ② 1/4이 된다.
③ 2배가 된다. ④ 변화 없다.

해답

$$D_i=\frac{1}{2}\rho V^2C_{Di}S,\ C_{Di}=\frac{C_L^2}{\pi eAR}$$

여기서, C_{Di} : 유도항력계수
AR : 가로세로비
e : 날개효율계수(타원형은 $e=1$)

유도항력은 가로세로비에 반비례한다.
날개면적은 동일하고 날개길이를 2배로 할 경우 $AR=\frac{b^2}{S}$이므로 가로세로비는 4배 증가하여 유도항력은 $\frac{1}{4}$로 감소한다.

08 날개에서 항력발산(Drag Divergence)이라고 하는 것은?

① 받음각이 큰 점에서 항력이 최대가 되는 현상
② 받음각이 작은 점에서 항력이 최대가 되는 현상

[정답] 02 ② 03 ④ 04 ④ 05 ① 06 ② 07 ② 08 ④

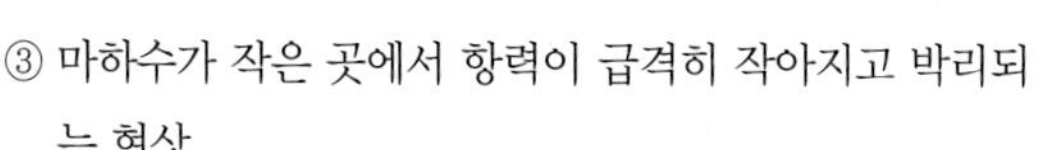

③ 마하수가 작은 곳에서 항력이 급격히 작아지고 박리되는 현상
④ 마하수가 큰 곳에서 충격파 때문에 항력이 커지는 현상

해답

항력발산
마하수가 증가함에 따라 항력이 급격히 증가하는 현상을 말하며, 그 때의 마하수를 항력발산마하수라 한다.

09 층류날개골에서 말하는 항력버킷(Drag Bucket)이라고 하는 것은?

① 받음각이 큰 점에서 항력이 최대가 되는 현상
② 받음각이 작은 점에서 항력이 최대가 되는 현상
③ 받음각이 작은 점에서 항력이 급격히 작아지고 유리하게 되는 상태
④ 받음각이 큰 곳에서 층력 때문에 항력이 급격히 커지는 현상

해답

항력버킷
6자형 날개골(층류 날개골)에서 항력이 작아지는 부분을 항력버킷(Drag Bucket)이라 하는데, 이것은 양항 극곡선에서 어떤 양력계수 부근에서 항력계수가 갑자기 작아지는 부분을 말한다(그림에서 B 부분)

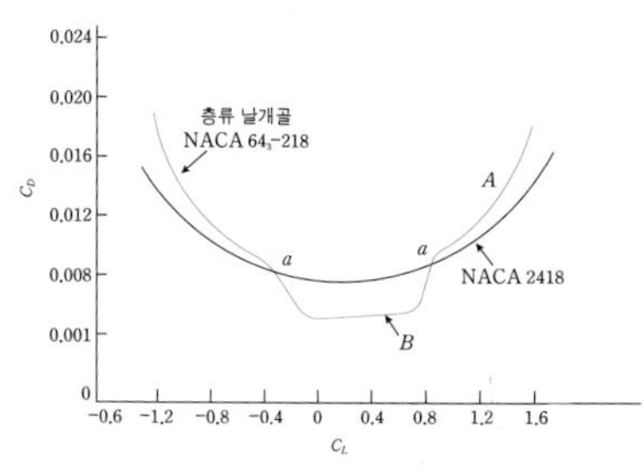

10 날개의 항력은 아음속의 경우 다음과 같다. 맞는 것은?

① 마찰항력, 압력항력 ② 형상항력, 유도항력
③ 마찰항력, 유도항력 ④ 압력항력, 조파항력

해답

① 유도항력 : 날개가 흐름 속에 있을 때 날개 윗면의 압력은 작고 아랫면의 압력은 크기 때문에 날개 끝에서 흐름이 아랫면에서 윗면으로 올라가는 와류현상이 생긴다. 이 날개끝와류로 인하여 날개에는 내리흐름이 생기게 되고, 이 내리흐름으로 인하여 유도항력이 발생한다. 비행기 날개와 같이 날개끝이 있는 것에는 반드시 유도항력이 발생한다.
② 조파항력 : 날개에 초음속흐름이 형성이 되면 충격파가 발생하게 되고 이 때문에 발생되는 항력을 조파항력이라고 한다.
③ 형상항력 : 날개의 압력항력과 표면마찰항력을 합한 항력을 말한다.

11 초음속흐름에서 날개골(Airfoil)에 작용하는 항력은?

① 압력항력(형상항력)
② 표면마찰항력
③ 압력항력+표면마찰항력
④ 형상항력+조파항력

해답

형상항력=압력항력+마찰항력
이는 물체의 모양에 따라서 크기가 달라지는 항력이다. 조파항력은 초음속흐름에 의한 충격파 때문에 생기는 항력이다.

12 일반적으로 항력계수 C_D는?

① 항상+값이며 C_D와 받음각과의 관계는 양력곡선과 같다.
② 받음각이 − 값이면 C_D도 − 값을 갖는다.
③ 수직강하 시에는 C_D는 − 값이며 언제나 + 값이다.
④ 받음각이 − 값이어도 C_D는 항상 + 값이다.

해답

받음각(α)와 항력계수(C_D)의 관계
- 받음각의 변함에 따라 항력계수가 달라진다.
- 받음각이 실속각에 도달하면 항력계수는 급격히 증가한다.
- 받음각이 (−) 값이 되더라도 항력계수는 항상 (+) 값을 갖는다.

13 고속 비행기에서 사용되는 층류 날개골(Laminar Airfoil)의 특성 중 옳지 않은 것은?

[정답] 09 ③ 10 ② 11 ④ 12 ④ 13 ③

① 속도변화에 대하여 항력감소효율이 좋다.
② 날개표면의 흐름을 가능한 한 층류경계층으로 만들 수 있다.
③ 날개표면의 흐름에서 천이를 앞당길 수 있다.
④ 최소항력계수를 작게 하는 효과가 있다.

해답

층류 날개골(Laminar Airfoil)

속도가 빠른 천음속 제트기에 많이 사용되는 날개골로서 NACA 6자 계열이 이에 속한다. 최대두께의 위치를 뒤쪽으로 이동시키고 앞전 반지름을 작게 함으로써 천이를 늦추어 층류를 오랫동안 유지할 수 있고, 충격파의 발생을 지연시켜 항력을 감소시킬 수 있다.

14 날개를 설계할 때 항력발산마하수를 크게 하기 위한 조건은?

① 두꺼운 날개를 사용하여 표면에서 속도를 증가시킨다.
② 가로세로비가 큰 날개를 사용한다.
③ 날개에 뒤 젖힘각을 준다.
④ 유도항력이 큰 날개골을 사용한다.

해답

항력발산마하수를 크게 하기 위한 조건

- 얇은 날개를 사용하여 날개표면에서의 속도 증가를 줄인다.
- 날개에 뒤 젖힘각을 준다.
- 가로세로비가 작은 날개를 사용한다.
- 경계층을 제어한다.

15 날개에서 양력계수를 증가시키는 고양력장치가 아닌 것은?

① 파울러 플랩 ② 드루프 앞전
③ 스피드 브레이크 ④ 크루거 플랩

해답

① 고양력장치 : 파울러 플랩, 드루프 앞전, 크루거 플랩
② 고항력장치 : 항력만을 증가시켜 비행기의 속도를 감소시키기 위한 장치
ⓐ 스피드 브레이크
ⓑ 역추력장치
ⓒ 제동 낙하산

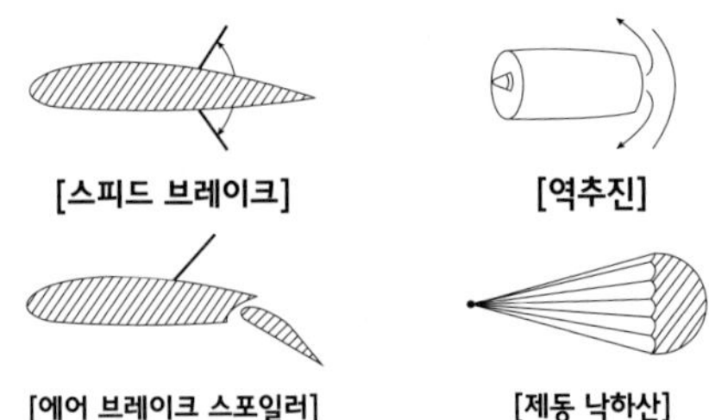

16 최근 제트 여객기에서는 충격파의 발생으로 인한 항력의 증가를 억제하기 위해 시위의 앞부분에 압력 분포를 뾰족하게 하였다. 이 날개의 형태를 무엇이라 하는가?

① 층류 날개골 ② 난류 날개골
③ 피키 날개골 ④ 초임계 날개골

해답

피키 날개골(Peaky Airfoil)

음속에 가까운 속도로 비행하는 최근의 제트 여객기에 있어서 충격파의 발생으로 인한 항력의 증가를 억제하기 위해서 시위 앞부분의 압력 분포를 뾰족하게 만든 날개골을 피키 날개골(Peaky Airfoil)이라고 한다.

17 두께비가 0.1인 완전대칭인 2중 쐐기형 날개골이 마하수가 3인 흐름 속에 받음각 2°로 놓여 있을 때 항력계수는?

① 0.013 ② 0.016
③ 0.023 ④ 0.031

해답

식 (2)에서

$$C_{dw}=\frac{4\alpha^2}{\sqrt{M^2-1}}+\frac{4}{\sqrt{M^2-1}}\left(\frac{t}{c}\right)^2$$

$$=\frac{4\times\left(\frac{2}{57.3}\right)^2}{\sqrt{3^2-1}}+\frac{4\times 0.1^2}{\sqrt{3^2-1}}=0.016$$

초음속흐름에 놓여있는 날개에는 조파항력이 발생한다. 조파항력계수를 C_{dw}라 하면 받음각 α, 마하수 M인 평판 날개골에서는 아커렛(Ackeret) 선형이론에 의하여 다음 식으로 표시된다.

$$C_{dw}=\frac{4\alpha^2}{\sqrt{M^2-1}},\ C_l=\frac{4\alpha}{\sqrt{M^2-1}} \quad \cdots\cdots\cdots\cdots (1)$$

그림과 같은 대칭 2중 쐐기형 날개골에서는 두께 $\left(\frac{t}{c}\right)$가 있으므로 조파항력계수는 다음과 같다.

[정답] 14 ③ 15 ③ 16 ③ 17 ②

$$C_{dw}=\frac{4\alpha^2}{\sqrt{M^2-1}}+\frac{4}{\sqrt{M^2-1}}\left(\frac{t}{c}\right)^2$$

$$C_1=\frac{4\alpha}{\sqrt{M^2-1}} \quad \cdots\cdots\cdots\cdots (2)$$

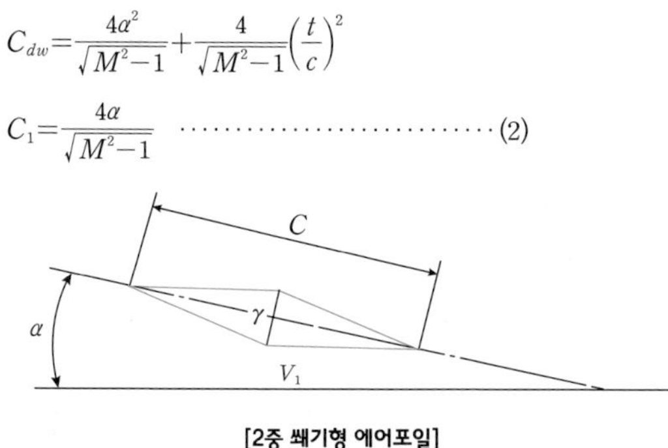

[2중 쐐기형 에어포일]

18 **해면에서 비행기 속도가 360[km/h]일 때 유해항력이 1500[kg] 이라면 등가유해면적은 얼마인가?**

① 5.2[m^2] ② 4.2[m^2]
③ 3.5[m^2] ④ 2.4[m^2]

해답

아래의 "등가유해면적"에 관한 식에서 $D_P=f\times q$이므로

$$f=\frac{D_p}{q}=\frac{1500}{\frac{1}{2}\times\frac{1}{8}\times\left(\frac{360}{3.6}\right)^2}=2.4$$

참고

등가유해면적(f)

비행기에서 유도항력을 제외한 모든 항력을 유해항력(Parasite Drag)이라 하며 이 항력은 등가유해면적(Equivalent Parasite Drag Area)의 크기로 표시된다. 등가 유해면적 f는 항력계수 값이 1이 되는 가상의 평판 면적을 말한다.
f에 대한 항력계수는 1이므로 항력의 식은 등가유해면적(f)에다 동압 $q(\frac{1}{2}\rho V^2)$만 곱하면 되기때문에 유해항력 계산에 아주 편리하다. 유해항력을 D_P라 하면 식은 $D_P=f\times q$이다.

19 **어떤 초음속기에서는 날개가 부착된 동체 부분의 단면적을 작게 하는데 그 이유는?**

① 동체의 강도를 증가시키기 위한 것이다.
② 연속의 법칙에 의해서 형상항력을 줄이기 위한 것이다.
③ 단면적 법칙에 의해서 조파항력을 줄이기 위한 것이다.
④ 동체를 유선형으로 하여 항력을 줄이기 위한 것이다.

해답

단면적 법칙(Area Rule)

초음속용 항공기에서는 천음속과 초음속항력을 둘 다 최소로 하지 않으면 안 된다. 후퇴 날개나 가로세로비가 작은 날개를 사용하고, 에어포일이나 동체의 날씬비를 크게 하고, 캐노피가 잘 정형이 된다면 이러한 항력의 증가를 감소시킬 수 있다. 그러나 항력증가를 최소화하기 위해서는 비행기를 구성품의 집합체라기 보다 단일체로 고려되지 않으면 안 된다. 이러한 개념이 잘 설명된 것이 NACA의 Whitcomb에 의해서 개발된 단면적의 법칙(Area Rule)이다.
단면적 법칙의 개념은 실험에 근거를 둔 것으로서 다음과 같다. 천음속과 초음속에서 가로세로비가 작은 물체 주위의 흐름은 똑같은 단면적 분포를 갖는 회전제 주위의 흐름과 유사하다. 회전체의 길이에 따라 단면적의 급격한 변화는 돌출부가 없을 때가 있을 때보다 힝력이 작아진다. 따라서, 가로세로비가 작은 비행기의 항력은 날개나 동체를 포함하는 모든 부분에서의 단면적 분포가 가능한 한 완만해야 한다는 것이다.
이러한 개념을 만족시켜주기 위해서는 동체의 단면적은 날개나 꼬리부분이 있는 곳은 면적증가를 보상해 주기 위해 단면적을 감소시키지 않으면 안 된다. 실험결과에 의하면 이 단면적 법칙을 적용시킬 경우, 천음속항력이 크게 감소한 것으로 되어 있다. 천음속 범위에서 $C_{DP\max}/C_{DP\min}$의 비를 2까지 감소시킬 수 있다.

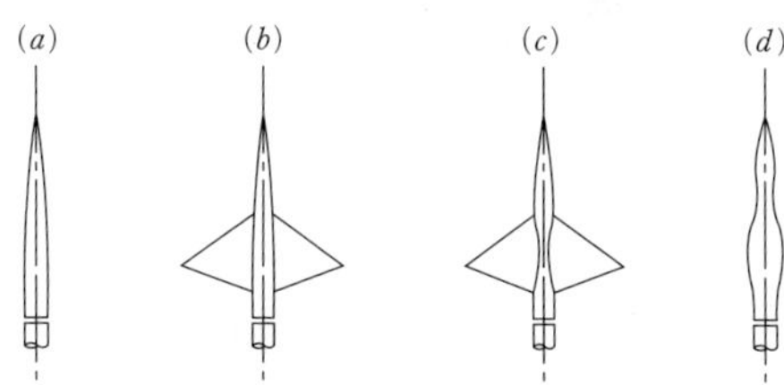

[단면적 법칙의 예시]

5 비행기의 성능

01 **어떤 비행기가 해면상을 500[km/h]의 속도로 비행하고 있다. 날개면적이 130[m]이고 항력계수가 0.029 일 때 필요마력은?**

① 8,417 ② 8,500
③ 9,200 ④ 9,500

해답

항력 D[kgf]인 비행기가 정상 수평비행을 할 때 속도 V[m/s]를 내기 위한 필요마력은 다음 식으로 표시된다.

필요마력을 P_r이라 하면, $P_r=\frac{DV}{75}$

여기서, 75로 나눈 것은 마력의 단위(1마력=75[kg·m/s])로 하기 위함이다.

[정답] 18④ 19③ 01①

$$P_r=\frac{DV}{75}=C_D\times\frac{1}{2}\rho V^2S\times\frac{V}{75}=\frac{1}{150}C_D\rho V^3S$$

$$P_r=\frac{DV}{75}=\frac{C_D\frac{1}{2}\rho V^3S}{75}$$

$$=\frac{0.029\times\frac{1}{2}\times\frac{1}{8}\times\left(\frac{500}{3.6}\right)^3\times130}{75}=8417.10$$

02 어떤 제트 비행기가 1,000[kg]의 추력을 사용해서 300[km/h]의 속도로 수평비행을 하고 있다. 이용마력은 얼마인가?

① 1,200 ② 1,111
③ 1,085 ④ 1,035

해답

속도를 V, 이용추력을 T라 하면 이용마력 $P_a=\frac{TV}{75}$

$$P_a=\frac{TV}{75}=\frac{1{,}000\times\frac{300}{3.6}}{75}=1{,}111.11$$

03 비행 중인 비행기의 항력이 추력보다 크면?

① 감속전진 비행을 한다. ② 등속도 비행을 한다.
③ 그 자리에 정지한다. ④ 가속전진한다.

해답

T : 추력, D : 항력 일때
- 가속도비행 : $T>D$
- 등속도비행 : $T=D$
- 감속도비행 : $T<D$

04 비행기가 상승하려면 어떤 조건이어야 하는가?

① 이용마력 > 필요마력 ② 이용마력 = 필요마력
③ 이용마력 < 필요마력 ④ 이용마력 ≤ 필요마력

해답

상승률에 대한 식

$$RC=\frac{75(P_a-P_r)}{W}$$

이용마력(P_a)에서 필요마력(P_r)을 뺀 여유마력이 클수록 상승률은 좋아진다. 따라서 상승하려면 이용마력(P_a)이 필요마력(P_r)보다 커야한다.

05 비행기가 공중에서 무동력으로 급강하 할 때 어떤 현상이 일어나는가?

① 속도는 접지할 때까지 무제한 증가한다.
② 속도가 어느 값에 도달하면 그 이상 증가하지 않는다.
③ 급강하를 시작할 때의 강하속도를 그대로 유지한다.
④ 수평비행시의 최대속도와 같은 속도로 급강하한다.

해답

활공비행의 한 종류인 급강하는 활공각 $\theta=90°$인 경우에 해당하며 비행기에 작용하는 힘은 무게 W와 항력 D가 된다. 처음에는 가속도로 강하하다가 무게 W와 항력 D가 같게 되면 그 이상 속도가 증가하지 않고 등속도로 강하한다.
이때의 속도(V_T)를 극한속도(Terminal Velocity) 또는 종극속도라 한다.

(식) $V_T=\sqrt{\frac{2}{\rho}\cdot\frac{W}{S}\cdot\frac{1}{C_D}}$

06 비행기 무게가 7,700[kg], 날개면적이 60[m], 최대양력계수 1.56으로 해면상을 비행할 때 실속속도는?

① 250.1[km/h] ② 150.6[km/h]
③ 140.1[km/h] ④ 130.6[km/h]

해답

비행기의 받음각이 커지면 양력계수가 증가해서 속도는 감소할 수 있으나, 어느 정도의 최소속도가 있기 때문에 그 이하의 속도로는 비행할 수가 없다. 그 이유는 다음과 같다.

$W=L=C_L\frac{1}{2}\rho V^2S$에서 $V=\sqrt{\frac{2W}{\rho SC_L}}$로 되어 받음각이 증가하면 C_L도 증가하고 V는 감소한다.
그러나 받음각을 증가시켜도 C_L은 최대양력계수($C_{L\max}$)보다 커지지 않으며, 최대양력계수일 때의 받음각을 실속각이라 한다.
받음각이 실속각이 되면 V는 최소로 된다. 이것을 최소속도 또는 실속속도라 부르고, $V_{\min}$으로 표시하면

$V_{\min}=\sqrt{\frac{2}{\rho}\cdot\frac{W}{S}\cdot\frac{1}{C_{L\max}}}$ 가 된다.

이때 속도를일반적으로 실속속도(Stalling Velocity)라 부른다.
따라서 실속속도 V는

$$V_s=\sqrt{\frac{2}{\rho}\cdot\frac{W}{S}\cdot\frac{1}{C_{L\max}}}=\sqrt{2\times8\times\frac{7700}{60}\times\frac{1}{1.56}}$$

$$=36.28[\text{m/s}]=130.6[\text{km/h}]$$

[정답] 02 ② 03 ① 04 ① 05 ② 06 ④

07 **프로펠러 효율이 80[%], 날개면적이 20[m], 엔진 출력이 1,500마력으로 540[km/h]의 속도로 해면상을 비행할 때 항력계수는 얼마인가?**

① 0.019 ② 0.021
③ 0.018 ④ 0.024

해답

수평비행할 때 필요마력 : $P_r=\frac{DV}{75}$와 이용마력 : $P_a=P\times\eta$은 같으므로 두 식을 같게 놓으면

$$P\times\eta=\frac{DV}{75}=\frac{C_D\frac{1}{2}\rho V^3 S}{75}=$$이므로

$$C_D=\frac{P\times\eta\times 75}{\frac{1}{2}\rho V^3 S}=\frac{1{,}500\times 0.8\times 75}{\frac{1}{2}\times\frac{1}{8}\times\left(\frac{540}{3.6}\right)^3\times 20}=0.021$$

08 **날개면적 25[m^2], 수평비행속도 100[km/h]로 해면에서 수평등속도로 비행하는 항공기의 무게는? (단, 양력계수는 0.649이다.)**

① 728[kg] ② 756[kg]
③ 783[kg] ④ 750[kg]

해답

수평등속도 비행시 $W=L=C_L\frac{1}{2}\rho V^2 S$이므로

$$W=C_L\frac{1}{2}\rho V^2 S=0.649\times\frac{1}{2}\times\frac{1}{8}\times\left(\frac{100}{3.6}\right)^2\times 25=782.45[kg]$$

09 **수평최대속도에서 이용마력과 필요마력이 같아지는데 이 속도를 되도록 크게 하려면?**

① 고도가 낮을 수록 좋다.
② 날개면적이 클수록 좋다.
③ 양력계수가 클수록 좋다.
④ 이용마력이 클수록 좋다.

해답

아래 그림은 제트 비행기와 프로펠러 비행기의 이용마력과 필요마력곡선이다.

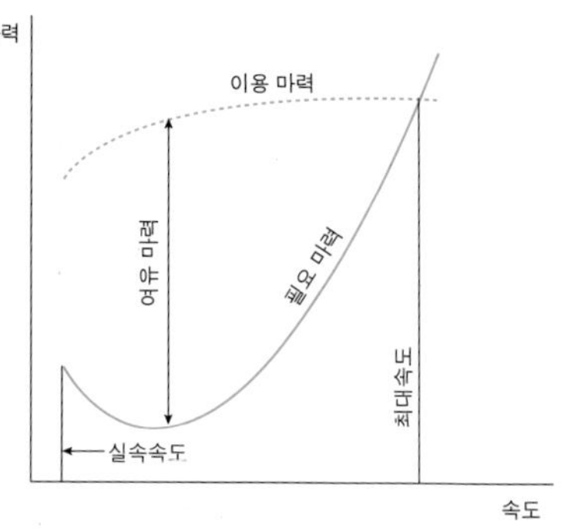

(a) 프로펠러기

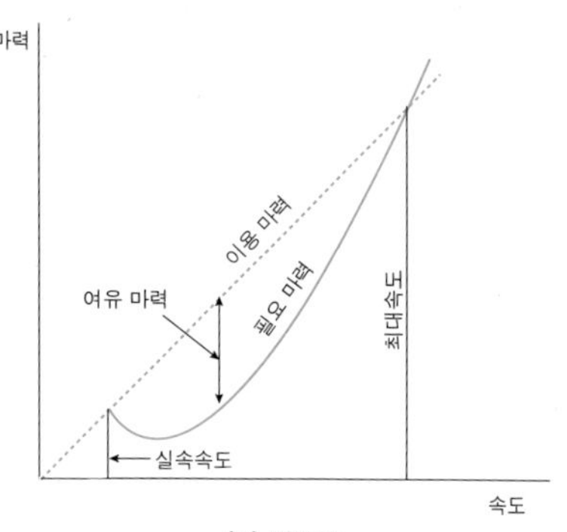

(b) 제트기

[마력곡선]

그림에서 알 수 있드시 이용마력이 클수록 최대수평속도는 증가한다.

10 **무게 3,800[kg]인 비행기가 고도 2,000[m] 상공에서 288[km/h]의 속도로 상승비행하고 있다. 250마력짜리 4개의 기관을 장비하고 있는 비행기의 항력은 400[kg]이다. 프로펠러 효율이 80[%]일 때 상승률은?**

① 7.4[km/s] ② 8.5[km/s]
③ 9.7[km/s] ④ 10.1[km/s]

해답

상승률에 대한식 $R.C.=\frac{75(P_a-P_r)}{W}$에서

$$R.C.=\frac{75(P_a-P_r)}{W}=\frac{75\times\eta\times p-75\times\frac{DV}{75}}{W}$$

$$=\frac{75\times 0.8\times 250\times 4-400\times\frac{288}{3.6}}{3{,}800}=7.36[m/s]$$

[정답] 07 ② 08 ③ 09 ④ 10 ①

11 **절대상승한계(Absolute Ceiling)라 함은 상승률이 얼마인 고도를 말하는가?**

① 0.5[m/s]되는 고도를 말한다.
② 0[m/s]되는 고도를 말한다.
③ 5[m/s]되는 고도를 말한다.
④ 2.5[m/s]되는 고도를 말한다.

해답

고도가 점점 높아지면 공기가 희박하기 때문에 이용마력은 점점 작아지고, 그에 따라 여유마력도 작아져서 상승률이 작아지게 된다. 어느 고도까지 상승하면 이용마력과 필요마력이 같아져서 상승률이 영이 되는데, 이때의 고도를 절대상승한계(Absolute Ceiling)라 한다. 이 고도는 비행기가 상승할 수 있는 최대의 고도가 되나, 절대상승한계까지 상승하는데 많은 시간이 소요되고 실측하기도 곤란하므로, 상승률이 0.5[m/s]되는 고도를 실용상승한계(Service Ceiling)라 한다.
실용상승한계는 절대상승한계의 약 80~90[%]가 된다. 그리고 실제로 비행기가 운용할 수 있는 고도를 운용상승한계라 하고, 이 고도는 상승률이 2.5[m/s]되는 고도를 말한다.

12 **기관출력이 300마력, 순항속도가 290[km/h], 프로펠러 효율이 80[%]인 비행기의 추력은?**

① 187[kg] ② 223[kg]
③ 202[kg] ④ 119[kg]

해답

수평등속비행시 $T=D$이고

필요마력 $P_r=\frac{DV}{75}$와 이용마력 $P_a=P\times\eta$은 같으므로

두 식을 같게 놓으면

$P\times\eta=\frac{TV}{75}$, $T=\frac{P\times\eta\times75}{V}=\frac{300\times0.8\times75}{\left(\frac{290}{3.6}\right)}=223[\text{kg}]$

13 **비행기의 무게가 7[ton], 날개면적이 25[m²]되는 비행기가 해면상을 시속 900[km]로 수평비행할 때 양력계수는?**

① 0.056 ② 0.86
③ 0.072 ④ 0.066

해답

수평등속도 비행시 $W=L=C_L\frac{1}{2}\rho V^2S$이므로

$$C_L=\frac{W}{\frac{1}{2}\rho\times V^2\times S}=\frac{7000}{\frac{1}{2}+\frac{1}{8}+\left(\frac{900}{3.6}\right)^2\times25}=0.07168$$

14 **다음 조건 중에서 항공기의 상승률을 나쁘게 하는 것은?**

① 무게가 적을수록
② 이용마력이 클수록
③ 프로펠러 효율이 클수록
④ 필요마력이 클수록

해답

상승률에 대한식 $R.C.=\frac{75(P_a-P_r)}{W}$ 에서 필요마력이 클수록 상승률은 나빠진다.

15 **비행기가 활공하고 있을 때의 활공각에 대한 올바른 설명은?**

① 활공속도가 작으면 활공각도가 작다.
② 비행기 무게가 크면 활공각도가 크다.
③ 양항비가 크면 활공각은 크다.
④ 양항비와 활공각은 반비례한다.

해답

활공각(θ)에 대한 식은 $\text{tna}\theta=\frac{C_D}{C_L}$이다.

여기서 활공각 θ는 양항비 $\left(\frac{C_L}{C_D}\right)$에 반비례하게 된다. 즉, 멀리 활공하려면 θ가 작아야 되며, θ가 작으려면 양항비가 커야 한다.

16 **양력계수(C_L)와 항력계수(C_D)가 일정한 값으로 비행한다면 필요마력(P_r)은?**

① $P_r\propto W^{\frac{1}{2}}$ ② $P_r\propto W^{\frac{3}{2}}$
③ $P_r\propto W^2$ ④ $P_r\propto W^{\frac{2}{3}}$

[정답] 11 ② 12 ② 13 ③ 14 ④ 15 ④ 16 ②

해답

필요마력에 대한 식은 다음과 같다.

$P_r = \frac{W}{75}\sqrt{\frac{2}{\rho} \times \frac{C_D^2}{C_L^3} \times \frac{W}{S}}$

이 식에서 필요마력(P_r)은 $W^{\frac{3}{2}}$에 비례한다.

17 어떤 비행기가 고도 1,200[m] 상공에서 기관이 정지한 경우 양항비가 11인 상태로 활공한다면 도달할 수 있는 수평거리는?

① 10,000[m] ② 12,000[m]
③ 13,200[m] ④ 23,000[m]

해답

활공거리=고도×양항비이므로
활공거리=1,200×11=13,200[m]

18 엔진출력이 350마력이고 312[km/h]의 속도로 수평등속비행 중인 비행기의 전항력은?(단, 프로펠러 효율은 0.8이다.)

① 158[kg] ② 202[kg]
③ 242[kg] ④ 260[kg]

해답

수평등속비행할 때 필요마력 $P_r = \frac{DV}{75}$와 이용마력 $P_a = P \times \eta$은 같으므로 두 식을 같게 놓으면

$D = \frac{P \times \eta \times 75}{V} = \frac{350 \times 0.8 \times 75}{\frac{312}{3.6}} = 242.30[kg]$

19 비행기가 110[km/h]로 비행시 100[kg]의 항력이 작용하였다. 이 비행기의 속도가 150[km/h]일 때 작용하는 항력은?

① 100[kg] ② 225[kg]
③ 186[kg] ④ 250[kg]

해답

항력은 속도제곱에 비례하므로 $D = 100 \times \left(\frac{150}{110}\right)^2 = 185.95[kg]$

20 형상항력은 다음과 같은 항력으로 나눌 수 있다. 이 중에 해당되지 않는 것은?

① 유도항력 ② 마찰항력
③ 압력항력 ④ 점성항력

해답

형상항력
날개의 압력항력과 표면마찰항력을 합한 항력을 말한다.

21 활공기의 최소 침하속도의 조건은?

① $C_L^{\frac{3}{2}}/C_D$가 최대일 때이다.
② C_L/C_D가 최대일 때이다.
③ $C_L^{\frac{1}{2}}/C_D$가 최대일 때이다.
④ C_L/C_D가 최소일 때이다.

해답

활공기의 최소침하조건은 동력비행의 최소 필요마력 조건과 같다. 따라서 $C_L^{\frac{3}{2}}/C_D$가 최대일 때이다.

22 무게 3,000[kg]의 비행기가 양항비 6으로 수평등속도 비행할 때 추력은?

① 300[kg] ② 400[kg]
③ 500[kg] ④ 600[kg]

해답

정상 수평비행인 항공기에는 양력(L), 항력(D), 추력(T)와 중력(W)가 작용한다.
비행기에 작용하는 힘은 평형이 되어 있지 않으면 안 된다. 따라서,
- 비행기의 비행방향에 대해서는 $D=T$
- 수직방향에 대해서는 $L=W$

이 두 식을 나누면 $T = \frac{W}{\frac{L}{D}}$가 된다. 따라서 $T = \frac{3,000}{6} = 500[kg]$

23 수평비행 상태에서 다음 설명 중 틀린 것은?

① 마력이 커지면 속도가 증가한다.
② 양력계수가 클수록 속도는 증가한다.

[정답] 17 ③ 18 ③ 19 ③ 20 ① 21 ① 22 ③ 23 ②

기출+예상

③ 항력계수가 작을수록 속도는 증가한다.

④ 과급기가 없는 경우에는 고도가 증가함에 따라 감속된다.

해답

$L=C_L\frac{1}{2}\rho V^2S$에서 양력계수는 속도의 제곱에 반비례한다.
따라서 양력계수가 클수록 속도는 감소된다.

24 **절대상승고도에서 이용마력(P_a)과 필요마력(P_r)의 관계는?**

① $P_a>P_r$　② $P_a<P_r$
③ $P_a=P_r$　④ 이상 정답이 없다.

해답

상승률에 대한 식은 $R.C.=\frac{75(P_a-P_r)}{W}$이므로
상승률이 0인 절대상승고도에서는 $P_a=P_r$이 된다.

25 **무게 3,000[kg]의 비행기가 상승비행을 하고 있다. 이때 여유마력이 4,000마력이라면 상승률은?**

① 70[m/s]　② 100[m/s]
③ 150[m/s]　④ 180[m/s]

해답

$R.C.=\frac{75(P_a-P_r)}{W}=\frac{75\times4,000}{3,000}=100[m/s]$

26 **최대경제속도를 올바르게 설명한 것은?**

① 필요마력이 최소로 되는 비행속도이다.
② 필요마력이 최대로 되는 비행속도이다.
③ 이용마력과 필요마력이 동일하게 되는 비행속도
④ 이용마력이 필요마력보다 클 때의 속도

해답

최대경제속도
필요마력이 최소가 되는 속도로 가장 오래동안 비행할 수 있고, 최소의 연료 소모로 비행이 가능하다.

27 **날개면적과 날개골은 변화하지 않고 활공비만 크게 하려면 어떻게 하여야 하는가?**

① 가로세로비를 크게 한다.
② 가로세로비를 적게 한다.
③ 가로세로비에 관계없이 삼각형 날개로 한다.
④ 사각형 날개로 한다.

해답

활공비$=\frac{L}{h}=\frac{C_L}{C_D}=\frac{1}{\tan\theta}$양항비이므로 멀리 활공하려면 활공각($\theta$)이 작아야 한다. θ가 작기 위해서는 양항비$\left(\frac{C_L}{C_D}\right)$가 커야 하며, 양항비는 가로세로비를 크게 하면 증가한다.

28 **상승률(Rate of Climb) $R.C.$에 대한 다음 식에서 맞는 것은?**

① $R.C.=$(이용추력−필요추력)/무게
② $R.C.=$잉여추력/무게
③ $R.C.=$여유마력/무게
④ $R.C.=$(필요마력−여유마력)/무게

해답

$R.C.=\frac{75\times \text{여유마력}}{W}$
여유마력=이용마력−필요마력

29 **비행기의 속도에 대한 다음 사항 중 틀린 것은?**

① 마력이 커지면 속도가 증가한다.
② 날개하중이 작을수록 속도는 커진다.
③ C_D가 적을수록 속도는 커진다.
④ 과급기가 없는 경우는 고도가 증가함에 따라 감속한다.

해답

$W=L=C_L\frac{1}{2}\rho V^2S$에서 $V=\sqrt{\frac{2W}{\rho SC_L}}$이므로
속도는 날개하중(W/S)에 비례한다.

[정답] 24 ③　25 ②　26 ①　27 ①　28 ③　29 ②

30 최대이륙무게와 최대착륙무게의 제한치에 차이를 둔 비행기가 있다면 그 이유는?

① 체공 중에 연료를 소비하기 때문
② 설계의 편의상
③ 유상하중을 크게 하기 위하여
④ 착륙장치의 강도상

해답

비행기는 착륙할 때 충격으로 인한 동적하중을 받기 때문에 이륙시보다 큰 하중이 착륙장치에 작용하게 된다. 보통 경비행기에는 무게에 비해 착륙장치의 강도가 크기 때문에 이·착륙무게에 제한치를 두지 않지만, 여객기에는 제한치를 둔다.

31 날개하중(Wing Loading)은 다음 어느 것에 가장 관계가 있는가?

① 상승률의 증가 ② 이륙거리의 단축
③ 항속거리의 연장 ④ 최대속도의 향상

해답

이륙거리를 구하는 식 $S_t=\frac{W}{2g}\times\frac{V^2}{F_m}$에서 이륙 거리는 속도($V$)의 제곱에 비례한다.

즉 $V^2=\frac{2}{\rho C_L}\left(\frac{W}{S}\right)$이므로 날개하중 $\left(\frac{W}{S}\right)$에 비례하게 된다.

32 이륙단념속도(V_1)라는 것은?

① 최단 착륙 활주를 가능케 하는 속도
② 최단 이륙 활주를 가능케 하는 속도
③ 착륙 중단 시 급정거에 요하는 속도
④ 이륙 중단이 가능한 상태에서의 속도

해답

항공기가 이륙활주 중에 어떤 속도에서 임계발동기(시계방향으로 회전하는 쌍발프로펠러 비행기에서는 왼쪽의 기관, 4발기에서는 왼쪽 2개의 기관)가 정지했을 때 나머지 엔진을 사용하여 이륙이 가능한 비행기 속도를 V_1속도라 한다. V_1속도보다 작을 경우는 제동장치를 사용하여 이륙을 단념해야 한다. 이 V_1속도를 이륙단념속도(Refusal Speed)라 한다.

33 다발비행기가 이륙 중 1개의 발동기에 고장이 생겼다. 다음 조치 중 타당한 것은?

① V_1, V_2속도에 불구하고 이륙한다.
② V_1, V_2속도에 불구하고 이륙을 중지한다.
③ V_1속도 이상이면 이륙한다.
④ V_1과 V_2의 중간 속도에서 이륙한다.

해답

V_1속도를 이륙단념속도(Refusal Speed), V_2를 비행기의 안전이륙속도라 하며 이 속도는 실속속도의 1.2배가 된다.
V_1속도 이상이면 이륙을 단념하여 정지하는 활주거리보다 이륙거리가 더 짧으므로 가속하여 이륙하는 것이 좋다.

34 최량경제속도란 무엇인가?

① 필요마력이 최소인 비행속도이다.
② 필요마력이 최대인 비행속도이다.
③ 이용마력과 필요마력이 동일한 비행속도이다.
④ 이용마력이 필요마력보다 클 때의 비행속도이다.

해답

필요마력이 최소일 때에 순항비행 시 연료가 가장 적게 소요되기 때문에 최량경제속도이나 순항비행속도는 이보다 조금 큰 최대항속거리속도로 비행한다.

35 제트 비행기가 최대항속거리 상태로 비행하려면?

① C_L/C_D가 최대 ② $C_L^{\frac{1}{2}}/C_D$가 최대
③ $C_L^{\frac{3}{2}}/C_D$가 최대 ④ C_L/C_D가 최소

해답

제트 비행기에서 항속거리 및 항속시간에 대한 식은 다음과 같다.

항속거리 : $R=\frac{2.828}{C_t\sqrt{\rho S}}\times\frac{C_L^{\frac{1}{2}}}{C_D}\times(\sqrt{W_0}-\sqrt{W_1})$

항속시간 : $E=\frac{1}{C_t}\times\left(\frac{C_L}{C_D}\right)\times ln\frac{W_0}{W_1}$

여기서, W_0 : 이륙무게, W_1 : 착륙무게,
C_t : 제트기관의 연료소비율(kg/추력/시간)

제트 비행기에서는 $\frac{C_L^{\frac{1}{2}}}{C_D}$이 최대일 때 항속거리가 최대가 되고 양항비 $\frac{C_L}{C_D}$가 최대인 경우에는 항속시간이 최대가 된다.

[정답] 30 ④ 31 ② 32 ④ 33 ③ 34 ① 35 ②

36 제트 비행기에서 양항비가 최대일 때 설명으로 맞는 것은?

① 최대의 상승률을 나타냄
② 최대의 항속거리를 나타냄
③ 최대의 항속시간을 나타냄
④ 최대의 하강률을 나타냄

해답

윗 문제의 해설에서 설명한 바와 같이 양항비(C_L/C_D)가 최대일 때 항속시간이 최대가 된다.

37 다음은 착륙활주거리에 관계되는 것들이다. 틀린 것은?

① 양력계수가 클수록 작아진다.
② 활주로의 마찰계수에 반비례한다.
③ 양항비가 작을수록 작아진다.
④ 착륙속도제곱에 반비례한다.

해답

착륙거리(S_ℓ)는 다음과 같은 약산식을 사용하여 구한다.

$$S_\ell=\frac{V_{\min}^2}{2g\left(\frac{D}{L}+\mu\right)}$$

여기서, $V_{\min}$: 최소속도(착륙속도), μ : 활주로의 마찰계수,
$\frac{D}{L}$: 양항비의 역수

따라서 착륙활주거리는 착륙속도제곱에 비례한다.

38 프로펠러 비행기에서 최대항속시간을 얻기 위한 자세는?

① $\sqrt{(C_D/C_L{}^3)_{\min}}$ 상태 ② $\sqrt{(C_L{}^2/C_D{}^3)_{\min}}$ 상태
③ $\sqrt{(C_D{}^2/C_L{}^3)_{\min}}$ 상태 ④ $\sqrt{(C_D{}^2/C_L{}^3)_{\min}}$ 상태

해답

프로펠러 비행기(왕복기관)의 항속거리 및 항속시간에 대한 식은 다음과 같다.

항속거리 : $R=\frac{\eta}{C}\times\frac{C_L}{C_D}\times \ell n\frac{W_0}{W_1}$

항속시간 : $E=\frac{\eta}{C}\times\frac{C_L^{\frac{3}{2}}}{C_D}\times\sqrt{2\rho S}\left(\frac{1}{\sqrt{W_1}}-\frac{1}{\sqrt{W_0}}\right)$

여기서, η : 프로펠러효율, c : 연료소비율(kg/마력/시간)
W_0 : 이륙무게, W_1 : 착륙무게

식에서 보면 알 수 있듯이 최대항속거리는 양항비 $\frac{C_L}{C_D}$가 최대일 때 생기며 최대항속시간은 $\frac{C_L^{\frac{3}{2}}}{C_D}$이 최대인 자세로 비행할 때이며 이는 $C_D/C_L^{\frac{3}{2}}$ 값이 최소일 때이다.

39 최소속도 30[m/sec], 양항비 3.7, 활주로의 마찰계수가 0.08인 경우 착륙활주거리는?

① 131[m] ② 360[m]
③ 220[m] ④ 280[m]

해답

착륙거리(S_ℓ)는 다음과 같은 약산식을 사용하여 구한다.

$$S_\ell=\frac{V_{\min}^2}{2g\left(\frac{D}{L}+\mu\right)}$$

여기서, $V_{\min}$: 최소속도(착륙속도), μ : 활주로의 마찰계수,
g : 중력가속도

$$S_\ell=\frac{V_{\min}^2}{2g\left(\frac{D}{L}+\mu\right)}=\frac{30^2}{2\times 9.8\left(\frac{1}{3.7}+0.08\right)}=131.09[\text{m}]$$

6 기동비행

01 비행기가 경사각 60°로 등고도 선회비행을 하고 있다. 양력은 중력의 몇 배 작용하고 있는가?

① 1배 ② 2배
③ 3배 ④ 4배

해답

어떤 비행 상태에서 양력과 비행기 무게의 비 $\frac{L}{W}$을 하중배수(Load factor)라 하고 n으로 표시한다. 선회비행에서는 $n=\frac{1}{\cos\phi}$이 되고 선회경사각이 60°일 때에는 하중배수(n)는 2가 된다.

$$n=\frac{1}{\cos\phi}=\frac{1}{\cos60}=\frac{1}{0.5}=2$$

[정답] 36 ③ 37 ④ 38 ④ 39 ① 01 ②

02 **수평비행에서의 실속속도가 80[km/h]인 비행기가 경사각 60°로 정상 선회할 때의 실속속도는?**

① 100[km/h] ② 113[km/h]
③ 150[km/h] ④ 80[km/h]

해답

수평비행 시의 실속속도를 V_s, 선회 중의 실속속도를 V_{ts}라 하면

$$V_{ts}=\frac{V_s}{\sqrt{\cos\theta}}=\frac{80}{\sqrt{\cos 60}}=\frac{80}{\sqrt{0.5}}=113.13[\text{km/h}]$$

03 **수평비행속도 V의 비행기가 일정한 받음각으로 θ 경사하여 정상 선회할 때 선회속도에 대한 올바른 식은?**

① $V\times\sqrt{\sin\theta}$ ② $V\times\sqrt{1/\sin\theta}$
③ $V\times\sqrt{\cos\theta}$ ④ $V\times\sqrt{1/\cos\theta}$

해답

V_L 및 V_t를 각각 직선비행 및 선회비행시의 속도라 하면
$V_t=\frac{V_L}{\sqrt{\cos\phi}}$로 되고, 같은 받음각이면 경사각이 클수록 비행기 속도도 크지 않으면 안 된다.

04 **여객기의 제한하중배수는 일반적으로 얼마인가?**

① 1 ② 2
③ 2.5 ④ 4

해답

국제표준으로 아래의 표와 같이 제한하중배수를 설정하여 항공기 운동에 제한을 주고 있다. 여객기를 설계할 때 설계자는 하중배수 2.5에 능히 견딜 수 있도록 설계해야 하며, 또 조종사는 하중배수 2.5를 넘는 조작을 피해야 한다.

[제한하중배수]

감항류별	제한 하중배수(n)	제한운동
A류 (Acrobatic Category)	6	곡예비행에 적합
U류 (Utility Category)	4.4	실용적으로 제한된 곡예비행만 가능 경사각 60° 이상
N류 (Normal Category)	2.25~3.8	곡예비행 불가능 경사각 60° 이내 선회 가능
T류 (Transport Category)	2.5	수송기로서의 운동가능 곡예비행 불가능

05 **수평비행 중인 비행기에 작용하는 [g]는?**

① 0[g] ② 1[g]
③ 0.5[g] ④ 1.5[g]

해답

하중배수 : $n=\frac{L}{W}$이고 수평비행 때 $W=L$ 이므로
$n=1$이 되고 이때의 중력가속도 $g=1$이다.

06 **무게 5,200[kg]의 비행기가 경사각 30°로 정상 선회할 때 원심력은?**

① 2,500[kg] ② 3,002[kg]
③ 3,202[kg] ④ 4,000[kg]

해답

선회에 대한식 $\tan\phi=\frac{L}{W}$의 양변을 W로 곱하면

$W\times\tan\phi=\frac{WV^2}{gR}$=원심력이므로

원심력$=W\times\tan\phi=5{,}200\times\tan 30$
$=5{,}200\times\frac{\sqrt{3}}{3}=3{,}002.22[\text{kg}]$

07 **$V-n$ 선도를 올바르게 설명한 것은?**

① 비행기의 속도와 항력에 의한 하중 관계
② 그 비행기의 운동 가능한 하중의 범위
③ 그 비행기의 속도와 양향비의 관계
④ 비행속도와 하중배수와의 관계

해답

$V-n$ 선도
비행기는 비행 중에 기체의 안전을 고려하여, 작용하는 하중에 제한을 두고 있다. 비행 중에 생길 수 있는 최대의 하중을 제한하중(Limit load)이라 하고, 비행기는 이 제한하중 내에서만 운동하도록 되어 있다. 이 제한하중 내에서 기체의 구조는 변형되거나 기능의 장애를 일으키지 않기 때문에, 이 하중 내에서 비행기의 강도는 안전하다고 볼 수 있다. 항공기의 운용 중 각 부재에 걸리는 하중이 설계시의 제한 하중을 넘으면 몹시위험한 일이다. 따라서 항공기 설계자는 항공기속도 V와 하중배수 n과의 관계를 그린 $V-n$ 선도를 제시하여 항공기의 운동을 제한하고 있다.

[정답] 02 ② 03 ④ 04 ③ 05 ② 06 ② 07 ④

아래 그림은 $V-n$ 선도의 한 예이다. 이 그림은 해당 항공기가 OABCDEF 내부에서 운동을 할 때에 한하여 구조 강도상의 보장을 받을 수 있다는 것을 의미한다. 여기서 V_s는 실속속도, V_A는 설계운동속도, V_B는 최대 돌풍에 대한 속도, V_C는 설계순항속도, V_D는 설계 급강하속도이다.

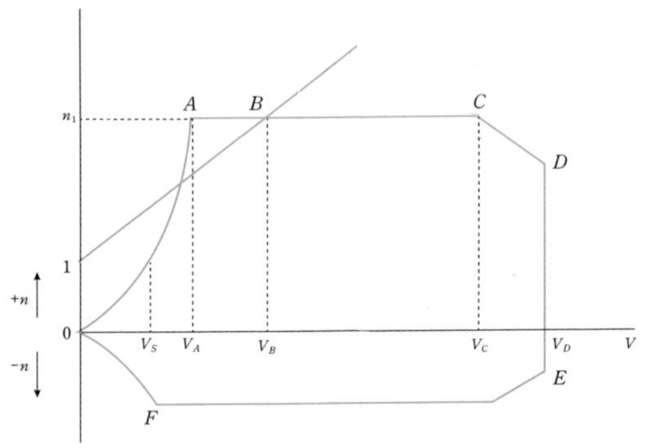

[V-n 선도]

08 어떤 비행기가 방향키만을 조작하여 선회할 경우 기체가 기울어졌다. 그 이유는 무엇인가?

① 프로펠러의 자이로 효과

② 비행기의 설계 불량

③ 속도 저하에 의한 불안정

④ 날개 좌우에 미치는 대기속도의 차이

해답

방향키만으로 선회할 경우 비행기는 빗놀이(Yawing)을 하게 되므로 좌우 날개에 대기 속도의 차이가 생기고 따라서 양력의 차이가 생겨 비행기는 옆놀이(Rolling)를 하여 기울어지게 된다.

09 무게 25,000[kg]의 비행기가 30°로 경사하여 정상 선회 하고 있을 때의 양력은?

① 12,500[kg] ② 21,600[kg]

③ 28,868[kg] ④ 32,000[kg]

해답

정상 선회는 일정 고도에서 선회해야 하므로 다음 식이 성립한다.

$L\cos\phi = W$

$$L=\frac{W}{\cos\phi}=\frac{25{,}000}{\cos 30}=\frac{25{,}000}{\frac{\sqrt{3}}{2}}=28{,}867.51[\text{kg}]$$

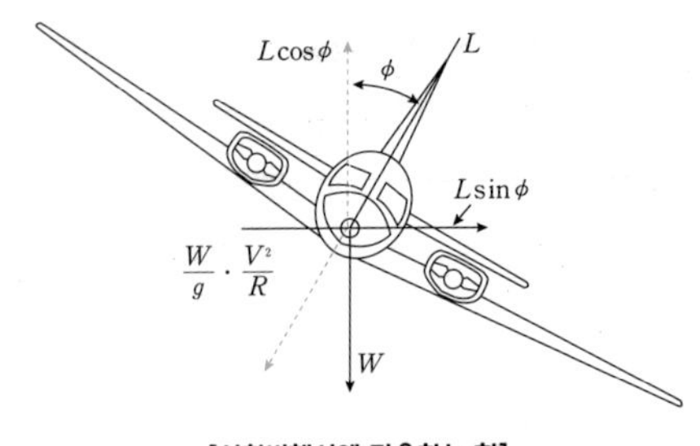

[선회비행시에 작용하는 힘]

10 무게 3,000[kg]인 비행기가 경사각 30°, 선회속도 150[km/h]인 정상 선회를 하고 있을 때 선회반경은?

① 307[m] ② 280[m]

③ 250[m] ④ 210[m]

해답

선회반경(R)에 대한 식에서

$$R=\frac{V^2}{g\times\tan\theta}=\frac{\left(\frac{150}{3.6}\right)^2}{9.8\times\tan 30}=\frac{\left(\frac{150}{3.6}\right)^2}{9.8\times\frac{\sqrt{3}}{3}}=306.84[\text{m}]$$

11 실속속도 360[km/h]인 비행기가 급상승하여 6[g]가 걸렸다면 이때 비행기의 속도는?

① 870[km/h] ② 882[km/h]

③ 890[km/h] ④ 910[km/h]

해답

하중배수 : $n=\frac{V^2}{V_s^2}$

즉 $V=\sqrt{n}\,V_s=\sqrt{6}\times 360=881.81[\text{km/h}]$

12 직선비행 중인 비행기가 도움날개만 사용하여 경사를 주었을 경우 어떤 비행을 하게 되는가?

① 상승비행 ② 선회비행

③ 하강비행 ④ 옆미끄럼비행

해답

직선비행 중인 비행기가 경사하게 되면 선회중심쪽으로 구심력이 생기게 된다. 따라서 비행기는 이 구심력 때문에 옆미끄럼비행을 하게 된다.

[정답] 08 ④ 09 ③ 10 ① 11 ② 12 ④

13 **종극하중(극한하중 : Ultimate Load)이란?**

① 제한하중×3초　② 제한하중×안전계수
③ 제한하중+3초　④ 제한하중+안전하중

해답

비행기에는 예기치 않은 과도한 하중이 작용될 수 있으며, 이 과도한 하중에 기체는 최소한 3초간 안전하게 견딜 수 있도록 설계되어야 한다. 이 과도한 하중을 극한하중(Ultimate Load)이라 한다. 즉, 극한하중은 제한하중에다 항공기의 일반적인 안전계수(Safety Factor) 1.5를 곱한 하중이 된다.
극한하중=제한하중×안전계수(1.5)
따라서, 기체의 모든 부분은 극한하중에 최소한 3초 동안 파괴되지 않도록 설계해야 한다.

14 **항공기 A는 시속 300[km/h]로 비행하고 항공기 B는 시속 450[km/h]로 비행하고 있다. 두 항공기가 각각 1분간에 180° 정상선회를 할 경우 A와 B의 관계는?**

① 선회각속도는 같다.
② A 항공기의 선회각이 크다.
③ B 항공기의 선회각이 크다.
④ A, B 항공기의 선회각이 같다.

해답

$\tan\phi=\dfrac{V^2}{gR}$이므로 속도가 빠를수록 선회각이 커진다.

15 **비행기가 돌풍을 받을 경우의 하중배수(Load Factor)에 대한 다음의 설명에서 틀린 것은?**

① 날개하중(W/S)이 클수록 하중배수는 작다.
② 수직돌풍의 크기가 클수록 하중배수는 크다.
③ 비행기의 양력기울기가 클수록 하중배수는 작다.
④ 비행기의 속도가 클수록 하중배수는 크다.

해답

$$n=1+\frac{\rho KUVa}{\frac{2W}{S}}$$

여기서, n=하중배수, U=돌풍속도, K=반응계수, a=양력기울기

16 **선회비행시 외측으로 외활(Skid)하는 이유는?**

① 경사각은 작고, 원심력이 구심력보다 클 때
② 경사각은 크고, 원심력이 구심력보다 클 때
③ 경사각은 작고, 원심력보다 구심력이 클 때
④ 경사각은 크고, 원심력보다 구심력이 클 때

해답

정상 선회시 원심력과 구심력과의 관계는
구심력($L\sin\theta$)=원심력$\left(\dfrac{WV^2}{gR}\right)$이어야 하고, 선회시 바깥쪽으로 밀리는 이유는 원심력이 구심력보다 크거나 경사각이 작을 때이다.

17 **정상선회(Coordinate Turn)하는 경우에 하중배수와 관계되는 것은 어느 것인가?**

① 날개의 면적　② 경사각
③ 공기밀도　④ 대기속도

해답

선회시 하중배수 $n=\dfrac{1}{\cos\phi}$이다.

7 조종면 이론 및 비행기의 안정성

01 **비행기가 정상수평비행(Trim)을 한다는 것은?**

① $(C_L/C_D)_{\max}$ 상태　② $C_{L\max}$ 상태
③ $C_{mc.g}=0$ 상태　④ $C_L=C_D$ 상태

해답

비행기의 키놀이 운동은 비행기중심(c.g) 주위의 키놀이 모멘트에 의해서 생긴다. 비행기중심 주위의 키놀이 모멘트계수를 $C_{mc.g}$라 하면 기수가 들릴 때는 $+C_{mc.g}$, 기수가 내릴 때는 $-C_{mc.g}$가 되며 정상 수평비행(Trim)상태에서는 $C_{mc.g}=0$이 된다. 이때의 받음각을 평형점(Trim point)이라 한다. 정상 직선비행(Trim) 상태에서는 비행기 무게중심(CG) 주위의 모멘트계수 $C_{mc.g}=0$이 된다.

[정답] 13 ② 14 ③ 15 ③ 16 ① 17 ② 01 ③

02 옆놀이 모멘트계수는 다음 어느 것에 관계되나?

① 받음각 ② 쳐든각
③ 비행기 무게 ④ 날개면적

해답

비행기의 가로안정성은 옆놀이(Rolling) 운동에 대한 안정성을 말한다. 비행기의 날개에 쳐든각을 주게 되면 가로안정성이 좋아진다. 그 이유는 다음과 같다. 아래 그림에서와 같이 비행기가 돌풍 등의 영향으로 오른쪽 날개(조종사기준)가 위쪽으로 올라가는 옆놀이 운동을 하게 되면 비행기는 왼쪽으로 옆미끄럼비행을 하게 되는데 이 때 왼쪽 날개에는 받음각이 커지는 효과가 생겨 양력이 증가하고 오른쪽 날개는 받음각이 작아져서 양력이 감소하는 현상이 생긴다. 이런 이유로 비행기는 다시 원래자세로 되돌아가는 복원 모멘트가 생겨서 가로안정성이 좋아진다. 반대로 쳐진각을 주면 가로안정성이 나빠지나 기동성은 좋아진다. 따라서 후퇴익 전투기는 기동성을 좋게 하기 위하여 쳐진각을 준다.

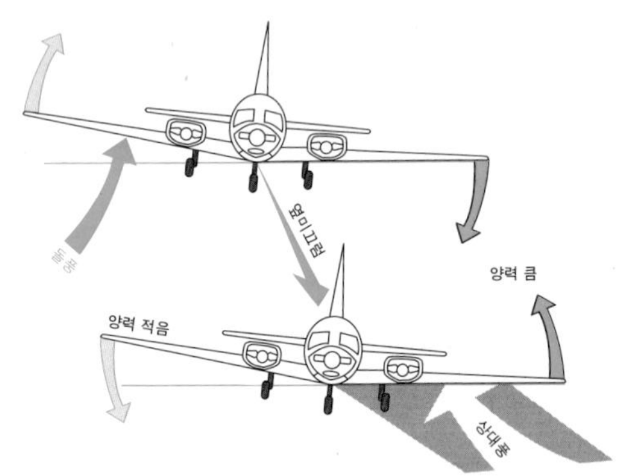

[날개의 쳐든각과 옆놀이 안정성]

03 어떤 받음각으로 비행 중에 돌풍을 받아 받음각이 변할 때 비행기를 원래의 자세로 복원시키는데 관계 없는 것은?

① 수직꼬리날개의 양력
② 수평꼬리날개의 양력
③ 수평꼬리날개의 Hinge 모멘트
④ 공력중심과 수평꼬리날개와의 거리

해답

돌풍에 의한 받음각의 변화는 키놀이(Pitching) 운동에 속하는 것으로 원래의 자세로 복원시키는데 관계되는 것은 수평꼬리날개이며 수직꼬리날개에는 무관하다.

04 비행기에서 세로방향의 동적 안정성이란?

① 키놀이 운동을 할 때 진동적으로 복원하는 성질
② 키놀이 운동을 할 때 초기에 정상으로 복원하는 시점
③ 키놀이 운동이 생기지 않도록 하는 것
④ 키놀이 운동이 증가되도록 하는 것

해답

안정성은 동적 안정(Dynamic Stability)과 정적안정(Static Stability)으로 구분된다. 정적 안정은 평형 상태에 있는 비행기가 어떤 교란을 받았을 경우, 예를 들면 상향돌풍을 받아서 비행기의 받음각이 증가했을 때 반드시 받음각을 감소하려는 힘, 혹은 모멘트(Moment)가 비행기 자체에 생기는 경우를 말하고, 이 힘과 모멘트를 복원력 또는 복원 모멘트라고 부른다.
이것과 반대로 상향돌풍을 받았을 때 반대로 받음각을 증가하려는 힘이나 모멘트가 발생한 경우를 정적 불안정(Static Unstable)이라고 말한다. 또, 교란을 받아도 새로운 힘이나 모멘트가 생기지 않는 경우를 정적 중립(Static Neutral)이라고 한다.
이와 같은 교란에 의해서 새로 생긴 힘과 모멘트는 비행기에 주기적인 진동 운동을 주게 된다. 이 경우 진동이 차차 감소해서 원평형 상태로 되돌아가는 경우를 동적 안정(Dynamic Stability)이라 하고, 반대로 진동이 차차 증가하여 원상태로 되돌아가지 않는 경우를 동적 불안정이라 한다.

05 비행기의 가로안정성에 거의 무관한 것은?

① 큰 날개 ② 동체
③ 프로펠러 ④ 꼬리날개

해답

프러펠러는 가로안정성에 큰 영향을 미치지 않는다.

06 실속속도 100[km/h]인 비행기가 수평비행속도 200[km/h]의 속도에서 급격히 조종간을 최대로 당겨서 잡아챔(pull up)조작을 할 경우 $C.G$ 위치에 놓인 10[kg]의 장비에 작용하는 관성력은?

① 10[kg] ② 20[kg]
③ 30[kg] ④ 40[kg]

해답

하중배수 $n=\frac{V^2}{V_s^2}=\left(\frac{200}{100}\right)^2=4$

$\therefore 4\times 10=40$[kg]

[정답] 02 ② 03 ① 04 ① 05 ③ 06 ④

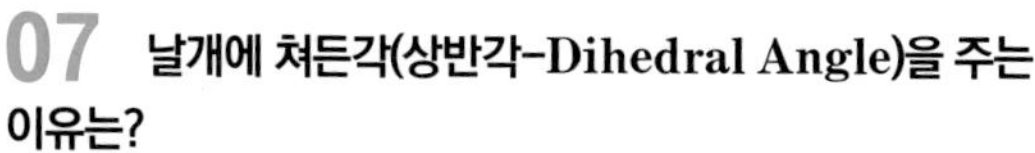

07 **날개에 쳐든각(상반각-Dihedral Angle)을 주는 이유는?**

① 항력 감소　　② 상승 성능의 향상
③ 가로안정성의 향상　　④ 익단실속 방지

해답

날개에 쳐든각을 주면 가로안정성이 좋아진다.

08 **날개에 후퇴각(Sweepback Angle)을 주는 이유는?**

① 익단실속 방지를 위해
② 방향안정성의 향상을 위해
③ 가로안정성의 개선을 위해
④ 임계 마하수의 감소를 위해

해답

날개에 후퇴각을 주면 임계 마하수가 커지고 방향안정성이 좋아진다. 비행기의 방향안정성은 빗놀이(Yawing) 운동에 대한 안정성을 말한다. 후퇴각이 있는 날개는 방향안정성이 좋다. 그 이유는 다음과 같다.
아래 그림에서와 같이 비행기가 돌풍 등의 외부 원인에 의해서 진행방향(상대풍)과 옆미끄럼각 β로 기수가 왼쪽으로 틀어졌다면 비행기에는 기수를 원래방향으로 되돌리는 모멘트가 생기지 않으면 안 된다. 그림과 같이 날개에 후퇴각을 주면 날개 앞전에 수직인 흐름 성분은 오른쪽 날개가 왼쪽 날개보다 크기 때문에 오른쪽 날개에 작용하는 항력이 왼쪽 날개보다 커서 기수를 오른쪽으로 돌리는 모멘트가 생기게 되어 방향안정성이 좋아진다.

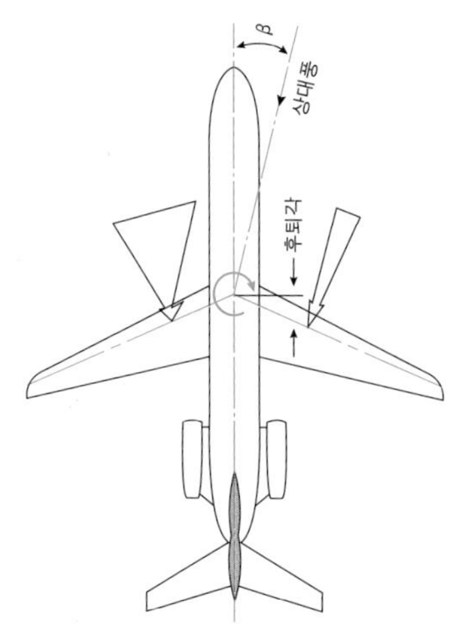

[후퇴각과 방향안정성]

09 **조종면(Control Surface)에서 무게평형(Mass Balance)의 주요목적은?**

① 내부의 관성과 진동주기를 변화시킨다.
② 조종면에 정적 균형을 주어 플러터를 방지한다.
③ 조종사에게 조종을 위한 부하를 덜어 준다.
④ 조종면이 지상에서 비행기중심 위치로 오도록 해준다.

해답

플러터를 방지하기 위해서는 조종면의 힌지축상에 조종면의 중심이 오도록 무게평형(Mass Balance)이 되어야 하고 날개, 동체, 안정판 등의 구조 강성을 크게 하고 조종면을 가볍게 만들어 관성력을 감소시키는 방법이 행해지고 있으며, 비행기를 설계할 때에는 운용 한계 내에서는 플러터가 생기지 않도록 해야 한다.

10 **조종간을 움직일 때 조종면의 반대방향으로 자동적으로 움직이는 탭(Tab)은?**

① 스프링 탭(Spring Tab)
② 트림 탭(Trim Tab)
③ 승강키 혼(Elevator Horn)
④ 균형 탭(Balance Tab)

해답

- 스프링 탭(Spring Tab) : 혼과 조종면 사이에 스프링을 설치하여 탭의 작용을 배가시키도록 한 장치

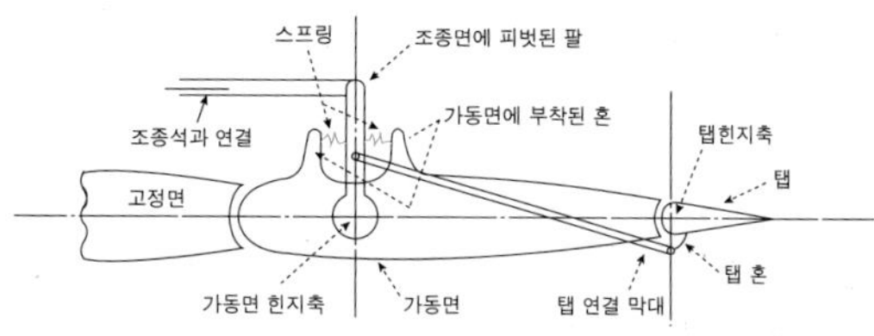

- 트림 탭(Trim Tab) : 조종면의 힌지 모멘트를 감소시켜 조종사의 조종력을 '0'으로 만들어 준다.

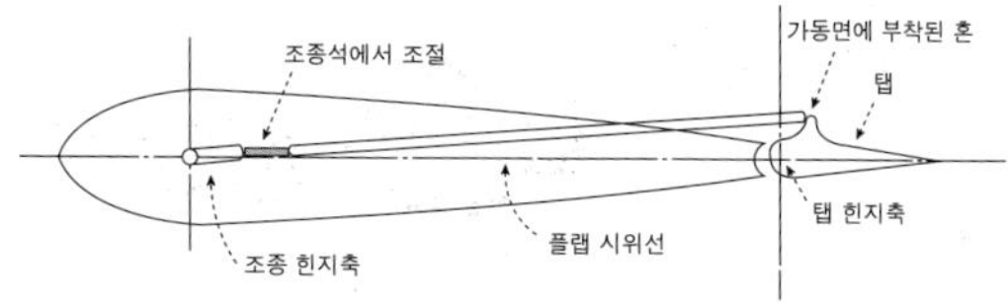

- 균형 탭(Balance Tab) : 조종면이 움직이는 방향과 반대방향으로 움직이도록 기계적으로 연결되어 있어 탭에 작용하는 공기력 때문에 조종력이 반대로 움직인다.

[정답] 07 ③ 08 ② 09 ② 10 ④

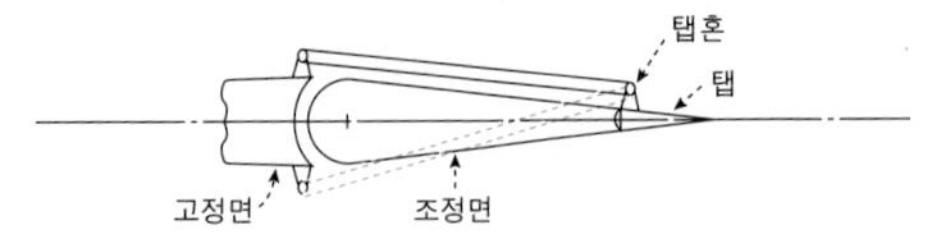

- 승강키 혼(Elevator Horn) : 혼은 밸런스 역할을 하는 조종면을 승강키 플랩의 일부분에 집중시킨 것을 말한다. 밸런스부분이 앞전까지 뻗쳐 나온 것을 비보호 혼이라 하며, 앞에 고정면을 가지는 것을 보호 혼이라 한다.
작용은 앞전밸런스와 같으며, 승강키에 혼을 장착시킨 것이다.

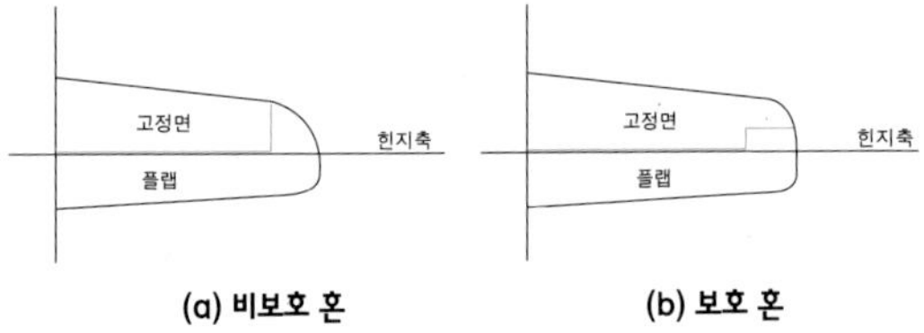

(a) 비보호 혼 (b) 보호 혼

11 무게평형(Mass Balance)은 어떤 이유로 조종면에 장착하는가?

① 조종간의 부하를 줄인다.
② 조종면의 진동을 감소시킨다.
③ 보조 조종면으로 주조종면의 작동을 도와준다.
④ 실속에 의한 진동을 감소시킨다.

해답

조종면에 생기는 진동의 일종인 플러터를 방지하기 위해서는 조종면의 힌지축상에 조종면의 중심이 오도록 무게평형(Mass Balance)이 되어야 한다.

12 수직 핀(Ventral Fin)을 사용하는 목적은 무엇인가?

① 수직안정성을 위해서 ② 방향안정성을 위해서
③ 세로안정성을 위해서 ④ 가로안정성을 위해서

해답

세로안정은 음속을 넘을 때 크게 변화하지는 않지만 방향한정은 음속을 넘게 되면 급속히 감소한다. 이 때문에 옆놀이에 따라 생기는 옆미끄럼각에 의한 발산을 막는다는 것은 매우 어렵다. 그러므로 최근의 초음속기에서는 수직꼬리날개의 면적을 크게 하거나 수직 핀(Ventral Fin)을 붙여서 방향안정성을 좋게 하고 있다.

13 승강키 트림 탭(Trim Tab) 계통의 지상작동 검사 도중에 기수하향위치(Nose Down Position) 쪽으로 조종간을 움직이면 트림 탭은 어느 쪽으로 움직이는가?

① 승강키의 위치에 관계없이 아래쪽으로 움직인다.
② 승강키의 위치에 관계없이 위쪽으로 움직인다.
③ 승강키가 상향(UP)위치에 있을 때 아래쪽으로 움직이고 하향(DOWN)위치에 있을 때 위쪽으로 움직인다.
④ 승강키가 상향위치에 있을 때 위쪽으로 움직이고 승강키가 하향위치에 있을 때는 아래쪽으로 움직인다.

해답

트림 탭(Trim Tab)
조종면의 힌지 모멘트를 감소시켜 조종사의 조종력을 '0'으로 만들어 주는 장치이다. 조종간을 기수하향위치로 할 경우 승강키는 하향되므로 트림 탭은 위쪽으로 움직여야 한다.

14 정적 안정과 동적 안정에 대한 설명 중 맞는 것은?

① 정적 안정이 (+)이면, 동적 안정은 반드시 (+)이다.
② 정적 안정이 (−)이면, 동적 안정은 반드시 (+)이다.
③ 동적 안정이 (+)이면, 정적 안정은 반드시 (+)이다.
④ 동적 안정이 (−)이면, 정적 안정은 반드시 (−)이다.

해답

- 정적 안정
평형상태로부터 벗어난 뒤에 어떤 형태로든 움직여서 원래의 평형상태로 되돌아가려는 비행기의 초기 경향
- 동적 안정
평형상태로부터 벗어난 뒤에 시간이 지남에 따라 진폭이 감소되는 경향

15 비행기가 평형상태를 벗어난 뒤 다시 원래 평형상태로 되돌아 오려는 성질은?

① 동적 안정 ② 정적 안정
③ 동적 불안정 ④ 정적 불안정

해답

평형상태로부터 벗어난 뒤에 어떤 형태로든지 움직여서 원래의 평형상태로 되돌아가려는 초기 특성을 정적 안정이라 한다.

[정답] 11 ② 12 ② 13 ② 14 ③ 15 ②

16 주기성 감쇠운동이란?

① 정적 안정이고, 동적 불안정이다.
② 정적 불안정이고, 동적 불안정이다.
③ 정적 불안정이고, 동적 안정이다.
④ 정적 안정이고, 동적 안정이다.

해답

주기성 감쇠운동
일정한 주기를 가지고 시간이 지남에 따라 진폭이 감소하는 감쇠운동이다.

17 피치 업(Pitch Up)이 발생할 수 있는 원인이 아닌 것은?

① 뒤젖힘날개의 날개끝 실속
② 뒤젖힘날개의 비틀림
③ 승강키 효율의 증대
④ 날개의 풍압중심이 앞으로 이동

해답

피치업(Pitch Up)
비행기가 하강비행을 하는 동안 조종간을 당겨 기수를 올리려고 할 때, 받음각과 가속도가 특정 값을 넘게 되면 예상한 정도 이상으로 기수가 올라가는 현상으로 피치 업이 발생하는 원인은 다음과 같다.
① 뒤젖힘날개의 날개끝 실속
② 날개의 풍압중심이 앞으로 이동
④ 승강키 효율의 감소

18 다음 실속의 종류에 해당하지 않는 것은?

① 완전실속　② 부분실속
③ 정상실속　④ 특별실속

해답

- 부분실속
  실속의 징조를 느끼거나 경보 장치가 울리면 회복하기 위하여 바로 승강키를 풀어주어 회복하는 실속
- 정상실속
  확실한 실속 징후가 생긴 다음 기수가 강하게 내려간 후에 회복하는 경우의 실속
- 완전실속
  비행기가 완전히 실속할 때까지 조종간을 당긴 후에 조종간을 풀어주는 경우의 실속

19 임계발동기(Critical Engine)란 무엇인가?

① 다발의 항공기로 우측 안쪽 발동기
② 다발의 항공기로 좌측 안쪽 발동기
③ 발동기 고장시 유해한 1개 이상의 발동기
④ 우측 회전 프로펠러에서 우측 발동기

해답

임계발동기
발동기가 고장인 경우에 있어서 항공기의 비행성에 가장 불리한 영향을 줄 수 있는 1개 또는 2개 이상의 발동기를 말한다.

20 매스 밸런스(Mass Balance)의 역할은?

① 조타력 경감　② 강도 증가
③ 조종력 경감　④ 진동 방지

해답

매스 밸런스(Mass Balance)의 역할
조종면의 평형상태가 맞지 않아서 비행시 조종면에 발생하는 불규칙한 진동을 플러터(Flutter)라 하는데 과소 평형상태가 주원인이다. 플러터를 방지하기 위해서는 날개 및 조종면의 효율을 높이는 것과 무게평형 즉 매스 밸런스를 설치하여 조종면의 무게를 평형시킴으로써 플러터를 방지한다.

21 오늘날 항공기의 무게와 평형(Weight & Balance)을 고려하는 가장 중요한 이유는 무엇인가?

① 비행시의 효율성 때문에
② 소음을 줄이기 위해서
③ 비행기의 안정성 위해서
④ Payload를 증가시키기 위해서

해답

항공기의 무게와 평형조절
- 근본 목적은 안정성에 있으며, 2차적인 목적은 가장 효과적인 비행을 수행하는 데 있다.
- 부적절한 하중은 상승한계, 기동성, 상승률, 속도, 연료소비율의 면에서 항공기의 효율을 저하시키며, 출발에서부터 실패의 요인이 될 수도 있다.

[정답] 16 ④　17 ③　18 ④　19 ③　20 ④　21 ③

22 최소조종속도는 무엇에 의해 결정되는가?

① 임계발동기의 고장 ② 플랩의 내림속도
③ 강착장치의 내림속도 ④ 주날개의 효율

해답

쌍발 이상의 다발기에 대하여 정해진 법률상의 속도로 이륙속도의 최솟값을 정하기 위한 것이다. 즉, 이륙활주 중 및 비행 중에 임계 발동기가 작동하지 못하게 되었다고 가정하고, 나머지 발동기로서 비대칭 추력 또는 출력으로 방향 유지가 가능한 최소의 속도이다.

23 다음 중 주조종면(Primary Control Surface)이 아닌 것은?

① Aileron(도움날개) ② Spoiler(스포일러)
③ Elevator(승강키) ④ Rudder(방향키)

해답

조종면

- 주조종면 : 도움날개, 승강키, 방향키
- 부조종면 : 조종면에서 주조종면을 제외한 보조 조종계통에 속하는 모든 조종면을 부조종면이라고 하고, 탭, 플랩, 스포일러 등이 있다.

24 다음 중 부조종면(Secondary Control Surface)이 아닌 것은?

① Flap ② Spoiler
③ Elevator ④ Horizontal Stabilizer

해답

우리가 통상 알고 있는 부조종면은 플랩, 탭, 스포일러인데 요즘에 사용하고 있는 가변식 수평안정판을 부조종면에 포함시키기도 한다.

25 날개의 앞전에 균형추(Counter Weight)를 설치하는 이유는?

① Flutter 방지 ② 실속 방지
③ 추력 증가 ④ 양력 증가

해답

플러터를 방지하기 위해서는 날개 및 조종면의 효율을 높이는 것과 또는 균형추(Mass Balance 또는 Counter Weight)를 날개의 앞전에 설치한다.

26 어떤 비행기의 방향키 앞전부분(힌지 전방)에 돌출(Over Hang)로 설계되어 있다. 그 이유는 다음 중 어느 것인가?

① 방향키가 받는 기류를 정류시킨다.
② 조종면의 가동 범위를 넓혀준다.
③ 조타력을 경감시킨다.
④ 방향안정성을 좋게 한다.

해답

앞전부분에 오버 행을 시키는 이유는 앞쪽으로 뻗쳐 나온 부분은 공기흐름에 노출되기 때문에 큰 부압을 형성하여 압력차에 의하여 조타력을 경감시킨다.

27 조종면의 힌지 모멘트(Hinge Moment)를 작게 하기 위한 다음의 설명 중 맞는 것은?

① 조종면의 변위각을 크게 한다.
② 조종면의 면적을 크게 한다.
③ 비행속도를 크게 한다.
④ 조종면의 길이를 작게 한다.

해답

아래의 식에서 조종면에 발생되는 힌지 모멘트(H)는 조종면의 길이(b)에 비례하므로 길이가 작으면 힌지 모멘트도 작아진다.

$$H = C_h \cdot \frac{1}{2}\rho \cdot V^2 \cdot b \cdot c^2$$

여기서, H : 힌지 모멘트, C_h : 힌지 모멘트계수, b : 조종면의 길이, c : 조종면의 평균시위, V : 비행속도

28 비행중인 항공기에 생길 수 있는 Wing Drop(또는 Wing Heaviness) 현상이란?

① Bank의 난류정도를 가리킨다.
② 한쪽 날개의 양력이 갑자기 감소해지며 Roll을 시작하는 위험한 상태를 뜻한다.
③ 강착장치의 좌우 비대칭에 의한 경사활주 상태
④ 양력경사가 영각에 따라 급변할 중류의 주익의 특성

해답

윙드롭(Wing Drop)

[정답] 22 ① 23 ② 24 ③ 25 ① 26 ③ 27 ④ 28 ②

항공기가 수평비행이나 급강하로 속도를 증가할 때 천음속 영역에 달하게 되면 한쪽 날개가 충격실속을 일으켜서 갑자기 양력을 상실하여 급격한 옆놀이를 일으키게 되는 현상으로 (Wing Heaviness)라고도 한다. 비행기 자체가 좌우 완전대칭이 아니고 또 표면의 흐름조건이 좌우가 조금 다르기 때문에 받음각이 작을 때 이 영향이 강하게 나타나서 한쪽날개에만 충격실속이 생겨 도움날개의 효율이 저하되어 회복할 수 없게 된다.

29 비행기가 평형상태(Trim State)에 있다고 하는 것은?

① $C_{L\max}$의 비행상태 ② $C_{mc.g}=0$인 상태
③ $C_L=C_D$인 비행상태 ④ $C_L/C_D=0$인 비행상태

해답

비행기의 중심 주위의 모멘트계수($C_{mc.g}$)가 0인 상태를 말한다.

30 안정성(Stability)에 대한 다음의 관계에서 맞는 말은?

① 세로안정성 – 피칭 모멘트 – Elevator
② 가로안정성 – 요잉 모멘트 – Rudder
③ 방향안정성 – 롤링 모멘트 – Aileron
④ 방향안정성 – 피칭 모멘트 – Rudder

해답

축	운동	조종면	안정
세로축, X축,종축	옆놀이(Rolling)	도움날개(Aileron)	가로안정
가로축, Y축,횡축	키놀이(Pitching)	승강키(Elevator)	세로안정
수직축 Z축	빗놀이(Yawing)	방향키(Rudder)	방향안정

31 비행기의 방향안정성과 관계가 없는 것은?

① Elevator ② 날개후퇴각
③ 수직꼬리날개 ④ Dorsal Fin

해답

Elevator는 비행기의 세로안정성에 관계된다.

32 무게중심(C.G.)을 구할 때 기준선은 어떻게 잡는가?

① 동체 앞전 ② 동체 뒷전
③ L/G ④ 아무 곳이나 상관없다.

해답

기준선

항공기의 무게중심을 구하기 위하여 세로축에 임의로 정한 수직선을 말하는데 그 위치는 일정하지 않고 일반적으로 기체의 앞부분이나 방화벽을 기준으로 하는 경우가 많다.

33 다음 탭 중에서 조종력을 "0"으로 맞추어 주는 것은?

① 밸런스 탭 ② 트림 탭
③ 서보 탭 ④ 스프링 탭

해답

탭은 조종면의 뒷전 부분에 부착시키는 작은 플랩의 일종으로서 조종면 뒷전 부분의 압력 분포를 변화시켜 힌지 모멘트에 영향을 준다.이 중에서 트림 탭은 비행기 중심 주위의 모멘트를 "0"으로 만들어 조종력을 "0"으로 맞추어 준다.

34 승강키의 트림 탭을 올리면 항공기는 어떤 운동을 하게 되는가?

① 피칭 운동을 한다. ② 우회전을 한다.
③ 좌회전을 한다. ④ 기수는 내려간다.

해답

트림 탭을 올리면 승강키는 내려오게 되므로 기수는 내려가게 된다.

35 조종면의 플러터(Flutter)를 방지하기 위한 방법 중 틀린 것은?

① Mass Balanc를 장착한다.
② 조종면의 강성을 높인다.
③ 조종계통의 유격을 크게 한다.
④ 기계적으로 작동하는 조종면을 만든다.

해답

[정답] 29 ② 30 ① 31 ① 32 ④ 33 ② 34 ④ 35 ③

플러터(Flutter) 방지방법

- 날개 앞전에 납 등의 평형추(Counter Weight)를 부착한다.
- 조종면 조종장치의 강성을 크게 한다.
- 조종면의 힌지축과 조종계통의 유격을 적게 한다.(플러터가 발생하면 속도를 줄인다.)

36 저속에서 에어포일의 공력중심 주위의 피칭 모멘트 계수에 대한 설명이 맞는 것은?

① 보통의 캠버를 갖는 에어포일에서 공력중심 주위의 피칭 모멘트계수는 기수올림인 (+)의 값이다.

② 역캠버를 갖는 에어포일에서 공력중심 주위의 피칭 모멘트계수는 (+)의 값이다.

③ 캠버가 없는 대칭 에어포일에서 공력중심 주위의 피칭 모멘트계수는 (+)의 값이다.

④ 보통의 캠버를 갖는 에어포일에서 공력중심 주위의 피칭 모멘트계수는 "0"이다.

해답

캠버가 있는 에어포일의 공력중심 주위의 피칭모멘트계수는 (-)의 값을 갖는다. 그러나 역캠버인 경우는 +가 된다.

37 동적 세로안정에 영향을 주는 요소가 아닌 것은?

① 키놀이 자세와 받음각

② 비행속도

③ 조종간의 자유시 승강키 변위

④ 공기밀도

해답

세로안정

- 정적 세로안정
  돌풍 등의 외부 영향을 받아 키놀이 모멘트가 변화된 경우 비행기가 평행상태로 되돌아가려는 초기 경향이고 비행기의 받음각과 키놀이 모멘트의 관계에 의존한다.
- 동적 세로안정
  외부의 영향을 받아 키놀이 모멘트가 변화된 경우 비행기에 나타나는 시간에 따른 진폭변위에 관계된 것이고, 비행기의 키놀이 자세, 받음각, 비행속도, 조종간 자유시 승강키의 변위에 관계된다.

38 비행기의 세로안정에서의 평형점(Trim Point)이란?

① $C_m=0$ ② $C_m>0$

③ $C_m<0$ ④ $C_m\le 0$

해답

세로안정에서 평형점이란 키놀이 모멘트계수(C_m)가 "0"일 때를 말한다.

39 빗놀이 모멘트를 계수형으로 올바르게 표시한 것은? (단, q=동압, s=날개면적, b=날개길이, C_n=빗놀이 모멘트 계수)

① $N=C_n qsc$ ② $N=C_n qsb$

③ $N=C_n q/sb$ ④ $N=sc/C_n q$

해답

빗놀이 모멘트(N)는 수직축에 대하여 기수를 회전시키는 모멘트이다. 빗놀이 모멘트의 특성길이는 날개의 길이(b)가 되며 이를 계수형으로 표시하면 다음과 같다.
빗놀이 모멘트 $N=C_n qsb$

40 더치롤(Dutch Roll)이란 다음 중 항공기의 어떤 운동이 합해져 생기는가?

① ROLL AND YAW

② ROLL AND STALL

③ ROLL AND PITCH

④ PITCH AND YAW

해답

가로방향불안정을 더치롤이라고 한다. 가로진동과 방향진동이 결합된 것으로 대체적으로 동적 안정은 있지만, 진동하는 성질 때문에 문제가 된다. 평형상태로부터 영향을 받은 비행기의 반응은 옆놀이와 빗놀이 운동이 결합된 것으로 옆놀이 운동이 빗놀이 운동보다 앞서 발생된다. 이것은 정적 방향안정보다 쳐든각 효과가 클 때 일어난다.

41 역 빗놀이(Adverse Yaw) 현상이란?

① 비행기가 Rolling방향과 반대방향으로 Yawing하는 것

② 도움날개가 서로 반대방향으로 작동하는 것

[정답] 36 ② 37 ④ 38 ① 39 ② 40 ① 41 ①

③ Side Slip이 생기는 Yawing

④ 도움날개가 비틀리는 현상

해답

역 빗놀이(Adverse Yaw)

비행기가 선회를 할 경우에 방향키의 조작과 동시에 도움날개로 선회하는 방향으로 뱅크를 주게 되는데 이런 경우에 선회하는 바깥쪽 날개(도움날개를 내린 쪽)의 받음각이 증가하여 양력도 증가하지만 동시에 항력도 증가하고 선회방향과 반대방향으로 Yawing이 발생하는 것을 말한다.

42 도움날개 역효과(Aileron Reversal) 현상은?

① 좌우 도움날개의 운동방향이 서로 반대되는 현상이다.

② 도움날개의 내림각 차이 때문에 유도항력이 발생되는 현상이다.

③ 고속기에 있어서 도움날개의 효과가 조타방향과 반대로 발생하는 악현상이다.

④ 고속기에 있어서 도움날개의 조타방향을 반대로 해줌으로써 정상적 조종이 가능하도록 고안한 기구이다.

해답

도움날개 역효과 (Aileron Reversal) 현상

고속비행시 속도가 너무 크면 주날개가 비틀어지고 도움날개의 효과가 반대로 나타나는 현상이다.

43 Buzz에 관한 다음 사항 중 맞는 것은?

① 동체에 나타나는 좌굴 현상이다.

② 충격파에 의하여 도움날개 등에 나타나는 주기진동이다.

③ 도움날개나 꼬리날개표면에 나타나는 와동진동이다.

④ 주날개표면에 나타나는 충격파 실속으로 인한 진동이다.

해답

고속으로 비행시 도움날개 등과 같은 조종면에 충격파가 발생하여 조종면이 심하게 주기적으로 진동하는 현상

44 비행기의 도살 핀(Dorsal Fin)의 기능과 관계되는 것은?

① 세로안정성 – Pitching Moment

② 가로안정성 – Rolling Moment

③ 방향안정성 – Yawing Moment

④ Weight & Balance

해답

도살 핀

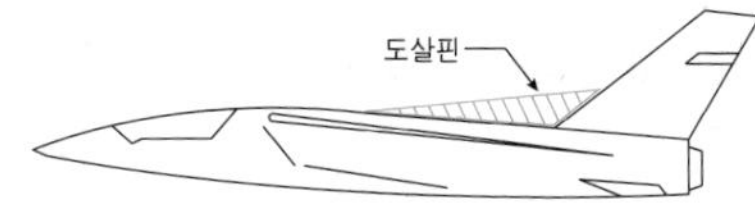

수직꼬리날개가 실속하는 큰 미끄럼각에서도 방향안정성을 유지하는 강력한 효과를 얻는다. 비행기에 도살 핀을 장착하면 큰 옆미끄럼각에서 방향안정성을 증가시킨다.

45 항공기의 이륙시 승강키의 조작은?

① 중립위치에서 아래로 내린다.

② 중립위치에서 위로 올린다.

③ 중립위치에서 고정시킨다.

④ 중립위치에서 아래로 내린 후 다시 위로 올린다.

해답

승강키

- 이륙시 또는 상승시 : 위로 올린다.
- 하강시 : 아래로 내린다.

46 방향키만 조종하거나 옆미끄럼 운동을 할 때 빗놀이와 동시에 옆놀이가 일어나는 현상은 어느 것인가?

① 관성 커플링 ② 날개 드롭

③ 수퍼 실속 ④ 공력 커플링

해답

커플링

- 공력 커플링 : 방향키만을 조종하거나 옆미끄럼 운동을 하였을 때 빗놀이와 동시에 옆놀이 운동이 복합적으로 생기는 현상
- 관성 커플링 : 비행기가 고속으로 비행할 때 공기 역학적인 힘과 관성력의 상호 영향으로 복합적인 운동이 생기는 현상

[정답] 42 ③ 43 ② 44 ③ 45 ② 46 ④

기출+예상

47 항공기의 방향안정성을 위한 것은?

① 수직안정판　② 수평안정판
③ 주날개의 상반각　④ 주날개의 붙임각

해답

비행기의 수직꼬리날개(안정판과 방향키)는 방향안정성에 영향을 미친다.

48 더치롤(Dutch Roll) 이 생기면 비행기에 나타나는 안정성은?

① 정적 세로안정　② 정적 가로안정
③ 가로방향불안정　④ 가로방향안정

해답

더치롤(Dutch Roll)

가로방향불안정을 더치롤이라고 하며, 가로진동과 방향진동이 결합된 것으로서, 대개 동적으로는 안정하지만 진동하는 성질 때문에 문제가 된다.

49 턱 언더(Tuck Under)란 무엇인가?

① 수평비행 중 속도가 증가하면 자연히 기수가 밑으로 내려가는 현상
② 수평비행 중 속도가 증가하면 갑자기 한쪽 날개가 내려가는 현상
③ 수평꼬리날개에 충격파가 발생하고 승강키의 효율이 떨어지는 현상
④ 고속비행시 날개가 비틀려져 도움날개의 효율이 떨어지는 현상

해답

턱 언더(Tuck Under)

저속비행시 수평비행이나 하강비행을 할 때 속도를 증가시키면 기수가 올라가려는 경향이 커지게 되는데 속도가 음속에 가까운 속도로 비행하게 되면 속도를 증가시킬 때 기수가 오히려 내려가는 경향이 생기게 되는데 이러한 경향을 턱 언더라고 한다. 이러한 현상은 조종사에 의해 수정이 어렵기 때문에 마하트리머(Mach Trimmer)나 피치트림보상기를 설치하여 자동적으로 턱 언더 현상을 수정할 수 있게 한다.

50 조종면 중 차동(Differential)조종장치를 이용한 조종면은?

① 승강키　② 방향키
③ 플랩　④ 도움날개

해답

차동 도움날개(Differential Aileron)

항공기에서 올림과 내림의 작동 범위가 서로 다른 차동 도움날개를 사용하는 것은 도움날개 사용시 유도항력의 크기가 다르기 때문에 발생하는 역 빗놀이를 작게 하기 위한 것이다.

51 비행 중 역 빗놀이(Adverse Yaw) 방지장치로 맞는 것은?

① 플랩　② 탭
③ 비행 스포일러　④ 승강키

해답

역 빗놀이 또는 역 도움날개 빗놀이(Adverse Aileron Yaw) 현상은 비행기가 선회할 경우에 방향키의 조작과 동시에 도움날개로 선회하는 방향으로 뱅크를 주게 되는데 이런 경우 선회하는 바깥쪽 날개(도움날개를 내린 쪽)의 받음각이 증가하여 양력도 증가하지만 동시에 항력도 증가하고 선회방향과 반대의 빗놀이(Yawing) 현상이 발생하는 것을 말 한다.
이때 비행 스포일러 또는 차동 도움날개(Differential Aileron)를 사용하면 역 빗놀이 하는 날개를 뒤로 밀어 주어 정상적인 선회비행을 할 수 있다.

- 역 빗놀이 방지장치
  ① 프리즈(Frise)형 도움날개의 사용
  ② 차동 도움날개의 사용
  ③ 비행 스포일러를 도움날개와 연동시켜 사용

52 항공기 실측결과는 그림과 같다. 무게중심은 MAC의 몇 [%]에 위치하는가?

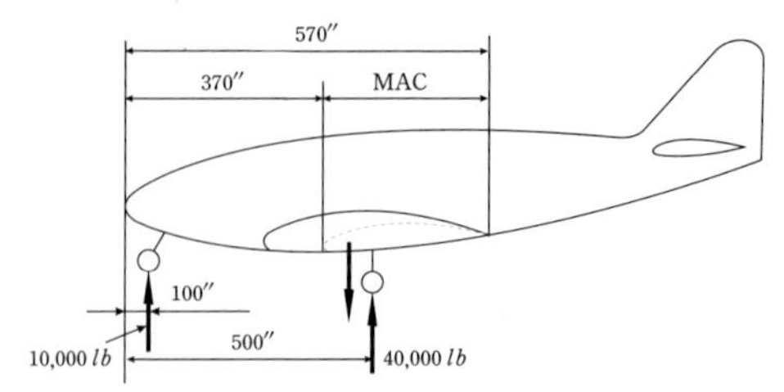

[정답] 47 ① 48 ③ 49 ① 50 ④ 51 ③ 52 ②

① 30 ② 25

③ 20 ④ 15

해답

여러개의 무게가 집합으로 되어 있는 구조물의 중심($C.G$)은 어떤 기준선(Datum Line)과 각 무게중심점 사이의 모멘트 평형을 구해서 $C.G$의 위치를 산출한다. 즉 $C.G$의 위치는

$$C.G = \frac{W_1X_1 + W_2X_2 + \cdots + W_nX_n}{W_1 + W_2 + \cdots + W_n} = \frac{\sum W_nX_n}{\sum W_n}$$

여기서, $C.G$: 기준선에서 중심까지의 거리

X_n : 기준선에서 각 무게중심점까지의 거리

W_n : 각각의 무게

비행기 머리를 기준선(Datum Line)으로 정하면 윗식에 의하여

$$C.G = \frac{10{,}000 \times 100 + 40{,}000 \times 500}{10{,}000 + 40{,}000} = 420$$

중심은 기준선의 후방 420[cm]에 위치하고 MAC 앞전부터는 $420 - 370 = 50$[cm], $MAC = 570 - 370 = 200$[cm]

MAC상에서는 $C.G = \frac{50}{200} = 0.25$

즉, MAC의 25[%]에 위치한다.

제4장 항공안전과 인적요소

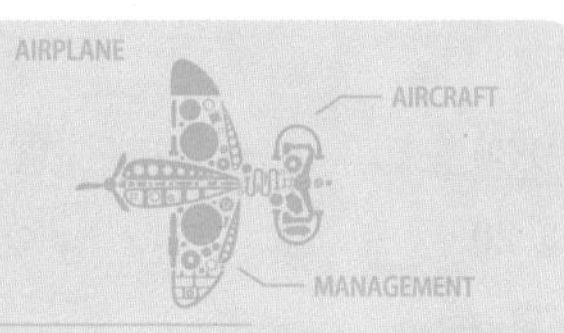

1 인적요소의 개요

1. 항공에서의 인적요소

1. 항공안전과 인적요소

모든 교통은 인간과 교통수단 및 시설·환경으로 이루어지므로 운용과정에서 발생하는 교통사고도 결국 이러한 구성요소들의 단독 또는 복합적 결함에 의해 발생한다.

그런데 교통을 구성하는 요소 가운데 인간은 주변 시설·장비의 조건과 자연환경에 따라 교통수단을 직접 운용하는 주체로서 가장 핵심적인 기능과 역할을 담당하므로 교통수단이나 시설·장비 등 환경적 요소에 비해 인적요소에 결함이 발생하는 경우 사고위험이 더욱 높다.

항공교통은 항공기를 운항하는데 필요한 종사자들과 교통수단인 항공기 및 운항에 필요한 제반 시설·장비 등 환경요소로 이루어지며, 이러한 구성요소 가운데 특히 운항승무원은 항공기의 운항에 중추적인 기능과 역할을 담당하고 있으므로 타 구성요소에 비해 운항승무원 부문에 결함이 발생하는 경우 쉽게 사고로 이어질 수 있다.

그리고 항공종사자들의 인체기관(人體器官)과 심리과정은 항공기 운항에 필요한 행동의 근간이 되며, 이는 주변환경과 상황 등 시공간(視空間)에 따라 기능이 저하 또는 변화하여 각기 다른 행동반응을 표출(表出)하기도 하는데, 운항승무원들이 기기조작 행동은 항상 복잡·다양한 유동성(流動性)과 가변성(可變性)을 내포하고 있으므로 항공기 운전운항을 저해할 수 있는 많은 사고요인이 잠재하고 있다.

이와 같은 운항승무원의 기능과 역할 및 인체기관과 행태(行態)상의 제 특성(諸 特性)때문에 항공사고는 운항승무원들의 과실에 의한 사고가 가장 큰 비중을 차지하고 있다.

2. 항공기 운항과 인적요소

항공기는 공중(空中)을 비행하는 교통수단이므로 여러 가지 복잡한 물리적 법칙과 원리에 따른 수리이론(數理理論)에 의거 설계·제작되어 있고, 또한 안정성 등의 확보를 위하여 여러 가지 장치를 갖추고 있어, 자동차 등의 교통수단에 비해 기기구조와 장치가 매우 복잡하다.

항공기 운항승무원들은 운항 중 이와 같은 복잡·다양한 기기들의 작동상태와 비행상황을 각종 계기와 표시장치(Display unit)들을 통하여 수시로 확인(Monitor)하고, 필요시는 규정된 절차와 방법에 따라 신속·정확하게 기기를 조작하여야 하며, 상황에 따라서는 계기의 움직임을 확인 또는 주시 하면서 여러 가지 기기를 동시에 조작하는 등의 업무를 병행하여야 한다.

특히 오늘날 대부분의 항공기는 자동비행 장치를 갖추고 있어, 운항승무원들의 조종실(Cockpit)내 기기조작에 따른 업무분담이 크게 감소되었으며, 또한 비행정보관리시스템(FMS : Flight Management System)등과 같이 비행정보를 하나의 계기에 종합적으로 표시하는 중앙집중식 계기를 갖추고 있다.

또한 비행정보 표시방법을 디지털화 함으로써 운항 중 비행상태에 관한 정보를 보다 용이 하고 신속·정확하게 판독할 수 있도록 함과 동시에 오독율을 줄이는 등 항공기 안정운항을 도모할 수 있도록 운항승무원들의 업무 형태 및 기능과 역할을 크게 변화시키고 발전시켜 인적과실(Human Error)을 사전에 방지할 수 있도록 개선하였다.

한편 이와 같은 자동화 시스템을 갖춘 디지털화된 항공기 조종실(Glass Cockpit) 체계에서 운항승무원들은 반복적으로 계기의 움직임을 확인 및 주시하고, 이러한 반복적인 업무를 지속적으로 수행하여야 하므로 보다 많은 주의와 긴장을 필요로 한다.

이에 비추어 운항승무원을 비롯한 항공교통관제사들은 인체기능상 제한된 공간에서 장시간 반복적이고 연속적인 주의와 긴장을 유지하는 데에 한계가 있으며, 더욱이 피로나 약물 등으로 인하여 인체 내·외의 이상이 발생하는 경우에는 비행에 필요한 정보를 빠뜨리거나 무시하는 등 인지구조상에 오류가 발생할 수 있으며, 상황에 따라서 이는 곧 인적과실에 의한 사고로 이어질 수 있다.

그리고 항공기를 운항하기 위한 조종업무는 특히 타 교통수단에 비해 난이도가 높으며, 안전을 위해서는 적시에 신속·정확한 기기조작 행동을 필요로 하므로 대부분의 항공기 조종업무는 2명 이상의 승무팀으로 구성하여 업무를 수행하게 되어 있으며, 이에 따라 동승한 승무원 상호간에 긴밀한 협력을 필요로 한다.

그러나 모든 항공종사자들의 항공기 운항에 필요한 행동은 개개인의 인체기관 상태와 심리에 영향을 받아 표출되는데, 심리과정에서는 지각과 인지, 판단 및 의사결정 과정을 거치고, 또 이러한 각각의 과정에는 개개인의 성장배경이나 생활습관 및 가치관 등이 영향을 미치게 되므로 동승한 승무원이 동일한 정보 또는 상황을 같은 조건에서 인지하더라도 각기 다른 판단과 의사결정에 따라 서로 다른 행동을 표출할 수 있다.

또한 한 사람이 같은 정보나 상황을 지속적이고 반복적으로 인지하는 경우에도 인체기관과 심리과정을 변화로 인하여 행동이 각각 다르게 나타날 수도 있다.

이와 같이 운항승무원 및 항공교통관제사들의 인지체계상 개인 또는 같은 업무를 수행하는 항공종사자 상호간 각각 다르게 나타날 수 있는 행동이 자아에 의해 교정되지 않는 경우에는 인적과실에 의한 사고 유발 가능성은 더욱 높아진다.

결론적으로 항공종사자들이 항공기 운항을 위하여 행하는 모든 행동을 인체의 정보처리 과정에서 심리적 영향을 받아 개인별로 각기 다른 형태로 다양하게 표출될 수 있으며, 이러한 인간행태상의 본질적인 제 특성은 인적과실 유발의 근원이 되며, 나아가서는 사고발생의 직·간접적인 원인으로 작용할 수도 있다.

2. 인적요소의 개념과 배경

1. 인적요소의 개념

항공기의 자동화 시스템은 인간에 의해 프로그램되어 있는 대로 움직이므로 주변환경의 급변으로 위험요소와 조우할 경우 이를 안전하고 효율적으로 대처할 수 있는 탄력성이 부족한 반면, 인간의 경우에는 주변

상황에 신속적으로 대응할 수 있는 능력은 있지만 자신의 감정과 흥미에 따라 상황을 인지하고 스스로의 기분에 따라 판단과 의사 결정과정을 거쳐 행동하게 되므로 가변적이고 유동적인 행태적 특성이 내재하고 있다.
그리고 인간은 인체기능을 이용하여 업무수행에 필요한 행동을 하게 되므로 그 능력에 한계가 있고 또한 항공기가 공중을 비행할 때에는 인체기능의 저하와 생리의 변화가 있을 수 있으므로, 지상에서와 같은 기준으로 인간의 능력을 가늠하는 것은 더 많은 인적과실을 초래할 수 있는 하나의 요인이 되기도 한다.
또한 항공기 운항에 필요한 조종실 업무나 관제업무는 일종의 팀웍으로서 안전운항을 위해서는 같은 업무를 수행하는 종사자 상호간 긴밀한 업무의 협조가 필요하지만 진술한 바와 같이 인체의 인지구조체계상 각기 다른 행동을 표출할 수 있는 가능성을 항상 내포하고 있다.
이 밖에도 항공기를 운항하기 위하여 운항승무원들을 비롯한 관제사들은 각종 계기와의 간접적인 대화를 계속하면서 기기조작 행동을 하게 되는데, 이러한 과정에서 계기에 나타나는 정보를 오독 또는 착각하거나 신속·정확하게 인지하지 못하거나, 기기의 오조작 또는 항적감시의 소홀 등으로 인간-기계(Man-Machine)간의 부조화에 의하여 인적과실을 초래할 수도 있다.
또한 항공기 운항 중 급변하는 기상상황을 운항승무원이 정확하게 예측할 수 없어 필요한 조치가 이루어지지 않거나 안전운항에 필요한 시설·장비의 성능과 이상작동 상태를 제대로 감지하지 못하여 이용상에 오류 또는 기기의 오조작을 유발할 수 있으며, 항공안전과 관련한 법규정 및 비행절차, 점검표(Checklist) 등이 불합리하거나 해독을 잘못하는 경우, 또는 이에 관한 지식의 부족도 인적과실의 요인으로 작용할 수 있다.
다시 말해서 인간행동의 근간이 되는 인체기관과 생리 및 심리는 그 내면에 잠재하고 있는 여러 가지 요소 또는 주변환경으로 부터 영향을 받아 기능이 저하되거나 또는 수시로 변화할 수 있으므로 항공기 운항에 필요한 운항승무원 및 관제사의 행동은 항상 불안정한 요소를 내포하고 있다.
따라서 넓은 의미의 인적요소(Human Factors)란 인체기관이나 생리 및 심리 등 인간본질에 대한 능력과 그 한계 및 변화 등 인간과학(Human Sciences)적 제요소를 인지하고, 그 주변의 모든 요소와 상호작용시 그 관계를 최적화(Optimization)하여 인간행동의 능률성과 효율성 그리고 안전성을 도모하기 위한 것이라 할 수 있으며 인간공학과 함께 하는 주변 모든 요소와의 관계에서 발생하는 현상을 총칭하는 의미를 포함하고 있어, 그 영역과 깊이는 매우 광범위하면서 무한하며, 부문별로는 고도의 전문성을 띠고 있다.
그러므로 항공분야에서는 업무수행에 필요한 인체기관의 능력과 한계 및 생리의 변화와 심리과정을 인식하고, 업무수행시 주변의 모든 요소와의 상호작용 관계(Relationship)를 최적화하여야 한다.
또한 항공분야의 인적요소 대상에는 항공기 운항과 관련된 모든 종사자들이 그 대상이 되며, 영역은 개개인의 인체기관을 비롯하여 생리, 심리 등 인체를 중심으로 업무와 관련한 주변환경과 시설, 기기 및 인간과의 상호작용 관계 등을 포함한다.
항공기를 운항하는데 있어 가장 중추적이고 핵심적인 기능과 역할을 수행하고 있는 운항승무원 및 항공교통관제사들에 대한 인적요소 영역에는 우선적으로 개개인에 대한 인체기관과 생리(Physiology) 및 심리(Psychology)와 업무수행에 필요한 신체조건의 적정성(Fitness for Duty)등 개인의 인체와 그리고 운항승무원 및 항공교통관제사를 중심으로 항공기 운항을 위한 모든 업무와 관련한 기기, 환경 및 법규정 등 제요소와의 관계를 포함하고 있다.

2. 인적요소의 이론 배경

항공분야를 비롯한 각 산업분야에서 재해로부터 인명과 재산을 보호하고, 업무의 능률성과 효율성 증대를 통한 생산성의 향상을 위하여 인적요소분야의 개발과 그 이용이 주요 현안으로 대두되고 있는 가운데, 1972년 미국의 심리학교수인 Elwyn Edwards는 운항승무원과 항공기 기기사이에 상호작용 관계를 종합적이고 체계적으로 나타내주는 도표로 "SHEL(Software, Hardware, Environment, Liveware)모델"을 고안하였다.

또한 인적요소는 학문 지향적이기보다는 문제해결 지향적이라는 의견을 피력하면서 인간의 인체기관 능력 및 한계에 대한 인식과 함께 인간과 기기시스템 및 주변환경과의 부조화를 해소하는 것이 필수적이라는 점을 강조하였으나, 그의 이론은 크게 인정을 받지 못하였다.

이어서 1975년 네덜란드 KLM항공의 기장 출신인 Frank. H. Hawkins는 Elwyn Edwards가 고안한 SHEL모델은 수정하여 새로운 SHEL모델 그림 2-1과 같이 제시하여 TDmau, 이는 항공기 사고에서 밝혀진 원인을 뒷받침할 수 있는 이론적 근거가 됨으로써 현재 ICAO에서 추진하고 있는 인적요소 이론의 모태가 되고 있다.

항공기 운항승무원들의 업무와 관련하여 이 모델을 설명해 보면, 중앙에 있는 "L"은 Liveware의 약자로서 인간 즉 운항승무원을 나타내며(관제부문에서는 항공관제사, 정비부문에서는 항공정비사 등 각 부문에서 업무를 주도적으로 수행하는 사람을 의미함), 아래 부분의 "L" 역시 Liveware의 약자로서 인간을 의미하는데, 이는 항공기 운항업무에 직접적으로 관련되는 사람들을 나타내는데, 여기에서는 주로 항공기에 동승한 운항승무원과의 관계를 나타내고 있다.

[그림 2-1 Frank. H. Hawkins의 SHEL모델]

또한 "H"는 Hardware의 약자로서 항공기 운항과 관련하여 운항승무원이 조작하는 모든 기기류를 나타내는 것이며, "S"는 Software의 약자로서 항공기 운항과 관련한 법규나 비행절차, Checklist 및 표지 등을 의미하며, "E"는 Enviroment의 약자로서 주변환경과 조종실내 조명, 습도, 온도, 기압, 산소농도, 소음 등을 나타내는데, 이러한 각각의 요소들은 업무수행과정에서 제기능과 역할을 발휘할 수 있도록 항상 최적의 상태와 성능을 유지하여야 한다.

그리고 운항승무원을 중심으로 한 주변의 모든 요소들은 항공기 운항과의 직접적인 관련성을 가지고 있으므로 조종실 업무의 능률성과 효율성 및 안전성 확보를 위하여 운항승무원들은 이러한 요소들을 업무에 적용시 상호 관련성을 항상 최적의 상태로 유지한 가운데 업무를 수행하여야 한다는 것이 인적요소의 이론적 배경이라 할 수 있다. 그러면 운항승무원을 중심으로 한 주변의 제요소들과의 상호 관련성을 보다 구체적으로 고찰해 보고자 한다.

정비일반

① 인간-기기(Liveware-Hardware)

운항승무원들은 항공기 운항 중 조종실 내의 각종 계기와 간접적인 대화를 계속하면서 상황에 따라 필요한 기기를 조작하게 되므로 계기의 형태나 조작의 방향, 색깔, 위치, 경보의 형태와 방법 등은 운항승무원들의 인지구조 및 체계 등의 영향을 미치기 때문에 이러한 하드웨어가 인간공학적 조건에 맞지 않거나, 운항승무원의 조건이 이러한 하드웨어에 제대로 적응하지 못하면, 항공기 조종업무의 능률성과 효율성 및 안정성을 보장할 수 없게 되어 사고의 잠재요소가 되고 경우에 따라서는 인적과실로 이어져 사고의 원인으로 작용할 수도 있다.

② 인간-소프트웨어(Liveware-Software)

항공기는 정해진 법규와 절차를 준수하면서 운항하여야 하며, 이러한 과정에서 복잡·다양한 항공정보의 표지와 표시를 해독하여야 하고, 또한 운항과 관련한 기업의 관련 규정에 따라 업무를 수행해야 하므로 운항승무원과 소프트웨어의 관계는 외형적이라기보다는 정신적인 요소이며, 행동을 결정하는데 있어 근원이 된다는 점에서 매우 중요하다 하겠다.

항고기는 운항과 관련한 법규정과 비행절차가 불합리하거나 운항승무원이 제규정을 올바로 준수하지 않거나 제대로 숙지하고 있어야 하며, 이를 항공기 운항에 적응시에도 최적의 기능을 발휘할 수 있도록 하여야 한다.

③ 인간-환경(Liveware-Environment)

인간이 비행을 시작한 초창기부터 공중에서의 생존환경을 어떻게 만들어 가야 할지에 대한 많은 관심과 연구가 이루어져 왔다.

초기에는 인간이 환경(공중)에 적응하기 위하여 산소마스크, 반중력복(Anti-G-Suits) 등을 이용하였으나, 기기문명의 발달에 따라 항공기내 여압조절과 조명, 온도, 습도의 유지 및 방음 등이 가능해짐으로써 환경을 인간의 생존조건에 어느 정도 맞추게 되었으나, 시설·장비 및 기상 등 환경적 요소에 의하여 업무수행조건이 취약하게 되면 운항승무원들의 항공기 운항업무 능률이 저하되고 나아가서는 사고요인으로도 작용할 수가 있다.

이 밖에도 오늘날 항공기의 운항은 정치·경제적 제약 내에서 이루어지므로 이러한 환경적 배경과 특성도 운항승무원들의 업무환경에 영향을 미칠 수 있으며, 항공기술의 발달로 장거리 운항이 가능해짐에 따라 시차와 수면의 장애 등에 의하여 업무환경이 취약해질 수 있는데, 이러한 문제들은 운항승무원의 인적요소 밖의 문제와도 관련 되어 있으므로 국가 또는 기업의 경영·관리적 차원에서도 적절히 고려되어야 한다.

④ 인간-인간(Liveware-Liveware)

지금까지는 운항승무원 개개인의 비행기량이 뛰어나다면 이들로 구성된 승무팀의 비행기량도 우수하고 조종실업무 또한 효율적으로 이루어질 수 있다는 판단 아래 항공기모의비행장치(Simulator) 등을 이용한 운항승무원의 교육·훈련은 승무팀 보다는 주로 개개인의 비행기량 향상에 주안점을 두고 실시, 평가되었으며, 이러한 교육·훈련의 방법과 형태는 지금까지도 계속되고 있다.

이에 관하여 항공관계 전문가들은 항공기 사고 사례나 조종실업무 체계 등을 분석한 결과 항공기 운항을 위한 승무원들의 업무는 팀웍으로 수행되는 업무이므로 항공기 운항과 직접 관련되는 종사자들을 비롯하여 동승한 승무원과 상호 협력하는(Co-Ordination) 가운데 이루어지는 것이 조종실업무의 효율성을 높일 수 있고 또한 안전운항에도 기여할 수 있다는 결론을 내리게 되었으며, 비행기량이 뛰어난 운항승무원은 오히려 동승한 승무원과의 상호 협력이 제대로 이루어지지 않는 경우도 있다는 것이다.

특히 오늘날의 항공기는 대부분 자동화시스템을 갖추고 있고, 또한 계기가 디지털화에 따라 계기를 모니터하는 업무가 늘어나, 계기의 오독을 예방하기 위해서는 동승한 승무원 상호간 교차 모니터링(Cross Monitoring)을 하는 등 협력의 필요성이 더욱 점증하고 있다.

이에 따라 세계 각국에서는 인적요소 분야에서 운항승무원들의 인간-인간 관계를 가장 중요시하고 있으며, 이를 강화하기 위한 방안의 일환으로 승무원자원관리(CRM) : Crew Resource Management) 및 비행현장적응훈련(LOFT : Oriented Flight Training) 교육·훈련에 관한 프로그램을 개발, 운항승무원들의 교육·훈련에 활용하고 있다.

참고 **CRM**

인적요소교육 ·훈련 기법 개발 초기 국제민간항공기구나 미국의 NASA, FAA 등 항공관련 기관과 단체에서는 CRM용어를 Cookpit Resource Management로 사용, 운항승무원들을 중심으로 CRM교육 ·훈련의 필요성을 강조하여 왔으나, 항공기의 안전 운항을 위해서는 전 승무원들의 참여가 절대 필요하다는 사실의 재인식과 여론에 따라 CRM용어를 Crew Resource Management로 개칭하여 그 대상을 확대하였음.

3. 인적요소의 적용 배경

초창기 인류는 주로 인체에 의존하여 욕구충족에 필요한 여러 가지 자원을 채취하여 왔으나, 보다 간편하고 편리한 수단과 방법으로 더 많은 자원을 획득하기 위하여 점차 도구를 개발하여 사용하게 되었으며, 이러한 인간의 사고력과 창의력은 오늘날 첨단 기기문명의 발달에 근간이 되고 있다.

초기의 기기문명은 주로 보다 많은 자원을 생산하고 획득하는데 주안점을 두고 발전하여 왔으나, 각종 재해의 발생으로 인하여 인명과 재산의 손실이 계속적으로 늘어남에 따라 보다 높은 효율성과 편리성 및 안정성을 갖추고 있는 기기를 개발하여 왔다.

교통분야에서는 제 자원의 수송활동 효율성과 경제성 제고를 위하여 적재적소에 사용할 수 있는 보다 빠르고 신속·정확한 대형 교통수단을 개발하여 운용하게 되었으며, 이를 보다 안전하고 편리하게 운용할 수 있도록 하기 위하여 교통수단의 설계·제작 시 인간공학적 요소를 적용하기 시작하였다.

또한 운용 시 취약점을 보완하기 위하여 새로운 장치를 개발하는 등의 노력을 경주하고 있으며, 현재 추진하고 있는 인적요소(Human Factors)도 이에 부응하는 사업의 일환이라 할 수 있다.

제2차 세계대전 후 많은 국가와 기업에서 생산성 향상을 위하여 해당 업무에 대한 적성을 가진 담당자를 선발, 업무를 보다 능률적으로 수행토록 함과 동시에 이들에 대한 과학적인 교육·훈련 의 필요성을 인식하여 인적요소에 관한 연구가 활발하게 진행되었다.

영국에는 1949년 인간공학연구소(ERS : Ergonomics Research Society)와 1959년 국제 인간공학협회(IEA : International Ergonomic Association), 미국에는 1957년 인적요소학회(HFS : Human Factors Society) 등이 설립되어, 인간공학을 포함한 인적요소에 관한 체계적인 연구가 이루어져 각 산업분야에 적용되기 시작하였다.

항공분야에서도 오래 전부터 크고 작은 사고의 원인을 분석한 결과 항공안전을 위해서는 인적요소분야가 중요하다는 사실을 인식한 일부 국가에서 나름대로 항공종사자들에게 인적요소에 관란 교육·훈련이 다양한 방식과 형태로 이루어져 오고 있었다.

특히 미국에서는 인적요소에 관한 연구사업의 일환으로 국립항공우주청(NASA : Na-tional Aeronautics and Space Administrartion)과 연방항공청(FAA : Federal Aviation Administration)에서는 ASRS (Avitaion Safety Reporting System)를 통하여 Human Error에 관한 광범위한 기초자료를 수집, 인적요소에 관한 조사연구가 진행되었으며, 이후 영국의 CHIRP(Confident Human Factors Reporting Programme), 캐나다의 CASRP 및 호주의 CAIR 등에서도 인적요소에 관한 기초 부문의 조사연구가 시도되었다.

이러한 가운데 1977년 3월 카리아나군도의 Tenerife공항에서 운항승무원 상호간 그리고 관제사와의 협조 미흡으로 KLM소속 항공기와 Pan Am소속 항공기가 활주로 상에서 충돌하여 탑승하고 있던 637명 가운데 583명이 사망하는 사고가 발생하였다.

사고 사례 1

사고발생 경위를 보면 사고 당일 Tenerife공항은 안개로 시정이 나쁜 상태에서 KLM의 B-747 항공기 뒤를 이어 Pan Am소속 B-747항공기가 Taxing을 하고 있었다.

관제사는 KLM 항공기로 하여금 활주로 끝에 가서 U턴을 한 다음 이륙대기를 하도록 지시했고, Pan Am의 항공기 승무원들은 관제사의 출구 지시를 간과한 나머지 C3를 지나쳐 C4로 나가려고 시도하였다.

이 때 KLM소속 항공기가 이륙준비 완료를 통보하자 관제탑 관제사는 이륙허가는 하지 않고 이륙 후의 계기비행 절차만을 지시하였으나, 이륙시간에 쫓긴 KLM운항승무원들은 이륙허가가 난 줄 알고, 또 Pan Am 항공기가 이미 C3 유도로로 빠져나간 것으로 판단하고 즉시 이륙을 시도하였는데, 이 때 Pan Am항공기는 관제사가 지시한 C3출구를 지나 C4 출구를 미쳐 빠져나가지 못하고 있는 가운데 이륙하던 KLM항공기가 Pan Am항공기의 동체 우측을 들이받은 사고였다.

사고 사례 2

1978년 12월 미국 오레곤주 포틀랜드시 외각에서는 운항승무원 상호간 협조 미흡으로 United Air소속 항공기가 추락하여 10명이 사망하고 28명이 중상하는 사고가 발생하였다.

사고 항공기가 착륙을 위하여 접근 중 랜딩기어(Landing gears) 표시등에 불이 들어오지 않아 기장과 부기장은 이를 조치하는데 정신이 집중되어 있었으며, 기관사가 잔여 연료량을 정확히 계산, 기장에게 전달하였으나, 기장은 이를 간과하였으며, United Air 항공사의 규정상에는 랜딩기어 부문에 이상이 있을 때는 관제탑에 통보하여 Visual Check를 받도록 되어 있었으나, 이러한 절차를 밟지 않고 계속 자신들이 직접 조치를 강구하던 중 시간의 지연으로 연료가 부족하여 추락한 사고였다.

이후 사고조사과정에서 밝혀진 바에 의하면 동 항공기의 랜딩기어는 정상적으로 작동, Down Lock이 되었으나, 랜딩기어의 Down Lock 표시등의 전구가 끊어졌던 것으로 판명되었다.

이 두건의 항공기 사고외 크고 작은 항공사고 원인을 조사한 결과, 운항승무원 상호간 또는 관제사와의 협력 부족에 의하여 발생한 것으로 나타나, 항공기 운항 중 관련 종사자들의 긴밀한 협력이 절대적으로 필요하다는 사실을 재인식하고, 국제민간항공기구(ICAO)를 비롯한 미국의 NASA, FAA 등 세계 유수의 항공 관련 기관과 단체에서는 항공기 운항을 위한 조종실업무의 효율성과 안정성 확보를 위하여 인적요소에 관한 구체적이고 체계적인 연구가 시작되었다.

이후에도 인적요소 분야는 각계 전문가들에 의해 조사연구가 계속적으로 이루어져 왔으며, 현재 국제적으로 항공안전을 도모하기 위하여 주요 현안이 되고 있다. 이러한 추세에 부응하여 국제민간항공기구(ICAO)는 항공안전을 확보하기 위하여 추진하고 있는 핵심사업 중의 하나로 선택하였으며, 보다 효율적으로 사업을 추진하고자 ICAO 본부 및 각 시역사무소별로 인적요소에 관한 전문 연구팀을 구성하여 운영하고 있으며, 이에 관한 연구결과와 사례 등의 정보자료를 세계 각국에 전파하기 위하여 "비행안전과 인적요소"라는 주제로 국제민간항공기구 본부 및 지역사무소별로 세미나를 개최하고 있다. ICAO의 이러한 노력에 힘입어 오늘날 세계 각국 대부분의 항공운송업체에서는 자국의 문화특성이나 또는 자사의 운영방침에 알맞은 인적요소에 관한 프로그램을 이용하여 종사자들에 대한 교육·훈련을 실시하고 있다.

또한 이러한 교육·훈련효과가 항공안전에 일부 기여하고 있다는 항공업계의 여론에 따라 앞으로는 운항승무원 개개인의 비행기량 향상을 위한 교육·훈련 외에도 운항승무원들의 인체기능을 극대화하여 항공기 운항업무에 활용할 수 있도록 하고, 업무수행과 관련한 주변 제요소와의 상호작용 관계를 최적화하는 등 보다 입체적인 교육·훈련으로서 항공안전을 위한 인적요소 분야는 체계적이고, 심층적인 연구개발이 활발하게 이루어져 항공종사자들의 필수적인 교육·훈련과목으로 자리를 잡았다.

3. 인적요소의 구성

인적요소의 궁극적인 목적은 업무를 수행함에 있어, 인간의 기능과 역할을 주변 모든 요소에 적용 시 그 관계를 (Optimization)하여 업무의 능률성과 효율성 및 안전성을 도모하는데 있다. 그러므로 인적요소는 업무수행 당사자의 인체생리 및 심리 등 내적 요소 외에도 업무와 관련한 주변의 모든 요소 그 자체와 각각의 상호관계가 대상이 되고 있으므로 인적요소와 관련한 대상과 영역은 매우 복잡·다양하고, 범위가 광범위하여 이를 한정하여 구체화하기 어렵다.

항공분야 인적요소의 기초이론으로 인정받고 있는 허킨스의 "SHEL이론"에서는 운항승무원(Liveware)과 소프트웨어(Software), 환경(Environment), 하드웨어(Hardware) 등 개개의 요소와 그리고 운항승무원을 중심으로 한 각 요소들과의 상호작용 관계로 기술 하고 있으나, 이는 단지 상징적 표현에 불과하고, 그 내면에는 매우 많은 요소들로 구성되어 있으며, 또한 각 요소별 상호관계도 매우 복잡하게 얽혀 있는데, 현재 국제민간항공기구(ICAO)에서 제시하고 있는 인적요소 구성을 보면 다음과 같다.

1. 항공생리(Aviation Physiology)

- 호흡(Breathing)
- 기압영향(Pressure Effects)
- 감각기관의 한계(Limitations of the Senses)
- 가속영향(Acceleration Effects)

- 착각(Disorientation)
- 피로와 긴장(Fatigue/Alertness)
- 수면 장애와 부족(Sleep Disturbances and Deficits)
- 생체리듬과 시차(Circadian Dysrhythm/Jet Lag)

2. 항공심리(Aviation Psychology)

- 인간의 실수와 신뢰도(Human Error and Reliability)
- 업무의 부하(Workload)
- 인체 정보처리과정(Information Processing)
- 태도(Attitudinal Factors)
- 인지체계(Perceptual and Situational Awareness)
- 판단과 의사결정(Judgement and decision-making)
- 스트레스(Stress)
- 기량/경륜/평가와 숙련도(Skill/Experience/Currency vs. Proficiency)

3. 적성(Fitness for Duty)

- 건강(Health)
- 음주, 약물, 연령 등 후천적 요소가 업무에 미치는 영향
- 적성심리와 스트레스 관리(Psychological Fitness Management)
- 임신(Pregnancy)

4. 대인관계(Interpersonal Relations)

- 항공기 운항관련 종사자들과의 의사소통
- 통신에 의한 정보의 전달과 비행안전·운항효율에 미치는 영향
- 문제 해결방법과 의사결정(Crew Problems Solving and Decision-making)
- 소집단활동과 승무원의 관리 기법 소개

5. 장비요소(Pilot-Equipment Relationship)

- 조종실의 구조와 배치(Control and Displays)
- 경계 및 경보체계(Alerting and Warning System)
- 안락성(Personal Comfort)

6. 소프트웨어(Pilot-Software Relationship)

- 표준운용절차(Standard Operating Procedure)
- 항공지도 등 자료와 소프트웨어(Written materials /Software)
- 자동화(Operational Aspects of Automation)

7. 운항환경(Operating Environment)

- 항공기 내적 물리적 환경(The Physical Environment : Internal)
- 항공기 외적 물리적 환경(The Physical Environment : External)
- 사회경제적 환경(The socioeconomic Environment)

8. 인간과 주변요소와의 상호관계에서 발생하는 요소

4. 인적요소 교육·훈련과 기준

1. 인적요소 교육·훈련 과정과 방법

인적과실에 의한 항공기 사고는 항공기 운항과 관련한 업무를 수행하는 종사자들의 인체기관에 결함이 발생하여 제 기능을 발휘하지 못하거나 그 기능의 변화 또는 주변의 제요소와 융화 또는 상호작용관계가 부적절한 경우에 발생한다. 그러므로 항공기 운항에 참여하는 모든 종사자들은 우선적으로 업무수행에 필요한 인체기관의 결함이나 능력과 한계 등을 항상 주지하고 있어야 하며, 또한 업무와 관련되는 주변 제요소와의 상호작용 관계 시 제 기능을 발휘할 수 있도록 최적의 상태를 유지하여야 한다.

항공종사자 중에서도 특히 운항승무원은 항공기 운항과 관련한 업무를 수행함에 있어 현장에서 중추적인 기능과 역할을 담당하고 또한 업무의 대부분이 공중에서 이루어지므로 인체기능의 저하나 변화가 지상에서 보다 더욱 현저하게 나타날 수 있으며, 또한 장시간 반복적으로 복잡·다양한 기기를 주시(Moniter)하고, 상황에 따라서는 여러 종류의 기기를 동시에 신속·정확하고, 정교하게 조작해야 하므로 여러 가지 여건에 의하여 인체기능의 저하나 변화가 발생하는 경우 업무수행에 쉽게 영향을 받을 수 있다.

따라서 항공분야에서의 인적요소 교육·훈련은 항공종사자들로 하여금 업무수행에 필요한 인체의 제반 조건을 양호한 상태로 유지한 가운데, 주변 제요소와의 상호관계 작용을 원활하게 하여 업무의 능률성 및 효율성의 제고를 통하여 항공기의 안전운항을 확보할 수 있도록 주지시키는 것이다.

이를 위하여 현재 세계 각국에서 항공종사자들에게 실시하고 있는 인적요소 교육·훈련 학습교육과정에서는 인체에 대한 생리와 심리 및 적성 등의 교육을 통하여 인체기능과 능력 및 그 한계와 변화에 관한 사항을 주지시키고, 또한 업무와 관련한 주변의 제요소와 상호작용 관계 시 나타날 수 있는 변화와 필요한 조건 등 제반사항에 관한 내용을 교육시키고 있다. 특히 인간의 행동은 개개인의 인체기능 및 주변의 상황과 여건에 따라 방향과 동작의 크기 및 그 행태가 수시로 변화하는 등 불안정적인 속성을 내포하고 있고, 이러한 행동의 가변성은 주로 인체기관이나 심리과정에서 비롯되므로 인적요소 학습교육과정에서는 행동의 근간이 되고 있는 인체생리(Physiology)와 심리(Psychology)를 매우 중요시한다.

또한 인간을 중심으로 한 주변 제요소와의 상호작용에 관한 교육으로서는 앞에서 기술한

"SHEL모델"을 기준으로
- 인간-기계(Liveware-Hardware)
- 인간-소프트웨어(Liveware-Software)
- 인간-환경(Liveware-Environment)
- 인간-인간(Liveware-Liveware) 등의 과목을 중점적으로 실시하고 있다.

그리고 인적요소에 관한 기술교육·훈련과정에서는 항공기에 탑승하고 있는 모든 승무원들이 가지고 있는 지식과 기량의 활용을 극대화하여 운항업무의 능률성과 효율성 및 안전성 확보에 기어코자 인적요소의 기술교육·훈련과목으로 지도력(Leadership), 인성과 태도(Personality and Attitudes), 의사소통(Communication), 승무원간의 협력(Crew co-ordination) 등의 증진을 위한 훈련을 실시한다.

즉 항공기 운항에 필요한 승무원은 조종실업무를 담당하는 운항승무원과 객실업무를 담당하는 객실승무원(Cabin Attendant)등으로 구성되는데, 이 가운데 기장은 항공기내 안전을 확보하기 위하여 승무원과 이들이 수행하는 업무를 관리할 수 있는 지도력(Leader-ship)이 필요하다. 기장의 이러한 능력은 승무원 상호간 협력(Crew co-ordination)의 증진과 업무 능률을 향상시키는 것이므로 항공기의 안전운항에 중요한 요소가 된다. 또한 운항승무원 스스로가 개개인의 인성과 태도(Personality and Attitudes)를 파악하고, 자각하여 자기 관리를 하는 것과 항공기 운항관련 종사자들 간의 항공기운항에 관한 분명하고 신속·정확한 의사소통(Communication)및 우호적이며 긴밀하게 상호협력(Co-ordination)하는 것 등은 각 요소와의 상승작용의 계기가 되고, 이는 곧 항공기 운항과 관련한 업무의 효율성 제고에 크게 이바지하여 개개인의 인적결함을 상호 보완할 수 있게 하므로 항공기 안전운항 확보에 절대 필요한 요소라 할 수 있다.

현재 운항승무원들의 인적요소 기술교육·훈련은 주로 CRM(Crew Resource Manage-ment) 및 LOFT(Line Oriented Flight Training)프로그램을 개발, 운용하고 있는데, 이러한 인적요소의 기술교육·훈련 취지에 따라 CRM교육·훈련 과정에서는 운항 승무원들의 지도력(Leadership)과 의사소통(Communication) 및 동승한 승무원을 비롯하여 항공기 운항 관련 종사자들과의 협력(Co-ordination)의 필요성과 중요성을 재인식시키고, 그 기법을 몸으로 체득할 수 있도록 정해진 프로그램에 따라 도상훈련 형태로 실시한다.

2. 인적요소 교육·훈련의 기준

인적요소에 관한 교육·훈련은 항공종사자들의 행태변화를 유도하는 교육·훈련이므로 단기간의 성과적인 교육·훈련 보다는 장기간 계획적이고 체계적이며 주기적으로 실시하고, 사후에도 세심한 관리와 관찰을 통하여 수시로 교정하고 이를 습관화하는 것이 바람직하다.

그리고 인간의 행태근원이 되는 심리과정에 관한 사항을 포함하고 있으므로 교육·훈련내용은 개개인별 인성과 사고, 가치관, 생활환경 및 습관 등에 따라 보다 구체적이고 체계적인 접근이 필요하며, 나아가서는 조직의 특성과 기업의 운영방침 및 국가의 사회·문화 풍습과 환경 등에 따라 다양한 방법과 절차에 의하여 시행해야 한다는 것이 관계 전문가들의 공론으로 받아들여지고 있다.

이와 같은 인적요소 교육·훈련의 특성에 따라 현재 ICAO에서는 항공종사자들의 인체기관의 능력과 한계 및 환경에 따른 기능의 변화 중 인적요소에 관한 기초지식 함양을 위하여 학습교육에 관해서는 그 기준을 정하여 세계 각국에 권장하고 있으나, 인적요소의 기술 교육·훈련에 관하여는 전술한 바와 같이 시행방법과 그 내용의 다양성에 따라 국제적으로 통용화 할 수 있는 표준화된 프로그램 개발이 어렵기 때문에 지역별 인적요소 세미나를 통하여 가장 합리적인 방법과 절차를 모색하도록 유도하고 있다.

현재 ICAO에서 권장하고 있는 항공종사자들의 인적요소 학습교육에 관한 기준을 보면 표 2-1과 같다.

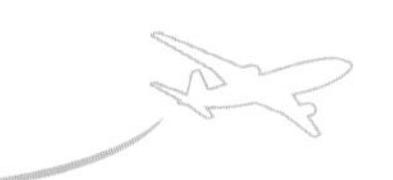

[표 2-1 인적요소 교육에 관한 ICAO권고 기준]

단원	교육과목	비중(%)	시간(시간+분)
1	Human Factors 소개	5	1+45
2	Physiology(항공생리)	20	7+00
3	Psychology(항공심리)	30	10+30
4	Fitness for Duty(신체조건의 적정성)	5	1+45
5	Liveware-Hardware(운항승무원-시설장비)	5	1+45
6	Liveware-Software(운항승무원-소프트웨어)	10	3+30
7	Liveware-Liveware(운항승무원-운항승무원)	15	5+15
8	Liveware-Environment(운항승무원-운항환경)	10	3+30
계	8 과목	100	35+00

[자료] ICAO, 인적요소 Digest No.3 p10, 1991년

2 항공기정비 안전 관리(작업장 안전)

1. 개요

항공 업무에 종사하는 사람들은 항공기 계통, 특히 항공기 운항 관련 분야의 안전 개념을 잘 알고 있다. 항공기 계통의 안전은 정비 작업장의 안전과도 밀접한 관계에 놓여 있다. 항공기를 취급하는 정비 조직은 조직 내의 모든 요소들이 안전해야함 비로소 안전하다고 할 수 있다. 여기서 말하는 조직 내의 요소란 사람(작업자, 검사원을 비롯한 정비에 관계되는 모든 인원), 장비, 정비 시설, 항공기 자체는 물론 그 주변의 환경까지를 모두 포함한다.

정비 조직 내의 불안전한 요소로 인한 결과는 효율감소와 비용증가로 나타난다. 비용의 증가는 인원의 충원 상해 보험금 지급, 벌금, 필요한 원인 조사 및 교육·훈련 등에 소요되는 비용으로 볼 수 있다. 정비 효율은 자격을 갖춘 인원, 즉 항공 정비사가 부족한 경우 또는 정비사의 개인적인 건강 및 안전이 불확실할 때 저하된다.

항공 산업은 비용절감과 생산성 향상을 지속적으로 추구하고 있지만, 이러한 노력을 저해하는 사회적인 요소들이 산재해 있다. 이러한 사회적인 외적 요인(법적, 윤리적, 경제적 및 인도주의적인 경향)은 작업자의 건강과 안전에 관한 기대치를 높여 가고있다. 따라서 위험이 전혀 없는 일이란 존재할 수 없기 때문에, 위험을 줄이기 위한 위험 요소의 제거와 마찬가지로 위험한 일을 당했을 때의 부수적인 영향 관리가 중요시 되고 있다.

인적요인(Human Factors) 문제해결 활동에서는 인간인 작업자의 특성과 작업자의 업무 수행에 영향을 미치는 환경을 다루고 있다. 작업장의 안전은 작업자의 실책 없는 업무 수행과 직접적인 관련이 있다. 따라서 인적 요인에서 다루는 방법을 통해 작업장 환경을 개선함으로써 실책을 줄이고 안전성을 향상시킬 수 있게 된다.

여기서 항공 업무와 관련된 작업장의 안전과 밀접한 주요 인적 요소들을 다루고자 한다.

2. 배경

초기의 항공정비는 필요할 때 비행기를 날도록 하는 것이 전부였다. 정비 경험이 축적됨에 따라, 비행을 지원한다는 정비 본래의 목적을 위한 절차들이 점점 더 복잡하게 발전되었다. 항공산업 초기에는 비행기 안전을 위한 조직화된 책임 소재도 없었다. 하물며 정비 작업장의 안전에 대한 체계적인 관심은 더더욱 없었을 것이다.

미국에서는 1967년에 정부 조직으로 연방항공국(FAA)이 탄생하면서 그 설립 목적을 항공산업 전반에 걸친 표준화 향상에 목적을 두고 있었다. 이 당시만 해도 작업장 안전에 대한 책임은 법령에서 암시적으로 다루고 있었으며, 절대적인 요구는 없었다.

1970년대에 이르러 직업안전 및 건강에 대한 관심이 고조되면서 모든 직업자의 안전과 건강을 개선해야 한다는 목소리가 대두되기 시작하였다. 이러한 사회적 추세에 항공업계도 영향을 받게 되었다. 원만한 정비작업을 위해서는 작업장의 안전은 중요한 요소가 된다는 사실을 인식하게 되었다. 더 나아가서 작업장의 안전은 인적 요소를 감안해야 한다는 목소리가 전 세계 항공 분야에 확산되고 있는 실정이다. 항공정비 환경에서 안전문제들이 다른 분야에 비해 특별난 것은 아니지만, 다른 산업에서보다는 항공정비만이 갖는 다른 우선순위가 있을 수 있기 때문이다.

3. 쟁점 사안

작업장의 안전과 관련된 최근의 보고서에는 다음과 같은 3가지 환경문제를 정비사들에게 있어서 가장 중요한 것들로 다루고 있다.

① 부적절한 조명 : 특히 항공기 동체(Fuselage)나 날개(Wing) 밑의 조명
② 소음 : 리벳 작업시의 소음과 같은 짧은 충격음
③ 온도 : 격납고(Hangar)와 관련된 개방된 작업장의 높은 온도

이러한 보고서에서는 작업지원 체제(작업대 등등), 복합소재 물질(Composite materials) 취급 사용, 및 일정하지 않은 근무 스케줄 등을 항공산업에서의 관심 사항으로 다루고 있다.

작업장의 안전은 주로 완전하고 체계적인 준비와 개인의 책임 있는 행동에 달려 있다. 다음 표는 현대 작업장의 안전 문제의 복잡성을 반영한다. 이 표에 나타난 문제를 하나라도 무시한다면 다른 어떤 효과적인 안전 프로그램이 없는 한 항공기 신뢰성을 유지하려는 조직의 능력이 감소하게 된다.

작업장 안전과 관계되는 요인 분류	
• 개인적인 문제	• 작업과 관련된 문제
• 장비 및 공구의 문제	• 시설 및 환경 관련 문제
• 자재 관련 문제	• 관리/조직 관련 문제

1. 개인적인 문제

사람은 정비체제의 한 축을 이루고 있으면서 새로운 일에 놀랄 만큼 적응을 해 나가지만, 완벽하다고는 할 수 없다. 사람이 설계상의 결점을 보완할 수 있기를 기대하고 있는 체제는 처음부터 실패가 예상되어 있다고

보아야 한다. 불필요한 제한 없이 개인의 역량을 이용할 수 있는 체제로 만들어야 한다. 때론 교육이나 환경의 개선을 통해 개인의 역량을 향상시키는 일도 필요하다. 이것이 정비사들의 교육기간이 점점 길어지는 이유의 하나이기도 하다.

2. 작업과 관련된 문제

어떤 일들은 사람에게 아주 부적절하다. 다른 요소와 마찬가지로 사람에게도 과중한 부하(Load)가 걸리면, 효율의 감소는 물론 고장이 나거나 다칠 수 있다는 것을 예상해야 한다. 물론 부담을 줄이면 생산성이 감소될 수도 있다. 항공기 동체에 페인트를 하는 일은 손과 팔에는 과중한 부담이 되는 반면 몸(Body)에는 비교적 부담이 적을 수 있다.

3. 장비·공구의 문제

사람과 기계로 이루어진 체제(System)를 최적화하기 위해서는, 개인에 맞는 공구와 장비를 설계할 필요가 있다. 사람들이 자기 자신에 적합하게 설계할 수는 있지만 모든 사람에게 적합하도록 설계하기란 어렵다. 예를 들면, 미국의 경우 여성 정비사가 증가하고 있으며, 여성의 작은 손에 맞도록 제작된 공구를 제공하는 일이 중요하게 여겨지고 있다.

4. 시설 및 환경 관련 문제

항공 정비와 관련된 조명, 소음 및 실내 온도에 대하여 관심이 지속되고 있다. 이러한 변수는 각각 작업자의 업무효율을 감소시키고 사고, 상해 또는 작업과 연관된 질병 발생 가능성을 증가시킨다.
설계 시 물론 매일 근무환경을 이용하는 중에 소음, 조명 및 실내 온도와 이와 유사한 다른 요인들을 관리할 필요성이 있다. 시설과 관련된 문제를 다루지 않는다면, 곧 작업량이 증가하고 점검에서 실책이 증가하게 된다.

5. 자재 관련 문제

만성적 또는 급성으로 나타나는 증상은 위험성이 상존하는 자재를 잘못 사용하거나 보관을 잘못하는 경우에 초래된다. 이 문제에 관한 어떤 보고서에선 모든 종사자들에게 그들이 취급하고 있는 위험물의 특성과 명칭, 안전하게 취급하는 방법을 알려 주어야 한다고 주장하고 있다. 그러나 불행하게도 보안이라는 이유로 매일 사용하는 위험 물질에 대해 공지를 기피하는 사례가 있다.
위험 물질 취급에 대한 관심의 결여는 종종 사람이 다치는 결과로 나타난다. 예를 들면, 어떤 정비사가 부주의로 그리스(Grease) 제거액 용기(Degreaser bath)의 덮개를 열어 놓아, 누군가가 잘못으로 눈에 세척 용액이 튀어 들어가게 되는 경우를 들 수 있다.

6. 관리/조직 관련 문제

관리(Management)상의 결정은 때로 전혀 예상하지 못한 결과를 초래할 우려가 있는 연쇄적인 사건의 발단이 될 수 있다. 현 작업장의 현상을 변경하는 일은 비록 그 변화를 통해 장기적인 안목에서 개선의 효과가 있더라도 단기적으로 어떤 획기적인 성과가 없는 한 좀처럼 쉬운 일이 아니다.

모든 사람들이 똑같은 우선순위와 가치 기준을 갖는 것이 아니다. 우선순위와 가치 기준을 세대에 따라 다르며, 이 때문에 안전한 작업 환경을 이루기가 힘들다고 할 수 있다. 또한, 법으로 많은 내용이 정해져 있지만, 정확한 용어, 지역에 따른 법해석과 그 적용은 정해진 바가 없다.

4. 규제 조항

작업장의 안전은 국가적으로 규제되고 있는 광범위한 문제로 대두되고 있다. 특히 항공 정비 분야에서는 국내적으로 항공법과 산업안전보건법의 적용뿐만 아니라, 업무의 특수성으로 인해 국제민간항공기구 및 미연방항공국의 FAR의 규정으로도 제재를 받고 있다.

1. 판단을 전제로 하는 기준

어떤 엄격하고, 확실하며, 개관적인 판단을 함에 있어 반드시 준수될 것을 요구하는 기준을 의미한다. 업무 수행을 전제로 하는 기준과 대비된다.

2. 위험한 상태

운에 맡기는 또는 불안전한 상황을 의미한다. 다음과 같은 상황 중 어느 경우에 해당하는 상태를 의미한다.

① 전선의 피복이 들어난 것과 같은 절박한 위험

② 독성 물질이나 폭발물과 같은 본래부터 위험한 물질

3. 사소한 위반

관계 당국은 모든 규정의 위반을 동일하게 취급하지 않는다. 사소한 위반은 규정 또는 규칙을 준수하지 못했으나, 즉시 또는 직접적으로 어떤 개인의 안전이나 건강에 영향을 끼치지 않는 경우에 일어난다.

4. 개인에 적합한 설계

우리는 보편적인 사람이라는 용어에 익숙해져 있으나, 실제로 보편적인 사람은 없다. 개인별로 서로 다른 신체조건, 힘, 능력 및 한계를 갖고 있다. 인간적 요소를 가미한 설계 및 평가 과정에서는 이러한 개인적인 요건들을 고려하고 있다. 안전한 작업 환경은 반드시 작업자 개인의 안전을 고려하여야 한다.

5. 경력 한정(Rating)

산업체에 대한 보험요율과 세율을 책정하는 여러 가지 방법이 있다. 경력을 한정한다는 것은 조직체의 보상청구 기록과 지불된 금액에 의거 보험요율이나 세율을 책정하는 기반을 의미한다.

6. 고장(Failure)

고장은 일반적으로 의도한 업무나 기능을 수행할 능력이 없음을 뜻하는 용어로 쓰인다. 항공 정비라는 측면에서 본다면, 정비의 신뢰도는 가장 취약한 부분(부품)이 갖고 있는 신뢰도와 같다. 일견 중요하지 않을 것 같은 요소의 고장일지라도 전체 계통(System)의 고장 원인이 될 수 있다.

7. 고장 관리(Failure Management)

어떤 조직에서든 언젠가는 어떤 유형의 고장들이 일어날 수 있다. 고장 관리란 계획 및 정책 설정 과정과 드러나지 않은 고장을 구분하여 제거하는 결정을 하는 일 또 실제 고장이 발생한 후에 수정 또는 관리를 위한 절차를 시행하는 일 모두를 의미한다.

5. 용어 개념

작업장 안전과 관계되는 많은 용어들이 있다. 어떤 용어는 일반적으로 잘못 알려진 내용일 수도 있으며, 또 어떤 것들은 작업장 안전 문제를 다룸에 있어 유용한 것들도 있다.

1. 사건을 일으킬 가능성이 많다(Accidents Proneness)

사건을 일으키기 쉽다고 하는 말은, 어떤 개인이 타고난 성질로 인해서 다른 사람보다 더 많은 사건에 연루되어 있음을 의미한다. 이러한 말은 안전을 전문으로 다루는 단체에서는 전혀 근거 없는 말로 치부하고 있다. 이 말 자체가 사건에 연루되어 상해를 입은 사람들은 그 책임이 자신들에게 있다는 의미를 암시하고 있기 때문에, 책임 부서에 있는 많은 사람들이 즐겨 사용하고 있다. 사실, 사고는 설계의 부적합, 준비 미흡 등의 원인에서 일어나는 것으로 개인적인 성향에 의한 것은 아니다.

2. 준수(Compliance)

이 말은 해당하는 모든 규칙에 따라 행동한다는 것을 의미한다. 사고와 상해를 예방하는 데 규칙에 준수하는 일이 필요하기는 하지만, 그것만으로 모든 경우에 충분하다고는 할 수 없다. 규칙과 기준들은 종종 최소한 충족시켜야 할 사항들을 정해 놓고 있거나 협의의 범위로 제한되어 있을 수 있다. 또한 규칙이나 기준들은 기술의 발전 또는 작업 절차의 변경에 따라 현실화 되어 있지 못할 수도 있다.

3. 교섭단체의 기준(Consensus Standards)

컨센서스(Consensus) 기준으로 표현되는 이 기준은 이해관계가 있는 모든 단체들이 의견의 일치를 보고 있는 내용들이다. 기준을 개발하는 대부분의 단체들은 다양한 이익 집단을 대표하는 인원들로 구성된다. 이들 이익 집단들은 자기들의 이익을 감소시키는 기준(표준) 조항들이 만들어지는 것을 원치 않을 수 있다. 따라서 이렇게 만들어진 기준들은 그것을 개발하는 사람들 간의 최소 공배수와 같은 조항들일 가능성이 많으며, 기술적으로 적합할 수도 있고 아닐 수도 있다.

4. 형사상의 과실(Criminal Negligence)

과실이란 여러 가지 법률적 의미를 내포하고 있다. 대부분의 과실은 피해자에 대한 민사상 보상 관련법과 관계가 있다. 그러나 과실은 때로 형사법으로 다루어질 수 있다. 형사상의 과실은 태만으로 합리적인 수준의 주의를 하지 않아 그 결과 타인의 생명 또는 신체상의 상해를 초래한 경우를 의미한다. 이러한 태만은 설계, 교육, 작동 등 어느 단계에서도 일어날 수 있다.

5. 총체적 책임 조항

모든 고용주들이 일(Task)을 제공하고, 드러난 위험 요소가 없는 작업장을 마련해야 한다는 규정상의 포괄적 책임 조항을 의미한다. 이러한 조항은 고용주들이 그 종업원의 안전에 관련하여 총체적인 책임을 진다는 것을 공지함을 뜻한다.

6. 위험 요소

예정된 어떤 행위의 일관된 진행을 저해할 수 있는 위험한 조건을 말한다. 미 국방성은 위험 요소를 다음 4가지 등급으로 분류하고 있다.

① 무시할만한 위험 요소 : 그 결과로 인해 사람이 다치거나 장비에 중대한 손상이 초래되지 않을 것
② 한계(Marginal) 위험 요소 : 사람이 다치거나 장비의 손상을 예방하기 위해 관리가 필요한 사항
③ 위급한 위험 요소 : 사람이 다치거나 장비의 손상을 초래하는 사항
④ 파국적(Catastrophic) 위험 요소 : 작업자의 사망을 초래하는 상황

7. 인간의 신뢰도(Human Reliability)

신뢰도 개념의 본질은 반복 가능성이다. 어떤 것이 신뢰할만하다면, 그것은 같은 일을 같은 행동으로 반복해서 하는 것을 믿을 수 있음을 의미한다. 신뢰도에 반대되는 말은 변화성이다. 인간은 변수가 있다고 잘 알려져 있다. 사람은 같은 일을 같은 방식으로 반복하는 것이나 다른 사람과 똑같이 하기를 싫어하는 경향이 있다. 사람은 자기 개성을 자랑스럽게 여기는 반면에, 주요 인적 과실(Human error)의 원인은 인간의 변화에서 온다.

8. 직업 안전/위험 분석

직업의 안전이나 위험도의 분석은 직업이나 업무와 연관된 위험 요소들을 결정하는 기법이다. 이들 위험 요소를 억제하는 장치를 개발하고, 그 일을 하는 작업자들의 구비 조건 또는 자격 조건들을 만드는 데 이용된다.

9. 손실 관리(Loss Control)

사건으로 인한 경제적 손실을 최소화하기 위해 고안된 프로그램에 붙여지는 명칭이다. 보험회사는 필수적으로 손실 관리 프로그램을 채택하고 있으며, 이는 사고가 날뻔한 일의 현장, 점검표에 의한 점검 및 분석을 통합하고 있다.

10. 과실 (Negligence)

과실은 합리적인 관리 또는 주의가 결여된 행위이다. 법적인 과실로는 다음의 3가지 유형이 있다.

① 기소 가능한 과실 : 법적인 의무 조항을 이행하지 못하여 일어난 결과로 사람이 다치거나 장비에 손상을 끼친 경우
② 쌍방 과실 : 관련 당사자 모두가 소홀하여 책임이 그 정도에 따라 소멸되는 경우
③ 기여 과실(조성 과실) : 피해자가 고의로 비합리적인 위험을 자초하여, 그 결과로 인해 상해나 장비의 손상이 초래되어, 손해에 대한 책임이 줄거나 소멸되는 경우

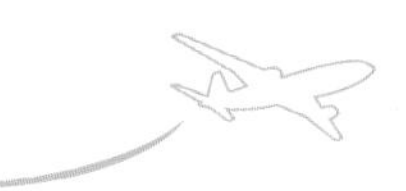

11. 업무수행을 전제로 한 기준(Performance-Based Standards)

업무수행을 전제로 한 기준은 특정한 기술적 조항이라기보다는 기준을 적용하여 달성하여야 할 중요하면서도 포괄적인 목적을 나타낸다. 밀폐된 공간에 들어갈 때 지켜야 할 기준과 같은 것들이 이에 해당한다고 할 수 있다. 이와 반대되는 말은 판단을 전제로 하는 기준이다.

12. 분석 관찰(Surveillance)

이 말은 안전과 연계된 문제점들을 식별하기 위해 작업장을 분석하고 관찰하는 여러 기법들을 의미한다. 여기에 2가지 Surveillance 유형이 있다.

① 피동적 Surveillance : 건강이나 안전 개발의 문제들을 발췌하기 위해 의료, 보험 및 생산 기록부 등을 포함한 기존의 문서를 조사하는 행위

② 능동적 조사 : 피동적 Surveillance로 발견하지 못한 문제점들의 원인과 해결책을 알아내기 위해 작업, 작업장, 공구 및 장비, 자재 환경 등을 실지로 조사 분석하는 행위

13. 시스템 접근(Systems Approach)

인간을 전체 환경과 동떨어진 별개의 존재로 보지 않고 시스템 전체의 한 부분으로 생각하는 접근법을 표현한다.

14. 조직 안전(System Safety)

안전 문제를 다루기 위해 Systems Approach(시스템 접근) 방식을 적용하면서 얻어지는 결과이다. 이런 결과를 얻기 위해서는 위험요소를 최소한의 수준으로 낮추기 위해 항시 설계(Design), 가동(Operation), 기술 분야에 관리기법(Management techniques)과 원칙을 적용하여야 한다.

6. 방법

작업장 안전에 적용될 수 있는 방법들에는 많은 내용들이 있다. 실제로 인적요소에 관계되는 전반적인 내용들이 작업장 안전 문제에 1~2가지 방법으로 적용될 수 있다. 어떤 방법들은 일상적으로 안전에 관련되어 있다.

1. 결정적 사건 기법(Critical Incident Technique)

이 방법들은 여러 가지 인적요인 응용에 사용된다. 즉 일반적인 인적요인의 한 방법이다. 기본적으로 이 방법에서는 특수한 환경에서 일하는 사람들이 사건의 원인이거나 원인이 될 수도 있었던 장비, 행위(Practice), 및 다른 사람에 관한 사항을 보고하도록 하고 있다. 이 방법은 서면이나 구두로 시행할 수 있다.
즉 문서화 된 보고서를 제출하거나 직접 만나서 면담을 통해 구두로 보고하는 형식으로 적용된다. 대부분의 사람들은 동료나 특히 자기 자신들이 관여된 문제라면 비록 지대한 불안전 사항일지라도 보고하기를 꺼리게 된다. 사람들이 불안전한 행위를 보고하기를 꺼려하고 있기 때문에, 이 제도가 잘 되도록 하기 위해서는 익명으로 보고할 수 있게 하여야 한다.

이 제도와 유사한 것으로 항공안전보고제도(ASRS : Aviation Safety Reporting System)가 있으며, 이 제도는 운항 승무원이 준사고에 해당하는 내용들을 완전히 비밀로 보고토록 하는 내용이다. 결국 여기서 말하는 결정적 사건 기법은 특정한 작업장에서 매일 일을 하는 사람들이 그 작업장에 대한 불안전 요인을 가장 많이 알고 있을 것이라는 가정을 전제로 한다. 이러한 가정이 전적으로 맞는다고는 할 수 없겠지만, 거의 사고의 원인이 되는 장비의 특성이나 행위를 분명히 알고 있을 것이다. 만일 안전장애에 기여한 요인이 어떤 것인지를 알 수 있다면 사고가 발생하기 전에 그 요인을 제거할 수 있을 것이다 Surveillance 방법은 사고가 나서야 원인이 어떤 것인지를 알게 된다.

2. 직접적인 측정/관찰

많은 방법 중에서 가장 보편적이면서도 가장 효과적인 방법은 직접 안전을 진단하고, 참여하여 보는 방법이다. 많은 안전 위해요소들은 작업장의 여러 요소들이 미묘하게 얽혀서 일어나고 있지만, 위해요소 중 많은 부분은 쉽게 확인되고 제거될 수 있다. 불안전한 행동, 조건 및 설계들에 관한 방대한 자료가 있으며 지금도 그 자료는 누적되고 있다. 안전 전문가들을 당혹스럽게 하는 것 중의 하나는 사람들이 사건의 원인이 무엇이고 사건을 예방하는 방법이 어떤 것 인지도 알고 있음에도 불구하고 계속 반복해서 똑같은 유형의 사고가 발행하고 있다는 것이다. 작업장에서 직접 찾아가 아주 간단한 측정 및 관찰만으로도 사고를 유발시킬 수 있는 요인들을 찾아내어 제거할 수 있다.

개념상으로는 아주 단순해 보이지만, 실제로 작업장에 가서 이런 일을 하기에는 다소 어려움이 있다. 안전에 관련된 다른 여타 방법들과 마찬가지로, 실행에 옮기기 전 해야 할 준비 작업이 있다. 한 가지 방법은 사전에 필요한 점검 목록을 준비하는 일이다. 점검 목록을 작성하여 실행함으로써 실제 안전진단 시 중요한 사항을 누락하는 일이 없게 된다. 반면에 직접 관찰은 작업장과 거리를 두고도 수행할 수 있다. 비디오 촬영을 통한 방법이 한 예가 될 수 있을 것이다. 그러나 어떤 방식을 택하든 작업자들의 활동 분석에는 어느 정도 구분은 할 수 있지만 최종 판단에 앞서 전문가의 도움을 받아 어떤 행위가 안전하고 불완전한지를 정리하는 것이 바람직하다.

3. 작업의 위험요소 분석

작업의 위험요인 분석은 작업장의 위험요소를 확인하고 완화시키는 가장 근본적인 기법이다. 하나의 기법이라기보다는 우선 확인하고 나서 평가하고 마지막으로 안전재해 요인을 제거 또는 완화하는 법주라고 해야 한다. 확인 단계에서는 서베일런스(Surveillance)같은 방법이 적용될 수 있다. 어떤 방법을 적용하느냐가 중요한 것이 아니라 실재하는 또는 잠재된 위험 요소를 후에 분석할 수 있도록 확인하는 일이 주가 된다. 일단 위험 요소가 분류·구분되면, 각각의 잠재적 위험요소에 대한 안전 위험도를 평가하는 방법을 적용한다. 여기엔 작업자의 동작을 분석하는 일에서부터 중량, 각도, 온도 등등을 직접 측정하는 일에 이르기까지 모든 일을 포함한다.

4. 서베일런스(Surveillance)

앞에서도 언급한 바 있지만, 서베일런스란 한 가지 이상의 기법을 의미한다고 볼 수 있다. 가장 보편적인 형태

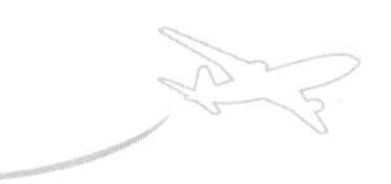

의 피동적 서베일런스는 사건 기록을 관찰 및 분석하여 반복하여 일어나는 사고(Accident)의 양상(Pattems)을 구분한다. 이 방법에서는 의료보험 기록, 생산 실적 등을 포함한 기록으로 남는 모든 문서를 이용한다. 한 가지 중요한 일은 작업자 개인의 사생활을 존중하여야 한다. 이런 작업을 하다 보면 개인의 의료 및 보험 기록을 참조해야 하는 경우가 발생하기 때문에, 개인의 사생활을 적용함에 있어 민감하게 다루어야 한다. 이런 조사 활동을 통해서 잠재적인 안전위해 요인 또는 밀집된 사고를 확인 후, 조사를 하는 사람은 위험 요소를 구분하고, 그 원인을 밝히고 해결책을 찾는 일에 적극적인 역할을 해야 한다.

7. 무엇을 할 것인가?

안전은 인적 요인 영역에서 최우선하는 관심사다. 작업장 특성에 관계없이, 종사자의 안전을 위태롭게 해서는 안 된다. 분명히 어떤 제품은 특히 다이너마이트 같은 물품은 그 특성상 본질적으로 위험스럽다. 이렇게 본질적으로 위험한 물질은 사람들의 뇌리에 위험한 것으로 인식되고 있지만, 이것도 근본적으로 잘못 인식되고 있는 사항이다.

1년에 작업장에서 사망하는 사람들을 보면 폭발물을 다루는 작업장에서보다 오히려 평범한 작업장에서 사망률이 더 높게 나타나고 있다. 이와 같은 통계를 본다면 작업장이야말로 대단히 위험한 곳이다. 안전이 인적요인 활동의 초석 일뿐만 아니라, 안전 그 자체를 매우 복잡하게 하는 실질적인 문제들을 내포하고 있다. 각각의 작업장은 나름대로의 독특한 문제점을 안고 있다. 또한 어떤 작업장은 훈련, 경험, 보호복 등의 변수가 있어 위험한 일을 훨씬 덜 위험하게 하는 경우도 있다.

이러한 여러 가지 이유 때문에 안전에 관계되어 어떤 방식을 취하라고 간단히 권유할 수 없다. 분명히 어떤 부분은 전문가의 도움 없이도 성공적으로 활용할 수 있다. 그러나 보다 확실하게 하기 위해서는 산업안전에 대한 교육 및 경험이 있는 전문가의 도움을 받는 것이 필요하게 된다.

1. 안전 프로그램의 개발

거의 모든 항공정비 조직(Organization)에서는 공식적인 안전 프로그램을 운용하고 있다. 이와 같은 공식적 프로그램 외에는 안전 활동이 구체화되어 있지 않다. 이런 공식적인 기구를 통해서 경영진이 안전 프로그램 유지에 드는 시간, 노력 및 금전을 들일만큼 중요하다고 판단할 수 있는 확실한 지표가 제공된다. 아울러 이 공식적인 활동에 참여하는 작업자들은 여기에 관계되는 정보를 제공한다. 산업재해 보험을 취급하는 어떤 조직이라도 안전 프로그램을 운영한다. 여기서 더 나아가 우리는 기존의 안전 프로그램이 적절한지를 지속적으로 평가하고 보완해 나가야 한다.

2. 기존의 안전 프로그램 평가

대부분의 항공 정비 조직에서는 이미 어떤 형식이든 작업장 안전 프로그램을 적용하고 있다. 이런 조직들은 기존의 안전 프로그램의 효율성을 평가해야 한다. 잘 구성된 안전 프로그램은 프로그램 내에 평가기능을 두고 있다. 아무리 잘 만들어진 안전 프로그램일지라도 새로운 물질, 작업 일정, 새로운 공구나 시험 장비, 작업자의 경험과 능력 분포에서의 변화 등에 따라 변하기 마련이다. 주기적으로 안전을 재평가함으로써 끊임없이 변화하는 작업 환경에 대처할 수 있게 된다. 안전 평가는 여러 형태로 나타날 수 있다.

3. 잠정적인 안전 위해요소 평가

안전 프로그램의 일은 상당 부분 작업장의 잠정적인 안전 위해 요소를 확인 및 평가하는 일을 포함한다. 많은 요소들은 양호한 작업장 구조 관행을 적용하여 제거될 수 있지만, 대부분은 작업장의 여러 요소들이 미묘하게 연결되어 일어난다. 어떤 사건, 신체적인 상해 또는 재산상의 손해가 발생한 연후에 그 결과를 완화하는 것보다는 위험요인 자체를 제거하는 것이 비용이 적게 들며 훨씬 바람직한 일이다. 그러나 우리는 어떤 조치를 취하기에 앞서 어떤 요인이 있는지를 알아야 한다. 따라서 위험 요소의 확인과 제거가 작업장 안전에서 주가 되는 기능이라고 할 수 있다.

이러한 일련의 평가 방법들을 통칭하여 안전 분석(Job Satdty Analysis-JSA) 또는 작업 위험요소 분석(JHA : Job Hazard Analysis)이라고 한다. 특히 JHA는 보험에 있어 손실 예방 프로그램의 기능을 하고 있다. 이와 같은 프로그램에서는 보통 사건 통계를 조사하여 사고 또는 장비 손상의 원인을 구분한다. 여기서 알아야 할 것은 이들 프로그램은 보험회사에서 손실 예방을 위해 고안된 손실 예방 프로그램으로 사건 통계를 조사하는 방식으로 사전 예방 차원은 아니라는 것이다. 물론 이러한 손실 예방도 정비 조직에 이로운 것은 사실이나, 이미 발생한 사건에 관심을 두고 있다. 보다 좋은 방법은 안전위해 요소로 인해 사건이 발생하기 전에 작업장과 작업을 분석하여 위해 요인을 찾아내는 방법이다.

4. 위험도 줄이기

작업장 안전 문제에서 위험을 줄이는 방법은 여러 가지가 있다. 어떤 방법에서는 위험 요인을 직접 다룬다. 즉 리벳 작업에서 나는 소음을 줄이는 경우와 같은 것들이다. 어떤 경우는 통제가 불가능한 위험요소로 인한 결과를 통제한다. 즉 태풍과 같은 자연 재해에 대처하는 일이다. 또 어떤 사람들은 새로운 장비의 도입에서 오는 경우와 같이 이전에 경험하지 못한 새로운 위험에 작업자 자신들이 늘 경계하도록 정신적인 환경을 조성하려 하기도 한다. 다음에서 지금까지 언급한 여러 안전 문제와 관련된 방향을 제시한다.

8. 가이드라인(Guideline)

여기서는 이 글을 읽는 실무자들이 스스로 혹은 전문가의 도움을 받아 해야 할 업무에 대한 가이드라인을 제시한다. 지금까지 언급한 모든 업무는 전문가의 도움을 요하고 있다. 비록 이러한 업무를 수행함에 있어서는 전문가의 도움이 요구되기는 하지만, 안전에 관계된 행위의 기본을 이해하는 데에도 유익하리라 본다. 다음은 이 글을 읽는 실무자들이 자신들이 일하고 있는 직장의 다양한 안전 프로그램에 적극적으로 참여할 수 있도록 하는 내용들을 담고 있다.

1. 안전 프로그램의 개발

실무자들은 전문가의 도움 없이 자기 혼자 직장의 안전 프로그램을 만들어서는 안 된다고 한 바 있다. 전문가의 도움이라는 면은 일단 접어 두더라도, 정비 조직에서 효과적인 안전 프로그램을 만들 수 있느냐 하는 것은 경영진과 작업자들의 참여도에 좌우된다는 사실을 명심해야 한다. 안전에 관한 프로그램을 만드는 일은 개념상에서 다른 어떤 전체가 참여하는 작업 프로그램을 만드는 일과 다를 바가 없다. 좋은 예로, Total Quality Program(전종업원이 참여 하는 품질관리)을 만드는 일을 들 수 있다. 품질관리 프로그램은 전경영진과 작업

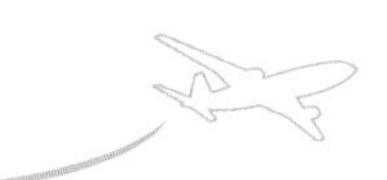

자가 참여할 때 비로소 좋은 결과를 기대할 수 있다. 전적으로 외부의 자문에만 의존하여 만든 프로그램보다는 조직 내부에서 참여하여 만든 프로그램이 더욱 효과적인 것으로 인식되고 있다.

다음 표에서는 일반적인 프로그램이 그러하듯이 순차적인 하향식 구조를 보이고 있다. 작업장 안전 프로그램을 만들 경우 참조가 되도록 전체 과정을 나타내고 있다. 어느 조직에서와 마찬가지로 이 표에서도 분석, 설계, 적용 및 평가 요소를 갖추고 있다. 어떤 단계에서는 다른 단계와 서로 그 결과를 주고받도록 되어 있다. 개발 과정에 들어 있는 제반 내용을 이해한다면, 앞으로 받아들이게 될 전문가의 조언을 프로그램에 포함시킬 때 경영진은 물론 정비사에게도 도움이 된다. 단, 작업장 안전 프로그램을 만들 때 조심할 것은 양 극단을 피하는 것이다. 프로그램을 전문가의 도움 없이 자신이 모두 한번에 개발하려 한다거나, 외부자문 기관에서 만든 프로그램을 그대로 인용하지 않아야 한다. 효과적인 프로그램을 만드는데 어떤 전문지식과 경험이 요구된다는 것을 알고 있어도, 자신이 그 프로그램 개발에 직접 참여하고, 그 프로그램에 대해 전체적인 책임을 지고 있어야 한다. 자문을 했던 사람이 가고 나면, 그 프로그램과 생활을 같이 할 사람은 바로 자신이기 때문이다.

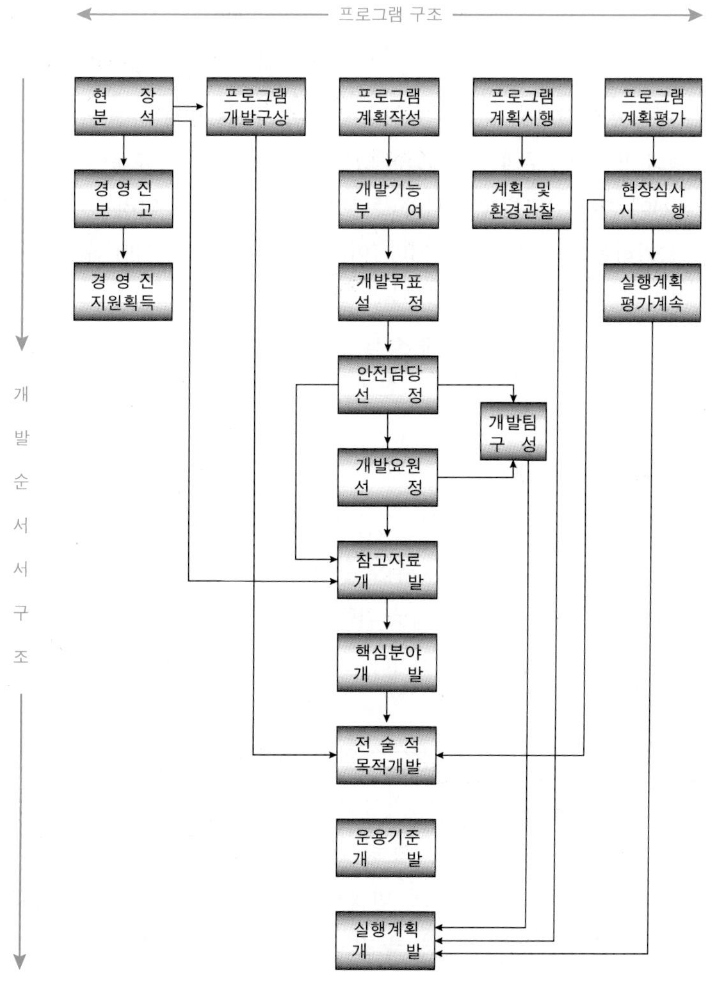

[표2-2 전체 작업장 안전 프로그램 개발 공정]

2. 기존프로그램의 평가

다음 4가지 지표는 기존의 안전 프로그램의 전체적인 효과에 대한 정보를 나타낸다. 효과적인 프로그램은 전체 또는 일부 측정치에서 감소 추세를 보인다. 동시에 동일 산업부문의 다른 조직의 지표와 잘 비교된다.

① 불구 상해 지표(DII : Disabling Injury Index)

DII는 빈도와 심한 정도를 단일 지표로 나타내게 된다. 빈도율과 심각도(Severity)에 대한 정의는 아래와 같다.

ⓐ DII=빈도율(Frequency Rate)×심각도(Severity Rate)

ⓑ 빈도율(FR) : 빈도율은 종업원 100명당 연간 사건(사고, 또는 질병) 발생 건수를 나타낸다.

$$FR = \frac{\text{총 발생건수} \times 1{,}000{,}000}{\text{전체 근무시간}}$$

ⓒ 발생률(IR : Incidents Rate) : 다른 조직과 비교할 수 있도록 만든 공식에 근거를 둔다.

$$IR = \frac{\text{총 발생건수} \times 200{,}000}{\text{전체 근무시간}}$$

ⓓ 심각도(SR : Severity Rate) : SR은 어떤 특정 유형의 사건별로 손실 일수를 산출한다. 이 계산 결과는, 어떤 유형의 고질적인 문제가 내제되어 있는지를 찾아내는 데 도움이 될 수 있다. 이렇게 해서 얻어진 주제(Topic)에 대하여 교육을 실시하고 나면, 흔히 지금까지 알려지지 않은 고질적 사례들에 대한 보고건수가 증가하는 현상을 보이게 된다. 이러한 교육 및 다른 어떤 해결책이 성공적인 성과를 얻게 되면, 새로 발생하는 사건에서는 손실일수가 줄어들게 된다.

$$SR = \frac{\text{전체 손실일수} \times 1{,}000{,}000}{\text{전체 근무일수}}$$

3. 잠재적인 안전 위험 요소 평가(Evaluation)

작업장의 안전을 단일 문제(Issue)로 다루기는 힘들다. 어떤 작업장이든 안전 위험 요소의 원인이 될 수 있는 요인들이 많다. 작업장을 다시 소규모 주제 단위로 구분하여 그 곳의 잠재적인 요인을 조사하는 방법이 더욱 효과적일 수 있다. 작업장의 안전을 단일 문제로 취급하기 어렵듯이, 안전 저해 요인 등을 구분하고 평가하는 데 한 가지 기법만을 사용하는 것은 비효율적이다. 위험 평가 과정을 포괄적으로 직업 위험 요소(JHA : Job Hazard Analysis)이라 표현한다.

따라서 여기에 적용되는 무수한 기법들이 있을 수 있다. 여타 모든 작업장에서와 마찬가지로, 안전에 적용하는 일반적인 규칙이 무엇인가 찾아낼 수 있는 가능성은 그것을 찾기 위해 적용하는 방법이 많을수록 증가한다. 이와 마찬가지로 소비한 시간수에 비례하여 증가한다고 볼 수 있다. 따라서 가장 효과적인 위험 평가 방법은 다양한 조사 방법을 적용하여 주기적으로 반복하는 것이다. 여기서 작업상 안전관리 프로그램을 잠재적인 안전 위험 요소를 식별하고 평가하는 기능을 갖고 있어야 함을 강조한다. 이 기능은 최소한 다음과 같은 방법이 되어야 한다.

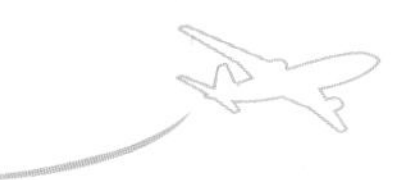

① 분석 관찰(Surveillance)

사고 통계자료를 일상적으로 검토 밑 분석하여 여러 가지 다양한 유형의 인체 및 장비의 손상이 발생하는 장소, 원인, 그 경향 등을 식별해야 한다.

② 분석적 평가(Analytical evaluation)

물건을 손으로 들어올리는 일과 같은 정비 작업은 분석적인 평가 방법으로 개선이 가능하다

③ 직접적인 조사 평가(Direct observation and measurement)

작업자, 관리자 때로는 전문 자문기관 등으로 구성되는 안전 위원회가 주기적으로 작업 현장을 둘러보고 불안전한 장비 혹은 불안전한 작업 관행 등을 찾아내야 한다.

④ 중요 사건 보고(Critical incident reporting)

작업자들이 익명으로 불안전한 장비 혹은 사고를 초래한 행위 또는 초래할뻔한 행위를 보고할 수 있는 체제를 마련하여야 한다.

작업장 안전 프로그램이 효과를 거두기 위해서는 정비 조직 안에 전문 안전담당이 있어야 한다. 이 안전담당은 관리자, 작업자, 또 필요한 경우 전문 자문기관으로 구성되는 안전위원회가 맡을 수도 있다. 안전위원은 통상 조직 내의 여러 인원들이 순번제로 하게 된다. 잠재적인 안전 위협 요인이 식별되었으나 안전위원회의 지식이 부족하여 제대로 평가할 수 없는 경우 외부 안전 전문 자문요원을 상주시켜 위험이 어떤 것인지를 판단하게 할 수 있다.

4. 안전 위험도 줄이기

안전에 관련된 프로그램의 최종 목표는 사람이나 장비의 손상을 사전에 예방하는 일이다. 예방은 사건이 발생하여 그 결과를 처리하기 보다는 문제 발생을 피하기 위한 교육적, 경제적인 측면에서 다뤄야 한다.
다음은 안전 위험도를 줄이기 위한 지침들이다.

① 개인적 문제

안전과 관련된 많은 문제들이 주로 작업자 개인과 연관되어 있다.

ⓐ 행실/하고 싶은 의욕(열의)
ⓑ 복장/개인 보호 장구
ⓒ 신체적인 건강
ⓓ 교육·훈련/기술 수준
ⓔ 정신질환
ⓕ 난폭함

② 행실/하고 싶은 의욕(열의)

작업자들이 다치고, 혹은 조직을 구성하는 한 요소로서 기능을 다하지 못하는 이유를 설명하는 여러 가지 행동이론들이 있다. 작업자들은 결과에 대해 신경을 쓰지 않을 수 있다. 즉 위험 혹은 결과를 잘못 인식하거나, 의도적으로 조직에 반발할 수 있다. 이 모든 이론들은 다름의 적극적인 참여와 일치한다.

ⓐ 목표 설정에 개인적인 참여
ⓑ 작업자 행동에 과난 적절한 Feedback
ⓒ 작업장에서의 효과적인 유대 및 원인 이해
ⓓ 작업에 관계된 잠재적 위험요소 인식에 대한 충분한 교육

③ 복장/개인 보호 장구

사람들은 장갑이나, 공기 청정 마스크 등과 같은 개인 보호 장구나 두터운 복장을 걸치지 않았을 때 일을 가장 잘 할 수 있다. 작업자들이 적절한 복장과 보호 장구를 착용해야 하지만, 제대로 맞지 않는다면 또 다른 위험을 초래할 수 있다는 사실을 중요시 해야 한다. 정확한 사용법에 대한 교육 또한 중요하다. 보호 장구는 작업자의 눈, 안면, 귀, 손, 머리 및 호흡기관을 보호할 수 있다.

④ 신체적 건강

최근의 자료에 의하면 많은 기업들이 개인 건강을 위해 많은 투자를 하고 있는 것을 알 수 있다. 건강 프로그램은 단순히 다른 회사의 방식을 도입할 것이 아니라, 해당 기업에 필요한 내용을 담고 있어야 한다. 종업원들을 통해 조직에서 특별히 요구되는 내용이 무엇인지를 파악해야 한다.
여러 통계를 보면 건강한 사람은 수명을 다할 때까지 비교적 고통이 없이 활동을 할 수 있다고 한다. 개인의 사생활을 침해하지 않는 범위에서 개인의 안전과 건강에 영향을 끼칠 수 있는 근무와 무관한 활동에 관한 많은 정보를 제공하는 일이 중요하다. 만성적인 질병 증상은 작업자가 작업과 관련된 증상을 초래할 위험을 증가 시킬 수 있다.
애초 질병의 원인은 작업과 연관이 없는 것이라 해도, 당뇨병 환자와 같은 경우에 근무를 조정하여 더 이상의 악화를 방지할 수 있다.

⑤ 교육·훈련/기술 수준

항공법에서도 정비사 자격을 위한 교육의 필요성을 규정하고 있다. 교육·훈련 과정에 업무 수행 중 예상되는 안전 관련 정보를 포함시키는 경우, 대부분의 정비사들은 직장생활을 마칠 때까지 안전에 연관된 문제를 별로 경험하지 않게 된다. 작업절차 등의 변경을 적용함에 있어 세심한 배려가 주어진다면, 아마도 안전문제는 더욱 경감될 것이다.

⑥ 정신 이상(정신 이완)

점점 더 많은 사람들이 자신들의 근무 환경에서 멀어지는 기분을 느끼고 있다고 보고되고 있다. 작업자 개인과 작업자가 속한 조직 간의 유대관계의 이완은 태업 또는 태만과 같은 위험한 상황을 초래할 수 있다. 어느 누구도 어떤 한 조직에 완전한 일체감을 느끼고 있다고는 할 수 없다.
우리는 각기 서로 다른 취미활동을 각고 있고, 그러한 개인의 취미와 활동은 일 그 자체보다 더 중요시 여겨 질 수 도 있다. 정신 이완은 스트레스에 대한 불만 표출, 피로, 품질저하, 및 생산성 저하로 이어진다. 조직은 적극적인 제안제도, 개방된 정책, 공식적인 고충처리위원회 또는 이와 유사한 불만을 해소할 수 있는 창구를 마련하여야 한다.

⑦ 난폭/폭력

작업장내의 폭력이 증가하는 경향을 나타내고 있다. 미국의 예를 든다면, 직업병으로 인한 사망의 원인 중 개인적인 모욕이 2번째라고 한다. 이러한 현상은 항공정비 분야에서 아직은 중요하게 인식되고 있지 않지만, 폭력은 종업원의 직무 변경 및 해고의 증가, 직장 폐쇄, 작업량의 증가이나, 이는 항공산업에서 증가하고 있는 기타 다른 요인들과 무관하지 않다. 조직은 종업원들의 불필요한 스트레스를 줄일 수 있도록 카운슬링 등을 마련하는 종업원 지원 프로그램에 참여하여야 한다. 종업원도 개인적으로 내적·외적인 문제들을 해소하는 데 도움이 될 문제해결 훈련을 받을 필요가 있다.

⑧ 업무 측면

안전에 위협이 되는 것 중 일부는 정비작업 고유의 특성에서 기인하는 경우도 있다. 여기서는 그러한 내용을 보기로 한다.

- 단조로움(Monotony)/다양성(Variety)
- 자세(Posture)
- 누적된 고질적 질환(Cumulative Trauma Disorders)

ⓐ 단조로움/다양성

사람은 누구나 어느 정도 변화를 필요로 한다. 어떤 사람은 일상생활에서 변화가 없는 일상적인 일을 훨씬 더 바라는 경우도 있다. 반면 다른 사람들은 새로운 의욕과 동기를 위한 변화를 더 바라고 있다. 변화를 바라는 것이 옳다거나, 더 자연적인 것이라고는 할 수 없지만, 우리 대부분은 일상적인 것과 어느 정도의 변화가 같이 하기를 더 바란다. 개인의 기본적인 성향을 변경하기보다는 그 사람의 취향과 욕구를 수용하는 편이 더욱 효과적이다. 반복해서 해야하는 점검 같은 일에서는 졸음 혹은 주의가 산만해지는 일을 방지하기 위해 어느 정도 최소한의 자극을 유지시키는 일이 중요하다.

ⓑ 자세

최근 정비조직에서는 작업 자세 문제에 많은 관심을 기울여 왔다. 특히 힘을 주어야 하는 경우, 손이 겨우 미치는 상태로의 작업은 매우 위험하다. 마찬가지로 균형을 이루지 못한 어정쩡한 자세도 위험하다. 오랜 시간 한자리에 조용히 앉아 있거나 서 있는다는 것은 괴로운 일이다. 이러한 자세에서는 지엽적으로 근육에 혈액 공급 부족현상을 초래하기 때문이다. 교육으로 자세의 중요성을 강조할 수는 있지만 그것만으로는 충분치 못하다. 위험한 자세를 취하지 않아도 될 수 있도록 작업 내용 또는 작업장의 구조를 변경해야 한다.

ⓒ 누적된 고질적 질환(Cumulative Trauma Disorders)

누적된 고질적 질환(CTD)은 보통 어느 1~2곳의 관절에만 반복적인 스트레스가 가해지는 데서 발생하게 되며, 그 증상은 바로 나타나는 것이 아니라 오랜 기간을 두고 나타난다. 주로 근육에 관계된 질환은 이러한 현상으로 반복된 스트레스가 원인이다. 소음에 의한 청력 상실과 마찬가지로 허리를 다치는 경우도 일상적인 활동의 누적 효과로 볼 수 있다.

이러한 CTD의 증가는 전체 의료보험 비용의 증가로 나타나고 있다. 이런 문제의 증가는 많은 현대 직종의 특수성 및 반복성에 기인하고 있는 것 같다. CTD를 효과적으로 예방하기 위한 조치로는,

㉠ 작업 및 작업장의 분석을 통한 가능한 위험 요소 발췌
㉡ 발췌 결과에 따른 작업 및 작업장의 개선
㉢ CTD의 원인, 증상, 발병 과정, 치료 및 예방에 대한 교육

⑨ 공구 및 장비 관련 문제

정비작업은 일반적으로 공구, Test 및 Support 장비들을 요한다. 항공기에서 부품을 장탈하여 수리를 위한 작업반으로 이송된다. 어떤 경우이든 공구 및 장비는 위험 요소를 갖고 있다. 여기서는 장비 공구와 관련된 사항들을 보기로 한다.
작업지원체제·전자파 및 방사능·진동·보조장치·동력 장비·차륜지(지지대)·작업대 구조·공구 구조

ⓐ 작업 지원 체제(Work support system)

작업대의 잠금장치가 필요한데도 사용하지 않는 경우 위험이 나타난다. 또 다른 문제는 기존의 작업대로는 육안점검이 어려운 경우이다. 또 여러 가지 구조물이 있는 상황에서 큰 회전력을 써야 하는 경우, 즉 Torque Wrench 등의 사용은 항시 위험을 안고 있다고 할 수 있다. 이러한 작업을 하는 도중에 작업대가 전복 또는 밀려 나갈 수 있다.

ⓑ 전자파 및 방사능(Electronics and radiation)

항공기 정비 분야에서 항공전자 부품과 시험 장비들이 점진적으로 증가되어 왔다. 이런 결과로 인해 전자파 방출에 대한 우려가 높아지고 있다.
예를 들면, 레이더 장비의 교정은 정비사가 절차를 제대로 준수하지 않는 경우 위험할 수 있다.

ⓒ 진동(Vibration)

진동은 몸 전체의 진동보다 손이나 팔에 미치는 부분적인 진동이 더 문제가 된다. 몸의 여러 부위는 4~150[Hz]의 진동에 공명하는 주파수를 갖고 있다. 그 중에서도 5~150 사이의 진동 주파수가 가장 문제가 된다. 따라서 진동을 완화시키는 장치를 하거나 아니면 작업자의 노출 시간을 제한해야 한다.

ⓓ 보호장치 및 공구 사용(Guarding and tool use)

안전한 작업 환경은 회전 혹은 움직이는 장비로부터 사람이 격리될 수 있어야 한다. 작업자들은 이러한 격리장치가 작업에 지장을 초래하게 되어 이를 제거하기 쉽다.

ⓔ 동력장비(Motorized vehicles)

동력장비에는 정비작업 목적으로 엔진을 구동하여 움직이는 장비를 모두 포함한다. 동력장비의 이용은 거의 모든 사람들이 감당해야 하는 가장 위험한 활동이다. 가장 기본적인 사항은 누구도 다른 사람을 또는 다른 물체를 향해 동력 장비를 가동시켜서는 안된다. 아울러 장비를 작동하는 자가 장비에서 이탈되지 않도록 하는 일도 중요하다. 장비에서 떨어진다면, 작동자가 바로 다칠 수 있음은 물론 장비를 통제할 수 없게 된다. 작동자는 보호대를 착용해야 한다. 장비에 대한 주기적인 정비와 장비 작동시의 위험요소에 대한 교육을 주기적으로(최소한 연 1회) 실시하여야 한다.

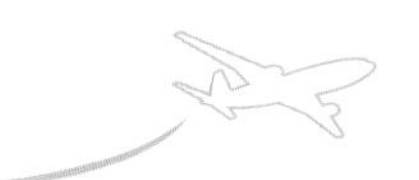

ⓕ 하역장과 차륜지(Docks and chocks)

대부분의 정비 시설에는 외부로부터 들어오는 자재를 하역하기 위한 장소가 마련되어 있다. 보편적인 위험요인은 들어 올리는 행위, 하역이 끝나기 전에 차량이 움직이는 행위, 차륜지(지지대)를 하지 않은 상태에서 트레일러를 분리하여 움직이는 일 등을 들 수 있다.

ⓖ 작업대의 구조(Workstation design)

작업자와 그가 사용중인 작업대가 적합하지 않을 때, 생산성은 물론 안전 문제가 야기된다. 작업대와 관계되는 주요 설계 원칙은 받침(의자), 작업 표면, 작업을 위한 도달 방식, 이용 가능 공간 및 작업 대상의 특성을 들 수 있다. 조절이 가능한 받침과 작업 표면은 작업자와 작업대의 관계를 개선하게 된다. 도달 능력(Reach profile)은 정상 활동 상태에서 손이 미칠 수 있는 작업표면을 나타낸다. 대부분의 작업은 작업자의 팔굽이 몸으로부터 여유있는 범위에서 이루어져야 한다. 작업자가 무엇을 집기 위해 팔을 뻗어야 하는 경우가 있을 수 있으나, 이러한 행동은 최소한으로 제한되어야 한다. 작업자가 어깨 및 허리를 굽혀 도달할 수 있는 거리는 위험하다.

ⓗ 공구 설계(Hand tool design)

과거 수년에 걸쳐 많은 수공구(Hand tool) 들이 개선되어 왔다. 이러한 이유는 사용자들이 개인에 적합하도록 공구를 개조하여 사용하고 있는 사례가 있기 때문이다.
이렇게 개인적으로 공구를 개조하는 경우 다른 사람들은 다시 그 공구를 사용할 수 없는 경우가 발생한다. 이상적인 공구라면 다음에 기술하는 특성들이 모두 포함되어야 한다.

㉠ 팔꿈치와 어깨를 편하게 하면서 팔목에 비틀림 현상이 없어야 한다.
㉡ 손잡이는 사용하는 사람에 적절한 크기여야 한다.
㉢ 손잡이는 편하면서도 힘이 한곳에 집중되지 않아야 한다.
㉣ 손잡이의 길이는 작업에 적합하여야 한다.
㉤ 사용중 한 손가락에 장시간 부담을 주어서는 안된다.
㉥ 진동이 가능한 적어야 한다.
㉦ 양손으로 다 사용할 수 있어야 한다.
㉧ 사용자에게 충격이나 회전력이 전달되지 않아야 한다.
㉨ 무게는 가벼워야 하면서도 안정감이 있어야 한다.
㉩ 손가락의 부담을 줄일 수 있도록 가능하다면 Spring의 힘을 빌린다.
㉪ 사용자가 사용중 다칠 우려가 없어야 한다.
㉫ 사용 및 관리가 용이해야 한다.

⑩ 시설 및 환경 문제

시설 및 환경 특성에도 잠재적인 안전 저해 요인들이 많다. 여기서는 아래와 같은 환경과 시설 문제를 언급해 본다.

- 조명(Lighting)
- 소음(Noise)
- 온도(Temperature)
- 공기 청정도(Air quality)

- 시설 관리(Housekeeping)
- 입구와 출구(Ingress/Egress)
- 작업장 표면·계단 및 사다리

ⓐ 조명(Lighting)

정비 작업에와 마찬가지로 인간의 활동은 대부분 시각적인 인식에 주로 의존하고 있다. 정비 작업장의 조명과 관련된 문제는 2가지가 있다.

㉠ 필요한 조명이 빈약하다.

㉡ 반사광이 있다.

야간에 정비 작업을 하기 위해서는 평균 550[lx]의 조명이 필요하다고 한다. 전문가들은 최소한 800[lx]는 되어야 한다고 한다. 아주 힘들면서도 중요한 검사를 해야 하는 상황에서는 1,000[lx] 이상 또는 특수 조명을 필요로 한다. 작업자의 나이에 따라 필요한 조명 정도가 다를 수 있다. 25세인 사람이 540[lx]만으로 충분할 수 있는 반면, 55세인 사람은 같은 일을 하면서도 1,075[lx]가 필요할 수 있다. 반사빛은 업무를 수행하는 데 방해가 될 수 있다. 반사광은 직접 광원에서 나올 수도 있으며, 다른 물체를 통해 간접적으로 반사 빛을 낼 수 도 있다. 반사광을 피하는 방법은 광원에 가리개를 만들어 직접 눈에 들어오는 것을 피하게 하거나 광원 자체를 옮겨 놓는 방법이다.

ⓑ 소음(Noise)

소음은 피로의 원인이 되므로 가능하다면 소음기준을 65[dB] 이하로 줄여야 한다. 소음은 많은 정신적 혼란 상태를 초래할 수 있기 때문에 근육 경색 등의 원인이 될 수 있다고 인식되고 있다. 소음에 영향을 받는 정도도 사람에 따라 다르다.

ⓒ 온도(Temperature)

대부분의 정비 작업은 큰 Hangar 안에서 빈번하게 문을 열어둔 채 이루어진다. 그러한 시설에서 온도를 정확하게 조절한다는 것은 불가능하기 때문에 온도 변화에 따른 안전과 업무 수행에 미치는 효과를 이해하는 것이 중요하다.

다음은 온도와 업무효과의 관계를 비교한 내용이다.

온도와 사람의 업무 수행 효과 비교	
온도(F)	업무효과
90	업무수행을 위해 견딜 수 있는 극한 한계
80	업무수행을 위해 적합한 최대 한계
75	간편한 복장으로 적합한 온도
70	일반적인 복장으로 작업에 적합한 온도
65	겨울 복장으로 적합한 온도
60	손놀림에 지장을 주기 시작하는 온도
55	손놀림이 50[%]로 감소됨

㉠ 열을 발산하는 일감에서 작업자에게 전달되는 열량을 줄인다.

㉡ 통풍을 통해 작업자가 열을 발산하게 한다.

㉢ 작업자에게 불필요한 복장이나 장비를 착용하게 강요하여 행동을 불편하게 하지 않는다.

㉣ 적절한 온도 조절 장치를 작업자에게 마련해 준다.

㉤ 작업자가 열에 적응하게 한다.

㉥ 기온이 찬 환경에서 비상조치 수단 및 충분한 휴식 시간을 제공한다.

㉦ 저온은 고온에서와 마찬가지로 스트레스를 가중시킨다.

ⓓ 공기 청정도(Air quality)

공기의 문제는 건강 문제에서 Human Factors보다 더 영향을 주고 있다. 공기 중 일산화탄소의 증가는 신경을 둔화시켜, 사고나 실수 위험을 가중 시킨다. 산소의 비율을 20[%] 선으로 유지해야 하는 이유가 여기에 있다. 습도와 산소의 양을 적적히 유지하도록 공기가 유동할 수 있도록 적절한 환기 장치를 갖추어야 한다.

ⓔ 건물 관리(Housekeeping)

작업장의 청결과 질서는 사고와 관련이 있다. 청결하고 잘 정돈된 작업장은 수행되고 있는 일의 전문성 있는 모습을 보여 준다. 동시에 작업장의 위험 요소를 줄여 준다. 작업장 주변에 놓여 있지 않은 물건에 걸려 넘어지는 일은 있을 수 없다. 잘 정돈된 공구나 장비는 그 수명이 오래갈 뿐만 아니라, 찾기도 쉽고 작동도 더 잘 된다. 청결한 벽, 천장 및 바닥은 빛을 고르게 분산시키며 반사광을 제거한다. 엎지러진 내용물을 즉시 제거함으로써 오염의 가능성, 미끄러져 넘어질 가능성을 그만큼 줄인다.

ⓕ 입구와 출구(Ingress/Egress)

소방법에서는 작업장의 입·출입 방법을 최소한 2가지 이상으로 해야 한다고 정하고 있다. 이러한 통로는 비상차량의 통행을 방해해서는 안된다. 비상문은 쉽게 위치를 확인할 수 있도록 조명이 된 표시가 있어야 하며, 비상구에는 적적한 조명 시설도 갖추어야 한다. 비상시 통로의 원활한 개방을 위해 평상시는 출입 제한 표지를 붙여 둔다. 비상 탈출 계획에는 모든 작업 위치에서 탈출로를 만들어야 한다.

⑪ 위해 물질 문제(Material issues)

정비 작업장에서 취급하는 물질에는 일반적인 부품, 원자재와 복합 소재 및 위험한 화학물질을 포함한다. 모든 항공 정비 시설은 다음과 같은 내용을 포함하는 위험물 처리 절차가 있어야 한다.

- 작업장에 위험물질 취급 여부를 판단하는 위험평가(Hazard assessment/Evaluation)
- 내용물을 쉽게 식별하고 취급하는 사람에게 주의를 요하는 표지
- 위험 물질을 의미하는 MSDS 표시
- 종업원에 대한 교육
- 비상시 해당 당국에 연락을 취할 수 있는 비상 절차

항공기 정비 작업장에서 사용하는 물질들과 관련이 있는 여러 안전 사항 중 특히 복합소재와 솔벤트 등 화학물질은 중요하다고 생각되어 아래에 이들 물질에 대하여 언급하고자 한다.

ⓐ 복합 소재(Composite)

항공산업에서 Graphite와 Fiberglass 같은 복합소재의 사용이 늘어나고 있다. 이러한 물질과 관련이 있는, 또 이들 물질 취급 시 위험요소에 대하여 정비사들은 알고 있어야 한다. 이러한 작업장을 관리할 때 주의할 사항들은 다음과 같다.

㉠ 작업장 내에서 흡연이나 음식물의 취식은 허용되지 않는다.
㉡ 적적한 공기 청정기를 이용한다.
㉢ 충분한 조명이 되게 한다.
㉣ 편리한 장소에 손과 눈을 세척할 수 있는 시설을 구비한다.
㉤ 문제가 있을 때를 대비하여 신속한 전달체재를 갖춘다.
㉥ 응급 처치반을 구성한다.

ⓑ 솔벤트 등 화학 세척제

가장 보편적인 문제는 화학제품의 저장과 처리에 관한 것이다. 솔벤트 등과 같은 세척제는 밀봉되지 않았을 때 사람과 장비 모두에 위험을 초래한다.

⑫ 관리/조직 문제

작업에 직접 관련된 문제와 더불어 작업장의 안전은 많은 관리/조직적인 문제와도 연계되어 있다. 이러한 문제들은 지금까지 언급한 다른 어떤 문제와 마찬가지로 작업자의 안전에 영향을 끼칠 수 있다. 사실상, 관리적인 문제는 그 특성상 어떤 특정한 분야가 아닌 정비 조직 전반에 걸쳐 광범위한 영향을 미칠 수 있다. 이러한 것들로는,

• 기록 유지
• 교대근무 및 그 편성
• 위험 표지
• 휴식
• 관찰/작업진척/표준
• 동기 부여
• 출입 제한 구역 설정
• 시간외 근무
• 위원회
• 재난/긴급상황
• 해고
• 흡연 방침

ⓐ 기록 유지(Record Keeping)

미국에서도 가장 많이 지적되는 사항으로 산재관련 기록이 부적절하다는 내용이다. 이러한 기록은 다음 내용을 필요로 한다.

㉠ 산재 종합 관리 대장
㉡ 발생 건에 대한 보충 설명 자료
㉢ 연간 종합 발생 현황의 게시

ⓑ 교대제 근무 및 근무 편성

대부분의 항공기 정비 작업은 24시간 운영이 보편화 되어 있으며, 주로 야간에 작업이 이루어진다.

정상적인 주간근무(Day time work) 이외의 다른 시간에 장기간 일을 하게 되면, 누적된 수면 부족으로 신체의 호르몬 체계에 화해를 초래하고 소화기 계통의 질병 및 기타 사소한 활동이 심각한 후유증을 남기는 경우가 많다.

이러한 교대제 근무에서 오는 영향에 대처하는 방법으로는 작업 내용을 개선하는 것도 중요하지만, 그 일에 적합한 종업원을 선발하고, 어떤 문제가 발생하는지를 지속적으로 관찰하는 일이다.

ⓒ 경고 및 위험표시(Warning and signs)

인체나 재산상의 손상을 초래할 중대한 잠재적 요인이 있는 경우, 특히 그 작업에 관여하고 있는 사람들의 위험 요인을 제대로 인식하지 못하는 경우, 위험 표시를 하거나 그 내용을 공지하여야 한다.

㉠ 위험 요소를 명확하게 표시할 것

㉡ 위반했을 때 일어날 수 있는 결과를 기술할 것

㉢ 해야 할 것과 하지 말아야 할 것을 구분할 것

위험표시는 반드시 그것을 보는 사람의 관심을 끌 수 있어야 하며, 어느 정도의 조명하에서도 읽을 수 있고, 쉽게 이해할 수 있어야 한다. 이울러 오래 지속될 수 있도록 내구성이 있어야 한다.

ⓓ 휴식(Work Breaks)

정비 작업과 연관되는 무형의 문제는 불편한 자세를 지나치게 오래 지속하는 경우에 발생한다. 심지어 조용히 한자세로 수분 동안 서있거나 앉아 있는 것도 불편하면 문제가 될 여지가 있다. 혈액의 원활한 순환을 돕고 긴장이나 저림 현상을 피하려면 자세를 자주 바꿔야 한다.

가장 적합한 휴식은 개인의 정도에 맞게 주기적으로 자신이 무의식적으로 느끼는 혈액 순환 장애 혹은 근육 피로를 해소할 수 있도록 조절해야 한다. 짧은 시간의 휴식일지라도 미처 피로가 느껴지거나 저림 현상이 나타나기 전에 한다면 최소한 20~30분은 지속하게 된다.

근무 시간중 갖게 되는 휴식이 10분 이상이라면 몸을 펴보고 잠깐이라도 걷기를 하여 허리 디스크 등에 무리를 피할 수 있도록 하는 것이 좋다. 동시에 가능한 한 휴식 시간에는 최소한 30[feet] 이상의 거리에 시야를 두고 바라보는 것이 필요하다.

ⓔ 지속적 관찰, 작업속도 조절 및 작업 표준(Monitoring, Work Pacing, and Job Standard)

작업자들이 주어진 기간에 수행되어야 할 일의 양을 알고 있을 때 작업 계획 및 동기부여에 따른 이점이 있게 된다. 심지어 여가활동 조차도 이점이 있다고 본다. 그러나 이 문제가 산업과 연계될 때 2가지 문제가 있다.

㉠ 과욕을 부려 업무효율을 저하시키고 행동을 불완전하게 만든다.

㉡ 일을 표준화하고 업무속도를 외적으로 조절하는 것과 관련하여 강압적으로 평준화시키려는 데서 발생한다.

근로자들에게 올바르게 동기 부여를 하고 그들이 자기 나름대로 진도를 조절하도록 하는 것이 더 효과적이다. 작업 속도는 매일 다르고 계절마다 변할 수도 있다.

ⓕ 동기부여(Incentives)

주어진 일을 성공적으로 완수하려면 올바른 동기부여가 필요하다. 사람마다 업무를 하고자 하는 의욕에 대하여 받는 대가는 서로 다르다. 어떤 사람은 추가 실적에 대한 대가로 돈을 더 좋아하는 반면, 또 어떤 사람은 시간으로 보상 받기를 원한다. 한가지의 평범한 혜택은 전체를 똑같이 참여하게 할 수 없다. 근로자들이 과욕을 부리지 않게 해야 한다. 과욕은 사고, 질병 또는 부상을 당하게 한다.

ⓖ 시간외 근무(Overtime)

시간외 근무로 인한 피로의 영향은 사람에 따라 다르다. 사람은 누구나 생리적인 한계를 갖고 있지만, 한계에 달하는 경우는 극히 드물며, 한계를 초과하는 일은 훨씬 더 적다. 시간외 근무로 인한 전형적인 문제는 실책을 들 수 있으며, 특히 정신적 실수에 기인한 실책, 사회 활동을 정상적으로 할 수 없는 데서 오는 특히 가족과 보낼 수 있는 시간을 못 갖는 데서 오는 정신적 혼란을 들 수 있다. 또한 초과 근무 시간중의 생산성 저하도 무시할 수 없다. 시간외 근무를 균형 잃은 현상으로 보는 것도 상황 판단에 도움이 될 수 있다. 시간외 근무가 빈번하게 또는 지속적으로 있게 되면, 근무체계는 심각한 정도로 균형을 잃고 있는 것이 된다. 조직을 점검하여 시간외 근무 필요성을 줄일 수 있는 방안이 무엇인지 찾아야 한다.

ⓗ 긴급 상황(Emergency)

정상적인 운용상태를 저해하고, 사람을 위험에 처하게 하며, 장비 및 시설을 위험하게 할 수 있는 재난상황이 있을 수 있다. 이런 것들은 화재, 폭발, 홍수, 태풍, 지진, 중대한 작업장의 사고, 위험 물질의 누출 등을 고려할 수 있다. 이러한 재난을 여러 사람에게 알릴 수 있고, 그 후유증을 줄이기 위한 사전 계획이 반드시 필요하다. 그러한 계획은 지휘와 전달 절차, 초기 대책반의 선발 및 교육, 응급 장비, 피난처, 경보체제, 탈출 및 운송, 현장보안 및 외부 기관과의 협조체제 등을 포함하여야 한다.

ⓘ 폐쇄/표지(Lockout/Tagout)

작업자가 장비나 어떤 System에 관한 작업을 진행중일 때 장비 또는 사람을 다치게 할 수 있는 위험을 사전에 제거하는 일이 중요하다. 이런 사전 조치로는 관계되는, 사람에게 교육을 통해 장비나 System을 이해하도록 하고, 접근하지 못하도록 하여야 한다.

㉠ 관련되는 모든 사람에게 공지하고,

㉡ 모든 전원을 차단하고,

㉢ 사유를 적은 표지를 붙여 둔다.

㉣ 작업이 끝나면 모든 것을 원상으로 조치하고 다시 공지한다.

ⓙ 초기 대책반

위급 상황에서는 초기 대책반 요원을 포함하여 다른 사람들을 어떻게 보호할지를 검토할 시간적 여유가 없게 된다. 특히 전염성이 강한 질병 같은 경우 더욱 심각하게 될 수 있다. 이러한 비상상황이 발발하기 전에, 조직은 사전에 이러한 상황을 통제하고 사후 영향을 최소화하기 위한 계획서를 작성해야 한다. 이와 같은 계획서에는 다음 사항들이 포함되도록 한다.

㉠ 초기 대책 반원에 대한 훈련

㉡ 기술부문 침 작업에 대한 통제 관리

㉢ 필요 인원의 보호 장구

㉣ 위험 표시

㉤ 위험에 노출되었을 때를 대비한 상황 관리(치료를 위한 처방, 기록 유지 및 후속조치)

ⓚ 밀폐된 구역(Confined space)

출입이 곤란한 밀폐된 구역에 들어가 장시간 있어야 하는 경우 그에 합당한 절차, 사전 교육 및 안전 장비의 구비가 필요하게 된다. 활동이 제한 받는 밀폐된 구역의 특성에 따라 독성 가스, 고압 전류, 기계 등등이 있을 수 있다.

최근의 보고서는 연료 탱크 수리와 관계된 위험을 설명하고 있다. 밀폐된 장소는 비록 다른 위험물이 없다고 해도 밀폐된 상태 그 자체가 이미 위험 요소를 갖고 있는 것이다. 문서화 되는 절차에는 다음 내용들이 포함되어야 한다.

㉠ 밀폐된 장소에 들어가기 위한 훈련 및 안전 장구 사용에 관한 훈련

㉡ 사망 또는 중대한 신체적 상해를 초래할 만한 위험이 있는 경우 출입에 앞서 출입 허가에 관한 사항

㉢ 충분한 산소량과 위험한 가스 등을 측정하는 절차

㉣ 출입전 및 들어가 있는 동안의 환기에 관한 사항

㉤ 안전장비의 구비 및 훈련받은 지원 요원의 대기

9. 결론

지금까지 “HUMAN FACTORS”를 기본으로 하는 작업장의 안전에 관한 여러 가지 내용들을 다루었다.

MUMAN FACTORS의 기본적인 개념은 1940년대에 군용 항공기 안전 재선에 적용되었지만, 1990년대 초에 이르러 비로소 공식적인 교육 자료로 이용되기 시작했다. 1950년대에 산업공학에서 정비사의 업무 수행을 연구한 바는 있었다.

그러나 MAINTENANCE HUMAN FACTORS를 전문 연구과제로 다룬 것은 1990년대를 그 시작으로 볼 수 있다. 90년대에 이르러 미연방항공국과 항공사들은 광범위한 연구와 개발을 통해 많은 연구 결과와 절차들을 만들어 냈으며, 기술적인 책들을 발간하고 있다. 미래를 바라보면서 많은 연구가 있었지만, 아직도 여러 분야에서 문제점들이 해결되지 않고 있다고 한다. 완전히 해결될 수는 없겠지만, 미래지향적 차원에서 인간의 업무수행 능력을 극대화하고 항공정비에서 HUMAN ERROR를 최소화 하도록 필요하다면 조직 개편을 통해서라도 작업장의 안전문제가 개선되도록 하여야 한다. 회사는 이와 같은 중요한 노력에 지속적인 지원을 하여야 한다.

3 동계 항공기 안전운항

1. 서론

겨울철에 강수나 강설 등에 의한 항공기 기체 및 활주로 등의 결빙현상은 항공기 안전운항에 위험을 초래하게 되므로 동계의 항공기 안전운항을 위해서는 여러 가지 준비가 필요하여 항공사 및 항공관련 기관에서는 각 분야의 종사자들에게 안전교육과 함께 그에 필요한 여러 가지 자료들을 제공하는 등 동계 항공기 안전운항에 각별히 신경을 쓰고 있다.

최근에 발생하고 있는 민간항공기의 Icing 사고는 항공기 표면에 결빙이 축적되어 생긴 거친 표면(Surface Roughness)은 항공기성능과 비행특성에 미치는 영향이 크며 또한 결빙지연에는 제빙 및 방빙제 사용 시 한계가 있는데 조종사가 방빙효과가 제한되는 것을 충분히 주지하지 못한데서 발생되고 있는 인적요인에 의한 사고가 대부분이었다.

따라서, 여기서는 겨울철 강수와 강설로 오염된 활주로에서의 이착륙 안전과 항공기날개 오염 시 비행성능 및 항공기 상부표면에 결빙된 얼음조각에 의한 항공기사고사례를 중심으로 사고원인과 이착륙성능을 고찰하고 조종사들에게 결빙하고 예방을 위한 항공기점검 및 운용철차 등을 비행단계별로 제시하여 안전운항에 기여하고자 한다.

2. 항공기 이착륙 성능

통계에 의하면 아직도 대부분의 항공기 사고는 이착륙 도중 발생하는 것으로 나타나고 있다. 항공기가 이륙직후 지형지물 등 장애물과 충돌하거나, 착륙 시 활주로 끝을 벗어나는 Overrun, Taxiway에서 미끄러지거나, 활주로에 Undershooting하는 등의 사고가 계속 발생하고 있다. 그러나 최근 몇 년 동안 이룩한 몇 가지 변화 가운데 항공기의 이착륙성능은 상당히 향상되었다.

안전과 관련된 몇 가지 사항을 예로 들면 활주로가 Standing water나 Slush, 눈, 얼음 등에 덮여 있거나 젖어 있는 경우에 대비한 활주로 표면구조의 기준과 바퀴의 운동형태에 관한 연구, Brake system의 개선, Tire 설계개선 등이 그것이다. 이착륙시의 안전을 위해서 Take-off, Landing configuration 상태에서의 상승성능이나 장애물과의 거리유지 측면뿐만 아니라 Set, 혹은 Contaminated Runway에서의 운항방법에 관한 관심도 매우 중요하다고 할 수 있다.

1. 오염된 활주로에서의 항력증가

1959년에 발생한 Munich 사고에 의해 항공계에서는 눈이나 Slush가 덮인 활주로에서 항공기가 이륙하는 경우 항력을 많이 받는다는 사실을 알게 되었다. Operation manual 상의 Slush 제한은 보통 4~5[inch]였으나 지금은 3/4[inch]로 강화되었다.

1961년 FAA는 Atlanta city에서 CV-880 항공기를 이용하여, Slush에 관한 실험을 행한 바 있다. 이 실험 결과는 지금도 Slush 상태에서의 이륙절차 설정과 이륙성능에 Slush가 미치는 영향을 판단하는 기본 자료가 되고 있다.

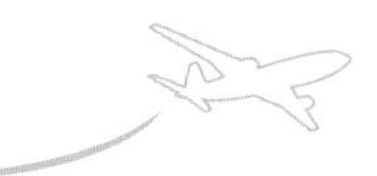

이후 Slush test 장비를 완벽하게 갖춘 BAC-1-11 항공기로 재차 실험한 결과 다음과 같은 결론을 얻게 되었다.

- Slush에 의한 항력은 두 가지로 나뉘어지는데 첫째는 바퀴에 직접 걸리는 항력이며 둘째는 물보라와 부딪침으로써 발생하는 항력이다.
- 바퀴에 걸리는 항력은 항력 계수 Cd를 0.75로 하고 바퀴가 Slush에 잠기게 되는 부분의 앞면적을 이용하여 계산할 수 있다.
- 물보라와 부딪쳐 발생하는 항력은 항공기 Configuration에 따라 크게 변하는데, 주로 Nose gear에 의해 생기는 물보라와 충돌하여 발생하며 바퀴의 항력 크기에 비례한다.
- Slush에 의한 항력은 Hydroplaning 속도에 달할 때까지 속도의 제곱에 비례하여 증가하고 그 이후 감소한다.
- Slush에서의 Hydroplaning 속도는 $VP=9\sqrt{P/D}$ 와 같다.
  (VP=Hydroplaning 속도[kts]. P=Tire pressure[psi]. D=Slush 밀도, 보통 0.5~0.8임)

2. 오염된 활주로에서의 제동과 그 마찰력

오염된 활주로라 함은 Standing water. Slush, 눈, 얼음 등으로 덮혀있는 상태를 말한다. 이 밖에 Wet 활주로는 그것이 완전히 젖어있으나 Standing water가 거의 없고 활주로 표면이 빛에 반사되는 것처럼 보일정도로 습기가 차 있는 것을 의미한다.

만약 Standing water나 Slush 혹은 다져지지 않는 눈이 3[mm] 이상의 두께로 활주로의 25[%] 이상 덮여있으면 이를 Contaminated 상태라고 본다. 그 외의 활주로를 오염시키는 요인은 다져진 상태의 눈과 얼음이다. 활주로가 젖어 있거나 Slush, 눈, 얼음 등에 덮여있는 경우 항공기의 제동력을 잃게 된 것이 수많은 사고의 원인이 되었고 원인으로인해 그간 많은 연구와 실험이 수행되어 졌다.

지난 20여년에 걸친 연구를 통하여 젖은 활주로 표면과 제동이 걸린 바퀴의 접촉면에서 발생하는 물리적 현상을 마찰계수 측정기로 측정하여 아래 그림과 같은 경향을 알 수 있었다.

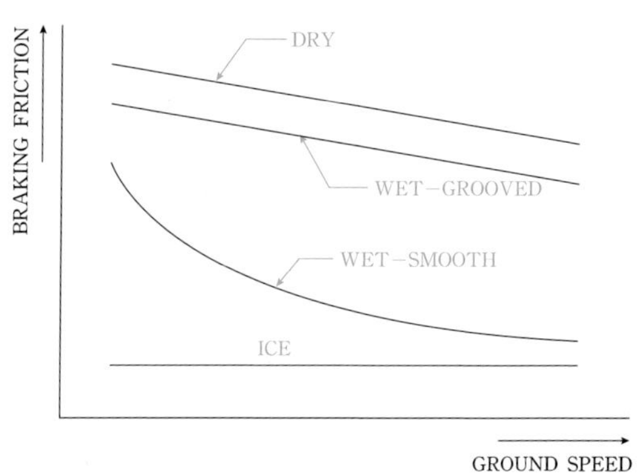

[그림 2-2 Braking Friction vs. Groundspeed.]

항공기의 제동능력은 활주로의 길이, Tire와 지면의 마찰력에 의하여 똑같이 영향을 받고 있음에도 불구하고 Flight manual에 수록된 Performance data에는 이 마찰력을 감안하지 않고 있다.

3. 항공기 날개 오염시의 비행성능

항공기의 날개는 날개 안쪽 부분이 바깥쪽 부분보다 먼저 실속이 일어나도록 설계되어 있다. 이러한 설계는 실속초기에 날개 바깥쪽 부분의 Aileron 사용을 통해 Roll control이 유지되도록 하여준다. 그러나 날개 바깥쪽 부분에서의 유동성 있는 얼음 입자의 분포와 짧은 시위선으로 인해 이륙시 통상 날개를 가로질러 불규칙하게 실속분포가 생기고 날개 바깥쪽 부분에서 미리 발생하는 실속은 먼저 Lateral cantrol 능력을 상실하게 함으로써 조종불능에 이르는 경우가 있다.

풍동실험 결과에 의하면 1~2[mm]의 직경을 가진 입자에 의해 날개 상부표면이 거칠어졌을 경우 약 30[%]의 양력손실과 40[%]의 항력 증가가 있는 것으로 나타났다.

3. 항공기 날개 오염에 의한 사고

강수나 강설 등에 의한 활주로의 결빙, Slush, 항공기 날개 상부표면의 Icing 등은 오늘날 겨울철 비행안전을 위협하는 가장 큰 요인으로 생각할 수 있다. 특히 날개표면에 형성되는 Clear icing은 그 특성이 쉽게 식별하기가 어렵고 또한 제거하기가 쉽지 않다. 외기 온도가 영상이라 할지라도 강수가 있다면 날개표면에는 Clear icing이 생길 수 있다. 만약 비정상적으로 많은 양의 연료를 탑재한 항공기가 장시간 비행 후 주기장에 주기할 때 Wing tank에 남은 연료의 온도는 경우에 따라 0[℃] 이하일 경우가 있다. 예컨대 DC-9의 경우 2시간 비행 후에는 그 온도가 12~18[℃] 정도 떨어진다고 보고되었다. 이러한 항공기가 지상에 주기 되어있는 동안 냉각된 날개 상부표면에 습기의 응결, 안개, Drizzle 또는 빗방울이 접촉하게 되면 Smooth clear icing(가끔은 Crystal clear icing)이 형성되는데 때때로 그러한 기상상태 하에서는 20[mm] 이상의 두께를 가진 얼음층이 형성되는 경우도 있다. 날개 상부표면의 얼음층은 특히 외부 조명상태가 좋지 않거나 날개가 젖어 있을 때에는 이를 발견하기가 매우 어렵다. 만약 Icing이 형성된 것을 발견하지 못하고 이륙을 시도한다면 날개로부터 떨어져 나간 얼음 조각들이 엔진으로 흡입되거나 최악의 경우 날개로부터 얼음층이 확산되어 Stall이 초래되는 등 심각한 상황이 발생될 수도 있다.

4. 비행전 점검 절차

1. 비행전 점검

FAR 121.629에는 정기 운송용의 국내 및 국제선 항공기에 대하여 다음과 같은 결빙조건에 대한 운항규정을 마련하고 있다.

- 기장 혹은 운항관리사는 결빙조건이 비행안전에 악영향을 끼칠 것으로 예상되면 누구도 항공기의 운항을 허가하여서는 안된다.
- 항공기 날개, Control surface 혹은 Propeller에 눈, 서리, 얼음 등이 붙어있는 상태에서 이륙을 하여서는 안된다.

결빙조건이란 지상에서의 이륙시에는 OAT가 10[℃] 이하이고 비행중일 때는 TAT가 10[℃] 이하이며 Visible moisture(시정 1마일 이하의 구름, 안개 또는 비, 눈, 진눈깨비, Ice crystal 등)가 존재할 때를 말한다.

항공기가 눈이나 얼음, Slush가 쌓인 상태에서 운항할 것이 예상되면, 별도의 Deicing 조치가 취해진다 하더라도 항상 다음사항에 주의하여야한다.

- Wing(위, 아래표면)
- Fuselage nose(바람에 날린 눈이 가열되는 유리창에 달라붙을 수 있다.)
- Static port
- Landing gear, Strut, 지상에서 이동시 움직이는 장치들, Viewing port, 거울
- Engine inlet duct, Turbine 주변-가능하다면 Rotor를 돌려보고 얼어붙지 않았나 확인한다. Inlet 주변에 눈이나 얼음이 쌓인채로 Engine 시동을 걸지 않는다.

2. 엔진시동

Push back 전 Engine start를 하는 경우 Ramp condition을 고려해야 한다. 잘못하면 Tow tractor가 항공기를 미는 것이 아니라 반대로 항공기가 Tow tractor를 밀어 버리는 수가 있다.
Engine fan(N1 Rotor)은 잘 돌아가는 상태이어야 하고 Inlet에 눈이나 얼음이 있는 상태로 Engine 시동을 걸어서는 안된다. 각 Engine별 N1 RPM이 적절히 유지되는지 점검해야 하고 영하의 온도에서 장시간 서 있는 경우에만 Warm-up이 필요하다. 이 경우에는 윤활유가 더워질 수 있도록 Engine을 몇 분간 Idle 상태로 둔다. CSD(Constant Speed Drive) Oil이 찬 경우에는 발전기가 정상출력을 내기까지 시간이 걸리므로 큰 부하를 걸기 전에 Generator frequency가 안정되어 있는지 확인해야한다.

3. Ramp와 유도로에서의 주의사항

겨울철에는 Ramp나 Holding area에 눈이나 얼음이 잘 쌓이기 때문에 출발, 선회, 이동시에는 보통때보다 많은 출력이 필요하다. 이에따라 Engine blast가 뒤에있는 항공기나, Ramp 상의 시설물, 사람들에게 피해를 입힐 수 있다. 천천히 지상활주를 하고 Brake를 주의해서 사용해야 한다.
Brake 효과를 돕기위해 뿌려놓은 모래가 Engine에 들어가지 않도록 앞 비행기와 충분한 거리를 유지해야 한다. 선회지역이나 정지구역에 접근시에는 아주 천천히 지상활주해야 한다.
Ramp에서 움직일 때에는 아주 주의해야 하는데 계류장이 매우 복잡하고, 대형항공기의 경우에는 움직일 수 있는 여유 공간이 많지 않은 경우가 허다하기 때문이다. 일부 Ramp나 유도로는 주변보다 눈이 더 잘 쌓이고, 얼음이 잘 어는 수가 있다. 또한 특정조건 하에서는 주변보다 높은 부분이 더 잘 얼게 된다. 이 돌출 부분은 전면이 모두 노출되어 있기 때문에 지열을 받는 낮은 부분보다 쉽게 빙점이하로 냉각되기 때문이다. 이런 경우 주변 활주로나 유도로는 괜찮아도 이같은 지역은 위험할 수 있으므로 온도가 빙점을 약간 상회하더라도 운항시 주의해야 한다.
눈이나 Slush에서는 피해를 입지 않도록 가능하면 Flap를 올린 상태에서 Taxi out을 해야한다. 단, Flap을 올리고 Taxi out 할 경우 Checklist 수행시 "Wing flap" 과정에서 Flap이 완전히 펼쳐질 때까지 기다려야 한다. 새로운 재설작업으로 Snow bank가 만들어진 곳을 지날 때는 날개와 동체가 충분한 간격을 유지하고 있는지 주의해야 한다.

5. 동계항공기 운항절차

1. 이륙

겨울철에는 이륙시 방향을 유지하는 것이 가장 큰 문제점이다.

Rudder에 의해 조종이 가능하기 전까지는 Brake를 사용하는 것이 위험을 초래할 수 있다. 바퀴가 돌아가지 않는 상태에서 얼음 위를 미끄러지다가 갑자기 건조한 상태의 활주로 부분을 지나게 되면 Tire가 터지거나 급격히 활주로를 이탈할 수도 있다. 활주로 상에 눈, Slush, 물이 있는 경우 이륙거리가 길어질 것을 예상해야 한다.

Slush나 물이 고여 있는 활주로에서 이륙을 하는 경우, Steering wheel의 표시를 확인하고 Nose gear를 똑바로 맞춰 Slush를 덜 튀기도록 해야 한다. 또한 이륙시 Elevator를 이용하여 Nosewheel에 걸리는 하중을 적게하면 Nosewheel에 의해 물이나 Slush가 좌우로 갈라지면서 튀는 현상(Bow wave effect)을 감소시킬 수 있다. 한편 Static port 역시 Slush에 의해 막히지 않았는지 유의해야 한다.

고여있는 물이나, Slush, 눈 등이 활주로상에 널려 있는 경우, 이들은 이륙성능을 나쁘게 할 뿐만 아니라 항공기 자체에도 피해를 입힐 수 있다. 또한 Engine stall을 야기하거나 Engine이 정지하는 경우도 있다. 낮은 속도에서는 가속이 정상적으로 이루어지다가 V_1과 Lift off 사이에서 급격히 떨어지는 경우도 있다. 활주로 상에 눈이나, Slush, 혹은 물이 고여있는 경우 이륙중량을 줄여야 한다. 따라서 이륙시마다 실제 이륙중량이 보장되는지 확인해야 한다. Slush가 뒤덮인 활주로에서 이륙할 경우에도 Landing gear는 정상적으로 Up해야 하고 Landing approach가 시작되기 전까지 Down해서는 안된다. Slush를 떨어 버리려고 늦게 Landing gear를 Retract하는 것은 효과적인 방법이 아니며 경우에 따라 사태를 악화시킬 수도 있다. Flap은 정상시보다 높은 속도에서 Up해야 하며, 만약 어느 부분에라도 눈이나 얼음이 쌓인 것으로 생각되면 약간 높은 속도에서 Up하도록 해야 한다.

2. 접근 및 착륙

겨울철에는 시정이 나빠지고 운고도 낮아진다는 것에 유념하여 Approach와 착륙기법을 재검토해 본다. 다수의 비행기가 주로 Approach와 착륙시에 재난을 당하기 때문이다.

ILS Approach의 성공적 수행여부는 항공기를 ILS의 Glide slope와 Localizer에 신속히 정대시키는 것으로부터 시작하며, 성공적인 착륙은 기타 많은 요인에 의해 좌우된다.

- 적정 강하율의 유지
- 상황에 따른 적정 속도 유지
- 더 이상의 조작이 필요 없도록 적절한 활주로 연장선상에서의 위치 정대
- Zero stick force trim
- 출력을 변동 없이 잘 유지시킴
- Final landing configuration 상태로 안전을 유지함

악시정하에서는 항공기가 정상적인 접근을 계속할 수 있는 위치에 있고 Runway threshold나 Approach light 혹은 활주로 끝과 동일시할 수 있는 다른 표지물이 눈으로 확인되지 않는 한 MDA, DH 이하로 운항하

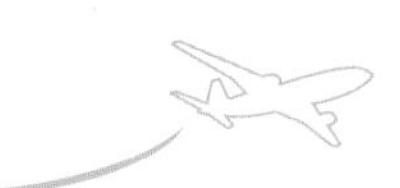

거나 강하하지 말아야 한다. 만약 강하중 MDA, DH 고도를 따라 공항주변 시설물을 시야에서 놓쳤거나 정상적인 Approach나 착륙할 준비가 되어 있지 않으면 즉시 Missed approach 절차를 수행해야 한다.
눈바람이 날리는 경우는 현기증을 일으키거나 지표와 하늘을 제대로 식별할 수 없는 "White-out" 현상이 일어난다. 이 경우 지평선을 눈으로 식별할 수 있는 단 한 가지 방법은 "Cross approach light"에 의지하는 것이다. 이 등화시설이 없다면 가장 효과적인 방법은 활주로 Centerline을 대신할만한 물체를 식별할 수 있는 고도까지 날개를 수평으로 유지하고 강하하는 것이다. 착륙시 활주로가 젖어 있거나 얼음이 덮여 으면 활주로 길이가 많이 필요하게 된다. 또한 Slush나 물이 있으면 Hydroplaning(수막을 형성하여 계속 미끄러지는 현상)의 위험이 있게 된다. 돌풍이 있을 때에는 측풍과 Reverse thrust 효과를 잘 감안해야 한다. 물이나 Slush는 튀기는 힘이 대단하기 때문에 이것이 충격 혹은 기타 방법으로 피해를 줄 수 있고 또한 작동부위에 얼어붙어 작동을 완전히 마비시킬 수도 있고 활주로상에 다져지지 않은 상태의 눈이 Reverse 사용에 따른 바람을 타고 조종사의 시계를 가리는 경우도 있다. 부분적으로 눈이나 물, 얼음이 있는 경우 Brake가 균등하게 작동되지 않아 방향조종이 불가능해 질 수가 있음을 알아야 한다. 착륙 후 Taxi-in할 때는 이륙 전 Taxi-out할 때보다 무게가 가볍기 때문에 같은 출력을 유지해도 빠르게 지상활주하게 되므로 주의하여야 한다. 그리고 착륙 후에는 활주로 상태를 보고하여 다른 조종사들에게 도움을 주는 것도 잊지 말아야 한다.

4 정비 ERROR와 인적요소(MAINTENANCE ERROR AND HUMAN FACTORS)

1. 개요

항공정비와 연관된 각종 사건이나 사고의 요인별 비율 분석을 해보면, 인적요소에 의한 Error, 즉 Human Error에 의한 사건·사고가 기계적 요인에 의한 것보다 점점 더 큰 비중을 차지하고 있다. 그림 2-4와 같이 1960년대에 대략 20[%] 이하에서 1990년대에는 80[%] 이상을 차지할 만큼 큰 폭으로 증가하는 양상을 보이고 있다.

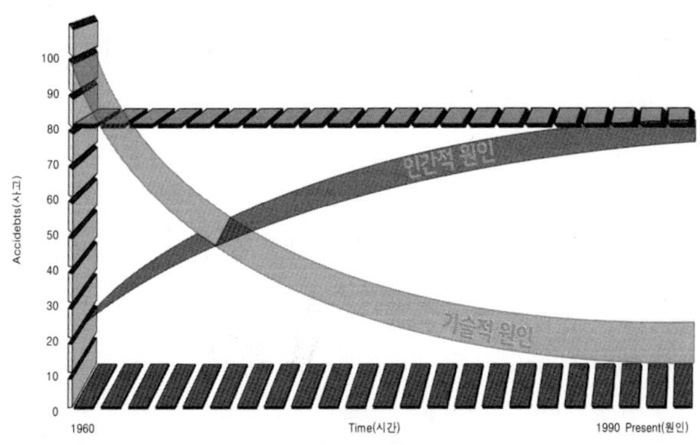

(출처 : FAA-H-8033-9A 및 국토교통부 참조)

[그림 2-4 항공사 사고의 인간적 원인과 기술적 원인]

이러한 현상은 이 기간 동안 인간-기계 체계(MAN-MACHINE SYSTEM)에서 사람들의 주의력, 기억력, 집중력 등이 점점 더 저하되었기 때문이라고 해석하기보다는 여러 이유가 있다.

① 지난 30여년 동안 항공기 부품을 포함한 기타 장비들의 기능이 발전되고 복잡화 되었으며(동시에 신뢰도는 훨씬 향상되었음)

② 설계자, 제작자, 정비 정책 결정권자 등의 판단 오류가 작업장에서 Error가 범해지도록 여건을 조성하고 있는 경향을 반영하고 있다고 보아야 한다.

이로 인해 항공기 부품의 고장과 같은 기계적 요인에 의한 사건·사고율은 감소하고 Human Error와 관련된 사건·사고율은 증가하는 현상이 나타나고 있는 것이다.

결국, 단순하게 잘못된 정비행위만이 Human Error의 원인이 아니라는 인식을 가져야 한다. 사람이 설계, 조립, 조작, 정비를 하고 위험요인이 잠재된 기술을 관리하고 있기 때문에, 결정하고 처리하는 과정에서 어떤 방식으로든 원하지 않지만 사고에 기여하게 된다는 것이다.

여기서, 다양한 Human Error의 유형을 알고 관리방법을 익힐 필요성이 대두되는 것이다. 통상적으로 Human Error라는 이름으로 서로 다른 실수를 동일하게 표현하고 있지만, Error는 유형별로 발생 구조가 다르고, 항공기 시스템과 같이 복잡한 기능을 갖고 있는 경우는 관리방법 또한 달라야 하므로 Error를 유형별로 구분하는 것이 매우 중요하다. 그러나, 어떤 경우에도 Error관리에 있어 가장 중요한 사실은 수정 및 관리 가능한 직접적인 원인에 초점을 두어 관리하는 것이다.

2. 배경

Error를 학문적으로 연구하고 분류하며, Error 유형별로 바탕에 깔린 발생체계를 이해하게 된 기간은 불과 50여년에 불과하다. 인간의 Error를 비행안전의 중요한 위험요소로 인식하기 시작한 것은 제2차 세계대전 기간으로 볼 수 있는데, 주로 항공분야의 운항승무원과 관제요원의 조작 기술상의 Error에 중점을 두고 이루어졌다. 항공사고는 기기나 시스템 조작Error에 기인하고 있다는 점에서 운항승무원과 관제사의 Error에 관한 연구가 필요하게 되었던 것이다. 그러나, 항공기 정비에 종사하는 사람이라면 누구나 알고 있는 사실은, 지난 수년간에 걸쳐 주로 정비 Error로 인한 심각할 정도의 사건들, 너무나 치명적이었던 사건들이 많았다는 것이다. 1988년 8월에 발생한 알로하항공사의 B737항공기 사고는 일반인들은 물론 관계당국에게도 정비 Error가 항공사고에 끼치는 영향력이 아주 크다는 것을 인식시키는 계기가 되었다.

1. Human Error의 일반적 유형

Error가 어떻게 발생되는지를 알기 위해서는 우선 인간의 일반적인 행동양식을 살펴볼 필요가 있다. 그림 2-5에서는 평범한 사람이 한 가지 행동을 하기까지 거치는 정보처리 과정이다. 일반적으로, 정보를 인식하는 단계, 정보를 처리하여 취할 행동을 결정하는 단계, 행동을 취하는 단계는 3단계로 구분된다.

[그림 2-5 일반적 인간 행동양식]

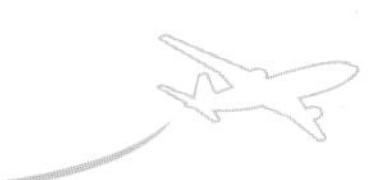

Error는 그림 2-5의 어느 단계에서도 발생할 수 있다. Error를 초래하게 한 근본원인과 Error를 효과적으로 줄이는 방법은 어느 단계에서 Error가 발생하였는가에 따라 달라지게 된다.

예를 들어, 정보인식 단계에서 발생하는 Error는 작업장의 불합리한 조명시설, 지나친 소음, 인쇄상태 불량 등이 원인이 될 수 있다. 정보처리 및 결정단계에서의 Error는 피로, 훈련 부족, 시간 제약 등이 원인이 된다고 볼 수 있다. 실행단계에서 발생하는 Error는 빈약한 공구/장비의 설계, 부적합한 절차, 연속성 단절 및 작업장의 환경조건 등이 원인이 될 수 있다.

2. Error 유형

보편적으로 품질 불량, 불안전 행동 및 부적절한 정비행위 등은 항공기에 끼친 악영향에 따라 구분한다. 이런 종류의 Error는 다음 2가지로 구분된다.

- 정비행위 이전에는 없었던 결함을 발생시킨 Error
- 손상되거나 결함있는 부품을 검사시 발견하지 못한 Error

항공기용 엔진 제작회사인 P&W는 1991년 11월중 B747항공기의 비행중 엔진정지 원인을 다음과 같이 특정 원인별로 구분하여 그 발생 빈도에 따라 순위를 정하고 있다.

- 부품의 미장착
- 부품 장착의 부정확
- 마모 또는 변질된 부품 사용
- 부정확한 오-링(O-ring) 장착
- 비-너트(B-nut)에 세이프티와이어(Safety wire)를 하지 않은 경우
- 비-너트 또는 씰(Seal)류를 지나치게 세게 조인 경우
- 튜브(Tube) 교환시 튜브를 연결하는 양단을 풀지 않고 작업한 경우
- 튜브 등을 교환시 맞닿는 부품간의 연결부분을 풀지 않은 경우
- 오일탱크 캡(Cap)이 풀리거나 장착되지 않은 경우
- 캐넌플러그(Cannon plug)의 오염 또는 풀림
- 엔진 안으로 들어간 이물질
- 수분이 포함된 연료
- 오일 시스템에 스카이드롤(Skydrol)

참고

- Safety wire : 항공기 부품 중 중요한 너트류나 캡 등이 항공기 운항 중 진동으로 인해 풀리지 않도록 특수 제작된 와이어(Wire)를 이용, 묶어두는 행위
- Skydrol : 항공기 유압 시스템에서 사용되는 유체(Fluid)로써 항공기의 조종을 위해 폭넓게 사용된다. 단, 유압 시스템과 오일 시스템은 완전히 분리되어 있으며, 만일 서로 섞인다면 각 시스템의 기능이 저하되거나 상실될 수도 있다.

한 항공사에서 3년 동안의 정비불량 122건을 분석한 결과도 이와 유사한 결과로 나타나고 있다.

- 행위누락(56[%])
- 부정확한 장착(30[%])
- 잘못된 부품의 사용(8[%])
- 기타(6[%])

가장 비율이 높은 행위누락을 다시 분석하여 다음과 같이 분류하고 있다.

- (부품 등을) 조이지 않았거나 불완전하게 조임(22[%])
- 잠금(Lock) 상태를 풀지 않았거나 핀을 제거하지 않음(13[%])
- 필터 및 브리더캡(Breather Cap)이 풀려 있거나 장착되지 않음(11[%])
- 부품류가 풀려 있거나 분리된 채로 있음(10[%])
- 와셔(Washer) 또는 스페이스(Space) 등을 장착하지 않음(10[%])
- 공구 또는 잉여자재 등을 치우지 않음(10[%])
- 윤활 부족(7[%])
- 패널(Panel)이 장착되지 않음(3[%])
- 기타(11[%])

물론, 이 분석 결과로 Error를 범한 이유를 나타낼 수는 없다. 그러나, 항공기 정비 업무에서 Error를 범하기 쉬운 부분이 어디인지를 보여주고 있다. 특히 비정상적 행위가 분해과정에서보다 조립과정에서 많이 발생하고 있음을 알 수 있다.

3. Error를 범할 수 있는 업무단계

여러 가지 Error는 서로 다른 심리적 근원을 갖고 있으며, 발생 부위가 다르고, 사안별로 개선방법이 다르기 때문에 발생 근원을 구분하는 일이 중요하게 된다.
Error를 "의도한 목표를 당성하기 위해 사전에 계획한 행위의 실패"라고 정의해 볼 때, 이런 Error는 2가지(과실과 실수) 형태로 발생한다고 볼 수 있다.

① 과실

무엇을 한다는 행위에 대한 계획은 적절하였더라도, 실제 행위가 계획한대로 이루어지지 않은 경우이다. 어떤 일을 해야 한다는 계획은 설정했으나, 어떤 상황이 발생하여 계획된 일을 정상적으로 수행하지 못하게 된 경우를 말한다. 이런 결과들을 실행상의 잘못이라고 하고, 통상적으로 과실, 착오, 미숙 등의 용어로 표현된다.
문제는 그림 2-5에 나타난 3가지 과정 중 하나 또는 그 이상의 여러 과정에서 발생할 수 있다는 것이다. 과실과 착오 등은 익숙한 환경 속에서 독립된 행위들이 주로 자동적인 방식으로 처리되는 일상적인 업무, 즉 익숙한 작업과정에서 발생한다.

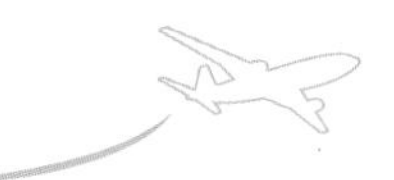

ⓐ 숙련 작업중 발생하는 과실

숙련된 행위는 익숙한 손재주와도 관련된다. 타자를 치는 것이 숙련된 행위의 좋은 예이다. 타자에서 틀린 글자를 치는 것은 숙련된 상태에서 발생하는 보편적 Error이다.

ⓑ 규정에 따라 작업하던중 발생하는 과실

규정에 의한 행위에서 발생하는 과실은 정해진 규정을 제대로 따르지 않아 일어나는 결과이다. 행위자가 절차 또는 규정의 선택은 정확했으나 그 절차를 제대로 준수하지 않은 경우, 즉 어떤 단계를 누락한 경우에 과실로 분류된다.

② 실수

계획 자체에서도 Error를 범할 수 있는 요인이 있다. 행위는 전적으로 계획에 따라 이루어지며, 계획 자체가 잘못되어 있다면 의도한 결과를 얻을 수 없다. 이와 같은 Error는 한 단계 차원이 높은 Error로써 특별히 실수라고 표현되며, 2단계로 다시 세분화된다.

ⓐ 규칙에 따라 작업하던중 발생하는 실수

이런 Error는 주로 주어진 여건에 적합하지 않은 규칙을 적용하거나, 규칙 자체는 문제가 없으나 잘못 적용함으로써 발생할 수 있다. 즉, 규칙을 정상대로 준수하고 있으나, 규칙 자체가 주어진 업무에 부정확하거나 적합하지 않은 경우를 말한다.

ⓑ 지식에 근거 작업하던중 발생하는 실수

규칙이나 자신의 지식에 의해 해결할 수 없는 어떤 문제점이 있다면, 그것을 해결하기 위해 자신의 지식에 근거해 추측을 하게 되는데, 이 일련의 과정에서 Error가 발생할 확률이 증가한다.

4. 위반

안전한 운용 절차, 권고되고 있는 관행, 규칙 또는 기준에서 벗어난 것들을 위반이라고 한다. 차량을 운전할 때 현재 속도나 해당 지역의 제한 속도를 알지 못하고 과속하는 경우가 있듯이 위반도 의도하지 않은 상태에서 일어날 수는 있지만, 위반사항의 대부분은 의도적인 것으로 본다. 사람들은 일반적으로 순응하는 행동을 취하지 않지만, 대개의 경우 그 결과는 그리 나쁘게 나타나지 않는다.
어떤 위반은 Error일 수 있기 때문에 Error와 위반을 극명하게 구분하기란 불가능한 면도 있지만, 이 두가지 불안전한 행위의 차이는 표 2-3과 같이 정리할 수 있다.
대표적인 위반은 다음과 같이 3가지로 구분한다.

① 일상적 위반

최소의 노력으로 일을 해결하기 위해 규정을 생략하는 경우를 말한다. 주로 숙달된 기능을 전제로 하며, 결국은 습관적인 행동이 된다. 즉, 규정을 준수해도 거의 보상받지 못하거나 규정을 위반해도 처벌받지 않는 경우라 할 수 있다.

② 낙천적 위반(스릴을 느끼는 위반)

인간의 행동은 다양한 개인적 욕구를 충족시키는 쪽으로 작용하며, 모든 행동이 엄격하게 업무와 관련이 있다고 보기는 어렵다. 장거리 구간을 비행하는 조종사나 원자력 발전소의 근무자들은 이따금 무료함을 달래기 위해 절차를 위반한다. 쾌감을 즐기기 위해 위반을 하는 경향은 개인의 행동 상태의 일부일 수 있다.

[표 2-3 Error와 위반의 차이점]

Error	위반
• 고의가 아니다. • 주로 정보와 관련되어 발생. 사무실, 작업장의 정보가 부정확하거나 불완전한 경우이다. • Error 발생 가능성은 관련 정보를 개선함으로써 줄어들 수 있다. • 작업자의 노동기간 전반에 걸쳐, Error의 경향은 연령, 성별 등 인구 통계적 요인에 따라 좌우되지 않는다.	• 의도적인 행위이다. • 주로 어떤 동기를 갖고 발생하며, 신념, 자세, 조직, 문화 및 사회적 규범에 의해 결정된다. • 위반은 신념, 자세, 사회적 규범 및 조직적 문화를 변경함으로써 경감할 수 있다. • 위반은 주로 연령, 성별과 관련이 있다. 저 연령층의 남성은 위반하며, 노년층의 여성은 일반적으로 위반하지 않는다.

③ 필요 또는 상황에 의해서 위반하는 경우

작동 절차를 가능한 안전하게 하기 위해서는 이전에 사고를 초래했던 어떤 특이 행위를 배제하도록 끊임없이 개정해 나가야 한다. 주로 불합리한 작업장 환경, 공구, 장비, 절차의 미비 등이 문제점의 원인이 된다. 상황에 따라 발생하는 위반 행위는 습관적 행위로 나타난다.

④ 고의적 위반

최근 연구 결과에 의하면 안전 절차를 위반하는 의도는 아래 3가지 형태로 나타난다.

ⓐ 태도(나는 할 수 있다.)

어떤 행동결과와 관련하여 개인이 갖고 있는 신념이다. 위반했을 때 예측되는 이득과 위반시 나타날 위험이나 처벌을 어떻게 적절히 조화시킬 수 있을까?

ⓑ 주관적인 습관(다른 사람이 할 것이다.)

일부 중요한 관계 집단(친척, 친구들)이 자신의 행동을 지원해 줄 것이하는 개념을 전제로 한다. 그들이 과연 인정할 것인지 혹은 인정하지 않을 것인지, 또 당사자는 그들로부터 얼마나 인정받기를 원하고 있는지?

ⓒ 의식적 행동 억제(나로서는 어쩔 수 없어)

규정에 대해 해당 분야의 관리부문에서 지원이 안되고 있으면서도, 규정을 위반해서라도 시간 내에 주어진 업무를 완수해야 한다고 느끼게 되는 경우라 할 수 있다.

5. 결함

Human Error로 인해서 일어나는 심각한 결과를 결함이라고 한다. 어떤 Human Error는 심각한 결과로 나타나기도 하지만, 대부분은 그렇지 않다. 일반적으로 잠재된 결함과 노출된 결함으로 구분된다.

① 잠재적 결함과 노출된 결함

노출된 결함은 계통에서 최말단까지 일어난 불안전 행위의 결과이며, 여기서 말단이라 함은 조종사, 관제사, 정비사 등의 행위라 할 수 있다. 이들의 행위는 기계와 인간의 접속이 이루어지는 행위가 되며, 이들의 Error 또는 위반 즉시 역효과로 나타난다.

잠재적 결함은 주로 조직의 상층 지휘계통을 Error로 발생한다. 이로 인한 결과는 장기간 잠재해 있을 수 있으며, 다만 지엽적인 촉발 요인과 결부되는 경우 노출되게 된다.

② 지엽적 요인과 구조적 요인의 비교

잠재적 결함은 작업장에 바로 나타나는 지엽적인 요인으로 인식될 수도 있고, 작업장의 바로 상류에 존재하는 구조적인 요인으로 인식될 수도 있다. 구조적인 요인은 지엽적인 Error와 위반을 초래하는 여건을 조성하게 된다. 한 항공사의 정비분야에서 수행한 연구에서, 격납고 작업장에서 수행되는 작업에 부정적인 영향을 주고 있는 요인 중 12가지 지엽적인 요인과 8가지 구조적인 요인이 발췌되었다. 격납고 정비 활동과 관련된 12가지의 지엽적인 요인을 들면 아래와 같다.

업무지식, 기술, 경험	항공기 형식 또는 결함에 익숙하지 않고, 특정된 교육이나 기술이 부족하며, 주어진 작업에 경험이 없음
사기/의욕	개인적인 문제 및 작업환경, 불합리한 대우, 과도한 작업량, 불충분한 조언 등으로 인한 초조감과 불안함
공구, 장비 및 부품	보유여부, 수량, 위치, 식별, 취급상의 어려움, 이동 방법 등과 관련된 문제점
지원	부서간 지원 및 전자, 판금 등 특기부서의 인원 부족, 지원회사의 적기 지원 등의 문제점
피로	지루한 작업에 의한 권태, 생체리듬의 교란, 휴식과 근무의 불균형, 현저히 증가하는 과실, 착오, 불안한 행위 등의 문제점
긴장감	과중한 작업량, 서로 다른 작업간 여유 시간이 없이 계속성과 연속성의 단절, 감독자의 지나친 간섭, 고도의 기준을 요하는 작업이면서도 충분한 시간이 주어지지 않음 등
근무 시간	근무교대제도, 근무에 임하는 시간대, 마감시간에 임박한 상황 등
환경	기상조건, 기온 소음, 조명 보호 장구 등에 관련된 문제
컴퓨터	익숙하지 않은 컴퓨터 조작, 새로운 주변기기, 부족한 터미널, 컴퓨터 공포증 등의 문제
서류작업, 도시 및 절차	정비문서의 오기, 필요한 기술자료 및 절차 미비 또는 부적합한 위치 등
불편	작업 부위 접근이 어려움, 항공기 주위에 여러 가지가 밀집되어 있음, 관제상의 문제 등
안전 장치	위험 표시, 안전장비의 특성, 위험물 및 위험상황에 대한 교육 및 인식정도, 개인 보호장구의 특성 등의 문제점

다음은 구조적인 요인 8가지이다.

조직 구조	조직 개편, 조직 축소, 임무 및 책임 한계의 미비, 과다한 다단계 관리, 현 조직 업무상에 명시되지 않은 불필요한 업무 등
인사관리	다음과 같은 상황에 대한 상층부의 상황 인식 부족 • 말단 부서의 문제점 • 부적합한 개인적성관리 • 상벌의 불균형 • 작업량에 대한 설명 부족
장비 공구의 품질 및 구비	작업장 내에 필요한 장비의 부족, 새로운 항공기 형식에 대처할 수 없는 기존 장비, 작업에 필요한 비용의 조기 삭감, 작업장의 시설의 노후
교육 및 선발기준	현재 필요한 수준에서 낙후된 특기, 항공전자와 일반 정비사의 수급 불균형, 자격증 소지에 대한 혜택 미흡, 부적격 또는 불필요한 특기자의 선발
영업 및 운항의 영향	품질 기준 및 안전기준에 따른 영업/운항적인 요구간에 발생하는 갈등
계획 및 일정	부적절한 일정 및 현실을 등한시한 계획 입안, 장기 전략과 현장 현실과의 괴리, 불명확하거나 실형 불가능한 계획
건물 및 장비의 보수 관리	건물 및 장비의 보수 관리 미흡, 비용 절감을 이유로 개선 사항의 유보 및 처리지연
의사 소통	의사 결정권자의 의도와 동떨어진 작업량, 하의 상달의 의사 전달 무시, 불명확 또는 애매한 의사전달, 편가르기 식의 언어 형태

이상의 8가지 요인들이 안전하고 신뢰성이 있는 작업에 부정적 영향을 주고 있는 구조적인 문제를 모두 망라한 것이라고 할 수는 없다.

다만 잠재적인 요인들의 예로서 작업장 여건에 따라 부정적 영향을 끼칠 수 있다고 보는 내용들이다. 조직마다 서로 다른 구조적인 문제들을 안고 있을 수 있다. 그러나 여기서 예로 든 8가지 요인들은 대부분의 항공기 정비분야에서 있을 수 있는 전형적인 것이다.

6. 잠재적 결함과 구조적 사고

항공분야는 물론 거의 모든 영역에 걸쳐서 컴퓨터에 의한 자동처리 기능이 증가되면서 잠재적 결함이 무시못할 정도로 누적되고 있다. 항공기 운항 승무원과 정비사들은 현대 항공기 계통에 어색하고, 따라서 사고는 잘 나지 않더라도 간혹 구조적인 문제로 인한 치명적 사고가 발생하기 쉽다. 이런 구조적인 문제에서 발생하는 결함을 억제하는 일을 항공운송분야에서는 "마지막 남은 개척분야"로 여기고 있다.

"구조적인 문제로 인한 사고"를 세부적으로 분석한 내용을 그림 2-6에서 볼 수 있다.

사고는 구조적인 업무과정의 부정적인 연쇄반응으로 시작된다. 즉 기획, 일정수립, 예측, 설계, 규격화, 대화, 조절, 유지관리 등에 관한 결정과정과 관련이 있다.

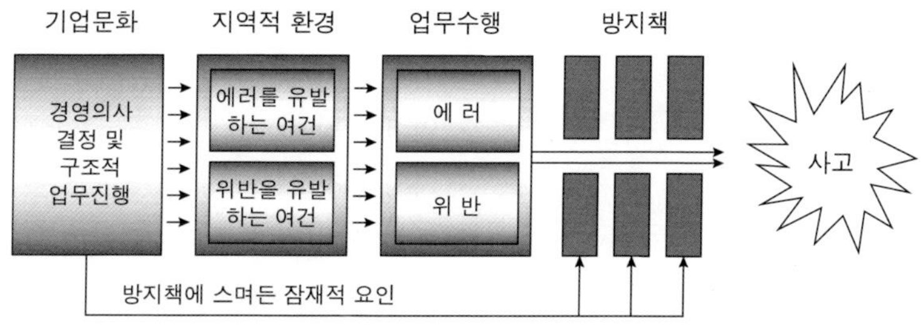

[그림 2-6 구조적 사고의 발전 단계]

잠재적 결함은 조직내 부서간 이동 경로를 따라 마지막 작업장인 격납고, 수리 작업장, 램프 등으로 이어지면서 현장의 작업환경에 영향을 끼쳐 Error 및 위반을 초래하게 한다.

그림에서 구조적인 업무진행과정을 방지책으로 직접 연결하고 있는 화살표는, 기준, 통제, 절차 등과 같이 기술적으로 고안된 안전장치들도 겉으로 들어난 결함뿐만 아니라 잠재된 결함에 대처하기에는 불충분하다는 사실을 나타내고 있다.

이 그림은 현장 작업장의 정비사들이 사건 발생의 시작 역할을 하는 것이 아니고 구조적인 특성에서 시작된 원인을 승계받고 있음을 보여준다. 이는 마치 사건에 대한 책임이 경영층에 있는 듯이 보일 수도 있으나, 최소한 다음의 2가지 이유만으로도 그렇지 않다는 것을 알 수 있다.

① 책임을 남의 탓으로 돌리면 감정적으로는 만족할지 모르지만, 결코 효과적인 대처 수단이 될 수 없다.
② 경영층은 경제적, 정치적 경영 환경에 따라 의사결정을 하게 된다.

잠재적인 Error는 결코 피할 수 없으며, 다만 할 수 있는 일은 잠재적인 Error가 현장의 돌발적인 사항과 결부되어 체계적인 방지책에도 불구하고 좋지 않은 결과로 나타나지 않도록 노력하는 일이다.

더구나 항공분야는 전체적으로 볼 때 제작사, 정비사, 항공사, 관제사, 규제당국, 사고조사 전담자 등 상호 연계된 조직으로 구성되고 있어, 조직적인 문제에서 야기되는 근원적 원인이 더욱 복잡하다. 그림 2-6에 나타난 유형은 가능한 간략하게 보일 수 있도록 한 것이다. 실상은 서로 다른 조직의 활동이 상호 영향을 끼치면서 훨씬 복잡하게 나타난다.

7. Error 관리

Error 관리란 상당히 포괄적인 의미를 담고 있으며, 다음과 같이 2가지로 구분할 수 있다.

① Error 감소 : Error 발생 건수를 제한하도록 설계한 조치.
② Error 제어 : 현재 발생하고 있는 Error에 대해서 부정적인 결과를 어느 선에서 한정되도록 설계한 조치.

의식적으로 Error를 범하는 사람은 없다. 그러나, 의도했던 바에서 벗어난 결과라든지 깜빡하는 사이 일어나는 Error 또는 착오 등과 같이 자신도 관리할 수 없는 일들을 다른 사람이 관리한다는 일이 얼마나 어려운 일인가? Error는 본질적으로 나쁜 것이 아니라, 유용하면서 필수적인 정신활동의 지출에 해당되는 부분이다. 새로운 일을 배울 때, 시행착오가 가장 적합한 방법일 수 있다. 이와 마찬가지로, 정신이 나간 상태에서 범하는 누락이나 착각은, 우리의 한정된 집중력이 사소한 일들에 의해서 간헐적으로 방해받고 있는 것이다. 이것은 일상의 행동이 습관화 되어 가는 과정에서 필요한 사소한 부담으로 감수해야 한다.

현재는 많은 조직들이 Error 감소와 Error 제어기법을 다양하게 채택하고 있다. 항공 분야에서 채택하고 있는 내용은 다음과 같다.

- 인원 선발
- 교육 훈련
- 점검 및 서명
- 불만족 사례 보고 체제
- 국제 품질 기준 적용(ISO 9000 +)
- 안전 자원 관리
- 자격 인정제도
- 품질 심사 및 관찰
- 각종 절차, 규정 및 규칙
- 총괄적 품질관리

세계의 주요 항공사들은 이러한 조치들을 취하여 높은 수준의 기술적인 신뢰도를 달성하고 있다. 그러나 아직도 소수의 항공사고 원인으로는 정비가 대두되고 있다. 기체가 완전히 손상된 대형사고의 연구결과에서는 향후 발생될 유사 사고중 10~20[%]는 정비 Error로 귀결될 것으로 예상하고 있다.

항공정비와 관련된 특정한 Error를 줄일 수 있는 방법은 이미 알려져 있다. 특히 고장탐구 과정에서 발생하는 중대한 Error는 모의실험을 통한 교육을 통해 현저하게 줄일 수 있다는 것이 입증되고 있다. 또한 항공, 우주개발, 핵발전 시설 등에서 시행한 연구에 의하면 절차 회의를 통해서도 어느 정도 Error를 줄일 수 있음이 입증되고 있다.

현재의 정비 기법은 70여년에 걸친 민간 항공운송 경험을 바탕으로 변형되어 오늘에 이른 것이다. 이들 대부분은 이전에 발생한 사건을 분석하고 사고가 다시 발생하지 않게 하기 위해서 만들어졌다. 이들의 중요성이 입증되고 있음에도 불구하고, 아직도 많은 제약이 남아있다. 특히 시야를 좁게 보고 있다는 데에 문제가 있다. 다음에 이러한 문제를 일부 나열한다.

- 잠재적 결함이나 조직적 결함보다는 실제로 나타난 결함에만 치중하고 있다.
- 사건에 영향을 주는 상황 또는 구조적인 문제보다 개인적인 문제에 치중한다.
- 재발 방지, 예방보다는 이미 발생한 사건/사고에 대한 불끄기에 주력하고 있다.
- 주로 책임추궁을 통한 징계와 교육을 통해서 해결하려 하고 있다.
- 아직도 부주의, 태도 불량, 책임감 결여 등과 같은 문책성 용어를 적용한다.
- Error 유발요인 구분에 있어 조직적, 불특정한 것인지를 제대로 구분하지 않는다.
- Error와 사고원인에 대해 인적요소에 관한 최신 정보를 제대로 전달받지 못하고 있다.

간단히 말해서 논리적으로 조치하기보다는 즉흥적, 감정적이며 무계획적 대응을 하고 있다. Human Error의 원인, 다양성 및 특성을 이해함에 있어 과거 20여년에 걸쳐 발전된 실질적인 행동과학이 무시되고 있다는 것이다.

① 작업 특성

정비사의 일상 업무를 한마디로 요약하면, 수백만개의 장탈이 가능한 항공기 부품 중 일부를 장탈하고 교환 장착하는 일이다. 품질면에서의 미비점을 분석한 지표를 보면, 분해과정보다는 조립과정이 훨씬 더 Error를 범할 가능성이 많은 것으로 나타나고 있음은 전술한 바와 같다. Error의 과반수 이상이 필요한 과정을 빠뜨리거나 장착해야 할 부품을 장착하지 않아서 발생된 것으로 나타나고 있다. 이러한 Error는 어느 정도 누락 가능성 예측이 가능하다는 것을 시사하고 있다. 분명히 절차화된 작업과정 중에서 누락이 용이한 과정을 구분할 수 있다. 누락시킬 가능성이 있는 항목을 사전에 인식한다면, 최소한 효과적인 Error 관리를 향한 목표의 반은 달성한 것이라 해도 과언이 아니다. 이제 남은 반은 누락시킬 가능성이 있는 항목에 대해 작업자들의 주의력을 효과적으로 이끌어 낼 수 있는 방법을 강구하여 누락을 하지 않도록 하는 일이다.

그림 2-7과 같은 볼트와 너트를 생각해 보자. 주어진 작업은 너트들을 모두 장탈한 후 미리 정해진 순서에 따라 다시 조립하는 것이고, 이때 분해하는 방법은 오직 한가지 방법밖에 없는 반면 다시 조립하는 데는 무려 40,000가지 이상의 잘못된 방법이 있을 수 있다. (8 ! Factorial)가지 방법)

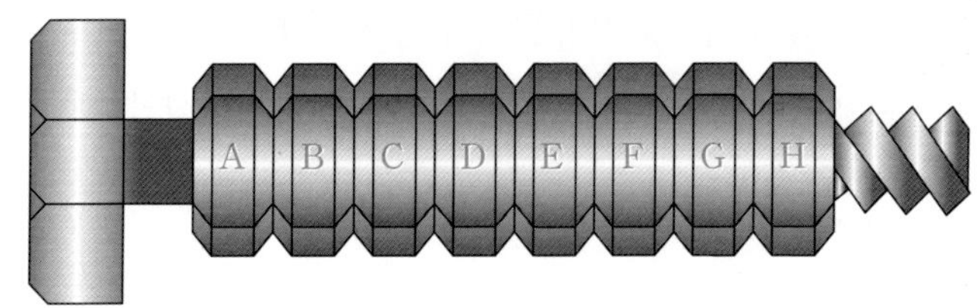

[그림 2-7 볼트와 너트 예]

작업에 필요한 정보는 작업 자체에서 얻을 수 있다. 다시 말해, 작업에 필요한 모든 정보는 명확하게 드러나 있다. 이를 정신분석학자들은 “정보가 드러나 있다.”고 한다.

이와는 반대로, 조립과정에서는 기억력에 의하든, 또는 문서를 참고하든 간에 많은 양의 “두뇌 속의 정보”를 사용해야 한다. 손을 사용하는 일을 하는 사람들 대분분은 글로 씌여진 문건을 잘 보지 않으려는 경향이 있기 때문에, 두 가지 행위가 서로 잘 어울리지 않는다. 이는 곧 많은 양의 기억을 필요로 하게 된다는 것을 뜻한다. 매일 반복되는 일인 경우라면 기억에만 의존한 작업도 문제되지 않을 수 있다. 그러나 대부분의 정비작업은 이와는 다르며, 일정 기간이 지나고 나면 일의 세세한 내용은 쉽게 잊어버리게 된다. 따라서 조립시 어떤 과정을 누락하거나 순서를 다르게 할 확률이 높아지게 된다.

문제를 더욱 악화시키는 것은, 조립 후에 수행되는 확인과정에서 잘못 조립된 내용이 반드시 나타나는 것이 아니라는 것이다. 부싱(Bushings), 와셔(Washers), 캡(Caps), 오일 등과 같은 내용은 조립하고 나면 외부로 드러나지 않는다. 따라서, 조립할 때는 위험한 상황을 초래할 확률이 2배가 된다. 잊고서 무언가를 누락할 가능성이 높고, 일이 일단 끝나고 난 다음 Error를 발견할 확률이 상대적으로 낮다는 것이다.

② 최신 기법

몇몇 항공사와 보잉사가 Maintenance Error Decision Aid(이하 MEDA)라는 Error 분석기법을 적용하려고 노력하고 있다. 다른 분석기법과 마찬가지로, MEDA는 Error를 조사분석하기 위한 것으로 이미 시행되고 있는 기법이다. 항공정비 분야에서 적용되고 있는 다른 기법과는 달리, MEDA는 Error의 원인이 된 모든 요인을 철저히 분석하고 Error를 줄일 수 있는 내용을 권고하게 된다. MEDA의 강점은 Error의 근원이 되는 모든 요인의 추출에 있으므로, 광범위하게 Error에 기여하는 요인들을 체계적으로 구분할 수 있다는 것이다.

영국항공은 독자적으로 Error를 범하기 쉬운 상황을 구분할 수 있는 기법을 개발한 바 있다. Managing Engineering Safety Health(MESH)라고 하며, Error를 유발할 수 있는 요인에 대해 정비사의 평가를 구하는 기법이다. 구조적인 요인들에 대해서는 그 방법적인 면에서는 같지만, 평가 주체를 현장 작업자 대신 관리요원들로 대체하고 있다. MESH의 기본 개념은 Error의 원인이 되는 요인들을 계속 관찰하여 한계치를 벗어나기 전에 수정이 되도록 한다는 것이다. 결론적으로 Error를 자체적으로 보고하고 팀을 구성하여 조사분석하는 기법이 적용되고 있다. 여기서 자체적 보고란 규제당국에서 Error를 발견하기 전에 항공사의 정비조직이 Error를 발견하고 그 내용을 규제당국에 보고하는 것을 의미한다.

Aviation Safety Reporting System(ASRS)은 자체적 보고의 한 예로써 항공분야에서 적용되고 있다. 일단 이런 보고가 접수되면, 팀이 소집되어 어떤 상황이 발생했으며, 그 일이 일어나게 된 요인이 무엇인지를 확인하게 된다. 이렇게 해서 요인이 밝혀지면, 개선안이 제시되고 수행된다. Error를 범한 사람도 조사팀의 일원이 된다는 것이 특징이다. 이러한 기법은 벌칙을 가하는 차원보다는 문제점 해소를 지향하고 있다.

3. 문제점

우리의 목표는 항공정비에서 Human Error에 의한 영향을 줄여보자는 데에 있다. 정비 Error로 인한 생산성의 저하, 장비의 손상 또는 작업 자체를 다시하게 됨으로써 재작업하는 기회비용이 발생하고 있다. 심지어 어떤 경우에는 정비 Error가 발견되지 않는다면, 사람이 고통을 당하게 되거나 심지어 사망에 이르게 될 수도 있다. 그러나, Error로 인한 영향을 어떻게 줄이느냐 하는 일이 문제가 아니라, 실은 이로 인해 야기되는 후속 결과를 어떻게 처리하느냐가 문제인 것이다. 뒤에 나올 "지침"부분에서는 바로 Error 관리를 주제로 다루게 된다.

1. 설계

Error를 예방할 수 있는 최선의 방법은 설계과정에서 Error 요인을 제거하는 것이다. 모든 설계사들이 이를 목표로 삼고 있지만, 비용을 고려해야 하는 현실과 괴리가 있다. 즉 설계로 Error를 예방할 수 없다면, 최소한 Error를 조장하지는 않아야 한다. 그러나 불행하게도, 어설픈 설계가 Human의 원인중 많은 부분을 차지하고 있다. 판독하기 어려운 계기, 작업하기 어려운 작업장, 소음이나 조명이 불충분한 작업장 환경, 애매하고 혼동을 초래하는 장비작동 설명서 등은 작업자와 검사원들의 활동에 지장을 주는 함정으로 작용한다. 1970년도 후반기에 드리마일 섬에서 사고 이후, 핵물질 규제 위원회에서는 일단의 인간공학 전문가들로 구성된 위원회를 소집하여 핵물질 규제위원회의 장기 인간공학 연구계획을 조사하게 한 바 있다. 이 계획 중 하나는 엄청나 자금을 투입하여 Error를 통제할 수 있는 통제실의 설계에 대한 신뢰도 평가를 해보기 위한 것이었다. 이 전문 위원회의 검토 결과는 단순한 설계일지라도 충분히 비용을 들인다면, 그만큼 고질적인 위험요소를 줄일 수 있다고 결론을 내리고 있다. Error를 유발하는 시스템을 좀더 손쉽게 재설계할 수 있다면 그 시스템을 완벽하게 분석할 수 있다는 것이 그 요점이다.

2. Error 구분

Error를 구분하는 일은 일견 쉬운 것 같이 여길 수 있다. 어떤 일이 잘못될 때까지 기다려서, 누가 무엇을 어떻게 잘못했는지를 조사하여 찾아낼 수는 있다.

3. 공공안전

항공기 정비 Error에 관한 논의는 항공기를 탑승하는 대중의 안전에 중점을 두고 있다. Error의 발생 빈도와 그로 인한 결과들을 줄일 수 있다면, 그것이 바로 대중의 안전을 증진시키는 일이 된다.

4. 훈련

Error를 조사하고 재발 방지를 위한 지금까지의 해결 방식은 처벌과 훈련으로 일관되어 있었다. 즉 누가 Error에 대한 책임이 있는지를 규명하고 다시는 그와 같은 Error를 범하지 말도록 지시하는 것이었다. 여기서 지적하고자 하는 것은 작업자와 검사원들에 대하여 통제가 가능한 어떤 행위를 바꾸고자 할 때는 훈련이 효과를 볼 수 있다. 그러나 Error는 말 그대로 의도하지 않은 행위라는 데 문제가 있다. 사람이 무언가 하지 않겠다는 의도가 있을 때, 훈련은 단순히 그렇게 하지 않겠다는 결심을 강화시킬 수는 있다. 그러나, 훈련을 Error 관리 기법의 하나로서 과신하는 것은 문제가 있다.

5. 작업자의 안전

공공의 안전은 우리의 가장 큰 관심사이다. 그러나 실상 연간으로 볼 때 작업중 부상당하는 정비사 수가 항공기를 탑승하여 다치는 사람의 수보다 더 많은 것으로 나타나고 있다. 작업자의 안전 측면에서 Error를 줄일 때 직접적이면서도 극적인 효과를 거둘 수 있다.

4. 법적 조항

항공관계법에서는 각기 해당하는 항공기 정비와 관련된 일반적인 조항들을 기술하고 있지만, Human Error에 관하여 직접 언급한 내용은 없다. 실상 항공법에서 Human Error가 어떤 것이라고 정의하고 있지는 않다. Error라는 용어 대신에 위반사항을 정의하고 있는 수준이며, 위반 사항에 대한 여러 가지 조치 내용과 벌칙사항들만 언급하고 있다. 어떤 일을 조사할 때, 그 조사하는 과정에 따라서 위반사항을 다루는 방식에 큰 차이가 있다. 조사가 공식적으로 수행되는 것인지 아니면 비공식적인 것에 따라 큰 차이가 난다.

5. 개념

Human Error에 대하여는 많은 연구가 있어 이미 많은 개념들이 정립되어 정의가 내려지고 있다. 여기서는 Human Error를 다루는 데 있어 기본이 되는 개념들을 다루기로 한다.

1. 사고

사고란 물리적인 손상을 강조하고 있다. 사고는 Error에 의해서 발생할 수 있지만, 모든 사고가 다 그런 것은 아니다. 이와 같이 극히 제한적인 Error만이 사고로 이어지고 있다.

2. 활성중인 결함

Error로 인해서 즉시 연쇄반응이 나타날 결과를 활성중인 결함이라고 한다. 한 예를 든다면, 공항에서 차를 운전하던 작업자가 제 때에 제동을 하지 못하여 주기중인 항공기로 돌진하여 사고를 일으키는 사례를 지상사고의 대표적인 경우라 할 수 있다.

3. 원인

원인을 찾아낼 때 연결고리를 역 추적하는 것이 일반적인 방법이다. 예를 든다면, 운전중 차선을 제대로 잡지 못하여 선회할 시기를 놓쳤고, 차선 변경 표시를 적기에 보지 못하여 차선을 놓쳤으며, 차내에 설치된 전화를 이용하여 사무실에 전화를 하느라 차선변경 표식을 제 때에 보지 못했다는 식이다. Error의 원인을 찾고자 하는 목적에 따라 가장 적절한 원인을 찾을 수 있는지의 여부가 결정된다.

4. 공유기능 결함

공유기능의 결함은 신뢰성 용어로써 시스템의 안전을 위한 여분의 부품에 영향을 끼치는 경우를 의미한다. 두 개의 엔진에 장착된 항공기는 여분의 엔진을 갖고 있는 셈이다. 한쪽 엔진이 고장나면, 다른 엔진으로 항공기를 안정하게 조작하기 위한 충분한 출력을 공급할 수 있다. 그러나 오염된 연료는 두 엔진이 모두 고장나게 할 수 있다.

따라서 안전을 위한 여분이 모두 없어지게 된다. 대부분의 시스템에서 공유기능 결함의 원인을 제공하는 가장 큰 요인은 사람이다.

5. 심도있는 방지책

시스템 자체가 여러 가지의 결함이 있어야 사고가 발생하도록 복잡하게 설계되어 있기 때문이다. 실제로 일련의 연속된 사건이 있어야만 사고가 일어난다. 전문가들은 이것을 원인의 연결고리라 한다.

6. Error를 고려한 설계

사람이 조작하는 시스템 설계시 가능한 여러 형태의 Error를 감안하는 것이 필수적이다. 예측 가능한 Error로 인해 자산상의 손실, 인명의 사망 또는 다치지 않게 해야 한다.

7. 고장

Error나 결함은 일반적으로 실제적인 사실을 객관적인 입장에서 보는 개념이라면, 고장은 책망과도 유사한 용어라 할수 있다. 확실한 기계적 또는 전기적 결함은 고장이라고 한다.

8. 근본원인 책임전가 Error

누군가가 Error를 범했다고 하면, Error와 관련시킬 수 있는 모든 부정적인 요소적 어리석음, 게으름, 부주의 등을 Error의 근본 원인으로 돌리려는 경향이 있다. 이렇게 어떤 탓으로 돌리는 자체가 Error이다.

9. 신뢰도 평가

어떤 한 시스템이 특수한 환경에서 고장날 수 있는 확률을 통계적으로 평가하는 기법은 여러 가지가 있다. 이러한 기법에는 일반적으로 해당 시스템 내에서 어떤 주어진 부품이 어떤 특수한 환경에서 고장날 수 있는 확률을 고려한다. 인간 신뢰도 평가 기법에서는 사람을 하나의 작동하는 부품처럼 간주하여 분석하게 된다. 예를 든다면, 작동자가 어떤 수치를 잘못 판독할 확률을 기계적 결함중 하나로 간주한다.

10. 카이즌(Kaizen)

카이즌은 일본 말로 "전체 시스템과 그 안에 있는 사람을 포함하는 지속적인 개선"을 의미한다. 이것은 사려 깊게 인내하면서 지속적으로 교정을 하는 과정이다. 한번에 극적인 해결책을 찾는 것이 아니라 업무를 수행하면서 보다 효과적이고 신뢰성 있는 방법을 찾으려는 끊임없는 노력이다.

11. 지식에 근거한 업무처리

라스뮤센(Rasmussen,1981)은 사람들이 일반적으로 직장에서 하는 일의 유형을 3가지로 분류했다. 숙련도에 의해, 규칙에 근거해, 그리고 지식에 근거해 처리하는 일 등이다. 지식에 바탕을 둔 행동은 가장 복잡한 업무, 즉 사전 지식이 없거나 규칙이 없는 업무를 수행할 때 발생된다. Human Error 분야에서는 지식에 바탕을 둔 행동이 가장 Error를 범하기 쉽다고 본다. 이유는 새로운 상황에 대처하는 경우 시행착오가 비번하기 때문이다.

12. 기억해야 할 정보

만약 작업이 반드시 특정한 순서에 따라 수행되어야 하는 일련의 복잡한 행위들을 요한다면, 어느 정도 기억을 해야 하거나 적절한 시기에 이와 같은 내용이 주지되어야 한다. 반드시 기억하고 있어야 할 정보를 "기억해야 할 정보"라 한다. 기억해야 할 정보의 양이 많은 작업이라면, 그만큼 Error의 가능성은 높아지게 된다.

13. 드러난 정보

작업요소 중에 어느 정도 필요한 정보가 담겨져 있는 경우 이를 "드러난 정보"라고 부른다. 기본적으로 작업의 제요소에는 그 일을 정확하게 수행하는데 필요한 모든 정보를 내포하고 있다.

14. 잠재적 결함

잠재적 결함은 활성결함으로 귀결된다. 잠재적 결함은 Error 때문에 생기지만, 즉각 나타나지 않는다. 잠재적 결함은 실제 물리적 현상인데, 예를 들면 패스너(Fastener, 너트처럼 조이는 부품의 일종)을 재장착할 때 세이프티 와이어를 하지 않는다든가 하는 일이다.

15. 행위를 결정짓는 요인

섭씨 38도 보다는 섭씨 24도 온도 속에서 훨씬 덜 지치고 오래동안 작업할 수 있다. 인간의 행위에 영향을 미치는 모든 요인들을 "행위를 결정짓는 요인"이라고 한다.

16. 여분

똑같은 기능을 수행하는 부품을 두 개 갖고 있는 시스템의 경우, 즉 병렬 시스템은 여분의 부품을 갖고 있다고 표현한다. 여분을 갖고 있는 시스템은 Human Error에 대해 훨씬 여유가 있다.
Error에 의해서 한 부품이 기능을 상실하더라도 다른 부품에 의해서 전체적인 시스템 기능이 살아 있을 수 있는 것이다.

17. 규칙에 근거한 행위

규칙은 교육을 통해서 얻어지거나 실습을 통해서 성취된다. 이런 규칙에 근거한 행위는 친숙하고 익숙한 업무에 적용하기 충분하다. 그러나 경험상으로 알 수 있듯이 규칙은 특정 부분에 들어가면 다양하게 변할 수 있다. 어떤 규칙은 명백해서 그 문서에 따를 수 있지만, 어떤 경우에는 매우 일반적이고 주먹구구식이다. 부적절한 환경에 적용되지 않는 한 규칙에 근거한 작업은 보통 Error 유발 가능성이 적다.

18. 단일 결함 기준

단일 결함에 대한 대책이 수립된 시스템을 설계하는 것이 일반적인 설계목적이다. 즉, 한 부품이 결함이 있다고 해서 사고가 발행되는 것을 원치 않는 것이다. 각 부품의 기능이 전체 시스템의 기능에 기여하는 정도를 산출해 보면 이 기준을 정할 수 있다. 전체 시스템의 기능을 상실시킬 수 있는 부품은 보통 여분을 두고 만들어진다.

19. 숙련된 행위

매뉴얼을 많이 다루어야 하고 또 그 업무를 얼마나 오래 수행했는가에 따라 업무의 숙련도가 결정된다. 숙련이 필요한 작업은 Error를 동반하기 마련이나, 이런 Error들은 보통 명백히 드러나고, 복구가 가능하다. 물론 예외는 있다. 엔진 오버홀(Overhall)시 베어링의 간격을 측정할 때 Error를 범했다면, 결국은 잠재적인 결함으로 나타나게 된다.

6. 관리기법

Human Error와 그 결과를 분류하고 조사하고 관리할 수 있는 기법은 여러 가지가 있다.

1. 익명 보고

운항부문의 경험으로 볼 때 사람들은 익명이라면 결함을 보고할 의사가 있다고 하며, 이는 법적인 제재가 보고의 장애가 되고 있음을 보여준다. ASRS는 결함에 대해 법적 체재의 두려움 없이 보고할 수 있는 시스템의 좋은 예이다. 대부분의 보고 시스템의 근본적인 문제는 익명이냐 아니냐가 아니라, 보고는 사후의 일이라는 것이다. 결함은 발생하여야만 보고할 수 있다. 이 단점을 효과적으로 다룰 수 있는 기법이 "주요사건 관리기법"이다.

2. 주요사건 관리기법

주요사건 관리기법은 특별한 작업환경에서 결함발생의 가능성을 산출하기 위해 인적 요소를 분석하는 기법이다. Error가 거의 결함을 발생시킬뻔 했거나 이미 결함이 진행중이었지만, 누군가 혹은 그 무엇인가가 이것을 끝까지 가지못하게 한 상황을 주요사건이라고 부른다.
주요사건 관리기법도 여러 가지 익명 보고기법 중의 하나이다. 그것은 작업자로부터 정보를 얻기 위하여 익명 조사기법을 이용한다. 또한, 이 기법은 일회성이 아니라 지속적으로 시행되는 프로그램일 때 그 효과가 가장 크다. ASRS 프로그램과 마찬가지로 주요사건 관리 프로그램에서 정보를 제공하는 사람은 자기 신분에 관해

밝힘으로써 조사원들이 추가적으로 세부사항을 알고 싶을 때 접촉이 가능하도록 해줄 것을 권고하고 있지만, 필수적인 것은 아니다. 정보 제공자의 신분은 비밀이 보장되어 있어서 동료들에게 노출되지 않는다.

3. Error 환경 평가

지역적인 요소와 조직상의 요소들이 포함되어 있는데, 그런 요소들은 다소간 Error를 발생시킬 수 있는 환경을 조장할 수 있다. Error는 발생하기 전에 막는 것이 가장 이상적이다. 이를 위해서는 Error를 유발할 수 있는 환경을 조성하는 요소들을 평가해야 한다. 영국항공사는 이런 유형의 평가를 하기 위하여 MESH 기법을 개발한 것이다. 그것이 실질적으로 Error, 결함 및 사고를 줄일 수 있는 독립적이고 과학적인 기법이라는 증거는 없다. 그러나 MESH는 사전 평가기법이기 때문에 Error가 발생하기 전에, Error 발생단계로 발전하려는 경향이 있는 요소에 대해서 관리자들에게 경고해 줄 수 있다.

4. 결함 도표 분석

결함도표분석은 일종의 분석/조사 기법중의 하나이다. 모든 결함도표분석 기법은 도표를 이용해서 분석한다. 이 도표는 마치 나뭇가지 같은 모양을 갖게된다. 이 기법은 분석대상 시스템, 업무, 절차 및 부품 등을 이론적으로 기능적 요소별로 해부해야 할 필요가 있다. 각 기능요소간의 관계가 분류되고 나면, 그것을 보여주는 도표가 만들어진다. 전형적인 결함도표는 나뭇가지 모양 도표의 꼭대기에 결과를 보여주게 되는데, 이 부분에 성공적인 운영의 결과가 들어갈 수도 있고 어떤 결함이 들어갈 수도 있다. 그 결과에 직접 기여하는 요소들이 도표상 바로 밑에 놓이게 되며, 요인과 결과를 나뭇가지 모양으로 연결하여 상호관계를 논적으로 보여주게 된다. "확률적 위험평가" 같은 기법에서는 각각의 연결부분에 확률적 발생가능성을 표시해 준다. 결함분석 도표기법의 독특한 특징은 위에서 아래로 분석한다는 것이다. 즉, 결과들이 먼저 가설로 설정된다. 일단 결과가 정해지면, 그 결과에 기여하는 요소들을 분류하여 도표에 배치시킨다. 이 도표는 많은 요소들이 피라미드 형태로 결합되어 하나의 결과를 만드는 모양이 된다. 특정결과를 만들 수 있는 배경요소와 요소간의 결합형태를 모두 찾아내는 것이 주된 요령이다.

5. 결함 상태 및 영향 분석

"결함 상태 및 영향분석"은 위험요소를 산출할 수 있는 또 다른 도표이용기법이다. 결함분석 도표 기법과 마찬가지로 이 기법은 시스템 요소와 그들간의 상호관계가 밝혀져야 한다. 그러나, 결과를 가설로 설정하는 대신, 인간을 포함하여 특정 시스템 구성요소의 결함유형을 가설로 설정한다. 그 다음 이 구성요소의 결함유형을 시스템 전반에 걸쳐 추적하여 시스템 작동 및 안전에 미칠 수도 있는 영향을 확인한다. 이 기법에서는 필수적으로 "어떻게 될까?"하고 반문하면서 분석하게 된다. 분석하는 동안 내내 "이 구성요소에 결함이 이런식으로 발생되면 어떻게 될까?" 하고 끊임없이 묻게 된다. 결함분석도표 기법에 비해 이 기법은 아래로부터 위로 분석하는 것이 장점이다. 어떤 특정한 결과가 발생할 수 있는 모든 경우를 다 고려해야 할 필요는 없다. 오히려, 우선 상세한 결함을 가정하고 시스템에 무슨 일이 일어나는가 분석한다. 일단 개개의 구성요소들이 분석되어지면, 결함들을 함께 연결시켜 어떤 영향이 있는지 분석한다. 가장 효과적인 분석은 "결함 도표 분석" 기법과 "결함상태 및 영향분석" 기법을 결합하는 것이다.

6. 파레토(Pareto) 분석

파레토 분석은 토탈 품질 관리(Total Quality Management, TQM)에서 빌려온 기법이다. 이것은 단지 가장 자주 발생하였던 사건들을 확인하기 위하여 고안된 빈도분석 기법에 지나지 않는다. "배경" 부분에 포함된 Error는 발생빈도순으로 분류된 것이다.(전체 Error에 대한 비율로 분류함)

파레토 분석기법은 사후 관리기법이고 Error가 발생된 후에야 시작할 수 있는 반면에, Error 감소효과를 최대화시킬 수 있는 곳을 찾기에 유리하다. 동일한 수준의 결과들이 있을것이라 가정하면, 일년에 단지 5번 발생하는 Error를 제거하기 위하여 노력하는 것보다 오히려 일년에 100번 이상 발생하는 Error를 감소시키기 위해 노력하는 것이 더 이치에 맞는 것이다.

7. 절차화

규정에 의거 작업하던중 발생한 Error에 대해서는 정형화된 절차를 세우는 것이 상식적이다. 연구와 실제 경험에 의하면, 복잡한 시스템을 고장탐구하는 것 같은 종류의 작업은 절차에 의해서 개선하는 것이 가능하다고 한다. 항공기운항분야에서는 절차와 점검항목을 이용하여 주요 임무단계가 적절한 순서에의해 확실히 수행되었는지 확인한다. 이착륙시 이용하는 점검항목표가 좋은 예이다. 물론, 절차는 사용가능한 수준으로 만들어져야 하며, 또 사용해야만 효과를 볼 수 있다. 아무리 절차가 잘 설계되고 일상적으로 사용된다 할지라도, 절차는 단지 잘 알려진 업무만을 다룰 수 있다. 지식에 근거한 행동과 관련하여 발생하는 Error에 대해서는 절차라는 것은 거의 소용이 없다. 왜냐하면, 이런 경우에는 규칙이 존재하지 않는 새로운 상황들이 포함되어 있기 때문이다.

8. 작업자 팀 구성

Error 관리와 지속적인 품질향상운동을 위해 기술자, 검사원과 관리자들로 팀을 구성하는 경우가 종종 있다. 작업자들로 적절하게 구성된 팀도 방향을 잘만 잡아 준다면 실직적이고도 효과적으로 Error를 줄이는 방법을 찾아낼 수 있다. 정비자원 관리분야에서 최근 시도한 바로는 작업자로 구성된 팀이 품질문제에 민감하고 그들간에 대화가 원활하게 이루어질 때 정비품질의 실제적 개선이 가능한 것으로 나타났다.

7. 독자 과제

정비관리자의 주요 목표 중 하나는 자신이 맡고 있는 조직의 Error 발생률을 감소시키는 것이다. 어떤 Error의 원인은 관리자의 관리영역을 벗어난다는 것을 깨달아야 한다. 조직의 정책이나 조직의 상황으로 직결되는 잠재적 Error에 대해서 언급했었다. 그런 잠재적 Error를 유발하는 모든 조건을 관리자가 모두 통제하는 것은 현실적으로 불가능할 것이다. 그러나, 다양한 형태의 Error를 찾아내고 그 근본원인을 찾고 그 원인을 관리하여 영향력을 줄일수 있기를 기대하는 것이 대단히 합리적인 것이다. 여기서는, 정비관리자, 기술자, 검사원이 관리할 수 있는 3개의 독자 과제에 대해 설명한다. 뒤에 언급할 "지침" 부분에서의 다른 과제들과 마찬가지로, 계속성을 유지하는 것이 가장 어려운 부분이다. "지침" 부분을 읽은 독자는 전문가의 도움이 없더라도 어느 정도 난이도 까지는 수행할 수 있다. 이 수준을 넘어서면 독자들이 전문가의 도움을 구해야 할 것이다.

예를들어, APU(항공기의 보조 엔진-지상에서 엔진이 동작하지 않을 때 필요한 전기, 공압 및 유압을 제공한다.)를 재조립할 때 한 부속품을 빠뜨리고 조립하는 따위의 Error의 근본원인을 찾아내기 위해서 전문 상담가의 도움을 받아 복잡한 분석을 할 필요는 없을 것이다. 그러나, 많은 종류의 장비가 개입되어 있고, 재산상의 피해나 사람의 부상 등이 발생되는 주요한 지상 사고들을 조사하는 경우 외부의 도움이 필요하다.

1. Error 분류하기

Error는 확인된 후에야 조사하거나 관리할 수가 있다. 그러나, 중요한 점은 어떻게 우리가 Error를 구분하느냐 하는 것이다. 제대로 구분되지 않는다면 단지 뒤로 물러 앉아서 정부 검사관이나 어떤 규제 위원회가 우리에게 조사의뢰서를 보내서 우리 조직의 몇몇 사람들이 중대한 Error를 범했으니 그것에 관해 무엇인가 조치를 하라는 통보를 기다리는 것 밖에는 할 수 없을 것이다. 이런 식이라면 작업장에서 발생되는 Error를 전혀 찾아낼 수 없게 된다. Error는 아직 다룰 수 있을 때 관리해야 한다는 점 때문에 Error를 식별하려는 것이다. 즉, 조그마한 Error가 심각한 결과로 커지기 전에 그것을 찾아내어 수정하고자 하는 것이다.

2. 원인 밝히기

일단 Error가 밝혀지면, 그것을 제거하고 재발을 방지하기 위하여 노력해야 한다. 이것을 하기 위하여 우선 그 Error가 왜 발생했는지 알아야만 한다. 서두에서 이미 지적하였듯이, 첫 번째 잘못된 경향은 그 Error를 범함 사람을 질책하는 것이다. 그러나, 보편적으로 Error는 하나 이상의 원인에서부터 발생된다. 따라서 Error 관리로 들어가기 전에 가능한 많은 Error의 근본적인 원인을 찾아내야 한다.

3. Error 관리

Error를 관리하는 것은 그것이 발생하는 것을 막기 위하여 그리고 그것이 발생할 때 결과를 최소화하기 위하여 우리가 할 수 있는 모든 것을 해야 함을 의미한다. Human Error를 막기 위해서는 그것을 조장하는 여건들을 관찰해야 한다. 미국의 혁명적인 영웅의 말을 빌면, Error를 막기 위해서는 그 대가로 끊임없이 조심해야 한다. 이미 앞에서 언급했지만, MESH 기법은 Error가 심각한 결과로 커지기 전에 작업환경을 조사, 연구해서 Error를 조장하는 경향을 사전에 잡는 좋은 예이다.

8. 지 침

Human Error의 성질은 미묘하고 복잡하기 때문에 Error와 그 영향을 관리하는 방법이나 원인을 찾아내기 위하여 필요한 모든 정보를 다 발견할 것이라 기대하지 말아야 한다.

1. Error 분류

결과가 나타난 이후에 Error를 찾아내고 분류하는 기법을 사후관리기법이라 부른다. 모든 사고조사 기법은 다 사후관리의 일종이다. 이 기법들을 이용하여 다음 2가지 일을 할 수 있다.

- 과거 사건들로부터 Error의 경향과 관계를 찾아낸다.
- 조그만 Error가 심각한 결과를 발생시키기 전에 찾아낸다.

① Error의 경향

대부분의 항공사는 운항과 정비분야에서 모두 정보를 기록한다. 정비와 항공기 운항과 관련된 모든 업무에 있어서 서류 혹은 컴퓨터 데이터베이스로 정보가 구축되어 있어야 할 필요가 있다. 이것은 항공기의 안전뿐만 아니라 법적인 요건 충족 및 항공사의 문화를 위해서도 필요하다. 대부분의 조직은 Error 분석시 필요한 양보다 훨씬 많은 정보를 보유하고 있다. 문제는 이 많은 정보 중 어떻게 필요한 것만 골라내서 분류하느냐 하는 점이다.

파레토 분석은 Error를 분류하고 경향을 파악하는 직접적인 기법이다. 기본적인 아이디어는 무엇인가 잘못된 경우를 찾아내고 각각의 근본 원인 중 상위를 점하는 두 세개의 원인을 추출하는 것이다. 파레토 분석을 통해서 어디에 재원을 사용하는 것이 좋을지 찾아 낼 수 있다. 파레토 분석기법은 팀 단위로 실시할 때 더욱 효과적이다. 분석팀은 다양한 업무를 하고 있는 사람들을 포함시켜야 한다. 최소한 파레토 분석팀에서는 관리자, 기술자, 검사원이 포함되어야 하고, 그리고 부품관련 업무 및 일정관리 업무 분야를 도울 수 있는 최소한 한 명의 보조자가 필요하다. 그 분석에 어떤 요소들을 포함시킬 것인가를 결정하는데 필요한 판단을 위해서 팀을 구성할 필요가 있다.

예를 들어, 근본적인 요소를 상위 3개만 포함해야 할지 혹은 상위 5개를 포함해야 할지를 판단해야 한다. 어쩌면 각각의 사건들을 위하여 찾을 수 있는 모든 원인들을 포함시켜야 할 지도 모른다. 어떤 사건을 포함시켜야만 하는가? 의사소통상의 문제인가 또는 절차상의 문제인가? 단지 한 사람이 모든 것을 판단할 때 개입될 수 있는 주관적 문제점을 팀 단위로 수행함으로써 방지할 수 있다.

파레토 분석기법을 효과적으로 사용하려면 분석대상으로 결정된 사건에 관한 정보를 어느 단계까지 사용할 것인지를 찾아내는 것이 중요하다. 많은 분석기법들이 인간의 행위와 관련 있는 모든 요소들을 일괄적으로 Human Error 로 분류한다. 이것은 조사해야 할 사건의 범위를 좁힐 필요가 있을 때를 제외하고는 그다지 도움이 되지 않는다.

[표 2-4 파레토 분석을 위한 선택요소]

다음 요소 중 정비와 관련된 내용을 선택한다.	
• 자동화	• 의복
• 의사소통	• 제한된 공간
• 정비시간 조화	• 환경적 요소(온도 등)
• 장비 설계	• 스트레스
• 피로	• Human Error
• 검사	• 업무도구
• 신체 조건(힘, 키 등)	• 절차
• 보호장비	• 일정계획
• 교대근무(교체를 포함)	• 자원 남용
• 시간통제	• 공구
• 훈련	• 작업대

Human Error를 많은 발생원인 중 하나로 분석한 많은 사건을 들여다 보면 이 사실을 확인할 수 있다.

좀 더 유용하게 사용할 수 있도록 근본원인요소를 세분화한 것이 표 2-4이다. 일단 분석을 위해 사건을 선택한 후, 근본원인요소를 찾아내어 각각의 사건들에 대해 어느 정도까지 기록할지 결정해야 한다. 원인요소뿐 아니라, 다른 요소들도 각각의 사건에 대해 기록해야 한다. 이들 요소중 일부가 표 2-5에 포함되어 있는데, 이는 어떤 사건들이 조직내에서 특별히 자주 발생되는 단계가 있는지를 결정하는데 도움을 줄 수 있다. 주의할 점은, 분석하는 동안 그 사건에 관련된 사람의 신분을 확인하는 것은 바람직한 일이 아니라는 것이다. 분석팀은 그들이 분석하고 있는 사건에 관련된 사람에 관한 어떤 정보도 보지 않는 것이 가장 이상적이다. 그렇지 않으면, 분석팀이 사건에 대해 조사하기 이전에 어떤 사람이 그것을 미리 조작하는 일이 있을 수도 있다. 일단, 분석팀이 이 정보를 모아서 연관관계를 확인하고 나면, 그 다음 문제는 그것으로 무엇을 하는가 하는 점이다.

ⓐ 파레토분석의 결과는 빈도분석표로 나타나게 되는데, 그에 따라서 Error와 Error의 영향을 줄이는 방향으로 모든 자원을 재분배해야만 한다. Error를 최소화시킬 수 있는 곳에 당신의 자원을 사용하라. 즉, Error가 가장 자주 일어남직한 곳, 동일 장소에서 동일한 기상조건하에서 Error가 반복적으로 일어날만한 곳을 선택해서 당신의 자원을 사용하라.

ⓑ 이러한 분석자료를 이용하여 파레토 분석결과와 표 2-5의 요소들과의 관계를 찾아내라. 이를 위해서는 좀 더 많은 자료를 모아야 한다. 예를 들면, 대화 문제로 발생된 Error는 경험이 적은 작업자들간에서 주로 발생한다든지, 잘못 설계된 공구 때문에 발생된 Error가 밤중에 그것도 옥외 작업시 자주 발생한다든지 하는 등의 자료를 추가로 모아야 한다는 것이다. 통계 전문가나 통계분석프로그램 등의 도움을 받으면 이런 분석을 하는데 큰 도움이 될 수 있다.

[표 2-5 파레토 분석시 포함되어야 할 정보]

각각의 사건에 대해 다음 사항을 기록한다.	
• 항공기 형식 • 시간 • 근무시작 후 경과시간 • 월 • 온도(가능 시) • 사용중인 절차 • 관련작업자 직위	• 항공기 기번 • 근무조(가능 시) • 요일 • 발생장소 • 기상조건(가능 시) • 사용중인 공구 • 관련작업자 경력

② 작은 Error 분석

파레토 분석을 위해서는 대단히 많은 양의 과거 Error를 조사해야만 한다. 또 다른 접근방법이 있는데, 이는 어떤 이유에 의해서든 항공기 출발지연, 손상이나 인적 피해로 연결되지는 않았지만 여하튼 발생되었었던 작은 Error들을 보고하도록 적극적으로 요구하는 것이다. "관리기법" 부분에서 이미 "주요사건 관리기법"을 설명한 바 있다. 전통적으로 "주요사건 관리기법"에서는 작업자들로 하여금 거의 Error나 사고가 일어날뻔 했지만 다행히 실제로 일어나지는 않았던 사례를 보고하도록 요구하는 것이다. 익명 보장, 처벌조치 지양 등의 전통적인 주요사건 관리기법을 이 기법에 적용할 수 있다. 주요사건 보고시스템에서의 보고방법은 간단하다. 이메일(E-Mail)이나 인터넷의 웹사이트, 혹은 보고서 등을 이용하면 작업자들로 하여금 작은 Error나 Error를 유발할 수 있는 여건 등을 보고하도록 독려할 수 있다. 보고서 양식에는 분석자들이 그 Error의 중요한 원인요소 또는 Error를 유발하는 상황을 찾아내는데 도움이 되는 내용이면 된다. 그림 2-8은 작은 Error 보고양식의 한 예 이다. 보고자들이 해야 할 일에 대한 긍정적인 이미지를 주기 위해서 제목을 바꾸었다.

안전강화 보고시스템

보고일자 :

보 고 자 : 직위(선택) :

발생장소 : 발생시간 :

항공기 형식 :

사건개요

주 : 사건에 관련된 다른 사람의 이름을 말하지 마십시오. 가능하면 상세하게 기술하십시오. 사건발생시 수행 작업도 포함하십시오. 무슨 일이 발행했는지, 왜 발생했는지 의견을 포함시켜 주십시오.

재발예방

주 : 이 사건이 반복되는 것을 피하기 위하여 우리가 무엇을 할 수 있는지 당신의 의견을 가능한 한 구체적으로 말씀해 주십시오.

[그림 2-8 작은 Error 보고양식 예]

보고자들에게는 신원을 밝히도록 요구하되 익명을 절대 보장해야 한다. 역으로, 보고자는 그에 관련된 다른 사람에 대해서는 결코 신원을 밝히지 말아야 한다. 단, 파레토 분석시 상호관계를 파악하기 위해서 관련된 사람의 직위, 나이, 경력 등의 요소는 제공하도록 요구한다. 그리고, 특정 Error에 대해서 보다 정확한 자료를 필요로 하는 경우에만 보고자 및 관련자의 신원을 보고받도록 한다. 어떤 경우에도 관련자의 신원을 확인할 수 있는 모든 정보는 감추어져서, 분석자가 관련자의 신분을 확인하려는 시도를 해도 불가능하도록 해야한다. 보고자가 자신의 신분을 밝힌 경우에는, 보고서를 받자마자 곧 접수사실을 통보해 주고, 통보 내용 중에는 대략적인 분석날짜가지 포함되도록 한다. 분석팀이 그 보고서를 분석한 후에는 보고자에게 권고사항을 포함한 필요조치의 요약서를 반드시 보내주어야 한다.

2. 근본원인 파악

Error, 사건 및 사고의 근본원인을 찾아내는데 사용할 수 있는 조사기법은 여러 가지가 있다. MADA라고 불리우는 조사기법은 보잉사의 주도하에 FAA와 여러 항공사 및 갤럭시 과학연구소의 공동협조로 개발되었다. MEDA는 여러 항공기 정비조직에서 시험을 거쳤다. MEDA는 항공기 제작회사인 보잉사에서 개발되었기 때문에 항공기 정비 환경에 적합한 것으로 판단된다. 갤럭시 과학연구소에서는 MEDA 기법을 직접 가르치는 훈련 프로그램 개발해서 상품화시켰다.

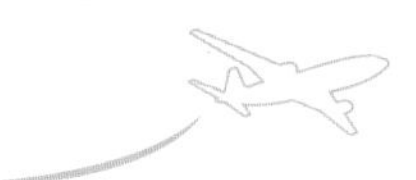

MEDA 기법을 이용하면 분석자들은 5단계를 거쳐서 결함의 근본원인을 찾아낼 수 있다. 또한 컴퓨터 프로그램을 이용하여 Error를 조장하는 경향이 이는 조직상의 문제점들을 찾아 낼 수 있다. 다음은 MEDA의 5단계이다.

① 초기단계 분석
② 자료수집
③ Error 시나리오 작성
④ Error 요소 분석
⑤ 중재전략 분석

이 5단계를 통해서 사고를 유발할 수 있는 요인에 대해 빠르게 구체적인 단계까지 정밀하게 분석할 수 있다. MEDA는 보잉사에서 무료로 배포하고 있다. 확실히, MEDA는 항공기 제작사에서 만들어졌기 때문에 항공정비 Error의 근본원인을 찾아내는데 사용되어질 수 있다.

3. Error 관리

Human Error에 의한 문제점들은 다음 두 가지 원인으로부터 비롯된다. 하나는 인간은 원래 완벽하지 않기 때문이며, 또 하나는 Error를 유발하는 작업환경 때문이다. 작업환경의 문제점은 그 상류라고 할 수 있는 조직상의 요인들에 그 원인이 있다. 앞에서 지적하였듯이, 상황적, 조직적 요인들은 순수한 심리학적인 요인보다 관리하기가 더욱 쉽다.

불안정한 행동이나 품질상의 결함은 모기와도 같다. 모기를 손바닥으로 잡고, 약을 뿌리고, 벌레 퇴치제를 사용하지만, 그들은 여전히 계속하여 문다. 모기에 관한 한 가장 효과적인 방법은 그들이 번식하는 웅덩이의 물을 없애는 것이다. 불완전한 장비, 빈약한 작업 조건, 상업성이나 운영상의 압력과 같은 것들은 불안전한 행동이 번식하는 "웅덩이"와 같은 것이다. 항공기 작업시 부품을 빠뜨렸다거나, 잘못된 부품을 사용했다거나, 작업 후에 공구를 치우지 않았다거나, 부품을 잘 못 장착했다거나 하는 보고서를 읽다보면 사람들은 일반적으로 "그렇게 중요한 작업을 하는 사람이 어찌 그리 어리석고, 부주의하고, 무신경한가"하고 의아해 한다. 사람들은 일반적으로 그런 과실의 근본원인에 그 일을 행한 사람의 마음속에 있다고 생각하는 경향이 있다. 그리고 그것에 대해 비난도 한다.

결과적으로, (과거에는) 이런 과실를 고치려는 노력을 대부분 과실를 범한 사람에게 집중한다. 그들에게 제재를 가하고, 훈계하고, 억압하고, 그리고 또 다른 절차를 만든다. 불운하게도, 그런 조치들은 별로 가치가 없다. 그 이유는 Error 관리의 중요한 원칙을 역행하기 때문이다. Error는 원인이 아니라 결과이다. Error를 찾아내는 것은 사고의 원인을 찾기 위한 시작일 뿐, 결코 끝이 아니라는 것이다.

① 관리 가능한 것을 관리하기

Error에 직접적으로 관련이 있는 정신적 상태(편견, 산만, 망각 등)는 Error를 초래하는 요인 중에서 가장 다루기 힘들고 가장 오래 관리해야 하는 부분이다. 작업의 본질, 공구와 장비의 품질, 작업장 조건과 시스템을 조직하고 관리하는 방법 등이 모두 사고의 연결고리 속에 포함되어 있다. 정신적 상태에서 비롯되는 Error는 불가피한 측면이 있으며, 예견하기 어렵고 변화 무쌍하다.

이 외의 다른 요인들은 훨씬 관리하기가 수월하다. 인간의 상태를 변화시키는 것은 거의 불가능한 것이다. 인간은 순간적으로 주의를 상실하거나 망각하는 경향이 있다. 사람의 마음을 사로잡고 있는 가정적인 근심을 없앨 수도 없고, 그들이 방해 받거나 산만해지는 것을 막을 수도 없다. 이런 문제를 영원히 해결할 수 있는 마술같은 방법은 존재하지 않는다.

② 비난의 악순환

왜 우리는 Error를 발생시킨 상황보다는 사람을 비난하고 싶어 할까?
이에 대한 대답으로써 2가지를 들 수가 있다.
첫 번째 대답은 심리학자들이 말하는 "근본적인 책임전가 Error"라는 것이다. 부적절하게 행동하는 사람을 보거나 듣게 될 때, 우리는 그 원인을 그 사람의 게으름, 부주의, 부적당 등 부정적인 성격 탓으로 돌리고 싶어 한다. 그러나, 만일 그들에게 왜 그렇게 했는지 묻는다면, 환경이나 시스템이 어떻게 그들을 그렇게 할 수 밖에 없도록 몰로 갔는지 확실하게 대답해 줄 것이다. 물론, 진실은 이를 양극단 사이 어딘가에 존재한다.
두 번째 대답은 "자유 의지의 착각"이다. 사람은 자신을 자유인이며 자기 운명의 통제자라고 믿고 산다. 실제로, 이 신념은 아주 중요해서 늙음으로써 또는 조직우선주의로 인해 이런 믿음이 깨지게 될 때 정신적으로 다칠 수 있다. 한사람이 자신의 운명을 통제하고 있다고 느낀다면, 다른 사람들도 그럴것이다. 일반적으로 사람들은 옳은 것, 옳은 행동, 그른 행동을 자기 의지대로 선택할 수 있다고 생각한다. 그러나 이것은 환상이다. 모든 인간의 행동은 어느 정도 개인의 통제를 벗어나서 지역적인 환경들에 의해 속박된다.
이런 식으로 비난이 악순환된다. 다른 사람이 범한 Error는 그가 스스로 선택한 것으로 생각한다. 마치 그 사람이 Error로 발전할 수 있는 과정을 일부러 선택한 것처럼 생각한다. 이런 경향이 있기 때문에, Error에는 항상 비난이 따르고, 비난받을 만한 행동은 "더욱 조심하세요"라는 제재, 훈계와 경고에 의하여 다루어진다. Error는 의도적인 것이 아니며, 그래서 이런 조치는 별로 효과가 없거나 경우에 따라서는 전혀 효과가 없다.
이후에 Error가 재발하면 더욱 더 비난을 받게 되고, 그들이 의식적으로 경고를 무시하고 불복종하는 것 같이 보이게 된다. 이 악순환이 계속 이어진다. 부주의하고 어리석은 행동을 한다고 해서 그 사람이 부주의하고 어리석은 것은 아니다. 모든 사람들은 다양한 행동을 할 수 있다.
Error 관리의 또 다른 기본적 원칙 중 하나는 최고의 사람도 가끔 최악의 실수를 한다는 것이다. 훈련과 경험에 의한 숙련은 Error의 절대 발생률을 줄일 수는 있지만, 완전히 제거하는 것은 불가능하다.

③ 비난의 악순환 고리 끊기

ⓐ 효과적인 Error 관리를 위해서는 비난의 악순환으로부터 벗어나야 한다. 이를 위해서는 다음을 인식하는 것이 필요하다.

- 인간의 행동은 자신의 힘으로 통제할 수 없는 요인에 의해 끊임없이 제약을 받는다.
- 인간은 본인의 의도와는 달리 불가피하게 벌어지는 일에 대해서 쉽게 피할 수 없다.
- Error는 원인이 아닌 결과이다. Error는 인간, 업무성격, 상황 및 시스템 같은 요인들이 상호작용하여 발생된다.

- 숙련되어 있고 경험이 축적되어 있으며, 동시에 좋은 동기부여를 받은 집단이라면, 인간을 변화시키는 것보다는 작업팀, 업무, 상황, 조직 등을 변화시키는 것이 훨씬 쉽다.
- 불안전한 행동, 품질상의 과실, 사고 등은 Error를 조장하는 환경과 업무의 성격 탓이지 그들이 Error를 범하기 쉬운 사람이라는 뜻은 아니다.

ⓑ 정비절차의 단계를 분석하고 누락의 가능성을 다룰 수 있다는 것은 Error 관리에 있어서 희소식이 아닐 수 없다. 절차 누락의 가능성은 다음에 기술하는 여러 가지 원칙들간의 상호작용에 의해서 결정된다.

- 절차의 단계가 많을수록 절차누락의 가능성은 크다.
- 절차 중 기억해야 할 내용이 많을수록 절차누락의 가능성은 더 커진다.
- 이미 수행한 작업에 의해서 다름 절차에 대한 정보가 명확하게 주어지지않는 경우에 절차누락의 가능성은 커진다. 그림 2-7의 볼트와 너트를 분해할 때 이전 작업에서 얻을 수 있는 정보는 없다.
- 절차를 문서화하면, 절차의 마지막 단계는 누락가능성이 커진다. 절차의 마지막에 언급된 "캡이나 부상을 교환하라" 혹은 "공구를 치워라"등의 단계가 좋은 예이다.
- 고도로 자동화된 업무의 경우에는 절차누락 Error에 의해서 뜻하지 않게 중단되는 일이 많다. 그것은 불필요한 절차가 업무단계에 무의식적으로 포함되어 있기 때문일 수 있다. 또는 자동화된 업무가 중단되었을 때 이로 인해서 중단된 업무를 재개하려는 의욕을 상실할 수도 있는데, 예를 들면 실제로는 그렇지 않지만 자신은 절차를 잘 지켜왔다고 믿기 때문이다.
- 일상적인 일을 수행할 때는 아직 한 단계의 행위가 끝나지 않았는데 다음 단계로 넘어가는 경향이 있다. 그래서 매 단계의 마지막을 빠뜨리는 것이다. 이런 일은 특히 시간에 쫓기고 있을 때나 다음 일이 바로 옆에서 기다리고 있을 때 자주 발생한다.

ⓒ 다른 많은 인적 요소 문제와 마찬가지로, 심리학적인 것보다 기술적인 것이 훨씬 더 실행하기 쉽다. 다음은 Error를 내기 쉬운 업무를 다루는 단계를 보여준다.

- 재조립 과정의 누락 가능성이 큰 것들을 찾아낸다(작업후 와이어로 묶는 작업, 작업후 공구를 치우는 일 등). 이것은 품질 과실 자료를 분석함으로써 사후관리할 수도 있고, 또는 위에 요약과 원칙들을 사용하여 사전에 조치할 수 도 있다.
- 여러 가지 방법을 강구하여 작업자들로 하여금 필요한 단계를 상기시킬 수 있도록 여러 정보를 항시 볼 수 있는 곳에, 특히 작업시 바로 보이는 곳에 위치시킨다.
- 작업자의 기억을 상기시키는 방법 하나로 완벽한 성공을 기대할 수는 없다. 카이즌(Kaizen)을 생각하라. 카이즌은 일본어로 "전체 System과 그것에 소속된 모든 사람을 포함하는 계속적인 개선"을 의미한다. 최근에, 보잉사는 항공기 보조양력장치(Leading edge flap assemblies : 항공기 날개의 전방부에 장착되어 있으며 이륙 및 착륙시에 사용됨. 이착륙시에는 항공기의 속도가 낮으며, 이로 인해서 날개의 양력이 충분하지 못하므로 보조 양력을 만들기 위해 이용됨)에 있는 부품들이 풀리지 않도록 묶어둔 와이어를 교체하는 작업중에 계속적으로 재발되는 Error에 관해 관심을 갖게 되었다. 이러한 과실들을 최소화하는 방법을 고안하기 위해 소그룹을 구성하였다.

여기서 다양한 방법들이 제시되었는데, 그 중 가장 눈에 뜨이는 방법은 마로 만든 작업자가 분해할 때 패스너(Fastener : 볼트나 스크루처럼 어떤 부품을 장착할 때 사용된다.)를 풀어서 그것을 마로 만든 주머니에 넣어 보관한다는 사실에서 나왔다. 그 주머니는 재조립할 때까지 작업부위에 매달아 두게 되며, 재조립시에 작업자는 그 주머니를 보고 와이어를 이용한 잠금작업을 상기하게 된다는 것이다. 이것은 완벽한 해결책은 아니지만, 카이즌의 정신에서 보면 누락 Error를 범할 기회를 어느정도 줄여줄 것이다.

그러나, 중요한 것은 이 방법이 인간 본성에 대한 깊은 이해보다는 근본적으로 기술상의 것, 업무의 특성과 관련된 기술적인 정보를 이용했다는 점이다. 안전/품질 정보시스템에 있어서 사후보고는 대단히 중요한 부분이다.

그러나, 그것만으로는 효과적인 품질과 안전 관리를 지원하기에 불충분하다. 거기서 얻은 정보를 이용해서 장기 계획을 수립하기에는 너무 양이 적고 너무 늦다. 사전에 사고를 예방하기 위해서는 주기적으로 조직의 생생한 징후들을 관찰할 필요가 있다. MESH는 바로 이것을 위해 설계되었다. MESH는 사후보고방식을 대체하는 기법이 아니고, 보완해 주고 있는 것이다.

ⓓ 다음은 MESH의 기본 가설이다.

- 건강한 조직은 높은 수준의 안전, 품질 및 생산성을 낳는다. 사고발생요인에 대해 시스템이 근본적인 저항을 하는 것이다.
- 조직의 건강은 작업장의 조직 수준의 여러 요인간의 상호작용에서 나온다.
- 시스템의 건강상태는 현장과 조직의 요인들을 규칙적으로 측정해서 관리할 수 있다.
- MESH는 장기간에 걸쳐 조직의 적합성을 유지하기 위하여 필요한 수단을 제공하기 위해서 설계되었다.

ⓔ 작업장 사고유발 요인은 3가지 그룹으로 분류할 수 있다.

- 인간의 불완전함
- 기술, 절차의 불완전함
- 현장의 위험

아래 그림 2-9에 있는 3개의 통을 보자. 이 통속의 내용물은 수시로 변한다. 그러나, 완벽하게 비는 일은 결코 없다.

각 통이 입자를 방출하는 것으로 생각해 보자. 통이 꽉 차면 찰수록 더 많이 방출될 것이다. 방출된 분자들이 어떤 약한 곳에서 우연히 결합되고, 그로 인해 사고가 발생된다고 가정하자. MESH는 이런 경우에 통이 가득찼다는 사실을 항상 최신의 자료로써 보여 주도록 설계되었다.

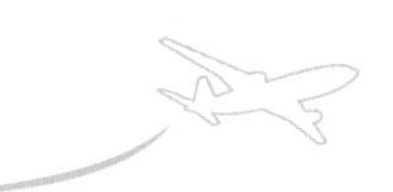

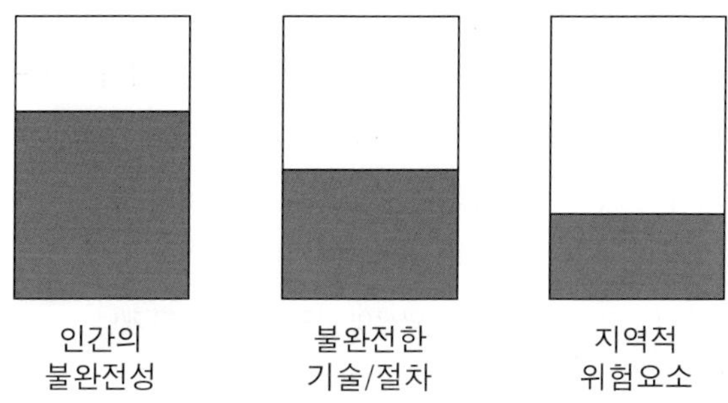

[그림 2-9 지역적 사고유발 요인]

5 항공안전 저해요소의 관리

1.서론

1. 규제적 안전 및 용어 정의

① 규제적 안전(Regulatory Safety)

각종의 위험으로부터 항공여행객과 항공기를 보호하기 위한 방법으로서 가장 기본적이고 보편적으로 사용되고 있는 방법은 규제기관(Regulatory Authority)이 각종의 항공관련 안전기준(Safety Standards)을 제정하여 항공업계가 이를 지키도록 함으로써 항공사고를 예방하는 것이다. 안전기준에는 항공기의 안전설계기준, 운항환경에 관한기준, 운항방법에 관한 기준, 승무원의 교육훈련기준, 운항시간기준, 휴식시간기준 등 이루 말할 수 없이 많은 기준들이 있다. 이와 같이 항공은 각종 법률과 규정에 의존하고 있는 바, 그 대부분은 안전성의 유지 및 향상을 목표로 하고 있다. 흔히 규제적 안전이라 불리는 이러한 안전에 대한 접근방식은 항공운송에 있어서 안전을 성취하는데 핵심적인 요소이다.

② 용어의 정의(Definition)

- 사고예방(Accident Prevention) : 안전위해요소(Hazard)를 탐지하거나 제거 또는 회피하는 행위
- 안전위해요소(Hazard) : 사고를 유발시킬 수 있는 상태, 사안, 혹은 환경
- 위험(Risk) : 안전위해요소(Hazard)를 받아들이거나 방치한 결과
- 사고(Accident) : 사고(Accident)란 라틴어의 Ac-cido에서 유래한 것으로서 "낙하하다, 떨어지다"라는 의미를 가진 단어 Cido에 접두어를 붙여 명사화한 말로서, "인간이 어떤 목적을 가지고 행동하는 과정에서 행위자의 의사와는 달리 돌발적으로 발생되는 사태"를 말하며. 옥스퍼드 사전에서 "예고 없이 일어난 일 또는 바라거나 원하지 않는 일"이라고 정의되어 있다.

따라서 알반적인 사고(Accident)는 원하지 않고(Undesired), 불행하게 발생한 일(Unhappy event)로 고의적이 아니고 예상치 못한 것이며, 이것으로 인하여 부상, 파손, 피해, 손상 등을 발생시키며, 이에는 반드시 불안전한 조건, 상태, 행동 등이 선행되는 것으로 정의할 수 있다. 사고와 사건(Incident)에 대한 정확한 개념이나 정의가 우리나라에서는 아직 명확하게 나온 것이 없으나, ICAO의 정의를 원용하여 이에 관한 설명을 한면 다음 도표 2-6과 같다.

[도표 2-6 ICAO 협약상의 항공사고/사건의 개념]

항공사고(Accident)	**협약 부속서 13 제1장 정의** 사고란 비행목적으로 사람이 탑승한 때로부터 하기시까지 항공기 운항과 관련하여 다음의 결과가 초래된 경우를 지칭한다. ① 사람이 아래의 결과로써 사상된 경우 당해 항공기의 승선, 또는 당해 항공기로부터 분리된 부품과의 직접적인 접촉, 혹은 제트후류에의 직접적인 노출 (단, 통상적으로 승객과 승무원들의 접근이 허용되지 않는 장소에서 발생하였거나, 타인 또는 자신에 의한 경우는 제외한다.) ② 당해 항공기가 다음의 손상이나 구조상의 고장이 생긴 경우 당해 항공기 구조상의 강도, 또는 비행특성에 나쁜 영향을 미치거나, 혹은 손상된 부품의 교체 또는 주요(Major) 수리를 요하는 경우 (단, 엔진 카우링이나 그 부속품에 한정되는 엔진고장이나 손상, 프로펠라, 윙팁, 안테나, 타이어. 브레이크, Fairings, 항공기 표면상의 흠이나 구멍에 한정되는 손상은 제외한다.) ③ 당해 항공기가 행방불명되거나 완전히 접근불가능한 경우
항공사건(Incident)	**협약 부속서 13 제1장 정의** 사건이란 운항안전에 영향을 주거나 줄 수 있었던 운항과 관련된 사고 외의 문제의 발생으로, ICAO 사고/사건 보고편람(Doc 9156-AN 1900) 부록 7에 나타난 ICAO의 주된 관심대상이 되는 사건의 종류는 다음과 같다. 1. 엔진고장 2. 화제 3. 지상 또는 기타 장애물과의 충돌 혹은 충돌 위험 4. 항공기 조종 또는 안전성의 문제 5. 이륙 및 착륙에 관련된 사건 6. 운항승무원의 능력저하 7. 감압 8. 공중충돌위험 및 기타 항공교통사건

2. 안전규제의 역제의 역사적 배경

항공산업의 태동기, 즉 1차대전 이전에는 항공은 국가나 사회적 영역이 아닌 개인의 영역이었으며, 항공안전을 규제하고 감독하거나 정보를 교환하기 위한 조직적 제도가 존재하지 않았다. 그러나 1차대전은 국가적인 차원에서 항공산업을 육성하는 하나의 계기가 되었으며, 항공기의 군사적 이용을 위해 과학기술적인 지원이 뒷받침되어 성능과 신뢰성에 대한 군사적 기준이 도입되었다. 막대한 국가적 자원은 항공기 제작에 투입되었

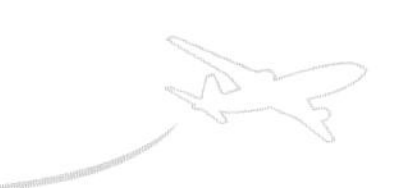

으며, 그간의 비행경험에 근거하여 표준화, 인가 및 개조에 관한 많은 노하우가 현대 항공기의 설계, 제작, 정비 및 운항의 초석이 되었다.

2차대전은 항공기가 대형화·고속화되는데 기폭제 역할을 하였으며, 군사적 목적으로 개발된 각종의 혁신적인 기술은 민간항공산업으로 이전되어 눈부신 성장을 하는 데에 견인차가 되었다. 이와 같이 민간항공이 급속한 성장을 하자 각국의 정부는 안전규제에 대한 정부개입의 필요성을 느끼고 설계, 제작, 정비, 운항 및 항공종사자 자격면허관리 등과 같은 분야를 통제하기 시작했으며, 각국간의 상이한 규정이나 법규 또는 기준을 최소하기 위해 국제민간항공기구(ICAO : International Civil Aviation Organization)는 안전기준의 일치화(Harmonization of Safety Standard) 또는 국제표준화 노력을 강화하고 있다.

3. 사고예방의 필요성

항공기 사고는 중요한 자원, 즉 인명과 장비의 손실로 귀결된다. 그러나, 항공기 사고의 실질적 비용을 정밀하게 평가하기는 어렵다. 경제적 측면에서 보면, 인명과 장비는 보상금 지불액, 항공기 교체비용, 부정적 홍보효과 등으로 인하여 지극히 고가일 수 있다. 연루된 사회적 비용은 이런 비용들에 비해 눈에 드러나지 않는다. 친척이나 친구를 앗아간데 따른 슬픔, 기술수준이 높고 소중한 가치를 지닌 소속원들의 상실 등은 계량화가 되지 않는다.

사고예방 비용은 그 이점들에 비하여 쉽게 무게를 잴 수 없다. 왜냐하면, 사고예방의 결과로서 발생하지 않은 항공기 사고들은 어떠한 것들인지 파악하기가 사실상 불가능하기 때문이다. 그러나, 사고예방은 흔히 사고예방 자체가 모든 계층에 있어서 실수 및 결함 사항들을 제거할 것을 목표로 하는 것이기 때문에 효율성의 증가로 귀결된다.

예컨대, 어느 주요 항공운송업자는 자사의 일부 항공기의 랜딩 기어가 이따금씩 이륙 후에 접혀지지 않는다는 사실을 발견하였다. 이로 인해 항공유를 쏟아버리고 출발 비행장으로 회항해야 할 필요성이 생겼다. 조사를 통해 랜딩 기어의 마이크로 스위치들이 습기로 인하여 고장이 났다는 사실이 밝혀졌다. 이 항공사는 마이크로 스위치의 품질을 개선시킴으로써 더 이상 이러한 이유로 비행운항을 망치는 일이 없어졌으며, 이에 따라 운항경비를 엄청나게 절감할 수 있었다.

4. 항공기 사고로 인한 손실

① 보험에 의한 피해보상

ⓐ 인명피해

- 수입손실에 대한 보상
- 치료 및 병원 비용
- 장애자에 대한 보상
- 재활치료 비용
- 장례 비용
- 유가족에 대한 위로금 또는 보상금

ⓑ 물적 손실

- 화재 발생시 이에 대한 보상
- 기체손실에 대한 보상
- 원상회복에 대한 책임
  (예 KE801편 사고 수습시 미국측은 사고지점 주변의 자연에 대한 원상회복을 요구했다.)
- 국유재산과 같은 공공기물 파손에 대한 책임

② 보험에 의한 보상이 불가능한 것

ⓐ 인명피해

- 최소의 응급처치비용
- 환자수송비용
- 사고조사비용
- 각종 행정절차 및 보고비용

ⓑ 임금손실

- 사고로 인하여 통상적인 작업이 중지되는데 따른 직원들의 임금 손실
- 사고현장을 청소, 정리, 정돈하는데 드는 인적 손실
- 손상을 입은 부품의 수리에 소요되는 시간
- 다친 직원들이 치료에 소요되는 시간

ⓒ 영업손실

- 사고로 인한 영업손실(예 B-747 점보기에 평균 탑승객 250명을 태우고 미국을 갈 때 1인당 운임이 50만원이라면, 250×약 50만원=1억 2,500만원)
- 기술과 경험을 가진 인력의 손실
- 승무원이나 항공기 로테이션상의 문제로 인한 생산성 저하
- 사고로 안하여 항공사 안전점검으로 발생하는 운휴 손실

ⓓ 기타 비용

- 손상된 장비를 대체하기 위한 임차비용
- 다친 직원의 임무를 대체하기 위한 보충인력에 드는 비용
- 보충인력의 훈련 및 저생산성에 따른 손실
- 장애가 일어난 직원에 대한 보상이나 혜택
- 영업 중지중의 경상비
- 영업정지나 지연에 따른 환불금
- 회수된 장비의 손상정도에 따른 감가상각비용

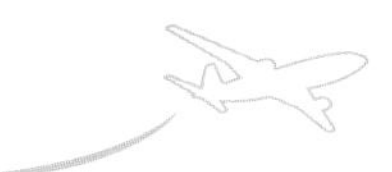

ⓔ 무형자산의 손실

- 종업원의 사기 저하
- 노사간의 갈등 야기(사고의 책임소재를 둘러싼)
- 회사의 대외 신임도 추락
- 이해관련 집단간의 불화 야기(정부, 항공사, 언론, 보험사, 타국 관련기관 사이)

(자료원 : Qantas 항공)

5. 사고예방에의 보완적 접근방법

1970년대 이후에 정기항공운송사들이 이룩한 높은 안전도는 더욱 더 개선될 여지가 있음을 우리는 결코 잊어서는 안된다. 왜냐하면 전세계의 사고율 평균을 호주, 뉴질랜드, 북미, 유럽 수준으로 낮추면 현재보다 항공기 사고는 1/3 이하로 줄어들 것이기 때문이다. 지금까지 일어난 많은 사고가 사전에 예방될 수도 있었지만 그렇게 하지 못했다는 사실은 많은 사례에서 보듯이 이미 정착된 사고예방 조치들이 적절치 못했거나 기피 또는 무시되어 왔을 수도 있다는 점을 나타내고 있다.

최소한 항공운항에서 가장 뚜렷하거나 회피하기가 용이한 위험요소들은 기술적으로 극복되고 있으므로 미래에 대한 도전은 개선된 사고예방 방법과 계획들을 개발하는 데에 있다. 금후의 항공기술의 발전은 새롭거나 상이한 위험요소들을 만들어낼 것이다. 그러므로, 지금보다 더욱 사고율 감소에 성공을 거두고자 한다면, 사고예방 활동들은 반드시 이러한 발전적 요소들과 병행하여 추진되어야만 한다.

그리고 항공안전에서 어떠한 향상을 이루기 위해서는 항공산업의 모든 분야, 특히 경영관리층, 비행 승무원, 기술자, 제조업체, 정부기관 등의 단합된 노력을 필요로 한다. 각 분야는 그 자체로서 중요한 역할분담을 하고 있으며, 이 가운데 어떠한 한 분야에서 결함이 존재한다면 항공안전이라는 전체적인 목표를 성공적으로 성치할 가능성이 적어짐을 의미하게 된다. 과거에는 항공안전을 향상시키기 위하여서는 규제를 강화하는 것만이 유일한 방법으로 간주될 정도로 규제적 안전에 많이 의존하였다. 그러나 근년에 이르러 사고기록이 현저히 개선되었다는 징후가 나타나지 않고 있다. 이것은 "규제에 의하지 않는" 별도의 사고예방 조치들이 필요하다는 반증이기도 하다.

2. 사고예방조직과 기능

1. 국제민간항공기구(ICAO : International Civil Aviation Organization)

ICAO의 항공안전규제와 관련된 임무는 국제항공에 있어서 안전한 운항을 위한 지침 및 제반 절차를 제공하고 나아가 항공운송의 계획화 및 개발을 촉진하는 데에 있다.

ICAO가 추진하는 목표는 대체로 표준 및 권고실천사항(SARPs : Standards and Recommendant Practices)의 개발에의해 성취될 수 있다. 동 표준 및 권고실천사항은 시카고 협약(Chicago Convention)의 부속서(Annex)에 수록되어 있으며, 회원국들의 운항경험을 반영하고 있다. 항공항법 서비스 절차(PANS : Procedures for Air Navigation Services)는, 안전과 효율성을 위하여 국제적 통일성을 기하기 위한 조치가 필요할 경우, 표준 및 권고 실천사항의 범위를 초월하는 실무사항들을 포함할 수 있다. 지역 항공항법계획서(Regional Air Navigation Plans)는 ICAO의 지역별로 특화된 설비 및 서비스에 대한 요건을 상술하고 있다. 본질적으로 이러한 문서들은 과거의 경험에 비추어 개발되고 있으며, 회원국들의 안전실무 사항들을 반영하고 있다. 사고예방 분야에서의 ICAO의 역할은 다음을 포함한다.

- 사고예방 매뉴얼(Accident prevention Manual)을 통해 사고예방의 개념을 약술하고 입증된 방법들을 토대로 지도함.
- 사고 및 사건의 조사와 보고를 위한 국제적 절차의 확립. 이러한 목표는 부속서 13 – 항공기사고조사, 항공기사고 조사편람 및 사고/사건 보고(ADREP)제도 등을 통해 달성된다.
- ADREP(Accident/Incident Reporting)제도를 통해 또는 여타의 수단에 의해 사고 및 사건에 관한 정보를 보급함.
- ADREP 자료를 이용하여 안전에 관한 특정 조사·연구 사업을 수행함.

2. 각국의 행정당국

대부분의 국가에서는 민간항공부(Dpartment) 혹은 국(Authority)이 높은 수준의 안전기준을 유지할 책임을 지니고 있다. 이러한 기관은 보통 ICAO의 SARPs를 토대로 하고 있고, 필요할 경우 자국의 현지환경 또는 운항사정들에 적합한 제규정 및 절차를 적용함으로써 이러한 책임을 맡게 된다. 그 다음 검사 및 시행절차를 확립하여 항공계가 자국의 규정을 준수할 수 있도록 한다.

회원국들이 ICAO의 SARPs에 일치시킬 수 있도록 자국의 법률을 적합하게 조정할 수 없을 경우에는, "상이점"을 ICAO에 신고할 것이 요구된다. 이러한 사실은 ICAO가 공시하여 다른 회원국 및 사용자들에게 당해 국가의 법률이 국제적으로 합의된 표준과 상이하다는 것을 알려준다. 대부분의 회원국들이 이와 같이 중요한 관행을 따르고 있다.

회원국들의 규제적 안전절차에는 대개 다음과 같은 사항들이 포함되어 있다.

- 이미 발견된 안전위해 사항들에 대한 대응
- 기술 발전의 반영
- 경험을 기초로 한 각종 규정의 지속적인 검토·평가

이들 절차는 대개 잘 준수되고 있다. 예컨대, ICAO 부속서 6–항공기의 운항(Operation of Aircraft), 부속서 8–항공기의 감항성(Airworthiness of Aircraft) 및 감항성 기술 편람(Airworthiness Technical Manual) 등과 관련된 회원국들의 절차는 잘 개발되어 있고 문서화되어 있다. 한편, 규제적 안전분야 이외의 사고예방 활동에 관하여서는 문서화가 훨씬 덜 되어 있다. 이러한 분야에 대해서는 보다 깊은 연구가 수행되어야 할 것이다.

특정 회원국이 자국의 규제기능을 수행함에 있어서, 자국의 항공 행정당국이 항공련 법률을 공포할 뿐만 아니라, 또한 그 집행을 담당하고 있다. 예를 들면, 회원국은 자국의 항공 조종사, 정비사, 관제사들에게 발급되는 각종 자격면허를 관리한다. 시행 조치로서 면장의 소지자가 제규정을 이행하지 않거나 요구되는 표준을 유지하지 못할 경우, 면장의 취소를 요구할 수도 있다. 이것이 규제관리의 대표적인 본질적 특징이다.

그러나 그렇다 하더라도, 규제의 시행을 독단적으로 적용하였을 경우, 시행 자체가 인간의 결함을 완전히 이해하는데 있어 명백한 장애물이 될 수 있다.

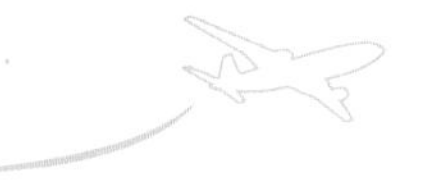

3. 항공기 제작사

항공기 및 항공기 부분품의 설계 및 조립은 기술의 진보와 더불어 개선되어 오고 있다. 매번 새로운 항공기를 설계·제작할 때마다 가장 최근의 "첨단 기술"과 운영 경험을 토대로 하는 기술적 진보를 적용시키고 있다. 제작사는 국내 및 외국 정부의 감항성 규정을 준수하며, 구매자의 경제적 측면과 성능적 측면의 요건을 충족시키는 항공기를 생산한다.

제작사는 또한 자사 항공기의 운영 및 정비를 지원하기 위하여 편람 및 기타 문서들을 생산하고 있다. 일부 국가에서는 이러한 문서들이 특정 기종의 항공기 혹은 장비의 운영을 위해 이용할 수 있는 유일한 지침자료일 수 있다. 따라서 제작사가 공급하는 문서의 기준은 대단히 중요한 의미를 갖는다. 이외에도, 제품의 지원, 훈련 등을 제공해야 할 각종 책임 사항을 통하여, 십중팔구는 제작사가 특정 기종의 항공기의 전체적인 안전기록 및 특정 부분품의 현재의 사용상태에 관한 기록의 유일한 조달원이 되고 있다.

항공기 제작사는 사고조사 전문가뿐만 아니라, 자사 제작 항공기의 설계, 제조, 운항분야에서의 여러 전문가를 고용하고 있다. 이들은 자사가 제작한 항공기의 사고 및 사건조사를 위해 언제든지 사고현장이나 사고조사에 투입될 수 있는 준비를 갖추고 있다.

제작사는 항공기 사고가 발생한 다음에 항공기 자체의 결함으로 의심되는 증거가 나타날 경우 엄청난 비용이 수반되는 소송에 직면할 수 있다. 이러한 사실이 안전을 최적화시키기 위한 자극제가 될 수 있는 반면에, 잘못을 자발적으로 교정해 주는 것이 설계 및 제조상의 결함을 시인하는 것으로 간주될 수 있어 그러한 결함사실 자체를 감추려고 할 수도 있으므로 자발적인 교정의 장애물로 작용할 수 있다.

4. 항공사

대부분의 주요 항공사들은 ICAO의 사고예방 매뉴얼에 기술되어 있는 사고예방 활동의 일부를 채택하여 사용하고 있으나, 많은 소규모의 항공사 및 항공사업자들은 전혀 그렇게 하고 있지 않을 수 있다. 그와 같은 활동들이 실재하는 경우, 이들 활동은 대개 전반적인 운항상황을 모니터하고 이미 발견된 위해요소들을 제거 또는 회피하기 위하여 필요한 예방조치에 관해 경영층에 독자적인 자문을 해주는 특정 부서에 의해 수행된다. 이와같은 예방 활동들은 대개 안전에 관한 잡지, 사보, 뉴스레터 등의 정기 간행물을 매개로 하는 사고보고, 안전조사, 정보의 피드백 등의 형태를 포함하고 있다.

특정 항공사의 기술/제조 부문에의 안전에 관한 제측면은 흔히 품질관리 부서장/검사 담당 팀장의 책임이 되고 있다. 사고예방 계획들은 조직 내의 비행업무에 치중하는 경향이 있을 수 있다. 그러나, 안전은 조직 전체를 포괄하는 것이어야 하며, 또한 조직 내의 모든 부문들 사이에 밀접한 업무관계가 유지되어야 함이 핵심적 요소이다.

5. 일반항공 분야

많은 국가에 있어서, 일반항공 분야의 사고는 자원의 엄청난 손실을 가져오고 있다. 이 때문에 이 분야를 대상으로 하는 사고예방 계획들은 효과면에서 상당한 실익을 가져올 수 있다. 그 외에, 일반항공 분야 사업자들은 흔히 비행장, 항공관제서비스 등의 시설을 정기항공 사업자들과 공동적으로 사용하고 있다. 사실, 요건 및 성능기준이 상이한 상태에서의 이와 같은 공동적인 운영은 위험요소들을 파생시킬 수 있다.

일반항공 분야는 대단히 광범위한 기종의 항공기, 승무원 자격요건, 영업환경을 감싸안고 있다. 기업용 또는 사업용 비행은 성장하고 있는 분야로서 대부분 첨단 항공기들을 사용하고 있으며, 헬리콥터의 경우에는 전문 직업조종사가 모는 것이 있는가하면, 이따금씩 단지 취미삼아 모는 비전문조종사들에 이르기까지 그 폭이 넓다. 일반항공은 이 모든 분야를 포함하고 있다. 이와 같은 다양성을 지닌 집단을 겨냥하여 안전운행 실천에 대한 각성을 불러일으키는 것은 사고예방 계획이 취할 첫 단계 조치들중의 하나임에 틀림없다.

헬리콥터 사용 또는 기타 공중작업(예 농약살포, 공중촬영 등)을 통한 항공기 사용 사업 따위의 전문화된 일반항공 분야는 독특한 위험요소(예 저공비행으로 인한 고압선과의 접촉사고)를 만들어내므로 일부 국가들은 특별히 이러한 집단들을 목표로 는 안전계획을 작성·운영하고 있다.

3. 항공안전의 제요소

1. 항공기 사고의 분석

① 사고율

1920년 네덜란드의 KLM 항공사에 의해서 최초의 상업용 항공운송이 시작된 이래로 항공기에 의한 운송은 여타의 수단, 즉 차량, 철도 및 선박에 의한 운송보다 훨씬 높은 안전율을 자랑해 왔다. 그것은 그 시대에 있어서 최고의 기술과 강력한 안전규제에 힘입은 바가 크다 하겠다. 초기에는 항공운송이 안전측면에서 좋은 평가를 받지 못했지만, 1974년을 기점으로 100만회 출발당 약 1.5의 전손(全損)사고라는 통계적으로 안정된 양상을 보이고 있다.

[도표 2-7 전손사고율]

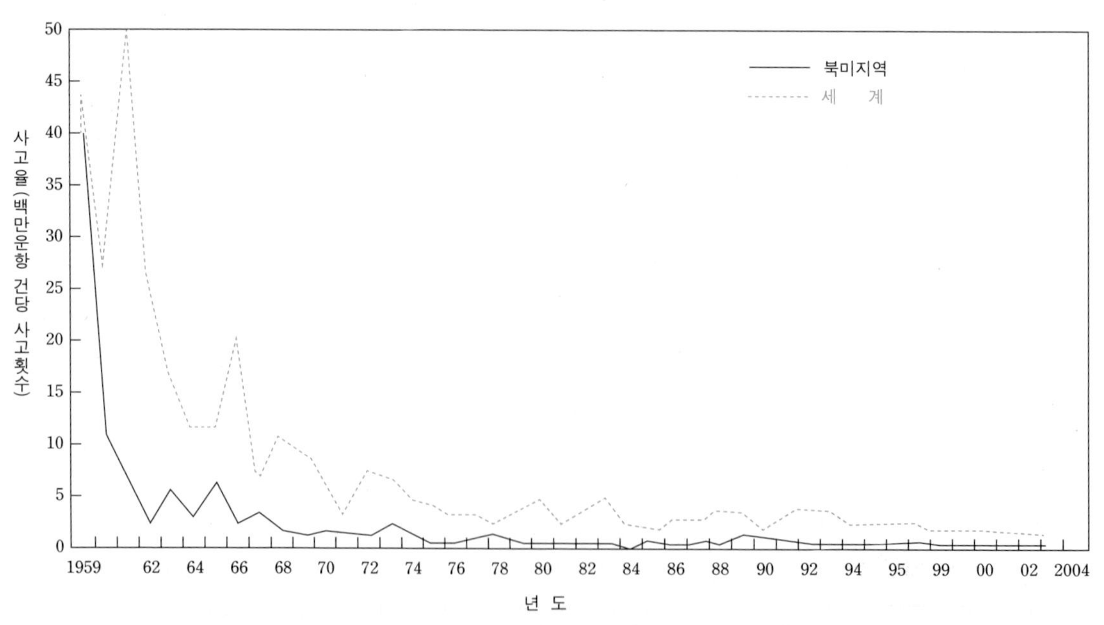

② 기종별 전손사고율

상업용 항공운송이 개시된 이래로 사고율을 자세히 관찰해 보면, 사고율이 항공기 제작 및 설계수준, 항공산업계의 하부구조, 비행기술의 발달 및 운영요원의 훈련기법 등에 따라 밀접한 상관관계를 가지고 있음을 알 수 있다. 이러한 사고율의 개선은 항공기 제작의 시대별 구분에 의해서 확연히 알 수 있다.

[도표 2-8 기종별 전손사고율]

기종	건수	사고율
비행 이외	85	14.40
707/720	126	7.38
DC-8	73	6.08
727	82	1.10
737-100/200	72	1.31
DC-9	81	1.36
Q4C1-11	23	2.71
F-28	35	5.80
747-100/-200/-300/SP	26	2.12
DC-10	23	2.71
A300	10	1.60
L-1011	4	0.77
ND-80/-90	13	0.39
767	4	0.34
757	5	0.34
BAe14G, RJ-70/85/100	7	0.91
A310	6	1.60
A300-600	4	1.06
737-300/-400/-500	18	0.36
A320/319/321	9	0.42
F-100	5	0.75
747-400	3	0.75
NC-11	5	3.45
CRJ-700/-900	0	0.0
A340	0	0.0
A330	0	0.0
777	0	0.0
737-600/-700/-600/-900	0	0.0
717	0	0.0
F-70	0	0.0
총 계	719	1.62

도표 2-8은 사고율 대비 기술의 진보와 시스템의 성숙도 관계를 나타낸 것이다. 1980년도부터 시장에 선보인 항공기들이 그 전에 선보인 항공기들보다 사고율이 괄목할 만하게 낮은 것을 알 수 있는데, 실제적으로도 현재 생산중이며 운항중인 항공기가 생산이 중단된 상태에서 운항중인 항공기보다 3배 정도 사고율이 낮은 것을 알 수 있다.

③ 기술의 진보와 사고율

항공안전이 개선된 것이 전적으로 기술의 진보에 따른 결과인 것인가에 대해서는 우리가 기술을 어떻게 정의하느냐에 달려 있다. 분명히 항공기 제작이나 설계기술은 진보되었으며, 특히 항공기사고의 주요원인인 추진장치의 결함은 DC-7이나 슈퍼 컨스텔레이션의 시대에 비하면 완벽하리만치 개선되었다. 제트시대가 도래할 당시 아무도 상상하지 못한 디지털 디스플레이를 이용한 글래스 콕핏(Glass Cockpit)과 자동항법 시스템의 발전 또한 항공안전에 많은 기여를 하였다.

이 모든 것이 합쳐져서 항공안전을 증진시켰음에도 불구하고 항공기는 단순히 지상에 가만히 있는 기계가 아니다. 비록 항공기의 제작 및 설계기술의 진보에도 불구하고 항공관제·승무원훈련·공항설계 등의 소프트웨어적인 개선이 뒤따르지 않는다면 아무 효과가 없는 것이다.

그러므로 안전에 있어서 기술의 역할은 비행기에만 국한되는 것이 아니라, 항공산업 전체를 연결하여 고려되어야 한다.

사고의 통계를 분석하여 보면, 이러한 관련시스템 전체가 강하게 결집된 지역이나 항공사가 가장 사고율이 낮은 것을 알 수 있다. 예를 들면, 지난 10년동안 미국에서는 1백만회 0.56건의 전손사고가 일어난 데 비하여, 같은 기간중 미국을 제외한 여타 국가들의 전손사고율은 1백만회 출발당 2.43건으로 거의 5배 정도 높다.

또 다른 예로, 이 모든 관련시스템의 중요성을 나타내는 것은 보잉 727기의 사고율을 들 수 있다. 보잉 727기는 매우 인기있는 기종임에도 불구하고 첨단기술이 적용된 비행기는 아니다. 지난 10년간 미국내에서 727기는 1백만회 출발당 0.23건의 사고율을 나타냈는데 비해, 전세계저으로는 2.54건의 사고율을 보였다.

④ 항공기 사고원인

세계 최대의 항공기 제작사인 보잉사에서는 항공기사고의 원인 및 유형을 조사하기 위하여 93개의 주요 사고의 원인을 분석하여 사고원인의 비율을 도출하였다.

도표 2-9에서의 사고원인을 분석하여 보면, 무려 사고원인의 84[%]가 운항승무원의 인적요소와 관련된 것임을 알 수 있다. 특히 운항승무원들의 기본적인 운항절차의 위반이나 부조종사의 불충분한 크로스 체크 등은 CRM(Crew Resources Management)훈련을 통해서 충분히 예방될 수 있는 것들이다.

[도표 2-9 주요 사고원인 비율 분석]

사고원인	백분율(%)
• 기본적인 운항절차의 위반(Pilot deviated from basic operational procedures)	33
• 부조종사의 불충분한 크로스체크(Inadequate crosscheck by second crew member)	26
• 항공기 설계 결함(Design faults)	13
• 정비, 검사의 결함(Maintenance and inspection deficiencies)	12
• 접근 보조시설의 부재, 부족 또는 결함(Absence of approach guidance)	10
• 기장의 독단적인 행위(Captain ignored crew inputs)	10
• 관제상의 결함이나 실수(Air traffic control failures or errors)	9
• 비정상 상태하에서 승무원의 미숙한 대응조치(Improper crew response during abnormal conditions)	9
• 불충분하거나 부정확한 기상정보(Insufficient or incorrect weather information)	8
• 활주로상의 위해요소(Runway hazards)	7
• 관제사·조종사간 커뮤니케이션상의 오해나 결함(Air traffic control/ crew communication deficiencies)	6
• 부적절한 착륙 결정(Improper decision to land)	6

⑤ 운항단계별 사고비율

또한 보잉사는 운항단계별로 항공기 사고를 분석했는데 도표 2-10은 그 결과를 나타낸 것이다.

[도표 2-10 운항단계별 사고비율]

Percentage of accidents

	Load, Taxi, Unload	Takeoff	Initial climb	Climb (flaps up)	Cruise	Descent	Initial approach	Final approach	Initial Landing
Percentage of accidents	1.8%	14.2%	9.5%	6.8%	4.3%	6.7%	11.7%	23.6%	21.3%
Exposure, percentage of flight time		1%	1%	14%	57%	11%	12%	3%	1%

23.7% (Takeoff + Initial climb) / 44.9% (Final approach + Initial Landing)

2% (Takeoff + Initial climb exposure) / 4% (Final approach + Initial Landing exposure)

추락지점 / NAV Fix / Outer market

Exposure, percentage of flight time

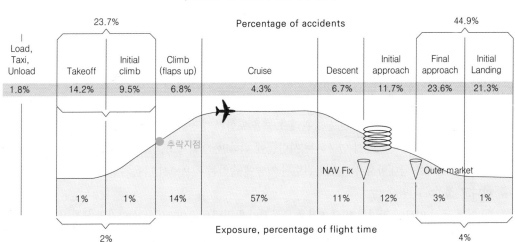

도표 2-10에서 나타나고 있는 바와 같이 사고의 30.5[%]가 이륙과 상승단계에서, 63.3[%]가 하강과 착륙단계에서 일어나고 있다. 평균 비행시간 1.6시간(1시간 36분)을 기준했을 때 이륙시작후 15분과 착륙전 26분 동안에 전체사고의 약 94[%]가 집중되고 있는 것이다.

North Atlantic 항공사에서는 런던을 이륙해서 뉴욕에 착륙하는 노선의 항공기 기장을 통해서 이착륙시 기장이 받는 스트레스를 조사했는데, 위의 연구결과와 마찬가지로 이착륙시에 심장의 맥박수가 급격하게 증가하며, 특히 착륙의 순간에는 평상시보다 2.5배까지 올라가는 것을 발견하였다. 이것은 평상시에 약간의 고혈압 증세가 있는 승무원의 경우 착륙시 심장마비나 뇌졸중에 의하여 사고가 발생할 수도 있음을 의미한다. 실제적으로도 조종사가 운항중에 심장마비나 뇌졸중을 일으킨 경우가 보고되었는데, 운항승무원의 평소 건강관리의 중요성을 말해준다 하겠다.

[도표 2-11 운항단계별 승무원 심전도]

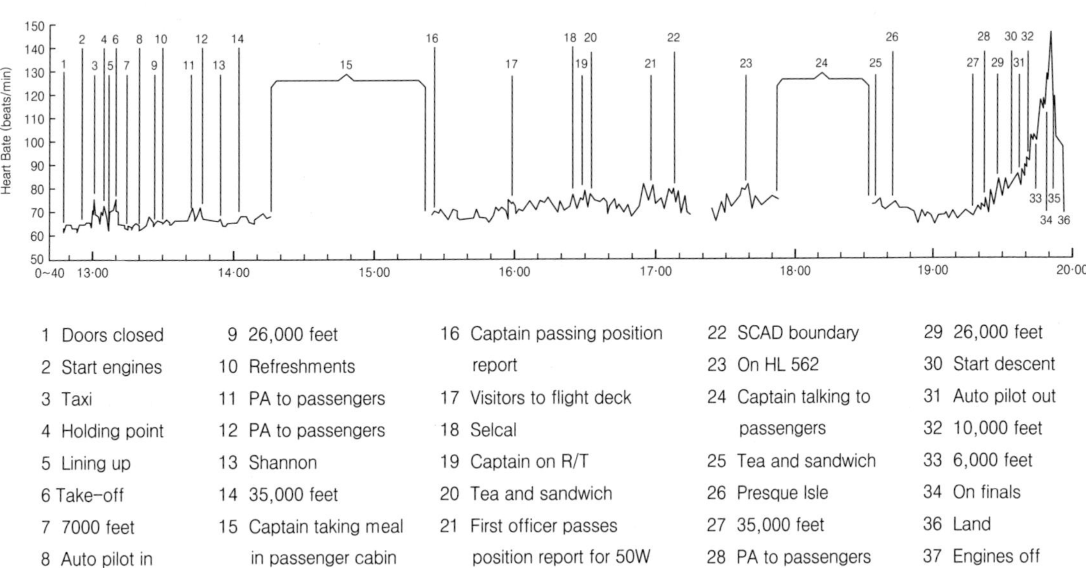

2. 인적요소(Human Factors)

① 인적요소란?

Human Factors란 용어를 굳이 우리말로 표현한다면 인적요소를 나타낼 수 있으며, 이는 인간의 생각이나 동작에 기인하여 여러 가지 결과가 나타나는 것이라고 설명할 수 있다.

이 인적요소는 조종사의 기량이라는 인간적인 능력에만 초점이 맞추어지는 것이 아니라, 경영관리자, 지상근무자, 항공기 탑승 근무자 및 운항관리자 등을 포함한 항공산업에 종사하는 모든 인력에 적용된다. 인적요소를 학문적인 관점에서 연구하는 사람들에 의하면, 인적요소란 오퍼레이트인 인간과 근무하는 주위 환경과의 관계를 극대화시키는 것과 관련된 기술에 속하는 것으로서 다음의 3가지 범주중 한 가지에 해당한다고 정리하고 있다.

ⓐ 어떤 특정 임무에 관련된 필요조건을 충족시키기 위해서 오퍼레이터인 인간의 생각이나 동작을 변화시키는 것. 예를 들면, 항공기가 운항중에 특정 장치에 이상이나 고장이 발생했을 때, 조종사는 이 장치의 이상 및 고장이 운항에 미치는 영향을 파악하여 조종실 내의 모든 가용정보와 자원을 최대한 이용하여 항공기가 가장 안전하게 운항할 수 있도록 조종한다. 이 경우 만일 조종사가 적절히 훈련되어 있지 않다면 효과를 기대하기란 매우 힘들다.

ⓑ 오퍼레이터의 특정한 필요에 의하여 환경을 변화시키는 것. 예를 들면 조종사들이 스위치나 레버의 조작시 혹은 계기판독시 착오나 실수를 일으키기 쉬운 것을 재설계, 재제작, 재배치하여 Human Error를 방지하는 것이다. 그래서 항공기 제작하는 곳에서도 이 인적요소의 개념을 반드시 알아두는 것이 필요하다.

ⓒ ⓐ와 ⓑ의 복합적인 형태

첫 번째 범주에 속하는 인적요소 교육은 의사결정, 스트레스 관리, 피로, 정보처리 및 인간의 실수 등과 같은 소프트웨어적인 문제이기 때문에 이 교육을 효과적으로 수행하기란 하드웨어적인 두 번째 범주보다 훨씬 어렵다. 왜냐하면 인적요소란 원리의 이해를 토대로 한 다음에 비로소 동작의 변화가 일어나기 때문이다. 예를 들면, 항공기의 전기 장치에 이상이 생겼을 때 항공기 전기장치에 대한 완전한 이해없이 응급처치를 하기 위해 스위치를 조작하는 것은 매우 위험한 일이다.

관련 사고 사례

1983년 10월11일 미국 일리노이주의 지방항공사인 Air Illinois의 710편 항공기가 일리노이주의 스프링필드를 출발하여 카본데일로 비행하던 도중에 추락하는 사고가 발생하였다. 항공사고조사기관인 미교통안전원(NTSB : National Transportation Safety Board)은 CVR(Cockpit Voice Recorder)을 회수하여 사고원인을 분석한 결과 다음과 같은 원인을 밝혀냈다.

비행도중 왼쪽 발전기가 고장났으나 부조종사는 이를 잘못 판단하여 오른쪽 발전기에서 항공기 전기장치로 공급되는 전류를 차단시켰다. 그래서 항공기 내의 축전지만으로 전류를 공급하게 되어 시간이 경과함에 따라 전압이 떨어졌다. 조종사들은 전압의 감소를 알았음에도 불고하고 항공기의 모든 등화를 소등시키면서 목적지까지 비행을 시도하다가 결국 축전지가 완전히 방전되어 계기등까지 꺼져 시계비행을 할 수 없는 야간의 계기비행상태에서 비행기의 비행자세를 유지하는데 실패하여 추락하게 되었다.

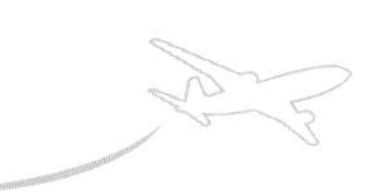

만약에 기장이나 부조종사가 항공기의 전기장치를 제대로 이해하였다면 사고는 나지 않았을 것이다. 더 나아가 항공사측에서 운항승무원에 대한 교육훈련을 철저히 하였더라면 이러한 사고는 예방될 수 있었을 것이다.

② 항공분야에서의 인적요소의 역사

항공분야에서 인적요소란 용어에 초점이 맞추어지기 시작한 것은 항공기사고의 70~80[%]가 Human Error라고 일컫는 인간(조종사)의 실수에 기인한다는 것을 인식하고 나서부터이다. 이 통계는 1977년, 미국의 Richard Jensen 연구팀에 의해 밝혀진 이래로 영국, 호주, 뉴질랜드 등지에서도 10년 이상의 통계를 통해서 비슷한 결과를 얻고 있다. 인적요소란 용어가 언제, 어디에서 시작되었는지는 분명하지 않으나, 많은 학자들은 제2차 세계대전이 인적요소 연구를 촉진시키는 중요한 촉매역할을 하였다는 데에 의견을 같이하고 있다.

특히 항공기가 고속화, 대형화 되어감에 따라 조종사들에게 보다 광범위하고 강도 높은 훈련이 필요하다는 것을 깨닫게 되었다. 그러나 이러한 훈련은 오랜 시간과 많은 경제적 지출을 수반한다. 그래서 이러한 고성능화된 항공기를 효율적으로 조종할 수 있는 유능한 조종사를 단시간 내에 경제적으로 양성하기 위한 훈련프로그램을 개발할 목적으로 현재의 훈련의 기본적 개념이 되는 두 가지의 전략적 접근 방법을 제도화하였다.

첫 번째 접근방법은, 조종사들이 조작방법을 제대로 파악할 수 없을 만큼 수많은 계기, 스위치 및 레버가 무분별하게 배치되어 있어, 근무강도가 급격히 증가하는 비상상황에서는 계기를 잘못 판독하거나 스위치나 레버를 잘못 조작하는 등 조종사의 실수를 유발케 할 수 있다는 점을 감안하여 설계 및 제장과정에 인적요소의 개념을 도입하여 조종실 환경을 매우 조직적이고 체계적으로 만드는 것이다. 이에 관한 고전적인 연구는 1947년에 Paul Fitt에 의해서 수행되었는데, 그는 계기의 판독과정에 있어서 많은 실수가 유발되었다고 하였다. 그의 연구보고서에 의하면 대부분의 조종사들은 조종실 환경에 관련하여 다음과 같은 불만을 가지고 있는 것으로 밝혀졌다.

ⓐ 계기, 스위치 및 레버가 분산되어 있어서 한번에 식별하기 어려우며, 따라서 비상시에는 엉뚱한 계기를 읽거나 스위치나 레버를 잘못 조작하여 추락할 수 있다.

ⓑ 대부분 계기의 모양이 비슷하여 쉽게 착각을 일으킬 수 있다.

ⓒ 계기침 및 스케일을 잘못 판독하기 쉽다(특히 삼침식 고도계).

이러한 연구결과를 토대로 조종실 내외 계기, 스위치, 경보등 및 레버 등의 재설계 및 재배치를 고려하게 되었으며, 최근에는 조종실이 전자화, 자동화, 컴퓨터화 되고, 또한 CRT(Cathode-Ray Tube)나 HUD(Head Up Display)를 이용한 첨단의 Glass Cockpit으로 변화하고 있으며, CFIT(Controled Flight Into Terrain)를 방지하기 위한 GPWS(Ground Proximity Warning System), 항공기간의 공중충돌을 방지하기 위한 TCAS(Traffic Control and Avoidance System)가 장착되고 있다. 그러나 조종사의 실수에 의한 항공기 사고는 멈추지 않고 계속되고 있는 실정이다.

두 번째 접근방법은 근무조건에 맞게끔 인간의 능력을 최대한 개발하여 능력을 극대화 시키는 것이다. 연구결과에 의하면, 기본적인 비행술을 익힌 조종사중 소수만이 가혹한 근무조건 하에서 많은 양의 정보를 처리하면서(머리속으로 많은 계산과 판단을 하면서) 동시에 비행기 조종을 순조롭게 할 수 있다는 것이다. 예를 들면, 70시간 정도의 비행경험이 있는 조종사가 인적이 드문 미국, 소련, 캐나다, 중국이나 호주의 내륙을 시계비행에만 의존하다가 자기의 위치를 잃었을 때, 자기의 원래의 비행계획서와 지도와 여러 가지 표적물(도로, 고압선, 강, 호수, 철도, 산, 농가 등)을 비교하면서, 머리 속으로 무수히 많은 정보를 처리하면서, 또는 자기의 위치를 파악하면서 동시에 비행기를 안전하게 목적지까지 조종한다는 것은 경험이 적은 조종사로서는 매우 어려울 것이다. 이와같은 점을 감안하여 항공심리학 분야에서는 조종사로서의 뛰어난 자질과 적성을 판별할 수 있는 여러 가지 조종사 선발검사 방법을 개발연구중이며, 이미 여러 가지 테스트 프로그램이 개발되어 운용중에 있다. 일본항공의 통계에 따르면 일본항공에서 선발한 조종훈련생중 25[%]가 에어라인 조종사가 되기 전에 탈락하는 것으로 나타났는데, 조종사로서희 소질과 적성을 보다 정확하게 측정할 수 있는 테스트 프로그램을 개방한다면 많은 인적, 경제적 손실을 줄일 수 있을 것이다.

③ SCHELL 모델

1972년 미국의 항공심리학자인 Elwyn Edward는 조종사와 항공기 사이의 상호 작용하는 개별적 또는 집단적 요소를 종합적이고 체계적으로 나타낼 수 있는 하나의 다이아그램을 고안하였는데, 이를 처음에는 SHEL 모델이라 하였다(도표 2-12 참조).

이 SHEL 모델은 오퍼레이터인 인간(Liveware)의 주위를 3가지의 조종실 환경요소가 둘러싸고 있는 형태이다.

- S : Software(항공법규, 비행절차, 프로그램, 체크리스트 등)
- H : Hardware(항공기 조종장치, 항법장치, 통신장치, 각종계기, 스위치, 레버 등)
- E : Environment(온도, 소음, 습도, 기압, 조명, 산소농도 등 조종실 환경)
- L : Liveware(조종사나 오퍼레이터)

[도표 2-12 SHELL 모델]

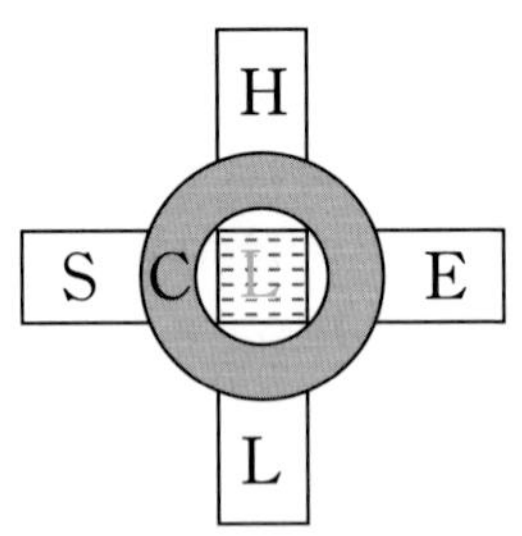

1984년에는 네덜란드 KLM 항공의 기장 출신인 Frank Hawkins가 SHEL 모델을 개선하여 SHELL 모델을 만들었다. 이것은 오퍼레이터인 인간과 또 다른 오퍼레이터인 인간(조종실 내의 승무원, 관제소의 관제사 혹은 다른 항공기의 조종사)과의 관계를 추가시킨 것이다. 호킨스는 더 나아가 조종사가 속한 사회의 문화적 배경(C : Culture)을 포함시켜 SHELL 모델을 개발하였으나, 이것보다는 Hackman과 Johnston이 개발한 SHELL 모델이 더욱 효용성을 인정받고 있다. 이 모델에서 C란 CRM을 지칭 하는 것으로 Human Factors에 의한 항공기사고를 예방하는 중요한 수단으로 등장하고 있다. 이 SHELL 모델이 잘

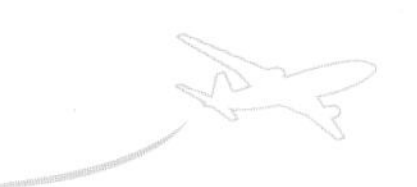

조화되고 균형을 이루면 이것은 바로 안전운항을 나타내는 것이지만, 그렇다고 하여 한 가지 요소라도 잘못되면 이 모델의 균형이 깨어지는 것은 아니다. 적어도 두 가지 이상의 요소가 잘못 결합되었을 때 그 균형이 깨어지는 것이다.

예를 들면, 엔진의 출력을 조절하는 스로틀 레버를 정상작동 범위내에서만 움직인다면 무리한 조종으로 인한 엔진 고장은 발생하지 않을 것이다. 그러나 만약 RPM계기나 MP계기의 디자인이 조잡하고 거기다 조종사가 매우 피로하여 계기를 잘못 읽어 정상보다 훨씬 고속으로 회전하게 하여 엔진고장이 발생한다면 이는 Liveware와 Hardware가 잘못 결합된 것이다. 만약 계기의 디자인이 조잡하더라도 조종사가 피로하지 않다면 계기를 바로 읽어 정상적으로 조작할 수 있기 때문이다. 그래서 위와 같은 경우에는 개선책으로 조종사의 피로도를 덜어줄 수 있게끔 근무조건이나 환경을 개선해야 하는데, 그러기 위해서는 항공법규나 절차를 개선해야 하는 Software, 조종실 환경을 개선해야 하는 Environment, 계기의 디자인을 개선해야 하는 Hardware 등 여러 가지가 복합적으로 연결되어 있음을 알 수 있다.

④ 인적요소 교육훈련의 세계적 추세

지난 25년간 항공기사고의 70[%] 이상이 조종사나 인간의 실수에 기인한 것이었다. 항공기사고를 야기시키는 것으로서 명백하게 나타난 인적요소로는 다음과 같은 것들이 있다.

ⓐ 커뮤니케이션(승무원, ATC 그리고 경영층간)
ⓑ 인지(보이느냐, 안보이느냐)
ⓒ 집착(상황의 한가지면에서만 몰두)
ⓓ 자가당착
ⓔ 남성우월주의
ⓕ 의사결정
ⓖ 학습과 퇴화(역행)
ⓗ 자동화(태엽장치 같은 기장)
ⓘ 권태, 정신나감
ⓙ 따르기, 순응
ⓚ 편측성
ⓛ 피로, 스트레스

추가적으로 또 다른 인적요소로소의 Expectancy(기대)가 있다. 예를 들면, 기상예보보다 더 기상이 악화된다든지, 비행계획의 변경, Diversion, 활주로의 변경, Let-down 절차의 변경, Act-Wait-Act 임무연계의 방해 등이 이에 속한다.

1975년 IATA(International Air Transport Association) 회의에서 에어라인내의 인적요소 교육이 시급한 현안으로 제기되었으며, 1977년의 IFALPA(International Federation of Air Line Pilot Association) 회의에서도 재차 제기 되었다. 이제 인적요소 훈련은 마침내 ICAO에 의해서 강도높게 권고되고 있으며, EU에서는 법으로 강제하게 되었다. Qantas, UA, DA, Swissair, SIA, Pan Am, KLM과 같은 항공사는 이미 자체 프로그램을 개발하였으며, 영국의 Cranfield Aeronautical University는 기

초 인적요소 과정을 개설하였다. ICAO는 1990년 세인트피터스버그(구 레닌그라드)에서 비중있는 세미나를 개최하였다. 그 세미나에는 유럽국가, 미국 및 일본이 참가하였으며, IATA와 IFALPA에서도 대표를 파견하였다. 그 후 1993년에는 워싱톤, 1996년에는 뉴질랜드에서 각각 세미나가 개최되었으며, 각국의 항공산업계에서 많은 실무진들이 참석하여 실질적인 문제를 다루었다. 인적요소 훈련에 관한 ICAO의 Syllabus 초안이 작성되었다. 영국 CAA는 조종사 시험에서 인적요소를 필수과목으로 선정하였다. 1991년에 영국에서는 조종사들에 대하여 인적요소 시험을 실시하였으며 다른 나라에서도 이를 뒤따르고 있다. 우리나라에서도 곧 인적요소를 항공종사자 자격시험에 포함시킬 계획으로 있다. IFALPA는 항공시스템의 안전하고 효율적인 운영과 관련있는 인적능력의 모든 부문을 강조함에 동의하였으며, 승무원 협조, 항공심리학, 인간관계 및 인적능력의 분야와 관련하여 적절한 훈련을 모든 운항승무원과 훈련조종사들에게 제공할 것을 검토하고 있다.

3. 국가문화적 요소

① 문화지수의 개념

민족문화와 그들의 영향과 관련하여, 과거에는 승무원자원관리(CRM : Crew Resources Management)의 주제로서 지도력, 의사소통, 의사결정, 상황인식 등을 다루어 왔지만, 이제는 민족문화와 그들의 영향에 관련된 이슈가 부각되고 있다. 조종사들도 일반인들과 마찬가지로 문화의 영향을 받는다. 조종사들도 일반인들과 마찬가지로 문화의 영향을 받는다. 조종사들이 조종실에서 비행을 한다고 해서 자신의 문화를 초월했다고 생각해서는 안된다. 각 문화는 그 사회가 또 다른 사회와 구분될 수 있는 독특한 본질(Identity)을 부여해주는 특징이 높게 평가된다. 그리고 어느 문화가 뛰어나느냐 하는 등의 문화의 우월성이 중요한 것이 아니라, 각 문화가 구성원에 내재되어 있는 속성을 어떻게 억누르고 있는가를 초점에 맞추어야 한다. 또한 누구나 직감적으로 문화적 차이가 존재한다는 것은 알고 있지만, 그 문화적 차이를 객관적으로 분석하기란 힘들다.

네덜란드 국제문화연구소의 인류학자 홉스테드(G. Hofstede) 박사는 문화적 차이에대한 광범위한 연구를 실시하였는데, 그는 보고서에서 문화를 정의해 준다고 믿는 4가지의 지수를 발표했다. 그가 발표한 4가지 지수는 「남성적 호기(Masculinity)」, 「불확실성에 대한 회피(Uncertainty avoidance)」, 「개인의 권한 및 책임의식 (Individualism)」, 「영향력 거리(Power distance)」이다. 이중 「영향력 거리」란 지위가 낮고 힘이 약한 사람이 윗사람으로부터 주눅이 들고 거리감을 느끼는 정도를 말한다. 최근 들어 인적요소를 연구하면서 또는 CRM을 발전시키면서 조종사와 문화적 요소에 간한 문제가 종종 언급되기 시작하였다.

특히 기장과 부기장간의 상호 기대감과 관련하여 그룹논의가 도입되고 있으며, 인적요소에 대한 개발은 조종사–부조종사 모두에 관련된다는 인식이 지배적이다. 조종실 내에서의 대화패턴과 개인의 행동양식에 있어서 권력거리가 위험한 영향요인으로 강조되고 있으며, 남자다움(Masculinity)은 독자적인 의사결정과 관련하여 논의되고 있다. 이러한 중요성은 그룹의 의사결정에 있어서 간과되어서는 안되는 중요한 사항이 될 것이다. 문화적인 요인의 발견과 휴먼팩터 코스내에서 실행과는 별도로 연구되어지는 다루기 어려운 조직적인 이슈이다.

② 상호문화적 차이 연구에 대한 배경

미국 텍사스대학의 심리학과 Robert Helmerich 교수에 의하면, 상호문화적 차이 (Cross-Cultural Difference)와 국가간의 이질적 요소가 항공안전에서 가장 중요한 연구의 대상이 되고 있으며, 이러한 연구의 바탕은 항공운송업계에서 조종사들이 항공기 운항에 영향을 미치는 것이 출신국가가 서로 상이한 조종사들의 문화적 차이점에 있는가가 연구의 중요한 이슈가 되었다. 이러한 문화적인 차이가 항공안전에 영향을 끼친다는 문제가 이슈가 되기 전에는 항공기 제조업체가 몇 안되고 그렇게 제작된 항공기를 도입한 각 항공사는 항공기 기체의 구조가 비슷하고 항공기의 기종이 다르다 하더라도 기종변경에 대한 훈련으로 항공안전을 확보할 수 있는데 조종실내에서 문화적인 차이가 항공기 운항에 영향을 얼마나 크게 끼치겠느냐 하는 것이 지배적인 생각이었다.

그러나 이러한 생각에 반대 입장을 가진 미국 항공우주국(NASA)과 미연방항공국(FAA)의 자문역으로 있는 Helmerich 교수 연구팀은 최근 16개국 25개 항공사의 13,000여명의 조종사를 대상으로 실시한 설문조사에서 국가적인 이질성과 문화적인 요소가 조종사의 태도, 습관 및 가치관을 형성하는 데에 커다란 영향을 끼친다는 결과를 보고하였다.

설문내용은 1990년도 초에 유럽, 아시아 지역, 북·남아메리카, 태평양 지역, 북아프리카, 중동지역의 일부 항공사에 고용된 조종사들을 대상으로 승무원 협조(Crew Coordination) 및 CRM(Crew Resource Management)에 대한 조종사들의 의견을 조사하였는데, 그 결과 국가대 국가별로의 최대변화치가 미국 항공사간의 최대변화치를 상회한다는 것을 발견하고 이러한 설문결과를 근간으로 운항승무원 관리와 국가문화에 대해서 연구를 시작했다.

이 연구의 목적은 서로 상이한 국적을 가진 조종사가 항공운항에 종사할 때의 업무태도, 습관 및 가치관이 공통적인가 하는 것이었고, 이러한 것들이 국가문화에 의해 어느 정도까지 영향을 받는가 하는 것이 초점이었다. 도표 2-13은 문화적 배경이 상이한 조직간의 조종사 보편성 차이를 나타낸 것으로서 설문문항의 내용은 의사소통과 협조에 관련된 사항이었다. 조종사들의 85[%]는 이 문항에 대해서 긍정적인 답변을 하였는데, 의사소통과 팀웍에 관련된 내용에서는 모두 높은 점수가 나타났다. 이러한 답변으로 미루어 짐작하건데 승무원 협조라는 중요한 영역에서는 긍정적인 공감대가 형성되었다고 할 수 있다. 그러나 의사소통과 협조에 대한 항목이 긍정적인 것과는 반대로 명령에 대한 책임, 기장의 역할, 스트레스의 해독한 영향을 다루는 실질적인 항목들은 부정적으로 나타났다.

예를 들어, 도표 2-13에서 「운항승무원은 비행안전에 위험이 있을 때를 제외하고는 기장의 행동과 결정에 질문하지 않아야 한다.」라는 항목에 부조종사들의 견해는 문화적인 차이점을 나타내고 있는데, 거의 모든 응답자중 「부조종사는 침묵을 지키는 것이 좋다.」라는 문화를 가진 조직에 속한 응답자는 93[%]가 이 질문에 동의하였으며, 응답자중 「부조종사가 솔직하게 이야기를 한다.」는 또 다른 문화를 가진 조직에 속한 응답자는 15[%]만이 동의하였다.

마찬가지로 서로 다른 문화권에 속한 개개인은 비행에 문제가 있다고 인식되었을 때 확신있게 이야기를 해야 한다는 것에 서로 다른 견해를 보이고 있으며, 스트레스와 관련된 항목에서는 모든 문화권에서 공통적으로 낮게 동의하였다.

[도표 2-13 문화적 배경이 상이한 조직간의 조종사 보편성 차이]

FMAQ항목	최소동의~최대동의
운항승무원의 훌륭한 의사소통과 기술적 숙련도는 비행안전과 관련된다.	85~100[%]
조종사의 책임에는 운항승무원과 조종사간의 조화를 포함한다.	85~100[%]
비행전 브리핑은 비행안전과 효과적인 운항승무원 관리에 중요하다.	85~100[%]
조종사는 비행계획을 말로 표현하여야 하고, 정보는 이해되고 인식되어야 한다.	85~100[%]
내 직업을 좋아한다.	85~100[%]
운항승무원은 비행안전에 대한 위협이 있을때를 제외하고는 기장의 행동과 결정에 질문하지 않아야 한다.	15~93[%]
만약 비행에 문제점을 인식하고 있다면 영향이 있을지라도 나는 이야기를 할 것이다.	36~98[%]
개인적인 문제는 나의 업무수행에 역효과를 낼 수 있다.	38~78[%]
나는 비상사태에 판단오류를 할 것 같다.	17~70[%]

자료원 : ICAO,「Human Factors Digest No.10」,1994

도표 2-14는 중요한 문화적 차이를 나타내고 있는데, 문화권이 다른 12개국에서 신형항공기종을 비행하는 조종사를 대상으로 한 설문조사의 자동화 항목은 상당히 심한 차이를 나타내고 있다. 예를들면 신형항공기의 비행을 선호하느냐의 설문에 88[%]가 선호한다는 문화권이 있는데 비해 또 다른 문화의 국가에서는 항공사 조종사 34[%]만이 선호하는 것으로 나타났다.

도표 2-14에서 나타난 구체적인 질문으로「회사는 내가 첨단의 자동화된 항공기를 운행하기를 기대한다.」라는 항목에서 조종사의 91[%]가 동의한 문화권이 있었던 반면, 33[%]만이 동의한 문화권도 있었다. 이것은 항공기의 자동화를 추진하는 조직의 정책에 대한 조종사들의 문화적 상이점을 나타내고 있다.

본 설문내용의 결과는 전세계 조종사들의 기본원칙 및 태도에 있어서는 보편성이 있는 반면, 그 지역국가 문화의 영향에 따른 차이가 크게 존재하는 분야도 있다는 결론을 도출해내었다.

[도표 2-14 문화적 배경이 상이한 조직간의 자동화에 대한 인식차]

FMAQ항목	최소동의~최대동의
자동화된 조정석에서는 운항승무원 행동에 대한 더 많은 상호 체크가 필요하다.	56~78[%]
주어진 상황에서 자동화의 수준을 자유롭게 선택한다.	60~88[%]
자동화된 항공기의 운항을 선호한다.	34~88[%]
회사는 항상 내가 자동화된 항공기를 운항하기를 기대한다.	33~91[%]
업무가 과중하면 FMC의 재프로그램을 피하는 것이 낫다.	36~80[%]
안전을 위해 조종사는 자동화 시스템에 대한 주저함을 피해야 한다.	18~68[%]

자료원 : ICAO,「ICAO Journal」, 1996.10

③ 항공기 사고율과 문화적 지수간의 함수관계

보잉사는 문화가 항공기 사고율에 영향을 미치며, 홉스테드 교수가 조사한 지수가 문화를 반영한다는 전제를 가지고 국가별 항공기 사고율 연례조사에서 문화와 사고기록간의 상호관계를 연구한 바 있다. 이 연구결과를 살펴보면, 도표 2-15에서 보는 바와 같이 사고율과 '남성적 호기' 및 '불확실성에 대한 회피' 지수 사이에는 거의 또는 전혀 상관관계가 없는 것으로 나타나고 있다.

반면에 사고율과 '개인의 권한 및 책임의식' 지수, 그리고 '영향력 거리' 지수 사이에는 강한 상관관계가 있는 것으로 나타나고 있다. 즉, '개인의 권한 및 책임의식' 지수가 높을수록 사고율은 낮고 '영향력 거리' 지수가 높을수록 사고율은 높은 것으로 나타나고 있다. 사고율과 상관관계가 있는 것으로 나타난 '개인의 권한 및 책임의식'지수와 '영향력 거리' 지수를 합성한 도표이다. 이 도표에 의하면 '영향력 거리' 지수가 높고 '개인의 권한 및 책임의식' 지수가 낮은 경우의 사고율이 '영향력 거리' 지수가 낮고 '개인의 권한 및 책임의식' 지수가 높은 경우에 비하여 높게 나타나고 있다.

[도표 2-15 사고율과 남성적 호기 지수와의 관계]

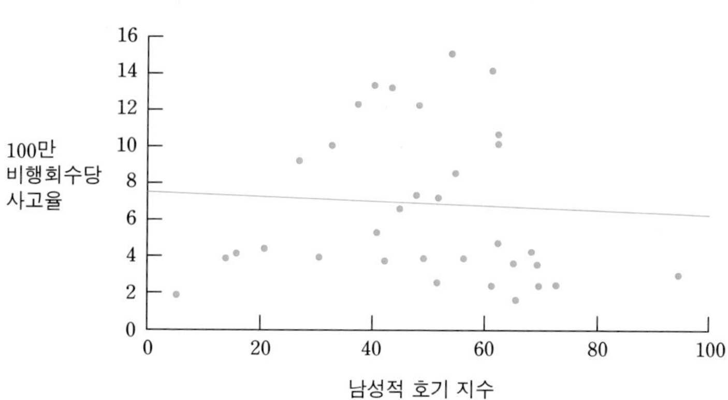

4. 조직적 요소

① 개 설

항공사고의 영향을 미치는 직접적인 요인을 지금까지는 현장 종사자, 즉 조종사, 관제사 또는 정비사의 인적과실(Human Errors)에서 찾는 것이 일반적인 추세였다. 그러나 최근 많은 대형 항공사고의 조사보고서에서 종사자의 인적과실은 사고에 이르는 최종단계에 불과하고 그 이면에는 수많은 잠재적 원인들이 있었던 것으로 나타나고 있다.

이러한 잠재적 사고요인의 대부분을 차지하는 것이 바로 종사자가 처한 조직적 맥락(Organizational Context)에 존재하는 요인들, 즉 조직적 요소들(Organizational Factors)이다. 이러한 항공사고와 조직적 요소들의 관계를 한마디로 표현한다면, "인적과실은 조종실, 관제실, 격납고 등과 같은 격리된 공간에서 발생하는 것이 아니라 조직적 맥락안에서 발생한다"라고 할 수 있다.

② 항공사고와 조직적 요소들의 관계에 관한 이론적 고찰

ⓐ 항공사고와 조직적 요소들과의 관계

최근 대형 항공사고의 조사보고서를 분석한 결과에 따르면, 일반적으로 항공사고의 이면에는 도표 2-16에서 보는 것과 같은 조직적 요인들에 결함이나 실패가 있었던 것으로 나타나고 있다. 조직적 요인은 조직과정, 현장작업조건, 안전사고의 예방을 위해 설치된 방어기제(Defence Mechanism) 등이다. 이러한 조직적 요소들에 초래된 실패(결함)들이 현장의 촉발요소들과의 결합하여 사고가 야기된다는 것이다.

ⓑ 조직과정(Organizational Processes)

모든 조직들은 정도의 차이는 있겠지만 해당 경영관리자들이 이끌어가는 하나의 독립된 공동체 사회라고 할 수 있다. 조직이 갖고 있는 물리적 구조 그리고 법규와 절차들은 밖에 존재하는 다른 조직들과 구별된다. 특히 한 조직내에서는 그 조직만이 가지는 독특한 구성원간 상호작용의 방식이 있으며, 이에 의하여 조직내의 정보처리의 유형과 내용이 달라진다.

[도표 2-16 항공사고와 조직적 요소들의 관계]

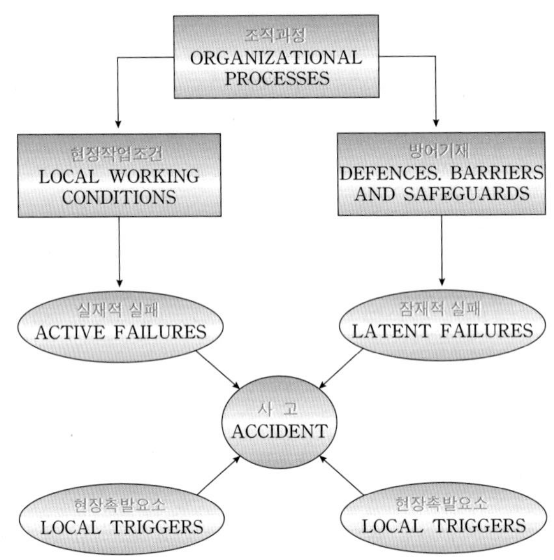

따라서 비록 어떤 조직이든 외부의 조직 또는 총체적인 의미에서 환경과 교류하고 있지만, 한 조직은 그 나름의 조직적 형태를 결정짓는 자율성의 요소를 갖고 있다고 할 수 있다. 이러한 조직의 독특한 특성, 즉 다른 조직과 구별되게 되는 특징들을 요즈음 "조직문화(Organizational Culture)"라는 말을 사용하여 지칭하기도 한다. 조직문화란 간단히 말해서 한 조직이 무엇이 중요하다는 것에 대해 가지는 공통된 가치관과 어떻게 일을 처리하여야 하는가에 대한 공통된 신념이라고 할 수 있다. 이것이 조직의 구조 및 관리방식과 상호 결합하여 각 개인의 행동규범을 만들어 낸다. 이 조직문화는 궁극적으로 조직내에서 업무가 진행되는 과정을 생성하기도 하고, 또한 그 과정에서 생성되기도 한다. 도표 2-17의 일반조직의 업무구성에서 보듯이 조직은 다양한 성격을 가진 업무의 집합으로 구성되어 있다.

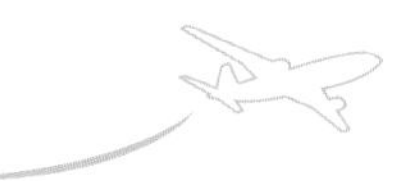

[도표 2-17 일반조직의 업무구성]

목표설정(Goal-setting)	커뮤니케이팅(Communicating)
정책결정(Policy-making)	설계(Designing)
조직화(Organizing)	구매(Purchasing)
예측(Forecasting)	지원(Supporting)
기획(Planning)	조사(Researching)
스케쥴링(Scheduling)	마케팅(Marketing)
운영관리(Managing operations)	판매(Selling)
유지관리(Managing maintenance)	정보처리(Information-handling)
사업관리(Managing project)	동기부여(Motivating)
안전관리(Managing safety)	모니터링(Monitoring)
변화관리(Managing change)	점검(Checking)
재정(Financing)	감사(Auditing)
예산(Budgeting)	조사(Inspecting)
자원배분(Allocating resources)	통제(Controlling)등

이러한 일반조직의 업무, 특히 항공사의 업무중에서 안전과 밀접한 것은 종사자들의 항공기 운항과 관련해서 실제적 업무를 처리하고 있는 현장 작업장의 설계와 시설·장비의 배치, 그리고 이것의 관리에 관련되는 업무 혹은 과정이며, 둘째로는 예견되는 조직적 위험에 대해서 적절한 방어기제를 만들고, 이것들이 제기능을 발휘하도록 하는 것과 관련된 것이다.

ⓒ 현장작업조건(Local working conditions)

현장작업조건은 특정한 업무 맥락에서 작업의 효율성과 신뢰성에 영향을 미치는 요소이다. 여기서의 업무맥락을 항공산업의 측면에서 말한다면 항공기의 조종실, 항공교통관제소, 정비격납고 등이라 할 수 있다. 경영층이 내린 완전하지 못한 결정(불충분한 예산, 잘못된 계획, 인원부족, 사업적 또는 운영적 시간압박 등)은 여러 가지 조직적 경로를 거쳐 작업장에 영향을 미친다. 다시 말해 이러한 경영층의 완전치 못한 결정이 작업장에서 불안전 요인들을 생성하게 된다는 것이다. 그러나 이러한 불안전 요인이 모두 심각한 결과를 초래하는 것은 아니다. 각 조직이 설치해 놓은 방어기제에 의하여 걸러지지 않고 통과하는 것은 소수에 불과하기 때문이다. 아무튼, 현장작업조건이 어떻게 불안전한 행위로 연결되는지를 살펴보는 데에는 도표 2-18, 도표 2-19, 도표 2-20의 분류가 유용하게 쓰여질 수 있을 것이다. 즉 경영측의 완전치 못한 의사결정이 작업장에 미치는 부정적 영향을 작업과제와 작업환경에 미치는 영향, 그리고 종사자의 정신적·신체적 상태에 미치는 영향으로 나누어서 각각 실수요인, 위반요인 그리고 공동요인으로 세분화하여 살펴보는 것이다.

ⓓ 방어기제(Defences, barriers and safeguards)

잠재적으로 위험성이 내포된 업무를 다루는 조직들은 그 업무과정에서 유발되는 위험을 제거 또는 완화하거나 혹은 그 위험으로부터 조직을 보호하기 위한 대책(본고에서는 이런 것들과 관련된 일체의 것을 방어기제로 칭함)을 마련하고 있다.

정비일반

[도표 2-18 현장작업조건의 위험요인 세분화]

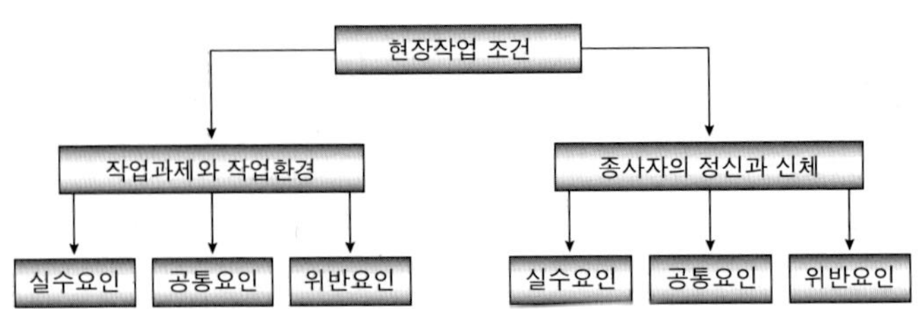

[도표 2-19 작업과제와 작업현장의 위험요인]

실수요인	공동요인	위반요인
• 작업경로의 변화 • 부정적인 업무이관 • 열악한 신호-소음 비율 • 열악한 인간-시스템 인터페이스 • 시스템 피드백의 오류 • 설계자-사용자 사이에서의 오류 • 교육 오류 • 적대적인 환경 • 커뮤니케이션 미흡 • 작업지침서의 오류 • 작업교대 불만족 및 초과시간 근무	• 시간부족 • 부적절한 도구와 장비 • 애매한 작업지시와 절차 • 작업부과의 오류 • 불충분한 훈련 • 인식되지 못한 위험 • 인원부족 • 과업에서의 잘못된 접근 • 불충분한 점검 • 청소 및 정리정돈 불량 • 잘못된 감독자-작업자 비율 • 열악한 작업조건 • 숙련자와 비숙련자 비율의 오류	• 위반의 용인 • 보상받지 못하는 선행 • 사람은 보호하지 못하고 시스템을 보호하는 절차 • 자율성의 부족 • 강압적 문화 • 적대적 분위기 • 낮은 보수 • 낮은 지위 • 불공정한 처벌 • 잘못된 감독 모형 • 상호비방의 문화 • 눈가림식 업무

[도표 2-20 종사자 정신 및 신체의 위험요인]

실수요인	공통요인	위반요인
• 선입관 • 주의산만 • 기억력장애 • 인지장애 • 감각장애 • 부주의 • 불완전한 지식 • 부정확한 지식 • 제멋대로의 추론과 합리화 • 스트레스와 피로 • 수면장애 • 자기비하 • 무력감	• 능력부족 • 기술부족 • 기술과신 • 친숙하지 않은 업무 • 나이와 관련한 요소들 • 잘못된 판단 • 결과에 대한 지나친 우려 • 단조로움과 따분함	• 연령과 성별 • 위험도가 높은 과제 • 위험의 간과 • 위반을 용인함 • 비동질성 • 과격성 • 사기저하 • 우울한 분위기 • 직무 불만족 • 관리·감독제도의 대한 잘못된 태도 • 위험인식의 부족

다시 말해 방어기제는 조직내에서 위험과 비정상적인 상황을 인지, 분석 및 개선하여 조직과 구성원을 보호하는 것과 관련한 일체의 수단이라고 할 수 있다. 근래 안전에 대한 관심이 높아지면서 조직들은 이 부분에 상당한 자원을 투입하고 있다. 이러한 방어기제는 조직에 따라 매우 다양하고 광범위하기 때문에 일률적으로 말하기 어렵지만 대체적으로 자동제어시스템과 운용자 요소를 내용으로 하고 있다.
자동제어시스템은 이제까지 변동이 심하고 오류의 가능성이 많은 운용자에게 맡겨져 있던 작업을 넘겨받음으로써 업무의 효율성과 안전성을 증진시키도록 활용되고 있다.
한편 운용자는 자동제어시스템의 능력한계를 넘어서는 비상시에 대비하여 업무를 정상으로 복구시키는 역할을 담당하고 있다. 이것은 항공기의 조종실에서도 해당된다. 그런데 현대의 컴퓨터 기술이 고도로 발달하긴 했지만 아직 스스로 생각하는 능력은 없다. 따라서 예상치 못한 비상상황에서의 대처는 아직도 운용자의 능력과 판단에 맡겨져 있다. 그런데 사람자체가 오류의 가능성을 내포한 불완전한 실체이기 때문에 아무리 완벽을 기해서 방어기제를 운용한다고 해도 결국 오류를 범할 수 밖에 없다.
특히 이러한 가능성은 조직의 정책결정 과정상의 오류에 의해 더욱 커질 수 있다.
결론적으로 모든 위험이나 비정상의 오류에 의해 직접적으로 초래된 결과이다. 또한 이러한 결함들은 방어기제 자체의 오류나 실패를 포함한다. 이것들이 결합되어 사고의 잠재적 원인을 제공한다.

ⓔ 실재적 실패와 잠재적 실패(Active failures & Latent failures)

㉠ 개요

복잡한 시스템으로 이루어진 조직 내에서 일하는 사람은 실수에 노출되는 것이 당연하다. 이러한 실수는 작업장에서 발행할 수도 있고 방어기제와 연관되어 발행할 수도 있다. 실재적인 사고원인은 작업장에서 발생한다. 한편 잠재적인 사고원인은 방어기제의 부재나 혹은 방어기제내에 존재하는 결함과 관련된다. 실재적 실패와 잠재적 실패는 2가지 차원에서 구별된다.
첫 번째는 이러한 원인이 조직에 역효과를 미치는 경과시간을 기준으로 구별한다. 실재적 원인은 즉시적이고 직접적인 영향을 미치는 반면, 잠재적 원인은 때로는 몇 년에 걸쳐 잠재되어 있다가 실재적 원인이나 현장촉발요소와 결합하여 시스템의 방어기재를 해치게 된다.
두 번째는 누가 이런 원인을 제공하는가에 의한 구별이다. 실재적 원인은 시스템과 직접적인 관련이 있는 사람들, 즉 조종사, 관제사, 정비사 등이 제공한다. 잠재적 원인은 관리적·조직적 영역에서 이루어진 결정들에 의하여 생성된다. 즉 직접적이고 순간적이 인간-시스템 인터페이스로부터 유리된 시간과 장소에서 일하는 사람들에 의하여 제공되는 것이다. 실재적 실패와 잠재적 실패를 세부적으로 설명하면 다음과 같다.

㉡ 실재적 실패

실재적 실패는 기술측면의 결함과 규칙측면의 결함, 그리고 지식측면의 결함으로 나눌 수 있다. 기술측면의 결함은 현장종사자의 주의 부족, 기억력 장애, 인지능력의 장애로 빚어지는 실수이면, 규칙측면의 결함은 좋은 규칙을 잘못 적용하는 경우, 혹은 잘못된 규칙을 그대로 적용하는 경우에 발생한다. 한편 지식측면의 결함은 종사자가 받은 훈련이나 경험 등이 이제까지 다루어 보지 못한 새로운 상황을 조우하게 되는 경우에 발생한다.

ⓔ 잠재적 실패

잠재적 실패는 방어기제의 구성이나 기능의 결함에서 기인한다. 안전에 관련된 기준, 정책, 지침, 훈련, 개인보호장비 등 방어기제 구성의 결함에 주의력, 경고, 보호, 회복, 한정, 회피와 같은 방어기제 기능의 결함이 결합되어 나타난다.

ⓕ 현장촉발요소(Local Triggers)

현장촉발요소는 지금까지 설명한 조직적 요소들 이외에 조직영역 밖에서 부여된 것들로서 갑작스런 기상악화, 종사자 자체에 기인하는 인적인 오류나 실수, 기타 예상치 못한 위험요소들이다. 그러나 현장촉발요소 자체만으로 사고가 발생하는 것은 아니다. 방어기제가 튼튼하다면 현장촉발요소가 있더라도 피해는 매우 미약하거나 또는 전혀 발생하지 않게 된다.

4. 사고예방 활동

1. 서 론

지금까지의 항공기 사고를 면밀하게 분석·조사한 여러 가지 연구를 종합하여 보면, 항공기 사고는 단 하나의 요인에 의해서 발생한 경우는 극히 드물며 거의 대부분은 여러 가지 요인이 복합된 것이라는 결론이 나온다. 그러한 요인 하나 하나를 놓고 보면 별로 중요한 것이 아님에도 불구하고 그것이 하나씩 허물어져 감에 따라 결국은 사고에 도달하게 되는 것이다.

이것을 우리는 사고의 연결고리(Chain of Error)라고 부르는데, 사고예방이란 이러한 실수나 결함으로 연결된 고리가 완성되기 전에 그와 같은 요인들이 어떠한 것들인지를 파악하여 제거하거나 회피하는 활동을 하는 것이다.

[도표 2-21 사고의 연결고리]

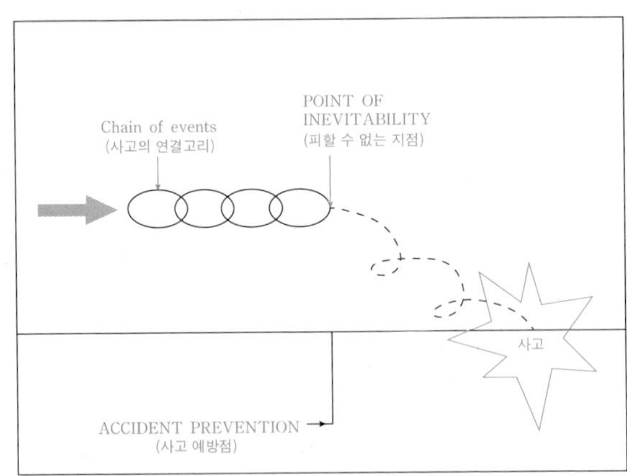

사고예방은 많은 기술과 기법을 포함하는 하나의 종합적 활동이다. 사고예방 활동을 적절히 수행하기 위해서는 조직의 안전수준을 높이고 조직활동의 능률을 향상시키지 않으면 안된다. 본 지도서에서 개략적으로 소개되는 사고예방은 다음 사항을 포함한다.

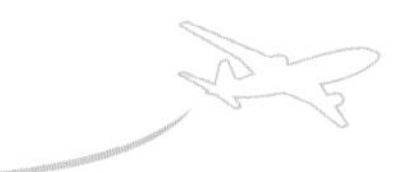

- 위해요소의 발견
- 위해요소의 평가
- 위해요소를 제거 또는 회피하기 위한 제안 사항들의 체계적 서술
- 책임기관에의 위해요소의 통지 혹은 보고
- 반응에 대한 모니터링
- 결과의 추정
- 안정성 추진

도표 2-22는 이러한 업무 처리 절차의 첫 4단계를 그림으로 설명하고 있다.

[도표 2-22 사고예방절차(Accident Prevention Process)]

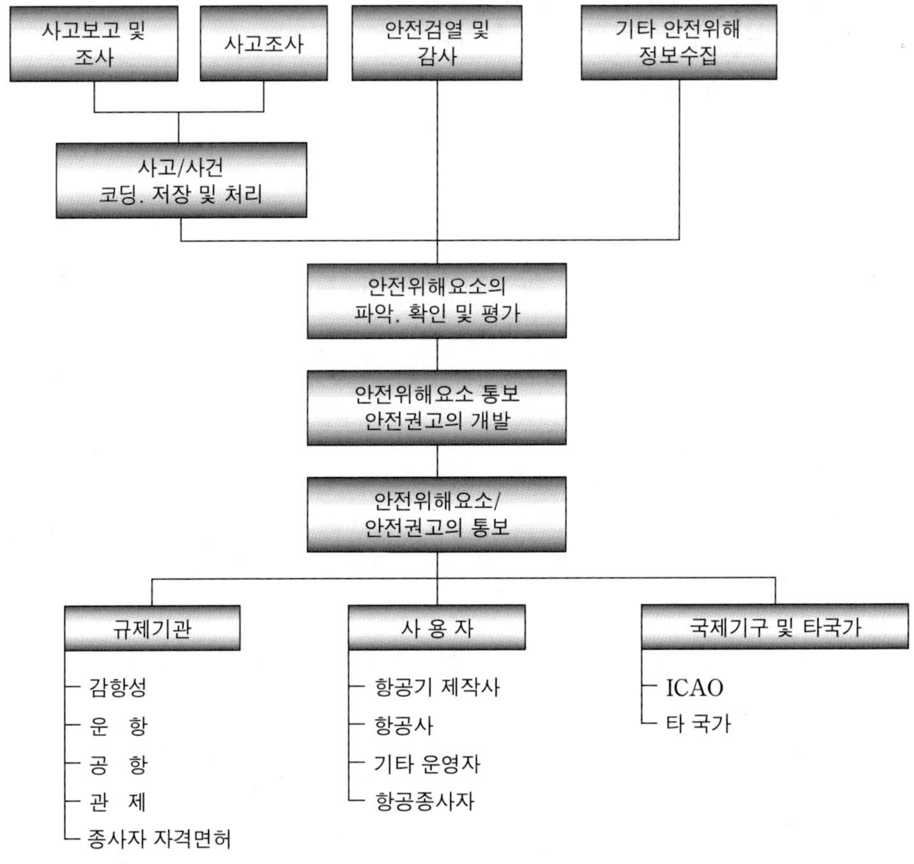

2. 위해요소의 탐지방법(Hazard discovery methods)

① 개요

사건의 보고, 조사, 분석은 사고예방에 있어서 대단히 효과적인 수단이다. 만일 항공인들이 자신이 주체가 된 사건들을 연구·분석하여 그 결과를 교육훈련, 운영 및 경영관리에 피드백 시킨다면 유사한 사고는

거의 일어나지 않을 것이다. ICAO는 이러한 사건들을 수집하여 사고를 예방하는 수단으로서 비밀보고제도(CRS : Confidential Reporting System)를 권고하고 있다.

② CRS 이론

ⓐ CRS란?

CRS(Confidential Reporting System)의 개념을 정의하면 "조종사, 관제사, 정비사 등 항공종사자들이 항공안전에 위협이 되거나 될 수 있는 항공사건이나 상황에 대하여 자발적으로 보고하도록 하고, 보고된 위험정보를 분석, 처리, 전파하여 항공사고의 예방을 도모하는 제도"라고 할 수 있다. 항공기사고의 예방은 많은 기술과 노력을 필요로 하는 복합적인 활동이다. 효과적인 사고예방활동은 항공안전을 증진시킬 뿐 아니라 운항의 효율성을 높여준다.
이러한 항공기사고의 예방을 위한 활동은 다음과 같다.

첫째, 실재적 그리도 잠재적 위험요소를 발견하고 분석하는 활동
둘째, 발견된 위험요소를 회피하거나 개선할 수 있는 대책을 마련
셋째, 위험요소와 그 대책을 규제당국이나 항공조직들에 전파시키는 활동
넷째, 개선조치의 결과를 평가하여 피드백하는 과정

이러한 측면에서 항공사건의 보고, 조사 그리고 분석은 사고예방에 있어서 매우 효과적인데, 이것은 다음과 같은 항공사건의 특성 때문이다.

- 사건(Incident)은 인명의 사상이나 항공기의 손실을 초래하지 않는다는 점을 제외하고는 사고와 동일한 성격을 갖는다. 따라서 사건은 인명의 사상이나 항공기의 손실없는 사고와 동일한 정도로 위험요소를 발견하도록 해준다.
- 사건은 사고보다 훨씬 많이 발생한다. 전문가들의 연구에 따르면 동일 유형의 사건/사고을 기준으로 할 때 최소 10배에서 100배까지 사건이 많이 발생한다. 따라서 사건은 다량의 위험정보를 구할 수 있는 원천이다.
- 사건에 관련된 항공종사자들은 사고와 달리 생존해 있기 때문에 사건의 원인이 된 위험요소에 대하여 보다 상세한 정보를 제공할 수 있다.

이러한 배경에서 각국의 항공당국들은 사건보고와 조사 그리고 분석을 위한 다양한 제도들을 마련하고 있다. 현재 각국이 실시하고 있는 사건보고제도는 크게 두 가지 유형으로 분류된다. 하나는 강제적 사건보고제도(Mandatory Incident Reporting System)이고, 다른 하는 자발적 사건보고제도(Voluntary Incident Reporting System)이다.

㉠ 강제적 사건보고제도(Mandatory Incident Reporting System)

강제적 사건보고제도하에서 항공종사자들은 일정한 유형의 사건을 보고하도록 강제된다. 이 제도는 누가 무엇을 보고할 것인지에 대해 상세히 규정하는 법규가 필요하다. 강제적 사건보고제도는 이러한 법규가 없이는 성립이 불가능하다.

그런데 사건보고를 규정하는 법규들은 보고대상을 상세히 기술해야 하는 한편, 불필요한 보고를 막기 위해 일상적인 문제나 결함들, 즉 이미 충분한 방어시스템이나 절차가 존재하는 것들과는 구분되어야 한다. 다시 말해서 어느 수준 이상의 위험에 대해서만 보고하도록 일정한 범위와 경계를 지녀야만 한다. 그렇지 않으면 강제적 사건보고제도는 불필요한 수많은 보고서에 파묻히게 되고 결국 진정으로 중요한 위험들을 간과하게 될 수 없다. 한정된 자원을 가장 효과적으로 사용할 수 있도록 하기 위해서는 중요한 위험만을 보고하도록 규정하는 상세한 법규가 필요한 것이다.

그런데 항공기 운항에는 수많은 변수가 존재하고 있기 때문에 보고되어야 할 사항이나 조건들에 대하여 완전하고 상세한 목록을 만든다는 것은 매우 어렵다. 또한 어떤 상황에서는 사소한 결함에 불과한 것이 다른 상황에서는 매우 큰 위험요소가 될 수도 있다.

그럼에도 불구하고 강제적 보고제도를 규정하는 법규들은 상세하고 구체적이어야 하기 때문에 항공종사자의 인적요소(Human Factors)에 대한 것보다는 항공시스템의 기계적, 기술적 측면의 결함이나 위험에 치중하는 경향이 있다. 이러한 한계를 극복하기 위해 항공선진국들은 자발적 사건보고제도를 도입하여 강제적 제도하에서 획득치 못했던 항공종사자들의 휴먼팩터 측면의 위험정보 획득에 초점을 맞추고 있다.

㉡ 자발적 사건보고제도(Voluntary Incident Reporting System)

자발적 사건보고제도(또는, Confidential Reporting System)하에서 항공종사자들은 운항현장에서 직접 관련되었거나, 혹은 목격한 위험, 법규위반, 시스템결함 등을 자발적으로 보고하도록 유도된다(의무나 강제가 아님).

현재 자발적 사건보고제도를 시행하고 있는 국가들의 경험에 비추어 보면, 이 제도는 보고서의 접수와 분석 그리고 안전정보의 전파를 전담할 신뢰성 있는 “제3의 기관(The Third Party)”이 필수적 요소이다. 이유는 간단하다. 항공종사자들이 자신을 고용하고 있는 항공사나 면허를 관리하는 정부당국에 자신의 과실을 보고하는 것을 기피하기 때문이다.

이 제도하에서는 보고자의 신원관련 사항에 대한 비밀보장이 이루어져야 한다. 비밀보장은 접수기관의 신뢰성과도 관련이 깊다. 보고서에 담긴 신원관련 사항을 삭제하고 기록에 남기지 않음으로써 비밀보장은 달성된다. 일반적으로 이 제도에 사용되는 보고서의 양식은 신원관련 사항이 기재된 부분을 절취하여 보고자에게 반송할 수 있도록 고안되어 있다. 이러한 철저한 비밀보장 때문에 휴먼팩터에 관련된 정보를 획득하는 데에 있어서 강제적 보고제도보다 훨씬 효과적인 것으로 나타나고 있다.

3. 위해요소의 평가(Hazaed Evaluation)

① 자료기록방법

사건 및 사고자료를 효과적으로 기록하는 것은 이후의 자료분석에 있어서 매우 중요하다. 사건 및 사고의 심각성을 평가하는 것외에도, 이러한 방법들은 위해요소들의 출처 확인을 하는 데에도 도움을 줄 수 있다. 당해 조직의 가동수단 및 요건, 연루되어 있는 사고/사건의 수에 따라서 기록시스템의 양태는 단순한 파일에서부터 복잡한 전산자료처리(EDP) 장치에 이르기까지 대단히 다양하다. 사고/사건 자료에 내재되어 있는 수많은 변수 및 이들 자료가 투입되어 사용될 분야의 다양성 때문에 기록시스템은 고도의 융통성을 갖는 것이 필수적이다. 대부분의 전산자료처리(EDP) 장치는 이 요건을 만족시켜 주며, 그 외에도 여러 가지 장점들을 가지고 있다.

가장 단순한 기록방법중의 하나는 보고서의 개요 혹은 요약에 해당하는 부분을 복사하거나, 다양한 제목, 예컨대, 항공기 기종, 발생형태, 비행단계, 운항형태 등의 표제어를 달아서 편철을 해두는 것이다. 이 방법은 보고서의 수가 소수일 경우에만 적합하다. 이보다 약간 복잡한 방식은 상이한 표제어를 달아서 카드형태로 파일링을 해두는 것이다. 카드에 모든 중요 정보를 수록해 두거나 마스터 서류만을 언급해 두거나, 아니면 이 두가지 방식을 모두 채택할 수 있을 것이다.

또 하나의 카드 방식은 "가장자리 천공"을 이용하는 것으로 기계적인 방식으로 정보를 카테고리별로 분류·저장할 수 있다. 칼라를 사용하면 연도별로 서로 다른 운항형태 등을 분류하는데 도움이 될 수 있다.

사고/사건의 분석만을 위한 EDP 시스템을 개발하는 일은 재정적, 인력적 측면에서 많은 자원을 요할 수 있다. 그러므로 수동에 의한 자료의 기록 및 정리 방법에 대해 경제적 효과가 가장 큰 선택적 대안으로서 소형의 데스크 톱 컴퓨터가 자주 이용되고 있다.

어떠한 방식을 선택하든지, 여러 가지 그룹이나 카테고리들을 명확하게 규정하는 것이 중요하다. 이러한 일은 "부호화 편람" 혹은 "점검점"(√) 부호화 양식을 사용함으로써 실시가 가능하다. "운항형태" 혹은 "사고형태" 등의 카테고리에 대하여 규정한 명확안 정의를 사용함으로써, 부호화 혹은 편철 작업을 하는 사람이 교체되더라도 자료의 분류방식이 바뀌는 일이 일어나지 않게 된다. 유용한 데이터 뱅크 제도를 확립 또는 개발할 계획이라면 이 점은 필수적이다.

대부분의 회원국에 있어서 사고 및 사건의 보고와 기록에 관한 요건과 절차는 상이하다. 그러나 그렇다고 하더라도 사고와 사건을 동일한 체계내에 유지시키는 일은 작업을 보다 용이하게 해주며 경제적 효과를 높여준다.

분류항목과 부호가 동일할 경우 조사를 충분히 마친 사건들은 사고관련 제도에 저장할 수 있다. 공통의 데이터 베이스를 확보하기 위하여 ADREP 분유항목과 부호를 사용하는 일부 회원국들은 흔히 자국의 요건에만 독특하게 적용되는 분류항목을 추가시킨다. 이렇게 하면 회원국들 간에 공통적인 데이터 베이스에 관해서는 자료교환을 가능케 해주는 동시에 그와 같은 일부 회원국들의 특수한 필요를 충족시켜 주게 된다. 또한 공통적인 데이터 베이스를 위해 ADREP의 분류항목과 부호를 사용함으로써 ICAO에 대한 ADREP 사고/사건의 보고행위를 단순화시켜 준다.

② 통계적 조사연구

일단 위해요소들의 정체를 확인 및 기록한 다음에는 이들의 의미와 심각성을 판단·결정하기 위하여 분석을 필요로 한다. 그런 다음 이들을 제거 혹은 회피하기 위하여 취해야 할 조치의 우선순위를 배정할 수 있다. 일부 회원국들은 이미 위해로움이 입증된바 있는 요인들의 특정 결합형태에 대한 조사·연구가 이루어질 수 있도록 자국의 전산화 기록자료상에서 위해요소들의 인과관계를 규명하기 위한 방법들을 개발하고 있다.

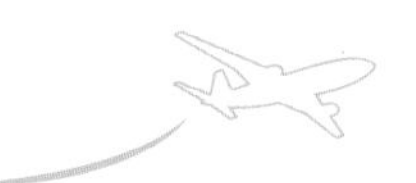

많은 사고들은 이미 그 정체가 규명된 바 있는 위해요소들에 의해 야기되었다. 그럼에도 불구하고, 이들 위해요소들은 통상 따로따로 검토되어 왔으며, 이들이 다른 위해요소들과 연계되어 검토된 이후에야 비로소 그들이 지닌 진정한 의미를 깨달을 수 있게 되었다.

그러므로 그와 같은 자료에 분석적 방법을 적용함으로써 교정할 분야를 부각시킬 수 있고, 교정조치의 우선순위를 제시할 수 있게 되었다.

③ 결점추적분석(Fault Tree Analysis)

결점추적분석 기법은 복잡한 시스템의 안정성 분석에 광범위하게 사용되어 있다. 이 기법은 기본적으로 하나의 논리도표로서 복잡한 업무처리절차와 상호관계를 명확하게 해주며, 항공기사고를 유발한 인과관계를 밝히는 데에 채택·이용될 수 있다. 따라서 결함추적을 통하여 시스템 결함으로 이어진 연속된 사건들을 추적하는데 도움이 된다. 이와 같은 시스템적 접근방법은 인간, 기계 혹은 환경의 한 요소에서의 잘못이 나머지 두가지 요소에 영향을 미칠 가능성이 매우 크다는 것을 뚜렷이 보여주고 있다. 도표 2-23은 단순화한 결함추적분석(SAE, APR 926A 문서로 채택)의 사례로서 흐름도(Flow Diagram)를 구축하기 위하여 흔히 사용되는 심볼들을 포함하고 있다.

이 결점나무는 해당 페이지의 머리 부분에서부터 시작하여 후진하면서, “Why”라는 질문에 대응하여 “AND” 혹은 “NO” 게이트를 경유, 상이한 레벨을 통과하여 하향 진행하도록 설계되어 있다. 모든 입수 가능한 정보가 추가됨으로써 나무 가지들은 보다 상세한 내용을 담아 기본 원인 혹은 위해요소로 이어지게 되어 있다. 도표 2-23의 결함추적분석은 완전한 것이 아니며, 다만 인과적 사건의 결과가 발전되어 가는 일반적 과정을 그림으로 보여주고 있다. 몇 단계의 레벨로 계속 가게 되면, 결함추적은 언제나 하나의 공통적인 원인인 “인간적 오류”에 도달하게 된다. 결함추적분석 기법을 사용함에 있어서는 결함의 영향을 받은 컴퓨터나 시스템의 설계, 구조, 동작 등에 관한 깊은 지식이 필요하다.

이 기법은 각각의 레벨 혹은 업무에서 완전한 성공 혹은 실패를 상정하는 것이므로, 기계적 결함의 분석에는 대단히 값진 수단이다. 인간적 결함을 검토할 경우, 성공 및 실패로 간주될 수 있는 것들 사이에는 성과의 측면에서 수많은 레벨(층)이 있을 수 있기 때문에 이 기법의 가치가 상대적으로 떨어진다.

사고 혹은 사건으로 연결되는 원인과 결과의 순서에 대한 명확한 모습을 잡게 되면, 사고예방 절차를 가장 유용하게 적용할 수 있는 레벨이 무엇인지 또 어느 분야인지, 그리고 그와 같은 조치의 잠재적 효용성이 무엇인지를 결정하기가 보다 용이하다.

④ 모형화

복잡한 시스템, 절차, 업무 등에 있어서 다양한 요소와 이들이 상관관계를 이해하기위한 분석기법으로서 모형이 사용된다. 대체로 두 가지 형태의 모형이 가능하다. 스케일모형, 시뮬레이터 등과 하드웨어를 평가하기 위한 물리적 모형과 보다 추상적인 용인 혹은 문제들에 사용되는 비물리적(상징적 혹은 수학적) 모형이 그것이다. 후자는 또한 컴퓨터로 취급할 분야에 채택 사용될 수 있다.

효과를 보기 위해서는, 모형들을 반드시 모형이 상징하는 실제적인 시스템의 핵심적 요소들을 포함하여야 하며, 이 시스템의 모든 동작규칙과 절차를 준수해야 한다. 일단 특정 모형이 가지고 있는 수치들을 사용함으로써 상징성이 있다는 것이 입증되면 변경시킬 수 있는 변수들의 영향을 포착할 수 있다.

이러한 방법으로 다양한 요인들의 위해 잠재성을 적은 비용과 아무런 위험을 수반하지 않은 상태에서 시뮬레이션 할 수 있다.

⑤ 시뮬레이터의 사용

항공기 운항에 있어서 일부 위해요소들은 비행 시뮬레이션 장치(시뮬레이터)를 사용하여 평가·분석할 수 있다. 거의 충돌에 가깝게 "사고를 비행으로 재현"하는 따위의 항공기를 직접 사용한 시뮬레이션에 비하면, 이러한 방식은 비교가 되지 않을 정도로 저렴한 비용 및 위험 부재라는 장점을 가지고 있다. 시뮬레이터는 고장 및 기타 위해요소들을 재현한 다음, 이들을 분석하여 예방을 목적으로 하는 권장안들을 생산할 수 있도록 프로그램화시킬 수 있다.

비행시뮬레이터의 주요 장점들중 하나는 비행 승무원들이 직면하는 상황을 다시 만들 수 있다는 점이다. 이것은 비행 승무원의 행위를 개발하고 이해하는데 도움을 줄 수 있다. 항공관제 및 기타 분야의 시뮬레이터들을 마찬가지 방법으로 사용할 수 있다. 사건보고 행위의 기안서에는 일상적인 시뮬레이터 훈련을 통한 연습시에 발견되는 "사건들"을 포함시켜야 한다. 특정 시뮬레이터에서의 하나의 "사건"은 비행중에 발생하는 사고의 예방과 마찬가지로 사고예방의 중요성을 지닐 수 있기 때문이다.

4. 위해요소의 제거 또는 회피(Hazard elimination or avoidance)

① 개 요

위해요소들은 모두 제거할 수도 없거니와 제거되지도 않는다. 일단 위해요소들을 발견하고 명확히 파악한 다음에는, 이들의 제거 또는 회피에 책임이 있는 조직에 안전권장사항 혹은 통지서로써 반드시 알려주어야 한다. 이러한 조치를 취하지 않으면 사고예방 노력은 헛된 일이 된다.

안전권장 사항들은, 대개 당해 조직내에는 문제를 해결할 수 있는 전문가가 부재하는 경우가 많으므로 일반적인 용어들로서만 그 틀을 짜야 한다. 또한 구체적으로 명시된 권장사항들은 사고예방에 대한 경영관리층의 책임을 피해나가기 쉽다. 구체적으로 명시된 특정 권장사항은 수령자에게 거부심리를 불러일으킬 가능성을 가지고 있다. 왜냐하면 그것이 비판을 내포한 것으로 여겨지거나 혹은 그 사람 자신이 그것을 발상한 것이 아니기 때문이다(소위 "외래 아이디어 수용 불가" 현상).

마지막으로, 구체적으로 명시된 특정 권장사항은 위해요소를 제거하는 최상의 방법이 아니어서, 동 권장사항을 제시한 사람에 대한 신뢰성을 깎아 내릴 수 있다. 당해 권장 혹은 통지와 관련하여, 그렇게 하는 것이 적적하다고 보면, 당해 위해요소의 심각성에 대한 평가가 수반되어야 한다.

즉, 동 권장 혹은 통지가 수령자로 하여금 필요한 예방조치를 취함에 있어 도움이 될 수 있는 어떠한 추세의 일부 및 추가적 조언 혹은 정보를 구성하는 것인지의 여부를 평가하여야 한다. 그러나, 특정한 문제점에 대한 해결책이 새로운 문제점들을 불러들이지 않는지 조심하여야 한다.

② 관리층에 제공할 제보

행정부문, 제조업체, 운항사업자의 관리층의 활동은 항공안전 업무처리에 있어 대단히 중요한 부분이다. 안전의 궁극적 책임은 관리층에 있으므로 관리층에 위해요소의 제거와 관련하여 결정을 내릴 수 있는 근거가 되는 충분한 정보와 조언을 제공해야만 하다. 예컨대, 운항을 책임진 관리층은 업계, 특히 유사한 운항 업무에 동일한 기종의 항공기를 사용하는 사업자들의 안전에 대한 경향을 알고 있어야 한다.

③ 규제업무처리 과정으로의 정보 피드백

대부분의 회원국들은 많은 사고 및 사건 조사로부터 학습한 교훈을 규제대상으로 삼고 있는 자국의 여러 제도적 장치에 흡수, 반영시킬 수 있는 방법들을 가지고 있다. 일반적으로 이러한 일들은 느리게 진행된다. 부분적으로 이는 법규를 변경함으로써 부과되는 법률 등에 의한 제약에 기인한다.

예를 들면, 특정 유형의 사고가 계속적으로 발생하면, 이는 조종사 훈련분야의 취약성을 나타내는 것일 수도 있다. 조종사 훈련절차에 관한 제규정을 변경할 수 있기까지에는 상당한 시간이 경과될 수 있다. 하나의 잠정적인 조치로서 회원국들은 이러한 취약점들을 부각시켜 가급적이면 피할 것을 목적으로 하는 하나의 정보 프로그램을 시행할 수 있을 것이다. 규정, 규칙, 지침 등은 그 자체가 사고를 예방하지 아니하며, 시행되지 않는 한 거의 가치를 지니지 못한다. 또한 하나의 새로운 규정으로 모든 새로운 위해요소나 문제점을 처리하려는 유혹이 생김을 인지하고 이를 물리쳐야 한다. 비록 하나의 새로운 규정이 간단한 해결책으로 보이더라도, 이것이 문제의 근원에 직접 맞닿는 것이어서 새로운 어려움을 낳지 않을 경우에만 효과를 볼 수 있을 것이다.

끝으로, 추가적인 규정 및 규칙들을 누적시키면 그 영향은, 이러한 것들을 비생산적인 것으로 만들어 버리는 결과를 가져와, 실제로 항공계로 하여금 그 모두를 이행하기 어렵게 할 수 있다. 그러므로 안전의 결핍 요소들을 바로 잡기 위하여 규정이나 규칙에 의존하기 전에 조심스러운 분석이 필요하다. 그러나, 항공기의 감항성 문제가 개입될 경우, 대부분의 경우 규제를 책임진 당국의 반응은 신속하다. 예컨대, 결함있는 항공기 부품은 부적절한 설계 혹은 불량한 품질관리의 명백한 증거가 될 수 있다. 이 경우, 위해요소를 바로 잡기 위하여 대개 감함성 명령을 신속하게 내린다. 뿐만 아니라, 제조회사, 항공기사업자, 감함성 관할당국은 효과적인 정보교환제도를 개발하여 왔다. 흔히 한 편에서 사고/사건의 조사에 바쳐지는 노력과 다른 한 편에서 사고/사건에 후속하여 취해지는 위해요소를 제거하기 위한 부가적 노력 사이에 불균형이 존재함은 유감스러운 일이다. 대개 조사에 기울이는 노력은 엄청난 반면에, 문제점을 고치기 위한 노력은 보잘 것 없는 경우가 많다. 사고 혹은 사건 조사 그 자체를 문제를 종결짓기 위한 수단으로서 간주해서는 안되며 오히려 사고예방을 위한 여러 단계의 시작으로 간주해야 한다.

5. 안전 측정(Measurement of Safety)

① 사고/사건 통계

사고예방에 기울이는 노력의 효과를 모니터링하는 것은 대단히 바람직한 일이다. 이를 성취함에는 기본적으로 두 가지 길이 있다. 한 가지는 단순히 사고, 사건, 사망자의 수 등을 이용하는 것이며, 다른 한 가지는 사고율과 관련된 것이다. 비율과 관련된 정보를 토대로 할 때만이 비교가 효용성을 가질 수 있다. 예를 들면, 두 가지 기종의 항공기를 서로 비교할 경우, A 기종이 1년에 1백만 시간을 비행하여 한 번의 사고가 났고, B 기종이 1년에 5백만 시간만 시간을 비행하여 다섯 번의 사고가 났다고 가정하면, 비행시간을 토대로 한 사고율은 두 기종이 동일하다(1백만 비행 시간당 1건의 사고).

② 비 율

이와 같이 비율은 두 개로 이루어진 자료의 집합이 갖는 수치에 의한 비(比)를 나타내는 것으로서, 사고 통계에서는 흔히 사고, 사건, 사상자의 수 혹은 손상의 건수를 하나의 집합으로 다루고, 비행시간과 같은 일부 공개적 측정척도를 다른 하나의 집합으로 다룬다. 일반적으로 비율이라고 하는 것은 구체적인 측정 조치들을 제시하는 데 보다는 오히려 특정 운항의 안전성에 대한 일반적인 측정척도를 확립하는 데에 적합하다. 하나의 비율이 효용성을 갖기 위해서는 사용할 자료의 집합들이 모순을 지니고 있지 말아야 한다.

예컨대, 장거리 운항사업자와 단거리 운항사업자가 동일한 비행회수를 갖게 하지 않는다는 것이다. 비행성능이 크게 다른 항공기를 사용하여 여객을 수송하므로 대개 이들의 1회 비행운항시간은 다르다. 그러므로 이 두 가지 운항형태의 상대적 안정성 비교는 공개된 자료가 비행편(飛行便)의 수, 비행시간, 마일, 여객수, 혹은 이들 요소의 결합을 토대로 하고 있는지의 여부에 달려 있다. 통계치는 반드시 주의력을 갖고 사용해야 한다.

예를 들면, 통계치가 특정 연령대 혹은 특정 비행시간을 갖는 조종사들이 가장 사고건수가 많다는 점을 보여줄 수 있다. 수치적으로 보면 이것은 옳을 수 있다. 그 수치들은 한 그룹에 속한 조종사들이 다른 그룹에 속한 조종사들보다 “상대적으로 덜 안전”하다는 뜻을 내포하고 있다. DRMFJ나 그와 같은 결정을 내리기 전에 사고의 건수가 가장 많은 조종사 그룹이 또한 가장 많은 수의 조종사를 가지로 있을 수 있기 때문에 각 그룹에 속하는 조종사의 총원을 파악할 필요가 있다. 모든 비교를 할 때마다 이러한 원칙을 감안할 필요가 있다. 많은 사고 통계들은 비교의 유용한 수단을 제공하여 주지 못하기 때문에 사고예방 목적에 거의 가치가 없다. 전통적으로 항공사의 안전 통계들은 좌석 킬로미터(혹은 마일)를 공개자료 베이스로 사용하여 왔다. 익폭이 큰 항공기의 출현과 더불어 이용 가능한 좌석수는 엄청나게 증가되었다. 이와 같이 항공기의 운항거리가 상대적으로 길어졌다는 것은 또한 이들 항공기가 각 비형편의 보다 큰 몫을 순항단계에서 소요하고 있다는 것을 의미한다.

대부분의 사고는 착륙 및 이륙단계에서 발생하며, 이러한 현상은 여타의 요소들에 관계없이 모든 비행편에 일관되게 나타나고 있다. 뿐만 아니라, 사고를 일으킨 특정 비행편을, 당해 항공기가 얼마나 오랫동안 체공상태에 있었는지, 혹은 얼마나 먼 거리를 비행하였는지, 혹은 얼마나 많은 좌석수를 갖고 있었는지 등에 관계없이, 안전업무 처리과정에서 빗어진 하나의 결함을 나타내는 것으로 여길 수도 있다. 따라서, 항공사 운항업무의 안전성을 비교할 때에, 비행편의 수, 즉 비행회수에 대한 사고 건수의 비율이 비행편이 시간(Flight hours) 혹은 좌석/킬로미터를 사용하는 것 보다 더 적적한 평가기준이 될 수 있을지 모른다. 또한 사고 통계치 집계에 있어서, 총사고 건수(비치명사고 포함)보다도 치명사고건수의 집계가 더 적합한지, 아니면 사망자의 수를 집계하는 것이 더 적합한지 하는 선택의 문제가 있다. 비치명사고의 기준은 회원국들에 따라 크게 다르다.

따라서 이러한 유형의 사고 통계치를 비교하려고 할 경우에는 조심할 필요가 있다. 항공안전은 또한 사고로부터의 생존확률에 영향을 미치는 요소들과도 관계를 가진다. 항공관련 통계들은 잘하면 생명을 건질 수도 있었던 특정 사고에서 발생하였딘 사망사들의 수마저 포함시키고 있다. 흔히 화재가 있었던 경우나 없었던 경우를 뒤섞어 포함시키고 있다.

대부분의 일반적인 항공운항의 경우, 사고 혹은 사건의 수 및 비행시간으로 측정한 공개자료 베이스가 흔히 사용되고 있다. 그 결과 얻어진 비율은 100,000시간당(혹은 10,000시간당) 사고 혹은 사건수로 표현된다. 독특한 위해요소들을 불러들이는 특수운항의 경우, 이와 다른 공개자료 베이스를 이용하는 것이 바람직할지도 모른다. 예컨대, 항공살포를 위한 운항업무는 대개 시간당 더 많은 수의 비행편을 요구한다. 이착륙 회수가 커짐으로써 이로 인해 비행에서 가장 중요한 이들 단계에서 사고가 일어날 가능성이 상당히 커진다. 이와 같은 운항업무에 대해서는 비행편의 수를 사용하여 사고건수를 비교하는 것이 더욱 유용할 수도 있다.

대부분의 회원국들은 기획 및 여타 목적을 위하여 항공기 사업자가 항공 운항의 다양한 측면에 관하여 정기 보고서를 제출할 것을 요구한다. 이러한 정보의 일부는 실질적으로 ICAO로 보내지고 있다. 여러 가지 비율의 계산을 뒷받침할 최신의 정확한 통계 자료를 획득하는데 있어서의 애로는 안전성을 측정함에 있어 심각한 문제가 되고 있는 실정이다.

안전성에 관한 통계치를 검토할 때에는 안전성이 향상되었는지 혹은 퇴보되었는지를 판단하기 위하여 흔히 기준기간에 대비하여 비교한다. 이러한 분석방법을 통해 또한 위해요소를 변화시키는데 유용한 기법을 얻을 수 있다.

그러나, 사고/사건의 건수가 비교적 적을 경우에는 숫자에서의 변동, 예컨대, 한 해에서 그 다음 해까지의 변동이 미미하므로 엉뚱하게 나타나며 실제로 의미가 없는 결과를 얻게 될 수 있다. 이러한 문제점을 극복하기 위하여 평균을 내는 어떠한 방식을 이용할 수 있다.

예를 들면 목적으로 삼고 있는 해의 사고 건수는 전기 3년 혹은 5년 기간 동안의 평균사고건수와 비교할 수 있다. 이러한 방식을 대신해, 목적 해의 사고 건수를 전기 2년 혹은 4년 기간의 사고 건수에 가산하고 이로부터 소위 3년 또는 5년간의 이동 평균을 산출할 수 있다.

③ 예방 노력의 기록

사고예방을 담당하고 있는 조직은 지속적으로 자체의 업무효과를 평가해야 한다. 이 조직은 발견된 위해요소, 발행된 안전권장사항 혹은 통지사항, 접수된 응답, 제거된 것으로 여겨지는 위해요소의 수 등에 대한 각종 기록을 보관할 수 있다. 이러한 기록은 사고예방 노력의 효과에 대한 하나의 측정기준을 제시해주며, 회답을 받지 못했거나 혹은 전혀 응답을 접수하지 못한 위해요소들을 추적하는 데에 도움을 준다.

한편 사고예방은 재정적 지원을 요한다. 다른 한편으로 경영관리층의 재정적 책임의 하나는 쓸데없는 경비를 제거하는 일이다. 금전을 절약하기 위한 노력의 일환으로, 훌륭한 안전성 기록을 가지고 있는 사업자의 경영관리층은 사고예방에 더 많은 혹은 지속적인 지출을 보장해 주지 않으려는 유혹을 받을 수 있다. 이럴 때에 훌륭한 안전기록은 부분적으로 과거의 사고예방 노력의 덕분이라는 점, 또 이러한 노력을 줄이려는 어떠한 시도가 오히려 장기적으로 보아 비용의 증가를 초래할 수 있다는 점을 증명해 보이기 위하여 사고예방 활동 기록들을 이용할 수 있을 것이다.

사고예방을 위한 지출은 장래의 안전에 대한 투자라는 것을 경영관리층은 상기할 필요가 있다.

6. 사고예방 전략의 예

보잉사는 "항공기사고 예방을 위한 최상의 대책은?"이란 명제를 가지고 1982년부터 1992년까지 11년간 제트 운송기의 사고기록을 분석하였다. 그래서 총 27가지의 사고예방대책이 검출되었고 문서화되었다. 이런 예방대책을 사고의 체인을 만드는 연결점을 찾아내는 작업에 적용시켜, 사고예방대책의 초점을 발생 빈도가 적은 사건에서 보다 자주 발생하는 사건으로 옮길 수 있었다.

이 예방대책 접근방식은 운항승무원의 임무수행상 행동적 요소에 신뢰성 개념을 도입하도록 하였으며, 사고 감소 노력에 대해 업무관리이론을 적용하게 만들었다. 또한 이 접근방식은 항공분야에서 업무관리를 인식하는 것과 일상적이고 공통적인 행동적 요소의 신뢰성을 지속적으로 조금씩 개선하는 방식에 의해서 사고를 줄일 수 있다는 것을 보여주었다. 사고예방대책은 두 가지 기준을 만족시켜야 한다.

- 만약 이 예방대책이 채택된다면 미래에는 같은 유형의 사고를 상당수 막을 수 있다.
- 적어도 계획중인 여러 가지 대응책 중 단 하나의 결정적인 조치로써 사고를 줄일 수 있다.

사고예방대책은 사고에 있어서 단 하나의 대책으로 여러 대응책을 가능케 한다. 예를 들면, 조종사가 세 가지의 다른 사고와 직결되는 절차들을 따르는 데에 실패하여 사고가 났다면 사고예방대책의 연구를 통해서 세 가지의 대응책을 얻게 된다.

11년간의 연구분석을 통하여 보면, 329건의 상업용 제트기(27,000[kg] 이상) 사고가 있었다. 그중 266건은 사고예방대책을 검출하고 개발하는 데에 필요한 문서화가 잘 되어 있었다. 이 266건에서 건당 평균 4.32개의 사고예방대책이 도출되었다. 이 예방대책 접근방식이 모든 사고에서 오직 4.32개의 사고예방대책만이 적용된다는 것을 의미하지는 않는다. 그래서 각 예방대책은 잘 일어나기 쉬운 실수중의 상당부분을 제거하는 기회를 제공한다.

예를 들면, 44건의 사고가 "Flying Pilot는 절차를 준수해야 한다."와 " Non-Flying Pilot는 절차를 준수해야 한다."는 두 가지 모두의 예방대책을 보여주었는데, 이들 사고의 경우 만약 Flying Pilot가 절차를 준수하였더라면 사고는 발생하지 않았을 것이며, 1,328명의 생명도 구할 수 있었을 것이다.

사고예방대책이란 사고를 예방할 수 있는 종합적이고 과학적인 조치를 말한다. 그래서 역사적인 사고·사건기록의 분석에서 얻어진 통계적이고 체계적인 결과는 전체적인 사고율을 감소시키기 위한 여러 가지 활동을 뒷받침하기 위한 자료로서 활용되며, 가장 많이 활용되는 대책이 이러한 투자에 대한 중요한 이익이라고 할 수 있다. 사고를 분석하여 보면 사고에 있어서 많은 비중을 차지하는 부분을 예방할 수 있는 많은 기회가 있었음을 알 수 있으나, 이 대책을 지역이나 사고의 유형별로 분류한다면 그 대응책은 달라질 수 있다. 예방대책 접근방식의 결과는 우리들의 예방활동이 어디에 초점을 맞추어야 가장 좋은 것인지에 대하여 지침을 준다.

예를들면, 운항승무원들이 규정이나 절차를 준수했다면 막을 수 있었던 사고가 70[%] 넘는데, 이런 점에 기술을 접목시킨다면 아주 좋은 결과를 얻을 수 있을 것이다. 예방대책 접근방식의 결과로서, 미국의 ATA(Air Transport Association)는 왜 운항승무원들이 규정과 절차를 준수하지 않고 사고를 일으키는가, 절차를 준수케 하는 데에 도움이 되는 방법은 없는가에 대하여 연구하기 위해서 휴먼팩터 태스크 포스팀을 구성하였다. 이 연구에는 비행기 설계, 훈련시스템, 인간의 심리학, 심리화적 이해와 분석까지 포함되었는데, 여기에서 나온 결과를 토대로 항공운송시스템을 개선하게 되었다.

여기에서 나온 결론에는 또한 항공기의 기술개발 못지않게 그 기술의 진보에 따르는 훈련·규정 및 절차의 개발도 필수적으로 뒷받침되어야 한다는 것도 포함되었다.

지난 수십년간 기술의 진부는 안전을 개선시키는 데에 매우 효과적으로 이용되어 왔으며, 미래에도 기술은 매우 중요한 역할을 할 것이라고 추측되나, 기대와 달리 사고율을 감소시키는데 있어서 효율적인 방법론이 되지 않을 수도 있다.

즉, 획기적인 기술의 발전이 없이도 예방대책을 수립할 수 있다. 더하여, 효과적이고 공통적인 대부분의 예방대책은 항공업계 내의 일상적으로 공통적인 업무를 개선시키는 것이고, 반면에 단 하나의 100[%] 효과적인 예방대책은 없다는 것을 강조하고자 한다. 어떤 항공기가 공항에 접근하는 도중 글라이드 슬로프를 벗어나서 배회하다가, GPWS의 경고를 무시하고 계속 비행중 지상과 충돌하는 사고를 빚었다고 상상해보자.

사고조사 당국은 사고의 주원인을 "지상과의 충분한 거리 및 고도를 확보하지 않은채 비행한 승무원의 과실"이라고 단정할 것이나, 이러한 사고를 예방하는 대책을 세운다면 다음의 4가지를 들 수 있을 것이다.

- Flying Pilot이 접근절차 및 고도를 준수하는가?
- Non-Flying Pilot이 Check를 하는가?
- 관제요원이 항공기 접근을 잘 모니터링해서 지상충돌의 위험성을 경고하는가?
- Flying Pilot이 GPWS의 경고를 잘 받아들이는가?

예방대책 접근방식으로 가상적인 연습을 해보면, 각각의 예방대책에 의해서 예상될 수 있는 실수의 가능성을 검출할 수 있다. Flying Pilot이 성문화된 접근고도를 준수하지 못할 확률은 1/1000, Non-Flying Pilot이 충분한 Cross Check를 못할 가능성은 1/1000로 추정된다. ATC는 항공기 접근시 고도를 모니터해야 할 직접적인 책임은 없으므로, 항공기가 글라이드 슬로프를 이탈하여 지상과의 접근시 이를 비행기에 경고해 주는 것을 빠뜨릴 확률은 1/10이라 본다.

마지막으로, 여러 통계를 분석해 볼 때 GPWS가 경고음을 울릴 때 적절한 조치를 취하지 않을 확률은 1/2이다. 이 모든 가능성을 종합해 본다면, 위의 4가지 전체가 조합이 되어 사고가 일어날 확률은 200만회 비행당 1건이며, 현재와 같은 교통량이라면 매 2개월에 한 번씩 이와 같은 사고가 일어난다는 결론에 도달한다.

이때 우리가 다른 것을 제쳐두고 "Non-Flying Pilot"의 Cross Check와 GPWS에 대한 조치만 가지고 예방대책을 논의해 보자. 만약 우리가 Non-Flying Pilot의 Cross Check 훈련과 표준화 노력을 기울여서 이에 대한 가능성을 1/100에서 1/200로 줄이고 GPWS 경고음에 대한 적절한 조치를 취하는 훈련을 강화하여 이것을 1/2에서 1/5로 줄인다면, 전체적인 사고 가능성은 매1천만회 비행당 1건으로 5배 줄어들 것이며, 2개월에 1건 일어나는 사고는 1년에 1건으로 줄어들 것이다.

추가하여 모든 사고에 있어서 사고의 연결고리를 끊을 수 있는 방법에 기술적인 진보와 업무시스템의 개선이라는 두 가지 대책이 있다면 기술적인 진보를 접목시키기 전에 먼저 업무시스템의 개선에 초점을 맞추어야 한다.

6 부록

1. 인간공학(Human Factors)

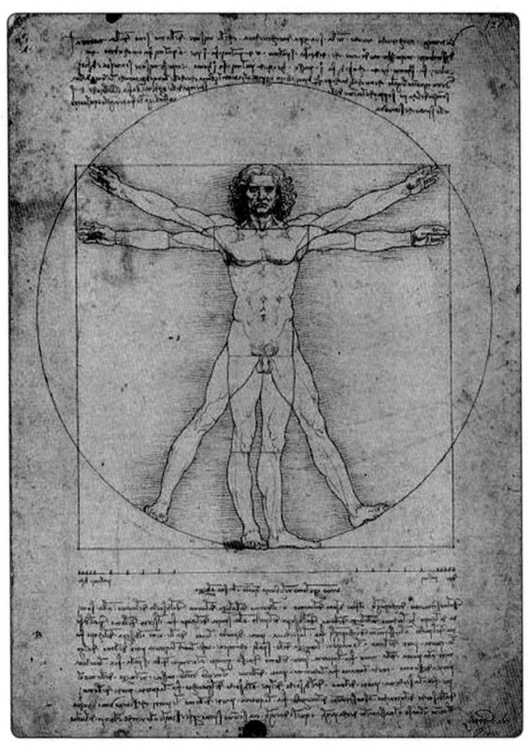

인간공학은 제2차 세계대전 중 항공 분야를 주 대상으로 간이 계통(System)의 중심이라고 여기며 발전 되어온 학문의 한 분야이다.

개 념

- 감지와 인식
- Errors
- 습관
- 능력과 한계
- Performance Shaping Factors
- System Approach
- 인체측정학
- 생물역학
- 생리학
- Stereotypical Behavior
- Stress

2. 관리의 개념

관리(MANAGEMENT) 목표에 도달하기 위해 자원을 종합적으로 이용하는 과정

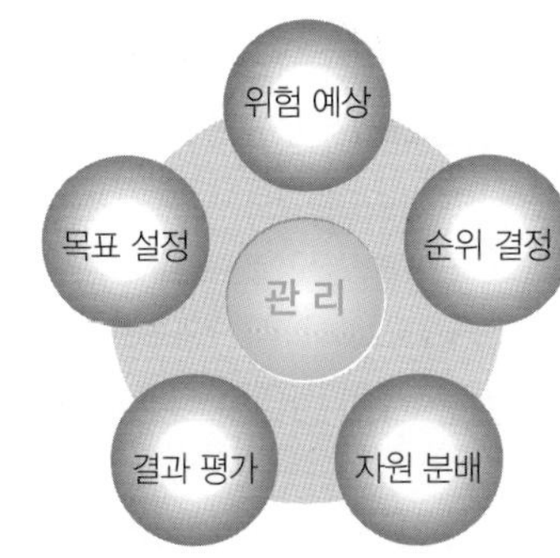

3. 인적 실수(Human Error)

실수(Error) / 위반(Violation)	
• 무의식 행동 • 무의식적으로 잘못된 행동을 하는것(동기가 없다) • 나도 그럴 수 있다. • 연령/성별/근무 기간 등에 무관하게 발생	• 의식 행동 • 의도적으로 잘못된 행동을 하는것(동기가 있다) • 나라면 그렇게 하지 않을 수 있다. • 연령/성별/근무 기간 등에 관련 됨

실수 정의 : 의도한 목표를 달성하기 위하여 하기로 예정한 행동의 불이행

Error를 유발하는 Human Factors Eleemnts

- 의사소통 부재
- 자만심
- 지식 결여
- 산만
- 팀웍 부재
- 피로
- 제자원 부족
- 압박
- 주장의 결여
- 스트레스
- 인식 결여
- 관행(Norm)

상기 요소들을 “DIRTY DOZEN”이라 부른다.(DUPONT, 1997)

스위스 치즈

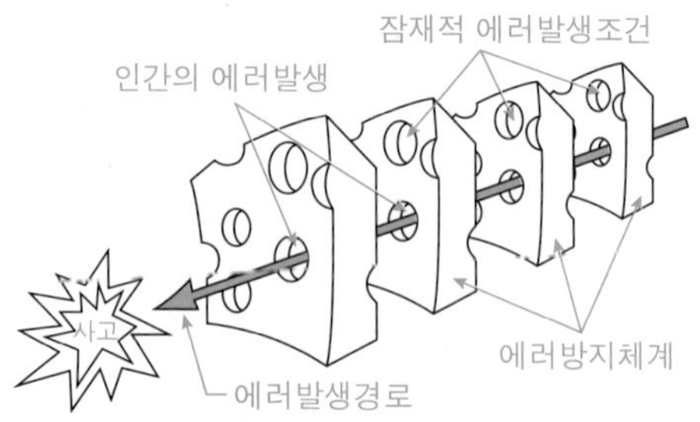

항공기 사고는 여러 가지 요소가 복합적으로 연계되고 여러 Error 들이 Line-Up 될 때 발생된다.

사건의 연결고리를 끊어라
(Break the Chain of Events)

한 가지 요인만이라도 끊으면 사건을 방지할 수 있다.

실수/위반이 없는 정비는 항공기 안전성/신뢰성을 유지시켜 사건의 연결 고리를 차단한다.

주요 정비 Errors

1. Component의 부정확한 장착
2. Effectivity가 맞지 않는 part 장착
3. 배선 잘못
4. 부품들을 Loose 한 상태로 방치
5. 부적절한 Lubrication
6. Cowlings, Access panels, Fairing을 채우지 않음
7. Fuel/oil caps and Refuel panels 채우지 않음
8. Landing gear ground lock pins 미 제거

당사의 정비 실수 사례도 상기와 같이 유사한 분포를 보이고 있다.

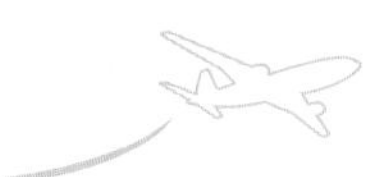

Error 관리 3대 원칙

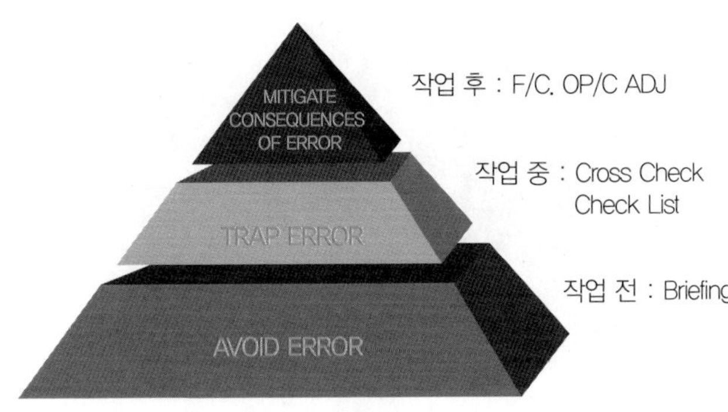

[The error troika]

실수를 최대한 줄이려는 노력을 하여야 하며, 그리고 범해진 실수에 대해서는 조기 탐지 및 수정 조치를 취하여 결과를 최소한으로 막아야 한다.

4. 의사소통(Communication)

정비 ERROR 요소들

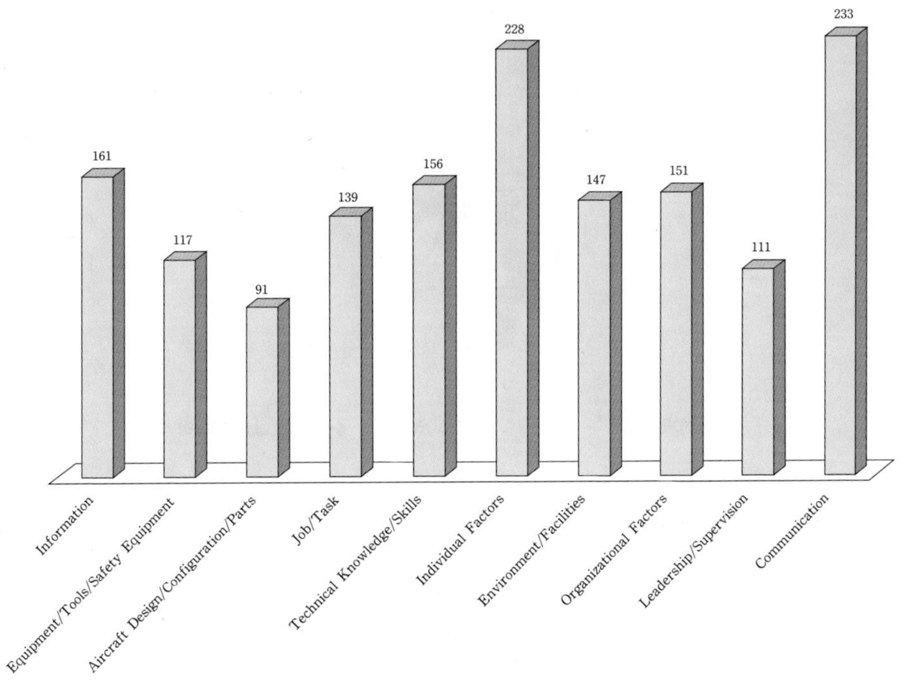

의사소통으로 인한 정비 Error가 2위에 해당하는 대단히 높은 비중을 차지하고 있다.

정비일반

의사소통의 정의

[정보의 교환]

한 사람 또는 그 이상의 사람들 사이에서의 어떤 의미를 서로 전달하여 정보를 교환하는 것이다.

의사소통의 대상

- Person to Person
- Person to Machine
- Person to Written

의사소통의 과정
MESSAGE(Encoding/Decoding)

Speaker ↔ Feedback ↔ Receiver

1. Encoding 방법에는 Gesture와 말의 분위기로서 전달을 할 수가 있다.
2. Decoding은 Speaker의 태도와 관점 또는 업무와 무관한 개인적인 문제로 인하여 수신을 방해 할 수가 있다.
3. Feedback은 한 번에 많은 데이터를 요구 하여서는 안되며, Verbal과 Non-verbal을 적절히 사용하여야 한다.

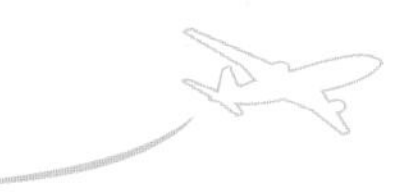

의사소통의 결과

- 정확한 의사소통 결과
  - 이해의 도달
  - 업무의 조화
  - 업무 분담의 합의
  - 효율적인 의사결정
  - 목표의 처리
- 부정확한 의사소통 결과
  - ERRORS
  - 능률의 저하
  - 갈등
  - 품질 저하
  - 비용 증가

COMMUNCATION 저해요인

- 언어의 차이
- 시간압박
- 선입관
- 환경
- 스트레스
- 갈등
- 성격과 태도
- 혼돈되는 약어

효율적인 의사소통의 방법

- 판단하지 말고 이해하기 위해 들어라.
- 메시지의 초점에 주의를 기울여라.
- 메시지를 요약하기 위해 깊이 생각하라
- 참여에 대한 감사의 표현을 하라.

Human-Machine Communication Rules

- 초기 조건 CHECK
- 행동하기 전에 생각하라.
- Feedback, Check, Cross-check 하라.
- Procedure

이러한 컴퓨터를 통한 의사소통은 반드시 항상 입증된 Procedure를 사용하여야 한다는 것이다.

WRITTEN COMMUNICATION

- FLIGHT LOG
- WORK CARD, WORK SHEET JOCR
- 기술지시(EAO)

이 외에도 MEMOS, LETTERS, 사내보 등을 이용하여 메시지를 전달하는 방법이 있다.

WRITTEN COMMUNICATION의 "3C" RULES	• Clear • Correct • Complete

1. 명확하게 하라 : 포인트를 말하라.
2. 정확하게 하라 : MM, IPC 등을 참조하라.
3. 완전하게 하라 : 생략을 하지 말아라.

5. 스트레스 & 피로

퍼포먼스에 영향을 주는 요소들	• 작업환경 • 수면결핍 • 스트레스 • 피로 • 갈등

스트레스	• 외부로부터의 공격에 심신이 타나내는 위험신호 • 호르몬 분비를 촉진시켜 육체의 투쟁상태를 만듦 • 반응단계 – 경종(Alarm) – 저항(Resistance) – 소진(Exhaustion) 단계 • STRESSOR

스트레스와 퍼포먼스	• 적당한 스트레스는 퍼모먼스를 향상시킴 • 심한 스트레스에 의해 손상되는 것 – 정신적 능력(인식, 이해도, 의사결정 능력, Error Monitoring) – 행동 및 자세 – Teamwork

정비작업상의 스트레스 해소

- 현 상황을 살펴보아야 한다.
- 역할을 명확히 한다.
- 진짜 문제가 무엇인지 생각 한다.
- 문서화된 Procedure를 확인 한다.
- 사용 가능한 모든 자원을 활용, 시간을 절약한다.
- 의사소통을 한다.
- 팀을 상기한다.

스트레스 저항성 생활 양식

- 나의 직업을 사랑한다.
- 나의 재정을 계획적으로 운영한다.
- 나의 체중은 이상적 체중에서 ±2.5kg 이내 이다.
- 스트레스를 줄이는 기술을 규칙적으로 실행한다.
- 담배를 안 피운다.
- 매일밤 6~8시간 동안 잠을 잔다.
- 적어도 일주일에 3번은 운동을 한다.
- 하루에 두잔 이상 술을 마시지 않는다.
- 나의 혈압을 알고 있고 정상 범위 이내이다.
- 건강한 식사 습관을 유지한다.
- 가정생활이 안정되어 있고 사회적으로도 안정되어 있다.
- 적극적이고 긍정적인 태도를 가진다.

피로의 원인 및 영향

- 피로의 원인
- 피로에 의해 저하되는 것
  - 근력과 치밀함
  - 시력과 인식/기억력
  - Error monitoring
  - Decision making
  - Motivation, Attitudes
  - Communication
  - 협력하는 능력

피로의 관리 – 개인 차원

- 충분한 수면
- 정기적인 육체적 운동
- 균형 잡힌 식사
- 수분의 섭취

피로의 관리 – 팀 차원

- 도움을 요청하라.
- 팀의 활력을 유지하라.
- Cross check

6. 리더십

상황적 리더십

- LEADER
  - 역할의 인식
  - 지식 및 스킬
  - 권한과 책임
- FOLLOWER
  - 역할과 책임/열성
  - 문제의식
  - 이해 및 정보교환

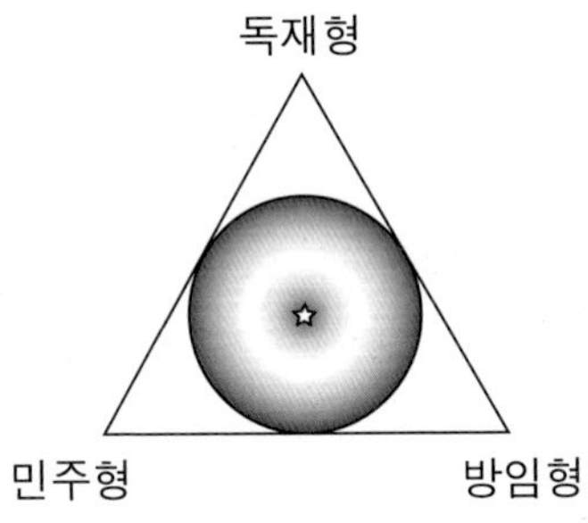

리더의 자격

- 신뢰성
- 권위
- 책임감
- 인격과 자세
- 업무지식과 기술
- Communication skill, Listening skill
- Decision making skill

리더의 역할

- 작업 한계를 구분
- 팀을 구성
- 분위기 조성
- 의사결정
- 업무배분
- Workload management
- 시간관리
- 결과를 확인하고 잘된 일에 대하여 칭찬
- 팀원에게 동기부여

자원(Resource)의 종류

SHELL MODEL

Hardware
- Tools
- Aircraft
- Equipment
- Workspaces
- Buildings

Software
- Pocedures
- Policies/Rules
- Manuals
- Placards

Liveware(people)
- Physical
- Knowledge
- Attitudes
- Cultures
- Stress

Environment
- Physical
- Organizational
- Political
- Economic

Liveware(teams)
- Teamwork
- communication
- Leadership
- Norms

AircraftMaintenance

항공기 정비일반 (항공인적요인 관리)

기출 및 예상문제 상세해설

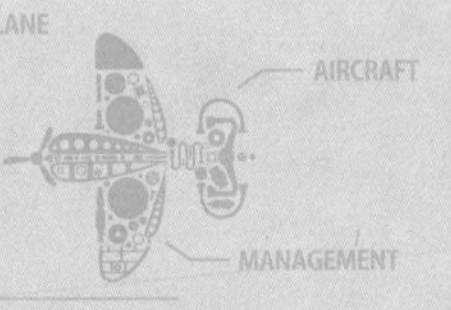

01 **항공운송을 구성하는 가장 핵심적인 요소는?**

① 인간 ② 교통수단
③ 시설·장비 등 환경 ④ 교통관련 법규

해설

항공운송을 구성하는 요소 가운데 인간은 시설 장비의 상태와 자연 및 작업 환경에 따라 운송 수단을 운용하는 당사자로서 핵심적인 기능과 주체적인 역할을 담당 함으로 인간이 조우하는 요소들과 마찰이나 부조화가 일어날 때 기능이 저하되거나 감퇴되어 소기의 목적을 달성하지 못할 뿐 아니라 인간의 과오로 이어질 때 사고의 위험이 되는 것이다.

02 **항공기 운항과 인적요소(Human Factors)가 아닌 것은?**

① 운항 승무원은 운항 중에 정밀하고 복잡한 기기의 작동 상태를 수시로 확인하여야한다.
② 운항 승무원은 운항 중에 행동을 스스로 자각(自覺)하거나 편조된 다른 승무원에게 교정을 요구하는 것은 인적 과오에 대한 사고 유발성은 높아진다.
③ 운항 승무원은 운항 중에 항행 상황을 각종 계기와 표시장치(Display Unit)를 통하여 수시로 확인하여야 한다.
④ 운항 승무원은 운항 중에 여러 가지 장치를 동시에 감시하고 조작하는 작업을 병행 하여야 한다.

해설

인적요소(Human Factors)

항공기는 공중을 비행하는 운송수단으로서 여러 가지 물리적 법칙과 원리에 따른 이론에 의거 설계, 제작되었고 또 안전성(安全性) 확보를 위하여 여러 가지 예비장치를 갖추고 있어 지상 및 해상 교통수단에 비해 기계구조와 장치가 매우 정밀하고 복잡하다.
항공기의 운항 승무원은 운항 중에 이와 같이 정밀하고 복잡한 기기의 작동상태와 항행상황을 각종 계기와 표시장치(Display Unit)를 통하여 수시로 확인하고 필요 시 규정된 절차와 기량에 따라 신속하고 정확하게 대응하여야 하며 상황에 따라 여러 가지 장치를 동시에 감시하고 조작하는 작업을 병행하여야 한다.

03 **인적 요소 (Human Factors)의 개념이 아닌 것은?**

① 인간은 안전하고 효율적으로 대응할 수 있는 탄력성이 부족하다.
② 인간은 환경 변화에 따라 신축적으로 대응할 수 있는 능력이 있다.
③ 인간은 감성과 편이에 따라 상황을 인지하고 스스로 판단한다.
④ 인간은 가변적이고 유동적인 형태적 특성이 없다.

해설

인적 요소(Human Factors)의 개념

항공기의 자동화 시스템은 사람이 입력한 자료에 따라 작동하므로, 환경변화로 인한 위기요소와 조우할 경우 안전하고 효율적으로 대응할 수 있는 탄력성이 부족 한 반면, 인간은 환경변화에 신축적으로 대응 할 수 있는 능력이 있으면서도 자신의 감성과 편이에 따라 상황을 인지하고 스스로의 기준에 따라 판단하고 의사 결정을 내려 행동함으로서 가변적이고 유동적인 형태적 특성을 가지고 있다.

04 **Frank. H. Hawkins 의 SHEL모델에 해당하는 것은?**

① 인간-인간(Liveware-Liveware)
② 환경-소프트웨어(Environment-Software)
③ 소프트웨어-기기(Software-Hardware)
④ 환경-기기(Environment-Software)

해설

Frank. H. Hawkins 의 SHEL모델

- 인간-소프트웨어(Liveware-Software)
- 인간-기기(Liveware-Hardware)
- 인간-환경(Liveware-Environment)
- 인간-인간(Liveware-Liveware)

[정답] 01 ① 02 ② 03 ④ 04 ①

[Frank. H. Hawkins의 SHEL모델]

05 Crew Resource Management교육·훈련 목적이 아닌 것은?

① 지도력(Leadership) 향상

② 의사소통(Communication) 원활화

③ 승무원 상호간 협력(Coordination) 증진

④ 승무원의 생리(Physiology) 관찰

해설

Crew Resource Management 교육·훈련 목적

인적요인 기술교육 훈련과정에서는 항공기에 탑승하고 있는 모든 승무원들이 가지고 있는 지식과 기량의 활용을 극대화하여 운항업무의 능률성과 효율성 및 안전성 확보에 기여하고자 인적요인의 기술교육 훈련과목으로 지도력(Leadership), 인성(人性)과 태도(Personality and Attitudes), 의사소통(Communication), 승무원 상호간 협력(Coordination) 등의 향상을 위하여 훈련을 실시한다.

06 항공교통에서 인적요소에 대한 교육·훈련의 목적에 해당하지 않는 것은?

① 인적과실에 의한 사고예방

② 항공기 운항의 효율성과 능률성 제고

③ 인간의 능력 극대화

④ 항공기 사고조사의 효율화

해설

항공교통에서 인적요소에 대한 교육·훈련의 목적

- 인적과실에 의한 사고예방
- 항공기 운항의 효율성과 능률성 제고
- 인간의 능력 극대화

07 인간의 행동특성을 가장 잘 설명한 것은?

① 인간의 행동은 주변 환경과 상황에 따라 유동적이다.

② 인간의 행동은 심리과정을 거치지 않고 행동한다.

③ 정확한 반복동작이 가능하다.

④ 동일한 정보에 대하여는 항상 같은 행동반응을 일으킨다.

해설

인간의 행동 특성

인간의 경우에는 주변상황에 신축적으로 대응할 수 있는 능력은 있지만 자신의 감정과 흥미에 따라 상황을 인지하고 스스로의 기분에 따라 판단과 의사 결정과정을 거쳐 행동하게 되므로 가변적이고 유동적인 행태적 특성이 내재하고 있다.

08 인간의 행동반응에 가장 크게 영향을 미치는 요소는?

① 생리　　② 심리

③ 기기　　④ 환경

해설

문제 7번 해설 참조

09 인간의 행동과정은?

① 정보수집 → 지각 → 인지 → 판단 → 의사결정 → 행동

② 정보수집 → 판단 → 인지 → 지각 → 의사결정 → 행동

③ 의사결정 → 인지 → 정보수집 → 판단 → 지각 → 행동

④ 인지 → 판단 → 지각 → 정보수집 → 행동 → 의사결정

해설

인간의 행동과정

정보수집 → 지각 → 인지 → 판단 → 의사결정 → 행동

10 SHEL 모델에서 소프트웨어 요소에 해당하는 것은?

① 항공생리　　② 심리

③ 적성　　④ 항공법규

해설

Frank. H. Hawkins의 SHEL모델

[정답] 05 ④ 06 ④ 07 ① 08 ② 09 ① 10 ④

- S : Software(항공법규, 비행절차, 프로그램, 체크리스트 등)
- H : Hardware(항공기 조종장치, 항법장치, 통신장치, 각종계기, 스위치, 레버 등)
- E : Environment(온도, 소음, 습도, 기압, 조명, 산소농도 등 조종실 환경)
- L : Liveware(조종사나 오퍼레이터)

11 대기의 조성이 잘못된 것은?

① 혼합가스로 질소 78[%], 산소 21[%], 기타가스 1[%]로 구성되어 있다.

② 공기의 압력은 [psi], [m], [mmHg] 등으로 표시한다.

③ 1기압은 수은기둥을 760[mm] 올리는 힘이다.

④ 물속으로 10[m] 들어갈 때마다 1기압씩 증가 한다.

해설

대기의 조성

- 혼합가스로 질소 78[%], 산소 21[%], 기타가스 1[%]로 구성되어 있다.
- 공기의 압력은 [psi], [mb], [mmHg] 등으로 표시한다.
- 1기압은 수은기둥을 760[mm] 올리는 힘이다.
- 물속으로 10[m] 들어갈 때마다 1기압씩 증가 한다.

12 고공에서 산소 공급이 필요한 이유는?

① 지표에서는 산소가 21[%]인데 상승할수록 산소[%]는 줄어든다.

② 지표에서는 산소가 21[%]인데 상승할수록 산소[%]는 올라간다.

③ 고공으로 상승할수록 기압이 증가해 산소분압이 증가한다.

④ 고공으로 상승할수록 기압이 감소해 산소분압이 감소한다.

해설

고공에서 산소 공급

산소의 비율은 고도에 따라 거의 변하지 않으나 기압은 고도가 상승함에 따라 낮아진다.

13 기압이 2분의 1로 감소되는 18,000[ft] 높이에서 어떻게 산소 분압을 구할 수 있는가?

① $p0=380[mmHg]\times 0.21=80[mmHg]$

② $p0=380[mmHg]\times 0.30=100[mmHg]$

③ $p0=380[mmHg]\times 0.40=120[mmHg]$

④ $p0=380[mmHg]\times 0.50=160[mmHg]$

해설

산소분압

대기압은 760[mmHg]이므로
O_2분압은 $760\times 0.209=159$[mmHg]이다.
여기서 기압이 1/2 이므로 $p0=380\times 0.21=80$[mmHg]

14 순환기의 대상작용으로 의식을 유지할 수 있는 최고 고도는?

① 10,000[ft] ② 15,000[ft]

③ 18,000[ft] ④ 25,000[ft]

해설

대류권 대상작용

- 10,000[ft] : 정상활동
- 15,000[ft] : 의식 유지
- 18,000[ft] : 감압병 원인

15 저산소증에 가장 민감한 인체 기관은?

① 심장 ② 신장

③ 간 ④ 뇌

해설

저산소증증의 증상

초기 증상은 집중력 장애, 사고력 장애, 미세하게 근육을 조절하는 능력이나 섬세하거나 숙련된 기술을 수행하는 능력이 감소하고 그 후 두통, 어지럼증, 구역, 빠른 호흡 및 심박, 판단력 장애, 정서불안, 의식 혼란, 운동력 상실 등의 증상으로 진행된다. 심한 저산소증의 경우, 뇌기능의 장애로 의식 상실을 초래하며 호흡조절 중추의 마비로 호흡 정지가 일어날 수 있다.

[정답] 11 ② 12 ④ 13 ① 14 ② 15 ④

16 인체 호흡에 대한 설명이 틀리는 것은?

① 성인 1회 호흡량은 평균 500[cc]이다.
② 호흡시 내쉬는 숨 가운데 산소가 17[%] 포함되어 있다.
③ Hb-산소해리곤선은 S자 형태이다.
④ 인체는 에너지와 산소를 저장할 수 있다.

해설

인체 호흡

- 성인 1회 호흡량은 평균 500[cc]이다.
- 호흡시 내쉬는 숨 가운네 산소가 17[%] 포함되어 있다.
- Hb-산소해리곤선은 S자 형태이다.
- 인체는 에너지를 저장할 수 있지만 산소를 저장할 수는 없다.

17 저산소증에 대한 설명 중 틀린 것은?

① 저산소증에 빠져도 본인은 전혀 모를 수 있다.
② 과호흡증과 구별이 잘 안된다.
③ 시야 협소나 시력 장애는 저산소증과는 무관하다.
④ 산소가 전혀 없는 상태에서는 유효의식시간은 9~12초 이다.

해설

저산소증

- 저산소증에 빠져도 본인은 전혀 모를 수 있다.
- 과호흡증과 구별이 잘 안된다.
- 저산소증은 시야 협소하여 시력 장애를 일으킬 수 있다.
- 산소가 전혀 없는 상태에서는 유효의식시간은 9~12초이다.

18 25,000[ft]에서의 유효의식시간은?

① 20 ~ 30분　② 10분
③ 3 ~ 5분　④ 1 ~ 2분

해설

2,500[ft]에서의 유효시간

약 3분~5분

19 과호흡증에 문제가 되는 가스는?

① O_3　② CO_2
③ CO　④ N_2

해설

과호흡증 원인

어떠한 원인으로 과도한 호흡을 통해 이산화탄소가 필요 이상으로 배출되어 동맥혈의 이산화탄소 농도가 정상 범위 이하로 감소하게 되어 증세가 유발되는 상태

20 호흡에 대한 설명이 틀리는 것은?

① 과호흡시 가장 흔한 증상은 현기증이다.
② 감압증은 질소가스 때문에 발생한다.
③ 가속도와 저산소증과는 관련이 없다.
④ 변압증은 우리 몸에 가스가 있는 부위에서 생긴다.

해설

호흡

- 과호흡시 가장 흔한 증상은 현기증이다.
- 감압증은 질소가스 때문에 발생한다.
- 가속도와 저산소증은 호흡 곤란을 일으킨다.
- 변압증은 우리 몸에 가스가 있는 부위에서 생긴다.

21 체강통 증세에 대한 설명이 아닌 것은?

① 비행 전 참외나 배추 사과 같은 음식을 먹는다.
② 감기에 걸리거나 목이 아플 때 중이통은 더 발생한다.
③ 중이통 발생시에 발살바(Valsalva)법을 한다.
④ 치통은 보통 상승 시(30,000[ft] 이상) 나타난다.

해설

체강통 증세

비행 전 양파, 배추, 사과, 무, 콩, 오이 및 참외 등 같은 음식은 가스 형성을 촉진 한다.

22 감압증(Decompression Sickness)에 대한 설명이 잘못된 것은?

① 사이다 뚜껑을 열 때와 똑같은 현상이다.
② 가장 흔한 증상은 관절통이다.
③ 단순한 관절통은 하강 후 100[%] 산소의 흡입으로 치료될 수 있다.
④ 예방법으로 고공으로 상승시 신체 활동을 늘린다.

[정답] 16④ 17③ 18③ 19② 20③ 21① 22④

기출+예상

해설

감압증(Decompression Sickness)

- 사이다 뚜껑을 열 때와 똑같은 현상이다.
- 미세 질소기포가 혈관이나 조직에 발생하여 증상을 일으킨다.
- 단순한 관절통은 하강 후 100[%] 산소의 흡입으로 치료될 수 있다.
- 100[%] 산소의 흡입으로 치료될 수 없을 때는 가압실 치료를 받아야 한다.

23 양성가속도 영향이 아닌 것은?

① 기동성 상실　② Blackout
③ 체온 증가　④ 피부 모세혈관 파열

해설

양성가속도 영향
기동성 상실, Blackout 현상, 의식 상실, 피부 모세혈관 파열

24 양성가속도에 대한 내성 관련 요소가 아닌 것은?

① 체온증가　② 저혈당증
③ 위팽창　④ 기동성 상실

해설

양성가속도에 대한 내성 관련 요소
체온증가, 저혈당증, 과호흡, 저산소증, 위 팽창

25 서서히 양성가속도를 증가시켰을 때 먼저 나타나는 현상들은?

① Grayout – 몸무게 증가 – Blackout – 의식상실
② Grayout – Blackout – 몸무게 증가 – 의식상실
③ 몸부게 증가 – Blackout – Grayout – 의식상실
④ 몸무게 증가 – Grayout – Blackout – 의식상실

해설

양성가속도에 대한 보호
몸무게 증가 – Grayout(시각상실) – Blackout(암흑상태) – 의식상실

26 삼반규관(三半規管)의 기능이 아닌 것은?

① 각가속도 감지　② 각감속도 감지
③ 구심가속도만 감지　④ 2.5[°/sec^2]

해설

삼반규관(三半規管)
각가속도 감지, 각감속도 감지, 자극 역치(Threshold)가 높은 편이다.

27 평소보다 활주로 폭이 넓은 활주로에 착륙을 시도하려 할 때는?

① Under shoot 할 수 있다.
② Over shoot 할 수 있다.
③ 활주로의 폭은 별로 문제가 되지 않는다.
④ 유도등이 설치되어 있기 때문에 조심할 사항이 아니다.

해설

- Overshoot : 활주로 목표 지점보다 더 가다.
- Undershoot : 활주로에 못 미쳐 착륙하다.

28 같은 양의 가속하에 지속적인 등속원운동에 노출되면 어떤 운동을 받는가?

① 상하수직 운동　② 좌우선회 운동
③ 수평후진 운동　④ 수평직선 운동

해설

일정양의 가속과 등속운동의 영향을 받는다면 수평직선운동을 받는다.

29 비행착각 상황에서 이를 극복하는 방법 중 옳지 않은 것은?

① 머리를 가급적 Head rest에 고정한다.
② 주변 참조물을 대조하기 위하여 가능한 시계 비행한다.
③ 계기비행으로 들어간다.
④ 시계비행과 계기비행을 번갈아 반복하면서 회복한다.

[정답] 23 ③　24 ④　25 ④　26 ③　27 ②　28 ④　29 ④

해설

비행착각의 극복

- 수평, 직선 비행 시 머리를 가급적 Head rest에 고정한다.
- 계기로 돌아가서 크로스 체크한다.
- 항공기의 계기판을 보고 원하는 비행자세가 되도록 조작하라.
- 고도계의 주의를 집중하라.
- 시계비행과 계기비행을 번갈아 반복하면서 비행하지 말라.
- 심한 착각이 지속되면 도움을 청하라.
- 조종이 불능인 경우 너무 하강하지 말고 비상 탈출하라

30 벡터가 지구표면 반대쪽으로 회전하여 위아래가 역전되는 잘못된 감각을 가져다주는 현상은?

① 역전위성 착각　② 중력성 착각
③ 전향성착각　④ 안구회전성착각

해설

역전위성 착각(Inversion Illusion)

신체 중력성 착각의 한 형태로 합성 중력관성력 벡터가 지구표면 반대쪽으로 회전하여 위아래가 역전되는 잘못된 감각을 가져다주는 현상

31 정신작업 끝에 나타나는 급성피로에 대한 잘못된 설명은?

① 일시적 정신적 공백(Mental blocks)의 상태가 바탕이 된다.
② 피로가 쌓임에 따라 이러한 공백은 더 자주(빈도) 나타나고 길이도 길어진다.
③ 정신공백의 증가는 주관적인 피로의 느낌과 비례한다.
④ 정신적 피로는 육체적 피로보다 회복이 어렵다.

해설

급성피로

- 일시적 정신적 공백(Mental blocks)의 상태가 바탕이 된다.
- 피로가 쌓임에 따라 이러한 공백은 더 자주(빈도) 나타나고 길이도 길어진다.
- 정신적 피로는 육체적 피로보다 회복이 어렵다.

32 비행피로의 예방 방법이 아닌 것은?

① 휴식과 근무시간의 적절한 안배
② 정당한 보수와 양질의 급식
③ 신체적성, 체력증가
④ 밤샘, 음주, 담배 등의 절제

해설

비행피로의 예방 방법

휴식 및 근무시간의 근무조건이나 환경개선과 체력증가 및 과도한 피로가 될 만한 행동을 자제

33 운항승무원의 시차증을 예방 관리하는 대책으로서 타당한 조치는?

① 운항 및 지원부서의 관련자 모두가 문제의 중요성을 인식한다.
② 숙박지에서는 피로를 예방하기 위해 되도록 실내에서 안정을 취한다.
③ 긴 야간비행 후 목적지에 도착하면 현지시간에 관계없이 바로 취침해야 한다.
④ 일중리듬의 골짜기에 맞추어 임무를 개시함이 좋다.

해설

운항 및 지원부서의 모든 관련자들이 문제의 중요성을 인식하고 문제의 해결책을 만든다.

34 운항승무원이 되고자 하는 강한 동기부여(Motivation)의 문제점은?

① 운항승무원이 되기를 갈망함은 그 자체가 바로 의욕의 감함을 의미한다.
② 강한 의욕은 과긴장 상태를 초래하여 역효과를 낼 수도 있다.
③ 동기부여와 훈련을 성공적으로 수료하는 가능성(훈련 수료율)과는 무관하다.
④ 동기부여는 어려서부터 서서히 이루어진다.

해설

운항승무원으로서 뛰어난 업무학습 능력과 책임감을 발휘할 수 있어야 한다는 부담감과 강한 의욕은 과긴장 상태를 초래하여 역효과를 낼 수도 있다.

[정답] 30 ① 31 ③ 32 ② 33 ① 34 ②

35 운항승무원에게 요구되는 능력과 특성은?

① 강한 의욕 ② 경쟁심
③ 특출한 학습능력 ④ 정서안정

해설

운항승무원으로서 뛰어난 업무학습 능력과 책임감을 발휘할 수 있어야 한다.

36 정보처리 과정 중 중앙처리 단계에서 방어적 오류란?

① 한 생각에 골몰하여 다른 주의를 못함
② 긴장상태가 지난 후 경계심 해이
③ 유리한 정보만 선택 또는 유리하게 해석
④ 다른 스위치를 잘못 조작

해설

중앙처리 단계에서 방어적 오류
유리한 정보만을 선택하여 유리하게 해석하는 오류

37 과오를 그 형태에 따라서 분류한 항목에 해당되지 않는 것은?

① 중복 ② 탈락
③ 수행 ④ 대상

38 운항승무원 과오의 분석 결과 가장 중요한 비율을 정하는 것은?

① 능력부족(지식, 기량, 정신불안정)
② 경험부족(지식, 경험, 훈련)
③ 주의부족
④ 경험부족(지식, 경험, 훈련)과 주의부족

해설

운항승무원의 과오
운항승무원은 경험부족에 의한 과오의 비율이 가장 높다.

39 작업수행 능력에 있어 인간이 기계보다 우월한 점은?

① 반응의 속도가 빠르다.
② 돌발적인 사태에 직면해서 임기응변의 대처를 할 수 있다.
③ 인간과 다른 기계에 대한 지속적인 감시기능이 뛰어나다.
④ 고장검색을 신속히 할 수 있다.

해설

메뉴얼에 싸여진 기계보다는 돌발적인 상황에 대처능력이 뛰어나며 판단력이 우월하다.

40 숙련 운항승무원에 의한 사고를 예방 교육이 아닌 것은?

① 적절한 휴식
② 승무원간의 책임 분담
③ 주요 계기의 모니터링과 교차확인
④ 조작의 합리적인 우선순위 결정

해설

승무원 예방교육
1. 주요계기들의 모니터링으로 사고예방
2. 사고발생시 우선순위 결정으로 인한 대처
3. 각 승무원들의 책임분담으로 인한 빠른 대처

41 구술언어 중 독백의 특성과 거리가 가장 먼 것은?

① 논점의 정리 ② 내용의 일관성
③ 문법규칙의 준수 ④ 암시

해설

암시는 독백과 달리 언어 자극을 통하여 전달되는 현상

42 대인지각에서 대표적인 오류에 해당되지 않는 것은?

① 현혹효과 ② 자기합리화
③ 부사 ④ 고정관념화

해설

대인지각에서 대표적으로 오류를 범하게 되는 요인
1. 고정관념 2. 현혹효과
3. 자기 완성적 예언 4. 자기 합리화 등이 있다.

[정답] 35 ③ 36 ③ 37 ① 38 ② 39 ② 40 ① 41 ④ 42 ③ 43 ①

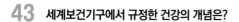

43 세계보건기구에서 규정한 건강의 개념은?

① 신체적, 정신적, 사회적 안녕상태
② 정신적, 육체적 안녕상태
③ 신체적, 사회적 안녕상태
④ 정신적, 사회적 안녕상태

해설

세계보건기구 헌장
건강은 육체적·정신적·사회적으로 완전히 행복한 상태

44 질병의 발생원인 중 삼원론에 해당되지 않는 것은?

① 병인　② 인간
③ 환경　④ 사회

해설

F. G. Clark의 삼원론
생태학적 모델은 숙주, 병원체, 환경이 평형을 이룰 때 건강이 유지되며, 균형이 깨지게 되면 질병이 발생한다. 가장 중요한 요소는 환경적 요소이다.
병원체가 우세하거나 환경이 병원체에 유리하게 작용하게 되면 평형이 파괴되어 질병이 발생하게 된다. 반면 숙주가 우세하거나 환경이 숙주에게 유리하게 작동하면 건강이 증진된다.

45 1차적 예방에 속하는 것은?

① 건강증진　② 조기발견
③ 조기치료　④ 악화방지

해설

예방수준을 1차, 2차, 3차 예방의 3단계로 구분하였으며 적극적 예방은 1차 예방의 적극적 단계로 건강증진, 환경위생 개선 등이 이에 속함

46 2차적 예방에 속하는 것은?

① 건강증진　② 특수예방
③ 조기발견　④ 악화방지

해설

2차예방
질병에 걸린 상태의 조기발견과 적절한 시기의 치료에 의하여 질병의 악화를 방지하는 것을 2차 예방이라 한다.

47 3차적 예방에 속하는 것은?

① 건강증진　② 특수예방
③ 조기발견/치료　④ 악화방지/재활

해설

3차 예방
질병의 악화방지, 장애방지를 위한 치료 및 재활서비스, 사회복귀훈련 등을 말한다.

48 우리나라 암 사망 중 가장 빈도수가 많은 암 유형은?

① 뇌암　② 폐암
③ 위암　④ 간암

해설

순위 암종류
1위 위암　2위 폐암
3위 대장암　4위 전립선암
5위 간암

49 항공종사자 신체검사기준 중 1종에 해당되는 자격은?

① 운송용조종사　② 항공교통관제사
③ 항공정비사　④ 항공기관사

해설

항공신체검사증명의 종류와 그 유효기간(제92조제1항 관련)

자격증명의 종류	항공 신체검사 증명의 종류	유효기간		
		40세 미만	40세 이상 50세 미만	50세 이상
운송용 조종사 사업용 조종사(활공기 조종사는 제외한다) 부조종사	제1종	12개월. 다만, 항공운송사업에 종사하는 60세 이상인 사람과 1명의 조종사로 승객을 수송하는 항공운송사업에 종사하는 40세 이상인 사람은 6개월		
항공기관사 항공사	제2종	12개월		
자가용 조종사 사업용 활공기 조종사 조종연습생 경량항공기 조종사	제2종(경량항공기조종사의 경우에는 제2종 또는 자동차운전면허증)	60개월	24개월	12개월
항공교통관제사 항공교통관제연습생	제3종	48개월	24개월	12개월

[정답] 44 ④　45 ①　46 ③　47 ④　48 ③　49 ①

50 **항공종사자 신체검사기준 중 1종에 해당되지 않는 자격은?**

① 운송용조종사 ② 사업용조종사
③ 부조종사 ④ 항공교통관제사

해설

문제 49번 해설 참조

51 **운송용조종사의 신체검사기준 중 40세 이상의 제1종 신체검사 유효기간은?**

① 3개월 ② 6개월
③ 9개월 ④ 12개월

해설

12개월. 다만, 항공운송사업에 종사하는 60세 이상인 사람과 1명의 조종사 로 승객을 수송하는 항공운송사업에 종사하는 40세 이상인 사람은 6개월

52 **항공기관사 신체검사기준 중 40세 미만의 제2종 신체검사 유효기간은?**

① 6개월 ② 12개월
③ 18개월 ④ 24개월

해설

문제 49번 해설 참조

53 **식생활에서 가장 이상적인 단백질 섭취량은?**

① 10[%] 미만 ② 20[%] 미만
③ 50[%] 미만 ④ 80[%] 미만

해설

일일 섭취열량(Kcal)

- 단백질 : 7～20[%]
- 탄수화물 : 55～65[%]
- 지방 : 13～30[%] 비율로 권장

54 **식생활에서 가장 이상적인 지방질 섭취량은?**

① 10[%] 미만 ② 30[%] 미만
③ 50[%] 미만 ④ 80[%] 미만

해설

문제 53번 해설 참조

55 **비만여부를 나타내는 체질량지수(BMI)를 구하는 데 사용되는 값은?**

① 신장, 체중 ② 신장, 허리둘레
③ 허리둘레, 피부두께 ④ 피부두께, 체중

해설

체질량지수는 다음과 같은 공식으로 산출할 수 있다.

$$\text{BMI} = \frac{\text{체중[kg]}}{\text{키[m]} \times \text{키[m]}}$$

- 저체중 18.5 미만
- 정상 18.5 ~ 22.9
- 과체중 23 ~ 24.9
- 비만 1단계 25 ~ 29.9
- 비만 2단계 30 ~ 39.9
- 심각한 비만 40

56 **비만증에 걸려있는 사람은 정상체중인 사람에 비해 고혈압이 발생할 확률은?**

① 2배 ② 3배
③ 4배 ④ 5배 이상

해설

비만에 의한 고혈압의 발생 확율은 5배 이상이다.

57 **알콜섭취 시 혈중 알콜농도는 개인마다 차이가 나는 이유가 아닌 것은?**

① 신장 ② 체중
③ 음주속도 ④ 성별

해설

[정답] 50 ④ 51 ② 52 ② 53 ② 54 ② 55 ① 56 ④ 57 ①

위드마크 방식의 공식

C=A/(P×R)=mg/10=%

- C : 혈중알코올농도 최고치[%]
- A : 운전자가 섭취한 알코올의 양(음주량×술의 농도%×0.7984)
- P : 사람의 체중[kg]
- R : 성별에 대한 계수(남자는 0.7, 여자는 0.6)

58 **스트레스의 생리적 반응 중 첫 단계인 경고 반응 시에 나타나지 않는 증세는?**

① 두통/궤양 ② 신진대사율 항진
③ 심장박동율 증가 ④ 혈당치 상승

해설

스트레스의 생리적 반응

스트레스에 직면하면 뇌 속의 전기적, 화학적 정보가 신경통로를 통해 시상하부로 이동하게 됩니다.
시상하부는 뇌의 맨 밑바닥에 있는데 약물, 스트레스, 격한 감정 등에 특히 예민하게 반응하는 부위로, 심장, 식욕, 성욕, 갈증, 체중 조절, 수분의 균형, 감정, 혈당 등에 부정적인 변화를 유발한다.

59 **스트레스를 쉽게 받는 A형 성격 특성 중 거리가 가장 먼 것은?**

① 급한 성격 ② 경쟁적 노력
③ 화낼 대상이 많다 ④ 적당한 업무추진

해설

A유형

성급하고 경쟁적이며 늘 시간에 쫓기는 느낌을 가지고 소화하기 어려운 정도의 빡빡한 일정으로 계획을 세우는 편이다. 일을 하는 과정에서 느끼는 즐거움보다는 성취에 중요한 가치를 두지만, 정작 성취를 하고 난 후에도 만족감은 크게 느끼지 못한다. 성취에 대한 지나친 강조로 일과 삶 사이의 불균형을 경험하며, 작은 일에도 예민하거나 화를 경험한다. 분노는 겉으로 표현되지 않기도 하지만, 혈압을 높이는 작용을 한다. 이런 사람들은 또한 타인의 단점에 보다 주목하고 분노나 적개심을 가지며, 공감이 결여된 듯한 모습을 보이기도 한다.

60 **스트레스 대처를 위한 조직관리 방안 중 거리가 가장 먼 것은?**

① 정기적인 신체검사 ② 긴장이완 훈련
③ 자기인식 증대 ④ 직무평가 도입

해설

정기적인 검사와 긴장완화 훈련을 할 수 있도록 환경개선 및 직무평가를 도입

61 **SHEL모델에서 소프트웨어(Software) 분야에 포함되지 않는 것은?**

① ATC System
② Landing Gear System
③ 비행절차
④ 점검표

해설

- S : Software(항공법규, 비행절차, 프로그램, 체크리스트 등)
- H : Hardware(항공기 조종장치, 항법장치, 통신장치, 각종계기, 스위치, 레버 등)
- E : Environment(온도, 소음, 습도, 기압, 조명, 산소농도 등 조종실 환경)
- L : Liveware(조종사나 오퍼레이터)

62 **표준조작절차(S.O.P)수립의 목적에 해당되지 않는 것은?**

① 안정성 확보를 위한 절차
② 경험이나 기술이 부족한 운영자를 위한 절차
③ 조작의 내용과 순서를 통일하기 위한 절차
④ 경제적인 운항을 하기 위한 절차

해설

표준조작절차(S.O.P)수립

- 안정성 확보를 위한 절차
- 조작의 내용과 순서를 통일하기 위한 절차
- 경제적인 운항을 하기 위한 절차

63 **항공기 사고원인 가운데 가장 많은 비중을 차지하고 있는 요인은 무엇인가?**

[정답] 58 ① 59 ④ 60 ③ 61 ② 62 ② 63 ①

① 운항승무원의 표준조작 및 운항절차 위반
② 운항승무원의 부적절한 조치
③ 운항승무원의 무능력
④ 운항승무원의 부적절한 교차점검

해설

주요 사고원인 비율 분석

사고원인	백분율(%)
• 기본적인 운항절차의 위반	33
• 부조종사의 불충분한 크로스체크	26
• 항공기 설계 결함	13
• 정비, 검사의 결함	12
• 접근 보조시설의 부재, 부족 또는 결함	10
• 기장의 독단적인 행위	10
• 관제상의 결함이나 실수	9
• 비정상 상태하에서 승무원의 미숙한 대응조치	9
• 불충분하거나 부정확한 기상정보	8
• 활주로상의 위해요소	7
• 관제사·조종사간 커뮤니케이션상의 오해나 결함	6
• 부적절한 착륙 결정	6

64 조종석 운영의 3P 이론에 포함되지 않는 내용은?

① 원리
② 방침
③ 절차
④ 실행

해설

조종석 운영의 3P이론
원리 – 방침 – 절차

65 절차개발지침에 해당되지 않는 것은?

① 절차운영 결과에 대한 환류가 관리자나 개발을 하는 사람에게 전달
② 관리자는 기본적으로 자동화에 대한 원리를 개발
③ 절차를 개발할 때 현재 사용 중인 절차나 방침을 신기술에 비추어 재평가
④ 환류체계에서 승무원 평가 프로그램은 제외시켜야 한다.

해설

절차개발지침
- 절차운영 결과에 대한 환류가 관리자나 개발을 하는 사람에게 전달
- 관리자는 기본적으로 자동화에 대한 원리를 개발
- 절차를 개발할 때 현재 사용 중인 절차나 방침을 신기술에 비추어 재평가

66 절차개발지침이 잘못된 것은?

① 절차는 장비의 사용 목적에 적합하도록 신중히 만들어져야 한다.
② 절차에는 외부와의 의사소통도 반드시 포함하여야 한다.
③ 절차는 완전히 예상할 수 있는 결과를 도출해야 한다.
④ Call out은 다른 사람의 주위를 분산시킬 수 있어야 한다.

해설

절차개발지침
- 절차는 장비의 사용 목적에 적합하도록 신중히 만들어져야 한다.
- 절차에는 외부와의 의사소통도 반드시 포함하여야 한다.
- 절차는 완전히 예상할 수 있는 결과를 도출해야 한다.

67 절차의 변경사유에 해당되지 않는 것은?

① 새로운 장비의 사용
② 새로운 규칙의 제정
③ 새로운 경영 관리
④ 새로운 인원 고용

해설

절차변경의 사유
① 새로운 장비의 사용
② 새로운 규칙의 제정
③ 새로운 경영 관리

68 절차 변경사유에 해당되지 않는 것은?

① 인위적인 위험의 발생(테러리즘)
② 자연적 위험의 발생(화산폭발)
③ 권고되는 운항방식의 변화
④ 경영자의 교체

해설

문제 67번 해설 참조

[정답] 64 ④ 65 ④ 66 ④ 67 ④ 68 ④

69 점검표 사용의 목적이 아닌 것은?

① 운항승무원에게 조작절차를 환기시킨다.
② 계기를 점검하는 적절한 순서를 제공한다.
③ 승무원간 상호 확인감독이 가능하도록 한다.
④ 승무원의 항공기 운항평가를 위한 도구는 아니다.

해설

점검표 사용의 목적
- 운항승무원에게 조작절차를 환기시킨다.
- 계기를 점검하는 적절한 순서를 제공한다.
- 승무원간 상호 확인감독이 가능하도록 한다.

70 점검표에서 수행 완료하였음을 나타내는 가장 적절한 방법은?

① 실제상태 혹은 수치로 표시
② Set
③ Check
④ Completed

해설

문제 69번 해설 참조

71 다음 중 자동화의 필요성이 아닌 것은?

① 안전성 확보　② 기술의 발달
③ 정보의 정확성 제고　④ 경제성 추구

해설

자동화로 인한 주변의 모든 요소와 상호작용시 그 관계를 기술의 발달로 최적화(Optimization)하여 인간행동의 효율성 그리고 안전성을 도모하고 경제적으로 운영하기 위한 것이라 할 수 있다.

72 자동화의 문제점에 해당되지 않는 것은?

① 상황인지의 실패
② 운항승무원 권한의 강화
③ 자동화에 따른 압박감
④ 자동화에 따른 빠른상황 인지

해설

자동화의 문제점
상황인지의 실패, 자동화에 따른 압박감 등

73 다기종 운영의 표준화를 위해 요구되는 사항이 아닌 것은?

① 다기종 운영의 원리 제정
② 다기종 운영의 표준화 포럼 개설
③ 다기종 운영 절차에 대한 개인적인 의견의 수렴
④ 다기종 운영에 따른 편제의 다원화

해설

다기종 운영의 표준화
- 다기종 운영의 원리 제정
- 다기종 운영의 표준화 포럼 개설
- 다기종 운영 절차에 대한 개인적인 의견의 수렴

74 절차를 제정함으로써 명확하게 규정되지 않는 것은?

① 임무의 결과　② 임무 수행자
③ 임무 수행 방법　④ 임무 환류 형태

해설

절차개발지침
- 절차운영 결과에 대한 환류가 관리자나 개발을 하는 사람에게 전달
- 관리자는 기본적으로 자동화에 대한 원리를 개발
- 절차를 개발할 때 현재 사용 중인 절차나 방침을 신기술에 비추어 재평가

75 직무와 인간관계에 대한 개인의 생각이나 자세는?

① 상황에 따라 달라짐으로 항상 변한다.
② 다른 사람에게 반사적 행동을 하지 않는다.
③ 지금까지 받아온 교육의 질에 따라 좌우된다.
④ 바꿀 수 있고 다른 것과 대체될 수도 있다.

해설

직무와 인간관계에 대한 개인의 생각은 주어진 상황에 따라 변한다.

[정답] 69 ④ 70 ① 71 ③ 72 ② 73 ④ 74 ① 75 ①

76 **조종사 Leadership 능력 향상 요소 중 논평(CRITIQUE)이란?**

① 효율성의 질을 평가하기 위해 주어진 상황을 검토해 보는 것이다.
② 서로의 경험을 주고받는 것이다.
③ 문제점을 연구하고 해결하는 것이다.
④ 타인의 결점에 대하여 주의를 환기하는 것이다.

해설

조종사의 리더십 핵심역량을 찾고 그 핵심역량의 하위 행동지표를 개발하고 효율성의 질을 평가 검토하는 것이다.

77 **Managerial Grid상 9.9형의 사람이 갈등에 처하면 어떻게 대처하나?**

① 쌍방의 오해의 실마리를 찾는다.
② 각자 역할이 잘 정립되어 있으면 갈등은 없다고 생각한다.
③ 자기의 고정관념을 버리고 해결을 위하여 노력한다.
④ 자기신념보다는 타인 의견을 지지한다.

해설

매너지리얼 그리드(MANAGERIAL GRID)

1964년에 블레이크(Blake, R.)와 모우턴(Mouton, J.)에 의해 '인간에 대한 관심'과 '생산에 대한 관심'이라는 2가지 축에 의해 도식화된 리더십 모델이다. 이 모델에서는 각각의 축을 1점에서 9점으로 하고 2개의 축을 직각으로 교차시켜 9×9의 격자 모양의 모델을 만들고 전체 4각의 4곳과 중앙의 1곳 총 5곳에 5종류의 관리자 리더십이 상정되어 있다.
이런 격자 모양의 그림은 영어로 Grid라고 하는데 관리자의 5종류 리더십을 제시한 그리드도를 매너지리얼 그리드라고 한다.
이 5종류의 리더십에는 ① 생산에 대한 관심 1점·인간에 대한 관심 1점인 '빈곤한 매니지먼트형', ② 생산 1점·인간 9점·'컨트리 클럽형', ③ 생산 5점·인간 5점인 '중도형', ④ 생산 9점·인간 1점인 '권위굴복형', ⑤ 생산 9점·인간 9점인 '팀형'이 있으며 관리자가 가장 뛰어난 기능을 발휘하는 것은 '팀형'이라고 한다.
대처방법에는 자기의 고정관념을 버리고 갈등에대해 해결방안을 찾으려 노력한다.

78 **문제의식(INQUIRY)에 대하여 가장 올바르게 표현한 것은?**

① 다른 사람의 행동, 생각, 제안에 일단 의심을 갖는다.
② 각자의 생각이나 행동이 옳은 것인가 확인하고 유효한 것인가를 조사해 본다.
③ 자신의 생각과 행동을 조사해 보는 과정이다.
④ 기량이 뛰어나고 SOP대로 한다면 문제의식은 필요하지 않는다.

해설

각자의 생각이나 행동이 옳은 것인가 확인하고 유효한 것인가를 조사해 본다.

79 **9.1형의 CREW가 자기의사를 표시할 때는?**

① 타인의 입장을 주의 깊게 재검토 하도록 강요하는 방향으로 한다.
② 자기입장을 지지하는데 객관적 자료에 의존한다.
③ 흑백논리로 입장을 관찰한다.
④ 자기주장을 승화시켜 타인의 신뢰감을 얻는다.

해설

문제 77번 해설 참조

80 **5.5형의 CREW가 의사를 소통할 때는?**

① 개인적으로 관심 있는 의사를 소통한다.
② 타인의 참여를 위하여 적절한 문제를 제시한다.
③ 항상 분명하게 토의에 임한다.
④ 관련된 문제는 논의하지만 깊이 있고 상세한 이야기는 하지 않는다.

해설

문제 77번 해설 참조

81 **GROUP간의 관계가 일단 교착상태에 빠졌을 때의 해결방법은?**

① 타협하여 질이 낮더라도 해결해야 한다.
② 평화공존 식으로 해결하면 스스로 협조관계가 구축된다.

[정답] 76 ① 77 ③ 78 ② 79 ③ 80 ④ 81 ③

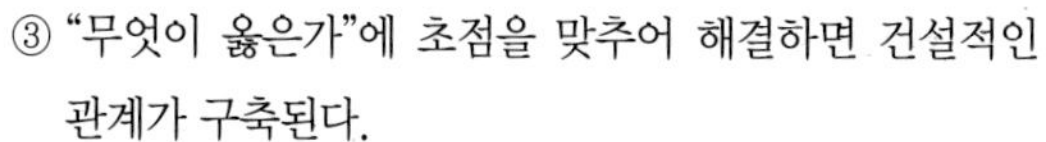

③ "무엇이 옳은가"에 초점을 맞추어 해결하면 건설적인 관계가 구축된다.

④ "우리가 옳다"고 주장하여 반드시 이겨야 한다.

해설

그룹간의 논의를 통해 건설적인 관계를 구축한다.

82 사람이 보통 불쾌감을 느끼는 온도범위는?

① 15.6° 이하 또는 29.4° 이상

② 16.6° 이하 또는 28.4° 이상

③ 17.6° 이하 또는 27.4° 이상

④ 18.6° 이하 또는 26.4° 이상

해설

불쾌감을 느끼는 온도범위

15.6° 이하 또는 29.4° 이상

83 항공기 승무원은 승객의 몇 배의 물이 필요 한가?

① 4배 ② 8배

③ 12배 ④ 16배

해설

승객 : 시간당 0.11리터, 승무원 : 시간당 0.44리터

84 상대습도가 어느 정도 될 때가 인체에 가장 나쁜가?

① 30[%]이하 또는 70[%]이상

② 30[%]이하 또는 80[%]이상

③ 40[%]이하 또는 60[%]이상

④ 50[%]이하 또는 70[%]이상

해설

단계별 불쾌지수

단계	지수범위	상태
매우 높음	80 이상	전원 불쾌감을 느낌
높음	75 이상 ~ 80 미만	50% 정도 불쾌감을 느낌
보통	65 이상 ~ 75 미만	불쾌감을 나타내기 시작
낮음	65 미만	전원 쾌적함을 느낌

85 항공기의 전자 장비에 가장 나쁜 영향을 주는 것은?

① 온도 ② 기압

③ 소음 ④ 상대습도

해설

상대습도

공기 속에 포함되어 있는 수증기의 양을 표현하는 대표적인 값으로서 흔히 습도라고 부르기도 한다.

습도가 높을수록 항공기의 전자장비에 오작동 및 고장을 발생 시킬 수 있다.

86 항공기가 보통 40,000[ft] 상공을 비행할 경우 객실내의 고도는?

① 3,000[ft]~4,500[ft]

② 4,000[ft]~4,500[ft]

③ 5,000[ft]~8,000[ft]

④ 8,500[ft]~9,500[ft]

해설

5,000[ft]~8,000[ft]

87 장거리 항공기 여행으로 인한 시차별 증후 중 해당되지 않는 것은?

① 불면증 ② 피로감

③ 소화불량 ④ 동맥경화

해설

항공기 장거리 여행

불면증 , 피로감, 소화불량 등

88 시차(Time Zone Lag)가 인체에 미치는 영향은 어느 때 가장 심한가?

① 북쪽에서 남쪽(South bound)으로 비행 중

② 동쪽에서 서쪽(West bound)으로 비행 중

③ 서쪽에서 동쪽(East bound)으로 비행 중

④ 남쪽에서 북쪽(North bound)으로 비행 중

[정답] 82 ① 83 ① 84 ② 85 ④ 86 ③ 87 ④ 88 ②

해설

자전으로 인하여 남북으로는 시차가 없으나 동서로는 자전으로 인하여 두 지점 간의 거리만큼 시차를 갖게 된다.

89 **전자파(Electronic Wave)중에서 인체조직의 온도를 상승시키며 해를 주는 전자파는?**

① ELF ② VLF
③ Microwave ④ VHF

해설

Microwave는 일명 전자레인지이며 인체에 해로운 전자파를 발생시킨다.

90 **문화적 환경의 목적이라고 볼 수 없는 것은?**

① 문화 정의와 가치의 근원
② 문화적 차원
③ 팀웍과 조정
④ 문화적 가치관

해설

문화적 환경의 목적
- 문화 정의와 가치의 근원
- 문화적 차원과 팀웍, 의사소통, 정비처리, 스트레스
- 팀웍과 조정을 강화하여 보다 효율적인 임무 수행

91 **승무원의 세계적인 문화적 환경 차원의 종류가 아닌 것은?**

① 권력거리 ② 불확실성 회피
③ 개인주의 ④ 협력주의

해설

문화적 환경의 종류
권력거리, 불확실성 회피, 개인주의, 남자다움(Masculinity)

92 **SHEL 모델에서 Software의 의미가 아닌 것은?**

① 항공교통관제규정
② 항공교통관제 기계적 부문
③ 항공교통관제 표준절차
④ 항공교통관제 표준기호

해설

SHEL 모델에서 Software
ATC 분야의 각종 규정, 절차나 기호, 부호

93 **항공교통관리(ATM)의 새로운 기법이 아닌 것은?**

① 새로운 Data Link와 새로운 위성통신방법 소개
② 레이더와 정보처리 성능 개선
③ 충돌방지시스템 개발과 운용 등
④ 항공교통관제 업무 절충

해설

항공교통관리(ATM)의 새로운 기법
- 새로운 Data Link와 새로운 위성통신방법 소개
- 레이더와 정보처리 성능 개선
- 충돌방지시스템 개발과 운용 등

94 **관제사 피로에 관한 설명이 틀리는 것은?**

① 관제사는 피로에 익숙해 있어야 한다.
② 최대연속관제시간은 2시간을 권하고 있다.
③ 근무시간 중 식사시간을 주어야 한다.
④ 관제업무도 연령에 알맞게 직무 설계되어야 한다.

해설

관제사의 피로
- 관제사는 피로하게 되면 판단 의식이 흐려진다.
- 2시간 근무 후 휴식시간은 20～30분 정도 필요하다.
- 근무시간 중 식사시간을 주어야 한다.
- 관제업무도 연령에 알맞게 직무 설계되어야 한다.

95 **관제실 내부의 적정 온도는 얼마가 가장 적합한가?**

① 18～20[℃] ② 21～25[℃]
③ 25～27[℃] ④ 28～31[℃]

[정답] 89 ③ 90 ④ 91 ④ 92 ② 93 ④ 94 ① 95 ②

해설

관제실 내부의 적정 온도는 21～25[°C]로 조절

96 관제실 환경에 대한 설명 중 틀린 것은?

① 장비나 가구의 색상은 검정색이 제일 좋다.
② 관제탑은 주간에 자연채광으로 조명한다.
③ 실내 습도는 50[%]나 그 보다 약간 높게 한다.
④ 통풍장치나 장비운용 소음은 최대한 줄인다.

해설

관제실 환경
- 장비나 가구의 색상은 베이지색, 약한 갈색 약간 흰색이 좋다.
- 관제탑은 주간에 자연채광으로 조명한다.
- 실내 습도는 50[%]나 그 보다 약간 높게 한다.
- 통풍장치나 장비운용 소음은 최대한 줄인다.

97 관제사의 시각적 한계에 관한 설명 중 틀린 것은 어느 것인가?

① 동적정보와 배경정보의 밝기 비율은 8:1이 좋다.
② 농도가 짙은 파란(Blue)색은 구별이 쉽다.
③ 색상은 항공신체검사 제3종 기준이면 가능해야 한다.
④ 관제부호의 세로 크기는 3[mm] 이상이 좋다.

해설

관제사의 시각적 한계
- 동적정보와 배경정보의 밝기 비율은 8:1이 좋다.
- 농도가 짙은 파란(Blue)색은 채색론적 변이의 문제가 생긴다.
- 색상은 항공신체검사 제3종 기준이면 가능해야 한다.
- 관제부호의 세로 크기는 3[mm] 이상이 좋다.

98 관제사의 인적 한계에 관한 설명 중 틀린 것은 어느 것인가?

① 레이더 관제실 실내조명은 균일해야 한다.
② 관제실 소음 기준은 85[dB] 정도가 적당하다.
③ 관제정보 Display시계는 차단되지 않아야 한다.
④ 관제실 공기의 환류속도는 분당 10[m]가 적정하다.

해설

관제사의 인적 한계
- 레이더 관제실 실내조명은 균일해야 한다.
- 관제실 소음 기준은 55[dB](ICAO, 1993)이하 수준이 유지되도록 한다.
- 관제정보 Display시계는 차단되지 않아야 한다.
- 관제실 공기의 환류속도는 분당 10[m]가 적정하다.

99 관제통신에서의 실수를 방지하기 위한 설명 중 틀린 것은 어느 것인가?

① 항공기로부터의 모든 정보를 이해하여야 한다.
② 항공기 호출부호는 서로 매우 다르게 부여한다.
③ 운항승무원이 말하리라 예상한 것만을 듣는 연습을 한다.
④ ICAO 알파벳 발음법을 준수한다.

해설

관제통신에서의 실수
- 항공기로부터의 모든 정보를 이해하여야 한다.
- 운항승무원이 말하리라 예상한 것만을 듣는 연습을 한다.
- ICAO 알파벳 발음법을 준수한다.

100 영어가 모국어 아닌 자가 관제통신 시 취할 태도는 어느 것인가?

① 보통 대화 속도로 발음한다.
② 명확하고 천천히 발음한다.
③ 방언이나 억양을 심하게 써도 좋다.
④ 정보가 확실치 않아도 바쁘면 재확인을 생략한다.

해설

상대방에게 정확한 메시지를 전달하기 위해서는 명확하고 천천히 발음하여야 한다.

101 관제업무 자동화의 목표가 아닌 것은 어느 것인가?

① 효율성 확보 및 과실 예방
② 안전성 개선 및 신뢰성 증진

[정답] 96 ① 97 ② 98 ② 99 ② 100 ② 101 ③

기출+예상

③ 시스템 고장시 관제사 업무량 증대
④ 의사결정 및 미래예측에 도움

해설

관제업무 자동화의 목표

- 효율성 확보 및 과실 예방
- 안전성 개선 및 신뢰성 증진
- 의사결정 및 미래예측에 도움

102 관제사 응시 항목이 아닌 것은?

① 환경 개념 ② 언어구사력
③ 수리력 ④ 적성 부분

해설

관제사 선발 시 평가 항목

응시자의 일반적 지능, 공간 개념, 추리력, 수리력, 업무 친숙도, 언어구사력, 손재주, 인성, 적성 부분

103 관제업무 공간이 잘못 된 곳은?

① 방음장치는 크게 문제가 되지 않는다.
② 화장실, 휴게실, 매점 등의 편의시설을 갖춘다.
③ 불빛, 반사광, 차폐시설이 없도록 한다.
④ 관제사의 주의력을 산만하게 하도록 장비를 배치하지 않는다.

해설

관제업무 공간

- 방음장치 시설을 갖춘다.
- 화장실, 휴게실, 매점 등의 편의시설을 갖춘다.
- 불빛, 반사광, 차폐시설이 없도록 한다.
- 관제사의 주의력을 산만하게 하도록 장비를 배치하지 않는다.

[정답] 102 ① 103 ①

Aircraft Maintenance

Aircraft Maintenance

제3편 항공기 기체 Ⅰ

제1장 항공기 기체 구조

제2장 항공기 기체 재료 및 하드웨어

제3장 항공기 기체 수리 및 정비

- 기출 및 예상문제 상세해설

제1장 항공기 기체 구조

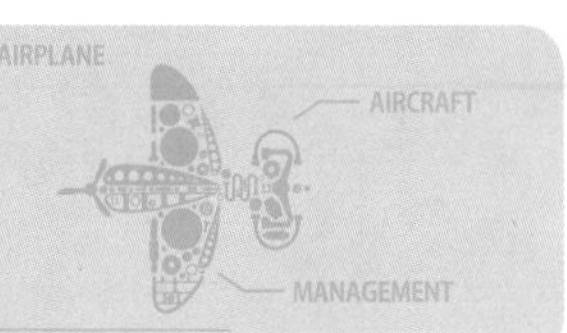

1 항공기 기체(Aircraft Airframe)의 구성

1. 항공기 기체의 구조일반

항공기 기체의 구조는 엔진 및 주요 장비를 제외한 항공기의 골조 및 여러 가지 계통을 말하며, 항공기가 제 역할을 다하기 위해서는 승객과 승무원 및 화물을 수용할 수 있는 공간이 마련되어 있어야만 한다.

일반적으로 고정익(Fixed-wing) 항공기는 동체(Fuselage), 날개(Wing), 수평 안정판(Horizontal Stabilizer), 수직 안정판(Vertical Stabilizer) 및 조종면(Flight Contro Surface), 착륙 장치(Landing Gear), 엔진 마운트와 나셀(Engine Mount & Nacelle) 등으로 구성되어 있다.

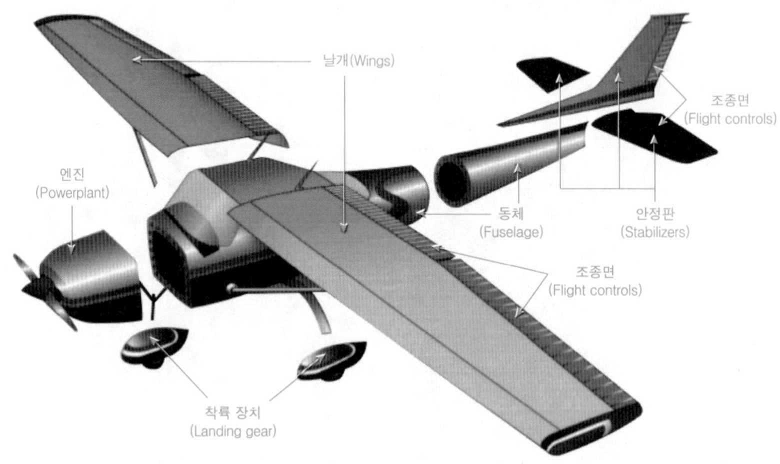

[그림 3-1 소형 고정익 항공기의 구조]

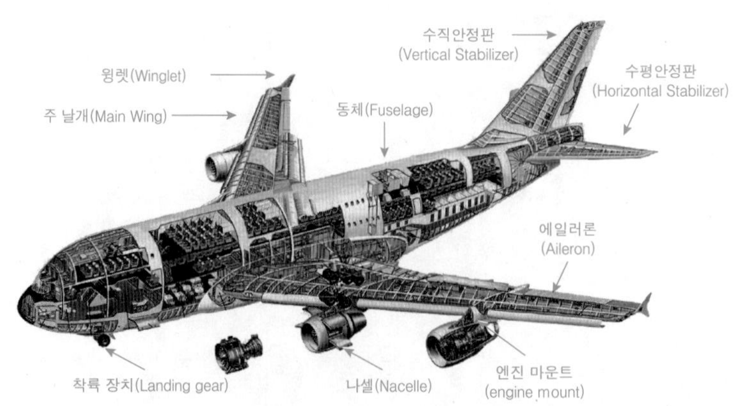

[그림 3-2 대형 고정익 항공기의 구조]

2. 항공기 위치 표시

항공기 기체는 동체, 날개, 안정판, 나셀 등 항공기 구조의 특정 위치를 쉽게 알 수 있도록 항공기 위치를 표시하고 있다. 항공기의 위치 표시는 기준선으로 부터 부품의 위치까지 직선거리를 인치[in] 또는 센티미터[cm]로 표시하고 있다.

1. 항공기 위치의 표시 방식

- 동체 위치선(FS : Fuselage Station, BSTA : Body Btation)
- 동체 수위선(BWL : Body Water Line)
- 동체 버턱선(BBL : Body Buttock Line)
- 날개 버턱선(WBL : Wing Buttock Line)
- 날개 위치선(WS : Wing Station)
- 그 밖에 수직 안정판과 방향 키 위치선, 수평 안정판과 승강 키 위치선, 엔진 및 나셀위치선 등으로 표시된다.

2. 항공기 위치선(FS : Fuselage Station, BSTA : Body Btation)의 표시

동체위치선은 기준이 되는 0점 또는 기준선으로부터의 거리로 나타낸다.

① 동체 위치선

동체 위치선(FS, BSTA)은 기준이 되는 0점, 또는 기준선으로부터의 거리로 나타낸다. 기준선은 기수 또는 기수로부터 일정한 거리에 위치한 상상의 수직면으로 설정되며, 주어진 점까지의 거리는 보통 기수에서 테일 콘(Tail Cone)의 중심까지 잇는 중심선의 길이로 측정된다. 그 밖의 대형 항공기에서는 특정한 범위를 나타내는 방법으로 섹션 번호(Section Number)가 사용되는 경우도 있다. 대형 항공기의 동체 위치선과 동체 수위선 및 섹션 번호를 보여 주고 있다.

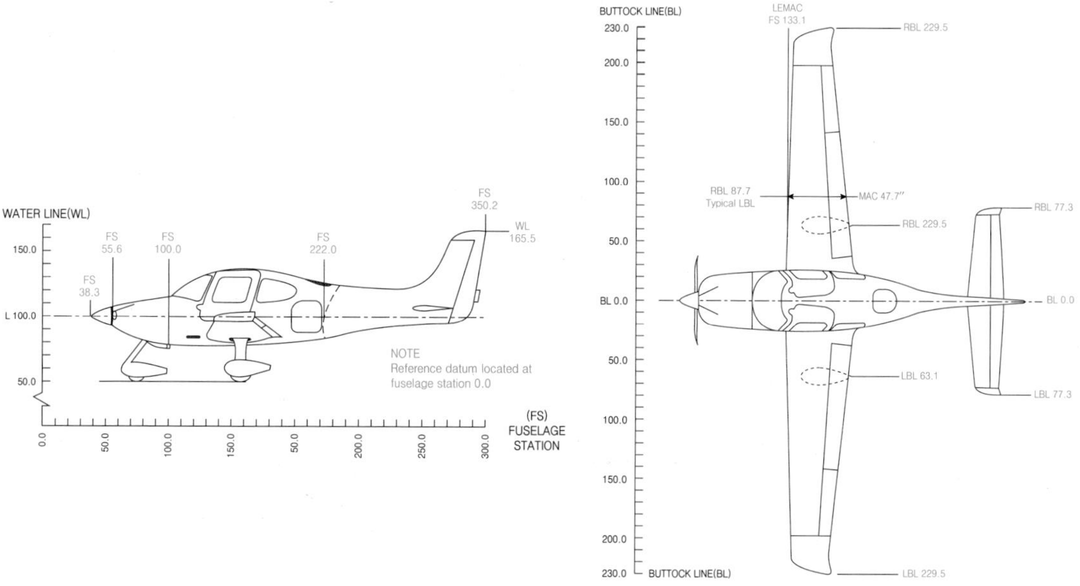

[그림 3-3 소형 항공기 위치선]

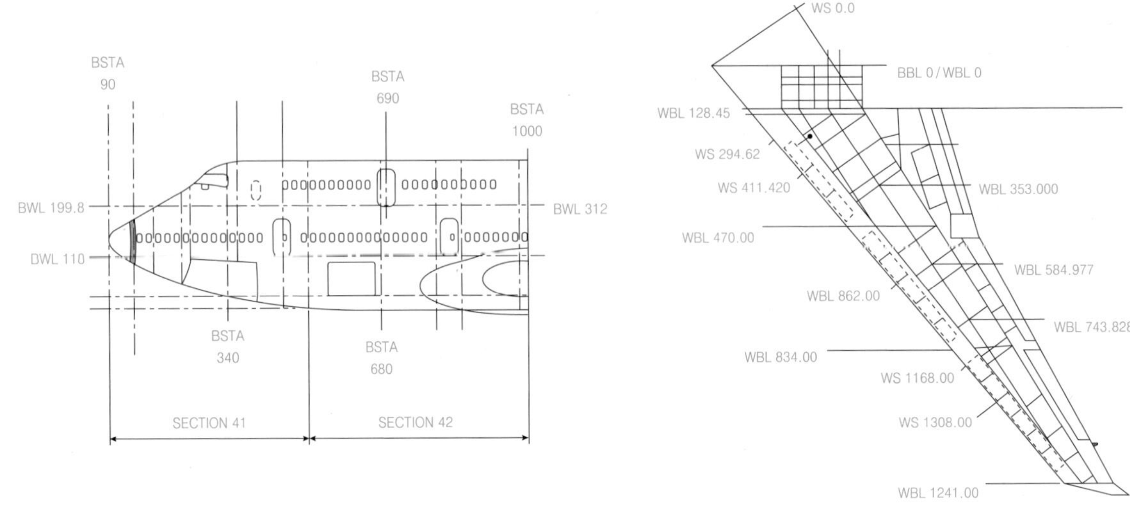

[그림 3-4 대형 항공기 위치선]

② 동체 수위선

동체 수위선(BWL : Body Water Line)은 기준으로 정한 특정 수평면으로부터의 높이를 측정한 수직 거리이다. 일반적으로, 기준 수평면은 동체의 바닥면으로 설정하는 것이 원칙이지만, 항공기에 따라 가상의 수평면을 설정하기도 한다.

③ 버턱선

버턱선(Buttock Line)은 동체 버턱선(BBL : Body Buttock Line)과 날개 버턱선(WBL : Wing Buttock Line)으로 구분한다. 동체 버턱선과 날개 버턱선은 동체 중심선을 기준으로 오른쪽과 왼쪽으로 평행한 너비를 나타내는 선이다. 그림은 대형 항공기의 동체 버턱선과 날개 버턱선 및 날개 위치선(WS)을 보여 주고 있다.

④ 날개 위치선

날개 위치선은 위의 그림과 같이, 날개보와 직각인 특정한 기준면으로부터 날개 끝 방향으로 측정된 거리를 나타낸다.

3. 항공기 기체 구조의 형식

항공기 기체의 구조 형식은 구조물의 하중 지지 형태에 따라 트러스 구조, 응력 외피 구조, 샌드위치 구조로 나누어지며, 하중 담당 중요도에 따라, 1차 구조와 2차 구조로 나누어지고, 구조물의 파손과 안전 그리고 손상의 허용 기준에 따라 페일세이프(Fail-Safe) 구조 등으로 나누어진다.
하중 지지 형태에 따른 분류에는 항공기 구조물에 작용하는 하중을 어떻게 감당하느냐에 따라 트러스 구조, 응력 외피 구조(모노코크 구조, 세미모노코크 구조), 샌드위치 구조 등으로 나누어지며, 하중부담 및 중요도에 따른 분류에는 구조물에 작용하는 하중을 감당하는 중요도에 따라서 1차 구조와 2차 구조로 나누어진다.

1. 트러스 구조(Truss Structure)

강관으로 구성된 트러스에 천 또는 얇은 금속판 외피를 씌운 구조 형식이다.

기체의 외피는 공기 역학적 외형을 유지하고 기체에 걸리는 대부분의 하중은 트러스 구조가 담당하며, 설계가 쉽고 제작비용이 적게 든다는 장점이 있다.

반면에 내부의 공간을 마련하는 것이 어렵고, 외형을 유선형으로 만들기 어렵기 때문에 항력이 크게 발생한다는 단점이 있으며, 트러스의 구조는 주로 경비행기에 사용된다.

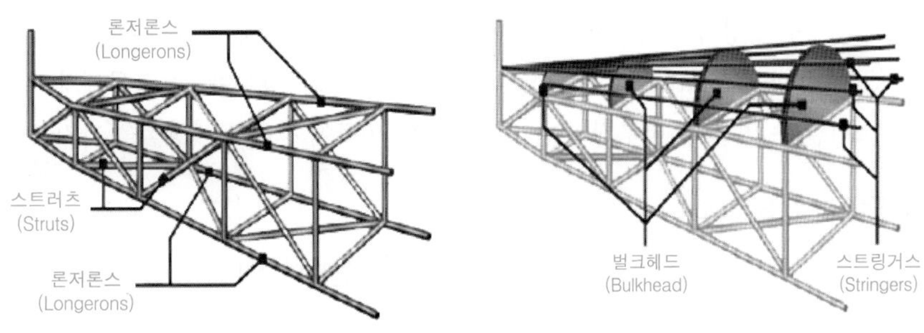

[그림 3-5 철재 관의 트러스 형식]

2. 응력외피 구조(Stress Skin Structure)

응력외피의 구조는 트러스 구조와 같은 골격이 없기 때문에 기체에 작용하는 모든 하중을 외피가 담당하는 구조 형식이다. 응력외피의 구조는 기체 내부에 응력을 담당하기 위한 골격이 없으므로 내부공간을 쉽게 마련할 수 있고, 외형을 유선형으로 만들기 쉬운 장점이 있지만, 균열과 같은 작은 손상에 전체 구조의 안전에 영향을 미친다는 단점이 있다. 응력외피 구조에는 모노코크 형식(Monocoque Type)과 세미모노코크 형식(Semi-Monocoque Type)이 있다.

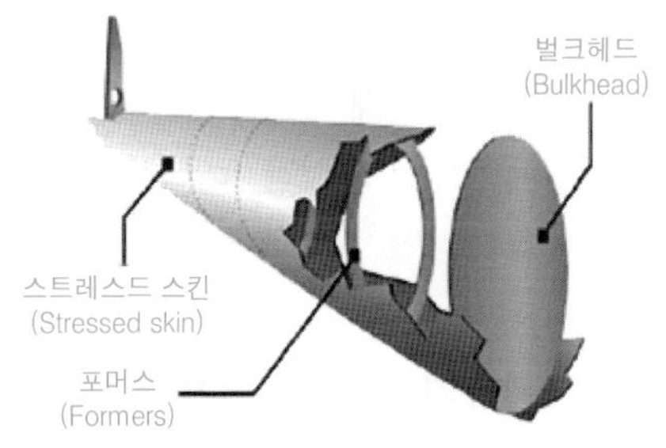

모노코크(Monocoque) 형식

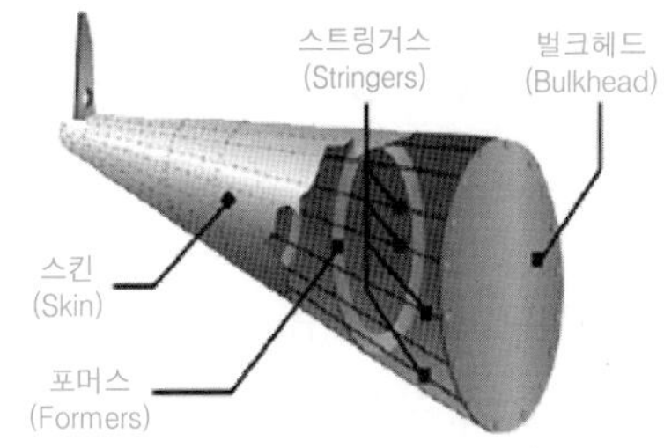

세미-모노코크(Semi-monocoque) 형식

[그림 3-6 응력 외피 구조]

3. 샌드위치 구조

2개의 외판 사이에 발사(Foam)형, 벌집(Honeycomb)형, 파동(Wave)형 등의 심(Core)을 넣고 고착시켜 샌드위치 모양으로 만든 구조형식이다.

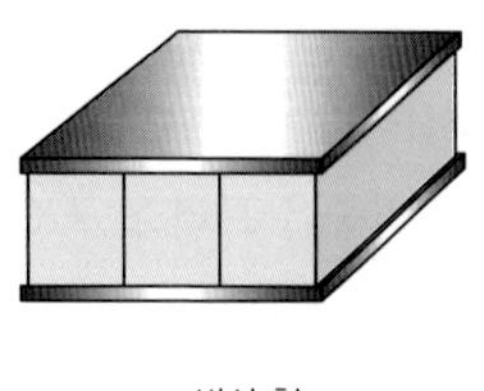
발사 형

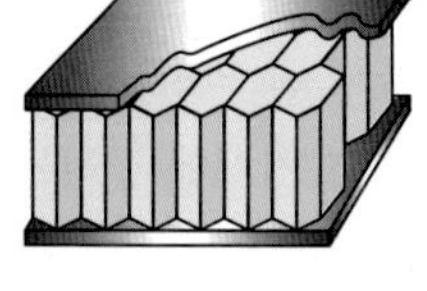
벌집 형

파동 형

[그림 3-7 샌드위치 구조의 종류]

항공기의 전체적인 구조 형식은 아니지만, 날개, 꼬리 날개, 조종면 등의 일부분에 많이 사용되고 있다. 샌드위치 구조(Sandwich Structure)는 응력외피 구조보다 강도와 강성이 크고, 무게가 가볍기 때문에 항공기 무게를 감소시킬 수 있으며, 국부적인 굽힘 응력이나 피로에 강하다는 장점을 가지고 있다.

4. 페일 세이프(Fail Safe Structure) 구조

항공기 기체 구조는 한 구조물이 여러 개의 구조 요소로 연결되어 하나의 구조 요소가 파괴되더라도 나머지 구조가 파괴된 구조의 기능을 담당해 줄 수 있어야 한다.

① 페일세이프 구조

하나의 주구조가 피로 파괴되거나 일부분이 파괴되더라도 다른 구조가 하중을 담당할 수 있도록 하여 항공기 안전에 향을 미칠 정도로 파괴 되거나 과다한 구조 변형이 생기지 않도록 설계된 구조를 말한다. 이러한 페일세이프 구조의 형식에는 다음의 4가지가 있다.

ⓐ 다경로 하중 구조(Redundant Structure)

많은 수의 부재로 구성하여 하나의 부재가 파괴되더라도 다른 부재들이 하중을 분담하도록 함으로써 치명적인 사고를 예방할 수 있도록 설계된 구조 형식이다.

ⓑ 이중 구조(Double Structure)

1개의 큰 부재 인 A를 쓰는 대신 2개 이상의 작은 부재들을 결합하여 1개의 큰 부재 또는 그 이상의 강도를 담당하도록 설계된 구조 형식이다. 이중 구조는 균열이 부재에 발생하는 경우, 결합면에 의해 균열이 저지되어 전체 부재로 균열이 전파되지 않기 때문에 오랜 시간 동안 원래 강도를 유지할 수 있다.

ⓒ 대치 구조(Back-Up Structure)

하중을 담당하는 부재와 담당하지 않는 예비 부재로 구성되어 있으며, 평상시 예비 부재는 하중을 담당하지 않고 있다가 하중을 담당하는 부재가 파괴된 후에 예비 부재가 대신하여 전체 하중을 담당하도록 설계된 구조 형식이다.

ⓓ 하중 경감 구조(Load Dropping Structure)

주 부재에 보강재를 설치한 구조이며 부재에 균열이 발생하면 부재가 담당하던 하중이 보강재로 이동하여 균열이 부재 전체에 미치는 것을 방지하여 구조의 치명적 파괴를 방지할 수 있도록 설계된 구조 형식이다.

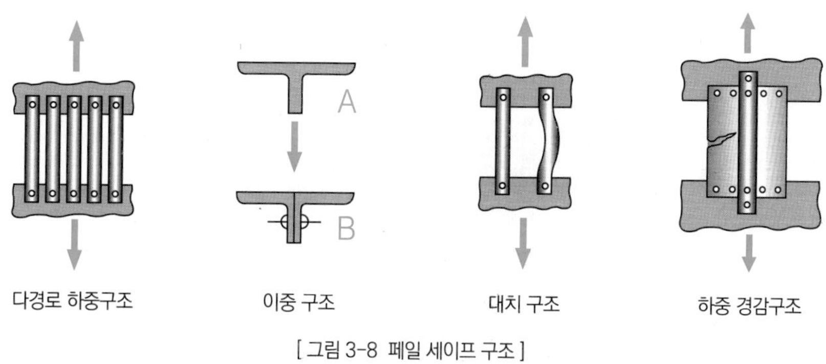

[그림 3-8 페일 세이프 구조]

2 항공기 기체의 구성 품(Aircraft Airframe Components)

1. 항공기 동체(Fuselage)의 구조와 구성 품

항공기 동체는 충분한 공간과 강도 및 강성을 지닌 구조로 공기 저항을 최소화할 수 있는 기하학적 형태로 제작됩니다. 일반적인 여객기를 기준으로 할 때 동체는 제작사마다 차이는 있지만 전방 동체와 중앙 동체, 후방 동체 등으로 나누어져 설계되고 제작됩니다.

또한, 항공기 기체구조의 동체는 승객과 승무원 및 화물을 싣고 다니는 공간으로 조종실, 객실, 화물실 및 각종 장비품을 포함하는 구조물로, 날개와 꼬리 날개가 부착되어 있으며, 착륙 장치 등을 지지하고 있는 부분을 말한다.

항공기 동체의 구조물은 비행 중 발생하는 각종 하중을 견딜 수 있어야 하며, 객실 내의 공기 압력을 견딜 만한 강도를 유지하고 있어야한다.

1. 항공기 동체 구조

동체의 구조는 트러스형 동체와 응력 외피형 동체가 있으며, 트러스형 동체는 주로 경비행기에 사용하는데 설계와 제작이 용이하고 내부 공간의 확보가 용이하지 않아, 동체를 유선으로 만들기 어려운 단점이 있다. 응력 외피형 동체는 외형을 유선형으로 제작하기 쉽고, 내부 공간 확보가 쉽다. 따라서, 균열과 같은 작은 손상이 구조 전체에 영향을 미칠 수 있는 단점을 가지고 있다.

2. 세미모노코크 구조(Semi–Monocoque Structure)

세미모노코크구조는 프레임 및 벌크헤드(Bulkhead)를 동체의 형태를 만들고 동체의 길이 방향으로 세로대 스트링거(Longeron & Stringer)를 보강하여 외피를 입히는 구조를 말한다.

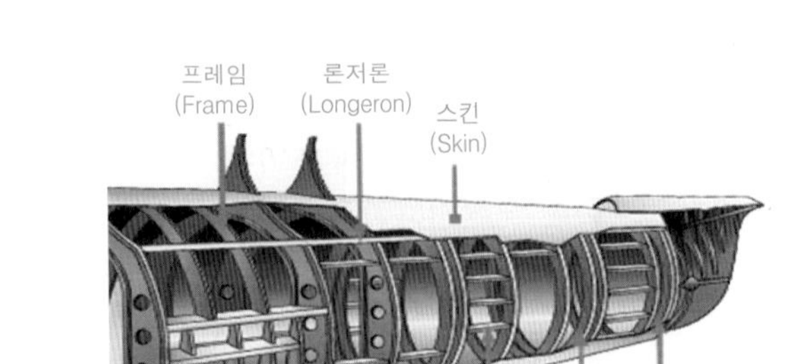

[그림 3-9 세미모노코크 구조(Semi-Monocoque Structure)]

① 세로대와 스트링거(Longeron & Stringer)

세로대와 스트링거는 동체의 길이 방향으로 배치되는 부재로서 프레임과 더불어 동체의 기본 모양을 형성하며 동체에 작용하는 굽힘 모멘트(Bending Moment)에 의한 인장 응력(Tension Stress)과 압축 응력(Compression Stress)을 담당하며, 이들 응력에 대응하는 충분한 강도를 가지기 위하여 굽힘 성형 및 압출 성형을 통하여 제작된다.

② 프레임(Frame)

프레임은 합금 판으로 성형 조립되며, 축 하중과 휨 하중에 견디도록 제작하며, 스트링거를 적당한 간격으로 배치하여 결합한다.

③ 벌크헤드(Bulkhead)

벌크헤드는 보통 동체 앞뒤에 각각 1개씩 배치되는데 동 체 앞의 벌크헤드는 방화벽(Firewall)으로 사용하기도 하고, 여압식 동체에서는 객실 안의 압력 유지하는 압력 칸(Pressure Bulkhead)으로 사용하기도 한다. 또한, 동체 중간에 링(Ring)과 같은 형식으로 배치하여 날개, 착륙 장치 등의 장착 부위를 마련해 주는 역할도 하며, 동체가 비틀림에 의해서 변형되는 것을 막아 주며, 동체에 작용하는 집중 하중을 외피로 분산시키는 기능도 한다.

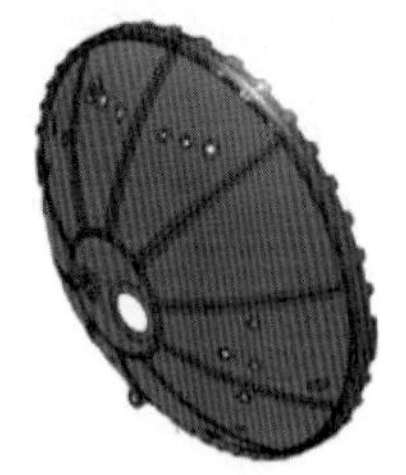
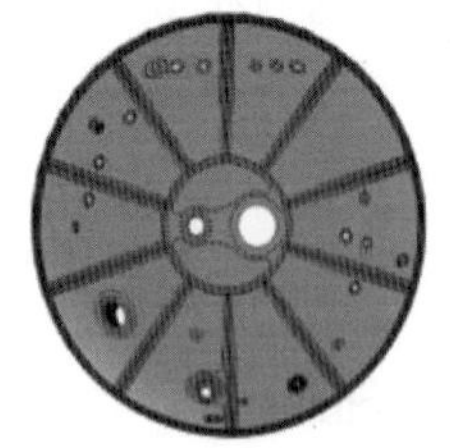

[그림 3-10 벌크헤드(Bulkhead)]

④ 외피(Skin)

외피는 알루미늄 합금판을 비롯한 다양한 복합 소재 등으로 제작 되며, 스트링거, 세로대, 프레임, 링, 정형재 등과 리벳으로 고정되어 있으며 주로 항공기에 작용하는 전단력(Shear)와 비틀림(Torsion)을 담당한다.

2. 날개(Wing)의 구조 및 형식

날개의 역할은 항공기를 공중으로 들어 올리는 양력을 발생시키며, 날개 보, 리브, 스트링거, 외피 등으로 구성되어 있고 양력을 발생할 수 있도록 단면은 특수한 형태의 유선형으로 된 에어포일을 가지고 있다. 이러한 날개는 동체에 부착되고 착륙장치, 엔진 및 각종 조종면들이 부착되어 있으며, 내부는 연료탱크로 사용하고 있다.

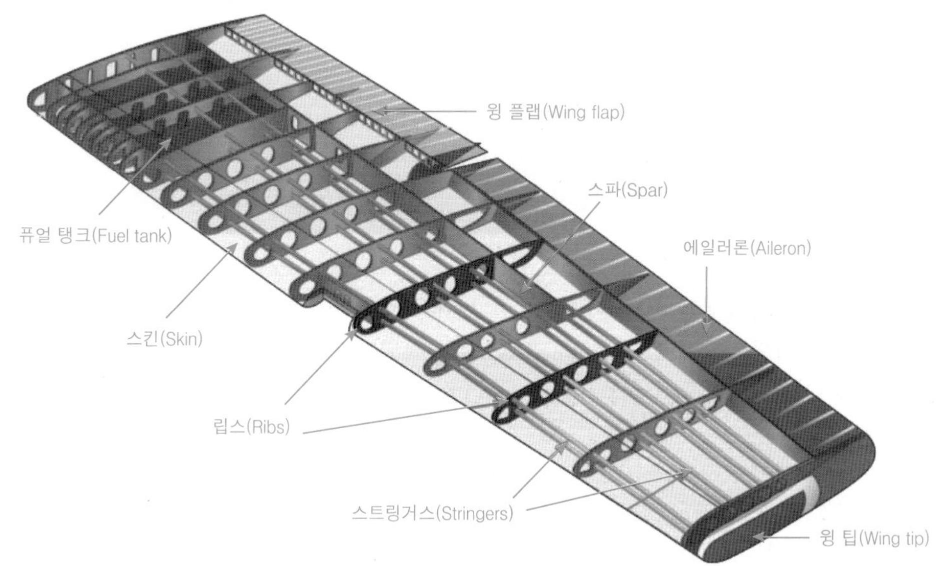

1. 항공기 날개 구조

항공기 날개에 사용하는 구조는 트러스 구조와 응력외피 구조가 있으며, 현대 항공기는 대부분이 채택하고 있는 응력외피 구조로 날개 보(Spar)는 전단력(Shearing Force)과 굽힘 모멘트(Bending Moment)를 담당하고, 외피는 비틀림 모멘트(Torsion Moment)를 담당한다. 일반적으로 날개 보는 2~3개를 사용하며, 날개 보와 외피에 의해서 상자 구조(Box Beam Construction)가 형성된다. 날개의 형태를 만들기 위하여 리브는 날개 보 사이에 위치한다.

리브와 외피 사이에는 압축 하중에의한 좌굴(Buckling)을 방지하기 위해 적당한 간격의 스트링거를 배치한다.

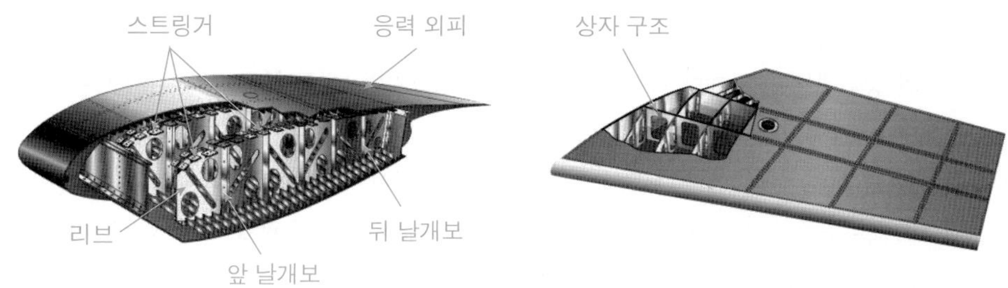

① 날개 보(Spar)

날개 보는 플랜지(Flange)와 웨브(Web)로 구성되어 있다. 플랜지는 주로 굽힘 하중을 담당하고, 웨브는 전단력을 담당하고 있다.

날개에는 대부분 2~3개의 날개 보, 즉 앞날개 보(Front Spar), 중간 날개 보(Mid Spar), 뒷날개 보(Rear Spar) 등으로 구성되어 있다.

날개 보는 날개에 작용하는 하중의 대부분을 담당하고, 날개를 동체와 연결시켜 주는 연결부 구실도 하며, 착륙 장치 또는 엔진을 장착하는 경우도 있다.

② 리브(Rib)

리브는 날개의 단면이 공기 역학적인 에어포일(Airfoil)을 유지할 수 있도록 날개의 모양을 형성해 주는 것으로 날개 외피에 작용하는 하중을 날개 보에 전달하는 역할을 한다.

③ 스트링거(Stringer)

스트링거는 날개의 굽힘 강도를 크게 하고, 날개의 비틀림에 의한 좌굴을 방지하기 위하여 날개의 길이 방향으로 장착되는 것으로서 리브와 리벳으로 고정되어 있다. 요즘에는 두꺼운 알루미늄 합금판을깎아 스트링거와 외피를 일체로 만든 패널(Panel)형을 사용하는데 최소의 무게로 높은 강도와 강성을 얻을 수 있기 때문이다.

④ 외피(Skin)

상자 형 날개 보의 윗면과 아랫면의 외피는 플랜지 역할을 하므로 외피 자체가 압축과 인장을 받게 되고, 나머지 하중도 외피가 담당하게되어 응력 외피(Stressed Skin)라고 하며, 높은 강도가 요구된다.

그러나 날개 앞전(Leading Edge)과 날개 뒷전(Trailing Edge)의 외피는구조상 응력 을 받지 않으나 공기 역학적인 형태를 유지하고 있다.

3. 항공기 날개의 형식

일반적으로 날개에 부착되는 장치로는 대표적인 1차 조종면인 도움날개와 앞전 플랩과 뒷전 플랩 같은 고양력 장치(High-Lift Device), 날개 윗면에 장착되어 있는 스포일러(Spoiler) 등이 있다.

1. 도움 날개(Aileron)

도움 날개는 항공기 옆놀이 운동(Rolling)을 위하여 날개 뒷전 부분이위아래로 움직일 수 있도록 설치되어 있는 1차 조종면이다.

소형 항공기의 경우에는 양 날개에 각각 1개씩 장착되어 있지만, 대형 항공기의 경우에는 제작사마다 그 위치 차이는 있지만 각각 2개씩장착되어 있으며, 일부 대형 항공기(A380)은 3개 도움 날개가 있다.

대형 항공기의 경우에는 저속에서는 모두 작동하고, 고속에서는 안쪽도움 날개(Inboard Aileron)만 작동한다. 도움 날개는 조종실(Cockpit)의 조종간(Control Wheel)을 좌우로 회전시켜 움직이며, 비행 중에 좌우 도움 날개는 서로 반대 방향으로 작동한다.

2. 앞전 플랩(Leading Edge Flap)

현대의 고속 항공기에 사용하는 에어포일(Airfoil)은 두께가 얇고, 앞전 반지름이 작아 큰 받음각을 받게 되면, 공기 흐름이 박리(Separation)되어 실속(Stall)에 들어가게 되고, 양력은 급격히 떨어진다. 이를 해결하기 위한 것이 바로 앞전 플랩이다. 이것은 날개 앞전 반지름을 크게하여 큰 받음각에서도 박리 현상이 일어나지 않게 한다.

3. 뒷전 플랩(Trailing Edge Flap)

뒷전 플랩은 날개 뒷전에 위치하는 움직이는 면을 밑으로 휘어 캠버(Camber)를 크게 하거나, 날개 면적을 크게 함으로써 양력을 증가시키는 장치이다. 단순 플랩(Plain Flap), 스플릿 플랩(Split Flap), 슬롯 플랩(Slot Flap), 파울러 플랩(Fowler Flap) 등이 있다. 현재 대형 항공기에서는 2중 또는 3중 파울러 플랩(Double 또는 Triple Fowler Flap)을 사용하여 강한플랩 효과를 얻는다. 대형 항공기에 장착되어 있는 크루거 플랩과 3중파울러 플랩이 있다.

4. 스포일러(Spoiler)

스포일러는 날개 윗면에 장착되어 있는 2차 조종면(Secondary Controlsurface)으로서 비행 중 도움 날개(Aileron)를 도와준다.

항공기의 선회 비행 특성을 강화시키는 비행 스포일러(In-Flight Spoiler)와 착륙 시 양쪽 날개의 스포일러가 동시에 대칭으로 올라가서 공기의 저항을 증가시켜주어 속도 제동(Speed Brake) 역할을 하는 지상 스포일러(Ground Spoiler)가 있다. 일반적으로 동일한 장치가 비행 스포일러와 지상 스포일러의 역할을 각각 수행한다.

5. 안정판(Stabilizer)

항공기 꼬리 날개(Tail Wing) 부분에 위치하며, 비행 중에서 항공기의 안정성(Stabilizer)과 조종성을 유지해 주는 역할을 한다. 수평 안정판에 승강키, 수직 안정판에는 방향키가 부착되어 1차 조종면의 역할을 한다.

① 수평 안정판(Horizontal Stabilizer)

수평 안정판에 승강키(Elevator)가 부착되어 상하로 움직임으로써 비행 중에 항공기의 세로 안정성(Longitudinal Stability)을 유지하는 키놀이(Pitching) 운동으로 1차 조종면의 역할을 한다. 승강키 뒷부분에 설치된 승강키 탭(Tab)은 승강키의 작동을 도와준다. 최신 대형 민간항공기에서는 수평 안정판 내부 구조를 연료탱크로 사용함으로써 항속거리를 늘리고 있다.

② 수직 안정판(Vertical Stabilizer)

수직 안정판에는 방향키(Rudder) 꼬리날개는 수직 안정판(Vertical Stabilizer)과 방향키(Rudder)로 구성되어 있으며, 비행 중에 항공기에 방향 안정성(Direction Stability)을제공하며, 수평 꼬리 날개와 달리 동체 구조에 고정되어 있다. 수직 꼬리날개 뒷부분에 위치하는 방향키는 좌우로 움직여서 항공기의 빗 놀이(Yawing) 운동을 관장한다.

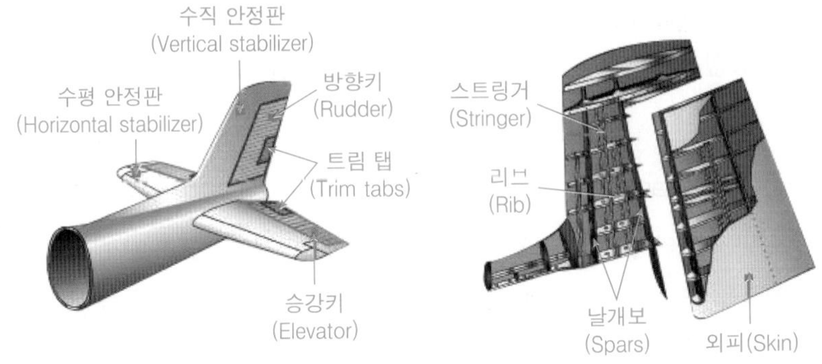

6. 조종면(Flight Control Surface)

조종면은 조종사의 조작에 따라서 항공기의 움직임을 제어하는 것으로 현대 항공기들은 컴퓨터를 이용한 자동비행 조종이 가능하도록 되어 있다.

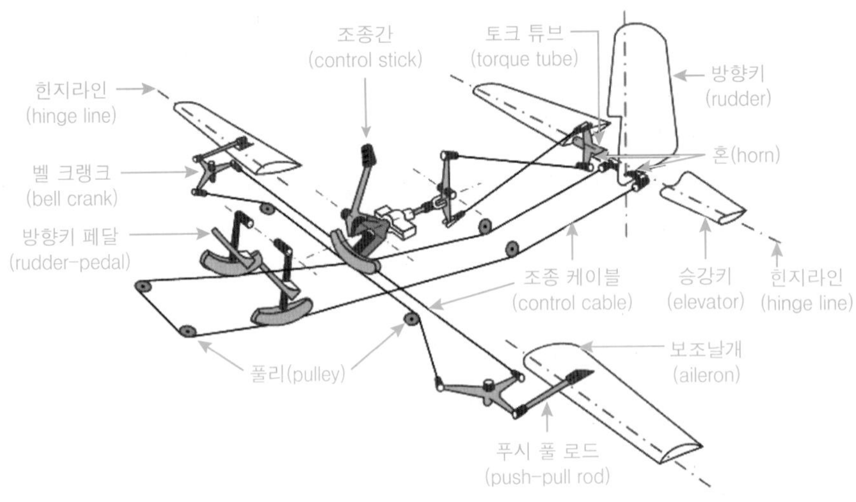

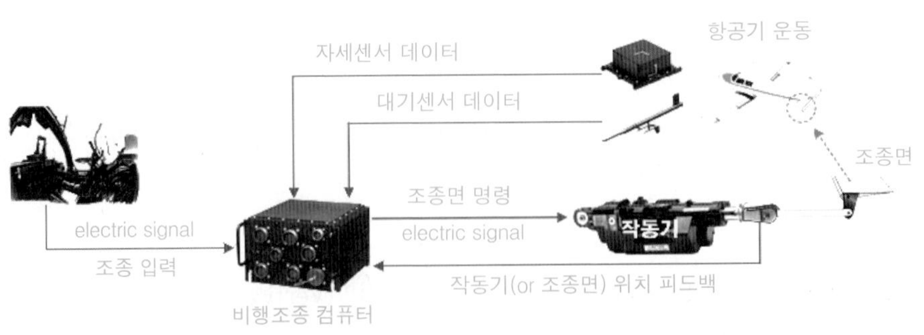

7. 착륙 장치(Landing Gear)

항공기가 지상에 정지하고 있을 때와 이착륙을 할 때에는 항공기의 무게를 지지하는 역할을 하며, 특히 착륙할 때는 동체에 전달되는 충격을 흡수하는 역할을 하기도 한다.

8. 엔진 마운트와 나셀(Engine Mount & Nacelle)

엔진을 기체에 장착하는 지지부로, 위, 아래 그리고 꼬리 날개에도 장착되어 있으며, 엔진에서 발생한 추력을 기체에 전달하는 역할을 한다. 나셀은 엔진 및 엔진 작동에 필요한 여러 관련 장치들을 수용하고 보호하는 공간을 말한다. 특히, 유선형으로 엔진을 둘러싼 부분을 카울링(Cowling)이라고 한다.

① 왕복 엔진 마운트(Reciprocating Engine Mount)와 나셀(Nacelle)

왕복엔진 마운트는 방화벽(Fire Wall)에 부착되며, 마운트 방진댐퍼(진동흡수 고무)를 통하여 볼트와 너트로 고정되어 있다.

왕복엔진의 나셀은 카울링(Cowling)을 통하여 공기의 저항을 감소하고, 냉각공기를 흡입하여 엔진 냉각뿐만 아니라 기화기에 공기를 공급해 준다. 또한 엔진의 냉각상태를 조절해 주기위해서 나셀 안으로 들어오는 공기의 양을 조절해주는 카울 플랩(Cowl Flap)을 설치하기도 한다.

② 가스 터빈 엔진 마운트(Gas Turbine Engine Mount)와 나셀(Nacelle)

가스 터빈 엔진을 사용하는 현대의 항공기들은 엔진 마운트(Engine Mount)를 날개에 장착하는 방법을 가장 많이 사용하고 있다.

날개 앞전의 밑에 있는 파일론(Pylon)에 엔진을 장착하게 되는데 파일론에는 엔진 마운트와 방화벽이 설치되어 있으며, 나셀은 파일론 밑에 붙어있다. 노즈 카울(Nose Cowl)과 팬 카울(Fan Cowl), 역추력 장치(Thrust Reverser) 등으로 구성되어 있다. 노즈 카울은 엔진 흡입구를 싸고 있으며, 역추력 장치는 항공기가 착륙 시 활주거리 단축을 위해 사용된다.

[그림 3-11 엔진 마운트와 나셀]

4. 항공기 도어(Door) 및 창문(Windows)

[그림 3-12 B-777 항공기의 창문]

1. 항공기 도어 및 창문의 개요

B-777 항공기의 도어와 창은 상단의 그림과 같이 구성되어 있으며 다음과 같다.

- 6개의 조종실 창문
- 126개 객실의 창문
- 8개의 객식 출입 도어
- 전방 장비실에 조망(landscape) 카메라 창문

2. 조종실 창문

왼쪽과 오른쪽 No.1 창도어는 조종사와 부 조종사의 정면에 있으며, No.2와 No.3 창도어는 No.1 창문의 후방에 있다.

① No.1과 No.3 창문

상단의 그림에서 각각의 No.3 창도어는 유리, 플라스틱 그리고 습기 방지(Anti-Fog) 가열 필름(Film)의 층판(Lamination)이며, 바깥쪽과 안쪽 창문 표면은 유리이다.

각각의 No.1 창도어는 유리, 플라스틱, 방빙(Anti-Ice) 가열 필름 그리고 습기 방지(Anti-Fog) 가열 필름의 층판(Lamination)이며, 바깥쪽과 안쪽 창문 표면은 유리이고 바깥쪽 표면은 빗방울 방지 소수성의 코팅(Hydrophobic Coating)이 되어 있다.

창도어는 리테이너 링(Retainer Ring), 습기 실 그리고 압력 실이 있으며 밀폐제(Sealant)는 조립품처럼 링, 실 그리고 창도어를 함께 잡아준다. 스크루는 어셈블리를 부착시키기 위한 링을 통해 항공기 구조물로 들어간다.

가열 필름을 위한 온도 감지기가 있으며, 가열 필름과 감지기는 전기 터미널을 갖고 있다. 버스 바(Bus Bar)는 가열 필름을 가열하기 위해 전기 터미널에 연결되어 있다.

No.3 창도어는 2개의 감지기 터미널과 2개의 습기 방지 전기 터미널을 갖고 있으며, No.1 창도어는 3개의 감지기 터미널, 3개의 습기 방지 전원 터미널, 2개의 습기 방지 전기 터미널을 갖고 있다.

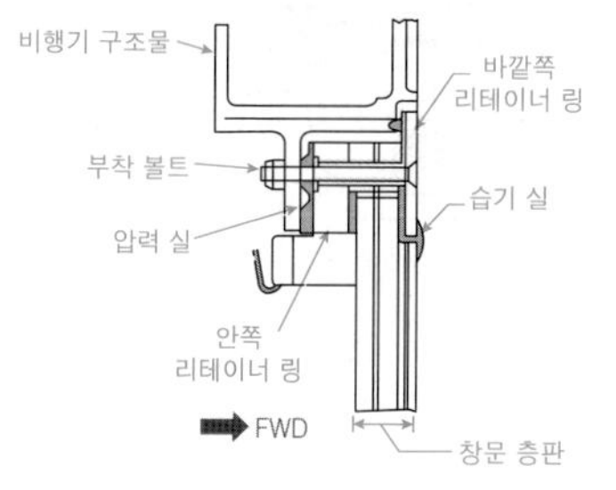

[오른쪽 No.1 창문 단면도]

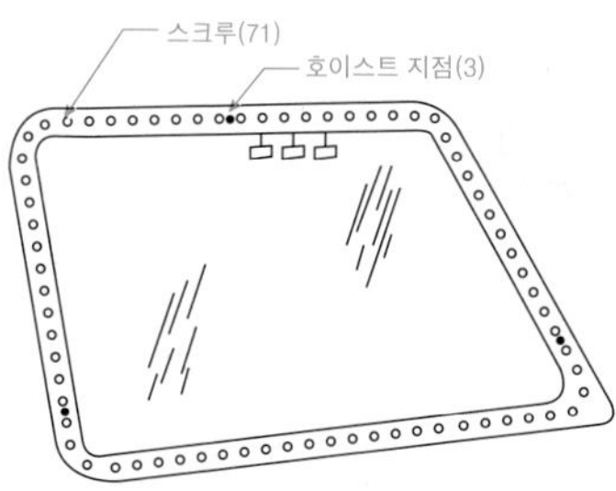

[외부에서 본 오른쪽 No.1 창문]

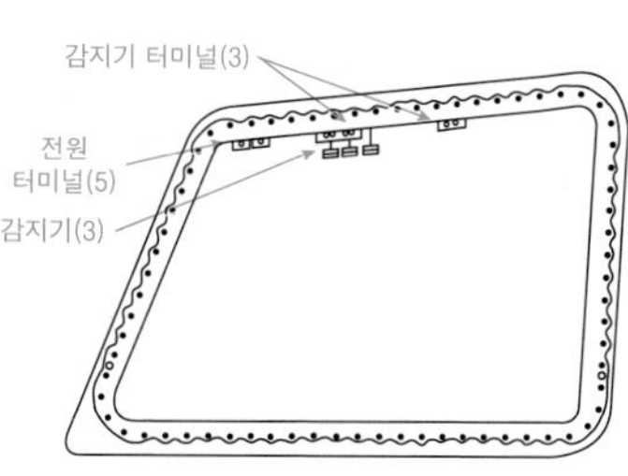

[내부에서 본 오른쪽 No.1 창문]

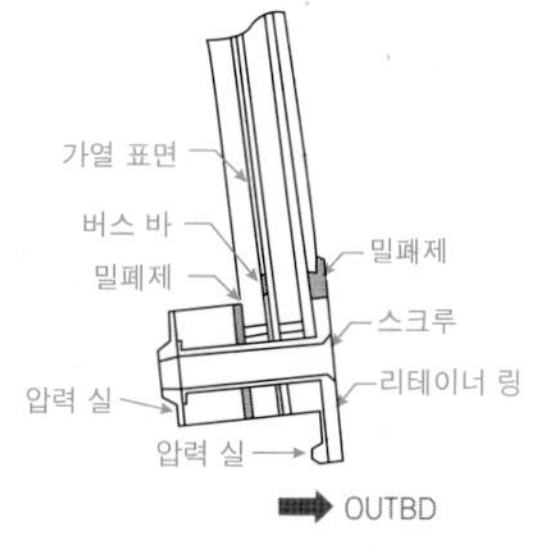

[오른쪽 No.3 창문 단면도]

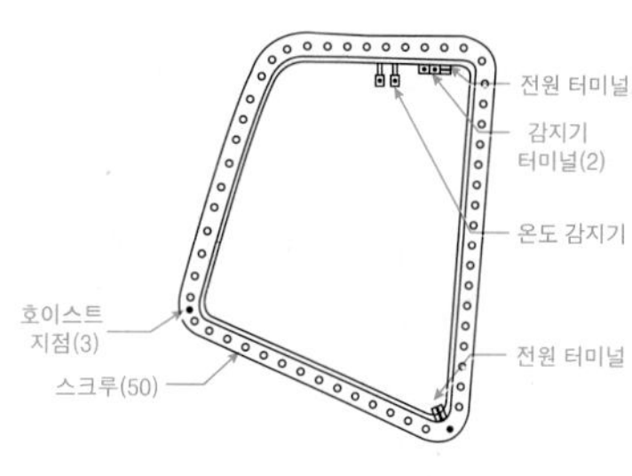

[외부에서 본 오른쪽 No.3 창문]

[그림 3-13 B-777 No.1과 No.3 창문]

② No.2 비상 탈출 창문

다음 그림에서 No.2 비상 탈출 창문은 비상 탈출 통로를 제공하며, 각각의 창도어는 작동 기계장치와 걸림 기계장치를 갖고 있다.

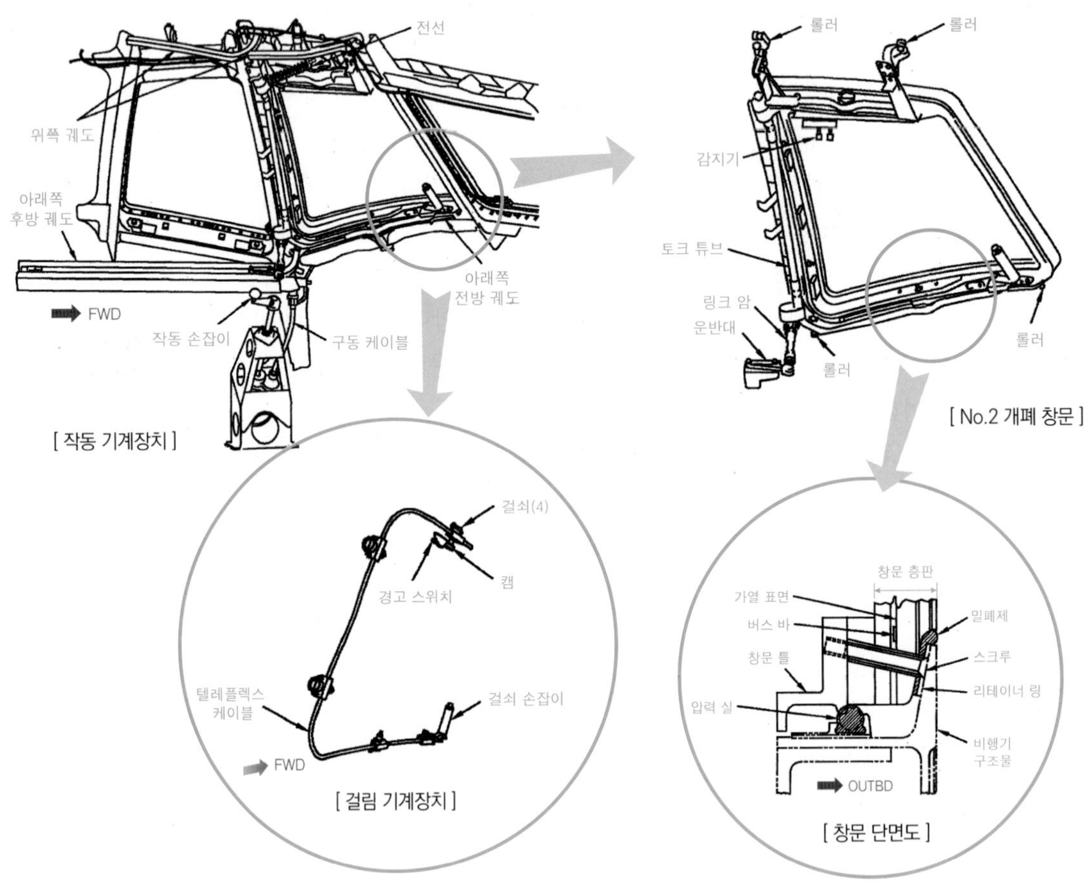

[그림 3-14 B-777 No.2 비상 탈출 창문]

작동 기계장치는 위쪽과 아래쪽 궤도, 구동 케이블, 작동 손잡이, 아래쪽 후방 궤도에 있는 구동 스크루, 롤러, 운반대(Carriage), 링크 암 그리고 토크 튜브로 구성되어 있다. 걸림 기계장치는 래치 손잡이, 텔레플렉스(Teleflex) 케이블 그리고 래치로 구성되어 있다. 창문의 위쪽에는 경고 스위치가 있는데, 위쪽 래치에 부착된 캠으로 동작된다. 창도어는 유리, 플라스틱 그리고 습기 방지 가열 필름의 층판이며, 바깥쪽과 안쪽 창문 표면은 유리이다. 창도어는 가열 필름을 위한 그리고 가열 제어 감지기를 위한 전기 터미널이 있다. 버스 바는 가열 필름에 열을 가하는 전기 터미널에 연결되어 있다. 코일로 된 전선은 항공기에 터미널로 창문 터미널을 연결시켜 준다. 창도어는 리테이너 링(Retainer Ring), 밀폐제(Sealant) 그리고 프레임(Frame)이 있으며, 스크루는 어셈블리처럼 함께 잡아주기 위해 링과 층판이 프레임으로 들어간다. 창문 프레임과 동체 사이에 압력실은 동체에 부착된다. 경고 스위치는 비행 승무원에게 창문 상태를 알려준다. 걸림 손잡이의 움직임은 텔레플렉스 케이블이 래치와 캠을 돌려주기 때문에 걸림 위치에서 빠져나오고, 캠은 스위치를 연결시키기 위해 스위치 플런저를 눌러준다.

3. 객실 창문

하단 그림에서 객실 창도어는 객실을 따라 양쪽으로 있다. 각각의 창도어는 플라스틱 중간과 바깥쪽 창유리를 갖고 있으며, 실은 어셈블리에 창유리를 함께 잡아주고 리테이너는 동체에 어셈블리를 고정시켜 준다. 안쪽 창유리는 객실 측면 벽 라이닝(Lining)의 일부분이다.

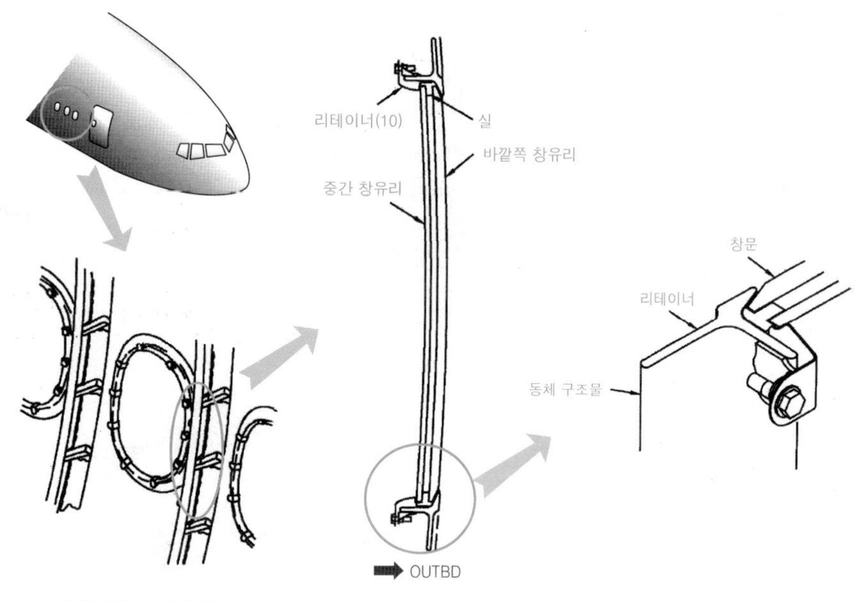

[그림 3-15 B-777 객실 창문]

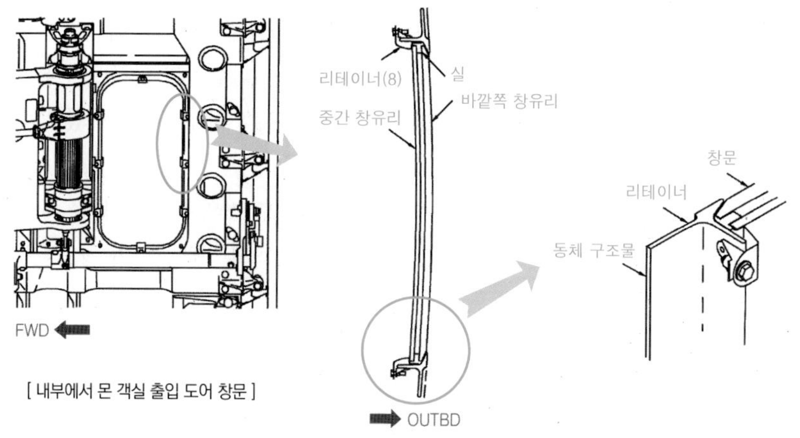

[그림 3-16 B-777 도어 장착 창문]

4. 객실 출입 도어

객실 출입 도어 각각에 있는 도어 장착, 창도어는 객실 승무원이 도어 바깥쪽 공간이 도어를 열기에 안전한지 여부를 알아보도록 해 준다. 각각의 창도어는 플라스틱 중간과 바깥쪽 창유리를 갖고 있으며, 실(Seal)

은 어셈블리에 창유리를 함께 잡아주고 리테이너는 도어에 어셈블리를 고정시켜 준다. 안쪽 창유리는 객실 측면 벽 라이닝(Lining)의 일부분이다. 객실 출입 도어 창도어를 위한 리테이너는 모두 맞물리는 길이와 색깔이 같다.

5. 조망 카메라 창문

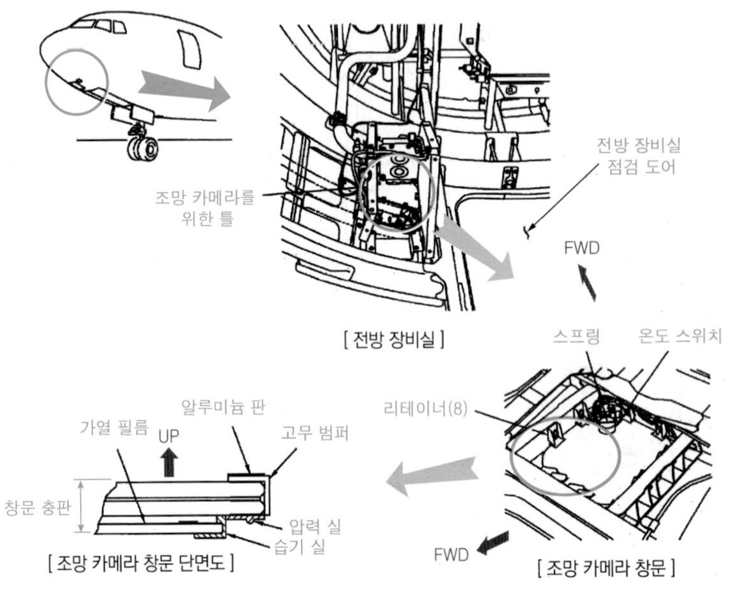

[그림 3-17 B-777 조망 카메라 창문]

항공기는 승객 오락 시스템으로 지형의 비디오 영상을 제공하기 위해 카메라를 장착하도록 준비되어 있다. 카메라는 전방 장비실 창문의 안쪽에 있으며, 창도어는 동체와 같은 색으로 페인트가 되어 있다.

창도어는 세 겹의 유리와 두 겹의 플라스틱으로 된 층판으로서, 바깥쪽과 안쪽 표면은 유리이고 가장 바깥쪽 두 겹 사이에는 가열 필름이 들어있다. 창도어는 가장자리 주위에 고무 실이 있으며, 가열 필름을 위한 두 가닥의 전선이 있다.

창도어는 2개의 스크루를 위한 나사선이 있으며, 스크루는 온도 스위치를 잡아주는 스프링을 잡아준다.

창문의 가장자리 주위 안쪽에 8개의 알루미늄 판이 있으며, 8개의 리테이너가 창도어를 잡아주기 위해 이들 판과 일치되어 있다.

Tip 객실의 창은 세 겹으로 되어 있다. 이 가운데 중간과 바깥 창은 기내의 여압이 외부로 나가는 것을 방지하는 역할을 한다. 그리고 맨 안쪽의 창은 방음과 보온의 역할을 한다.
객실 창에 사용되는 재질은 모두 아크릴 판이다. 특히 영하 50°에 가까운 외부의 온도에도 불구하고 객실 창에 성에가 끼지 않는 것은 객실 창의 아래로 보이는 작은 구멍에 그 비밀이 있다. 세 겹으로 되어 있는 객실의 창은 각각 그 사이가 공기층이며 객실 내에서 여압된 적정 온도의 공기가 그 구멍을 통해 흘러 들어가 바깥 창의 표면 온도를 조절하여 주기 때문에 창이 얼거나 성에가 끼지 않는 것이다.

제2장 항공기 기체 재료 및 하드웨어

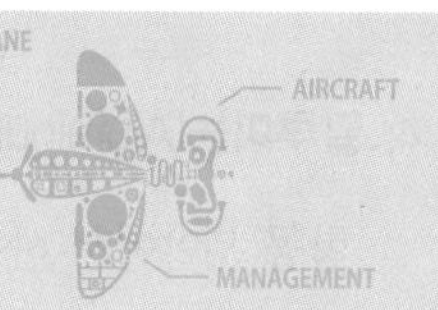

1 항공기 기체의 재료

1. 금속재료(Metal & ALLOY)

항공 기체에 사용되는 재료는 먼저 가벼워야하고, 또 여러 가지 종류의 힘을 받기 때문에 강도(Strength)가 높아야하며, 부식(Corrosion)에도 강해야하므로 기체의 각 부분은 여러 종류의 재료가 사용되고 있다. 항공기를 제작 또는 수리하려면 재료의 성질 및 용도를 정확히 파악하여 요구하는 목적에 맞게 처리하여 사용해야 한다. 항공기 기체에 사용되는 금속 재료에는 주요 부분이 알루미늄 합금, 엔진은 티탄 합금, 스텐인레이스, 그리고 내열 합금이 사용되고 있으며, 랜딩기어에는 고장력강을 사용하고 있고, 마그네슘 합금은 가벼운 금속재료로 사용된다. 중량비는 전체의 약 60~70[%]가 알루미늄 합금으로, 20~30[%]가 강으로 되어 있으며, 나머지 15[%] 정도가 티타늄이나 합성수지 등으로 되어 있으나 점차적으로 합성수지를 많이 사용하는 추세이다. 항공기 기체 구조를 제작 및 수리할 때에는 금속 재료의 성질을 정확히 파악하고, 요구되는 목적에 맞도록 사용하여야 한다.

1. 금속의 일반적 특성

① 상온에서 고체이며, 결정체이다.
② 전기 및 열전도율이 양호하다.
③ 전성 및 연성이 양호하다.
④ 금속 특유의 광택을 가지고 있다.

2. 금속재료의 규격

① AA 규격 : 미국알루미늄협회의 규격으로, 알루미늄 합금에 대한 규격이다.
② ALCOA 규격 : 미국 ALCOA 사의 규격으로, 알루미늄 합금에 대한 규격이다.
③ AISI 규격 : 미국철강협회의 규격으로, 철강 재료에 대한 규격이다.
④ AMS 규격 : 미국자동차기술자협회의 항공부가 정한 민간 항공기 재료 규격으로, 티탄 합금, 내열 합금에 많이 쓰인다.
⑤ ASTM 규격 : 미국재료시험협회의 규격으로, 모든 재료에 대한 규격이다.
⑥ MIL 규격 : 미국의 군사규격이다.
⑦ SAE 규격 : 미국자동차기술자협회의 규격으로, 철강에 많이 쓰인다.

3. 알루미늄 합금

순수 알루미늄은 내식성, 가공성, 전기 및 열의 전도율이 매우 좋은 금속 재료이며, 순수 알루미늄은 사용 목적에 따라서 가공용 알루미늄 합금과 주조용 알루미늄 합금으로 나누어진다. 가공용 알루미늄 합금으로는 기계 가공(단조, 압연, 인발, 압출)을 통하여 판재(Plate), 봉재(Rod), 관재(Tube), 선재(Wire) 등을 만들 수 있으며, 주조 형 알루미늄 합금으로는 주조를 통해 여러 가지 형상을 자유롭게 만들 수 있다.

4. 알루미늄(Aluminum) 합금의 식별 기호

항공 분야에서 사용하는 알루미늄 합금의 규격은 알코아(ALCOA) 규격과 AA 규격으로 구분된다.

① 알코아 규격 식별 기호

미국의 알코아 회사에서 제조한 알루미늄 합금의 규격 표시이다. 가공용 알루미늄 합금의 A는 알코아 회사의 알루미늄 재료, 뒤의 숫자는 합금의 원소, 숫자 뒤의 S는 가공용 알루미늄을 나타낸다.

② AA 규격 식별 기호

AA 표시법은 미국알루미늄협회에서 가공용 알루미늄 합금에 지정한 합금 번호로, 네 자리의 숫자로 구성되어 있다. 첫째 자릿수는 합금의 종류, 두 번째 자릿수는 합금의 개조 여부, 나머지 두 자릿수는 합금번호를 나타낸다.

③ 알루미늄의 특성 기호

알루미늄의 특성 기호란, 제조 과정에 있어 가공 및 열처리 조건의 차이에 의하여 얻어진 냉간 가공 상태 및 열처리 상태 등을 표시한다.

5. 알루미늄 합금의 종류

① 내식 알루미늄 합금

ⓐ 1100(2S) : 순도 99[%] 이상의 순수 알루미늄으로, 내식성은 있지만 열처리가 불가능하다. 또 매우 유연하고 가공성이 우수하여 냉간 가공을 통하여 여러 가지 특성을 얻을 수 있지만, 구조재로 사용하기에는 강도가 약하다.

ⓑ 3003 : 알루미늄-망간계 합금으로, 내식성이 우수하며 가공성과 용접성이 좋다. 따라서 곡면이 요구되는 부분이나 용접을 해야 하는 비구조 부분, 큰 강도를 필요로 하지 않는 부분 등에 사용된다.

ⓒ 5056 : 알루미늄-마그네슘계 합금으로, 용접성이 떨어지고 오랜 시간 동안 사용할 경우에는 내식성도 떨어진다. 가공 경화하지 않는 상태에서도 큰 강도를 가지고 있으며, 항공기에서는 주로 리벳 재료로 사용된다.

ⓓ 6061, 6063 : 알루미늄-마그네슘-규소계의 합금으로, 열처리에 의하여 강도를 높일 수 있는 알루미늄 합금이다. 내식성과 용접성, 성형가공성이 우수하여 항공기의 노즈 카울(Nose Cowl), 날개 끝(Wing-Tip), 기관 덮개(Engine Cowl) 등에 사용된다.

ⓔ 알클래드판 : 알클래드(Alclad)판이란, 알루미늄 합금 판 양면에 순수 알루미늄을 판 두께의 약 3~5[%] 정도(약 0.6[mm])로 입힌 판을 말한다. 순수 알루미늄을 입힘으로써 부식을 방지하고 표면이 긁히는 등의 파손을 방지할 수 있다.

② 고강도 알루미늄 합금

1906년에 개발된 두랄루민을 시작으로 개량을 거듭하여 현재 항공기에서 가장 많이 사용되고 있는 합금이다.

<table>
<tr><th>기 호</th><th colspan="2">의 미</th></tr>
<tr><td>F</td><td colspan="2">제조상태 그대로 인 것</td></tr>
<tr><td>O</td><td colspan="2">풀림 처리한 것</td></tr>
<tr><td rowspan="4">H</td><td colspan="2">냉간 가공한 것(비 열처리 한 것)</td></tr>
<tr><td>H1</td><td>가공 경화만 한 것</td></tr>
<tr><td>H2</td><td>가공 경화 후 적당하게 풀림 처리한 것</td></tr>
<tr><td>H3</td><td>가공 정화 후 안정화 처리한 것</td></tr>
<tr><td>W</td><td colspan="2">용체화 처리 후 자연 시효 한 것</td></tr>
<tr><td rowspan="15">T</td><td colspan="2">열처리한 것</td></tr>
<tr><td>T1</td><td>고온 성형 공정부터 냉각 후 자연 시효를 끝낸 것</td></tr>
<tr><td>T2</td><td>플림 처리한 것(주조용 합금)</td></tr>
<tr><td>T3</td><td>용체화 처리 후 냉간 가공한 것</td></tr>
<tr><td>T361</td><td>용체화 처리 후 6[%] 단면축소 냉간 가공한 것(2024판재)</td></tr>
<tr><td>T4</td><td>제조 시에 용체화 처리 후 자연 시효 한 것</td></tr>
<tr><td>T42</td><td>사용자에 의해 용체화 처리 후 자연 시효 한 것
(2014-0, 20124-0, 6061-0만 사용한다)</td></tr>
<tr><td>T5</td><td>고온 성형 공정에서 냉각 후 인공 시효 한 것</td></tr>
<tr><td>T6</td><td>용체화 처리 후 냉간 가공한 것</td></tr>
<tr><td>T62</td><td>용체화 처리 후 사용자에 의해 인공 시효 한 것</td></tr>
<tr><td>T7</td><td>용체화 처리 후 안정화 처리한 것</td></tr>
<tr><td>T8</td><td>용체화 처리 후 냉간 가공하고 인공 시효한 것(T3을 인공한것)</td></tr>
<tr><td>T9</td><td>용체화 처리 후 냉간 가공하고 냉간 시효한 것(T6을 인공한것)</td></tr>
<tr><td>T10</td><td>고온 성형 공정부터 냉각하고 인공 시효하여 냉간 가공한 것</td></tr>
</table>

ⓐ 2014 : 알루미늄과 구리의 합금으로, 내식성은 별로 좋지 않으나, 인공 시효 경화를 수행하여 내부 응력에 대한 저항성을 향상시킨 합금이다. 항공기에서는 고강도의 장착대나 과급기(Supercharger), 임펠러(Impeller) 등에 사용되고 있다.

ⓑ 2017 : 흔히 두랄루민(Duralumin)이라 불리며, 알루미늄에 구리, 마그네슘을 첨가한 것으로 대표적인 가공용 알루미늄 합금이다. 상온에서 시효 경화되는 성질이 있으며, 주물로 제조하기 어렵다. 두랄루민의 강도는 0.2[%]의 탄소강과 비슷하며, 비중은 강의 1/3 정도로 무게가 가벼워 현대 항공기 발전에 큰 기여를 하였다. 초기에는 항공기 응력 외피로 많이 사용되었으나, 현재는 두랄루민을 개량한 2024가 많이 사용되고 있기 때문에 2017은 리벳 재료로만 사용되고 있다.

ⓒ 2024 : 2017에 마그네슘 양을 증가시킨 합금으로서, 초두랄루민 이라고도 한다. 2024는 두랄루민과 같이 상온에서 시효 경화되는 성질이 있으며, 전단 및 인장 응력에 저항하는 성질이 우수하고 내식성이 좋기 때문에 항공기 주요 구조부의 골격 및 외피, 리벳, 나사 등의 재료로 사용된다.

ⓓ 7075 : 알루미늄과 아연, 마그네슘계의 합금으로, 일본에서 개발되어 미국에서 개량된 알루미늄 합금이다. 7075는 2024보다 약 20[%] 정도 강도가 높지만, 피로의 강도가 좋지 않으며, 시효 경화한 상태에서는 깨지기 쉽고, 가공성이 나쁘기 때문에 구멍 뚫기 작업이나 리벳 작업을 할 때에는 세심한 주의가 필요하다. 강도가 높기 때문에 큰 응력이 작용하는 동체의 프레임 등에 사용된다.

6. 티탄 합금(Titanium Alloy)

티탄 합금은 피로에 대한 저항이 강하고, 내열성과 내식성이 양호한 재료로, 기계적 성질이 좋은 재료에 대한 수요가 증가함에 따라 이용도가 점차 높아지고 있다. 티탄 합금의 비중은 약 4.5로 강보다 가벼우며, 강도는 알루미늄 합금이나 마그네슘 합금보다 높고, 녹는점이 약 1,730°로서 다른 금속에 비하여 높다. 특히, 피로에 대한 저항이 강하고, 내열성과 내식성이 양호하기 때문에 부식이 잘 생기는 펌프, 항공기 외피, 방화벽, 항공기 엔진의 재료로 사용된다.

7. 마그네슘 합금(Magnesium Alloy)

마그네슘 합금은 현재 사용되고 있는 금속 중에서 가장 가볍고(마그네슘의 비중은 알루미늄의 2/3, 전연성이 풍부하며 절삭성이 좋지만 내열성, 내마모성이 떨어져 항공기의 구조재로 사용되지 않는다.
그러나 경량 주물로는 유효한 재료이고, 장비품의 하우징 등에 사용된다. 한편 마그네슘 합금은 내식성이 좋지 않으므로, 일반적으로 화학피막 처리를 할 필요가 있다.

8. 강

탄소가 극히 적은 순철은 강도가 약하기 때문에 다른 원소를 함유한 합금으로 사용되고 있다. 탄소 및 다른 금속의 함유량에 따라 여러 가지의 합금이 만들어지며, 그 합금의 기계적 성질, 열처리, 용접성이 변화하게 된다. 철은 탄소의 함유량에 따라 명칭이 다른데, 탄소의 함유량이 0.25[%] 이하인 것을 순철, 2.0[%] 이하인 것을 강, 2.11[%] 이상인 것을 주철이라고 한다.

① 강의 표시 방법

강의 규격은 미국 자동차 기술자 협회의 SAE 분류법이 많이 사용되고 있다. 강은 4 자리의 숫자로 표시하며, 첫째 자릿수는 합금 원소의 종류, 둘째 자릿수는 합금 원소의 함유량, 나머지 두 자릿수는 탄소 함유량의 평균값을 나타낸다.

② 합금강의 종류

특수한 성질을 가지도록 하기 위하여 탄소강에 1개 또는 몇 개의 다른 원소를 첨가하여 만든 강을 합금강이라고 한다. 탄소강은 철과 탄소의 합금으로, 탄소 함유량이 보통 약 0.025~2.1[%] 범위의 강을 말한다.

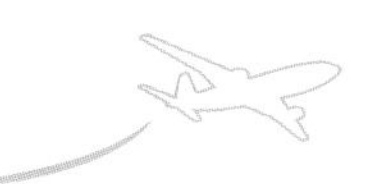

대부분의 탄소강은 소량의 규소(Si), 망간(Mn), 인(P), 황(S) 등을 포함하고 있으며, 탄소 함유량의 미세한 변화에 따라 성질이 크게 변화한다. 탄소의 함유량이 많아지면 경도는 증가 하지만 인성이 떨어지고 충격에 약하며, 용접하기도 어렵다. 탄소강은 항공기의 코터 핀, 케이블 등에 사용된다. 탄소강에 탄소 이외의 원소를 소량 더한 것을 고장력강이라 하는데, 고장력강에는 많은 종류가 있으며, 항공기에는 주로 크롬–몰리브덴(Cr–Mo)강, 니켈–크롬–몰리브덴(Ni–Cr–Mo)강이 사용된다.

고장력강은 내식성이 좋지 않기 때문에 일반적으로 카드뮴(Cd) 또는 니카드뮴(Ni–Cd)으로 피복한 것을 사용한다. 내식강은 기본적으로 크롬을 다량 함유한 강이라고 할 수 있다. 금속의 부식 현상을 개선하기 위한 대표적인 내식강으로는 크롬계 스테인리스강과 크롬–니켈계 스테인리스강을 들 수 있다. 크롬계 스테인리스강은 내식성과 강도를 요구하는 가스 터빈 엔진의 흡입 안내 깃 및 압축기 깃 등에 사용된다. 크롬–니켈계 스테인리스강은 내식성이 우수하기 때문에 엔진의 부품이나 방화벽, 안전 결선용 철사, 코터 핀 등에 사용된다.

2. 비금속재료

항공기에 사용되는 비금속 재료의 종류는 매우 다양하지만, 목재, 고무, 프라스틱(Plastic) 수지 등이 사용되며, 구조 재료, 시일(Seal), 실란트(Sealant), 접착제, 윤활제, 작동유 등이 넓은 의미에서 사용된다.

1. 플라스틱

외력을 가하여 그 모양을 영구적으로 변형시킬 수 있는 성질을 가소성이라고 하며, 유기 물질로 합성된 가소성이 큰 물질을 플라스틱 또는 합성수지라고도 하며, 플라스틱은 한번 열을 가하여 성형하면 다시 가열하더라도 연해지거나 용융되지 않는 성질을 가지는 열경화성 수지와 열을 가하여 성형한 다음 다시 가열하면 연해지고, 냉각하면 다시 굳어지는 열가소성 수지로 구분된다. 열경화성 수지는 내열성과 내약품성 및 내마모성을 가지고 있으며, 페놀 수지, 에폭시 수지, 폴리에스터 수지, 폴리우레탄 수지, 실리콘 수지 등을 들 수 있다. 열가소성 수지는 온도에 따라 연화와 경화가 반복적으로 일어나며, 화학적인 유기 화합물인 유기 용제에 용해되기 쉽고 열에 약하다. 열가소성 수지는 폴리염화 비닐(PVC)수지, 아크릴 수지, 아크릴로 나이트릴 뷰타다이엔 스타이렌(ABS) 수지, 폴리에틸렌 수지 등이 있다.

2. 고 무

고무는 천연 고무와 합성 고무로 구분된다. 두 가지 모두 탄성을 가지는 고분자 물질로, 천연 고무는 윤활유, 연료 등에 약하기 때문에 항공기에는 거의 사용되지 않는다. 합성 고무는 천연 고무의 단점을 보완한 것으로, 사용 목적에 따라 여러 가지 종류가 개발되어 있으며, 항공기에도 널리 사용되고 있다.

합성 고무로 오일 실, 개스킷, 연료 탱크, 호스 등의 제작 용도로 사용되는 니트릴 고무, 호스나 패킹 및 진공 실 등에 사용되는 부틸 고무(BR : Butyl Rubber), 항공기용 부품으로서 오일 실, 패킹, 내약품성 호스, 라이닝 재료로 중요하게 사용되지만 가격이 비싼 플루오르 고무(Fluorine Rubber), 강도가 낮고 가격이 비싼 반면에 고온이 발생하는 장소에 사용되는 전선 피복, 패킹, 개스킷, 방진고무와 그 밖에 항공기의 각종 부품을 제조하는 데에 사용되는 실리콘 고무 등이 있다.

3. 복합 재료(Composite Material)

복합재는 2개 이상의 서로 다른 재료를 결합하여 각각의 재료보다 더 우수한 기계적 성질을 가지도록 만든 재료를 의미한다. 복합 재료는 고체 상태의 강화 재료(Reinforce Material)와 액체, 분말 또는 박판 상태의 모재(Matrix)를 결합하여 제작한다.

이러한 복합 재료로는 층으로 겹겹이 겹쳐서 만든 적층 구조재(Laminate Construction)와 복합 재료의 얇은 두 외피 사이에 허니콤이나 거품(Foam) 등과 같은 코어(Core)를 넣어 결합시킨 샌드위치 구조재(Sandwich Construction)가 있다.

① 강화재

강화섬유를 의미한다. 여기에서 섬유란, 필라멘트, 와이어, 위스커(Whisker), 고유한 상태의 입자와 같은 4가지 형태의 재료를 나타내는 포괄적인 용어이다.

ⓐ 유리 섬유

유리 섬유(Fiber Glass)는 용해된 이산화규소(SiO_2)의 가는 가닥으로 만들어진 섬유로서, 용도가 많고 가격이 저렴하기 때문에 가장 많이 사용되며, 특성에 따라 다음과 같은 몇 가지 형태로 구분할 수 있다.

ⓑ E-글라스

붕규산 염 유리(Borosilicate Glass)로 만든 강화 섬유로, 전기 절연성이 뛰어나고 내수성, 내산성 등의 화학적 내구성이 좋으며, 열팽창률이 적은 것이 특징이다. 복합 재료의 천 소재 대부분이 E-글라스에 해당하며, 유리 섬유의 대부분도 이에 해당한다.

ⓒ S-글라스

규산염 유리(Silicate Glass)로 만든 고인장 강도의 유리 섬유이다. E-글라스보다 인장 강도가 33[%] 더 크며, 탄성 계수는 20[%]가 더 크다. 무게 대비 강도비가 크기 때문에 항공기에 많이 사용된다.

ⓓ D-글라스

개량된 유전체 유리(Dielectric Glass)로, 전자적인 성능이 우수하다. 기계적인 특성이 E-글라스나 S-글라스보다 떨어지지만 유전율과 밀도가 낮기 때문에 항공기의 레이돔 제작에 사용되기도 한다. 유리 섬유를 천 소재로 만들었을 때에는 윤기가 있는 흰색 천으로 구분할 수 있다.

Ⓔ 탄소 · 흑연 섬유(Carbon/Graphite Fiber)

넓은 의미에서 탄소 섬유라고 하며, 엄밀히 말하면 탄소 섬유와 흑연 섬유로 구분된다. 탄소 섬유는 높은 강도와 견고성 때문에 항공기의 1차 구조재의 작업에 사용되며, 아라미드 섬유보다는 인장 강도가 낮지만 압축 강도는 훨씬 크다. 그러나 취성이 크고 가격이 비싸다는 단점을 가지고 있다.

탄소 섬유가 알루미늄과 직접 접촉하면 이질 금속과 같이 부식되기 때문에 탄소 섬유와 알루미늄 사이에 유리 섬유를 한 겹 끼워 넣고, 알루미늄은 양극 산화 처리 등과 같은 부식 방지 처리를 해야 한다. 탄소 섬유를 천 소재로 만들었을 때에는 검은색 천으로 구분할 수 있다.

ⓕ 아라미드 섬유

아라미드 섬유(Aramid Fiber)는 보통 케블러(Kevlar)라고 부르는데, 케블러는 미국 듀폰 사에서 생산한 아라미드 섬유의 등록 상표이다. 아라미드 복합 재료는 알루미늄 합금보다 인장 강도가 4배 이상 높으며, 밀도는 알루미늄 합금의 1/3 정도밖에 되지 않기 때문에 높은 응력과 진동 등의 피로 파괴에 견딜 수 있는 항공기 부품 제작에 주로 사용되며, 특히 충격과 마모에 강하다. 아라미드 복합 재료는 온도 변화에 대한 변형과 수분 흡수성 때문에 사용 중에 문제를 일으킬 수 있고, 압축과 전단에 취약하며, 접착성이 좋지 못하고 절단이 어렵다는 단점이 있다. 아라미드 섬유는 수분이나 기름이 손상을 주지 않지만 모재에 흡수되어 적층 분리 현상(Delamination)을 발생시킴으로써 강도가 약해지기 때문이다. 아라미드 섬유를 천 소재로 만들었을 때에는 노란색 천으로 구분할 수 있다.

ⓖ 보론 섬유

보론 섬유(Boron Fiber)는 텅스텐의 가는 필라멘트에 보론(붕소)을 증착(Deposition)시켜 만든다. 보론 섬유의 지름은 약 0.1[mm]이며, 뛰어난 압축 강도와 경도를 가지고 있지만 취급이 어렵고, 가격이 비싸다는 단점이 있다. 보론 섬유는 여러 종류의 실용 금속과 쉽게 반응하기 때문에 강화 섬유 금속(FRM : Fiber Reinforced Metallics)과 같은 복합 재료를 만들 때에 사용된다. 민간 항공기에는 잘 사용되지 않으며, 주로 전투기에 사용되고 있지만 사용량이 점차 줄어들고 있는 추세이다.

ⓗ 세라믹 섬유(Ceramic Fiber)

세라믹 섬유는 높은 온도가 요구되는 곳에 사용하며, 세라믹섬유는 1200[°C](2200[°F])의 고온에서도 거의 원래의 강도와 유연성을 유지한다. 우주왕복선의 꼬리(Tail) 부분도 세라믹 복합 재료로 만들어졌기 때문에 내열성이 크고 열의 분산이 빠르게 일어난다. 세라믹 섬유는 주로 금속 모재와 함께 사용된다.

② 모재(Matrix)

일종의 플라스틱 형태로 강화 섬유와 서로 결합시켜주는 접착 재료이며, 모재는 강화 섬유에 강도를 부여하고, 외부의 하중을 강화 섬유에 전달한다. 그러므로 복합 소재의 강도는 강화 섬유에 응력을 전달하는 모재의 능력에 의하여 좌우된다.

기존의 복합 재료에 사용되고 있는 대표적인 모재로는 수지 모재계(Resin Matrix System), 강화 섬유 금속의 모재, 강화 섬유 세라믹(FRC : Fiber Reinforced Ceramics)의 모재 등을 들 수 있다.

ⓐ 수지 모재계

일종의 플라스틱으로, 한 번 열을 가하여 성형하면 다시 가열하더라도 연해 지거나 용융되지 않는 성질을 가지고 있는 열경화성 수지(Thermoset Resin)와 열을 가하여 성형한 다음 다시 가열해도연해지고 냉각하면 다시 굳어지는 열가소성 수지(Thermoplastic Resin)로 나뉜다.

열경화성 수지에는 페놀 수지 및 에폭시 수지 등이 있고, 열경화성 수지 자체는 충분한 강도를 가지지 못하므로 다른 보강재와 함께 사용하여 고강도 경량의 복합 소재 구조에 사용하고 있다. 항공기 구조 재료로 사용되는 강화 섬유 플라스틱(FRP : Fiber Reinforced Plastics)의 모재는 에폭시 수지가 주를 이루고 있으며, 에폭시 수지계는 뛰어난 접착력, 강도, 습기 및 화학적 저항성이 매우 높다. 열가소성 수지로는 폴리염화비닐, 폴리에틸렌, 나일론 및 아크릴 수지등이 있으며 주로 비구조물에 사용되지만, 공학의 발달로 인하여 고온도열가소성 수지는 750[°F]를 초과하지 않는 기체 구조에 사용되기도 한다.

ⓑ 강화 섬유 금속 모재

강화 섬유 금속 모재는 강화 섬유를 서로 접착시키는데 사용되는 금속을 모재로 사용한 것으로서 가볍고 인장 강도가 큰 것을 요구할 때에는 알루미늄, 티타늄, 마그네슘과 같은 저밀도의 금속을 사용하고, 내열성을 고려하여야 할 때에는 철이나 구리계의 금속을 사용한다.

ⓒ 강화 섬유 세라믹 모재

내열 합금도 견디지 못하는 높은 온도인 섭씨 1000[°C] 이상의 내열성이 요구되는 모재가 강화 섬유 세라믹 모재이다. 모재로는 산화물 계열인 알루미나(Al_2O_3), 지르코니아(ZrO_2)나 비산화물 계열인 탄화 규소(SiC), 질화 규소(Si_3N_4) 등이 사용되며, 비산화물 계열은 산화물 계열에 비하여 열전도율이 높고 열팽창률이 작아서 열 충격에 대한 성능이 우수하다.

2 항공기 하드웨어(Aircraft Hardware)

1. 하드웨어의 개요

항공기 하드웨어는 항공기의 제조 및 수리, 점검을 위하여 볼트(Bolt), 스크류(Screw), 너트(Nut) 등으로 항공기 부품을 결합하고 조립, 분해하는데 쓰이는 부분품을 말하며, 그리고 반영구적으로 결합되는 리벳(Rivet) 등이 있다. 하드웨어를 이용한 부품의 결합과 조립 및 분해하는 작업은 항공기 정비의 가장 기본적인 작업행위라고 할 수 있다.

따라서 하드웨어의 용도에 따라 종류, 규격, 재료의 성분 그리고 취급법을 정확히 숙지하여 온도나 부식, 심한 진동에 견딜 수 있는 작업이 필요하며, 항공기의 성능과 안전을 유지하기 위한 정비작업 수행은 정비교범(Maintenance Manual)에 맞는 정확한 규격의 하드웨어가 선택되어야 한다.

2. Standard(규격)

항공기에는 여러 종류의 하드웨어가 사용되고 있으며, 형상, 치수, 재질 등의 표준규격을 국제적으로 정하고 있다. 부품의 공급과 선택은 표준규격의 규정을 바르게 이해하고 선택되어야 하며, 부품의 사용에 혼용을 방지하고, 안정성이 있는 정비작업을 하여야 한다.

1. 국제 규격

국제적인 표준기관에서 심의 제정되어 국제적으로 적용, 실시되는 것으로 국제표준화(ISO : International Organization for Standardization) 규격에 기본적 혹은 보편적인 것들이 많다.

2. 국가 규격

국가적인 표준화기관에서 심의 제정되어 국가 전반에 적용 실시되고 있는 규격이 있다.

① 미국 국가 규격(ANSI : American National Standard Institute)
② 영국 국가 규격(BS : British Standard)
③ 카나다 국가 규격(CSA : Canadian Standard)

3. 단체 규격

부품의 단체규격의 명칭은 학회, 협회, 공업협회 또는 군 등의 단체에서 심의 제정된 규격이다.

① AN 규격(Air Force & Navy Aeronautical standard)

1950년 이전에 미 해군 및 미 공군에 의해 규격 승인되어진 부품이다.

② NAS 규격(National Aerospace Standard)

미군 항공기와 미사일의 제조업자가 협의 작성한 피트 파운드 단위의 규격이며, 미터 단위의 규격은 NA 부품이다.

③ MS 규격(Military Standard)

1950년 이후 미군에 의해 규격 승인된 부품에 사용이며, MS33500~MS34999는 설계 규격이다.

④ BAC 규격(Boeing Aircraft Co. Standard)

보잉항공기 제작사의 표준 부품의 규격이다.

ⓐ MDC 규격(McDonnell Douglas Corporation Standard)
ⓑ NSA 규격(Norma Sud Aviation Standard)
ⓒ LS 규격(Lockheed Aircraft Corporation Standard)
ⓓ ABS 규격(Airbus Basic Standard)
ⓔ ANS 규격(Aerospatiale Normalisation Standard)

3. 볼트와 너트, 스크루, 와셔

1. 볼트(Bolt)

항공기용 볼트는 주로 니켈강으로 이루어져 있다. 일반적으로 머리 모양이 육각형이며, 머리 위에 표시된 식별 기호로 구별할 수 있다. 일반적으로 볼트의 길이는 섕크의 길이를 의미하지만, 접시 머리 볼트의 경우에는 머리의 길이도 볼트의 길이에 포함된다. 볼트의 길이 중에 나사 부분을 제외한 길이를 그립(Grip)이라고 하는데, 이 길이는 체결하고자 하는 부품의 두께와 일치한다.

① 육각 머리 볼트(AN3~AN20)

육각 머리 볼트는 일반적으로 인장 하중과 전단하중을 감당하는 구조용 볼트로 많이 사용된다. 볼트의 머리에는 볼트의 재질을 나타내는 표시가 있으며, 안전 결선 작업을 위해 머리에 구멍이 난 경우와 코터 핀을 장착하기 위하여 섕크에 구멍이 난경우 등으로 구분된다.

② 드릴 머리 볼트(AN73~AN81)

육각 머리 볼트와 비슷하지만 안전결선 작업을 하기 위해 구멍이 나 있는 점이 다르며, 이 볼트는 동일 치수의 육각 머리 볼트와 상호 교환하여 사용할 수 있다.

③ 정밀 공차 볼트(AN173~AN186)

일반 볼트보다 정밀하게 가공되어 있다. 이 볼트는 육각 머리와 100° 접시 머리 등이 있으며, 심한 반복 운동이나 진동 작용이 발생하는 부분에 사용된다.

④ 내부 렌치 볼트(MS20004~MS20024)

고강도의 합금강으로 만들어져 있으며, 인장 하중과 전단 하중이 작용하는 부분에 사용되며, 이 볼트의 머리에는 볼트를 장착하거나 제거할 때에 내부 렌치를 사용할 수 있도록 홈이 파여 있다.

⑤ 외부 렌치 볼트(NAS624~NAS644)

인장 하중이 작용하는 곳에 사용되며, 머리는 이중 육각 머리로 안전 결선 작업을 위한 구멍이 있으며, 또, 너트도 이중 육각 고인장 너트를 사용하여야 한다.

⑥ 특수 볼트

특수 볼트는 특수한 용도로 사용하기 위해 제작된 볼트로, 그 종류로는 클레비스 볼트와 아이 볼트가 있다.

ⓐ 클레비스 볼트(Clevis Bolt)

클레비스 볼트(AN21~AN36)의 머리의 모양은 둥글고, 스크루 드라이버를 사용할 수 있도록 머리에 홈이 파여져 있으며, 이 볼트는 전단 하중만 걸리고 인장 하중이 작용하지 않는 부분에 사용되며, 조종 계통의 장착용 핀 등에 자주 사용된다.

ⓑ 아이 볼트(Eye Bolt)

아이 볼트(AN42~AN49)는 외부에서 인장 하중이 작용되는 곳에 사용되며, 머리에 나 있는 구멍(Eye)에는 일반적으로 조종 계통의 턴버클이나 조종 케이블 등의 부품이 연결된다.

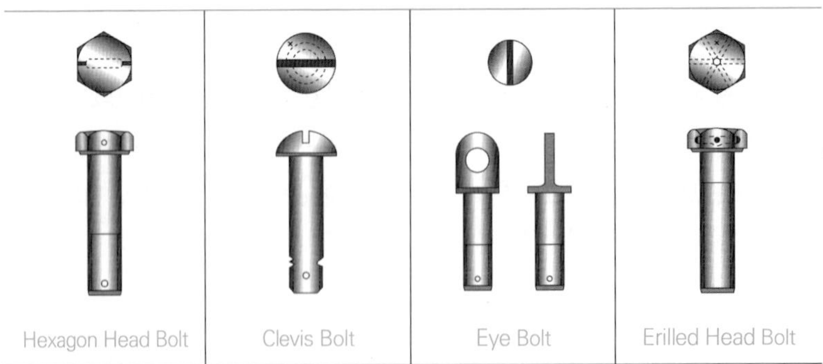

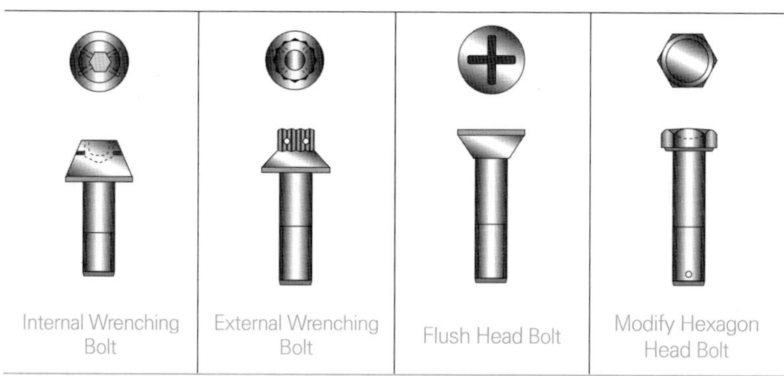

[그림 3-18 볼트의 종류]

2. 너트(Nut)

항공기용 너트에는 알루미늄 합금, 내식강, 탄소강, 합금강 등이 사용되며, 다양한 모양과 치수를 가지고 있다. 너트는 용도에 따라 비자동 고정 너트와 자동 고정 너트로 구분할 수 있다.

① 비자동 고정 너트

비자동 고정 너트는 너트 자체에 볼트의 풀림을 방지하는 고정 장치가 없기 때문에 체크 너트, 코터 핀, 안전 결선, 고정 와셔 등으로 고정하여야 하는 너트를 말한다.

ⓐ 캐슬 너트(Castle Nut AN310)

섕크에 안전 핀 구멍이나 있는 육각머리 볼트, 클레비스 볼트, 드릴 머리 볼트, 아이볼트 및 스터드 볼트 등과 함께 사용되며 큰 인장 하중에 잘 견딘다. 너트에 있는 요철부분은 코터 핀이나 안전 결선에 의한 고정 작업을 하기 위한 것이다.

ⓑ 캐슬 전단 너트(Castellated Shear Nut)

캐슬 전단 너트(AN320)는 주로 전단 응력만 받는 부분에 사용되며, 인장 하중을 받는 곳에 사용해서는 안 된다. 캐슬 너트와 같이 안전 결선을 위하여 너트가 요철로 되어 있지만, 캐슬 너트 만큼 강도가 높지는 않다.

ⓒ 평 너트(Plain Nut)

평 너트(AN315)는 투박한 구조를 하고 있기 때문에 큰 인장 하중을 받는 부분에 적합하다. 그러나 체크 너트나 고정와셔 등의 보조 고정 장치가 필요하기 때문에 항공기 구조 부재에는 사용되지 않고, 비구조 부재의 체결용으로 사용된다.

ⓓ 체크 너트(AN316)

잼(Jam) 너트라고도 하며, 평 너트 또는 나사가 있는 로드(Threaded Rod) 등에 고정 장치로 사용된다.

ⓔ 작은(얇은) 육각 너트(AN304, AN345)

보통 육각 너트보다 가벼우며, 강도를 필요로 하지 않는 비구조용 부재나 전기 계통의 단자 부착용 부재 등에 사용된다.

ⓕ 나비 너트(AN350)

손가락 힘으로 조일 수 있는 곳이나, 부품의 장 · 탈착이 빈번한 곳에 사용된다.

② 자동 고정 너트

자동 고정 너트는 너트 자체에 볼트의 풀림을 방지하는 고정 장치가 있기 때문에 심한 진동이 발생하는 부분에 사용되며, 고정 장치의 형식에 따라 전 금속 형(All Metal Type)과 비금속 파이버 형(Non-Metal Fiber-Type)으로 구분된다.

이 너트는 코터 핀이나 안전 결선에 의하여 고정하지 않아도 되기 때문에 작업 속도가 빠르지만, 사용되는 곳의 온도에 따라 120[℃](250[℉]), 232.2[℃](450[℉]), 648.8[℃](1200[℉]), 760[℃](1400[℉]) 등으로 구분되므로 주의하여 사용해야 한다.

ⓐ 전 금속 형 너트(AN363)

고정 장치가 모두 금속으로 되어 있는 형식으로, 120[℃](250[℉]) 이상의 고온에서 사용된다.

고정 장치로는 너트 내부에 키(Key)와 슬롯(Slot)을 밀착시키는 경우와 스프링이 달린 금속 플런저(Plunger)를 압축하는 경우 및 너트의 안지름을 변형시켜 탄성을 가지도록 하는 경우 등으로 구분된다.

ⓑ 비금속 파이버 형 너트(AN364/MS20364, AN365/MS20365)

제작 회사에 따라 다양한 종류가 있지만, 일반적으로 너트의 내부에 파이버의 칼라를 끼워 넣었을 때에 생기는 탄성을 이용하므로 탄성 고정 너트라고도 부른다.

사용 온도 한계는 250[℉] 이내이며 오래 사용하면 탄성 변형과 기계적 마모가 생기기 때문에 사용 횟수를 제한하는 것이 일반적이다.

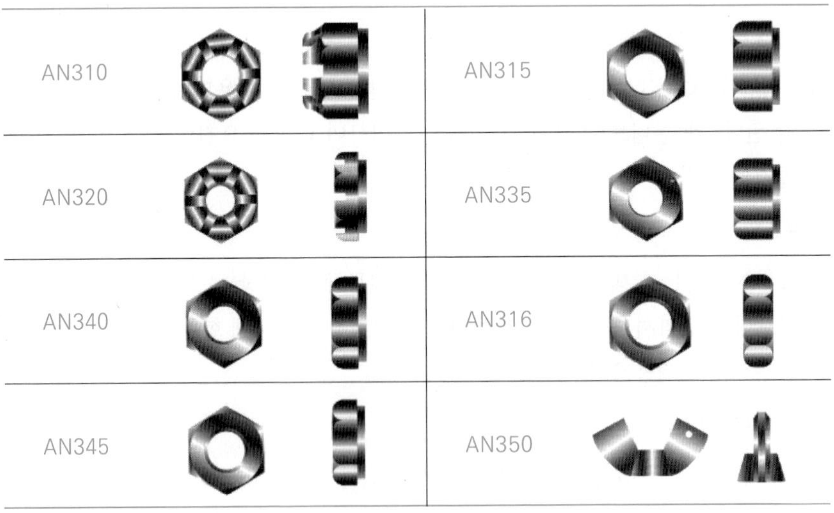

AN310	AN315
AN320	AN335
AN340	AN316
AN345	AN350

[그림 3-19 너트의 종류]

3. 스크루(Screw)

항공기에 가장 많이 사용되는 고정용 부품이다. 스크루는 볼트 보다 저 강도 재질로 만들어지며, 나사가 좀 헐겁고, 머리 모양이 드라이버를 사용할 수 있도록 되어 있으며, 그립에 해당되는 부분을 명확하게 구분할 수 없다. 반면 구조용 스크루는 항공기의 주요 구조 부재에 사용된다.

[그림 3-20 스크루의 종류]

4. 와셔(Washer)

항공기에 사용되는 와셔는 볼트의 머리나 너트 쪽에 사용되며, 볼트나 너트를 체결할 때에 작용하는 압력을 분산시키거나, 볼트 및 스크루의 그립 길이를 조정하는 데 사용된다. 또, 볼트나 너트를 죌 때에 구조물과 장착 부품 사이에서 발생하는 충격과 부식으로부터 보호하는 역할을 하며, 특히 고정 와셔의 경우에는 풀림을 방지하는 역할 을 한다.

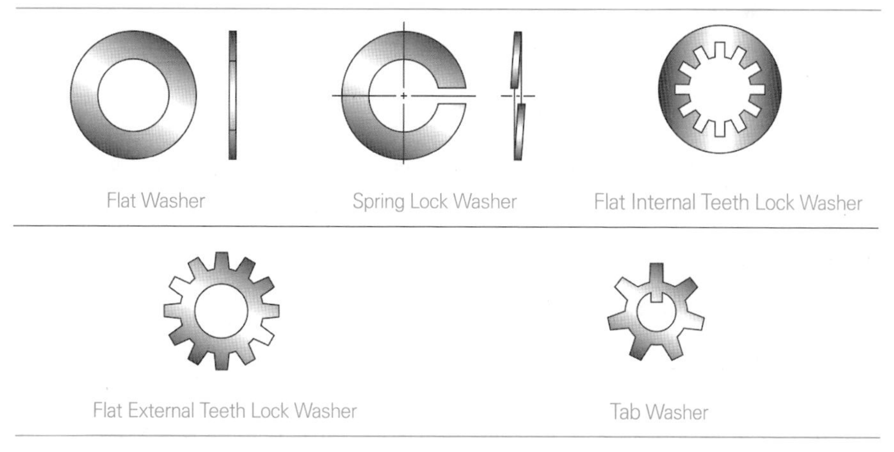

[그림 3-21 와셔의 종류]

4. 안전결선(Safety Wire) 및 코터 핀(Cotter Pin)

1. 안전 결선

항공기에 사용되고 있는 하드웨어 특히 볼트, 너트 등은 비행 중에 심한 진동과 하중 때문에 느슨해질 우려가 있으므로 하드웨어의 풀림 방지를 위하여 락크 와이어(Lock Wire)를 사용하여 부품이 풀리지 않도록 고정시키는 작업을 한다. 또한 비상구, 소화 발사 장치, 비상용 브레이크 등의 핸들, 스위치 커버 등을 잘못 조작하는 것을 방지하도록 쉐어 와이어(Shear Wire)가 락크 되어 졌으며, 조작 시에 쉽게 잘라서 작동한다.

2. 코터 핀

항공기 구조에 사용되는 핀에는 테이퍼 핀(Taper Pin), 납작 머리 핀(Clevis Pin), 그리고 코터 핀이 있다. 핀이란, 전단력이 작용하는 곳이나, 항공기 부품이나 작동 계통의 안전 장치나 고정 장치로 사용되는 부품을 말한다. 코터 핀(MS24665, AN380)은 캐슬 너트나 핀등의 풀림을 방지할 때에 사용되는 것으로, 코터 핀 구멍에 완전히 밀착된 것을 사용하며, 탄소강이나 내식강으로 만든다.

5. 턴 로크 파스너(Turn Lock Fastener)

항공기 기관의 카울링, 기체의 점검창, 기타 떼어 내기가 가능한 판을 안전하게 고정시키고, 검사와 정비 목적으로 신속히 판을 부착하거나 떼어 내는 데 사용되는 고정용 부품이다. 시계 방향으로 1/4회전시키면 턴 로크 파스너를 고정시킬 수 있고, 반시계 방향으로 돌리면 풀 수 있다.

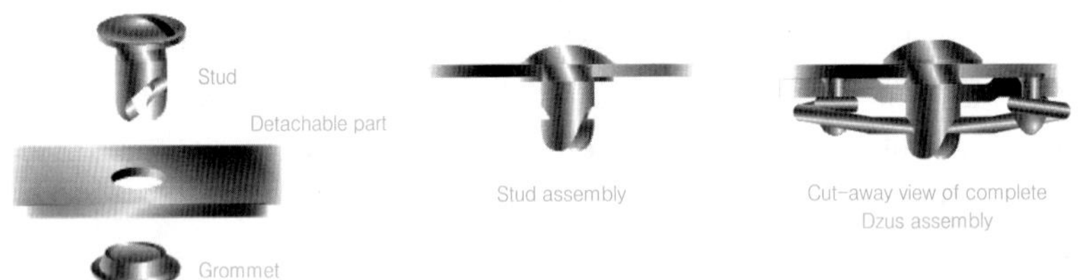

[그림 3-22 턴 로크 파스너]

6. 리벳(Rivet)

리벳은 머리 반대쪽의 생크를 이용하여 성형된 머리를 만들어 구조 부재를 반영구적으로 체결하는 고정 부품이다. 항공기에 사용되는 리벳은 일반 목적용으로 가장 많이 사용되는 솔리드 생크 리벳(Solid Shank Rivet)과 특수 리벳에 속하는 블라인드 리벳(Blind Rivet)으로 구분된다.

1. 솔리드 생크 리벳

솔리드 생크 리벳은 항공기 구조 부재에 사용되는 가장 일반적인 리벳으로, 머리 모양에 따라 둥근 머리, 접시 머리, 납작 머리, 브래지어 머리, 유니버설 머리 등으로 구분된다. 리벳이 만들어진 재질에 따라 머리 표시가 달라지며, 리벳 1100은 순수 알루미늄 재질이며, 항공기구조에 가장 많이 사용되는 2117은 열처리가 필요 없기 때문에 상온에서 작업을 할 수 있다. 리벳 2017과 2024는 상온에서 사용할 수 없으며, 열처리로 연화시켜 2017은 1시간 이내에, 2024는 10~20분 이내에 리벳 작업을 각각 완료하여야 한다.

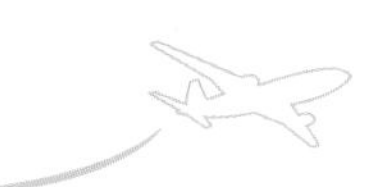

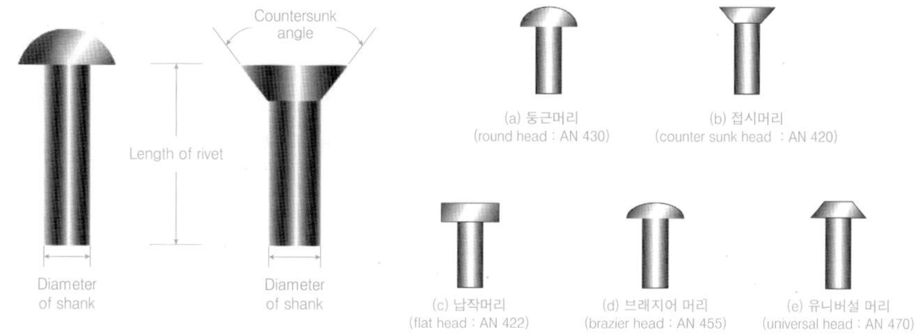

[그림 3-23 솔리드 섕크 리벳]

2. 블라인드 리벳

블라인드 리벳은 작업 공간이 좁은 한정된 공간이나 접근이 불가능한 폐쇄된 공간의 경우 뒷면에 버킹 바를 댈 수 없어 한쪽 면에서만 체결 작업을 할 수밖에 없는 곳에 사용되는 특수 리벳이다.

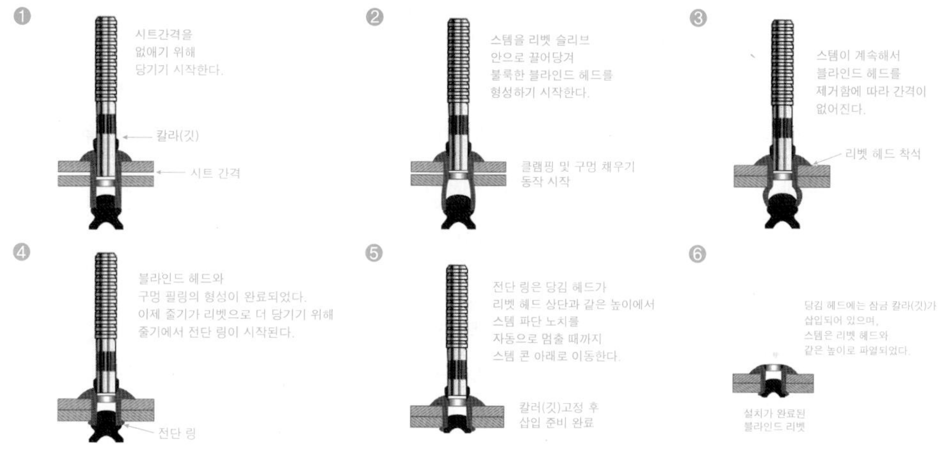

[그림 3-24 블라인드 리벳 작업 순서]

① 체리 리벳(Cherry Rivet)

가장 일반적으로 사용되는 블라인드 리벳으로, 가운데 구멍이 뚫린 섕크와 돌출 부분을 가지고 있는 스템(Stem)으로 구성되어 있다. 이 리벳은 리벳의 머리를 누르면서 스템을 잡아당기면 스템의 돌출 부분이 리벳 섕크를 확장시켜 구조 판재를 고정시키며, 스템에 작용하는 인장력이 한계점에 이르면 스템의 홈 부분이 끊어지도록 되어 있다.

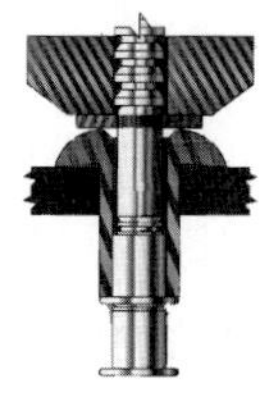
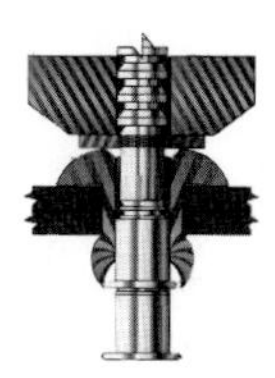
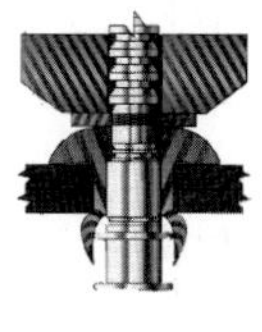

[그림 3-25 체리 리벳]

② 리브 너트(Rivnuts)

생크 내부에 암나사가 나 있는 원형 리벳으로, 제빙 부츠의 장착 등에 사용 되는 고정부품이다. 머리의 형태는 납작 머리와 접시머리로 나누어지며, 리브 너트의 끝 부분이 밀폐된 경우와 개방된 경우로 구분할 수 있다. 암나사가 나 있는 부분에 공구를 끼워 시계 방향으로 돌리면 생크가 압축되면서 돌출 부분을 만들어 판재를 결합하게 된다.

③ 폭발 리벳

비어 있는 리벳 생크 내부에 화약을 넣고, 가열된 인두를 리벳의 머리에 밀착 하여 폭발시키는 리벳이다. 즉, 화약이 폭발하면 리벳의 하단부를 부풀게 하여 판재를 고정시키는 것이다.

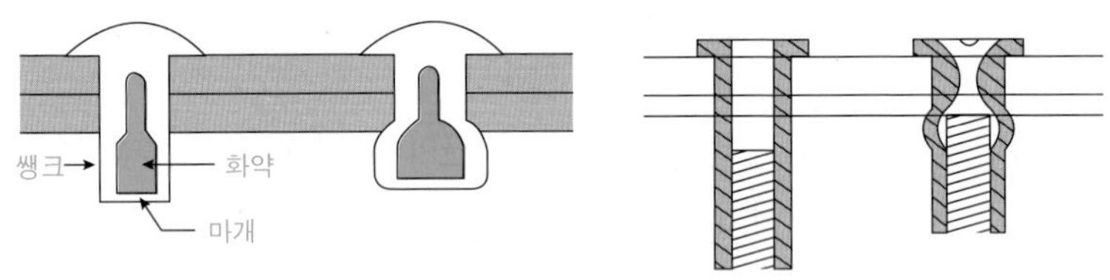

[그림 3-26 폭발 리벳]

④ 고강도 전단 리벳(Hi Shear Rivet)

고강도 전단 리벳은 고강도 핀 리벳(High Strength Pin Rivet)이라고도 하는데, 이 리벳은 전단 응력만 작용하는 곳에 사용되며, 전단 강도가 보통 리벳보다 3배 정도 강하다.

7. 튜브(Tube)와 호스(Hose)

항공기의 배관에는 튜브와 호스가 사용된다. 금속 튜브는 연료 계통, 윤활 계통, 냉각 계통, 산소 계통, 계기 계통 및 유압 계통 등에 사용되며, 호스는 운동하는 부분이나 진동이 심한 부분에 사용된다. 튜브의 호칭 치수는 바깥지름(분수)×두께(소수), 호스의 호칭 치수는 1/16 단위의 안지름으로 표시한다.

1. 튜브와 튜브 피팅(접합 기구)

항공기에 사용되는 튜브의 재질로는 알루미늄, 강, 경질 염화비닐, 폴리에틸렌 등이 사용된다.

① 알루미늄 튜브

손이나 공구를 이용하여 작업을 쉽게 할 수 있으며, 가볍고 부식에 강한 성질을 가지고 있어 유체의 압력이 낮은 부분에 유체의 흐름을 연결해 주는 도관으로 많이 사용된다. 알루미늄 튜브 중에서 재질이 2024T, 5052O인 튜브는 저압 · 중압 계통에 사용되며, 파열 직전의 높은 순간 압력에도 견딜 수 있기 때문에 고압용으로 사용되기도 한다.

② 강 튜브

강 튜브의 재료에는 일반적으로 탄소강, 합금강 및 스테인리스강(내식강) 등이 사용된다. 강 튜브는 주철 튜브에 비하여 인장 강도가 높으며, 외부 충격에 강하고, 튜브의 연결이 쉬워 일반적으로 많이 사용된다. 특히, 스테인리스강 튜브는 내식성과 내열성이 우수하여 항공기에 많이 사용된다.

③ 경질 염화비닐(PVC) 튜브

값이 싸고 튜브 내부 흐름의 마찰이 적으며, 내식성이 좋고 무게가 가벼워서 급수, 배수 및 환기 통로로 많이 사용된다. 그러나 이 튜브는 저온과 고온에서 강도가 떨어지며, 열팽창률이 철에 비하여 매우 높아서 온도 변화가 심한 부위에는 적당하지 않다.

④ 폴리에틸렌 튜브

폴리에틸렌 튜브는 부식에 강하고 유체 흐름이 원활하며, 가공이 쉬운특징을 가지고 있다. −80[℃]의 저온에서도 기능을 유지하지만, 고온에 약하기 때문에 90[℃] 정도에서 연화되고, 200[℃]에서 융착되어 항공기에서는 많이 사용되지 않는다.

2. 호스와 호스 피팅(접합 기구)

항공기 공 · 유압 계통이나 연료 계통 등에 사용되는 호스에는 고무호스 및 테플론 호스(Teflon Hose) 등이 있다. 호스는 사용 압력에 따라 고압용 호스, 중압용 호스, 저압용 호스로 구분된다. 저압용 호스는 300[psi] 이하의 압력 배관용으로, 연료나 계기 계통의 배관용으로 많이 사용된다. 중압용 호스는 1,500~3,000[psi], 고압용 호스는 3,000[psi] 이상의 압력 배관용으로 사용된다.

① 고무호스

가요성 고무호스는 안쪽에 이음이 없는 합성 고무 층이 있고, 그 위에 면으로 짠 끈과 철사의 층으로 덮여 있다. 마지막 층은 고무에 면이 섞인 재질로 덮여 있다. 이런 호스는 연료와 오일, 냉각 및 유압 계통에 사용된다.

② 테플론 호스

테플론 호스는 항공기 유압 계통의 높은 작동 온도(54~232[℃])와 압력에 견딜 수 있도록 만들어진 가요성 호스이다. 호스를 보호하기 위하여 튜브 위에 스테인리스강 철사로 감싼다. 이 호스는 연료, 윤활유, 알코올, 냉각제, 작동유 등 거의 모든 종류의 액체에도 변질이나 변색이 되지 않는다. 그리고 이 호스는 진동과 피로에 강한 저항력을 가지고 있으며, 강도가 매우 크다.

3 항공기용 공구 및 측정기기

1. 항공기용 공구(TOOL)

1. 일반적인 공구의 사용 목적

항공기 정비 작업에 사용되는 공구는 일반적으로 손으로 쓰는 공구(Hand Tool) 많이 사용하고 있다. 대부분의 작업자들은 공구사용을 일반적인 지식만 믿고 교육을 받지 않아도 된다는 잘못된 생각과 습관으로 인하여 고가의 장비에 손해를 입히고, 중요한 작업을 지연시켜, 안전운항에 저해를 주는 사례를 발생시키고 있다.

공구의 올바른 사용법은 항공기 정비의 목적과 작업부위에 맞는 용도와 크기를 반듯이 선택하여야하며, 공구의 설계목적에 맞지 않는 공구는 어떠한 경우에도 사용해서는 안 된다.

2. 공구 사용 시 일반적인 주의 사항

공구의 잘못된 사용이나 취급 부주의로 인하여, 인명의 피해나 재산상의 많은 손실이 일어난다.

① 공구는 적절하고 안전하게 사용하여야 한다.

② 공구를 사용될 수 있을 민큼 좋은 상태에 있는가를 확인해야 한다.

③ 공구 통(Tool Box)를 작업대 위로 들어 올려서 작업을 할 경우, 낮은 곳에서 작업하는 작업자(Worker)에게 공구를 떨어뜨리지 않도록 유의하여야 한다.

④ 잘못된 공구관리(분실 등)로 인하여 엔진 입구(Engine Intake)로 흡입되는 등 엄청난 재산상의 손해를 입힐 수 있다.

⑤ 그리스(Grease)나 윤활유(Oil)등 때가 묻은 공구를 사용하게 되면 그립(Grip) 역할이 감소되어 본인이 다치거나 항공기에 손상을 입힐 수 있다.

⑥ 공구 사용 시 쇠 가루(Metal Chip) 등이 생길 경우에는 반드시 보호안경을 착용하여야 한다.

⑦ 공구 사용 시 폭발을 일으킬 원인이 될 수 있는 곳에서는 불꽃(Spark)현상이 일어나지 않도록 각별히 주의하여야 한다.

3. 공구 보관 시 주의 사항

작업 후 사용한 공구는 공구보관 선반이나 공구 통에 보관하여야 하며, 공구를 깨끗이 닦고 기름을 발라 두어 녹을 방지하여야 한다. 파손이나 결함이 있는 공구는 즉시 반납하여 교환하여야 하며, 작업이 끝나면 분실된 공구가 없는지 또한, 공구의 상태는 양호한지 검사하는 습관을 가져야 한다.

4. 일반 공구 사용법

① 줄(File)

대부분의 줄은 표면경화 및 담금질 처리된 공구강으로 만든다. 줄은 여러 가지 모양과 규격으로 제작되며 단면 형태 및 외양과 목적에 따라 식별되며, 줄의 Tooth를 선택할 때는 작업 종류와 피 가공물의 재질이 고려되어야 한다. 줄은 모서리를 직각으로 또는 둥글게 가공하거나 피 가공물 Burr의 제거, 구멍이나 홈을 내는 작업, 불규칙한 면을 Smooth하게 하는 작업등에 사용된다.

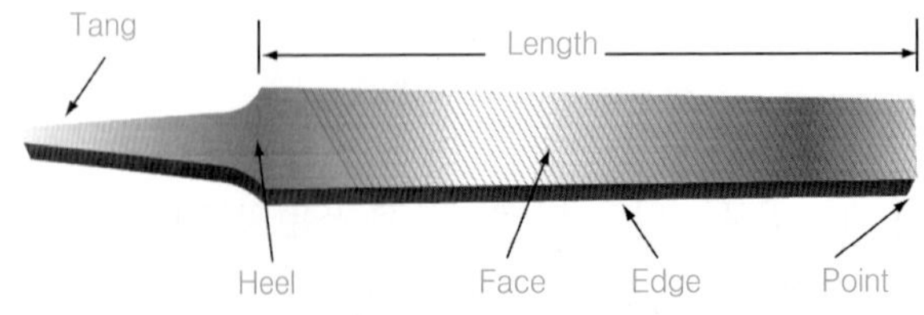

[그림 3-27 줄의 구조 와 명칭]

줄은 보통 Single Cut File과 Double Cut File 및 Curved Tooth File의 세 종류가 있다. Single Cut File은 줄의 길이 방향을 따라 65°~85° 각도로 줄 면을 가로지르는 외줄짜리 Tooth를 가지고 있다. Double Cut File은 서로 교차되는 두 줄짜리 Tooth를 갖는다. 줄은 다음과 같은 3가지 방법에 의해 분류된다.

ⓐ 줄은 길이에 따라 분류 하는데 이때 줄의 끝부분(Point)에서 손잡이 끝 부분(Heel)까지의 길이를 측정하며 손잡이(Tang)은 길이에 포함되지 않는다.

ⓑ 실제 모양에 따라서 직 사각형(Rectangular), 정 사각형(Square), 둥근 모양(Round)의 줄로 분류한다.

ⓒ 특성과 거칠음 정도에 따라서 분류한다.

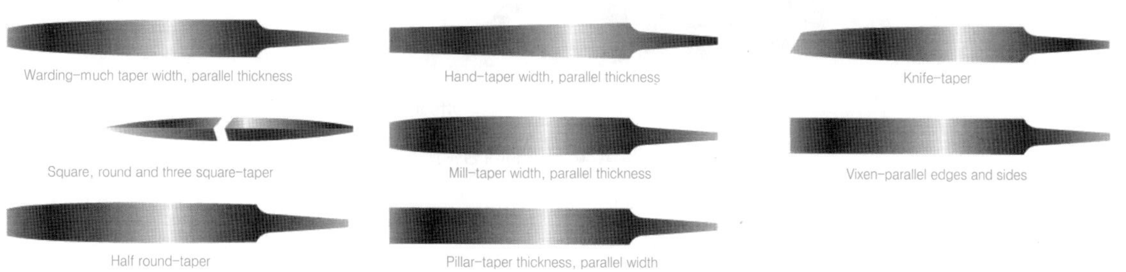

[그림 3-28 줄의 종류]

② 햄머(Hammer)와 멜릿 햄머(Mallet Hammer)

금속 햄머는 일반적으로 자루를 제외한 머리 무게에 따라 규격이 정해진다. 때로는 때리는 면이 목재, 황동 또는 청동, 연, 생가죽, 경질고무 및 플라스틱으로 만들어진 연질 햄머 사용이 필요할 때가 있으며, 이런 햄머들은 연금속을 성형하거나 쉽게 상처받을 면을 때릴 때 사용된다.
연질 햄머는 거친 가공물에 사용해서는 절대 안되며, 펀치의 머리, 볼트 및 등을 때리면 이런 형의 햄머는 쉽게 손상된다. 멜릿 햄머(Mallet Hammer)는 호두나무(Hickory)의 종류, 생가죽 또는 고무로 만든 머리를 가진 햄머와 같은 공구이며, 얇은 금속 부분을 쭈그러짐이 없이 성형하는데 쓰인다.

[그림 3-29 햄머의 종류]

③ 스크류 드라이버(Screw Driver)

스크류 드라이버의 종류는 일자(Flat Blade) 홈이 파인 머리를 가진 스크류나 항공기에 많이 쓰이는 패스나(Fastener) 종류에 사용되며, 보통 사용되는 움푹 들어간 스크류의 머리를 가진 2가지의 모양인 필립스(Phillips)와 리드 앤드 프린스(Reed & Prince)가 있다. 리드 앤드 프린스 머리 모양(Reed & Prince)의 스크류는 완전한 +자형을 이루고 있으며, 드라이버는 끝이 뾰쪽하게 되어 있다. 반면에 필립스 스크류 드라이버는 +자의 중앙 쪽이 약간 더 크므로 필립스 스크류 드라이버는 끝이 무디게 되어 있다.
오프셋트 스크류 드라이버(Offset Screw Driver)는 일자머리 홈과 앤드 프린스 드라이버 만들어져 있으며, 보통 스크류 드라이버로서 작업하기에 협소한 공간에서 사용된다.

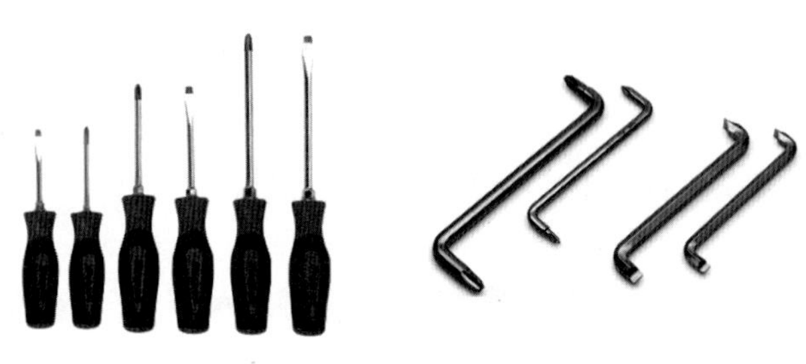

Screw driver　　Offset Screw Driver

[그림 3-30 드라이버의 종류]

④ 플라이어(Pliers)

ⓐ 다이애고널 컷 프라이어(Diagonal Cutter Plier)

보통 현장에서 니퍼(Nipper)라고도 불리며, 안전 결선(Safety Wire)이나 코터 핀(Cotter Pin)등을 절단 하는데 주로 사용된다. 와이어(Wire)나 핀(Pin)을 절단할 때 쇳조각이 튀어 눈이나 피부가 다치지 않게 끝을 잡거나 손으로 막아 주어야 한다.

ⓑ 니들 노우즈(Needle Nose) 및 덕빌 프라이어(Buck Bill Pliers)

좁은 작업 지점까지 접근할 수 있는 긴 물림 턱(Long Jaw)을 가지고 있으며, 손가락으로 접근할 수 없는 좁은 장소에 있는 비교적 작은 부품(Part)를 집거나 얇은 금속판을 정교하게 구부리는 등 다용도로 쓰이며, 여러 가지 모양(Type)이 있고 특히, Side Cutter가 있는 것과 없는 덕빌 프라이어(Buck Bill Plier) 2가지가 있다.

Duck Bill Plier　　Diagonal Cutter Plier　　Needle Nose Plier

[그림 3-31 플라이어의 종류(1)]

ⓒ 링을 오므려 주는(Internal Ring Pliers)

스냅 링(Snap Ring)을 홈 속에 집어넣을 수 있도록 오므리기 위해 사용한다.

ⓓ 링을 벌려주는(External Ring Pliers)

Snap Ring을 축 위의 홈에 맞도록 벌려주기 위해서 사용한다.

Internal Ring Plier　　External Ring Plier

[그림 3-32 플라이어의 종류(2)]

ⓔ 와이어 트위스터(Wire Twister)

두 가닥의 와이어(Wire)를 크로스(Cross) 시킨 다음 Twister의 Jaw로 물고 양쪽 핸들(Handle)을 움켜쥐어 락크(Lock)한 다음 Spiral Rod를 잡아당기면 와이어가 새끼줄처럼 꼬아지게 하는 공구이다.

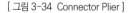

[그림 3-33 Wire 와 Wire Twister]

⑤ 커넥터 플라이어(Connector Plier)

캐논 플라이어(Cannon Plier)라고도 부르며, 전기적인 커넥터를 풀고 조이는데 사용하며, 커넥터 프라이어(Connector Plier)에 절연체를 붙여서 전기 커넥터에 손상을 주지 않고 또한 전기적인 위험에서도 안전하게 사용한다.

[그림 3-34 Connector Plier]

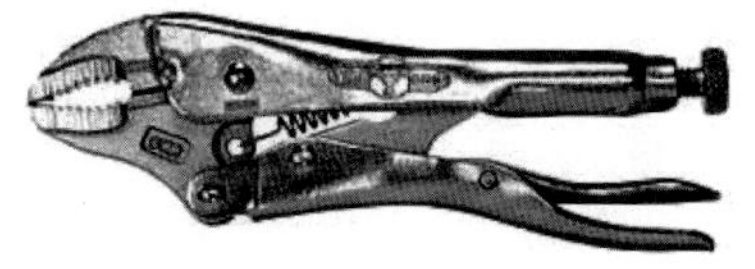

[그림 3-35 Vise Grip Plier]

⑥ 바이스 그립 플라이어(Vise Grip Plier)

락킹 플라이어(Locking Plier)라고도 부르며, 물림 턱에 고정 장치가 되어 있기 때문에 한 번 고정되면 작은 바이스처럼 잡아 주는 역할을 한다.

부러진 스터드나 꼭 끼인 핀을 떼어낼 때에 사용한다. 풀리지 않는 규격된 부품을 장탈하는데 사용하여서는 안되며, 부득이하게 사용될 경우 주의하여 사용하여야 한다.

⑦ 핸들(Handle)

ⓐ 브레이커 바(Breaker Bar)

힌지 핸들(Hinge Handle)이라고도 하며, 단단히 조여 있는 너트나 볼트를 풀 때에 지렛대 역할을 한다.

ⓑ 슬라이딩 T 핸들(T-Handle)

손삽이 양쪽 끝에 똑같은 힘을 가할 수 있으며 소켓을 돌리는 데 사용한다.

ⓒ 스피드 핸들

소켓을 신속하게 돌릴 수 있다는 장점이 있으며 작업 공간이 좁지 않고, 여러 볼트나 너트를 풀고 조이는데 사용한다.

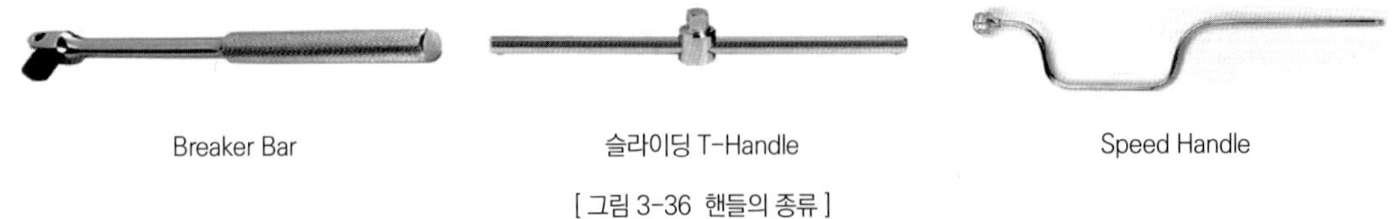

Breaker Bar　　슬라이딩 T-Handle　　Speed Handle

[그림 3-36 핸들의 종류]

⑧ 렌치(Wrench)

항공기 정비에 있어 가장 주로 쓰이는 렌치는 오픈엔드, 복스엔드, 소켓, 조절식 및 특수 렌치로 분류된다. 또한 간혹 사용되는 아렌 렌치는 특수형의 스크류에 사용된다. 렌치는 만드는데 가장 광범위하게 사용되는 금속은 크롬-바나디움강이다. 이 금속으로 만들어진 렌치는 거의 파손되지 않는다.

ⓐ 오픈 엔드 렌치(Open end Wrench)

스패너(Spanner)라고도 부르며, 양 끝은 서로 다른 규격의 너트나 볼트를 돌릴 수 있는 홈이 있으며, 머리 부분은 손잡이 쪽에 대하여, 왼쪽과 오른쪽 방향으로 15°의 각도를 취하고 있는데, 이는 좁은 작업 공간에서 회전 동작을 고려한 것이다.

[그림 3-37 Open end Wrench]

ⓑ 박스 엔드 렌치(Box end Wrench)

양쪽의 끝을 둥글게 하고, 그 안쪽에 6각형 또는 12각형의 홈을 낸 렌치이며, 6각형으로 된 것은 볼트 및 너트에 끼워지는 각도가 60° 이고, 12각형으로 된 것은 볼트 및 너트에 끼워지는 각도가 30° 이다. 일반적으로 12각형의 렌치가 많이 사용되고 있다.

박스 렌치는 볼트 머리나 너트의 모든 주위를 둘러싸기 때문에 미끄러지지 않는다. 따라서 오픈 엔드 렌치에 비해 안전하다는 장점이 있다.

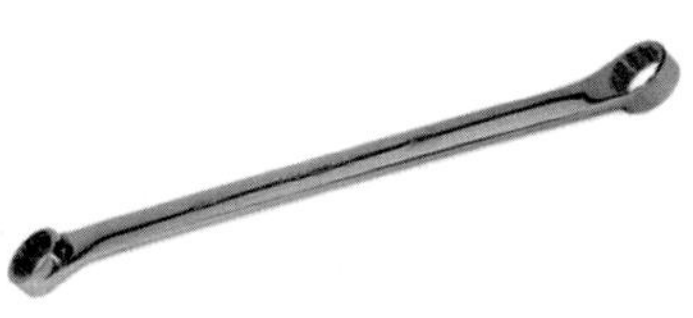

[그림 3-38 Box end Wrench]

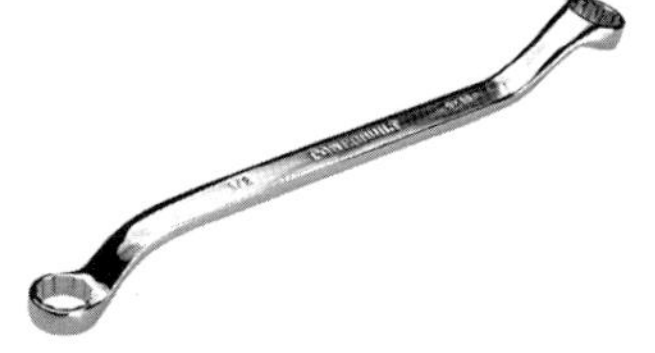

[그림 3-39 60° Offset Box end Wrench]

ⓒ 오프셋 박스 엔드 렌치(Offset Box end Wrench)

박스 엔드 렌치와 모양과 용도가 비슷하며, 양 끝의 홈에 60° 각도를 가지고 있으며, 볼트나 너트가 각도(홈)가 있는 곳에 위치하여 박스렌치로 작업이 곤란 한곳에 사용한나.

ⓓ 래칫 박스 엔드 렌치(Ratchet Box end Wrench)

한쪽 방향으로만 회전시킬 수 있으며, 보통 12각형으로 만들어져 있으며, 래칫 핸들과 같이 반대 방향으로 돌릴 수 없으며, 반대 방향으로 돌리기 위해서는 렌치를 뒤집어 사용하거나, 제품에 따라 좌우 방향 전환 래치(On/Off Latch)로 사용 하여야 한다.

[그림 3-40 Ratchet Box end Wrenc]

ⓔ 알랜 렌치(Allen Wrench)

'L' 렌치 라고도 부르며, 머리 없는 스크루 셋트(Headless Set Screw)나 소켓 머리 캡 스크루(Socket Head Cap Screw)에 있는 육각 구멍에 끼워 사용한다. 패스너를 조이거나 풀기 시작할 때는 렌치의 짧은 쪽이 패스너의 머리속으로 들어가고, 헐거워진 패스너를 빠르게 풀어 낼 때는 렌치의 긴 쪽이 패스너의 머리 속으로 들어간다.

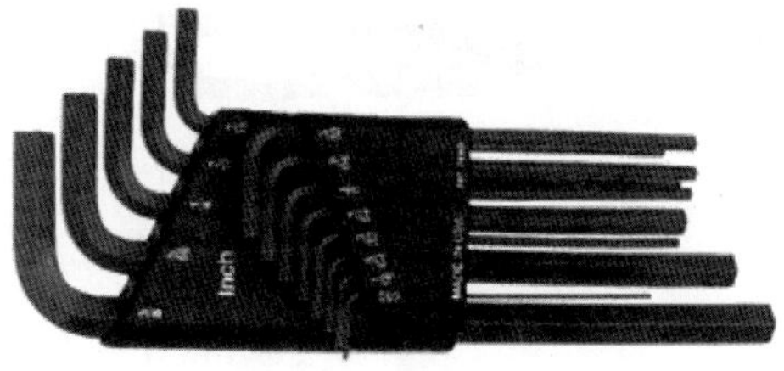

[그림 3-41 Allen Wrench]

⑨ 펀치(Punches)

펀치는 원을 작도하기 위한 중심을 설정하는데, 드릴 작업을 위한 시작공정을 내기 위해, 판금의 펀치 공을 마련하는데 견본에 있는 구멍의 위치를 전사 하는데, 용도는 못 쓰게 된 리벳 핀 및 볼트를 제거하는데 사용된다. 때로는 테이퍼 펀치라고도 불리는 드라이브 펀치는 구멍에 그냥 박혀 있는 못 쓰게 된 리벳, 핀 및 볼트를 제거하는데 사용되며, 드라이브 펀치는 끝이 뾰족한 대신 평면으로 되어 있다.

이 펀치의 규격은 끝평 면의 폭으로 결정되며 보통 1/8에서 1/4[inch]이다. 때로 드리프트 펀치라 불리는 핀 펀치는 드라이브 펀치와 유사하여 동일한 목적으로 사용된다. 이들의 차이점은 핀 펀치는 직선 생크를 갖는 반면에 드라이브 펀치의 측면은 끝면까지의 전장에 걸쳐 테이퍼져 있다. 핀 펀치는 인치의 1/32로 나타낸 끝면의 직경으로 규격을 정하며 그 범위는 1/16에서 3/8[inch]가 있다.

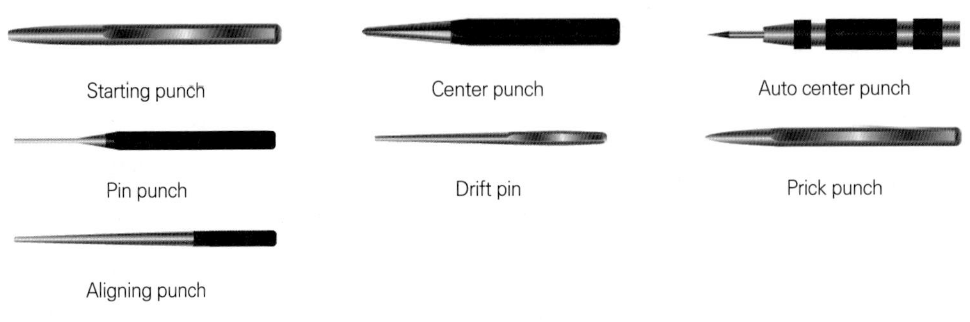

[그림 3-42 펀치의 종류]

⑩ 손 가위(Hand Snip)

종류의 손 가위가 있으며, 이들 각자는 서로 다른 목적에 사용된다. 직선형, 만곡형, 호오크프빌과 항공용 가위는 보통 쓰이고 있는 것 들이다. 직선형은 스퀘어형 쉐어를 사용하기에는 그 거리가 충분히 길지 않을 때 직선으로 절단할 목적에 또는 만곡부의 외곽을 절단하는데 사용된다.

그 날은 날 끝에 작은 이빨들을 갖고 있고 아주 작은 원과 불규칙한 윤곽선을 절단하기에 적합한 모양을 취하고 있다. 손잡이는 0.051[inch]나 되는 두께의 재료도 절단하는데 가능하도록 복합 지렛대 형이다. 에비에이션 스닢은 오른쪽에서 왼쪽으로 잘라나갈 수 있는 것과 왼쪽에서 오른쪽으로 자를 수 있는 두 가지 종류가 있다. 쇠톱과는 달리 가위는 절단할 때 여하한 재료의 손실도 없지만 때로는 절단면에 연하여 약간의 파지가 생긴다.

[그림 3-43 항공 가위의 종류]

ⓐ 직선가위(Straight Snip)

판금 재료의 직선절단에 주로 쓰이며, 다른 가위보다 날의 길이가 길다.

ⓑ 복합가위(Combination Snip)

일반적으로 가장 많이 쓰이는 판금 가위로서 겉모양은 직선 가위와 비슷하나 날 부분이 약간 짧고 단면 모양이 둥글게 되어 가위질하기 쉬우며 직선이나 곡선 부분을 자르는데 복합적으로 사용된다.

Ⓒ 둥근 가위(Circular Snip)

날 부분이 구부러져 있어서 둥근 곡선을 자르거나 원형 부분의 안쪽을 자르는데 사용된다.

Ⓓ 굽은 가위(Hawk-Billed Snip)

판금 재료의 안쪽을 자르는데 사용된다. 가위의 날이 가늘고 약간 구부러져 있어서 공작물의 안쪽의 것을 자르는데 편리하도록 되어 있다.

Ⓔ 항공 가위(Aviation Snip)

날이 약간 구부러져 있으며, 날 끝이 짧고 뾰족하여 원이나 직각 또는 복잡한 곡선부분도 쉽게 자를 수 있도록 고안되었다. 왼쪽, 오른쪽, 직선용의 3가지가 있다.

⑪ 드릴(Drill)

드릴 날을 끼워 돌리는데 있어 항공 현장에서 일반적으로 사용되는 휴대용 드릴에는 4가지 종류가 있다. 직경이 1/4[inch] 또는, 그 이하의 구멍은 수동 드릴로 행할 수 있으며, 이 드릴은 보통 “에그비이터”라 불러진다. 브레스트 드릴은 수동 드릴보다 더 큰 규격의 드릴 날을 끼우도록 설계된 것이다. 브레스트 플레이트를 드릴의 상단에 첨가하여 부착시킴으로서 드릴의 절단동력을 증가시키기 위하여 몸무게를 이용하도록 할 수 있다. 전기식과 공기식의 동력 드릴은 거의 어떤 요구에도 만족할 수 있도록 여러 가지 종류와 규격을 갖추고 있다. 공기식 드릴은 전기식 드릴에서 발생되는 전호가 화재나 폭발의 위험성을 가지므로 가연성 물질 주위에서 사용하도록 마련된 것이다.

⑫ 드릴 날(Twist Drill)

재료 내에 구멍을 깎기 위하여 회전되는 예리한 끝을 가진 공구이며, 이것은 몸체의 길이를 따라 나선형으로 홈이 파져있고 끝에 원추형 절단 날을 가진 원통형 경화 강봉으로 만들어진다. 드릴 날은 탄소강 또는 고속 합금강으로 만들어진다. 탄소강 드릴 날은 가공물의 보통 공작에 적합하고 비교적 값이 싸다.

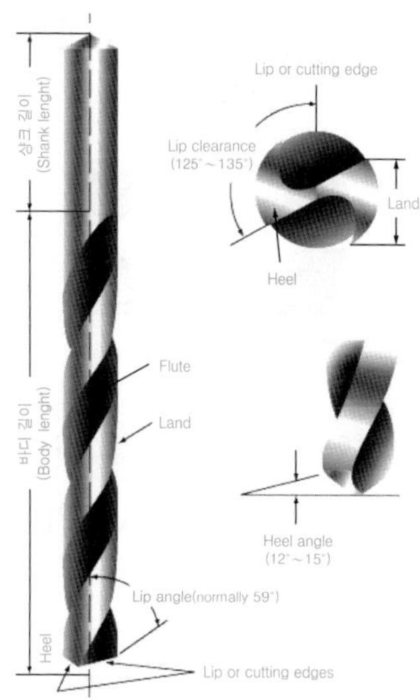

[그림 3-44 드릴 날(Twist drill)]

⑬ 리머(Reamer)

리머는 정확한 규격으로 구멍을 평활 하게 또는 크게 하는데 사용되며, 수동 리머는 탭 렌치나 또는 그와 유사한 손잡이로 돌릴 수 있게끔 4각 엔드 섕크를 갖는다. 여러 가지 종류의 리머가 있다. 정확한 규격으로 리머 작업될 구멍은 대략 0.003 내지 0.007[inch] 정도 작은 규격으로 드릴 작업되야 한다. 0.007[inch] 이상의 절삭은 리머에 과중한 부하가 걸려 시도할 수 없게 된다.

[그림 3-45 리머의 종류]

2. 측정기기 사용 방법

길이를 측정하는 방법에는 직접 측정법, 비교 측정법 및 한계 게이지 측정법이 있다.

① 직접 측정법 : 강 철자나 버니어 캘리퍼스(Vernier Calipers), 마이크로미터(Micrometer) 등을 사용하여 직접 측정물의 치수를 읽는 방법이다.

② 비교 측정법 : 블록 게이지와 같이 기준 게이지와 측정을 비교하여 그 차이를 기준 게이지에 더하거나 빼서 측정물의 치수를 구하는 방법이다.

③ 한계 게이지 측정법 : 공작물의 정해진 허용 치수내의 최대 허용 치수와 최소 허용치수를 정해서 공작물의 실제 치수가 허용 범위에 드는지를 측정하여 합격, 불합격 판정을 내리는 측정 방법으로, 동일 치수를 대량으로 검사할 수 있는 장점이 있다.

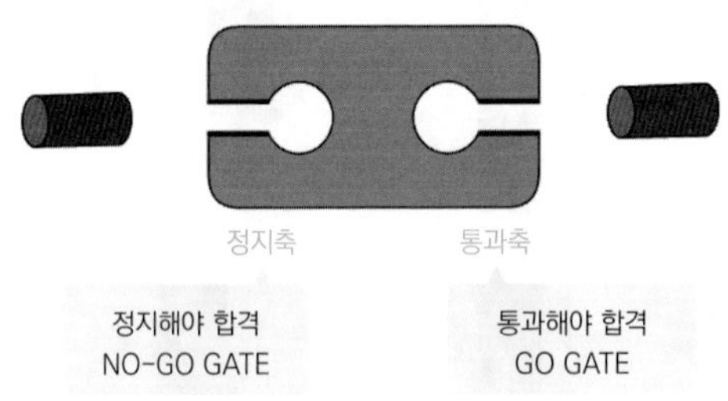

[그림 3-46 한계 게이지 사용 법]

1. 버니어 캘리퍼스(Vernier Calipers)

① 프레임에 표시된 눈금인 어미자와 프레임을 따라 움직이는 슬라이드에 표시된 눈금인 아들자로 구성되어 있다.

② 외측용 Jaw와 내측용 Jaw, 깊이 바(Depth Bar)에 의해 측정한다.

③ 측정물의 외측, 내측, 깊이, 단차 등을 측정하는데 주로 사용한다.

④ M1 Type/M2 Type/CB Type/CM Type으로 분류하며, M1 Type이 가장 많이 사용된다.

⑤ 아날로그 방식과 디지털 방식이 있다.

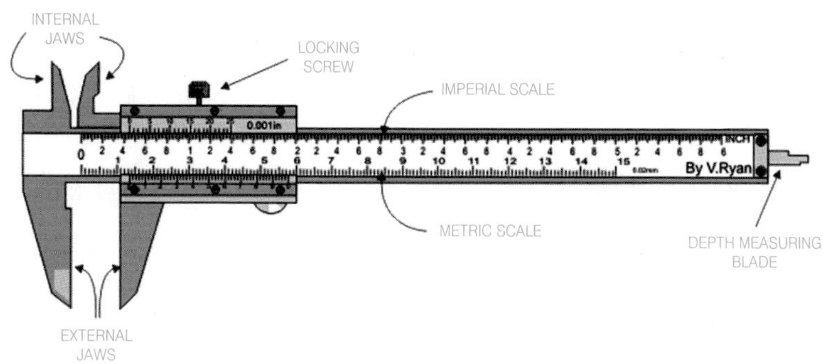

[그림 3-47 Vernier Calipers]

2. 버니어 캘리퍼스 사용 방법

① mm 방식(최소 측정값이 1/20[mm]인 경우)

ⓐ 아들자의 0점 기선 바로 왼쪽에 있는 어미자의 눈금을 읽는다.
(여기서는 7번째 눈금으로서 7[mm]를 뜻함)

ⓑ 어미자와 아들자의 눈금이 일치하는 아들자의 눈금(* 표시)을 읽는다.
(여기서는 4번째 눈금으로서 0.05×4=0.2[mm]를 뜻함)

* 7[mm]+0.2[mm]=7.2[mm]가 됨을 알 수 있다.

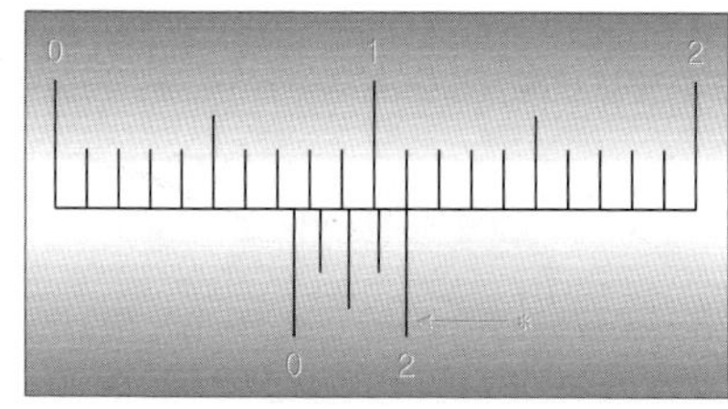

최소 측정값이 1/20[mm]

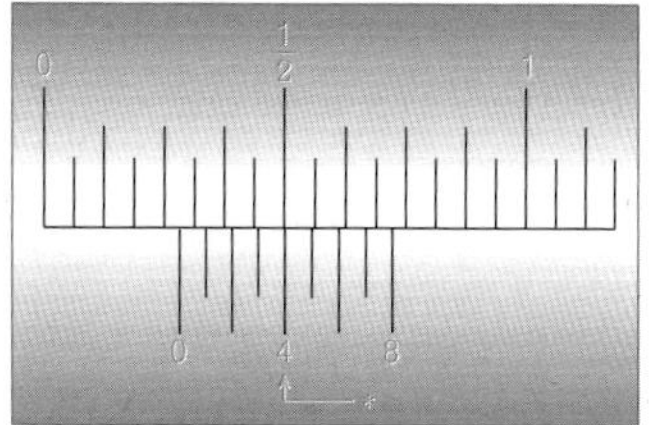

최소 측정값이 1/128[inch]

[그림 3-48 버니어 캘리퍼스 측정 예]

② Inch 방식(최소 측정값이 1/128[inch]인 경우)

ⓐ 아들자의 0점 기선 바로 왼쪽에 있는 어미자의 눈금을 읽는다.
(총 16등분 중에서 4번째이며 4/16=1/4[in]인 0.250[inch]를 뜻함)

ⓑ 어미자와 아들자의 눈금이 일치하는 아들자의 눈금(* 표시)을 읽는다.
(여기서는 일치하는 눈금이 4이며 이는 4/128=1/32[inch]인 0.03125[inch]를 뜻함)
* 1/4(0.250)[inch]+1/32(0.03125)[inch]=9/32(0.28125)[inch]가 됨을 알 수 있다.

3. 마이크로미터 캘리퍼스(Micrometer Calipers)

마이크로미터 캘리퍼스는 각각의 특수목적으로 고안된 유형들이 있으며, 바깥지름 측정용과 안지름 측정용, 깊이 측정용과 기어의 이두께 측정용, 나사의 피치 측정용 등이 있는데, 바깥지름 측정용과 안지름 측정용이 가장 많이 쓰인다.

항공기 정비사에 의해서 자주 사용되는 Shaft의 Outside Dimension, Sheet Metal Stock의 두께, Drill의 직경을 측정하는데, 그리고 많은 다른 것에 응용된다.

Steel Rule의 사용으로 얻어질 수 있는 가장 작은 치수는 보통 분수로 inch의 64분의 1이고, 소수 분수로 1[inch]의 100분의 1이다. 이것 보다 더욱 좁은 1[inch]의 1,000분의 1 그리고 1,000분의 10을 측정하려면 Micrometer가 사용된다. 만약 보통 분수로 주어진 치수를 Micrometer로 측정한다면 분수는 소수 등가치로 환산해야 된다.

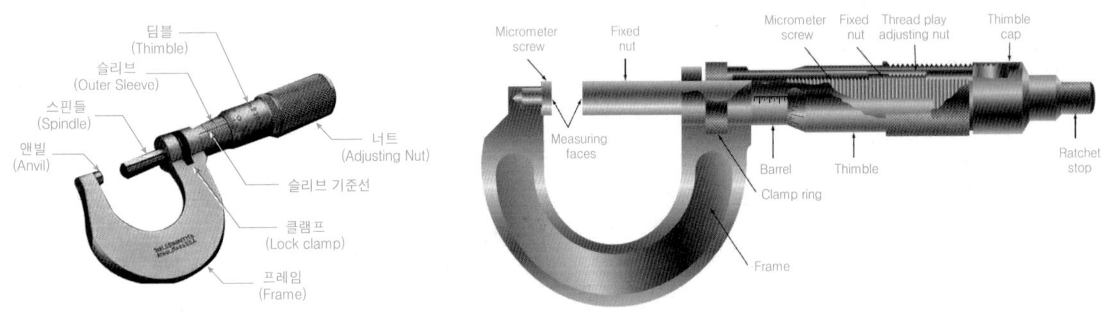

[그림 3-49 Outside Micrometer]

① 마이크로미터 눈금 읽기

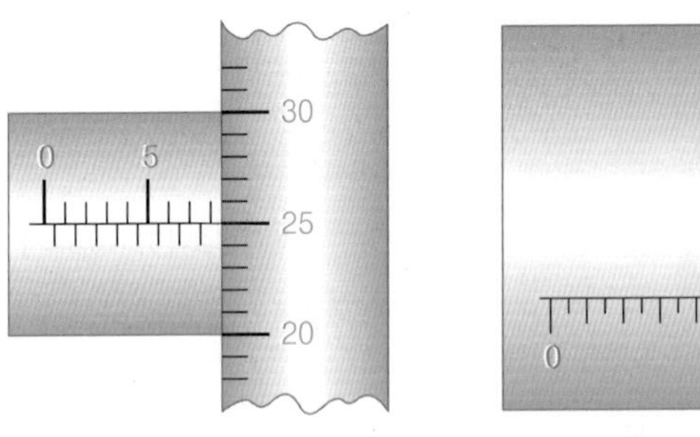

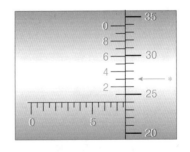

최소 측정값이 1/100[mm]　　최소 측정값이 1/1000[inch]

[그림 3-50 마이크로미터 측정 예]

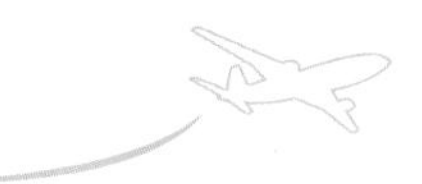

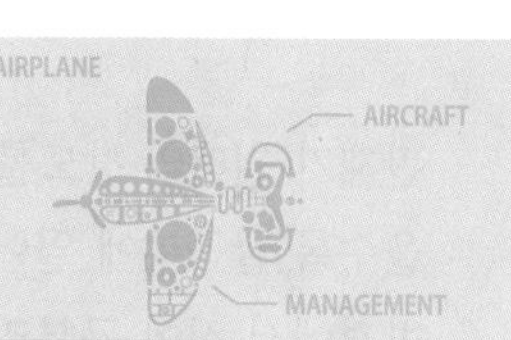

제3장 항공기 기체 수리 및 정비

1 항공기 구조재의 수리 작업

1. 항공기 기체의 금속재료의 판재

1. 금속재료의 판재

항공기 기체에 사용되고 있는 금속의 판재는 평판으로 되어 있으며, 항공기 기체 제작에 사용하기 위해서 판재의 각도를 구부리거나 또는 여러가지 곡선으로 성형 가공하여 사용된다. 금속의 종류에 따라 판재의 성형과 가공의 원리는 기본적으로 같지만 변형량, 열처리 방법 등에 의해 성형 방법이 달라지므로, 금속 재료의 판재 작업은 금속의 특성을 잘 이해하고 성형 가공 하여야 한다. 특히, 금속판재를 가공 하려면, 먼저 판재에 긁힌(Scratch)면이 없는 것을 확인하고 부식(Corrosion)된 곳과 비틀림(Contortion)이 없는가를 조사하여야 한다. 알루미늄합금 판에는 알크래드(Alclad)로 되어 있는 표면이 매우 손상을 입기 쉬우므로 작업대에 드릴의 절삭 부스러기 등의 이물질이 놓여있지 않도록 취급 하는데 충분한 주의가 필요하다.

2. 판재의 성형

판재의 재료치수는 보통 재료의 외형치수로 표시하며, 재료의 길이, 즉 굴곡의 앞 평판 치수를 구하는데 치수 X와 Y를 더해도 구부러진 판 두께가 있으므로 정확한 전개길이가 되지 않는다. 따라서, 중립선이 있는 X, Y, C의 치수를 더하여야 정확한 전개의 길이가 구해진다.

3. 판재의 최소 굴곡 반경(Minimum Radius of Bend)

[표 3-1 판재의 최소 굴곡 반경]

	판재의 최소의 굴곡 반경(단위 : inch)							
재료 / 판두께	2024		7075		6061	5052	SAE 4130, 8630	
	O	T3	O	T6	T6	H 34		H
0.020	1/32	1/16	1/32	3/32	1/32	1/32	1/16	1/16
0.025	1/16	3/32	1/16	1/8	1/16	1/16	1/16	1/16
0.032	1/16	1/8	1/16	5/32	1/16	1/16	1/16	3/32
0.040	1/16	5/32	1/16	9/16	1/16	1/16	3/32	1/8
0.050	3/32	3/16	3/32	1/4	3/32	3/32	3/32	5/32
0.063	1/8	7/32	1/8	5/16	1/8	1/8	3/32	3/16
0.080	5/32	11/32	3/16	7/16	5/32	5/32	1/8	1/4
0.090	3/16	3/8	3/16	1/2	3/16	3/16	1/8	9/32

판재가 원래의 강도를 유지한 상태로 구부러질 수 있는 최소의 굴곡 반경을 말한다. 판재는 굴곡 반경이 작을수록 굴곡부에 일어나는 응력과 비틀림 양이 커진다. 따라서 판재는 응력과 비틀림의 한계를 넘은 작은 반경에서 접어 구부리면 굴곡부는 강도가 저하되고, 또는 균열이 되고 파괴가 될 수 있다. 이와 같은 한계의 범위는 판 두께(Thickness), 굴곡 각도, 재료 및 판재 상태에 따라 달라진다.

4. 굴곡 반경(Radius of Bend)

굴곡 반경은 접어서 구부러진 재료의 안쪽에서 측정한(r)을 말한다.

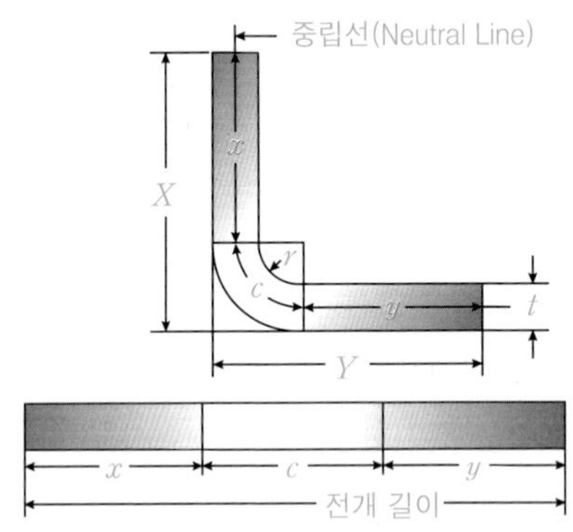

[그림 3-51 굴곡 반경(Radius of Bend)]

5. 판재의 성형점(Mold Point)

판재를 접어서 구부러진 재료의 바깥에서 연장한 직선의 교점을 말한다.

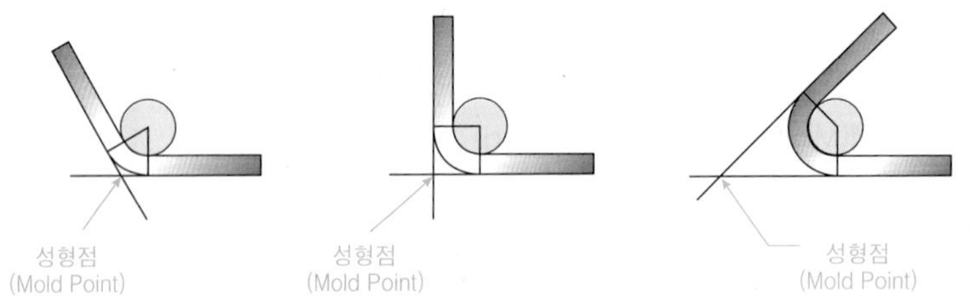

[그림 3-52 판재의 성형 점(Mold Point)]

6. 굴곡 접선(Brnd Tangent Line)

판재의 굴곡이 시작되고 끝나는 선을 말하며, 굴곡 접선으로 둘러싸인 부분은 원호의 일부이고, 검은 부분은 직선이다. 굴곡 접선은 바깥면이 직각이며, 굴곡 반경의 중심을 향한 선이다.

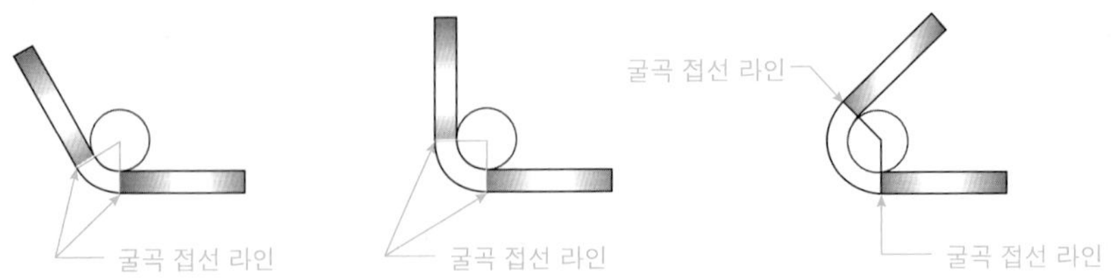

[그림 3-53 굴곡 접선(Brnd Tangent Line)]

7. 굴곡 각도(Angle of Bend)

판재가 원래의 위치에서 접어 구부린 각도, 즉 바깥쪽에서 측정한 각도를 말한다.

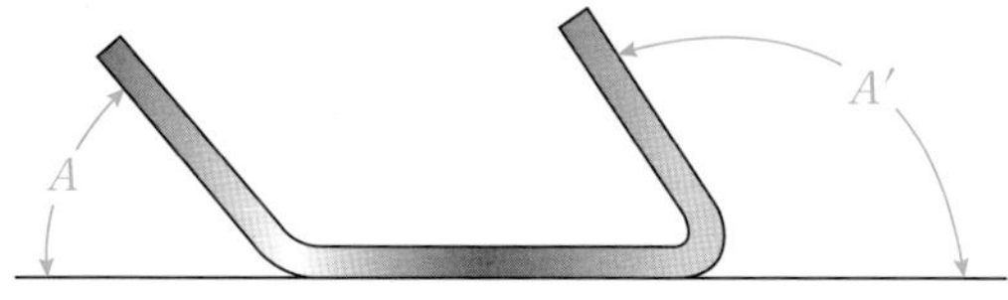

[그림 3-54 굴곡 각도(Angle of Bend)]

2. 항공기 기체의 금속재료의 제작

리벳 작업은 리벳을 이용하여 두 금속 판재를 영구 접합시키는 것을 말하며, 리벳 작업을 올바르게 수행하기 위해서는 접합하여야 할 부재의 치수와 재질을 고려하여 적합한 규격의 리벳을 선정하고, 부재의 요구 강도를 계산하여 리벳을 정확하게 배치한 뒤에 적절한 리벳 작업 절차에 따라 작업을 해야 한다.

1. 항공기에 사용되고 있는 리벳

항공기에 사용되고 있는 리벳은 솔리드 샹크 리벳(Solid Shank Rivet)과 브라인드 리벳(Blind Rivet)이 주로 사용된다. 솔리드 샹크 리벳은 항공기의 구조 부분의 고저용, 수리용에 가장 많이 사용되며, 브라인드 리벳은 솔리드 샹크 리벳이 부적당한 장소, 즉 간격이 제안되어 있는 밀집 장소, 리벳의 후단(Back Side)이 닿지 않고 머리 가공(Upsetting Process)을 할 수 없는 장소, 혹은 큰 부하를 제1의 조건으로 하지 않는 장소에 사용하기 위해 만들어진 것이다.

솔리드 샹크 리벳의 재료는 주로 알루미늄 합금(Al Alloy)이지만, 특수한 경우는 모넬(Monel), 내식강(Corrosion Resistant Steel), 탄소강(Carbon Steel), 내열강을 사용한다.

2. 리벳의 부품 번호(Part Number)

리벳 작업에 사용하는 일반적인 형식은 제작사의 독자적인 규격을 사용하며, 주로 MS 규격을 많이 사용한다. 이것은 부품 판매 회사(Vendor)의 부품 번호를 표시하는 것이 있다. 리벳의 재료와 종류는 항공기 제작 상의 설계에 따르며, 부품 번호의 알파벳 문자, 또는 리벳 헤드 표시에 의해 식별되고 있다.

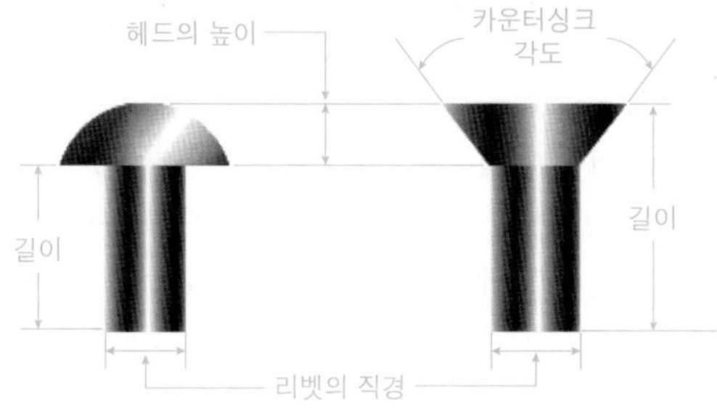

[그림 3-55 리벳의 구조]

MS 20470 A 6 - 6 A
① ② ③ ④ ⑤ ⑥

① 규 격 MS ········· Military Standard
② 머리 형상 ┌ 20426 ········· 100° Countersunk
└ 20470 ········· Universal
③ 재 질 ┌ A ········· 1100
AD ········· 2117
B ········· 5056
D ········· 2017
└ DD ········· 2024
④ 리벳 지름(1/32[in] 단위) 6/32=3/16[in]
⑤ 길 이(1/16[in] 단위) 6/16=3/8[in]
⑥ 표면 처리 ┌ A. 양극처리 MIL-A-9625, Type 2, Class1
C. 화학 피막 처리 MIL-C-5541, Class1A
D. 양극처리 MIL-A-8625, Type 2, Class 1 중크롬산 처리
S. 화학 피막 처리 MIL-C-5541, Class1A
F. 기타 다음의 [참고]를 제외한 것
└ N. 양극처리 MIL-A-8625, Type 2, Class 2

[참고] 1100 ········· 화학 피막 처리
2024 ········· 중크롬산 처리
2017, 2117, 5056 ········· ┌ 화학 피막 처리
양극처리 Type 2, Class 1
중크롬산 처리
양극처리 Type 2, Class 2
└ 처리색은 규정된 것

3. 열처리 리벳(Head Treatment Head)

알루미늄 리벳에서 재료가 2117(AD), 2017(D), 2024(DD)는 제조 시에 용체화 처리 후 자연 시효 경화가 된 T4가 있으며, 시효 경화의 단계로서 24시간에서 90[%] 경화되고, 96시간 내에 완전 경화되는 열처리(Heat Treatment) 리벳이다.

리벳을 사용할 때에는 2017(3/16[inch] 이상) 및 2024의 경우, 너무 굳었기 때문에 그대로 사용하면 균열(Crack)이 발생할 가능성이 있으므로, 반듯이 재 열처리를 하고 사용하여야 한다.

4. 아이스 박스(Ice Box) 리벳

2017(D) 리벳은 경도를 높힌 후 1시간 정도는 연한 성질을 가지고 있지만, 1시간 이상 실온에 방치하면 경화가 진행되어 리벳이 굳어진다. 또한, 2024(DD) 리벳은 경도를 높인 후 연한 상태에서 15분 정도로 리벳이 굳어지므로, 10분 이내에 리벳팅을 완료하는 것이 바람직하다.

5. 리벳의 방식 처리법

리벳의 방식 처리법에는 리벳의 표면에 보호막(Protective Coating)을 사용한다. 이 보호막에는 크롬산 아연(Zine Chromate) 메탈 스프레이(Metal Spray) 양극 처리(Anodized Finish) 등이 있으며, 크롬산 아연

으로 칠한 것은 노란색이며, 메탈 스프레이 한 리벳은 회색(Silver Gray), 양극 처리한 표면은 진주색(Pearl)으로 구별한다.

6. 리벳의 구멍 뚫기

리벳 구멍은 바른 크기와 바른 모양을 지니고 모서리에 찌꺼기가 없는 것이 중요한 일이다. 리벳 구멍이 너무 작으면 리벳을 넣을 때 리벳의 방식막이 걸리며 또 너무 크면 충분한 강도를 갖지 못하므로, 구조에 결함을 일으키게 된다. 리벳과 리벳 구멍의 알맞는 간격은 0.002~0.004[inch]이며, 정확한 크기의 리벳 구멍을 얻는데는 우선 파일럿 홀(Pilot Hole)을 조금 작은 것으로 뚫어놓고, 그 다음 바른 리벳 구멍으로 마무리하는 것이 좋은 방법이다.

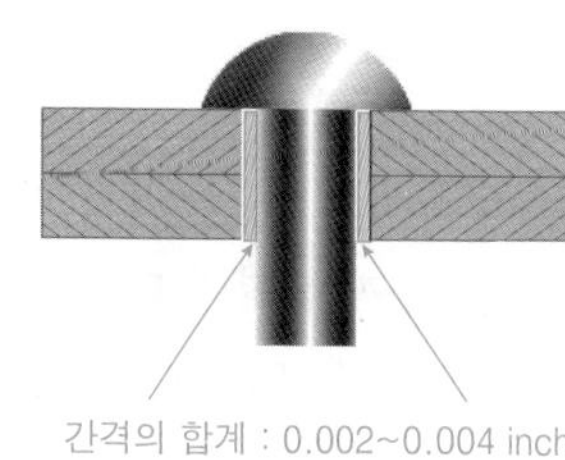

[그림 3-56 리벳 구멍의 간격]

7. 리벳 작업에 사용하는 공구

① 제도용품

일반적인 금속 재료의 제도용품은 금속 재료에 제도 작업을 할 때에는 판재의 손상 및 긁힘에 주의하여야 하며, 제도가 잘 보이도록 적색 색연필 및 제도용 테이프를 사용하여야 한다. 일반적인 제도에는 강철자를 주로 사용하며, 리벳 스페이서(Rivet Spacer)는 리벳 배치를 쉽게하기 위하여 사용한다.

[표 3-2 리벳 구멍의 기준]

리벳의 지름 [inch]	구멍 직경 기준		
	드릴 크기	표 준[inch]	
		최 소	최 대
1/16(0.062)	#51(0.067)	0.062	0.972
3/32(0.093)	#41(0.096)	0.093	0.103
1/8(0.125)	#30(0.128)	0.125	0.135
5/32(0.156)	#21(0.159)	0.156	0.171
3/16(0.187)	#11(0.191)	0.187	0.202
1/4(0.250)	F(0.257)	0.250	0.265
5/16(0.312)	P(0.323)	0.312	0.327
3/8(0.375)	W(0.386)	0.375	0.390

※ F, P, W : 레터 크기, # : 와이어 게이지의 크기

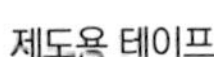
제도용 테이프

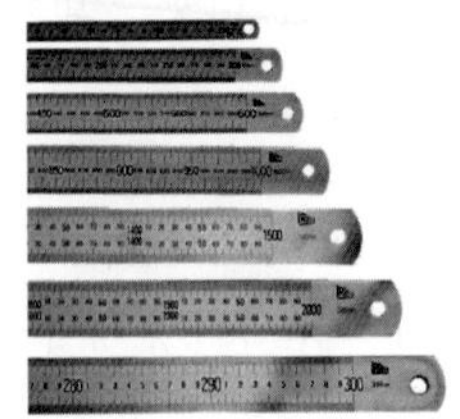
강철 자

리벳 스페이서

[그림 3-57 제도 용품]

② 공기 드릴과 부속 기기

항공기의 리벳 작업에는 공기 드릴(Air Drill)을 사용하고, 공급되는 적정 공기 압력은 90~100[psi]이며, 드릴의 날 끝 각도는 재료의 종류와 두께에 따라 다르지만 주로 118°인 것을 사용한다. 금속 재료의 종류와 두께에 따른 드릴의 날끝 각도이다. 드릴작업을 할 때 리벳과 리벳의 구멍 간격은 0.002 ~ 0.004 [inch] 정도가 적당하며, 드릴 작업 후에는 반드시 버(Burr)를 제거해야 한다.

드릴 작업에는 드릴 부싱(Drill Bushing), 드릴 스톱(Drill Stop), 드릴 가이드(Drill Guide) 등의 부속 기기가 사용된다.

㉠ 드릴 부싱 : 부재의 두께가 두꺼운 부재를 수직으로 정확하게 드릴 작업을 위해 사용한다.

㉡ 드릴 스톱 : 드릴 작업할 때 판재에 긁힘 또는 무리한 충격을 방지하기 위해 사용한다. 드릴 스톱은 드릴의 크기를 쉽게 구별하기 위하여 색상을 사용하는데, 이때 사용되는 색상은 드릴 가이드는 원통형 부재에 드릴 작업을 위해 사용한다.

공기 드릴

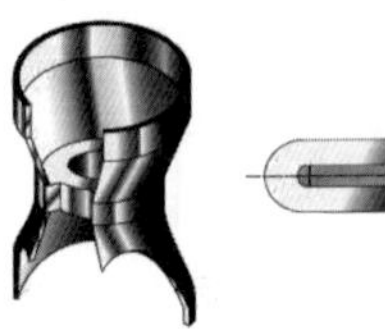
드릴 부싱

드릴 스톱

[그림 3-58 제도용 공구]

[표 3-3 금속 재료의 종류와 두께에 따른 드릴의 날 끝 각도]

금속의종류	날 끝 각도	금속의종류	날 끝 각도	금속의종류	날 끝 각도
일반 재질	118°	구리 계열	118°~125°	복합 재료	90°~118°
강(Steel)	118°	알루미늄	90°	스테인리스강	140°

[표 3-4 드릴 스톱 및 시트 파스너의 색상별 종류]

색상	드릴 지름	색상	드릴 지름
은색	$2.4[\mathrm{mm}](\frac{3}{32}[\mathrm{in}])$	구리색	$3.2[\mathrm{mm}](\frac{1}{8}[\mathrm{in}])$
흑색	$4.0[\mathrm{mm}](\frac{5}{32}[\mathrm{in}])$	황색	$4.8[\mathrm{mm}](\frac{3}{16}[\mathrm{in}])$

③ 시트 파스너와 시트 파스너 플라이어

시트 파스너(Sheet Fastener)는 판재를 겹쳐 놓고 구멍을 뚫을 경우에 판재가 서로 어긋나지 않도록 하거나 판재를 임시로 고정시키는 역할을 한다. 시트 파스너의 종류는 시트 파스너는 사용되는 지름에 따라 쉽게 구별하기 위해서 드릴 스톱과 같이 크기를 색상으로 표시한다.

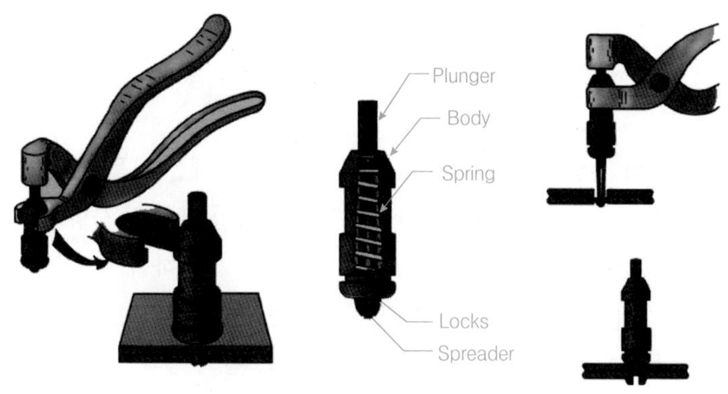

[그림 3-59 클레코(Cleco) 파스너(Fastener)]

④ 리벳 건과 부속 기기

리벳 건(Rivet Gun)은 압축 공기를 사용하여 리벳 머리를 형성하는데 사용한다. 공급되는 적정 공기 압력은 90~100[psi]이며, 리벳 건의 구조는 몸체, 압력 조절기, 리벳 세트로 구성되고, 리벳 세트의 종류는 솔리드 리벳의 모양에 따라 구분된다. 리벳 건의 종류는 리벳 건의 피스톤이 움직이는 행정 길이에 따라 구분할 수 있다. 리벳 건의 종류를 나타낸 것이다. 버킹 바는 리벳의 머리를 성형하기 위해 리벳 생크 끝에 받치는 공구로, 벅테일(Bucktail)을 형성한다.

리벳 건　　　리벳 세트　　　버킹 바

[그림 3-60 리벳 건과 부속 기기]

⑤ 카운터 싱크(Countersink)

ⓐ 카운터 싱킹(counter sinking)

카운터 싱크에 사용하는 커터(Cutter)는 파일럿 핀(Pilot Pin)이 붙은 것을 사용하는 것이 좋다. 만약 파일럿 핀이 없다면 카운터 싱크가 한쪽으로 치우치게 된다. 카운터 싱크을 장착하기 위하여 접시머리 리벳이 판재에 평편하게 맞닿는 부분을 가공하는 작업은, 마이크로 스톱(Micro Stop) 공구를 사용하여 가공한다.

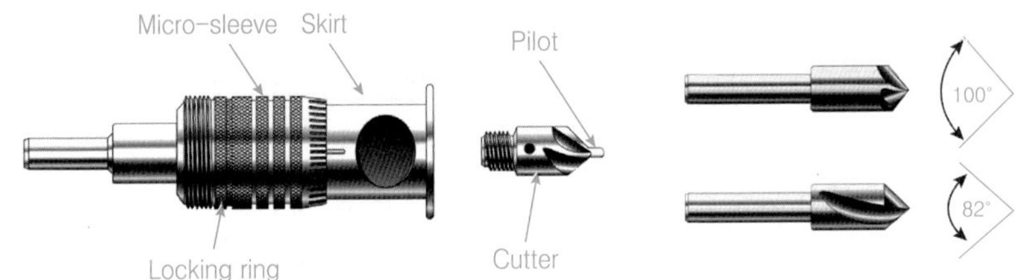

[그림 3-61 카운터 싱크]

⑥ 딤플링(Dimpling)

얇은 판 때문에 카운터 싱킹 한계(0.040[inch] 이하)를 넘을 때는 딤플링을 만드는 방법으로 하나의 펀치와 버킹 바(Bucking Bar)를 사용하여야 하며, 딤플링 작업 시 주의 사항으로, 7000 시리즈의 알루미늄 합금, 마그네슘 합금, 그 외 티타늄 합금은 홈 딤플링을 적용하여야 한다. 그렇지 않으면 균열을 일으킬 수 있다. 판을 2개 이상 겹쳐서 동시에 딤플링하는 방법은 가능한 삼가하여야 하고 반대 방향으로 다시 딤블링을 하여서는 안된다. 제작 부품과 같은 재료, 판 두께의 시험판(Test Strip)에 딤플링을 행하고 균열의 발생이나 다른 카운터 싱킹과의 일치 여부를 확인한다.

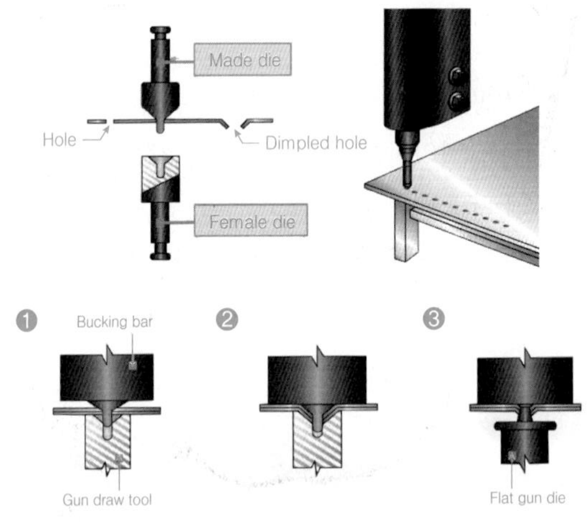

[그림 3-62 딤플링(Dimpling)]

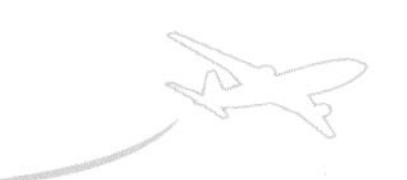

⑦ 기타 공구

리벳 제거기(Rivet Removal)는 잘못된 리벳을 제거하기 위하여 사용하며, 리벳 커터(Rivet Cutter)는 리벳길이가 길어서 여분의 리벳 섕크를 제거할 때에 사용한다.

[그림 3-63 리벳제거기]

[그림 3-64 마이크로스톱]

[그림 3-65 리벳 커터 와 리브 너트 삽입기]

⑧ 리벳의 치수 결정

리벳의 지름과 길이는 보통 리벳은 여러 가지의 지름과 길이가 사용되므로, 적당한 리벳을 선택하여 사용하는 것이 중요하다. 일반적으로 솔리드 섕크 리벳의 치수 결정 및 리벳 작업 후의 리벳의 크기는 다음과 같이 결정된다.

ⓐ 리벳의 지름(D) 선택은 결합되는 판재 중에서 가장 두꺼운 판재 두께(T)의 3배로 선택한다.
  예를 들어, 두께가 1[mm]인 판재 두 장을 작업할 때에 리벳의 지름은 3[mm]가 된다.

ⓑ 리벳의 길이 선택은 리벳의 길이=결합되는 판재의 전체 두께+1.5D

ⓒ 리벳 작업 후 벅테일의 최소 지름은 리벳 지름의 1.5배(1.5D)이다.

ⓓ 리벳 작업 후 벅테일의 높이는 리벳 지름의 0.5배(0.5D)이다.

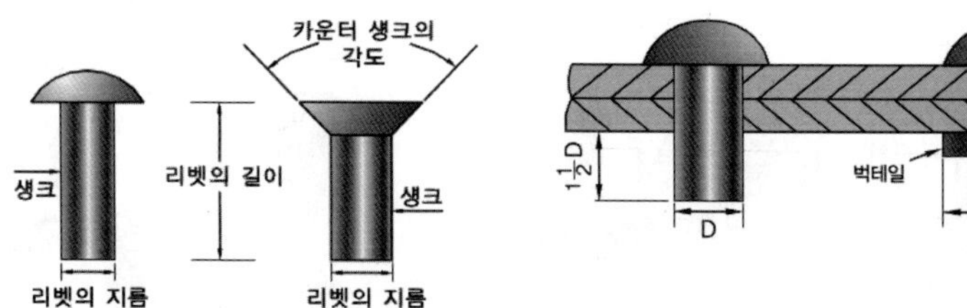

[그림 3-66 리벳의 각부 명칭]

[그림 3-67 리벳의 크기 선택 및 작업 후 크기]

⑨ 리벳의 배열

ⓐ 연거리

연거리(Edge Distance)는 판재의 가장자리에서 첫 번째 리벳 구멍 중심까지 거리를 말하며, 리벳 지름의 2~4배(접시머리는 2.5~4배)가 적당하다.

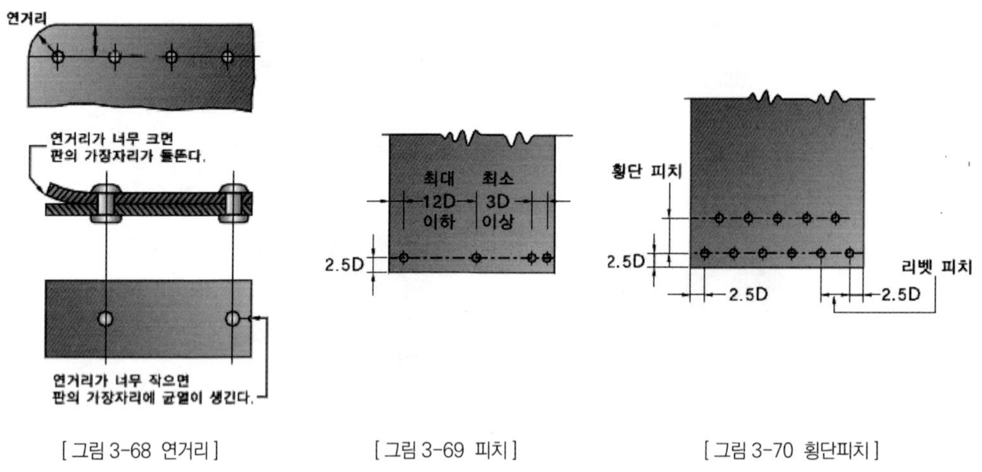

[그림 3-68 연거리] [그림 3-69 피치] [그림 3-70 횡단피치]

ⓑ 피치

리벳의 피치(Pitch)는 같은 리벳 열에서 인접한 리벳 중심 간의 거리를 말한다. 리벳의 피치는 3D 이상 12D 이하이어야 하지만, 6~8D가 적당하다.

ⓒ횡단 피치

횡단 피치(Transverse Pitch)는 리벳 열 간의 거리를 말한다. 보통 횡단 피치는 리벳 피치의 75[%] 이상 100[%] 이하가 적당하다.

⑩ 리벳의 장착 방법

리벳팅 작업은 핸드 리벳 팅(Hand Rivetiong), 뉴메틱 해머(Pneumatic Hammer), 리벳 스퀴저(Rivet Squeezer)에 의한 방법이 있으며, 어떠한 경우도 드리본 리벳(Driven Rivet)은 한도 내에서 사용할 필요도 있다.

[그림 3-71 리벳의 장착 방법]

ⓐ 핸드 리벳팅(Hand Riveting) 방법

해머를 이용하여 리벳 작업을 하는 방법으로, 직접 리벳 섕크 끝 부분을 두드려서하는 방법과 펀치를 사용하여 리벳 작업을 하는 방법이다.

ⓑ 뉴메틱 해머(Pneumatic Hammer)를 이용한 방법

리벳에 맞는 버킹 바의 면을 가능한 한 직각이 되도록 대고 힘의 방향은 버킹바와 압축된 공기를 이용하여 리벳 건으로 작업하는 방법이다.

ⓒ 리벳 스퀴저(Rivet Squeezer)를 이용한 방법

리벳 스퀴저(Rivet Squeezer)는 타격에 의한 방법과는 달리 압력을 가해서 리벳 작업을 하는 방법으로, 일반적으로 구조물의 간섭에 의하여 공기 해머 사용이 곤란할 경우에 주로 사용한다. 이 작업은 벅테일을 일정하게 하거나 균형 있게 만드는 장점을 가지고 있다.

⑪ 리벳 제거 방법

리벳을 제거하여 다른 리벳으로 교환하고자 할 때에는 원래의 리벳 구멍의 지름과 모양을 보존하여야 하며, 교환되는 리벳의 지름이 크지 않도록 주의하여야 한다.

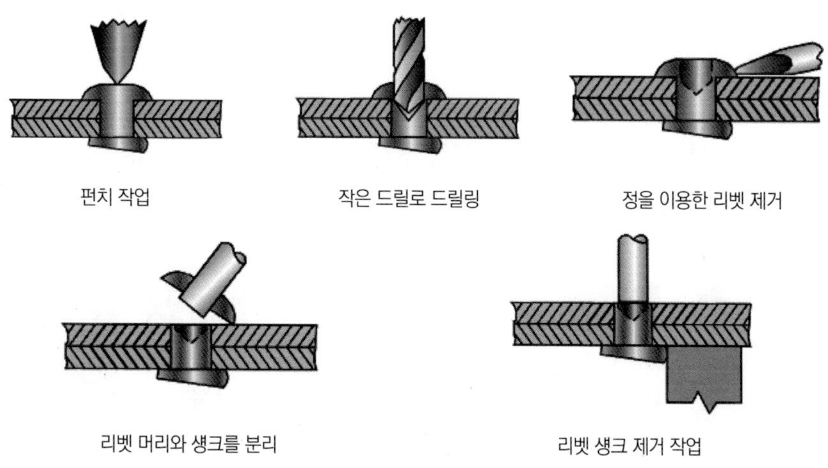

[그림 3-72 리벳의 제거 작업]

ⓐ 제거할 리벳 머리를 줄로 평편하게 줄질한다.

ⓑ 리벳 머리 중심에 펀치 작업을 한다.

ⓒ 평편하게 줄질된 리벳머리 중심에 드릴 작업을 한다.

이때, 제거용 드릴 날은 리벳 지름보다 0.8[mm](1/32[in]) 작은 것을 선택한다.

ⓓ 리벳 머리를 핀 펀치로 제거한다.

ⓔ 섕크 부분에 핀 펀치를 대고 해머로 두들겨 리벳 섕크를 제거한다.

3. 금속 재료의 수리

1. 판금 구조재의 수리

금속제 항공기의 기체구조는 대부분 판금 구조재로 이루어져 있기 때문에 구조재의 손상이 발생하였을 경우에는 판금 수리가 가능하다. 다만, 적법한 감항성을 갖추기 위해 모든 수리작업은 본래의 구조 강도유지, 본래의 윤곽 유지, 중량의 최소화, 목적과 기능 유지, 부식에 대한보호 등과 같은 구조 수리의 원칙을 지켜야 한다. 그리고 균열에 대해서는 항상 정지 구멍(Stop Hole)을 뚫어 더 이상 균열이 진행되지 않도록 조치한 뒤에 수리 작업을 하여야 한다.

① 외피 수리

항공기 외피 수리(Smooth Skin Repair)란, 항공기 구조 부분에는 손상이 없고, 외피(Smooth Skin)에만 파손되었을 경우, 손상된 외피 안쪽 또는 바깥쪽에 패치(Patch)를 대고 리벳작업을 이용하여 수리하는 것이다. 패치를 안쪽에 대고 수리 작업을 할 경우에는 손상된 부분을 잘 낸 곳에 필러 플러그(Filler Plug)를 대고 고정한 다음 외피 표면을 매끈하게 하여야 한다. 패치를 바깥쪽에 대고 수리 작업을 할 경우에는 플러그를 넣지 않고 패치의 가장자리를 완만하게 갈아야 한다. 주로 8각 패치(Elongated Octagonal Patch)와 원형 패치(Round Patch)를 붙여 수리하는 방법이 사용되고 있다.

ⓐ 8각 패치 수리 방법

8각 패치를 이용한 수리 방법은 응력(Stress)의 작용 방향을 확실히 아는 경우에 사용하며, 패치의 중심에서 바깥쪽을 향하여 리벳의 수를 감소시켜서 위험한 응력 집중(Stress Concentration)의 위험성을 피할 수 있다.

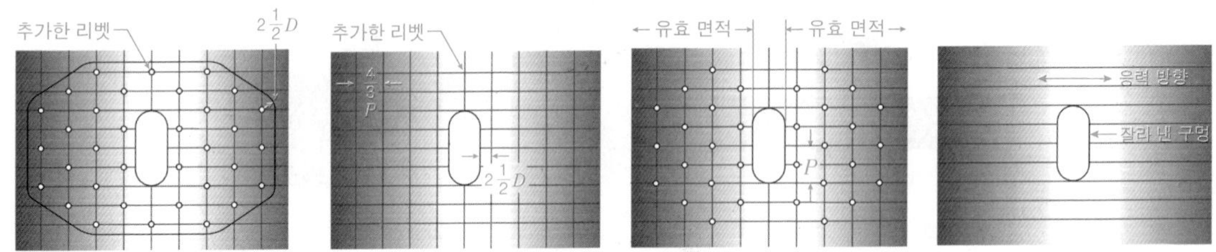

[그림 3-73 팔각패치 수리 방법]

㉠ 손상된 부분을 잘라 내고, 손상된 부분을 중심으로 응력 방향과 평행하도록 사용할 리벳 지름의 3~4배 간격으로 선을 긋는다.

㉡ 수직으로 잘라 낸 부분으로부터 2D위치에서 리벳 피치와 같은 간격으로 수직선을 긋고, 남은 수직선은 리벳 피치(Rivet Pitch)의 75[%](3/4P) 간격으로 그린다.

㉢ 잘라 낸 부분의 양측에 계산을 통해 얻은 리벳 수를 응력 방향에 수직인 선상에 1개 걸어 같은 열의 리벳 피치가 6~8D가 되도록 하고, 리벳 열의 사이가 교차되도록 리벳의 위치를 정해간다.

㉣ 가장 밖에 있는 리벳 점(Rivet Point)으로부터 21/2 D의 위치에 선을 이으면 8각 패치의 외곽선이 된다.

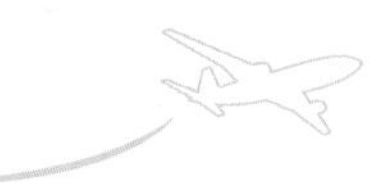

ⓑ 원형 패치 수리 방법

원형 패치 수리 방법은 손상 부분이 작고, 응력의 방향을 확실히 알 수 없는 경우에 사용하는 방법으로, 리벳의 배치에 따라 2열 배치 방법과 3열 배치 방법으로 나누어진다.

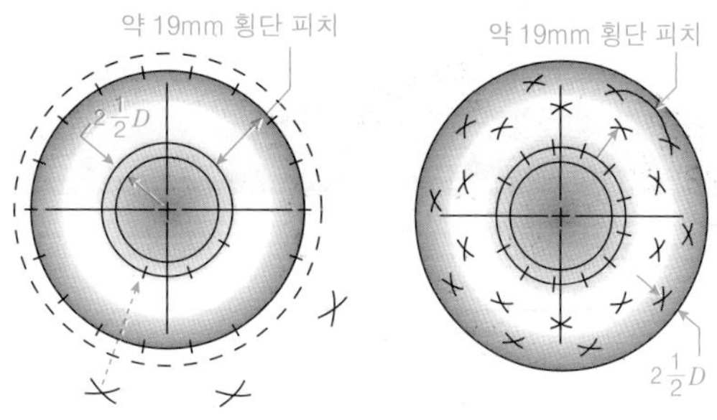

[그림 3-74 원형 패치 수리 방법]

㉠ 2열 배치 방법 우선 손상된 부분을 원형으로 잘라 낸 뒤 잘라낸 끝에서부터 2와 1/2 D가 되도록 중심점을 원점으로 하여 더 큰 원을 그린다.

㉡ 큰 원의 반지름에 19[mm](3/4[in])를 더하여 원을 그리고, 이 원주에 리벳 공식에 의해 구한 리벳 수의 2/3개를 등분하여 배치하고, 나머지 1/3은 안쪽에 그린 원주에 바깥 원의 리벳 점과 엇갈리게 배치한다.

㉢ 바깥 원의 반지름에 2와 1/2 D를 더한 원을 그리면 패치의 외곽선이 된다.

ⓒ 3열 배치 방법

3열 배치 방법은 리벳의 전체 수가 최소 리벳 피치(Minimum Rivet Pitch)의 한계를 넘을 만큼 많을 때 사용하는 방법으로서, 수리 방법은 다음과 같다.

㉠ 우선 2열 배치 방법과 같이 손상된 부분을 원형으로 잘라 낸 뒤에 잘라 낸 끝에서부터 2와 1/2 D가 되도록 중심점을 원점으로 하여 더 큰 원을 그린 다음, 이 원주를 전체 리벳 수의 1/3개로 등분한다. 이 점들이 안에 있는 원에 배치할 리벳 점들이다.

㉡ 이 점들 중 인근에 있는 두 점으로부터 반지름 19[mm](3/4[in])되도록 원호를 그린다. 이 원호의 교차점들이 둘째 열의 리벳 점들이 된다.

㉢ 둘째 열의 인근 리벳 점들로부터 반지름 19[mm](3/4[in])되도록 원호를 그린다. 이 원호의 교차점들이 셋째 열의 리벳 점들이 된다.

㉣ 바깥 원의 반지름에 2와 1/2 D를 더한 원을 그리면 패치의 외곽선이 된다.

② 스트링어(Stringer) 수리

스트링어가 절단되어 수리를 할 때에는 스트링어 보강 방식을 결정하되, 보강하는 재료의 단면적이 스트링어의 단면적보다 작아서는 안 된다.

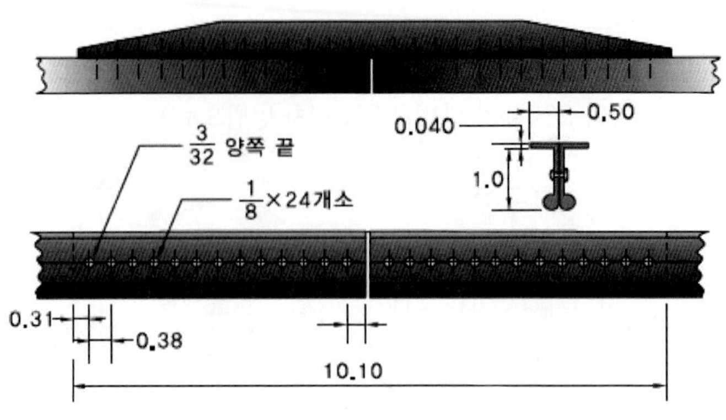

[그림 3-75 스트링어 수리 방법]

③ 날개 보의 수리

날개 보는 항공기의 1차 구조 부재이므로 매우 중요하다. 날개 보의 수리는 항공기 제작 회사에서 추천하는 수리 방법을 적용하거나, 항공 규정 또는 정비 지침서에 따라 수리 작업이 이루어져야 한다.

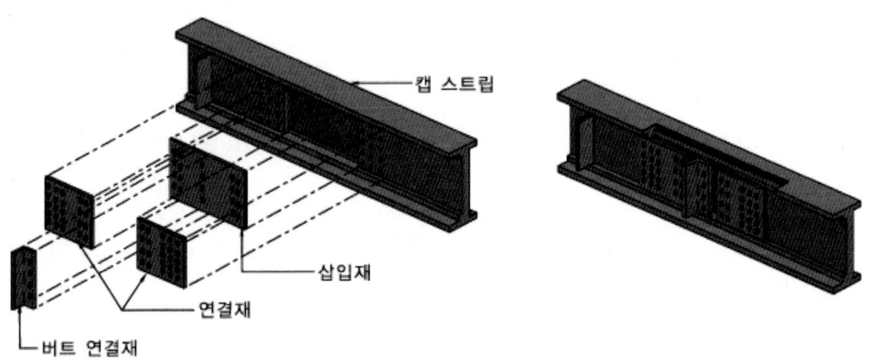

[그림 3-76 날개 보 수리 방법]

4. 항공기의 표면 처리

항공기가 장기간 운항으로 인하여 발생하는 대기 중의 먼지와 수분 및 여러 가지 이물질로 인하여 오염되며, 이러한 오염 물질은 항공기의 성능뿐만 아니라 고장을 유발시키고, 심지어 부식 현상까지 일으킨다. 또, 부식 부분을 드러나게 하지 않을 뿐만 아니라 각종 기구의 결함을 유발시키기도 한다.

이러한 현상을 사전에 방지하기 위한 항공기 세척의 필요성은, 항공기를 도장(Painting)하고, 실링(Sealing)과 도금(Plating)을 통하여 화학 피막처리 등의 정비작업을 실시하여 운항 중에 생기는 부식의 현상을 최소화하는데 목적이 있다. 다시 말해서 부식을 방지하고, 미관 확보 등을 목적으로 기체 또는 부품의 표면에 달라붙어 있는 오물을 제거하여 깨끗한 상태로 만드는 작업이다. 일반적으로 항공기 정비 분야의 한 부분인 기체의 세척에는 외부 세척과 내부 세척이 있다.

1. 외부 세척

항공기의 외부를 세척하는 방법으로는 습식 세척, 건식 세척, 광택 내기 등이 있다.

① 습식 세척(Wet Wash)

오일, 그리스, 탄소 퇴적물 등과 같은 모든 오물 제거에 사용되는데, 세척 방법은 먼저 기체표면에 물을 뿌린 뒤, 세제를 분무기로 뿌리거나 걸레 등을 이용하여 바르고, 고압으로 분출되는 물로 씻어 낸다. 습식 세척제로는 알칼리 세제나 유화 세제가 사용된다.

② 건식 세척(Dry Wash)

액체의 사용이 적합하지 않을 경우에 사용되며, 기체 표피의 먼지나 흙, 오물 등의 작은 축척물을 제거하는 데 사용하며, 세척 방법으로는 건식 세척제를 분무기나 걸레 또는 헝겊 등으로 바른 다음, 깨끗한 마른 헝겊으로 문질러 닦는다.

③ 광택 내기(Polishing)

보통 항공기 기체 표면을 먼저 세척한 다음에 실시하는 작업으로, 산화 피막 이나 부식을 제거하는 데에 필요하며, 사용되는 재료는 그 광택 작업의 종류와 연마할 재질에 따라 다르다. 페인트 부분에는 광택용 왁스를 사용하고, 페인트가 안 된 부분에는 광택제로 광을 낸다.

2. 내부 세척

항공기 내부를 청결하게 유지하는 것은 깨끗한 외부 표면을 유지하는 것과 같이 매우 중요하다. 내부의 구석진 곳은 세척하기가 어렵기 때문에 소홀히 할 수 있으며, 심한 경우에는 내부 구조가 부식될 수가 있으므로 철저히 세척하여야 한다.

3. 세제 종류

① 솔벤트 세제

항공기에 사용되는 솔벤트 세제(Solvent Cleaners)는 40[℃](105[℉]) 보다 높은 인화점을 가진 것이어야 하며, 다음과 같은 종류가 있다.

Ⓐ 건식 세척 솔벤트(Dry Cleaning Solvent)

건식 세척 솔벤트는 케로신(Kerosine, 등유)보다 좋지만, 표면의 페인트 피막과 접촉되어 증발한 부분에 가벼운 흔적을 남긴다. 항공기의 세척에 사용되는 가장 일반적인 세척제는 석유 솔벤트로, 인화점은 40[℃](105[℉]) 보다 약간 높다.

ⓑ 지방족 나프타(Aliphatic Naphtha)

페인트칠을 하기 직전에 표면을 세척하는데 사용된다. 이것은 아크릴과 고무 제품을 세척하는데도 사용되지만, 26.7[℃](80[℉])에서 인화되므로 주의하여 사용해야 한다. 그리고 방향족 나프타(Aromatic Naphtha)는 인체에 해로우며, 아크릴과 고무 제품을 손상시키므로 지시에 따라 사용하여야 한다.

ⓒ 안전 솔벤트(Safety Solvent)

메틸 클로로포름(Methyl Chloroform)을 말하며, 이는 일반 세척과 그리스 세척에 주로 사용된다. 장시간 사용하면 피부염을 일으킬 수 있으므로 주의하여서 사용해야 한다.

ⓓ 메틸에틸케톤(MEK : Methylethylketone)

금속 표면에 사용하는 솔벤트 세척제로, 좁은 면적의 페인트를 벗기는데 사용된다. 이는 약 − 4.4[℃](24[℉])의 인화점을 가진, 매우 휘발성이 강한 세척제이기 때문에 극히 제한적으로 사용된다. 호흡을 할 때에 인체에 매우 해로우므로, 안전에 특히 주의하여야 한다.

ⓔ 케로신(Kerosine)

단단한 방부 페인트를 유연하게 하기 위하여 솔벤트 유화 세척제와 혼합하여 일반 세척용으로 사용한다. 이 세척제를 사용할 때에는 다른 종류의 보호제와 함께 바르거나 씻는 작업이 뒤따라야 하며, 건식 세척 솔벤트와 같이 빨리 증발하지는 않으나, 세척된 표면상에 식별할 수 있는 막을 남기며, 이때에 생긴 피막은 안전 솔벤트, 수·유화 세척제 또는 청정제 혼합물을 이용하여 제거해 주어야 한다.

② 유화 세제(Emulsion Cleaners)

에멀션으로 된 세제를 말하는데, 에멀션이란 액체 속에 다른 액체가 미립자로 분산된 것으로, 유화 상태에 있는 액체를 말한다.

ⓐ 수·유화 세제(Water–Emulsion Cleaners)

항공기의 표면 세척에 사용되며, 아크릴 및 형광 도료로 칠해진 표면의 세척에도 적합하며 수·유화 세척제를 사용할 때에는 표본 검사를 실시한 뒤에 사용하여야 한다.

ⓑ 솔벤트·유화 세제(Solvent–Emulsion Cleaners)

탄소, 그리스, 오일 및 타르(Tar)와 같은 것에 의한 심한 오염을 제거하는 데에 사용되며 고무, 플라스틱 및 그 밖의 비금속 재료 가까이에서는 주의해서 사용하여야 한다.

③ 비누와 청정 세제

이 세제는 부드러운 세척용 물질로 항공기의 표면 세척용 세제이며, 먼지, 오일 및 그리스를 제거하기 위한 항공기 표면 세척에 사용된다.

[표 3-5 항공기용 세제의 규격과 용도]

세제 규격	용 도
복합 세제(MIR–C–25769) 증기 복합 세제(P–C–437)	기체, 배기 노즐, 배기부 항공기 부품의 세척
알칼리형 세제(P–C–436)	타르의 제거
강력 알칼리 세제(MIL–R–7751)	강철, 마그네슘, 알루미늄 부품에 부착된 페인트, 니스, 그리스 등의 제거
복합 탄소 제거(MIL–C–19853)	기관 부품에 탄소 찌꺼기의 제거
플라스틱 연마제형 세제 Ⅰ(MIL–C–18767)	투명한 플라스틱의 세척
건식 세척 솔벤트형 세제 Ⅰ 및 Ⅱ(P–D–680)	내식성 콤파운드와 오일의 제거

2 항공기 정비 작업

1. 볼트(Bolt) 및 너트(Nut)

항공기용 볼트는 형상, 재질, 종류별로 분류되어야 하며, 보트는 매우 큰 하중(인장, 전단)을 받는 부분에 사용한다. 즉, 큰 하중을 받는 부분을 반복해서 분해, 조립 할 필요가 있는 곳이나 또는 리벳이나 용접을 할 수 없는 곳에 사용한다.

1. 볼트의 취급 방법

볼트는 사용되는 장소에 따라서 강도, 내식, 내열에 적합한 지정된 번호의 볼트를 사용하여야 하며, 일반적으로는 알루미늄 합금부에는 알루미늄 합금의 와셔 및 볼트를 사용하며, 강 재료에는 강으로 된 와셔 및 볼트를 사용한다. 또 높은 토큐에는 알루미늄 합금이나 강의 조임부에 상관없이 강으로 된 와셔와 볼트를 사용한다.

알루미늄 합금부에 강 볼트를 사용할 때는 부식 방지를 위해 카드뮴 도금된 볼트를 사용한다.(이질 금속의 접촉은 부식의 원인이 된다)

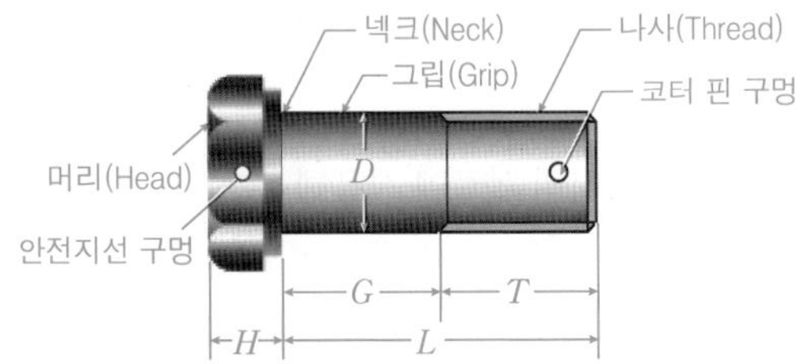

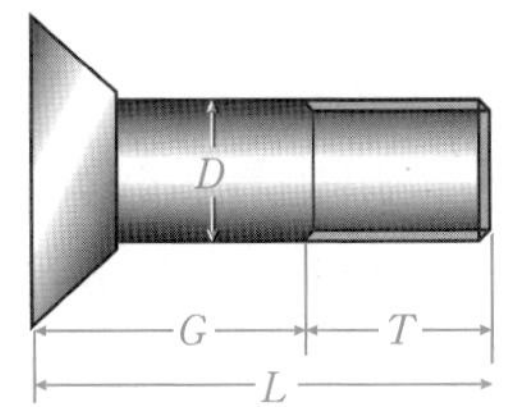

① 볼트 길이의 결정

부재의 두께와 같거나 약간 길어야 한다. 그립 길이의 미세한 조정은 와셔의 삽입으로써 가능하다. 이 경우는 한쪽 2장, 양쪽 3장까지가 최대이며, 그 이상에서는 볼트를 교환해야 한다. 특히, 전단력이 걸리는 부재(쉐어 볼트)에서는 나사산이 하나라도 부재에 걸려서는 안 된다.

② 볼트를 장착하는 방향

일반적으로 너트가 떨어져도 볼트가 빠지지 않도록 앞쪽에서 뒤로, 위에서 아래로, 안쪽에서 바깥쪽을 향해 장착해야한다. 그러나 구조용 이외의 유압, 전기 계통 등의 클램프의 장착 볼트는 지정이 없는 한 어디를 향해도 좋다.

2. 너트의 취급 방법

너트(Nut) 일반적으로 항공기용 너트는 여러가지 모양과 치수가 있으며 볼트와 같이 그위에 식별 기호나 문자가 있는 것이 적으므로, 일반적으로는 금속 특유의 광택, 내부에 삽입된 화이버(Fiber) 또는 나일론의 색 혹은 구조 및 나사 등으로 식별한다.

① 너트의 형상

항공기용 Nut는 여러 가지 모양과 치수가 있으며 Bolt와 같이 그 위에 식별기호나 문자가 있는 것이 적으므로, 일반적으로는 금속 특유의 광택, 내부에 삽입된 Fiber 또는 Nylon의 색 혹은 구조 및 나사 등으로 식별한다.

② 너트의 취급 방법

사용되는 장소에 따라 강도, 내식, 내열에 적합한 지정된 부품 번호의 너트를 사용하여야 한다. 자동 고정 너트는 다음과 같은 장소에서 사용하면 안 된다.

① 자동 고정 너트가 느슨하여 볼트의 결손이 비행의 안전성에 영향을 끼치는 곳
② 풀리, 벨 크랭크, 레버, 링케이지, 힌지 핀, 캠, 롤러 등과 같이 회전력을 받는 곳
③ 볼트, 너트가 느슨해져 기관 흡입구 내에 떨어질 우려가 있는 곳
④ 비행 전 · 후 정기적인 정비를 위하여 수시로 열고 닫는 점검창, 도어 등
⑤ 자동 고정 너트를 볼트에 장착하였을 때는 볼트 끝 부분의 나사산이 너트면보다 2개 이상 나와 있어야 한다.
⑥ 자동 고정 너트는 가공하지 말아야 한다.
⑦ 카드뮴 도금된 자동 고정 너트는 티탄이나 티탄 합금의 볼트 및 스크루에 사용해서는 안 된다.

③ 너트의 장착 방법

① 자동 고정 너트를 코터 핀 구멍이 있는 지름 이하의 볼트에 사용해서는 안 된다.
② 자동 고정 너트를 이용하여 토크를 걸 때에는 규정 토크값에 고정 토크값을 더한 값을 사용하여야 한다.

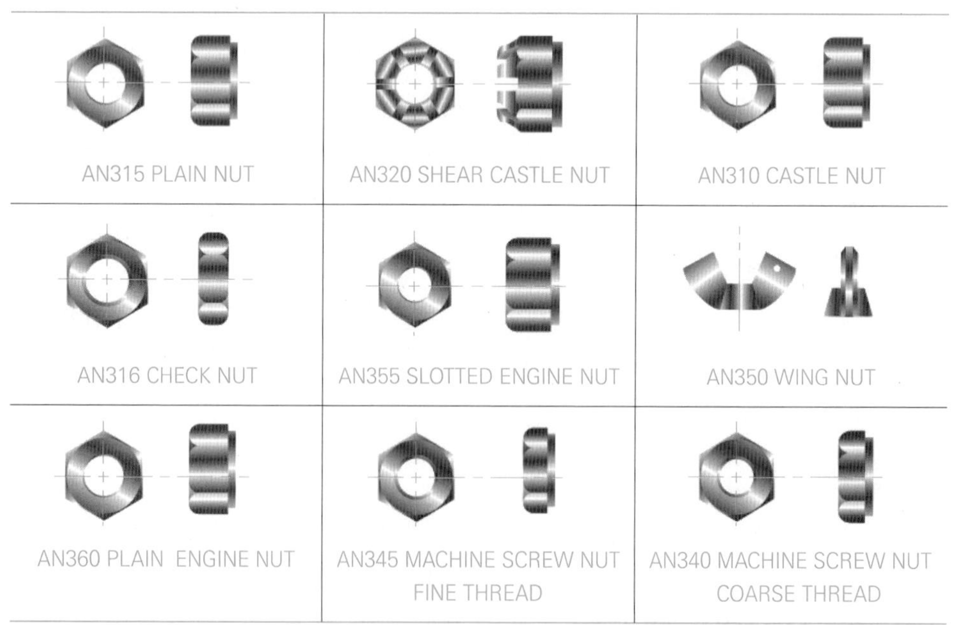

[그림 3-77 너트의 종류]

2. 토크 렌치를 이용한 체결 작업

항공기는 비행 중이나 이 · 착륙을 할 때에 심한 진동이나 급격한 온도변화를 받을 뿐만 아니라, 최근 들어 항공기의 속도가 점점 개선됨으로 인해 부품의 결합에 사용되는 볼트, 너트, 스크루 등의 조임 정도가 매우 중요하게 되었다. 조임 정도가 느슨하게 되면 체결 부품의 피로(Fatigue) 현상을 촉진시키거나 체결 부품에 마모를 초래하게 되고, 반대로 조임 정도가 과하면 체결 부품에 큰 하중이 걸려 나사를 손상시키거나 볼트가 절단이 되게 된다. 그러므로 이와 같은 현상을 방지하기 위해서는 각각의 체결 부품의 토크 값은 정비 지침서에 나와 있는 값에 따라야 한다.

1. 토크 렌치의 종류

체결 부품에 정확한 토크 값을 주기 위하여 사용하는 공구를 토크 렌치라고 한다.

① 빔식 토크 렌치(Beam Type Torque Wrench)

핸들 부분에 눈금이 새겨진 눈금판이 있으며, 토크가 걸리면 레버가 휘어져 지시 바늘의 끝이 토크의 양을 지시하도록 되어 있다.

토크 렌치를 당기면서 조인다.

목표 토크값까지 당긴다.

[그림 3-78 빔식 토크 렌치 사용법]

② 다이얼식 토크 렌치

토크가 걸리면 다이얼에 토크의 양이 지시되도록 되어 있다.

ⓐ 지시계 테두리를 손으로 돌려 기준 바늘(노란색)을 in-lbs 눈금의 0점에 일치시킨다.

ⓑ 지시 바늘(하늘색)을 그림처럼 돌려 바늘 2개를 0점에 일치시킨다.

ⓒ 바늘 2개를 0점에 일치시킨 것이다.

ⓓ 목표 토크 값까지 회전시키고, 토크 렌치를 물체에서 떼어 낸다. 이때, 지시바늘은 토크 값을 가리키고, 기준 바늘은 0점으로 돌아간다.

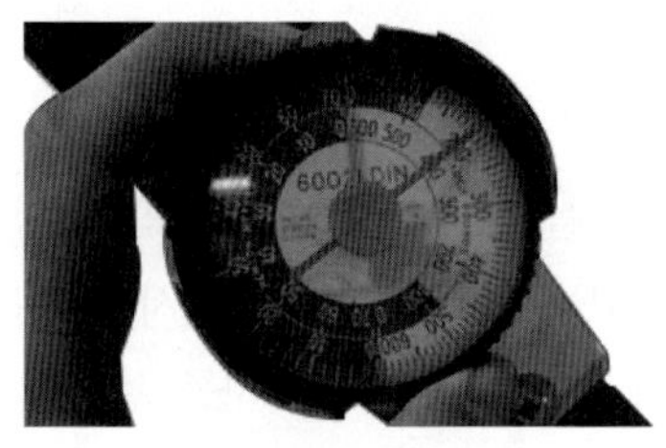

ⓐ 바늘을 0점에 일치

ⓑ 지시 바늘을 0점에 일치

ⓒ 기준 바늘과 지시 바늘의 일치

ⓓ 지시 바늘이 지정 토크값에 일치

[그림 3-79 다이얼식 토크 렌치 사용법]

③ 제한식 토크 렌치

제한식 토크 렌치(Limit Type Torque Wrench)는 다이얼이 지시하는 토크값을 볼 수 없는 장소에서 볼트와 너트를 죌 때에 사용되는데, 가볍고 사용하기 편리한 장점이 있다. 토크 값은 마이크로미터와 같이 눈금으로 조정하도록 되어 있으며, 규정된 토크 값이 걸리면 소리가 나도록 되어 있다.

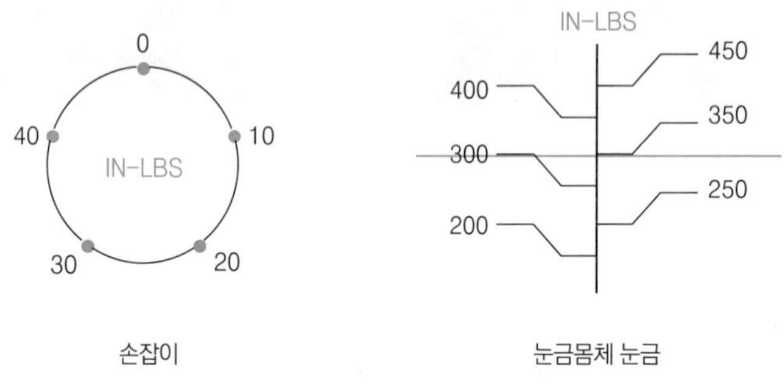

[그림 3-80 제한식 토크 렌치 눈금 읽는 법]

④ 프리셋 토크 드라이버(Free Set Torque Driver)

작은 볼트와 너트 또는 스크루를 죌 때에 사용되며, 구조와 작동 방법은 제한식 토크 렌치와 같다.

2. 토크 값의 계산

토크 렌치에 연장 바(Extension Bar)나 어댑터(Adapter)를 사용할 경우, 눈금에 나오는 수치는 수정된 토크 값으로 해야 한다.

- T : 필요한 토크 값
- T' : 토크 렌치 눈금에 표시되는 토크 값
- A : 토크 렌치의 유효길이
- B : 토크 렌치의 유효길이와 연장 공구의 유효길이의 합

Basic formula $F \times L = T$
F=Applied force
L=Lever length between centerline of drive and centerlir of applied force(F must be 90 degrees to L)
T=Torque

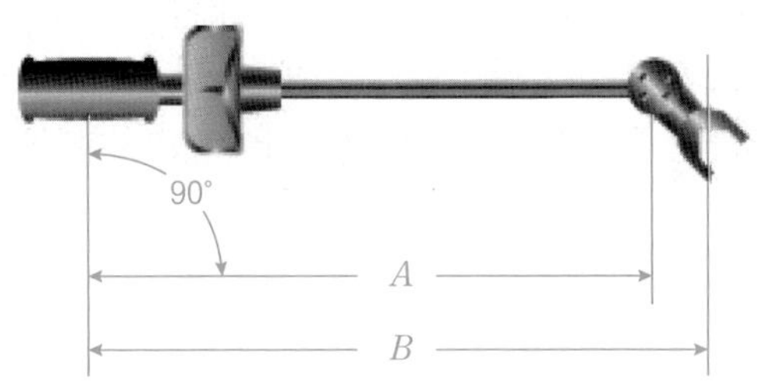

[그림 3-81 토크 값 계산하기]

3. 안전 결선 작업

항공기의 안전 결선 작업(Safety Wiring)이란, 항공기가 운항 중에 발생하는 진동과 하중으로 인하여 체결 부품이 헐거워지거나 풀리는 것을 방지할 목적으로 수행하는 고정 작업이다.

안전 결선의 방법으로는 나사 부품을 조이는 방향으로 당겨, 확실히 고정시키는 고정 와이어(Lock Wire) 방법과 비상구, 소화제 발사 장치, 비상용 브레이크 등의 핸들, 스위치 등을 잘못 조작하는 것을 막고, 조작을 할 때 쉽게 작동할 수 있도록 할 목적으로 사용되는 전단 와이어(Shear Wire) 방법이 있다.

1. 안전 결선용 와이어의 지름 선택

안전 결선용 와이어의 지름은 최소한 정비 지침서의 최소 조건을 만족시켜야 한다. 또, 와이어는 장착되는 장소의 온도나 환경을 고려하여야 하며, 한 번 사용한 와이어를 재사용해서는 안 된다.

다음은 안전 결선용 와이어의 지름을 선택할 경우에 있어서의 정비 지침서 조건이다.

① 안전 결선용 방지 와이어의 지름은 최저 0.8[mm](0.032[in])가 되어야 한다. 특수한 경우에는 지름이 0.5[mm](0.020[in])인 와이어를 사용한다.

② 안전 결선 방법으로 단선식을 사용할 경우, 정비 지침서에 나와 있는 적합한 재질로 이루어진, 구멍을 지나는 최대 지름의 와이어를 사용한다.

③ 특별한 지시가 없는 한 비상용 장치에는 지름이 0.5[mm](0.020[in])인 Cu-Cd 도금 와이어를 사용한다.

항공기 기체 I

2. 안전 결선 드릴 구멍의 위치 선택

안전 결선을 하기 위하여 드릴구멍을 선택할 경우에는 우선 볼트를 규정된 토크 값까지 조이고 난 뒤, 볼트 머리의 구멍 위치를 확인한다. 드릴 구멍의 이상적인 위치를 확보하기 위하여 볼트 머리를 너무 죄거나 덜 죄어서는 안 된다. 안전 결선 작업을 하고 난 뒤, 부품이 느슨해지거나 항상 조여지는 방향으로 작용하지 않으면 안전 결선의 의미가 없다. 그러므로 안전결선 작업을 실시하기 위해 우선적으로 드릴 볼트 구멍의 위치를 선택하는 것은 매우 중요하다.

① 부품 사이에 안전 결선용 와이어를 걸 경우, 구멍의 위치는 시계 방향으로 보아 10시 30분 방향에서 4시 30분 방향, 즉 9시에서 12시 사이에 드릴 볼트 구멍이 위치하는 것이 가장 이상적이다. 이 경우 안전 결선은 S자 반대 모양이 되므로, 부품이 항상 죄어지는 방향이 된다. 하지만, 실제 작업에서 이러한 이상적인 위치가 정확히 얻어지기는 어렵다. 그러므로 이 경우에는 약간 위치가 어긋나도 상관없다. 3개 이상의 부품도 마찬가지로 드릴 볼트 구멍은 9시에서 12시 사이에 위치하여야 한다.

3. 안전 결선 방법

나사 부품의 안전 결선방법에는 단선식(Single Wire Method)과 복선식(Double Twist Method)이 있다.

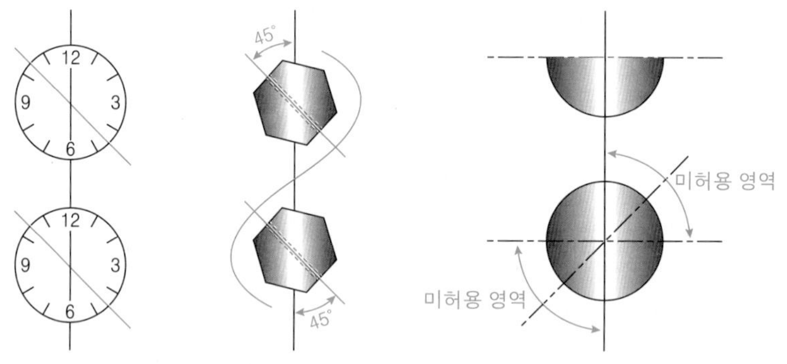

[그림 3-82 안전 결선 방법]

① 단선식 안전 결선 법

단선식 안전 결선 법은 주로 전기 계통에서 3개 또는 그 이상의 부품이 좁은 간격[중심 간의 거리가 최대 5[cm](2[in])이하]으로 폐쇄된 삼각형, 사각형, 원형 등의 고정 작업에 적용된다. 하지만 좁은 간격으로 배열된 나사라 할지라도 유압 실이나 공기 실을 부착하는 부품이나 유압을 받는 부품 및 중요 부분에 사용되는 부품일 경우에는 복선식 안전 결선 방법을 사용한다.

이 밖에 단선식 안전 결선 법은 비상구, 비상용 제동 레버, 산소 조정기, 소화제 발사 장치 등의 비상용 장치(Emergency Devices)에 사용된다.

② 복선식 안전 결선법

부품이 4~6[in] 간격일 때 3개로 제한, 결선 길이를 24[in]로 제한한다.

- 볼트구멍의 지름이 0.045[in] 이상이면 0.032[in] 사용
- 볼트구멍의 지름이 0.045[in] 이하이면 0.02[in] 사용

복선식 안전 결선 법은 안전 결선방법 중에서 가장 일반적으로 사용하는 방법이며, 하지만 복선식 안전 결선 법은 다음과 같이 기본적으로 지켜야 할 사항이 있다.

- 안전결선시 유의사항
  1. 한번사용한 와이어는 재사용하지 않는다.
  2. 안전결선을 위하여 토큐값을 변경해서는 안된다.
  3. 안전결선은 진동 시 끊어지지 않을 정도의 장력이어야 한다.
  4. 안전결선을 당기는 방향은 부품이 죄여지는 방향이어야 한다.
  5. 1[in]당 6~8회의 꼬임을 한다.
  6. 피그테일(Pig Tail)은 3~6회 꼬아서 절단 후 구부린다.

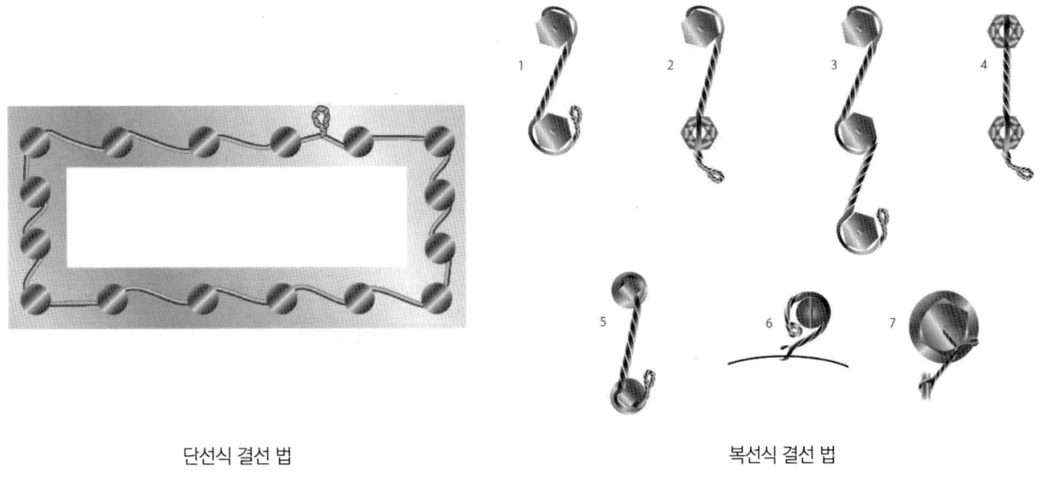

단선식 결선 법　　　　복선식 결선 법

[그림 3-83 단선 및 복선식 안전 결선 작업]

4. 코터 핀 고정 작업

코터 핀 고정 작업은 캐슬 너트, 핀 등이 풀리거나 빠져나오는 것을 방지하여할 필요가 있는 부품에 사용하며, 코터 핀을 장착할 때에는 항상 새 것을 사용하고, 한 번 사용한 것을 재사용해서는 안 된다. 코터 핀 고정 작업 방법에는 우선 방법(Preferred Method)과 대체 방법(Optional Method)이 있다.

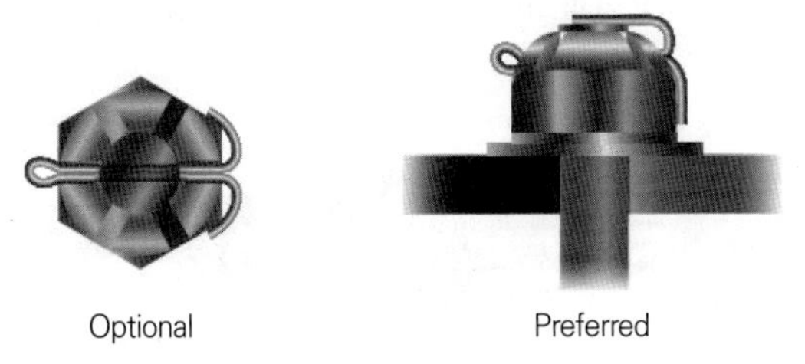

[그림 3-84 코터 핀 고정 작업]

5. 조종 케이블(Control Cable) 작업

항공기용 조종 케이블이란, 항공기의 작동 계통을 조작하기 위해 사용되는 철사로 만든 로프(Wire Rope)를 말하며, 작동 계통을 움직이는 동력을 전달하는 역할을 한다. 조종 케이블은 케이블과 그 양 끝에 부착하는 케이블 단자(Cable Terminal)로 구성되어 있다.

1. 스웨이징 연결 방법(Swaging Terminal)

스웨이징 케이블 단자 속에 케이블을 끼우고 스웨이징 공구와 유압기계를 사용하여 압착하여 케이블을 결합하는 방법으로, 거의 대부분의 항공기 조종 케이블에 적용되며, 원래 강도의 100[%]를 보장한다.

2. 5단 엮기 연결 방법

원래 케이블을 손으로 엮은 후 철사로 감싸 결합하는 방법으로, 케이블의 지름이 2.38[m](3/32[in]) 이상인 경우에 사용하며, 원래 강도의 75[%]를 보장 한다.

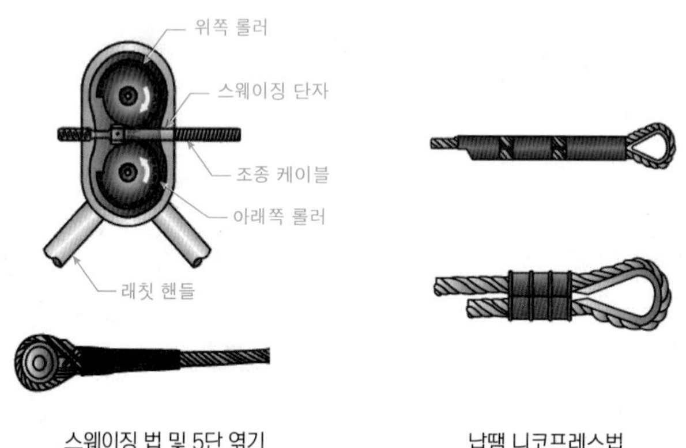

[그림 3-85 조종 케이블 작업]

6. 턴버클의 안전 고정 작업

턴버클은 케이블을 연결해 주는 부품으로, 양쪽 끝에 각각 오른나사와 왼나사로 되어 있는 2개의 터미널 단자와 중앙에 있는 배럴로 구성되어 있으며, 조종 케이블의 장력을 조절해 주는 역할을 한다. 턴버클의 안전 고정 작업은 배럴의 회전을 방지함으로써 케이블의 장력이 변화되는 것을 방지하는 작업이다. 고정 작업 방법으로는 와이어를 이용한 안전 결선 방법과 고정 클립을 이용하는 방법이 있다.

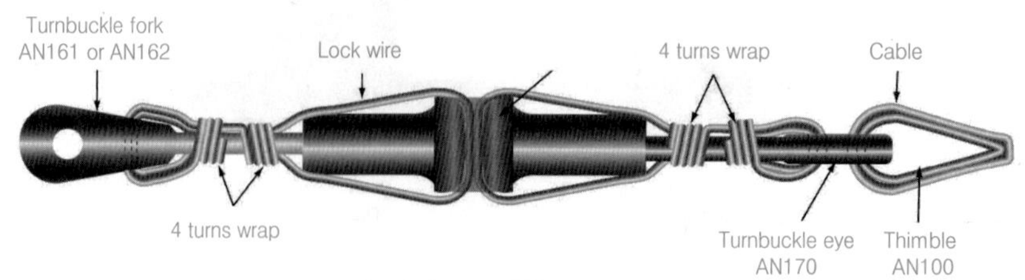

[그림 3-86 턴버클 각부 명칭]

1. 턴버클 안전 결선 방법

와이어를 이용한 턴버클의 안전 결선 방법으로는 케이블의 지름이 3.2[mm](1/8[inch]) 이하인 경우에 사용하는 단선식 결선법과 케이블의 지름이 3.2[mm](1/8[inch]) 이상인 경우에 사용하는 복선식 결선법이 있다.

여기서 주의하여야 할 점은 안전결선 마무리 단계에서 단자의 섕크 주위를 최소 4회 이상 와이어로 단단히 감아야 한다는 것이다.

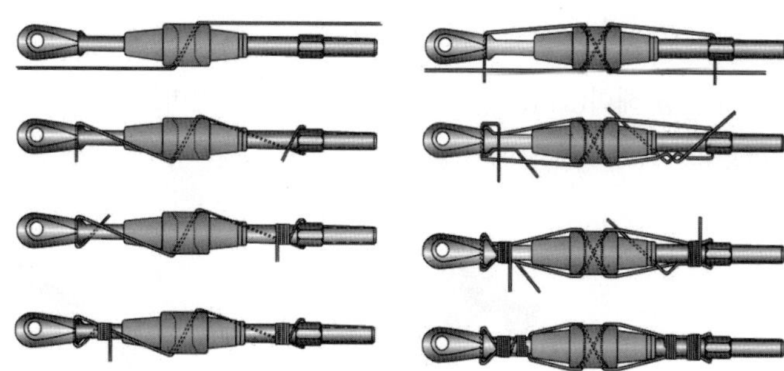

[그림 3-87 턴버클 안전 결선]

2. 고정 클립을 이용하는 방법

고정 클립(Locking Clip)을 이용한 턴버클의 안전고정 방법은 턴버클 배럴과 턴버클 단자에 홈이 있는 경우에만 사용할 수 있다. 이 방법은 종래의 안전 결선보다 2배의 비틀림 강도를 가지고 있으며, 장치가 간단하고 설치가 빠르며 안전하다는 장점을 가지고 있다.

하지만, 고정 클립 공구를 사용하여 작업할 경우, 클립 자체에 영구 변형을 가져올 수 있으므로, 반드시 손으로만 작업을 해야 한다.

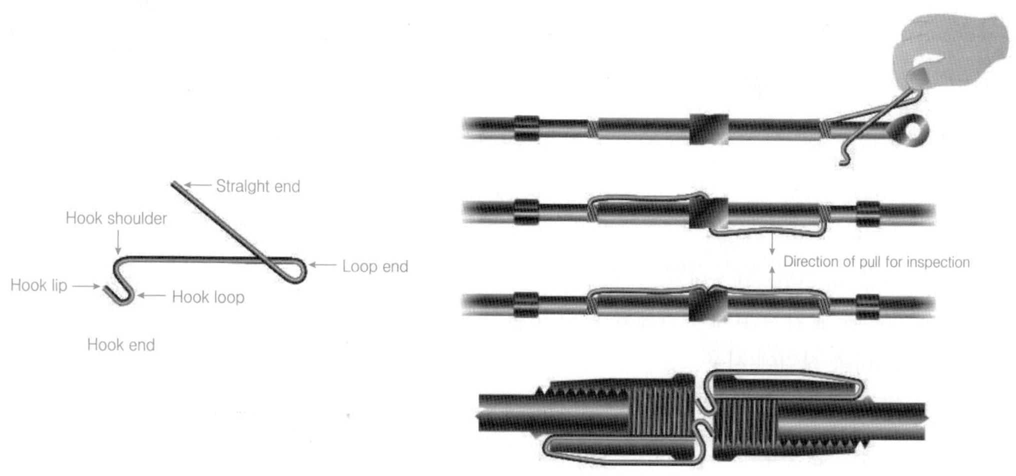

[그림 3-88 고정 클립 이용하는 방법]

7. 판금작업 방법

항공기에 사용되고 있는 금속 판재의 대부분은 평판 그대로 기체에 사용되기 보다는 일정 각도로 접어 구부리거나, 복잡한 면으로 성형 가공하여 사용된다. 이들 판재의 성형 가공 원리는 기본적으로 같지만, 금속의 종류에 따라 변형 량, 열처리 방법, 공구, 그 밖의 여러 가지에 의하여 달라진다. 성형 작업을 할 때에는 금속 재료의 특성을 잘 이해하는 것이 중요하다.

1. 판금 작업에 사용하는 공구

해머는 판금 작업을 할 때에 가장 많이 사용하는 공구이며, 피니싱 해머(Finishing Hammer), 슈링킹 해머(Shrinking Hammer), 딩 해머(Dinging Hammer), 그루브 해머(Groove Hammer), 벤트 스킨 해머(Bent Skin Hammer), 맬릿(Mallet) 등이 있다.

피니싱 해머 / 슈링킹 해머 / 딩 해머 / 그루브 해머 / 벤트 스킨 해머 / 맬릿 해머

[그림 3-89 해머의 종류]

① 피니싱 해머는 판금을 마무리할 때에 주로 사용

② 슈링킹 해머는 굽힘 작업에서 판재를 늘리지 않고 가공할 수 있기 때문에 가장 많이 사용

③ 딩 해머는 타출 작업에 사용

④ 그루브 해머와 벤트 스킨 해머는 플랜지 가공에 사용

⑤ 맬릿은 판재를 손상시키거나 변형시키지 않고 가공하는 데에 사용하며, 특히 변형된 판재를 바로잡는데 효과적

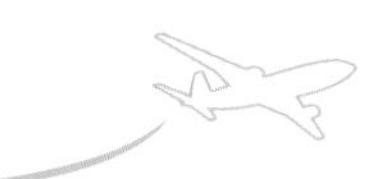

2. 성형 기기

성형 기기는 판금 재료를 둥글게 굽히거나 접는 등 원하는 모양으로 성형 시키는 기계로, 성형하는 모양에 따라 여러 가지 종류가 있다. 굽힘 기계(Folding Machine)는 판재를 구부리는 데에 사용된다.

굽힘 기계 플랜지 기계 밴딩 롤러

[그림 3-90 성형 기기]

플랜지 기계(Flange Machine)는 인장 플랜지, 압축 플랜지를 제작하는 데에 사용된다. 밴딩 롤러(Bending Roller)는 판재를 크고 둥글게 굽히는 데에 사용되는 기계로, 크기는 롤러의 전체 길이로 굽힐 수 있는 판재의 길이와 두께로 나타낸다.

3. 부속 기기

판금 작업에 이용되는 부속 기기는 돌리(Dolly), 핸드 펀치(Hand Punch), 숏 백(Shot Bag), 홀 커터(Hole Cutter), 홀 플랜지(Hole Flange)등이 있다.

숏 백은 굽힘 작업 중 장시간 하중을 가할 때에 사용되는 보조 기기이며, 복합 재료의 가압 작업에도 사용된다. 홀 커터는 드릴날 크기보다 큰 구멍을 뚫을 때에 사용하며, 리브를 제작하거나 크기가 다른 여러 가지 구멍을 제작하는 경우에는 조절 가능한 홀 커터를 사용한다. 홀 플랜지는 홀 커터 작업 후, 리브 구멍에 플랜지를 만들 때에 사용한다.

숏 백 홀 커터 홀 플랜지

[그림 3-91 부속 기기의 종류]

4. 판금 작업

절단 가공(Shearing)은 판재를 필요한 치수로 자르는 작업이다. 판재를 절단 하는 방법으로는 일반적으로 얇은 판재를 절단하기 위한 수공구를 이용하는 방법과 두꺼운 판재를 절단하기 위한 절단용 기계를 이용하는 방법이 있다. 판금 작업에 주로 사용되는 공구들을 나타낸 것이다.

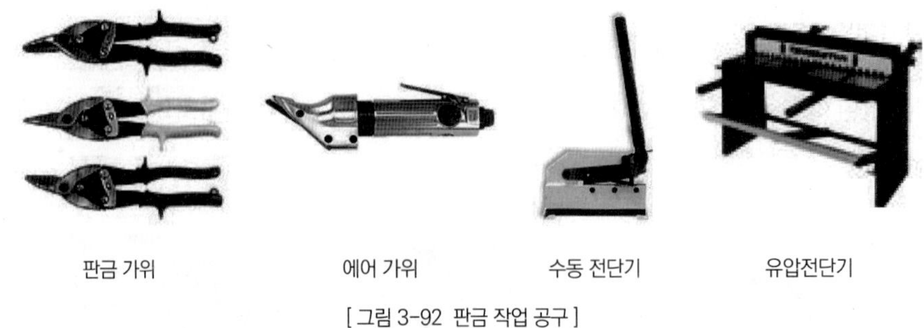

[그림 3-92 판금 작업 공구]

5. 튜브 작업 방법

항공기 배관이란 항공기에 사용하는 호스, 튜브, 피팅, 커넥터 등을 말하며, 이들을 제작하고 설치하는 과정까지 포함된다. 때때로 손상된 항공기 배관을 수리하거나 교환하는 작업이 필요하게 되는데 대부분의 수리는 튜브만을 교환하면 되지만, 튜브의 교환만으로 수리할 수 없는 경우에는 필요한 부품들을 제작해야만 한다. 튜브 작업에는 절단, 굽힘, 관을 연결하기 위한 작업인 플레어 작업(Flaring), 비딩(Beading)이 있다.

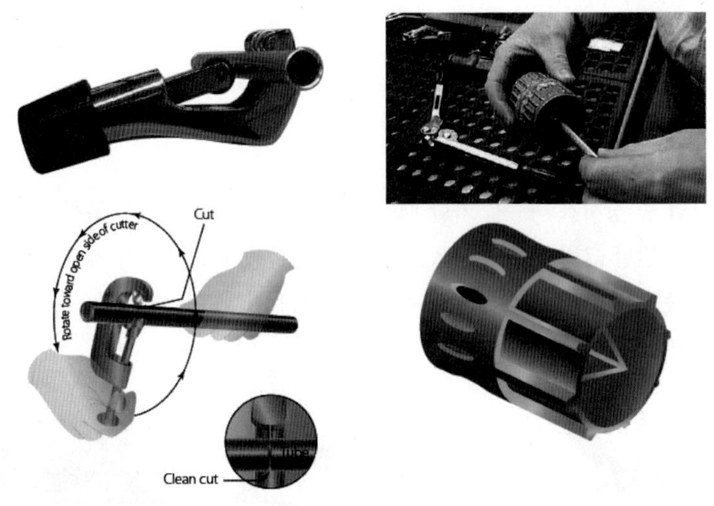

[그림 3-93 튜브 작업]

6. 복합 재료제작 및 수리 방법

① 복합 재료 작업에 사용되는 공구

ⓐ 숏 백은 클램프로 고정할 수 없는 대형 윤곽의 표면에 가압하면 매우 효과적 이다. 숏 백이 수리 부분에 교착되지 않도록 숏 백과 수리 부위가 분리될 수 있도록 플라스틱으로 된 이형 필름(Partition Film)을 사용한다. 숏 백은 중력 때문에 모든 부품의 아랫면에는 사용할 수 없다는 단점이 있다.

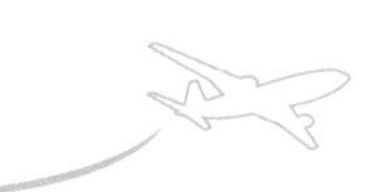

[그림 3-94 숏백]

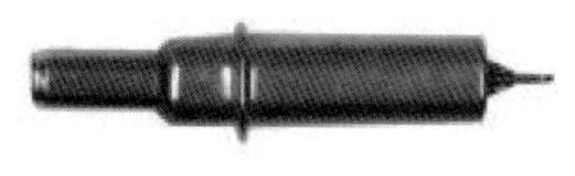

[그림 3-95 시트 파스너]

[그림 3-96 스프링 클램프]

[그림 3-97 진공백]

ⓑ 시트 파스너는 수리 부위의 뒷부분을 지탱해 주는 카울판(Caul Plate)에 주로 사용되는 것으로, 구멍을 뚫고 사용하여야 하는 단점이 있다.

ⓒ 스프링 클램프를 사용할 때에는 주어진 면적에 압력을 균일하게 분포시키기 위해 카울 판을 사용한다.

ⓓ 진공백(Vacuum Bag)은 복합 소재의 수리 작업을 할 때에 압력을 가하는 데 가장 효과적인 방법이다. 특히, 습도가 높은 장소에서는 공기를 제거하고 습도를 낮출 수 있으므로 수지를 경화시키는 데에 매우 효과적이다. 진공백에 의한 작업은 대기압을 수리 부위의 표면에 고르게 작용시킬 수 있는 특성이 있다.

ⓔ 일반적인 판금 드릴 날을 사용할 경우에는 드릴 구멍의 주위가 가는 섬유 가닥으로 인하여 지저분해지므로, 드릴 구멍 위치에 에폭시를 채워 경화시킨 뒤에 다시 드릴 구멍을 뚫어야 한다. 드릴 구멍이 지저분해지는 것을 방지하기 위하여 특수하게 제작된 브래드 포인트 드릴 날은 아라미드 소재에, 카바이드 드릴 날은 유리 섬유 및 탄소섬유 드릴 작업에 사용한다.

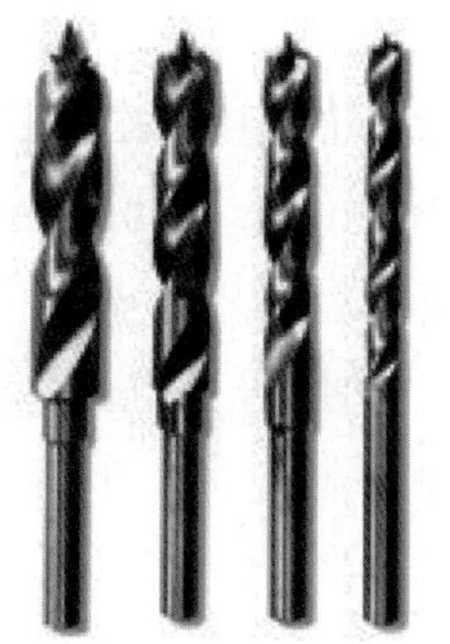

[그림 3-98 브레드 포인트 드릴 날]

[그림 3-99 카바이드 드릴 날]

② 복합 재료 제작 방법

ⓐ 천의 방향과 천의 형태

복합 소재에 사용되는 천(Fabric)은 같은 방향을 가지고 있으며, 천의 강도와 강성은 복합소재의 재질뿐만 아니라 하중에 대한 천의 방향에 따라 달라지며, 한방향(Uni-Direction) 형태의 천은 모든 섬유를 한 방향으로만 배열함으로서 그 방향으로만 강도를 가지도록 짠 섬유 형태를 말하며, 씨실이 없는 섬유이다. 다만, 날실을 가로지르는 실(Cross Threads)은 날실을 제 위치에 유지 시키는 역할만 할뿐, 서로 짜여지는 것이 아니다.

테이프(Tape)는 한 방향 형태의 섬유이며, 주로 탄소 · 흑연 섬유 재료에 사용되는 방식이다. 테이프는 천보다 가격이 저렴하고, 좀 더 매끄러운 표면을 형성할 수 있으며, 테이프는 한 방향 형태의 천이므로, 수지(Resin)를 수공으로 스며들게 하기가 쉽지 않다. 두 방향(Bi-Direction) 또는 여러 방향(Multi-Direction) 형태의 천은 실을 두 방향 또는 여러 방향으로 교차시켜 짠 천을 말한다.

매트(Mats)는 잘게 자른 섬유(Chopped Fibers)를 가압하여 만든 재료로, 다른 천이나 테이프를 혼합 적층하여 사용한다. 매트는 한 방향 또는 두 방향 형태의 천보다 강하지 않으므로 일반적으로 수리 작업에는 사용하지 않는다. 직포(Fabric Weaves)는 여러 형태의 직조 방식에 의하여 짜여진 천을 말하며, 한 방향 형태의 천보다 섬유의 절단, 적층 분리(Delamination) 및 손상에 대한 저항성이 크다. 이러한 직포는 직조 과정이 복잡하여 가격이 비싸지만, 형태가 다양하여 복합 소재용 천으로 사용된다.

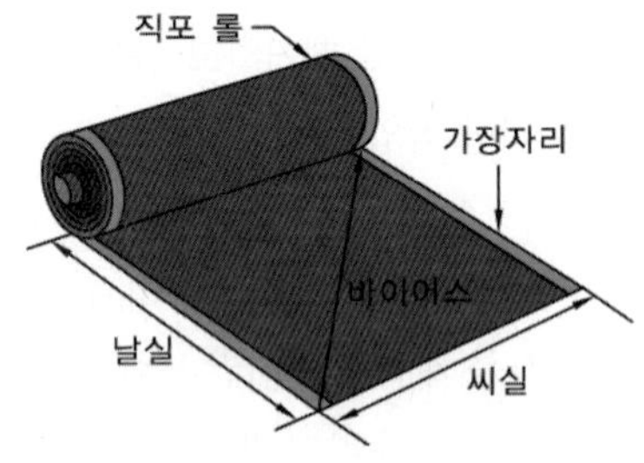

[그림 3-100 천의 방향]

ⓑ 적층 방식

유리 섬유 적층 방식(Fiberglass Lay-Up)은 최초로 사용된 적층 방법으로, 일반 목적용 항공기의 적층 구조재에 가장 광범위하게 사용된다. 평면 적층판(Flat Laminated Sheet)은 먼저 유리나 알루미늄 판 위에 두꺼운 층으로 수지를 쌓는다. 그리고 한 겹의 유리섬유를 수지 위에 덮은 후, 롤러를 이용하여 유리 섬유가 수지 속에 잠기도록 한다. 이때, 공기 방울은 모두 빼내고 수지가 유리 섬유를 완전히 감싸도록 한다. 그런 뒤, 또 한 겹의 수지를 그 위에 바르고, 둘째 번 유리 섬유의 천을 덮은 뒤, 앞 과정을 반복한다. 이와 같이 필요한 만큼의 적층 작업을 완료한 뒤에는 맨 마지막으로 수지를 바르고 진공백으로 전체를 감싼다. 유리 섬유와 수지 둘레로부터 공기를 모두 빼내면, 대기압이 평면 적층판에 작용하여 이를 경화시킨다. 그러나 대부분의 경우, 유리 섬유 적층 방식에서는 가열 장치나 오토클레이브(Autoclave) 안에 적층판을 넣고 열과 압력으로 경화시킨다.

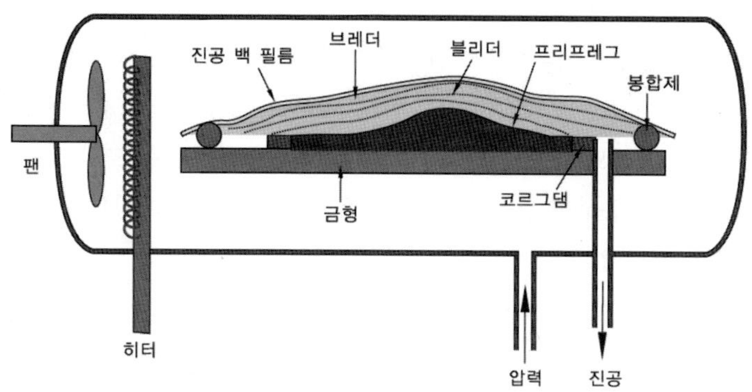

ⓒ 샌드위치 구조재 수리

샌드위치 구조재의 패널은 외피가 얇기 때문에 근본적으로 충격에 취약하여 손상을 입기가 쉽다. 특히, 코어와 외피사이에 적층분리가 되기 쉽고, 외피와 코어가 손상을 받는 구멍 뚫림이 일반적인 손상으로 나타난다. 수리 방법에는 적층 분리작업과 구멍 뚫기 작업 및 압축 주형 방식(Compression Molding)과 진공백 방식, 필라멘트 권선 방식(Filament Winding)과 습식 적층 방식(Wet Lay-Up)이 있다.

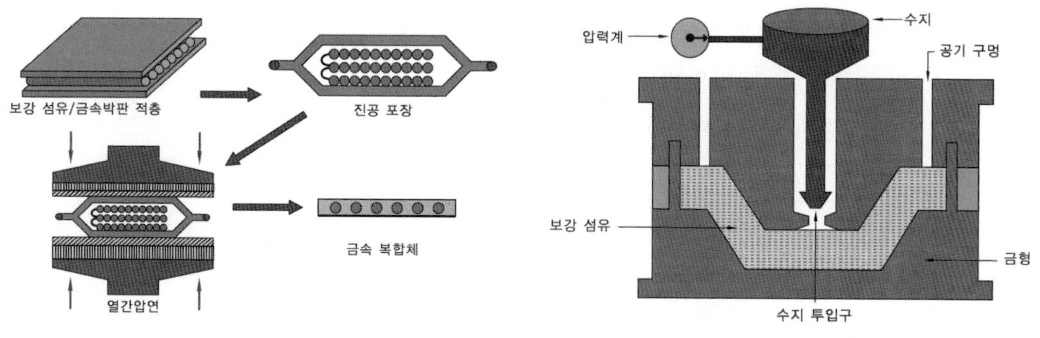

[그림 3-101 압축 주형 방식] [그림 3-102 진공백 방식]

ⓓ 가압 방식

복합소재의 부품을 경화시키는 과정에서 경화기간 내내 표면에 압력을 가할 필요성이 있다.

 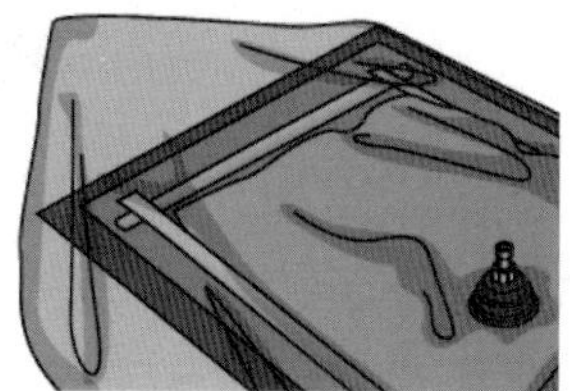 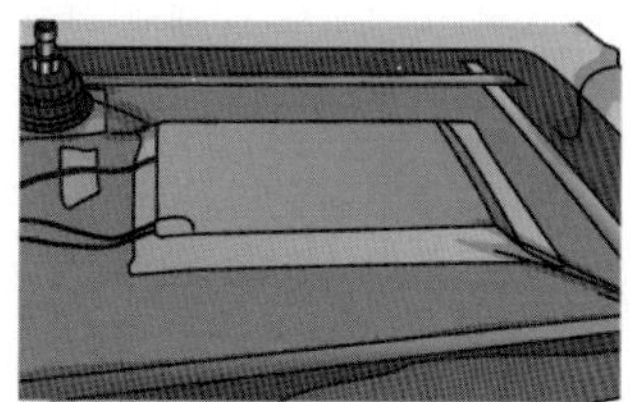

[그림 3-103 진공백을 이용한 가압 방식]

ⓔ 경화 방식

복합소재의 모재(Matrix)는 화학적 반응에 의하여 경화된다. 모재는 실온에서도 경화되지만, 외부의 열을 가함으로써 경화를 가속시킬 수 있다. 일부 복합 소재의 모재는 최대 강도를 얻기 위해서 경화과정에서 가열이 반드시 필요한 경우도 있다. 적합한 경화 요구 조건을 만족시키지 못하거나 부적절한 경화 장비를 사용하면 수리를 할 수 없는 결함이 발생할 수 있으며, 복합소재의 강도를 약화시키는 원인이 될 수도 있다.

특히, 진공백 작업을 제외하고는 습도가 가장 큰 문제점으로 나타난다.

③ 복합 재료 가공 작업

복합 소재의 가공 작업에는 드릴 작업, 절단 작업, 연마 작업, 연삭 작업 등이 있고, 소재의 종류에 따라 가공 방법이 다르기 때문에 주의 사항이나 안전 절차를 준수하여야 한다.

ⓐ 절단 작업

절단 작업(Cutting)을 통하여 복합 소재를 원하는 방향으로 절단할 경우, 자르는 방향은 반드시 수직 방향이어야 하며, 절단할 때에는 소재의 각도를 고려 하여 특수 가위 또는 특수 기계를 사용하여야 한다. 또, 수지침투 가공 재료는 면도칼, 모형 판, 직선 자를 이용하여 절단한다.

ⓑ 드릴 작업

드릴 작업(Drilling)을 하는 과정에서는 소재에 따라 절삭 공구를 올바르게 선택하여 사용하여야만 구조적으로 확실한 구멍을 만들어 낼 수 있다. 드릴 작업이 잘못될 경우에는 적층 분리, 갈라짐, 깨짐 및 박리 등의 결함이 발생할 수 있으므로 주의하여야 한다.

ⓒ 연마 작업

연마 작업(Sanding)은 복합 소재의 한 겹을 제거할 때에 주로 적용하는 작업으로, 연마기나 드릴 모터를 사용한다. 탄소 섬유의 연마 작업에는 알루미늄의 작은 입자가 섬유에 끼어서 전해 작용을 일으키므로, 알루미늄 산화물을 사용해서 는 안 된다. 또, 연마 작업을 할 때에 먼지가 날려 환경이나 대기를 오염시킬 수 있으므로 진공백이 설치된 연마기를 사용해야 한다.

ⓓ 연삭 작업

일반적으로, 연삭 작업(Grinding)에 사용되는 가공 장비는 소재를 다듬는 데 사용된다. 이러한 가공 장비의 모든 절삭면은 대부분 카바이드로 피복되어 있다. 다이아몬드 절삭 날은 탄소 섬유와 유리 섬유를 가공하는 데에 적합하다.

④ 복합 재료 적층 구조재 수리

ⓐ 표면 손상 수리(Cosmetic Defect)

표면 손상이란, 적층 구조재의 첫째 번 적층판(Ply)을 통과하지 않은 표면 긁힘 현상을 말하며, 적층판의 단면 수리와 양면 수리가 있다.

㉠ 손상 부위를 MEK(Methylethylketone)이나 아세톤으로 닦는다.

㉡ 사포질로 손상 부위의 페인트를 벗겨 낸다.

㉢ 사포질의 흔적을 없애고 솔벤트로 세척한다.

㉣ 충진재(Filler) 또는 인가된 표면 퍼티(Surfacing Putty)와 수지를 혼합한다.

㉤ 수지 · 충진재 혼합물을 손상 부위에 바른다. 이때에는 고무 롤러, 브러시, 또는 페어링 공구를 사용한다.

㉥ 경화시킨 뒤에 연마를 하고 표면 처리를 한다.

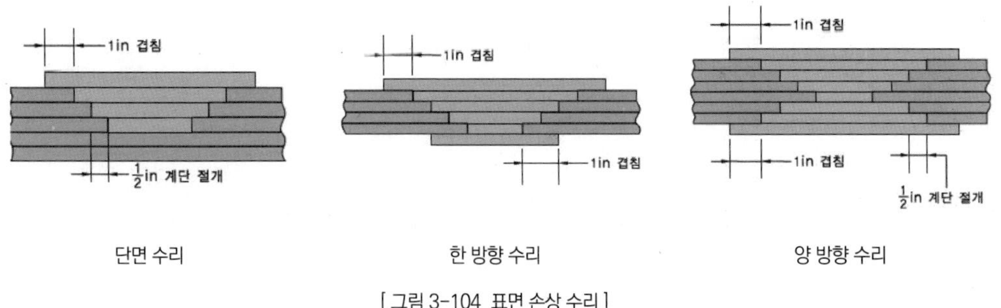

[그림 3-104 표면 손상 수리]

⑤ 샌드위치 구조 재 수리

샌드위치 구조재의 패널은 외피가 얇기 때문에 근본적으로 충격에 취약하여 손상을 입기가 쉬우며, 특히, 코어와 외피 사이에 적층 분리가 되기 쉽고, 외피와 코어가 손상을 받는 구멍 뚫림이 일반적인 손상으로 나타난다.

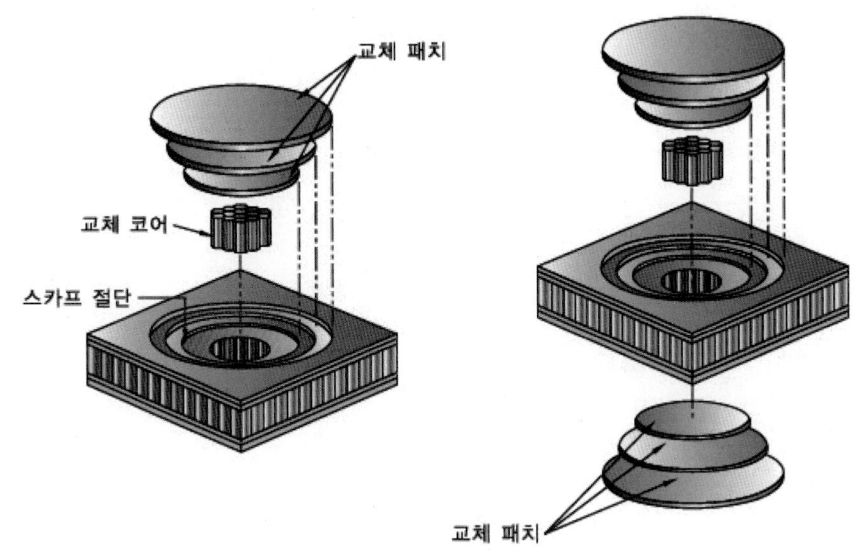

[그림 3-105 복합소재 구멍 뚫림 수리]

Aircraft Maintenance

항공기 기체 I
기출 및 예상문제
상세해설

항공기체 I

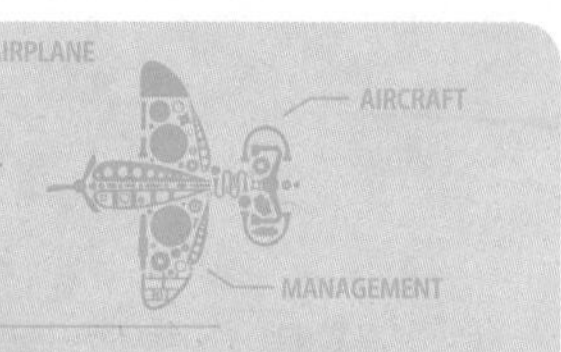

1 항공기 기체의 구성 및 강도

1 기체의 구조

01 항공기 기체의 구조는 어떻게 구성되어 있는가?

① Fuselage, Wing, Tail Wing, Landing Gear, Engine Mount, 및 Nacelle
② Fuselage, Wing, Tail Wing, Landing Gear, Engin
③ Fuselage, Wing, Tail Wing, Landing Gear, Engine 및 Nacelle
④ Fuselage, Wing, Tail Wing, Landing Gear, Engine Mount

해설

항공기 기체의 구성

동체(Fuselage), 날개(Wing), 꼬리날개(Tail Wing, Empennage), 착륙장치(Landing Gear), 엔진 마운트(Engine Mount) 및 나셀(Nacelle)이다.

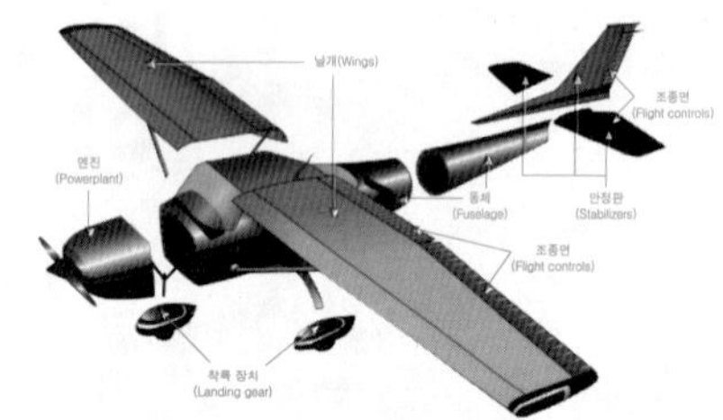

[소형 항공기 구조]

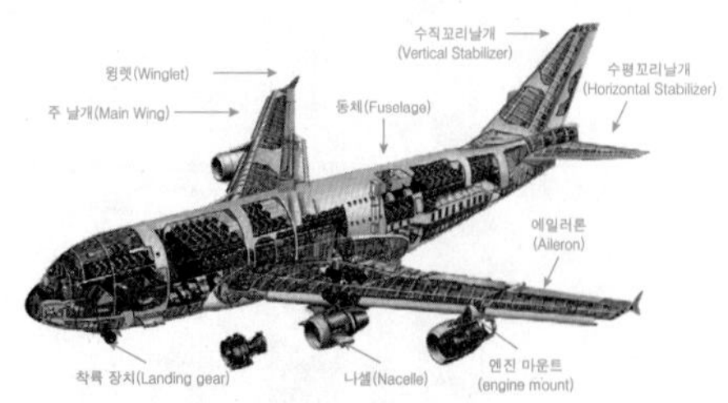

[대형 항공기 구조]

02 항공기의 위치선을 바르게 설명한 것은?

① BBL은 동체의 위치선이다.
② BWL은 동체 위치선이다.
③ WS는 날개 위치선이다.
④ WBL은 동체 수위선이다.

해설

항공기의 위치는 [inch] 또는 [cm]로 나타낸다.

- 동체 위치선(FS : Fuselage Station)
- 동체 수위선(BWL : Body Water Line)
- 동체 버턱선(BBL : Body Buttock Line)
- 날개 버턱선(WBL : Wing Buttock Line)
- 날개 위치선(WS : Wing Station)

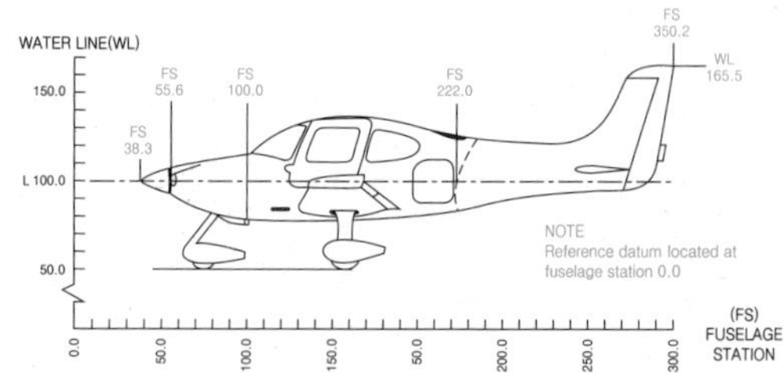

[소형 항공기 위치선]

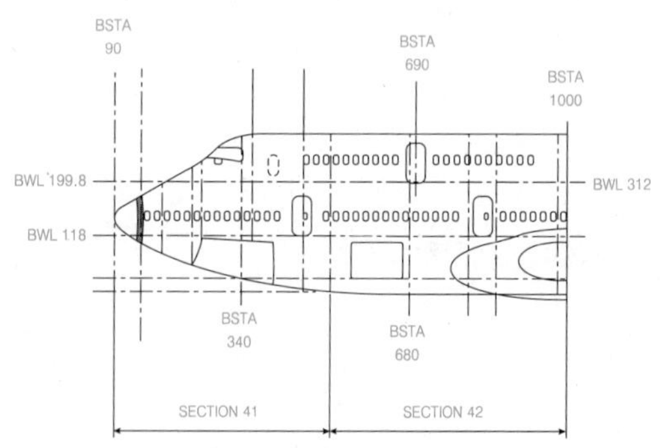

[대형 항공기 위치선]

[정답] 1 01 ① 02 ③

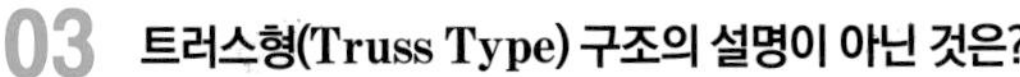

03 트러스형(Truss Type) 구조의 설명이 아닌 것은?

① 외피(Skin)는 공기역학적 외형을 유지해준다.
② 골격/뼈대(Truss)는 기체에 작용하는 대부분의 하중을 담당한다.
③ 내부공간이 넓다.
④ 외형이 각진 부분이 많아 유연하지 않다.

해설

트러스형(Truss Type) 구조

외피(Skin)는 공기역학적 외형을 유지해주며, 공기력을 트러스에 전달하는 역할만 하며, 골격/뼈대(Truss)는 기체에 작용하는 대부분의 하중을 담당한다.

- 장점
  ① 제작이 용이하다.
  ② 제작비용이 적게 든다.
  ③ 구조가 간단하다.
- 단점
  ① 내부공간 마련이 어렵다.
  ② 외형이 각진 부분이 많아 유연하지 않다.

04 트러스형식에 대한 설명으로 옳은 것은?

① 항공기의 전체적인 구조형식은 아니며 날개 또는 꼬리날개와 같은 구조부분에만 사용하는 구조 형식이다.
② 금속판 외피에 굽힘을 맡게 하며 굽힘 전당응력에 대한 강도를 갖도록 하는 구조방식으로 무게에 비해 강도가 큰 장점이 있어 현재 금속 항공기에서 많이 사용하고 있다.
③ 주 구조가 피로로 인하여 파괴되거나 혹은 그 일부분이 파괴되더라도 나머지 구조가 하중을 지지할 수 있게 하여 파괴 또는 과도한 구조 변형을 방지하는 구조형식이다.
④ 강관 등으로 트러스를 구성하고 여기에 천외피 또는 얇은 금속판의 외피를 씌운 형식으로 소형 및 경비행기에 많이 사용된다.

해설

문제 3번 해설 참조

05 항공기 세미모노코크 구조에 대한 설명으로 옳은 것은?

① 가장 넓은 동체 내부 공간을 확보할 수 있으며 세로대 및 세로지, 대각선 부재를 이용한 구조이다.
② 하중의 대부분을 표피가 담당하며, 내부에 보강재 없이 금속의 껍질로 구성된 구조이다.
③ 골격과 외피가 하중을 담당하는 구조로서 외피는 주로 전단응력을 담당하고 골격은 인장, 압축, 굽힘 등 모든 하중을 담당하는 구조이다.
④ 구조부재로 삼각형을 이루는 기체의 뼈대가 하중을 담당하고 표피는 항공역학적인 요구를 만족하는 기하학적 형태만을 유지하는 구조이다.

해설

Semimonocoque 구조

세미모노코크 구조는 모노코크 구조에 프레임(Frame)과 세로대(Longeron), 스트링어(Stringer) 등을 보강하고, 그 위에 외피를 얇게 입힌 구조이다. 이 구조에서 외피는 하중의 일부만 담당하고, 나머지 하중은 골조 구조가 담당하므로, 외피를 얇게 할 수 있어 기체의 무게를 줄일 수 있다.

06 응력외피형 구조의 설명이 아닌 것은?

① 외피도 항공기에 작용하는 하중을 일부 담당하는 구조이다.
② 내부에 골격이 없어 내부공간을 크게 할 수 있고 외형을 유선형으로 할 수 있는 장점이 있다.
③ 모노코크 구조와 세미 모노코크 구조이다.
④ 얇은 금속판으로 외피를 씌운 구조로 경비행기 및 날개의 구조에 사용된다.

해설

응력외피형 구조

응력외피형 구조는 항공기에 작용하는 하중을 일부 담당하는 구조이며, 내부에 골격이 없어 내부 공간을 크게 할 수 있고 외형을 유선형으로 할 수 있는 장점이 있으며, 모노코크 구조와 세미 모노코크 구조가 있다.

07 Monocoque형 동체의 주요 하중은 어디에 의존하는가?

[정답] 03 ③ 04 ④ 05 ③ 06 ④ 07 ①

기출+예상

① Skin ② Longeron
③ Stringer ④ Former

해설

Monocoque형 동체

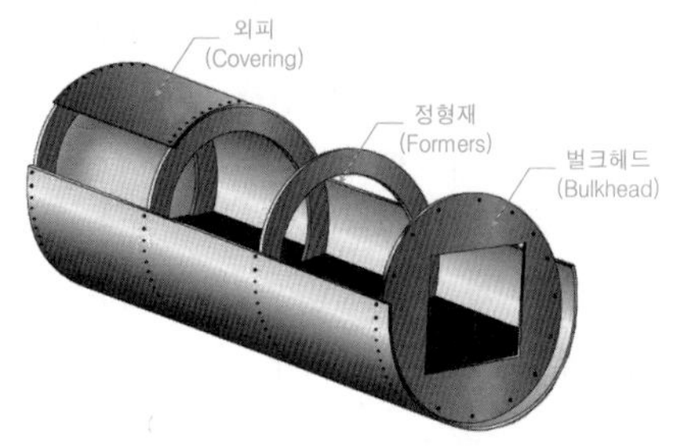

Monocoque 형식의 동체는 표피(Skin)의 강도나 기본적인 응력을 견디는 외피(Covering)에 주로 의존한다.

08 Semi Monocoque 구조에서 굽힘 하중의 담당은?

① 론저론이 굽힘 하중을 담당한다.
② 벌크헤드가 담당한다.
③ 스트링거가 담당한다.
④ 리브가 담당한다.

해설

Semi Monocoque 구조

기본적인 굽힘 하중은 론저론(Longeron)이 견디고 이것은 몇 군데의 지지점을 통해서 뻗쳐있다. 세로대는 스트링거(Stringer)라고 부른다.

09 Semi Monocoque 구조를 잘못 설명한 것은 ?

① 제작이 용이하다. 제작비용이 적게 든다.
② 기본적인 굽힘은 세로대가 견딘다.
③ 수직 구조재는 벙크헤드, 프레임 정형재라 한다.
④ 수직 구조재 중에서 가장 무거운 것이 중간 위치에서 집중되는 하중을 받는다.

해설

문제 8번 해설 참조

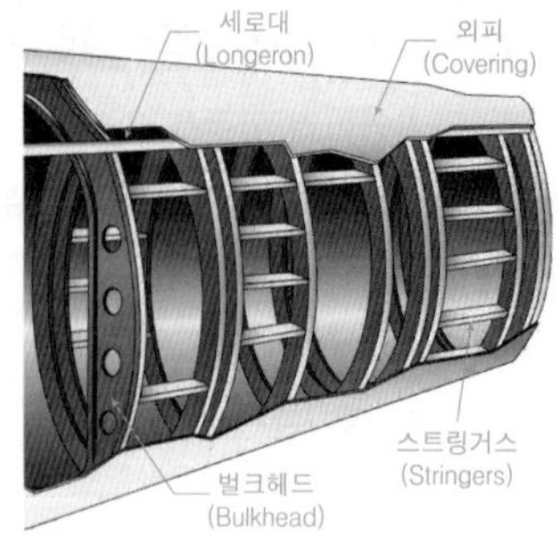

10 Semi Monocoque 수직 구조재의 설명이 틀린 것은?

① 벌크헤드, 프레임, 정형재라고 한다.
② 중간에 위치해서 집중되는 하중을 받는다.
③ 동체의 표피(Skin) 강도는 주로 외피(Covering)에 의존한다.
④ 다른 부품을 장착하기 위해 필요한 연결부가 된다.

해설

Semi Monocoque 수직 구조재

수직 구조재는 벌크헤드, 프레임, 정형재라고 한다. 이 수직 구조재 중에서 가장 무거운 것이 중간에 위치해서 집중되는 하중을 받고, 다른 부품을 장착하기 위해 필요한 연결부가 되어 날개, 동력장치, 안전판 등을 장착한다.

11 한 부분이 파괴되더라도 구조상 위험이나 파손을 보완할 수 있는 항공기 구조는?

① Honey-comb Structure
② Semi Monocoque Structure
③ Truss Structure
④ Failsafe Structure

해설

페일세이프 구조(Failsafe Structure)

한 구조물이 여러 개의 구조 요소로 결합되어 있어 어느 부분이 피로 파괴가 일어나거나 그 일부분이 파괴되어도 나머지 구조가 작용하는 하중을 지지할 수 있어 치명적인 파괴 또는 과도한 변형을 가져오지 않게 항공기 구조상 위험이나 파손을 보완할 수 있는 구조

[정답] 08 ① 09 ① 10 ③ 11 ④

12 Failsafe Structure의 형식이 아닌 것은?

① Redundant Structure
② Double Structure
③ Load Dropping Structure
④ Stress Skin Structure

해설

페일세이프 구조(Failsafe Structure) 형식

- 다경로하중 구조(Redundant Structure) : 일부 부재가 파괴될 경우 그 부재가 담당하던 하중을 분담할 수 있는 다른 부재가 있어 구조 전체로서는 치명적인 결과를 가져오지 않는 구조
- 대치 구조(Back Up Structure) : 하나의 부재가 전체의 하중을 지탱하고 있을 경우 이 부재가 파손될 것을 대비하여 준비된 예비적인 대치 부재를 가지고 있는 구조
- 하중경감 구조(Load Dropping Structure) : 부재가 파손되기 시작하면 변형이 크게 일어나므로 주변의 다른 부재에 하중을 전달시켜 원래 부재의 추가적인 파괴를 막는 구조

리딘던트 (Redundant)	더블 (Double)	백업 (Back-up)	로드 드로핑 (Load Dropping)
	A B		

13 2개의 부재를 결합시켜 치명적인 파괴로부터 안전을 유지할 수 있는 구조 형식은?

① Back Up Structure
② Double Structure
③ Load Dropping Structure
④ Redundant Structure

해설

이중 구조(Double Structure)

큰 부재 대신 2개의 작은 부재를 결합시켜 하나의 부재와 같은 강도를 가지게 함으로써 치명적인 파괴로 부터 안전을 유지할 수 있는 구조

14 허니컴(Honey Comb) 샌드위치 구조의 장점이 아닌 것은?

① 표면이 평평하다. ② 충격흡수가 우수하다.
③ 집중하중에 강하다. ④ 단열성이 좋다.

해설

샌드위치 구조 및 장·단점

샌드위치 구조는 2장의 외판 사이에 무게가 가벼운 심(Shim)재를 넣어 접착제로 접착시킨 구조

- 벌집형(Honey Comb), 거품형(Foam), 파형(Wave)
- 날개, 꼬리날개 또는 조종면 등의 끝부분이나 마룻바닥
- 장점
  ① 무게에 비행 강도가 크고, 음 진동에 잘 견딘다.
  ② 피로와 굽힘하중에 강하며, 보온 방습성이 우수하고, 진동에 대한 감쇠성이 크며, 항공기의 무게를 감소시킬 수 있다.
- 단점
  ① 손상 상태를 파악하기 곤란하다.
  ② 고온에 약하다.

15 샌드위치 구조 형식에서 2개의 외판 사이에 넣는 Core의 형식이 아닌 것은?

① 페일형 ② 파형
③ 거품형 ④ 벌집형

해설

문제 14번 해설 참조

2 날개

01 공기역학적으로 항공기 날개에서 비행 모멘트에 영향을 주는 것은?

① 플랩(Flap), 스피드 브레이크(Speed Brake), 스포일러(Spoiler)
② 플랩(Flap), 스피드 브레이크(Speed Brake), 슬랫(Slat)
③ 플랩(Flap), 스피드 브레이크(Speed Brake), 방향타(Ruder)
④ 플랩(Flap), 스피드 브레이크(Speed Brake), 보조날개(Aileron)

[정답] 12 ④ 13 ② 14 ③ 15 ① 2 01 ①

해설

날개(Wing)

날개는 공기역학적으로 양력을 발생시키며 플랩(Flap), 스피드 브레이크(Speed Brake), 스포일러(Spoiler)에 의해서 비행 모멘트에 영향을 준다.

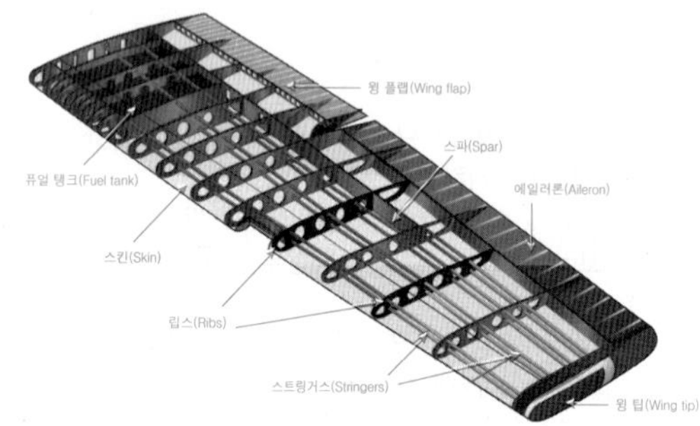

[소형 항공기 날개]

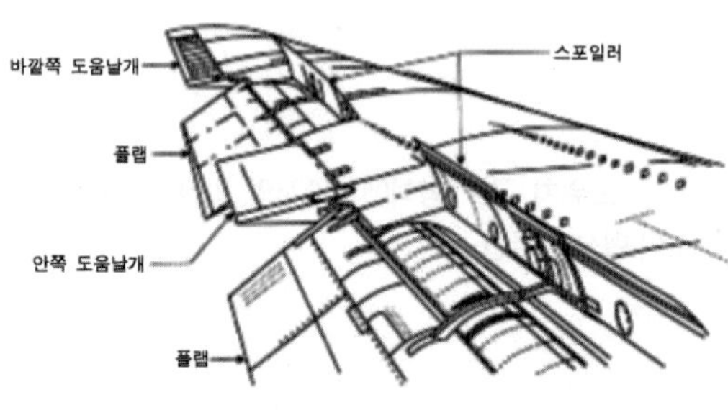

[대형(경비행기) 항공기 날개]

02 응력외피형 날개 부재의 역할 중 옳지 않은 것은?

① 날개보(Spar)는 전단력과 휨모멘트를 담당한다.
② 외피(Skin)는 비틀림 모멘트를 담당한다.
③ 스트링거(Stringer)는 압축응력에 의한 좌굴(Buck-ling)을 방지한다.
④ 리브(Rib)는 공기역학적인 형태를 유지하여야 한다.

해설

응력외피형 날개

- 날개보(Spar) : 전단력과 휨모멘트를 담당한다.
- 외피(Skin) : 비틀림 모멘트를 담당한다.
- 스트링거(Stringer) : 압축응력에 의한 좌굴(Buckling)을 방지한다.
- 리브(Rib) : 날개의 형태를 유지한다.

03 날개를 구성하는 주요구성 부재가 아닌 것은?

① 날개보(Spar) ② 리브(Rib)
③ 세로지(Stringer) ④ 론저론(Longeron)

해설

날개를 구성하는 주요구성 부재는 Spar, Rib, Stringer, Skin 등이 있다.

04 응력외피용 구조 날개에서 큰 응력을 받는 부위는?

① Spar ② Skin
③ Rib ④ Stringer

해설

응력외피용 구조 날개 외피(Skin)

전방 날개보와 후방 날개보 사이의 외피는 날개 구조상 큰 응력을 받기 때문에 응력외피라고 하며 높은 강도가 요구된다. 그러나 날개 앞전과 뒷전 부분의 외피는 응력을 별로 받지 않으며 공기역학적인 형태를 유지하여야 한다.

05 날개에 작용하는 대부분의 하중을 담당하는 구조 부재는?

① Spar ② Skin
③ Rib ④ Stringer

해설

날개보(Spar)

날개에 작용하는 대부분의 하중을 담당하며, 굽힘하중과 비틀림하중을 주로 담당하는 날개의 주 구조 부재이다.

06 좌굴을 방지하며, 외피를 금속으로 부착하기 좋게 하여 강도를 증가시키기는 부재는?

① Spar ② Rib
③ Skin ④ Stringer

해설

스트링거(Stringer)

날개의 굽힘강도를 크게 하기 위하여 날개의 길이 방향으로 리브 주위에 배치하며 좌굴(Buckling)을 방지하며, 외피를 금속으로 부착하기 좋게 하여 강도를 증가시키기도 한다.

[정답] 02 ④ 03 ④ 04 ② 05 ① 06 ④

07 날개의 가동장치의 슬랫(Slat)의 설명이 잘못된 것은?

① 장착 위치는 날개의 앞부분에 부착한다.
② 역할은 실속받음각을 감소시키는 동시에 최대양력을 증가시킨다.
③ 종류는 고정식과 가동식 슬랫이 있다.
④ 슬롯(Slot)은 슬랫이 날개 앞전부분의 일부를 밀어 내었을 때 슬랫과 날개 앞면 사이의 공간이다.

해설

슬랫(Slat)

- 날개의 앞부분에 부착
- 높은 압력의 공기를 날개 윗면으로 유도함으로써 날개 윗면을 따라 흐르는 기류의 떨어짐을 막고 실속받음각을 증가시키는 동시에 최대양력을 증가시킨다.
- 고정식, 가동식 슬랫

08 도움날개(Aileron)에 대한 설명이 잘못된 것은?

① 장착 위치는 항공기 날개의 양끝 부분에 장착한다.
② 위로 올라가는 범위와 아래로 내려가는 범위가 다른 구조를 차동조종장치라 한다.
③ 비행기의 옆놀이(Rolling) 모멘트를 발생시킨다.
④ 왼쪽 도움날개와 오른쪽 도움날개는 작동 시 서로 같은 방향으로 작동한다.

해설

도움날개(Aileron)

- 항공기 날개의 양끝 부분에 장착한다.
- 비행기의 옆놀이(Rolling) 모멘트를 발생시킨다.
- 차동조종장치(Differential Control System)은 왼쪽 도움날개와 오른쪽 도움날개는 작동시 서로 반대방향으로 작동되는데 위로 올라가는 범위와 아래로 내려가는 범위가 다른 구조를 차동조종장치라 한다.
- 대형항공기 및 고속기의 도움날개는 도움날개가 좌우에 각각 2개씩 있는 것도 있는 저속에서는 모두 작동하고 고속에서는 안쪽 도움날개만 작동한다.

09 날개의 장착방식이 아닌 것은?

① Braced Type Wing은 트러스 구조로 장착하기가 간단하고 무게도 줄일 수 있다.
② Braced Type Wing은 무게도 줄일 수 있고 공기저항이 커서 경항공기에 사용된다.
③ Cantilever Type Wing은 항력이 작아 고속기에 적합하다.
④ Cantilever Type Wing은 무게가 가볍다.

해설

날개장착방식

- 지주식 날개(Braced Type Wing) : 날개 장착부 지주(Strut)의 양끝점이 서로 3점을 이루는 트러스 구조로 장착하기가 간단하고 무게도 줄일 수 있으나 공기저항이 커서 경항공기에 사용된다. 날개와 동체를 연결하는 지주(Strut)에는 비행 중 인장력이 작용한다.
- 캔틸레버식 날개(Cantilever Type Wing) : 항력이 작아 고속기에 적합하나 다소 무게가 무겁다는 결점이 있다.

3 꼬리날개

01 항공기 꼬리날개의 역할은?

① 동체의 꼬리부분에 부착되어 비행기의 안정성과 조종성을 위한 것이다.
② 수평 안정판은 비행 중 비행기의 방향안정성을 담당한다.
③ 수직 안정판은 비행 중 비행기에 세로안정성을 담당한다.
④ Rudder는 조종간과 연결되어 비행기를 상승 · 하강시킨다.

해설

꼬리날개 역할

동체의 꼬리부분에 부착되어 비행기의 안정성과 조종성에 영향을 미친다.

02 항공기 꼬리날개(Tail Section)의 구성은?

① Elevator, Horizontal Stabilizer, Rudder, Vertical Stabilizer
② Flap, Aileron, Elevator, Fin

[정답] 07 ② 08 ④ 09 ④ 3 01 ① 02 ①

③ Aileron, Flap, Rudder, Horizontal Stabilizer

④ Flap, Rudder, Horizontal Stabilizer, Vertical Stabilizer

 해설

꼬리날개(Tail Wing)의 구성

수평꼬리날개는 수평 안정판, 방향타, 수직꼬리날개는 수직 안정판, 승강타로 구성되어 있다.

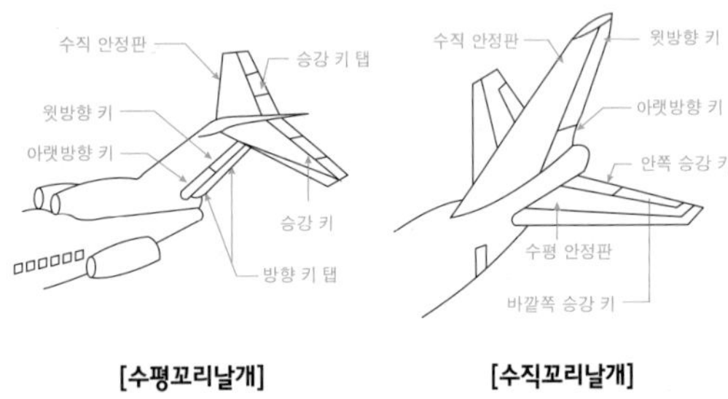

[수평꼬리날개] [수직꼬리날개]

03 수직 안정판과 방향타의 역할이 옳지 않은 것은?

① 수직 안정판은 비행 중 비행기에 방향안정성을 담당한다.

② 왼쪽 페달을 차면 방향키는 왼쪽으로 움직여 수직꼬리날개에 오른쪽 방향으로 양력이 생겨 기수는 왼쪽으로 돌아간다.

③ 비행 방향을 바꿀 때 사용되며 비행기의 키놀이(Pitching) 모멘트를 발생시킨다.

④ 오른쪽 페달을 차면 방향키는 오른쪽으로 움직이고 수직꼬리날개에 왼쪽으로 양력이 생겨 기수는 오른쪽으로 돌아간다.

해설

수직꼬리날개

- 수직꼬리날개의 구성은 수직 안정판, 방향타로 구성되어 있다.
- 수직 안정판은 비행 중 비행기에 방향안정성을 담당한다.
- 방향키(Rudder)는 비행기의 비행 방향을 바꿀 때 사용되며 비행기의 빗놀이(Yawing)운동을 조종하며 페달에 연결되어 있다.
- 왼쪽 페달을 차면 방향키는 왼쪽으로 움직여 수직꼬리날개에 오른쪽 방향으로 양력이 발생하여 기수는 왼쪽으로 돌아가게 된다.
- 오른쪽 페달을 차면 방향키는 오른쪽으로 움직이고 수직꼬리날개에 왼쪽으로 양력이 생겨 기수는 오른쪽으로 돌아가게 된다.

04 수평꼬리날개의 설명이 잘못된 것은?

① 수평 안정판은 비행중 비행기의 세로 안정성을 담당한다.

② 승강키는 비행기를 상승 · 하강시키는 키놀이 모멘트를 발생시킨다.

③ 조종간을 밀면 양력이 감소하여 비행기 기수는 아래로 내려가게 된다.

④ 조종간을 잡아당기면 비행기의 기수는 위로 올라가게 된다.

해설

수평꼬리날개

- 수평꼬리날개는 수평 안정판, 승강키로 구성되어 있다.
- 수평 안정판은 비행 중 비행기의 세로안정성을 담당한다.
- Elevator는 조종간과 연결되어 비행기를 상승·하강시키는 Pitching 모멘트를 발생시킨다.
- 조종간을 밀면 승강키가 내려가서 수평꼬리 날개의 캠버가 커져 양력이 증가하여 비행기 수평꼬리 날개는 위쪽으로 올라가고 기수를 아래로 내려가게 된다.
- 조종간을 잡아당기면 승강키가 올라가 양력이 아래로 발생하여 비행기의 기수위로 올라가게 된다.

05 세로안정을 위해 Trim장치로 움직이게 되어 있는 것은?

① Horizontal Stabilizer

② Elevator

③ Vertical Stabilizer

④ Rudder

해설

Horizontal Stabilizer는 비행 중 비행기의 세로안정성을 담당하며 Trim장치에 의해 움직이게 된다.

06 비행 시 발생되는 난류를 감소시켜주고 방향안전성을 담당해 주는 것은?

① Flap ② Dorsal Fin

③ Elevator ④ Rudder

해설

Dorsal Fin(도살핀)

[정답] 03 ③ 04 ③ 05 ① 06 ②

항공기 수직 안정판에 연장된 부분으로 Vertical Stabilizer의 전방에 설치되어 Vertical Stabilizer와 Fuselage 사이의 유선 페어링(Streamline Fairing)으로 되어 비행 시에 발생되는 난류를 감소시켜 주고 항공기의 방향안정성을 증가시키는데 사용된다.

4 엔진 마운트 및 나셀

01 방화벽(Firewall)은 어느 곳에 위치하고 있는가?

① 연료탱크 앞에　　② 조종석 뒤에
③ 엔진 마운트 앞에　　④ 엔진 마운트 뒤에

해설

방화벽(Firewall)
방화벽은 엔진의 열이나 화염이 기체로 전달되는 것을 차단하는 장치이며, 재질은 스테인리스강, 티탄 합금으로 되어 있으며, 엔진 마운트 뒤에 위치한다.

02 항공기 기체에 장착된 Nacelle의 역할이 잘못 설명된 것은?

① 기체에 장착된 기관을 둘러싸는 부분을 말한다.
② 기관 및 기체에 장착된 기관을 둘러싸는 부분을 말한다.
③ 동체 안에 기관을 장착할 경우도 나셀이 필요하다.
④ 공기역학적으로 저항을 작게 하기 위하여 유선형으로 되어있다.

해설

나셀(Nacelle)
기체에 장착된 엔진을 둘러싸는 부분을 말한다. 나셀은 공기역학적으로 저항을 작게 하기 위하여 유선형으로 되어 있으며, 동체 안에 기관을 장착할 때에는 나셀이 필요가 없다. 나셀은 동체 구조와 마찬가지로 외피, 카울링, 구조 부재, 방화벽 그리고 엔진 마운트로 구성되어 있다.

03 항공기 엔진 마운트에 대한 설명이 잘못된 것은?

① 엔진 마운트(Engine Mount)는 기관의 무게를 지지하고 기관의 추력을 기체에 전달하는 구조로서 항공기 구조물 중 하중을 가장 많이 받는 곳 중의 하나이다.
② 방화벽은 기관의 열이나 화염이 기체로 전달되는 것을 차단하는 장치이며, 재질은 스테인리스강, 티탄 합금으로 되어 있으며, 엔진 마운트 뒤에 위치한다.
③ QEC(Quick Engine Change)엔진은 엔진을 떼어낼 때 부수되는 계통, 즉 연료계통, 유압선, 전기계통, 조절 링키지 및 엔진 마운트 등도 함께 쉽게 장탈 가능한 엔진을 말한다.
④ 방화벽은 기관의 열이나 화염이 기체로 전달되는 것을 차단하는 장치이며, 재질은 스테인리스강, 티탄 합금으로 되어 있으며, 엔진 마운트 앞에 위치한다.

해설

엔진 마운트(Engine Mount)
- 항공기엔진 마운트(Mount)는 항공기 엔진을 기체에 연결하는 중요한 부품이며, 엔진의 추력과 열로 인해 하중이 많이 걸리기 때문에 대부분 내열성이 강한 크롬-몰리브데늄 합금강(AN41430 Chrom-moly-bide alloy steel)으로 제작된다.
- 방화벽은 기관의 열이나 화염이 기체로 전달되는 것을 차단하는 장치이며, 재질은 스테인리스강, 티탄 합금으로 되어 있으며, 엔진 마운트 뒤에 위치한다.
- QEC(Quick Engine Change)엔진은 엔진을 떼어낼 때 부수되는 계통 즉 연료계통, 유압선, 전기계통, 조절 링키지 및 엔진 마운트 등도 함께 쉽게 장탈 가능한 엔진을 말한다.

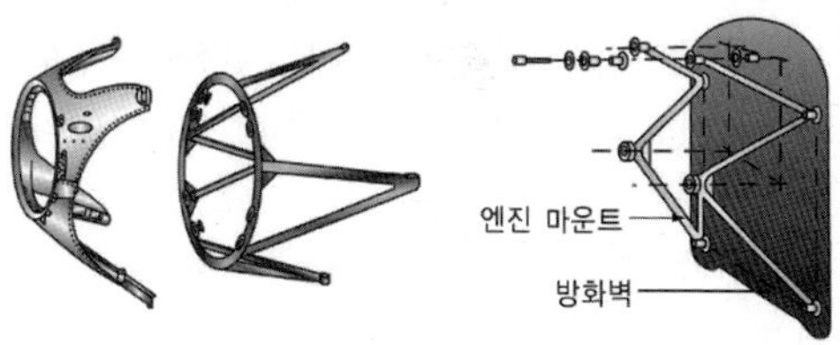

[왕복엔진 마운트]

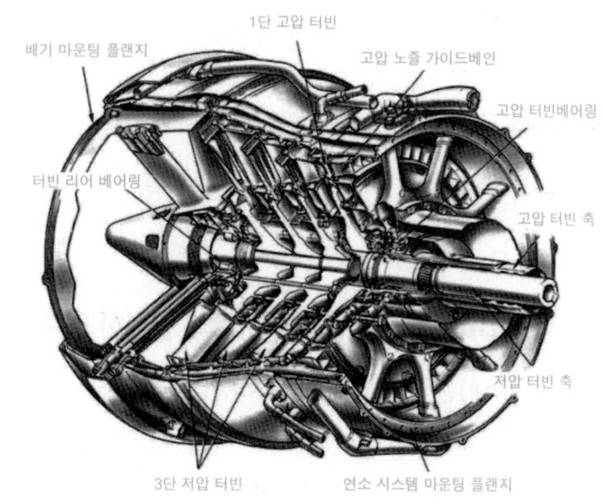

[제트엔진 마운트]

[정답] 4 01 ④ 02 ③ 03 ④

5 강도와 안전성

01 구조재료의 Creep 현상을 바르게 설명한 것은?

① 재료가 일정한 온도에서 시간이 경과함에 따라 변형률이 변하는 상태
② 재료가 일정한 온도에서 시간이 경과함에 따라 하중이 일정하더라도 변형률이 변하는 현상
③ 재료가 일정한 온도에서 시간이 경과함에 따라 하중이 변하지 않는 현상
④ 재료가 온도가 변화함에 따라 하중이 변하지 않는 현상

해설

Creep 현상
일정한 응력을 받는 재료가 일정한 온도에서 시간이 경과함에 따라 하중이 일정하더라도 변형률이 변화하는 현상

02 재료의 피로파괴를 바르게 설명한 것은?

① 피로파괴는 재료의 인성과 취성을 측정하기 위한 시험법이다.
② 피로파괴는 합금성질을 변화시키려는 성질을 말한다.
③ 피로파괴는 시험편(Test Piece)을 일정한 온도로 유지하고 이것에 일정한 하중을 가할 때 시간에 따라 변화하는 현상을 말한다.
④ 피로파괴는 재료에 반복하여 하중이 작용하면 그 재료의 파괴응력보다 훨씬 낮은 응력으로 파괴되는 현상을 말한다.

해설

피로파괴
금속선을 계속 구부렸다가 펴면 절단되는 것처럼 반복적인 하중이 작용하면 재료의 파괴응력보다 훨씬 낮은 응력으로 파괴되는 현상

03 좌굴(Buckling) 현상을 바르게 설명한 것은?

① 작은 봉(Bar)은 좌굴강도에 의하여 파괴된다.
② 큰 인장하중을 받는 곳은 좌굴될 위험이 있다.
③ 큰 전단하중을 받는 곳에 위험이 있다.
④ 기둥에 압축하중이 커지면 강도를 견디지 못하는 현상

해설

좌굴(Buckling) 현상
기둥에 압축하중이 커지면 휘어지면서 파단되어 더 이상 압축강도를 견디지 못하는 현상 이때의 응력을 좌굴 응력이라고 함

6 부재와 강도

01 인장응력을 바르게 설명한 것은?

① 임의의 단면적에 작용하는 인장력
② 단위면적당 작용하는 압축력
③ 임의의 단면적에 작용하는 전단력
④ 단위면적당 작용하는 비틀림

해설

인장응력은 인장하중을 가한 부재의 단면에 발생하는 인장방향의 응력을 말한다.

02 지름이 5[cm]인 원형단면인 봉에 1,000[kg]의 인장하중이 작용할 때 단면에서의 응력은 몇 [kg/cm²]인가?

① 101.8　② 200
③ 50.9　④ 63.7

해설

$$\sigma=\frac{W}{A}=\frac{1,000}{2.5^2\pi}\fallingdotseq 50.9[\text{kg/cm}^2]$$

여기서, σ : 인장응력[kg/cm], W : 인장력[kg], A : 단면적[cm]

03 항복강도에서 일어나는 응력은?

① 금속이 견딜 수 있는 최대응력
② 극한 강도(Ultimate Strength)
③ 인장 응력(Tensile Strength)
④ 탄성변형이 일어나는 한계응력

해설

항복강도는 탄성변형이 일어나는 한계응력을 말한다.

[정답] 5 01 ② 02 ④ 03 ④ 6 01 ① 02 ③ 03 ④

04 응력이 증가하지 않아도 변형이 저절로 되는 점은?

① 비례한도점　② 항복점
③ 탄성점　④ 최대응력점

해설

항복점
응력이 증가하지 않아도 변형이 저절로 증가되는 점으로 이때의 응력을 항복응력 또는 항복강도라고 한다.

05 후크의 법칙(Hook Law)이 적용되는 범위는?

① 인장강도　② 비례한도
③ 소성영역 이내　④ 항복강도

해설

탄성영역(비례한도)
후크의 법칙이 적용되는 범위로서 이 안에서는 응력이 제거되면 변형률이 제거되어 원래의 상태로 돌아간다.

06 재료가 열을 받아도 늘어나지 못하게 양쪽 끝이 구속되어 있으면 발생되는 응력은?

① 순수전단응력　② 막응력
③ 후크응력　④ 열응력

해설

열응력
재료가 열을 받아도 늘어나지 못하게 양쪽 끝이 구속되어 있으면 재료 내부에서는 응력이 발생한다.

$$\delta=\alpha \cdot L(\Delta T)$$

여기서, δ : 늘어난 길이, α : 재료의 선팽창계수, L : 원래의 길이, ΔT : 온도변화

07 비행기의 원형 부재에 발생하는 전비틀림각과 이에 미치는 요소와의 관계로 틀린 것은?

① 비틀림력이 크면 비틀림각도 커진다.
② 부재의 길이가 길수록 비틀림 각은 작아진다.
③ 부재의 전단계수가 크면 비틀림각이 작아진다.
④ 부재의 극단면 2차 모멘트가 작아지면 비틀림각이 커진다.

해설

$$\text{비틀림 } \theta=\frac{TL}{GJ}$$

여기서, θ : 비틀림각, T : 토크(회전력), L : 부재의 길이, G : 전단 탄성계수, J : 극관성 모멘트

08 동체의 전단 응력에 대한 설명이 잘못된 것은?

① 동체의 전단 응력은 항공기 무게에 의해 발생된다.
② 동체의 전단 응력은 항공기 공기력에 의해 발생된다.
③ 동체의 전단 응력은 항공기 지면 반력에 의해 발생된다.
④ 동체의 좌우측 중앙에서 동체의 전단응력이 최소이다.

해설

전단응력은 외력이 서로 반대 방향으로 작용할 때 발생하는 응력으로, 항공기에 작용하는 외력(공기력, 무게, 반력 등)에 의해 항공기 각 요소에서 발생하며, 외력이 작용하는 중심에서 가장 크다.

7 비행성능과 하중

01 비행 중 비행기에 걸리는 하중은?

① 전단, 인장, 비틀림,
② 휨압축, 전단, 인장, 비틀림, 휨
③ 압축, 전단, 비틀림, 휨
④ 압축, 전단, 휨, 인장

해설

비행 중 기체 구조에 작용하는 하중
비행 중에 기체에는 인장력(Tension), 압축력(Compress), 전단력(Shear), 굽힘력(Bending), 비틀림력(Torsion)이 작용한다.

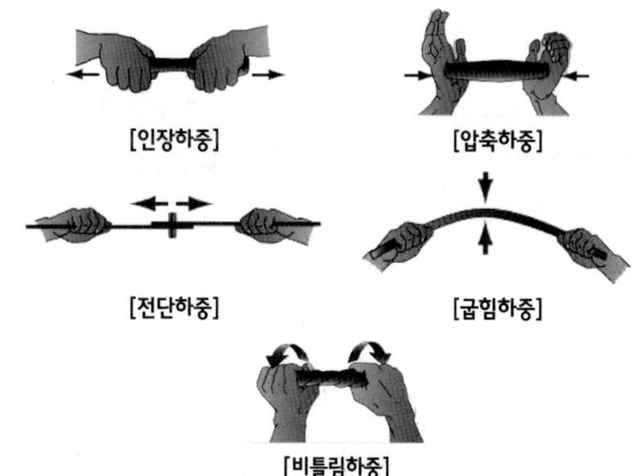

[정답] 04 ② 05 ② 06 ④ 07 ② 08 ④ 7 01 ②

02 **비행 중 동체에 걸리는 하중을 바르게 나열한 것은?**

① 윗면과 아랫면에 모두 압축응력
② 윗면과 아랫면에 모두 인장응력
③ 윗면에 압축응력, 아랫면에 인장응력
④ 윗면에 인장응력, 아랫면에 압축응력

해설

비행 중 동체의 윗면에는 인장응력이 아랫면에는 압축응력이 작용한다.

03 **항공기의 날개 구조 중 최대 휨 모멘트를 받는 곳은 어디인가?**

① 날개 끝에서 $\frac{2}{3}$ 지점 ② 날개 중간
③ 날개 끝 ④ 날개 뿌리

해설

날개의 구조 중 최대 휨 모멘트가 작용하는 부분은 날개의 뿌리 부분이다.

04 **설계하중을 바르게 설명한 것은?**

① 설계하중=한계하중
② 설계하중=한계하중+안전계수
③ 설계하중=안전계수
④ 설계하중=한계하중×안전계수

해설

설계하중은 기체가 견딜 수 있는 최대의 하중으로 한계하중에 안전계수의 곱으로 표현되며, 일반적으로 안전계수는 1.5이다.

05 **실속속도가 80[Km/h]인 비행기가 150[Km/h]로 비행 중 급히 조종간을 당겼을 때 비행기에 걸리는 하중배수는 약 얼마인가?**

① 0.75 ② 1.50
③ 2.25 ④ 3.52

해설

하중배수$=\frac{V^2}{Vs^2}=\frac{150^2}{80^2}=35.156$

06 **기체의 영구 변형이 일어나더라도 파괴되지 않는 하중은?**

① 돌풍하중 ② 극한하중
③ 한계하중 ④ 설계하중

해설

한계하중은 기체 구조상의 최대하중으로 기체의 영구변형이 일어나더라도 파괴되지 않는 하중을 말한다.

07 **항공기의 일반적인 구조물의 경우 안전계수는?**

① 0.5 ② 1
③ 1.5 ④ 2

해설

안전계수

- 일반 구조물 : 1.5
- 주물 : 1.25~2.0
- 결합부(Fitting) : 1.15 이하
- 힌지(Hinge) 면압 : 6.67 이하
- 조종계통 힌지(Hinge), 로드(Rod) : 3.33 이하

08 **항공기의 무게중심을 맞추기 위하여 무엇을 사용하는가?**

① Tare ② Ballast
③ Weight ④ Count Weight

해설

Ballast

항공기의 무게중심을 맞추기 위해 사용하는 모래주머니, 납 등을 말한다.

09 **운항자기(Operating Empty Weight) 무게에 포함되는 것은?**

① 화물 무게 ② 사용 가능한 연료의 무게
③ 승객 무게 ④ 장비품 및 식료품

해설

운항자기 무게(Operating Empty Weight)

자기 무게의 운항에 필요한 승무원, 장비품, 식료품 등의 무게를 포함한 무게로 승객, 화물, 연료, 윤활유는 포함하지 않는다.

[정답] 02 ④ 03 ④ 04 ④ 05 ④ 06 ③ 07 ③ 08 ② 09 ④

10 항공기 자기 무게에 속하지 않은 것은?

① 기체 무게 ② 동력 장치무게
③ 잔여 연료무게 ④ 유상하중

해설

자기 무게
항공기 자기 무게에는 항공기 기체 구조, 동력장치, 필요 장비의 무게에 사용 불가능한 연료, 배출 불가능한 윤활유, 기관 내 냉각액의 전부, 유압 계통 작동유의 무게가 포함되며 승객, 화물 등의 유상하중, 사용가능한 연료, 배출 가능한 윤활유의 무게를 포함하지 않은 상태에서의 무게이다.

11 최대이륙중량(Maximum Take-off Gross Weight)이란?

① 지상에서 이용할 수 있는 허가된 최대의 중량
② 착륙이 허용될 수 있는 최대의 중량
③ 제작 시 기본무게에 운항 시 필요한 품목을 더한 무게
④ 최대활주 총무게에서 Engine Run-up, Taxing Holding 등에 사용된 연료를 뺀 무게

해설

최대이륙중량
최대활주 총무게에서 Engine Run-up, Taxing Holding 등에 사용된 연료를 뺀 무게를 말한다.

12 항공기 무게의 설계 단위 측정 시 여자 승객의 무게는?

① 55[kg] ② 65[kg]
③ 70[kg] ④ 75[kg]

해설

항공기 탑재물 설계 단위 무게
항공기 탑재물에 대한 무게를 정하는데 기준이 되는 설계상 무게
- 남자 : 75[kg]
- 여자 : 65[kg]
- 가솔린 : 1[L]당 0.7[kg]
- 윤활유 : 1[L]당 0.9[kg]

13 항공기 위치의 Buttock Line이란?

① 항공기의 전방에서 Tail Cone까지 평행하게 측정한 길이
② 항공기의 동체의 수평면으로부터 수직의 높이
③ 날개의 후방 빔에서 수직하게 밖으로부터 안쪽 가장자리를 측정한 길이
④ 항공기 수직 중심선을 기준으로 좌·우의 평행한 폭

해설

Buttock Line
항공기의 수직 중심선을 기준으로 좌·우의 평행한 폭을 의미한다.

14 항공기 총모멘트가 125,000[kg·cm]이고 총무게가 500[kg]일 때, 이 항공기의 무게중심은?

① 210.4[cm] ② 230[cm]
③ 250[cm] ④ 270[cm]

해설

$$C.G = \frac{\text{총모멘트}}{\text{총무게}} = \frac{125{,}000}{500} = 250[\text{cm}]$$

15 항공기 무게측정 결과에 따른 무게중심은? (단, 1[gal]당 무게는 7.5[lbs]이다.)

측정 항목	무게(lbs)	거리(inch)
오른쪽 큰바퀴	617	68
왼쪽 큰바퀴	614	68
앞바퀴	152	-26
윤활유(OIL)	-60	-30

① 57.67[in] ② 67.67[in]
③ 63.66[in] ④ 61.64[in]

해설

$$C.G = \frac{\text{총모멘트}}{\text{총무게}}$$
$$= \frac{(617\times68)+(614\times68)+(152\times-26)+(-60\times-30)}{617+614+152-60}$$
$$\fallingdotseq 61.64[\text{in}]$$

[정답] 10 ④ 11 ④ 12 ② 13 ④ 14 ③ 15 ④

16 **비행기의 무게가 2,500[kg] 이고 중심 위치는 기준선 후방 0.5[m]에 있다. 기준선 후방 4[m]에 위치한 10[kg]짜리 좌석2개를 떼어내고 기준선 후방 4.5[m]에 17[kg]짜리 항법 장치를 장착하였으며, 이에 따른 구조 변경으로 기준선 후방 3[m]에 12.5[kg]의 무게 증가 요인이 추가 발생하였다면 이 비행기의 새로운 무게중심 위치는?**

① 기준선 전방 약 0.21[m]

② 기준선 전방 약 0.51[m]

③ 기준선 후방 약 0.21[m]

④ 기준선 후방 약 0.51[m]

해설

중심위치

$$중심위치(C.G)=\frac{총모멘트}{총무게}$$

$$=\frac{(2{,}500\times0.5)+(-4\times10\times2)+(4.5\times17)+(3\times12.5)}{2{,}500-20+17+12.5}$$

$$=\frac{1{,}284}{2{,}509.5}=0.5116[m]$$

8 금속 기초

01 **원자 배열의 변화 없이 금속의 자성 변화만 일으키는 형태는?**

① 자기 변태　② 동위 변태

③ 등가 변태　④ 동소 변태

해설

금속의 변태

① 변태 : 온도 상승으로 고체가 액체나 기체로 변하는 현상(금속의 상태가 변화하는 현상)
② 동소 변태 : 자기 상태를 그대로 유지 하려는 성질(원인 : 원자 배열의 변화, 특정 결정격자형식 변화)
③ 자기 변태 : 원자 배열 변화 없이 자성만 변하는 성질
  • 순철의 자기 변태점(A2) – 768[°C] 부근에서 급격히 자성 변함
④ 순철의 3개 동소체
  • α(알파)철 : 910[°C] 이하 – 체심입방격자
  • γ(감마)철 : 910~1400[°C] 사이 – 면심입방격자(가공성 양호)
  • δ(델타)철 : 1400~1538[°C] 사이 – 체심입방격자

02 **금속의 원래 형태로 되돌아가려는 성질을 무엇인가?**

① 취성　② 탄성

③ 연성　④ 인성

해설

금속의 성질

① 전성(Malleability) : 퍼짐성
② 연성(Ductility) : 뽑힘성
③ 탄성(Elasticity) : 외력을 가한 후 그 힘을 제거하면 원래의 상태로 되돌아가려는 성질
④ 취성(Brittleness) : 부서지는 성질, 여린 성질
⑤ 인성(Toughness) : 질긴 성질(찢어지거나 파괴되지 않음. 인성의 반대는 취성)
⑥ 전도성(Conductivity) : 열이나 전기를 전도시키는 성질, 용접가공과 압접가공에 매우 중요
⑦ 강도(Strength) : 하중에 견딜 수 있는 정도
⑧ 경도(Hardness) : 단단한 정도, 정적 강도 표시 기준

03 **휨이나 변형이 거의 일어나지 않고 부서지는 성질은?**

① 연성　② 전성

③ 취성　④ 탄성

해설

취성(Brittleness)

휨이나 변형이 거의 일어나지 않고 부서지거나 파열되는 성질을 말하며, 취성이 큰 금속은 변형되지 않고 파열 또는 부서지므로, 하중에 의한 충격을 많이 받는 구조용 재료에서는 좋지 못하다.

04 **재료의 인성과 취성을 측정하기 위해 실시하는 동적 시험법은?**

① 인장시험　② 전단시험

③ 충격시험　④ 경도시험

해설

충격시험

충격력에 대한 재료의 충격저항을 시험하는 것으로서, 일반적으로 재료의 인성 또는 취성을 시험한다.

[정답] 16 ④ 8 01 ① 02 ② 03 ③ 04 ③

05 일감을 가열하여 해머 등으로 단련 및 성형하는 방법은?

① 단조 가공 ② 프레스 가공
③ 압연 가공 ④ 인발 가공

해설

단조(Forging)
보통 열간 가공에서 적당한 단조 기계로 재료를 소성 가공하여 조직을 미세화 시키고, 균질 상태로 하면서 성형한다.

06 회전롤러 사이에서 판재나 봉재를 가공하는 방식은?

① 단조 가공 ② 프레스 가공
③ 압연 가공 ④ 인발 가공

해설

압연(Rolling)
재료를 열간 또는 냉간 가공하기 위하여 회전하는 Roller 사이를 통과시켜 원하는 두께, 폭 또는 지름을 가진 제품을 만든다.

07 한 쌍의 형틀 사이에서 가공하는 것은?

① 단조 가공 ② 프레스 가공
③ 압연 가공 ④ 인발 가공

해설

프레스(Press)
금속 판재를 위, 아래 한 쌍의 프레스 형틀 사이에 넣고, 원하는 모양으로 성형, 가공하는 것을 말한다.

08 실린더 모양의 용기 속에 재료를 넣고 램(Ram) 압력을 가하는 소성 가공 방법은?

① 압출 가공 ② 프레스 가공
③ 압연 가공 ④ 인발 가공

해설

압출(Extrusion)
상온 또는 가열된 금속을 실린더 형상을 한 용기(Container)에 넣고, 한쪽에 Ram에 압력을 가하여 봉재, 판재, 형재 등의 제품으로 가공하는 것을 말한다.

09 봉재 및 선재를 뽑아내는 가공은?

① 압출 가공 ② 프레스 가공
③ 압연 가공 ④ 인발 가공

해설

인발(Drawing)
금속 Pipe 또는 봉재를 Die에 통과시켜 축 방향으로 잡아당겨 바깥 지름을 감소시키면서 일정한 단면을 가진 소재 또는 제품으로 가공하는 방법을 말한다.

10 순철의 변태에 있어서 910~1400[°C] 사이에 면심입방격자를 갖는 철의 이름은?

① γ철 ② β철
③ α철 ④ δ철

해설

순철 : 철 중에서 불순물이 전혀 섞이지 않은 철
- 순철의 3개 동소체(α철, γ철, δ철)
  - α철 : 912[°C] 이하, 체심입방격자
  - γ철 : 912~1,394[°C] 면심입방격자
  - δ철 : 1,394[°C] 이상, 체심입방격자

2 항공기 재료

1 금속 재료

01 AN 667이 사용되는 항공기용 Cable End는?

① Road End ② Eye End
③ Fork End ④ Ball End

해설

Cable Terminal
용도에 따라 Ball End (AN664), Threaded End(AN666) Fork End(AN667), Eye End (AN668) 등이 있다.

[정답] 05 ① 06 ③ 07 ② 08 ① 09 ④ 10 ① 1 01 ③

02 항공기 Landing Gear에 사용하는 재료는?

① 알루미늄 ② 내열 합금
③ 고장력강 ④ 티타늄 합금

해설

Landing Gear에 사용되는 재료
탄소함유량이 0.35[%] 이상 함유된 고장력강으로 SAE4130이나 SAE4340을 사용한다.

03 항공기 Engine Mount에 사용되는 재질은?

① 관으로 된 강철 ② 속이 비지 않은 강철
③ 속이 꽉 찬 마그네슘 ④ 관으로 된 알루미늄

해설

Engine Mount에 사용되는 재료
관으로 된 강철을 사용하여 무게를 경감시킨다.

04 항공기에 탄소강이 많이 사용되는 곳은?

① Wing ② Landing gear
③ Engine ④ Cotter Pin, Cable

해설

항공기용 Cotter Pin과 Cable은 탄소강을 주로 사용한다.

05 탄소강에서 규소 원소의 영향에 대한 설명 중 틀린 것은?

① 용접성을 해친다. ② 냉간 가공성을 해친다.
③ 주조성을 해친다. ④ 충격저항을 감소시킨다.

해설

탄소강에서 규소 원소의 영향
① 유동성이 양호하여 주조 성능 우수
② 단접성과 냉간 가공성 불량 및 충격저항 감소
③ 저탄소강의 규소 함유량 제한 : 0.2[%] 이하

06 저탄소강의 탄소함유량은?

① 탄소를 0.1 ~ 0.3[%] 포함한 강
② 탄소를 0.3 ~ 0.5[%] 포함한 강
③ 탄소를 0.6 ~ 1.2[%] 포함한 강
④ 탄소를 1.2[%] 이상 포함한 강

해설

탄소강의 분류
① 저탄소강(연강)
- 탄소 0.1~0.3[%] 함유
- 전연성 양호
- 구조용 Bolt, Nut, 핀 등
- 항공기 – 안전 결선용 철사, 케이블 부싱, 로드 등, 판재 – 2차 구조재로 사용

② 중탄소강
- 탄소 0.3~0.6[%] 함유
- 표면경도 요구시 담금질

④ 고탄소강
- 탄소 0.6~1.2[%] 함유
- 강도, 경도 및 전단이나 마멸에 강함
- 높은 인장력이 필요한 철도 레일, 기차 바퀴, 공구, 스프링에 이용

07 특수 합금강이란?

① Fe과 C와의 합금
② 비자성체인 소결 합금
③ 비철 금속과 특수 원소의 합금
④ 탄소강과 특수 원소의 합금

해설

특수강(합금강)
- 탄소강과 특수 원소의 합금
- 특수 원소 – 니켈, 크롬, 텅스텐, 몰리브덴, 바나듐, 붕소, 티탄 등

08 SAE 강의 분류로 4130은?

① 몰리브덴 1[%]에 탄소 30[%]를 함유한 몰리브덴강
② 몰리브덴 1[%]에 탄소 30[%]를 함유한 크롬강
③ 몰리브덴 4[%]에 탄소 0.30[%]를 함유한 탄소강
④ 몰리브덴 1[%]에 탄소 0.30[%]를 함유한 몰리브덴강

[정답] 02 ③ 03 ① 04 ④ 05 ③ 06 ① 07 ④ 08 ④

해설

강의 식별

SAE 4130

- SAE : 합금강 표시
- 4 : 합금의 종류(몰리브덴)
- 1 : 합금 원소의 합금량(몰리브덴 1[%])
- 30 : 탄소의 평균 함유량(0.3[%])

09 SAE 2330 강이란?

① 탄소 3[%] 함유 강 ② 몰리브덴 3[%] 함유 강
③ 니켈 3[%] 함유 강 ④ 텅스텐강 3[%] 함유 강

해설

SAE 2330

- 2 : 니켈강
- 3 : 니켈의 함유량(3[%])
- 30 : 탄소의 함유량(0.3[%])

10 합금강의 식별표시에 있어서 옳게 짝지어진 것은?

① 3XXX–니켈크롬강 ② 2XXX–몰리브덴강
③ 6XXX–니켈강 ④ 5XXX–탄소강

해설

합금의 종류 및 합금 번호

탄소강	1	크롬강	5
니켈강	2	크롬바나듐강	6
니켈크롬강	3	니켈크롬몰리브덴강	8
몰리브덴강	4		

11 강철은 단단하게 한 후에 다시 완화해야 하는 이유는?

① 강도와 연성을 증가시키기 위하여
② 연성과 부스러지는 현상을 줄이기 위하여
③ 강도를 증가시키고 내부응력을 증가시키기 위하여
④ 내부응력을 경감시키고 부스러지는 현상(Brittleness)을 줄이기 위하여

해설

내부응력을 경감시키고 Brittleness를 줄이기 위해서는 단단하게 한 후 다시 완화하여야 한다.

12 니켈 합금강이 사용되는 곳은?

① 부식성이 있는 주위에 사용한다.
② 높은 온도를 받는 곳에서 사용한다.
③ 높은 강도를 받는 곳에서 사용한다.
④ 진동에 의해 저항이 유지되는 곳에 사용한다.

해설

니켈강

- C : 0.3～0.4[%], Ni : 1.4～5[%]
- 담금질효과가 좋고 고온에서 결정입자의 조대화가 없다. 강도가 크고 내마멸성 및 내식성이 우수하며 고온에서 사용하는 재료에 적합하다
- 볼트, 터미널 키, 링크, 핀 등 기계 부속품에 사용한다.

13 18-8로 기입된 금속은?

① 알루미늄
② 마그네슘
③ 크롬–니켈–몰리브덴강
④ 구조강

해설

크롬몰리브덴강

Cr(18[%]) – Ni(8[%])은 오스테나이트계로 내식, 내산성이 13[%] Cr보다 우수하며 오스테나이트 조직이므로 비자성체이다. 용접성은 스테인리스강에서 가장 우수하며 담금질로 경화되지 않는다.

14 항공기 엔진의 방화벽을 만들 때 주로 사용되는 것은?

① 알루미늄 합금강 ② 스테인리스강
③ 크롬몰리브덴 합금강 ④ 마그네슘티타늄 합금강

해설

방화벽(Firewall)

방화벽은 기관의 열이나 화염이 기체로 전달되는 것을 차단하는 장치이며, 재질은 스테인리스강, 티탄 합금으로 되어 있다.

[정답] 09 ③ 10 ① 11 ④ 12 ② 13 ① 14 ②

2 비철금속 재료

01 알루미늄의 합금의 특성이 아닌 것은?

① 기계적 성질이 좋다. ② 가공성이 좋다.
③ 시효경화성이 없다. ④ 내식성이 좋다.

해설

알루미늄 합금의 특성

① 가공성이 좋다.
② 적절히 처리하면 내식성 좋다.
③ 합금 비율에 따라 강도, 강성이 크다.
④ 상온에서 기계적 성질이 좋다.
⑤ 시효경화성을 갖는다.

02 순수알루미늄 성질을 잘못 설명한 것은?

① 암모니아에 대한 내식성이 크다.
② 전기 및 열의 양도체이다.
③ 표면에 산화 피막을 입힌다.
④ 바닷물에 침식하지 않는다.

해설

순수 알루미늄의 특성

알루미늄의 비율이 99[%]이며, 비중이 2.7, 흰색 광택을 내는 비자성체이고 내식성이 강하고 가공성, 전기 및 열의 전도율이 매우 좋다. 또 무게가 가볍고 660[℃]의 비교적 낮은 온도에서 용해되며 유연하고 전연성이 우수하다. 그러나 인장강도가 낮아 구조부분에는 사용할 수 없으며 알루미늄 합금을 만들어 사용한다.

03 AA식별번호 1100이고 순도 알루미늄은 어떤 종류인가?

① 아연이 포함된 알루미늄
② 99.9[%] 순수 알루미늄
③ 11[%] 구리가 포함된 알루미늄
④ 열처리한 알루미늄 합금

해설

알루미늄 합금

1100 : 99.9[%] 이상의 순수 알루미늄으로, A-2S에 해당한다. 내식성은 있으나 열처리가 불가능하며, 냉간 가공에 의하여 인장 강도가 17[kgf/mm^2]로 증가되지만, 구조용으로는 사용하기 곤란하다.

04 미국알루미늄협회(A.A)에서 정한 알루미늄 합금판 규격을 바르게 표시한 것은?

① 4자리 숫자 ② 3자리 숫자+문자
③ 문자+4자리 숫자 ④ 5자리 숫자

해설

AA 규격 식별 기호

미국 알루미늄협회에서 가공용 알루미늄 합금에 통일하여 지정한 합금 번호로서 네자리 숫자로 되어 있다.

- 첫째자리 숫자 : 합금의 종류
- 둘째자리 숫자 : 합금의 개량 번호
- 나머지 두자리 숫자 : 합금 번호

05 알루미늄 합금이 초고속기 재료로서 적당하지 않은 이유는?

① 무겁기 때문 ② 부식성이 심하기 때문
③ 열에 약하기 때문 ④ 전기저항이 크기 때문

해설

알루미늄의 특징

문제 1, 2 해설 참조

06 알루미늄 합금 2024의 첫째자리 "2"는 무엇인가?

① 함유량 ② 합금 개량 번호
③ 합금의 번호 ④ 주합금의 원소

해설

알루미늄	Al	주합금의 원소	2
개량번호	0	다른 합금의 종류	24
조질 상태의 표시	T_4		

[정답] 2 01 ③ 02 ④ 03 ② 04 ① 05 ③ 06 ④

07 대형 항공기 윗면에 주로 많이 사용되는 7075(AA)에 알루미늄과 무엇이 가장 많이 합금되어있는가?

① 구리　　② 아연
③ 망간　　④ 마그네슘

해설

AA 7075(75S)

- 성분 : Al+Zn(5.6%)+Mg(2.5%)+Mn(0.3%)+Cr(0.3%)
- 일명 E.S.D(Extra Super Duralumin)
- 알루미늄 합금 중 가장 강함

08 티타늄 합금과 알루미늄 합금의 비교 시 옳지 않은 것은?

① 티타늄 합금이 알루미늄 합금보다 강도가 높다.
② 티타늄 합금이 알루미늄 합금보다 내식성이 불량하다.
③ 티타늄 합금이 알루미늄 합금보다 비중이 1.6배이다.
④ 티타늄 합금이 알루미늄 합금보다 내열성이 좋다.

해설

티타늄의 특성

① 비중 4.5(Al보다 무거우나 강(steel)의 1/2 정도)
② 융점 1,730[°C](스테인리스강 1,400[°C])
③ 열전도율이 적다.(0.035)(스테인리스 0.039)
④ 내식성(백금과 동일) 및 내열성 우수(Al 불수강보다 우수)
⑤ 생산비가 비싸다.(특수강의 30～100배)
⑥ 해수 및 염산, 황산에도 완전한 내식성
⑦ 비자성체(상자성체)

09 미국규격협회(ASTM)에서 정한 질별기호 중 "O"는 무엇을 나타내는가?

① 주조한 그대로의 상태인 것
② 담금질 후 시효경화 진행 중인 것
③ 가공경화한 것
④ 연화, 재결정화의 처리가 된 것

해설

질별 기호(냉간 가공 및 열처리 상태 표시)

- F : 제조된 그대로의 것
- O : 연화, 재결정화의 처리가 된 것
- H : 가공 경화된 것

10 알루미늄 합금의 성질별 기호 중 T_6의 의미는?

① 용체화 처리 후 냉간 가공한 것
② 용체화 처리 후 안정화 처리한 것
③ 용체화 처리 후 인공 시효 처리한 것
④ 제조시에 담금질 후 인공 시효 경화

해설

질별 기호(냉간 가공 및 열처리 상태 표시)

- T : F.O.H 이외의 열처리를 받은 재질
- T_2 : 풀림처리
- T_3 : 담금질 후 냉간 가공
- T_4 : 담금질 후 상온 시효 완료
- T_5 : 제조 후 바로 인공 시효 처리
- T_6 : 담금질 후 인공 시효 경화
- T_7 : 담금질 후 안정화 처리
- T_8 : 담금질 처리 후 냉간 가공 후 인공 시효 처리한 것
- T_9 : 담금질 처리 후 인공시효 후 냉간가공
- T_{10} : 담금질 처리를 하지 않고 인공 시효만 실시

11 2024-T_{36} 알루미늄에서 T_{36}은 무엇을 뜻하는가?

① 가열냉간(Annealing) 처리를 했다.
② 인공적 경화를 시켰다.
③ 용액 내에서 열처리를 하여 6[%] 정도 연화시키기 위하여 냉간 가공을 했다.
④ 인장에서 의해 경화되었다.

해설

T_{36}은 용체화 처리 후 냉간 가공으로 체적률을 6[%] 감소한 재료를 의미한다.

12 알루미늄 합금이 강철에 비해서 항공기 재료로 적합한 이유는?

① 변태점이 제일 낮다.　　② 무게가 가볍다.
③ 부식이 잘 된다.　　④ 전기가 잘 통한다.

해설

알루미늄 합금

알루미늄은 무게가 가볍고, 660[°C]의 비교적 낮은 온도에서 용해되며, 다른 금속과 합금이 쉽고 유연하며, 전연성이 우수하다.

[정답] 07 ② 08 ② 09 ④ 10 ③ 11 ③ 12 ②

13 **2117-T 리벳보다 강한 강도가 요구되는 곳에 사용되는 리벳은?**

① 1100 리벳(A) ② 2017-T 리벳(D)
③ 2117-T 리벳(AD) ④ 2024-T 리벳(DD)

해설

2017-T 리벳(D)

2117-T 리벳보다 강한 강도가 요구되는 곳에 사용되는 리벳으로 열처리인 풀림 처리를 한 후에 사용한다. 풀림 처리를 한 후 상온에 두면 경화되기 때문에 냉장고에 보관하여 사용한다.

14 **항공기의 주요 강도 구조재 이외의 거의 모든 구조 부품에 사용되는 리벳은?**

① 2117-T의 재질인 리벳
② 2017-T의 재질인 리벳
③ 2024-T의 재질인 리벳
④ 2024-T_2의 재질의 직경

해설

2117-T 리벳(AD)

알루미늄 합금 리벳으로서 구조 부재용 리벳이다. 열처리를 하지 않고 상온에서 작업할 수 있으며, 항공기 구조에 가장 많이 사용되는 리벳이다.

15 **2017T 보다 강한 강도를 요구하는 항공기 주요 구조용으로 사용되고 열처리 후 냉장고에 보관하여 사용하며 상온에 노출 후 10분에서 20분 이내에 사용하여야 하는 리벳은?**

① A17ST(2117)-AD ② 17ST(2017)-D
③ 24ST(2024)-DD ④ 2S(1100)-A

해설

2024-T (DD)리벳

이 리벳은 비교적 강도가 높은 구조 부재에 사용되며, 열처리를 한 다음 냉장고에 보관하여 사용해야 한다. 리벳작업은 냉장고에서 꺼낸 다음 10~20분 이내 사용해야 한다.

3 복합 재료

01 **복합 소재(Composite)의 장점은?**

① 무게당 강도비율이 아주 높다.
② 비용이 많이 든다.
③ 제작이 복잡하다.
④ 부식에 약하다.

해설

복합 재료의 장점

① 무게당 강도 비율이 높고 알루미늄을 복합 재료로 대처하면 약 30[%] 이상의 인장, 압축강도가 증가하고 약 20[%] 이상의 무게 경감 효과가 있다.
② 복잡한 형태나 공기역학적인 곡선 형태의 제작이 쉽다.
③ 일부의 부품과 파스너를 사용하지 않아도 되므로 제작이 단순해지고 비용이 절감된다.
④ 유연성이 크고 진동에 강해서 피로응력의 문제를 해결한다.
⑤ 부식이 되지 않고 마멸이 잘 되지 않는다.

02 **가장 이상적인 복합 소재이며 진동이 많은 곳에 쓰이고 노란색을 띄는 섬유는?**

① 유리 섬유 ② 탄소 섬유
③ 아라미드 섬유 ④ 보론 섬유

해설

강화재

① 유리 섬유(Glass Fiber) : 내열성과 내화학성이 우수하고 값이 저렴하여 강화 섬유로서 가장 많이 사용되고 있다. 그러나 다른 강화 섬유보다 기계적 강도가 낮아 일반적으로 레이돔이나 객실 내부 구조물 등과 같은 2차 구조물에 사용한다. 유리 섬유의 형태는 밝은 회색의 천으로 식별할 수 있고 첨단 복합 소재 중 가장 경제적인 강화재이다.
② 탄소 섬유(Carbon/Graphite Fiber) : 열팽창계수가 작기 때문에 사용온도의 변동이 있더라도 치수 안정성이 우수하다. 그러므로 정밀성이 필요한 항공 우주용 구조물에 이용되고 있다. 또, 강도와 강성이 높아 날개와 동체 등과 같은 1차 구조부의 제작에 쓰인다. 그러나 탄소 섬유는 알루미늄과 직접 접촉할 경우에 부식의 문제점이 있기 때문에 특별한 부식방지처리가 필요하다. 탄소 섬유는 검은색 천으로 식별할 수 있다.
③ 보론 섬유(Boron Fiber) : 양호한 압축강도, 인성 및 높은 경도를 가지고 있다. 그러나 작업할 때 위험성이 있고 값이 비싸기 때문에 민간 항공기에는 잘 사용되지 않고 일부 전투기에 사용되고 있다. 많은 민간 항공기 제작사들은 보론 대신 탄소 섬유와 아라미드 섬유를 이용한 혼합 복합 소재를 사용하고 있다.

[정답] 13 ② 14 ① 15 ③ 3 01 ① 02 ③

④ 아라미드 섬유 : 다른 강화 섬유에 비하여 압축강도나 열적 특성은 나쁘지만 높은 인장강도와 유연성을 가지고 있으며 비중이 작기 때문에 높은 응력과 진동을 받는 항공기의 부품에 가장 이상적이다. 또, 항공기 구조물의 경량화에도 적합한 소재이다. 아라미드 섬유는 노란색 천으로 식별이 가능하다.
⑤ 세라믹 섬유(Ceramic) : 높은 온도의 적용이 요구되는 곳에 사용된다. 이 형태의 복합 소재는 온도가 1,200[℃]에 도달할 때까지도 대부분의 강도와 유연성을 유지한다.

03 항공기에 복합 소재를 사용하는 주된 이유는 무엇인가?

① 금속보다 저렴하기 때문에
② 금속보다 오래 견디기 때문에
③ 금속보다 가볍기 때문에
④ 열에 강하기 때문에

해설

약 20[%] 이상의 무게 경감 효과가 있다.

04 Kevlar라 불리며, 유연성이 좋고 경량인 섬유는?

① Boron Fiber ② Alumina Fiber
③ Aramid Fiber ④ Carbon Fiber

해설

Kevlar

아라미드라고 하며 노란색이다. 유연성이 좋아 진동이나 큰 하중이 작용하는 곳에 사용된다.

05 흰색 천으로 식별이 가능하며 내열성, 내화학성이 우수한 섬유는?

① Boron Fiber ② Alumina Fiber
③ Glass Fiber ④ Carbon Fiber

해설

유리 섬유(Glass Fibe)

- 용해된 실리카 글래스(Silica Glass)의 작은 가락을 섬유로 만든 것이다.
- 이용성이 넓고, 가격이 저렴해서 가장 많이 사용하는 보강용 파이버이다.
- E-Glass : Borosilicate Glass로, 일반적으로 많이 사용하는 것으로 높은 고유저항을 가지고 있어 Electric Glass라고 한다.
- Glass : Magnesia-Alumina-Silicate Glass이고 높은 인장강도가 요구되는 곳에 쓰인다.
- 밝은 흰색의 천(White Gleaming Cloth)으로 식별이 가능하다.

06 강화재 중에서 기계적 성질이 우수하여 제트기 동체나 날개 부분에 사용되지만, 중화학반응이 커서 취급하기가 어렵고 가격이 비싼 복합 재료는?

① 보론 섬유 ② 아라미드 섬유
③ 탄소 섬유 ④ 알루미나 섬유

해설

보론 섬유(Boron Fiber)

양호한 압축강도, 인성 및 높은 경도를 가지고 있다. 그러나 작업할 때 위험성이 있고 값이 비싸기 때문에 민간 항공기에는 잘 사용되지 않고 일부 전투기에 사용되고 있다. 많은 민간 항공기 제작사들은 보론 대신 탄소 섬유와 아라미드 섬유를 이용한 혼합 복합 소재를 사용하고 있다.

07 탄소 섬유에 대한 설명 중 옳지 않은 것은?

① 사용온도의 변동이 있어도 치수가 안정적이다.
② 그래파이트 섬유라고도 한다.
③ 다른 금속과 접촉하여도 부식이 일어나지 않아 부식방지처리가 불필요하다.
④ 날개와 동체 등과 같은 1차 구조부의 제작에 사용된다.

해설

탄소 섬유(Carbon/Graphite Fiber)

열팽창계수가 작기 때문에 사용온도의 변동이 있더라도 치수 안정성이 우수하다. 그러므로 정밀성이 필요한 항공 우주용 구조물에 이용되고 있다. 또, 강도와 강성이 높아 날개와 동체 등과 같은 1차 구조부의 제작에 쓰인다. 그러나 탄소 섬유는 알루미늄과 직접 접촉할 경우에 부식의 문제점이 있기 때문에 특별한 부식방지처리가 필요하다. 탄소 섬유는 검은색 천으로 식별할 수 있다.

[정답] 03 ③ 04 ③ 05 ③ 06 ① 07 ③

08 복합 소재의 부품 경화 시 가압하는 목적이 아닌 것은?

① 적층판 사이의 공기를 제거한다.
② 수리 부분의 윤곽이 원래 부품의 형태가 되도록 유지시킨다.
③ 적층판을 서로 밀착시킨다.
④ 경화과정에서 패치 등의 이동을 시킨다.

해설

가압하는 목적
① 수지와 파이버 보강재의 적절한 비율을 얻기 위해 초과분의 수지를 제거한다.
② 층 사이에 갇혀 있는 공기를 제거한다.
③ 원래 부품에 맞게 수리한 곳의 곡면을 유지한다.
④ 굳는 기간 동안에 패치가 밀리지 않게 수리한 곳을 잡아주는 역할을 한다.
⑤ 파이버 층을 밀착시킨다.

09 복합 재료의 가압 방법에서 숏백이란?

① 미리 성형된 Caul Plate와 함께 사용되어 수리 부분의 뒤쪽을 지지한다.
② 수리한 곳에 압력을 가하는 가장 효과적인 방법이다.
③ 나일론 직물로 진공백을 사용할 때 블리이터 재료 등의 제거를 용이하게 해준다.
④ 넓은 곡면이 있어서 클램프를 사용할 수 없는 곳에 적합하다.

해설

숏백(Shot Bag)
넓은 곡면이 있어서 클램프를 사용할 수 없는 곳에 적합하다. 숏백이 수리된 부분에 달라붙는 것을 막기 위해 플라스틱 필름을 사용해서 숏백과 수리된 부분을 분리시킨다.

10 공기와 습기를 제거하며 표면에 고른 압력을 가하는 가장 효과적인 가압방법은?

① Shot Bag　　② Vacuum Bagging
③ Cleco　　④ Spring Clamp

해설

진공백(Vacuum Bagging)
진공백은 수리한 곳에 압력을 가하는 가장 효과적인 방법이다. 이것의 사용이 가능한 곳에는 무엇보다 이 방법을 권한다. 높은 습도가 있는 곳에서 작업할 때는 진공백을 사용해야 한다. 높은 수지의 경화에 영향을 미치는 곳에는 진공백의 공기와 습도를 없애 준다.

4 비금속 재료

01 구조 재료 중 FRP의 설명으로 옳지 않은 것은?

① Fiber Reinforced Plastic(섬유 강화 플라스틱)의 약어이다.
② 경도, 강성이 낮은 것에 비해 강도비가 크다.
③ 2차 구조나 1차 구조에 적층재나 샌드위치 구조재로 사용한다.
④ 진동에 대한 감쇠성이 적다.

해설

Fiber Reinforced Plastic(FRP : 섬유 강화 플라스틱)
대표적인 것은 전기 절연성, 내열성이 양호한 유리를 섬유 상태로 하고, 불포화 폴리에스텔 수지나 에폭시 수지 등의 열경화성 수지에 보강제로서 유리 섬유를 조합하여 성형한 것이다. FRP는 경도, 강성이 낮은데 비하여 강도비가 크고, 내식성, 전파 투과성이 좋으며 진동에 대한 감쇠성도 크므로 2차 구조나 1차 구조에 적층재로나 샌드위치 구조재로서 사용된다.

02 FRCM의 모재(Matrix)중 사용 온도 범위가 가장 큰 것은?

① FRC　　② BMI
③ FRM　　④ FRP

해설

섬유보강복합재료 모재의 사용 온도 범위
FRC(섬유보강세라믹) : 약 1,800[°C]
FRM(섬유보강금속) : 약 1,300[°C]
FRP(섬유보강플라스틱) : 약 600[°C]
C/C CM(탄소·탄소 복합재료) : 약 3,000[°C]

[정답] 08 ④　09 ④　10 ②　4 01 ④　02 ①

03 열가소성수지 중 유압 백업링, 호스, 패킹, 전선피복 등에 사용되는 수지는?

① 테프론 ② 폴리에틸렌수지
③ 아크릴수지 ④ 염화비닐수지

해설

열가소성수지
가열하면 연화하여 가공하기 쉽고 냉각하면 굳어지는 합성수지로서 폴리염화비닐, 나일론 등이 이에 속한다.
① 테프론 : 거의 완벽한 화학적 비활성 및 내열성, 비점착성, 우수한 절연 안정성, 낮은 마찰계수 등의 특성들을 가지며 인공혈관 등 보조기구, 전선의 피복제, 관 연결 틈새를 막아주는 개스킷 등에 사용된다.
② 폴리에틸렌수지 : 전기절연 재료, 주방용기, 냉장고용 그릇, 화학약품용기, 장난감, 원예용 필름 등에 사용된다.
③ 아크릴수지 : 광고 표지판, 광학렌즈, 콘택트렌즈, 전등 케이스, 유리 대용(비행기나 보트의 채광창) 등에 사용된다.
④ 폴리염화비닐수지 : 가죽 대용품, 상·하수도관, 호스, 전선 피복, 화학 약품 저장 탱크 등에 사용된다.
⑤ 나일론 : 섬유, 플라스틱 베어링, 기어, 롤러, 낙하산, 등산용 장비 등에 사용된다.

04 열경화성수지가 아닌 것은?

① 에폭시수지 ② 폴리우레탄
③ 폴리염화비닐 ④ 페놀수지

해설

열경화성수지
한번 열을 가하여 단단하게 굳어진 다음에 가열하여도 물러지지 않는 수지로서 페놀수지, 에폭시, 폴리우레탄 등이 이에 속한다.
① 에폭시수지 : 금속·유리 접착제, 도료, 건물 방수 재료 등에 사용된다.
② 페놀수지 : 공구함, 전기배전판. 회로기판, 전화기, 전기플러그, 자동차 브레이크 등에 사용된다.

05 광학적 성질이 우수하여 항공기용 창문 유리로 사용되는 재료는?

① 폴리메틸 메타크릴레이트
② 폴리염화비닐
③ 에폭시수지
④ 페놀수지

해설

폴리메틸 메타크릴레이트
투명도가 높고 매우 유리에 가까운 플라스틱이며 대부분의 경우 아크릴로 불린다. 유리 대신으로 많이 사용한다.

06 세라믹 코팅(Ceramic Coating)의 목적은?

① 내마모성 ② 내열성
③ 내열성과 내마모성 ④ 내열성과 내식성

해설

세라믹 코팅(Ceramic Coating)
내열성을 좋게 하기 위하여 금속의 표면에 세라믹을 입히는 것으로 연강, 내열강, 내열대금, 몰리브덴, 서멧(cermet) 등에 사용되며 보통 유약을 표면에 발라 소성하여 만든다. 내열성이 좋아 제트 기관이나 원자로 부품 등에 쓰이고 있다.

07 벌집(Honeycomb) 구조의 가장 큰 장점은?

① 음 진동에 잘 견딘다.
② 방화성이 비교적 크다.
② 검사가 필요치 않다.
④ 무겁기 때문에 아주 강하다.

해설

벌집구조 특징
① 단위면적당 고강도, 저중량이다.
② 가공하기 어려운 부분에 사용가능하다.
③ 수리비가 적게 든다.
④ 음파진동에 잘 견딘다.
⑤ 습기에 약하다.
⑥ 손상발견이 어렵다.

08 금속 벌집구조로 된 샌드위치 판넬을 고속항공기에 사용하는 이유는?

① 동일 강도를 갖는 단면표피보다 가볍고 부식저항이 더 크기 때문에
② 열 플라스틱수지로 된 내부코어 재료를 아교접착 교환 표피로 보수할 수 있기 때문에

[정답] 03 ① 04 ③ 05 ① 06 ② 07 ① 08 ④

기출+예상

③ 손상부분을 수리할 경우 표피의 접착용으로 단지 자체 테핑 스크루만 필요하기 때문에
④ 고강도율을 갖고 있으며, 단면표피보다 더 큰 보강성을 갖기 때문에

해설

벌집구조로 된 샌드위치 판넬
속이 비고 두 끝이 금속판으로 고정되어 있기 때문에 속이 비지 않은 것보다 강도와 강성이 높고 소리나 열을 격리시키는 성능도 우수하다.

09 금속판 벌집구조의 적층분리가 되었나를 결정하는 가장 좋은 방법은?

① 빛을 비추어 판의 밀도를 검사한다.
② 동전으로 손상 가능부에 두들겨보며 탁한 소리가 들리는가를 확인한다.
③ 형식 승인 데이터 문서(Type Certificate Data Sheet)를 참조한다.
④ 검사할 수 있는 방법이 없으므로 판 전체를 교체해야 한다.

해설

허니콤 샌드위치 구조의 검사
① 시각 검사 : 층 분리를 조사하기 위해 광선을 이용하여 측면에서 본다.
② 촉각에 의한 검사 : 손으로 눌러 층 분리 등을 검사한다.
③ 습기 검사 : 비금속의 허니콤 판넬 가운데에 수분이 침투되었는가 아닌가는 검사 장비를 사용하여 수분이 있는 부분은 전류가 통하므로 미터의 흔들림에 의해서 수분 침투여부를 발견할 수 있다.
④ 실(Seal) 검사 : 코너 실(Coner Seal)이나 캡 실(Cap Seal)이 나빠지면 수분이 들어가기 쉬우므로 만져보거나 확대경을 이용하여 나쁜 상황을 검사한다.
⑤ 코인 검사 : 판을 두드려 소리의 차이에 의해 들뜬 부분을 발견한다.
⑥ X-선 검사 : 허니콤 판넬 속에 수분의 침투 여부를 검사한다. 물이 있는 부분은 X-선의 투과가 나빠지므로 사진의 결과로 그 존재를 알 수 있다.

10 에폭시수지에 마이크로 발룬을 첨가하는 목적은?

① 수지에 부피를 더해주며 약간의 무게를 갖기 때문
② 수지가 저온에서 굳도록 허용해 주기 때문
③ 주어진 수지의 부피에 무게가 증가하기 때문
④ 수지에 필요한 색깔이 들어가도록 하기 때문

해설

수지의 양을 증가시키고 밀도를 주어 무게를 줄여주며 균열에 대한 민감성을 줄여 준다.

11 구조 재료 중 FRP의 설명으로 옳지 않은 것은?

① Fiber Reinforced Plastic(섬유 강화 플라스틱)의 약어이다.
② 경도, 강성이 낮은 것에 비해 강도비가 크다.
③ 2차 구조나 1차 구조에 적층재나 샌드위치 구조재로 사용한다.
④ 진동에 대한 감쇠성이 적다.

해설

FRP(유리섬유보강플라스틱)
모재의 한 종류다. 이 수지는 취성이 강하기 때문에 1차 구조재에는 필요한 충분한 강도를 가지지 못한다. 그러기 때문에 2차 구조재로 많이 사용 된다. 구성은 촉매제와 경화재로 나뉘어진다.

3 항공기 요소

1 볼트

01 항공기용 Bolt Grip의 길이는 어떻게 결정되는가?

① 체결해야 할 부재의 두께와 일치
② Bolt의 직경과 나사산의 수
③ Bolt의 직경과 일치
④ Bolt 전체길이에서 나사부분의 길이

해설

볼트의 그립은 볼트의 길이 중에서 나사가 나있지 않은 부분의 길이로 체결하여야 할 부재의 두께와 일치한다.

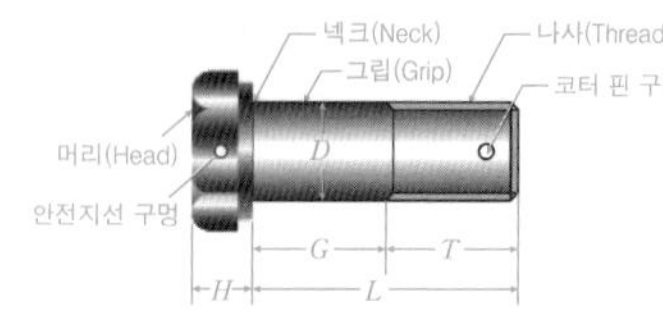

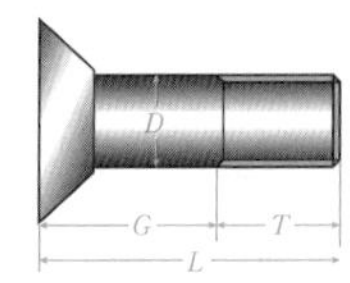

[정답] 09 ② 10 ① 11 ④ 1 01 ①

02 심한 반복운동이나 진동에 작용하는 곳에 사용하는 Bolt는?

① 정밀 공차 볼트　② 내식성 볼트
③ 알루미늄 합금 볼트　④ 열처리 볼트

해설

정밀 공차 볼트(육각머리 AN 173－AN 186, NAS 673－NAS 678)
일반 볼트보다 정밀하게 가공된 볼트로서 심한 반복운동과 진동 받는 부분에 사용한다.

03 볼트머리에 X로 표시된 기호의 볼트는?

① 합금강 볼트　② 알루미늄 합금 볼트
③ 정밀 볼트　④ 특수 볼트

해설

볼트의 머리 기호에 의한 식별
볼트머리에 기호를 표시하여 볼트의 특성이나 재질을 나타낸다.
① AL 합금 볼트 : 쌍대시(- -)
② 내식강 : 대시(-)
③ 특수 볼트 : SPEC 또는 S
④ 정밀 공차 볼트 : △
⑤ 정밀 공차 볼트 : △ O
(고강도 볼트로 허용강도가 160,000～180,000[psi])
⑥ 정밀 공차 볼트 : △ X
(합금강 볼트로 허용강도가 125,000～145,000[psi])
⑦ 합금강 볼트 : +, *
⑧ 열처리 볼트 : R
⑨ 황동 볼트 : =

참고

AN 볼트의 머리 기호 식별

+	- -	▲
합금강	알루미늄 합금	정밀공차 볼트 (△표시가 없는 것도 있음)
▲	—	
정밀 공차 볼트(합금강)	내식강	합금강

04 Bolt Head의 "Spec"의 의미는?

① 내식강 Bolt　② 알루미늄 합금 Bolt
③ 특수 Bolt　④ 정밀 공차 Bolt

해설

특수 볼트 : Spec 또는 S

05 Lock Bolt가 주로 사용되는 곳은?

① Engine Mount Bolt로서 사용된다.
② 날개, 연료탱크 연결부 등에 사용된다.
③ 전단하중만 걸리는 곳에 사용한다.
④ 인장하중이 걸리는 곳에 사용한다.

해설

Lock Bolt(고정 볼트)
고강도 볼트와 리벳으로 구성되며 날개의 연결부, 착륙장치의 연결부와 같은 구조부분에 사용된다. 재래식 볼트보다 신속하고 간편하게 장착할 수 있고 와셔나 코터핀 등을 사용하지 않아도 된다.

06 Bolt의 부품번호 AN 3 DD H 5에서 3은 무엇인가?

① Bolt의 길이가 3/16″이다.
② Bolt의 지름이 3/16″이다.
③ Bolt의 지름이 3/8″이다.
④ Bolt의 길이가 3/8″이다.

해설

볼트의 부품번호
- AN 3 DD H 5 A
- AN : 규격(AN 표준기호)
- 3 : 볼트 지름이 3/16″
- DD : 볼트 재질로 2024 알루미늄 합금을 나타낸다.(C : 내식강)
- H : 머리에 구멍 유무(H : 구멍 유, 무표시 : 구멍 무)
- 5 : 볼트 길이가 5/8″
- A : 나사 끝에 구멍 유무(A : 구멍 무, 무표시 : 구멍유)

[정답] 02 ① 03 ① 04 ③ 05 ② 06 ②

07 Clevis Bolt는 항공기의 어느 부분에 사용하는가?

① 인장력과 전단력이 작용하는 부분

② 전단력이 작용하는 부분

③ Landing Gear

④ 외부 인장력이 작용하는 부분

해설

클레비스 볼트

클레비스 볼트는 머리가 둥글고 스크루 드라이버를 사용할 수 있도록 머리에 홈이 파여 있다. 전단하중이 걸리고 인장하중이 작용하지 않는 조종계통에 사용한다.

[클레비스 볼트]

08 Internal Wrenching Bolt를 사용하는 곳은?

① 1차 구조부에 사용한다.

② 2차 구조부에 사용한다.

③ 전단하중이 작용하는 부분에 사용한다.

④ 인장, 전단하중이 작용하는 부분에 사용한다.

해설

내부 렌칭 볼트(MS 20004−200024) 또는 인터널 렌칭 볼트

고강도 강으로 만들며 큰 인장력과 전단력이 작용하는 부분에 사용한다. 볼트 머리에 홈이 파여져 있으므로 L wench(allen wrench)로 사용하여 풀거나 조일 수 있다.

09 볼트의 사용 목적으로 맞는 것은?

① 1차 조종면에 사용

② 힘을 많이 받는 곳에 사용

③ 2차 조종면에 사용

④ 영구 결합해야 할 곳에 사용

해설

볼트

비교적 큰 응력을 받으면서 정비를 하기 위해 분해, 조립을 반복적으로 수행할 필요가 있는 부분에 사용되는 체결 요소이다.

10 부품번호가 "NAS 654 V 10 D"인 볼트에 너트를 고정 시키는데 필요한 것은?

① 코터핀 ② 스크류

③ 락크 와셔 ④ 특수 와셔

해설

D : 드릴헤드 머리(유) 안전결선을 사용 할 수 있다.
A : 나사산에 구멍(무) A가 없을시 나사산에 구멍이 있다.
즉, 캐슬 너트를 사용하여 코터핀을 이용하여 고정 작업을 할 수 있다.

2 너트

01 Self Locking Nut는 어떤 곳에 주로 사용하는가?

① 진동이 심한 곳

② Engine 흡입구

③ 수시로 장탈·장착하는 점검 창

④ 비행의 안전성에 영향을 주는 곳

해설

자동 고정 너트(Self Locking Nut)

안전을 위한 보조방법이 필요 없고 구소 전체적으로 고정역할을 하며 과도한 진동하에서 쉽게 풀리지 않는 긴도를 요하는 연결부에 사용. 회전하는 부분에는 사용할 수 없다.

① 탄성을 이용한 것으로 너트 윗부분에 홈을 파서 구멍의 지름을 적게 한 것. 심한 진동에도 풀리지 않는다.

② 부분이 파이버(Fiber)로 된 칼라(Collar)를 가지고 있어 볼트가 이 칼라에 올라오면 아래로 밀어 고정하게 된다. 파이버의 경우 15회, 나일론의 경우 200회 이상 사용을 금지하며 사용온도 한계가 121[℃](250[℉]) 이하에서 제한된 횟수만큼 사용하지만 649[℃](1200[℉])까지 사용할 수 있는 것도 있다.

02 Fiber Self locking Nut의 사용 방법이 아닌 것은?

① 파이버(Fiber)로 된 칼라(Collar)를 가지고 있다.

② 너트나 볼트가 회전하는 부분에 사용할 수 있다.

③ 15회 사용할 수 있다.

④ 볼트가 칼라에 올라오면 아래로 밀어 고정하게 된다.

[정답] 07 ② 08 ④ 09 ② 10 ① 2 01 ① 02 ②

해설

문제 1번 해설 참고

03 얇은 패널에 너트를 부착하여 사용하는 너트는?

① Anchor Nut　② Plain Hexagon Nut
③ Castellated Nut　④ Self Locking Nut

해설

앵커 너트(Anchor Nut)

얇은 패널에 너트를 부착하여 사용할 수 있도록 고안된 것으로서 앵커 너트(Anchor Nut)라고 불리는 플레이트 너트가 있다.

04 AN 310 D－5 너트에서 5의 식별은?

① 사용 볼트의 지름 5/32″
② 재료 식별 기호이다.
③ 평 너트를 의미하는 번호
④ 사용 볼트의 지름 5/16″

해설

너트의 식별

- AN 310 D - 5R
- AN : AN 표준기호
- 310 : 너트 종류(캐슬 너트)
- D : 재질(2017 T)
  (F : 강, B : 황동, D : 2017 T(알루미늄), DD : 2024 T, C :스테인리스강)
- 5 : 사용 볼트의 지름(5/16″)
- R : 오른나사

05 비자동 고정 너트의 설명이 틀리는 것은?

① 나비 너트는 자주 장탈 및 장착하는 곳에는 사용하지 않는다.
② 평 너트는 인장하중을 받는 곳에 사용한다.
③ 캐슬 너트는 코터핀을 사용한다.
④ 평 너트 사용시 Lock Washer를 사용한다.

해설

비자동 고정 너트

①		캐슬 너트(Castle Nut) : 생크에 구멍이 있는 볼트에 사용하며, 코터핀으로 고정한다.
②	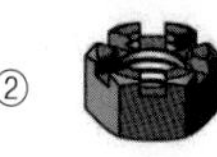	캐슬 전단 너트(Castle Shear Nut) : 캐슬 너트보다 얇고 약하며, 주로 전단응력만 작용하는 곳에 사용한다.
③	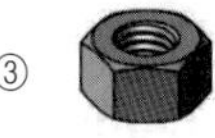	평 너트(Plain Nut) : 큰 인장하중을 받는 곳에 사용하며, 잼 너트나 Lock Washer 등 보조 풀림 방지장치가 필요하다.
④		잼 너트(Jam Nut) : 체크 너트(Check Nut)라고도 하며, 평 너트나 세트 스크루(Set Screw) 끝부분의 나사가 난 로드(Rod)에 장착하는 너트로 풀림 방지용 너트로 쓰인다.
⑤	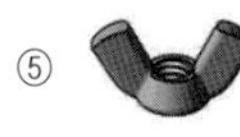	나비 너트(Wing Nut) : 맨손으로 죌 수 있을 정도의 죔이 요구되는 부분에서 빈번하게 장탈, 장착하는 곳에 사용된다.

3 Screw

01 Screw의 분류에 속하지 않는 것은?

① 접시머리 Screw　② 구조용 Screw
③ 기계용 Screw　④ 자동 탭핑 Screw

해설

Screw의 분류

① 강으로 만들어지며 적당한 열처리가 되어 볼트와 같은 강도가 요구되는 구조부에 사용한다. 명확한 그립(Grip)을 가지며 머리모양은 둥근머리, 와셔머리, 접시머리(Countersunk)등으로 되어 있다
② 기계용 스크류(AN 515 , AN 520) 저탄소강, 황동, 내식강, AL 합금 등으로 만들고 가장 다양하게 사용된다.
③ 자동 탭핑 스크류(AN 504, AN 506, AN 540, AN 531) 자신이 나사 구멍을 만들 수 있는 약한 재질의 부품이나 주물에 표찰을 교정시킬 때 사용한다.

02 구조용 Screw의 NAS-144DH-22에서 DH는 무엇을 나타낸 것인가?

[정답] 03 ① 04 ④ 05 ① 3 01 ① 02 ②

① Screw의 머리모양 ② 구멍 뚫린 머리
③ Screw의 직경 ④ Screw의 길이

해설

DH는 Drill Head의 약어이며 머리에 구멍이 뚫여 있다.

03 손으로 돌려도 돌아갈 정도의 Free Fit Hardware 등급은?

① 1등급 ② 2등급
③ 3등급 ④ 4등급

해설

나사의 등급

① 1등급(Class 1) : Loose Fit로 강도를 필요로 하지 않는 곳에 사용한다.
② 2등급(Class 2) : Free Fit로 강도를 필요로 하지 않는 곳에 사용하며 항공기용 스크루 제작에 사용한다.
③ 3등급(Class 3) : Medium Fit로 강도를 필요로 하는 곳에 사용하며 항공기용 볼트는 거의 3등급으로 제작된다.
④ 4등급(Class 4) : Close Fit로 너트를 볼트에 끼우기 위해서는 렌치를 사용해야 한다.

04 기계 스크류(Machine screw)의 설명으로 틀린 것은?

① 일반 목적용으로 사용되는 스크류이다.
② 평면머리와 둥근머리 와셔헤드 형태가 있다.
③ 저 탄소, 황동, 내식강, 알루미늄 합금 등으로 만들어 진다.
④ 명확한 그립이 있고 같은 크기의 볼트처럼 같은 전단강도를 갖고 있다.

해설

스크류(Screw) 의 종류

- 구조용 스크류 : 구조용 스크류는 구조용 볼트, 리벳이 쓰여지는 항공기 주요 구조부에 사용되며, 머리의 형상 만이 구조용 볼트와 다르다.이 스크류는 볼트와 같은 재질로 만들어지며, 정해진 그립을 가지고 있고, 같은 치수의 볼트와 같은 강도를 가진다.
- 머신 스크류 : 머신 스크류는 항공기의 여러 곳에 가장 많이 사용된다. 이 종류의 스크류는 굵은 나사와 가는 나사의 2종류가 있다.
- 셀프 탭핑 스크류 : 셀프 탭핑 스크류는 스크류 자체 외경보다 약간 작게 펀치한 구멍, 나사를 끼우지 않은 드릴 구멍 등에 나사를 끼워 사용한다.

05 스크류의 부품번호가 AN 501 C-416-7이라면 재질은?

① 탄소강 ② 황동
③ 내식강 ④ 특수 와셔

해설

501～504 : 내식강 재질

규격번호	명 칭
AN 504	탭핑나사, 커팅 둥근머리, 기계용 스크류 (Tapping Threaded, Cutting Round Head, Machine Screw Thread Screw)
재질	탄소강(Cd도금) 내식강

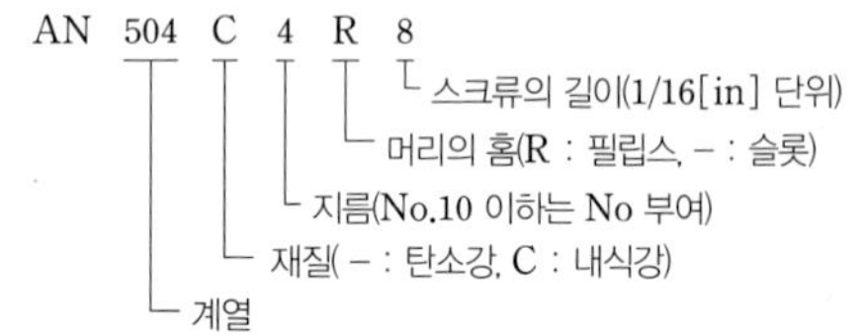

4 Washer

01 Washer의 종류 중에서 설명이 옳지 않은 것은?

① Lock Washer는 Self Locking Nut나 Cotter Pin과 함께 사용한다.
② Plain Washer는 구조부에 쓰며 힘을 고르게 분산시키고 평준화한다.
③ Lock Washer는 Self Locking Nut나 Cotter Pin과 함께 사용하지 못한다.

[정답] 03 ② 04 ④ 05 ③ 4 01 ①

④ 고강도 Countersunk Washer는 고장력하중이 걸리는 곳에 쓰인다.

해설

와셔

볼트나 너트에 의한 작용력이 고르게 분산되도록 하며 볼트 그립길이를 맞추기 위해 사용되는 부품이다.

① 종류

ⓐ 평 와셔(AN 960, AN 970)

- AN 960 : 일반적인 목적으로, 성너트를 사용할 때 코터핀이 일치하지 않을 때 위치 조절하는 데도 사용한다.
- AN 970 : AN 960 와셔보다 더 큰 면압을 주며 목재표면을 상하지 않게 하기 위하여 볼트나 너트의 머리 밑에 사용한다.

ⓑ 고정 와셔(AN 935, AN 936)

자동 고정 너트나 캐슬 너트가 적합하지 않은 곳에 기계용 스크루나 볼트와 함께 사용된다. 주구조재 및 2차 구조재 또는 내식성이 요구되고 자주 장탈, 장착하는 곳에는 사용 금지하며 고정 와셔는 강의 재질로 약간 비틀려 제작된다. 와셔의 스프링력은 너트와 볼트의 나사산 사이에서 강한 마찰력을 생기게 한다.

- SPILT 고정 와셔(AN 935)
- 진동방지 고정 와셔(AN 936)

ⓒ 특수 와셔(AN 950, AN 955)

볼 소켓 와셔와 볼 시트 와셔는 표면에 어떤 각을 이루고 있는 볼트를 체결하는데 사용한다.

참고

고정 와셔를 사용해서는 안 되는 부분

① 주 및 부구조물에 고정장치로 사용될 때
② 파손시 항공기나 인명에 피해나 위험을 줄 수 있는 부분에 고정장치로 사용될 때
③ 파손시 공기흐름에 노출되는 곳
④ 스크루를 자주 장탈하는 부분
⑤ 와셔가 공기흐름에 노출되는 곳
⑥ 와셔가 부식될 수 있는 조건에 있는 곳
⑦ 연한 목재에 바로 와셔를 낄 필요가 있는 부분

02 Shake Proof Lock Washer는 어떤 곳에 사용하는가?

① 회전을 방지하기 위하여 고정 와셔가 필요한 곳에 사용한다.

② 고열에 잘 견딜 수 있고 또한 심한 진동에도 안전하게 사용할 수 있으므로 Control System 및 Engine 계통에 사용한다.

③ 기체구조 접합물에 많이 사용된다.

④ 기체외피와 구조물의 접착에 일반적으로 사용한다.

해설

Shake Proof Lock Washer

고열에 잘 견딜 수 있고 또한 심한진동에도 안전하게 사용할 수 있으므로 Control System 및 Engine 계통에 사용한다.

03 와셔의 사용 목적은?

① 볼트나 너트에 의한 작용력이 고르게 분산되도록 하며, 볼트 그립의 길이를 맞추기 위해서 사용되는 부품

② 자신이 나사 구멍을 만들 수 있는 약한 재질의 부품이나 주물에 표찰을 고정시킬 때 사용

③ 안전을 위한 보조 방법이 필요 없고 구조 전체적으로 고정역할을 하며, 과도한 진동 하에서 쉽게 풀리지 않는 강도를 요하는 연결부에 사용

④ 볼트의 짝이 되는 암나사로 카드뮴 도금강, 스테인리스강으로 제작

해설

와셔(Washer)

항공기에 사용되는 와셔는 볼트 머리 및 너트 쪽에 사용되며, 구조부나 부품의 표면을 보호하거나 볼트나 너트의 느슨함을 방지하거나 특수한 부품을 장착하는 등 각각의 사용 목적에 따라 분류한다.

04 와셔(Washer)의 용도가 아닌 것은?

① 볼트와 너트의 작용력을 분산

② 빈번하게 장탈, 장착하는 곳의 부재를 보호하기 위해

③ 자동 고정 너트의 고정용으로 사용

④ 볼트 그립의 길이를 조절하기 위해

해설

자동 고정 너트(Self Locking Nut)

너트 자체에 Lock 기능이 있다.

[정답] 02 ② 03 ① 04 ③

5 파스너

01 Cowling에 자주 사용되는 Dzus Fastener의 Head에 표시되어 있는 것은?

① 제품의 제조업자 및 종류
② 몸체 지름, 머리 종류, 파스너의 길이
③ 제조업체
④ 몸체 종류, 머리 지름, 재료

해설

주스 파스너(Dzus Fastener)
스터드(Stud), 그로밋(Grommet), 리셉터클(Receptacle)로 구성되며 반시계방향으로 1/4회전시키면 풀어지고 시계방향으로 회전시키면 고정된다.

- 주스 파스너의 머리에는 직경, 길이, 머리모양이 표시되어 있다.
- 직경은 x/16″로 표시한다.
- 길이는 x/100″로 표시한다.
- 주스 파스너의 머리 모양 : 윙(Wing), 플러시(Flush), 오벌(Oval)
- 주스 파스너의 식별
  F : 플러시 머리(Flush Head)
  6½ : 몸체 직경이 6.5/16″
  50 : 몸체 길이가 50/100″

02 캠록 파스너(Cam Lock Fastener)의 설명이 아닌 것은?

① 머리 모양은 윙(Wing), 플러시(Flush), 오벌(Oval)
② 페어링(FAIRING)을 장착하는 데 사용한다.
③ 카울링(COWLING)을 장착하는 데 사용한다.
④ 스터드(Stud), 그로밋(Grommet), 리셉터클(Receptacle)로 구성

해설

캠록 파스너(Cam Lock Fastener)
스터드(Stud), 그로밋(Grommet), 리셉터클(Receptacle)로 구성되며 항공기 카울링(COWLING), 훼어링(FAIRING)을 장착하는 데 사용한다.

03 Stud, Cross Pin, Receptacle 등으로 구성된 Fastener는?

① Cam Lock Fastener
② Air Lock Fastener
③ Dzus Fastener
④ Boll Lock Fastener

해설

에어록 파스너(Air Lock Fastener)
스터드, 크로스 핀(Cross Pin), 리셉터클로 구성되어 있다.

참고

파스너의 종류

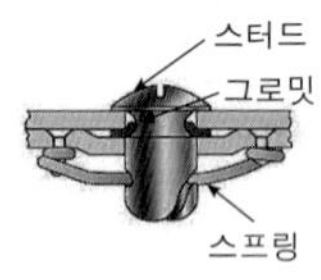

[주스 파스너]

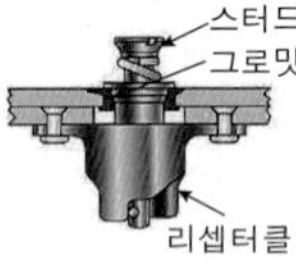

[캠록 파스너]

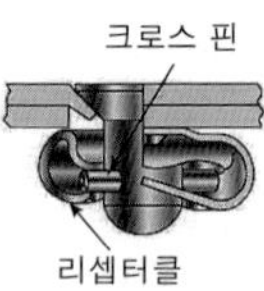

[에어록 파스너]

6 리벳 및 판금작업

01 0.032[in] 두께의 알루미늄 두 판을 접합시키는 데 필요한 Universal Rivet은?

① AN 430 AD-4-3　② AN 470 AD-4-4
③ AN 426 AD-3-5　④ AN 430 AD-4-4

해설

Rivet

- Round Rivet : AN 430
- Flat Rivet : AN 440
- Brazier Rivet : AN 450
- Universal Rivet : AN 470

02 부품 번호가 AN 470 AD 3-5인 리벳에서 AD는 무엇을 나타내는가?

[정답] 5 01 ④ 02 ① 03 ② 6 01 ② 02 ④

① 리벳의 직경이 3/16″이다.

② 리벳의 길이는 머리를 제외한 길이이다.

③ 리벳의 머리 모양이 유니버셜 머리이다.

④ 리벳의 재질이 알루미늄 합금인 2117이다.

해설

리벳기호 식별

- AA : 1100
- B : 5056
- DD : 2024
- AD : 2117
- D : 2017

03 MS 20470 D 6 - 16 Rivet에서 규격을 바르게 설명한 것은?

(ⓐ MS 20470, ⓑ D, ⓒ 6, ⓓ 16)

① ⓐ은 Universal Head Rivet을 표시

② ⓑ는 재질 2024

③ ⓒ은 Rivet의 지름을 표시 6/8″

④ ⓓ는 2117 Rivet의 길이를 표시

해설

리벳의 식별

MS 20470 D 6 - 16

- MS 20470 : 리벳의 종류(유니버설 리벳)
- D : 재질(2017 T)
- 6 : 리벳 지름(6/32″)
- 16 : 리벳 길이(16/16″)

04 Countersunk Head Rivet이 주로 사용되는 곳은?

① 인장하중이 큰 곳에 사용된다.

② 항공기 Skin에 사용된다.

③ 항공기 내부구조의 결합에 사용된다.

④ 두꺼운 판재를 접합하는 데 사용된다.

해설

접시 머리 리벳(Countersunk Head Rivet, AN 420, AN 425, MS 20426)

고속 항공기 외피(Skin)에 많이 쓰인다.

05 다음 중 블라인드 리벳이 아닌 것은?

① 체리 리벳(Cherry Rivet)

② 헉 리벳(Huck Rivet)

③ 카운터싱크 리벳(Countersunk Rivet)

④ 체리 맥스 리벳(Cherry Max Rivet)

해설

Blind Rivet 종류

① Pop Rivet
구조 수리에는 거의 사용하지 않으며 항공기에 제한적으로 사용된다. 항공기를 조립할 때 필요한 구멍을 입시로 고정하기 위해 사용히며 기타 비구조물 작업시 주로 사용한다.

② Friction Rivet
블라인드 리벳의 초기 개발품으로 항공기의 제작 및 수리에 폭넓게 사용되었으나 현재는 더 강한 Mechanical Lock Rivet으로 주로 대체 되었으며 경항공기 수리에는 아직도 사용하고 있다.

③ Mechanical Lock Rivet
항공기 작동 중에 발생하는 진동에 의해 리벳의 센터 스템이 떨어져 나가는 것을 방지하도록 설계되어 있으며, Friction Lock Rivet과 달리 센터 스템이 진동에 의해 빠져 나가지 못하도록 영구적으로 고정되었으며 종류는 다음과 같다.

④ 리브 너트(Riv Nut)
생크 안쪽에 나사가 나 있는 곳에 공구를 끼우고 리브 너트를 고정하고 돌리면 생크가 압축을 받아 오므라들면서 돌출 부위를 만든다. 주로 날개 앞전에 제빙부츠(Deicing Boots) 장착시 사용된다.

⑤ 폭발 리벳(Explosive Rivet)
생크 속에 화약을 넣고 리벳 머리를 가열된 인두로 가열하여 폭발시켜 리벳작업을 하도록 되어 있는데 연료탱크나 화재의 위험이 있는 곳은 사용을 금한다.

06 Bucking Bar를 가까이 댈 수 없는 좁은 장소에 사용할 수 있는 Rivet은?

① Countersink Rivet
② Universal Rivet
③ Blind Rivet
④ Brazier Head Rivet

해설

Blind Rivet

버킹바(Bucking Bar)를 가까이 댈 수 없는 좁은 장소 또는 어떤 방향에서도 손을 넣을 수 없는 박스 구조에서는 한쪽에서의 작업만으로 리베팅을 할 수 있는 리벳

[정답] 03 ① 04 ② 05 ③ 06 ③

기출+예상

07 리브 너트(Rivnut)사용에 대한 설명으로 옳은 것은?

① 금속면에 우포를 씌울 때 사용한다.
② 두꺼운 날개 표피에 리브를 붙일 때 사용 한다.
③ 기관 마운트와 같은 중량물을 구조물에 부착할 때 사용한다.
④ 한쪽 면에서만 작업이 가능한 제빙장치 등을 설치할 때 사용한다.

해설

문제 06번 해설 참조

08 열처리가 요구되지 않는 곳에 사용하는 Rivet은?

① 2017–T ② 2024–T
③ 2117–T ④ 2024–T(3/16 이상)

해설

Ice Box Rivet
알루미늄 합금 2017과 2024는 Ice Box Rivet이기 때문에 사용 전에 열처리를 하여야 한다.

09 2017 Rivet의 열처리 후 사용시간은?

① 10분 이후 ② 30분 이후
③ 50분 이후 ③ 60분 이후

해설

2017–T Rivet
풀림 처리 후 사용하며 냉장 보관한다. 상온 노출 후 1시간에 50[%]가 경화되며, 반복적인 열처리가 가능하다.

10 2017, 2024 Rivet을 Icing하여 사용하는 이유는?

① 시효경화 지연 ② 내부응력 제거
③ 입자간 부식 방지 ④ 잔류응력 제거

해설

시효경화
열처리 후 시간이 지남에 따라 합금의 강도와 경도가 증가되는 현상

11 Rivet Head 모양을 보고 알 수 있는 것은?

① 재료 종류 ② Rivet 지름
③ 재질의 강도 ④ Making Head 모양

해설

리벳 머리에는 리벳의 재질을 나타내는 기호가 표시되어 있다.
① 1100 : 무표시
② 2117 : 리벳 머리 중심에 오목한 점
③ 2017 : 리벳 머리 중심에 볼록한 점
④ 2024 : 리벳 머리에 돌출된 두 개의 대시(Dash)
⑤ 5056 : 리벳 머리 중심에 돌출된+표시

재질기호	합금	유니버설 머리		접시머리(100°)		전단응력 [psi]
		형상	기호	형상	기호	
A	1100	MS 20470 A		MS 20470 A		13,000
B	5056	MS 20470 B	+	MS 20470 B	+	28,000
AD	2117	MS 20470 AD		MS 20470 AD		30,000
D	2017	MS 20470 D		MS 20470 D		34,000
DD	2024	MS 20470 DD		MS 20470 DD		41,000

12 Rivet의 지름은 어떻게 정하는가?

① Rivet 간의 거리 ② 판재의 모양에 따라
③ Sunk의 길이 ④ 판재의 두께에 따라

해설

판재의 두께에 따라 리벳의 직경이 결정된다.

13 리벳의 최소 간격 결정은 무엇에 의하여 하는가?

[정답] 07 ④ 08 ③ 09 ② 10 ① 11 ① 12 ④ 13 ②

① 판의 길이　　② 리벳 지름
③ 리벳 길이　　④ 판의 두께

해설

리벳의 지름에 의해 결정

14 같은 열에 있는 리벳 중심과 Rivet 중심 간의 거리를 무엇이라 하는가?

① 연거리　　② Rivet Pitch
③ 열간 간격　　④ 가공거리

해설

리벳 피치(Rivet pitch)
같은 열에 있는 리벳 중심과 리벳 중심 간의 거리를 말하며, 최소 3D～최대 12D로 하며 일반적으로 6～8D가 주로 이용된다.

15 열과 열 사이 거리는?

① 연거리　　② Rivet Pitch
③ 횡단 피치　　④ 가공거리

해설

열간 간격(횡단 피치)
열과 열 사이의 거리를 말하며, 일반적으로 리벳 피치의 75[%] 정도로서, 최소열간 간격은 2.5D이고, 보통 4.5～6D이다.

16 Rivet의 Edge Distance(E.D)란?

① 같은 열에 있는 리벳 중심과 Rivet 중심 간의 거리의 열과 열 사이의 거리
② 열과 열 사이의 거리
③ 판재의 모서리와 인접하는 Rivet 중심까지의 거리
④ 최대 E.D는 3D이다.

해설

연거리(Edge Distance)
판재의 모서리와 인접하는 리벳 중심까지의 거리를 말하며, 최소연거리는 2D이며, 접시 머리 리벳의 최소연거리는 2.5D이고, 최대연거리는 4D를 넘어서는 안 된다.

17 Rivet 작업시 Buck Tail Head 크기로 적당한 것은?

① 폭은 지름의 2.0배, 높이는 지름의 1.0배
② 폭은 지름의 2.5배, 높이는 지름의 0.3배
③ 폭은 지름의 1.5배, 높이는 지름의 0.5배
④ 폭은 지름의 3.0배, 높이는 지름의 1.5배

해설

리벳의 길이(Rivet Length)
① 리벳 전체 길이 $=G+1.5D$
② 머리 성형을 위한 이상적인 돌출 길이 : $1.5D=3/2D$
③ 성형 후 돌출 높이(벅테일 높이) : $0.5D$
④ 성형 후 가로 돌출 길이(벅테일 지름) : $1.5D$

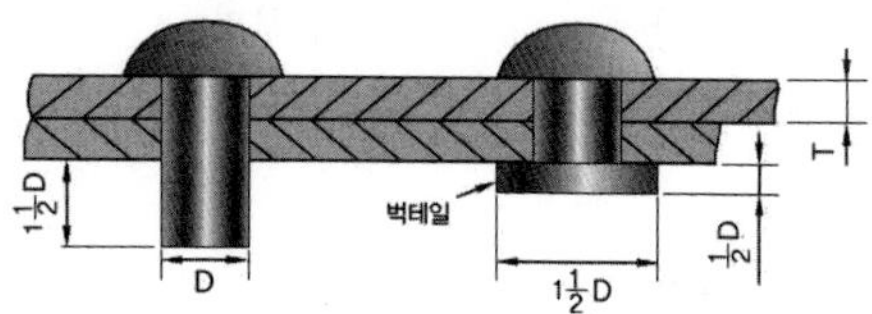

18 Rivet할 판의 두께를 T, Rivet의 직경은 $3T$, Grip의 길이를 G라 할 때 Rivet의 총길이는?

① $1.5T+G$　　② $2.5T+G$
③ $4.5T+G$　　④ $7.5T+G$

해설

리벳의 총길이 $=G+1.5D=G+1.5(3T)$
$=G+4.5T$

19 Dimpling 작업에 대한 설명으로 맞는 것은?

① 판재두께 0.050″ 이하일 때
② Blind Rivet 작업 시
③ 2개의 판재 중 두꺼운 판재에 작업
④ Countersink Rivet작업이 불가능할 때

해설

Dimpling 작업
접시 머리 리벳의 머리 부분이 판재의 접합부와 꼭 들어맞도록 하기 위해 판재의 주위를 움푹 파는 작업을 말한다. 이때 사용되는 공구가 딤플링 다이이다.

[정답] 14 ② 15 ③ 16 ③ 17 ③ 18 ③ 19 ④

20 Rivet 작업 시 사용되는 Bucking Bar의 역할은?

① Rivet Head를 표시 ② Rivet 재질 표시
③ Head 크기를 나타냄 ④ Making Head를 만듦

해설

버킹 바(Bucking Bar)
리벳의 벅테일을 만들 때 리벳 생크 끝을 받치는 공구로서 합금강으로 만든다.

21 알루미늄 합금 리벳 표면의 색이 황색을 띠면 어떤 보호처리를 하였는가?

① 니켈보호 도장 ② 양극 처리
③ 금속도료 도장 ④ 크롬산아연 보호 도장

해설

리벳의 방식 처리법으로는 리벳의 표면에 보호막을 사용한다. 보호막에는 크롬산아연(황색), 메탈스프레이(은빛), 양극 처리(진주빛)이 있다.

22 알루미늄 합금 리벳의 방청제는?

① 크롬산아연 ② 래커
③ 니켈-카드뮴 ④ 가성소다

해설

알루미늄 합금의 리벳의 방청제는 크롬산아연을 사용한다.

23 Rivet을 제거하는데 사용되는 Drill의 사이즈는?

① Rivet 지름보다 두 사이즈 작은 Drill
② Rivet 지름과 동일한 사이즈의 Drill
③ Rivet 지름보다 한 사이즈 작은 Drill
④ Rivet 지름보다 한 사이즈 큰 Drill

해설

리벳 제거
항공기 판금 작업에 가장 많이 사용되는 리벳의 지름은 3/32∼2/8″이다. 리벳 제거 시에는 리벳 지름보다 한 사이즈 작은 크기(1/32″ 작은 드릴)로 머리높이까지 뚫는다.

24 구조재 중 응력을 담당하는 구조부 외에 체결용으로 흔히 사용되는 Rivet은?

① 3/32″ 이하 ② 5/32″ 이하
③ 5/32″ 이상 ④ 7/32″ 이상

해설

지름이 3/32″ 이하이거나 8[mm] 이상인 리벳은 응력을 받는 구조부재에 사용할 수 없다.

25 Countersink Rivet의 표준규격 번호가 아닌 것은?

① AN 420 ② AN 425
③ AN 426 ④ AN 430

해설

Countersink Rivet(AN 420 : 90°, AN 425 : 78°, AN 426 : 100°)

26 리벳(Rivet)의 결함을 유발시키는 힘은?

① 인장력 ② 전단력
③ 압축력 ④ 비틀림력

해설

리벳은 전단력에 대해 충분히 견딜 수 있도록 설계되어 있다.

27 리벳의 길이는 어떻게 측정하는가?

① 머리 윗면부터 몸통 끝까지
② 머리 아랫면부터 몸통 끝까지(단, 카운터싱크는 예외)
③ 직경에 의해 측정하며 리벳의 길이는 직경의 4배
④ 모든 리벳은 같은 길이로 제조되어 원하는 길이로 잘라 사용한다.

해설

리벳 길이는 머리 아래부터 몸통 끝까지 측정한다.(단, 카운터싱크는 예외)

[정답] 20 ④ 21 ④ 22 ① 23 ③ 24 ① 25 ④ 26 ② 27 ②

28 리벳 작업 시 카운터싱크 방법의 일반적인 규칙은?

① 금속판이 리벳 머리의 두께보다 얇아야 한다.
② 금속판의 두께가 리벳 머리의 두께와 같은 때가 적당하다.
③ 금속이 열처리된 것이어야 한다.
④ 금속판이 리벳 머리의 두께보다 더 두꺼울 경우에만 가능하다.

해설

카운터싱크 방법
접시머리 리벳의 머리 부분이 판재 접합부와 꼭 들어맞도록 하기 위해 판재의 구멍 주위를 움푹 파서 하는 방법으로서 리벳머리의 높이보다도 결합해야 할 판재 쪽이 두꺼운 경우에만 적용한다. 만일 얇은 경우에는 딤플링을 적용해야 한다.

29 니켈강 합금을 리베팅하는 데 사용되는 리벳은?

① 2017 알루미늄 ② 2024 알루미늄
③ 연강(Mild Steel) ④ 모넬(Monel)

해설

모넬 리벳(Monel Rivet)
니켈 합금강이나 니켈강에 사용되며, 내식강 리벳과 호환적으로 사용된다.

30 2장의 두께가 다른 알루미늄 판을 리베팅 시 리벳의 머리의 위치는?

① 두꺼운 판 쪽
② 어느 쪽이라도 상관없다.
③ 적당한 공구를 사용하면 어느 쪽이라도 상관없다.
④ 얇은 판 쪽

해설

리벳 머리를 얇은 판 쪽에 두어 부재를 보강해 주어야 한다.

31 식별기호가 AN 430 AD-4 8 리벳에서 직경과 길이를 바르게 나타낸 것은?

① 4/32″ 직경×8/16″ 길이
② 4/16″ 직경×8/16″ 길이
③ 1/8″ 직경×1/2″ 길이
④ 4/16″ 직경×8/32″ 길이

해설

AN 430 AD-4 8
- AN 430 : 리벳 머리 모양(둥근머리)
- AD : 재질
- 4 : 리벳 직경 4/32″
- 8 : 리벳 길이 8/16″

7 턴버클

01 턴버클의 사용 목적은?

① 조종 케이블의 장력은 온도에 따라 보정하여 장력을 일정하게 한다.
② 조종면을 고정시킨다.
③ 항공기를 지상에 계류시킬 때 사용한다.
④ 조종 케이블의 장력을 조절한다.

해설

턴버클(Turn Buckle)
조종 케이블의 장력을 조절하는 부품으로서 턴버클 배럴(Barrel)과 터미널 엔드로 구성되어 있다.

02 턴버클 장착 및 검사 방법이 아닌 것은?

① 조종 케이블의 장력을 조절한다.
② 검사 구멍에 핀이 들어가게 한다.
③ 나사산이 3개 이상 보이면 안 된다.
④ 턴버클 양쪽 끝도 안전 결선을 한다.

해설

턴버클(Turn Buckle) 검사 요령
턴버클이 안전하게 감겨진 것을 확인하기 위한 검사 방법은 나사산이 3개 이상 배럴 밖으로 나와 있으면 안 되며 배럴 검사구멍에 핀을 꽂아보아 핀이 들어가면 제대로 체결되지 않은 것이다. 턴버클 생크 주위로 와이어를 5~6회(최소 4회) 감는다.

[정답] 28 ④ 29 ④ 30 ④ 31 ① 7 01 ④ 02 ②

기출+예상

03 케이블 지름이 얼마 이상일 때 복선식을 하는가?

① 1/16″ ② 3/32″
③ 1/8″ ④ 5/32″

해설

턴버클의 안정 고정작업
안전 결선을 이용하는 방법과 클립을 이용하는 방법이 있다. 안전 결선을 이용하는 방법에는 복선식과 단선식이 있는데 복선식은 케이블 지름이 1/8″ 이상인 케이블에, 단선식은 케이블 지름이 1/8″ 이하인 케이블에 적용된다.

04 케이블 조종계통의 턴버클 배럴에 구멍이 있는 이유는?

① 나사의 체결 정도를 확인하기 위한 구멍이다.
② 케이블 피팅에 윤활유를 공급하기 위한 구멍이다.
③ 안전 결선을 하기 위한 구멍이다.
④ 턴버클을 조절하기 위한 구멍이다.

해설

핀을 꽂았을 때 핀이 들어가면 제대로 체결되지 않은 것이다.

8 로드

01 1개의 Pivot점에 2개의 로드(Rod)가 연결되어 직선 운동을 전달하는 것은?

① 풀리(Pulley)
② 쿼드런트(Quardrant)
③ 벨 크랭크(Bell Crank)
④ 푸시 풀 로드(Push Pull Rod)

해설

벨 크랭크(Bell Crank)
1개의 Pivot점에 2개의 로드(Rod)가 연결되어 직선 운동을 전달하여 케이블의 운동방향을 전환해준다.

02 조종 로드(Control Rod) 끝에 작은 구멍이 있는 목적은?

① 안전 결선을 하기 위한 것
② 굽힐 때 내부 공기를 배출하기 위한 것
③ 나사 머리에 윤활유를 공급하기 위한 것
④ 물림상태를 눈으로 점검하기 위한 것

해설

조종 로드 단자(Control Rod End)
조종 로드에 있는 검사 구멍에 핀이 들어가지 않을 정도까지 장착되어야 한다.

03 푸시 풀 로드 조종계통(Push Pull Rod Control System)의 특징으로 맞지 않는 것은?

① 양방향으로 힘을 절단
② 단선 방식
③ 케이블 계통에 비해 경량
④ 느슨함이 생길 수 있음

해설

푸시 풀 로드 조종계통(Push Pull Rod Control System)

- 장점
  ① 케이블 조종계통에 비해 마찰이 적고 늘어나지 않는다.
  ② 온도변화에 의한 팽창 등의 영향을 받지 않는다.
- 단점
  ① 케이블 조종계통에 비해 무겁다.
  ② 관성력이 크다.
  ③ 느슨함이 생길 수 있고, 값이 비싸다.

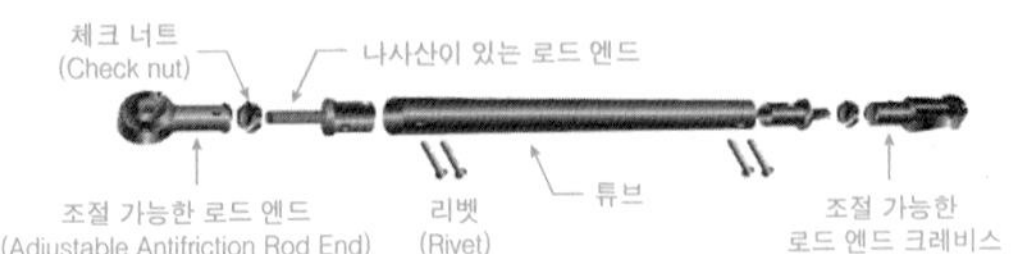

9 케이블

01 현대 항공기에 사용하는 케이블의 치수는?

① 1/32″ ~ 9/32″ ② 1/32″ ~ 1/4″
③ 1/16″ ~ 1/8″ ④ 1/32″ ~ 3/8″

[정답] 03 ③ 04 ① 8 01 ③ 02 ④ 03 ③ 9 01 ④

해설

항공기에 사용되는 케이블은 탄소강이나 내식강으로 되어 있으며 지름은 1/32″～3/8″, 1/32″씩 증가하도록 되어 있다.

02 항공기용 Cable의 절단방법은?

① 기계적인 방법으로 ② Torch Lamp를 사용
③ 용접 Torch를 사용 ④ Tube Cutter를 사용

해설

항공기에 이용되는 케이블의 재질은 탄소강과 내식강이 있고, 주로 탄소강 케이블이 이용되고 있다. 케이블 절단시 열을 가하면 기계적 강도와 성질이 변하므로 케이블 커터와 같은 기계적 방법으로 절단한다.

03 7×19의 모양과 주로 사용하는 곳은?

① 7개의 와이어로 된 19개의 Strand로 구성되며 전반적인 조종계통에 사용된다.
② 19개의 와이어로 된 7개의 Strand로 구성되며 전반적인 조종계통에 사용된다.
③ 7개의 와이어로 된 19개의 Strand로 구성되며 트림 탭 조종계통에 사용된다.
④ 19개의 와이어로 된 7개의 Strand로 구성되며 주조종계통에 주로 사용된다.

해설

7×19 케이블

충분한 유연성이 있고, 특히 작은 직경의 풀리에 의해 구부러졌을 때 굽힘응력에 대한 피로에 잘 견딘다. 지름 1/8″ 이상으로 주로 조종계통에 사용된다.

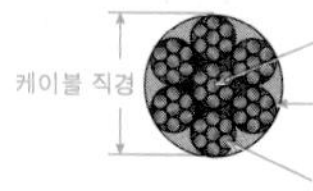
7 X 7
꼬은선 수
꼬은가닥 수
케이블 직경
중앙에 1개의 꼬은 가닥,
주위에 6개 가닥은 Z꼬기 이다.
바깥에 6개의 꼬은가닥이 있고
모두 Z꼬기 이다.
7개의 작은선이 있는데
모두 S꼬기 이다.

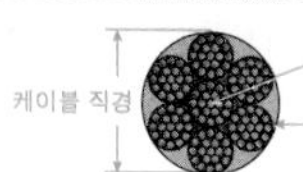
7 X 19
꼬은선 수
꼬은가닥 수
케이블 직경
중앙에 1개의 꼬은 가닥,
주위에 18개 가닥은 Z꼬기 이다.
바깥에 6개의 꼬은가닥(Z꼬기)이 있고,
6개의 꼬은가닥은 모두 S꼬기 이다.

04 7×19 케이블에 대한 설명이 틀린 것은?

① 탄소강 케이블은 내식강 케이블보다 탄성계수가 높다.
② 7×19 케이블의 최소지름은 1/8″이다.
③ Non-flexible Cable이다.
④ 7×19 케이블은 와이어 19가닥을 한 묶음으로 7개를 꼬은 것이다.

해설

내식성 케이블

내식성을 가지므로 부식이 발생하기 쉬운 위치에 사용하고 있는데 탄소강 재료와 비교하여 다음과 같은 결점이 있다.
① 케이블의 탄성계수가 낮으므로 케이블에 인장하중이 가해졌을 때 케이블의 신장이 크고 케이블 계통 조종의 확실성이 감소한다.
② 피로강도가 좋지 않으므로 풀리에 의해 구부러져 있는 부분은 반복하여 굽힘응력이 가해지고 피로에 의한 단선이 발생하기 쉽다.

05 조종계통 케이블 정비에 대한 설명이 틀리는 것은?

① 손상의 주원인은 풀리나 페어리드 및 케이블 드럼과 접촉에 의한 것이다.
② 케이블 가닥 손상 검사는 헝겊을 케이블에 감고 길이 방향으로 움직여 본다.
③ 부식된 케이블은 브러시로 부식을 제거한 후 솔벤트 등으로 깨끗이 세척한다.
④ 케이블 장력은 장력계수의 눈금에 장력환산표를 대조하여 산출한다.

해설

케이블의 세척방법

① 쉽게 닦아낼 수 있는 녹이나 먼지는 마른 헝겊으로 닦는다.
② 케이블 표면에 칠해져 있는 오래된 방부제나 오일로 인한 오물 등은 깨끗한 수건에 케로신을 묻혀서 닦아낸다. 이 경우 케로신이 너무 많으면 케이블 내부의 방부제가 스며 나와 와이어 마모나 부식의 원인이 되어 케이블 수명을 단축시킨다.
③ 세척한 케이블은 마른 수건으로 닦은 후 방식 처리를 한다.

06 터미널 피팅에 케이블을 끼우고 공구나 장비로 압착하는 방법?

① 5단 엮기 이음방법(5 Tick Woven Cable Splice)
② 납땜 이음방법(Wrap Solder Cable Splice)

[정답] 02 ① 03 ④ 04 ③ 05 ③ 06 ④

기출+예상

③ 니코 프레스(Nico Press)

④ 스웨징 방법(Swaging Method)

해설

케이블을 터미널 피팅에 연결하는 방법

① 스웨이징 방법은 터미널 피팅에 케이블을 끼우고 스웨이징 공구나 장비로 압착하는 방법으로 연결부분 케이블 강도는 케이블 강도의 100[%]를 유지하며 가장 일반적으로 많이 사용한다.

② 5단 엮기 이음방법은 부싱이나 딤블을 사용하여 케이블 가닥을 풀어서 엮은 다음 그 위에 와이어를 감아 씌우는 방법으로 7×7, 7×19 케이블이나 지름이 3/32″ 이상 케이블에 사용할 수 있다. 연결부분의 강도는 케이블 강도의 75[%]이다.

③ 납땜 이음방법은 케이블 부싱이나 딤블 위로 구부려 돌린 다음 와이어를 감아 스테아르산의 땜납 용액에 담아 땜납 용액이 케이블 사이에 스며들게 하는 방법으로 지름이 3/32″ 이하의 가요성 케이블이나 1×19 케이블에 적용되며 집합부분의 강도는 케이블 강도의 90[%]이고, 고온부분에는 사용을 금한다.

07 **직경 3/32″ 이하의 가요성 케이블(Flexible cable)에 사용되고, 고열 부분에서는 사용이 제한되는 케이블 작업은?**

① Swaging

② Nicopress

③ Five-Tuck Woven Splice

④ Wrap-solder cable Splice

해설

문제 08 해설 참조

08 **케이블의 연결 방법 중 열을 많이 받는 부분에 사용해서는 안 되는 연결방법은?**

① 5단 엮기 이음방법 ② 랩 솔더 이음방법

③ 니코 프레스 ④ 스웨징 방법

해설

납땜 이음방법

케이블 부싱이나 딤블 위로 구부려 돌린 다음 와이어를 감아 스테아르산의 땜납 용액에 담아 땜납 용액이 케이블 사이에 스며들게 하는 방법으로 지름이 3/32″ 이하의 가요성 케이블이나 1×19 케이블에 적용되며 집합부분의 강도는 케이블 강도의 90[%] 이고, 고온부분에는 사용을 금한다.

09 **케이블 중 5단 엮기 케이블 이음법을 사용할 수 없는 것은?**

① 5/32″ ② 2/32″

③ 3/32″ ④ 4/32″

해설

5단 엮기 이음방법

부싱이나 딤블을 사용하여 케이블 가닥을 풀어서 엮은 다음 그 위에 와이어를 감아 씌우는 방법으로 7×7, 7×19 케이블이나 지름이 3/32″ 이상 케이블에 사용할 수 있다. 연결부분의 강도는 케이블 강도의 75[%]이다.

10 **케이블 세척에 대한 방법이 틀린 것은?**

① 쉽게 닦아낼 수 있는 녹이나 먼지는 마른 헝겊으로 닦아낸다.

② 케이블 표면은 솔벤트나 케로신을 헝겊에 묻혀 닦아낸다.

③ 솔벤트나 케로신을 너무 묻히면 내부의 방부제를 녹여 와이어의 마멸을 일으킨다.

④ MEK로 세척한 후 부식에 대한 방지를 하여야 한다.

해설

케이블의 세척

① 고착되지 않은 녹, 먼지 등은 마른 수건으로 닦아내고, 케이블 바깥면에 고착된 녹이나 먼지는 #300~400 정도의 미세한 샌드페이퍼로 없앤다.

② 윤활제는 케로신을 적신 깨끗한 수건으로 닦지만 케로신이 너무 많으면 케이블 내부의 방식 윤활유가 스며나와 와이어 마모나 부식의 원인이 되므로 가능한 소량으로 사용하여야 한다.

③ 케이블 표면에 고착된 낡은 방식유를 제거하기 위해 증기 그리스 제거, 수증기 세척, MEK 또는 그 외의 용제를 사용할 경우에는 케이블 내부의 윤활유까지 제거해 버리기 때문에 사용해서는 안 된다.

④ 크리닝을 한 경우는 검사 후 바로 방식처리를 하여야 한다.

11 **케이블 검사 및 정비 방법이 아닌 것은?**

① 케이블의 와이어 잘림, 마멸, 부식 등을 검사한다.

② 와이어의 잘림은 헝겊으로 케이블을 감싸서 손에 상처가 없도록 검사한다.

[정답] 07 ④ 08 ② 09 ② 10 ④ 11 ④

③ 케이블이 풀리와 페어리드에 닿는 부분을 검사한다.

④ 7×7 케이블은 25.4[mm]당 8가닥 이상 잘려 있으면 교환한다.

해설

케이블 교환

- 7×7케이블은 6개 이상 마모시 케이블을 교환
- 7×19케이블은 12개 이상 마모시 케이블을 교환
- 7×7케이블은 단선수가 3개에 이르기 전에 교환
- 7×19케이블은 단선수가 6에 이르기 전에 교환

12 케이블 스웨이지 후 검사 방법이 아닌 것은?

① 스웨이지된 피팅에 손상이 없는가 검사한다.

② 스웨이지가 규정 치수에 맞는가 검사한다.

③ 볼 형은 규정된 길이로 스웨이지하고 있는가 확인한다.

④ 치수는 Go-no-go Gage로 측정한다.

해설

스웨이지 후 검사 방법

- 스웨이지된 피팅에 손상이 없는가 검사한다.
- Go-Gage를 사용하여 스웨이지가 규정 치수에 맞는가 검사한다.
- 규정된 길이로 스웨이지하고 있는가 확인한다.(볼 형은 제외)
- 볼 형의 피팅은 앤드보다 케이블이 나와 있는 한계가 정해져 있고 1/16[in] 이상인 경우에는 그 것 이하로 한다.
- 양 끝도 스웨이지가 종료되면 길이 검사를 한다.

참고

스웨이지 후 검사 방법

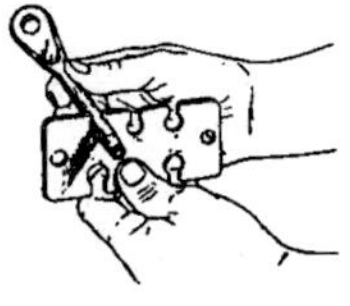

[스웨이지 터미널 생크의 측정]

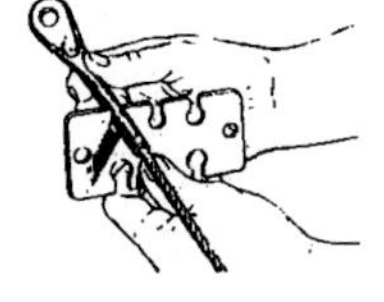

[스웨이지 후의 검사]

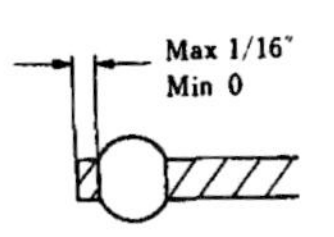

[볼 형식의 끝 부분 한계]

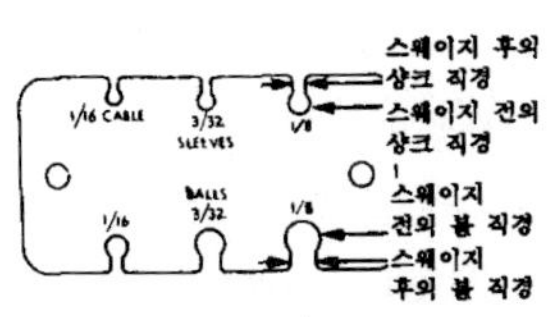

[볼 형식용 터미널 스웨이지]

13 Cable의 보중하중 시험 내용이 아닌 것은?

① 보중하중의 값은 최소파괴하중의 60~65[%]이다.

② 하중은 서서히 또 평균에서 최댓값에 달하기까지 적어도 3초 이상 경과시킨다.

③ 규정값에 달하고 나서 스플라이스 피팅은 2분간 그대로 방치한다.

④ 보중하중을 건 후는 한번 더 길이를 점검한다.

해설

케이블의 보중하중 시험

① 제작한 케이블 어셈블리의 피딩과 케이블과의 경계에 슬립 마크(Slip Mark)를 붙여둔다. 이것은 보중하중을 가했을 때 피팅의 미끄러짐을 검사하기 위한 것이다.

② 피팅과 케이블을 전용의 공구, 지그 등을 써서 시험 스탠드에 장착한다.

③ 보중하중의 값은 최소파괴하중의 60~65[%]이다. 하중은 서서히 또 평균에 걸쳐서 최댓값에 달하기까지 적어도 3초 이상 경과시킨다.

④ 하중이 규정값에 달하고 나서 적어도 다음 시간 그대로 방치한다.
- 엔드 피팅은 5초, 스플라이스 피팅은 3분
- 슬립 마크가 어긋나지 않는지 여부를 검사한다. 하중을 다 가하고 나면 평균적으로 또 서서히 하중을 제거한다.

⑤ 보중하중을 가한 후에는 다시 한번 케이블 어셈블리의 길이를 점검한다.

14 조종케이블을 3° 이내에서 방향을 바꾸어 주는 것은?

① 벨 크랭크(Bell Crank)

② 케이블 드럼(Cable Drum)

③ 풀리(Pulley)

④ 페어 리드(Fair Lead)

해설

케이블 조종계통에 사용되는 여러 가지 부품의 기능

① 풀리는 케이블을 유도하고 케이블의 방향을 바꾸는 데 사용한다.

② 턴버클은 케이블의 장력을 조절하기 위해 사용된다.

③ 페어 리드는 조종케이블의 작동 중 최소의 마찰력으로 케이블과 접촉하여 직선운동을 하며 케이블을 3°이내에서 방향을 유도한다.

④ 벨 크랭크는 로드와 케이블의 운동방향을 전환하고자 할 때 사용하며 회전축에 대하여 2개의 암을 가지고 있어 회전운동을 직선운동으로 바꿔준다.

[정답] 12 ③ 13 ③ 14 ④

15 케이블 장력 조절기의 사용 목적은?

① 조종 케이블의 장력을 조절한다.
② 조종사가 케이블의 장력을 조절한다.
③ 주 조종면과 부 조종면에 의하여 조절한다.
④ 온도변화에 관계없이 자동적으로 항상 일정한 케이블 장력을 유지한다.

해설

케이블 장력 조절기(Cable Tension Regulator)
항공기 케이블(탄소강 내식강)과 기체(알루미늄 합금)의 재질이 다르므로 해서 열팽창계수가 달라 기체는 케이블의 2배 정도로 팽창 또는 수축하므로 여름에는 케이블의 장력이 증가하고, 겨울에는 케이블의 장력이 감소하므로 이처럼 온도 변화에 관계없이 자동적으로 항상 일정한 장력을 유지하도록 하는 기능을 한다.

16 조종 케이블의 장력을 측정할 때 올바른 방법은 어느 것인가?

① 표준 대기상태에서 실시한다.
② 조종 케이블의 장력은 온도에 따라 변하므로 일정하게 20[°C]를 유지한다.
③ 장력계를 사용할 때는 조종 케이블 지름을 먼저 측정한다.
④ 측정 장소는 가능한 한 케이블 가까이에서 한다.

해설

케이블 장력 측정
케이블 장력 측정기(Calbe Tension Meter)가 필요한데 장력 측정기를 사용하기 위해서는 먼저 케이블의 지름 및 외기 온도를 알아야 한다.
측정 장소는 턴버클이나 케이블 피팅으로부터 최소한 6″이상 떨어져서 측정한다. 측정 후에는 장력의 온도 변화의 보정에 적용되는 케이블 장력 도표에서 해당되는 온도의 장력 값을 확인한 후 규정 범위에 들지 않으면 턴버클을 돌려서 장력을 조절한다.

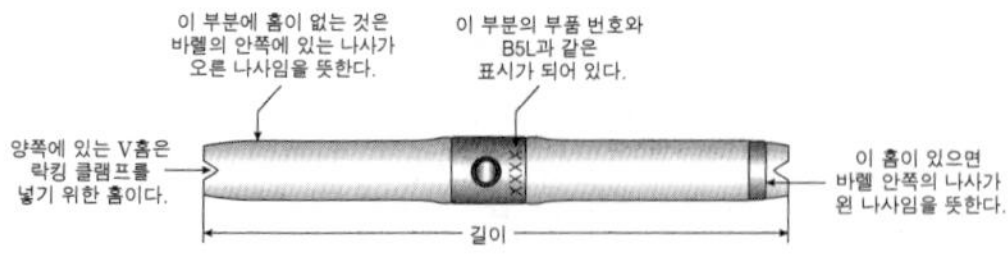

[턴버클 배럴(Turnbuckle Barrel)]

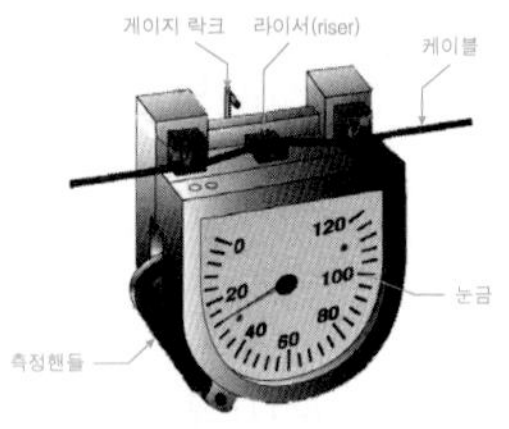

[텐션 미터(Tension Meter)]

17 조종 케이블이 작동 중에 최소의 마찰력으로 케이블과 접촉하여 직선 운동을 하게 하며, 케이블을 작은 각도 이내의 범위에서 방향을 유도하는 것은?

① 풀리(Pulley)
② 페어리드(Fairlead)
③ 벨크랭크(Bell crank)
④ 케이블 드럼(Cable drum)

해설

문제 14번 참조

4 항공기 기체 정비

1 안전 결선

01 안전 결선(Safety Wire) 방법이 아닌 것은?

① 에어 덕트의 클램프가 풀리지 않게 하는 로크 와이어(Lock Wire) 방법이 있다.
② 나사 부품을 고정 시키는 로크 와이어(Lock Wire) 방법이 있다.
③ 핸들 등의 잘못된 조작을 막는 고정 와이어(Lock Wire) 방법이 있다.
④ 스위치, 커버 등을 열지 못하게 하는 셰어 와이어(Shear Wire) 방법이 있다.

해설

안전 결선(Safety Wire)
- 비행 중 또는 작동 중의 심한 진동과 하중 때문에 느슨해질 우려가 있다.

[정답] 15 ④ 16 ③ 17 ② 1 01 ③

- 나사 부품을 조이는 방향으로 당겨, 확실히 고정시키는 로크 와이어(Lock Wire) 방법이 있다.
- 비상구, 소화제 발사 장치, 비상용 브레이크 등의 핸들, 스위치, 커버 등을 잘못 조작하는 것을 막고, 조작 시에 쉽게 작동할 수 있도록 하는 목적으로 사용되는 셰어 와이어(Shear Wire) 방법이 있다.

02 와이어 크기의 선택에 대한 설명이 틀리는 것은?

① 안전 지선의 크기(지름)에 따라 최저 조건을 만족시켜야 한다.

② 보통 3/8[inch] 볼트에는 지름이 최저 0.032[in]인 와이어를 사용한다.

③ 스크루와 볼트가 좁게 배열되어 있을 때는 0.020[in]인 와이어를 사용한다.

④ 비상용 장치에는 특별한 지시가 없는 한 0.032[in]인 와이어를 사용한다.

해설

와이어 크기의 선택

- 보통의 안전풀림 방지용 와이어는 지름이 최저 0.032[in]가 되어야 한다.
- 스크루와 볼트가 좁게 배열되어 있을 때는 0.020[in]인 와이어를 사용한다.
- 싱글 와이어 방법으로 안전풀림 방지를 할 때는 적합한 재질로 구멍을 지나는 최대지름의 와이어를 써야 한다.
- 비상용 장치에 사용하는 와이어는 특별한 지시가 없는 한 지름 0.020[in]인 CY 와이어를 사용한다.(CY 와이어 : Copper, Cadmium도금)

03 드릴 헤드 볼트 구멍의 위치를 정하는 방법이 아닌 것은?

① 좌로 45° 기울어진 위치가 되는 것이 이상적인 상태이다.

② 이상적인 위치를 얻기 위해 유닛을 너무 조이거나 덜 조여서는 안 된다.

③ 규정 토크 범위에 있을 경우, 두께가 다른 와셔 또는 다른 볼트 등으로 교환된다.

④ 유닛의 구멍은 12시에서 3시 사이 및 6시에서 9시 사이를 피해야 한다.

해설

드릴 헤드 볼트 구멍의 위치를 정하는 법

- 규정된 토크 값까지 조이는 순서에 따라 조이고 볼트머리의 구멍의 위치를 확인하며, 구멍의 위치를 조정한다.
- 2개의 유닛 사이에 안전 지선을 걸 때 구멍의 위치는 통하는 구멍이 중심선에 대해 좌로 45° 기울어진 위치가 되는 것이 이상적인 상태이다.
- 이상적인 위치를 얻기 위해 유닛을 너무 조이거나 덜 조여서는 안 된다.
- 구멍이 알맞게 모인 위치가 규정 토크 범위에 없을 경우, 두께가 다른 와서 또는 다른 볼트 등으로 교환된다.
- 유닛의 구멍은 12시에서 3시 사이 및 6시에서 9시 사이를 피해야 한다.

04 안전 결선(Safety Wire) 방법이 잘못된 것은?

① 더블 트위스트(Double Twist)와 싱글 와이어(Single Wire) 방법이 있다.

② 더블 트위스트 와이어 방법의 유닛 수는 3개가 최대수이다.

③ 슈퍼차저(Supercharger)의 중요 부분에 사용될 때는 싱글와이어 방법을 쓴다.

④ 6[in] 이상 떨어져 있는 파스너(Fastener)의 사이에 와이어를 걸어서는 안 된다.

해설

안전 지선을 거는 방법

- 더블 트위스트(Double Twist)와 싱글 와이어(Single Wire) 방법이 있다.
- 더블 트위스트 와이어 방법의 유닛 수는 3개가 최대수이다.
- 6[in] 이상 떨어져 있는 파스너(Fastener) 또는 피팅(Fitting)의 사이에 와이어를 걸어서는 안 된다.

05 단선 와이어를 거는 방법이 잘못된 것은?

① 전기계통의 부품은 거의 단선 와이어를 한다.

② 좁은 간격에 있는 유압 실(Seal)은 단선 와이어를 사용한다.

③ 비상장치에는 단선 와이어를 사용한다.

④ 비상 계기 커버의 가드(guard)에는 단선 와이어를 사용 한다.

[정답] 02 ④ 03 ③ 04 ③ 05 ②

기출+예상

해설

Single Wire Method(싱글 와이어 방법)

- 3개 또는 그 이상의 유닛이 좁은 간격으로 폐쇄된 기하학적인 형상(삼각형, 정사각형, 직사각형, 원형 등)을 하는 전기계통의 부품으로서, 좁은 간격이란 중심 간의 거리가 2[in](최대) 이하인 것을 말한다.
- 좁은 간격으로 배열된 나사라도 유압 실(Seal)이나 공기 실을 막거나 유압을 받거나 클러치(Clutch)기구나 슈퍼차저(Supercharger)의 중요 부분에 사용될 때는 더블 트위스트 와이어 방법을 쓴다.

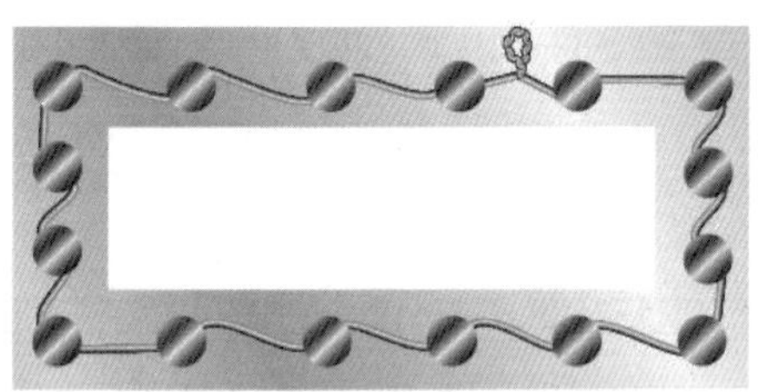

[Single Wire Double Twist]

- 싱글 와이어 방법(Single Wire Method)이 적용되는 곳은 비상용 장치, 예를 들어 비상구, 비상용 브레이크 레버, 산소 조정기, 소화제 발사 장치 등의 핸들 커버의 가드(Guard)등 이다.

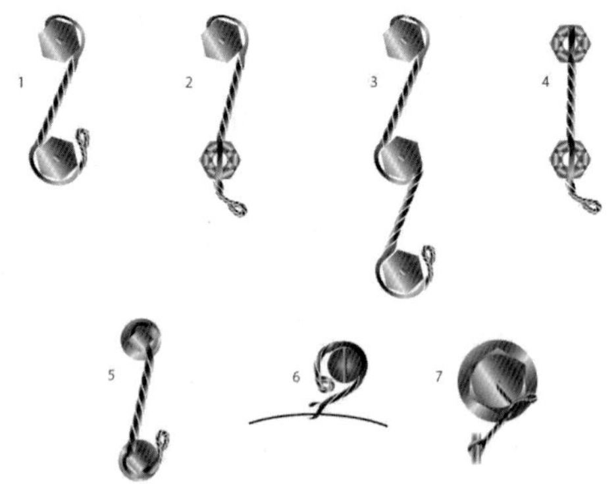

[안전 지선을 거는 법]

06 Safety Wire시 유의사항이 잘못된 것은?

① Wire의 지름이 0.020인 경우 1당 6~8회 꼬임
② Wire 끝부분은 Pig Tail로 1/4~1/2[in]당 3~5회 꼬임
③ Safety Wire의 당기는 방향은 부품의 죄는 반대방향으로 한다.
④ Wire를 자를 때는 수직으로 잘라 안전에 유의한다.

해설

안전 결선 시 유의 사항

- 1번 사용한 것을 재사용해서는 안 된다.
- 안전 지선은 유닛 사이에 견고하게 설치해야 하며, 마찰이나 진동에 의한 피로를 막고, 와이어에 과도한 응력을 가해서는 안 된다.
- 안전 지선을 장착하는 작업 중에 와이어에 꼬임(Kink), 흠(Nick), 마모된 흠 (Scrape) 등이 생기지 않게 한다.
- 날카로운 모서리를 따라 당기거나 너무 가까이 하거나 공구로 너무 잡거나 해서는 안 된다.
- 캐슬 너트의 흠이 너트의 상단에 가까이 있을 때는 와이어는 너트 주위를 감는 것보다 너트 위를 통해서 감는 것이 더 확실하다.
- 여러개의 유닛에 와이어를 걸 때에는 와이어가 끊어져도 모든 유닛이 느슨해지지 않도록 가능하면 적은 수로 나누어 한다.
- 인터널 스냅 링(Internal Snap Ring)에는 로크 와이어를 걸지 말 것
- 전기 커넥터의 와이어는 0.020[in] 지름인 와이어를 걸어도 좋으며, 전기 커텍터에 와이어를 걸 때는 하나하나에 거는 것이 바람직하고 어쩔 수 없는 경우가 아니면 커넥터 사이에는 와이어를 걸 때는 하나하나에 거는 것이 바람직하고 어쩔 수 없는 경우가 아니면 커넥터 사이에는 와이어를 걸지 않는다.
- 유닛과 환경에 맞는 와이어를 선택하여 필요한 길이로 절단하며, 필요한 길이는 대략 유닛 개개의 거리의 2배에 두 손으로 쥘 수 있는 여분을 더한 것이다.
- 구부러짐이 있으면 똑바로 펴야 하며, 이때 필요한 길이로 절단한 와이어의 끝을 바이스로 고정하고 다른 끝을 플라이어로 꼭 잡고서, 반동을 가하여 1~2번, 적당한 힘으로 당기거나 한끝을 플라이어로 잡고 트위스트 와이어를 잡아당긴다. 와이어 표면의 피막과 도금을 손상시키거나 벗겨지게 하지 않고 팽팽히 똑바로 펼 수 있다.
- 안전 결선의 꼬임 수는 자주 사용되는 0.032[in] 및 0.040[in] 지름인 경우 1[in]당 6~8개의 꼬임이 적당하다.
- 와이어는 직각으로 절단하여야 하며, 끝이 뾰족하면 상처를 입을 수 있다.
- 마지막 꼬은 끝을 볼트 쪽에 바짝 붙여서 잘라낸 곳에 걸리거나 작업복을 손상시키지 않게 해두며, 마지막 꼬은 줄 길이는 1/4~1/2[in], 꼬은 수는 3~5번이다.
- 절단된 여분의 와이어를 엔진, 기체 및 부품 속에 떨어뜨려서는 안 된다.

2 Cotter Pin

01 코터 핀의 재질과 적용에 대한 설명이 잘못된 것은?

① 탄소강 코터 핀은 450[°F]까지의 장소에 사용된다.
② 내식강 코터 핀은 800[°F]까지의 장소에 사용된다.

[정답] 06 ① 2 01 ③

③ 탄소강 코터 핀은 부식성이 있는 환경에 사용
④ 내식강 코터 핀은 비자성이 요구되는 곳에 사용

해설

코터 핀의 재질과 적용

[상용 온도 한계와 용도(MS 33540)]

재 질	주위의 온도	용도
탄소강	450[°F]까지의 장소	코터 핀을 부착하는 볼트 또는 너트가 카드뮴 도금되어 있을 때
내식강	800[°F]까지의 장소	• 비자성이 요구되는 곳 • 부식성이 있는 환경에 사용 • 코터 핀을 장착하는 볼트가 내식강인 곳에 사용 • 코터 핀을 장착하는 너트가 내식강인 곳에 사용

02 코터 핀의 장착 방법을 틀리게 설명한 것은?

① 우선 방법과 대체 방법이 있다.
② 특별한 지시가 없는 한 우선 방법을 쓴다.
③ 볼트 끝부분에 구부려 접은 끝이 가까이 있을 때에는 우선방법을 쓴다.
④ 부품이 닿을 것 같은 경우나 걸리기 쉬운 경우에 대체 방법을 쓴다.

해설

코터 핀의 장착 방법

- 우선 방법(Prefered Method)과 대체 방법(Alternate Method)이 있다.
- 특별한 지시가 없는 한 우선 방법을 쓴다.
- 볼트 끝부분에 구부려 접은 끝이 가까이 있는 부품과 닿을 것 같은 경우나 걸리기 쉬운 경우는 대체 방법을 쓴다.

(a) 우선 방법

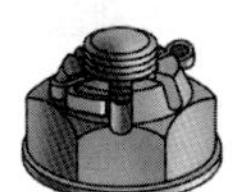
(b) 대체 방법

[코터 핀의 부착방법]

03 Cotter Pin Hole의 위치를 잘못 설명한 것은?

① 너트를 규정된 최저 토크로 조이고 구멍과 너트의 홈의 위치를 확인한다.
② 가장 바람직한 위치는 너트의 홈의 바닥과 볼트 구멍의 상부가 동일한 높이이다.
③ 구멍과 홈이 맞지 않으면 와셔의 증감(3장 이하)으로 조정할 수 있다.
④ 구멍이 맞지 않는 경우는 토크 값의 범위 내에서 맞출 수 있다.

해설

코터 핀 장착의 기본 예(우선 방법)

- 너트를 규정된 최저 토크로 조이고 볼트 나사 끝의 구멍과 너트의 홈의 위치를 확인한다.
- 맞지 않는 경우는 토크 값의 범위 내에서 맞춘다.
- 만약 구멍과 홈이 맞지 않으면 너트, 와셔 및 볼트의 교환이나 와셔의 증감으로 조정한다.
- 가장 바람직한 위치는 너트의 홈의 바닥과 볼트 구멍의 하부가 동일한 높이이다.
- 코터 핀 지름의 50[%] 이상이 너트의 윗면으로 나와서는 안된다. 이럴 때는 볼트를 짧은 것으로 교환하든지, 와셔를 두꺼운 것으로 교환하든지, 와셔의 개수를 제한 개수까지 늘려 조정해야 한다.

Cotter Pin Hole의 위치	
	가장 바람직한 구멍에 대한 홈의 위치
	Cotter Pin의 반지름보다 더 나와서는 안된다.

04 코터 핀의 장착 작업을 잘못 설명한 것은?

① 핀 끝의 긴 쪽을 위로해서 손으로 가능한 만큼 밀어 넣는다.
② 핀의 머리가 너트의 벽과 동일 면이 될 때까지 동 해머로 가볍게 두드린다.
③ 코터 핀은 검사 후 재사용할 수 있다.
④ 핀 끝을 동 해머로 가볍게 두드려 너트의 벽에 꼭 붙인다.

해설

[정답] 02 ③ 03 ② 04 ③

코터핀(Cotter Pin) 장착 작업

- 핀 끝의 긴 쪽을 위로해서 손으로 가능한 만큼 밀어 넣는다.
- 코터 핀의 머리가 너트의 벽과 동일 면이 될 때까지 동 해머로 가볍게 두드린다. 이때, 코터 핀의 머리가 변형되지 않게 주의한다. 머리가 변형되면 머리와 벽을 동일 면이 되게 할 필요가 없다.
- 코터 핀의 위쪽 끝을 플라이어(Plier)로 확실히 잡고 앞으로 당기면서 볼트 축 쪽으로 구부려 적당한 길이로 절단한다.
- 절단된 핀 끝을 동 해머로 가볍게 두드려 볼트 끝부분에 꼭 붙인다.
- 남은 핀 끝을 플라이어로 확실히 잡고 앞으로 당기면서 약간 아래쪽으로 구부려 와셔에 닿지 않을 정도로 절단한다.
- 핀 끝을 동 해머로 가볍게 두드려 너트의 벽에 꼭 붙인다.
- 장착한 코터 핀에 느슨함이 없는지 검사한다.

[동 해머]

[코터 핀의 장착]

05 코터 핀(Cotter Pin) 장·탈착 작업 시 주의 사항이 아닌 것은?

① 새것을 사용하고 결코 한번 사용한 것을 재사용해서는 안 된다.

② 핀 끝을 접어 구부릴 때는 펼쳐지게 해야 하고 꼬거나 또는 가로방향으로 구부 려서는 안 된다

③ 핀 끝을 절단할 때는 핀 측에 직각으로 절단해야 한다.

④ 부근의 구조를 손상시키지 않도록 볼 핀 해머를 사용한다.

해설

코터핀(Cotter Pin) 장·탈착 작업

- 코터 핀은 장착할 때마다 새것을 사용하고 결코 한번 사용한 것을 재사용해서는 안 된다.
- 핀 끝을 접어 구부릴 때는 펼쳐지게 해야 하고 꼬거나 또는 가로방향으로 구부려서는 안 된다.
- 핀 끝을 절단할 때는 끝을 감싸는 등 방법으로 절단 조각이 튀지 않게 해야 하며 그렇게 하지 않으면 절단 조각이 눈에 들어가거나 엔진 내부에 들어가 사고를 일으키게 된다.
- 핀 끝을 절단할 때는 핀 측에 직각으로 절단해야 한다.(비스듬히 절단하면 사고의 원인이 된다)
- 부근의 구조를 손상시키지 않도록 동 해머를 사용한다.

3 튜브 및 호스의 작업

01 Hose의 장착 방법이 틀린 것은?

① 꼬이지 않도록 장착한다.

② 여유 길이가 없도록 직선으로 연결한다.

③ 유관 식별을 위한 식별표를 부착한다.

④ 60[cm] 마다 클램프를 설치한다.

해설

호스 장착 시 유의 사항

- 호스가 꼬이지 않도록 한다.
- 압력이 가해지면 호스가 수축되므로 5~8[%] 여유를 준다.
- 호스의 진동을 막기 위해 60[cm] 마다 클램프(Clamp)로 고정한다.

02 사용 온도 범위가 넓고 액체 류에 많이 사용하는 호스는?

① Teflon　　② Neoprene

③ Butyl　　④ Buna-N

해설

호스의 재질

- 부나 N : 석유류에 잘 견디는 성질을 가지고 있으며, 합성류에 사용해서는 안 된다.
- 네오프렌 : 아세틸렌기를 가진 합성고무로 석유류에 잘 견디는 성질은 부나 N보다는 못하지만 내마멸성은 오히려 강하며, 합성류에 사용금지
- 부틸 : 천연 석유제품으로 만들어지며 합성류에 사용할 수 있으나 석유류와 같이 사용해서는 안 된다.
- 테프론 : 사용 온도범위가 넓고 모든 액체류에 사용할 수 있고, 고무보다 부피의 변형이 적고 수명도 반영구적이다.

03 부틸 호스 재질에 대한 설명이 틀린 것은?

① 천연 석유제품으로 만들어 졌다.

② 합성류에 사용한다.

③ 석유류에 사용금지

④ 모든 액체류에 사용

해설

부틸 재질 호스

[정답] 05 ④ 3 01 ② 02 ① 03 ④

천연 석유제품으로 만들어지며 합성류에 사용할 수 있으나, 석유류와 같이 사용해서는 안 된다.

04 튜브와 호스에 대한 설명이 틀린 것은?

① 튜브의 바깥지름은 분수로 나타낸다.

② 호스는 안지름으로 나타낸다.

③ 진동이 많은 곳에는 튜브를 사용한다.

④ 호스는 움직이는 부분에 사용한다.

해설

튜브와 호스

- 튜브의 호칭 치수는 바깥지름(분수)×두께(소수)로 나타내고, 상대운동을 하지 않는 두 지점 사이의 배관에 사용된다.
- 호스의 호칭 치수는 안지름으로 나타내며, 1/16″ 단위의 크기로 나타내고, 운동 부분이나 진동이 심한 부분에 사용한다.

05 장착하고자 하는 호스거리가 50″라면 장착될 호스의 최소길이는?

① 51과 1″ ② 53과 2″

③ 52와 1/2 ″ ④ 55와 1/4″

해설

호스의 최소길이

- 압력이 가해지면 호스가 수축되므로 5～8[%] 여유를 준다.
- 최소 5[%]의 여유를 줘야 한다.

06 제빙장치용 배관을 식별하기 위한 국제적인 표시는?

① 삼각형 ② 정사각형

③ 사각형 ④ 원형

해설

제빙장치용 배관을 식별하기 위한 국제적인 표시는 삼각형이다.

07 유압용 연성 배관선(Flexible Pipe Line)에 선이 표시되어 있는 이유는?

① 호스의 접착될 부분을 표시

② 광물성 오일계통에 사용하기 위한 표시

③ 호스 장착 시 뒤틀림 방지

④ 천연 오일계통에 사용하기 위한 표시

해설

연성 배관선(Flexible Pipe Line)

호스 장착 시 꼬이지 않게 레이선을 일직선으로 한다.

08 고유압계통의 튜브의 외경은 구부러진 부분에서 일반적으로 직경이 몇 [%] 이하가 되지 않아야 하는가?

① 90[%] ② 75[%]

③ 50[%] ④ 30[%]

해설

튜브의 직경

- 굽힘 작업을 한 튜브에 파임의 결함이 생기면 유체의 흐름을 제한하게 한다.
- 주름진 결함이 생기면 파임이 있는 튜브에 비해 심하게 유체의 흐름을 제한하지 않지만 계속 흐름을 파동시킴으로서 튜브를 약하게 한다.
- 굽힘 공구 자국이 없고 굽힘의 최소직경이 튜브 직경의 75[%] 이하가 되지 않아야 한다.

09 금속튜브에 클램프를 장착할 때 바른 방법은?

① 페인트는 부식을 방지하므로 제거할 필요가 없다.

② 누출된 액을 쉽게 식별하기 위하여 클램프를 장착한 후에 클램프와 튜브에 페인트를 칠한다.

③ 부식을 막기 위해 클램프를 장치한 후에 클램프와 튜브에 페인트를 칠한다.

④ 클램프가 있는 튜브 부분에는 페인트나 양극 처리된 것을 제거한다.

해설

지지 클램프(Support Clamps)

- 고무 쿠션(Cushion)된 클램프 : 진동을 방지하며 배선을 안정시키는데 쓰인다. 큐션은 배관의 마멸을 방지한다.
- 테프론 쿠션 클램프 : 스카이드롤 고압류 혹은 연료에 의한 기능저하가 예상되는 곳에 사용한다.
- 본드 클램프(Bonded Clamp) : 금속 유압 라인, 오일 라인이 제자리에 확실하게 위치시키기 위해 사용한다. 본드하지 않은 클램프는 배선 보호용으로만 사용하여야 한다. 본드 클램프가 있는 튜브 부분에는 페인트나 양극 처리된 것을 제거한다.

[정답] 04 ③ 05 ③ 06 ① 07 ③ 08 ② 09 ④

10 알루미늄 합금관의 표면에 난 흠집(Scratch)에 대한 수리 범위는?

① 튜브 두께의 20[%] 이하
② 1/32″ 이하
③ 1/16″ 이하
④ 튜브 두께의 10[%] 이하

해설

알루미늄 합금 관 수리
알루미늄 합금 관 표면에 난 흠집은 튜브 두께의 10[%] 이하일 때는 수리가 가능하다.

11 연성호스 장착 시 고려해야 할 사항은?

① 두 개의 피팅 사이에 팽팽히 펴지도록 한다.
② 호스의 느슨함을 허용하기 위해 5~8[%]의 여분을 준다.
③ 가능한 한 만곡반경이 작게 한다.
④ 사용시 최소굴곡을 갖도록 한다.

해설

연성호스의 설치
압력, 진동, 기체의 팽창으로 인한 호스의 치수가 변경되는 것을 고려하기 위해 호스를 장착할 때 5～8[%]의 장착 여유를 둔다.

12 유압선과 전선의 위치가 서로 인접해 있을 경우 전선의 위치는?

① 유압선 아래쪽 구조물에 고정시킨다.
② 유압선 위쪽 구조물에 안전하게 고정시킨다.
③ 유압선과 케이블의 간격을 적어도 유압선 직경의 4배 정도로 하고 클램프로 유압선을 안전하게 부착시킨다.
④ 유압선과 케이블 간격이 접지선 간격의 4배를 초과하지 않도록 간격을 둔다.

해설

유압선 위치
유압이 새어나올 경우를 대비해서 전선은 위쪽으로 설치한다.

13 유압 라인 피팅에 이용되는 더블 플레어에 대한 설명은?

① 모든 유압 배관은 더블 플레어를 필요로 한다.
② 모든 유압 배관은 타우너형 플레어를 필요로 한다.
③ 3/8[in] 외경 이하의 알루미늄 관에는 더블 플레어가 사용되고 그 외는 싱글 플레어가 이용된다.
④ 1/4[in] 외경 이하의 관에는 45°의 더블 플레어가 사용되고 그 외는 싱글 플레어가 이용된다.

해설

① 더블 플레어 : 비교적 얇은 두께의 튜브에 사용되는 외경 3/8[in] 이하의 주로 Al 합금 튜브에 사용된다. 항공기에서는 뉴메틱 센싱 라인 등에 이용된다.
② 싱글 플레어 : 일반적으로 널리 이용되고 있다.

14 유압 호스의 저장 기한은 보통 몇 년인가?

① 2년 ② 3년
③ 4년 ④ 5년

해설

호스(Hose) 및 실의 저장기한
호스 4년, 실(Seal)의 저장기한은 5년

15 호스장착 시의 주의 사항이 아닌 것은?

① 교환하고자 하는 부분과 같은 형태, 크기, 길이의 호스를 사용한다.
② 호스의 직선 띠(Linear Stripe)를 바르게 장착한다.
③ 비틀린 호스에 압력이 가해지면 결함이 발생하거나 너트가 풀린다.
④ 호스가 길 때는 90[cm]마다 클램프(Clamp)로 지지한다.

해설

호스장착 시의 주의 사항
- 교환하고자 하는 부분과 같은 형태, 크기, 길이의 호스를 사용한다.
- 호스의 직선 띠(Linear Stripe)를 바르게 장착한다.
- 비틀린 호스에 압력이가해지면 결함이 발생하거나 너트가 풀린다.
- 호스 길이의 5～8[%] 정도의 여유를 두고 장착하여야 한다.
- 호스가 길 때는 60[cm]마다 클램프(Clamp)로 지지한다.

[정답] 10④ 11② 12② 13③ 14③ 15④

16 **고압의 유압관 검사 및 수리에 대한 설명이 잘못된 것은?**

① 관의 dent의 허용값은 만곡 부분에서 처음 바깥지름의 75[%] 보다 작아져서는 안 된다.

② 관의 dent의 허용값은 만곡 부분 이외의 기타 부분에서 처음 바깥지름의 20[%] 이하는 허용된다.

③ 관의 긁힘, 찍힘이 두께의 10[%]를 넘으면 수공구로 갈아 수리할 수 있다.

④ 가요성 호스의 길이는 5~8[%]의 굴곡여유를 충분히 주어야 한다.

해설

금속 튜브의 검사 및 수리

- 튜브의 긁힘, 찍힘이 두께의 10[%]가 넘을 때 교환
- 플레어 부분에 균열이나 변형이 발생하였을 때는 교환
- Dent가 튜브지름의 20[%] 보다 적고 휘어진 부분이 아니라면 수리
- 굽힘에 있어 미소한 평평해짐은 무시하나 만곡 부분에서 처음 바깥지름의 75[%] 보다 작아져서는 안 된다.

17 **고무호스의 외부 표시 내용이 아닌 것은?**

① 제작공장 ② 종류 식별

③ 저장시간 ④ 제작 년 월 일

해설

고무호스의 외부 표시

- 선과 문자로 이루어진 식별 표시는 호스에 인쇄되어 있다.
- 표시부호에는 호스 크기, 제조 년 월 일과 압력 및 온도 한계 등이 표시되어 있다.
- 표시부호는 호스를 같은 규격으로 추천되는 대체 호스와 교환하는데 유용하다.

4 용접

01 **산소 용기는 흔히 어떤 색으로 구별하는가?**

① 흑색 ② 적색

③ 녹색 ④ 백색

해설

산소 용기

용접에 사용되는 산소 용기는 이음매가 없는 강으로 만들어지며 여러 가지 크기가 있다. 일반적으로 용기는 1,800[psi]에서 2,000[psi]의 산소를 보관하며 산소 용기는 흔히 녹색으로 칠해져 구별한다.

02 **산소호스의 색깔과 연결부에 대한 설명으로 옳은 것은?**

① 백색이며 오른손나사 ② 녹색이며 오른손나사

③ 적색이며 왼손나사 ④ 흑색이며 왼손나사

해설

산소호스의 색깔과 연결부

- 산소호스
  ① 색깔은 녹색이다. ② 연결부의 나사는 오른나사이다.
- 아세틸렌호스
  ① 색깔은 적색이다. ② 연결부의 나사는 왼나사이다.

03 **용접 후 금속을 급속히 냉각시키면 어떤 현상이 발생할 수 있는가?**

① 금속이 변색한다.

② 금속의 입자 조성이 변한다.

③ 용접한 부분 주위에 균열이 생긴다.

④ 부식이 생긴다.

해설

용접 후 급속 냉각

용접한 후에 금속을 급속히 냉각시키면 취성이 생기고, 금속 내부에 응력이 남게 되어 접합 부분에 균열이 생긴다.

04 **접속부분을 재용접할 경우 조치 사항은?**

① 치수가 큰 용접봉을 사용한다.

② 먼저 남아있던 용접부분을 완전히 제거한다.

③ 재용접 전에 미리 열을 가한다.

④ 용제가 적절하게 침투되고 안전하게 하기 위하여 온도를 높인다.

[정답] 16 ③ 17 ③ 4 01 ③ 02 ② 03 ③ 04 ②

기출+예상

해설

접속부분의 재용접
접속부분을 재용접할 경우 남아있던 용접부분을 완전히 제거한 후에 용접을 하여야 한다.

05 가스 용접의 장점이 아닌 것은?

① 전원이 불필요하다.
② 유해 광선의 발생이 적다.
③ 용접부의 기계적 강도가 낮다.
④ 용접 기술이 쉬운 편이다.

해설

가스 용접의 장·단점
① 가스 용접의 장점
ⓐ 전기가 필요 없다.(전원이 불필요)
ⓑ 용접기의 운반이 비교적 자유롭다.
ⓒ 용접 장치의 설비비가 전기 용접에 비하여 싸다.
ⓓ 불꽃을 조절하여 용접부의 가열 범위를 조정하기 쉽다.
ⓔ 박판 용접에 적당하다.
ⓕ 용접되는 금속의 응용 범위가 넓다.
ⓖ 유해 광선의 발생이 적다.
ⓗ 용접 기술이 쉬운 편이다.
② 가스 용접의 단점
ⓐ 고압가스를 사용하기 때문에 폭발, 화재의 위험이 크다.
ⓑ 열효율이 낮으므로 용접속도가 느리다.
ⓒ 아크 용접에 비해 불꽃의 온도가 낮다.
ⓓ 금속이 탄화 및 산화될 우려가 많다.
ⓔ 열의 집중성이 나빠 효율적인 용접이 어렵다.
ⓕ 일반적으로 신뢰성이 낮다.
ⓖ 용접부의 기계적 강도가 낮다.
ⓗ 가열 범위가 넓어 용접응력이 크고, 가열시간이 역시 오래 걸린다.

06 알루미늄을 용접할 때 용제(Flux)를 사용하는 이유는?

① 산화작용을 방지해 준다.
② 모재의 융해를 보다 좋게 하기 위해
③ 넓게 흐르는 것을 방지하기 위해
④ 용접 전에 모재를 청소하기 위해

해설

용제(Flux)
용접 부위의 산화물을 제거하고 용접 부위를 공기와 차단시켜 산화작용을 방지하여 준다.

07 보통 용접 전에 예비가열을 하는 이유는?

① 결함 발생을 없애고 보다 완전한 용접을 하기 위해
② 용접 시간을 절약하기 위해
③ 부식을 방지하고 용제의 고른 분포를 확실하게 하기 위해
④ 산화물, 그리스, 오일을 제거하기 위해

해설

예비가열
모재와 용접부와의 조직적인 이질감을 제거함과 동시에 기계적인 성질 역시도 용접 전·후의 차이가 거의 없게 만들어 준다.

08 가스 용접 시 스테인리스강을 용접하려면 용접기의 토치 화염은?

① 탄화화염 ② 산화화염
③ 중화화염 ④ 고화염

해설

불꽃의 종류
- 표준불꽃(중성불꽃)은 연강, 주철, 구리 니크롬강, 아연도금 철판, 아연, 주강, 고탄소강에 이용
- 탄화불꽃(아세틸렌 과잉 또는 환원불꽃)은 경강, 스테인리스 강판, 스텔라이트, 모넬메탈, 알루미늄·알루미늄 합금 등에 이용
- 산화불꽃(산소과잉불꽃)은 황동, 청동 등에 이용

09 용기의 최대사용압력은?

① 15[psi] ② 29[psi]
③ 25[psi] ④ 6[psi]

해설

용기 안에서 15[psi] 이상으로 압축하면 위험한 수준으로 불안정해진다.

[정답] 05 ③ 06 ① 07 ① 08 ① 09 ①

10 용접 팁을 선택하는 방법은?

① 재료의 종류에 따라 사용한다.

② 적당한 것을 사용한다.

③ 작은 것을 사용한다.

④ 큰 것을 사용한다.

해설

용접 팁의 선택

팁의 구멍 크기가 작업에 공급되는 열의 크기를 결정하기 때문에 너무 작은 팁을 사용하면 열이 불충분해서 적절한 깊이로 침투할 수 없고, 팁이 너무 크면 열이 너무 높아서 금속에 구멍을 만들고 태워버린다. 사용할 팁의 크기는 적당한 것을 선택해야 한다.

11 마그네슘 합금 용접에 제일 적합한 것은?

① 스폿 용접(Spot Welding)

② 가스 용접(Gas Welding)

③ 접착(Bonding)

④ 산소 아크(Oxygen Arc)

해설

마그네슘 합금 용접에 제일 적합한 것은 가스 용접이다.

12 용접의 장점이 아닌 것은?

① 자재절감

② 이음효율의 향상

③ 기밀, 수밀, 유밀성이 우수

④ 유해광선, 폭발위험

해설

용접의 특징 및 장·단점

① 용접의 장점
- ⓐ 자재절감
- ⓑ 공정수 감소
- ⓒ 이음효율의 향상
- ⓓ 제품의 성능 및 수명의 향상
- ⓔ 기밀, 수밀, 유밀성이 우수
- ⓕ 서로 다른 금속의 조합 가능
- ⓖ 중량의 감소

② 용접의 단점
- ⓐ 품질검사 곤란(비파괴검사)
- ⓑ 응력집중에 대하여 민감(변형, 파괴의 원인)
- ⓒ 용접모재의 재질이 변질되기 쉽다.(열에 의한 조직이나 함유량 변화)
- ⓓ 용접사의 능력에 따라 이음부의 강도가 좌우됨
- ⓔ 저온취성 파괴가 발생될 우려
- ⓕ 유해광선, 폭발위험

13 용접봉의 직경은 어떻게 결정하는가?

① 사용될 용접불꽃의 형태　② 용접될 재질과 두께

③ 팁의 크기　④ 용제(Flux)의 형태

해설

용접될 재질과 두께에 따라 용접봉의 직경, 길이, 재질 등이 결정된다.

14 가스용접시 산소 및 아세틸렌의 비율은?

① 12[%]의 아세틸렌과 12[%]의 산소

② 12[%]의 아세틸렌과 9[%]의 산소

③ 12[%]의 아세틸렌과 7[%]의 산소

④ 12[%]의 아세틸렌과 15[%]의 산소

해설

산소 및 아세틸렌의 비율

12[%]의 아세틸렌과 7[%]의 산소 비율이 합금을 용접할 때 적당하다.

15 알루미늄판 용접 시 탄화불꽃은 어떻게 이용하는가?

① 아세틸렌을 약간 강하게 한다.

② 아세틸렌과 산소량을 같게 한다.

③ 산소를 약간 강하게 한다.

④ 아세틸렌을 매우 강하게 한다.

해설

알루미늄판 용접 시 탄화불꽃(아세틸렌 과다)을 이용하는데 이 불꽃을 얻기 위해서는 중간불꽃으로 먼저 조절하고 아세틸렌 밸브를 약간 열어서 아세틸렌의 Feather가 생기게 한다.

[정답] 10 ② 11 ② 12 ④ 13 ② 14 ③ 15 ①

16 고탄소강은 어떤 용접을 이용하는가?

① 아크용접으로
② 산소불꽃과 고탄소봉으로
③ 중성불꽃과 고탄소봉으로
④ 탄소불꽃과 저탄소봉으로

해설

표준불꽃(중성불꽃)은 연강, 주철, 구리 니크롬강, 아연도금 철판, 아연, 주강, 고탄소강에 이용된다.

17 강관의 용접 작업시 조인트 부위를 보강하는 방법이 아닌 것은?

① 평 가세트(Flat gassets)
② 스카프 패치(Scarf patch)
③ 손가락 판(Finger strapes)
④ 삽입 가세트(Insert gassets)

해설

스카프 패치(Scarf patch)
- 복합재료는 보다 가볍고 견고한 항공기 제작을 위하여 항공기 구조물에 널리 이용되고 있다.
- 우수한 비 강성, 비 강도를 가진 재료로써 그 적용범위가 스파와 벌크헤드와 같은 주구조물로 확대되는 추세이다.

5 열처리 및 표면 경화법

01 마텐자이트를 600[˚C]로 뜨임 처리하면 조직의 변화는?

① Sorbite ② Ferrite
③ Austenite ④ Pearlite

해설

뜨임 과정에서 온도상승에 따른 조직의 변화 과정
Martensite(100~300[˚C]) → Troostite(200~400[˚C]) → Sorbite(400~600[˚C]) → Pearlite (600~700[˚C])

02 재료를 일정 시간 가열 후 물, 기름 등에서 급속히 냉각시키는 열처리 방법은?

① 아닐링(Annealing)
② 템퍼링(Tempering)
③ 노멀라이징(Normalizing)
④ 담금질(Quenching)

해설

담금질(Quenching)
A1 변태점 이상 2~30[˚C] 이상 온도에서 가열한 후 물이나 기름에 급랭시킴. 강도와 경도 증가

03 뜨임(Tempering)에 대한 설명으로 맞는 것은?

① 물과 기름에 급속 냉각
② 변태점 이하에서 가열 후 서서히 냉각시켜 인성 개선
③ 합금의 기계적 성질을 개선
④ 변태점 이상을 가열한 후 천천히 냉각

해설

뜨임(Tempering)
담금질한 금속의 잔류응력을 제거하기 위해 A1 변태점 이하의 온도에서 가열 후 서서히 냉각시킴. 인성 개선

04 열처리 방법 중 알루미늄 합금에 이용되는 열처리 방법은?

① 담금질(Quenching)
② 풀림(Annealing)
③ 노멀라이징(Normalizing)
④ 뜨임(Tempering)

해설

풀림(Annealing)
일정 온도와 일정 시간 가열 후 서서히 냉각

05 항온 열처리 방법이 아닌 것은?

[정답] 16 ③ 17 ② 5 01 ① 02 ④ 03 ② 04 ② 05 ②

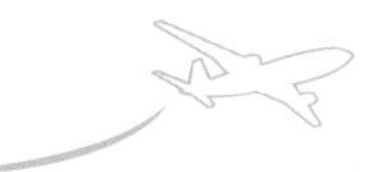

① Austemper ② Normalizing
③ Marquenching ④ Martemper

해설

불림(Normalizing)
기계 가공, 용접 등의 작업 후 잔류응력을 제거하기 위해 A3 변태점 이상을 가열 한 후 천천히 냉각

06 열처리 강화형 알루미늄 합금을 500[°C] 전후의 온도로 가열한 후 물에 담금질 하면 합금성분이 기본적으로 녹아 들어가 유연한 상태가 얻어지는데, 이런 열처리를 무엇이라 하는가?

① 풀림 (Annealing)
② 뜨임 (Tempering)
③ 알로다이징(Alodizing)
④ 용체화처리(Solution heat treatment)

해설

용제화처리
알루미늄합금에는 열처리에 의해 강도를 올릴 수 있는 것과 그렇지 못한 것이 있다. 내식 알루미늄 합금 가운데 6061과 6063, 고강도 알루미늄 합금, 내열 알루미늄 합금 및 주조용 알루미늄 합금 등은 용제화 처리를 한 후 합금 성분을 균일하게 과포화로 녹아들게 하기 위해 다음 경화 처리 전에는 반드시 행해야 하는 작업이다.

07 Galvanic Corrosion이란?

① 인장응력과 부식이 동시에 일어나서 생기는 부식
② 금속판이 진동에 의해 서로 부딪쳐 발생한 부식
③ 서로 다른 금속이 습기로 인하여 외부 회로가 생겨서 생기는 부식
④ 세척용 화학 약품의 화학 작용으로 생기는 부식

해설

Galvanic Corrosion(이질 금속 간 부식)
상이한 두 금속이 접촉할 때 습기로 인하여, 외부 회로가 생겨서 일어나는 부식으로 금속 간의 전기 Potential의 차이에 의해서 결정된다.

08 세척용 화학 약품, 공기 중의 산소 등의 화학 작용에 의해 생기는 부식은?

① Surface Corrosion
② Pitting Corrosion
③ Intergranular Corrosion
④ Stress Corrosion

해설

표면부식(Surface Corrosion)
세척용 화학 약품, 공기 중의 산소 등의 화학 작용에 의해 생긴다.

09 양극 산화 처리(Anodizing)란 무엇인가?

① 표면에 하는 용융금속 분사방법이다.
② 산화물에 피막을 입히는 방법이다.
③ 수산화 피막을 인공적으로 입히는 방법이다.
④ 전기적인 도금방법이다.

해설

양극 산화 처리(Anodizing)
마그네슘 합금과 알루미늄 합금을 양극으로 하여 크롬산 용액에 담그면 양극으로 된 부분에서 산소가 발생하여 산화피막이 형성된다.

10 인산염 피막을 철제 표면에 형성시켜 부식을 방식하는 방법은?

① Alclade ② Parkerizing
③ Anodizing ④ Alodine

해설

파커라이징(Parkerizing)
부식 방지법 중의 하나로 검은 갈색의 인산염 피막을 철제 표면에 형성시켜 부식을 방식하는 방법

11 알크래드(Alclad) 2024-T_4란 무엇인가?

① 순수 알루미늄이다.
② 알루미늄 합금으로 인공적으로 형성시킨 것이다.

[정답] 06 ④ 07 ③ 08 ① 09 ③ 10 ② 11 ③

기출+예상

③ 순수 알루미늄 합금을 입힌 것으로 상온시효 처리한 것이다.

④ 순수 알루미늄 합금으로 용액 내에서 열처리한 것이다.

해설

알크래드(Alclad)

알루미늄 합금에 내식성을 개선하고자 표면에 순수 알루미늄을 핫 코팅시킨 것이다.

12 항공기 구조물에 Fretting Corrosion이 생기는 원인은?

① 이질 금속 간의 접촉

② 부적당한 열처리

③ 부품 사이의 미세한 움직임

④ 산화물질로 인한 표면 부식

해설

Fretting Corrosion

서로 밀착한 부품 간에 계속적으로 아주 작은 진동이 일어날 경우 그 표면에 흠이 생기는 부식을 말한다.

13 강에 마찰 부식(Fretting Corrosion)이 생긴다면 어떠한 현상이 발생하는가?

① 녹색 산화(Green Oxide)

② 적색 산화(Red Oxide)

③ 갈색 산화(Brown Oxide)

④ 흰색 파우더(White Powder)

해설

Fretting Corrosion

밀착된 2개의 금속판이 진동 등에 의해 서로 맞부딪혀 생기는 것으로 강에서는 갈색 가루로 나타나고, 알루미늄 합금에서는 흑색을 띤 가루로 나타난다.

14 엔진 마운트의 용접된 부분의 부식 방지는 무엇으로 하는가?

① 크롬산　　② 질산

③ 인산　　④ MEK

해설

철강 제품에 부식 방지 목적으로 인산염 피막을 형성하는 것이 이용된다.

15 입자 간 부식(Intergranular Corrosion)이 생기는 원인은?

① 균질성의 결여로 인한 부적당한 열처리

② 이질 금속의 접속

③ 크롬화 아연 프라이머의 상태불량

④ 부적당하게 조립된 부품

해설

입자간 부식(Intergranular Corrosion)

입자 간 부식은 합금의 결정 입자 경계에서 발생되는 것으로 초기의 상태에서는 쉽게 검출되지 않으나 부식이 충분히 진행되면 금속이 부풀거나 박리된다.

이것은 합금 조직이 균일하게 밀집되어 있지 않고, 군데군데 빈틈이나 변형이 있어서 그런 부분 매질이 있게 되면 합금 결정의 서로 다른 성분 간에 배터리가 구성되어 결정 입자 경계 부분이 침식되고 이 경계를 따라 침식이 진행되어 간다.

16 질화법(Nitriding)에 대한 설명 중 맞는 것은?

① 마모를 방지하기 위하여 중요부분에 표면경화를 형성하는 과정

② 금속조직 구조의 크기를 감소시키는 절차

③ 인장강도를 증가시키기 위하여 철을 강하게 하는 방법

④ 베어링의 열저항을 증가시키는 방법

해설

질화법(Nitriding)

암모니아(NH_3)가스 중에서 질화용 강(Al-Cr·MO)을 장시간 가열하면 표면에 질화층이 생긴다. 질화 후 그대로 서서히 냉각한다. 질화법은 비교적 낮은 온도로 처리할 수 있는 것이 특징이다.

[정답] 12 ③　13 ③　14 ③　15 ①　16 ①

17 **다음 중 부식의 종류에 해당되지 않는 것은?**

① 응력 부식 ② 표면 부식
③ 입자간 부식 ④ 자장 부식

해설

부식의 종류
표면부식, 점부식, 입자간부식, 응력부식, 전해부식, 미생물부식, 찰과부식, 필리폼부식 등이 있다.

18 **주로 18-8 스테인레스강에서 발생하며, 부적절한 열처리로 결정립계가 큰 반응성을 갖게 되어 입계에 선택적으로 발생하는 국부적 부식을 무엇이라 하는가?**

① 입계 부식 ② 응력 부식
③ 찰과 부식 ④ 이질금속간의 부식

해설

입계 부식(입자간 부식)
금속 합금의 입자 경계면을 따라서 발생하는 선택적인 부식이 입자간 부식(inter-granular corrosion)으로 간주된다. 이것은 부적절한 열처리에서 합금 조직의 균일성의 결여로 인해 발생한다.

6 비파괴 검사

01 **비파괴 검사 종류가 아닌 것은?**

① 육안 검사 ② 침투탐상 검사
③ 와전류 검사 ④ ISI 검사

해설

비파괴 검사(Non Destructive Inspection)
검사 대상 재료나 구조물이 요구하는 강도를 유지하고 있는지, 또는 내부 결함이 없는지를 검사하기 위하여 재료를 파괴하지 않고 물리적 성질을 이용, 검사하는 육안 검사(visual inspection), 침투탐상 검사(liquid penetrant inspection), 전류 검사(eddy current inspection), 초음파 검사(ultrasonic inspection), 자분탐상 검사(magnetic particle inspection), 방사선 검사(radio graphic inspection) 방법을 말한다.

02 **육안 검사 방법이 아닌 것은?**

① 결함이 계속해서 진행하기 전에 빠르고 경제적으로 탐지하는 방법
② 금속의 표면에 약품을 침투시키는 방법
③ 육안 검사의 신뢰성은 검사자의 능력과 경험
④ 검사에는 확대경이나 보어스코프(bore scope)를 사용

해설

육안 검사(Visual Inspection)
가장 오래된 비파괴 검사방법으로서 결함이 계속해서 진행하기 전에 빠르고 경제적으로 탐지하는 방법이다. 육안 검사의 신뢰성은 검사자의 능력과 경험에 달려 있다. 눈으로 식별할 수 없는 결함을 찾는 검사에는 확대경이나 보어스코프(Bore scope)를 사용한다.

03 **침투탐상 검사(Liquid Penetrant Inspection) 방법이 아닌 것은?**

① 육안 검사로 발견할 수 없는 작은 균열 검사방법이다.
② 침투탐상 검사는 금속 표면 결함 검사에 적용되고 검사 비용이 적게 든다.
③ 침투탐상 검사는 비금속의 표면 결함 검사에 적용되고 검사 비용이 적게 든다.
④ 주물과 같이 거친 다공성의 표면 검사에 적합하다.

해설

침투탐상 검사(Liquid Penetrant Inspection)
육안 검사로 발견할 수 없는 작은 균열검사이다. 침투탐상 검사는 금속, 비금속의 표면 결함 검사에 적용되고 검사 비용이 적게 든다. 주물과 같이 거친 다공성의 표면의 검사에는 적합하지 못하다.

04 **와전류 검사(Eddy Current Inspection) 방법은?**

① 항공기 주요 파스너(Fastener) 구멍 내부의 균열 검사
② 금속의 표면에 약품을 침투시키는 방법
③ 육안 검사의 신뢰성은 검사자의 능력과 경험
④ 주물과 같이 거친 다공성의 표면 검사에 적합

해설

와전류 검사(Eddy Current Inspection)

[정답] 17 ④ 18 ① 6 01 ④ 02 ② 03 ④ 04 ①

기출+예상

변화하는 자기장 내에 도체를 놓으면 도체 표면에 와전류가 발생하는데 와전류를 이용한 검사방법으로 철, 비철금속으로 된 부품 등의 결함 검출에 적용된다.
와전류 검사는 항공기 주요 파스너(Fastener) 구멍 내부의 균열 검사를 하는 데 많이 이용된다.

05 초음파 검사(Ultrasonic Inspection) 방법이 아닌 것은?

① 고주파 음속 파장을 이용하여 부품의 불연속 부위를 찾아내는 방법이다.
② 역전류 검출판을 통해 반응 모양의 변화를 조사하여 불연속, 흠집, 튀어나온 상태 등을 검사한다.
③ 검사비가 싸고 균열과 같은 평면적인 결함을 검출하는 데 적합하다.
④ 항공기 주요 파스너(Fastener) 구멍 내부의 균열 검사이다.

해설

초음파 검사(Ultrasonic Inspection)
고주파 음속 파장을 이용하여 부품의 불연속 부위를 찾아내는 방법으로 높은 주파수의 파장을 검사하고자 하는 부품을 통해 지나게 하고 역전류 검출판을 통해 반응 모양의 변화를 조사하여 불연속, 흠집, 튀어나온 상태 등을 검사한다.
초음파 검사는 소모품이 거의 없으므로 검사비가 싸고 균열과 같은 평면적인 결함을 검출하는 데 적합하다.
검사 대상물의 한쪽 면만 노출되면 검사가 가능하다. 초음파 검사는 표면결함부터 상당히 깊은 내부의 결함까지 검사가 가능하다.

06 자분탐상 검사(Magnetic Particle Inspection) 방법이 아닌 것은?

① 표면이나 표면 바로 아래의 결함을 발견하는 데 사용된다.
② 반드시 자성을 띤 금속 재료에만 사용이 가능하다.
③ 비자성체에는 작용이 불가하고 자성체에만 적용되는 장점이 있다.
④ 자력선방향의 수직방향 결함을 검출하기가 좋다.

해설

자분탐상 검사(Magnetic Particle Inspection)
표면이나 표면 바로 아래의 결함을 발견하는 데 사용하며 반드시 자성을 띤 금속 재료에만 사용이 가능하며 자력선방향의 수직방향 결함을 검출하기가 좋다.
또한, 검사 비용이 저렴하고 검사원의 높은 숙련이 필요없다. 비자성체에는 작용 불가하고 자성체에만 적용되는 단점이 있다.

07 방사선 검사(Radio Graphic Inspection)는 어느 경우 사용되는가?

① 기체 구조부에 쉽게 접근할 수 없는 구조 부분을 검사할 때 사용된다.
② 표면이나 표면 바로 아래의 결함을 발견하는데 사용된다.
③ 반드시 자성을 띤 금속 재료에만 사용이 가능하다.
④ 자력선방향의 수직방향 결함을 검출하기가 좋다.

해설

방사선 검사(Radio Graphic Inspection)
기체 구조부에 쉽게 접근할 수 없는 곳이나 결함 가능성이 있는 구조 부분을 검사할 때 사용된다. 그러나 방사선 검사는 검사 비용이 많이 들고 방사선의 위험 때문에 안전관리에 문제가 있으며 제품의 형상이 복잡한 경우에는 검사하기 어려운 단점이 있다. 방사선투과 검사는 표면 및 내부 결함 검사가 가능하다.

08 Bore Scope 장비의 용도는?

① 내부 결함의 관찰 ② 외부의 측정
③ 외부 결함의 관찰 ④ 내부의 측정

해설

육안 검사(Visual Inspection)
눈으로 식별할 수 없는 결함을 찾는 검사에는 확대경이나 보어스코프(Bore scope)를 사용한다.

09 다이체크 검사 방법이 아닌 것은?

① 침투제를 칠한 후 최소한 2~15분 후에 현상제를 바른다.
② 표면의 세척은 기포 세척을 한다.
③ 표면의 세척은 모래 분사 세척을 한다.
④ 표면의 먼지, 그리스 등을 완전히 세척한다.

[정답] 05 ④ 06 ③ 07 ① 08 ① 09 ③

해설

다이체크 방법

침투제 검사 용액을 사용하는 데 가장 중요한 사항은 검사될 부분의 청결상태이다. 표면이 완전하게 청결해야만 결함이나 균열에 침투액이 확실하게 침투가 되기 때문이다. 표면의 가장 좋은 세척방법은 증류, 그리스 제거제를 사용하여 오일과 그리스를 표면에서 제거하는 것이며 증류, 그리스 제거제가 없다면 솔벤트나 강한 세척제를 사용하여 세척한다.

10 침투탐상 검사 시 필요한 재료는?

① 세척제, 침투제, 현상제 등
② 물, 침투액, 비누물, 현상제, X-선
③ 비누물, 침투액, 자분, 현상제
④ solvent, 침투액, 자분, 현상제

해설

침투 검사 재료

[RA 세척제] [PA 침투제-적색] [DA 현상제-백색]

11 날개 내부구조를 검사하는 방법은?

① 침투탐상 검사 ② 와전류 검사
③ 방사선 검사 ④ 자분탐사 검사

해설

방사선 검사(Radio Graphic Inspection)

엑스레이를 이용하는 검사 방법으로서 내부결함을 사진형태로 검사하는 방법이다.

12 침투탐상 검사의 설명 중 옳은 것은?

① 결함이 미세할수록 침투시간이 적어진다.
② 깨끗한 세척은 결과에 대한 신뢰도를 저하시킨다.
③ 일부 금속에만 사용 가능하다.
④ 결함이 표면에 존재해야 가능하다.

해설

침투 검사

① 침투액을 시험체에 도포하여 세척한 후 현상제를 도포하면 침투액이 들어간 균열부분에 결함이 나타난다.
② 재질에 관계없이 응용분야가 넓다.
③ 표면에 연결된 개구결함만 검출 가능하다.
④ 다공성 재료, 흡수성, 요철이 심한 경우에는 검사가 곤란하다.
⑤ 전처리 - 침투 - 세척 - 현상 - 관찰 - 후처리 순으로 작업한다.

13 형광침투 검사의 순서가 바르게 나열된 것은?

a. 침투	b. 현상	c. 검사
d. 세척	e. 사전처리	f. 유화처리

① e-d-a-b-f-c ② e-a-b-c-f-d
③ e-f-b-a-d-c ④ e-a-f-d-b-c

해설

사전처리 - 침투처리 - 유화처리 - 세척처리 - 현상처리 - 검사

14 형광침투 검사에서 현상제를 사용하는 목적은?

① 표면을 건조시키기 위해
② 유화제의 잔량을 흡수하기 위해
③ 결함 속에 침투된 침투제를 빨아내어 결함을 나타내기 위해
④ 침투제의 침투능력을 향상시키기 위해

해설

현상제는 불연속부 내에 들어 있는 침투제를 시험체면 위로 흡출시키고(모세관 현상) 침투제와의 명암도를 증가시켜 관찰을 용이하게 하는데 그 목적이 있다.

15 수세성 침투탐상 검사 중 유제의 기능은?

① 침투제를 물로 세척할 수 있게 한다.
② 침투제의 침투 능력을 증가시킨다.

[정답] 10 ① 11 ③ 12 ④ 13 ④ 14 ③ 15 ①

기출+예상

③ 현상제의 흡입 작용을 도와준다.

④ 허위 결함을 지시 제거한다.

해설

유제를 첨가해서 물로 세척할 수 있게 하고 뛰어난 형광색을 갖게 한다.

16 표면결함 검사가 용이한 검사 방법은?

① 형광침투탐상 검사　② X-선 검사

③ 자기분말 검사　④ 방사선 동위원소 검사

해설

침투 검사 방법은 금속·비금속을 검사할 수 있지만, 방사선 검사처럼 내부검사까지는 할 수 없다.

17 다음의 검사 방법 중 자장을 이용하는 검사 방법은?

① 초음파 검사　② 다이체크검사

③ X-선 검사　④ 자분탐상 검사

해설

자분(자기)탐상 검사

① 강자성체(Fe, Co, Ni 등)에 적용한다.

② 시험체를 자화시킨 상태에서 결함부에 생기는 누설자속 상태를 철분 또는 검사코일을 사용하여 검출한다.

③ 표면 또는 표면 밑 결함에 사용한다.

④ 전처리 - 자화 - 자분 적용 - 검사 - 탈자 - 후처리 순으로 작업한다.

18 자분탐상 검사의 올바른 절차는?

① 전처리 - 자화 - 자분살포 - 탈자 - 후처리 - 검사

② 자분살포 - 자화 - 전처리 - 탈자 - 검사 - 후처리

③ 자분살포 - 자화 - 전처리 - 탈자 - 후처리 - 검사

④ 전처리 - 자화 - 자분살포 - 검사 - 탈자 - 후처리

해설

전처리 - 자화 - 자분 적용 - 검사 - 탈자 - 후처리 순으로 작업함

19 와전류 검사의 특성이 아닌 것은?

① 검사의 자동화가 가능하다.

② 비전도성 물체에서 적용할 수 없다.

③ 형상이 단순한 것이 아니면 적용할 수 없다.

④ 표면 아래 깊은 위치에 있는 결함의 검출을 쉽게 할 수 있다.

해설

와전류탐상 검사

① 검사 속도가 빠르고 검사 비용이 싸다.

② 고속 자동화 시험이 가능하다.

③ 표면 결함에 대한 검출 감도가 좋다.

④ L/G Wheel Tire 비드 시드 부분이나 터빈 엔진 압축기 디스크 균열 검사에 사용된다.

20 초음파 검사의 장점이 아닌 것은?

① 시험체 내의 거의 모든 불연속 검출이 가능하다.

② 시험체의 형상이 검사에 영향을 준다.

③ 미세한 결함에 대하여 감도가 높다.

④ 투과력이 높다.

해설

초음파 검사의 장·단점

① 장점
- ⓐ 시험체 내의 거의 모든 불연속 검출이 가능하다. (Lamination, crack 등과 같은 면상결함 검출능력 우수)
- ⓑ 미세한 결함에 대하여 감도가 높다.(고주파수 사용)
- ⓒ 투과력이 높다.
- ⓓ 불연속(내부 결함)의 위치, 크기, 방향 등을 어느 정도 정확하게 측정할 수 있다.
- ⓔ 검사결과가 CRT 화면에 즉시 나타나므로 자동탐상 및 빠른 검사가 가능하다.
- ⓕ 시험체의 한쪽 면만으로도 검사 가능(펄스에코법, 공진법)하다.
- ⓖ 검사원 및 주변인에 대하여 무해하다.
- ⓗ 이동성 양호하다.

② 단점
- ⓐ 시험체의 형상이 검사에 영향을 준다.(시험체의 크기, 곡률, 표면거칠기, 복잡한 형태 등)
- ⓑ 시험체의 내부구조가 검사에 영향을 준다.(금속조직의 상태, 조대한 입자, 비균일재질, 미세 불연속이 내부 전체에 퍼져 있을 때, 결함의 방향 등)

[정답] 16① 17④ 18④ 19④ 20②

ⓒ 불연속의 검출도에 한계가 있다.(감도, 분해능, 잡음식별도 등)
ⓓ 불감대가 존재한다.
ⓔ 시험편과 탐촉자의 접촉 및 주사에 따른 영향이 있다.
ⓕ 결함의 종류(형태) 식별이 곤란하다.
ⓖ 표준시험편, 대비시험편이 필요하다.
ⓗ 검사자의 폭 넓은 지식과 경험이 필요하다.
ⓘ 기록성이 우수하지 못하다.

21 비파괴 검사에 대한 설명이 틀린 것은?

① 자분탐상 검사 : 자력과 직각방향
② 초음파 검사 : 초음파 진행방향과 평행한 방향
③ 와전류 검사 : 소용돌이 전류흐름을 차단하는 방향
④ 방사선 검사 : 방사선 진행방향과 평행한 방향

해설

초음파의 진행시간(송수신 시간간격 - 거리)과 초음파의 에너지량(반사에너지량 진폭)을 적절한 표준자료와 비교·분석하여 불연속의 존재유무 및 위치·크기를 알아낸다는 방법이다.

22 송신파, 반사파, 정상파가 되는 원리를 이용한 검사 방법은?

① 투과법 ② X-선 검사
③ 반사법 ④ 공진법

해설

초음파 검사의 한 종류로 검사 재료에 송신하는 송신파의 파장을 연속적으로 교환시켜서 반파장의 정수가 판 두께와 동일하게 될 때 송신파와 반사파가 공진하여 정상파가 되는 원리를 이용한 것으로 관 두께 측정, 부식 정도, 내부 결함 등을 알아낼 수 있다.

23 X-선 작업과 관계가 없는 것은?

① 보호구 없이 항상 작업해도 무방하다.
② 방사선이 미치는 거리로부터 먼 거리에서 작업해야 한다.
③ 보호구를 사용하여야 한다.
④ X-선 부분의 작업자는 정기적으로 신체검사를 받아야 한다.

해설

방사선투과 시험
① 시험체에 X-선, γ선 등의 방사선을 투과시켜 결함의 유무를 판단할 수 있다.
② 내부 결함의 실상을 그대로 판단할 수 있다.
③ 방사선에 대한 보호 장치가 필요하며 훈련된 전문요원만 취급해야 한다.
④ 방사선 물질 보관 및 저장실, 차폐시설이 필요하며 필름 현상 및 작업실이 필요

24 부식탐지 방법이 아닌 것은?

① 육안 검사 ② 코인 검사
③ 염색침투 검사 ④ 초음파 검사

해설

부식탐지 방법
① 부식을 가끔 주의 깊은 육안 검사로 찾아낼 수 있다.
② 염색침투 검사는 응력 부식 균열은 상당히 까다로워서 눈으로 식별하기 힘들 때가 있다. 이런 균열은 염색침투 검사로 찾아 낼 수 있다.
③ 초음파 검사는 최근의 부식 검사에 새로 적용하는 방법이 초음파 에너지를 이용하는 것이다.
④ X-ray 검사는 초음파 검사와 마찬가지로 X-ray 검사도 내부에 손상이 있을 때 구조 외부에서 손상을 확인하는 방법이다.

25 금속 재료 내부 깊게 발생하는 결함을 발견할 수 있는 검사법은?

① 형광침투 탐상법 ② 초음파 탐상법
③ 자력 탐상법 ④ 와전류 탐상법

해설

초음파 검사
최근의 부식 검사에 새로 적용하는 방법으로 초음파 에너지를 이용하는 것이다.

26 방사선 중 가장 파장이 짧은 것은?

① 알파선 ② 베타선
③ 감마선 ④ 중성자선

[정답] 21 ② 22 ④ 23 ① 24 ② 25 ② 26 ④

기출+예상

해설

중성자선

침투력과 에너지는 파장에 좌우되며 파장이 짧으면 침투력과 에너지가 크고 파장이 길면 투과력과 에너지가 낮다.

27 탄소 섬유에 적합한 검사 방법은?

① 방사선 검사 ② 와전류 검사
③ 자력검사 ④ 형광 침투검사

해설

방사선 검사

금속 재료, 비금속 재료 모두 검사할 수 있으며, 표면 결함과 내부 결함도 검사할 수 있다.

28 금속 내부에 생긴 입자 간 부식은 어떻게 탐지하는가?

① 금속 표면에 나타난 가루를 보고
② 엑스레이 검사를 통해서
③ 염색침투 검사를 통해서
④ 금속 표면의 변색을 보고

해설

입자 간 부식

표면에 보이는 흔적이 없이 존재하며, 부식이 심할 경우에는 금속 표면에 박리를 발생시킨다. 이것은 부식으로 발생된 생성물의 압력에 의해 입자 경계층의 단층에 기인되어 금속 표면에 돌기가 생기거나 얇은 조각으로 벗겨진다.

29 항공기 부품에 자성을 제거시키는 방법에 일반적으로 사용되는 전류는?

① 교류로 전류를 감소시킨다.
② 직류로 전류를 증가시킨다.
③ 교류로 전류를 증가시킨다.
④ 직류로 전류를 감소시킨다.

해설

탈자의 방법

① 직류 탈자 : 전류의 방향을 전환하면서 직류 값을 내리거나 자장에서 시험품을 멀리해 가는 방법
② 교류 탈자 : 전류 값을 내리거나 자장에서 시험품을 멀리해 가는 방법

7 각종 측정 장비

01 Torque Wrench 길이가 10[inch]이고 길이가 2[inch]인 Adapter를 직선으로 연결하여 Bolt를 180[in-lbs]로 조이려 할 때 지시되는 Torque 값은?

① 120[lbs-in] ② 130[lbs-in]
③ 150[lbs-in] ④ 170[lbs-in]

해설

토크렌치의 사용

- TW : 토크렌치의 지시 토크 값
- TA : 실제 죔 토크 값
- L : 토크렌치의 길이
- A : 연장공구의 길이

02 토크렌치 사용 방법이 틀린 것은?

① 사용 중이던 것을 계속 사용한다.
② 적정 토크의 토크렌치를 사용한다.
③ 사용 중 다른 작업에 사용한다.
④ 정기적으로 교정되는 측정기이므로 사용시 유효한 것인지 확인한다.

해설

토크렌치(Torque Wrench) 사용시 주의 사항

- 토크렌치는 정기적으로 교정되는 측정기이므로 사용할 때는 유효기간 이내의 것인가를 확인해야 한다.
- 토크 값에 적합한 범위의 토크렌치를 선택한다.
- 토크렌치를 용도 이외에 사용해서는 안 된다.
- 떨어뜨리거나 충격을 주지 말아야 한다.
- 토크렌치를 사용하기 시작했다면 다른 토크렌치와 교환해서 사용해서는 안 된다.

[정답] 27 ① 28 ② 29 ① 01 ③ 02 ③

03 토크렌치에 대한 설명 중 옳지 않은 것은?

① 볼트의 형식, 재료에 따라 틀리다.

② 일반적으로 토크는 너트쪽에 건다.

③ 볼트가 회전 시는 회전방향으로 조인다.

④ 토크는 볼트쪽에 거는 게 정상이다.

해설

토크렌치(Torque Wrench)

- 토크(Torque)는 대개 너트(Nut)쪽에서 건다.
- 주위의 구조물이나 여유 공간 때문에 Bolt Head에 걸 경우가 자주 있다.
- Bolt Head에 걸 경우가 자주 있으며, 이때는 Bolt와 Shank와 조임부와의 마찰을 고려하여 토크를 크게 해야 하고, 항공기 제작사별로 값이 다르게 적용되고 있으므로 주의해야 한다.

04 공작물의 안지름, 바깥지름, 깊이 등을 측정할 수 있는 편리한 기기는?

① Vernier Calipers ② Micro Meter

③ Dividers ④ Dial Indicator

해설

버니어 캘리퍼스(Vernier Calipers)의 종류

어미자와 아들자가 하나의 몸체로 조립되어 있으며, 공작물의 안지름, 바깥지름, 깊이 등을 측정할 수 있는 편리한 기기이며, 보통 용도에 따라 M1형, M2형, CB형, CM형의 4가지 종류가 있다.

호칭 치수는 대개 150[mm], 200[mm], 300[mm], 600[mm], 1,000[mm]의 크기로 구분한다.

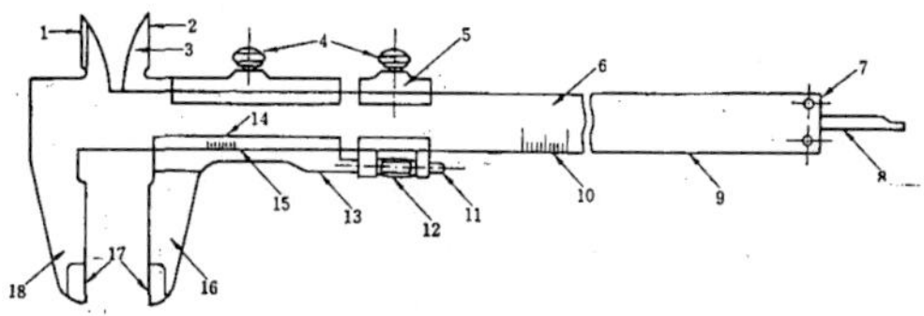

[M1형 Vernier Calipers]

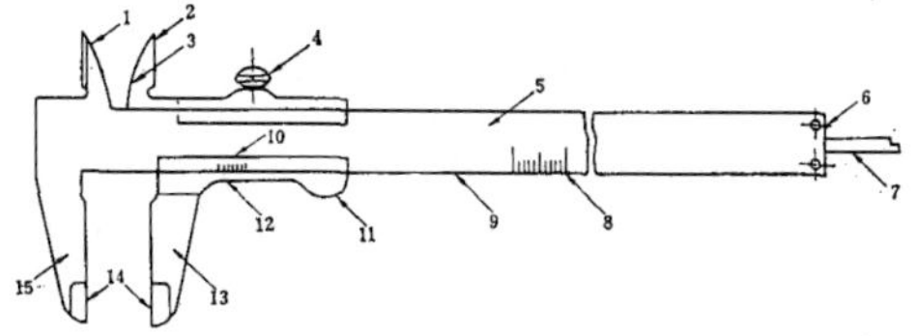

[M2형 Vernier Calipers]

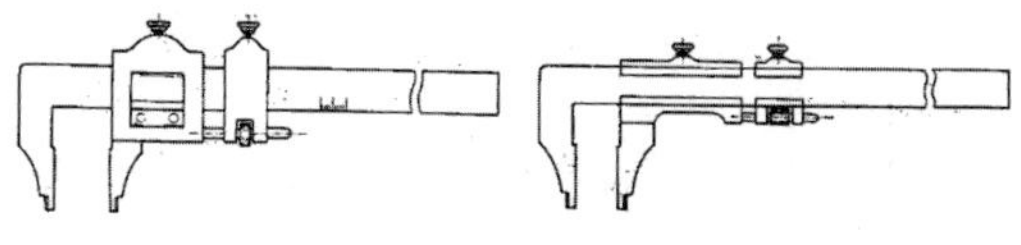

[CB형 Vernier Calipers] [CM형 Vernier Calipers]

05 바깥지름 측정용과 안지름 측정용이 가장 많이 쓰이는 측정기기는?

① Vernier Calipers ② Micro Meter

③ Dividers ④ Dial Indicator

해설

마이크로미터(Micro Meter)

바깥지름 측정용, 안지름 측정용, 깊이 측정용, 기어의 이두께 측정용, 나사의 피치 측정용, 등이며, 바깥지름 측정용과 안지름 측정용이 가장 많이 쓰인다.

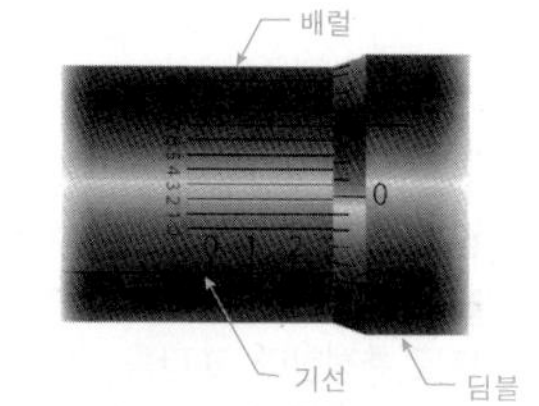

[인치식 마이크로미터의 눈금]

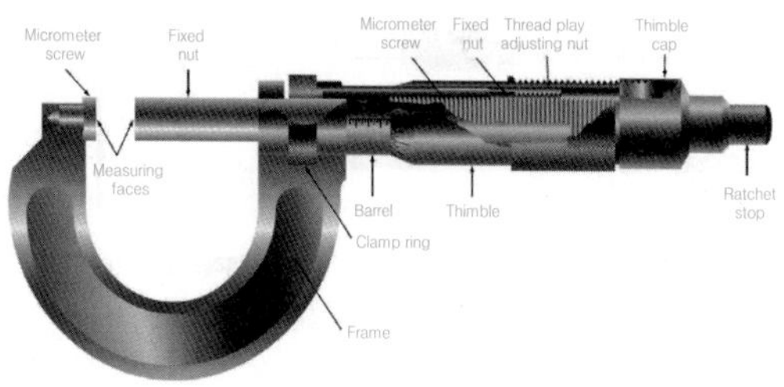

[마이크로미터의 구조와 명칭]

06 Dial Indicator의 용도가 아닌 것은?

① 평면이나 원통의 고른 상태측정

② 원통의 진원상태측정

③ 안지름의 마멸 상태측정

④ 축의 휘어진 상태나 편심 상태측정

[정답] 03 ④ 04 ① 05 ② 06 ③

해설

Dial Indicator의 용도

- 평면이나 원통의 고른 상태측정
- 원통의 진원상태측정
- 축의 휘어진 상태나 편심 상태측정
- 기어의 흔들림측정
- 원판의 런 아웃(Run Out)측정
- 크랭크축이나 캠축의 움직임의 크기측정

07 실린더 안지름의 마멸량을 측정하기 전에 마멸되지 않은 부분을 측정하는 기기는?

① 텔레스코핑 게이지나 다이얼 지시계

② 마이크로미터나 실린더 게이지

③ 텔레스코핑 게이지나 실린더 게이지

④ 마이크로미터나 텔레스코핑 게이지

해설

안지름의 측정 기기

실린더 안지름의 측정에는 안지름 측정용 마이크로미터, 텔레스코핑 게이지, 실린더 게이지 등이 있다. 우선 실린더 안지름의 마멸량을 측정하기 전에 마멸되지 않은 부분을 안지름 측정용 마이크로미터나 텔레스코핑 게이지로 측정한다. 그 다음 실린더 게이지로 정확한 마멸량을 측정하여 보링 사이즈를 결정한다.

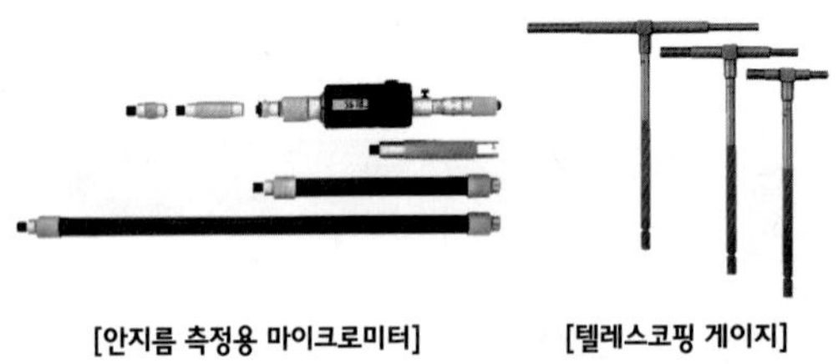

[안지름 측정용 마이크로미터]　　[텔레스코핑 게이지]

08 두께 게이지와 필러 게이지에 대한 설명이 아닌 것은?

① 두께 게이지와 필러 게이지는 사용법이 서로 다르다.

② 부품 사이의 간격을 검사할 때 사용한다.

③ 평면도 등을 검사할 때 사용한다.

④ 필러 게이지(Feeler Gauge)는 판의 길이가 길며, 낱개로 되어 있다.

해설

두께 게이지와 필러 게이지

두께 게이지와 필러 게이지는 부품 사이의 간격, 정반이나 직선자와 물건 사이의 간격, 평면도 등을 검사할 때 사용하는 기기이다.

* 두께 게이지는 간극을 측정하는 것으로 담금질한 서로 두께가 다른 여러 장의 얇은 강철 판을 모아서 만든 것으로 길이와 폭은 60×12[mm], 75×12[mm], $112\times(6\sim12)$[mm] 등이 있고, 두께는 0.02[mm] 이상인 것으로 각 장 마다 치수가 새겨 있으며 $1/100\sim1/10$[mm]의 순서로 되어 있다.

- 필러 게이지(Feeler Gauge)는 판의 길이가 길며, 낱개로 되어 있다. 사용법은 두께 게이지와 비슷하다.

[두께 게이지(Feeler Gauge)]

09 간극 게이지(Feeler Gauge)는 무엇에 의해 구분되는가?

① 블레이드의 길이　　② 블레이드의 수

③ 블레이드의 폭　　④ 블레이드의 끝

해설

간극 게이지

틈새를 측정하는 게이지. 두께가 각각 다른 막대 모양의 얇은 철판을 여러 장 포개어 철(綴)한 것으로, 임의의 두께의 철판을 끄집어내어 측정하고자 하는 틈에 삽입하여 그 거리를 측정한다.

10 측정값을 지시하지 못하는 기기는?

① 마이크로미터(Micro Meter)

② 버니어 캘리퍼스(Vernier Calipers)

③ 디바이더(Divider)

④ 다이얼 지시계(Dial Indicator)

[정답] 07 ④ 08 ① 09 ① 10 ③

해설

디바이더(Divider)

선을 등분하거나 길이를 따서 옮기는 데 쓰이는 도구이다.

11 **인치용 마이크로미터에서 심블(Thimble)은 몇 개의 눈금으로 되어 있는가?**

① 25눈금 ② 50눈금

③ 30눈금 ④ 20눈금

해설

인치식 마이크로미터

1[in]를 40등분한 것이고, 심블의 둘레는 25등분되어 있다.

5 항공기 기체 구조의 수리

1 기체 수리

01 **항공기 판재의 직선 굽힘 가공 시 고려해야 할 요소가 아닌 것은?**

① 세트백 ② 굽힘 여유

③ 최소 굽힘 반지름 ④ 진폭 여유

02 **판재에 대한 최소 굴곡 반경의 설명이 아닌 것은?**

① 본래의 강도를 유지한 상태로 구부러질 수 있는 최소의 굴곡 반경을 의미한다.

② 굴곡 반경이 작을수록 굴곡부에 일어나는 응력과 비틀림 양은 작아진다.

③ 응력과 비틀림의 한계를 넘은 작은 반경에서 접어 구부리면 균열을 일으킨다.

④ 응력과 비틀림의 한계를 넘은 작은 반경에서 접어 구부리면 파괴될 수 있다.

해설

최소 굴곡 반경

판재가 본래의 강도를 유지한 상태로 구부러질 수 있는 최소의 굴곡 반경을 의미하며, 판재는 굴곡반경이 작을수록 굴곡부에 일어나는 응력과 비틀림 양은 커진다. 만약 판재가 응력과 비틀림의 한계를 넘은 작은 반경에서 접어 구부리면 굴곡부는 강도가 저하되고 균열을 일으킨다. 경우에 따라 파괴될 수도 있다.

03 **두께가 0.25[cm]인 판재를 굽힘 반지름 30[cm]로 60°굽히려고 할 때 굽힘 여유는?**

① 30.53 ② 35.13

③ 31.53 ④ 33.15

해설

$$B.A.=\frac{\theta}{360}\times 2\pi\left(R+\frac{1}{2}T\right)$$

여기서, R : 굽힘 반지름, T : 두께

$$B.A.=\frac{60}{360}\times 2\times 3.14\left(30+\frac{1}{2}\times 0.25\right)=31.53$$

04 **Mold Point와 Bend Tangent Line까지의 거리는?**

① 최소 굽힘 반지름 ② 굽힘 여유

③ Set back ④ 스프링백

해설

Mold Point와 Bend Tangent Line까지의 거리를 Set Back이라 한다.

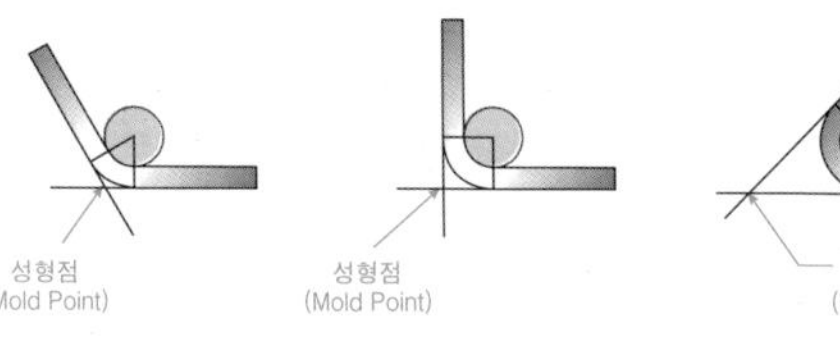

[Set Back의 길이]

05 **0.051″인 판을 굽힘 반지름 0.125″로서 90°굽히려고 할 때 Set Back은?**

① 0.176[inch] ② 1.176[inch]

③ 0.51[inch] ④ 1.51[inch]

[정답] 11 ① 01 ④ 02 ② 03 ③ 04 ③ 05 ①

해설

$$S.B=K(R+T)$$

여기서, K : 굽힘 각의 tangent, R : 굽힘 반지름, T : 판의 두께

06 응력집중현상 발생을 방지하기 위한 구멍은?

① Relief Hole
② Pilot Hole
③ Sight Line Hole
④ Neutral Hole

해설

Relief Hole

2개 이상의 굴곡부가 교차되는 곳에는 응력집중현상이 발생하는데 사전에 구멍을 뚫어 응력집중현상을 방지하기 위한 구멍을 말한다.

07 Crack이 발생한 경우 더 이상의 Crack 진전을 방지하는 조치는?

① Stop Hole ② Grain Hole
③ Sight Line Hole ④ Pilot Hole

해설

Stop Hole

Crack이 발생한 경우, Crack 끝부분에 구멍을 뚫어 더 이상의 Crack 진전을 방지한다.

08 날개 리브에 있는 중량 경감 구멍의 목적은 무엇인가?

① 중량 경감과 강도 증가를 가져온다.
② 가볍고 응력이 직선으로 가도록 한다.
③ 가볍고 응력집중을 방지한다.
④ 무게 증가와 강도 증가를 가져온다.

해설

Lightening Hole

중량 경감 구멍은 중량을 감소시키기 위하여 강도에 영향을 미치지 않고 불필요한 재료를 절단해 내는 구멍을 말한다.

09 구조수리의 기본 원칙이 아닌 것은?

① 원래 강도 유지 ② 원래 형태 유지
③ 최소 무게 유지 ④ 부품으로 교환

해설

구조수리의 기본 원칙

- 원래의 강도 유지
- 원래의 형태 유지
- 최소 무게 유지
- 부식에 대한 보호

10 연한 재료에 Drill작업을 할 때 Drill의 각도는?

① 90° 각도로 고속회전
② 0° 각도로 저속회전
③ 118° 각도의 고압으로 고속회전
④ 118° 각도의 저압으로 저속회전

해설

재질에 따른 드릴 날의 각도

① 경질 재료 또는 얇은 판일 경우 : 118°, 저속, 고압 작업
② 연질 재료 또는 두꺼운 판일 경우 : 90°, 고속, 저압 작업
③ 재질에 따른 드릴 날의 각도(일반 재질 : 118°, 알루미늄 : 90°, 스테인리스강 : 140°)

11 Stainless Steel의 Drill Bit 각도는?

① 45° ② 90°
③ 118° ④ 140°

해설

스테인리스강 : 140°

12 Drill로 구멍을 뚫을 때 고속회전을 요하는 재료는?

① 알루미늄 ② 스테인리스강
③ 티타늄 ④ 열처리된 경질 금속

해설

알루미늄
90°: 고속, 저압 작업

[정답] 06 ① 07 ① 08 ③ 09 ④ 10 ① 11 ④ 12 ①

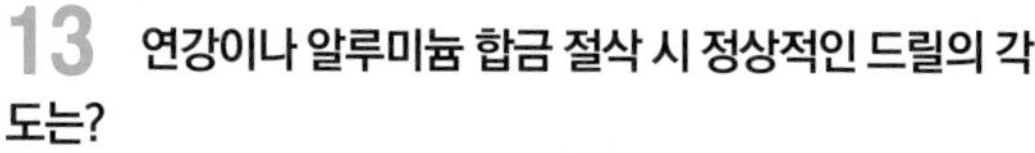

13 **연강이나 알루미늄 합금 절삭 시 정상적인 드릴의 각도는?**

① 59° ② 118°
③ 135° ④ 80°

해설

정상 드릴 각도

- 목재, 가죽 등의 아주 연한 재질 절삭 시 : 90°
- 연강이나 알루미늄 합금 절삭시 : 118°
- 열처리 된 강 절삭시 : 150°

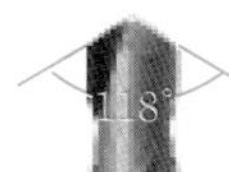

[알루미늄용 드릴]

14 **리머의 적절한 사용 방법은?**

① 리머를 회전시키면서 구멍에 수직으로 넣었다가 반대로 뽑아낸다.
② 처음에는 큰 힘을 주었다가 리머를 뺄 때는 힘을 약하게 준다.
③ 수직으로 리머를 회전시킨다.
④ 항상 높은 점도의 절삭용 오일을 사용한다.

해설

리머(Reamer) 사용시 주의 사항

- 드릴 작업된 구멍을 바르게 하기 위해 리머의 측면에서 압력을 가해서는 안된다.(보다 큰 치수로 가공될 수 있기 때문에)
- 리머가 재료를 통화하면 즉시 정지할 것
- 가공 후 리머를 빼낼 때 절단방향으로 손으로 회전시켜 빼낼 것(그렇지 않으면 Cutting Edge가 손상될 수 있다.)

15 **스파(Spar) 및 엔진 버팀대(Engine Mount) 등의 수리는 보통 어떻게 해야 하는가?**

① FAR AC 43을 포함하는 승인된 기준으로 한다.
② 압축하중에 관련되는 것을 제외하고는 가능하다.
③ 수리가 불가능하다.
④ 인장하중에 관련되는 것을 제외하고는 가능하다.

해설

구조의 수리

항공기 제작자가 발행하는 구조수리 매뉴얼 및 SB(Service Bulletin)에 의하여 수행하는 것이 우선이지만 모든 경우에 나타나지 않는다. 이와 같은 경우에는 FAR AC 43을 포함하는 승인된 기준으로 수리 계획을 세운다.

16 **금속 벌집구조의 내부 부식을 막으려면?**

① 부식 방지재료로 수리부위를 먼저 칠하고 대기로부터 밀폐시킨다.
② 외부 면을 먼저 외부용 페인트로 여러 번 칠해준다.
③ 결합된 익면과 모든 조임장치를 오일로 얇게 칠한다.
④ 섬유질 재료이기 때문에 예방조치가 필요 없다.

해설

금속 벌집구조의 내부 부식

만약 밀폐가 안되면 수분이 들어가거나 부식의 염려가 있으니, 부식 방지재료로 수리부위를 먼저 칠하고 밀폐해야 한다.

17 **벌집구조에서 층의 분리 여부를 검사하는 가장 간단한 시험은?**

① 코인 검사 ② X-선 검사
③ 실(Seal) 검사 ④ 지글로 시험

해설

허니콤 샌드위치 구조의 검사

① 시각 검사는 층 분리를 조사하기 위해 빛을 이용하여 측면에서 본다.
② 촉각에 의한 검사는 손으로 눌러 층 분리 등을 검사한다.
③ 습기 검사는 비금속의 허니콤 판넬 가운데에 수분이 침투되었는가 아닌가를 검사 장비를 사용하여 검사한다. 수분이 있는 부분은 전류가 통하므로 미터의 흔들림에 의해여 수분 침투 여부를 발견할 수 있다.
④ 실(Seal) 검사는 코너 실(Coner Seal)이나 캡실(Cap Seal)이 나빠지면 수분이 들어가기 쉬우므로 만져보거나 확대경을 이용하여 검사한다.
⑤ 코인 검사는 판을 두드려 소리의 차이에 의해 들뜬 부분을 발견하는 것으로서 가장 간단한 방법 중에 하나이다.
⑥ X-선 검사는 허니콤 판넬 속에 수분의 침투 여부를 검사한다. 물이 있는 부분은 X-선의 투과가 나빠지므로 사진의 결과로 그 존재를 알 수 있다.

[정답] 13 ② 14 ③ 15 ① 16 ① 17 ①

기출+예상

18 벌집구조 표면의 파임(Dent) 부분의 수리 방법은?

① 파인 곳에 빠대(Bondo)로 채운 후 매끄럽게 한 후 페인트칠을 한다.
② 파인 곳 주위를 도려낸 후 덮는 판을 리벳으로 접속시킨다.
③ 파진 곳의 판과 같은 두께와 같은 재료의 더블러(Doubler)로 접속시킨다.
④ 파짐은 표면 판에 강도를 감소시켜 수리로 원래의 강도로 복귀되지 않는다.

해설

Dent된 부분의 수리 방법
더블러를 삽입하면 대폭적으로 하중이 경감되며, 더블러는 스킨에 접착제를 바른 후 보강앵글로 보강하는 것이 보통이다.

19 벌집구조의 손상된 중심부(Core)에 어떤 작업이 필요한가?

① 중심부에 있는 재료를 전부 제거한다.
② 고강질의 벌집구조 플러그를 집어넣으면 따로 접착할 필요가 없다.
③ 손상된 중심부는 제거할 필요가 없고 그냥 새 덮는 판만 씌운다.
④ 같은 강도와 밀도인 벌집구조의 플로그로 삽입하고 접착시키다.

해설

벌집구조의 수리
손상부가 1″ 이하일 경우에는 포트수리로 코어가 손상된 벌집 구조판을 원상 복구할 수 있으며, 손상부가 1″ 이상일 경우에는 코어 안에 발사 목재나 알루 미늄 벌집구조로 된 플러그를 채워 수리할 수 있다.

20 레이돔(Radome)을 수리할 때 고려해야 할 사항은?

① 레이돔의 두께를 변하게 하면 안 된다.
② 전기적 특성을 변하게 하는 특성을 해서는 안 된다.
③ 공기흐름에 방해를 줄 가능성이 있는 수리는 허용이 안 된다.
④ 일반적으로 중심부(Core) 위로 덮는 판을 접촉해서는 안 된다.

해설

레이돔(Radome) 수리
레이돔 안에는 레이더, 안테나 등, 전기, 전자, 전파, 통신 장비가 들어있으므로, 전기적 특성을 변하게 하면 안 된다.

21 날개 표피 수리에 대한 결정은?

① 제조자의 명시사항대로 수리할지를 결정한다.
② 이질금속 부식을 방지하기 위해 표피가 다른 표면에 접촉을 방지한다.
③ 표피의 손상정도와 내부 구조부를 평가하여 수리를 결정한다.
④ 한 규격 큰 리벳을 사용할지를 결정한다.

해설

날개 표피의 수리
우선 제조자의 권유에 따라 수리를 결정하여야 하며, 수리 후에는 원래의 구조강도를 보상하여야 한다. 수리 전에는 반드시 표피의 손상정도와 내부 구조부를 주의 깊게 평가하여 손상부를 수리할지 교체할지를 결정해야 한다.

22 벌집구조부의 알루미늄 중심부의 손상 시 대체용으로 자주 쓰이는 재료는?

① 티타늄 ② 유리섬유
③ 스테인리스강 ④ 마그네슘

해설

유리섬유
구조체에 부착되는 벌집구조부의 알루미늄 중심부의 손상 시 대체용으로 유리섬유가 많이 쓰인다.

23 부재를 심하게 약화시키지 않고 가장 적게 구부릴 수 있는 것을 무엇이라고 하는가?

① 굽힘 허용(Bend Allowance)
② 최소 굽힘 반경(Minimum Radius of Bend)

[정답] 18③ 19④ 20② 21① 22② 23②

③ 최대 굽힘 반경(Maximum Radius of Bend)
④ 중립 굽힘 반경(Neutral Radius of Bend)

해설

최소 굽힘 반경
판재가 본래의 강도를 유지한 상태로 구부러질 수 있는 최소의 굽힘 반경

24 판금 작업 시 불필요한 부분을 잘라내는 가공이 아닌 것은?

① Blanking ② Punching
③ Embossing ④ Trimming

해설

전단 가공
판금 작업시 불필요한 부분을 잘라내는 가공으로 블랭킹(Blanking), 펀칭(Punching), 트리밍(Trimming), 셰이빙(Shaving)이 있다.

25 판금 작업 중 이음 작업은 다음 어디에 속하는가?

① Flanging ② Crimping
③ Beading ④ Seaming

해설

굽힘 가공
얇은 판을 굽히는 작업으로 판을 굽히는 기계를 벤딩머신(Bending Machine)이라 한다.

26 재료의 한쪽 길이를 압축시켜 짧게 함으로써 재료를 커브지게 하는 가공 방법은?

① 수축 가공 ② 프랜징
③ 크림핑 ④ 범핑

해설

수축 가공
재료의 한쪽 길이를 압축시켜 짧게 함으로써 재료를 커브지게 하는 가공을 말한다.
두 판재 가장자리를 얇게 구부려 서로 이어가는 이음작업을 시이밍(Seaming)이라 한다.

27 재료의 한쪽을 늘려서 길게 함으로써 재료를 커브지게 하는 가공 방법은?

① 수축 가공 ② 프랜징
③ 크림핑 ④ 신장 가공

해설

신장 가공
재료의 한쪽을 늘려서 길게 함으로써 재료를 커브지게 하는 가공을 말한다.

28 가운데가 움푹 들어간 구형면을 가공하는 작업은?

① 수축 가공 ② 프랜징
③ 범핑 가공 ④ 신장가공

해설

범핑 가공
가운데가 움푹 들어간 구형면을 가공하는 작업을 말한다.

29 길이를 짧게 하기 위해 판재를 주름잡는 가공은?

① 수축 가공 ② 프랜징
③ 범핑 가공 ④ 크림핑 가공

해설

크림핑(Crimping) 가공
길이를 짧게 하기 위해 판재를 주름잡는 가공을 말한다.

30 원통의 가장자리 등을 늘려서 단을 짓는 가공 방법은?

① Crimping ② Bumping
③ Stretching ④ Flanging

해설

플랜징(Flanging)
원통의 가장자리 등을 늘려서 단을 짓는 가공을 말한다.

[정답] 24 ③ 25 ④ 26 ① 27 ④ 28 ③ 29 ④ 30 ④

기출+예상

Aircraft Maintenance

제4편 항공기 엔진 (ATA70~80 계열)

제1장 항공기 엔진의 개요 및 분류

제2장 왕복 엔진(Reciprocating Engine)

제3장 가스터빈 엔진

제4장 프로펠러 및 헬리콥터 동력장치

- 기출 및 예상문제 상세해설

제1장 항공기 엔진의 개요 및 분류

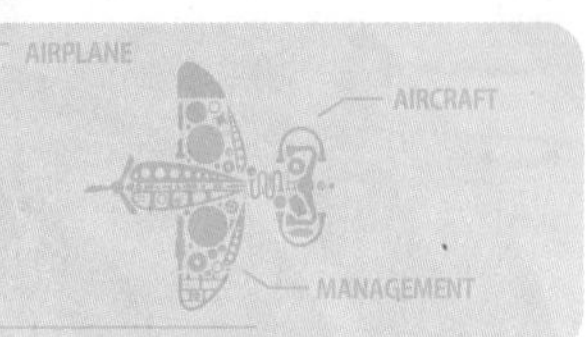

1 항공기 엔진의 개요 및 분류

항공기가 비행을 하면 양력, 항력, 추력, 중력 등의 힘이 발생하며, 이때 항력을 이기면서 비행을 하기 위해는 추력이 필요하다. 이 추력을 발생 시키는 장치를 엔진이라고 한다. 현대 항공기는 빠른 속도, 많은 탑재 량, 높은 기동성이 요구되고 있으며, 추력이 큰 엔진을 요구하고 있다.

1. 엔진의 발달사

1. 왕복 엔진의 발달 과정

르 르노 회전엔진은 제1차 세계대전 중에 개발된 실린더가 회전하여 냉각효과를 증가시킨 공랭식의 회전식 성형 엔진이며, 최초로 왕복 엔진을 탑재한 항공기는 1903. 12. 17. 미국의 라이트 형제가 키티호크 사막에서 플라이어 1호에 사용하였다.

2. 가스터빈 엔진의 발달 과정

- 하인켈 178(HeS-3b 터보제트 엔진)은 1939년 독일에서 최초 제트시험비행에 성공하였다.
- 글로스터 E28(W-1 터보제트 엔진)은 1941년 영국에서 비행에 성공하였다.
- 벨 WP-59A(GE1-A)은 1942년 미국에서 비행에 성공하였다.
- 글로스터(터보프롭 엔진)은 영국의 롤즈로이스에서 최초 비행에 성공하였다.

2. 엔진의 종류와 특성

1. 왕복 엔진

- 크랭크축 주위의 실린더 배열 방식에 따라 분류하며, 현재 가장 많이 사용하고 있는 것은 대향형 엔진과 성형 엔진이다.
- 냉각 방식은 보통 공랭식과 액랭식이 있다.

2. 가스터빈 엔진

- 소형 경량으로 큰 출력을 얻을 수 있으며, 왕복 엔진의 간헐적 연소와 달리 연속 연소를 하므로 엔진 중량당 출력이 크고 같은 중량의 가스터빈에서 왕복 엔진의 2~5배 이상의 추력을 얻을 수 있다.

3. 엔진의 작동 원리

1. 왕복 엔진

가솔린 연료를 사용하며, 피스톤의 왕복운동에 연료와 공기의 혼합기를 흡입 및 압축하여, 그것에 전기 스파크로 점화함으로써 발생한 열에너지를, 회전 운동으로 변환하여 프로펠러를 구동시켜 추진력을 만들어 내는 엔진이다.

2. 가스터빈 엔진

뉴턴의 운동 제3법칙을 적용하였으며, 즉 작용이 있으면 반드시 그것과 크기가 같고 방향이 반대인 반작용이 있는 것을 실제적으로 응용한 것이다.

- 가스터빈은 압축기, 연소실, 터빈의 3가지로 기본 구성되어 있다.

4. 엔진의 분류

1. 왕복 엔진의 분류

- 냉각 방법에 따라 공랭식 엔진, 액냉식 엔진으로 분류한다.
- 실린더 배열의 따라 대향형 엔진, 성형 엔진, 2중 V형, V형, X형, 직렬형으로 분류하며, 사이클에 따라 2행정 엔진, 4행정 엔진으로 분류한다.
- 사용연료에 따라 가솔린 엔진, 디젤 엔진으로 분류한다.

2. 가스터빈 엔진

가스터빈(제트 엔진)에는 4가지 형식이 있다.

1. 터보 팬 엔진 : 대형 여객기 및 군용기에서 사용(현재 민간 항공사에서 가장 많이 사용한다.)
2. 터보제트 엔진 : 고고도에서 고속으로 비행하는 항공기에 가장 적합하다.
3. 터보 프롭 엔진 : 주로 프로펠러를 돌리는데, 사용 엔진의 출력의 90[%]를 사용하여 감속 장치를 매개로 프로펠러를 구동시킨다. 고고도, 고속 특성의 장점을 살려 중속, 중고도 비행 시 큰 효율을 볼 수 있다.
4. 터보 샤프트엔진 : 출력은 100[%]를 회전축 출력으로 사용되며, 설계된 가스터빈 엔진은 주로 헬리콥터 회전날개 구동용으로 이용한다.

3. 렘 제트 엔진

대기 중의 공기를 추진에 사용하는 가장 간단한 구조의 엔진이다.

4. 펄스 제트 엔진

램 제트와 거의 유사하지만, 공기 흡입구에 셔터 형식의 공기 흡입 플래퍼 밸브가 있다는 점이 다르다.

5. 덕트 엔진

1. 램 제트 엔진

- 작동 원리는 공기를 디퓨저에서 흡입하여 연소실에서 연료와 혼합, 점화시키고 연소가스를 배기노즐을 통하여 배출시킨다.
- 장점 : 고속에서 우수한 성능을 발휘하고 구조가 간단하다.
- 단점 : 저속(마하 0.2 이하)에서 작동 불능하다.

6. 로켓엔진

작동원리는 내부에 연료와 산화제를 함께 갖고 있는 엔진으로서 공기가 없는 우주 공간에서도 비행이 가능하다. 항공기용 엔진으로는 사용되지 않는다.

2 열역학 기본 법칙

1. 엔진 사이클(Cycle)

1. 과정과 사이클

과정 사이클은 어떤 상태에서 다른 상태로 변할 때 그 연속된 상태 변화의 경로이며, 압력이 일정하게 유지되면서 일어나는 상태 변화의 정압 과정과 체적이 일정하게 유지되면서 일어나는 상태 변화되는 정적 과정이다.

2. 임의의 과정을 밟아서 처음 상태로 돌아오는 사이클

① 오토 사이클(정적 사이클)은 열 공급이 정적과정이며, 항공기용 왕복 엔진의 기본 사이클 2개의 단열과정과 2개의 정적과정으로 이루어진다.

- 단열압축 → 정적가열 → 단열팽창 → 정적방열

② 브레이튼 사이클(정압 사이클)은 정상유동 장치인 원심압축기와 터빈을 이용하여 기체의 압력을 높인 뒤 고온으로 만들어 일을 하게 하는 가스터빈의 이상적인 열역학적 사이클 2개의 단열과정과 2개의 정압과정으로 이루어진다.

- 단열압축 → 정압가열 → 단열팽창 → 정압방열

③ 디젤 사이클은 2개의 단열과정과 1개의 정압과정 1개의 정적과정으로 이루어진다.

- 단열압축 → 정압가열(수열) → 단열팽창 → 정적방열

④ 합성(사바테) 사이클은 2개의 단열과정과 정적과정 1개의 정압과정으로 이루어진다.

- 단열압축 → 정적·정압가열 → 단열팽창 → 정적방열

⑤ 카르노 사이클(이상적 사이클)은 2개의 등온과정과 2개의 단열과정으로 이루어진다.

- 단열압축 → 단열팽창 → 등온가열(수열) → 등온방열

2. 열효율(Thermal Efficiency)

1. 오토 사이클의 열효율

이론적으로 압축비만의 함수이며 압축비가 증가하면 열효율도 증가한다. 실제론 압축비가 커지면 엔진의 크기가 커지고 중량이 증가하고 진동이 커지며, 비정상적인 연소 현상이 발생한다. 이러한 이유로 보통 항공기용 왕복 엔진의 압축비는 6~8정도로 제한한다.

2. 브레이튼 사이클 이론 열효율

2개의 정압 과정과 2개의 단열과정으로 이루어진다. 이 사이클의 수일(W_n)은 터빈의 팽창일(W_t)에서 압축일(W_c)을 뺀 값으로 $W_n=W_t-W_c$ 가 된다.

3. 카르노 사이클 이론 열효율

작동유체에 공급된 열량을 Q_1이라 하고, 작동유체에서 저온 열원으로 방출된 열량을 Q_2라 하면 작동 유체에 의한 일 W라 하면 이상적 열 엔진에서 $\frac{Q_2}{Q_1}=\frac{T_2}{T_1}$ 관계가 성립된다.

3. 에너지 보존의 법칙

1. 열역학 제1법칙(에너지 보존의 법칙)

밀폐계가 사이클을 이룰 때의 열 전달량은 이루어진 일과 정비례 한다. 즉 열은 언제나 상당량의 일로, 일은 상당량의 열로 바뀌어 질 수 있음을 뜻한다.

$W=JQ$ 또는 $Q=AW$

W : 일[Kg·m]

Q : 열량[Kcal]

J : 열의 일당량[427 K·gcal]

A : 일의 열당량[$\frac{1}{427}$Kcal/Kg·m]

2. 열역학 제 2법칙의 일

쉽게 전부 열로 바꿀 수 있지만 반대로 열을 일로 바꾸는 것은 쉽지 않다. 이것은 열역학 제 1법칙으로서는 설명할 수 없다.

3 항공기 엔진의 사이클 해석

1. 4사이클(흡입, 압축, 팽창, 배기의 4행정)

1. 흡입 행정

- 피스톤이 상사점에서 하사점 쪽으로 하향 운동을 하며, 흡입밸브가 열리고 혼합가스가 실린더 안으로 흡입하는 것이다.
- 흡입밸브는 이론적으로는 상사점에서 열리고 하사점에서 닫히도록 되어 있으나 실제로는 상사점 전에 열리고 하사점 후에 닫힌다.

2. 압축 행정

- 피스톤이 하사점에서 상사점으로 상향운동 – 혼합가스를 압축
- 흡입, 압축 밸브가 모두 닫혀 있다.
- 압축 과정 중 상사점 전 20 ~ 35°에서 점화 플러그에 의해 점화된다.

3. 팽창 행정(동력 행정, 폭발 행정)

- 압축된 혼합가스를 점화시켜 폭발
- 흡·배기 밸브가 모두 닫혀있다.
- 상사점 후 10° 근처에서 실린더 안의 압력은 최대 압력(60[kg/cm^2]), 최고 온도(2000[℃])에 도달, 점화가 피스톤이 상사점 전에 도달하기 전에 이루어지는 이유는 연료를 완전 연소시키고 최대 압력을 내기 위한 연소 진행 시간이 필요하기 때문이다.

4. 배기 행정

- 피스톤이 하사점에서 상사점으로 상향 운동
- 배기밸브가 열려 있다.
- 피스톤에 의해 연소가스가 배기밸브를 통하여 배출

※ 이론적으로는 배기밸브가 하사점에서 열리고 상사점에서 닫히도록 되어 있으나 실제 로는 하사점 전에 열리고(밸브 앞섬) 상사점 후에 닫혀(밸브 지연) 잔류가스의 방출과 혼합가스의 흡입량을 증가 시킨다.

제2장 왕복 엔진(Reciprocating Engine)

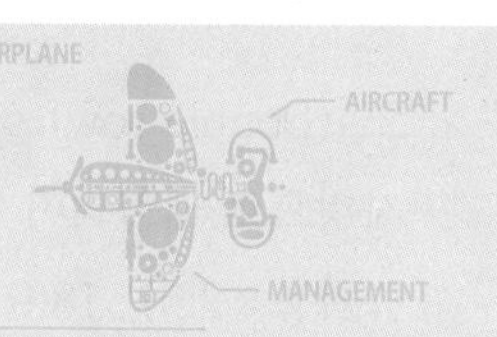

1 왕복 엔진(Reciprocating Engine) 일반

1. 왕복 엔진의 종류와 특성

1. 실린더 배열에 따른 분류

항공기 엔진은 크랭크축을 중심으로 한 실린더 배열 방식에 따라 직렬형(In-line), V형, X형, 대향형(Opposed), 성형(Radial) 등으로 분류되는데 이 중에서 현재 가장 많이 사용되고 있는 기관은 대향형과 성형이다.

대향형 기관(Opposed engine)은 보통 경항공기와 헬리콥터에 사용되며 출력은 100~400마력[HP] 정도이고, 항공기 왕복 엔진 중에서 효율성, 신뢰성, 경제성이 우수하다. 대향형 기관은 그림 4-2와 같이 실린더가 크랭크축에 수평으로 장착(수평 대향형)되나, 수직으로 장착(수직 대향형)되는 경우도 있다. 또, 마력당 중량비가 비교적 낮고, 공기 흐름이 유선형이며, 진동이 작은 것이 장점이다.

1열(Single-row) 성형기관은 그림 4-1과 같이 크랭크축을 중심으로 홀수의 실린더가 방사형으로 배치되는데, 이렇게 홀수로 배열하는 것은 크랭크축이 2회전 하는 동안 모든 실린더가 한 번씩 폭발(점화)하도록 하기 위해서이다. 1열 성형기관의 실린더 수는 보통 5기통, 7기통, 9기통이다. 이 기관의 경우, 크랭크축이 짧아져서 부품의 수와 무게가 줄어들게 된다.

[그림 4-1 성형 엔진]

[그림 4-2 대향형 엔진]

2열(Double row) 성형기관은 1개의 크랭크축에 1열 성형기관이 2개 연결된 것과 같다. 실린더는 2열 방사형으로 배열되어 있으며, 각 열은 실린더의 수가 홀 수이다. 보통 2열 성형기관의 실린더 수는 14기통(7기통×2열), 18(9기통×2열)기통이다. 2열 성형기관에는 복렬(Two-row) 크랭크축이 사용 되는데, 앞 열의 실린더 사이에 뒷 열의 실린더를 배치시켜 냉각에 필요한 램 공기(Ram air)가 각 열에 골고루 지나가도록 한다. 성형기관은 피스톤 기관 중에서 가장 낮은 마력당 중량비를 갖는다. 그러나 기관의 전면 면적이 넓어서 항력이 커지고, 열 수가 증가하면 냉각에도 문제가 발생하게 되는 단점이 있다.

보충학습 **엔진 명칭**

예 1. O-470 : O(Opposed type), 470(엔진 총 배기량-470[in^3])
2. R-985 : R(Radial type), 985(엔진 총 배기량-985[in^3])

2. 냉각 방법에 의한 분류

항공기 엔진의 냉각 방식은 보통 공랭식(Air cooling)과 액랭식(Liquid cooling)이 있으나, 현재 액랭식은 거의 사용되고 있지 않다. 항공기 엔진에 과도한 열이 발생하면 다음과 같은 영향을 끼치게 되므로 항상 적절한 냉각이 이루어져야 한다.

① 혼합기의 연소 상태가 나빠진다.
② 기관의 부품이 약해지고 수명이 단축된다.
③ 윤활이 원활하지 못하게 된다.

공랭식 기관에서는 얇은 금속판 모양의 냉각 핀(Cooling fin)을 실린더의 벽과 실린더 헤드의 바깥쪽 면에 부착시켜 냉각 면적(방열 면적)을 넓게 한다. 공기가 이 냉각 핀 위로 흐를 때 실린더로 부터 열을 흡수하여 대기 중으로 방출한다.

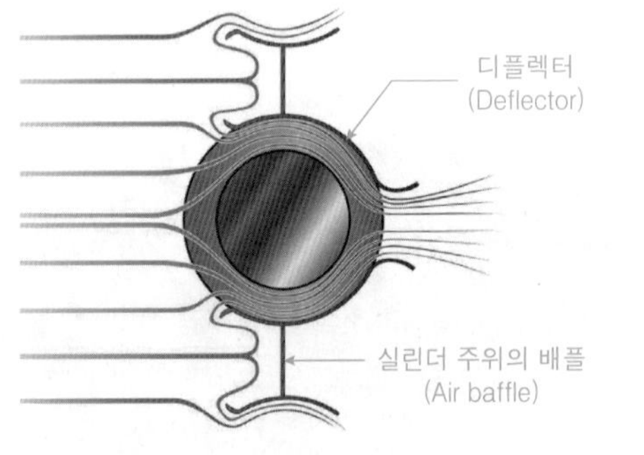

[그림 4-3 실린더 주위의 배플, 디플렉터]

[그림 4-4 카울 플랩]

알루미늄 판으로 만들어진 실린더 주위의 배플(Baffle)은 냉각 효율을 높이기 위하여 기관으로 유입된 공기가 실린더 앞부분 뿐만 아니라 옆, 뒷부분까지 흐를 수 있도록 유도 한다.

항공기 엔진의 작동 온도는 기관 카울링(Cowling)에 붙어 있는 카울 플랩(Cowl flap)의 공기 유량 조절에 의해 이루어진다. 그림 4-4와 같은 카울 플랩은 보통 전기식 모터나 수동으로 작동되며 이륙시, 상승시 그리고 지상 작동시 완전히 열어 준다.

공랭식 기관의 특징은 다음과 같다.

① 동일한 마력의 액랭식 기관 보다 무게가 가볍다.

② 기관 작동이 낮은 기온에서 윤활이 원활하다.

③ 지상 작동시 냉각 효율이 떨어진다.

2. 왕복 엔진의 작동 원리

[그림 4-5 항공기 왕복 엔진의 기본 요소]

왕복 엔진은 크랭크케이스(Crankcase), 실린더(Cylinder), 피스톤(Piston), 커넥팅 로드(Connecting rod)와 크랭크축(Crank shaft), 흡입 밸브(Intake valve), 배기 밸브(Exhaust valve) 등으로 구성되며, 그 개략도는 그림 4-5와 같다. 또, 그림 4-6과 같이 실린더 안지름을 보어(Bore)라 하고, 피스톤의 이동거리를 행정(Stroke)이라 하는데, 각 행정에서 크랭크축은 180° 회전한다.

그림 4-7에서와 같이 피스톤의 최상위 한계를 상사점(TDC : Top Dead Center)이라 하고, 최하위 한계를 하사점(BDC : Bottom Dead Center)이라 한다.

대부분의 항공기용 왕복 엔진은 오토 사이클(Otto cycle) 기관인데, 이는 독일의 오토에 의해 1876년에 개발된 4행정 5현상 사이클(Four-stroke five event cycle)이다. 4행정 사이클 기관의 4행정은 그림 4-8(좌측)과 같이 흡입 행정(Intake stroke), 압축 행정(Compression stroke), 출력 행정(Power stroke), 배기 행정(Exhaust stroke)으로 이루어지며, 여기에 점화 현상이 추가되어 5현상으로 분류된다. 4행정 사이클 기관에서는 각 사이클 당 크랭크축이 2회전 한다. 또, 그림 4-8(우측)은 오토 사이클 기관의 실린더 내 가스 압력(Pressure)과 체적(Volume)의 변화를 나타낸 압력-체적(P-V) 선도를 표시한 것이다.

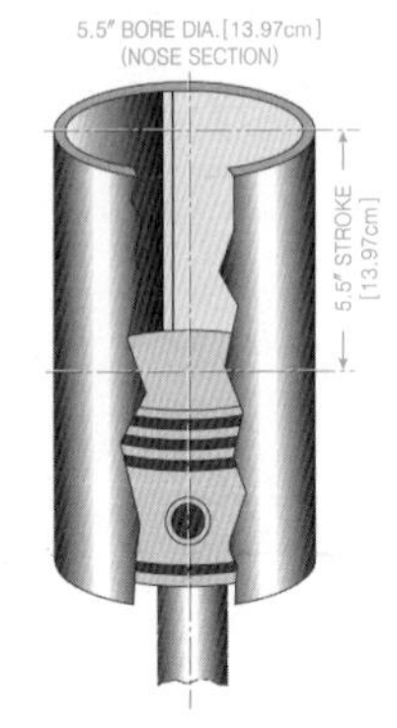

[그림 4-6 행정과 보어]

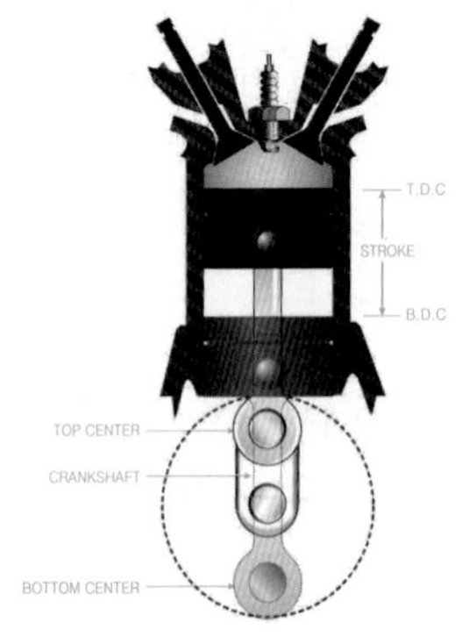

[그림 4-7 상사점과 하사점]

1. 흡입 행정(Intake stroke)

흡입 행정은 피스톤이 하향운동을 하면서 흡입 밸브가 열려 기화기로부터 연료와 공기의 혼합기(또는 작동유체)가 실린더 속으로 흡입 되는 과정이다. 흡입 밸브는 이론적으로는 상사점에서 열리고 하사점에서 닫히나, 실제로는 상사점의 직전에서 열리고(Valve lead) 하사점의 직후에서 닫히게(Valve lag) 된다.

2. 압축 행정(Compression stroke)

압축 행정은 흡입 행정이 끝난 후 두 밸브가 닫히고 피스톤이 하사점으로부터 상사점으로 이동하면서 연료와 공기의 혼합기를 압축시키는 과정이다. 피스톤이 압축 행정 상사점에 도달하기 직전에 점화 플러그(Spark plug)에 의하여 연료와 공기의 혼합기가 점화되어 출력 행정의 동력을 발생하게 한다. 점화가 상사점 직전에서 일어나게 하는 이유는, 연료가 완전 연소되고 출력 행정의 상사점에서 최대 압력이 나오게 하기 위한 것이다. 만일 점화가 상사점에서 일어난다면 피스톤이 연료가 완전 연소되기 전에 하향 이동하게 되므로 고압력이 발생되지 않으며, 또 피스톤이 하향 이동할 때 연소되는 가스 때문에 실린더 벽이 과열될 것이다.

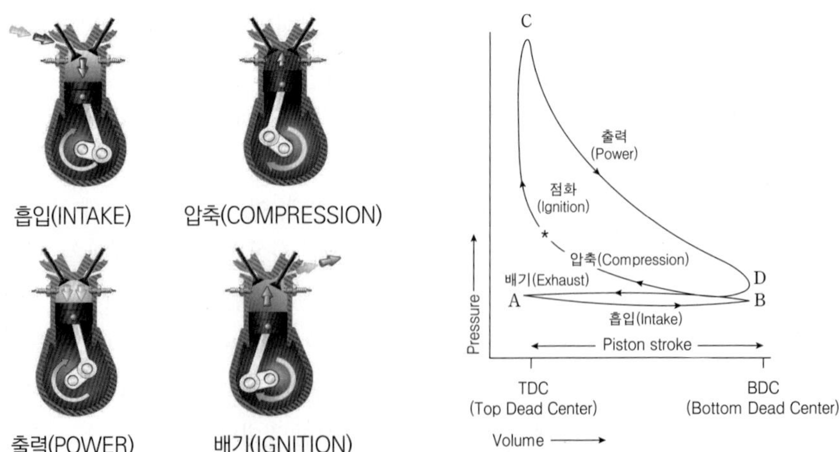

[그림 4-8 행정 기관의 작동과 오토 사이클의 선도]

3. 출력 행정(Power stroke)

출력 행정은 연소 압력이 피스톤에 힘을 가하는 과정으로, 이 행정을 폭발 또는 팽창(Explosion or expansion) 행정이라고도 한다.

4. 배기 행정(Exhaust stroke)

배기 행정은 피스톤이 상향운동을 하면서 배기 밸브가 열려 연소가스가 배기관을 거쳐 실린더 밖으로 배출되는 행정이다.

이론적으로는 배기 밸브가 하사점에서 열리고 상사점에서 닫히도록 되어 있으나, 실제로는 출력 행정 끝 부분인 하사점 전에서 열리고(Valve lead), 다음 사이클의 흡입행정 시작 부분인 상사점 후에서 닫히도록(Valve lag) 함으로써, 실린더 안의 잔류가스를 더 많이 배출시키고 새로운 혼합기의 흡입량을 증가시키도록 하고 있다.

3. 밸브 개폐 시기와 기관 점화 순서(Firing order)

1. 밸브 개폐 시기

밸브 개폐 시기 위치에 관련되는 약어는 아래의 표 4-1과 같으며, 그림 4-9는 피스톤의 위치 표시를 나타낸 것이다.

[표 4-1 밸브 개폐 시기 위치에 관련되는 약어]

Top(Dead) Center	TDC(TC)	상사점
Bottom(Dead) Center	BDC(BC)	하사점
Before Top Center	BTC	상사점 전
After Top Center	ATC	상사점 후
Beforer Bottom Center	BBC	하사점 전
After Bottom Center	ABC	하사점 후
Intake Valve Close	IC	흡입 밸브 닫힘
Intake Valve Open	IO	흡입 밸브 열림
Exhaust Valve Close	EC	배기 밸브 닫힘
Exhaust Valve Open	EO	배기 밸브 열림

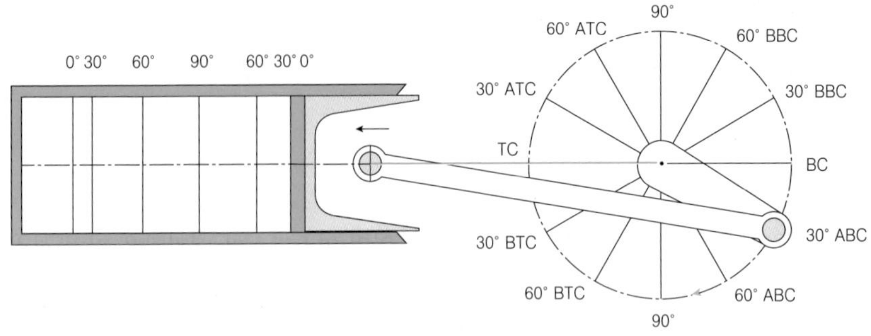

[그림 4-9 피스톤의 위치표시]

왕복 엔진에 대한 밸브 개폐 시기를 시각적으로 보여 주기 위해 밸브 개폐 시기 선도가 사용된다. 그림 4-10은 밸브 개폐 시기 선도로서 밸브 개폐 시기는 다음과 같다.

IO 15° BTC	EO 60° BBC
IC 60° ABC	EC 10° ATC
점화(Ignition) : 30° BTC	

흡입 밸브와 배기 밸브가 동시에 열려 있을 때 이루는 각을 밸브 오버랩(Valve overlap)이라고 부른다. 예를 들어, 흡입 밸브가 15° BTC에서 열리고 배기 밸브가 10° ATC에서 닫힐 때 밸브 오버랩은 25°이다. 밸브 오버랩을 두는 이유는 다음과 같다.

① 체적 효율을 향상시킨다.
② 배기가스를 완전히 배출시킨다.
③ 실린더 냉각을 도와준다.

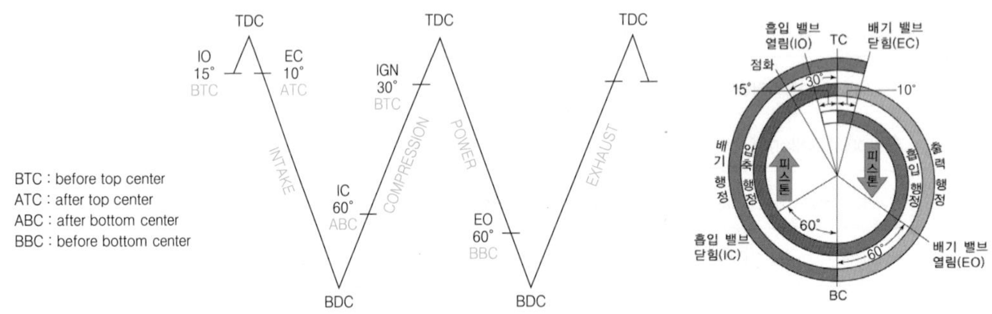

[그림 4-10 밸브 개폐 시기 선도]

그림 4-10에서 흡입 밸브가 배기과정의 15° BTC로부터 60° ABC까지 열려 있게 되는데, 이것은 피스톤이 하사점을 지난 후 혼합 가스의 관성 속도가 0에 도달할 때까지 혼합 가스의 관성력을 이용하여 피스톤이 하사점을 지난 후에도 가능한 한 최대한 혼합기를 실린더 속으로 흡입시키게 하기 위해서이다.
배기 밸브가 하사점 전에 열리는 주된 이유는 실린더에서의 배기를 촉진시키고 기관의 냉각을 더 좋게 하기 위해서이다.

흡입, 배기 밸브가 상사점이나 하사점 후에 열리거나 닫히는 것을 밸브 지연(Valve lag)이라고 하며, 흡입, 배기 밸브가 상사점이나 하사점 전에서 열리거나 닫히는 것을 밸브 앞섬(Valve lead)이라고 한다. 밸브 지연과 밸브 앞섬은 크랭크축 회전 각도로 표시한다. 밸브가 열려있는 시간을 지속(Duration)이라 하는데, 예를 들면 그림 4-10의 경우 배기 밸브의 지속은 크랭크축이 이동한 회전 거리로서 250°(60+180+10)가 된다.

보충학습 **파워 오버랩(Power overlap)**

파워 오버랩은 한 실린더가 팽창(폭발)행정 중에 있을 때, 다음 점화되는 실린더가 폭발하여 팽창(폭발)행정이 겹치는 동안의 크랭크축 회전 각도를 말한다.

2. 기관의 점화 순서(Firing order)

기관의 점화 순서란 실린더가 점화되는 순서를 말하며, 진동이 적고 균형을 이룰 수 있게 설계된다. 표 4-2는 각 기관의 점화 순서이다.

[표 4-2 각 기관의 점화순서]

기관	점화 순서
4기통 대향형	1-3-2-4 or 1-4-2-3
6기통 대향형	1-4-5-2-3-6 or 1-6-3-2-5-4
9기통 성형(1열)	1-3-5-7-9-2-4-6-8
14기통 성형(2열)	1-10-5-14-9-4-13-8-3-12-7-2-11-6
18기통 성형(2열)	1-12-5-16-9-2-13-6-17-10-3-14-7-18-11-4-15-8

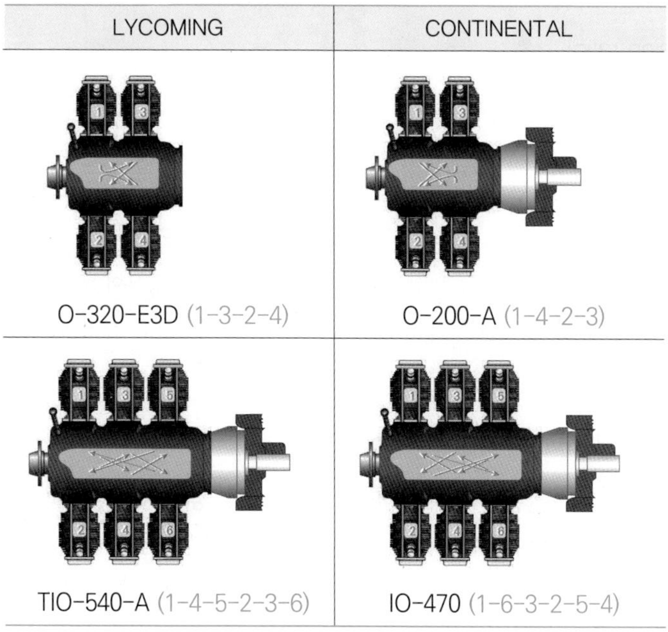

LYCOMING	CONTINENTAL
O-320-E3D (1-3-2-4)	O-200-A (1-4-2-3)
TIO-540-A (1-4-5-2-3-6)	IO-470 (1-6-3-2-5-4)

[그림 4-11 수평 대향형 기관의 점화 순서]

수평 대향형 기관의 실린더 번호는 제작 회사에 따라 다른데, 그림 4-11과 같이 라이코밍(Lycoming) 사에서는 우전방 실린더를 1번, 좌전방 실린더를 2번으로 하고, 차례로 후방으로 향하여 번갈아서 번호를 부여하고 있다. 콘티넨털(Continential) 사에서는 오른쪽 후방 실린더를 1번, 왼쪽 후방을 2번으로 하고, 차례로 전방을 향하여 번갈아서 번호를 부여하고 있다.
그림 4-12는 성형기관의 점화 순서를 나타낸 것이다.

SINGLE-ROW RADIAL : 1열 성형기관
1-3-5-7-9-2-4-6-8

DOUBLE-ROW ENGINE : 2열 성형기관
1-12-5-16-9-2-13-6-17-10-3-14-7-18-11-4-15-8

[그림 4-12 성형기관의 점화 순서]

4. 왕복 엔진의 성능

1. 압축비(Compression ratio)

실린더의 압축비는 피스톤이 하사점에 있을 때의 실린더 체적과 상사점에 있을 때의 실린더 체적의 비이다. 기관의 최대 출력을 내는 데에는 압축비가 매우 중요하다. 어느 정도까지는 압축비가 증가하면 최대 마력도 증가하나, 압축비가 10 : 1 보다 크면 디토네이션이나 조기점화가 일어나 과열 현상, 출력의 손실, 기관의 손상을 초래하게 된다.
통상적으로 왕복 엔진의 압축비는 7 : 1 정도이나, 고성능 기관의 경우에는 그 이상의 압축비를 갖기도 한다. 기관의 압축비를 증가시키면 연료 소모율(SFC : Specific Fuel Consumption))이 낮아지고 열효율이 증대된다.

보충학습 **피스톤 배기량(Piston displacement)**

피스톤 배기량은 실린더 내에서 피스톤이 한 행정 동안 움직인 거리에 실린더의 단면적을 곱함으로써 얻을 수 있다. 기관의 총 배기량은 전체 실린더에서 배기한 전체 체적이다. 하나의 피스톤 배기량에 기관 실린더 수를 곱한 것과 같다. 총 배기량이 커지면 기관이 낼 수 있는 최대 출력도 커진다.

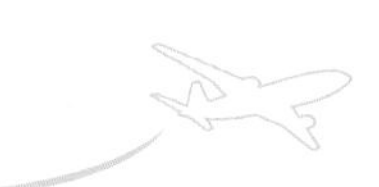

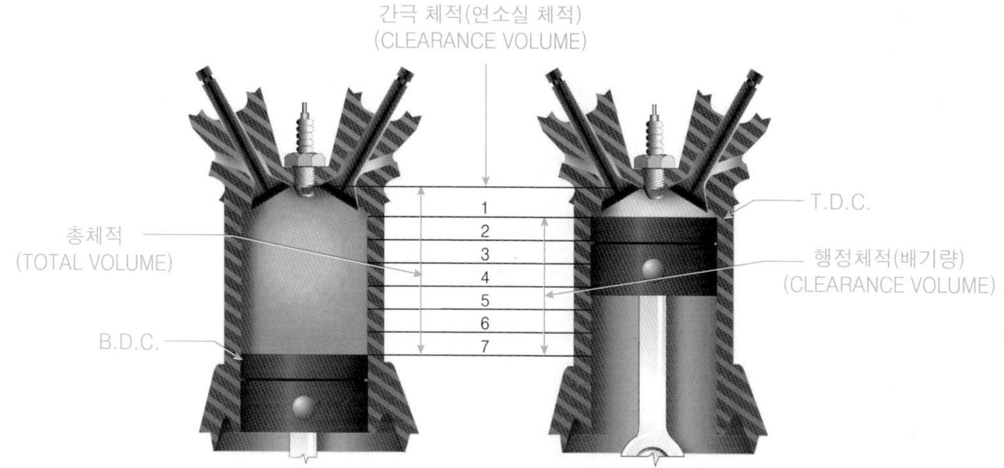

[그림 4-13 압축비]

2. 지시 마력(IHP : Indicated Horsepower)

지시 마력은 기관에 의해 실제로 발생하는 마력, 즉 열에너지로부터 기계적 에너지로 변환되는 전체 마력을 뜻한다.

그림 4-14와 같이 한 실린더에 작용하는 전체 힘은 지시 평균 유효압력과 피스톤 헤드의 면적의 곱으로써 산출된다. 이 힘에다 행정길이를 곱한 값은 출력 행정 시에 한 일의 양이 되며, 이 일량에 분당 출력 행정의 수를 곱하면 1분간에 한 일의 양과 같고, 또 기관 전체 실린더 수를 곱하면 기관이 한 전체의 일량이 된다. 결국 1마력은 1분당 33,000[lbf·ft]의 일의 양으로 정의되므로 기관이 한 전체 일의 양을 33,000으로 나누면 그것이 지시 마력이다.

그러므로 기관의 지시 마력은 다음과 같은 공식으로 계산한다.

$$iHP=\frac{P_{mi}LANK}{550\times 60}=\frac{P_{mi}LANK}{33,000}[\text{HP}],\ \text{또는}\ iHP=\frac{P_{mi}LANK}{75\times 2\times 60}[\text{PS}]$$

여기서, P_{mi} : 지시 평균 유효압력([psi] 또는 [kg/cm^2])

L : 행정([ft] 또는 [m])

A : 피스톤 면적([in^2] 또는 [cm^2])

N : 실린더의 분당 출력 행정 수([rpm/2] 또는 [rpm])

K : 실린더 수

1[HP]=550[lb·ft/sec], 1[PS]=75[kg·m/sec]

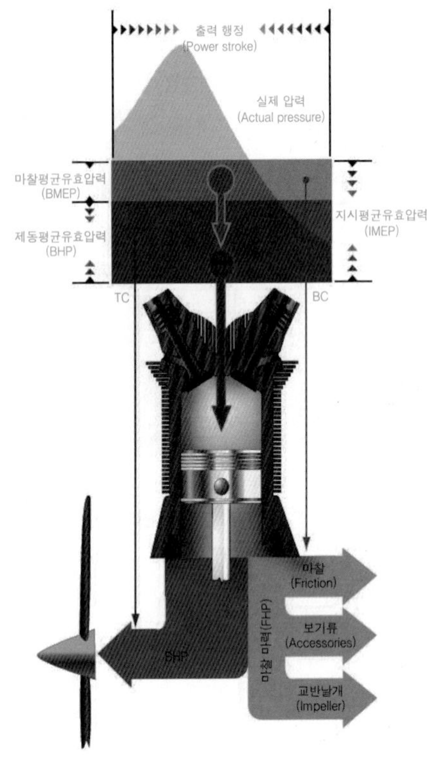

[그림 4-14 마력과 압력]

3. 제동 마력(BHP : Brake Horsepower)

제동 마력은 기관에 의해 프로펠러 혹은 다른 구동 장치에 전달되는 실질적인 마력이다. 제동 마력은 지시 마력에서 마찰 마력(FHP : Friction Horsepower)을 뺀 마력이다. 마찰 마력은 기관과 보기(Accessories)의 움직이는 부품들의 마찰을 극복하기 위해 필요한 전체 마력이다. 즉, bhp=ihp−fhp이다.

대부분의 항공기 엔진의 제동 마력은 지시 마력의 85~90[%]이다. 기관의 제동 마력을 측정하는 데에는 다이나모미터(Dynamometer)와 그림 4-15와 같은 프로니 브레이크(Prony brake) 장치가 사용된다.

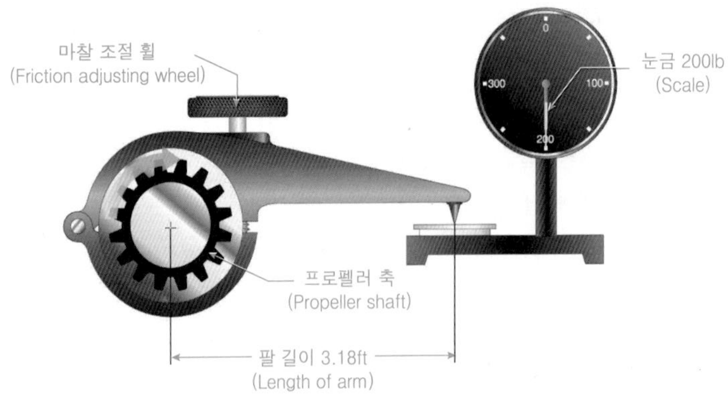

[그림 4-15 프로니 브레이크]

4. 정격 출력(Rated power)

정격 출력이란, 연속 작동이 안전하게 확립된 상태에서 특정한 회전수(rpm)와 매니폴드 압력으로 작동할 때, 기관으로부터 얻을 수 있는 최대 출력을 말한다.

기관의 이륙 출력은 이륙과정 중에 작동되는 항공기 엔진의 최대 회전수(rpm)와 매니폴드 압력(Manifold pressure)에 의해 결정 되는데, 이륙 출력의 시간 한계는 1분에서 5분까지이다. 기관의 이륙 출력은 연속 출력의 최대 허용값보다도 10[%] 이상 크다. 또, 최대 연속 출력을 '이륙 출력을 제외한 최대출력(METO : Maximum Except Take Off power)'이라고도 한다.

5. 임계 고도(Critical altitude)

임계 고도란, 정해진 출력을 유지할 수 있는 가장 높은 고도를 말한다. 예를 들면, 항공기 엔진이 정해진 회전수(rpm)에서 기관으로부터 얻을 수 있는 정격 출력이 유지되는 가장 높은 고도를 말한다. 기관의 임계 고도를 증가시켜 주는 데에는 터보 차저(Turbo charger)나 기계적인 과급기(Mechanical supercharger)가 사용된다.

6. 기계 효율(Mechanical efficiency)

기관의 기계 효율은 제동 마력과 지시 마력비의 비로서, 다음과 같이 표시할 수 있다.

$$\eta_m = \frac{bHP}{iHP} \times 100[\%]$$

7. 열효율(Thermal efficiency)

열효율은 연료의 열에너지가 기계적 에너지로 바뀔 때 생기는 열손실에 따라 결정된다.

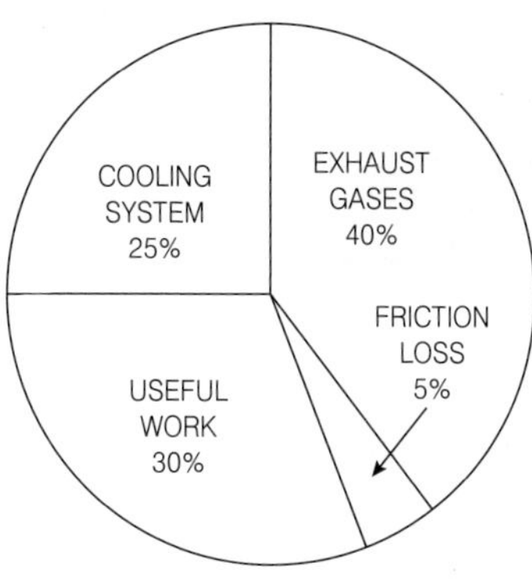

[그림 4-16 열효율 도표]

그림 4-16은 연료의 열에너지가 냉각 장치로 25[%]가 빠지고, 배기가스에 의해 40[%]가 소멸되고, 기계적인 마찰에 5[%]가 사용되어, 프로펠러축에 이용되는 에너지는 30[%] 밖에 안 된다는 것을 나타낸다. 그러므로 기관의 열효율은 연료의 열에너지와 유용한 일에 쓰인 열에너지와의 비이다.

8. 체적 효율(Volumetric efficiency)

체적 효율은 동일한 대기압과 온도 조건하에서 실제로 실린더 속으로 흡입된 혼합기의 체적과 피스톤 배기량과의 비이다.

만약 기관의 실린더가 표준 대기의 압력(14.7[psi])과 온도(59[°F])에서의 피스톤 배기량과 똑같은 양의 혼합기를 흡입한다면, 이 실린더는 100[%]의 부피 효율을 갖추고 있다고 할 수 있다. 또, 피스톤 배기량이 100[in^3]인 실린더에 혼합기 95[in^3]의 양이 흡입되면 체적 효율은 95[%]이다.

따라서, 체적 효율의 공식은 다음과 같다.

$$\text{체적효율} = \frac{\text{실제 흡입 된 부피}}{\text{피스톤 배기량}} \times 100[\%]$$

9. 디토네이션(Detonation)과 조기점화(Preignition)

디토네이션은 연소실에서 압축된 혼합기의 온도와 압력이 순간적으로 폭발할 만큼 높아졌을 때 일어난다. 디토네이션은 실린더와 피스톤의 온도를 과도하게 상승시켜 피스톤 헤드를 녹이는 원인이 되기도 하고, 심각한 출력손실을 초래하기도 한다.

그림 4-17과 같이, 디토네이션은 피스톤의 헤드를 망치로 친 것과 같이 순간적으로 높은 압력이 생겨 피스톤을 치기 때문에 피스톤에 힘이 흡수 되지 않아 출력 손실을 초래하는 것이다.

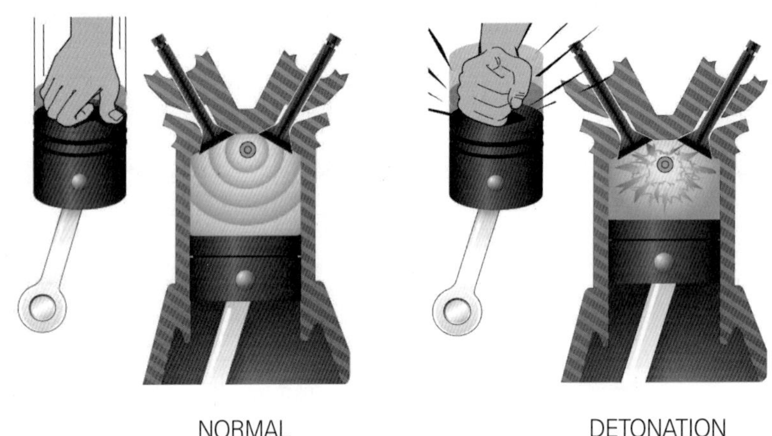

[그림 4-17 실린더 내에서의 정상연소와 디토네이션]

조기점화는 실린더의 과열 부분(Hot spot), 즉 과열된 점화 플러그 전극이나 과열된 탄소입자들이 혼합기를 점화 플러그의 정상 점화 전에 먼저 점화시켜서 일어나게 되는데, 그 결과 기관 작동이 거칠어지거나 출력 손실이 생기고, 실린더 헤드의 온도가 높아지게 된다.

2 왕복 엔진의 구조

1. 크랭크케이스(Crankcase)

기관의 크랭크케이스는 크랭크축을 둘러싼 여러 기계 장치를 에워싸고 있는 틀(Housing)을 말하는데, 아래와 같은 구성과 역할을 한다.

① 크랭크케이스 자체가 견고하게 되어 있다.
② 크랭크축이 회전하는데 필요한 베어링이 있다.
③ 윤활유를 밀폐시켜주는 저장소 구실을 한다.
④ 항공기에 장착하기 위한 상착 장치가 있다.
⑤ 실린더를 장착하기위한 지지대가 있다.
⑥ 크랭크축과 베어링의 비틀어짐을 막아 준다.

따라서, 대부분의 항공기 엔진의 크랭크케이스는 가볍고 강한 알루미늄 합금으로 만들어진다.

1. 대향형 기관 크랭크케이스

그림 4-18은 6기통 대향형 기관의 크랭크케이스를 보여 주고 있다. 이것은 알루미늄 합금 주물로 제작되어 두 개가 기관의 중심선에서 양쪽으로 스터드(Stud)와 니트(Nut)에 의해 고정되어 있다.
그리고 크랭크케이스의 결합면은 개스킷(Gasket)을 사용하지 않고 조여지며, 주 베어링 보어(Bopres)는 주 베어링이 정확하게 삽입될 수 있도록 가공되어 있다.

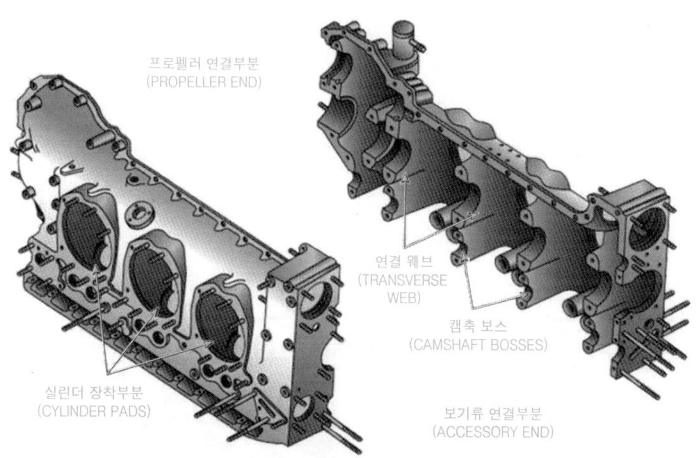

[그림 4-18 대향형 기관의 크랭크케이스]

보기부(Accessory section)에는 연료 펌프(Fuel pump), 진공 펌프(Vacuum pump), 오일 펌프(Oil pump), 회전계 발전기(Tachometer generator), 마그네토(Magneto), 시동기(Starter), 과급기(Supercharger), 제어 밸브(Control valve), 오일 여과기(Oil filter), 유압 펌프(Hydraulic pump) 등을 장착할 수 있는 장착 패드가 있다. 보기 틀에는 기관 동력에 의해 작동되는 보기들을 구동시키기 위한 기어가 있다.

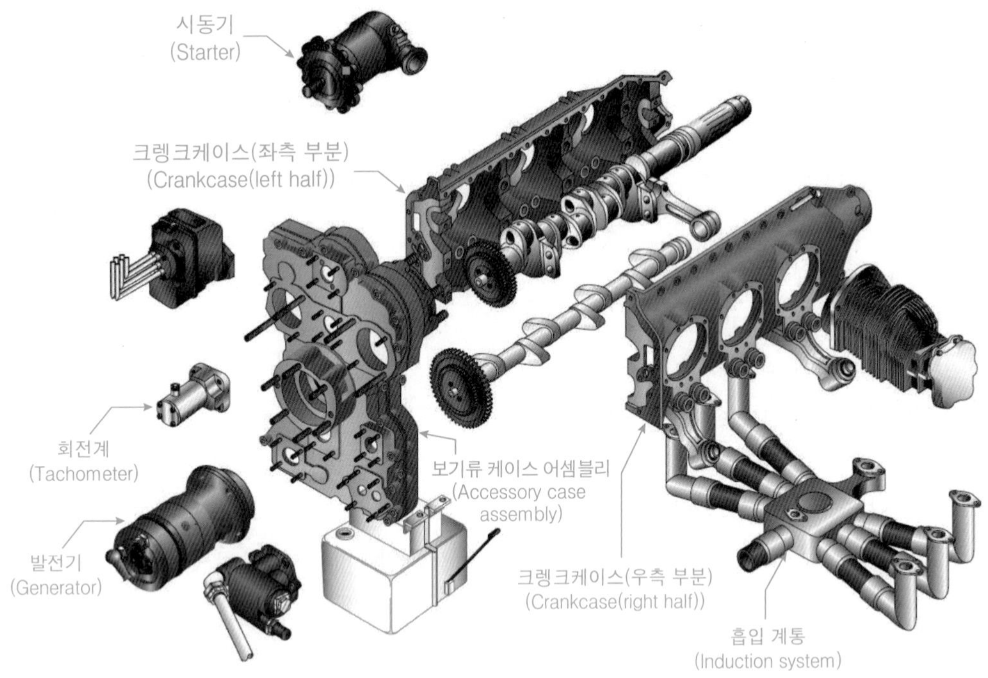

[그림 4-19 대향형 기관의 구성품]

2. 성형기관의 크랭크케이스

① 전방부(Nose section)

전방부는 알루미늄 합금으로 만들어져 있으며, 종 모양(Bell-shaped)으로 되어 있고, 스터드, 너트 또는 캠 나사(Cam screw)로 출력부에 장착되어 있다. 이 부분에는 프로펠러 추력 베어링(Thrust bearing), 프로펠러 조속기(Governor) 구동축, 프로펠러 감속 기어(Propeller reduction gear) 장치, 오일 소기 펌프(Scavenge pump), 캠 링, 마그네토 등이 장착된다. 여기에 마그네토를 설치한 것은 보기부보다 냉각이 잘되기 때문이다.

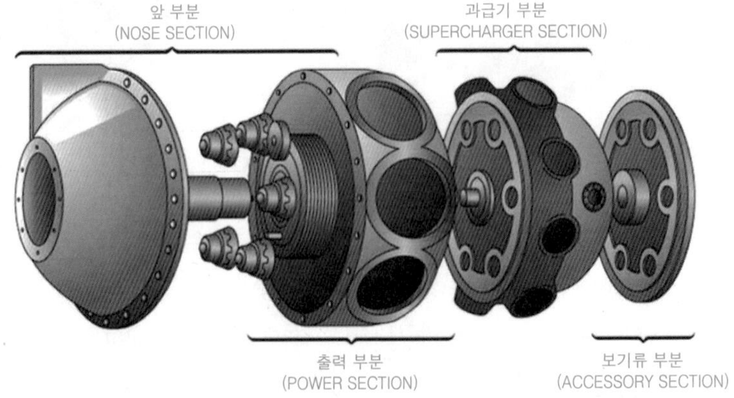

[그림 4-20 성형기관의 크랭크케이스]

② 출력부(Power section)

출력부는 열처리된 고강도 알루미늄 합금으로 되어 있다. 캠 작동 기구가 이 부분에 지지되어 있고, 중앙에 크랭크축 베어링 지지부가 있다. 실린더 장착 패드는 출력부의 원주 주위에 방사형으로 위치하고 오일 실(Seal)은 전방 크랭크케이스와 출력 크랭크케이스 사이에 있으며, 출력부와 연료 흡입·분배부 사이에도 있다.

③ 연료 흡입·분배부(과급기부 : Supercharger section)

연료 흡입·분배부는 주요 기능이 과급기 임펠러와 디퓨저 베인의 틀이기 때문에 과급기부라고도 부르며, 일반적으로 출력부 바로 뒤에 위치하고 있다.

④ 보기부(후방부)(Accessory(Rear) section)

보기부에는 연료 펌프, 진공 펌프, 오일 펌프, 회전계 발전기, 발전기, 마그네토, 시동기, 오일 필터 등 기타 부속 보기를 장착할 수 있는 장착 패드가 있으며, 기관 동력에 의해 작동되는 보기들을 구동하기 위한 기어가 있다.

보충학습 **프로펠러 감속기어(Propeller reduction gear)**

기관에서 나오는 제동 마력은 크랭크축 회전수를 변화시키므로 고마력으로 작동할 경우 프로펠러 회전수가 증가하여 프로펠러 끝의 속도가 음속에 도달하는 순간 프로펠러의 효율은 갑자기 떨어지게 된다. 그러므로 고마력으로 작동하는 기관은 효율적이 작동을 위해 프로펠러의 회전수를 제한하는 감속기어가 필요하다. 프로펠러의 감속기어는 주로 유성 기어식(Planetary gear type) 감속기어를 많이 사용하고 있다.

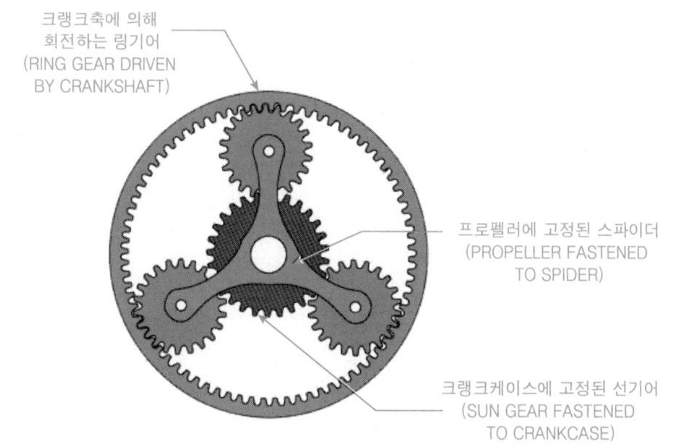

[그림 4-21 유성 기어식 프로펠러 감속기어 장치]

2. 크랭크축(Crank shaft)

크랭크축은 피스톤과 커넥팅 로드의 왕복 운동을, 프로펠러를 회전시키기 위한 회전 운동으로 전환시키는 일을 한다. 크랭크축은 내연 기관에서 중추 역할을 하고 있으므로 강한 합금강인 크롬-니켈-몰리브덴강(SAE 4340)으로 제작되어 있으며, 주요 부품은 다음과 같다.

1. 주 저널(Main journal)

주 저널은 주 베어링이 장착되는 곳이고, 크랭크축의 회전 중심이며, 정상 작동 하에서 크랭크축을 곧바르게 유지하게 해 준다. 주 저널은 마모를 줄이기 위해서 0.015″~0.025″의 두께로 질화물 처리(Nitriding)를 하여 표면을 경화 시킨다. 모든 항공기 엔진의 크랭크축은 기관 출력부의 회전 구성품 무게와 작동 하중을 견디기 위해 2개 이상의 주 저널을 갖추고 있다.

2. 크랭크 핀(Crank pin)

크랭크 핀은 커넥팅 로드 베어링을 위한 저널이기 때문에 커넥팅 로드 베어링 저널이라고도 한다. 또한 무게를 감소시키고 윤활유의 통로 역할을 하며, 불순물질(Sludge)의 저장소(Chamber) 역할도 할 수 있도록 속이 비어 있는(Hollow) 형태의 것으로 만든다.

3. 크랭크 암(Crank arm)

크랭크 암은 크랭크 핀을 주 저널에 연결시켜 주는 크랭크축의 한 부분으로 일명 크랭크 칙(Cheek)이라고도 부른다. 일부 기관에서 크랭크 칙은 주 저널 너머까지 뻗어 있는데, 이것은 크랭크축의 평형을 유지하는 데 사용되는 균형추를 매달기 위해서이다. 크랭크 칙에는 윤활유가 주 저널로부터 크랭크 핀까지 공급되게 하는 오일 통로가 있다.

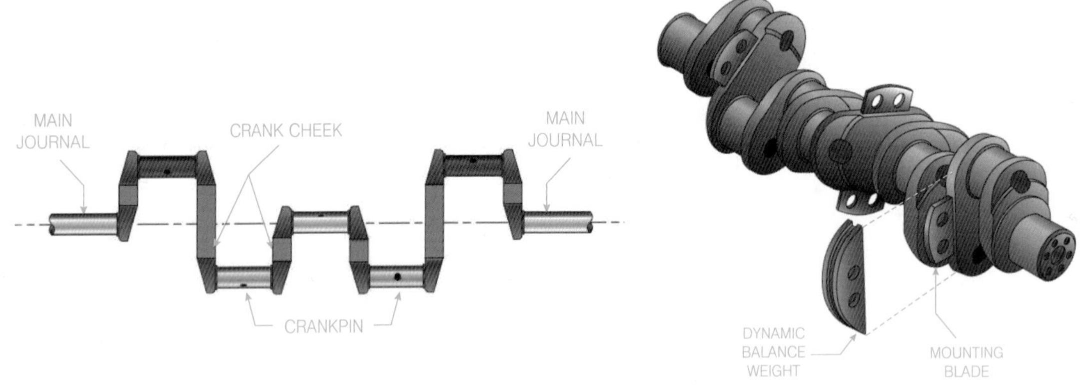

[그림 4-22 크랭크축의 구성]

4. 균형추(counterweight)와 다이나믹 댐퍼(Dynamic damper)

균형추의 목적은 크랭크축에 정적 평형(Static balance)을 주기 위한 것이다. 만일 크랭크축이 복렬(Two throw) 이상이라면 서로 균형이 잡히기 때문에 균형추가 필요 없다. 1열 성형기관에 사용되는 단열(Single throw) 크랭크축에 부착되는 피스톤과 커넥팅 로드의 무게를 상쇄시켜 균형을 맞추어야 하므로 그림 4-22와 같은 균형추가 장착된다.

다이나믹 댐퍼는 크랭크축에 동적 평형을 주기 위한 균형추에 장착된 일종의 진자형 추로서 크랭크축의 회전으로 발생되는 비틀림 진동을 줄여 준다. 동력 임펄스의 주기와 크랭크축의 자연 진동 주파수가 일치하게 되면 심한 진동이 일어나게 된다. 그래서 다이나믹 댐퍼는 피스톤의 동력 임펄스(Power impulse)에 의해 발생하는 힘을 줄여 주기 위해 필요하다.

다이나믹 댐퍼의 동적 균형 작동원리는 그림 4-23에서 보여 주고 있는데, (a)와 같이 송풍기로부터 진자에 주기적으로 바람을 보내면, 진자는 진동하기 시작하여 바람을 보내는 동안은 진동을 계속하게 된다. 그런데(b)에서는 그 아래로 늘어 뜨려진 또 하나의 진자가 임펄스를 흡수하여 흔들리게 되므로 위에 위치한 진자는 움직이지 않게 된다. 이 때, 다이나믹 댐퍼는 아래로 늘어뜨려진, 그림 4-23 동적 균형 작동 원리 진자와 같은 역할을 하는 것이다.

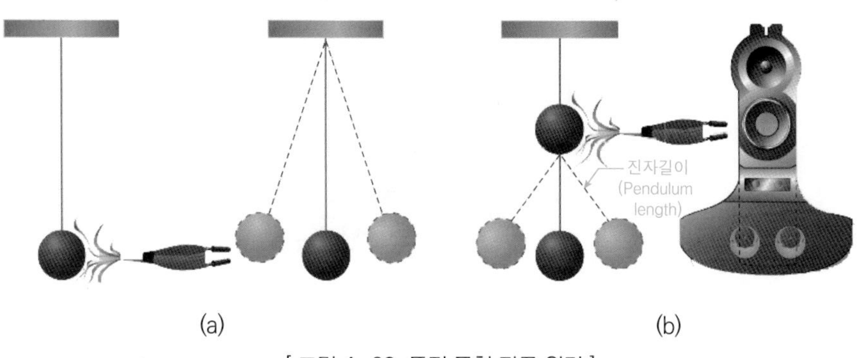

[그림 4-23 동적 균형 작동 원리]

3. 커넥팅 로드(Connecting rod)

커넥팅 로드는 기관의 피스톤과 크랭크축 사이에 힘을 전달하는 링크(Link)이다. 즉, 프로펠러를 구동하기 위하여 피스톤의 왕복 운동을 크랭크축의 회전 운동으로 바꾸어주는 것이다. 커넥팅 로드의 재료로는 강합금(SAE 4340)을 많이 사용하나, 저출력용으로는 알루미늄 합금을 사용하기도 한다.

커넥팅 로드의 단면은 Ⅱ자 모양이나 I자 모양이 보통이나, 튜브형 단면도 있다. 크랭크축에 연결된 로드의 단부(End)를 대단부(Large end) 또는 크랭크핀 단부라고 하고, 피스톤 핀에 연결된 단부를 소단부(Small end) 또는 피스톤 핀 단부라고 한다. 커넥팅로드의 대표적인 3가지 형식은 다음과 같다.

1. 평형(Plain type) 커넥팅 로드

평형 커넥팅 로드는 그림 4-24와 같으며, 직렬형 기관이나 대향형 기관에 사용 된다. 로드의 소단부에는 피스톤 핀에 베어링 역할을 하는 청동 부싱이 장착되며, 대단부에는 캡(Cap)이 씌워진 두 조각의 셸(Shell) 베어링이 장착된다.

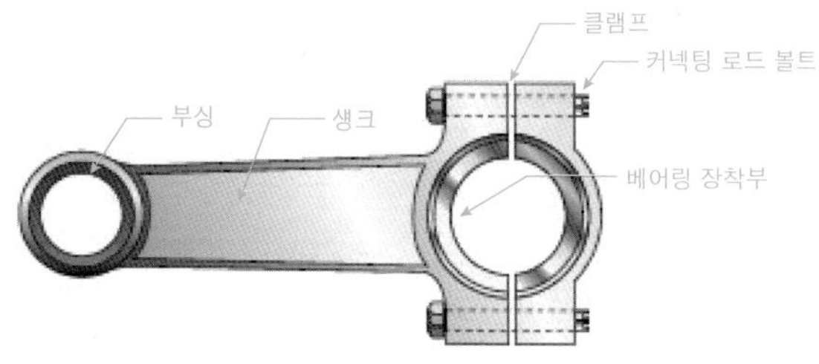

[그림 4-24 평형 커넥팅 로드]

커넥팅 로드와 캠에는 기관 내에서의 위치를 표시하기 위한 숫자가 찍혀 있는데, 즉 1번 실린더에 대한 로드에는 1, 2번 실린더에 대한 로드에는 2라고 표시되어 있다.

2. 포크와 블레이드(Fork and blade) 커넥팅로드

포크와 블레이드 커넥팅 로드는 그림 4-25와 같으며, 일반적으로 V형 기관에 사용된다. 포크 로드의 대단부와 블레이드 로드의 대단부는 겹쳐 있으며, 베어링이 공유되어 있다.

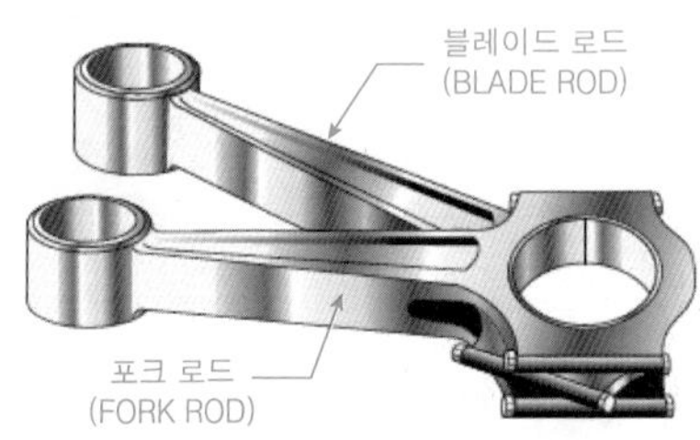

[그림 4-25 포크와 블레이드 커넥팅로드]

3. 마스터와 아티큘레이터(Master and articulated) 커넥팅 로드

마스터와 아티큘레이터 커넥팅 로드는 주로 성형기관에 사용된다.

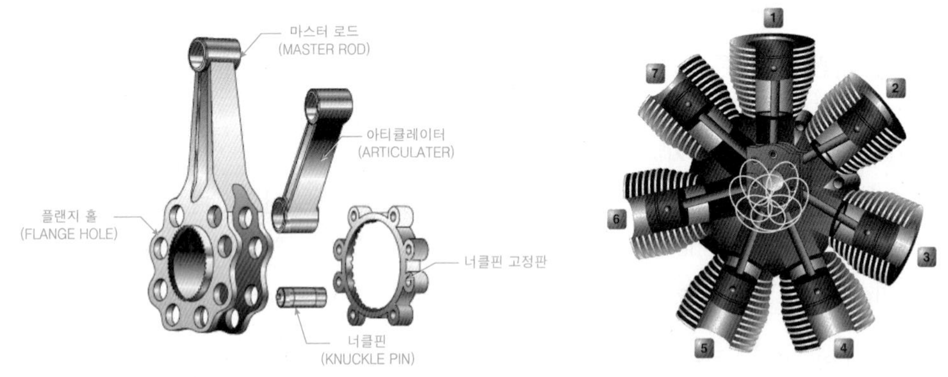

[그림 4-26 마스터와 아티큘레이터 커넥팅 로드 어셈블리]

그림 4-26에서는 7기통 성형기관에 대한 마스터와 아티큘테이터 커넥팅로드를 보여 주고 있으며, 마스터 로드는 큰 응력을 받으므로 그에 견딜 수 있는 합금강으로 만들어진다. 아티큘레이터 혹은 링크 로드는 너클 핀(Knuckle pin)으로 마스터 로드 플랜지에 장착되어 있는데, 각 아티큘레이터 로드에는 보통 비철 금속인 청동 부싱을 가지고 있다.

4. 실린더(Cylinder)

실린더는 연료의 화학적인 열에너지를 기계적인 에너지로 전환시켜 피스톤과 커넥팅 로드를 통하여 크랭크축을 회전하게 한다. 실린더의 구조는 그림 4-27과 같으며, 실린더 배럴(Cylinder barrel)과 실린더 헤드(Cylinder head) 등으로 구성 되어 있다.

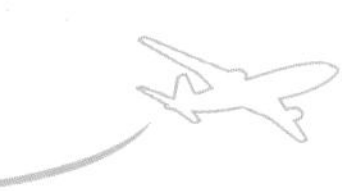

[그림 4-27 실린더 구조]

실린더의 구비조건은 다음과 같다.

① 강도는 기관이 최대 설계 하중으로 작동할 때 발생하는 온도에서 실린더가 운용될 때 생성되는 내부 압력에 견딜 수 있어야 한다.

② 중량이 가벼워야 한다.

③ 열전도성이 우수해야 하며, 냉각이 효율적으로 이루어져야 한다.

④ 설계가 쉽고, 제작, 검사 및 정비의 비용이 저렴하여야 한다.

1. 실린더 배럴(Cylinder barrel)

실린더 배럴은 그 내부에서 피스톤이 왕복 운동을 하고 고온에 견디어야 하므로 고강도 강합금으로 만들어져야 하며, 가능한 한 가벼워야 한다. 그래서 보통 크롬 몰리브덴강으로 만들어진다. 실린더 배럴의 내부 표면은 연마(Hone)되어 있어 윤활유가 잘 부착되어 피스톤 링이 원활하게 움직일 수 있도록 되어야 한다. 또, 표면이 잘 마멸 되지 않게 질화물 처리(Nitriding) 방법이나 크롬 도금(Chrome plating) 방법으로 표면을 경화하기도 한다. 질화물 처리 방법은, 배럴의 온도를 975[℉](523[℃])에 유지시키고, 40시간 이상 암모니아 가스에 노출시킴으로써 배럴 표면에 질소가 침투하여 표면을 경화시키는 방법이다. 크롬도금 방법은 일종의 전기 도금으로 질화물 처리와 비교하면 부식과 녹에 강한 것이 장점이다.

2. 실린더 헤드(Cylinder head)

실린더 헤드는 실린더 배럴 위에 있으며, 여기에는 흡, 배기 밸브, 밸브 가이드, 밸브 시트가 있고, 밸브 로커 암이 장착되는 로커축이 있다. 실린더 헤드는 보통 고강도이며 경량인 주물로 된 알루미늄 합금으로 제작된다. 알루미늄 합금의 단점의 하나는 강철보다 열팽창 계수가 상당히 크다는 것이다. 실린더 헤드의 냉각핀은 냉각 효율이 가장 좋도록 외부가 주물로 되어있거나 기계 가공된다. 흡입 통로와 흡입 밸브 주위에는 실린더로 들어오는 혼합기가 열을 흡수하기 때문에 일반적으로 냉각핀(Cooling fin)이 없다. 그러므로 실린더 헤드에서 냉각핀이 없는 쪽이 흡입 쪽인 것을 쉽게 알 수 있다.

실린더 배럴을 실린더 헤드에 접합하는 방법은 다음과 같다.

① 나사 접합(Threaded joint)
② 수축 접합(Shrink fit)
③ 스터드와 너트 접합(Stud and nut joint)

[그림 4-28 나사 접합, 종통형 실린더, 캠 그라운드 피스톤]

보충학습 **왕복 엔진에서 열팽창을 고려한 개념**

- Choke bored cylinder : 종통형 실린더
- Piston clearance : 피스톤 간격
- Cam ground piston : 캠 그라운드 피스톤
- End(side) clearance(Piston ring) : 끝(옆) 간격

5. 피스톤(Piston)

피스톤은 실린더 내부의 팽창 가스의 힘을 커넥팅 로드를 통하여 크랭크축에 전달한다. 기관의 수명을 최대로 하기 위하여 피스톤은 높은 온도와 압력에 견딜 수 있어야 할 뿐만 아니라 무게도 가볍고, 열전도성이 높으며, 베어링 특성이 우수해야 하기 때문에 알루미늄 합금이 재료로 사용된다.

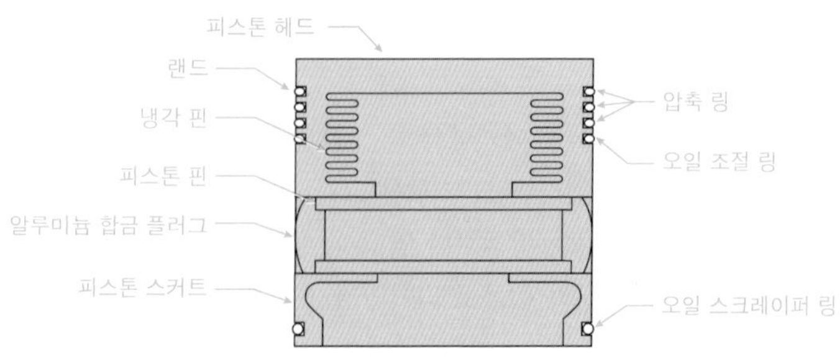

[그림 4-29 피스톤의 단면]

그림 4-29는 대표적인 피스톤의 단면을 보여 준다.

피스톤 헤드의 아래쪽에는 리브(Ribs)가 있는데, 이 부분에 분사된 윤활유의 접촉면을 최대로 하여 피스톤의 열의 일부를 흡수하도록 함으로써 피스톤이 냉각되도록 한다. 피스톤 바깥 면에는 그림 4-30과 같이 피스톤 링을 유지하도록 홈(Groove)이 기계 가공되어 있으며, 홈과 홈 사이를 랜드(Land)라고 한다. 홈은 치수가 정확해야 하며, 피스톤과 중심이 같아야 한다.

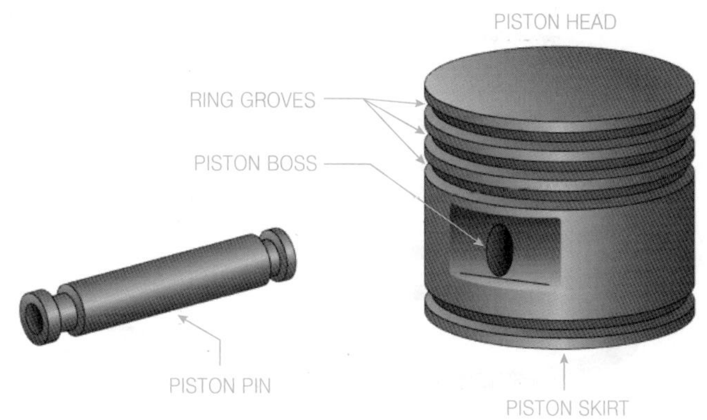

[그림 4-30 피스톤 구조]

1. 피스톤의 형식

피스톤은 그림 4-31에서와 같이 사용된 헤드 모양에 따라 다음과 같이 분류된다.

① 평형(Flat)
② 오목형(Recessed)
③ 컵형(Cup, concave)
④ 볼록형(Dome, convex)
⑤ 모서리 잘린 원뿔형(Truncated cone)

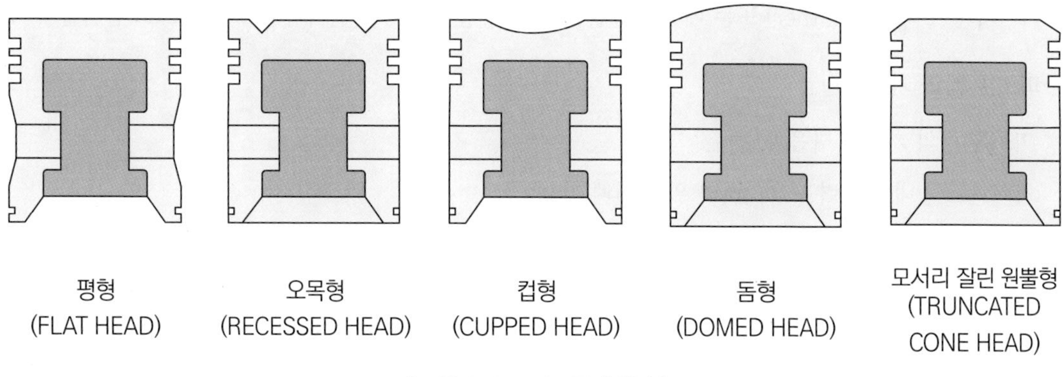

[그림 4-31 피스톤의 형식]

피스톤의 헤드 형식 중에서 현재 가장 많이 사용되고 있는 형식은 평형이다. 동일한 기관이라도 어떤 피스톤을 사용하느냐에 따라 출력이 달라질 수가 있다. 즉, 볼록형 피스톤을 사용하면 다른 형식의 피스톤을 사용하는 기관보다 압축비와 제동 평균 유효 압력이 증가한다.

2. 피스톤 링(Piston ring)의 구조

피스톤 링은 실린더 벽에 대해 압력을 지속적으로 유지할 수 있도록 스프링과 같은 작용을 하는데, 보통 고급 회주철로 제작된다. 이러한 고급 회주철 링은 높은 온도에 접하더라도 탄성을 잃지 않는다.
그리고 링의 마멸을 줄이기 위하여 표면에 크롬으로 도금을 하기도 하는데, 크롬 도금을 한 링은 크롬 도금을 한 실린더에는 사용할 수 없다.

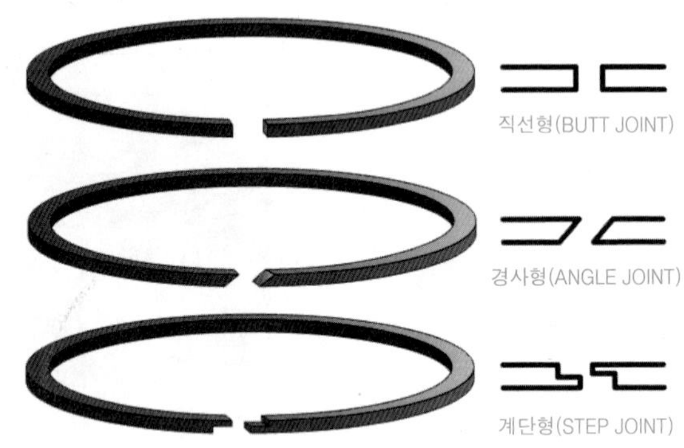

[그림 4-32 피스톤 링 조인트]

피스톤 링 끝부분은 그림4 - 43과 같은 것이 있으며, 현재 항공기 엔진에 가장 많이 사용하는 것은 직선형(Butt joint)이다. 피스톤 링이 실린더에 장착될 때에는 조인트 사이에 정해진 끝 간극(End clearance)이 있어야 하는데, 그 이유는 기관이 작동하는 동안 링의 열팽창을 고려한 것이다. 만일 이 간극이 없으면, 피스톤 링이 실린더 벽에 고착되어서 실린더를 긁게 되어 기관 손상의 원인이 되기 때문이다.
또, 홈에서 링이 자유롭게 움직이고 링 뒤로 오일이 잘 흐르도록 하기 위하여 피스톤 링의 옆 간극(Side clearance)을 주는 것이 필요하다. 피스톤 링의 조인트는 크랭크케이스 속으로 누설되는 가스를 방지하기 위하여 피스톤 원주에 엇갈리게, 즉 360°를 피스톤 링 수로 나눈 각도로 장착된다. 만일 가스가 누설될 경우, 기관 브리더(Breather) 또는 배기로 윤활유가 타서 생기는 청색 연기가 나오는 것으로 감지할 수 있다.

3. 피스톤 링의 기능

피스톤 링의 기능은 다음과 같다.

① 연소실 내의 압력을 유지하기 위한 밀폐 기능
② 실린더 벽에 공급되는 윤활유의 양을 조절하고, 윤활유가 연소실로 들어가는 것을 방지하는 기능
③ 피스톤으로부터 실린더 벽으로 열을 전도하는 기능

4. 피스톤 링의 형식

피스톤 링은 기능에 따라 그림 4-33과 같이 압축 링(Compression ring)과 오일 링(Oil ring)으로 나눈다. 압축 링은 기관 작동시 가스가 피스톤을 지나 누설되는 것을 방지하기 위한 것이다. 압축 링의 수는 기관 설계자에 의해 결정되는데, 대부분의 항공기 엔진은 피스톤당 2개 또는 3개의 압축 링으로 되어 있다.

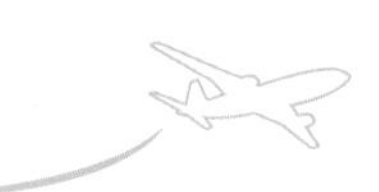

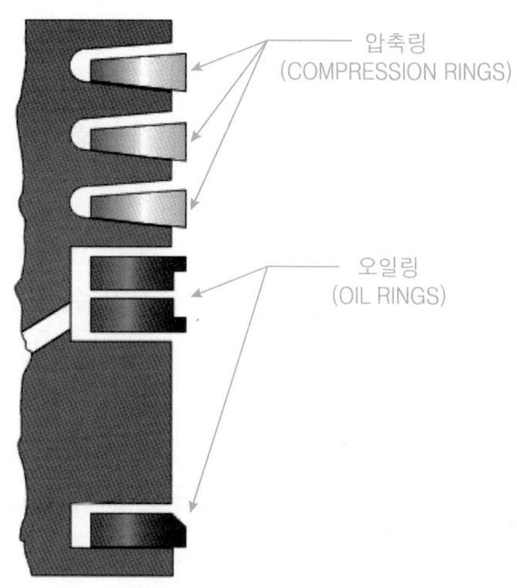

[그림 4-33 피스톤 링의 형식]

압축 링의 단면에는 그림 4-34와 같이 직사각형, 테이퍼형, 쐐기형이 있다. 그 중에서 특히 쐐기형은 링과 홈 사이에 고착되는 것을 방지하는 자기 청정(Self cleaning) 작용을 한다.

[그림 4-34 압축 링의 단면]

오일 링의 주목적은 실린더 벽에 공급되는 윤활유의 양을 조절하고, 윤활유가 연소실로 들어가는 것을 방지하는 것이다. 오일 링의 두 가지 형식에는 오일 조절 링(Oil control ring)과 오일 와이퍼(Oil wiper) 또는 스크레이퍼 링(Scraper ring)이 있다. 오일 조절 링은 압축 링 바로 밑 홈에 장착되어 있으며, 일반적으로 피스톤에 1개의 오일 조절 링이 장착된다. 오일 조절 링은 실린더 벽에 유막의 두께를 조절하는 역할을 한다. 오일 조절 링의 홈은 피스톤 안쪽으로 구멍이 있어서 여분의 오일을 내보낸다. 이 구멍을 통하여 흐르는 오일은 피스톤 핀의 윤활을 도와준다.

오일 와이퍼 링은 피스톤 스커트에 장착되어 있어서 피스톤의 매 행정마다 피스톤 스커트와 실린더 벽 사이에 흐르는 오일의 양을 조절한다. 링의 단면은 보통 경사진 모서리형(Beveled edge)으로 되어있다.

경사진 모서리가 피스톤 헤드 쪽을 향해 있다면 링은 오일을 크랭크 케이스로 닦아 내고, 경사진 모서리가 피스톤 헤드 반대쪽을 향해 있다면 링은 오일을 피스톤과 실린더 벽 사이로 공급하는 펌프 같은 작용을 한다.

5. 피스톤 핀(Piston pin)

피스톤 핀은 피스톤을 커넥팅 로드에 연결하는 데 사용되는데, 재질이 강철로 되어 있으며 가볍게 하기 위하여 속은 비어 있고, 마멸을 막기 위하여 표면 경화나 전체 경화가 되어 있다. 피스톤 핀은 고정식, 반부동식, 전부동식(Full floating type)으로 분류한다. 고정식은 피스톤 핀이 어떤 방향으로도 움직일 수 없는 것이고, 반부동식은 피스톤 핀이 핀 보스에서는 자유롭게 움직이나 커넥팅 로드에서는 핀에 고정되어 있는 것이며, 전부동식은 피스톤 핀이 핀 보스에서 자유롭게 움직일 수 있고 커넥팅 로드도 피스톤 핀에서 자유롭게 움직일 수 있는 것이다. 현재 대부분의 항공기 엔진 에는 전부동식이 사용되고 있다.

6. 피스톤 핀 리테이너(Retainer)

피스톤 핀 리테이너는 그림 4-35와 같이 피스톤 핀 끝이 실린더 벽에 접촉하는 것을 방지하는 장치이다. 피스톤 핀 리테이너에는 반지형, 스프링 링, 비철 금속 플러그가 있는데, 반지형은 피스톤 보스의 바깥쪽 끝 홈에 꼭 끼워지고, 스프링 링은 피스톤 핀이 움직이지 못하도록 피스톤 보스의 바깥쪽 끝에 있는 원형 홈에 꼭 맞게 끼워지는 원형강 스프링 코일이다. 비철 금속 플러그는 보통 알루미늄 합금으로 만들어지며, 피스톤 핀 플러그라고도 불리는데, 항공기 왕복 엔진에 가장 많이 사용되고 있다.

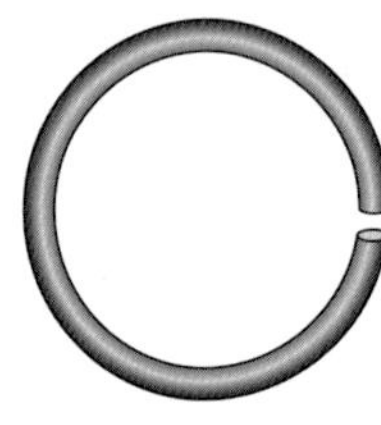

반지형(Circlet)

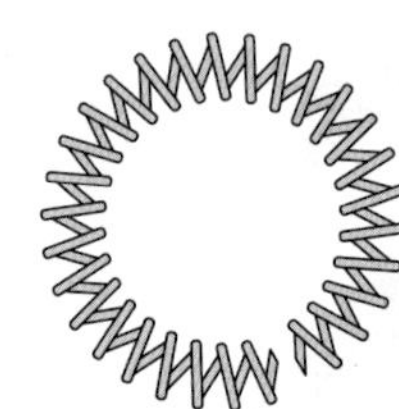

스프링 링(Spring ring)

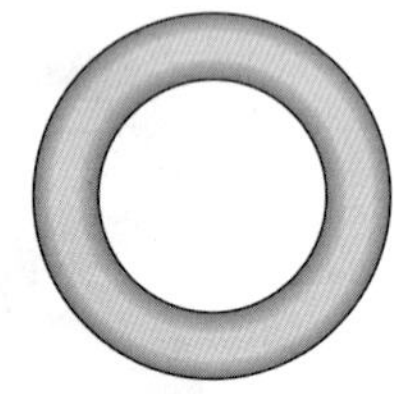

알루미늄 플러그(Aluminum plug)

[그림 4-35 피스톤 핀 리테이너]

6. 밸브와 구성품

밸브는 연소실의 문을 열고 닫는 역할을 하는데, 각 실린더에는 적어도 하나씩의 흡입 밸브와 배기밸브가 설치되나, 일부 고출력 액랭식 기관에는 각 실린더당 2개씩의 흡입 밸브와 배기 밸브가 설치되어 있는 경우도 있다. 포핏형 밸브는 밸브가 튀기(Pop) 때문에 '포핏(Poppet)형' 밸브라고 불린다. 이 밸브는 그림 4-36과 같이 밸브 헤드의 모양을 따라서 다음과 같은 네 가지로 구분한다.

- 평두형 밸브(Flat head valve)
- 반튤립형 밸브(Semi-tulip head valve)
- 튤립형 밸브(Tulip head valve)
- 버섯형 밸브(Mushroom head valve)

흡입 밸브는 배기 밸브보다 저온에서 작동하기 때문에 흡입 밸브는 크롬 니켈강으로 제작되나, 배기 밸브는 더 높은 온도에서 견딜수 있는 니크롬, 실크롬, 코발트 크롬강으로 제작된다.

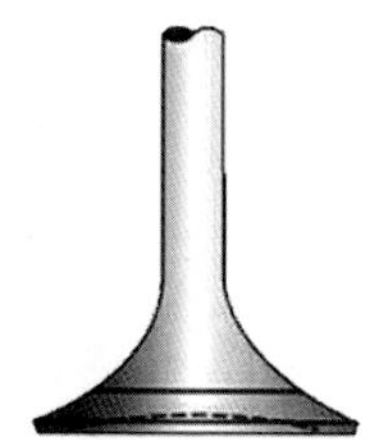

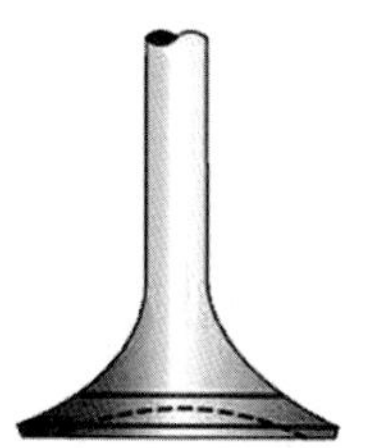

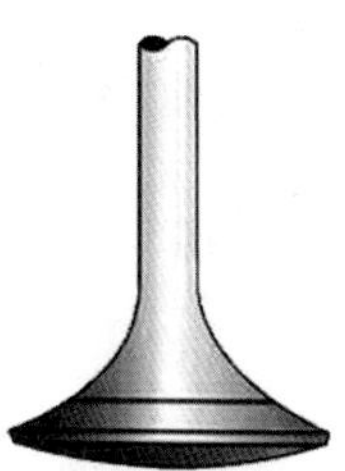

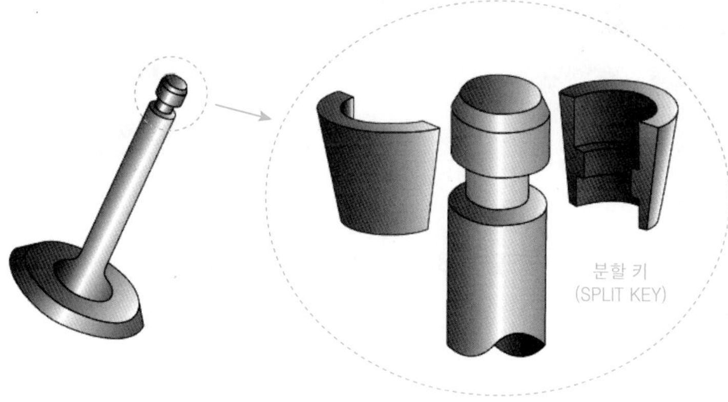

[그림 4-36 밸브의 형식]

1. 배기 밸브(Exhaust valve)

배기 밸브는 고온에서 작동하며, 혼합기의 냉각 효과를 받지 못하므로 신속히 열을 방출하게 설계되어 있다. 밸브의 면(Face)은 보통30° 또는 45° 각도로 연마된다. 일부 기관에는 흡입 밸브 면이 30°의 각도로 되어 있고, 배기 밸브 면은 45°로 되어 있는데, 30° 각은 공기 흐름을 잘하게 하고, 45° 각은 밸브에서 밸브 시트로 열의 흐름이 잘되게 한다.

고성능 배기 밸브의 면은 그림 4-37(좌측)과 같이 스텔라이트(Stellite)라고 부르는 재질로 약 $\frac{1}{16''}$ 를 입힘으로써 더 강하게 만든다. 밸브 스템 팁도 밸브를 개폐하는 로커 암의 충격을 계속 받기 때문에 마멸이 잘 일어나지 않도록 하기 위하여 고탄소강 또는 스텔라이트로 제작된다.
고출력 기관인 경우, 그림 4-37(우측)과 같이 열을 방출시키기 위하여 밸브 스템과 버섯형 헤드 속을 비게 하여 빈 공간 속에 금속 나트륨(Metalic sodium)을 채워 넣는다. 이 금속 나트륨은 200[℉](93.3[℃]) 이상에서 녹아서 스템의 공간을 왕복하면서 열을 밸브 가이드를 통하여 실린더 헤드로 방출시킨다.

2. 흡입 밸브(Intake valve)

흡입 밸브는 혼합기에 의해 냉각되기 때문에 특별한 냉각 밸브가 요구되지 않는다. 저출력 기관의 흡입 밸브는 평두형이 많이 사용되며, 고출력 기관에서는 헤드에 응력을 줄이기 위하여 튤립형이 많이 사용된다.

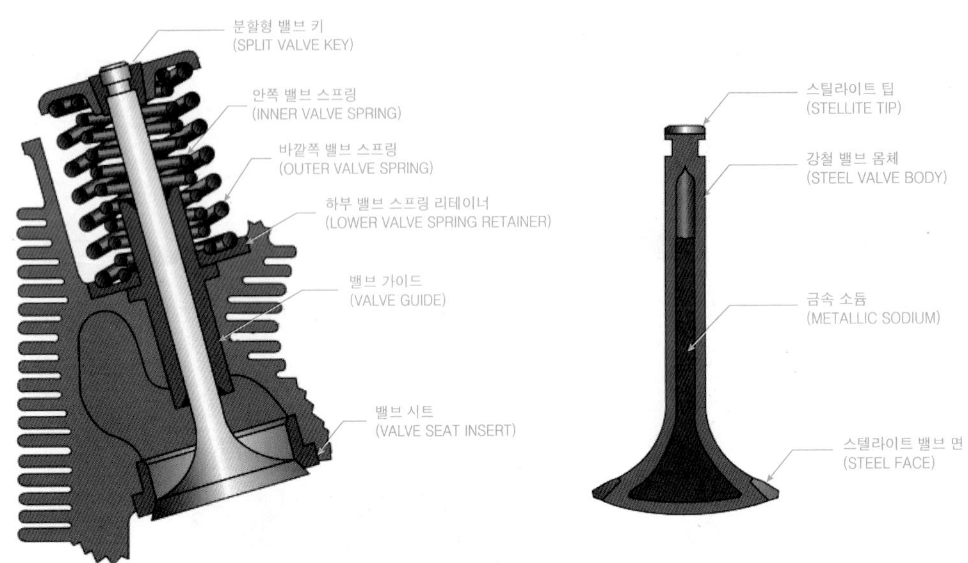

[그림 4-37 밸브의 구조와 냉각 밸브]

3. 밸브 가이드(Valve guide)

그림 4-37(좌측)에서 보여 주는 것과 같이 밸브 가이드는 밸브 스템(Valve stem)을 지지하고 안내(Guide)하는 것이다. 밸브 가이드는 과도한 가열 조건하 에서도 밀폐가 될 수 있도록 0.001~0.0025[in] 억지 끼워 맞춤(Tight fit)인 수축 접합을 해야 하며, 알루미늄 청동, 주석 청동 또는 강철로 제작된다.

4. 밸브 시트(Valve seat)

밸브 시트는 밸브 개폐시 밸브가 위치하는 곳에 청동이나 강으로 제작되어 있는데, 이는 실린더 헤드가 알루미늄 합금으로 되어 있어서 밸브 개폐시의 충격에 잘 견디지 못하기 때문이다.

5. 밸브 스프링(Valve spring)

밸브 스프링은 헬리컬 코일 스프링(Helical-coil spring) 모양으로 되어 있는데, 이것에 의하여 밸브가 닫힌다. 이 스프링은 2개 또는 그 이상의 스프링으로 구성 되며 밸브 스템 위에 장착된다.

밸브 스프링은 밸브 스프링 리테이너에 의하여 고정되어 있다. 그리고 밸브 스프링 리테이너는 특수한 와셔 모양을 한 강으로 만들어져 있고, 상부와 하부에 각 하나씩 있어서 이들을 상부와 하부 밸브 스프링 시트라고도 부르는데, 그 중에서 상부는 스플릿 스템 키(Split stem key)에 의해 고정되어 있다.

하나의 스프링만 밸브에 장착된다면, 스프링의 고유 진동 주파수로 인하여 밸브에 서지(Surge)나 튐(Bounce)현상이 발생하게 된다. 그러나 지름과 피치가 다른 2개 이상의 스프링을 장착하게 되면, 서로 다른 고유 주파수를 갖기 때문에 기관 작동시 스프링 서지나 튐 현상을 급속하게 완충시켜 주고, 또 열이나 금속 피로로 인해 부러질 때 생기는 손상을 줄여 준다.

7. 밸브 작동 기구(Valve operating mechanism)

밸브 작동 기구는 밸브의 개폐 시기를 조절하는 것이다. 오늘날 일반적으로 사용 되는 밸브 작동 기구의 두 가지 형식은 수평 대향형 기관에 사용되는 형식과 성형기관에 사용되는 형식이다. 그런데 밸브 작동 기구에 위의 두 기관 모두 오버헤드(Overhead) 밸브가 사용된다.

1. 밸브 기구의 구성품

- 캠(Cam) : 밸브 리프팅(Lifting)기구를 작동시키는 장치이다.
- 밸브 리프터 또는 태핏(Valve lifter or tappet) : 캠의 힘을 푸시로드(Pushrod)로 전달하는 장치이다.
- 푸시로드(Pushrod) : 밸브 리프터의 움직임을 전달하는 로드 또는 튜브로서, 밸브 리프터와 로커 암 사이에 위치하며 강철이나 알루미늄 합금으로 만들어져 있다.
- 로커 암(Rocker arm) : 밸브를 열고 닫게 하며 실린더 헤드에 장착되어 있다. 암의 한쪽 끝은 밸브 스템에 접촉되어 있고, 다른 한쪽 끝은 푸시로드로부터 움직임을 받는다.

2. 대향형 기관의 밸브기구

그림 4-38은 대향형 기관의 간단한 밸브 작동 기구를 보여 준다. 밸브 작용은 캠축 기어와 물려 있는 크랭크축 타이밍 기어로서 시작된다. 즉, 크랭크축이 회전함에 따라 캠축도 회전한다. 그러나 캠축은 크랭크축 회전수의 $\frac{1}{2}$로 회전한다. 이것은 각 사이클당 밸브는 한 번 작동하며, 크랭크축은 사이클당 2회전 하기 때문이다. 캠축의 캠 로브는 유압식 밸브 리프터(Hydraulic valve lifter)를 밀어 올려 캠에 붙어있는 푸시로드를 밀어 올린다. 이 때, 푸시로드에 의해 로커 암의 한쪽 끝이 밀어 올려져서 밸브를 열리게 하고, 그 후 캠축이 계속 회전하여 푸시로드가 내려갈 때 밸브 스프링의 장력은 밸브를 닫히게 한다. 캠 로브의 각 측면에 위치한 램프(Ramp)는 밸브 작동 기구의 개폐시에 발생하는 충격을 완화시키는 역할을 한다.

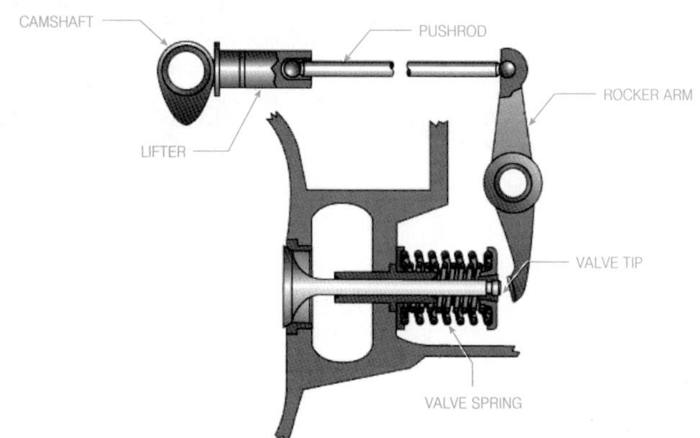

[그림 4-38 대향형 기관의 밸브 작동 기구]

3. 성형기관의 밸브작동 기구

성형기관의 밸브 작동 기구는 실린더 열(Row)의 수에 따라 하나 또는 2개의 캠 판(또는 캠 링)에 의해 작동된다. 1열 성형기관에는 하나의 캠 판에 두 개의 캠 트랙(Double camtrack)이 있는데, 하나는 흡입 밸브를 작동시키고 다른 하나는 배기 밸브를 작동시킨다.

그림 4-39는 성형기관의 강철로 된 캠 링(또는 캠 판)을 보여 주고 있다. 캠 링은 원형으로 되어 있는데, 원의 바깥쪽으로 캠 로브(Cam lobe)가 있다. 크랭크축 속도에 대한 캠판 속도의 공식은 다음과 같다.

$$\text{캠판 속도} = \frac{1}{\text{캠로브의 수} \times 2} \times \text{크랭크축 속도}$$

4. 밸브 간극(Valve clearance)

밸브 간극은 로커 암과 밸브 스템 사이에 조금의 여유 간격을 두는 것으로서 이 간격이 없으면 밸브가 닫힐 때 밸브가 알맞게 닫히지 않는다. 그런 경우 기관이 불규칙적인 작동을 하게 되어 밸브에 손상을 가져온다. 밸브의 냉간 간극(Cold clearance)은 일반적으로 열간 간극(Hot clearance)보다 좁다.

그 이유는 기관의 실린더가 푸시로드보다 열을 더 많이 받아서 푸시로드보다 더 많이 팽창하기 때문이다. 일반적으로 기관의 열간 간극은 0.070[in]이고, 냉간 간극은 0.010[in]이다. 만약, 밸브 간극이 너무 크면 밸브가 늦게 열리고 빨리 닫히게 되어 밸브 오버랩이 줄어들게 되고, 밸브 간극이 너무 작으면 밸브가 빨리 열리고 늦게 닫히게 된다.

그림 4-40과 같이 유압식 밸브 리프터가 장착된 기관의 경우에는 밸브 간극이 '0'으로 자동 조정된다.

[그림 4-39 성형기관의 밸브 작동기구]　[그림 4-40 유압식 밸브 리프터]

8. 베어링(Bearing)

항공기 엔진에 사용되는 베어링은 최소의 마찰과 최대의 내마멸성을 갖출 수 있도록 제작되어야 한다.
베어링은 움직이는 부품의 마찰을 감소시키고, 추력 하중, 방사형 하중 또는 추력과 방사형 하중 둘 모두를 받게 되는데, 추력 하중을 받도록 설계된 것을 추력 베어링(Thrust bearing)이라고 한다.

1. 평형 베어링(Plain bearing)

평형 베어링은 그림 4-41와 같으며, 방사형 하중을 받게 설계되어 있다. 그러나 플랜지(Flange)가 있는 평형 베어링은 대향형 기관의 추력 베어링으로도 자주 사용된다. 평형 베어링은 항공기 엔진의 커넥팅 로드, 크랭크축, 캠축에 사용되고, 그 재료로는 은, 청동 또는 배빗(Babbit) 등이 사용된다.

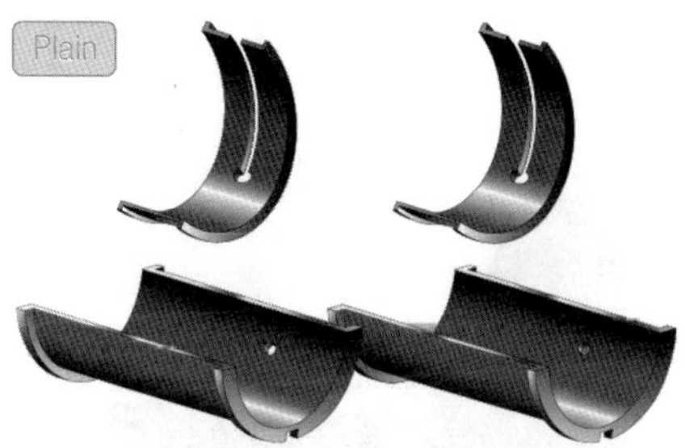

[그림 4-41 평형 베어링]

2. 롤러 베어링(Roller bearing)

그림 4-42(좌측)에서 보여 주고 있는 롤러 베어링은 비마찰 베어링 중의 하나로서, 직선 롤러 베어링은 일반적으로 방사형 하중에 견딜 수 있게 만들어져 있고, 테이퍼(Taper) 롤러 베어링은 방사형 및 추력 하중에 견딜 수 있게 되어 있다. 보통 롤러 베어링은 고출력 항공기 왕복 엔진의 크랭크축을 지지하는 주 베어링으로 사용된다.

[그림 4-42 비마찰 베어링]

3. 볼 베어링(Ball bearing)

그림 4-42(우측) 에서 보여 주고 있는 볼 베어링은 비마찰 베어링의 하나로서 구름 마찰이 가장 적다. 볼 베어링은 내부 레이스, 외부 레이스, 강철 볼, 볼 리테이너(Ball retainer)로 구성되며, 그 중 레이스는 큰 방사형 하중에 견딜 수 있게 볼의 곡면에 맞춰 홈이 파여 있다.

볼 베어링은 보통 대형 성형기관이나 가스터빈 기관의 추력 베어링으로 사용된다. 그래서 방사형 하중뿐만 아니라 큰 추력하중에도 견딜 수 있어야 한다. 또, 소형 볼 베어링은 발전기, 마그네토, 시동기, 기타 보기에 사용되는데, 보기에 있는 많은 베어링들은 미리 윤활되고 밀폐되어 있기 때문에 오버홀 주기 동안 윤활유를 보충하지 않고도 만족스런 기능을 낼 수 있게 제작된다. 또, 베어링 장·탈착시 베어링의 밀폐에 손상을 주지 않기 위해서는 올바른 베어링 풀러(Puller)와 공구를 사용하여야 한다.

9. 프로펠러축(Propeller shaft)

프로펠러축에는 테이퍼축(Taper shaft), 스플라인축(Spline shaft), 플랜지축(Flange shaft)의 세 가지 형식이 있다.

테이퍼 프로펠러축은 그림 4-43과 같으며, 과거에 저출력 왕복 엔진에 주로 사용되었다. 테이퍼 프로펠러축의 키(Key)는 프로펠러위치를 바르게 잡아 주는 역할을 하며, 축의 앞쪽 끝은 나사로 되어 있어서 프로펠러를 고정해 주는 너트로 조여 있다.

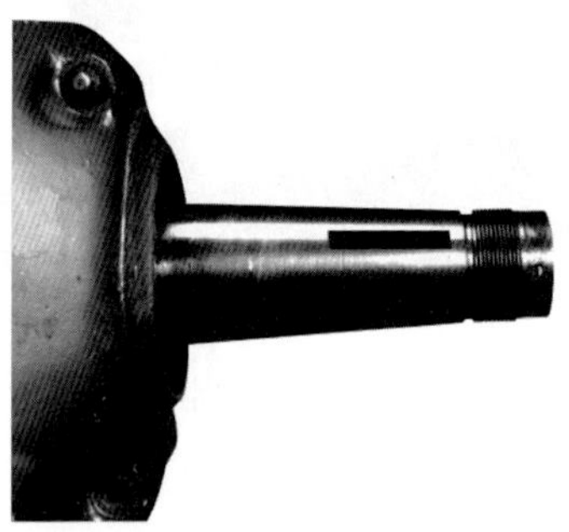

[그림 4-43 테이퍼 프로펠러]

스플라인 프로펠러축은 그림 4-44와 같으며, 고출력 왕복 엔진에 주로 사용되고, 프로펠러를 끼우기 위하여 축에는 직사각형 홈이 파여 있다. 프로펠러의 위치를 바르게 잡아 주기 위하여 프로펠러 허브 내부에 블라인드(Blind) 스플라인이라고 불리는 하나의 넓은 홈이 파여 있다.

플랜지형 축은 그림 4-45와 같으며 출력이 450[hp]까지의 수평 대향형 기관에 많이 사용된다. 프로펠러를 플랜지에 장착시키는 데에는 고강도 볼트 또는 스터드(Stud)가 사용되며, 일정한 응력을 주기 위해 정해진 순서에 따라 알맞은 토크값으로 조이는 것이 중요하다.

[그림 4-44 스플라인 프로펠러축]

[그림 4-45 플랜지 프로펠러축]

10. 흡입 및 배기 계통(Induction and exhaust system)

1. 흡입 계통

왕복 엔진의 흡입 계통은 과급(Supercharged) 또는 비 과급(Non-supercharged) 흡입 계통으로 구분된다.

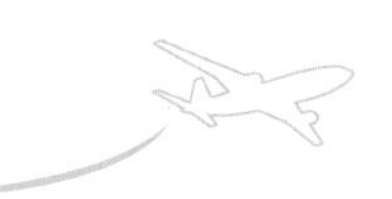

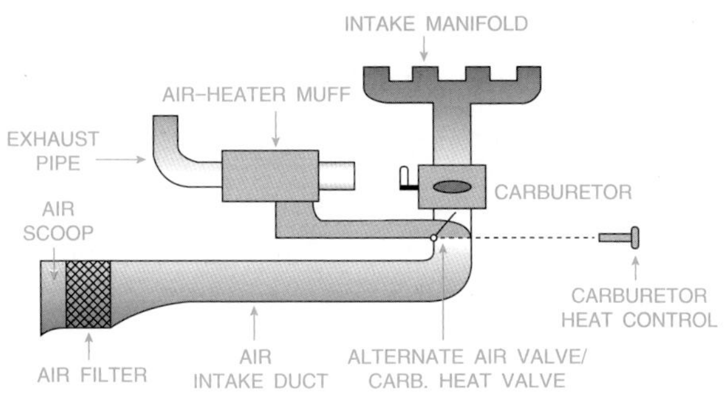

[그림 4-46 비 과급 흡입 계통]

① 비 과급 흡입 계통

비 과급 흡입 계통은 보통 경비행기에 사용되며, 공기 스쿠프(Air scoop), 공기 여과기(Air filter), 알터네이트 공기 밸브(Alternate air valve), 공기 히터 머프(Air heater muff), 기화기(Carburetor), 매니폴드(Manifold) 등으로 구성된다.

공기 스쿠프는 램 공기(Ram air)를 받아들이며, 공기 여과기는 기관으로 들어오는 공기속의 먼지, 마모된 부스러기, 모래 등 이물질을 제거한다. 알터네이트 공기 밸브는 조종석에 있는 기화기 가열 조절 레버(Carburetor heat control lever)에 의해 작동되며 배기가스의 열을 이용하여 기화기 빙결과 물이 생기는 것을 방지하기 위해서 사용된다(Valve open).

그러나 고출력 작동시 가열 공기를 사용하면 디토네이션(Detonation)의 원인이 되고 기관 출력의 감소를 가져올 수 있다.

② 과급 흡입 계통

왕복 엔진 흡입 계통에 사용되는 과급 계통은, 고고도에서 기관 최대 출력을 나오게 하고 이륙시 기관 출력을 높여주는 역할을 하는 과급기(Supercharger)가 기화기와 실린더 흡입구 사이에 위치할 때의 내부 구동식(Internally driven) 과급기와 기화기 흡입구로 압축 공기를 공급하는 외부 구동식(Externally driven) 과급기로 분류된다.

외부 구동식 과급기를 구동하는 동력은 터빈에 작용하는 기관 배기가스의 작동으로부터 얻어지기 때문에 터보 과급기(Turbocharger)라고도 한다.

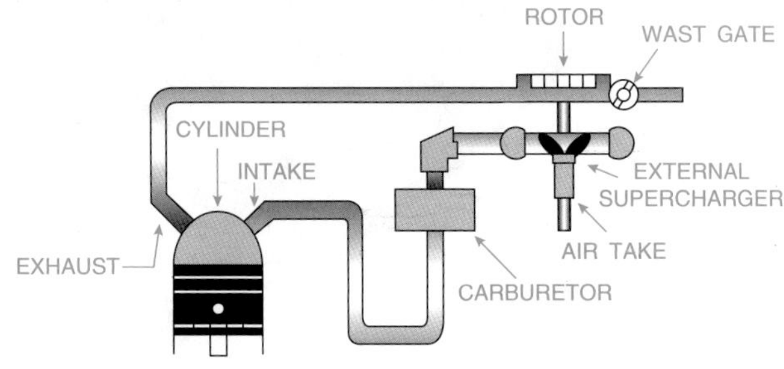

[그림 4-47 과급 흡입 계통]

보충학습 **터보 복합 기관(Turbo compound engine)**

터보 과급기에서 터빈은 기관 출력을 증가시키는 데 간접적으로 사용된다. 가스터빈에 의해 출력을 증가시키기 위한 직접적인 방법은 터보 복합 엔진에서 채택하고 있다. 터보 복합 기관은 PRT(Power Recovery Turbine) 계통이라고도 하며, 이러한 터보 복합 터빈 기관의 사용은 기관 출력 증가에 대단히 효과적인 것으로 알려졌으나 가스터빈 기관이 발전 471이 됨에 따라 그 필요성이 없어졌다.

2. 배기 계통

배기 계통은 기관에서 배출되는 연소 산화물을 안전하고 효율적으로 기관에서 제거해 주는 역할을 하며, 배기 다기관(Exhaust manifold), 열교환기(Heat exchanger), 머플러(Muffler)가 장착되어 있고, 일부 기관에는 터보 차저, 오그멘터(Augmentor) 및 기타 장치가 장착되는 경우도 있다.

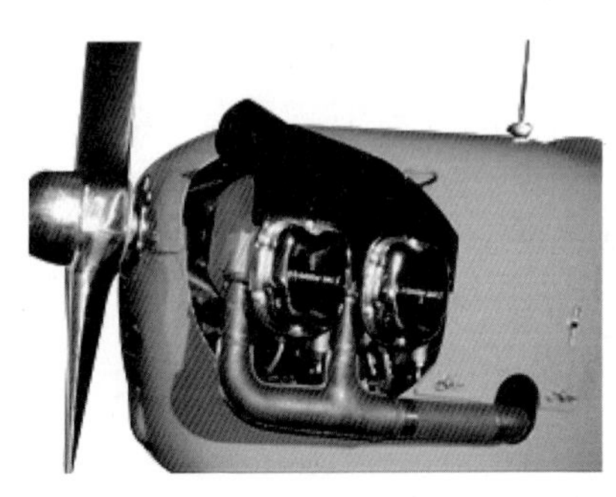

[그림 4-48 수평 대향형 기관의 배기 계통 그림]

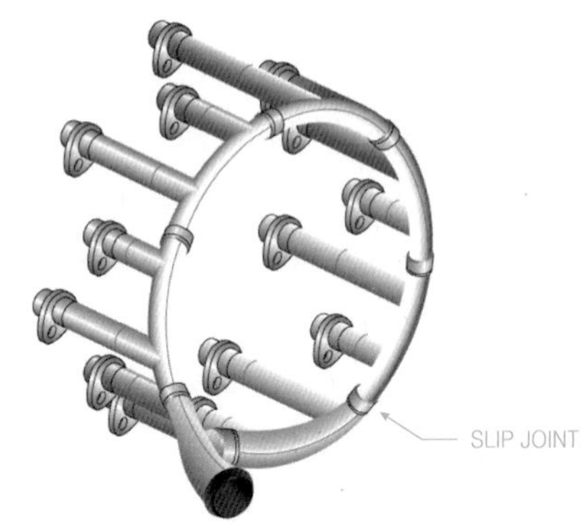

[그림 4-49 성형기관의 collector ring]

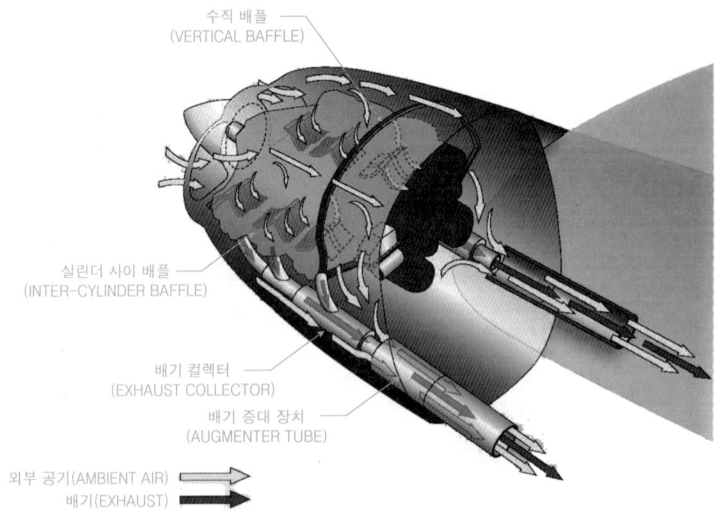

[그림 4-50 배기 증대 장치]

1 가스터빈 엔진 일반

1. 제트 기관의 종류

제트 추진은 가속된 공기나 가스 또는 액체 등을 노즐을 통해 분사함으로써 얻어지는 반작용이라고 할 수 있다. 제트 추진 기관은 일반적으로 로켓, 램 제트, 펄스 제트 및 터빈 형식 기관의 네 가지 형식으로 나뉘는데, 이들은 모두 가스 상태의 유체를 뒤로 분사시킴으로써 앞으로 나아가는 추진력을 얻는다.

1. 로켓(Rocket)

로켓은 그림 4-51과 같이 추진시 공기를 흡입하지 않고 기관 자체 내에 고체 또는 액체의 산화제와 연료를 사용하는 기관이다.

로켓은 연료를 연소 시켜서 발생한 가스가 배기 노즐을 통해 초고속으로 빠져나갈 때 생기는 반작용력으로 매우 빠른 초음속 상태로 가속되어 지구의 대기권을 벗어날 수 있게 된다.

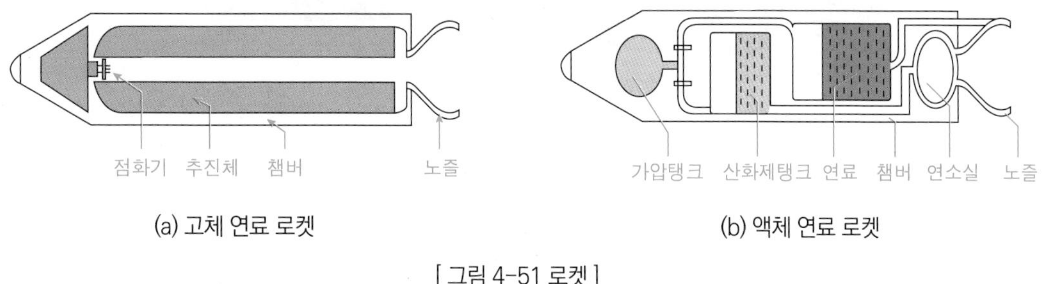

(a) 고체 연료 로켓 (b) 액체 연료 로켓

[그림 4-51 로켓]

2. 램 제트(Ram jet)

램 제트는 그림 4-52와 같이 대기 중의 공기를 추진에 사용하는 가장 간단한 구조를 가진 기관이다. 이 기관은 공기를 흡입하여 공기의 속도를 압력으로 전환하도록 설계된 덕트가 있으며, 탄화 수소계 연료를 사용하여 연소실에서 압축 공기를 연소시키고 팽창시킨 후, 연소된 가스가 매우 빠르게 기관을 빠져 나가게 함으로써 흡입 공기와 배출 가스의 속도 차이로 추력을 발생시킨다.

램 제트 기관은 근래에 군사용 무인 비행체에 많이 사용한다.

항공기엔진

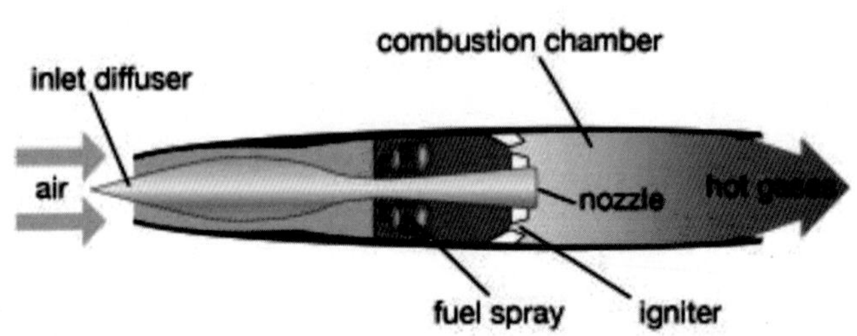

[그림 4-52 램 제트]

3. 펄스 제트(Pulse jet)

펄스 제트의 경우는 그림 4-53과 같이 램 제트와 거의 유사하지만, 공기 흡입구에 셔터 형식의 공기 흡입 플래퍼 밸브(Flapper valve)가 있다는 점이 다르다. 이 밸브들은 연소 중에 연소로 인한 압력으로 셔터가 닫히고, 연소된 가스가 빠져 나가는 동안 흡입되는 공기의 램 압력으로 인해 셔터를 다시 열리게 하여 추력을 낼 수 있게 해 준다.

펄스 제트를 사용한 주요 개발품은 제2차 세계 대전시의 독일 V-1 로켓으로서 그것은 보조 로켓을 장착한 펄스 제트로 추진되었으며, 약 400[mph]의 속도를 내었다. 그러나 펄스 제트는 전반적으로 성능이 좋지 않아서 1940년대 후반 경에 생산이 중단되었다.

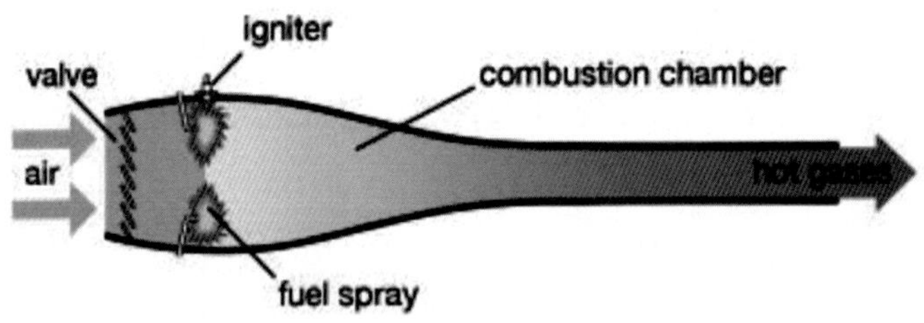

[그림 4-53 펄스 제트]

2. 터빈 형식 기관

터빈 형식 기관은 압축기(Compressor), 연소실(Combustion chamber), 터빈(Turbine), 즉 가스 발생기(Gas generator)를 기본 구성품으로 하는 터보 제트, 터보 팬, 터보 프롭, 터보 샤프트 기관들을 일컫는다.

1. 터보 제트 기관(Turbo jet engine)

터보 제트 기관은 그림 4-54과 같이 고온의 배기가스 흐름으로 인한 반작용력을 추진력으로 이용한다. 즉, 공기가 흡입구를 통해 기관 내부로 유입되면 압축기를 통해 압력이 높아지고, 연소실에서 연료와 공기가 혼합된 혼합기를 연소시켜, 팽창된 연소가스로 터빈을 돌려주게 된다. 이 때, 터빈은 압축기와 맞물려 압축기를 돌려주게 된다. 그리고 터빈을 돌리고 남은 에너지는 테일 파이프(Tail pipe) 에서 가속되어 대기로 방출되어 추력이라고 부르는 반작용력을 발생시키는 것이다.

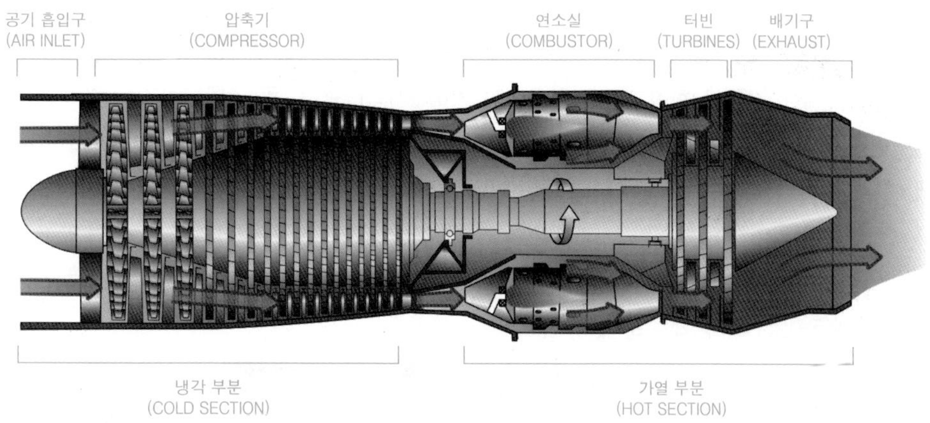

[그림 4-54 터보 제트 기관]

2. 터보 팬 기관(Turbo fan engine)

터보 팬 기관은 그림 4-55와 같이 터빈에 의해 구동되는 여러 개의 깃(Blade)을 갖는 덕트로 싸여있는 팬(Fan)을 가지고 있다. 터보 팬은 대략 2 : 1 정도의 압축비를 갖고 있으며, 일반적으로 20~40개의 고정 피치 깃을 갖고 있어서 터보 제트와 터보 프롭의 절충적인 성능을 갖도록 개발되었다. 그래서 터보 팬 기관은 터보 제트 기관과 비슷한 순항 속도를 가지면서도 단거리 이착륙 능력에 있어 터보 프롭과 같은 성능을 유지할 수 있다. 또, 터보 프롭 기관의 프로펠러에 비해 팬의 지름이 훨씬 작지만 프로펠러보다 훨씬 더 많은 수의 깃을 가지고 있어서 수축형 배기 노즐을 통해 훨씬 빠른 속도로 공기를 가속시킬 수 있다.

보충학습 바이패스 비(BPR : Bypass Ratio)

바이패스 비는 팬 덕트를 지나는 공기 유량을 코어 기관을 지나는 공기 유량으로 나눈 값이다. 팬 덕트를 지나는 공기 흐름은 팬 블레이드의 바깥 부분을 지나서 팬 배기로 나와 대기로 방출된다. 코어 기관을 지나는 공기 흐름은 팬 블레이드의 안쪽을 지나 압축기에서 압축되고 연소되어 배기 덕트를 통해 배기된다.

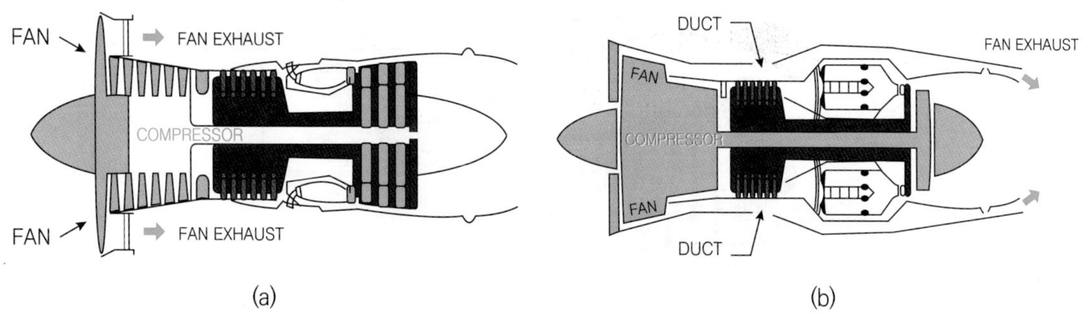

[그림 4-55 터보 팬 기관]

3. 터보 프롭 기관(Turbo prop engine)

터보 프롭 기관은 그림 4-56과 같이 터보 샤프트 기관과 거의 유사하나, 터보 프롭의 경우 감속 기어(Reduction gear) 장치가 흡입구에 위치한다는 점이 서로 다르다. 또, 터보 프롭 기관은 가스터빈 엔진에 프로펠러를 적용한 것으로서 프로펠러는 가스발생기 축에 직접 연결되기도 하고 프리 터빈(Free turbine) 축에 연결되기도 한다. 고정 터빈에는 압축기, 감속 기어 장치, 프로펠러 구동축이 모두 단일 축으로 연결되고, 프리 터빈에는 기어 박스와 프로펠러 축만이 연결된다. 터보 프롭 기관의 총 추력은 프로펠러 추력과 배기가스에 의한 추력의 합으로 이루어지는데, 배기가스에 의한 추력은 기관의 종류에 따라 다르지만, 대개 총 추력의 5~25[%] 정도 수준이다.

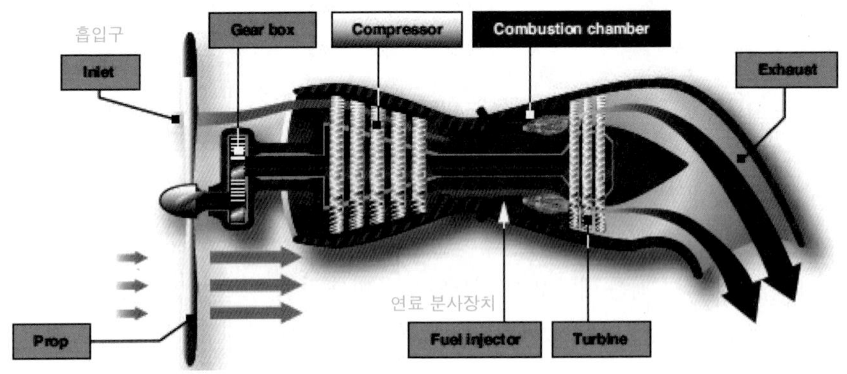

[그림 4-56 터보프롭 기관]

4. 터보 샤프트 기관(Turbo shaft engine)

터보 샤프트(Turbo shaft) 기관은 헬리콥터 기관과 산업용으로 널리 쓰이고 있다. 초기 터보 샤프트 기관의 동력 출력축은 가스 발생기 터빈 휠과 직접 연결되어 있었다. 그러나 현재는 분리된 터빈으로 출력축이 구동된다. 이러한 새로운 디자인을 프리 동력 터빈(Free power turbine)이라 한다. 터보 샤프트 기관은 그림 4-57과 같이 가스 발생기(Gas generator) 부분과 동력 터빈 부분으로 되어 있는데, 가스 발생기 부분에서 연소 에너지의 $\frac{2}{3}$가 소모되고, 나머지 $\frac{1}{3}$은 동력 터빈을 구동시켜 출력을 발생시킨다.

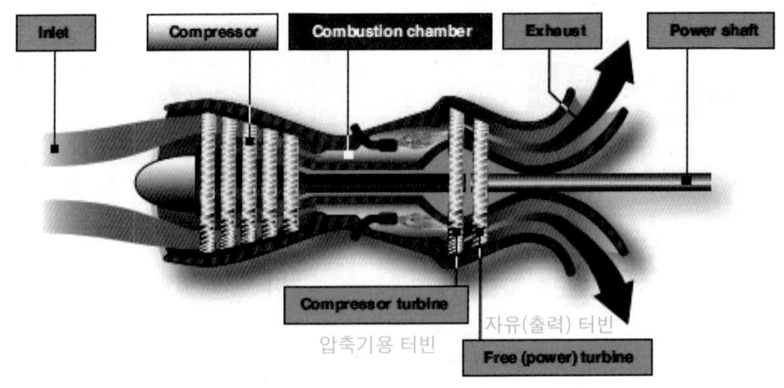

[그림 4-57 터보 샤프트 기관]

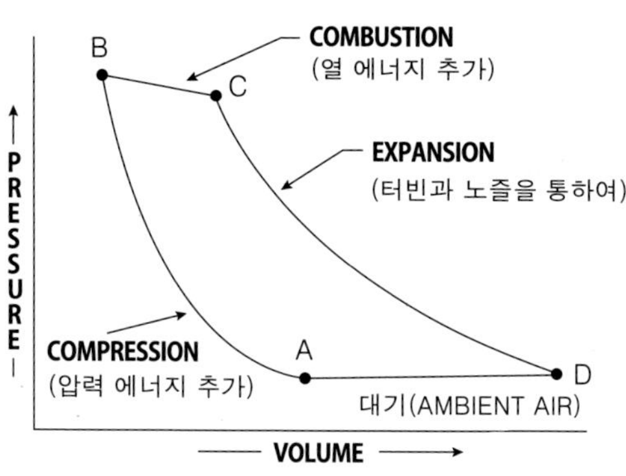

[그림 4-58 브레이튼 사이클 P-V 선도]

3. 가스터빈 기관의 작동 원리(브레이튼 사이클(Brayton cycle))

브레이튼 사이클은 가스터빈 엔진의 열역학적 사이클로서 19세기 말 미국 보스톤의 공학자인 브레이튼(Brayton)에 의해 과학적으로 정립되었다.

그림 4-58은 실제 브레이튼 사이클로서 흡입, 압축, 출력, 배기의 과정을 보여 주고 있다. 이 그래프를 보면, DA 구간은 흡입 과정으로서 공기가 흡입 덕트로 들어오는 것을 나타낸다. AB 구간은 압축 과정으로서 압축이 일어남으로써 부피가 감소하며, BC 구간은 연소 과정으로서 부피 증가로 인하여 압력이 약간(3[%] 정도) 감소되는 것을 보여 준다. CD구간은 출력과 배기 과정으로서 가스가 터빈부를 흐르면서 터빈을 회전시키는 일을 하며, 배기가스가 가속되어 압력이 낮아지고 부피가 증가됨을 보여 준다. D에서는 가스 압력이 대기압과 같아지고 사이클은 끝나게 된다.

4. 가스터빈 기관의 성능

1. 추력 계산

① 진 추력(Net thrust, Fn)

진추력은 항공기가 비행 중일 때의 추력으로, 총 추력에서 항공기 속도로 인한 램(ram) 항력 또는 입구 모멘텀 항력을 제한 것으로서, 진추력 식은 다음과 같다.

$$F_n = \frac{\dot{W}_a \times (V_j - V_a)}{g}$$

여기서, V_j : 공기의 배기속도, [ft/s]
V_a : 공기의 유입 속도 또는 항공기 속도
$\dot{W}_a$: 공기 유량의 중량, [lbf/s]
F_n : 진추력, [lbf]
g : 중력 가속도, 32.2 [ft/s^2]

② 총 추력(Gross thrust, Fg)

총 추력은 비행기가 정지해 있을 때의 추력으로서, 기관 내에서 공기의 가속도는 단위 시간당 기관으로 들어가는 공기 속도와 배기 노즐로 나오는 공기 속도의 차이이다. 그런데 기관으로 들어오는 공기 속도 Va는 0이므로 기관을 통과하는 공기량의 1초당 중량을 $\dot{W}a$라 하면, 총 추력은 다음의 식과 같다.

$$Fg = \frac{\dot{W}a \times (V_j - V_a)}{g} = \frac{\dot{W}_a \times V_j}{g}$$

③ 비추력(Specific thrust, Fs)

기관으로 흡입되는 단위 공기량에 대한 진추력을 비추력이라 한다. 터보제트 기관의 비추력은 진추력을 흡입 공기 중량 유량 $\dot{W}a$로 나눈 것으로서, 다음과 같이 된다.

$$F_s = \frac{V_j - V_a}{g}$$

추력은 흡입 공기의 중량유량에 비례하므로, 추력이 같은 경우에는 비추력이 클수록 기관의 전면 면적은 작아진다.

2. 추력에 영향을 끼치는 요소

① 온도

그림 4-59와 같이, 대기 온도가 낮을 때 진추력이 증가하게 되는데, 이와 같이 추력을 증가시켜 주는 원인은 다음과 같다.

첫째, 압축기를 구동하기 위해 터빈에서 뽑아내는 에너지는 공기의 온도에 따라 직접적으로 변하게 되는데, 따뜻한 공기보다 찬 공기의 압축은 더 쉽게 이루어지므로 남은 에너지가 공기 흐름을 가속시켜 추력을 증가시킨다.

둘째, 찬 공기는 밀도가 더 높아 질유량을 증가시키므로 추력을 증가시킨다.

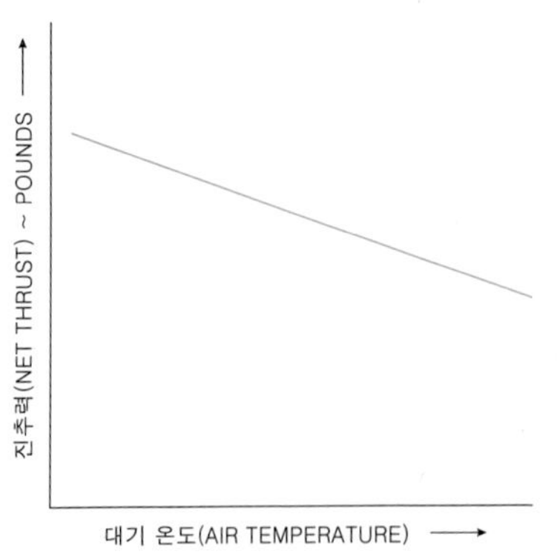

[그림 4-59 추력에 대한 온도의 영향]

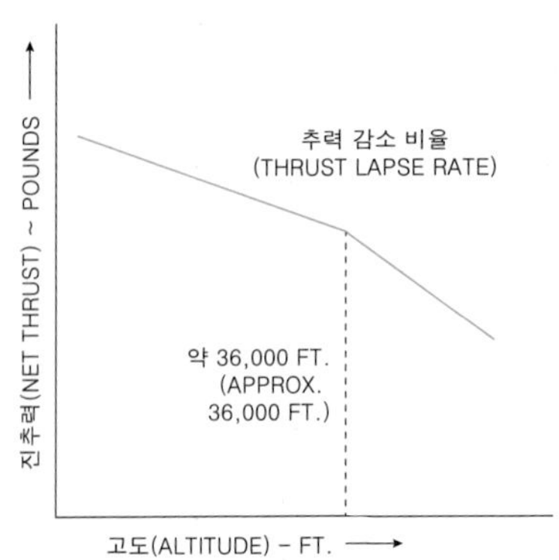

[그림 4-60 추력에 대한 고도의 영향]

② 고도

그림 4-60에서 보는 바와 같이 고도가 높아지면 압력과 온도는 감소하게 된다. 온도의 변화율이 압력 변화율보다 작기 때문에 고도가 높아짐에 따라 실제 밀도는 감소하게 된다.

③ 비행 속도(V_a)

추력은 항공기의 비행 속도가 증가하면 그림 4-61에서와 같은 특성을 띠게 된다.

항공기의 비행 속도 V_a가 증가하게 되면 진 추력 공식에서 $V_j - V_a$의 값이 감소하므로 진 추력은 감소한다. 또, 비행 속도가 증가하면 기관 흡입구에서 공기의 운동에너지가 압력에너지로 변하는 램 효과(Ram effect)로 인하여 압력이 증가하게 되므로 추력이 증가하게 된다. 그러므로 종합적으로 비행 속도가 증가하면 추력은 어느 정도까지는 감소하다가 다시 증가하게 된다.

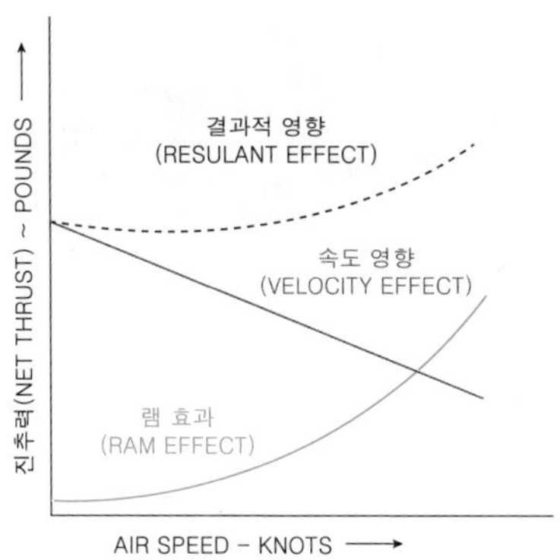

[그림 4-61 추력에 대한 비행 속도의 영향]

2 가스터빈 기관의 구조

1. 공기 흡입구(Air inlet duct)와 보기부(Accessories)

터빈 기관 공기 흡입구는 기관에 실속이 발생하지 않게 하기 위하여 균일한 공기를 압축기에 공급해야 하며, 흡입 덕트에서 발생되는 항력은 가능한 한 작아야 한다.

공기 흡입구는 그림 4-62에서와 같이 항공기 엔진의 위치와 흡입 속도에 따라 다양한 형태를 가진다.

[그림 4-62 항공기에서 가스터빈 기관 흡입구의 위치]

1. 아음속 흡입구

일반적으로, 압축기로 흡입되는 공기 속도는 비행 속도에 관계없이 항상 압축 가능한 최고 속도 이하로 유지하는 것이 필요하며, 대체로 마하 0.5 전후이다. 그러나 아음속 항공기의 비행 속도는 마하 0.8~0.9에 달하므로, 아음속 항공기에는 그림 4-63과 같은 끝이 넓은 형상의 확산형 덕트(Divergent duct)를 사용하고 있다. 이 덕트는 흡입 공기를 확산시켜 속도 에너지를 압력 에너지로 변화시킴에 따라 흡입 공기 속도를 필요한 값까지 감소시키고, 흡입 공기의 압력을 상승 시킨다.

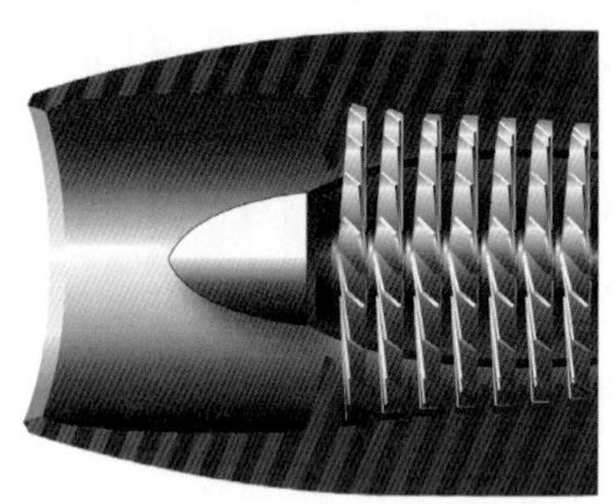

[그림 4-63 확산형 아음속 흡입 덕트]

2. 초음속 흡입구

모든 초음속기에는 수축-확산형(Convergent-divergent) 흡입 덕트로 되어 있는 초음속 흡입구가 필요하다. 이는, 회전하는 압축기 로터에서 충격파가 일어나지 않도록 아음속 공기 흐름을 만들어 압축기로 전달해야 하기 때문이다.

그림 4-64에서와 같이, 고정형 수축-확산형 덕트에서의 초음속 공기는 수축부에서 공기 압축에 의해 속도가 느려지고, 목 부분에서 충격파를 형성하게 되어 마하 1로 낮아진 후 확산부로 들어가는데, 그 곳에서 압축기로 들어가기 전에 속도가 더욱 줄어들고 압력은 증가하게 된다.

[그림 4-64 수축-확산형 초음속 흡입 덕트]

그림 4-65와 같이, 가변(Variable) 수축-확산형 덕트에서는 이륙에서 순항까지의 다양한 비행 조건에 맞게 흡입 덕트를 가변시킨다. 공기 속도는 충격파가 마지막으로 일어난 다음에 속도가 거의 마하 0.8로 저하되고, 다시 확산에 의해 마하 0.5로 감소되며, 압력은 증가하게 된다.

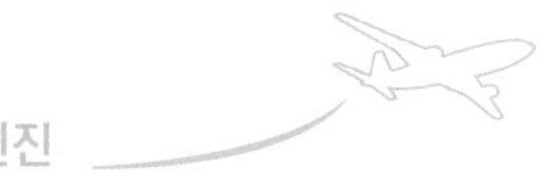

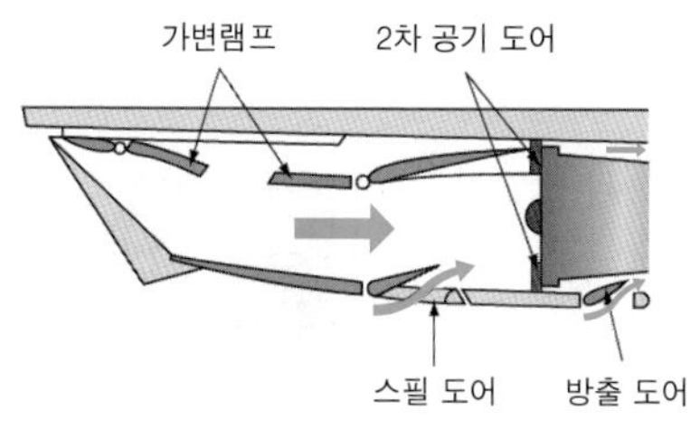

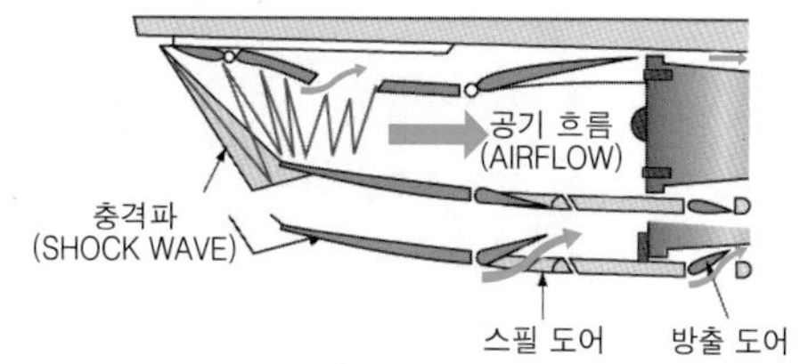

초음속 비행(SUPERSONIC FLIGHT)

[그림 4-65 가변 초음속 흡입구]

3. 벨 마우스(Bell mouth) 흡입구

벨 마우스 흡입구는 외부의 정지된 공기를 압축기의 입구 안내 깃(Inlet guide vane)으로 공급시키는 것으로 공기의 저항을 최소로 줄일 수 있어 덕트에 의한 손실 없이 작동될 수 있다. 이 흡입구는 일부 헬리콥터나 터보 프롭 항공기, 지상에서 성능 시험하는 기관에 장착되며, 항력 계수가 크지만 이를 상쇄시킬 만큼 공력 효율이 높다. 흡입구에는 이물질 흡입 방지 스크린도 함께 장착되는데, 공기가 스크린을 지날 때 효율이 저하되므로 정확한 기관 데이터를 얻기 위해서는 이러한 사실을 고려해야 한다.

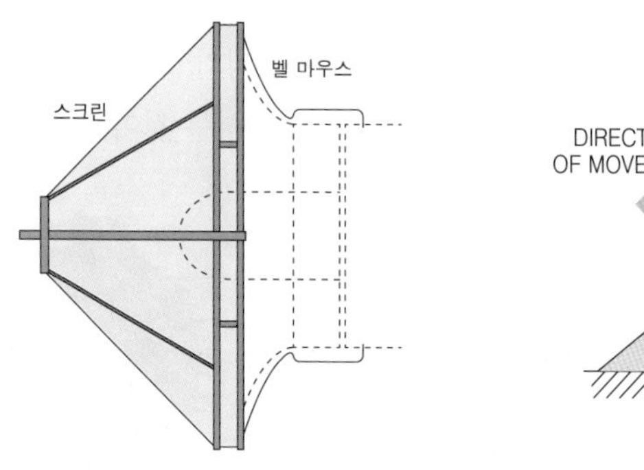

[그림 4-66 벨 마우스 흡입구]

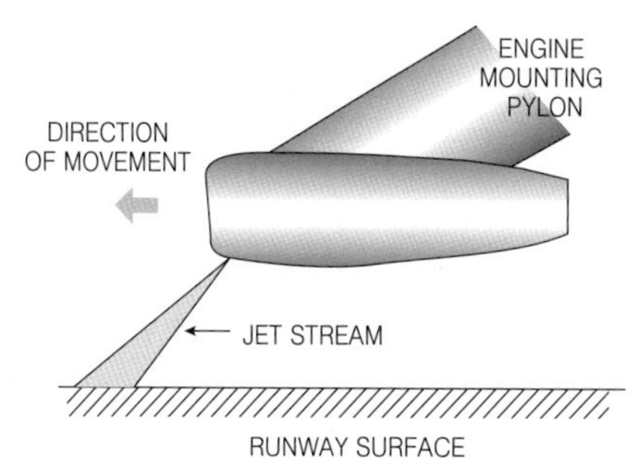

[그림 4-67 와류 분산기]

보충학습 와류 분산기(Vortex dissipater, Vortex destroyer, Blow-away jet)

지상에서 가스터빈 엔진 작동시 볼텍스에 의해 지상의 이물질이 엔진으로 흡입되는 것을 방지하기 위해 엔진 하부에서 지상으로 압축 공기(Bleed air)를 분사하는 장치

4. 보기부(Accessory section)

보기부의 주요 장치는 기관 구동 외부 기어 박스에 위치하며, 그림 4-68(좌측)과 같이 대부분 압축기부 하단에 위치한다. 보기 장치에는 연료 펌프, 오일 펌프, 연료 조절 장치, 시동기, 유압 펌프와 발전기 등이 있는데, 이들은 기관 작동에 필수적이다. 일부 소형 기관의 기어 박스의 위치는 흡입구나 배기구의 위치에 따라 기관의 전방에 장착될 수도 있고, 그림 4-68(우측)과 같이 후방에 장착될 수도 있는데, 그 이유는 기관 지름을 최소화할 수 있고, 따라서 전면 면적이 작아지므로 항력을 최소로 할 수 있기 때문이다.

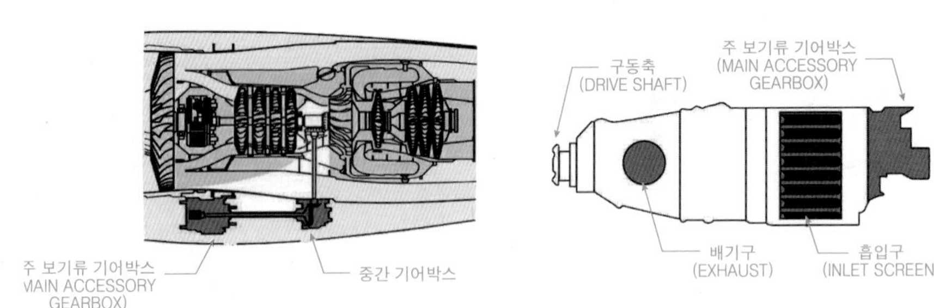

[그림 4-68 보기 구동 기어 박스 위치]

2. 압축기부(Compressor section)

압축기부의 1차적 목적은 기관 흡입구로 들어오는 공기의 압력을 증가시켜 디퓨저로 보내서 적당한 속도, 온도 및 압력의 공기를 연소실로 보내는 것이다.

초기의 압축기에서는 압축기 효율이 낮았으나, 그 동안 최적 효율을 이루기 위해 끊임없는 발전을 거듭하여 최근에는 압축기 효율이 85~90[%]로 향상되었다.

압축기부의 2차적 목적은 블리드 공기를 이용하여 고온부의 부품을 냉각시키고, 흡입구 방빙(Anti-icing), 객실 여압, 객실 냉·난방(Air conditioning), 공압(Pneumatic) 시동 등을 하는 것이다.

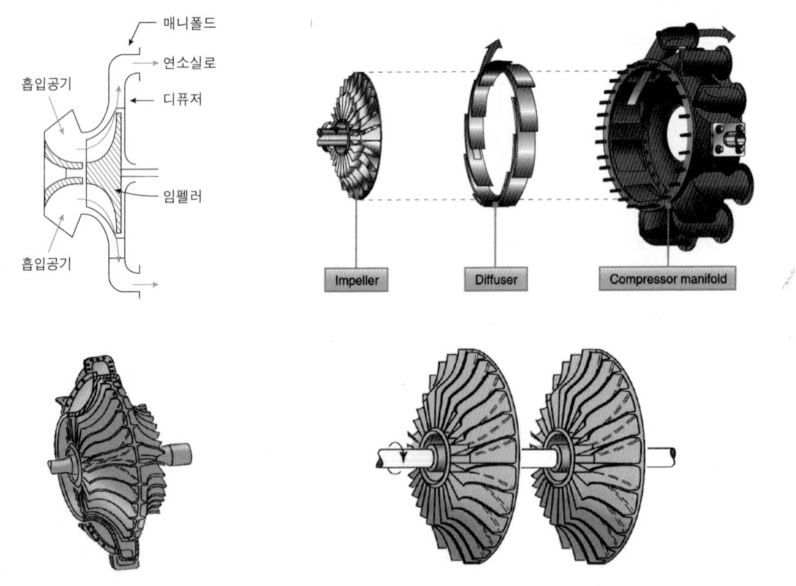

[그림 4-69 원심 압축기의 구성품]

1. 원심 압축기(Centrifugal compressor)

원심 압축기는 방사형 압축기라고도 불리며, 오늘날까지 쓰이고 있는 가장 오래 된 압축기로서, 대부분의 소형 기관과 보조 동력 장치에서는 이 형식을 사용하고 있다.

원심 압축기 어셈블리는 그림 4-69와 같이 임펠러 로터(Impeller rotor), 디퓨저(Diffuser), 매니폴드(Manifold)로 구성되어 있다. 원주 방향으로 공기를 가속시키는 임펠러는 보통 알루미늄 합금이나 티타늄 합금으로 만들어지는데, 한 면에만 설치될 수도 있고, 양면에 설치될 수도 있다.

디퓨저에서는 공기가 확산되면서 속도가 감소되고 압력이 상승하도록 하는 역할을 하고, 압축기 매니폴드는 난류가 없는 상태의 공기를 연소실로 보내는 역할을 한다.

가장 일반적인 원심 압축기는 1단 또는 2단의 형태(그림 4-69)로서 회전익 항공기의 소형 기관이나 소형 터보 프롭 항공기에 쓰인다.

최근에 개발된 원심 압축기는 1단 원심 압축기로서 10 : 1까지 압축비를 올릴 수 있다.

원심 압축기의 장점은 다음과 같다.

① 단당 압축비가 높음 : 1단에서 10 : 1까지이고 2단에서는 15 : 1까지이다.
② 회전속도 범위가 넓음 : 팁 속도가 마하 1.3까지이다.
③ 축류 압축기에 비해 제작이 간단하고 비용이 저렴하다.
④ 무게가 가볍다.
⑤ 시동 출력이 낮다.
⑥ 외부 이물질에 의한 손상(FOD : Foreign Object Damage)이 덜하다.

반면에, 원심 압축기의 단점은 다음과 같다.

① 전면 면적이 커서 항력이 크다.
② 단 사이의 에너지 손실 때문에 2단 이상은 실용적이지 못하다.

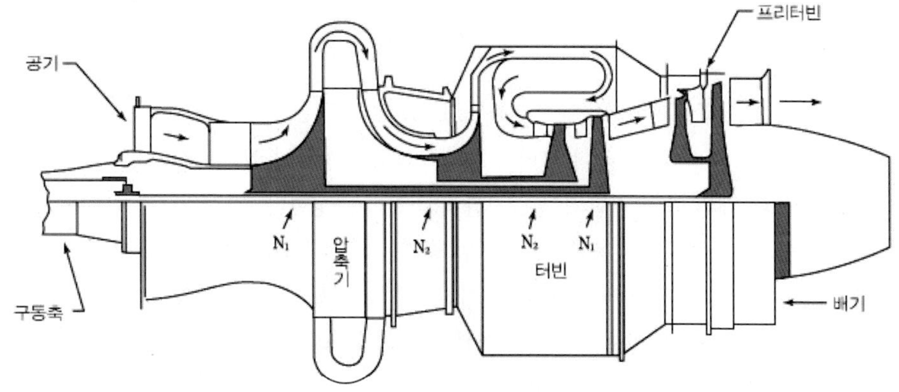

[그림 4-70 2단 원심 압축기 배열의 터보 프롭 기관(PWA-117)]

2. 축류 압축기(Axial flow compressor)

축류 압축기는 공기 흐름과 압축이 압축기의 회전축과 평행하기 때문에 붙여진 이름이다.

축류 압축기는 그림 4-71과 같이 세 가지 형식이 있는데, 단일 스풀(Single spool), 2중 스풀, 3중 스풀이다. 단일 스풀은 오늘날에는 거의 사용되지 않고 있으며, 2중 스풀은 현재 가장 많이 사용되고 있다. 3중 스풀은 아직은 일부 기관에만 사용되고 있다.

그림 4-71 (a)는 단일 스풀로서 압축기와 터빈이 모두 하나의 축에 연결되어 회전한다. 그림 4-71 (b), (c), (d)는 다중 스풀(Multi spool) 기관 또는 다축 기관으로서, 각각의 터빈축이 같은 축의 압축기와 연결되어 있는 것을 보여 준다. 그림 4-71 (b)에서 전방 압축기는 저압 또는 N_1 압축기라고 하고, 후방 압축기는 고압 또는 N_2 압축기라고 한다. 그림 4-71 (c)에서 팬은 N_1 또는 저압 압축기, 가운데에 있는 압축기는 N_2 또는 중간 압축기, 마지막에 있는 압축기는 N_3 또는 고압 압축기라고 한다. 그림 4-71 (d)는 기어로 연결된 팬 형식의 2중 스풀 기관이다.

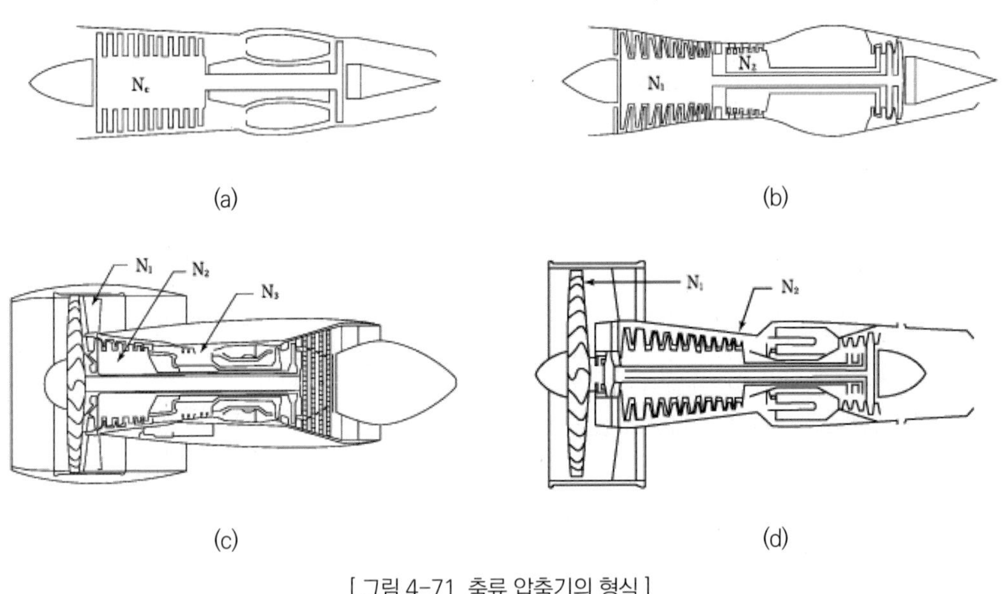

[그림 4-71 축류 압축기의 형식]

① 로터와 스테이터(Rotor & Stator)

축류 압축기는 그림 4-72와 같이 로터와 스테이터로 구성되어 있다. 로터와 스테이터가 한 단(Stage)을 이루고, 여러 개의 단이 결합되어 완전한 압축기를 구성한다. 각각의 로터는 디스크에 고정되어 있는 일련의 블레이드로 구성되어 있으며, 흡입 공기는 각 단을 통해 후방으로 나간다. 로터의 회전 속도에 따라 각 단의 속도가 결정되며, 로터가 회전함으로써 운동에너지가 공기에 전달된다.

스테이터 베인(Stator vane)은 로터 블레이드(Rotor blade) 뒤에 위치하고 있으며, 고속의 공기를 받아 디퓨저의 역할을 함으로써 운동에너지를 위치 에너지(압력)로 바꾸는 역할을 하고, 공기 흐름을 원하는 각도로 다음 단으로 보내는 2차적 기능도 한다.

로터 블레이드에서 공기가 베이스(Base)에서 팁(Tip)까지 각 스테이션을 지날 때, 공기 흐름 속도에 차이가 나므로 공기 흐름의 출구 속도를 일정하게 하기 위하여 블레이드에 비틀림을 주어 붙임각을 각기 다르게 한다.

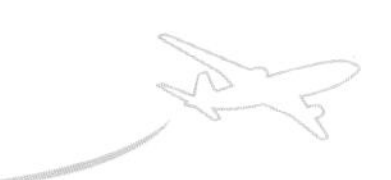

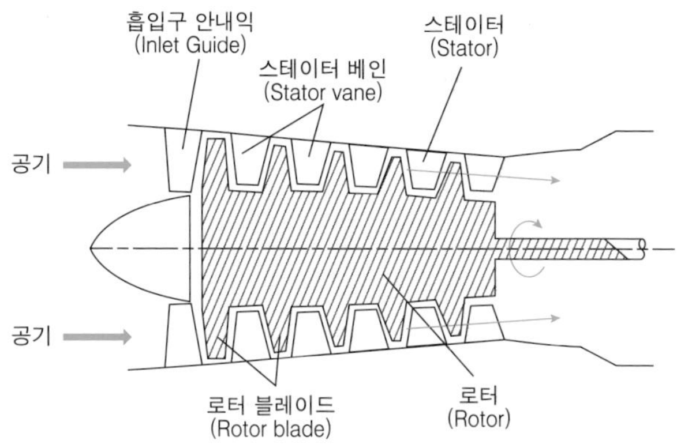

[그림 4-72 축류 압축기의 기본 구성]

또, 로터 블레이드는 그 크기가 첫 단에서 마지막 단에 이르면서 점차 작아지는데, 이것은 압축기 하우징의 모양을 수축형이나 테이퍼형으로 하기 위해서이다.

② 팁과 루트(Tip & Root)

축류형 압축기는 보통 10단에서 18단으로 구성되어 있으며, 각단의 블레이드 비둘기 꼬리(Dovetail)형 루트(Root)는 디스크에 장착되고, 핀이나 잠금 탭(Lock tab), 잠금 와이어 등의 안전 장치가 있다. 또, 블레이드의 루트는 블레이드 조립을 쉽게 하거나 진동을 감쇄시키기 위하여 디스크에 느슨하게 고정된다. 그림 4-73에서 보는 바와 같이, 압축기의 첫 단은 팬 블레이드이며, 각각의 팬 블레이드 마다 스팬 슈라우드(Span-shroud)가 있다. 모든 팬 블레이드에 있는 각각의 슈라우드는 원형 링을 형성하여 공기 흐름으로 인해 블레이드가 굽혀지지 않도록 지지하여 준다. 한편, 슈라우드는 공기의 흐름을 방해하여 효율을 떨어뜨리는 공기 역학적 항력을 발생 시키는 단점이 있다.

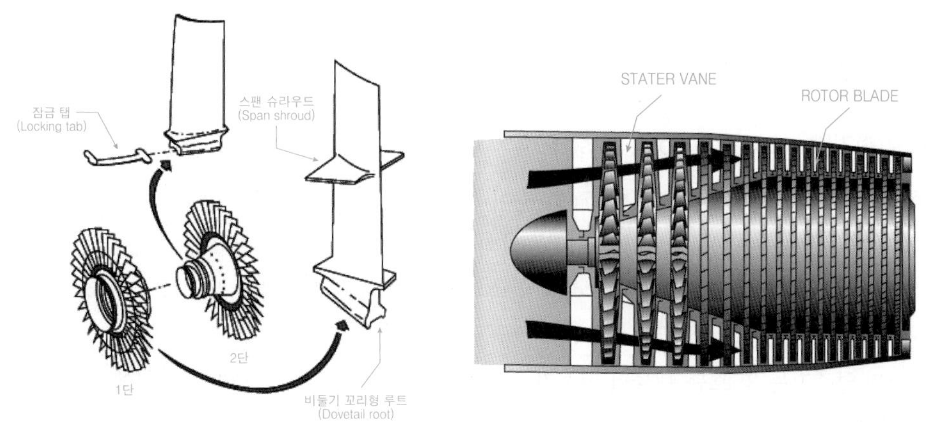

[그림 4-73 압축기 블레이드와 팬 블레이드]

③ 흡입구 안내 깃(IGV : Inlet Guide Vanes)

흡입구 안내 깃은 압축기 로터와 같이 고정형이거나 가변형으로 장착될 수 있도록 설계되어 있다. 흡입구 안내 깃의 기능은 가장 알맞은 각도로 로터에 공기 흐름을 보내는 것이다.

④ 압축기의 압력비(Pressure ratio)

압축기의 압력비는 가장 마지막 단 출구의 전 압력을 첫 단 입구의 전 압력으로 나눈 것이다. 압력비가 높을수록 더 큰 열효율을 얻을 수 있으므로 가능한 한 가장 높은 압력비와 적은 공기 유량으로 원하는 기관의 출력을 얻는 것이 바람직하다.

사업용 제트 항공기의 경우 가스터빈 기관의 압축기 압력비는 6 : 1 정도였으나 최근에는 18 : 1 정도까지 높아졌다. 또, 최근의 대형 제트기의 경우에는 30 : 1 정도의 압력비를 갖는데, 미래의 압축기 압력비는 40 : 1 정도로 예상되고 있다. 또, 압축기의 압력비는 단당 압력 상승으로도 표현된다.

보충학습 **기관 압력비(EPR : Engine Pressure Ratio)**

기관 압력비는 기관의 추력을 측정하는 변수로 사용되며, 압축기 입구의 전 압력과 터빈 출구 전 압력의 비를 말한다. 기관 압력비는 보통 추력에 비례한다.

⑤ 축류 압축기의 장단점

- 축류 압축기의 장점은 다음과 같다.

ⓐ 공기의 흐름이 직선으로 지나가도록 설계되어 압축기 효율이 높다.
ⓑ 압축기를 다단으로 할 수 있어서 큰 압력비를 얻을 수 있다.
ⓒ 전면 면적이 좁아 항력이 작다.

- 축류 압축기의 단점은 다음과 같다.

ⓐ 제작하기 어렵고 비용이 많이 든다.
ⓑ 중량이 많이 나간다.
ⓒ 시동 출력이 높아야 한다.
ⓓ 단당 압력 상승이 낮다.(최대 단당 압력비는 약 1.3 : 1이다.)
ⓔ 순항에서 이륙 출력까지만 양호한 압축이 된다.

3. 조합형 압축기(Combination compressor)

조합형 축류-원심 압축기는 그림 4-74와 같이 축류 압축기와 원심 압축기의 장점을 살리고 단점을 제거하여 설계되었으며, 사업용 제트기와 헬리콥터의 소형 터빈 기관에 사용된다.

이것은 높은 축 방향 속도를 이용하여 축류 압축기에서 많은 공기 유량을 유입한 후 원심 압축기에서 압력비를 높게 한다.

또, 조합형 압축기는 역 흐름 애뉼러 연소기를 가진 기관과 잘 조합됨으로써 축류형에 비해 전면 면적이 큰 원심 압축기의 단점을 보완하여 준다.

그림 4-74 (a)는 6단의 축류와 1단 원심형의 조합형 압축기를 보여준다.

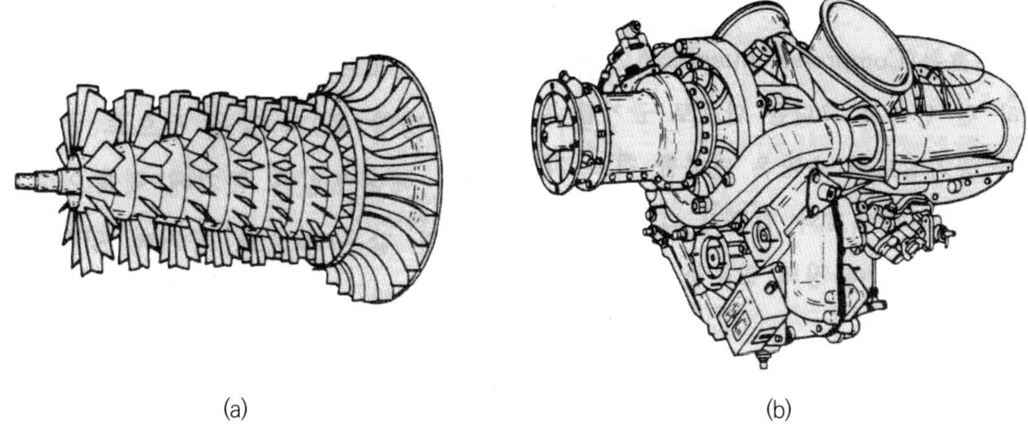

[그림 4-74 조합형 압축기와 터보 샤프트 기관]

4. 압축기 단 사이의 공기흐름

① 압축기 테이퍼 설계

공기 압력은 그림 4-75와 같이 압축기의 뒤쪽 단으로 갈수록 커지므로 압축기 공기 통로 모양을 테이퍼형으로 하여 흡입구 입구보다 출구쪽을 25[%] 정도 좁혀서 공기 속도를 안정시킨다. 이러한 압축기 테이퍼 설계는 압축된 공기 속도가 빨라지지 않을 정도로 적당한 공간을 제공한다.

만일, 공기가 정상적으로 압축되지 않으면 공기 속도는 커지고 받음각이 작아져서 초크(Choke)현상이 일어나게 된다. 이 초크 현상은 실속의 한 원인이 된다.

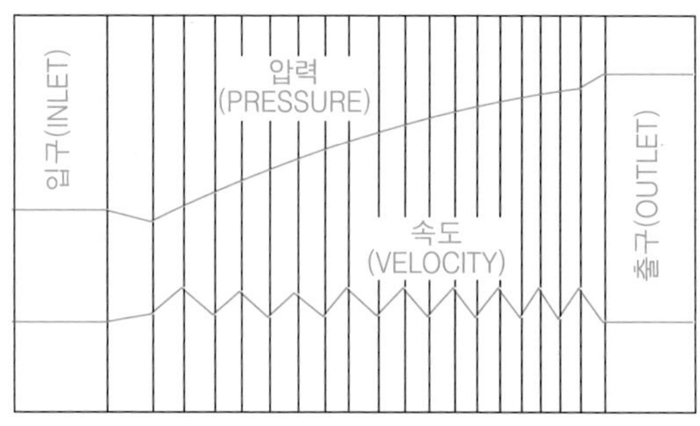

[그림 4-75 축류 압축기의 압력, 속도 변화]

② 받음각(Angle of attack)과 압축기 실속(Compressor stall)

그림 4-76에서 보는 바와 같이, 압축기 로터 블레이드의 받음각은 상대풍(Relative wind)과 시위선(Chord line)이 이루는 각으로서, 상대풍은 공기속도의 벡터 성분과 압축기 회전속도의 벡터 성분이 결합된 합벡터이다.

압축기 실속(Compressor stall)은 그림 4-76 (b)와 같이 받음각이 너무 작아 일어나는 초크 현상이 원인이 되기도 하고, 받음각이 너무 클 때에도 발생한다.

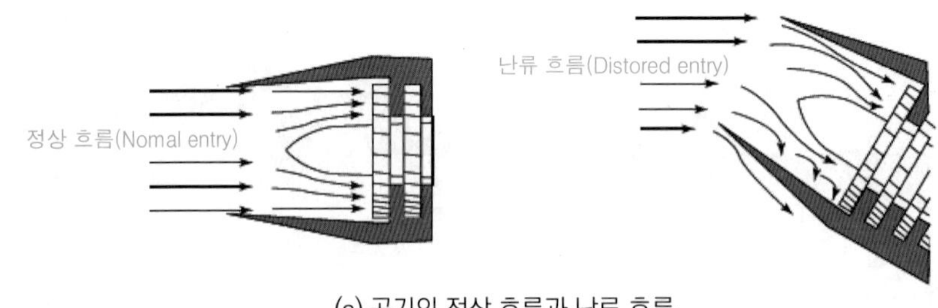

(a) 공기의 정상 흐름과 난류 흐름

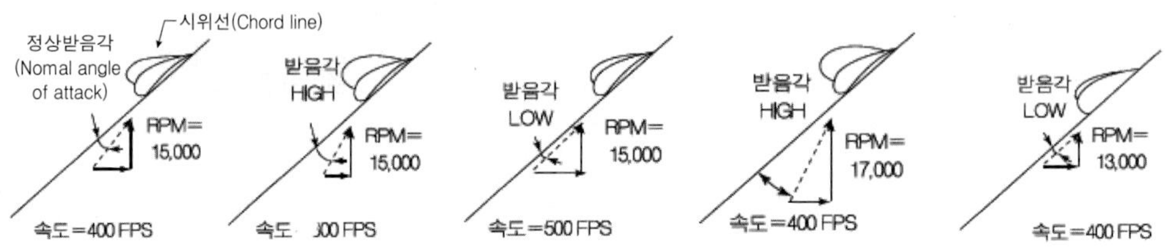

여기서, FPS : ft/sec, RPM : Revolution per minute(분당 회전수)

(b) 벡터 분석

[그림 4-76 압축기 실속]

실속 상태는 일시적인 실속과 헝 실속(Hung stall)이라고 부르는 심한 실속이 있다. 일시적인 실속은 공기가 진동하거나 부드럽게 떠는 것처럼 느껴지며, 보통 기관에 해를 끼치지는 않고 대부분 그 스스로 한두 번의 진동 후에 바로 억제된다. 그러나 헝 실속은 크게 진동하거나 심하게 역류 또는 폭발하는 것으로서 기관의 성능을 심하게 떨어뜨리고 출력 손실의 원인이 되며, 심한 경우에는 기관이 파손될 정도로 크게 손상을 준다. 압축기 실속은 조종사가 소음, 진동, 배기가스온도(EGT : Exhaust Gas Temperature) 증가로 식별할 수 있다. 특히, 연료 계통의 고장이나 이물질의 흡입 등에 의한 심한 압축기 실속이나 서지(Surge)의 경우 공기의 역류가 일어나는데, 뒤쪽 압축기 블레이드에 굽힘 응력이 생겨 스테이터 베인에 접촉하게 된다. 이 때, 블레이드가 연속적으로 파괴되어 로터와 전체 기관의 파열을 일으킨다.

보충학습 실속을 일으키는 원인

① 흡입구로 들어오는 난류나 분열된 흐름 때문에 속도 벡터를 감소시켜 받음각이 커진다.
② 갑작스런 기관 가속으로 인한 과다한 연료 흐름 때문에 연소실의 역압력이 커져서 속도 벡터를 감소시켜 받음각이 커진다.
③ 갑작스런 감속에 의한 희박한 혼합비 때문에 연소실의 역압력이 감소되어 속도 벡터를 증가시켜 받음각이 작아진다.
④ 압축기가 오염되었거나 손상되었을 경우, 압축 감소로 속도벡터를 증가시켜 받음 각이 작아진다.
⑤ 터빈이 손상되었을 경우, 압축기 기능을 저하시키기 때문에 압축 감소로 속도 벡터를 증가시켜 받음각이 작아진다.
⑥ 설계 회전수(rpm) 이상과 이하에서 기관이 작동할 경우, 회전 속도 벡터를 증가시켜 받음각을 크게 하거나 혹은 벡터를 감소시켜 받음각을 작게 한다.

③ 축류 압축기의 실속 방지

축류 압축기의 실속 방지 방법으로서는 다축 기관, 가변 스테이터, 블리드 밸브를 이용하는 세 가지 방법이 있으며, 현재의 가스터빈 엔진은 이들을 적절히 조합하여 사용하고 있다.

ⓐ 다축 기관(Multi-spool engine)

다축 기관 구조에서는, 압축기의 1축당 압력비를 5 이하로 제한할 수 있어서 실속 방지의 효과가 있고, 그 외에도 축류 압축기 전체에 압력비와 효율을 높여 준다.

ⓑ 가변 스테이터 깃(VSV : Variable Stator Vane)

가변 스테이터는, 축류 압축기의 흡입 안내 깃 및 스테이터의 붙임각을 가변 구조로 해서 기관이 시동할 때와 저출력(Idle)으로 작동될 때 일어나는 초크(Choke)현상을 방지하기 위한 것이다. 즉, 흡입 공기 흐름양(유입 속도)의 변화에 따라 로터에 대한 받음각을 일정하게 유지하도록 해 주는 것이다. 다단 축류 압축기에서는 전단부의 몇 개 단을 가변 스테이터 구조로 하는 예가 많으며, 가변 스테이터의 붙임각은 기관 회전 속도에 따라 자동적으로 변화하도록 설계되어 있다.

ⓒ 블리드 밸브(Bleed valve)

블리드 밸브는 기관의 시동시와 저출력 작동시에 일어나는 초크(Choke)현상을 방지하기 위하여 축류 압축기의 중간 단이나 후방에 장치되어 있으며, 밸브가 자동적으로 열리도록 하여 과다한 압축 공기의 일부를 대기 중으로 방출시킨다.

이러한 과정을 통하여 유입 공기의 속도가 감소(유입 공기 흐름양 감소)되므로 로터에 대한 받음각이 정상화되어 실속이 방지된다.

3. 디퓨저(Diffuser)

디퓨저는 그림 4-77과 같이 압축기와 연소기 사이에 있으며, 압축기로부터 나오는 공기가 확산되는 부가적인 공간으로서, 가스터빈 기관에서 최고의 압력을 이루는 지점이다. 디퓨저는 확산형 덕트로서 압축기에서 배출된 공기의 속도를 줄여 주고 압력을 상승시켜, 연소실에서 혼합기가 쉽게 연소되도록 도와주는 역할을 한다.

디퓨저 케이스에는 압축공기 배출구가 있어서, 이 곳에서 나오는 압축 공기를 방빙이나 냉각용 공기로 이용하기도 하고, 항공기 객실의 여압용 공기로도 이용할 수 있다. 또, 디퓨저 케이스에는 연소실 내부로 연료를 분사 방향을 따라 일정한 간격으로 부착되어 있다.

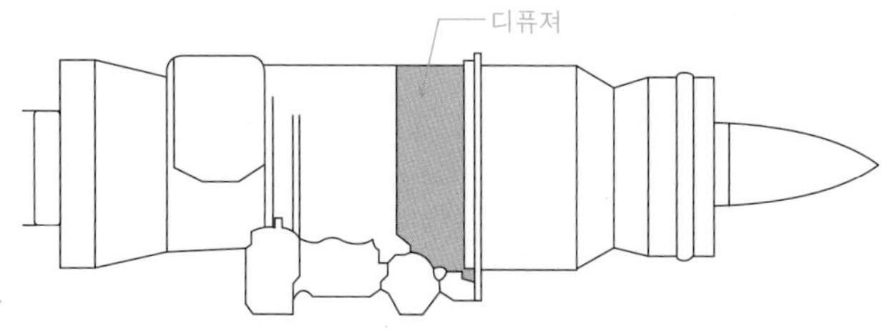

[그림 4-77 디퓨저부의 위치]

4. 연소실(Combustion chamber)

연소실은 기본적으로 외부 케이스, 라이너(Liner), 연료 노즐 그리고 이그나이터 플러그(Igniter plug)로 구성되어 있다. 연소실의 역할은 공기에 열에너지를 가해 팽창, 가속시켜 터빈부로 보내는 것이다.

그림 4-78과 같이 효율적인 연소실의 작동을 위해서는, 공기와 연료의 적절한 혼합이 이루어져야 하며, 연소된 뜨거운 공기를 터빈부의 부품들이 견딜 수 있을 정도로 냉각시켜야 한다.

최근 드물기는 하지만 연소 정지(Flame out)가 발생하고 있는데, 연소 정지를 일으키는 전형적인 요인들은 난기류, 고고도, 기동(Maneuver) 중의 느린 가속 그리고 높은 속도의 기동 비행 등인 것으로 알려져 있다.

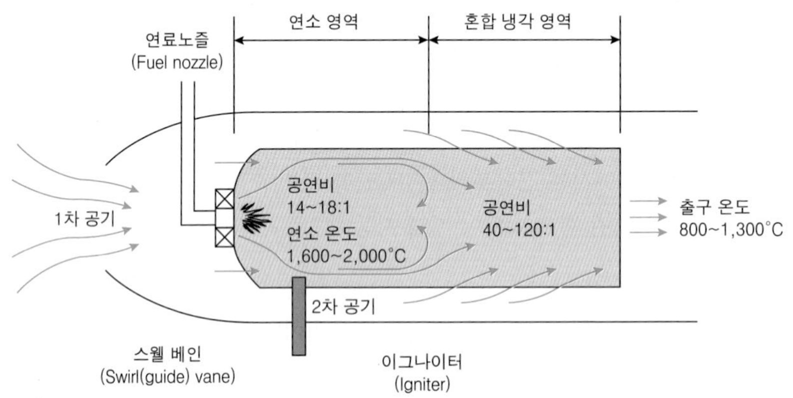

[그림 4-78 연소실의 작동 원리]

연소실을 통과하는 공기는 1차 공기와 2차 공기로 나누어지는데, 1차 공기는 연소실을 통과하는 공기의 25~35[%] 정도를 차지하며, 모두 연소에 사용된다. 1차 공기의 반 정도는 연료 노즐 구멍 부근에 있는 연소실 라이너 내의 스월 베인(Swirl vane)으로 흐르고, 그 나머지는 라이너의 전방 $\frac{1}{3}$ 부분에 있는 작은 구멍을 통과해서 방사형 방향으로 흐르게 된다.

2차 공기는 연소실을 통과하는 공기의 65~75[%] 정도로, 그 중 절반 정도는 불꽃을 중앙으로 모으고 라이너의 안쪽과 바깥쪽에 찬 공기를 형성시켜 불꽃이 직접 금속 표면에 닿지 못하도록 하고, 2차 공기의 나머지 절반은 라이너의 뒷부분으로 들어가 뜨거운 혼합기와 섞여 혼합기의 온도를 낮춰서 터빈 부품의 수명을 연장시키는 데 도움을 준다.

연소실의 2차 공기 흐름의 속도는 수백[ft/s]이지만, 스월 베인(Swirl vane)을 통과한 1차 공기는 와류 형태의 흐름이 되어, 축방향 공기 속도는 거의 정체 상태인 5~6[ft/s]가 된다. 이와 같이, 스월 베인으로 인한 저속의 공기 흐름은 연소실에서 공기와 연료가 적절하게 혼합될 수 있는 데 필요한 시간을 제공하게 된다.

1. 캔형 연소실(Can combustor)

캔형 연소실은, 그림 4-79와 같이 각각 독립된 5~10개의 원통형 연소실을 동일 원주 상에 같은 간격으로 배치한 형식으로, 설계와 정비가 비교적 간단하기 때문에 초기의 가스터빈 기관에 많이 사용되었다.

각각의 연소실은 화염 전파관(Flame propagation tube)으로 연결되어 있어서 두 개의 연소실에서 이그나이터 플러그에 의해 점화가 시작되면 나머지 캔들은 화염의 전파로 연소가 이루어지게 된다.

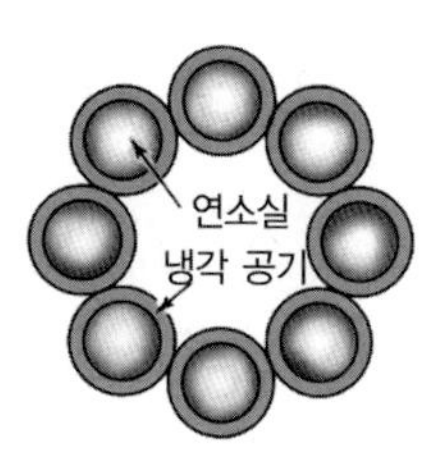

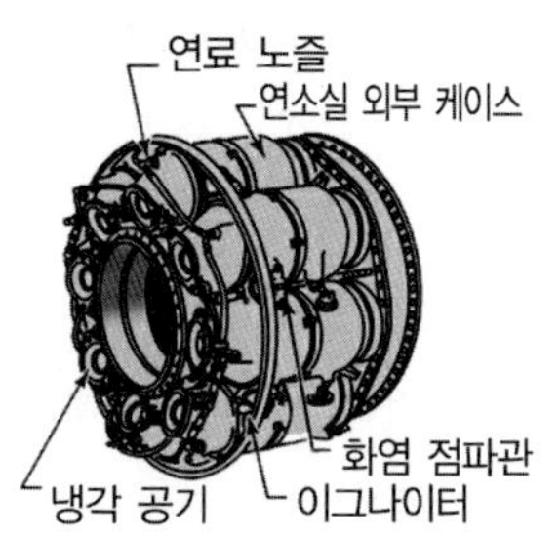

[그림 4-79 캔형 연소실]

2. 애뉼러형 연소실(Annular combustor)

애뉼러형 연소실은 그림 4-80과 같이 외부 케이스가 있고, 내부에 바스켓(Basket)이라고도 하는 하나의 라이너로 구성된다. 바스켓 안쪽에 여러 개의 연료 분사 노즐들이 있다.

애뉼러형 연소실은 현재 거의 모든 크기의 기관에서 사용되는데, 이 연소실의 장점은 중량당 열효율이 좋고, 다른 형식보다 길이가 짧으며, 표면적이 적어서 그만큼 냉각 공기가 적게 필요하다는 점이다. 또, 디퓨저와 터빈부 사이의 공간을 가장 잘 이용할 수 있도록 설계되어있다.

특히, 대형 기관에서는 다른 형식의 연소실에 비해 훨씬 중량이 작다는 장점이 있다. 반면에, 정비가 용이하지 않다는 것이 단점이다.

[그림 4-80 애뉼러형 연소실]

3. 애뉼러 역류형 연소실(Annular reverse flow combustor)

애뉼러 역류형 연소실은 JT-15D 터보팬 기관, PT-6 터보프롭 기관, T-53/55 기관 그리고 소형 항공기용 기관 등에서 흔히 볼 수 있다. 이 연소실은 그림 4-81과 같이 다른 연소실들과 마찬가지의 기능을 갖고 있지만, 연소실을 지나는 공기 흐름이 연소실 전방으로 들어가는 것이 아니고, 라이너 위를 지나 뒤로 들어가게 되어 연소가스 흐름이 보통 공기 흐름의 반대 방향으로 진행하게 된다. 연소 후 가스 흐름은 디플렉터(Deflector)에서 그 방향을 180° 바꿔서 다시 정상 방향으로 나가게 된다.

그림 4-81에서 보면, 연소실에서 압축기로부터 나오는 공기를 예열시킬 수 있고, 터빈 휠이 연소실 안쪽에 위치함으로써 기관 길이를 짧게 하여 무게를 감소시킬 수 있어서 가스가 180° 회전함으로써 발생하는 효율의 손실을 보상할 수 있게 된다.

4. 캔-애뉼러형 연소실(Can-annular combustor)

캔-애뉼러형 연소실은 기관 중심을 축으로 하여 방사형 방향에 달려 있는 여러 개의 라이너와 외부 케이스로 구성되어 있다.

라이너에는 화염 전파관이 연결되어 있고, 아래쪽에 두 개의 이그나이터 플러그가 있다. 그림 4-82에서 여덟 개의 라이너가 사용된 것을 볼 수 있는데, 각 라이너는 앞쪽에 라이너를 지지하는 연료노즐이 있고, 뒤쪽에는 여덟 개의 출구 덕트로 지지 되고 있다.

캔-애뉼러형 연소실의 장점은 기관이 항공기 날개에 장착된 상태에서도 정비를 할 수 있도록 외부 케이스가 쉽게 뒤로 미끄러져 열리게 되어 있다는 점이다.

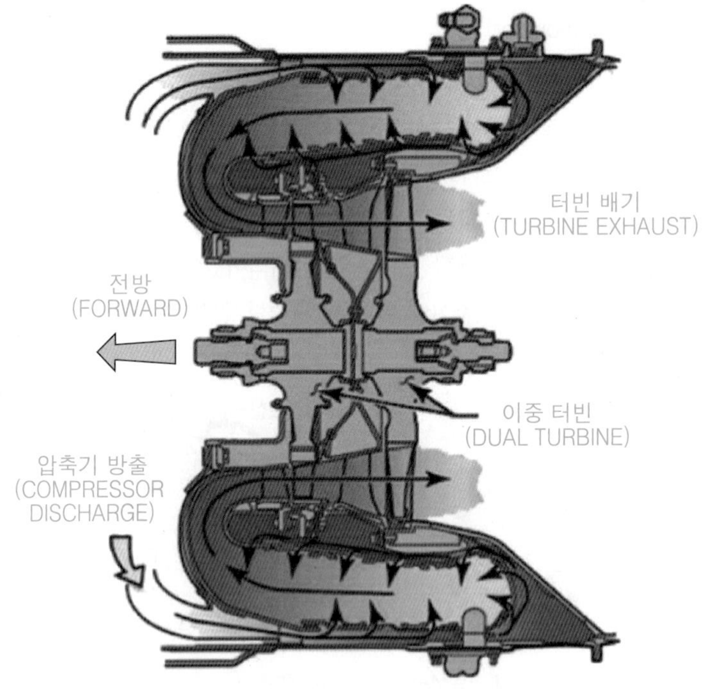

[그림 4-81 애뉼러 역류형 연소실]

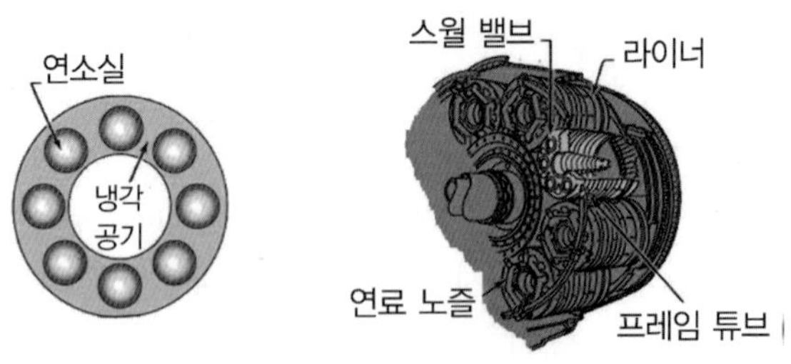

[그림 4-82 캔-애뉼러형 연소실]

5. 터빈부(Turbine section)

1. 축류형 터빈

① 기계적인 일과 터빈

터빈은 연소실과 연결되어 있고, 터빈 로터(Turbine rotor) 또는 터빈 휠(Turbine wheel)과 터빈 스테이터로 되어 있다. 터빈은 배기가스의 운동에너지와 열에너지의 일부를 기계적 일로 바꾸는 기능을 해서 압축기와 기타 부품들을 구동시키게 된다.

압축기는 공기에 에너지를 가해 그 압력을 증가시키는 반면, 터빈은 가스 흐름의 압력을 감소시켜 에너지를 발생시킨다.

② 터빈 스테이터(Turbine stator)

터빈 스테이터는 그림 4-83과 같으며 터빈 노즐(Turbine nozzle)이라고도 부르는데, 그 기능은 가스의 속도를 증가시키고 압력을 감소시킨다. 또, 가스 흐름의 방향이 터빈 휠에 알맞은 각도를 이루게 하여 최대 효율 상태로 회전하도록 한다. 터빈 스테이터는 기관 내에서 속도가 가장 빠른 곳으로서 속도는 축방향이라기보다는 원주방향 속도이다.

③ 슈라우드(Shroud)

슈라우드는 그림 4-84와 같이, 터빈 휠 블레이드 팁의 틈새에서 가스가 누출되는 것을 막기 위한 것이다. 이 블레이드 팁에서 지나치게 공기가 누출되면 난류 흐름을 생성하여 팁 부근에서 블레이드 효율을 저하시키게 된다.

[그림 4-83 터빈 노즐 어셈블리]

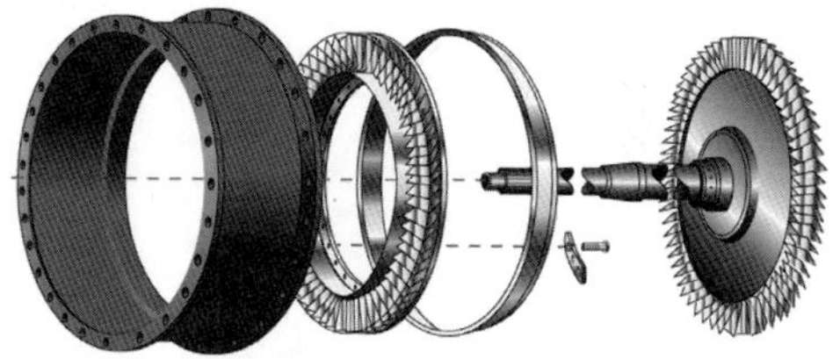

[그림 4-84 터빈 로터 어셈블리]

④ 터빈 로터(Turbine rotor)

축류 터빈에서 1열의 터빈 노즐과 1열의 터빈 로터의 조합을 1단(Stage)이라 부르는 데, 그림 4-84와 같이 노즐이 앞에 위치하고 로터가 뒤에 위치한다. 이 때, 1단 에서 이루어지는 팽창 중 로터가 담당하는 비율을 반동도(Reaction rate)라 부르고 ϕ_t로 나타내며, 다음 식이 된다.

$$\phi_t = \frac{\text{로터에 의한 팽창}}{\text{단에서의 팽창}} \times 100 = \frac{\text{노즐출구 압력}-\text{로터출구 압력}}{\text{노즐입구 압력}-\text{로터출구 압력}} \times 100 = \frac{P_2 - P_3}{P_1 - P_3} \times 100[\%]$$

이 반동도의 크기에 따라 축류 터빈 로터는 반동 터빈, 충동 터빈, 충동-반동 터빈의 세 가지로 분류된다.

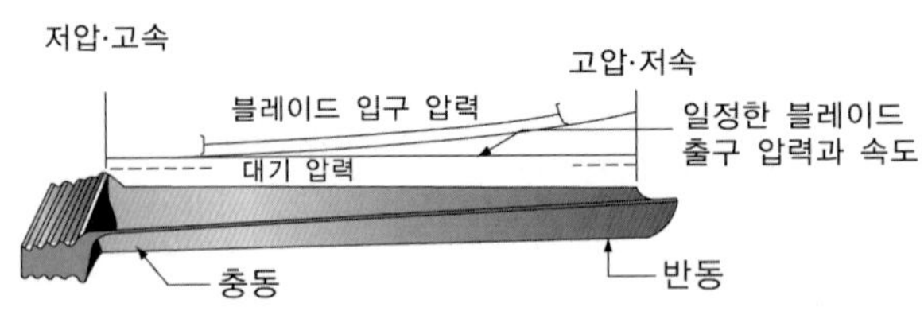

[그림 4-85 충동-반동 터빈 블레이드]

ⓐ 반동 터빈(Reaction turbine)

반동 터빈은 노즐 및 로터의 양쪽에서 가스가 팽창되고 압력을 감소시키는 터빈으로 노즐과 로터의 흐름 통로 단면이 모두 수축형으로 되어 있고, 이 흐름 통로를 통과하는 동안에 베르누이의 정리에 의해 압력 에너지가 운동에너지로 변환된다. 이 결과 로터 안에서 팽창한 가스의 반동력(양력)이 터빈 로터를 회전시킨다.

ⓑ 충동 터빈(Impulse turbine)

충동 터빈은 가스의 팽창이 전부 노즐 내부에서 이루어지고, 로터 내부에서는 전혀 가스 팽창이 이루어지지 않는 터빈으로 반동도가 '0'인 터빈 이다.

구조적으로는 노즐의 흐름 통로 단면이 수축형 노즐인 것에 비해 로터의 흐름 통로 단면이 일정하게 되어 있는 점이 충동 터빈의 특징이다. 그리고 그림 4-86과 같이 노즐로부터 유출가스의 충격력으로 터빈 로터를 회전시킨다.

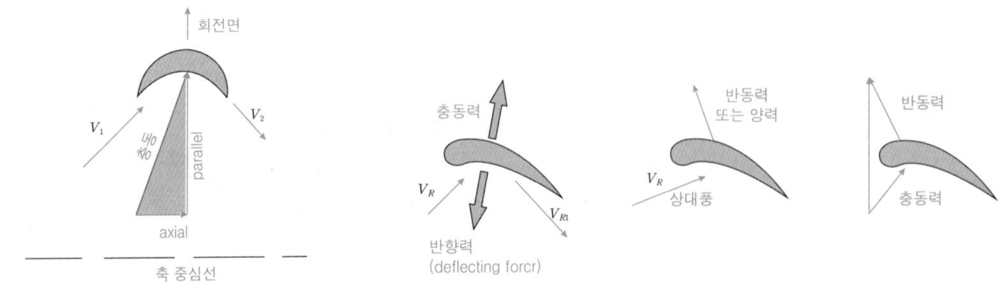

[그림 4-86 충동 깃에서의 힘의 분포]

[그림 4-87 충동-반동 깃에서의 힘의 분포]

ⓒ 충동-반동 터빈(Impulse-reaction turbine)

충동-반동 터빈은 그림 4-85와 같으며, 충동과 반동을 복합적으로 설계한 결과, 일 하중은 블레이드 전 길이에 일정하게 분산되고 블레이드를 지나며 저하된 압력이 베이스에서 팁까지 일정하게 된다.

그림 4-87은 충동-반동 블레이드의 힘의 분포로서 충동력과 반동력의 합 벡터에 의해 터빈에 회전력이 생기는 것을 보여 주고 있다.

항공기 엔진의 터빈은 보통 50[%]의 충동과 50[%]의 반동의 비율이 가장 효율적인 것으로 알려져 있다.

ⓓ 축(Shaft)

터빈의 구조는 그림 4-88과 같다. N_2 축은 터빈 디스크와 볼트로 연결되어 있다. 터빈 축은 축의 전방 끝을 스플라인(Spline)으로 깎아서 압축기와 연결한다. 터빈 축 스플라인은 커플링 장치에 맞아야 되고, 이 커플링 장치는 터빈축 스플라인에 끼워 맞춘다. 이 그림은 이중 동축 터빈 축(Dual coaxial turbine shaft)의 배치를 보여주고 있다. 후방 저압 터빈(N_1)과 전방 N_1 압축기는 긴 축으로 연결되어 있고, 전방 고압 터빈(N_2)과 후방 N_2 압축기는 짧은 축으로 연결되어 있다. N_2 터빈을 고압 터빈이라고 하는 이유는, 연소된 가장 높은 가스 압력을 받기 때문이다.

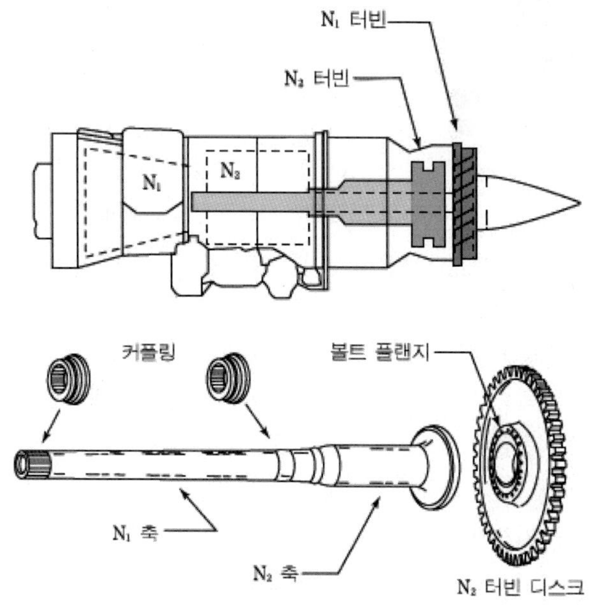

[그림 4-88 터빈 축의 위치]

ⓔ 장착과 고정 장치

터빈 로터 블레이드(혹은 버킷)를 디스크에 장착하는 방법은 다양하다. 터빈에 가해지는 고열과 큰 원심 하중의 조건에 맞는 가장 통상적인 방법은 그림 4-89(좌측)과 같이 전나무(Fir-tree)형 루트로 장착하는 것이다.

터빈 블레이드는 여러 가지 방법으로 홈에 고정시키는데, 보통 리벳, 잠금 탭(Lock tab), 잠금 와이어, 롤 핀(Roll pin) 등을 사용한다.

ⓕ 슈라우드가 있는 팁(Tip)과 칼날 실(Knife-edge seal)

터빈 블레이드의 팁은 개방 팁(Open tip) 블레이드와 슈라우드가 있는 팁(Shrouded tip) 블레이드로 되어 있다. 한 기관에서 두 가지 유형을 보는 것은 흔한 것으로서, 이 때 고속 회전하는 터빈 휠에는 그림 4-89(우측)과 같은 개방 팁 블레이드를 사용하는 반면, 저속 회전하는 터빈 휠에는 슈라우드가 있는 팁의 블레이드를 사용한다.

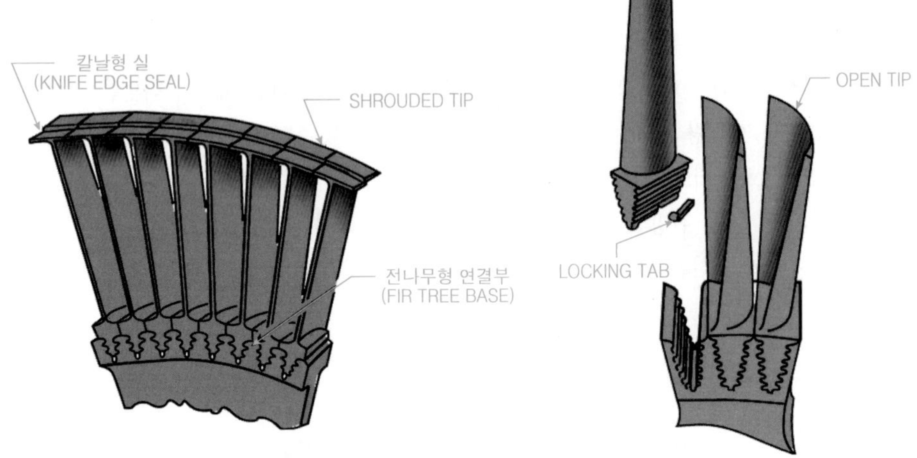

[그림 4-89 슈라우드가 있는 팁과 개방 팁 블레이드]

일반적으로, 슈라우드는 회전력 때문에 생기는 팁 하중으로 인해 터보팬 기관의 저속 터빈 휠에만 사용할 수 있다.

슈라우드는 터빈 블레이드를 가늘고 길게 경량 제작이 가능하게 하고, 팁에서의 공기 손실과 과중한 가스 하중에 의한 블레이드 뒤틀림 혹은 펴짐을 막아 준다. 또, 진동을 감소시키고 칼날형의 공기 실을 장착할 장소를 제공한다.

칼날 실(Knife-edge seal) 역시 블레이드 팁에서의 공기 손실을 감소시켜 준다. 또, 이것은 공기 흐름을 축 방향으로 유지시켜 블레이드에 작용하는 충동 힘을 최대가 되도록 한다.

⑨ 터빈 스테이터 베인 냉각과 터빈 로터 블레이드 냉각

근래의 많은 가스터빈 기관들은 스테이터 베인과 로터 블레이드를 공기로 냉각시켜 사용하고 있다. 즉, 베인과 블레이드를 냉각함으로써 오늘날의 기관은 터빈 입구 온도(TIT : Turbine Inlet Temperature)를 최대 약 3,000[°F]까지 올릴 수 있게 되었다. 이와 같이, TIT가 올라감으로써 압축기의 유량 손실은 보상되고, 총 효율은 증가하게 된다.

㉠ 내부 냉각(Internal cooling) : 공기가 속이 빈 블레이드와 베인을 통과하면서 냉각이 되는데, 흔히 대류 냉각(Convection cooling)이라고도 하며, 찬 공기에 의한 대류현상으로 냉각된다. [그림 4-90 (a)]

㉡ 표면막 냉각(Surface film cooling) : 공기가 베인이나 블레이드의 앞전 또는 뒷전의 작은 출구로 흘러나와 표면에 열 차단막을 형성하여 열이 직접 닿지 않으므로 냉각된다. [그림 4-90 (c)]

㉢ 내부와 표면막 냉각(Internal and film cooling) : 내부 냉각과 표면막 냉각 방식을 혼합한 방식이다. [그림 4-90 (b)]

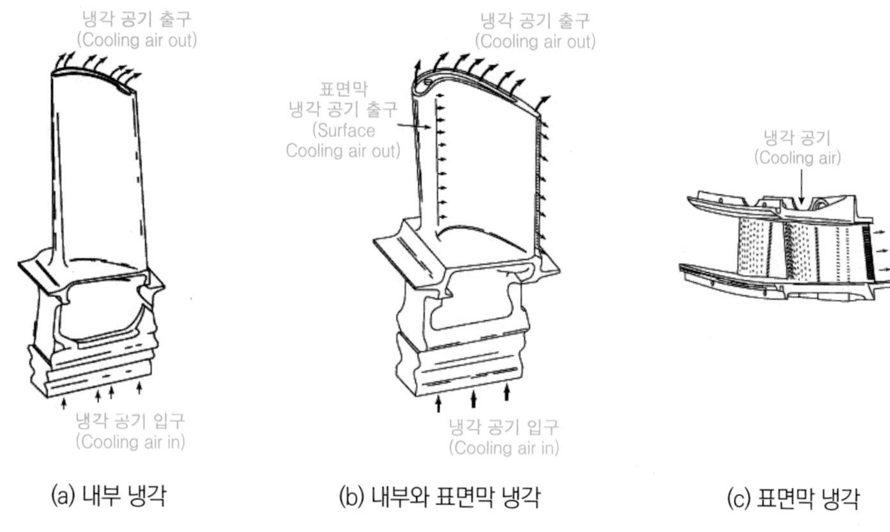

(a) 내부 냉각 (b) 내부와 표면막 냉각 (c) 표면막 냉각

[그림 4-90 터빈 로터 블레이드 냉각]

보충학습 ACCS : Active Clearance Control System

터빈 케이스와 터빈 블레이드 팁(tip) 사이의 간격을 적정하게 보정하여 터빈 효율의 향상에 의한 연비의 개선을 목적으로, 열에 의해 팽창된 터빈 케이스의 외부를 팬 압축 공기를 이용하여 냉각시켜 주는 장치로서 TCCS(Turbine Case Cooling System)이라고도 한다.

2. 방사형 터빈(Radial turbine)

방사형 터빈은 보조 가스터빈 엔진에 주로 사용되며, 그림 4-91과 같이 가스가 스테이터 베인을 통해 터빈의 구심점으로 흐르게 하는 것으로, 가스가 팁 부분으로부터 안쪽으로 흘러 결국 중심에서 빠져 나오게 된다.

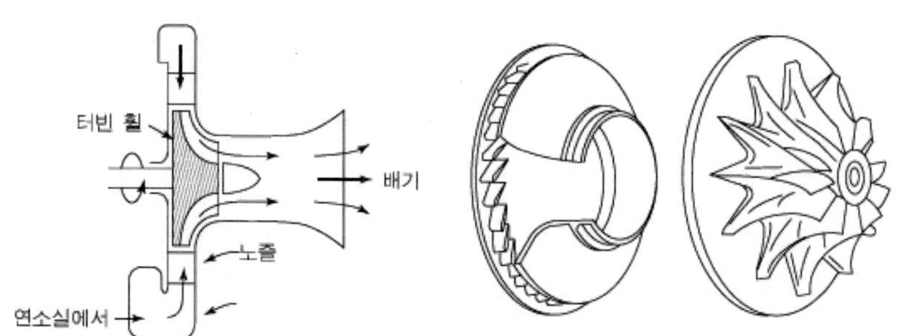

[그림 4-91 방사형 터빈]

방사형 터빈에서는, 흐르는 가스로부터 운동에너지를 100[%]까지 사용할 수 있으며, 비용의 절감과 설계가 간단하다는 장점이 있다. 그러나 한 단으로는 효율이 높지만 다단으로 사용하면 효율이 현저히 감소한다. 또, 이 터빈은 주로 디스크의 원심 하중과 높은 온도로 인해 수명이 짧아진다. 현재까지 이러한 문제점들이 해결 되지 못해 항공기 엔진으로는 사용되지 않고 있다.

6. 배기부(Exhaust section)

1. 배기 콘(Exhaust cone), 테일 콘(Tail cone), 배기 덕트(Exhaust duct)

배기부는 그림 4-92에서 보는 바와 같이, 터빈부 바로 뒤에 위치하고 있으며, 대부분 배기 콘, 테일 콘, 지지대, 배기 덕트로 구성되어 있다. 배기 콘은 배기 컬렉터(Collector)라고도 하는데, 터빈으로부터 나온 배기가스를 모아 내보내면서 점점 수축시켜 가스층을 균일하게 만든다.

테일 콘은 배기 플러그(Exhaust plug)라고도 하는데, 지지대에 의해 지지되어 있다. 테일 콘은 콘 모양으로 인하여 배기 콘 내에서 디퓨저를 형성해 압력을 상승시킨다. 배기 덕트(Exhaust duct)는 테일 파이프라고도 하는데, 배기가스를 설계값의 속도로 가속시켜 원하는 추력을 만들어 내는 장치로서 수축형, 확산형, 수축-확산형의 배기 덕트가 있다.

① 수축형(Convergent) 배기 덕트

수축형 배기 덕트는 대부분의 아음속 항공기에 사용되고 있으며, 그림 4-93과 같이 보통 고정형으로서 기관 작동 중에는 흐름 면적을 바꿀 수 없다.

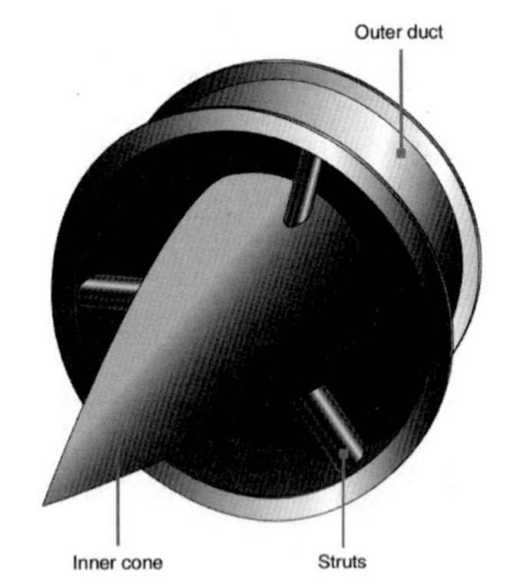

[그림 4-92 배기 콘, 테일 콘, 지지대]

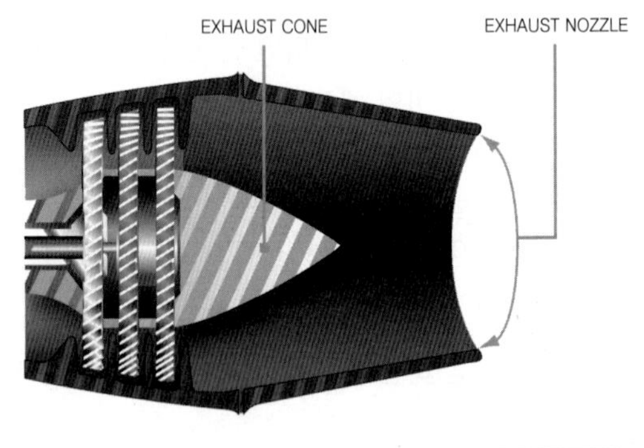

[그림 4-93 수축 배기 덕트]

그러나 기관 성능의 저하를 방지하기 위해서, 일부 배기 덕트는 다른 크기로 바꿀 수 있도록 제작되기도 한다. 수축형 배기 덕트는 배기가스를 마하 1(음속)까지 가속시킬 수 있다. 그러나 마하 1이 되면 가스 흐름은 배기 노즐에서 초크되기 때문에 그 이상 빠르게 할 수는 없다.

② 확산형(Divergent) 배기 덕트

확산형 배기 덕트는 헬리콥터의 기관에 주로 쓰이며, 이 배기 덕트는 추력을 거의 발생시키지 않아서 호버(hover) 성능을 향상시킨다.

③ 수축-확산형(C-D : Convergent-Divergent) 배기 덕트

수축-확산형 배기 덕트는 초음속 항공기에 사용된다. 이 C-D 배기 덕트는 그림 4-94와 같이, 수축부에서는 배기가스의 속도를 증대시켜 목 부분에서 음속이 되도록 하고, 확산부에서는 음속을 지난 후에도 일정 유량의 공기가 흐르도록 하여 목 부분을 지난 공기가 초음속으로 가속되게 한다.

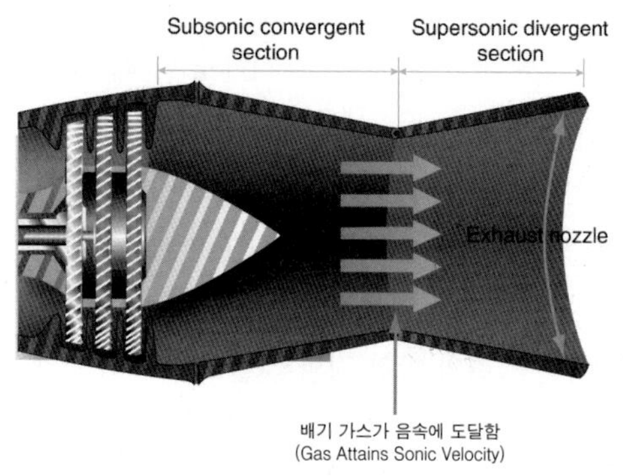

[그림 4-94 C-D 배기 덕드 가스 흐름]

2. 후기 연소기(Afterburner)

후기 연소기는 기존의 기관을 유지하면서 추가의 추력과 속도를 낼 수 있도록 해 주는 것으로서, 추가적인 연료 소모가 늘어나게 된다. 즉, 그림 4-95와 같은 후기 연소기를 장착하면 후기 연소 모드에서 100[%] 정도의 추력 증가를 얻을 수 있는 반면, 3~5배 정도로 연료 소모가 증가된다.

가스터빈 기관에 후기연소기를 추가할 수 있는 이유는, 배기 덕트를 흐르는 연소가스 중에 연소되지 않은 가스가 65~75[%] 정도 남아있기 때문이다. 후기 연소기에서 연료와 비연소가스가 섞이고 점화되면, 여기서 발생하는 추가 열에너지로 인해 가스가 가속되고 추가 추력이 발생하게 된다. 연료 분무 막대(Spray bar)와 점화 장치의 뒷부분에는 안정된 연소를 위해 화염 유지기라 불리는 장치가 있다. 화염 유지기는 튜브형 그리드(Tubular grid)와 스포크형(Spoke-shaped)이 있으며, 공기가 화염 유지기에 부딪힐 때 난류가 발생하고, 이로 인해 연료와 공기가 잘 섞이게 하며, 유속이 매우 빠른 경우에도 완전하고 안정적인 연소를 가능케 해 준다. 후기 연소는 가스터빈 기관 중에서도 터보팬 기관과 터보제트 기관에서만 가능하다.

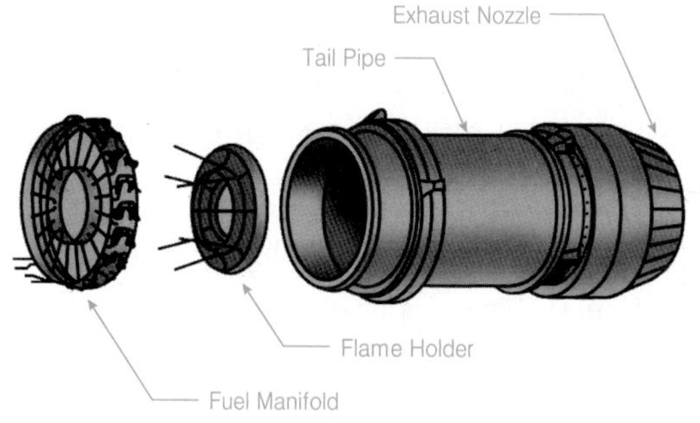

[그림 4-95 후기 연소기 어셈블리]

3. 역추력 장치(Thrust reverser)

정기 여객기나 중거리 여객기 또는 사업용 제트기에서 사용되는 터보제트나 터보팬 기관에 역추력장치를 장착하는 이유는 다음과 같다.

① 정상 착륙시 제동 능력 및 방향 전환 능력을 도우며, 제동장치의 수명을 연장시켜 준다.

② 비상 착륙시나 이륙 포기시에 제동 능력 및 방향 전환능력을 향상시킨다.

③ 일부 항공기에서는 스피드 브레이크(Speed brake)로 사용해서 항공기의 강하율을 크게 한다.

④ 주기(Park)해 있는 항공기에서 동력 후진(Power back)할 때 사용된다.

가장 널리 사용되고 있는 두 가지 형태의 역추력 장치로는 그림 4-96과 같이 캐스케이드 리버서(Cascade reverser)라고 불리는 공기역학적 차단 장치와 클램셸 리버서(Clamshell reverser)라고도 불리는 기계적 차단 장치가 있다. 이 두 가지 형식의 역추력 장치를 구동할 때 가장 널리 사용되는 방식은 압축기에서 배출된 고압의 공기를 이용하는 공압 작동장치이다. 그 밖에 전기 모터를 사용하거나 유압을 이용하는 경우도 있다. 공기 역학적 차단 장치는 일련의 방향 전환 깃들로 이루어진 캐스케이드로 구성 되었으며, 배기가스를 방향 전환시켜 전방을 향하게 함으로써 후방 추력을 발생하게 해 준다. 기계적 차단 장치는 역추력을 발생시키기 위하여 일단 펼쳐지면 제트 배기 통로에 견고한 차단막을 형성하는 것이다.

배기가스는 역추력시에 클램셸(Clamshell) 혹은 방향 전환 깃에 의해 기관 흡입구로 재흡입되지 않을 정도의 각도로 앞쪽으로 분사되어야 한다.

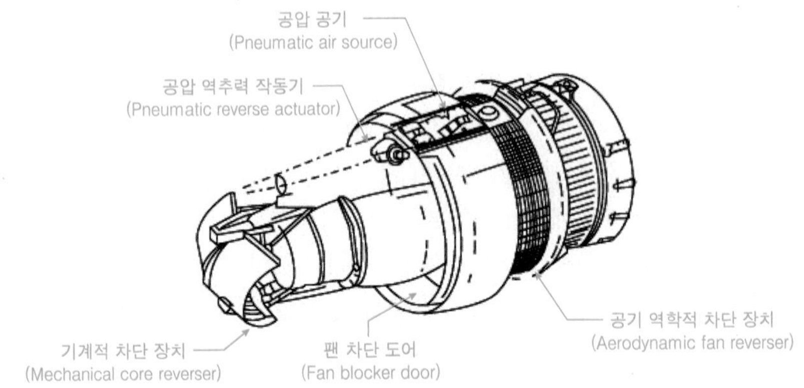

[그림 4-96 역추력 장치]

보충학습 **역추력 장치 작동**

역추력 장치는 조종사가 그림 4-97과 같은 조종석의 레버를 이용해 조절할 수 있다. 특히, 역추력장치는 활주로가 젖어 있거나 얼음이 얼어 있을 경우에는 항공기를 정지시키는데 50[%] 정도의 제동력을 낼 수 있다.

역추력 장치를 사용하는 절차는 착지 후 지상 아이들(Idle) 속도에서 역추력을 선택 하고 대략 N2 속도가 75[%](비상시에는 100[%]) 정도가 되도록 동력을 내게 하는 것이다.

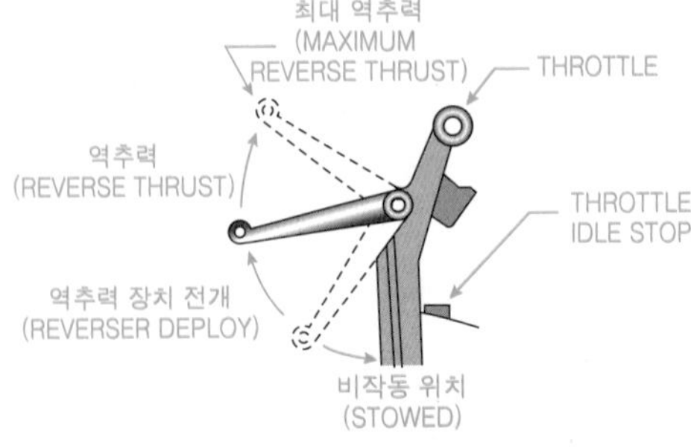

[그림 4-97 조종석의 역추력 조종 레버]

4. 소음 억제

사업용 제트기나 여객기의 이륙시 소음 수준은 보통 활주로 끝에서 측정하였을 경우에 90~100[dB] 정도가 된다. 항공기 바로 옆의 소음 수준은 160[dB] 정도인데, 듣기에 상당히 괴로울 정도의 수준이며, 소음 수준이 90~100[dB]에서도 사람에게는 상당히 해롭다. 배기가스에 의해 발생하는 소음은 저주파수를 갖는데, 이로 인해 아주 멀리까지 소음이 도달하게 된다. 이러한 저주파수의 소음이 바로 공항 주변 주민들을 괴롭히는 가장 큰 원인이다. 터보팬 기관의 소음 수준은 터보제트 기관에 비해 상당히 낮다. 이는 터보팬의 혼합 배기가스로 인해 배기가스의 유속이 줄어들어서 소음이 줄어들기 때문이다. 그림 4-99는 다중 로브(Multi lobed)형 소음 억제 장치를 보여 주고 있다. 이것은 배기 흐름의 단면적을 넓힘으로써 소음의 주파수를 높게 하여 대기 중에 쉽게 흡수되도록 해 주는 장치이다.

즉, 찬 공기와 고온의 배기가스가 서로 섞이는 영역을 넓게 하여 커다란 소용돌이를 갖는 난류를 미세한 소용돌이의 난류로 만들어 주는 것이다. 항공기 제작사들은 좀 더 효율적으로 소음을 제어하기 위한 새로운 소음 감소 기술을 개발하여 차세대 항공기와 기관에 적용하기위해 계속적으로 노력하고 있다.

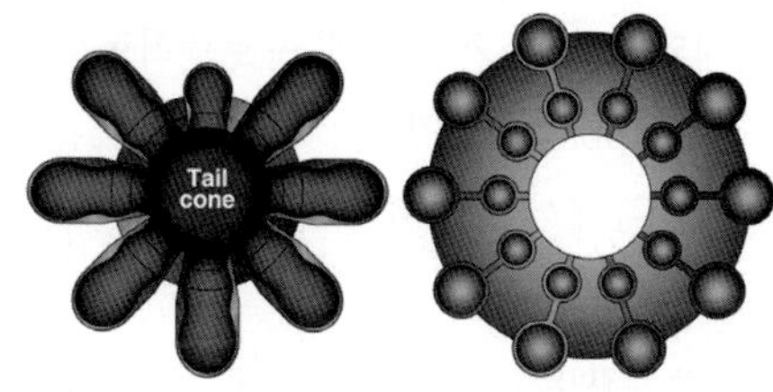

[그림 4-98 배기 소음 감소 장치]

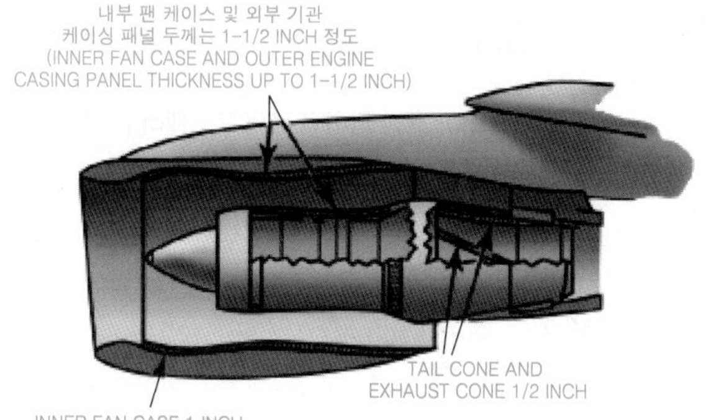

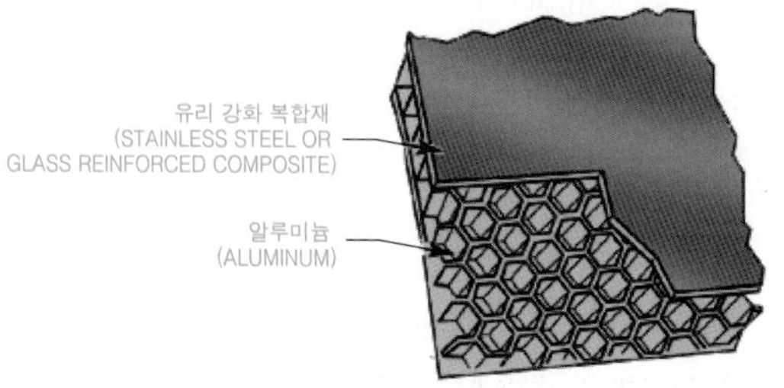

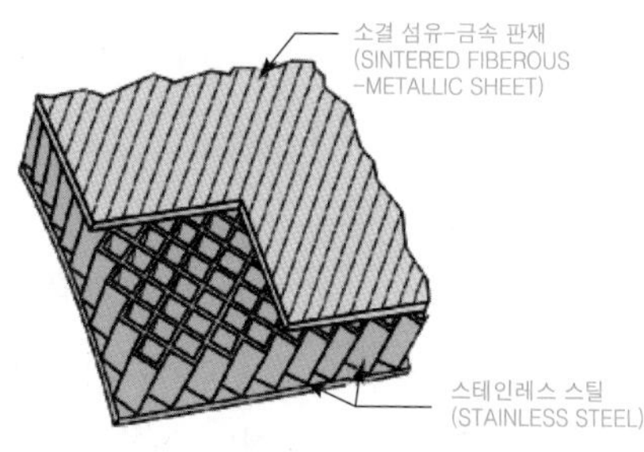

[그림 4-99 소음 흡수 장치]

제4장 프로펠러 및 헬리콥터 동력 장치

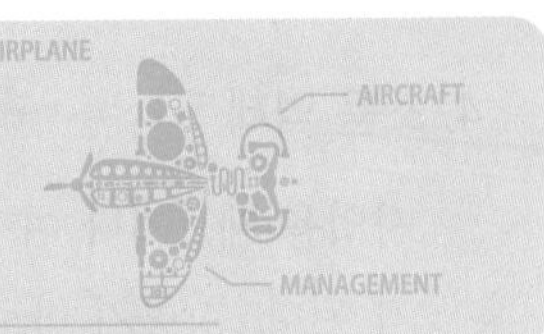

1 프로펠러(Propeller)

프로펠러의 기본 원리는 기관에서 동력을 공급받아 프로펠러 깃을 회전시킴으로써 기관의 회전동력을 추진력으로 전환시키는 것이다. 프로펠러는 저속 기관에서는 보통 크랭크축의 연장 축에 장착되어 있고, 고속 기관에서는 기관 크랭크축에 감속 기어(Reduction gear)로 맞물린 프로펠러축에 장착되어 있다.

1. 프로펠러의 작동 원리와 구조

그림 4-100은 경항공기용으로 설계된 고정 피치의 목재 프로펠러로서 여기에는 허브, 허브 보어(Bore), 볼트구멍, 목(Neck), 깃, 팁, 금속 티핑(Tipping)이 있다.

또, 프로펠러 깃의 단면에는 그림 4-101에서 보여 주는 것과 같이 에어포일의 앞전, 뒷전, 캠버면(뒷면), 평평한 면(정면)이 있다.

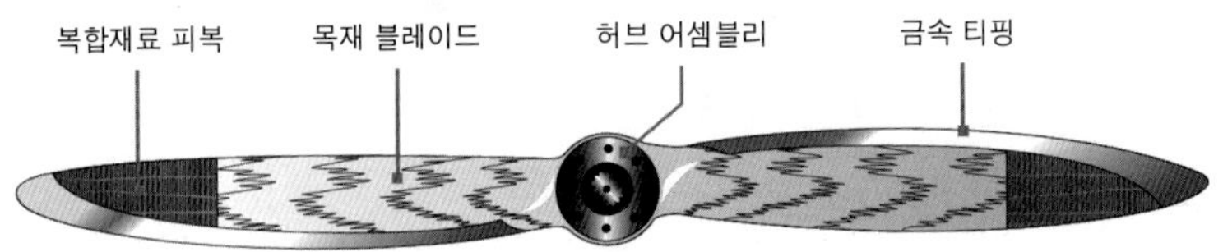

[그림 4-100 고정 피치의 목재 프로펠러]

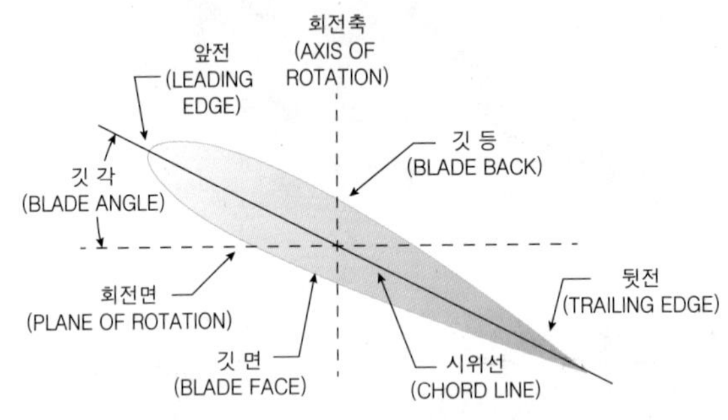

[그림 4-101 프로펠러 깃의 단면]

위의 그림에서 보는 바와 같이, 프로펠러 깃은 항공기 날개와 비슷한 에어포일 형상이므로 프로펠러의 깃은 회전 날개로 간주된다. 프로펠러 깃은 길이, 폭, 두께를 축소시킨 소형 날개라고 할 수 있다. 이 소형 날개의 한쪽 끝은 생크(Shank) 형태를 이루고, 깃이 회전하기 시작하면 항공기 날개 주변에 공기가 흐르는 것과 똑같이 주변에 공기가 흐르게 된다. 단, 날개는 위쪽으로 양력을 받지만 깃은 앞쪽으로 양력을 받게 된다.

그림 4-102에서는 프로펠러 깃의 단면을 보여 주고 있다. 여기서 깃 생크(Blade shank)는 깃 버트(Butt)와 인접한 부분을 말하는데, 강도를 주기 위해 두껍게 되어 있고, 허브 배럴(Barrel)에 꼭 맞게 되어 있다. 그러나 이 부분은 추력을 거의 내지 못한다. 일부 프로펠러 깃은 더 많은 추력을 내기 위하여 팁(Tip)에서 허브까지 에어포일 형상으로 되어 있는 것도 있다. 또, 일부 프로펠러에서는 그림 4-103과 같이 허브까지 에어포일 형상으로 되어 있는데, 금속의 얇은 판으로 된 커프(Cuff)는 카울링(Cowling)처럼 기능하여 기관의 냉각을 돕는다.

1. 깃 스테이션(Station)

깃 스테이션은, 허브 중심으로부터 깃을 따라 인치로 측정되는 거리를 말한다. 그림 4-102는 깃의 스테이션 위치를 보여 주는 한 예이다. 깃을 스테이션으로 분할하는 이유는 프로펠러 깃의 성능, 깃 위치 표시와 손상의 위치, 깃 각을 측정하기 위한 적절한 지점을 알기 쉽게 하기 위해서이다.

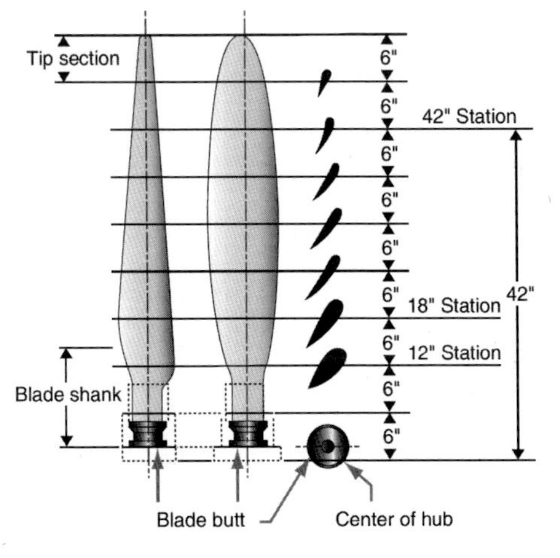

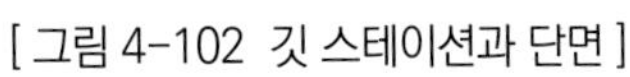

[그림 4-102 깃 스테이션과 단면]

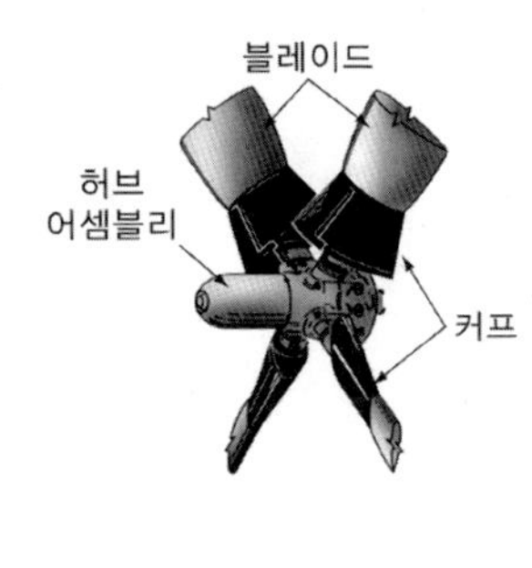

[그림 4-103 깃 커프]

2. 깃 각(Blade angle)

깃 각은 특정 깃 단면의 정면(시위)과 프로펠러 깃의 회전면 사이의 각도로 정의한다. 그림 4-104에서는 깃 각, 회전면, 깃 정면, 세로축, 항공기 앞부분을 보여 주고 있다. 회전면은 크랭크축에 수직이며, 추력을 얻기 위하여 프로펠러 깃은 회전면에 정해진 각도로 맞추어져야 한다.

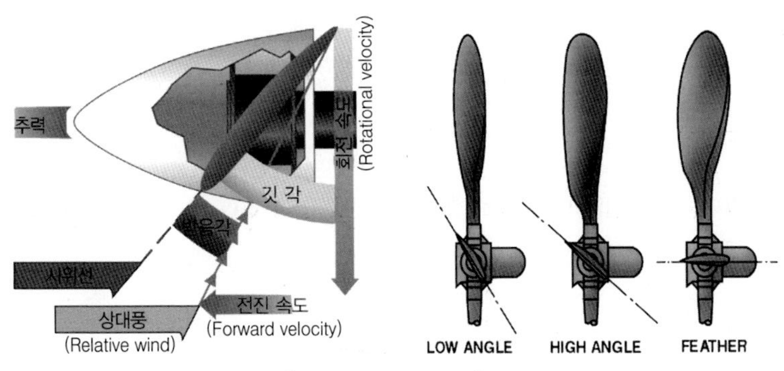

[그림 4-104 깃 각]

3. 피치(pitch)

유효 피치(EP : Effective Pitch)란, 비행 중 프로펠러가 360°, 1회전 하는 동안에 항공기가 전진한 실제 거리를 말한다. '피치'와 '깃각'은 동의어는 아니지만, 서로 밀접한 관계가 있기 때문에 보통 바꾸어서 사용할 수 있다. 그림 4-105에서는 저피치와 고피치를 보여 주고 있으며, 깃 각이 작으면 피치가 작아 항공기는 프로펠러의 1회전으로 얼마 전진하지 않으며, 깃 각이 크면 피치가 커서 항공기는 프로펠러의 1회전으로 훨씬 더 멀리 전진한다. 고정 피치 프로펠러란 깃 각을 변경할 수 없도록 고정시킨 프로펠러를 말하며, 가변 피치 프로펠러란 비행 중 깃 각을 조정하기 위한 조종 장치가 있는 것을 말한다.

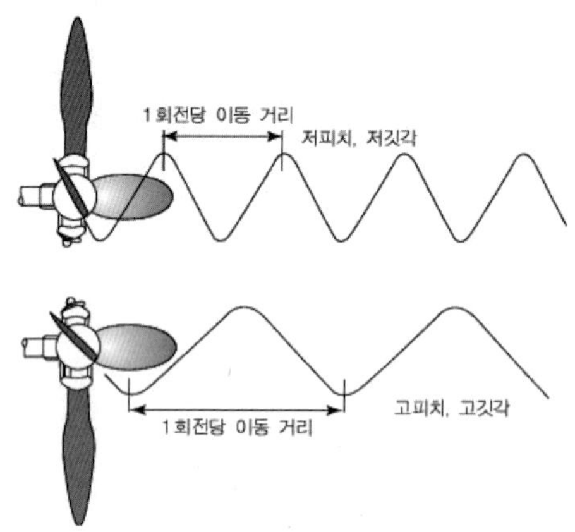

[그림 4-105 저피치와 고피치]

기하학적 피치(Geometric pitch)란 프로펠러가 깃 각과 같은 각으로 나선을 따라 움직일 때 1회전 동안 항공기가 이론상으로 전진하는 거리를 말한다.

기하학적 피치는 깃 각의 탄젠트(Tangent)×$2\pi r$(r : 계산할 깃 스테이션의 반지름)로 계산할 수 있다.

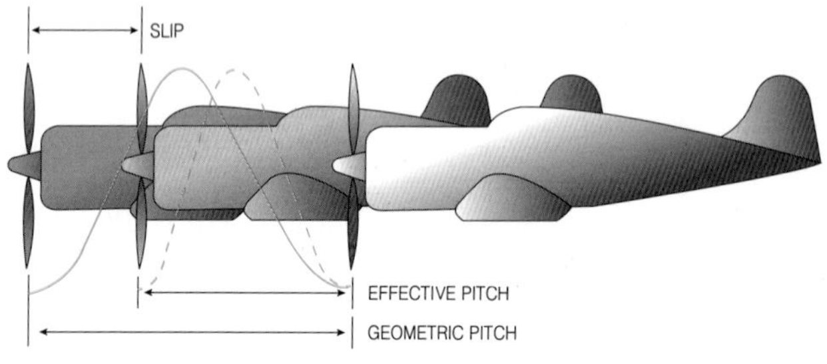

[그림 4-106 유효 피치와 기하학적 피치]

4. 슬립(slip)

그림 4-106과 같이, 슬립(Slip)이란 프로펠러의 기하학적 피치(G_p)와 유효 피치(E_p)의 차이로 정의하며 다음과 같이 나타낼 수 있다.

$$\text{슬립(Slip)} = \frac{G_p - E_p}{G_p} \times 100$$

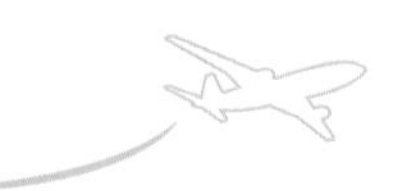

슬립 함수(진행률(J) : Advance ratio)란 프로펠러 회전 속도에 대한 항공기의 전진속도의 비율로서 프로펠러 성능의 한 척도로 사용된다. 즉, 공식 $\frac{V}{nD}$로 나타낼 수 있는데, 여기서 V는 공기 속을 통한 항공기의 전진 속도이고, D는 프로펠러 지름이며, n은 단위 시간당 회전수이다.

5. 비행기 프로펠러에 작용하는 힘

① 추력 : 프로펠러에 미치는 전체 공기 힘의 분력으로서, 전진 방향에 평행이며 프로펠러에 굽힘 응력을 발생시킨다.

② 원심력 : 프로펠러 회전에 의하여 생기며 깃을 허브 중앙으로부터 밖으로 던지는 경향이 있어서 인장응력을 발생시킨다.

③ 비틀림 : 깃 자체에서 공기 합성력이 프로펠러 중심축을 통하지 않기 때문에 비틀림 응력이 생긴다.

④ 원심 비틀림 : 깃의 깃 각을 작게 하려는 힘이다. 일부 프로펠러 조종 장치에서는 깃을 더 낮은 각도로 돌리기 위하여 이 원심 비틀림(Centrifugal twisting force)을 이용한다.

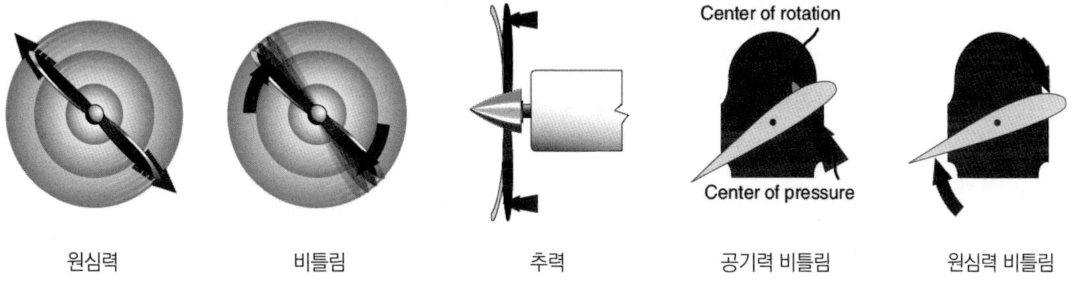

[그림 4-107 비행시 프로펠러에 작용하는 힘]

6. 프로펠러 효율

프로펠러의 후류나 소음 발생 때문에 프로펠러의 효율은 가장 이상적인 조건하에서도 실제로 92[%] 정도밖에 얻을 수 없다.

이러한 효율을 얻기 위하여 프로펠러 팁 근처에 얇은 에어포일 단면을 사용하고 앞전과 뒷전을 아주 날카롭게 해야 한다. 그러나 이런 얇은 에어포일 단면은 깃에 손상을 입힐 수 있는 돌, 자갈, 기타 이물질들이 조금이라도 있는 곳에서는 사용할 수가 없다.

추력 마력이란 프로펠러에서 추력으로 전환되는 실제 마력량을 말하며, 이것은 기관에 의해 발생되는 제동(또는 축) 마력보다 작은데, 이는 프로펠러 효율이 100[%]가 되지 않기 때문이다.

추력은 프로펠러 회전면에 수직으로 작용하고, 토크는 평행으로 작용한다. 추력 마력은 제동(토크)마력보다 작으며, 프로펠러 효율은 제동(토크) 마력과 추력 마력의 비로서 다음과 같이 나타낸다.

$$\text{프로펠러 효율}(\eta_p) = \frac{\text{추력 마력}}{\text{제동 마력}} \times 100[\%]$$

항공기엔진

7. 페더링(Feathering)

페더링이란 비행 중 기관이 고장났거나 기관을 정지해야 할 경우에 프로펠러가 바람에 의한 저항을 받지 않도록 프로펠러 깃 각을 약 90°가 되게 조정하여 프로펠러의 회전을 멈추게 하여 항력을 줄이는 것을 말한다.

프로펠러를 페더링하게 되면 페더링된 깃은 전면과 후면의 공기 압력이 같아져서, 프로펠러는 회전을 멈추게 된다. 만일, 페더링되지 않는다면 프로펠러가 '풍차(Windmill)'가 되어 항력이 생기게 된다.

프로펠러를 페더링함으로써 얻는 또 다른 장점은 항공기 주날개와 꼬리 날개에 공기 흐름의 저항(항력)과 교란을 적게 하여 비행 조종을 원활하게 하는 것이다. 더욱이 기관내부 파손으로 고장이 났을 경우, 기관의 추가 손상을 방지해 주고 항공기 구조를 손상시킬 수 있는 진동을 제거해 준다. 그렇게 됨으로써 비상착륙 지점까지 더욱 안전하게 비행할 수 있는 것이다.

8. 역추력(Reverse thrust)

프로펠러의 깃 각을 부(−)의 깃 각으로 함으로써 프로펠러의 역추력을 발생시키는데, 역추력이란 보통 프로펠러에 의해 발생하는 전진 추력의 반대 방향으로 작용하는 추력을 말한다. 역추력은 착륙활주 거리를 단축시켜 제동량을 줄여 줌으로써 제동 장치와 타이어의 수명을 증가시켜 준다. 대부분 다발 왕복 엔진이나 터보 프롭 기관을 장착한 항공기 착륙시에 역추력이 이용된다.

2. 프로펠러의 형식

프로펠러의 형식에는 다음과 같은 다섯 가지 일반적인 형식이 있다. 일반적으로 프로펠러는 이륙, 상승, 순항, 고속과 같은 모든 작동 조건하에서 기관 출력으로부터 항공기의 최대 성능을 얻을 수 있도록 설계된다.

1. 고정 피치 프로펠러(Fixed pitch propeller)

고정 피치 프로펠러는 통판으로 제작되어 깃을 구부리거나 다시 만들지 않는 한 피치는 고정되어 있다. 고정 피치 프로펠러는 보통 2개의 깃으로 되어 있으며, 목재, 알루미늄 합금, 강철로 만들어지고 소형 항공기에 널리 사용된다.

2. 지상 조정 프로펠러(Ground adjustable pitch propeller)

지상 조정 프로펠러는 기관이 작동하지 않을 때 지상에서만 피치를 조정할 수 있다. 이러한 프로펠러는 보통 허브를 분할할 수 있게 되어 있으며, 피치 조정을 할 때 기관으로부터 프로펠러를 장탈해야 하는 것도 있고 장탈하지 않는 것도 있다.

3. 두 지점 피치 프로펠러(2-position controllable pitch propeller)

두 지점 피치 프로펠러는 작동 중에 깃 각을 미리 맞추어 놓은 저피치로 조정하거나 고피치로 조정할 수 있다. 저피치는 이륙과 상승에 사용되며, 순항시에는 고피치로 바꾼다. 이러한 프로펠러에서는 고피치 또는 저피치 하나만 선택할 수 있다.

4. 가변 피치 프로펠러(Controllable pitch propeller)

가변 피치 프로펠러는 조종사가 기계적이거나 유압식으로 또는 전기적으로 작동되는 피치 변경 장치로 비행 중 또는 지상에서 기관 작동 중에 프로펠러의 피치를 바꿀 수 있다. 피치 조종은 고·저 피치로 어느 위치든지 조정이 가능하다.

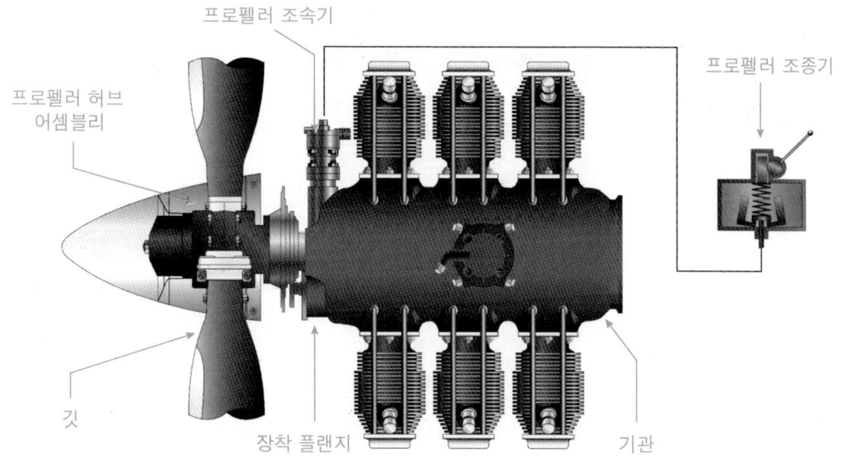

[그림 4-108 프로펠러 조종 기구(Hartzell 프로펠러)]

5. 정속 프로펠러(Constant speed propeller)

정속 프로펠러는 일정한 기관 속도를 유지하기 위해 깃 각을 자동적으로 변화시키는데, 유압식이거나 전기식으로 작동되는 조속기(Governor)에 의하여 조정된다.

조종사는 프로펠러 회전수 레버로 조속기를 조정하여 특정 작동 상태에 필요한 기관 속도를 선택할 수 있다. 정속 프로펠러를 장착한 항공기가 직선 수평 비행을 할 때, 기관 출력이 증가하면 프로펠러가 추가 출력을 흡수하여 회전수가 일정하게 유지되도록 깃 각을 증가시킨다.

즉, 정속 프로펠러는 조종사가 선택한 기관 속도(프로펠러 회전수)를 유지하기 위해 프로펠러 피치를 자동으로 조정하는 조속기에 의해 조종된다.

프로펠러의 회전수가 증가하면 조속기는 그 증가를 감지하고 프로펠러 깃 각을 증가시키도록 반응한다. 또, 프로펠러의 회전수가 감소하면 조속기는 프로펠러 깃 각을 감소시킨다. 즉, 깃 각이 증가하면 회전수가 감소하게 되고, 깃 각이 감소하면 회전수가 증가하게 된다.

2 헬리콥터의 동력장치

헬리콥터가 개발된 이후로 오랫동안 왕복 엔진이 헬리콥터의 동력 장치로 사용 되었다. 가스터빈 기관이 개발된 현재에도 로빈슨R-22 및 R-44와 같은 일부 기종은 민간 조종사 훈련용으로 활용되고 있다. 그러나 현재 운용되는 대부분의 헬리콥터에는 가스터빈 기관이 장착되어 있다.

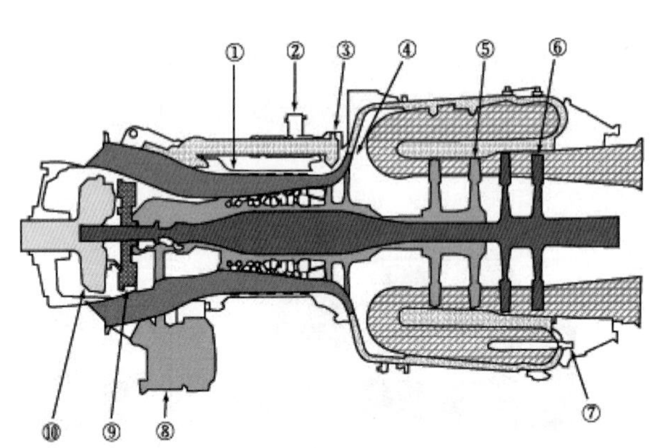

[그림 4-109 헬리콥터 기관의 구성]

1. 헬리콥터 기관의 특성

헬리콥터에 사용되는 터보 샤프트 기관은 그림 4-109와 같이 가스발생기 터빈과 동력 터빈으로 구성된다. 가스 발생기 터빈은 압축기를 구동시키는 데 사용되며, 동력 터빈은 축으로 연결되어 회전 날개에 동력을 공급한다. 따라서, 헬리콥터 기관에서는 연소된 혼합 가스에서 추력을 얻는 대신 단지 동력 터빈을 회전시키는 데 활용된다. 동력 터빈은 고온, 고압의 연소가스에서 가능한 한 큰 동력을 얻도록 설계되며, 동력 터빈을 지난 혼합 가스는 디퓨저 모양으로 제작된 배기 덕트에서 속도를 감소시켜 배출한다. 그림 4-110은 소형 헬리콥터에 사용되는 터보 샤프트 기관으로, 압축기, 터빈, 연소실 및 기어 박스로 구성된다. 압축기는 6단의 축류 압축기와 1단의 원심 압축기로 구성되어 있으며, 연소실은 애뉼러형이다. 터빈은 고압 터빈과 저압 터빈으로 구성된다. 고압 터빈은 2단으로 가스 발생기 터빈 혹은 압축기 터빈이라 불리고, 저압 터빈 역시 2단으로 동력 터빈이라 불린다. 배기구는 일반 가스터빈 기관과 달리 기관의 중간 지점에 위치한다.

[그림 4-110 소형 헬리콥터 기관(Allison 250)]

2. 동력 전달 장치

1. 동력 전달 계통의 기본 구조와 명칭

헬리콥터의 동력 전달 계통이란 기관의 동력을 주회전 날개와 꼬리 회전 날개 및 각종 보기(Accessory)에 전달하는 장치이다. 헬리콥터가 정상적으로 비행하기 위해서는 기관의 동력이 회전 날개와 꼬리 회전 날개에 전달되어야 하고, 기관에 이상이 생겼을 경우에는 오토로테이션(Auto rotation)이 가능하여야 하며, 회전 날개의 회전 속도가 너무 빠르지 않도록 조절되어야 한다. 이러한 기능들은 동력 전달 계통의 여러 구성품들에 의해 수행된다.

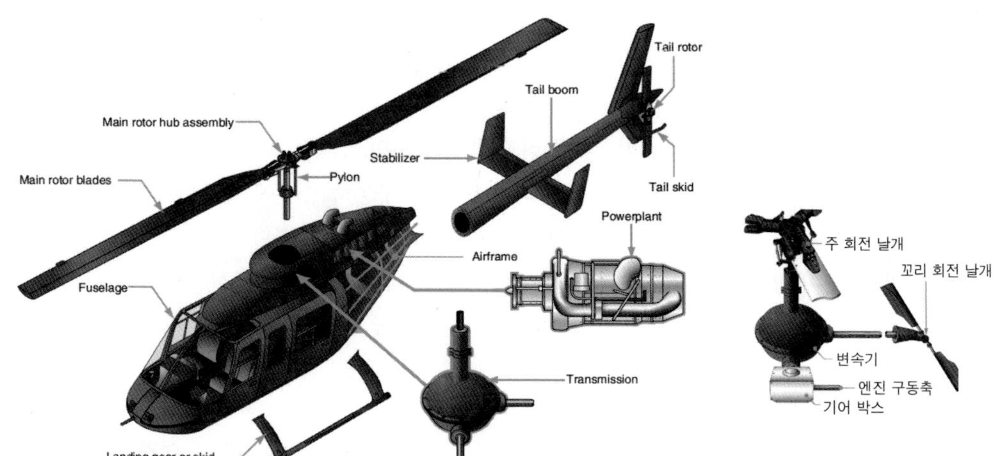

[그림 4-111 동력 전달 장치의 기본 구조]

① 동력 전달 계통의 기본 구조

헬리콥터에서 동력을 전달하는 계통의 기본 구조는 헬리콥터에 장착되는 기관의 위치와 변속기에 연결되는 방식에 따라 달라진다. 그림 4-111은 동력 전달 계통의 기본 구조를 나타낸 그림이다. 동력 전달 계통의 구조는 기관과 변속기가 연결 되는 접속 각도에 따라 몇 가지 형태로 구분할 수 있다.

② 동력 전달 계통의 구성품

동력 전달 계통의 기본 구성품은 그림 4-111과 같으며, 헬리콥터의 종류에 따라 그 명칭이 조금씩 달라지나 기계적 기능은 유사하다.

주 구동축(Main drive shaft)은 기관 구동축이라고도 하며, 기관의 동력을 변속기에 전달하는 역할을 한다. 구동축의 양쪽은 유연한 커플링으로 만들어져 충격과 진동을 흡수한다.

변속기(Transmission)는 기관의 높은 회전수를 감속시켜, 그 동력을 회전 날개와 꼬리 회전 날개에 전달한다. 또, 이 장치는 유압 펌프나 발전기 등의 보기(Accessory)를 구동하며, 회전 날개가 오토로테이션 상태일 때 기관과의 연결을 차단하는 역할을 한다. 회전 날개 구동축(Main rotor drive shaft)은 변속기에서 감속된 기관의 동력을 회전 날개에 전달하는 역할을 하며, 꼬리 회전 날개 구동축(Tail rotor drive shaft)은 변속기에서 감속된 기관의 동력을 꼬리 회전 날개에 전달한다.

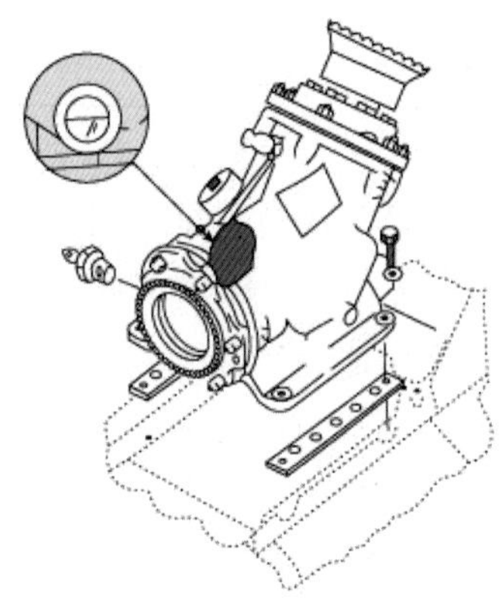

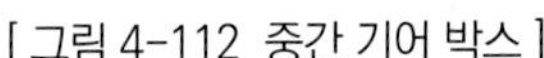

[그림 4-112 중간 기어 박스]

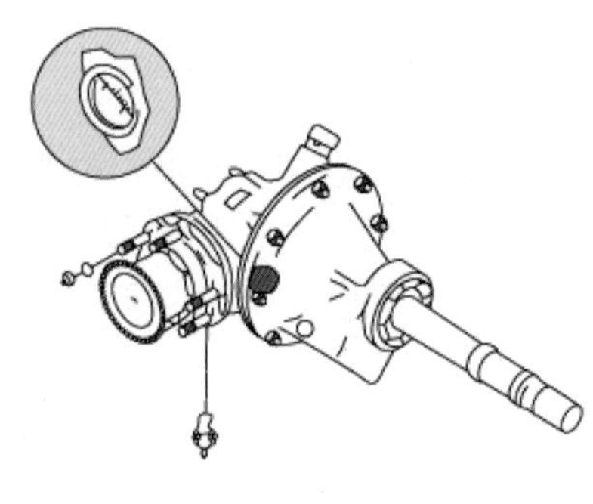

[그림 4-113 꼬리 회전 날개 기어 박스]

기어 박스(Gear box)에는 중간 기어 박스와 꼬리 회전 날개 기어 박스가 있다. 중간 기어 박스(Intermediate gear box)는 그림 4-112와 같은 형태로서 꼬리 회전 날개 구동축 중간에 설치된 것이다. 이것은 회전 날개 항공기의 꼬리 구조 형태에 따라 구동축의방향을 필요한 각도만큼 변환시켜준다.

꼬리 회전 날개 기어 박스(Tail rotor gear box)는 그림 4-113과 같이 꼬리 회전 날개 구동축의 회전 방향을 90°로 바꾸어 주는 역할을 하며, 필요에 따라 일정한 비율로 회전수를 증감시켜 주기도 한다.

2. 동력 전달 계통의 분류

동력 전달 계통은 변속기와 기관의 연결 방식에 따라 달라지며, 변속기와 기관의 연결 방식은 기관의 장착 위치에 따라 크게 좌우된다. 따라서, 동력 전달 계통은 헬리콥터의 종류에 따라 그 구조와 동력 전달 방식이 달라진다.

① 왕복 엔진의 동력 전달 계통

그림 4-114는 왕복 엔진을 장착한 단일 회전 날개 헬리콥터에서 주로 볼 수 있는 동력 전달 계통으로, 기관, 변속기 및 회전 날개가 수직으로 연결되어 있어 기관 구동축이 필요치 않다.

이 계통에서는 기관의 회전력이 변속기에서 감속된 다음, 베벨 기어를 통해 회전 날개와 꼬리 회전 날개로 분리되어 전달된다. 이 계통의 구성품은 클러치, 냉각 팬, 프리휠 구동축, 베벨 기어, 감속 기어 박스, 꼬리 회전 날개 구동축, 꼬리 회전 날개 변속기로 구성되어 있다.

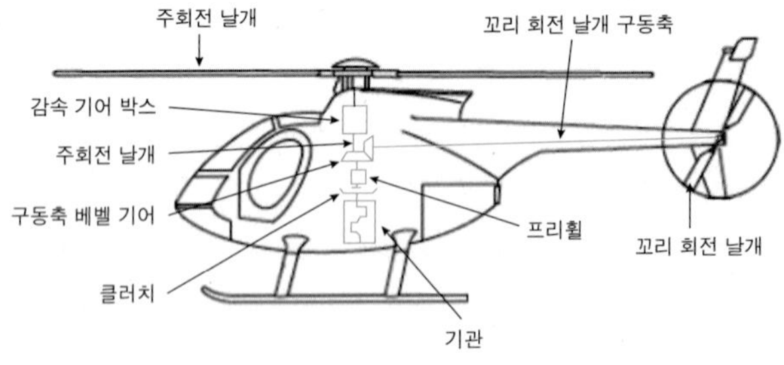

[그림 4-114 왕복 엔진 헬리콥터 동력 전달 계통]

② 소형 가스터빈 기관의 동력 전달 계통

그림 4-115는 소형 가스터빈 기관을 장착한 단일 회전 날개 헬리콥터에서 사용되는 변속기로 기관과 45° 경사지게 연결되어 있다. 이 동력 전달 계통은 프리휠 클러치, 기관 출력 구동축, 회전 날개 구동축, 꼬리 회전 날개 구동축, 꼬리 회전날개 기어 박스로 구성되어 있다.

오버러닝 클러치는 기관 동력이 부족하거나 정지할 때에 회전 날개가 오토 로테이션(Auto rotation) 할 수 있는 기능을 갖게 한다. 즉, 기관의 회전수가 회전 날개의 회전수보다 클 때에는 기관의 동력이 전달되고, 그보다 작거나 기관이 정지할 때에는 클러치가 분리되어 회전 날개만 회전하게 된다.

그림 4-116은 소형 가스터빈 기관의 동력 전달 과정을 도표로 표시한 것이다. 이 기관에서 발생된 동력은 오버러닝 클러치를 통해 기관의 출력 구동축으로 전달된다. 기관출력 구동축은 기관과 같은 회전수로 회전하면서 변속기에 전달된다.

변속기에서 회전수가 일정 비율로 감속된 동력은 회전 날개 구동축과 꼬리 회전 날개 구동축에 분배된다. 회전 날개 구동축은 회전 날개를 구동시키고, 꼬리 회전 날개 구동축은 꼬리 회전 날개 변속기에서 약간 증속된 다음, 꼬리 회전 날개를 회전시킨다.

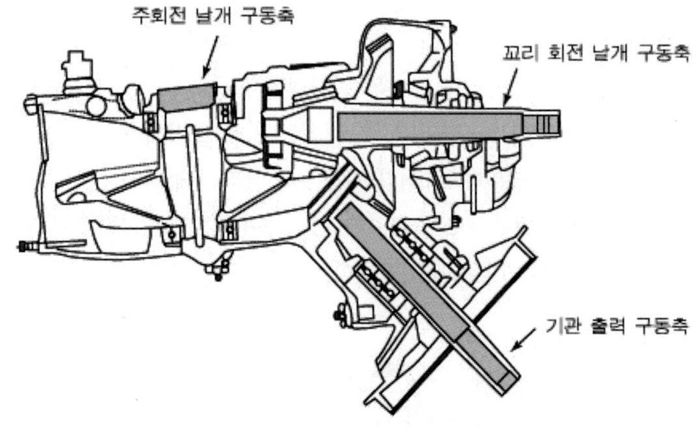

[그림 4-115 소형 가스터빈 기관 변속기]

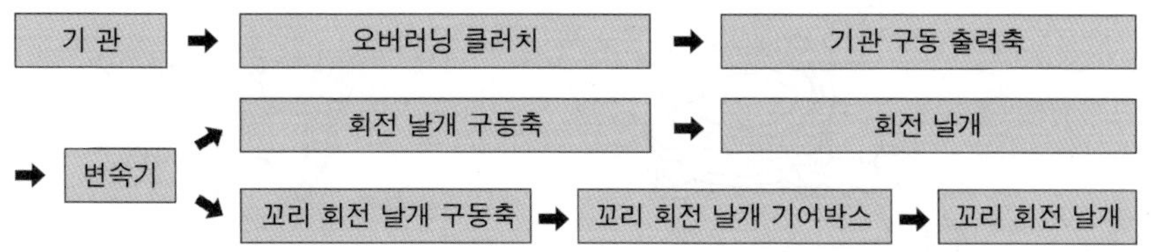

[그림 4-116 소형 가스터빈 기관의 동력 전달 과정]

3. 변속기

변속기는 베벨 기어에 의해 기관 동력 전달 방향을 바꾸고, 유성기어 계통(Planetary gear system)을 이용하여 감속한다. 기관의 동력이 회전 날개에 전달되기까지 일어나는 감속비는 왕복 엔진의 경우 7~12 : 1 이며, 가스터빈 기관의 경우 13~100 : 1 정도이다.

변속기는 중량을 가볍게 하기 위하여 마그네슘 합금으로 만들어지며, 큰 강도가 요구되는 곳에는 알루미늄 합금이 사용되기도 한다. 구동축은 회전 날개에서 발생하는 여러 가지의 하중을 전달하기 위하여 피로 강도가 큰 합금강으로 만들어진다.

회전하는 부분에 사용되는 다이내믹 실(Dynamic seal)과 고정 부분에 사용되는 오링(O-ring), 개스킷 등은 합성유에 잘 견디는 플루오르 고무로 만들어진다.

4. 구동축

구동축(Drive shaft)은 기관과 변속기 또는 변속기와 변속기를 결합하여 동력을 전달하는 역할을 하며, 기관 구동축, 회전 날개 구동축 및 꼬리 회전 날개 구동축이 있다.

5. 클러치(Clutch)

클러치는 기관의 동력을 회전 날개에 전달하거나 차단하는 역할을 하며, 종류에는 원심 클러치와 프리휠 클러치가 있다.

① 원심 클러치(Centrifugal clutch)

원심 클러치는 왕복 엔진을 장착한 헬리콥터에 사용되며, 기관의 시동, 또는 저속 운전시 기관에 부하가 걸리지 않도록 한다. 대부분의 헬리콥터는 원심력을 이용한 자동 원심 클러치를 사용하며, 그 구조는 그림 4-117과 같다. 기관의 회전수가 낮을 때에는 원심 클러치가 드럼(Drum)에서 떨어져, 기관의 회전력이 변속기에 전달되지 않는다. 그러나 회전수가 빨라짐에 따라 원심 클러치 스파이더(Spider)에 장착된 4개의 슈(Shoe)가 바깥쪽으로 벌어지기 시작하며, 충분한 회전수에 도달하게 되면, 클러치 드럼에 접촉되어 기관의 출력이 변속기에 전달된다.

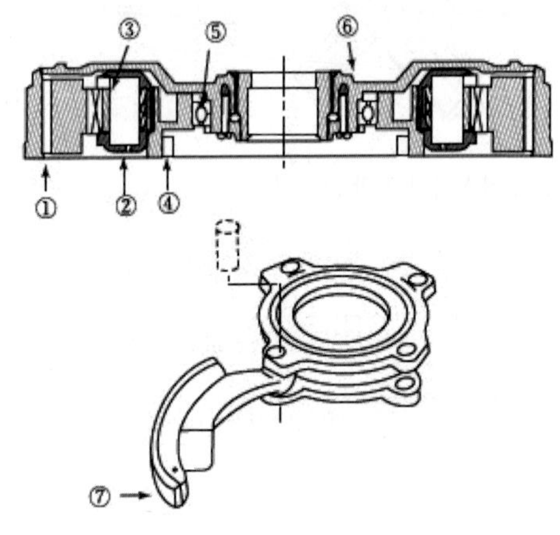

① 드럼과 슈 접촉면 ② 클러치 피벗 핀
③ 클러치 슈 부싱 ④ 원심 클러치 스파이더
⑤ 베어링 ⑥ 클러치 드럼
⑦ 클러치 슈 라이닝

[그림 4-117 원심 클러치]

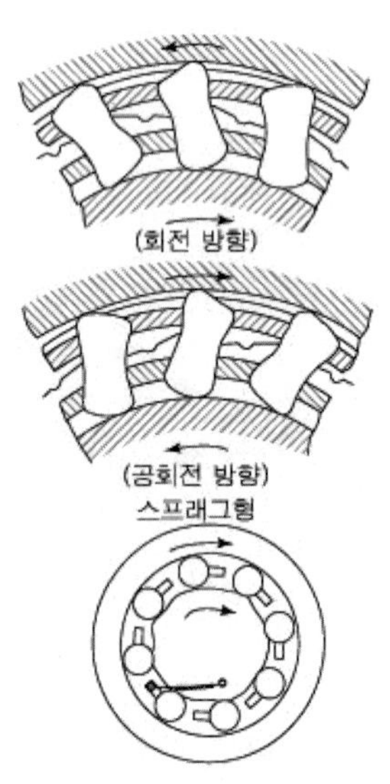

[그림 4-118 프리휠 클러치]

② 프리휠 클러치(Freewheel clutch)

프리휠 클러치는 오버러닝 클러치(Overrunning clutch)라고도 하며, 기관의 작동이 불량하거나 정지 비행 중 회전 날개의 회전에 지장이 초래되는 현상, 즉 기관 브레이크의 역할을 방지하기 위한 것이다. 클러치는 기관이 정상 작동을 할 때에는 기관의 동력을 회전 날개에 전달한다. 그러나 기관 고장이나 출력 감소로 인해 기관의 회전이 회전 날개보다 늦을 때, 다발 기관 헬리콥터의 경우 작동되지 않는 기관이 있을 때, 클러치는 기관을 회전 날개와 분리되도록 한다. 이 클러치는 입력축의 앞과 뒤, 기어 박스 입구에 위치하며, 종류에는 그림 4-118과 같이 롤러(Roller)형, 스프래그(Sprag)형이 있다.

3 보조 동력 장치(Auxiliary Power Unit)

1. 개요

비행에 직접 필요로 하는 추진력을 얻는 기관 외에 각 시스템과 장비의 동력원이 되는 전력(Electric power), 공압(Pneumatic power), 유압(Hydraulic power)을 공급하기 위해 장착한 동력장치를 보조 동력 장치(APU : Auxiliary Power Unit)라고 한다.

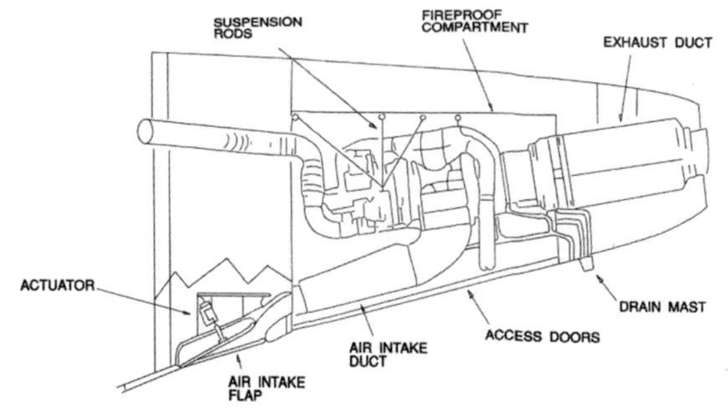

[그림 4-119 APU의 구성요소]

[그림 4-120 APU의 장착 예]

APU를 탑재하고 있는 항공기는 지상에서 기관 또는 지상 장비의 보조 없이도 항공기에서 필요로 하는 동력을 확보할 수 있으며, 비행 중 기관 이상으로 충분한 동력을 얻지 못할 경우 비행 고도 제한 등의 조건이 있으나 APU를 작동함으로써 필요로 하는 동력을 확보 할 수 있다.

APU는 일반적으로 발전기(Generator)로부터 전력과 압축기(Compressor)로부터 압축 공기(Bleed air)를 각각의 항공기 전력(Electric power)과 공압(Pneumatic power)에 공급하며, 또한 유압(Hydraulic power)은 전력 및 공압에 의해 유압펌프를 작동시켜 간접적으로 얻어진다. 이들 3종류의 동력에 의해 항공기 기내의 냉·난방, 기관의 시동 등 모든 장치 장비를 작동시키는 것이 가능하다. APU는 일반적으로 동체 후방 및 착륙 장치(Landing gear) 베이(Bay)에 장치하여 조종실에서 제어되지만, 지상에서 APU 작동 중 결함이 발생되어 정지시키고자 할 때 비상 정지와 소화제의 사용은 지상 제어 판넬(Panel)에서도 가능하다.

2. APU의 가스터빈 엔진

APU에 사용되는 가스터빈 엔진은 제트 기관 및 터보 프롭 기관의 가스 발생기(Gas generator) 부분의 작동 및 기구와 기본적으로는 같다. 그러나, APU에 사용한 가스터빈 엔진은 다음과 같은 특징이 있고, 이것에 의해 그 조절 방법이 결정된다.

① 터보 샤프트 기관과 같은 모양으로 기관의 출력을 모두 축 출력으로 하여 압축기와 발전기를 구동시킨다.

② 단일 축 기관을 APU에 사용 시 기관의 회전속도(rpm)는 전력 및 공압의 공급량에 변화가 있어도 항상 일정하게 설계 되어 있다. 특히 교류 발전기를 구동하는 경우는 주파수를 일정하게 하기 위해서 정밀한 기관 회전수를 유지할 필요가 있다.

③ 압축기가 가스 발생기로서의 압축기와 공압(Pneumatic power)으로서의 압축기를 1개로 겸하고 있는 경우에는 압축 공기와 기관의 작동을 유지하는 공기 흐름량을 조절하고 있다.

3. APU의 형식과 기능

1. 단일축식(Single spool)

압축기에는 축류식과 원심식이 있으나, 기본적인 작동은 동일하다.

① 특징

이 형식은 단일 축으로 연결된 압축기와 터빈이 장착되어 있고, 압축기는 가스 발생기의 압축기와 공압을 만드는 압축기의 두 가지 기능을 동시에 가지며, 회전속도는 공압 및 전력의 공급량에 관계없이 항상 일정하게 유지되며 작동한다.

② 동력 조절(Power control)

각종 부하에 따라 APU의 일정 회전수를 유지하도록 연료 흐름량을 조절한다.

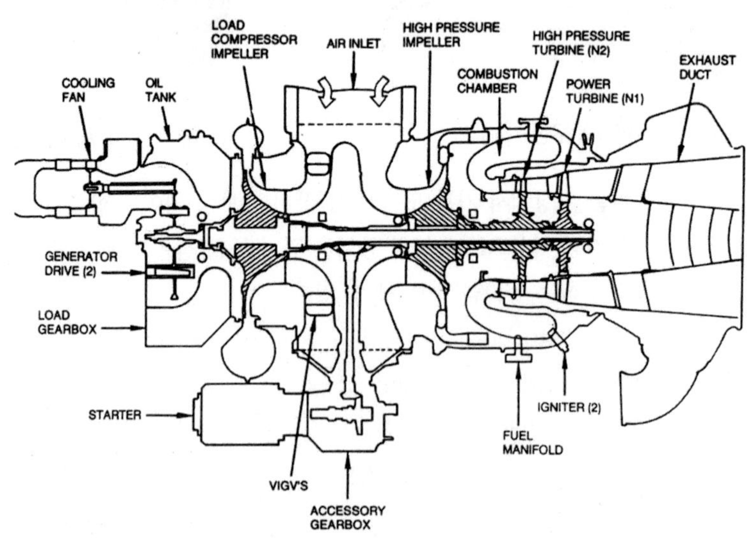

[그림 4-121 APU의 내부 구조]

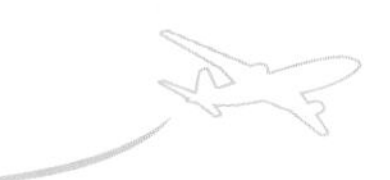

③ 전력(Electric power)

전력은 일정 속도로 회전하고 있는 축에 연결된 기어 박스를 통해서 구동되는 발전기에서 얻어진다. 교류 발전기의 경우, 일정 주파수의 전력이 요구되기 때문에 50±5[%] RPM의 범위 내에서 구동되도록 조절된다.

④ 공기 동력원

압축기에서 만들어진 압축 공기는 일정 회전 속도에서 일정하며, 이것을 블리드(Bleed)하여 공압으로서 사용하며 동시에 APU의 동력부분(연소실)으로 공기를 공급한다. 공압이나 전력 요구량이 많아지면 연료 흐름량도 증가하고, 필요 공기량도 많아지게 된다. APU의 부하가 감소하여 압축기에서 만들어진 압축 공기가 과잉 공급되면 서지 밸브(Surge valve)를 열어서 외부로 배출하고 압축기 실속(Compressor stall)을 방지한다. 블리드는 하중 조절 밸브(Load control valve)를 통하여 항공기 공압 계통에 약 48[psi]를 공급한다. 공압 및 전력의 요구량이 많아지면 공기 및 연료 조절계통에 의해 기관 내부 및 배기가스 온도(EGT : Exhaust Gas Temperature)가 상승한다. 이 온도가 제한 값에 도달하면 Load Control Valve를 닫게 하여 블리드 량을 감소시켜 APU 자신의 필요 공기량을 유지한다. 이것은 주 착륙장치(Main engine starting)를 위해 다량의 블리드 공기가 요구될 시 APU의 부하를 줄이기 위해 발전기의 부하를 줄일 수 있다.

항공기엔진

2. 2축식(Dual spool type) APU

저압 압축기와 저압 터빈, 고압 압축기와 고압 터빈이 단일 축으로 짝이 되어 2축으로 구성되어 있는 형식으로 저압 압축기는 축류형, 고압 압축기는 원심식으로 되어 있다. 터빈에 있어서는 고압 터빈과 저압 터빈의 사이에 가변 터빈 노즐 안내 깃(Variable turbine nozzle guide vane)이 있고, 이 작동에 의해 회전 속도를 조절한다.

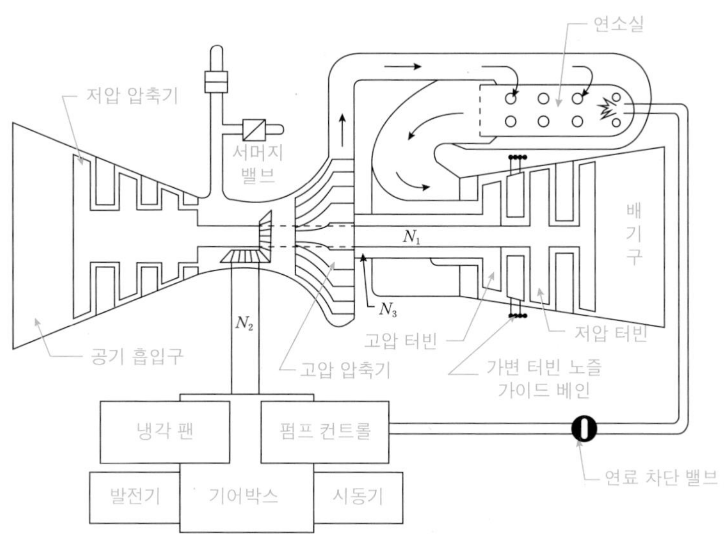

[그림 4-122 2축식 APU]

① 특징

고압 터빈과 고압 압축기 축의 회전속도를 일정하게 유지하여 이 축으로 기어박스를 회전시켜 발전기를 구동한다. 저압 압축기의 압축공기는 공압 계통과 가스 발생기의 공기를 공급한다. 또한 저압 터빈과 저압 압축기 회전속도는 가변 터빈 노즐 안내 깃(Variable turbine nozzle guide vane)으로 조절되어 APU에 부과되는 부하에 따라 적합한 회전속도(rpm)로 유지한다.

② 동력 조절(Power control)

APU의 부하, 즉 압축공기의 공급량과 발전기의 부하 증대에 따라서 연료 흐름량을 증대해서 고압 압축기(N_2)를 일정 회전속도로 유지하고, 저압 압축기(N_1)은 가변 터빈 노즐 안내 깃의 열림을 조절하여 필요로 하는 압축 공기의 양을 확보한다. 회전 속도가 변화하는 저압 압축기로 흡입되는 공기는 연소실로의 공기량을 유지하기까지 압축 공기로서 공급되거나 서지 밸브(Surge valve)에서 항공기 밖으로 방출된다.

③ 전력(Electric power)

전력은 축으로 구동되는 발전기(Generator)에 의해 공급된다.

④ 압축 공기

압축공기는 저압 압축기로부터 블리드하여 공급하며, 공급량의 증감은 회전 속도의 조절, 블리드 밸브(Bleed valve) 및 서지 밸브(Surge valve)의 조절에 의해 이루어진다.

Aircraft Maintenance

Aircraft Maintenance

항공기 엔진

(ATA70~80 계열)

기출 및 예상문제 상세해설

항공기 엔진(ATA70~80 계열)

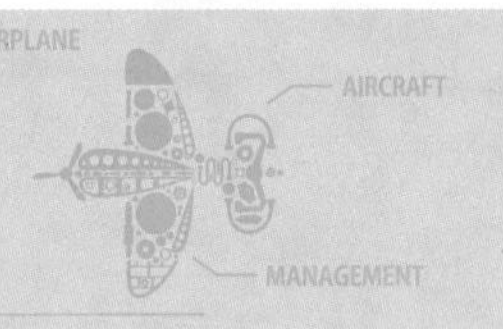

1 동력장치의 개요

1 열역학 기초 기본법칙

1. 용어의 정의

01 열역학에서 계의 구분에 맞는 것은?

① 밀폐계와 경계계 ② 개방계와 밀폐계
③ 개방계와 경계계 ④ 개방계와 형상계

해설

- 밀폐계(Closed system)
  경계를 통해 에너지의 출입은 가능하나, 작동 물질의 출입은 불가능한 계
- 개방계(Open system)
  경계를 통해 에너지와 작동 물질의 출입이 모두 가능한 계

02 다음 구성품 중 밀폐계의 원리로 작동하는 것과 관계가 있는 것은 무엇인가?

① 피스톤과 실린더 사이에 갇힌 내부 평형 상태에 있는 기체
② 압축기 주위의 기체
③ 터빈 주위의 기체
④ 크랭크축 주위의 기체

해설

- 밀폐계 : 작동 물질의 출입이 없는 계로서 왕복 엔진에 적용
- 개방계 : 작동 물질의 출입이 있는 계로서 가스 터빈 엔진에 적용

03 실제 또는 상징적인 경계에 의하여 주위로부터 구분되는 공간의 일부를 무엇이라 하는가?

① 개방 ② 밀폐
③ 형태 ④ 계

해설

계(System)
관찰자의 관심의 대상으로 일정 질량 및 동일성(Identity)을 갖는 어떤 공간을 말하며, 계를 제외한 나머지 부분은 주위(Surroundings)라고 하며, 계와 주위의 구분은 경계(Boundary)라고 한다. 계에는 개방계와 밀폐계가 있다.

04 열역학적 성질에는 강도성질과 종량성질이 있는데, 강도성질과 가장 관계가 먼 것은?

① 온도 ② 밀도
③ 비체적 ④ 질량

해설

- 종량적(Extensive property)
  시스템의 질량에 비례하는 성질이며, 상태가 균일한 물질을 반으로 나누면 그 값이 반으로 줄어든다.(예 체적, 에너지, 질량)
- 강성적 성질(Intensive property)
  시스템의 질량에는 무관한 성질이며, 상태가 균일한 물질을 반으로 나누어도 Property가 변화가 없다.(예 압력, 온도, 밀도)

05 완전 기체의 상태 변화 중 옳지 않은 것은?

① 등온변화 ② 등압변화
③ 단열변화 ④ 비열변화

해설

- 등온변화 : $P_1v_1=P_2v_2$
- 등적변화(정적) : $\frac{P_1}{T_1}=\frac{P_2}{T_2}$
- 등압변화(정압) : $\frac{v_1}{T_1}=\frac{v_2}{T_2}$
- 단열변화 : $\frac{P_2}{P_1}=\left(\frac{v_1}{v_2}\right)^k nk$

[정답] 01 ② 02 ① 03 ④ 04 ④ 05 ④

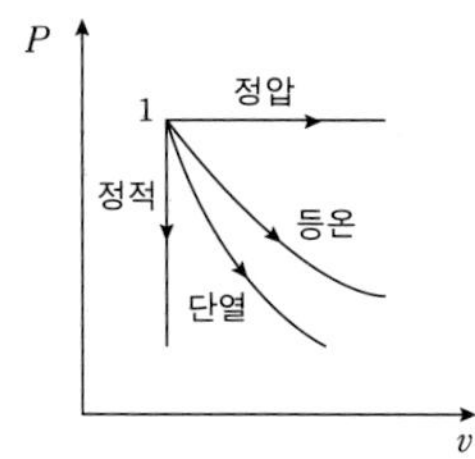

06 온도가 일정하게 유지되는 과정을 무엇이라 하는가?

① 정압과정　② 등온과정
③ 정적과정　④ 단열과정

해설

① 정압과정 : 계의 압력을 일정하게 유지하면서 이루어지는 열역학적 계의 상태 변화 과정
② 등온과정 : 온도를 일정하게 유지하고 압력과 부피를 변화시키는 과정이다. 이상기체의 경우 압력과 부피는 서로 반비례한다.
③ 정적과정 : 부피는 일정하게 유지된 채로 기체가 열에너지를 흡수·방출하며 압력과 온도가 변하는 과정
④ 단열과정 : 열역학적인 계에 유입하거나 유출되는 열에너지가 없이 진행되는 열역학적인 과정을 단열과정 이라한다.

07 단열변화 과정 중에 대한 설명이 옳은 것은?

① 팽창일을 할 때 온도는 올라가고, 압축일을 할 때는 온도는 내려간다.
② 팽창일을 할 때 온도는 내려가고, 압축일을 할 때는 온도는 올라간다.
③ 팽창일을 할 때, 압축일을 할 때는 모두 온도는 내려간다.
④ 팽창일을 할 때, 압축일을 할 때는 모두 온도는 올라간다.

해설

단열과정이므로 열역학 제1법칙이 $Q=(U_2-U_1)+w$가 된다. 팽창일은 +일이므로 $du=-dw$에서 내부에너지는 감소하고, 내부에너지는 온도만의 함수이므로 온도도 내려가게 된다. 역으로, 압축일은 −일이므로 온도는 올라가게 된다.

08 이상기체의 등온과정에서 맞는 것은?

① 엔트로피 일정　② 일이 없음
③ 단열과정과 같다　④ 내부에너지가 일정

해설

내부에너지는 온도만의 함수이므로, 온도가 일정한 등온 과정에서 내부에너지는 일정하다. ②는 정적과정

09 주위와 열 출입을 차단하고 일어날 수 있는 계의 상태 변화는?

① 정압변화　② 정적변화
③ 단열변화　④ 등온변화

해설

① 단열변화 : 기체가 팽창 또는 압축할 때, 외부와의 열의 출입을 완전히 차단한 상태로 행해지는 변화
② 등온변화 : 기체의 온도가 일정한 상태로 행해지는 변화
③ 등압변화 : 기체의 압력이 일정한 상태로 행해지는 변화
④ 등적변화 : 기체의 체적이 일정한 상태로 행해지는 변화

10 단위에 관한 설명 중 맞는 것은?

① 1N은 1[kg]의 질량에 1[m/s^2]의 가속도를 발생시키는데 필요한 힘의 크기를 말한다.
② 비체적이란 단위 질량의 물질이 차지하는 압력을 말한다.
③ 밀도는 단위 체적의 물질이 차지하는 무게를 말한다.
④ 비체적과 밀도는 정비례한다.

해설

1N(힘)=1[$kg\cdot m/s^2$], 1J(일)=1[$N\cdot m$]
1W(일률)=1[J/sec]
비체적(ν) : 단위 질량당 체적
밀도(ρ) : 단위 체적당 질량, $\rho=\frac{1}{\nu}$

- 단위와 용어
  ① 1[kg]의 질량이 1[m/s^2]의 가속도를 받을 때 힘의 단위를 N이라 하고 1N=1[kg]×1[m/s^2]=1[$kg\cdot m/s^2$]으로 표시한다.
  ② 비체적은 단위 질량당의 체적을 말한다.
  ③ 밀도는 단위 체적당의 질량을 말하며, 단위로는 ρ를 쓴다.
  ④ 비체적과 밀도는 서로 역수 관계에 있다.

[정답] 06 ② 07 ② 08 ④ 09 ③ 10 ①

2. 계의 기본성질

01 화씨온도에서 열의 존재를 인정하지 않는 온도는?

① −273.15[˚F] ② −359.4[˚F]
③ −459.4[˚F] ④ −573.15[˚F]

해설

˚C : 물이 어는 점 0[˚C], 끓는 점 100[˚C]로 하여 100등분
˚F : 물이 어는 점 32[˚F], 끓는 점 212[˚F]로 하여 180등분

- ˚k : ˚C+273
- ˚R : ˚F+459.4
- 0˚k : −273[˚C]
- 0˚R : −459.4[˚F]

02 섭씨온도를 t_C 화씨온도를 t_F로 표시할 때 화씨온도를 섭씨온도로 환산하는 관계식 중 옳은 것은?

① $t_C=\frac{5}{9}(t_F-32)$ ② $t_C=\frac{9}{5}(t_F-32)$
③ $t_C=\frac{5}{9}(t_F+32)$ ④ $t_C=\frac{9}{5}(t_F+32)$

해설

$t_F=\frac{9}{5}t_C+32,\ t_C=\frac{5}{9}(t_F-32)$

03 섭씨 15[˚C]는 화씨 절대온도로는 몇 도인가?

① 59[˚K] ② 59[˚R]
③ 518.7[˚K] ④ 518.7[˚R]

해설

섭씨 → 절대온도로의 변환 공식 K=˚C+273.15
K=15+273.15=288.15[K]

∴ 섭씨 15[˚C]를 화씨로 고치면 $F=\frac{9}{5}C+32$에서 59[˚F] 이고,
절대온도 ˚R=59+459.69=518.69[˚R]

04 처음의 압력이 20[kg/cm²], 150[˚C] 상태에 있는 0.3[m³]의 공기가 가역 정적과정으로 50[˚C]까지 냉각된다. 이때 압력은? (단, 절대온도 T=273[˚K])

① 6.67[kg/cm²] ② 15.27[kg/cm²]
③ 26.67[kg/cm²] ④ 25.27[kg/cm²]

해설

$$\frac{P_1}{T_1}=\frac{P_2}{T_2}=\frac{20}{(150+273.15)}=\frac{P_2}{(50+273.15)}$$

$$P_2=\frac{6,463}{423.15}=15.27[\text{kg/cm}^2]$$

05 해면고도(Sea level)에서 1슬러그(Slug)의 질량은 어느 정도의 무게인가?

① 32.2[lb] ② 1[lb]
③ 375[lb] ④ 33,000[lb]

해설

1[slug]=32.2[lb]=14.59[kg]

06 다음 중 열기관의 열효율을 바르게 나타낸 것은?

① 열효율=방출열량/공급열량
② 열효율=공급열량/방출열량
③ 열효율=방출열량/일
④ 열효율=일/공급열량

해설

$$\text{열효율}(\eta_{th})=\frac{\text{유효한 일}}{\text{공급된 열량}}=\frac{W}{Q_1}=\frac{Q_1-Q_2}{Q_1}=1-\frac{Q_1}{Q_2}$$

07 온도 T_H 고열원과 T_C인 저열원 사이에서 열량 Q_H를 받아 Q_C를 방출하여서 작동하고 있는 카르노(Carnot) 사이클이 있다. 열효율을 가장 올바르게 표현한 것은?

① $\eta=1-\frac{T_C}{\sqrt{T_H}}$ ② $\eta=1-\frac{T_C}{T_H}$
③ $\eta=\frac{Q_C}{Q_H}-\frac{T_C}{T_H}$ ④ $\eta=\frac{T_H}{Q_H}-\frac{T_C}{Q_C}$

[정답] 01 ③ 02 ① 03 ④ 04 ② 05 ① 06 ④ 07 ②

08 저위 발열량이란 무엇인가?

① 연료 중 탄소만의 발열량을 말한다.
② 연소 가스 중 물(H_2O)이 증기인 상태일 때 측정한 발열량이다.
③ 연소 가스 중 물(H_2O)이 액상일 때 측정한 발열량이다.
④ 연소 효율이 가장 나쁠 때의 발열량이다.

해설

① 고위 발열량 : 연소 생성물 중 물이 액체 상태로 존재하는 경우의 발열량
② 저위 발열량 : 기체 상태로 존재하는 경우의 발열량

3. 열역학 제1법칙

01 다음 열역학 제1법칙에 대한 설명 중 맞는 것은?

① 밀폐계가 사이클을 이룰 때의 열전달량은 이루어진 열보다 항상 많다.
② 밀폐계가 사이클을 이룰 때의 열전달량은 이루어진 열과 정비례 관계를 가진다.
③ 밀폐계가 사이클을 이룰 때의 열전달량은 이루어진 일과 반비례 관계를 가진다.
④ 밀폐계가 사이클을 이룰 때의 열전달량은 이루어진 열보다 항상 적다.

해설

- 열역학 제1법칙
  에너지의 보존 법칙으로 열과 일은 모두 에너지의 한 형태이며, 열을 일로 변환하는 것이 가능하며, 일을 열로 변환하는 것도 가능하다.
- 열역학 제2법칙
  열과 일 사이의 비가역성에 관한 법칙으로 역학적 일은 열로 모두 전환시키는 것은 가능하지만 주어진 열을 일로 모두 전환시키는 것은 불가능하다는 것이다.
  열역학 제1법칙이 에너지의 양적 전환에 대한 것이라면, 제2법칙은 에너지 전환의 방향성에 관한 법칙이라고 할 수 있다.

02 밀폐된 계에서 일을 했을 때, 에너지가 소모되지 않고 그 형태만 바뀐다는 법칙은?

① 열역학 제1법칙 ② 열역학 제2법칙
③ 열역학 제3법칙 ④ 열역학 제4법칙

해설

문제 1번 해설 참조

03 내부에너지와 유동일을 합한 상태량을 무엇이라 하는가?

① 비열 ② 체석
③ 열량 ④ 엔탈피

해설

$H = U + pv$

04 엔탈피(Enthalpy)를 가장 올바르게 설명한 것은?

① 열역학 제2법칙으로 설명된다.
② 이상기체만 갖는 성질이다.
③ 모든 물질의 성질이다.
④ 내부에너지와 유동일의 합이다.

해설

엔탈피(Enthalpy)
반응 전후의 온도를 같게 하기 위하여 계가 흡수하거나 방출하는 열(에너지)을 의미한다. 이와 같은 열을 다른 말로 엔탈피(Enthalpy : H)라 부른다.

4. 열역학 제2법칙

01 "단지 하나만의 열원과 열교환을 함으로써 사이클에 의해 열을 일로 변화시킬 수 있는 열기관을 제작할 수는 없다" 누구의 서술인가?

① 카르노 ② 캘빈-프랭크
③ 클로지우스 ④ 보일-샤를

해설

열역학 제2법칙

[정답] 08 ② 01 ② 02 ① 03 ④ 04 ④ 01 ②

기출+예상

① 클로지우스의 서술 : 열은 저온부로부터 고온부로 자연적으로는 전달되지 않는다.
② 캘빈–프랭크의 서술 : 단지 하나만의 열원과 열교환을 함으로써 사이클에 의해 열을 일로 변화시킬 수 있는 열기관을 제작할 수 없다.

02 열역학 제2법칙을 설명한 내용으로 틀린 것은?

① 에너지 전환에 대한 조건을 주는 법칙이다.
② 열과 기계적 일 사이의 에너지 전환을 말한다.
③ 열은 그 자체만으로는 저온 물체로부터 고온 물체로 이동할 수 없다.
④ 자연계에 아무 변화를 남기지 않고 어느 열원의 열을 계속하여 일로 바꿀 수는 없다.

해설

열역학 제2법칙
1번 문제 해설 참조

03 자동차가 언덕을 내려올 때 브레이크를 밟으면 브레이크 장치에 열이 발생하는데, 만약 브레이크 장치를 냉각시켰더니 자동차가 언덕 위로 다시 올라갔다면 다음 중 어느 법칙에 위배되는가? (단, 브레이크 작동시 외부 손실 열은 없고 발생된 열을 그대로 냉각 흡수한 것으로 함.)

① 열역학 제1법칙　② 열역학 제0법칙
③ 열역학 제2법칙　④ 에너지 보존법칙

해설

열역학 제2법칙
1번 문제 해설 참조

04 "열은 외부의 도움 없이는 스스로 저온에서 고온으로 이동하지 않는다"는 것은 누구의 주장인가?

① Clausius 주장　② Kelvin 주장
③ Carnot 주장　④ Boltzman 주장

해설

열역학 제2법칙
1번 문제 해설 참조

05 등엔트로피(Isentropic) 과정을 가장 올바르게 설명한 것은?

① 등온, 가역과정　② 단열, 가역과정
③ 폴리트로픽, 가역과정　④ 정압, 비가역과정

해설

가역과정에서 작동 유체를 출입하는 열량 Q를 절대 온도로 나눈 값을 엔트로피라 하며, 단열 변화에서는 열의 출입이 없으므로 엔트로피가 일정하다.

06 열역학에서 가역과정이기 위한 조건으로 가장 올바른 것은?

① 마찰과 같은 요인이 있어도 상관없다.
② 계와 주위가 항상 불균형 상태이어야 한다.
③ 바깥 조건의 작은 변화에 의해서는 반대로 만들 수 없다.
④ 과정이 일어난 후에도 처음과 같은 에너지양을 갖는다.

해설

5번 문제 참조

07 처음 20[kg/cm²], 150[°C] 상태에 있는 0.3[m³]의 공기가 가역정적과정으로 50[°C]까지 냉각된다. 이때의 압력을 구하면?(단, 열역학적 절대온도 T=273[°K]이다.)

① 6.67[kg/cm²]　② 15.27[kg/cm²]
③ 26.67[kg/cm²]　④ 25.27[kg/cm²]

해설

$\frac{P_1}{T_1}=\frac{P_2}{T_2}$, $P_2=\frac{T_2}{T_1}=\frac{50+273.15}{150+273.15}\times 20=15.27$[kg/cm²]

08 가역 카르노 사이클의 열효율 η_c는 어느 것인가? (단, T_1=고열원 절대온도, T_2=저열원 절대온도)

① $\eta_c=1-\frac{T_2}{T_1}$　② $\eta_c=1-\frac{T_1}{T_2}$
③ $\eta_c=\frac{T_2}{T_1}-1$　④ $\eta_c=\frac{T_1}{T_2}-1$

[정답] 02 ② 03 ③ 04 ① 05 ② 06 ④ 07 ② 08 ①

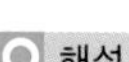

해설

$$\frac{Q_2}{Q_1}=\frac{T_2}{T_1}$$

그러므로 $\eta_c=1-\frac{T_2}{T_1}$이다.

09 열기관 사이클 중에서 이론적으로 열효율이 가장 좋은 가상적인 사이클은?

① 카르노 사이클 ② 브레이턴 사이클
③ 오토 사이클 ④ 디젤 사이클

해설

카르노 사이클(Carnot Cycle)

두 개의 등온 저장조 사이에서 작동하는 사이클 중에서 모든 과정이 가역이라고 가정한 사이클이므로 카르노 사이클을 능가하는 효율을 가진 열기관은 존재할 수 없다.

2 작동 유체의 상태 변화

01 이상 기체에서 압력이 2배, 체적이 3배로 증가했을 경우 온도는 어떻게 되는가?

① 변함이 없다. ② 1.5배 증가한다.
③ 6배 증가 ④ 8배 증가

해설

$$\frac{P_1v_1}{T_1}=\frac{P_2v_2}{T_2}=\frac{2P_1\cdot 3v_1}{xT_1}$$

02 이상 기체 상태 방정식을 옳게 표현한 것은?

① $Pv=Rv$ ② $PR=Tv$
③ $v=PRT$ ④ $Pv=RT$

해설

이상 기체 상태 방정식이란 비열이 일정한 이상 기체에 대해 압력(P), 비체적(v), 온도(T)의 관계를 나타낸 것이며 다음과 같다.

$Pv=RT$, 또는 $\frac{P_1v_1}{T_1}=\frac{P_2v_2}{T_2}$

(여기서, R은 기체상수이며, 단위는 [kg·m/kg·K]이다.)

03 보일-샤의 법칙을 설명한 내용으로 가장 바른 것은?

① 완전기체의 체적은 압력에 반비례 절대온도에 비례
② 완전기체의 체적은 압력에 비례 절대온도에 비례
③ 완전기체의 체적은 압력에 비례 절대온도에 반비례
④ 완전기체의 체적은 압력에 반비례 절대온도에 반비례

해설

보일-샤의 법칙

온도가 일정할 때 기체의 압력은 부피에 반비례한다는 보일의 법칙과 압력이 일정할때 기체의 부피는 온도의 증가에 비례한다는 샤를의 법칙을 조합하여 만든 법칙으로 온도, 압력, 부피가 동시에 변화할 때 이들 사이의 관계를 나타낸다.

$\frac{PV}{T}=$일정

04 대기압에서 물 1[g]을 1[°C] 올리는 데 필요한 열량은?

① 1[cal] ② 1[BTU]
③ 1[줄] ④ 1[비열]

해설

1[BTU] : 1[lb]의 질량을 1[°F] 높이는 데 필요한 열량
1[줄] : 1[N]의 힘을 1[m] 이동시키는 데 필요한 일

05 비열비(γ)에 대한 공식 중 맞는 것은? (단, C_P : 정압비열, C_v : 정적비열)

① $\gamma=\frac{C_v}{C_P}$ ② $\gamma=\frac{C_P}{C_v}$
③ $\gamma=1-\frac{C_P}{C_v}$ ④ $\gamma=\frac{C_P-1}{C_v}$

해설

비열비

어떤 물질이 일정한 압력상태에서 얻어지는 비열과 일정한 체적상태에서 얻어지는 비열의 비율을 말하며, 보통 공기의 비열비는 1.4를 사용한다.

[정답] 09 ① 01 ③ 02 ④ 03 ① 04 ① 05 ②

기출+예상

06 **공기의 정압비열(C_P)이 0.24이다. 이때 정적비열(C_v)의 값은 몇인가?(단, 비열비는 1.4)**

① 0.17 ② 0.34
③ 0.53 ④ 5.83

해설

$k=\frac{C_P}{C_v} \rightarrow C_v=\frac{C_P}{k}=\frac{0.24}{1.4}=0.1714$

3 기관의 열역학 기본 사이클

01 **다음 중 엔진의 추력을 나타내는 이론과 관계있는 것은?**

① 뉴턴의 제1법칙 ② 파스칼의 원리
③ 베르누이의 원리 ④ 뉴턴의 제2법칙

해설

제1법칙 : 관성의 법칙
제2법칙 : $F=m \cdot a$
제3법칙 : 작용과 반작용의 법칙

02 **3[ps]는 약 몇 와트[W]인가?**

① 2,438 ② 2,206.5
③ 1,650 ④ 225

해설

1[PS]=75[kg·m/sec]=736[W]
1[HP]=550[ft·1b/sec]=746[W]
∴ 3×736=2,208[W]

03 **그림은 가스 사이클의 지압 선도이다. 어떤 기관사이클을 나타낸 것인가?**

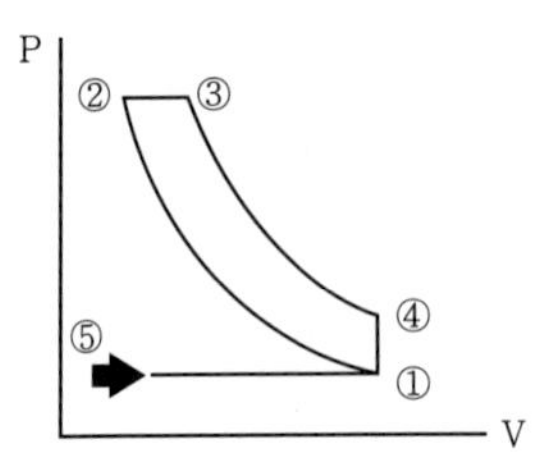

① 오토 사이클 ② 카르노 사이클
③ 디젤 사이클 ④ 사바테 사이클

해설

가스 사이클
사이클마다 새로운 작동 유체를 흡입하고 그 작동 유체 내에 연료를 분사하여 연소 가스로 사용하고 사이클이 끝나면 대기 속에 배출하여 버리는 형식의 가스 터빈

04 **그림은 어떤 사이클인가?**

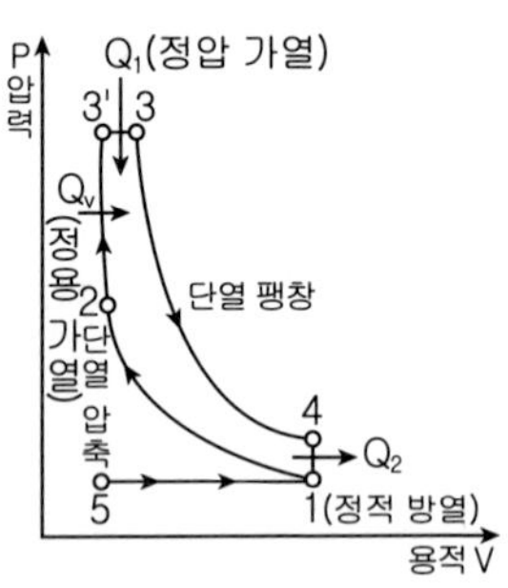

① 카르노 사이클 ② 정적 사이클
③ 정압 사이클 ④ 합성 사이클

해설

- 카르노 사이클 : 단열압축, 단열팽창, 등온수열, 등온방열
- 정적 사이클(오토 사이클) : 단열압축, 단열팽창, 정적수열, 정적방열
- 정압 사이클(디젤 사이클) : 단열압축, 단열팽창, 정압수열, 정적방열
- 합성 사이클(사바테 사이클) : 단열압축, 단열팽창, 정적, 정압수열 정적방열

05 **디젤 엔진의 사이클은 어떤 사이클인가?**

① 카르노 사이클 ② 정적 사이클
③ 정압 사이클 ④ 합성 사이클

해설

- 디젤 사이클 : 단열압축, 정압수열(가열), 단열팽창, 정적방열
- 합성 사이클(사바테 사이클) : 단열압축, 정적정압가열, 단열팽창, 정적방열

06 **다음 중에서 왕복 엔진의 열효율을 구하는 공식은? (단, ε는 압축비 임)**

[정답] 06 ① 01 ④ 02 ② 03 ③ 04 ④ 05 ③ 06 ①

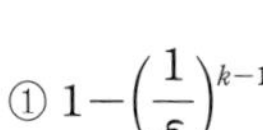

① $1-\left(\frac{1}{\varepsilon}\right)^{k-1}$　　② $\frac{T_C}{1-\varepsilon^{k-1}}$

③ $1-\left(\frac{1}{\varepsilon}\right)^{\frac{k-1}{k}}$　　④ $1+\left(\frac{1}{\varepsilon}\right)^{k-1}$

해설

오토 사이클의 열효율 공식

$\eta_o=1-\left(\frac{v_2}{v_1}\right)^{k-1}=1-\left(\frac{1}{\varepsilon}\right)^{k-1}$

07 이상적인 오토사이클의 열효율은 다음 중 어느 것의 함수인가?

① 흡기온도　　② 압축비

③ 혼합비　　④ 옥탄가

해설

가솔린 기관의 대표적인 오토사이클의 열효율은 실린더 체적에 의한 압축비로서 출력의 제한을 둘 정도로 중요하다.

08 압축비가 8인 오토사이클의 열효율은 몇 [%]인가? (단, 단열지수 $k=1.4$)

① 48.7　　② 56.5

③ 78.2　　④ 94.6

해설

$1-\left(\frac{1}{\varepsilon}\right)^{k-1}=1-\left(\frac{1}{8}\right)^{1.4-1}=1-0.435=0.565$

09 압축비가 일정할 때 열효율이 좋은 순서대로 배열된 것은?

① 정적과정 > 정압과정 > 합성과정

② 정적과정 > 합성과정 > 정압과정

③ 정압과정 > 합성과정 > 정적과정

④ 정압과정 > 정적과정 > 합성과정

해설

정적과정(오토 사이클) > 합성과정(사바테 사이클) > 정압과정(디젤 사이클)

10 그림과 같은 단순 가스 터빈 사이클의 $P-V$ 선도에서 압축기가 공기를 압축하기 위하여 소비한 일은 어느 것인가?

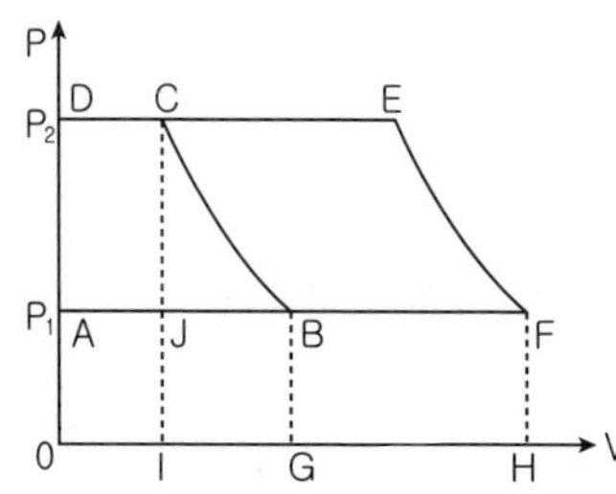

① 면적 ABCDA　　② 면적 BCEFB

③ 면적 OGBCDO　　④ 면적 AFHOA

해설

연소실로부터 나온 고온, 고압의 가스는 터빈에서 팽창하면서 일을 한다.

그 일 중에서 일부는 압축기를 구동하는 데 사용되고, 나머지는 사이클의 순일로서 비행기를 추진시키는 데 사용된다.

압축일 : W_c(면적 ABCDA)

팽창일 : W_t(ADEFA)

순일 : $W_n=W_t-W_c$(면적 BCEFB)

11 다음 브레이턴 사이클의 열효율 구하는 식은? (단, 압력비 : r, 비열비 : k)

① $\eta_b=1-\left(\frac{1}{r}\right)^{\frac{k}{k+1}}$　　② $\eta_b=1-\left(\frac{1}{r}\right)^{\frac{k+1}{k}}$

③ $\eta_b=1-\left(\frac{1}{r}\right)^{\frac{k-1}{k}}$　　④ $\eta_b=1-\left(\frac{1}{r}\right)^{\frac{k}{k-1}}$

해설

브레이턴 사이클(Brayton Cycle)식

가스 터빈 엔진의 이상적인 사이클로 단열압축, 정압수열, 단열팽창, 정압방열 과정으로 이루어져 있다.

$\eta_b=1-\left(\frac{1}{r}\right)^{\frac{k-1}{k}}$

[정답] 07 ② 08 ② 09 ② 10 ① 11 ③

기출+예상

12 다음은 브레이턴 사이클에 대한 설명으로 틀린 것은?

① 한 개씩의 단열과정과 정압과정이 있다.
② 두 개의 단열과정과 두 개의 정압과정이 있다.
③ 연소가 진행될 때 정압과정이다.
④ 가스 터빈 엔진의 이상적인 사이클이다.

해설

브레이턴 사이클(Brayton Cycle)
가스 터빈 엔진의 이상적인 사이클로 단열압축, 정압수열, 단열팽창, 정압방열 과정으로 이루어져 있다.

13 다음 중 가스 터빈 엔진의 이상적인 사이클은?

① 오토 사이클 ② 카르노 사이클
③ 정적 사이클 ④ 브레이턴 사이클

해설

공학자인 브레이턴의 이름을 빌어 가스터빈엔진의 열역학적 사이클로 브레이턴 사이클이 사용되어진다.

14 다음의 $P-V$ 선도는 가스 터빈 엔진의 이상적 사이클이다. 과정의 설명 중 틀린 것은?

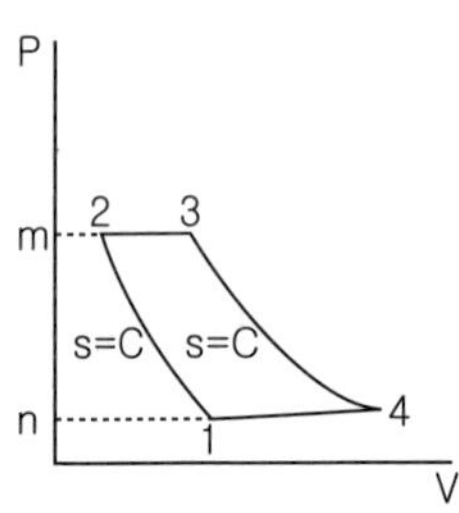

① 1 → 2 단열압축 ② 2 → 3 정압수열
③ 3 → 4 단열팽창 ④ 4 → 1 정적방열

해설

지압선도($P-V$ 선도)
엔진 실린더 내에서의 체적(부피)과 압력의 변화를 나타낸 것으로서, 세로는 압력, 가로는 체적의 변화를 나타낸다.

2 왕복 엔진

1 왕복 엔진의 작동원리

01 다음 중 엔진의 제동마력과 단위시간당 엔진이 소비한 연료 에너지와의 비를 무엇이라 하는가?

① 제동열효율 ② 기계효율
③ 연료소비율 ④ 지시효율

해설

- 기계효율(η_m)$=\dfrac{BHP}{IHP}$
- 제동열효율(η_b)$=\dfrac{75N_eA}{B.H}$
- N_e : 제동마력, A : 일의 열당량[kcal/kg·m], B : 연료소비량(9[kg/s]), H : 연료의 저발열량[kcal/kg]

02 다음 평균 유효 압력에 관한 설명 중 맞는 것은?

① 1사이클당 유효일을 행정거리로 나눈 것
② 1사이클당 유효일을 체적효율로 나눈 것
③ 1사이클당 유효일을 행정체적으로 나눈 것
④ 행정체적을 1사이클당 유효일로 나눈 것

해설

$$p(\text{압력})=\frac{F(\text{힘})}{A(\text{단위면적})}=\frac{\frac{W(\text{일})}{S(\text{거리})}}{A}=\frac{W}{A\cdot S}=\frac{W}{V(\text{체적})}$$

03 18기통 성형엔진에서 행정지름이 6[inch], 행정길이가 6[inch]일 때 총 행정체적은?

① 3,025[in³] ② 3,052[in³]
③ 4,052[in³] ④ 4,520[in³]

해설

총 행정체적=1개 실린더의 행정체적×실린더 수=실린더 단면적×행정길이×실린더 수

총 행정체적$=\dfrac{\pi\cdot 6^2}{4}\times 6\times 18=3{,}052.08$[in³]

[정답] 12 ① 13 ④ 14 ④ 01 ① 02 ③ 03 ②

04 **항공기 왕복 엔진 R1650의 실린더 수가 14개이고, piston의 행정거리가 6[inch]이다. 피스톤 면적은 몇 [$inch^2$]인가?**

① 19.6　② 48.2　③ 117.8　④ 275.1

해설

R1650 : R-Radial(성형엔진), 1,650-총 배기량(총 행정체적 [in^3])
1,650=피스톤면적×6×14
∴ 피스톤면적=19.62[$inch^2$]

05 **다음 중 엔진 체적효율을 감소시키는 원인이 아닌 것은?**

① 밸브의 부적당한 타이밍
② 고온 공기의 사용
③ 흡입 다기관의 누설
④ 작은 다기관의 직경

해설

① 체적효율(η_v)$=\frac{\text{실제흡입된 가스의 체적}}{\text{행정체적}}$
② 체적효율을 감소시키는 원인
　ⓐ 부적절한 밸브의 타이밍
　ⓑ 매우 높은 rpm
　ⓒ 높은 기화기 공기 온도
　ⓓ 고온의 연소실
　ⓔ 흡입 매니폴더(다기관)내의 방향 전환

06 **다음 중 왕복 엔진의 압축비를 구하는 식은 무엇인가?(단, V_C : 연소실체적, V_S : 행정체적)**

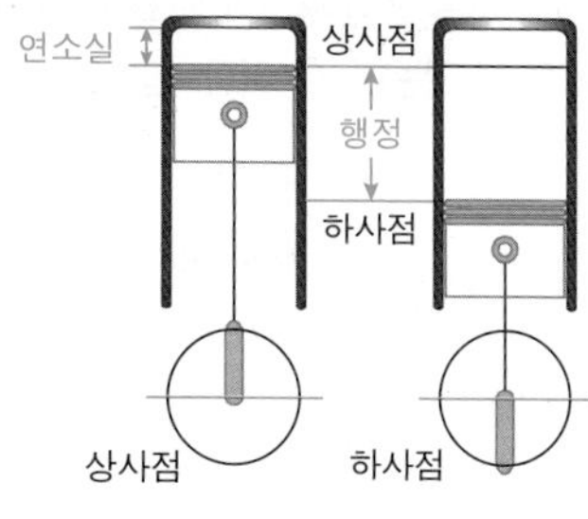

① $\varepsilon=\frac{V_S}{V_C}$　② $\varepsilon=\frac{V_C}{V_S}$

③ $\varepsilon=1+\frac{V_S}{V_C}$　④ $\varepsilon=1+\frac{V_C}{V_S}$

해설

$$\text{압축비}=\frac{\text{피스톤이하사점에 있을때의 실린더체적}}{\text{피스톤이상사점에 있을때의 실린더체적}}=\frac{\text{연소실체적}+\text{행정체적}}{\text{연소실체적}}=1+\frac{V_S}{V_C}$$

07 **항공기용 왕복 엔진에서 피스톤의 넓이가 165[cm^2], 행정길이가 155[mm], 실린더 수가 4개, 제동평균유효압력이 8[kg/cm^2], 회전수가 2,400[rpm]일 때 제동마력은?**

① 203[ps]　② 218[ps]
③ 235[ps]　④ 257[ps]

해설

제동마력을 구하는 데 있어서 단위 환산이 아주 중요하다.

$$bhp=\frac{PLANK}{75\times2\times60}$$
$$=\frac{8[kg/cm^2]\times0.155[m]\times165[cm^2]\times2,400[rpm]\times4}{75\times2\times60}\times S$$
$$=\frac{1,964,160}{9,000}=218.24[ps]$$

08 **왕복 엔진의 흡입 압력이 증가할 때 어떤 현상이 발생하는가?**

① 충진 체적 증가
② 충진 체적 감소
③ 충진 밀도 증가
④ 연료 공기 혼합비의 무게 감소

해설

왕복엔진은 압력과 밀도가 비례하므로 압력이 증가하면 밀도 또한 증가한다.

[정답] 04 ① 05 ④ 06 ③ 07 ② 08 ③

09 **온도가 높아지면 평균유효압력은 어떻게 변하는가?**

① 저하 ② 증가
③ 일정 ④ 증가하다가 감소

해설

온도와 압력은 반비례

10 **왕복 엔진으로 흡입되는 공기 중에 습기 또는 수증기가 증가하게 될 경우 발생할 수 있는 현상을 가장 바르게 설명한 것은?**

① 일정한 RPM과 다기관 압력하에서는 엔진 출력이 감소한다.
② 체적 효과가 증가하여 출력이 증가한다.
③ 고출력에서 연료 요구량이 감소하여 이상 연소 현상이 감소한다.
④ 자동 연료 조절 장치를 사용하지 않는 엔진에서는 혼합기가 희박해진다.

해설

대기 중의 습도는 그 수증기 압력만큼 연소에 주는 공기량을 줄이므로 출력을 감소시킨다.
또 기화기는 습도에 대한 보정을 하지 않으므로 실린더에 공급되는 실질 혼합비는 짙어지고 고압력 운전(농후 혼합기)시의 추력은 더 떨어진다.

11 **제동마력을 구하는 식으로 옳은 것은?**

① $BHP=\dfrac{PLANK}{375}$

② $BHP=\dfrac{PLANK}{475}$

③ $BHP=\dfrac{PLANK}{550}$

④ $BHP=\dfrac{PLANK}{33,000}$

해설

$33,000=550\times60$, $BHP=\dfrac{PLANK}{33,000}$

N : 4행정 엔진일 때 $\dfrac{RPM}{2}$

12 **엔진 정격(Engine rating)은 정해진 조건하에서 엔진을 운전할 경우 보증되고 있는 성능 특성 값이다. 다음 중 이 종류가 아닌 것은?**

① 이륙 정격 ② 최대 연속 정격
③ 최대 상승 정격 ④ 최대 하강 정격

해설

① 이륙 추력(Take-off thrust)
이륙에 사용되는 최대추력, 사용시간 제한(최대5분)
② 최대 연속추력(Maximum continuous thrust)
시간제한 없이 연속으로 작동할 수 있는 추력
③ 최대 상승추력(Maximum climb thrust)
항공기가 상승을 위해 사용되는 추력
④ 최대 순항추력(Maximum cruise thrust)
순항에 요구되는 최대 추력

13 **어떤 기관의 피스톤 지름이 16[cm], 행정길이가 0.16[m], 실린더 수가 6, 제동평균유효압력이 8[kg/cm²], 회전수가 2,400[rpm]일 때의 제동마력은?**

① 411.6[ps] ② 511.6[ps]
③ 611.6[ps] ④ 711.6[ps]

해설

$$\text{제동마력}[bhp]=\frac{P_{mb}LANL}{75\times2\times60}$$
$$=\frac{8\times0.16\times200.96[cm^2]\times2,400\times6}{75\times2\times60}$$
$$=\frac{3,704,094.72}{9,000}=411.56[ps]$$

14 **과급기를 장착한 왕복 엔진에서 흡입되는 공기온도는 280[°K]이고, 압축행정 후 온도는 840[°K]이며, 이때 외부 대기 공기의 온도는 0[°C]이다. 열효율은 얼마인가?**

① 58.9[%] ② 60[%]
③ 66.7[%] ④ 67.5[%]

해설

$$\eta_{th}=1-\frac{T_2}{T_1}=1-\frac{280}{840}\times100\fallingdotseq66.7[\%]$$

[정답] 09 ① 10 ① 11 ④ 12 ④ 13 ① 14 ③

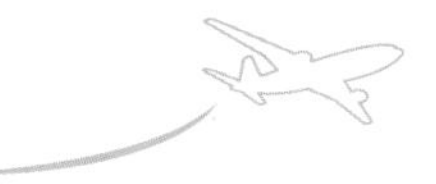

15 **왕복기관의 배기량이 1,500[CC]이고 압축비가 8.5일 때 연소실의 체적으로 바른 것은?**

① 176[CC] ② 200[CC]
③ 250[CC] ④ 300[CC]

해설

압축비$=1+\frac{\text{행정체적(배기량)}}{\text{연소실체적}}$

$8.5=1+\frac{1,500}{X}=7.5X=1,500$

$\therefore X=200[CC]$

16 **Full load에서 도시마력[ihp]이 80[hp]인 항공기 왕복 엔진의 제동마력[bhp]이 64[hp]라면 기계효율은?**

① 0.75 ② 0.80
③ 0.85 ④ 0.90

해설

$\eta_m=\frac{bHP}{iHP}=\frac{64}{80}=0.8$

17 **마력에 관한 설명 내용으로 가장 관계가 먼 것은?**

① 다른 조건을 완전히 바꾸지 않고 출력을 늘리기 위해서는 회전수를 높여야 한다.
② 마찰마력은 엔진과 보기(Accessory)의 움직이는 부품들의 마찰을 극복하기 위해 필요한 마력이다.
③ 왕복 엔진은 연료의 연소에 의해 얻어지는 출력(총방열량)의 약 75[%]가 프로펠러축에 전해지는 출력의 합계이다.
④ 제동마력은 프로펠러축에 전해지는 출력의 합계이다.

해설

- 도시마력(iHp, 지시마력)
  실린더 안에 있는 연소 가스가 피스톤에 작용하여 얻어진 동력
- 제동마력(bHp, 축마력)
  실제 기관의 크랭크축에서 나오는 동력
- 마찰마력(fHp)
  피스톤으로부터 크랭크 기구를 통하여 크랭크축에 전달되면서 손실된 마력

$$iHp=bHp+fHp$$

$\eta_m=\frac{bHP}{iHP}$(기계효율로 85~95[%] 정도이다.)

18 **아래의 그림은 어느 엔진의 이론 공기 사이클인가?**

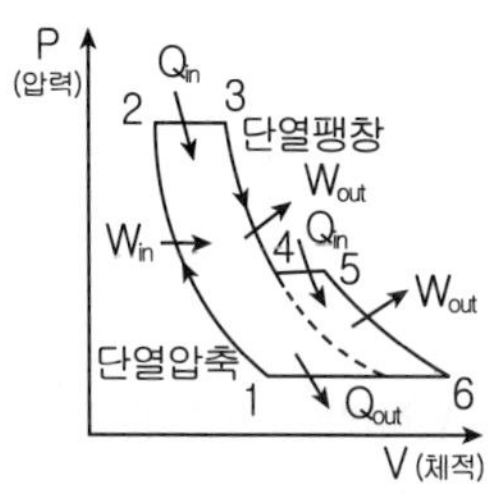

① 과급기를 장착한 오토 사이클
② 과급기를 장착한 디젤 사이클
③ 2단 압축 브레이튼 사이클
④ 후기 연소기(After burner)를 장착한 가스 터빈 사이클

해설

열량의 공급이 2-3, 4-5에서 일어나는 것은 2번의 연소를 의미한다.

19 **피스톤의 지름이 16[cm]인 피스톤에 65[kgf/cm²]의 가스압력이 작용하면 피스톤에 미치는 힘은 얼마인가?**

① 10.06[t] ② 11.06[t]
③ 12.06[t] ④ 13.06[t]

해설

$P=\frac{F}{A}$, $F=P\cdot A=65\times\pi\times 8^2=13,062.4[kgf]$

$1[ton]=1,000[kgf]$

$\therefore 13.06[t]$

20 **한 개의 실린더 배기량이 170[in³]인 7기통 가솔린 기관이 2,000[rpm]으로 회전하고 있다. 지시마력이 1,800[HP]이고 기계효율(n³ 삭제) $\eta_m=0.8$이면 제동평균 유효압력은 얼마인가?**

[정답] 15② 16② 17③ 18④ 19④ 20④

기출+예상

① 186[psi]　　② 257[psi]
③ 326[psi]　　④ 479[psi]

해설

$\eta_m = \frac{bHP}{iHP}$, $bHP = \eta_m \cdot iHP = \frac{P_{mb}LANK}{550 \times 12 \times 2 \times 60}$

$P_{mb} = \frac{792{,}000 \cdot \eta_m \cdot iHP}{(LA)NK} = \frac{792{,}000 \cdot 0.8 \cdot 1{,}800}{170 \cdot 2{,}000 \cdot 7} H6$

$= 479.19$[psi]

($1HP = 550$[ft·lb/s]$= 550 \times 12$[in·lb/s]
∵ 1[ft]=12[inch])

21 실린더의 압축비는 피스톤이 행정의 하사점에 있을 때와 상사점에 있을 때의 실린더공간체적의 비이다. 압축비가 너무 클 때 일어나는 현상이 아닌 것은?

① 하이드로릭 락(Hydraulic-lock)
② 디토네이션(Detonation)
③ 조기점화(Preignition)
④ 고열현상과 출력의 감소

해설

내연기관에서 어떤 한계 내에서는 압축비가 증가하면 최대마력도 증가한다.
그러나 압축비가 10:1 보다 크면 디토네이션, 조기점화, 고열현상과 출력감소, 엔진손상을 가져온다.

22 항공기 왕복기관의 제동마력과 단위시간당 기관의 소비한 연료 에너지와의 비를 무엇이라 하는가?

① 제동열효율　　② 기계열효율
③ 연료소비율　　④ 일의 열당량

해설

제동열효율$= \frac{bHP \times 75}{F_b \times H_l \times J}$

여기서, bHP : 제동마력, F_b : 연료소모량,
H_l : 저발열량, J : 열의 일당량

23 왕복 엔진의 체적효율에 영향을 미치지 않는 것은?

① 실린더 헤드 온도(Cylinder head temperature)
② 엔진회전수(Engine RPM)
③ 연료/공기비(Fuel/air ratio)
④ 기화기 공기온도(Carburetor air temperature)

해설

체적효율은 온도가 증가하면 감소하고 rpm이 증가하면 효율이 감소한다.

24 다음은 이상적인 오토 사이클의 $P-V$선도이다. 3-4과정은?

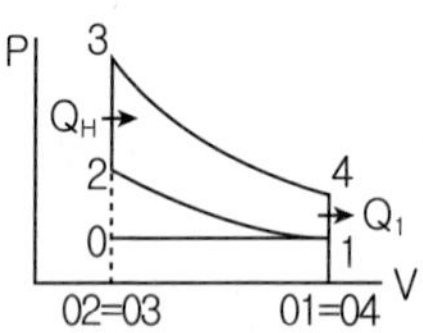

① 단열팽창　　② 단열압축
③ 정적수열　　④ 정적방열

해설

오토 사이클은 단열압축(1-2) 정적수열(2-3) 단열팽창(3-4) 정적방열(4-1)의 과정으로 이루어진다.

25 지시마력에서 마찰마력을 뺀 값을 무엇이라 하는가?

① 제동마력　　② 일마력
③ 유효마력　　④ 손실마력

해설

- 지시마력(iHp)=마찰마력(fHp)+제동마력(bHp)
- 제동마력(bHp)=지시마력(iHp)−마찰마력(fHp)
- 마찰마력(fHp)=지시마력(iHp)−제동마력(bHp)

26 가솔린 기관의 출력을 나타내는 대표적인 변수로 평균유효압력[Pme]이 사용된다. 이 평균유효압력을 증가시키는 유효한 방법으로 가장 관계가 먼 것은?

① 부스트 압력을 높인다.
② 흡기온도를 될 수 있는 대로 높인다.

[정답] 21 ① 22 ① 23 ③ 24 ① 25 ① 26 ②

③ 마찰손실을 최소한으로 한다.
④ 배압을 가능한 한 낮게 유지한다.

해설

흡기온도가 증가하면 밀도가 감소하여 출력이 감소한다.

27 **4행정 사이클 엔진에서 한 실린더가 분당 200번 폭발할 때 크랭크축의 회전수는?**

① 100[rpm] ② 200[rpm]
③ 400[rpm] ④ 800[rpm]

해설

항공기용 4행정 왕복기관은 크랭크축이 2회전할 때 1번 점화된다.
200 × 2 = 400[rpm]

28 **피스톤(Piston)의 상사점과 하사점 사이의 거리는?**

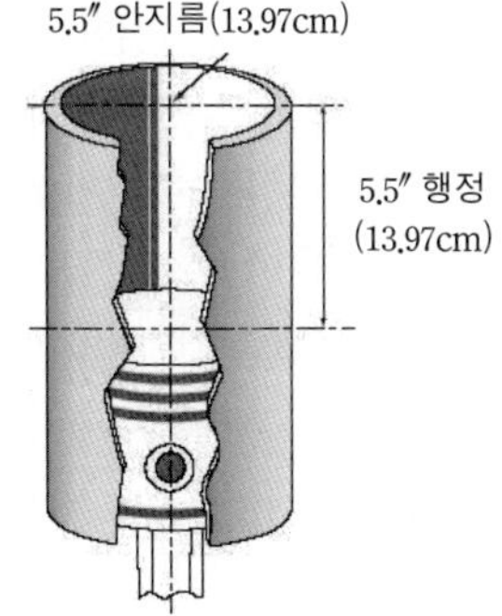

① 보어(Bore) ② 행정거리(Stroke)
③ 론저론(Longeron) ④ 벌크헤드(Bulkhead)

해설

행정거리
피스톤이 상사점에서 하사점까지 이동한 거리를 뜻한다.

29 **피스톤 엔진의 실린더 내에서 최대폭발압력은 일반적으로 어느 점에서 일어나는가?**

① 상사점
② 상사점 후 약 10°(크랭크각)
③ 상사점 전 약 25°(크랭크각)
④ 상사점 후 약 25°(크랭크각)

해설

점화는 압축상사점 전에 이루어지며, 화염전파속도로 인해 최대압력은 압축상사점 후에 나타난다.

30 **실린더 내부의 가스가 피스톤에 작용한 동력은?**

① 도시마력 ② 마찰마력
③ 제동마력 ④ 축마력

해설

도시마력은 지시마력이라고도 한다.

31 **왕복성형기관의 실린더 수가 9개라면 연소페이즈각(Combustion Phase Angle)은 얼마인가?**

① 40° ② 60°
③ 80° ④ 100°

해설

연소페이즈 $= \frac{720°}{\text{실린더수}} = \frac{720°}{9} = 80°$
[1cycle 동안 즉, 1회 연소시 크랭크축은 2회전(720°)회전한다.]

32 **R-1650의 항공기 왕복기관에서 실린더 수가 14이고 피스톤의 행정거리가 6[inch]라면 피스톤의 면적은 약 몇 [inch²]인가?**

① 19.64 ② 48.23
③ 117.80 ④ 275.14

해설

배기량(총행정체적) $= A \cdot L \cdot K$
R = 성형기관, 1,650 = 총배기량
$A = \frac{\text{총배기량}}{L \cdot K} = \frac{1,650}{14 \times 6} \fallingdotseq 19.642[\text{inch}^2]$

[정답] 27 ③ 28 ② 29 ② 30 ① 31 ③ 32 ①

기출+예상

33 1시간당 1마력을 발생시키는데 소비된 연료량을 무엇이라 하는가?

① 제동열효율 ② 기계효율
③ 지시효율 ④ 연료소비율

해설

왕복 엔진의 연료소비율
1시간당 1마력을 내는데 소비된 연료의 무게

34 체적효율을 감소시키는 요인이 아닌 것은?

① 온도가 높다 ② 과도한 회전
③ 불안전한 배기 ④ 과도한 냉각

해설

① 체적효율 : 같은 압력 같은 온도조건에서 실제로 실린더 안으로 흡입된 혼합가스의 체적과 행정체적과의 비를 말한다.
② 체적효율을 감소시키는 원인 : 밸브의 부적당한 타이밍, 너무 작은 다기관 지름, 너무 많이 구부러진 다기관, 고온공기 사용, 연소실의 고온, 불안전한 배기, 과도한 속도

35 30분 동안 연속 작동해도 아무 무리가 없는 최대마력은?

① 완속마력 ② 이륙마력
③ 정격마력 ④ 순항마력

해설

① 이륙마력 : 항공기가 이륙 할 때에 기관이 낼 수 있는 최대의 출력을 말하는데 대형 기관에서는 안전 작동과 최대 마력 보증 및 수명 연장을 위해 1∼5분간의 사용시간 제한을 두는 것이 보통임
② 정격마력 : 기관을 보통 30분 정도 또는 계속해서 연속 작동을 해도 아무 무리가 없는 최대 마력으로 사용. 시간제한 없이 장시간 연속 작동을 보증할 수 있는 마력
③ 순항마력 : 경제마력이라고도 하며 항공기가 순항비행을 할 때에 사용하는 마력으로서 효율이 가장 좋은, 즉 연료소비율이 가장 적은 상태에서 얻어지는 동력을 말하며 비행 중 가장 오랜 시간 사용하게 되는 마력

36 왕복 엔진의 지시마력은 어떻게 구하는가?

① 동력계로 측정한다.
② 이론 마력으로 구한다.
③ 프로니 브레이크(Prony brake)를 이용한다.
④ 지압선도(Indicator diagram)를 이용한다.

해설

왕복엔지의 지시마력
기관의 실린더 내부에서 실제로 발생한 마력으로, 실린더 내부의 압력을 지압선도로 계측하여 구한다. 주로 왕복형기관의 마력을 표시하는데 이용한다.

- 지압선도
  4사이클 엔진의 실린더 내에서의 체적과 압력의 변화 관계를 나타내는 것으로, 세로는 압력의 변화를, 가로는 체적의 변화를 나타낸다.
  지압 선도는 지압계에 의해 자동적으로 그려지는 것이며, 엔진의 출력을 계산할 수 있고, 점화 상태나 연소 상태를 연구할 수 있다.

37 항공기 왕복 엔진에 사용되는 가솔린 연료의 연소에서 열해리에 대한 설명으로 가장 올바른 것은?

① 열해리는 연료의 발열량으로 표시한다.
② 열해리가 발생하면 연소가스 온도는 저하된다.
③ 열해리는 연소 온도가 낮을수록 많이 발생한다.
④ 열해리는 고온에서 CO 와 O_2, 그리고 H_2와 O_2가 CO_2와 H_2O로 되며, 열을 방출하는 것이다.

해설

열해리 현상
고온의 연소온도에서 CO_2의 C와 O 그리고 H_2O의 H_2와 O가 결합되는 현상이다.
열해리 과정에는 흡열반응이 동반되므로 연소가스 온도는 저하된다.

2 왕복 엔진의 구조

01 다음 왕복 엔진의 연소실 모양 중에서 가장 많이 사용되는 형태는 무엇인가?

① 원통형 ② 반구형
③ 원뿔형 ④ 돔형

[정답] 33 ④ 34 ④ 35 ③ 36 ④ 37 ② 01 ②

해설

실린더 연소실의 모양에 따라 원통형, 반구형, 원뿔형, 돔형으로 분류된다.

02 왕복 엔진의 밸브 간극에 대한 설명 중 틀린 것은?

① 냉간 간극은 엔진 정지시에 측정하며 검사 간극이다.
② Valve의 간극이 작으면 완전 배기가 안된다.
③ 열간 간극은 1.52[mm]~1.782[mm]이고 냉간 간극은 0.22[mm]이다.
④ 열간 간극이 큰 것은 열팽창 중 Push rod보다 실린더 헤드의 열팽창이 더 크기 때문이다.

해설

① 열간 간극(작동간극)
엔진이 정상 작동온도일 때의 간극(0.07[inch])
② 냉간 간극(검사간극)
엔진이 정지해 상온일 때의 간극(0.01[inch])
※ 밸브 간극이 작은 경우에는 밸브는 일찍 열리고 늦게 닫히게 되므로 밸브 작동기간이 길어져 배기의 시간이 길어진다.

03 크랭크 핀이 중공으로 된 이유와 관계가 먼 것은?

① 무게 경감을 위해서
② 슬러지 체임버(Sluge chamber)로 사용하기 위해
③ 윤활유의 통로 역할을 위해
④ 커넥팅 로드와 연결을 위해

해설

① 중공(Hollow) : 가운데를 비게 한 것, 윤활유 통로
② 슬러지 체임버(Sludge chamber) : 불순 물질 저장 장소

04 왕복 엔진의 크랭크샤프트 재질은?

① 니켈강
② 니켈-크롬강
③ 크롬-니켈-몰리브덴강
④ 크롬-바나듐강

해설

크랭크축 재질
피스톤에 작용하는 높은 연소 압력에 의해 굽혀지고, 고속 회전에 의해 원심력과 관성모멘트 및 진동 등이 항시 작용하므로 니켈-크롬-몰리브덴강과 같은 강한 합금강으로 만들어 진다.

05 성형 엔진에서 가장 나중에 장탈해야 하는 실린더는 무엇인가?

① 1번 실린더 ② 상부 실린더
③ 하부 실린더 ④ 마스터 실린더

해설

마스터 실린더 : 주 커넥팅 로드(마스터 로드)가 들어 있는 실린더

06 다음은 피스톤 링 장착 방법에 대한 설명이다. 옳은 것은?

① 피스톤 링 끝 간격이 한쪽방향에 일직선으로 배열되도록 한다.
② 피스톤 링 옆 간격이 한쪽방향에 일직선으로 배열되도록 한다.
③ 보통 360°를 피스톤 링 수로 나눈 각도로 장착한다.
④ 보통 180°를 피스톤 링 수로 나눈 각도로 장착한다.

해설

피스톤 링의 끝부분이 한 방향으로만 배치되는 경우 압축가스의 누설이 발생하므로 이 현상을 방지하기 위하여 360°를 링의 수로 나누어 배치한다.

07 왕복 엔진 실린더의 과냉각이 기관에 미치는 영향을 옳게 설명한 것은?

[정답] 02 ② 03 ④ 04 ③ 05 ④ 06 ③ 07 ④

① 연료소비율이 감소한다.

② 완전 연소되며 배기가스와 불순물이 생성되지 않는다.

③ 연소가 활발히 진행된다.

④ 연소를 나쁘게 하여 열효율이 떨어진다.

해설

① 기관의 냉각이 불충분할 때 : 노크 현상이나 조기점화의 원인이 되고, 재질이 손상되어 기관의 수명이 짧아진다.
② 기관이 과냉각일 때 : 연료의 기화가 불완전하여 연소가 불완전하게 되어 열효율이 떨어진다.

08 홈이 4개인 피스톤이 있다. 이 홈에 들어가는 피스톤링은?

① 압축링 3개, 오일링 1개　② 압축링 4개

③ 오일링 2개, 압축링 2개　④ 오일링 3개, 압축링 1개

해설

① 피스톤링 3개 : 압축링 2개, 오일 조절링 1개
② 피스톤링 4개 : 압축링 2개, 오일 조절링 1개, 오일 스크레퍼링 1개
③ 피스톤링 5개 : 압축링 3개, 오일 조절링 1개, 오일 스크레퍼링 1개

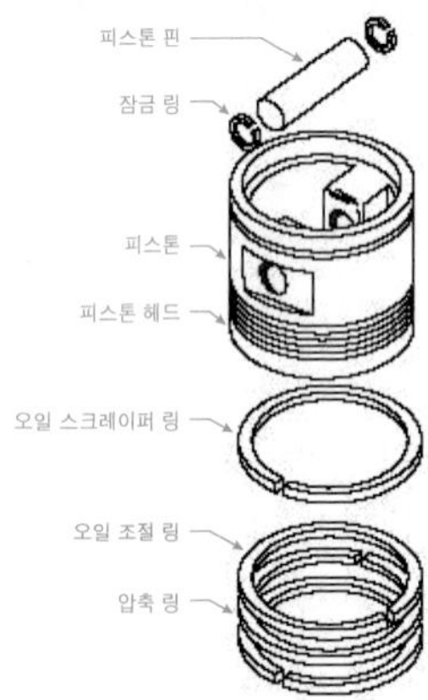

09 크랭크축에 달려 있는 다이나믹 댐퍼의 역할은 무엇인가?

① 크랭크축에 정적평형을 준다.

② 크랭크축에 동적평형을 준다.

③ 크랭크축의 비틀림과 진동을 방지한다.

④ 크랭크축의 원심력 하중을 감소시킨다.

해설

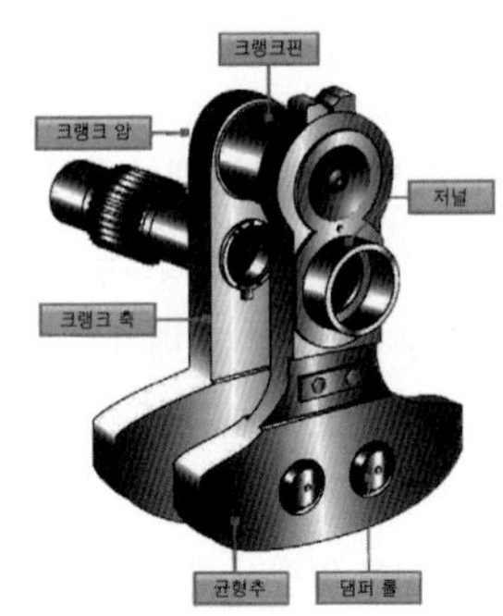

① 평형추(Counter weight) : 크랭크축 회전시 무게의 균형을 맞추어 준다.(정적평형)
② 다이나믹 댐퍼(Dynamic damper) : 크랭크축의 변형이나 비틀림 및 진동을 줄여준다.

10 4행정 사이클 엔진에서 흡입 밸브가 일찍 열리면 어떤 현상이 생기는가?

① 부적당한 배기　② 과도한 실린더 압력

③ 낮은 오일 압력　④ 흡입계통으로 역화

해설

역화(Back fire)
흡입 행정시 밸브가 일찍 열리면 실린더 안에 남아 있는 불꽃에 의해 매니폴드나 기화기 안의 혼합 가스까지 인화되는 현상

11 일종의 압축기로 흡입 가스를 압축시켜 많은 양의 공기 또는 혼합 가스를 실린더로 보내어 큰 출력을 내는 장치는?

① 기화기　② 공기덕트

③ 매니폴드　④ 과급기

해설

과급기(Supercharger)
고고도에서 출력 감소 방지, 이륙시 출력 증가(원심식, 루츠식, 베인식)

[정답] 08 ③　09 ③　10 ④　11 ④

12 Piston ring은 연소실의 기밀 유지를 하며, 다음과 같은 역할을 한다. 어느 것인가?

① piston pin 윤활
② 방열의 통로
③ 연소 압력 초과를 방지
④ 크랭크 케이스 내압의 저하

해설

피스톤 링의 작용 : 기밀 작용, 열전도 작용, 윤활유 조절 작용

13 왕복 엔진의 경우 밸브 개폐 시기는 흡입 밸브가 상사점전 30°에서 열리고, 하사점 후 60°에서 닫히며, 배기 밸브가 하사점전 60°에서 열리고, 상사점 후 15°에서 닫히는 경우 밸브 오버랩은 몇 도인가?

① 15°　② 45°
③ 60°　④ 75°

해설

밸브 오버랩(Valve overlap)

- 흡입 밸브가 상사점전에서 열리고, 배기 밸브가 상사점 후에 닫히는 사이의 각도
- IO(Intake valve open)과 EC(Exhaust valve close)의 각도의 합

14 왕복 엔진에서 밸브 오버랩(Valve over lap)을 두는 이유로 틀린 것은?

① 냉각을 돕는다.
② 체적효율을 향상시킨다.
③ 밸브의 온도를 상승시킨다.
④ 배기가스의 배출을 돕는다.

해설

밸브 오버랩을 두는 이유

① 체적효율의 향상
② 배기가스의 촉진 배출
③ 실린더 냉각을 돕는다.

15 배기 밸브가 닫혀있고, 흡입 밸브가 막 닫히려 할 때 피스톤의 행정은?

① Intake stroke
② Compression stroke
③ Power stroke
④ Exhaust stroke

해설

밸브는 각 행정보다 미리 열리고, 나중에 닫힌다.

16 밸브 가이드가 마모된 것으로 판단할 수 있는 현상은?

① 높은 오일 소모량　② 낮은 실린더 압력
③ 낮은 오일 압력　④ 높은 오일 압력

해설

밸브 가이드는 밸브의 직선 운동을 안내하는 것으로 마모가 되면 밸브와 가이드 사이로 오일이 실린더 안쪽으로 흘러 들어갈 수 있다.

17 유압 타펫(Hydraulic tappet)을 사용하는 엔진의 작동 밸브 간극은 얼마인가?

① 0.15 ~ 0.18[inch]　② 0.00[inch]
③ 0.25 ~ 0.32[inch]　④ 0.30 ~ 0.410[inch]

해설

유압식 밸브 리프트라고도 하며 내부에 엔진 오일이 공급되어 그 압력에 의해 밸브간극을 없애 주는 것으로 대향형 왕복 엔진의 밸브 기구에 사용된다.

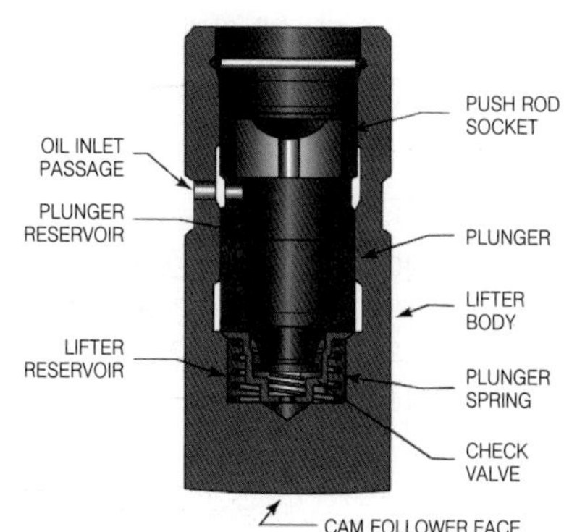

[정답] 12② 13② 14③ 15② 16① 17②

18 지상 작동시 카울 플랩의 위치는?

① 완전 닫힘　② 완전 열림
③ 1/3 열림　④ 1/3 닫힘

해설

① 공랭식 왕복 엔진의 구성요소 : 냉각핀, 배플, 카울 플랩
② 카울 플랩을 완전히 열어줄 때 : 지상 작동시, 최대 추력시(이륙시, 상승시)

19 차압 시험기를 이용하여 압축 점검을 수행할 때 피스톤이 하사점에 있으면 안되는 이유는?

① 너무 위험하다.
② 최소한 한 개의 밸브가 열려 있으므로
③ 게이지가 손상되므로
④ 실린더 체적이 최대가 되어 부정확하므로

해설

차압시험(실린더 압축시험)
- 실린더의 밸브와 피스톤링이 연소실 내의 기밀을 정상적으로 유지하는지 검사하는 것
- 피스톤을 압축 상사점에 위치시킨 상태에서 실시(두 개의 밸브가 완전히 닫혀 있는 상태)

20 항공용 왕복 엔진의 밸브에 2개 이상의 밸브 스프링을 사용하는 이유는?

① 밸브가 인장되는 것을 방지
② 밸브 스프링에 균등한 압력을 주기 위해
③ 밸브 스프링의 파동을 줄이기 위해
④ 밸브 스프링이 파손되는 것을 방지

해설

밸브 스프링
나선형으로 감겨진 방향이 서로 다르고, 스프링의 굵기와 지름이 다른 2개의 스프링을 겹치게 장착하여 진동을 감쇠시키며, 1개가 부러졌을 때에도 나머지 1개의 스프링이 안전하게 기능을 유지할 수 있도록 2중으로 만들어 사용한다.

21 흡입 밸브가 상사점 전에 열리는 것을 무엇이라 하는가?

① Valve lap　② Valve lead
③ Valve lag　④ Valve clearance

해설

① Valve lead : 흡(배)기 밸브가 상(하)사점 전에 열리는 것
② Valve lag : 흡(배)기 밸브가 상(하)사점 후에서 닫히는 것

22 왕복 엔진에서 혼합기가 희박하고 흡입 밸브가 너무 빨리 열리면 어떤 현상이 일어나는가?

① After fire　② Knocking
③ 이상 폭발　④ Back fire

해설

역화와 후화
① Back fire(역화)
흡입밸브가 너무 빨리 열릴 때, 희박한 혼합비 때
② After fire(후화)
배기밸브가 너무 늦게 닫힐 때, 농후한 혼합비 때

23 왕복 엔진의 실린더를 장탈할 때 피스톤의 위치는 어디인가?

① Bottom dead center
② Halfway between and bottom dead center
③ Top dead center
④ Bottom or top dead center

[정답] 18 ② 19 ② 20 ③ 21 ② 22 ④ 23 ③

해설

압축상사점일 때 밸브와 푸시로드에 가해지는 힘이 없어 실린더를 장탈할 수 있다.

24 **종통형(Chock bore) 실린더의 설명으로 옳은 것은?**

① 연소실의 마모 방지
② 정상 작동 시 실린더를 직선으로 해주기 위해서
③ 피스톤 링의 고착 방지
④ 윤활유의 탄소찌꺼기 제거

해설

초크보어 실린더
초크보어 실린더 또는 테이퍼 형 실린더는 상사점부근의 직경을 하사점보다 작게 만들어 기관 작동 중에 열팽창에 의한 직경의 변화를 고려한 실린더이다.

25 **공랭식 엔진에서 냉각효과는 어떤 것에 의하여 좌우되는가?**

① 실린더의 크기에 의하여
② 실린더 외부에 있는 Fin의 총면적에 의하여
③ 연료의 옥탄가에 의하여
④ 항공기의 평균 속도에 의하여

해설

공랭식 엔진 구성요소
냉각핀, 배플, 카울 플랩

26 **만약에 엔진이 냉각된 상태에서 밸브의 간격을 열간 간극으로 맞추었을 때의 문제점은 무엇인가?**

① 밸브가 일찍 열리고 일찍 닫힌다.
② 밸브가 늦게 열리고 일찍 닫힌다.
③ 밸브기 일찍 열리고 늦게 닫힌다.
④ 밸브가 늦게 열리고 늦게 닫힌다.

해설

열간 간극이 냉간 간극보다 크며 간극이 크면 밸브는 늦게 열리고 빨리 닫힌다.

27 **다음 9기통 성형 엔진의 밸브 타이밍 파워 오버랩은?(I.O : BTDC 30°, E.O : BBDC 60°, I.C : ABDC 60°, E.C : ATDC 15°)**

① 30° ② 40°
③ 50° ④ 60°

해설

① 밸브 타이밍 파워 오버랩 : 출력행정이 겹치는 것을 파워오버랩(Power overlap)이라 한다.
② $\text{Power overlap} = \dfrac{(\text{폭발각도} \times \text{실린더수}) - 720}{\text{실린더수}}$
③ $\text{Power overlap} = \dfrac{(120 \times 9) - 720}{9} = 40$

28 **크랭크축에 일반적으로 사용하는 베어링은?**

① 플레인 베어링 ② 롤러 베어링
③ 볼 베어링 ④ 니들 베어링

해설

① 플레인 베어링 : 일반적으로 커넥팅 로드, 크랭크축, 캠축에 사용
② 롤러 베어링 : 고출력 항공기의 크랭크축을 지지하는 주 베어링(방사형하중담당)
③ 볼 베어링 : 대형 성형 엔진이나 가스 터빈 기관의 추력 베어링(추력하중담당)

29 **크랭크축의 런 아웃(Run-out) 측정을 위하여 다이얼 게이지(Dialgage)를 읽은 결과 +0.001[in] 부터 −0.002[in]까지 지시하였다면 이때 런 아웃 값은 몇 [in]인가?**

① −0.001 ② 0.002
③ 0.003 ④ −0.002

해설

다이얼 게이지
- 크랭크축의 마멸 및 휨 측정 : 크랭크축의 런 아웃은 ±오차를 더한 값이다.
- 런 아웃(Run-out) : 회전체의 운동 반경이 원래의 회전상태에서 벗어난 궤적이 형성된 것을 말한다.

∴ $0.001 + 0.002 = 0.003$

[정답] 24 ② 25 ② 26 ② 27 ② 28 ① 29 ③

기출+예상

30 방사형 엔진에서 크랭크축의 정적평형을 위한 장치는?

① 카운터 웨이트(Counter weight)
② 다이나믹 댐퍼(Dynamic damper)
③ 다이나믹 센서(Dynamic senser)
④ 플라이 휠(Fly wheel)

해설

① 균형추(Counter weight) : 정적평형
② 댐퍼(Dynamic damper) : 비틀림 및 진동 방지

31 9기통 성형엔진 4로브 캠의 경우 크랭크축과 캠축의 회전 속도의 비는?

① 1/2 ② 1/4
③ 1/6 ④ 1/8

해설

캠판 속도 $= \dfrac{1}{\text{로브의수} \times 2} \times S$

32 터보 차저(turbo charger)의 동력원은?

① 크랭크축 ② 배터리
③ 발전기 ④ 배기가스

해설

과급기 구동방식
① 기계식 : 크랭크축의 회전동력을 이용하여 임펠러 구동
② 배기 터빈식(Turbocharger) : 배기가스 에너지를 이용
③ 배기 터빈식은 배기가스밸브(Waste gate)를 이용하여 터빈의 회전속도를 조절한다.
④ 과급기를 사용하면 흡입공기의 압력과 밀도가 상승한다.

33 흡입계통에서 매니폴드 히터의 열원은?

① Electron heating ② Cabin heater
③ Thermo couple ④ 배기가스

해설

기화기 공기 히터(Carburetor heat control)
① 기화기의 결빙 방지를 위해 흡입 공기를 가열
② 제어 밸브 : 알터네이트 에어 밸브(Alternate air valve)
③ 배기관에 있는 히터 머프(Heater muff)가 배기가스의 열을 이용하여 공기 가열

34 어느 캠 링이 가장 천천히 회전하는가?

① 5cylinder 엔진에 사용된 2lobe cam ring
② 7cylinder 엔진에 사용된 3lobe cam ring
③ 9cylinder 엔진에 사용된 5lobe cam ring
④ 위 모두 회전 속도는 같다.

해설

캠판 속도 $= \dfrac{1}{\text{로브의수} \times 2}$

실린더 수와 관계없이 캠 로브의 수가 많을수록 캠 판은 천천히 회전

35 유압 리프터를 사용하는 수평 대향형 엔진에서 밸브 간극을 조절하려면?

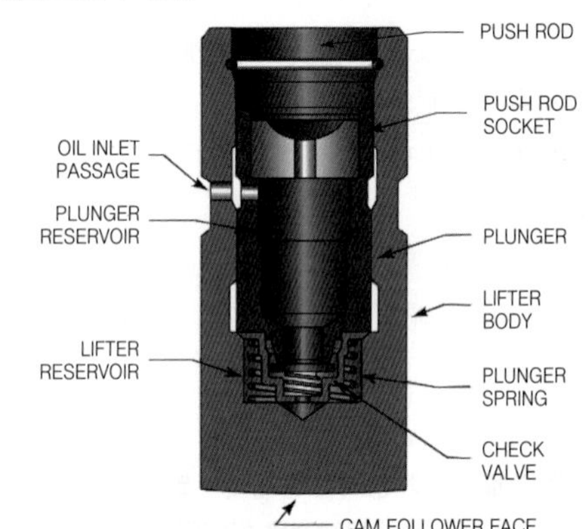

① 로커암을 조절 ② 로커암을 교환
③ 푸시로드 교환 ④ 밸브 스템 심으로 조절

해설

많은 대향형 엔진에 있어서 엔진 로커암을 조절하지 않고 푸시로드를 교환함으로써 밸브 간격을 조절한다. 만일 간격이 너무 크면 더 긴 푸시로드를 사용하고 간격이 너무 적으면 더 짧은 푸시로드를 장착한다. 푸쉬로드의 교환 작업은 보통 오버홀 정비에서 이루어진다.

[정답] 30 ① 31 ④ 32 ④ 33 ④ 34 ③ 35 ③

36 **다음 왕복기관의 형식 중 중량당 마력비가 가장 높은 실린더 배열 형식은?**

① 직렬형 ② 대향형
③ 성형 ④ V형

해설

중량당 마력비는 클수록 좋다.(성형)

37 **왕복기관의 진동을 감소시키기 위한 방법 중 틀린 것은?**

① 실린더수를 증가시킨다.
② 평형추(Counter weight)를 단다.
③ 피스톤의 무게를 적게 한다.
④ 회전수를 증가시킨다.

해설

회전수(rpm)가 증가하면 진동의 주기가 짧아지지만 진동의 횟수는 같다.

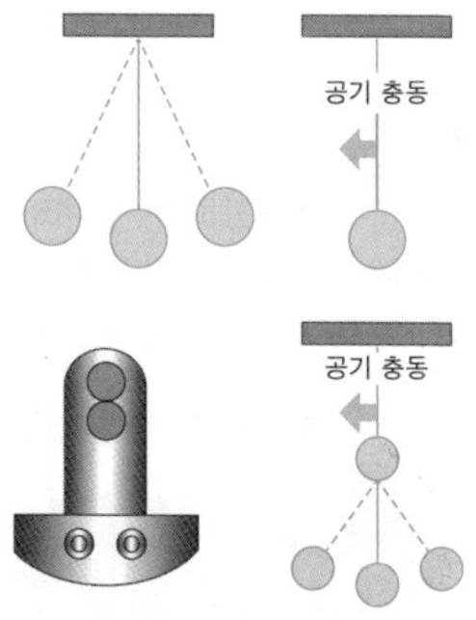

38 **실린더의 내벽을 강화(Hardening)시키는 방법은?**

① Initriding ② Shot peening
③ Ni plating ④ Zn plating

해설

① 실린더 안쪽면 경화방법에는 질화처리(Nitriding)와 크롬도금(Chrome plating)이 있다.
② 질화처리 : 강을 고온에서 암모니아가스에 노출시키면 가스로부터 질소를 흡수하여 강의 노출면이 질화강이 되어 표면이 경화되는 것

39 **왕복 엔진에서 실린더의 배기밸브는 흡기밸브보다 과열되므로 밸브의 내부에 어떤 물질을 넣어서 냉각하는가?**

① 암모니아액 ② 금속나트륨
③ 수은 ④ 실리카겔

해설

버섯형 배기밸브의 내부는 중공으로 만들어 그 속을 금속나트륨(Sodium)을 채운다.

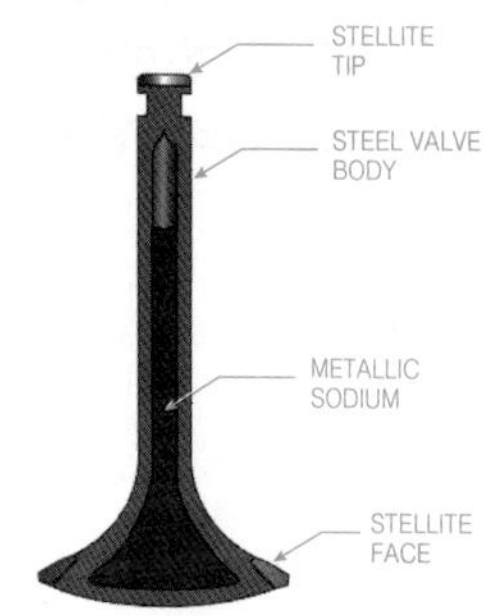

40 **왕복기관의 흡입 및 배기밸브가 실제로 열리고 닫히는 시기로 가장 올바른 것은?**

① 흡입밸브 : 열림/상사점, 닫힘/하사점,
배기밸브 : 열림/하사점, 닫힘/상사점
② 흡입밸브 : 열림/상사점 전, 닫힘/하사점 전,
배기밸브 : 열림/하사점 후, 닫힘/상사점 후
③ 흡입밸브 : 열림/상사점 전, 닫힘/하사점 전,
배기밸브 : 열림/하사점 전, 닫힘/상사점 후
④ 흡입밸브 : 열림/상사점 전, 닫힘/하사점 후,
배기밸브 : 열림/하사점 전, 닫힘/상사점 후

해설

밸브의 열림과 닫힘 시기는 실린더의 체적을 증가시키는 목적으로 상사점 전, 후 및 하사점 전, 후를 응용하고 있다.

[정답] 36 ③ 37 ④ 38 ① 39 ② 40 ④

41 **왕복기관에서 밸브간격이 과도하게 클 경우 가장 올바르게 설명한 것은?**

① 밸브 오버랩(Overlap)이 증가한다.
② 밸브 오버랩(Overlap)이 감소한다.
③ 밸브의 수명이 증가한다.
④ 밸브 오버랩(Overlap)에 영향을 미치지 않는다.

해설

밸브간격이 크면 밸브는 늦게 열리고 빨리 닫힌다.

42 **피스톤의 링의 끝은 링 홈에 링을 끼운 상태에서 끝 간격을 가지도록 해야 한다. 피스톤 링의 끝 간격 모양 중 제작이 쉽고, 사용하기 편리한 형으로 일반적으로 가장 널리 이용되는 것은?**

① 계단형 ② 경사형
③ 맞대기형 ④ 쐐기형

해설

링의 끝 간격은 맞대기형이 가장 널리 사용되며, 간격의 측정은 두께 게이지로 한다.

43 **피스톤 엔진 실린더 내벽의 크롬 도금에 대한 설명으로 가장 올바른 것은?**

① 실린더 내벽의 열팽창을 크게 한다.
② 실린더 내벽의 표면을 경화시킨다.
③ 청색 표시를 한다.
④ 반드시 크롬 도금한 피스톤 링을 사용한다.

해설

실린더 안지름 경화방법
① 질화처리(Nitriding)
② 크롬 도금(Chrome plating)
③ 강철 라이너(Cylinder liner)

44 **왕복기관을 분류하는 방법 중 현재 가장 많이 사용하는 방식으로 짝지어진 것은?**

① 행정수와 냉각 방법
② 행정수와 실린더 배열
③ 냉각 방법과 실린더 배열
④ 실린더 배열과 사용 연료

해설

왕복기관의 분류 방법
① 냉각 방법에 의한 분류
ⓐ 수랭식 기관 : 물 재킷 온도, 온도 조절 장치, 펌프, 연결 파이프와 호스 등으로 구성
ⓑ 공랭식 기관 : 냉각 핀, 배플 및 카울 플랩 등으로 구성
② 실린더 배열 방법에 의한 분류
대향형 기관, 성형기관, V형, 직렬형, X형 등, 요즘에는 대향형과 성형이 주로 사용된다.

45 **배플(Baffle)의 목적은 무엇인가?**

① 실린더에 난류를 형성시켜 준다.
② 실린더 주위에 와류를 형성시켜 준다.
③ 실린더에 흡입공기를 안내한다.
④ 실린더 주위에 공기의 흐름을 안내한다.

해설

배플(Baffle)의 목적
실린더 주위에 설치한 금속판을 말하며, 실린더의 앞부분이나 뒷부분 또는 실린더의 위치에 관계없이 공기가 실린더 주위로 흐르도록 유도하여 냉각효과를 증진시켜 주는 역할을 한다.

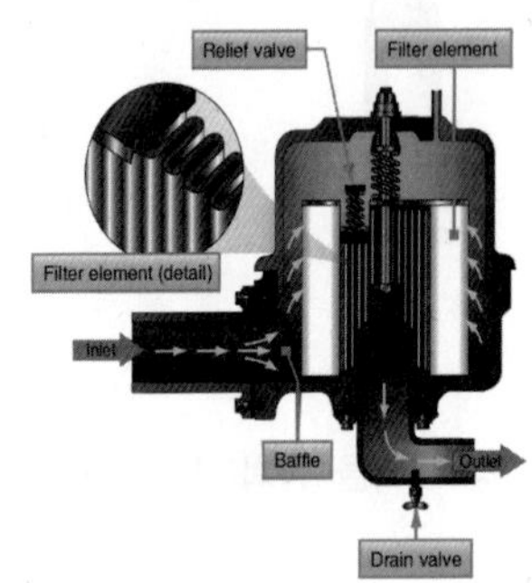

46 **카울링(Cowling)의 뒤쪽에 열고 닫을 수 있는 문을 설치하여 냉각공기의 양을 조절하여 냉각을 조절하는 부품은 무엇인가?**

[정답] 41 ② 42 ③ 43 ② 44 ③ 45 ④ 46 ④

① 냉각 핀　　② 디플렉터
③ 공기흡입덕트　　④ 카울 플랩

해설

카울 플랩(Cowl flap)

- 실린더의 온도에 따라 열고 닫을 수 있도록 조종석과 기계적 또는 전기적 방법으로 연결되어 있다.
- 냉각공기의 유량을 조절함으로써 기관의 냉각 효과를 조절하는 장치이다.
- 지상에서 작동시에는 카울 플랩을 최대한 열고(Full open) 사용한다.

47 다음 중 성형기관의 장점이 아닌 것은 어느 것인가?

① 마력당 무게비가 작다.
② 다른 기관에 비해 실린더 수를 많이 할 수 있다.
③ 전면면적이 작아 항력이 작다.
④ 대형기관으로 적당하다.

해설

성형기관

① 주로 중형 및 대형 항공기 기관에 많이 사용되며, 장착된 실린더 수에 따라 200~3,500 마력의 동력을 낼 수 있다. 마력당 무게비가 작으므로 대형 기관에 적합하다.
② 전면면적이 넓어 공기저항이 크고 실린더 열 수를 증가할 경우 뒷열의 냉각이 어려운 결점이 있다.

48 왕복 엔진에서 압력이 가장 높을 때는 언제인가?

① 상사점　　② 하사점
③ 상사점 직후　　④ 하사점 후

해설

흡입 및 배기밸브가 다 같이 닫혀 있는 상태에서 압축된 혼합가스가 점화 플러그에 의해 점화되어 폭발하면 크랭크축의 회전방향이 상사점을 지나 크랭크 각 10도 근처에서 실린더의 압력이 최고가 되면서 피스톤을 하사점으로 미는 큰 힘이 발생한다.

49 기관의 성능 점검 시 기화기 히터(Carburetor Heater)를 작동시키면 어떻게 되겠는가?

① 회전수가 급격히 증가한다.
② 연료압력이 동요한다.
③ 회전수와 관계가 없다.
④ 회전수가 조금 떨어진다.

해설

기관이 큰 출력으로 작동할 때에 히터 위치에 놓게 되면 뜨거워진 공기가 들어오기 때문에 공기의 밀도가 감소하므로 디토네이션(Detonation)을 일으킬 우려가 있고 기관 출력이 감소하게 된다.

50 다음 중 보상캠(Compensated cam)이 사용되는 엔진 형식은?

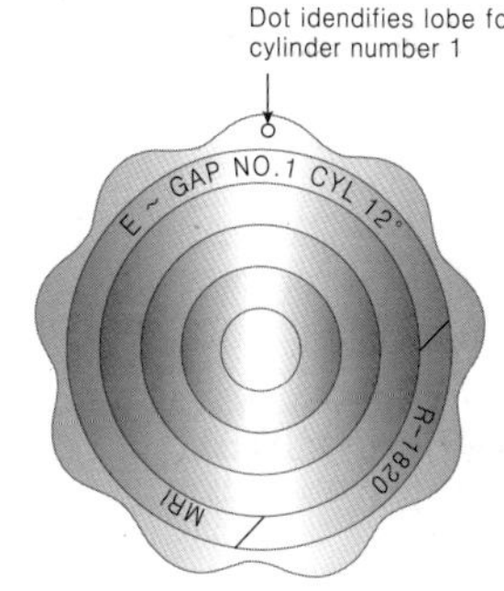

① V-형(V-type)　　② 직렬형(Inline type)
③ 성형(Radial type)　　④ 대향형(Opposit type)

해설

성형(Radial type)기관에서는 보상캠을 사용하여 밸브의 열고 닫힘을 조절한다.

3 연소 및 연료 계통

01 다음 중에서 왕복 엔진의 Idle 혼합기가 정상일 때를 확인하는 방법은 무엇인가?

① 배기가스의 색깔로 확인
② Idle cut-off 위치에서 rpm이 감소
③ rpm 지시가 감소
④ Idle cut-off 위치에서 rpm이 증가

[정답] 47 ③　48 ③　49 ④　50 ③　01 ④

기출+예상

해설

① Idle 혼합비의 설정이 농후한 상태인지, 희박한 상태인지를 알기 위해서 스로틀을 닫고, Mixture 레버를 Idle cut-off 상태로 놓는다.
② rpm이 약간 증가했다가 감소하면(25～50[rpm]) 정상
③ rpm이 즉시 감소하면 희박한 상태(희박 혼합비)

02 다음 중 퍼포먼스가(Performance No.) 115를 바르게 설명한 것은?

① 이소옥탄으로 운전할 때보다 노크 없이 출력이 15[%] 증가한다.
② 옥탄가 100은 연료 체적비로 4에틸납을 15[%] 첨가했다.
③ 옥탄가 100은 연료 질량비로 4에틸납을 15[%] 첨가했다.
④ 115는 내폭성을 말한다.

해설

① 안티노크제(제폭제, 내폭제) : 4 에틸납
② 옥탄가 : 이소옥탄(Isooctane C_8H_{18})과 정헵탄(Nornal heptane C_7H_{16})의 혼합 연료
③ 퍼포먼스 수 : 옥탄가 100 이상의 안티노크성을 가진 연료의 안티노크성의 값(이소옥탄으로 운전할 때 보다 노크 없이 발생한 출력 증가분으로 표시)

03 100/130으로 표기되는 연료의 퍼포먼스수의 의미는?

① 100/130은 옥탄가에 대한 퍼포먼스 비율이다.
② 100은 희박 퍼포먼스 수를 나타내며, 130은 농후 혼합 퍼포먼스 수를 나타낸다.
③ 100은 농후 퍼포먼스 수를 나타내며, 130은 희박 혼합 퍼포먼스 수를 나타낸다.
④ 100은 옥탄가 표시, 130은 퍼포먼스 수를 의미한다.

해설

퍼포먼스 수
연료의 이소옥탄이 갖는 안티노크성질을 최대 100으로 보았을 때 그 값 이상의 비율로 나타낸 수치이다.
농후한 혼합비에서는 안티노크성이 증가한다.

04 압력식 기화기에서 연료 압력을 측정하는 장소는?

① 연료 펌프　　② 기화기 입구
③ 보조 펌프　　④ 기화기 출구

해설

엔진에서 연료의 압력은 기화기의 입구에서 측정한다.

05 기화기의 결빙시 나타나는 현상 중 옳은 것은?

① C.H.T에 이상이 생긴다.
② 흡입 압력 증가한다.
③ Engine R.P.M 이상이 생긴다.
④ 흡입 압력 강하한다.

해설

기화기가 결빙되면 흡입 공기의 양이 감소하여 혼합 가스의 압력 저하

06 왕복 엔진에서 혼합비가 과희박시 흡입 밸브가 빨리 열릴 때 일어나는 현상은?

① After Fire　　② Back Fire
③ Detonation　　④ Kick Back

해설

① 후화(After Fire) : 과농후(Over rich) 혼합비 상태로 연소시 배기행정 후에도 연소가 진행되어 배기관을 통해 불꽃이 배출되는 현상
② 역화(Back Fire) : 과희박(Over lean) 혼합비 상태로 연소시 흡입행정에서 실린더 안에 남아 있는 화염불꽃에 의해 매니폴드나 기화기 안의 혼합가스로 인화되는 현상
③ 디토네이션(Detonation) : 정상 점화에 의한 불꽃 전파가 도달하기 전에 미연소 가스가 자연 발화에 의해 폭발하는 현상
④ 킥백(Kick Back) : 기관이 저속으로 회전할 때 빠른 점화 진각에 의한 기관이 역회전하는 현상

07 압력 분사식 기화기에서 스로틀을 내리면 A 체임버와 B 체임버의 압력차는 어떻게 변화하는가?

① 스로틀을 내리면 변화하지 않는다.
② 감소한다.

[정답] 02 ① 03 ② 04 ② 05 ④ 06 ② 07 ②

③ 처음에는 감소하다가 증가한다.

④ 처음에는 증가하다가 감소한다.

해설

① A 체임버 : 임펙트 공기 압력
② B 체임버 : 벤투리 목부분의 공기 압력
③ C 체임버 : 미터된 연료 압력
④ D 체임버 : 미터되지 않은 연료 압력
⑤ A, B 체임버의 압력차 : 공기의 계량 힘(Air metering force)
⑥ C, D 체임버의 압력차 : 연료의 계량 힘(Fuel metering force)

08 다음 중에서 직접 연료 분사장치의 구성 요소가 아닌 것은?

① 주공기 블리드 ② 연료분사펌프
③ 주조정 장치 ④ 분사 노즐

해설

직접 연료분사장치는 기화기가 없이 연료를 실린더 내에 직접 분사하여 혼합가스가 만들어 연소시키는 장치

09 저속으로 작동 중인 왕복 엔진에서 흡입 계통으로 역화되고 있다면 다음 중 그 원인은?

① 너무 낮은 저속 운전

② 너무 과도한 혼합기

③ 디리치먼트 밸브의 막힘

④ 너무 희박한 혼합기

해설

역화의 원인

흡입압력의 감소, 희박한 혼합비, 밸브의 개폐시기가 잘못된 경우 등이다.

10 전기로 작동하여 연료를 Primming할 때 연료의 압력은 어디서 얻어지는가?

① 엔진 구동펌프 ② 연료 승압 펌프
③ 연료 인젝터 ④ 중력 공급

해설

연료 승압 펌프(부스터 펌프)

연료 탱크의 가장 낮은 곳에 위치하여 전기식으로 작동되며, 엔진 시동시, 이륙시, 고고도에서 주연료 펌프 고장시, 탱크간의 연료 이송시에 사용한다.

11 왕복 엔진에 일반적으로 사용되는 연료 펌프의 형식은?

① 기어형(Gear type)

② 임펠러형(Impeller type)

③ 베인형(Vane type)

④ 지로터형(Gerotor type)

해설

왕복 엔진의 주연료 펌프로는 베인형(Vane type)이 주로 사용된다.

12 부자식 기화기에서 부자의 높이를 조절하는데 사용되는 일반적인 방법은?

① 부자의 축을 길게 또는 짧게 조절

② 부자의 무게를 증감시켜서 조절

③ 부자의 피봇암의 길이 변경

④ 니들 밸브 시트에 심을 추가하거나 제거

해설

부자실(플로트실)의 유면 조절은 부자실로 연료를 받아들이는 니들밸브의 밸브시트 높이를 와셔를 추가하거나 제거하여 조절하면 된다.

13 왕복 엔진을 시동할 때 실린더 안에 직접 연료를 분사시켜 농후한 혼합가스를 만들어 줌으로써 시동을 쉽게 하는 장치는?

[정답] 08 ① 09 ④ 10 ② 11 ③ 12 ④ 13 ①

기출+예상

① 프라이머 ② 기화기
③ 과급기 ④ 주연료펌프

해설

프라이머는 소형기에서는 수동식, 대형기에서는 전기식을 사용한다.

14 **다음은 왕복 엔진의 노킹 현상이 일어나기 쉬운 경우를 나열한 것이다. 관계가 먼 것은?**

① 제동평균 유효압력이 낮은 경우
② 흡기 온도가 높은 경우
③ 혼합기의 화염전파속도가 느린 경우
④ 실린더 온도가 높은 경우

해설

노킹(Knocking)
정상 점화 후 많은 양의 미연소 가스가 동시에 자연 발화하게 되면 실린더 안에 폭발적인 압력 증가가 발생한다. 이러한 폭발적 자연발화현상에 의해 엔진에서 큰 소음과 진동, 출격감소 현상이 일어나는 것이다.

15 **정확한 연료 대 공기의 비율을 얻기 위해 공기와 연료를 섞을 때 공기의 밀도가 상당히 중요하다. 다음 중 가장 좋은 조건은?**

① 98[%]의 건조공기와 2[%]의 수증기
② 75[%]의 건조공기와 25[%]의 수증기
③ 100[%]의 건조공기
④ 50[%]의 건조공기와 50[%]의 수증기

해설

흡입공기내의 수증기는 공기내의 산소밀도를 떨어지게 만드는 원인이 된다.

16 **압력식 기화기(Pressure carburetor)에서 엔리치먼트 밸브(Enrichment valve)는 다음 중 어느 압력에 의하여 열려지는가?**

① 공기압 ② 연료압
③ 수압 ④ 벤투리 진공압

해설

① Power enrichment valve : 순항 출력 이상의 고출력일 때 여분의 연료를 공급하는 밸브로 부자식 기화기의 이코노마이저 장치와 같은 역할을 한다.
② Derichment valve : 물분사 장치 사용시 연료에 의한 과농후 혼합비를 방지하기 위하여 혼합비를 희박하게 해서 엔진을 정상적으로 작동하게 하는 밸브로 물의 압력에 의해 작동된다.

17 **이상 폭발과 조기 점화의 주된 차이점은?**

① 이상 폭발은 정상 점화전에서 일어나고, 조기 점화는 정상 점화 후에 일어난다.
② 조기 점화는 정상 점화전에서 일어나고, 이상 폭발은 정상 점화 후에 일어난다.
③ 양쪽 모두 과도한 온도 상승이 되는 것 외에 차이점이 없다.
④ 양쪽 모두 실린더 내에서 일어난다는 점에서 차이가 없다.

해설

① 조기 점화(Preignition)
점화 플러그에 의한 정상 점화 이전에 연소실 내의 국부적인 과열 등에 의해 혼합 가스가 점화하여 연소하는 현상.
② 디토네이션(Detonation)
정상 점화 후에 아직 연소하지 않은 미연소가스가 자연 발화에 의해 동시 폭발하는 현상으로 불꽃 속도는 음속을 넘어 충격을 발생시킨다.

18 **항공기의 고도변화에 따라 왕복기관의 기화기에서 공급하는 연료의 양은 AMCU에 의해 조절된다. 다른 조건이 동일한 경우 다음 중 옳은 것은?**

① 고도가 증가함에 따라 연료량을 감소시킨다.
② 고도가 증가함에 따라 연료량을 증가시킨다.
③ 고도가 증가함에 따라 연료량을 증가시켰다 감소시킨다.
④ 고도가 증가함에 따라 연료량을 일정하게 한다.

해설

자동 혼합비 조정 장치(AMC : Automatic Mixture Control)

[정답] 14 ① 15 ③ 16 ② 17 ② 18 ①

고도가 높아짐에 따라 공기의 밀도가 감소하므로 혼합비가 농후 혼합비 상태로 되는 것을 막아 주기 위해 연료의 양을 줄이는 역할을 하는 것이 혼합비 조정 장치이며, 이 역할을 자동적으로 해주는 것이 AMC이다.

19 연료의 옥탄가와 왕복기관 압축비는 어떤 관계에 있는가?

① 낮은 옥탄가면 가능한 압축비는 더 높아진다.
② 높은 옥탄가면 가능한 압축비는 더 높아진다.
③ 높은 옥탄가면 필요한 압축비는 더 낮아진다.
④ 둘은 아무관계가 없다.

해설

옥탄가가 높을수록 안티노크성이 크므로 압축비를 크게 할 수 있다.

20 시동할 때 정상적인 스로틀(Throttle)보다 적게 열린다면 무엇을 초래하는가?

① 희박혼합비
② 농후혼합비
③ 희박혼합비에 기인한 엔진의 역화
④ 조기점화

해설

엔진 시동시 농후한 혼합비가 형성되는데 흡입공기량이 적어지면 더 농후해진다.

21 F/A 혼합비에 대한 설명 중 가장 올바른 것은?

① 최적의 출력을 내는 혼합비는 경제적인 혼합비보다 농후하다.
② 정상 혼합비보다 희박한 혼합이 더 빨리 연소된다.
③ 정상 혼합비보다 농후한 혼합이 더 빨리 연소된다.
④ 설계된 최적혼합비가 가장 경제적이다.

해설

① 최대출력혼합비-12.5:1, 이론혼합비-15:1, 최량경제혼합비-16:1
② 연소속도는 희박혼합비 → 농후혼합비 → 정상혼합비 순으로 빨라진다.

22 내부 과급기를 설치한 기관의 흡기계통 내 압력이 가장 낮은 곳은?

① 기화기 입구 ② 과급기 입구
③ 스로틀밸브 앞 ④ 흡입다기관

해설

내부 과급기(internal type supercharger)
과급기가 기화기와 실린더 흡입구 사이에 위치하여 기화기에서 나오는 연료 혼합기를 압축

23 디토네이션(Detonation)의 발생 요인으로 맞는 것은?

① 너무 늦은 점화 시기
② 너무 낮은 옥탄가의 연료 사용
③ 오버홀시 부정확한 밸브 연마
④ 너무 높은 옥탄가의 연료 사용

해설

디토네이션 발생 요인
높은 흡입 공기 온도, 너무 낮은 연료의 옥탄가, 너무 큰 엔진 하중, 너무 이른 점화시기, 너무 희박한 연료공기 혼합비, 너무 높은 압축비 등이다.

24 연료 분사 장치(Fuel injection system)에서 연료다기관(Fuel manifold)으로부터 연료 라인은 어떠한가?

① 모두가 똑같은 길이이다.
② 길이가 같은 것도 있고, 틀린 것도 있다.
③ 실린더에 따라 길이가 틀리다.
④ 항공기 크기에 따라 틀려진다.

해설

연료 라인의 길이에 따라서 연료 압력의 변화가 생긴다.

[정답] 19 ② 20 ② 21 ① 22 ② 23 ② 24 ①

기출+예상

25 부자식 기화기(Float type carburetor)에서 부자실 유면이 높으면?

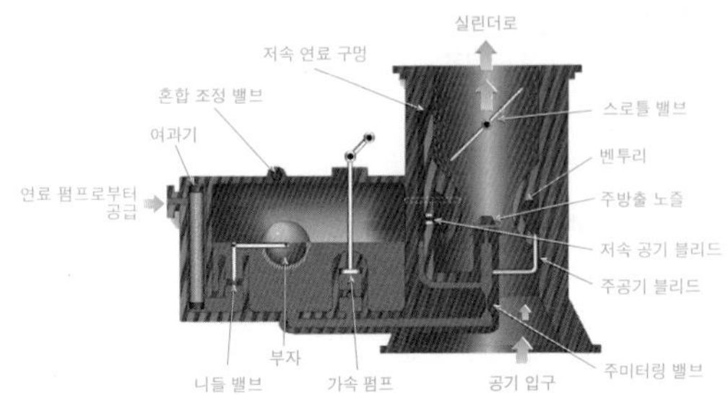

① 희박 혼합비 ② 농후 혼합비
③ 변화하지 않는다. ④ 혼합비와 상관없다.

해설

부자실의 유면이 너무 높으면 혼합기가 농후해지게 되고, 유면이 너무 낮으면 혼합기가 희박해진다. 기화기의 유면을 조정하기 위하여 부자 니들 시트 아래에 와셔를 끼운다.

26 왕복기관 중 직접연료분사 엔진에서 연료가 분사되는 곳이 아닌 것은?

① 흡입 밸브 앞 ② 흡입 다기관
③ 실린더 내 ④ 벤투리 목 부분

해설

직접연료 분사 장치는 흡입밸브 바로 앞 각 실린더의 흡입관 입구에 연료를 분사하는 것과 실린더의 연소실에 직접 분사하는 것이다.

27 왕복기관의 노크와 가장 관계가 먼 것은?

① 점화시기 ② 연료 – 공기 혼합비
③ 회전 속도 ④ 연료의 기화성

해설

연료의 기화성은 베이퍼 록(Vapor lock) 현상과 관계있다.

28 디토네이션이 일어날 때 제일 먼저 감지할 수 있는 사항은?

① 연료 소모량이 많아진다.
② 연료 소모량이 적어진다.
③ 실린더 온도가 내려간다.
④ 심한 진동이 생긴다.

해설

디토네이션이 발생하면 엔진에서는 실린더 온도 상승과 진동이 발생하며 출력이 감소한다.

29 부자식 기화기(Float-type carburetor)에 있는 이코노마이저 밸브(Economizer valve)의 주목적은 무엇인가?

① 최대 출력에서 농후한 혼합비가 되게 한다.
② 유로 계통에 분출되는 연료의 양을 경제적으로 한다.
③ 순항시 최적의 출력을 얻기 위하여 가장 희박한 혼합비를 유지한다.
④ 엔진의 갑작스런 가속을 위하여 추가적인 연료를 공급한다.

해설

부자식 기화기의 부속 장치

① 완속 장치(Idle system)
② 이코노마이저(Economizer)
③ 가속 장치(Accelerating system)
④ 혼합비 조정 장치(Mixture control)
⑤ 부자기계장치(Float mechanism)와 부자실(Float chamber)
⑥ 주 계량장치(Main metering system)

30 압력분사식 기화기에서 자동혼합가스 조절장치의 Bellow 가 파열되었다면, 어떤 현상이 발생하겠는가?

[정답] 25 ② 26 ④ 27 ④ 28 ④ 29 ① 30 ③

① 혼합비가 보다 희박해진다.
② 낮은 고도에서 농후한 혼합비가 된다.
③ 높은 고도에서 농후한 혼합비가 된다.
④ 낮은 고도에서 희박한 혼합비가 된다.

해설

자동혼합비 조정장치(AMC : Automatic Mixture Control)

고도가 높아짐에 따라 공기의 밀도가 감소하므로 혼합비가 농후하게 되는 것을 막아주는 역할을 하는 것으로, 기압의 변화로 수축, 팽창 하는 벨로우즈를 이용하여 조정장치의 밸브를 자동적으로 작동되도록 한 장치이다.

벨로우즈가 파열되면 AMC가 그 역할을 하지 못하므로, 고고도에서 혼합비가 농후해진다.

31 **근래 기화기의 자동연료흐름 메터링 기구는 다음 어느 것에 의하여 작동되는가?**

① 기화기를 통과하는 공기의 질량과 속도
② 기화기를 통과하는 공기의 속도
③ 기화기를 통하여 움직이는 공기의 질량
④ 스로틀 위치

해설

연료 메터링(유량조절) 장치에는 메인 메터링, 아이들 메터링, 고출력 메터링, 가속 메터링 계통 등이 있으며 모두 기화기를 통과하는 공기의 양과 속도에 따라 작동

32 **항공기 왕복기관의 부자식 기화기에서 가속 펌프의 주목적은?**

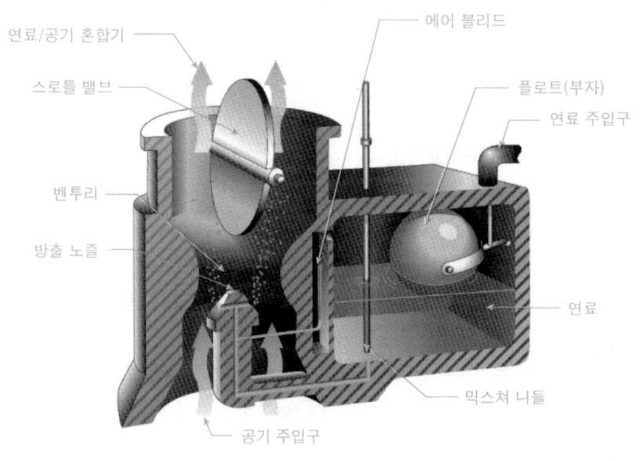

① 고출력 고정 시 부가적인 연료를 공급하기 위하여
② 이륙 시 엔진 구동펌프를 가속시키기 위해서
③ 높은 온도에서 혼합가스를 농후하게 하기 위해서
④ 스로틀(Throttle)이 갑자기 열릴 때 부가적인 연료를 공급시키기 위해서

해설

가속장치

스로틀이 갑자기 열릴 때는 이에 따라 공기의 흐름이 증가한다. 그러나 연료의 관성 때문에 연료의 흐름은 공기흐름에 비례하여 가속되지 않는다. 그러므로 연료지연은 순간적으로 희박한 혼합기가 되어 엔진이 정지되려고 하거나 역화가 일어나 출력 감소의 원인이 된다.

33 **이코노마이저 밸브가 닫힌 위치로 고착된다면 무슨 일이 일어나겠는가?**

① 순항속도 이상에서 디토네이션이 발생하게 된다.
② 순항속도 이상에서 조기점화가 발생하게 된다.
③ 순항속도 이하에서 디토네이션이 발생하게 된다.
④ 순항속도 이하에서 조기점화가 발생하게 된다.

해설

이코노마이저 밸브(Economizer valve)

고속에서 연소온도를 감소하고 디토네이션을 방지할 목적으로 농후 혼합비로 하기 위해서 열리는 밸브이다.

34 **항공기용 가솔린의 구비조건이 아닌 것은?**

① 발열량이 커야 한다. ② 안전성이 커야 한다.
③ 부식성이 적어야 한다. ④ 안티 노크성이 적다.

해설

항공용 가솔린의 구비조건

① 발열량이 커야 한다.
② 기화성이 좋아야 한다.
③ 증기 폐쇄(Vapor Lock)를 잘 일으키지 않아야 한다.
④ 안티노크성(Anti-knocking Value)이 커야 한다.
⑤ 안전성이 커야 한다.
⑥ 부식성이 적어야 한다.
⑦ 내한성이 커야 한다.

[정답] 31 ① 32 ④ 33 ① 34 ④

35 증기 폐쇄(Vapor Lock) 현상은 언제 나타나는가?

① 연료의 기화성이 좋지 않을 때 나타난다.
② 연료의 압력이 증기압보다 클 때 나타난다.
③ 연료 파이프에 열을 받으면 나타난다.
④ 연료의 기화성이 좋고 연료 파이프에 열을 가했을 때

해설

연료계통에서의 증기 폐쇄 원인으로는 연료의 기화성, 굴곡이 심한 연료관, 배기관 근처를 지나가는 연료관 등이 있다.

36 증기 폐쇄(Vapor Lock)를 이겨내기 위한 방법은?

① 높은 위치에 장착　② 높은 압력으로 가압
③ 부스트펌프로 가압　④ 고 고도 유지

해설

증기 폐쇄(Vapor Lock)

① 기화성이 너무 좋은 연료를 사용하면 연료 라인을 통하여 흐를 때에 약간의 열만 받아도 증발하여 연료 속에 거품이 생기기 쉽고, 이 거품이 연료 라인에 차게 되면 연료의 흐름을 방해하는 것을 말한다.
② 증기 폐쇄가 발생하면 기관의 작동이 고르지 못하거나 심한 경우에는 기관이 정지하는 현상을 일으킬 수 있다.
③ 증기 폐쇄를 없애기 위해서 승압 펌프(Boost Pump)를 사용하는데 고 고도에서 승압 펌프를 작동함은 증기 폐쇄를 없애기 위함이다.

37 다음 중 C.F.R(Cooperative Fuel Research) 기관이 하는 것은?

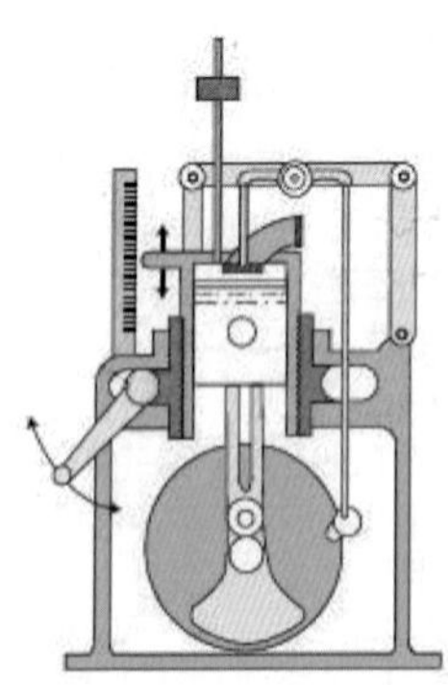

① 윤활유의 점성 측정
② 윤활유의 내한성 측정
③ 가솔린의 증기 압력 측정
④ 가솔린의 안티노크성을 측정

해설

C.F.R(Cooperative Fuel Research)

① 가솔린의 안티노크성을 측정하는 장치로 C.F.R이라는 압축비를 변화시키면서 작동시킬 수 있는 기관이 사용된다.
② C.F.R기관은 액랭식의 단일 실린더 4행정기관으로서 이 기관을 이용하여 어떤 연료의 안티 노크성을 안티노크성의 기준이 되는 표준 연료의 안티노크성과 비교하여 측정하며 옥탄가 퍼포먼스 수로 나타낸다.

38 다음 중 승압 펌프(Boost Pump) 의 형식으로 맞는 것은?

① 원심력식　② 베인식
③ 기어식　④ 지로터식

해설

승압 펌프는 연료탱크의 가장 낮은 곳에 위치하며 전기식, 원심력식 펌프이다.

39 왕복기관 연료계통에서 승압 펌프(Boost Pump)의 기능은?

① 항공기의 평형을 돕기 위하여 탱크들의 연료량을 조절한다.
② 기관의 필요 연료를 선택하거나 차단한다.
③ 연료의 압력을 조절한다.
④ 연료탱크로부터 엔진 구동 펌프까지 공급한다.

해설

승압 펌프(Boost Pump)

① 압력식 연료계통에서는 주 연료펌프는 기관이 작동하기 전까지는 작동되지 않는다. 따라서 시동할 때나 또는 기관 구동 주 연료펌프가 고장일 때와 같은 비상시에는 수동식 펌프나 전기 구동식 승압 펌프가 연료를 충분하게 공급해 주어야 한다. 또한, 이륙, 착륙, 고 고도시 사용하도록 되어 있다.
② 승압 펌프는 주 연료 펌프가 고장일 때도 같은 양의 연료를 공급할 수 있어야 한다. 그리고 이들 승압 펌프는 탱크간에 연료를 이송시키는 데도 사용된다.

[정답] 35 ④　36 ③　37 ④　38 ①　39 ④

③ 전기식 승압 펌프의 형식은 대개 원심식이며 연료 탱크 밑에 부착한다.

40 연료펌프의 내부 윤활은 다음 중 어느 것에 의하여 윤활작용을 하는가?

① 엔진오일 ② 연료
③ 그리스 ④ 별도로 비치된 윤활유

해설

연료계통에는 별도의 윤활유를 사용하지 않고 연료를 이용한다.

41 연료계통의 주 연료여과기는 주로 어느 곳에 위치하나?

① 연료계통의 화염관과 먼 곳에
② Relief Valve 다음
③ 연료계통의 가장 낮은 곳
④ 연료탱크 다음

해설

연료여과기 (Fuel Filter)

① 연료여과기는 연료 속에 섞여 있는 수분, 먼지들을 제거하기 위하여 연료탱크와 기화기 사이에 반드시 장착한다. 여과기는 금속망으로 되어 있는 스크린이며, 연료는 이 스크린을 통과하면서 불순물이 걸러진다.
② 연료계통 중에서 가장 낮은 곳에 장치하여 불순물이 모일 수 있게 하고, 배출 밸브(Drain Valve)가 마련되어 있어 모여진 불순물이나 수분들은 배출시킬 수 있는 장치를 함께 가지고 있다.

42 연료탱크에 벤트 계통이 있는 목적은?

① 연료탱크 내의 공기를 배출하고 발화를 방지한다.
② 연료탱크 내의 압력을 감소시키고 연료의 증발을 방지한다.
③ 연료탱크를 가압, 송유를 돕는다.
④ 연료탱크 내외의 압력차를 적게 하여 연료 보급이 잘 되도록 한다.

해설

벤트 계통 (Vent System)

벤트 계통은 연료탱크의 상부 여유부분을 외기와 통기시켜 탱크 내외의 압력차가 생기지 않도록 하여 탱크 팽창이나 찌그러짐을 막음과 동시에 구조부분에 불필요한 응력의 발생을 막고 연료의 탱크로의 유입 및 탱크로부터의 유출을 쉽게 하여 연료펌프의 기능을 확보하고 엔진으로의 연료 공급을 확실히 하는데 벤트 라인이 얼게 되면 부압이 작용하게 되어 연료가 흐르지 못하게 될 것이므로 결국 기관은 정지할 것이다.

43 기화기에서 공기 블리드를 사용하는 이유는?

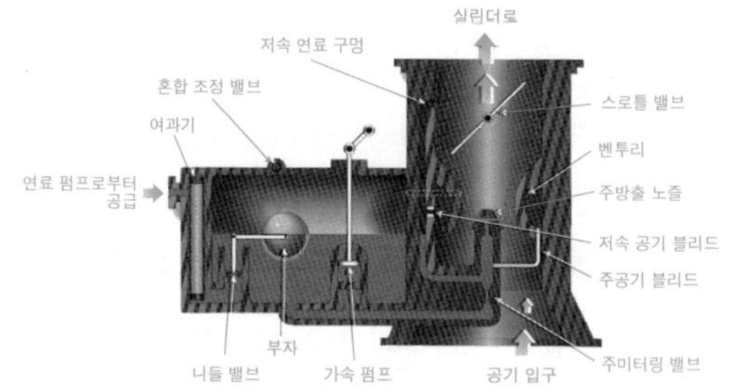

① 연료를 더 증가시킨다.
② 공기와 연료가 잘 혼합되게 한다.
③ 연료압력을 더 크게 한다.
④ 연료 공기 혼합비를 더 농후하게 한다.

해설

공기 블리드(Air Bleed)

벤투리 관에서 연료를 빨아올릴 때에 공기 블리드관 부분에서 공기가 들어올 수 있도록 하면 공기와 연료가 합쳐지는 부분부터는 연료와 공기가 섞여 올라오게 된다. 이와 같이 연료에 공기가 섞여 들어오게 되면 연료 속에 공기 방울들이 섞여 있게 되어 연료의 무게가 조금이라도 가벼워지게 되므로 작은 압력으로도 연료를 흡입할 수 있다. 기화기 벤투리 목 부분의 공기와 혼합이 잘 될 수 있도록 분무가 되게 한 장치를 공기 블리드(Air Bleed)라 한다.

44 혼합비 조절장치의 스로틀 레버에서 기관 정지 시 연료를 차단하는 장치는?

① 유량 압력 조절 밸브 ② 차단 밸브
③ 유량 조절 밸브 ④ 압력 밸브

해설

연료 차단 밸브(Fuel Shut Off Valve)

연료탱크로부터 기관으로 연료를 보내주거나 차단하는 역할을 한다.

[정답] 40 ② 41 ③ 42 ④ 43 ② 44 ②

기출+예상

45 부자식 기화기에서 주 공기 블리드(Main Air Bleed)가 막히면 어떻게 되는가?

① idle 혼합 가스는 농후하게 된다.
② idle 혼합 가스는 희박하게 된다.
③ idle 혼합 가스는 정상이 될 것이다.
④ 혼합 가스는 모든 출력에서 농후하게 된다.

해설

완속 장치(Idle system)

① 완속 장치는 기관이 완속으로 작동되어 주 노즐에서 연료가 분출될 수 없을 때에도 연료가 공급되어 혼합가스를 만들어 주는 것이 완속 장치이다.
② 완속 작동 중에는 스로틀 밸브가 거의 닫혀 있는 상태이지만 약간의 틈이 있으므로 적은 공기의 흐름에도 속도가 빨라 압력이 낮아지는 벽 부분에 완속 장치의 연료 분출 구멍을 만들어 놓으면 완속 작동시 주 노즐에서는 연료가 분출되지 않고 완속 노즐에서만 연료가 분출되어 혼합가스를 정상적으로 만들어준다. 완속 장치에는 별도의 공기 블리드가 마련되어 있다.
③ 완속시에 주 공기 블리드가 막히더라도 완속장치에는 별도의 공기 블리드가 마련되어 있어 이곳을 통해 공기가 공급되므로 혼합가스는 정상이 될 것이다.

46 주 미터링 장치의 3가지 기능이 아닌 것은?

① 연료 흐름 조절
② 혼합비 비율조절
③ 방출노즐 압력 저하
④ 스로틀 전개시 공기 유량 조절

해설

주 미터링 장치(Main Metering System)

① 연료 공기 혼합비를 맞춘다.
② 방출 노즐 압력을 저하시킨다.
③ 스로틀 최대 전개시 공기량을 조절한다.

47 압력 분사식 기화기의 장점에서 잘못 설명한 것은?

① 기화기의 결빙이 없다.
② 어떠한 비행자세에서도 중력과 관성력의 영향이 적다.
③ 구조가 간단하며 널리 사용한다.
④ 연료의 분무가 양호하다.

해설

압력 분사식 기화기(Pressure injection type carburetor)

① 기화기의 결빙 현상이 거의 없다.
② 비행자세에 관계없이 정상적으로 작동학고 중력이나 관성에도 거의 영향을 받지 않는다.
③ 어떠한 엔진 속도와 하중에도 연료가 정확하게 자동적으로 공급된다.
④ 압력하에서 연료를 분무하므로 엔진 작동이 유연하고 경제성이 있다.
⑤ 출력 맞춤이 간단하고 균일하다.
⑥ 연료의 비등과 증기 폐쇄를 방지하는 장치가 마련되어 있다.

48 기화기 장탈시 가장 먼저 확인해야 하는 것은?

① 스로틀 레버
② 초크 밸브
③ 연료 조종장치
④ 연료 차단장치

해설

연료계통 작업시에는 제일 먼저 기관으로 연료 흐름을 차단하는 연료 차단 밸브의 위치(닫힘 위치)를 확인한 후 수행한다.

49 왕복기관 직접 연료 분사장치의 특징이 아닌 것은?

① 역화 발생이 쉽다.
② 시동성이 좋다.
③ 비행 자세의 영향을 받지 않는다.
④ 가속성이 좋다.

해설

직접 연료 분사장치(Direct fuel injection system)

① 비행 자세에 의한 영향을 받지 않고, 기화기 결빙이 위험이 거의 없고 흡입공기의 온도를 낮게 할 수 있으므로 출력 증가에 도움을 준다.
② 연료의 분배가 되므로 혼합가스를 각 실린더로 분배하는데 있어 분배 불량에 의한 일부 실린더의 과열현상이 없다.
③ 흡입계통 내에서는 공기만 존재하므로 역화가 발생할 우려가 없다.
④ 시동, 가속 성능이 좋다.
⑤ 연료 분사 펌프, 주 조정장치, 연료 매니폴드 및 분사 노즐로 이루어져 있다.

50 직접 연료 분사장치에서 연료가 어느 때 실린더로 분사되는가?

[정답] 45 ③ 46 ① 47 ③ 48 ④ 49 ① 50 ①

① 흡입행정 동안에
② 압축행정 동안에
③ 계속적으로
④ 흡입행정과 압축행정 동안에

해설

분사 노즐(Injection nozzle)

실린더 헤드 또는 흡입밸브 부근에 장착되어 있는데 스프링 힘에 의하여 연료의 흐름을 막고 있다가 흡입행정 시 연료의 분사가 필요할 때에 연료의 압력에 의해 밸브가 열려서 연소실 안으로 직접 연료를 분사한다.

51 물 분사장치에서 물을 분사할 때 알코올을 섞는 이유는?

① 공기 밀도 증가
② 연소실 온도 감소
③ 공기 부피 증가
④ 물이 어는 것을 방지

해설

물 분사장치(Anti-detonation injection)

① ADI 장치는 물 대신에 물과 소량의 수용성 오일 첨가한 알코올을 혼합한 것을 사용
② 알코올은 차가운 기후나 고 고도에서 물의 빙결을 방지하고 오일은 계통 내 부품이 녹스는 것을 방지하는데 도움이 된다. 물 분사의 사용으로 이륙마력의 8~15[%] 증가를 허용한다.
③ 물 분사는 짧은 활주로나 비상시에 착륙을 시도한 후 복행할 필요가 있을 때 이륙에 필요한 엔진 최대 출력을 내기 위하여 사용한다.
④ 혼합기의 물 분사는 엔진이 디토네이션 위험 없이 더 많은 출력을 낼 수 있게 하는 노킹 방지제의 첨가와 같은 효과를 낼 수 있다.
⑤ 물은 혼합기를 냉각하여 더 높은 MAP(Manifold Pressure)를 사용하게 하고 연료와 공기의 비는 농후 최량 출력 혼합비가 감소하여 연료 소모에 비해 많은 출력을 낼 수 있다.

52 가솔린 엔진에서 노킹(Knocking)을 방지하기 위한 방법으로 틀린 것은?

① 제폭성이 좋은 연료를 사용한다.
② 화염전파 거리를 짧게 해준다.
③ 착화지연을 길게 한다.
④ 연소속도를 느리게 한다.

해설

화염전파속도가 느리면 혼합기의 발화지연 시간내에 미연소가스가 발화되어 노킹이 발생된다.

4 윤활유 및 윤활 계통

01 다음 중에서 오일의 온도가 올라가고 압력이 떨어지는 이유는?

① 오일량이 부족하다
② 오일 냉각기가 고장이 났다.
③ 오일 Pump가 고장이 났다.
④ 릴리프 Valve의 조절 불량

해설

오일량이 부족하면 충분한 냉각을 할 수 없기에 온도가 상승하고 압력이 떨어진다.

02 다음 중에서 고출력 왕복 엔진의 오일 계통에 쓰이는 형식은 무엇인가?

① Gravity Fed dry sump
② Pressure Fed dry sump
③ Gravity Fed wet sump
④ Pressure Fed wet sump

해설

윤활 계통의 분류

① 건식 윤활 계통(Dry sump) : 공급 라인과 배유(귀유)라인이 별도로 존재하며 섬프와 배유펌프가 있다.
② 습식 윤활 계통(Wet sump) : 공급 라인만 있으며 중력에 의해 탱크로 귀유된다.

03 왕복 엔진 오일 계통에 사용되는 배유 펌프는 무슨 형식인가?

[정답] 51 ④ 52 ④ 01 ① 02 ② 03 ①

기출+예상

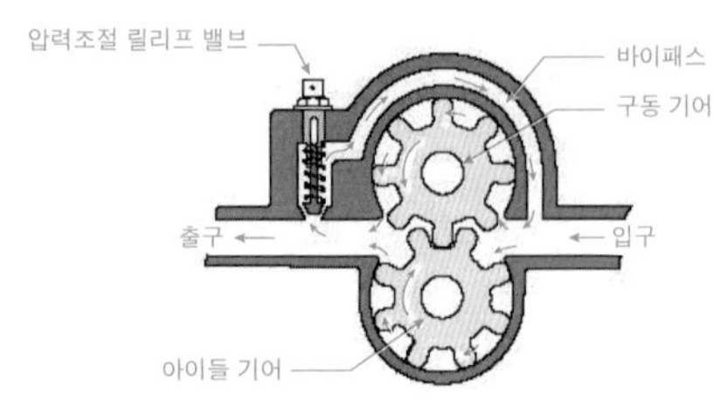

① 기어 ② 베인
③ 지로터 ④ 피스톤

해설

배유펌프(Scavenge pump)의 펌프 용량은 공급(압력)펌프보다 더 크다. 이유는 기포가 포함되고 열 팽창되기 때문이다.

04 차가운 날 엔진 시동을 돕기 위하여 오일 희석 장치는 엔진 오일을 다음 어느 것으로 희석하는가?

① Kerosene ② Gasoline
③ Alcohol ④ Propane

해설

오일 희석 장치(Oil dilution system)

① 추운 기후에 시동 시 윤활유를 저점도로 만들기 위해
② 기관 정지 전 연료(가솔린)를 윤할 계통에 희석
③ 오일 희석장치에서 사용된 가솔린(Gasoline)은 엔진이 시동된 후에 엔진 열에 의해서 기화되어 증발된다.

05 정기 점검 중인 왕복 엔진에서 반짝거리는 작은 금속편이 여과기에서 발견되고 마그네틱 드레인 플러그에서는 발견되지 않았다면 어떻게 조치하여야 하는가?

① 보기의 기어가 마모된 것으로 장탈하거나 오버홀시 필요하다.
② 플레인 베어링이 비정상적으로 마모되어 발생된 것으로 점검해볼 필요가 있다.
③ 실린더 벽이나 링이 마모된 것으로 엔진을 장탈하여야 한다.
④ 플레인 베어링 또는 알루미늄 피스톤의 정상적인 마모이므로 문제가 되지 않는다.

해설

평형 베어링

저출력 항공기 엔진의 커넥팅 로드, 크랭크 축, 캠축에 사용되고, 재질은 은, 납, 합금(청동 등)이 사용된다. 따라서 평형 베어링의 마모로 인한 금속은 마그네틱 드레인 플러그에서는 발견할 수가 없다. 그에 반해 실린더 벽은 크롬-몰리브덴강, 피스톤 링은 고급 회주철, 기어는 탄소강으로 제작된다.

06 연료-오일 열교환기의 주목적은 무엇인가?

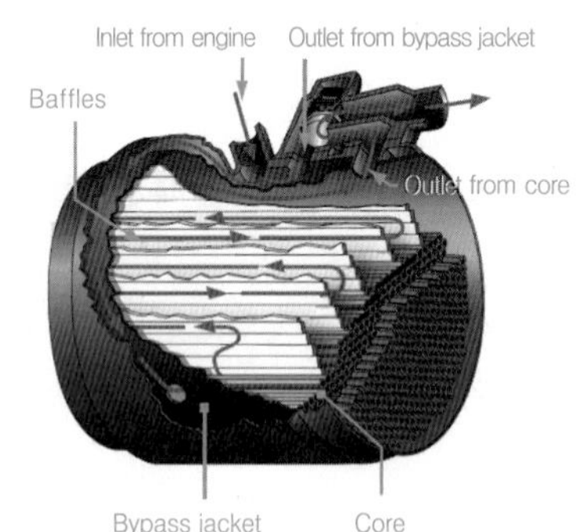

① 연료 냉각 ② 오일 냉각
③ 연료 가열 ④ 공기 차단

해설

오일냉각기(Oil cooler)

공기-오일 열 교환기로 윤활 시킨 오일로부터 과도한 열을 제거해 주는데 사용된다.

07 다음 중 윤활유의 기능이 아닌 것은?

① 윤활 ② 기밀
③ 냉각 ④ 여과

해설

윤활유의 기능

윤활, 기밀, 냉각, 청결, 방청(부식방지), 완충(소음감소)작용

08 제트 엔진 오일계통에서 베어링에서 사용하고 남은 오일을 오일계통에 다시 돌려주는 것은?

[정답] 04 ② 05 ② 06 ② 07 ④ 08 ②

① 가압계통　　② 스카벤지 계통
③ 브리더 계통　　④ 드레인 계통

해설

배유계통(Scavenge system)
항공기 엔진 오일계통의 건식윤활계통에 사용되는 구성품으로 엔진을 윤활 시킨 오일을 탱크로 귀환시키는 역할을 한다. 엔진의 배유펌프는 압력펌프보다는 그 용량이 크다.

09 오일 냉각 흐름 조절밸브(Oil cooling flow control valve)가 열리는 조건은?

① 엔진으로부터 나오는 오일의 온도가 너무 높을 때
② 엔진 오일펌프 배출체적이 소기펌프 출구면적보다 클 때
③ 엔진으로부터 나오는 오일의 온도가 너무 낮을 때
④ 소기펌프 배출체적이 엔진 오일펌프 입구체적보다 클 때

해설

윤활유 온도 조절 밸브
오일의 온도가 규정 값보다 높으면 닫혀서 윤활유가 냉각기를 거치게 하고, 낮을 때는 열려서 바이패스 시켜 준다.

10 왕복 엔진에서 발생되는 오일 열은 어디서 가장 많이 발생하는가?

① 커넥팅로드 베어링　　② 크랭크축 베어링
③ 배기 밸브　　④ 피스톤 및 실린더 벽

해설

왕복 엔진에서 피스톤의 왕복으로 인하여 오일 열이 발생하는데 이를 냉각시키기 위하여 냉각핀, 배플, 카울 플랩을 설치한다.

11 왕복기관의 윤활유 탱크에 대한 내용으로 바른 것은?

① 윤활유 탱크는 윤활유 펌프 입구보다 약간 높게 설치한 경우가 많다.
② 윤활유 열팽창을 고려하여 드레인 밸브가 있다.
③ 물과 불순물 제거를 위해 연료펌프 밑바닥에 딥 스틱이 있다.
④ 윤활유 탱크는 일반적으로 강철의 재료를 사용한다.

해설

오일 탱크(Oil tank)
① 윤활유 펌프까지는 중력에 의해 윤활유 공급
② 드레인 밸브는 이물질 제거
③ 딥 스틱(Dip stick)은 윤활유 양을 측정하는 스틱
④ 탱크의 재료는 알루미늄 합금 사용

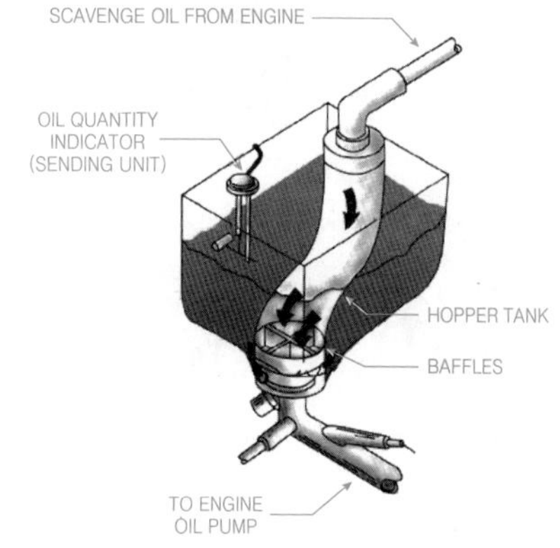

12 볼베어링에서 금속 칩이 발견될 경우 손상부위의 위치를 알 수 있는 부속품은?

① 오일 필터
② 칩 디텍터(Chip detecter)
③ 오일 압력 조절기
④ 딥 스틱(Dipstick)

해설

칩 탐지기(Chip detecter)
윤활유에 잔류하는 칩(조각)을 탐지하는 전기경고장치이다.
칩 탐지기는 일반적으로 배유플러그에 설치되며 플러그의 두 전극 봉 사이로 칩이 움직이게 되면 회로가 연결되어 경고 신호가 발생한다.

13 왕복기관에서 오일 여과기가 막혔다면 어떻게 되는가?

① 오일 부족 현상
② 바이패스 밸브를 통해 오일 공급
③ 오일 필터가 터진다.
④ 높은 오일 압력을 통해 체크 밸브가 열려 오일 공급

[정답] 09 ③　10 ④　11 ①　12 ②　13 ②

기출+예상

해설

바이패스 밸브(By-pass valve)
여과기가 막혔을 때 유로를 형성해 정상적으로 오일을 공급한다.

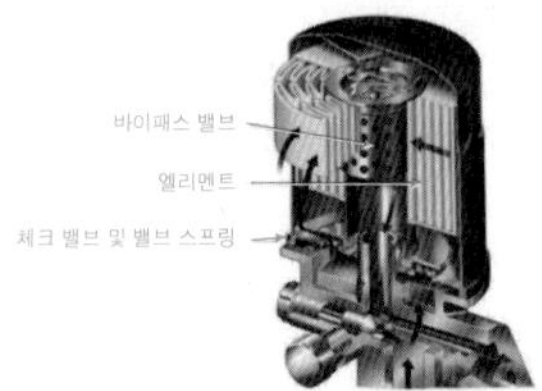

[정상적인 오일 흐름]

[바이패스 오일 흐름]

14 항공기 기관용 윤활유의 점도지수(Viscosity Index)가 높다는 것은 무엇을 뜻하는가?

① 온도변화에 따라 윤활유의 점도 변화가 적다.
② 온도변화에 따라 윤활유의 점도 변화가 크다.
③ 압력변화에 따라 윤활유의 점도 변화가 적다.
④ 압력변화에 따라 윤활유의 점도 변화가 크다.

해설

점도지수(VI)
온도변화에 따른 점도의 변화를 말한다.

15 SOAP(오일분광분석시험)에 대한 설명으로 가장 올바른 것은?

① 오일 중의 카본 발생량을 측정하여 연소실 부분품의 인상 상태를 점검한다.
② 오일의 색깔과 산성도를 측정하여 오일의 품질저하상태를 점검한다.
③ 오일 중의 포함된 기포의 발생량을 측정하여 오일 계통의 이상상태를 점검한다.
④ 오일 중에 포함되는 미량의 금속원소에 의해 베어링 부분품의 이상 상태를 점검한다.

해설

오일분광분석시험(SOAP)은 매일 첫 비행 후 30분 이내에 오일을 채취하여 실시한다.

16 항공기 윤활유의 특성에 속하지 않는 것은?

① 증기 폐쇄(Vapor lock) 현상이 커야 한다.
② 저 온도에서 최대의 유동성을 갖추어야 한다.
③ 최대의 냉각 능력이 있어야 한다.
④ 작동 부품의 마찰저항을 적게 하는 높은 윤활특성을 갖추어야 한다.

해설

윤활유의 특성
① 유성이 좋을 것
② 알맞은 점도를 가질 것
③ 온도변화에 의한 점도 변화가 적을 것, 점도 지수가 클 것
④ 낮은 온도에서 유동성이 좋을 것
⑤ 산화 및 탄화 경향이 적을 것
⑥ 부식성이 없을 것

17 왕복기관에서 추운 겨울에 사용하는 오일의 조건은?

① 저인화성 ② 저점성
③ 고인화점 ④ 고점성

해설

기온이 내려가면 윤활유는 고체 상태로 굳어지므로 점도가 낮은 윤활유를 사용하여 윤활이 잘 되도록 한다.

18 오일이 금속면에 접착되는 친화력을 무엇이라 하는가?

① 유성 ② 점성
③ 유동성 ④ 인화성

해설

유성은 금속 표면에 윤활유가 접착하는 성질을 말한다.

[정답] 14 ① 15 ④ 16 ① 17 ② 18 ①

19 **항공기 왕복기관에서 윤활방법에 주로 사용하는 방식은?**

① 비산식　　② 압송식
③ 복합식　　④ 압력식

해설

기관의 윤활방법

① 비산식 : 커넥팅 로드 끝에 국자가 달려 있어 크랭크축이 회전할 때마다 원심력으로 뿌려 크랭크축 베어링, 캠, 실린더 등에 공급하는 방식
② 압송식 : 윤활유 펌프로 윤활유에 압력을 가하여 윤활이 필요한 부분까지 윤활유 통로를 통해 공급하는 방식
③ 복합식 : 비산식과 압송식을 절충한 방식으로 일부는 비산식으로 급유하고 다른 부분은 압송식으로 공급한다. 최근의 왕복기관에는 이 방법이 주로 사용된다.

20 **왕복기관 윤활계통에서 오일펌프는 주로 어떤 것이 쓰이는가?**

① 원심식 펌프　　② 피스톤 펌프
③ 기어 펌프　　④ 베인 펌프

해설

오일 압력 펌프

기어형(Gear type)과 베인형(Vane type)이 있으며 현재 왕복엔진에서는 기어형을 가장 많이 사용하고 있다.

21 **윤활유 탱크를 수리한 후 내부 압력검사를 할 때 주입하는 공기압력은 얼마인가?**

① 3[psi]　　② 5[psi]
③ 7[psi]　　④ 9[psi]

해설

오일 탱크의 강도는 5[psi]의 압력에 견뎌야 하고 작동 중 일어나는 진동과 관성, 유체하중에 손상없이 지지되어야 한다.

22 **Dry sump oil 계통에 대한 설명 중 옳은 것은?**

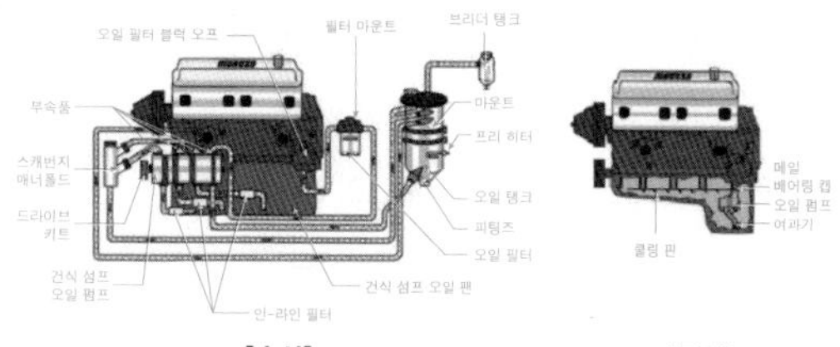

[습식]　　[건식]

① 탱크와 Sump가 따로 분리
② Oil cooler가 필요 없다.
③ 탱크와 섬프가 하나로 되어 있다.
④ 오일 필터가 없다.

해설

윤활계통의 종류

① 건식 윤활계통(Dry sump oil system) : 기관외부에 별도의 윤활유 탱크에 오일을 정하는 계통으로 비행 자세의 변화, 곡예비행, 큰 중력 가속도에 의한 운동 등을 해도 정상적으로 윤활할 수 있다.
② 습식 윤활계통(Wet sump oil system) : 크랭크 케이스의 밑바닥에 오일을 모으는 가장 간단한 계통으로 별도의 윤활유 탱크가 없으며 대향형 기관에 널리 사용되고 있다.

23 **호퍼 탱크(Hopper tank)의 목적은 무엇인가?**

① 남는 오일 공급을 유지하기 위해
② 오일을 묽게 하기 위한 필요량 제거
③ 오일을 더 빨리 데우기 위해
④ 프로펠러 페더링을 위한 오일 공급을 유지하기 위해

해설

호퍼 탱크(Hopper tank)

엔진 시동시 유온 상승을 빠르게 하기 위해 마련된 별도의 탱크로 엔진의 난기 운전을 단축시킨다.

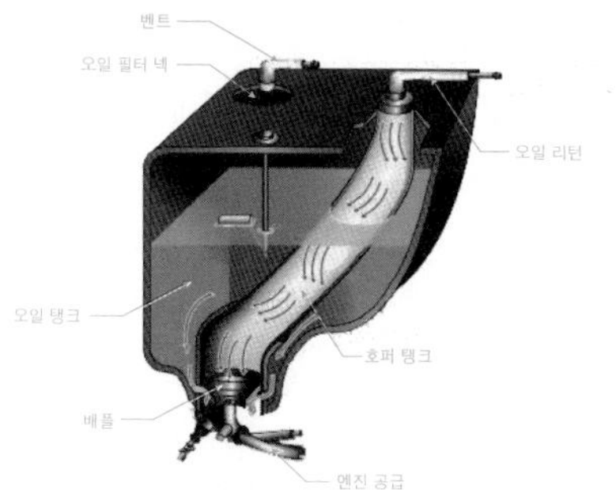

[정답] 19 ③　20 ③　21 ②　22 ①　23 ③

기출+예상

24 윤활유 탱크의 팽창공간은 얼마인가?

① 1.5[%] ② 2[%]
③ 5[%] ④ 10[%]

해설

윤활유 탱크는 윤활유의 열팽창에 대비하여 탱크 용량의 10[%]의 팽창 공간이 있어야 한다.
이공간은 주로 Filler Neck을 이용한다.

25 다음 중 오일의 압력을 일정하게 유지시키는 부품은?

① 저 오일 압력 경고등 ② 오일 필터
③ 오일 압력 릴리프 밸브 ④ 오일 압력계

해설

릴리프 밸브(Relief valve)
기관으로 들어가는 윤활유의 압력이 과도하게 높을 때 윤활유를 펌프 입구로 되돌려 보내어 일정한 압력을 유지하는 기능을 가지고 있다.

26 오일 계통에서 바이패스 밸브(Bypass valve)란 무엇인가?

① 오일필터가 막혔을 때 기관 속으로 바로 보내는 역할
② 릴리프 밸브와 같은 역할을 한다.
③ 필터와 함께 항상 작동한다.
④ 정답이 없다.

해설

바이패스 밸브(Bypass valve)
윤활유 여과기가 막혔거나 추운 상태에서 시동할 때에 여과기를 거치지 않고 윤활유가 직접 기관으로 공급되도록 하는 역할을 한다.

27 일반적으로 사용되는 소기 펌프(Scavenger pump)의 형식은?

① 기어형 ② 베인형
③ 지로터형 ④ 피스톤형

해설

오일 소기 펌프는 기어 펌프를 주로 사용한다.

28 오일 압력 릴리프 밸브의 위치는 어디인가?

① 오일펌프 입구와 출구 사이
② 오일펌프 입구와 탱크 사이
③ 오일펌프 뒤 필터 앞
④ 배유펌프와 냉각기 사이

해설

릴리프 밸브(Relief valve)
오일펌프 출구와 입구 사이에 장착되어 과도한 압력을 펌프 입구로 되돌려 보낸다.

29 왕복기관 시동 후 가장 먼저 확인해야 하는 계기는?

① 오일 압력계 ② 연료 압력계
③ 실린더 헤드 온도계 ④ 다지관 압력계

해설

왕복 엔진은 시동되었을 때 오일 계통이 안전하게 기능을 발휘하고 있는가를 점검하기 위하여 오일 압력계기를 관찰하여야 한다. 만약 시동 후 30초 이내에 오일압력을 지시하지 않으면 엔진을 정지하여 결함 부분을 수정하여야 한다.

30 계기에서 읽을 수 있는 오일의 온도는 어디의 온도인가?

① 소기 펌프의 오일 온도
② 기관으로 들어가는 오일 온도
③ 기관에서 나오는 오일 온도
④ 탱크로 들어가는 오일 온도

해설

윤활유의 압력 및 온도는 기관으로 공급되는 것을 측정한다.

[정답] 24 ④ 25 ③ 26 ① 27 ① 28 ① 29 ① 30 ②

5 시동 및 점화 계통

01 왕복 엔진에 사용되는 부스터 코일에 대한 설명으로 맞는 것은?

① 축전지의 직류를 맥류로 만들어 마그네토에서 고전압으로 승압시킨다.

② 점화시에만 마그네토의 회전 속도를 순간적으로 가속시킨다.

③ 마그네토가 유효 회전 속도에 도달할 때까지 스파크 플러그에 점화 불꽃을 일으키는 역할을 한다.

④ 시동 시위치와 별도로 조작되는 점화 보조 장비이다.

해설

①번은 인덕션 바이브레이터
②번은 임펄스 커플링
③번은 부스터 코일

위의 3가지는 모두 보조 점화장비이며, 인덕션 바이브레이터와 부스터 코일은 시동 스위치와 연동되어 조작되며, 전원으로는 축전지(Battery)가 이용된다.

02 다음은 타이밍 라이트 사용 방법에 대한 설명이다. 옳은 것은?

① 검은색 도선은 기관에 접지한다.

② 검은색 도선은 브레이커 포인트에 연결한다.

③ 붉은색 도선은 기관에 접지한다.

④ 검은색 도선은 콘덴서에 연결한다.

해설

타이밍 라이트

마그네토의 내부 점화시기 조정(브레이커 포인트의 E-gap을 맞추는 것)할 때 사용하는 것으로 붉은색 도선은 브레이크 포인트에 연결하고, 검은색 도선은 기관에 접지시킨다.

03 왕복 엔진의 점화시기를 점검하기 위하여 타이밍 라이트(Timing light)를 사용할 때, 마그네토 점화스위치는 어디에 위치시켜야 하는가?

① Both ② Off
③ Left ④ Right

해설

마그네토 점화스위치 형식은 여러 가지가 있으나, 일반적으로 전기적 접속장치중 선택스위치(Selector switch)를 사용하는데 위치 표시는 Off, Both, Left, Right로 되어 있고 시동이나 점검 등의 정비시에는 both 위치로 놓는다.

04 브레이커 포인트가 손상되었을 때 교환해야 하는 부품은?

① 1차코일 ② 2차코일
③ 배전기 접점 ④ 콘덴서

해설

콘덴서

① 브레이크 포인트에 생기는 아크(Arc), 즉 전기 불꽃을 흡수하여 브레이크 포인트 부분의 불꽃에 의한 마멸을 방지하고, 철심에서 발생했던 잔류 자기를 빨리 없애주는 역할을 한다.
② 콘덴서의 용량이 너무 작으면 브레이크 포인트가 타고 콘덴서가 손상된다.
③ 콘덴서의 용량이 너무 크면 2차 전압이 낮아진다.
④ 브레이크 포인트의 재질 : 백금-이리듐 합금

05 다음 중에서 스파크 플러그의 오염 원인은?

① 피스톤 링의 과도한 마모

② Gap이 너무 클 경우

③ 오일 여과기가 막힘

④ 불꽃이 전극 사이에서 튀지 않고 접지될 때

해설

피스톤 링의 과도한 마모에 의하여 연소실 내부로 윤활유의 유입이 가능하고, 때문에 탄소 찌꺼기에 의한 점화 플러그의 오염 원인이 된다.

06 9기통 성형 엔진에서 회전 영구자석이 6극형이라면, 회전 영구자석의 회전속도는 크랭크축 회전 속도의 몇 배인가?

① 3배 ② 1.5배
③ 3/4배 ④ 2/3배

[정답] 01 ③ 02 ① 03 ① 04 ④ 05 ① 06 ③

기출+예상

해설

$$\frac{\text{마그네토 회전속도}}{\text{크랭크축 회전속도}} = \frac{\text{실린더수}}{2\times\text{극수}} = \frac{9}{2\times6} = 0.75$$

07 9기통 성형 엔진의 점화 순서로 맞는 것은?

① 1-6-3-2-5-4-9-8-7

② 1-2-3-4-5-6-7-8-9

③ 1-3-5-7-9-2-4-6-8

④ 9-8-7-6-5-4-3-2-1

해설

점화순서

4기통 직렬형	1-3-4-2, 1-2-4-3
6기통 직렬형	1-5-3-6-2-4
8기통 V형	1R-4L-2R-3L-4R-1L-3R-2L
12기통 V형	1L-2R-L-4R-3L-1R-6L-5R-2L-3R-4L-6R
4기통 대평형	1-3-2-4 or 1-4-2-3
6기통 대평형	1-4-5-2-3-6 or 1-6-3-2-5-4
9기통 성형	1-3-5-7-9-2-4-6-8
14기통 성형	1-10-5-14-9-4-13-8-3-12-7-2-11-6
18기통	1-12-5-16-9-2-12-6-17-10-3-14-7-18-11-4-15-8

08 수평 대향형 엔진의 점화순서에서 특히 고려해야 할 점은?

① 기계적 효율이 최대가 되게

② 순항 비행시 최대의 회전 토크가 발생하도록

③ 설계가 간단하게

④ 점화 순서의 균형을 맞추어 엔진의 진동을 최하가 되게

해설

엔진의 균형을 좋게 하고 진동을 최대한으로 방지하기 위해 점화순서가 정해져 있다.

09 다음 중에서 마그네토의 내부 타이밍을 나타내는 표시는 무엇과 일치하여야 하는가?

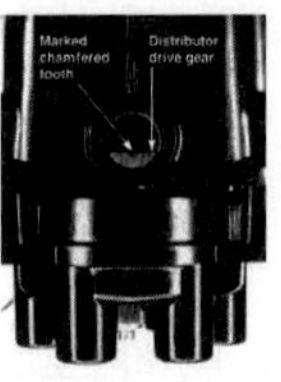

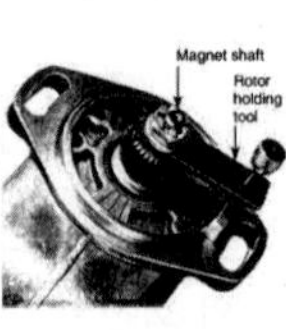

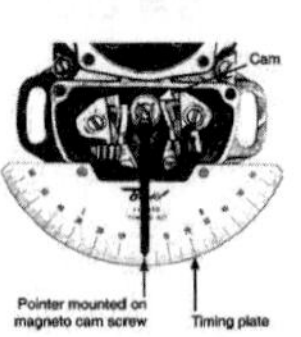

① No 1 실린더의 점화시기가 접점이 닫히기 시작하는 점

② 마그네토 E-gap 위치

③ No 1 실린더가 압축 행정 상사점에 위치

④ 배전기 기어와 회전축이 정확하게 맞는 점

해설

점화시기 조절

① 내부점화시기조절 : 마그네토의 E-gap 위치와 브레이커 포인트가 열리는 순간을 맞추는 것

② 외부점화시기조절 : 엔진이 점화 진각에 위치할 때에 크랭크축의 위치와 마그네토 점화시기를 일치시키는 것

10 9개 실린더를 갖고 있는 성형 엔진의 마그네토 배전기에 6번 전극에 꽂혀 있는 점화 케이블은 몇 번 실린더에 연결시켜야 하는가?

① 2　　② 4

③ 6　　④ 8

해설

9기통 성형엔진의 배전기 번호와 실린더 점화순서와의 관계

1(1) → 2(3) → 3(5) → 4(7) → 5(9) → 6(2) → 7(4) → 8(6) → 9(8)

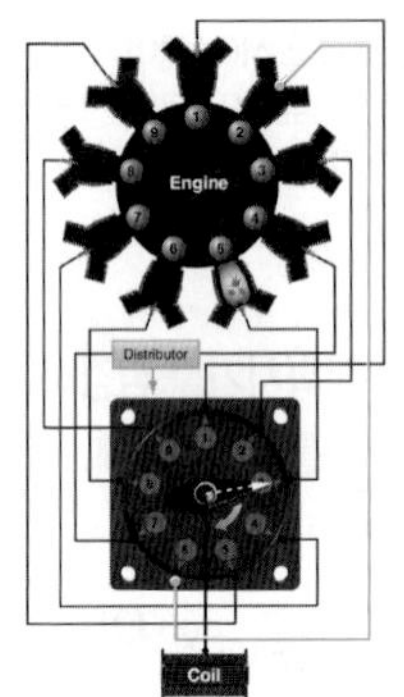

[정답] 07 ③ 08 ④ 09 ② 10 ①

11 Cold spark plug를 높은 압축비의 왕복 엔진에 사용하면 어떻게 되겠는가?

① 조기 점화
② 정상
③ 점화 플러그가 더러워짐
④ 이상 폭발

해설

스파크 플러그(Spark plug)

① 높은 압축비 엔진에 고온 점화 플러그를 사용 : 조기 점화(Pre-ignition)
② 낮은 압축비 엔진에 저온 점화 플러그 사용 : 점화 플러그가 더러워짐(Fouling)

12 지상에서 왕복 엔진 시운전 중 점화스위치를 both 에서 left 나 right로 전환시키면 rpm은 어떻게 변화하는가?

① 크게 떨어진다. ② rpm이 약간 증가한다.
③ rpm이 변화 없다. ④ rpm이 약간 감소한다.

해설

마그네토의 낙차시험(Magneto drop check)

① 마그네토가 정상적으로 작동하는 것에 대한 검사
② 점화 스위치 전환 : both – right(left) – both – left(right)–both
③ 점화스위치 both에서 right나 left 위치로 전환시 rpm이 규정값 이내로 감소해야 한다.

13 E–gap 각이란 마그네토의 폴(pole)의 중립 위치로부터 어떤 지점까지의 각도인가?

① 접점이 닫히는 점 ② 접점이 열리는 점
③ 2차 전류 낮은 점 ④ 1차 전류 낮은 점

해설

E–gap angle

마그네토의 회전 영구자석이 회전하면서 중립 위치를 지나 중립 위치와 브레이커 포인트가 열리는 사이에 크랭크축의 회전 각도이다.

14 저압 점화 계통을 사용할 때 단점은 무엇인가?

① 플래시 오버 ② 무게의 증대
③ 고전압 코로나 ④ 캐패시턴스

해설

저압 점화 계통은 고고도 비행에 적합하지만 각 실린더마다 변압기를 설치하여 무게가 증대된다.

- 점화계통의 전기적 현상
  ① 플래시 오버 : 항공기가 고고도에서 운용될 때 공기의 밀도가 낮기 때문에 절연이 잘 안되어 배전기 내부에서 고전압이 된다.
  ② 커패시턴스 : 전자를 저장하는 도체의 능력으로 점화플러그의 간격을 뛰어 넘을 수 있는 불꽃을 내기에 충분한 전압이 될 때까지 도선에 전하가 저장되는데 불꽃이 튀어 점화 플러그의 간격에 통로가 형성될 때 전압이 상승하는 동안 도선에 저장된 에너지가 열로서 발산된다.
  에너지의 방전이 비교적 낮은 전압과 높은 전류의 형태이기 때문에 전극이 소손되고 점화 플러그가 손상된다.
  ③ 습기 : 습기가 있는 곳에는 전도율이 증가되어 고압 전기가 새어 나가는 통로가 생긴다.
  ④ 고전압 코로나 : 고전압이 절연된 도선의 전도체와 도선 근처 금속 물체에 영향을 미칠 때 전기응력이 절연체에 가해진다. 이응력이 반복해서 작용하면 절연체 손상의 원인이 된다.

15 고압 점화케이블은 왜 유연한 금속제 관속에 넣어 느슨하게 장착하는가?

① 고 고도에서 방전을 방지하기 위해서
② 케이블 피복제의 산화와 부식을 방지하기 위해서
③ 작동중 고주파의 전자파 영향을 줄이기 위해서
④ 접지회로의 저항을 줄이기 위해서

해설

마그네토에서 점화플러그까지의 고압선은 통신잡음 및 누전 현상을 없애기 위해 금속망으로 여러 번 피복되어 있다.

16 점화플러그가 하나의 실린더에 2개씩 있는 주요한 목적은?

① 옥탄가가 다른 연료에도 사용할 수 있다.
② 1개가 파손되어도 안전하다.
③ 연소속도를 빠르게 한다.
④ 점화시기를 비켜서 연소가 끝나는 시기를 맞춘다.

[정답] 11 ② 12 ④ 13 ② 14 ② 15 ③ 16 ②

기출+예상

해설

현재 사용되는 왕복기관은 효율적이고 안전한 기관 작동을 위하여 이중점화방식을 사용하고 있다.
즉, 하나의 마그네토 계통이 고장 나더라도 다른 한 개의 계통으로 작동이 가능하도록 하고 있다.
또, 실린더 안에서 2개의 점화플러그를 장착하여 화염전파속도가 빨라져 디토네이션을 일으키지 않고 효율적인 연소가 이루어지도록 한다.

17 왕복기관을 장착시키는 동안 마그네토 접지선을 접지시켜 놓는 이유는?

① 엔진 시동시 백 화이어(Back fire)를 방지하기 위해서
② 엔진장착 도중 프로펠러를 돌림으로써 엔진이 시동될 가능성이 있기 때문에
③ 엔진 마운트(Engine mount)에 완전히 장착시킨 후 마그네토 접지선을 점검하지 않기 위해서
④ 점화 스위치가 잘못 놓일 수 있는 가능성 때문에

해설

왕복기관의 점화계통에서 마그네토는 엔진의 회전력으로 전기를 생산하여 점화하는데 엔진 장착 작업 중에 크랭크축이 회전하여 점화될 가능성으로 인해 엔진 장착시에는 마그네토를 접지한다.

18 마그네토(Magneto)의 임펄스 커플링(Impulse Coupling)의 목적은?

① 밸브 타이밍(Valve timing)의 시정
② 시동시 고전압 발생
③ 토오크(Torque) 방지
④ 시동 부하 흡수

해설

시동시 점화보조 장비

① 임펄스 키플링 : 주로 대항형 기관에 사용
② 부스터 코일 : 초기 성형 기관에 사용, 밧데리에서 전원 받음, 시동 스위치와 연동, 직접 점화 플러그에 고전압 전달
③ 인덕션 바이브레이터 : 주로 성형 기관에 사용, 밧데리에서 전원 받음, 시동 스위치와 연동, 직류를 맥류로 바꿔 마그네토 1차 코일에 전달

19 왕복기관 마그네토의 점화스위치는?

① 2차 코일에 직렬로 연결된다.
② 2차 코일에 병렬로 연결된다.
③ 접점(Breaker points)과 병렬로 연결된다.
④ 1차 콘덴서와 직렬로 연결된다.

해설

마그네토 스위치와 브레이크 포인트(접점)는 병렬로 연결된다.

20 마그네토 브레이커 포인트의 스프링이 약하면 어느 것이 가장 먼저 발생하는가?

① 전운전범위에서 회전이 불규칙하다.
② 고속시에 실화한다.
③ 시동시 및 저속시 때때로 실화한다.
④ 엔진이 시동되지 않는다.

해설

브레이커 포인트의 스프링

접점의 접촉을 유지하여 개폐시기를 확실히 하는 것 스프링이 약하면 브레이커 캠의 형상을 따라 바르게 접점이 개폐되지 않게 되어 2차 전류의 발생이 잘 안되므로 실화의 원인이 되며, 특히 고속 회전시에 이 현상이 두드러진다.

21 마그네토에서 접점(Breaker point)간격이 커지면 어떤 현상을 초래했겠는가?

① 점화(Spark)가 늦게 되고 강도가 높아진다.
② 점화가 일찍 발생하고 강도가 약해진다.
③ 점화가 늦게 되고 강도가 약해진다.
④ 점화가 일찍 발생하고 강도가 높아진다.

해설

접점의 간격이 커지면 접점은 빨리 떨어지고 정확한 E-gap의 위치보다 앞서게 된다.

[정답] 17 ② 18 ② 19 ③ 20 ② 21 ②

22 **마그네토 배전기(Distributor)로터의 속도를 결정하는 공식은?**

① 크랭크축 속도/2 ② 실린더 수/(2×로브의 수)
③ 실린더 수/로브의 수 ④ 실린더 수×로브의 수

해설

배전기의 회전자는 1회전시 전체 실린더에 점화가 이루어지며 크랭크축은 2회전시에 전체 실린더가 점화가 이루어진다.

23 **왕복기관의 고압 마그네토(High Tension Magneto)에 대한 설명 중 가장 관계가 먼 것은?**

① 전기 누설의 가능성이 많은 고공용 항공기에 적합한 점화계통이다.
② 고압 마그네토의 자기회로는 회전영구 자석, 폴슈 및 철심으로 구성되었다.
③ 콘덴서는 브레이커 포인트와 병렬로 연결되어 있다.
④ 1차회로는 브레이커 포인트가 붙어 있을 때에만 폐회로를 형성한다.

해설

고압 마그네토는 구조가 간단하나 고전압이 마그네토에서 배전기, 스파크 플러그까지 이어짐으로 전기 누설의 위험이 있어 고공비행에는 적합하지 않다.

24 **9기통 성형기관에서 좌측 마그네토 배전판의 5번 전극은 다음 어느 것과 연결되어 있는가?**

① 9번 실린더 후방점화플러그
② 5번 실린더 전방점화플러그
③ 5번 실린더 후방점화플러그
④ 9번 실린더 전방점화플러그

해설

성형기관
① 우측 마그네토 : 앞쪽 점화플러그와 연결되어있다.
② 좌측 마그네토 : 뒤쪽 점화플러그와 연결되어있다.

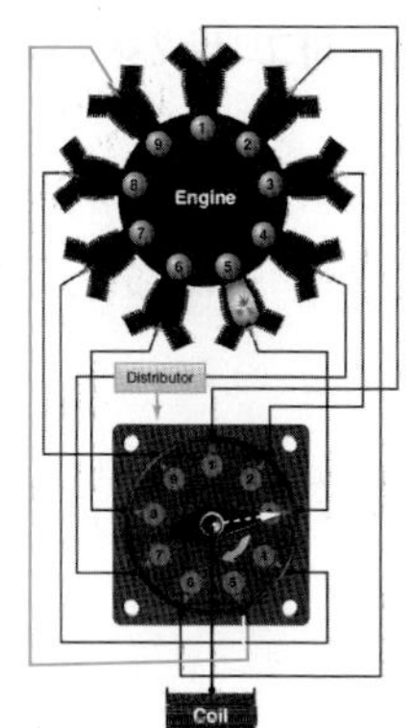

25 **수평 대향형 기관에서 우측 마그네토는 어떤 실린더의 어느 쪽의 점화 플러그에 연결되는가?**

① 우측 실린더 상부, 좌측 실린더 하부 점화플러그
② 우측 실린더 상부, 좌측 실린더 상부 점화플러그
③ 우측 실린더 하부, 좌측 실린더 상부 점화플러그
④ 우측 실린더 하부, 좌측 실린더 하부 점화플러그

해설

수평대향형 기관의 마그네토 배선 연결 방법
① 우측 마그네토 : 우측 실린더 상부, 좌측 실린더 하부 점화플러그
② 좌측 마그네토 : 좌측 실린더 상부, 우측 실린더 하부 점화플러그

26 **저압 점화계통에서 점화플러그의 점화에 필요한 고전압은 어디에서 공급되는가?**

① 마그네토 1차 코일
② 마그네토 2차 코일
③ 각 실린더 근처에 설치된 변압 코일
④ 배전기

해설

저압 점화계통에서는 각 실린더의 점화플러그 바로 앞에 변압기를 설치하여 고전압으로 변환시키며 짧은 거리에서만 고전압이 존재한다.

[정답] 22 ① 23 ① 24 ① 25 ① 26 ③

기출+예상

27 **점화장치에서 마그네토 2차 코일의 전압은 어디에서 얻는가?**

① 1차 코일 ② 축전지
③ 승압 코일 ④ 배전기

해설

마그네토 2차 코일은 1차 코일보다 코일의 감긴 횟수를 높여 1차 코일로부터 유도된 전기를 고전압으로 변압시킨다.

28 **왕복기관에서 마그네토 점화장치의 점화 스위치는 브레이커 포인트와 어떻게 연결되어있는가?**

① 점화 스위치와 브레이커 포인트를 직렬연결
② 점화 스위치와 브레이커 포인트를 병렬연결
③ 점화 스위치와 브레이커 포인트를 직접 연결
④ 점화 스위치와 브레이커 포인트를 교류 연결

해설

브레이 커포인터
① 브레이커 포인트는 1차 코일에 병렬로 연결되며 E-gap 위치에서 열리도록 되어 있다. 브레이커 포인트가 열리는 순간 2차 코일에 높은 전압이 유도된다.
② 브레이커 포인트는 콘덴서와 병렬로 연결되어 있다.
③ 백금-이리듐으로 만들어져 있다.

29 **점화계통에서 콘덴서는 마그네토 회로와 어떻게 연결되는가?**

① 1차 코일과 직렬로
② 1차 코일과 병렬로
③ 1차 코일과 교류로
④ 브레이커 포인트와 직렬로

해설

콘덴서
① 1차 코일과 콘덴서는 병렬로 연결되어 있다.
② 브레이커 포인트에 생기는 아크를 흡수하여 브레이커 포인트 접점부분의 불꽃에 의한 마멸을 방지하고 철심에 발생했던 잔류자기를 빨리 없애준다.
③ 콘덴서의 용량이 너무 작으면 아크를 발생시켜 접점을 태우고 용량이 너무 크면 전압이 감소되어 불꽃이 약해진다.

30 **E-gap이란 무엇인가?**

① 극 중립위치에서 브레이커 포인트가 열렸을 때의 각도
② 극 중립위치에서 브레이커 포인트가 막혔을 때의 각도
③ 자속 회전에서 브레이커 포인트가 열렸을 때의 각도
④ 자속 회전에서 브레이커 포인트가 막혔을 때의 각도

해설

E-gap
마그네토의 회전 자석이 중립위치를 약간 지나 1차 코일에 자기 응력이 최대가 되는 위치를 말하고 이것은 중립위치로부터 브레이커 포인트가 떨어지려는 순간까지 회전 자석의 회전 각도를 크랭크축의 회전각도로 환산하여 표시하고 이 각도를 E-gap이라 하는데 설계에 따라 다르긴 하나 보통 5~7도 사이이며, 이때 접점이 떨어져야 마그네토가 가장 큰 전압을 얻을 수 있다.

31 **E-gap angle과 가장 관계가 깊은 것은 무엇인가?**

① 밸브 오버랩 ② 파워 오버랩
③ 밸브 타이밍 ④ 마그네토 타이밍

해설

E-gap은 점화시기와 관련되어 E-gap의 위치에서 접점이 열리고 점화가 되도록 한다.

32 **배전기 회전자의 리타드 핑거의 역할은 무엇인가?**

① 자동 점화를 방지 ② 마그네토의 손상 방지
③ 킥 백 방지 ④ 축전지 손상 방지

해설

리타드 핑거의 역할
기관의 저속 운전시 점화시기가 정상 작동시와 같이 빠르다면 기관이 거꾸로 회전하는 킥 백 현상이 발생하므로 점화시기를 늦추어서 킥 백 현상을 방지한다.

33 **점화플러그의 설명 중 잘못된 것은?**

① 점화플러그는 전극, 세라믹 절연체, 금속 셸로 구성되어 있다.
② 고온 플러그와 저온 플러그로 구분된다.

[정답] 27 ① 28 ② 29 ② 30 ① 31 ④ 32 ③ 33 ③

③ 고온으로 작동되는 기관에서 고온 플러그를 사용

④ 고온으로 작동되는 기관에서 저온 플러그를 사용

해설

점화플러그(Spark plug)

① 점화플러그는 마그네토나 다른 고전압 장치에 의해 만들어진 높은 전기적 에너지를 혼합 가스를 점화하는 데 필요한 열에너지로 변환시켜 주는 장치이다.
② 점화플러그는 전극, 세라믹 절연체, 금속 셀로 이루어진다.
③ 열의 전달 특성에 따라 고온 플러그와 일반 플러그 저온 플러그로 나뉜다.
④ 과열되기 쉬운 기관에는 냉각이 잘되는 저온 플러그를 사용해야 한다.
⑤ 고온으로 작동하는 기관에 고온 플러그를 사용하면 점화플러그 끝이 과열되어 조기점화의 원인이 되고 저온으로 작동하는 기관에 저온 플러그를 사용하면 점화플러그 끝에 타지 않은 탄소가 축적되는 Fouling의 원인이 된다.

34 항공기 왕복기관의 마그네토(Magneto)에서 발생하는 전류는?

① 교류 ② 직류
③ 스텝파류 ④ 구형파류

해설

마그네토

영구자석을 사용하는 회전식 교류발전기이다.

35 성형 엔진에서 마그네토(Magneto)를 보기부(Accessory section)에 설치하지 않고 전방 부분에 설치하는 가장 큰 이점은 무엇인가?

① 정비가 용이하다. ② 냉각효율이 좋다.
③ 검사가 용이하다. ④ 설치 제작비가 저렴하다.

해설

과열되기 쉬운 기관에는 냉각이 잘되는 저온접압의 장치를 사용해야 한다.

36 왕복기관의 시동기로 가장 많이 사용하는 것은?

① 직권식 시동기 ② 분권식 시동기
③ 복권식 시동기 ④ 직-분권시동기

해설

직권 전동기

직류전동기로서 다른 전동기와 비교하여 기동 토크가 크고, 또 가벼운 부하에서는 고속으로 회전한다. 이와 같은 특성은 각종 항공기 구동용으로서 적합하고 때문에 주 전동기에 많이 사용되고 있다.

6 기관의 성능

01 지상 운전시 최대 마력이 얻어지지 않는다. 예상되는 원인은 무엇인가?

① 스로틀이 완전히 전개되지 않는다.
② 카뷰레터 히터가 on 위치에 있다.
③ 카뷰레터에 ice가 형성
④ 위 모두 맞다.

해설

엔진에서 흡기공기 또는 혼합기의 밀도, 체적효율이 감소하면 출력이 감소한다.

02 충분한 난기운전을 하지 않은 상태에서 갑작스럽게 왕복 엔진을 고출력으로 작동하면?

① 베어링과 다른 보기에 윤활이 불충분한 상태가 된다.
② 엔진 오일의 유막이 매우 얇게 된다.
③ 베어링과 다른 부품에 오일이 넘치게 된다.
④ 엔진 오일의 산화가 가속된다.

해설

난기운전(Warm-up)을 충분히 하지 않고 고출력을 내면

① 오일의 온도가 낮고 윤활 부족 상태가 된다.
② 연료의 기화가 충분하지 않아 엔진의 작동이 원활하지 않게 된다.
③ 엔진 부품의 팽창률 차이로 부품 간극이 설계 값보다 작아 윤활 부족 상태가 된다.
④ 밸브 간격이 설계 값보다 작게 되어 작동이 원활하게 되지 않는다.
⑤ 오일이 저온에서 점도가 높아 압력지시가 높아진다.

[정답] 34 ① 35 ② 36 ① 01 ④ 02 ①

기출+예상

03 **지상에서 작동중인 과급이 없는 엔진이 거칠게 운전중인 것을 발견하여 확인한 결과, 마그네토 드롭(Magneto drop)은 정상이지만 다기관압력(Manifold pressure)이 정상보다 높다면 가장 직접적인 원인은 무엇인가?**

① 마그네토 중 한 개의 하이텐션 리이드(High-tension lead)가 불확실하게 연결되어 있다.
② 흡입 다기관(Intake manifold)에서 공기가 새고 있다.
③ 하나의 실린더가 작동을 하지 않는다.
④ 실린더의 서로 다른 점화플러그의 결함이다.

해설

흡입 다기관 압력(MAP)
과급기가 없는 경우 대기압보다 낮고, 과급기가 작동하면 대기압보다 높은 것이 정상이다.

04 **M.E.T.O 마력을 가장 올바르게 설명한 것은?**

① 순항마력이다.
② 시간제한 없이 장시간 연속작동을 보증할 수 있는 연속 최대마력이다.
③ 기관이 낼 수 있는 최대의 마력이다.
④ 열효율이 가장 좋은 상태에서 얻어지는 동력이다.

해설

최대연속출력(Maximum Except Take Off)
엔진이 어떠한 상태 하에서 어떠한 시간에도 낼 수 있는 가장 큰 출력이다.

05 **항공기 왕복기관에서 고도증가에 따르는 배기배압(Exhaust back pressure)의 감소는?**

① 소기효과를 향상시켜 제동마력을 향상시킨다.
② 소기효과를 저하시켜 제동마력을 감소시킨다.
③ 마력과는 관계가 없다.
④ 흡기 다기관의 압력을 저하시킨다.

해설

고도가 증가하면 대기압력이 감소하여 배기가스의 배기배압이 감소하여 배기가 잘 되며 결과적으로 출력증가의 요인이 된다.

06 **다음 중 왕복 엔진의 출력에 가장 큰 영향을 미치는 압력은?**

① 다기관 압력(MAP)　② 오일 압력(P_{oil})
③ 연료 압력(P_{fuel})　④ 섬프 압력($P_{\Sigma 0}$)

해설

흡입 다기관 압력(MAP)
과급기가 없는 경우 대기압보다 낮고, 과급기가 작동하면 대기압보다 높은 것이 정상이다.

3 가스터빈 엔진

1 가스터빈 엔진의 종류와 특성

01 **가스 터빈 엔진의 종류 중 셔터 밸브의 그리드가 있어서 정적 과정에서 연소가 일어나는 엔진은?**

① 램제트 엔진　② 펄스제트 엔진
③ 터보 제트 엔진　④ 터보팬 엔진

해설

펄스제트엔진
기관의 공기 취입구에 저항이 작은 역류 방지 밸브(셔터 밸브)를 설치해 간헐적으로 개폐하도록 연구한 제트 기관
출력 형태에 따른 분류
① 제트 엔진 : 터보제트, 터보팬 엔진
② 회전 동력 엔진 : 터보프롭, 터보샤프트 엔진

02 **다음 동력장치 중 저속에서 효율이 좋은 기관의 순서로 바른 것은?**

① 터보팬 → 터보샤프트 → 터보제트 → 램제트
② 터보팬 → 터보제트 → 터보샤프트 → 램제트
③ 터보프롭 → 터보팬 → 터보제트 → 램제트
④ 터보프롭 → 터보팬 → 램제트 → 터보제트

해설

① 터보프롭 엔진
주로 프로펠러를 돌리는 데 엔진의 출력의 90[%]를 사용하여 감속장치를 매개로 프로펠러를 구동시킨다. 고 고도, 고속 특성의 장점을 살려 중속, 중고도 비행 시 큰 효율을 볼 수 있다.

[정답] 03 ② 04 ② 05 ① 06 ① 01 ② 02 ③

② 터보팬 엔진
터보제트 엔진의 터빈 후부에 다시 터빈을 추가하여 이것으로 배기가스속의 에너지를 흡수시켜 그 에너지를 사용하여 압축기의 앞부분에 증설한 팬(fan)을 구동시키고, 그 공기의 태반을 연소용으로 사용하지 않고 측로로부터 엔진 뒤쪽으로 분출함으로써 추력을 더욱 증가시킬 수 있도록 설계된 엔진을 말한다.
③ 터보제트 엔진
고 고도에서 고속으로 비행하는 항공기에 가장 적합하다.
④ 램제트엔진
고속에서 우수한 성능을 발휘하고 구조가 간단하다.

03 **항공기가 속도 720[km/h]로 비행시, 항공기에 장착된 터보 제트 엔진이 300[kg/s]로 공기를 흡입하여 400[m/s]로 배출시킨다. 진추력[Fn]은 얼마인가? (단, 중력가속도 g=10[m/sec²])**

① 300[kg] ② 6,000[kg]
③ 8,000[kg] ④ 18,000[kg]

해설

$$Fn=\frac{W_a}{g}(V_j-V_a)=\frac{300}{10}\left(400-\frac{720}{3.6}\right)=6,000[kg]$$

04 **연료 유량과 흡입 공기 손실을 고려하지 않은 진추력 공식은?**

① $\frac{W_f(V_j-V_a)}{g}$ ② $\frac{W_f}{g}$
③ $\frac{W_f(V_j+V_a)}{g}$ ④ $\frac{W_f}{g}=(V_j-V_a)$

해설

진추력의 식은 다음과 같다.

$$Fn=\frac{W_a(V_j-V_a)}{g}+\frac{W_a}{g}(V_j)+A_j(P_j-P_a)$$

흡입 공기 손실 $W_a(1\sim2[\%])$을 고려하지 않고, 배기노즐 출구의 압력과 대기압이 같다면 식은 아래와 같이 단순화 된다.

$$Fn=\frac{W_a}{g}(V_j-V_a)$$

05 **엔진을 통해 지나는 공기 흐름량이 322[lb/s]이고 흡입구 속도가 600[ft/s], 출구 속도가 800[ft/s]이면 발생하는 추력은? (단, 중력가속도 g=32.2[m/sec²])**

① 2,000[lbs] ② 4,000[lbs]
③ 8,000[lbs] ④ 12,000[lbs]

해설

$$Fn=\frac{W_a}{g}(V_j-V_a)=\frac{322}{32.2}(800-600)=2,000[lbs]$$

06 **Stage당 압력비가 1.34인 9 Stage 축류형 압축기의 출구압력은 얼마인가? (단, 압축기 입구 압력은 14.7[psi]이다.)**

① 177[psi] ② 205[psi]
③ 255[psi] ④ 276[psi]

해설

$$\text{압축기의 압력비}(\gamma)=\frac{\text{압축기 출구의 압력}}{\text{압축기 입구의 압력}}=\gamma_s^{\,n}=1.34^9$$

$$1.34^9=\frac{X}{14.7}=204.76$$

07 **Brayton cycle에서 열은 어떤 과정에서 유입되는가?**

① 정압 과정 ② 정온 과정
③ 정량 과정 ④ 정적 과정

해설

Brayton cycle은 정압사이클이다.

08 **초기압력 및 체적이 각각 P=50[N/cm²], V=0.03[m³]인 상태에서 V=0.3[m³]이 되었다. 이때 하여진 일의 양은 얼마인가?**

① 50[kJ] ② 135[kJ]
③ 150[kJ] ④ 175[kJ]

[정답] 03 ② 04 ④ 05 ① 06 ② 07 ① 08 ②

해설

$$P(\text{압력})=\frac{F(\text{힘})}{A(\text{단위면적})}=\frac{\frac{W(\text{일})}{S(\text{거리})}}{A}=\frac{W}{A\cdot S}=\frac{W}{V(\text{체적})}$$

상태변화에서의 일이므로

$W=P\times\triangle V$(체적의 변화량), $50[N/cm^2]=50\times100^2[N/cm^2]$

$W=(50\times100^2)[N/cm^2]\times(0.03-0.03)[m^3]=135{,}000$

$N\cdot m=135{,}000[J](1[J]=1[N\cdot M])$

09 가스 터빈 엔진의 진추력에서 연료 유량과 압력차를 무시 했을 때 성립되는 식은? (단, F_n : 진추력, W_f : 연료의 유량, W_a : 흡입 공기의 유량, V_j : 배기가스의 속도, V_a : 비행 속도, A_j : 배기 노즐의 단면적, P_j : 배기 노즐에서 출구정압, P_a : 대기 압력)

① $F_n=\frac{W_f}{g}V_j+A_j$　　② $F_n=\frac{W_a}{g}A_j(P_j-P_a)$

③ $F_n=\frac{W_f}{g}(V_j-V_a)$　　④ $F_n=\frac{W_a}{g}(V_j-V_a)$

해설

진추력의 식은 다음과 같다.

$$Fn=\frac{W_a(V_j-V_a)}{g}+\frac{W_a}{g}(V_j)+A_j(P_j-P_a)$$

흡입 공기 손실 $W_a(1\sim2[\%])$을 고려하지 않고, 배기노즐 출구의 압력과 대기압이 같다면 식은 아래와 같이 단순화 된다.

$$Fn=\frac{W_a}{g}(V_j-V_a)$$

10 축류식 압축기의 1단당 압력비가 1.6이고, 회전자 깃에 의한 압력 상승비가 1.3이다. 압축기의 반동도(Φ_c)를 구하면?

① $\Phi_c=0.2$　　② $\Phi_c=0.3$

③ $\Phi_c=0.5$　　④ $\Phi_c=0.6$

해설

압축기 회전자 깃의 입구 압력 P_1, 회전자 깃 출구 압력 $P_2=1.3P_1$, 압축기 고정자 깃 출구 압력 $P_3=1.3P_1$으로 하면

$$\Phi_c=\frac{P_2-P_1}{P_3-P_1}=\frac{1.3P_1-P_1}{1.6P_1-P_1}=\frac{0.3}{0.6}=0.5$$

11 브레이턴(Brayton) 사이클의 이론 열효율을 가장 올바르게 표시한 것은? (단, η_{th} : 열효율, r : 압력비, k : 비열비)

① $\eta_{th}=1-r^{\frac{1}{k-1}}$　　② $\eta_{th}=1-r^{\frac{1-k}{k}}$

③ $\eta_{th}=1-r^{\frac{k}{k-1}}$　　④ $\eta_{th}=1-r^{\frac{k-1}{k}}$

해설

브레이턴 사이클의 열효율

$$\eta=1-\frac{1}{r}^{\frac{k-1}{k}}$$

12 공기 사이클(Air Cycle) 3개 중 같은 압축비에서 최고압력이 같을 때 이론 열효율이 가장 높은 것부터 낮은 것을 올바르게 나열한 것은?

① 정적–정압–합성　　② 정압–합성–정적

③ 합성–정적–정압　　④ 정적–합성–정압

해설

- 압축비가 같을 경우 오토–사바테–디젤 순이며 최고압력이 일정한 경우는 반대가 된다.
- 압력비가 같을 경우 정압–합성–정적 순이며 최고압력이 일정한 경우는 반대가 된다.

13 터보팬(Turbo–fan) 제트 엔진의 1차 공기량이 50[kgf/sec], 2차 공기량 60[kgf/sec], 1차 공기 배기속도 170[m/sec], 2차 공기배기속도 100[m/sec]이었다. 이 엔진의 바이패스비(By–pass ratio)는 얼마인가?

① 0.59　　② 0.83

③ 1.2　　④ 1.7

해설

$$BPR=\frac{W_s}{W_p}=\frac{60}{50}=1.2$$

[정답] 09 ④　10 ③　11 ②　12 ④　13 ③

14 **이상적인 터보 제트 엔진의 구성과정에서 등엔트로피 과정이 아닌 것은?**

① 압축과정 ② 터빈과정
③ 분사과정 ④ 연소과정

해설

등엔트로피 과정

엔트로피를 일정하게 유지하면서 물체가 속한 계의 상태를 변화시키는 것을 말한다.
준정적 또는 가역적 단열변화가 이에 해당한다. 이 경우 역도 성립하여 등엔트로피 상태의 가역적 변화는 항상 단열과정이다. 연소과정은 정압과정이다.

15 **공기를 빠른 속도로 분사시킴으로서 소형, 경량으로 큰 추력을 낼 수 있고 비행 속도가 빠를수록 추진 효율이 좋고, 아음속에서 초음속에 걸쳐 우수한 성능을 가지는 엔진의 형식은?**

① Turbojet Engine ② Turboshaft Engine
③ Ramjet Engine ④ Turboprop Engine

해설

Turbojet Engine

고온의 배기 가스 흐름으로 인한 반작용력을 추진력으로 이용항 엔진이다.

16 **그림과 같은 브레이턴 사이클의 $P-V$선도에 대한 설명 중 틀린 것은?**

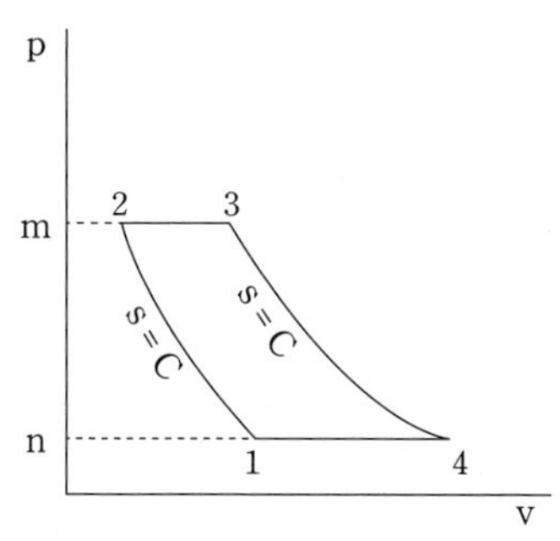

① 넓이 1-2-3-4-1은 사이클의 참 일
② 넓이 3-4-n-m-3은 터빈의 팽창일
③ 넓이 1-2-m-n-1은 압축 일
④ 1개씩의 정압과정과 단열과정이 있다.

해설

브레이턴 사이클(Brayton Cycle)

가스 터빈 엔진의 이상적인 사이클로 단열압축, 정압수열, 단열팽창, 정압방열 과정으로 이루어져 있다.

17 **왕복기관에 비해 가스 터빈 엔진의 장점이 잘못된 것은?**

① 추운 날씨에 시동 성능이 우수하며 높은 회전수를 얻을 수 있다.
② 비행 속도가 증가할수록 효율이 좋아 초음속 비행이 가능하다.
③ 연료 소비율이 적으며 진동이 심하다.
④ 가격이 싼 연료를 사용한다.

해설

가스 터빈 엔진의 왕복 엔진에 대한 특성

① 연소가 연속적이므로 중량당 출력이 크다.
② 왕복운동 부분이 없어 진동이 적고 고 회전이다.
③ 한랭 기후에서도 시동이 쉽고 윤활유 소비가 적다.
④ 비교적 저급 연료를 사용한다.
⑤ 비행 속도가 클수록 효율이 높고 초음속 비행이 가능하다.
⑥ 연료 소모량이 많고 소음이 심하다.

18 **가스 터빈 기관의 분류와 관계가 있는 것은?**

① 터보제트 엔진, 터보팬 엔진, 터보프롭 엔진, 터보샤프트 엔진
② 터보제트 엔진, 터보팬 엔진, 터보프롭 엔진, 펄스제트 엔진
③ 터보제트 엔진, 터보팬 엔진, 램제트 엔진, 펄스제트 엔진
④ 터보제트 엔진, 터보팬 엔진, 램제트 엔진, 터보 샤프트 엔진

[정답] 14 ④ 15 ① 16 ④ 17 ③ 18 ①

해설

가스 터빈 엔진의 분류

① 압축기 형태에 따른 분류
　ⓐ 원심식 압축기 엔진 : 소형 엔진이나 지상용 가스 터빈 엔진에 많이 사용
　ⓑ 축류식 압축기 엔진 : 대형 고성능 엔진에 주로 많이 사용
② 출력 형태에 따른 분류
　ⓐ 제트 엔진 : 터보제트, 터보팬 엔진
　ⓑ 회전 동력 엔진 : 터보프롭, 터보샤프트 엔진

19 가스 터빈 엔진 중 추진효율이 가장 낮은 것은?

① 터보 팬(Turbo fan)
② 터보 제트(Turbo jet)
③ 터보 샤프트(Turbo shaft)
④ 터보 프롭(Turbo prop)

해설

추진효율

공기가 기관을 통과하면서 얻은 운동 에너지와 비행기가 얻은 에너지인 추력 동력의 비를 말하는데 추진효율을 증가시키는 방법을 이용한 기관 이 터보 팬 기관이다. 특히 높은 바이패스 비를 가질수록 효율이 높다.
터보 샤프트 - 터보 프롭 - 터보 팬 - 터보 제트 순이다.

20 가스 터빈 기관에서 배기소음이 가장 큰 것은?

① 터보 팬　② 터보 프롭
③ 터보 샤프트　④ 터보 제트

해설

배기소음

① 배기소음은 배기노즐로부터 대기 중에 고속으로 분출된 배기가스가 대기와 심하게 부딪쳐 혼합될 때 발생한다. 소음의 크기는 배기가스 속도의 6~8 제곱에 비례하고 배기노즐 지름의 제곱에 비례 한다.
② 터보 제트 엔진은 배기가스 분출속도가 터보 팬이나 터보 프롭 엔진에 비하여 상당히 빠르므로 배기 소음이 특히 심하다.

21 가스 터빈 엔진 중 고속 비행 중 가장 효율이 좋은 것은 어느 것인가?

① 터보 제트 엔진　② 터보 팬 엔진
③ 터보 프롭 엔진　④ 터보 샤프트 엔진

해설

터보 제트(Turbo jet) 엔진

① 저 고도, 저속에서 연료 소모율이 높으나 고속에서는 추진효율이 좋다.
② 전면면적이 좁기 때문에 비행기를 유선형으로 만들 수 있다.
③ 천음속에서 초음속 범위에 걸쳐 우수한 성능을 지닌다.
④ 이륙거리가 길고 소음이 심하다.
⑤ 후기 연소기를 사용하여 추력을 증대시킬 수 있다.
⑥ 소형이면서 큰 추력이 필요하고 초음속 비행을 하는 전투기에 많이 사용한다.

22 터보 팬(Turbo fan) 엔진의 특성이 아닌 것은 무엇인가?

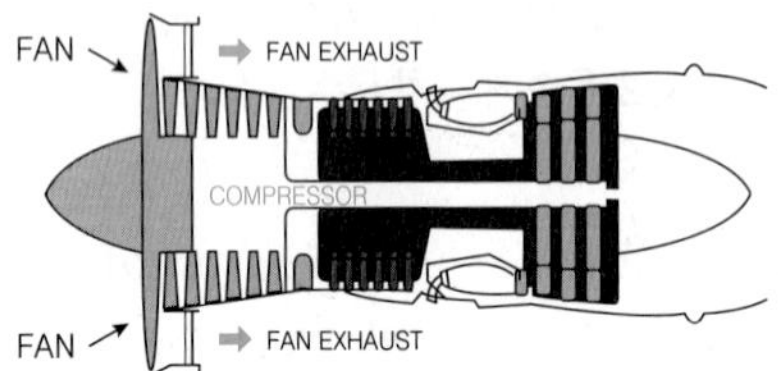

① 추력 증가　② 이륙거리 증가
③ 무게 경감　④ 소음 감소

해설

터보 팬(Turbo fan) 엔진

① 이·착륙거리의 단축 및 추력이 증가한다.
② 무게가 경량이다.
③ 경제성 향상
④ 소음이 적다.
⑤ 날씨 변화에 영향이 적다.

23 분사 추력을 사용하는 형태는 어느 것인가?

① 터보 프롭　② 터보 샤프트
③ 글라이더　④ 터보 팬

해설

제트 엔진은 압축기, 연소실, 터빈으로 이루어져 고온 고압의 연소가스를 배기 노즐을 통하여 고속으로 분사하는 반작용력에 의하여 추력을 얻는 것으로 터보 제트 엔진과 터보 팬 엔진이 있다.

[정답] 19 ③　20 ④　21 ①　22 ②　23 ④

24 가스 터빈 엔진 중에서 출력을 감속장치를 통해 프로펠러를 구동하고 배기가스에서 약간의 추력을 얻는 엔진은 어느 것인가?

① Turbo jet ② Turbo fan
③ Turbo prop ④ Turbo shaft

해설

터보 프롭 (Turbo prop) 엔진

① 엔진의 압축기 부에서 축을 내어 감속 기어를 통하여 엔진의 회전수를 감속시켜 프로펠러를 구동하여 추력을 얻는 것으로 추력의 75[%]는 프로펠러에서 나머지는 25[%]는 배기가스에서 얻는다.
② 저속에서 높은 효율과 큰 추력을 가지는 장점이 있지만 고속에서는 프로펠러 효율 및 추력이 떨어지므로 고속 비행을 할 수 없다.
③ 저속에서 단위 추력당 연료 소모율이 가장 적다.
④ 감속 기어 등으로 인하여 무게가 무거우나 역추력 발생이 용이하다.

25 가스 터빈 기관의 종류 중 헬리콥터 및 지상 동력장치로 사용되는 엔진은?

① 터보 제트 기관 ② 터보 팬 기관
③ 터보 샤프트 기관 ④ 터보 프롭 기관

해설

터보 샤프트(Turbo shaft) 엔진

① 추력의 100[%]를 축을 이용하여 얻고 배기가스에 의한 추력은 없다.
② 자유 터빈 사용으로 시동시 부하가 적다.
③ 헬리콥터에 주로 사용한다.

26 디퓨저, 밸브 망, 연소실 및, 분사 노즐로 구성된 제트 엔진은?

① 램 제트 ② 펄스 제트
③ 터보 제트 ④ 터보 팬

해설

펄스 제트와 램제트 엔진

① 펄스 제트(Pulse jet) 엔진 : 디퓨저, 밸브 망, 연소실, 분사 노즐로 구성 되어있다.
② 램 제트(Ram jet) 엔진 : 디퓨저, 연소실, 분사 노즐로 구성되어 있다.

27 Jet 엔진의 추진원리는?

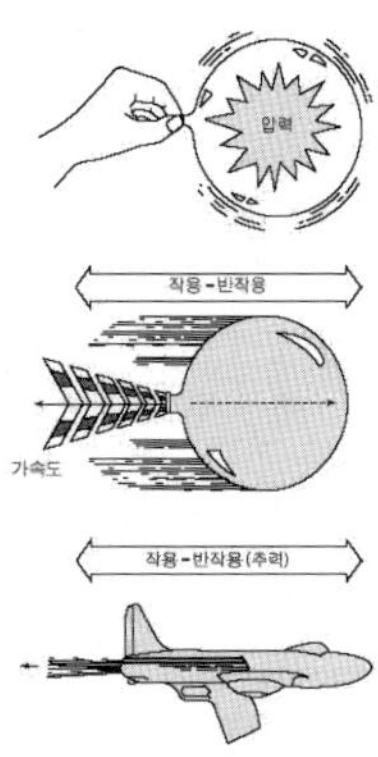

① 오일러 법칙 ② 관성의 법칙
③ 가속도의 법칙 ④ 작용과 반작용 법칙

해설

가스 터빈 엔진의 작동원리

뉴턴의 제3법칙인 작용 반작용의 원리(한 물체가 다른 물체에 힘을 미칠 때는 항상 다른 물체에도 크기가 같고 방향이 반대인 힘이 같은 작용선 상에 미친다. 이 힘을 작용에 대한 반작용이라 한다.)를 이용한 것이다.

28 가스 터빈 엔진의 이상적인 사이클은?

① 오토 ② 카르노
③ 캘빈 ④ 브레이턴

해설

브레이턴 사이클(Brayton cycle)

가스 터빈 엔진의 이상적인 사이클로서 브레이턴에 의해 고안된 동력기관의 사이클이다.
가스 터빈 엔진은 압축기, 연소실 및, 터빈의 주요 부분으로 이루어지며 이것을 가스 발생기라 한다.
가스 터빈 엔진의 압축기에서 압축된 공기는 연소실로 들어가 정압연소(가열)되어 열을 공급하기 때문에 정압 사이클이라고도 한다.

29 브레이턴 사이클(Brayton cycle)의 과정은 다음 중 어느 것인가?

① 단열압축, 정적가열, 단열팽창, 정적방열
② 정적가열, 단열압축, 정적방열, 단열팽창

[정답] 24 ③ 25 ③ 26 ② 27 ④ 28 ④ 29 ④

③ 정압수열, 단열압축, 단열팽창, 정압방열

④ 단열압축, 정압가열, 단열팽창, 정압방열

해설

브레이턴 사이클

단열압축 → 정압가열 → 단열팽창 → 정압방열

30 압력비가 5인 브레이턴 사이클의 열효율은? (단, 공기 비열비는 1.4이다.)

① 35.47[%]　② 36.86[%]

③ 32.86[%]　④ 38.26[%]

해설

브레이턴 사이클의 열효율

$$\eta=1-\frac{1}{r}^{\frac{k-1}{k}}=1-\frac{1}{5}^{\frac{1.4-1}{1.4}}=0.3686=36.86[\%]$$

31 진추력 2,000[kg], 비행 속도 200[m/s], 배기가스속도 300[m/s]인 터보제트 기관에서 저위발열량이 4,600[kcal/kg]인 연료를 1초 동안에 1.3[kg] 씩 소모한다고 할 때 추진효율을 구하면 약 얼마인가?

① 0.8　② 0.9

③ 1.0　④ 1.5

해설

추진효율

공기가 엔진을 통과하면서 얻은 운동에너지에 의한 동력과 추진동력(진추력×비행 속도)의 비

즉, 공기에 공급된 전체에너지와 추력 발생에 사용된 에너지의 비

$\eta_p=\frac{2V_a}{V_j+V_a}=\frac{2\times200}{300+200}=0.8=80[\%]$(진추력은 무시)

32 가스 터빈 엔진의 총 추력의 정의는?

① 항공기가 비행 중일 때의 추력

② 압축기를 통과하여 얻은 1차공기에 의한 추력

③ 항공기가 정지한 상태에서의 추력

④ 팬 덕트를 통과한 2차 공기에 의한 추력

해설

가스 터빈 터보제트 엔진의 작동원리 중 하나는 뉴턴의 제1운동법칙에 기초하여, "정지해 있는 물체는 계속 정지해 있으려 하는 추력"이다.

2 가스터빈 엔진의 구조

1. 구성요소

01 축류형 압축기가 가스터빈에 많이 사용되는 이유로 가장 거리가 먼 것은?

① 단당 압력비가 높다.

② 많은 공기량을 처리할 수 있다.

③ 다단화가 용이해서 고 압력비를 얻을 수 있다.

④ 압축기 효율이 높다.

해설

공기를 디퓨저를 통하여 빨아 들이고 압축기로 고압으로 압축시켜 연소실에서 연료와 혼합하고 점화를 시키면 고온, 고압, 고속의 연소가스가 뒤로 팽창되어 터빈에 동력을 전달하고 배기노즐을 통해 고속으로 빠져 나가면서추력을 발생시킨다.

(작용과 반작용의 법칙 – 뉴턴의 제3법칙)

02 터보 제트 기관의 주요 3개 부분은 무엇인가?

① 압축기, 터빈, 후기 연소기

② 압축기, 연소실, 터빈

③ 흡입구, 압축기, 노즐

④ 압축기, 디퓨저, 터빈

해설

- 디퓨저(Diffuser)
- 압축기(Compressor)
- 연소실(Heater)
- 터빈(Turbine)
- 배기노즐(Nozzle)

03 엔진이 모듈 개념으로 조립되는 이유는 무엇인가?

[정답] 30 ② 31 ① 32 ③ 01 ① 02 ② 03 ③

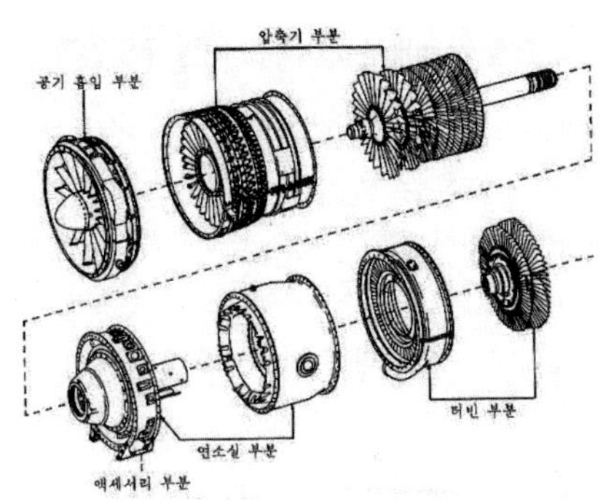

[가스 터빈 기관의 모듈구조]

① 제작이 용이하다.

② 엔진 출력을 증대시킨다.

③ 효율적인 정비가 가능하다.

④ 낮은 rpm에서 높은 출력을 낸다.

해설

모듈 구조(Module construction)

엔진의 정비성을 좋게 하기 위하여 설계하는 단계에서 엔진을 몇 개의 정비 단위, 다시 말해 모듈로 분할할 수 있도록 해 놓고 필요에 따라서 결함이 있는 모듈을 교환하는 것만으로 엔진을 사용가능한 상태로 할 수 있게 하는 구조를 말한다.

그 때문에 모듈은 그 각각이 완전한 호환성을 갖고 교환과 수리가 용이하도록 되어 있다.

04 터빈 엔진에 대한 설명으로 가장 올바른 것은?

① 작은 rpm 증가로써 엔진의 고속시에 추력을 더욱 빠르게 증가한다.

② 작은 rpm 증가로써 엔진의 저속시에 추력을 더욱 빠르게 증가한다.

③ 높은 고도에서 온도가 낮기 때문에 엔진은 덜 효율적이다.

④ 높은 고도에서 추력을 내는데 1파운드당 공기 소비량은 적게 든다.

해설

소형 경량으로 큰 추력을 얻으며, 고속에서 추진효율이 우수하고, 아음속에서 초음속의 범위까지 우수한 성능을 지닌다.

05 다음 중 제트 엔진의 핫 섹션이 아닌 것은?

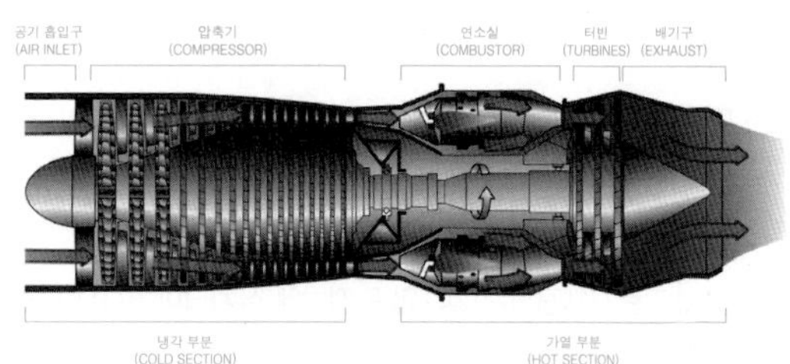

① 터빈 ② 배기노즐

③ 연소실 ④ 기어박스

해설

핫 섹션(Hot section)

엔진 구조 내부에서 직접 고온의 연소가스에 노출되는 부분, 즉, 연소실, 터빈 및 배기계통의 각 부분.

이 외의 부분을 콜드섹션(Cold section)이라 한다.

06 가스 터빈 엔진의 주요 구성요소는 무엇인가?

① Compressor, Diffuser, Stator, Turbine

② Turbine, Combustion, Stator, Rotor

③ Turbine, Combustion, Compressor, Exhaust nozzle

④ Compressor, Turbine, Nozzle, Stator

2. 흡입부분

01 날개 아래 장착되는 엔진의 공기 흡입구를 무엇이라 하는가?

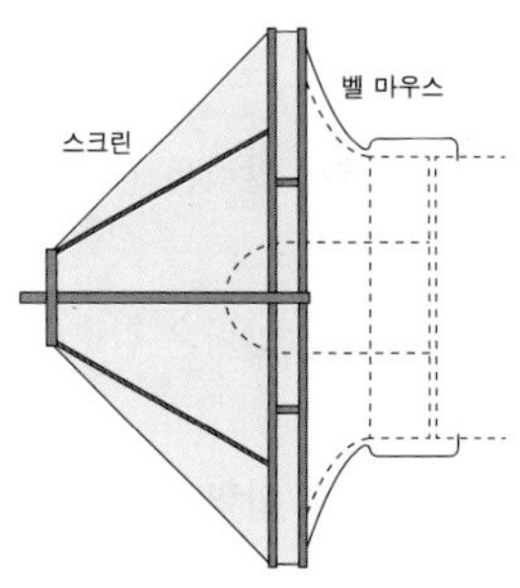

[정답] 04 ① 05 ④ 06 ③ 01 ②

① S자 덕트 ② 노스 카울
③ 벨 마우스 ④ 인렛 스크린

해설

① S자 덕트 : 엔진이 후방 동체 속에 장착되어 있을 때의 흡입 덕트
② 벨 마우스 : 가스 터빈 엔진 입구에 공기를 안내하는데 사용하는 수축형의 흡입 덕트로서 헬리콥터 엔진이나 지상에서 가스 터빈 엔진의 시운전시 사용하는 흡입 덕트
③ 인렛 스크린 : 엔진의 공기흡입구 전방에 설치되어 FOD(외부 물질에 의한 손상) 등 방지

02 램 압력 회복점이란?

① 마찰 압력 손실이 최대가 되는 점
② 램 압력 상승이 최소가 되는 점
③ 마찰 압력 손실과 램 압력 상승이 같아지는 점
④ 마찰 압력 손실이 최소가 되는 점

해설

압축기 입구에서의 정압 상승이 도관 안에서 마찰로 인한 압력 강하와 같아지는 속도, 즉 압축기 입구 정압이 대기압과 같아지는 항공기 속도를 말하며, 압력 회복점이 낮을수록 좋은 흡입 덕트이다.

03 아음속 항공기의 흡입 덕트는 어떤 형태인가?

① 확산형 ② 수축형
③ 수축-확산형 ④ 가변형

해설

- 아음속 항공기 : 확산형
- 초음속 항공기 : 가변형(수축-확산형)

04 수축 및 확산 덕트에 대한 기술 중 틀린 것은?

① 아음속시 수축 덕트에서 압력은 감소하고 속도는 증가한다.
② 초음속시 수축 덕트에서 압력은 감소하고 속도는 증가한다.
③ 초음속시 확산 덕트에서 압력은 감소하고 속도는 증가한다.
④ 아음속시 확산 덕트에서 압력은 증가하고 속도는 감소한다.

05 터보 팬 기관에서 바이패스 비란 무엇인가?

① 압축기를 통과한 공기 유량과 압축기를 제외한 팬을 통과한 공기 유량과의 비
② 압축기를 통과한 공기 유량과 터빈을 통과한 공기 유량과의 비
③ 팬에 유입된 공기 유량과 팬에서 방출된 공기 유량과의 비
④ 기관에 흡입된 공기 유량과 기관에서 배출된 공기 유량과의 비

해설

바이패스 비(Bypass ratio)
① 터보 팬 기관에서 팬을 지나가는 공기를 2차 공기라 하고 압축기를 지나가는 공기를 1차 공기라 하는데 1차 공기량과 2차 공기량의 비를 바이패스 비라 한다. $BPR = \frac{W_s}{W_p}$
② 바이패스 비가 클수록 효율이 좋아지지만 기관의 지름이 커지는 문제점이 있다.

3. 압축기부분

01 원심식 압축기의 장점이 아닌 것은?

① 경량이다.
② F.O.D에 의한 저항력이 없다.
③ 구조가 간단하다.
④ 제작비가 저렴하다.

해설

- 장점
  ① 단당 압력비가 높다.
  ② 아이들에서 최대 출력까지의 넓은 속도 범위에서 좋은 효율을 가진다.
  ③ 제작이 쉽다.
  ④ 구조가 튼튼하다.
  ⑤ 값이 싸다.
- 단점
  ① 압축기 입구와 출구의 압력비가 낮다.
  ② 많은 양의 공기를 처리할 수 없다.
  ③ 추력에 비해 큰 전면 면적으로 항력이 크다.

[정답] 02 ③ 03 ① 04 ② 05 ① 01 ②

02 원심형 압축기에서 속도에너지가 압력에너지로 바뀌면서 압력이 증가하는 곳은?

① 임펠러(Impeller)

② 디퓨저(Diffuser)

③ 매니폴드(Manifold)

④ 배기노즐(Exhaust nozzle)

해설

Diffuser의 위치

속도를 감소시키고 압력을 증가시키는(속도 에너지를 압력 에너지로 바꾸어주는) 확산 통로로서 공기 흐름의 압력이 가장 높은 곳이다.

03 원심형 압축기의 단점에 속하는 것은?

① 단당 큰 압력비를 얻을 수 있다.

② 무게가 가볍고 Starting Power가 낮다.

③ 축류형 압축기와 비교해 제작이 간단하고 가격이 싸다.

④ 동일 추력에 대하여 전면면적(Frontal Area)을 많이 차지한다.

해설

원심식 압축기 단점

① 압축기 입구와 출구의 압력비가 낮다.
② 효율이 낮으며 많은 양의 공기를 처리할 수 없다.
③ 추력에 비하여 기관의 전면면적이 넓기 때문에 항력이 크다.

04 다음 중 원심력식 압축기의 주요 구성품이 아닌 것은?

① 임펠러　　② 디퓨저

③ 고정자　　④ 매니폴드

해설

원심식 압축기

임펠러(Impeller), 디퓨저(Diffuser), 매니폴드(Manifold)로 구성되어 있다.

05 원심식 압축기의 장점이 아닌 것은?

① 단당 압력비가 높다.

② 구조가 단단하다.

③ 신뢰성이 있다.

④ 대량 공기를 압축할 수 있다.

해설

원심식 압축기

임펠러(Impeller), 디퓨저(Diffuser), 매니폴드(Manifold)로 구성되어 있다.

- 장점
  ① 단당 압력비가 높다.
  ② 구조가 단단하다.
  ③ 구조가 튼튼하고 단단하다.
- 단점
  ① 압축기 입구와 출구의 압력비가 낮다.
  ② 효율이 낮으며 많은 양의 공기를 처리할 수 없다.
  ③ 추력에 비하여 기관의 전면면적이 넓기 때문에 항력이 크다.

06 가스 터빈 기관을 압축기의 형식에 따라 구분할 때 고성능 가스 터빈 기관에 많이 사용하는 형식은 무엇인가?

① 축류형　　② 원심력형

③ 축류-원심력형　　④ 겹흡입식

해설

압축기의 종류

① 원심식 압축기 : 제작이 간단하여 초기에 많이 사용하였으나 효율이 낮아 요즘에는 거의 쓰이지 않음
② 축류형 압축기 : 현재 사용하고 있는 가스 터빈 엔진은 대부분 사용
③ 원심 - 축류형 압축기 : 소형 항공기 및 헬리콥터 엔진 등에 사용

07 최근 가장 보편적으로 사용하는 제트 엔진의 두 가지 압축기 형식은 무엇인가?

① 수평식과 방사형　　② 축류식과 방사형

③ 레디얼과 세로형　　④ 축류식과 원심식

08 축류식 압축기에 대한 설명으로 옳은 것은?

[정답] 02 ② 03 ④ 04 ③ 05 ④ 06 ① 07 ④ 08 ①

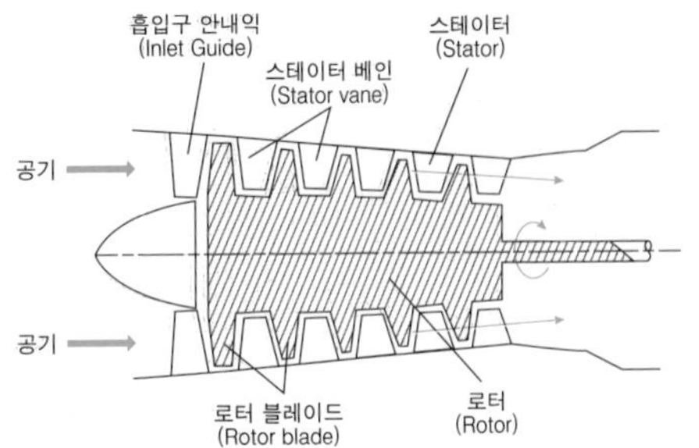

① 전면 면적에 비해 많은 양의 공기를 처리할 수 있다.

② 손상에 강하다.

③ 다단으로 제작하기 곤란하다.

④ 구조가 간단하다.

해설

축류식 압축기의 구성 : 로터, 스테이터

① 장점
 ⓐ 전면면적에 비해 많은 양의 공기를 처리할 수 있다.
 ⓑ 압력비 증가를 위해 여러 단으로 제작할 수 있다.
 ⓒ 입구와 출구와의 압력비 및 압축기 효율이 높기 때문에 고성능기관에 많이 사용된다.

② 단점
 ⓐ FOD에 의한 손상을 입기 쉽다.
 ⓑ 제작비가 고가이다.
 ⓒ 동일 압축비의 원심식 압축기에 비해 무게가 무겁다.
 ⓓ 높은 시동 파워가 필요하다.

09 다음 중 원심식 압축기에 대한 축류식 압축기의 장점으로 바른 것은?

① 단당 압력비가 높다.

② 가격이 저렴하다.

③ 무게가 가볍다.

④ 전면 면적에 비해 공기 유량이 크다.

해설

축류식 압축기의 장점

① 전면면적에 비해 많은 양의 공기를 처리할 수 있다.
② 압력비 증가를 위해 여러 단으로 제작할 수 있다.
③ 입구와 출구와의 압력비 및 압축기 효율이 높기 때문에 고성능기관에 많이 사용된다.

10 압축기 형태 중 아이들에서 최대 출력까지 넓은 속도에서 좋은 효율을 얻을 수 있는 것은?

① 축류형　② 원심식

③ 임펠러　④ 확산형

해설

압축기의 종류

① 원심식 압축기 : 제작이 간단하여 초기에 많이 사용하였으나 효율이 낮아 요즘에는 거의 쓰이지 않음
② 축류형 압축기 : 현재 사용하고 있는 가스 터빈 엔진은 대부분 사용
③ 원심 – 축류형 압축기 : 소형 항공기 및 헬리콥터 엔진 등에 사용

11 축류형 압축기에서 1단이란?

① 저압 압축기

② 고압 압축기

③ 1열 로우터와 1열 스테이터

④ 저압 압축기와 고압 압축기를 합한 것

해설

축류형 압축기 1단의 의미

회전자(로터)와 비회전자(스테이터)로 이루어져 있다.

12 터빈 기관 압축기 블레이드의 프로파일(Profile)이란?

① 블레이드의 앞전

② 블레이드 뿌리의 만곡

③ 블레이드 뿌리의 모양

④ 블레이드 선단 두께를 축소하기 위해 도려낸 것

해설

블레이드의 팁에서 두께가 줄어들게 한 것을 프로파일이나 스퀼러 팁이라 한다.
프로파일링은 블레이드의 고유주파수를 크게 하는 방법으로 엔진의 회전주파수보다. 크게 하면 진동 경향이 감소한다. 또한 프로파일은 와류 팁으로 설계된다.
얇은 뒷전부분이 와류를 일으켜 공기속도를 증가시켜 팁 누출을 최소화하며 축 방향 공기흐름을 원활히 한다.

[정답] 09 ④　10 ①　11 ③　12 ④

13 **가스터빈 기관에서 압축기 스테이터 베인(Stator vanes)의 가장 중요한 역할은 무엇인가?**

① 배기가스의 압력을 증가시킨다.

② 배기가스의 속도를 증가시킨다.

③ 공기흐름의 속도를 감소시킨다.

④ 공기흐름의 압력을 감소시킨다.

해설

스테이터 베인(Stator vanes)

가스터빈엔진의 축류형 압축기에 있는 고정 깃. 고정자 베인의 각 단은 로터 브레이드의 각 단 사이에 위치되어 있으며, 고정자 베인에서는 공기의 속도가 감소하고 압력이 증가한다.

14 **터빈 엔진의 압축기 내의 스테이터 베인(Stator vane)의 목적은?**

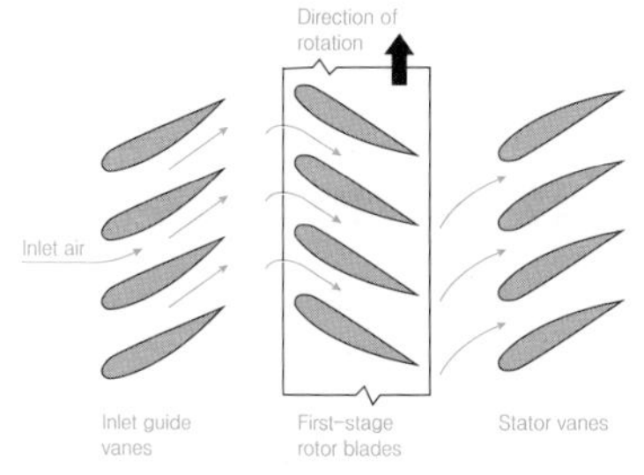

① 압력을 안정시킨다.

② 압력 파동(Surge)을 방지한다.

③ 공기 흐름의 방향을 조절한다.

④ 공기 흐름의 속도를 증가시킨다.

해설

문제 13번의 해설 참조

15 **가변 스테이터 구조의 목적으로 가장 올바른 것은?**

① 로터의 회전 속도를 일정하게 한다.

② 유압 공기의 절대 속도를 일정하게 한다.

③ 로터에 대한 유입공기의 상대 속도를 일정하게 한다.

④ 로터에 대한 유입공기의 받음각을 일정하게 한다.

해설

VSV(Variable Stator Vane)

정익의 최부각을 가변구조로 하여 rpm에 따라 EVC(Engine Vane Control)에 의해 자동조절케 함으로써 공기유입량, 즉 유입속도를 변화시키므로 동익의 영각을 일정하게 한다.

16 **가스 터빈 기관에서 인렛 가이드 베인의 목적은?**

① 엔진 속으로 들어오는 공기의 속도를 증가시키며 공기 흐름의 소용돌이를 방지한다.

② 공기의 압력을 증대시키고 공기 흐름의 소용돌이를 방지한다.

③ 압축기 서지나 스톨을 방지한다.

④ 입구 면적을 증대시킨다.

해설

인렛 가이드 베인(Inlet guide vane)

① 압축기 전방 프레임 내부에 있는 정익으로 공기가 흡입될 때 흐름 방향을 동익이 압축하기 가장 좋은 각도로 안내하여 압축기 실속을 방지하고 효율을 높인다.

② 최근의 인렛 가이드 베인은 가변으로 하며(Variable inlet guide vane)이라 한다.

17 **축류식 압축기에서 압축기 로터의 받음각을 변화시키는 것은?**

① 유입 공기속도의 변화　② 압축기 지름 변화

③ 압력비 증가　④ 압력비 감소

해설

가변 고정자 깃

축류식 압축기의 고정자 깃의 붙임각을 변경시킬 수 있도록 하여 공기의 흐름 방향과 속도를 변화시킴으로써 회전속도가 변하는데 따라 회전자 깃의 받음각을 일정하게 한다.

18 **축류식 압축기를 가진 가스 터빈 엔진에서 디퓨저(Diffuser)의 위치는 어디인가?**

① 연소실과 터빈 사이　② 흡입구와 압축기 사이

③ 압축기와 연소실 사이　④ 압축기 속

[정답] 13 ③　14 ③　15 ④　16 ③　17 ①　18 ③

해설

Diffuser의 위치
속도를 감소시키고 압력을 증가시키는(속도 에너지를 압력 에너지로 바꾸어주는) 확산 통로로서 공기 흐름의 압력이 가장 높은 곳이다.

19 가스 터빈 엔진에서 디퓨저(Diffuser)의 역할은 무엇인가?

① 디퓨저 내의 압력을 같게 한다.
② 위치 에너지를 운동 에너지로 바꾼다.
③ 압력을 감소시키고 속도를 증가시킨다.
④ 압력을 증가시키고 속도를 감소시킨다.

해설

디퓨저(Diffuser)의 역할
압축기 출구 또는 연소실 입구에 위치하며, 속도를 감소시키고 압력을 증가시키는 역할을 한다.

20 가스 터빈 엔진의 공기 흐름 중에서 최고 압력상승이 일어나는 곳은?

① 터빈 노즐 ② 터빈 로터
③ 연소실 ④ 디퓨저

해설

압축기의 압력비
압축기 회전수, 공기 유량, 터빈 노즐의 출구 넓이, 배기노즐의 출구 넓이에 의해 결정되며 최고 압력상승은 압축기 바로 뒤에 있는 확산 통로인 디퓨저(Diffuser)에서 이루어진다.

21 터빈 엔진 압력비가 커지면 열효율은 증가하는 장점이 있는 반면 단점도 있어 압력비 증가를 제한한다. 이 단점은 다음 중 어느 것인가?

① 압축기 입구 온도 증가 ② 압축기 출구 온도 증가
③ 터빈 입구 온도 증가 ④ 연소실 입구 온도 증가

해설

압축기의 압력비(γ)$=\dfrac{\text{압축기 출구의 압력}}{\text{압축기 입구의 압력}}=\gamma_s^{\,n}$

여기서, γ_s : 압축기 1단의 압력비, n : 압축기 단수

22 터보 제트 엔진의 축류형 2축 압축기는 어떠한 효율이 개선되는가?

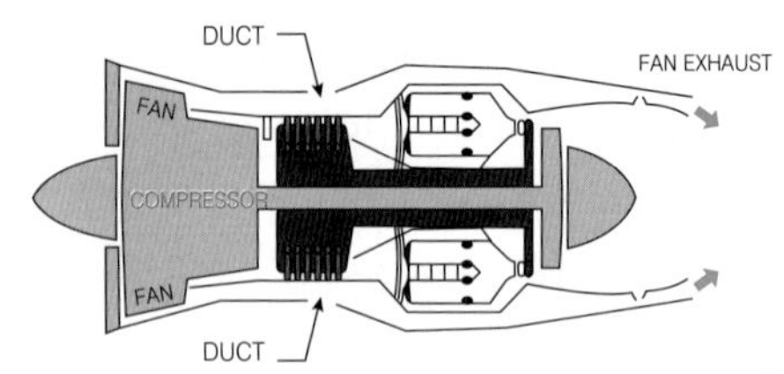

① 더 많은 터빈 휠(Wheel)이 사용될 수 있다.
② 더 높은 압축비를 얻을 수 있다.
③ 연소실로 들어오는 공기의 속도가 증가된다.
④ 연소실 온도가 낮아진다.

해설

2축식(Two spool) 압축기 구조는 압축기 실속(Compressor stall)을 방지하고 축류식 압축기 전체의 고압력비, 높은 효율이 가능하게 한다.

23 축류식 압축기의 반동도를 나타낸 것 중 알맞은 것은?

① $\dfrac{\text{로터에 의한 압력상승}}{\text{스테이지에 의한 압력상승}}\times 100[\%]$

② $\dfrac{\text{압축기에 의한 압력상승}}{\text{터빈에 의한 압력상승}}\times 100[\%]$

③ $\dfrac{\text{로터에 의한 압력상승}}{\text{전체에 의한 압력상승}}\times 100[\%]$

④ $\dfrac{\text{스테이터에 의한 압력상승}}{\text{스테이지에 의한 압력상승}}\times 100[\%]$

해설

반동도(reaction rate)
① 축류식 압축기에서 단당 압력상승 중 회전자 깃이 담당하는 압력상승의 배분율[%]을 반동도라 한다.
② $\dfrac{\text{회전자깃열에 의한 압력상승}}{\text{단당압력상승}}\times 100[\%]=\dfrac{P_2-P_1}{P_3-P_1}\times 100[\%]$

여기서, P_1 : 회전자 깃렬의 입구압력
P_2 : 고정자 깃렬의 입구, 즉 회전자 깃렬의 출구압력
P_3 : 고정자 깃렬의 출구압력

[정답] 19 ④ 20 ④ 21 ③ 22 ② 23 ①

24 다음 중에서 압축기의 실속은 언제 발생하는가?

① 공기의 흡입속도가 압축기의 회전속도보다 빠를 때
② 공기의 흡입속도가 압축기의 회전속도보다 느릴 때
③ 압축기의 회전속도가 비행 속도 보다 느릴 때
④ 램 압력이 압축기의 압력보다 높을 때

해설

- **압축기의 실속**
  공기흡입속도가 작을수록, 회전속도가 클수록 회전 깃 받음각이 커진다. 과도한 받음각 증가는 회전자 깃에 실속을 유발하여, 압력비 급감, 기관 출력이 감소하여 작동이 불가능해진다.
- 흡입공기 속도가 감소하는 경우
  ① 엔진 가속시 연료의 흐름이 너무 많아 압축기 출구 압력이 높아진 경우
  ② 압축기 입구압력(CIP)이 낮은 경우
  ③ 압축기 입구 온도(CIT)가 높은 경우
  ④ 지상 엔진 작동시 회전속도가 설계점 이하로 낮아지는 경우(압축기 뒤쪽 공기의 비체적이 커지고 공기누적(Chocking) 현상이 생긴다.) 압축기 로터의 회전속도가 너무 빠를 때

25 터보 제트 엔진에서 흡입 속도가 감소하여 압축기 로우터 블레이드 받음각이 증가함으로써 압축기 압력비가 급격히 떨어지고, 엔진 출력이 감소하여 작동이 불가능해진다. 이러한 현상을 무엇이라 하는가?

① 동력 실속　② 압축기 실속
③ 날개 실속　④ 헝 스타트

해설

압축기의 실속
공기흡입속도가 작을수록, 회전속도가 클수록 회전 깃 받음각이 커진다. 과도한 받음각 증가는 회전자 깃에 실속을 유발하여, 압력비 급감, 기관 출력이 감소하여 작동이 불가능해진다.

26 다음 중 축류형 압축기의 실속 방지장치가 아닌 것은?

① 다축식 구조　② 가변 스테이터 베인
③ 블리드 밸브　④ 공기 흡입덕트

해설

다축식 구조(Multi spool)
① 가변 스테이터 베인(가변 정익 : VSV) : 압축기 앞쪽의 몇 단의 베인을 가변으로 한다.
② 블리드 밸브 : 압축기 출구쪽에서 누적된 공기를 배출시킨다. (압축기 저속 회전시)
③ 가변 인렛 가이드벤(VIGV) : 압축기 입구 베인을 가변으로 한다.

27 가스 터빈 엔진의 블리드 밸브는 언제 완전히 열리는가?

① 완속 출력　② 이륙 출력
③ 최대 출력　④ 순항 출력

해설

블리드 밸브(Bleed valve)
압축기 뒤쪽에 설치하며, 엔진이 저속 회전시킬 때에 자동적으로 밸브가 열려 누적된 공기를 배출시키고, 엔진의 회전속도가 규정보다. 높아지면 블리드 밸브는 자동으로 닫힌다.

28 가스 터빈 엔진에서 서지(Surge) 현상이 일어나는 곳은 어디인가?

① 팬 전방　② 압축기
③ 터빈　④ 배기노즐

해설

축류 압축기에서 압력비를 높이기 위하여 단 수를 늘리면 점차로 안전 작동범위가 좁아져 시동성과 가속성이 떨어지고 마침내 빈번하게 실속 현상을 일으키게 된다.
실속이 발생하면 엔진은 큰 폭발음과 진동을 수반한 순간적인 출력감소를 일으키고, 또 경우에 따라서는 이상 연소에 의한 터빈 로터와 스테이터의 열에 의한 손상, 압축기 로터의 파손 등의 중대 사고로 발전하는 경우도 있다. 또한, 압축기 전체에 걸쳐 발생하는 심한 압축기 실속을 서지라고도 한다.

29 압축기 실속(Compressor stall)의 원인이 아닌 것은?

① 회전속도 증가　② 배기속도 감소
③ FOD　④ 유입 공기속도 감소

해설

압축기의 실속

[정답] 24 ② 25 ② 26 ④ 27 ① 28 ② 29 ②

기출+예상

공기흡입속도가 작을수록, 회전속도가 클수록 회전 깃 받음각이 커진다. 과도한 받음각 증가는 회전자 깃에 실속을 유발하여, 압력비 급감, 기관 출력이 감소하여 작동이 불가능해진다.

30 압축기 실속이 발생하면 다음과 같은 현상이 일어난다. 옳은 것은?

① EGT가 급상승하면서 회전수가 올라간다.
② EGT가 감소한다.
③ 엔진의 소음이 낮아진다.
④ EGT가 급상승하며 회전수가 올라가지 못한다.

해설

압축기 실속 발생현상

연료조절장치의 고장으로 과도한 연료가 연소실에 유입된 상태 또는 파워레버를 급격히 올린 경우 엔진 압축기 로터의 관성력 때문에 RPM이 즉시 상승하지 못해 연소실에 유입된 과다한 연료 때문에 혼합비가 과도하게 농후한 경우에 EGT가상승하게 된다. 그 외에도 압축기나 터빈 쪽에서 오염이나 손상 등에 이유로 가스의 흐름이 원활하지 못해 뜨거운 가스의 정체현상 때문에 EGT가 증가하는 원인이 될 수 있다.

31 가스 터빈 기관의 압축기 실속을 줄이기 위한 방법이 아닌 것은?

① 압축기 블레이드 청결을 유지한다.
② 터빈 노즐의 한계 값을 유지한다.
③ 터빈 노즐 다이어프램을 냉각시킨다.
④ 가변 정익의 한계 값을 유지한다.

해설

압축기 실속을 줄이기 위한 방법

① 압축기 블레이드 청결 유지 및 파손 수리
② 정확한 블레이드 각 유지 및 조절
③ 터빈 노즐의 한계 값 유지
④ 주 연료장치의 연료 스케줄을 한계 값 내로 유지
⑤ 가변 정익 베인의 작동 각도를 한계 값으로 유지

32 압축기의 블리드 밸브가 작동하는 시기는?

① 압축기가 저속으로 작동할 때
② 압축기가 고속으로 작동할 때
③ 회전수가 저속에서 고속으로 급격히 증가할 때
④ 회전수가 고속에서 저속으로 급격히 감소할 때

해설

서지 블리드 밸브(Surge bleed valve)

압축기의 중간단 또는 후방에 블리드 밸브 Bleed valve, Surge bleed valve)를 장치하여 엔진의 시동시와 저출력 작동시에 밸브가 자동으로 열리도록 하여 압축 공기의 일부를 밸브를 통하여 대기 중으로 방출시킨다. 이 블리드에 의해 압축기 전방의 유입 공기량은 방출 공기량만큼 증가되므로 로터에 대한 받음각이 감소하여 실속이 방지된다.

33 가스 터빈 기관의 블리드 밸브에 대한 설명 중 틀린 것은?

① 압축기 실속이나 서지를 방지한다.
② 블리드 밸브를 통하여 나온 고온 공기는 방빙 장치에 이용된다.
③ 블리드 공기로 터빈 노즐 베인의 냉각에 쓰인다.
④ 오일을 가열하여 터빈 노즐 베인은 냉각하지 못한다.

해설

블리드 공기

기내 냉방·난방, 객실여압, 날개 앞전 방빙, 엔진 나셀 방빙, 엔진시동, 유압 계통 레저버 가압, 물탱크 가압, 터빈 노즐 베인 냉각 등에 이용된다.

34 다음 중 다축식 압축기 구조의 단점이 아닌 것은?

① 베어링 수 증가　　② 연료 소모량 증가
③ 구조가 복잡　　④ 무게 증가

해설

다축식 압축기

① 압축비를 높이도 실속을 방지하기 위하여 사용한다.
② 터빈과 압축기를 연결하는 축의 수와 베어링 수가 증가하여 구조가 복잡해지며 무게가 무거워진다.
③ 저압 압축기는 저압 터빈과 고압 압축기는 고압 터빈과 함께 연결되어 회전을 한다.
④ 시동시에 부하가 적게 걸린다.

[정답] 30 ④ 31 ③ 32 ① 33 ④ 34 ②

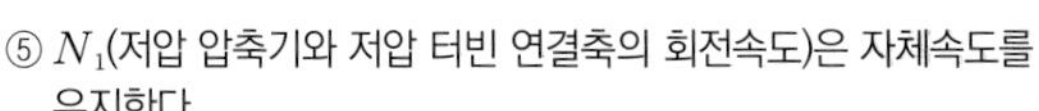

⑤ N_1(저압 압축기와 저압 터빈 연결축의 회전속도)은 자체속도를 유지한다.
⑥ N_2(고압 압축기와 고압 터빈 연결축의 회전속도)는 엔진속도를 유지한다.

35 2축식 압축기의 장점이 아닌 것은 무엇인가?

① N_2는 엔진속도를 제어한다.
② N_1은 자체속도를 유지한다.
③ 시동시에 부하가 적게 걸린다.
④ FOD의 저항력이 없다.

해설

압축기(Compressor)
① 원심형 : 임펠러(impeller)로 축과 수직방향 원심식 압축(3요소 : 임펠러, 다기관, 디퓨저)
② 축류형 : 다단, 축방향으로 좁아지면서 압축
③ 다축식 축류형
- 단축식 압축기에서 시동성 및 가감속성 저하, 압축기 실속현상 빈번 등의 단점 보완
- 저압로터(N1)와 고압로터(N2)로 구성
- 2축식 압축기의 장점
  - N_2(고압 로터 : HPC+HPT)는 엔진속도 제어
  - N_1(저압 로터 : LPC+LPT)는 자체속도 제어 (독립회전, 자유터빈) : N_2에 따라 회전
  - 시동기에 부하가 적게 걸린다.

④ 원심·축류형 : 복합형, 소형 항공기(터보프롭)이나 헬기(터보샤프트) 엔진에 사용

36 2중 축류식 압축기에서 고압 터빈은 어느 축과 연결되어 있는가?

① N2 압축기 ② 1단계 압축기 디스크
③ N1 압축기 ④ 저압 압축기

해설

문제 35번의 해설 참조

37 축류형 2축 압축기 팬(Axial dual compressor fan engine)에서 팬은 다음 어느 것과 같은 속도로 회전하는가?

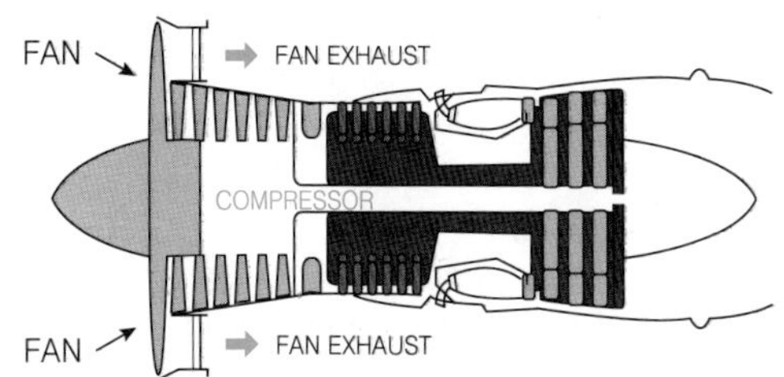

① 고압 압축기 ② 저압 압축기
③ 전방 터빈 휠 ④ 충동 터빈

해설

팬(Fan)
터보 펜 기관에 사용되며 축류식 압축기와 같은 원리로 공기를 압축하여 노즐을 통하여 외부로 분출시켜 추력을 얻도록 한 것이다. 일종의 지름이 매우 큰 축류식 압축기 또 는 흡입관 안에서 작동하는 프로펠러라고도 할 수 있다. 터보 팬 기관의 추력의 약 78[%]가 이 팬에서 얻어진다. 팬은 저압 압축기에 연결되어 저압 터빈과 함께 회전한다.

38 가스 터빈 엔진의 기어 박스를 구동하는 것은?

① HPT ② HPC
③ LPT ④ LPC

해설

엔진 기어 박스(Engine gear box)
엔진 기어 박스에는 각종 보기 및 장비품 등이 장착되어 있는데 기어 박스는 이들 보기 및 장비품의 점검과 교환이 용이하도록 엔진 전반 하부 가까이 장착되어 있고 고압 압축기축의 기어와 수직축을 매개로 구동되는 고조로 되어 있는 것이 많다.

39 터보 팬 엔진의 팬 블레이드(Fan blade)의 재질은 다음 어느 것인가?

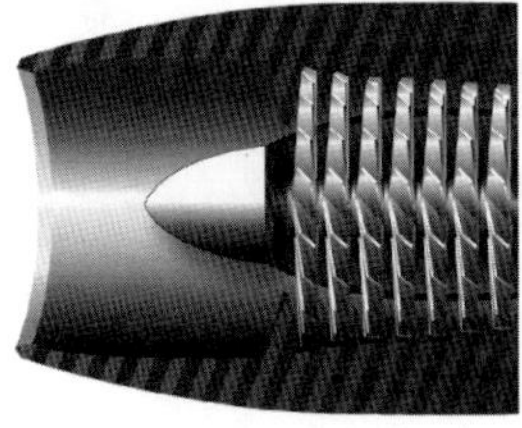

[정답] 35 ④ 36 ① 37 ② 38 ② 39 ②

① 알루미늄 합금　　② 티타늄 합금
③ 스테인리스강　　④ 내열 합금

해설

팬 블레이드(Fan blade)

① 팬 블레이드는 보통의 압축기 블레이드에 비해 크고 가장 길기 때문에 진동이 발생하기 쉽고, 그 억제를 위해 블레이드의 중간에 Shroud 또는 Snubber라 부르는 지지대를 1~2곳에 장치한 것이 많다.
② 팬 블레이드를 디스크에 설치하는 방식은 도브 테일(Dove tail) 방식이 일반적이다.
③ 블레이드의 구조 재료에는 일반적으로 티타늄 합금이 사용되고 있다.

40 터빈 엔진에서 Compressor bleed air를 이용하지 않는 것은?

① Turbine disk cooling
② Engine intake anti-icing
③ Air conditioning system
④ Turbine case cooling

해설

Turbine case cooling system

① 터빈 케이스 외부에 공기 매니폴드를 설치하고 이 매니폴드를 통하여 냉각공기를 터빈 케이스 외부에 내뿜어서 케이스를 수축시켜 터빈 블레이드 팁 간격을 적정하게 보정함으로써 터빈 효율의 향상에 의한 연비의 개선을 위해 마련되어 있다.
② 초기에는 고압 터빈에만 적용되었으나 나중에 고압과 저압에 적용이 확대되었다.
③ 냉각에 사용되는 공기는 외부 공기가 아니라 팬을 통과한 공기를 사용한다.

41 축류식 압축기에서 단당 압력상승 중 로터 깃이 담당하는 압력상승의 백분율을 무엇이라 하는가?

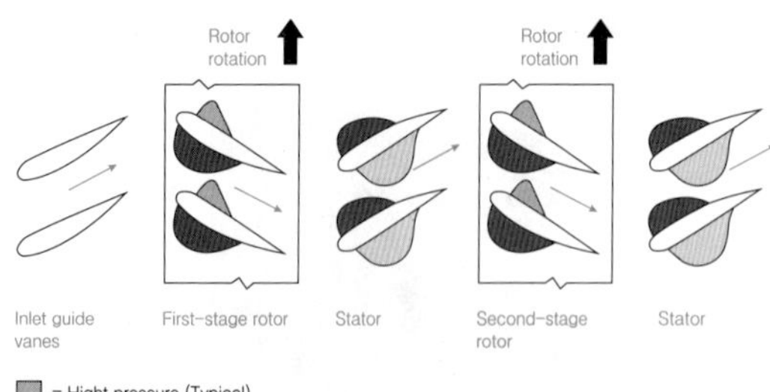

① 반작용　　② 작용
③ 충동도　　④ 반동도

해설

반동도(reaction rate)

① 축류식 압축기에서 단당 압력상승 중 회전자 깃이 담당하는 압력상승의 배분율[%]을 반동도라 한다.
② $\frac{\text{회전자깃열에 의한 압력상승}}{\text{단당압력상승}} \times 100[\%] = \frac{P_2 - P_1}{P_3 - P_1} \times 100[\%]$

여기서, P_1 : 회전자 깃렬의 입구압력
P_2 : 고정자 깃렬의 입구, 즉 회전자 깃렬의 출구압력
P_3 : 고정자 깃렬의 출구압력

42 축류식 압축기에서 반동도를 표시한 것 중 맞는 것은?

① $P_2 - P_1/P_3$
② $P_2 - P_1/P_3 - P_1 \times 100$
③ $P_2 - P_1/P_2 - P_1 \times 100$
④ $P_3/P_2 - P_1 \times 100$

해설

문제 41번의 해설 참조

43 터빈 엔진 압력비(Engine pressure ratio)의 산출방법으로 맞는 것은?

① 엔진 흡입구 전압×터빈 출구전압
② 터빈 흡입구 전압×엔진 흡입구 전압
③ 터빈 출구전압/엔진 흡입구 전압
④ 엔진 흡입구 전압/터빈 출구전압

해설

압축기의 압력비(γ)$= \frac{\text{압축기 출구의 압력}}{\text{압축기 입구의 압력}} = \gamma_s^{\,n}$

여기서, γ_s : 압축기 1단의 압력비, n : 압축기 단수

44 EPR 계기는 어느 두 곳 사이에 설치해야 하는가?

① 압축기 입구와 출구
② 압축기 입구와 터빈 출구

[정답] 40 ④　41 ④　42 ②　43 ③　44 ②

③ 압축기 출구, 터빈 출구

④ 터빈 입구와 터빈 출구

해설

EPR(엔진 압력비 : Engine Pressure Ratio)계기

가스터빈기관의 흡입공기(압축기 입구) 압력과 배기가스(터빈 출구) 압력을 각각 해당 부분에서 수감하여 그 압력비를 지시하는 계기이고, 압력비는 항공기의 이륙 시와 비행 중의 기관 출력을 좌우하는 요소이고, 기관의 출력을 산출하는 데 사용한다.

4. 연소실부분

01 가스 터빈 엔진의 연소실에서 1차 및 2차 공기 흐름에 대한 설명으로 바른 것은?

① 1차 공기는 냉각에, 2차 공기는 연소에 사용된다.

② 1차 공기는 연소에 , 2차 공기는 냉각에 사용된다.

③ 1차 및 2차 공기는 모두 냉각에 사용된다.

④ 1차 및 2차 공기는 모두 연소에 사용된다.

해설

① 1차 공기 : 1차 연소 영역, 즉, 연소 영역에 유입되는 공기를 말한다. 1차 공기량은 기관에 유입되는 전체 공기의 20~30[%]이며 연료와 섞이어 직접 연소에 참여한다.

② 2차 공기 : 2차 연소 영역내의 공기를 말하며 주로 연소가스의 냉각작용을 담당한다.

02 연소실 입구 압력이 절대 압력 80[inHg], 출구 압력이 77[inHg]일 때, 연소실 압력 손실 계수는?

① 0.0375 ② 0.1375

③ 0.2375 ④ 0.3375

해설

압력 손실

연소실 입구와 출구의 압력차를 의미하며, 이것은 마찰에 의하여 나타나는 형상 손실과 연소에 의한 가열 팽창 손실 등을 합한 것이다.

$$\text{압력손실 계수} = \frac{(\text{입구압력}-\text{출구압력})}{\text{입구압력}} = \frac{3}{80} = 0.0375$$

03 다음 중 연소 가스 출구 온도가 균일한 연소실은?

① 캔형 ② 애뉼러형

③ 캔-애뉼러형 ④ 라이너형

해설

① 캔형 : 정비가 용이. 과열 시동 유발 가능성, 출구 온도 불균일

② 애뉼러형 : 구조가 간단, 연소 안정, 출구 온도 균일, 정비 불편

③ 캔-애뉼러형 : 캔형과 애뉼러형의 중간 성질

04 다음 중 제트 엔진에서 연소실의 냉각은?

① 흡입구로부터 블리드되는 공기에 의하여

② 2차 공기 흐름에 의하여

③ 노즐 다이어프램에 의하여

④ 압축기로부터 블리드되는 공기에 의하여

해설

① 연소실의 냉각 : 압축기에서 연소실로 들어온 공기 중 2차 공기

② 터빈 냉각 : 압축기 뒷단에서 빼낸 고압의 블리드 공기

05 제트 엔진 연소실 냉각에 이용되는 공기의 양은 보통 몇 [%]인가?

① 25[%] ② 40[%]

③ 50[%] ④ 75[%]

해설

후기연소기(Afterburner, Augmentor) : 주로 전투기용

- 압축공기 → 연소실 연소 25[%]
- 냉각 75[%] → 재연소(추력 1.5배, 연료소모 2배)

※ 실제 터보제트 엔진에서 후기연소 시에는 약 4배의 연료 소모가 있고, 터보 팬 엔진에서는 약 8배의 연료 소모가 되고 있다.

06 가스터빈 엔진의 연소실에 대한 설명 내용으로 가장 올바른 것은?

① 압축기 출구에서 공기와 연료가 혼합되어 연소실로 분사된다.

[정답] 01 ② 02 ① 03 ② 04 ② 05 ④ 06 ③

기출+예상

② 연소실로 유입된 공기의 75[%] 정도는 연소에 이용되고 나머지 25[%] 정도의 공기는 냉각에 이용된다.

③ 1차 연소영역을 연소영역이라 하고 2차 연소영역을 혼합 냉각 영역이라고 한다.

④ 최근 JT9D, CF6, RB-211 엔진 등은 물론 엔진 크기에 관계없이 캔형의 연소실이 사용된다.

해설

① 연소실에서 공기와 연료 혼합
② 연소에 이용되는 공기는 25[%], 나머지는 냉각에 이용
③ 최근의 터보팬 엔진은 모두 애뉼러형 연소실 사용

07 터보제트 엔진의 연소실에서 압력강하(손실)의 요인은?

① 가스의 누설 때문에

② 유체의 마찰손실과 과열에 의한 가스의 가속으로 인한 압력 손실

③ 압력이 증가한다.

④ 연료량이 많기 때문에

해설

유체의 마찰과 과열로 가스 발생 가속에 의한 압력 손실

08 압력강하가 가장 적은 연소실의 형식은?

① 애뉼러형(Annular type)

② 캐뉼러형(Cannular type)

③ 캔형(Can type)

④ 역류캔형(Counter flow can type)

해설

압력강하(손실)이 가장 적다는 것은 효율이 가장 좋은 연소실을 뜻한다.
① 캔형 : 정비가 용이. 과열 시동 유발 가능성, 출구 온도 불균일
② 애뉼러형 : 구조가 간단, 연소 안정, 출구 온도 균일, 정비 불편
③ 캔-애뉼러형 : 캔형과 애뉼러형의 중간 성질

09 가스터빈 기관(Turbine Engine)의 연소용 공기량은 연소실(Combustion Chamber)을 통과하는 총 공기량의 몇 [%] 정도인가?

① 25[%] ② 50[%]
③ 75[%] ④ 100[%]

해설

연소실을 통과하는 총 공기 흐름량에 대한 1차 공기 흐름량의 비율은 약 25[%] 정도

10 제트 엔진의 연소실 형식으로 구조가 간단하고, 길이가 짧으며 연소실 전면 면적이 좁으며, 연소효율이 좋은 연소실 형식은?

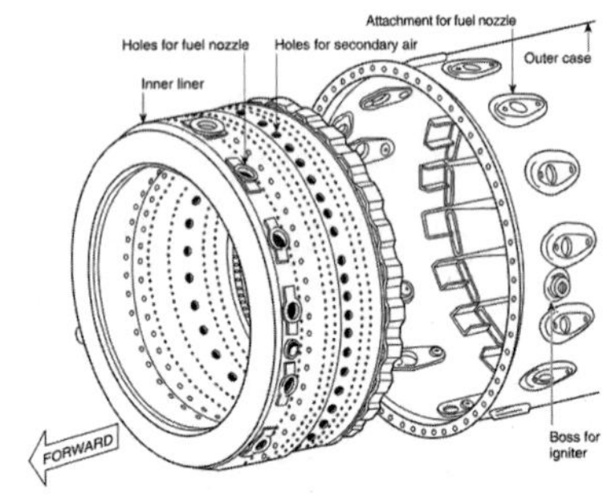

[애뉼러형 연소실]

① Can형 ② Tubular형
③ Annular형 ④ Cylinder형

해설

① 캔형 : 정비가 용이. 과열 시동 유발 가능성, 출구 온도 불균일
② 애뉼러형 : 구조가 간단, 연소 안정, 출구 온도 균일, 정비 불편
③ 캔-애뉼러형 : 캔형과 애뉼러형의 중간 성질

11 가스 터빈 기관의 기본 연소 형식은 어느 것인가?

① 단열가열 ② 등압가열
③ 등용가열 ④ 단열팽창

해설

등압가열

가스터빈 기관의 연소실은 압축기에서 압축된 고압공기에 연료를 분사하여 연소시킴으로써 연료의 화학적 에너지를 열에너지로 변환시

[정답] 07 ② 08 ① 09 ① 10 ③ 11 ②

키는 장치로서 가스 터빈 기관의 성능과 작동에 매우 큰 영향을 끼친다.

12 가스 터빈 기관에서 연료와 공기가 혼합되는 곳은?

① Compressor section
② Hot section
③ Combustion section
④ Turbine section

해설

연소실은 압축기에서 압축된 고압공기에 연료를 분사하여 연소시킴으로써 연료의 화학적 에너지를 열에너지로 변환시키는 장치로서 가스 터빈 기관의 성능과 작동에 매우 큰 영향을 끼친다.

13 연소실의 성능에 대한 설명으로 맞는 것은?

① 연소효율은 고도가 높을수록 좋다.
② 연소실 출구온도 분포는 안지름 쪽이 바깥지름 쪽보다 크다.
③ 입구와 출구의 전압력차가 클수록 좋다.
④ 고공 재시동 가능 범위가 넓을수록 좋다.

해설

연소실의 성능

연소효율, 압력손실, 크기 및 무게 연소의 안정성, 고공 재시동 특성, 출구 온도 분포의 균일성, 내구성, 대기 오염 물질의 배출 등에 의하여 결정된다.

① 연소효율 : 연소효율이란 공급된 열량과 공기의 실제 증가된 열량의 비를 말하는데 일반적으로 연소효율은 연소실에 들어오는 공기압력 및 온도가 낮을수록 그리고 공기속도가 빠를수록 낮아진다. 따라서 고도가 높아질수록 연소효율은 낮아진다. 일반적으로 연소효율은 95[%] 이상이어야 한다.
② 압력손실 : 연소실 입구와 출구의 전압의 차를 압력손실이라 하며, 이것은 마찰에 의하여 일어나는 형상손실과 연소에 의한 가열 팽창 손실 등을 합쳐서 보통 연소실 입구 전압의 5[%] 정도이다.
③ 출구온도 분포 : 연소실의 출구온도 분포가 불균일하게 되면 터빈 깃이 부분적으로 과열될 염려가 있다. 따라서 연소실의 출구온도 분포는 균일하거나 바깥지름 쪽이 안쪽보다 약간 높은 것이 좋다. 또, 터빈 고정자 깃의 부분적인 과열을 방지하려면 원주 방향의 온도 분포가 가능한 한 균일해야 한다.
④ 재시동 특성 : 비행고도가 높아지면 연소실 입구의 압력 및 온도가 낮아진다. 따라서 연소효율이 떨어지기 때문에 안정 작동범위가 좁아지고 연소실에서 연소가 정지되었을 때 재시동 특성이 나빠지므로 어느 고도 이상에서는 기관의 연속 작동이 불가능해진다. 따라서, 재시동 가능범위가 넓을수록 안정성이 좋은 연소실이라 할 수 있다.

14 다음 중 가스 터빈 기관의 연소실의 종류가 아닌 것은?

① 캔형(Can type)
② 애뉼러형(Annular type)
③ 액슬형(Axle type)
④ 캔-애뉼러형(Can-annular type)

해설

연소실의 종류 및 특성

① 캔형(Can type)
  ⓐ 연소실이 독립되어 있어 설계나 정비가 간단하므로 초기의 기관에 많이 사용한다.
  ⓑ 고공에서 기압이 낮아지면 연소가 불안정해져서 연소 정지(Flame out) 형상이 생기기 쉽다.
  ⓒ 기관을 시동할 때에 과열 시동을 일으키기 쉽다.
  ⓓ 출구온도 분포가 불균일하다.
② 애뉼러형(Annular type)
  ⓐ 연소실의 구조가 간단하고 길이가 짧다.
  ⓑ 연소실 전면면적이 좁다.
  ⓒ 연소가 안정되므로 연소 정지 현상이 거의 없다.
  ⓓ 출구온도 분포가 균일하며 연소효율이 좋다.
  ⓔ 정비가 불편하다.
  ⓕ 현재 가스 터빈 기관의 연소실로 많이 사용한다.
③ 캔-애뉼러형(Can-annular type)
  ⓐ 구조가 견고하고 길이가 짧다.
  ⓑ 출구온도 분포가 균일하다.
  ⓒ 연소 및 냉각 면적이 크다.
  ⓓ 정비가 간단하다.

15 가스 터빈 엔진의 연소효율을 높이기 위한 방법으로 적당하지 않은 것은?

① 압축기 블레이드 세척
② 터빈 블레이드와 케이스의 적절한 간격
③ 주기적인 엔진 오일 교환
④ 압축기 블레이드와 케이스의 적절한 간격

해설

가스터빈 엔진의 연소효율과 엔진오일과는 상관이 없다.

[정답] 12 ③ 13 ④ 14 ③ 15 ③

기출+예상

16 **연소실의 구조가 간단하고 전면면적이 좁고 연소가 안정되어 연소정지 현상이 없고 출구온도 분포가 균일하며 효율이 좋으나 정비가 불편한 결점이 있는 연소실 형태는?**

① 축류형 ② 애뉼러형
③ 원심형 ④ 캔형

해설

① 캔형 : 정비가 용이. 과열 시동 유발 가능성, 출구 온도 불균일
② 애뉼러형 : 구조가 간단, 연소 안정, 출구 온도 균일, 정비 불편
③ 캔-애뉼러형 : 캔형과 애뉼러형의 중간 성질

17 **가스 터빈 기관의 연소실 중 애뉼러형 연소실의 특성으로 적당하지 않은 것은?**

① 연소실 구조가 복잡하다.
② 연소실 전면면적이 적다.
③ 연소실의 길이가 짧다.
④ 연소효율이 좋다.

해설

애뉼러형
구조가 간단, 연소 안정, 출구 온도 균일, 정비 불편

18 **캔-애뉼러 연소실의 최대 결점은 무엇인가?**

① Flame out이 용이하다.
② 배기온도가 불균일하다.
③ Hot start가 쉽다.
④ 고온부의 정비성이 나쁘다.

해설

캔-애뉼러형 연소실
구조상 견고하고 냉각면적과 연소면적이 커서 대형, 중형기에 사용되며 고온부의 정비작업이 좋지 않다.

19 **연소실에서 1차 공기에 와류를 형성시켜 화염 전파속도를 증가시키는 부품은 무엇인가?**

① Flame tube ② Inner liner
③ Outer liner ④ Swirl guide vane

해설

선회 깃(Swirl guide vane)
연소에 이용되는 1차 공기 흐름에 적당한 소용돌이를 주어 유입속도를 감소시키면서 공기와 연료가 잘 섞이도록 하여 화염 전파속도가 증가되도록 한다. 따라서 기관의 운전조건이 변하더라도 항상 안정되고 연속적인 연소가 가능하다.

20 **연소실의 흡입공기에 강한 선회를 주어 적당한 와류를 발생시켜 연소실로 유입되는 속도를 감소시키고 화염 전파속도를 증가시키는 것은?**

① 압축기 돔 ② 스월 가이드 베인
③ 내부 라이너 ④ 연소기 버너

해설

- 스웰 가이드 베인(Swirl guide vane)
  연소실 입구 1차 공기를 선회시켜 공기의 유입속도를 감소시키고 연료와 공비의 배합을 원활하게 하며 화염 전파속도를 증가(안전정, 연속적 연소 가능) 시킨다.
- 내부 라이너
  프레임의 구조를 보강하기 위하여 프레임 내부에 삽입한 보강재

21 **연소실 부품 중 연소의 효율을 증가시키기 위한 것은?**

① Swirl guide vane ② Flame holder
③ Spark plug ④ Exciter

해설

문제 20번 해설 참조

22 **가스 터빈 기관의 캔-애뉼러형 연소실을 1차 연소영역과 2차 연소영역으로 구분하는데 1차 연소 영역에서 공기-연료의 혼합비는 얼마인가?**

① 14 ~ 18 : 1 ② 3 ~ 7 : 1
③ 60 ~ 130 : 1 ④ 6 ~ 8 : 1

[정답] 16② 17① 18④ 19④ 20② 21① 22①

해설

연료 공기 혼합비

연료의 연소에 필요한 이론적인 연료 공기 혼합비는 약 15 : 1 이다. 그러나 실제로 연소실에 들어오는 공기 연료비는 60～130 : 1 정도로 공급되기 때문에 공기의 양이 너무 많아 연소가 불가능하다. 따라서 1차 연소영역에서의 연소에 직접 필요한 최적 공기 연료비인 14～18 : 1이 되도록 공기의 양을 제한한다.

23 제트 엔진 연소실의 구비조건이 아닌 것은?

① 신뢰성 ② 양호한 고공 재시동 특성

③ EGT가 커야 함 ④ 가능한 한 소형

해설

연소실(Combustion chamber)의 구비조건

① 가능한 한 작은 크기(길이 및 지름)
② 기관의 작동범위 내에서의 최소의 압력손실
③ 연료 공기비, 비행고도, 비행 속도 및 출력의 폭넓은 변화에 대하여 안정되고 효율적인 연료의 연소
④ 신뢰성
⑤ 양호한 고공 재시동 특성
⑥ 출구온도 분포가 균일해야 함

24 가스 터빈 기관에서 연소실에서 사용하는 2차 공기는?

① 내부 라이너를 냉각시킨다.

② 연료로부터 에너지를 더 많이 확보한다.

③ 연소실 온도를 증가시킨다.

④ 연소실 압력을 증가시킨다.

해설

2차 공기

연소실 외부로부터 들어오는 상대적으로 차가운 2차 공기 중 일부가 연소실 라이너 벽면에 마련된 수많은 작은 구멍들을 통하여 연소실 라이너 벽면의 안팎을 냉각시킴으로써 연소실을 보호하고 수명이 증가되도록 한다. 2차 공기는 연소실로 유입되는 전체 공기량의 약 75[%]에 이른다.

5. 터빈부분

01 원심식 터빈(Radial turbine)의 설명 중 틀린 것은?

① 보통 소형 기관에만 사용한다.

② 제작이 간편하고 비교적 효율이 좋다.

③ 단 하나의 팽창비가 4.0 정도로 높다.

④ 단수를 증가시키면 효율이 높다.

해설

원심식 압축기 특징

① 구조가 간단하며 다단 압축방식을 많이 사용하고 있다.
② 경량이 작고 회전운동을 함으로서 동적 밸런스가 용이하고 진동이 적다.
③ 마찰부분이 없으므로 고장이 적고 마모에 의한 손상이나 성능의 저하가 적다.
④ 압축이 연속적이므로 기체의 맥동현상이 없고 압축비가 높다.
⑤ 대형화 될수록 가격이 저렴하다.

02 터보엔진에서 노즐 안내익(Turbine nozzle guide vane)의 목적은?

① 가스의 압력을 증가시키기 위해

② 가스의 속도를 증가시키기 위해

③ 가스의 흐름을 축방향으로 유도하기 위해

④ 반동도를 적게 하기위해

해설

노즐 안내익

터빈에 의해 구동되는 여러 개의 깃을 갖는 일종의프로 펠러기관이다.

03 터빈에 대한 설명으로 잘못된 것은?

① 연소실에서 발생된 고온고속의 가스를 통해 운동에너지를 공급하여 터빈 돌려준다.

② 터빈 첫 단의 냉각은 오일냉각이다.

③ 반동터빈은 입·출구의 압력, 속도가 모두 변화한다.

④ 충동터빈은 입·출구의 압력, 속도 변화 없이 흐름방향만 변화한다.

해설

[정답] 23 ③ 24 ① 01 ④ 02 ③ 03 ②

터빈(Turbine)
압축기 및 그 밖의 필요 장비를 구동시키는데 필요한 동력을 발생하는 부분이며, 연소실에서 연소된 고압, 고온의 연소가스를 팽창시켜 회전동력을 얻는다.
터빈 첫 단계 깃의 냉각에는 고압 압축기의 블리드 공기(Bleed air)를 이용하여 냉각한다.

04 노즐 다이어프램(Nozzle diaphragm)의 목적은 무엇인가?

① 속도를 증대시키고 공기 흐름 방향을 결정한다.
② 속도를 감소시키고 공기 흐름 방향을 결정한다.
③ 압축기 버킷(Bucker)의 코어(Core) 속으로 공기를 흐르게 한다.
④ 배기 콘(Exhaust cone)의 압력을 감소시킨다.

해설

노즐 다이어프램(Nozzle diaphragm)
가스터빈 엔진의 구성품으로 터빈 바로 앞쪽에 고정 날개깃이 있는 링으로 연소실로부터 나오는 가스를 터빈 브레이드에 정확한 각도로 흐르도록 공기 흐름의 방향을 만들어주어 터빈의 최대효율을 주도록 한다.

05 노즐 다이어프램(Nozzle diaphragm)의 사용목적은?

① 고온가스의 압력을 높이려고
② 가스의 흐름 방향을 변화시키며 그 온도를 낮추기 위해서
③ 터빈 Bucket의 가스의 흐름을 균일하게 하려고
④ 고온가스의 속도를 증가시키고 Turbine bucket에 알맞은 각도로 때리도록 흐름을 조절한다.

해설

문제 4번의 해설 참조

06 가스 터빈 기관의 터빈효율 중 다음 식으로 표시되는 효율은?

$$\eta_t = \frac{실제팽창일}{이상적팽창일}$$

① 마찰효율　　② 냉각효율
③ 팽창효율　　④ 단열효율

해설

단열효율
터빈의 이상적인 일과 실제 터빈 일의 비를 말하며, 터빈효율을 나타내는 척도로 사용한다.

07 터보 제트 기관의 터빈 형식이 아닌 것은 어느 것인가?

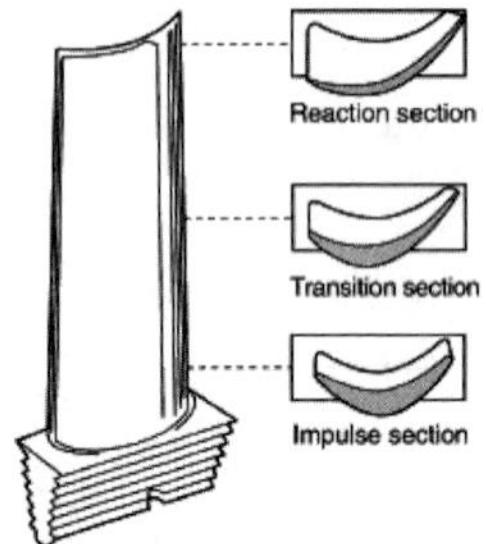

① Reserve turbine
② Impulse turbine
③ Reaction turbine
④ Reaction-impulse turbine

해설

터빈(Turbine)의 종류
① 반지름형 터빈(radial turbine)
　ⓐ 구조가 간단하고 제작이 간편하다.
　ⓑ 비교적 효율이 좋다.
　ⓒ 단마다의 팽창비가 4.0 정도로 높다.
　ⓓ 단 수를 증가시키면 효율이 낮아지고, 또 구조가 복잡해지므로 보통 소형기관에만 사용한다.
② 축류형 터빈(Axial turbine)
　ⓐ 충동 터빈(impulse turbine) : 반동도가 0인 터빈으로서 가스의 팽창은 터빈 고정자에서만 이루어지고 회전자 깃에서는 전혀 팽창이 이루어지지 않는다. 따라서 회전자 깃의 입구와 출구의 압력 및 상대속도의 크기는 크다. 다만, 회전자 깃에서는 상대속도의 방향 변화로 인한 반작용력으로 터빈이 회전력을 얻는다.

[정답] 04 ① 05 ④ 06 ④ 07 ① 08 ②

ⓑ 반동 터빈(Reaction turbine) : 고정자 및 회전자 깃에서 동시에 연소가스가 팽창하여 압력의 감소가 이루어지는 터빈을 말한다. 고정자 및 회전자 깃과 깃 사이의 공기 흐름 통로가 모두 수축 단면이다. 따라서 이 통로로 연소 가스가 지나갈 때에 속도는 증가하고 압력이 떨어지게 된다. 속도가 증가하고 방향이 바뀌어진 만큼의 반작용력이 터빈의 회전자 깃에 작용하여 터빈을 회전시키는 회전력이 발생한다. 반동 터빈의 반동도는 50[%]를 넘지 않는다.

ⓒ 충동-반동 터빈(Impulse-reaction turbine) : 회전자 깃을 비틀어 주어 깃뿌리에서는 충동 터빈으로 하고 깃 끝으로 갈수록 반동터빈이 되도록 제작하였다.

08 축류형 터빈의 반동도를 올바르게 표현한 것은? (단, P_1=고정자 깃 입구의 압력, P_2회전자 깃 입구의 압력, P_3회전자 깃 출구의 압력)

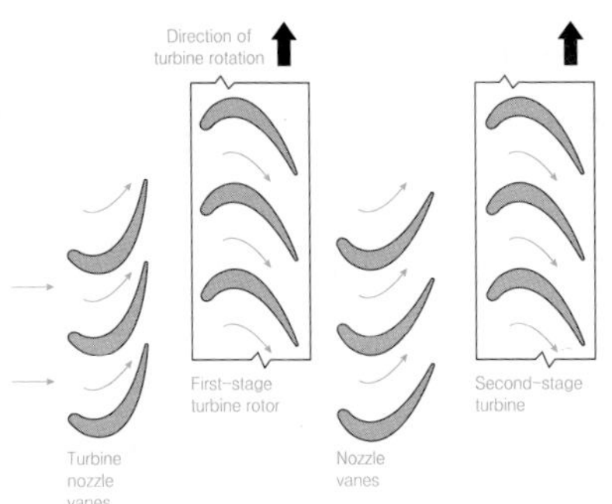

① $\Phi=\frac{P_1-P_2}{P_1-P_3}\times100[\%]$ ② $\Phi=\frac{P_2-P_3}{P_1-P_3}\times100[\%]$

③ $\Phi=\frac{P_2-P_1}{P_3-P_1}\times100[\%]$ ④ $\Phi=\frac{P_3-P_2}{P_3-P_1}\times100[\%]$

해설

터빈의 반동도$(\Phi)=\frac{P_2-P_3}{P_1-P_3}\times100[\%]$

09 반동 터빈(Reaction Turbine)은?

① 회전속도가 빠를 때 효과적이다.

② 회전속도가 느릴 때 효과적이다.

③ 0[%] 반동도를 갖는다.

④ 100[%] 반동도를 갖는다.

해설

현재 터빈 블레이드는 뿌리부분은 충동 터빈으로 깃 부분은 반동 터빈으로 되어 있다.

① 터빈 깃의 냉각은 압축기 뒷단의 압축 공기를 이용한다.

② 충동 터빈(Impulse turbine) : 반동도 – 0[%]

③ 반동 터빈(Reaction turbine) : 반동도 – 50[%]

10 제트기관의 터빈 반동도가 0[%]일 때의 설명으로 가장 올바른 것은?

① 단당압력 상승이 모두 터빈에서 일어난다.

② 단당압력 상승이 모두 정익(터빈노즐)에서 일어난나.

③ 단당압력 강하가 모두 터빈에서 일어난다.

④ 단당압력 강하가 모두 정익에서 일어난다.

해설

- 스테이터 베인=스테이터 깃=정익
- 단당압력강하가 모두 정익에서 발생

11 충동터빈(Impulse turbine)의 반동도는 얼마인가?

① 0 ② 1

③ 2 ④ 3

해설

충동터빈은 가스 터빈의 구성품으로 터빈 깃의 모양이 버켓으로 되어 있어 공기가 직접 터빈 깃에 부딪쳐 터빈을 회전시키는 방법의 터빈으로 압력강하는 일어나지 않는다.

12 충동, 반동 터빈을 설명한 것 중 틀린 것은?

① 충동 터빈을 통하는 가스의 압력과 속도는 일정하다.

② 반동 터빈은 가스의 압력과 속도는 일정하고 방향만 바꾼다.

③ 충동 터빈은 가스의 압력과 속도는 일정하고 방향만 바꾼다.

④ 반동 터빈은 가스의 압력과 속도가 변하고 방향도 바꾼다.

해설

- 반동터빈(Reaction turbine)
  스테이터 및 로터에서 연소가스가 팽창하여 압력감소가 이루어지 는 터빈이다.

[정답] 09 ① 10 ④ 11 ① 12 ②

- 충동터빈(Impulse turbine)
스테이터에서 나오는 빠른 연소가스가 터빈 깃에 충돌하여 발생한 충돌력으로 터빈을 회전시키는 방식으로 깃을 통과하면서 속도나 압력은 변하지 않고 흐름의 방향만 변한다.
- 충동-반동 터빈(Impulse-Reaction turbine)
충동과 반동을 복합적으로 설계한 결과, 일 하중은 블레이드 전 길이에 일정하게 분산되고 블레이드를 지나며, 저하된 압력이 베이스에서 팁까지 일정하게 된다.

13 Turbine rotor blade의 형태는 무엇인가?

① Root는 충동, Tip은 반동
② Root는 반동, Tip은 충동
③ Root, Tip 모두 충동
④ Root, Tip 모두 반동

해설

터빈 로터 블래이드 형태
Root는 충동이고 Tip은 반동이다.

14 터보 팬 기관에서 터빈 깃의 냉각공기는 어디에서 나오는가?

① 저압 압축기 ② 고압 압축기
③ 팬에서 나온 공기 ④ 연소 공기

해설

터빈 입구의 노즐 가이드 베인, 터빈 로터, 터빈 로터 디스크 등 고온부의 냉각에는 고압 압축기의 블리드 공기를 이용한다.

15 제트 엔진에서 최고 온도에 접하는 곳은 어디인가?

① 연소실 입구 ② 터빈 입구
③ 압축기 출구 ④ 배기관 출구

해설

공기의 온도
압축기에서 압축되면서 천천히 증가한다. 압축기 출구에서의 온도는 압축기의 압력비와 효율에 따라 결정되는데 일반적으로 대형 기관에서 압축기 출구에서의 온도는 약 300~400[°C] 정도이다. 압축기를 거친 공기가 연소실로 들어가 연료와 함께 연소되면 연소실 중심에서의 온도는 약 2,000[°C]까지 올라가고 연소실을 지나면서 공기의 온도는 점차 감소한다.

16 가스 터빈 기관에서 가장 고온에 노출되기 쉬운 부분은 어디인가?

① 1단계 터빈 블레이드
② 점화 플러그
③ 터빈 디스크
④ 1단계 터빈 노즐 가이드 베인

해설

터빈 노즐 가이드 베인(Turbine nozzle guide vane)
항상 고온, 고압에 노출되기 때문에 코발트 합금 또는 니켈 내열 합금으로 정밀 주조하여 특히 1단 및 2단 베인에 공랭 터빈 날개 구조를 채택한 것이 많다.

17 터보 팬(Turbo fan)엔진에서 터빈 노즐 가이드 베인(Turbine nozzle guide vane)의 냉각에 사용되는 것은?

① 저압 압축기(Low compressor) 배출공기(Bleed air)
② 고압 압축기(High compressor) 배출공기(Bleed air)
③ 팬 배기(Fan discharge pressure)
④ 연소실의 냉각구멍을 통해 들어온 공기

해설

연소실과 터빈 노즐 가이드 베인, 터빈 로터, 터빈 로터 디스크 등 고온부의 냉각에는 고압 압축기로부터의 브리드공기가 이용되고 메인 베어링 시일부의 압력 유지에는 주로 저압 압축기의 브리드공기가 사용된다.
터빈 노즐 다이어프램이라고도 하며, 터빈에서 맨 앞에 있는 고정자 깃(스테이터 베인)

18 가스 터빈 기관 터빈 깃의 냉각방법 중 내부를 중공으로 제작, 찬 공기를 지나가게 해서 냉각시키는 방법은 무엇인가?

① 충돌 냉각 ② 공기막 냉각
③ 대류 냉각 ④ 침출 냉각

해설

터빈 깃의 냉각방법

[정답] 13 ① 14 ② 15 ② 16 ④ 17 ② 18 ③

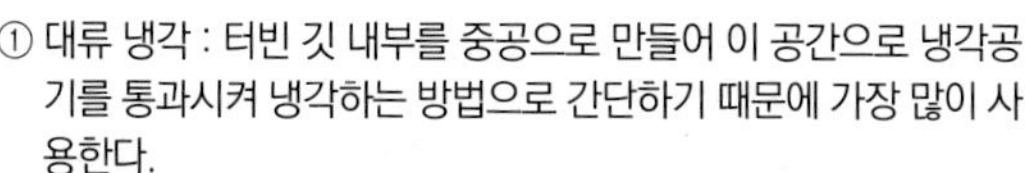

① 대류 냉각 : 터빈 깃 내부를 중공으로 만들어 이 공간으로 냉각공기를 통과시켜 냉각하는 방법으로 간단하기 때문에 가장 많이 사용한다.
② 충돌 냉각 : 터빈 깃의 내부에 작은 공기 통로를 설치하여 이 통로에서 터빈 깃의 앞전 안쪽 표면에 냉각공기를 충돌시켜 냉각한다.
③ 공기막 냉각 : 터빈 깃의 안쪽에 공기 통로를 만들고 터빈 깃의 표면에 작은 구멍을 뚫어 이 작은 구멍을 통하여 차가운 공기가 나오게 하여 찬 공기의 얇은 막이 터빈 깃을 둘러싸서 연소가스가 직접 터빈 깃에 닿지 못하게 함으로써 터빈 깃의 가열을 방지하고 냉각도 되게 한다.
④ 침출 냉각 : 터빈 깃을 다공성 재료로 만들고 깃 내부에 공기 통로를 만들어 차가운 공기가 터빈 깃을 통하여 스며 나오게 하여 냉각한다.

19 **제트 엔진 터빈 깃의 냉각 방법 중에서 다공성 재료로 만든 후 블레이드의 내부를 중공으로 하여 냉각하는 것을 무엇이라고 하는가?**

① 침출 냉각　　② 공기막 냉각
③ 충돌 냉각　　④ 대류 냉각

해설

문제 18번 해설 참조

20 **Blade 내부에 작은 공기 통로를 설치하여 Blade 앞전을 향하여 공기를 충돌시켜 냉각하는 방법은?**

① Transpiration Cooling
② Convection Cooling
③ Impingement Cooling
④ Film Cooling

해설

문제 18번 해설 참조
① 침출냉각(Transpiration Cooling)
② 대류냉각(Convection Cooling)
③ 충돌냉각(Impingement Cooling)
④ 공기막 냉각(Air Film Cooling)

21 **브레이드 내부에 공기 통로를 설치하여 이곳으로 차가운 공기가 지나가게 함으로써 터빈 깃을 냉각하는 방법은?**

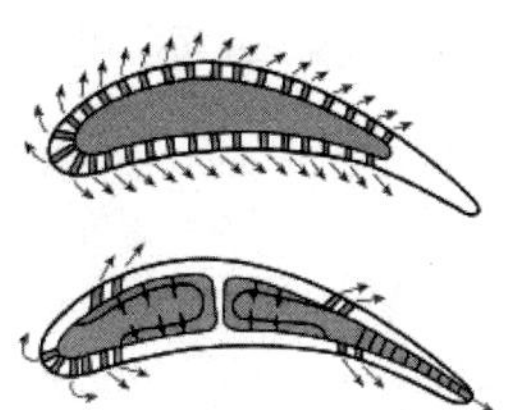

① Film Cooling
② Convection Cooling
③ Impingement Cooling
④ Transpiration Cooling

해설

터빈 깃의 냉각방법
① 대류냉각(Convection cooling)
② 충돌냉각 (Impingement cooling)
③ 공기막 냉각(Air film cooling)
④ 침출냉각(Transpiration cooling)

22 **가스터빈 기관(Turbine Engine)에 있어서 크리프(Creep)현상의 영향이 가장 큰 것은 어느 부분인가?**

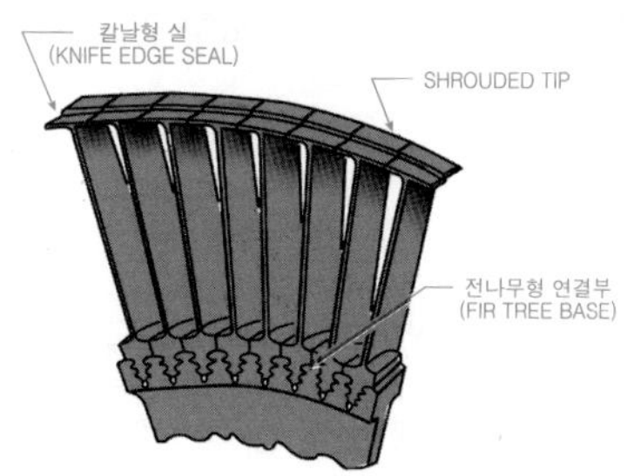

① 연소실
② 터빈 노즐 가이드 베인(Tubine Nozzle Guide Vane)
③ 터빈 블레이드(Turbine Blade)
④ 터빈 디스크(Turbine Disk)

해설

크리프(Creep)
응력을 받고 있는 재료의 영구 비틀림이 시간과 함께 증가하는 현상으로 온도가 높은 만큼 현저하다.
가스 터빈 엔진에서는 고속 회전에 의한 원심력과 연소가스에 의한 고압력과 고온도를 받는 터빈 블레이드가 이 크리프에 문제가 된다.

[정답] 19 ①　20 ③　21 ②　22 ③

기출+예상

23 Creep 현상의 설명으로 옳은 것은?

① 과열로 인한 표면에 금이 가는 현상
② 과열로 인한 동익이 찌그러지는 결함
③ 부분적인 과열로 표면의 색깔이 변하는 결함
④ 고온하의 원심력에 의해 동익의 길이가 늘어나는 결함

해설

크리프(Creep) 현상
터빈이 고온가스에 의해 회전하면 원심력이 작용하는데 그 원심력에 의하여 터빈 블레이드가 저피치로 틀어지는 힘을 받아 길이가 늘어나는 현상을 말한다.

24 터빈 어셈블리 점검시 터빈 블레이드 첫 단에서 전면부의 균열 발견시 그 원인은?

① Air seal이 망가짐 ② 고온상태
③ Shroud 뒤틀림 ④ 과속 상태

해설

블레이드의 3가지 균열
① 크리프
지속적으로 큰 원심력과 높은 온도에 노출되어진 금속파트의 변형
② 금속피로
금속재료에 반복응력이 생길 때, 반복횟수가 증가함으로써 금속재료의 강도가 저하되는 현상. 이와 같은 현상은 특히 고속으로 회전하는 부분의 재료에 많이 일어난다.
③ 부식
공기 중에 노출되면 표면에 산화막이 형성되고, 습기, 염소이온과 같은 음이온, 질소와 유황의 기체 산화물 등이 존재하면 부식이 쉽게 진행된다. 고온에 노출될 경우 부식은 가속화된다.

25 터보 제트 엔진의 고열부분 점검시 무엇으로 금이나 흠집을 표시하는가?

① Chalk ② Metallic pencil
③ Wax ④ Graphite

해설

엔진 및 배기계통에 정비를 수행할 때에는 아연도금이 되어 있거나 아연판으로 만든 공구를 사용해서는 절대로 안 된다. 엔진, 배기계통 같은 고온 부품에는 흑연 연필, 뾰족한것 등으로 표시해서도 안 된다. 납(Lead), 아연(Zinc), 또는 아연도금에 접촉이 되면, 가열될 때 배기계통의 금속으로 흡수되어 분자 구조에 변화를 주게 된다. 이러한 변화는 접촉된 부분의 금속을 약화시켜 균열이 생기게 하거나 궁극적으로는 결함을 발생케 하는 원인이 된다.

26 터빈 축과 압축기 축의 연결방법은 어느 것인가?

① Welding ② Key
③ Bolt ④ Spline

해설

터빈축과 압축기의 연결방법은 Spline type으로 한다.

27 터빈 디스크에 터빈 블레이드를 장착할 때 어떤 방법을 주로 사용하는가?

① Fir tree ② Dove tail
③ Spline ④ Bolt

해설

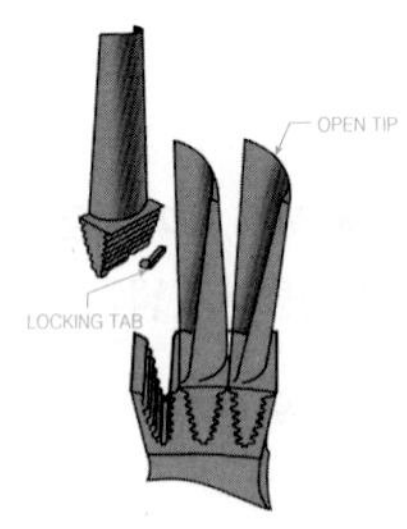

28 탈거 된 터빈 블레이드를 슬롯에 장착할 때 다음 중 어느 곳에 장착하는 곳이 옳은가?

① 180° 지난 곳 ② 시계방향으로 90°
③ 반시계방향으로 90° ④ 원래 장탈 한 슬롯

해설

터빈의 평형이 맞지 않으면 엔진 전체에 진동을 주어 위험한 상태에 이르게 되므로 터빈의 평형에 대하여 주의를 하여야 한다.

[정답] 23 ④ 24 ② 25 ① 26 ④ 27 ① 28 ④

29 터빈이 장착된 목적은?

① 공기의 속도를 감소시켜 추력을 얻는다.
② 공기의 속도를 감소시켜 소음을 줄인다.
③ 공기의 속도를 증가시켜 압력을 높여 큰 추력을 얻는다.
④ 압축기 및 그 밖의 필요한 장비를 구동시키는 데 필요한 동력을 발생한다.

해설

터빈의 장착 목적
① 1단계 또는 다단계 터빈 사용
② 연소된 고속가스에서 운동에너지 흡수, 압축기에 전달/구동
③ 연소가스 에너지의 75[%]는 압축기 구동에 사용
④ 프로펠러 구동 또는 출력축 사용 시는 터빈부에서 90[%] 에너지 흡수

30 터빈 엔진에서 터빈의 안전함과 모든 작동상태를 탐지하는데 사용되는 계기는 무엇인가?

① 연료량 계기(Fuel flow meter)
② 오일 온도계(Oil temperature indicator)
③ TIT 계기
④ EPR 계기

해설

터빈 입구온도(TIT : Turbine Inlet Temperature)
가스터빈엔진에서 대단히 중요한 온도이다. 터빈 입구온도(TIT)는 터빈의 첫 단계로 들어가는 공기의 온도로서 엔진 연료제어계통에서 항상 감지하여 자동으로 엔진으로 들어가는 연료의 량을 조절하여 준다. 즉, 터빈입구온도가 과도하게 높으면 자동으로 엔진으로 들어가는 연료의 량을 감소시켜 준다.

31 회전축에 터빈 디스크를 고정시키는 일반적인 방법은?

① Keying ② Splining
③ Welding ④ Bolting

해설

회전축에 터빈 디스크를 고정시키는 일반적인 방법으로는 Bolting이 쓰인다.

6. 배기부분

01 가스 터빈 엔진의 배기 덕트(Exhaust duct)의 목적은?

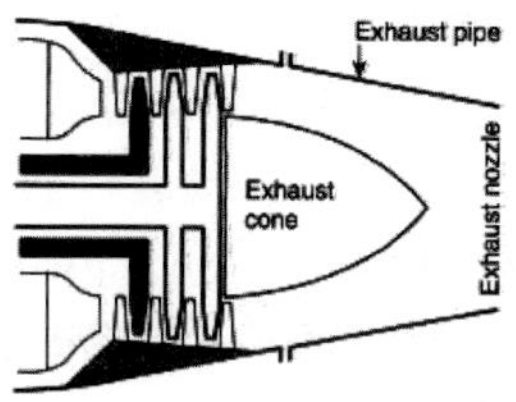

① 배기가스를 정류만 한다.
② 배기가스의 압력에너지를 속도에너지로 바꾸어 추력을 얻는다.
③ 배기가스의 온도를 조절한다.
④ 배기가스의 속도에너지를 압력에너지로 바꾸어 추력을 얻는다.

해설

배기 덕트(Exhaust duct)
배기가스를 대기 중으로 방출하기 위한 통로 역할을 하고, 배기가스를 정류하는 동시에 배기가스의 압력에너지를 속도 에너지로 바꾸어 추력을 얻도록 하기도 한다.

02 배기 PIPE 또는 배기 노즐을 다른 말로 무엇이라 하는가?

① 배기 덕트 ② Nozzle Pipe
③ Turbine Nozzle ④ Gas Nozzle

해설

① 터빈 노즐 : 노즐 가이드 베인을 원형으로 배열한 것으로 베인(스테이터)과 그 지지 구조물을 말한다.
② 배기 덕트 : 배기가스의 압력 에너지를 속도 에너지로 바꾸어 추력을 얻는다.

03 가스터빈 기관의 배기계통 중 배기 파이프 또는 테일 파이프라고도 하고 터빈을 통과한 배기가스를 대기 중으로 방출하기 위한 통로는 다음 중 무엇인가?

① 배기 덕트 ② 고정면적 노즐
③ 배기 소음방지 장치 ④ 역추력 장치

[정답] 29 ④ 30 ③ 31 ④ 01 ② 02 ① 03 ①

해설

배기 덕트
배기가스를 대기 중으로 방출하기 위한 통로 역할을 하고, 배기가스를 정류하는 동시에 배기가스의 압력에너지를 속도 에너지로 바꾸어 추력을 얻도록 하기도 한다.

04 제트 엔진에서 배기노즐(Exhaust nozzle)의 가장 중요한 기능은? (단, 노즐에서의 유속은 초음속이다.)

① 배기가스의 속도와 압력을 증가시킨다.
② 배기가스의 속도를 증가시키고 압력을 감소시킨다.
③ 배기가스의 속도와 압력을 감소시킨다.
④ 배기가스의 속도를 감소시키고 압력을 증가시킨다.

해설

초음속 항공기
수축 확산형 배기노즐을 사용하는데 터빈에서 나온 고압, 저속의 배기가스를 수축 통로를 통하여 팽창, 가속시켜 최소 단면적 부근에서 음속으로 변환시킨 다음 다시 확산 통로를 통과하면서 초음속으로 가속시킨다. 이것은 초음속에서는 확산에 의하여 속도 에너지가 압력에너지로 변환되지만 반대로 초음속에서는 확산에 의하여 압력에너지가 속도에너지로 변하기 때문이다.

05 가스 터빈 기관에서 초음속기에 사용되는 배기노즐(Exhaust nozzle)은 다음 중 어느 것인가?

① 수축형 배기노즐
② 확산형 배기노즐
③ 수축 – 확산형 배기노즐
④ 대류형 배기노즐

해설

배기노즐(Exhaust nozzle) 의 종류
① 아음속 항공기 : 수축형 배기노즐을 사용하여 배기가스의 속도를 증가시켜 추력을 얻는다.
② 초음속 항공기 : 수축 확산형 배기노즐을 사용하는데 터빈에서 나온 고압, 저속의 배기가스를 수축 통로를 통하여 팽창, 가속시켜 최소 단면적 부근에서 음속으로 변환시킨 다음 다시 확산 통로를 통과하면서 초음속으로 가속시킨다. 이것은 초음속에서는 확산에 의하여 속도 에너지가 압력에너지로 변환되지만 반대로 초음속에서는 확산에 의하여 압력 에너지가 속도에너지로 변하기 때문이다.

06 다음 중에서 가스 터빈 엔진의 배기콘의 목적은 무엇인가?

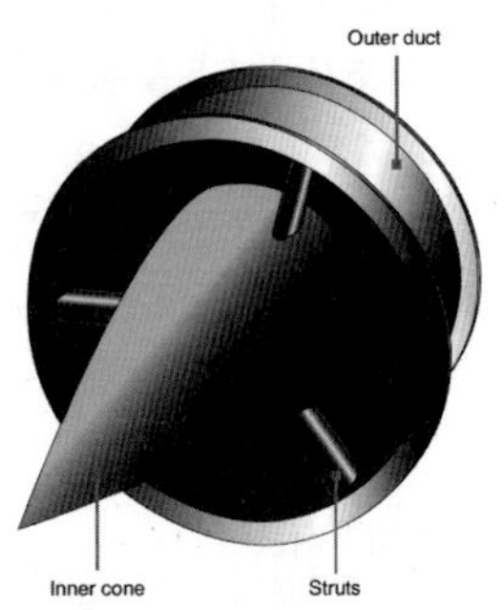

① 속도 증가　② 추력 증가
③ 흐름을 직선으로　④ 모두 맞다.

해설

배기콘(테일콘)의 목적
배기가스의 흐름을 정류하는 데 있다.
아음속기의 터보팬이나 터보 프롭 엔진에는 배기노즐의 면적이 일정한 수축형 배기노즐이 사용되며 내부에는 정류의 목적을 위하여 원뿔 모양의 테일 콘(Tail cone)이 장착되어 있다.

3 연료 및 연료 계

01 다음 중 연료와 공기가 혼합되는 곳은?

① Compressor
② Hot section
③ Combustion section
④ Turbine section

해설

연소실
Heater 또는 Combustion section라고 한다.

02 가스 터빈 엔진의 캔-애뉼러형 연소실을 1차 연소 영역과 2차 연소 영역으로 구분, 2차 연소 영역에서 공기 연료의 혼합비는 얼마인가?

① 14 ~ 18 : 1　② 3 ~ 7 : 1
③ 60 ~ 130 : 1　④ 150 ~ 180 : 1

[정답] 04 ② 05 ③ 06 ③ 01 ③ 02 ③

해설

1차 연소 영역 : 14～18 : 1

03 연소 효율이란?

① 연소실에 공급된 열량과 공기의 실제 증가된 에너지의 비율
② 연소실에 공급된 열량과 방출된 에너지와의 비율
③ 연소실로 공급된 에너지와 방출된 에너지와의 비율
④ 연소실로 들어오는 1차 공기와 2차 공기와의 비율

해설

연소 효율

연소실로 들어오는 공기의 압력 및 온도가 낮을수록(고고도), 그리고 공기의 속도가 빠를수록 낮아진다.
일반적으로 연소 효율은 95[%] 이상이어야 한다.

$$\text{연소효율}(\eta_b)=\frac{\text{입구와 출구의 총에너지(엔탈피) 차이}}{\text{공급된 연료량}\times\text{연료의 저발열량}}$$

04 Jet 엔진의 연료 흐름 순서로 맞는 것은?

① 주연료 펌프 → 연료 필터 → 연료 조절 장치 → 매니폴드 → 여압 및 드레인 밸브 → 연료 노즐
② 주연료 펌프 → 연료 필터 → 여압 및 드레인 밸브 → 연료 조절 장치 → 매니폴드 → 연료 노즐
③ 주연료 펌프 → 연료 필터 → 연료 조절 장치 → 여압 및 드레인 밸브 → 매니폴드 → 연료 노즐
④ 주연료 펌프 → 연료 필터 → 연료 조절 장치 → 여압 및 드레인 밸브 → 매니폴드 → 연료 노즐

해설

기본적인 기관 연료 계통

주연료펌프 → 연료여과기 → 연료조정장치(FCU) → 여압 및 드레인밸브 → 연료매니폴드 → 연료노즐 이다.

05 가스터빈기관 연료계통의 기본적인 유로의 형성으로 가장 올바른 것은?

㉮ 주 연료펌프	㉯ 연료여과기
㉰ 연료조정장치	㉱ 여압 및 드레인 밸브
㉲ 연료매니폴드	㉳ 연료노즐

① ㉮ ㉯ ㉰ ㉱ ㉲ ㉳
② ㉮ ㉯ ㉰ ㉲ ㉱ ㉳
③ ㉮ ㉰ ㉯ ㉱ ㉲ ㉳
④ ㉮ ㉰ ㉯ ㉲ ㉱ ㉳

06 다음 중에서 제트 엔진 연료의 필요조건이 아닌 것은?

① 발열량이 클 것
② 저온에서 동결되지 않을 것
③ 부식성이 없을 것
④ 휘발성이 높을 것

해설

가스 터빈 기관 연료의 구비조건

① 증기압이 낮을 것
② 어는점이 낮을 것
③ 인화점이 높을 것
④ 대량 생산이 가능하고 가격이 저렴할 것
⑤ 단위 중량당 발열량이 크고 부식성이 없을 것
⑥ 점성이 낮고 깨끗하며 균질일 것

07 연료의 증기압이 높을수록 증기 폐쇄 경향은 증가한다. 왕복 엔진 연료계통에서 증기압의 제한은 최대 얼마인가?

① 4[psi]　　② 7[psi]
③ 10[psi]　　④ 14[psi]

해설

증기 폐쇄(Vapor lock)

연료가 파이프 속을 흐를 때 기화성이 너무 좋으면 약간의 열만 받아도 증발되어 연료 속에 거품이 생기기 쉽고, 이 거품이 연료 파이프에 차서 연료의 흐름을 방해하는 현상.
연료의 증기압이 높으면 운송 중 또는 저장 중에 연료의 증발 손실이 많아지고, 베이퍼 락을 발생시킨다. 너무 낮으면 한냉시에 엔진의 시동 및 난기가 곤란하게 된다. 이 때문에 현재의 항공 가솔린 규격에서는 5.5～7.0[psi]으로 정하고 있다.

[정답] 03 ① 04 ④ 05 ① 06 ④ 07 ②

기출+예상

08 다음 중 제트 엔진 연료로 JP-3을 구성하는 성분과 가장 거리가 먼 것은?

① 디젤유 ② 케로신
③ 항공유 ④ 하이드라진

해설

JP-3 구성성분
등유, 가솔린, 디젤, 케로신, 원유로 구성되어 있다.

09 민간 항공기용 연료로서 ASTM에서 규정된 성질을 가지고 있는 가스터빈기관용 연료는?

① JP-2 ② JP-3
③ AV-G형 ④ A-1형

해설

항공용 가스터빈 기관의 연료는 군용으로 JP-4, JP-5, JP-6, JP-7 등 있고, 민간용으로는 제트 A형, 제트 A-1형 및 제트 B형이 있다.
① JET A, JET A-1형 : ASTM에서 규정된 성질을 가지고 있으며, JP-5와 비슷하지만 어는점이 약간 높다.
② JET B형 : JP-4와 비슷하나, 어는점이 약간 높은 연료이다.

10 군용 가스 터빈 연료 규격 중 민간 가스터빈 규격 Jet-b와 유사한 연료는?

① JP-4 ② JP-5
③ JP-7 ④ JP-8

해설

- 군용 : JP-4, JP-5, JP-6, JP-7, JP-8
- 민간용 : Jet a, Jet a-1, Jet b

민간용 Jet b는 군용 JP-4와 유사한 연료이다.

11 Jet A-1 연료가 사용되는 곳은?

① 고 고도 비행 ② 저 고도 비행
③ 온도가 낮은 곳 ④ 온도가 높은 곳

해설

JET A, JET A-1형
ASTM에서 규정된 성질을 가지고 있으며, JP-5와 비슷하지만 어는점이 약간 높으며, 고고도 비행에 적합하다.

12 제트 연료로서 케로신계가 아닌 것은?

① Jet A-1 ② JISK22091호
③ JP-B ④ JP-5

해설

연료의 구분
① 와이드 컷트계 : JET-B, JP-4
② 케로신계 : JET-A, JET-A-1, JP-5

13 가스 터빈 엔진에 사용하는 연료 중 등유와 낮은 증기압의 가솔린과 합성 연료이며 주로 군용으로 사용되는 것은?

① Jet A ② Jet A-1
③ JP-4 ④ Jet B

해설

- 군용 : JP-4, JP-5, JP-6, JP-7, JP-8
- 민간용 : Jet a, Jet a-1, Jet b

14 가스 터빈 기관용 연료인 JP-3에 혼합되지 않은 것은?

① 가솔린 ② 등유
③ 디젤유 ④ 중유

해설

① 가스터빈 기관 연료
  - JP-3
  - JP-4 : 등유와 낮은 증기압의 가솔린과의 합성 연료
② 왕복 기관의 연료
  - 항공용 가솔린(AVGAS- Aviation gasoline) : 탄소(C)와 수소(H)로 구성

[정답] 08 ④ 09 ④ 10 ① 11 ① 12 ③ 13 ③ 14 ④

15 **가스 터빈엔진에 사용되는 연료는 다음 중 어느 것과 가장 근사한가?**

① 등유 ② 자동차용 가솔린
③ 원유 ④ 고옥탄가의 항공용 연료

해설

가스터빈 기관 연료
등유와 낮은 증기압의 가솔린과의 합성 연료

16 **가스 터빈 기관의 연료계통에서 연료펌프는 보통 어떤 형식을 많이 사용하는가?**

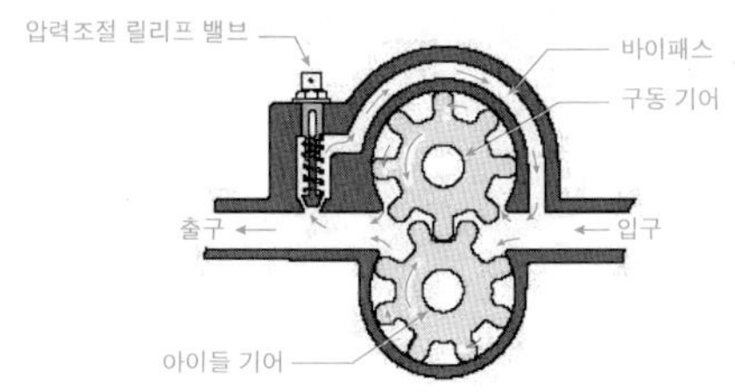

① 기어식 ② 베인식
③ 원심력식 ④ 지로터식

해설

주 연료펌프
원심 펌프, 기어 펌프 및 피스톤 펌프가 있으며, 그중에서 주로 기어 펌프가 많이 사용 된다.

17 **제트 엔진에서 부스터 펌프의 형식은 무엇인가?**

① 원심식 ② 베인식
③ 기어식 ④ 지로터식

해설

승압 펌프(Boost pump)
압력식 연료계통에서는 주 연료 펌프는 기관이 작동하기 전까지는 작동되지 않는다. 따라서 시동할 때나 또는 기관 구동 주 연료펌프가 고장일 때와 같은 비상시에는 수동식 펌프나 전기 구동식 승압 펌프가 연료를 충분하게 공급해 주어야 한다.
또한 이륙, 착륙, 고 고도 시 사용하고 그리고 탱크 간에 연료를 이송시키는 데도 사용한다. 전기식 승압 펌프의 형식은 대개 원심식이며 연료 탱크 밑에 부착한다.

18 **가스터빈 기관의 주연료 펌프에서 펌프출구압력을 조절하는 것은?**

① 릴리프 밸브(Relief valve)
② 체크 밸브(Check valve)
③ 바이패스 밸브(Bypass valve)
④ 드레인 밸브(Drain valve)

해설

① 릴리프 밸브 : 계통내의 압력이 과도할 때 흐름을 펌프 입구로 되돌려 압력을 일정하게 유지
② 바이패스 밸브 : 여과가기 막혔을 때, 펌프 고장시 등 일 때 그 장치를 거치지 않고 직접 흐름을 만들어 줌
③ 체크 밸브 : 흐름의 역류를 방지

19 **연료 펌프 Relief valve의 과도한 압력은 어디로 돌아가는가?**

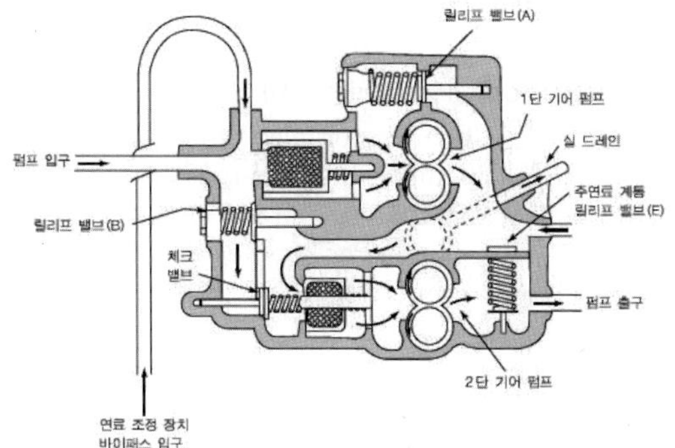

① 탱크 입구 ② 펌프입구
③ 외부로 배출 ④ 펌프출구

해설

릴리프 밸브
계통내의 압력이 과도할 때 흐름을 펌프 입구로 되돌려 압력을 일정하게 유지

20 **다음 중 FCU(Fuel Control Unit)의 목적은 무엇인가?**

[정답] 15① 16① 17① 18① 19② 20①

기출+예상

① 적절한 추력 레벨링(Leveling)

② 최대 배기가스 온도를 얻기 위해

③ 최대 배기가스 속도를 얻기 위해

④ Idle rpm을 조절하기위해

해설

기관조절(Engine trimming)

① 제작회사에서 정한 정격에 맞도록 기관을 조절하는 행위를 말하며, 또 다른 정의는 기관의 정해진 rpm에서 정격추력을 내도록 연료 조정 장치를 조정하는 것으로도 정의된다. 제작회사의 지시에 따라 수행하여야 하며 습도가 없고 무풍일 때가 좋으나 바람이 불 때는 항공기를 정풍이 되도록 한다.

② 트림 시기는 엔진 교환시, FCU 교환시, 배기노즐 교환시에 수행한다.

21 다음 중에서 FCU의 수감부가 아닌 것은?

① 연소실 입구온도 ② 압축기 입구온도

③ 압축기 출구 압력 ④ 기관 회전수

해설

연료조정장치(Fuel Control Unit : FCU)

① 압축기 입구온도(Compressor Inlet Temperature : CIT)

② 압축기 출구압력(Compressor Discharge Pressure : CDP) 또는 연소실 압력(Burner pressure : Pb)

③ 기관 회전수(Revolution Per Minute : RPM)

④ 동력레버 위치(Power Lever Angle : PLA)

22 현재 사용되고 있는 터빈 엔진의 대부분에서 사용하고 있는 연료 조정 장치는 무엇인가?

① Electro-mechanical

② Mechanical

③ Hydro-mechanical or electronic

④ Electrical

해설

FCU의 종류

① 유압-기계식

② 전자식

ⓐ 아날로그 전자식 : 일부 소형 엔진과 APU에 사용

ⓑ 디지털 전자식 또는 FADEC : 최근 고성능 대형 엔진에 사용

23 FCU(Fuel Control Unit)의 수감부분이 아닌 것은?

① PLA(Power Lever Angle)

② RPM(Revolution Per Minute)

③ CDP(Compressor Discharge Pressure)

④ EGT(Exhaust Gas Temperature)

해설

문제 21번 해설 참조

24 제트 엔진에서 연료조정장치(Fuel Control Unit)의 일반적인 기본입력 신호로 가장 올바른 것은?

① 엔진회전수(RPM), 대기압력(PAM), 압축기 출구압력(CDP), 배기가스 온도(EGT)

② 파워레버위치(PLA), 엔진회전수(RPM), 대기압력(PAM), 압축기 입구온도(CIT), 압축기 출구압력(CDP)

③ 파워레버위치(PLA), 연료압력(FP), 연소실압력(Pb), 터빈입구 온도(TIT)

④ 파워레버위치(PLA), 엔전회전수(RPM),터빈입구 온도(TIT),압축기 출구압력(CDP)

해설

문제 21번 해설 참조

25 제트 기관의 FCU는 기관을 가속시킬 때 가능한 한 많은 양의 연료를 공급하여야 한다. 그러나 실제 연료량의 최대량은 제한되는 이유가 아닌 것은?

① 압축기 실속

② 터빈 과열 방지

③ 과농 혼합비에 의한 연소 정지 방지

④ 급격한 회전수 증가 방지

해설

기관 가속(Engine accelerating)

기관을 가속시키기 위하여 동력 레버를 동력 레버를 급격히 앞으로 밀 경우 연료량은 즉시 증가할 수 있지만 기관의 회전수는 압축기 자

[정답] 21 ① 22 ③ 23 ④ 24 ② 25 ③

체의 관성 때문에 즉시 증가하지 않는다. 따라서 공기량이 적어져 연료-공기 혼합비가 너무 농후하게 되기 때문에 연소 정지 현상이 일어나고 터빈 입구 온도가 과도하게 상승하거나 압축기가 실속을 일으키게 되므로 이와 같은 현상이 일어나지 않는 범위까지만 연료량이 증가 하도록 통제한다.

26 **가스터빈 엔진의 연료 조정 장치에서 연료를 제어하는 데 영향이 가장 큰 것은 다음 중 어느 것인가?**

① 기관의 회전수　② CDP
③ CIT　④ 대기압

해설

문제 25번 해설 참조

27 **모든 비행 상태에서 조종사요구에 부응하여 최적의 엔진 조정을 수행하기 위하여 입력신호를 전산 처리하여 작동 부분품을 일괄 조정하는 것은?**

① EEC　② FCU
③ Carburetor　④ Autopilot

해설

전자 엔진 조절(EEC : Electronic Engine Control)
모든 비행 상태에서 조종사 요구에 부응하여 최적의 엔진 조정을 수행하기 위하여 입력 신호를 전산 처리하여 작동 부분품을 일괄 조정하는 기능을 한다.

28 **항공기가 어떤 작동조건에서도 최적의 엔진작동 특성을 유지하도록 만들어 주는 엔진의 연료 부품은?**

① 연료조정장치(Fuel Control Unit)
② 연료 펌프(Fuel Pump)
③ 연료 오일 냉각기(Fuel Oil Cooler)
④ 연료 노즐(Fuel Nozzle)

29 **연료 차단 밸브 레버(Fuel shutoff valve)를 open 위치에 놓았을 때, 연료를 연료 조정 장치(FCU)로부터 연소실로 보내주는 밸브는?**

① 최소 가압 및 차단 밸브(Minimum metering valve and shutoff valve)
② 메인 미터링 밸브(Main metering valve)
③ 여압 및 덤프 밸브(Pressurizing and dump valve)
④ 부스터 펌프(Booster pump)

해설

여압 및 드레인 밸브
- 연료의 흐름을 1차 연료와 2차 연료로 분리하고, 엔진이 정비되었을 때에 매니폴드나 연료 노즐에 남아 있는 연료를 외부로 방출, 연료의 압력이 일정 압력 이상이 될 때까지 연료의 흐름을 차단
- 여압 및 드레인 밸브는 FCU와 연료매니폴드 사이에 위치

30 **가스터빈 연료계통에서 Pressure and Dump 밸브의 역할은?**

① 연료탱크의 연료에 압력을 가해 연료조정 장치로 보내줌
② 연료에 압력을 가하고, 엔진정지 시 연료를 배출시킨다.
③ 연료노즐에서 1차 연료와 2차 연료를 보내준다.
④ 엔진의 상태에 따라 연료를 보내준다.

해설

문제 29번 해설 참조

31 **다음 연료 계통 중에서 1차 연료와 2차 연료를 분배하는 역할을 하는 것은?**

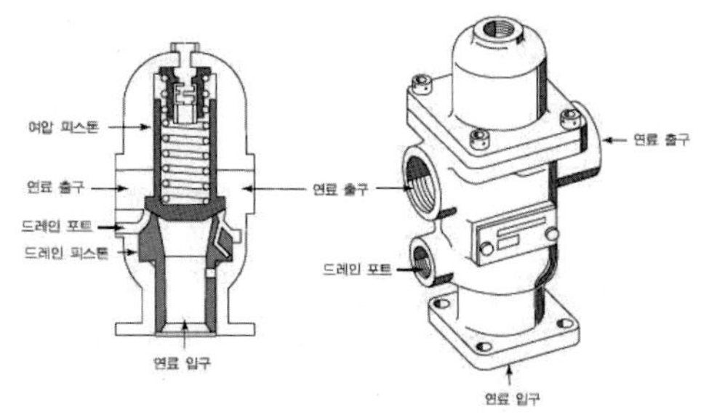

① 연료 필터　② 연료 매니폴드
③ 여압 및 드레인 밸브　④ 연료-오일 냉각기

해설

여압 및 드레인 밸브를 여압 및 드레인 밸브라고도 한다.

[정답] 26 ① 27 ① 28 ① 29 ③ 30 ③ 31 ③

32 1차 연료와 2차 연료를 분류하고 시동시 과열 시동을 방지 하는 것은?

① FCU(Fuel Control Unit)
② P&D(Pressurizing and Dump valve)
③ 연료노즐(Fuel nozzle)
④ 연료히터(Fuel heater)

해설

P&D Valve(Pressure and Drain Valve)
1차 연료와 2차 연료로 나누어주는 기능과 엔진 정지 시 매니폴드와 노즐에 남은 연료를 배출하여 주는 기능과 배관에 남은 연료는 부식 및 미생물 번식의 위험이 있기 때문에 배출을 해 주어야한다.

33 연료 흐름 분할기에서 연료 흐름이 2차 매니폴드로 흐르지 않게 하는 것은 다음 중 어느 것인가?

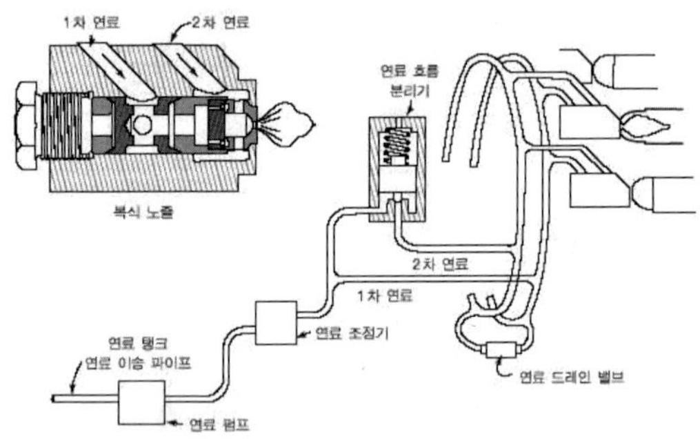

① Dump valve
② Spring에 의해 닫히는 필터
③ Spring힘을 받는 여압 밸브
④ Poppet valve

해설

연료 흐름 분할기(Fuel flow divider)
시동 시에는 1차 연료만 흐르고 기관 회전수가 증가하고 연료량이 증가하여 연료 압력이 규정 압력에 이르면 Poppet valve가 열리고 2차 연료가 흐른다.

34 복식 연료 노즐에 설명 내용으로 가장 올바른 것은?

① 리버스 인젝션을 한다.
② 연료에 회전 에너지를 주면서 분사하는 것이다.
③ 공기 흐름량과 압력에 따라 분사각을 변화시킨다.
④ 낮은 흐름량일 때와 높은 흐름량일 때의 2단계의 분사를 한다.

해설

압력이 높을 때 1차, 2차 연료가 모두 분사된다.

35 연료노즐의 종류 중 맞는 것은?

① 분무식 분사식 ② 분무식과 증발식
③ 연소식과 분사식 ④ 압력식과 증발식

해설

가스터빈 기관의 연료노즐 종류는 분무식과 증발식이 있다.

36 가스터빈 기관의 연료노즐에서 복식 노즐의 설명으로 옳은 것은?

① 시동시 연료 분사식을 작게 해 준다.
② 고속시에 연료를 멀리 분사되도록 한다.
③ 1차 연료는 완속 속도 이상에서 작동한다.
④ 2차 연료는 연소실 벽에 직접 연료와 닿게 한다.

해설

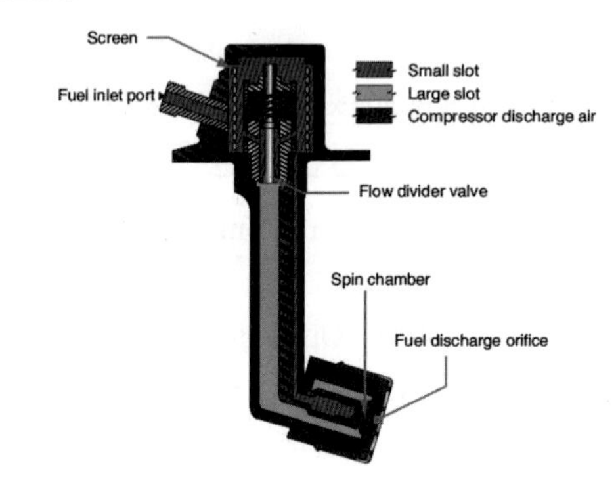

37 연료노즐의 분사각도를 옳게 설명한 것은?

[정답] 32 ② 33 ④ 34 ④ 35 ② 36 ② 37 ④

① 1차 연료보다 2차 연료의 분사각도가 더 넓게 분사 된다.
② 각도는 1차와 2차가 같고 압력은 2차 연료가 더 높다.
③ 1차 연료보다 2차 연료의 분사온도가 높아 균등한 연소를 이룬다.
④ 1차 연료 분사각도는 2차 연료의 분사보다 더 넓게 분사된다.

해설

- 1차 연료
  노즐 중심의 작은 구멍을 통해 분사되고, 시동할 때 점화가 쉽도록 넓은 각도로 이그나이터에 가깝게 분사
- 2차 연료
  가장자리의 큰 구멍을 통해 분사되고, 2차 연료는 연소실 벽에 직접 연료가 닿지 않고 연소실 안에서 균등하게 연소되도록 비교적 좁은 각도로 멀리 분사되며, 완속 회전속도 이상에서 작동한다.

38 복식 노즐의 1차, 2차 연료 분사에 대해 옳은 것은?

① 압력이 낮을 때 1차, 2차 연료가 모두 분사된다.
② 압력이 높을 때 1차, 2차 연료가 모두 분사된다.
③ 압력이 높을 때 1차 연료가 분사된다.
④ 압력이 낮을 때 2차 연료가 분사된다.

해설

복식 노즐의 1차, 2차 연료 분사는 압력이 높을 때 1차, 2차 연료가 모두 분사된다.

39 가스터빈 기관의 열점 현상의 원인으로 옳은 것은?

① 연소실의 균열 ② 분사 노즐의 각도 불량
③ 연료계통의 막힘 ④ 냉각기관 고장

해설

열점 현상(Hot spot)

연소실(Combustion chamber)이나 Turbine blade에서 열로 인하여 검게 그을리거나 재료가 타서 떨어져 나간 형태이다.
① 연소실 – 연료 노즐의 이상으로 연소실 벽에 연료가 직접 닿아서 그을리거나 검게 탄 흔적이 남는다.
② Turbine blade – 냉각 공기 Hole이 막혀서 연 소실 내에서 오는 뜨거운 공기가 Blade에 직접 닿아서 Blade가 타거나 떨어져 나간다.

40 가스 터빈 엔진에서 연료 여과기로 사용되지 않는 것은?

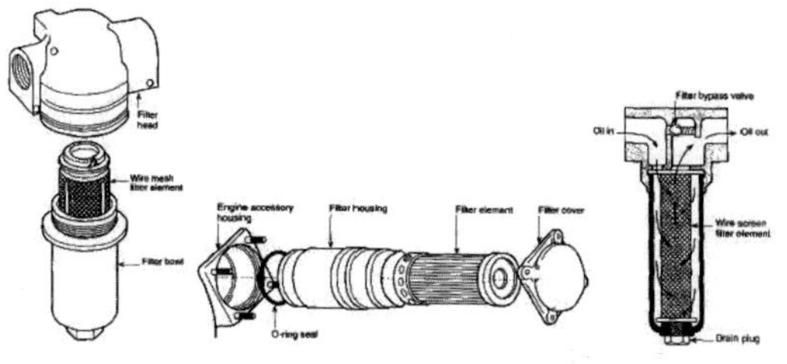

① 스크린형 ② 카트리지형
③ 디스크형 ④ 스크린-디스크형

해설

연료 여과기(Fuel filter)

연료 계통 내의 불순물을 걸러내기 위하여 여러 곳에 사용한다.
여과기가 막혀서 연료가 잘 흐르지 못할 때에 기관에 연료를 계속 공급하기 위하여 규정된 압력차에서 열리는 바이패스 밸브가 함께 사용한다. 종류에는 카트리지형, 스크린형, 스크린-디스크형이 있다.

41 스테인리스 강철망으로 만들어진 여과기에서 거를 수 있는 최대 입자의 크기는 몇 [μ]인가?

① 10 ② 40
③ 100 ④ 200

해설

① 카트리지형 : 50～100[μ], 필터가 종이로 되어 있으며, 주기적으로 교환(1[μ]=0.001[mm])
② 스크린형 : 40[μ], 주기적으로 세척하여 재사용
③ 스크린-디스크형 : 주기적으로 세척하여 재사용

42 연료 계통의 부스터 펌프는 어느 곳에 위치하는가?

① 연료 계통에서 화염원과 먼 곳에 위치한다.
② 연료 펌프 Relief Valve 다음에 위치한다.
③ 연료 계통의 가장 낮은 곳에 위치한다.
④ 연료 Tank 다음에 위치한다.

해설

연료 승압 펌프(부스터 펌프)

[정답] 38 ② 39 ② 40 ③ 41 ② 42 ③

기출+예상

연료 탱크의 가장 낮은 곳에 위치하여 전기식으로 작동되며, 엔진 시동시, 이륙시, 고고도에서 주연료 펌프 고장시, 탱크간의 연료 이송시에 사용한다.

43 터빈 엔진의 연료계통에 수분이 포함되어 있을 때의 문제점으로 적절하지 않는 것은?

① 연료 필터의 빙결 ② 연료 탱크의 부식
③ 미생물 성장 촉진 ④ 엔진 과열의 원인

해설

연료계통에 수분이 포함되어 있을 시에는 연료계통에 빙결, 부식, 미생물 성장 등이 문제될 수 있다.

44 Fire handle을 당기면 연료 흐름은 어떻게 되는가?

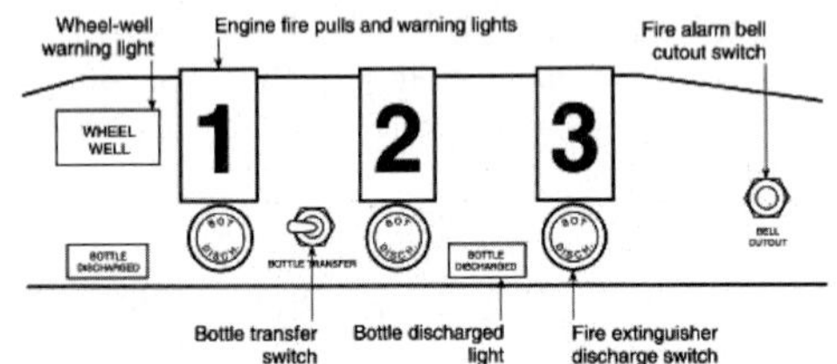

① 다른 방향으로 흐른다. ② 흐름이 감소한다.
③ 흐름이 역류한다. ④ 차단된다.

해설

Fire handle

엔진 화재 감지가 되면 조종석의 Overhead panel에 해당엔진 Fire handle에 빨간 불이 들어오면서 Warning horn이 마구 울리게 됩니다. 이때 조종사는 이 핸들을 당기면 엔진으로 공급되던 연료는 차단되고 당겨져있던 핸들을 돌리면 소화물질이 분비된다.

4 윤활유 및 윤활 계통

01 제트 엔진의 오일소비는 왕복 엔진과 비교하여 어떠한가?

① 고출력 왕복 엔진과 거의 같다.
② 왕복 엔진보다 훨씬 적다.
③ 왕복 엔진보다 약간 더 많다.
④ 왕복 엔진보다 훨씬 더 많다.

해설

가스터빈 엔진의 윤활

가스터빈 엔진은 회전수가 매우 크고, 고온에 노출되기 때문에 윤활작용과 냉각작용이 윤활의 주목적이다. 따라서 윤활유의 소모량 및 사용량은 왕복 기관에 비하여 매우 적으나, 윤활이 잘못 되었을 경우에는 그 영향이 왕복기관에 비하여 치명적이다.

02 가스 터빈 기관의 주 베어링은 어떤 방식으로 윤활을 하는가?

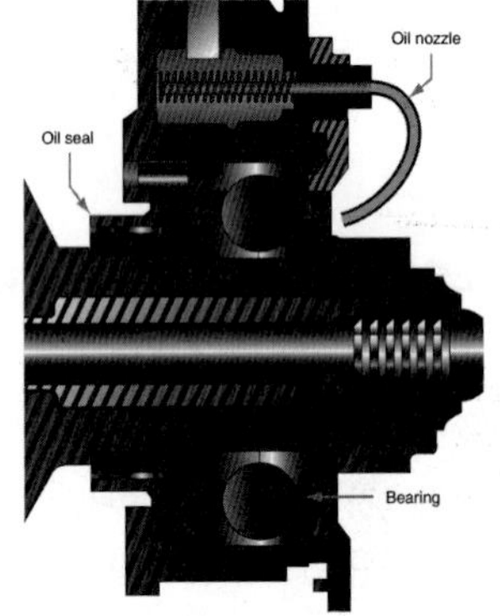

① 끼얹는다.
② 오일 심지
③ 압력 분사
④ 오일 속에 부분적으로 잠기게

해설

오일펌프에 의해 가압된 Oil jet를 통해 분사시켜 베어링을 윤활한다.

03 가스 터빈 오일의 구비 조건이 아닌 것은?

① 유동점이 낮을 것
② 인화점이 높을 것
③ 화학 안정성이 좋을 것
④ 공기와 오일의 혼합성이 좋을 것

해설

윤활유의 구비조건

[정답] 43 ④ 44 ④ 01 ② 02 ③ 03 ④

① 점성과 유동점이 어느 정도 낮을 것
② 점도 지수는 어느 정도 높을 것
③ 윤활유와 공기의 분리성이 좋을 것
④ 산화 안정성 및 열적 안정성이 높을 것
⑤ 인화점이 높을 것
⑥ 기화성이 낮을 것
⑦ 부식성이 없을 것

04 제트 엔진에 합성 윤활유를 사용하는 이유는 무엇인가?

① 여과기가 필요 없고 가격이 저렴하다.
② 휘발성이 적고 높은 온도에서 Coking이 잘 일어나지 않는다.
③ 광물성과 혼합 가능
④ 화학적 안정성

05 터보제트 엔진의 통상적인 오일 계통의 형(type)은?

① Wet sump, Spray, and Splash
② Wet sump, Dip, and Pressure
③ Dry sump, Pressure, and Spray
④ Dry sump, Dip, and Splash

해설

가스터빈엔진에서 주로 사용하는 윤활계통의 형식

Dry Sump System와 Jet(Pressure) and Spray

- Dry Sump System
  성형엔진과 일부 대향형 엔진에 사용하는 계통으로 엔진과 따로 방화벽 뒷면상부 Oil Tank가 있고 엔진을 순환한 Oil이 Sump에 모이면 배유펌프에서 Tank로 귀유시키는 계통이다.

06 가스 터빈 엔진의 기어형 윤활유 펌프에 관한 내용이다. 가장 바른 것은?

① 배유 펌프가 압력 펌프보다 용량이 더 크다.
② 압력 펌프가 배유 펌프보다 용량이 더 크다.
③ 압력 펌프와 배유 펌프와 크기가 꼭 같다.
④ 압력 펌프와 배유 펌프의 크기는 무관하다.

해설

탱크로 윤활유를 되돌릴 때는 기관 내부에서 공기와 혼합되어 체적이 증가하기 때문에 배유 펌프가 압력 펌프보다 용량이 더 커야 한다.

07 제트 엔진 오일 계통에서 베어링에서 쓰고 남은 오일을 오일 탱크에 다시 돌려주는 것은?

① 가압 계통 ② 스케벤지 계통
③ 브리더 계통 ④ 드레인 계통

해설

스켄벤지 펌프 : 배유펌프(Scavenger pump)

항공기 엔진 오일 계통의 건식윤활계통에 사용되는 구성품으로 엔진을 윤활 시킨 오일을 탱크로 귀환시키는 역할을 한다. 엔진의 배유펌프는 압력펌프보다는 그 용량이 크다.

08 오일 계통에서 오일을 베어링까지 보내주는 것은?

① 가압 펌프(Pressure pump)
② 배유 펌프(Scavenge pump)
③ 브리더(Breather) 계통
④ 드레인(Drain) 밸브

해설

① 가압 펌프 : 오일 베어링까지 공급
② 배유 펌프 : 섬프에서 탱크로 보내준다.
③ 브리더 계통 : 섬프 내부의 압력은 압력이 변하더라도 항상 대기압과 일정한 차압이 되도록 한다.

09 제트 엔진에 사용되는 오일펌프의 종류가 아닌 것은?

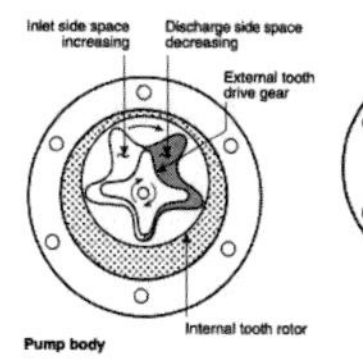

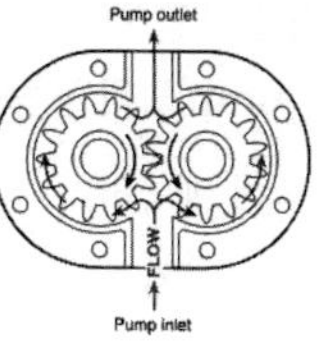

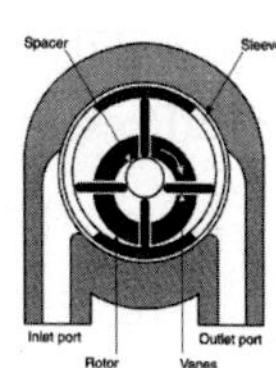

① 지로터 펌프 ② 기어 펌프
③ 베인 펌프 ④ 플런저 펌프

[정답] 04 ② 05 ③ 06 ① 07 ② 08 ① 09 ④

해설

플런저 펌프

실린더 안에서 플런저가 왕복 운동을 하면서 물을 보내는 왕복 운동 펌프. 높은 압력에는 적당하지만, 흡입과 배출이 교대로 행하여지므로 보내는 물의 양이 일정하지 못한 것이 결점이다.

10 오일계통의 소기펌프는 어떤 형태를 주로 사용하는가?

① 압력펌프 ② 베인형
③ 제로터형 ④ 기어형

해설

오일 압력 펌프

기어형(Gear type)과 베인형(Vane type)이 있으며 현재 왕복 엔진에서는 기어형을 가장 많이 사용하고 있다.

11 기어(Gear)식 오일펌프의 사이드 클리어런스(Side clearance)가 클 경우 어떻게 되는가?

① 과도한 오일 소모가 나타난다.
② 과다한 오일 압력이 생긴다.
③ 낮은 오일 압력으로 된다.
④ 오일펌프의 진동에 의한 고장이 나타난다.

해설

엔진 압력 펌프가 엔진 시동 후 30초 이내에 오일 압력이 발생하지 않는다면 이것은 펌프가 마모로 인하여 프라임(Prime)되지 않는다는 표시이다. 펌프에서 기어의 측면 간격(Side clearance)이 너무 크면 오일은 기어를 지나치게 되고 압력도 높아지지 않는다.

12 항공기 기관의 소기 펌프(Scavenge Pump)가 압력 펌프(Pressure Pump)보다 용량이 크다. 그 이유는?

① 윤활유가 고온이 되어 팽창하기 때문에
② 소기되는 윤활유에는 공기가 혼합되어 체적이 증가하므로
③ 소기 펌프가 파괴될 우려가 있으므로
④ 압력펌프보다 소기펌프가 압력이 낮으므로

해설

윤활유 배유펌프

엔진의 각종 부품을 윤활 시킨 뒤에 섬프에 모인 윤활유를 탱크로 보내주며, 배유펌프가 압력펌프보다 용량이 큰 이유는 엔진 내부에서 윤활유가 공기와 혼합되어 체적이 증가하기 때문에 용량이 크다.

13 가스 터빈 엔진의 윤활유 펌프에 대한 설명으로 틀린 것은?

① 압력 펌프는 배유 펌프보다 용량이 2배 이상 크다.
② 윤활유 펌프의 형식에는 기어형, 베인형, 제로터형 등이 있다.
③ 윤활유를 윤활이 필요한 부위에 일정하게 공급 하는 펌프는 압력 펌프이다.
④ 각각의 윤활유 섬프에 모여진 윤활유를 윤활 탱크로 돌려보내는 펌프는 배유 펌프이다.

해설

문제 12번 해설 참조

14 터빈 엔진의 오일 계통에 사용되는 압력 오일펌프는 어느 것인가?

① 플런저식 ② 기어식
③ 루츠식 ④ 베인식

해설

기어식

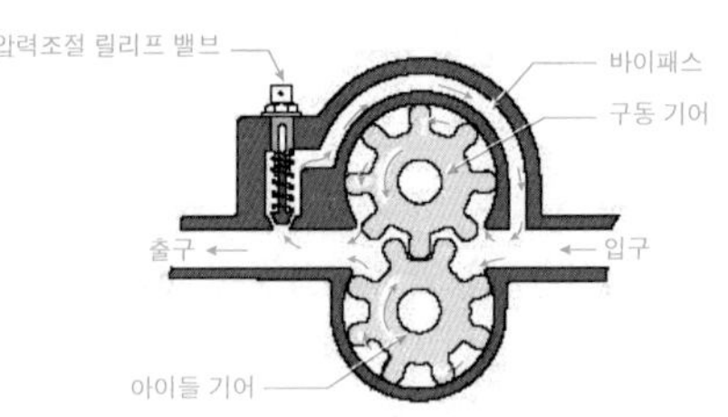

15 오일 계통의 과압시 릴리프 밸브를 지난 오일은 어디로 가는가?

[정답] 10④ 11③ 12② 13① 14② 15② 16①

① 탱크로 보내진다. ② 펌프 입구로 보낸다.
③ 펌프 출구가 보낸다. ④ 소기 된다.

해설

과압되어 릴리프밸브를 지난 오일은 펌프의 입구로 보내어져 다시 순환한다.

16 제트 엔진에서 가장 많이 사용하는 오일펌프의 두 가지 종류는 무엇인가?

① 기어, 지로터 ② 기어, 베인
③ 베인, 지로터 ④ 베인, 피스톤

해설

제트엔진에서 주로 사용하는 오일펌프는 기어형과 지로터형을 가장 많이 사용한다.

17 윤활유 필터가 막혔을 때 발생하는 현상은?

① 어떤 현상도 없이 바이패스 밸브를 통하여 윤활유가 공급된다.
② 윤활유가 누수 된다.
③ 필터가 막힘으로 인하여 고장이 발생
④ 흐름이 역류하여 체크밸브를 통해 엔진계통에 윤활유가 스며든다.

해설

윤활계통에서 바이패스밸브는 윤활유 여과기가 막혔거나 추운 상태에서 시동할 때에 여과기를 거치지 않고 윤활유가 직접 기관의 안쪽으로 공급되도록 한다.

18 가스터빈 기관(Turbine Engine)에서 사용되는 여과기의 필터(Filter)는 종이로 되어 있다. 이 종이 필터가 걸러낼 수 있는 최소 입자의 크기는 얼마인가?

① 10 ~ 20[μ] ② 50 ~ 100[μ]
③ 300 ~ 400[μ] ④ 500 ~ 600[μ]

해설

① 카트리지형 : 50~100[μ], 필터가 종이로 되어 있으며, 주기적으로 교환(1[μ]=0.001[mm])
② 스크린형 : 40[μ], 주기적으로 세척하여 재사용
③ 스크린-디스크형 : 주기적으로 세척하여 재사용

19 가스 터빈 엔진에서 오일을 냉각시키기 위한 방법은?

① 오일을 냉각시키기 위해 작동유를 이용
② 오일을 냉각시키기 위해 연료를 이용
③ 오일을 냉각시키기 위해 알콜을 이용
④ 오일을 냉각시키기 위해 물을 이용

해설

- 왕복 엔진 : 공랭식
- 가스 터빈 엔진 : 연료-윤활유 냉각기(Fuel-oil cooler)

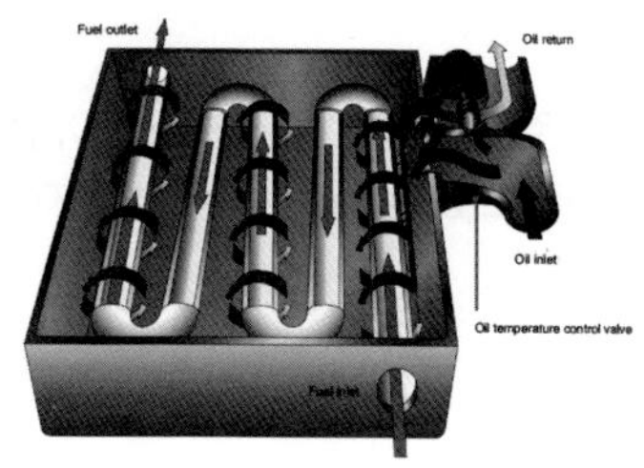

20 연료-오일 냉각기의 역할은?

① 연료와 오일을 냉각시킨다.
② 연료의 이물질을 제거하고 오일을 냉각시킨다.
③ 오일의 이물질을 제거하고 연료를 냉각시킨다.
④ 연료를 가열하고 오일을 냉각시킨다.

해설

연료-오일 냉각기

연료와 오일을 열교환함으로써 연료는 예열시키고, 오일은 냉각시키는 역할을 한다. 연료-오일 냉각기에서 누설이 있었다면 오일 내에 연료가 스며들게 된다.

21 제트 기관의 오일 냉각 방식은 무엇인가?

① Air-oil cooler
② Fuel-oil cooler
③ Radiator
④ Radiator evaporator cooler

[정답] 17 ① 18 ② 19 ② 20 ④ 21 ②

해설

제트기관에서 가장 많이 사용되는 종류는 Fuel-oil cooler(연료-오일 냉각기)

22 Fuel-oil cooler의 일차적인 목적은 무엇인가?

① 연료 냉각 ② 오일 냉각
③ 오일에서 공기 제거 ④ 오일 가열

해설

Fuel-oil cooler(연료-오일 냉각기) 1차적 목적
윤활유가 가지고 있는 열을 연료에 전달시켜 윤활유를 냉각시키는 것이 1차적 목적이며, 동시에 연료에 열을 전달하는 기능이 있다.

23 윤활유 온도를 적당히 유지하기 위하여 냉각기를 통과시키거나 바이패스(Bypass) 시키는 장치는 어느 것인가?

① 체크 밸브 ② P & D valve
③ 차단 밸브 ④ 오일 온도 조절기

해설

윤활유 온도 조절 밸브
윤활유의 온도가 규정 값보다 낮을 때에는 냉각기를 거치지 않도록 하고 온도가 높을 때에는 냉각기를 통과하여 냉각되도록 한다.

24 연료-윤활유 냉각기에서 바이패스 밸브(Bypass valve)가 열려 있을 때는?

① 엔진으로부터 나오는 오일이 더울 때
② 엔진으로 가는 오일이 더울 때
③ 엔진으로부터 나오는 오일이 차가울 때
④ 엔진으로 가는 오일이 차가울 때

해설

윤활유 펌프에서 베어링 부로 들어가는 중간에 연료-윤활유 냉각기가 장착되어 있으므로 엔진으로 들어가는 윤활유의 온도가 낮을 때 바이패스 밸브를 통하여 들어간다.

25 윤활유의 냉각을 위한 Fuel-oil cooler의 내부에 구멍이 나서 연료가 오일과 섞였다면 어떤 현상이 일어나는가?

① 오일의 양이 증가하고 점도가 낮아진다.
② 오일이 연료계통에 흘러들어 연소된다.
③ 연료와 오일이 혼합되어 출력이 저하된다.
④ 배기가스에 그을음이 생긴다.

해설

윤활유에 연료가 들어와 윤활유의 양이 증가하고 묽어져 점도가 낮아진다.

26 Bearing sump를 가압하는 데 사용되는 공기는 무엇인가?

① Ram air ② Exhaust air
③ Fan discharge air ④ Compressor bleed air

해설

대부분의 가스 터빈 기관에서는 압축기 블리드 공기를 이용하여 베어링 섬프(Bearing sump)를 가압시킴으로써 내부 윤활유 누설을 방지한다.

27 블리더 및 여압계통에 대한 설명이다. 틀린 것은?

① 탱크 내부의 압력이 대기압보다 높기 때문에 탱크로부터 섬프로의 흐름이 가능하다.
② 압축공기는 실을 통하여 섬프로 들어오기 때문에 윤활유의 누설을 방지한다.
③ 압력펌프의 용량보다 배유펌프의 용량이 더 크다.
④ 섬프내부의 압력은 대기압이 변하더라도 항상 대기압과 일정한 차압이 되도록 한다.

해설

① 압축공기는 압축기에서 블리드시킨 공기 사용
② 섬프 안의 압력이 탱크의 압력보다 높으면 섬프 벤트 체크 밸브가 열려서 섬프 안의 공기를 탱크로 배출시키며, 체크 밸브로 인해 역류는 불가능하다.

28 블리더 에어로부터 공기와 오일을 분리하기 위해 기어박스(Gear Box)내에 설치되어 있는 것은?

① Deoiler ② Oil Separate
③ Air Separate ④ Dearier

[정답] 22 ② 23 ④ 24 ④ 25 ① 26 ④ 27 ① 28 ②

해설

오일 분리기(Oil separator)

오일로 윤활되는 공기펌프에서 배출되는 공기로부터 오일을 분리하는데 사용하는 장치. 오일 분리기에는 나란히 배플이 있으며, 펌프 배기는 필히 이 배플을 통하도록 되어 있다. 이 배플에서 오일이 공기로부터 분리되어 분리기 하우싱 밑바닥에 고이게되고, 이렇게 고인 오일은 엔진으로 되돌아간다.

29 윤활유 시스템에서 고온 탱크형(Hot Tank System)이란?

① 고온의 스케벤지 오일이 냉각되어서 직접 탱크로 들어가는 방식
② 고온의 스케벤지 오일이 냉각되지 않고 직접 탱크로 들어가는 방식
③ 오일 냉각기가 Scavenge System에 있어 오일이 연료가열기에 의해 가열 방식
④ 오일 냉각기가 Scavenge System에 있어 오일 탱크의 오일이 연료 가열기에 의해 가열 방식

해설

① 고온 탱크형(Hot Tank) : 윤활유 냉각기를 압력펌프와 기관 사이에 배치하여 윤활유를 냉각하기 때문에 높은 온도의 윤활유가 윤활유탱크에 저장되는 방식
② 저온 탱크형(Cold Tank) : 윤활유 냉각기를 배유펌프와 윤활유탱크 사이에 위치시켜 냉각된 윤활유가 윤활유 탱크에 저장되는 방식

30 Hot tank jet engine의 윤활장치 중 옳은 것은?

① 소기 펌프로부터 오일이 직접 탱크로 들어온다.
② 오일 탱크는 호퍼를 가지고 있다.
③ 더운 블리드 공기가 오일 탱크로 간다.
④ 오일 탱크 내에 열을 발생하는 기구가 있다.

해설

고온의 소기오일(Scavenge oil)이 냉각되지 않고 직접 탱크로 들어가는 방식

31 Low oil pressure light가 ON되는 시기는 언제인가?

① 오일 압력이 규정값 한계 이상으로 상승했을 경우
② 오일 압력이 규정값 한계 이하로 낮아지는 경우
③ 오일 지시 Transmitter가 고장이 났을 경우
④ Bypass valve가 open되었을 경우

해설

저 오일 압력 경고등(Low oil pressure light)

오일 압력이 규정값 한계 이하로 낮아졌을 때 들어온다.

32 SOAP(Spectroscope Oil Analysis Program)에 대한 설명 내용으로 가장 올바른 것은?

① 오일형의 카본 발생량으로 오일의 품질 저하를 비교한다.
② 오일의 산성도를 측정하고 오일의 품질 저하 상황을 비교한다.
③ 오일 중에 포함된 미량의 금속원소에 의해 오일의 품질 저하 상황을 비교한다.
④ 오일 중에 포함되는 미량의 금속원소에 의해 이상 상태를 비교한다.

해설

윤활유 분광 시험(SOAP)

사람의 혈액검사와 비슷한 것으로서 기관 정지 후 30분 이내에 윤활유 탱크에서 윤활유를 채취하여 윤활유에 섞여있는 금속입자들을 검사하는 것으로 금속입자의 종류에 따라 기관의 이상 부위를 찾아낼 수 있다.

33 고점성 오일의 사용은 무엇을 초래하는가?

① 소기펌프의 고장 ② 압력펌프 고장
③ 낮은 오일압력 ④ 높은 오일압력

[정답] 29 ② 30 ① 31 ② 32 ④ 33 ④

5 시동 및 점화 계통

01 DC를 주 전원으로 하는 항공기에서 시동을 위해 전원을 넣으면 점화 릴레이에 어떤 전원이 공급되는가?

① 24[V] DC 모터에 의해 공급
② 115[V] AC 400[cycle] 엔진 Generator에 공급
③ 115[V] AC 600[cycle] 엔진 Generator에 공급
④ 인버터에 의한 115[V] AC 400[cycle] 교류에 의해 공급

해설

- 직류 유도형 점화장치 : 28[V] 직류가 전원으로 사용한다.
- 교류 유도형 점화장치 : 가스 터빈 기관의 가장 간단한 점화장치로 115[V], 400[Hz]의 교류를 전원으로 사용한다.

02 전기식 시동기(Electrical starter)의 클러치(Clutch) 장력은 무엇으로 조절할 수 있는가?

① Clutch housing slip
② Clutch plate
③ Slip torque adjustment unit
④ Ratchet adjust regulator

해설

전기식 시동기의 클러치의 장력은 Slip torque adjustment unit으로 조절한다.

03 다음 시동기 중에서 그 구조가 가장 간단한 것은?

① 공기 충돌식　② 가스 터빈식
③ 시동-발전기식　④ 전동기식

해설

가스 터빈 기관의 시동계통

① 전기식 시동계통
　ⓐ 전동기식 시동기 : 28[V] 직류 직권식 전동기 사용, 소형기에 사용한다. 직권식 직류 전동기를 이용하여 30초 이내에 시동(외부 전원 : 발전기, 축전지 사용)
　ⓑ 시동 - 발전기식 시동기 : 항공기의 무게를 감소시킬 목적으로 만들어진 것으로 기관을 시동할 때에는 시동기 역할을 하고 기관이 자립 회전속도에 이르면 발전기 역할을 한다.
② 공기식 시동 계통
　ⓐ 공기 - 터빈식 시동기 : 같은 크기의 회전력을 발생하는 전기식 시동기에 비해 무게가 가볍다. 출력이 크게 요구되는 대형기관에 적합하고 많은 양의 압축 공기를 필요로 한다. 별도의 보조 가스 터빈 엔진에 의해 형성된 엔진 압축공기를 이용하여 시동하며, 가장 많이 사용한다.
　ⓑ 공기 충돌식 시동기 : 압축 공기를 엔진 터빈에 직접 공급하는 방식. 구조가 간단하고 가벼워 소형기관에 적합하며 많은 양의 압축공기를 필요로 하는 대형기관에는 사용되지 않는다.
　ⓒ 가스 터빈 시동기 : 동력 터빈을 가진 독립된 소형 가스 터빈 기관으로 외부의 동력 없이 기관을 시동시킨다. 이 시동기는 기관을 오래 공회전시킬 수 있고 출력이 높은 반면 구조가 복잡하다.

04 대형 상업용 항공기에 가장 많이 쓰이는 시동기의 종류는?

① Electric starter　② Stater generator
③ Pneumatic starter　④ Hydraulic starter

해설

가스터빈엔진에 사용되는 시동기

전기식, 시동 발전기, 공기식 시동기를 사용한다. 최근 주로 대형 상업용 항공기, 여객용 등에서 사용하는 것은 공기식 시동기를 사용한다.

05 공기 터빈식 시동기의 장점이 아닌 것은?

① 대형엔진에 적합하다.
② 출력이 크게 요구되는 기관에 사용된다.
③ 많은 양의 압축공기를 필요로 한다.
④ 전기식보다 공기식이 더 무겁다.

해설

공기 터빈식 시동기의 장점

- 대형엔진에 적합하다.
- 출력이 크다.
- 가볍다.

06 터빈 엔진을 시동할 때 Starter가 분리되는 시기는 언제인가?

[정답] 01 ④ 02 ③ 03 ① 04 ③ 05 ④ 06 ②

① rpm 경고등이 Off 되었을 때
② rpm이 Idle 상태일 때
③ rpm이 100[%] 되는 상태
④ 점화가 끝나고 연료 공급이 시작될 때

해설

가스 터빈 기관의 시동은 먼저 시동기가 압축기를 규정 속도로 회전시키고 점화장치가 작동하면 연료가 분사되면서 연소가 시작된다. 기관이 자립 회전속도에 도달하면 시동 스위치를 차단시켜 시동기와 점화장치의 작동을 중지시킨다. 시동기는 시동이 완료된 후 완속 회전속도에 도달하면 기관으로부터 자동으로 분리되도록 되어 있다.

07 **시동시 Pneumatic system으로 사용되지 않는 것은?**

① APU
② Cross feed system
③ GTC
④ Air conditioning system

해설

시동기에 공급되는 압축공기 동력원
① 가스 터빈 압축기 (GTC : Gas Turbine Compressor)
② 보조 동력장치 (APU : Auxiliary Power Unit)
③ 다른 기관에서 연결(Cross feed)하여 사용

08 **가스터빈 엔진의 공기압 시동기에 대해 잘못된 설명은?**

① APU 또는 지상 시설에서의 고압 공기를 사용한다.
② 기어박스를 매개로 엔진의 압축기를 구동시킨다.
③ 시동완료 후 발전기로서 작동한다.
④ 사용시간에 제한이 있다.

해설

문제 6번 해설 참조

09 **엔진 시동시 시동밸브 스위치의 전기적 신호에 의해 밸브가 열리지 않았다. 조치사항은?**

① 시동스위치의 교환
② 시동스위치 솔레노이드의 점검
③ Pilot valve rod을 수동으로 하여 밸브를 open
④ Manual override handle을 수동으로 하여 밸브를 open

해설

수동 오버라이드 핸들이 있어서 전기적 고장이나 부식이나 얼음이 계통 내에서 과다한 마찰을 유발할 때에는 수동으로 버터플라이(조절)밸브를 작동할 수 있다.

10 **터빈엔진 시동시 결핍 시동(Hung start)은 엔진의 어떤 상태를 말하는가?**

① 엔진의 배기가스 온도가 규정치를 넘은 상태다.
② 엔진이 완속 회전(Idle rpm)에 도달하지 못하고 걸린 상태이다.
③ 엔진의 완속 회전(Idle rpm)이 규정치를 넘은 상태이다.
④ 엔진의 압력비가 규정치를 초과한 상태이다.

해설

① 과열 시동(Hot start)
  ⓐ 시동할 때에 배가가스의 온도가 규정된 한계값 이상으로 증가하는 현상을 말한다.
  ⓑ 연료-공기 혼합비를 조정하는 연료 조정장치의 고장, 결빙 및 압축기 입구부분에서 공기 흐름의 제한 등에 의하여 발생한다.
② 결핍 시동(Hung start)
  ⓐ 시동이 시작된 다음 기관의 회전수가 완속 회전수까지 증가하지 않고 이보다 낮은 회전수에 머물러 있는 현상을 말하며, 이 때 배기가스의 온도가 계속 상승하기 때문에 한계를 초과하기 전에 시동을 중지시킬 준비를 해야 한다.
  ⓑ 시동기에 공급되는 동력이 충분하지 못하기 때문이다.
③ 시동 불능(No start)
  ⓐ 기관이 규정된 시간 안에 시동되지 않는 현상을 말한다. 시동 불능은 기관의 회전수나 배기가스의 온도가 상승하지 않는 것으로 판단할 수 있다.
  ⓑ 시동기나 전화장치의 불충분한 전력, 연료 흐름의 막힘, 점화 계통 및 연료 조정장치의 고장 등이다.

11 **터빈엔진 시동시 과열시동(Hot start)은 엔진의 어떤 현상을 말하는가?**

[정답] 07 ④ 08 ③ 09 ④ 10 ② 11 ①

① 시동 중 EGT가 최대한계를 넘은 현상이다.

② 시동 중 RPM이 최대한계를 넘은 현상이다.

③ 엔진을 비행 중 시동하는 비상조치 중의 하나이다.

④ 엔진이 냉각되지 않은 채로 시동을 거는 현상을 말한다.

해설

과열 시동(Hot start)

ⓐ 시동할 때에 배가가스의 온도(EGT)가 규정된 한계값 이상으로 증가하는 현상을 말한다.

ⓑ 연료-공기 혼합비를 조정하는 연료 조정장치의 고장, 결빙 및 압축기 입구부분에서 공기 흐름의 제한 등에 의하여 발생한다.

12 가스 터빈 엔진 시동 후 엔진 계기로 점검하니 배기가스온도가 시동할 때보다 낮게 지시하고 있다면 어떤 현상 때문인가?

① 연료 압력 이상

② 베어링 손상

③ 배기가스 온도의 열전대가 끊어졌다.

④ 정상이다.

해설

연료조절장치의 고장으로 과도한 연료가 연소실에 유입된 상태 또는 파워레버를 급격히 올린 경우 엔진 압축기 로터의 관성력 때문에 RPM이 즉시 상승하지 못해 연소실에 유입된 과다한 연료 때문에 혼합비가 과도하게 농후한 경우에 EGT가상승하게 된다. 그 외에도 압축기나 터빈 쪽에서 오염이나 손상 등에 이유로 가스의 흐름이 원활하지 못해 뜨거운 가스의 정체현상 때문에 EGT가 증가하는 원인이 될 수 있다.
여기서 엔진 계기가 낮게 지시한다면 정상상태를 의미한다.

13 가스 터빈의 교류 전원에 사용되는 전압과 사이클 수는?

① 24[V], 600[cycle] ② 24[V], 400[cycle]

③ 115[V], 600[cycle] ④ 115[V], 400[cycle]

해설

항공기에 사용되는 교류 전원은 115[V], 400[Hz]를 사용한다.

14 대형 터보팬(Turbo fan) 엔진을 장착한 항공기에서 점화계통(Ignition system)이 자화되었을 때 익사이터(Exciter)의 일차 코일에 공급되는 전원은?

① AC 115[V], 60[Hz] ② AC 115[V], 400[Hz]

③ DC 28[V], 400[Hz] ④ AC 220[V], 60[Hz]

해설

익사이터(Exciter)

이그나이터(igniter, 점화 플러그)에서 고온 고에너지의 강력한 전기 불꽃을 튀게 하기 위해 항공기의 저전원 전압을 고전압으로 변환하는 장치

15 가스 터빈 기관의 점화장치 중에서 가장 간단한 점화장치는?

① 직류 유도형 점화장치

② 교류 유도형 점화장치

③ 직류 유도형 반대 극성 점화장치

④ 교류 유도형 반대 극성 점화장치

해설

점화계통의 종류

① 유도형 점화계통은 초창기 가스 터빈 기관의 점화장치로 사용되었다.
  ⓐ 직류 유도형 점화장치 : 28[V] 직류가 전원으로 사용한다.
  ⓑ 교류 유도형 점화장치 : 가스 터빈 기관의 가장 간단한 점화장치로 115[V], 400[Hz]의 교류를 전원으로 사용한다.

② 용량형 점화계통은 강한 점화불꽃을 얻기 위해 콘덴서에 많은 전하를 저장했다가 짧은 시간에 흐르도록 하는 것으로 대부분의 가스 터빈 기관에 사용되고 있다.
  ⓐ 직류 고전압 용량형 점화장치
  ⓑ 교류 고전압 용량형 점화장치

③ 글로 플러그(Glow plug) 점화계통

16 가스터빈 기관의 용량형 점화계통에서 높은 에너지의 점화 불꽃을 일으키는데 사용하는 것은?

① 유도 코일 ② 콘덴서

③ 바이브레이터 ④ 점화 계전기

해설

[정답] 12 ④ 13 ④ 14 ② 15 ② 16 ②

가스터빈 기관 점화계통

① 용량형 점화계통(Capacitor type) : 콘덴서에 많은 전하를 저장했다가 짧은 시간에 방전시켜 높은 에너지의 점화불꽃을 일으키는 것
② 유도형 점화계통(Induction type) : 유도코일에 의해 높은 전압을 유도시켜 점화 불꽃 생성

17 대부분의 가스 터빈 기관에 사용하는 점화장치의 형식은 무엇인가?

① Battery coil ignition
② Magneto ignition
③ Glow plug
④ High energy capacitor discharger

해설

가스 터빈 점화계통의 왕복기관과의 차이점

① 시동할 때만 점화가 필요하다.
② 점화시기 조절장치가 필요 없기 때문에 구조와 작동이 간편하다.
③ 이그나이터(Ignitor)의 교환이 빈번하지 않다.
④ 이그나이터(Ignitor)가 기관 전체에 두 개 정도만 필요하다.
⑤ 교류 전력을 이용할 수 있다.

18 가스터빈 기관의 점화계통에 대한 설명 중 틀린 것은?

① 높은 에너지의 전기 스파크를 이용한다.
② 왕복 기관에 비해 점화가 용이하다.
③ 유도형과 용량형이 있다.
④ 점화시기조절 장치가 없다.

해설

문제 16번, 17번 해설 참조

19 가스터빈 기관의 점화장치는 언제 작동하는가?

① 엔진 시동할 때만
② 시동시 및 Flame out 발생시
③ 엔진 작동 중 연속적으로 사용
④ 엔진의 고속 운전에만 연속적으로 사용

해설

왕복기관의 점화장치는 기관이 작동할 동안 계속 해서 작동하지만 가스 터빈 기관의 점화장치는 시동시 와 연소정지(Flame out)가 우려될 경우에만 작동하도록 되어 있다.

20 EGT 측정시 가장 높은 온도를 측정하는 것은?

① 철-콘스탄탄　② 구리-콘스탄탄
③ 니켈-카드뮴　④ 크로멜-알루멜

해설

열전쌍식(Thermocouple) 온도계

① 가스터빈 기관에서 배기가스의 온도를 측정하는데 사용된다.
② 열전쌍에 사용되는 재료로는 크로멜-알루멜, 철-콘스탄탄, 구리-콘스탄탄 등이 사용되는데 측정온도의 범위가 가장 높은 것은 크로멜-알루멜이다.

21 가스 터빈 기관에 사용되고 있는 점화 플러그의 수는?

① 1개　② 2개
③ 5개　④ 연소실마다 1개씩

해설

가스 터빈 기관의 이그나이터는 각각의 기관에 보통 2개씩 장착되어있다.

22 Gas turbine engine의 점화플러그가 고온 고압에서 작동하여도 왕복 엔진 점화플러그보다 수명이 긴 이유는 무엇인가?

① 좋은 재질의 점화플러그를 사용해서
② 전압이 높기 때문에
③ 전압이 낮기 때문에
④ 사용시간이 왕복 엔진보다 짧으므로

해설

시동시에만 점화가 필요하기 때문에 사용시간 및 수명이 길다.

[정답] 17 ④　18 ①　19 ②　20 ④　21 ②　22 ④

23 가스 터빈 엔진의 시동시 사용되지 않는 것은?

① GTC ② EDP
③ APU ④ 엔진 cross feed air

해설

시동기에 공급되는 압축공기 동력원
① 가스 터빈 압축기 (GTC : Gas Turbine Compressor)
② 보조 동력장치 (APU : Auxiliary Power Unit)
③ 다른 기관에서 연결(Cross feed)하여 사용

6 그 밖의 계통

01 가스 터빈 기관의 배기소음 방지법에 대한 설명으로 맞는 것은?

① 배기소음 중의 고주파 음을 저주파 음으로 변환시킨다.
② 노즐의 전체 면적을 증가시킨다.
③ 대기와의 상대속도를 크게 한다.
④ 대기와 혼합되는 면적을 크게 한다.

해설

가스 터빈 기관의 소음 감소장치
① 소음의 크기는 배기가스 속도의 6~8 제곱에 비례하고 배기노즐 지름의 제곱에 비례한다.
② 배기소음 중의 저주파 음을 고주파 음으로 변환시킴으로써 소음 감소 효과를 얻도록 한 것이 배기소음 감소장치이다.
③ 일반적으로 배기소음 감소장치는 분출되는 배기가스에 대한 대기의 상대속도를 줄이거나 배기 가스가 대기와 혼합되는 면적을 넓게 하여 배기노즐 가까이에서 대기와 혼합되도록 함으로써 저주파 소음의 크기를 감소시킨다.
④ 터보 팬 기관에서는 배기노즐에서 나오는 1차 공기와 팬으로부터 나오는 2차 공기와의 상대 속도가 작기 때문에 소음이 작아 배기소음 감소장치가 꼭 필요하지는 않다.
⑤ 다수 튜브 제트 노즐형(Multiple tube jet nozzle)
⑥ 주름살형(Corrugated perimeter type 꽃 모양형)
⑦ 소음 흡수 라이너(Sound absorbing liners) 부착

02 소음을 줄이기 위해 사용되는 방법이 아닌 것은 무엇인가?

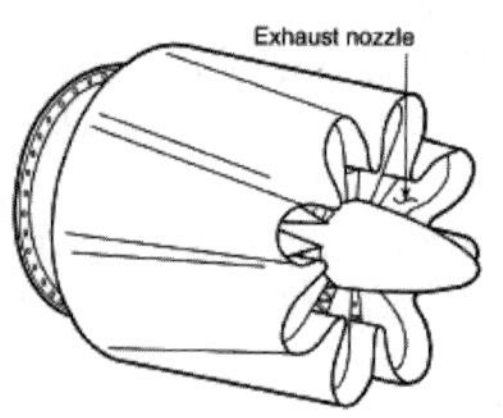

① Multiple tube type
② Corrugated permeator type
③ Single exhaust nozzle
④ Sound absorbing liners

해설

문제 1번 해설 참조

03 터보 팬 기관이 터보 제트 기관보다 소음이 적은 이유는?

① 배기속도가 느리다. ② 배기온도가 높다.
③ 배기가스 온도가 낮다. ④ 배기속도가 빠르다.

해설

터보 제트(Turbo jet) 기관에서는 배기가스의 분출속도가 터보 팬 기관이나 터보 프롭 기관에 비하여 상당히 빠르므로 배기소음이 특히 심하다.

04 가스 터빈 기관의 각 부에서 발생하는 소음 중 가장 작은 것은?

① 팬 또는 압축기 ② 악세서리 기어 박스
③ 터빈 ④ 배기노즐 후방

05 제트 엔진에서 추력을 증가시키는 방법은?

① Afterburner, Water injection
② Reverse thrust, Water injection
③ Afterburner thrust, Noise suppressor
④ Reverse thrust, Afterburner

[정답] 23 ② 01 ④ 02 ③ 03 ① 04 ② 05 ①

해설

추력 증가장치

물 분사장치(Water injection), 후기 연소기(After burner)

06 터보 제트 엔진에서 추력을 증가시키는 장치는?

① 압력 분사식 기화기에 의하여
② 높은 휘발성 연료를 사용해서
③ 저고도에서만 얻을 수 있다.
④ 후기 연소기(After burner)에 의하여

해설

문제 5번 해설 참조

07 후기 연소기와 물 분사의 목적은 무엇인가?

① 압축기 입구의 결빙 방지
② 추력 증가
③ 시동성 향상
④ 연료의 점화용이

해설

후기 연소기와 물 분사장치는 기관의 추력을 증가시키기 위한 장치이다.

08 제트 엔진 후기연소기(After burner)의 역할을 가장 올바르게 설명한 것은?

① 엔진 열효율이 증가된다.
② 추력을 크게 할 수 있다.
③ 착륙 때 사용한다.
④ 여객기 엔진에 주로 장착된다.

해설

후기연소기(Afterburner)

① 기관의 전면면적의 증가나 무게의 큰증가 없이 추력의 증가를 얻는 방법이다.
② 터빈을 통과하여 나온 연소가스 중에는 아직도 연소가능한 산소가 많이 남아 있어서 배기도관에 연료를 분사시켜 연소시키는 것으로 충 추력의 50[%]까지 추력을 증가시킬 수 있다.
③ 연료의 소모량은 저의 3배가되기 때문에 경제적으로는 불리하다. 그러나 초음속비행기와 같은 고속 비행시에는 효율이 좋아진다.
④ 후기연소기는 후기연소기 라이너, 연료 분무대, 불꽃홀더 및 가변면적 배기노즐 등으로 구성된다.
　ⓐ 후기 연소기 라이너 : 후기연소기가 작동하지 않을 때 기관의 배기관으로 사용된다.
　ⓑ 연료 분무대 : 확산통로 안에 장착
　ⓒ 불꽃 홀더 : 가스의 속도를 감소시키고 와류를 형성시켜 불꽃이 머무르게함으로서 연소가 계속 유지되어 후기연소기 안의 불꽃이 꺼지는 것을 방지한다.
　ⓓ 가변 면적 배기노즐 : 후기연소기를 장착한 기관에는 반드시 가변면적 배기 노즐을 장착해야 하는데 후기연소기가 작동하지 않을 때에는 배기노즐 출구의 넓이가 좁아지고 후기 연소기가 작동할 때에는 배기노즐이 열려 터빈 뒤쪽 압력이 과도하게 높아지는 것을 방지한다.

09 후기 연소기(After burner)의 4가지 기본 구성품으로 가장 올바른 것은?

① Main flame, Flame, Fuel spray bar, Flame holder, Variable area nozzle
② Afterburner duct, Fuel spray bar, Flame holder, Variable area nozzle
③ Afterburner duct, Main flame, Flame holder, Variable area nozzle
④ Afterburner duct, Fuel spray bar, Main flame, Variable area nozzle

해설

후기 연소기(After burner) 구성품

① 후기 연소기 덕트는 후기연소기의 주요 구성품이다.
② 후기 연소기 덕트는 배기노즐 및 외부에 장착된 노즐 작동 구성품을 지지한다.
③ 연료는 후기 연소기 덕트의 전방 내부에 위치한 구멍 뚫린 일련의 Spray bar에 의해 분사된다.
④ Flame holder는 Manifold 뒤에 장착되며, 국소적인 와류를 형성하여 후기 연소기 작동 시 속도를 줄여주고 화염이 안정되게 해준다. Flame holder는 V, C 또는 U자 형태의 단면을 가지는 동심 Ring으로 구성되어있다.

[정답] 06 ④ 07 ② 08 ② 09 ②

10 후기연소기에서 불꽃이 꺼지는 것을 방지하는 것은 무엇인가?

① Slip spring ② Fuel ring
③ Spray ring ④ Flame holder

해설

문제 9번 해설 참조

11 후기연소기를 작동하는 데 있어 가변면적배기노즐이 필요한 이유는?

① 추력증대를 위하여
② 배기가스 증가로 큰 면적이 필요해서
③ 아주 농후한 혼합으로 일어나는 너무 찬 냉각을 방지하기 위해
④ 제트추력을 적절한 방향으로 하기 위하여

해설

문제 9번 해설 참조

12 다음 중 물분사 장치에 대한 설명에서 사실과 다른 것은?

① 물을 분사시키면 흡입공기의 온도가 낮아지고 공기밀도가 증가한다.
② 이륙시 10～30[%] 추력을 증가시킨다.
③ 물분사에 의한 추력증가량은 대기온도가 높을 때 효과가 크다.
④ 물과 알코올을 혼합하는 이유는 연소가스 압력을 증가시키기 위함이다.

해설

물분사장치(Water injection)

① 압축기의 입구나 디퓨저 부분에 물이나 물-알코올의 혼합물을 분사함으로서 높은 기온일 때 이륙시 추력을 증가시키기 위한 방법으로 사용된다. 대기의 온도가 높을 때에는 공기의 밀도가 감소하여 추력이 감소되는데 물을 분사시키면 물이 증발하면서 공기의 열을 흡수하여 흡입공기의 온도가 낮아지면서 밀도가 증가하여 많은 공기가 흡입된다.
② 물분사를 하면 이륙할 때에 기온에 따라 10~30[%] 정도의 추력 증가를 얻을 수 있다.
③ 물분사장치는 추력을 증가시키는 장점이 있지만 물분사를 위한 여러 장치가 필요하므로 기관의 무게증가와 구조가 복잡해지는 단점이 있다.
④ 알코올을 사용하는 것은 물이 쉽게 어는 것을 막아주고, 또 물에 의하여 연소가스의 온도가 낮아진 것을 알코올이 연소됨으로서 추가로 연료를 공급하지 않더라도 낮아진 연소가스의 온도를 증가시켜 주기위한 것이다.

13 물분사에 사용되는 액은 보통 무엇인가?

① 순수한 물을 사용
② 물과 알코올의 혼합액
③ 물과 가솔린
④ 물과 에틸렌글리콜

해설

물분사 장치 - 일명 ADI(Anti Detonate Injection)

물에 알코올을 혼합하는 이유는 물이 어는 것을 방지하고, 또 물에 의해 낮아진 연소 가스의 온도를 알코올이 연소됨으로써 증가시킬 수 있기 때문이다.

14 제트 엔진을 냉각시킬 목적으로 물을 분사하는 곳은 어디인가?

① 압축기 입구나 디퓨저 ② 터빈입구
③ 연소실 ④ Fuel control unit

해설

문제 12번 해설 참조

15 물을 압축기 입구에 분사하면 나타나는 결과는?

① 공기 밀도 증가 ② 공기 밀도 감소
③ 물의 밀도 증가 ④ 물의 밀도 감소

해설

문제 12번 해설 참조

[정답] 10 ④ 11 ② 12 ④ 13 ② 14 ① 15 ①

16 현대항공기에 사용되는 역추력장치는 어느 것을 역으로 함으로써 작동되는가?

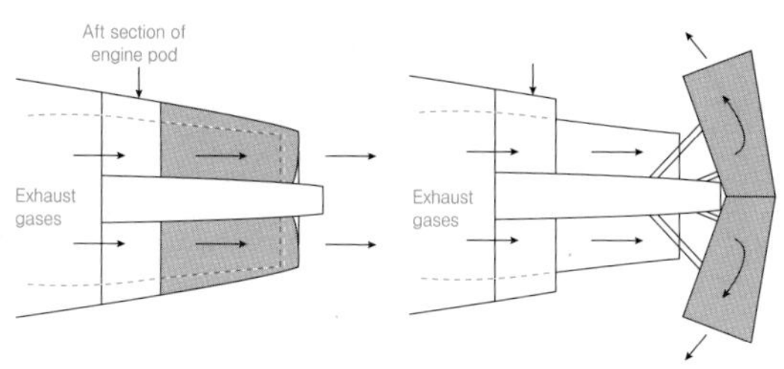

① Turbine

② Compressor and turbine

③ Exhaust gas

④ Inlet guide vane

해설

역추력장치(Reverser thrust system)

① 배기가스를 항공기의 앞쪽방향으로 분사시킴으로써 항공기에 제동력을 주는 장치로서 착륙후의 항공기 제동에 사용된다.

② 항공기가 착륙직후 항공기의 속도가 빠를 때에 효과가 크며 항공기의 속도가 너무 느려질 때까지 사용하게 되면 배기가스가 기관 흡입관으로 다시 흡입되어 압축기 실속을 일으키는 수가 있다. 이것을 재흡입 실속이라 한다.

③ 터보팬 기관은 터빈을 통과한 배기가스뿐만 아니라 팬을 통과한 공기도 항공기 반대방향으로 분출시켜야한다.

④ 역추력장치는 항공 역학적 차단방식과 기계적 차단방식이 있다.

ⓐ 항공역학적 차단방식 : 배기도관내부에 차단판이 설치되어있고 역추력이 필요할 때에는 이 판이 배기 노즐을 막아주는 동시에 옆의 출구를 열어주어 배기가스의 항공기 앞쪽으로 분출되도록 한다.

ⓑ 기계적 차단방식 : 배기노즐 끝부분에 역추력용 차단기를 설치하여 역추력이 필요할 때 차단기가 장치대를 따라 뒤쪽으로 움직여 배기가스를 앞쪽의 적당한 각도로 분사되도록 한다.

⑤ 역추력장치를 작동시키기 위한 동력은 기관 블리드 공기를 이용하는 공기압식과 유압을 이용하는 유압식이 많이 이용되고 있지만 기관의 회전동력을 직접 이용하는 기계식도 있다.

⑥ 역추력장치에 의하여 얻을 수 있는 역추력은 최대 정상추력의 약 40～50[%] 정도이다.

17 역추력장치의 종류로 맞는 것은?

① 로터리 베인

② 수렴과 발산

③ 기계적, 항공역학적 차단방식

④ 모두 맞다.

해설

문제 16번 해설 참조

18 터보 팬 엔진의 역추력장치 중에서 바이패스 되는 공기를 막아주는 장치는 무엇인가?

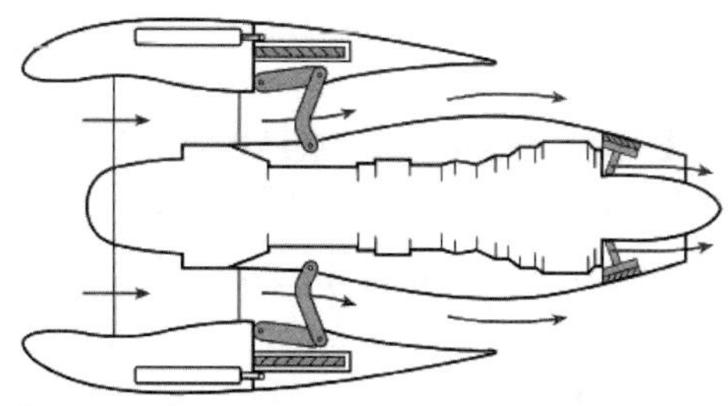

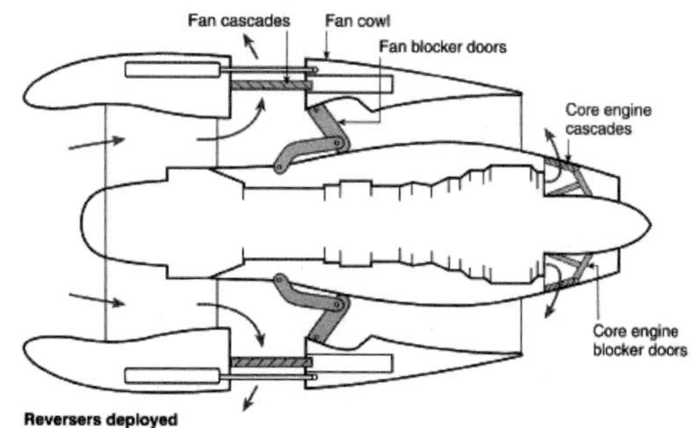

① 공기 모터(Pneumatic motor)

② 블록도어(Blocker door)

③ 캐스케이드 베인(Cascade vane)

④ 트랜슬레이팅 슬리브(Translating sleeve)

해설

- 역추력장치(Thrust reverer)
  착륙시 배기가스를 항공기의 앞쪽으로 분사시킴으로써 항공기 제동에 사용, 최대 정상추력의 40～50[%] 정도
- 블록도어(Blocker door) : 차단판
  캐스케이드 베인 : 역추력을 위해 바이패스되는 공기가 흡입구로 재흡입되어 실속되지 않도록 공기의 배출 방향을 만들어 주는 방향 전환 깃

[정답] 16 ③ 17 ③ 18 ②

기출+예상

19 역추력 장치를 사용하는 가장 큰 목적은 무엇인가?

① 이륙시 추력 증가 ② 기관의 실속 방지
③ 착륙 후 비행기 제동 ④ 재흡입 실속 방지

해설

Fan reverser 만 사용되는 이유

터빈 리버서의 발생 역추력은 전체 역추력의 20~30[%] 정도에 지나지 않고 동시에 터빈 역추력 장치가 고온 고압에 누출되기 때문에 고장의 발생률이 높다. 따라서, 터빈 리버서를 폐지함으로써 고장이 줄고 정비비가 절감되고 또한 중량 감소만큼 연료비의 절감이 가능하게 되는 등 많은 장점이 있다.

20 현재 사용 중인 대부분의 대형 터보 팬 엔진의 역추력 장치(Thrust Reverser)의 가장 큰 특징은?

① Fan Reverser와 Thrust Reverser를 모두 갖춘 구조가 많이 이용된다.
② Fan Reverser만 갖춘 구조가 가장 많이 이용된다.
③ Turbine Reverser만 갖춘 구자가 이용된다.
④ 역추력장치를 구동하기 위한 동력으로는 유압식이 주로 사용된다.

해설

문제 19번 해설 참조

21 다음 역추력장치의 설명 중 맞는 것은?

① 스로틀이 저속위치가 아니면 작동되지 않는다.
② 어느 속도에서나 필요시 작동된다.
③ 스로틀이 중속상태에서 작동된다.
④ 스로틀이 고속상태에서 작동되어야 실속위험이 적다.

해설

역추력장치는 스로틀이 저속위치, 지상에 있을 때가 아니면 작동되지 않도록 안전장치가 마련되어있다.

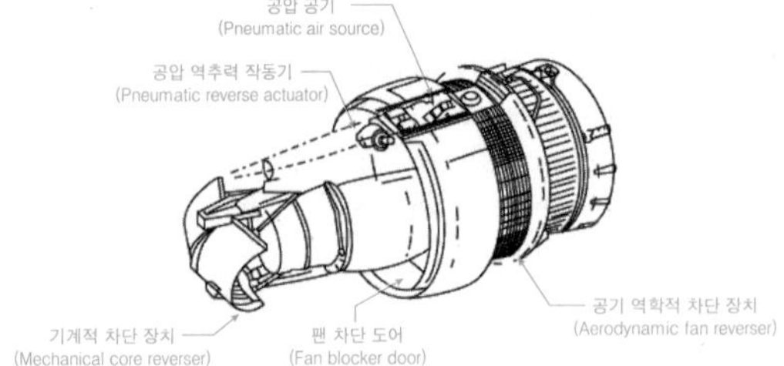

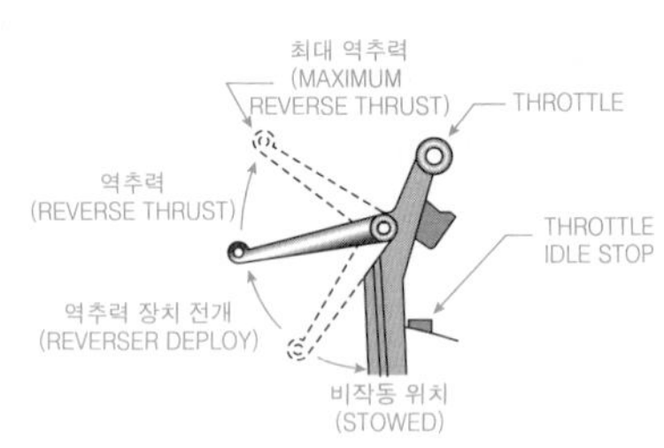

22 가스터빈 기관에서 재흡입 실속이란 무엇인가?

① 이륙시 앞의 항공기의 배기가스를 흡입하여 발생한다.
② 항공기의 속도가 느릴 때 역추력을 사용하면 배기가스가 기관으로 유입되어 발생한다.
③ 압축기 블리드 밸브에서 배출한 공기를 흡입하여 발생한다.
④ 터보프롭 기관에서 역피치로 하였을 때 압축기 입구압력이 낮아져 발생한다.

해설

항공기가 착륙직후 항공기의 속도가 빠를 때에 효과가 크며 항공기의 속도가 너무 느려질 때까지 사용하게 되면 배기가스가 기관 흡입관으로 다시 흡입되어 압축기 실속을 일으키는 수가 있다. 이것을 재흡입 실속이라 한다.

23 가스 터빈 기관에서 날개 앞전의 방빙장치에 사용되는 것은 무엇인가?

① 이소프로필 알코올 ② 알코올
③ 메탄올 ④ bleed air

해설

블리드 공기(Bleed air) 사용처

블리드 공기는 기내 냉방, 난방, 객실 여압, 날개 앞전 방빙, 엔진 나셀 방빙, 엔진 시동, 유압계통 레저버 가압, 물탱크 가압, 터빈 노즐 베인 냉각 등에 이용된다.

24 터빈 엔진의 방빙계통 작동시 올바른 작동을 확인하는데 필요한 점검항목은 무엇인가?

[정답] 19③ 20② 21① 22② 23④ 24②

① 배기가스 감소　　② EPR 감소
③ 연료 유량의 저하　　④ rpm의 저하

② 초기에는 고압 터빈에만 적용되었으나 나중에 고압과 저압에 적용이 확대되었다.
③ 냉각에 사용되는 공기는 외부 공기가 아니라 팬을 통과한 공기를 사용한다.

25 **다음 중 터빈 블레이드 끝과 터빈 케이스 안쪽의 에어 시일과 간격을 줄여주기 위해서 터빈 케이스 외부 냉각을 시켜준다. 여기에 사용되는 냉각 공기는?**

① 압축기 배출공기　　② 연소실 냉각공기
③ 팬 압축공기　　④ 외부공기

해설

TCCS(Turbine Case Cooling System)

ACCS(Active Clearance control system) – 팬 압축공기 이용

26 **제트 엔진에서 TCCS란 무엇을 의미하는가?**

① 엔진의 추력을 자동적으로 제어해 주는 계통을 말한다.
② 터빈 블레이드와 터빈 케이스사이의 간극을 최소가 되게 해주는 계통이다.
③ 주로 중·소형의 터보 팬 엔진에 많이 사용한다.
④ TCCS는 Thrust Case Cooling System의 약자이다.

해설

ACCS(Active Clearance Control System)

TCCS(Turbine Case Cooling System) : 터빈 케이스를 공기로 강제 냉각하고 수축시켜서 터빈 블레이드의 팁 간격을 최적으로 유지하고 연료비의 개선을 위해 설치한 것

27 **터빈 케이스 냉각계통의 목적은 무엇인가?**

① 터빈 케이스 팽창　　② 터빈 케이스 수축
③ 터빈 냉각　　④ 연소실 냉각

해설

터빈 케이스 냉각계통(Turbine case cooling system)

① 터빈 케이스 외부에 공기 매니폴드를 설치하고 이 매니폴드를 통하여 냉각공기를 터빈 케이스 외부에 내뿜어서 케이스를 수축시켜 터빈 블레이드 팁 간격을 적정하게 보정함으로써 터빈 효율의 향상에 의한 연비의 개선을 위해 마련되어 있다.

28 **드라이 모터링(Dry motoring) 점검할 때 틀린 것은?**

① 점화스위치 Off
② 연료차단 레버 Off
③ 연료부스터 펌프 On
④ 점화스위치 On

해설

Motoring 의 목적 및 방법

① Dry motoring : Ignition off, Fuel off 상태에서 Stater 만으로 엔진 Rotating
② Wet motoring : Ignition off, Fuel on 상태에서 Starter 만으로 엔진 Rotating
③ Wet motoring : Wet motoring 후에는 반드시 Dry motoring 실시하여 잔여연료 Blow out하여야 한다.
④ Motoring은 연료계통 및 오일계통 작업시 계통내에 공기가 차므로 Air locking을 방지하기위해 엔진을 공회전시켜 공기를 빼내고, 또한 계통에 오일이나 연료가 새는지 여부를 검사하기 위해서이다.

29 **엔진의 Wet motoring 수행과정 중 작동해서는 안 되는 사항은 무엇인가?**

① Start level를 작동시킨다.
② 엔진 rpm이 10[%] 상승되었을 때 연료차단 레버를 On한다.
③ 연료흐름이 정상인지를 확인한 후 점화스위치를 On 한다.
④ 작동을 멈출 때에는 연료차단 레버를 Off 한 다음 30초 이상 Dry motoring 한다.

해설

문제 28번 해설 참조

[정답] 25 ③　26 ②　27 ②　28 ④　29 ③

30 터빈 발동기의 내부점검에 사용하는 장비는 무엇인가?

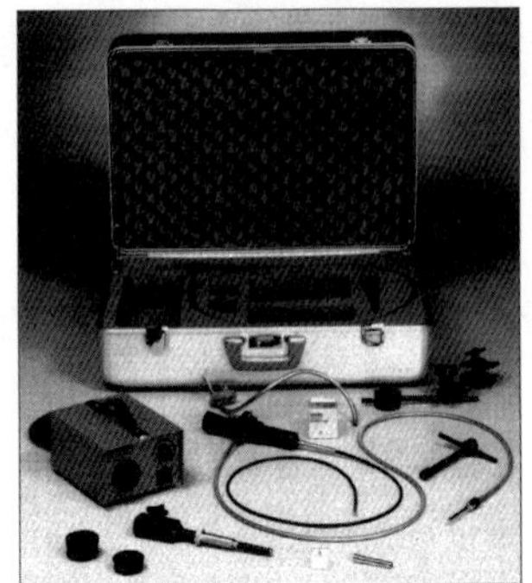

① 적외선 탐지
② 초음파탐지
③ 내시경
④ 형광투시기와 자외선 라이트

해설

① 내시경(Bore scope) : 육안검사의 일종으로 복잡한 구조물을 파괴 또는 분해하지 않고 내부의 결함을 외부에서 직접 육안으로 관찰함으로서 분해검사에서 오는 번거로움과 시간 및 인건비등의 제반 비용을 절감 하는 효과를 가진다.
② 사용목적 : 왕복기관의 실린더 내부나 가스터빈 기관의 압축기, 연소실, 터빈 부분의 내부를 관찰하여 결함이 있을 경우에 미리 발견하여 방비함으로서 기관의 수명을 연장하고 사고를 미연에 방지하는 데 있다.

※ 보어스코프의 적용시기
ⓐ 기관 작동 중 FOD 현상이 있다고 예상될 때
ⓑ 기관을 과열 시동했을 때
ⓒ 기관 내부에 부식이 예상될 때
ⓓ 기관내부의 압축기 및 터빈 부분에서 이상음이 들릴 때
ⓔ 주기검사를 할 때
ⓕ 기관을 장시간 사용했을 때
ⓖ 정비작업을 하기 전에 작업방법을 결정할 때

31 터빈 엔진의 시동중 화재발생시 조치사항은 무엇인가?

① 연료를 차단하고 기관을 계속 회전시킨다.
② 즉시 Starter SW를 끊는다.
③ 소화를 위한 시도를 계속한다.
④ Power level 조정으로 연료의 배기를 돕는다.

해설

기관 시동시 화재가 발생하였을 때에는 즉시 연료를 차단하고 계속 시동기로 기관을 회전시킨다.

32 다음 1차 엔진 계기는 어느 것인가?

① Tachometer　　② Air speed indicator
③ Altimeter　　④ Barometric pressure

해설

Tachometer
기관의 회전수를 지시하는 계기 압축기로 압축기의 회전수를 최대 회전수의 백분율[%]로 나타낸다.

7 가스 터빈 엔진의 성능

01 가스 터빈 엔진 항공기는 장거리 순항시 다음 사항 중 어떠한 이유로 36,000[ft]를 최량 고도로 하는가?

① 36,000[ft] 이상부터는 기압이 일정해지고, 기온이 강하하기 때문이다.
② 36,000[ft] 이상부터는 기온이 일정해지고, 기압이 강하하기 때문이다.
③ 36,000[ft]에서는 항공기의 비행에 알맞은 jet 기류가 있기 때문이다.
④ 36,000[ft] 이상에서는 기압과 기온이 급격히 강하하기 때문이다.

해설

36,000[ft]=11[km] 대류권계면(제트기류가 흐름)

02 비행고도가 증가할 때 추력은 어떻게 변화하는가?

① 점차 증가하다가 감소　　② 점차 감소하다가 증가
③ 감소　　④ 증가

해설

추력에 영향을 끼치는 요소

[정답] 30 ③ 31 ① 32 ① 01 ③ 02 ②

① 공기 밀도 : 추력과 비례
② 비행 속도 : 추력과 비례(비행 속도가 증가하면 추력은 약간 감소하다가 증가)
③ 공기 습도 : 추력과 반비례
④ 비행고도 : 추력과 반비례

03 일정고도에서 제트 항공기의 속도가 저속에서 고속으로 증가할 때 추력은?

① 증가한다. ② 감소한다.
③ 감소하다 증가한다. ④ 변화가 없다.

해설

문제 2번 해설 참조

04 터빈엔진 압력비가 커지면 열효율은 증가하는 장점이 있는 반면 단점도 있어 압력비 증가를 제한시킨다. 이 단점은 어느 것인가?

① 압축기 입구온도 증가
② 압축기 출구온도 증가
③ 압축기 실속 가능성 증가
④ 연소실 입구온도 증가

05 터빈 엔진에서 오염(Dirty)된 압축기 브레이드는 특히 무엇을 초래하는가?

① Low R.P.M ② High R.P.M
③ Low E.G.T ④ High E.G.T

해설

압축기 블레이드는 확산통로를 만들어 흡입공기의 속도를 감소시키고 압력을 증가시키는 역할을 하는 것으로서 그 역할을 하지 못하면 연료 공기 혼합비가 농후하게 되어 과도한 배기가스온도(E.G.T : Exhaust Gas Temperature)를 초래한다.

06 터보제트 엔진의 추진효율에 대한 설명 중 가장 올바른 것은?

① 추진효율은 배기구 속도가 클수록 커진다.
② 추진효율은 기관의 내부를 통과한 1차 공기에 의하여 발생되는 추력과 2차 공기에 의하여 발생되는 추력의 합이다.
③ 추진효율은 기관에 공급된 열에너지와 기계적 에너지로 바꿔진 양의 비이다.
④ 추진효율은 공기가 기관을 통과하면서 얻은 운동에너지에 의한 동력과 추진 동력의 비이다.

해설

① 추진효율(η_p) : 공기가 기관을 통과하면서 얻은 운동에너지와 비행기가 얻은 에너지인 추력과 비행 속도의 곱으로 표시되는 추력동력의 비이다.
② 열효율(η_{th}) : 기관에 공급된 열에너지(연료에너지)와 그 중 기계적 에너지로 바꿔진 양의 비
③ 전효율(η_0) : 공급된 열에너지에 의한 동역과 추력동력으로 변한 향의 비

$$\text{전효율}(\eta_0) = \text{추진효율}(\eta_p) \times \text{열효율}(\eta_{th})$$

07 터빈 엔진의 배기가스 특징으로 가장 올바른 것은?

① 아이들 시 일산화탄소가 작다.
② 가속 시 일산화탄소가 많다.
③ 가속 시 질소산화물이 많다.
④ 아이들 시 질소화합물이 많다.

해설

아이들이나 저출력 작동 중에 HC(미연소 탄화수소)와 CO(일산화탄소)의 배출량이 최대가 되지만 NOX(질소산화물)은 거의 배출되지 않는다. 또 기관 출력의 증가에 따라 HC와 CO의 배출량은 감소하지만 그 대신 NOX의 배출량이 증가하기 시작하여 이륙 최대 출력시에 최대가 된다.

08 제트 엔진의 연료 소비율(TSFC)의 정의로 가장 옳은 것은?

① 엔진의 단위시간당 단위추력을 내는데 소비한 연료량이다.
② 엔진이 단위거리를 비행하는데 소비한 연료량이다.
③ 엔진이 단위시간 동안에 소비한 연료량이다.
④ 엔진이 단위추력을 내는데 소비한 연료량이다.

[정답] 03 ③ 04 ③ 05 ④ 06 ④ 07 ③ 08 ①

해설

TSFC(추력비연료소비율)

1N[kg·m/s^2]의 추력을 발생하기 위해 1시간 동안 기관이 소비하는 연료의 중량으로 효율, 성능, 경제성에 반비례

09 추력 비연료 소비율(TSFC)에 대한 설명 중 틀린 것은?

① 1[kg]의 추력을 발생하기 위하여 1초 동안 기관이 소비하는 연료의 중량을 말한다.
② 추력 비연료 소비율이 작을수록 기관의 효율이 높다.
③ 추력 비연료 소비율이 작을수록 기관의 성능이 우수하다.
④ 추력 비연료 소비율이 작을수록 경제성이 좋다.

해설

문제 8번 해설 참조

10 천음속에서 추력 비연료 소비율이 좋은 것은?

① 터보 제트 엔진(Turbo jet)
② 터보 팬 엔진(Turbo fan)
③ 터보 프롭 엔진(Turbo prop)
④ 터보 샤프트 엔진(Turbo shaft)

해설

추진효율

공기가 기관을 통과하면서 얻은 운동 에너지와 비행기가 얻은 에너지인 추력 동력의 비를 말하는데 추진효율을 증가시키는 방법을 이용한 기관 이 터보 팬 기관이다. 특히 높은 바이패스 비를 가질수록 효율이 높다.

11 터보팬 엔진의 팬 트림 밸런스에 관하여 가장 올바른 것은?

① 엔진의 출력 조정이다.
② 정기적으로 행하는 팬의 균형 시험
③ 팬 블레이드를 교환하여 한다.
④ 밸런스 웨이트로 수정한다.

12 터빈 깃(Vane)이 압축기 깃보다 더 많은 결함(Damage)이 나타난다. 이는 터빈 깃이 압축기 깃보다 더 많은 무엇을 받기 때문인가?

① 열의 응력　② 연소실 내의 응력
③ 추력간극(Clearance)　④ 진동과 다른 응력

해설

터빈 깃이 압축기 깃보다 더 열의 응력을 받는다.

13 가스 터빈 기관의 열효율 향상 방법으로 가장 거리가 먼 내용은?

① 고온에서 견디는 터빈 재질 개발
② 기관의 내부 손실 방지
③ 터빈 냉각 방법의 개선
④ 배기가스의 온도 증가

14 터보 프롭 엔진은 프로펠러에서 추력을 대략 몇 [%] 내는가?

① 15 ~ 25[%]　② 약 30[%]
③ 75 ~ 85[%]　④ 100[%]

15 터보 프롭 엔진(Turbo prop engine)의 출력은 무엇에 비례하는가?

① 출력 토크　② 회전수
③ 압력비　④ EGT

해설

터보 프롭(Turbo prop) 기관

기관에서 만들어진 토크는 축을 통하여 추력으로 변환시키기 위한 프로펠러를 구동시키는 기관이다.

16 기관의 정격추력 중 비연료 소비율이 가장적은 추력은?

[정답] 09 ① 10 ② 11 ② 12 ① 13 ④ 14 ③ 15 ① 16 ④

① 이륙추력　　② 물분사 이륙추력
③ 최대 연속추력　　④ 순항추력

해설

기관의 정격출력

① 물분사 이륙출력 : 기관이 이륙할 때에 발생할 수 있는 최대 추력으로서 이륙추력에 해당하는 위치에 동력레버를 놓고 장치를 사용하여 얻을 수 있는 추력을 말하며, 사용시간도 1∼5분간으로 제한하고 이륙할 때만 사용한다.
② 이륙출력 : 기관이 이륙할 때 물분사 없이 발생할 수 있는 최대추력을 말하며, 동력레버를 이륙추력의 위치에 놓았을 때 발생하며 사용시간을 제한한다.
③ 최대 연속추력 : 시간의 제한 없이 작동할 수 있는 최대 추력으로 이륙추력의 90[%] 정도이다. 그러나 기관의 수명 및 안전비행을 위하여 필요한 경우에만 사용한다.
④ 최대 상승추력 : 항공기를 상승시킬 때 사용되는 최대추력으로 어떤 기관에서는 최대 연속 추력과 같을 때가 있다.
⑤ 순항추력 : 순항비행을 하기위하여 정해진 추력으로서 비연료 소비율이 가장 적은 추력이며 이륙추력의 70∼80[%] 정도이다.
⑥ 완속추력 : 지상이나 비행중 기관이 자립 회전할 수 있는 최저 회전상태이다.

17 가스터빈 기관의 추력에 대한 설명 중 틀린 것은?

① 비행 속도가 빨라짐에 따라 추력은 감소한다.
② 고도가 높아질수록 추력은 감소한다.
③ 대기온도가 높아질수록 추력은 감소한다.
④ 비행고도가 증가할수록 추력은 감소한다.

해설

추력에 영향을 미치는 요소

① 기관의 회전수[rpm] : 추력은 기관의 최고설계속도에 도달하면 급격히 증가한다.
② 비행 속도 : 흡입공기속도가 증가하면 흡입공기속도와 배기가스 속도의 차이가 감소하기 때문에 추력이 감소한다. 그러나 속도가 빨라지면 기관의 흡입구에서 공기의 운동에너지가 압력에너지로 변하는 램 효과에 의하여 압력이 증가하게 되므로 공기밀도가 증가하여 추력이 증가하게 된다. 비행 속도의 증가에 따라 출력은 어느 정도 감소하다가 다시 증가한다.
③ 고도 : 고도가 높아짐에 따라 대기 압력과 대기온도가 감소한다. 따라서 대기온도가 감소하면 밀도가 증가하여 추력은 증가하고 대기 압력이 감소되면 추력은 감소한다. 그러나 대기온도의 감소에서 받는 영향은 대기 압력의 감소에서 받는 영향보다 적기 때문에 결국 고도가 높아짐에 따라 추력은 감소한다.
④ 밀도 : 밀도는 온도는 반비례하는데 대기온도가 증가하면 공기의 밀도가 감소하고 반대로 공기온도가 감소하면 밀도는 증가하여 추력은 증가한다.

18 제트 항공기에 있어서 엔진 추력을 결정하는 요소는 다음 중 어떤 것인가?

① 외기온도, rpm, 고도, 비행 속도
② 고도, 비행 속도, 외기온도, 연료압력
③ 공기온도, rpm, 연료온도
④ 고도, 비행 속도, 공기 압력비, 윤활유 속도

해설

문제 17번 해설 참조

19 다음 중 가스 터빈 엔진 효율의 종류가 아닌 것은?

① 추진 효율　　② 열효율
③ 전체효율　　④ 압축효율

해설

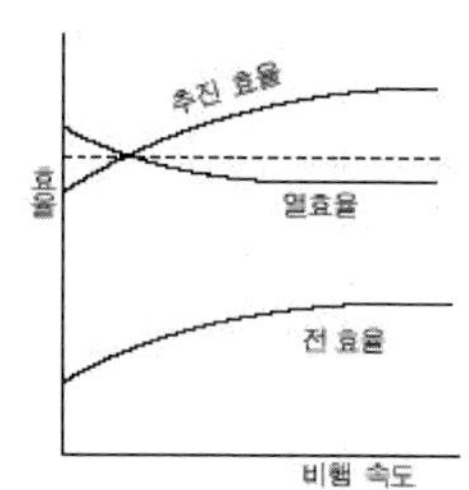

- 추진효율 $=\frac{\text{추력 동력}}{\text{운동 에너지}}$
- 열효율 $=\frac{\text{기계적 에너지}}{\text{열에너지}}$
- 전체효율 = 추진 효율 × 열효율

20 다음 중 제트 엔진의 추진 효율을 높이는 방법은?

① 터보 제트 엔진을 사용하여 압력비를 낮춘다.
② 터보팬 엔진을 사용하여 분출속도를 줄이며 바이패스비를 높인다.
③ 터빈 출구온도와 압력비를 높인다.
④ 터보 제트 엔진을 사용하여 터빈 입구온도를 올린다.

해설

추진효율$(\eta_p)=\frac{2V_a}{V_j+V_a}$ 이므로 V_j(분출속도)를 V_a에 가깝도록 하면 효율은 높아진다. 따라서 분출속도를 바이패스로 줄여주는 터보팬 엔진은 터보 제트 엔진보다 추진 효율이 높다.

[정답] 17 ① 18 ① 19 ④ 20 ②

21 **터보제트 기관의 추진효율을 옳게 나타낸 것은?**

① 공기에 공급된 운동에너지와 추진동력의 비
② 엔진에 공급된 연료에너지와 추진동력의 비
③ 기관의 추진동력과 공기의 운동 에너지의 비
④ 공급된 연료에너지와 추력과의 비

해설

추진효율
공기가 기관을 통과하면서 얻은 운동에너지와 비행기가 얻은 에너지인 추력 동력의 비를 말한다.
$\eta_p = 2V_a/V_j + V_a$(여기서, V_a : 비행 속도, V_j : 배기가스 속도)

22 **추진효율을 증가시키는 방법은 어느 것인가?**

① 배기가스의 속도를 크게
② 압축기 단열비율을 높게
③ 터빈 단열비율을 높게
④ 유입 공기속도를 크게

해설

문제 21번 해설 참조

23 **속도 750[mph], 추력 2,000[lbs]의 추진력을 낼 때 추력마력으로 환산하면?**

① 10,000[HP] ② 20,000[HP]
③ 30,000[HP] ④ 40,000[HP]

해설

추력마력 $THP = F_n \times V_a / (75[\text{kg}\cdot\text{m/s}]) = 40{,}090[\text{HP}]$

$$THP = \frac{F_n \times V_a}{75[\text{kg}\cdot\text{m/s}]} = \frac{F_n \times V_a}{550[\text{lbs}\cdot\text{ft/s}]}$$

$$= \frac{1.47 \times 750 \times 20{,}000}{550} = 40{,}090[\text{HP}]$$

24 **추력 비연료 소비율(TSFC)에 관한 설명 중 옳은 것은?**

① 유입되는 단위공기량이 많을수록 증가한다.
② 진추력이 클수록 증가한다.
③ 유입되는 단위 연료량이 많을수록 증가를 한다.
④ 연료량 및 공기량과는 관계가 없다.

해설

TSFC(추력비연료소비율)
$1\text{N}[\text{kg}\cdot\text{m/s}^2]$의 추력을 발생하기 위해 1시간 동안 기관이 소비하는 연료의 중량으로 효율, 성능, 경제성에 반비례

25 **제트 엔진에서 추력 비연료 소비율이란?**

① 단위 추력당 연료 소비량
② 단위 시간당 연료 소비량
③ 단위 거리당 연료 소비량
④ 단위 추력당 단위시간당 연료 소비량

해설

추력 비연료 소비율(TSFC)$= \frac{W_f \times 3{,}600}{F_n}[\text{kg/kg-h}]$

26 **터보 제트 기관에서 저발열량이 4,600[kcal/kg]인 연료를 1초 동안에 2[kg]씩 소모하여 진추력이 4,000[kg]일 때 추력 비연료 소비량은?**

① 1.7[kg/kg-h] ② 1.8[kg/kg-h]
③ 1.9[kg/kg-h] ④ 2.0[kg/kg-h]

해설

추력 비연료 소모율(TSFC)$= W_f \times 3{,}600/F_n$
$= 2 \times 3{,}600/4{,}000 = 1.8[\text{kg/kg-h}]$

8 가스 터빈 엔진의 작동

01 **가스 터빈 엔진에서 작동 상태와 기계적 안전을 표시하는 계기는?**

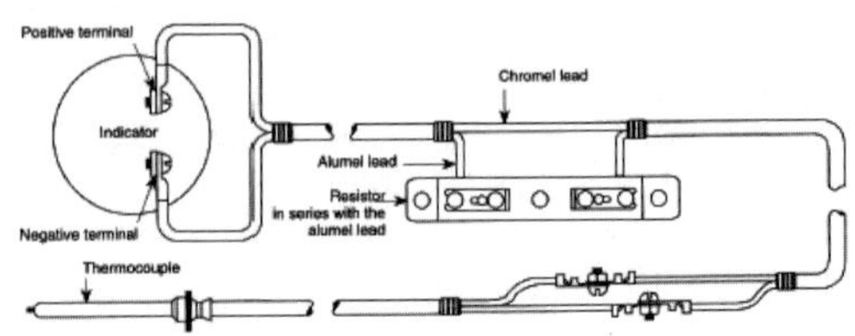

[정답] 21 ① 22 ④ 23 ④ 24 ③ 25 ④ 26 ② 01 ④

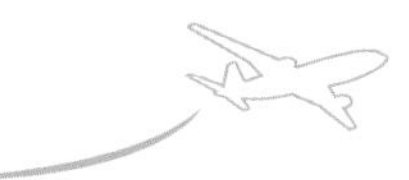

① CIT 계기　② RPM 계기
③ EPR 계기　④ EGT 계기

해설

- CIT : 압축기 흡입(입구) 온도
- RPM : 분당 회전수
- EPR : 엔진의 압력비
- EGT : 배기가스 온도

02 일반적인 Turbo Jet 엔진의 제어 방식 중 옳은 것은?

① 기관 RPM 제어 방식과 Torque 제어 방식
② 기관 RPM 제어 방식과 기관 EPR 제어 방식
③ 기관의 EPR 제어 방식과 Torque 제어 방식
④ 기관 EPR 제어 방식과 Throttle 제어 방식

해설

초기의 가스 터빈 엔진은 추력을 나타내는 작동 변수로 기관의 회전수만을 사용하였으나, 현재 생산되는 대부분의 엔진은 추력을 측정하는 변수로 기관 압력비를 사용한다.

03 최근 항공기 엔진의 추력조정계통(Thrust control system)에서 리졸버(resolver)에 대한 설명으로 옳은 것은?

① 추력레버(Thrust lever)의 움직임을 전기적인 신호(Signal)로 바꾸어 준다.
② 추력레버(Thrust lever)의 상부에 장착되어 있다.
③ 추력레버(Thrust lever)가 최대추력 위치를 벗어나지 않게 스톱퍼(Stopper) 역할을 한다.
④ 주로 유압-기계식(Hydro-mechanical type)의 연료조정장치 계통에 사용된다.

04 기관 조절(Engine trimming)을 하는 가장 큰 이유는?

① 정비를 편리하도록
② 비행의 안정성을 위해
③ 기관 정격 추력을 유지하기 위해
④ 이륙 추력을 크게 하기 위해

해설

① 기관의 정해 놓은 정격 추력을 유지하기 위해 주기적으로 기관의 여러 가지 작동 상태를 조정하는 것
② 엔진의 정해진 rpm에서 정격추력을 내도록 연료 조정장치를 조정하는 것
③ 무풍 저습도 상태에서 실시

05 가스터빈 엔진 작동시 다음 엔진 변수 중 어느 것이 가장 중요한 변수인가?

① 압축기 rpm　② 터빈입구 온도
③ 연소실 압력　④ 압축기입구 공기온도

해설

문제 4번 해설 참조

06 가스터빈기관이 정해진 회전수에서 정격 출력을 낼 수 있도록 연료조절장치와 각종 기구를 조정하는 작업을 무엇이라 하는가?

① 고장탐구　② 크래킹
③ 트리밍　④ 모터링

해설

트리밍(Trimming)
가스터빈엔진이 제작회사에서 정한 정격에 맞도록 엔진을 조절하는 것을 트리밍이라 한다.

07 항공기 최대이륙중량이 최대착륙중량의 105[%] 보다 클 경우 어느 계통이 요구되는가?

① 연료 방출장치　② 연료 분사장치
③ 크로스피드 장치　④ 연소 이송장치

해설

① 연료 방출장치(Fuel jettisoning) : 기체 중량을 줄이기 위해 탑재하고 있는 연료를 방출하는 장치
② 크로스피드 장치(Fuel crossfeed) : 어느 한 기관이 작동하지 않을 때, 어떤 탱크에서 어느 쪽 기관으로도 연료를 공급할 수 있는 기구

[정답] 02 ② 03 ① 04 ③ 05 ① 06 ③ 07 ①

기출+예상

08 드라이 모터링 점검(Dry motoring check)을 할 때는 다음과 같이 한다. 틀린 것은?

① 드로틀 저속　② 점화스위치 ON
③ 연료 부스터펌프 ON　④ 연료 차단레버 OFF

해설

① 건식 모터링(Dry motoring) : 연료를 FCU 이후로는 흐르지 못하게 차단한 상태에서 단순히 시동기에 의해 엔진을 회전시키면서 점검하는 방법이다. 점화 스위치 off, 연료차단레버 off, 연료 부스터 펌프 on, 스로틀 저속
② 습식 모터링(Wet motoring) : 건식 모터링 점검에 추가로 연료를 공급하면서 연료 흐름까지 점검해 주는 것

09 가스 터빈 엔진의 작동 점검시 드라이 모터링 점검(Dry motoring check)은 어느 때 수행하는가?

① 연료 계통의 부품교환 후
② 윤활 계통의 부품교환 후
③ 배기 계통의 부품교환 후
④ 점화 계통의 부품교환 후

해설

문제 08번 해설 참조

10 FADEC(Full Authority Digital Electronic Control)이라는 엔진제어기능 중 잘못된 것은?

① 엔진 연료 유량
② 압축기 가변 스테이터 각도
③ 실속 방지용 압축기 블리드 밸브
④ 오일 압력

해설

FADEC
기존의 유압식 FCU(연료조정장치)나 전자식 FCU보다 더 발달된 개념으로서 위 보기의 세가지 외에 ACCS(Active Clearance Control System) 등을 종합적으로 일괄 조절한다.

11 가스 터빈 기관에서 최대 임계 요소는?

① EPR(Engine Pressure Ratio)
② CIT(Compressor Inlet Temperature)
③ TIT(Turbine Inlet Temperature)
④ CDP(Compressor Discharge Pressure)

해설

터빈 입구온도(Turbine Inlet Temperature)
가스터빈엔진에서 대단히 중요한 온도이다. 터빈 입구온도(TIT)는 터빈의 첫 단계로 들어가는 공기의 온도로서 엔진 연료제어계통에서 항상 감지하여 자동으로 엔진으로 들어가는 연료의 량을 조절하여 준다. 즉, 터빈입구온도가 과도하게 높으면 자동으로 엔진으로 들어가는 연료의 량을 감소시켜 준다.

12 터보 팬 엔진에서 운항 중 새(Bird)와 충돌되어 엔진에 손상이 예상될 때 가장 적당한 검사방법은?

① 트랜드 모니터링 검사　② 시각 검사
③ 보어스코프 검사　④ 초음파 검사

해설

① FOD(Foreign Object Damage : 외부 물질에 의한 손상)의 대표적인 사례 : 새와의 충돌(Nird strike)
② 보어스코프 검사(Borescope inspection) : 기관을 분해하지 않고 내부를 검사할 수 있는 간접 육안 검사(내시경 검사 원리)

13 가스터빈 기관 시동시 가장 먼저 확인해야 하는 계기는?

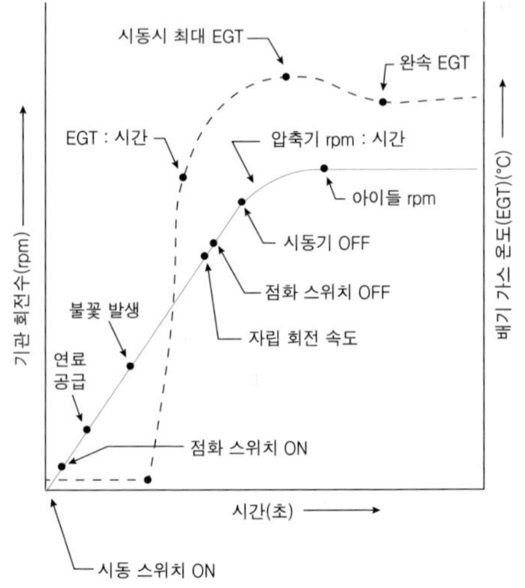

[정답] 08 ② 09 ② 10 ④ 11 ③ 12 ③ 13 ③

① 오일온도계　　② 회전계
③ 배기가스 온도계　　④ 엔진 진동 계기

해설

가스터빈기관 시동 절차(터보팬기관)

① 동력레버 : Idle 위치
② 연료차단레버: Close 위치(시동 및 점화 스위치를 On 하기 전에 연료차단레버를 Open 하지 말 것)
③ 주스위치 : On
④ 연료승압 펌프스위치 : On
⑤ 시동스위치 : On(기관회전수 및 윤활유 압력이 증가하는지 관찰한다.)
⑥ 점화스위치 : On(압축기 회전이 시작되어 정규 rpm의 10[%] 정도의 회전이 될 때까지 점화스위치를 on해서는 안된다.) – 요즘의 기관에는 시동기 스위치를 On시키면 점화스위치를 On 시키지 않아도 점화계통이 먼저 작동하도록 만들어진 것이 대부분이다.
⑦ 연료차단레버 : Open(이때 배기가스 온도의증가로 기관이 시동되고 있다는 것을 알 수 있다. 기관의 연료계통의 작동 후 약 20초 이내에 시동이 완료되어야한다. 또 기관의 회전수가 완속 회전수까지 도달하는데 2분 이상 걸려서는 안된다.)
⑧ 시동이 완료되면 시동스위치 및 점화 스위치를 Off 한다.

14 시동을 끄기 전에 냉각운전을 하는 이유는 무엇인가?

① 베어링을 냉각시키기 위해서
② 잔류 연료를 연소시키기 위해서
③ 윤활유를 정상온도로 유지시키기 위해서
④ 터빈케이스의 냉각을 위해서

해설

기관을 작동 후에 터빈을 충분히 냉각하지 않고 기관을 정지하면 터빈케이스가 빨리 냉각되어 블레이드가 케이스를 긁거나 고착되는 현상이 발생한다.

15 보조 동력 장치가 자동적으로 Shut down 될 수 있는 조건이 아닌 것은?

① N_1, N_2 이상 Over speed시
② Low oil pressure
③ EGT over temperature
④ rpm normal

해설

보조 동력 장비(APU : Auxiliary Power Unit)

지상에서 엔진을 작동시킬 필요가 없고 지상동력장비(GPU) 없이도 기내에 필요한 동력이 확보된다. 또 비행중 비상시 필요한 동력원이 확보된다.

- APU가 자동 정지되는 현상 : rpm over speed, battery 전압 강하, APU 화재, 공기 동력원 배관파괴 등

16 External Power를 조종하는 장비는 다음 중 무엇인가?

① GCU(Generator Control Unit)
② TRU(Transformer Rectifier Unit)
③ BPCU(Bus Power Control Unit)
④ Load Controller

17 APU의 정상 운전 속도는?

① 10% [rpm]　　② 50% [rpm]
③ 95% [rpm]　　④ 100% [rpm]

해설

- 10% [rpm] : 오일 압력을 확인, 점화 장치 작동, 연료가 유입
- 50% [rpm] : 스타터(시동기) 모터의 분리
- 95% [rpm] : 전력의 공급이 가능, 공기압의 공급이 가능, 점화 장치를 off
- 100% [rpm] : 정상 운전

18 엔진에 저장하기 위한 오일 부식 방지 콤파운드(장기간 보관시) 방부제의 혼합 비율은?

① 윤활유 25[%] : 부식방지 콤파운드 오일 75[%]
② 윤활유 75[%] : 부식방지 콤파운드 오일 25[%]
③ 윤활유 55[%] : 부식방지 콤파운드 오일 45[%]
④ 윤활유 35[%] : 부식방지 콤파운드 오일 65[%]

해설

윤활유와 부식방지 콤파운드 오일의 비율은(장기간 일 때) 1:3이다.

[정답] 14④ 15④ 16③ 17④ 18①

기출+예상

19 항공기의 엔진을 RUN-UP 시 항공기를 어떻게 놓아야 하는가?

① 바람의 반대 방향으로 기수를 놓는다.
② 바람의 방향과 관계없다.
③ 바람의 방향으로 기수를 놓는다.
④ 바람의 방향과 측면이 되도록 놓는다.

해설

바람을 등지고 이륙하여 바람의 저항을 줄인다.(정풍(Head wind)을 받으면서 이륙한다.)

3 프로펠러

1 프로펠러의 깃

01 프로펠러 블레이드 면(Propeller blade face)은?

① 프로펠러 깃(Propeller blade)의 뿌리 끝
② 프로펠러 깃의 평평한 쪽(Flat side)
③ 프로펠러 깃의 캠버된 면(Camber side)
④ 프로펠러 깃의 끝 부분

해설

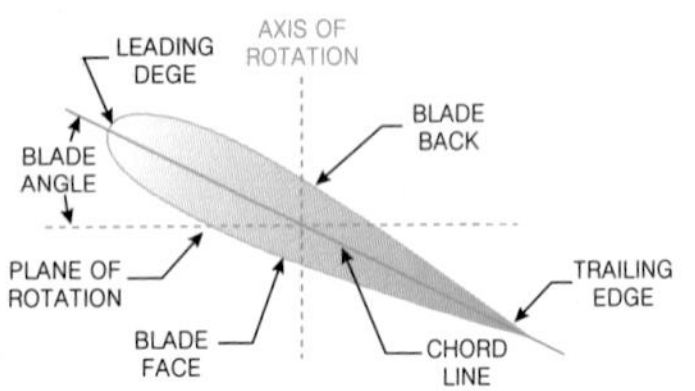

02 프로펠러(Propeller)의 Track이란?

① 프로펠러(Propeller)의 피치(Pitch)각이다.
② 프로펠러 블레이드(Propeller blade) 선단 회전 궤적이다.
③ 프로펠러 1회전하여 전진한 거리다.
④ 프로펠러 1회전하여 생기는 와류(Vortex)이다.

해설

트랙(Track)

프로펠러 블레이드 팁의 회전 궤도이며 각 블레이드의 상대 위치를 나타내는 것이다. 그리고 어느 한 개의 블레이드를 기준으로 해서 다른 블레이드 팁이 같은 원 주위를 회전하는지를 점검하는 것을 궤도 검사(트랙킹 : Tracking)이라고 한다.

03 트랙터 프로펠러(Tractor Propeller)에 대해서 가장 올바르게 설명한 것은?

① 기관의 뒤쪽에 장착되어 있는 프로펠러 형태이다.
② 수상 항공기나 수륙 양용 항공기에 적합한 프로펠러 형태이다.
③ 날개 위와 뒤쪽에 장착되어 있는 프로펠러 형태이다.
④ 기관의 앞쪽에 장착되어 있는 프로펠러 형태이다.

해설

프로펠러 장착 방법에 따른 분류

① 견인식(Tractor type) : 프로펠러를 비행기 앞에 장착한 형태, 가장 많이 사용되고 있는 방법
② 추진식(Pusher type) : 프로펠러를 비행기 뒷부분에 장착한 형태
③ 이중반전식 : 비행기 앞이나 뒤 어느 쪽이든 한 축에 이중으로 된 회전축에 프로펠러 장착하여 서로 반대로 돌게 만든 것
- 탠덤식(Tandem type) : 비행기 앞과 뒤에 견인식과 추진식 프로펠러를 모두 갖춘 방법

04 프로펠러 깃(Blade) 트랙킹(Tracking)은 무엇을 결정하는 절차인가?

① 항공기 세로축(Longitudinal axis)에 대해서 프로펠러의 회전면을 결정하는 절차
② 진동을 방지하기 위하여 각 깃 받음각을 동일하게 결정하는 절차
③ 각 깃 각(Blade angle)을 특정한 범위 내에 들어오게 하는 절차
④ 각 프로펠러 깃의 회전 선단(Tip) 위치가 동일한지 여부를 결정하는 절차

해설

트랙(Track)

프로펠러 블레이드 팁의 회전 궤도이며 각 블레이드의 상대 위치를 나타내는 것이다. 그리고 어느 한 개의 블레이드를 기준으로 해서

[정답] 19 ③ 01 ② 02 ② 03 ④ 04 ④

다른 블레이드 팁이 같은 원 주위를 회전하는지를 점검하는 것을 궤도검사(트랙킹 : Tracking)라고 한다.

05 고정피치(Fixed-pitch) 프로펠러의 깃 각(Blade angle)은?

① 선단(Tip)에서 가장 크다.
② 허브(Hub)에서 선단까지 일정하다.
③ 선단에서 가장 작다.
④ 허브로부터 거리에 따라 비례해서 증가한다.

해설

프로펠러의 깃 각은 전 길이에 거쳐 일정하지 않고 깃뿌리에서 깃 끝으로 갈수록 작아진다.

06 일반적으로 프로펠러 깃의 위치는 어디서부터 측정되는가?

① 블레이드 생크로부터 블레이드 팁까지 측정
② 허브 중심에서부터 블레이드 팁까지 측정
③ 블레이드 팁부터 허브까지 측정
④ 허브부터 생크까지 측정

해설

깃의 위치
허브의 중심으로부터 깃을 따라 위치를 표시한 것으로 일반적으로 허브의 중심에서 6[in] 간격으로 깃 끝까지 나누어 표시하며 깃의 성능이나 깃의 결함, 깃 각을 측정할 때에 그 위치를 알기 쉽게 한다.

07 프로펠러 깃 스테이션(Station)의 용도로 가장 올바른 것은?

① 깃 각(Blade angle) 측정
② 프로펠러 장착과 장탈
③ 깃 인덱싱(Indexing)
④ 프로펠러 성형

해설

Station
Hub 중심에서 Blade tip까지를 6″ 간격으로 표시하는 가상적인 선으로 손상부분의 표시나 깃 각을 측정하기 위해 정한 위치

08 프로펠러가 항공기에 장착되어 있을 때 블레이드의 각을 측정하는 측정 기구는?

① 다이얼 게이지
② 버니어 캘리퍼스
③ 유니버설 프로펠러 프로트랙터
④ 블레이드 앵글 섹터

해설

만능 프로펠러 각도기(Universal propeller protractor)

09 터보프롭엔진의 프로펠러 깃 각(Blade Angle)은 무엇에 의해 조절되는가?

① 속도 레버(Speed Lever)
② 파워 레버(Power Lever)
③ 프로펠러 조종 레버(Propeller Control Lever)
④ 컨디션 레버(Condition Lever)

해설

동력 레버(thrust lever)

10 고출력용에 사용되는 중공(Hollow)프로펠러의 재질은 무엇으로 만들어 지는가?

① 알루미늄 합금(25ST, 75ST)
② 크롬–니켈–몰리브덴 강(Cr–Ni–Mo강)
③ 스테인레스 강(STAINLESS STEEL)
④ 탄소 강(CARBON STEEL)

해설

[정답] 05 ③ 06 ② 07 ① 08 ③ 09 ② 10 ②

블레이드는 우선 가벼워야하고 가늘고 길지만, 모양을 유지할 수 있어야 하고, 회전 시 받게 되는 모든 충격으로부터 견뎌야만 한다. 이러한 조건들을 만족하기 위해 제작하는데 여러 가지 방법이 쓰이고 있으며, 공간을 효과적으로 이용해 높은 강도와 경량화를 추구하고 있다.
재질로는 크롬(Cr), 니켈(Ni), 몰리브덴 강(Mo강)으로 구성 되어 있다.

11 **회전하고 있는 프로펠러에 사람이 접근하게 되면 치명적인 상해를 입을 수 있는데, 이를 방지하기 위한 방법으로 가장 올바른 것은?**

① 블레이드 팁(Blade Tip)에 위험표식(Warning Strip)을 해준다.
② 프로펠러의 전체를 밝은 색으로 칠해 준다.
③ 프로펠러의 돔(Dome)에 위험표식(Warning Strip)을 해준다.
④ 블레이드의 허브(Hub)에 눈(Eye)의 모양을 그려 놓는다.

해설

일반적으로 블레이드 팁에 약 10[cm] 정도의 오렌지색을 도색한다.

2 프로펠러의 피치

01 **프로펠러가 비행 중 한 바퀴 회전하여 이론적으로 전진한 거리는?**

① 기하학적 피치 ② 회전 피치
③ root 피치 ④ 유효 피치

해설

① 기하학적 피치(GP)
공기를 강체로 가정하고 프로펠러 깃을 한 바퀴 회전할 때 앞으로 전진 할 수 있는 이론적 거리 ($2\pi r\tan\beta$)
② 유효 피치(EP)
공기 중에서 프로펠러가 1회전할 때 실제 전진하는 거리
($2\pi r\tan\phi$)$=V\times\dfrac{60}{N}$

02 **프로펠러의 깃 각이 스테이션 40[inch]에서 20°이면 기하학적 피치는?**

① 68.58[inch] ② 77.63[inch]
③ 91.44[inch] ④ 174.27[inch]

해설

관련식이 $2\pi r\tan\beta$이므로 $2\times3.14\times40\times\tan20°$

03 **다음 중 유효피치를 설명한 것 중 맞는 것은?**

① 프로펠러를 한 바퀴 회전시켜 실제로 전진한거리
② 프로펠러를 두 바퀴 회전시켜 전진할 수 있는 이론적인 거리
③ 프로펠러를 두 바퀴 회전시켜 실제로 전진한거리
④ 프로펠러를 한 바퀴 회전시켜 전진할 수 있는 이론적인 거리

해설

항공기에 장착된 프로펠라를 1회전 시켰을 때 실제로 전진한 거리를 유효피치라 한다.

04 **다음 중에서 프로펠러의 유효 피치(Effective pitch)를 구하는 공식으로 맞는 것은?(단, α : 받음각, β : 깃각, ϕ : 유입각, r : 프로펠러 반경)**

① $2\pi\tan\alpha$ ② $2\pi r\tan\pi$
③ $2\pi r\tan\alpha$ ④ $2\pi r\tan(\alpha+\beta)$

해설

관련식은 $2\pi r\tan\alpha$이다.

05 **비행 속도가 V, 회전속도가 N[rpm]인 프로펠러의 유효 피치를 맞게 표현한 것은?**

① $V+\dfrac{60}{N}$ ② $V\times\dfrac{60}{N}$
③ $V+\dfrac{N}{60}$ ④ $V\times\dfrac{N}{60}$

[정답] 11 ① 01 ① 02 ③ 03 ① 04 ③ 05 ②

해설

유효 피치(EP)

공기 중에서 프로펠러가 1회전할 때 실제 전진하는 거리

$(2\pi r \tan\phi) = V \times \frac{60}{N}$

06 다음 중 프로펠러에서 슬립을 가장 올바르게 설명한 것은?

① 프로펠러 깃 의 뿌리 부분이다.

② 기하학적 피치와 유효 피치의 차이이다.

③ 허브 중심으로부터 블레이드를 따라 인치로 측정되는 거리이다.

④ 블레이드의 정면과 회전면사이의 각도이다.

해설

$slip = \frac{GP - EP}{GP} \times 100$

07 다음은 프로펠러 효율과 진행률과의 관계를 설명한 것이다. 옳지 않은 것은?

① 하나의 깃 각에서 효율이 최대가 되는 진행률은 한 개 뿐이다.

② 진행률이 클 때 깃 각을 작게 한다.

③ 진행률과 프로펠러 효율은 비례한다.

④ 이륙시 깃 각을 작게 한다.

해설

① 진행률이 작을 때는 깃 각을 작게 하고, 진행률이 커짐에 다라 깃 각을 크게 하면 효율이 좋아진다.

② 프로펠러 효율(η_p)$= \frac{TV}{P} = \frac{C_t}{C_p} \cdot \frac{V}{nD} = \frac{C_t}{C_p} J$

08 다음 중 프로펠러의 진행률을 바르게 표현한 것은?

① $T \times V/P$　　② V/nP

③ V/nD　　④ $V/T \times P$

해설

문제 07번 해설 참조

09 프로펠러 효율과의 관계 중 옳은 것은?

① 회전속도에 비례　　② 전진율에 비례

③ 가속에 비례　　④ 동력계수에 반비례

10 지름이 6.7[ft]인 프로펠러가 2,800[rpm]으로 회전하면서 50[mph]로 비행하고 있다면 이 프로펠러의 진행율은 약 얼마인가?

① 0.26　　② 0.37

③ 0.52　　④ 0.76

해설

$J = \frac{V}{nD} = \frac{50}{2,800 \times 6.7} = 0.0026$

여기서, n : 프로펠러 회전속도, D : 프로펠러 지름, V : 비행 속도

11 프로펠러가 1,020[rpm]으로 회전하고 있을 때 이 프로펠러의 각속도는 몇 [deg/s]인가?

① 17　　② 106

③ 750　　④ 6,120

해설

각속도$= \frac{\text{각}}{\text{시간}} \rightarrow \frac{1,020 \times 360^\circ}{60} = 6,120$

(1회전은 360°, 1분은 60초)

12 프로펠러의 추력동력은?

① (밀도)×(속도)^2×(깃의 선속도)

② (밀도)^2×(속도)×(깃의 선속도)

③ (밀도)×(속도)×(깃의 선속도)^2

④ (밀도)×(속도)×(깃의 선속도)

[정답] 06 ② 07 ② 08 ③ 09 ④ 10 ① 11 ④ 12 ③

3 프로펠러의 성능

01 회전하는 프로펠러에 발생하는 추력은 무엇에 기인하는가?

① 프로펠러의 슬립
② 프로펠러 깃 뒤쪽의 저압부
③ 프로펠러 깃 바로 앞쪽에 감소된 압력부
④ 프로펠러의 상대풍과 회전속도의 각도

02 프로펠러의 회전 속도가 증가하게 되는 요인에 해당하지 않는 것은?

① 비행 고도의 증가
② 감속 기어를 삽입한 경우
③ 비행자세를 강하자세로 취할 경우
④ 기관의 스로틀 개도의 증가에 의한 기관 출력 증가

해설

정속 프로펠러에서 위의 요인에 의해 과속회전상태(Over speed)가 되면 조속기에 의해 프로펠러의 피치를 고 피치로 만들어 감속시켜 정속회전 상태로 돌아오게 한다.
① 고 피치로 만들어 주는 힘 : 프로펠러의 원심력
② 저 피치로 만들어 주는 힘 : 조속기 오일 압력

03 프로펠러가 평형 상태를 벗어났을 때 언제 가장 현저하게 발견할 수 있는가?

① High rpm　② Low rpm
③ Cruising rpm　④ Critical range rpm

해설

높은 rpm(High rpm)에서 프로펠러의 균형이 맞지 않을 때, 진동 현상이 발생한다.

04 프로펠러를 손으로 돌릴 때 (쉬) 소리가 나는 이유는 무엇인가?

① 배기구의 균열
② 밸브로부터 공기가 새고 있다.
③ 피스톤의 마모
④ 리큐드 락크

해설

프로펠러 밸브 블로우바이(Valve blowby)
프로펠러를 회전시킬 때 바람이 새는 소리가 나는 것

05 프로펠러 커프(Cuff)의 주목적은 무엇인가?

① 방빙 작동유를 분해하기 위하여
② 프로펠러 강도를 보강하기 위하여
③ 공기를 유선형 흐름으로 하여 항력을 줄이기 위하여
④ 엔진 나셀(Nacell)로 냉각공기의 흐름을 증가시키기 위하여

해설

프로펠러 커프
프로펠러 허브 부분이 원형으로 되어 있어 공기의 유입 효과가 저하될 수 있으므로 에어포일 모양의 정형재를 허브 부분에 장착하여 전체가 에어포일 모양을 하도록 한 것이다.

06 터보프롭 엔진의 프로펠러를 지상에서 "Fine Pitch"에 두는데, 그 이유로 가장 관계가 먼 내용은?

① 시동시 프로펠러의 토크를 적게 하기 위하여
② 저속 운전시 소비마력을 적게 하기 위하여
③ 지상 운전시 엔진냉각을 돕기 위하여
④ 착륙거리를 줄이기 위하여

[정답] 01 ③ 02 ② 03 ① 04 ② 05 ④ 06 ③

해설

Fine pitch : 저 피치

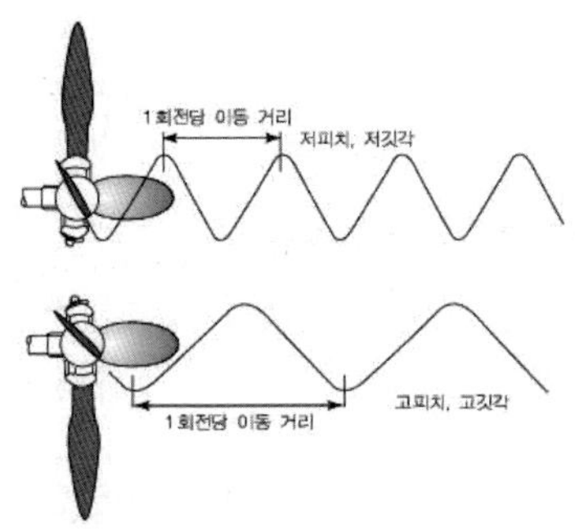

07 **터보 프롭 엔진의 프로펠러에 Ground fine pitch를 두는데 그 이유는 무엇인가?**

① 시동시 토크를 적게 하기 위해서
② High rpm시 소비마력을 적게 하기 위하여
③ 지상 시운전시 엔진 냉각을 돕기 위하여
④ 항력을 감소시키고 원활한 회전을 위하여

해설

Ground fine pitch
① 시동시 토크를 적게 하고 시동을 용이하도록 한다.
② 기관의 동력 손실을 방지한다.
③ 착륙시 블레이드의 전면면적을 넓혀서 착륙거리를 단축시킨다.
④ 완속 운전시 프로펠러에 토크가 적다.

4 프로펠러에 작용하는 힘과 응력

01 **다음 중에서 프로펠러 회전시 작용하는 하중이 아닌 것은?**

원심력

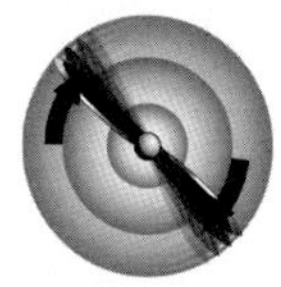
비틀림

추력

공기력 비틀림

원심력 비틀림

① 인장력 ② 압축력
③ 비틀림력 ④ 굽힘력

해설

원심력-인장 응력, 추력-굽힘 응력, 비틀림력-비틀림 응력

02 **프로펠러가 고속으로 회전할 때 발생하는 응력(Stress) 중 추력(Thrust)에 의해서 발생되는 것은?**

① 인장 응력 ② 전단 응력
③ 비틀림 응력 ④ 굽힘 응력

03 **프로펠러 블레이드에 작용하는 힘 중 가장 큰 힘은?**

① 구심력 ② 인장력
③ 비틀림력 ④ 원심력

04 **프로펠러 깃(Blade)의 선단(Tip)이 앞으로 휘게(Bend)하는 가장 큰 힘은?**

① 토크-굽힘력(Torque-Bending)
② 공력-비틀림력(Aerodynamic-Twisting)
③ 원심-비틀림력(Centrifugal-Twisting
④ 추력-굽힘력(Thrust-Bending)

05 **프로펠러 깃 선단(Tip)이 회전방향의 반대방향으로 처지게(Lag)하는 힘으로 가장 올바른 것은?**

① 추력-굽힘력 ② 공력-비틀림력
③ 원심-비틀림력 ④ 토크-굽힘력

[정답] 07 ① 01 ② 02 ④ 03 ④ 04 ④ 05 ④

06 프로펠러에서 가장 큰 응력을 발생하는 것은?

① 원심력 ② 토크에 의한 굽힘
③ 추력에 의한 굽힘 ④ 공기력에 의한 비틀림

07 프로펠러의 원심 비틀림 모멘트의 경향은?

① 깃을 저 피치로 돌리려는 경향이 있다.
② 깃을 고 피치로 돌리려는 경향이 있다.
③ 깃을 뒤로 구부리려는 경향이 있다.
④ 깃을 바깥쪽으로 던지려는 경향이 있다.

08 프로펠러 회전속도가 증가함에 따라 블레이드에서 원심 비틀림 모멘트는 어떤 경향을 가지는가?

① 감소한다.
② 증가한다.
③ 일정하다.
④ 최대 회전속도에서는 감소한다.

5 프로펠러의 종류

01 고정피치 프로펠러 설계시 최대 효율기준은?

① 이륙시 ② 상승시
③ 순항시 ④ 최대 출력 사용시

해설

고정피치 프로펠러
프로펠러 전체가 한 부분으로 만들어지며 깃 각이 하나로 고정되어 피치 변경이 불가능하다.
그러므로 순항속도에서 프로펠러 효율이 가장 좋도록 깃 각이 결정되며 주로 경비행기에 사용한다.

02 고정피치(Fixed-pitch) 프로펠러의 깃 각(Blade angle)을 가장 올바르게 나타낸 것은?

① 선단(Tip)에서 가장 크다.
② 허브(Hub)에서 선단까지 일정하다.
③ 선단(Tip)에서 가장 작다.
④ 허브로부터 거리에 따라 비례해서 증가한다.

해설

프로펠러의 깃 각
전 길이에 걸쳐 일정하지 않고 깃뿌리에서 깃 끝으로 갈수록 작아진다.

03 하나의 속도에서 효율이 가장 좋도록 지상에서 피치 각을 조종하는 프로펠러는 다음 중 어느 것인가?

① 고정피치 프로펠러 ② 조정피치 프로펠러
③ 2단 가변피치 프로펠러 ④ 정속 프로펠러

해설

조정피치 프로펠러
1개 이상의 비행 속도에서 최대의 효율을 얻을 수 있도록 피치의 조정이 가능하다.
지상에서 기관이 작동하지 않을 때 조정나사로 조정하여 비행 목적에 따라 피치를 변경한다.

04 2단 가변피치 프로펠러에서 착륙시 피치 각은?

① 저 피치 ② 고 피치
③ 완전 페더링 ④ 중립위치

해설

가변피치 프로펠러
비행 목적에 따라 조종사에 의해서 또는 자동으로 피치 변경이 가능한 프로펠러로서 기관이 작동 될 동안에 유압이다 전기 또는 기계적 장치에 의해 작동된다.
① 2단 가변피치 프로펠러 : 조종사가 저 피치와 고 피치인 2개의 위치만을 선택할 수 있는 프로펠러이다. 저 피치는 이, 착륙할 때와 같은 저속에서 사용하고, 고 피치는 순항 및 강하 비행시에 사용.
② 정속 프로펠러 : 조속기에 의하여 저 피치에서 고 피치까지 자유롭게 피치를 조정할 수 있어 비행 속도나 기관 출력의 변화에 관계없이 항상 일정 한 속도를 유지하여 가장 좋은 프로펠러 효율을 가지도록 한다.

05 2포지션 프로펠러(Two-position Propeller)의 깃 각(Blade angle)을 증가시키는 힘은?

[정답] 06 ① 07 ① 08 ② 01 ③ 02 ③ 03 ② 04 ① 05 ③

① 엔진오일 압력(Engine Oil pressure)
② 스프링(Springs)
③ 원심력(Centrifugal Force)
④ 가버너 오일 압력(Governor Oil Pressure)

해설

① 2단 가변 피치 프로펠러에서 고 피치로 변경시키는 힘 : 원심력
② 2단 가변 피치 프로펠러에서 저 피치로 변경시키는 힘 : 엔진 오일 압력

06 **정속 프로펠러(Constant speed propeller)에서 스피더 스프링(Speeder spring)의 장력과 거버너 플라이 웨이트(Fly weight)가 중립위치일 때 어떤 상태인가?**

① 정속상태 ② 과속상태
③ 저속상태 ④ 페더상태

해설

정속 프로펠러

① 정속상태(On speed condition) : 스피더 스프링과 플라이 웨이트가 평형을 이루고 파일럿 밸브가 중립위치에 놓여져 가압된 오일이 들어가고 나가는 것을 막는다.
② 저속상태(Under speed condition) : 플라이 웨이트 회전이 느려져 안쪽으로 오므라들고 스피더 스프링이 펴지며 파일럿 밸브는 밑으로 내려가 열리는 위치로 밀어 내린다. 가압된 오일은 프로펠러 피치 조절 실린더를 앞으로 밀어내어 저 피치가 된다. 프로펠러가 저 피치가 되면 회전수가 회복되어 다시 정속상태로 돌아온다.
③ 과속상태(Over speed condition) : 플라이 웨이트의 회전이 빨라져 밖으로 벌어지게 되어 스피더 스프링을 압축하여 파일럿 밸브는 위로 올라와 프로펠러의 피치 조절은 실린더로부터 오일이 배출되어 고 피치가 된다. 고 피치가 되면 프로펠러의 회전저항이 커지기 때문에 회전속도가 증가하지 못하고 정속상태로 돌아온다.

07 **정속 프로펠러에서 프로펠러 피치 레버를 조작했는데 프로펠러가 피치 변경이 되지 않는 결함이 발생한 원인은?**

① 조속기의 릴리프 밸브가 고착되었다.
② 파일럿 밸브의 틈새가 과도하게 크다.
③ 조속기 스피더 스프링이 파손되었다.
④ 페더링 스프링이 마모되었다.

해설

조속기(Governor)

정속 프로펠러에서 선택된 프로펠러 속도를 유지하기 위해 피치를 자동으로 조정
① 파일럿 밸브 : 상하로 움직이면서 프로펠러로 흐르는 오일의 흐름 방향을 결정
② 플라이 웨이트 : 프로펠러와 연결되어 회전속도에 다라 움직여 파일럿 밸브를 움직이게 한다.
③ 스피드 스프링 : 속도 조정 레버를 움직이면 스피더 스프링이 플라이 웨이트에 가하는 압력을 조절하여 정속 프로펠러의 회전수 설정

08 **정속 프로펠러의 피치 각을 조정해 주는 것은 무엇인가?**

① 공기 밀도 ② 조속기
③ 오일 압력 ④ 평형 스프링

해설

정속 프로펠러

조속기(Governor)에 의해, 2단 가변피치 프로펠러는 세길 밸브(3-way selecting valve)에 의해 피치 각 조절

09 **정속 프로펠러에서 프로펠러 피치 레버(Propeller Pitch Lever)를 조작했는데 프로펠러가 피치 변경이 되지 않는 결함이 발생한다면 가장 큰 원인은 무엇이라 추정하는가?**

① 조속기(Governor)의 릴리프 밸브가 고착되었다.
② 파일럿 밸브(Pilot Valve)의 틈새가 과도하게 크다.
③ 조속기(Governor Valve) 스피더 스프링(Speeder Spring)이 파손되었다.
④ 페더링 스프링(Feathering Spring)이 마모되었다.

해설

스피더 스프링

정속 프로펠러에서 플라이 웨이트에 장력을 조절하여 프로펠러 회전수를 설정하기 위해 필요한 것으로, 스피더 스프링이 파손되면 플라이 웨이트는 원심력에 의해 항상 벌어져 있으므로 피치는 고 피치로 되어 고정될 것이다.

[정답] 06 ① 07 ③ 08 ② 09 ③

10 **정속 프로펠러에서 깃 각을 자동으로 변경하는 것은 일반적으로 어느 것에 의하여 이루어지는가?**

① 가버너 릴리프 밸브
② 조속기
③ 프로펠러 브레이드에 작용하는 공기 밀도에 의하여
④ 평형 스프링

해설

정속 프로펠러에서 위의 요인에 의해 과속회전상태(Overspeed)가 되면 조속기에 의해 프로펠러의 피치를 고 피치로 만들어 감속시켜 정속 회전상태로 돌아오게 한다.

11 **다음 중에서 프로펠러의 회전속도가 증가하게 되는 요인에 해당되지 않는 것은?**

① 비행고도의 증가
② 감속기어를 삽입할 경우
③ 비행자세를 강하 자세로 취할 경우
④ 기관의 스로틀 개폐 증가에 의한 기관출력 증가

12 **정속 프로펠러의 깃(Blade)을 고 피치(High pitch)로 이동시켜 주는 힘은 어느 것인가?**

① 프로펠러 피스톤-실린더에 작용하는 기관오일 압력
② 프로펠러 피스톤-실린더에 작용하는 기관오일 압력과 평형추에 작용하는 원심력
③ 평형추에 작용하는 원심력
④ 프로펠러 피스톤-실린더에 작용하는 프로펠러 조속기 오일 압력

해설

① 저 피치로 이동시키는 힘 : 프로펠러 피스톤-실린더에 작용하는 프로펠러 조속기 오일 압력
② 고 피치로 이동시키는 힘 : 평형추에 작용하는 원심력

13 **프로펠러 조속기 내의 스피더 스프링의 압축력을 증가하였다면 프로펠러 깃 각과 엔진 RPM에는 어떤 변화가 있는가?**

① 깃 각은 증가하고, RPM은 감소한다.
② 깃 각은 감소하고, RPM도 감소한다.
③ 깃 각은 증가하고, RPM도 증가한다.
④ 깃 각은 감소하고, RPM은 증가한다.

해설

스피더 스프링(Speeder spring)의 역할

정속 프로펠러의 조속기에서 플라이 웨이트(Fly weight)를 항상 일정한 힘으로 압력을 가해줌으로서 프로펠러의 회전수를 일정하게 한다. 이 때 압축력이 증가하면 플라이 웨이트를 오므라지게 함으로서 파일럿 밸브(Pilot valve)를 내려주어 윤활유 압력이 공급되어 저 피치를 만들어 주어 회전수를 증가시킨다.

14 **정속 프로펠러를 장착한 항공기가 비행 속도를 증가하면 블레이드는 어떻게 되는가?**

① 블레이드 각 증가　　② 블레이드 각 감소
③ 영각 증가　　④ 영각 감소

해설

프로펠러가 과속회전 상태가 되면 조속기에 의해 고 피치가 되고, 고 피치가 되면 프로펠러 회전 저항이 커지기 때문에 회전 속도가 증가하지 못하고 정속 회전 상태로 돌아오게 된다.

15 **정속 프로펠러를 장착한 엔진에서 엔진출력 감소의 작동순서는?**

① rpm을 감소시키고 다기관 압력을 감소시킨다.
② rpm을 감소시키고 Propeller control을 조정한다.
③ 다기관 압력을 감소시키고 rpm을 감소시킨다.
④ 다기관 압력을 감소시키고 정확한 rpm을 정하기 위해 드로틀을 감소시킨다.

해설

정속 프로펠러를 장착한 엔진의 출력 증가 방법

혼합기 농후 → rpm 증대 → MAP(흡기압력)증대

16 **프로펠러 중 저 피치와 고 피치 사이에서 피치 각을 취하며 항상 일정한 회전속도로 유지하여 가장 좋은 프로펠러 효율을 갈게 하는 것은?**

[정답] 10② 11② 12③ 13④ 14① 15③ 16③

① 고정 피치 프로펠러 ② 조정 피치 프로펠러
③ 정속 프로펠러 ④ 가변 피치 프로펠러

17 기관출력이 증가하였을 때 정속 프로펠러는 어떤 기능을 하는가?

① rpm 그대로 유지하기 위해 깃 각을 감소시키고, 받음각을 작게 한다.
② rpm을 증가시키기 위해 깃 각을 감소시키고, 받음각을 작게 한다.
③ rpm을 그대로 유지하기 위해 깃 각을 증가시키고, 받음각을 작게 한다.
④ rpm을 증가시키기 위해 깃 각을 증가시키고, 받음각을 크게 한다.

18 정속 프로펠러에 대한 설명 중 옳은 것은?

① 조종사가 피치를 변경하지 않아도 조속기에 의하여 프로펠러의 회전수가 일정하게 유지된다.
② 조종사가 피치 변경을 할 수 있다.
③ 조종사가 조속기를 통하여 수동적으로 회전수를 일정하게 유지할 수 있다.
④ 피치를 변경하면 자동적으로 조속기에 의해 회전수가 일정하게 유지된다.

19 가변피치 프로펠러 중 저 피치와 고 피치 사이에서 무한한 피치 각을 취하는 프로펠러는?

① 2단 가변피치 프로펠러
② 완전 페더링 프로펠러
③ 정속 프로펠러
④ 역피치 프로펠러

20 이·착륙할 때 정속 프로펠러의 위치는 어디에 놓이는가?

① 고 피치, 고 rpm ② 저 피치, 저 rpm
③ 고 피치, 저 rpm ④ 저 피치, 고 rpm

해설

항공기가 이·착륙할 때에는 저피치, 고 rpm에 프로펠러를 위치시킨다.

21 정속 프로펠러 조작을 정속 범위 내에서 위치시키고 엔진을 순항 범위 내에서 운전할 때는?

① 스로틀(Throttle) 을 줄이면 블레이드(Blade) 각은 증가한다.
② 블레이드(Blade) 각은 스로틀(Throttle)과 무관하다.
③ 스로틀(Throttle) 조작에 따라 rpm이 직접 변한다.
④ 스로틀(Throttle)을 열면 블레이드(Blade)각은 증가한다.

해설

스로틀(Throttle)을 열면 프로펠러 깃 각(Blade angle)과 흡기압이 증가하고 rpm은 변하지 않는다.

22 정속 프로펠러를 장착한 엔진이 2,300[rpm]으로 조종되어진 상태에서 스로틀 레버를 밀면 rpm은 어떻게 되는가?

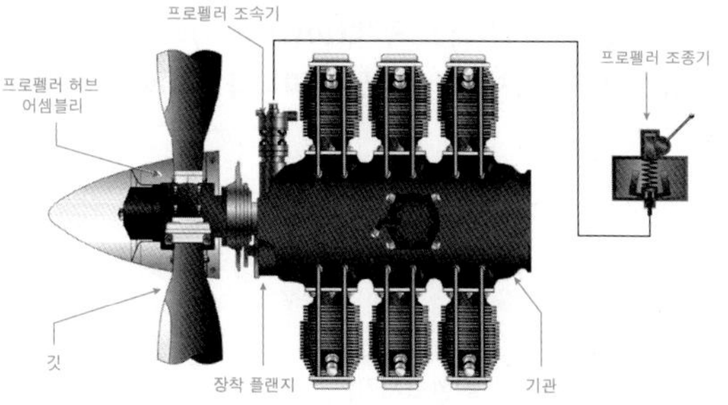

① rpm 감소 ② rpm 증가
③ 피치 감소 ④ rpm에는 변화가 없다.

[정답] 17 ③ 18 ① 19 ③ 20 ④ 21 ④ 22 ④

기출+예상

23 **프로펠러 블레이드의 받음각이 가장 클 경우는 다음 중 어느 것인가?(단, rpm은 일정하다.)**

① Low blade angle, High speed
② Low blade angle, Low speed
③ High blade angle, High speed
④ High blade angle, Low speed

24 **정속 프로펠러에서 프로펠러가 과속상태(Over speed)가 되면 플라이 웨이트(Fly weight)는 어떤 상태가 되는가?**

① 안으로 오므라든다.
② 밖으로 벌어진다.
③ 스피더 스프링(Speeder spring)과 플라이 웨이트(Fly weight)는 평형을 이룬다.
④ 블레이드 피치 각을 적게 한다.

25 **정속 프로펠러에서 조속기(Governor) 플라이 웨이트(Fly weight)가 스피더 스프링의 장력을 이기면 프로펠러는 어떤 상태에 있는가?**

① 정속상태 ② 과속상태
③ 저속상태 ④ 페더상태

26 **정속 프로펠러 조속기(Governor)의 스피더 스프링의 장력을 완화시키면 프로펠러 피치와 rpm에는 어떤 변화가 있겠는가?**

① 피치 감소, rpm 증가 ② 피치 감소, rpm 감소
③ 피치 증가, rpm 증가 ④ 피치 증가, rpm 감소

해설

스피더 스프링의 장력을 완화시키면 플라이 웨이트가 밖으로 벌어지게 되고 파일럿 밸브는 위로 올라와 프로펠러의 피치 조절은 실린더로부터 오일이 배출되어 고 피치가 된다. 고 피치가 되면 프로펠러의 회전저항이 커지기 때문에 회전속도가 증가하지 못하고 정속상태로 돌아온다.

27 **정속 프로펠러의 최대 효율은 무엇에 의해 일어나는가?**

① 항공기 속도가 감소함에 따라 깃(Blade) 피치를 증가시킴으로써
② 비행 중 직면하는 대부분 조건들에 대해 깃 각(Blade angle) 을 조절함으로써
③ 깃(Blade) 선단(Tip) 근방의 난류를 줄여줌으로써
④ 깃(Blade) 의 양력 계수를 증가시킴으로써

28 **정속 프로펠러는 비행조건에 따라 피치를 변경하는데 low에서 high순서로 나열한 것은 어느 것인가?**

① 상승, 순항, 하강, 이륙
② 이륙, 상승, 순항, 강하
③ 이륙, 상승, 강하, 순항
④ 강하, 순항, 상승, 이륙

해설

비행기가 이륙하거나 상승할 때에는 속도가 느리므로 깃 각을 작게 하고 비행 속도가 빨라짐에 따라 깃 각을 크게 하면 비행 속도에 따라 프로펠러 효율을 좋게 유지할 수 있다.

29 **비행 중 대기속도가 증가할 때 프로펠러 회전을 일정하게 유지하려면 블레이드 피치는?**

① 증가시켜야 한다.
② 감소시켜야 한다.
③ 일정하게 유지해야 한다.
④ 대기속도가 증가함에 따라 서서히 증가시켰다가 감소시켜야 한다.

해설

대기속도가 빨라지면 프로펠러 회전속도가 증가하는데 회전속도를 일정하게 유지하기 위해서 피치를 증가시키면 프로펠러 회전저항이 커지기 때문에 회전속도가 증가하지 못하고 정속회전 상태로 돌아온다.

[정답] 23 ④ 24 ② 25 ② 26 ④ 27 ② 28 ② 29 ①

30 **정속 프로펠러(Constant speed propeller)가 장착되어 있는 경우 부가적으로 요구되는 계기는?**

① 엑스허스트 어날라이저(Exhaust analyzer)
② 프로펠러 피치 게이지(Propeller pitch gage)
③ 매니폴드 프레셔 게이지(Manifold pressure gage)
④ 실린더 베이스 템퍼레쳐 게이지(Cylinder base tem-perature gage)

31 **프로펠러 회전에 따른 기관의 고장확대를 방지하기 위하여 사용되는 프로펠러는?**

① 정속 프로펠러 ② 역 피치 프로펠러
③ 완전 페더링 프로펠러 ④ 2단 가변피치 프로펠러

해설

완전 페더링 프로펠러(Feathering propeller)
① 비행 중 기관에 고장이 생겼을 때 정지된 프로펠러에 의한 공기 저항을 감소시키고 프로펠러가 풍차 회전에 의하여 기관을 강제로 회전시켜 줌에 따른 기관의 고장 확대를 방지하기 위해서 프로펠러 깃을 진행 방향과 평행이 되도록(거의 90°에 가깝게) 변경시키는 것
② 프로펠러의 정속 기능에 페더링 기능을 가지게 한 것을 완전 페더링 프로펠러라 한다.
③ 페더링 방법에는 여러 가지가 있으나 신속한 작동을 위해 유압에서는 페더링 펌프를 사용하고 전기식에는 전압 상승 장치를 이용한다.

32 **프로펠러가 저 rpm 위치에서 Feather 위치까지 변경될 때 바른 순서는?**

① 고 피치가 직접 페더 위치까지
② 저 피치를 통하여 고 피치가 페더 위치까지
③ 저 피치를 직접 페더 위치까지
④ 고 피치를 통하여 저 피치가 페더 위치까지

33 **프로펠러의 역추력(Reverse Thrust)은 어떻게 발생하는가?**

① 프로펠러를 시계방향으로 회전시킨다.
② 프로펠러를 반시계 방향으로 회전시킨다.
③ 부(Negative)의 블레이드 각으로 회전시킨다.
④ 정(Positive)의 블레이드 각으로 회전시킨다.

34 **이륙시 정속 프로펠러에서 rpm과 피치 각은 어떤 상태가 되어야 가장 효율적인가?**

① 높은 rpm과 큰 피치각
② 낮은 rpm과 큰 피치각
③ 높은 rpm과 작은 피치각
④ 낮은 rpm과 작은 피치각

35 **프로펠러의 회전수가 일정한 프로펠러 종류는?**

① 고정 피치 프로펠러 ② 조정피치 프로펠러
③ 가변 피치 프로펠러 ④ 정속 프로펠러

6 프로펠러의 감속

01 **프로펠러 감속 기어의 이점은 무엇인가?**

① 효율 좋은 블레이드 각으로 더 높은 엔진 출력을 사용할 수 있다.
② 엔진은 높은 프로펠러의 원심력으로 더 천천히 운전할 수 있다.
③ 더 짧은 프로펠러를 사용할 수 있으며 따라서 압력을 높인다.
④ 연소실의 온도를 조정한다.

해설

프로펠러 감속 기어
감속 기어의 목적은 최대 출력을 내기 위해 고 회전 할 때 프로펠러가 엔지 출력을 흡수하여 가장 효율 좋은 속도로 회전하게 하는 것이다. 프로펠러는 깃 끝 속도가 표준 해면 상태에서 음속에 가깝거나 음속보다 빠르면 효율적인 작용을 할수 없다.
프로펠러는 감속 기어를 사용할 때 항상 엔진보다 느리게 회전한다.

[정답] 30 ③ 31 ③ 32 ① 33 ③ 34 ③ 35 ④ 01 ①

02 프로펠러를 장비한 경항공기에서 감속 기어(Reduction gear)를 사용하는 이유는?

① 블레이드의 길이를 짧게 하기 위해서
② 블레이드 팁(끝)에서의 실속을 방지하기 위해서
③ 연료 소비율을 감소시키기 위해서
④ 프로펠러의 회전속도를 증가시키기 위해서

해설

깃 끝 속도가 음속에 가깝게 도면 깃 끝 실속이 발생하므로, 음속의 90[%] 이하로 제한하여야 한다.
이를 위해 깃의 길이를 제한하거나 크랭크축과 프로펠러축 사이에 감속 기어를 장착하여 프로펠러 회전수를 감속시킨다.

03 프로펠러 깃의 제한속도는?

① 음속의 90[%] ② 음속의 80[%]
③ 음속의 70[%] ④ 제한 없다.

04 프로펠러 추력과 날개의 양력의 관계를 잘 설명한 것은?

① 프로펠러와 날개의 양력은 원리가 다르다.
② 프로펠러의 추력을 날개는 양력을 발생하는 원리는 같다.
③ 프로펠러와 날개는 작동원리가 반대이다.
④ 프로펠러는 원심력에 의해 추력을 날개는 공기력에 의해 양력을 발생시킨다.

[정답] 02 ② 03 ① 04 ②

Aircraft Maintenance

Aircraft Maintenance

제5편 항공기 전자·전기·계기

제1장 항공기 전자장치

1 전자장치의 개요

항공기 전자장치는 항공기가 안전하게 운항할 수 있도록 탑재된 장치들과 지상의 장치들로 구성되어 있다. 항공기 전자장치는 통신장치, 항법 장치, 착륙 및 유도보조 장치, 자동비행 제어 장치로 구분한다.

1. 전파

(1) 전파의 역사

전파의 역사는 1871년 영국의 맥스웰(James Clerk Maxwell)에 의해 최초로 전파가 존재한다는 것이 이론적으로 증명되었으며, 1874년 독일 과학자인 헤르츠(Heinrich rudolf Herz)에 의해 전파의 존재를 실험으로 증명하게 되었다. 이러한 과정을 거쳐 1901년 이탈리아의 마르코니(Guglielmo Marconi)가 대서양 횡단 무선통신을 성공시킴으로써 전파가 무선통신에 이용되는 시초가 되었다.

(2) 전파의 발생과 성질

전파의 본질적으로 파동이다. 전파도 어떤 장소에서 발생한 전류의 변화에 의해 그 주위에 전계와 자계의 변화를 차례로 발생시켜 이 둘이 조를 이루어 공간으로 퍼져 나가는 것이다. 그 속도는 빛과 마찬가지로 1초 동안 30만[km]나 된다. 전파는 전자의 유도 작용에 의해 발생한다. 즉, 도선에 전류가 흐르면 자기장이 발생하고 자기장을 중심으로 전류가 형성된다. 형성된 전류는 시간에 따라 변하기 때문에 전류를 중심으로 다시 자기장이 형성된다.

전파의 성질은 전자기파 또는 전자파라고도 한다. 전파는 전하(電荷)가 급속하게 교번하거나 전류가 교번 전류 형태로 변화할 때 생기며, 그 통로에 해당되는 공간에 전기적 작용을 미치면서 빛과 같은 속도로 퍼져나간다. 전파는 전기장과 자기장이 동반하여 위상이 같으면서전파가진행하는방향에대해수직으로교번하는 전기적횡파이다.

(3) 전파의 주파수와 파장

전파는 안테나에 흐르는 고주파 전류에 의해서 만들어지므로 전파의 파형은 고주파의 파형과 같으며, 전파는 3×10^8[m/s]의 속도로 진행한다.

전파의 세기를 세로축으로, 진행 거리를 가로축으로 하여 그려 보면 파형이 된다. 전파가 한 번 진동하는 길이, 즉 하나의 산에서 이웃 산까지, 또 한 골짜기에서 이웃 골짜기까지의 거리를 파장이라고 한다. 파동이 일으키는 한 파장의 진동을 1주기라고 하고, 1초에 주기가 반복되는 횟수를 주파수라고 한다.

(4) 전파의 종류

전파의 종류 중 장파(LF : Low Frequency)는 선박, 장거리 이동 항공기의 통신용으로 이용됩니다. 중파(MF : Medium Frequency)는 AM 라디오, 단파(HF : High Frequency)는 원거리 통신 및 단파 방송으로 활용되며, 초단파(VHF : Very High Frequency)는 FM 라디오와 항공기 통신으로 사용되고, 극초단파(UHF : Ultra High Frequency)는 TV 방송, 이동 통신, GPS 수신기에 쓰입니다. 마이크로파(Micro Frequency)는 레이더나 위성 통신에 사용되며, 이는 센티미터파, 밀리미터파로 세분화 되기도 합니다.

(5) 반송파와 변조

인간의 귀로 들을 수 있는 신호는 주파수가 20,000[Hz] 이하인데, 이것을 가청 주파수(Audio Frequency)라고 하며, 그 이상의 주파수는 무선 주파수(Radio Frequency)라고 한다. 음성표준 방송의 경우 수신기가 수신하는 것은 전파이지만, 수신자가 실제로 듣는 것은 그 전파에 실려 온 음성 신호이다. 마이크로폰의 음성 신호는 증폭기에 의해 증폭된 후 고주파 전류와 함께 하나의 전자 회로에 가해져 그곳에서 고주파 전류의 진폭을 음성 신호의 강약에 따라 변화시킨다. 이러한 회로를 변조회로 또는 변조기(Modulator)라고 한다. 변조된 고주파 전류는 음성 신호를 송신기에서 수신기까지 실려 보내는 구실을 하는데, 이것을 반송파(Carrier Wave)라고 한다.

(6) 전파의 전달 방식

전파는 전파경로에 따라서 지상파와 공간파로 구분할 수 있으며, 지상파는 전달 경로에 따라 수신 안테나에 직접 도달하는 직접파, 대지에서 반사되어 도달되는 대지 반사파, 지표에 따라서 전파되는 지표파, 방해물체에 의해 회절해서 도달하는 회절파 등으로 구별된다.

공간파는 대류권 내에서 불규칙한 기단에 의해 굴절, 반사되거나 산란되어 전파되는 대류권파와 전리층에서 굴절, 반사되거나 산란되어 전파되는 전리층파로 나누어진다.

직접파는 지상파로 분류되기는 하지만, 항공기와 항공기 사이의 통신이나 인공위성과 지구국 사이의 통신과 같은 경우도 직접파라고 할 수 있다. 실제로 어떤 두 지점의 경로를 생각할 때, 전파는 위의 것들 중 하나나 둘 또는 그 이상의 전파 경로를 거쳐서 도달되는 경우도 많다.

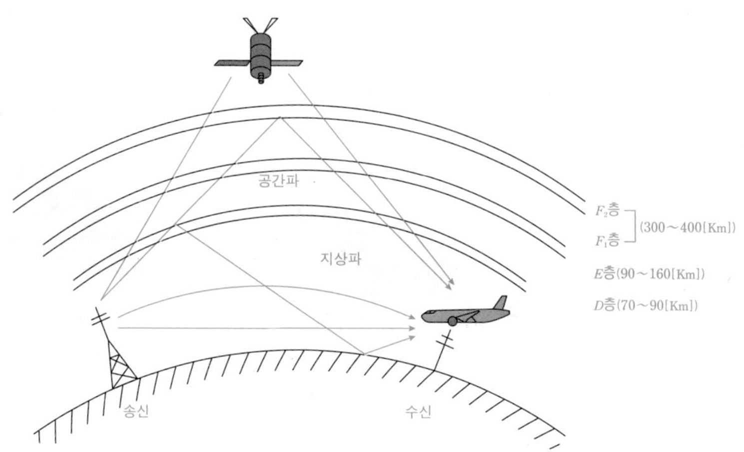

(7) 전파의 전달

전파는 균일한 매질 내에서 전파될 때에는 직진하며, 서로 다른 매질의 경계면을 통과할 때에는 굴절과 반사 현상이 일어난다. 주파수가 높을수록 직진하는 경향이 강하며, 주파수가 낮으면 반사, 회절, 굴절 등이 잘 일어난다. 전파가 대류권 내에서 전파될 때에는 비, 눈, 구름 등에 의해 전파 에너지가 흡수되거나 산란되어 점차 약해진다. 이러한 현상은 장파대, 중파대, 단파대에서는 무시해도 될 만큼 적고, 주로 초단파대 이상의 주파수에서 심하게 일어난다.

2. 송·수신 장치와 안테나

(1) 송신 장치

무선통신 장치는 전파를 발사할 수 있는 안테나를 포함한 송신장치와 전파 를 받아들이고 정보신호를 재현할 수 있는 수신 장치가 있어야 하며, 송신 장치와 수신 장치를 비롯해 정보의 송신과 수신과정에서 사용되는 장치를 무선통신장치라고 한다.

(2) 안테나

안테나란 고주파 신호인 전파를 공간으로 내보내거나 받는 수단으로, 자유 공간과 송수신기 간의 신호 변환기이며, 안테나로부터 전파가 공간으로 방사되어 진행하는 방향을 지향 특성 또는 지향성이라고 한다. 즉, 지향성은 방사되는 전파의 세기가 어느 방향으로 강하고 약한지 그 분포 모양을 기하학적으로 표현한 것이며, 안테나에는 모든 방향으로 전파를 방사하는 전방향 안테나 또는 무지향성 안테나와 특정 방향으로 방사하는 지향성 안테나가 있다. 안테나의 길이는 전파의 파장에 비례하므로, 주파수가 높아지면 안테나의 길이는 짧아지게 된다.

(3) 항공기용 안테나

항공기에는 각종 통신장치, 항법장치용 송·수신 안테나가 설치되어 있다. 안테나의 수가 많은 것은 기본적인 통신 장치뿐만 아니라, 안전한 비행을 위하여 레이더를 포함하여 많은 항법전자 장치들이 개발되어 탑재되었기 때문이다.

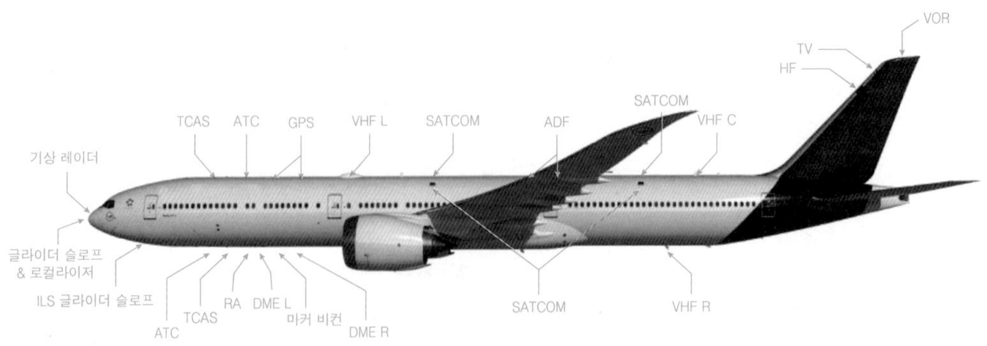

[그림 5-1 B777 항공기 안테나 위치]

3. 항공용 데이터 버스

(1) 데이터 버스(Data Bus)의 필요성

항공기의 각 시스템은 많은 전자 장치를 갖추고 있으며, 이들 전자장치 간에 신호를 주고받기 위한 적정한 전선이 필요하다. 전자 장치가 늘어 나면 그에 따라 전선 수도 급격히 증가한다. 따라서 전선 수를 적게 하고, 여러 대의 전자 장치에 대하여 공통의 전선을 사용하여 많은 신호를 송수신할 수 있는 방식인 데이터 버스를 적용하게 되었다. 데이터 버스의 장점은 전송로의 단순화, 경량화 및 자료의 공유화로 고 기능화, 통합화, 다중화 등 신뢰성이 높다는 것과 시스템 설계 유연성으로 장치의 추가, 변경 등을 통한 성능 개선이 용이하다.

(2) 데이터 통신

데이터 통신이란 원거리에 있는 컴퓨터 화된 장치 간에, 또는 다른 컴퓨 터를 통신 회선으로 연결하여 2진 부호로 표시된 정보를 수집, 처리, 분배하는 컴퓨터를 이용해 송수신하는 통신을 말하며, 초단파 통신에 음성뿐 아니라 디지털 데이터 통신을 추가하면 빠르고 정확하게 전송을 할 수 있으므로 많은 항공사에서 사용하고 있다. 데이터 통신 시스템들은 항공 무선 법인(Aeronautical Radio Incorporated)의 항공 무선 통신 접속 보고 장치(Aircraft Communication Addressing and Reporting System)이다.

(3) 하드웨어 규격

통신 방식은 쌍방이 미리 정해 놓은 하드웨어와 소프트웨어가 일치해야만 통신이 가능하다. 허용되는 전압과 전류 편차 등의 기본 적인 하드웨어 규격 외에도 정보 전송의 비트(bit) 수, 정보 시작의 표시방법, 전송 속도, 작동방식 및 통신선의 형태 등이 결정되어야한다.

정보의 전송률은 한 비트를 나타내기 위하여 지속되는 시간을 의미하며, 초당 전송 비트 수(Bits Per Second)로 나타낸다. 전송률이 100[kBPS]라면 비트 하나에 10[ls]가 소요된다. 전송 선로는 전자파나 정전기 방전 등의 영향을 받지 않도록 설계되어 있으며, 광섬유 등의 통신선이 주로 사용된다.

(4) 통신 프로토콜(Protocal)

서로 다른 기종의 컴퓨터 사이에 어떤 자료를, 어떤방식으로, 언제 주고 언제 받을지 등을 정해 놓은 통신 규약이다.

프로토콜은 물리적 측면과 논리적 측면 두 가지로 이루어진다. 물리적 측면에는 자료 전송에 쓰이는 전송 매체, 접속용 연결기 및 전송 신호, 회선 규격 등이 있다. 논리적 측면에는 자료의 표현 형식 단위인 프레임의 구성, 프레임 안에 있는 각 항목의 뜻과 기능, 자료전송의 절차 등이 있다.

오류가 생긴자료를 수신했을 때 처리하는 방식에 따라 프로토콜이 달라진다. 자료의 완벽성을 최우선으로 하는 경우에는 오류가 생기면 여러 차례 재전송 요청을 하는 프로토콜이 필요하고, 재전송이 불가능한 상황에서는 자료를 보낼 때 오류 복원 코드를 많이 추가하여 실제 데이터 전송률이 떨어지더라도 받은 후에 복원할 수 있는 프로토콜이 사용된다.

4. 인터페이스

(1) 조종실 인터페이스(Interface)

조종사는 항공기의 제반 탑재 장치에 대한 작동 상태를 잘 파악해야 한다. 항공기의 각 계통에 관련된 정보를 조종사가 파악할 수 있도록 표시해 주는 장치를 계기(Instrument)라고 하며, 조종실은 조종사와 항공기 사이에 항공기에 대한 정보를 공유하는 인터페이스 공간이라고 할 수 있다.

(2) 조종실 표시 장치

디지털 기술로 전기·기계식의 지시계와 단순 기능의 스위치는 대부분 음극선관(CrT: Cathode ray Tube) 표시 장치나 평판 표시 장치 등으로 대체되었다. 거의 모든 여객기와 전투기에서 컬러 음극선관을 사용한다. 삼원색 전자총에서 발사된 전자가 요크 코일(Yoke coil)에 의해 편향되고 음영 마스크(Shadow mask)를 거쳐 스크린의 형광면에 부딪혀 빛을 내어 정보를 표시하는 장치로 구형 브라운관 TV와 같다.

(3) 디지털 시스템과 아날로그 시스템

데이터는 아날로그 또는 디지털과 같이 어떠한 형태로든 전송될 수 있고, 전송될 데이터는 전송장치에 따라 아날로그 또는 디지털신호 형태로 표현 된다.

(4) 부호화(Encoding)

부호화는 정보 또는 신호를 다른 신호로 변환시키는 과정을 말하며, 정보 또는 신호가 전달되려면 매체 특성에 적합한 전송신호로 바뀌어야 하는데 부호화 된 신호를 반송 신호(Carrier signal)에 얹는 과정이 변조이다.

2 항공통신장치

항공기에 탑재된 통신 장치는 항공기 운항을 위하여 지상국 및 관제탑과의 교신을 위한 무선통신 시스템과 기내에서 승무원 사이의 통화 및 승객들을 위한 안내 방송에 필요한 유선 통신 시스템으로 구분한다.

1. 항공기통신장치의 개요

항공기와 지상통제 및 항공기 상호간의 무선통신업무를 항공 이동통신업무라고 말하며, 이동통신 업무는 사용 목적에 따라서 여러 가지 업무와 시스템으로 분류 한다.

(1) 항공기 통신 업무의 분류

육지에서는 초단파와 극초 단파통신을 사용하고, 지상국과 멀리 떨어져 있는 대양에서는 초단파를 사용하는 것 이외에는 주로 단파통신을 사용하고 있다. 초단파통신은 전파 거리가 직선거리에 한정되기 때문에

각 항공관제센터의 관할공역 내를 비행 중인 항공기와 항공 관제사가 직접 교신할 수 있도록 항공교통관제 기관에서 떨어진 적당한 장소에 원격 지대공 통신 시설을 설치 하여 원격 조작에 의한 통신을 실시한다.

(2) 항공기 음성 통신

가시거리 통신에 유효한 공대지 단거리 통신용으로 이용하는 초단파 통신, 항공기가 대양이나 지상 설비를 설치할 수 없는 정글이나 사막 등의 상공을 비행할 때 장거리 통신용으로 이용하는 단파 통신, 위성을 이용한 국제 통신, 방송 중계, 국내 통신, 위성 방송을 비롯하여 개인 휴대 통신, 기업 통신망 등 으로 지구를 하나의 범주로 묶는데 혁신적 역할을 하는 위성 통신 장치가 있다.

(3) 항공기 이동 통신

국제민간항공기구에서는 항공의 안전 운항과 정시성을 확보하기 위해 선정한 운용방식과 기술수준을 적용하여 통일된 국제항공 이동통신 업무를 운용하고 있다. 주요 업무는 취급 통보의 종류, 통보의 우선순위, 통보 수속, 단파 통신 무선 전화 통신망의 설정, SELCAL 방식(Selective calling) 등이 있다

(4) 데이터 통신

비행계획, 항공기상, 항공정보 등을 취급하는 국제항공 고정통신망과 항공사가 공동으로 운용하는 정보 통신망이 있다. 항공 무선 법인의 항공무선통신 접속 보고장치는 항공기 안전운항을 위한 음성대체 통신 수단이다. 항공행정 전문과 같은 정보를 펄스 신호화하여 음성 또는 위성 통신으로 수행할 수 있게한다.

2. 단파(HF) 통신장치

초단파 통신 장치보다 더 먼 거리까지 음성 통화가 가능하며, 단파 통신장치는 바다 위를 장시간 비행하는 동안 지상국 또는 다른 항공기와 교신하기 위하여 2~25[MHz]의 단파 항공 통신대에서 작동된다.

장거리 통신에서 단파 통신장치는 장거리 통신을 위해서 공간파를 이용하며, 송신된 단파 신호는 대기의 전리층에 반사되어 지구로 향하고, 지구는 전리층을 향하여 다시 반사를 반복하며 지구 반대쪽까지 통신을 할 수 있기 때문에 장거리 통신에 이용된다. 공간파 전달거리는 주파수, 시간, 항공기 고도에 따라 변한다. 또한 단거리 통신에서 단파 신호는 지상국 또는 다른 항공기에 직접 보내진다.

3. 초단파 및 극초단파 통신 장치(VHF/UHF)

VHF/UHF 대역의 주파수를 이용하여 항공교통관제사가 항공기 관제용으로 사용하는 이동 통신 시설을 말한다. VHF로 사용되는 주파수대는 118.0~136.975[MHz]이고 UHF로 사용되는 주파수대는 225~400[MHz]이다.

(1) 초단파 통신 장치

초단파 통신 장치는 118.0~136.9[MHz]의 초단파 항공 주파수 범위에서 작동 하며, 항공기와 항공기 또는 항공기와 지상국이 서로 교신하게 됩니다.

(2) SELCAL 시스템

지상국에서 통신 송 · 수신기로 항공기를 호출하기 위한 장치이며, 지상국에서 오는 모든 신호를 감시하여 자기를 호출하는 무선만 선별해 내기 때문에 조종사는 계속해서 무선채널을 감시할 필요가 없다. 각 항공기는 서로 다른 SELCAL 코드를 갖고 있으며, 지상국은 원하는 항공기를 호출할 때 이 코드를 송신한다. 항공기가 자기 SELCAL 코드(호출 부호)를 수신하였을 때에만 벨소리와 함께 호출 등을 점멸하여 조종사에게 지상의 호출을 알리게 된다.

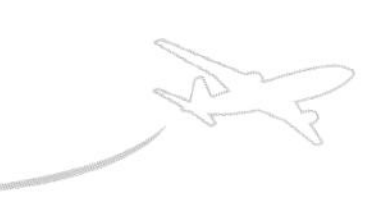

4. 위성 통신

(1) 위성 통신 시스템(Satellite Communication System)의 목적

정보와 음성 메시지를 송수신하기 위해 통신망, 지상국과 항공기 위성 통신
장비를 사용하며, 위성 통신은 단파 · 초단파 통신 장치보다 더 멀리 승객과 승무원을 위한 정보와 음성 메시지 신호를 제공한다.

위성은 지상국과 항공기 사이에서 중계소처럼 작용하며, 지상국은 지상기지 항공무선 통신 접속 보고 장치와 공중전화 통신망에 위성 통신 시스템을 연결한다.

(2) 위성 통신 시스템의 원리

위성통신은 3~30[GHz] 주파수 범위의 마이크로웨이브 초고주파를 이용하여 전송하며, 파장이 긴 전파들은 지구를 둘러싸고 있는 전리층에 의해 반사되 기 때문에 이를 통과하는 초고주파를 이용하여 전리층 바깥에 위치한 위성 과 송수신하여 원거리 통신이 가능하도록 한다.

(3) 위성 통신 시스템의 구성

위성통신 시스템은 위성자료 장치, 무선주파수 장치, 무선주파수 감쇠기, 고출력 증폭기, 무선 주파수 결합기, 고출력 릴레이, 고이득 안테나로 구성 되어 있다.

5. 항공기 기내 통신

(1) 플라이트 인터폰 시스템(Flight Interphone System)

조종사는 상호 간 그리고 항공기 주기 시, 지상 근무자와 통화하기 위해 플라이트 인터폰 시스템을 사용한다. 조종사와 정비사는 서비스 인터폰을 사용하고, 항법수신기를 감시하기 위해 플라이트 인터폰 시스템을 사용한다.

(2) 객실 인터폰 시스템(Cabin Interphone System)

승무원은 서로 간에 또는 조종사와 통화를 위해 객실 인터폰 시스템을 사용 하며, 객실 인터폰 시스템은 일반 전화 시스템과 같다.

(3) 서비스 인터폰 시스템(Service Interphone System)

지상 근무자는 서로 간에 또는 조종사와 통화를 위해 서비스 인터폰을 사용 하며, 항공기 엔진, 화물칸, 연료 주유 등 여러 곳 서비스 인터폰 잭이 있다.

(4) 승객 안내 시스템(Passenger Address System)

승객 안내 시스템은 승무원이 객실 안에 방송하는데 사용하는 장치이다.

(5) 승객 서비스 시스템(Passenger Service System)

승객서비스 시스템은 승객이 객실 서비스를 위해 승무원을 호출하고, 승객의 독서 등을 제어하도록 해주고, 객실 사인으로 승객에게 정보를 제공한다.

(6) 승객 오락 시스템(Passenger Entertainment System)

승객 오락 시스템의 음성 신호는 각각의 승객 좌석으로 오락 음성과 승객 안내 음성 신호를 보낸다. 승객은 여러 가지 음성 채널 중 하나를 선택하여 들을 수 있다. 음성 오락 플레이어로부터 음성 신호와 비디오 음성 신호는 객실 관리 시스템을 통해 승객에게 전송한다. 승무원은 승객 오락 시스템의 음성 신호를 제어하기 위해 객실 시스템 제어 패널과 객실 구역 제어 패널을 사용한다. 승객은 음성 선택을 하기 위해 승객 제어 장치를 사용한다.

6. 그 밖의 통신 관련 장치

(1) 조종실 음성 기록 장치(CVR : Cockpit Voice Recoder)

조종실 음성 기록 장치는 조종사 통신과 대화 및 청각 경고와 같은 조종실의 소리를 계속해서 녹음을 하는 것입니다. 녹음 정지 이전의 마지막 30분간의 음성을 보관하며, 사고 발생 후 조사를 위해서 기록된 음성을 이용한다. 조종실 음성 기록 장치는 조종실 내의 음성 및 소리를 녹음한다. 조종실 음성 기록 장치 패널은 조종실 음성 기록 장치 마이크와 조종실 음성 기록 장치에 연결되어 있다.

(2) 비상 위치 발신기(Emergency Locator Transmitter)

항공기 후방 구역의 객실천정 패널에 항공기 등록 장치와 함께 장착되어 있으며, 항공기가 충돌이나 추락 등으로 큰 충격이 감지되었을 때 자동적으로 비상신호를 발사하여 항공기 위치를 알려 주는 장치입니다. 조종사는 제어 패널에 있는 스위치로 조종실에서 수동으로 비상 위치 발신기를 작동시킬 수도 있다.
비상 위치 발신기는 초단파와 극 초단파 비상 채널(121.5[MHz]와 243.0[MHz])을 이용하여 항공기 추락위치 에 대한 정보를 전송한다. 또한 위성 수신기로도 비상 신호를 406[MHz] 주파수로 매 50초 마다 디지털 정보를 보낸다. 위성 수신기는 수신된 비상 신호의 위치를 계산하기 위하여 이 정보 를 지상국으로 보낸다. 지상국은 임무제어센터로 이 정보를 보내고, 임무제어센터는 재난 협조 센터로 긴급 자료를 보낸다.

(3) 정전기 방전 장치

정전기 방전장치는 무선수신기 혼신을 감소시키기 위해 항공기에 장착되어 있다. 이 혼신은 침전 정전기로 인하여 항공기 표면으로부터 방전하는 코로나(Corona) 방전에 의해 발생합니다. 정전기 방전 장치는 가느다란 막대의 끝에 탄소 섬유 끝을 갖고 있다. 막대는 금속 틀(Base)에 연결된 저항성의 전도 물질이다. 틀은 항공기 표면에 전기적인 연결이 되어 있다. 정전기 방지 장치는 뒷전(Trailing edge) 방지 장치 와 끝 방전 장치가 있다. 끝 방전 장치는 뒷전 방전 장치보다 좀 더 작다. 정 전기 방전 장치는 날개 가장자리와 꼬리(Tail) 가장자리에 장착되어 있다. 방전기는 틀에 세트스크류로 고정되어 있다. 틀은 항공기 표면에 부착되어 있 다. 정전기 방전 장치는 항공기에 누적된 정전기를 대기 중으로 방전시킨다.

(4) 비행 자료 기록 장치(FDR : Flight Data Recoder)

비행자료 기록장치는 항공기 비행 상태를 나타내는 기본 데이터를 기록하는 장치이며, 비행 자료 기록 장치의 크기는 최대 20[cm], 길이 51[cm], 너비 12.8[cm]로 만들어지며, 수색을 쉽게 하도록 밝은 오렌지색이나 밝은 황색으로 외부가 도색되어야 한다. 비행 자료 기록 장치의 충격 보호 용기는 강화 티타늄이나 스테인리스 강을 소재로 하여 만들어지며, 1,100[℃]의 온도에서 30분간 견딜 수 있어야 한다. 또한 3,400배의 중력 가속도에 견디고, 250[kg]의 강철 통을 3[m] 높이 에서 떨어뜨리는 충돌 시험, 2.5톤의 무게로 눌러 5분 동안 견디는 정적 부 하 시험, 바닷속 6,600[m]에서 30일 동안 작동하는가 하는 유체 잠김 시험을 한다. 비행자료 기록장치(FDR) 비행 자료 수집 장치를 통하여 주요 감지기와 계통으로부터 항공기의 비행속도, 비행고도, 수직 가속도, 기수 방위, 기체의 자세각, 엔진추력 상황 등의 자료를 탐지하고, 25시간까지 반도체 메모리 소자에 수록한다.

(5) 항공무선 통신 접속 보고 장치

항공무선 통신 접속 보고장치는 항공기와 항공사의 지상기지 컴퓨터 사이에 정보 통신을 제공하기 위한 디지털 정보 연결 장치(data-link)이다. 항공 무선 통신 접속 보고장치는 항공기와 항공사의 지상기지 컴퓨터 사이에 정보통신을 제공하기 위한 디지털 정보 연결 장치(Data-link)이다.

3 항법장치

항법이란 항공기가 어느 한 지점으로부터 지정된 다른 지점으로 정해진 시간에 도달할 수 있게 유도하는 과정을 말하며, 항법을 위해서는 현재의 위치를 측정하여 목적지까지의 거리 및 방향을 측정하는데 사용하는 전자장치를 항법장치라고 한다.

1. 항공장치의 개요

(1) 항법(Navigation)의 의미

항공기가 목표하는 지점까지 이동하는데 필요한 위치 정보를 획득하는 기술을 말한다. 자동차, 선박, 항공기와 같은 이동 수단을 이용하여 어느 목적지를 찾아가는 방법에는 여러 가지가 있다. 예를 들어 낮에는 이미 알고 있는 해안선을 따라가거나 고속 도로, 철길 등을 보고 목적지를 찾아가는 지문 항법을 이용할 수 있을 것이다. 밤 이면 별자리를 보고 목적지를 찾아가는 천문 항법도 이용할 수 있는데 옛날 사람들이 많이 이용한 방법이다. 그 이후 선박 등에서는 이동체의 속도와 방향을 측정하여 이를 계산함으로써 현재의 위치를 알아내는 추측 항법(Dead reckoning)이 많이 이용되어 왔다. 근래에는 무선 통신의 발달과 함께 지상의 무선국과 이동체 간의 교신을 통하여 목적지를 찾아가는 항법이 주를 이루고 있다. 최근에는 인공위성을 이용한 항법이 개발되어 활발하게 이용되고 있다

(2) 항법 장치(INS : Inertial Navigation System)의 필요성

항공기가 원하는 항로를 따라 비행하고 목적지에 안전하게 착륙, 귀환하기 위해서는 비행 중 자신의 위치와 항로를 결정하기 위한 항법 정보가 필요하다. 또한 항공가 착륙 시에는 활주로로부터의 거리, 고도 및 하강각 등을 파악하기 위한 고정도의 연속적인 항법 정보가 필요하다

(3) 항공로의 표시

지상에 수많은 도로가 거미줄처럼 얽혀 있듯이, 공항과 공항 사이에도 눈에 보이지는 않지만 지상에서 발사하는 전파를 이용해 만든 항공로가 동서남북으로 복잡하게 입체적으로 연결되어 있다. 하루에도 수천 대의 항공기가 안전하고 질서 정연하게 항공로를 따라 엄격한 하늘의 교통 규칙을 지키면서 비행하는 것이다. 이 하늘의 길을 항공로라고 하는데, 고도 29,000[ft]를 기준으로 그 이하의 고도에 설치되어 있는 항공로는 저고도 항공로이며 그 이상의 고도에 설치되어 있는 항공로는 고고도 항공로이다.

(4) 항법 장치의 종류

항법 장치는 그 중요성 때문에 항공기 개발 초기부터 사용되어 왔으며, 전자 장치가 발달하면서 항법 장치는 더욱 발달하여 항공기의 장거리 비행을 가능하게 했다. 항법 장치는 크게 두 가지로 구분할 수 있다. 하나는 지상 무선국에서 발사되는 전파를 수신하여 항공기의 위치를 구할 수 있는 무선 원조 항법 장치이며, 다른 하나는 지형지물이 없는 사막이나 바다를 비행할 때 외부의 도움 없이 항공기의 위치를 계산할 수 있는 자립 항법 장치이다.

Point

- 공중항법의 4대 요소 : 위치, 방향, 거리, 시간
- 방위측정 기준선
  - 진북 : 지구 지축(자전축)의 북쪽
  - 자북 : 지구 자기장의 북쪽
  - 나북 : 항공기의 자기나침반이 가리키는 북쪽

2. 무선 원조 항법 장치

(1) 방위와 베어링

자오선은 지구의 북극과 남극을 이은 선이고, 자기 자오선이란 자침이 가리키는 북쪽과 남쪽을 이은 선을 말한다. 목표의 방위는 진방위(True heading), 자방위(Magnetic heading)가 있으며, 진방위는 지구의 진북을 0°로 하고 측정한 목표의 방위각을 말하며, 자방위는 지구의 자북을 0°로 하고 측정한 방위각을 말한다. 진방위와 자방위의 차이를 편차라고 한다.

(2) 자동 방향 탐지기(ADF : Automatic Direction Finder)

자동 방향 탐지기는 190~1,750[kHz] 범위의 주파수를 수신하며, 이 대역은 장파(LF)와 중파(MF) 대역이다. 자동 방향 탐지기는 1930년대 이래 사용하고 있는데 초단파 전방향 무선 표지 장치 만큼 정확하지는 않기 때문에 유지 관리를 하지 않아 현재도 항법에 사용하고 있지만 법적으로 인정 되지 않기 때문에 사용 시 항상 유의해야 한다. 별다른 항법 장치가 설치되어 있지 않은 소규모 공항에는 ADF용 송신기가 설치되어 있기도 하다. 항공기의 ADF는 두 종류의 송신 신호를 수신할 수 있다. 190~500[kHz]의 ADF 전용 송신 주파수와 535~1,605[kHz]의 AM 상업 방송용 주파수이 다. 그래서 상업 방송도 항법에 사용될 수 있다. 그런데 ADF 무선국은 항공 지도상에 표시되어 있지만 상업 방송국은 지도에 표시되어 있지 않기 때문에 조종사가 전용 ADF 무선국만큼 상업 방송국의 위치를 잘 찾아낼 수 없다.

(3) 초단파 전방향 무선 표지(VOR : VHF Omni-directional Range)

VOR 장치는 계기비행 규정에서 정한 표준무선항법 시스템이며, 이 장치에서 사용하는 주파수는 108~118[MHz] 범위이다. ADF를 장착한 항공기는 기수를 기준으로 NDB와의 상대 방위만을 알 수 있으며, 따라서 기준이 되는 기수 방위를 모른 상태에서 NDB 방위를 알 수 없다. 나침반 없이 ADF만으로는 NDB에 대한 자북 방위를 알 수 없다. 이와 같은 문제를 해결해 주는 항법 장치가 초단파 전방향 무선 표지 장치이다.

(4) 거리 측정 장치(DME)

VOR 장치를 이용하여 비행하고자 하는 항로상의 위치에 대한 방위를 알 수 있습니다. 그러면 얼마의 거리를 비행해야 목표점에 도달할지 궁금하게 되며, 이와 같은 궁금증을 해결해 주는 장치가 거리 측정 장치이다.

(5) 지역 항법(Area Navigation)

항공기에 탑재되어 있는 지역 항법 장치는 VOR과 DME 무선국으로부터 수신한 신호를 처리하는 컴퓨터를 갖추고 있다. 지역 항법의 주된 장점은 비행경로를 임의로 선택할 수 있다는 점이다. 기존의 VOR 항법에서는 한 VOR 무선국에서 다음의 VOR 무선국으로 가는 항로를 따라가야만 했다. 희망하는 비행경로를 따라 VOR 무선국이 일렬로 정렬되어 있는 것이 아니기 때문에 항로를 따라 가다 보면 지그재그로 비행하게 된다. 그러나 지역 항법을 사용하면 VOR 무선국를 직접 거치지 않고도 목적지로 직선 비행이 가능하다.

(6) 위성 항법 장치(Global Navigation Satellite System)

최신에 개발된 원거리 항법 기술로 위성을 이용한 항법을 들 수 있다. 1970년대에 구소련과 미국에서 위성

항법 시스템이 개발되기 시작하였다. 이들 위성 항법 시스템은 미국에서는 GPS(Global Positioning System)라는 이름으로, 소련에서는 GLONASS(GLObal NAvigation Satellite System)라는 이름으로 불렸다. 이들 두 시스템은 사용 주파수나 동작 원리면에서 아주 유사하다.

(7) 전술 항법 장치(TACAN : Tactical Air Navigation)

전술 항법 장치는 군용 항공기에서 사용된다. TACAN은 항공기로부터 지상 또는 함정에 설치된 TACAN 무선국까지의 거리와 방위 정보를 제공한다. 이 장치는 민간 항공에서 거리와 방위 정보를 확인하기 위하여 사용하는 VOR/DME보다 정밀하다. VOR 장치와 TACAN이 결합된 VORTAC은 민간용으로 사용가 능하다. TACAN 장치가 구비된 항공기에서는 이 장치를 항공기 착륙 시 비정밀 접근 장치뿐만 아니라 운항 시 항법 장치로도 사용할 수 있다. TACAN은 군용 VOR/DME라고 할 수 있다. 이 장치는 960~1,215[MHz] 주파수대에서 사용된다. TACAN은 한 시스템에 방위 및 거리 측정 기능이 모두 있기 때문에 VOR/DME 설치에 비하여 설치가 간단하다. 또한 초단파 전방향 무선 표지에 비하여 설치 장소도 크게 차지하지 않는 다. 그래서 TACAN은 건물, 대형 트럭, 항공기, 함정에 설치할 수 있다. 항공기에 장착된 TACAN 수신기는 비행 중인 두 항공기 간 상대 방위와 거리를 알 수 있는 공대공 모드로도 사용된다.

3. 자립 항법 장치

(1) 기계식 관성 항법 장치(INS)

관성 항법 장치는 관성 센서를 외부의 회전 운동으로부터 물리적으로 격리시켜 안정화된 안정대에 장착하는 짐벌형 관성 항법 장치와 동체에 직접 관성 센서를 견고하게 장착하고, 컴퓨터에서 정의한 가상의 플랫폼에서 항법 정보를 계산하는 스트랩 다운 관성 항법 장치로 나눌 수 있습니다.

관성 항법 장치는 제2차 세계 대전 중 독일의 V-2 로켓에 처음으로 적용되기 시작하여 오늘날까지 급속한 발전이 이루어졌다. 현재는 각종 선박, 잠수함, 항공기, 우주 발사체, 유도 무기, 지상 차량 및 무인 로봇에 이르기까지 다양한 분야에서 응용되고 있다. 관성 항법 장치는 관성 센서라고 불리는 자이로스코프와 가속도계에 의해 운반체의 회전 각속도와 선형 가속도를 측정하고, 이들 출력을 이용하여 외부의 도움 없이 운반체의 현재 위치, 속도 및 자세 정보를 제공해 준다. 관성 항법 장치는 짐벌형 관성 항법 장치(GINS : gimbaled INS)와 스트랩 다운 관성 항법 장치(SDINS : strapdown INS)로 나눌 수 있다

(2) 관성 측정 장치

레이저 자이로 시스템은 레이저(Laser) 자이로가 3개 있으며, 이것은 피치(Pitch), 롤(Roll)과 요(Yaw)를 감지하고, 항법에 관련된 자료를 얻기 위하여 감지된 정보가 컴퓨터로 보내지게 된다. 링 레이저 자이로(Ring laser gyro)는 레이저 빛을 이용하여 각속도를 측정한다. 각각의 레이저는 삼각형으로 되어 있고, 자이로에 빛이 통과하는 삼각 컨테이너(Container) 내부는 헬륨-네온(Helium-neon) 가스로 채워져 있고, 반사경들이 각 코너(Corner)에 있다. 레이저 자이로는 고전압 공급기로부터 950~3,500[V](DC)를 공급받는다. 이같은 고전압은 저압으로 채워진 헬륨-네온 가스를 이온화시키고, 레이저 빔이 시계 방향 또는 반시계 방향으로 회전하면서 2개의 반사경에 의해서 반사된다.

레이저 자이로가 정지하고 있을 때는 2개 레이저 빔(시계 방향, 반시계 방향 회전)의 주파수는 동일하게 된다. 그러나 레이저 자이로가 직립축에 대하여 회전할 때 하나의 레이저 빔은 평균 이동 거리가 길어지고, 다른 하 나의 레이저 빔은 평균 이동 거리가 짧아진다. 이와 같이 다른 거리는 2개 레이저 빔의 주파수 차이로 나타낼 수 있다. 하나의 반사경을 통과한 빔은 작은 차이가 되며, 레이저 빔의 주파수 차이 는 어둡고, 밝은 빛의 줄무늬 패턴을 만든다.

(3) 도플러 항법(Doppler navigation) 장치

도플러 항법 장치는 도플러 효과를 이용하여 대지와의 상대 속도를 측정하는 장치를 탑재하여 대지와 상대 속도 및 기수 방위와 진행 방향의 차이를 측정하고, 시간을 적분하여 구한 이동거리로 자신의 위치를 추정하는 장치 이다.

4. 항법 보조 장치

(1) 기상 레이더

항공기는 비행 중 악천후를 만날 가능성이 있고, 특히 폭풍권이나 발달 된 비구름, 돌풍 등은 매우 위험하다. 비행 중에 악천후를 만난 경우는 멀리 우회하거나 고도를 변경해야 한다. 이들 기상 변화와 그 위치를 육안으로 탐지한다는 것은 항공기 속도가 빨라서 주간이라도 특히 야간에는 더 한층 불가능하다. 민간항공기의 기상레이더는 전파를 이용하여 공기 중의 수분을 탐지하므로, 수분이 부족한 대기의 온도나 기압의 변화로 인한 기상 상태를 파악할 수 없는 단점이 있다.

(2) 전파 고도계(Radio Altimeter)

전파 고도계는 전파가 물체에 부딪쳐서 반사되는 성질을 이용하여 지표면과 항공기 사이의 수직거리를 측정하는 장치이며, 전파 고도계는 항공기에서 지표면을 향해 전파를 발사하여 이 전파가 되돌아오기까지의 시간 차를 측정하여 항공기와 지면과의 거리를 구하는 계기이다.

(3) 고도 경보 장치(AAS : Altitude Alert System)

고도 경보 장치는 지정된 비행 고도를 충실히 유지하도록 개발된 장치이며, 계기 비행 규칙(IFR)으로 비행하는 경우, 관제사가 지시한 고도를 유지할 수 있도록 도와주는 장치이다.

(4) 항공 교통 관제(ATC : Air Traffic Control) 시스템

일반적으로 항공기가 안전하고 질서 정연하게 운항할 수 있도록 지원하는 시스템을 말하며, 항공기 상호간의 충돌 방지와 항공 교통의 질서 유지가 가장 큰 목적인데 계기비행 방식으로 항공로를 비행하는 항공기들에 대한 관제가 그 중심이 되고 있다. 초기에 항공기는 조종사의 육안에 의지하여 비행했기 때문에 항공기 상호간 충돌 방지는 조종사의 비행 기술에 의지 할 수밖에 없었으며, 항공 교통량이 증가하고 항공기의 성능, 특히 속도가 향상됨에 따라서 육안에 의한 충돌 방지는 사실상 곤란하다.

(5) 지상 접근 경고장치(GPwS : Ground Proximity warning System)

항공기에 장착된 지상 접근 경고장치는 항공기가 산악 또는 지표면에 과도하게 접근하면 미리 조종사에게 알려 지상과의 충돌을 피할 수 있도록 하는 장치이다. 지상 접근 경고장치는 항공기의 속도, 고도, 강하율, 착륙 장치의 위치, 이륙, 순항, 진입, 하강과 착륙에서 얻어진 입력 신호를 처리하여 모드 1에서 모드 7까지의 경고음과 메시지를 제공한다.

(6) 공중충돌 회피 경보장치(Traffic alert and Collision Avoidance System)

항공기와 항공기 간의 공중 충돌 가능성을 사전에 감지하여 조종사에게 시각 또는 청각으로 경보를 제공하여 공중 충돌을 사전에 방지할 수 있는 장치이다. 항공기가 공중에서 충돌 위험이 없이 안전하게 비행하기 위해서 동일 한 공간에 2대 이상의 항공기가 비행하는 일이 없도록 해야 한다.
이를 위해서 항공기가 서로 떨어져서 비행해야 하는 최소 거리인 관제 간격이 설정되어 있다. 지상의 항행 지원 시설의 정밀도, 항공기에 장착된 항법 계기와 조종사의 기량이 종합된 항법의 정확도, 관제사의 판단이나 조치에 필요한 여유 등을 종합해서 관제 간격을 결정한다. 원칙적으로는 국제 민간 항공기구의 지역별 합의 등에 의해 표준이 설정되어 있다.

4 착륙 및 유도 보조장치

항공기는 지정된 공항의 활주로 중심 연장선을 안개, 비 등의 악조건 하에서도 안전하고 정확하게 최종 진입할 수 있어야하며, 또한 활주로에 최종 착지점까지 확실하고 안전하게 착륙하기 위하여 지상의 착륙 유도 장치에서 송신하는 진입 착륙 코스의 유도 전파를 착륙 직전까지 받는다.

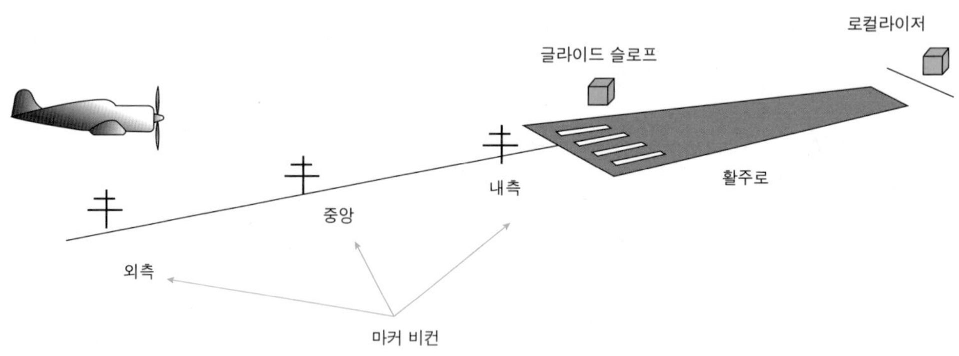

1. 착륙 및 유도보조 장치

(1) 착륙 및 유도 보조 장치의 구성

착륙 및 유도 보조 장치는 항공기가 지상에서 송신한 전파를 수신하여 항공기가 활주로로 정확하게 진입, 착륙할 수 있도록 한 장치이며, 계기 착륙 장치라고 한다. 계기 착륙 장치는 극히 낮은 운고와 저시정 기상

상태 하에서 공항에 진입하고, 착륙하는 항공기에 대해 항공기의 수평 정보와 수직 정보를 전파로 제공한다. 마커 비컨은 특정한 지점에서 착륙점까지의 거리 정보를 알려 주는데 이것은 모두 무선 지원 항행 방식이다.

2. 계기 착륙장치

(1) 계기 착륙 장치(ILS : Instrument Landing System)의 구성

지상 무선국의 장비와 항공기의 장비로 구성되며, 로컬라이저와 글라이드 슬로프의 유도 신호는 지상 장비에 의해서 제공된다. 항공기의 장비는 로컬 라이저 수신기와 글라이드 슬로프 수신기가 있으며, 이들의 신호를 수신 하여 활주로에 안전하게 진입할 수 있도록 지시해 준다.

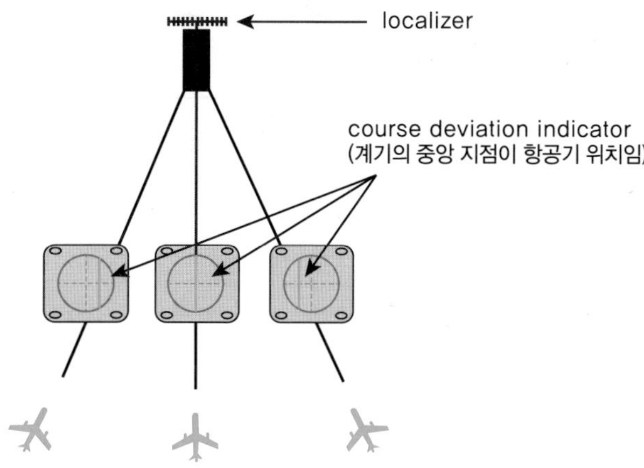

(2) 로컬라이저(Localizer)

활주로에 접근하는 항공기에 활주로 중심선을 제공해주는 지상 시설이다.

방위각 지시계 그림 5-2의 ①은 항공기가 활주로 중심의 왼쪽에서 진입 중이므로 오른쪽으로 이동하도록 지시하고 있다. 방위각 지시계 ②는 항공기가 활주로 중심의 오른쪽에서 진입 중이므로 왼쪽으로 이동하도록 지시하고 있다.

방위각 지시계 ③은 항공기가 활주로 중심으로 정상 진입 중임을 지시하고 있다.

항공기전자

(3) 글라이드 슬로프

글라이드 슬로프는 활주로에 착륙하기 위해 진입 중인 항공기에 가장 안전한 착륙 각도인 3°의 활공각 정보를 제공하는 시설이며, 글라이드 슬로프 안테나는 활주로 진입 끝단으로부터 240[m](800[ft])~300[m](1,000[ft]) 내측에, 활주로 중심선으로부터 120[m](400[ft]) 이상 옆으로 떨어진 위치에 설치한다.

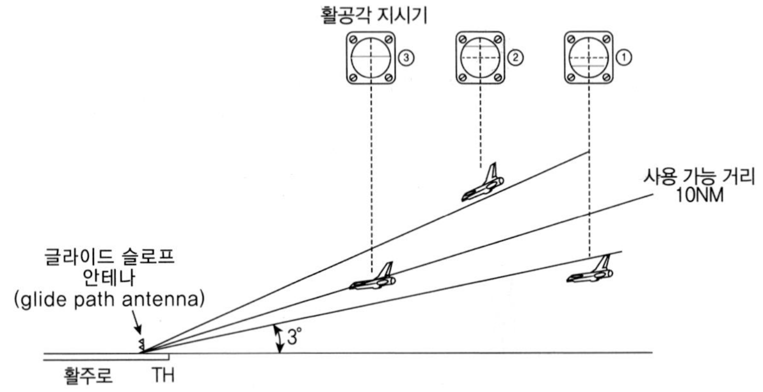

[그림 5-2 글라이드 슬로프의 원리]

(4) 계기 착륙 장치의 지시

주 비행 표시 장치(PFD)에는 로컬라이저와 글라이드 슬로프 지시계로 표시 되어 있다. 보통 중간에서 왼쪽, 오른쪽 또는 위, 아래로 5[dot]씩 구분 되어 있다. 지침이 중심에서 벗어나 지시하는 것은 항공기가 코스를 이탈 하는 것을 표시하는 것으로, 항공기가 이탈되어 있는 반대쪽을 지시하여 항공기가 가야 할 방향을 표시한다.

3. 마커 비컨(Marker Beacon)

항공기항행 원조 무선시설이며, 지향성이 강한 전파를 특정한 지점의 상공에 수직으로 발사하고, 이것을 항공기가 수신하면 지시등이 점등되고, 신호음 등으로 그 지점의 상공을 통과하고 있음을 알 수 있도록 한다.
마커 비컨은 제트 마커와 팬 마커가 있는데 제트 마커는 항로상의 지점을 나타내기 위한 것이다.

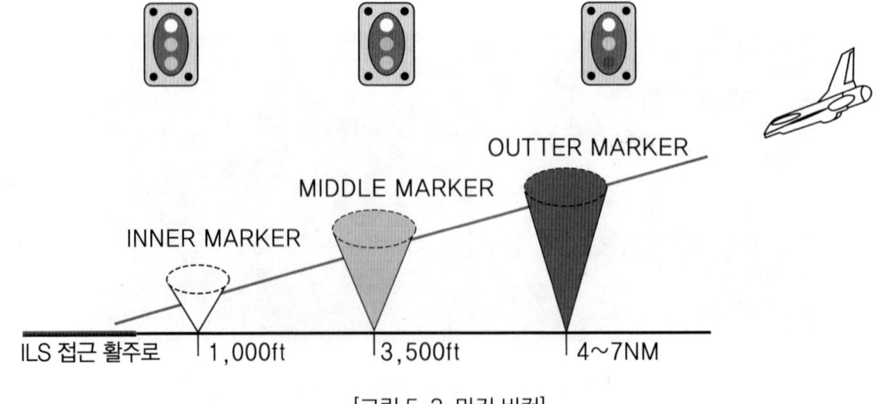

[그림 5-3 마커 비컨]

5 자동비행 제어시스템

항공기의 안전성, 기능, 성능 및 운항 효율의 향상을 위하여 최첨단의 전자 기술 적용을 위한 끊임없는 노력이 계속되고 있다. 자동 비행 제어 장치는 컴퓨터 기술의 급격한 발전에 의해 신뢰성과 안전성이 향상되었다. 이로 인해 조종사 업무 부담이 줄어들고, 연료 경감 효과로 경제성이 향상되었다.

1. 자동 비행 제어 시스템의 목적

디지털 컴퓨터가 출현함에 따라 정보 처리 능력이 크게 향상되어 기능 처리의 대부분을 중앙 컴퓨터에서 집중 처리하는 구조가 되었다. 과거의 항공기 비행 제어 시스템은 항법 시스템, 조종 시스템, 추력제어 시스템, 시스템 작동 상태 및 주의, 경고 표시 시스템 등과 같이 기능별로 나누어져 있었다. 그러나 현대 항공기는 나누어진 몇 개의 시스템을 하나의 통합 시스템으로 결합시켜 비행 제어 시스템 전체를 종합적으로 관리하는 범위가 확대되고 있다. 모든 자동 비행 제어 시스템을 통해 조종사가 최적의 비행을 수행할 수 있도록 하으며, 조종사의 업무 부담을 덜어 주고 운항 효율을 향상시켰다.

2. 오토 파일럿 시스템

조종사의 장시간 비행에 따른 수동 조작의 업무를 경감시키기 위해 항공기 3축의 움직임을 자동으로 조종하는 자동비행 장치, 플라이트 디렉터 시스템과 계획된 비행경로 자료가 입력된 비행 관리 시스템의 기능으로 구성됩니다.

(1) 오토파일럿의 구성

오토파일럿은 항공기 자동조종 장치로 조종사가 항공기가 이륙 전에 미리 입력해둔 자료에 따라서 자동으로 항공기의 방위, 자세 및 비행 고도를 유지시켜 준다. 오토파일럿은 컴퓨터를 통해서 항공기 안정을 유지하며 상승 및 하강의 자세를 유지하고, 순항 중에는 날개를 수평으로 유지하며 일정 고도로 비행을 가능하게 한다. 또한 컴퓨터 자료에 의해서 항공기가 자동으로 상승 및 선회 할 수 있게 하며, 무선 항법 장치들과 결합하여 목적지까지 날아갈 수 있게 한다.

(2) 오토파일럿의 기능

오토파일럿의 기능은 안정화 기능, 조종 기능, 유도 기능으로 분류한다.

(3) 오토파일럿 장치의 작동

비행 전 조종사는 제어 표시기를 이용해 비행 관리 시스템의 자료가 최신의 것인지를 확인하고 CDU의 키를 눌러 항공기 중량, 순항 고도, 비행 노선 등의 자료를 입력한다. 자료를 입력하는 동안 전자 비행계기 시스템의 항법 장치 상에는 비행경로, 경유지 등이 표시된다. CDU에서 현재 위치의 위도, 경도를 입력하고 관성항법장치를 작동시킨다. 엔진을 시동하고 각 시스템의 스위치를 'ON' 또는 'AUTO' 위치로 설정한다.

항공기전자

3. 요 댐퍼

(1) 시스템(Yaw damper system)의 개요

항공기의 방향 안정성과 탑승감을 증대시키고, 정상 선회와 더치 롤을 올바르게 잡아 주며, 항공기 기동 후 진동 반응을 억제하게 한다. 더치 롤은 항공기가 급격한 가로운동 기동을 할 때 불안정한 요 운동이 발생하는 현상이다. 요 댐퍼는 이러한 불안정한 현상을 감쇠시키는 기능을 한다. 또한 정상 선회는 항공기에 작용하는 원심력과 중력의 합이 항공기 수직축 방향에 일치하도록 선회하는 것으로 방향키를 조작해 미끄러지는 것을 보상하여야 한다. 요 댐퍼는 이러한 보상을 어느 정도 자동적으로 보상하는 기능도 있다.

(2) 요 댐퍼 시스템의 원리

더치 롤은 옆 놀이 운동과 요 운동을 동반한 주기 2～20초 정도의 불안정 한 운동으로서 요 운동을 멈추면 자연히 가라앉는다. 요 운동은 수직축을 중심으로 하는 회전이므로 선회계 또는 요 운동 자이로(Gyro)로 검출된다. 요 운동 자이로로 검출한 요에 대한 각속도 신호는 더 치 롤의 진동 특성을 억제하기 위하여 고주파 통과 필터를 통한 후 방향키를 제어한다. 정상 선회를 이루지 못할 경우, 요 댐퍼 시스템은 미끄러짐 운동에 대한 자이로 출력 신호를 이용하여 미끄러짐을 감소시킨다. 오토파일럿 장치의 제어 장치를 조작하여 도움 날개를 움직여 선회 조작에 들어가면 기체에는 횡 흔들림에 동반하여 선회 중심 반대 방향으로 기수가 움직이게 된다. 이때 이를 보상하기 위하여 요 댐퍼 시스템은 방향키를 반대 방향으로 조작하여 항공기가 정상 선회를 할 수 있도록 한다.

(3) 요 댐퍼 시스템의 구성

요 댐퍼의 명령을 위한 컴퓨터는 관성 항법 장치(IRU), ADC, 가속도계로 부터 신호를 받을 수 있도록 구성되어 있다.

① 입력 신호

관성 기준 장치는 옆놀이 자세, 옆놀이 각속도, 요 각속도, 수평 가속도, 대지 속도 등을 요 댐퍼 컴퓨터로 보낸다. 대기 자료 컴퓨터ADC(Air Data Computer)는 진대기 속도(TAS), 지시대기 속도(IAS), 받음각(AOA), 옆놀이 각(Side slip angle) 등을, 가속도계는 항공기의 전·후방 수평 가속도를 요 댐퍼 컴퓨터로 보낸다.

② 요 댐퍼 컴퓨터

요 댐퍼 컴퓨터는 입력과 출력에 대한 데이터 버스를 가지고 있으며, 입력 신호에 대한 검사와 여러 가지의 파라미터(Parameter)를 마이크로프로세서(Microprocessor)로 계산하게 된다. 방향키 작동 명령은 정상 선회와 불안정한 요의 댐핑을 위하여 실행하게 된다.

③ 방향키 출력 제어 모듈

방향키 출력 제어 모듈(Rudder power control module)은 방향키 구동 장치와 연동 장치로 연결되어 있으며, 요 댐퍼 컴퓨터로부터 전기적인 명령 신호를 받게 된다.

④ 요 댐퍼의 지시

'ON' 지시는 요 댐퍼를 작동시킬 때 켜지는 지시등이며, 'INOP' 지시는 요 댐퍼 시스템이 고장이 발생되면 켜지는 지시등이다.

4. 오토스태빌라이저 트림 시스템

(1) 오토스태빌라이저 트림 시스템(Automatic Stabilizer Trim System)의 개요

항공기는 비행하는 동안에 속도 변화, 연료 소비 또는 플랩의 각도 변화, 승객의 이동, 난기류 등의 원인에 의해 수시로 무게중심, 양력, 기수 변화가 발생한다.

(2) 오토스태빌라이저 트림 시스템의 원리

항공기는 비행하는 동안에 속도 변화, 연료 소비, 플랩의 각도 변화, 승객의 이동, 난기류 등의 원인에 의한 항공기의 불균형을 보상하기 위해 승강키나 수평 안정판을 조정하여 무게 중심 기준의 피치 모멘트를 '0'으로 만들어 안정한 비행을 하는데, 이러한 것을 트림이라고 한다.

항공기가 저속으로 비행할 때는 승강키의 효율이 좋지 않아 민감하지 않으므로 트림을 적극적으로 조작할 필요가 적지만, 고속으로 비행할 때는 승강키 효과가 좋으므로 약간의 승강키 편차라도 빨리 스태빌라이저로 트림하지 않으면 오토파일럿이 분리(Disengage)되었을 때 항공기는 크게 자세를 바꾸어 버린다.

또한 무게 중심 위치에 따라 항공기의 피치 모멘트가 바뀌므로 무게 중심 위치도 트림을 결정하는 요인이 된다. 이와 같이 항공기의 피치 변화에 대한 안정은 오토파일럿 장치를 연결하여 자동적으로 안정한 트림을 취하게 된다.

(3) 오토스태빌라이저 트림 시스템의 구성

조종면 감각 검출기에서 감각 신호와 조종면 각도 검출기에서 조종 신호를 오토스태빌라이저 트림장치로 보내며, 오토스태빌라이저 트림장치는 저속일 때 승강키가 2.5° 이상 연속하여 5초 이상 움직였을 때 트림을 실행하며, 고속일 때 승강키가 0.3° 이상 연속하여 5초 이상 움직였을 때 트림을 실행 한다.

스태빌라이저의 오동작을 방지하기 위해서 조종 신호는 이중으로 대기 회로와 작동 회로로 구성되어 있다.

스태빌라이저 트림 장치의 작동으로 승강키는 중립으로 이동하게 된다. 따라서 조종사가 조종 핸들을 밀고 당기지 않아도 피치 자세를 유지할 수 있다.

스태빌라이저 트림 장치가 위로 움직이면 항공기는 기수를 하향으로 트림하는 결과가 되고, 아래로 움직이면 항공기는 기수를 상향으로 트림하게 된다. 이와 같이 스태빌라이저의 위치 조절로 항공기를 트림하는 방법에는 여러 가지가 있다.

(4) 스태빌라이저 트림 방법

속도 트림은 엔진 추력이 크고, 항공기 속도가 낮을 때 항공기 안정성을 증대시키기 위해 정해진 속도보다 항공기 속도가 낮으면 스태빌라이저 트림 장치는 기수를 하향시키는 방향으로 움직이고, 속도가 크면 반로 방향으로 움직이게 된다.

이륙 시에는 조종사 조작에 의해 오토파일럿 장치가 연결되지 않은 상태에서 작동된다. 항공기가 실속(Stall) 상태에 근접하고, 옆놀이 각(Roll angle)이 40° 이상이면 이 기능은 정지된다. 마하 트림은 항공기는 음속 근처에서 속도가 증가하면 기수가 아래로 향한다. 항공기 속도가 마하 0.62 이상이면 마하 트림(Mach trim) 기능이 작동하여 스태빌라이저 트림 장치를 위로 움직여서 기수를 위로 올린다.

5. 플라이트 디렉터 시스템

(1) 플라이트 디렉터 시스템(Flight director system)의 개요

항법 장치로부터 제어 명령을 받아 항공기의 자세, 속도, 고도, 방위 등을 정해진 값으로 설정하고, 설정 값에 안정하게 수렴 하도록 적정한 조종량을 시각적으로 지시하는 장치이다. 플라이트 디렉터 시스템은 많은 개별 적인 정보를 감시함으로써 정확한 비행이 이루어지도록 제어하고 조종사의 업무 부담을 덜어 주게 된다.

자세 지시계(ADC : Attitude Director Indicator)는 피치 및 롤의 비행 유도 명령을 나타내고, 항법 장치는 항법 상태를 나타낸다.

플라이트 디렉터 컴퓨터는 비행경로의 편차 정보를 받아서 현재의 항공기 자세를 비교하고, 필요한 항공기 자세 변화량을 나타낼 수 있도록 명령 한다.

(2) 플라이트 디렉터의 목적

플라이트 디렉터로 오토파일럿을 감시할 수 있다. 또 조종사에 대해 조종 명령을 하는 것은 집합 계기인 자세 지시계(ADC) 내에 커맨드바 이다.

플라이트 디렉터는 희망하는 방위, 고도, 항로에 항공기를 유도하기 위한 명령만을 하는 것이다.

(3) 플라이트 디렉터의 조종 명령

자세 지시계의 커맨드바에 의한 조종 명령은 중앙에 있는 항공기 심벌과 지침의 관계를 상승 비행 명령, 좌 선회명령, 하강 비행명령, 우 선회명령, 수평 직선비행 상태를 표시하고 있으며, 명령을 하기 위한 서보 기구는 오토파일럿 장치 시스템과 같다.

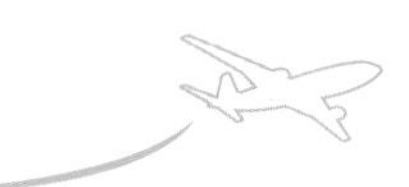

6. 오토스로틀 시스템

(1) 오토스로틀 시스템(Automatic Throttle System)의 개요

항공기는 이륙, 상승, 하강, 순항 및 복행 시 자동으로 추력을 설정하고, 순항, 진입 및 착륙 상태에서는 자동으로 속도를 제어한다.

항공기는 독립적으로 작동하거나 오토파일럿 제어 시스템과 함께 작동한다. 오토스로틀은 항공기가 이륙, 순항, 하강, 진입, 착륙을 할 때까지 모든 비행 구간에서 항공기 속도를 미리 설정한 속도로 유지하는 장치이다.

(2) 오토스로틀의 원리

서보모터는 추력레버를 작동시켜 엔진을 제어하며, 추력레버는 엔진의 연료 조절장치에 연결되어 있고, 연료의 유량을 변화 시켜 엔진추력을 조절한다.

(3) 오토스로틀의 구성

오토스로틀 시스템의 속도 설정은 속도 설정 노브를 이용한다. 설정 속도는 제어 패널에 디지털로 표시됨과 동시에 조종사와 부조종사의 지시 대기 속도계의 속도 인덱스(Index)가 설정 속도를 지시한다. 실제의 지시 대기 속도와 설정 속도의 차이, 즉 속도 오차 신호는 조종사 쪽의 지시 대기 속도계에서 추력 관리 컴퓨터 시스템에 보내진다.

관성 항법 장치는 피치각을 컴퓨터에 보내고 중력 가속도를 보정하여 항공기의 전후 방향의 가속도 성분과 비교 수정하여 사용하고 있다. 자동 조종 장치가 자동착륙 모드를 사용하고 있을 때 플레어(Flare)는 전파 고도계의 고도가 16.15[m](53[ft])에 도달하면 시작된다. 이대로 하강하여 9.14[m](30[ft])에 도달하면 오토스로틀 컴퓨터는 추력 레버를 2[kt/s]의 속도로 저속까지 감속한다.

7. 비행 관리 시스템

(1) 비행관리 시스템(FMS : Flight Management System)의 개요

비행관리 시스템은 항공기에 장착되어 있는 여러 시스템들을 통합, 결합시켜 조종사가 최적 비행을 수행할 수 있도록, 비행하는 동안 조종사의 통상적인 많은 업무와 각종 비행에 관련된 자료의 계산과 조종사의 업무 부담을 줄여 주는 시스템이다. 비행관리 시스템은 자동적인 3차원 항법을 가능하게 하고, 항공기 성능에 적합한 추력 관리를 수행한다.

(2) 비행 관리 시스템의 기능

항공기 중량, 엔진 자료, 고도, 외기 온도, 위치 등의 정보를 이용하여 이륙에서 착륙까지의 전 비행 영역에 걸쳐 가장 연료 소비가 적은 비행 속도와 비행경로를 비행 관리 컴퓨터로 계산한다. 비행 관리 컴퓨터는 비행 조종 컴퓨터(FCC : Flight Control Computer)나 추력 관리 컴퓨터(TMC : Thrust Management

Computer)를 작동시켜 항공기를 자동으로 목적지까지 유도하며, 동시에 비행 상태 감시용으로 전자 비행 계기 시스템에 항법 자료가 표시된다.

(3) 비행 관리 시스템의 구성

비행 관리 시스템의 기능은 비행 관리 컴퓨터의 외부 감지기로부터의 자료와 조종사에 의한 제어 표시기(CDU)로부터 입력된 정보에 의해 이루어진다. 또한 비행 관리 컴퓨터 내부에 저장된 자료와 더불어 항법 정보를 계산하는데 사용하며, 항공기를 실제 비행 항로를 따라가게 제어하고, 추력에 대한 명령을 한다.

8. 자동 착륙 시스템

(1) 자동 착륙 시스템(Automatic Landing System)의 개요

기상 상황이 나쁠 경우 항공기가 착륙 시 발생할 수 있는 조종사의 실수를 최소한으로 줄여 항공기를 안전하게 착륙시키는 장치이다.

(2) 자동 착륙 시스템의 원리

자동 착륙 시스템은 지상의 ILS로부터 신호를 오토파일럿에 입력시켜 하강 중에 항공기의 피치와 롤 기능을 조종한다.

(3) 자동 착륙의 APP 모드(Approach Mode)

항공기가 공항 근처에 접근할 때 계속 순항 모드이며, 항공기의 방향은 VOR, IRS 트랙 또는 수동으로 입력시킨 방향이다. 만약 항공기 교통관제가 복잡한 상태일 경우는 항공 교통관제(ATC)는 항공기가 일정한 고도로 비행하도록 지시하고, 착륙한 항공기와 충분한 거리를 확보하면 활주로를 향한 방향 정보를 준다. 방향 정보는 나침반에 설정되고, 오토파일럿 장치는 설정된 나침반 방향과 항공기의 방향 사이의 차이를 감지하여 오차 신호를 사용해서 항공기를 원하는 코스로 유도하게 된다. 진입을 위해 시스템을 대기 상태가 되도록 APP 모드 스위치를 누른다. 이때 모든 오토파일럿 장치 명령(CMD) 표시등이 켜진다.

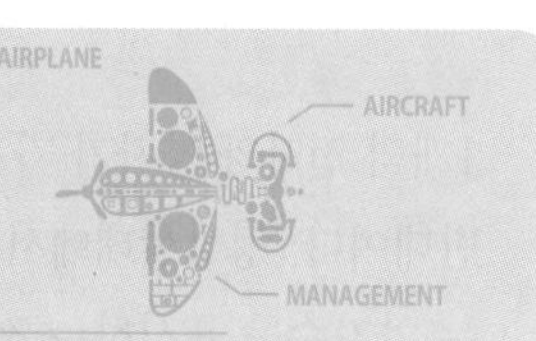

제2장 전기의 기초

1 전기의 성질

1. 물질(Matter)의 구조

물질은 질량(무게)을 지닌 공간을 차지하는 것이라고 정의할 수 있으며, 즉, 물질이란 존재하는 모든 것들과 이것은 고체 상태와 액체 상태 또는 기체 상태로 존재한다.

어떤 상태나 형태이든지 그 자체의 물리적인 특성을 지낸 그대로인 가장 작은 알맹이를 미분자(Molecule)라고 한다.

오직 한 가지 원자로만 구성된 물질은 원소(Element)라고 하며, 그러나 자연계에 있는 대부분의 물질은 2가지 이상의 원자들의 조합인 화합물(Compound)로 되어있으며, 예를 들면, 물은 산소(Oxygen)와 수소(Hydrogen)의 화합물이다. 그림 5-4에서 보여준 것과 같이 물 분자를 나타낸 것이다. 그런데 물 1개의 분자를 구성하고 있는 2개의 산소원자와 1개의 수소원자로 나누어지면 더 이상 물의 특성을 지니지 않는다.

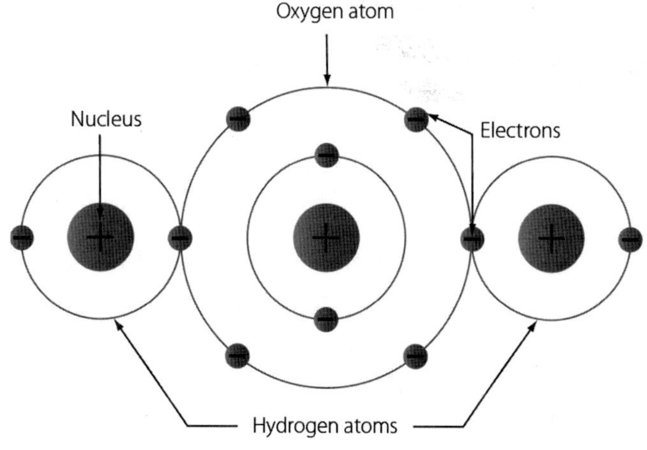

[그림 5-4 물 분자(Water Molecule)]

2. 자유전자

모든 물질은 매우 작은 분자 또는 원자(Atom)의 집합으로 되어 있으며, 이들 원자는 양전기를 가진 원자핵과 그 주위를 돌고 있는 음전기를 띤 몇 개의 전자(Electron)로 구성되고 원자핵은 몇 개의 양자(Proton)와 중성자(Neutron)로 구성된다.

1개의 전자와 양자가 가지는 음전기와 양전기의 전기량의 크기는 1.60219×10−19[C]으로 같고 방향은 서로 반대이다. 정상상태에서는 원자내의 양자수와 전자수가 같으므로 중성이 되며, 원소의 원자번호는 핵 속에 있는 양자수를 표시하는 것으로 이것은 곧 정상상태의 전자수와 같다.

물질의 기본 구성단위인 원자는 중심에 (+)전하를 가진 원자핵과 그 주위에 (−)전하를 가진 전자가 각각의 궤도에서 회전하고 있다. 그 중에서 가장 바깥궤도에 있는 전자를 최외각 전자라고 하는 데 이 최외곽 전자는 원자핵에 끌리는 힘이 가장 약하게 작용하기 때문에 외부에너지의 영향에 의해 쉽게 자기 궤도를 이탈하여 원자와 원자사이를 자유롭게 움직인다.

전기의 여러 가지 현상은 거의 이들 자유전자의 작용에 의한 것으로 온도가 높아지면 물질중의 자유전자의 운동이 활발해진다. 자유전자가 빠져나간 물질은 양전기를 갖게 되고 자유전자가 들어온 물질은 음전기를 띠게 된다. 이와 같이 물질이 여분의 양전기나 음전기를 갖게 되는 것을 대전(Electrification)되었다고 한다. 대전된 물질이 갖는 전기를 전하라고 하고 전하가 갖는 전기의 양을 전기량이라고 하며 단위는 쿨롱(Coulomb, [C])을 사용한다. 전원을 연결하면 전자는 양극으로 흘러가게 된다. 이 자유전자의 흐름이 바로 전류의 주체가 된다. 그런데 전류의 방향은 (+)전하가 이동하는 방향으로 하고 있으므로 전류의 흐름의 방향은 이 자유전자가 흘러가는 방향과 반대가 된다. 흐르는 방향이 일정한 전류를 직류(DC : Direct Current)라 하고, 주기적으로 방향이 바뀌면, 교류(AC : Alternating Current)라고 한다.

3. 전압(Voltage)

전자 과잉단자와 전자 부족단자(Point Deficient in Electron) 사이에 적당한 통로만 있으면 전자가 움직이는 원리를 알 수 있으며, 이 운동을 유발시키는 힘은 2개 Point 사이에 Electrical Energy의 전위차이다. 이 힘을 전압(Electrical Pressure) 또는 전위차(Potential Difference) 또는 기전력(Electromotive Force, Electron−moving Force)이라고 부른다. 줄여서 e.m.f로 쓰는 기전력은 Current(Electrons)를 전기의 통로, 즉 Circuit 내에서 흐르게 한다. 기전력, 즉 전위차의 실용 측정단위는 V(volt)이다. 기전력에 대한 Symbol은 대문자 "E"로 표기한다.

그림 5−5에서 보여준 것과 같이, 만약 Tank (a)의 수압이 10[psi]이고, Tank (b)의 수압이 2[psi]라고 한다면, 8[psi]의 압력 차이가 있다. 마찬가지로 2개의 전기 단자 사이에는 8[V]의 기전력이 있다고 할 수 있다. V(volt)로서 전위차를 측정했으므로 전압은 전위차의 합을 나타내는 데도 사용할 수 있다. 그러므로 어떤 항공기 배터리(Battery)의 전압은 24[V]라고 말하는 것이 옳다.

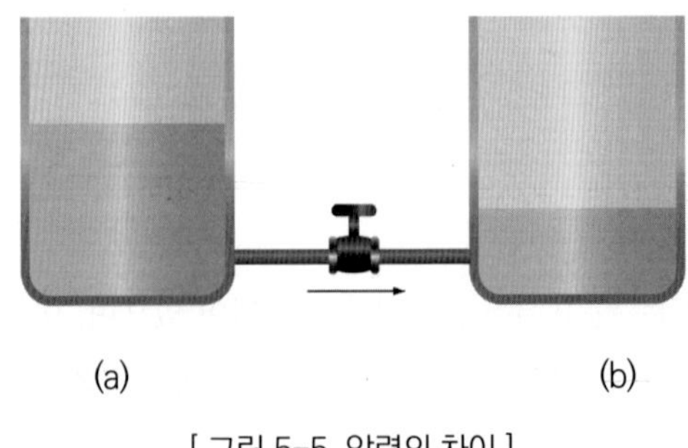

[그림 5-5 압력의 차이]

4. 전류

전자가 도체를 이동하면 전류를 형성하는데 전류가 흐르는 속도는 광속에 가깝다. 그러나 이 속도는 전자의 이동속도는 아니다. 그림과 같이 긴관 속에 하나의 전자가 유입 되는 순간 반대쪽 끝에서 다른 자유전자가 튀어나오는 원리로서, 전자가 도선 내에서 비교적 천천히 움직여도 전류는 순간적으로 흐른다. 전자가 가지고 있는 전기의 양을 전하량이라 하고, 6.28×1018개 전자의 전하량을 1[C(coulomb)]이라 하며, 이를 전하량의 단위라고 한다. 1[C]에 해당하는 전자가 회로에 1초 동안 흐르는 전류를 1[A(ampere)]라 하고, 전류의 기호는 I로 나타낸다.

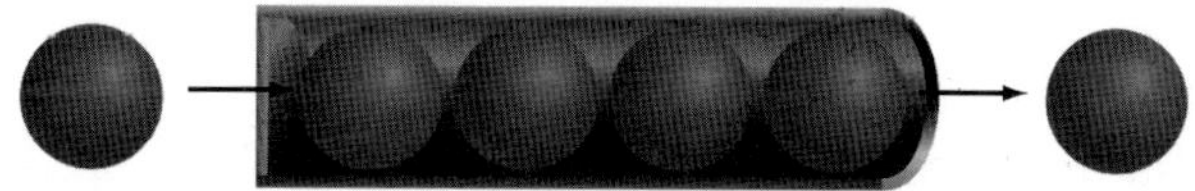

[그림 5-6 전자의 이동]

전자의 이동 방향은 음전하를 띤 물질로부터 양전하를 띤 물질로 이동하며, 전류의 방향은 전자의 이동 방향과 반대이나, 최근에 들어와서는 전자의 이동 방향을 전류의 이동 방향으로 설정하기도 한다.

5. 전력(Electric Power)

전기가 단위시간에 하는 일의 양을 전력이라고 하며, 전기가 하는 일로서 전력의 기호는 P, 단위는 W(Watt)를 사용하며, 전기가 어떤 시간 내에 행한 전기적인 일의 총량, 즉 전기 에너지의 총량을 전력량이라 한다. 전력량의 기호는 W이고, 단위는 Ws(Watt-second), Wh(Watt-hour), Kwh(Kilowatt-hour)로 나타낸다.

6. 저항(Resistance)

전기 저항은 물체 내에 존재하는 자유 전자의 수에 따라서 그 크기가 결정된다. 원자의 외각 전자를 쉽게 버리는 성질의 물질은 전류가 이동하는데 방해하는 성질이 적게 된다. 한편, 외곽 전자를 구속하려는 성질의 물질은 전류가 이동하는데 방해하는 성질이 매우 크다. 그러므로 모든 물질은 저항의 크기가 다르지만, 전류가 이동하는데 방해하는 성질이 있으며, 이것을 전기 저항(Resistance)이라고 한다.

전기 저항의 단위는 옴(Ohm)을 사용 하며, 기호는 오메가[Ω]이다. 그러므로 1[Ω]은 1[V]의 전압을 가하였을 때에 1[A]의 전류가 흐르는 도체 내부의 저항을 말한다.

저항은 R로 표시하며, 물질의 재질, 형상(단면적, 길이), 온도에 따라 달라진다. 전기 저항은 다음과 같이 표시한다.

$$\text{물질의 저항}(R) = \frac{[\text{물질의 종류에 따르는 상수}(\rho) \times \text{길이}(l)]}{[\text{단면적}(A)]}[\Omega]$$

즉, 저항은 길이에 비례하고, 단면적에 반비례 한다.

그림 5-7는 저항과 길이 및 단면적의 관계를 표시하였다. 대부분의 물질은 온도가 높아지면 원자가 활발하게 운동한다.

따라서, 자유 전자가 이동할 때는 활발한 원자의 움직임 때문에 방해를 받게 되는데, 이 때문에 대체로 물질의 전기 저항은 온도가 높아지면 높아질수록 증가한다.

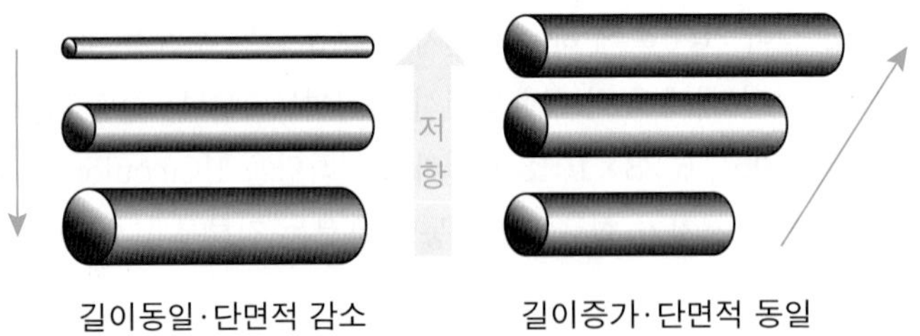

[그림 5-7 저항과 길이 및 단면적]

1. 저항의 color code

대부분의 저항은 2개의 다리(Lead)가 잘려 있는 원통형으로 되어있으며, 이러한 형태의 저항은 크기가 작아 숫자로 용량을 표시하기 곤란하므로 Color code라는 색띠로 용량을 표시한다. 그러므로 일부 저항을 제외한 저항의 수치를 읽으려면 그림 5-8 저항의 색띠를 알아야 한다. 저항의 정밀도에 따라 4색띠 또는 5색띠로 되어 있으며 각각 색상은 그림 5-8의 값을 나타낸다.

① 4색띠 보통 저항

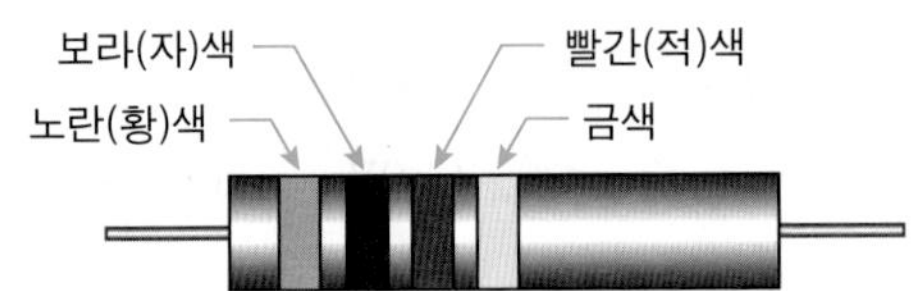

1색띠 노란(황)색 4, 2색띠 보라(자)색 7, 3색띠 빨간(적)색×100, 4색띠 금색 ±10를 나타낸다. 따라서 저항값은 4,700[Ω]이고 4.7k[Ω]이며, 허용오차 ±10이다.

② 5색띠 정밀 저항

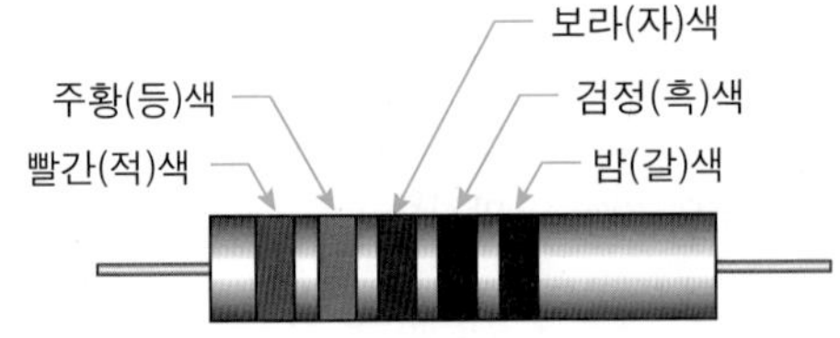

1색띠 빨간(적)색 2, 2색띠 주황(등)색 3, 3색띠 보라(자)색 7, 4색띠 검정(흑)색×1, 5색띠 밤(갈)색 ±1를 나타낸다. 따라서 저항값은 237[Ω]이며, 허용오차 ±1이다.

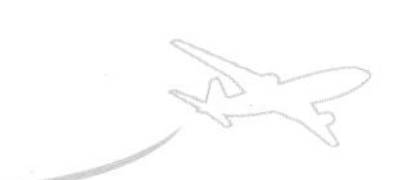

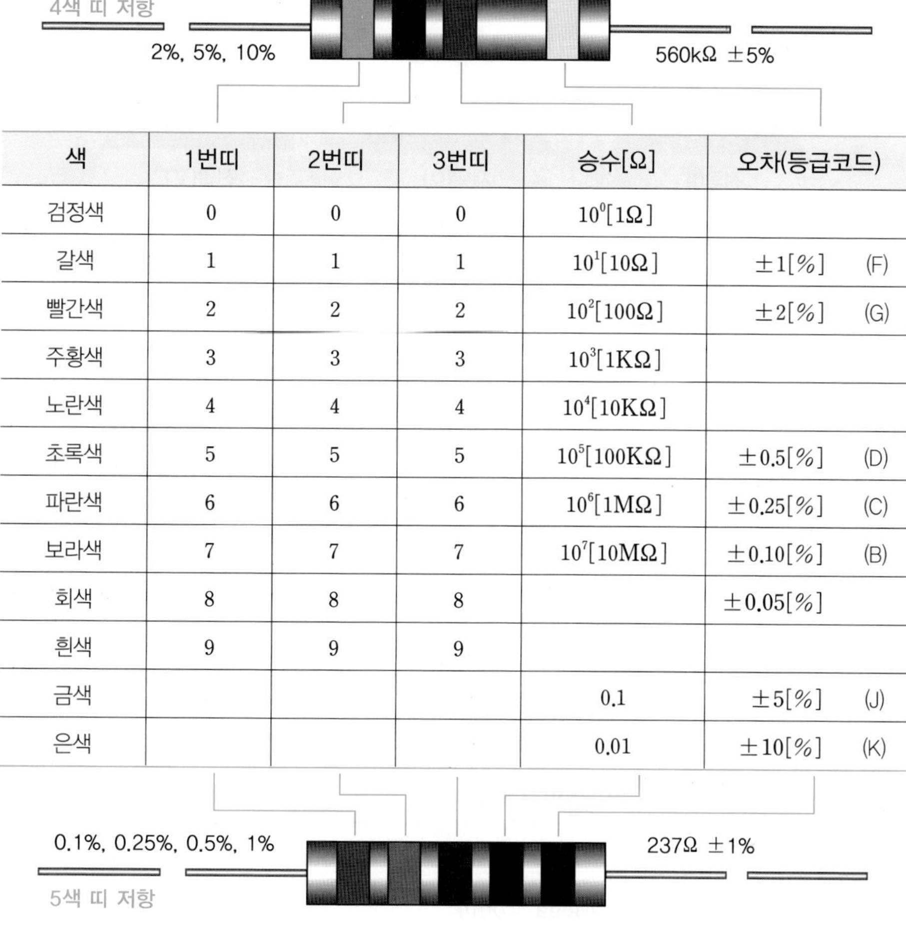

색	1번띠	2번띠	3번띠	승수[Ω]	오차(등급코드)
검정색	0	0	0	10^0[1Ω]	
갈색	1	1	1	10^1[10Ω]	±1[%] (F)
빨간색	2	2	2	10^2[100Ω]	±2[%] (G)
주황색	3	3	3	10^3[1KΩ]	
노란색	4	4	4	10^4[10KΩ]	
초록색	5	5	5	10^5[100KΩ]	±0.5[%] (D)
파란색	6	6	6	10^6[1MΩ]	±0.25[%] (C)
보라색	7	7	7	10^7[10MΩ]	±0.10[%] (B)
회색	8	8	8		±0.05[%]
흰색	9	9	9		
금색				0.1	±5[%] (J)
은색				0.01	±10[%] (K)

[그림 5-8 저항의 색띠(Resistor color code)]

Point 색과 숫자와의 관계를 외우고 싶으면 무지개색을 생각해서 빨, 주, 노, 초, 파, 보를 2부터 7까지의 색으로 생각한다. 그리고 0, 1, 8, 9는 무색인 검, 갈, 회, 백으로 외우면 도움이 된다.

7. 옴의 법칙(Ohm's law)

전류는 전기 회로 내의 저항을 일정하게 하고, 회로 양 끝에 전압을 가하면 흐른다. 이 경우, 전압을 2배로 하면 전류도 2배로 증가한다.

또, 회로에 흐르는 전류는 전압을 일정하게 하고 저항을 증가 시키면 감소한다. 즉 "전기 회로 내에 흐르는 전류는 그 양 끝에 가진 전압에 정비례하고, 전기 회로의 저항에 반비례한다." 이것을 옴의 법칙이라고 한다. 옴의 법칙은 그림 5-9과 같이 표시하고, 아래와 같은 관계식으로 표현한다.

$$\text{전류} = \frac{\text{전압(기전력)}}{\text{저항}} \quad \text{즉, } I = \frac{E}{R}, \ \text{암페어[A]} = \frac{\text{볼트[V]}}{\text{옴[Ω]}}$$

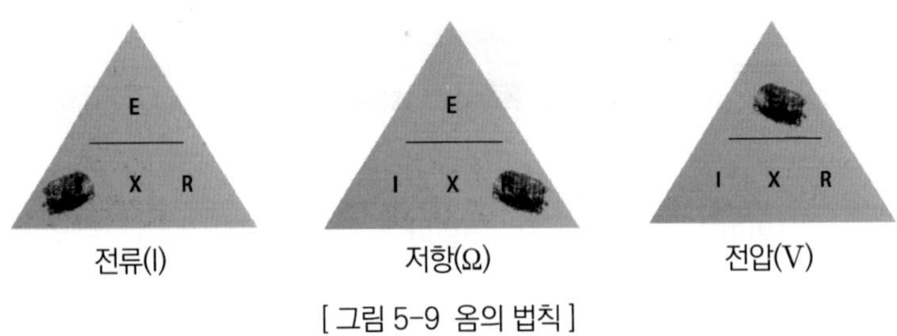

전류(I) 저항(Ω) 전압(V)

[그림 5-9 옴의 법칙]

8. 기본 단위

	읽는 법	상호관계
전류(A)	killo – ampere	1kA=1000A=10^3A
	ampere	1A
	mili – ampere	1mA=0.001A=10^{-3}A
	micro – ampere	1μA=0.000001^{-6}A
전압(V)	kilo – volt	1kV=1000V=10^3V
	volt	1V
	mili – volt	1mV=0.001V=10^{-3}V
	micro – volt	1μV=0.000001V=10^{-6}V
저항()	Mega – ohm	1MΩ=1000000Ω=$10^6\mu$Ω
	kilo – ohm	1kΩ=1000Ω=10^3Ω
	ohm	1Ω

2 자기

1. 자기(Magnetism)의 성질

자기는 금속을 끌어당기는 물체의 성질이라고 정의한다. 일반적으로 이런 Matter은 철 금속(Ferrous Material) 즉, 연철(Soft Iron), 강철(Steel), 그리고 합금자석광(Alnico)과 같은 철 화합물 또는 철 합금이다. 이런 금속을 자성체(Magnetic Material) 라고 하고, 최근에는 적어도 세 가지의 비철금속(Nonferrous Material)인 Nickel, Cobalt, 그리고 Gadolinium까지도 한정된 범위 내의 자성을 띠게되므로 자성체의 범주에 넣는다.

이외의 다른 모든 Matter은 비자성체(Nonmagnetic) 라고 할 수 있으며, 이 비자성체 중에서 약간은 자석의 양쪽 Pole에 모두 반발하는 성질을 가지고 있으므로 반자성체(Diamagnetic)로 구분할 수 있다. 자기는 보이지 않는, 완전히 그 근본 성질을 밝혀내지 못한 그런 힘이다. 그러므로 자력이 나타내는 현상으로서 설명할 수 밖에 없다.

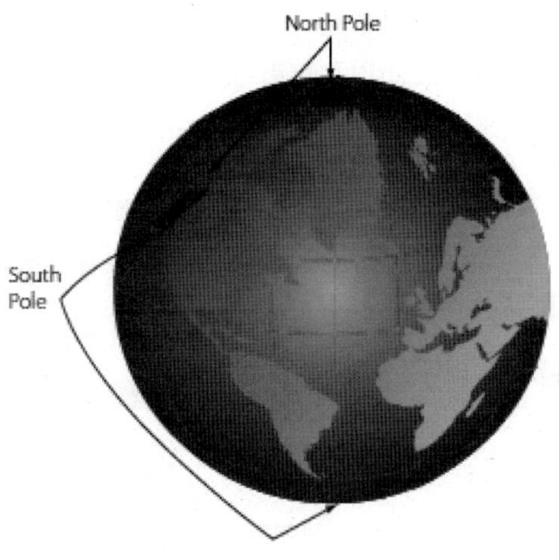

[그림 5-10 자북을 가리키는 자석]

자석을 자유롭게 회전할 수 있도록 매달아 두면, 자석은 지구 자극(Earth's Magnetic Pole)에 따라 정렬한다. 북쪽방향을 지시하는 자석의 극(North-seeking Pole)을 "N"이라고 한다. 나침반 또는 자석의 "N"은 북극(North)을 의미하는 것이 아니고, 북쪽을 지시한다는 의미를 갖고 있으므로 자석이 지시하는 북 자극(North Magnetic Pole)을 알아내는 데는 혼동이 일어나지 않을 것이다.

반대쪽 끝, "S"를 남쪽방향, 즉 남 자극(South Magnetic Pole)을 지시하는 끝이다. 지구도 거대한 자석이므로 지자기의 양끝은 각각 자석의 양끝을 끌어당긴다. 그러나 이 지자기의 양극은 지리학적인 극(Geographic Poles)과는 다르다.

그림 5-11에서 보여준 것과 같이, 보이지 않는 힘은 자석을 둘러싸고 있는 자기장(Magnetic Field)에 의한 것이다. 이 자기장은 항상 자극(Pole of a Magnetic) 사이에 존재하고, 자석의 형태에 따라서 결정된다.

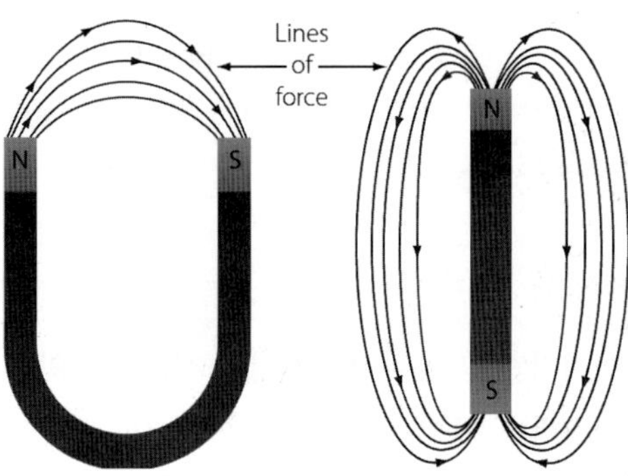

[그림 5-11 Magnetic Field around Magnet]

자석의 성질을 설명하기 위해, 이 막대를 구성하는 각각의 분자는 그림 5-12의 (a)에서 보여준 것과 같이, N극과 S극을 갖고 있는 작은 자석으로 생각한다. 이 작은 자석인 분자자석(Molecular Magnets)은 각각의 자기장을 갖고 있으나 비자화 상태(Un-magnetized State)에서는 쇠막대 전체에 걸쳐서 무질서하게 흩어져 있다. 천연자석으로 문지르는 것처럼 소자상태의 쇠막대에 자력을 가하면 분자자석이 천연자석의 자기장과 같은 방향으로 정렬한다. 즉 모든 분자자석의 N극은 한 방향으로, S극은 그 반대방향으로 배열된다. 그림 5-12의 (b)에서 보여준 것과 같이, 이런 상태의 그림이다. 이렇게 되면, 분자자석의 자기장이 합쳐져서 자석막대의 전체적인 자기장이 형성된다.

(a) 비자화 상태 (b) 자화 상태

[그림 5-12 자성체 분자 상태의 자석 배열]

그림 5-13에서 보여준 것과 같이, 같은 극을 가까이 두었을 때 두 자석의 자력선 모양을 추적하여 자력선의 특성을 밝혀낼 수 있다. 자력선은 서로 교차하지 못하므로 같은 극끼리 있을 때는 반발한다. 각각의 선의 화살표가 가리키는 것처럼 같은 극이 가까이 있을 때에도 두 선은 떨어져서 휘어지고 각각의 선에 평행한 길을 따라서 움직인다. 이런 식으로 움직이는 선은 각각의 선을 밀어내고 결국 자석 전체가 서로 밀어내게 된다.

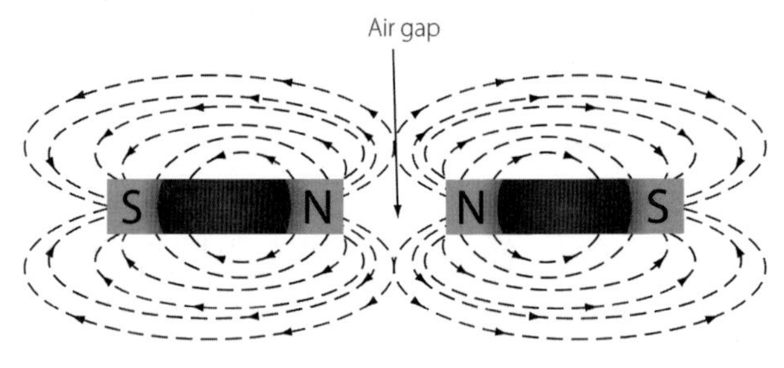

[그림 5-13 Like Pole Repel]

2. 전자 유도(Electromagnetic induction)

1. 코일 속의 자기장이 변화하는 경우

자기장은 전류에 의해 만들어지지만 그 반대로 기전력은 자기장에 의해 생긴다. 이것을 전자 유도라고 한다. 전자 유도 작용에 의한 기전력은, 그림 5-14와 같이 자석이 상하 운동을 하면 만들어진다. 그림 5-12의 (b)와 같이 자석이 운동을 하지 않고 정지하면 기전력은 발생되지 않는다.

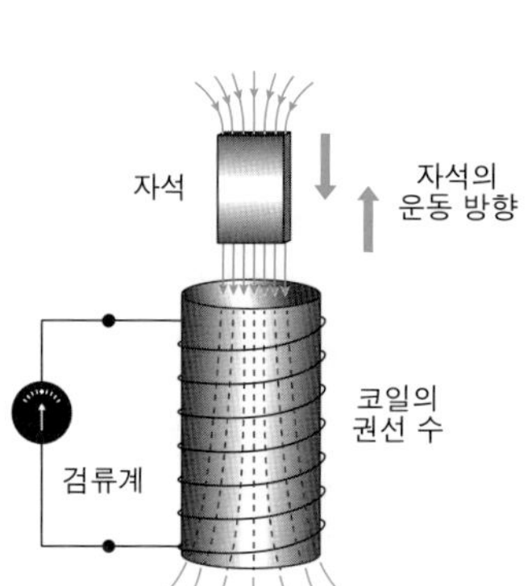

[그림 5-14 코일 속의 자기장에 의한 전자 유도]

그러나 자석이 그림 5-15의 (a), (c)와 같이 좌우로 운동을 하게 되면 검류계 바늘이 좌우로 흔들린다. 이 흔들림은 자석이 운동하는 동안에만 발생하며, 자석의 운동 방향에 따라 기전력의 방향이 결정된다.
이 때 만들어진 기전력을 유도 기전력이라 하고, 코일에 흐르는 전류는 유도 전류라고 한다. 유도 기전력의 크기는 코일의 감은 횟수와 자석의 세기에 비례한다.

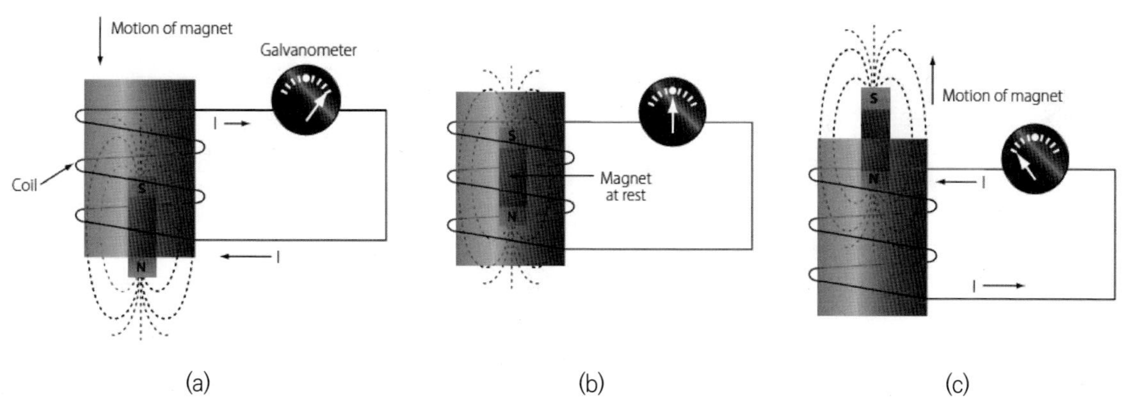

[그림 5-15 전자 유도 기전력의 방향]

2. 자기 유도와 상호 유도 작용

철심에 2개의 코일을 감고 왼쪽 코일(1차 코일)에 전원 스위치를 닫으면 전류는 짧은 시간 동안에만 코일에 흐르고, 코일의 횟수와 전류의 세기에 비례한 자속이 만들어진다. 화살표 방향으로 철심을 따라 자속은 이동하면서 철심은 전자석이 되고, 오른쪽 코일(2차 코일)은 자속이 직각 방향으로 관통하기 때문에 검류계가 흔들리게 된다. 즉, 유도 기전력이 만들어진다. 다시 스위치를 열면 스위치를 닫았을 경우와 마찬가지로 자속은 짧은 시간 동안에만 만들어지고 검류계는 반대 방향으로 흔들린다. 1차 코일의 스위치가 닫혀 있는 동안 전류는 옴의 법칙에 의해서 계속해서 흐르지만 유도 기전력은 만들어지지 않는다. 그것은 전류의 크기 변화가 없기 때문이다. 2차 코일에 유도되는 기전력은 1차 코일에 의한 자기장의 변화에 의한 것, 즉 자기 유도에 의한 것이다.

따라서, N(회) 감은 코일의 내부를 관통한 자속이 $t(s)$ 동안에 $\Phi(Wb)$의 비율로 변화 할 때의 유도 기전력 e는 다음 식으로 표시한다.

$$e = -N\frac{\Phi}{t}[\mathrm{V}]$$

그림 5-16과 같이, 1차 코일의 스위치를 닫으면 1차 코일에는 전류가 흘러 자속이만들어진다. 이 때,1차 코일은 전지의 전기 에너지가 자기 에너지로 바꾼다. 1차 코일의 자속은 철심을 따라 이동하면서 2차 코일을 직각 방향으로 관통한다.

여기서, 유도 기전력은 2차 코일에 유도된다. 2차 코일의 검류계는 움직여서 유도 기전력에 의하여 생긴 전류가 회로에 흐르고 있는 것을 표시한다.

이것은 상호 유도 작용에 의해서 만들어진 유도 기전력이다. 2차 코일의 스위치를 열면 전류가 흐르지 않기 때문에 검류계는 움직이지 않는다.

또, 1차 코일의 스위치를 계속해서 닫아 놓으면 전류 변화가 없기 때문에 유도 기전력은 생기지 않는다.

따라서, 1차 코일의 스위치를 닫으면 전류는 증가하고, 이 때 자속도 증가하기 때문에 검류계는 전류가 회로에 흐르고 있는 것으로 표시한다.

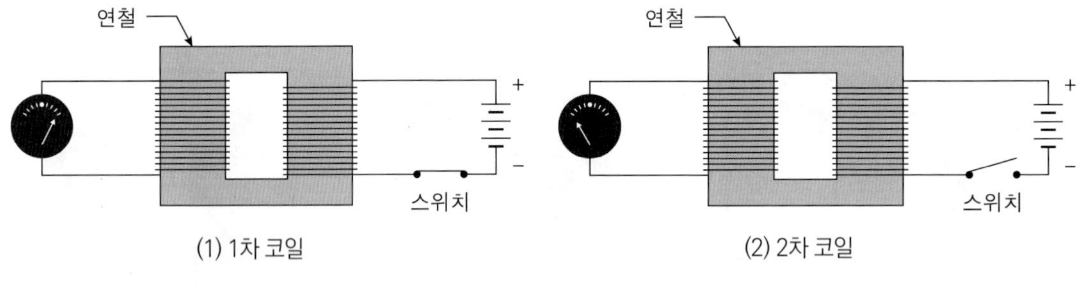

[그림 5-16 상호 유도]

또, 스위치를 열면 전류는 감소하고, 이 때 자속도 감소하기 때문에 마찬가지로 검류계는 전류가 회로에 흐르고 있는 것으로 표시한다. 따라서, 상호 유도 작용으로 생기는 유도 기전력은 직류 전원이 아니라 교번되는 전원, 즉 교류 전원이어야 한다.

3 전기 회로

전기 회로(Electric circuit)는 전기가 흐를 수 있도록 설치된 닫힌 회로이다. 회로에는 저항기, 축전기, 코일 등 다양한 전기적 소자가 전기 전도체인 전선에 의해 연결된다. 건전지, 전선, 저항을 나란히 이어 만든 폐회로는 가장 간단한 전기회로의 예라고 할 수 있다.

전기회로는 회로에 공급되는 전기의 종류에 따라 크게 직류회로와 교류회로로 나뉘며 각각의 회로에서 저항, 축전기, 코일 등을 연결하여 다양한 전기회로를 만들 수 있다.

1. 교류 회로

교류는 전류가 일정한 간격을 두고 규칙적으로 전선 내에서 한 방향으로 흐르고, 다음에는 반대 방향으로 흐르는 것을 말한다.

1. 주기와 주파수

교류는 직류와 그 성질이 다르며, 전압이나 전류의 파형은 많은 양의 값과 음의 값을 가지고 있다.

교류 전압과 전류는 그림 5-17과 같이 처음에는 한 방향으로 "0"에서 최대값까지 갔다가 "0"으로 떨어지게 되며, 다음에는 이와 반대 방향으로 최대값까지 갔다가 다시 "0"으로 떨어진다.

이것은 교류 전압과 진류가 한 주기를 형성하는 것이다. 이 주기는 T로 표시하며, 교류 전류가 흐르는 동안에는 계속해서 만들어지게 된다. 따라서 주기는 교류가 1회 변화하는데 소요되는 시간이고, 주파수는 변화를 되풀이하는 횟수를 말한다.

주파수의 단위는 헤르츠[Hz]라고 하며,주기와 주파수 관계를 수식으로 표시하면 다음과 같다.

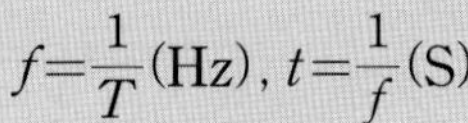

$$f=\frac{1}{T}(\mathrm{Hz}),\ t=\frac{1}{f}(\mathrm{S})$$

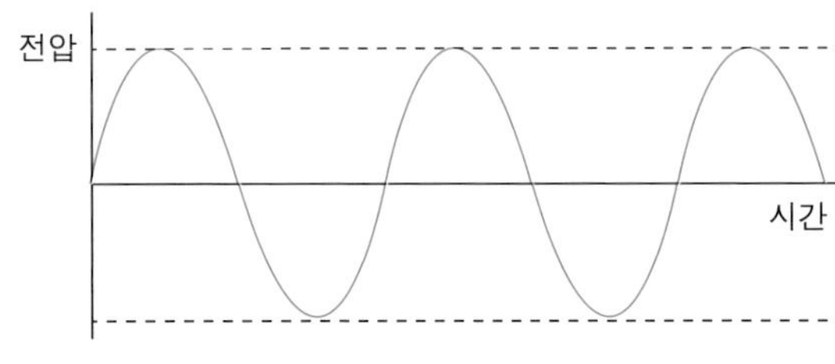

[그림 5-17 교류 파형]

2. 교류의 표시 방법

직류는 그 크기가 모든 시간 동안 값이 변하지 않는다. 그러나 교류는 그림 5-18와 같이 1주기 동안 끊임없이 그 크기가 변하기 때문에 교류의 크기를 나타내는 규정을 정해 놓았다. 따라서, 교류의 임의 시간의 값을 순시값이라고 하며, 1주기 중에 최대의 순시값을 최대값이라고 한다.

그림 5-18 (1)의 교류 파형에 대하여 수식으로 표현하면, 순시 전압은 $e=E_m\sin\omega t$[V]되며, 순시 전류는 $i=I_m\sin\omega t$[A]가 된다. 여기서, 오메가(ω)는 각속도 또는 각주파수라고 하며, $\omega=2\pi f$ 의 관계가 성립된다. 다시 말해서 2π는 1주기에 상당한 각도(rad)를 표시하며, $2\pi f$는 1[s] 간에 f회 파형이 반복된 것을 표시한다.

그림 5-18 (2)와 같이 교류 파형의 반주기 평균값은 교류 파형의 모든 순시값을 평균하여 구해진다. 최대값이 변하여도 교류 파형의 모양은 변하지 않기 때문에 어떠한 교류 파형의 평균값이든 항상 최대값의 0.637배이다.

따라서, 최대값이 1[A]인 교류는 반주기에 대하여 0.637[A]의 평균값을 가진다.

그러나 1[A]의 교류의 전력 효과는 항상 일정한 값을 유지하지 못하기 때문에 0.637[A]의 직류의 전력 효과와는 같지 않다. 교류 전류가 일정한 저항기에서 1[A]의 직류와 같은 정도로 열을 발생시킬 수 있을 때, 이 교류는 1[A]의 실효값을 갖는다고 말한다. 즉, 실효값이란 교류가 실제로 일한 값이다. 직류 전원과 저항 요가 직렬로 연결되어 있는 회로에서 최대 전류가 1[A]흘렀을 때 저항에서 1,000[˚C]의 열이 발생하였다. 이와 같은 회로에 전원을 교류로 바꾸게 되면 저항에서 707[˚C]의 열이 발생된다.

$$\text{교류}_{\text{실효값}} = \frac{\text{최대 } 1[A]\text{교류의 열효과}}{\text{최대 } 1[A]\text{직류의 열효과}} = \frac{707[^\circ C]}{1{,}000[^\circ C]} = 0.707$$

따라서, 교류 기전력의 실효값은 최대값의 0.707배가 된다.

교류 전압과 전류의 최대값이 E_m[V], I_m[A]이 라고 하면, 실효값 E[V], I[V]는 다음 식으로 표시한다.

$$E = 0.707E_m[\text{V}] \qquad I = 0.707I_m[\text{A}]$$

우리가 흔하게 쓰고 있는 교류 전압과 전류는 특별하게 명시되지 않는 한, 항상 실 효값을 의미한다.

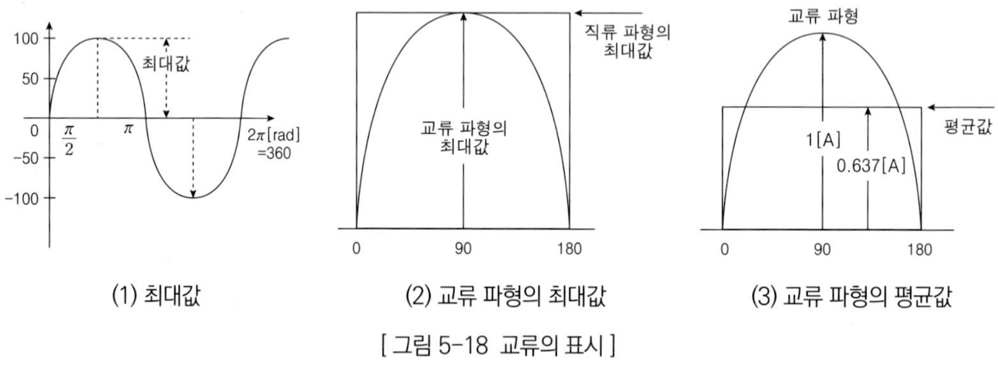

(1) 최대값　　(2) 교류 파형의 최대값　　(3) 교류 파형의 평균값

[그림 5-18 교류의 표시]

3. 위상과 위상차

주파수가 동일한 2개 이상의 교류는 상호간에 시간적인 차이를 그림 5-19 (1)과 같이 나타낼 때 위상차가 있다고 한다. 또, 동일한 주파수에서 그림 5-19 (2)와 같이 위상차가 없는 것을 동위상이라고 한다.

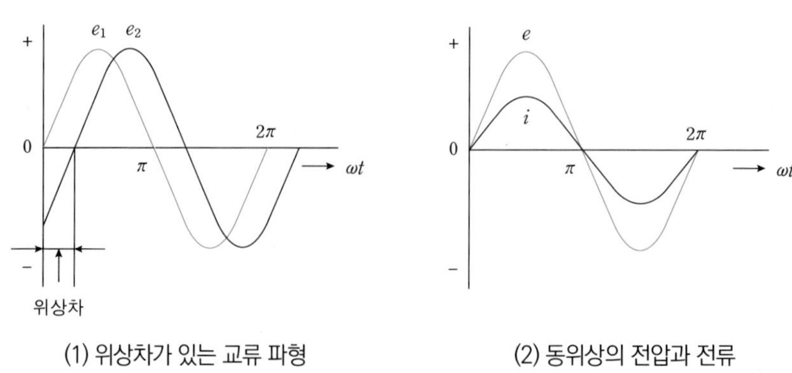

(1) 위상차가 있는 교류 파형　　(2) 동위상의 전압과 전류

[그림 5-19 교류의 위상]

4 반도체

1. 반도체의 성질

도체는 전기가 잘 통하는 물질이고, 절연체는 반대로 전기가 잘 통하지 않는 물질이다.

그렇다면, 반도체는 과연 무엇일까? 말 그대로 도체와 절연체의 중간적인 성질을 가지고 있는 물질이며, 온도에 따라서 성질이 달라진다.

도체는 그림 5-20과 같이 온도가 올라가면 전기 저항이 커지게 되지만, 반도체는 온도가 올라가면 자유 전자가 많아져 오히려 전기 저항이 낮아지게 된다.

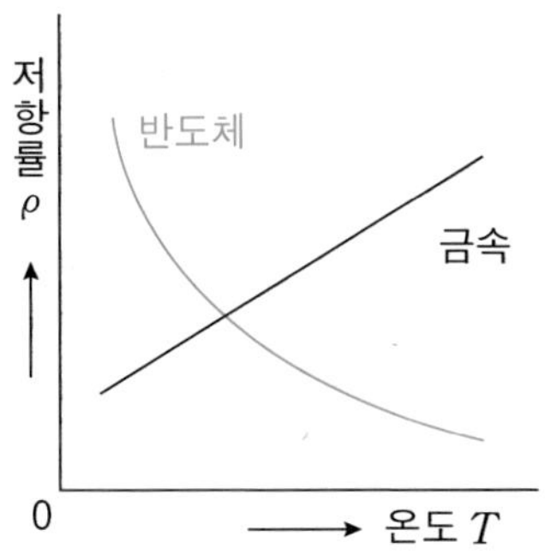

[그림 5-20 도체와 온도]

이러한 반도체는 원소 주기율표의 제 4족 및 그 옆에 속하는 물질들이며, 제 4족에 속하는 반도체인 실리콘(Si : Silicon)과 게르마늄(Ge : Germanium)은 진성 반도체(순수 반도체, 원자로만 구성)이다.

실리콘은 그림 5-21과 같이 이웃끼리의 원자가 1개씩의 가전자를 서로 내어서 가전자를 공유하는 형태로 결합하고 있는 결정 구조로 되어 있다. 그림 5-22는 실리콘의 원자가 규칙적으로 배열되어 있는 것을 평면적으로 나타낸 것이다.

반도체 결정에 열, 빛을 쪼이면, 이 에너지에 의해서 결정 속에 있는 가전자는 원자핵의 공유 결합에서 떨어져 자유 전자가 되어 결정 속을 그림 5-23과 같이 자유롭게 이동한다. 가전자가 자유 전자가 된 부분은 전기적으로 중성 상태에서 음의 전기를 가지고 있는 전자가 빠졌기 때문에 구멍이 만들어진다.

구멍은 양(정)전기를 가지며 정공(Hole) 이라고 한다.

이러한 진성 반도체에 불순물(다른 원소)을 넣으면 불순물 반도체가 된다. 불순물농도가 아주 작다고 할지라도 불순물 반도체는 진성 반도체에 비해서 전기적인 성질이 완전히 달라지게 된다.

대부분의 반도체는 불순물이 들어 있는 반도체를 사용하며, 진성 반도체에 불순물을 첨가하는 것을 도핑(Doping)이라고 한다. 불순물로 사용하는 것은 3족 원소(P형 불순물)나 5족 원소(N형 불순물)이며, 어떤 불순물을 넣었는가에 따라서 N형 반도체와 P형 반도체로 나눈다.

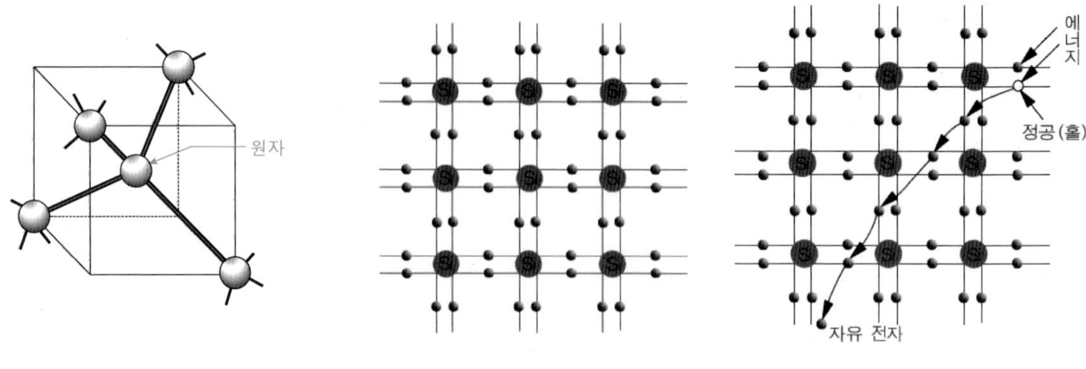

[그림 5-21 제 4족 원소의 결합] [그림 5-22 실리콘의 평면 결합 구조] [그림 5-23 자유 전자와 정공]

1. N형 반도체

N형 반도체는 그림 5-24와 같이 4족의 실리콘 원자에 안티몬(Antimony : Sb, 비소 : As, 인 : P)과 같은 5족의 원자를 미량 혼합한다. 결정의 모양은 변하지 않으나, 일부 실리콘 원자가 있던 위치에 안티몬의 원자가 놓여져서 5개의 가전자 중 4개는 원래의 실리콘과 결합하고 1개의 전자가 남는다.
이 가전자가 자유 전자가 되고, 전체적으로 보았을 때 정공보다 음(Negative)의 전기를 가지는 자유 전자 쪽이 많아진다. 이와 같은 반도체를 네거티브(Negative)의 머리글자를 따서 N형 반도체라고 한다.

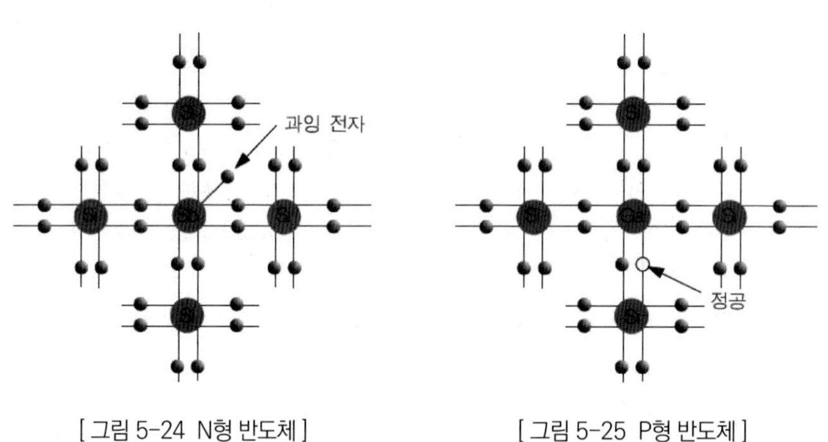

[그림 5-24 N형 반도체] [그림 5-25 P형 반도체]

2. P형 반도체

P형 반도체는 그림 5-25와 같이 4족의 실리콘 원자에 인듐(Indium: In, 갈륨: Ga, 알루미늄 : A1)과 같은 3족의 원자를 미량 혼합한다. 인듐의 가전자는 3개밖에 없으므로 규소와 결합하기에는 전자가 1개 부족하여 정공이 생긴다. 전체를 보았을 때, 자유 전자보다 양(Positive)의 전기를 가지는 정공 쪽이 많아진다. 이와 같은 반도체를 포지티브(Positive)의 머리글자를 따서 P형 반도체라고 한다.

2. 다이오드

1. 다이오드의 구조와 동작

다이오드(Diode)는 (+)전기를 띤 P형 반도체와 (−)전기를 띤 이형 반도체를 접합시켜 만든 것이다. 이것은 전류를 한쪽 방향으로 흐르게 하는 작용, 교류를 직류로 바꾸는 정류 작용을 하는 데 사용한다.
그림 5−26의 (1)은 PN 접합 다이오드의 구조를 표시한 것이며, 그림 5−26의 (2)는 PN 접합 다이오드의 기호를 표시한 것이다. 다이오드에 전압이 가하지 않았을 때에는 P, N 영역에 각각 정공과 전자가 존재한다.

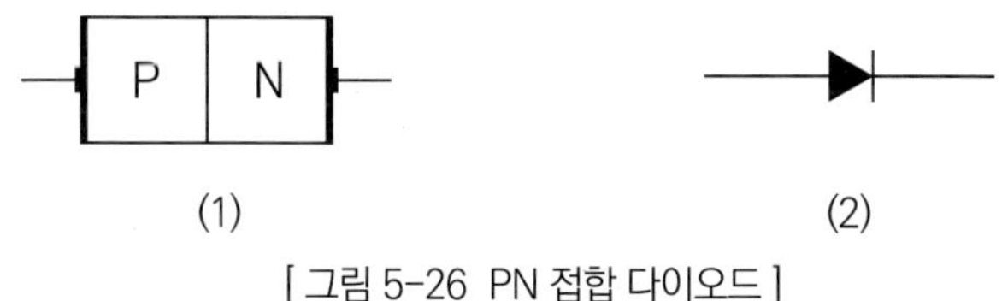

[그림 5-26 PN 접합 다이오드]

그림 5−27의 (1)과 같이 P 쪽에 (+)전압, N 쪽에 (−)전압을 가하면, P층 내부 영역의 정공은 N 쪽으로, N층 내부의 전자는 P 쪽으로 이동하고 외부 회로에는 순방향 전류가 흐른다.

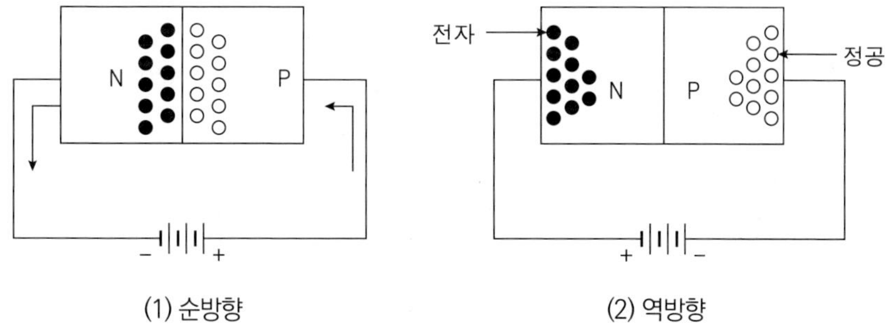

[그림 5-27 다이오드의 동작 전압]

이와 같이 전류가 흐르는 방향과 같은 방향의 전압을 순방향 전압이라 한다. P 쪽에 (−)전압, N 쪽에 (+)전압을 가하면, P층 내부 영역의 정공은 (−)극 쪽으로, N층 내부의 전자는 (+)극 쪽으로 이동하여 그림 5−27의 (2)와 같이 각 층의 왼쪽과 오른쪽으로 모여있게 되므로 전류는 흐르지 않게 된다. 이러한 방향의 전압을 역방향 전압이라 한다.
다이오드는 작은 순방향 전압에도 많은 전류가 급격히 흐르지만, 역방향 전압을 많이 걸어 주어도 거의 전류가 흐르지 않는다.

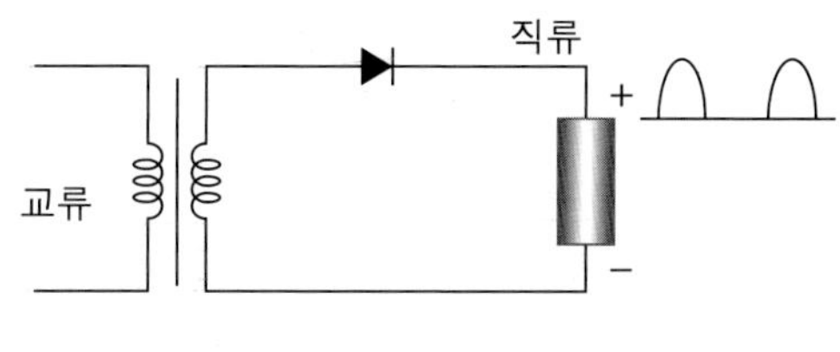

[그림 5-28 반파 정류]

2. 다이오드의 정류 작용

교류 전압을 직류 전압으로 바꾸기 위해 그림 5-29를 사용한다.

하나의 다이오드에서는 반파 정류[(+), (-)가 교대로 변화하는 전압의 (+) 쪽, 또는 (-) 쪽 중에서 어느 한 쪽만 사용한다.

그림 5-29과 같이 다이오드 4개를 조합하여 전파 정류를 할 수 있다. 이 같은 회로를 전파 브리지(bridge)라고 한다.

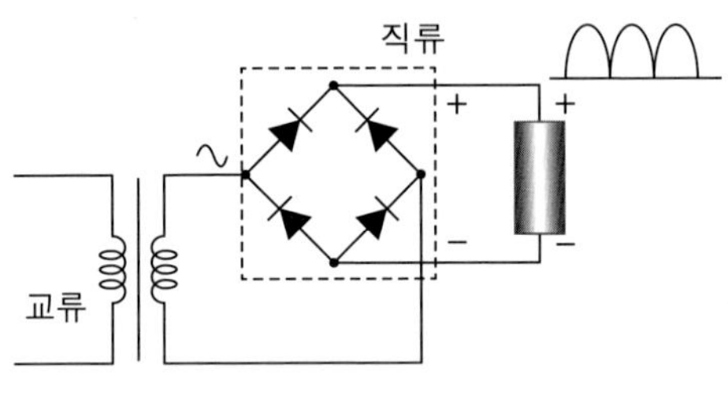

[그림 5-29 전파 정류]

3. 특수한 다이오드

① 제너 다이오드

제너(zener) 다이오드는 역방향에서 동작하고 사용될 수 있도록 특별하게 제조된 다이오드이며, 그림 5-30과 같은 기호를 사용한다.

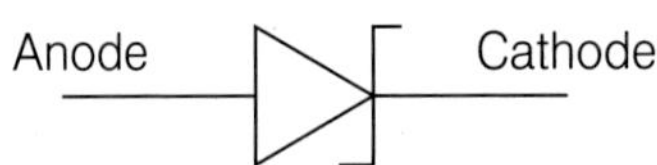

[그림 5-30 제너 다이오드의 기호]

제너 다이오드는 순방향 전압이 약 0.7[V]이므로 정류 다이오드와 같은 동작을 한다.

그러나 제너 다이오드는 어떤 특정한 역방향 전압을 걸면 미약한 포화 전류가 흐르는데, 역방향 전압을 크게 증가하면 갑자기 전류가 증가하여 회로가 구성된다. 이와 같은 현상을 제너 전압 또는 제너 항복이라 한다. 그림 5-31은 제너 다이오드의 특성을 나타낸 것이다.

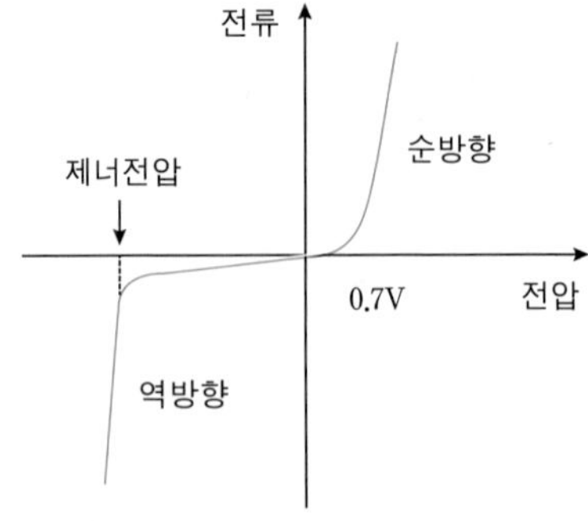

[그림 5-31 제너 다이오드의 특성]

그림 5-32와 같이 입력 전원과 직렬로 저항 R1(보호 저항)이 연결되어 있고, 제너 다이오드는 부하 저항 R부하와 병렬로 연결되어있다. 부하 저항 양단에 나타나는 전압, 즉 출력 전압은 제너 전압이 된다. 이것은 입력 전압이 변하더라도 부하 양단간에는 제너 다이오드의 전압과 같은 값이 된다.

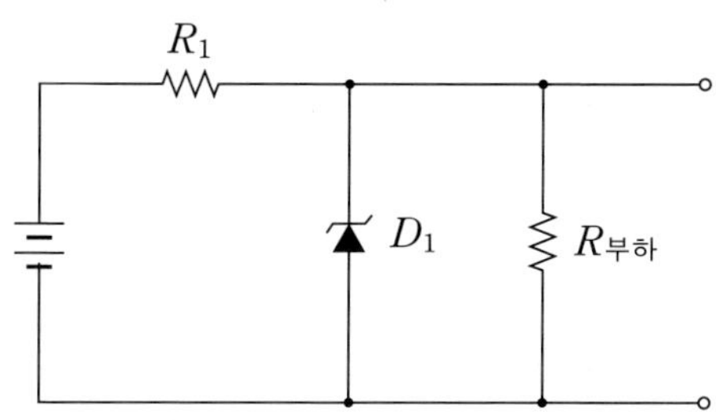

[그림 5-32 제너 다이오드의 응용 회로]

② 발광 다이오드

발광 다이오드(LED : Light Emitting Diode)는 순방향 전압이 연결되면 자유 전자와 정공들은 접합부에서 재결합하여 적색, 녹색, 황색 등을 발광한다. 가시 광선을 방출하는 LED는 계기의 표시장치, 계산기, 디지털 시계 등에 사용하며, 그림 5-33과 같은 기호를 사용한다.

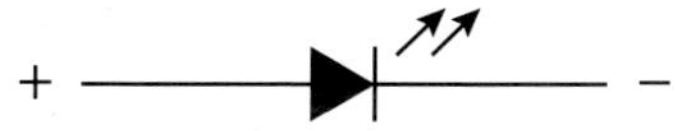

[그림 5-33 발광 다이오드의 기호]

항공기전기

3. 트랜지스터

트랜지스터(Transistor)는 온·오프 두 가지의 상태의 스위칭 작용을 하며, 전류, 전압 및 전력을 증폭하는 증폭 작용을 한다.

1. 구 조

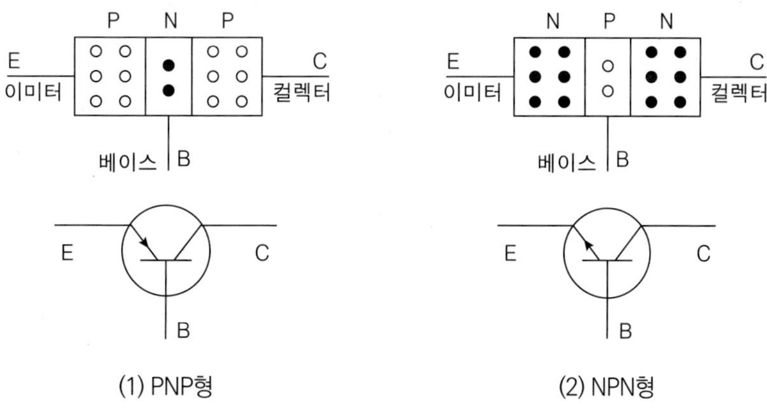

[그림 5-34 트랜지스터의 구조]

트랜지스터는 구조적으로 비교하면 그림 5-34와 같이 PNP형과 NPN형의 2종류가 있다.

그림 5-34의 (1)과 같이 양쪽의 P형 반도체 사이에 N형 반도체가 들어 있는 것을 PNP형, 그림 5-34의 (2)와 같이 양쪽의 있는 것을 NPN형이라고 한다.

그림 5-34와 같이 3개의 반도체 층을 차례로 이미터(Emitter, E), 베이스(Base, B), 컬렉터(Collector, C)라고 하는데, 이 중에서 베이스는 극히 얇은 층으로 되어 있다.

2. 동 작

그림 5-35와 같이 NPN형 트랜지스터의 베이스와 이미터 사이에 순방향의 전압 E_B를 가하면 이미터 안의 일부 전자는 베이스의 정공과 결합하는데 베이스가 매우 얇고, 또 베이스와 컬렉터 사이에는 높은 전압 E_C 가해지기 때문에 이미터 안의 대부분의 전자는 컬렉터 안으로 유입된다. 이 때문에 컬렉터에서 이미터로 흐르는 전류가 증가한다. PNP형 트랜지스터에서도 그 동작 원리가 NPN형과 같다.

다만, 동작 전압의 극성이 반대이며, 전류를 구성하는 것은 PNP형에서 정공이 주역할을 하지만, NPN형에서는 전자가 주역할을 한다는 것이 다를 뿐이다.

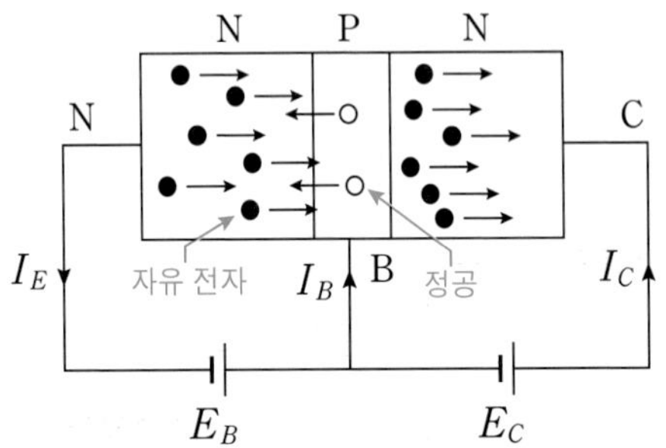

[그림 5-35 NPN형 트랜지스터]

4. 사이리스터

트랜지스터는 저전압과 저전류에 사용되지만, 사이리스터(Thyristor)는 고전압과 고전류를 제어하는데 사용된다. 사이리스터는 그림 5-36의 (1)과 같이 P형 반도체와 N형 반도체를 4층 이상으로 접합한 것이며, 전극의 단자 수가 3개 이상으로 되어 있다. 3개의 단자가 있는 것은 실리콘 제어 정류 소자(SCR : Silicon Controlled Rectifier)라고도 하고, 기호는 그림 5-36의 (2)와 같다.

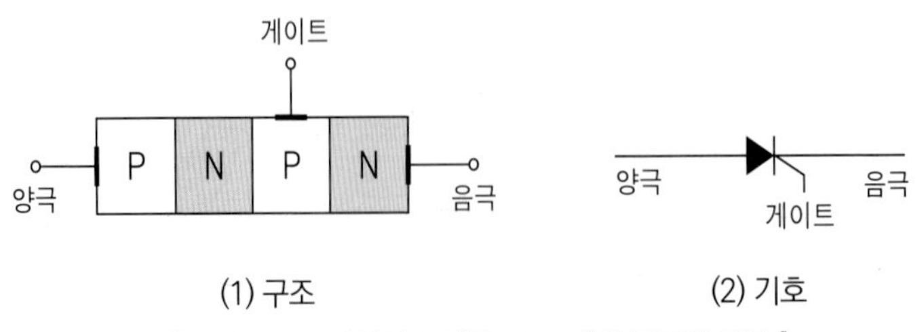

[그림 5-36 사이리스터(Thyristor)의 구조와 기호]

사이리스터는 양극(Anode, A), 음극(Cathode, K), 게이트(Gate, G)의 전극을 갖고 있다. 그림 5-37과 같이 양극(A)과 음극(K) 사이에는 전압 E_1을, 게이트(G)와 음극 사이에는 전압 E_2를 순방향이 되도록 한다.
그림 5-37의 (2)와 같이 스위치를 닫고 게이트 전류 I_G가 일정하게 흐르게 하고, 양극과 음극 간의 전압을 증가시키면 양극 전류 I_A가 급격히 흐른다. 즉, 양극에서 음극 쪽으로 전류가 흘러 전등이 켜진다. 그림 5-37의 (3)과 같이 스위치를 열면 게이트 전류 I_G의 흐름은 멈추어도 양극 전류 I_A는 계속해서 흐르게 되고, 전등도 계속해서 켜지게 된다.
I_A의 흐름을 멈추게 하거나 전등을 끄기 위해서는 양극에 가해지는 전압을 중단하여야 한다.

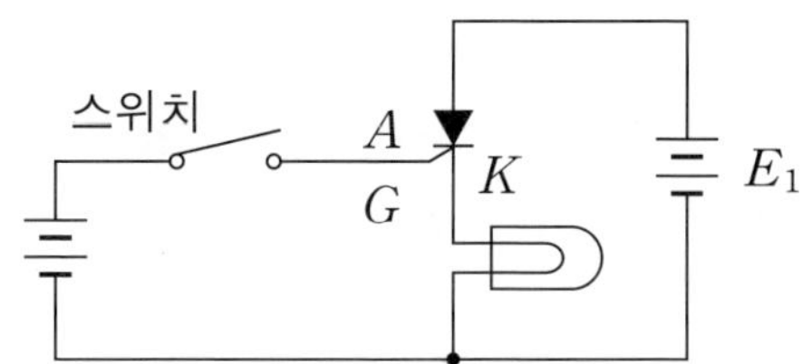

(1) 스위치가 열려 있을 경우
전류는 흐르지 않고 램프도 켜지지 않는다.

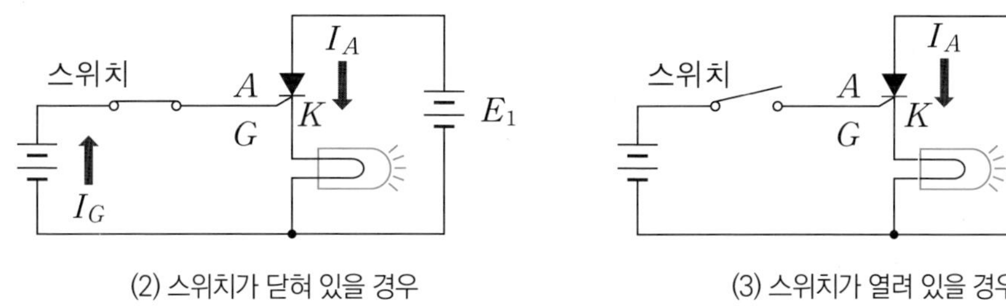

(2) 스위치가 닫혀 있을 경우
스위치를 온하면 전류가 흘러 램프가 켜진다.

(3) 스위치가 열려 있을 경우
스위치를 오프하였는데 전류는 계속해서 흐른다.

[그림 5-37 사이리스터의 동작]

5 전선의 접속

1. 항공기용 전선

현대의 항공기는 대형화, 고급화되고 있다. 그러므로 전력 공급을 위한 많은 전선이 사용된다. 항공기나 가정에서 전선을 선택하여 사용할 경우에는, 첫째, 전선의 길이, 둘째, 전선에 흐르는 전류량, 셋째, 공급하려고 하는 전압 등을 고려하여야 한다.
이와 같은 전선들은 가벼워야 하므로, 전선 주위에 절연 재료의 두께를 얇게 할 필요가 있다. 주로 항공기에서 사용하는 전선은 대부분이 구리선이지만 간혹 무게 때문에 알루미늄 전선을 사용하기도 한다.

1. 일반 전선

과거의 항공기에서 사용한 전선은 주석이나 은을 입힌 구리선이었다. 또, 구리선 주위에 약 0.5[mm]의 폴리염화비닐(Polyvinyl-chloride)과 나일론(Nylon)을 절연재료로 사용하였다. 그림 5-38는 항공기용 전선을 나타낸 것이다.

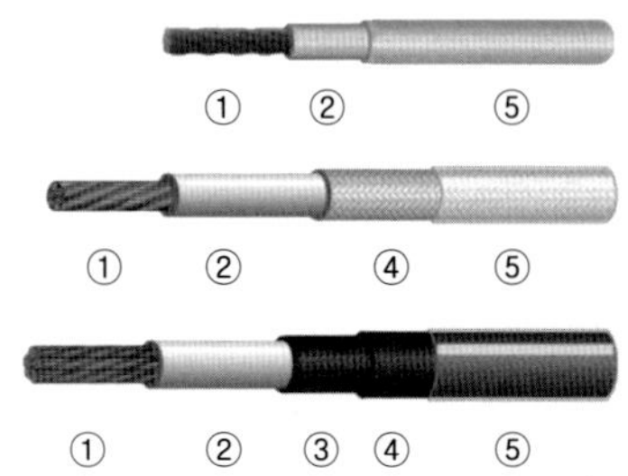

① 도체, ② 1차 절연제, ③ 2차 절연제, ④ 3차 절연제(유리섬유, 파이버 끈), ⑤ 외부 재킷

[그림 5-38 항공기의 전선]

현대 항공기에서 사용하는 전선은 테플론(Teflon), 즉 폴리아미드(Polyamide) 수지를 사용한 전선이며, 구리선 주위에 약 0.2~0.25[mm]의 두께로 입혀져 있다. 이 전선은 과거의 전선보다 부피와 무게가 함께 줄어들었다.

항공기에서 사용하는 구리선은 산화 방지와 납땜을 쉽게 하기 위하여 아연, 은, 니켈 등을 입힌다. 또, 구리선은 저항률이 낮아 전기적 성질이 매우 우수한 도체이지만, 비중이 크므로 무거운 것이 단점이다. 알루미늄(Aluminium)은 구리보다 저항률이 크지만 비중이 작으므로 전선을 경량화 할 수 있으나, 구리선에 비해 장력이 작으므로 항공기의 일부 전력 공급 계통에만 알루미늄 전선을 사용한다. 같은 전류를 흐르게 할 경우, 알루미늄 전선의 중량은 구리선의 중량에 60[%]정도이다.

2. 특수 전선

기관과 같이 주변 온도가 높은 장소에는 고온용 전선이 사용된다.

니켈을 입힌 구리선에 테플론(광물질 혼합)에 의해 절연된 전선으로 약 260[℃]까지 사용한다. 화재 경보 장치의 감지기 주위의 전선은 약 350~1,000[℃]를 견딜 수 있어야 한다. 통신 계통에서 미약한 신호를 전송하는 전선은 외부로부터 간섭파가 들어가지 않도록 2개 또는 3개의 전선 주위를 구리 망사선으로 덮은 차폐(Shield)선이 사용된다. 또, 영상 신호 또는 무선 신호를 전송하는데 사용되는 전선은 동축 케이블(Coaxcial cable)이 사용된다.

3. 전선의 표식

항공기는 많은 계통을 사용하고 있기 때문에, 전선과 케이블은 속해 있는 계통을 쉽게 구분하고, 전선의 굵기, 전선에 관련된 정보를 얻을 수 있도록 숫자와 문자가 조합된 표식을 전선의 절연 재료 위에 그림 5-39과 같이 표시한다. 이러한 표시를 전선의 식별 부호(Identification code)라고 한다. 이 표시 방식은 공통적인 것이 아니며 제작 회사마다 특징이 있다.

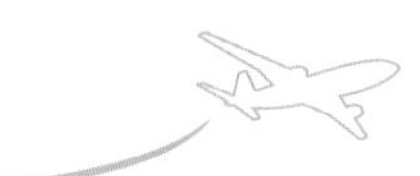

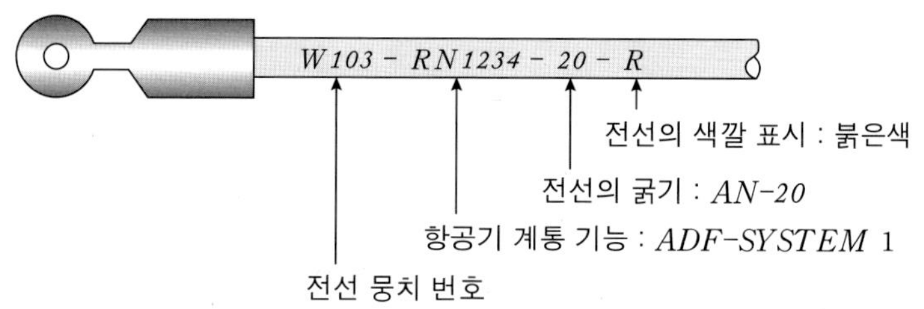

[그림 5-39 항공기 전선의 표식]

보충학습 전기 회로의 전선 규격 선택 시 고려 사항

미국도선규격(AWG: American Wire Gage)은 BS(Brown & Sharp)도선 규격을 재택하여 사용하고 있다.

- BS 도선규격에는 4/0번(0000번)부터 49번까지의 자연수를 사용한다.
- 도선번호가 작을수록 굵기는 굵다. 즉 4/0번이 가장 굵고 49번이 가장 가늘다.
- 항공기 배선에 사용되는 도선규격은 2/0번(00번)부터 20번까지의 짝수만을 사용 한다.
- 단위 : 도선의 지름(두께) D[mil], 도선의 단면적 A[cmil]
- 도선의 규격(굵기)선정 시 고려사항
  - 도선에서 발생하는 주울 열
  - 도선에 흐르는 전류의 크기
  - 도선의 저항에 의한 전압강하
  - 도선의 저항은 0.005[Ω]까지 허용되고, 본딩 와이어의 저항은 0.003[Ω]까지 허용된다.

[표 5-1 항공기 계통]

항공기 계통	부호	항공기 계통	부호
교류 전원(AC power)	X	난방, 환기(Heating & Ventilation)	H
제빙, 방빙(De-icing & Anti-icing)	D	점화(Ignition)	J
기관 제어(Engine control)	K	인버터 제어(Inverter control)	V
기관 계기(Engine instrument)	E	조명(Lighting)	L
비행 제어(Flight control)	C	항법, 통신(Navigation & Communication)	R
비행 계기(Flight instrument)	F	경고장치(Warning device)	W
연료, 오일(Fuel & Oil)	Q	전력(Power)	P
접지(Ground network)	N	기타(Miscellaneous)	M

항공기전기

2. 전기 배선

1. 전선의 묶기와 클램프

항공기의 전선은, 동일한 장소를 통과하는 경우에는 정리하여 그림 5-40, 41과 같이 실이나 나일론 끈(Strap)을 사용하여 다발(Bundle)로 묶어 준다.

절연 재료로 되어 있거나 절연물이 붙은 클램프(Clamp)는 전기 배선시 전선이 처지는 것을 방지하고, 금속벽을 통과하는 경우에 벽과의 접촉을 피하기 위하여 그림 5-42와 같이 사용한다.

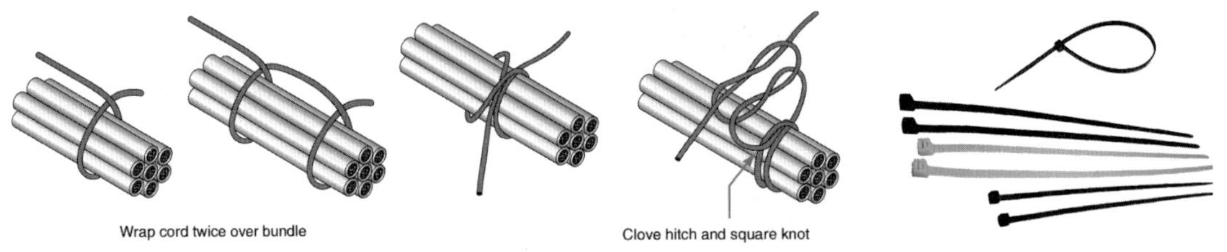

[그림 5-40 전선의 묶음]

[그림 5-41 나일론 끈(cable tie)]

① 전선 묶음

그룹으로 된 전선 가닥을 나일론 끈이나 레이싱 코드(Lacing cord)로 묶어주고, 일정한 간격으로 클램프를 이용하여 구조부에 지지 시킨다.

전기적으로 보안 장치가 되지 않은 전원 계통의 전선이나 매우 중요한 장비에 연결되는 전선들은 그룹으로 하거나 다발로 하는 것 을 되도록 피하여야 한다.

만약 전선을 다발로 할 경우, 다발의 지름이 $1\frac{1}{2}$~2[in]이하이거나 전선의 가닥 수가 75가닥 이하가 되도록 한다. 전선은 단선이든 다발이든 너무 느스러지게 설치하여서는 안된다. 느스러짐이 너무 커서 전선 다발이 항공기 동체나 기타 표면에 마찰되어 손상을 가져와서는 안되며, 느스러짐은 다발 종단 부근에서 정비에 편리하도록 되어야 한다.

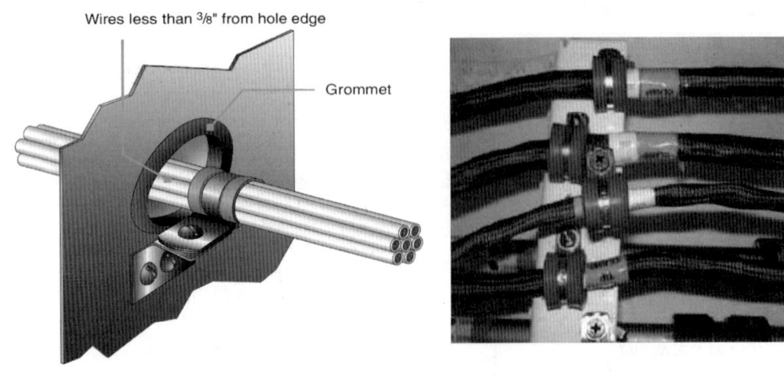

[그림 5-42 전선의 클램프]

② 터미널 접속(Terminal)

구리선은 절연시킨 터미널 납땜을 하지 않고 종단시킨다. 터미널 러그(Lug) 상의 일부 분이 절연되어 있으므로 벗긴 전선을 크림핑 툴을 사용하여 터미널 러그에 접속한다.

2. 전선과 터미널 접속

전선을 접속할 경우, 일정한 길이대로 전선을 절단하고 접속할 부분의 전선에 절연 피복을 와이어 스트리퍼(Wire stripper)를 사용하여 그림 5-43과 같이 벗겨야 한다.
구리선은 물론 알루미늄 전선의 절연 피복을 벗겨 나선으로 만들 때, 전선 가닥이 절단 되거나 손상이 되지 않도록 조심스럽게 벗겨야 한다. 절연 피복을 벗긴 전선은 그림 5-44와 같은 크림핑 툴(Climping tool)을 사용하여 그림 5-45와 같이 전선과 터미널(Terminal)을 접속한다.

[그림 5-43 와이어 스트리퍼(Wire stripper)]

[그림 5-44 크림핑 툴(Climping tool)]

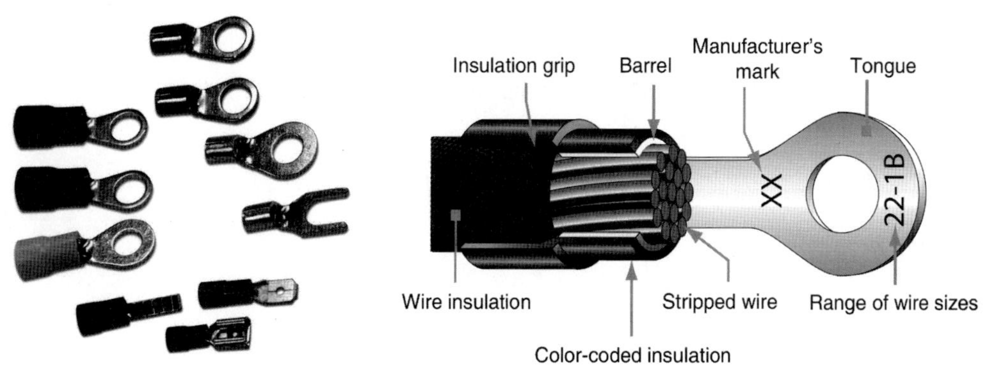

[그림 5-45 전선과 터미널의 접속]

3. 납땜에 의한 접속

납땜은 납을 이용하여 2개의 금속을 접속하는 작업을 의미한다.
납땜에 사용되는 납은 주석(Tin)과 납(Lead)이 각각 다른 비율로 형성된 합금이다. 형성 비율이 같을 때에는 그 납은 50 : 50으로 표시하며, 주석이60[%], 납이40[%]비율로 되어 있을 때에는 60 : 40으로 표시한다.

납의 우수한 성질은 용융점(녹는점)이 낮다는 것이다.
순수한 납은 녹는 온도가 320[℃]이며 순수한 주석의 녹는 온도는 232[℃]이다. 그러나 두 금속을 같은 비율로 섞은 50 : 50의 납은 녹는점이 216[℃]이로 떨어지게 된다.
이 같은 특성 때문에 용도에 알맞은 납을 사용하여야 한다. 납땜할 때 납은 구리선의 표면을 분해하고 침투하는 성질이 있기 때문에, 납과 구리의 분자가 서로 결합하여 새로운 금속 물질을 형성하게 되므로 그 합금 자체가 특성을 가지게 되는 것이다.
이 때 납과 구리선의 표면이 적정한 온도를 갖추어야 한다. 납땜을 하려고 하는 표면의 산화 피막은 납이 그 표면에 가해질 때, 물이 기름 표면에 떨어지는것 같은 현상이 나타난다.
그러므로 완벽한 납땜을 하기 위하여서는 산화 피막을 먼저 제거하여야 한다. 또, 납땜 인두 끝(Tip)부분은 납으로 도금하여 반짝반짝 빛나도록 연마천으로 닦아서 깨끗하게 유지해야 한다. 일반적으로, 납땜 인두 끝 부분은 납땜이 될 부분에 가장 많이 닿아야 한다.
따라서, 납땜 인두에서 구리선 쪽으로 열전도가 빠르게 이루어지도록, 그림 5-46과 같이 납땜 인두를 구리선 밑에서 접촉시켜서 녹은 납이 열을 빠르게 전달할 수 있게 하여야 한다. 이 때, 녹은 납은 뜨거운 쪽에서 차가운 쪽으로 흐르면서 매끈하게 납땜이 된다.

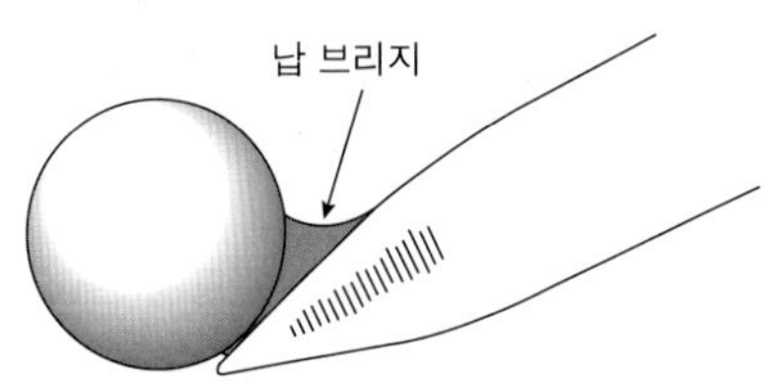

(a) 녹은 납이 열전도의 교량 역할

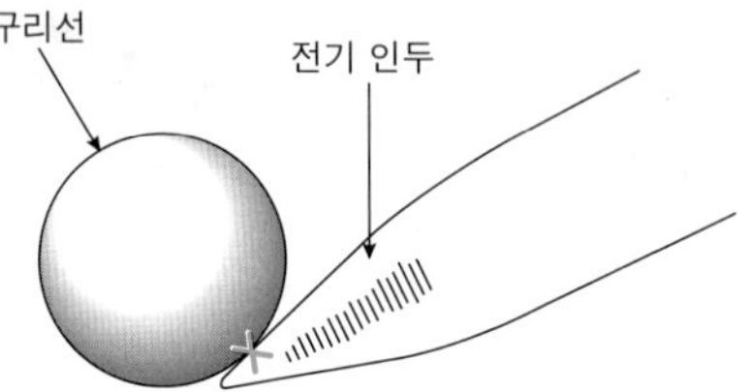

(b) 납땜 인두에 의해서 열전도

[그림 5-46 납땜 인두와 구리선 사이에서 녹은 납의 열전도 역할]

6 논리 회로

1. 아날로그와 디지털

1. 아날로그

아날로그는 전압이나 전류처럼 연속적으로 변화하는 물리량을 표현한다. 사람의 목소리와 같이 연속적으로 변하는 신호는 아날로그 형태이며, 그 양을 측정할 수 있다.
그러므로 아날로그라는 용어는 연속적이라고 생각하고 사용하면 된다. 그림 5-47는 아날로그 신호들을 나타낸 것이다.

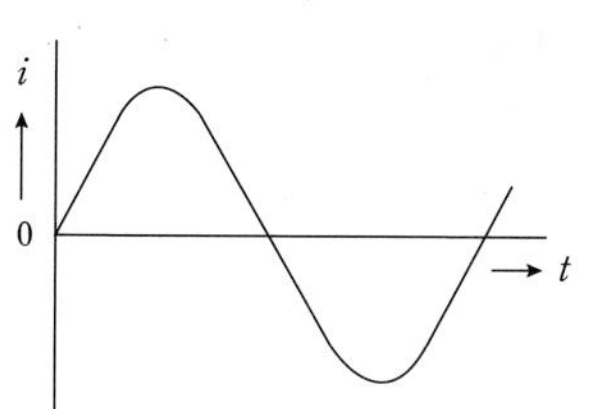

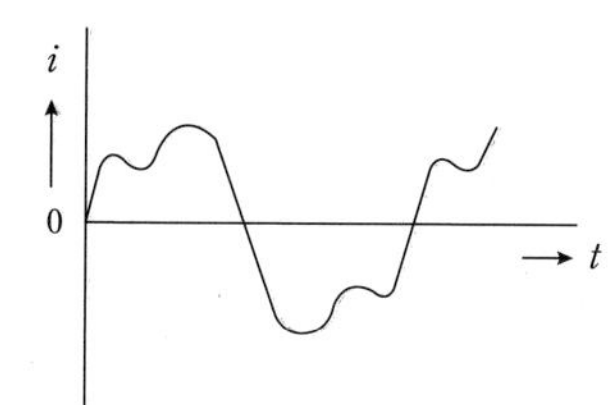

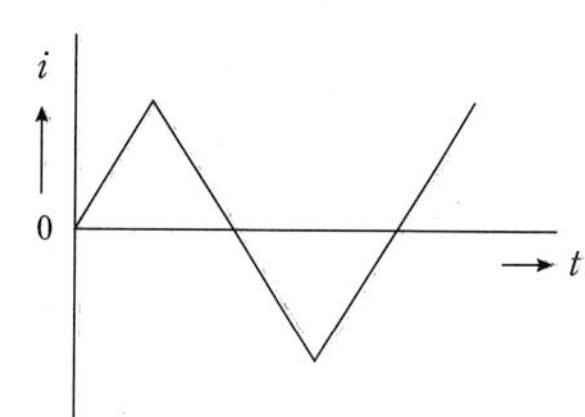

[그림 5-47 아날로그 신호]

2. 디지털

디짓(Digit)은 사람의 손가락이나 동물의 발가락이라는 의미에서 유래한 말이다. 사람은 손을 꼽이 셀 때, 1과 2 사이를 손가락이나 발가락으로 연속적으로 나타낼 수는 없다. 또, 피아노의 건반도 연속적으로 나타낼 수 없다.

즉, 단속적으로 이루어진다. 그러므로 디지털이란 일반적으로 신호를 한 자리씩 끊어서 다루는 방식이라 할 수 있다. 그림 5-48는 디지털 신호를 표시한 것이다.

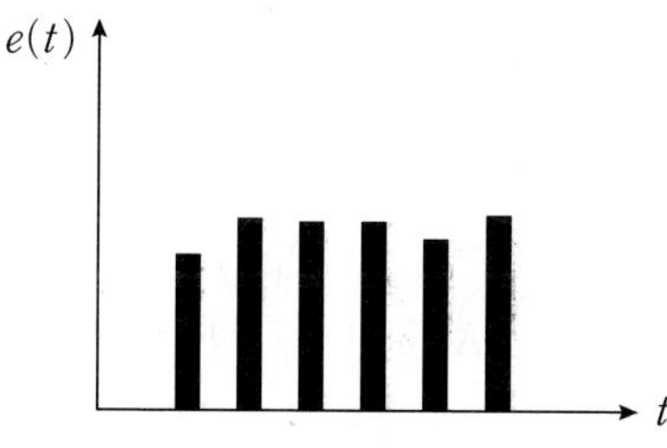

[그림 5-48 디지털 신호]

3. 논리 회로

논리 회로의 신호는 '1'과 '0'의 두 가지밖에 없다. '1'과 '0'의 수를 연산하기 위해서는 논리식이 필요하며, 논리식을 전자 회로에 이용한 것을 논리 회로라고 한다. 논리 회로는 일정한 입력 신호에 대하여 목적하는 신호를 출력하기 위하여 트랜지스터, 다이오드 및 저항 등으로 구성된 전자 회로이다.

논리 회로에는 기본적으로 AND 회로, OR 회로, NOT 회로가 있으며, 이 밖에 NAND 회로, NOR 회로 등이 있다.

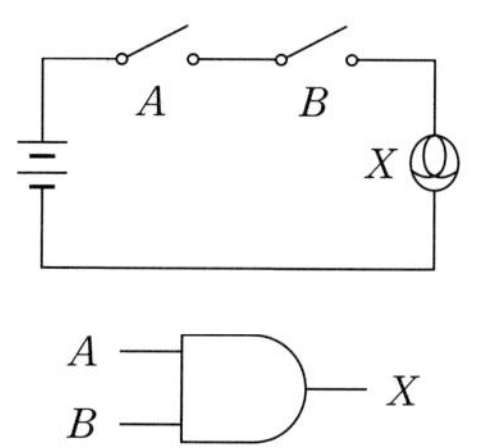

[논리값 표]

A	B	X
0	0	0
0	1	0
1	0	0
1	1	1

[그림 5-49 AND 회로]

위 그림 5-49를 보고 설명하면 입력 A, B에서 "0"은 스위치가 열린 상태, "1"이면 스위치가 닫힌 상태를 말하고, 출력 X에서 "0"는 램프가 꺼진 상태, "1"은 램프가 켜진 상태를 의미한다.

회로도를 보면 스위치 A와 B를 모두 닫아야만 램프가 켜지는 것을 알 수 있으므로 논리값 표에서 보는 것처럼 A와 B가 동시(=and)에 "1"이 되어야만 출력 X가 "1"이 되는 논리회로를 AND회로라고 한다.

아래 그림 5-50은 각 논리회로의 기호와 진리표를 나타낸 것이다.

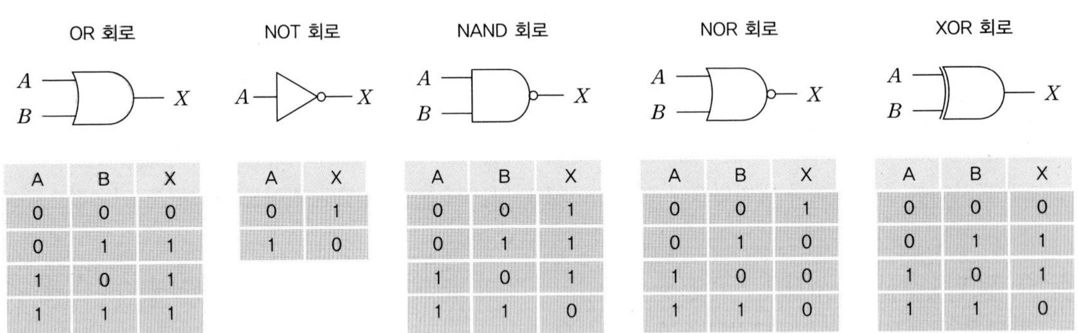

OR 회로

A	B	X
0	0	0
0	1	1
1	0	1
1	1	1

NOT 회로

A	X
0	1
1	0

NAND 회로

A	B	X
0	0	1
0	1	1
1	0	1
1	1	0

NOR 회로

A	B	X
0	0	1
0	1	0
1	0	0
1	1	0

XOR 회로

A	B	X
0	0	0
0	1	1
1	0	1
1	1	0

[그림 5-50 논리 회로]

- OR : A 또는 B가 "1"이면 출력 X가 "1"이다.
- NOT : 이것은 부정이죠! 따라서 입력과 출력이 서로 반대이다.
- NAND : Not AND를 의미한다. 즉 AND의 출력과 반대의 값이 나온다.
- NOR : Not OR를 의미한다. 즉, OR의 출력과 반대의 값이 나온다.
- XOR : eXclusive OR를 의미한다. A와 B의 입력이 서로 반대일 때만 출력이 "1"이 되는 회로이다.

제3장 전원 계통 및 전기기기

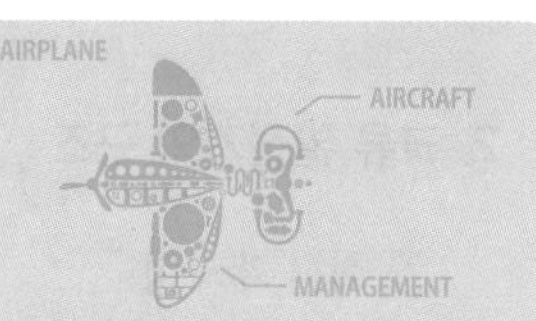

1 전원의 종류

항공기의 전원은 크게 주전원, 외부 전원, 보조 동력 장치 전원 및 비상(대기) 전원으로 구분되며, 항공기에서 주로 사용하는 전력에서 교류는 115/200[V], 400[Hz]이고, 직류는 28[V]이다.

1. 기상 교류 전원

항공기가 대형화됨에 따라 전력의수요가 급증하게 되었다. 낮은 전압의 직류계통에서는 자연히 큰 전류가 요구되므로 발전 장비가 무거워지고 배전계통에 있어 도선의 전기적 저항에 의한 전압강하를 어느 규정치 이하로 유지하기 위해서는 도선의 굵기가 굵어야만 한다. 따라서 직류 전압계통에서 전압을 증가시키는 문제는 여러 가지 문제를 야기시키며 특히 그 중에서도 중요한 문제는 정류부분과 축전지가 커져야 한다는 점이다. 그래서 교류의 사용이 필요하게 된 것이다.

1. 교류 발전기 원리

그림 5-51과 같이 직류 발전기와 비슷하게 자장 내에서 아마추어 코일을 회전시키고 슬립링을 통하여 교류전류를 얻는 방식도 있겠으나 자장을 회전시키고 아마추어 코일을 고정으로 하는 방식이 여러 가지 면에서 장점이 많기 때문에 현재에는 대부분 이 방식을 이용한다. 이 때 회전자는 영구자석 대신 엔진 회전수와 부하요구에 따라 자장의 세기를 변화시킬 수 있는 전자석으로 함으로써 출력 전압을 일정하게 조정할 수 있다.

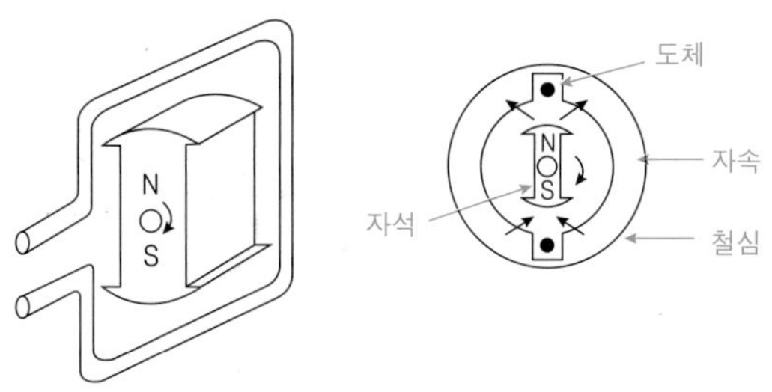

[그림 5-51 교류 발전기의 구조]

이와 같은 목적으로 회전자의 코일에 가변 직류를 공급하는 여자기와 전압조절기를 사용하여 출력전압을 일정하게 유지되도록 회전자 코일의 전류를 변화시킨다. 여자기는 일종의 직류발전기로서 교류 발전기의 회전자와 동축으로 되어있고 이것의 직류 출력 전압은 전압조절기를 통해 교류발전기의 회전자 코일에 공급된다.

2. 교류 발전기의 구조

① 회전 계자형

회전 계자형은 그림 5-52와 같이 전기자 권선을 고정시키고 계자 권선을 회전시키는 발전기이다. 전기자 권선이 고정되어 있으므로 원심력을 받지 않으며, 절연하기가 쉬운 것이 장점이다. 따라서 고전압, 대용량 발전기에 사용한다.

② 회전 전기자형

회전 전기자형은 그림 5-53과 같이 계자 권선이 고정되어 있고 전기자 권선이 회전하는 발전기이다. 이 발전기는 저전압, 소용량에 사용한다.

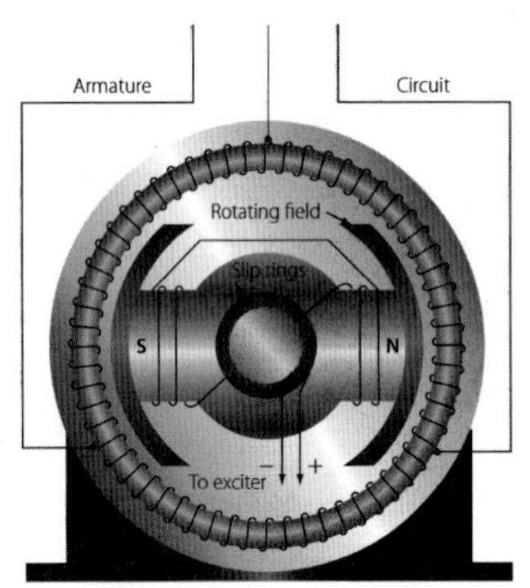

[그림 5-52 회전 계자형 발전기]

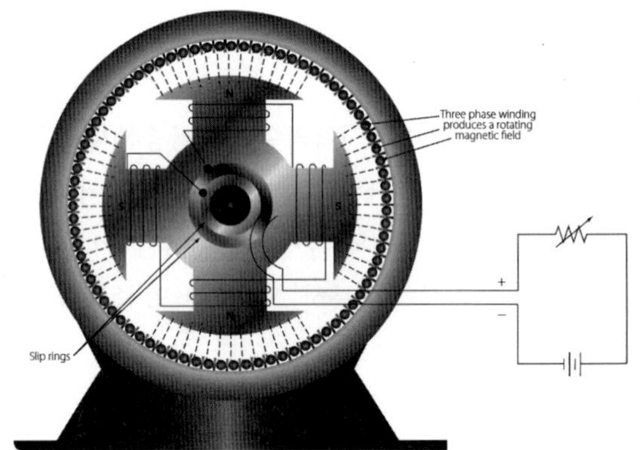

[그림 5-53 회전 전기자형 발전기]

3. 교류 발전기의 장점

항공기가 더욱 커져 전력수요가 많아지면 배선이 차지하는 중량이 전체 전기계통의 80[%]를 점유하게 된다. 고전압을 사용함으로써 도선으로 인한 중량을 감소시킬 수 있기 때문에 교류를 항공기에 도입하게 되었고 교류 중에서도 3상 교류는 단상에 비해 다음과 장점을 가지고 있다.

① 구조가 간단하다.
② 효율이 우수하다.
③ 정비 및 보수가 용이하다.

4. 3상 교류 발전기

2상 교류 발전기는 단상과 크게 다를 바가 없으나 고정 아마추어 코일을 3개조로 하여 Y 또는 Δ결선으로 4선 또는 3선으로 연결하는 것인데 항공기에서는 주로 Y결선 방식으로서 중성선을 기체에 접지시키고 3선만을 배선한다. 3상 발전기는 브러시, 슬립링 또는 정류자가 없으므로 마모에 의한 경비가 들지 않으므로 정비 유지비가 적게 든다. 또 슬립링 또는 정류자와 브러시간의 저항 및 도전도의 변화가 있을 수 없으므로 출력파형이 불안정해질 염려가 없다. 브러시가 없기 때문에 방전의 우려가 없어 높은 고도비행에서 우수한 기능을 발휘한다.

2 정속 구동 장치(CSD : Constant Speed Drive)

항공기의 교류 발전기는 기관에 의해서 구동되기 때문에, 기관의 회전수가 변화하게 되면 발전기의 출력 주파수도 변화하게 된다. 따라서, 기관과 발전기 사이에 정속 구동 장치(CSD : Constant Speed Drive)를 설치하여 기관의 회전수와 관계없이 발전기를 일정하게 회전하게 한다.

그림 5-54은 대형 운송용 항공기에 장착하여 발전기의 속도를 일정하게 유지시켜주는 정속 구동 장치이다.

[그림 5-54 정속 구동 장치]

3 통합 구동 발전기(IDG : Integrated Drive Generator)

통합 구동 발전기(IDG : Integrated Drive Generator)는 그림 5-55에 표시하였으며, 교류 발전기와 정속 구동 장치가 일체로 되어 있다. 현대의 중·대형 항공기는 이것을 사용한다.

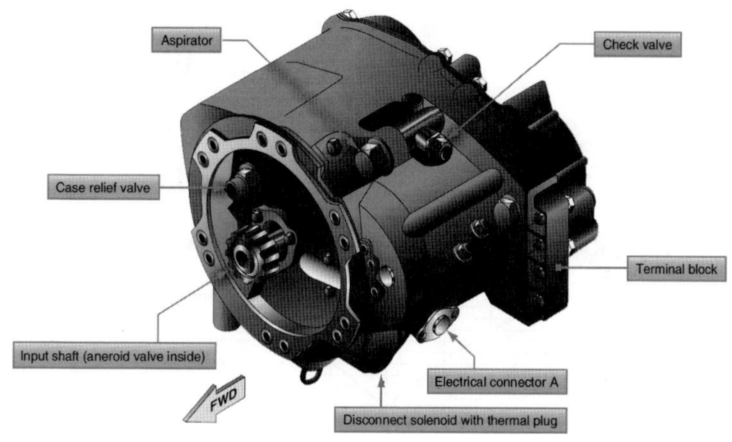

[그림 5-55 통합 구동 발전기]

4 정속 구동 장치(CSD : Constant Speed Drive)

항공기에 사용하는 전원에는 4가지 종류가 있다.

① 발전기(Generator)
② 보조 동력장치(APU: Auxiliary Power Unit)
③ 지상 동력장치(GPU: Ground Power Unit)
④ 축전지(Aircraft Storage Battery)

1. 직류 발전기

직류 발전기는 대부분 28[V]이고 자기 여자식 고정자와 아마추어 회전식이다. 아마추어 코일의 굵기에 따라 50 내지 400[A]의 용량을 갖는다. 직류 발전기는 고정자와 아마추어를 연결하는 방식에 따라 다음과 같이 분류한다.

① 직권 발전기 ② 분권 발전기 ③ 복권 발전기

항공기 엔진의 운전은 공회전 속도(Idle speed)에서 최대운전속도까지의 범위로서 매우 넓기 때문에 어느 회전속도에서도 일정한 발전기의 출력전압을 얻으려면 전압 조절이 가능한 분권이나 분권이 강한 복권방식의 발전기를 사용해야 한다. 직류 발전기는 그림 5-56과 같이 도체 끝에 정류자 편과 브러시를 접속시켜 도체를 회전시키면, 브러시 사이에서는 그림 5-57과 같은 파형의 기전력이 만들어진다.

[그림 5-56 직류 발전기]

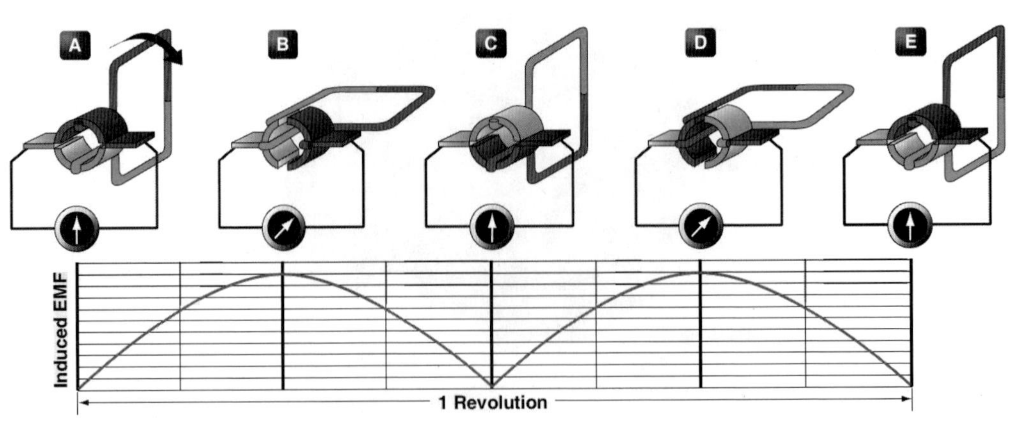

[그림 5-57 직류 발전기의 출력 파형]

항공기에서 사용하는 직류 발전기는 자여자 발전기이며, 계자 권선의 잔류 자기에 의해 전기자에 전압이 발생된다. 발전기의 출력은 전기자의 회전 속도를 변화시키거나 계자 권선의 전류를 가감하여 여자 전류를 변화시켜 결정한다. 항공기나 자동차는 기관의 회전수가 변화하기 때문에, 발전기의 정격 전압을 유지하기 위하여서는 계자 권선에 전류를 조절하는 방식을 이용한다.

계자 권선의 전류 조절 방식에는 카본 파일(Carbon pile)식 전압 조절기, 릴레이식 전압 조절기 등이 있으나 이것은 과거 방식이며, 현대식은 반도체를 이용한 방식을 이용하고 있다.

1. 변압기 정류기 장치

교류 전원을 주전원으로 하는 항공기는 직류 전원을 공급하기 위하여 그림 5-58와 같은 변압기 정류기 장치(TR unit : Transformer Rectifier unit)를 사용한다. 이 장치의 1차측은 Y결선, 2차측은 Y결선과 Δ 결선으로 된 3상 변압기이다.

3상 변압기는 3상, 115/200[V], 400[Hz]가 입력되면 출력은 28[V]가 된다. 이 출력이 정류 다이오드를 통하면 직류 28[V]가 된다.

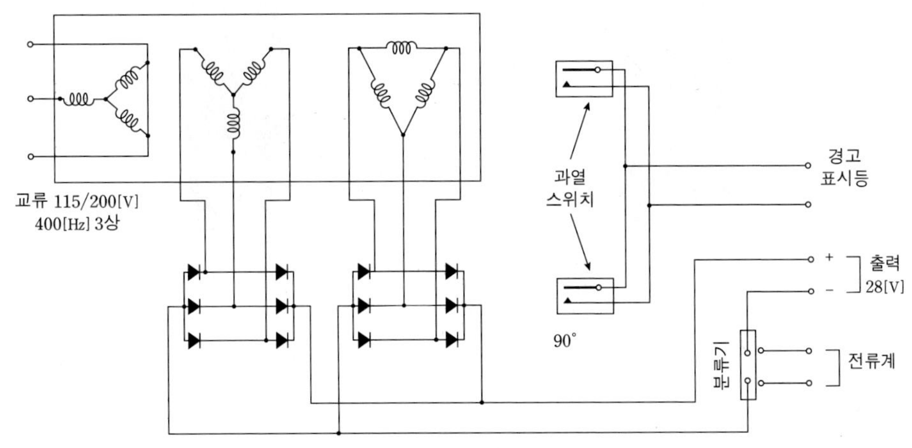

[그림 5-58 변압기 정류기 장치의 내부 회로]

2. 외부 전원(APU : Auxiliary Power Unit)

발전기는 비행중 항공기에 소모되는 전체 전력을 공급해주며 엔진으로부터 기계적인 에너지를 전기적 에너지로 변환시킨다.

발전기의 고장에 대비하여 별도로 항공기에 탑재하는 APU는 독립된 소형 엔진에 의해 구동되는 발전기로서 기상에서 필요로 하는 전력의 일부를 공급할 수 있어야 한다.

3. 지상 동력장치(GPU : Ground Power Unit)

지상에서 항공기 엔진 정지시에 전기 계통의 점검작업, 정비 또는 시동 때 소요되는 전력은 GPU라는 지상 발전기로부터 공급받는다. 항공기의 입장에서 볼 때 이 전력은 기외로부터 공급되기 때문에 외부전력이라고도 한다.

4. 축전지

축전지는 화학적 에너지를 전기 에너지로, 전기 에너지를 화학적 에너지로 변환한다. 우리는 전자를 축전지의 방전이라 하고, 후자를 충전이라 한다. 항공기에서 많이 사용하고 있는 축전지는 그림 5-59과 같은 니켈-카드뮴(Nickel-cadmium)이며, 과거의 항공기는 황산 납축전지를 많이 사용하였다.

니켈-카드뮴 축전지의 양극판은 구멍이 많은 니켈 기판에 활성 물질인 수산화니켈을 함침한 것이며, 음극판은 금속 카드뮴을 함침한 것이다. 축전지의 전해액은 수산화칼륨(KOH)을 사용하며, 비중은 1,280~1,300을 유지한다. 축전지의 충전·방전시 화학 반응은 다음과 같이 진행된다.

$$\overset{\oplus}{Ni(OH)_3} + \overset{\ominus}{Cd} \underset{\text{충전}}{\overset{\text{방전}}{\rightleftarrows}} \overset{\oplus}{Ni(OH^2)} + \overset{\ominus}{Cd(OH)}$$

[그림 5-59 니켈-카드뮴 축전지]

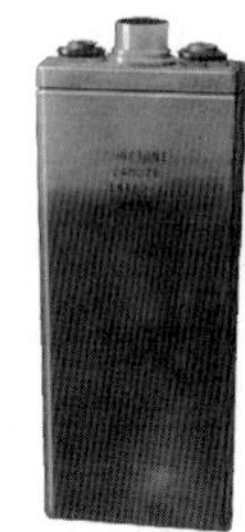

[그림 5-60 니켈-카드뮴 셀]

화학 반응식에서 보듯이 비중의 변화가 없는 화학 반응이 생기기 때문에 비중은 항상 일정하다.

완충전 된 상태에서 1셀(Cell)의 기전력은 무부하에서 1.3~1.4[V]이지만, 부하가 가해지면 1.2[V]가 된다. 이와 같은 기전력은 축전지의 용량이 90[%] 이상 방전될 때까지 유지한다.

이 축전지는 그림 5-60과 같은 셀 19~20개를 직렬로 연결하여 사용하며, 극판을 플라스틱 상자에 넣어 뚜껑을 만들고 뚜껑에는 양극, 음극의 단자가 나와 있다.

5. 인버터(Inverter)

교류를 직류로 변환할 때는 정류기만으로 간단히 정류가 되지만 직류를 교류로 바꾸는 것은 그렇게 간단하지 않다. 항공기에서는 직류전동기로 교류발전기를 구동시켜서 교류를 얻는다. 교류발전기와 직류 전동기의 조합을 이용하거나 반도체를 사용하여 직류를 교류로 변환하는 장치를 인버터(Inverter)라 부르며 기상 전원이 직류뿐인 항공기나 기상교류발전기가 있다하더라도 고장에 대비하여 계기, 전자 항법 장치 및 무선 기기 등에 필요한 교류를 공급하는데 사용된다.

제4장 항공 계기

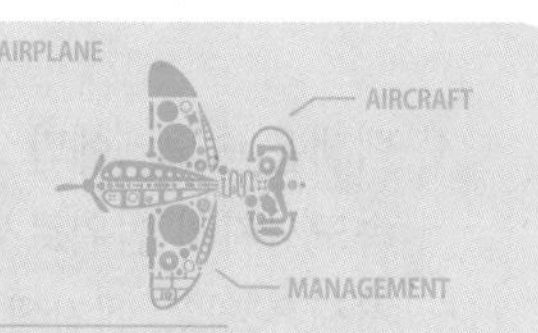

1 개요

항공기 계기는 인체의 감각기관이나 신경계통과 같은 것으로서 항공기의 자세, 위치, 진로 등과 각 동작부분의 상태를 표시하고 이상을 경고함으로써 안전운행을 도모한다. 항공기가 대형화되고 고급화되면서 운용 범위가 날로 확대되어 감에 따라 항공기 계기 및 여러 가지 보조 장비의 필요성이 더욱 증대되고 다양해지고 있다. 항공기의 대형화로 계기의 지시에 있어서도 직접 지시하는 형식(Direct indicating type)보다는 원격으로 지시하는 형식(Remote indicating type)을 필요로 한다.

1. 항공 계기의 특징

항공계기에 안전성, 신뢰성, 경제성이 요구된다. 특히 신뢰성이 요구되는데, 그것은 지상의 양호한 조건에서 신뢰성만이 아니고 비행 조건이 다른 상황에서도 신뢰성이 유지되어야한다. 항공기의 경우는 온도, 기압, 자세, 중력 등이 크게 변화하기 때문에 이런 조건에서 충분한 신뢰성이 있어야 한다. 이러한 조건 때문에 다음과 같은 특징을 가지고 있다.

1. 온도 변화에 따른 오차가 거의 없다.
2. 누설 오차가 없다.
3. 마찰 오차가 없다.
4. 방진을 위해 완충장치가 필요하며, 제트기에서는 마찰 오차를 제거할 목적으로 고의 적인 진동을 발생하는 진동 발생기를 부착하기도 한다.
5. 내부에 녹이 슬지 않도록 방청, 방균 처리한다.
6. 압력계기에는 서징(Surging) 현상을 방지하는 부품이 있다.
7. 전기계기 내부에는 불활성 기체 또는 질소가스를 충진시켜 화재를 예방한다.

2. 계기의 색 표지(Color Marking)

계기 표지판에는 운용범위와 운용한계를 색깔로 나타냄으로써 승무원으로 하여금 신속하게 상황을 판단할 수 있게 색 표지를 사용한다.

1. 적색은 최대 및 최저 운용 한계를 나타내며 보통 계기에는 두 개의 적색 방사선이 있는데 낮은 수치에 매긴 것은 해당 장비의 최소한 이 값보다 커야하고, 높은 수치의 것은 이 값을 초과 금지를 의미한다.
2. 황색은 경계 또는 경고 범위(Warning or Caution range)를 나타내며 사용 범위와 초과 금지 사이의 경계범위에 걸쳐 표시한다.
3. 녹색은 사용안전 운용 범위 및 연속운전 범위를 나타낸다.

4. 백색은 속도계에만 표시되는 것으로 최대 하중으로 착륙할 때의 실속속도에서 플랩을 내릴 수 있는 최대 속도까지의 범위로서 플랩작동 속도 범위이다.
5. 청색은 왕복 엔진에서 기화기의 혼합비의 조절 레버의 위치를 오토 린(Auto lean) 상태에 놓았을 때 기관을 계속 운전할 수 있는 범위이다.

3. 항공 계기의 케이스(Case)

1. 플라스틱 케이스

외부 또는 내부에서 전기적 도는 자기적인 영향을 받지 않는 계기에 이용된다. 이 케이스의 특징은 제작이 용이하고, 금속 케이스와 같이 페인트를 칠 할 필요가 없으며 전면은 계기판에 장착되었을 때, 유해한 반사를 피하기 위해 무광택을 사용한다.

2. 비 자성 케이스

재료는 주로 알루미늄 합금이 이용된다. 알루미늄 합금은 가공성, 기계적 강도, 가격 등에서 유리하고, 또 전기적 차단 효과도 뛰어나 널리 이용되고 있다.

3. 자성(철재) 케이스

항공기 계기판에는 많은 계기가 접근하여 장착되므로 자기적 또는 전기적인 영향을 받기 쉽다. 전기적인 영향은 위에서 설명한 알루미늄 합금 등의 비자성 금속재료로 차단 할 수 있지만, 자기적인 영향을 차단하기 위해서 철재 케이스가 필요하다.

4. 계기의 조명(Instrument Light)

야간비행이나 어두운 날씨에 비행 할 때 항공기 밖에 주의를 기울이고 조종사의 눈에 항상 적절한 밝기로 계기의 판독과 조작할 수 있게 계기 및 계기판에 조명을 설치하며, 계기의 지시를 판독하기 위하여 계기의 눈금 및 지침의 위치만 보이면 되고, 계기의 지시부의 바탕은 검정색으로 되어 있다. 그러므로 계기판은 지침과 눈금만 보이도록 하기 위해 다음과 같은 방식의 조명을 사용한다.

[그림 5-61 계기의 조명]

1. 인테그랄 라이트(Intergral Light)

계기의 내부에 전구를 넣은 방식

2. 필라 라이트(Pillar Light)

계기에 인접한 위치의 계기판에 작은 조명 기구를 장치한 방식

5. 항공기 계기의 분류

항공기의 계기는 크게 비행 계기, 동력 계기, 항법 계기 및 기타 계기 등으로 분류한다. 비행 계기는 비행을 하는데 필요한 속도, 고도 및 자세를 알리기 위한 계기이다. 동력 계기는 현재의 동력 장치 상태와 출력을 알려주는 계기이다. 그리고 항법 계기는 항공기가 목적지를 향하여 비행할 때 현재의 위치를 알고 목적지와의 상대적인 위치를 설정하는데 도움을 주는 계기이다.

1. 비행 계기(Flight Instrument)

고도계(Altimeter), 속도계(Air speed indicator) 및 마하계(Mach meter), 승강계(Rate of climb indicator), 수직속도계(VVI : Vertical Velocity Indicator), 순간수직속도계(IVSI : Instantenous Vertical Speed Indicator), 선회경사계(Turn & Bank indicator), 자이로 수평지시계(Gyro horizon indicator), 방향 자이로 지시계(Directional gyro indicator), 실속 탐지기(Stall detector)

2. 동력 계기(Engine Instrument)

회전계(RPM gauge, Engine speed indicator), 다기관 압력계(Manifold pressure gauge) : 왕복 엔진에 사용, 연료압력계(Fuel pressure gauge), 윤활유 압력계(Oil pressure gauge), 기관 압력비 지시계(Engine pressure ratio indicator) : 제트기관에 사용, 연료 유량계(Fuel flowmeter), 연료량계(Fuel quantity indicator) 등

3. 항법 계기(Navigation Instrument)

자기 컴퍼스(Magnetic compass), 원격 지시식 나침반(Flux gate compass), 대기 온도계(Out side air temperature indicator), 자동 무선방향 탐지기(Automatic directional finder), VOR(Very high frequency Omni Range), DME(Distance Measuring Equipment), LORAN, 편류 측정기(Drift meter), 도플러 항법장치, 관성항법장치(INS), GPS지시기

6. 항공기 계기 패널(Instrument Panel)

1. 계기의 배열방법

계기의 배치는 아주 중요하다고 할 수 있다. 1957년 미국 FAA가 권고하는 ALPA(Air Line Pilot Association)가 지정한 T자형 배열을 널리 사용한다.

T자형 배치는 조종사가 고도, 속도, 비행 자세에 관하여 올바른 지시를 얻어 비행 할 수 있도록 그림 5-62와 같이 자세계를 기준하여 왼쪽에 속도계, 오른쪽에 고도계, 자세계 아래쪽에는 기수 방향 지시계를 배치하여 T자형이 되도록 한다.

[그림 5-62 계기 배열]

2. 대형 항공기의 계기 패널(Instrument Panel)

대형 항공기(B747-200)의 조종실에 있는 계기 수는 132개나 된다. 이렇게 많은 계기를 보면서 비행 상태를 판단하고 계산하고, 조종 장치를 움직여 비행하는 것은 조종사로서는 정신적으로나 육체적으로 부담이 아닐 수 없다.

그러나 항공 전자 기술의 발달에 의해 그림 5-63과 같은 기존의 아날로그 방식 계기들이 디지털화되면서 조종사의 부담이 크게 줄어들었다.

최근 개발되어 도입하기 시작한 B737-800 항공기는 조종사가 육안으로 창밖을 보지 않더라도 조종사 눈앞에 설치된 유리판에 운항과 관련된 각종 정보와 활주로 위치 등이 홀로그램(입체 영상)으로 나타나는 HUD(Head Up Display)를 장착하였다.

[그림 5-63 디지털 방식의 계기]

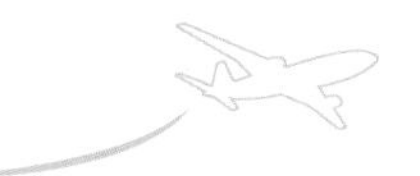

① 주계기판(Main Instrument Panel)

그림 5-64 ⓐ에 해당하며 계기 패널 좌로부터 조종사 계기 패널(Captain's Instrument Panel), 중앙 계기 패널(Center Instrument Panel), 부조종사 계기 패널(Copilot's Instrument Panel)로 구성 되어있다. 주요 비행 계기와 항법 계기, 기관 계기, 조종면 관련 계기 및 랜딩기어 계통의 계기가 장착되어 있다.

[그림 5-64 계기 패널 위치]

② 오버헤드 계기 패널(Overhead Instrument Panel)

그림 5-64 ⓑ에 해당하며 전기, 유 · 공압 시스템 스위치 및 화재, 산소, 연료, 작동유 시스템 스위치 와 조종실 라이트 관련 스위치 등이 있다.

③ 글레어 쉴드 패널(Glareshield Panel)

그림 5-64 ⓒ에 해당하며 자동 조종 장치(Auto Pilot), 플라이트 디렉트(Flight Direct)등의 조작 스위치 등이 있다.

④ 센터 페데스탈(Center Pedestal)

그림 5-64 ⓓ에 해당하며 주로 기관 및 조종면 조작 레버 스위치가 장착 되어 있으며 무선 계기의 조작 스위치와 비행 자료를 입력하는 컴퓨터(Flight Management Computer)등이 있다.

7. 계기의 오차

1. 마찰 오차(Friction Error)

지시부 또는 가동부의 미끄럼 Joint 간의 마찰 저항에 의한 것으로 Bearing을 사용함으로써 감소시킬 수 있고 이 오차는 엔진으로부터 오는 기체 진동을 해소시키는데 좋은 효과를 준다.

2. 누설 오차(Leakage Error)

계기 Case나 배관의 밀봉 불충분으로 생기는 것으로 Pitot-Static계통 및 압력계기에서 흔히 나타나는 오차이다.

3. 온도 오차(Thermal Error)

계기 주위의 온도가 계기를 Calibration 할 때의 표준 온도와 다른데 기인하는 것으로 기계적 구성품의 수축, 팽창, 또는 스프링의 탄성 변화 및 대기의 온도와 표준 대기와의 차이에서 발생한다.

4. 탄성 오차(Elastic Error)

재료의 포복 강도(Creep Strength)에 의한 것으로 고도계 등에서 볼 수 있는 오차이다.

5. 진동 오차(Vibration Error)

계기판의 진도이나 가동부의 불량에 의해 생기는 바늘의 요동을 말한다.

6. 위치 오차

계기 장착에 잘못이 있든가 항공기의 자세 변화에 다라 생기는 오차로 계기내의 가동부가 불평형 하게 되면 이는 진동 오차의 원인이 되기도 한다.

2 피토-정압 계기(Pitot-Tube Instrument)

피토-정압 계통의 계기는, 기본으로 속도계(Airspeed indicator), 고도계(Altimeter) 및 승강계(Vertical speed indicator)가 있다.

1. 표준대기(Standard atmosphere)

대기 중을 비행하는 항공기의 성능은 대기의 온도, 압력, 밀도와 같은 물리적 상태량에 따라 좌우되며 이들 물리적 상태량은 장소와 고도에 따라 시시각각으로 변화한다. 따라서 항공기의 성능을 비교하기 위해서는 표준으로 정한 대기 즉, 표준대기가 필요하다.

표준대기는 국제적으로 통일된 것이어야 하므로 국제민간항공기구(ICAO)에서 국제표준대기(ISA: International Standard Atmosphere)를 정하게 되었다.

해면상에서의 표준대기 기준값은 다음과 같다.

- 온도(T) : 15[°C]=288.16[°K]=59[°F]=519[°R]
- 압력(P) : 760[mmHg]=1013.25[mb]=14.7[psi]
- 밀도(ρ) : 1.225[kg/m^3]=0.002378[$Slug/ft^3$]
- 음속 : 340.43[m/s^2]=1116[ft/sec^2]
- 점성계수 : 1.783×10^{-5} [kg/m-s]=3.72×10^{-5} [Slug/ft-sec]

2. 피토-정압 계통의 구성

항공기의 피토-정압 계통은 그림 5-65와 같이 속도계, 고도계, 승강계 및 피토-정압 프로브(Probe), 대기 자료 컴퓨터(ADC : Air Data Computer), 마하계, 진대기 속도계로 구성되어 있다.

동 · 정압을 감지하는 프로브는 정확한 공기 흐름을 감지하기 위한 적절한 위치에 장착되어 있다. 이 프로브에는 고공에서 결빙을 방지하기 위해 가열기가 내장되어 있으며, 습기 제거를 위해 섬프 드레인이 설치 되어있다.

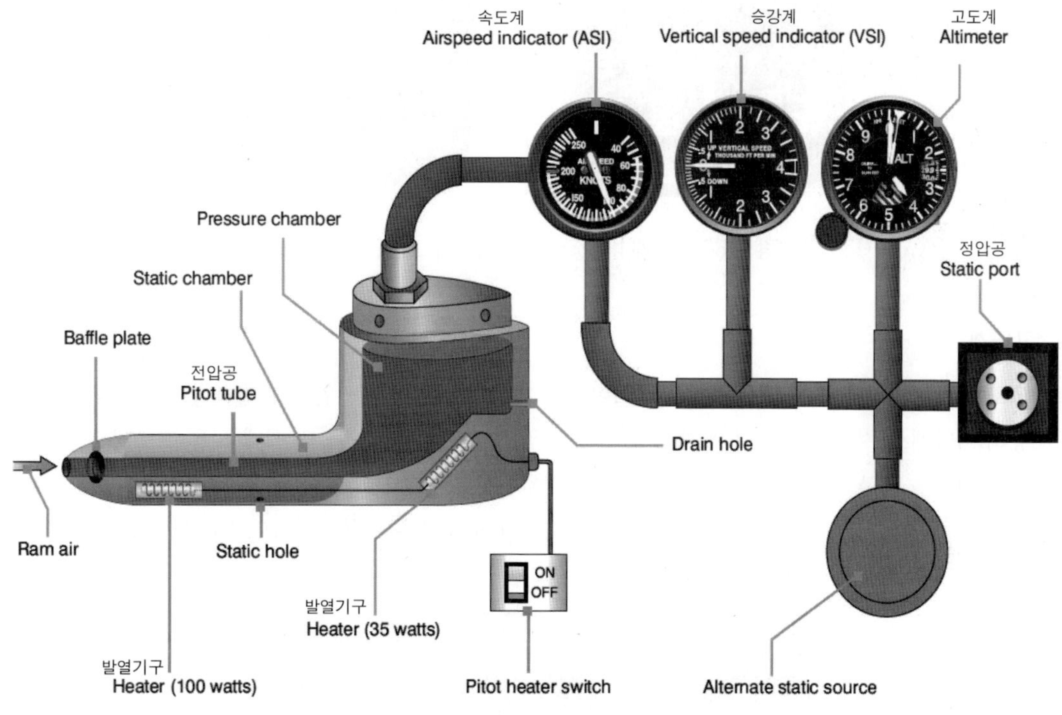

[그림 5-65 피토-정압 계기]

1. 속도계

압력계기의 일종으로 피토관에서 전달되는 전압과 정압의 차이를 표시함으로써 나타낸다. 속도계가 지시하는 속도는 항공기의 공기에 대한 상대 속도로서 대기속도(Air speed)이며 대지속도(Ground air speed)와는 다르다. 베르누이식에서 동압의 정의로 속도를 구한다.

$$V=\sqrt{\frac{2(P_T-P_S)}{\rho}}$$ P_T는 전압이고, P_S는 정압이다.

또, 항공기 주위에 공기 흐름은 일정하게 흐르지 못하고 흐트러지게 된다. 그러므로 이와 같은 공기 흐름 등에 의해서 오차가 있을 수 있다. 이와 같은 오차를 포함한 지시 값을 지시 대기 속도(IAS : Indicated Air Speed)라고 한다. 지시 대기 속도에서 전압, 정압 계통의 오차, 계기 자체의 오차를 수정한 것을 수정 대기 속도(CAS : Calibrated Air Speed)라고 한다. 수정 대기 속도에서 공기의 압축성 효과를 고려한 것을 등가 대기 속도(EAS : Equivalent Air Speed)라고 한다. 눈금은 표준 대기 고도의 공기 밀도를 이용하여 만들어져 있으므로, 높은 고도에서 공기 밀도가 작아지기 때문에 밀도가 변해서 생기는 지시의 변화를 수정한 것을 진대기 속도(TAS : True Air Speed)라고 한다.

[그림 5-66 속도계]

[그림 5-67 고도계]

2. 고도계

고도계는 정압만을 받아 작동되는 아네로이드가 내장되어 있어 대기압을 감지하여 고도로 환산시키는 일종의 기압계로, 기압을 나타내는 계기와 이 기압을 교정하는 조절노브 및 최대 허용 고도계를 함께 내장하기도 한다. 고도는 그림 5-68과 같이 해면으로부터 항공기까지 고도를 진고도(True altitude), 지상으로부터 항공기까지의 고도를 절대고도(Absolute altitude), 표준대기압 해면으로부터 항공기까지의 고도를 기압고도(Pressure altitude)로 나누어 볼 수 있다.

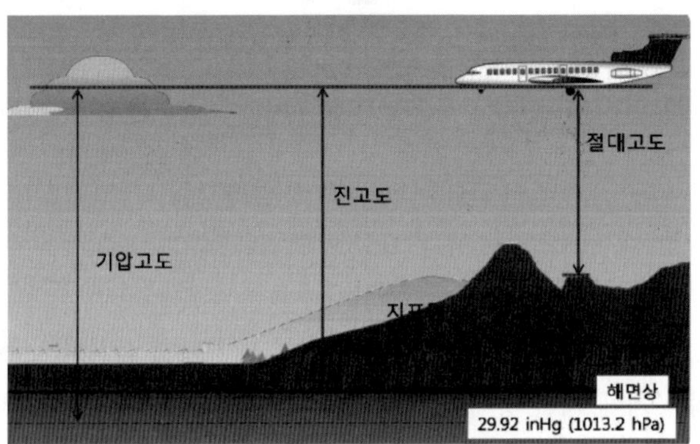

[그림 5-68 고도의 종류]

① 고도계의 기압 세팅

ⓐ QNH setting : 일반적으로 고도계의 세팅은 이것을 말한다. 14,000[ft] 이하의 고도에서 사용하게 되며, 활주로상에 있는 항공기의 고도계 지시 수치가 그 활주로의 표고(해발)를 나타내는 세팅이다. 지침은 비행 중에도 해면에서의 고도를 나타낸다.(진고도)

ⓑ QNE setting : 해상 비행 또는 14,000[ft] 이상의 높은 고도 비행을 할 경우에 항공기와 항공기 간의 고도를 없애기 위한 것이다. 이것은 항상 기압 세팅을 29.92[inHg]로 하고, 모든 항공기가 표준 대기압과 고도 관계에 기초하여 고도를 정 하는 것이다.(기압고도)

ⓒ QFE setting : 활주로 상에서 고도계가 0[ft]를 지시하게 하는 것으로, 도중에 착륙하는 경우가 없이 다시 출발한 비행장으로 되돌아오는, 즉 단거리 비행을 할 경우에 사용한다.(절대고도)

3. 승강계

대기압은 고도가 증가하면 낮아지므로 대기압이 변화하는 빠르기를 검출하면 항공기가 상승 또는 강하하는 속도를 알 수 있다. 승강계는 그림 5-69과 같으며, 그 원리는 그림 5-70에 표시하였다.

그림 5-70에서 다이어프램 내측은 정압관에 연결되어 해당되는 고도의 대기압이 바로 반응하지만, 다이어프램 외측은 모세관과 오리피스(Orifice)를 통한 압력이 가해지기 때문에 바로 반응하지 않는다.

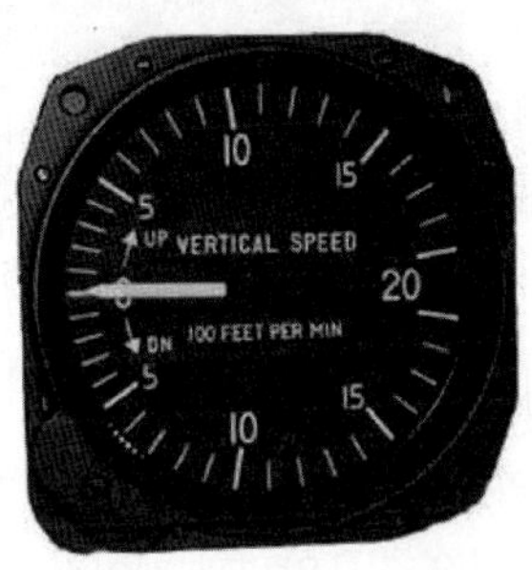

[그림 5-69 승강계]

그러므로 다이어프램 사이에 일정한 압력차가 생겨서 모세관과 오리피스를 통과하는 공기량이 이 압력차에 해당될 때까지 증가하면 반응은 정지하게 된다. 즉, 다이어프램 사이에는 속도에 상당하는 압력차가 생긴다. 압력차는 다이어프램에 의해서 감지되고 가동 부분을 변위시킨다. 이 변위는 링크(Link) 섹터 기어에 의해 회전각으로 변환되고 확대된다.

승강계에서 중요한 부분은 다이어프램의 내외에 차압을 생기게 하는 모세관 및 오리피스로 구성된 공기 흐름 조절부이다.

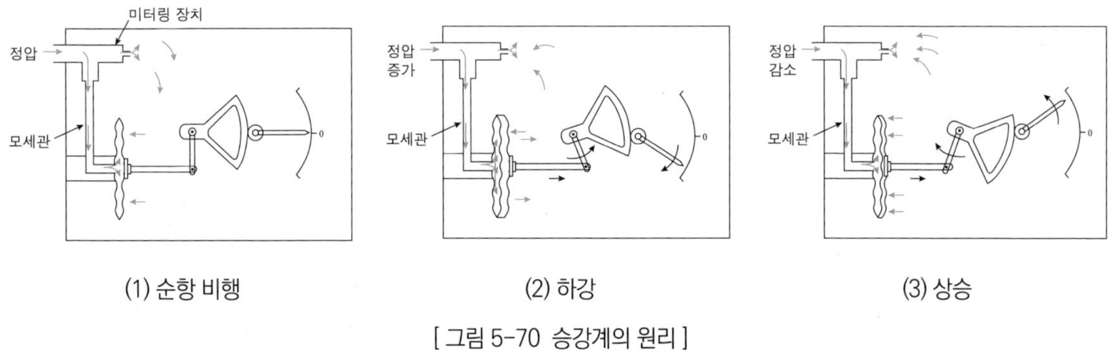

[그림 5-70 승강계의 원리]

공기 흐름 조절부의 저항이 크면 감도는 증가하고 계기 지시의 지연도 증가한다. 저항이 감소하면 지연이 짧아지고 감도는 감소한다.

따라서, 항공기가 수평 비행에서 상승 또는 하강할 때, 승강계에 정확한 상승률이나 하강률을 지시하기 위해서는 약간의 시간이 필요하다. 그러나 일정한 비율의 상승 또는 하강을 할 때에는 승강계가 정확한 지시를 한다.

3 압력계기

1. 일 반

[그림 5-71 항공기의 압력계]

액체나 기체의 압력을 측정하려면 이들의 압력을 기계적인 운동, 즉 직선 또는 회전 운동으로 바꾸어, 운동량을 압력의 단위로 환산하여 표시한다. 압력은 절대압력과 게이지 압력으로 구분되는데 보통 게이지 압력을 많이 사용한다. 게이지 압력은 대기압에 비하여 높은 압력이면 정압이라 하고 낮은 압력이면 부압이라 한다. 게이지 압력을 절대압력으로 나타내려면 대기압을 더해야 한다. 항공기에 사용되는 압력계는 대부분이 게이지 압력계로 벨로우나 버든관을 사용한다. 압력계는 윤활유 압력, 작동유 압력 및 진공 압력 등의 측정에 이용된다.

2. 압력계기의 구성

1. 벨로우(Bellows)

벨로우는 그림 5-72와 같이 여러 개의 주름이 있으며, 금속 박판 원통상으로 되어 있다. 그 내부 또는 외부에 압력을 받으면 중심축 방향으로 팽창 및 수축을 일으키는 압력계의 수감부이다. 벨로우는 압력에 따른 길이의 변화가 다른 수감부보다 커서 보통 저압 측정에 많이 사용되며, 벨로우의 사용 한도는 내압에 의해서 결정된다. 벨로우의 재료는 주로 황동, 청동, 베릴륨동 등으로 만들어지는데, 황동이 가장 많이 쓰인다. 청동은 양호한 기계적 특성이 요구될 때 사용하며, 부식성 유체를 사용할 때에는 부식성이 강한 금속으로 만든다. 벨로우 수감부는 항공기의 연료 압력계에 사용한다.

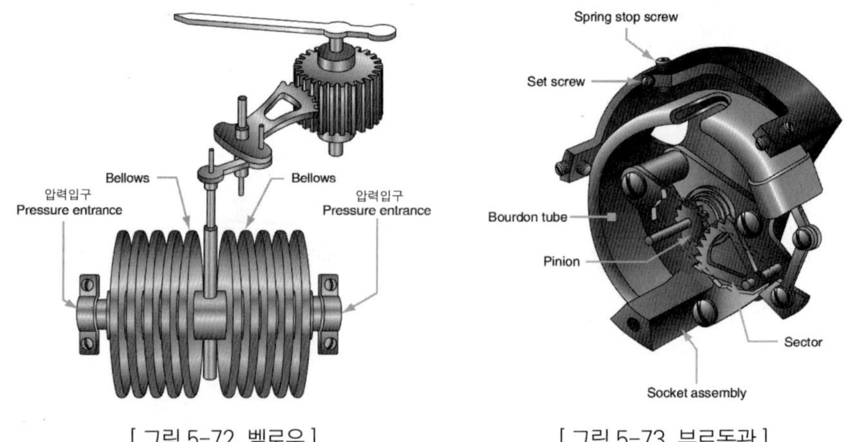

[그림 5-72 벨로우]

[그림 5-73 부르동관]

2. 부르동관(Bourdon Tube)

부르동관은 그림 5-73과 같이, 타원형 및 평원형의 관을 한쪽에 고정시킨 다음 압력을 가할 수 있도록 하고, 다른 쪽은 압력에 따라 변위를 발생시키도록 한 것이다.

부르동관의 한쪽 내부에 압력이 가해지면 부르동관은 팽창하여 변형이 일어나는 압력계의 수감부이다. 압력 측정 범위가 크고 고압 측정용으로 많이 사용되어진다. 이 수감부는 항공기의 윤활유, 작동유 압력계에 사용한다.

4 전기계기

1. 전기계기의 구성

전기계기는 전류, 전압, 전력 및 저항을 측정할 수 있는 계기이며, 항공기에서 교류량을 측정하는 계기와 직류량을 측정하는 계기로 나눈다. 그림 5-74에 표시하였다.

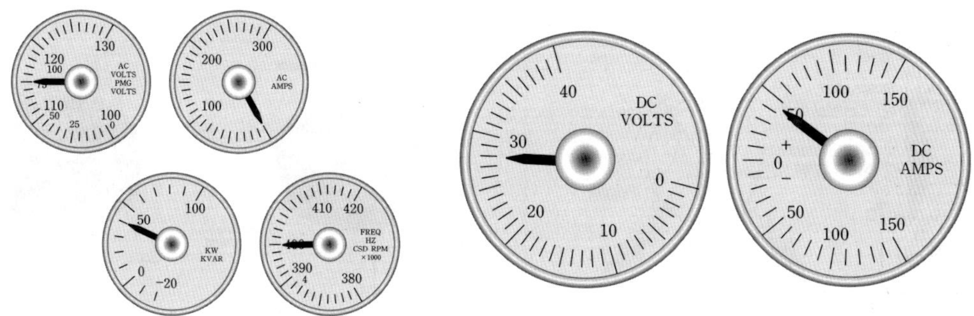

[그림 5-74 항공기의 교류량 측정 계기 & 직류량 측정 계기]

전기계기는 구동 장치, 제어 장치, 제동 장치, 지시 장치 및 기타 장치로 구성되어 있다. 구동 장치는 영구자석과 원통형 철심이 해당되며, 측정량의 크기에 따른 구동 토크(Torque)를 발생시킨다.

제어 장치는 여러 가지 스프링이 사용되며, 가동부의 움직이는 각을 제어하고, "0"의 위치로 되돌려 보내려는 제어 토크를 발생시킨다.

제동 장치는 계기의 지시를 정확하게 하고 판독을 쉽게 하기 위해, 가동부의 운동에 적당한 제동 토크를 부여하는 것으로, 공기 제동, 액체 제동, 전자 제동 및 와전류 제동 등이 있다.

2. 전류와 전압 측정 계기

전류와 전압을 측정하는데는 전류계와 전압계를 사용한다. 직류의 전류와 전압은 가동 코일형 계기, 교류의 전류와 전압은 가동 철편형 계기나 정류형 계기를 사용하여 측정 한다. 직류·교류 겸용으로 사용하는 계기에는 전류력형 계기와 정전형 계기가 있다.

1. 가동 코일형 계기

가동 코일형 계기의 구조는 그림 5-75와 같이 영구자석에 의한 자기장 내에 원통형 철심에 코일을 감아 놓은 것이다.

가동 코일에 전류가 흐르면 원통형 철심은 하나의 자석처럼 작용한다. 이 코일로 된 자석의 세기는 크기, 모양 및 권수와 코일을 통하여 흐르는 전류의 크기에 따라 달라진다.

코일 내에 흐르는 전류가 크면 클수록 코일의 자기의 세기는 더욱더 커진다. 만약 코일 내에 전류가 흐르지 않는다면, 코일은 자력을 가지지 않고 스프링의 장력이 없는 위치로 돌아오게 된다.

2. 가동 철편형 계기

교류의 전류와 전압을 측정하는데 사용 할 수 있는 계기는 가동 철편형 계기이다.

가동 철편형 계기는 그림 5-76과 같이 고정된 원통형 코일 속에 철편(자석)을 넣고서 코일의 전류에 의한 자계를 이용한 것이다.

고정된 코일에 측정하고자 하는 전류를 흐르게 하면, 코일 내부에 자계가 생기고 철편은 자화되어 자계가 강한 곳으로 이동 한다. 가동 철편형 계기는 60[Hz]이하, 즉 저주파수 전원에서 사용한다.

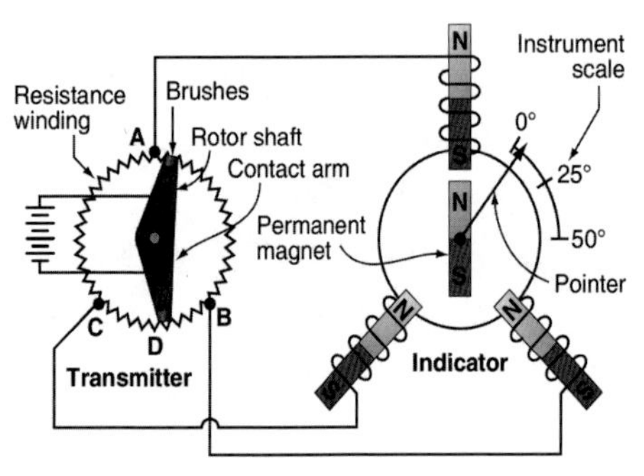

[그림 5-75 가동 코일형 계기의 구조]

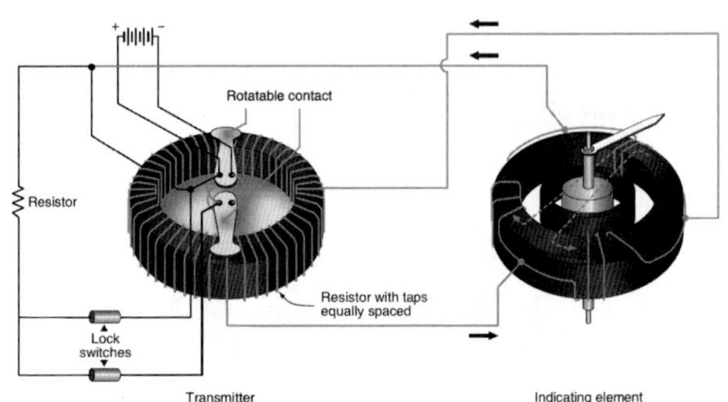

[그림 5-76 가동 철편형 계기의 구조]

3. 전류력형 계기

전류력형 계기는 고정 부분이나 가동 부분이 코일로 구성되어 있으며, 계기 지침이 붙어 있는 가동 코일은 두 개의 고정 코일 사이에 걸려 있고 고정 코일과 직렬로 연결되어 있다.

이 세 개의 코일은 같은 크기의 전류가 각 코일을 통해 흐르도록 계기 단자 간에 직렬 로 연결되어있다. 어느 방향으로든지 전류가 세 코일을 통해 흐르면 고정 코일 사이에는 자계가 생기게 된다. 가동 코일을 흐르는 전류는 자석과 같은 동작을 하고 스프링에 대항 하는 회전력을 일으킨다.

만일, 전류가 반대로 흐르면 고정 코일의 극은 동시에 반대로 되며, 회전력은 계속 원래의 방향으로 된다. 전류의 방향을 반대로 하여도 회전력은 반대로 되지 않기 때문에 직류, 교류의 전류와 전압을 측정하는 데 사용한다.

4. 정류형 계기

정류형 계기는 다이오드를 사용하여 정류하고 직류 전용 계기인 가동 코일형 계기로 교류 전압을 측정하는 계기이다. 그림에서 저항 R_1은 배율기이다.

그림 5-77는 정류형 계기가 작동하는 원리를 나타낸 것이다. 이 계기는 원리적으로 교류의 평균값을 지시하지만, 눈금은 실효값으로 환산하여 매겨져 있다.

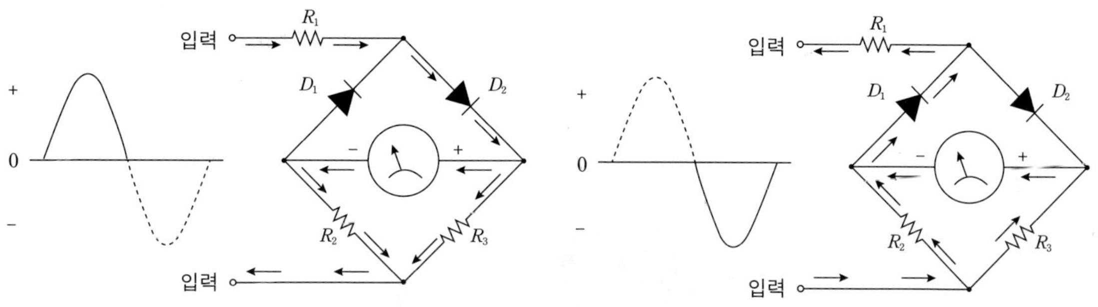

[그림 5-77 정류형 계기의 원리]

3. 전력 측정 계기

1. 직류 전력 측정

직류 전력 측정은 그림 5-78과 같이 전압계와 전류계를 연결하고, 얻어진 값을 계산 하여 전력을 측정할 수 있다. 일반적으로 전압계나 전류계의 소비전력으로 인한 손실은 적다.

2. 교류 전력 측정

교류 전력 측정은 전류력형 계기를 사용하거나 전압계와 전류계를 이용하여 측정하는 방법이 있다.

일반적으로 단상 전력을 측정할 경우에는 그림 5-79과 같이 전력계를 연결하는데, 고정 코일에는 부하 전류가 흐르고 가동 코일에는 전압에 비례한 전류가 흘러, 두 코일의 전류와 부하 전력에 상당하는 구동 토크가 생겨 지침이 전력을 지시하게 된다.

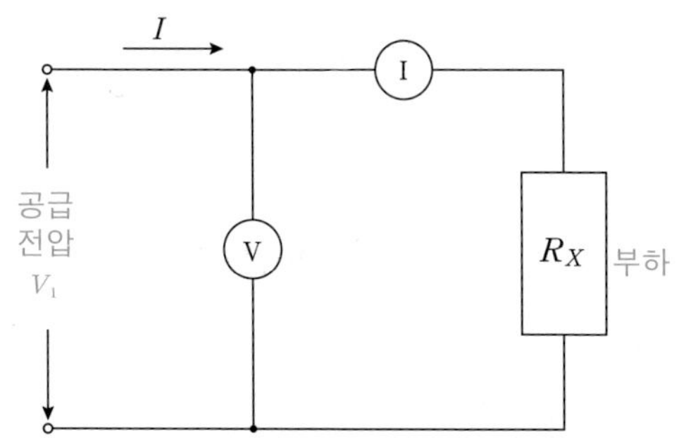

[그림 5-78 직류 전력을 측정하는 회로]

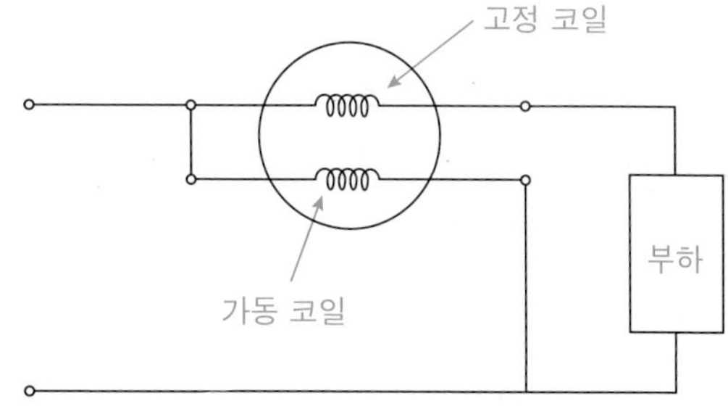

[그림 5-79 교류 전력을 측정하는 회로]

4. 회로시험기

회로 시험기는 가동 코일형 계기로서 분류기, 배율기, 정류기 등을 장치하여 스위치를 변환시키면서 계기 하나로 직류 전압과 전류, 교류 전압, 저항을 측정할 수 있다.
이것은 종합 기능을 가지고 있다고 해서 일명 멀티미터(Multimeter)라고 하며, 그림 5-80과 같다.
회로 시험기에서 전압은 1,000[V] 이내에서 측정이 가능하며, 직류 전류는 500[mA] 이내에서, 저항은 20M[Ω]까지 측정 할 수 있으며, 이들은 3~5개의 변환 범위로 구분 되어 있다. 또, 가동 코일에 흐를 수 있는 최대 전류는 50[μA]이며, 내부 저항은 2,000[Ω]이고, 최대 전압은 100[mV]이다.

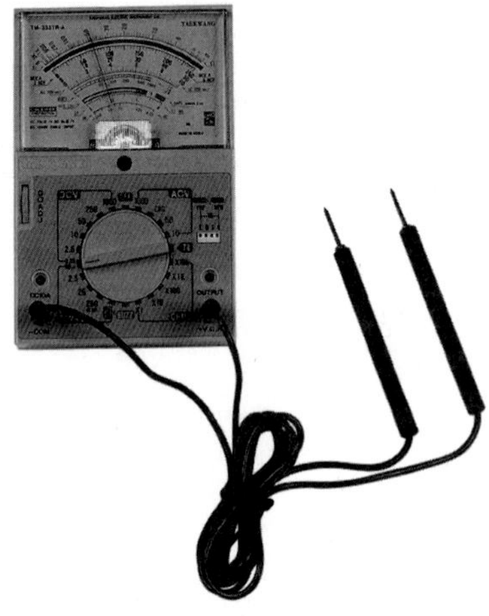

[그림 5-80 회로 시험기]

5 온도 계기

1. 일 반

물체는 온도의 높고 낮음에 따라 팽창 또는 수축하며, 높은 온도에서 내는 빛의 빛깔은 낮은 온도에서 내는 빛과 다르고, 전기 저항에도 변화를 일으킨다. 이와 같은 물리적 성질을 이용하여 정확하게 온도를 측정하는 기기를 온도계라고 한다.
항공기의 중요한 온도 측정의 대상은 외기 온도, 배기가스 온도, 오일 온도, 실린더 헤드 온도 등이 있다. 측정 범위는 −100[°C]~1,200[°C]까지이다.

- 온도계의 사용 목적
  1. 온도에 의해서 제한을 받는 기기, 재료의 사용 제한을 유지한다.(모든 온도계)
  2. 사용 제한 범위 내에서 최고의 성능으로 사용하기 위함이다.(대기가스 온도계 등)
  3. 측정한 온도와 다른 양을 조합하여 제 3, 4의 양을 구하기 위함이다.(외기 온도계)

2. 전기 저항식 온도계

모든 금속과 반도체는 온도가 바뀌면 전기 저항이 변한다. 금속은, 특히 합금(망간, 콘스탄탄)등의 경우는 거의 변하지 않지만 온도가 상승하면, 그 전기 저항은 커진다. 반도체의 경우는 반대로 온도가 상승하면 전기 저항은 감소한다. 어느 저항체의 온도가 1[°C] 변화 할 경우 1[Ω]에 관하여 어느 정도의 전기 저항 변화가 있는가를 나타내는 값을 전기 저항의 온도 계수라 한다. 전기 저항식 온도계의 수감부는 그림 5-81과 같으며, 온도 변화에 따르는 전기 저항의 변화가 큰 재료, 즉 저항의 온도 계수가 큰 것을 사용하며, 이와 같은 재료로는 니켈, 니켈-망간 합금, 백금 등이 사용된다.

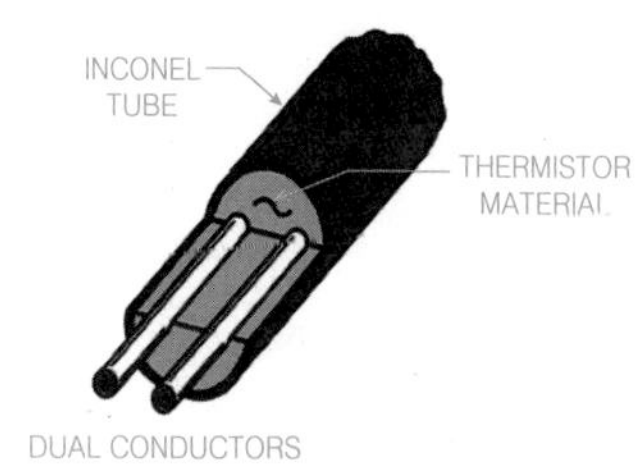

[그림 5-81 저항식 온도계의 수감부]

전기 저항의 변화를 이용한 온도계에는 니켈선과, 서미스터(Thermistor : 일종의 반도체이고 온도변화에 민감하다.) 등이 널리 이용되고 있다.

3. 열전쌍 온도계

두 종류의 금속을, 그림 5-82와 같이 접하게 하고 계기가 있는 부분과 두 금속의 접점 사이의 온도를 틀리게 하면, 회로를 따라서 기전력이 만들어져 전류가 흐른다. 이것을 열기전력, 열전류라고 하며, 열기전력을 생기게 하는 두 종류의 금속을 열전쌍이라고 한다.

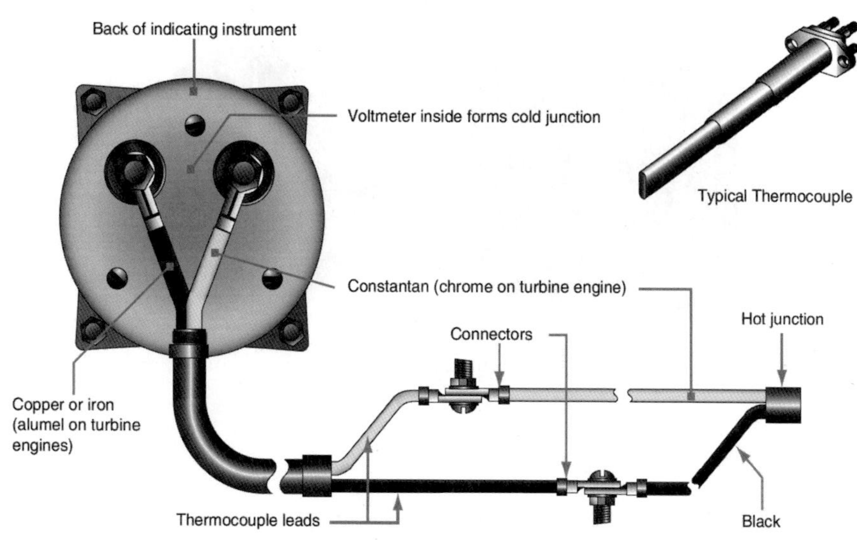

[그림 5-82 열전쌍 온도계 회로]

열기전력은 어떠한 종류의 금속선으로 만들어도 거의 모두 생기지만, 기전력이 측정할 수 있도록 크고 안정되어야 한다. 또, 기전력과 온도의 관계가 거의 직선적이어야 한다. 열전쌍에 사용되는 금속으로는 구리와 콘스탄탄(Constantan : 구리와 니켈의 합금), 백금과 백금 로듐(Rhodium : 백금과 로듐의 합금), 크로멜(Cromel : 니켈, 크롬, 철, 망간의 합금)과 알루멜(Alumel : 니켈, 알루미늄, 망간, 규소, 철의 합금) 등이 있다.

그림 5-83은 가스터빈 기관의 배기 가스 온도를 측정하는 수감부이며, 그림 5-84은 온도 측정 수감부들이다.

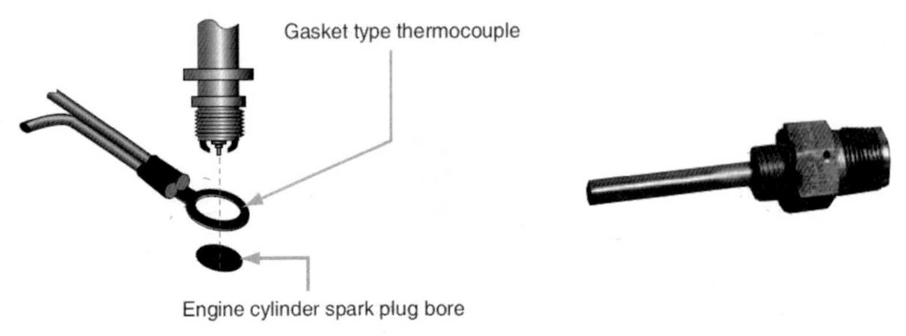

[그림 5-83 배기 가스 온도 측정 열전쌍] [그림 5-84 온도 측정 열전쌍]

6 회전 계기

1. 일 반

항공기의 회전계는 기관의 회전수를 알기 위한 계기이다. 회전 속도는 1분간의 회전수(RPM : Revolution Per Minute) 또는 정격 회전 속도에 대한 백분율[%]로 나타낸다.

왕복 엔진은 기관의 회전 속도를 1분간의 회전수로 표시하며, 가스터빈 기관은 백분율[%]로 표시한다.

[그림 5-85 회전계]

2. 기계식 회전계(Mechanical Tachometer)

그림 5-86은 원심력을 이용한 회전계이다. 그림과 같이 무게추(Weight)는 무게중심 이 기울어지도록 중심을 고정시켜 놓았다. 기관의 회전 동력은 기관축에 연결된 구동축을 따라 기어에 전달되면 회전 속도에 따른 무

계추가 원심력으로 수평 상태를 유지하게 된다. 이 때 슬라이딩 칼라(Sliding collar)는 미끄러져 내려오게 되고, 섹터 기어를 움직여 지시침을 지시하게 한다.
이와 같은 기계식 회전계는 무게추의 질량에 원심력이 작용하기 때문에 기관의 회전수에 비례하여 지시되는 각이 만들어지는 것이다.

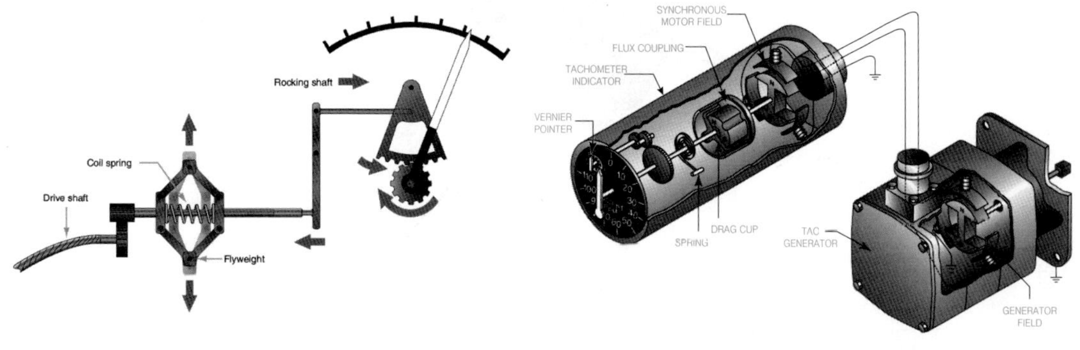

[그림 5-86 원심력을 이용한 회전계]

[그림 5-87 전기식 회전계]

3. 전기식 회전계(Electrical Tachometer)

전기식 회전계는 기관과 지시하는 계기가 멀리 떨어져 있을 경우에 주로 사용한다. 이와 같은 방식을 원격 지시 방식이라고 한다. 전기식 회전계는 기관 회전수를 감지하는 회전계 발전기(Tacho-generator)에서 기관의 회전 속도를 전기 신호로 바꾸어 지시계기까지 보내고, 지시계기에서 전기 신호를 동기 전동기에 의해서 회전 속도로 표시하는 방식이며, 그림 5-87과 같다.
즉, 3상 동기 발전기의 출력이 3상 동기 전동기를 회전시키기 때문에 발전기 회전 속도나 전동기 회전 속도는 일치하게 된다.

1. 드래그 컵

지시 계기의 동기 전동기는 전기 신호에 의해서 360° 회전하기 때문에 지침이 일정 한 각도로 지시되기 위하여 계기 내부에는 드래그 컵(Drag cap)이 있다. 이 드래그 컵은 원통형 모양이며, 알루미늄과 같은 비자성체 도체로 만들어져 있다.
그림 5-88와 같이 드래그 컵은 회전축으로 지지되고 스프링으로 제어된다. 캡 내부에서 영구자석이 회전하면 와전류에 의한 회전력이 발생하여 회전을 하지만, 스프링 장력에 의하여 회전력과 평형하는 각도까지 회전하여 정지한다.
따라서, 캡이 정지한 후, 캡과 자석의 상대적인 속도는 자석의 회전 속도와 같아진다. 그렇기 때문에 드래그 컵은 전기식 회전계에 널리 이용되고 있다.

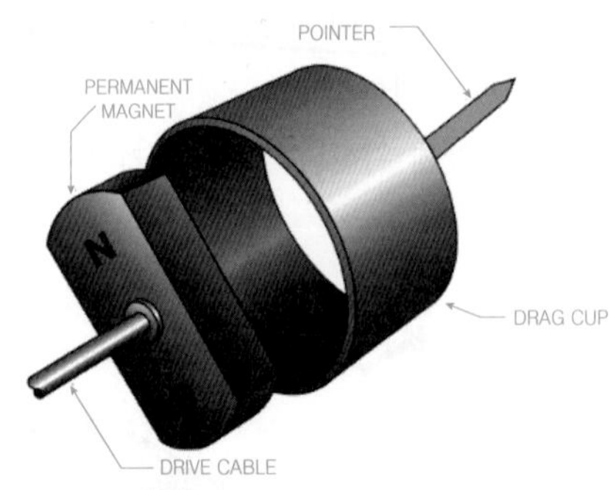

[그림 5-88 드래그 컵]

4. 직접 구동식 회전계

소형 항공기는 기관과 계기 패널이 가까이 있기 때문에 기관의 속도를 플렉시블(Flexible)축으로 계기 내부까지 직접 전달한다. 이 축은 드래그 컵 내부에 영구자석을 회전하게 된다. 이와 같이 함으로써, 계기 내부에서는 전기식 회전계와 같은 원리로 작동 하게 된다.

5. 전자식 회전계

전자식 회전계는 기관 내부에서 회전수를 셀 수 있는 부품, 즉 기어, 가스터빈 기관의 블레이드(Blade)수를 세어서 회전 속도로 표시한 것이다.

그림 5-89과 같이 회전수 감지로 1초당 기어 또는 블레이드의 수가 통과한 것을 세어서 회전 속도로 표시한다. 가스터빈 기관의 저압 압축기와 저압 터빈을 연결한 축의 회전 속도, 즉 N_1회전계는 이 방식을 이용한다. 여기서, 블레이드 수가 60개가 있는 가스터빈 기관이 있다. 1초간에 측정한 블레이드의 수를 S라고 하면 N_1은 $N_1=\frac{S}{60}\times rpm$이 된다. 1초간의 회전수에 해당되는 펄스(Pulse)를 직류 전압으로 변환하여 [%]로 표시한다. N_2는 고압 압축기와 고압 터빈이 결합된 축의 회전 속도를 말한다.

이 축에는 액세서리(Accessory)를 구동하기 위한 회전축이 있으며, 액세서리 중에서 윤활유 펌프 구동축 끝에 회전계 발전기를 장착하였다. 회전계 발전기의 출력 전압과 주파수는 N_2에 비례하여 발생된다. 이 발전기에서 발생한 펄스를 직류 전압으로 변환하여 [%]로 표시한다.

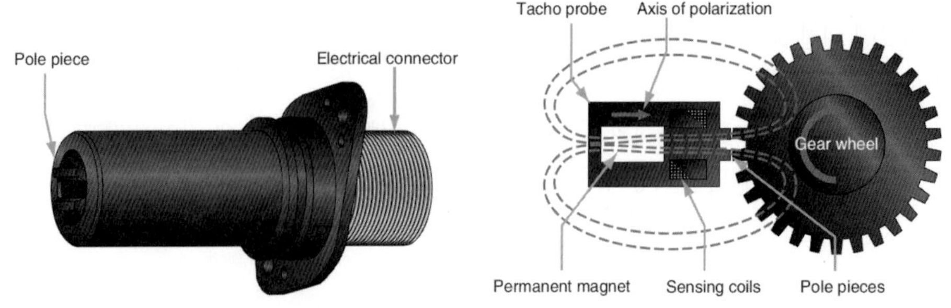

[그림 5-89 회전 속도 감지기]

6. 동조계(Synchroscope)

쌍발 이상을 가지고 있고, 프로펠러(Propeller)로 추진력을 얻는 항공기는 일반적으로 마스터(Master)기관을 정해 놓고, 다른 기관을 슬레이브(Slave)기관이라 정해 놓는다.

동조계는 마스터 기관에 대한 슬레이브 기관의 회전 속도가 빠르고 느림을 표시해 주는 계기이다. 이 계기를 이용하여 여러 대의 기관의 회전 속도가 동기 되었는가를 알 수 있게 되어 있다. 각 기관의 회전 속도가 서로 동기 됨으로써 프로펠러에 의한 진동과 소음이 감소될 수 있다.

동조계는 고정자와 회전자 모두 3상 권선으로 구성되어 있으며, 회전자 권선은 발전기에서 전력을 공급하고, 고정자 권선은 발전기에서 출력을 공급한다. 고정자와 회전자의 권선은 각 발전기에서 생성된 3상 교류 전압에 의해서 같은 방향의 회전 자기장이 발생한다.

기관의 회전 속도가 같을 때에는 고정자 및 회전사의 회전 자기장은 같은 속도로 이동해 감으로, 고정자에는 회전력이 발생하지 않는다. 그러므로 동조계의 지침은 정지해 있다.

왼쪽 기관을 기준하여 오른쪽 기관의 회전 속도가 빠른 경우에는 고정자의 회전 자기장 이 회전자의 회전 자기장을 끌고 나가게 되므로, 동조계의 지침은 'FAST' 방향으로 회전한다. 반대로 기관의 회전 속도가 왼쪽 기관을 기준하여 오른쪽 기관이 늦을 경우는 고정자의 회전 자계가 회전자의 회전 자계를 방해하므로, 동조계의 지침은 'SLOW' 방향으로 회전한다. 그림 5-90은 동조계의 종류를 나타낸 것이다.

[그림 5-90 동조계]

7 액량 계기와 유량 계기

1. 액량 계기

액량 계기는 항공기에서 사용하는 연료, 윤활유, 작동유, 물 및 방빙액 등의 양을 부피나 중량으로 측정하는 것이다. 소형 항공기에서는 직접 눈으로 확인할 수 있는 방식을 사용하지만, 대형 항공기에서는 원격 지시 방식을 사용한다.

액량은 체적의 단위인 갤런(Gallon)으로 표시하는데, 부피는 온도에 따라 심하게 변하므로 항공기에서는 중량의 단위인 파운드(Pound)로 표시한다.

그림 5-91은 항공기의 액량 계기이다.

[그림 5-91 항공기의 액량 계기]

1. 사이트 게이지식(Sight Gage) 액량계

사이트 게이지식 액량계는 게이지 글래스를 통하여 직접 액면을 보아서 액량을 아는 방식이다. 이 방식은 액량계는 탱크와 조종사와의 위치 관계에 의해 제약되므로 비행중에 사용되는 액량계로 거의 사용되지 않으며, 지상에 있어서 정비 작업을 위해서 장착되어 있다.

2. 부자식 액량계(Float Type)

부자식 액량계는 그림 5-92에 표시하였으며 직류 전원에 의해서 작동되는 데신(Desyn, DC self synchronization)계기이다. 이것은 연료 탱크 내의 연료 액면 높이에 따라 부자의 위치가 변하여 저항이 변화한다. 즉, 가변 저항기는 연료가 최대 높이로 채워졌을 경우에 저항값이 최소가 되며, 연료가 최소 높이로 있을 경우에 저항값이 최대가 되는 방식이다.

계기에는 2개의 고정 코일과 자석이 붙어 있는 지침이 있다. 2개의 고정 코일 중에서 전원, 부자 저항과 직렬로 연결되어 있는 코일의 전류는 연료의 액면 높이에 따라서 변화 한다. 그러나 다른 1개의 코일의 전류는 연료의 액면 높이와 관계없이 일정하게 흐른다. 따라서, 2개의 코일에서 만들어진 합성 자장은 연료의 액면에 따라 그 방향이 변하게 된다.

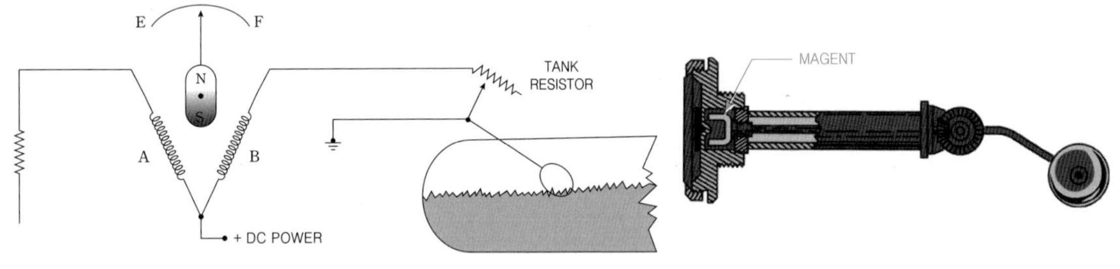

[그림 5-92 부자식 유량계]

3. 정전 용량식 액량계

정전 용량식 액량계는 콘덴서(Condenser)를 이용한 액량계이다.

콘덴서는 2개의 전극판으로 구성되어 있으며 전기를 저장할 수 있다. 콘덴서가 전기를 저장할 수 있는 능력은 전극판의 면적, 전극판의 거리 및 전극판 사이에 있는 절연물(유전체) 등에 의해서 결정된다.

콘덴서가 전기를 저장할 수 있는 능력을 정전 용량이라 하는데, 이 용량은 콘덴서의 전극판의 면적 A와 전극판 사이의 유전체율 ε에 정비례하고, 전극판의 거리 d에 반비례한다.
그러므로 항공기에서 사용하는 정전 용량식 액량계는 전극판 사이의 유전체율을 이용하여 연료량을 지시하는 계기이다. 이 콘덴서를 탱크 유닛(Tank unit)이라고 하며, 그림 5-93과 같은 모양이다.

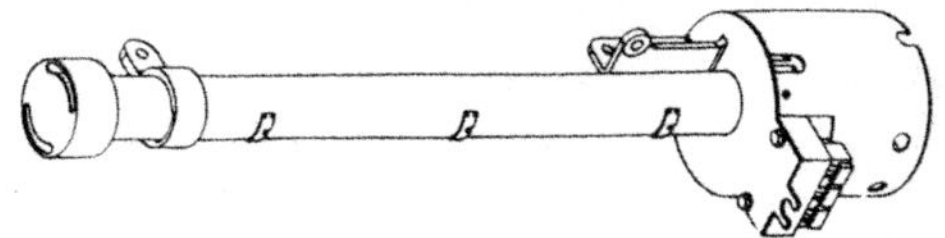

[그림 5-93 탱크 유닛]

2. 유량 계기

항공기에서 사용하는 유량계는 기관에 연료가 제대로 유입되는가를 표시하는 지시기이다. 유량계는 흔히 파운드/시간, 갤런/시간, 또는 kg/시간으로 표시한다. 연료가 송유관을 통하여 기관으로 공급되는 유량을 알게 되면, 왕복 엔진의 연료 혼합기를 조절하는데 기준을 삼아 기관의 경제적인 운전을 할 수 있다.
또, 유량계는 가스터빈 기관에서 기관의 추진력 향상의 기준이 된다.
대형 항공기는 기관에 연료를 공급하는 유량을 전기 신호로 변환하여 계기에 표시하는 방식이며, 소형 항공기는 연료 분사 노즐에 보내진 연료의 압력과 흡기 압력과의 차이를 연료 유량으로 환산하여 표시한다.

[그림 5-94 항공기의 유량 계기]

1. 자기 동기식 유량계

자기 동기식 유량계는 그림 5-95와 같이 동기 발전기 장치, 마그넷 장치, 수감 장치 및 보상 스프링 등으로 구성되어 있다. 수감 장치는 그림 5-96과 같으며, 연료는 수감 장치의 베인(Vane)을 스쳐 지나가도록 되어 있다.
베인은 연료의 압력을 받아 보상 스프링의 장력과 평형이 될 때까지 각 변위를 일으킨다. 각 변위는 베인의 축을 통하여 동기 발전기의 회전자를 회전시켜 이것에 해당되는 전기 신호가 계기에 전송한다.
이 원리는 전기식 회전계와 비슷하여 연료의 유량에 따라 구동되는 동기 발전기, 즉 트랜스미터(Transmitter)의 출력 전압은 지시계에 있는 전동기를 회전시키며 회전 속도는 기관에 보내지는 유량에 비례하여 변한다. 이와 같은 회전 변위는 드래그 컵을 회전시켜 유량계를 지시한다.

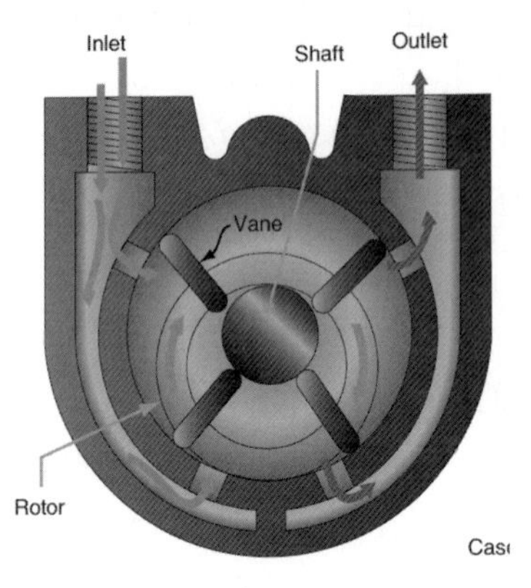

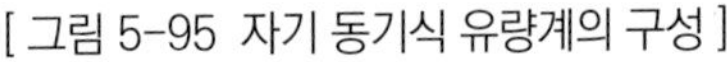
[그림 5-95 자기 동기식 유량계의 구성]

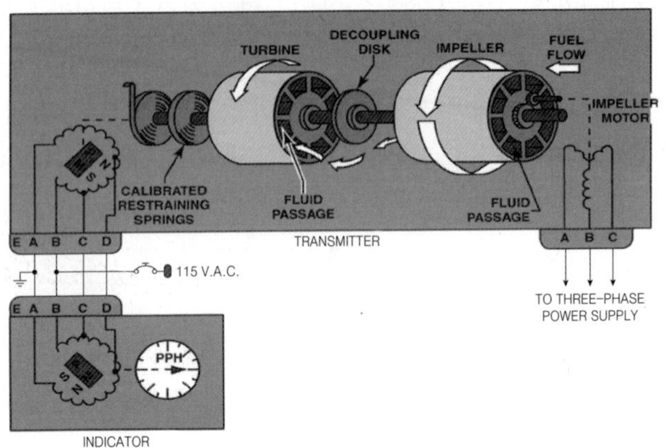

[그림 5-96 유량계의 수감 장치]

8 자이로스코프 계기

1. 자이로스코프의 특성

자전거가 달리고 있을 때는 정지해 있을 때보다 평형을 잡기가 다소 쉽다.

이것은 그림 5-97과 같이 팽이가 빠른 속도로 회전하고 있을 때 잘 쓰러지지 않는 원리와 같다.

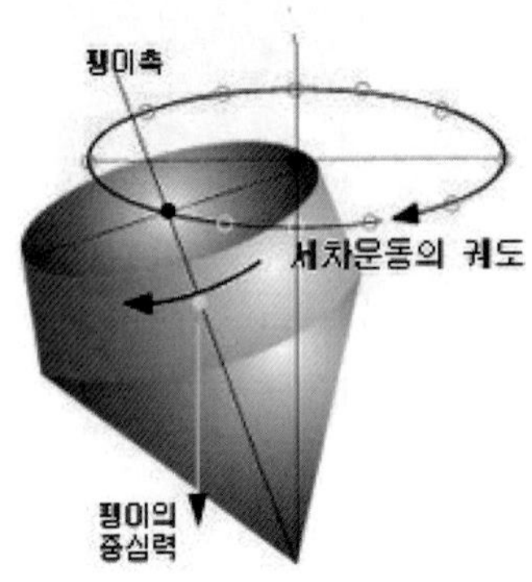

[그림 5-97 회전하고 있는 팽이]

팽이가 회전하고 있을 때에는 팽이를 살짝 건드려도 팽이는 원래 회전하던 축을 유지 하려고 약간의 흔들림 운동(세차 운동)을 한다.

이 때, 회전하는 속력이 매우 크면 다시 정상적으로 회전하는 것을 볼 수 있다.

이 설명을 그대로 자전거 바퀴의 원운동에 적용할 수 있다. 돌고 있는 팽이는 넘어지지 않고 계속 돌아가지만, 지면의 저항 때문에 결과적으로는 넘어지고 만다.

항공기에서 자이로의 특성을 이용한 계기에는 비행 자세계, 비행 방위 지시계 및 선회 경사계 등이 있다.

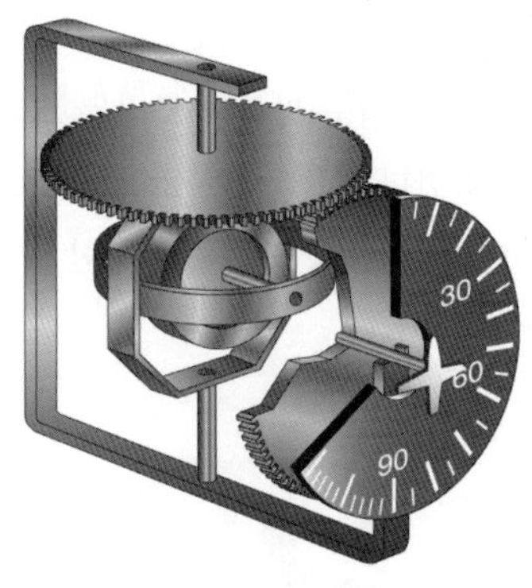

[그림 5-98 자이로스코프]

자이로는 로터(Rotor)에 회전축, 즉 $X-X_1$축을 갖고 있으며, 이 회전축에 직각으로 내측 짐벌(Gimbal)이 있게 된다. 내측 짐벌에 직각으로 외측 짐벌이 있으며, 외측 짐벌은 회전축에 직각으로 $Y-Y_1$축이 만들어지게 된다. 또, $Y-Y_1$축에 직각으로 $Z-Z_1$ 축이 만들어지며, 이들 3축은 서로 직각을 이루게 되고 3축은 서로 자유롭게 운동할 수 있다. 이 같은 자이로를 3축 자이로라고 한다.

자이로 회전축의 관성 모멘트(M : Moment)와 각속도(ω)로 회전하는 동안 무게중심이 되는 회전축과 로터에는 $\omega \times M$ 크기의 각운동량이 만들어진다. 그러므로 자이로는 로터의 질량과 로터의 회전 속도의 관계로 강직성과 세차성이라는 기본적인 특성을 가지게 된다.

1. 강직성

로터(Rotor)가 회전하고 있을 때는 로터 회전축은 일정한 방향을 유지하는 성질이 있다. 이것을 자이로의 강직성(Rigidity)이라고 한다. 회전하고 있는 자이로에는 강직성이 있으므로, 그림 5-99과 같이 12시에 회전축이 수직이 되도록 적도상에 둔 자이로는 오후 6시에는 회전축이 수평으로 된것 같이 보인다. 자이로의 강직성은 로터의 회전축을 기울이려고 할 때에는 이것에 저항하는 회전력으로 나타난다. 이 강직성은 로터의 회전 속도가 큰 만큼 강하고, 로터의 질량이 회전축에서 멀리 분포하고 있는 만큼 강하다.

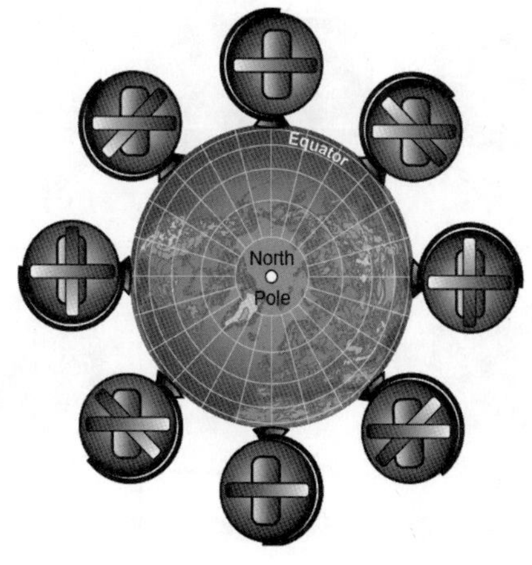

[그림 5-99 자이로의 강직성]

2. 섭동성(Precession 또는 세차성)

회전하고 있는 로터에 그림 5-100 (a)에 힘을 가하면 로터는 그 회전 방향 90° 나아간 위치 (b)에 같은 크기의 힘이 걸린다. 이것을 세차성이라 한다. 이 특성은 2축 자이로에 응용된다. 또 비행자세계의 직립 장치 중은 자이로의 섭동성을 이용한 것이다. 섭동성을 주로 이용한 자이로에서는 로터 무게가 가볍고 강직성을 이용한 자이로보다 회전수도 작다.

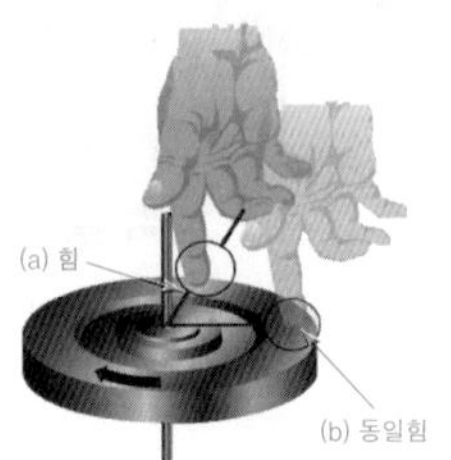

[그림 5-100 자이로의 세차 운동]

2. 자이로스코프의 특성을 이용한 계기

1. 수직 자이로(Vertical Gyro)를 이용한 계기

수직(Vertical) 자이로는 항공기의 기축에 수직으로 축을 갖게 된다. 피치와 롤에 대한 항공기 자세를 감지하여 조종실 계기판에 그림 5-101과 같이 표시되며, 전기로 구동 하거나 레이저(Laser)로 작동하게 된다. 이 자이로는 자동 조종 장치에 이용되거나 자세에 관한 정보를 얻게 된다.

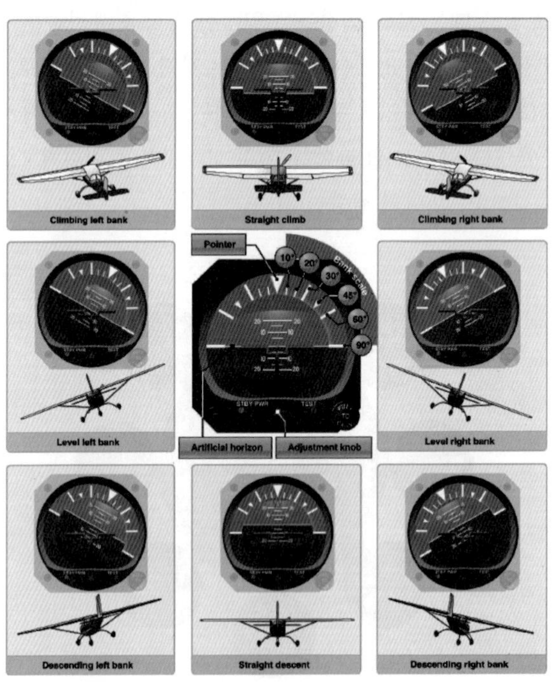

[그림 5-101 수직 자이로스코프를 이용한 계기]

수직 자이로는 로터축이 항상 지구의 중력 방향과 일치되도록 조정되어야 한다.
또, 외부 짐벌축이 롤 축에, 내부 짐벌축이 피치축과 평행되도록 되어 있다. 자이로 로터의 축이 항상 지구 중력 방향과 일치되도록 하는 장치를 직립 장치(Erection control system)라고 한다.
그림 5-102는 현대 항공기에서 사용하는 비행 자세계(ADI : Attitude Direction Indicator)이다. 이 계기는 비행 자세, 즉 롤(Roll) 자세, 피치(Pitch) 자세, 요(Yaw) 변화율 및 미끄러짐(Slip)의 4개의 요소를 표시하고 있는 것이 많다. 또, 설정된 모드로 비행하기위한 명령 등이 지시되는데, 조작 명령은 항공기에 따라서 설정 가능한 모드가 다르다.
이는 비행 중에 항공기의 피치각과 롤 각을 동시에 표시하는 수평 자세를 나타낸다. 가운데에 항공기를 나타내는 작은 표시가 있고, 그 표시에 대해 수평 지시선이 아래나 위로 벗어나면 그 각도만큼 피치가 주어진 상태를 나타내고, 롤에 의한 경사각은 외곽의 원호에 나타난다. 실제로는 하늘색과 주황색으로 나타내어 시각적인 인식도를 높인다.

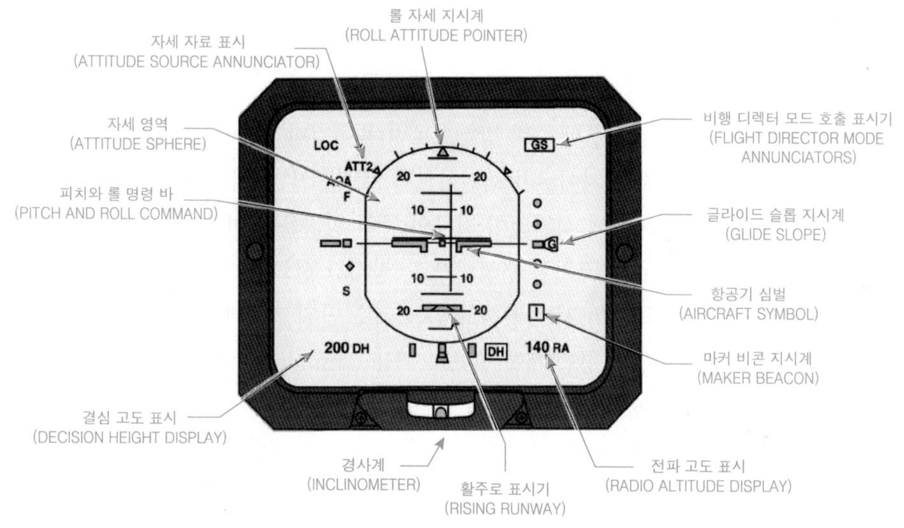

[그림 5-102 비행 자세계]

2. 디렉셔널 자이로(Directional Gyro)를 이용한 계기

우리는 지구의 방위를 알고자 할 때 컴퍼스를 사용하게 되는데, 이것은 엷은 영구자석 봉을 부자에 매달아 액체 위에 띄우면 이 영구자석 봉은 지자기의 남북 방향을 지시하 게 된다. 이런 방법으로 항공기의 진로를 읽을 수 있게 되는데, 이와 같은 것을 마그네틱 컴퍼스(Magnetic compass)라고 부른다.
그러나 이 영구자석은 항공기의 전기 부품 이 작동할 때, 자기적 영향으로 오는 오차, 항공기가 가감속으로 액체가 진동에 의해서 만들어지는 오차(가감속오차), 지구의 남극과 북극에서 영구자석의 양 끝은 아래로 기울어져 있기 때문에 오는 오차(북선 오차) 등으로 신뢰성이 없어 근래 항공기에서는 대기 컴퍼스(Standby compass)라는 명칭으로 사용된다. 그러므로 방위 정보를 안정화할 목적으로 디렉셔널 자이로(Directional gyro)가 이용된다. 디렉셔널 자이로는 항공기의 기축에 수평으로 자이로 축을 갖게 되며, 그림 5-103과 같이 수직 짐벌에 컴퍼스 카드를 360° 등분 눈금을 매겨 둘러 감은 것이다.

이것은 자이로의 특성 중 강직성을 이용하여 항공기의 진로 및 선회 방향 변화각을 지시하게 한다. 이 계기의 구조는 수직으로 서서 회전하고 있는 자이로가 두 개의 짐 벌을 통하여 지침과 연결되어 있다.

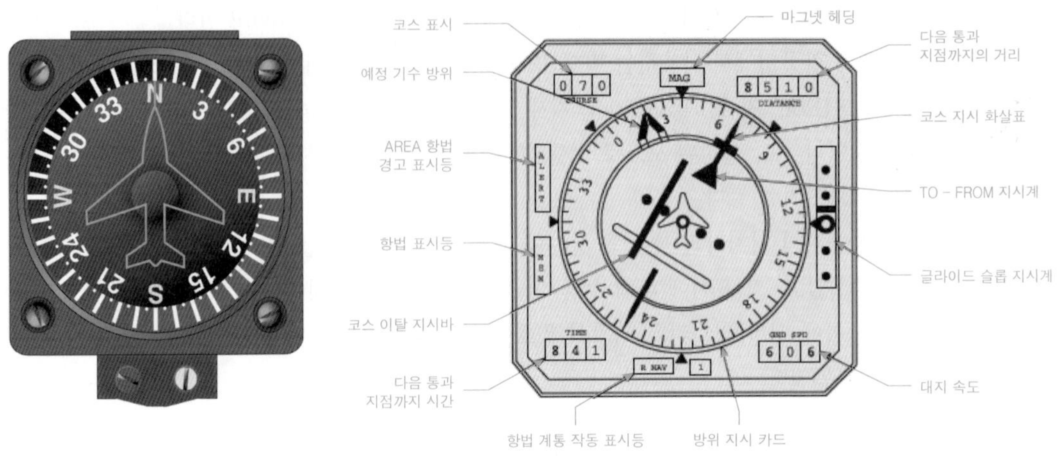

[그림 5-103 기수 방위 지시계]

항공기가 각 운동을하여 자세가 지구의 중력 방향으로 기울어지면, 자이로 로터의 아래에 직립 장치가 있어 자세가 기울어진 반대 방향으로 자이로가 회전하도록 토크를 발생 시킨다. 결과적으로, 직립 장치에 의해 자이로 회전축은 항공기의 자세와 상관없이 지구의 중력 방향을 향한다. 그러나 연속해서 선회하면 직립 장치의 오차에 의해 수평 지시에 오차가 누적되므로, 장시간 선회할 때는 직립 장치의 작동을 끄도록 되어있다. 그림 5-103은 현대 항공기에서 사용하고 있는 기수 방위 지시계이다. 이 계기는 컴퍼스 계통에서 받은 자방위 정보 및 초단파 전방향 항법 계통(VOR : VHF Omnidirectional Range), 계기 착륙 장치(ILS : Instrument Landing System)에서 받은 비행 코스 정보를 표시한다. 즉, 기수 방위의 지시, 선택한 비행 코스와의 관계 등이 지시된다.

3. 선회 경사계

선회 경사계(Turn and slip indicator)는 지형이나 지평선, 또는 수평선을 보지도 않고 비행기를 조종하는 데 사용한 최초의 현대 계기 중의 하나이다.

이 계기는 그림 5-104와 같이 볼(Ball)과 선회 지시 바늘로 구성되어 있으며, 볼은 지구 중력의 힘에서 작동되며, 선회 지시 바늘은 자이로에 의해서 작동되어 비행기축 변화를 지시한다.

① 선회계(Turn indicator)

지금까지는 자이로의 모든 각 변위 측정 및 검출을 전기적 신호 또는 직접 지시하도록 하였다. 선회계는 레이트(Rate) 자이로의 일종으로 기축과 직각인 수평축이 있는 2축 자이로이다. 2축 자이로 로터에서 각운동량의 크기는 각속도와 관성 모멘트로 결정하게되며 레이트 자이로는 각속도가 측정, 검출된 축을 입력 축, 입력 축에 주어진 각속도에 의해서 세차성이 생기는 축을 출력축이라고 한다.

항공기가 직선 수평 비행을 하다가 선회를 시작하면, 입력 축에 각속도가 주어지고, 출력축이 어느 각속도까지 회전하여 보상 스프링에 의한 토크와 평행한 곳에 멈춘다.

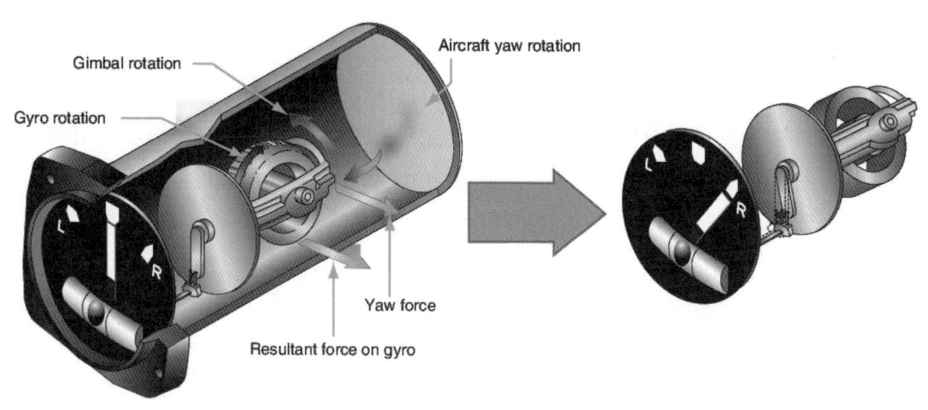

[그림 5-104 선회계]

② 경사계

경사계의 볼은 조종사의 균형(Coordination : 비행기 선회시 조종륜과 방향타 사용)을 체크한다. 볼은 선회시 경사각(Angle of bank)과 선회율(Rate of turn)의 관계를 보여 주는 밸런스(Balance) 계기이고, 조종사에게 선회 비행의 상태를 보여 준다.

일반적으로, 표준 선회는 비행기가 360° 선회하여 원래 위치로 돌아오는데 2분이 소요되는 것을 말하며, 이것을 만족하기 위해서는 1초에 3° 비율로 선회하여야 한다. 항공기가 수평, 직선 비행을 할 경우, 경사계는 그림 5-105와 같이 표시된다. 항공기가 오른쪽(우)방향으로 균형 선회(Coordinated turn : 정상 선회)하는 것을 그림 5-105와 같이 표시한다.

항공기가 오른쪽(우) 선회를 균형 선회하지 못하여 선회 반경에서 왼쪽으로 벗어 날 경우를 스키드(Skid) 라고 한다. 스키드는 선회율이 경사각보다 훨씬 커서 원심력이 작용하여, 회전하는 방향 바깥쪽으로 볼이 움직인다. 스키드 현상에서 균형 선회로 고치는 방법은 조종륜을 오른쪽으로 많이 기울여 경사각을 주거나, 오른쪽 발로 민 방향키 페달의 양을 줄여서 선회율을 줄이는 방법이다.

항공기가 오른쪽(우) 선회를 균형 선회하지 못하여 선회 반경에서 내측으로 벗어 날 경우를 슬립(Slip)이라고 한다. 슬립은 선회율이 경사각보다 너무 작아서 원심력의 부족으로 인해, 볼이 회전하는 안쪽으로 움직인다. 슬립 현상에서 균형 선회로 고치는 방법은, 오른쪽으로 기울인 조종륜의 양을 줄여서 경사각을 줄여 주거나, 선회율을 증가(오른쪽 방향키 페달을 많이 밀어서 선회율을 증가)하는 방법이다.

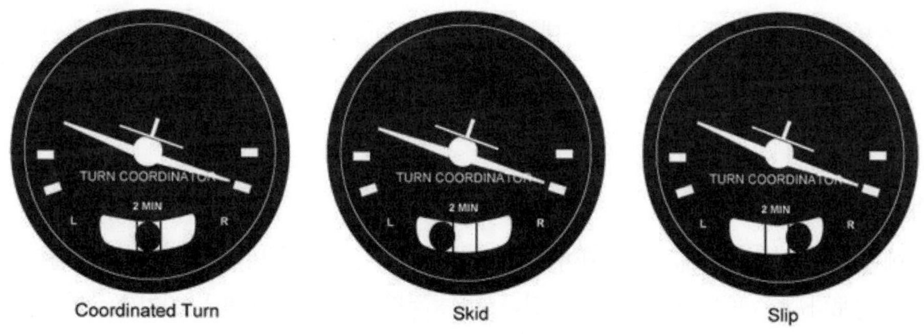

[그림 5-105 선회의 원리]

9 자기 컴퍼스와 원격지시 컴퍼스

컴퍼스(Compass)는 가동 자침에 의해서 지자기의 방향을 찾아내어 항공기의 기수 방위를 직접 표시하는 반식 및 원격 지시 방식이다. 직접 표시 방식의 자기 컴퍼스(Magnetic Compass)는 항공기의 기수 방위를 표시하는 가장 기본적인 중요 계기로 모든 항공기에 장착되어 있다.

1. 지자기(Terrestrial magnetism) 3요소

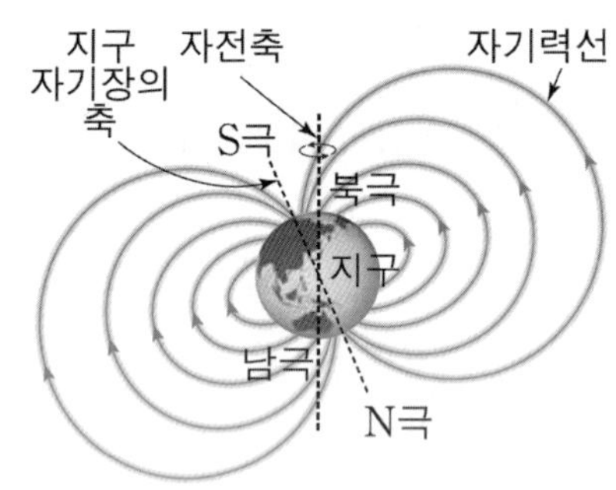

[그림 5-106 지구의 자기장]

1. 편각(Variation)

북반구를 기준으로 지구 상의 현재 위치에서 진북극(지리상의 북극점) 방향과 자기북극 방향(나침반의 빨간 바늘이 가리키는 방향) 사이의 각도이다.

2. 복각(Dip)

지구 상의 한 지점에 작용하는 전자기력의 방향과 그 지점의 지표면이 이루는 각을 말한다. 복각은 자북극과 자남극에서는 90°이며 자기적도(磁氣赤道, Magnetic equator)에서는 0°이다.

3. 수평 분력(Horizontal Component)

지자기는 자침의 N극을 자북으로 당기고 S극을 자남으로 당기는 자력을 가지고 있다. 이러한 자력은 수평선과 수직방향의 분력으로 나눌 수 있는데, 수평방향으로 향하는 힘의 분력을 수평 분력이라 한다.

2. 자기 컴퍼스의 오차

1. 정적 오차

항공기에는 여러 종류의 철재가 사용되어진다. 자기 컴퍼스는 이들에 의해 자화되어 영향을 받게 되므로, 지자기의 방향보다 동쪽 또는 서쪽으로 편위된다. 이를 정적 오차라 한다. 또는 자차(Deviation)라고도 한다.

① 불이차

모든 자방위에서 일정한 크기로 나타나는 오차로써, 컴퍼스를 기체에 장착했을 경우 장착 오차에 의해 생기는 것이다.

②반원차

항공기에 사용되고 있는 영구자석(자화되어 영구자석이 된 강재도 포함)에 의해 생기는 오차이다.

③ 사분원차

항공기에 사용되고 있는 연철재료에 의해서 지자기의 자장이 흩어지기 때문에 생기는 오차이다.

2. 동적 오차

지자기의 수직분력과 항공기의 운동에 의해 발생하는 오차를 말한다.

① 북선 오차(Northerly turning error)

자기 적도이상의 장소에서 지자기에는 수직성분이 있다. 그 때문에 항공기가 선회를 하기위해 뱅크(Bank)하면 컴퍼스 카드면이 지자기의 수직 성분과 직각이 흐트러져 자기 컴퍼스는 수직 성분을 감지하여 진짜 자바위에서 벗어난 위치를 지시하게 된다. 이를 북선 오차라 하고, 선회 시에 북(또는 남)으로 향했을 때에 가장 크게 나타나지만 선회를 하기 위해 뱅크를 했을 때는 반드시(동·서쪽을 향하고 있을 때는 나타나지 않는다.) 나타나는 것으로 선회 오차라고도 한다.

[그림 5-107 북선 오차]

② 가속도 오차

마그네틱 컴퍼스의 플로트(Float)의 “N” 표시부분에 설치되어 있는 무게추로 인해 이 부분은 플로트(Float)의 반대쪽 부분보다 더 무겁다. 만일 항공기가 동쪽을 헤딩(Heading)으로 두고 가속을 하면, 플로트(Float)의 “N” 부분의 무거운 무게로 인해 관성 이 발생하여 항공기 진행방향의 뒤쪽으로 회전하려 하고 따라서 플로트(Float)는 북쪽으로 회전한다. 가속되던 속도가 다시 일정해지면, 플로트(Float)는 다시 원래 상태로 회전하여 동쪽 헤딩(Heading)을 보이도록 한다. 반대로 동쪽을 향해 비행하다가 감속을 하게되면 역시 무게추의 관성에 의해 이번에는 플로트(Float)가 항공기 진행방향으로 앞 쪽으로 회전하려 하고 따라서 카드는 남쪽으로 회전한다. 서쪽을 헤딩(Heading)으로 두고 비행할 때에도 역시 동일한 현상이 발생한다. "ANDS"-Acceleration-North, Deceleration-South(가속하면 북쪽을 지시하고, 감속하면 남쪽을 지시한다).

[그림 5-108 가속도 오차]

3. 자기 컴퍼스의 구조

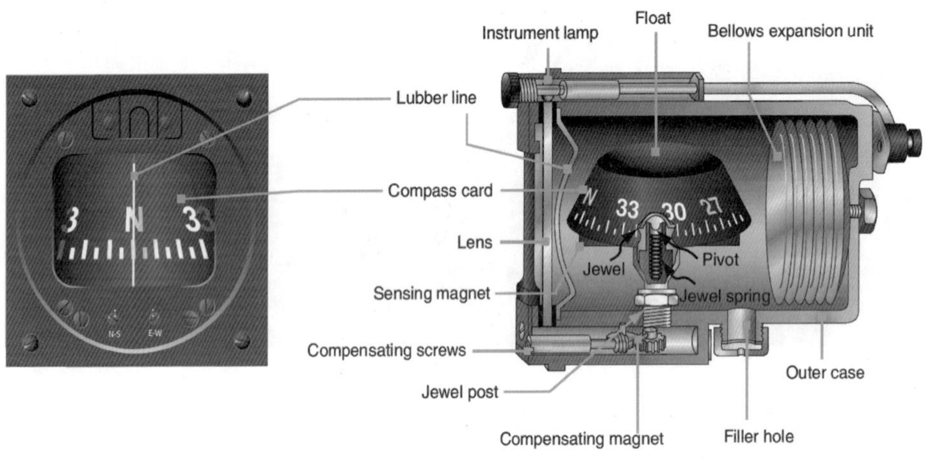

[그림 5-109 자기 컴퍼스]

자기 컴퍼스는 자석과 장위 눈금을 표시한 카드를 피봇에 의해서 지탱하고, 유리면 및 루버라인에 의해서 방위를 판독할 수 있도록 만들어져 있다. 가동부에는 케로신이 채워져 불필요한 동요가 억제되고, 플로트가 설치되어 있어 그 부력에 의해서 피봇에 작용하는 중량이 경감되고 피봇의 마모의 마찰에 의한 오차가 경감된다. 온도변화에 의한 케로신의 팽창, 수축 때문에 생기는 결함을 방지하기 위해 케이스에는 팽창실이 설치되어 있다. 컴퍼스 케이스 하부에는 자차 수정 장치가 되어 있어 자차 수정을 할 수 있다.

4. 자차의 수정

자차는 ±10° 이하로 되어 있고 다음과 같이 수정한다.

1. 불이차의 수정
   자기 컴퍼스를 장치하고 있는 나사를 축이 일치하도록 하고 장착 나사를 조인다.

2. 반원차의 수정
   자기 컴퍼스 상부에는 보정용 2개의 나사(N-S, E-W)를 돌려서 수정한다.

3. 사분원차 수정
   연철판, 봉 등을 수정할 수 있지만 항공기가 제조된 후에 행하는 것은 거의 없다.

10 종합 전자 계기

1. 일 반

현대의 항공기는 급속도로 발전한 디지털 기술로 인해 여러 개의 지시장치를 하나의 장치로 통합한 계기를 사용한다. 이를 종합 전자 계기라 하며, 조종사의 업무 부담을 한층 줄어들고 계기 판넬의 대폭적인 간소화가 이루어졌다. 이 계기의 장점은 다음과 같다.

1. 필요한 정보를 필요할 때에 지시하게 할 수 있다.(예 이 · 착륙시 조종사의 작업 부담을 고려하여 불필요한 정보표시를 하지 않도록 한다.) 하나의 화면으로 몇 개의 정보를 바꾸어 지시 시킬 수가 있다.
2. 경계, 경고의 정보 지시는 지시의 색을 변화 시키거나 소멸 시키거나 혹은 우선 순위를 정해 지시할 수 있다.
3. 지도와 비행 코스, 시스템 계통 등 다양한 정보를 도면을 이용하여 알기 쉽게 표시 할 수 있다.

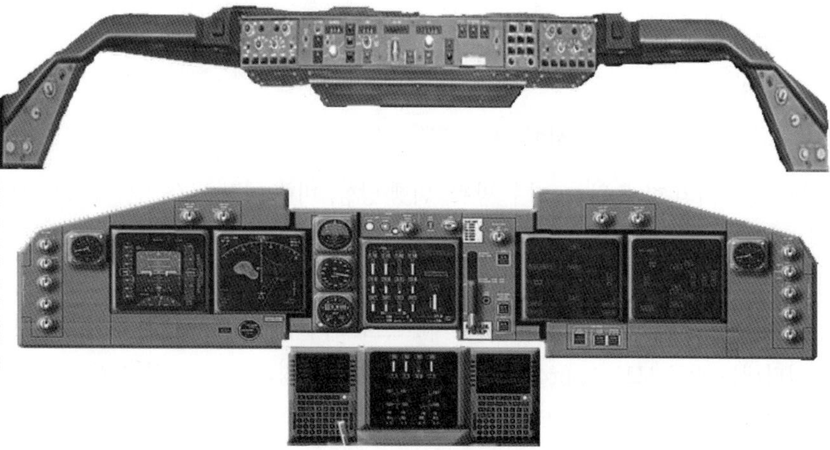

[그림 5-110 조종실 내의 컬러 모니터 계기의 구성]

항공기계기

그림 5-110은 조종실 내의 컬러 모니터를 이용한 계기의 배치도이다. 계기의 구성은 항공기를 제작하는 회사에 따라 다르지만, 주비행 표시 장치(PFD : Primary Flight Display) 항법 표시 장치(ND : Navigation Display), 기관 지시와 승무원 경고 계통(EICAS : Engine Indicati-on and Crew Alerting System) 등으로 구성되어 있는데, 이것 을 통합 표시 장치(IDU : Integrated Display Unit)라고 한다.

2. 주 비행 표시 장치(PFD : Primary Flight Display)

주 비행 표시 장치는 기계식 계기였던 비행 자세 지시계, 속도계, 기압 고도계, 전파 고도계, 승강계, 방향 지시계, 자동 조종 비행 작동 모드, 자동 추력 작동 모드, 이 · 착륙 관련 기준 속도 지시 기능들을 종합하고, 이 밖에 많은 정보를 지시한다. 표시되는 화면은 크게 비행 자세 지시부, 속도 지시부, 기압 고도 지시부, 자동 비행 모드 지시부, 전파 고도 지시부 등으로 나누어져 있다.

주 비행 표시 장치는 조종사가 비행 중에 제일 많이 참고하면서 비행한다. 또, 항공기의 착륙 시에 항공기의 정상적인 진입로를 계기로 표시해 주어 조종사가 현재 항공기의 정상적인 진입 각도와 진입로를 비행하고 있는지를 모니터할 수 있는 계기이다. 이 지시를 위한 입력 소스는 관성 기준 장치, 비행 관리 컴퓨터(FMC), 비행 조종 컴퓨터(FCC : Flight Control Computer), 여러 종류의 항법 장비들, 대기 자료 컴퓨터(ADC)등이 있다.

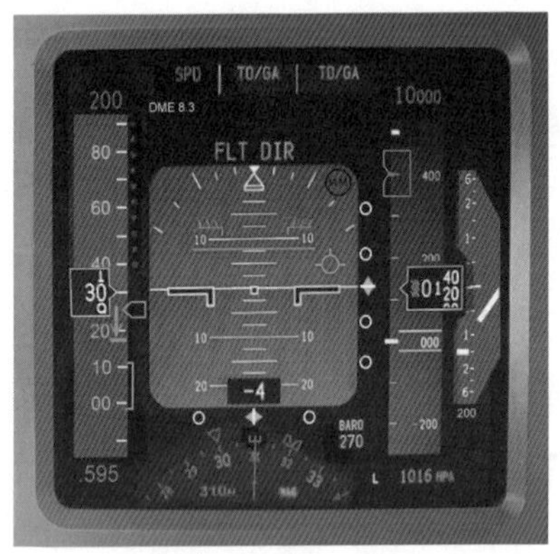

[그림 5-111 주 비행 표시 장치]

[그림 5-112 항법 표시 장치]

3. 네비게이션 디스플레이(ND : Navigation Display)

항법 표시 장치는 항공기의 현재 위치, 기수 방위, 비행 방향, 비행 예정 코스, 선택한 코스에서 벗어난 상태, 거리, 상대 방위, 소용시간의 계산과 지시, 항로상의 풍향, 풍속, 대지 속도(Ground speed), 구름 상태 등을 나타낸다. 사용용도에 따라 4가지 표시 모드가 있어 필요에 따라 선택하여 관찰 할 수 있다. 4가지의 표시 모드에는 항공기가 비행장에 진입할 때 사용하는 표시 모드로 기수 방향, 비행 방향, 편류각, 계기 착륙 장치, 바람 정보 등을 나타내는 접근 모드(Approach mode), 계기 착륙 장치 기능 대신 거리 및 시간, TO/FROM 정보 등이 있어 순항 중 사용하는 VOR 모드, 기상 레이더, 항로상 무선 항법 스테이션 위치, 항로상 기준 점으로 삼는 중간 지점인 좌표(Way point), 공항 위치, 각종 자료 및 위치 정보를 나타내는 지도 모드(Map mode), 비행 계획 모드(Plane mode)가 있다.

4. 기관지시 및 승무원 경고장치(EICAS : Engine Indication and Crew Alerting System)

EICAS는 그림 5-113과 같이 기관에 해당되는 정보를 지시하는 기능과 항공기의 각 계통을 화면에 표시하여 모니터하는 기능 및 각 계통의 결함 발생시에 경고신호를 화면에 표시하는 기능이 있다. 제조사에 따라 ECAM(Electronic Centralized Aircraft Monitor)이라고도 부르고 있다. 조종사석과 부조종사석 사이의 기관 스로틀 레버의 상부에 배치되어 있다.

EICAS의 장치는 2개의 화면으로 구성되어 있는데, 하나는 메인기관 지시와 승무원 경고 계통의 화면이고, 다른 하나는 보조 기관 지시와 승무원 경고 계통의 화면이다.

메인기관 지시와 승무원 경고 계통의 화면은 N_1 회전수, 배기가스 온도, 기관 압력 비율 등을 지시하고, 경고나 주의를 요하는 주요 결함 상태를 지시한다.

기관에 관련된 정보의 화면은 N_2 회전수, 윤활유 상태를 지시하고, 각 계통에 관련 된 정보의 화면은 작동유 계통, 연료 계통, 전기 계통, 압축 공기 계통, 착륙 장치 계통, 그 밖에 많은 정보 등을 한눈에 볼 수 있도록 표시한다.

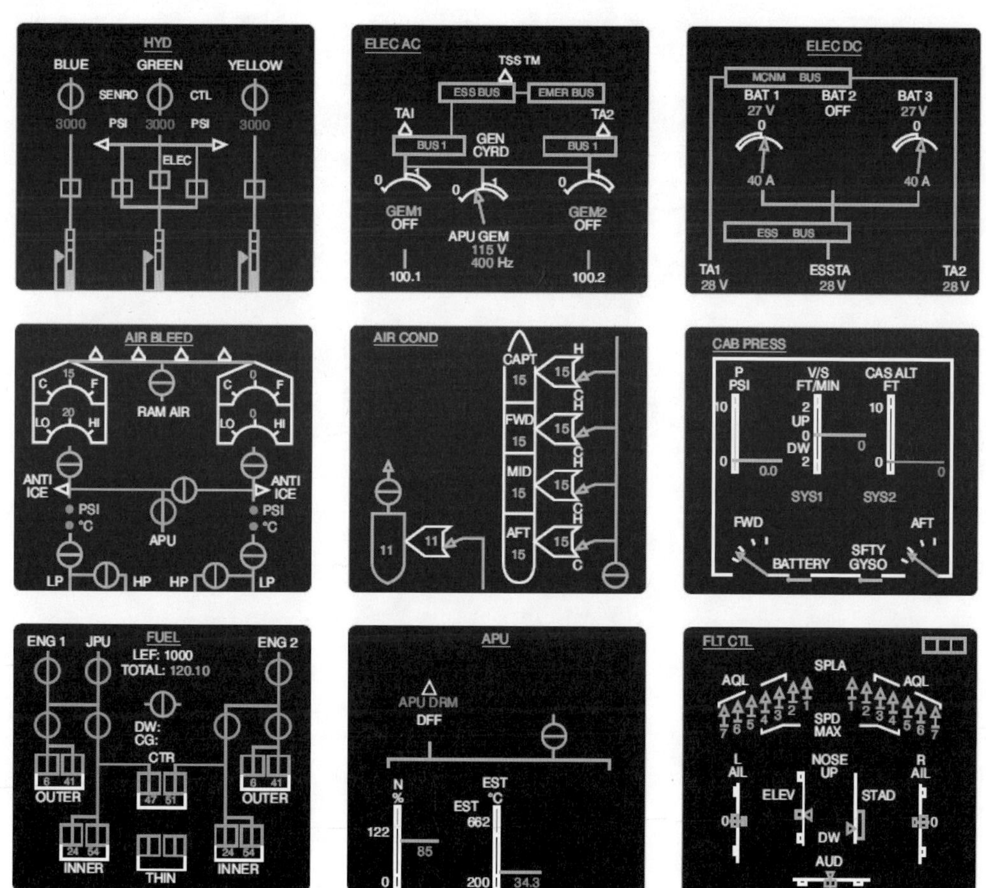

[그림 5-113 EICAS에서 사용하는 매뉴얼 모드 9가지의 다이아그램]

Aircraft Maintenance

항공기 전자·전기·계기

기출 및 예상문제

상세해설

제5편 항공장비(전자 · 전기 · 계기)

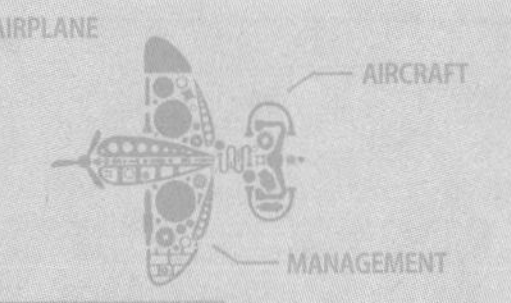

1 항공전자

항공기 전자 장치의 개요

01 전파의 성질을 설명하시오.

해답

전파는 전기장과 자기장이 서로 수직으로, 동위상으로 공존하는 형태이다.
전파는 빛과 같은 성질을 가지고 있다.

02 전파 속도를 설명하시오.

해답

전파의 속도는 빛과 같고 대기 중에서 감쇠되며, 주파수에 따라 전리층에서 반사 되거나 투과한다.

03 전파의 주파수와 분류를 설명하시오.

해답

주파수가 3,000[GHz] 이하인 전자기파를 말하며, 주파수로 분류하거나 파장으로 분류할 수 있다.

04 송·수신 장치와 안테나 송신기의 발전부와 변조부의 역할을 설명하시오.

해답

기본적으로 정보를 실어 나르는 반송파를 발생시키는 발진부와 반송파에 정보신호 를 싣는 역할을 하는 변조부가 있다.

05 변조된 신호를 전력 증폭기에서 어떻게 전파하는가?

해답

증폭한 다음 안테나를 통하여 전파로써 공간에 방사한다.

06 수신기는 전파를 증폭하고 복조함으로써 원래의 송신 정보를 얻어내는 방식은 ?

해답

직접 방식과 슈퍼헤테로다인 방식이 있다.

07 수신기의 복조부를 설명하시오.

해답

수신기의 복조부는 수신된 전파로부터 본래의 정보를 검출해 내는 부분이며, 검파 부라고도 한다.

08 슈퍼헤테로다인 방식을 설명하시오.

해답

수신된 고주파 신호를 중간 주파수로 변환하여 복조하는 방식이다.

09 안테나 역할을 설명하시오.

해답

안테나는 전자기파인 고주파 신호를 공간으로 내보내거나 받는 수단으로서 자유 공간과 송·수신 장치를 연결하는 일종의 신호 변환기이다.
안테나는 주파수와 용도에 따라 결정되며, 파장에 따라 비례하여 크기가 결정된다.

[정답] 항공기 전자 장치의 개요 01～09 : 서술형

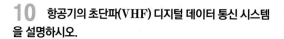

10 항공기의 초단파(VHF) 디지털 데이터 통신 시스템을 설명하시오.

해답

항공무선 법인(ARINC)의 항공무선통신 접속보고 장치(ACARS)이다.

11 데이터 전송 선로에 대하여 설명하시오.

해답

전자파나 정전기 방전 등의 영향을 받지 않도록 설계되어 있으며, 차폐 연선, 동축 케이블 및 광섬유 등을 주로 사용한다.

12 ARINC 429 데이터 버스를 설명하시오.

해답

하나의 송신 장치에 20개까지 수신 장치가 연결될 수 있는 단방향 통신 데이터 버스 규격으로 하나의 워드 길이가 32비트이다.

13 ARINC 629 데이터 버스를 설명하시오.

해답

전기신호식 비행조종 제어를 채택하면서 개발된 것으로 쌍방향 통신방식의 데이터 버스이다.

14 항공기 인터페이스에 대하여 설명하시오.

해답

항공기의 상태를 조종사에게 정확하게 전달하고 조종사의 선택 사항을 받아들이는 중요한 장치이며, 조종실은 조종사와 항공기 사이에서 항공기에 대한 정보를 공유 하는 인터페이스 공간이다.

15 단파(HF) 통신 장치의 사용 주파수 대역은?

① 3～30[kHz] ② 30～300[kHz]
③ 3～30[MHz] ④ 30～300[MHz]

해설

통신장치

① HF 통신장치
ⓐ VHF 통신장치의 2차 통신수단이며, 주로 국제항공로 등의 원거리통신에 사용
ⓑ 사용주파수 범위는 3～30[MHz]

② VHF 통신장치
ⓐ 국내항공로 등의 근거리통신에 사용
ⓑ 사용주파수 범위는30～300[MHz]이며, 항공통신주파수 범위는 118～136.975[MHz]

③ 주파수의 종류
ⓐ VLF : 초장파(3～30[kHz])
ⓑ LF : 장파(30～300[kHz])
ⓒ MF : 중파(300[kHz]～3[MHz])
ⓓ HF : 단파(3～30[MHz])
ⓔ VHF : 초단파(30～300[MHz])
ⓕ UHF : 극초단파(300[MHz]～3[GHz])
ⓖ SHF : 마이크로파(3～30[GHz])
ⓗ EHF : 밀리파(30～300[GHz])
ⓘ 서브밀리파(300[GHz]～3[THz])

16 초단파(VHF) 통신 장치의 사용 주파수 대역은?

① 108.0~112.9[MHz] ② 112.0~118.9[MHz]
③ 118.0~121.9[MHz] ④ 118.0~136.9[MHz]

17 항공기 운항 시 위성 통신 시스템의 사용하는 주파수 대역은?

① 3~30[kHz] ② 30~300[kHz]
③ 3~30[MHz] ④ 3~30[GHz]

18 자유 전자가 밀집된 곳을 무엇이라고 하는가?

① 대류권 ② 전리층
③ D층 ④ E층

해설

전리층

태양에서 발사된 복사선 및 복사 미립자에 의해 대기가 전리된 영역이며 자유전자가 밀집되어 있다.

[정답] 10～14 : 서술형 15 ③ 16 ④ 17 ④ 18 ②

기출+예상

19 **수신된 전파에서 원래의 정보를 복원해 내는 과정을 각각 무엇이라고 하는가?**

① 변조 ② 모뎀
③ 복조 ④ 주파수

해설

진폭을 변화시키는 변조방식

- AM이란 부분이 진폭변조
- FM은 주파수 변조된 신호

※ FM 통화방식
신호파의 크기에 따라 반송파의 주파수를 변화시키는 변조방식은 잡음이 혼합하기 어려워 음질이 좋고 점유 주파수대가 매우 넓기 때문에 상당히 높은 주파수에 사용한다.

20 **무선 송신기의 기본 구성이 아닌 것은?**

① 발진부 ② 증폭부
③ 복조부 ④ 변조부

해설

무선송신기의 기본 구성으로는 발진부, 증폭부, 변조부가 있다.

21 **무선 수신기의 기본 구성이 아닌 것은?**

① 발진부 ② 저잡음 증폭부
③ 복조부 ④ 수신 안테나

해설

무선수신기의 기본 구성으로는 복조부, 증폭부, 수신안테나가 있다.

22 **주파수가 높은 마이크로파(Microwave)대 영역에서 지향성이 강한 전파를 사용하는 위성 통신용이나 레이더용으로 사용하는 안테나는?**

① 야기 안테나 ② 다이폴 안테나
③ 포물선형 안테나 ④ 루프 안테나

해설

마이크로파의 송수신에 사용되는 안테나

마이크로파는 파장이 매우 짧고 그 성질이 빛과 비슷하기 때문에 입체형의 포물면 거울이나 렌즈를 응용한 안테나가 사용된다. 주요한 것으로는 파라볼라 안테나, 혼 리플렉터 안테나, 전자(電磁) 나팔, 전파 렌즈 등이 있다.

- 파라볼라 안테나
회전포물도체면(回轉抛物導體面)을 반사기(反射器)로 한 안테나
- 혼 리플렉터 안테나
도파관에 접속된 각뿔(Pyramid) 혼의 벌린 입면에 회전 포물면형의 반사기를 비스듬히 붙여 전파의 진행 방향을 거의 직각으로 변하게 하는 안테나

23 **항공용으로 사용되는 데이터 버스의 표준 규격으로 민간 항공기에 사용이 안되는 것은?**

① ARINC 429 ② ARINC 629
③ ARINC 644 ④ MIL-STD-1553B

24 **화면의 영상을 통하여 데이터를 표시하도록 만든 Man/Machine 인터페이스는?**

① 액정 디스플레이 ② 음극선관 표시 장치
③ 헤드업 디스플레이 ④ 아날로그 디스플레이

해설

액정 디스플레이

액정을 사용해서 문자나 도형을 표시하는 장치를 이르며, 손목시계, 전자계산기의 디스플레이로 이용되고 있다.

25 **연속적인 아날로그 정보에서 일정 시간마다 신호값을 추출하는 과정은?**

① 연속화 ② 표본화
③ 부호화 ④ 양자화

해설

표본화

하나의 통화로에서 단위 시간 내의 표본화의 횟수를 표본화 주파수라 하며, 이것을 역수, 즉 표본화 주기는 하나의 표본화로부터 다음 표본화까지의 시간을 나타낸다.

[정답] 19① 20③ 21① 22③ 23④ 24① 25②

26 아날로그 신호를 디지털 신호로 바꾸어 주는 장치는?

① 표본화 ② D/A 변환기
③ 부호화 ④ A/D 변환기

해설

A/D 변환기는 아날로그 신호를 디지털 신호로 변환시키는 것이고, D/A 변환기는 그 반대 변환을 하는 것이다.

항공 통신 장치

27 항공 이동 통신 업무를 설명하시오.

해답

항공 통신 장치의 개요 항공기와 지상국 또는 항공기 상호간의 무선 통신 업무를 말한다.

28 항공기 무선 통신 업무의 존류는?

해답

단거리 통신용에 이용하는 초단파 통신, 장거리 통신용으로 이용하는 단파 통신, 위성을 이용한 위성 통신 시스템이 있다.

29 항공 이동 통신의 주요 업무는?

해답

취급 통보의 종류, 통보의 우선순위, 통보 수속, 단파 통신 무선 전화 통신망의 설정, SELCAL 방식 등이 있다.

30 단파 통신 장치의 사용 목적을 설명하시오.

해답

바다 위를 장시간 비행하는 동안 지상국 또는 다른 항공기와 교신하기 위하여 사용한다.

31 단파 통신 송 · 수신기는 어떻게 작동하는가?

해답

진폭 변조(AM)의 단측 파대(SSB) 모드로 작동하며, 2~25[MHz]의 항공 통신 주파수 범위 안에서 작동한다.

32 항공기에 탑재된 안테나의 사용 목적은?

해답

단파 동신 안테나로는 슬롯(Slot)형을 사용한다.
지상국 안테나로는 전파장 또는 반파장 다이폴(Dipole) 안테나를 주로 사용한다.

33 초단파 통신 항공 주파수의 작동 범위는?

해답

118.0~136.9[MHz]의 범위 안에서 작동된다.

34 지상국 초단파 통신 안테나의 기본은?

해답

1/4파장 다이폴(Dipole) 안테나

35 항공기에 탑재되는 안테나의 어떤 형인가?

해답

1/4파장 접지형 안테나인 블레이드(Blade)형 안테나이다.

36 SELCAL 시스템의 통신 방법을 설명하시오.

해답

해당구역의 지상국으로부터 특정 항공기를 호출하기 위한 시스템으로 보통 초단 파 대역의 통신 방법에 의해 수행된다.

[정답] 26 ④ 항공 통신 장치 27~36 : 서술형

37 위성 통신의 목적을 설명하시오.

해답

단파/초단파 통신 시스템보다 더 멀리 정보와 음성 메시지 신호를 제공한다.

38 위성 통신의 전송 방법을 설명하시오.

해답

원리는 3~30[GHz] 주파수 범위의 마이크로웨이브 초고주파를 이용하여 전송하는 방법이다.

39 위성 통신 시스템의 구성을 설명하시오.

해답

위성 통신 시스템은 위성 자료 장치, 무선 주파수 장치, 무선 주파수 감쇠기, 고출력 증폭기, 고출력 릴레이, 무선 주파수 결합기, 고이득 안테나로 구성되어 있다.

40 플라이트 인터폰 시스템의 사용 목적을 설명하시오.

해답

항공기 기내 통신은 조종사는 서로 간, 그리고 지상 근무자와 승무원 서로 간, 그리고 조종사와 통화를 위해 객실 인터폰 시스템을 사용한다.

41 서비스 인터폰의 사용 목적을 설명하시오.

해답

지상 근무자는 서로 간, 그리고 조종사와 대화를 위해 서비스 인터폰을 사용한다.

42 승객 안내 시스템(PAS)의 역할을 설명하시오.

해답

기내에서 조종사의 방송, 녹음된 방송, 비디오 시스템 음성, 기내 음악을 음성을 형태로 객실로 보낸다.

43 객실 서비스 시스템(PSS)은 세 가지 기능을 설명하시오.

해답

승객의 객실 서비스를 위해 승무원을 호출하고, 승객의 독서등을 제어하도록 하고 객실 사인 등(Fasten seat belt, No smoking, Return to your seat)으로 승객
에게 정보를 제공한다.

44 객실 오락 시스템(PES)의 기능을 설명하시오.

해답

개인별 각각의 승객 좌석으로 오락 음성과 기내 방송 음성을 보낸다.

45 항공기 무선 통신 장치 중 단거리 통신용으로 사용하는 장치는?

① 중파(MF) 통신 장치
② 단파(HF) 통신 장치
③ 초단파(VHF) 통신 장치
④ 극초단파 통신 장치

해설

통신장치

① HF 통신장치
　ⓐ VHF 통신장치의 2차 통신수단이며, 주로 국제항공로 등의 원거리통신에 사용
　ⓑ 사용주파수 범위는 3~30[MHz]
② VHF 통신장치
　ⓐ 국내항공로 등의 근거리통신에 사용
　ⓑ 사용주파수 범위는30~300[MHz]이며, 항공통신주파수 범위는 118~136.975[MHz]

46 항공기 이동 통신에서 취급 통보의 종류 중 통보 우선순위가 가장 높은 것은?

① 기상 통보　　② 방향 탐지에 관한 통보
③ 위치 및 관제 통보　　④ 조난 통보와 긴급 통보

[정답] 37~44 : 서술형　45 ③　46 ④

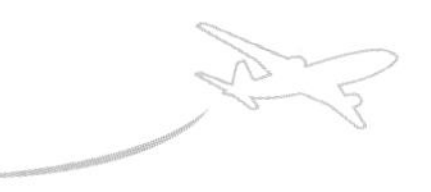

47 **무선 주파수 송신 신호를 증폭시켜 주는 단파 통신 장치의 명칭은?**

① 단파 통신 안테나 커플러 ② 단파 통신 안테나
③ 단파 무선 튜닝 패널 ④ 단파 통신 송 · 수신기

해설

커플러(Coupler)

① 항행 방식에서, 센서로부터 어떤 종류의 신호를 수신하고, 다른 종류의 신호로서 증폭하여 조작 장치에 보내도록 하는 조합부
② 하나의 회로에서 다른 회로로 에너지를 주고 받기 위해 사용되는 부품
③ 전기-음향 변환 장치 등의 교성 혹은 시험을 하기 위해 2개의 변환 장치를 결합하는 결합 공동

48 **항공기의 조종사를 호출하는 선택 호출 장치(SELCAL) 코드의 문자 수는?**

① 1개 ② 2개
③ 3개 ④ 4개

해설

SELCAL System(Selective Calling System)

① 지상에서 항공기를 호출하기 위한 장치이다.
② HF, VHF 통신장치를 이용한다.
③ 한 목적의 항공기에 코드를 송신하면 그것을 수신한 항공기 중에서 지정된 코드와 일치하는 항공기에만 조종실 내에 램프를 점등시킴과 동시에 차임을 작동시켜 조종사에게 지상국에서 호출하고 있다는 것을 알린다.
④ 현재 항공기에는 지상을 호출하는 장비는 별도로 장착되어 있지 않다.
⑤ SELCAL 코드는 AS에서 INO를 제외한 문자 중 4개의 문자로 구성된다.

49 **지상국 관제소로부터의 호출을 조종실에 알려 주는 장치는?**

① 단파 통신 송 · 수신기 ② SELCAL 해독 장치
③ SELCAL 코딩 스위치 ④ 위성 통신 송 · 수신기

해설

지상관제소에서의 호출을 조종실에 알려주는 스위치는 SELCAL 코딩 스위치이다.

50 **위성 통신 시스템에서 중간 주파수 신호를 변화시키는 장치는?**

① 무선 주파수 장치 ② 고이득 안테나
③ 위성 자료 장치 ④ 무선 주파수 감쇠기

해설

위성통신 시스템

무선 주파수 신호이므로 광대 역주파수이기도 하다.

51 **위성 통신 시스템에서 무선 주파수 신호 크기를 조절하는 장치는?**

① 고이득 안테나 ② 고출력 릴레이
③ 무선 주파수 장치 ④ 무선 주파수 감쇠기

해설

무선 주파수 감쇠기

입력의 무선 주파 전력과 비교해서 출력의 무선 주파 전력을 거의 감쇠하지만, 거의 또는 전혀 전력의 손실없이 저역 주파수의 신호를 통과시키는 저역 필터(로패스 필터)이다.

52 **항공기간 조종사와 지상국 근무자와 통신하기 위한 시스템은?**

① 승객 안내 시스템 ② 승객 서비스 시스템
③ 객실 인터폰 시스템 ④ 플라이트 인터폰 시스템

해설

1. 플라이트 인터폰(Flight Interphone)
   - 항공기간 조종사와 지상국 근무자와 통신하기 위한 시스템
2. 서비스 인터폰(Service Interphone)
   - 조종실-객실승무원
   - 조종실-지상정비사(이·착륙 및 지상서비스)
   - 객실승무원 상호
3. 콜 시스템(Call System)
   - 조종석-지상작업자
   - 조종석-객실승무원
   - 조종석-사무장
   - 객실승무원-승객
   - 객실승무원-화장실
   - 객실승무원 상호
4. 메인터넌스 인터폰(Maintenance Interphone)

[정답] 47 ① 48 ④ 49 ③ 50 ① 51 ④ 52 ④

- 기체 정비 작업시에만 사용
- 호출장치가 없어서 음성으로 호출

5. PA 시스템(Passenger Address System)
   - 안내방송-1순위 : 조종실(Cockpit) 방송, 2순위 : 객실(Cabin) 방송, 3순위 : 음악(Music) 방송
   - 캐빈천정, 갤리(Galley), 화장실(Lavatory), 승무원 좌석 근처 등에 스피커 설치
   - PA방송기 기는 40~60[W] 정도의 출력, 중형항공기에는 1대, 대형항공기에는 2대
6. 오락 프로그램 제공 시스템(Passenger Entertainment System)
   - 12개의 채널(테이프코드용 10개 , TV 또는 VTR용 1개, 채널 및 라디오용 1개)이 다중화장치 (Multiplexer : MUX)를 이용하여 각 좌석그룹으로 전송
   - 각 좌석그룹에는 복조기(Demultiplex)가 있고 각 좌석에서 PCU(Passenger Control Unit)을 사용하여 원하는 채널로 조절

53 승무원과 승무원 및 조종사와의 통화를 위해 사용하는 인터폰 시스템은?

① 승객 안내 시스템　② 승객 오락 시스템
③ 승객 서비스 시스템　④ 객실 인터폰 시스템

해설

문제 52번 해설 참조

54 지상 근무자와 항공기 조종사와의 통화를 위해 사용하는 인터폰 시스템은?

① 승객 안내 시스템　② 서비스 인터폰 시스템
③ 승객 서비스 시스템　④ 객실 인터폰 시스템

55 승객 안내 시스템에서 방송 우선순위가 가장 높은 것은?

① 직접 근접 방송　② 기내 음악 방송
③ 객실 인터폰 방송　④ 플라이트 인터폰 방송

56 항공기와 항공기 및 지상 기지국 컴퓨터 사이에 데이터 통신 장치는?

① 비행 표시 장치
② 선택 호출 장치
③ 항공 무선통신 접속 보고 장치
④ 비상 위치 발신기

57 자동적으로 비상 신호를 내보내는 비상 위치 발신기(ELT)는 어떤 장치와 함께 장착하는가?

① 항공기 등록 장치
② 비상 위치 발신기
③ 위성 통신 등록 장치
④ 항공 무선 통신 접속 보고 장치

해설

ELT

① 항공기 후방지역의 객실 천정에 항공기 등록 장치와 함께 장착한다.
② 불시착륙 시에 부닥친 과도한 관성력에 의해 작동시켜진 독자적인 배터리식 발신기이다.
적어도 24[Hour] 동안 5[W]로서 406.025[MHz]의 주파수에서 매 50[Sec]마다 디지털신호를 송신한다.

58 항공기의 표면으로부터 정전기의 양을 줄이기 위한 장치는?

① 긴급 충전 장치　② 정전기 방전 장치
③ 초단파 통신 장치　④ 안테나 정합 장치

59 조종실 음성 기록 장치(CVR)의 표면은 어떤 색으로 표시하는가?

① 노란색　② 빨간색
③ 주황색　④ 파란색

해설

[정답] 53 ④　54 ②　55 ④　56 ③　57 ①　58 ②　59 ③

CVR(Cockpit Voice Recorder)

항공기 추락 시 혹은 기타 중대사고 시 원인 규명을 위해 조종실 승무원의 통신 내용 및 대화 내용 및 조종실 내 제반 Warning 등을 녹음하는 장비이다.
Voice Recorder에 Power가 공급이 되면 비행 중 항상 작동되며, Audio Control Panel에 있는 송신 및 수신 Switch가 작동 Mode에 있고 송신 및 수신 입력 단에 주황색 불빛의 Signal이 공급되면 자동으로 녹음된다.

항법 장치

60 항법 장치의 개요를 설명하시오.

해답

항법은 현재의 위치를 측정하고, 목적지의 거리 및 방위각을 측정하는 것이다.

61 관성 항법 장치를 설명하시오.

해답

외부의 정보를 이용하지 않고 자체의 관성 감지를 이용하여 자신의 위치를 알아 내는 장치이다.

62 항법 보조 장치를 설명하시오.

해답

항법 보조 장치 중 기상 레이더는 전파의 에너지가 지향성 안테나에서 송신되어 어느 목표물에 부딪치면 에너지 일부가 반사되는 원리를 이용하는 장치이다.

63 다음 중 무선 원조 항법 장치가 아닌 것은?

① ADF ② VOR
③ DME ④ GNSS

해설

자동방향탐지장치(ADF), 항공교통관제장치(ATC), 거리측정장치(DME), 전방향표지시설(VOR)은 지상 무선 항행 지원시설이 반드시 필요하나, 지상에 이러한 지원시설을 설치 할 수 없는 대륙 간 바다위에서의 비행에서는 관성항법장치를 사용한다. 관성항법장치는 자이로와 가속도계를 이용하여 현재의 비행위치를 알 수 있으며 특징은 다음과 같다.
① 완전한 자립항법장치로서 지상보조시설이 필요 없다.
② 항법데이터(위치, 방위, 자세, 거리) 등이 연속적으로 얻어진다.

64 다음 중 ADF 수신기의 주파수 범위는?

① 90～1,750[kHz] ② 90～2,750[kHz]
③ 190～1,750[kHz] ④ 190～2,750[kHz]

해설

자동방향탐지기(Automatic Direction Finder)

① 지상에 설치된 NDB국으로부터 송신되는 전파를 항공기에 장착된 자동방향탐지기로 수신하여 전파도래방향을 계기에 지시하는 것이다.
② 사용주파수의 범위는 190～1750[KHz](중파)이며, 190～415[KHz] 까지는 NDB 주파수로 이용되고 그 이상의 주파수에서는 방송국 방위 및 방송국 전파를 수신하여 기상예보도 청취할 수 있다.
③ 항공기에는 루프안테나, 센스안테나, 수신기, 방향지시기 및 전원장치로 구성되는 수신 장치가 있다.

65 항로상의 위치에 대한 방위를 알 수 있는 장치는?

① DME ② VOR
③ NAV ④ OBS

해설

DME(Distance Measuring Equipment)

① 거리측정장치로서 VOR Station으로부터 거리의 정보를 항행중인 항공기에 연속적으로 제공하는 항행 보조 방식 중의 하나로서 통상 VOR과 병설되어 지상에 설치되며 유효거리 내의 항공기는 VOR에 의하여 방위를 DME에 의하여 거리를 파악해서 자기의 위치를 정확히 결정할 수 있다.
② 항공기로부터 송신주파수 1,025～1,150[MHz] 펄스 전파로 송신하면 지상 Station에서는 960～1,215[MHz] 펄스를 항공기로 보내준다.
③ 기상장치는 질문 펄스를 발사한 후 응답 펄스가 수신될 때까지의 시간을 측정하여 거리를 구하여 지시계기에 나타낸다.

[정답] 항법 장치 60～62 : 서술형 63 ④ 64 ③ 65 ①

기출+예상

66 방위 정보를 제공하는 장치는 무엇인가?

① DME ② VOR
③ NAV ④ TACAN

해설

TACAN

- 항공기탑재용 단거리 항법장치로, 태칸은 군용기에 사용하는 지상에 있는 TACAN국으로부터 비행기까지의 방위와 거리를 조종사에게 알려주기 위한 계통이다.
- 현대 민간 상업용 항공기에서는 DME이라 한다.

67 항법 정보를 계산하는 항법 장치는 무엇인가?

① 짐벌형 관성 항법 장치
② 스트랩다운 관성 항법 장치
③ 무선 원조 항법 장치
④ 기계식 관성 항법 장치

해설

스트랩다운식 관성 항법 장치

기계적인 안정 플랫폼을 사용하지 않고 가속도계와 링 레이저 자이로를 직접 기체에 부착한 관성 항법 장치. 종래의 기계적 안정 플랫폼을 사용하여 국지 수평을 얻는 방식과는 달리, 컴퓨터에 의해 국지 수평을 계산하는 방식이며, 신뢰성이 높고 소형 경량이고 보수도 용이하다.

68 자이로스코프에서 운동을 유지하는 능력을 무엇이라 하는가?

① 운동량 ② 각속도
③ 가속도 ④ 강직성

해설

- 강직성 : 외부에서의 힘이 가해지지 않는 한 항상 같은 자세를 유지하려는 성질
- 섭동성 : 외부에서 가해진 힘의 방향과 90° 어긋난 방향으로 자세가 변하는 성질

69 레이저 빛을 이용하여 각속도를 측정하는 자이로는?

① 스트랩다운 자이로 ② 링 레이저 자이로
③ 각속도 자이로 ④ 자이로 가속도계

해설

레이저를 이용한 자이로. 삼각형 또는 사각형으로 된 자이로의 표면을 따라 상호 반대 방향으로 동일 주파수의 레이저 빔을 발사하여 되돌아오는 주파수를 비교한 후 각 가속도를 산출하여 이를 1차 적분하여 속도를 산출하고, 2차 적분하여 거리를 산출한다.

70 전파 고도계의 측정 범위는?

① −20∼2,500[ft] ② −40∼2,500[ft]
③ −20∼4,500[ft] ④ −40∼5,500[ft]

해설

전파고도계의 측정 범위

0~2,500[ft]의 범위에서 정확한 "절대고도"를 나타내며 지표면의 상태에 따라 1~2[%] 가량의 고도측정 오차가 존재한다.

71 반사파를 수신하는 감시 레이더는?

① 1차 감시 레이더 ② 2차 감시 레이더
③ 3차 감시 레이더 ④ 4차 감시 레이더

해설

1차 감시 레이더

- 전파를 목표물에 보낸다.
- 전파 Energy의 반사파를 수신하고 전파의 직진성과 정속성을 이용한다.
- 왕복시간과 안테나의 지향특성에 의해 목표물의 위치(방위 및 거리)를 측정한다.

72 플랩의 위치 는 25~30°에 있을 때 경고하는 지상 접근 경고 장치의 모드는?

① 모드 1 ② 모드 2
③ 모드 3 ④ 모드 4

해설

[정답] 66 ④ 67 ② 68 ① 69 ② 70 ① 71 ① 72 ③

모드	상황	주의 (Aural Alert)	경고 (Aural Warning)
1	지나친 하강율	"SINKRATE"	"PULL UP"
2	지형물에 지나치게 가깝게 접근	"TERRAIN"	"PULL UP"
3	이륙, 또는 착륙복행 직후 상승이 멈추면서 고도가 갑자기 내려감	"DON'T SINK"	(no warning)
4	지상지형에 대해 고도의 여유가 없을 때	"TOO LOW–GEAR"	"TOO LOW–TERRAIN"
5	계기착륙(ILS)시 글라이드슬로프(glideslope) 밑을 통과	"GLIDESLOPE"	"GLIDESLOPE"(1)
6	경사각(Bank Angle Protection)	"BANK ANGLE"	(no warning)
7	윈드쉬어(Windshear protection)	"WINDSHEAR"	(no warning)

73 항공기가 순간 돌풍으로 윈드시어를 감지했을 때 경고 지시를 해 주는 모드는?

① 모드 4　② 모드 5
③ 모드 6　④ 모드 7

해설

문제 72번 해설 참조

착륙 및 유도 보조 장치

74 착륙 및 유도 보조 장치의 개요는?

해답

착륙 및 유도 보조 장치는 지상에 설치되어 유도 전파를 발사하여 항공기가 활주로에 안전하게 착륙할 수 있도록 지원하는 장치이다.

75 중앙 마커(MM : Middle Marker) 비컨 설치에 대하여 설명하시오.

해답

중앙 마커(MM : Middle Marker) 비컨은 활주로 진입단으로 부터 약 3,500[ft]의 전방 코스 상에 설치하며, 내측 마커(IM : Inner Marker) 비컨은 중앙 마커 비컨과 활주로 진입단 사이에 설치한다.

76 특정한 지점에서 착륙점까지의 거리 정보를 나타내는 장치는?

① 마커 비컨　② 로컬라이저
③ 글라이드 슬로프　④ 활주로

해설

마커 비컨(Marker beacon)

최종 접근 진입로상에 설치되어 지향성 전파를 수직으로 발사시켜 활주로까지 거리를 지시해 준다.
① 용도 : 항공기에서 활주로 끝까지의 거리표시
② 주의사항 : 수신기의 감도를 저감도로 하여 측정

77 공항에 진입하며 착륙하는 항공기에 대해 항공기의 수평 정보를 주는 장치는?

① 마커 비컨　② 로컬라이저
③ 글라이드 슬로프　④ 활주로

해설

로컬라이저

비행장의 활주로 중심선에 대하여 정확한 수평면의 방위를 지시하는 장치이다.

78 진입 중인 항공기에게 가장 안전한 착륙 각도인 3°의 활공각 정보를 제공하는 시설은?

① 마커 비컨　② 로컬라이저
③ 글라이드 슬로프　④ 활주로

해설

글라이드 슬로프(Glide Slope)

지표면에 대하여 2.5～3°로 비행진입 코스를 유도하는 장치이다.

[정답] 73 ④　착륙 및 유도 보조 장치 74～75 : 서술형　76 ①　77 ②　78 ③

기출+예상

자동 비행 제어 장치

79 오토파일럿 시스템을 설명하시오.

해답

조종사가 항공기 이륙 전에 미리 입력해둔 자료에 따라 자동으로 비행 중인 항공기의 방위, 자세 및 비행 고도를 유지시켜 준다.

80 요 댐퍼 시스템에 대하여 설명하시오.

해답

항공기의 방향 안정성과 탑승감을 증대시키고, 정상 선회와 더치롤을 올바르게 잡아주며, 항공기 기동 후 진동 반응을 억제하게 한다.

81 오토스태빌라이저 트림 시스템에 대하여 설명하시오.

해답

항공기 음속 근처에서 속도가 증가 하면 기수가 아래로 향하게 되는데 이것을 자동으로 보상하는 것을 오토스태빌라이저 트림이라고 한다.

82 플라이트 디렉터 시스템에 대하여 설명하시오.

해답

항법 장치로부터 제어 명령을 받아 항공기의 자세, 속도, 고도, 방위 등을 정해진 값으로 설정하고, 설정 값에 안정하게 수렴하도록 적정한 조종량을 시각적으로 지시하는 장치이다.

83 오토스로틀 시스템에 대하여 설명하시오.

해답

이륙, 상승 및 복행 시 자동으로 추력을 설정하고 순항, 하강, 진입 및 착륙 상태에서는 자동으로 속도를 제어한다.

84 자동 착륙 장치에 대하여 설명하시오.

해답

기상 상황이 나쁠 경우 항공기 착륙 시 발생할 수 있는 조종사의 실수를 최소 한으로 줄여 항공기 안전을 최대한 확보하기 위한 장치이다.

85 오토파일럿 제어 장치의 구성이 아닌 것은?

① 시스템 감지기 ② 오토파일럿 제어
③ 관성 항법 장치 ④ 제어부

해설

자동 비행제어 시스템(AFCS)
항공기의 움직임을 개선해 조종사의 업무량를 줄여줄 수 있도록 만들어졌으며, 항공기의 안전성과 조종성능를 향상시켜주는 모든 장치 및 시스템을 지칭한다.

86 착륙 상태에서는 자동으로 속도를 제어하는 장치는?

① 플라이트 디렉터 시스템 ② 요 댐퍼
③ 자동 착륙 장치 ④ 오토스로틀

해설

오토 스로틀
조종사가 원하는 속도를 입력하면 비행기가 스스로 엔진 출력을 조절해 정해진 속도를 유지하는 기능이다. '오토 크루즈' 기능과 같다.

항공 전자 종합문제

01 지상파의 종류가 아닌 것은?

① E층 반사파 ② 직접파
③ 대지 반사파 ④ 지표파

해설

지상파의 종류
① 직접파(Directed Wave)
② 대지 반사파(Reflected Wave)
③ 지표파(Surface Wave)
④ 회절파(Diffracted Wave)

[정답] 자동 비행 제어 장치 79~84 : 서술형 85 ③ 86 ④ 항공 전자 종합문제 01 ①

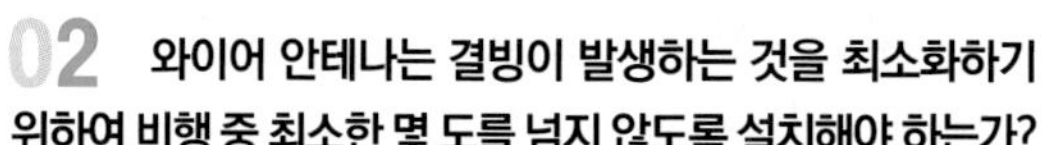

02 와이어 안테나는 결빙이 발생하는 것을 최소화하기 위하여 비행 중 최소한 몇 도를 넘지 않도록 설치해야 하는가?

① 20° ② 30°
③ 40° ④ 50°

해설

와이어 안테나는 결빙을 방지하기 위해서 비행 중 20°의 각을 넘지 않도록 설치해야 하며 진동강도가 크므로 기계적 형태가 변형되지 않도록 해야 한다.

03 항공기에 사용되는 통신장치(HF, VHF)에 대한 설명으로 맞는 것은?

① VHF는 단거리용이며, HF는 원거리용이다.
② VHF는 원거리에 사용되며, HF는 단거리에 사용한다.
③ 두 장치 모두 원거리에 사용된다.
④ 두 장치 모두 거리에 관계없이 사용할 수 있다.

해설

통신장치

① HF 통신장치
  ⓐ VHF 통신장치의 2차 통신수단이며, 주로 국제항공로 등의 원거리통신에 사용
  ⓑ 사용주파수 범위는 3~30[MHz]
② VHF 통신장치
  ⓐ 국내항공로 등의 근거리통신에 사용
  ⓑ 사용주파수 범위는30~300[MHz]이며, 항공통신주파수 범위는 118~136.975[MHz]
③ 주파수의 종류
  ⓐ VLF : 초장파(3~30[kHz])
  ⓑ LF : 장파(30~300[kHz])
  ⓒ MF : 중파(300[kHz]~3[MHz])
  ⓓ HF : 단파(3~30[MHz])
  ⓔ VHF : 초단파(30~300[MHz])
  ⓕ UHF : 극초단파(300[MHz]~3[GHz])
  ⓖ SHF : 마이크로파(3~30[GHz])
  ⓗ EHF : 밀리파(30~300[GHz])
  ⓘ 서브밀리파(300[GHz]~3[THz])

04 다음 중 HF의 사용주파수는?

① 3 ~ 30[MHz] ② 3 ~ 30[kHz]
③ 30 ~ 300[MHz] ④ 30 ~ 300[kHz]

해설

문제 3 해설 참조

05 항공기에서 장거리통신에 사용되는 장치는?

① 장파(LF)통신장치 ② 중파(MF)통신장치
③ 단파(HF)통신장치 ④ 초단파(VHF)통신장치

해설

문제 3 해설 참조

06 다음 중 VHF의 사용주파수는?

① 3 ~ 30[MHz] ② 3 ~ 30[kHz]
③ 30 ~ 300[MHz] ④ 30 ~ 300[kHz]

해설

문제 3 해설 참조

07 주파수 범위에 대한 설명 중 맞는 것은?

① HF는 30 ~ 300[MHz]이다.
② VHF는 3 ~ 300[MHz]이다.
③ UHF는 30 ~ 300[GHz]이다.
④ SHF는 3 ~ 30[GHz]이다.

해설

HF는 3~30[MHz], VHF는 30~300[MHz], UHF는 300~3,000[MHz], SHF는 3~30[GHz]이다.

08 장거리교신용으로 많이 사용하는 통신계통은?

① VHF계통 ② HF계통
③ SELCAL계통 ④ VOR계통

해설

HF전파는 전리층의 반사로 원거리까지 전달되는 성질이 있으나 Noise나 Facing이 많다.

[정답] 02 ① 03 ① 04 ① 05 ③ 06 ③ 07 ④ 08 ②

09 **항공기 통신 System 중 단거리통신에 사용되며 전리층 변화에 대한 잡음이 없는 System은?**

① HF System ② VHF System
③ UHF System ④ SELCAL System

해설

전파의 전달방식은 초단파를 이용하기 때문에 전리층을 통과, 우주공간으로 전파되므로 직접파 또는 지표 반사파를 이용, 단거리통신에 이용되며 전리층 변화에 의한 잡음이 없는 장점이 있다.

10 **HF System에서 Antenna Coupler의 목적은?**

① 번개 방지를 목적으로 한다.
② HF의 큰 출력을 얻기 위한 목적이다.
③ 주파수의 적정한 Matching을 위한 목적이다.
④ 전원의 감소를 위한 목적이다.

해설

HF전파에서는 파장에 이용되는 안테나가 매우 크지만 항공기 구조와 구속성 때문에 큰 안테나를 장착하지 못하고 작은 Antenna가 사용되지만 주파수의 적정한 Matching이 이루어지도록 자동적으로 작동하는 Antenna Coupler가 장착되어 있다.

11 **VHF 계통의 구성품이 아닌 것은?**

① 조정패널 ② 송수신기
③ 안테나 ④ 안테나 커플러

해설

VHF 통신장치는 조정패널, 송수신기, 안테나로 구성되어 있다.

12 **항공기에 사용하는 인터폰이 아닌 것은?**

① 조종실 내의 승무원 간에 통화연락하는 Flight Interphone
② 조종실과 객실 승무원 또는 지상과의 통화연락을 하는 Service Interphone
③ 항공기가 지상에 있을 시에 지상 근무자들 간에 연락하는 Maintenance Interphone
④ 조종실 승무원 또는 객실 승무원 상호간 통화하는 Cabin Interphone

해설

통화장치의 종류

① 운항 승무원 상호간 통화장치(Flight Interphone System)
조종실 내에서 운항 승무원 상호간의 통화 연락을 위해 각종 통신이나 음성신호를 각 운항 승무원석에 배분한다.
② 승무원 상호간 통화장치(Service Interphone System)
비행 중에는 조종실과 객실 승무원석 및 갤리(Galley) 간의 통화연락을, 지상에서는 조종실과 정비 및 점검상 필요한 기체 외부와의 통화연락을 하기 위한 장치이다.
③ 객실 통화장치(Cabin Interphone System)
조종실과 객실 승무원석 및 각 배치로 나누어진 객실 승무원 상호간의 통화연락을 하기 위한 장치이다.

13 **다음 중 통화장치의 종류가 아닌 것은?**

① 운항 승무원 통화장치 ② 객실 승무원 통화장치
③ 기내 통화장치 ④ 기내 방송장치

해설

문제 12 해설 참조

14 **Flight Interphone에 대한 설명 중 맞는 것은?**

① 지상과 지상 사이의 유선통신이다.
② 지상과 조종석과의 무선통신이다.
③ 비행 중 산소마스크를 쓰고, 운항 승무원과 운항 승무원 사이의 통신이다.
④ 비행 중 산소마스크를 쓰고, 조종석과 객실 승무원 사이의 통신이다.

해설

문제 12 해설 참조

15 **기내 전화장치 중 지상에서 조종실과 정비점검상 필요한 기체 외부와의 통화연락을 하기 위한 장치는?**

① Flight Interphone System
② Service Interphone System

[정답] 09 ② 10 ③ 11 ④ 12 ③ 13 ④ 14 ③ 15 ②

③ Cabin Interphone System
④ Passenger Address System

해설

문제 12 해설 참조

16 항공기 통화장치의 사용목적이 아닌 것은?

① 운항 승무원 상호간 통화를 한다.
② 객실 승무원 상호간 통화를 한다.
③ 비행기 정비 시 필요에 따라 통화한다.
④ 승무원과 승객간 통화한다.

해설

문제 12 해설 참조

17 항법의 4요소는 무엇인가?

① 위치, 거리, 속도, 자세
② 위치, 방향, 거리, 도착예정시간
③ 속도, 유도, 거리, 방향
④ 속도, 고도, 자세, 유도

해설

항법장치는 시각과 청각으로 나타내는 각종 장치 등을 통하여 방위, 거리 등을 측정하고 비행기의 위치를 알아내어 목적지까지의 비행 경로를 구하기 위하여 또는 진입, 선회 등의 경우에 비행기의 정확한 자세를 알아서 올바로 비행하기 위하여 사용되는 보조시설이다.

18 항법의 목적이 아닌 것은?

① 항공기 위치의 확인
② 침로의 결정
③ 도착예정시간의 산출
④ 비행항로의 기상상태 예측

해설

항법의 목적은 항공기 위치의 확인, 침로의 결정, 도착예정시간의 산출

19 항공기 기내방송의 우선순위 중 순위가 제일 낮은 것은?

① 조종사의 기내방송
② 부조종사의 기내방송
③ 객실 승무원의 기내방송
④ 승객을 위한 음악방송

해설

기내방송(Passenger Address)의 우선순위
① 운항 승무원(Flight Crew)의 기내방송
② 객실 승무원(Cabin Crew)의 기내방송
③ 재생장치에 의한 음성방송(Auto-Announcement)
④ 기내음악(Boarding Music)

20 기내방송(Passenger Address)에 속하지 않는 것은?

① 기내음악(Boarding Music)
② 재생장치에 의한 음성방송(Auto-Announcement)
③ 좌석음악(Seat Music)
④ 운항 승무원(Flight Crew)의 기내방송

해설

문제 19 해설 참조

21 Passenger Address System에서 우선순위에 의해 가장 먼저 작동하는 Announcement는?

① 조종실에서 제공하는 Announcement
② 객실 승무원이 제공하는 Announcement
③ Pre-Recorder Announcement
④ Boarding Music

해설

문제 19 해설 참조

[정답] 16④ 17② 18④ 19④ 20③ 21①

22 다음 중 항법장비, 장치에 속하지 않는 계기는?

① INS ② TACAN
③ DME ④ CVR

해설

항법장비, 장치는 INS, TACAN, DME 등

23 항법계통에 사용되지 않는 것은?

① 대기속도 ② 기수방향
③ 현재 위치 ④ 항공기 자세

해설

항법 정보를 획득하기 위한 기본 정보는 기수 방향, 현재 위치, 항공기 자세이다.

24 인공위성을 이용한 항법전자계통은 무엇인가?

① Inertial Navigation System
② Omega Navigation System
③ LORAN Navigation System
④ Global Positioning System

해설

위성항법장치
① GPS(Global Positioning System)
② INMARSAT(International Marine Satellite Organization)
③ GLONASS(Global Navigation Satellite System)
④ Galileo(GNSS Global Navigatino Satellite System)

25 항공기가 항법사 없이도 장거리 운항을 할 수 있다. 이때 꼭 있어야 할 장비는?

① 관성항법장치(INS)
② 쌍곡선항법장치(LOLAN)
③ 항공교통응답장치(ATC)
④ 거리측정장치(DME)

해설

관성항법장치의 특징
① 완전한 자립항법장치로서 지상보조시설이 필요 없다.
② 항법데이터(위치, 방위, 자세, 거리) 등이 연속적으로 얻어진다.
③ 조종사가 조작할 수 있으므로 항법사가 필요하지 않다.

26 관성항법장치에서 가속도를 위치 정보로 변환하기 위해 가속도 정보를 처리하여 속도 정보를 얻고 비행거리를 얻는 것은?

① 적분기 ② 미분기
③ 가속도계 ④ 짐발(Gimbal)

해설

적분기는 측정된 가속도를 항공기의 위치 정보로 변환하기 위해서 가속도 정보를 처리해서 속도 정보를 알아내고, 또 속도 정보로부터 비행거리를 얻어내는 장치이다.

27 자동방향탐지기(ADF)에 대한 설명 중 맞는 것은?

① 루프(Loop)안테나만 사용한다.
② 센스(Sense)안테나만 사용한다.
③ 중파를 사용한다.
④ 통신거리 내에서만 통신이 가능하다.

해설

자동방향탐지기(Automatic Direction Finder)
① 지상에 설치된 NDB국으로부터 송신되는 전파를 항공기에 장착된 자동방향탐지기로 수신하여 전파도래방향을 계기에 지시하는 것이다.
② 사용주파수의 범위는 190~1750[KHz](중파)이며, 190~415[KHz]까지는 NDB 주파수로 이용되고 그 이상의 주파수에서는 방송국 방위 및 방송국 전파를 수신하여 기상예보도 청취할 수 있다.
③ 항공기에는 루프안테나, 센스안테나, 수신기, 방향지시기 및 전원장치로 구성되는 수신장치가 있다.

28 ADF(Automatic Direction Finder)안테나 종류는?

[정답] 22 ④ 23 ① 24 ④ 25 ① 26 ① 27 ③ 28 ①

① Loop Antenna　② Rod Antenna
③ Blade Antenna　④ Parabola Antenna

해설

문제 27 해설 참조

29 **항공기의 세로축을 중심으로 지상 Station까지의 상대 방위를 나타내는 System은?**

① 자동방향탐지기(ADF)
② 전방향표지시설(VOR)
③ 자기컴퍼스(Magnetic Compass)
④ 비행자세지시계(ADI)

해설

문제 27 해설 참조

30 **다음 중 VOR의 원어가 맞는 것은?**

① Very Omni-Radio Range
② VHF Omni-Radio Range
③ VHF Omni-Directional Range
④ VHF Omni-Directional Range Radio Beacon

해설

VOR : VHF Omni-Directional Range

31 **항공기에서 방향탐지도 하고 일반 라디오방송도 수신하는 장비는?**

① Auto Pilot　② ADF
③ VHF　④ SELCAL

해설

문제 27 해설 참조

32 **지상 무선국을 중심으로 하여 360° 전 방향에 대해 비행 방향을 지시할 수 있는 기능을 갖춘 항법장치는?**

① 전방향표지시설(VOR)
② 마커비컨(Marker Beacon)
③ 전파고도계(LRRA)
④ 위성항법장치(GPS)

해설

VOR(VHF Omni-Directional Range)

① 지상 VOR국을 중심으로 360° 전 방향에 대해 비행방향을 항공기에 지시한다(절대방위).
② 사용주파수는 108~118[MHz](초단파)를 사용하므로 LF/MF대의 ADF보다 정확한 방위를 얻을 수 있다.
③ 항공기에서는 무선자기지시계(Radio Magnetic Indicator)나 수평상태지시계(Horizontal Situation Indicator)에 표지국의 방위와 그 국에 가까워졌는지, 멀어지는지 또는 코스의 이탈이 나타난다.

33 **VOR에 대한 설명 중 옳은 것은?**

① 지상파로 극초단파를 사용한다.
② 지시오차는 ADF보다 작다.
③ 기수가 지상국의 방향을 나타낸다.
④ 기수방위와의 거리를 나타낸다.

해설

문제 32 해설 참조

34 **전방향표지시설(VOR)국에서 항공기를 볼 때의 방위를 무엇이라 하는가?**

① 자방위　② 상대방위
③ 절대방위　④ 진방위

해설

문제 32 해설 참조

35 **거리측정장치(DME)의 설명 중 틀린 것은?**

[정답] 29 ① 30 ③ 31 ② 32 ① 33 ② 34 ③ 35 ②

① DME는 지상국과의 거리를 측정하는 장치이다.
② 수신된 전파의 도래시간을 측정하여 현재의 위치를 알아낸다.
③ 응답주파수는 960 ~ 1,215[MHz]이다.
④ 항공기에서 발사된 질문 펄스와 지상국 응답 펄스 간의 도래시간을 계산하여 거리를 측정한다.

해설

DME(Distance Measuring Equipment)

① 거리측정장치로서 VOR Station으로부터 거리의 정보를 항행 중인 항공기에 연속적으로 제공하는 항행 보조 방식 중의 하나로서 통상 VOR과 병설되어 지상에 설치되며 유효거리 내의 항공기는 VOR에 의하여 방위를 DME에 의하여 거리를 파악해서 자기의 위치를 정확히 결정할 수 있다.
② 항공기로부터 송신주파수 1,025~1,150[MHz] 펄스 전파로 송신하면 지상 Station에서는 960~1,215[MHz] 펄스를 항공기로 보내준다.
③ 기상장치는 질문 펄스를 발사한 후 응답 펄스가 수신될 때까지의 시간을 측정하여 거리를 구하여 지시계기에 나타낸다.

36 거리측정시설(DME)의 할당주파수 중 지상에서 공중으로 응답해주는 주파수는?

① 962 ~ 1021[MHz] ② 1025 ~ 1150[MHz]
③ 960 ~ 1215[MHz] ④ 1151 ~ 1213[MHz]

해설

문제 35 해설 참조

37 무선자기지시계(RMI)의 기능은?

① 자북방향에 대해 VOR 신호방향과의 각도 및 항공기의 방위각 지시
② 기수방위를 나타내는 컴퍼스 카드와 코스를 지시
③ 항공기의 자세를 표시하는 계기
④ 조종사에게 진로를 지시하는 계기

해설

무선자기지시계(Radio Magnetic Indicator)

① 무선자기지시계는 자북방향에 대해 VOR 신호방향과의 각도 및 항공기의 방위각을 나타내 준다.
② 두 개의 지침을 사용하여 하나는 VOR의 방향을, 또 하나는 ADF의 방향을 나타낸다.

38 RMI(Radio Magnetic Indicator)에 관한 설명 중 틀린 것은?

① 컴퍼스 시스템과 ADF로 구성된 RMI에서는 기수방위 및 비행 코스와의 관계가 표시된다.
② 컴퍼스 시스템과 VOR로 구성된 RMI에서는 기수방위와 VOR 무선방위가 표시된다. 2침식의 RMI는 동축 2침식 구조이다.
③ 자북방향에 대해 VOR 신호방향과의 각도 및 항공기의 방위각 지시한다.
④ 2침식의 RMI의 경우에도 각각의 지침은 VOR 또는 ADF로 바꾸어 사용할 수 있다.

해설

문제 37 해설 참조

39 ADF와 VOR을 지시할 수 있는 계기는?

① ADI ② HSI
③ RMI ④ Marker Beacon

해설

문제 37 해설 참조

40 다음 중 항공계기착륙장치(ILS)가 아닌 것은?

① 로컬라이저(Localizer)
② 글라이드 슬로프(Glide Slope) 또는 글라이드 패스(Glide Path)
③ 마커비컨(Marker Beacon)
④ 전방향표지시설(VOR)

해설

계기착륙장치(Instrument Landing System)

착륙을 위해서는 진행방향뿐만 아니라 비행자세 및 활강제어를 위한 정확한 정보를 제공해야 한다. 항로비행 중에 사용하는 고도계는 착

[정답] 36 ③ 37 ① 38 ① 39 ③ 40 ④

륙 정보에 필요한 저고도 측정기로는 부적합하다. 시정이 불량한 경우의 착륙을 위해서는 수평 및 수직 제어를 위한 전자적 착륙 시스템의 도움이 필요하다. 이와 같은 기능을 하는 착륙 시스템이 계기착륙장치이다. ILS는 수평위치를 알려주는 로컬라이저(Localizer)와 활강경로, 즉 하강비행각을 표시해주는 글라이더 슬로프(Glide Slope), 거리를 표시해주는 마커비컨(Marker Beacon)으로 구성된다.

41 ILS에 대한 설명 중 틀린 것은?

① ILS의 지상설비는 로컬라이저장치, 글라이드 패스장치, 마커비컨으로 구성되어 있다.

② 로컬라이저 코스와 글라이드 패스는 90[MHz]와 150[MHz]로 변조한 전파로 만들어져 항공기 수신기로 양쪽의 변조도를 비교하여 코스 중심을 구한다.

③ 항공기가 로컬라이저 코스의 좌측에 위치하고 있을 때는 지시기의 지침은 좌로 움직인다.

④ 항공기가 글라이드 패스 위쪽에 위치하고 있을 때는 지시기의 지침은 밑으로 흔들린다.

해설

ILS 지시기는 로컬라이저와 글라이드 패스의 CROSS POINTER를 사용하고 그 교점이 착륙코스를 지시하고 중심으로부터의 움직임이 편위의 크기를 나타낸다.

42 Localizer Frequency는?

① 108.10 ~ 111.90[MHz Odd Tenth]

② 108.00 ~ 135.00[MHz]

③ 108.00 ~ 120.00[MHz Even Tenth]

④ 108.00 ~ 117.95[MHz]

해설

주파수는 108.10~111.90[MHz]를 50[kHz] 간격으로 구분하여 0.1[MHz] 단위가 홀수인 것을 사용한다.

43 다음 중 계기착륙장치와 관계가 있는 것은?

① 전파고도계(LRRA)와 마커비컨(Marker Beacon)

② 로컬라이저(Localizer)

③ 로컬라이저(Localizer), 전방향표지시설(VOR)

④ 자동방향탐지기(ADF), 마커비컨(Marker Beacon)

해설

문제 40 해설 참조

44 계기착륙장치에서 Localizer의 역할은?

① 활주로의 끝과 항공기 사이의 거리를 알려준다.

② 활주로 중심선과 비행기를 일자로 맞춘다.

③ 활주로와 적당한 접근 각도로 비행기를 맞춘다.

④ 활주로에 접근하는 비행기의 위치를 지시한다.

해설

로컬라이저는 비행장의 활주로 중심선에 대하여 정확한 수평면의 방위를 지시하는 장치이다.

45 90[Hz]와 150[Hz]의 변조파 레벨을 비교 지시하는 것은?

① VOR ② INS

③ Localizer ④ ADF

해설

로컬라이저의 수신기에는 90[Hz]와 150[Hz]의 변조파 레벨을 비교하여 코스를 구한다.

46 착륙시설 중 Back Beam이 있어 반대편 활주로 착륙 시 이용할 수 있는 System은?

① 전방향표지시설(VOR)

② Localizer

③ Glide Slope

④ Marker Beacon

해설

반대편 활주로 착륙 시에는 Localizer Back Beam만 이용하여 착륙한다.

[정답] 41 ③ 42 ① 43 ② 44 ② 45 ③ 46 ②

47 비행장의 활주로 중심선에 대하여 정확한 수평면의 방위를 지시하는 장치는?

① Localizer ② Glide Slop
③ Marker Beacon ④ VOR

해설

비행장의 활주로 중심선에 대하여 정확한 수평면의 방위를 지시하는 장치로 지상국에서 Carrier Frequency 108.10～111.90[MHz]에 수평면 지향성을 가진 두 개의 변조주파수 Beam을 발사하여 이것을 항공기의 Localizer 수신기에서 90Hz, 150Hz 수신 진입중인 항공기가 어떤 위치관계가 있는가를 나타내 주는 장치

48 항공기가 활주로에 대한 수직면 내의 상하 위치의 벗어난 정도를 표시해 주는 설비는?

① 마커비컨(Marker Beacon)
② 로컬라이저(Localizer)
③ 글라이드 슬로프(Glide Slope)
④ 전방향표지시설(VOR)

해설

글라이드 슬로프는 계기착륙 조작 중에 활주로에 대하여 적정한 강하각을 유지하기 위해 수직 방향의 유도를 위한 것이다.

49 활주로에 대하여 수직면 내의 진입각을 지시하여 항공기의 착지점으로의 진로를 지시하는 장치는?

① Localizer ② Glide slop
③ Marker Beacon ④ LRRA

해설

활주로에 대하여 수직면 내의 진입각을 지시하여 항공기의 착지점으로의 진로를 지시하는 장치는 Glide slop이다.

50 글라이드 슬로프(Glide Slope)의 주파수는 어떻게 선택하는가?

① VOR 주파수 선택 시 자동선택
② DME 주파수 선택 시 자동선택
③ Localizer 주파수 선택 시 자동선택
④ VHF 주파수 선택 시 자동선택

해설

글라이드 슬로프 수신기
VHF 항법용 수신장치에서 ILS 주파수를 선택할 때 동시에 글라이드 슬로프 주파수가 선택되도록 되어 있다.

51 글라이드 슬로프(Glide Slope)의 착륙각도는?

① 1.4～1.5° ② 0.7～1.4°
③ 2.5～3° ④ 1.5～4.5°

해설

글라이드 슬로프(Glide Slope)
지표면에 대하여 2.5～3°로 비행진입 코스를 유도하는 장치이다.

52 SELCAL System에 대한 설명 중 틀린 것은?

① SELCAL은 지상에서 항공기를 호출하는 장치이다.
② 호출음은 퍼스트 톤과 세컨드 톤이 있다.
③ HF, VHF 통신기를 이용한다.
④ 호출은 차임(Chime)만 울려서 알린다.

해설

SELCAL System(Selective Calling System)
① 지상에서 항공기를 호출하기 위한 장치이다.
② HF, VHF 통신장치를 이용한다.
③ 한 목적의 항공기에 코드를 송신하면 그것을 수신한 항공기 중에서 지정된 코드와 일치하는 항공기에만 조종실 내에 램프를 점등시킴과 동시에 차임을 작동시켜 조종사에게 지상국에서 호출하고 있다는 것을 알린다.
④ 현재 항공기에는 지상을 호출하는 장비는 별도로 장착되어 있지 않다.

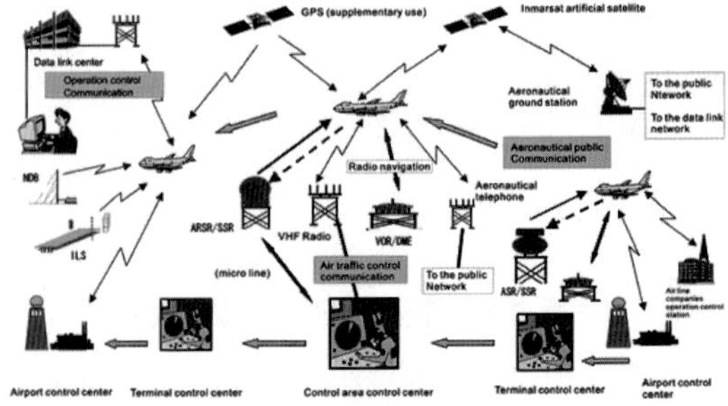

[정답] 47 ① 48 ③ 49 ② 50 ③ 51 ③ 52 ④

53 SELCAL System에 대한 설명이 틀린 것은?

① 지상에서 항공기를 호출하기 위한 장치이다.
② HF, VHF System으로 송, 수신된다.
③ SELCAL Code는 4개의 Code로 만들어 진다.
④ 항공기 편명에 따라 SELCAL Code가 바뀐다.

해설

지상에서 항공기를 호출하기 위한 장치이다. 지사에서 4개의 Code를 만들어서 HF 또는 VHF 전파를 이용 송신하면 항공기에 장착된 HF 또는 VHF System의 Antenna를 통하여 수신되어 지며 수신된 부호 Code를 항공기에 장착된 SELCAL Decoder에서 해석하여 자기고유부호 Code를 분석한다.

54 요댐퍼 시스템(Yawing Damper System)에 대한 설명 중 틀린 것은?

① 항공기 비행고도를 급속하게 낮추는 것이다.
② 각 가속도를 탐지하여 전기적인 신호로 바꾼다.
③ 방향타를 적절하게 제어하는 것이다.
④ 더치 롤(Dutch Roll)을 방지할 목적으로 이용된다.

해설

Yawing Damper System

① 더치롤(Dutch Roll)방지와 균형선회(Turn Coordination)를 위해서 방향타(Rudder)를 제어하는 자동조종장치를 말한다.
② 감지기는 레이트 자이로(Rate Gyro)가 사용되며 편요 가속도(Yaw Rate)의 전기적 출력을 증폭하여 서보모터를 동작시켜 기계적인 움직임으로 변환시킨다.

55 저고도용 FM방식이 이용되는 전파고도계의 거리 측정범위는 얼마인가?

① 0 ~ 2,500[feet] ② 0 ~ 5,000[feet]
③ 0 ~ 30,000[feet] ④ 0 ~ 50,000[feet]

해설

전파고도계(Radio Altimeter)

① 항공기에 사용하는 고도계에는 기압고도계와 전파고도계가 있는데 전파고도계는 항공기에서 전파를 대지를 향해 발사하고 이 전파가 대지에 반사되어 돌아오는 신호를 처리함으로써 항공기와 대지 사이의 절대고도를 측정하는 장치이다.
② 고도가 낮으면 펄스가 겹쳐서 정확한 측정이 곤란하기 때문에 비교적 높은 고도에서는 펄스고도계가 사용되고 낮은 고도에서는 FM형 고도계가 사용된다.
③ 저고도용에는 FM형 절대고도계가 사용되며 측정범위는 0~2,500[feet]이다.

56 전파고도계로 측정 가능한 고도는?

① 진고도 ② 절대고도
③ 기압고도 ④ 계기고도

해설

문제 55 해설 참조

57 기상레이더의 안테나 주파수 Band는?

① X Band ② D Band
③ C Band ④ T Band

해설

기상레이더(Weather Radar)

민간 항공기에 의무적으로 장착되어 있는 기상 레이더는 조종사에게 비행 전방의 기상상태를 지시기(CRT)에 알려주는 장치로서 안전비행을 하기 위한 것이다. 항공기용 기상레이더는 구름이나 비에 반사되기 쉬운 주파수대인 9,375[MHz](X Band)를 이용한다.

58 비행자료기록장치(FDR)에 대한 설명 중 맞는 것은?

① 운항 승무원의 통화내용을 기록하는 장치이다.
② 사고 시 비행상태를 규명하는데 필요한 데이터를 기록하는 장치이다.
③ 운항에 필요한 데이터를 미리 기록해두는 장치이다.
④ 이 장치에 기록된 데이터에 따라 자동비행되는 장치이다.

[정답] 53 ④ 54 ① 55 ① 56 ② 57 ① 58 ②

기출+예상

해설

비행자료기록장치(Flight Data Recorder)

항공기의 상태(기수방위, 속도, 고도 등)를 기록하는 것이다. 이 장치는 이륙을 위해 활주를 시작한 때부터 착륙해서 활주를 끝날 때까지 항상 작동시켜 놓아야 한다. FDR은 엷은 금속성 테이프를 사용하고 사고 발생 시점부터 거슬러 올라가 25시간 전 까지의 기록을 남기도록 하고 있다.

59 지상 관제사가 공중감시장치(ATC)계통을 통해서 얻는 정보가 아닌 것은?

① 위치 및 방향　② 편명 및 진행방향
③ 고도 및 속도　④ 상승률과 하강률

해설

ATC(Air Traffic Control)

ATC는 항공관제계통의 항공기 탑재부분의 장치로서 지상 Station의 Radar Antenna로부터 질문주파수 1,030[MHz]의 신호를 받아 이를 자동적으로 응답주파수 1,090[MHz]로 부호화 된 신호를 응답해 주어 지상의 Radar Scope상에 구별된 목표물로 나타나게 해줌으로써 지상 관제사가 쉽게 식별할 수 있게 하는 장비이다. 또, 항공기 기압고도의 정보를 송신할 수 있어 관제사가 항공기 고도를 동시에 알 수 있게 하고 기종, 편명, 위치, 진행방향, 속도까지 식별된다.

60 비행자료기록장치(FDR)에 기록되는 데이터가 아닌 것은?

① 고도　② 대기속도
③ 기수방위　④ 비행예정(Schedule)

해설

문제 58 해설 참조

61 항공기 충돌방지장치(TCAS)에서 침입하는 항공기의 고도를 알려주는 것은?

① SELCAL　② 레이더
③ VOR/DME　④ ATC Transponder

해설

TCAS는 항공기의 접근을 탐지하고 조종사에게 그 항공기의 위치정보나 충돌을 피하기 위한 회피정보를 제공하는 장치이다.

62 자동조종계통의 어떤 유닛(Unit)이 조종면에 토크(Torque)를 가하는가?

① 트랜스미터(Transmitter)
② 컨트롤러(Controller)
③ 디스크리미네이터(Discriminator)
④ 서보유닛(Servo Unit)

해설

서보유닛(Servo Unit)

컴퓨터로부터의 조타신호를 기계 출력으로 변환하는 부분으로 자동조종 컴퓨터나 빗놀이 댐퍼 컴퓨터에 의해 구동되고 도움날개, 승강키, 방향키와 수평안정판을 움직인다. 최근의 대형 항공기에서는 유압서보가 많이 사용되고 있다.

63 ADF의 설명으로 바른 것은?

① 초단파를 사용한다.
② 통과 거리 내에서 수신 가능하다.
③ 안테나는 루프안테나 만을 사용한다.
④ 사용 전파는 중파이다.

해설

자동방향탐지기(Automatic Direction Finder)

① 지상에 설치된 NDB국으로부터 송신되는 전파를 항공기에 장착된 자동방향탐지기로 수신하여 전파도래방향을 계기에 지시하는 것이다.
② 사용주파수의 범위는 190～1750[KHz](중파)이며, 190～415[KHz]까지는 NDB 주파수로 이용되고 그 이상의 주파수에서는 방송국 방위 및 방송국 전파를 수신하여 기상예보도 청취할 수 있다.
③ 항공기에는 루프안테나, 센스안테나, 수신기, 방향지시기 및 전원장치로 구성되는 수신장치가 있다.

64 INS의 원리가 아닌 것은?

① 뉴튼의 법칙을 이용한 것이다.
② 가속도는 속도의 시간에 대한 변화[m/s^2]이다.

[정답] 59 ④　60 ④　61 ④　62 ④　63 ④　64 ④

③ 속도는 거리의 시간에 대한 변화율[m/s^2]이다.

④ 가속도는 가해진 힘에 반비례하고 가감속에 비례한다.

해설

① Newton의 제1법칙 : 외력이 작용하지 않는 한 물체는 그 성질을 유지하려 한다.
② Newton의 제 2법칙 : 물체의 운동 변화율은 가해진 힘에 비례하고 가해진 힘의 방향을 유지한다.
③ Newton의 제 3법칙 : 가해진 힘과 반대로 작용하는 힘의 크기는 같다.

65 INS의 특징에 대한 설명 중 틀린 것은?

① 지상의 항법 원조 시설은 필요 없다.

② 자북을 기준으로 한다.

③ 종래의 무선항법에 미해 정밀도가 좋다.

④ 고위도에서 사용 가능하다.

해설

출발 전에 항법장비 내의 컴퓨터에 출발지의 위도와 경도를 기억시켜 두고 여기에 동서남북의 이동거리를 계산하여 더하면 연속하여 항공기의 현재 위치를 구할 수 있다.

66 조종실 내의 승무원 상호 혹은 지상조업 요원과 조종실 내 운항 승무원 간에 통화하기 위한 장비는?

① Flight Interphone ② VHF

③ HF ④ Cabin Interphone

해설

통화장치의 종류

① 운항 승무원 상호간 통화장치(Flight Interphone System)
조종실 내에서 운항 승무원 상호간의 통화 연락을 위해 각종 통신이나 음성신호를 각 운항 승무원석에 배분한다.
② 승무원 상호간 통화장치(Service Interphone System)
비행 중에는 조종실과 객실 승무원석 및 갤리(Galley) 간의 통화연락을, 지상에서는 조종실과 정비 및 점검상 필요한 기체 외부와의 통화연락을 하기 위한 장치이다.
③ 객실 통화장치(Cabin Interphone System)
조종실과 객실 승무원석 및 각 배치로 나누어진 객실 승무원 상호간의 통화연락을 하기 위한 장치이다.

67 DME에 대한 설명 중 틀린 것은?

① DME 거리는 수평거리이다.

② DME 거리는 비행기까지의 경사거리다.

③ 거리의 단위는 NAUTICAL MILE이다.

④ 질문해서 응답된 시간차를 거리로 환산한다.

해설

DME(Distance Measuring Equipment)

① 거리측정장치로서 VOR Station으로부터 거리의 정보를 항행 중인 항공기에 연속적으로 제공하는 항행 보조 방식 중의 하나로서 통상 VOR과 병설되어 지상에 설치되며 유효거리 내의 항공기는 VOR에 의하여 방위를 DME에 의하여 거리를 파악해서 자기의 위치를 정확히 결정할 수 있다.
② 항공기로부터 송신주파수 1,025~1,150[MHz] 펄스 전파로 송신하면 지상 Station에서는 960~1,215[MHz] 펄스를 항공기로 보내준다.
③ 기상장치는 질문 펄스를 발사한 후 응답 펄스가 수신될 때까지의 시간을 측정하여 거리를 구하여 지시계기에 나타낸다.

68 VOR에 관한 설명 중 바른 것은?

① 지상파로 극초단파를 발사한다.

② 지시오차는 ADF보다 작다.

③ 기수가 지상국의 방향을 나타낸다.

④ 기수방위와의 거리를 나타낸다.

해설

VOR(VHF Omni-Directional Range)

① 지상 VOR국을 중심으로 360° 전 방향에 대해 비행방향을 항공기에 지시한다(절대방위).
② 사용주파수는 108~118[MHz](초단파)를 사용하므로 LF/MF대의 ADF보다 정확한 방위를 얻을 수 있다.
③ 항공기에서는 무선자기지시계(Radio Magnetic Indicator)나 수평상태지시계(Horizontal Situation Indicator)에 표지국의 방위와 그 국에 가까워졌는지, 멀어지는지 또는 코스의 이탈이 나타난다.

69 VOR에 대한 설명 중 틀린 것은?

① VOR국을 중심으로 항공기에 자방위를 부여하며 기수방위와는 관계없다.

[정답] 65 ② 66 ① 67 ① 68 ② 69 ④

② FROM 지시는 VOR국을 중심으로 자북방향에서 오른쪽으로 돌며 항공기 방향의 각도를 나타낸다.
③ TO 지시는 항공기를 중심으로 자북방향에서 오른쪽으로 돌며 VOR국 방향의 각도를 나타낸다.
④ 주파수는 초단파를 사용하며 도달거리는 간접파를 이용하므로 고도를 높이면 원거리까지 도달한다.

해설

VOR에 사용되고 있는 전파는 초단파(VHF)이며 주파수는 108.0~117.9[MHz]이다. 초단파는 이른파 직접파를 사용하므로 고도를 높이면 멀리까지 도달한다.

70 ADF와 VOR을 지시할 수 있는 지시계는?

① HIS ② ADI
③ RMI ④ ALTIMETER

해설

무선자기지시계(Radio Magnetic Indicator)
① 무선자기지시계는 자북방향에 대해 VOR 신호방향과의 각도 및 항공기의 방위각을 나타내 준다.
② 두 개의 지침을 사용하여 하나는 VOR의 방향을, 또 하나는 ADF의 방향을 나타낸다.

71 SELCAL System이란?

① 항공기 추락시 혹은 기타 중대사고시 원인 규명
② 지상에서 항공기 호출시 사용
③ 지상국 방위지시
④ 항공기에서 지상을 호출시 사용

해설

SELCAL System(Selective Calling System)
① 지상에서 항공기를 호출하기 위한 장치이다.
② HF, VHF 통신장치를 이용한다.
③ 한 목적의 항공기에 코드를 송신하면 그것을 수신한 항공기 중에서 지정된 코드와 일치하는 항공기에만 조종실 내에 램프를 점등시킴과 동시에 차임을 작동시켜 조종사에게 지상국에서 호출하고 있다는 것을 알린다.
④ 현재 항공기에는 지상을 호출하는 장비는 별도로 장착되어 있지 않다.

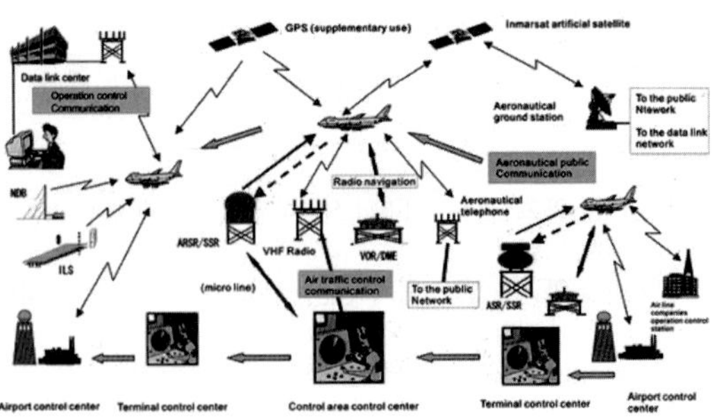

72 Marker Beacon에서 Middle Marker의 주파수는?

① 1,300[Hz] ② 400[Hz]
③ 3,000[Hz] ④ 4,000[Hz]

해설

① Inner Marker : White, 3,000[Hz]
② Middle Marker : Amber, 1,300[Hz]
③ Outer Marker : Blue, 400[Hz]

73 Marker Beacon에 있어서 Inner Marker의 주파수와 Light의 색은?

① 1,300[Hz], White ② 1,300[Hz], Amber
③ 3,000[Hz], White ④ 3,000[Hz], Amber

해설

문제 72번 해설 참조

74 PA System에는 Priory Logic이 존재한다. Priority의 순서로서 바른 것은?

① Cabin P.A → Cockpit P.A → Video System
② Auto Announcement → Video System → Cockpit P.A
③ Cockpit P.A → Cabin P.A → Auto Announcement

[정답] 70 ③ 71 ② 72 ① 73 ③ 74 ③

④ Video System → Auto Announcement → Cockpit P.A

해설

기내방송(Passenger Address)의 우선순위
① 운항 승무원(Flight Crew)의 기내방송
② 객실 승무원(Cabin Crew)의 기내방송
③ 재생장치에 의한 음성방송(Auto-Announcement)
④ 기내음악(Boarding Music)
▶ Cockpit P.A → Cabin P.A → Auto Announcement

75 **Flight Interphone System 사용목적이 아닌 것은?**

① 운항 승무원 상호간
② 지상조업 요원과 조종실 내 운항 승무원
③ 운항 승무원과 지상 Station과 통화 시
④ 운항 승무원과 Cabin 승무원과 통화 시

해설

통화장치의 종류
① 운항 승무원 상호간 통화장치(Flight Interphone System)
조종실 내에서 운항 승무원 상호간의 통화 연락을 위해 각종 통신이나 음성신호를 각 운항 승무원석에 배분한다.
② 승무원 상호간 통화장치(Service Interphone System)
비행 중에는 조종실과 객실 승무원석 및 갤리(Galley) 간의 통화연락을, 지상에서는 조종실과 정비 및 점검상 필요한 기체 외부와의 통화연락을 하기 위한 장치이다.
③ 객실 통화장치(Cabin Interphone System)
조종실과 객실 승무원석 및 각 배치로 나누어진 객실 승무원 상호간의 통화연락을 하기 위한 장치이다.

76 **PSS(Passenger Service System)에 속하지 않는 것은?**

① Attendant Call S/W
② Reading Light
③ Master Call Light
④ Audio System

해설

PSS(Passenger Service System)
승객에게 Service하기 위한 장치이며, 승객 좌석에서 Attendant Call Switch, Reading Light Switch를 작동시켰을 때, Attendant Call Light Control 및 Individual Reading Light Control을 위한 System이다. 승객이 좌석에서 Call Switch를 작동했을 때 Master Call Light가 들어온다.

77 **Passenger Address System에 해당하지 않는 것은?**

① 조종실에서 방송하는 안내방송
② 객실 승무원이 방송하는 안내방송
③ Pre-Record된 안내방송
④ Boarding Music & Video Audio

해설

기내방송(Passenger Address)의 우선순위
① 운항 승무원(Flight Crew)의 기내방송
② 객실 승무원(Cabin Crew)의 기내방송
③ 재생장치에 의한 음성방송(Auto-Announcement)
④ 기내음악(Boarding Music)

78 **LRRA(Low Lange Radio Altimeter)의 고도 계산은?**

① 송신된 PULSE가 지면에 반사되어 수신될 때까지의 시간차를 이용
② 송신된 PULSE가 지면에 반사되어 수신될 때까지의 위상차를 이용
③ 송신된 주파수가 지면에 반사되어 수신될 때에 송신되는 주파수와의 주파수차이를 이용
④ 송신된 주파수의 DOPPLER 효과를 이용하여 수신된 주파수를 이용

해설

전파가 발사되어 수신될 때까지 소요된 시간에 얼마만큼 발사주파수가 변화했는지를 주파수 계산기로 계산하여 그 값으로 지시계에 고도 표시를 한다.

[정답] 75 ④ 76 ④ 77 ④ 78 ③

79 LRRA에 대한 설명으로 맞는 것은?

① 기압고도계이다.
② 고고도 측정에 사용된다.
③ 전파고도계로 항공기가 착륙할 때 사용한다.
④ 평균해수면고도를 지시한다.

해설

전파고도계로서 물체에 부딪혀서 반사되는 성질을 이용하여 절대고도를 측정하기 위한 항공계기의 일종으로 항공기에서 정현파로 주파수 변조, 대지를 향하여 발사하고 그 대지 반사파를 항공기에서 수신하여 항공계기에 지시하는 것

80 LRRA(Low Range Radio Altimeter)로 구할 수 있는 고도는?

① 진고도　② 절대고도
③ 기압고도　④ 마찰고도

해설

문제 79 해설 참조

81 Ground Station을 필요로 하지 않는 장비는?

① LRRA, WXR, DME
② M/B, ADF, VOR
③ LRRA, WXR, INS
④ ILS, WXR, LRRA

해설

이 계통의 항법장치는 Ground의 항법보조시설의 도움 없이 독립적으로 작동되어 항공기 위치의 정보를 공급하며 여기에 포함되는 것은 다음과 같다.
① INS(Inertial Navigation System)
② Weather radar
③ GPWS(Ground Proximity Warning System)
④ Radio Altimeter

82 Ground의 항법보조시설의 도움 없이 독립적으로 작동되는 항법장치가 아닌 것은?

① INS
② LRRA
③ GPWS(Ground Proximity Warning System)
④ DME

해설

Ground 항법보조시설의 도움 없이 작동되는 항법장치는 INS, Weather Radar, GPWS, Radio Altimeter

83 항공기 이·착륙 시 도움을 주는 주된 장비가 아닌 것은?

① VOR/ILS　② Marker Beacon
③ LRRA　④ DME

해설

DME는 거리측정장치로서 VOR Station으로부터의 거리의 정보를 항행 중인 항공기에 연속적으로 제공하는 항행보조방식 중의 하나로서, 통상 VOR과 병설하여 지상에 설치되며 유효거리 내의 항공기는 VOR에 의하여 방위를, DME 에 의하여 거리를 파악해서 자기의 위치를 정확히 결정할 수 있다.

84 INS에 포함되지 않는 것은?

① 가속도계　② 자이로스코프
③ 플럭스 게이트　④ 플랫폼

해설

INS(Inertial Navigation System, 관성항법장치)의 구성
① 가속도계 : 이동에 의해 생기는 동서, 남북, 상하의 가속도 검출
② 자이로스코프 : 가속도계를 올바른 자세로 유지
③ 전자회로 : 가속도의 출력을 적분하여 이동속도를 구하고 다시 한 번 적분하여 이동거리를 구함

85 Cockpit Voice Recorder에 대한 설명으로 옳은 것은?

① 지상에서 항공기를 호출하기 위한 장치이다.
② 항공기 사고원인규명을 위해 사용되는 녹음장치이다.
③ HF 또는 VHF를 이용하여 통화를 하는 장치이다.

[정답] 79 ③ 80 ② 81 ③ 82 ④ 83 ④ 84 ③ 85 ②

④ 지상에 있는 정비사에게 Alerting하기 위한 장치이다.

해설

항공기 추락 시 혹은 기타 중대사고 시 원인규명을 위하여 조종실 승무원의 통신내용 및 대담내용, 그리고 조종실 내 제반 Warning 등을 녹음하는 장비이다.

86 **Cockpit Voice Recorder에 대한 설명 중 틀린 것은?**

① 항공기 추락 또는 기타 중대한 사고 시 원인규명을 위한 장치이다.
② 조종실 승무원의 통화내용을 녹음한다.
③ Tape는 30분 Endless Type이며 3개의 Channel을 갖고 있다.
④ 조종실 내 제반 Warning 상황을 녹음한다.

해설

① 항공기 추락 또는 기타 중대한 사고 시 원인규명을 위한 장치이다.
② 조종실 승무원의 통화내용을 녹음한다.
③ Tape는 30분 Endless Type이며 4개의 Channel을 갖고 있다.
④ 조종실 내 제반 Warning 상황을 녹음한다.

87 **항공기에 탑재되어 항공기와 산악 또는 지면과의 충돌사고를 방지하는 장치는?**

① Weather Radar ② INS
③ GPWS ④ Radio Altimeter

해설

GPWS는 항공기가 지상의 지형에 대해 위험한 상태에 직면하는가 또는 그 가능성이 있는가를 자동적으로 검출하여 감시하는 장치

88 **주변에 사람, 격납고, 건물, 유류보급항공기가 몇 [m] 이내에 있을 경우 Weather Radar를 작동시키지 말아야 하는가?**

① 50[m] ② 75[m]
③ 100[m] ④ 125[m]

해설

주변에 사람, 격납고, 건물, 유류보급항공기가 100[m] 이내에 있을 경우 Weather Radar를 작동시키지 말아야 한다.

89 **자동비행조정장치(Auto Flight Control System)의 목적이 아닌 것은?**

① 항공기의 신뢰성과 안전성 향상
② 항공기의 수명 연장
③ 장거리비행에서 오는 조종사의 업무 경감
④ 경제성(연료) 향상

해설

자동비행조정장치의 목적
① 항공기의 신뢰성과 안정성 향상
② 장거리 비행에서 오는 조종사 업무 경감
③ 경제성(연료)향상

90 **지정된 비행고도를 충실히 유지하기 위해 그 고도에 접근 했을 때 또는 그 고도에서 이탈했을 때 경고등과 경고음을 작동시키는 장치는?**

① Stall Warning System
② Flight Management System
③ Altitude Alert System
④ Auto Land System

해설

고도경보장치(Altitude Alert System)
지정된 비행고도를 충실이 유지하기 위해 개발된 장치로 관제탑에서 비행고도가 지정될 때마다 수동으로 고도경보컴퓨터에 고도를 설정하고 그 고도에 접근했을 때 또는 그 고도에서 이탈했을 때 경보등과 경고음을 작동시켜 조종사에게 주의를 촉구하는 장치

91 **항공기가 지정된 비행고도를 충실히 유지하기 위해 비행고도가 지정될 때마다 조종사에게 알려주는 장치는?**

① Altitude Alert System
② LRRA

[정답] 86 ③ 87 ③ 88 ③ 89 ② 90 ③ 91 ①

기출+예상

③ ADF

④ Ground Crew Call System

해설

ATC(Air Trafic Control) 자동응답장치(transponder)는 항로 항공관제계통의 항공기 탑재부분의 장치로서 지상 Station의 Radar Antenna로부터 질문전파주파수 1,030[MHz]의 신호를 받아 이를 자동적으로 응답주파수 1,090[MHz]에 부호화된 신호로 응답해 주어 지상관제사가 항공기를 쉽게 식별할 수 있게 하는 장비이다.

92 지상관제사가 항공기를 쉽게 식별할 수 있게 하는 장비는?

① ATC ② DME

③ VOR ④ ADF

해설

문제 91번 해설 참조

93 자동비행장치인 FMS(Flight Management System)의 주요기능이 아닌 것은?

① 조종사의 Work Load가 현저히 감소한다.

② 자동비행장치이므로 Human Error 위험성은 다소 많다.

③ 비행안전성이 향상된다.

④ 연료효율이 가장 좋은 상태로 운항할 수 있다.

해설

FMS의 주요기능

① 조종사의 Work Load가 현저히 감소한다.
② 자동항법의 실현에 의해 Human Error 위험성이 감소하고 비행안정성이 향상된다.
③ Computer제어에 의해 연료효율이 가장 좋은 경제적인 운항이 가능하다.

94 에어데이터 컴퓨터의 기능 중 틀린 것은?

① Static Pressure를 받아 고도를 산출한다.

② Pitot Pressure를 받아 고도를 산출한다.

③ Pitot와 Static Pressure를 받아 Airspeed를 산출한다.

④ 계산된 Pitot와 Static Pressure를 받아 마하수를 산출한다.

해설

① Static Pressure를 받아 Altitude를 산출한다.
② Pitot와 Static Pressure를 받아 Airspeed를 산출한다.
③ Altitude와 Airspeed Signal을 이용하여 Mach Signal을 산출한다.
④ Mach Signal과 Temperature Signal을 결합하여 True Airspeed와 Static Air Tempe-rature를 산출한다.

95 자동비행장치의 목적이 아닌 것은?

① 항공기 신뢰성 향상

② 항공기 안전성 향상

③ 장거리비행에 따른 조종사 업무 경감

④ 항공기 정시성 확보

해설

항공기 신뢰성과 안정성 향상, 장거리비행에 따른 조종사 업무 경감, 경제성(연료) 향상

96 자동조종장치의 유도기능이 아닌 것은?

① VOR에 의한 유도

② ILS에 의한 유도

③ INS에 의한 유도

④ SELCAL에 의한 유도

97 다음 중 항공기가 실속속도에 접근할 때 조종사에게 조종간을 진동시켜 알려주는 경보장치는?

① Stall Warning System

② Flight Management System

③ Altitude Alert System

④ Flight Director

[정답] 92 ① 93 ② 94 ② 95 ④ 96 ④ 97 ①

해설

Stall Warning System

항공기가 실속상태에 들어가기 전에 Flap Down에 비해 받음각이 너무 커 조종사에게 실속속도에 접근하는 것을 조종간에 진동을 주어 알려주는 경보장치

2 항공전기

01 교류회로의 3가지 저항체가 아닌 것은?

① 전류 ② 콘덴서

③ 저항 ④ 코일

해설

교류의 전기회로에서 전류가 흐르지 못하게 하는 것에는
① 저항에 의한 Resistance
② 코일에 의한 Inductive Reactance
③ 콘덴서에 의한 Capacitive Reactance
④ 이것을 총칭하여 Impedance라고 한다.

02 0.001[A]는 얼마인가?

① 1[MA] ② 1[mA]

③ 1[kA] ④ 1[GA]

해설

0.001[A] = 1[mA]
$= 1\times10^{-6}$[kA]
$= 1\times10^{-9}$[MA]
$= 1\times10^{-12}$[GA]

03 전기저항이 3[Ω]인 지름이 일정한 도선의 길이를 일정하게 3배로 늘렸다면 그 때 저항은 어떻게 되겠는가?

① 25[Ω] ② 26[Ω]

③ 27[Ω] ④ 28[Ω]

해설

도선의 길이에 관한 저항을 구하는 공식

$R=\rho\times\ell/S$에서 길이를 3배로 늘린다면 단면적은 1/3로 감소하므로 원래의 저항에서 9배 증가하므로 $3\times9=27$[Ω]

04 도체의 저항에 대한 설명 중 맞는 것은?

① 도체의 저항은 도체의 길이에 비례하고, 단면적에 비례한다.

② 도체의 저항은 도체의 길이에 반비례하고, 단면적에 비례한다.

③ 도체의 저항은 도체의 길이에 비례하고, 단면적에 반비례한다.

④ 도체의 저항은 도체의 길이에 반비례하고, 단면적에 반비례한다.

해설

문제 3 해설 참조

05 도체의 저항을 감소시키는 방법은?

① 길이를 줄이거나 단면적을 증가시킨다.

② 길이나 단면적을 줄인다.

③ 길이를 늘이거나 단면적을 증가시킨다.

④ 길이나 단면적을 늘인다.

해설

$R=\rho\times\ell/S$에서 길이를 줄이거나 단면적을 증가시킨다.

06 전압이 12[V], 전류가 2[A]로 흐를 때 저항은 얼마인가?

① 2[Ω] ② 4[Ω]

③ 6[Ω] ④ 12[Ω]

해설

$R=V/I=12/2=6$[Ω]

07 전원이 28[V]이고, 저항 5[Ω], 10[Ω], 13[Ω]을 직렬로 연결할 때 전류는?

① 1[A] ② 2[A]

③ 3[A] ④ 4[A]

[정답] 01 ① 02 ② 03 ③ 04 ③ 05 ① 06 ③ 07 ①

해설

직렬로 연결된 저항의 합성저항

$R=R_1+R_2+R_3+\cdots$ 이므로 $R=28[\Omega]$
$I=V/R=28/28=1[A]$

08 28[V]의 전기회로에 3개의 직렬저항만 들어 있고, 이들 저항은 각각 10[Ω], 15[Ω], 20[Ω]이다. 이때 직렬로 삽입한 전류계의 눈금을 읽으면 다음 어느 것인가?

① 0.62[A] ② 1.26[A]
③ 6.22[A] ④ 62[A]

해설

직렬로 연결된 저항의 합성저항

$R=R_1+R_2+R_3+\cdots$ 이므로 $R=45[\Omega]$
$I=V/R=28/45=0.62[A]$

09 저항 12[Ω]짜리 2개, 6[Ω]짜리 1개가 병렬로 연결된 회로의 총 저항은?

① 3[Ω] ② 9[Ω]
③ 12[Ω] ④ 24[Ω]

해설

병렬 합성저항을 구하는 공식

$1/R=1/R_1+1/R_2+1/R_3+\cdots$ 이므로 공식에 대입하면
$1/R=1/12+1/12+1/6=4/12=1/3$이므로 $R=3[\Omega]$

10 200[V], 100[W]의 전열기의 저항은?

① 0.5[Ω] ② 2[Ω]
③ 4[Ω] ④ 400[Ω]

해설

옴의 법칙 $I=E/R$ $E=IR$, 전력 $P=EI$이므로
$P=EI=E\times E/R=E^2/R$이 된다. 따라서 $R=E^2/P$이므로
$R=200\times 200/100=40{,}000/100=400[\Omega]$

11 전압이 24[V]이고, 직렬로 연결된 저항 값이 2[Ω], 4[Ω], 6[Ω]일 때 전류의 값은?

① 2[A] ② 4[A]
③ 8[A] ④ 12[A]

해설

직렬로 연결된 저항의 합성저항

$R=R_1+R_2+R_3+\cdots$ 이므로 $R=2+4+6=12[\Omega]$이고,
$E=IR$이므로 $I=E/R=24/12=2[A]$

12 15[μF]인 콘덴서 3개를 직렬로 접속하였을 때 총 콘덴서의 용량은?

① 0.5[μF] ② 5[μF]
③ 15[μF] ④ 45[μF]

해설

합성정전용량

① 직렬연결인 경우 : $1/C=1/C_1+1/C_2+1/C_3+\cdots$
② 병렬연결인 경우 : $C=C_1+C_2+C_3+\cdots$
위의 조건을 식에 대입하면
$1/C=1/15+1/15+1/15=3/15=1/5$
$\therefore C=5[\mu F]$

13 110[V], 60[Hz]의 교류전원에 20[μF]의 Capacitor를 연결하였을 때 Reactance는?

① 0.0013[Ω] ② 1,326[Ω]
③ 756.6[Ω] ④ 13,200[Ω]

해설

리액턴스 구하는 공식

$Xc=1/2\pi fC=1/(2\times 3.14\times 60\times 20\times 10^{-6})=1{,}326.96[\Omega]$

14 50[μF]의 Capacitor에 200[V], 60[Hz]의 교류전압을 가했을 때 흐르는 전류는?

① 약 0.01[A] ② 약 0.106[A]
③ 약 3.77[A] ④ 약 37.7[A]

[정답] 08 ① 09 ① 10 ④ 11 ① 12 ② 13 ② 14 ③

해설

리액턴스 구하는 공식

$Xc=1/2\pi fC=1/2\times3.14\times60\times50\times10^{-6}=53[\Omega]$

$I=E/R=200/53\fallingdotseq3.77[A]$

15 콘덴서만의 회로에 대한 설명으로 틀린 것은?

① 전류는 전압보다 $\pi/2$만큼 위상이 앞선다.

② 용량성 리액턴스는 주파수에 반비례한다.

③ 용량성 리액턴스는 콘덴서의 용량에 반비례한다.

④ 용량성 리액턴스가 작으면 전류가 작아진다.

해설

리액턴스 : 90° 위상차를 갖게 하는 교류저항

① 인덕턴스로 인한 것을 유도성 리액턴스라 하고, 전압의 위상을 전류보다 90° 앞서게 한다.

② 커패시턴스로 인한 것을 용량성 리액턴스라고 하고, 전압의 위상을 전류보다 90° 늦게 한다.

16 다음 교류회로에 관한 설명 중 틀린 것은?

① 용량성 회로에서는 전압이 전류보다 90° 늦다.

② 유도성 회로에서는 전압이 전류보다 90° 빠르다.

③ 저항만의 회로에서는 전압과 전류가 동상이다.

④ 모든 회로에서 전압과 전류는 동상이다.

해설

문제 15 해설 참조

17 릴레이에 연결된 Line을 바꾸어 장착하였을 경우 가장 옳다고 생각되는 것은?

① 릴레이는 작동하지 않는다.

② 릴레이는 정상적으로 작동한다.

③ On/Off 상태가 바뀐다.

④ 릴레이가 고착된다.

해설

릴레이의 단자를 바꾸어 연결하면 On/Off 상태가 바뀐다.

18 교류전원에서 전압계는 200[V], 전류계는 5[A], 역률이 0.8일 때 다음 중 틀린 것은?

① 유효전력은 800[W]

② 무효전력은 400[VAR]

③ 피상전력은 1000[VA]

④ 소비전력은 800[W]

해설

- 피상전력 $=EI=200\times5=1{,}000[VA]$
- 유효전력 $=EI\cos\theta=1{,}000\times0.8=800[W]$
- 무효전력 $=EI\sin\theta=1{,}000\times0.6=600$

19 절연된 두 전선을 항공기에 배선할 때 두 전선을 꼬는 이유는?

① 묶을 수 없게 하기 위하여

② 그것을 더 딱딱하게 하기 위하여

③ 조그마한 구멍을 쉽게 통과하게 하기 위하여

④ 마그네틱 컴퍼스 부근을 통과할 때 자기영향을 받지 않게 하기 위하여

해설

전선을 꼬아서 사용함으로써 형성되는 자장을 상쇄시켜 자장에 의한 오차를 최소화하기 위해서이다.

20 전력의 단위는 무엇인가?

① Volt ② Watt

③ Ohm ④ Ampere

21 피상전력과 유효전력의 비는 무엇인가?

① 역률 ② 무효전력

③ 총 출력 ④ 교류전력

해설

- 피상전력 $=\sqrt{(유효전력)^2+(무효전력)^2}\,[VA]$
- 유효전력 $=$ 피상전력 $\times$ 역률[W]
- 무효전력 $=$ 피상전력 $\times\sqrt{1-(역률)^2}\,[VAR]$

[정답] 15 ④ 16 ④ 17 ③ 18 ② 19 ④ 20 ② 21 ①

22 항공기에 상용되는 전기계통에 대한 설명 중 틀린 것은?

① 항공기의 전기계통은 전력계통, 배전 및 부하계통 등으로 나뉘어진다.
② 배전계통은 인버터와 정류기 등이 있다.
③ 전력계통은 엔진에 의해 구동되는 발전기와 축전지로 구성된다.
④ 부하계통은 전동기, 점화계통, 시동계통 및 조명계통 등이다.

해설

배전계통은 도선, 회로제어장치, 회로보호장치 등으로 구성이 된다.

23 최댓값이 200[V]인 정현파교류의 실효값은 얼마인가?

① 129.3[V] ② 141.4[V]
③ 135.6[V] ④ 151.5[V]

해설

교류의 크기

① 순시값 : 교류의 시간에 따라 순간마다 파의 크기가 변하고 있으므로 전류파형 또는 전압파형에서 어떤 임의의 순간에서 전류 또는 전압의 크기
② 최댓값 : 교류파형의 순시값 중에서 가장 큰 순시값
③ 평균값 : 교류의 방향이 바뀌지 않은 반주기 동안의 파형을 평균한 값으로 평균값은 최댓값의 $2/\pi$배, 즉 0.637배이다.
④ 실효값 : 전기가 하는 일량은 열량으로 환산 할 수 있어 일정한 시간동안 교류가 발생하는 열량과 직류가 발생하는 열량을 비교한 교류의 크기로 실효값은 최댓값의 $1/\sqrt{2}$ 배, 즉 0.707배이다.

$E=\frac{E_m}{\sqrt{2}}$에서 최대전압 $E_m=E\sqrt{2}$

$E_m=200\times0.707=141.4$

24 115[V], 3상, 400[Hz]에서 400[Hz]는 무엇인가?

① 초당 사이클 ② 분당 사이클
③ 시간당 사이클 ④ 회전수당 사이클

해설

정현파에 있어서 어떠한 변화를 거쳐서 처음의 상태로 돌아갈 때까지의 변화를 1사이클 이라고 하고 1초간에 포함되는 사이클의 수를 주파수라고 한다. 그 단위는 [CPS : Cycle Per Second] 또는 [Hz: Herz]라고 표시한다.

25 퓨즈는 규정된 수를 예비품으로 보관하여야 하는데 일반적으로 총 사용수의 몇 [%]를 보관하는가?

① 40[%] ② 50[%]
③ 60[%] ④ 70[%]

해설

퓨즈를 교환할 때에는 해당 항공기의 매뉴얼을 참고하여 규정용량과 형식의 것을 사용해야 하며, 항공기 내에는 규정된 수의 50[%]에 해당되는 예비 퓨즈를 항상 비치하도록 되어 있다.

26 다음 중 키르히호프 제1법칙을 맞게 설명한 것은?

① 임의의 폐회로를 따라 한 방향으로 일주하면서 취한 전압상승의 대수적 합은 0이다.
② 도선의 임의의 접합점에 유입하는 전류와 나가는 전류의 대수적 합은 0이다.
③ 임의의 폐회로를 따라 한 방향으로 일주하면서 취한 전압상승의 대수적 합은 1이다.
④ 도선의 임의의 접합점에 유입하는 전류와 나가는 전류의 대수적 합은 1이다.

해설

키르히호프의 법칙

① 키르히호프 제1법칙(KCL : 키르히호프의 전류법칙)
회로망의 임의의 접속점에서 볼 때, 접속점에 흘러 들어오는 전류의 합은 흘러나가는 전류의 합과 같다는 법칙
② 키르히호프 제2법칙(KVL : 키르히호프의 전압법칙)
회로망 중의 임의의 폐회로 내에서 그 폐회로를 따라 한 방향으로 일주함으로써 생기는 전압강하의 합은 그 폐회로 내에 포함되어 있는 기전력의 합과 같다는 법칙

[정답] 22 ② 23 ② 24 ① 25 ② 26 ②

27 다음 중 계전기(Relay)의 역할은?

① 전기회로의 전압을 다양하게 사용하기 위함이다.
② 작은 양의 전류로 큰 전류를 제어하는 원격 스위치이다.
③ 전기적 에너지를 기계적 에너지로 전환시켜 주는 장치이다.
④ 전류의 방향 전환을 시켜주는 장치이다.

해설

계전기(Relay)

조종석에 설치되어 있는 스위치에 의하여 먼 거리의 많은 전류가 흐르는 회로를 직접 개폐시키는 역할을 하는 일종의 전자기 스위치(Electromagnetic Switch)라고 할 수 있다.

① 고정철심형 계전기 : 철심이 고정되어 있고, 솔레노이드 코일에서 전류의 흐름에 따라 철편으로 된 전기자를 움직이게 하여 접점을 개폐시킨다.
② 운동철심형 계전기 : 접점을 가진 철심부가 솔레노이드 코일 내부에서 솔레노이드코일의 전류에 의하여 접점이 연결되고, 귀환 스프링에 의하여 접점이 떨어진다.

28 다음 중 본딩 와이어(Bonding Wire)의 역할로 틀린 것은?

① 무선 장해의 감소
② 정전기 축적의 방지
③ 이종 금속 간의 부식의 방지
④ 회로저항의 감소

해설

본딩 와이어(Bonding Wire)는 부재와 부재 간에 전기적 접촉을 확실히 하기 위해 구리선을 넓게 짜서 연결하는 것을 말하며 목적은 다음과 같다.

① 양단간의 전위차를 제거해 줌으로써 정전기 발생을 방지한다.
② 전기회로의 접지회로로서 저저항을 꾀한다.
③ 무선 방해를 감소하고 계기의 지시 오차를 없앤다.
④ 화재의 위험성이 있는 항공기 각 부분 간의 전위차를 없앤다.

29 본딩 점퍼(Bonding Jumper)에 대한 설명 중 맞는 것은?

① 본딩 점퍼를 연결하였을 때의 저항은 0.03[Ω] 이하이어야 한다.
② 본딩 점퍼의 길이에는 무관하여 철저하게 연결하는 것이 중요하다.
③ 본딩 점퍼는 항공기의 어떤 움직임에 방해가 되어서는 안 된다.
④ 본딩 점퍼 시 페인트 위를 깨끗이 세척하고 장착해야 한다.

해설

본딩 점퍼는 항공기의 어떤 움직임에 방해가 되어서는 안된다.

30 도선의 접속방법 중 장착, 장탈이 쉬운 방법은?

① 납땜 ② 스플라이스
③ 케이블 터미널 ④ 커넥터

해설

도선의 연결장치

① 케이블 터미널 : 전선의 한쪽에만 접속을 하게끔 되어 있고, 연결 시 전선의 재질과 동일한 것을 사용해야 하며(이질금속 간의 부식을 방지) 전선의 규격에 맞는 터미널(보통 2~3개의 규격을 공통으로 사용)을 사용해야 한다.
② 스플라이스 : 양쪽 모두 전선과 접속시킬 수 있고 스플라이스의 바깥 면에 플라스틱과 같은 절연물로 절연되어 있는 금속 튜브로 이것이 전선 다발에 위치할 때에는 전선 다발 지름이 변하지 않게 하기 위하여 서로 엇갈리게 장착해야 한다.
③ 커넥터 : 항공기 전기회로나 장비 등을 쉽고 빠르게 장·탈착 및 정비하기 위하여 만들어진 것으로, 취급시 가장 중요한 것은 수분의 응결로 인해 커넥터 내부에 부식이 생기는 것을 방지하는 것이다. 수분의 침투가 우려되는 곳에는 방수용젤리로 코팅하거나 특수한 방수처리를 해야 한다.

31 교류회로에 사용되는 전압은?

① 최댓값 ② 평균값
③ 실효값 ④ 최솟값

해설

교류전류나 전압을 표시할 때에는 달리 명시되지 않는 한 항상 실효값을 의미한다.

[정답] 27 ② 28 ③ 29 ③ 30 ④ 31 ③

32 전기회로 보호장치 중 규정 용량 이상의 전류가 흐를 때 회로를 차단시키며 스위치 역할과 계속 사용이 가능한 것은?

① 회로차단기　② 열보호장치
③ 퓨즈　④ 전류제한기

해설

회로보호장치

① 퓨즈(Fuse)
규정 이상으로 전류가 흐르면 녹아 끊어짐으로써 회로에 흐르는 전류를 차단시키는 장치
② 전류제한기(Current Limiter)
비교적 높은 전류를 짧은 시간 동안 허용할 수 있게 한 구리로 만든 퓨즈의 일종(퓨즈와 전류제한기는 한번 끊어지면 재사용이 불가능하다.)
③ 회로차단기(Circuit Breaker)
회로 내에 규정 이상의 전류가 흐를 때 회로가 열리게 하여 전류의 흐름을 막는 장치(재사용이 가능하고 스위치 역할도 한다.)
④ 열보호장치(Thermal Protector)
열스위치라고도 하고, 전동기 등과 같이 과부하로 인하여 기기가 과열되면 자동으로 공급전류가 끊어지도록 하는 스위치

33 전기퓨즈의 결정요소는 무엇인가?

① 전압　② 흐르는 전류
③ 전력　④ 온도

해설

퓨즈(Fuse)는 규정 이상으로 전류가 흐르면 녹아 끊어짐으로써 회로에 흐르는 전류를 차단시키는 장치

34 잠깐 동안 과부하전류를 허용하는 것은?

① 역전류차단기(Reverse Current Cut-out Relay)
② 퓨즈(Fuse)
③ 전류제한기(Current Limiter)
④ 회로차단기(Circuit Breaker)

해설

전류제한기(Current Limiter)

비교적 높은 전류를 짧은 시간 동안 허용할 수 있게 한 구리로 만든 퓨즈의 일종(퓨즈와 전류제한기는 한번 끊어지면 재사용이 불가능하다.)

35 어떤 계기의 소비전력이 220[W]라고 할 때 100[V] 전원에 연결하면 몇 Ampere 회로 차단기를 장착하는가?

① 1.5[A]　② 2.0[A]
③ 2.5[A]　④ 3.0[A]

해설

$P=VI$에서 $I=P/V=220/100=2.2$[A]
전류가 2.2[A]가 흐르므로 2.5[A] 짜리 회로차단기를 사용해야 한다.

36 어떤 회로차단기에 2A라고 기재되어 있다면 이 의미로 맞는 것은?

① 2[A] 미만의 전류가 흐르면 회로를 차단한다.
② 2[A]의 전류가 흐르면 즉시 회로를 차단한다.
③ 2[A]를 넘는 전류가 일정 시간 흐르면 회로를 차단한다.
④ 2[A] 이외의 전류가 흐르면 회로를 차단한다.

해설

회로차단기(Circuit Breaker)

회로 내에 규정 이상의 전류가 흐를 때 회로가 열리게 하여 전류의 흐름을 막는 장치로 보통 퓨즈 대신에 많이 사용되며 스위치 역할까지 하는 것도 있다. 회로차단기의 정상 작동을 점검하기 위해서는 규정 용량 이상의 전류를 흘려보내 접점이 떨어지는 지를 확인하고 다시 정상전류가 공급된 상태로 한 다음 푸시풀(Push Pull)버튼을 눌렀을 때 그대로 있는 지를 점검해야 한다.

37 회로차단기의 장착 위치는?

① 전원부에서 먼 곳에 설치하는 것이 좋다.
② 전원부에서 가까운 곳에 설치하는 것이 좋다.
③ 전원부와 부하의 중간에 설치하는 것이 좋다.
④ 회로의 종류에 따라 적당한 곳에 설치하는 것이 좋다.

해설

회로차단기뿐만 아니라 회로보호장치들은 전원부에서 가까운 곳에 설치를 하여 회로를 보호한다.

38 전기도선의 크기를 선택할 때 고려해야 할 사항은?

[정답] 32 ① 33 ② 34 ③ 35 ③ 36 ③ 37 ② 38 ①

① 전압강하와 전류용량

② 길이와 전압강하

③ 길이와 전류용량

④ 양단에 가해질 전압의 크기

해설

도선을 선택할 때의 고려사항

① 도선에서 발생하는 줄열
② 도선 내에 흐르는 전류의 크기
③ 도선의 저항에 따른 전압강하

39 전선을 연결하는 스플라이스(Splice)가 있는데, 사용법의 설명으로 맞는 것은?

① 서모 커플의 보상 도선의 결합에 사용해도 무방하다.

② 진동이 있는 부분에 사용해야 좋다.

③ 납땜을 한 스플라이스(Splice)를 사용해도 좋다.

④ 많은 전선을 결합할 경우는 스태거 접속으로 한다.

해설

전선의 접속시 원칙

① 진동이 있는 장소는 피하거나 최소로 한다.
② 정기적으로 점검할 수 있는 장소에서 완전히 접속한다.
③ 전선 다발로 많은 스플라이스를 이용할 경우에는 스태거(Stagger) 접속으로 한다.

40 현대의 대형 항공기는 직류 System을 사용하지 않고 교류 System을 채택한 이유는 무엇인가?

① 같은 용량의 직류기기보다 무게가 가볍다.

② 전압의 승압, 감압이 편리하다.

③ 높은 고도에서 Brush를 사용하는 직류발전기에서 일어 날 수 있는 Brush Arcing현상이 없다.

④ 이상 다 맞다.

해설

항공기에서 직류를 사용하게 되면 승·감압이 어려워 큰 전류가 필요하게 되므로 항공기의 모든 이용부분에 전기를 공급하기 위한 도선이 굵어야 되기 때문에 전기계통이 차지하는 무게가 무거워지게 된다. 이러한 이유로 전압을 높이기 쉬운 교류를 사용하고, 그중 3상교류를 많이 사용하게 된다.

41 항공기의 주 전원 계통으로 교류를 사용할 때 직류에 비교해서 장점이 아닌 것은?

① 가는 전선으로 다량의 전력 전송이 가능하다.

② 전압 변경이 용이하다.

③ 병렬운전이 용이하다.

④ 브러시가 없는 영구자석발전기 사용이 가능하다.

해설

직류발전기의 병렬운전은 출력전압만 맞추어 주면 되지만, 교류일 경우는 전압 외에 주파수, 위상차를 규정값 이내로 맞추어 줘야 하기 때문에 병렬운전이 복잡해진다.

42 직류발전기의 병렬운전에서 필요조건은 어느 것인가?

① 주파수가 같아야 한다. ② 전압이 같아야 한다.

③ 회전이 같아야 한다. ④ 부하가 같아야 한다.

해설

직류발전기의 병렬운전은 출력전압만 맞추어 주면 되지만, 교류일 경우는 전압 외에 주파수, 위상차를 규정값 이내로 맞추어 주어야 한다.

43 항공기에서 교류발전기 병렬운전을 위한 조건은?

① 전압, 전류, 주파수가 같아야 한다.

② 전압, 위상, 주파수가 같아야 한다.

③ 전압, 위상, 전류가 같아야 한다.

④ 전류, 위상, 주파수가 같아야 한다.

해설

병렬운전의 조건은 전압, 위상, 주파수가 같아야 한다.

44 비교해 볼 때 회로차단기(Circuit Breaker)의 이점은 무엇인가?

① 교체할 필요가 없다.

② 과부하(Over Load)에서 더 빠르게 반응한다.

③ 스위치가 필요 없다.

④ 다시 작동시킬 수 있고 재사용할 수 있다.

[정답] 39 ④ 40 ④ 41 ③ 42 ② 43 ② 44 ④

해설

회로보호장치

① 퓨즈

ⓐ 규정 용량 이상의 전류가 흐를 때 녹아 끊어져 전류를 차단시킨다.

ⓑ 한번 끊어지면 재사용을 할 수 없다.

ⓒ 항공기 내에는 규정된 수의 50[%]에 해당되는 예비퓨즈를 항상 비치해야 한다.

② 회로차단기

ⓐ 규정 용량 이상의 전류가 흐를 때 회로를 차단시킨다.

ⓑ 스위치 역할도 할 수 있다.

ⓒ 재사용이 가능하다.

45 항공기에 가장 많이 쓰이는 스위치는 무엇인가?

① 토글스위치(Toggle Switch)

② 리밋스위치(Limit Switch)

③ 회전스위치(Rotary Switch)

④ 버튼스위치(Button Switch)

해설

스위치의 종류

① 토글스위치(Toggle Switch)
가장 많이 쓰인다.

② 푸시 버튼 스위치(Push Button Switch)
계기 패널에 많이 사용되며 조종사가 식별하기 쉽도록 되어 있다.

③ 마이크로스위치(Micro Switch)
착륙장치와 플랩 등을 작동하는 전동기의 작동을 제한하는 스위치(Limit Switch)로 사용된다.

④ 회전스위치(Rotary Switch)
스위치 손잡이를 돌려 한 회로만 개방하고 다른 회로는 동시에 닫게 하는 역할을 하며 여러 개의 스위치 역할을 한 번에 담당하고 있다.

46 1차 코일 감은 수가 500회, 2차 코일 감은 수가 300회인 변압기의 1차 코일에 200[V] 전압을 가하면 2차 코일에 유기되는 전압은 얼마인가?

① 120[V] ② 180[V]

③ 220[V] ④ 320[V]

해설

변압기의 전압과 권선수와의 관계

$$\frac{E_1}{E_2}=\frac{N_1}{N_2}$$

여기서, E_1 : 1차 전압, E_2 : 2차 전압,
N_1 : 1차 권선수, N_2 : 2차 권선수

$$E_2=\frac{E_1\times N_2}{N_1}=\frac{200\times 300}{500}=120[\mathrm{V}]$$

47 다음 변압기의 권선비와 유도기전력과의 관계식으로 옳은 것은?

① $\frac{E_1}{E_2}=\frac{N_1}{N_2}$ ② $\frac{E_1^2}{E_2^2}=\frac{N_2}{N_{12}}$

③ $\frac{E_2}{E_1}=\frac{N_1}{N_2}$ ④ $\frac{E_1}{E_2}=\frac{N_2^2}{N_1^2}$

해설

변압기의 전압과 권선수와의 관계

$$\frac{E_1}{E_2}=\frac{N_1}{N_2}$$

여기서, E_1 : 1차 전압, E_2 : 2차 전압,
N_1 : 1차 권선수, N_2: 2차 권선수

48 전류계, 전압계를 회로에 연결시키는 방법은?

① 전류계, 전압계 직렬

② 전류계 직렬, 전압계 병렬

③ 전류계, 전압계 병렬

④ 전류계 병렬, 전압계 직렬

해설

멀티미터(Multimeter) 사용법

① 전류계는 측정하고자 하는 회로 요소와 직렬로 연결하고 전압계는 병렬로 연결해야 한다.

② 전류계와 전압계를 사용할 때에는 측정 범위를 예상해야 하지만 그렇지 못할 때에는 큰 측정 범위부터 시작하여 적합한 눈금에서 읽게 될 때까지 측정 범위를 낮추어 나간다. 바늘이 눈금판의 중앙부분에 올 때 가장 정확한 값을 읽을 수 있다.

③ 저항계는 사용할 때마다 0점 조절을 해야 하며 측정할 요소의 저항값에 알맞은 눈금을 선택해야 한다. 일반적으로 눈금판의 중앙에서 저항이 작은 쪽으로 읽을 수 있도록 해야 한다.

④ 저항계는 전원이 연결되어 있는 회로에 절대로 사용해서는 안 된다.

[정답] 45 ① 46 ① 47 ① 48 ②

49 병렬회로에 관한 설명 중 맞는 것은?

① 전체 저항은 가장 작은 저항보다 작다.

② 회로에서 하나의 저항을 제거하면 전체 저항은 감소한다.

③ 전체 전압은 전체 저항과 동일하다.

④ 저항에 관계없이 전류는 동일하다.

해설

병렬회로

직렬로 저항을 연결할 때는 전체 저항이 증가하지만 병렬로 저항을 연결하면 전체저항은 감소한다. 반대로 직렬회로에서는 저항을 제거하면 전체 저항은 감소하고 병렬회로에서는 저항을 제거할 때마다 전체 저항은 증가한다.

50 Ammeter에 사용되는 Shunt저항은 D'Arsonval 가동부에 어떻게 연결되는가?

① 직렬

② 병렬

③ 직·병렬

④ Shunt는 전혀 필요치 않다.

해설

Ammeter에서 계기의 감도보다 큰 전류를 측정하려면 션트(Shunt) 저항을 병렬로 연결하여 대부분의 전류를 션트로 흐르게 하고, 전류계에는 감도보다 작은 전류가 흐르게 함으로써 전류계의 측정범위를 확대시킨다. 계기의 내부에 여러 개의 서로 다른 션트를 가지고 있는 전류계를 다범위 전류계(Multi-Range Ammeter)라고 한다.(감도 : 눈금 끝까지 바늘이 움직이는 데에 필요한 전류의 세기)

51 부하와 연결방법이 잘못된 것은 어느 것인가?

① 전압계는 병렬 ② 전류계는 직렬

③ 주파수는 직렬 ④ Circuit Breaker는 직렬

해설

전압계는 회로에 병렬연결. 전류계와 Circuit Breaker는 직렬연결

52 전기회로의 전압과 전류를 측정하기 위해서는 전압계와 외부 Shunt형 전류계가 있다. 이 연결은 회로에 대하여 어떻게 하여야 하는가?

① 전압계는 병렬로, 전류계는 직렬로, Shunt는 병렬로 연결한다.

② 전압계는 병렬로, 전류계는 직렬로, Shunt는 직렬로 연결한다.

③ 전압계는 병렬로, 전류계와 Shunt는 병렬로 연결하고 회로와는 직렬로 연결한다.

④ 전압계, 전류계, Shunt 모두 직렬로 연결한다.

해설

전압계는 회로에 병렬로 전류계는 회로에 직렬로 션트(Shunt)저항은 전류계에 병렬로 연결하여 대부분의 전류를 션트로 흐르게 하고 전류계에는 감도보다 작은 전류가 흐르게 함으로써 전류계의 측정범위를 확대시킨다.

53 회로 내에서 도선의 단선은 무엇으로 측정하는가?

① Voltmeter ② Ammeter

③ Ohmmeter ④ Milli Ammeter

해설

저항계

① 회로 또는 회로 구성요소의 단선된 곳을 찾아내거나 저항값을 측정할 때 사용한다.

② 큰 저항은 메거(Megger) 또는 Megohm Meter를 사용한다.

54 전류를 측정하는 데 사용되고, 다용도로 측정하는 계기로서 필요 구성품의 전압, 저항 및 전류를 측정하는 데 이용되는 것은?

① 전류계 ② 전압계

③ 멀티미터 ④ 저항계

해설

전류측정계기

① 직류측정계기

ⓐ 전류계(Ammeter)

일반적으로 항공기는 발전기에서 버스로 흐르는 전류의 양을 측정함으로써 발전기의 부하부담을 알 수 있고, 전류계에 사용되는 다르송발 계기의 감도는 보통 10mA가 보통이다. 감도 1mA는 정밀 측정용으로 쓰인다.

ⓑ 전압계(Voltmeter)

계기의 코일과 저항을 직렬로 연결하고, 그 저항에 흐르는 전류를 측정함으로써 해당 전압을 지시하도록 한다.

[정답] 49 ① 50 ② 51 ③ 52 ③ 53 ③ 54 ③

ⓒ 저항계(Ohmmeter)
회로 또는 회로 구성요소의 단선된 곳을 찾아내거나 저항값을 측정할 때에 저항계를 사용하고, 큰 저항은 메거(Megger) 또는 메거Ohm미터(Megohm Meter)를 사용한다.

ⓓ 멀티미터(Multimeter)
전류, 전압 및 저항을 하나의 계기로 측정할 수 있는 다용도 측정기기이고, 제조회사 및 그 형태와 기능에 약간의 차이가 있으며, 아날로그 방식과 디지털 방식이 있다.

② 교류측정계기에는 전류력계형 이외에 운동 철편형, 경사코일철편형, 열전쌍형 등이 있고, 교류의 실효값을 지시한다.

ⓐ 교류전류계
전류력계형 계기를 이용하여 직류전류계의 션트저항과 마찬가지로 유도성 션트(Inductive Shunt) 코일을 계자코일과는 직렬, 운동코일과는 병렬로 연결한다.

ⓑ 교류전압계
전류력계형을 사용하고 전압의 측정범위를 보정하기 위하여 저항을 운동코일 및 계자코일과 직렬로 연결한다.

ⓒ 전력계(Wattmeter)
전류와 전압의 곱으로 나타나는 전력을 측정하기 위하여 전류에 대한 코일과 전압에 대한 코일을 가진 전류력계형이 사용된다.

ⓓ 주파수계
교류의 주파수를 측정하는 것으로서 전압 변화의 영향을 받지 않아야 한다. 종류에는 진동편형, 가동코일형, 가동디스크형, 공진회로형 등이 있고, 항공기에서는 이중 진동편형을 가장 많이 사용한다.

55 다음 중에서 무효전력의 단위는 무엇인가?

① [VA] ② [W]
③ [Joule] ④ [VAR]

해설

단위
① 피상전력의 단위 : 볼트암페어[VA]
② 유효전력의 단위 : 와트[W]
③ 무효전력의 단위 : 바[VAR]

56 3상교류에서 Y결선의 특징 중 틀린 것은?

① 선간전압의 크기는 상전압의 $\sqrt{3}$배이다.
② 선간전압의 위상은 상전압보다 30° 만큼 앞선다.
③ 선전류의 크기와 위상은 상전류와 같다.
④ 선전류의 크기는 상전류와 같고 위상은 상전류보다 30° 앞선다.

해설

3상결선
① Y결선의 특징
ⓐ 선간전압$=\sqrt{3}\times$상전압$\fallingdotseq 1.73\times$상전류
ⓑ 상전압$=\dfrac{\text{선간전압}}{\sqrt{3}}\fallingdotseq 0.577\times$선간전압
ⓒ 선전류=상전류
ⓓ 선간전압은 상전압의 위상보다 $\frac{\pi}{6}$[Rad] 만큼 위상이 앞선다.

② △결선의 특징
ⓐ 선간전압=상전압
ⓑ 선전류$=\sqrt{3}\times$상전류$\fallingdotseq 1.73\times$상전류
ⓒ 상전류$=\dfrac{\text{선전류}}{\sqrt{3}}\fallingdotseq 0.577\times$선전류
ⓓ 선전류가 상전류보다 $\frac{\pi}{6}$[Rad] 만큼 위상이 뒤진다.

57 표준상태보다 낮은 온도의 고도에서 24[V], 40[AH], 축전지는 192[W]의 전기기구를 몇 시간 가동시킬 수 있는가?

① 5시간 이하 ② 5시간 이상
③ 8시간 이상 ④ 10시간 이상

해설

$P=VI$이므로 $I=\dfrac{P}{V}=\dfrac{102}{24}=8$[A]이고, 용량은 [AH]이므로 40[AH]의 용량을 가진 축전지는 8[A]의 전류를 5시간 사용할 수 있다. 하지만 자연 방전 등을 고려하면 5시간 이하로 사용이 가능하다.

58 서미스터(Thermistor)란 무엇인가?

① 온도저항계수가 음이며, 온도에 비례한다.
② 온도저항계수가 음이며, 온도의 제곱에 반비례한다.
③ 온도저항계수가 음이며, 온도의 제곱에 비례한다.
④ 온도저항계수가 양이며, 온도에 비례한다.

해설

서미스터(Thermistor)
열적으로 민감한 저항체에서 이름 붙여진 명칭이다. 일반적으로 망간, 니켈, 코발트 등 수종의 금속의 산화물을 혼합하여 비트상 또는 디스크상으로 가공하고, 고온에서 소결하여 만들어진다. 서미스터 온도센서는 온도계수가 음이고 온도의 제곱에 반비례한다. 백금측온저항체와 비교하면, 10배의 저항 변화가 있고(고감도), 소형이며

[정답] 55 ④ 56 ④ 57 ① 58 ②

(즉 음성), 저항값이 큰 특징이 있지만, 측정 가능 최고온도가 낮고, 측정 가능 최저온도가 높아 호환성이 없는 등의 결점이 있다.

59 24[V] 축전지에 연결되는 기상 발전기의 출력전압은 보통 몇 Volt를 사용하는가?

① 22[V] ② 24[V]
③ 26[V] ④ 28[V]

해설

직류발전기의 출력전압은 12[V]인 항공기에서는 14[V]이고, 24[V] 축전지를 사용하는 발전기의 출력전압은 28[V]이다.

60 항공기에 사용되는 배터리(Battery) 용량 표시는?

① Ampere ② Voltage
③ AH(Ampere Hour) ④ Watt

해설

배터리의 용량은 [AH]로 나타내는데, 이것은 배터리가 공급하는 전류값에다 공급할 수 있는 총시간을 곱한 것이다. 예를 들어, 이론적으로 50[AH]의 축전지는 50[A]의 전류를 1시간 동안 흐르게 할 수 있다.

61 충전, 방전 시 전해액의 비중에 많은 변화가 있는 배터리는?

① 니켈-카드뮴 배터리 ② 납-산 배터리
③ 알칼리 배터리 ④ 에디슨 배터리

해설

납-산 배터리

방전이 시작되면 전류는 음극판에서 양극판으로 흐르게 되고, 전해액 속의 황산의 양이 줄어들면서 물의 양이 증가하기 때문에 전해액의 비중이 낮아지게 되고, 외부 전원을 배터리에 가하게 되면 반대의 과정이 진행되어 황산이 다시 생성되고, 물의 양이 감소되면서 비중이 높아지게 된다.

62 배터리를 떼어낼 때 순서는?

① (+)극 또는 (−)극에 관계없이 떼어낸다.
② (+)극과 (−)극을 동시에 떼어낸다.
③ (+)극을 먼저 떼어낸다.
④ (−)극을 먼저 떼어낸다.

해설

장탈시는 (-)극을 먼저 떼어내고, 장착시는 (+)극을 먼저 장착한다.

63 분당회전수 8,000[rpm], 주파수 400[Hz]인 교류발전기에서 115[V] 전압이 발생하고 있다. 이때 자석의 극수는 얼마인가?

① 4 ② 6
③ 8 ④ 10

해설

$\text{주파수}(F) = \dfrac{\text{극수}(P) \times \text{회전수}(N)}{120}$ 이므로

주파수는 극수와 회전수와 관계된다.

$400 = \dfrac{P \times 8{,}000}{120}$

$8{,}000P = 48{,}000$

$\therefore P = 6$

64 8극(Pole) 교류발전기가 115[V], 400[Hz]의 교류를 발생하려면 회전자(Armature)의 축은 분당 몇 회전으로 구동시켜 주어야 하는가?

① 4,000[rpm] ② 6,000[rpm]
③ 8,000[rpm] ④ 10,000[rpm]

해설

$\text{주파수}(F) = \dfrac{\text{극수}(P) \times \text{회전수}(N)}{120}$,

$400 = \dfrac{8 \times N}{120}$, $N = \dfrac{48{,}000}{8} = 6{,}000[\text{rpm}]$

65 8극짜리 교류발전기가 900[rpm]으로 회전할 때 주파수는?

[정답] 59 ④ 60 ③ 61 ② 62 ④ 63 ② 64 ② 65 ①

① 60[CPS]　② 120[CPS]
③ 400[CPS]　④ 3,600[CPS]

해설

$$\text{주파수}(F)=\frac{\text{극수}(P)\times\text{회전수}(N)}{120},$$

$$F=\frac{8\times900}{120}=\frac{7,200}{120}=60[\text{CPS}]$$

66 다음 중 직류발전기의 종류가 아닌 것은?

① 복권형　② 유도형
③ 직권형　④ 분권형

해설

직류발전기의 종류

① 직권형 직류발전기
전기자와 계자코일이 서로 직렬로 연결된 형식으로 부하도 이들과 직렬이 된다. 그러므로 부하의 변동에 따라 전압이 변하게 되므로 전압 조절이 어렵다. 그래서 부하와 회전수의 변화가 계속되는 항공기의 발전기에는 사용되지 않는다.

② 분권형 직류발전기
전기자와 계자코일이 서로 병렬로 연결된 형식으로 계자코일은 부하와 병렬관계에 있다. 그러므로 부하전류는 출력전압에 영향을 끼치지 않는다. 그러나 전기자와 부하는 직렬로 연결되어 있으므로 부하전류가 증가하면 출력전압이 떨어지므로 이와 같은 전압의 변동은 전압조절기를 사용하여 일정하게 할 수 있다.

③ 복권형 직류발전기
직권형과 분권형의 계자를 모두 가지고 있으면 부하전류가 증가할 때 출력전압이 감소하는 복권형 발전기는 분권형의 성질을 조합하는 정도에 따라 과복권(Over Compound), 평복권(Flat Compound), 부족복권(Under Compound)으로 분류한다.

67 다음 중 직류발전기의 보조기기가 아닌 것은?

① 설컨테이너　② 전압조절기
③ 역전류차단기　④ 과전압방지장치

해설

직류발전기의 보조기기는 전압조절기, 역전류차단기, 과전압방지장치, 계자제어장치

68 교류발전기에서 정속구동장치의 목적은 무엇인가?

① 전압 변동　② 전류 변동
③ 전류 일정　④ 주파수 일정

해설

정속구동장치

① 교류발전기에서 엔진의 구동축과 발전기축 사이에 장착되어 엔진의 회전수에 상관없이 일정한 주파수를 발생할 수 있도록 한다.
② 교류발전기를 병렬운전할 때 각 발전기에 부하를 균일하게 분담시켜 주는 역할도 한다.

69 직류발전기의 병렬운전에 사용되는 Equalizer Coil의 목적은?

① 출력전압을 같게 하기 위해
② 회로전류를 같게 하기 위해
③ 회전수를 같게 하기 위해
④ 좌우 차이가 발생했을 때 높은 쪽을 분리하기 위해

해설

이퀄라이저회로

① 2대 이상의 발전기가 항공에서 사용될 때에는 서로 병렬로 연결하여 부하에 전력을 공급하는데 발전기의 공급 전류량은 서로 분담되어야 한다. 어떤 한 발전기의 전압이 다른 것들보다 높을 때에는 전류의 상당한 양을 그 발전기가 부담하게 되어 과전류가 되고 상대적으로 다른 발전기들은 적은 전류만을 부담하므로 부하전류를 고르게 분배하기 위해 사용한다.
② 발전기의 병렬운전 때 1개의 발전기가 고장이 나서 발전을 하지 못할 때에는 다른 정상적인 발전기의 전압을 떨어뜨리는 결과를 가져오기 때문에 고장난 발전기 쪽의 회로는 끊어야 한다.

70 브러시(Brush)가 없는 교류발전기(A.C Generator)의 설명 중 틀린 것은?

① 브러시와 슬립 링(Slip Ring)이 없으므로 이에 따른 마찰현상이 없다.
② 브러시와 슬립 링간의 저항 및 전도율의 변화가 없어 출력파형이 변화하지 않는다.
③ 브러시가 없으므로 아크(Arc) 현상의 우려가 없다.
④ 전압의 승압, 감압이 용이하지 않다.

해설

브러시리스 교류발전기의 특징

[정답] 66 ② 67 ① 68 ④ 69 ① 70 ④

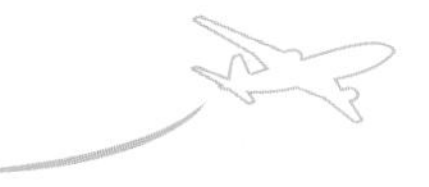

① 브러시와 슬립 링이 여자전류를 발생시켜 3상교류발전기의 회전 계자를 여자시킨다.
② 슬립 링과 정류자가 없기 때문에 브러시가 마멸되지 않아 정비 유지비가 적게 든다.
③ 슬립 링이나 정류자와 브러시 사이의 저항 및 전도율의 변화가 없으므로 출력파형이 불안정해질 염려가 없다.
④ 브러시가 없어 아크가 발생하지 않기 때문에 고공비행시 우수한 기능을 발휘할 수 있다.

71 항공기에서 3상교류발전기를 사용하는 장점이 아닌 것은?

① 구조가 간단하다.
② 정비 및 보수가 쉽다.
③ 효율이 높다.
④ 높은 전력의 수요를 감당하는 데 적합지 않다.

해설

3상교류발전기의 장점
① 효율 우수
② 구조 간단
③ 보수와 정비용이
④ 높은 전력의 수요를 감당하는 데 적합

72 교류발전기에서 엔진의 회전수에 관계없이 일정한 출력주파수를 발생할 수 있도록 발전기축에 전달하는 장치는?

① 정속구동장치 ② 전압조절기
③ 역전류차단기 ④ 과전압방지장치

해설

문제 68 해설 참조

73 전압조절기(Voltage Regulator)의 발전기 출력이 증가하면?

① 전압코일(Voltage Coil)전류 증가, Generator Field 전류감소
② 전압코일(Voltage Coil)전류 감소, Generator Field 전류감소
③ 전압코일(Voltage Coil)전류 감소, Generator Field 전류증가
④ 전압코일(Voltage Coil)전류 증가, Generator Field 전류증가

해설

발전기의 전압 증가 → 전압코일전류 증가 → 전자석의 인력 증가 → 탄소판에 작용하는 압력 감소 → 저항 증가 → 계자전류 감소

74 발전기의 회전수가 높아지면 카본 파일(Carbon File)의 저항은 어떻게 변하는가?

① 저항이 커진다.
② 저항에는 변화가 없고 전류가 증가한다.
③ 저항이 감소한다.
④ 저항에는 변화가 없고 전류가 감소한다.

해설

문제 73 해설 참조

75 다음 중 직류발전기에서 기전력(Emf)의 크기를 결정하는 요소가 아닌 것은?

① Magnetic Field를 지나는 Wire의 수
② 회전방향
③ 자속
④ 회전속도

해설

$E=\frac{1}{120}\varepsilon P\phi NV$ 이므로 기전력의 크기는 코일의 수와 감는 방법, 극수, 자속, 회전수에 비례한다.(여기서, E : 기전력, ε : 코일의 수와 감는 방법, P : 극수, ϕ : 자속, N : 회전수)

76 카본 파일형 전압조절기의 탄소판 저항은 발전기의 어디에 넣어져 있는가?

① 발전기 출력축에 직렬로
② 발전기의 출력축에 병렬로
③ 발전기의 계자회로에 병렬로
④ 발전기의 계자회로에 직렬로

[정답] 71 ④ 72 ① 73 ① 74 ① 75 ② 76 ④

해설

전압조절기는 전기자의 회전수와 부하에 변동이 있을 때에는 출력 전압을 일정하게 조절해 주는 장치

① 진동형(Vibrating Type) : 계속적이지 못하고 단속적으로 전압을 조절하기 때문에 일부 소형 항공기에서만 사용한다.

② 카본 파일형 : 스프링의 힘을 이용하여 탄소판에 가해지는 압력을 조절하여 저항을 가감함으로써 출력전압을 조절하고, 발전기의 여자회로에 직렬로 연결되어 있다.

77 Carbon-Pile Voltage Regulator의 설명 중 맞는 것은?

① 발전전압이 감소되면 Carbon-Pile은 압축되어 저항값이 감소된다.

② 발전전압이 감소되면 Carbon-Pile은 변화가 없고 따라서 저항값도 변화가 없다.

③ 발전전압이 감소되면 Carbon-Pile은 압축되어 저항값이 증가된다.

④ 발전전압이 감소되면 전압조정 coil의 전류가 증가한다.

해설

Carbon-Pile Voltage Regulator의 발전전압이 감소되면 Carbon-Pile은 압축되어 저항이 감소된다.

78 카본 파일은 주로 어떤 기기에 사용되는가?

① 교류전압기　② 전압조절기

③ 흡입압력계　④ 자동조종장치

해설

문제 76 해설 참조

79 직류발전기의 전압조절기는 발전기의 무엇을 조절하는가?

① 회로가 과부하가 되었을 때 발전기의 회전을 내린다.

② 전기자전류를 일정하게 되도록 한다.

③ Equalizer Coil의 전류를 조절한다.

④ Field Current를 조절한다.

해설

전기자의 회전수와 부하에 변동이 있을 때에는 출력전압이 변하게 되므로 전압조절기를 사용하여 코일의 전류를 조절하여 출력전압을 일정하게 한다.

80 Brush Type DC Generator의 내부 구조를 크게 3개로 구분했을 때 맞는 것은?

① 계자(Field), 전기자(Armature), 브러시(Brush)

② 계자(Field), 전기자(Armature), 요크(Yoke)

③ 계자(Field), 전기자(Armature), 보극(Inter Pole)

④ 계자(Field), 전기자(Armature), 보상권선(Compensating Winding)

해설

구조는 제작회사마다 약간씩 다르지만 기능과 작동은 거의 같고, 계자, 전기자 및 정유자와 브러시 부분으로 구성되어 있다.

81 가장 효과적인 분권식 DC Generator의 전압조절 방식은?

① 계자코일의 전류를 변화시킨다.

② Load를 변화시킨다.

③ Armature Coil의 전류를 변화시킨다.

④ Generator의 rpm을 변화시킨다.

해설

분권형 직류발전기는 계자코일과 부하는 병렬관계에 있기 때문에 부하전류는 출력전압에 영향을 끼치지 않는다.

82 직류발전기에서 발전기의 출력전압이 너무 낮은 경우 그 원인은 무엇인가?

① 전압조절기의 부정확한 조절, 계자회로의 잘못된 접속 및 전압조절기의 조절저항의 불량이다.

② 전압조절기가 그 기능을 발휘하지 못하거나 전압계의 고장이다.

[정답] 77 ① 78 ② 79 ④ 80 ① 81 ④ 82 ①

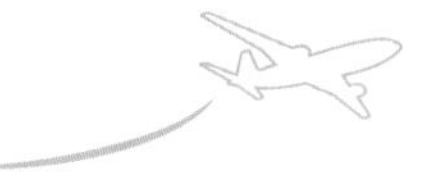

③ 측정전압계의 잘못된 연결이다.

④ 전압조절기의 불충분한 기능 및 발전기 브러시 마멸이나 브러시 홀더의 역할이 잘못 되었다.

해설

발전기 고장 원인

고장상태	원인
출력전압이 높다.	① 전압조절기의 고장 ② 전압계의 고장
출력전압이 낮다.	① 전압조절기 조절 불량 또는 조절저항의 불량 ② 계자회로의 접속 불량
전압의 변동이 심하다.	① 전압계의 접속 불량 ② 전압조절기의 불량 ③ 브러시의 마멸 또는 접촉 불량
출력발생이 안 된다.	① 발전기스위치의 작동 불량 ② 극성이 바뀜 ③ 회로의 단선이나 단락

83 Armature Reaction에 관련 없는 것은?

① 주극 ② 보극
③ 보상권선 ④ 아마추어전류

해설

전기자반응(Armature Reaction)은 보극, 전기자전류, 보상권선에 관계된다.

84 회전자(Armature) Coil의 Lap Winding 방식에 대한 설명 중 맞는 것은?

① 정격부하가 큰 발전기에 이용하는 형식이다.

② 높은 출력전압의 발생을 요하는 발전기에 이용되는 형식이다.

③ 한 회전자를 통해 다만 두 개의 병렬결선 뿐이다.

④ 두 개의 Brush만이 요구된다.

해설

Lap Winding 방식은 정격부하가 큰 발전기에 이용하는 형식, 나머지는 Wave Winding 방식이다.

85 교류회로 내의 전류 흐름을 제한하는 요소 모두를 합친 것은?

① Resistance ② Capacitance
③ Total Resistance ④ Impedance

해설

교류의 전기회로에서 전류가 흐르지 못하게 하는 것

① 저항
② 코일에 의한 Inductive Reactance
③ 콘덴서에 의한 Capacitive Reactance
④ 이것을 총칭하여 Impedance라고 한다.

86 다음 중 접점을 이용하지 않으면서 회로를 제어하기 위해 사용하는 Switch는?

① Toggle Switch

② Micro Switch

③ Rotary Selector Switch

④ Proximity Switch

해설

Proximity Switch는 논리회로로 조합되어 Landing Gear Up-down의 작동 표시, Door 개폐 표시, Flap의 작동 상태 표시 등에 사용되며, Switch는 기체에 장착되며 Target(금속편)은 Landing Gear, Door 등에 장착된다.

87 스위치와 피검출물들과의 기계적인 접촉을 없앤 구조의 스위치는?

① 토글스위치(Toggle Switch)

② 리미트스위치(Limit Switch)

③ 프럭시미티스위치(Proximity Switch)

④ 로커스위치(Rocker Switch)

해설

스위치와 피검출물들과의 기계적인 접촉을 없앤 구조의 스위치는 프럭시미티스위치(Proximity Switch)이다.

[정답] 83 ① 84 ① 85 ④ 86 ④ 87 ③

88 다음 중 병렬회로를 가장 잘 설명한 것은?

① 합성저항값은 제일 작은 저항값보다 작다.
② 회로에서 하나의 저항을 제거할 때 합성저항값은 줄어든다.
③ 합성저항값은 인가된 전압값과 같다.
④ 총 전류는 저항과 관계없이 변화가 없다.

해설

Parallel Circuit에서 Total Resistance는 항상 Circuit의 Resistance 중 가장 작은 Resistance 보다 작다.

89 2개 이상의 교류발전기가 병렬로 연결되어 작동한다면?

① Ampere와 Frequency가 같아야 한다.
② Watt와 Voltage가 같아야 한다.
③ Frequency와 Voltage가 같아야 한다.
④ Ampere와 Voltage가 같아야 한다.

해설

병렬운전의 조건은 주파수, 전압, 상이 같아야 한다.

90 발전기의 속도와 부하가 달라짐에도 불구하고 일정한 전압을 유지할 수 있는 것은 다음 중 무엇을 조절함으로써 가능한가?

① Generator의 계자전류(Field Current)
② 전기자(Armature)의 Conductor 숫자
③ 전기자(Armature)가 돌아가는 속도
④ 정류자(Commutator)를 누르는 Brush의 힘

해설

Generator의 Voltage Output을 결정하는 오직 한가지의 Factor는 Field Current의 세기만이 쉽게 조절될 수 있다.

91 변압기에서 2차 권선의 권선수가 1차 권선의 2배라면 2차 권선의 전압은?

① 일차권선보다 크며 전류는 더 작다.
② 일차권선보다 크며 전류도 더 크다.
③ 일차권선보다 적으며 전류는 더 크다
④ 일차권선보다 적으며 전류도 더 적다.

해설

변압기의 전압과 권선수와의 관계

$$\frac{E_1}{E_2}=\frac{N_1}{N_2}$$

여기서, E_1 : 1차 전압, E_2 : 2차 전압, N_1 : 1차 권선수, N_2: 2차 권선수

$$E_2=\frac{E_1 \times N_2}{N_1}=\frac{E_1 \times 2}{1}=2E_1$$

만약 Transformer가 Voltage를 높여 준다면, 같은 비율로 Current를 감소시킬 것이다.

92 상업용 항공기에서 Generator의 회전속도는 증가하고 있는 추세이다. 교류발전기의 회전속도를 12,000[rpm]에서 24,000[rpm]으로 증가시킬 때 다음 설명 중 틀린 것은?

① 발전기의 출력은 증가한다.
② 회전부의 파괴를 방지하기 위해 기계적 강도를 높여야 한다.
③ 400[Hz]의 주파수를 얻기 위한 발전기의 극(Pole)수는 4극으로 한다.
④ 발전기의 크기는 작게 할 수 있다.

해설

$$\text{주파수}(F)=\frac{\text{극수}(P)\times\text{회전수}(N)}{120},$$

$$400=\frac{P\times 24{,}000}{120},\ P=\frac{48{,}000}{24{,}000}=2$$

∴ 극수는 2극이다.

93 Nickel-Cadmium Battery에 관한 설명 중 틀린 것은?

① 사용하는 전해액은 KOH이다.
② 전해액의 비중은 1.24~1.30이다.

[정답] 88 ① 89 ③ 90 ① 91 ① 92 ③ 93 ③

③ Battery의 충전상태는 비중을 Check하여 알 수 있다.
④ 전해액의 Level은 Plate의 Top을 유지해야 한다.

해설

Nickel-cadmium Battery에서 사용하는 Electrolyte는 중량 상으로 수산화칼륨(KOH) 30[%] 증류수 용액이다. Electrolyte의 비중은 실내온도 하에서 1.240에서 1.300 사이이다. 방전할 때와 충전할 때에 약간의 비중 변화도 발생하지 않는다. 결과적으로, Electrolyte의 비중검사로는 Battery의 충전상태를 알아볼 수가 없다. Electrolyte의 수면은 항상 Plate의 바로 위에 있어야 한다.

94 Nickel-Cadmium Battery 취급에 대한 설명 중 틀린 것은?

① Battery의 과충전과 과방전시 Vent Cap 주위의 흰색 분말은 Non-Metallic Brush를 사용하여 제거한다.
② Battery Case의 균열 및 손상과 Vent System을 점검한다.
③ Cell 연결부위에서 부식 및 과열현상을 발견 시 Battery는 수리해야 한다.
④ 장기간 저장된 Battery를 항공기에 장착 전 전해액의 Level이 낮은 경우 충전 없이 증류수를 보급한다.

해설

일정 기간을 초과한 때에는 항공기에서 Remove하여 Battery Shop에서 기능 점검을 해야 한다.

95 Battery의 단자전압과 용량의 관계에 대한 설명으로 틀린 것은?

① 단자전압을 증가시키기 위해 Cell을 직렬로 연결한다.
② 용량을 증가시키기 위해 Cell을 병렬로 연결한다.
③ 단자전압과 용량을 동시에 증가시키기 위해 Cell을 직-병렬로 연결한다.
④ 단자전압은 Cell을 직렬로 연결하여 증가시킬 수 있으나 용량은 Plate의 면적을 증가시켜야만 가능하다.

해설

단자전압을 증가시키기 위해 Cell을 직렬로 연결하고, 용량을 증가시키기 위해 Cell을 병렬로 연결한다.

96 Battery의 육안검사 시 Battery Cell Cover가 누렇게 변하고 다량의 흰색분말이 침전되어 있는 것을 확인하였다. 이에 대한 원인 중 관계가 먼 것은?

① 충전회로의 고장으로 인한 Overcharging
② Overload에 의한 과방전
③ Battery 내부의 양극판과 음극판의 단락
④ Battery의 빙결을 방지하기 위한 Heater Plate의 Heater Open

해설

충전회로의 고장으로 인한 Overchaging, Overload에 의한 과방전, 그리고 Battery 내부의 양극판과 음극판의 단락으로 인한 원인이다.

97 DC Motor는 계자권선과 Armature권선의 연결 상태에 따라 각기 다른 특성을 나타낸다. 높은 Torque가 요구되는 Starter에 사용되는 DC Motor는?

① Induction Motor
② Series-wound Motor
③ Shunt-wound Motor
④ Compound-wound Motor

해설

부하가 크고 Starting Torque가 큰 것을 필요로 하는 곳에 Series Motor가 이용된다. 따라서 Engine Starter와 Landing Gear, Cowl Flap, 그리고 Wing Flap 등을 올리고 내리는 데 사용된다.

98 DC Motor에서 반대방향으로 감은 2개의 계자권선의 목적은?

① Motor의 속도 제어
② Motor의 Torque 제어
③ Motor의 회전방향 제어
④ Actuator Motor의 경우 Magnetic Clutch의 제어

[정답] 94 ④ 95 ④ 96 ④ 97 ② 98 ③

기출+예상

해설

Split Field Motor는 2개의 분리된 Field Winding이 서로 엇갈리게 Poles에 감겨져 있다. 그러한 Motor에서의 Armature는 Four-pole이며 역회전을 할 수 있는 Motor이다.

99 직류 Motor의 회전방향을 바꾸고자 할 경우 올바른 것은?

① 외부 선원상지로부터 Motor에 연결되는 선을 교환한다.
② Field나 Armature 권선 중 1개의 연결을 바꿔준다.
③ 가변저항기를 이용해 계자전류를 조절한다.
④ Motor에 연결된 3상 중 2상의 연결선을 바꿔준다.

해설

Armature 또는 Field Winding 중 하나에서 Current Flow의 방향을 바꾸어 주면, Motor의 회전을 반대방향으로 할 수 있다.

100 회전방향을 필요에 따라 역으로도 할 수 있는 Motor는?

① Dynamotor ② Split Motor
③ Synchro Motor ④ Universal Motor

해설

Split Motor(Reversible Motor)
회전방향을 필요에 따라 역으로도 할 수 있는 Motor이다.

101 전류와 자기장의 관계에 대한 설명 중 틀린 것은?

① 직선 Wire에 전류가 흐르면 전류를 중심으로 동심원의 자기장이 만들어진다.
② 자기장의 방향은 오른손 엄지가 전류방향 시 나머지 손가락이 감아지는 방향이다.
③ Coil에 전류가 흐를 시 자기장의 방향은 왼손 네 손가락을 전류방향으로 가정할 시 엄지가 가리키는 방향이 N극이다.
④ 직선전류에 의한 자기장의 세기는 도선의 거리에 반비례한다.

해설

Coil에 전류가 흐를 시 왼손 네 손가락은 자기장의 자력선방향, 엄지가 가리키는 방향은 전류의 방향이다.

102 다음 중 전자석의 세기와 관계가 가장 먼 것은?

① Coil에 흐르는 전류의 양
② Coil의 감은 수
③ Core Material의 투과율
④ Coil의 굵기

해설

Coil에 흐르는 전류의 양, Coil의 감은 수, 그리고 Core Material의 투과율이 클수록 전자석의 세기는 커진다.

103 전류/전압/저항에 대한 서로의 관계를 잘못 설명한 것은?

① 1[A]는 1초 동안에 1[C]의 전하량이 통과한 값이다.
② 1[V]는 1[A]의 전류를 1[Ω]의 저항에 흐르게 하는 기전력이다.
③ 1[Ω]은 도체에 1[V]의 기전력을 가할 시 1[A]의 전류가 흐르는 값이다.
④ Volt와 Ampere는 반비례 관계에 있다.

해설

Volt와 Ampere는 비례 관계에 있다.

104 다음 설명 중 틀린 것은?

① 한 가지 원자로만 구성된 물질을 원소(Element)라고 한다.
② 원자는 물질 그 자체의 화학적인 성질을 지닌 채 쪼개어질 수 없는 가장 작은 알맹이이다.
③ 원자는 양자와 중성자로 구성된 핵으로 구성되어 있다.
④ 양자의 양전하가 끌어당김으로 쉽게 떨어져 나갈 수 있는 전자를 자유전자라고 한다.

[정답] 99 ② 100 ② 101 ③ 102 ④ 103 ④ 104 ③

 해설

원자는 양자와 중성자로 구성된 핵과 핵을 중심으로 회전하는 전자로 구성되어 있다.

105 몸체-끝-점 표시법에 의한 저항 Color Code에 대한 설명 중 맞는 것은?

① 세 번째 줄무늬가 금색이면 첫 번째와 두 번째 자리수에 20[%]를 곱한다.

② 세 번째 줄무늬가 은색이면 첫 번째와 두 번째 자리수에 10[%]를 곱한다.

③ 네 번째 줄무늬가 금색이면 공차는 20[%]이다.

④ 네 번째 줄무늬가 없으면 공차는 20[%]이다.

해설

- 세 번째 줄무늬가 금색이면 첫 번째와 두 번째 자리수에 10^{-1}을 곱한다.
- 세 번째 줄무늬가 은색이면 첫 번째와 두 번째 자리수에 10^{-2}를 곱한다.
- 네 번째 줄무늬가 금색이면 공차는 5[%]이다.
- 네 번째 줄무늬가 은색이면 공차는 10[%]이다.
- 네 번째 줄무늬가 없으면 공차는 20[%]이다.

106 다음 설명 중 틀린 것은?

① 니켈, 코발트와 같이 투자율이 1 이상인 비철금속을 상자성체라고 한다.

② 창연(Bismuth)과 같이 투자율이 1보다 작은 물질을 반자성체라고 한다.

③ 철과 철합금과 같이 투자율이 매우 큰 물질을 강자성체라고 한다.

④ 자속이 물질을 투과하는 정도를 투자율이라 하며 완전 진공상태를 0.8로 잡는다.

해설

자속이 물질을 투과하는 정도를 투자율이라 하며 완전 진공상태를 1로 잡는다.

107 Lead-acid Battery의 Cell에서 양극판이 음극판보다 1개 적은 이유는?

① Cell 구성을 위해서이다.

② 양극판의 찌그러짐을 방지하기 위해서이다.

③ 음극판의 찌그러짐을 방지하기 위해서이다

④ Battery의 용량을 증가시키기 위해서이다.

해설

화학반응이 양극판 양쪽에서 일어나도록 함으로써 찌그러짐을 방지한다.

108 Battery Cell의 구조물 중 항공기가 배면비행 시 전해액의 누출을 방지하는 것은?`

① Terminal Post ② Supporting Ribs

③ Vent Plug ④ Separator

해설

Vent Plug

수평비행 시 납 추가 조그만 구멍을 통해서 Gas를 배출시키도록 하고, 배면비행 시 전해액의 누출을 막아 버린다.

109 Battery의 정전류 충전법의 장점은?

① 일정한 전류로 충전하므로 과충전의 위험이 적다.

② 충전시간을 미리 추정할 수 있다.

③ 완전히 충천하는 데 적은 시간이 요구된다.

④ 초기의 전류는 높지만 점점 낮아진다.

해설

① 장점 : 충전시간을 미리 추정할 수 있다.

② 단점 : 과충전의 위험이 많다. 완전히 충천하는 데 많은 시간이 요구된다.

110 Ni-Cd Battery 취급에 대한 설명 중 맞는 것은?

① 전해액을 만들려고 할 때 반드시 물에 수산화칼륨을 섞는다.

② Battery를 깨끗이 하기 위해 Wire Brush를 사용한다.

[정답] 105 ④ 106 ④ 107 ② 108 ③ 109 ② 110 ①

③ Battery가 완전히 충전된 후에 3~4시간 이내에 물을 첨가한다.

④ Ni-Cd Battery의 전해액은 전극판과 화학반응으로 비중이 크게 변한다.

해설

- Battery를 깨끗이 하기 위해 Fiber Brush를 사용한다.
- Battery가 완전히 충전된 후에 3~4시간 이후에 필요 시 물을 첨가한다.
- Ni-Cd Battery의 전해액은 전극판과 화학반응을 하지 않기 때문에 비중이 크게 변화하지 않는다.

111 Fleming의 오른손법칙에 대한 설명 중 맞는 것은?

① 집게손가락은 자장 속을 움직이는 도체의 운동방향을 나타낸다.

② 엄지손가락은 자력선의 방향을 나타낸다.

③ 가운데손가락은 유도기전력의 방향을 나타낸다.

④ 가운데손가락은 전류의 방향을 나타낸다.

해설

집게손가락은 자력선의 방향, 가운데손가락은 유도기전력의 방향, 그리고 엄지손가락은 도체의 운동방향을 나타낸다.

112 전자유도에 의해 발생되는 전압의 방향은 그 유도전류가 만드는 자속이 원래 자속의 변화를 방해하는 방향으로 결정되는 법칙은?

① 플레밍의 오른손법칙 ② 플레밍의 왼손법칙

③ 렌츠의 법칙 ④ 키르히호프의 법칙

해설

전자유도에 의해 발생되는 전압의 방향은 그 유도전류가 만드는 자속이 원래 자속의 변화를 방해하는 방향으로 결정되는 법칙은 렌츠의 법칙

113 유도기전력의 값에 영향을 주는 요인이 아닌 것은?

① 자장 속을 움직이는 도선의 수

② 자장의 세기

③ 회전속도

④ 전압의 크기

해설

유도기전력의 값에 영향을 주는 요인은 자장 속을 움직이는 도선의 수, 자장의 세기, 회전속도이다.

114 하나의 Terminal Stud에 장착할 수 있는 Terminal의 Maximum 수는?

① 2개 ② 3개

③ 4개 ④ 5개

해설

Terminal Stud에는 오직 4개까지만 장착할 수 있다.

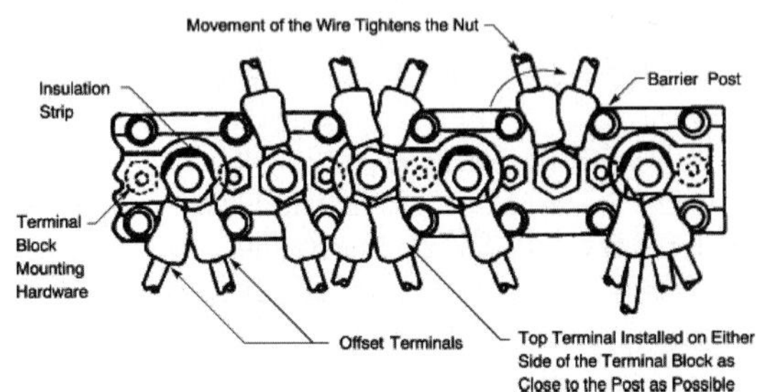

115 Circuit Breaker의 장점이 아닌 것은?

① Electric Circuit에서 수동 또는 전기적으로 Open, Close를 할 수 있다.

② Overload 발생 시 설정된 Time Limit 내에 자동적으로 회로를 차단한다.

③ 회로에 정격값 이상의 전류가 흐르면 즉시 회로를 차단한다.

④ 회로가 차단된 후 다시 Reset할 수 있다.

해설

회로에 정격값 이상의 전류가 흐르면 짧은 시간이 흐른 후에 회로를 차단한다.

[정답] 111 ③ 112 ③ 113 ④ 114 ③ 115 ③

116 Wire Number Marking에 대한 설명 중 틀린 것은?

① Wire Number Marking의 Interval은 12～15[inch]이다.
② Wire의 길이가 3～7[inch]인 Wire는 중앙에 Wire Number를 Marking한다.
③ Wire 길이가 3[inch] 미만인 경우에는 Wire Number를 Marking하지 않는다.
④ Wire 길이가 3[inch] 미만인 경우에는 Tape에 Wire Number를 Marking하여 부착한다.

해설

Wire Number Marking의 Interval은 12～15[inch]이다. Wire의 길이가 3～7[inch]인 Wire는 중앙에 Wire Number를 Marking한다. Wire 길이가 3[inch] 미만인 경우에는 Wire Number를 Marking하지 않는다.

117 3개의 영구자석을 갖는 발전기가 3,600[rpm]으로 회전했을 때 주파수 값은?

① 90[Hz] ② 180[Hz]
③ 5,400[Hz] ④ 10,800[Hz]

해설

$F=\frac{3\times 3,600}{60}=\frac{10,800}{60}=180[\text{Hz}]$

118 1개의 영구자석을 갖춘 발전기가 12,000[rpm]으로 회전할 때 발생되는 주파수는?

① 60[Hz] ② 120[Hz]
③ 200[Hz] ④ 400[Hz]

해설

$F=\frac{1\times 12,000}{60}=\frac{12,000}{60}=200[\text{Hz}]$

119 220[V]의 교류전동기가 50[A]의 전류를 공급받고 있다. 그런데 전력계에는 9,350[W]의 전력만을 전동기가 공급 받는 것으로 나타나 있다. 역률은 얼마인가?

① 0.227 ② 0.425
③ 0.850 ④ 1.176

해설

역률＝유효전력/피상전력

$역률=\frac{9,350[\text{W}]}{220\times 50}=0.85$

120 유효전력이 48[W]이고 무효전력이 36[VAR]인 발전기의 역률은?

① 0.60 ② 0.75
③ 0.80 ④ 1.00

해설

- $피상전력=\sqrt{(유효전력)^2+(무효전력)^2}=\sqrt{48^2+36^2}=60$
- $역률=\frac{유효전력}{피상전력}=\frac{48}{60}=0.8$

121 Generator에서 기계적인 운동을 전기적인 Energy로 변환시키는 데 적용하는 원리는?

① Atomic Reaction
② Electrical Attraction
③ Magnetic Repulsion
④ Magentic Induction

해설

Generator는 전자 유도(Electromagnetic Induction)에 의하여 기계적인 Energy를 전기적인 Energy로 변환시키는 기계이다.
'아마추어 유도'는 없음 → 반작용은 있음

122 기본적인 Generator의 Output Voltage는 무엇에 의해 Armature에서 Brush로 연결되는가?

① Slip Ring ② Interpoles
③ Terminals ④ Pigtails

[정답] 116 ④ 117 ② 118 ③ 119 ③ 120 ③ 121 ④ 122 ①

해설

Loop에서 발생되는 Voltage를 외부 Circuit에 Current로 흐르게 하기 위해서는, Wire의 Loop를 외부 Circuit에 직렬로 연결하는 방법을 마련하여야 한다. 이런 전기적 연결은 Wire의 Loop가 그 2개의 끝을 Slip Ring이라고 부르는 2개의 금속 Ring에 연결한다.

123 **기본적인 Generator가 자장에서 Single Coil로 회전하고 있다. Neutral Plane을 통과하는 Coil에서 Voltage가 유도되지 않는 이유는?**

① 자력선이 너무 밀도가 높기 때문에
② 자력선이 Cut되지 않기 때문에
③ 자력선이 존재하지 않기 때문에
④ 자력선이 잘못된 방향으로 Cut되기 때문에

해설

자력선이 Coil에 의해 차단되지 않으므로 기전력도 발생하지 않는다.

124 **Generator의 Output에서 A.C. Voltage 대신 D.C. Voltage를 생산하도록 하는 Generator의 Component는?**

① Brushes ② Armature
③ Slip Ring ④ Commutator

해설

A.C.Generator 또는 Alternator, 그리고 D.C. Generator는 모두 Loop를 회전 시켜서 Voltage를 얻는다는 점에서 동일하다. 그러나 만약 Slip Ring에 의해서 Loop로부터 Current가 얻어지면 교류라고 한다. 그리고 이 Generator를 A.C. Generator 또는 Alternator라고 부른다.
Commutator에 의해서 얻어지는 Current는 직류이며, 이 Generator를 D.C. Generator라고 부른다.

125 **다른 항공기에 대해 해당 항공기의 비행방향을 알려주는 항공기의 외부등은?**

① 항법등(Navigation Light)
② 충돌방지등(Anti-collision Light)
③ 날개조명등(Wing Illumination Light)
④ 로고등(Logo Light)

해설

다른 항공기에 대해 해당 항공기의 비행방향을 알려주는 항공기의 외부등은 항법등이다.

126 **조종실의 Warning Light에 대한 설명 중 맞는 것은?**

① 적색등(Red Light)은 주의를 의미한다.
② 황색등(Amber Light)은 경고를 의미한다.
③ 백색등(White Light)은 정보를 주는 목적이다.
④ 청색등(Blue Light)은 위험을 의미한다.

해설

① 적색등(Red Light)은 경고
② 황색등(Amber Light)은 주의
③ 백색등(White Light)은 정보를 제공
④ 녹색등(Green Light)은 Transit을 의미한다.

3 항공계기

01 **항공기 계기판의 구비조건에 대한 설명이 잘못된 것은?**

① 자기 컴퍼스에 의한 자기적인 영향을 받지 않도록 비자성 금속을 사용해야 한다.
② 완충 마운트를 사용하여 진동으로부터 계기를 보호할 수 있어야 한다.
③ 유해한 반사광선으로 인하여 내용이 잘못 파악되지 않도록 해야 한다.
④ 계기판의 지시를 쉽게 읽을 수 있도록 하고 일반적으로 광택 검은색 도장을 한다.

해설

계기판의 구비조건
① 자기 컴퍼스에 의한 자기적인 영향을 받지 않도록 비자성 금속을 사용해야 한다.(보통 알루미늄 합금을 사용한다.)

[정답] 123 ② 124 ④ 125 ① 126 ③ 01 ④

② 완충 마운트를 사용하여 진동으로부터 계기를 보호할 수 있어야 한다.
③ 유해한 반사광선으로 인하여 내용이 잘못 파악되지 않도록 해야 한다.(일반적으로 무광택 검은색 도장을 한다.)

02 계기판에 대한 설명 중 틀린 것은?

① 계기판은 비자성 재료인 알루미늄합금으로 되어있다.
② 기체 및 기관의 진동으로부터 보호하기 위해 Shock Mount를 설치한다.
③ 계기판은 지시를 쉽게 읽을 수 있도록 무광택의 검은색을 칠한다.
④ 야간비행 시 조종석을 밝게 하여 계기의 눈금과 바늘이 잘 보이도록 한다.

해설

야간비행 시 조종석을 어둡게 하기 위해 형광등으로 자외선을 비추어 계기의 눈금과 바늘에 칠해 놓은 형광물질이 빛을 내도록 한다.

03 계기의 구비요건에 대한 설명이 적절하지 않은 것은?

① 소형일 것
② 경제적이며 내구성이 클 것
③ 신뢰성이 좋을 것
④ 정확성이 있을 것

해설

계기의 구비요건

① 무게와 크기를 작게 하고, 내구성이 높아야 한다.
② 정확성을 확보하고, 외부조건의 영향을 적게 받도록 한다.
③ 누설에 의한 오차를 없애고, 접촉부분의 마찰력을 줄인다.
④ 온도의 변화에 따른 오차를 없애고, 진동에 대해 보호되어야 한다.
⑤ 습도에 대한 방습처리와 염분에 대한 방염처리를 철저히 해야 한다.
⑥ 곰팡이에 대한 향균처리를 해야 한다.

04 여러 가지 비행조건에서 항공계기의 신뢰성이 요구되는 조건에 적합하지 않은 것은?

① 항공기의 중량을 적게 하기 위해 가벼워야 한다.
② 계기의 정밀도를 될 수 있는 대로 오랫동안 유지할 수 있어야 한다.
③ 중요부분에 항균도료로 도장하여 곰팡이의 영향을 방지해야 한다.
④ 제트기관에서는 기관의 진동으로 인한 영향을 막기 위해 방진장치를 설치한다.

해설

왕복기관은 계기판에 방진장치를 설치해야 하고 제트기관은 진동장치를 설치해야 한다.

05 Shock Mount의 역할은?

① 저주파, 고진폭 진동 흡수
② 저주파, 저진폭 진동 흡수
③ 고주파, 고진폭 진동 흡수
④ 고주파, 저진폭 진동 흡수

해설

충격 마운트(Shock Mount)

비행기의 계기판은 저주파수, 높은 진폭의 충격을 흡수하기 위하여 충격 마운트(Shock Mount)를 사용하여 고정한다.

06 청색 호선(Blue Arc)의 색 표식을 사용할 수 있는 계기는?

① 대기속도계 ② 기압식 고도계
③ 흡입압력계 ④ 산소압력계

해설

계기의 색 표식

① 붉은색 방사선(Red Radiation)
최대 및 최소운용한계를 나타내며, 붉은색 방사선이 표지된 범위 밖에서는 절대로 운용을 금지해야 함을 나타낸다.
② 녹색 호선(Green Arc)
안전운용범위, 계속운전범위를 나타내는 것으로서 운용범위를 의미한다.
③ 황색 호선(Yellow Arc)
안전운용범위에서 초과금지까지의 경계 또는 경고범위를 나타낸다.

[정답] 02 ④ 03 ① 04 ④ 05 ① 06 ③

④ 흰색 호선(White Arc)
대기속도계에서 플랩조작에 따른 항공기의 속도범위를 나타내는 것으로서 속도계에서만 사용이 된다. 최대착륙무게에 대한 실속 속도로부터 플랩을 내리더라도 구조 강도상에 무리가 없는 플랩 내림 최대속도까지를 나타낸다.

⑤ 청색 호선(Blue Arc)
기화기를 장비한 왕복기관에 관계되는 기관계기에 표시하는 것으로서, 연료와 공기혼합비가 오토 린(Auto Lean)일 때의 상용안전운용범위를 나타낸다.

⑥ 백색 방사선(White Radiation)
색 표식을 계기 앞면의 유리판에 표시하였을 경우에 흰색 방사선은 유리가 미끄러졌는지를 확인하기 위하여 유리판과 계기의 케이스에 걸쳐 표시한다. 대기속도계에서 플랩조작에 따른 항공기의 속도범위를 나타내는 것으로서 속도계에서만 사용이 된다. 최대착륙무게에 대한 실속속도로부터 플랩을 내리더라도 구조 강도상에 무리가 없는 플랩 내림 최대속도까지를 나타낸다.

07 백색 호선에 대한 설명이 잘못된 것은?

① 경고범위를 나타낸다.
② 속도계에만 있다.
③ 플랩을 내릴 수 있는 속도를 알 수 있다.
④ 최대 착륙 중량시의 실속속도를 알 수 있다.

해설

문제6 해설 참조

08 계기의 색 표식에서 황색 호선(Yellow Arc)은 무엇을 나타내는가?

① 위험지역 ② 최저운용한계
③ 최대운용한계 ④ 경계, 경고범위

해설

문제6 해설 참조

09 제트항공기의 계기 또는 계기판에 설치된 바이브레이터(Vibrator)와 관련이 있는 것은?

① 복선오차 ② 누설오차
③ 상온오차 ④ 마찰오차

해설

바이브레이터(Vibrator : 진동기)

전기계통 구성품으로 전자기 계전기를 사용하여 교류를 맥동 직류로 변환시키는 장치이다. 계전기(Relay)코일을 통하여 전류가 흐르면 전자석에 의하여 열려 있는 접점을 끌러 닫아(Close)준다. 코일과 접점은 직렬로 연결되어 있어 접점이 열리는 순간 전자석에 흐르는 전류는 차단되어 접점이 열린다. 이러한 열림과 닫힘의 주기에 의하여 교류가 맥동 직류로 변환된다. 맥동 직류의 주파수는 자석의 특성에 의하여 결정된다.
마찰오차는 계기의 작동기구가 원활하게 움직이지 못하여 발생하는 오차이다.

10 전기계기의 철제 케이스나 강제 케이스가 대부분 부착되어 있는 이유는 ?

① 정비도중의 계기 손상을 방지하기 위해서이다.
② 장탈 및 장착을 용이하게 하기 위해서이다.
③ 외부 자장의 간섭을 막기 위해서이다.
④ 계기 내부에 열이 축적되는 것을 막기 위해서이다.

해설

항공계기의 케이스

① 자성 재료의 케이스
항공기의 계기판에는 많은 계기들이 모여 있기 때문에 서로간에 자기적 또는 전기적인 영향을 받을 수 있다. 전기적인 영향을 차단하기 위해서는 알루미늄합금같은 비자성 금속 재료로서 차단할 수 있지만, 자기적인 영향은 철제케이스를 이용하여 차단하고, 철제 케이스는 강도면에서도 강하다. 그렇지만 무게가 많이 나가는 단점이 있기 때문에 플라스틱 재료와 금속 재료를 조합하여 케이스 무게를 감소시키기도 한다.

② 비자성 금속제 케이스
알루미늄합금은 가공성, 기계적인 강도, 무게 등에 유리한 점이 있고 전기적인 차단효과가 있으므로 비자성 금속제 케이스로 가장 많이 사용된다.

③ 플라스틱제 케이스
케이스의 제작이 용이하고 표면에 페인트를 칠할 필요가 없으며 무광택으로 하여 계기판 전면에서 유해한 빛의 반사를 방지할 수 있는 특징이 있다. 외부와 내부에서 전기적 또는 자기적인 영향을 받지 않는 계기의 케이스로 가장 많이 사용된다.

11 전류로 만들어진 회전자계 또는 이동자계 내에 금속 원판 또는 원통을 두어 이를 이용한 계기는?

[정답] 07 ④ 08 ④ 09 ④ 10 ③ 11 ③

① 비율계형계기 ② 유도형계기
③ 가동코일형계기 ④ 가동철편형계기

해설

가동코일형계기

영구 자석에 의한 자계(磁界)속에 가동 코일을 설치하고 이것에 측정하고자 하는 전류를 흐르게 하여 지침을 측정하는 계기

- 특징
  ① 극성을 가지고 전류 방향으로 지침의 흔들리는 방향이 결정된다.
  ② 눈금이 등분눈금이다.
  ③ 감도가 좋다.
  ④ 직류 전용이다.

12 고정코일에 전류가 흐르면 2개의 철편이 자화되어 양자 사이의 반발력을 이용한 계기는?

① 가동코일형계기 ② 가동철편형계기
③ 전류력계형계기 ④ 정류형계기

해설

가동철편형계기

고정 코일에 흐르는 전류에 의해서 생기는 자계와 가동 철편 사이의 전자력, 또는 코일 내에 부착된 고정 철편과 가동 철편 사이의 자력을 이용하는 것을 말한다.

- 특징
  ① 주로 상용 주파수의 교류에 사용되는데, 히스테리시스손이 적은 양질의 철편을 사용하면 직류에도 사용할 수 있다.
  ② 눈금은 "0" 부근을 제외하고 거의 등분 눈금에 가깝다.
  ③ 정확도는 떨어지나 구조가 간단하고 튼튼하며 값이 싸다.

13 회로시험기기 사용 시 유의사항 중 틀린 것은?

① 빨간색 LEAD는 항상 (+), 검은색 LEAD는 (−)에 연결한다.
② 측정할 전압의 크기를 모를 경우 최대측정범위에서 선택한다.
③ 저항측정 시 측정범위를 변경할 때마다 0[Ω] 조정을 할 필요는 없다.
④ 회로시험기기를 사용하지 않을 경우에는 전환스위치를 항상 OFF에 놓는다.

해설

저항측정 시 측정범위를 변경할 때마다. 0[Ω] 조정을 해야한다.

14 Pitot Tube를 이용한 계기가 아닌 것은?

① 속도계 ② 고도계
③ 선회계 ④ 승강계

해설

피토정압계기의 종류

① 고도계

② 속도계

③ 마하계

④ 승강계

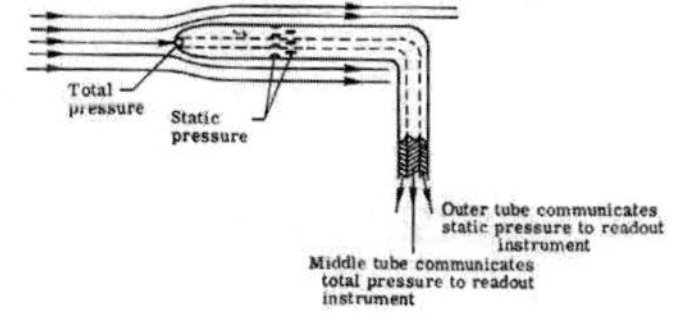

⑤ Pitot Tube와 Static Tube

15 동·정압계기가 아닌 것은?

① 승강계 ② 고도계
③ 마하계 ④ 연료유량계

해설

동압만 받는 계기는 없음

① 정압만 받는 계기 : 고도계(Altimeter), 승강계(VSI)
② 동압과 정압 모두를 받는 계기 : 속도계, 마하계

16 공함(Collapsible Chamber)에 사용되는 재료는?

① 알루미늄 ② 니켈
③ 티탄 ④ 베릴륨−구리합금

해설

공함(Collapsible Chamber)

① 공함에 사용되는 재료는 탄성한계 내에서 외력과 변위가 직선적으로 비례하며, 비례상수도 커야 한다.
② 제작의 어려움 때문에 인청동을 사용하였으나, 현재에는 베릴륨−구리합금이 쓰이고 있다.

[정답] 12 ② 13 ③ 14 ③ 15 ④ 16 ④

기출+예상

17 기체 좌·우에 있는 정압공이 기체 내에서 서로 연결되어 있는 이유는?

① 어느 쪽이 막혔을 때를 대비한 것이다.
② 기장측과 부기장측이 공용으로 사용하기 위해서이다.
③ 빗물이 침입한 경우에 대비한 것이다.
④ 측풍에 의한 오차를 방지하기 위한 것이다.

해설

기체의 모양이나 배관의 상태 또는 피토관의 장착위치와 측풍에 의한 오차를 일으킬 수 있기 때문에 이를 방지하기 위하여 동체 좌·우에 두게 된다.

18 기압고도(Pressure Altitude)에서 기압 수치는 얼마인가?

① 14.7[inHg] ② 14.7[psi]
③ 29.92[psi] ④ 29.92[inHg]

해설

고도의 종류

① 진고도(True Altitude) : 해면상의 실제고도를 말하고, 기압은 항상 변하고 고도변화에 대한 기압의 변화는 일정하지 않기 때문에 기압고도계로는 진고도를 알 수가 없다. 단지 기압 설정 눈금은 압력지시를 시프트하는 것이고, 해면상의 압력에 맞추는 것에 의해 진고도에 가까운 값을 얻을 수가 있다.
② 절대고도(Absolute Altitude) : 항공기로부터 그 당시의 지형까지의 고도
③ 기압고도(Pressure Altitude) : 기압표준선, 즉 표준대기압 해면(29.92[inHg])으로부터의 고도

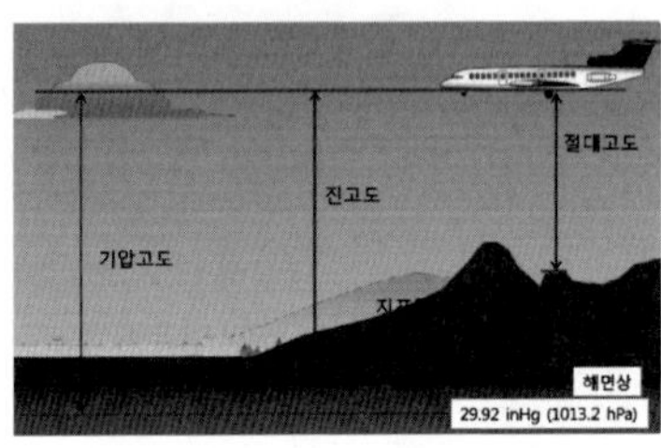

19 해면고도로부터 항공기까지의 고도를 무엇이라 하는가?

① 진고도 ② 밀도고도
③ 지시고도 ④ 절대고도

해설

문제 18 해설 참조

20 해발 500[m]인 비행장 상공에 있는 비행기의 진고도가 3,000[m]라면 이 비행기의 절대고도는 얼마인가?

① 500[m] ② 2,500[m]
③ 3,000[m] ④ 3,500[m]

해설

고도의 종류

절대고도(Absolute Altitude)는 항공기로부터 그 당시의 지형까지의 고도이므로 3,000−500=2,500[m]

21 고도계 보정 중 QNH를 통보해 주는 곳이 없는 해변 비행이거나 14,000[feet] 이상의 높은 고도를 비행할 때 주로 사용하는 고도계 보정방식은?

① QNE ② QNH
③ QFE ④ QHN

해설

고도계의 보정방법

① QNE 보정 : 해상 비행 등에서 항공기의 고도 간격의 유지를 위하여 고도계의 기압 창구에 해면의 표준대기압인 29.92[inHg]를 맞추어 표준기압면으로부터 고도를 지시하게 하는 방법이다. 이때 지시하는 고도는 기압고도이다. QNH를 통보할 지상국이 없는 해상 비행이거나 14,000[feet] 이상의 높은 고도의 비행일 때에 사용하기 위한 것이다.
② QNH 보정 : 일반적으로 고도계의 보정은 이 방식을 말한다. 4,200[m](14,000[feet]) 미만의 고도에서 사용하는 것으로 활주로에서 고도계가 활주로 표고를 가리키도록하는 보정이고 진고도를 지시한다.
③ QFE 보정 : 활주로 위에서 고도계가 0을 지시하도록 고도계의 기압 창구에 비행장의 기압을 맞추는 방식이다.

22 고도계 보정 중 14,000[feet] 미만의 고도에서 사용하는 것으로 활주로에서 고도계가 활주로의 표고를 지시하도록 만든 보정방법은?

[정답] 17 ④ 18 ④ 19 ① 20 ② 21 ① 22 ②

① QNE 보정　　② QNH 보정
③ QFE 보정　　④ QHN 보정

해설

문제 21 해설 참조

23 비행 중 기압고도계를 표준기압 값에 보정하는 고도는 얼마인가?

① 12,000[feet]　　② 14,000[feet]
③ 16,000[feet]　　④ 18,000[feet]

해설

문제 21 해설 참조

24 고도계에서 진고도를 알고 싶을 땐 어떤 조작을 하는가?

① 기압 보정 눈금을 그때 고도의 기압에 맞춘다.
② 기압 보정 눈금을 그때 해면상의 기압에 맞춘다.
③ 기압 보정 눈금을 그때 해면상 1,010[feet] 기압에 맞춘다.
④ 기압 보정 눈금을 표준대기상의 해면상 기압에 맞춘다.

해설

문제 18 해설 참조

25 고도계에서 압력을 증가시켰다가 다시 감소시키면 출발점을 전후한 위치에서 오차가 발행하는 데 이를 무엇이라 하는가?

① 잔류효과　　② Drift
③ 온도오차　　④ 밀도오차

해설

탄성오차
히스테리시스(Histerisis), 편위(Drift), 잔류효과(After Effect)와 같이 일정한 온도에서의 탄성체 고유의 오차로서 재료의 특성 때문에 생긴다.

26 다음 중 진고도는 어느 것인가?

① QNE 보정　　② QNH 보정
③ QFE 보정　　④ QHN 보정

해설

문제 21 해설 참조

27 정압계의 정압공(Static Hole)이 막혔을 때, 고도계는 어떻게 지시하는가?

① 고도계와 정압계 모두 증가
② 고도계와 정압계 모두 감소
③ 고도계 증가, 정압계 감소
④ 고도계 감소, 정압계 증가

해설

정압공이 막힌다면 정압은 증가하게 되므로 고도계는 낮아지게 된다.

28 고도계의 오차에 관계되지 않는 것은?

① 온도오차　　② 기계오차
③ 탄성오차　　④ 북선오차

해설

고도계의 오차
① 눈금오차 : 일정한 온도에서 진동을 가하여 기계적 오차를 뺀 계기 특유의 오차이다. 일반적으로 고도계의 오차는 눈금오차를 말하며, 수정이 가능하다.
② 온도오차
　ⓐ 온도의 변화에 의하여 고도계의 각 부분이 팽창, 수축하여 생기는 오차
　ⓑ 온도 변화에 의하여 공함, 그 밖에 탄성체의 탄성률의 변화에 따른 오차
　ⓒ 대기의 온도 분포가 표준대기와 다르기 때문에 생기는 오차
③ 탄성오차 : 히스테리시스(Histerisis), 편위(Drift), 잔류효과(After Effect)와 같이 일정한 온도에서의 탄성체 고유의 오차로서 재료의 특성 때문에 생긴다.
④ 기계오차 : 계기 각 부분의 마찰, 기구의 불평형, 가속도와 진동 등에 의하여 바늘이 일정하게 지시하지 못함으로써 생기는 오차이다. 이들은 압력의 변화와 관계가 없으며 수정이 가능하다.

[정답] 23 ② 24 ② 25 ① 26 ② 27 ④ 28 ④

29 고도계의 오차의 종류가 아닌 것은?

① 눈금오차 ② 밀도오차
③ 온도오차 ④ 기계적오차

해설

고도계의 오차 종류는 눈금오차, 온도오차, 탄성오차, 기계적오차

30 기압식 고도계의 잔류효과(After Effect)는 다음의 어느 것에 관계되는가?

① 상온오차 ② 누설오차
③ 탄성오차 ④ 마찰오차

해설

고도계의 오차

탄성오차 : 히스테리시스(Histerisis), 편위(Drift), 잔류효과(After Effect)와 같이 일정한 온도에서의 탄성체 고유의 오차로서 재료의 특성 때문에 생긴다.

31 고도계의 오차 중 탄성오차란 무엇인가?

① 계기 각 부분의 마찰, 기구의 불평형, 가속도 및 진동 등에 의하여 바늘이 일정하게 지시 못하는 오차
② 재료의 특성 때문에 일정한 온도에서의 탄성체 고유의 오차
③ 일정한 온도에서 진동을 가하여 얻어낸 기계적 오차
④ 온도 변화로 인해 계기 각 부분이 팽창 수축함으로써 생기는 오차

해설

문제 30 해설 참조

32 다음 공함(Collapsible Chamber) 중 고도계에 사용되는 것은?

① 아네로이드(Aneroid)
② 다이어프램(Diaphragm)
③ 벨로즈(Bellows)
④ 버든 튜브(Burdon Tube)

해설

고도계(Altimeter)

① 고도계는 일종의 아네로이드 기압계인데, 대기압력을 수감하여 표준대기압력과 고도와의 관계에서 항공기 고도를 지시하는 계기로서 원리는 진공 공함을 이용한다.
② 공함은 압력을 기계적 변위로 바꾸는 장치이다. 항공기에 사용되는 압력계기 중에는 공함을 응용한 것이 많으며, 이를 사용한 대표적인 계기에는 고도계, 속도계, 승강계가 있다.
③ 고도계는 정압을 이용한다.

33 공함에 대한 설명 중 틀린 것은?

① 공함 재료는 탄성한계 내에서 외력과 변위가 직선적으로 비례한다.
② 공함은 기계적 변위를 압력으로 바꾸는 장치이다.
③ 밀폐식 공함을 아네로이드라고 한다.
④ 개방식 공함을 다이어프램이라 한다.

해설

공함은 압력을 기계적 변위로 바꾸는 장치이다.

34 다음 중 정압만을 필요로 하는 계기는?

① 고도계 ② 속도계
③ 선회계 ④ 자이로계기

해설

문제 32 해설 참조

35 여압된 비행기가 정상 비행 중 갑자기 계기 정압라인이 분리된다면 어떤 현상이 나타나는가?

① 고도계는 높게 속도계는 낮게 지시한다.
② 고도계와 속도계 모두 높게 지시한다.
③ 고도계와 속도계 모두 낮게 지시한다.
④ 고도계는 낮게 속도계는 높게 지시한다.

해설

여압이 되어 있는 항공기 내부에서 정압라인이 분리되었다면 실제 정압보다 높은 객실 내부의 압력이 작용하여 정압을 이용하는 고도계와 속도계는 모두 낮게 지시할 것이다.

[정답] 29 ② 30 ③ 31 ② 32 ① 33 ② 34 ① 35 ③

36 **정압공에 결빙이 생기면 정상적인 작동을 하지 않는 계기는 어느 것인가?**

① 고도계 ② 속도계
③ 승강계 ④ 모두 작동하지 못 한다.

해설

고도계, 승강계, 속도계는 모두 정압을 이용하는 계기이므로 정압공에 결빙이 생기면 정상 작동하지 않는다.

37 **고도를 수정하지 않고 온도가 낮은 지역을 비행할 때 실제 고도는?**

① 낮다.
② 높다.
③ 변화가 없다.
④ 온도와 관계없이 일정하다.

38 **속도계에 대한 설명 중 맞는 것은?**

① 고도에 따르는 기압차를 이용한 것이다.
② 전압과 정압의 차를 이용한 것이다.
③ 동압과 정압의 차를 이용한 것이다.
④ 전압만을 이용한 것이다.

해설

속도계(Air Speed Indicator)
① 비행기의 대기에 대한 속도를 지시하는 것으로 대기가 정지하고 있을 때에는 지면에 대한 속도와 같다.
② 속도계는 전압과 정압의 차(동압)를 이용하여 속도로 환산하여 속도를 지시하는 계기이다.

39 **다음 중 정압(Static Pressure) 및 전압(Total Pressure)을 필요로 하는 계기는?**

① 고도계 ② 승강계
③ 속도계 ④ 자이로계기

해설

문제 38 해설 참조

40 **다음 중 속도계(Air Speed Indicator)에 사용되는 것은?**

① 아네로이드 ② 버든튜브
③ 다이어프램 ④ 다이어프램+아네로이드

해설

피토정압계기
① 속도계 : 다이어프램
② 승강계 : 아네로이드
③ 고도계 : 아네로이드

41 **속도계가 고도의 증가에 따라 진대기속도를 지시하지 못하는 이유는?**

① 공기의 온도가 변하기 때문에
② 공기의 밀도가 변하기 때문에
③ 대기압이 변하기 때문에
④ 고도가 변하여도 올바른 속도를 지시한다.

해설

대기속도
① 지시 대기속도(IAS : Indicated Air Speed) : 속도계의 공함에 동압이 가해지면 동압은 유속의 제곱에 비례하므로, 압력 눈금 대신에 환산된 속도 눈금으로 표시한 속도
② 수정 대기속도(CAS : Calibrated Air Speed) : 지시 대기속도에 피토정압관의 장착 위치와 계기 자체에 의한 오차를 수정한 속도
③ 등가 대기속도(EAS : Equivalent Air Speed) : 수정 대기속도에 공기의 압축성을 고려한 속도
④ 진대기속도(TAS : True Air Speed) : 등가 대기속도에 고도변화에 따른 밀도를 수정한 속도

42 **수정 대기속도란 무엇인가?**

① 대기압, 온도, 고도를 수정한 속도
② 대기온도와 압축성을 수정한 속도
③ 계기 및 피토관의 위치오차를 수정한 속도
④ 대기온도와의 공기밀도를 수정한 속도

해설

문제 41 해설 참조

[정답] 36 ④ 37 ① 38 ② 39 ③ 40 ③ 41 ② 42 ③

43 비행속도, 비행고도, 대기온도에 따라 비행 제원이 변하지 않는 것은?

① 지시 대기속도(IAS) ② 수정 대기속도(CAS)
③ 등가 대기속도(EAS) ④ 진대기속도(TAS)

해설

문제 41 해설 참조

44 대기속도계 배관의 누출 점검방법으로 맞는 것은?

① 정압공에 정압, 피토관에 부압을 건다.
② 정압공에 부압, 피토관에 정압을 건다.
③ 정압공과 피토관에 부압(−)을 건다.
④ 정압공과 피토관에 정압(+)을 건다.

해설

피토정압계통의 시험 및 작동점검

① 피토정압계통의 시험 및 작동점검을 위해서는 피토정압시험기(MB-1 Tester)가 사용되며 피토정압계통이나 계기 내의 공기 누설을 점검하는 데 주로 이용한다. 이 시험기에 부착되어 계기들이 정확할 경우에는 탑재된 속도계와 고도계의 눈금오차도 동기에 시험할 수 있다. 이 밖에는 피토정압계기의 마찰오차시험, 고도계의 오차시험, 승강계의 0점 보정 및 지연시험, 그리고 속도계의 오차시험 등을 실시한다.
② 접속 기구를 피토관과 정압공에 연결해서 진공펌프로 정압계통을 배기하여 기압펌프로 피토계통을 가압함으로써 각각의 계통의 누설점검을 한다.

45 대기속도계에 대한 설명 중 틀린 것은?

① 밀폐된 케이스 안에 다이어프램이 들어 있다.
② 계기의 눈금은 속도에 비례한다.
③ 속도의 단위는 KNOT 또는 MPH이다.
④ 난류 등에 의한 취부오차가 발생한다.

해설

계기의 눈금은 속도의 제곱에 비례한다.

46 다음 속도계의 오차 수정의 관계는?

① IAS − CAS − EAS − TAS
② EAS − CAS − IAS − TAS
③ IAS − TAS − EAS − CAS
④ TAS − EAS − CAS − IAS

해설

속도계의 오차 수정

IAS → CAS	CAS → EAS	EAS → TAS
피토관 장착위치 및 계기 자체의 오차 수정	공기의 압축성 효과를 고려한 수정	고도 변환에 따른 공기 밀도 수정

47 다음 승강계가 지시하는 단위는?

① m/sec ② km/sec
③ feet/min ④ feet/sec

해설

승강계

수평비행을 할 때에는 눈금이 0을 지시하지만, 상승 또는 하강에 의하여 고도가 변하는 경우에는 고도의 변화율을 [feet/min] 단위로 지시하게 되어 있다.

48 승강계의 원리에 대한 설명 중 맞는 것은?

① 공함 내의 정압, 케이스 내는 모세관을 통해 서서히 변화하는 전압을 유도하여 차압을 지시계에 전달한다.
② 공함 내의 정압, 케이스 내는 모세관을 통해 서서히 변화하는 정압을 유도하여 차압을 지시계에 전달한다.
③ 공함 내의 전압, 케이스 내는 모세관을 통해 서서히 변화하는 정압을 유도하여 차압을 지시계에 전달한다.
④ 공함 내의 전압, 케이스 내는 모세관을 통해 서서히 변화하는 전압을 유도하여 차압을 지시계에 전달한다.

해설

항공기의 수직 방향의 속도를 분당 feet로 지시하는 계기로서 항공기의 상승률 또는 하강율을 나타내는 계기이다. 일종의 차압계로 Aneroid에 작은 구멍을 뚫어 고도변화에 의한 기압의 변화율을 측정함으로서 항공기의 승강율을 나타낸다.
항공기가 상승할 때 공항의 내측은 그 당시 고도의 기압이 걸리고, 외측은 바로 조금전의 기압이 작용하므로 이 두 압력차에 의해 공항이

[정답] 43 ① 44 ② 45 ② 46 ① 47 ③ 48 ②

수축하며 고도 상승을 멈추면 외측의 공기가 내측으로 모세관의 Pine Hole을 통해 흘러 들어가므로 시간이 경과함에 따라 내·외측의 압력차는 해소되어 공함은 이전상태로 복구된다.

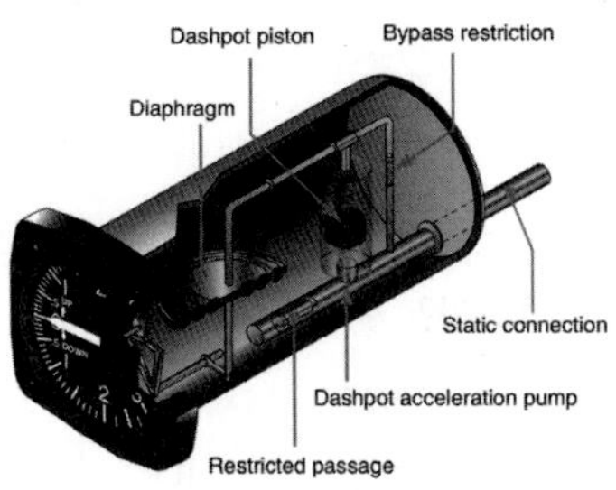

[순간수직 속도지시계]

49 다음은 승강계를 설명한 것이다. 틀린 것은?

① 승강계는 수직방향의 속도를 [feet/min] 단위로 지시하는 계기이다.

② 승강계는 압력의 변화로 항공기의 승강률을 나타내는 계기이다.

③ 전압을 이용하여 승강률을 측정한다.

④ 모세관의 구멍이 작은 경우에는 감도는 높아지나 지시지연시간이 길어진다.

해설

문제 48 해설 참조

50 수평비행 중 승강계의 모세관이 막히면 어떻게 되는가?

① 계기 지시가 '0'으로 돌아간다.

② 계기 지시가 '0'으로 돌아가지 않는다.

③ 상승 중에 발생하면 최대위치로 간다.

④ 지시기가 흔들린다.

해설

승강계(Vertical Speed Indicator)

항공기가 일정하게 상승을 하고 있을 경우에는 다이어프램 내외의 압력변화의 비율이 일정하고 차압이 변화하지 않기 때문에 승강계의 지침은 어떤 점을 지시하고 있지만, 수평비행이 되면 대기압이 일정하게 되고 다이어프램 내외의 압력은 균형이 되어 차압이 없어지기 때문에 지침이 0으로 돌아오게 된다. 만약 모세관이 막히게 되면 다이어프램 내외의 압력차는 없어지게 되지만 지침이 0으로 돌아가지 않는다.

51 승강계의 핀 홀(Pin Hole)의 크기를 크게 하면 지시는 어떻게 되는가?

① 지시지연시간은 짧아지고 둔해진다.

② 지시지연시간은 짧아지고 예민해진다.

③ 지시지연시간은 길어지고 예민해진다.

④ 지시지연시간은 길어지고 둔해진다.

해설

승강계(Vertical Speed Indicator)

공기의 속도, 온도, 밀도가 일정할 때 관속을 통과하는 공기의 저항은 관의 단면적에 반비례하므로 핀 홀이 작으면 감도는 예민해지지만, 지시지연이 커지고, 핀 홀이 커지면 지연시간이 짧아지고 감도는 둔해진다.

52 수평비행 상태로 돌아왔는데도 승강계가 0을 지시하지 않는다면, 그 원인은 무엇인가?

① 동압관에 누설이 있다.

② 정압관에 누설이 있다.

③ 모세관에 막힘이 있다.

④ 공함이 파손되었다.

해설

문제 50 해설 참조

53 승강계의 성능에 대한 설명 중 옳은 것은?

① 모세관의 저항이 증가하면 감도는 증가한다.

② 모세관의 저항이 증가하면 지시지연은 짧아진다.

③ 모세관의 저항이 증가하면 감도는 감소하고 지시지연은 짧아진다.

④ 모세관의 저항은 항공기 성능과 관계가 없다.

해설

문제 51 해설 참조

[정답] 49 ③ 50 ② 51 ① 52 ③ 53 ①

기출+예상

54 게이지압력(Gauge Pressure)이 사용되는 것은?

① 매니폴드압력계 ② 윤활유압력계
③ 연료압력계 ④ EPR압력계

해설

압력계기

① 매니폴드압력계(흡입압력계)
흡입공기의 압력을 측정하는 계기이고, 정속 프로펠러와 과급기를 갖춘 기관에서는 반드시 필요한 필수 계기이며, 낮은 고도에서는 초과 과급을 경고하고 높은 고도를 비행할 때에는 기관의 출력 손실을 알린다.
② 윤활유압력계
윤활유의 압력과 대기압력의 차인 게이지압력을 나타내며, 이를 통하여 윤활유의 공급 상태를 알 수 있다.
③ 연료압력계
비교적 저압을 측정하는 계기이고, 연료압력계가 지시하는 압력은 기화기나 연료조정장치로 공급되는 연료의 게이지 압력과 흡입공기 압력과의 압력차 등 항공기마다 다르다.
④ EPR(엔진 압력비 : Engine Pressure Ratio)계기
가스터빈기관의 흡입공기 압력과 배기가스 압력을 각각 해당 부분에서 수감하여 그 압력비를 지시하는 계기이고, 압력비는 항공기의 이륙 시와 비행 중의 기관 출력을 좌우하는 요소이고, 기관의 출력을 산출하는 데 사용한다.

55 매니폴드압력계에서 고도변화에 따른 오차를 수정하는 것은?

① 아네로이드 ② 다이어프램
③ 벨로즈 ④ 버든튜브

해설

흡입압력계 내부의 아네로이드가 고도변화에 따른 압력변화에 대응하여 수축 및 팽창을 하여 항상 일정하게 지시를 하도록 한다.

56 다음 계기 중 다이어프램(Diaphragm)을 사용할 수 없는 계기는?

① 객실압력계 ② 진공압력계
③ 오일압력계 ④ 대기속도계

해설

오일압력계(Oil Pressure Gauge)

① 보통 부르동관(버든튜브 : Bourdon Tube)이 사용되고 관의 바깥쪽에는 대기압이, 안쪽에는 윤활유압력이 작용하여 게이지 압력으로 나타낸다.
② 윤활유압력계의 지시범위는 0~200[psi] 정도이다.

57 승강계가 지상에서 1,000[feet] 이상 상승해 있다면 어떻게 조절하는가?

① 조절 스크루로 조절한다.
② 정압공을 조절해 정압을 상승시킨다.
③ 정압공을 조절해서 정압을 감소시킨다.
④ 승강계를 교환한다.

해설

지상에서 0점이 맞지 않을 때는 계기 자체에 마련되어 있는 0점 조절 스크루(Zero Adjustment Screw)를 이용하여 맞춘다.

58 절대압력과 게이지압력과의 관계는?

① 절대압력=게이지압력+대기압
② 절대압력=대기압±게이지압력
③ 절대압력=게이지압력−대기압
④ 절대압력=게이지압력×대기압

해설

압력의 종류

① 절대압력 : 완전 진공을 기준으로 측정한 압력
② 게이지압력 : 대기압을 기준으로 측정한 압력
③ 압력에 사용되는 단위는 [inHg]와 [psi]가 대표적으로 많이 사용된다.
※ 절대압력=대기압±게이지압력

59 승강계에 가해지는 공기의 온도가 낮아지면 어떤 가능성이 나타날 수 있는가?

① 지시지연시간은 짧아지고, 지시는 둔해진다.
② 지시지연시간은 짧아지고, 지시는 예민해진다.
③ 지시지연시간은 길어지고, 지시는 예민해진다.
④ 지시지연시간은 길어지고, 지시는 둔해진다.

[정답] 54 ② 55 ① 56 ③ 57 ① 58 ② 59 ③

해설

공기의 온도가 낮아지면 밀도는 높아지므로 지시지연시간은 길어지고 지시는 예민해진다.

60 다음 계기 중 아네로이드나 아네로이드식 벨로즈(Bellows)를 사용할 수 없는 것은?

① 기압식고도계 ② 연료압력계
③ 오일압력계 ④ 흡입압력계

해설

문제 56 해설 참조

61 어떤 오일압력계기 입구를 제한하는 이유는?

① 갑작스런 압력 파동에 의하여 생길 수 있는 버든튜브의 손상을 방지하기 위하여
② 응결된 오일에 의하여 생길 수 있는 계기 손상을 방지하기 위하여
③ 계기로부터 습기를 배출하기 위하여
④ 배출을 가능하게 하기 위하여

해설

갑작스런 압력 파동으로 인하여 생길 수 있는 버든튜브(Bourdon Tube)의 손상을 방지하기 위하여 압력계기의 입구를 제한한다.

62 연료압력게이지가 지시하는 연료압력은?

① 고도상승에 따라 증가한다.
② 고도상승에 따라 감소한다.
③ 고도상승에 따라 변하지 않는다.
④ 비행속도에 따라 증가한다.

해설

연료압력계

① 연료압력계는 비교적 저압을 측정하는 계기이므로 다이어프램 또는 두 개의 벨로스로 구성되어 있다.
② 연료압력계가 지시하는 압력은 기화기나 연료조정장치로 공급되는 연료의 게이지압력과 흡입공기압력과의 압력차 등 항공기마다 다르다.
③ 두 개의 벨로우즈(Bellows)로 구성된 연료압력계는 그 중 하나에 연료의 압력이, 다른 하나에는 공기압이 각각 작용한다. 양 벨로우즈의 외부 주위에는 계기 케이스에 뚫린 작은 구멍을 통한 계기 주위의 객실 기압이 작용하는데, 계기 주위의 공기압이 변동하더라도 연료압력계 지시에는 영향을 끼치지 않는다. 계기 주위의 공기압은 계기 케이스에 마련된 작은 구멍을 통하여 양 벨로우즈에 똑같이 작용하므로, 공기압 변동에 의한 벨로우즈의 수축 및 팽창량은 2개의 벨로우즈가 모두 같다.
④ 윤활유압력계와 마찬가지로 대형 항공기에서는 직독식보다 원격지시식이 이용된다.

63 왕복엔진에서 시동 시 가장 먼저 보아야 할 계기는?

① 오일압력계 ② 흡입압력계
③ 실린더 온도계 ④ 연료압계기

해설

왕복엔진은 시동되었을 때 오일계통이 안전하게 기능을 발휘하고 있는가를 점검하기 위하여 오일압력계기를 관찰하여야 한다. 만약 시동 후 30초 이내에 오일압력을 지시하지 않으면 엔진은 정지하여 결함부분을 수정하여야 한다.

64 과급기가 설치된 왕복기관 항공기가 기관이 정지된 상태로 지상에 있다면 흡입압력계의 지시는 어떻게 되는가?

① 지시가 없다. ② 주변 대기압을 지시
③ 대기압보다 낮게 지시 ④ 대기압보다 높게 지시

해설

흡입압력계(Manifold Pressure Indicator)

① 왕복기관에서 흡입공기의 압력을 측정하는 계기가 흡입압력계로 정속 프로펠러와 과급기를 갖춘 기관에서는 반드시 필요한 필수 계기이다.
② 낮은 고도에서는 초과 과급을 경고하고 높은 고도를 비행할 때에는 기관의 출력손실을 알린다.
③ 흡입압력계의 지시는 절대압력(대기압±게이지압력)으로 [inHg] 단위로 표시된다.
④ 지상에 정지해 있을 때에는 게이지압력이 0이므로 그 장소의 대기압을 지시한다.

65 작동유압력을 지시하는 계기에 가장 적합한 것은 다음 중 어느 것인가?

[정답] 60 ③ 61 ① 62 ③ 63 ① 64 ② 65 ③

① 아네로이드를 이용한 계기
② 다이어프램을 이용한 계기
③ 버든튜브를 이용한 계기
④ 압력 벨로스를 이용한 계기

해설

작동유압력계

① 작동유의 압력을 지시하는 계기는 보통 버든 튜브를 이용한다.
② 지시 범위는 0~1,000, 0~2,000, 0~4,000[psi] 정도이다.
③ 계기에 연결되는 배관은 고압이 작용하기 때문에 강도가 강해야 함과 동시에, 벽면의 두께가 충분한 것이어야 한다.

66 다음 지시계기 중 버든튜브(Burdon Tube)를 이용할 수 있는 계기는?

① 속도계 ② 승강계
③ 고도계 ④ 증기압식 온도계

해설

피토정압계기

① 속도계 : 다이어프램 사용
② 승강계 : 아네로이드 사용
③ 고도계 : 아네로이드 사용

67 전기저항식 온도계 측정부에 온도수감 벌브(Bulb)의 저항을 증가시키면 그 지시는 정상보다 어떻게 가리키는가?

① 높게 지시한다. ② 낮게 지시한다.
③ 변하지 않는다. ④ 주위 조건에 따라 다르다.

해설

전기저항식 온도계

① 금속은 온도가 증가하면 저항이 증가하는데 이 저항에 의한 전류를 측정함으로써 온도를 알 수 있다.
② 전기저항식 온도계는 이러한 원리를 이용한 것으로 외부 대기온도, 기화기의 공기온도, 윤활유온도, 실린더 헤드 등의 측정에 사용한다.

68 전기저항식 온도계 측정부의 온도 수감 벌브(Bulb)가 단선되면 지시는 어떻게 되는가?

① 0을 지시 ② 저온을 지시
③ 고온측 지시 ④ 변하지 않는다.

해설

전기저항식 온도계

일반적으로 금속의 저항은 온도와 비례한다. 전기저항식 온도계는 저항성으로 거의 순 니켈선을 이용하는데 단선되게 되면 저항값이 무한대가 되므로 지침의 고온의 최댓값을 지시하며 흔들리게 된다.

69 서모커플(Thermocouple)의 재질은?

① 크로멜-알루멜 ② 니켈
③ 니켈+망간합금 ④ 백금

해설

서모커플(Thermocouple, 열전쌍)

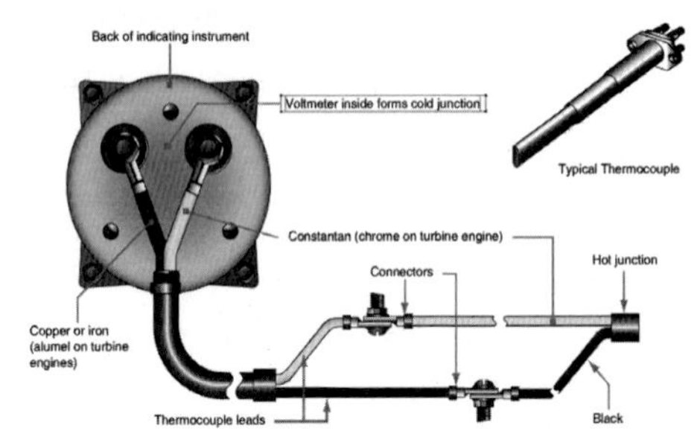

① 서로 다른 금속의 끝을 연결하여 접합점에 온도차가 생기게 되면 이들 금속선에는 기전력이 발생하여 전류가 흐른다. 이때의 전류를 열전류라 하고, 금속선의 조합을 열전쌍이라 한다.
② 왕복기관에서는 실린더 헤드 온도를 측정하는 데 쓰이고, 제트기관에서는 배기가스의 온도를 측정하는 데 쓰인다.
③ 재료는 크로멜-알루멜, 철-콘스탄탄, 구리-콘스탄탄이 사용되고 있다.

70 다음 온도계기 중 실린더 헤드나 배기가스 온도 등과 같이 높은 온도를 정확하게 나타내는 데 사용되는 계기는?

① 증기압식 온도계 ② 전기저항식 온도계
③ 바이메탈식 온도계 ④ 열전쌍식 온도계

해설

문제 69 해설 참조

[정답] 66 ④ 67 ① 68 ③ 69 ① 70 ④

71 **열전대식 온도계에서 온도 측정에 사용하고 있는 금속의 조합이 잘못된 것은?**

① 크로멜 – 알루멜　② 동 – 콘스탄탄
③ 동 – 철　④ 철 – 콘스탄탄

해설

문제 69 해설 참조

72 **열을 전기적인 Signal로 바꾸는 장치는?**

① 열쌍극자　② 열스위치
③ 열전대　④ 열전쌍

해설

문제 69 해설 참조

73 **다음 중 전원이 필요 없는 계기는?**

① 전기식 회전계　② 저항식 온도계
③ 서모커플　④ EPR

해설

문제 69 해설 참조

74 **열전쌍식 실린더 온도계를 옳게 설명한 것은?**

① 직류전원을 필요로 한다.
② Lead 선이 끊어지면 실내 온도를 지시한다.
③ Lead 선이 Short되면 0을 지시한다.
④ Lead 선의 길이를 함부로 변경을 시키지 못하나 저항으로 조정할 수 있다.

해설

서모커플(Thermocouple : 열전쌍)
열전쌍의 열점과 냉점 중 열점은 실린더 헤드의 점화 플러그 와셔에 장착되어 있고 냉점은 계기에 장착되어 있는데 리드 선(Lead Line)이 끊어지면 열전쌍식 온도계는 실린더 헤드의 온도를 지시하지 못하고 계기가 장착되어 있는 주위 온도를 지시

75 **열전대식 온도계에서 지시부의 온도가 150[°C], 조종실 온도가 20[°C]일 때 선이 끊어졌다면 몇 도를 지시하는가?**

① 20[°C]　② 85[°C]
③ 150[°C]　④ 170[°C]

해설

문제 74번 참조

76 **열전쌍(Thermocouple)에 사용되는 재료 중 측정 범위가 가장 높은 것은 어느 것인가?**

① 크로멜–알루멜　② 철–콘스탄탄
③ 구리–콘스탄탄　④ 크로멜–니켈

해설

열전쌍 측정 범위

재질	크로멜 – 알루멜	철 – 콘스탄탄	구리 – 콘스탄탄
사용 범위	상용 70～1,000°C 최고 1,400°C	상용 −200～250°C 최고 800°C	상용 −200～250°C 최고 300°C

77 **배기가스 온도 측정용으로 병렬로 연결되어 있는 벌브(Bulb) 중에서 한 개가 끊어졌다면 그 때의 지시값은 어떻게 되겠는가?**

① 약간 감소한다.　② 약간 증가한다.
③ 변화하지 않는다.　④ 0을 지시한다.

해설

서모커플(Thermocouple : 열전쌍)
서모커플은 평균값을 얻기 위하여 병렬로 연결되어 있으므로 어느 하나가 끊어지게 되면 그 값이 조금 감소하게 된다.

78 **배기가스온도계에 대한 설명 중 틀린 것은?**

① 제트기관의 배기가스의 온도를 측정, 지시하는 계기이다.
② 알루멜–크로멜 열전쌍을 사용한다.

[정답] 71 ③　72 ④　73 ③　74 ②　75 ①　76 ①　77 ①　78 ③

기출+예상

③ 열전쌍은 서로 직렬로 연결되어 배기가스의 평균온도를 얻는다.
④ 열전쌍의 열기전력은 두 접합점 사이의 온도차에 비례한다.

해설

열전쌍은 서로 병렬로 연결되어 배기가스의 평균온도를 얻는다.

79 다음 중 액량계기와 유량계기에 대한 설명 중 맞는 것은?

① 액량계기는 Tank에서 기관까지의 흐름량을 지시한다.
② 액량계기는 흐름량을 지시한다.
③ 유량계기는 연료탱크에서 기관으로 흐르는 연료의 유량을 부피 및 무게 단위로 나타낸다.
④ 유량계기는 Tank 내의 연료의 양을 나타낸다.

해설

액량계기 및 유량계기

① 액량계 : 일반적으로 액면의 변화를 기준으로 하여 액량으로 하여 측정한다.
  ⓐ 직독식 액량계(Sihgt Gauge)
  사이트 글라스를 통하여 액량을 측정하는 방법이고, 표면장력과 모세관 현상 등으로 오차가 생길 수 있다.
  ⓑ 부자식 액량계(Float Gauge)
  액면의 변화에 따라 부자가 상하운동을 함에 따라 계기의 바늘이 움직이도록 하는 방법으로 기계식 액량계와 전기저항식 액량계가 있다.
  ⓒ 전기용량식 액량계(Electric Capacitance Type)
  고공비행을 하는 제트항공기에 사용되며 연료의 양을 무게로 나타낸다.
② 유량계 : 기관이 1시간 동안 소모하는 연료의 양, 즉 기관에 공급되는 연료의 파이프 내를 흐르는 유량률을 부피의 단위 또는 무게의 단위로 지시한다.
  ⓐ 차압식
  액체가 통과하는 튜브의 중간에 오리피스를 설치하여 액체의 흐름이 있을 때에 오리피스의 앞부분과 뒷부분에 발생하는 압력차를 측정하여 유량을 알 수 있다.
  ⓑ 베인식
  입구를 통과하여 연료의 흐름이 있을 때에는 베인은 연료의 질량과 속도에 비례하는 동압을 받아 회전하게 되는데 이때 베인의 각 변위를 전달함으로써 유량을 지시한다.
  ⓒ 동기전동기식
  연료의 유량이 많은 제트기관에 사용되는 질량유량계로서 연료에 일정한 각속도를 준다. 이때의 각 운동량을 측정하여 연료의 유량을 무게의 단위로 지시할 수 있다.

80 연료량을 중량으로 지시하는 방식은 무엇인가?

① 전기용량식 ② 전기저항식
③ 기계적인 방식 ④ 부자식

해설

문제 79 해설 참조

81 전기용량식 연료량계를 설명한 것 중 옳지 않은 것은?

① 연료는 공기보다 유전율이 높다.
② 온도나 고도변화에 의한 지시오차가 없다.
③ 전기용량은 연료의 무게를 감지할 수 있으므로 연료량을 중량으로 나타내기가 적합하다.
④ 옥탄가 등 연료의 질이 변하더라도 지시오차가 없다.

해설

전기용량식(Electric Capacitance Type) 액량계

① 고공비행하는 제트항공기에 사용되는 것으로 연료의 양을 무게로 나타낸다.
② 액체의 유전율과 공기의 유전율이 서로 다른 것을 이용하여 연료탱크 내의 축전지의 극 판 사이의 연료의 높이에 따른 전기용량으로 연료의 부피를 측정하고 여기에 밀도를 곱하여 무게로 지시한다.
③ 사용전원은 115[V], 400[Hz] 단상교류를 사용한다.

82 연료량을 중량 단위로 나타내는 연료량계에서 실제는 그렇지 않은데 Full을 지시한다면 예상되는 결함은?

① 탱크 유닛의 단락 ② 탱크 유닛의 절단
③ 보상 유닛의 단락 ④ 시험 스위치의 단락

해설

문제 81 해설 참조

83 회전계기에 대한 설명 중 틀린 것은?

① 회전계기는 기관의 분당 회전수를 지시하는 계기인데 왕복기관에서는 프로펠러의 회전수를 [rpm]으로 나타낸다.

[정답] 79 ③ 80 ① 81 ③ 82 ① 83 ④

② 가스터빈기관에서는 압축기의 회전수를 최대회전수의 백분율[%]로 나타낸다.

③ 회전계기에는 전기식과 기계식이 있으며, 소형기를 제외하고 모두 전기식이다.

④ 다발 항공기에서 기관들의 회전이 서로 동기 되었는가를 알기 위하여 사용하는 계기가 동기계이다.

해설

회전계(Tachometer)

① 왕복기관에서는 크랭크축의 회전수를 분당회전수[rpm]로 지시한다.
② 가스터빈기관에서는 압축기의 회전수를 최대출력 회전수의 백분율[%]로 나타낸다.

84 Fuel Flow Meter의 단위는 다음 중 어느 것인가?

① [psi] ② [rpm]
③ [pph] ④ [mpm]

해설

유량계기

연료탱크에서 기관으로 흐르는 연료의 유량을 시간당 부피 단위, 즉 gph(gallon per hour : 3.79[lbs/h]) 또는 무게 단위 pph (pound per hour : 0.45[kg/h])로 지시한다.

85 Tachometer의 기능이 아닌 것은?

① 크랭크축의 회전을 분당 회전수로 지시
② 발전기의 회전수를 지시
③ 압축기의 회전수를 지시
④ 피스톤의 왕복수를 지시

해설

문제 83 해설 참조

86 자기동기계기에서 회전자(Rotor)가 전자석인 계기는?

① 직류데신(Desyn) ② 오토신(Autosyn)
③ 마그네신(Magnesyn) ④ 자이로신(Gyrosyn)

해설

원격지시계기

수감부의 기계적인 각 변위 또는 직선 변위를 전기적인 신호로 바꾸어 멀리 떨어진 지시부에 같은 크기의 변위를 나타내는 계기이고, 각도나 회전력과 같은 정보의 전송을 목적으로 한다. 여기에 사용되는 동기기(Synchro)는 전원의 종류와 변위의 전달방식에 따라 나뉘는데 제작사에 따라 독자적인 명칭으로 불린다.

① 오토신(Autosyn)
벤딕스사에서 제작된 동기기 이름으로서 교류로 작동하는 원격지시계기의 한 종류이며, 도선의 길이에 의한 전기저항값은 계기의 측정값 지시에 영향을 주지 않으며 회전자는 각각 같은 모양과 치수의 교류전자석으로 되어 있다.

② 서보(Servo)
명령을 내리면 명령에 해당하는 변위만큼 작동하는 동기기이다.

③ 직류셀신(D.C Selsyn)
120° 간격으로 분할하여 감겨진 정밀 저항 코일로 되어 있는 전달기와 3상 결선의 코일로 감겨진 원형의 연철로 된 코어 안에 영구 자석의 회전자가 들어 있는 지시계로 구성되어 있으며, 착륙장치나 플랩 등의 위치지시계로 또는 연료의 용량을 측정하는 액량지시계로 흔히 사용된다.

④ 마그네신(Magnesyn)
오토신과 다른 점은 회전자로 영구 자석을 사용하는 것이고, 오토신보다 작고 가볍기는 하지만 토크가 약하고 정밀도가 다소 떨어진다. 마그네신의 코일은 링 형태의 철심 주위에 코일을 감은 것으로 120°로 세 부분으로 나누어져 있고 26[V], 400[Hz]의 교류전원이 공급된다.

87 전기식 회전계는 다음 어느 것에 의하여 작동되는가?

① 직권 모터 ② 분권 모터
③ 동기 모터 ④ 자기 모터

해설

전기식 회전계(Electric Tachometer)

① 전기식 회전계의 대표적인 것으로 동기전동기식 회전계가 있다.
② 기관에 의해 구동되는 3상 교류발전기를 이용하여 기관의 회전속도에 비례하도록 전압을 발생시키고, 이 전압은 전선을 통하여 회전계 지시기로 전달되는데 지시기 내부에는 3상 동기전동기가 있고, 그 축은 맴돌이 직류식 회전계와 연결되어 있다.

88 원격지시계기에 대한 설명 중 틀린 것은?

[정답] 84 ③ 85 ④ 86 ② 87 ③ 88 ③

기출+예상

① 직류셀신(D.C Selsyn), 오토신(Autosyn), 마그네신(Magnesyn) 등이 있다.
② 직류셀신은 착륙장치나 플랩 등의 위치지시계나 연료의 용량을 측정하는 액량계로 주로 쓰인다.
③ 마그네신은 오토신보다 크고 무겁기는 하나 토크가 크고 정밀도가 높다.
④ 마그네신은 교류 26[V], 400[Hz]를 전원으로 한다.

해설

문제 86 해설 참조

89 싱크로계기에 속하지 않는 것은?

① 직류셀신(D.C Selsyn)
② 마그네신(Magnesyn)
③ 동기계(Synchroscope)
④ 오토신(Autosyn)

해설

문제 86 해설 참조

90 싱크로계기 중에서 전원이 끊겼을 때 지침이 원래 상태로 되돌아가지 않는 것은?

① 오토신계기 ② 마그네신계기
③ DC 셀신계기 ④ 싱크로텔계기

해설

DC 셀신계기
전원 전압이 변동해도 지시기 내에 만들어지는 자장은 크기만 변화하고 방향은 변하지 않는다. 즉 일종의 비율작동형의 계기이며 전원 전압의 변동에 대해 오차는 거의 나타나지 않는다.

91 단락 시 오토신과 마그네신의 특징은?

① 둘 다 그 자리만 지시한다.
② 오토신만 그 자리를 지시한다.
③ 마그네신만 그 자리를 지시한다.
④ 0을 지시한다.

해설

자기 컴퍼스(Magnetic Compass)

① 자기 컴퍼스는 케이스, 자기보상장치, 컴퍼스카드 및 확장실로 구성되어 있다.
② 자기컴퍼스는 케이스 안에는 케로신 등의 액체로 채워져 있는데 그 작용은 다음과 같다.
ⓐ 항공기의 움직임으로 인한 컴퍼스 카드의 움직임을 제동한다.
ⓑ 부력에 의해 카드의 무게를 경감함으로써 피벗(Pivot)부의 마찰을 감소시킨다.
ⓒ 외부 진동을 완화시킨다.
③ 확장실 안에는 다이어프램이 있는데 다이어프램의 작은 구멍은 조종실로 통하게 되어 있으며, 이것은 고도와 온도차에 의한 컴퍼스 액의 수축, 팽창에 따른 압력증감을 방지한다.
④ 컴퍼스 케이스의 앞면 윗부분에는 2개의 조정나사가 있는데 이것은 자기보상장치를 조정하여 자차를 수정한다.
⑤ 외부의 진동 및 충격으로부터 컴퍼스를 보호하기 위하여 케이스와 베어링 사이에 방진용 스프링이 들어 있다.
⑥ 컴퍼스카드는 ±18°까지 경사가 지더라도 자유로이 움직일 수 있으나 일반적로 65° 이상의 고위도에서는 이 한계가 초과되어 사용하지 못한다.

92 자기 컴퍼스 구조에 대한 설명으로 틀린 것은?

① 컴퍼스 액은 케로신이다.
② 외부의 진동을 줄이기 위한 케이스와 베어링 사이에 피벗이 들어 있다.
③ 컴퍼스카드에 Float가 설치되어 있다.
④ 자기 컴퍼스는 케이스, 자기보상장치, 컴퍼스카드 및 확장실로 구성되어 있다.

해설

문제 91번 해설 참조

93 자기 컴퍼스 계통에서 반원차란?

[정답] 89 ③ 90 ④ 91 ① 92 ② 93 ①

① 항공기의 영구자석에 의해 생기는 오차
② 항공기의 연철 재료에 의해 생기는 오차
③ 항공기가 속도변화 시에 나타나는 오차
④ 모든 자방위에서 일정한 크기로 나타나는 오차

해설

항공기의 영구자석에 의해 생기는 오차를 반원차라고 한다.

94 마그네틱 컴퍼스에 대한 설명 중 틀린 것은?

① 선회중의 지시치는 신뢰할 수 없다.
② 영구자석이 부착된 카드는 제동액에 잠겨져 있다.
③ 자차를 수정하는 경우에는 엔진은 정지시켜야 한다.
④ 카드에는 복각보정을 위한 밸런스 조치가 되어 있다.

해설

지상에서 마그네틱 컴퍼스를 수정하는 경우 가능한 한 비행상태에 가깝게 하기 위하여 엔진을 돌리고 전원을 공급한 상태에서 무선기기를 작동시키면서 행한다.

95 자기 컴퍼스의 케이스 안에 담겨 있는 컴퍼스 액의 목적은?

① 와류오차를 적게 한다.　② 북선오차를 적게 한다.
③ 가속도오차를 적게 한다.　④ 마찰오차를 적게 한다.

해설

문제 91번 해설 참조

96 자기 컴퍼스의 자차 수정 시 컴퍼스로즈(Compass Rose)를 설치한다. 건물과 다른 항공기로부터 어느 정도 떨어져야 하는가?

① 100[m], 50[m]　② 20[m], 40[m]
③ 40[m], 20[m]　④ 50[m], 10[m]

해설

자차의 수정

① 자차 수정 시기
　ⓐ 100시간 주기 검사 때
　ⓑ 엔진 교환 작업 후
　ⓒ 전기기기 교환 작업 후
　ⓓ 동체나 날개의 구조부분을 대수리 작업 후
　ⓔ 3개월마다
　ⓕ 그 외에 지시에 이상이 있다고 의심이 갈 때
② 컴퍼스로즈(Compass Rose)를 건물에서 50[m], 타 항공기에서 10[m] 떨어진 곳에 설치한다.
③ 항공기의 자세는 수평, 조종계통중립, 모든 기내의 장비는 비행상태로 한다.
④ 엔진은 가능한 한 작동시킨다.
⑤ 자차의 수정은 컴퍼스로즈(Compass Rose)의 중심에 항공기를 위치시키고, 항공기를 회전시키면서 컴퍼스로즈와 자기 컴퍼스오차를 측정하여 비자성 드라이버로 돌려 수정을 한다.

97 Magnetic Compass의 자차 수정 시기가 아닌 것은?

① 엔진교환 작업 후 수행한다.
② 날개의 구조부분을 대수리 작업 후 수행한다.
③ 전기기기 교환 작업 후 수행한다.
④ 기체의 구조부분을 수리할 때 항상 수행한다.

해설

문제 96 해설 참조

98 Compass에 넣는 컴퍼스 오일(Compass Oil)에 대한 설명 중 맞는 것은?

① 디젤(Diesel)　② Jp-4
③ 케로신(Kerosine)　④ 솔벤트(Solvent)

해설

문제 92 해설 참조

99 마그네틱 컴퍼스(Magnetic Compass)는 무엇을 수정하는가?

① 자차　② 편차
③ 북선오차　④ 계기오차

해설

문제 96 해설 참조

[정답] 94 ③　95 ④　96 ④　97 ④　98 ③　99 ①

100 다음 오차 중 자기 컴퍼스의 오차가 아닌 것은?

① 와동오차 ② 북선오차
③ 탄성오차 ④ 불이차

해설

자기 컴퍼스의 오차

① 정적오차
ⓐ 반원차 : 항공기에 사용되고 있는 수평 철재 및 전류에 의해서 생기는 오차
ⓑ 사분원차 : 항공기에 사용되고 있는 수평 철재에 의해서 생기는 오차
ⓒ 불이차 : 모든 자방위에서 일정한 크기로 나타나는 오차로 컴퍼스 자체의 제작상 오차 또는 장착 잘못에 의한 오차
② 동적오차
ⓐ 북선오차 : 자기 적도 이외의 외도에서 선회할 때 선회각을 주게 되면 컴퍼스카드 면이 지자기의 수직성분과 직각관계가 흐트러져 올바른 방위를 지시하지 못하게 되어 북진하다가 동서로 선회할 때에 오차가 가장 크기 때문에 북선오차라고 하고, 선회할 때 나타난다고 하여 선회오차라고도 한다.
ⓑ 가속도오차 : 컴퍼스의 가동부분의 무게 중심이 지지점보다 아래에 있기 때문에 항공기가 가속 시에는 컴퍼스카드 면은 앞으로 기울고 감속 시에는 뒤로 기울게 되는데 이 때문에 컴퍼스의 카드 면이 지자기의 수직성분과 직각관계가 흐트러져 생기는 오차를 가속도오차라고 한다.
ⓒ 와동오차 : 비행 중에 발생하는 난기류와 그 밖의 원인에 의하여 생기는 컴퍼스의 와동으로 인하여 컴퍼스카드가 불규칙적으로 움직임으로 인해 생기는 오차이다.

101 다음 중 지자기의 3요소에 해당되지 않는 것은?

① 편차 ② 복각
③ 수평분력 ④ 수직분력

해설

지자기의 3요소

① 편차 : 지축과 지자기축이 일치하지 않아 생기는 지구자오선과 자기자오선 사이의 오차 각
② 복각 : 지자기의 자력선이 지구 표면에 대하여 적도 부근과 양극에서의 기울어지는 각
③ 수평분력 : 지자기의 수평방향의 분력

102 자기 컴퍼스의 오차 중 불이차를 바르게 설명한 것은?

① 기내의 전선이나 전기 기기에 의한 불이 자기
② 기내의 수직 철재
③ 기내의 수평 부재
④ 컴퍼스의 중심선이 기축과 바르게 평형 되지 않았을 때

해설

문제 100 해설 참조

103 자기계기에서 불이차의 발생 원인이 되는 것은?

① Compass의 중심선과 기축선이 서로 평행일 때
② Magnetic Bar의 축선과 Compass Card의 남북선이 서로 일치 할 때
③ Pivot와 Lubber'S Line을 연결한 선과 기축선이 서로 평행일 때
④ Compass의 중심선과 기축선이 서로 평행하지 않을 때

해설

불이차 발생원인은 Pivot와 Lubber'S Line을 연결한 선과 기축선이 서로 불일치 할 때, Magnetic Bar의 축선과 Compass Card의 남북선이 서로 일치하지 않을 때 이다.

104 자기 컴퍼스(Magnetic Compass)의 자차에 포함되지 않는 오차는?

① 부착부분 불량에 의한 오차
② 지리상 북극과 자북이 일치하지 않기 때문에 생기는 오차
③ 기체 내의 자성체의 영향에 의한 오차
④ 기체 내의 배선에 흐르는 전류에 의한 오차

해설

자차(Deviation)

① 자기계기 주위에 설치되어 있는 전기 기기와 그것에 연결되어 있는 전선의 영향
② 기체 구조재 중의 자성체의 영향
③ 자기계기의 제작과 설치상의 잘못으로 인한 지시오차
④ 조종석에 설치되어 있는 자기 컴퍼스(Magnetic Compass)에 비교적 크게 나타나며, 자기보상장치로 어느 정도 수정이 가능

[정답] 100 ③ 101 ④ 102 ④ 103 ④ 104 ②

105 자이로신(Gyrosyn) Compass System의 플럭스 밸브(Flux Valve)에 대한 설명 중 틀린 것은?

① 지자기의 수직성분을 검출하여 전기신호로 바꾼다.
② 400[Hz]의 여자전류에 의해 2차 코일에 지자기의 강도에 비례한 800[Hz]의 교류를 발생한다.
③ 내부는 제동액으로 채워지고 자기 검출기의 진동을 막고 있다.
④ 익단과 미두 등 전기와 자기의 영향이 적은 장소에 설치되어 있다.

해설

플럭스 밸브(Flux Valve)

① 지자기의 수평성분을 검출하여 그 방향을 전기신호로 바꾸어 원격 전달하는 장치이다.
② 자성체의 영향을 받게 되면 자기의 방향에 영향을 주게 되므로 오차의 원인이 되고, 검출기의 철심도 자기 전도율이 좋은 자성합금을 사용하고 있기 때문에 자기를 띤 물질이 접근하면 오차의 원인이 된다.

106 편차에 대한 설명 중 맞는 것은?

① 진자오선과 자기자오선과의 차이각을 말한다.
② 진북과 진남을 잇는 선 사이의 차이각을 말한다.
③ 자기자오선과 비행기와의 차이각을 말한다.
④ 나침반과 진자오선과의 차이각을 말한다.

해설

문제 101 해설 참조

107 자이로(Gyro)의 섭동성만을 이용한 계기는?

① 선회계(Turn Indicator)
② 방향 자이로지시계(Directional Gyro Indicator)
③ 자이로 수평지시계(Gyro Horizon Indicator)
④ 경사계(Bank Indicator)

해설

- 강직성 : 외부에서의 힘이 가해지지 않는 한 항상 같은 자세를 유지하려는 성질
- 섭동성 : 외부에서 가해진 힘의 방향과 90° 어긋난 방향으로 자세가 변하는 성질
- 자이로계기

①
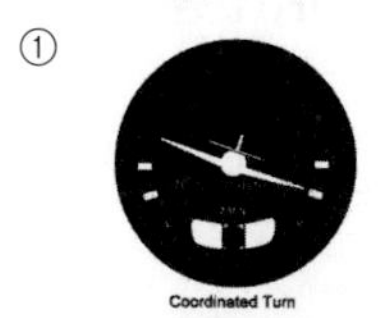

선회계(Turn Indicator) : 자이로의 특성 중 섭동성만을 이용한다.

②
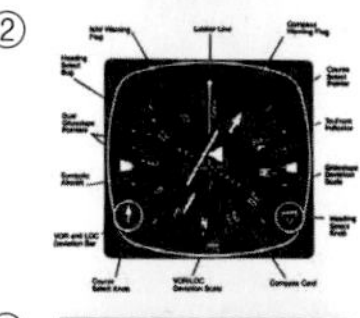

방향 자이로지시계(Directional Gyro Indicator, 정침의) : 자이로의 강직성을 이용한다.

③

자이로 수평지시계(Gyro Horizon Indicator, 인공수평의) : 자이로의 강직성과 섭동성을 모두 이용한다.

④
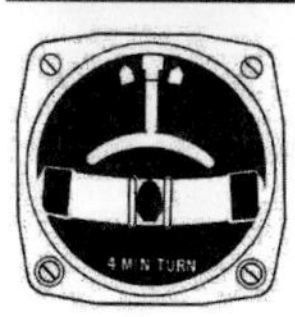

경사계(Bank Indicator) : 구부러진 유리관 안에 케로신과 강철 볼을 넣은 것으로서, 케로신은 댐핑 역할을 하고, 유리관은 수평 위치에서 가장 낮은 지점에 오도록 구부러져 있다.

108 자이로를 이용한 계기가 아닌 것은?

① 수평지시계 ② 방향지시계
③ 선회경사계 ④ 수직지시계

해설

자이로를 이용한 계기는 수평지시계, 방향지시계, 선회지시계

109 자이로의 강직성에 대한 설명 중 맞는 것은?

① Rotor의 회전속도가 큰 만큼 강하다.
② Rotor의 회전속도가 큰 만큼 약하다.
③ Rotor의 질량이 회전축에서 멀리 분포하고 있는 만큼 약하다.
④ Rotor의 질량이 회전축에서 가까이 분포하고 있는 만큼 강하다.

해설

강직성

외부에서의 힘이 가해지지 않는 한 항상 같은 자세를 유지하려는 성질

[정답] 105 ① 106 ① 107 ① 108 ④ 109 ①

기출+예상

110 **자이로의 Rotor Shaft의 Drift 원인이 되는 것은?**

① 각도 정보를 감지하기 위한 Synchro에 의한 전자적 결함
② 지구의 이동과 공전에 의한 Drift
③ Gimbal의 중량적 균형
④ Gimbal Bearing의 균형

해설

자이로 Rotor Shaft의 Drift 원인
각도 정보를 감지하기 위한 Synchro에 의한 전자적 결함, Gimbal Bearing, Gimbal의 중량적 불균형, 지구의 이동과 자전에 의한 Drift이다.

111 **자기 컴퍼스의 컴퍼스 스윙으로 수정할 수 있는 오차는?**

① 정적오차 ② 북선오차
③ 가속도오차 ④ 편차

해설

컴퍼스 스윙(Compass Swing)
자기 컴퍼스의 자차를 수정하는 방법이지만, 자기 컴퍼스의 장착오차와 기체구조의 강 부재의 영구 자화와 배선을 흐르는 직류 전류에 의해서 생기는 반원차를 수정할 수 있다.

112 **플럭스 밸브의 장탈, 장착에 대한 설명 중 맞는 것은?**

① 장착용 나사는 비자성체인 것을 사용해야 하는데 사용 공구는 보통의 것이 좋다.
② 장착용 나사, 사용 공구는 모두 비자성체인 것을 사용해야 한다.
③ 장착용 나사, 사용 공구에 대한 특별한 사용 제한은 없다.
④ 장착용 나사 중 어떤 것은 자기를 띤 것을 사용하는데 이때는 그 위치를 조정하여 자차를 보정한다.

해설

문제 105번 해설 참조

113 **자이로의 강직성과 섭동성을 이용한 계기는?**

① 인공수평의 ② 선회계
③ 고도계 ④ 회전경사계

해설

문제 107번 해설 참조

114 **자이로에 대한 설명 중 틀린 것은?**

① 동일한 모멘트에 대하여 각 운동량이 클수록 강직성이 크다.
② 세차운동 각속도는 각 운동량이 클수록 크다.
③ 동일한 모멘트에 대하여 각 운동량이 클수록 세차운동은 쉽게 일어나지 않는다.
④ 강직성과 세차운동은 비례 관계에 있다.

해설

자이로의 성질
① 강직성(Rigidity) : 자이로에 외력이 가해지지 않는 한 회전자의 축방향은 우주공간에 대하여 계속 일정 방향으로 유지하려는 성질로 자이로 회전자의 질량이 클수록, 자이로 회전자의 회전이 빠를수록 강하다.
② 섭동성(Precession) : 자이로에 외력을 가했을 때 자이로축의 방향과 외력의 방향에 직각인 방향으로 회전하려는 성질을 말한다.

115 **자이로의 강직성이란 무엇인가?**

① 외력을 가하지 않는 한 항상 일정한 자세를 유지하려는 성질
② 외력을 가하면 그 힘의 방향으로 자세가 변하는 성질
③ 외력을 가하면 그 힘과 직각으로 자세가 변하는 성질
④ 외력을 가하면 그 힘과 반대방향으로 자세가 변하는 성질

해설

문제 114번 해설 참조

116 **다음 계기 중 지자기를 수감하여 지구의 자기자오선의 방향을 탐지한 다음 이것을 기준으로 항공기의 기수 방위와 목적지의 방위를 나타내는 계기는?**

[정답] 110 ① 111 ① 112 ② 113 ① 114 ③ 115 ① 116 ④

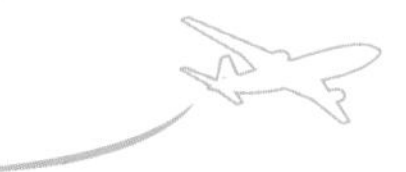

① 자이로 수평지시계 ② 방향 자이로지시계
③ 선회경사계 ④ 자기 컴퍼스

해설

자기 컴퍼스
지구 자기장의 방향을 알고, 기수 방위가 자북으로부터 몇 도인가를 지시한다.

117 수직 자이로(Vertical Gyro)가 사용되는 계기는?

① 자이로 컴퍼스 ② 마그네틱 컴퍼스
③ 선회계 ④ 수평의

해설

수평의
일반적으로 수직 자이로라고 불리고, Pitch 축 및 Roll 축에 대한 항공기의 자세를 감지한다.

118 버티컬 자이로(Vertical Gyro)에서 알 수 있는 요소는 다음 중 무엇인가?

① 롤, 피치 및 기수 방위 ② 롤 및 피치
③ 롤 및 기수 방위 ④ 기수 방위

해설

비행 중의 항공기는 3개의 축을 기준으로 자세가 변한다. 수평의는 일반적으로 VG(Vertical Gyro)라고 부르고 피치 축과 롤 축에 대한 상공기의 자세를 감지한다.

119 선회계의 지시는 무엇을 나타내는가?

① 선회각 가속도 ② 선회 각속도
③ 선회각도 ④ 선회속도

해설

선회계의 지시방법
① 2분계(2Min Turn)
바늘이 1바늘 폭만큼 움직였을 때 180°/min의 선회 각속도를 의미하고, 2바늘 폭일 때에는 360°/min의 선회 각속도를 의미한다.
② 4분계(4Min Turn)
가스 터빈 항공기에 사용되는 것으로, 1바늘 폭의 단위가 90°/min이고, 2바늘 폭이 180°/min 선회를 의미한다.

120 선회계에 관한 설명으로 바른 것은?

① 선회계는 2분계 및 4분계의 2종류이므로, 크로스 커플링에 관해서는 고려할 필요는 없다.
② 크로스 커플링을 적게 하기 위해, 좌선회(좌뱅크)의 경우에는 출력축은 우뱅크로 되도록 한다.
③ 대시 포트는 짐벌의 기울기가 일정한 각도 이상이 되지 않도록 할 목적이다.
④ 로터는 반드시 롤축과 평행이 되도록 장착된다.

해설

크로스 커플링을 적게 하기 위해 레이트 자이로는 강한 조절 스프링을 이용하여 로터 축의 기움이 적은 상태로 이용하든지 또는 로터 축의 기움이 작아지는 방법으로 이용된다. 예로 좌선회(좌뱅크)의 경우에는 출력축은 우뱅크로 되도록 한다.

121 2분계(2Min Turn) 선회계의 지침이 2바늘 폭 움직였다면 360° 선회하는데 소요되는 시간은?

① 3분 ② 2분
③ 1분 ④ 4분

해설

선회계
2분계는 2바늘 폭일 때 선회각속도가 360°/min이므로 360° 선회하는 데 1분이 소요된다.

122 방향 자이로(Directional Gyro)는 보통 15분간에 몇 도 정도 수정을 하는가?

① ±15° ② 0°
③ ±4° ④ ±10°

해설

방향 자이로(Directional Gyro)
① 자이로의 강직성을 이용하여 항공기의 기수 방위와 선회비행을 할 때에 정확한 선회각을 지시하는 계기로 자기 컴퍼스의 지시오차 등에 의한 불편을 없애기 위하여 개발된 것이다.
② 방향 자이로는 지자기와는 무관하므로 자기적인 오차인 편차, 북선오차 등은 없지만 우주에 대해 강직하므로 지구에 대한 방위는 탐지하지 못하므로 수시로(약 15분 간격)자기 컴퍼스를 보고 재방향 설정을 해주어야 한다.

[정답] 117 ④ 118 ② 119 ② 120 ② 121 ③ 122 ③

③ 지구 자전에 따른 오차를 편위(Drift)라고 하는데 가장 심하면 24시간 동안 360°(15분간 약 3.75°)의 오차가 생기며 그 외에 가동부 등의 베어링 마찰을 피할 수 없으므로 15분간 최대로 ±4°는 허용되고 있는 실정이다.

123 기상 전원이 필요 없는 계기는?

① 기압고도계, 열전대식 온도계, 바이메탈식 온도계
② 기압고도계, 열전대식 온도계, 회전계, 전기저항식 온도계
③ 속도계, 전기저항식 연료유량계, 열전대식 온도계
④ 오토신(Autosyn)계기, 자기 컴퍼스, 속도계

해설

기압고도계, 속도계, 열전대식 온도계, 바이메탈식 온도계, 자기 컴퍼스 등은 기상 전원을 필요로 하지 않는다.

124 ADI에 관한 설명으로 틀린 것은?

① ADI에는 자세의 현상과 미리 설정한 비행 모드에서의 벗어남을 수정하기 위한 조작 지령이 표시된다.
② ADI는 플라이트 디렉터(F/D) 컴퓨터의 표시부이다.
③ 플라이트 디렉터 컴퓨터와 ADI는 음속 이하의 항공기이면 그대로 공용할 수 있다.
④ ADI에는 미끄러짐 지시기와 함께 구성되는 경우가 많다.

해설

ADI(Attitude Director Indicator)

현재의 비행 자세, 미리 설정된 모드로 비행하기 위한 명령장치(FD : Flight Director) 컴퓨터의 출력을 지시하는 계기로서 현재의 비행 자세는 Roll 자세, Pitch 자세, Yaw 자세 변화율, 그리고 Slip의 4개 요소로 표시한다.

125 ADI의 설명 중 틀린 것은?

① ADI의 희망하는 코스로 조작하여 항공기의 위치를 수정한다.
② F/D 컴퓨터의 일부이다.
③ F/D 컴퓨터의 ADI의 음속 이하에서 같이 사용된다.
④ ADI 계기에는 슬립 인디케이터(Indicator)가 함께 사용된다.

해설

문제 124 해설 참조

126 다음 중 HSI에 관한 설명으로 옳은 것은?

① HSI는 기수 방위와 ADF 무선 방위가 회화적으로 표시된다.
② Deviation Bar는 착륙 진입할 때에 글라이드 슬롭과의 관계를 표시할 수도 있다.
③ Deviation Bar는 VOR 또는 LOC 코스와의 관계를 표시한다.
④ Deviation Bar는 수신국과 수신 지점이 확정한 경우에는 일정한 표시로 된다.

해설

HSI(Horizontal Situation Indicator)

컴퍼스 시스템 또는 INS에서 수신한 자방위와 VOR/ILS 수신장치에서 수신한 비행 코스와의 관계를 그림으로 표시한다.

127 EICAS에 대한 설명 중 맞는 것은?

① 엔진계기와 승무원 경보 시스템의 브라운관 표시장치
② 지형에 따라서 비행기가 그것에 접근할 때의 경보장치
③ 기체의 자세 정보의 영상표시장치
④ 엔진출력의 자동제어 시스템장치

해설

EICAS(Engine Indication And Crew Alerting System)

기관의 각 성능이나 상태를 지시하거나 항공기 각 계통을 감시하고 기능이나 계통에 이상이 발생하였을 경우에는 경고 전달을 하는 장치이다.

[정답] 123 ① 124 ③ 125 ③ 126 ③ 127 ①

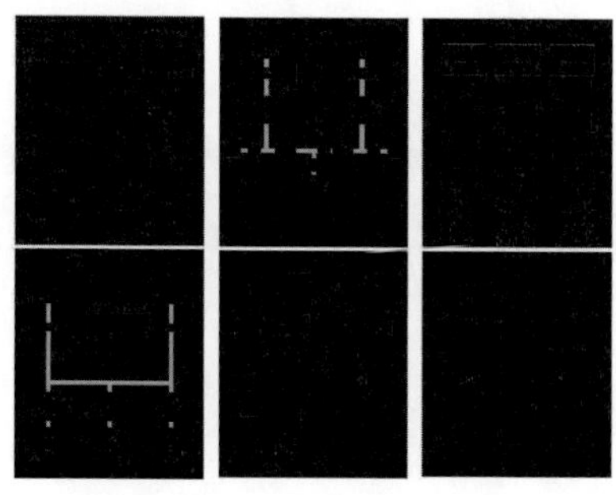

128 ND에 관한 설명으로 옳은 것은?

① ND는 VOR, ADF, ILS 등의 무선항법장치에서의 항법 정보만을 정리하여 표시한 표시장치이다.
② ND의 표시 정보는 PFD에 비하여 우선도가 낮으므로, 표시장치의 크기는 PFD보다 약간 작게 되어 있다.
③ ND에는 자기의 위치와 비행 코스 외에 기상 레이더 정보도 표시 가능하다.
④ ND의 각 표시 모드는 비행의 단계에 따라 자동적으로 교환되어 표시된다.

해설

항법에 필요한 데이터를 나타내는 CRT로서, 현재의 위치, 기수 방위, 비행방향, Deviation 이외에 비행 예정 코스, 비행 중 통과지점까지의 거리, 방위, 소요시간의 계산과 지시 등을 한다. 이외에 풍향, 풍속, 대지속도, 구름 등을 지시한다.

129 PFD에 관한 설명으로 틀린 것은?

① PFD는 기체의 자세, 속도, 고도, 상승속도 등을 집약화하여 컬러 브라운관상에 표시한다.
② PFD는 초기의 전자식 통합 계기인 EHSI에 다른 계기의 표시 기능을 부가하여 성능을 향상한다.
③ PFD의 표시 정보는 IRU, FMC, ADC 등의 정보를 데이터 처리용의 유닛을 통해서 얻고 있다.
④ PFD의 표시는 운항 상 상당히 중요한 것이고, 표시장치 고장 시에는 ND용 표시장치로 바꾸어 준다.

해설

EHSI(Electronic Horizontal Situation Indicator)는 다른 계기의 표시 기능을 부가하여 성능을 향상한 것은 ND이다.

130 EICAS(Engine Indication and Crew Alerting System)의 기능이 아닌 것은?

① Engine Parameter를 지시한다.
② 항공기의 각 System을 감시한다.
③ System의 이상상태 발생을 지시해 준다.
④ Engine Parameter를 설정할 수 있다.

해설

EICAS(Engine Indication and Crew Alerting System)
Engine Parameter를 지시, 항공기의 각 System을 감시, System의 이상상태 발생을 지시하는 기능을 한다.

131 집합계기의 장점이 아닌 것은?

① 필요한 정보를 필요할 때 지시하게 할 수 있다.
② 한 개의 정보를 여러 개의 화면에 나타낼 수 있다.
③ 다양한 정보를 도면을 이용하여 표시할 수 있다.
④ 항공기 상태를 그림, 숫자로 표시할 수 있다.

해설

하나의 화면에 여러 개의 정보를 나타낼 수 있다.

132 FD(Flight Derector)을 바르게 설명한 것은?

① 희망하는 방위, 고도, Course에 항공기를 유도하기 위한 명령을 나타낸다.
② 안정화 기능을 갖고 있다.
③ Throttle Lever를 자동적으로 조정하여 조종사가 설정한 속도를 유지시켜 준다.
④ 고도경보장치를 갖고 있다.

해설

희망하는 방위, 고도, Course에 항공기를 유도하기 위한 명령만을 Attitude Director Indicator에 Pitch, Roll Bar로 나타내 주고 조종사는 이 명령에 기초하여 수동으로 조종면을 움직여 희망하는 고도 및 방위에 도달할 수 있다.

[정답] 128 ③ 129 ② 130 ④ 131 ② 132 ④

기출+예상

[참고 문헌]

인용 및 참고 문헌	발행 주체	발행시기
미 연방항공국(FAA) 교재	미 연방항공국	2018년
대한항공 사업내직업훈련교재	청연	1993년
교육부 국정교과서	경남교육청	2014년
FAA 빈역교재	국토교통부	2020년

저 자

이 명 성

감 수

한국항공우주기술협회 회 장 이 상 희
한국에어텍전문학교 이 사 장 박 덕 영
한서항공전문학교 이 사 장 이 동 구

집필감수

한국항공기술전문학교 교 수 박 명 수
한국항공기술전문학교 교 수 이 덕 희
한국항공기술전문학교 교 수 이 종 호
정석항공과학고등학교 교 사 이 명 원

항공정비사 필기+실기(구술형+작업형)

Aircraft Maintenance

발행일 3판1쇄 발행 2022년 3월 15일
발행처 듀오북스
지은이 이명성
펴낸이 박승희

등록일자 2018년 10월 12일 제2021-20호
주소 서울시 중랑구 용마산로96길 82, 2층(면목동)
편집부 (070)7807_3690
팩스 (050)4277_8651
웹사이트 www.duobooks.co.kr

정가 40,000원 **ISBN** 979-11-90349-38-3 13550

항공정비사 Aircraft Maintenance

Preface

항공정비사 수험생들에게 좋은 길잡이가 되기를 진심으로 바랍니다.

항공사의 오랜 실무 경력과 교육경험을 토대로, 기존에 발간하였던 교재와 수험서를 재정리하여 이 책을 1권 및 2권으로 나뉘고, 항공정비사 실기 시험문제를 추가하여 새롭게 출간하고자 합니다.

이 책이 출간되기까지 많은 도움을 주신 한국항공우주기술협회 회원님들과 각 교육기관장님들의 관심과 격려에 깊은 감사의 말씀를 드리며, 교재 내용을 감수하여 주신 여러 교수님들의 노고에 감사를 드립니다.

21세기 항공 산업은 첨단기술을 바탕으로 급속히 발전되고 있으며, 세계 10위권을 유지하고 있는 우리나라 항공운송사업은, 아시아를 비롯하여 세계적으로 증가 추세를 보이고 있는 저비용 항공사(Low Cost Carriers)들의 블루 오션(Blue Ocean) 경영 정책으로, 기존의 대형항공사의 구조를 위협하며 빠른 속도로 발전하고 있습니다. 이에 따른 항공사들의 현실은 "스펙을 갖춘 능력 중심"의 전문기술 인력의 확보입니다.

이 책의 구성은 국제민간항공기구 교육훈련기준에 의거하여, 국토교통부 전문교육기관지정 기준의 표준교재 내용에서 발췌하였으며, 항공정비사의 시험과목인 항공법규, 항공기일반(항공역학 및 인적요소 등 포함), 항공기 기체와 항공기시스템, 항공기엔진 및 항공기전기·전자장비에 관련된 기술과 지식내용을 핵심으로 구성하였습니다.

이 책의 특징은 학습교재를 수험기준을 중심으로 해설하였으며, 그동안 출제되었던 기출문제와 예상문제, 그리고 구술문제를 수록하여 수험생들에게 많은 도움이 될 것으로 기대합니다.

이 책이 항공정비사 면허취득을 준비하는 수험생들과 장래에 항공정비사를 희망하는 학생 여러분들에게 좋은 길잡이가 되기를 진심으로 바랍니다.

집필자

Contents

2권

1편 항공기 기체 Ⅱ(시스템)

2편 항공정비사 실기 구술형

3편 항공정비사 실기 작업형

Aircraft Maintenance

제1편 항공기 기체 Ⅱ (시스템)

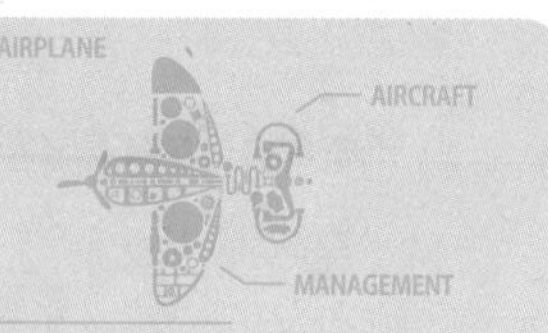

제1장 ATA21 기내환경 (Environmental Control System)

1 Environmental Control System(기내 환경)

ECS(Environmental Control System)는 항공기내를 인간의 거주에 적합한 상태로 하고, 모든 안락한 기내 환경을 만들기 위한 항공기 계통이다. 항공기의 운항은 지상에서와는 달리 상상을 초월하는 저온, 저압, 고속의 상태에서 이루어지기 때문에 이러한 조건 하에서 승객과 화물을 목적지까지 안전하게 운송하기 위해서는 기내 환경 조절 계통이 더욱 더 필수적이라고 할 수 있다.

항공기 형식과 비행 고도에 따라 승객과 승무원을 안락하게 하기 위하여 객실온도도 Heating 또는 Cooling 장치를 갖추어 적절히 유지하여야 하며 또한 항공기의 고고도 비행의 적절 환경 유지를 위해 여압 계통도 구비되어야 한다. 현대 항공기는 수많은 전기·전자 장비를 갖추고 있으므로 이들 장비들이 작동 중 발생시키는 열 또한 ECS System을 이용하여 제거 되어야 하겠다. 본 장은 위에서 간단히 설명했듯이 이러한 ECS System에 관한 주요 5가지의 System에 대해 살펴보도록 하겠다.

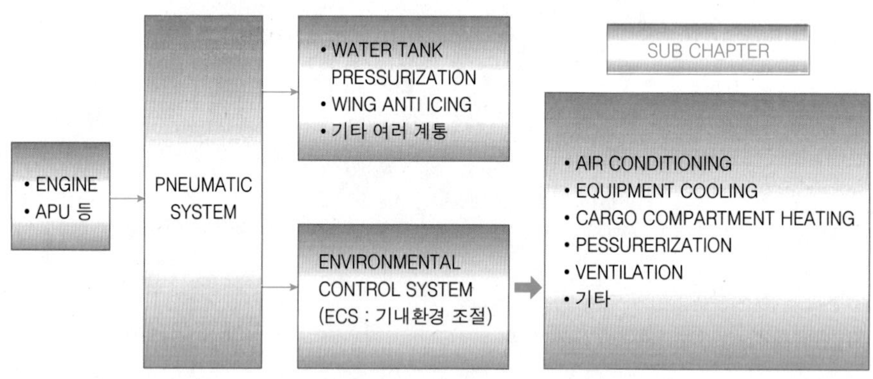

[그림 3-1 공압 시스템 소스 및 용도]

1. Air Conditioning System(에어컨 시스템)

Air Conditioning System의 주요 기능은 승객, 승무원 및 그 밖의 Cargo System에 지상에서와 비슷한 기내 환경을 제공해 주는 것이라 할 수 있다. 대표적인 계통으로는 기내 공기 온도를 측정하여 설정한 온도와 비교하여 만약 온도가 설정한 온도와 일치하지 않으면 Heater 또는 Cooler를 작동시켜 객실 내가 일정한 온도가 유지 되도록 하는 것이다.

즉, Air Conditioning System은 다음의 주요한 기능을 하도록 설계한다.

- 냉각용 공기 공급
- 난방용 공기공급과 Air Distribution
- 온도 조절
- Control & Indicating

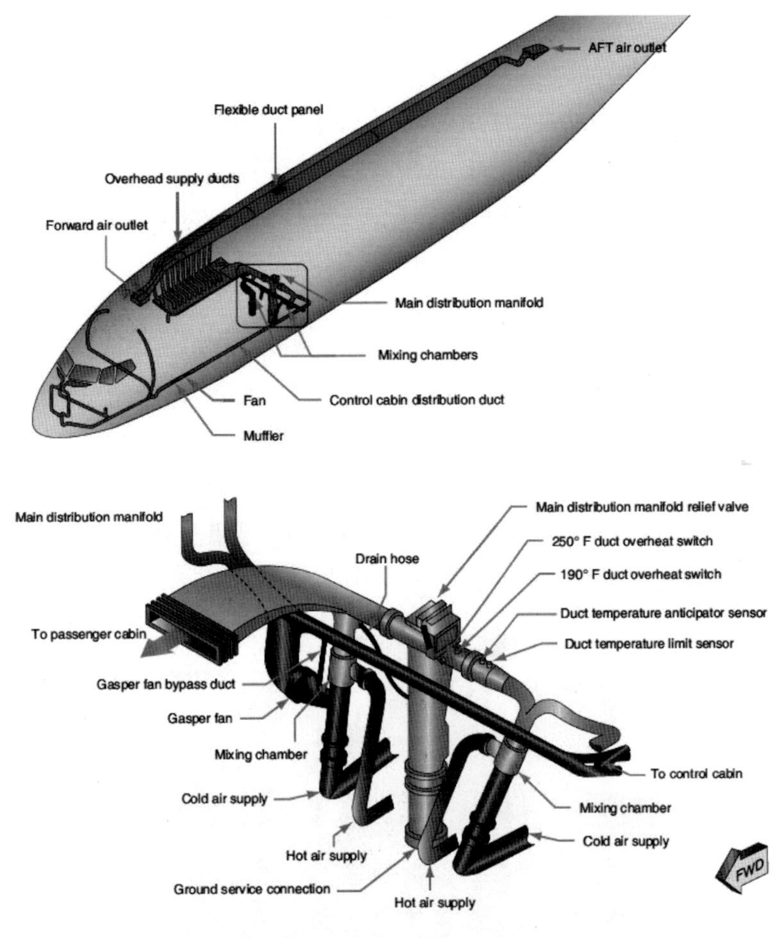

[그림 3-2 에어컨 시스템]

1. Cooling System(냉각용 공기 공급)

Cooling Air System(냉각 공기 계통)은 지상 혹은 모든 고도에서 기내에 쾌적한 환경을 유지시키기 위한 장치이다. 이 계통에 의해서 기내에는 지상에서와 비슷한 적절한 온도와 습기를 가진 공기가 공급되게 된다. 냉각 공기를 공급하는 계통으로써 몇 가지 종류가 사용되고 있지만 여기서는 대형화된 현대 항공기에 대표적인 형식인 ACM(Air Cycle Machine)에 대해서 설명한다.

① Air Cycle Machine(Air Conditioning Package)

최근의 대형 터빈 항공기는 객실 및 조종실로 유입되는 공기의 온도 조절을 위해서 ACM을 이용하고 있다. 이 장치는 약 80년 전에 이미 실용화되어 있었지만, 용적이 크고 효율도 좋지 않았기 때문에 Vapour Cycle Machine의 발달로 밀려나 그 모습을 감추게 되었다. 그러나 최근에 소형으로 성능이 좋은 터보 압축기나 팽창 터빈이 개발되어 용도에 따라서는 오히려 Vapour Cycle Machine보다도 냉각 능력으로 비교해 볼 때 중량, 용적을 경감할 수 있게 되었다. 또 공기를 매체로 하기 때문에 안전성이 높고 구조가 단순하며, 고장이 적고 경제적이어서 항공기에 널리 사용하고 있다.

ⓐ ACM의 원리

가스에 의한 냉각원리는 단순하다. 가스(공기)가 압축되면 온도가 상승하고 팽창되면 가스의 온도는 떨어진다. 실린더를 공기 압축기에 연결하고 압축 공기를 실린더에 밀어 넣으면 실린더의 온도는 가압된 공기의 압력에 비례해 상승한다. 실린더에 고압 공기를 가득 채우고, 외기 온도까지 차게 하면 실린더의 내압은 온도가 내려감에 따라 다소 떨어진다. 이 때 Valve를 열고 실린더로부터 공기를 방출하면 방출 공기의 온도는 외기 압력까지 내려감으로써 팽창하고 외기 온도보다도 훨씬 떨어진다. 이 기온이 내려간 공기를 냉각 작용에 이용한다.

에어 사이클 계통에서 이 공기는 연속적으로 압축되고 이것이 Ram Air가 통하는 열 교환기에 의해 냉각되며, 팽창 터빈을 통해 감압된다. 팽창 터빈에서 나온 공기는 저압, 저온의 상태이다. 냉각된 공기는 원하는 객실온도와 필요한 양으로 조절되어 객실로 유입되며, 이와 같은 공기로 냉각되는 터빈 압축기 장치를 ACM이라 부른다. ACM의 압축기와 팽창 터빈과는 완전히 정반대의 작용을 하고 있다. 압축기는 외부에서의 동력에 의한 공기를 압축하는 반면 터빈은 고압 공기가 팽창 할 때 동력을 발생한다. 따라서 압축기를 회전시킬 수 있다. 압축기와 터빈은 ACM의 심장부에 해당된다.

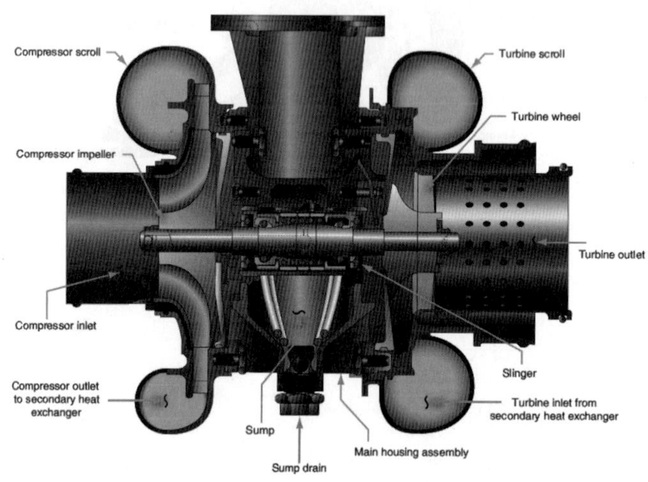

[그림 3-3 Air Cycle Machine]

ⓑ ACM의 작동

그림 3-4는 대표적인 대형기 ACM의 원리이다. 터빈 엔진의 압축기에 추출된 고온의 압축공기(이것을 Bleed Air라고 한다)는 Flow Control And Shutoff Valve에 의해 공기의 흐름이 조절되어 Primary Heat Exchanger(1차 열 교환기)로 들어간다. 여기서 냉각된 공기는 압축기에 의해서 가압된다. 가압된 공기는 Secondary Heat Exchanger(2차 열 교환기)에서 다시 냉각되어 터빈을 지나며 팽창된다. 터빈을 지나 냉각된 공기는 수분을 포함하고 있으므로 Water Separator(수분 분리기)에 인도된다. 압축비율과 팽창비율이 크면 클수록 냉각 공기의 온도는 더욱 내려간다. Turbine Bypass Valve의 역할은 터빈을 지나는 공기의 흐름을 조절함으로써 냉각공기의 온도를 조절하는 것이다.

열 교환기를 냉각하는 공기는 Ram Air Inlet Door로 들어가 1차/2차 열 교환기를 통한 후 항공기 밖으로 방출된다. Fan은 항공기가 지상에 있을 때 Ram Air 계통을 통하여 열 교환기에 냉각공기를 제공한다. Water Separator에서 분리된 물은 Water Aspirator에서 기화 시켜 열 교환기 전에 분사함으로써 냉각 효과를 높인다. Water Separator를 나온 냉각 공기는 배관망을 통해 실내에 분배된다.

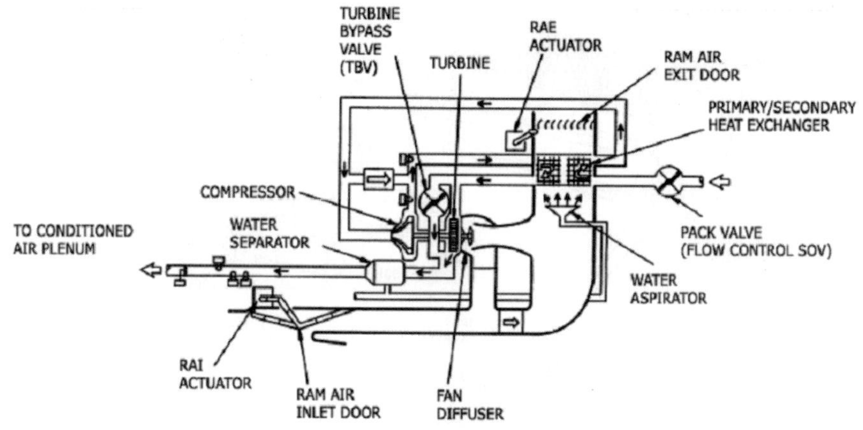

[그림 3-4 Air Cycle Machine 흐름도]

ⓒ Air Conditioning Package 계통 Component

㉠ Ram Air Inlet Doors(램 공기 흡입구 도어)

열 교환을 위한 Ram Air의 입구에 해당하는 부분이며, 보통 동체 하부 ECS Bay 전방에 위치한다. Actuator, Door Panel 등으로 구성되고 Actuator가 동작하여 RAI(Ram Air Inlet) Door가 열림으로써 외부의 공기가 항공기의 상대속도에 의하여 유입되게 하며 열 교환기를 거친 후 RAE(Ram Air Exit) Door를 통해 외부로 방출되게 된다.

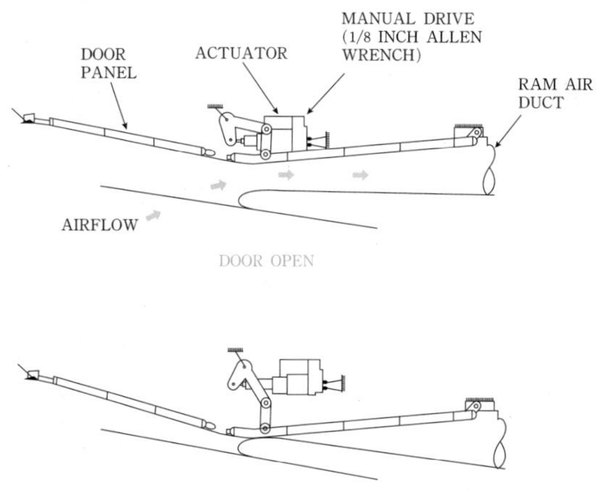

[그림 3-5 B747-400 램 에어 입구 도어의 작동]

㉡ Heat Exchanger(열교환기)

RAI Door를 통해 들어온 Ram Air와 Flow Control & Shut Off Valve(Pack Valve)를 통해 유입된 고온, 고압의 공기가 만나 열 교환이 이루어지는 곳이다. 뜨거운 Air가 Heat Exchanger 내부를 흘러 갈 때, 차가운 Ram Air는 Heat Exchanger 외부를 감싸며 빠져 나가면서 열 교환이 일어나게 된다.

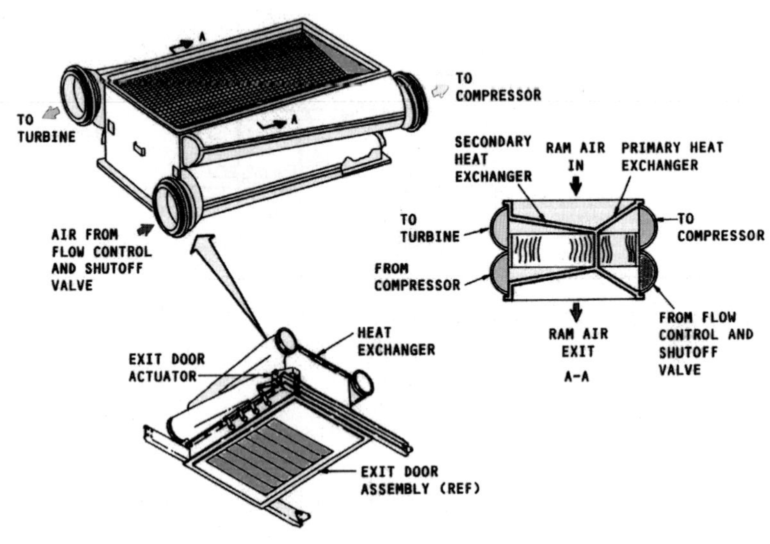

[그림 3-6 열교환기]

㉢ Water Seperator & Water Ejector Nozzle

터빈을 지나 팽창되며 냉각된 공기는 수분을 함유하고 있으므로 Water Seperator를 거침으로써 냉각 공기로부터 수분이 분리된다. 분리된 수분은 Water Aspirator에서 기화 시켜, 열 교환기 전에 Ejector Nozzle을 통해 분사 시킴으로써 냉각 효과를 높이게 된다.

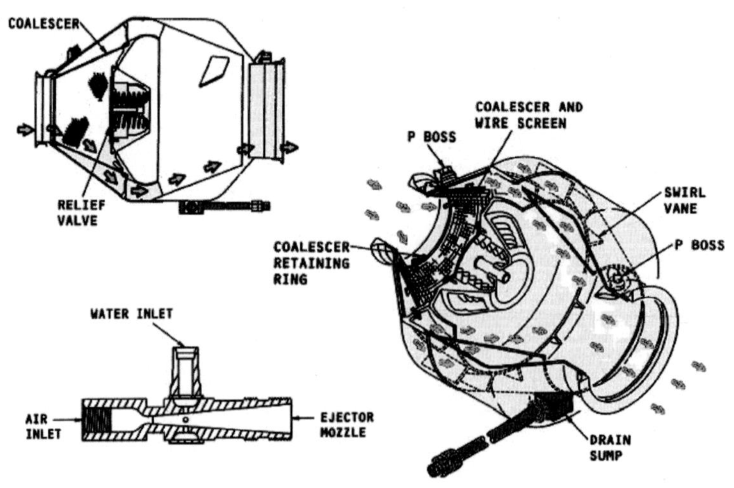

[그림 3-7 수분 분리기 및 이젝터 노즐]

㉣ Turbine Bypass Valve

2차 열 교환기를 거친 Air가 터빈으로 진입하기 전 터빈 쪽으로 향하는 Duct와 병렬되게 Duct를 하나 더 두어 Valve를 설치함으로써 터빈을 통과하는 공기량을 간접적으로 조절하여 냉각 공기 온도 Control을 가능하게 한 Valve이다. 터빈 쪽으로 흐르는 Flow가 클수록 더 큰 팽창이 일어나므로 냉각 효과는 더욱 커지며 반대로 TBV(Turbine Bypass Valve)로 향하는 Flow가 커지면 터빈이 덜 회전하게 되어 팽창에 의한 냉각 효율은 감소하게 된다.

즉, TBV를 적절히 Control함으로써 냉각 효율을 증감시키게 된다.

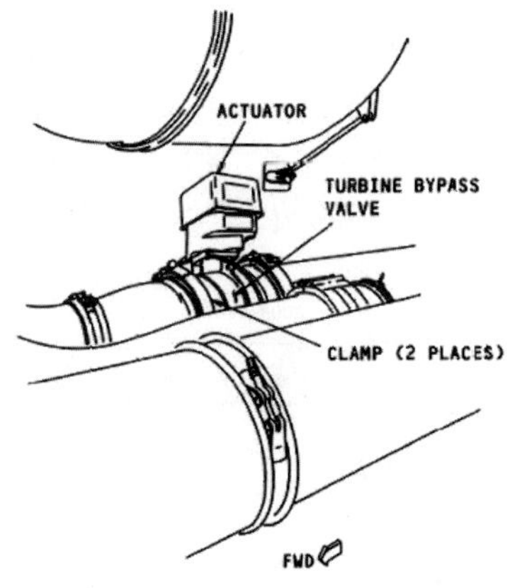

[그림 3-8 Turbine Bypass Valve]

㉤ Pack Valve

Flow Control & Shut Off Valve라고도 하며, Pneumatic Source로부터 ACM의 유입되는 Air를 Control하는 Valve이다. Heat Exchanger 전방에 위치하며, Actuator와 Solenoid Valve로 구성되고, Flight Deck Pack Control Switch에 의해 작동한다.

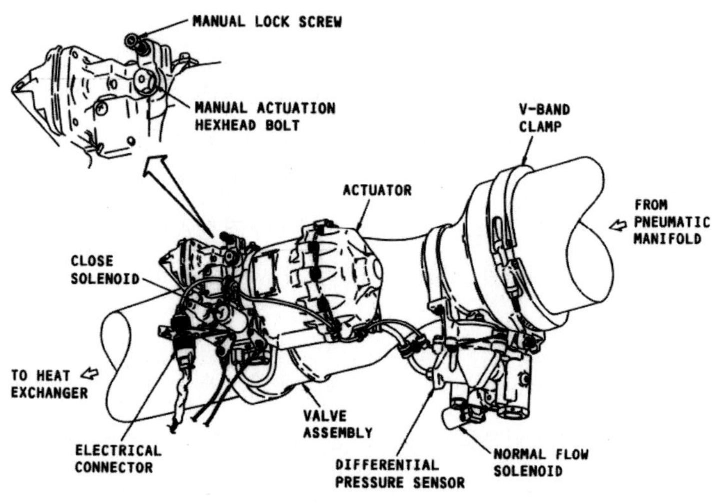

[그림 3-9 Pack Valve(유량 제어 및 차단 밸브)]

ⓗ Ram Air Exit Doors(램 에어 출구 도어)

RAI를 통해 들어온 Ram Air가 Heat Exchanger를 거치면서 열 교환을 한 후 다시 외부로 배출되는 통로이다. Actuator가 Operation됨으로써 Door가 개폐된다.

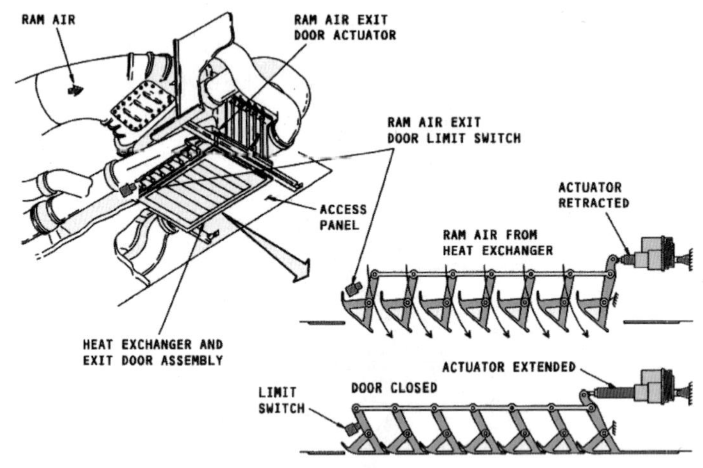

[그림 3-10 B747-400 Ram Air Exit Door]

2. Heating System(난방용 공기 공급)과 Air Distribution(공기 분배)

앞 절에서 살펴보았듯이 냉각용 공기 공급 계통은 Pneumatic Source로부터의 고온, 고압의 공기가 ACM의 열 교환기를 거치면서 팽창, 냉각되어 기내로 공급되고 있음을 알 수 있었다. 이 때 차가운 Air만으로는 기내의 환경을 적절 온도로 유지시킬 수 없으므로 냉각된 공기를 Pneumatic Source로부터의 뜨거운 공기와 적절히 혼합하여 기내로 보냄으로써 기내를 적정 온도로 Control하게 된다.

① Heating System(난방 시스템)

그림 3-11을 통해 ACM을 거쳐 냉각된 공기가 주요 객실의 Zone으로 통함을 알 수 있다. 이 때 이 냉각 공기에 Master Trim Air Valve(Trim Air PRSOV)를 Control하여 Pneumatic Source의 뜨거운 공기와 혼합함으로써 각 Zone의 온도를 알맞게 유지시키게 된다. Pneumatic Source는 ACM을 통함으로 인해 냉각 공기 공급원으로도 쓰이지만 고온, 고압의 Air로 Master Trim Air Valve로도 직접 전달되고 있음을 알 수 있다. Master Trim Air Valve를 거친 Air는 각 Zone에 해당하는 Zone Modulating Valve를 통해 Zone에 설정된 적정온도에 알맞게 공급이 이루어 진다.

② Air Distribution(공기 분배)

Air Conditioning Distribution(에어컨 분배)은 2개의 독립 계통으로 되어있다.

ⓐ Individual Air Distribution System(Gasper System) (개별 공기 분배 시스템(시스템당 가스))

Pack으로부터 공급되는 Cold Air만을 조절 가능한 각각의 Outlet을 통해 조종실과 객실내에 공급하게 된다.

ⓑ Conditioned Air Distribution(선택적 공기분배)

Pack을 통한 차가운 공기와 Master Trim Air Valve를 거친 뜨거운 공기를 혼합하여 조종실과 객실에 공급하게 된다.

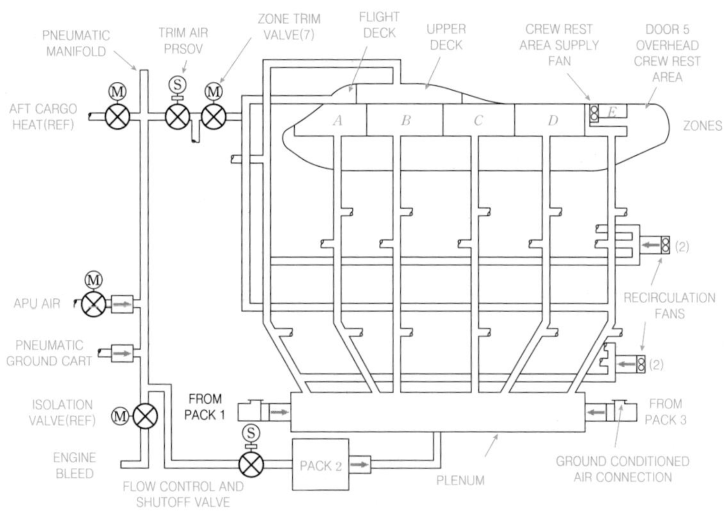

[그림 3-11 B747-400 에어컨 공기 분배]

ⓒ Recirculation(재순환)

Recirculation Fan은 객실과 조종실의 환기를 증대하기 위하여 보충 공기 흐름을 만들어 주는 것으로 각 Recirculation Fan은 해당 Zone Compartment Air를 Air Filter를 통하여 빨아들여 해당 Zone의 Conditioned Air Distribution Duct Header로 다시 배출한다. Passenger Compartment Fan에 대한 공기는 Compartment 천정 위에서 흡입되고 Flight Compartment Air는 Distribution Duct에서 얻는다.

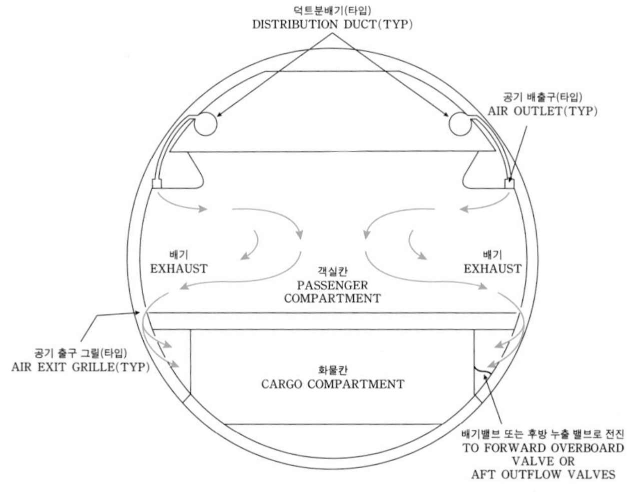

[그림 3-12 기류 패턴을 보여주는 객실 단면]

3. Temperature Control System(온도 조절)

Temperature Control System의 목적은 Cabin Air Conditioning 요구에 따라 Temperature 및 Air Flow를 자동적으로 조절하는 것이다. Temperature Control System은 ZTC(Zone Temperature Controller)와 PTC(Pack Temperature Controller)를 갖추고 있다.

Zone Temperature Selector에 의해 희망온도가 선택되면 ZTC는 PTC와 Trim Air Valve로 Signal을 주고 해당 Zone 및 각각의 Sensor들로부터 Pick Up된 Data를 바탕으로 적정 온도를 Control하게 된다.

ZTC는 Master Temperature Selector와 Cabin Temperature Selector로부터 신호를 받으며, Master Temperature Selector는 "AUTO" 또는 "ALTN"로 작동시킬 수 있고, Flight Duct Temperature Selector는 "AUTO" 또는 "MAN"로 작동시킬 수 있다.

Duct 및 Zone Temperature Sensor들은 Operating Logic을 제공한다.

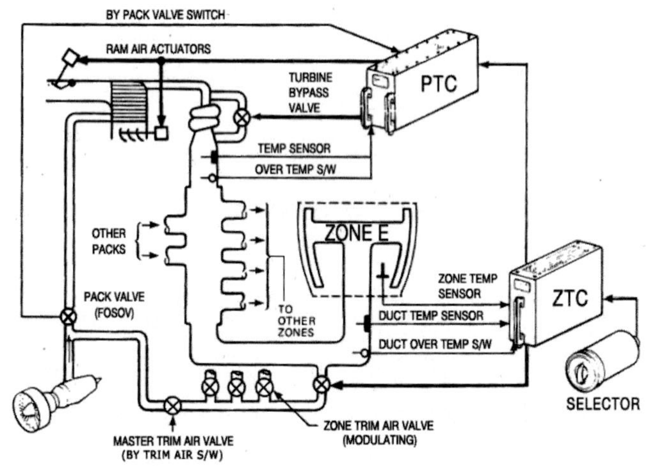

[그림 3-13 Temperature Control Flow]

① Heating, Air Distribution, 온도 조절 계통 Component

ⓐ Master Trim Air Valve

Trim Air Pressure Regulator & Shutoff Valve(Trim Air PRSOV)는 Pneumatic Manifold에 뜨거운 공기를 Trim Air Modulating Valve들로 공급하는 역할을 한다. Solenoid에 의해 조절되고 공기압으로 작동되는 이 Valve는 Trim Air System의 ON/OFF를 조절하고 압력을 조절한다. Trim Air는 Cabin Pressure보다 10[psig] 높게 조절되어 있어, Distribution Duct에서의 소음을 최소화시켜 준다.

Trim Air PRSOV는 Trim Air Switch "ON" 상태에서 적어도 1개 이상의 Air Conditioning Pack이 작동 중일 때 자화된다.

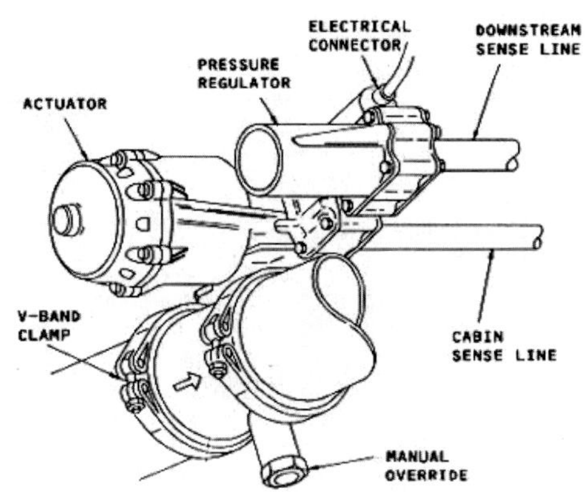

[림 1-14 Master Trim Air Valve]

ⓑ Zone Trim Air Modulating Valve(트림 공기 조절 밸브)

Master Trim Air Valve를 거친 Air를 각 Zone에 분배하는 역할을 하는 Valve이다. 이 Valve가 Open됨으로써 해당 Zone으로 Air가 최종적으로 공급되게 되며 객실 Zone의 갯수에 따라 Valve의 숫자도 달라진다.

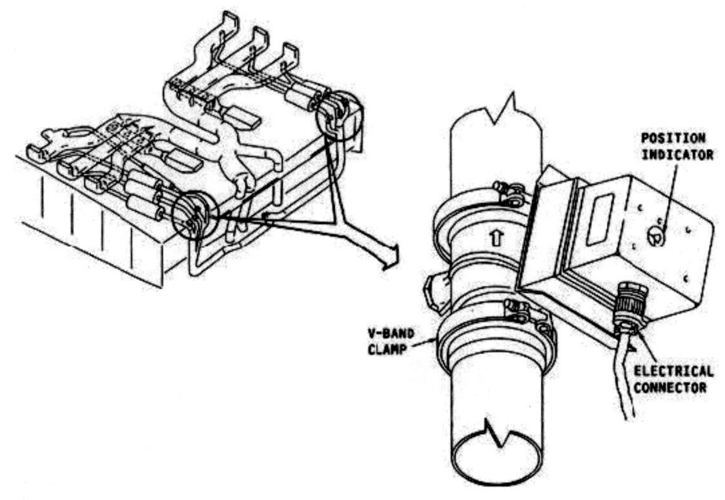

[그림 3-15 존 트림 에어 조절 밸브]

ⓒ Temperature Pick-up Unit

정상적인 온도 감지기는 항공기 객실내의 각 Passenger Zone에 장착되어 있다.

각각의 Sensor는 Fan과 Temperature Sensor와 Temperature Bulb로 구성되어 있으며 하나의 Housing 안에 들어 있다. 객실로 통하는 그릴은 Fan으로 하여금 Temperature Bulb와 Sensor를 지나 Cabin Air를 끌어 들일 수 있게 해준다. Temperature Sensor는 Zone Temperature Controller에 Input을 제공하고, Temperature Bulb는 Pack Temperature Controller에 Input을 제공한다.

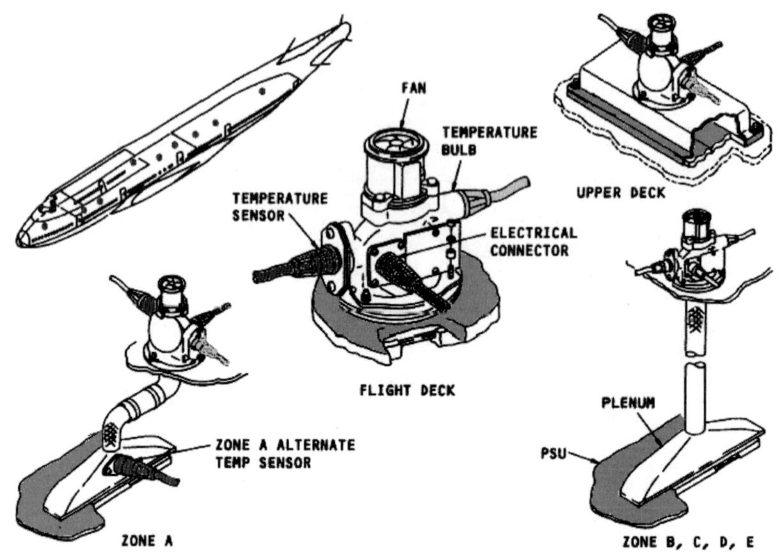

[그림 3-16 온도 조절(공급)장치]

4. Control & Indicating(제어 & 표시)

① Control Selection Panel(컨트롤 선택 패널)

그림 3-17은 B747-400 항공기의 ECS계통 Control Panel을 나타낸 것이다.
조종석 Panel의 Pack Control Switch를 통해 3개의 Pack Valve를 Control하게 되며 Isolation Valve를 통하여 각 Pack간 Air의 Cross도 Control 가능하다. 그 외 Flight Deck(Cockpit, 조종실) 및 객실의 온도, Trim Air Control도 이루어지고 있음을 알 수 있다.

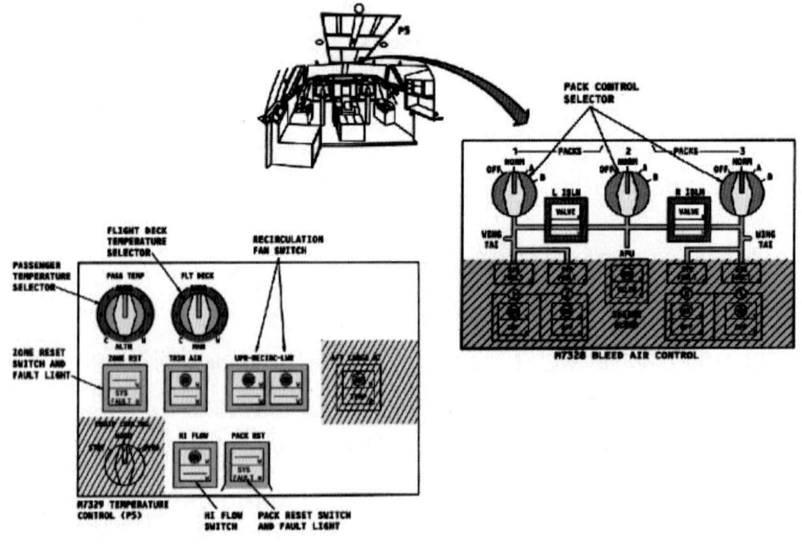

[그림 3-17 B747-400 컨트롤 선택 패널]

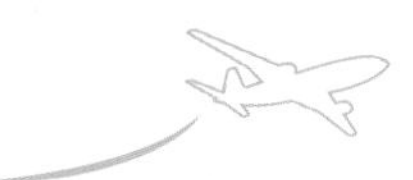

② Indicating

B747-400 항공기의 경우 EICAS(Engine Indicating And Crew Alert System) CRT(Cathode-Ray Tube)에서 ECS관련 Indicating을 알 수 있다. 화면 선택 스위치를 "ECS"로 선택하면 EICAS CRT에 각종 ECS 관련 Data들이 Display된다.

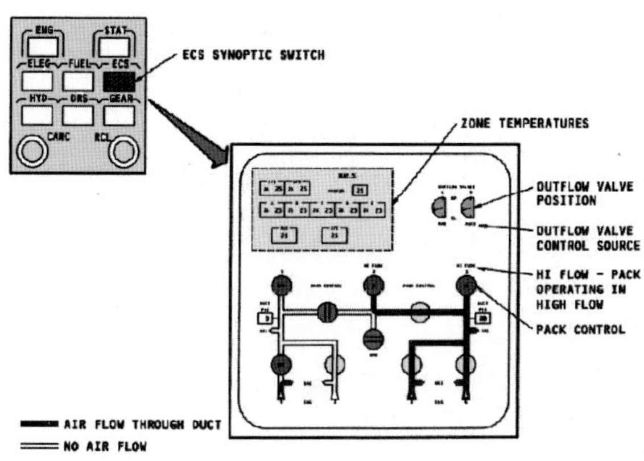

[그림 3-18 B747-400 ECS 표시]

2. Equipment Cooling System(냉각 장비 시스템)

Electrical/Electronic Equipment는 작동 중 열을 발생시키며 장시간 열에 노출될 경우 조기 결함이 발생되는 등 수명이 단축된다. Equipment Cooling System은 Cooling Airflow를 사용하여 장비에서 발생되는 열을 제거하고 장비에서 제거되는 더워진 공기는 Heating에 사용되거나 항공기 밖으로 배출된다.

그림 3-19는 B747-400 항공기의 Equipment Cooling System을 개략적으로 보여 주고 있다. 이 계통은 Fan, Valve, Cleaner, Sensor와 Duct로 구성되어 있으며, Cooling Airflow는 2개의 Fan에 의해 공급된다. Supply Fan은 장비에 Cooling Air를 공급하지만 Exhaust Fan은 장비로부터 뜨거워진 공기를 뽑아낸다. Supply Fan을 지난 Airflow는 Air Cleaner에 의해 먼지가 걸러진다. 공급되는 공기는 객실내의 공기가 유입되며, Valve들은 System을 통해서 Airflow 방향을 조절해 주며, Sensor들은 Low Flow, Overheat, Smoke Condition과 Outside Air의 온도를 감지하도록 만들어져 있다.

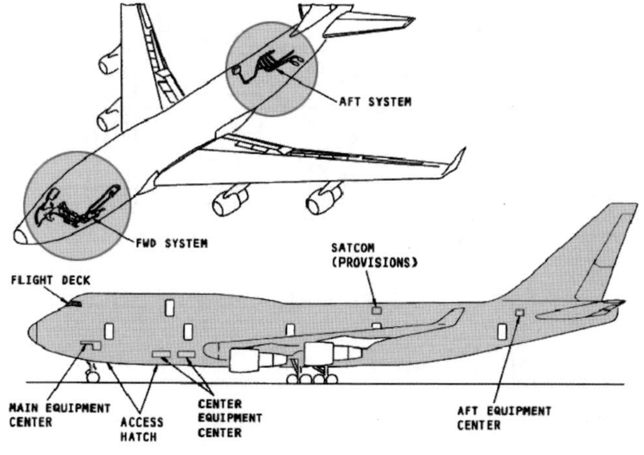

[그림 3-19 B747-400 전자 장비 냉각 시스템]

1. Equipment Cooling Control(냉각 장비 제어)

Equipment Cooling Control Switch는 "NORM", "STBY" 및 "OVRD"로 이루어져 3가지 선택을 갖고 있다.

- NORM Position : 정상적으로 지상과 비행 중에 작동 사용한다.
- STBY Position : NORM Position에서 지상 배기 Valve가 닫히지 않는 경우 Valve를 닫기 위해 사용된다.
- OVRD Position : Equipment Cooling System에서 Smoke Evacuation을 위해 또는 Fan이 모두 고장 시에 사용한다.

이 위치는 비행 중에만 사용된다. Clean Mode는 매 10번째 비행 후마다 자동으로 선택되며 Duct내의 오염 물질을 제거하기 위해 2분 동안 작동한다. Clean Mode는 Control Switch가 "NORM" 위치에 있을 때만 작동한다.

① Normal Operation(정상 작동)

NORM Mode에서의 작동은 Cooling Air가 열려 있는 안쪽 Supply Valve를 통해 Supply Fan에 의해 전방 화물실로부터 끌어 당겨진다.

공기는 Cleaner를 통과 하여 조종실과 주 Equipment Center로 공급된다. Exhaust Fan은 Cooling 지역으로부터 Cooling Air를 Smoke Detector를 거쳐 끌어당긴다.

지상에서 외부 온도가 일정 온도 이상이면 공기는 Ground Exhaust Valve가 열려 외부로 배출되고, 외부 온도가 일정 온도 이하이면 INBD Exhaust Valve가 열려 화물실을 Heating한다.

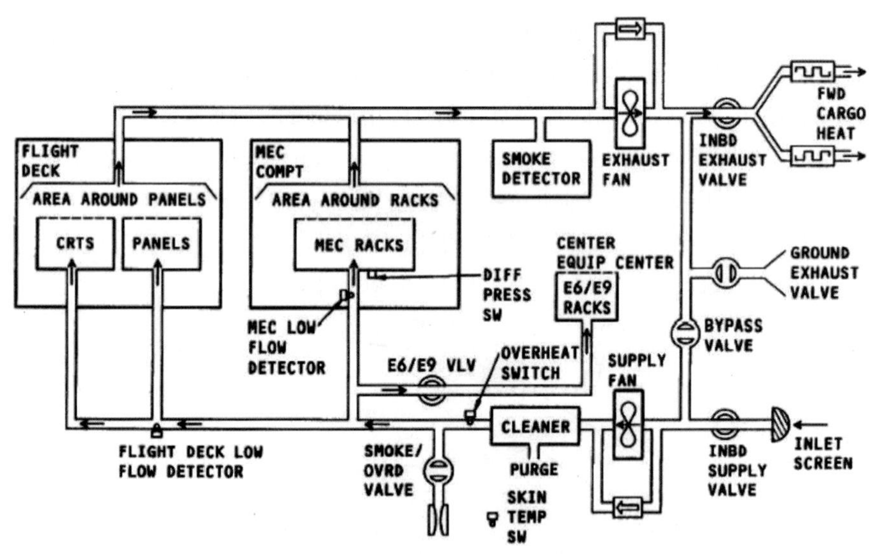

[그림 3-20 B747-400 냉각장비 시스템 정상 작동도]

② Flow Control Orifice(흐름 제어 오리피스)

Flow Control Orifice는 Supply 및 배기 장비 냉각 덕트 내의 공기 흐름을 제한한다.

③ Standby Operation(대기상태시 작동)

지상에서 엔진이 작동 중일 때 지상 Exhaust Valve가 닫히지 않을 때 사용하며, Switch를 STBY 위치로 선택한다. Cooling Air는 전방 화물실로부터 안쪽 Supply Valve가 열려 Supply Fan에 의해 들어온다. 공기 Cleaner를 거쳐 조종실과 주 Equipment Center로 공급된다.

Exhaust Fan은 냉각부위로부터 Smoke Detector를 거쳐 공기를 빨아내어 전방 화물실로 배출 시킨다. 만약 지상 Exhaust Valve가 "STBY"로 선택한 후에도 계속 열려 있으면 항공기를 출발시키기 전에 Valve를 수동으로 닫아야 한다.

④ Smoke/Override Operation(스모크/오버라이드 작동)

항공기가 비행 중에 Equipment Cooling Overheat(장비 냉각 과열), Low Flow(저유량), Smoke(연기)가 감지되거나 Equipment Cooling System 내 Fan이 모두 작동 불능일 때 수동으로 선택한다. Equipment Cooling Switch를 "OVRD" 위치에 놓으면 Smoke/Override Mode가 된다. 이 Mode는 Fan의 작동을 중지시키고, Inboard Supply와 Exhaust Valve를 모두 닫고, Smoke/Override Valve를 연다. 객실 차압에 의해 항공기 내부에서 장비를 통하여 외부로 나가는 Airflow를 만든다.

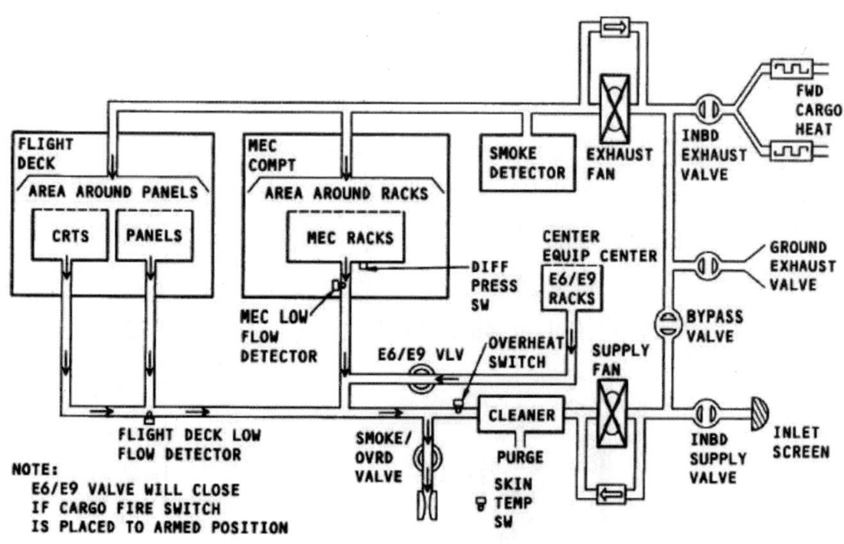

[그림 3-21 B747-400 냉각 장비 시스템 연기/재정의 작업]

2. Equipment Cooling Smoke Detector(냉각 장비 연기 감지기)

Equipment Cooling Smoke Detector는 Equipment Cooling Airflow 내의 Smoke 존재 상태를 조종실에 지시해 준다.

Smoke Detector 그림 3-22는 Pilot Lamp, Light Trap, Photo Cell, Test Led 및 Electrical Circuit로 구성되어 있으며 Pilot Lamp Beam은 Light Trap과 직결되어 있다. Airflow에서 Smoke가 존재하면 Pilot Lamp로부터 빛은 Photo Cell에 반사된다. Photo Cell에 반사된 Light는 전기회로를 자화 시킨다.

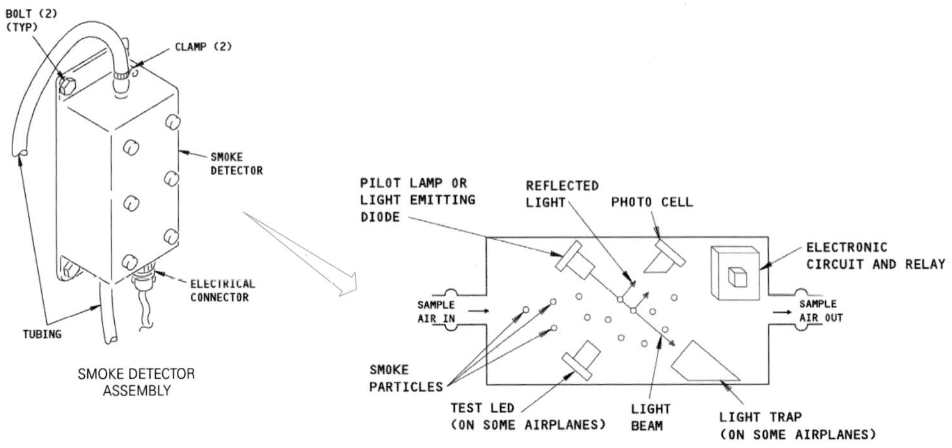

[그림 3-22 냉각 장비 연기 탐지기]

3. Equipment Cooling Rack(냉각 장비 랙)

Cooling Rack은 전자 장비를 지지하고 장비에 대한 Cooling Airflow를 제공한다. 각 Rack은 전자 장비의 연결구를 가지고 있다.

Rack은 선반형으로 구성되어 있으며 각 선반을 공기의 공급 및 배출구가 있다. Metering Plate는 각 Station에 장착되어 있으며, 적정량의 Cooling Air 공급을 위해 구멍이 뚫린 Orifice를 가지고 있다.

Cooling Air는 Rack 하부로 들어가 상부를 빠져나간다. 각각의 Metering Plate는 Orifice Plug와 Plate Seal을 가지고 있으며 Plug는 지정된 장비로 Cooling Airflow의 흐름을 만들어 주며 각 장비 Station에 있는 Metering Plate Decal과 같이 Orifice가 뚫려 있어야 한다.

그림 3-23는 B747-400 항공기의 Equipment Cooling Rack을 보여 주고 있다.

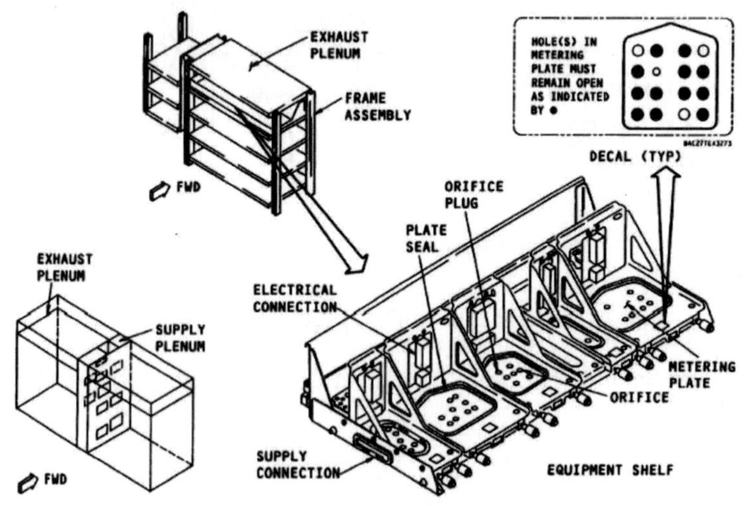

[그림 3-23 B747-400 냉각 장비 랙]

3. Cargo Compartment Heating(화물실 난방)

Cargo Compartment Heating에는 FWD Cargo Compartment와 AFT Cargo Compartment 두 부분으로 구분된다.

먼저 FWD Cargo Compartment의 Heating은 Main Equipment Center의 장비를 Cooling하고 난 후의 열을 이용한다. Main Equipment의 장비들은 열이 많이 발생하기 때문에 이 때 발생한 열을 식힌 후 데워진 공기가 FWD Cargo Compartment로 보내짐으로써 Heating이 이루어지게 된다. AFT Cargo Compartment Heating은 Pneumatic Manifold Duct의 Air가 직접 AFT Cargo Compartment로 전달됨으로써 Heating이 이루어지게 된다.

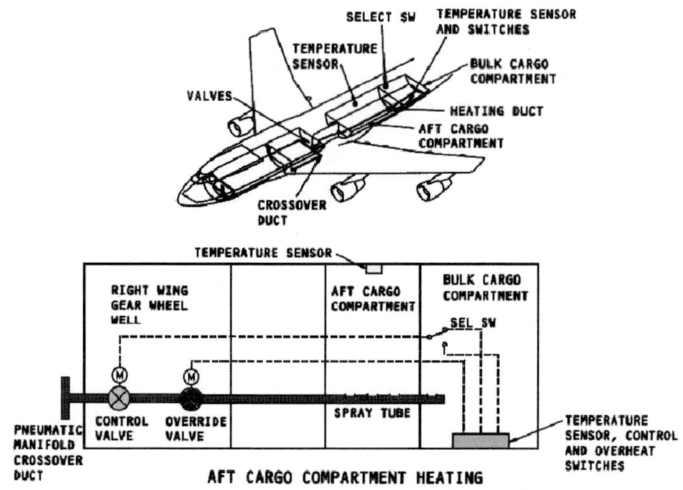

[그림 3-24 B747-400 화물실 난방]

4. Pressurization System(가압 시스템)

1. 개요

주어진 속도에서 High Altitude(고공)를 비행하는 항공기는 같은 속도에서 low altitude(저공)를 비행하는 항공기보다 Fuel Consumption(연료 소모)이 더 적다. 다른 말로 표현하면 항공기는 높은 고도로 비행하는 것이 연료를 적게 소모 시킨다. 또한 높은 고도로 비행하는 항공기는 Storm(폭풍) 상부의 비교적 잔잔한 대기에서 비행함으로써 악천후나 Turbulence(난류)를 피할 수 있다.

인체가 생명을 유지하려면 공기 중의 산소를 취해야 하는데 공기 중의 산소 함유량은 20[%] 정도이다. 인체의 호흡 효과가 좋으려면 공기 중의 산소 함유량도 문제겠지만 기압이 적합하여야 한다. 고도가 높아짐에 따라 대기압이 감소할 뿐만 아니라 산소의 절대량도 감소한다. 해면 고도에서 대기압이 14.7[psi]이던 것이 고도 100,000[ft]에서는 "0"에 가까워진다. 또한 고도 52,000[ft]에서는 인체가 생명을 유지할 만한 산소가 혈액 내에 흡수되지 못한다.

과학적인 이론과 실험에 따르면 10,000[ft] 이상의 고도에서 오랜 시간 동안 머물게 되면 정신적으로나 육체적으로 권태 현상을 나타내다가 급기야는 졸도까지 하는데 이런 현상을 Anoxia(무산소증)이라 한다.
이와 같은 현상은 비행고도가 높으면 높을수록 그림 3-25에서 보는 바와 같이 더욱 짧은 시간 내에 유발된다.
건강한 사람이 무산소증을 일으키지 않고 거의 무한정 오래 견딜 수 있는 고도는 10,000[ft]로 알려져 있고 FAA(Federal Aviation Administration, 미국 연방 항공국)에서는 높은 고도를 비행하는 항공기에 대하여 순항 고도에서 객실 내의 압력을 고도 8,000[ft]에 상당되는 기압인 약 10.92[psi]를 8,000[ft] Cabin Altitude(객실고도)라고 부르며 이 압력을 유지할 수 있는 여압 계통을 구비할 것을 형식증명의 조건으로 하고 있다.

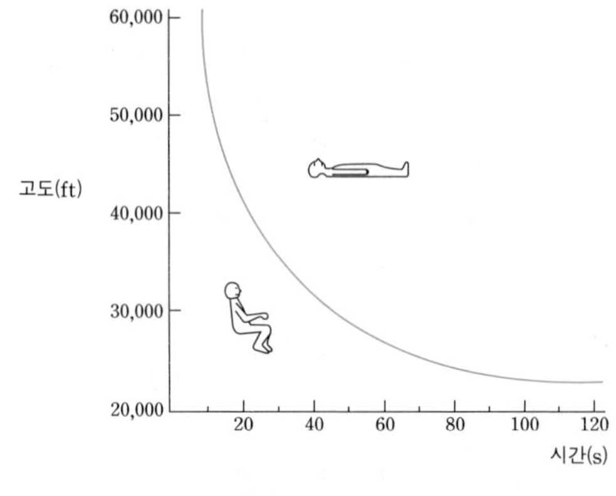

[그림 3-25]

또한 어떤 불의의 사태로 여압 계통의 작동이 원활치 못할 때라도 Cabin Altitude는 15,000[ft]를 초과하지 못하도록 되어 있고 그것이 불가능할 경우에 대비하여 승무원과 승객을 위하여 100[%] 산소를 취할 수 있게 마스크를 비치하여야 한다고 규정하고 있다. 또한 Pressurization System(여압 장치)가 되어있지 않은 항공기는 대개 낮은 고도로 비행하도록 제한이 된다.
Cabin Pressurization System(객실을 여압 시키는 계통)이 설비된 항공기는 승객들이 안전하고 편리하게 비행을 한다고 할지라도 몇 가지 기능을 수행할 수 있어야 한다.

① Maximum Cruising Altitude(최대 순항 고도)에서 Cabin Altitude(객실 고도)를 8,000[ft]로 유지할 능력이 있어야 한다.

② 객실 여압은 객실 압력을 조정하기 위하여 적어도 다음과 같은 Valve 조작 장치, 지시계기를 구비하여야 한다.

- 압력원에서 공급되는 최대유량에서 정(+)의 압력차를 미리 결정된 값으로 자동적으로 제한 시킬 수 있는 두개의 감압 Valve의 총 용량은, 이중 하나가 고장 나더라도 감지될 정도의 압력차 상승을 유발하지 않을 정도로 충분히 커야 한다. 압력차는 내압이 외압보다 클 경우를 정(+)의 압력차이로 부른다.
- 구조를 파손할만한 부(−)의 압력 차이를 자동적으로 방지하기 위한 두 개의 안전 Valve(또는 그와 동등한 것) 그러나 작동불량을 충분히 배제할 수 있는 경우에는 하나의 Valve로 충분하다.

- 압력 차이를 신속히 "0"으로 절감 시키는 방법이 강구되어 있어야 한다.
- 요구하는 실내압과 환기 속도를 유지하기 위하여 흡입 공기량 및 배출 공기량 또는 양쪽 모두를 조정하기 위한 자동 또는 수동 조절기를 구비하여야 한다.
- 압력차, 객실압력고도의 변화율을 조종사에게 지시하기 위한 계기를 구비하여야 한다.
- 압력차가 안전치 또는 미리 정한 값을 초과할 때 혹은 객실압력고도가 10,000[ft]를 초과할 때를 알리기 위해 조종석에 경보지시기를 설치하여야 한다.

그림 3-26은 B747-400 항공기의 Cabin Pressurization System(실내 가압 시스템)을 보여주고 있다. Pressurization은 2개의 Outflow Valve를 통해 빠져나가는 Conditioned Air를 조절함으로써 가능하다.

System은 Cabin Pressure Control Selector Panel(객실 여압 조절 선택 판넬) 2개의 Cabin Pressure Controller, Auxiliary Panel 그리고 2개의 Interface Control Unit로 구성되어 있다.

Over Pressure Relief는 2개의 Pressure Relief Valve에 의해 제공되고, Negative Pressure Relief Valve는 전방 및 후방 Cargo Door에 위치한 4개의 Relief Door에 의해 제공된다.

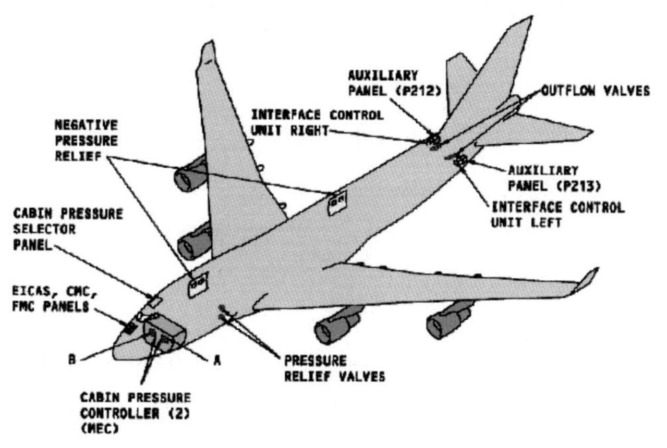

[그림 3-26 B747-400 캐빈 가압 시스템]

2. 대기압(Pressure Of The Atmosphere)

대기의 공기는 보이지는 않지만 고체가 무게를 갖고 있듯이 공기도 무게를 갖고 있다. 지구 표면으로부터 공간으로 확장되는 Air Column의 무게를 대기압이라 부른다.

만일 이 Column이 1[in^2]이라면 해면상에서의 공기 중량은 14.7[lbs]이다. 따라서 해면상에서의 대기압은 14.7[psi]라 한다.

대기압을 표현하는 또 다른 방법은 수은의 원주높이와 같은 중량의 대기의 높이로 측정하는 방법으로 해면상에서의 대기 압력은 1013.2[hpa] 혹은 29.92[inHg]로 나타낸다. 대기 압력은 고도가 증가함에 따라 감소한다.

주어진 고도에 대한 압력 변화는 그림 3-27 예시와 같다.

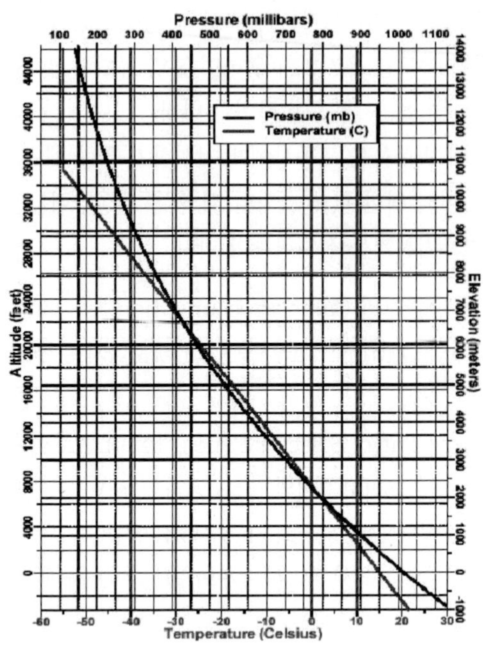

[그림 3-27 미국 표준 대기]

그림 3-27에서 보는 바와 같이 고도가 증가하면 압력은 급격히 내려가게 된다. 고도 50,000[ft]에서의 대기 압력은 해면상에서의 압력의 1/10 정도로 떨어진다. 지구로부터 수백 mile위로 올라가면 공기밀도는 희박해져서 대기는 존재하지 않는다고 보며 그러나 그 한계를 공간에서 정하기란 막연하다.

3. Standard Atmosphere(표준 대기)

지구를 둘러싸고 있는 대기는 질소, 산소 및 희유기체로 혼합된 기체이며, 공기의 분자량은 해면 부근에서 28.966이며 21[%] 산소와 78[%]의 질소로 구성된 체적 비율은 고도 100[km]까지 거의 일정하며 분자량도 일정하다. 그래서 이 범위를 Homosphere(균질권)이라고도 한다. 대기중을 비행하는 항공기의 성능은 대기의 온도, 압력, 밀도와 같은 물리적 상태량에 따라 좌우되며 이들 물리적 상태량은 장소와 고도에 따라 시시각각으로 변화한다. 따라서 항공기의 성능을 비교하기 위해서는 표준으로 정한 대기, 즉 Standard Atmosphere(표준 대기)가 필요하다.

표준대기는 국제적으로 통일된 것이어야 하므로 ICAO(International Civil Aviation Organization, 국제민간 항공 기구)에서 ISA(International Standard Atmosphere, 국제 표준대기)를 정하게 되었다. 해면상에서의 표준대기 표준치는 다음과 같다.

- 온도 : 15[℃]=288.16[°K]=59[°F]=519[°R]
- 압력 : 760[mmHg]=1013.25[hpa]=14.7[psi]
- 밀도 : 1.225[kg/m3]=0.002378[slug/ft3]
- 음속 : 340.43[m/s]=1116[ft/sec]
- 점성계수 : 1.783×10−5[kg/m s]=3.72×10−5[slug/ft sec]

4. Aircraft Structure(동체 구조)

항공기를 여압 하기 위해서는 운영시 동체구조에 작용하는 응력을 견딜 수 있도록 여압 되는 부위는 충분한 구조 강도를 가지고 있어야 한다. 항공기가 얼마나 높은 비행고도로 비행할 수 있느냐 하는 것은 Maximum Allowed Cabin Differential Pressure(최대 허용 객실차압)을 얼마로 설계했느냐에 따라 다르다.

Cabin Differential Pressure(객실 차압)은 Ambient Pressure(동체 외부의 공기압)과 Cabin Pressure (동체 내부의 공기압)과의 차압을 말한다. 허용되는 차압이 크면 클수록 기체구조의 강도는 다 강해야 한다. 일반적으로 경비행기의 최대객실 차압은 약 3~5[Psi]로 운용할 수 있도록 설계 되어지며, Reciprocating-Engine(왕복엔진)을 장착한 대형 항공기는 약 5.5[Psi], 제트엔진을 장착한 항공기는 9[psi]의 최대객실 차압에 견디도록 설계되어 있다.

예를 들어 항공기가 8,000[ft]의 Cabin Pressure Altitude를 유지하고, 순항고도 35,000[ft]로 비행한다면 8,000[ft]에서의 대기 압력은 10.92[Psi]이고, 35,000[ft]에서의 대기 압력은 3.458[psi]이므로 동체 구조에 작용하는 Differential Pressure(차압)은 7.462[psi]이다.

B747 항공기에서 가압되는 부위의 면적을 약 8,000[ft]라 하면 동체 구조물에 작용하는 힘은 약 860만 [pounds]이다.(8,000122×7.462)

이 힘에 견딜 수 있게 동체를 설계하는데 추가하여 안전율을 1.33배로 가산하여야 하므로 동체의 최대 강도를 1144만(860만×1.33)[pounds]에 견딜 수 있도록 만들어야 한다.

위의 예로 보아서 가볍고 강한 항공기 동체구조를 설계하고 제작하는 것을 동시에 이룩하기란 상당히 어렵다는 것을 쉽게 알 수 있다.

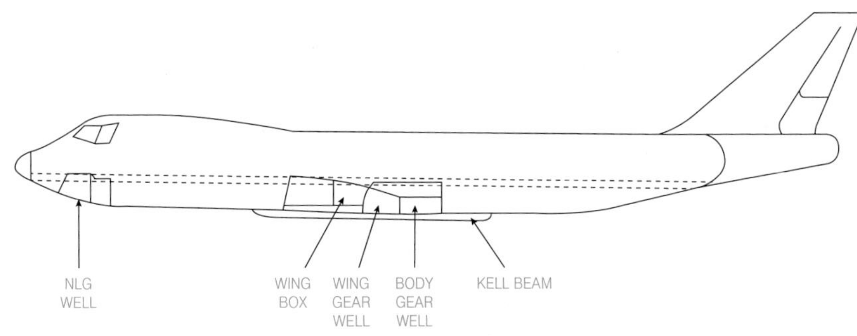

[그림 3-28 동체 압력 부분]

제2장 ATA25 기내장비 및 설비 (Equipment & Furnishing)

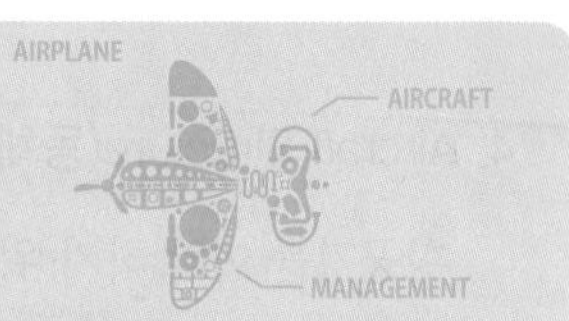

1. 개요

ATA Chapter 25는 Airplane Operational System에 속하지 않는 Airplane Structure나 Control, Passenger, Cargo 및 Accessory Compartment 내부에 장착되어 있는 Equipment와 Furnishing에 관해서만 취급한다.

1. FLIGHT COMPARTMENT(조종사)

Radom Bulkhead 후방과 Passenger Compartment 전방부분에 위치한다.

2. PASSENGER COMPARTMENT(객실)

승객이 탑승하는 동체 내부구조의 주요 부분이며, 조종실 후방 부분으로부터 After Pressure Bulkhead 까지로 여러 개의 Galley와 Lavatory가 장착되어 있다

3. CARGO COMPARTMENT(화물칸)

객실 하부에 위치하여 화물을 수송하는데 사용되며, 화물을 탑재하고 이동하기 위한 장비들이 설치되어 있다.

4. EMERGENCY EQUIPMENT(비상장비)

항공기의 비상사태에서 사용되는 장비들로서 Escape Slide 및 Escape Slide를 작동시키기 위한 장비, Life Raft, Life Vest, Emergency Transmitter 및 기타 여러 가지 Life Support 장비들이 이에 해당된다.

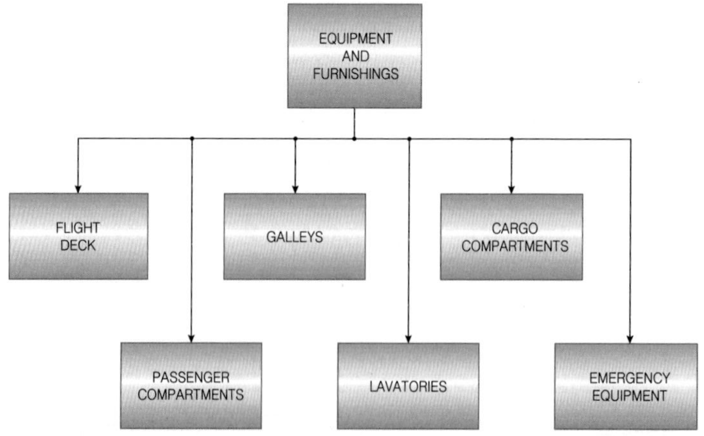

[그림 3-29 장비 및 비품]

2. FLIGHT COMPARTMENT

1. 개요

항공기의 중추기관이 되는 부분이며, 기계와 인간의 접촉 부분이다. 최근의 항공기에는 Control System이 많고 복잡하기 때문에 조종실내의 Control Panel과 Seat는 인간공학적으로 효율적으로 설계되어 있다.

2. CONTROL PANEL

Control Panel에는 항법장치, 자동조종장치, 통신장치, 엔진시동장치, 방빙 및 제빙계통 및 연료계통, 유압계통, 전기계통, 공기조절 여압계통, APU 계통의 Control Panel이 있다. 조작 및 감시 빈도가 높은 Control Panel은 가장 조작하기 쉬운 위치에 배치되어 있다. 조작부(Switch, Knob, Button, Lever)의 형상, 기능 및 표시는 잘못 조작하는 것을 방지하도록 설계되어 있다.

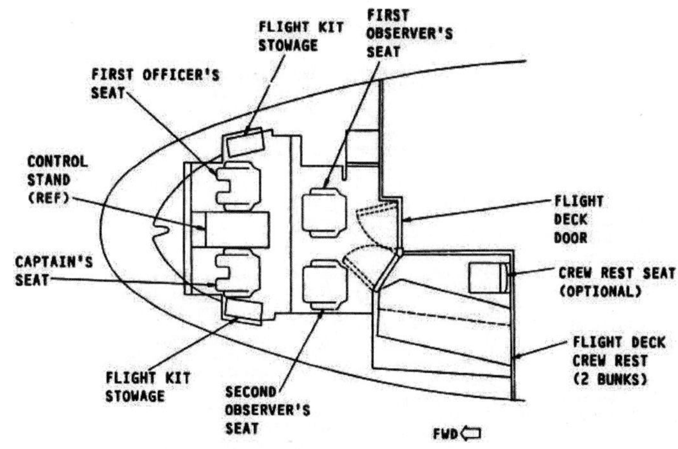

[그림 3-30 비행 구획 장비 및 비품]

3. SEAT

조종실에는 Captain Seat, First Officer Seat, Observer Seat가 Track 또는 Floor Fitting에 장착되어 있다. Pilot's Seat는 전후(H), 상하(V), 회전(S), Recline(R)의 조작을 기계적으로 일부는 전기적으로 할 수 있으며, 허리 및 어깨를 잡아주는 Seat Belt가 장착되어 있다. 단, 기장석 후방의 Observer Seat는 접고 펼 수 있게만 되어 있다.

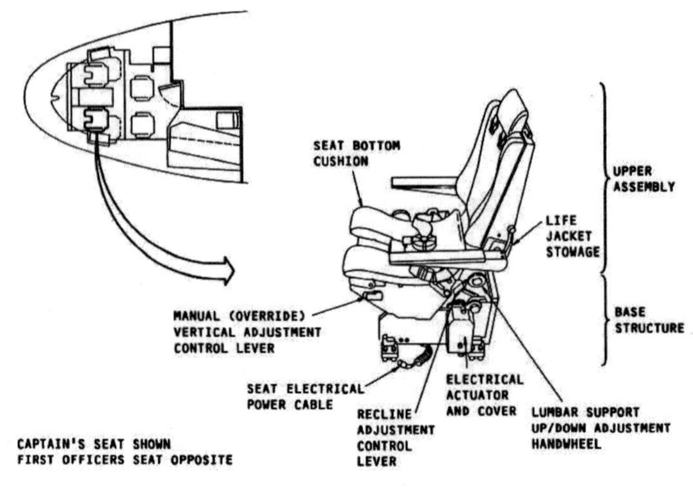

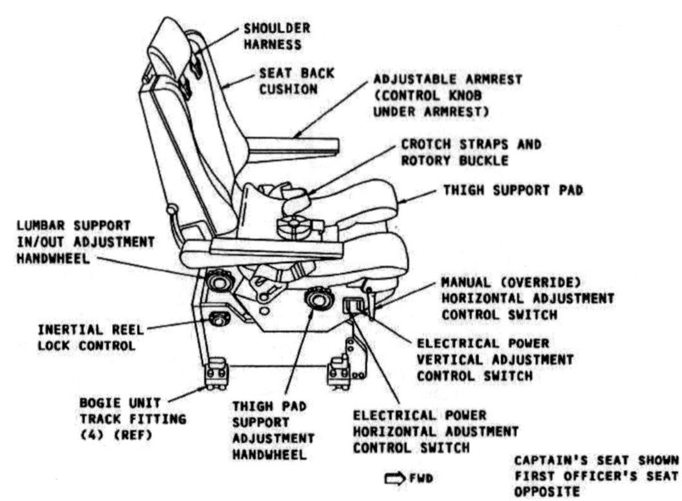

[그림 3-31 Pilot's Seat]

3. PASSENGER COMPARTMENT(객실)

1. 개요

객실은 조종실을 제외한 동체의 전 길이를 차지하고 있는 부분이다. B747-400 항공기는 Main Passenger Compartment와 Upper Deck Passenger Compartment로 구성되어 있으며, 나선형 또는 직선형으로 되어 있는 Stairway에 의해서 연결되어 있다. Galley, Lavatory, Coat Closet Module들은 Passenger Compartment에 장착되어 있는 주요한 Equipment와 Furnishing들이다.

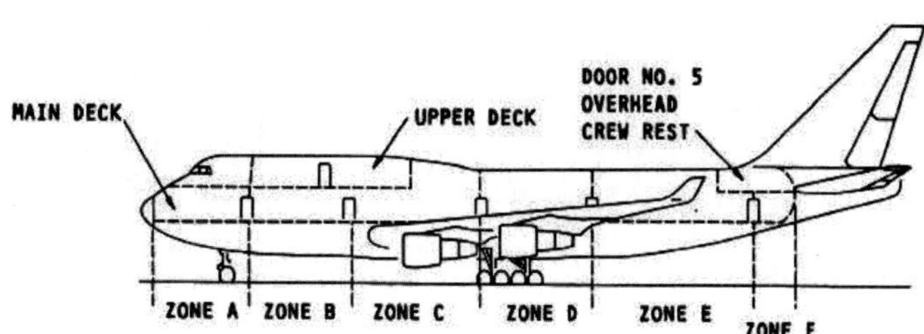

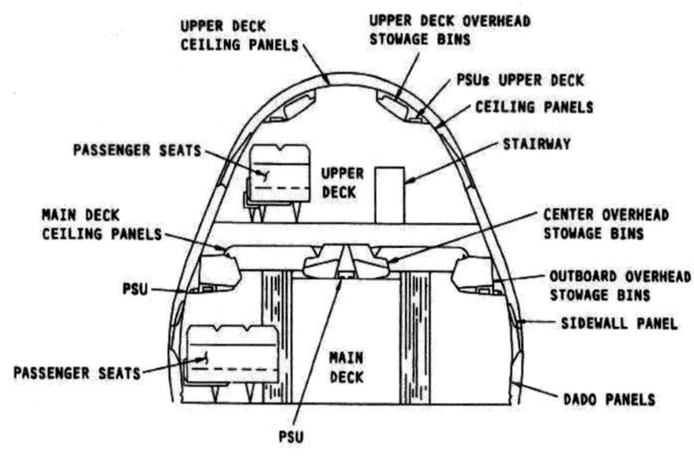

[그림 3-32 B747-400 승객실]

2. SEAT

객실용 Seat에는 승객용(First Class 용과 Economy용), Lounge용, Attendant용 Seat가 있다. 객실용 Seat는 Floor에 설치된 Track 상에 고정되고 용도에 따라 Pitch(간격)를 정할 수 있고, Seat Belt는 허리용 뿐이다. Seat의 골격은 Aluminum합금제로서 가볍고 충분한 강도를 갖도록 만들어져 있다. 또한 Seat Cover도 내화성이 우수한 것을 사용하고 있다.

객실용 Seat의 Arm Rest에는 각종 음악이나 영화음성을 즐기기 위한 Audio Control Box가 설치되어 있다. B-747 항공기에는 Volume Control, Channel Selector, Headset Jack, Reading Light Switch, Attendant Call Switch, 재떨이, Recline Control Button이 Seat Control Unit 안에 있다. 좌석의 가격은 2인용, 3인용 혹은 상기 열거한 부착장치에 의해 달라진다.

※JUMP SEAT : 접개식 보조석으로 출입구 가까이 있는 객실승무원용 좌석

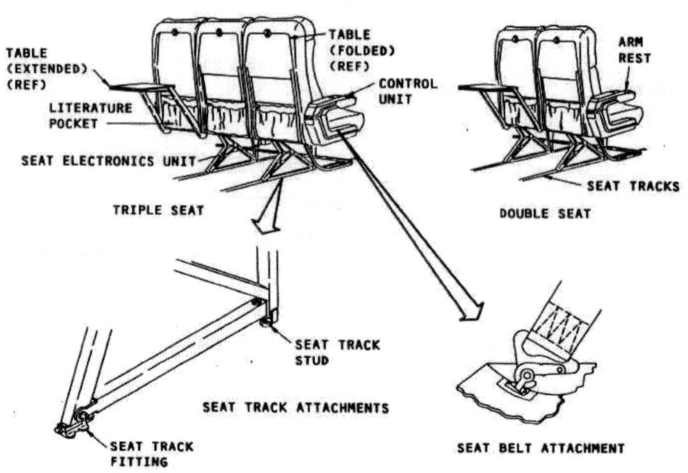

[그림 3-33 Passenger Seat]

3. SEAT CONFIGURATION(시트 구성)

좌석의 배치는 안정성, 쾌적성, 경제성 등의 측면에서 First Class와 Economy Class의 비율을 어떻게 할 것인가, 좌석의 전후 간격, 좌석 열을 어느 정도로 할 것인가는 항공회사에 따라 다르다. 보통 전 좌석 중 First Class를 10~15[%], 좌석 Pitch를 40[in](1[m]), Economy Class를 85~90[%], 좌석 Pitch는 34[in](0.86[m])로 배치하는 것이 기본이다.

4. LINING AND INSULATION(기체 내벽 및 단열재)

객실내부 전체는 Panel과 Insulation Blanket(방음처리)에 의해서 열과, 소음으로부터 차단된다. Panel은 (Colored) Fire-Resistant Material(내화재)로 만들어졌다. Primary Insulation(일차 단열재)은 Structure(구조)와 Interior Lining(내부 라이닝) 사이에 장착된 Insulation Blanket에 의해서 이루어지며, Insulation Blanket는 Clip, Chord, Velcro Tape 등에 의해서 Structure에 고정되어 있다.

5. PSS & PSU(Passenger Service System & Passenger Service Unit) (승객 서비스 시스템 & 승객 서비스 유닛)

PSS는 승객의 Reading Light 및 승객이 Attendant를 부르는 Call을 말한다. 승객은 각자 좌석 팔걸이에 장착되어 있는 Seat Control Box의 Reading Light Switch 및 Call Button에 의하여 조작할 수 있다. Reading Light 및 승무원을 부르고 있는 줄을 표시하는 Row Call Light 자체는 각 승객 머리 위에 위치한 PSU에 있다.

PSU는 비행 중 승객이 사용할 수 있는 장치로서 Reading Light(독서등), Attendant Call Light(안내원 호출등), Emergency Oxygen Mask(비상산소 마스크), Air Outlet(공기 배출구) 등이 부착되어 있다.

[그림 3-34 Passenger Seat]

6. GALLEY(조리실)

승객에게 식사나 음식물을 제공하기 위한 기내장치이다. 단거리기의 경우에는 간단한 음료와 Snack 정도가 제공되므로 Galley도 비교적 소형이다. 현재 여객기용 Galley는 전문 Maker가 제작하고 있으며, 대형 여객기에서는 Galley가 점유하는 면적이 크기 때문에 이것을 Floor밑에 설치한 기종도 있다.

Galley에는 육류를 재가열하여 익히는 High Temp Oven, 물수건용 Oven, Coffee Masker, Water Boiler, 냉장고, 음료 보온용 Container 등 전력을 사용하는 기능 부품이 설비되어 있는 외에 식사나 음식물을 수용하는 Container를 필요에 따라 교환하게 되어 있다. 최근에는 교환을 신속히 하기 위하여 Container에 바퀴가 달린 Service Cart가 제작되어, 보관상태에서 그대로 승객의 Service에 사용하도록 되어 있다.

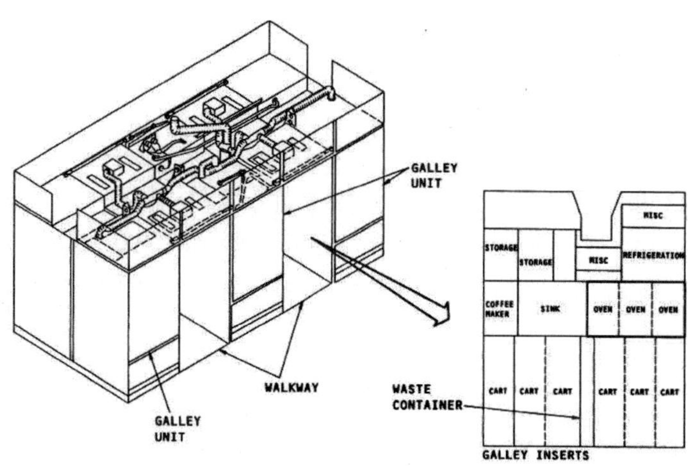

[그림 3-35 Galley Complex]

7. LAVATORY(화장실)

항공기내 화장실을 설치 시, 좌석 수를 고려하여 적절한 수와 배치가 이루어지는데, 장거리에서는 30~40석, 중거리에서는 40~50석, 단거리에서는 50~60석 당 1개소 비율로 화장실을 설치하고 그 배치도 특정의 화장실에 승객이 집중하지 않게 고려되어 있다.

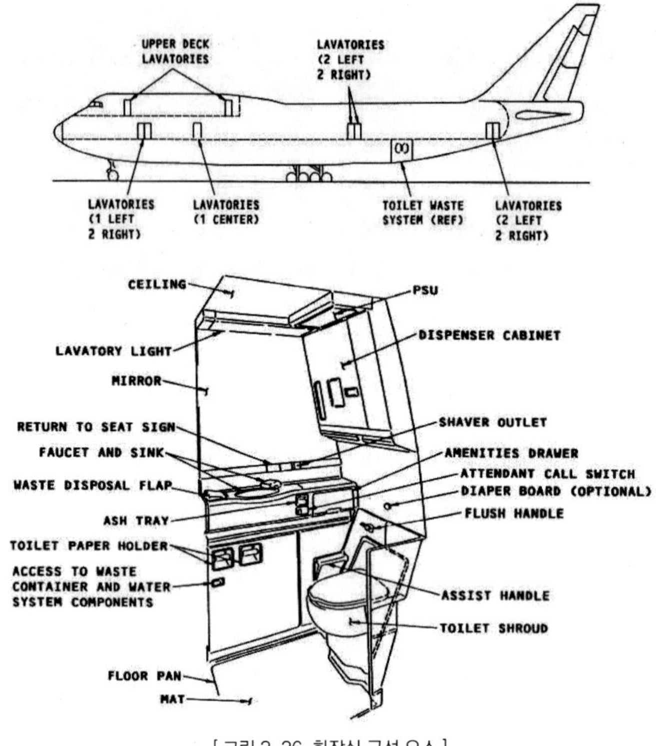

[그림 3-36 화장실 구성 요소]

4. CARGO COMPARTMENT(화물실)

1. 개요

Forward(앞쪽) 및 After Cargo Compartment(뒤쪽 화물칸)는 Passenger Cabin Floor(조수석 객실 바닥) 밑에 위치 하고 있으며, ULD의 싣거나 내리기를 위한 전기적으로 작동하는 Cargo Handling System (화물처리 시스템)과 Restraining System(제어 시스템)이 마련되어 있다. 각 Compartment는 동체 우측에 장착된 Outward Opening Door(외부 개방문)를 통해 접근할 수 있다.

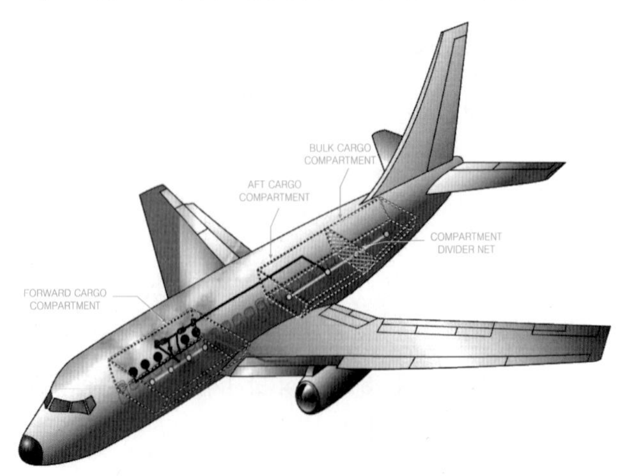

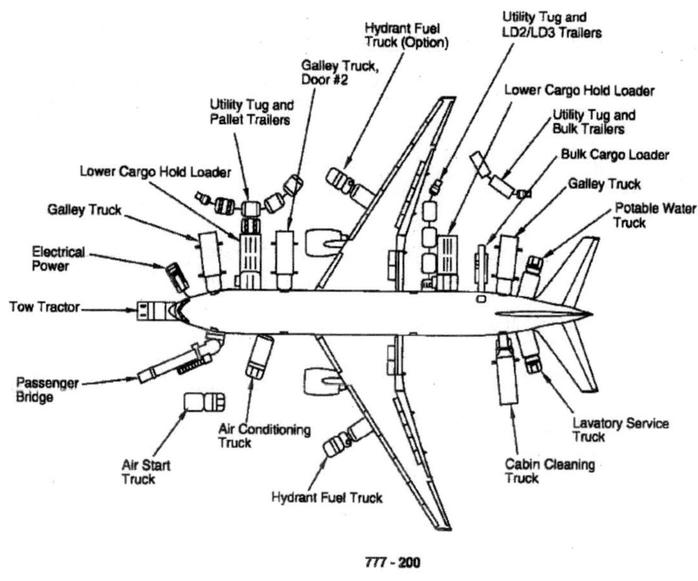

[그림 3-37 화물실 및 화물 취급]

2. ULD(UNIT LOAD DEVICES)

① CARGO/BAGGAGE CONTAINER(화물/화물 컨테이너)

Full Size Container(전체 컨테이너 크기)의 폭은 화물실 전체의 폭과 거의 같으며, 대형의 화물을 적재하는 데 사용된다. Half Size Container(중간 사이즈 컨테이너)는 승객들의 Baggage와 소형화물 수송에 사용한다.

② CARGO PALLET

화물실 바닥에 Pallet Retention Hardware(화물 운반대시설)들이 장비되어 있을 때에만 화물을 적재할 수 있다

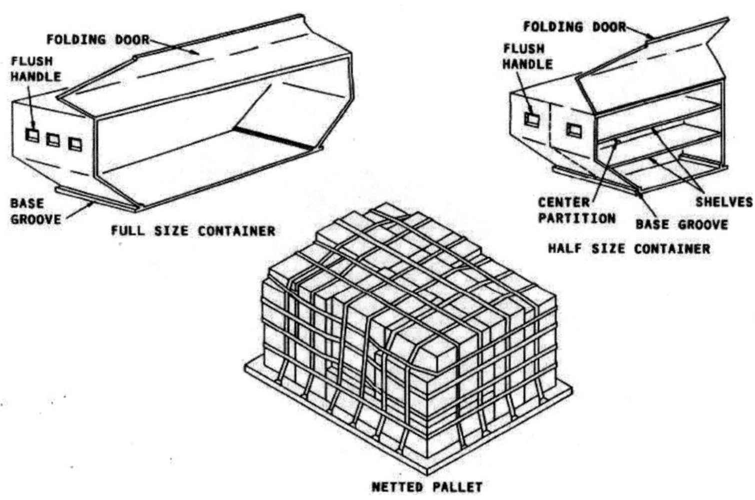

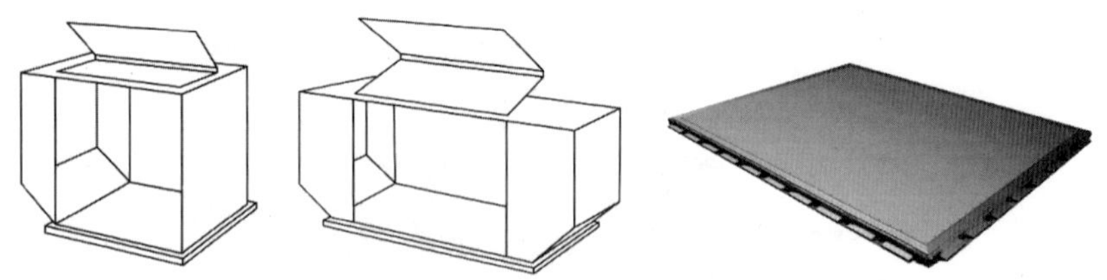

[그림 3-38 Cargo Containers and Pallets]

3. CARGO CONVEYANCE SYSTEM(화물 운송 시스템)

① Ball Transfer Panel(Ball Mat)(볼형 트랙) : Cargo Door Bay 바닥과 Container과의 마찰저항을 최소로 하여 화물의 가로방향과 길이방향의 이동을 용이하게 해준다.

② Roller Track(롤러형 트랙) : 길이방향의 이동만이 요구되는 장소에 Roller Tray의 열을 평행으로 장착하여 Container 바닥과의 마찰저항을 감소시킬 수 있도록 한다.

③ Power Drive Unit(동력 구동 장치) : 전기모터(115[V], 400[Hz], 3상)와 Gear Box로 구성되어 있으며, 화물을 이동시키는 힘을 발생시킨다.

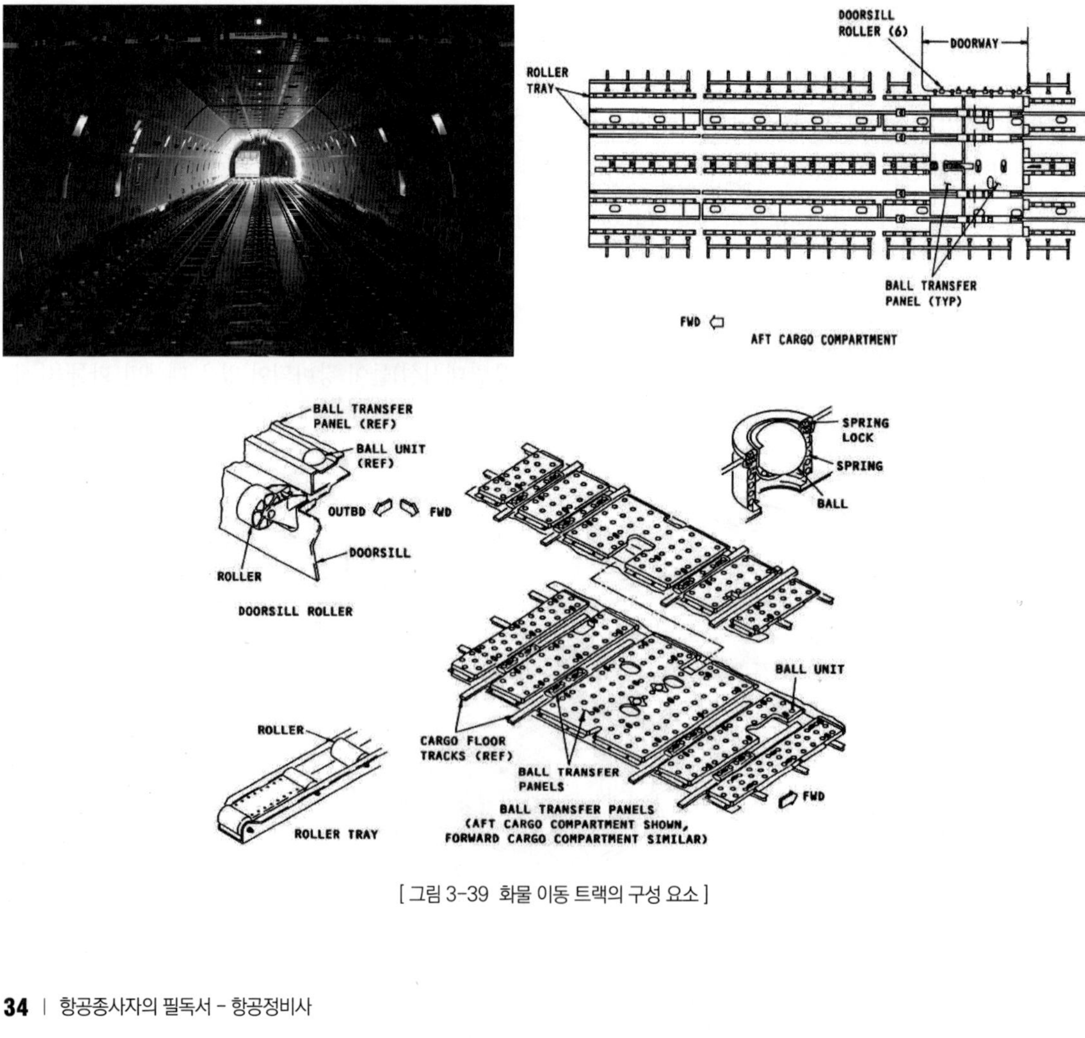

[그림 3-39 화물 이동 트랙의 구성 요소]

4. GUIDE/LATCH UNITS(가이드/래치 장치)

화물을 선택한 위치로 잘 이동하게 유도해 주고, 그 위치에 고정시키는 것으로서 다음과 같이 분류된다.

Function	Purpose & Construction	Direction
Guiding	Fixed/Movable	Longitudinal(X)
Latching	Manual Operation / Automatic Operation	Lateral(Y)
Dual		Vertical(Z)

5. CARGO HANDLING CONTROL PANEL(화물 취급 제어 패널)

Compartment에는 Cargo Door 근처에 Control Panel이 있다. Ground Power(전력공급)가 있는 상태에서 Cargo Door가 Open되면 Panel은 작동될 수 있다.

※ Automatic System의 고장 또는 Electrical Power(전력)의 결함 시 수동으로 화물의 Loading/Unloading이 가능하게 되어 있다.

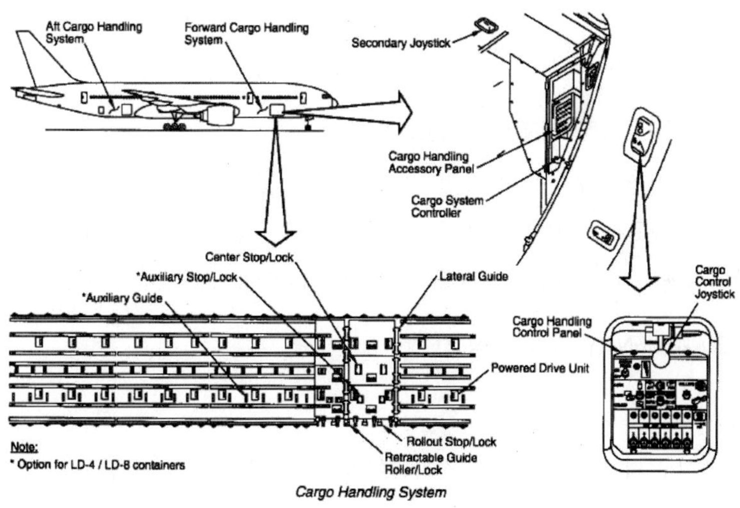

[그림 3-40 화물 처리 시스템]

5. EMERGENCY EQUIPMENTS(비상 장비)

1. 개요

사고가 발생했을 때 승객과 승무원이 무사히 탈출하고 구출되는 것을 돕기 위한 장비품이다. 긴급 불시착 시에 탈출을 돕는 Escape Slide, Rope, 도끼, 휴대용 확성기, 수면 위 불시착에 대비하여 Life Raft, Life Vest, 조난위치를 알리는 전파발신장치, 발화신호장치, 승객의 부상을 치료하는 구급약품(FAK) 등이 기내에 탑재되어 있다.

2. 비상사태의 종류

① Fire Inside The Aircraft : 객실내 화재 시
② Crash(Land) : 기체사고 및 결함 시
③ Belly Landing : 고장으로 비상착륙 시
④ Ditching(Sea) : 바다에 불시착 시
⑤ Cabin Depressurization : 객실감압시
⑥ Sickness : 질병 및 승객의 건강악화 시
⑦ Injuries : 승객등의 부상발생 시

3. DESCENT DEVICE(강하 장치)

조종실 천장부근의 격리된 Stowage Holder 내에 저장되어 있다. 이 Device들은 Fright Crew들이 Escape Slide를 사용하지 못하는 조건이 될 때 비상으로 탈출하는 설비이다. Descent중에 발생하는 속도의 증가는 Device 내의 Braking Action을 증가시켜 서서히 내려올 수 있도록 되어 있다.

4. EMERGENCY ESCAPE SLIDE(비상 탈출 슬라이드)

긴급 불시착했을 때 승객과 승무원을 안전하게 신속히 기체 밖으로 탈출 시키기 위한 장치이다. 현재의 대형 여객기에서는 탑승문이 그대로 비상문으로 되며, 여기에 Escape Slide가 장착되어 있다. 이러한 Slide는 법규에서 정해진 90초 이내에 전원이 탈출을 가능케 하기 위하여, 비상구를 열면 동시에 고압의 Nitrogen Gas에 의해 10초 내에 자동적으로 전개, 팽창하여 미끄럼대의 형태로 되게 설계되어 있다.

5. EMERGENCY SIGNAL EQUIPMENT(비상 신호 장비)

표류 중에 소재를 알려주는 것으로 백색광탄, 적색광탄, Power Megaphone, Radio Beacon(무선표식)이 장비되어 있다. Radio Beacon은 보통 비닐커버로 포장되어 있는 데 커버를 떼어내어 해수를 띄우면 자동적으로 Antenna가 펴져서 전파법에 정해진 2종류의 조난 주파수(121.5와 243[Mz])의 전파를 발신한다.

6. LIFE SAVING EQUIPMENT(인명 구조 장비)

① Life Vest(Life Jacket)

개인용 구명조끼로 의자 밑에 한 개씩 장착되어 있고 내장되어 있는 압축공기 또는 입으로 공기를 불어넣어 팽창시킬 수 있다.

② Life Raft

수면에 긴급 불시착 했을 때 투하하여 압축 Gas로써 팽창시켜 탑승자를 수용하고 표류하기 위한 것으로 여기에는 비상용식량, 바닷물을 담수로 만드는 장치, 약품, 비상신호장비 등이 내장되어 있고, 강우나 직사광선을 피하기 위한 천장도 부착되어 있다.
현재 주로 사용하고 있는 것은 25인승이지만 Slide가 Life Raft로 되는 것도 있다.

7. FIRST AID KIT(구급상자)

긴급 불시착시에 사용하는 약품이나 응급치료 용구를 작은 금속제 트렁크에 넣은 것으로 내용물은 법규에 자세히 규정되어 있으며, 탑재 수량은 승객 수에 따라 정해져 있다.

8. EMERGENCY LIGHT(비상등)

야간에 불시착했을 때 기내 · 외를 밝혀주는 비상용 조명, 통상의 전원과는 별도로 비상전원에 의해 작동할 수 있게 되어 있으며, 밝기는 책을 읽을 수 있을 정도이고 최고 10분 이상 사용할 수 있게 되어 있다.

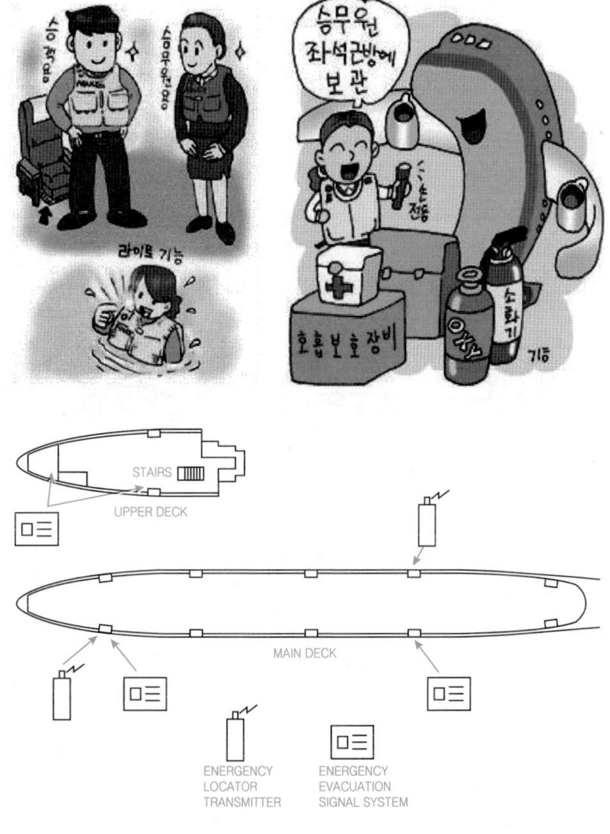

[그림 3-41 비상 신호 장비]

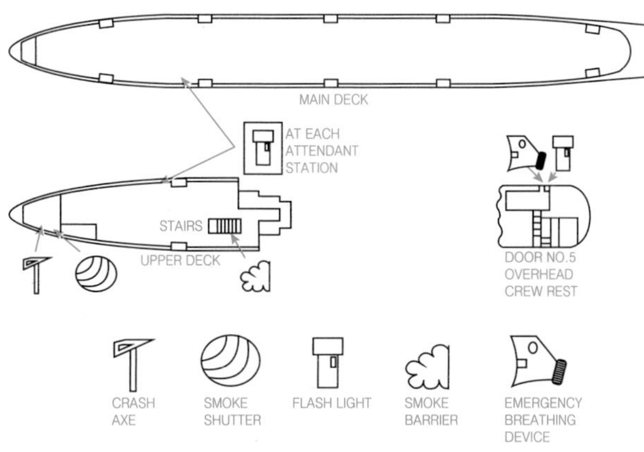

[그림 3-42 비상 장비]

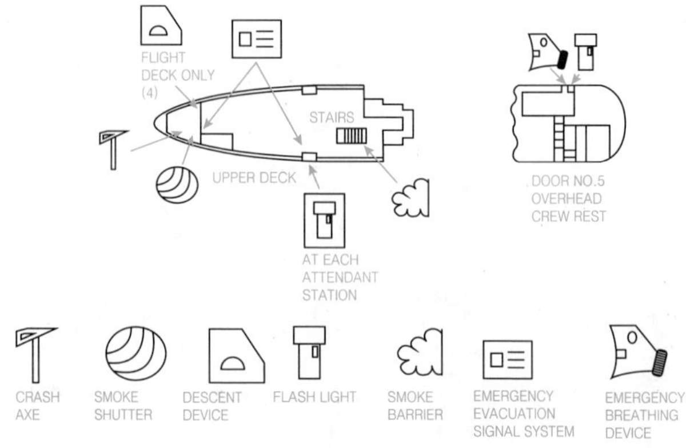
FLIGHT
DECK ONLY
(4)
STAIRS
UPPER DECK
AT EACH
ATTENDANT
STATION
DOOR NO.5
OVERHEAD
CREW REST
CRASH
AXE
SMOKE
SHUTTER
DESCENT
DEVICE
FLASH LIGHT
SMOKE
BARRIER
EMERGENCY
EVACUATION
SIGNAL SYSTEM
EMERGENCY
BREATHING
DEVICE

[그림 3-43 비상 장비 위치 요약]

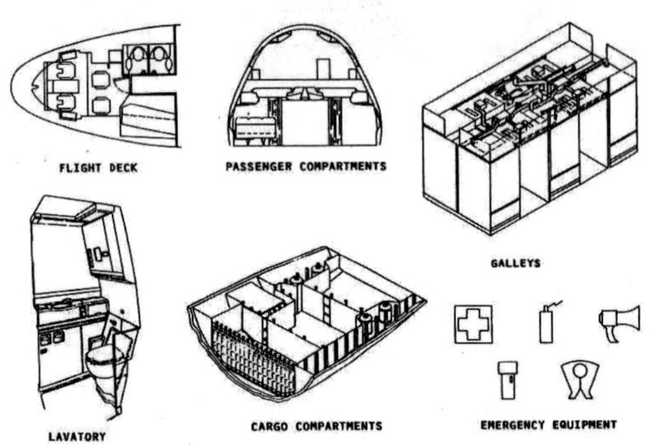
FLIGHT DECK
PASSENGER COMPARTMENTS
GALLEYS
LAVATORY
CARGO COMPARTMENTS
EMERGENCY EQUIPMENT

[그림 3-44 장비가 위치한 비품함]

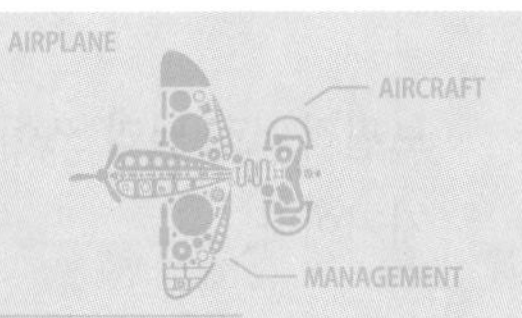

제3장 ATA26 화재감지계통 (Fire Protection System)

1. 개요

화재는 항공기에서 가장 위험한 적이며 현대 다발 항공기의 화재 구역(Potential Fire Zone)은 화재 보호 계통(Fire Protection System)에 의해서 막을 수 있다. Fire Zone이라 함은 화재 탐지(Fire Detection)와 화재 소화 장비(Fire Extinguishing Equipment) 그리고 화재에 대한 높은 저항력이 요구되는 곳으로써 항공기 제작자에 의해서 고안된 지역이나 부위이다.

"Fixed"란 용어는 손잡이가 있는 CO_2 소화기와 같은 어떤 Type의 휴대용 소화기를 계통 내에 영구적으로 장착되어 있는 것을 말한다. 현대 항공기와 많은 구식 항공기의 완전한 화재 보호 계통은 화재 탐지와 화재 계통을 갖고 있다.

과열 현상이나 화재를 탐지하기 위해서, Detector는 화재를 감시해야 되는 여러 곳에 설치한다. 화재는 왕복엔진 항공기에서 다음에 열거하는 탐지기를 사용하여 탐지한다.

- 과열 탐지기(Overheat Detector)
- 온도 상승 비율 탐지기(Rate–of–Temperature–Rise Detector)
- 불꽃 탐지기(Flame Detector)
- 조종사에 의한 관찰

이 방법 외에 탐지기의 다른 Type이 항공기 화재 보호 계통에 사용되며 Engine 화재를 탐지하기 위해서 가끔 사용된다. 예를 들면 Smoke Detector는 물질이 서서히 타거나 덜 피어 연기가 나는 곳, 즉 Baggage Compartment와 같은 지역의 화재를 감시하는데 더욱 적합하다.

이 범주 안에서의 다른 Type의 탐지기는 일산화탄소 탐지기(Carbon Monoxide Detector)와 폭발성 Gas의 축적을 이끌 수 있는 가연물의 혼합을 탐지할 수 있는 Chemical Sampling Equipment가 있다.

1. Detection Method(탐지 방법)

다음에 열거하는 탐지의 방법은 터빈엔진 항공기의 화재 보호 계통에 대단히 보편적으로 사용된다. 다수의 대형 터빈엔진 항공기의 완전한 항공기 화재 보호 계통은 다음 몇 개의 다른 탐지 방법에 의해서 활용된다.

- 온도 상승 비율 탐지기(Rate of Temperature Detector)
- 방열 수감 탐지기(Radiation Sensing Detector)
- 연기 탐지기(Smoke Detector)
- 과열 탐지기(Overheat Detector)
- 일산화탄소 탐지기(Carbon Monoxide Detector)
- 가연물 혼합 탐지기(Combustible Mixture Detector)
- Fiber – optic Detector
- 승무원이나 승객에 의한 관찰

보편적으로 널리 쓰이는 민감한 화재 탐지기의 3가지는 온도 상승 비율 탐지기, 방열수감 탐지기, 과열 탐지기이다.

2. Detection System Requirements(탐지 시스템 요구 사항)

현대 항공기에서의 화재 보호 계통은 화재 탐지의 주요 방법인 조종사에 의한 관찰은 하지 않는다. 이상적인 화재 탐지 계통은 가능한 다음과 같은 특징이 많이 포함되어 있어야 한다.

① 비행 중이나 지상 운전(Ground Operating Condition) 하에서는 이 계통은 False Warning을 일으키지 않아야 한다.
② 화재의 신속한 지시와 화재의 정확한 위치를 알려 주어야 한다.
③ 화재가 진화됐느냐 하는 정확한 지시를 하여야 한다.
④ 화재가 계속되는 동안 계속 지시해야 한다.
⑤ 화재가 다시 발생하는 경우 다시 정확히 지시해야 한다.
⑥ 조종실에서 탐지기 계통 시험 시 소요되는 전력은 적어야 한다.
⑦ Oil, 습기, 진동, 급격한 온도 변화와 정비 작업 시에 견딜 수 있는 견고한 탐지기여야 한다.
⑧ 무게가 가볍고 Mounting Position에 쉽게 장착할 수 있는 탐지기라야 한다.
⑨ Inverter가 없는 항공기의 전력 계통에서는 직접 작동할 수 있는 탐지기 회로를 가져야 한다.
⑩ 화재가 지시되지 않을 때는 최소의 전력이 소모되어야 한다.
⑪ 화재 탐지기 계통은 가청 경고 계통(Audible Alarm System)과 화재의 위치를 알려주는 조종실에 있는 화재 Warning Light을 동작 시켜야 한다.
⑫ 각 Engine에 대해서는 분리된 탐지 계통을 가지고 있어야 한다.

이 계통에서는 여러 종류의 화재 탐지와 Sensing Device를 사용하고 있다. 지금까지 운용하고 있는 많은 구형 항공기에는 대부분 Thermal Switch 계통이나 Thermocouple 계통이 장착되어 있다.

2. Fire Detection System(화재 감지 시스템)

화재 탐지 계통은 화재가 발생되었다는 신호를 발생하여야 한다. 일반적으로 사용하는 3가지 화재 탐지 계통은 Thermal Switch 계통, Thermocouple 계통, Continuous–loop Detector 계통이다.

1. Thermal Switch System(열 스위치 시스템)

이 계통의 구성은 Light 동작을 조정하는 Thermal Switch와 항공기 전기 계통에 의해 켜지는 몇 개의 Light로 되어 있다.

그림 3–45에서와 같이 이 Thermal Switch는 특정한 온도에서 전기 회로를 구성 시켜주는 Heat–sensitive Unit이며 이 Switch는 서로 병렬로 연결되어 있고 Light와는 직렬로 연결되어 있다.

만일 회로의 어떤 부분에서 일정값 이상으로 온도가 상승되었다면 Thermal Switch의 접점은 닫히게 되고 화재나 과열을 지시하는 Light 회로를 형성시킨다. 이 계통에서 Thermal Switch의 확정된 개수는 필요없다.

정확한 개수는 항공기 제작사에 의해서 결정된다. 여러 개의 Thermal Detector는 한 개의 Light에 연결되어 있다.

다른 방법으로서는 한 개의 지시 Light에 한 개의 Thermal Switch를 연결시키는 경우도 있다. 어떤 Fire Warning Light는 Push-to-test Type이다. Lamp는 Auxiliary Test 회로를 구성하기 위해서 Light를 Push함으로써 시험할 수 있다.

그림 3-45의 회로는 Test Relay가 포함되어 있으며, Relay 접점의 위치에서는 Thermal Switch로부터 Light까지 전류를 흘릴 수 있는 두 가지 길이 있는데 이것은 부가적인 안전 장치이다. Test Relay가 자화되는 것은 직렬 회로를 형성하고 있는 모든 전기 회로와 Lamp를 점검한다. 그림 3-45의 회로에는 Dimming Relay가 포함되어 있다. Dimming Relay가 자화됨으로서 회로는 Light와 직렬로 연결된 지항과 회로를 형성시킨다.

Dimming Relay를 통하여 회로가 구성되며 모든 Warning Light은 동시에 어둡게 켜지게 된다.

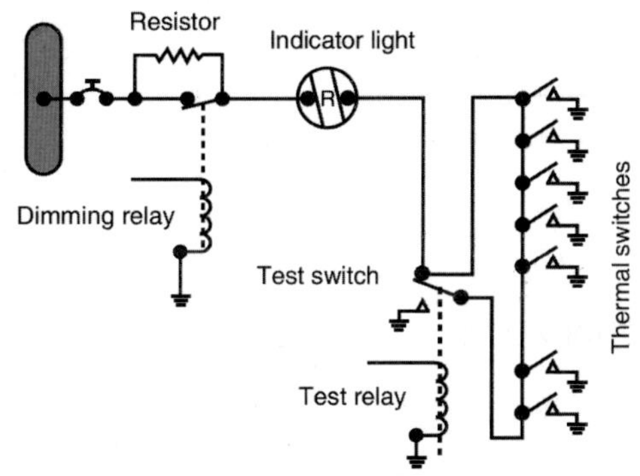

[그림 3-45 열 스위치 화재 회로도]

Thermal Switch 계통은 그림 3-46과 같이 Bimetallic Thermal Switch(바이메탈 열스위치)나 또는 Spot Detector를 사용한다. 각 탐지기는 Bimetallic Thermoswitch로 되어 있고 대개의 Spot Detector는 Dual-terminal Thermoswitch로 되어 있다.

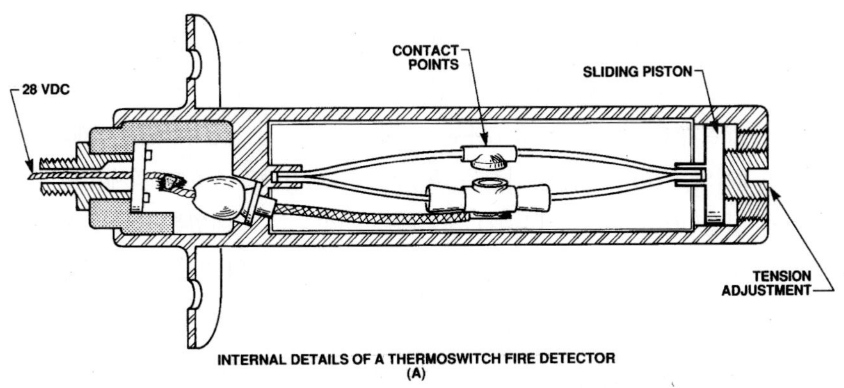

[그림 3-46 Fanwal Spot Detector]

Fenwal Spot Detector는 그림 3-47에서와 같이 2개의 완전한 Wiring Loop 사이에 병렬로 연결되어 있다. 이와 같이 이 계통은 Ground Short나 또는 전기적인 Open 회로의 하나인 결함 때문에 False 화재 경고는 일어나지 않는다. False 화재 경고가 발생되기 전에 이중 결함이 있을 수 없다. 화재 또는 과열 현상이 일어날 경우 Spot 탐지기의 Switch는 닫히게 되고 Warning를 일으키는 회로가 형성된다. Fenwal Spot 탐지기 계통은 Control Unit없이 작동된다. 과열이나 화재 발생시 탐지기의 Thermal Switch의 접점은 닫히게 되며 Warning Bell이 울리고 해당되는 지역에 대한 화재 Warning Light은 켜진다.

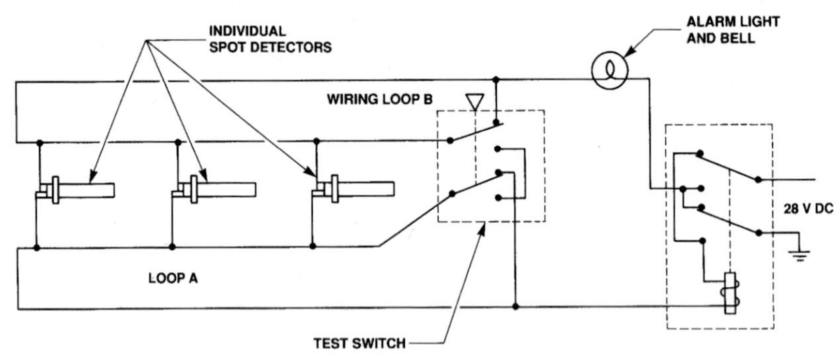

[그림 3-47 Fenwal Spot Detector Circuit]

2. Thermocouple Systems(열전대 시스템)

Thermocouple Fire Warning System은 Thermal Switch 계통보다 전혀 다른 원리로써 작동된다. 열전대는 온도 상승률에 의존하고 Engine의 느린 과열 현상이나 또는 접지 회로가 발생했을 때는 경고를 주지 않는다. 이 계통은 Relay, Box, Warning Light, 열전대로 구성되어 있다. 이런 Unit의 회로 계통은 탐지기 회로(Detector Circuit), Warning 회로(Alarm Circuit), Test Circuit로 구분된다. 이런 회로를 그림 3-48에서 보여준다. Relay Box에는 2개의 Relay와 Slave Relay, Thermal Test Relay, Sensitive Relay가 포함되어 있다.

이러한 Box는 화재 구역(Potential Fire Zone)의 숫자에 의해서 하나로부터 8개의 동일한 회로를 가지게 된다. Relay는 화재 Warning Light을 조정하며, 열전대는 Relay의 작동을 조정한다. 이 회로는 서로 직렬로 연결시킨 열전대와 Sensitive Relay가 포함되어 있다.

이 열전대는 Chromel과 Constantan(동 60[%], 니켈 40[%]로 된 합금)과 같은 2개의 이질금속제로써 구성되어 있다. 이 2개의 금속이 접합된 접점은 Hot Junction이라고 부르며 화재시의 열이 직접 가해지게 된다. 역시 2개 절연면(Insulation Block) 사이에는 진공으로 되어있는 Dead Air Space에 봉합 된 Reference Junction이 있다. Metal Cage는 Hot Junction에 공기의 자유로운 움직임을 방해하지 않고 기계적인 보호를 주기 위해서 열전쌍을 둘러싸고 있다. 만약 온도가 갑자기 상승된다면 열전대의 Reference Junction과 Hot Junction사이의 온도차로 인하여 전압이 유기된다. 만약 양쪽 Junction이 같은 비율로 가열되면 전압은 유기되지 않고 화재 Warning 신호도 일어나지 않는다. 만약 화재가 발생된다면 Hot Junction의 온도는 Reference Junction보다 갑자기 더 뜨거워 진다. 확보된 전압은 탐지기 회로로 전류를 흐르게 한다. 언제나 이 전류치는 4[mA] 보다 더 높아지고 Sensitive Relay의 접점을 닫히게 한다. 이것은 항공기 전원 계통에서부터 화재 Warning Light까지 회로를 형성시켜 주는 Slave Relay의 Coil까지 회로를 형성시켜 준다. 각각의 탐지기 회로에 사용되는 열전대의 총수는 Fire Zone의 크기와 회로 총 저항 값에 의존된다. 회로의 총 저항 값은 5°을 넘지 않는다.

그림 3-48에서와 같이 회로에는 2개의 저항이 있다. Slave Relay의 단자 양쪽에 연결된 저항에서 생기는 Arcing을 보호하며 이 저항이 없다면 Sensitive Relay의 접점은 Arcing이 일어나 타거나 용접이 된다. Sensitive Relay의 접점이 열릴 때 Slave Relay의 회로는 차단되며 Coil 주위의 자장은 없어지게 된다. 이러한 현상이 일어날 때 Coil은 자기유도 현상(Self-induction)을 통하여 기전력이 발생되나 Coil 단자에 연결된 저항에 의해서 유기된 기전력이 흡수되게 한다. 이렇게 Sensitive Relay 접점에서 생기는 Arcing은 없어지게 된다.

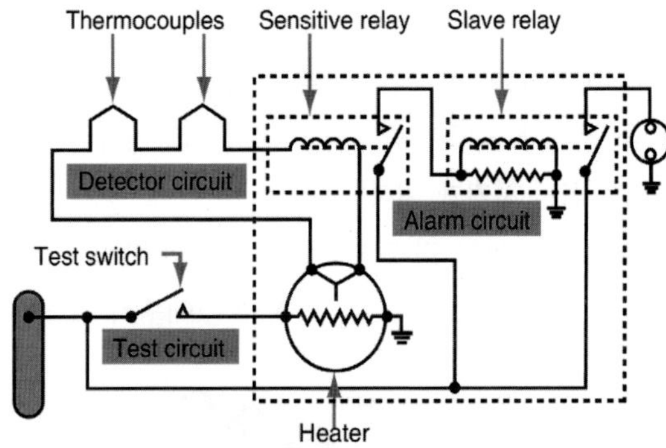

[그림 3-48 열전대 화재 경고 회로도]

3. Continuous-Loop Detector System(루프 검출기 시스템)

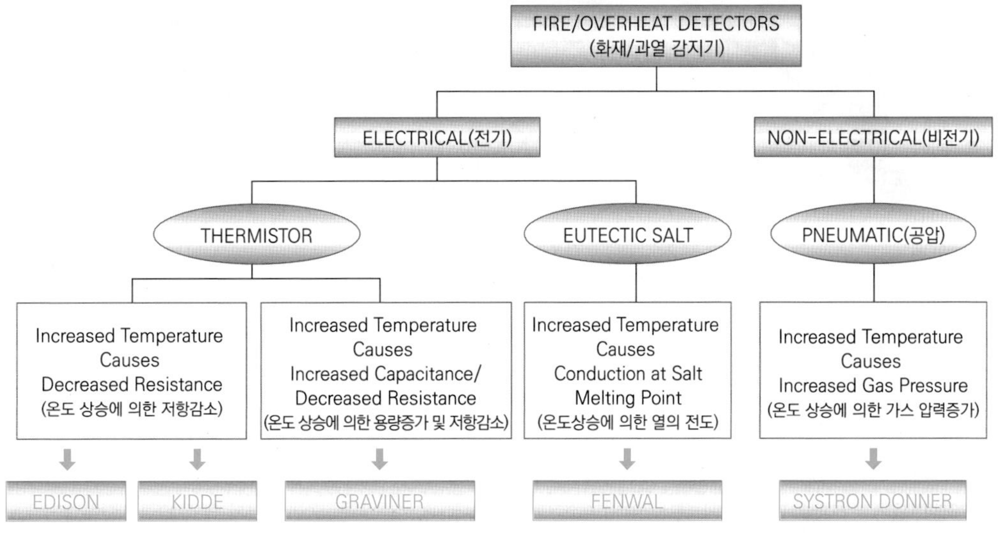

[그림 3-49 Detector Comparison(탐지기 비교)]

Spot-type 온도 탐지기의 어떤 형태의 것보다 화재 위험 지역을 완전히 탐지할 수 있는 것이 Continuous Loop 탐지기나 혹은 Sensing Element 계통이다. Continuous Loop 계통은 Thermal Switch 계통의 변형이다. 이것은 어떤 정해진 온도에서 전기적인 회로를 형성시키는 Heat-sensitive Unit와 Overheat 계통이 있다. Continuous Loop 계통에는 Rate-of-heat Rise Sensitivity는 없다. 그림 3-49는 Detector Comparison을 나타내었다.

① Thermistor Design Principles Detector(서미스터 원리 검출기 종류)

■ Kidde Type

Kidde Type은 그림 3-50에서와 같이 2개의 Wire가 Inconnel Tube에 들어 있으며 Thermistor Material에 둘러 싸여 있다. 2개의 Fire 중 1개는 Sensor Assembly의 끝에 있는 Connector에 접지되어 있으며 다른 1개의 Wire는 Signal을 전달 시켜 주는 Hot Wire이다.

Thermistor는 Ambient Temperature에서 높은 전기 저항을 갖고 있어 두 Wire 사이를 절연 시키는 절연체로서 역할을 하다가 온도가 증가하면 전기 저항이 급격히 감소되어 두 Wire 사이의 절연을 파괴되어 두 Wire를 접지 시키게 된다.

Element는 0.062[inch]로서 이를 지지해 주는 Support Tube가 있으며 Dual Clamp로서 고정해 준다. 이때 Element와 Dual Clamp 사이의 마찰을 없애주기 위해 Grommet를 사용한다.

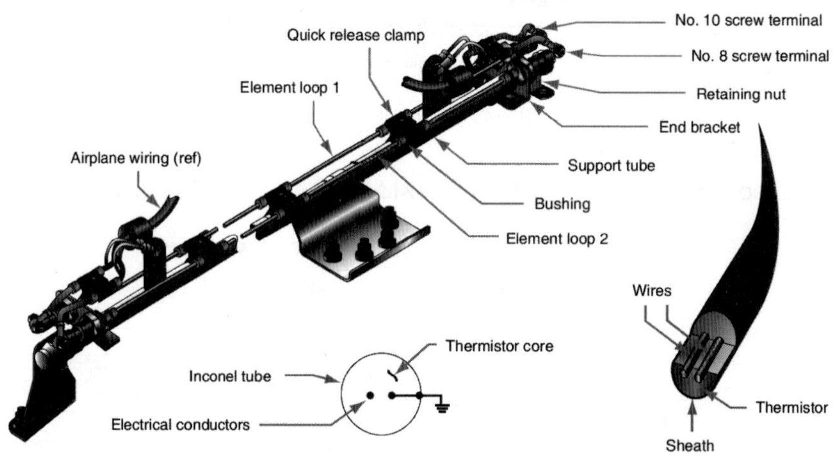

[그림 3-50 Kidde 유형 화재 탐지기]

■ Edison Type

Kidde Type과 작동 원리가 같다.

■ Graviner Type

그림 3-51에서와 같이 Graviner Type은 1개의 Wire가 Stainless Steel Tube 내에 들어 있으며 Sensitive De-electric Core로 둘러 싸여 있다.

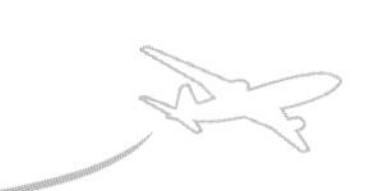

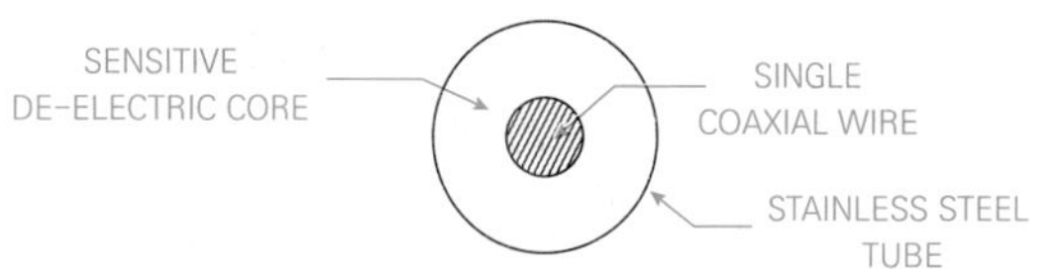

[그림 3-51 Graviner 유형 화재 감지기]

② Eutectic Salt Design Principles Detector(효소 염분 원리 검출기)

■ Fenwall Type

Fenwall Type은 그림 3-52에서와 같이 Element 중심에 Pure Nickel 또는 Nichrome으로 된 Conductor가 있으며, 외경이 약 0.090[inch]인 Inconnel Tubing에 쌓여있는 Eutectic Salt Compound가 스며들어 있는 Aluminum Oxide인 Porous Insulator에 의해 둘러 쌓여 있다.
Ambient Temperature가 상승하면 이 두 물질이 화학적 반응을 일으키고, 이로 말미암아 전기 저항이 갑자기 낮아져 절연이 파괴된다.

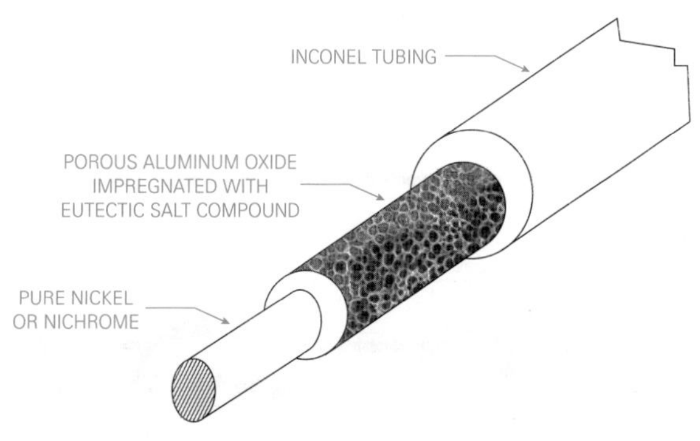

[그림 3-52 Fenwal 유형 화재 감지기]

③ Pneumatic Design Principles Detector(공압 원리 검출기)

■ Lindberg(Responder) Fire Detector(린드버그(응답) 화재탐지기)

Lindberg(Responder) Fire Detector는 그림 3-53와 같이 Discrete Element가 들어 있는 Stainless Steel Tube로 구성된 Continuous Element Type 화재 탐지이다. 이 Element는 정해진 동작 온도에서 비례하여 Gas를 방출하게끔 제작되었다. 화재나 과열 상태로 인하여 정해진 동작 온도까지 상승하면 발생된 열은 Element에서 Gas를 팽창시킨다.
팽창된 Gas는 Stainless Steel Tube 내에 압력을 증가시킨다. 이 압력 상승은 기계적으로 Responder Unit 내에 있는 Diaphragm Switch를 작동시키고, 화재 Warning Bell을 동작시킨다. 화재 Test Switch는 이 화재 탐지기에 열을 가하여 내부에 있는 Gas를 팽창시키기 위해 사용된다. 발생된 압력은 Diaphragm Switch를 닫히게 하고 화재 Warning 계통을 동작시킨다.

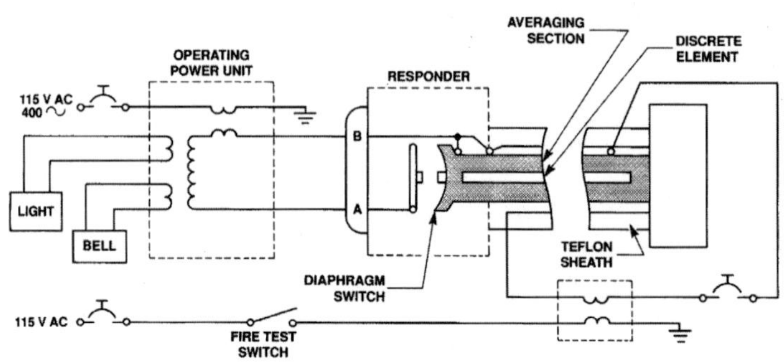

[그림 3-53 Responder 유형 화재 탐지기]

- Systron Donner Fire Detector

그림 3-54에서와 같이 작동 원리는 Responder Fire Detector와 같으며 Sensing Tube 내에는 Helium Gas가 들어 있으며 Pressure Diaphragm은 온도가 상승하면 Gas는 팽창하여 Tube 내에 압력을 증가시켜 화재를 지시해 주고 Tube 내의 Gas가 Leak 되면 Integrity Monitoring Switch가 작동하여 Tube 내의 Gas가 없음을 알려준다.

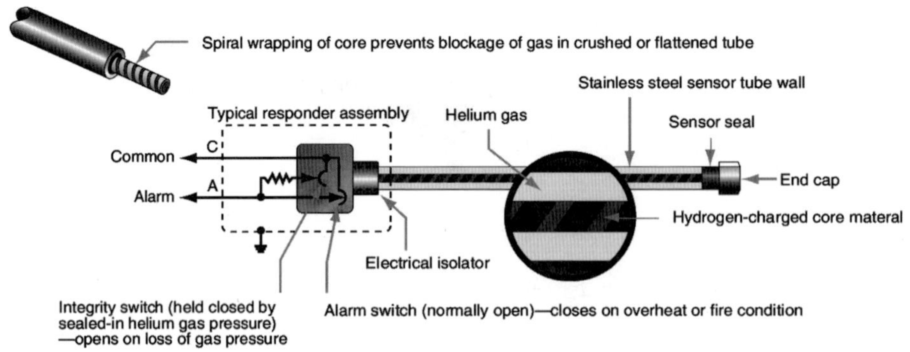

[그림 3-54 Systron Donner 유형 화재 탐지기]

4. Overheat Warning System(과열 경고 시스템)

Overheat Warning System은 화재가 발생할 수 있는 고온 지역의 온도를 지시하기 위해 대부분의 항공기에 사용된다. 이 화재 경보 계통의 수는 항공기에 따라 다르다. 일부의 항공기에서 각 Engine의 Turbine과 Nacelle, 그리고 Wheel Well Pneumatic Manifold에 마련되어 있다. Overheat 현상이 탐지기가 설치된 지역에서 발생될 경우 계통은 Fire Control Panel에 있는 화재 Warning Light를 켜준다.

이 계통에 사용되는 탐지기는 Switch이다. 각 탐지기는 열이 명기된 온도로 상승하면 작동한다. 이 온도는 항공기 Model Type 그리고 계통에 따라 다르다. 탐지기의 Switch 접점은 Spring Strut에 있으며, 이 Spring Strut는 탐지기 외부에 열이 가해질 때 팽창하여 작동하게 된다. 각 탐지기의 항쪽 접점은 탐지기 Mounting Bracket를 통해 접지된다.

모든 탐지기의 다른 접점은 Warning Light 회로에 연결된 Loop 회로에 병렬로 연결되어 있다. 이와 같이 어떤 한 개 탐지기의 붙은 접점은 화재 Warning Light를 켜준다. 즉, 탐지기의 접점이 붙을 때 화재 Warning Light 회로를 접지 시켜준다.

다음 이 전류는 전기 모선에 화재 Warning Light와 Flasher 때문에 Light는 과열 상태를 지시하기 위해 깜빡거리게 된다. 그림 3-55는 Bimetallic Thermostat Switch와 Spot Detector를 보여준다.

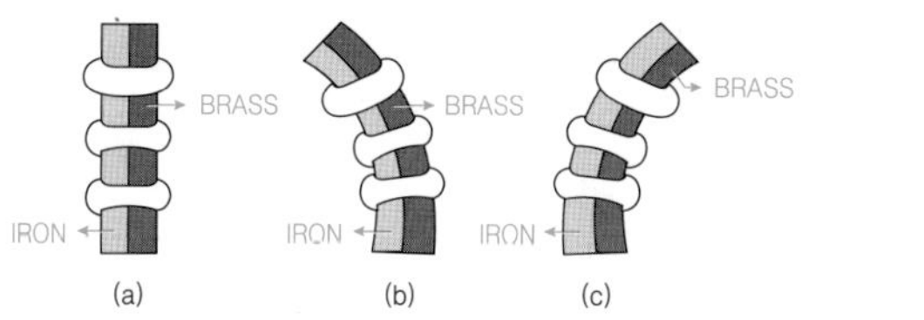

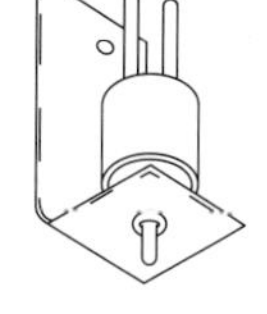

[그림 3-55 바이메탈 온도 조절기 스위치 및 스팟 감지기]

3. Type of Fire(화재의 종류)

국제 화재 보호 협회(National Fire Protection Association)에서는 화재를 3가지 기본적인 Type으로 구분한다.

- Class A Fires

기본적으로 나무, 의류, 종이, 가구 등과 같이 가연성 물질의 화재로 정의한다.

- Class B Fires

가연 석유제품이나 또는 다른 가연물, 또는 가연 액체, Grease, Solvent, Paint 등과 같은 것에 의한 화재라고 정의한다.

- Class C Fires

소화 매질의 전기 비 전도성이 중요시 되는 전기 장비의 화재라고 정의한다.

전기 장비가 작동되지 않는 여러 조건 하에서는 A급과 B급 화재에 사용되는 소화기는 효과적으로 선택해야 한다. 비행 중이거나 지상에서의 항공기 화재는 이 모든 Type의 화재 중에 포함된다. 그러므로 화재 탐지 계통, 화재 소화 계통, 소화액은 각 Type의 화재에 적용할 경우에는 반드시 심사숙고 해야 한다.

각 Type의 화재는 요구되는 특별한 취급에 의해 구분된다. A급 화재에 사용되는 소화액은 B급과 C급 화재에 사용할 수 없다. B급과 C급에 적용되는 소화액은 A급 화재에 약간의 영향이 있으나 큰 효과는 없다.

4. Fire Zone Classification(화재 구역 분류)

Engine 부품은 그 부품을 통해 흐르는 공기 흐름에 따라 여러 부분으로 나누어 진다.

- Class A Zone

이 지역은 유사한 모양의 장애물에 공기의 흐름이 정렬된 장치를 통과하는 여러 곳이다. 왕복기관의 Power Section은 보통 이 Type의 지역이다.

■ Class B Zone

이 지역은 공기의 흐름이 장해물을 공기력으로 제거하는 다수의 지역이다. Heat Exchanger Duct와 Exhaust Manifold Shroud는 보통 이 Type의 지역이다. 또한 Cowling으로 덮혀진 내측이나 또는 다른 마감은 매끄럽고 오목한 부분이 없으며 새어 나온 가연물로 더럽혀지지 않도록 적절히 새어 나오는 곳이 이 Type이다. 터빈 Engine Components는 만일 Engine 외부가 공기력으로 씻어질 때 이 Class 안에서는 고찰해야 할 것이며, 모든 Engine의 구조는 내역 깔판에 의해 덮혀져서 둘러 쌓여진 Engine 외부를 공기력으로 씻어낼 것이다.

■ Class C Zone

이 지역은 비교적 적은 공기의 흐름이 있다. Power Section으로부터 격리된 Engine Accessory Components는 이 Type의 지역이다.

■ Class D Zone

이 지역 내에는 매우 적거나 또는 거의 공기의 흐름이 없다. 이 지역은 Wing Components와 약간의 공기의 흐름이 있는 Wheel Well이 포함된다.

■ Class X Zone

이 지역은 공기의 흐름이 있는 곳에 많은 양의 부분품이 있으며 소화액의 균일한 분배가 매우 어려운 구조를 갖고 있다. 이 지역에는 큰 구조물 사이에 깊고 오목한 공간과 오목한 곳이 존재한다. 소화액의 요구량은 A급 지역에 비해 2배가 요구된다는 것이 실험에 의해 밝혀졌다.

5. Extinguishing Agent Characteristics(소화제 특성)

항공기 소화기 소화액은 항공기 화재 소화 계통에 겸용할 수 있는 몇 가지 보편적인 특성을 갖고 있다. 일반적으로 소화액은 계통의 부품이나 소화액의 품질에 악영향을 미치지 않고 장시간 동안 보관할 수 있어야 한다. 현재 사용되는 소화액은 정상적으로 예상되는 외기 온도에 대해 얼지 않는다. Power Plant 내측 장치의 본성은 발화될 수 있는 액체 화재에 대해 유용할 뿐 만 아니라 전기적인 화재에도 유용한 소화액을 필요로 한다. 소화액은 소화 작용의 Mechanics에 근거를 둔 2개의 큰 부류로 나누어 진다. 그것은 Halogenated Hydro-carbon Agents 와 Inert Cold Gas Agents이다.

1. The Halogenated Hydrocarbon Agents(할로겐탄화수소제)

① 가장 효과적인 소화액은 Halogen 원자에 의해 단 분자 탄화수소 Methane, Ethane 속에 있는 하나 또는 그 이상의 수소 원자를 Halogen 원자로 대체 함으로서 형성된 혼합물이다.

ⓐ Halogen 소화 혼합물을 형성시키기 위해 사용되는 Halogen은 Fluorine Cholorine과 Bromine이다. 또한 옥소(Iodine)가 사용되나 이익을 보상할 수 없는 비싼 가격이다. 소화 화합물은 수소, Fluorine, Chlorine과 Bromine의 서로 다른 조합에 따라 모든 조건에서 탄소 원자로 만들어진다.

완전히 Halogenated 소화액은 그 화합물 내에 수소 원자가 포함되어 있지 않으며 화재와 연관된 열에 보다 더 안정되어 있으며 보다 안전한 것으로 생각된다. 불완전한 Halogenated 화합물은 하나 또는 그 이상의 수소 원자를 갖고 있으며 화재 소화액으로 구분되나 어떤 상태 하에서는 발화될 수도 있다.

ⓑ Halogenated 소화액이 미분자 조작과 반응된 후에 생긴 새로운 화합물은 그 소화액 자체보다 몇 가지 더 위험한 조건이 성립된다. 예를 들면 Carbon Tetrochloride는 Phosgene을 형성시키며 독 Gas 전쟁에 쓰인다. 그러나 대부분의 소화액은 비교적 해롭지 않은 Halogen Acid를 생기게 한다. 이렇게 열분해에 의해 야기된 화학적인 반응은 소화 시 강한 독성이 있으며 정상적인 실내 조건 하에서는 비 독성이다. 각 소화액에 대한 상내적인 독싱 위험을 평가하기 위해 각 소화액의 유효함에 관해 더욱 고려해야 한다. 소화액이 효능이 있으면 있을수록, 그 양이 더 적게 요구될수록, 소화 능력이 빠르면 빠를수록, 화학적인 분해는 더 적게 일어날 것이다.

ⓒ 이 소화액은 소화액 계열에서 만들어진 여러 가지 화학적인 화합물을 나타내 주는 "Halon Number"로서 구분된다. 첫 번째 Digit는 화합물 분자의 탄소 원자 수를 나타낸다. 두 번째 Digit는 Fluorine 원자 수를 나타내고, 세 번째 Digit는 Chloine 원자 수를, 네 번째 Digit는 Bromine 원자 수, 그리고 다섯번째 Digit는 Iodine 원자 수를 나타낸다. 만약 끝이 Zero인 경우에는 나타내지 않는다. 예를 들어 Bromotrifluoromethane($CBrF_3$)은 Halon 1301로 표시할 수 있다.

ⓓ 정상적인 실내 온도에서는 몇 종류의 소화액은 순간적이지는 않지만 빠르게 증발되는 액체이며, 증발되는 액체는 소화액이라고 한다. 다른 소화액은 정상적인 실내 온도에서 Gaseous이나 냉각에 의해 액화될 수 있으며 가압 시켜 액체로서 이것을 보관할 수 있다. 이런 소화액을 "Liquefied Gas"의 소화액이라고 부른다. 이 2가지 형태의 소화액은 추진제로 질소 Gas를 사용함으로서 소화 계통 보관 용기로부터 분사된다.

② Halongenated Agents의 종류는 다음과 같다.

ⓐ Bromotrifluoromethane($CBrF_3$)

E.I. Dupont de Nemours & Co.의 연구 실험실에서 개발되었으며 미 공군에서 항공기 소화액의 개발을 위해 Program을 후원 받게 되었다.

이 소화액은 비교적 무독성이고 가압이 필요하지 않으며 매우 효율이 좋은 제품이다. 최근에 개발된 이 소화액은 두드러진 장점 때문에 널리 사용된다.

ⓑ Bromochlorodifluoromethane($CBrClF_3$)

미 공군에서 광범위하게 실험한 매우 좋은 효율의 소화액이다. 이 소화액은 비교적 독성은 약하나 소화를 위해 만족스러운 비율로 용기로부터 방출시키기 위해 질소에 의한 가압 장치가 필요하다.

ⓒ Chorobromomethane(CH_2BrCl)

제2차 세계대전 시 독일의 군용 항공기를 위해 개발된 것이다. 이 소화액은 Carbon Tetrachloride 보다 더 효능이 있는 제품이며, 비록 그것이 위험 Group으로 분류되지만 다소 독성이 존재한다.

ⓓ Methyl Bromide(CH_3Br)

수년 동안 영국에서 제작한 항공기 Engine 소화 계통으로 사용되었다. 이 소화액의 자연 발생하는 증기는 Carbon Tetrachloride 보다 독성이 있으며, 이 특성이 그것의 사용을 제한한다. Methyl Bromide(CH_3Br)는 분자마다 3개의 Hydrogen 원자가 혼합된 불완전한 Halogen 화합물이며 높은 온도에서 그 자신이 발화할 수 있는 불명확한 "Borderline" 물질이다.
이 소화액은 불을 소화하는 능력에 있어서 매우 탁월하다고 시험에서 나타난바 있다. 항공기 Engine Nacelle에서 발견되는 이런 조건 하에서 폭발 진압 특성이 탁월하다.

ⓔ Dibromodifluromethane(CBr_2F_2)

Methyl Bromide 보다 좋은 성능을 갖고 있으며, 발화 진압에 있어 Carbon Tetrachloride 보다 적어도 2배 이상의 효능이 있다. 상대적인 독성 때문에 사람이 출입하는 곳에는 사용을 제한한다.

ⓕ Carbon Tetrachlorine(CCl_4)

주로 역사적인 관심과 다른 소화기와 비교하기 위해 설명한다. 그리고 이 소화액은 항공기 소화 계통에 거의 사용되지 않으며, Halogen 계에서 첫 번째로 사용되는 소화액이며 60년 동안 특히 전기적인 화재 진압을 위해 상업적으로 사용되어 왔다.
근래의 CCl_4의 사용은 대체적으로 더 효능이 있는 소화액의 개발과 특히 열에 의해 분해 시 CCl_4 증기의 독성이 발생되기 때문에 사용이 감소하게 되었다.

2. Inert Cold Gas Agents(불활성 저온 가스제)

Carbon Dioxide(CO_2)와 질소(N_2)는 효과적인 소화액이다. 이 두 소화액은 Gas와 액체 상태로 쉽게 사용할 수 있다. 그들의 주요한 차이점은 이들을 적은 양의 액체 상태로 보관하기 위해 필요한 온도와 압력이 요구된다는 점이다.

① Carbon Dioxide(CO_2)

수년동안 유류 화재와 전기 장비 화재에 사용되어 왔으며 비 가연성이며, 대부분의 물질에 반응하지 않는다. 이 소화액은 아주 추운 날씨에서도 분사될 수 있도록 "Winterize"가 첨가되어 있는 저장 용기로부터 분사되도록 자체 압력으로 저장되어 있다. 보통 CO_2는 Gas이나 압축과 냉각에 의해서 쉽게 액화된다. 이 액화 이후 CO_2는 밀폐된 용기 내에서 액체와 Gas로 존재한다.
CO_2가 대기 중으로 분사 시 액체의 대부분은 팽창하여 Gas로 된다. 증발되는 동안에 Gas에 의해 흡수된 열은 잔여 액체를 110[°F]로 냉각시키며 이것은 결국 눈과 같은 Dry Ice의 흰색 고체로 나누어 진다.
CO_2는 공기에 비해 1-1/2배 무거우며 발화 표면 위의 공기를 제거 시키는 능력과 공기를 차단시키는 능력을 갖고 있다. CO_2는 최초의 효력 있는 소화기였다.
왜냐하면 CO_2는 공기를 희박하게 하며 공기가 더 이상 연소를 시키지 못하도록 산소와의 접촉을 약화시킨다. 어떤 조건 하에서는 약간의 냉각 효과도 있게 된다. CO_2는 단지 약한 독성을 지니고 있지만 인사불성이 될 수 있고, 만약 사람에게 소화기를 20~30분 동안 집중 분사했을 때 CO_2를 흡입했다면 질식에 의해 사망하게 된다.

CO_2는 일부 항공기 Paint에 들어 있는 Cellulose Nitrate(질산 섬유소)와 같이 자체에서 산소를 발산시키는 화학 물질이 포함된 화재에 대해 소화기로서는 효과가 없다. 또한 항공기 기체 구조나 Assembly에 사용되는 Magnesium과 Titanium이 포함된 화재는 CO_2에 의해 소화될 수 없다.

② Nitrogen(N_2)

Nitrogen(N_2)는 훨씬 더 효과적인 소화액이다. CO_2와 같이 N_2는 약한 독성의 불활성 Gas이다. N_2는 산소의 희박과 불을 덮음으로 소화시킨다.

또한 CO_2와 같이 사람에게 위험을 주게 된다. 그러나 N_2에 의해서 더 효율 좋은 냉각이 되며, Pound 대비 N_2는 CO_2 보다 거의 2배 용적의 불활성 Gas를 공급하며, 보다 큰 산소 결핍을 일으킨다. N_2의 주된 결점은 액체 질소의 온도 320[°F]를 유지하기 위한 어려움과 그에 연결된 Gas관을 필요로 한다는 것이다.

대형 공군 항공기에서는 이미 수년동안 몇 가지 방법으로 LN_2를 사용하고 있다.

LN_2 계통은 건조한 Gas의 질소로 대부분의 공기를 대체하여 그것으로 인해 산소 접촉을 희박하게 함으로서 Fuel Tank 안의 공기를 불활성으로 만드는데 주로 사용한다.

대량의 LN_2는 이렇게 사용되기도 하며 N_2는 역시 항공기 화재 진압 계통에 사용되며 실질적인 항공기의 화재 소화액으로서 적합하다.

장시간의 LN_2 계통의 분사는 잠재적인 재 점화원을 냉각시키고, 소화 후에 어떤 잔여 가연성 액체의 증발율을 감소시켜, 전통적인 단시간 분사 계통보다 크게 안전성을 확보할 수 있다.

6. Fire Extinguishing System(소화 시스템)

1. High-Rate-of-Discharge System(HRD)

이 용어는 약어로 HRD라고 부르며, 현재 사용되는 고성능 계통에 적용된다. 이런 HRD 계통은 높은 압력, 짧은 공급선, 대형 분사 Valve와 Outlet를 통해 고성능 분사를 시켜준다. 이 소화액은 보통 Halogenated Hydrocarbons(HALONS)의 일종이며 가끔 고압력 건조 질소에 의해 승압 시킨다.

소화액과 HRD 계통의 가압 된 Gas는 1초 또는 그 이내로 구역 내로 방출되기 때문에 그 구역은 순간적으로 가압 되며 공기의 흐름을 방해하게 된다. 소수의 대형 출구가 최선의 분배를 위해 고속도 소용돌이 효과를 얻게 하기 위해 조심스럽게 장착되어 있다.

2. Conventional Systems

이 용어는 항공기에 처음 사용된 소화 장치에 적용된다. 약간의 구형 항공기에 아직도 사용되고 있지만 이 계통은 당초 의도한대로 사용하기에는 만족스러우나 새로 고안된 것보다는 효율적이지 못하다. 전형적으로 구멍이 뚫려있는 Ring과 분사 Nozzle이라는 분사 장치를 사용한다. 공기의 흐름이 낮고 분사 요구가 심하지 않은 왕복기관의 Accessory Section에 구멍 뚫린 Ring이 사용된다. 분사 Nozzle의 배열은 각 Cylinder 뒤에 Nozzle이 위치해 있는 왕복기관 Power Section과 소화액의 적절한 분배를 필요로 하는 기타 지역에 사용된다. 이 계통은 보통 소화제로 CO_2를 사용하거나 다른 적절한 소화액도 사용할 수 있다.

7. Reciprocating Engine CO_2 Fire Extinguisher System(왕복 엔진 CO_2 소화기 시스템)

CO_2 소화기는 운송용 항공기에 있어서 가장 최초의 화재 소화 계통이고 아직까지도 구형 항공기에 사용되고 있다. 이 화재 소화계통은 그림 3-56에서와 같이 저압의 CO_2 소화액을 저장한 소화기 주위에 있으며 Engine에 소화액을 분사 시키는 Valve는 조종실에서 원격조정 된다.

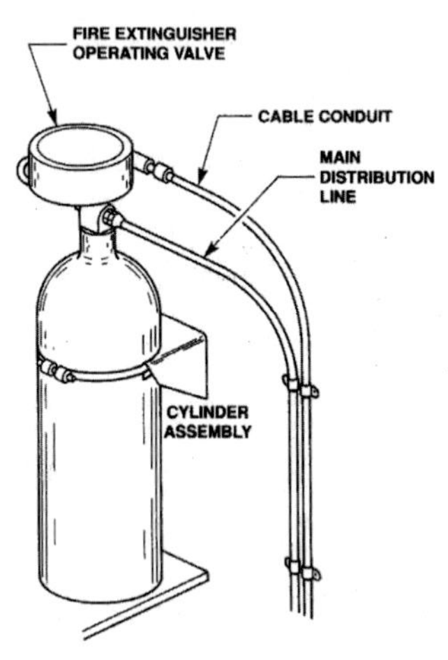

[그림 3-56 CO_2 Cylinder Installation]

이 Gas는 CO_2 Cylinder Valve에서 조종실 안의 Control Valve Assembly까지 도관을 통하여 분배되며 Wing Tunnel에 장착된 도관을 통하여 Engine까지 연결된다. 그림 3-57에서와 같이 도관은 Engine을 둘러싼 구멍이 뚫린 둥근 테에서 종결된다. 이 Type의 Engine 화재 소화 계통을 동작시키는 데는 Selector Valve는 화재가 발생환 Engine에 선택해야 한다. Engine Selector Valve 부근에 위치한 T형 조정 Handle을 위쪽으로 당겼을 때 CO_2 소화기 Valve 안의 Release Lever를 동작시킨다. 그림 3-57에서와 같이 CO_2 소화기 안의 가압 된 소화액은 해당 Distribution Line 출구에서 한 개의 Rapid Burst 안으로 흘러 들어간다. 공기와의 접촉은 소화 액체를 불꽃을 질식 시키는 Snow와 Gas로 변환시켜 준다.

CO_2 화재 보호 계통보다 더 불순물을 섞은 소화기의 Type이 대다수 다발 항공기에 사용된다.

어떤 한 개의 Engine에 두 번 CO_2를 공급할 용량이 된다. 화재 경고 계통은 화재 시 Warning를 항공기에 공급할 수 있는 화재가 일어날 위험한 위치에 장착되어 있다. 각종의 경고 계통은 조종실 Fire Control Panel의 화재 Warning Light와 조종실 화재 Warning Bell을 동작시킨다.

항공기 CO_2 소화기 계통의 한 Type으로써 여섯 개의 소화기에는 Flood Valve가 각 CO_2 소화기 위에 장착되어 있으며 Nose Wheel Well의 양 옆에 3개씩 장착되어 있다. 각 횡렬의 Flood Valve는 Gas 상호 연락 Line에 연결되어 있다. 각 Bank의 2개의 후방 소화기 위에 있는 이 Valve는 조종실의 Main Fire Control Panel 위에 있는 Discharge Control Handle에 Cable이 연결되어 기계적으로 열리도록 고안되어 있다.

기계적으로 방출되는 경우 각 Bank의 전방 소화기 Flood Valve는 Interconnect Line을 통한 2개의 후방 소화기로부터 CO_2 압력의 배출에 의해 동작된다. 각 Bank의 전방 소화기 위의 Flood Valve는 Solenoid가 설치되어 있다. 이 Valve는 Control Panel 위의 Switch를 누름에 의해서 Solenoid는 전기적으로 동작되도록 고안되어 있다. 전기에 의해서 분사되는 경우 각 Bank와 2개의 후방 소화기 위의 이 Valve는 전방 소화기로부터 Interconnector Line을 통하여 압력의 방출에 CO_2의해서 동작된다. CO_2 소화기의 각 Bank는 2,650[psi]의 압력 이상이나 또는 2,650[psi]에서 파괴되도록 Red Thermo-safety Discharge Indicator Disk가 마련되어 있고 항공기 외부로 배출은 74[℃] 이상에서 이루어 진다. 역시 각 Bank의 각 소화기는 Yellow System-discharge Indicator Disk는 소화기가 정상적인 상태의 분사에 의해서 비어 있다는 것을 지시한다. CO_2 화재 보호 계통의 이 Type은 화재 경고 계통을 포함하고 있다. 그것은 Engine과 Nacelle 주위의 화재 탐지를 위한 Continuous-Loop, Low Impedance, Automatic Re-setting Type이다. 한 개의 화재 탐지 계통은 각 Engine과 Nacelle에 설치되어 있다. 각 회로에는 Control Unit, Sensing Element, Test Relay, Fire Warning Signal Light, 그리고 Fire Warning Signal Circuit Relay가 있다.

Flexible Connect Assembly, Wire, Grommet, Mounting Bracket, 그리고 Mounting Clamp와 같은 연합 장비는 개개인의 장착 요구에 의거한 여러 종류의 부분품을 사용한다. 4발 항공기에서 각 Engine과 Nacelle 지역을 위한 4개의 화재 Warning Light은 경고 신호가 해당 Engine 화재 Warning 회로에 의해 동작시 Warning Light은 켜진다. CO_2 Manual Release Handle 안의 Warning Light은 Guarded Cut-off Switch가 있는 화재 Warning Bell과 화재 Warning Light을 따라서 4개의 Engine 화재 탐지 회로에 연결되어 있다. 탐지 회로의 절연된 전선은 Radio Compartment 안의 Control Unit로부터 동체와 Wing을 거쳐서 Test Relay까지 이어진다. 이 전선은 그 자체가 Loop의 모양을 가지는 Nacelle과 Engine 부분과 Test Relay의 후부를 거쳐서 배선 되어있다. Control Unit은 보통 분압기 안에 장착되어 있다. 각 Unit은 진공관 혹은 트렌지스터, 전압기, 저항체, 콘덴서 그리고 Potentiometer로 구성되어 있다.

이 Control Unit은 False 경고가 일어날 때 순간적인 신호를 짧은 시간동안 지속시켜서 경고 계통의 각도를 줄이는 역할을 하는 시간 지연을 시켜주고 통합 회로(Integrated Circuit)를 가지고 있다. 화재나 과열 현상이 Engine이나 Nacelle에 일어날 때 Control Unit 탐지기와 증폭기 회로의 Bias 회로 안의 Control Unit Potentiometer의 Setting에 의해 결정된 측정치 이하로 Sensing Loop의 저항은 감소된다. 이 회로의 출력은 화재 경고종과 화재 경고등을 동작시킨다.

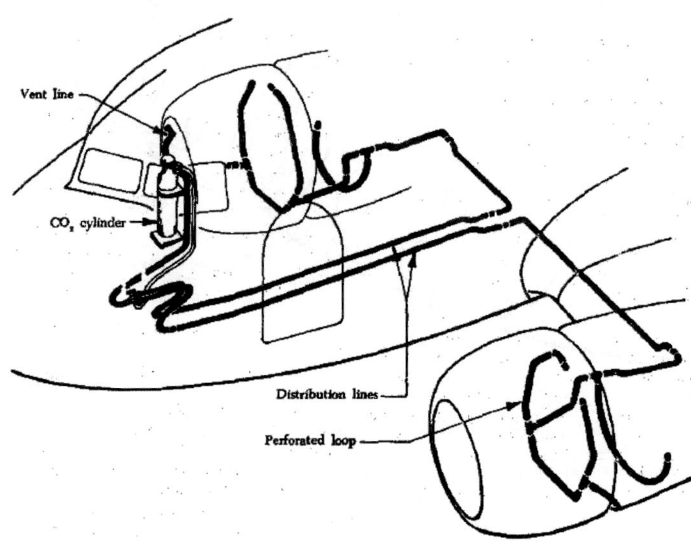

[그림 3-57 트윈 엔진 항공기의 CO_2 소화기 시스템]

8. Turbojet Engine Fire Protection System(터보제트 소화 시스템)

대형 다발 Turbojet 항공기의 터빈 Engine 화재 보호 계통은 다음 항목에서 서술한다.
이 계통은 대부분의 Turbojet 항공기의 대표적인 것이며 이러한 모든 항공기의 부분품이 계통을 구성한다. 각 특별한 Type의 항공기의 자세한 정비순서와 장치는 특별한 항공기의 기능이라고 강조한다.
대부분 대형 터빈 Engine 항공기의 화재 보호 계통은 2개의 Subsystem으로 구성되어 있다. 그것은 화재 탐지 계통과 화재 소화 계통이다. 이 2개의 Subsystem은 Engine과 Nacelle 주위 뿐만 아니라, Cargo Compartment과 Wheel Well과 같은 곳에도 화재 보호 계통은 마련되어 있다. 이 논의는 오직 Engine 화재 보호 계통은 포함되어 있다. Pod와 Pylon 형태에 장착된 각 터빈 Engine에는 자동 열 감지 화재 탐지 회로가 설치되어 있다.
이 회로에는 열 감지 장치, 컨트롤 유닛, 릴레이, 경고 장치로 구성되어 있다. 경고 장치는 정상적으로 각 회로를 위한 조종실 안의 화재 Warning Light와 공통적으로 사용되는 Warning Bell이 포함되어 있다.
각 회로의 Heat-sensing Unit는 Burner와 Tailpipe 주위를 보호해 주기 위해서 이 주위에 둘러 쌓여져 있다. 역시 대부분의 터빈 Engine 항공기의 약간의 장치는 분리된 화재 보호 회로에 의해서 보호 될 수 있는 Compressor와 Accessory 주위에도 Continuous Loop가 설치되어 있다.
그림 3-58는 Engine Pod와 Pylon의 Continuous Loop 화재 탐지 회로의 대표적인 배선을 보여준다.

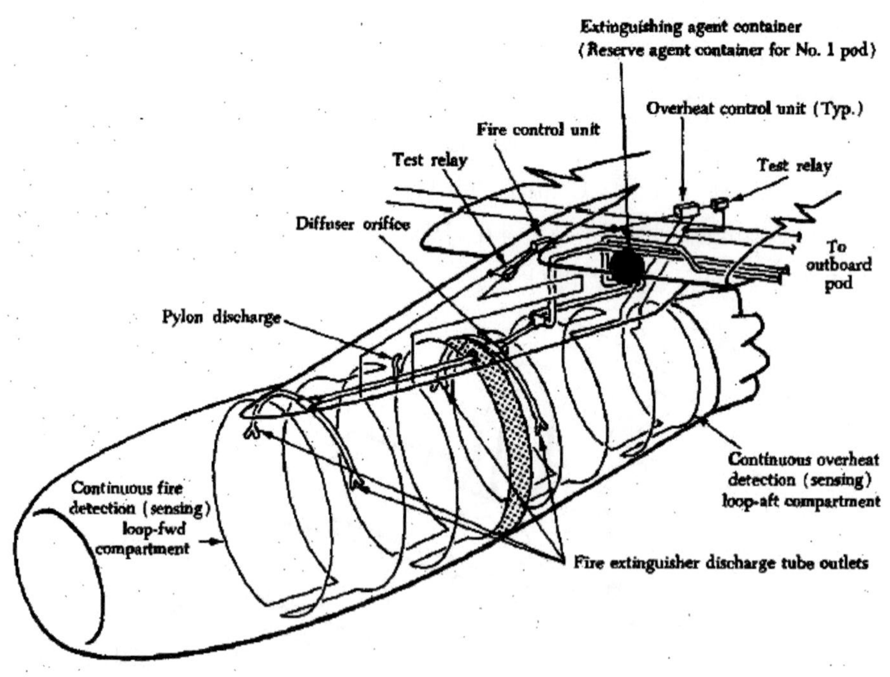

[그림 3-58 일반적인 포드 및 Pylon 소화기 설치]

Continuous Loop는 항공기 기본 구조에 부착된 방습 연결기(Moistureproof Connector)에 의해서 서로서로 접합된 Sensing Element로 되어 있다. 이 Loop는 10~12[inch]의 길이마다 Clamp나 또는 부착물로 지지되어 있다.

지지대 사이의 거리가 너무 멀면 지지되지 않은 부분이 쓸려 벗겨지거나 진동으로 인해 False Warning의 원인이 된다. 대표적인 터빈 Engine 화재 탐지 계통에서 각 Sensing 회로에는 분리된 Control Unit가 마련되어 있다. Control Unit에는 Sensing Loop로부터 정해진 입력 전류가 탐지됐을 때 출력을 내게 되는 Transistor나 혹은 Magnetic Amplifier를 사용한 증폭기를 사용하고 있다. 역시 각 Control Unit에는 회로를 가상의 화재 상태나 과열 현상을 점검하는데 사용되는 Test Relay가 포함되어 있다.

Control Unit 증폭기의 출력은 종종 Fire Relay라고 부르는 경고 Relay를 자화 시키는데 사용된다. Control Unit 근처에 보통 있는 이 Fire Relay가 자화됐을 때 해동 경고 장치의 회로를 완성시킨다.

Engine과 Nacelle의 화재와 과열에 대한 경고 장치는 조종실에 위치한다. 각 Engine에 대한 화재 Warning Light는 각 Engine에 대한 Fire Control Panel이나 Instrument Panel, Light Shield에 있는 Fire Switch Handle에 있다.

그림 3-59에서 Fire Detection Warning Light를 보여준다. 이 Fire-pull Switch의 어떤 Module에는 T-handle을 잡아 당기면 먼저 손이 닿지 않는 곳에 Extinguishing Agent Switch가 노출되고 Emergency Fuel Shut-off Valve와 관련된 Shut-off Valve를 자화 시키는 Microswitch를 작동시키게 되는 장치를 가지고 있다.

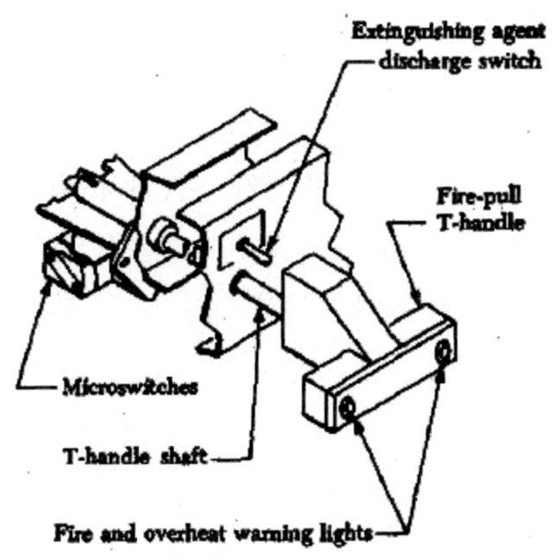

[그림 3-59 방화 T 핸들 스위치]

9. Turbine Engine Fire Extinguishing System(터빈 엔진 소화 시스템)

완전한 화재 보호 계통의 대표적인 화재 소화 부분은 각 Engine과 Nacelle 주위에 대한 소화액을 채운 Container나 또는 Cylinder가 포함되어 있다. 장착 방법의 한 Type은 다발 항공기에서 4개 Pylon에 각각 소화기가 비치되어 있다.

이 Type은 그림 3-60과 같은 비슷한 소화기를 사용한다. 이 Type의 소화기는 2개의 분사 Valve가 장착되어 있는데 전기적으로 분사되는 Cartridge에 의해서 작동된다. 이 2개 Valve에는 소화기가 놓여 있는 Pod와 Pylon으로, 또는 같은 Wing에 있는 다른 Engine으로 소화액을 방출하고 발송하는 Main과 Reserve Control이 있다. 두 갈래로 분사되고 Cross-feed 형태인 이 소화기는 각 Engine 주위에 대해서 2개 소화기가 마련되어 있지 않고 다시 화재가 발생한다면 같은 Engine에 소화액을 다시 방출하게 된다.

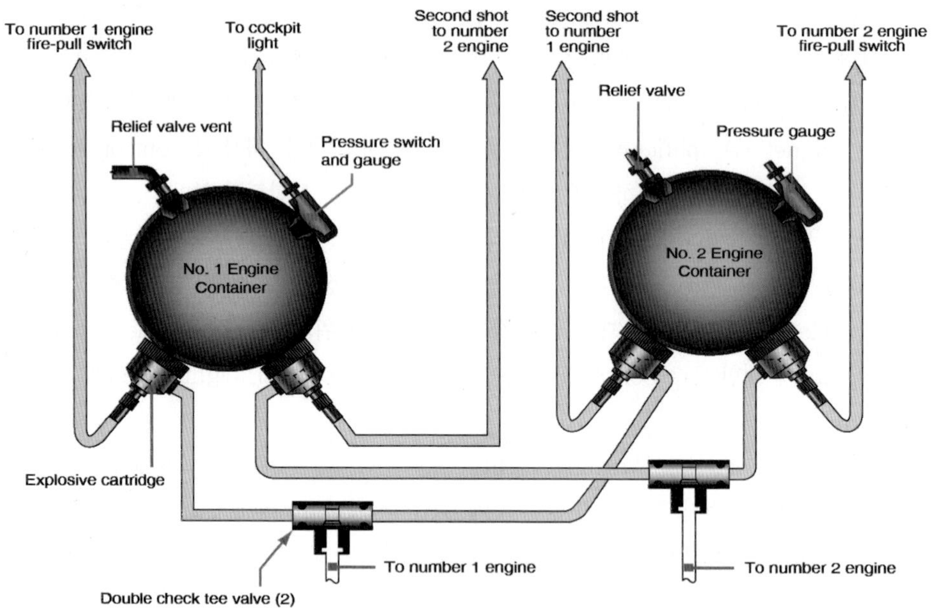

[그림 3-60 소화기 시스템]

그림 3-61에는 4개 Engine이 장착된 다른 Type의 소화기는 2개의 독립된 화재 소화 계통을 사용하고 있다. 항공기 한쪽 면에 있는 2개 Engine에는 2개의 소화기가 장착되어 있다. 그러나 이 2개 소화기는 내측 Pylon에 함께 놓여있다. 압력 계기와 Discharge Plug 안전 분사 접속점 Safety Discharge Connection이 각 소화기에 마련되어 있다. Discharge Plug는 소화액을 분사 시키기 위해서 전기적으로 폭발되는 화약과 결합된 파괴될 수 있는 Disk로 봉해져 있다.

Safety Discharge Connection은 기체 내부에 Red Indicating Disk로 막혀져 있다. 만약 소화기의 온도가 규정된 안전 값 이상으로 상승한다면 Disk는 파괴되어 소화액은 항공기 외부로 방출된다. 2중 장착의 2개 소화기를 연결하고 있는 Manifold에는 Double Check Valve와 Tube가 Discharge Indicator에 연결시킨 Tee Fitting이 설치되어 있다. Discharge Indicator는 항공기 구조물 내측에 Yellow Disk로 막혀져 있으며 어떤 소화기로부터 압력이 Manifold에 가해지면 날아가게 된다.

그림 3-61에서와 같이 두 갈래의 관이 있는데 그것은 내측 Engine으로 가는 짧은 관과 외측 Engine에는 Wing 전면부를 따라가는 긴 관이 있다. 이 2개 관은 전방 Engine Mount 근처에서 끝난다. Discharge Tube 형태는 터빈 Engine 장착에 따른 Type과 Size에 따라 변화한다.

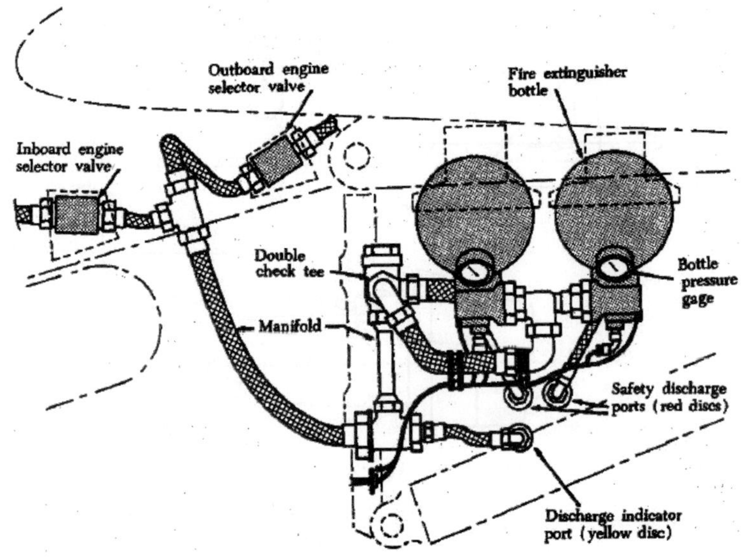

[그림 3-61 이중 컨테이너 설치 및 피팅]

그림 3-62에서 볼 수 있는 것과 같이 Y Outlet Termination으로 된 반원형 분사 Tube는 전후방 Engine Compartment의 정상 전방 구역에 둘러 싸여져 있다.

확산 구멍은 확산 Tube를 따라 일정한 간격으로 설치되어 있다. Pylon Discharge Tube Pylon 주위에 소화액을 분사하기 위해서 Inlet Line에 연결되어 있다.

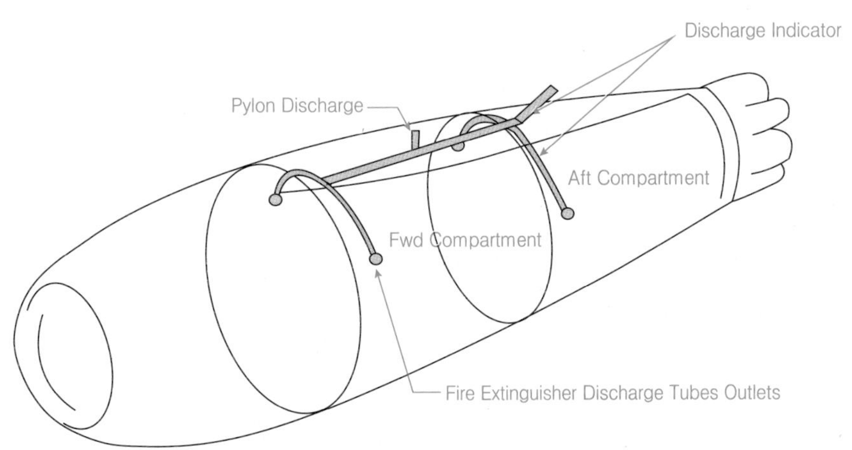

[그림 3-62 소화기 배출 튜브]

소화계 분사형태의 다른 Type은 그림 3-63에서 보여준다. Discharge Inlet Tube 분사는 Engine Mount 근처 Tee-fitting인 분사 Nozzle에서 끝난다.

Tee-fitting에는 소화액을 Engine 꼭대기를 따라 양쪽 측면에서 아래쪽으로 방출시키는 Diffuser 구멍이 마련되어 있다.

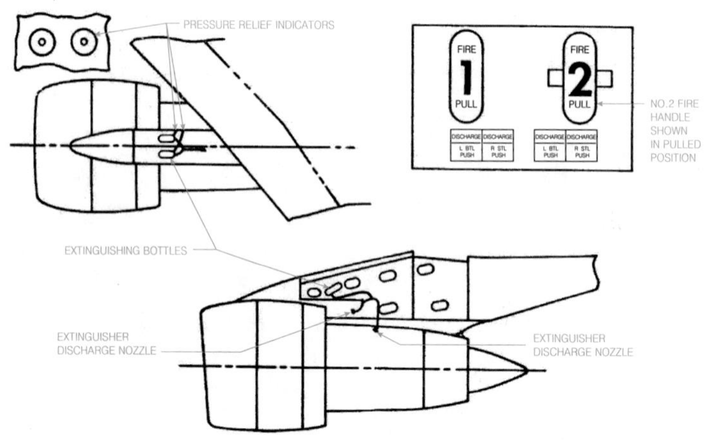

[그림 3-63 소화기 토출 노즐 위치]

Continuous Loop 회로의 어떤 부분이 과열 상태이거나 화재를 나타낼 때 조종실에 있는 탐지 Warning Light가 켜지고 화재 Warning Bell이 울린다. 화재 Warning Light은 Fire Pull-T-Handle에 있거나 또는 그림 3-64에서와 같이 반 투명한 플라스틱 Cover 밑에 각각의 Engine에 대한 화재 Warning Light와 같이 합쳐서 있는 것도 있다. 이 계통에서 Transfer Switch는 좌우 화재 소화기 계통을 위해서 마련되어 있다.

각 Transfer Switch는 "TRANS" 와 "NORMAL" 2개의 위치가 있다. 만약 No.4 Engine에 화재가 발생했다면 No.4 Fire Switch 안의 화재 Warning Light은 켜질 것이다.

Transfer Switch가 Normal 위치에 있을 때 No.4 Fire Switch를 당기고 Fire Switch 바로 밑에 있는 No.4 Push-button Discharge Switch를 동작시켰다면 No.4 Engine 내로 소화액이 분산될 것이다. 만약 1개의 소화기로 부족하고 2개의 소화기가 필요할 시는 Transfer Switch를 "TRANS 643NS" 위치에 놓고 No.4 분사 Switch를 동작시키면 같은 Engine 내로 분산된다. 화재 Warning Bell의 조정은 Engine 화재 탐지 회로 중 어느 Engine에 대한 경고든지 공통 Warning Bell에 의해서 동작시킨다.

그림 3-64에서와 같이 화재 Warning Bell이 울린 뒤 Bell 차단 Switch를 동작시키면 Bell 소리는 멈추게 된다. Bell은 계속 다른 화재 탐지로부터 화재 신호를 감응한다.

터빈 Engine 항공기의 대부분의 화재 보호 계통은 Test Switch와 한번에 완전한 화재 탐지 계통을 검사할 수 있는 회로가 설치되어 있다. Test Switch는 그림 3-64의 Panel 중앙부에 위치하고 있다.

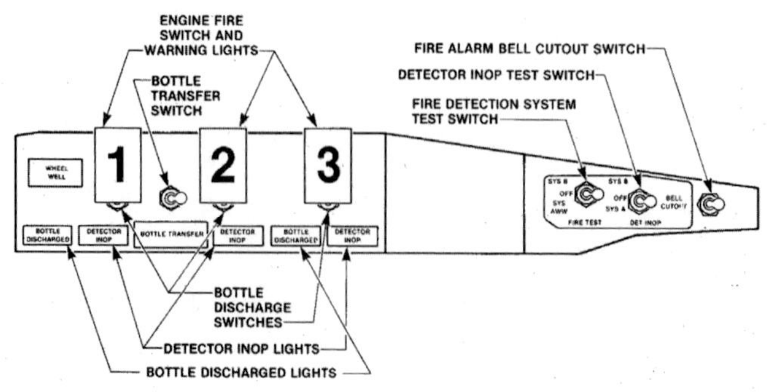

[그림 3-64 화재 감지 및 화재 스위치]

10. Turbine Engine Ground Fire Protection(터빈 엔진 지상 화재)

지상 화재에 대한 문제점은 터빈 Engine 항공기의 크기가 증가함에 따라 심각하게 대두되고 있다. 이런 이유에서 Compressor, Tailpipe, 그리고 Burner Compartments에 빠르게 접근할 수 있도록 하였다. 그러므로 대다수의 항공기에서는 여러 Compartment의 항공기 외부에 Spring-load Door나 Pop-out Access Door를 장치하고 있다. 그런 Door들은 보통 쉽게 접근할 수 있는 지역에 위치한다. 그러나 Door가 열리는 곳이 불이 일어나 불 붙은 액체가 흘러나오는 지역은 아니다.

Engine의 정지 또는 잘못된 시동 운전을 하는 동안 일어날 수 있는 Engine 내부 Tailpipe의 화재는 시동기로서 Engine을 운전 함으로써 불을 꺼지게 할 수 있다.

만약 Engine이 회전하고 있다면 같은 결과를 얻기 위해서 더 높은 회전으로 가속시킬 수 있다. 만약 그런 화재가 지속한다면 소화기를 직접 Tailpipe 내로 분산시킬 수 있다. CO_2의 과도한 사용이나 또는 터빈 Housing을 찌그러지게 시킬 수 있는 냉각 효과를 가지고 있는 다른 종류의 소화액은 Engine을 손상시킬 수 있다.

11. Fire Detection System Maintenance Practice(화재 감지 시스템 유지관리 사례)

화재 탐지 감지기는 항공기 Engine 주위의 여러 High-activity Area에 놓여있다. 화재 탐지기가 장착된 곳의 크기가 작고 장소가 좁음으로써 정비하는 동안 감지기에 손상을 줄 기회가 늘어난다.

항공기 Cowl Panel 내부에 정착된 감지기는 Engine의 Element를 직접 부착되지 않은 경우에도 화재 보호의 역할을 하게 된다. 한편 Cowl Panel을 떼었다 다시 장착하는 것은 Element를 쉽게 손상 시키거나 항공기 구조물을 약화시킨다. 모든 Type의 Continuous Loop 계통에 대한 검사와 정비 절차에는 다음과 같은 육안 점검이 포함되어 있어야 한다.

이런 절차는 예로서 마련된 것이며 제작자의 제시를 바꾸어서 사용해서는 안된다. Continuous Loop감지기 계통은 다음 사항을 검사해야 한다.

① Inspection Plate Cowl Panel 또는 Engine 부분품 사이에서 으깨어 부서지거나 또는 눌림에 의해 일어난 갈라짐이나 또는 부서졌는가 점검하라.

② Cowling 과 Accessory 혹은 항공기 구조 부재에 있는 문질러짐에 의해 벗겨진 곳이 있나 점검하라.

③ Spot Detector 단자를 Short시키는 Safety Wire 조각이나 또는 다른 쇠 조각이 있나 점검하라.

④ 과도한 열에 의해 굳어지거나 또는 오일에 의해 허물 허물해 질 수 있는 Mounting Clamp에 있는 고무 Grommet의 상태를 점검하라.

⑤ 감지기 부분에 꼬임과 움푹 파진 곳이 없는가 점검하라. 감지기의 직경에 대한 제한치와 허용할 수 있는 움푹 파짐이나 또는 꼬임 그리고 Tube 외형의 완만한 각도 Light은 제작자에 의해서 명기되어 있다. 허용할 수 있는 어떤 움푹 패이거나 또는 꼬여진 것을 똑 바르게 하려고 하지 말 것이며 힘을 가하게 되면 튜브를 못쓰게 만드는 결과를 초래한다. 그림 3-65에서는 Tube의 꼬임을 보여준다.

⑥ 그림 3-66에서와 같이 감지기의 끝에 Safety Wire가 끊어지거나 Nut가 헐거워지지 않았나 점검하라. 헐거워진 Nut는 제작사의 지시에 명기된 Torque치로 다시 조여라.

감지기 접속의 다른 Type은 Copper Crush Gasket를 사용하는 것이 있다. 이런 Gasket는 언제나 접속 부분을 분리했을 때는 교환해야 한다.

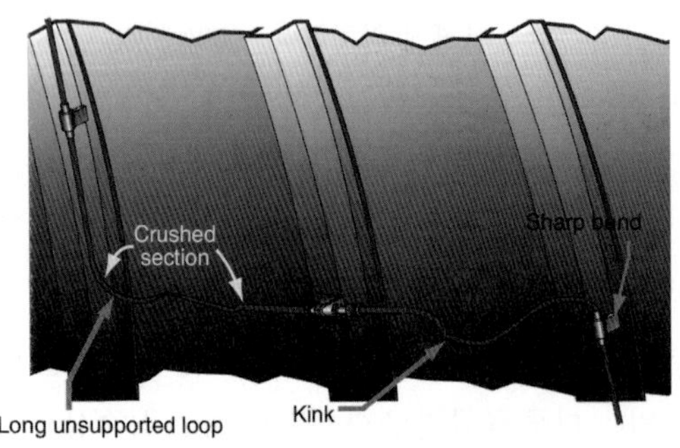

[그림 3-65 Tube의 꼬임]

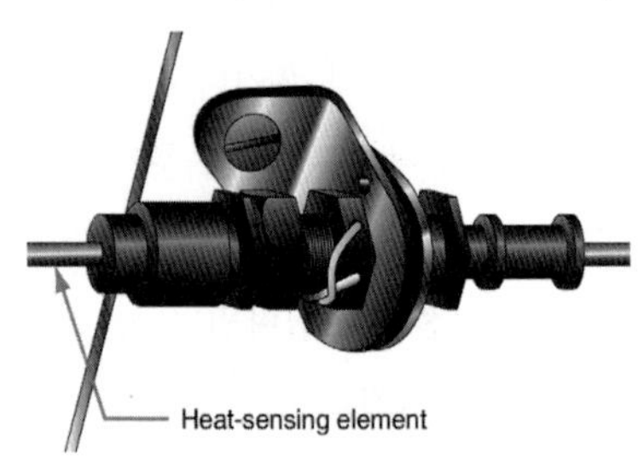

[그림 3-66 커넥터 조인트 피팅]

⑦ 만약 Flexible Lead가 사용되었다면 깨지거나 또는 Fray 되었나 점검하라. Flexible Lead는 내부 절연 전선을 둘러싸고 있는 보호 피복 내에 많은 경금속의 외가닥 선을 엮은 것으로 되어있다. Cable의 Continuous Bending이나 또는 거칠게 다루는 것은 이런 Fine Metal을 파손시키며 특히 Connector 근처에 있는 Lead에서는 더 심하다.

파손된 Strand는 분리된 Gasket내로 튀어나올 수 있고, Power Line을 Short시키는 결과를 초래한다.

⑧ 감지기의 배열과 Clamping이 적절한가 점검하라.

길고 지지되지 않은 부분은 과도한 진동으로 끊어지기 쉽다. 직선 거리에서 Clamp사이의 거리는 보통 약 8~10[inch]이고 제작자에 의해 명기되어 있다.

Connecting 끝에서 첫번째 Support Clamp사이는 보통 말단 접속부 끝에서부터 4~6[inch] 거리에 있다. 대개의 경우 모든 접속부에서 2[inch] 정도 떨어져서 구부림을 시작하고 가장 적당한 구부림의 반경은 3[inch] 정도이다.

⑨ 그림 3-67에서와 같이 Cowl Brace와 감지기사이의 문질러짐을 점검하라 Skin에 Clamp를 지지하고 있는 Rivet가 헐거워지면 감지기를 악화시키고 Short시킬 수 있다.

⑩ Grommet가 정확히 장착되었나 점검하라. Grommet는 Clamp에서 감지기가 벗겨지게 되는 것을 방지하기 위해서 장착되어 있다.

Grommet의 Split End는 가장 가까운 Bend외측으로 접해야 한다. 그림 3-68에서와 같이 Clamp와 Grommet 감지기를 알맞게 고정 시켜야 한다.

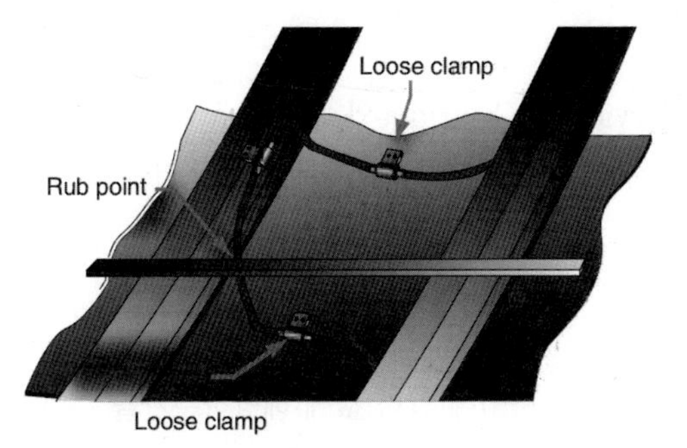

[그림 3-67 마찰 인터페이스]

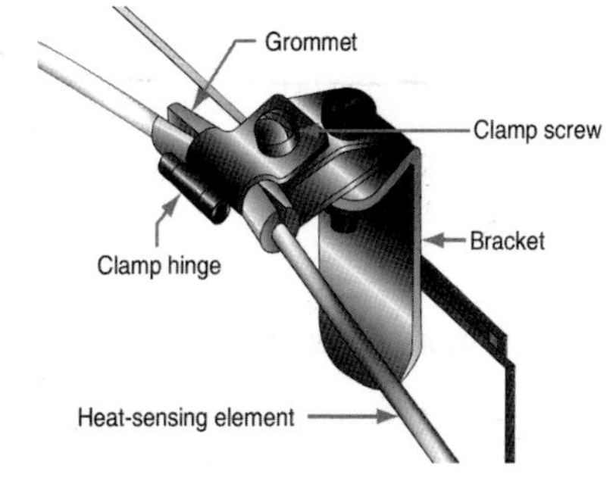

[그림 3-68 일반적인 화재 감지기 루프 클램프]

12. Fire Detection System Trouble Shooting(화재 감지 시스템 문제 해결)

다음 고장탐구 순서는 Engine 화재 탐지 계통에서 발생되는 대개 공통적인 결함을 나타낸다.

① 단속적인 경고는 화재 탐지 회로에서 단속적인 Short 때문에 아주 종종 일어난다. 그런 Short 상태는 항공기 구조물에 스쳐 달아진 전선과 단자 가까이에 이따금씩 닫는 늘어진 전선이나 또는 구조부재에 대해서 그 길이가 길음으로써 마찰로 인해 절연이 약화된 감지기때문에 일어난다. 단속적인 결함은 Short를 시키기 위해 전선을 움직임으로써 가장 쉽게 알 수 있다.

② 화재 Warning 계통과 화재 Warning Light은 Engine 화재나 또는 과열 상태가 일어나지 않을 때에도 일어날 수 있다. 만약 False Warning가 계속된다면 Loop의 접속부와 Control Unit 사이에서 Short가 일어난 것이 틀림없다. 그러나 Engine Sensing Loop를 분리시켰을 때 False Warning가 멈춰진다면 Engine의 고열 부분과 접촉되어 구부러진 곳을 조사해야 한다. 만약 구부러진 곳이 발견되지 않는다면 Short된 부분은 전체 Loop에서 계속해서 Element를 분리시키고 절연 시킴으로써 발견할 수 있다.

③ 감지기에서 꼬임과 심하게 구부러짐은 감지기의 Power Line을 외측 Tubing에 간간이 접촉시킬 수 있다. Short가 짐작되는 곳에서 감지기를 탁탁 치는 것과 Megger로써 감지기를 점검하면 결함을 찾아 낼 수 있다.

④ 화재 탐지 계통에서 습기는 간혹 False 화재 Warning을 일으킨다. 그러나 만약 습기로 인해 화재 경고가 일어난다면 경고 계통은 오염이 제거되거나 증발될 때 까지 계속 될 것이며 이 때 Loop의 저항치는 정상치로 회복될 것이다.

⑤ Test Switch를 동작시켰을 때 화재 경고 신호가 일어나지 않는 것은 시험 Switch의 결함 또는 Control Unit의 결함이나 전력의 결핍, 화재 Warning Light의 부 작동 수감부의 끊어짐과 전선의 연결에 원인이 있다. Test Switch가 경고를 발생시키지 않았을 때 2가닥의 전선 감지기의 도선은 Loop를 Open시키고 저항을 측정 함으로서 측정 될 수 있고 단선 Continuous Loop 계통에서는 Power Line이 틀림없이 접지되어 있을 것이다.

13. Fire Extinguisher System Maintenance Practices(소화기 시스템 유지관리 사례)

화재 소화계통의 주기 정비에는 소화기의 검사와 Servicing, Cartridge와 분사 Valve의 장탈과 재 장착, 전선 Continuity Test와 같은 항목이 포함된다. 다음 항에는 대부분의 대표적인 정비 순서와 자세한 면이 포함된다.

1. Container Pressure Check(용기 압력 점검)

소화기의 압력 점검은 제작자가 명기한 최소치와 최대치 사이에 압력 값에 해당하는가를 주기적으로 점검해야 한다. 외기 압력에 따른 압력 변화는 명기한 한계 내에 있어야 한다. 만약 압력 값을 도표에서 보여주는 한계 내에 있지 않으면 소화기를 교환해야 한다.

2. Freon Discharge Cartridge(프레온 방전 카트리지)

소화기의 분사 Cartridge의 수명은 Cartridge의 전면에 쓰여진 제작 년, 월, 일 만으로써 알 수 있다. 제작자가 정하는 Cartridge의 수명 시간을 결정하기 위해서는 소화기로부터 장탈 할 수 있는 Plug 동체로부터 전기선과 분사 Hose를 장탈 해야 한다. 어떤 Type의 소화기에서는 제작 년, 월, 일은 Plug 동체의 장탈 없이 볼 수 있다.

그림 3-69에서는 대표적인 소화기의 부분품의 위치를 보여준다. Cartridge와 분사 Valve의 장탈은 세심한 주의가 필요하다. 대부분의 신품 소화기에는 분해된 Cartridge와 분사 Valve가 따로 주어진다. 신품 소화기를 항공기에 장착하기 전에 Cartridge는 분사 Valve안에 적절히 조립해야 하며 대개 Packing Ring Gasket에 지지해서 조여 지는 Swivel Nut에 의해서 분사 Valve를 소화기에 연결시킨다. 만일 어떤 이유로써 Cartridge를 분사 Valve로부터 장탈 했다면 밀려난 접촉점의 거리가 각 Unit에 대해서 변화시킨 후에는 다른 분사 Valve Assembly에 사용해서는 안된다. 이리하여 만일 짧은 Contact Point로 된 분사 Valve에 장착된 긴 접촉 점으로 된 Cartridge가 쑥 들어간 이 Plug를 사용했다면 도통은 되지않을 것이다.

3. Freon Containers(프레온 컨테이너)

Bromochlomethane과 Freon 소화액은 Steel Spherical 용기에 들어있다. 현재 사용하고 있는 공통적인 4개 크기는 소형인 224[$inch^3$]에서 대형인 945[$inch^3$] 까지 있다. 대형 소화기는 약 33[lbs]이다.

그림 3-69 (A)의 소형 구형 소화기는 "Operating Head"라고 부르는 한 개의 Bonnet Assembly와 Fusible Safety Plug, 즉 2 곳을 Opening 할 수 있다.

그림 3-69 (B)에서 보는 바와 같이 대형 소화기에는 보통 2개의 Firing Bonnet과 Two-way Check Valve가 있다.

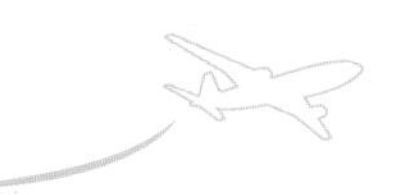

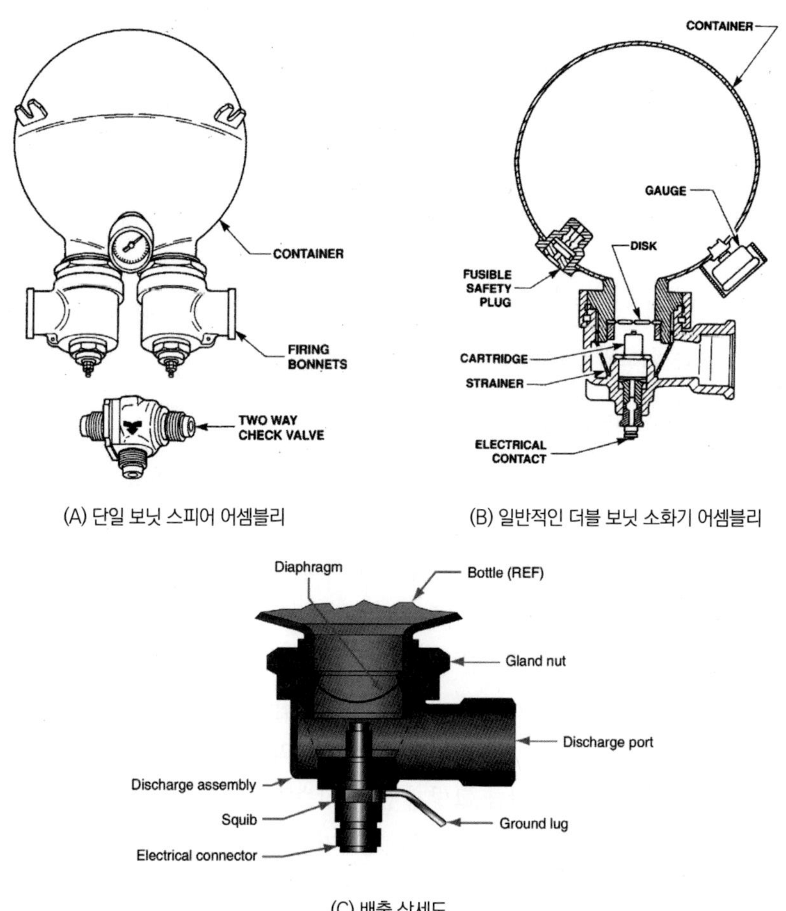

(A) 단일 보닛 스피어 어셈블리

(B) 일반적인 더블 보닛 소화기 어셈블리

(C) 배출 상세도

[그림 3-69 일반적인 소화기 컨테이너 구성 요소]

소화기에는 소화액의 무게와 부가되는 건조한 질소로 충전되어 있다. 질소 충전은 소화액이 완전히 분사되도록 충분한 압력을 가하게 된다.

Bonnet에는 전기적으로 점화되는 Power Cartridge가 들어있어 Disk를 파괴하고 소화액은 질소 압력에 의해 소화기의 외부로 방출되어진다.

만약 Bonnet Assembly는 그림 3-69 (B)에서 보여준다. 이전에 설명한 것 이외의 부품에 대한 기능은 다음과 같다.

- Strainer는 깨어진 Disk가 계통 내로 들어가는 것을 방지한다.
- 녹기 쉬운 Safety Plug는 208~220[°F] 사이에서 녹게 되고 소화액은 방출하게 된다.
- 소화기 외부에 장착된 계기는 소화기의 압력 값을 알려준다.

이 Type의 소화기는 Siphon Tube는 필요 없다. Safety Plug의 몇 가지 장치는 항공기 동체 Skin에 장착된 Discharge Indicator에 연결되어 있으며 다른 통로로 소화액을 Fire Extinguisher Container Storage Compartment로 분사 시키도록 되어있다.

소화기 위에 있는 계기는 해당되는 Manual에서 보여주는 특정 압력 값의 지시를 점검해야 한다. 또는 계기 유리는 파손되지 않아야 하며 소화기는 안전하게 장착되었는가를 확인해야 한다. 어떤 Type의 소화액은 Aluminum과 다른 금속을 특히 습기가 많은 조건에서 부식 시킨다. 부식성이 있는 소화액이 계통 내에 분사되었을 때 가능한 빨리 깨끗하고 건조한 압출 공기로 계통 내를 깨끗이 세척해야 한다. 거의 모든 Type의 소화기는 보통 5년마다 수압 검사(Hydrostatic Test)를 해야 한다. 전기적으로 분사되는 소화기의 전기회로는 육안으로 그 상태를 점검하고 전체 회로의 Continuity Check는 해당 Manual에 있는 절차에 따라 점검해야 한다.

이 절차는 Cartridge의 파괴를 방지하기 위해 검사하려는 회로 내에 저항을 사용함에 의해 회로 전류를 35[mA] 보다 적게 제한하는 회로와 Cartridge의 점검이 포함된다.

4. Carbon Dioxide Cylinders(이산화탄소 실린더)

이 소화기는 여러 가지 크기가 있고 Stainless Steel로 되어 있어 폭발 방지를 위해 Steel 선으로 감겨져 있다. 정상 보관 시 Gas 압력은 700~1,000[psi]의 범위 내에 있게 된다.

그러나 충전 상태는 CO_2 무게로서 결정할 수 있다. 수화기 내에는 2/3~3/4이 CO_2 액체로 채워져 있다. CO_2가 방출될 때, 약 500배의 Gas로 변한다. 차가운 기후에는 소화기에 대한 보호 방법이 없으며 Carbon Dioxide의 빙점은 -110[°F]이다. 그러나 뜨거운 기후에서는 소화기는 일찍 분사될 수도 있다. 이러한 것을 방지하기 위해 제작자는 소화기에 Carbon Dioxide를 채우기 전에 약 200[psi]의 질소를 채워 넣었다. 이 방법으로 처리했을 경우 대부분의 CO_2 소화기는 160[°F]에서의 조속한 분사는 방지된다. 온도가 상승할 때 질소의 안정도 때문에 CO_2의 압력만큼 그렇게 많이 상승하지는 않는다. 질소가 차가운 기후에서 CO_2의 정상 방출되는 동안 추가 압력을 공급한다. CO_2 소화기는 내부적으로 그림 3-70, 그림 3-71에서와 같이 3가지 형태의 Siphon Tube 등 한 개의 Type이 장치되어 있다. 이 Tube는 액체 상태에서 분사 Nozzle까지 CO_2가 도달하도록 하기 위해 사용한다.

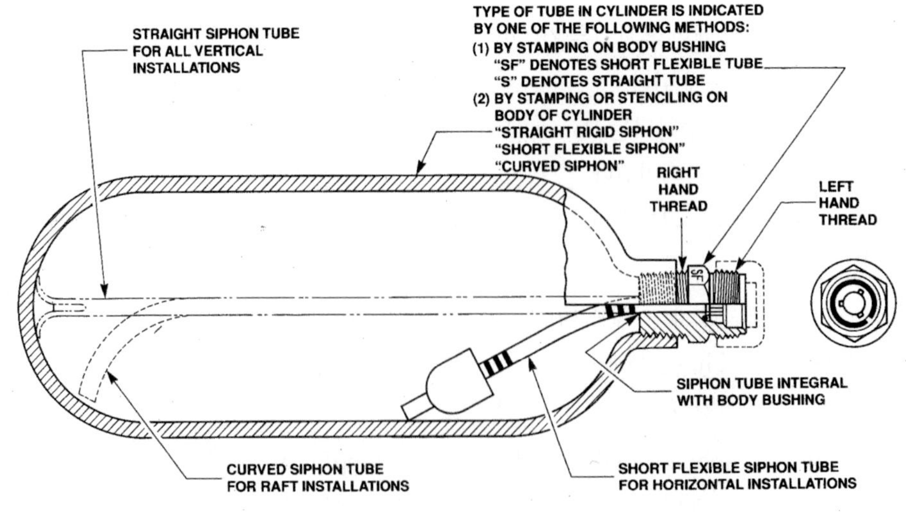

[그림 3-70 일반적인 CO_2 실린더 구조]

이 소화기는 직선 관이나 또는 짧고 구부러지기 쉬운 형태의 Siphon Tube가 그림 3-71과 같이 장착되어 있다.

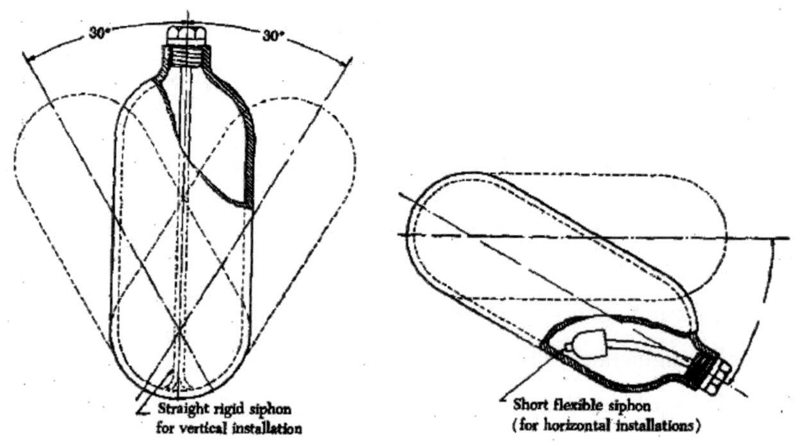

[그림 3-71 CO_2 실린더의 장착 위치]

직선 흡입 관은 60°의 오차가 허용되고 짧고 구부러지기 쉬운 Tube는 30°의 오차만 허용된다. CO_2 소화기에는 2,200~2,800[psi]에서 파괴되는 금속 안전 Disk가 마련되어 있다. 이 Disk는 Thread로 된 Plug로서 소화기 분사 Valve 몸체에 부착되어 있다. Fitting에서 항공기 동체 외부로 위치한 분사 지시기까지 Pipe Line으로 연결되어 있다.

Red Disk의 파괴는 소화기 Safety Plug가 파열 현상으로 파괴되었다는 것을 의미한다. Yellow Disk는 역시 항공기 동체 외부에 붙어 있으며 계통이 정상적으로 분사되었다는 것을 의미한다.

14. Fire Prevention and Protection(화재 예방 및 보호)

Fuel, 그리고 Hydraulic, De-icing, 또는 Lubricating Fluid의 Leaking은 항공기 화재의 근원이 된다. 항공기 계통을 점검할 때 이 상태를 중시하고 적절한 조치를 취한다. 이런 액체의 누설은 빨리 폭발할 수 잇는 대시 상태를 조성하므로 특히 위험하다. Fuel Tank는 주의 깊게 외부 누설을 점검한다.

Integral Type Fuel Tank의 외부 증거는 Fuel이 실제로 누설되는 곳으로부터 좀 먼 곳에서 일어날 수 있다. 많은 Hydraulic Fluid는 인화물질이며 항공기 구조부분에 고이게 해서는 안된다. 방음제와 Lagging 물질은 어느 종류의 Oil에 접촉되면 인화물질이 될 수 있다. 연소 가열기(Combustion Heater) 근처에 인화물질의 액체가 누설한다든지 엎지르게 되면 심한 화재를 일으킨다. 특히 인화성 증기가 연소 가열기 내로 들어가든지 뜨거운 연소실을 지나가면 더욱 심한 화재를 일으킨다.

산소계통 장비는 Oil이나 Grease의 자국을 확실하게 제거해야 한다. 산소 Bottle은 공기나 질소를 저장시킨 용기와 혼동하지 않도록 하기 위해 선명하게 표시해야 한다. 정비하는 동안 이런 잘못으로 폭발이 일어날 수 있다.

15. Cockpit and Cabin Interiors(조종실과 객실 내부)

항공기 내부 장식에 사용되는 무명, 양모, 합성 섬유는 불꽃에 견디어 내는 것으로 처리되어야 한다.
화재 전도 시험에서 기포 고무와 Sponge 고무는 쉽게 탄다는 것을 보여준다. 만약 연소를 도와주지 않는 불꽃에 견디는 직물로 진열하였다면 연소 될 수 있는 종이나 불이 붙은 담배와 접촉하여 일어나는 점화로 인한 화재에 대해서는 덜 위험하다.
항공기 내부에 대한 화재 보호는 보통 수동식 소화기가 마련되어 있다. 소화기의 4가지 Type이 항공기 내부 화재에 사용된다.

- Water Extinguisher(물 소화기)
- Carbon Dioxide Extinguisher(이산화탄소 소화기)
- Dry Chemical Extinguisher(드라이 케미컬 소화기)
- Halogenated Hydocarbons Extinguisher(할로겐화 수소탄소 소화기)

1. Extinguisher Types(소화기 종류)

① Water Extinguisher(물 소화기)

Water 소화기는 그을릴 수 있는 직물, 담뱃불, 그리고 쓰레기 통 등과 같은 배전기 화재에 일차적으로 사용한다. Water 소화기는 감전의 위험 때문에 전기 화재에는 사용해서는 안된다. Water 소화기의 손잡이를 시계 방향으로 돌리면 CO_2 Cartridge의 Seal을 터뜨려서 소화기에 압력을 가해준다. Nozzle에서부터의 물 분사는 손잡이 끝에 있는 Trigger로서 조정된다.

② Carbon Dioxide Extinguisher(이산화탄소 소화기)

Carbon Dioxide 소화기는 전기 화재를 소화 시키기 위해 마련되어 있다. Megaphone 모양의 Nozzle은 긴 Tube로서 CO_2 Gas를 분사 시켜 화재를 질식 시키기 위해 화재 근원을 차단시킨다. Trigger Type 방출 장치는 정상적으로 구리선으로 고정되어 있고, Trigger를 당김으로서 끊어진다.

③ Dry Chemical Extinguisher(드라이 케미컬 소화기)

Dry Chemical 소화기는 어떤 Type의 화재 소화에도 사용할 수 없다. 시야의 방해와 주위 장비의 전기 접점 위에 불 전도성의 가루가 모이기 때문에 조종실 안에서는 사용할 수 없다. 이 소화기는 화재를 진압하기 위해 화재 근원을 향하게 하는 고정된 Nozzle이 장치되어 있다.

④ Halogenated Hydrocarbon(Freon) Extinguisher(할로겐화 수소탄소 소화기)

항공기 화재 소화 보호계통을 위한 독성을 지닌 소화액으로 된 Halogenated Hydrocarbon(Freon)의 개발은 논리적으로 수동식 소화기의 사용에 Freon을 사용하도록 주위를 유도했다. 독성 등급이 6등급의 Bromofluoromethane(Halon 1301)이 수동식 소화기로서 CO_2에 대한 논리적 후계자이다.
이 소화액은 적은 농도로서도 화재에 효율적이다. Halon 1301은 부피의 2[%]의 농도로서 화재를 소화시킬 수 있다. 이것은 CO_2로 동일한 화재를 소화시키기 위해 필요한 부피에 약 40[%] 농도의 소화액과

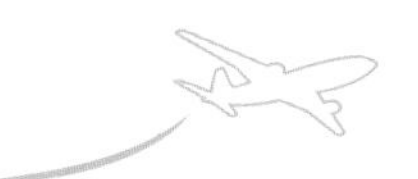

비교된다. 이러한 특성은 사람이 필요로 하는 산소를 빼앗지 않고서도 사람이 있는 Compartment에 Halon 1301이 사용될 수 있도록 해 준다. 다른 장점은 사용 후에 찌꺼기나 침전물이 없다는 점이다. Halon 1301은 항공용 손잡이가 있는 수동형 소화기에 사용할 수 있는 이상적인 소화액이다. 그 이유는 다음과 같다.

- 낮은 농도이지만 높은 효력이 있다.
- 객실에서도 사용할 수 있다.
- 세가지 종류의 화재에 효능이 있다.
- 사용 후 남는 찌꺼기가 없다.

2. Extinguisher Unsuitable as Cabin or Cockpit Equipment(객실 또는 조종석 장비로는 부적합한 소화기)

일반적인 Aerosol Can Type 소화기는 항공기의 수동식 소화기로서 명확하게 사용할 수 없다. 한 예로 조종사의 뒷좌석 주머니에 있는 Aerosol Type Foam 소화기가 폭발하여 좌석 덮개를 찢어버리고 항공기의 내부는 Foam에 의해 손상을 입은 사례가 있다. 이것은 항공기가 지상에 있고 외부 온도가 90[°F] 였을 때 발생하였다. 폭발의 위험성 이외에도 이 소화기는 크기는 가장 작은 화재조차 소화시키기에 부적합하다. Dry Chemical 소화기가 객실 바닥 위에 Heater Vent 근처에 장착되어 있던 일이 있다. 잘 알려지지 않은 이유로 이 소화기의 위치가 바뀌었다. 이로 인해 소화기가 Heater Vent 바로 전방에 위치하게 되었다. 비행 중 Heater가 동작하였고 소화기는 파열되어 폭발 함으로서 Dry Chemical 가루로 기내를 가득 채우게 되었다. 따라서 수동식 소화기의 위치를 선정할 때에는 Heater Vent의 접근을 고려해야 한다. 항공기 수동식 소화기에 대한 추가 정보는 FAA District Office와 National Fire Protection Association에서 찾아볼 수 있다.

16. Smoke Detection System(연기 감지 시스템)

Smoke Detection System은 Fire Condition을 암시하는 Smoke의 존재 여부를 항공기의 특정 지역에서 감시한다. Smoke Detector는 Compartment 내의 Smoke가 발생하자마자 감지되어야 한다. Smoke Detection System은 온도의 변화가 Heat Detection System이 충분히 동작시키기 전에 화재가 예상되는 곳에 Smoke의 실제량이 발생되는 것을 예기하는데 사용된다. Compartment에 있는 Smoke가 모이자 마자 Smoke Detector는 지시한다. Smoke Detector의 Louver Vent와 Duct는 막아서는 안된다. Smoke Detection Instrument는 감지되는 방법에 따라 구분된다.

- Type I (CO Detector)
  일산화탄소를 측정한다.
- Type II (Photoelectric Device)
  공기에서 빛 전달을 측정한다.
- Type III (Visual Device)
  공기의 Sample을 직접 봄으로서 연기의 존재를 눈으로 감지한다.

1. Carbon Monoxide Detectors(일산화탄소 감지기)

Carbon Monoxide Gas의 농도를 감지하는 CO Detector는 일반적으로 Cabin이나 Cockpit에서 Carbon Monoxide Gas의 존재를 감지하는데 이용된다. Carbon Monoxide는 색깔도 없고, 냄새도 없고, 맛도 없고, 무 자극성의 Gas이다. 이 Gas는 불완전 연소에 의해 생성되며, 탄소질의 물질이 탈 때 모든 Smoke와 연소에서 발생된다. 작은 양의 Gas 라도 위험하다. 0.02[%]의 농도에서 몇 시간이내에 두통, 정신적인 답답함, 그리고 물리적인 측면에서 머리가 흐려진다.

2. Photoelectric Smoke Detectors(광전 연기 감지기)

Photoelectric Cell로 구성된 Detector Type은 Beacon Lamp, 그리고 Light Trap로 구성되어 Labyrinth에 장착되어 있다. 공기의 Sample이 Detector Unit를 통해 흐른다. 공기 중 Smoke가 10[%] 정도 존재할 경우 Photoelectric Cell은 전류를 발생한다. 그림은 Smoke Detector의 구조를 자세하게 보여주며, 어떻게 연기 입자가 Light에 굴절하여 Photoelectric Cell로 가는지를 보여주고 있다. 연기에 의해 작동이 되면 Detector는 신호를 Smoke Detector Amplifier로 보내준다. Amplifier 신호는 Warning Light와 Bell을 작동시킨다.

그림 3-72에서와 같이 Test Switch는 Smoke Detector의 작동 여부를 Test 할 수 있게 한다.

Test Switch가 Close되면, Test Relay에 28[V] D.C가 공급된다. Test Relay가 자화되면, 전압이 Beacon Lamp에 가해져 Test Lamp는 Photoelectric Cell에 에너지를 공급하여 Warning Light와 Bell이 작동하게 된다.

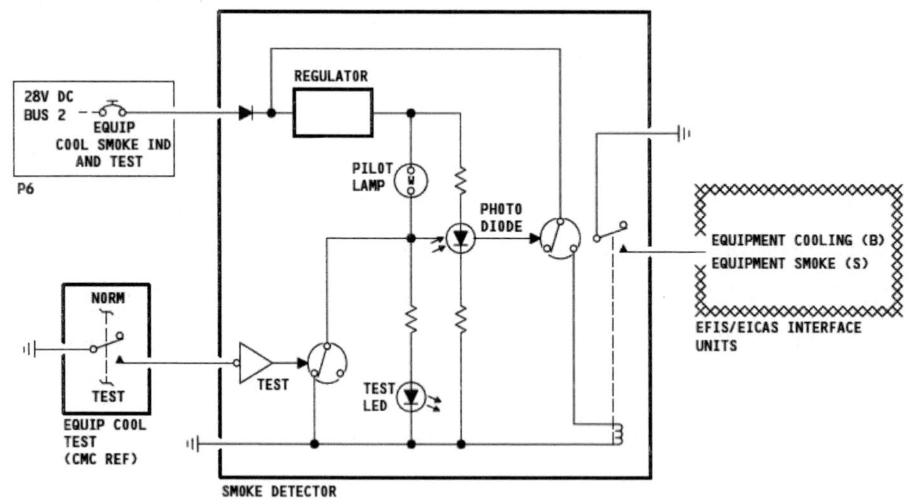

[그림 3-72 연기 감지기 테스트 회로도]

그림 3-73은 Photoelectric Smoke Detector로서 Smoke가 Detector 내로 들어가 공기 중에 5~10[%]의 Smoke가 축적되면 Photoelectric Cell에 전류가 흐르게 된다. Smoke 입자가 Photoelectric Cell로 빛을 굴절시키므로 Detector Amplifier에 Signal을 보내게 된다.

또한 그림 3-74은 B747 항공기 Photoelectric Smoke Detector의 내부도이다.

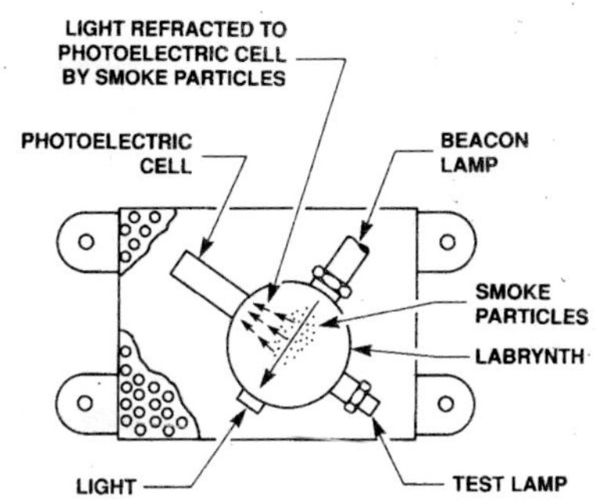

[그림 3-73 광전 연기 감지기]

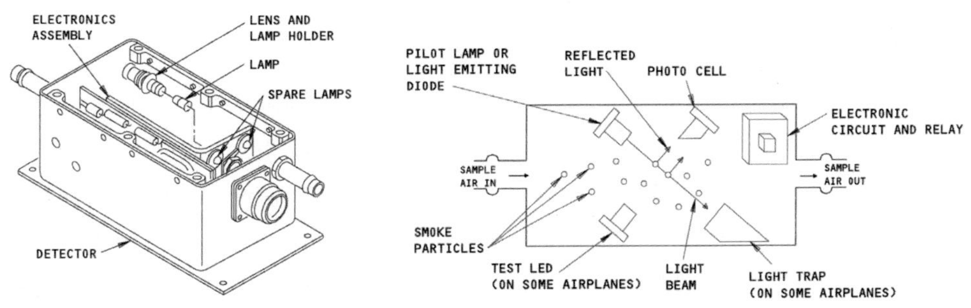

[그림 3-74. B747 광전 연기 감지기]

3. Ionization Smoke Detectors(이온화 연기 감지기)

Ionization Type Smoke Detector는 Detector Cell 안으로 들어온 공기의 Sample에서 산소와 질소 분자를 이온화 시키는 방사능 물질을 사용한다. 이러한 이온은 Detector Chamber Test Circuit를 통해 작은 양의 Current가 흐르게 한다. 만약 Smoke가 Detector를 통해 흐르는 공기 Sample에 존재한다면, Smoke의 작은 입자는 산소와 질소 분자에 달라붙는다. 그러면 Test Circuit로 흐르는 Electrical Current가 감소한다. 설정한 값보다 Current의 흐름이 적으면 Alarm Circuit는 Visual과 Aural Alarm을 작동시킨다. 그림 3-75에서와 같이 이 Smoke Detector에는 Radioactive Alericiua 241(방사성 물질)이 내장되어 있으며 Detector 내의 Ionization Chamber 내에 유입된 공기는 방사성 물질에 의해 이온화 되어 Ionization Current 변화로 변환된다. Smoke Gas가 유입되면 작은 양의 Radioactive Source가 Electrodes 사이에 공급되어 P1과 P2 Electrodes 사이의 Air는 Ionized 되는데 Positive Ion과 Negative Electron이다. Positive Ion과 Negative Electron은 각각 반대 극성으로 움직임으로 인하여 두 개 Electrons에 Voltage가 형성된다. 이 Ionized Air의 흐름을 Ionization Current라고 하며 만약 두 개의 Electrodes P1과 P2 사이의 공간으로 Fire로 인해 발생된 소량의 Smoke Particles가 들어오면 Smoke Particle에 Ionized Air Molecules가 달라붙는다. Ion과 Electron의 Moving Velocity가 감소하고 Ion과 Electron은 중화되어 두 Electrodes 사이의 Current는 감소하여 Smoke Signal이 발생된다.

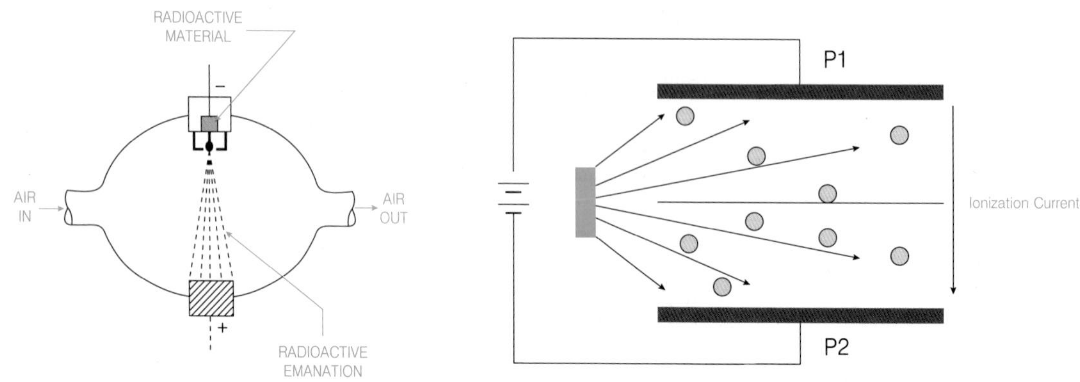

[그림 3-75 이온화 연기 감지기]

4. Visual Smoke Detectors(시각 연기 감지기)

일부 항공기에서 Visual Smoke Detector는 연기 탐지만을 위해 설치되어 있다. Indicator 안으로 Line을 통해 여압 장치나 적당한 흡입을 이용한다. 연기가 Indicator 내에 있는 Lamp에 나타났을 때 Smoke Detector에 의해 자동적으로 비추어 준다. 이 빛은 Indicator의 특정 Window 안에 연기를 보여주기 위해 흩어지게 된다. 만약 연기의 출현이 없다면 비추어지지 않는다. Switch는 Test를 목적으로 Lamp를 "ON" 하기 위해 설치되어 있다. 이 장치는 Indicator를 거쳐 필요한 공기의 흐름이 보이도록 Indicator 안에 설치되어 있다. Detector의 효율은 모든 부품의 위치와 동작 능력에 따른다.

17. Operation of System(시스템 작동)

각 Engine에 독립되어 기계적으로 연결된 "FIRE PULL" Handle은 전방 Windshield 위의 소화기 조정판 위에 위치한다. 화재나 과열 상태일 때는 해당되는 "FIRE PULL" 손잡이 안의 Warning Light에 의해서 지시되며 이때 즉시 손잡이를 잡아당겨야 한다.

우측 "FIRE PULL" Handle을 잡아 당겼을 때 Emergency Bleed Air Shut-off Valve가 닫히고 Extinguisher System Direction Valve는 소화액을 우측 Engine에 보내기 위해 자화된다. 더구나 직류발전기를 제외한 동작이 멈춰진 다른 것들은 Engine Master Switch를 "OFF"하지 않는 한 다시 복귀된다.

만일 두 번째 "FIRE PULL" Handle을 당겼을 때 첫번째 손잡이는 그 원래의 위치로 자동적으로 복귀된다.

1. Selector Switch

Fire Extinguisher Selector Switch는 Extinguisher Control Panel의 중심부에 장착되었으며 D.C Essential Bus에 의해서 전력을 공급 받고, "EXT NO.1", "EXT NO.2", 그리고 "OFF" 위치인 세 가지 위치가 있다. "FIRE PULL" Handle을 당기고 선택 Switch를 EXT No.1이나 EXT No.2에 순간적으로 선택을 때 하나의 소화기로부터 소화액은 손잡이가 선택된 Engine Pod에 분사된다.

첫번째 소화기를 사용 후 두 번째 소화기를 분사 시키기 위해서 필요하다면 소화기 선택 Switch를 다른 소화기에 순간적으로 선택해야 한다.

2. Direction Valve(방향 밸브)

Double-check T Valve의 하부도관은 그림 3-76에서와 같이 Direction Valve에 연결되어 있다. 이 Valve는 두개의 출구가 마련되어 있다. 그 하나는 좌측 Engine의 Pod의 화재 소화 분사 관에 연결된 Normally Open Port이고, 다른 하나는 우측 Engine Pod로 이어진 분사관에 연결된 Normally Close Port이다. 우측 Engine "FIRE PULL" Handle을 당겼을 때 Direction Valve는 전기회로가 성립되어 Valve Solenoid를 자화 시킨다. 이때 화재 소화액 분사는 우측 Engine Pod에 향하게 한다.

3. Agent Container

화재 소화 계통을 위한 두개의 소화기는 동체위치 298과 307사이의 Main Wheel Well Area의 후방에 장착되어 있다. 각 소화기에는 소화기 내의 압력을 지시해주는 계기가 마련되어 있다.
Cartridge를 포함한 분사 Valve는 각 소화기의 하부에 장착되어 있다. Cartridge가 점화 시 Engine Pod에 향하는 도관 안으로 소화액을 분사 시킨다. Fitting은 각 소화기와 동체외부에 장착된 Thermal Discharge Indicator까지 도관을 배관 시킨다.

4. Indicator

두개의 소화기 계통을 분사 지시 원판(Discharge Indicator Disc)은 Wing 후방인 동체 좌측에 설치되어 있다. 후방 분사 지시의 Yellow Disk는 Double-check T Valve와 Direction Valve사이의 소화기 분사 관에 1/4[inch] 도관에 의해서 연결되어있다. 어떤 소화기가 분사됐을 때 소화액의 흐름은 Yellow Disk에 향하게 되며 그 Disc를 날려보내게 된다. 소화기 압력 계기의 점검은 하나 혹은 두개의 소화기가 분사됐을 때 그 지시가 나타나게 된다. 전방 분사 지시기의 Red Disk는 두개 소화기에 1/4[inch] 도관에 의해서 연결된다. 소화기가 급격히 과열됐을 때 그 초기 압력은 Fusible Safety Plug를 분사되게 한다. 그 소화액의 흐름은 Red Disk에 흐르게 되며 그 원판을 날려보내게 된다. 소화기의 압력계기의 점검은 하나 혹은 두개의 소화기가 분사됐을 때 그 지시가 나타나게 된다.

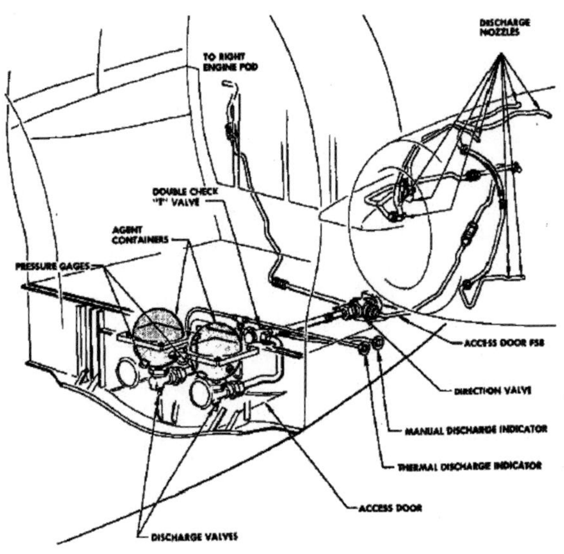

[그림 3-76 소화기 시스템]

18. Auto Discharge Fire Extinguisher System(자동 분사 소화기 시스템)

그림 3-77에서와 같이 Waste Towel Chute 내부의 온도가 174[℉](78.9[℃]) 이상 상승하면 Heat Fusible Tip이 녹아 Bottle 내의 Freon이 분사된다.

Sensitive Tape로 되어있는 Temperature Indicator에 해당 온도가 Black Color로 변색이 된다.

[그림 3-77 일반적인 기내화장실 소화기설치기]

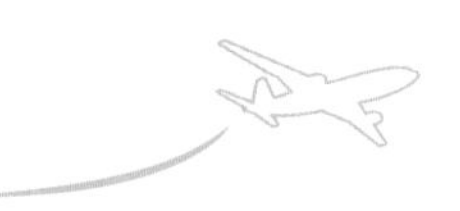

제4장 ATA27 조종 계통 (Flight Control System)

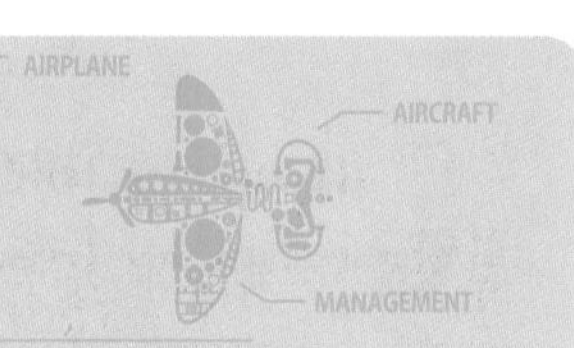

1. 날개의 구조

Fixed Wing Aircraft(고정익 항공기)는 Fuselage(동체), Wing(날개), Stabilizer(안정판), Control Surface (조종면) 및 Landing Gear(착륙장치) 등의 5개의 부분으로 구성된다.

프로펠러 추진의 단발 항공기 구성 부품을 그림 3-78에 나타내고, 대표적인 제트 항공기의 구성 부품을 그림 3-79에 나타낸다. 기체의 구성 부품은 광범위한 여러 가지 재료로 만들어지며 Rivet, Bolt, Screw, 용접 또는 접착에 의해 결합된다

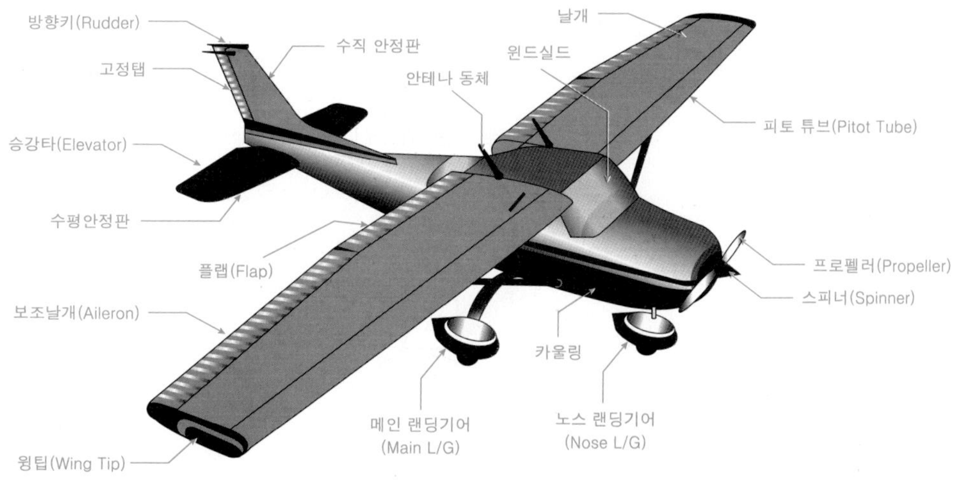

[그림 3-78 왕복 단발 항공기의 형태]

비행중 날개에는 비행기를 들어올리고 있는 공기의 힘, 즉 양력이 전면에 작용하고 있다. 한편, 주익의 중앙에는 무거운 동체가 누르고 있기 때문에 주익은 위로 굽혀지려고 한다. 날개가 위로 굽힌다는 것은 상면이 압축되고, 하면은 신장된다는 것과 같다. 그러므로 굽힘 응력을 받아도 꺾이지 않는 주익을 만들려면 익상하면에 각각 압축과 인장에 견뎌낼 수 있는 강한 뼈대가 필요하게 된다.

항공기의 구성 부품은 구조 부재 즉 Stringer, Longeron, Spar, Rib, Bulkhead, Frame 등의 여러 종류의 부품으로 구성된다. 항공기의 구조 부재는 하중을 전달하거나 응력에 견딜 수 있도록 설계되어 있으며 한 개의 구조 부재는 복합된 하중을 받는다.

대부분의 경우, 구조 부재는 측면으로부터의 하중보다는 끝부분으로부터의 하중을 전달하도록 설계되어 있다. 따라서 구조 부재는 팽팽하게 압축을 받도록 하고 가능한 한 굽힘 하중을 받지 않도록 제작된다.

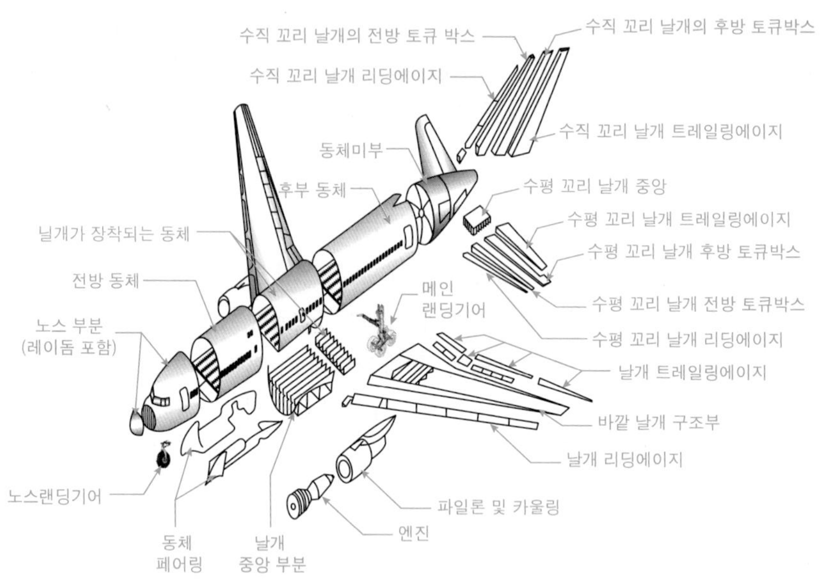

[그림 3-79 제트 항공기의 형태]

1. Tail Unit(꼬리 날개)

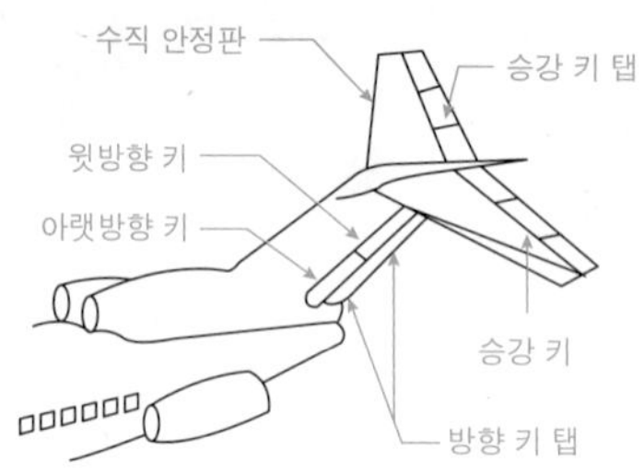

[그림 3-80 V형 꼬리 날개(Tail Wing)]

꼬리 날개는 항공기가 안정을 유지하고 비행하기 위한 중요한 부분이다. 꼬리날개는 그 일부를 조종면으로 이용하고 기체의 자세나 비행 방향을 변화시키는 역할을 한다. 꼬리 날개의 배치는 그 항공기 공기 역학상의 요구에 의해 정해진다. 이전의 항공기에는 수평, 수직 꼬리 날개가 직접 동체에 설치되어 있었으나 최근에는 T자형 꼬리 날개가 십자형 꼬리 날개도 다수 사용된다. T형 꼬리 날개는 수평 꼬리 날개가 기류의 혼란이 적은 곳에 있기 때문에, 크기에 비해서 효과가 좋고 중량 경감에 도움이 된다.

항공기의 꼬리 날개는 보통 수평과 수직 꼬리 날개의 2종류로 나누어지고 안정판 및 조종면으로 구성되어 있다. 안정판에는 Horizontal Stabilizer 및 Vertical Stabilizer 또는 Fin이 있고, 여기에는 Elevator 및 Rudder라고 불리는 조종면이 설치되어 있다.

그림 3-80과 같이 극히 드물게는 수평 및 수직의 꼬리 날개를 겸한 V형 꼬리 날개로 Elevator와 Rudder를 겸한 Ruddervator를 갖고 있는 것도 있다. V형 꼬리 날개 전체의 면적을 줄이기 위해 고안된 것이다.

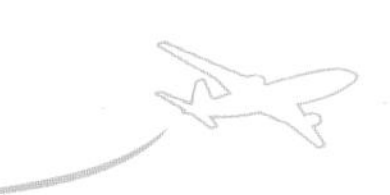

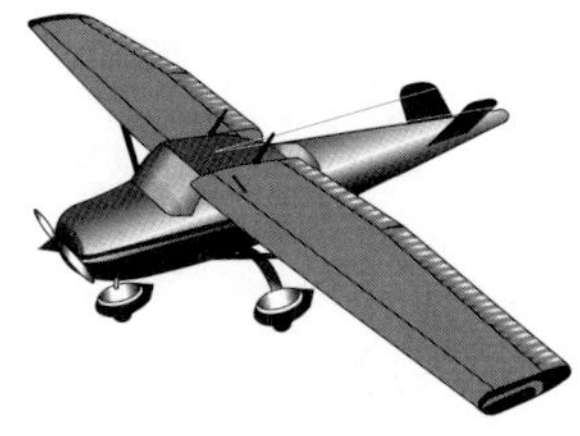

[그림 3-81 V형 꼬리 날개(Tail Wing)]

꼬리 날개의 크기는 작지만 보통 날개와 같은 구조로 만들어져 있다고 생각하면 좋다. 그러나 구형 항공기의 우포 구조의 꼬리 날개 속에는 주위의 Frame에 우포만 씌운 간단한 것도 있다. 꼬리 날개는 1개 또는 복수의 Spar와 이것에 설치되어 있는 Rib와 Skin으로 구성되어 있다.

Vertical Stabilizer은 동체의 일부로 만들어진 경우와 장탈 할 수 있는 독립된 구조 부재로 만들어진 경우가 있다. 안정판 및 조종면을 포함한 항공기의 Tail Section 전체를 보통 Empennage(후방 동체)라고 부른다. 동체의 최후방을 Tail Cone이라고 한다. Tail Cone은 동체의 최후 단을 유선형으로 마무리하는 역할을 하고 있으나 동체로부터 받는 응력이 작기 때문에 일반적으로 경량 구조로 되어 있다. 그러나 Tail Cone내에 APU(보조 동력 장치)를 장착한 대형 여객기에서는 필요한 강도 외에 방화벽을 갖고 있다.

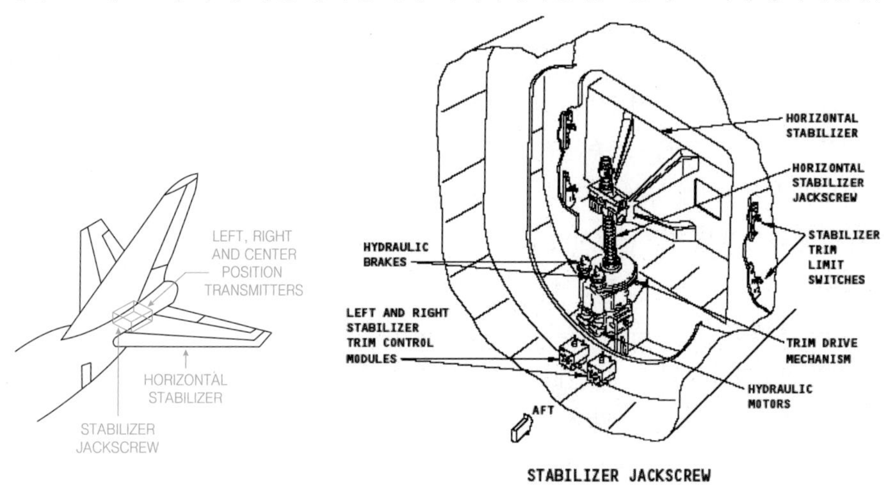

[그림 3-82 대형 제트 항공기의 꼬리 날개]

① 수평 꼬리 날개(Horizontal Tail)

수평 꼬리 날개는 보통 Horizontal Stabilizer과 Elevator에 의해 구성된다. 동체의 취부각은 날개의 Down Wash를 고려해서 수평보다도 조금 상향으로 하고 있다. 소형 항공기의 수평 꼬리 날개는 단일 날개로 하고 동체 위에 얻는 방법을 하고 있으나 대형 항공기에서는 좌우로 분할해서 Center Section에 결합하고 있다. 위의 그림 3-82와 같이 아음속 영역을 비행하는 제트 여객기는 마하수의 영향이 생기기 때문에 기체의 Trim은 Horizontal Stabilizer의 취부각을 변경해서 행한다.

이 때문에 센터 섹션은 전방 Spar 부분을 유압 모터로 움직일 수 있도록 한 것이 많다. 이 방식의 안정판을 Adjustable Stabilizer(조정식 안정판)이라고 한다.

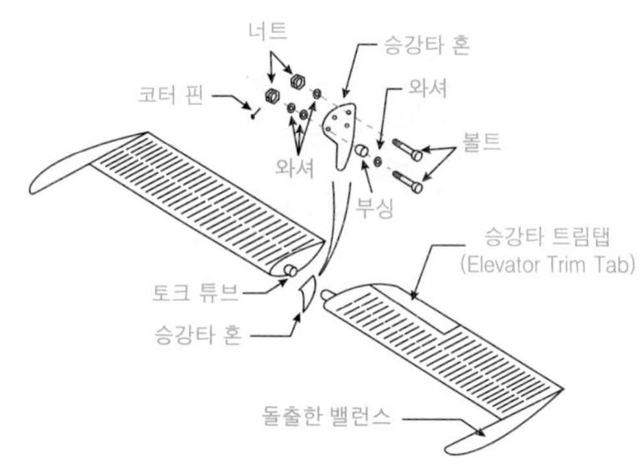

[그림 3-83 왕복 쌍발 항공기의 수평 안정판]

그림 3-83은 왕복 쌍발 항공기의 Horizontal Stabilizer을 나타낸다. 이 구조는 전방 날개폭에 걸친 2개의 Spar를 가지고 이것에 교차하는 Rib가 Skin에 Rivet으로 장착되어 있다. 후방 Spar는 Elevator를 설치하기 위한 보조 Spar이고 여기에 4개의 Elevator 힌지가 설치되어 있다. 대형 제트 항공기의 Horizontal Stabilizer의 기본 구조 부재도 전후 Spar 및 Rib이고, 바깥은 알루미늄 합금 판으로 덮여 있다. 안쪽의 끝에 동체내의 Center Section에 설치한 Fastner가 장착되어 있다.

② 수직 꼬리 날개(Vertical Tail)

수직 꼬리 날개는 보통 Vertical Stabilizer과 Rudder로 구성되어 있다. 수직 꼬리 날개는 항공기의 방향 안정을 유지하고 방향을 조종한다. 동체의 취부각은 프로펠러의 후류를 고려해 항공기 축으로부터 어떤 각도만큼 치우치게 하는, 소위 Offset로 하고 있는 것도 있다. 수직 꼬리 날개는 날개나 수평 꼬리 날개와 같이 좌우의 날개를 결합시켜 굽힘 모멘트를 상쇄할 수가 없고 이 날개의 굽힘 모멘트는 모두 동체의 압축 모멘트로 된다. 이 때문에 대형 항공기에서는 Vertical Stabilizer의 주요 구조는 동체 구조의 일부로서 만들어지는 경우가 많고 하중의 전달이 부자연스럽게 되지 않도록 Spar 결합 방식이 사용된다. 대형 항공기의 수직 꼬리 날개는 안정판의 일부를 전기적으로 절연하고 이 자체를 HF 혹은 VOR 안테나로 이용하고 있는 것이 많다.

2. 조종면(Flight Control Surface)

1. 1차 조종면(Primary 또는 Main Control Surface)

항공기의 자세 조종은 횡축, 종축 및 수직축 주위의 조종면에 의해 행해진다. 조종면은 1차 조종면과 2차 조종면의 부분으로 나누어진다. 1차 조종면 그룹은 Aileron, Elevator 및 Rudder로 구성되어 있다. 조종면의 구조는 안정판과 비슷하지만, 보통 구조를 간단하게 하여 중량을 가볍게 만들고 있다. 이들은 강성을 갖게 하기 위해 Leading Edge에 Spar 혹은 Truck Tube를 붙인 것이 많고 이 Spar나 트럭 Tube에 Rib를 붙인다. Rib에는 흔히, 중량 경감 구멍을 뚫고 있다. 구형 항공기의 조종면은 우포로 덮여져 있는 것도 있지만 고속 항공기에서는 강도상 전부 금속 또는 복합소재 Skin을 사용하고 있다. 복합소재 Skin(Composite Skin)은 내부를 Honeycomb Sandwich Structure로 한 것이 많다.

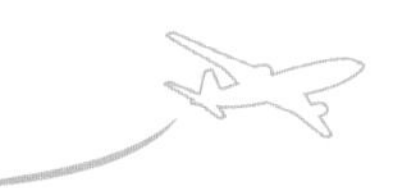

조종면은 종량 분포가 적절하지 않으면 비행중, 또는 조종중에 Flutter를 일으킬 위험이 있기 때문에 보통은 그 Leading Edge에 추를 넣어 Flutter를 방지하고 있다. 이 추를 Mass Balance라고 한다. 조종면에는 Leading Edge 작동의 중심이 되는 힌지 라인(Hinge Line)이 있어서 조종 장치를 조작하면 Cable 등을 통하여 이 힌지 라인을 통하고 있는 트럭 Tube를 직접 회전시킨다.

조종면에는 이와 같은 질량적으로 균형을 취한 질량 균형 조종면과 공기역학적 균형 조종면이 있다. 공기역학적 균형 조종면은 조종면의 Leading Edge를 힌지 라인보다 전방에 밀어낸 것이다. 이 조종면이 어떤 각을 취했을 경우, 전방에 밀어낸 날개면이 조종면을 힌지 주위에 회전시켜 조종력을 경감한다. 여기까지 설명한 조종면은 통상 사용되는 것이고 일부의 항공기에서는 조종변에 2개의 역할을 갖게 하고 있다.

예를 들면 Elevon은 Aileron와 Elevator의 두 가지 기능을 결합시킨 것이며, Ruddervator는 Elevator와 Rudder의 기능을 갖게 한 것이고, Flaperon은 Flap으로서도 작용하는 Aileron이다. Stabirator는 Horizontal Stabilizer과 Elevator의 역할을 한다.

① Aileron

Aileron는 1차 조종면의 일부로써 미리 설계된 원호에 따라서 움직이도록 날개의 후방 Spar에 힌지로 장착되어 있다. Aileron는 Control Wheel을 좌우로 회전시키거나, 혹은 Control Stick을 좌우로 밀어서 작동 시킨다.

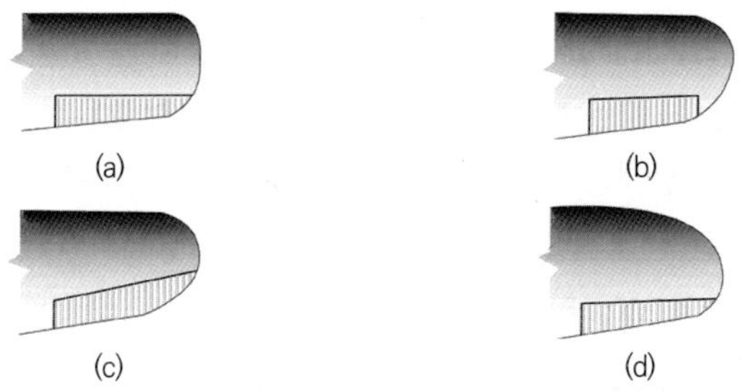

[그림 3-84 보조날개의 장착위치]

Aileron는 보통의 항공기에서는 좌우 날개의 바깥쪽 Trailing Edge에 힌지로 장착되어 있다. 그림 3-85은 전형적인 소형 항공기의 Aileron의 위치를 나타낸 것이다.

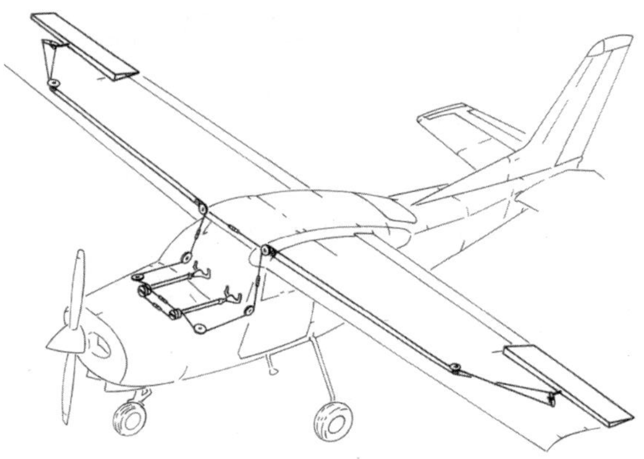

[그림 3-85 Aileron]

또, 소형 항공기의 Aileron Trailing Edge에는 Fixed Tab이 붙어있는 것도 있다. 이 Tab은 예를 들면 항공기를 직선 비행 시키려고 했을 때 오른쪽으로 기울어 버린 경우, 오른쪽 Aileron Tab을 윗 방향으로, 왼쪽 Aileron Tab을 아래쪽 방향으로 구부려서 직선 비행을 시킬 수 있다.

좌우의 Aileron는 동시에 서로 반대 방향으로 작동시키기 위해, 그 조작 계통은 조작 장치의 내부에 연결시키고 있다. 그리고 한쪽 방향의 Aileron를 내리면 그 쪽의 양력이 증가하고, 반대쪽의 Aileron는 올라가 양력이 감소하므로 날개에 미치는 공기력의 불균형에 의해 기체에 회전 운동을 일으킨다. 그림 3-86은 Aileron 끝의 전형적인 금속재 Rib이다. 이 형식의 보조날개의 힌지점 Controllability(조타성)을 좋게 하기 위해 Leading Edge로부터 후퇴한 위치에 있다.

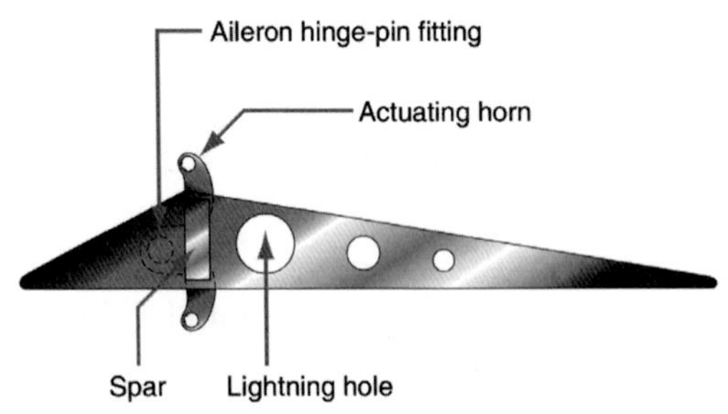

[그림 3-86 Aileron의 Rib 단면]

Aileron의 Spar 또는 Truck Tube에 설치된 Horn은 Aileron의 조종 Cable 또는 작동 Rod를 설치할 수 있는 레버이다. 그림 3-87에 Aileron의 단면과 그 힌지 위치를 나타냈다.

보통의 대형 항공기의 각 날개는 2개의 보조날개를 가지고 있다. 이 가운데 하나는 종래와 같이 날개의 바깥쪽에 있고 또 하나는 날개 중앙부의 Trailing Edge에 장착되어 있다. 이와 같은 조종 방식에서는 원칙적으로 저속 비행중의 모든 횡방향의 조종면이 작동한다.

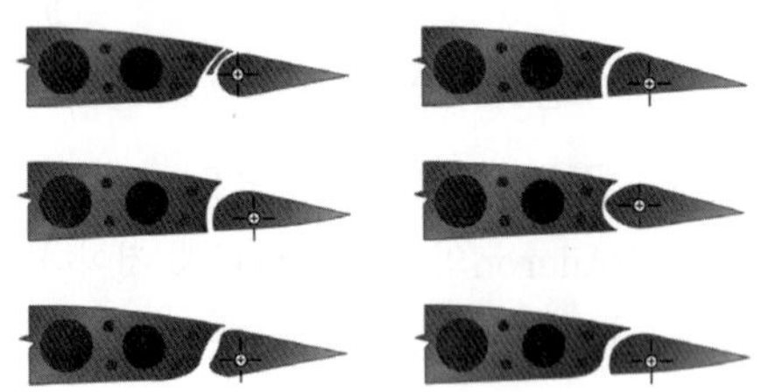

[그림 3-87 Aileron의 단면과 힌지 위치]

이때는 4개의 Aileron 및 모든 Flight Spoiler가 작동한다. 그러나 고속 비행 시에는 바깥쪽 Aileron는 Lock되어 움직이지 않게 되고 안쪽 Aileron와 Spoiler만이 작동한다. 안쪽 Aileron의 Skin의 대부분은 알루미늄 Honeycomb Panel이다. 노출된 Honeycomb은 Sealant 및 보호 코팅에 의해 덮여 있다. 안쪽 Aileron는 안쪽 Flap과 바깥쪽 Flap 사이에 위치하고 있다. Aileron 힌지의 Support는 후방으로 길게 연장되어 그 끝에 Aileron 힌지 Fairing이 설치되어 있다. 바깥쪽 Aileron는 알루미늄 Honeycomb Panel로 덮인 Rib와 Nose Spar로 구성되어 날개 Trailing Edge의 가장 바깥쪽에 설치되어 있다. 힌지 Support는 Inboard Aileron와 같은 모양으로 후방으로 길게 퍼져 있다.

Aileron의 앞쪽 끝은 날개 안의 Balance Panel에 연결되어 있다. 그림 3-88에 나타난 Aileron Balance Panel은 Aileron를 유지하고 Aileron를 필요한 위치로 움직이는데 필요한 힘을 경감시킨다. Balance Panel은 알루미늄 합금의 프레임에 접착한 Honeycomb 판이나 또는 Hat의 보강이 붙은 구조로 이루어져 있다.

Aileron 앞쪽 끝과 날개의 구조 사이에는 Balance 패널의 작동에 필요한 공기를 통하게 하는 Slot이 있고 Panel에 있는 Seal은 공기의 누출을 막고 있다. Balance Panel에 걸리는 공기력은 Aileron의 각에 의해 변화한다.

비행 중, Aileron이 움직이면 Balance Panel의 상하에 차압이 생긴다. 이 차압은 Balance Panel이 Aileron의 움직임을 돕는 방향으로 움직인다. Aileron의 동작이 작은 경우는 Balance Panel의 차압은 그다지 필요로 하지 않으나 각도가 증가하면 Panel의 한쪽이 Negative Pressure이 되어 그 반대쪽은 가압 된다. 이 작용이 Balance Panel의 차압을 증가시켜 Aileron의 동작을 돕는다.

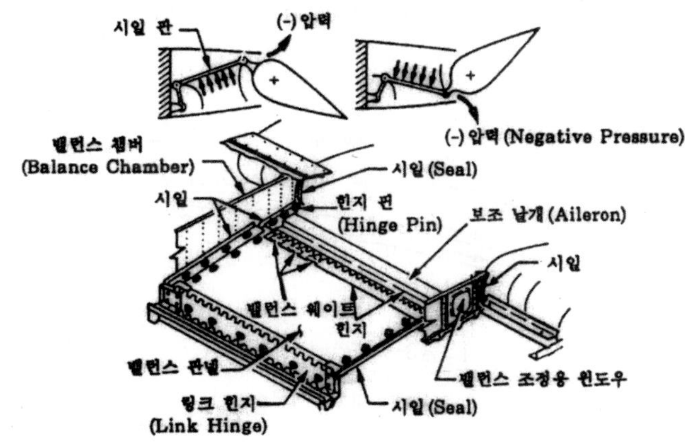

[그림 3-88 Link Panel방식의 Leading Edge Balance]

② Elevator

Elevator는 Horizontal Stabilizer의 후방에 설치되고 상하로 움직여서 기체에 기수 상향, 또는 기수 하향 모멘트를 발생시킨다. 속도가 충분치 못하던지, 상승을 계속할만한 출력의 여유가 없다면 기수를 치켜 들뿐 상승은 못한다. 착륙시 접지면에서는 충분하게 기수를 치켜들기 때문에 Elevator는 최대 양각 가까이까지 당겨진다. Elevator에는 극단적인 저속 항공기나 2중 이상의 유압식 동력 조종 장치를 사용한 항공기를 제외하고는 조종면의 Mass Balance는 반드시 필요하다.

조종면을 수리할 때에는 반드시 중심 위치를 측정하고 Manual에서 제시한 허용 범위 내에 있는 것을 확인해야 한다. Elevator의 구조에서 특이한 것은 좌우의 Elevator를 Torque Tube로 연결하고 있는 것이다. 만약, 좌우의 Elevator를 분리한 대로 각각의 각도로 조작하면 좌우 Elevator의 역회전과 후부 동체의 뒤틀림은 Flutter를 유도할 위험이 있기 때문이다.

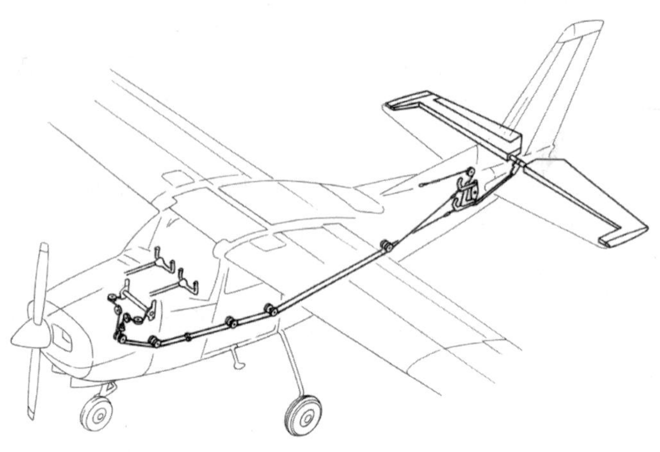

[그림 3-89 Elevator]

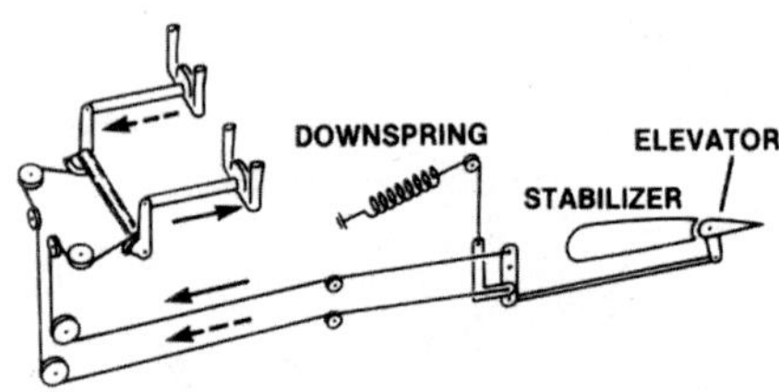

[그림 3-90 Elevator Feel]

대형 여객기의 Elevator는 Fail Safe로써 위에서부터 2개로 분할해서 각각을 다른 유압 계통으로 작동시키도록 하고 있는 것이 많다

대형 항공기에서는 비행기가 Over Rotation 하는 것을 막기위해 조종사에게 속도 증가에 따른 Elevator의 작동을 감소시키기 위해서 Feel Computer를 장착하여 조종간에 무게를 주어 작동각을 작게 한다.

③ Rudder

Rudder는 보통 Vertical Stabilizer의 후방에 설치되어 Rudder 페달을 밟는 것에 의해 좌우로 움직여 기수를 좌우로 회전시켜 항공기를 다른 위치로 이동 또는 선회 시킨다.

Rudder는 보통, 회전의 중심에 Torque Tube를 넣고 이것에 Horn 또는 Lever를 설치, Cable, Rod 또는 유압 Actuator에 의해 움직인다. 대형 항공기 또는 고속 항공기에서는 Leading Edge에 균형을 갖게 하고, 또는 Trailing Edge에 연결하여 조종력을 경감하고 있다. 구조는 Elevator와 비슷하다. 또, 비행 중에 기체가 좌로 Yawing될 경향이 있는 경우는 Rudder Tab을 좌로 구부리면 수정할 수 있겠지만, 그래도 Yaw가 있는 경우에는 Rudder 각도의 점검이 필요하게 된다. 대형 여객기의 Rudder는 Elevator와 마찬가지로 페일 세이프로써 2개로 분할해서 각각 다른 유압 계통으로 작동시키도록 한 것이 많다.

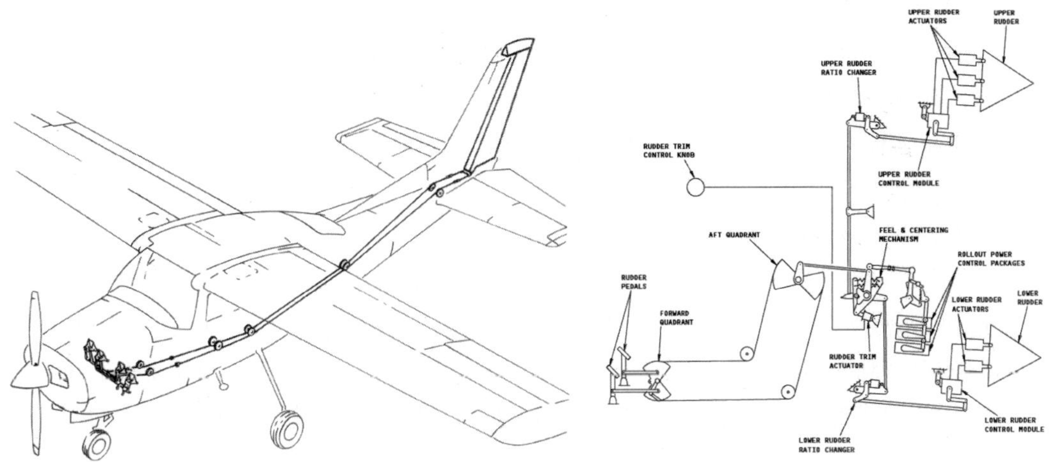

[그림 3-91 Rudder]

2. Secondary Control Surface(2차 조종면)

2차 조종면 그룹은 Trim Tab, Balance Tab, Servo Tab, Flap, Spoiler, Leading Edge Flap, Slat 등이다. 조종면의 Trailing Edge에 Trim Tab을 붙인 경우에는 날개면에 Tab의 하중을 전달하기 위해 구조를 보강하고 있다.

① Trailing Edge Flap

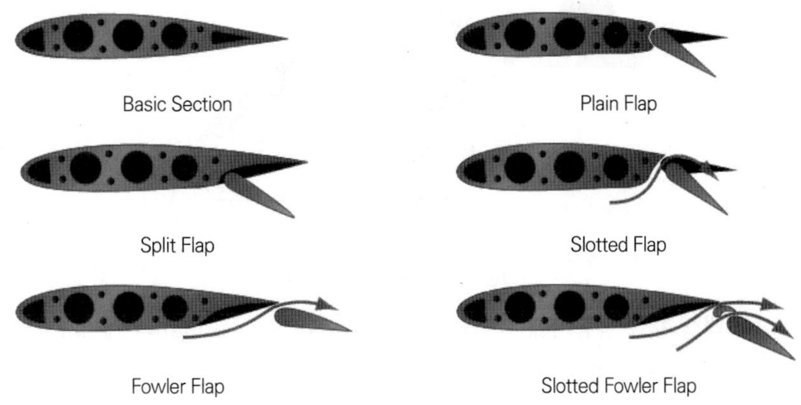

[그림 3-92 Flap의 종류]

Trailing Edge Flap의 수 및 형식은 항공기의 크기와 형식에 의해 여러 가지가 사용되고 있다. Flap은 항공기의 양력을 일시적으로 증가시켜서 이·착륙 속도를 감소시켜 이·착륙 활주 거리를 짧게 한다. 대부분의 Flap은 Aileron와 동체 사이의 날개 Trailing Edge에 설치되어 있다. 대형 고속 항공기에는 Leading Edge Flap도 병용된다. Flap은 Up 위치에서 날개의 Trailing Edge의 일부가 되고 Down 위치 때에는 힌지 포인트를 중심으로 약 30°~50°정도 내려간다. 이것에 의해 날개의 Camber가 증가하고 공기의 흐름이 변화하는 것에 의해 보다 많은 양력을 발생시킨다.

일반적으로 사용되고 있는 형식의 Flap을 그림 3-92에 나타낸다. Plain Flap은 Flap이 업 위치에 있을 때에는 날개의 Trailing Edge를 형성하고 날개의 윗면 및 밑면이 된다.

Split Flap은 보통 Flap Up 위치에서는 날개 밑면의 일부가 된다. Split Flap은 그 윗면이 날개의 Trailing Edge내에 들어가는 것을 재외하면 플레인 Flap과 구조적으로는 비슷하다. 이 Flap은 Split Edge Flap이라고도 불리고 있고 보통은 그 Leading Edge에 따라 몇 개 장소에서 힌지가 설치된 평평한 금속판으로 지탱되고 있다.

Slotted Flap은 현재 가장 일반적으로 사용되고 있는 대표적인 Trailing Edge Flap이다. 이 형식은 Flap을 Down하는 경우 날개와 Flap 사이의 Slot에서 압력이 높은 날개 밑면의 공기를 윗면의 공기 흐름 쪽으로 보내 윗면의 공기흐름 분리를 지연시킨다. 작은 각도에서 사용하면 항력의 증가 비율이 낮고 양력 증가 비율이 크지만 큰 각도에서 사용하면 양력도 항력도 증가하는 특성을 갖고 있다. 이 형식의 Flap 앞에 더욱 작은 Vane을 붙인 것이 2중 Slot Flap이다.

이 Flap을 내리면 날개 안에 있던 Vane은 큰 Flap에서 떨어져 Slot을 크게 하고 슬롯 Flap보다 더욱 큰 양력을 얻을 수가 있다. 보다 큰 양력을 얻으려고 하는 항공기는 날개 면적을 증가시키는 것이 가능한 Fowler Flap을 사용한다. 보통 이 Flap에서는 Split Flap보다도 큰 면적의 Flap을 날개 밑면에 수용하고 있으나 고정된 힌지를 중심으로 상하 구조는 아니고 Flap을 내릴 때는 Warm Gear등의 구동에 의해 Flap 전체를 후방으로 움직이고, 더욱 아래쪽으로 내린다.

이것에 의해 날개 면적을 증가시키는 것과 함께 날개의 Camber를 크게 하여 양력을 증가시킨다.

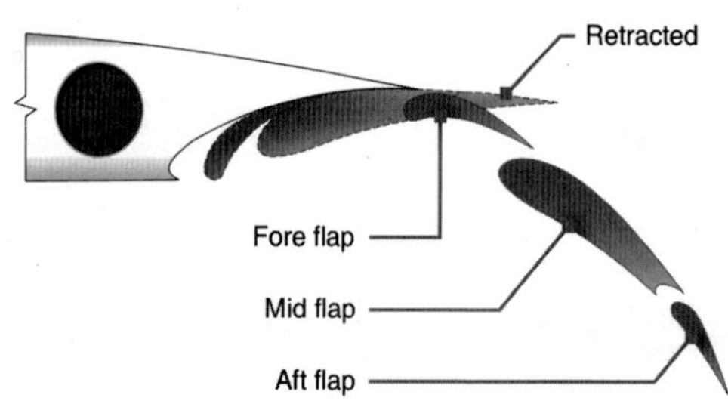

[그림 3-93 Triple Slotted Flap]

그림 3-93는 대형 제트 항공기에 사용되고 있는 Triple Slotted Flap의 예이다. 이 형식의 전후 Flap은 이륙 및 착륙에서 높은 양력을 발생한다.

이 Flap은 Fore Flap, Mid Flap 및 Aft Flap의 3개로 구성되어 있다. 각 Flap의 날개코드 길이는 Flap이 내려가는 것에 따라 늘어가고 Flap 면적을 크게 증가시킨다. Flap을 내려서 생긴 Flap간의 슬롯은 Flap 윗면의 박리를 방지한다.

② Leading Edge Flap

Leading Edge Flap은 Plain Flap과 같은 작용을 한다. 이 Flap은 힌지로 지탱되고, 열면 날개의 Leading Edge는 아래쪽으로 늘어나 날개의 Camber를 증가시킨다. Leading Edge Flap은 단독으로 사용되는 경우는 없고 보통 다른 형식의 Trailing Edge Flap과 같이 사용된다.

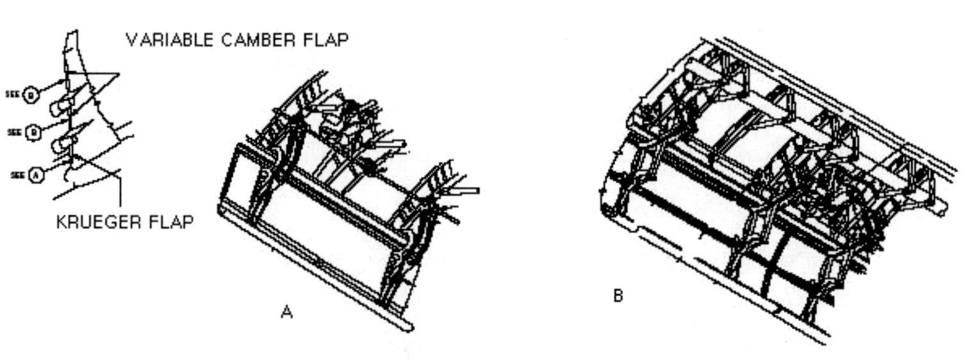

[그림 3-94 Boeing 747-400의 Leading Edge Flap]

그림 3-94에 대형 제트 항공기의 Leading Edge Flap의 위치를 나타낸다. Leading Edge Flap의 한 가지 종류가 그림 3-94의 A 단면에 나타난 Krueger Type Flap이다. 이 Flap은 하나의 Rib와 보강재를 붙인 마그네슘 주물을 기계 가공한 것으로 구성되어 있다. 이 Flap은 고정 날개의 Leading Edge에 설치 되어진 3개의 힌지를 갖고 있고 힌지의 Fairing이 Flap의 Trailing Edge에 이어져 있다. 아래 그림에 Krueger Flap의 Up 위치 및 Down 위치가 나타내져 있다.

Krueger Flap의 발전 형태가 그림 3-94의 B 단면의 VCK Flap(Variable Camber Kruger Flap)이 있다. 이것은 Leading Edge에서도 Trailing Edge와 마찬가지로 면적과 캠버를 증가시켜 양력을 크게 하려고 하는 발상에서 생겨난 것이다. 이 Flap의 기본적인 작동 원리는 Krueger Flap과 같으나 밖으로 퍼지는 면을 미리 접어두고 내뻗혔을 때 이것이 면적을 늘리는 것과 함께 캠버를 바꾸는 구조로 되어 있다. Flap의 Skin에는 Glass Fiber의 FRP(Fiber Reinforced Plastic)를 사용하고 탄성 변형에 의해 Skin의 곡선형 상태를 변화시키고 있다. 링크 기구는 복잡한 회전 링크를 사용하고 있다.

③ SLAT

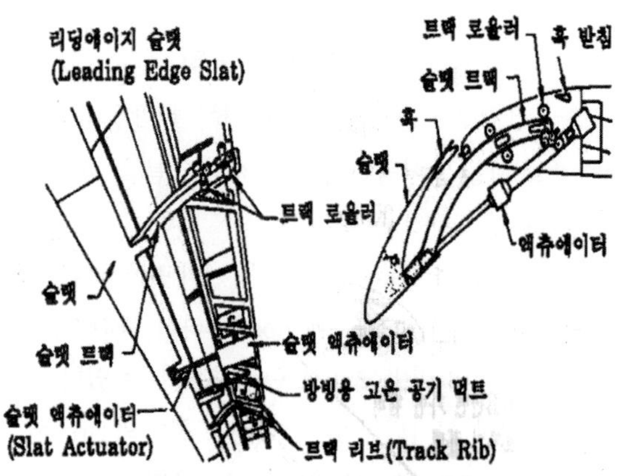

[그림 3-95 Leading Edge Slat]

Slat은 날개 Leading Edge에 슬롯(Slot)을 설치해 날개 윗면의 공기 흐름의 박리를 방지해 양력의 증가를 꾀한 것이다. Slat에는 고정 Slat과 가동 Slat이 있고 가동 Slat은 날개 윗면의 부압(Negative Pressure)을 이용해서 자동적으로 슬롯을 만드는 것과 동력에 의한 Trailing Edge Flap과 연동해서 열리는 것이 있다. Slat의 조종은 Rail을 이용하고 있고 힌지 방식의 사용은 적다. Slat은 Trailing Edge Flap만큼 일반적이지는 않고, 특히 고양력을 필요로 하는 항공기나, 큰 받음각 자세에서의 비행이 요구되는 항공기에 한정되어 있다.

Leading Edge Slat의 조종은 공기 흐름 기점 변화를 이용해서 어떤 받음각 이상이 되면 부압에 의해 자동적으로 접히게 한 것이 소형 항공기나 전투기에 사용된다.

대형 항공기에서는 유압 또는 전기 Actuator에 의해 개폐된다.

그림 3-95는 Boeing 727의 Leading Edge Slat이다. 날개 Leading Edge에는 결빙의 위험이 있기 때문에 Slat은 물론 날개 Leading Edge에도 방빙(Anti-icing)을 행하고 슬롯이나 날개 Leading Edge에 얼음이나 눈이 가득 차지 않도록 하고 있다.

④ Speed Brake/Spoiler

Speed Brake/Spoiler는 비행중인 항공기의 속도를 줄이는 역할을 한다. 이 Speed Brake는 큰 각도에서 강하할 때나 활주로 진입 시에 사용된다. Speed Brake Panel은 여러 가지 형상으로 만들어져 있고, 장착 위치도 항공기의 설계 및 사용 목적에 따라 다르다. Speed Brake Panel은 날개의 표면 또는 동체에 장착되어 있다.

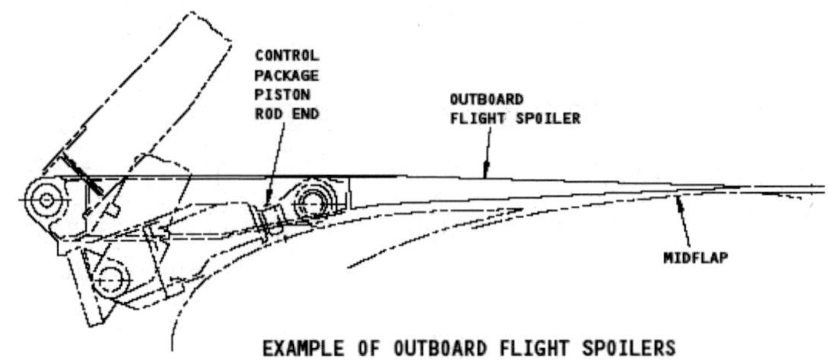

[그림 3-96 Spoiler의 구조]

동체에 장착되어 있는 Speed Brake면적은 적지만 난류를 발생시켜 항력을 크게 한다. 날개에 장착되어 있는 Speed Brake는 Panel을 날개면에 세워 공기의 흐름을 저지한다. Speed Brake는 스위치로 조종하고 유압에 의해 작동한다.

날개 윗면에 장착되어 있는 Speed Brake는 Panel을 날개면에 세워 공기의 흐름을 저지하고 항력을 늘림과 동시에 날개의 양력을 감소시키기 때문에 Spoiler라고 불려지는 경우가 많다. Spoiler는 Aileron와 함께 작동시켜 한쪽만을 움직여 횡방향의 조종에 사용할 수 있다.

조종용 Spoiler는 Flap의 전방에 설치되어 있다. 대형 항공기의 Spoiler는 유압에 의해 작동된다. 한편, 글라이더의 Spoiler는 Speed Brake 또는 강하각도 조종용만으로 사용된다. Spoiler를 Speed Brake로서 사용하면 Panel은 좌우 대칭으로 작동한다.

대형 항공기의 Spoiler에는 공중 및 지상의 어디에도 작동하는 것과 지상에서 착지 후에만 작동하는 것이 있으며 전자를 Flight Spoiler, 후자를 Ground Spoiler라고 불러 구별하고 있다. 보통 Spoiler Panel은 알루미늄 합금 Skin에 접착된 Honeycomb 구조로 만들어 힌지에 의해 날개에 설치되어 있다.

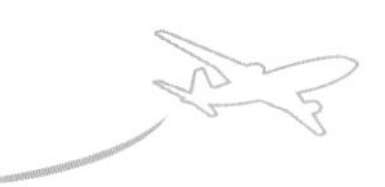

⑤ Tab

항공기를 조종하기 위해 극히 단순하고 가장 중요한 장치는 조종면에 설치된 Tab이다. Tab은 조종면을 대신하는 것은 아니지만, 조종면의 Trailing Edge에 설치되어 조종면의 균형을 좋게 하고 조종면의 움직임을 용이하게 한다. Tab은 그 사용 목적에 따라 Trim Tab과 Balance Tab(균형 Tab)으로 나뉘어진다. Trim Tab은 항공기의 정적 균형을 얻기 위해 쓰이는 조절 장치이고 Balance Tab은 조종력을 경감할 목적으로 사용된다.

그림 3-97 (a)의 Trim Tab은 조종 계통과는 분리하여 장착한다. 따라서 그 조작은 독립된 Trim 조절 장치에 의해 작동된다. 이 Tab을 조절하여 조종력을 경감시키고, 장시간 비행에서 피로를 막는다.

그림 3-97 (e)의 Trim Tab과 같은 역할을 하는 것에 Fixed Tab이 있다. 이 Tab은 날개 Trailing Edge, Aileron 또는 Rudder의 Trailing Edge에 설치되고 이것을 적당히 구부려 비행 자세를 수정한다.

그림 3-97 (c)의 Balance Tab은 구조적으로는 Trim Tab과 같아 보이지만, 그 기능과 조작 기구가 다르다. Balance Tab은 조종면의 움직임과는 역 방향으로 움직이고 이것에 작용하는 공기력에 의해 조타를 용이하게 하려고 하는 것이다. Balance Tab 방식은 대형 항공기에 적당하며 저항이 적고 진동을 일으키지 않는 장소에 장착되지만, Tab각이 크게 되면 실속하여 Balance의 역할을 하지 못하게 된다.

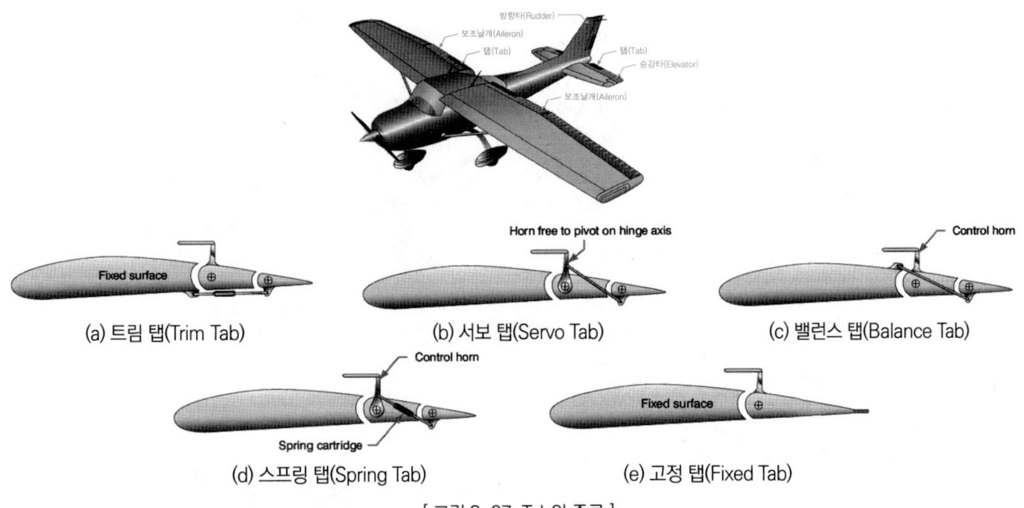

(a) 트림 탭(Trim Tab) (b) 서보 탭(Servo Tab) (c) 밸런스 탭(Balance Tab)

(d) 스프링 탭(Spring Tab) (e) 고정 탭(Fixed Tab)

[그림 3-97 Tab의 종류]

그림 3-97 (b)는 조종면을 직접 조작하지 않고 Tab을 조작하여 Tab에 작용하는 공기력으로 조종면을 움직이는 방식을 Servo Tab 방식이라고 한다.

그림 3-97 (d)와 같이 조종면과 Tab과의 사이에 스프링을 삽입한 것을 Spring Tab이라고 한다. 이 Tab은 Servo Tab의 일종으로 비행 속도의 변화에 동반하는 조종력 유지의 변화를 스프링에 의해 개선하고 있다. 이 방식은 현재의 대형 항공기에서는 필수적인 것이다.

3. 조종 장치의 개요

항공기의 조종 장치는 비행기 자세를 조종사의 조작대로 변화시키는 장치이다. 조종 장치는 Manual 조종 장치(Manual Control System)와 유압 등의 힘을 이용하여 조절하는 동력 조종 장치(Power Control System)가 있으며 조종 장치는 다시 4종류로 분류된다.

① Manual Control System ② Power Control System

③ Booster Control System ④ Fly-By-Wire Control System

항공기에는 Aileron Elevator 및 Rudder가 기체의 3축 주위의 자세를 변화시키는 조종 장치 외에 각 Control Surface의 Trim Engine Throttle의 조작, Flap, Air Brake 등의 조작 장치가 있다.

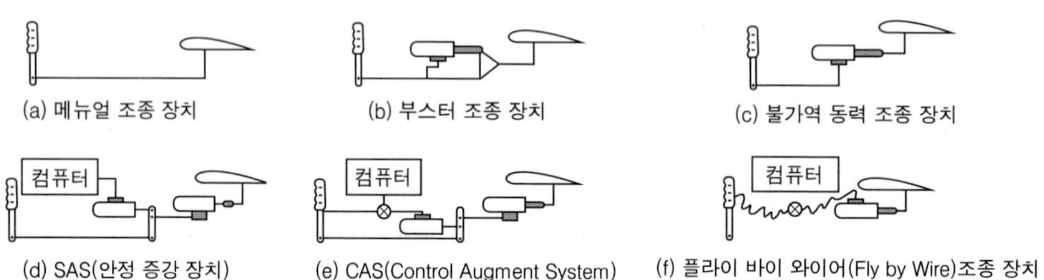

[그림 3-98 Fly by Wire 조종 장치]

이들 장치도 포함하여 조종 장치라고 총칭하기도 하지만 그 때에는 보조날개, Elevator, Rudder를 1차 혹은 주 조종 장치(Primary Flight Control Surface)라 부르고 그 이외의 계통은 보조 조종 장치(Secondary Flight Control Surface)라고 구별한다.

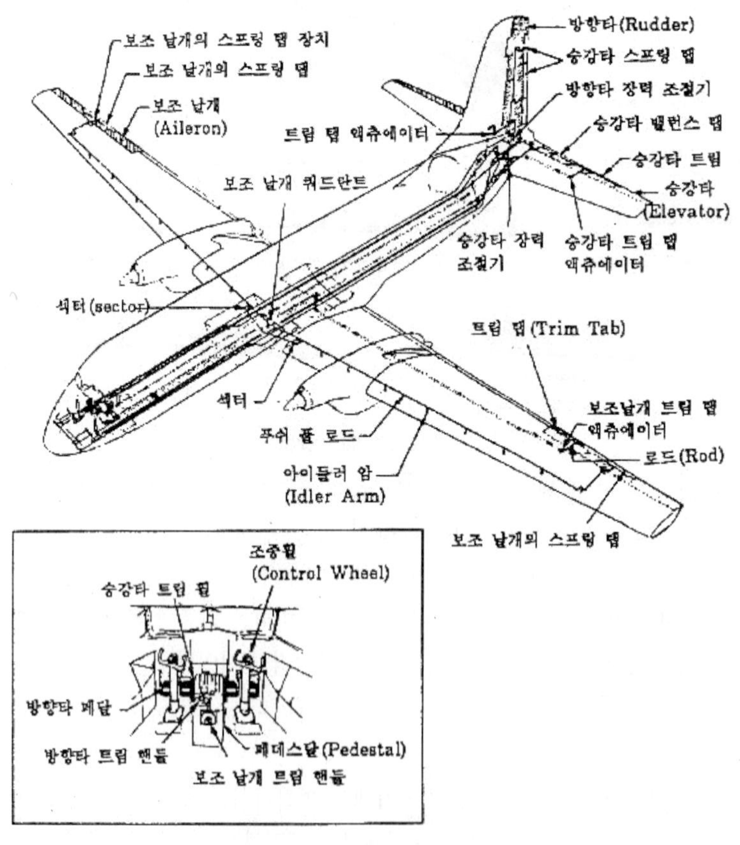

[그림 3-99 조종실과 조종 장치]

1. Manual Control System(자동 분사 소화기 시스템)

Manual 조종 장치는 조종사가 조작하는 Control Stick 및 Rudder Pedal과 조종면을 Cable이나 Pulley. 또는 Rod와 레버를 이용한 Link Mechanism로 연결해서 조종사가 가하는 힘과 조작량을 기계적으로 Control surface에 전하는 방식이다. 이 장치는 가격이 싸고 가공이 쉽고 정비가 쉬우며 경량이므로 동력원이 필요 없다. 또, 신뢰성이 높다는 등의 장점이 많아 앞으로도 소·중형기에 널리 이용될 방식이다.
비행기가 고속이 되거나 대형화가 되면 큰 조종력이 필요해지므로 Manual 조종 장치에는 한계가 있다. 또, 천음속 항공기, 초음속 항공기처럼 비행 속도에 따라 조종면의 공력 특성이 급격히 크게 변하는 것은 이 방식으로 조종할 수 없다. Manual 조종 장치는 그림 3-99와 같이 Cable 계통, Rod 계통 및 Torque Tube 계통의 3가지 형식과 이것들을 응용한 것이 있다.

① Cable Control System

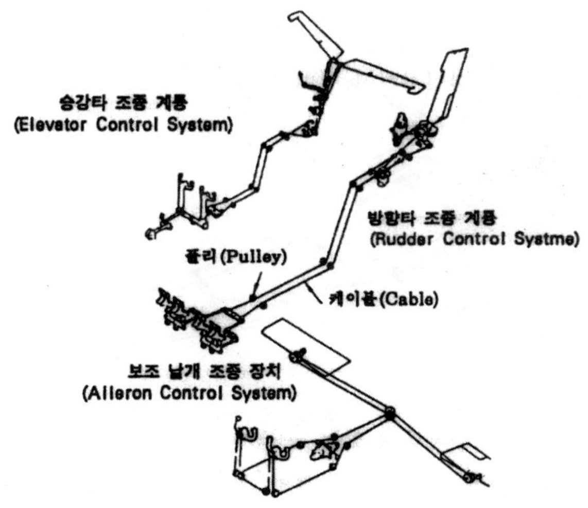

[그림 3-100 Cable Control System]

그림 3-100의 Cable 계통은 이 계통을 부착하고 있는 구조에 변형이 생겨도 그 기능에는 큰 영향을 주지 않으므로 신뢰성이 높고 기본적인 조종 계통용으로 소형 항공기에서 대형 항공기까지 널리 사용된다.

ⓐ Manual 조종 장치의 장점

- 경량이다.
- 느슨함이 없다.
- 방향 전환이 자유롭다.
- 가격이 싸다.

ⓑ Manual 조종 장치의 단점

- 마찰이 크다.
- 마모가 많다.

- Space가 필요(Cable의 간격은 7.5[cm] 이상 떨어짐)하다.
- 장력이 크다.
- 신장(늘어남)이 크다.(강성이 낮다.)

조종 Cable은 비행중의 진동을 생각하면 1개의 Cable은 1개의 Rod 이상의 공간이 필요하다. 또, Cable에는 미리 Tension을 주어 하중이 가해져 늘어나거나 구조가 변형되어도 느슨해져 탈선 되지 않게 되어 있지만 매우 큰 장력이 필요하다. 그러나 장력을 크게 하면 Pulley에 큰 반력이 생겨서 마찰력이나 장력이 커져서 조종성에 역행하는 결과가 된다.

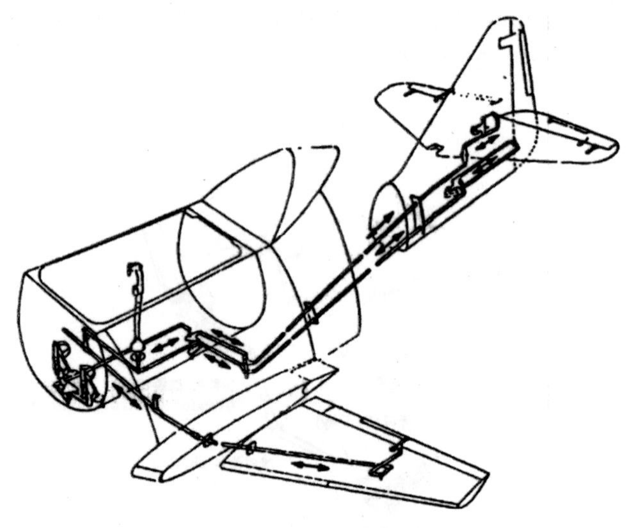

[그림 3-101 Manual Control System]

② Push Pull Rod Control System

ⓐ Push Pull Rod 조종 계통의 장점

- 마찰이 작다.
- 늘어나지 않는다.(강성이 높다)

ⓑ Push Pull Rod 조종 계통의 단점

- 무겁다.
- 관성력이 크다.
- 느슨함이 있다.
- 가격이 비싸다

장력을 주지 않은 Rod 조종 계통에서는 Bearing의 느슨함 등이 축척 되어 조종성을 방해하게 되므로 Rod류의 중량과 관성이 조종에 지장을 초래하기도 한다. 이 조종 계통은 조립과 조절을 간단히 할 수 있으므로 날개 등의 장탈이 빈번한 Glider등에 널리 사용된다.

③ Torque Tube Control System

Torque Tube는 조종력이 계통을 통해 조종면에 전달되는 경우, Tube에 회전이 주어져 이렇게 부른다. Torque Tube에는 레버 형식과 기어 형식의 2종류로 구별된다.

그림 3-102의 레버 형식은 주 조종 계통에는 거의 사용되지 않고, 기계적으로 조작하는 Flap 계통(Flap System)에 사용하는 경우가 많다. 기어 형식은 그림에서도 알 수 있듯이 방향 전환이 큰 장소에 사용되며 마찰력이 작은 것이 특징이다.

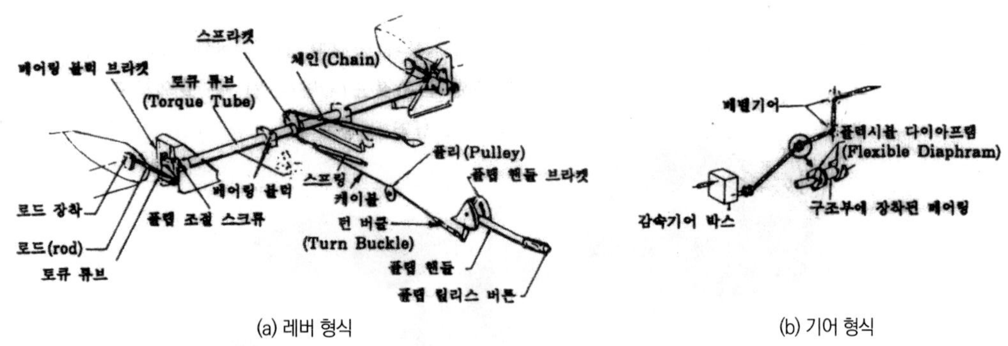

(a) 레버 형식

(b) 기어 형식

[그림 3-102 Torque Tube 조종 계통]

2. Linkage

Cockpit의 조종 장치로부터 조종 Cable 및 조종면에 연결하기 위해 여러 가지 기계적인 Linkage가 사용되어 운동의 전달이나 방향 전환의 역할을 한다.

다음의 그림 3-103과 같이 링크 기구는 Push Pull Rod, Torque Tube, Quadrant, Bellcrank 및 Cable Drum 등으로 구성된다.

① Cable, Pulley

Cable은 가장 일반적인 조종 장치의 구성 부품이다. 따라서 그 특성을 충분히 이해할 필요가 있다. 항공기가 Cable을 사용할 때는 반드시 왕복으로 사용한다.

그림 3-104와 같이 한 방향의 Cable의 신호를 전달하는 기구는 지상의 기계류에서는 종종 사용되지만 비행기에서는 원칙적으로 사용하지 않는다. 비행 중에 급격한 조작을 하면 중력에 의해 Cable의 중량이 증가되어 느슨해지며 스프링이 늘어나고 오신호의 원인이 되기 때문이다.

이 때문에 Cable은 반드시 왕복으로 사용하여 Cable의 느슨함을 막고 구조와의 접촉을 막기 위해 Fairlead가 쓰인다.

Fairlead가 설치된 곳에서 Cable의 방향을 바꾸는 것을 최대 3° 까지의 각도 내에서 행해야 한다.

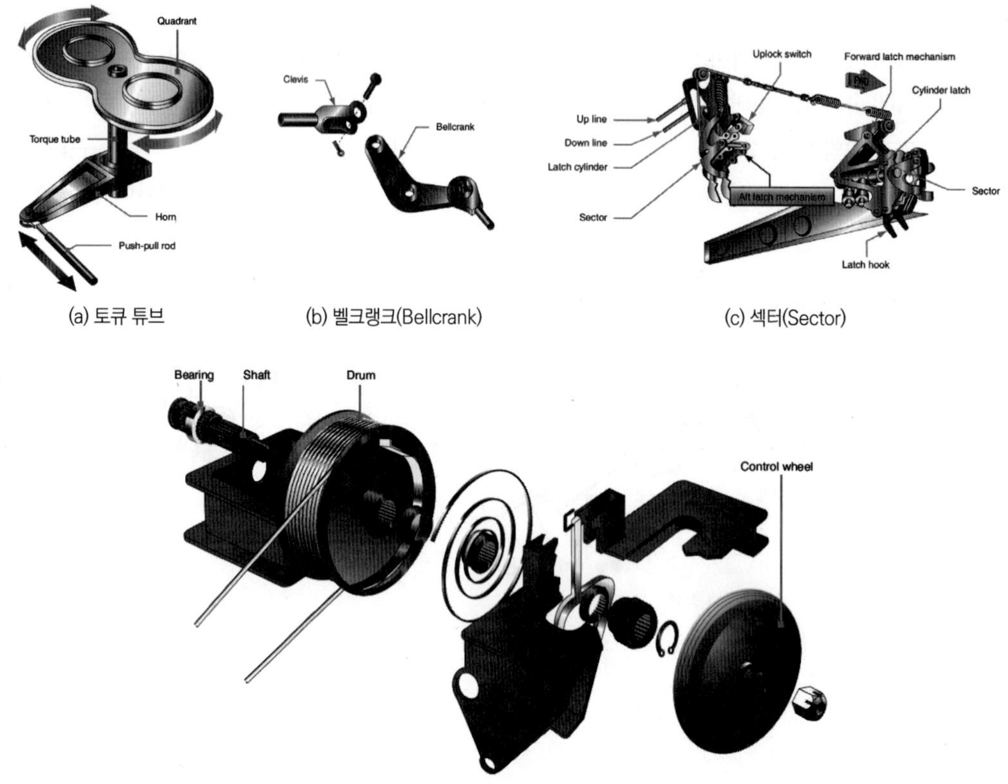

(a) 토큐 튜브　　(b) 벨크랭크(Bellcrank)　　(c) 섹터(Sector)

(d) 케이블 드럼(Cable Drum)

[그림 3-103 조종 계통의 기계적인 링크]

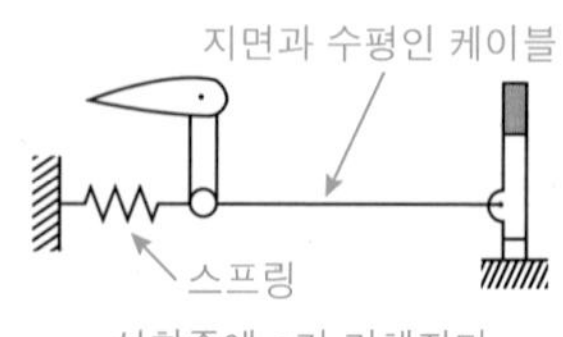

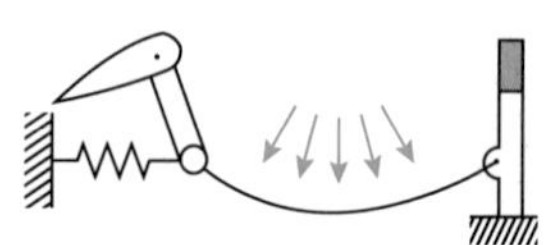

한쪽으로만 움직이는 경우에 g가
가해지면 조종면이 움직인다.

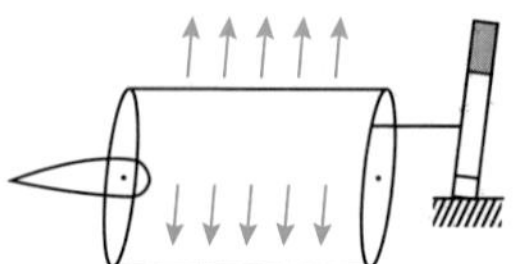

왕복식으로 움직일때는 g가 가해져도
조종면이 움직이지 않는다.

[그림 3-104 Cable을 왕복식으로 사용]

② Fairlead

그림 3-105 (a)의 Fairlead는 Cable이 Bulk Head의 구멍이나 다른 금속이 지나가는 곳에 사용되며 페놀 수지처럼 비금속 재료 또는 부드러운 알루미늄과 같은 금속으로 되어 있다. 그림 3-105 (b)와 같이 Cable이 진동해서 기체 구조에 접촉될 가능성이 있는 곳에는 Teflon 등의 재료로 된 Rub Strip이 사용된다.

③ Pressure Seal

그림 3-105 (c)의 압력 Seal은 Cable이 Pressure Bulkhead를 통과하는 곳에 장착된다. 이 Seal은 압력의 감소는 막지만 Cable의 움직임을 방해하지 않을 정도의 기밀성이 있는 Seal이다.

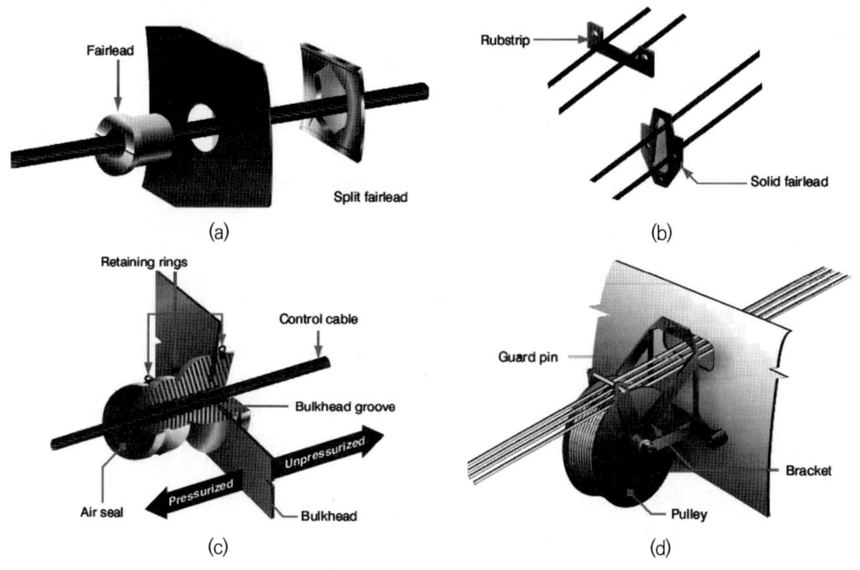

[그림 3-105 Cable Guide]

④ Pulley

Cable의 방향을 바꿀 때 Pulley를 사용한다. Pulley의 Bearing은 밀봉되어 있어서 추가의 윤활이 필요 없다. Pulley는 항공기의 구조물에 Bracket으로 부착되고 Pulley를 지나는 Cable이 벗어나지 않게 Guard Pin이 붙어있다. 그림 3-105 (d)의 Guard Pin은 Cable의 걸림이나 온도 변화에 따른 느슨함이 생겼을 때 Pulley에서 Cable이 벗겨지는 것을 막기 위해 작은 틈새를 유지하고 있다.

⑤ Cable

조종 Cable Flexible Cable, 다른 장치와 연결시키는 Terminal 및 Turnbuckle로 구성되어 있다. Cable은 보통 강재가 사용되나, 부식이 발생하기 쉬운 장소에 사용될 경우는 Stainless Steel Cable을 쓴다. Cable은 정기 점검 시에 Cable의 방향에 따라 청소용 천으로 문지르고 천이 걸린 부분을 조사하여 와이어가 끊어졌는지 검사한다. Cable을 완전히 조사하려면 조종 장치를 최대 작동 범위까지 움직여 볼 필요가 있다. 이렇게 함으로서 Pulley, Fairlead 및 드럼 부근의 Cable의 상황도 조사할 수 있다. 와이어가 끊어지는 것은 Cable이 Pulley 위나 Fairlead를 통과하는 곳에서 가장 많이 일어난다. 전형적인 손상 위치를 그림 3-106에 나타냈다. Lockclad Cable은 대형 항공기의 직선 운동을 하는 부분에 사용된다. 이 Cable은 종래의 Flexible Steel Cable과 Aluminum Tube로 구성되어 있다. Lockclad Cable은 종래의 Cable보다 온도에 따른 장력의 변화가 적고, 또 부하 하중에 의한 신장량이 적은 장점이 있다.

Lockclad Cable은 알루미늄 피복이 닳아서 내부에 있는 Cable이 노출되었을 때에는 교환해야 한다. 만일, Cable의 표면이 부식되어 있을 때는 조종 Cable의 장력을 늦추고 꼬임을 반대로 비틀어서 내부의 부식을 조사한다. 내부 부식이 발견되면 교환해야 한다. 내부 부식이 없으면 거친 천이나 Fiber Brush로 외부의 부식을 제거한다. Cable을 손질할 때는 Metallic Wool이나 Wire Brush, Solvent등을 사용해서는 안된다. 이러한 것들은 Dissimilar Metal의 입자를 Cable의 와이어 틈새에 침투시켜 부식이 더 심해지게 된다. Solvent는 Cable의 내부 윤활제를 제거하므로 도리어 부식을 촉진시킨다. Cable을 완전히 손질한 뒤에 방식 Compound를 바른다.

[그림 3-106 Cable이 손상되기 쉬운 위치]

ⓐ Turnbuckle

Turnbuckle은 조종 계통에서 Cable의 장력을 조절하는 장치이다. Turnbuckle의 Barrel은 한쪽에는 왼 나사가 반대쪽의 Barrel에는 오른 나사가 있다. Cable의 장력을 조절할 때는 Barrel을 돌려 Cable의 터미널을 같은 길이로 양쪽에 끼운다. Turnbuckle을 조절한 뒤에는 되돌아가는 것을 방지하는 장치를 해야 한다.

ⓑ Cable Connector

Turnbuckle 외에 Cable Connector가 사용되기도 한다. 이 Connector는 Cable을 신속히 연결하거나 분리하는데 사용된다. 그림 3-107은 스프링 형식의 Cable Connector의 예이다. 이 형식은 스프링을 조절하여 연결하거나 분리한다.

[그림 3-107 스프링 형식의 Cable Connector]

ⓒ Rod, Quadrant 및 Bellcrank

Control Rod는 일반적으로 둥근 Tube와 Rod End로 만들어지며 조종 계통에서 밀고 당기는 운동을 가하는 링크로 사용된다. 이 Rod는 한쪽이나 양쪽 끝에 나사를 사용해서 길이를 조절한다.
그림 3-108은 Push Pull Rod이다. 양쪽 끝에는 조절 가능한 볼 Bearing Rod End 또는 Rod End Clevis가 있어 조종 계통에 Rod를 장착하도록 되어 있다.

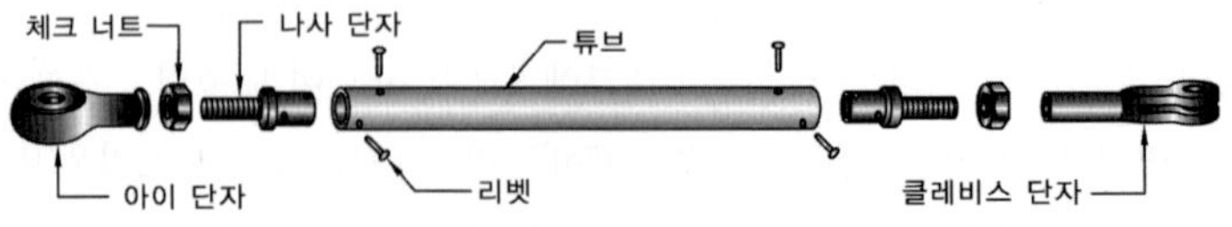

[그림 3-108 Push Pull Rod]

그림 3-109 (a)의 Rod End는 길이를 조절한 뒤, Check Nut에 의해 Rod End나 Clevis가 느슨하게 Pulley는 것을 방지한다. Idler Lever는 Control Rod를 구조물로부터 지지하며 굴곡부의 분력을 부담한다. 아이 들러 레버는 위쪽부터 Rod를 붙인다. 다시 말해서 수평면내를 움직이게 장착한다. 아래쪽에 붙여 놓고 Rod를 위쪽으로 올리듯이 장착하는 것은 불안정하게 되어 좋지 않다. Rod를 장착하는 Bellcrank는 Rod를 장착하기 전, 후에 Bellcrank가 자유롭게 움직이는 것을 확인하고 조립 전체가 바로 되었는지 점검한다. Rod에 Self Aligning Bearing이 사용되었을 경우는 장착 후에 Rod를 회전시켜서 자유롭게 움직임(어느 방향에도 구속되지 않음)을 확인한다. 그림 3-110은 Rod End의 Bearing은 Flange Peening이 느슨해져 떨어지는 것을 방지하기 위해 고정끝(너트측)에 반드시 Flange가 오도록 장착한다.

나른 방법으로는 장착 핀이나 볼트의 Rod End장착 너트 아래 Flange의 구멍보다 큰 직경의 Washer를 넣는 법이 있다. Quadrant, Bellcrank, Sector 및 Drum은 운동의 방향을 바꾸어 Rod, Cable 및 Torque Tube와 같은 부품에 운동을 전달한다.

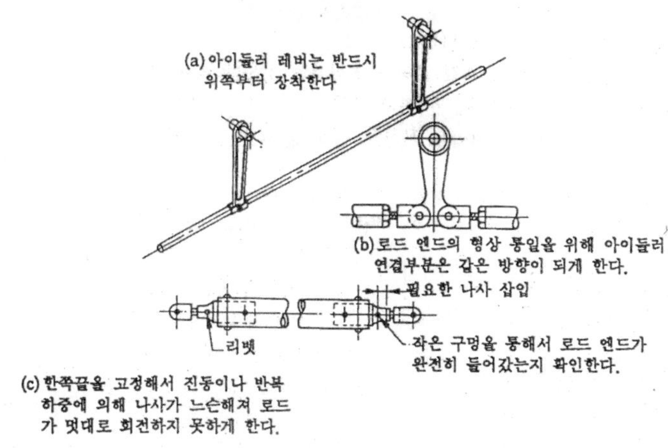

[그림 3-109 Control Rod의 사용법]

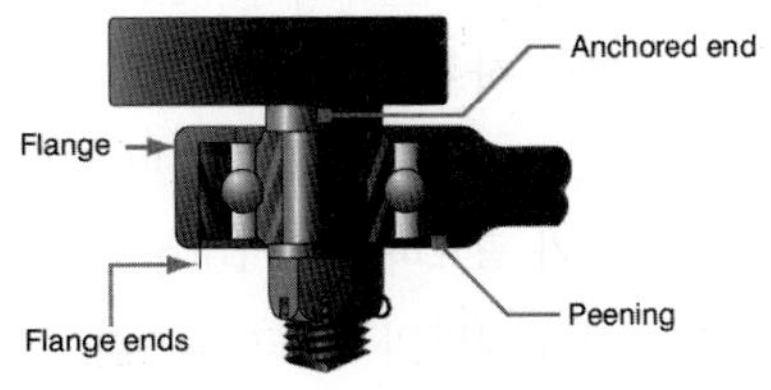

[그림 3-110 Bearing]

그림 3-110 Bearing 레이스와 장착 볼트 사이에 플랜지가 오게 한다.

그림 3-109 (a)의 Quadrant는 일반적으로 사용되고 있는 대표적인 예이다. 그림 3-109의 (b)와 (c)는 Bellcrank와 Sector이다. Cable Drum은 주로 Trim Tab계통에 사용된다. Trim Tab의 Control wheel을 오른쪽이나 왼쪽으로 돌리면 Cable Drum은 Trim Tab의 Cable을 감거나 되감거나 한다. Rod 방식과 Cable 방식에는 각각 장단점이 있다.

그림 3-109 처럼 전 계통을 Rod 방식으로 한 항공기도 있으나 두 가지 방식의 장점을 조합해서 사용하는 것이 바람직하다. Idler Arm의 Bracket이나 Pulley의 Bracket을 기체 구조에 장착할 때는 반드시 육각 볼트를 사용해야 하고 Rivet이나 Screw를 사용해서는 안된다.

ⓓ Torque Tube

조종 계통에 각운동이나 회전 운동을 전달하는 곳에는 Torque Tube를 사용한다.

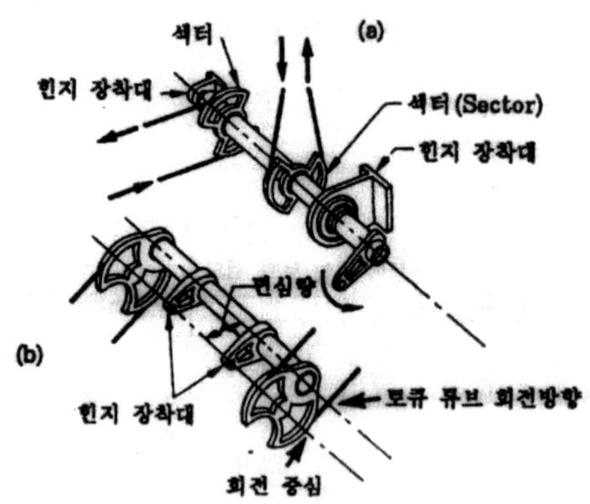

[그림 3-111 Torque Tube와 Hinge위치]

Torque Tube의 장점은 공간의 제약이 적고 부품수를 줄일 수 있다는 점이다. 조종 계통의 Torque Tube는 회전각이 작으므로 다음과 같이 2가지 구조로 사용할 수 있다.

> (a) Torque Tube중심과 힌지(회전) 중심을 일치 시킨다.
> (b) Torque Tube중심과 힌지(회전) 중심을 편심 시킨다.

- 그림 3-111 (a)의 방식 : 공간적으로는 유리하지만, Torque Tube보다 직경이 큰 Bearing을 사용해야 하고, 또한 분해, 조립의 순서를 준수해야 한다.
- 그림 3-111 (b)의 방식 : Torque Tube의 회전에 따라 힌지(Hinge) 중심이 이동하므로 공간에 여유가 필요하지만, Torque Tube보다 직경이 작은 Bearing도 좋으며 장착과 장탈의 구조가 용이하다.

이 때문에 회전량이 작을 때는 (b)의 형식이 널리 쓰인다. 그림 3-111 (b)는 서로 반대 방향의 운동을 전달할 때의 Torque Tube의 사용 예이다.

ⓔ Stopper

조종 계통에는 Aileron, Elevator 및 Rudder의 운동 범위를 제한하기 위해 조절식 또는 고정식의 Stopper를 장착하고 있다. 보통 Stopper는 3개의 주 조종면에 각 2곳에 장착된다.

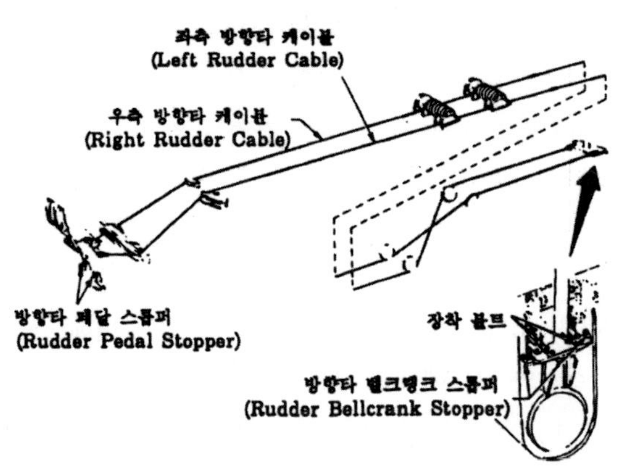

[그림 3-112 조절 방식의 Rudder Stopper]

그림 3-112에서 한 곳은 Snubber Cylinder 또는 구조부의 Stopper로서 조종면이 있는 곳에 다른 한 곳은 조종실의 조종 장치가 있는 곳에 장착되어 있다. 이 두 곳의 Stopper는 그 설정 범위가 달라 조종면에 장착한 Stopper가 먼저 접촉되게 되어 있다. 이것은 Cable의 늘어남이나 심한 조종에 의한 조종 계통에 손상을 막기 위한 Double Stopper로서의 기능을 한다.

조종 계통을 정비할 경우, 조종면의 운동을 제한하는 이들 Stopper의 조절순서는 적용되는 MM (Maintenance Manual) 또는 정비 지시에 따라야 한다.

ⓕ Tension Regulator

Cable에는 장력을 줄 필요가 있으며, Pressurized Zone을 통과하는 Cable과 같이 기체 구조와 Cable의 온도 환경이 다른 Cable이나 날개와 같이 변형이 큰 구조 내를 통과하는 Cable은 상황에 따라 장력이 크게 변화하므로 장력을 매우 크게 해야 한다.

이 문제의 해결책으로 장력 조절기가 고안되었다. 장력 조절기는 피치가 거친 나사를 1개 Rod의 양쪽에서 잘라 양쪽의 나사에 끼운 너트에 하중을 가하고 나사가 회전하는 원리와 클러치를 응용한 것이다.

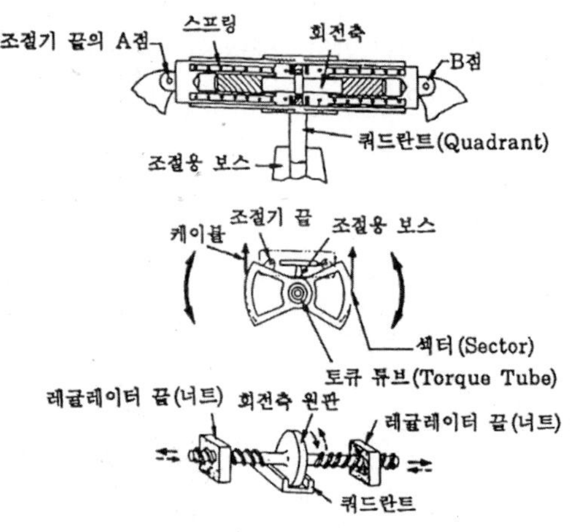

[그림 3-113 Tension Regulator]

그림 3-113과 같이 한쪽만의 하중(보통의 조타시)에 대해서는 클러치와 브레이크가 작용하여 양끝의 너트에 균일한 하중이 가해지면 너트 간격이 신축되게 만들어져 있으므로 Cable의 장력이 어떤 값을 넘으면 Quadrant의 Sector가 이동하여 장력을 조절한다. 따라서 장력을 낮게 설정해도 지장이 없다.

3. Bob Weight, Down Spring

보통의 조종 장치에서, 조종사 조타 감각의 기본은 일정한 운동에 대해 조종간을 움직인 양과 그 힘(무게)이다. 이 관계가 비행기의 속도와 고도에 관계없이 일정하게 유지되면 이상적이다. 그러나 원래 Elevator의 효율과 무게에는 속도의 제곱에 비례하는 성질이 있어 속도가 빨라지면 약간만 조종면을 움직여도 기체에 큰 g가 가해지게 되어 효율이 너무 예민해지게 된다. 이 때문에 Elevator 조종 계통의 강성을 낮추거나 계통에 스프링을 넣어 고속이 되면 Cable이나 스프링이 늘어나 조작 량에 대한 조종면의 움직임이 작아지게 할 수 있다. 조종면의 무게와 g의 관계가 속도에 따라 변화하는 것을 막는 것이 Bob Weight이다.

그림 3-114 (a)의 Bob Weight는 기체에 가해지는 g를 이용해서 g가 가해지면 Bob Weight를 지탱하는 힘이 비례해서 커지는 조종 계통에 연결된 추이다. g가 커지면 조종간을 조작하는 반력이 커지고 조종간을 당겨서 Overcontrol이 되는 일이 없다.

그림 3-114 (b)의 Down Spring은 지상에서는 Elevator가 하강이 되도록 누르고(인장도 좋음)있는 Spring이다.

조종간을 중립 위치까지 당기는데 상당한 힘이 필요한 비행기도 있으나 이 힘은 비행 중에 Trim 되어 버리므로 손을 때도 하강으로 되는 일은 없다. Down Spring의 목적은 속도가 증가되면 수평 비행을 계속하기 위해 조종간을 누르는 힘이 필요해지고, 또 역으로 속도를 줄이면 조종간을 당기는 힘이 필요해 진다고 하는 +의 종안정의 특성을 강하게 하기 위한 것이다.

정의 종안정이 있는 비행기라도 조종 계통의 마찰 등으로, 이 경향이 명백하지 않을 때 사용하는 Down Spring은 조종면각에 의해 힌지 모멘트가 변화되지 않게 항상 일정한 Torque를 주도록 장착된다. Bob Weight에도 같은 효과가 있으나 Down Spring은 g의 영향을 받지 않는다는 점이 크게 다른 점이다. Down Spring처럼 Spring을 사용할 때는 만일 파손되어 전달되더라도 기능이 유지될 수 있게 원칙적으로 누르는 용수철로서 사용한다. 이것은 Spring을 당겨서 사용하면 간단한 기구로 되지만 파손되었을 때의 위험은 크다.

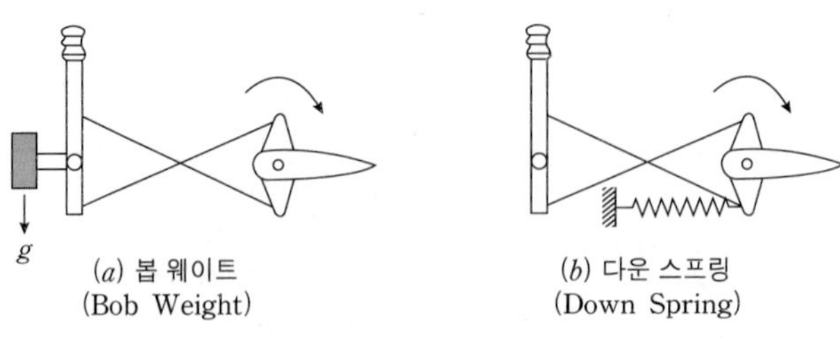

다운 스프링은 조종면 각도에 관계없이 가능한한 일정한 도큐를 주도록 탄력상수나 장착방법등을 고려한다.

[그림 3-114 Bob Weight와 Down Spring]

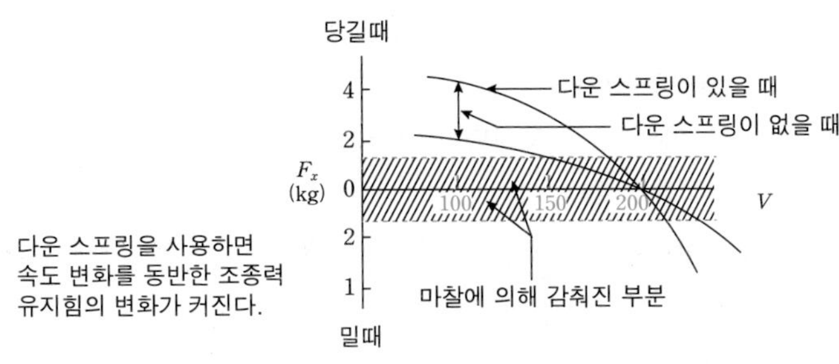

[그림 3-115 Down Spring]

4. Differential Flight Control System

차동 조종 계통은 왕복 행정에 차이가 있는 조종 계통으로 주로 Aileron 조종 계통에 쓰인다. Aileron를 조작했을 때의 공기 저항은 작동각이 동일해도 상승 조작 쪽보다는 하강 조작쪽이 크다. 그 때문에 비행기가 선회하려고 할 때 기울어진 방향과는 역방향으로 기수가 흔들린다. 이 상태를 선회 방향과는 Adverse Yaw 모멘트가 생겼다고 한다. 이 상태로는 균형 선회가 불가능하다. 이 문제를 해결하기 위해 보통의 비행기에서는 Aileron의 작동 범위를 상승측이 크고 하강측이 작아지는 차동 기구를 삽입하고 있다. 이러한 Aileron를 Differential Aileron라 부르며 Aileron의 상승 및 하강 각도의 비를 차동 비라고 한다.

그림 3-116에서 알 수 있듯이 Bellcrank의 지점과 Aileron를 조작하는 Rod의 장착점을 편향시켜 Bellcrank쪽 작동각과 Push Rod의 행정에 차이를 만들고 있다. 이렇게 함으로서 Bellcrank의 작동각이 같더라도 Push Rod의 행정을 상승 조작에서는 크게 하강 행정에서는 작게 할 수 있게 된다.

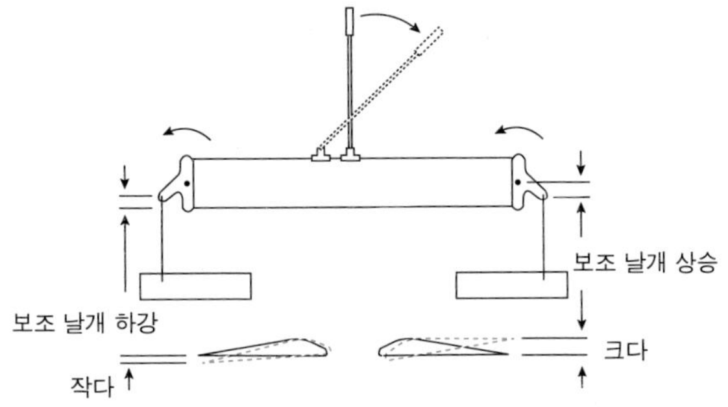

[그림 3-116 Differential Aileron]

① Strut Bridging Load

3개의 조종면 중에서 Aileron는 특히 가볍게 움직이는 것이 요구되나, Aileron에는 Strut Bridging Load이라는 독특한 하중이 작용한다. Manual식의 Rudder나 Elevator는 Trim Tab을 조작해서 조종사의 손에 가해지는 반력을 빼주면 조종 계통 전체의 하중도 "0"이 된다. 그러나 Aileron만은 Trim을 위하여 보타력을 0으로 해도 계통의 하중은 여전히 큰 것이 남는다. 이것을 Strut Bridging Load이라고 부른다. Strut Bridging Load 하중의 발생은 날개가 양력을 발생하고 있기 때문에 좌우의 Aileron에는 항상 Trailing Edge를 뜨게 하려고 하는 양력이 작용한다.

좌우 같은 힘이 작용하고 있으므로 좌우를 어떤 부재로 연결하면 균형을 이루어 뜨려고 하는 양력이 방해받아 하중이 밖으로 나타나지 않는다. 보타력(조종력을 유지하는 힘)이 되는 것은 좌우의 언Balance 분 만큼이다. 그 차이량은 Trim으로 상쇄되나 좌우에 같은 양으로 서로 당기는 Strut Bridging Load 만큼은 부재에 남는다.

Strut Bridging Load은 양력이 증가하면 커진다. 동체를 일으키는 조작을 하면 g에 비례해서 증가한다. 속도를 늘려도 Trailing Edge의 풍압이 늘어나 하중이 증가한다. 물론 Airfoil의 변형을 꾀하면 작게 할 수 있으나 하중을 "0"으로 하는 것은 불가능하며 반드시 발생한다. 이 힘은 그대로 긴 거리를 돌아 조종간까지 가져와 서로 상쇄시켜 버려도 좋으나 그러면 중량이나 마찰이 커지고 Cable 신장도 커진다. 일반적으로는 날개의 중앙에서 서로 상쇄되도록 한다. 어쨌든 이 하중은 조타 하중에 비해 의외로 크기 때문에 Cable을 사용할 때는 다른 조종면보다 굵은 Cable을 사용하여 장력을 크게 해야 한다. 그러나 그렇게 하더라도 마찰력이 증가하는 것과 Cable이 늘어나 Aileron가 떠오르는 것은 피할 수 없다. 이러한 결점은 Rod와 Ider Arm을 사용함으로서 어느 정도 막을 수 있다.

② Power Control System

동력 조종 장치는 조종간이나 Rudder 페달의 움직임을 Hydraulic Servo Actuator 등을 매개로 조종면에 전달하는 방식이다. 이 방식은 조타에 큰 조종력을 필요로 하는 대형 항공기나 초음속 항공기에 널리 사용된다. 이 방식에서는 조종간의 움직임은 Servo Actuator로 전달할 수 있으나 조종면의 움직임은 조종력과 대응되지 않으므로 인공 감각 장치를 병용한다. 이 장치는 공력 특성이 급변하는 천음속 영역을 포함한 속도 영역에서 비행하는 항공기에는 필수적인 장치이다. 대형 제트 항공기도 초기의 극히 일부를 제외하고는 유압에 의한 동력 조종 장치를 사용하고 있다.

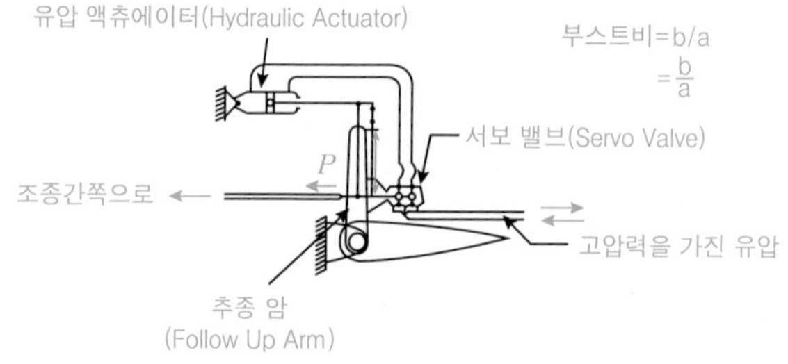

[그림 3-117 Booster 조종 장치]

③ Booster Control System

Booster 조종 장치에서는 조종사의 조타력에 비례해서 증가된 힘을 유압원 장치로부터 Control Surface에 가할 수가 있다. 조타량은 조종간의 움직임에 비례하고 힘에도 비례한다. 그러나 이 장치는 Control Stick을 움직이면 조종면은 작동하지만, 조종면을 움직이려 해도 조종간이 움직이지 않는 불가역성 기구이므로 초음속 항공기용으로는 이용할 수 없는 점도 있어 현재에는 거의 쓰이지 않는다.

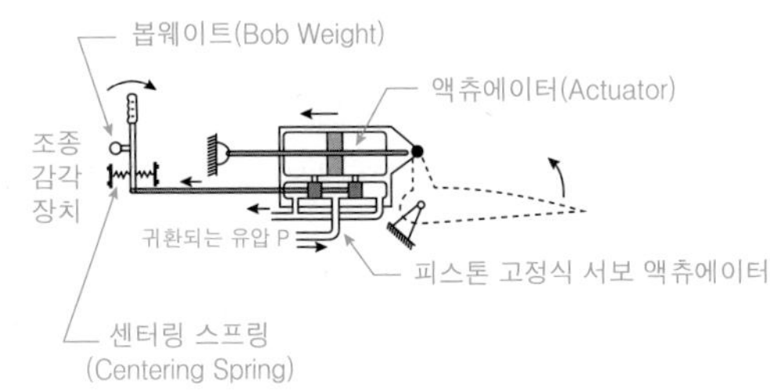

[그림 3-118 불가역 동력 조종 장치]

④ Fly-By-Wire

Fly-By-Wire 조종 장치는 항공기의 조종 상지 속에 기체에 가해지는 중력 가속도(g)나 기울기를 감지하는 센서와 컴퓨터를 내장해서 조종사의 감지 능력을 보충하도록 한 것이다. 예를 들면 급히 항공기의 자세를 변화시키려 할 때는 일단 크게 조타하여 반대로 조타한 후 중립으로 돌린다. 이것을 조종면을 댄다고 하는데, 플라이 바이 와이어를 쓰면, 이와 같은 조작이 필요 없게 된다. 조종사는 조종면을 대는 조작을 하지 않더라도 컴퓨터가 계산해서 조종면을 필요한 만큼 취해준다. 이것에 의해 성능은 좋아도 조종성이나 안정성이 나빠서 잘 조종할 수 없었던 항공기를 실용화하는 것이 가능하게 되었다.

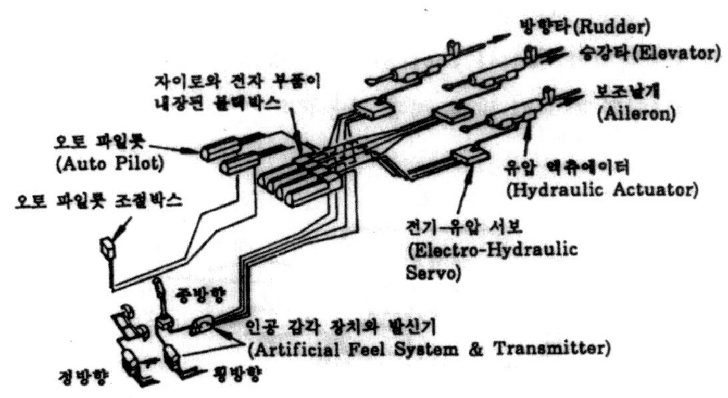

[그림 3-119 Fly By Wire]

이 장치에서 조종간이나 Rudder Pedal은 조종사의 조종신호를 컴퓨터에 입력하기 위한 도구가 된다. 따라서 무게와 조타량이라는 2종류의 신호는 불필요해지며 가해지는 힘의 크기만으로 충분한 신호가 된다. 미국의 F-16 전투기는 이 방식을 사용한 최초의 전투기로써, 조종간이나 Rudder 페달은 거의 움직이지 않고 힘의 크기만을 감지한다.

이 장치는 원래 달 착륙선이나 VTOL기와 같이 공기력에 의한 안정을 얻을 수 없는 우주선이나 항공기에 사용되어 발전해 온 것인데, 초음속 항공기 운동성의 향상이나 대형 여객기의 경제성 향상의 수단으로 큰 기대가 모아지고 있다. 에어버스사의 A320는 민간용 여객기로서 최초로 이 방식을 사용한 것으로 유명하다.

⑤ Artificial Feel System

동력 조종 장치에 유압 Actuator를 사용하는 경우에는 조종사가 과대한 조종을 하는 것을 막기 위해 인공 감각 장치를 사용한다. Aileron에는 보통 스프링을 사용한 장치가 적절하나 Elevator 및 Rudder에는 스프링과 유압을 병용한 장치가 사용된다.

그림 3-120은 이 인공 감각 장치의 원리도 이다. 이 그림은 Horizontal Stabilizer 및 Elevator용인데, Rudder 및 Aileron에도 사용할 수 있다. 유압 인공 감각 장치는 속도를 하나의 요소로서 변화시킨다. 인공 스프링에 의한 감각은 주로 저속에서의 기능이나 Elevator의 작동에 따라 저항이 증가하고 고속에서는 스프링의 힘으로는 대처할 수 없기 때문에 유압의 힘을 빌려야 한다.

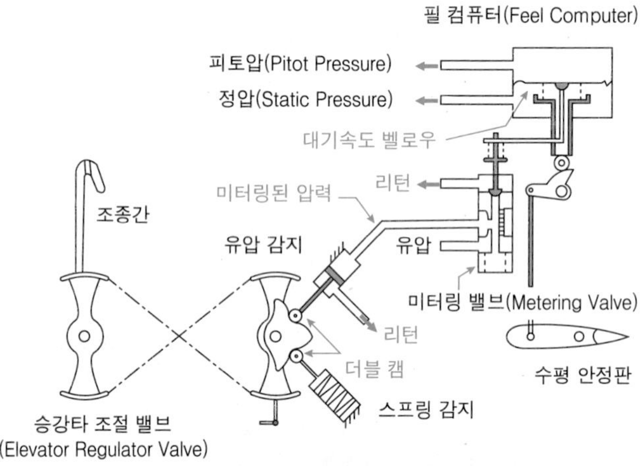

[그림 3-120 인공 감각 장치의 원리]

인공 감각 장치는 조종 장치를 중립 위치로 유지시키는 데도 사용된다. Elevator에서의 중립 위치는 Elevator가 Horizontal Stabilizer과 면이 일치되는 위치이다. 후방의 Elevator 조작 Quadrant에 있는 Double Cam은 Elevator에 인공 감각을 입력하는 부분으로써, Elevator를 중립 위치로 유지하는 작용을 한다. 조종사가 조종간을 움직이려면 스프링을 압축해서 유압 피스톤에 작용되는 힘보다 커야 한다. Feel Computer는 대기 속도와 Horizontal Stabilizer의 위치를 함수로 해서 유압 감각 피스톤에 유압을 작용시킨다. 피토압은 대기 속도 Bellow의 한쪽에 가해지고 정압이 다른 쪽에 가해진다.

이 결과, Bellow는 항공기의 속도에 비례해서 움직이고, 이 움직임이 스프링에 작용하여 한쪽은 Horizontal Stabilizer 위치의 캠에, 다른 쪽은 Metering Valve(필 컴퓨터의 사선에 달린 부분)에 작용한다. 이 힘은 Metering Valve의 상하의 수평면에 작용하고 계획된 압력은 동일하게 균형을 이루고 있다. 삼각형의 Relief Valve에 작용하는 압력이 스프링을 눌러 Metering Valve를 아래쪽으로 누르는 힘과 균형을 이루고 있으며 이 압력 라인은 그림처럼 닫힌다. 대기 속도가 커지면 Metering Valve의 하향의 힘이 커지고 계획된 압력으로 누른다. 이것이 Metering Valve를 아랫쪽으로 눌러 하향의 힘이 Metering Valve를 누르는 힘과 균형을 이룰 때까지 압력 라인에 Metering Valve의 유로를 연다. 조종사가 조종간(Control Stick)을 움직이면 유압 감각 피스톤의 압력이 가해진다.

이 힘을 이기려면 릴리프 밸브에서 작동유를 밀어내야만 한다.

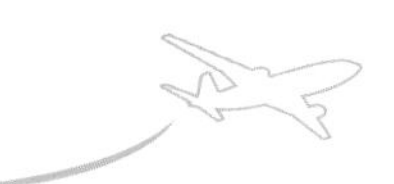

대기 속도와 함께 Horizontal Stabilizer의 위치를 변화시키므로 조종사에게 필요한 힘은 속도에 따라 필연적으로 변화한다.

4. Secondary Flight Control System(2차 조종 장치)

1차 조종 또는 주조종 장치의 목적은 기체를 조종하는 것인데 비해 2차(또는 보조) 조종 장치는 Tab이나 Flap 등을 움직이는 것을 목적으로 한다. 따라서 1차 조종 장치와 다르게 Trim 조종면각, Flap의 위치, 엔진 회전 속도 등의 표시 장치가 필요하다.

1. TRIM SYSTEM

Trim 계통의 목적은 조종사의 불필요한 피로를 없애기 위해 설정한 속도 및 고도에서 조종간이나 페달에 힘을 가하지 않아도 되게(작동이 가능하게)하기 위한 것이다. Manual 조종(Booster를 포함)방식에서는 일반적으로 Trim Tab을 사용한다. 이 Trim Tab 조작 장치는 Tab 근처에 불가역식의 Screw Jack을 설치하고 조종석의 Trim 조작 Wheel의 회전을 Cable을 이용하여 Jack에 전달한다.

Trim Control Wheel은 Elevator를 전후 회전, Aileron를 좌우 회전, Rudder를 수평 회전이 되게 설치한다. 조작 Wheel의 움직임과 Tab의 움직임의 관계는 그림 3-121과 같다.

불가역식의 동력 조종 장치에서는 Trim Tab을 이용할 수 없으므로 센터링 Spring의 힘을 변화시키거나 Horizontal Stabilizer의 부착각을 Screw Jack으로 변경하여 Trim한다. Trim 변경의 Jack을 전기, 또는 전기 유압식으로 하면 조종간에 설치된 Beep switch로 Trim을 변경할 수 있다. 최근의 제트 전투기나 제트 여객기에서는 이 방식이 주류를 이루고 있다. 여객기나 그에 준하는 기체(감항류별 운송용 항공기 T)에서는 Trim Jack과 Tab의 결합은 만약 1개의 Rod나 Horn장착대가 파손되어도 Tab Flutter가 발생하지 않는 구조로 한다. 그러기 위해서는 Tab에 Mass Balance를 달든지 Screw Jack을 2중으로 하는 등의 수단이 필요하다.

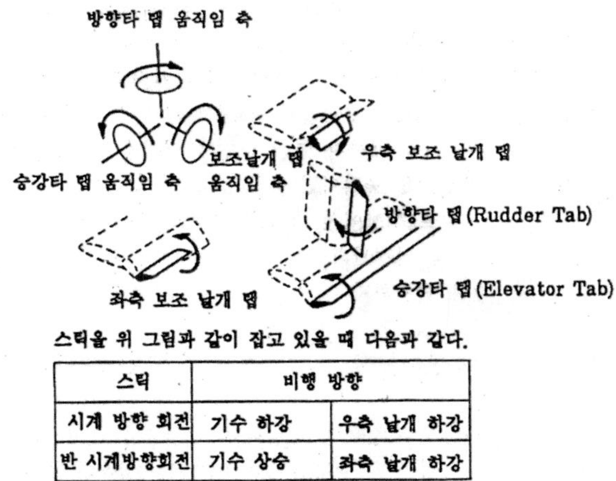

스틱을 위 그림과 같이 잡고 있을 때 다음과 같다.

스틱	비행 방향	
시계 방향 회전	기수 하강	우측 날개 하강
반 시계방향회전	기수 상승	좌측 날개 하강

[그림 3-121 Stick 움직임과 Trim Tab의 작동]

2. High Lift Device

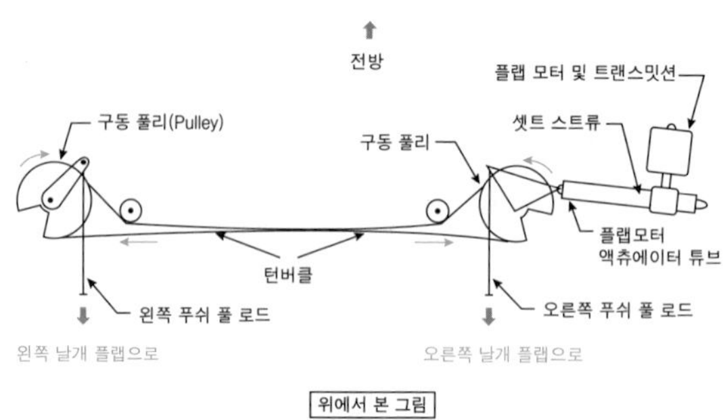

[그림 3-122 소형 항공기의 Flap 계통]

Flap이나 Slot등의 고양력 장치의 조작은 소형 항공기에서는 Manual과 기계적인 링크로 하기도 하지만, 일반적으로는 전기나 유압 모터로 한다.

고양력 장치에서 특히 주의해야 할 것은 좌우의 어느 한쪽만이 작동하는 것이다.

그 때문에 Asymmetry System등을 설치하여 Flap 구동 기구의 일부가 파괴되었을 때, 한쪽만이 작동하는 것을 자동적으로 정지시키게 하는 등, 이전부터 여러 가지 연구가 행해지고 있으나 최근에는 Horn Mount등의 파손까지 고려하여 Fail Safe성을 갖는 것이 요구된다.

그림 3-122는 Cesner172 계열 항공기의 전기 구동 Flap 기구인데, 좌우 Flap의 움직임을 조절하는 Balance 기구가 있어 그것으로 Fail Safe의 기능을 하고 있다.

3. Gust Lock

지상 계류중인 항공기가 돌풍을 만나 Control Surface이 덜컹거리거나 그것에 의해 파손되지 않게 하기 위해 Gust Lock 기구가 설치된다.

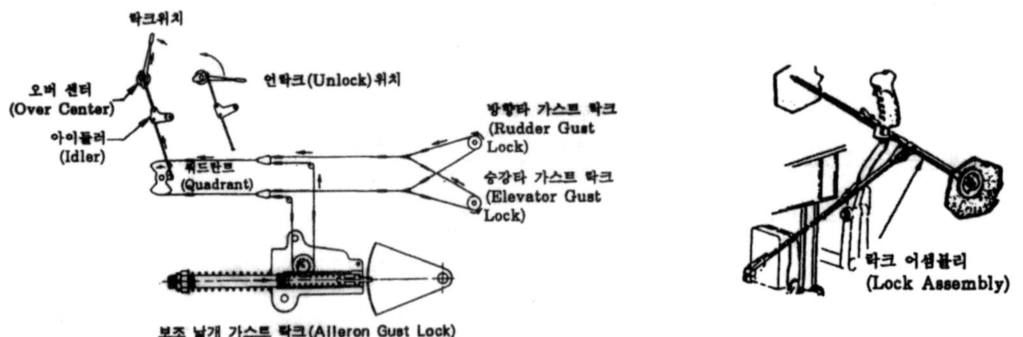

[그림 3-123 중형 항공기의 Gust Lock장치]

[그림 3-124 대표적인 소형기의 Gust Lock]

소형 항공기에서는 조종간이나 Rudder 페달을 고정시켜서 단단히 묶으면 되나, 중·대형 항공기에서는 Control surface을 직접 또는 가능한 한 가까운 곳에 Lock 기구로 고정한다. [그림 3-123 및 그림 3-124] 이 기구는 조종석에서 Cable로 조작한다. Gust Lock에서 중요한 것은 다음과 같은 점이다.

- Lock된 상태로는 비행할 수 없게 해놓을 것
- 계통의 일부가 파손되어도 비행 중에는 Lock하지 할 것
- 비행 중에는 잘못 조작을 할 수 없도록 해놓을 것

동력 조종 항공기에서는 유압 Cylinder가 Damper의 작용을 하므로 꼭 Gust Lock가 필요하지는 않다.

① Integral Lock System

내부 고정 장치는 Aileron, Elevator 및 Rudder를 중립 위치에 고정시키기 위해 사용된다. 고정 장치는 보통 조종면을 고정하기 위해 스프링 하중을 내장한 조종면의 기계적 링크의 구멍에 끼워 넣는 Pin에 의해 조작 장치를 통해 작동시킨다. 조종실의 조작 Gust Lock Lever를 Unlock 위치로 하면 스프링이 핀을 Unlock 위치로 되돌린다. 그 밖에 Eccentric Toggle Mechanism도 사용된다.

② 조종면 Snubber 완충기

조종면을 움직이기 위해 유압을 사용하는 비행기에서는 유압 계통에 연결된 Snubber로 조종면을 돌풍으로부터 보호한다. 비행기에 따라서는 보조의 Snubber 실린더를 직접 조종면에 장착한 것도 있다.
따라서 유압 계통의 작동액이 계통에 충만되어 있는 한, 조종 계통을 중립 위치로 해두는 것으로 충분하며 Gust Lock를 설치할 필요는 없다.

③ 외부 조종면 고정 장치

외부 조종면 고정 장치는 날개나 안정판과 조종면에 얇은 목판을 끼워 고정하는 방법과 조종면과 구조부재의 사이에 있는 고정 장착대를 끼워 넣는 방법이 있다.
고정 장치에는 색깔이 있는 식별용 끈 등을 달아 떼어내는 것을 잊어버리는 일이 없도록 한다. 떼어낸 고정 장치는 항공기 내에 보관한다.

5. COCKPIT

비행기의 조종은 단일 좌석 또는 Tandem좌석 배치 항공기에서는 오른손으로 조종간을 잡고 왼손으로 Throttle Lever를 움직여 양 발로 Rudder 페달을 조작해서 한다. Side by Side(병렬 좌석) 항공기는 양쪽의 좌석에서 조종이 가능한 비행기 또는 대형 항공기로 2명의 조종사가 필요한 비행기는 2명의 조종사 사이에 엔진이나 Trim 등의 조작장치를 장착하여 어느 쪽에서라도 조작이 가능하게 되어 있다.
보통 항공기에서는 좌측을 조종사석, 우측을 부조정석으로 한다. 이 경우, 조종사는 왼손으로 조종간을 잡고 오른손으로 Throttle Lever를 움직이데 된다. 비행기의 조종간을 오른쪽으로 밀면 기체는 오른쪽으로 경사가 심해지고 좌로 밀면 왼쪽으로 경사가 심해진다. 조종간을 앞으로 밀면 기수가 내려가고 앞으로 당기면 기수가 올라간다. Rudder Pedal은 오른발을 밟으면 기수가 우로 향하고 왼발을 밟으면 기수는 좌로 향한다. Throttle Lever를 앞으로 당기면 엔진의 출력이 감소하여 기체가 감속 된다.
이 방식은 비행기의 역사가 비교적 빠른 시기에 확립되어 오늘날까지 사용되고 있는데, 인간의 감각에 적용되어 있어 앞으로도 오래 사용될 것으로 생각된다. 이제까지의 경험에서 조종간이나 Rudder Pedal의 배치에 대해서는 하나의 기준이 마련되어 있다.

그러나 이것은 어디까지나 기준이므로 반드시 지킬 필요는 없다. 고성능을 목적으로 할 때는 동체 단면적을 작게 하기 위해 조종사가 위를 향해 누운 형태를 취하고 있는 것도 있다.

그림 3-125는 소형 항공기의 조종석 내부의 배치이다. 소형 항공기의 조종 계통은 모두 Manual로 조작하며, 이 Class보다 대형인 비행기는 대부분이 유압에 의한 동력 조종 장치로 되어 있다.

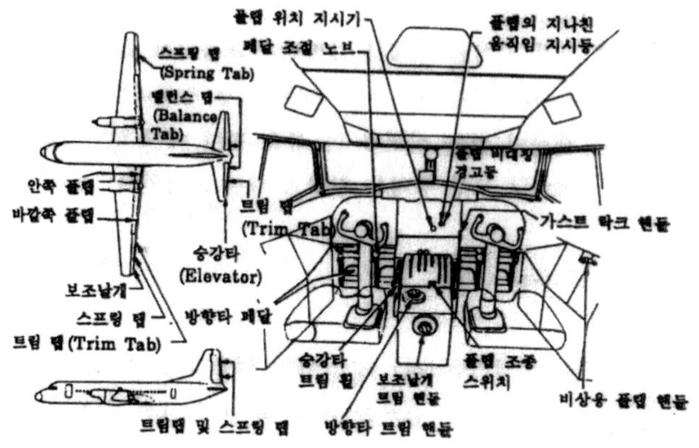

[그림 3-125 소형항공기의 조종실과 조종 계통]

6. B747-400 Flight Controls

1. General

FLT Controls는 Pitch, Roll 및 Yaw축에 대하여 항공기의 조종을 하며 Landing 및 Take off 작동시 Lift를 증가시킨다. 모든 FLT Control의 작동은 Leading Edge Flaps을 제외하고는 HYD PWR가 사용된다.

① Roll Control

Ailerons과 Spoilers는 Roll 축에 대한 측면조종을 하며 INB'D 및 OUTB'D Aileron은 각 Wing에 장착되어있다. High SPD비행시 OUTB'D Aileron은 Lock Out된다. 10개의 Spoilers는 Roll Control중에 DIFF 작동을 통해 Aileron을 Assist한다. 12개의 Spoilers는 Aerodynamic Braking시 Speed brake로써 대칭적으로 작동된다. Roll 축에 대한 Trim은 Aileron Deflection(기울어짐)을 통해서 존재

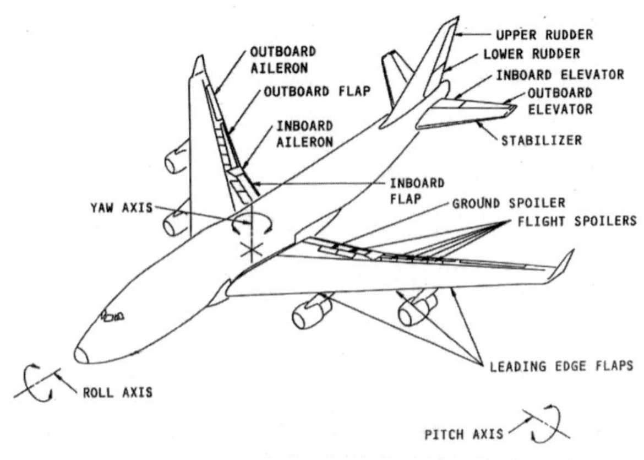

[그림 3-126 Flight Control Surface]

② Pitch Control

4개의 Elevator는 Pitch축에 대한 Control을 하며 Elevator Feel Forces는 Airspeed Changes에 대한 Response는 Computer에 의해 조종된다.

③ Yaw Control

Dual Rudders는 Yaw축에 대한 Control을 하며 Rudder Movement는 High SPD 비행 작동시 자동으로 감소된다. Yaw Damper SYS은 Dutch Roll Damping 및 선회조정시 Auto로 Rudder Control을 제공한다. Yaw축에 대한 Trim은 Rudder Deflection을 통해서 존재 한다.

④ Lift/Device

Leading/Trailing Edge Flap SYS은 Take off 및 Landing을 위해 Wing Configuration을 바꾸어준다. 4개의 Trailing Edge Flap은 Take off시에 Lift를 증가시키고 Landing시에 Lift/Drag를 증가시킨다. 28개의 Leading Edge Flap은 Take off 및 Landing시 Lift를 증가시킨다.

⑤ Flight Control Hydraulic Power

독립된 HYD SYS이 FLT Control SYS의 작동 PWR로 사용되며 HYD SYS Failure후 Critical FLT Control SYS작동을 위하여 Redundancy로 제공되는데 아래와 같다.

ⓐ 4개의 HYD SYS PWR Components

Aileron, Spoiler, Elevator & Rudder FLT Control Systems

ⓑ 2개의 HYD SYS PWR Components

Stabilizer Trim & Elevator Feel Systems

ⓒ INB'D & OUTB'D Trailing Edge Flaps은 각각의 별도 HYD SYS PWR

3개의 Autopilot Servos Groups(Lateral, Elevator, Rudder)은 각각의 HYD SYS PWR

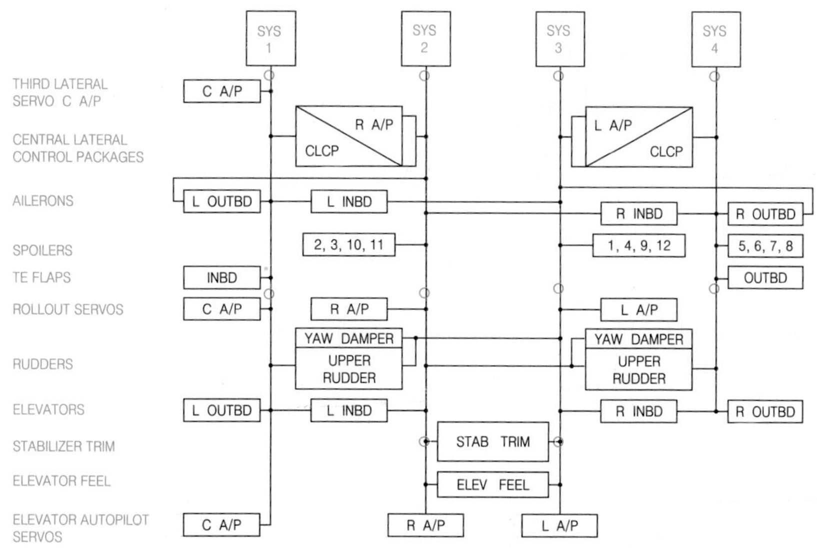

[그림 3-127 Hydraulic Power]

⑥ Flight Control Shutoff Valves – Wing

ⓐ Description

Aileron과 Spoiler FLT CONT SYS에 대한 4개의 HYD Shutoff Valves가 LH과 RH Wing Rear Spar에 위치하고 있으며 Valves는 28[V] DC Motor 또는 Manual Override로써 작동가능하며 Position Indicator Levers가있다.

ⓑ Maintenance Practices

정비하는 동안 Valve Motor Electrical Connector가 분리되어 있다면 Closed POS에서 V/V를 안전하게 하기위해 Position Indication Electrical Connector는 FLT Deck에 Fault Annunciation을 주기위해 Attach되어 있어야 한다.

V/V 교환은 HYD SYS Depressed, Circuit Breakers Open상태에서 M/M procedure를 준수해야 하며 V/V의 Test로 수행해야 한다.

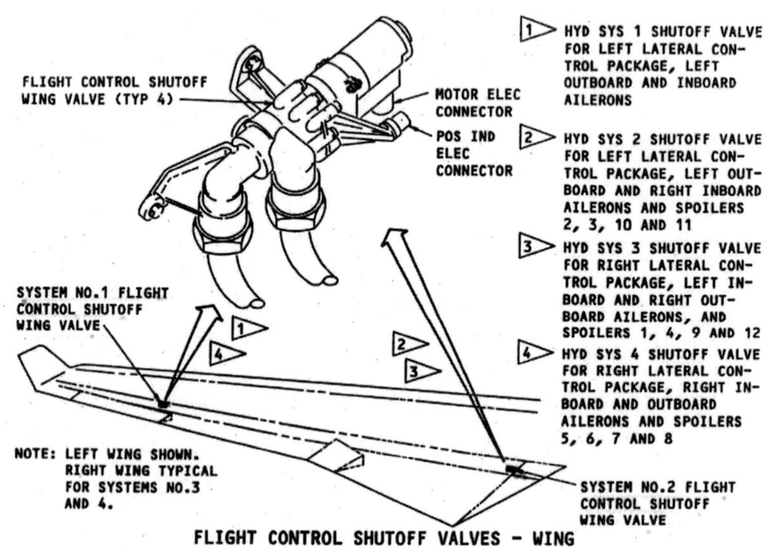

[그림 3-128 51 Wing S/O/V Hydraulic]

⑦ Flight Control Shutoff Valve – Tail

ⓐ Description

Elevator 및 Rudder Flight Control Systems에 대한 4개의 HYD S/O V/V는 Stabilizer Computer에 위치하며 V/V는 28[V] DC Motor 또는 Manual Override And Position Indicator Lever에 의해 동작된다.

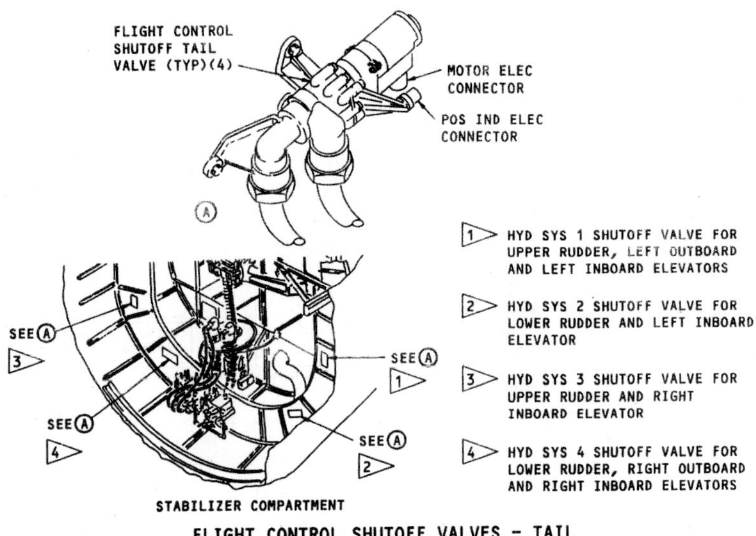

[그림 3-129 Tail S/O/V Hydraulic]

⑧ Flight Control S/O V/V–Control & Indication

ⓐ General

Wing & Tail FLT Control S/O V/V는 OVHD PNL의 Guarded SW에의해 Control되며 V/V Position Indicating L'T는 각각의 SW에 위치한다.

ⓑ Control

SW작동은 V/V Operation을 위한 해당 DC BUS PWR를 받으며 V/V Limit SW는V/V가 FLT Control S/O SW에의해 요구된 POS으로 움직일 때 Motor로 가는 PWR를 Interrupt시킨다.

ⓒ Indication

V/V POS.SW는 FLT Deck Indication을 제공하기위해 Open Position으로 움직일 때와 Open Position을 벗어나서 움직일 때 작동된다. V/V가 완전히 Open되지 않으면 Closed Light가 들어 오고 EICAS Advisory Message가 Display 된다.

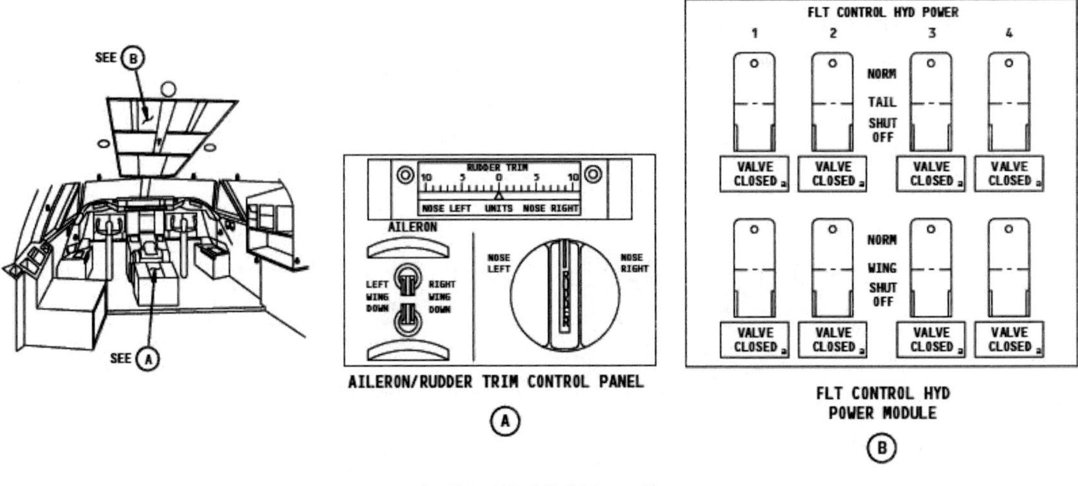

[그림 3-130 S/O/V Control]

⑨ Flight Control Operation–Auto flight

ⓐ General

Automatic Flight Control 작동은 Autopilot, Yaw Damper 및 Speed Stability Trim Systems에 의해 가능하다.

ⓑ Autopilot

Autopilot 기능은 MCP(Mode Control Panel), 3개의 FCC(Flight Control Computers) 그리고 Lateral, Elevator 및 Rudder Control System에 9개의 Autopilot Servo로 구성되어 있다. Autopilot Servo는 FCC로 부터의 Command에 응해 Flight Control System에 직접 Engage되어 들어가서 작동된다. 각 FCC는 각 Flight Control System의 Servo를 Control 한다.
FCC는 T/O을 제외한 모든 Fight 상태에 대해 Lateral 및 Vertical 항법비행 경로 모두에 대해 FCC에 연결될 수 있다. Auto land Directional Control은 Auto land Mode 동안에만 작동하는 Autopilot 동안의 Stabilizer Trim은 FCC로부터 Trim Command에 응하여 Stabilizer Trim/Rudder Ratio Module에의해 수행된다.

- Speed Stability Trim

  Automatic Stabilizer Trim은 A/C Longitudinal Static Stability를 증진 시키기 위해 Speed Stability Trim Control Law에서 어떠한 Trim Inputs가 없을 때 SRM에 의해 수행된다.

- Yaw Damper

  Automatic Rudder Control은 Yaw Damper Module에의해 Control 되는 Rudder Control Module에 있는 Servos에의해 수행된다. Yaw Damper Rudder Control은 비행중 승객에게 안정감을 증진시키고 Dutch Roll을 Damping하며 Turn Coordination하는데 이용되고 있다.

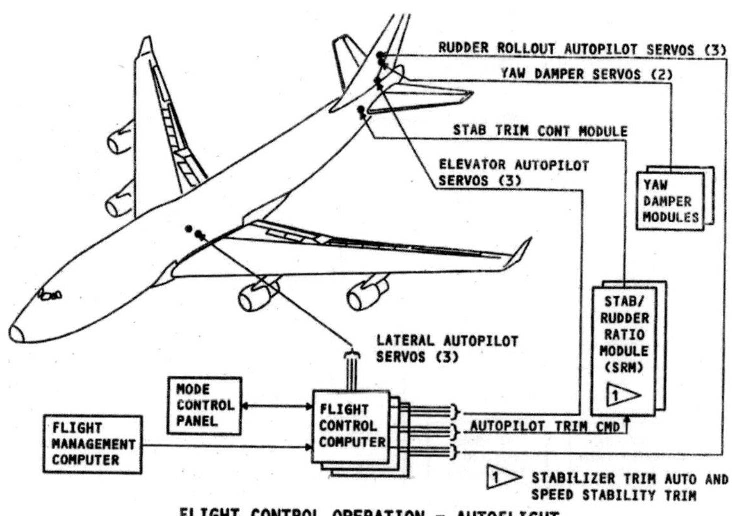

[그림 3-131 Auto Flight Control]

2. Aileron System

① 목적

Aileron은 Lateral(Roll) Control을 제공한다. 각 Wing은 Inboard 및 Outboard Aileron을 가지고 있다.

ⓐ General Description

Aileron System은 Ailerons/Aileron Trim Control System과 Indicating System으로 구성되어 있다.

② Aileron System–Introduction

ⓐ Flight Deck

- Control Wheels : Aileron System에 Crew Input이 들어감
- Trim Control : Trim System을 Control
- EICAS : 표면 위치 제어와 시스템 고장을 표시함

ⓑ Wheel Well

- Trim & Feel Mechanism : Artificial Feel을 제공, Trim Input은 이 Mechanism으로 만들어짐
- Central Lateral Control Package : Aileron System을 작동하기 위한 힘을 제공
- Aileron Programmers : Central Lateral Control Actuator 운동을 Control Cable운동으로 바꾸어줌

ⓒ Wing

- Power Control Packages : Control Input에 비례하여 Aileron을 Hydraulic으로 위치시킴

- Aileron : Aileron Deflection은 Roll을 생기게 함
- Lock Out Mechanism : Normal Cruise때 Outboard Aileron을 Locks Out 시킴

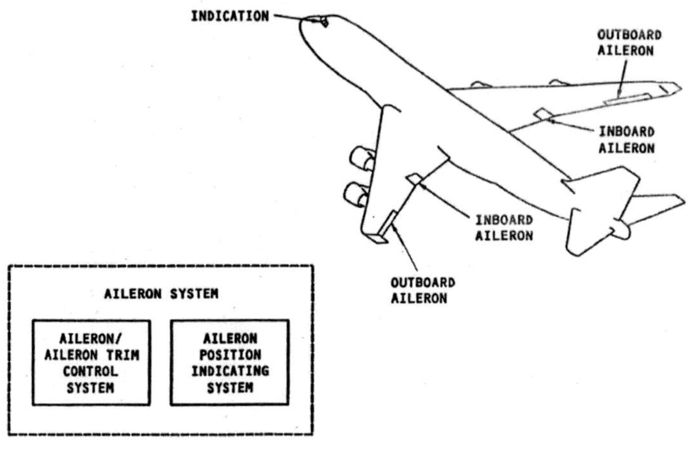

[그림 3-132 General Aileron]

③ Aileron System Summary(에일러론 시스템)

Normal Input이 Left Cable을 사용하도록 하기 위하여 Control Wheel들은 Load Limiter를 거쳐 함께 작동한다. Cable들은 Cable Motion을 좌측 Central Lateral Control Package(CLCP)에 전달하는 Trim And Feel Mechanism에 연결된다. 정상적으로 좌측 CLCP가 Force Limiter Rod를 거쳐 우측 CLCP를 Control 한다. 그렇지만 만약 좌측 Cable이 Fail되면 System은 우측 Cable에 의해서 작동될 수 있다.

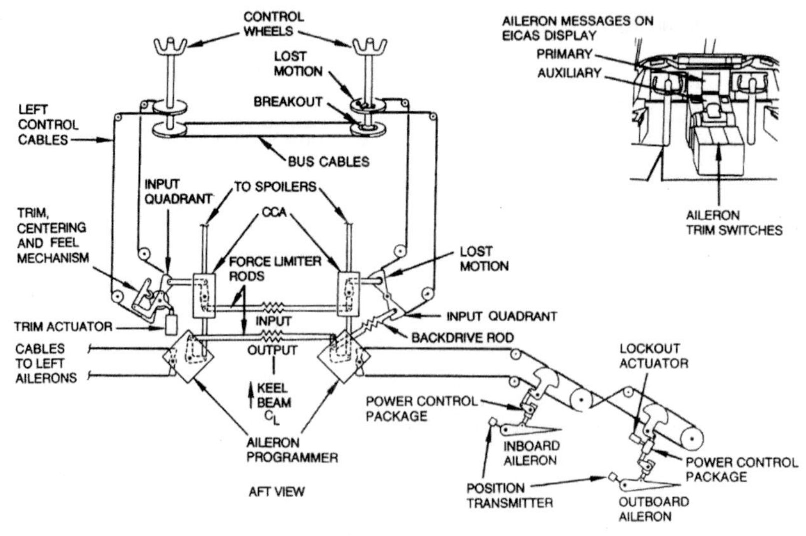

[그림 3-133 에일러론 작동도]

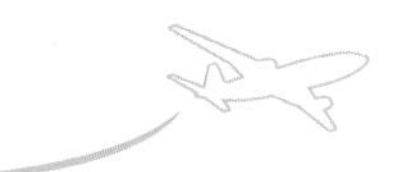

CLCP의 Output은 Programmer를 위치시킨다.

Programmer들은 정상적으로 그들 각각의 CLCP에 의해서 위치가 정해진다. 그러나 또한 Programmer들은 Force Limiting Rod에 의해서 서로 연결되어 있다. Programmer로부터 Output Cable들은 Input을 Inboard Aileron Power Control Package에 직접 공급되고 Outboard Aileron Power Control Package에는 Lockout Actuator들을 거쳐서 간접적으로 공급된다.

ⓐ Indications

Aileron System Information은 Flight Deck에서 이용할 수 있다.

- EICAS System Information은 Aileron Position을 나타낸다.
- CMC Flight Control Maintenance Page는 Auxiliary EICAS Screen상에 Aileron Position과 Control Wheel Position을 둘 다 나타낸다.

ⓑ Trim

- Aisle Stand의 2개의 Arming Control Switch 사용한다.
- Arming Control Switch는 두개의 Switch를 동시에 사용하여 작동 시킨다.(개별로는 작동하지 않고, Momentarily switch로 되어있음)
- Trim Actuator를 작동시킨다.
- 작동시 Control Column 도 움직인다.

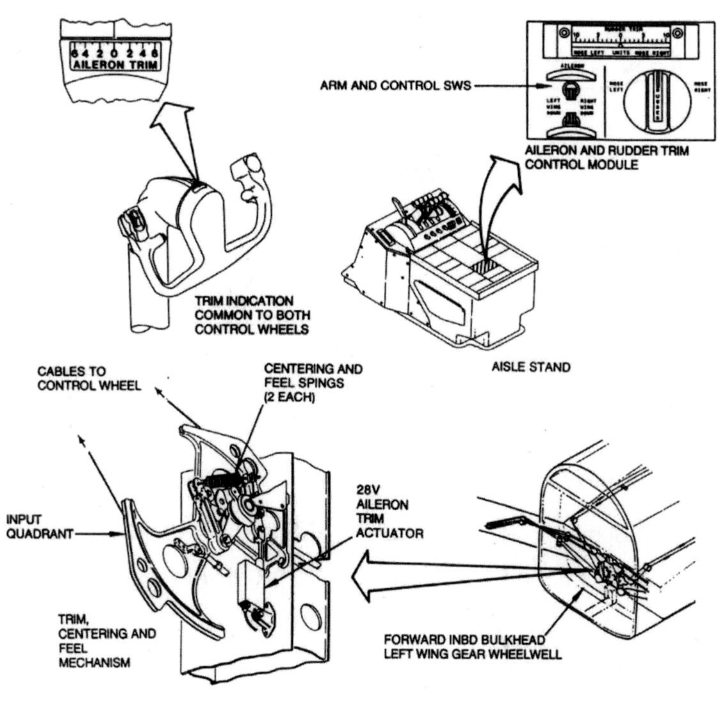

[그림 3-134 에일러론 트림 액츄에이터]

3. Spoiler Control Sys Introduction(스포일러 컨트롤 시스템)

Spoiler Control Sys은 Roll축에 대해서 비행기의 Lateral Control을 할때 Aileron을 보조해준다. Lateral Control은 Manual Mode에서 Control Wheel로 또는 Autopilot Mode에서 Flight Control Computer로 시작된다. 전부 12개의 Spoiler가 있다. Spoiler는 또한 Speed Brake로서 작동된다. Spoiler작동의 지시는 Lower EICAS Display Panel에 나타난다. 모든 Spoiler들은 각 Wing Trailing Edge의 Upper Surface에 위치해있다. Spoiler는 Left Outboard Wing에서부터 Right Outboard Wing까지 1~12까지 번호가 매겨진다. 각 Spoiler는 작동을 위해 한 개의 Power Control Unit를 가지고 있다. 각 Wing에 5개의 Flight Spoiler가 있다. 이것은 Outboard Group에서 4개의 Spoiler와 Inboard Group에서 Outboard Spoiler를 포함한다. 각 Wing의 Inboard Spoiler는 비행중에 Lateral Control을 위해서 사용되지 않기 때문에 Ground Spoiler라고 부른다. Ground Spoiler는 비행중과 지상 모두에서 Speed Brake로서 사용된다.

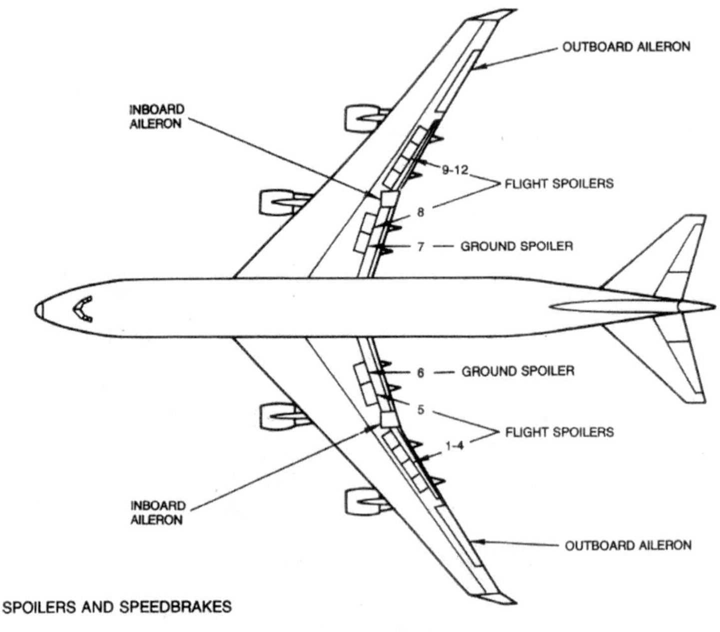

[그림 3-135 Spoiler]

① Spoiler/Speed Brake Program Summary(스포일러/스피드 브레이크 프로그램)

Flight 및 Ground Spoiler들은 Lateral Control과 Speed Brake Command 둘 다의 결합의 결과로서 Deploy된다. 이 Command들은 Manual Input이든 아니면 Automatic Input으로부터 생긴다. Automatic Command는 Autopilot이든 아니면 Auto Speed Brake Actuator 작동으로부터 생길 수 있다. 일차적으로 Aileron기능인 Lateral Control은 큰 Roll축 Input을 위해 Flight Spoiler에 의해서 보충된다. Spoiler들이 Lateral Control과 Speed Brake를 위해 사용되었기 때문에 그림에서는 3가지 Mode를 보여주고 있다. 즉 Lateral Control Flight Spoilers, Inflight Speed Brakes 그리고 Ground Speed Brakes.

ⓐ Lateral Control Flight Spoilers Extended(횡방향 비행 스포일러 컨트롤)

Data Sheet의 이 Section에서는 Lateral Control Spoiler Movement를 보여주고 있다. Spoiler Pickup은 약 8~14 Control Wheel Movement에서 일어난다. Spoiler들은 다르게 움직인다. 그것은 Left Wing에서는 Up되고 Right Wing에서는 Down된다. 그리고 이와 반대방향으로 움직인다.

ⓑ Inflight Speed Brake Extended

최대로 팽창한 스피드 브레이크는 Lock Solenoid와 Spring Loaded Roller Detent에 의해서 제한된다. Left Wing에 있는 Spoiler 3, 4와 Right Wing에 있는 Spoiler 9, 10은 최대 (약 45)로 Up 된다. Spoiler 5, 6, 7, 8은 20까지 Up된다. Spoiler 1, 2, 11 그리고 12는 비행중에는 Deploy되지 않는다.

ⓒ Ground Speed Brakes(속도 브레이크)

지상에서 SB Lever는 수동으로 또는 자동적으로 Fully Up Position에 놓이게 된다. 모든 Spoiler는 약 45까지 Up된다.

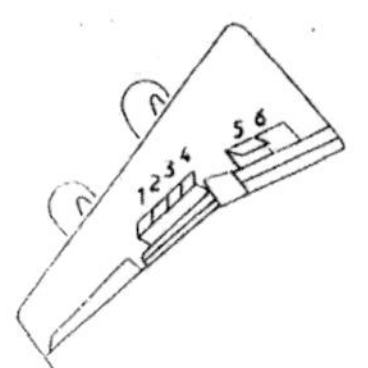

LATERAL CONTROL FLIGHT SPOILERS EXTENDED

SPOILERS 1,2,3,4 AND 9,10,11,12: PROPORTIONAL TO CONT WHEEL WITH 45 DEG MAX

SPOILERS 5 AND 8: PROPORTIONAL TO CONT WHEEL WITH 20 DEG MAX

SPOILERS 6 AND 7: NOT ACTUATED BY LATERAL CONTROL

"IN FLIGHT" SPEED BRAKE EXTENDS

SPOILERS 1,2,11,12 NOT ACTIVATED IN FLIGHT

SPOILERS 3,4,9,10 UP 45 DEG MAX

SPOILERS 5,6,7,8 UP 20 DEG MAX

LATERAL CONTROL ROLL RATES INCREASE WITH SPEED BRAKE UP

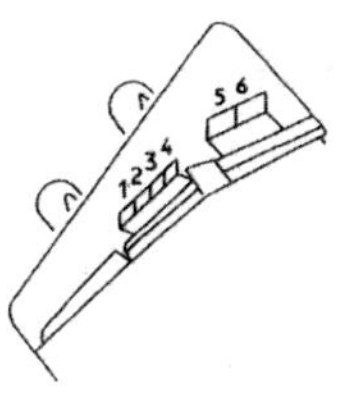

GROUND SPEED BRAKES

SPOILERS: ALL UP 45 DEG

[그림 3-136 스포일러 작동]

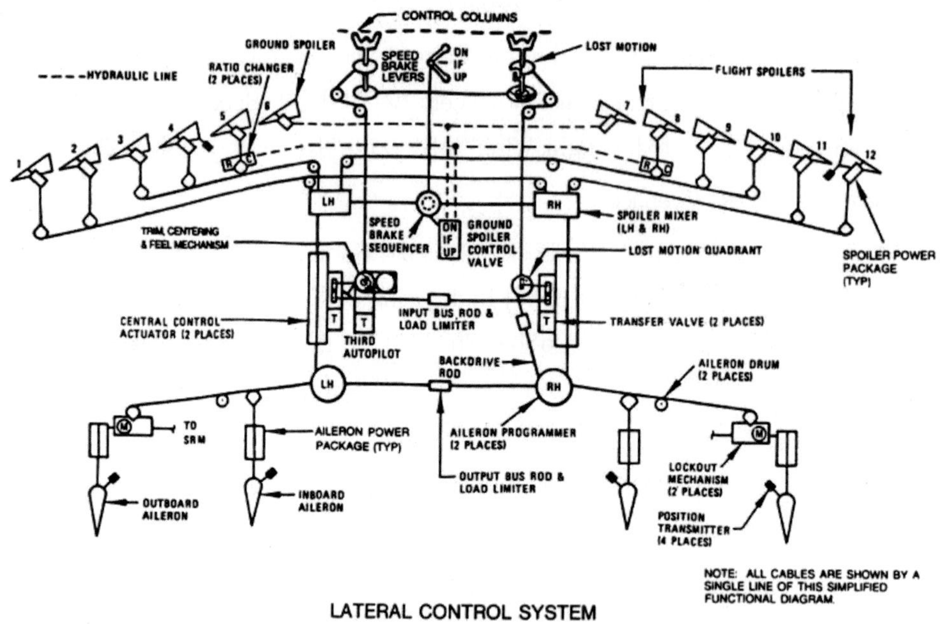

[그림 3-137 스포일러 제어 요약도]

4. Lift Device(리프트 장치)

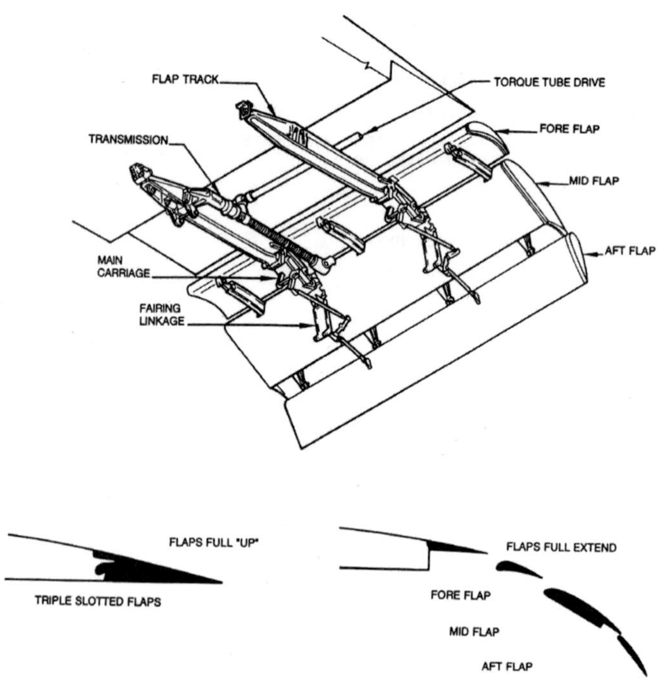

[그림 3-138 Trailing Edge Flap]

① TE Flaps–General Description(TE Flaps–설명)

Trailing Edge Flap System은 별개의 Inboard 및 Outboard Flap System으로 되어 있다. 각 Wing에 한 개의 Inboard Flap과 한 개의 Outboard Flap(총 4개의 Flap)이 있다. 각 Flap에는 세 부분으로 된 Slot가 있다.

Inboard 및 Outboard System은 각각 별개의 Power Packages, Drive Mechanisms, Position Transmitters, Hydraulic Power Sources와 Electric Power Sources를 가지고 있다. Trailing Edge Flap은 두 가지 방법으로 Control된다.

Primary System은 Hydraulic Power 또는 Electric Power를 사용한다. 부가하여 Alternate Drive Control은 Electrical Power만 사용한다.

② TE Flap System–General Operation(TE Flaps 시스템–작동)

ⓐ General

Flap System을 위해 두 Operational Mode가 있다. Primary Mode는 Hydraulic 그리고 또는 Electric Flap Drive Motor를 사용한다. Alternate Mode는 Electric Flap Drive Motor만 사용한다.

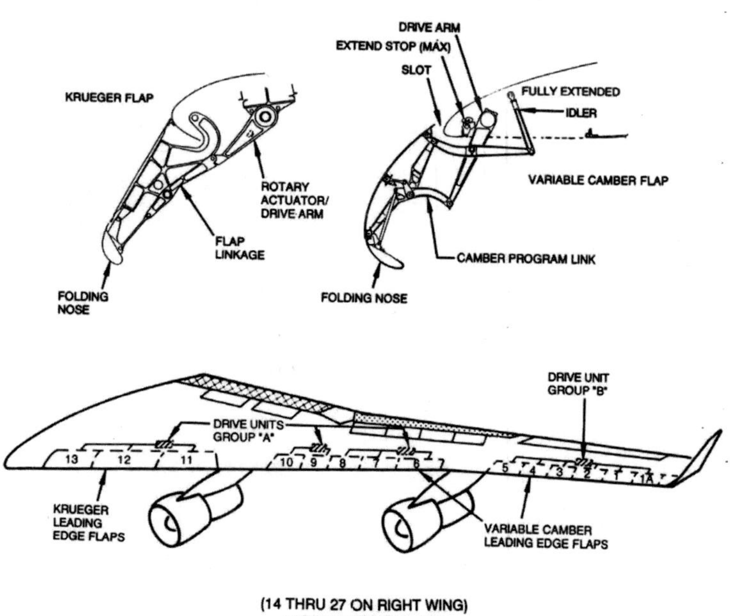

[그림 3-139 주요 플랩 구성도]

③ LE Flap System–General Operation(LE Flaps 시스템–작동)

2가지 작동 Mode, 즉 Primary와 Alternate가 있다. Primary Mode는 LE Flap을 Control하는 점에서 정상방법이며 Flap Lever를 선택된 Detent를 움직여서 시작이 된다. 두 Category, 즉 Variable Camber(22)와 Krueger(6)로 나누어진 Leading Edge Flap이 28개 있다. Variable Camber Flap은

좌측 Wing에서는 좌측에서 우측으로 1A에서 10까지 그리고 우측 Wing에서는 17에서 27까지 번호가 부여된다. Krueger Flap은 좌측 Wing에서 11～13 까지 그리고 우측 Wing에서 14～16 까지 번호가 부여된다.

각 Wing에 있는 4개의 Pneumatic Power Unit는 Flap을 Up(Retracted)으로부터 Down(Extended)으로 그리고 역 방향으로 움직이게 한다. Wing의 Leading Edge에 있는 Duct로부터 Air가 Power Unit에 공급된다. 이 Duct는 또한 Outboard Drive Unit에 Hot Air를 뿜어주는 분출구에 Air를 공급한다. 각 Drive Unit Assembly는 2개의 Motor, 즉 Pneumatic Motor 한 개, Electric Motor 한 개를 가지고 있다. Drive Unit에 의해서 발달된 Torque는 Rotary Actuator에 공급된다. 이 Actuator는 Flap을 움직인다. Normal Operation은 Flap Lever를 움직여서 Control된다. 3개의 RVDT는 움직임을 감지해서 FCU에 Signal을 준다. FCU는 Direction Control Motor를 Control 한다. 만약 Pneumatic Power가 공급되지 않으면 FCU는 Electric Drive Motor가 작동되도록 전환시키게 된다. Alternate Operation은 Arm Switch와 Control Switch에 의해서 시작된다.

이들 Switch는 Electric Drive Motor를 따로따로 Control한다.

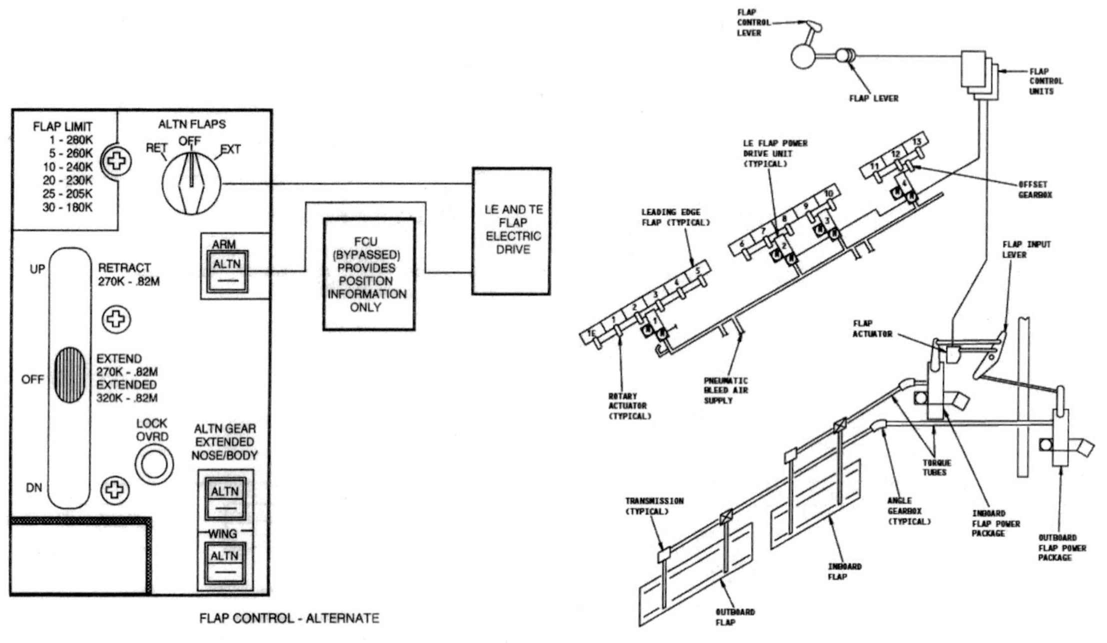

[그림 3-140 Flap Control]

ⓐ Primary Mode(기본 모드)

Primary Flap Operation은 Flap Lever에 의해서 선택된다. 이 Lever는 3개의 Flap Control Unit(FCU)에 Signal을 전달하는 Rotary Variable Differential Transformer(RVDT)를 움직인다. FCU들은 이 SIGNAL들과 Flap Position Signal들을 처리해서 Flap Power Package에 부착되어 있는 Linkage를 움직이도록 Input Lever Actuator에 Command한다. Hydraulic Motor 들은 Inboard 및 Outboard Flap Transmission에 연결되어있는 Torque Tube를 구동한다.

Transmission은 Command된 위치로 Flap을 구동 시키기 위하여 Torque Tube 회전을 Ball Screw 회전으로 바꾸어 준다.

Inboard 또는 Outboard Flap의 어느 하나가 Command된 위치로 움직이지 않으면 FCU들은 그 Unit를 Primary Electric Drive Operation으로 전환시킨다.

Flap Lever는 Flap들을 위치시키기 위하여 계속해서 Input Control에 있게 된다.

ⓑ Alternate Mode(대체 모드)

만약 FCU 3개 모두 Fail되거나 정비목적을 위해 Alternate System이 이용할 수 있다. Alternate System을 Arming하면 FCU들이 Bypass되며 Extension과 Retraction은 Selector Switch에 의해서 Control된다.

5. Stabilizer

■ General

Flight Deck의 Manual 또는 Alternate Trim Switch와 Flight Control Computer(FCC)로부터의 입력에 의해 Trim되어질 수 있고 그러한 입력이 없는 경우에는 Digital Air Data Computer(DADC) Signal에 따라 Stabilizer Trim/Rudder Ratio Module(SRM)에 의해 가동되는 Speed Stability Trim이 이루어지게 된다.

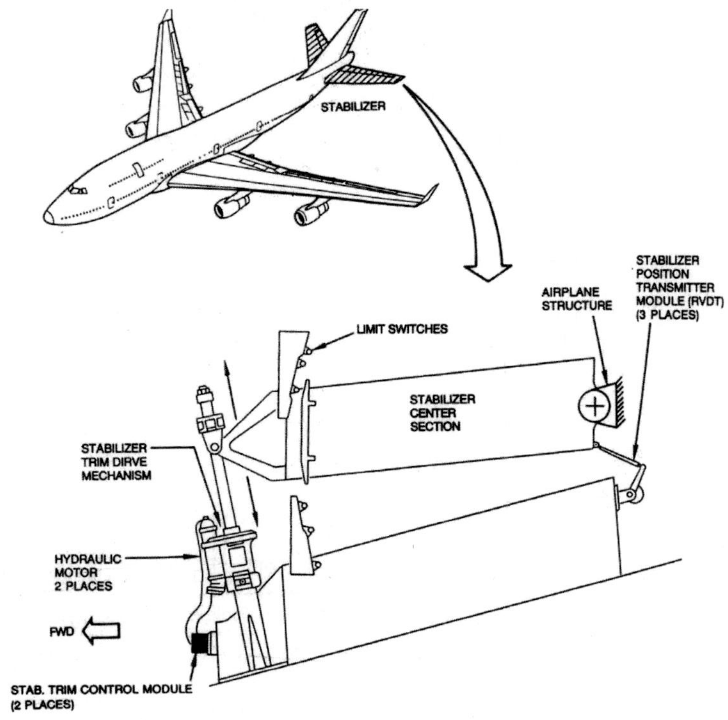

[그림 3-141 Stabilizer 트림 작동]

Trim Signal은 Stabilizer Trim Control Module(STCM)로 보내지고 여기에서 Hydraulic Power 2, 3를 Control하여 Stabilizer Trim Mechanism의 Hydraulic Motor를 구동 시켜서 항공기로 Pitch축 내에서 Trim하게 된다.

Stabilizer은 자체 무게 뿐만 아니라 비행중 많은 Air Load를 받기 때문에 움직이지 않을 때는 자체에 Brake가 있어 현 상태를 유지하고 작동 시에는 Brake를 Release하고 작동 시킨다. 한 개의 Power가 Fail 되면 작동속도는 반으로 줄어 작동 하게 된다.

6. Stabilizer Trim Control System Operation(Stabilizer Trim 컨트롤 시스템 작동)

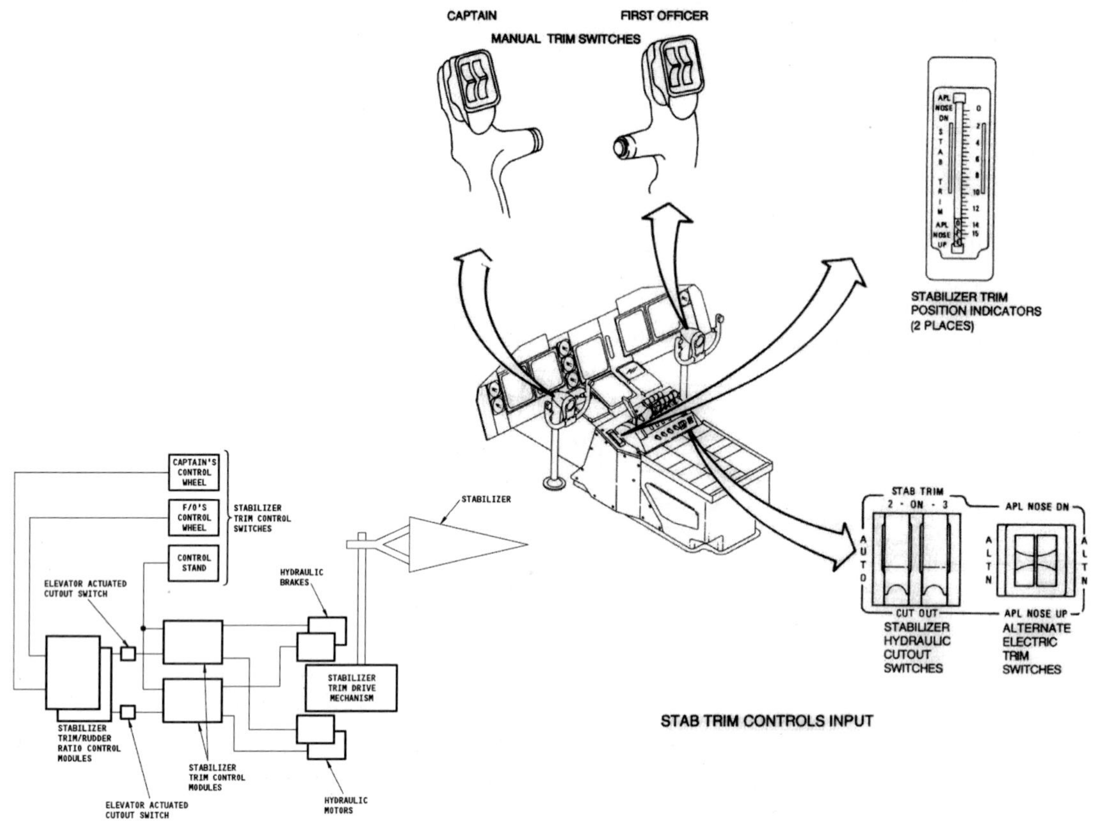

[그림 3-142 Stabilizer Trim Control]

① General

Flight Deck의 Manual 또는 Alternate Trim Switch와 Flight Control Computer(FCC)로부터의 입력에 의해 Trim되어질 수 있고 그러한 입력이 없는 경우에는 Digital Air Date Computer(DADC) Signal에 따라 Stabilizer Trim/Rudder Ratio Module(SRM)에 의해 가동되는 Speed Stability Trim이 이루어지게 된다. Trim Signal은 Stabilizer Trim Control Module(STCM)로 보내지고 여기에서 Hydraulic Power 2, 3를 Control하여 Stabilizer Trim Mechanism의 Hydraulic Motor를 구동 시켜서 항공기로 Pitch축 내에서 Trim하게 된다.

② Trim Mode

- Manual Mode : Control Wheel의 Switch움직임이 SRM을 거쳐 STCM으로 Signal을 보낸다.
- Auto Trim : FCC회로가 Trim Signal을 SRM에 보내고 STCM Solenoid에 출력하게 된다.
- Speed Stability Trim : SRM 내의 회로에서 STCM으로 Trim Signal을 보낸다.
- Alternate Trim : Aisle Stand의 Switch 움직임으로 STCM Solenoid로 직접 Trim Signal을 보낸다.

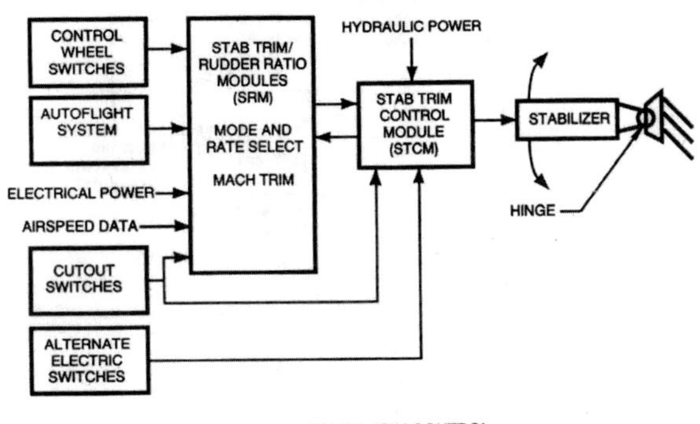

[그림 3-143 Stabilizer 트림 블록 다이어그램]

③ Control Column

CAPT과 F/O의 Control Column은 Electric Motor와 편심체로 구성된 Control Column Shaker Motor Assy가 장착되어 있다. Motor가 자화되면 Stall상태에 임박하였음을 Pilot에게 알려 주기위해 Column이 흔들린다. 정상적으로 양쪽 Motor가 작동되면 각 Stall Warning Computer는 동시에 양쪽 Column Shaker에 Signal을 보내준다. Shaker는 Control Column에 두개의 Mounting Bolt에 의해 장착되어 있으며 Electrical Connector를 통하여 Power가 공급된다

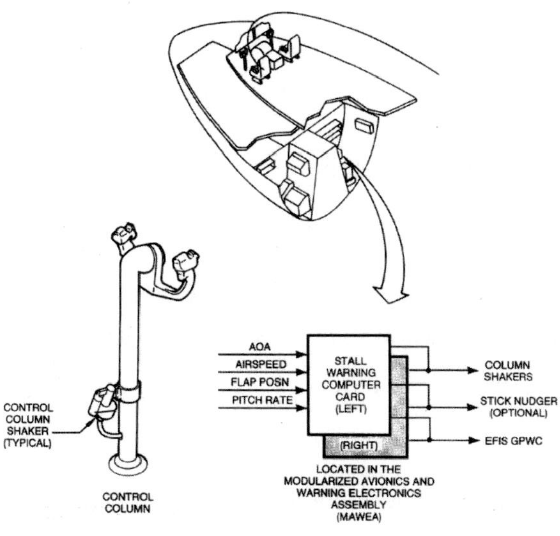

[그림 3-144 Control Column Shakers]

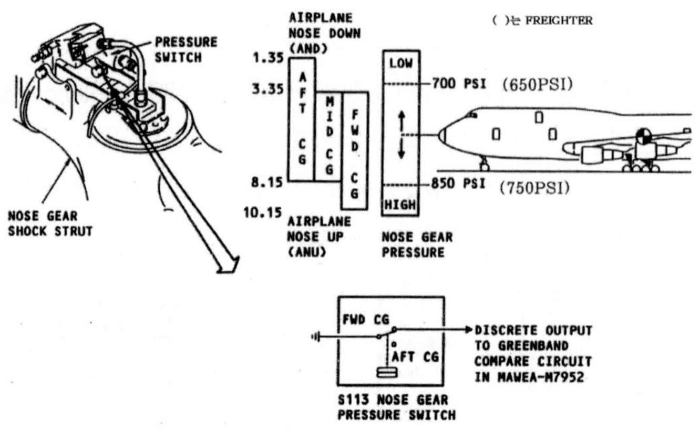

[그림 3-145 중심 및 중력 보상]

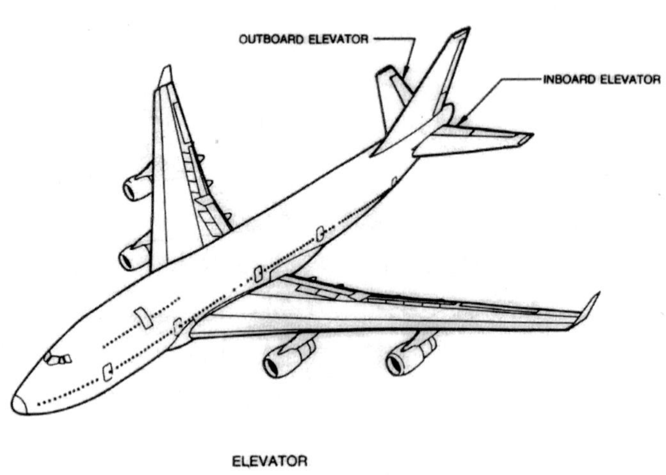

[그림 3-146 Elevator]

7. Elevator Control System General Operation

① General

동체에 부착된 Index Plate는 INBD Elevator의 중립점이다. OUTBD Elevator의 중립은 INBD와 OUTBD Elevator Trailing EDGE사이의 거리를 측정하여 비교한다. Feel Unit와 3개의 A/P Actuator는 AFT Quadrant Assy에 장착되어 있다.

② Indication

Position Transmitter는 4개의 Elevator와 Control Column에 1개씩 장착되어 있으며 EICAS에 Elevator Position을 Display하여준다.

③ Operation

Control Column을 앞, 뒤로 움직이게 되면, Cable을 통하여 동체 미익 부분에 Elevator AFT Quadrant에 Signal을 주면, Quadrant는 좌, 우회전운동을 하게되며, 이 움직임이 Control Rod로 전달되어 Power Control Package의 Input Lever를 움직여 Inboard Elevator를 움직이고, 이 Inboard Elevator의 움직임이 Outboard Elevator Power Control Package의 Rod로 연결되어 Outboard Elevator를 동작시킨다.

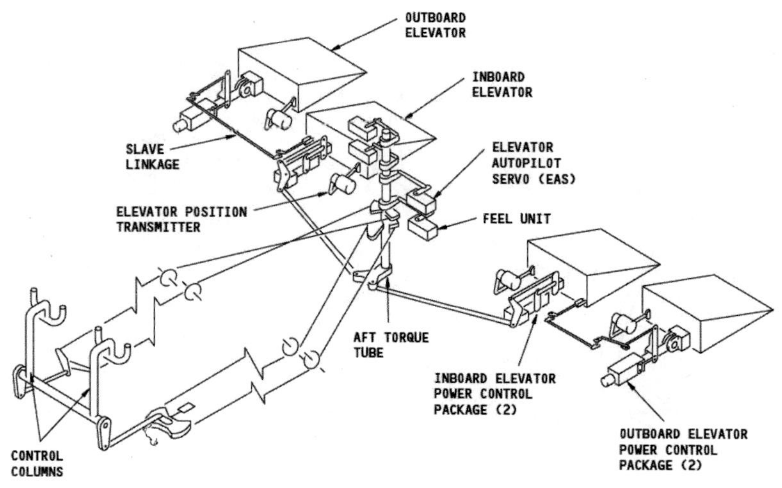

[그림 3-147 Elevator Control]

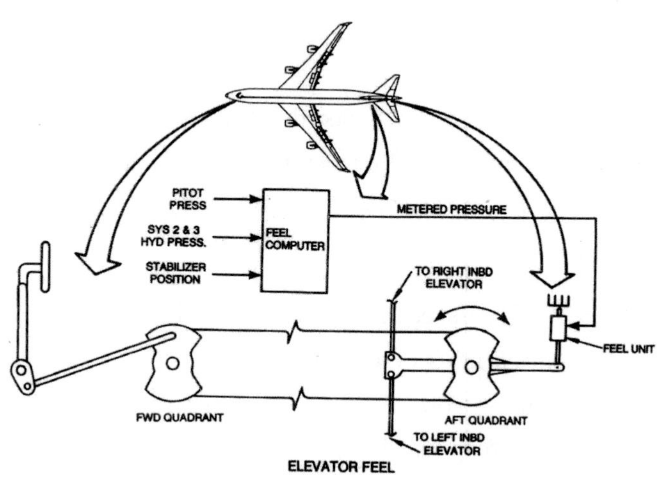

[그림 3-148 Elevator Feel]

8. Rudder System Operation(러더 시스템 작동)

CAPT 또는 F/O Rudder Pedal의 동작은 Left Body Cable을 통하여 FWD Quadrant로부터 AFT Quadrant 및 Feel And Centering Mechanism으로 전달된다.

Feel And Centering Unit, Ratio Changer 그리고 Rudder PCP는 Control Rod로 Interconnect되어 있다. 3개의 Rollout Actuator는 Override Mechanism Spring은 Rudder Pedal의 Air Load Force를 Simulate하여 준다.

Trim Actuator는 전기적으로 작동되어 Rudder Power Control Package에 Trim Input을 제공하며 Trim Position Signal을 Trim Indicator에 보내준다.

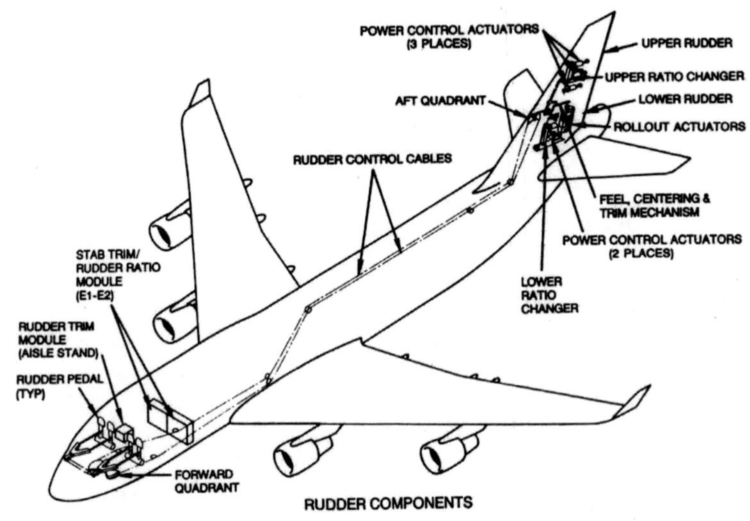

[그림 3-149 Rudder System]

① Rudder Ratio Changer(방향타 변경)

ⓐ Purpose

Rudder Ratio Changer(RRC)는 A/C Speed증가에 따른 Power Package로 보내지는 Rudder Control Input을 감소시킨다. Pilot Rudder Pedal Input은 저속 또는 고속상태에서 같을 것이다. 그러나 Pedal Input에 따른 Rudder의 움직임은 변화한다.

ⓑ General Description

LH와 RH DADC로부터의 Airspeed Data는 Stabilizer Trim/Rudder Ratio Module(SRM)에 제공되며 SRM내부의 RRC SERVO Control회로는 RRC Actuator에 Scheduled Position을 명령한다. RRC Actuator의 위치는 Power Package Control Module의 Output Control Rod와 연결되어 있는 Lever ARM의 유효길이를 변화시킨다. A/C 속도가 증가하면 RRC Output Control Rod는 Input Control Rod보다 적게 움직여 Power Control Package로 보내지는 Rudder Pedal Input은 감소한다.

ⓒ Component Locations

UPR와 LWR Rudder Ratio Changer는 Vertical Stabilizer Rear Spar에 장착되어 있다.

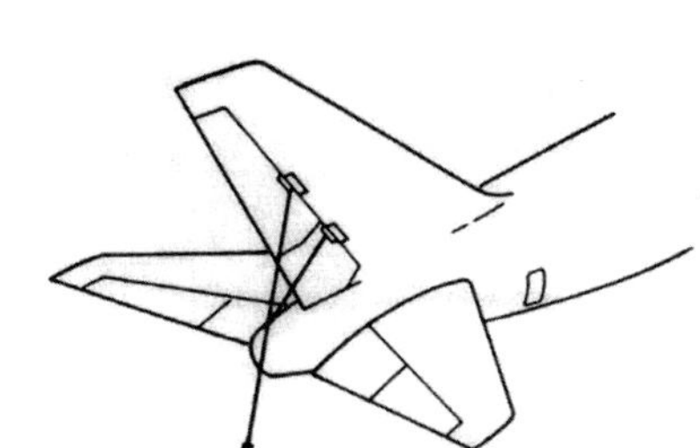

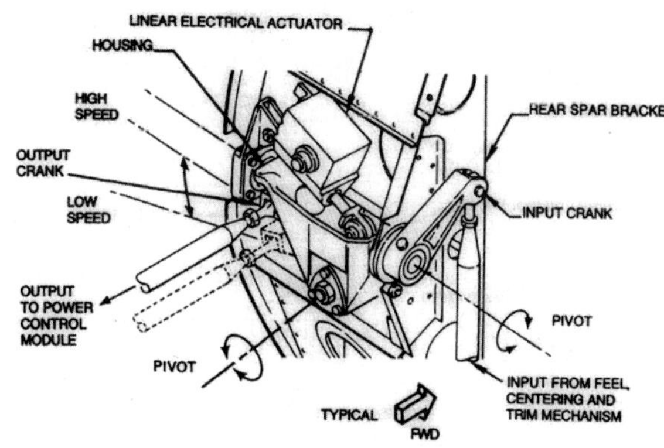

[그림 3-150 Rudder Ratio Changer]

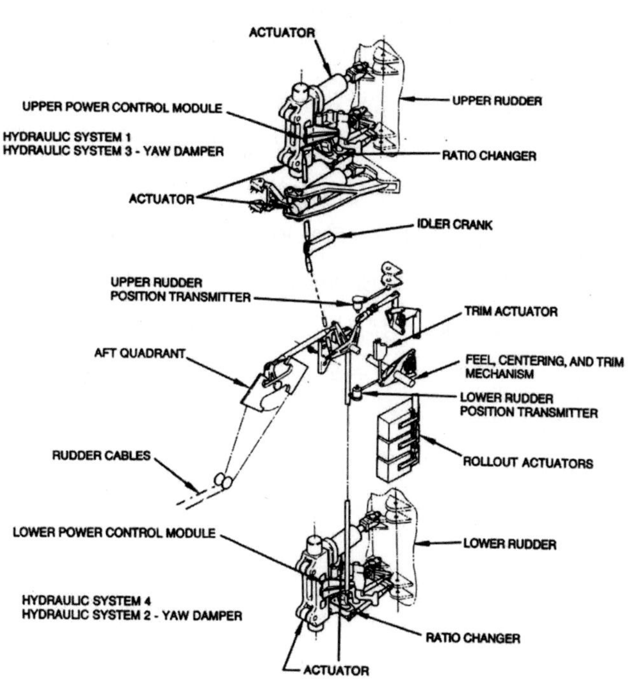

RUDDER ACTUATOR SYSTEM

[그림 3-151 Rudder Actuator]

제5장

ATA28 연료계통 (Fuel System)

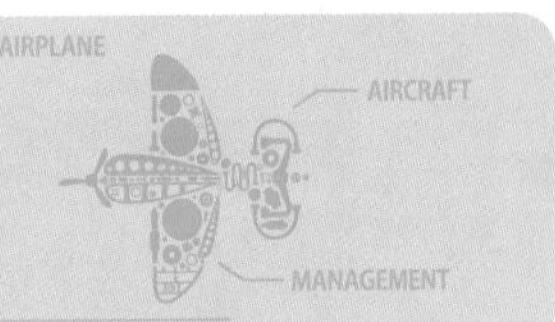

1. 개요

1. 연료 계통의 중요성

항공기는 운용 중인 모든 상태에서 계속적으로 깨끗한 연료를 공급할 수 있어야만 안전하게 비행할 수 있다. 또한 연료의 중량은 항공기 총 중량의 상당한 비율을 차지하고 있다. 이 비율은 소형기에서는 약 10[%], 대형 제트 항공기에서는 약 40[%] 정도에 달하고 있다.

항공기의 구조는 연료 중량에 의한 비행 하중, 지상 하중 및 착륙 하중에 견뎌낼 수 있는 충분한 강도가 필요하고 연료 탱크는 연료 중량의 감소로 인한 항공기의 평형에 문제를 생기게 하지 않도록 장착해야 한다.

연료는 대부분 주 날개에 저장되며, 멀리서 보면 동체에 비해 얇아보여도 표면적이 넓기 때문에 많은 양이 들어간다.

연료 탱크를 주 날개 속에 설치한 것은 Space의 문제도 있지만 항공기의 균형 및 중심 확보 차원의 이유가 더욱 더 크다고 할 수 있다. 항공기가 이륙하기 위해 활주를 시작하면 넓은 양쪽 주 날개에는 양력이 발생하여 밑에서 위로 쳐 받드는 힘이 생겨 휠려고 하는데 그 곳에 연료를 넣어두면 연료의 중량감에 의해 주 날개가 휘는 힘을 완화시킬 수가 있기 때문이다.

또한 항행 중에는 보다 긴 시간 주 날개의 중량감을 유지할 수 있도록 하기 위해 주 날개의 동체 가까이 부분에 들어가 있는 연료부터 사용하기 시작하여 날개 끝부분에 들어있는 연료는 제일 마지막으로 사용하게 된다. 항공 사고 가운데는 연료 계통 취급 불량으로 인한 것이 가장 많고, 다음이 Engine 고장, 연료 고갈의 순으로 이어지며, 연료 계통에 공기가 흡수되어 Engine을 정지시키는 것도 의외로 많다. 연료가 오염되면 Strainer 또는 Filter를 막히게 하고 Engine으로 공급되는 연료를 차단하며, 연료 내의 물이 연료 Metering 계통으로 유입되어 Engine을 정지시킨다.

Turbine 연료 계통에서는 고 고도에서 연료 온도가 저하되면 연료내의 미세한 수분이 필터에서 얼음을 형성하여 연료 흐름을 막는다.

2. 항공 연료의 종류

① 터빈 Engine 연료

ⓐ 성질

㉠ 방빙성이 좋아야 함

㉡ 안전한 연소성

㉢ 발열량이 클 것

ⓑ 종류

APPROBED JET FUEL SPEC LIST

MODEL	ENGINE TYPE	COMMERCIAL (ASTM D1655, IATA)		MILITARY (MIL-DTL-5624, -83133)			REFERENCE MANUAL	REMARK
		JETA/A-1	JET B	JP 5	JP 8	JP 4		– Wide Cut :
		Kerosene	Wide Cut	Kerosene	Kerosene	Wide Cut		Kerosene + Naphtha(Gasoline)
B747 -400	PW 4056	O	O (Remark)	O	O	O (Remark)	AFM 02-20-01 AMM 12-11-01	– Jet B, JP4 is restricted. Read the capacity placard on the refuel panel.
B747 -200/300	PW JT9D	O	O (Remark)	O	O	O (Remark)	AFM 07-16-03 AMM 12-11-01	상 동
B777 -200/300	PW 4090/ -98	O	X	O	O	X	AFM 06-03-02 AMM N/A	–
B737 -800/900	CFM56 -7824	O	X	O	O	X	AFM 03-19-02 AMM 12-11-00	–
MD 11	PW 4460	O	O (Remark)	O	O	O (Remark)	AFM 12-11-00 AMM N/A	– Jet B, JP4 may be used then the airplane operation is based on the Jet B/JP 4 fuel Appendix 14/14A
A330 -200/300	PW 4168	O	X	O	O	X	AFM 2.05.00 AMM 20-31-00	–
A300 -600	PW 4158	O	O (Remark)	O	O	O (Remark)	AFM 2.04.00 AMM 20-31-00 PW SB 2016	– Jet B, JP4, which are characterized by Reid Vapor pressure in the range of 2.0 – 3.0[psi] at 38°C

[그림 3-152 제트 엔진 연료 사양 목록]

㉠ JET A : Kerosene Type, 결빙점은 -40[℃]

㉡ JET A-1 : Kerosene Type, 결빙점은 -47[℃]

㉢ JET B : Kerosene과 Gasoline이 혼합되어 있고, JP-4와 비슷하며 일반적인 군용기에 쓰인다. 결빙점은 -50[℃]

② 왕복 Engine 연료

ⓐ 성질

㉠ 휘발성이 좋음

㉡ 가속성이 좋음

㉢ 옥탄가가 높음

ⓑ 종류

옥탄가의 등급에 따라 115~145가 항공용이고 자동차용은 80~90이다. 항공용은 자색으로 착색해서 식별이 용이하다.

Fuel Type and Grade	Color of Fuel	Equipment Control Color	Pipe Banding and Marking	Refueler Decal
AVGAS 82UL	Purple	82UL AVGAS	AVGAS 82UL	82UL AVGAS
AVGAS 100	Green	100 AVGAS	AVGAS 100	100 AVGAS
AVGAS 100LL	Blue	100LL AVGAS	AVGAS 100LL	100LL AVGAS
JET A	Colorless or straw	JET A	JET A	JET A
JET A-1	Colorless or straw	JET A-1	JET A-1	JET A-1
JET B	Colorless or straw	JET B	JET B	JET B

[그림 3-153 연료 및 마킹 및 색상 코드의 다양한 등급 및 유형의 색상]

3. 연료계통 일반

① Tank

연료를 저장하고 Engine Feed계통 및 APU(Auxiliary Power Unit) Feed계통까지 연료를 공급하는 구성품 및 기체 구조를 포함하고 있다.

② Vent

연료 Tank 내외의 차압에 의한 Tank 구조의 손상을 방지하고 Engine Feed 및 Jettison 계통에 충분한 Heat Pressure를 제공하기 위한 구성품 및 기체 구조를 포함하고 있다.

③ Fueling

연료를 보급하기 위한 배관 및 관련 구성품과 정비 목적으로 필요 시 연료를 Defueling(배유)하거나 Tank간의 연료의 이송을 위한 구성품이 포함된다.

④ Engine Feed

Tank에서 Engine까지 그리고 Tank에서 APU까지의 연료 공급 기능을 말하며 Boost pump에 의한 연료 Tank의 수분을 Scavenge(제거)하는 기능도 있다.

⑤ Defueling & Transfer

지상에서 정비 또는 기타 목적으로 Tank내의 연료를 Defueling 또는 Transfer(Tank 간의 연료 이송)하는 절차이다.

⑥ Indicating

Tank내의 유량을 측정, 지시하는 Fuel Quantity Indicating계통과 Tank내 연료의 온도와 Engine에 공급되기 직전의 연료 온도를 측정하여 조종사에게 지시하는 Fuel Temperature Indicating계통이 있다.

⑦ Jettison(Dump)

비행 중 연료를 기체 밖으로 배출시켜 항공기 무게를 급속히 감소시키는 장치이다.

2. Tank

1. 연료 Tank의 구조

연료 Tank는 항공기의 Wing과 동체에 설치되어 있으며 기종에 따라 Tank 수는 달라진다. 민간 항공기에는 Main Wing과 Center Wing 또는 Horizontal Stabilizer에 장치되어 있으며 군용기에 있어서는 동체에도 설치하고 있다.

Wing을 이루고 있는 Front Spar, Rear Spar 및 양쪽 End Rib 사이의 공간은 연료 Tank로 사용되며 연료의 누설을 방지하기 위하여 모든 연결부는 특수 Sealant로 Sealing되어 있다. 이러한 Tank를 Integral Fuel Tank 또는 Wet Wing이라고 한다. 나일론 천이나 고무주머니 형태의 떼어낼 수 있도록 제작된 Tank를 Bladder Type Fuel Cell Tank라 하며 상업용 민간 항공기에는 일부 항공기의 Center Wing Tank에 사용하고 있다.

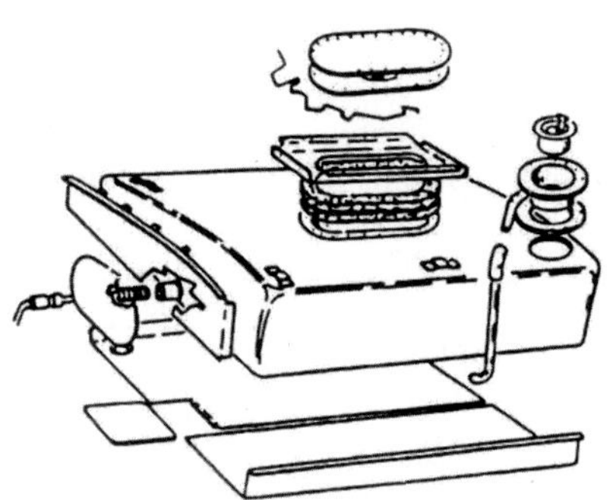

방광 탱크는 네오프렌에 천으로 만들어졌으며 비행기 날개의 연료 전지 구멍에 끼어있거나 엮여 있다.

[그림 3-154]

2. 연료 Tank의 종류

① Main Tank

Main Tank의 대부분을 차지하고 있으며 Engine Feed System에 직접 연결되어 있다.

② Center Tank

Wing의 중앙부에 위치하고 있으며 Cross Feed 계통을 통하여 Engine에 공급하도록 장치되어 있다.

③ Reserve Tank 또는 Auxiliary Tank

통상 Wing의 바깥쪽에 위치하고 있으며 이 Tank의 연료는 Main Tank로 이송 시킨 후 Engine으로 공급할 수 있도록 설계되어 있다.

④ Horizontal Stabilizer Tank

최신 항공기에는 Horizontal Stabilizer의 구조 일부에 연료를 적재하여 항속 거리를 연장하고, 비행 중 C.G(Center of Gravity)를 조절한다.

⑤ Vent Surge Tank

연료를 저장하지는 않으며 Venting 중에 유출되는 연료를 일시 보관하는 목적으로 사용되는 Tank이다.

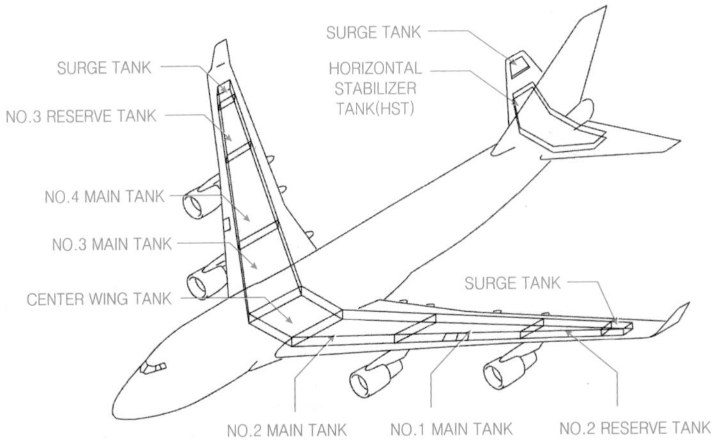

[그림 3-155 B747-400 항공기의 연료 Tank 배열]

QUANTITIES	GALLONS	LBS	LITRES	KGS
CENTER WING	17,164	114,999	64,973	52,162
NO. 2 AND 3 MAIN	12,546	84,058	47,492	38,128
NO. 1 AND 4 MAIN(PW, PR)	4,482	30,029	16,966	13,621
NO. 1 AND 4 MAIN(GE)	4,372	29,292	16,550	13,287
NO. 2 AND 3 RESERVE	1,322	8,857	5,004	4,018
HORIZONTAL STABILIZER	3,300	22,110	12,492	10,029
TOTAL(PW, RR, HST)	57,164	382,999	216,389	173,725
TOTAL(GE, HST)	56,944	381,525	215,556	173,057
TOTAL(PW, RR)	53,864	361,889	203,897	163,696
TOTAL(GE)	53,644	359,415	203,065	163,028
OPERATION POINTS				
PILOT FLOAT VALVES	13,000	87,100	49,210	39,508
SPS HST TRANSFER	10,000	67,000	37,854	30,391
SPS RESERVE TRANSFER	6,000	40,200	22,712	18,234
SPS NO. 1 AND 4 MAIN JETT/XFER	3,000	20,100	11,356	9,117
OTHER DATA				
MAXIMUM JETTISON RESULT	4,180	28,000	15,820	12,700
CENTER WING SCAVENGE	390	2,613	1,476	1,185

[그림 3-156 B747-400 연료 변환 값]

3. Tank의 용량

- Useable Capacity : 사용 가능한 연료 용량
- Unuseable Capacity : 사용 불가능한 연료 용량
- Nominal Capacity : 연료의 열 팽창에 따른 Volume의 증가로 인한 Tank의 손상을 막기 위해 Nominal Capacity는 Useable Capacity보다 2[%] 크게 설계된다. 이 2[%]의 공간을 Expansion Space라고 한다.

4. 연료 Tank Component

① Tank Access Door

Tank 내부의 정비 작업을 위해 접근 할 수 있도록 Wing의 상면이나 하면에는 Tank Access Door가 있다. Door는 Screw로 장착하며 Rubber Seal이 Molding되어 있다. Tank Unit나 Drip Stick이 장착된 Access Door도 있다.

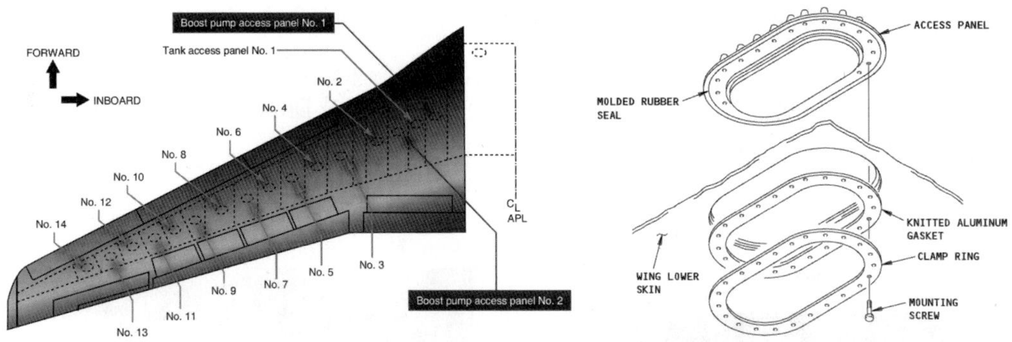

[그림 3-157 Tank Access Door]

[그림 3-158 A330-200/300 Tank Access Doors Location]

② Baffle Check Valve

비행 자세의 변화에 따른 Tank 내의 연료유동을 제한하기 위해 일부 Rib의 하부에는 Flapper Type Check Valve가 장착되어 있다. 이 Valve들은 Booster Pump가 있는 안쪽으로 열리게 되어 있다.

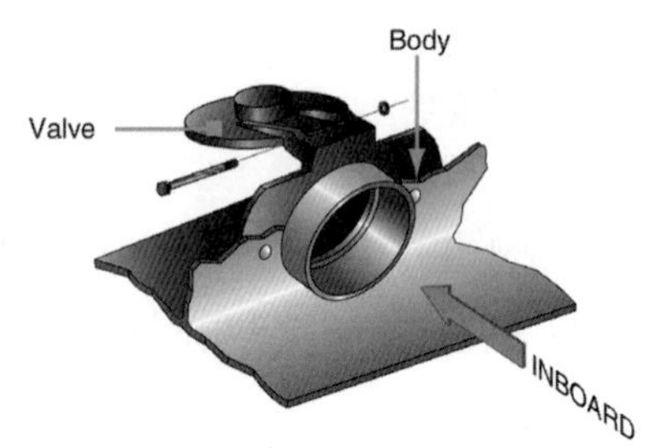

[그림 3-159 Baffle Check Valve]

③ Water Drain Valve(Sump Drain Valve)

Tank의 최하부에 있으며 수분이나 잔류 연료를 제거하는데 사용된다. Valve에는 이중 Seal이 장착되어 있으며 Screw Driver나 Drain Tool을 이용하여 Drain한다. Water Drain은 매 비행 전 점검 시 및 연료 보급 후 수행한다. 연료 보급 후에는 연료 속의 수분이 가라앉을 수 있는 시간으로 약 30분 기다린 후 Drain한다.

또한 저온(−5[℃] 이하)에서 연료 Tank 바닥의 수분이 결빙되어 Drain Valve가 Jamming될 우려가 있기 때문에 이런 상태에서는 Drain을 금지하고 있다.

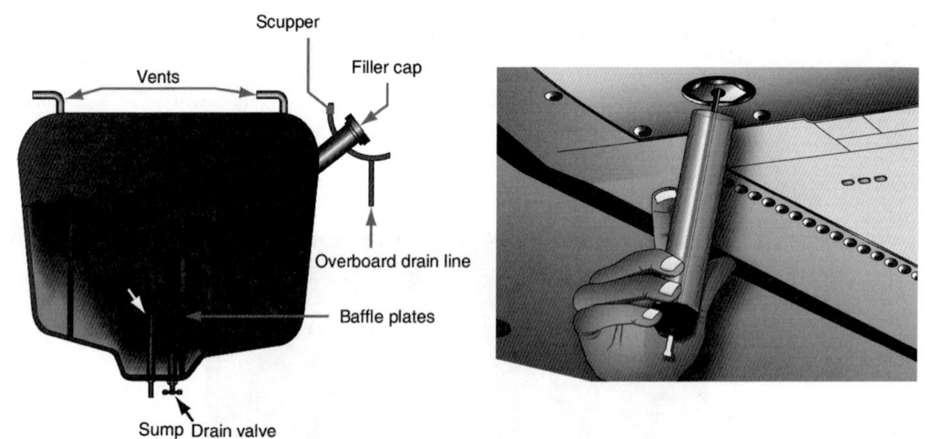

[그림 3-160 B737-800/900 Water Drain Valve 및 위치]

④ Measuring Stick

Drip Stick 또는 Magnetic Level Indicator라고도 하며 Magnet와 Float, Fiber Glass Stick으로 구성된다. Tank 하부에서 Stick을 뽑아낸 후 연료 면과 일치하는 Stick의 눈금을 읽고 환산표를 이용하여 무게를 산출한다. 환산할 때는 항공기의 자세 및 연료의 Density(밀도)나 Specific Gravity(비중) 값을 대입하여야 한다.

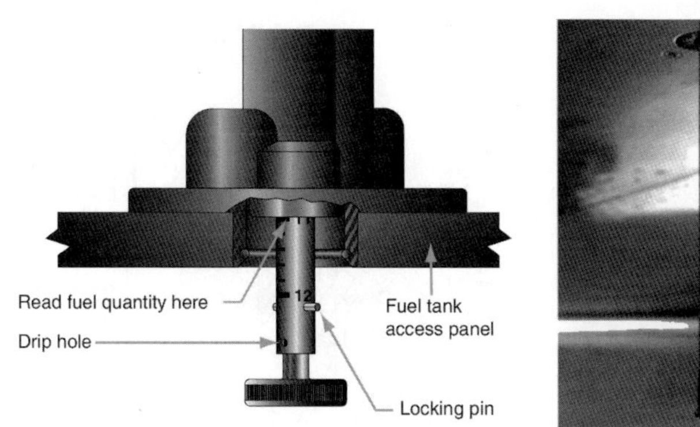

[그림 3-161 Measuring Stick]

⑤ Over Wing Filler

Tank의 상면에는 Dispenser(연료 보급 장비)의 Nozzle을 이용하여 수동으로 연료를 보급할 수 있는 연료 보급구가 마련되어있다. Cover나 Cap으로 채워져 있으며 여기에는 Tank 용량이나 Fuel Grade 등이 표시되어 있다.

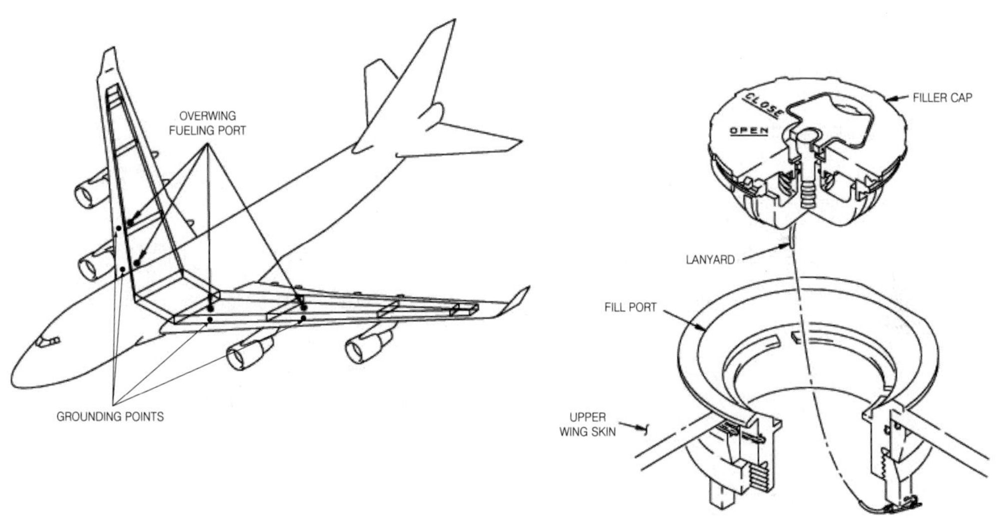

[그림 3-162 B747-400 오버 윙 충전 포트 위치 및 포트, 캡]

3. Vent System(환기 시스템)

Tank의 상부는 Tank 외부와 공기 통로가 마련되어 있어 Tank 내부를 항상 대기압으로 유지하여 준다. 이는 연료 보급 중 Tank 내부에 걸리는 Positive Pressure(정압)이나 연료가 Engine에서 소모될 때 걸리는 Negative Pressure(부압)을 제거 시켜 Tank Structure를 보호하기 위함이다.

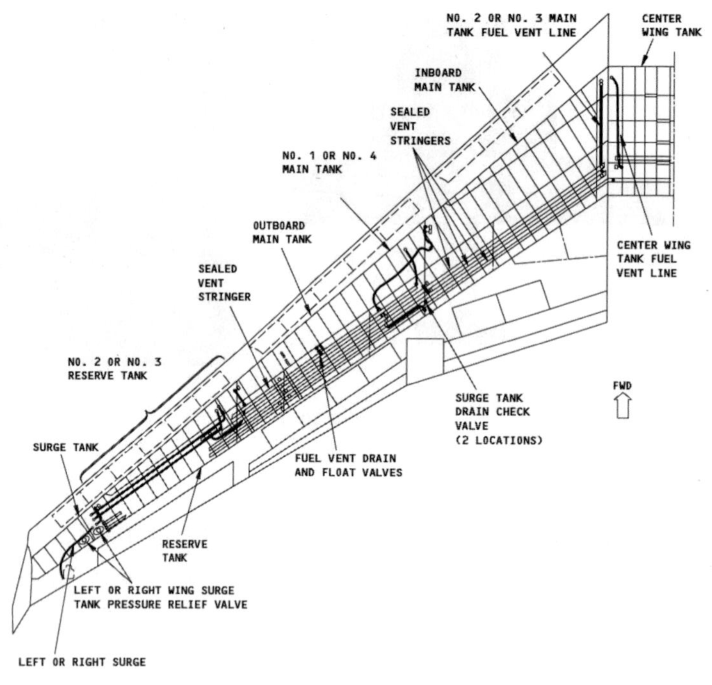

[그림 3-163 연료 탱크 배출도]

1. Vent 계통 Component

① Vent Surge Tank

Wing Tip쪽에 있는 소형의 Tank로서, Vent Scoop에 의해 외부와 통하게 되어 있다. 이 Tank는 Vent 중 배출된 연료를 보관하게 되고, 일정량 이상이 되면 이 연료는 Vent Scoop를 통해 배출된다.

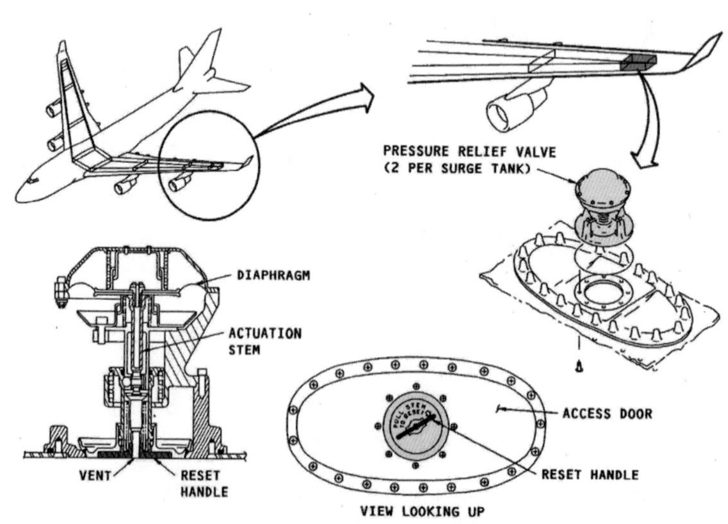

[그림 3-164 B747-400 벤트 서지 탱크 위치 및 감압 밸브]

② Vent Duct

Vent Surge Tank와 각각의 Main Tank는 Vent Duct로 연결되어 있으며 Wing Upper Stringer 일부가 사용되기도 하고 대구경의 Tube가 장치되기도 한다.
Stringer를 Vent Duct로 이용하면 기체의 무게를 감소시키는 효과가 있다.

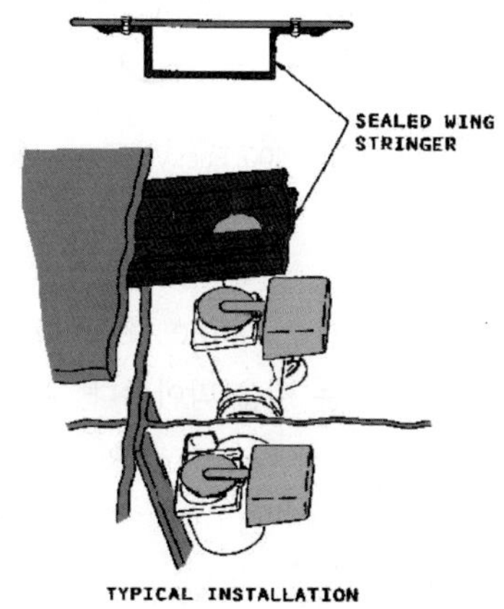

[그림 3-165 B747-400 Fuel Vent Duct Assembly]

③ Vent Float Valve

Tank내의 Vent Duct와 연결되어 있는 Vent Tube의 끝 부위에 장착되어 있으며 기체 자세의 변화나 연료량의 증가에 따라 연료의 면이 Float에 이르면 닫히게 되어 연료가 Vent Surge Tank로 유출되는 것을 제한한다.
주로 Tank의 바깥쪽 Vent Tube에만 장착되어 있다.

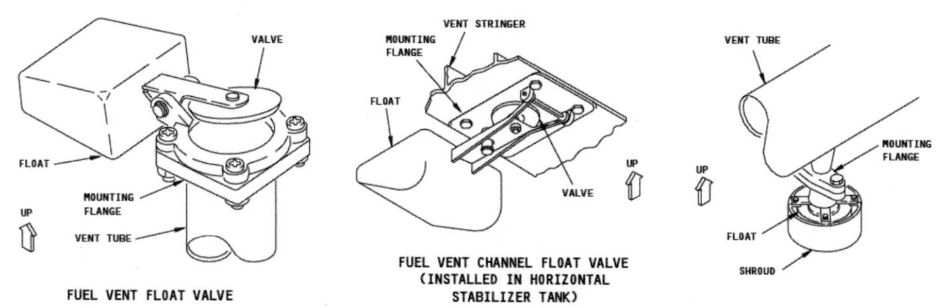

[그림 3-166 B747-400 Fuel Vent Float Valves]

④ Surge Tank Drain Check Valve

각 Tank로부터 Vent Duct를 통해 유출되어 Vent Surge Tank에 모인 연료는 Surge Tank Drain Check Valve를 통해 Main Tank로 보내진다. Flapper Type Check Valve가 주로 쓰인다.

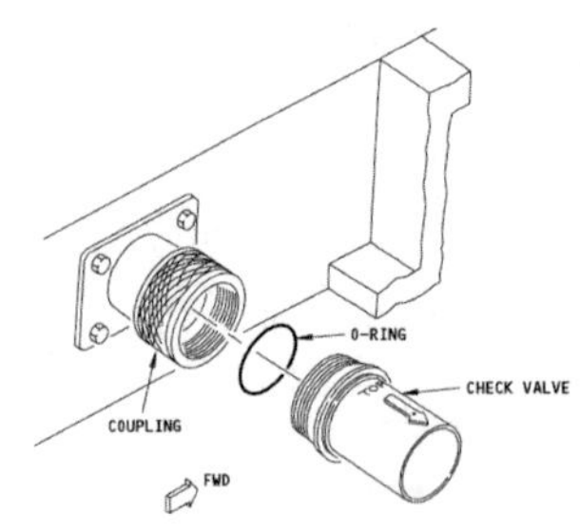

[그림 3-167 B747-400 Fuel Vent Drain Valve]

⑤ Flame Arrester(화염 차단 장치)

Vent Surge Tank와 Vent Scoop 사이에는 Flame Arrester(화염 차단 장치)가 장착되어 있으며 외부의 화염이 Vent Surge Tank로 인화되는 것을 막아준다. Aluminum Honeycomb Disc가 많이 쓰인다. Flame Arrester가 막힐 때를 대비해서 Pressure Relief Valve가 장착되어 있다.

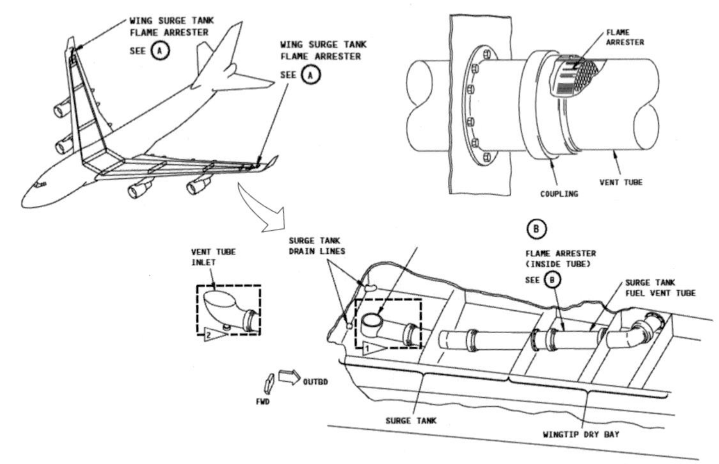

[그림 3-168 B747-400 날개 서지 탱크 화염 차단 장치 요소]

4. Fueling 계통

Refueling(보급)과 Defueling은 Wing 하부에 마련된 Fueling Receptacle을 통해 이루어진다.
보급하고자 하는 연료량을 미리 Set하고 보급량이 이 Level에 이르면 자동으로 급유가 정지되도록 설계되어 있으며 해당 Tank의 Quantity Indicator를 주시하고 요구량에 이르면 수동으로 정지시키도록 되어 있는 항공기도 있다. 항공 연료는 인화성이 높고 휘발성이 있기 때문에 Fueling 작업 시에는 화재에 대한 특별한 주의가 요구된다. Fuel Line을 통해 연료가 흐르면 정전기가 발생하여 축적되므로 Fueling 작업 시는 정전기를 배출시킬 수 있도록 반드시 삼점 접지가 이루어져야 한다.
삼점 접지는 ① 연료차 - 지상, ② 항공기 - 지상, ③ 연료차 - 항공기의 순서로 하며 연료 보급 중에는 항공기의 Weather Radar나 HF Radio(단파 통신)를 작동하면 안된다.
Fueling 계통은 Fueling Station, Fueling Valve, Fueling & Jettison Manifold로 구성되어 있다.

1. Fueling 계통 Component

① Fueling Station(연료보급)

주로 Wing 하부에 마련되어 있으며 Access Door로 씌워져 있다. Fueling Receptacle과 Fueling Control Panel로 구성되어 있다. Fueling Control Panel은 Preselect S/W와 Preselect Indicator, Tank별 Quantity Indicator와 Fueling Shut off Valve Control Switch 및 Valve Position Light가 있다. 또한, 어떤 항공기는 Grounding Point 및 Service Interphone Jack도 장착되어 있다. A300-600 항공기에는 Fueling Control Panel이 동체 하부에 장치되어 있다.

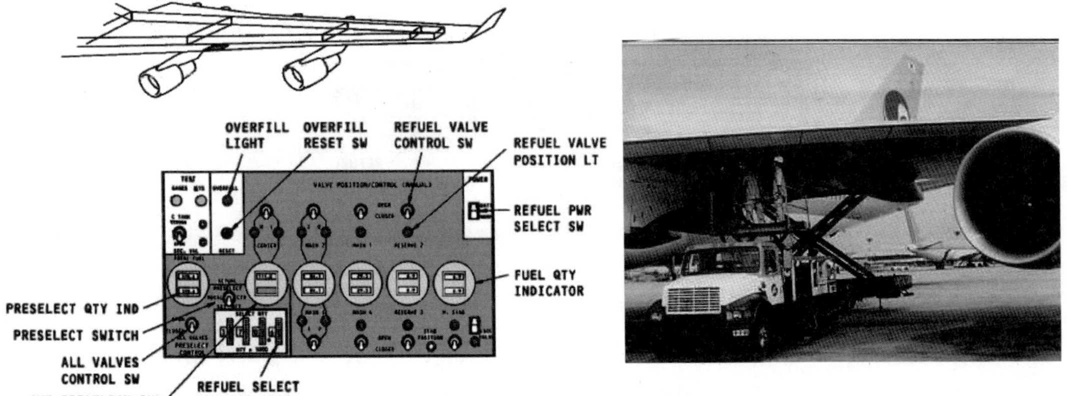

[그림 3-169 B747-400 주유 연료량 표시기 및 사전 점검]

② Fueling Receptacle(연료 주입구)

Dispenser(연료 급유 차량)에서 오는 Hose와 연결되는 부분이며 Manual Shut off Valve를 열면 Fueling Manifold와 통하게 된다.

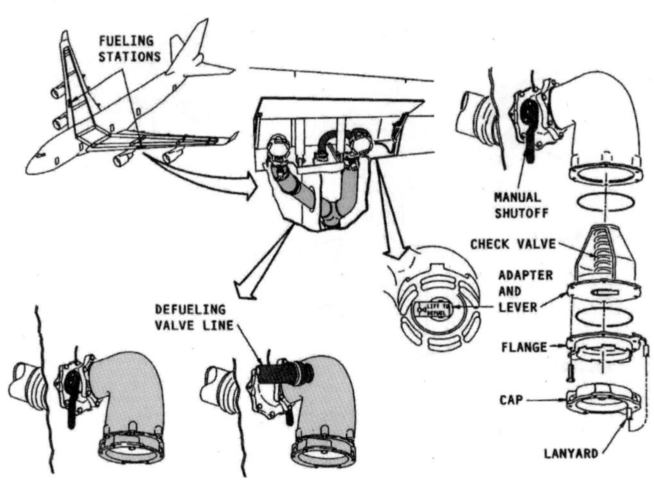

[그림 3-170 B747-400 연료 리셉터클 및 어댑터]

③ Fueling Manifold(연료 공급 매니폴드)

Receptacle을 통해 Dispenser로부터 공급된 연료는 Fueling Manifold로 모이게 되며, 이 Manifold에 장착된 Tank별 Shut off Valve를 통해 각 Tank로 보내진다.

Fueling Manifold는 Defueling, Dumping 및 Tank 간의 연료 이송에도 이용된다.

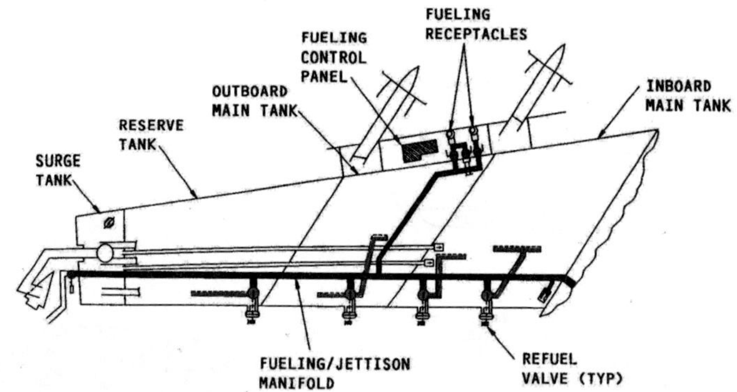

[그림 3-171 B747-400 날개 연료탱크 시스템]

④ Fueling Shut Off Valve(연료 차단 밸브)

Fill Valve라고도 하며, Solenoid(전자 개폐기)와 Valve Body로 구성되어 있다. Fueling Control Panel의 Switch에 의해 전기적으로 Control되고 Fuel Pressure에 의해 열린다.

또한 Tank가 Full로 채워지거나 미리 Set된 양에 도달하면 전기적으로 이 Valve를 닫아 연료 보급을 중단시킨다. Manual Override Open/Close 기능도 있다.

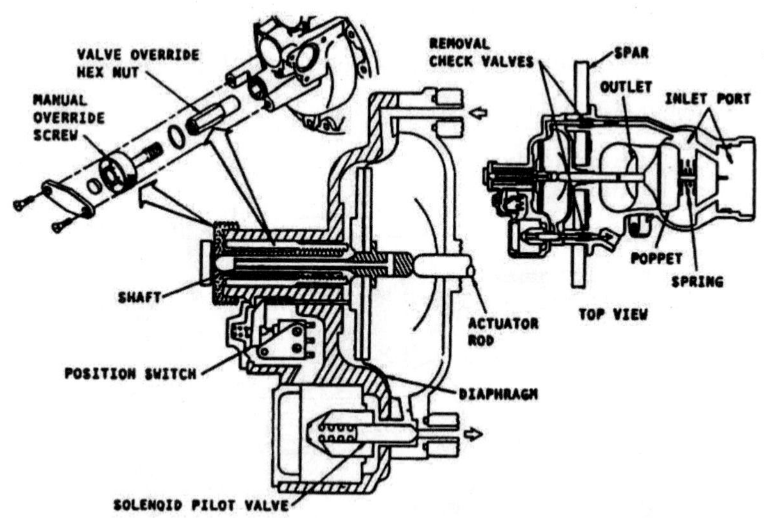

[그림 3-172 급유 밸브 제어 장치 작동]

⑤ Over Fill Float Switch(과잉 보급 프로트 스위치)

Tank에 Over Fill(과잉 보급)된 연료는 Valve Tube 및 Duct를 통해 Vent Surge Tank로 모이게 되며

이 곳에 장착되어 있는 Over Fill Float Switch가 작동되어 모든 Fueling Valve를 "Close"시키는 전기적 회로가 이루어지게 된다.

주유 중 이 Switch의 기능이 불량하면 연료는 Vent Scoop을 통해 Tank 외부로 Spill(배출) 된다.

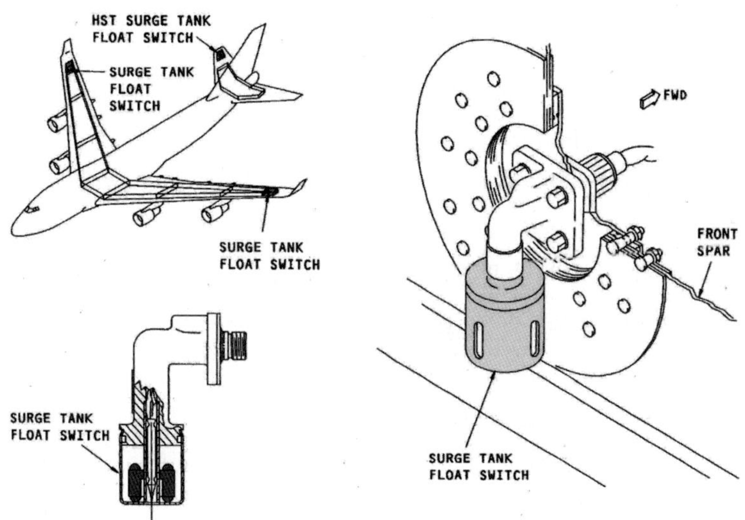

[그림 3-173 B747-400 Surge Tank Float Switch]

5. Engine Feed System(엔진 공급 시스템)

이 계통은 Main Tank의 연료를 Engine의 연료 계통에 연결해 주는 역할을 한다.

Engine으로의 연료 공급은 Tank 내에 설치되어 있는 Boost Pump에 의한 압력 공급 방식을 채택하고 있다.

어느 한 개 Tank의 연료는 해당 Engine으로 공급되며 다른 Engine으로 Cross Feed 될 수 있다.

Engine Feed System은 Cockpit의 Fuel Control Panel에서 조작한다.

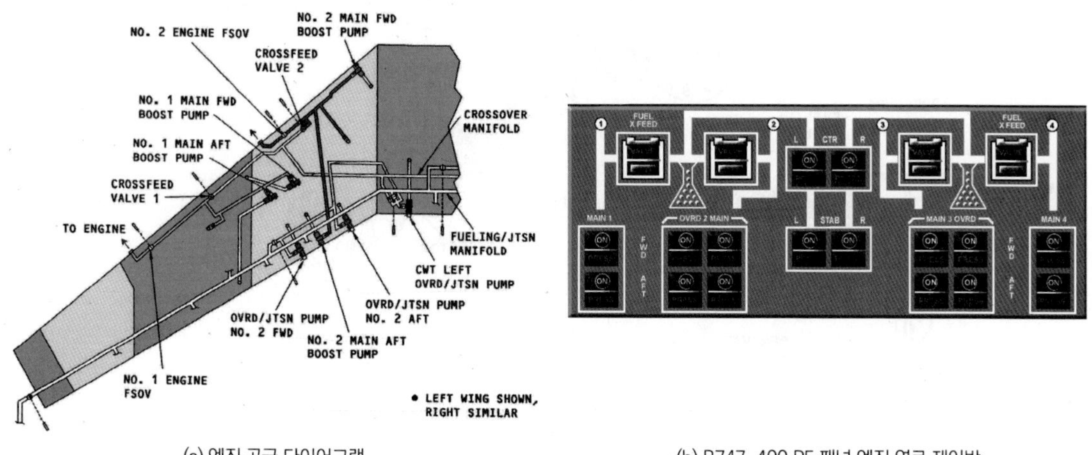

(a) 엔진 공급 다이어그램

(b) B747-400 P5 패널 엔진 연료 제어반

[그림 3-174 엔진 연료공급 시스템료]

1. Feed 계통 Component

① Fuel Boost Pump(연료 부스트 펌프)

Main Tank의 유면이 가장 낮은 곳에 2개씩 설치되어 있으며 Tank의 연료를 Engine으로 압송하여 준다. 또한 이 Pump는 한 Tank의 연료를 다른 Tank로 이송하는 데 사용된다.

Pump의 작동은 Fuel Control Panel의 Switch 조작에 의하며 28[V] AC Motor에 의해 구동되는 원심형의 Pump이다. Electric Power의 공급이 중단되거나 Pump 자체가 고장일 경우에는 엔진 구동 펌프에 의해 흡입 공급이 가능하도록 Boost Pump By-Pass Line이나 Impeller By-Pass Port가 설치되어 있다.

Boost Pump 구동 Motor의 냉각 및 윤활은 연료에 의해 이루어지므로 Pump를 작동시킬 때는 Tank 내에 연료가 충분히 있음을 반드시 확인하여야 한다. Impeller와 Motor 사이에 장착된 Seal은 연료나 연료 증기가 Motor로 유입되는 것을 방지한다.

Boost Pump를 장탈하면 Inlet 및 Outlet Port에 있는 Check Port에 있는 Check Valve들이 닫히게 되어 연료의 누설 없이 교환 작업을 가능하게 한다. Pump의 작동 Tank로부터 Pump에 연료가 유입되면 빠른 속력의 Impeller는 연료를 모든 방향으로 뿜어낸다. 회전력에 의해 연료는 소용돌이치게 되고 이 때 발생된 원심력에 의해 연료로부터 공기 및 증기가 분리된다.

이렇게 함으로써 Vapor Free Fuel은 Engine으로 공급되고 분리된 증기는 Tank 상면으로 떠올라 Vent 계통을 통해 빠져나간다. 원심 펌프는 Positive Displacement Pump가 아니기 때문에 Relief Valve가 필요하지 않다. 그림 3-175는 B747-400 A/C의 Boost Pump 예이다.

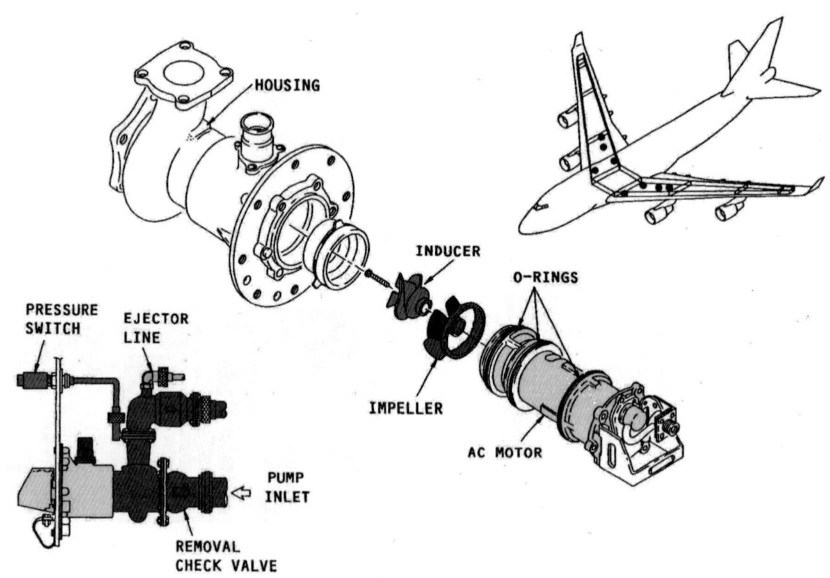

[그림 3-175 B747-400 A/C의 Boost Pump]

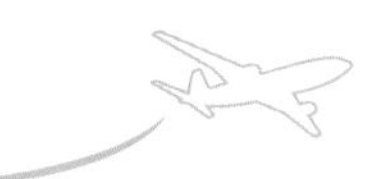

② Removal Check Valve, Discharge Check Valve

Pump의 Inlet(입구)와 Outlet(출구)에 설치되어 있으며, 대부분 Spring Load Closed Flapper Type Valve이며 역류를 방지하여 Pump 교환 시 연료의 누설을 막아 주고 다른 Pump로부터 오는 Fuel Pressure가 작동하지 않는 Pump를 통해 Tank로 역류되지 않도록 한다.

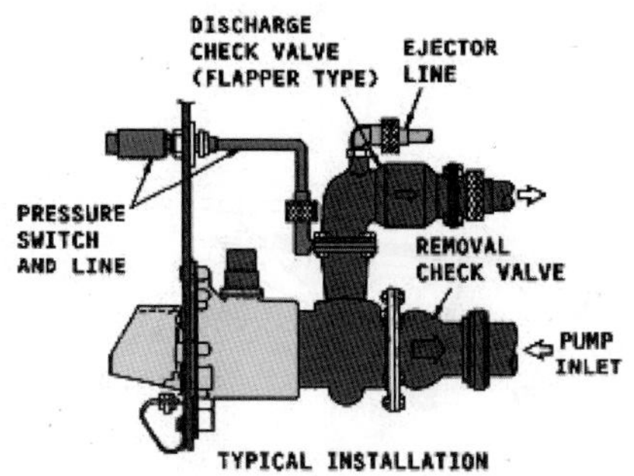

[그림 3-176 B747-400 부스트 펌프 및 제거, Discharge 체크 밸브]

③ Boost Pump Low Pressure Switch(부스트 펌프 저압 스위치)

Boost Pump의 Outlet쪽에 연결된 Line에 장착되어 있으며 Pump가 작동되지 않거나 Output Pressure가 일정 기준치 이하이면 Low Pressure Switch가 작동되어 Fuel Control Panel의 Low Pressure Warning Light를 켜주어 Pump의 작동 상태를 Flight Crew에게 알려 준다.

④ Engine Shut Off Valve(엔진 차단 밸브)

Low Pressure Shut off Valve(저압 차단 밸브) 또는 Fire Shut off Valve(파이어 차단 밸브)라고 하며 Wing의 Front Spar나 Engine Pylon 내에 설치되어 있다. Tank에서 Engine으로의 연료 공급을 최종적으로 Control하여 Engine의 화재 발생시나 정비 작업시 연료 공급을 차단하는데 사용된다.
전기 Motor에 의해 구동되는 형식 및 Control Cable에 의해 기계적으로 조작되는 형식의 두 종류의 Valve가 있다. 조종석의 계기판에는 이 Valve의 개폐 위치를 지시하는 Indicator가 있다.

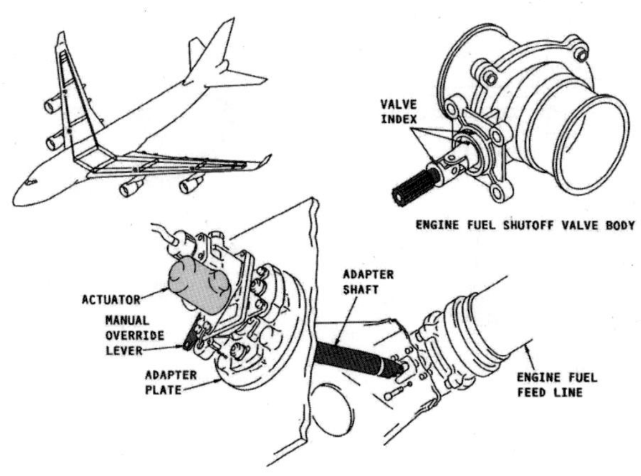

[그림 3-177 B747-400 모터 작동 게이트 타입의 Shut Off Valve]

⑤ Cross Feed Valve

Boost Pump Outlet Check Valve와 Engine Shut off Valve 사이에 장착되며 Fuel Control Panel의 Rotary Selector Switch에 의해 조작된다. 이 Valve는 한 Tank에서 Cross Feed Manifold를 통해 다른 Engine으로 연료를 공급하거나 Tank와 Tank 간의 이송 및 Pressure Defueling 시에 사용된다. 다른 Valve들과 같이 Rotary Selector 부근에 밸브 위치 표시등이 있어 Valve의 작동 상태를 지시해 준다.

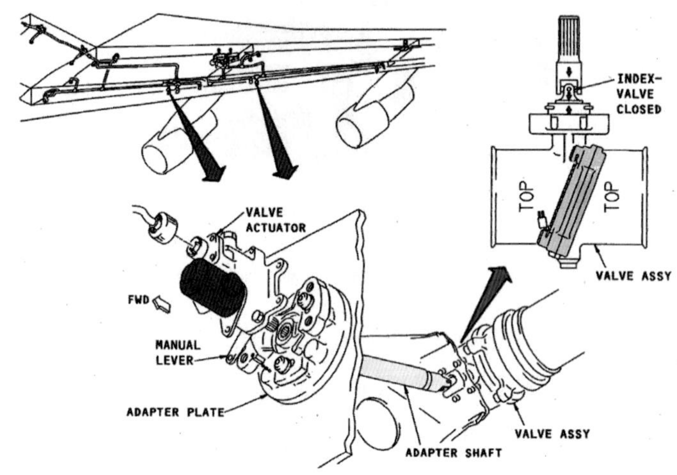

[그림 3-178 B747-400 연료 교차 공급 밸브 어셈블리]

⑥ Water Scavenge

Tank의 낮은 부위에는 수분이 고이게 되며 이는 Skin의 부식 원인이 된다. 특히 Tank Unit 주위에 고여 있는 수분은 부정확한 연료량을 지시하게 된다. Water Scavenge계통은 Boost Pump의 Outlet Pressure에 의해 작동되는 Jet Pump로 수분을 유도하여 Pump Inlet 주위로 뿜어주면 연료와 혼합되어 Engine Feed계통으로 보내진다.

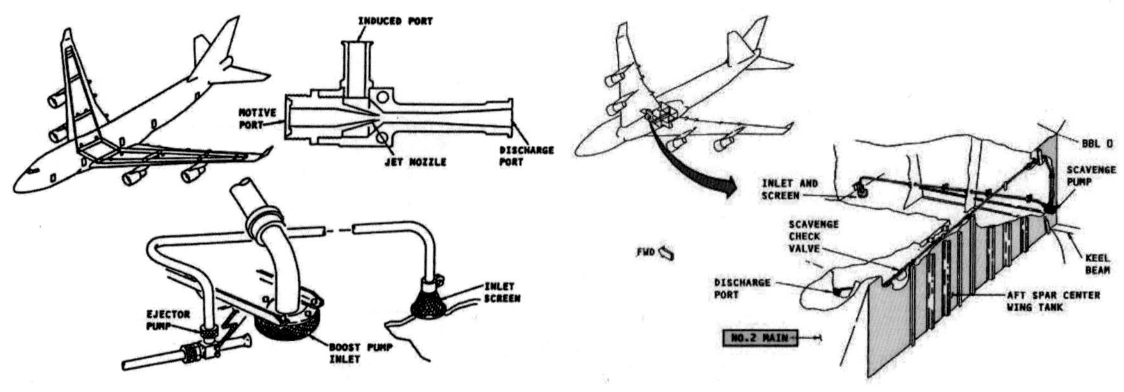

[그림 3-179 B747-400 Water Scavenge Ejector Pump 및 Center Wing Tank Scavenge System]

6. Fuel Jettison System(연료 분사 시스템)

Dump System이라고도 하며, 비행 중 항공기 중량을 최대 착륙 중량 이내로 감소시키기 위해 연료의 일부를 대기 중으로 방출시키는 계통이다. 연료를 단시간 내에 방출할 수 있도록 설계되어 있으며, Tank의 잔류 연료량은 Jettison Pump의 Inlet 위치나 Fuel Quantity Indicating System에 의해 남게 되며, 규정상 10,000[ft] 상공에서 45분간 비행 및 1회의 이착륙을 수행할 수 있는 연료량을 남기게 된다.

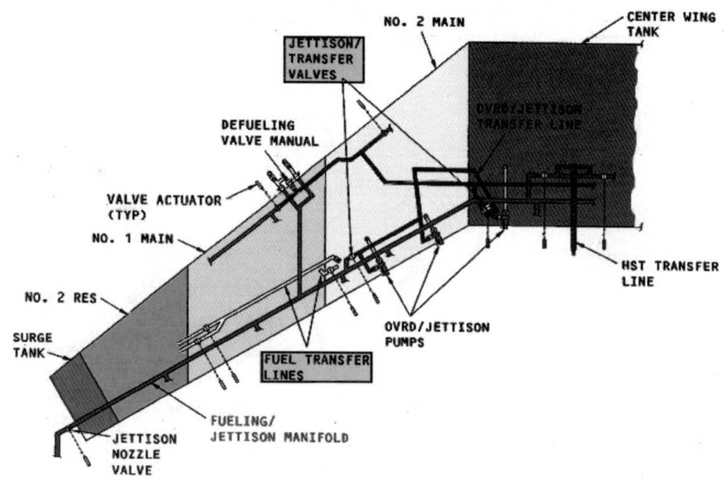

[그림 3-180 B747-400 Fuel Jettison System(연료 분사 시스템)]

1. Jettison 계통 Component

① Jettison Pump

비행 중 연료의 Dumping은 급속히 이루어져야 하므로 Tank의 연료는 Pump에 의해 가압 되는 것이 효과적이다. B-747 항공기에는 각 Tank마다 2개의 Jettison Pump가 장착되어 있으며 연료를 Jettison Manifold로 압송하여 Jettison Nozzle을 통해 빠른 속도로 방출되게 한다. Pump의 조작은 조종석의 Jettison Control Panel에서 이루어진다.

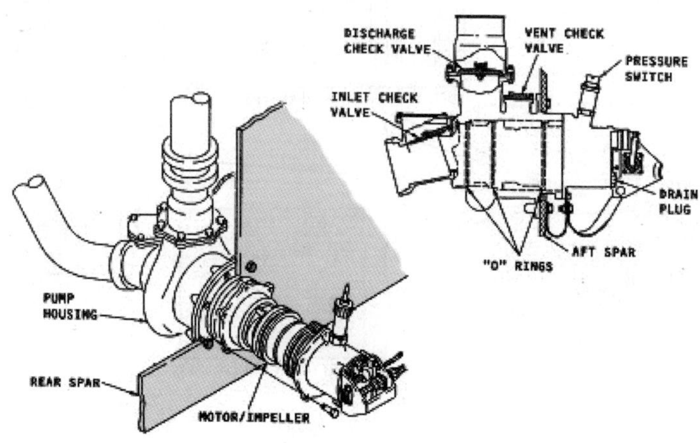

[그림 3-181 B747-400 Fuel Jettison Pump Unit]

② Jettison Manifold, Valve, Nozzle

Jettison Manifold는 Tank 내부에서 Tank와 Tank를 가로질러 설치되어 있으며 Jettison Pump와 Jettison Valve를 연결하여 준다. Valve의 Down Stream에는 Jettison Nozzle이 장착되어 있다.

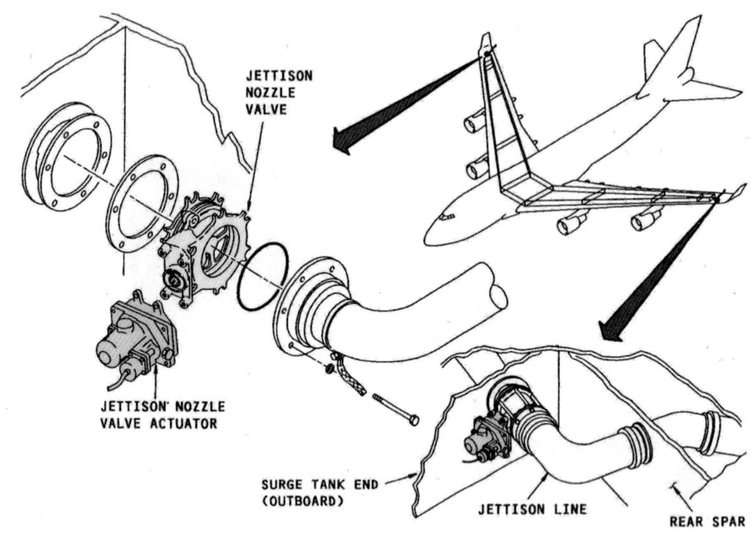

[그림 3-182 B747-400 Fuel Jettison Nozzle Valve Assembly]

③ Jettison Control Panel

Jettison계통의 Control Switch와 Indicating Light들은 한 군데 모아서 Flight Crew의 손이 쉽게 미칠 수 있는 곳에 배치되어 있다.

붉은색 Cover로 씌워져 있으며 동선으로 Safety Wire(안전 결선) 되어 있다.

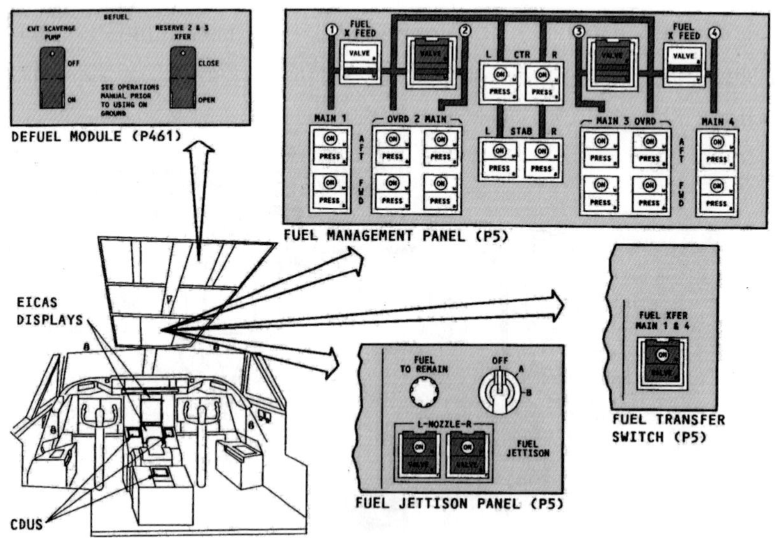

[그림 3-183 B747-400 P5 패널 연료 시스템 및 연료 분사 제어 스위치]

7. Defueling & Transfer

Tank의 연료는 정비목적으로 필요시 Defueling 및 Transfer를 통해 특정 연료 Tank를 비우거나 Tank간에 Fuel Load의 Balance를 유지한다.

1. Defueling

Tank내의 연료를 Fueling Receptacle을 통해 연료차로 빼내는 절차로서 2가지로 나눌 수 있다.

- Suction Defueling : 연료 차에서 Tank의 연료를 Suction 해내는 방법이다.
- Pressure Defueling : Tank내의 Boost Pump를 이용해서 연료차로 배출해 내는 방법이다.

2. Transfer

이 절차는 Fueling Receptacle에 연료차 Hose는 연결하지 않은 채 Pressure Defueling 절차와 Pressure Fueling 절차를 동시에 수행함으로써 어느 한 Tank에서 다른 Tank로 연료를 이송하는 방법이다. 이 절차 수행 시는 특히 Wing의 Outboard에 있는 Tank로 연료를 이송하고자 할 때는 기체의 Balance에 유의해야 한다.

8. Indicating System

1. Quantity Indicating 계통

대부분의 항공기에서 채택하고 있는 방식은 Electronic Capacitance Type이다. 이는 Tank 내에 설치된 Quantity Transmitter 즉, Tank Unit에 의해 측정된 연료량을 Cockpit(Flight Deck, 조종실)과 Fueling Control Panel의 Quantity Indicator에 지시하게 한다.

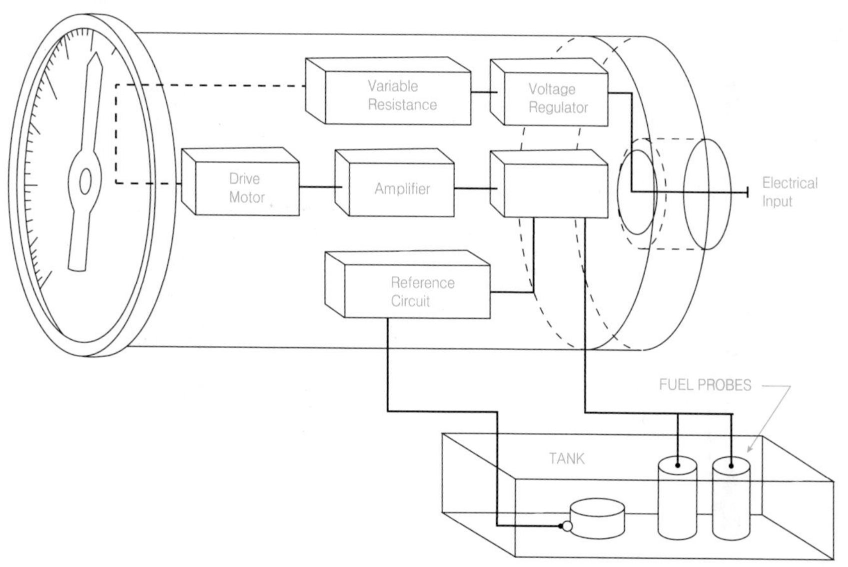

[그림 3-184 Capacitance유형 수량계의 구조]

① Quantity Indicating 계통 Component

ⓐ Tank Unit

Tank Unit는 가변 Capacitor(Condenser, 축전기)들로써 중심부에 절연 분리된 2개의 전극으로 구성되어 있으며 Unit의 끝부분이 개방되어 Tank 내의 연료면과 같은 높이로 전극을 통해 연료가 채워지도록 되어 있으며 이 부분이 Indicator 내부에 있는 Capacitance Bridge 회로의 가변 저항이 된다. 연료 유면이 변하게 되면 Tank Unit의 Capacitance치가 변하여 Bridge Circuit를 Unbalance 시켜 계기의 Needle을 돌려 유량을 지시하도록 한다. Tank Unit은 Tank의 크기나 위치에 따라 여러 개가 장착되어 있다.

ⓑ Compensator

연료의 체적은 온도에 따라 변화한다. Tank Unit에 의해 측정된 연료의 체적은 Compensator에 의해 밀도가 보상되어 무게로 지시하게 된다. 당사 항공기에서는 파운드 단위를 채택하고 있다.

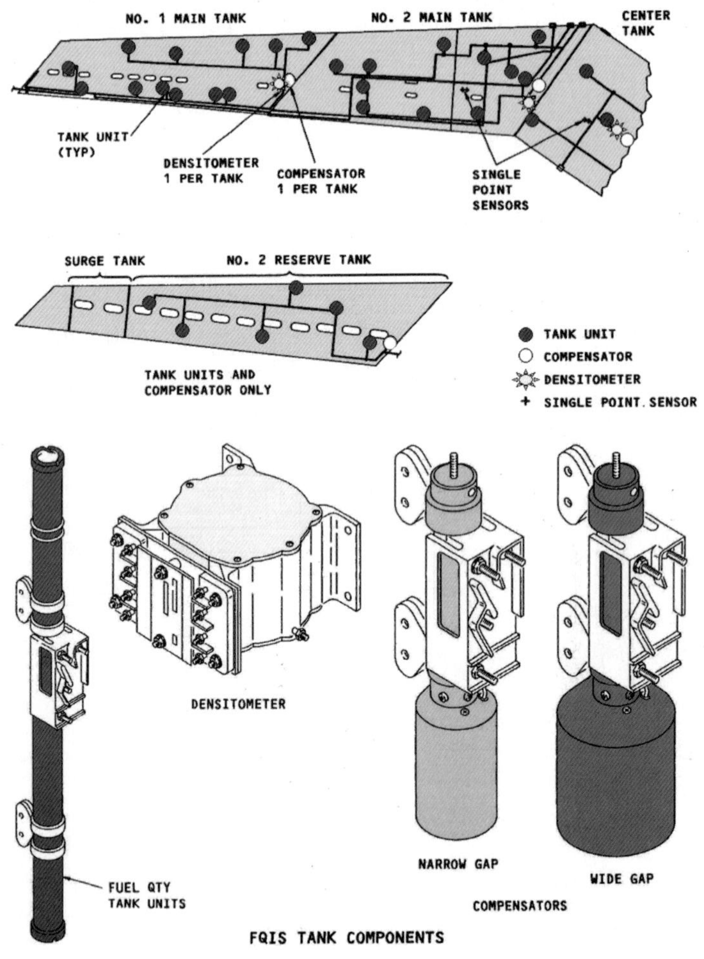

[그림 3-185 B747-400 탱크 연료 수량 시스템 구성 요소]

ⓒ Fuel Quantity Indicator

Cockpit의 Fuel Control Panel에는 각 Tank별로 1개씩의 Master Fuel Quantity Indicator가 Tank의 위치대로 배치되어 있다. 각개의 Master Indicator로부터 Signal을 받아서 작동하는 Repeater Indicator는 Fueling Control Panel에 장착되어 있다.
또한 Cockpit에는 모든 Tank의 연료량을 모아서 지시하는 Total Quantity Indicator가 있다. 이 Indicator는 항공기의 총 중량을 지시하는 Gross Weight Indicator와 일체로 되어 있다. 신형 항공기의 연료계기는 대부분 Digital Indicator이다.

2. Fuel Temperature Indicating(연료 온도 표시)

Fuel Temperature Indicating계통은 Resistance Element Type의 Sensor와 Indicator로 구성되어 있다. Tank내의 연료 온도 및 Engine으로 공급되기 직전의 연료 온도를 감지하여 조종사에게 지시하여 줌으로서 Engine Oil의 냉각, 수분에 의한 Engine Fuel Filter의 결빙, Fuel Heater의 작동 등에 대비하여 참고하도록 하여 준다.

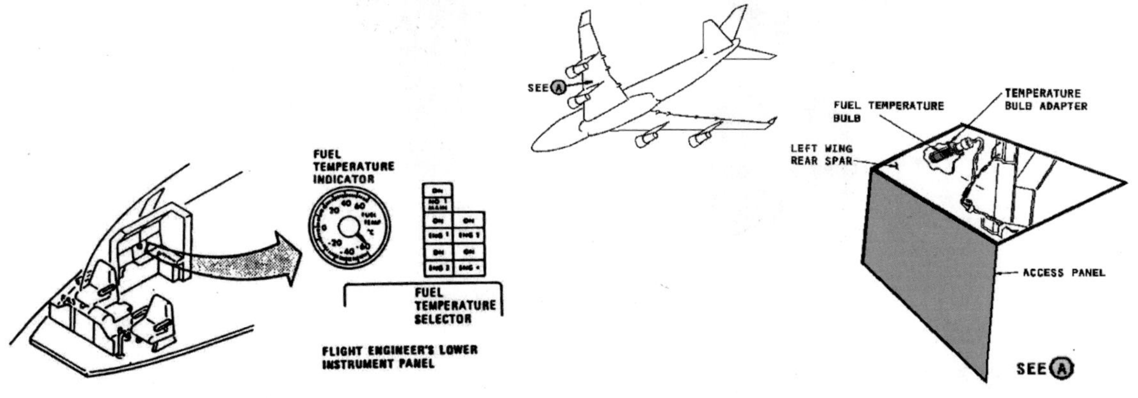

[그림 3-186 연료 온도 및 수량 표시]

9. 기타

1. Fuel Line

연료 계통의 Tank와 구성품들은 Metal Tube나 Flexible Hose(유연한 호스)로 서로 연결되어 있다. Metal Tube는 Al-Alloy Tube가 Flexible Hose는 Synthetic Rubber Hose(합성고무호스)나 Teflon Hose가 쓰인다. Tube의 직경은 Engine이 요구하는 Fuel Flow에 의해 결정된다. 동체 내부로 통과하는 Fuel Line은 Shroud로 싸여 있고 Shroud와 Fuel Line 사이에 누설된 연료는 Ram Air로 환기시켜 화재의 위험성을 최소화 한다.

2. 연료 누설 상태의 분류

연료가 누설되어 30분 사이에 적셔진 표면의 크기를 누설 상태 분류의 기준으로 삼는다. 누설 부위를 깨끗한 면 걸레로 닦아내고 건조시킨 후 30분 경과 시의 누설 상태를 4종류로 구분한다.

- Stain : 젖어있는 부위의 크기가 누설 근원지 주위를 따라 직경 3/4"를 넘지않는 상태
- Seep : 젖어있는 부위의 크기가 누설 근원지 주위를 따라 직경 3/4"-1½"사이
- Heavy Seep : 젖어있는 부위의 크기가 누설 근원지 주위를 따라 직경 1½"-3"사이
- Running Leak : 연료가 누설되어 표면에서 떨어지거나 수직으로 흐르거나 손가락이 닿았을 때 타고 흐르는 상태이며 매우 위험한 상태로 비행을 중단하고 수리를 해야 한다.

Stain, Seep, Heavy Seep 상태의 항공기를 수리할 시기를 판정할 때는 해당 기종의 Maintenance Manual을 참조하여야 한다.

누설 위치에 따라 이 판정은 바뀌어지며 일정 장소의 누설 부위의 수도 판정 요소가 된다. Running Leak는 누설 위치에 관계없이 비행을 중단하고 수리하여야 한다.

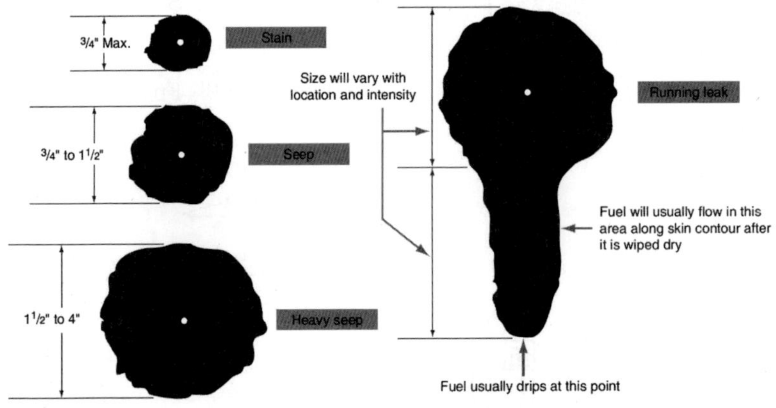

[그림 3-187 연료 누설 상태의 분류]

3. 연료 누설 부위의 수리

Integral Fuel Tank의 누설 근원지를 탐지하려면 Tank로 들어가 예상되는 누설 부위에 대해 Fillet의 Crack이나 접착력의 약화, Pinhole의 발생, Fastener의 헐거워짐 등을 육안 검사한다. 잘 보이지 않는 부위는 거울을 이용한다. Fillet로부터 1/2[Inch] 떨어진 위치에 Nozzle을 대고 100[psig] 이내의 공기압을 가하여 누설 부위를 찾아낸다.

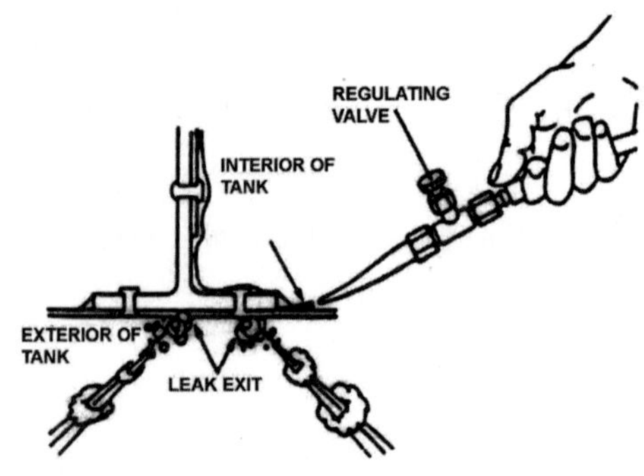

[그림 3-188 연료누설 근원지의 탐지 Blowout Method]

이 때는 Tank 외부 Skin의 예상되는 부위에 비눗물을 발라주면 효과적이다. 접착력이 약화된 Fillet은 즉시 제거되어야 한다.

들고 일어난 부위의 Fillet은 Hard Plastic이나 목재 칼로 자르고 끊어져 분리될 때까지 한쪽 끝을 잡고 Structure로부터 잡아당겨 떼어낸다. Sealant가 제거된 부위는 Al Wool로 문질러 Sealant 흔적을 완전히 없앤다. Vacuum Source를 이용하여 부스러기를 빨아내고 MEK나 Acetone으로 적신 천으로 닦아낸다. 깨끗하고 완전히 건조되었을 때만 Sealant를 바르게 되며 Sealant의 혼합과 Sealing 작업은 생산자나 항공기 제작사가 권고하는 절차에 따른다.

4. Tank Entry

정비 작업을 위해 Fuel Tank에 들어 갈 때는 반드시 Tank 내부를 Purging(Tank 내부 Gas를 뽑아내는 작업)해야 한다. Fuel Tank내의 Vapor는 매우 위험하다. 이 Gas는 인체에는 유독성이 있으며, 쉽게 폭발을 야기할 수 있다.

Fuel Tank내로 들어 갈 때는 호흡기를 착용해야 하며 Tank 외부에는 안전을 위해 한 사람이 반드시 대기해야 한다.

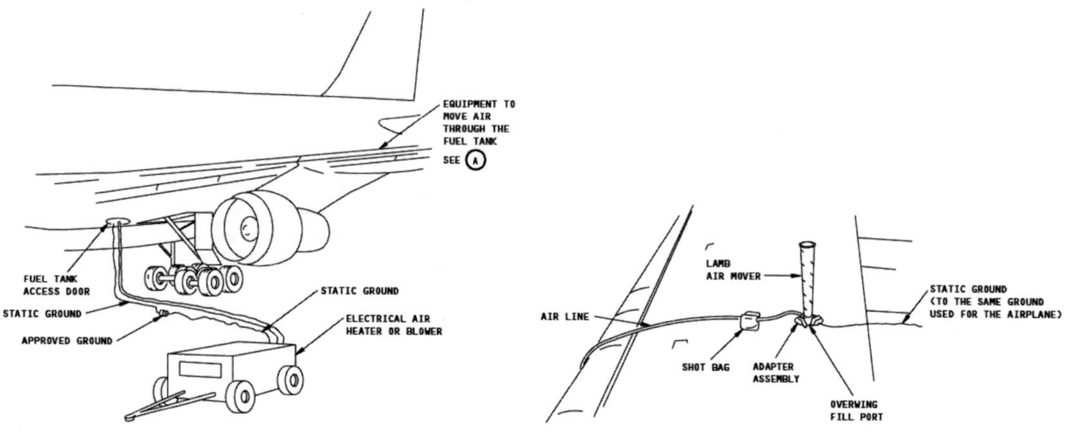

[그림 3-189 Purging중인 Wing Fuel Tank]

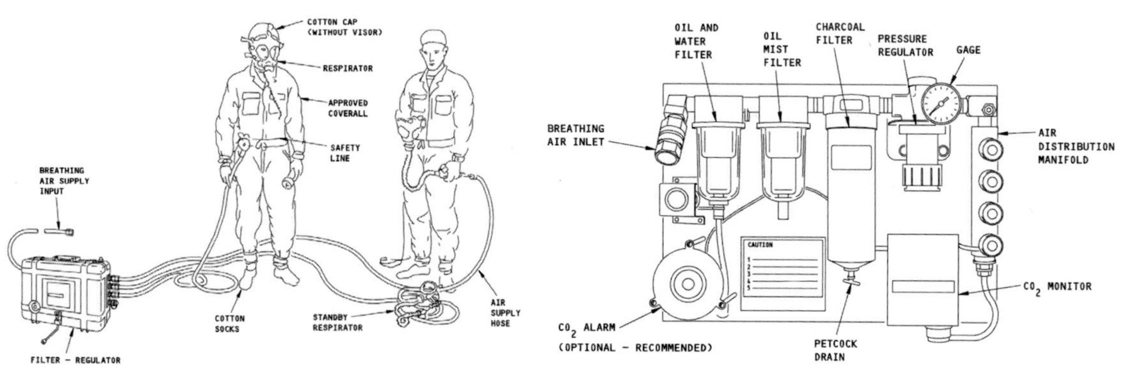

[그림 3-190 연료탱크 작업시 호흡 장비 및 의류의 예]

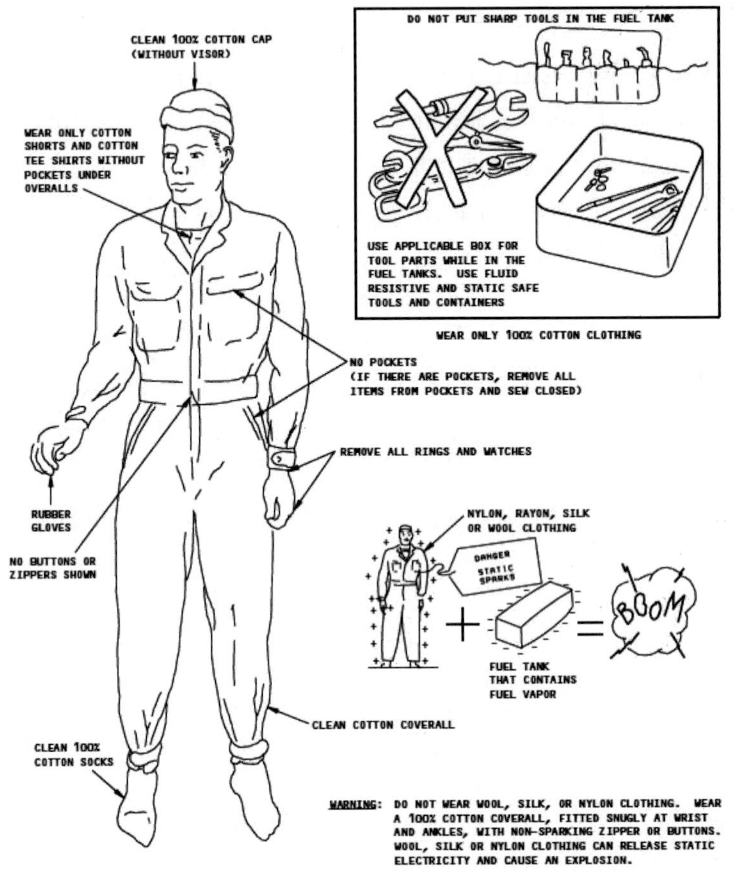

[그림 3-191 연료 탱크 진입시주의 사항]

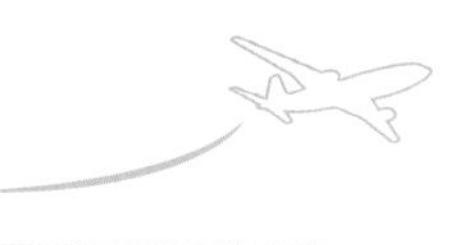

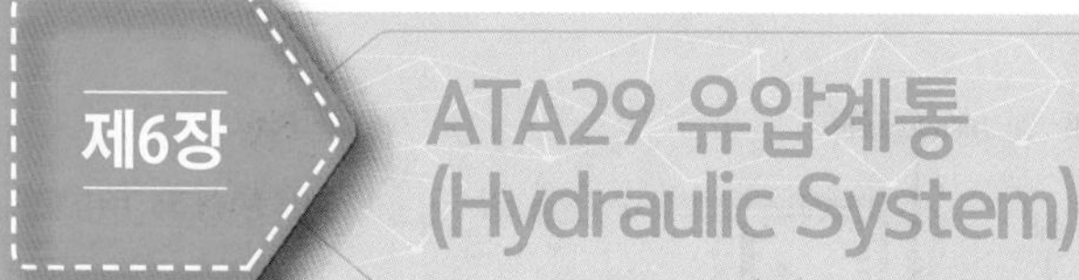

제6장 ATA29 유압계통 (Hydraulic System)

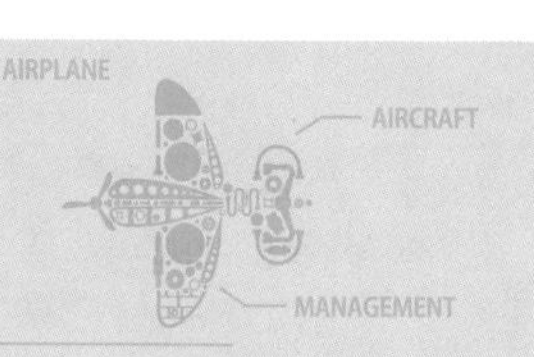

1. General

Hydraulic 이란 말은 그리스어로 물을 의미하며, 원래 정지된 상태에서와 움직이는 상태에 있는 물의 물리적인 작용에 관한 연구를 의미했었으나 오늘날 그 의미는 Hydraulic Fluid(유압 작동유)를 포함한 모든 유체의 물리적인 작용을 포함하도록 확대되었다. Hydraulic System은 항공기에서 새로운 것은 아니다. 초기의 항공기는 유압식 제동장치가 있었다. 항공기가 보다 정교해짐에 따라 유압을 이용한 좀너 새로운 계통이 개발되었다. 몇몇 항공기 제작회사들은 다른 항공기 제작회사보다 많은 Hydraulic System을 사용하고 있으며, 보통 현대 항공기에서 Hydraulic System은 많은 기능을 수행하고 있다. Hydraulic System에 의해서 작동되는 구성품은 Landing Gear(강착장치), Flap, Speed Brake 및 Wheel Brake, Control Surface 등이 있다. 또한 Hydraulic System은 항공기에서 여러 가지 구성품을 작동시키기 위한 동력원으로서 많은 장점을 가지고 있다. Hydraulic System의 장점은 무게가 가볍고 장착이 용이하며, 점검이 단순하고 최소의 정비가 요구되는 장점을 가지고 있다. 유압작동은 작동유의 마찰로 인한 무시해도 좋은 손실만 있으므로 거의 100[%]의 힘의 전달 효과가 있다. 모든 Hydraulic System은 그 기능에 관계없이 본질적으로 동일하며, 사용처에 관계없이 각 Hydraulic System은 최소한의 구성품을 가지고 있고, 몇 가지 형태의 유압 작동유를 사용한다.

2. Hydraulic Fluid(작동유, 유압액)

Hydraulic System Fluid는 작동 시키려는 여러 가지 구성품에 힘을 전달하고 분배하는데 기본적으로 사용된다. Fluid는 거의 비압축성 이므로 이러한 일들을 할 수 있다. 파스칼의 법칙은 어떠한 밀폐된 유체의 어느 한 부분에 압력을 가하면 이 압력은 약화됨이 없이 모든 다른 부분에 균등하게 전달된다는 것을 말한다. 이와 같이 계통에 Fluid가 있다면 압력은 Fluid에 의해서 계통내의 모든 부분에 균일 하게 분배될 수 있다. 유압장비 제작회사들은 작동상태, 요구되는 Service 계통의 내외에 예상되는 온도, Fluid가 견뎌야 하는 압력, 부식의 가능성 및 그 밖에 배려해야 할 다른 조건들을 고려하여 그들의 장비에 사용하기 위한 가장 알맞은 Fluid의 Type을 명시한다. 만약 비압축성과 유동성만이 오직 요구되는 특성이라면 너무 밀도가 진하지 않은 어떠한 Fluid라도 Hydraulic System에 사용될 수 있을 것이다. 그러나 특정한 장치에 사용하기에 만족스러운 Fluid는 많은 다른 특성을 가지고 있어야 한다. 특정한 계통에 대해 만족스러운 Fluid를 선택할 때 고려해야 할 특성과 성질의 몇 가지를 소개한다.

1. Hydraulic Fluid의 특성

① Viscosity(점도)

Hydraulic Fluid의 가장 중요한 특성의 하나는 점도이다. 점도는 흐름에 대한 내부저항이다.

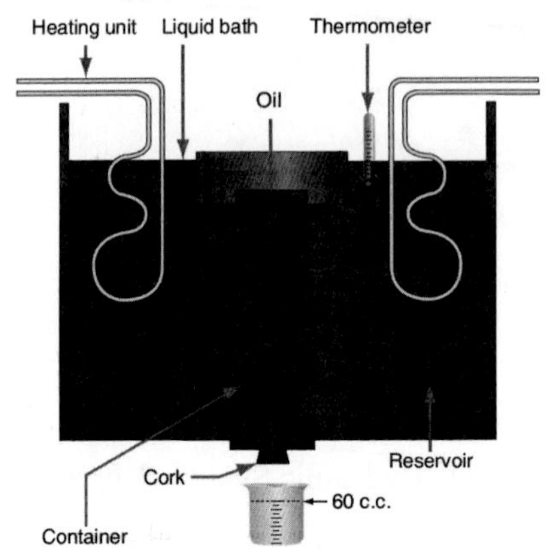

[그림 3-192 Saybolt 점도계]

Tar와 같은 액체는 High Viscosity(천천히 흐름), 반면에 Gasoline과 같은 액체는 Low Viscosity(느리게 흐름)이다. Viscosity(점도)는 온도가 내려가면 증가한다. 주어진 Hydraulic System에 알 맞는 Fluid는 Pump, Valve, Piston에 밀폐 역할을 좋게 하기 위하여 충분한 밀도를 가지고 있어야 한다. 그러나 흐르는데 저항이 발생하여 더 높은 작동온도와 Power의 손실을 가져오므로 너무 밀도가 높아서는 안된다. 이런 요소들은 보기의 과도한 마모와 부하를 증가 시킨다. 너무 희박한 밀도를 가진 액체는 움직이는 부품이나 또는 많은 부하가 걸려 있는 부품을 급속히 마모 시킨다. 액체의 점도는 Vicosimeter나 또는 Viscometer로서 측정한다. 여러 가지 모양의 점도계가 있다. 그러나 미국에서 엔지니어가 자주 사용하는 계기는 Saybolt Universal Viscometer이다. 그림 3-192의 계기는 특정된 온도에서 표준치의 길이와 직경을 가진 작은 구멍을 통해서 일정량의 액체를 흘려 보내는데(60[cc]) 걸리는 시간을 초(Second)로 나타내며, 읽는 점도는 SSU(Second Saybolt Universal)로 표시한다. 예를 들면 어느 액체는 130[°F]에서 점도가 80SSU라고 할 수 있다.

② Chemical Stability(화학적 안정성)

화학적인 안정성은 Fluid를 선택하는데 있어 굉장히 중요한 또 다른 특성이다. 그것은 오랫동안 산화되지 않고 퇴화되지 않도록 하는 유체의 능력을 말한다. 모든 Fluid는 심한 작동상태 하에서 불리한 화학변화를 일으키는 경향이 있다. 이것은 예를 들면 고온에서 상당한 기간 동안 계통이 작동될 때의 경우이다. 과도한 온도는 Fluid의 수명에 커다란 영향을 끼친다. 작동하는 Hydraulic System의 Reservoir(저유기)에 있는 Fluid의 온도는 작동상태를 항상 사실 그대로 지시하지 않는다는 것을 알아야 한다. 국부적으로 한계이상의 집중적인 열을 받는 곳은(Hot Spot) Bearing, Gear, Teeth 또는 적은 구멍을 통해서 가압된 Fluid가 작은 Orifice를 통한 지점에서 일어난다. 이런 지점을 통하여 Fluid가 계속 흐르는 것은 침전물이나 Fluid를 탄화 시키는데 충분한 정도의 높은 국부적인 온도로 상승시킬 수 있으나 Reservoir에 있는 Fluid는 과도하게 높은 온도를 지시하지 못할 것이다. 높은 점도를 가진 Fluid는 같은 Source에서 파생된 경 점도 Fluid나 또는 저 점도 Fluid보다 열에 대해 더 큰 저항력을 가진다. 보통 Fluid는 저 점도이다. 다행히도 Fluid의 요구되는 점도 범위 내에서 사용하기 위해 이용할 수 있는 Fluid의 선택범위는 광범위하다. Fluid는 다른 불순물이나 소금물, 공기에 노출되거나 특히 불변운동이나 열을 받거나 한다면

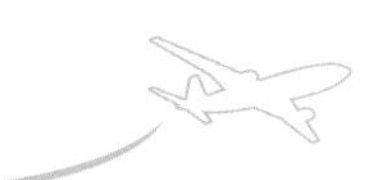

파괴될 수 있다. 아연, 납, 황동, 구리와 같은 물질들은 어떠한 Fluid와 접촉하면 바람직하지 못한 반응을 일으킨다. 이런 화학적인 작용은 찌꺼기 고무, 탄소 또는 뚫린 구멍을 막는 다른 침전물을 형성하여 Valve나 Piston을 고착 시키거나 누설되게 하고 움직이는 부분에 윤활이 잘 안되게 한다. 소량의 찌꺼기나 다른 침전물이 형성되자마자 일반적으로 형성되는 비율은 보다 급속히 증가한다. 그들이 형성됨으로서 Fluid의 물리적인 특성과 화학적인 특성에서 일정한 변화가 일어난다. 보통 Fluid는 색깔이 더 어두워지고 Viscosity가 더 높아지며, 산이 형성된다.

③ Flash Point(인화점)

Flash Point(인화점)란 불꽃을 갖다 댈 때 순간적으로 Flash(점화)하기에 충분한 양의 증기를 액체가 발생시키는 온도를 말한다. 높은 Flash Point를 가진 Fluid가 바람직한 것은 평상 온도에서 기화하는 온도가 낮으며, 연소가 잘 안되기 때문이다.

④ Fire Point(발화점)

Fire Point(발화점)란 Spark나 Flame에 닿을 때 점화하여 계속 탈 수 있을 정도의 충분한 양의 증기를 액체가 발생시키는 온도를 말한다. Flash Point와 같이 바람직한 Fluid는 높은 Fire Point가 요구된다.

3 Hydraulic Fluid의 종류

계통의 적절한 작동을 보상하고 Hydraulic System의 비 금속성 부품에 대한 손상을 피하기 위하여 정확한 Fluid를 사용해야만 한다. Fluid를 계통에 보급할 때 항공기 제작회사의 정비도서나 Reservoir에 부착된 안내 판 또는 사용하는 기기에 기술된 Type을 사용한다. 일반적으로 민간항공기에 사용되는 Hydraulic Fluid에는 3가지가 있다.

1. Vegetable Oil Base Fluid(식물성 오일)

식물성 Fluid(MIL-H-7644)는 본질적으로 피마자 기름과 알콜로 구성되어 있다. 이 Fluid는 알콜 함유로 인하여 코를 찌르는 냄새 때문에 쉽게 구별할 수 있다. 항공기용 식물성 Fluid는 일반적으로 식별하기 위하여 Blue(하늘색)로 착색되어 있다. 이 Fluid는 현재 광범위하게 사용되지는 않는다. 그러나 구형항공기의 Brake System에 여전히 사용된다. 자연 고무 Seal은 식물성 Fluid에 사용된다.

2. Mineral Base Fluid

광물성 Fluid(MIL-H-5606)는 석유에서 가공 처리된다. 이것은 침투유(Penetrating Oil)와 비슷한 냄새를 갖고 있으며, Red(적색)로 착색되어 있다. 이 Fluid에는 Synthetic Rubber Seal(합성고무)이 사용된다. 이 Fluid는 식물성 Fluid나 인산염계 Fluid와 섞여서는 안된다. 이 종류의 Fluid는 연소성이 있다.

3. Synthetic Fluid(합성유)

고성능 Reciprocating 또는 Turbo Prop Engine에 내열 유압 Fluid로 사용하기 위해 1948년에 석유계가 아닌 유압 Fluid가 소개되었다. 이 Fluid는 용접기의(6,000[°F]) Flame 을 통하여 분사시켜 내열 성능이 시험 되었으며, Test 결과 연소 되지는 않았으나 가끔씩 불꽃을 튀길 정도였다. 여러가지 시험 결과 비석유계 Fluid(Skydrol-MIL-H-8466)는 연소를 유발시키지 않음이 밝혀졌다. 극히 높은 고온에서 불꽃을 튀기기는 하나 Skydrol은 Heat Source(열점)에서 부분적으로 연소하기 때문에 불꽃을 주위로 퍼뜨리지 않는다. 일단 Heat Source가 제거되거나 Fluid가 Heat Source로부터 흘러가버리면 더 이상 불꽃이 튀기거나 연소하는 현상을 발생하지 않았다. 몇 가지 종류의 인산염 에스테르 Fluid(Skydrol)는 계속적으로 실용화되지 못하다가 최근에 Skydrol R 500B가 항공기에 사용되게 되었으며, 이 Fluid는 저온에서의 작동 성능 및 저 부식성의 효과를 지니고 있는 자주색의 액체이다. 그리고 Skydrol RLD는 단위 중량이 가벼운 자주색 액체로 대형 수송기에 사용을 목적으로 만들어져 있다.

4 Fluid의 취급

1. Fluid의 혼합

서로의 성분이 다르기 때문에 식물성, 석유계 인산염 에스테르의 Fluid의 혼합은 금지해야 한다. 한 종류의 Fluid에 사용되는 Seal은 다른 종류에는 사용될 수가 없다. 항공기 Hydraulic System에 다른 종류의 Fluid를 주입했다면 곧 Fluid를 빼내고 계통을 씻어내어야 하며, Seal은 제작회사의 규격에 따라 정비해야 한다.

2. 항공기 재료와의 조화

Skydrol R Fluid를 사용하는 항공기의 Hydraulic System은 적당하게 보급된다면 사실상 고장이 나지 않게 설계되었다. Skydrol R은 오염만 되지 않는다면 알루미늄, 은, 아연, 마그네슘, 카드뮴, 철, 스테인레스강, 동, 크롬 등과 같은 항공기의 재료에 영향을 주지 않는다. 인산 염 에스테르계의 Skydrol R에 의해 비닐 성분을 포함한 열가소성 수지, 니트로 셀룰로즈, 옻 또는 유성페인트, 리놀리움, 아스팔트 등은 화학적으로 약화된다. 화학적인 작용은 시간이 상당히 걸리기는 하나, 일단 오염되면 비누로 닦아내고 물로 잘 씻어내어야 한다. Skydrol에 견디는 페인트는 Epoxy의 Polyurethane을 포함하고 있다. 오늘날 Polyurethane은 장시간 광택을 유지하고 또 쉽게 제거할 수 있다는 특성에서 대부분 항공기에 사용되고 있다. Skydrol R은 Monsanto사의 등록 마크로 Skydrol R은 천연섬유, 광범위하게 항공기에 사용되는 나일론, 폴리에스텔 여러 가지 합성물질과 잘 부합된다. 석유계 유압 작동계에 사용되는 Neoprene 또는 Buna-N의 Seal은 Skydrol R과는 잘 조화되지 않으며, Butyl 고무 또는 에틸렌-프로필렌의 탄력체의 Seal로 대체해야 한다.

3. Health and Handling(취급방법)

Skydrol R은 제시된 사용법으로 사용할 경우 인체에 아무런 해독은 없다. 입으로나 피부에 액체상태로 묻었을 때는 대단히 낮은 독성을 가지고 있다. 그러나 실험에 의해 Skydrol R은 영구적이고 치명적인 해독을 끼치지 않는다. 눈에 접촉되었을 때는 우선 물로 충분히 씻어내고 해독제를 주입하고, 의사의 치료를 받도록 해야 한다. 부옇게 무화된 Skydrol R은 호흡에 지장을 준다. 실리콘 연고 고무장갑, 또는 세척 등으로 Skydrol R과 피부의 과도한 접촉을 방지할 수 있다.

항공기기체 II

4. 유압 Fluid의 오염

Fluid가 오염되었을 때마다 Hydraulic System의 고장은 필연적으로 일어난다는 것이 경험상으로 나타났다. 간단한 고장이나 또는 부품의 완전한 파손 등 고장의 원인은 오염의 형태에 어느 정도 원인이 되기도 한다. 오염에는 일반적으로 두 가지가 있다.

- 연마제, 모래, 용접 시 불똥, 기계를 사용할 때 나온 조각, 먼지와 같은 작은 조각들을 포함
- 비연마제 산화 Oil에서 나오는 것, 삭아서 연하게 된 조각들 또는 다른 유기적인 부품과 Seal이 부서진 조각들을 포함

5. 오염 측정

Hydraulic System이 오염되었거나 계통이 기술된 최고 온도를 초과하여 작동 되었다고 생각할 때마다 계통점검을 실시해야 한다. 대개의 Hydraulic System에 있는 Filter(여과기)는 육안으로 볼 수 있는 대부분의 이물질을 제거할 수 있도록 설계되었다. 눈으로 보아 깨끗하게 보이는 Fluid가 사용하기에는 부적당한 점까지 오염될 수도 있다. 이와 같이 Fluid의 육안점검으로는 계통 내 오염의 전부를 알 수 없다. Hydraulic System내의 불순물의 큰 덩어리들은 계통 내에 있는 하나 또는 그 이상의 보기들이 과도하게 마모되었다는 것을 나타낸다. 결함이 있는 보기를 가려내는 데에는 제거에 조직적인 처리가 필요하다. Reservoir로 되돌아가는 Fluid는 계통의 어떤 부분품으로부터 불순물을 함유할 수도 있다.

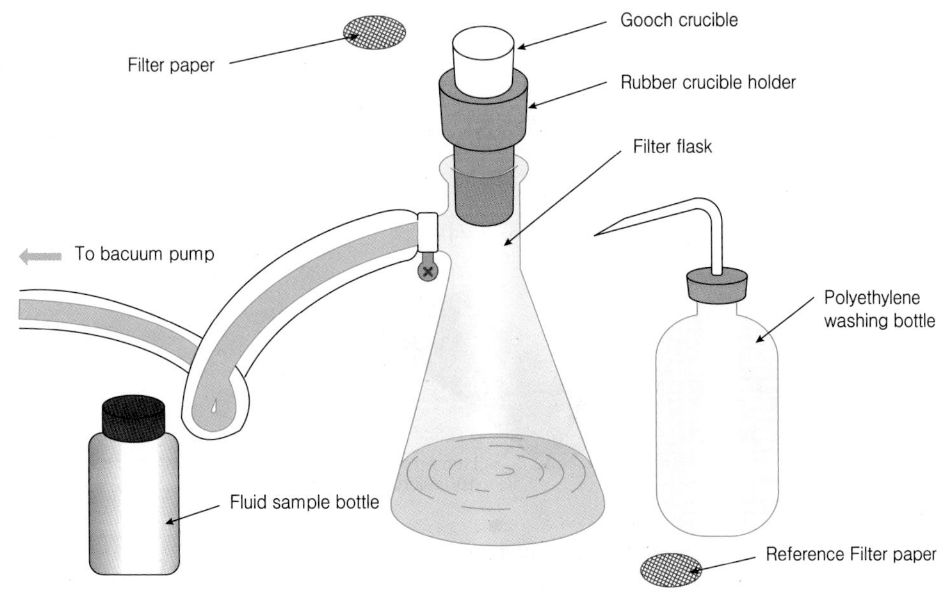

[그림 3-193 오염 측정 기자재]

보기가 결함이 있다는 것을 결정하기 위하여 견본 Fluid를 Reservoir와 계통의 다른 위치에서 채취해야 한다. 견본 Fluid는 각 Hydraulic System에 대한 해당 제조회사의 안내서에 의하여 채취하여야만 한다. 어떤 Hydraulic System에는 견본 Fluid를 채취하기 위한 장소를 마련하기 위하여 Line을 분리해야 하는 반면 어떤 것은 고정적으로 Bleed Valve가 장치되어 있다.

어느 쪽의 경우이든 Fluid를 채취하는 동안 소량의 압력이 계통에 가압 되어야 한다. 이것은 Fluid가 채취지점으로 흘러나오고 이같이 하여 Hydraulic System으로 오물이 들어가는 것을 방지하도록 안전하게 하는 것이다. 어떤 오염시험 장비는 견본 Fluid를 채취하기 위하여 Hypodermic Syringe를 가지고 있다.
여러가지 시험절차가 Hydraulic Fluid에 있는 오염도를 결정하기 위하여 사용된다. Filter Patch Test는 Fluid 상태를 합리적으로 알려준다. 이 Test는 기본적으로 특수 Filter Paper를 통해서 Hydraulic System Fluid의 견본을 여과 시키게 되어 있다. 이 Filter Paper는 견본에 나타나는 오염의 량에 관계되어 도수로 검게 나타나며 어두운 도수에 따라 일렬로 나열된 표준 Filter Disk와 비교하여 여러 가지 오염도를 나타낸다.
오염 Test Kit 중 한 가지 모양의 장비가 그림 3-193에 그려져 있다. 이런 형태의 오염Test Kit를 사용할 때 견본 Fluid는 Filter Paper에 부어 넣어야 되고 Test Filter Paper는 Test Kit에 붙어 있는 Test Patch와 비교하여야 한다. 더 값비싼 Test Kit는 이 비교를 하기 위하여 Microscope가 있다. Fluid가 변질되었나 검사하기 위하여 검사할 Fluid를 담고 있는 병과 크기와 색깔이 동일한 견본 Fluid 병에 New Fluid를 부어 넣는다. 두병의 색깔을 눈으로 보고 비교한다. 변질된 Fluid는 더 어두운 색이다. 오염 검사를 함과 동시에 Chemical Test를 할 필요가 있을 수도 있다.
이 시험은 Viscosity Check(점성시험) Moisture Check(습기시험)와 Flash Point Check로 되어 있다. 그러나 이런 시험을 하기 위해서는 특별한 장비가 필요하기 때문에 시험할 Sample Fluid는 시험소로 보내야 하며, 그 곳에서 전문가에 의하여 시험이 이루어진다.

6. Contamination Control

모든 Hydraulic System이 정상적으로 작동하고 있는 동안 오염 문제의 처리는 Filter가 잘 해준다. 다른 어떤 오염원에서부터 계통으로 들어가는 오염의 정도를 통제하는 것은 장비를 Service하고 정비하는 사람의 책임이다. 그러므로 예방조치는 정비하고 수리하고 서비스하는 동안 오염을 최소로 줄이도록 해야 한다.

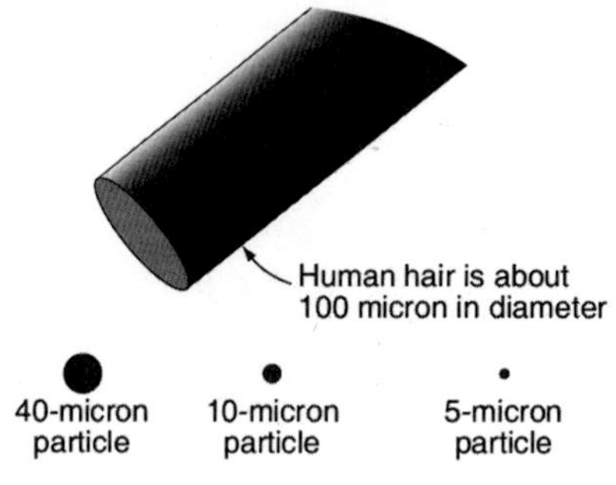

[그림 3-194 작은 입자의 확대]

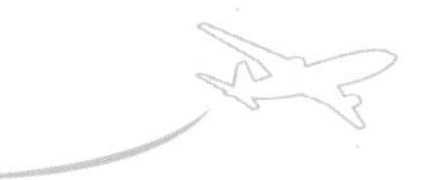

만약 계통이 오염되었다면 여과기를 떼어서 세척하거나 교환해야 한다. 오염을 통제하는데 도움이 되므로 다음의 정비 및 서비스 절차는 항상 준수되어야 한다.

- 모든 공구와 작업장의 작업대와 시험장비를 청결하고 먼지가 없는 상태로 유지하라.
- 보기를 장탈 하거나 분해하는 동안 떨어지는 Fluid를 받을 수 있도록 적당한 용기를 마련해야 한다.
- Hydraulic Line(유압 이송관)이나 Fitting을 분리하기 이전에 Dry Cleaning Solvent로 해당 지역을 세척하라.
- 모든 Hydraulic Line과 Fitting들을 분리된 후 즉시 막아 주어야 한다.
- 어떤 유압보기를 조립하기 전에 모든 부분품들을 Solvent로 Dry Cleaning 세척하라.
- Dry Cleaning액으로 부품을 씻어낸 후 완전히 말리고 조립하기 전에 추천된 방부제나 유압 Fluid로 윤활 시켜라. 닦아내고 말리기 위해 깨끗한 솜털이 없는 헝겊을 사용하라.
- 모든 Seal과 Gasket는 재 조립 중 교환해야 한다. 제조회사에서 추천한 Seal 과 Gasket를 사용하라.
- 모든 부품들은 나사부분에서 금속 조각이 떨어져 나가는 것을 피하기 위하여 주의하여 연결 하여야 한다. 모든 Fitting과 Line은 해당 기술 지시서에 의거하여 장착하고 조여 주어야 한다.
- 모든 유압 공급 장비는 깨끗이 유지하고 양호한 작동상태로 유지하여야 한다.

7. Filter

Hydraulic Fluid를 걸러서 청결하게 하는 기구이며, 불순물이나 변질된 물질이 계통 내에 남아 있는 것을 막아 준다. 이러한 불순물들이 제거되지 않으면 계통의 고장이나 작동결함의 원인이 될 수가 있다. 작동 시에는 Selector Valve, Pump 또는 다른 Component가 작동 중 닳아서 침전된 금속 가루들이 부유 상태로 있게 된다. 이것들이 Filter로 제거되지 않는다면 계통에 손상을 줄 우려가 있다. Hydraulic System부품의 Tolerance는 대단히 작기 때문에 신뢰성 및 전 계통의 효율은 적당한 Filtering에 있다.

Filter는 Reservoir, Pressure Line, Return Line 또는 설계자가 불순물로부터 계통을 보호해야 되겠다고 생각되는 장소에 위치한다. 위치 장소와 소요 설계치에 따라 크기와 모양이 결정된다.

현대 대부분 항공기는 Inline Type을 사용한다. Inline Filter Assay는 3개의 기본적인 구조로 되어 있다. Head Assay Bowl 그리고 Element Head Assay는 항공기 구조와 연결 Line을 보호하는 부분이며, Filter Element가 막힐 경우 Filter를 경유하지 않고 바로 Inlet으로부터 Outlet Port로 보내는 Bypass Valve가 있다. Bowl은 Element를 Filter Head에 고정시키는 Case이며, Element를 장탈 할 때 장탈 되는 부분이다. Element는 Micronics, Porout 다공의 Metal 또는 Magnetic Type 등이 있다.

Micronics Element는 특별히 처리된 종이로 만들어 지며, 장탈 되면 폐기해 버린다. Porous Metal과 Magnetic Filter Element는 여러 가지 방법으로 세척한 후 다시 계통에 이용한다.

① Micronics Type Filter

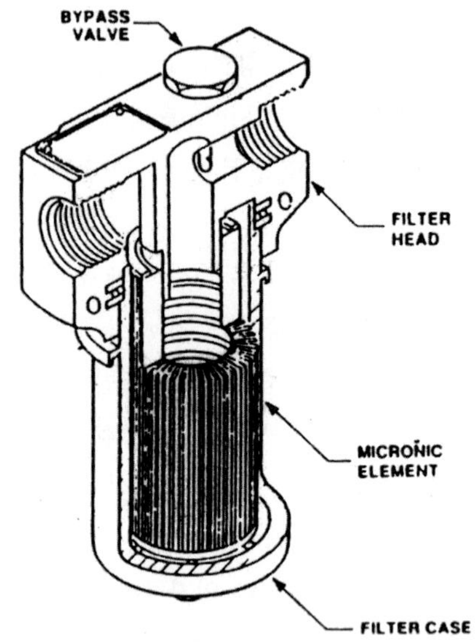

[그림 3-195 Micronics Type filter]

전형적인 Micronics Type Filter가 그림 3-195에 있다. Micro Element는 특수 처리된 종이로 만들어지며, 이 종이는 수직으로 주름이 잡혀있고 내부의 Spring 이 Element를 고정하고 있다. Micronics Element는 10미크론(0.000394[inch]) 이상의 물체는 통과하지 못하게 되어있다. Element가 막혔을 때 차압이 50[psi] 이상 되면 Filter Head에 있는 Relief Valve가 열려 Bypass 시키게 되어 있다. Fluid는 Filter Body의 Inlet Port를 통하여 Filter로 들어가서 Bowl의 안쪽 Element 주위를 흐르게 된다. Filtering은 Element를 통해 Hollow Core로 흘러 들어 갈 때 이루어지며, 불순물은 Element의 외부에 남겨두게 된다.

② Maintenance of Filter

Filter 정비는 비교적 쉽다. 이 작업은 주로 Filter 또는 Element를 세척한다든지 Element를 교환하는 것이다. Micronics-Type의 Element를 사용하는 Filter는 지시된 주기에 Element를 교환해야 한다. Reservoir Filter는 Micronics Type이기 때문에 역시 주기적으로 교환하든지 세척을 하여야 한다. 그 외 종류의 Element를 사용하는 Filter는 보통 필요 시에 교환하게 된다. 그러나 Element는 손상된 곳이 없는지 완전하게 검사되어야 한다. Filter의 세척 방법 및 소요자재는 무척 많기 때문에 제작회사의 지시를 따르는 것이 좋다. 어떤 Filter는 Element가 막힌 것을 육안으로 볼 수 있게 나타내는 Indicator Pin을 장비하고 있다. 이 Indicator Pin이 Filter Housing 밖으로 밀려나오면 Element는 장탈 하여 세척해야 함을 가리킨다. 그리고 Filter를 통하여 흘러나온 Fluid는 검사하여 오염되었으면 Flushing 해야 한다. 그리고 모든 나머지 Filter로 오염의 원인을 결정하기 위해 검사한 후 필요하다면 세척을 하여야 한다.

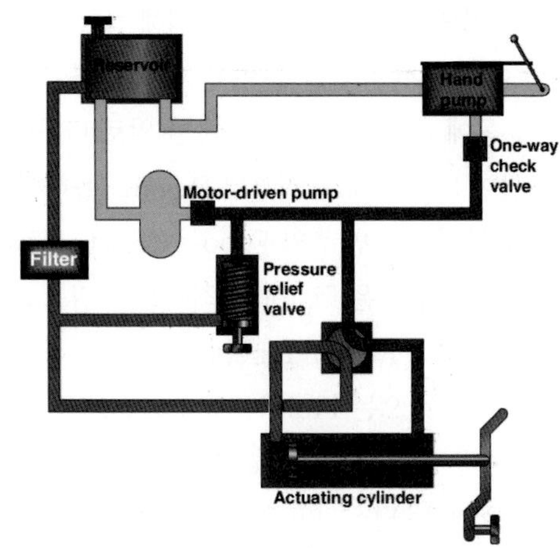

[그림 3-196 핸드 펌프가 장착 된 기본 유압 시스템]

5. 기본적인 Hydraulic System

Hydraulic System의 기능과 설계에는 관계없이 모든 Hydraulic System은 유압Fluid가 전달되는 Line 외에 최소의 기본 부품을 가지고 있다. 그림 3-196은 기본 Hydraulic System을 보여주고 있다. 기본 부품 중에 첫째는 Reservoir이며, 계통을 작동시키기 위하여 공급되는 유압 Fluid를 저장하고 있다. Reservoir는 필요 시에 계통에 Fluid를 공급해 주고 열팽창에 대비해서 공간이 마련되어 있으며, 어떤 계통에서는 계통에서 공기를 빼 주는 역할도 해준다. Pump는 Fluid의 흐름을 얻는데 필요하다. 그림 3-196에 나타나는 Pump는 손으로 작동되는 것이다.

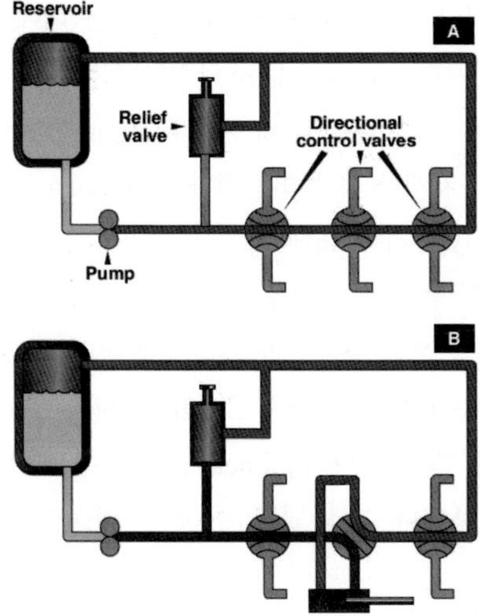

[그림 3-197 엔진 구동 펌프와 핸드 펌프를 모두 사용하는 완벽한 기본 항공기 유압 시스템]

그러나 대개의 경우 항공기 계통에는 Engine에 의해서 구동 되거나 전기 Motor에 의해서 구동 되는 Pump 가 달려있다. Selector Valve는 Fluid의 흐름을 선택하기 위하여 사용된다. 이런 Valve들은 기계적인 Linkage

(연동장치)를 통해서 직접 또는 간접적으로, 또 Solenoid에 의해 작동되거나 수동에 의해서 정상적으로 작동된다. Motor가 기계적인 회전운동에 의해서 유압을 유용 한 일로 바꾸어 주는데 반하여 Actuating Cylinder는 기계적인 직선이나 또는 왕복 운동에 의하여 유압을 유용한 일로 바꾸어 준다.

유압 Fluid는 그림 3-196에서와 같이 Reservoir에서부터 Pump를 통하여 Selector Valve까지 흘러간다. 보는 바와 같이 Selector Valve가 위치하여 있으면 유압 Fluid는 Selector Valve를 통해서 Actuating Cylinder의 우측 끝으로 흘러간다. 그 다음 Fluid 압력은 Piston을 좌측으로 밀고 Piston의 좌측에 있는 Fluid는 밀려나가 Selector Valve를 통해 위로 올라가서 Return Line(귀유선)을 통하여 Reservoir로 되돌아간다. Selector Valve가 반대로 움직일 때 Pump에서 오는 Fluid는 Actuating Cylinder의 좌측으로 흘러가며, 그 다음 절차는 반대로 된다. Piston의 움직임은 Selector Valve를 중립위치로 움직여서 언제나 정지시킬 수 있다. 이 위치에서 Selector Valve의 4개의 Port 는 닫혀지고 압력은 양쪽 Working Line에서 막히게 된다.

그림 3-197은 Power에 의해 구성되는 Pump와 Filter, Pressure Regulator, Accumulator Pressure Gage, Relief Valve와 그리고 2개의 Check Valve가 추가된 기본계통을 나타낸다. 이런 각 부품의 기능을 다음 장에 설명한다. Filter는 바람직하지 못한 물질이나 또는 거친 가루, 먼지가 계통으로 들어가는 것을 방지하고, 유압 Fluid에서 이물질을 제거한다. Pressure Regulator(압력 조절기)는 계통 내에 원하는 압력이 형성될 때 Power Driven Pump에 부하가 걸리지 않게 한다. 그러므로 그것은 종종 Unloading Valve로서 이용되기도한다. Actuating Unit 중 1개가 작동되고 Pump와 Selector Valve 사이에 있는 Line의 압력이 원하는 지점까지 증가될 때 Pressure Regulator에 있는 Valve는 자동적으로 열리며, Fluid는 By-Pass Line(측로)를 통하여 Reservoir로 되돌아 간다. 이 측로는 Pressure Regulator에서부터 Return Line까지 유도되며, 그림 3-197에 나타나 있다. 많은 Hydraulic System은 Pressure Regulator를 사용하지 않고도 계통 내에서 원하는 압력을 유지하고, Pump에 부하가 걸리지 않게 하는 다른 방법을 가지고 있다.

Accumulator 는 이중 목적을 가지고 있다. Accumulator는 계통 내에 일정한 압력을 유지함으로써 충격 흡수기 즉 Cushion 역할을 한다. 어떤 Actuating Unit의 비상작동을 시키기 위하여 압력이 걸려있는 충분한 Fluid를 저장한다. Accumulator는 움직이는 Piston이나 Flexible Diaphragm(막)에 의해서 Fluid로부터 분리되는 압축된 공기 Chamber를 가지게끔 설계되어 있다. Pressure Gage(압력계기)는 계통 내에 있는 압력을 지시한다. Relief Valve(감압변)는 계통 내에 과도한 압력이 결려있는 경우에 Valve를 통하여 Fluid를 Reservoir(저유기)로 되돌려 보내기 위하여 계통에 장착되어 있는 하나의 Safety Valve(안전변)이다. Check Valve(일방통행유로밸브)는 Fluid를 한 방향으로만 흘러가게 한다. Check Valve는 모든 항공기 Hydraulic System에서 장착되어 있다. 그림 3-197에서 1개의 Check Valve는 Power Pump Pressure가 Hand Pump Line으로 들어가는 것을 방지하며, 다른 하나의 Check Valve는 Hand Pump Pressure가 Accumulator로 직접 들어가는 것을 방지하는데 사용된다. 가장 널리 사용되는 대표적인 Hydraulic System의 보기들은 다음 장에서 상세히 설명한다.

1. Reservoir

Reservoir를 독특한 보기로 보는 경향이 있는데 언제나 그렇지는 않다. Reservoir 에는 다음과 같이 2가지 Type이 있다. In-Line Type은 그 자신의 Housing을 가지고 있으며, 그 자체 내에 필요한 모든 것을 갖추고 있으며, Tubing이나 Hose에 의해, 계통 내에서 다른 보기들과 연결되어 있다. Integral Type은 자신의 Housing을 가지고 있는 것이 아니다. 단지 Fluid를 공급하기 위하여 어떤 주보기내에 따로 마련된 공간일 뿐이다. 이 Type으로 잘 볼 수 있는 예는 대개의 자동차 Brake Master Cylinder내에서 볼 수 있는 Reserve Fluid Space이다.

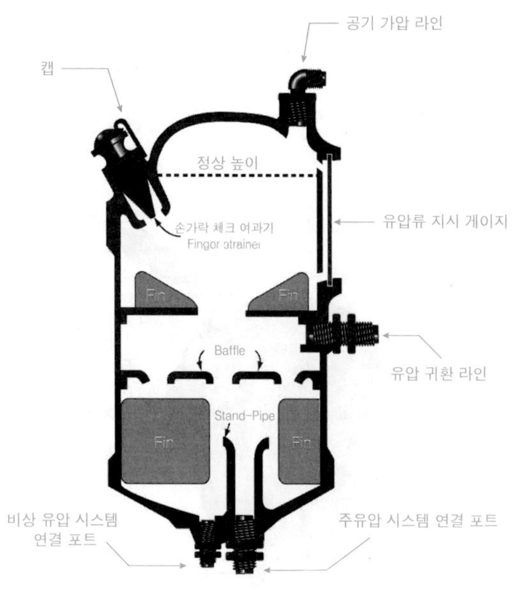

[그림 3-198 비 가압 유압식 저수조]

In-Line Reservoir에서 그림 3-198 Space는 Fluid의 Normal Level 위에 Fluid 의 팽창과 갇혀있는 공기 유출에 대비해서 Reservoir 내에 마련되어 있다. Reservoir는 의도적으로 꼭대기까지 Fluid를 채울 수 없다. 대개의 Reservoir는 Filler Neck Rim가 Fluid를 보급하는 동안 초과 보급하는 것을 방지하기 위하여 Reservoir의 상부 조금 밑에 있게 설계되어 있다. 대부분의 Reservoir에는 Fluid Level을 편리하게 정확하게 Check하기 위하여 Glass Sight Gage나 Dipstick가 설치되어 있다. Reservoir는 대기로 통기공이 있거나 대기와 막혀 따로 가압이 된다. 통기공이 있는 Reservoir에서 대기압과 Fluid의 무게는 Reservoir에서부터 Pump Inlet내로 Fluid가 흘러 들어 갈 수 있도록 밀어준다. 많은 항공기에서 대기압은 Pump Intake까지 Fluid가 흘러 들어 갈 수 있도록 하는 주요 압력이다.

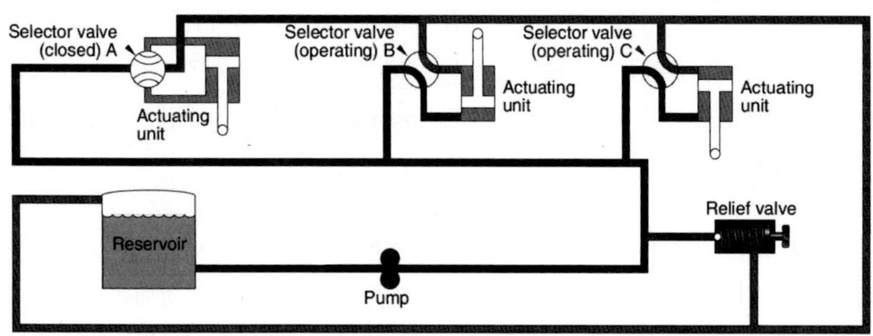

[그림 3-199 블리드 에어가있는 유압식 저수조]

그러나 어떤 항공기에는 대기압은 Pump에 알맞은 Fluid를 공급하기에는 너무 낮으므로 Reservoir는 가압이 되어야 한다. Reservoir 가압을 하는 방법에는 몇 가지가 있다. 어떤 계통은 항공기 Cabin Pressure Control System 또는 Gas Turbine Engine 장착 항공기의 경우에는 Engine Compressor에서 직접 오는 공기압력을 사용한다. 그림 3-199와 같이 Venturi-tee나 또는 Aspirator가 사용되고 있다. 다른 계통에서는 추가적 Hydraulic Pump가 Main Hydraulic Pump로 가압된 Fluid를 공급하기 위하여 Reservoir 출구에 있는 공급 Line에 장착되어 있다. 공기로 가압하는 것은 Reservoir 내에 있는 Fluid의 상부에다 공기를 밀어 넣어 줌으로서 이루어진다. 대개의 경우 공기 압력원은 항공기 Engine에서 배출되는 공기이다. 보통 Engine에서 직접 오는 공기의 압력은 약 100[psi]이다.

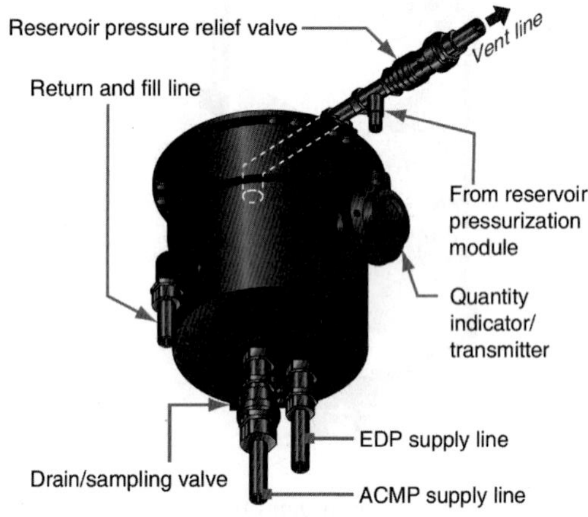

[그림 3-200 유압으로 가압 된 저장통]

이 압력은 Hydraulic System의 Type에 따라 Pressure Regulator를 사용하므로 서 5~15[psi] 사이로 감소된다. 그림 3-200과 같은 Fluid로 가압되는 Reservoir는 공기로 가압되는 Reservoir와 약간 틀리게 구성되어 있다. 유연하고 Fabric으로 입혀져 있는 Bag 즉 일명 Bellow 또는 Diaphragm이 Reservoir Head에 부착되어 있다. Bag은 Fluid Container를 형성하기 위하여 Metal Barrel 내부에 달려 있다. Diaphragm 밑 부분은 큰 Piston 위에 놓여 있다. 큰 Piston에는 Indicator Rod가 달려 있다. Indicator Rod의 다른 끝은 Hydraulic Pump에서 오는 유압이 걸리는 Small Piston을 형성하고 있다. 이 압력은 Small Piston을 위로 밀어주고 Large Piston을 위로 움직이게 한다. 이와 같이 하여 Reservoir의 압력은 정상 작동에서 30~32[psi]까지 나오게 된다. 만약 내부 압력이 46[psi]를 초과한다면 Reservoir Relief Valve가 Valve Retainer Head의 뚫어진 구멍을 통해 Fluid가 빠져나가게 하기 위하여 Open 된다. 이 Type의 Reservoir는 유압 Fluid로 완전히 채워져야 하고 Reservoir에서 모든 Air는 Bleeding되어야 한다.

① Reservoir Component

Baffle 또는 Fin은 Reservoir 내에 있는 Fluid가 Surging과 Vortexing(와류)과 같이 불규칙하게 동요되는 것을 방지하기 위하여 대개의 Reservoir에 부착되어 있다. 이런 상태는 Fluid에 거품을 일게 하고 Fluid를 따라 Pump 내로 공기를 들어가게 한다. 많은 Reservoir에는 보급 시에 이물질이 들어가는 것을 방지하기 위하여 Strainer가 Filler가 Neck에 장착되어있다. 이런 Strainer는 Fine Mesh Screening

으로 만들어져 있으며, 모양 때문에 Finger Strainer라고도 부른다. Finger Strainer는 Reservoir에 Fluid를 빨리 부어 넣기 위하여 빼내거나 구멍을 뚫어서는 절대로 안된다. 어떤 Reservoir에는 Filter Element가 있다. Filter Element는 Air가 Reservoir로 들어가기 전에 Air를 여과시키거나 Fluid가 Reservoir에서 흘러가기 전에 Fluid를 여과 시키는데 사용된다. Vent Filter Element가 사용될 때 이 Element는 Fluid Level이 Reservoir의 상부에 위치하고 있다. Fluid Filter Element가 사용됐을 때 이 Element는 Reservoir 하부 근처나 하부에 위치하고 있다. Fluid가 Reservoir로 되돌아 갈 때 Fluid는 Filter Element 주위에서 Element 벽을 통해서 안으로 흘러간다. 이런 작용은 Filter Element의 외부에 어떠한 Fluid의 오염물이라도 남아있게 한다. Filter Element가 있는 Reservoir는 Spring에 의해서 정상적으로 Close되어 있는 By-Pass Valve를 가지고 있다. By-Pass Valvc는 만약 Filter가 막혔을 경우에 Pump가 Fluid가 없어 공회전하는 것을 방지한다. Filter가 막히면 부분적으로 진공을 만들어 주므로 Spring Load By-Pass Valve가 Open 된다. 대개 일반적으로 Reservoir에서 사용되는 Filter Element는 Micronics Type 이다. 이런 Filter Element는 Accordion-Like Pleat(아코디언처럼 된 주름)로 형성되고 가공 처리된 Cellulose로 만들어져 있다. Pleat는 주어진 Space 이내에서 최고로 넓은 Filter면을 Fluid에 잠기게 한다. 이런 Micronics Filter는 작은 오물까지 제거한다. 어떤 항공기에서는 만약 Main Hydraulic System이 고장이 났을 경우에 대신할 수 있는 Emergency Hydraulic System을 가지고 있다. 많은 그런 계통에서 양쪽계통의 Pump는 Single Reservoir에서 Fluid를 얻는다. 그런 상태 하에서 Emergency Pump에 보급되는 Fluid는 Reservoir 밑바닥에서 끌어들인다. Main Hydraulic System은 High Level에 있는 Standpipe를 통해서 Fluid를 끌어들인다. 이렇게 함으로서 만약 Main Hydraulic System의 Fluid 보급이 차단된다 할지라도 Emergency Hydraulic System을 작동시킬 수 있는 충분한 량의 Fluid는 남는다.

2. PUMP

① Double Action Hand Pump(이중 작동 핸드 펌프)

Double-Action Hydraulic Hand Pump는 몇몇 구형 항공기나 몇몇 새로운 계통에서 Back Up Unit로써 사용되고 있다. Double-Action Hand Pump는 Handle의 매 Stroke(행정)마다 Fluid를 흐르게 하고 Pressure를 가하게 된다. Double-Action Hand Pump 그림 3-201은 Cylinder Bore와 두개의 Port 그리고 피스톤, 2개의 스프링 Loaded Check Valve, 작동손잡이를 가지는 Housing으로 구성되어 있다. Piston에 있는 O-Ring은 Piston Cylinder Pump Bore의 2개의 Chamber 사이에서 누설을 방지한다. Pump Housing 끝에 있는 홈의 O-Ring은 Piston Rod와 Housing 사이의 누설을 방지한다.

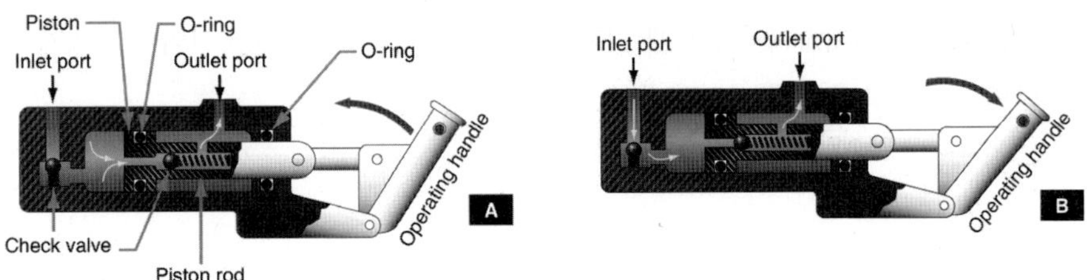

[그림 3-201 Double Acting Handle]

② Power-Driven Pumps(동력구동펌프)

현재 항공기에 사용하는 대부분의 Power-Driven Hydraulic Pump는 Variable-Delivery Compensator-Controlled Type이며, 때로는 Constant-Delivery Pump를 사용하기도 한다. 어느 것이나 그 작동원리는 같다. 비교적 간단하고 이해가 쉽기 때문에 Constant- Delivery Pump로 Power-Driven Pump의 작동원리를 설명하기로 한다.

③ Constant-Delivery Pump(정속 공급 펌프)

Constant-Delivery Pump는 Pump rpm에 관계없이 Pump가 회전하는 동안 Outlet Port를 통하여 일정한 고정된 량의 Fluid를 보내게 한다. Constant-Delivery Pump는 때로는 Constant-Volume 또는 Fixed-Delivery Pump라고 부르기도 한다. 이 Pump는 요구되는 Pressure에 관계없이 회전수당 고정된 량의 Fluid를 공급한다. 그러므로 매 분당 공급량은 Pump 회전 수에 의하여 변하게 된다. Constant-Delivery Pump가 일정한 압력을 유지해야 하는 Hydraulic System에 사용될 때는 Pressure Regulator가 필요하게 된다.

④ Variable-Delivery Pump(가변 전달 펌프)

Variable-Delivery Pump는 Fluid의 Output를 변화시킴으로써 계통의 요구압력에 배출압력을 맞출 수 있도록 Fluid Output가 변화한다. 이 Pump는 Pump안에 있는 Compensator에 의해 자동적으로 그 Output이 변화한다.

⑤ Pumping Mechanisms

Gear, Gerotor, Vane 및 Piston Type등의 여러 가지 Type의 Pumping Mechanism이 Hydraulic Pump에 사용된다. Piston-Type Mechanism이 고압을 낼 수 있고 지속성이 있기 때문에 Power-Driven Pump에 공통적으로 널리 사용된다. 3,000[psi]의 Hydraulic System에는 거의 이 Piston-Type이 사용된다.

⑥ Gear Type Pump

Gear-Type Power Pump 그림 3-202는 Housing 내에서 맞물려 도는 두개의 Gear로 구성되어 있다. Gear는 Engine 또는 다른 Power Unit에 의해 구동된다. Driven Gear는 Driving Gear와 맞물려 Driving Gear에 의해 구동된다. 이 Gear가 맞물려 있는 간격 또는 Gear와 Housing과의 간격은 대단히 작다. Pump의 Inlet Port 는 Reservoir와 연결되어 있고, Outlet Port는 Pressure Line과 연결되어 있다. Driving Gear가 반시계 방향으로 회전하면 Driven Gear는 시계방향으로 회전하게 된다. Gear의 치차가 In-let Port를 지날 때 Fluid가 Gear(치차)와 Housing 사이에 고이게 되고 Housing 주위를 돌아서 Outlet Port로 나가게 된다.

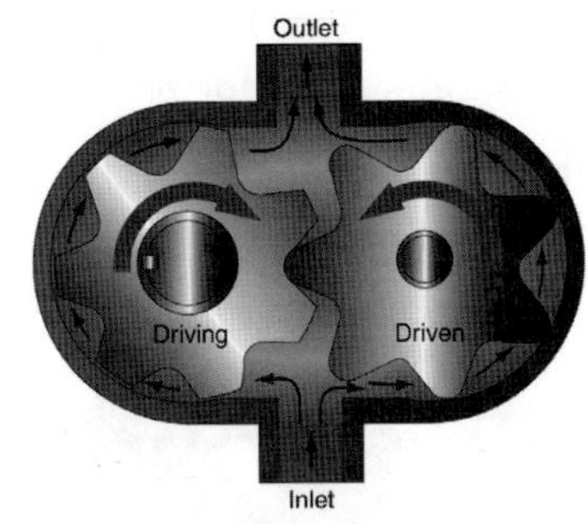

[그림 3-202 Gear 타입 유압 펌프]

⑦ Geroter Type Pump

"Generated rotor"에서 따온 제로터형(Gerotor-type) 동력펌프는 본질적으로 편심형 고정덧쇠(Stationary liner)를 갖고 있는 틀(Housing), 짧은 높이의 7개의 폭넓은 톱니를 가진 내부기어 로터(Internal gear rotor), 6개의 좁은 톱니를 가진 평 구동기어(Spur driving gear), 그리고 2개의 초승달 모양의 포트(Port)를 갖고 있는 펌프덮개로 이루어져 있다.

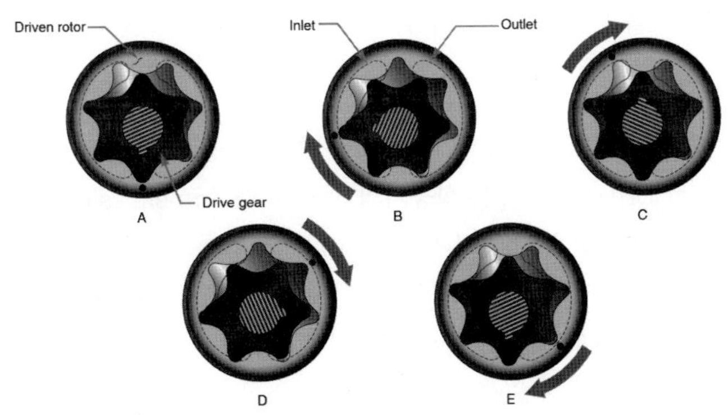

[그림 3-203 Gerotor 타입 유압 펌프]

한쪽 포트는 흡입구(Inlet port)로 연결되고, 다른 포트는 배출구(Outlet port)로 연결되어 있다. 펌프가 작동 시에, 기어는 함께 시계방향으로 돌아간다.

펌프의 왼쪽에 기어 사이에 포켓(Pocket)이 최저의 위치에서 최고의 위치로 움직일 때, 이들 포켓 내에 부분 진공이 형성되어 흡입구(Inlet port)를 통해 유압유를 포켓 안으로 빨아들인다.

최고 위치에서 최저 위치 쪽으로 움직이는 동안, 유압유로 가득찬 동일 포켓이 펌프의 오른쪽으로 회전할 때, 포켓은 크기가 감소한다.

이때 배출구(Outlet port)를 통해 포켓으로부터 유압유가 방출 된다.

⑧ Vane Type Pump

Vane Type Power Pump는 4개의 Vane(Blade), 이 들어갈 수 있는 Slot이 있는 Hollow Steel Rotor (속이 뚫려 있는 쇠로 된 회전자)를 돌려주는 Coupling으로 구성되어 있다. Rotor는 Sleeve내에서 중심을 벗어나서 놓여있다.

Rotor내 Slot에 물려있고 Rotor와 함께 있는 Vane은 Sleeve의 Bore를 4개 부분으로 분리한다. Rotor가 회전함에 따라 차례로 각 Section은 체적이 제일 적은 한 점과 제일 큰 다른 점을 지난다. 체적은 점차적으로 반 바퀴 회전하는 동안 제일 적은 데서 제일 큰 체적으로 증가되고 두 번째 반 바퀴 도는 동안 최대에서 최소로 점차적으로 줄어든다.

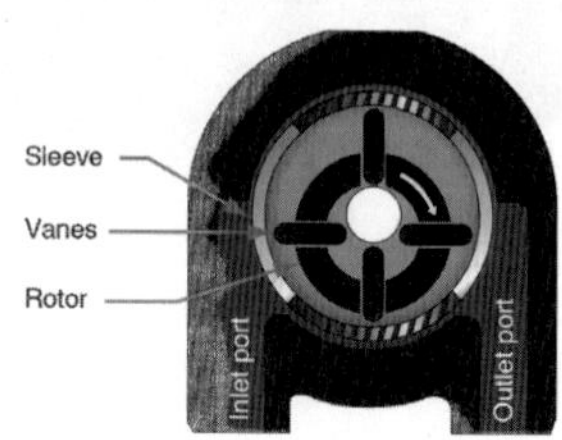

[그림 3-204 Vane 타입 유압 펌프]

주어진 Section 의 체적이 증가함에 따라 그 Section은 Sleeve 내에 있는 Slot를 통해서 Pump Inlet에 연결된다. 부분적인 진공이 Section의 Volume의 증가로 인해 생기기 때문에 Vane Type Hydraulic Fluid는 Sleeve에 있는 Slot과 Pump Inlet Port를 통해서 Section으로 들어온다. Rotor가 두 번째 반 바퀴를 회전함에 따라 주어진 Section의 체적은 감소하고 Fluid는 Section을 빠져나가 Sleeve에 있는 Slot를 통하고 Outlet를 통해 Pump 외부로 나간다.

⑨ 9 Piston Type Pump

모든 Piston Type Hydraulic Pump에 적용될 수 있는 작동과 설계의 공통되는 특징은 다음과 같다. Piston Type Power Driven Pump는 항공기의 Engine과 Transmission 의 Accessory Drive Case에 Pump를 장착 시킬 목적으로 Flange로 된 Mounting Base를 가지고 있다. Mechanism을 회전시키는 Pump Drive Shaft는 Mounting Base를 약간 지나 Pump Housing을 통해 돌출되어 있다. Driving Unit에서 오는 Torque는 Drive Coupling에 의해서 Pump Drive Shaft에 전달된다. Drive Coupling 은 양쪽 끝에 Male Spline의 한 Set를 가진 짧은 Shaft이다.

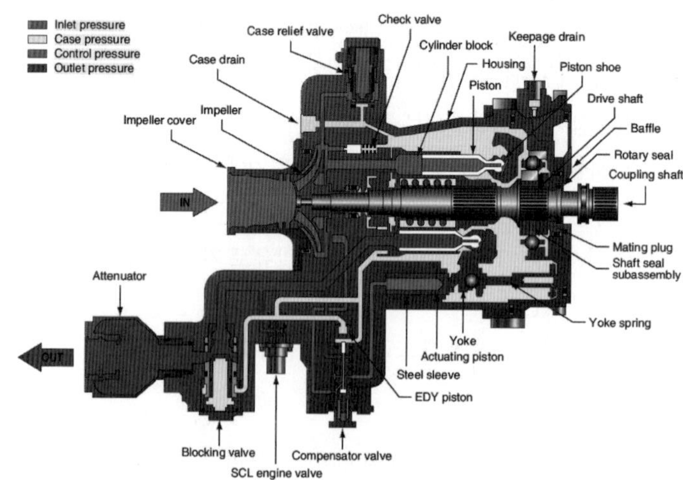

[그림 3-205 Piston 타입 유압 펌프]

한쪽 끝에 있는 Spline은 Driving Gear에 있는 Female Spline과 연결되고 다른 한쪽에 있는 Spline은 Pump Drive Shaft에 있는 Female Spline과 연결된다. Pump Drive Coupling은 Shaft Device로서 역할을 하게 설계되어 있다. 두 Set의 Spline 사이에 있는 Drive Coupling의 Shear Section은 Spline 보다 직경이 더 적다. 만약 Pump가 Jamming 된다면 이 부분은 Drive Unit나 또는 Pump가 손상되는 것을 방지하기 위해서 부러진다. Basin Pumping Mechanism은 여러 개의 구멍이 뚫려 있는 Cylinder Block, 각 Bore에 들어가는 Piston, 각 구경에 대한 Valve Arrangement의 목적은 Pump가 작동함에 따라서 Fluid를 Bore의 안쪽으로 들여보내고 Bore 외부로 내어 보내는 것이다. Cylinder Bore들은 Pump축의 주위에 대칭 및 평행으로 놓여져 있다. Axial-Piston Pump라는 용어는 이렇게 배열된 Pump를 지칭하는데 사용된다. 모든 항공기 Axial-Piston Pump는 홀수의 Piston을 가지고 있다.

⑩ Angular Type Piston Pump(각진 유형 피스톤 펌프)

대표적인 Angular-Type Pump가 그림 3-206에 나타나 있다. Pump의 Angular Housing으로 인해 Piston이 부착되어 있는 Drive Shaft Plate와 Cylinder Block 사이에는 그림 3-206과 같은 적절한 각이 있게 된다. Pump 축이 회전함에 따라 Piston으로 하여금 Stroke(왕복운동)을 하게 하는 것은 Pump의 이 각도의 배열 때문이다.

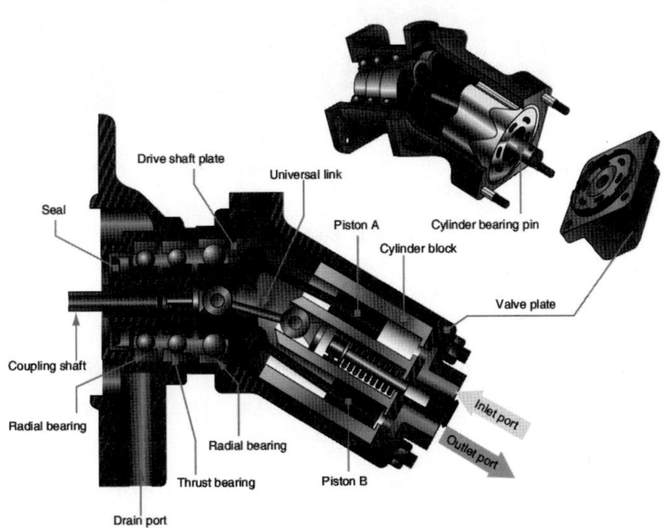

[그림 3-206 Angular 타입 펌프]

Pump가 작동될 때 Pump 내에 있는 모든 부품들은(Drive Shaft를 보좌하는 Bearing의 Outer Race, Cylinder Block 가 회전하는데 있는 Cylinder Bearing Pin 및 Oil Seal을 제외한) Rotating Group으로 함께 회전한다. Cylinder Block과 Drive Shaft 사이의 각도 때문에 Rotating Group이 회전한 점에서 Cylinder Block의 상부와 Drive Angular Type Shaft Plate의 Upper Surface 사이의 Pump 거리가 가장 짧아지게 된다. 180° 회전한 점에 Cylinder Block의 Top과 Drive Shaft Plate의 Upper Surface 사이의 거리는 제일 멀다. 작동중의 어느 한 순간에서 Piston중 3개가

Cylinder Block의 상부 면에서부터 빠져 나오며, 이런 Piston이 작동하는 Bore에서는 부분적인 진공이 발생한다. Fluid는 이때 이 Bore 내로 들어온다. Fluid를 끌어들이고 배출할 때 Piston끼리의 움직임은 겹쳐지고, Pump에서 Fluid는 사실상 파동이 없이 배출된다.

⑪ Cam Type Pump

Cam Type Pump는 Piston을 왕복 시키기 위해서 Cam을 이용하고 있다. 두 가지의 Cam Type Pump가 있다. 한 가지는 Cam은 회전하고, Cylinder Block은 고정인 것과 다른 한 가지는 Cam은 고정되어 있고, Cylinder Block이 회전한다. Cam Type Piston이 왕복운동을 하게 되는 방법의 한 예로서 Cam이 회전하는 Pump의 작동이 다음에 설명된다.

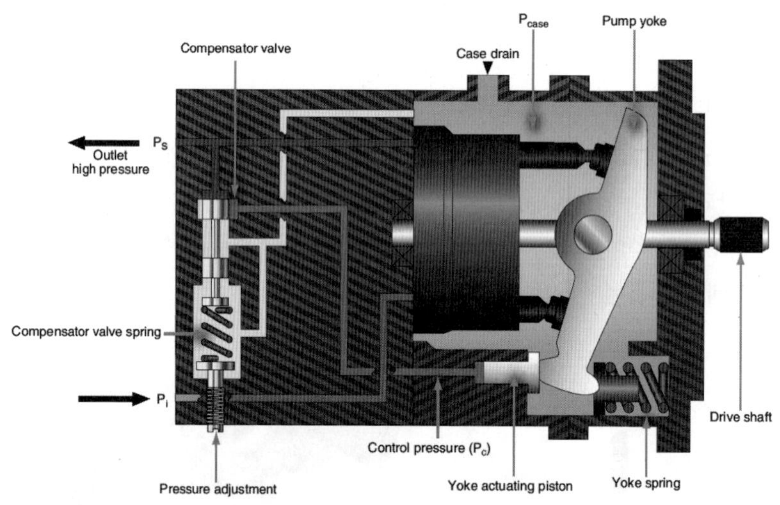

[그림 3-207 Cam 타입 펌프]

3. Pressure Regulation(압력 조절)

유압에 사용되는 압력은 제 기능을 수행하기 위해 조정되어야 한다. 이 조정 System은 Pressure Relief Valve, Pressure Regulator 그리고 Pressure Gage 3가지 기본 기구로 되어 있다.

① Pressure Relief Valve

Pressure Relief Valve는 밀폐된 액체에 가해지는 압력의 량을 제한하는데 사용된다. 이것은 과도한 압력이 걸려있는 Hydraulic Line이 파괴되거나 부품이 고장 나는 것을 방지해 준다. 사실상 Pressure Relief Valve는 계통의 Safety Valve이다. Pressure Relief Valve에는 조절 할 수 있는 Spring Loaded Valve가 들어있다.

이 Valve들은 Valve가 조절되어 있는 예정된 최고의 압력을 초과할 때 Pressure Line에서 Return Line으로 Fluid가 배출되게끔 장착되어 있고, 여러 가지 형태와 Design의 Pressure Relief Valve가 사용된다. 그러나 일반적으로 Hydraulic Pressure와 Spring Tension에 의해서 작동되는 Spring Loaded Valve Device가 사용된다. Pressure Relief Valve는 Valve를 열어주는데 필요한 압력을 주기 위하여

Spring의 Tension을 증가 시키거나 감소시켜 줌으로서 조절된 Pressure Relief Valve의 단순한 형태의 Valve가 그림 3-208에 나타나 있다. Pressure Relief Valve는 계통에서 용도나 구조의 형태에 따라서 분류될 수 있다. 그러나 모든 Pressure Relief Valve의 작동과 일반적인 목적은 동일하다.

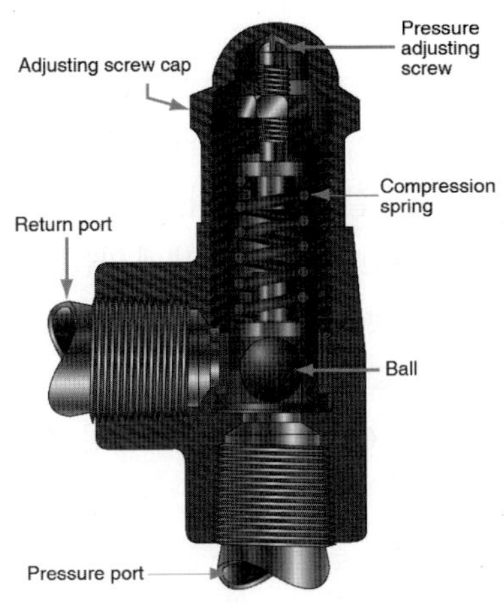

[그림 3-208 단순 볼 타입 압력 릴리프 밸브]

Pressure Relief Valve의 구조면에서 근본적인 차이는 Valve의 작동에 대한 설계에 있다. Valve의 가장 공통되는 Type은 다음과 같다. Ball Type의 Pressure Relief Valve에서 Ball은 Ball과 같은 모양의 Seat에 놓여 있다. Ball 하부에서 작동하고 있는 압력은 Ball을 Ball Seat에서 밀어내어 Fluid가 By-Pass 되게 한다. Sleeve-Type의 Pressure Relief Valve에서 Ball은 고정되어 있고, Sleeve Type Seat는 Fluid 압력에 의해서 위로 움직인다. 이것은 Ball과 Sliding Sleeve-Type Seat 사이로 Fluid를 By-Pass 시켜준다. Poppet Type의 Pressure Relief Valve에서 원추모양으로 된 Poppet는 여러 가지로 설계된 것 중에 어느 것이라도 상관없다. 그러나 근본적으로 누설을 방지하기 위하여 서로 맞게끔 된 각도로 기계 가공된 Seat와 원추로 되어 있다. 압력이 미리 결정되어 Setting 해둔 압력치까지 상승함에 따라 Poppet는 Ball Type에서와 같이 Seat에서 들어 올려진다. Fluid는 이렇게 해서 생긴 틈을 통해 Return Port로 나가게 된다. Pressure Relief Valve는 Pump에 항상 부하가 걸리기 때문에 주압력원을 Engine Driven Pump에 의존하고 있는 대형 Hydraulic System에서는 Pressure Regulator로 사용될 수 없다. 그리고 Pressure Relief Valve가 Valve Seat에서 떨어져 열려 있는데 소모되는 Energy는 열로 변화된다. 이 열은 Fluid로 전달되고 잇달아 Packing Ring에 전달되어 급속히 Ring을 약화시킨다. 그러나 Pressure Relief Valve는 Pump가 전기적으로 구동 되어 가끔 사용될 때 또는 소형 저압계통에서와 같은 경우에는 Pressure Regulator로 사용될 수 있다. Pressure Relief Valve는 System Relief Valve, Thermal Relief Valve가 있다.

② System Relief Valve

Pressure Relief Valve가 가장 공통적으로 사용되는 것은 Pump Compensator나 또는 다른 압력 조절장치가 파손될 가능성에 대비하여 안전장치로 사용된다는 것이다. Hydraulic Pump를 가지고 있는 모든 Hydraulic System에는 안전장치로서 Pressure Relief Valve가 있다.

③ Thermal Relief Valve

이 Pressure Relief Valve는 Fluid의 열팽창 때문에 일어날 수 있는 과도한 압력을 경감하는데 사용된다.

4. Pressure Regulator(압력 조절기)

Pressure Regulator라는 술어는 Constant-Delivery Type Pump에 의해서 가압되는 Hydraulic System에 사용되는 장치에 적용된다. Pressure Regulator의 하나의 목적은 예정된 범위 내로 계통 작동압력을 유지하기 위하여 Pump의 Output를 조절하는데 있다.

다른 목적은 계통에 있는 압력이 정상적인 작동범위 이내에 있을 때 Pump가 저항 없이(Pump의 Unloading이라 불리어짐) 회전할 수 있도록 하는 것이다. 그래서 Pressure Regulator는 Pump Output가 Regulator를 통해서만 계통의 Pressure Line으로 들어 갈 수 있는 위치에 있다. Constant Delivery Type Pump와 Pressure Regulator의 조합은 사실상 Compensator에 의해 조절되는 Variable-Delivery Type Pump에 해당된다.

5. Pressure Gage(압력 게이지)

이 Gage는 Hydraulic System의 작동 압력을 측정하기 위한 것이다. 이 Gage는 Bourdon Tube와 Gage의 Indicator에 Tube의 팽창정도를 전달하기 위한 기계적인 구성으로 되어 있다. Case의 바닥에 있는 Vent는 Bourdon Tube 주위에 대기압을 유지시킨다. 또한 축척 된 수분을 때내는 역할도 한다. Hydraulic System에는 장소에 따라 높고 낮은 여러 가지 범위에 압력을 사용하게 되고 거기에 따라 Gage로 적당히 조절되어야 한다.

6. Accumulator

Accumulator는 합성고무의 Diaphragm에 의해 두 부분으로 나누어진 구형으로 되어 있다. 나누어진 위쪽은 계통의 압력을 가진 Fluid가 들어 있고, 아랫부분에는 공기로 채워져 있다. Accumulator의 기능은 계통의 작동과 Pump의 가압에서 오는 계통내의 Pressure Surge를 완화시킨다. 축적된 Power로부터 Extra Power를 공급함으로써 한꺼번에 많은 계통이 작동할 Power Pump를 보조해 준다. Pump가 작동하지 않을 때 Hydraulic System의 제한된 작동을 위해, Power를 저장하여 빈번한 Pressure Switch의 작용으로 내부 또는 외부의 누설을 보상하기 위해 압력하에서 Fluid를 공급하는 역할을 한다.

① Bladder-Type Accumulators

Bladder-Type Accumulators는 Diaphragm Type과 같은 원리로 작동한다. 사용목적은 동일하나 상당히 다르다. 이 Unit는 상단부분에 Fluid Pressure가 공급되는 Port를 가지고 있는 한조각의 금속 구형으로 되어 있고, 바닥에는 Bladder를 주입하기 위한 개폐구가 있다. Accumulator의 바닥에 있는 큰 Screw-Type의 Plug는 Bladder를 보지하고, Unit를 밀폐 시키는 역할도 한다. High-Pressure Air Valve도 Retaining Plug에 장착되어 있다. Bladder의 상단에 붙어있는 둥근 금속 Disc는 Air Pressure가 Pressure Port를 통해 Bladder를 밖으로 밀어내는 것을 방지한다. Fluid의 압력이 높아짐에 따라 윗부분에는 Fluid Pressure가 채워지고 Bladder를 아래로 밀게 된다.

② Diaphragm Accumulator

Diaphragm Type Accumulator는 속이 빈 두개 부분의 반구가 붙어있는 모양으로 되어있다. 이중 한 부분은 계통과 연결되어 있고, 다른 부분은 압축공기를 채우기 위한 Air Valve가 장치되어 있다. 두 부분 사이에는 합성고무의 Diaphragm이 장착 되어 있으며, 이것이 Tank를 두개 부분으로 나눈다.

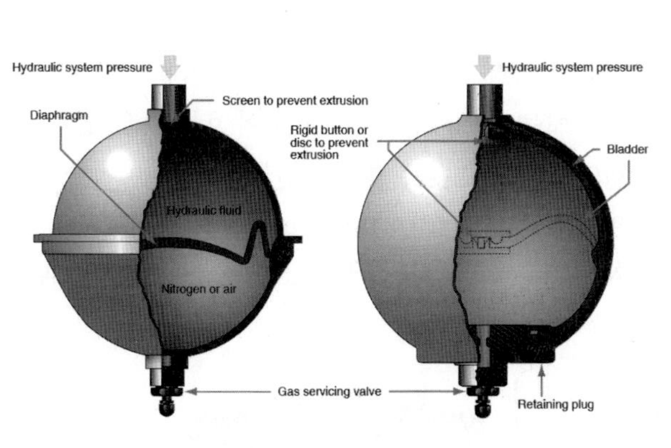

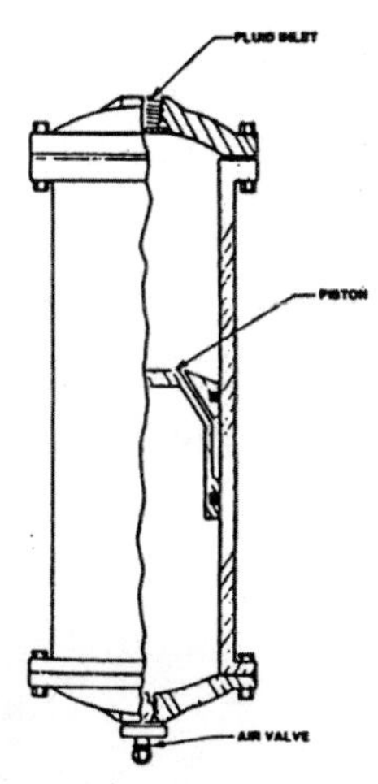

[그림 3-209 Accumulator]

내부의 Screen이 Accumulator의 Fluid 쪽의 Outlet를 덮고 있다. 이것은 Diaphragm 의 부분이 계통의 압력 Port로 밀려 올라가거나 손상되는 것을 방지한다. 이것은 Unit내에 공기가 차 있거나 Fluid Pressure가 균형이 안 될 때 일어날 수 있다. 어떤 Unit에는 Diaphragm의 중간에 붙어있는 금속 Disc가 Screen 대신 사용되기도 한다.

③ Piston-Type-Accumulator

Piston-Type Accumulator도 목적이나 작동은 Diaphragm Type Accumulator나 Bladder Type Accumulator와 거의 비슷하다. 그림 3-209와 같이 이 Unit는 Cylinder와 양끝이 열려있는 Piston Assay로 되어 있다. 계통의 작동압력은 Top Port로 들어가서 Piston을 Bottom Chamber안의 충전된 공기를 밀고 아래로 누르게 된다. High-Pressure Air Valve는 Cylinder의 하단부에 위치하고 있다. 두개의 Chamber 사이에서의 누설을 방지하기 위하여 두개의 고무 Seal이 장착되어 있다. 통로는 Fluid가 있는 Piston 쪽에서 Seal 사이의 공간까지 뚫려있다. 이것은 Cylinder 벽과 Piston 사이의 윤활 시키는 Fluid를 공급하게 된다.

④ Accumulator의 정비

Maintenance는 Inspection, Minor Repairs Component Part의 교환, 그리고 Testing 등으로 나누어진다. Accumulator를 정비하는 데는 위험 요소가 있다. 그러므로 이에 대한 주의사항을 사고 방지를 위하여 철저히 지켜져야 한다. Accumulator를 분해하기 전에 가압 된 Air Pressure(또는 Nitrogen)가 Discharge 되었는지를 확인해야 한다. Air Pressure를 Release 시키는 것이 실패하면 작업자에게 치명적인 손상을 주는 결과를 초래할 수 있다. 안전을 위해서 이 Check를 하기 전에 사용되는 High-

Pressure Air Valve의 Type을 알아야 한다. Air Pressure가 모두 빠졌다는 것을 확인했을 때 다음 작업을 수행하고 Unit를 분해해야 한다. 그리고 제작자의 지시대로 수행하도록 해야 한다.

7. Check Valve

의도한 바와 같이 계통과 유압 보기들을 작동시키기 위하여 Fluid의 흐름은 정확하게 조절되어야 한다. Fluid는 일정한 방향으로 흘러야만 한다. 여러 종류의 Valve는 그런 조치를 수행하기 위하여 사용된다. 아주 일반적으로 사용되고 가장 간단한 것 중의 하나가 한쪽 방향으로 Fluid가 자유로이 흐를 수 있도록 되어있는 Check Valve이다. 그러나 반대방향으로는 흐르지 않거나 제한되어 흐를 수 있다. Check Valve는 2가지 틀린 요구 조건을 충족시켜주기 위하여 2가지 일반적인 형태로 만들어져 있다. 그 중 한 개의 Check Valve는 완전히 Valve 자체 내에 설치되어 있는 것이다. 이 Check Valve는 Hose나 Tubing으로 다른 보기와 서로 연결되어 작동한다. 이렇게 설계된 Check Valve를 In-Line Check Valve라고 부른다.

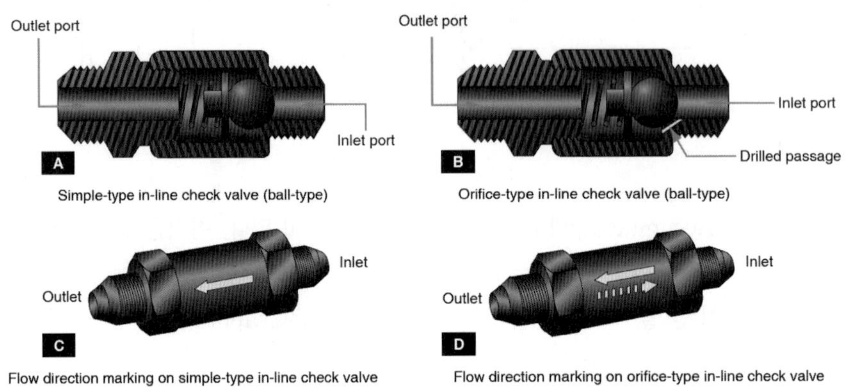

[그림 3-210 인라인 체크 밸브 및 오리피스 체크 밸브]

In-Line Check Valve에는 Simple Type In-Line Check Valve와 Orifice-Type In-Line Check Valve의 2가지 Type가 있다. 그림 3-210에서처럼 다른 한 가지 형태의 Check Valve는 독특하게 그 자체 내부에 Housing을 가지고 있지 않기 때문에 그 자체로서는 완전하지 않다. 이렇게 설계된 Check Valve를 일반적으로 Integral Check Valve라 부른다. 이 Valve는 실제로 그 Component의 Housing을 나누는 것과 같은 어떤 주 Component의 내부 부품이다.

① In-Line Check Valve

종종 Check Valve라 부르는 Simple Type In-Line Check Valve는 원하는 한 방향으로만 Fluid를 완전히 흐르게 할 때 사용된다. 그림 3-210처럼 좌측 Fluid는 Check Valve의 Inlet Port로 들어가서 Valve를 밀어서 Spring의 저항을 이겨내어 Valve가 Valve Seat에서 떨어지게 한다. 이것은 Fluid를 열려있는 통로를 통해서 흘러가게 한다. 이 Fluid가 이 방향으로 흐르는 것이 멈추자마자 Spring은 Valve를 Valve Seat로 되돌려 보낸다. 이것은 Valve Seat에서 열려있는 것을 막아주며, 그러므로 Valve를 통해서 Fluid가 역류하는 것을 차단한다.

② Orifice-Type Check Valve

Orifice Type In-Line Check Valve는 한 방향으로는 Fluid의 흐름을 제한하고 반대 방향으로의 흐름은 정상적으로 흐르도록 함으로써 제한된 방향으로의 Fluid의 흐름속도를 느려지게 한다. 반면, 제한되지 않은 방향으로의 Fluid의 흐름속도는 원활하게 흐르도록 조절함으로써 Valve가 흐름방향에 따라 작동속도를 조절 하는데 사용된다. 그림 3-210 좌측 A의 경우 Orifice Type In-Line Check Valve의 작동은 Valve가 Close 되었을 때 Fluid가 제한되어 흐르는 것을 제외하고는 Simple Type In-Line Check Valve와 동일하다. 이것은 Valve가 완전히 Close 되지 않고 Valve Seat에서 조금 Open 되므로 이루어진다. 그러므로 약간의 역류는 Valve를 통해서 이루어 질 수 있다. 조금 열린다는 것은 Valve Seat에서 적게 열리는 것을 말한다. 일반적으로 이 Opening은 Fluid가 Valve를 통해서 역류할 수 있는 비율을 넘어서 Close Control을 유지할 수 있는 특정한 크기이다. 이런 Type의 Valve를 때로는 Damping Valve라 부른다. In-Line Check Valve를 통해서 흐르는 Fluid의 방향은 정상적으로 Housing에 화살표로 새겨진 Stamp에 의해서 나타난다. 그림 3-210 우측 B는 Simple Type In-Line Check Valve에서 Single Arrow는 Fluid가 흐르는 방향을 지시한다. Orifice Type In-Line Check Valve는 보통 두개의 화살표로 표시되어 있다. 한 개의 화살표는 다른 것 보다 더 뚜렷이 나타나 있으며, 제한되지 않는 Flow의 방향을 나타낸다. 다른 화살표는 첫 번째 것보다 더 적거나 Broken Line(점선)으로 되어 있으며, 제한되는 역류방향을 나타낸다. 그림 3-210에 나타난 Ball Type In-Line Check Valve에 추가하여서 Disk Needle Poppet와 같은 다른 Type의 Valve들이 사용된다. Integral Check Valve의 작동원리는 In-Line Check Valve의 작동원리와 같다.

8. Line-Disconnect or Quick-Disconnect Valve

이 Valve는 Unit가 장탈 될 때 Fluid의 손실을 방지하기 위하여 Hydraulic System Line 에 장착되어 있다. 이러한 Valve는 Power Pump의 바로 앞 또는 뒷부분의 Pressure 또는 Suction Line에 장착되어 있다. 이 Valve는 또한 Unit를 교환 할 경우 이외에도 사용될 수도 있다. Power Pump는 System으로부터 분리될 수 있고, 유압 Test Stand가 여기에 연결되어 사용될 수도 있다. 이 Valve는 Unit 두개의 연결된 부분으로 구성되어 있다. 각 Valve 부분에는 Piston과 Poppet Assay를 가지고 있다. Unit가 분리될 때는 Spring Load에 의해 "Closed" 위치로 가게 된다. 그림 3-211의 좌측 그림은 Line-Disconnected 위치에 있는 Valve를 보여준다. 두 Spring(a와 b)은 그림에서와 같이 Closed 위치에서 양쪽 Poppet을 Hold 하고 있다. 이것이 Disconnected Line(분리선)을 통하여 Fluid의 Loss를 방지한다.

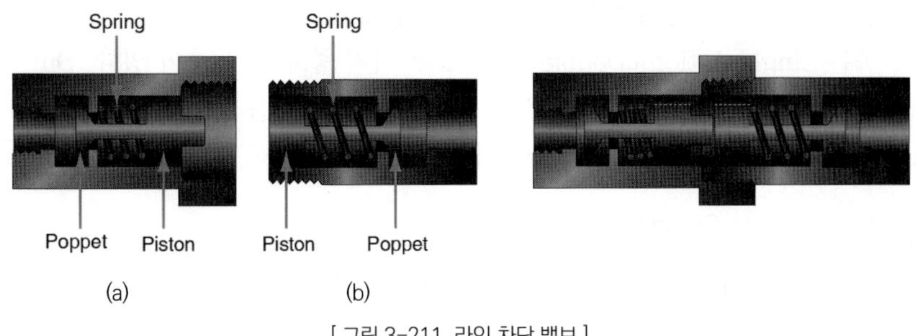

[그림 3-211 라인 차단 밸브]

그림 3-211의 우측 그림은 Line-Connected 위치에 있는 Valve를 보여주고 있다. Valve가 연결되었을 때 Coupling Nut가 두 부분을 함께 끌어당기게 된다. Piston의 Extension 부분은 Spring을 밀고 반대편 Piston을 뒤로 밀리게 한다. 이 작용은 Poppet를 자리에서 이탈시키고, 그 부분을 통하여 Fluid를 흘러가게 한다. Nut가 더욱더 단단히 조이게 되면 한 Piston은 Stop을 치게 된다. 그리고 다른 Piston은 Spring을 밀고 뒤로 움직여 Fluid가 흘러갈 수 있게 된다. 그래서 Fluid는 Valve를 통하여 계속적으로 흘러 들어가서 계통으로 들어가게 된다. 위에서 말한 Disconnect Valve는 현재 사용되는 많은 Type 중의 하나이다. 모든 Line-Disconnect Valve의 작동원리는 같으나 세부적으로는 좀 다르다.

각 제작사들은 그 자체 설계를 하고 있다. Line-Disconnect Valve를 사용하는데 중요한 점은 적절하게 Connection 시키는 것이다. 만약 Connection이 적당치 않으면 유압 Pump에 심한 손상을 줄 우려가 있다. Line Disconnect의 작동에 이상이 있으면 Aircraft Maintenance Manual을 보도록 해야 한다.

Quick Disconnect Valve에 수행하는 정비 범위는 대단히 제한되어 있다. 이런 Type으로 되어 있는Valve의 내부는 대단히 복잡하고 그 조립은 공장에서 실시해야 한다. 그리고 대단히 Tolerance(허용오차)가 작기 때문에 분해나 내부 부품의 교환은 하지 않도록 해야 한다.

그러나 Coupling Halves, Lock-Spring, Union Nut, Dust Cap 등은 교환을 할 수도 있다. Assembly의 교환이나 부품의 교환 작업을 수행할 시는 해당 Maintenance Manual의 지시대로 수행해야 한다.

9. Actuator

① Linear Actuator

Actuating Cylinder는 유압의 형태로 되어 있는 Energy를 기계적인 힘이나 일 또는 어떠한 작업을 수행하는 Energy로 전환시켜 주는 역할을 한다. Actuating Cylinder의 Linear Motion(직선운동)은 어떤 움직일 수 있는 물체나 Mechanism에 전달된다. 대표적인 Actuating Cylinder는 기본적으로 Cylinder Housing 한 개 또는 그 이상의 Piston Rod 그리고 Seal로서 구성되어 있다.

Cylinder Housing에는 Piston이 작동하는 부분인 Bore와 Fluid가 Bore로 들어가고 나가는 한 개 또는 그 이상의 Port가 있다. Piston과 Rod는 하나의 구성품을 이룬다. Piston은 Cylinder Bore 내에서 전후로 움직이고 부착된 Piston Rod는 Cylinder Housing의 한쪽 끝에 있는 Opening을 통해서 Cylinder Housing의 안으로 그리고 밖으로 움직인다.

Seal은 Piston과 Cylinder Bore 사이 Piston Rod와 Cylinder의 끝 사이에서 누설을 방지하기 위하여 사용된다. Cylinder Housing과 Piston Rod는 Actuating Cylinder에 의해서 움직여지는 Mechanism이나 물체를 부착하기 위한 설비물이나 Mounting을 하기 위한 설비물을 가지고 있다. Actuating Cylinder에는 Single Action, Double Action 두 가지 중요한 Type이 있다. Single Action(Single Port) Actuating Cylinder는 한쪽으로만 Power에 의해서 움직일 수 있는 능력이 있다. Double Action(Two Port) Actuating Cylinder는 두 방향으로 Power에 의해서 움직일 수 있는 능력이 있다.

② Single-Action Actuation Cylinder

Single Action Actuating Cylinder는 그림 3-212에서 설명된다. Pressure가 걸린 Fluid는 좌측에 있는 Port로 들어가서 Piston을 우측으로 밀어준다. Piston을 움직이므로 공기는 Vent Hole을 통해서

Spring Chamber의 외부로 밀려나가고 Spring은 압축된다. Fluid에 미치는 압력이 압축된 Spring에 현존하는 힘보다 적을 때 Spring은 Piston을 좌측으로 밀어준다. Piston이 좌측으로 움직이므로 Fluid는 Fluid Port의 밖으로 밀려 나간다. 동시에 움직이는 Piston은 Air를 Vent Hole을 통해서 Spring Chamber내로 끌어들인다. 3 Way-Control Valve는 정상적으로 Single Action Actuating Cylinder의 작동을 Control하기 위하여 사용된다.

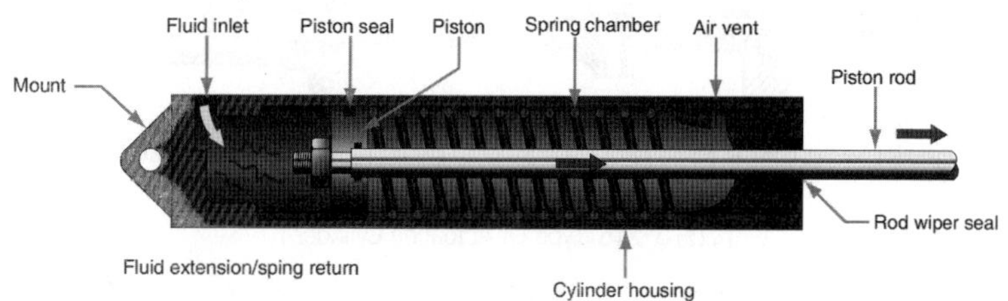

[그림 3-212 Single Acting Actuator]

③ Double-Action Actuating Cylinder

Double Action(Two Port) Actuating Cylinder는 그림 3-213에서 설명된다. Double Action Actuation Cylinder는 보통 4 Way-Selector Valve에 의해서 Control 된다.

그림 3-214는 Selector Valve와 서로 연결된 Actuating Cylinder를 보여준다. Selector Valve와 Actuating Cylinder의 작동은 아래에서 설명한다. Selector Valve를 "ON" 위치에 놓으면 Fluid Pressure를 Actuating Cylinder의 좌측 Chamber로 들어가게 한다.

이것은 Piston을 우측으로 밀어 Piston Fluid를 우측 Chamber 외부로 밀어내고 Selector Valve의 Return Line을 통해서 Reservoir(Reservoir)로 돌아간다.

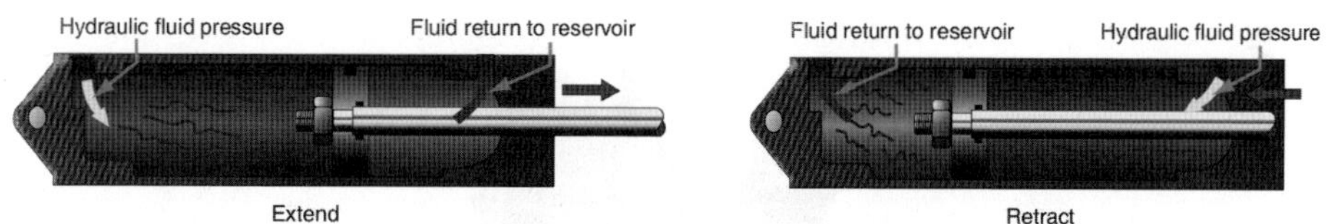

[그림 3-213 Double Action Actuating Cylinder]

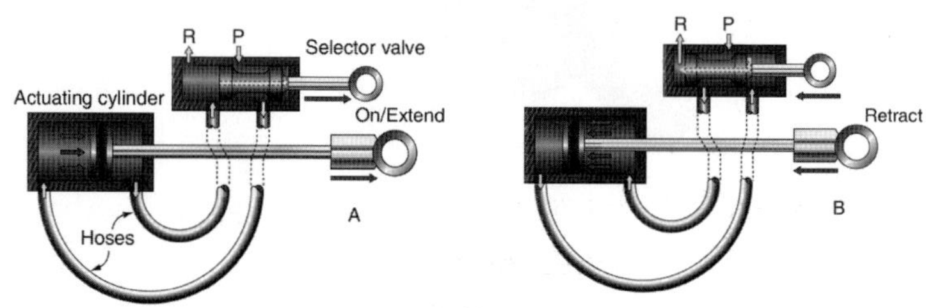

[그림 3-214 실린더 작동 및 작동 제어]

Selector Valve는 그림 3-214의 B와 같이 다른 "ON" 위치에 놓여질 경우 Fluid Pressure는 우측 Chamber로 들어가서 Piston을 좌측으로 밀어준다.

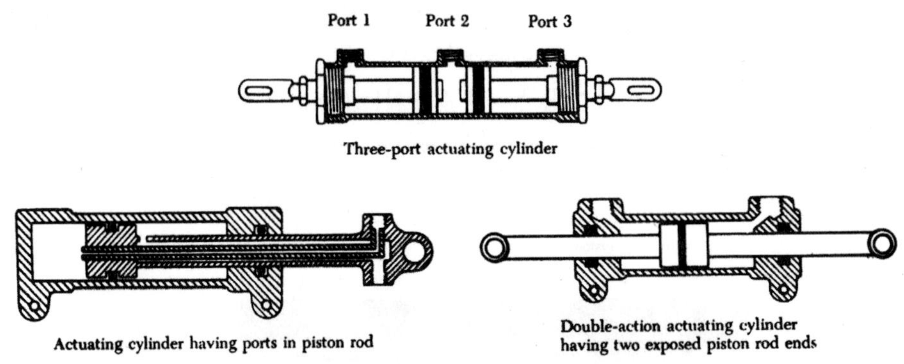

[그림 3-215 Type Of Actuating Cylinder]

Piston이 좌측으로 움직이므로 Piston은 Fluid를 좌측 Chamber의 외부와 Selector Valve를 통하여 Reservoir까지 되돌려 보낸다. 정해진 방향으로 Load를 움직이게 하는 능력을 가진 것 이외에 Double Acting Cylinder는 역시 알맞은 위치에 Load를 Hold 하는 능력을 가지고 있다. Actuating Cylinder 작동을 Control 하는데 사용되는 Selector Valve가 "OFF" 위치에 놓여졌을 때 Fluid는 Actuating Cylinder Piston의 양쪽에 있는 Chamber 내에 갇혀지기 때문에 이 능력이 나타낸다.

논의된 Actuation Cylinder의 2개의 일반적인 Type에 추가하여 다른 Type을 사용할 수 있다. 그림 3-215는 3개의 추가된 Type을 보여준다.

④ Rotary Actuator

Rotary Actuator 중 간단한 형태는 Rack and Pinion Type이다. 그림 3-216에서와 같이 Piston 의 Shaft가 Rack으로 되어 있어, Piston이 들어가고 나옴에 따라 Pinion Shaft를 회전 시킬 수 있다.

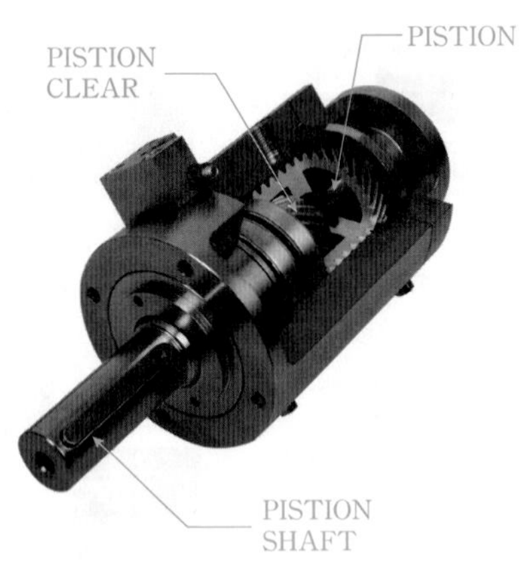

[그림 3-216 Rotary Actuator]

10. Selector Valve

Selector Valve는 Actuating Unit의 움직이는 방향을 Control 하기 위하여 사용된다. Selector Valve는 연결 된 Actuating Unit에 Hydraulic Fluid를 동시에 흘러 들어가고 나가게 하는 통로를 마련해 준다.

Selector Valve는 역시 Actuator를 통해 Fluid가 흐르고 운동방향을 반대로 하는데 있어서 즉시 편리하고 방향을 전환시키는 방법을 마련해 준다. 대표적인 Selector Valve의 1개 Port는 Fluid Pressure의 Input을 위하여 System Pressure Line에 연결되어 있다. Valve의 두 번째 Port는 Fluid를 Reservoir로 Return 시켜주는 System Return Line에 연결되어 있다. Fluid가 Actuating Unit의 Port를 통하여 Actuating Unit로 들어갔다 나갔다 하는 Port는 Selector Valve의 다른 Port에까지 Line으로 연결되어 있다. Selector Valve는 여러 개의 Port를 가지고 있다. Port의 수는 Valve가 사용되는데 있어 System의 특별한 요구에 의해서 결정된다. 4개의 Port를 가진 Selector Valve가 공통적으로 많이 사용된다.

① Four-Way Closed-Center Selector Valve

4Way 때문에 Closed-Center Selector Valve는 항공기 Hydraulic System에 아주 공통적으로 사용되는 것 중의 하나이다. 그것은 다음 절에서 상세히 논의된다. Ball, Poppet 또는 Spool과 같은 여러 종류의 Valve Device는 4Way Closed-Center Selector Valve에 사용된다.

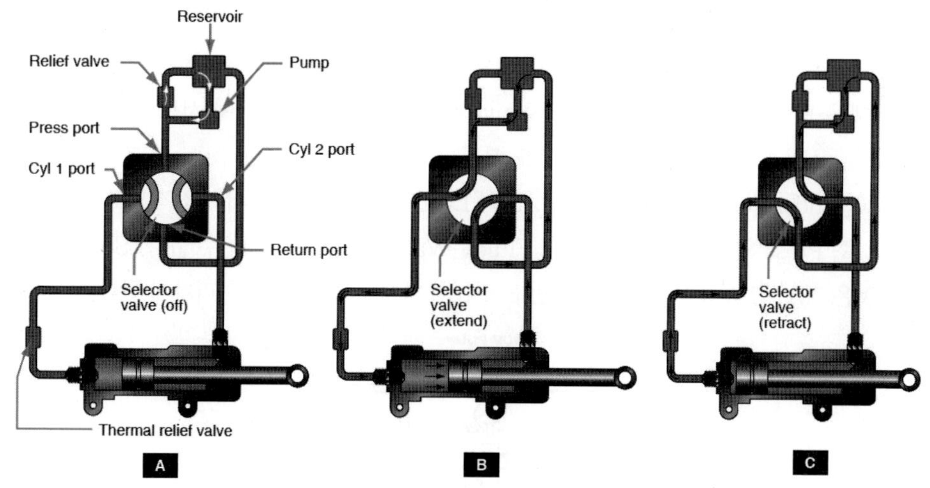

[그림 3-217 일반적인 로터 타입의 중앙차단 셀렉터 밸브 작동]

그림 3-217은 “OFF” 위치에 있는 4 Way Closed-Center Selector Valve를 설명한다. 모든 Valve의 Port는 막혔고, Fluid는 Valve 내로 또는 외부로 흐를 수 없다. 그림3-217에서 Selector Valve는 “ON” 위치 중 한 개에만 놓인다. “Press” Port와 “CYL” 1 Port는 Valve 내에서 서로 연결된다. 결과로서 Fluid는 Pump에서부터 Selector Valve “Press” Port 내로 들어가서 Selector Valve “CYL” 1 Port로 나와서 Motor의 Port “A”로 들어간다. 이 Fluid의 흐름은 Motor를 시계방향으로 돌게 한다. 동시에 Return Fluid는 Motor의 “B” Port로 밀려나가서 Selector Valve “CYL” 2 Port로 들어간다. 다음 Fluid는 Valve Rotor에 있는 통로를 통해서 나가고 “RET” Port를 통해서 Valve를 떠난다.

그림 3-217에서 Selector Valve를 다른 “ON” 위치에 놓는다. “Press” Port와 “CYL” 2 Port는 서로 연결된다. 이것은 Fluid Pressure를 Motor의 “B” Port로 전달되게 하여 Motor는 반시계 방향으로 회전하게 된다. Return Fluid는 Motor의 Port “A”를 떠나 Selector Valve “CYL” 1 Port로 들어가서 Selector Valve “RET” Port를 통해서 흘러간다.

② Spool-Type Selector Valve

Spool Type Selector Valve의 Valve Device는 Spool(실타래) 모양이다. 그림 3-218 Spool은 One-Piece, Leak-Tight, Selector Valve Housing에서 Free Sliding Fit이며, Housing을 통해서 나와 있는 End에 의해서 Housing에서 세로로 길게 움직일 수 있다.

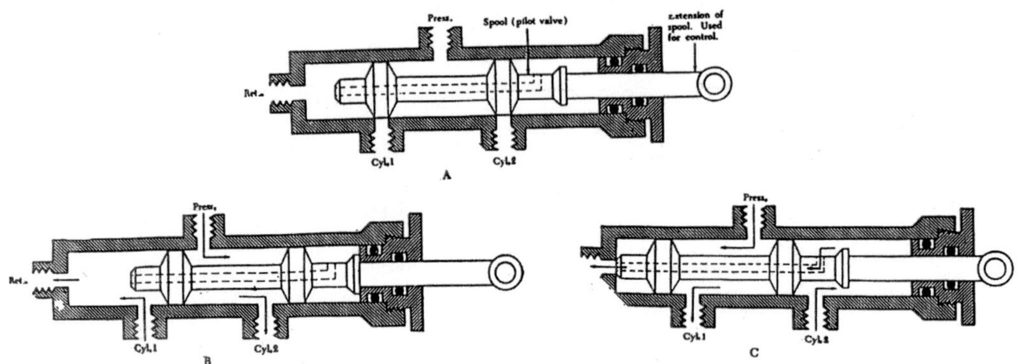

[그림 3-218 Spool Type Closed- Center Selector Valve]

Spool에 구멍이 뚫린 통로는 Selector Valve의 2개의 끝 Chamber에 서로 연결되어 있다. Selector Valve Spool을 때로는 Pilot Valve라고도 부른다. Spool이 Selector Valve를 "OFF" 위치로 움직일 때 2개의 Cylinder Port는 Spool 그림 3-218의 Land(Flange)에 의해서 직접적으로 막혀진다. 이것은 직접적으로 "Press"와 "Ret" Port를 막고 Fluid는 Valve의 내외로 흐를 수 없다. Spool이 우측으로 움직이는 것은 "CYL"1과 "CYL"2 Port 그림 3-218에서 Spool Land를 물러가게 한다.

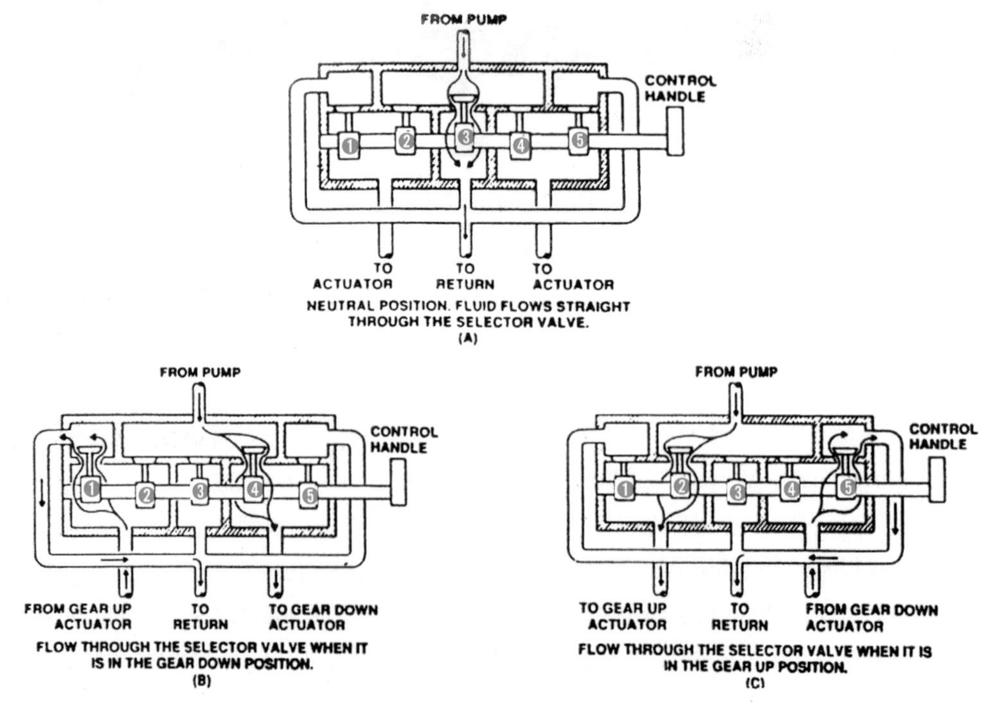

[그림 3-219 오픈 센터 포펫 유형 선택기 밸브]

다음 “Press” Port와 “CYL”2 Port는 서로 연결된다. 이것은 Fluid Pressure를 Actuating Unit로 가게 한다. “RET” Port와 "CYL”1도 역시 연결된다. 이것은 Actuating Unit에서 System Reservoir까지 Fluid가 되돌아 갈수 있는 길을 열어주는 것이다. Spool이 좌측으로 움직이는 것은 Spool Land를 "CYL”1과 “CYL”2 Port로 그림 3-218 물러가게 하는 것이다. 그 다음 “Press” Port와 “CYL”1 Port는 서로 연결된다. 이것은 Fluid Pressure를 Actuating Unit로 흘러가게 한다. “Ret” Port와 “CYL”2 Port가 역시 서로 연결되므로 Actuating Cylinder에서 Reservoir까지 Fluid가 되돌아 갈 수 있는 Route를 마련해준다.

③ Open – Center Valve

그림 3-219에서 Typical Open Center Poppet-Type Selector Valve를 보여주고 있다. Select Handle이 중립 위치에 있을 때 Poppet #3가 열려 Fluid가 Pump로부터 Valve를 통해 곧바로 Reservoir로 되돌려 진다. Select Handle을 Gear Down 위치에 놓으면, Cam에 의해 Poppet #1과 #4가 열려 Fluid가 Poppet #1을 통해 Pump로부터 Actuator로 흐르게 되며, Actuator의 Vent Side로부터 오는 Return Fluid는 Poppet #4를 통해 Reservoir로 되돌아간다. Actuator가 끝까지 작동 했을 때에도 Pump는 계속해서 작동한다. 따라서 Select Valve를 중립 위치에 놓을 때 까지는 System Relief Valve가 열려 Fluid가 Reservoir로 되돌아가게 한다. 개선된 Open-Center Valve는 압력이 특정 값까지 증가하면 자동으로 중립 위치로 작동하게끔 된 것도 있다. Select Handle을 Gear Up 위치에 놓으면 Poppet #2와 #5가 열려 Pump로부터 오는 Fluid는 Poppet #2는 들어가며, Poppet #5로 돌아 Reservoir로 Return된다.

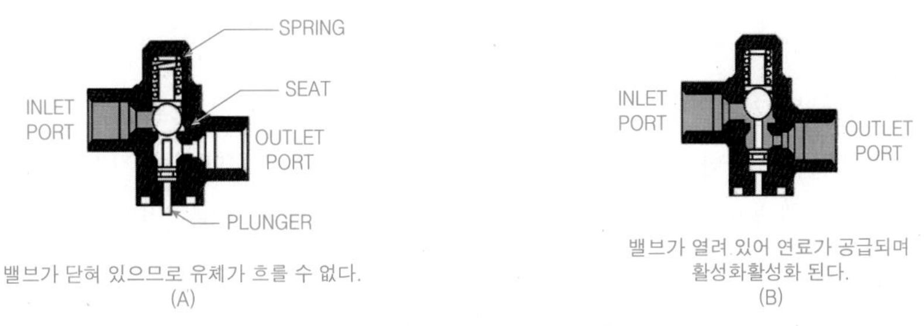

[그림 3-220 Sequence Valve]

④ Sequence Valve

Retractable Landing Gear를 장착한 현대 항공기는 비행 중 항공 역학적 특성을 좋게 하기 위하여 Wheel Well Door를 갖추고 있다. Door가 Closed 되어 있는 동안에 Landing Gear가 Extend 되지 않도록 하기 위하여 그림 3-220의 Sequence Valve 가 사용된다. Sequence Valve는 한 방향으로의 흐름만 허용하는 것으로는 Check Valve와 유사하나 Manual로 작동하여 양방향으로도 흐르게 할 수 있다. 그림 3-221에서는 Sequence Valve가 Landing Gear System에 장착되어 유로를 형성하는 것을 보여 준다. Fluid가 Main Landing Gear Cylinder로 들어가는 것을 허용하기 위해서는 Sequence Valve가 열리기 전에 Wheel Well Door는 완전히 열려야 한다. Return Fluid가 Reservoir로 되돌아 가도록 Sequence Valve가 흐름을 제한하지 않는다.

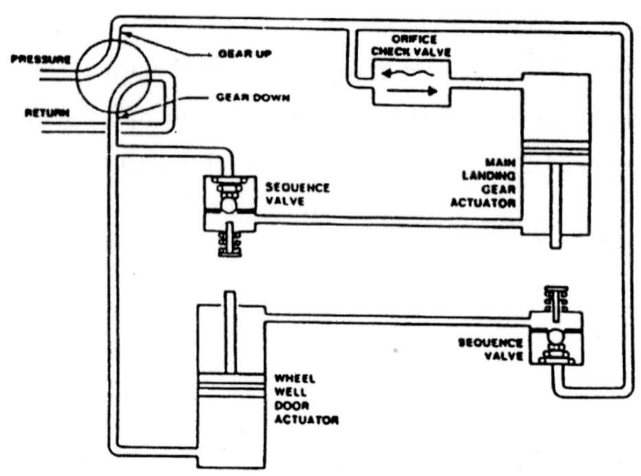

[그림 3-221 랜딩 기어 시스템에서 시퀀스 밸브의 위치]

⑤ Priority Valve

Priority Valve는 Fluid 압력이 일정 압력 이하로 떨어지면 유로를 차단하는 기능을 갖은 밸브이다.

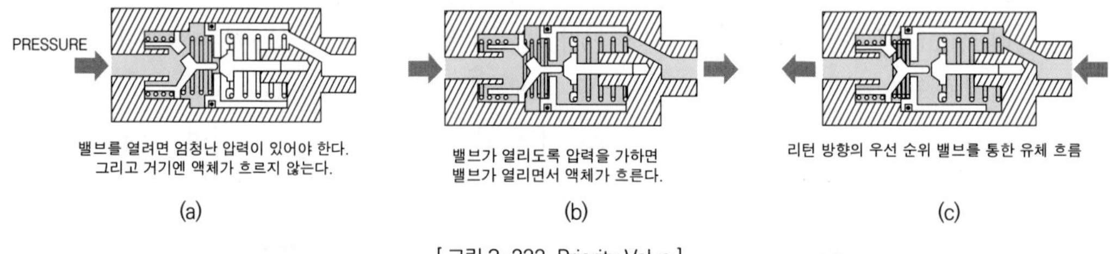

PRESSURE
밸브를 열려면 엄청난 압력이 있어야 한다.
그리고 거기엔 액체가 흐르지 않는다.
(a)
밸브가 열리도록 압력을 가하면
밸브가 열리면서 액체가 흐른다.
(b)
리턴 방향의 우선 순위 밸브를 통한 유체 흐름
(c)

[그림 3-222 Priority Valve]

Sequence Valve는 기계적인 힘으로 열지만 이 밸브는 유압에 의해 열린다. 그러나 다른 점에서는 Sequence Valve와 유사하다. 그림 3-222 (a)는 밸브를 여는 압력에 달하지 않고 흐름이 차단된 상태, (b)는 압력이 충분히 높아 밸브를 열고 Fluid가 흐르고 있는 상태, (c)는 리턴 라인으로 향해 Fluid가 거꾸로 흐르고 있는 상태이다. 한 개의 유압 계통에서 복수의 작동 기구에 Fluid를 공급하는 경우, 펌프의 방출량이 부족하면 동일 계통에 접속되어 있는 작동 기구의 중요도에 따라 작동시키는 것을 제한하고 그 밖의 기구로 Fluid의 공급을 차단하고 분리시킨다. 이와 같이 작동시키는 기구에 우선순위를 붙인 것에서 이 호칭이 붙어졌다.

⑥ Hydraulic Fuse

최근의 제트 항공기는 착륙 장치를 내리거나 Flight Control System(조종 계통), Thrust Reverser(역추력 장치), Flap(플랩), Brake(브레이크) 및 많은 보조 계통의 조작을 유압에 의존하고 있다. 이 때문에 대부분의 항공기는 2개 이상의 독립된 유압 계통을 갖추고 이들 계통 가운데 심한 Fluid의 누출이 생기는 경우, 계통을 차단하는 수단을 강구하고 있다. 유압 Fuse는 전기 회로의 Fuse와 같이 Fluid의 유속이 제한 값에 달하면 유로를 차단한다. 그림 3-223은 Fuse의 입구 흐름과 출구 흐름 압력차에 의해 작동하는 구조이다.

이 Fuse는 일반적인 운용 상태에서 스프링과 이것에 밀려있는 밸브와 균형 유로를 열고 있다. 만약 이 Fuse의 출구 흐름(그림 중의 B측)의 계통이 파괴되면 B측의 압력은 내려가고, 그림 중 A측 Fluid의 압력에 의해 밸브가 출구 쪽으로 밀려 유로를 닫고 이것 이상 Fluid가 손실되는 것을 막는다. [그림 3-223 (b)] 이 형식의 Fuse에서는 역류를 막지만 조절하는 방법은 없다. 그림 3-223의 Fuse는 압력 차이에 의한 것이 아니고, Fluid의 흐름에 의해 차단하는 방식이다. 그림 3-224 (a)의 정지 상태에서 유로는 닫혀 있다. Fluid가 가압 되기 시작하면 압력차에 의해 Sleeve Valve가 출구 쪽으로 이동하고 출구 쪽의 큰 Spring을 압축해서 유로를 연다. 이 때, 소량의 Fluid가 Metering Orifice 에서 실린더 내부로 들어간다.

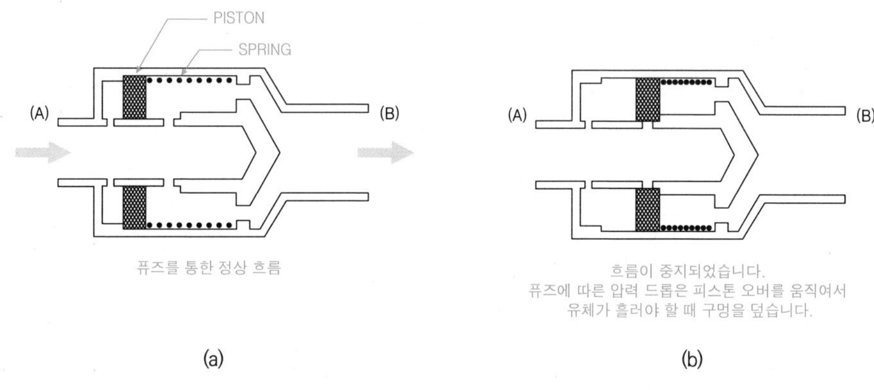

[그림 3-223 Hydraulic Fuse]

보통 흐름 량은 Piston 양면의 Fluid 압력이 거의 같게 되고, 따라서 Piston은 약간 출구 쪽으로 이동한 위치에 멈춰있다. [그림 3-224(b)] 만약 이 Fuse의 출구 쪽 계통에 큰 누출이 생기면 Piston이 출구 쪽 방향으로 밀려가게 되고 그림 3-224 (c)와 같이 계통을 차단한다.

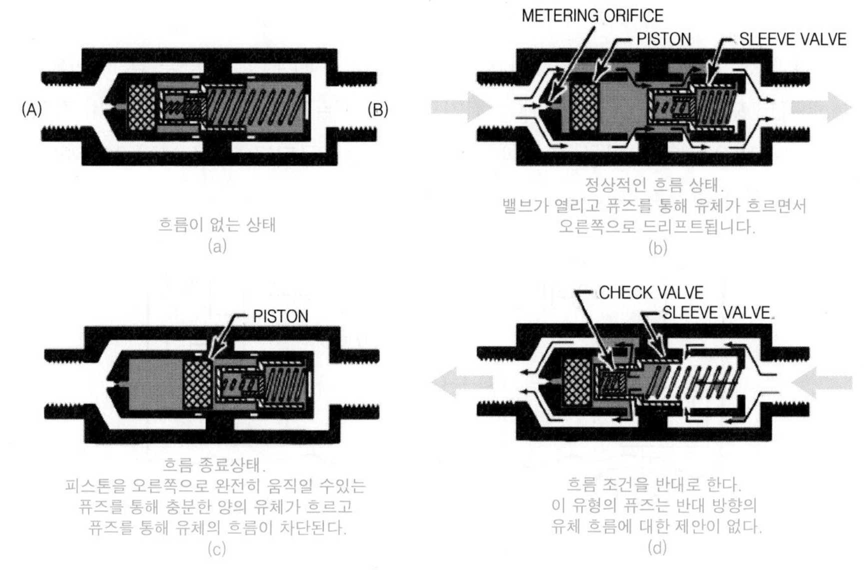

[그림 3-224 Hydraulic Fuse Operating]

6. Hydraulic System의 실례

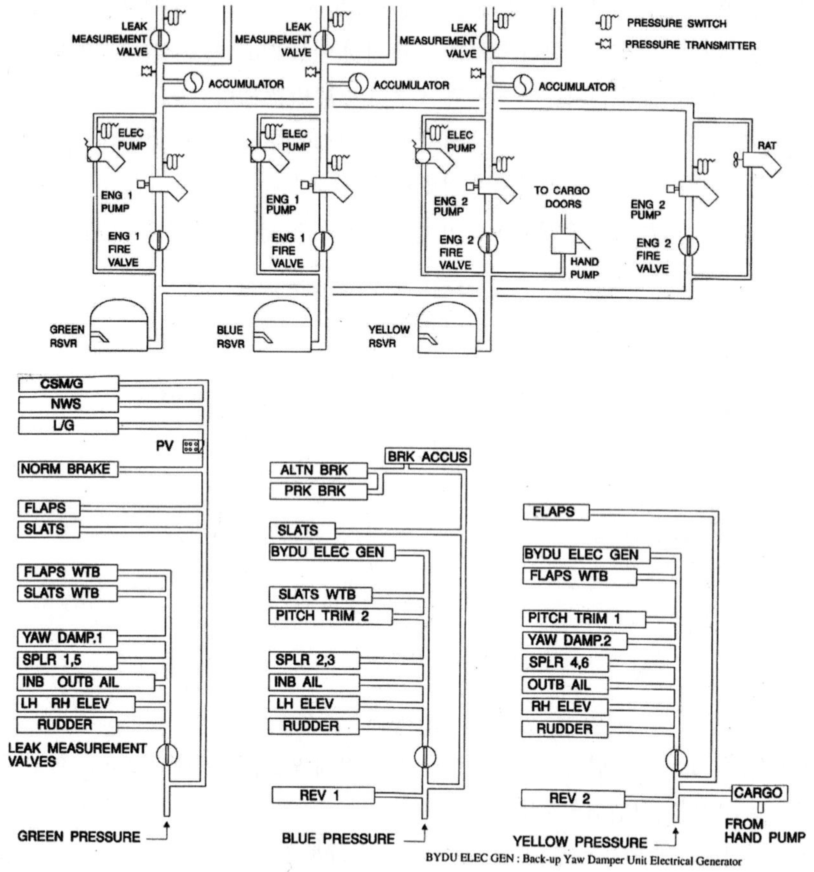

[그림 3-225 Hydraulic System]

그림 3-225는 각 엔진 마다 독립한 Hydraulic System을 갖고 EDP(엔진 구동 펌프) 이외에 압축공기 구동의 ADP로 Back-Up 되며, No.1과 No.4 에는 전기로 구동되는 전동 펌프가 있어 정비 작업 시와 지상 서비스 시 사용되며, 조종면은 제각기 다른 여러 계통에서 유압이 공급되고 있다. 그림 3-226은 조종석 Display 장치에서 확인 가능 한Hydraulic System Schematic이다.

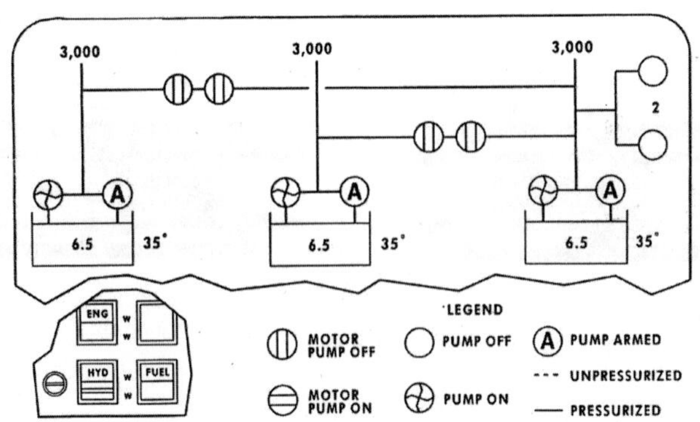

[그림 3-226 유압 시스템 회로도 CRT 디스플레이]

제7장 ATA30 방빙·제빙·제우계통 (Ice & Rain Protection System)

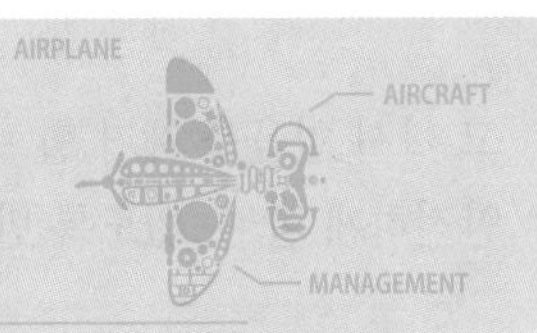

1. Icing & Deicing System

비, 눈 그리고 얼음은 오래 전부터 운송이나 수송의 큰 장애물이었다. 공기 상황에 따라서 얼음은 Airfoil과 Air Inlet에 급속하게 형성될 수 있다. 비행하는 동안 비행기는 Rime(서리)와 Glaze(우빙)이라는 두 가지 종류의 결빙을 만나게 된다. Rime은 항공기 Leading Edge에 거친 표면을 형성한다. 표면이 거칠게 형성되는 이유는 공기의 온도가 매우 낮으며 수분이 퍼져 날아가기 전에 얼어버리기 때문이다. Glaze는 항공기의 Leading Edge를 매끄럽고 두꺼운 표면을 형성한다. 대기의 온도가 빙점보다 약간 낮은 경우에는 수분이 얼기까지 시간이 조금 더 있기 때문이다. 얼음은 대기에 눈으로 볼 수 있을 만큼의 수분이 있거나 온도가 빙점 혹은 그 보다 약간 낮을 때 발생된다. 그러나 왕복 Engine의 Carburetor 경우에는 공기 중에 수분이 없고, 비교적 따뜻한 온도의 상태에서도 결빙이 발생할 수 있다. 이러한 결빙이 날개와 꼬리날개의 Leading Edge에 쌓이게 되면 Airfoil의 양력 특성이 생기지 못하게 되고 Windshield에 쌓이게 되면 시야를 방해할 수도 있다. 비행하는 항공기 날개의 Leading Edge나 Air Intake Area 주위에 발생되는 결빙현상은 항공기의 안전운항 및 비행효율에 많은 문제를 발생시킨다. 또한 저고도 비행 중에는 비나 눈에 의해서 조종사의 시야가 방해 받아 안전운항에 지장을 초래하므로 Windshield에 부착되는 빗방울이나 눈을 제거하여야 한다. 항공기의 날개 및 Engine Intake의 결빙 상태는 항공기 안전 및 효율에 악 영향을 미치고, 특히 폭우는 조종사의 시야를 가려 안전 운항에 영향을 미친다. 따라서 Engine에서 나오는 Hot Air나 발전기에서 나오는 전기를 사용하여 결빙이 일어나지 않게 하고, 결빙된 현상을 Hot Air나 발전기에서 나오는 전기 또는 화학 물질을 사용하여 제거할 수 있도록 하여야 한다. 항공기의 결빙은 여러 가지 면에서 항공기의 성능과 효율을 저하시킨다. 조종면에 결빙이 발생하면 항력이 증가하고, 양력이 감소하며, 심하면 진동과 함께 Airfoil의 기능을 상실할 수 있다. 또한 결빙에 의해 조종면이 Jamming되어 움직이지 않을 수도 있으며, 특히 Carburetor의 결빙은 Engine의 성능을 저하시킨다. 이러한 현상을 방지 하기 위해서 사용하는 방법으로는 고온 공기를 이용한 표면 가열 방법, 전기적 열에 의한 가열 방법 De-Icing Boots를 이용한 얼음의 제거 및 알코올 분사 방법 등이 사용된다.

2. Anti-Icing System

항공기에 사용되는 Ice Control System은 크게 Anti-Icing System과 De-icing System으로 구별할 수 있다. Anti-Icing System은 형성된 얼음을 제거하는 De-icing System과는 달리 얼음이 형성되는 자체를 방지하는 System이다. 이는 얼음이 형성되어서는 안될 부품이나 표면에 뜨거운 공기나 Engine Oil, Electric Heater등을 사용하여 가열하는 방법이다. 얼음이 만들어지는 것을 막거나 생성된 얼음을 Control하기 위해서는 여러 가지 방법이 이용되는데 첫째로, 뜨거운 공기를 이용하여 표면을 가열시키는 것과 두 번째로 전기를 이용하여 가열시키는 방법, 세 번째로 팽창 가능한 부츠를 이용하여 얼음을 제거하는 방법 그리고 마지막으로 Alcohol을 분사하는 방법이 있다. 항공기 표면을 물이 증발해서 날아가게끔 열을 가해 건조한 상태로 만들어 얼음의 형성을 막을 수 있고 혹은 얼음이 얼지 않을 만큼만 가열할 수도 있으며 표면에 얼음이 생기게 하고 나서 얼음을 제거 할 수도 있다. Anti-Icing System과 De-icing System은 얼음이 생겼을 때 비행을 더 안전하게 할 수 있도록 만들어준다.

Location of Ice	Method of Control
Leading Edge of the wing	Pneumatic, thermal
Leading edges of stabilizers	Pneumatic, thermal
Windshields, windows and radome	Electrical, alcohol
Heater and engine air inlets	Electrical
Stall warning transmitters	Electrical
Pitot tubes	Electrical
Flight controls	Pneumatic, electrical
Propeller blade leading edges	Electrical, alcohol
Carburetors	Thermal, alcohol
Lavatory drains	Electrical

1. Thermal Anti-Icing

열에 의한 Anti-Icing 장치는 날개의 Leading Edge(앞 부분) 내부에 날개 폭 방향으로 연결되어 있는 Duct에 가열된 공기를 보내어 내부에서 날개의 앞부분을 따뜻하게 함으로서 얼음의 형성을 막는 것이다. Anti-Icing을 위한 가열 공기를 얻는 방법을 크게 분류하면 터빈 Compressor에서 고온공기, Engine Exhaust Heat Exchanger(Engine배기 열 교환기)에서의 고온 공기 및 연소 열기에 의한 가열 공기 등 3종류가 있다. 가열 공기를 Anti-Icing용으로 사용하는 부분은 주날개와 꼬리날개의 Leading Edge부분, Engine Nacelle, Air Intake 등이다. 대표적인 날개 Leading Edge의 단면을 그림 3-229에 나타내었다.

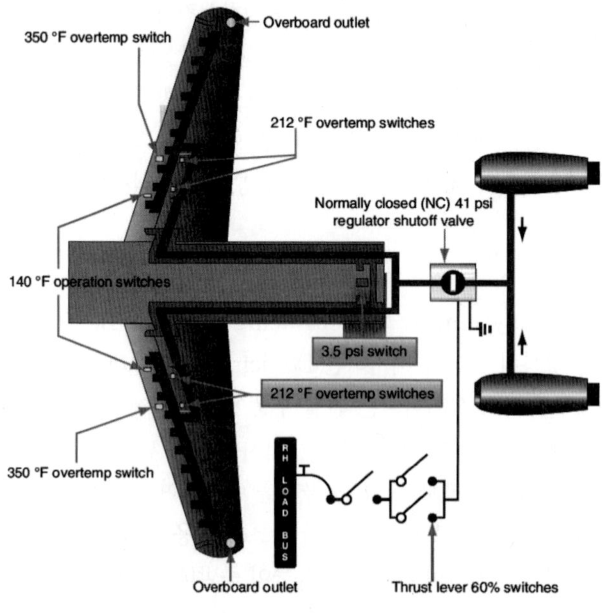

[그림 3-227 Anti-Icing System]

이것은 날개 Leading Edge를 이중 구조로 하여 이 사이에 고온 공기를 흐르게 하여 가열하는 방식으로서 Duct에서 공급되는 공기만을 이용하는 것과 Ejector를 사용하여 Duct의 공기에 주위 공기를 혼합시켜 공급하는 방식이 있으며, 가열 공기의 온도/압력과 가열 부분의 구조 및 재료 등의 상황에 맞게 사용되고 있다. 가열에 사용된 공기는 날개 연료 탱크의 전방 부분을 Circulation(순환)한 후 날개 하부에서 방출된다. Leading Edge에 Slat(슬랫)나 Flap(플랩)등의 가동 부분이 있는 경우에는 Duct나 Tube(Tube)도 움직이게 하여 가열 공기를 공급하고 있다. 이 System 자동 온도 조절 기능을 포함하는데 뜨거운 공기와 차가운 공기가 섞여 미리 설정된 값에 맞게 유지 되도록 되어있다. Valve System은 설치된 곳에 맞게 다양한 역할을 한다. 어떤 부분의 Anti-Icing System이 공기의 공급을 못 받게 할 수도 있으며 한 개의 Engine이 고장으로 인해 공기를 공급받지 못할 때 Valve는 De-Icing System이 다른 Engine에서 공기를 공급 받을 수 있도록 한다. 날개의 중요한 부분의 De-Icing이 된 경우 덜 중요한 곳으로 가열된 공기가 가서 얼음을 제거할 수 있게 하기도 하며 또한 비 이상적으로 심각하게 얼음이 생긴 곳이 생기면 그 부분으로 모든 가열 공기를 집중 시키게 할 수도 있다.

얼음의 형성으로부터 반드시 보호 받아야 하는 Airfoil(날개 꼴)의 앞부분은 Double Skin 구조를 가진다. 가열 공기는 Duct를 통하여 이중 Skin 사이에 공급이 되며 이는 바깥 Skin에 붙어있는 얼음을 녹이거나 얼음의 형성을 막는다. 가열에 사용된 공기는 Wing Tip에서 대기로 방출 되거나 조종면의 Leading Edge와 같이 얼음이 중요한 영향을 미치는 부분으로 가게 된다. 공기가 연소 가열기에 의해서 가열 될 때는 한 개 혹은 그 이상의 가열기가 날개에 사용된다. 꼬리날개 부근에 위치한 또 다른 가열기는 수평 안정판과 수직 안정판에 가열 공기를 공급한다. Engine이 열원인 경우에는 Floor 밑 바닥을 통한 Duct를 통해서 공기가 이동된다.

① Engine Bleed Air

Gas Turbine Engine을 장착한 항공기는 Engine Compressor Section(Engine Compressor부)에서 고온 공기를 Bleeding하여 방/De-Icing에 사용한다. Compressor로부터 추출된 공기의 온도와 압력은 압축 단수, Engine의 운전 상태 등에 의해 변화한다. 따라서, 그 필요에 맞는 Stage(단수)에서 추출함과 동시에 온도의 변화에 따라 흐름량을 조절하는 장치를 갖고 있으며, 다발 항공기인 경우에는 추출된 공기를 모아 온도, 압력을 조절하여 소정의 가열 부분에 공급한다. Anti-Icing을 위한 고온 공기는 Engine Compressor에서 나온 Bleed공기에 의해 얻어진다.

이 System을 이용하는 이유는 Anti-Icing/De-Icing을 위해 이용될 수 있는 비교적 많은 양의 고온 공기를 Compressor로부터 얻을 수 있기 때문이다. 이 System은 여섯 개의 Section으로 분할되어있다. 각 Section은 Shutoff Valve, temperature Indication(온도 지시계), Overheat Warning Light(과열 경고 표시등)을 포함한다. 각각의 Section에 있는 Shutoff Valve는 압력을 조절하는 방식이다. Valve는 Bleed System으로부터 Ejector로 가는 공기 흐름을 조절한다.

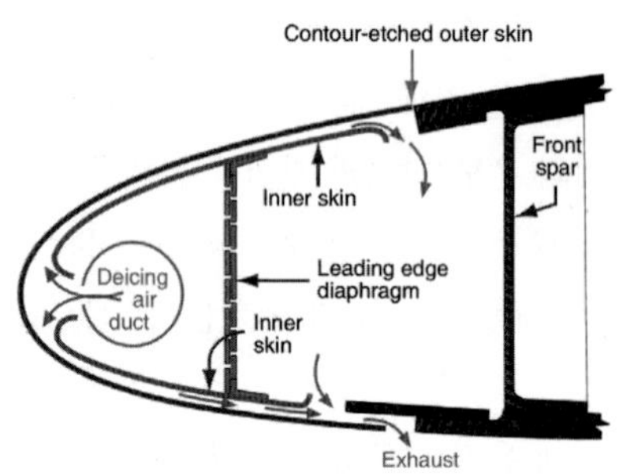

[그림 3-228 가열공기 Anti-Icing의 날개 단면]

고열의 Bleed Air는 주변의 공기와 섞이며 이렇게 혼합된 공기는 대략 350[°F]에 이르며 Leading Edge 표면에 근접한 통로를 통해서 흐른다. 각 Shutoff Valve는 Pneumatically(공기 압축식)으로 작동하며 전기적으로 조절된다. 각 shutoff valve는 Anti-Icing을 제한할 때 작동하며 Anti-Icing이 필요한 때 공기 흐름을 조절한다. Thermal Switch는 Shutoff Valve의 Control Solenoid에 연결되어 있으며, 이것은 Leading Edge의 온도가 185[°F]까지 올라갔을 때 Valve를 닫고 Bleed 공기의 흐름을 막는다. 온도가 떨어지면 Valve는 다시 열리고 Leading Edge로 Bleed 공기가 공급된다. 각 Section의 온도 지시계는 Anti-Icing Control Panel에 위치한다. 각각의 지시계는 Leading Edge부근에 위치하는 저항식 온도계에 연결되어있다. 온도계는 Leading Edge표면의 바로 옆을 지나는 고온 공기의 온도를 측정하는 것이 아니고 Leading Edge후면의 온도를 재기 위해 위치한다. Overheat Warning System은 극심한 고열로 인한 기체 구조에 올 수 있는 피해를 막기 위해 만들어 졌다. System이 고장이 났을 경우 온도 센서는 Anti-Ice Shutoff Valve를 조절하는 회로를 열기 위해 작동한다. Valve는 고온 공기의 흐름을 차단하기 위해 닫힌다.

② Engine Exhaust Heat Exchanger(배기 열 교환기)

왕복 Engine의 배기 Gas 열을 이용하는 방식으로서 그림 3-229에 나타낸 바와 같이 배기 Gas를 Augmenter를 통하여 배출시킨다. 그리고 Engine 냉각공기 또는 Ram Air를 Augmenter주위로 흘려 가열공기를 만든다. 날개와 꼬리날개의 Anti-Icing은 왕복 Engine Tail Pipe 주변의 Muff로부터 가열된 공기 흐름을 조절하여 이루어진다. 이 구조를 Augmenter라 부른다. 각각의 Augmenter 끝 부분에 있는 조절 가능한 Vane은 열리고 닫힐 수 있게 되어있다. 부분적으로 닫힌 Vane은 냉각 공기와 배기 가스의 흐름을 제한하여 Augmenter Muff의 온도가 상승하게 만들며 이것이 Anti-Icing을 위한 열원으로 이용된다. 일반적으로 각각의 Engine에서 나온 가열 공기는 각각의 Engine이 위치한 날개에 Anti-Icing을 위해 공급된다. 한 개의 Engine만 작동 시에는 서로 교차되는 Duct System을 이용하여 왼쪽과 오른쪽 날개의 Leading Edge를 연결한다. 이 Duct를 통하여 Engine이 작동하지 않는 곳의 날개에 가열된 공기를 공급한다. Crossover Duct의 Check Valve는 가열 공기의 역류를 막으며 작동하지 않는 Engine부분의 Anti-Icing System에 들어오는 찬 공기를 막는다. 일반적으로 주 날개와 꼬리날개의 Anti-Icing System은 Heat Anti-Ice Button을 작동하여 전기적으로 조절된다. 버튼이 OFF에 위치한 경우 Out Board Heat Source Valve와 Anti-Ice Valve가 잠긴다. 이 경우에는 Inboard

Heat Source Valve가 기내 온도 조절 System에 의해서 조절된다. 또한 Augmenter Vane은 Augmenter Vane 스위치에 의해 조절된다. Heat Anti-Ice button이 "ON"에 위치하면 Heat Source Valve와 꼬리날개 Anti-Icing Valve를 열게 한다. Holding Coil은 버튼을 계속 "ON" 위치에 있게 한다. 또한 Augmenter Vane 조절 회로는 자동적으로 작동시키고 Augmenter Vane 스위치를 "Close" 위치에 놓음으로써 Vane들이 닫히게 하고 이로 인하여 System으로부터 최대의 열을 공급한다. Duct에 위치하는 Safety Circuit(안전 회로)는 Thermostatic Limit Switch(온도 제한 스위치)에 의해 조절되며 Duct가 과열되게 되는 어떠한 경우에도 Anti-Ice Button을 "OFF" 위치로 바꿀 수 있게 한다. 과열이 발생하게 되면 Heat Source Valve와 Tail Anti-Icing Shutoff Valve(꼬리날개 Anti-Icing 차단 Valve)가 닫히게 되고 Augmenter Vane이 Open 위치로 가게 된다. Heat Source Valve는 Heat Anti-Ice Shutoff Handle을 이용하여 수동으로 닫을 수 있다. 수동 작동은 전기 조절 회로에 이상이 생겼을 때 필요하다. 이 System에서는 핸들은 Valve에 케이블로 연결되어 있다. 일단 Heat Source Valve가 수동으로 작동되면 Manual Override System이 Re-Set될 때까지 전기적으로는 작동하지 않는다. 모든 System은 운행 중에 Manual Override System이 Re-Set 될 수 있다.

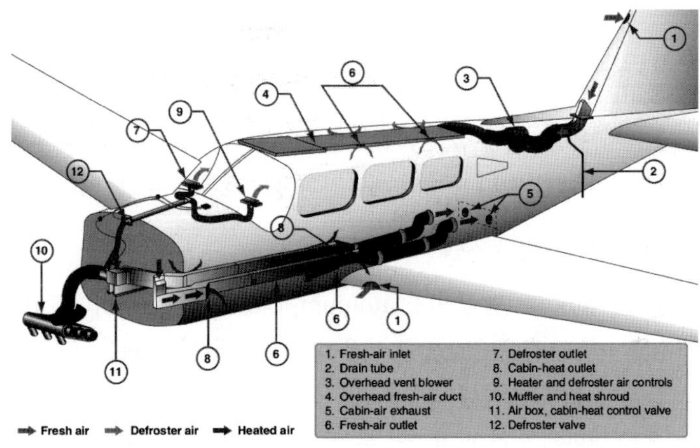

[그림 3-229 배기 열교환기]

배기 Gas는 Augmenter 에 의하여 주위 공기를 흡수하여 혼합된 후 방출된다. 가열 공기는 Anti-Icing/De-Icing 이외에도 기내 난방에도 사용된다. 배기 Gas를 기내 난방용으로 사용하는 것은 구조적으로 간단하지만 승객의 안전에 관계되기 때문에 Engine 배기 열 교환기의 정비에는 세심한 주의가 필요하다.

③ Combustion Heater(연소 가열기)

연료를 연소시키고 그 열로 Ram Air 또는 송풍기로부터의 공기를 가열하는 것으로서 Heater는 그림 3-230에 나타낸 바와 같은 구조를 갖고 있으며, 연소공기와 가열 공기는 완전히 분리되어 있고, 가열 공기는 Duct에 의해 필요 부분으로 공급된다. 이 히터를 Airfoil Heater라 부르며, 날개나 꼬리 날개 Anti-Icing용 외에, 기내 난방용인 것을 Cabin Heater라 부른다. 발열량 등의 차이는 있어도 기본적 구조는 같다. 이런 방식의 System은 날개와 꼬리날개가 필요로 하는 수만큼의 연소 가열기가 위치한다.

System에 있는 Duct와 Valve는 가열 공기의 흐름을 제어한다. Anti-Icing System은 Over Heat Switch, Thermal Cycling Switch, Balance Control, Duct Pressure Safety Switch에 의해 자동적으로 조절된다. Overheat switch와 cycling Switch는 연소 가열기가 일정한 주기를 가지고 작동하게 하며 또한 과도한 열이 발생했을 경우에는 연소가열기의 작동을 완전히 멈추게 한다. Balance Control은 양 날개에 열이 균등하게 유지 되도록 하는 기능을 가지고 있다.

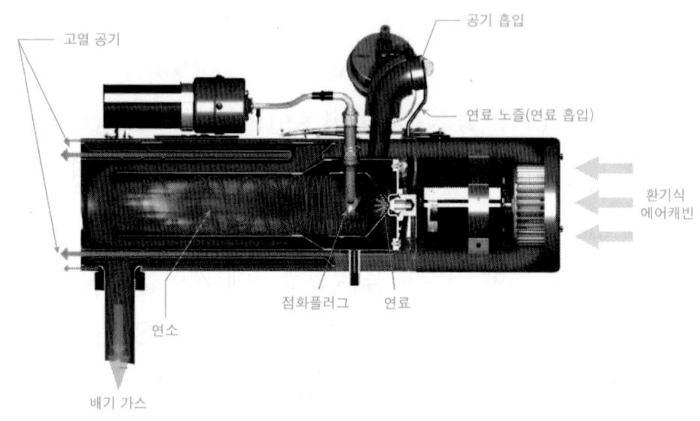

[그림 3-230 연소 가열기의 내부]

Duct Pressure Safety Switch는 Ram Air가 일정량 이하로 낮아지면 연소 가열기의 점화 회로를 차단한다. 이것은 충분치 못한 램 에어가 통과할 때 발생할 수 있는 과열로부터 연소 가열기를 보호한다. 연소 가열기를 이용한 날개와 꼬리 날개의 대표적인 공기흐름도는 그림 3-231에 나타나 있다.

④ Pneumatic System Ducting(공압 시스템 덕트)

Duct 구조는 보통 Aluminums 합금이나 Titanium, Stainless Steel이나 Fiber Glass의 Tube로 되어 있다. Tube와 Duct는 볼트 혹은 Clamp를 이용하여 부착된다. Duct는 Fiber Glass와 같이 불에 견디는 절연 물질로 감싸여 있다. 장착 위치에 따라서는 Duct에 Stainless로 된 연장 관을 삽입할 수 있는데 이는 Duct가 온도 변화에 의하여 일어날 수 있는 비틀림이나 팽창을 흡수 할 수 있도록 중요한 곳에 위치한다. Duct가 연결되는 부분은 Sealing Ring을 이용하여 확실한 기밀이 이루어져야 한다. 연결 후에는 제작사에서 요구하는 압력 값이 맞는지 압력 테스트가 이루어져야 한다. Duct에서 발생하는 누설은 기내 압력 유지를 못하게 만드는 결과를 만들기 때문에 압력 테스트는 꼭 이루어져야 한다. 그러나 보통 Duct의 결함 유무를 테스트하기 위하여 더 자주 이루어지며 주어진 압력하에서 새는 양은 Maintenance Manual(정비교범)이나 Service Manual에서 요구하는 양을 초과하여서는 안된다.

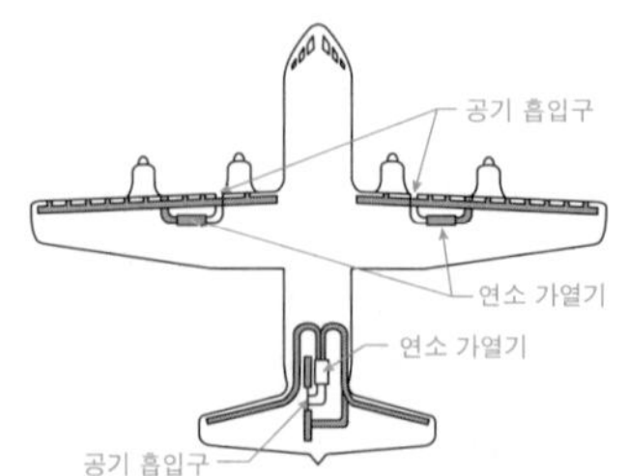

[그림 3-231 연소 가열기를 사용한 Anti-icing 장치]

공기의 누설은 가끔 소리를 들어 감지 할 수도 있고 Duct를 감싸는 피복제나 단열제의 구멍으로부터도 확인할 수 있다. 누설을 찾기가 힘든 경우에는 비누거품이나 물과 같은 방법도 이용된다. 모든 Duct는 비틀림이나 일반적인 상태 혹은 결함 사항이 있는지 검사되어야 하며 피복이나 절연을 위한 Bracket (지지 물)들은 반드시 점검되어야 하며, 오일이나 작동유 같은 가연성 물질에 영향을 받지 않는 것이어야 한다.

2. Electric Anti-Icing

Electric Heater를 이용하여 결빙을 막는 방법으로서 비교적 작은 부분에 사용된다. 구조나 조절이 간단한 것이 특징이지만, 가열 부분의 면적이나 체적이 증가하면 필요전력을 확보한 상태에서 전압을 올려야 하므로 절연이나 전류 조절에 문제가 발생한다. 전기적인 Anti-Icing을 사용하는 계통은 Pitot Tube, Static Port(정압공), Propeller, Engine Air Intake(공기 흡입구)나 Windshield Glass(조종석 전방 유리), 특이한 예로서 날개 Leading Edge의 가열에도 이용된다.

① Windshield Icing Control Systems

Window 부분을 눈이나 얼음, 서리와 같은 것으로 보호하기 위해서 Window는 De-Icing, Anti-Icing, 김 서림 방지 등의 장치를 사용하고 있다. 이와 같은 장치들은 제작사나 항공기 종류에 따라 다르다. 몇몇의 항공기는 Windshield는 두 겹의 Panel을 가지고 있으며 그 사이에 공간이 있는데 이 공간은 표면 사이에 얼음이나 김 서림이 생기는 것을 막기 위해 뜨거운 공기가 순환할 수 있도록 되어있다. 또한 다른 항공기는 Wipers를 사용하거나 Anti-Icing Fluid를 뿌리기도 한다. 현대 항공기에서 가장 일반적으로 사용되고 있는 결빙 방지나 김 서림 방지의 방법은 Window에 전기적인 열을 가하는 방법이다. 이런 방법이 가압되는 항공기에서 쓰이는 경우에는 부드럽게 된 Fiber 층이 더욱 압력에 견딜 수 있게 한다. 투명한 전도성 물질은 열을 발생시키며 투명한 Vinyl, 플라스틱은 Window의 파손 됐을 때 분산됨을 막는 성질을 가지고 있다. Vinyl과 glass층은 압력과 열에 의해서 서로 접착되어있다. Vinyl은 Glass와 쉽게 접착되는 성질이 있기 때문에 접착제를 사용하지 않고 서로 접착이 이루어진다. 전도성 피막은 Windshield에 생기는 Static Electricity를 막고 또한 열을 발생시키는 역할을 한다. 일부의 항공기에서는 대기 온도가 얼음이나 서리를 발생 시킬 수 있는 온도까지 내려가면 자동적으로 Thermal Electric Switch가 System을 작동시킨다. 이 System은 낮은 온도에서는 항시 작동이 계속 이어지며 일부의 항공기에서는 작동과 정지를 반복한다. Thermal Overheat Switch는 온도가 과도하게 올라간 상태에서 자동적으로 System을 정지시켜 투명한 부분의 손상을 막을 것이다. 전기적 열을 사용한 Windshield System은 다음과 같은 것들이 있다.

- Windshield auto transformers and heat control relays(윈드 실드 자동 변압기 및 열 제어 계전기)
- Heat control toggle switches(열 제어 토글 스위치)
- Indicating lights(표시 등)
- Windshield control units(바람막이 제어 장치)
- Temperature-sensing elements(Thermistors) laminated in the panel(패널에 적층 된 온도 감지 소자)

System은 Windshield Heat Control Circuit Breaker를 통하여 115[V] A.C Bus로부터 전기를 공급 받는다. Windshield Heat Control Relay가 HIGH 위치에 있게 되면 115[V], 400[hz]의 전기가 Windshield Control Unit의 Left Amplifier와 Right Amplifier에 공급된다. Windshield Heat Control Relay가 자화 되면 그로 인하여 200[V], 400[hz]의 A.C가 Windshield Heat Autotransformer로 공급된다. Transformer는 Windshield Control Unit Relay를 통하여 218[V], A.C를 Windshield Heating Current Bus Bars에 공급한다. Temperature Sensing Element는 온도와 저항이 서로 관계를 가지면 이를 회로에 연결하고 있다. Windshield의 온도가 설정 값 이상이 되면, Sensing Element는 평형을 맞추기 위해 필요로 했던 저항보다 더 많은 저항이 생긴다. 이는 전류의 흐름을 감소시키고 Control Unit의 Relay의 접촉이 끊어진다. Windshield 의 온도가 떨어지면 Sensing Element의 저항 값이 떨어지고 증폭기를 통한 전류가 Relay를 작동 시킬 만큼 충분히 흐르게 되어 Windshield Heater를 작동시킨다. Windshield Heat Control Switch가 LOW 위치에 있을 때는 115[V], 400[hz]의 A.C가 좌우 Windshield Control Unit의 증폭기와 Windshield Heat Autotransformer에 공급된다. 이 상태에서는 Transformer가 121[V], A.C 전기를 Windshield Control Unit Relay를 통하여 Windshield Heating Current Bus Bars로 공급된다. Windshield 작동에 있어서 Sensing Element는 HIGH 위치에서 작동했던 방식으로 적절한 온도 조절을 할 것이다. Temperature Control Unit는 2개의 Relay와 3단계의 Electronic Amplifier를 가진다. 이것은 Windshield의 온도를 40~49[℃](105~120[℉])로 유지한다. 전기적으로 Windshield를 가열하는 방법에는 여러 가지 문제점이 생길 수 있다. Delaminating, Arcing, Scratch, Discoloration 이 있다. Delaminating은 바람직하지 않은 현상이긴 하지만 제작사에서 정한 Limit이내에 있거나 정면을 보는데 있어서 시야에 영향을 주지 않으면 구조적으로는 해롭지 않다. Windshield Panel에 Arcing이 생긴다는 것은 전도성 피막에 손상이 생겼다는 것을 의미한다. Windshield에 Chip과 미세한 표면 Crack이 형성된 곳에서 외부의 압축력과 내부의 인장력이 동시에 작용할 때는 전도성 피막과 Crack이 형성된 모서리들이 분리되는 결과를 가져온다. Arcing은 이러한 분리된 사이에서 전기가 뛰어넘을 때 발생되며 특히 이러한 Crack들이 Window Bus Bar에 평행할 때 잘 발생한다. 이러한 Arcing 현상이 발생하면 위치와 정도에 따라서 Overheating을 만들어 Panel을 손상시킬 수 있다. Temperature-Sensing Element 근처에서 발생하는 Arcing은 Heat Control System을 완전히 손상시킬 수 있으므로 특히 중요하다. 전기적으로 가열된 Windshield는 직접적으로 들어오는 빛에 의해서는 투명해 보이나 반사된 빛에 의해서는 조금 색깔이 달리 보일 수 있다. 제작사에 따라 연파랑, 연노랑, 연한 핑크색등을 가질 수 있으며 이는 시야에 있어서 영향을 미치지 않는다면 별 문제가 되지 않는다. Windshield Scratch는 가장 자주 일어나는 것으로 Wiper가 정상적으로 작동하지 않아 Glass층에 발생된다. 와이퍼에 묻은 미세한 물질이 와이퍼가 작동 중에는 Cutter와 같은 역할을 한다. 스크래치를 막을 수 있는 가장 좋은 방법은 Windshield Wiper Blade를 가능한 한 자주 청소하는 것이다. 와이퍼가 Panel이 마른 상태에서 작동되면 이 역시 표면을 손상시킬 수 있다. 시야가 심각하게 영향을 받지 않을 때는 스크래치나 Nick은 정비 교범에서 정한 범위 이내에 있으면 상관이 없다. 시야를 깨끗하게 하기 위해 표면을 닦아내는 것도 역시 좋지 않다. 스크래치 깊이를 측정하는 데는 많은 어려움이 따른다. 이를 위해 광학 현미경이 사용된다. 현미경은 판으로 된 지지대보다는 여러 개의 발이 달린 지지대가 필요하다. 어떤 한 점에 대해서 관찰할 때 초점거리는 기구의 몸통에 있는 척도로 읽어 알 수가 있다. Windshield Panel에 있는 스크래치의 깊이나 균열은 표면까지의 초점거리와 스크래치 밑면까지의 초점거리를 통해 알 수 있다. 이 두 길이의 차가 바로 스크래치의 깊이를 나타낸다. 광학 현미경은 항공기에 장착된 것은 물론 장착되지 않은 것일지라도 평평한 면은 물론이고 볼록한 면이나 오목한 Panel의 모든 면을 측정할 수 있다.

② Window Defrost System(윈도우의 서리 방지시스템)

윈도우의 서리 방지 System은 여러 개의 Duct를 이용하여 기장과 부기장의 Windshield 와 사이드 윈도우에 객실 난방 System으로부터의 뜨거운 열을 직접 분사하여 이루어진다. 더운 날씨에서는 서리를 방지하기 위해서 쓰이지 않으며 안개를 제거하기 위해 사용된다.

③ Windshield and Carburetor Alcohol Deicing Systems(윈드실드 및 카뷰레터 알코올 제빙 시스템)

알코올을 이용한 De-Icing 방법은 Windshield와 Carburetor의 얼음을 제거하기 위하여 여러 항공기에 쓰여왔다. Alcohol 공급 탱크에서 나온 Alcohol은 펌프가 작동되면 Solenoid Valve가 자화되어 Control된다. 이 Valve를 거친 Alcohol의 흐름은 필터를 거쳐 펌프를 지나 Carburetor나 Windshield로 분배된다. Toggle Switch는 Carburetor Alcohol 펌프의 작동을 조절한다. 스위치가 ON 위치에 있으면 Alcohol 펌프가 작동되며 Solenoid에 의해 작동하는 Alcohol Shut-Off Valve가 열린다. Windshield De-Icing 펌프와 Alcohol Shut-Off Valve는 Rheostat 방식 스위치에 의해 컨트롤된다. 이 스위치를 작동 시키면 Shut-Off Valve가 열리고 Alcohol 펌프는 Rheostat에서 설정한 비율로 Windshield로 보낸다. Rheostat을 원위치 시키면 Shut-Off Valve가 닫히고 펌프가 작동을 멈춘다.

④ Pitot Tube Anti-Icing

Pitot Tube의 입구에 얼음이 형성되는 것을 막기 위해서 Pitot Tube는 그 내부에 Heating Element를 가지고 있고, 조종석에 있는 스위치로 전원 공급을 컨트롤 할 수 있다. 지상에서 Pitot Tube를 점검 할 때는 운행 중이 아닌 경우에는 오랫동안 작동시키지 않게 주의 하여야 한다. Heating Element는 그 기능 점검이 이루어져야 하는데 이는 전원이 공급됐을 때 Pitot Tube 앞부분이 뜨거워지는지를 통해 알 수 있다. 회로에 전류계가 설치되어있다면 Heater의 작동은 전류 소비량을 확인하여 알 수 있다.

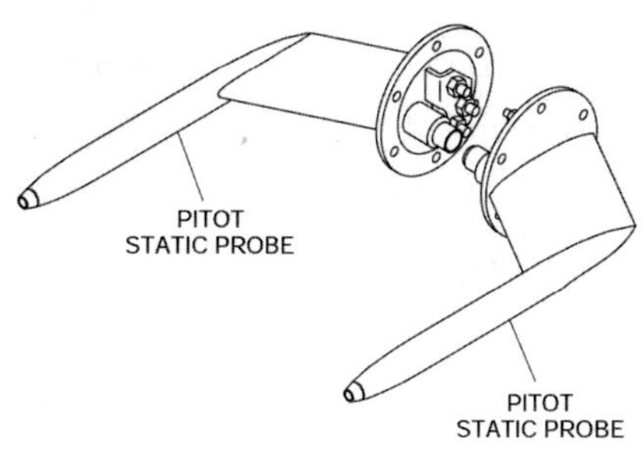

[그림 3-232 Pitot Tube]

⑤ Water and Toilet Drain Heater(물 과 화장실 배수 히터)

Heater는 운행 중에 얼음이 얼수 있는 온도로 내려갈 수 있는 장소에 위치한 Toilet Drain Lines, Waterline, Drain Masts, Waste Water Drains에 열을 공급한다. 이러한 Heater의 종류에는 라인을 감싸는 방식의 Integrally Heated Hoses, Ribbon, Blanket, Patch가 있으며 Gasket Heater도 있다. Thermostat는 과도한 열이 발생 돼서는 안 되는 곳의 Heater 회로에 사용되거나 소비 전력을 줄인다. Heater는 낮은 전압을 가지며 계속 작동되어도 과열이 발생하지 않는다.

3. Chemical Anti-Icing(화학 부동액)

결빙 온도를 내려 수분을 액체 상태로 유지시키기 위하여 Alcohol을 사용하여 Anti-Icing을 하는 방식이다. 지상에서 기체의 제설 시에 사용하는 Ethylene Glycol원액을 Dope하는 것도 결빙을 지연시키는 효과가 있다. 이것은 Propeller, Carburetor, Windshield Glass Anti-Icing에서 사용되며, Alcohol 탱크에서 펌프를 이용해 공급하고 원심력이나 공기의 흐름을 이용해 될 수 있는 한 균등하게 분배한다. 특이한 예는 이것을 날개, 꼬리날개 등의 De-Icing에 사용하는 것으로, 날개 Leading Edge표면을 다공질의 금속 재료로 만들고 Alcohol을 가압 공급하여 스며 나오도록 하는 방법을 이용하고 있다.

3. De-Icing System

De-Icing System은 Wing과 Tail의 Leading Edge부분에 형성된 얼음을 Pneumatic Deicer Boots를 이용해서 제거하는 System이다. 또한 Electric Heating Element가 사용되는 Propeller의 경우는 주기적으로 Propeller 표면을 가열하여 얼음 접촉면을 녹인 후 원심력에 의해 Propeller로부터 얼음을 제거하는 방법이 사용된다. 이러한 De-icing System은 Anti-Icing에 의한 날개 후방 표면의 재결빙 문제 등이 없으므로 저속 소형기에 있어서는 Anti-Icing System보다 더욱 효과적이다.

1. Pneumatic Dicer Boot System(공압식 부트 시스템)

압축공기를 사용하는 De-Icing 장치에는 Main Wing(주 날개) 또는 꼬리 날개의 Leading Edge에 부착된 Boots 또는 Shoes라 부르는 고무재질의 De-Icing 장치가 일반적으로 이용된다. 이 De-Icing 장치는 팽창 가능한 고무관으로 구성되어 있다. 이 장치 작동 중에 고압 공기에 의해 팽창 또는 수축된다.

그림 3-233이 팽창 및 수축의 되풀이에 의하여 얼음이 깨어진 후 공기 흐름에 의해 날아가게 된다. Dicer Boots는 왕복 Engine 항공기에서는 Engine 구동 Vacuum Pump로 제트 항공기에서는 Engine Compressor로부터 Bleed되는 공기에 의해 팽창된다. 팽창 순서는 De-Icing 부츠 가까이에 부착되어 있는 Distributor Valve 또는 Solenoid로 작동되는 Valve로 조절된다. De-Icing 부츠는 날개에 따라 몇 개 부분으로 나누어 부착되며, 날개 한쪽에서는 서로 교대로 팽창되고 동체를 기준으로 좌우의 날개는 대칭으로 팽창되도록 조절되고 있다.

이것은 팽창된 Dicer Boots에 의한 공기 흐름의 혼란을 최소한으로 하고, 동시에 좌우 날개에서 팽창한 부분을 될 수 있는 한 적은 범위로 조절하기 위해서 이다.

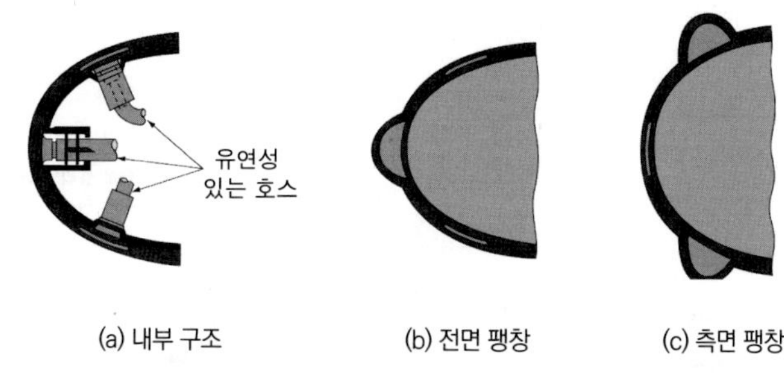

[그림 3-233 공압 제빙기 부팅 작동 예]

① Deicer Boot 의 구조

Deicer Boot는 부드럽고 탄력성 있는 고무 또는 Rubberized Fabric(고무를 입힌 직물)과 Tube 모양의 Air Chamber로 구성되어 있다. 부츠의 외측은 전도성이 있는 합성 고무로 만들어지고 비바람이나 여러 가지 약품에 약화되지 않도록 처리되어 있다. 또, 합성고무는 정전기를 표면에서 방전 시킬 수 있고 정전기가 축적되어 있어도 부츠 아래에 있는 금속 외피를 통하여 방전 시킨다. Deicer Boot는 날개나 꼬리 날개의 Leading Edge에 접착제 또는 Fairing Strip과 Screw 또는 앞의 2가지 방법에 의해서 장착되어 있다.

이 같은 방법으로 날개의 Leading Edge에 고정되어 있는 부츠는 길이 방향의 가장자리를 따라 Bead와 Bead Wire이 구성되어 있다. 이 형식의 De-Icing 부츠 Screw는 Fairing Strip과 Bead Wire의 앞쪽에 있는 부츠를 통하여 날개 Leading Edge내측에 장치되어 있는 Rib Nut에 의해 단단히 장착된다. 새로운 형식의 Deicer Boot는 Cement에 의해 날개 표면에 완전히 접착된다. 부츠의 Trailing Edge는 날개 단면을 매끈하게 하기 위해서 Taper 모양으로 되어 있다. Fairing Strip과 Screw를 이용하지 않기 때문에 그만큼 무게가 경감된다. Dicer Boot의 Air Chamber은 꼬임을 방지할 수 있는 Nonking Flexible Hose(가연성 호스)에 의해 Air Pressure Source(공기 압력원)과 Vacuum Line(진공 라인)에 연결되어 있다.

② Pneumatic Deicer Boot System 작동

압력 공기를 사용하는 De-Icing 장치의 주요 구성 부품은 Dicer Boot외에 고압 공기원, Oil Separator, Relief Valve, Pressure Regulator and Shutoff Valve(압력 조절기 및 차단 밸브), Inflation Timer 및 Distributor Valve 또는 Control Valve 등이 있다. 그림 3-234는 대표적인 De-Icing 장치의 계통도이다. 이 계통도의 작동 압력 공기원은 Engine Compressor로부터 뽑아내 사용한다. Compressor에서 Bleed된 공기는 압력 조절기로 들어간다. 압력 조절기는 이 장치에 필요한 작동 압력까지 공기를 감압한다.

압력 조절기의 Down Stream(출구 흐름부)에 있는 Ejector는 부츠를 수축시키는데 필요한 진공 압을 만들어 낸다. 공압 및 Suction Relief Valve는 이 장치에 필요한 공압 및 진공압을 유지한다. 타이머는 Solenoid작동에 의해 작동되는 Rotating Step Switch에 의하여 연속적으로 작동하는 일종의 스위치 회로이고, De-Icing 스위치를 ON 위치로 하면 타이머가 작동한다. 이 장치를 작동시키면 분배 Valve

의 Deicer Port(De-Icing포트)가 진공 계통을 닫고, 작동압을 그 Port에 접속되어 있는 Deicer에 가해 준다.

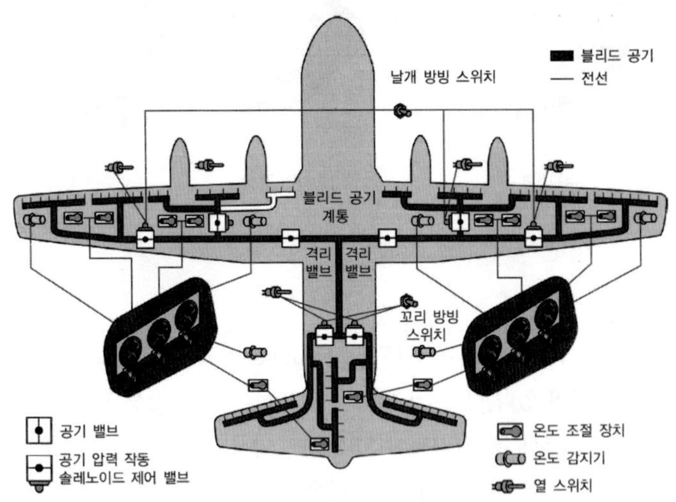

[그림 3-234 공기압을 이용한 De-icing System]

부츠의 팽창이 끝날 즈음에, Deicer 압력 포트가 닫히고 부츠내의 공기는 배출구에서 외부로 방출된다. 부츠에서 흐르는 공기의 압력이 저하해 약 1[psi]가 되면 배출구가 닫히고 부압을 가해 남아있는 공기를 배출시켜 부츠를 날개 Leading Edge에 밀착시킨다.

계통을 작동시키고 있는 동안, 이 사이클이 되풀이되고, 스위치를 OFF로 하면 타이머는 자동적으로 시동 위치(Starting Position)로 되돌아온다.

2. Ground De-icing

옥외에 Parking(계류)되어 있는 항공기나 비행 후 항공기에 내린 눈, 서리, 비의 결빙 또는 착륙 시에 쌓인 눈 또는 얼음은 제거하여 항공기의 형상, 기구, 작동을 정상 상태로 유지하여야 한다. 기체에 눈, 서리, 얼음이 부착된 채로 이륙하는 것은 절대로 금지되고 있으며 이륙 전에 이들을 확인하여야 한다. 지상에서의 De-Icing, 제설은 기계적인 방법이나 화학적인 방법으로 행한다.

가열에 의한 방법은 적당하지 않다. 가열에 의한 방법은 부분적으로 해빙한 물이 기체를 타고 흘러내리는 사이에 재 결빙 되고, 기체 표면뿐만 아니라 내부에까지 흘러 들어가게 된다. 어느 방법으로라도 기체 표면은 물론 내부에 쌓여 있는 눈이나 얼음, 서리를 완전하게 제거할 필요가 있다. 제설 작업후의 점검과 Pre-Flight Check(비행 전 점검)은 특히 주위를 기울여야 한다.

① 기계적 방법

제설 도구, 빗자루, Brush, 걸레 혹은 압축 공기를 이용해 제거하는 방법은 원시적이지만 확실한 수단이다. 이 방법은 보통, 외부 온도가 빙점 이하이고 눈이 건조할 때 유효하다.

기체 표면에 직접 닿기 때문에 기체 표면에 상처를 입힐 수 있으므로 돌출 부위를 파손하지 않도록 주의해야 한다.

② De-Icing 액의 분사

기체 표면이 이미 결빙해 있을 때, 또는 외기 온도가 빙점을 약간 상회하는 적설이 있을 때, De-Icing Fluid Ethylene Glycol 또는 Propylene Glycol 혹은 이 혼합액을 사용하여 부착해 있는 얼음, 눈 등을 액체 상태로 흘려보내는 방법이다. 보통은 기계적인 제설 작업과 병용된다.

De-Icing 액은 De-Icing 차에서 온수와 혼합되어 가압 된 호스를 통하여 Nozzle로 분사된다. De-Icing 액과 물의 혼합비는 그때 외기 온도에 따라 정해지며, 저온일수록 농도를 높게 한다. De-Icing 액의 도포는 결빙, 착설을 늦어지게 하는 효과가 있다. De-Icing 액이 기체 구조나 장치 등으로 침투하면 상해를 일으킬 수 있으므로, 분사나 도포 전에 Pitot Tube, Static Port(정압구) 등 정비교범 상에 정해져 있는 장소는 완전하게 Masking을 행한다.

De-Icing 액이 Engine 내부로 침투하면 Engine 작동 시 열에 의하여 분해되고 Glycol이 부착되어 축척되기 때문에 주의를 요한다. De-Icing 액을 분사해도 눈이나 얼음이 녹는 것에 따라 희석되어 그 효과가 감소해 버리기 때문에 충분히 기체에서 흘러 떨어지게 하고 기체 내부에서 재 결빙되지 않도록 한다.

제설 후의 점검 작업에서 특히 주의해야 할 점은 다음과 같다.

- 적설, 결빙은 기체의 표면이나 내부로부터도 완전히 제거되어야 한다.
- Masking이나 Cover는 전부 제거한다.
- 기체의 돌출부위에 손상이 없나 점검한다.
- Pitot 정압 계통의 누수, Flap등에 물이 고여있지는 않은지 점검한다.
- 가동 기구 부분에 결빙 Jamming이 없는지 점검한다.
- 동익은 자유로이 움직이는지 점검한다.

4. 항공기 System별 Anti-Icing, De-Icing

1. Wing Section의 Anti-Icing, De-Icing

Main Wing(주 날개)나 Tail Wing(꼬리 날개) Leading Edge의 Bend Radius이 큰 경우에는 Ram Effect가 있으므로, 작은 부분에 비해 결빙되기 어려운 경향이 있다. 또 때에 따라 Anti-Icing과 De-Icing 장치가 불필요한 경우도 있다. Leading Edge부분의 Anti-Icing과 De-Icing은 결빙에 의한 공기 역학적인 장해를 방지함과 동시에 Exfoliate(박리)된 얼음이 뒤쪽에 있는 꼬리날개나 Engine에 손상을 주는 것을 방지해야 하므로, Wing Root에서 Wing Tip까지 Anti-Icing과 De-Icing 된 경우라도 부분적으로는 그 주목적이 다른 것이 있다.

Leading Edge에 있는 Leading Edge Flap, Slot, Slat등은 결빙에 의한 Jamming을 방지하는 것이 Anti-Icing과 De-Icing의 주목적이 된다.

또 꼬리날개에도 방빙, De-Icing을 행할 필요가 없지만, 최근 대형 제트 항공기는 Test Flight(시험 비행)을 실시한 결과, 방빙, De-Icing 장치를 제거해 버린 것도 있다.

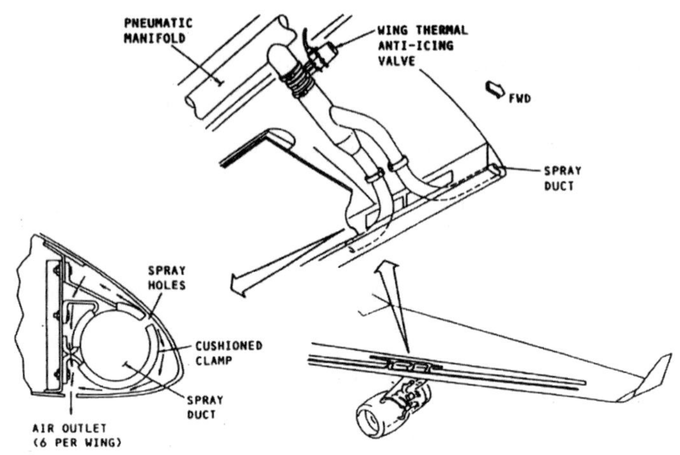

[그림 3-235 B747-400 항공기의 Wing Anti-Icing System]

Anti-Icing과 De-Icing의 방법은 Propeller Aircraft의 경우에는 Deice Boots를 장착한 것, 또 그림 3-231에 나타낸 바와 같은 Combustion Heater(연소 가열기)에 의한 Thermal Anti-Icing 방식을 이용하고 있는 것이 있다. Jet 항공기는 Engine에서 추출한 고온 공기를 이용한 열 De-Icing 방식을 많이 이용한다. 이 방식은 공기 온도가 높기 때문에 항공기가 지상에 있을 때는 날개의 과열을 막기 위해서 그 사용을 금지하거나 또는 작동하지 않게 되어있다.

2. Propeller의 Anti-Icing, De-Icing

Propeller도 그 단면은 Airfoil형상으로 되어 있기 때문에 Leading Edge가 결빙된다. 결빙은 추진 효율(추력 마력/축 마력)을 저하시키고 Propeller에 불규칙적인 진동을 발생시킨다. Propeller의 Anti-Icing과 De-Icing에는 화학적인 방법과 전기적인 방법이 있다. Anti-Ice Fluid로는 Isopropyl Alcohol 또는 Methyl Alcohol을 사용하며, Propeller의 회전 부분에는 Slinger Ring을 장착하고 각 Blade Leading Edge에 흐르게 한다. Blade Leading Edge에는 홈이 있는 Shoe를 붙이고 Anti-Icing액이 이것을 따라 흘러 De-Icing 된다.

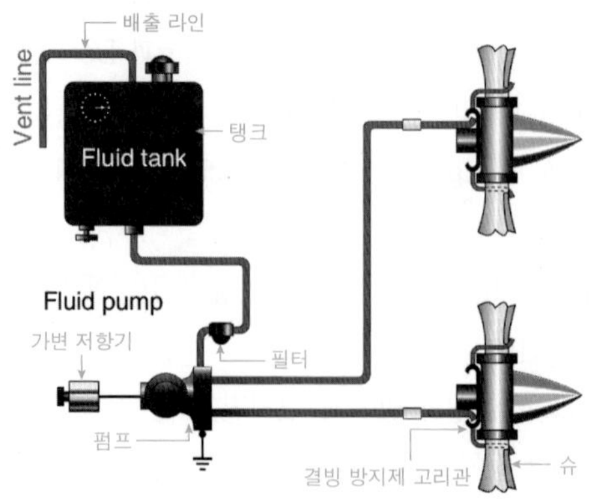

[그림 3-236 Anti-icing Fluid를 사용한 Propeller]

그림 3-236은 전기적인 방법에는 Blade Leading Edge부분에 전열선을 붙이고, Slip Ring을 통하여 Blade에 전력을 공급한다. 그림 3-237은 전력을 연속 또는 간헐적으로 공급하여 결빙을 방지한다. Propeller Blade에서 박리 된 얼음은 원심력으로 분산된다. 다발 항공기의 경우, Propeller 회전면의 동체 부분에는 Window의 설치를 피할 것과 동체외부에 Ice Plate를 장치해 얼음에 의한 손상을 막고 있다.

3. 왕복 Engine의 Anti-Icing, De-Icing

왕복 Engine에서 결빙되는 부분은 Carburetor 및 Induction이다. Carburetor 의 결빙은 일반적으로 15[℃] 이하의 공기 중에서 발생하며, 출력을 저하시키기도 하고 출력 조절을 불가능하게 하기도 한다.

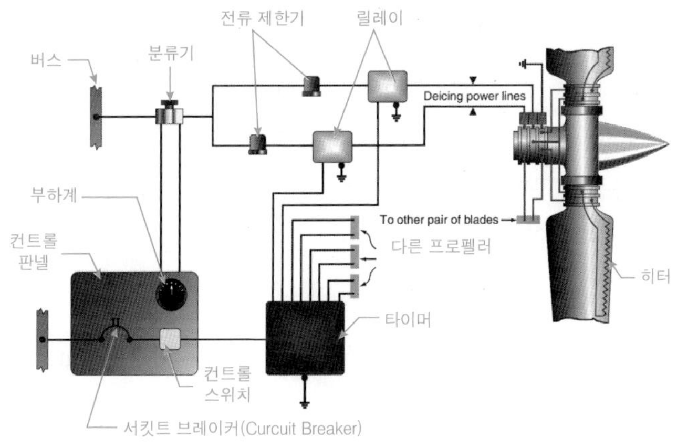

[그림 3-237 전기히터를 사용한 프로펠러]

① Pre-Heating(예열 방식)

Carburetor로 들어가는 공기를 따뜻하게 하여 Anti-Icing을 하는 것과 예열 방식이라 한다. 이 방법은 Engine 냉각에 고온 공기나 배기관 주위를 통과하여 따뜻해진 공기를 공기 흡입구로부터의 공기와 혼합 시켜 Carburetor로 보낸다.

② Alcohol분사

Anti-Icing 액의 Isopropyl Alcohol을 공기 흡입구나 Carburetor로 분사하여 De-Icing하는 것으로 Carburetor De-icing이라고 한다. 분사된 Alcohol은 Engine에 흡입되어 연소된다. 그러나 이 경우 공기에 대한 연료의 혼합량이 많아지기 때문에 Engine이 저 출력일 때에는 주위가 필요하다.

4. Nacelle의 Anti-Icing

Jet Engine이나 Turbo-Prop Engine의 Nacelle이나 Cowling도 결빙되기 쉽다. 이들 공기 흡입구의 결빙은 Engine 출력을 저하시킴과 더불어 박리한 얼음을 흡수해 Engine에 손상을 주기 때문에 Anti-Icing을 행할 필요가 있다.

① Thermal Anti-Ice 방식

Engine Compressor부에서 고온 공기를 이용하여 가열하는 방법을 Thermal Anti-Ice이라 한다.

Engine의 Anti-Icing과 동시에 작동시켜 가열에 사용한 후 공기는 Engine에 흡입된다. 고온 공기를 추출하여 Anti-Icing을 하는 경우, 추출된 고온 공기 및 따뜻한 공기를 흡입함으로써 Engine은 불안정 상태가 되고 출력이 저하된다.

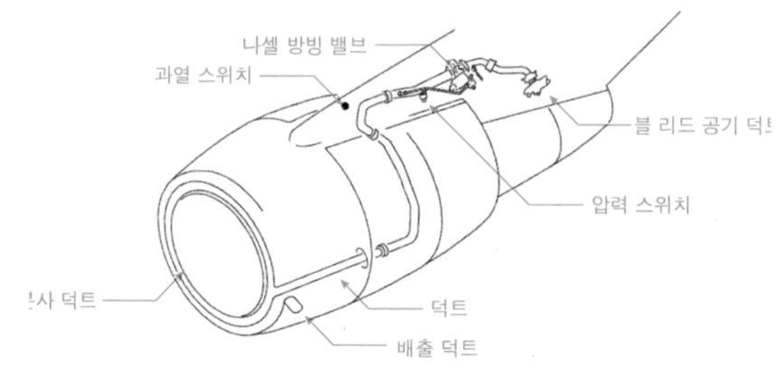

[그림 3-238 열식 Anti-Ice 시스템식]

이때는 Engine의 Flame out를 막기 위해 Ignition을 작동시키는 등의 예방 조치가 필요하다. Engine 작동 중에는 지상, 공중의 구별 없이 Engine Nacelle Anti-Icing 장치를 작동할 수 있으며, 결빙이 예상될 때는 반드시 사용하여야 한다.

② 전기적 Anti-Icing 방식

전기적으로 가열하여 Anti-Icing을 하는 방식이며, 그림 3-239 에 Turboprop 항공기의 Cowling의 예를 나타낸다.

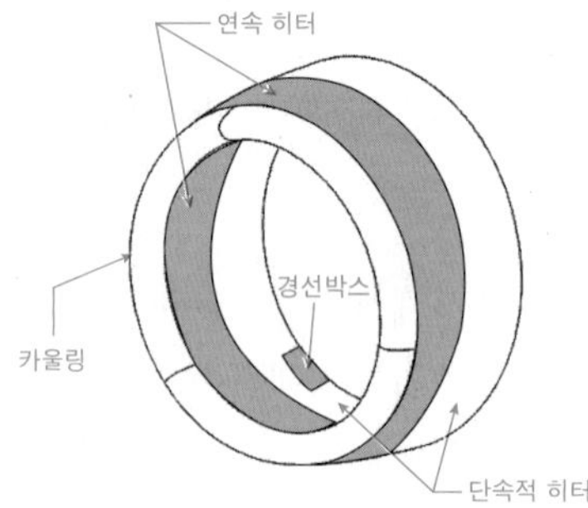

[그림 3-239 전기식 Anti-icing System]

Cowl의 Leading Edge 부분은 연속적으로 가열되고 내측과 외측은 각각 몇 개로 분할되어 순서에 따라 주기적으로 가열된다. Anti-Icing용 Electric Power Source에는 전용 발전기가 이용된다.

5. Gas Turbine Engine의 Anti-Icing

Axial Flow Gas Turbine Engine은 Compressor 입구 부분에 있는 IGV(Inlet Guide Vane)과 그 가운데 있는 Nose Dome이 결빙되어 공기 역학적 변형, 유효 면적의 감소, 결빙 박리에 의한 손상 등이 발생하며 Engine 출력이 저하된다.

이것을 방지하기 위하여 그림 3-238에 나타낸 바와 같이 Thermal Anti-Ice을 행하고 있다. 고온 공기는 Engine Compressor에서 추출한 것을 이용하며, 가열에 사용된 Gas Turbine Engine은 Air Intake만을 Anti-Icing하고 Compressor는 Anti-Icing하지 않는다. Gas Turbine Engine은 연료가 Engine으로 들

어가지 전에 Filter를 통해 이물질을 제거하여 Fuel Control Unit의 기능을 정상으로 유지하고 있다.
연료의 온도가 저하되면 연료에 포함되어 있는 수분이 결빙되어 Filter를 Load상태로 만들기 때문에 Compressor에서 추출한 고온 공기로 연료를 가열하는 히터를 Filter 앞쪽에 장착한다. 이 Load상태를 Fuel Icing이라 부르고 히터를 작동시키는 것을 Fuel Anti-Ice 또는 Fuel De-ice라 한다.

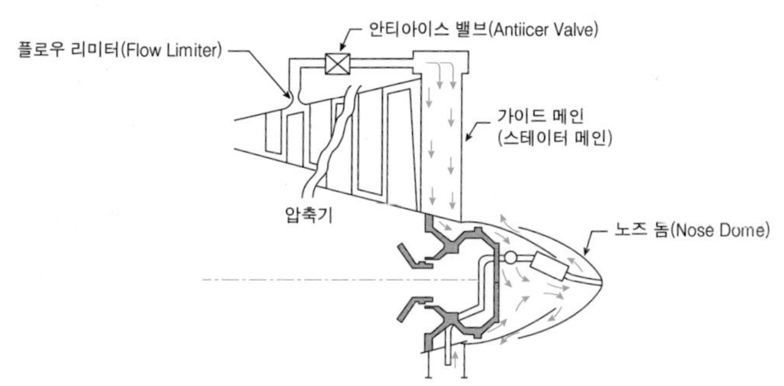

[그림 3-240 Gas Turbine Engine의 Anti-icing]

6. 감지기의 Anti-Icing

각종 계기류, 경고 장치, 조종 계통이나 Engine 조절용 감지기 또는 수감부에서 착빙이나 결빙되어 정상적인 기능을 상실하는 부분에는 Anti-Icing 장치를 장착해야 한다.
대부분의 경우, 전기적으로 가열하지만 그 중에는 고온 공기를 사용하고 있는 것도 있다. 전기적으로 가열하는 경우에는 전류계의 지시에 의하여 가열 장치의 작동을 알 수 있다. 또 전기 히터를 복수로 해 병렬로 연결하면 한쪽이 단선으로 인한 Anti-Icing 능력의 저하가 있어도 완전히 작동되지 않는 것을 방지할 수 있다.
아래 계기에는 Anti-Icing 기능을 필수적으로 설치해야 한다.

- Pitot Tube
- Static Port(정압공)
- Stall Sensor(실속 감지기)
- Total Temperature Sensor(전체 온도 감지기)
- Engine Pressure Ratio Sensor(Engine 압력 비 감지기)

7. Drain Port의 Anti-Icing

기내에서 사용되는 물의 일부는 공중에서 방출된다. 이 경우 항공기 외부에 수분이 접촉되지 않도록 Mast Type의 방출구가 이용되며, 전기적으로 가열되고 있다. 이 Anti-Icing의 목적은 항공기 외부 온도의 저하에 의한 Drain Port의 Clogging을 방지해 배출 기능을 유지하기 위한 것으로 Ribbon, Patch, Blanket, Gasket Heater 등이 주로 사용된다.

① Drain Mast의 Anti-Icing

Washing Water이나 조리용으로 사용된 물은 공중에서 Drain Mast를 통하여 방출된다.
따라서 이 마스트 및 마스터 주변의 Pipe Line에 Electric Heater를 장착하여 가열하고 있다. 히터 전력은 기체가 지상에 있을 때는 저 전압, 비행 중에는 고전압을 공급하고 Overheat 방지와 Anti-Icing

기능을 유지하고 있다.

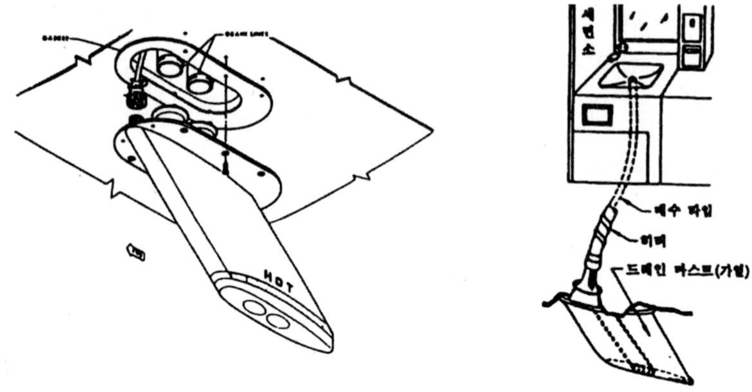

[그림 3-241 Drain Mast의 Anti-icing]

② Toilet Service Port

기내 화장실의 구조는 일반적으로 Flushing Type이지만 저장 탱크를 갖는 순환식으로 되어 있다. 따라서 착륙 후에는 Toilet Service Port 그림 3-242 에서 저장 탱크의 내용물을 배출하고, 새로운 Flushing용 물을 공급한다. 이 부분이 저온에 노출되어 결빙된 항공기는 다음 이륙 시간이내에 결빙으로 인하여 내용물 배출과 물 공급과 같은 작업을 하기 어려우므로 Toilet Service Port를 가열하여 결빙을 막고 있다. 만약, Valve와 화장실 서비스 포트의 Cap에서 Water Leak되면 가열 부분에서 유출한 액체가 가열 부분 이외의 부분에서 결빙된다.

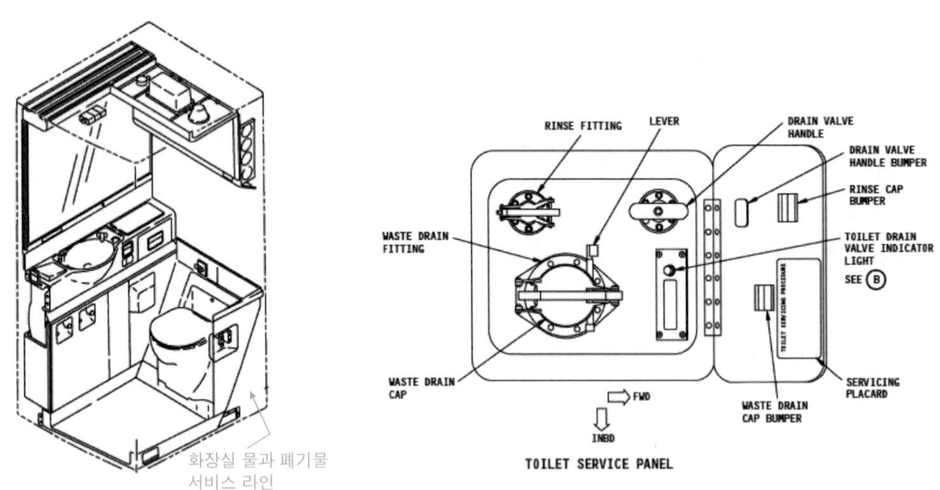

[그림 3-242 Service Port의 Anti-icing]

누출되는 양이 많으면 결빙 부분이 발달하여 마침내는 큰 얼음으로 되어 비행에 나쁜 영향을 미치며, 항공기가 강하하여 항공기의 외부 온도가 상승하면 얼음이 떨어지게 된다. 떨어진 얼음이 때로는 기체를 파괴할 수도 있다. 또 이 낙하된 얼음이 지상에 피해를 줄 수도 있다.

8. Windshield와 Window의 Anti-Icing

조종실의 Windshield와 Window의 시계를 확보하기 위하여 착빙, 결빙, 이슬 맺힘, 안개를 막는 수단이 필요하다. Windshield와 Window는 기체 구조의 일부이며, 공기 압력과 Bird Strike(새의 충돌)에 견딜 수 있는 충분한 강도를 가지게 하고 있다. 이들 Glass의 단면은 그림 3-243와 같이 다층 구조로 되어 있다. 중심 부분에 비닐 층을 갖고 전도성 피막에 전류를 흐르게 하여 30~40[℃]로 유지한다.

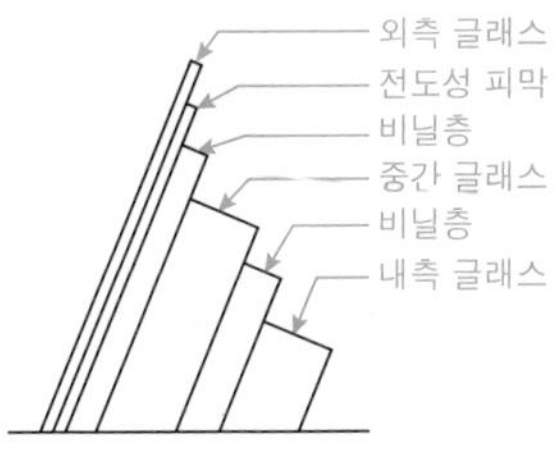

[그림 3-243 Glass의 단면]

이 비닐 층은 새와 충돌하였을 경우에 충격을 흡수하고, 또 파손됐을 때의 Glass의 분산을 막는 역할을 하고 있다.

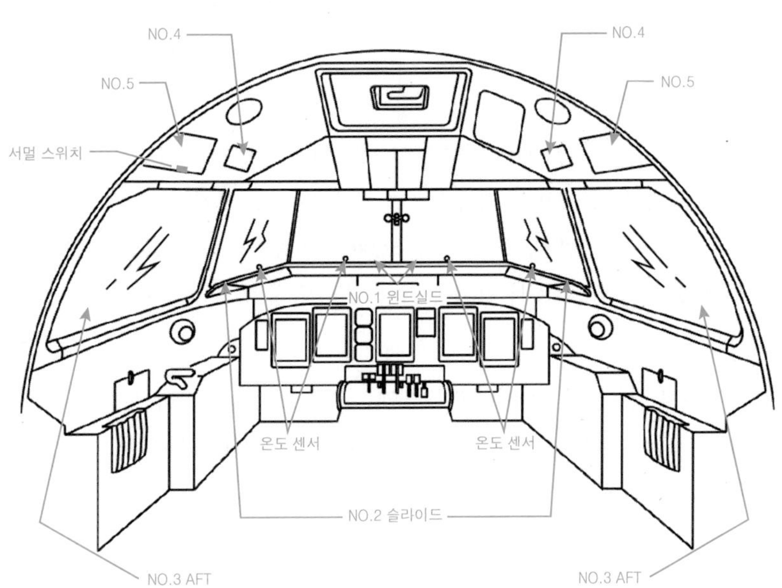

[그림 3-244 조종실의 Windshield와 Window의 Anti-icing]

조종실의 Windshield와 조종사 측면의 Side Wind또는 Sliding Window는 Anti-Icing되어 있고, 이것 이외의 Window는 전방으로 향하고 있는 것만을 가열할 수 있게 되어 있다.

① Anti-Icing액의 사용

Windshield에 Isopropyl Alcohol을 분사하여 De-Icing하는 방법을 그림 3-245에 나타낸다. Windshield 전면에 확산시키기 위해 Wiper와 함께 사용한다. 이 방법은 De-Icing 기능이고 안개 제거(Anti-Fog 또는 De-fog)에는 Air Condition System으로 부터의 따뜻한 공기를 이용하고 있다.

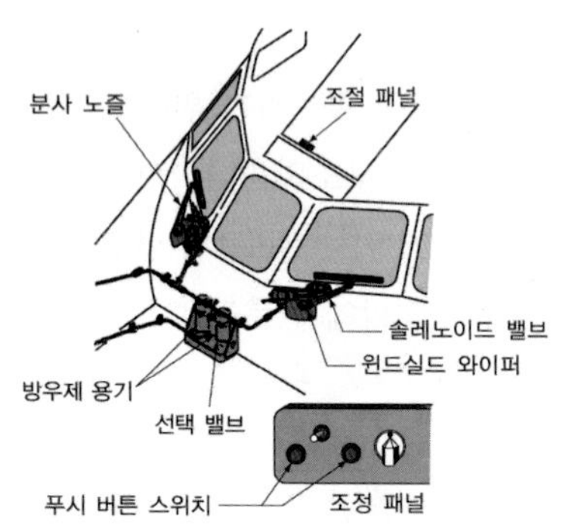

[그림 3-245 Anti-icing액을 사용한 Windshield의 Deicing]

② 따뜻한 공기의 사용

조종실의 기내 Air Condition System의 따뜻한 공기를 이용하여 Anti-Icing을 행하는 것으로서 Windshield를 이중 구조로 하여 중간 부분에 난기를 통하게 하고 그 공기의 양이나 온도에 의해 Anti-Icing 또는 안개를 제거하고 있다. 만약 Anti-Icing액을 사용하는 장치의 Defog 및 전열의 가열 장치가 작동하지 않을 때는 기내 Air Condition System의 공기를 Glass 내측 표면에 내뿜어 제거한다.

③ 전기적 열의 사용

Windshield나 그 밖의 Window Glass 다층 구조의 일층에 투명한 전도성의 피막을 넣어 그림 3-246 이것에 전류를 흐르게 하고 그 발열 작동으로 가열한다. 온도 감지기는 Glass 구조 내부에 삽입하거나 Glass 표면에 밀착시켜 Glass의 온도 조절이나 Overheat을 막는다. Control Switch에는 OFF, LOW, HIGH의 위치가 있고 LOW, HIGH 위치에서는 다음 2가지의 기능이 있다.

ⓐ 전력 조절 방식

인가 전압의 높고 낮음과 전류의 많고 적음에 따라 Glass에 공급하는 전력의 고저를 선택하는 방식이다. 항공기 외부 온도가 낮거나 심한 결빙상태로 될 때 HIGH 상태가 된다. 그러나 Glass의 조절된 온도 유지는 선택 위치에 관계없이 거의 일정(약 35[℃])하다.

ⓑ 온도 조절 방식

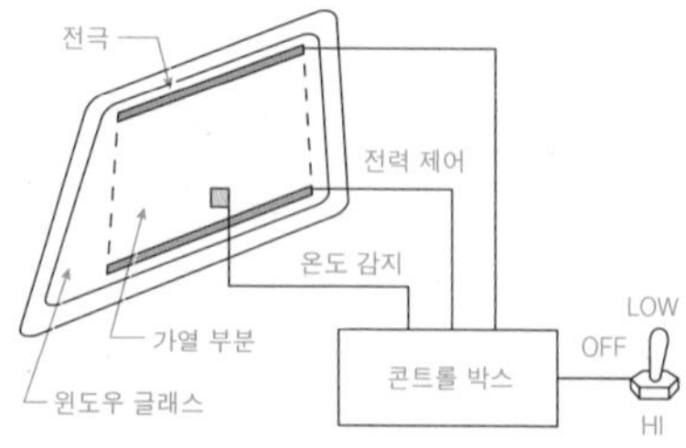

[그림 3-246 Glass의 가열]

글라스의 조절 유지된 온도의 고저를 선택하는 방법으로써, HIGH일 때는 약50[℃], LOW일 때는 30[℃] 정도의 2단계로 된다. Glass의 구조가 곡면으로 되어 있고, 대형화, 또 다층화되고 있기 때문에 열 응력에 의한 파손이 많다. 이것을 막고 Anti-Icing 효과를 향상시키기 위하여 스위치를 ON 하였을 때, 공급 전력을 자동적으로 서서히 증가시키고, 또 Glass의 온도에 따라 공급 전력을 조절할 수 있는 기능을 가지게 하고 있다.

9. Antenna의 Anti-Icing

무선 Antenna의 모양은 Wire Type, Fin Type, Pressure Type 또는 기체 구조의 일부를 이용하는 방법 등 다양하고, Antenna의 위치도 다양하다. 이들 Antenna 가운데는 Anti-Icing 기능을 갖게 한 것이 있다. 이것은 전기적인 이유는 없고 구조적 또는 얼음의 박리에 의한 기체나 Engine의 손상을 막기 위한 것이다.

동체 앞부분에 있는 Radar Antenna Dome도 Anti-Icing을 필요로 하는 부분이다. 그러나 그 형상, 재료, Ram Effect에 의해 동결 조건이 다르기 때문에 시험 비행 결과에 따라 Anti-Icing의 여부를 결정 짓고 있다.

5. Rain Protection System

낮은 고도에서 비행 시 기상변화에 의해 비 또는 눈을 만날 수 있으며, 이로 인해 Window 전면의 시야가 흐려짐으로 해서 항공기 운항에 저해 요인이 된다. 이런 상황을 방지하고 시계를 확보하기 위한 것으로 기계적인 방법과 화학적인 방법의 2가지가 있다.

1. Windshield Wiper

그림 3-247에 나타난 것과 같이 Wiper Blade를 적절한 압력으로 누르면서 움직이게 하여 물방울을 기계적으로 제거한다. 와이퍼는 왕복 운동을 하는 것이 많고, 그 구동력은 유압 또는 전기에 의한다. Wiper의 작동 속도는 조절이 가능하며, 유압식은 Valve에 의해 작동액의 유량을 조절하며 Electric Motor에 의한 방식은 회전 속도의 조절로 작동 속도를 조절한다. Wiper는 물방울을 제거하는 것 이외에 Anti-Icing액이나 Rain Repellent를 확산시키고, 또 세정액과 함께 Window Wiper에도 사용된다. Glass 표면이 건조할 때의 와이퍼 사용이 금지되고 있는 것은 자동차의 경우와 같다.

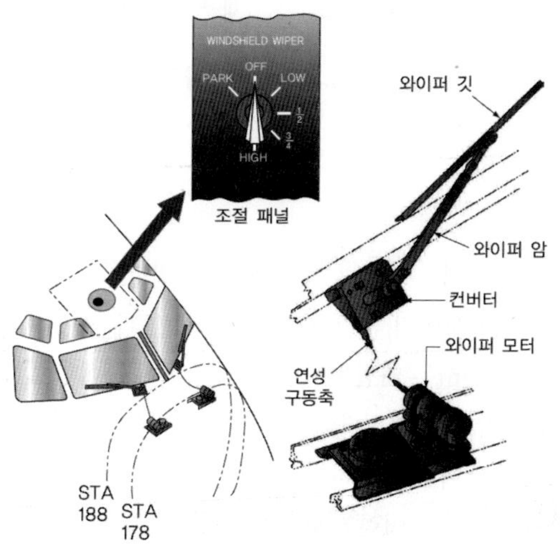

[그림 3-247 Wiper의 구성]

2. Air Curtain

그림 3-248와 같이 압축 공기를 이용하여 Windshield에 Air Curtain을 만들어 부착한 물방울 등을 날려 보내거나 건조 시키고 또 부착을 막는 방법이다. 이를 위해서는 충분한 공기 압력과 공기 흐름량이 필요하며 과열을 막기 위하여 온도 감지기나 공기의 분사 각을 변하게 하는 장치 등이 장착되어 있는 것도 있다. 공기 공급원은 Pneumatic System에서 얻고 있지만, Engine의 추력이 낮을 때는 일반적으로 온도, 압력, 공기 흐름량이 저하된다.

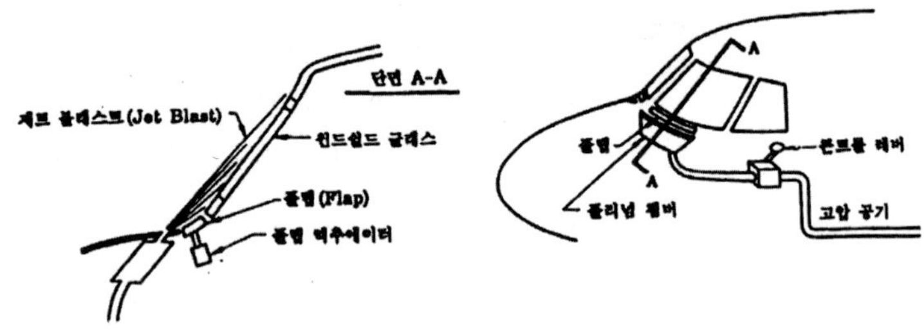

[그림 3-248 Air Curtain 의한 Rain 제거 장치]

3. Rain Repellent

Windshield에 표면 장력이 작은 화학 액체를 분사하여 피막을 만든다. 이것에 의해 물방울은 Spherical 형상인 채로 공기 흐름 속으로 날아가 버린다.

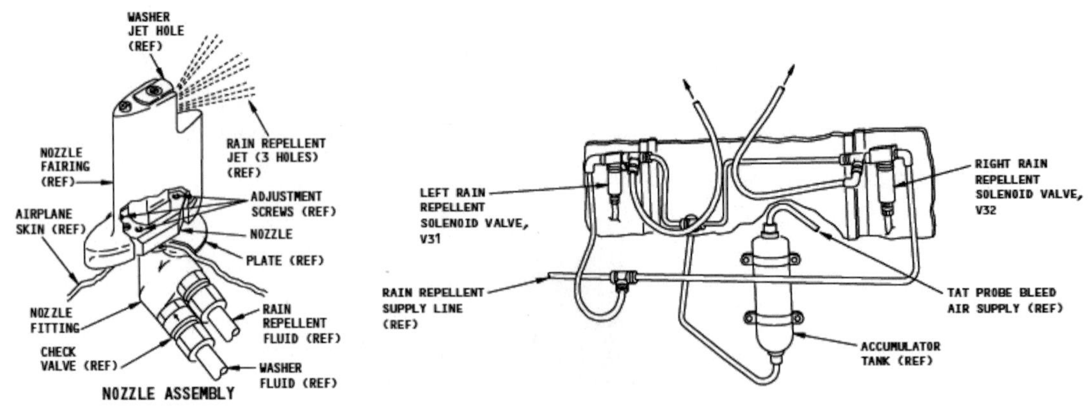

[그림 3-249 Rain Repellent System]

Wiper를 사용해도 시야가 전혀 보이지 않는 심한 비가 내릴 때 병용하면 효과가 좋다. 이 액체를 Rain Repellent라 한다. Rain Repellent는 가압되어 있는 Bottle에 들어있으며 그림 3-249 Pipe를 통하여 스위치 또는 Button의 1회 조작으로 일정량이 분사된다. 강우량이 적거나 건조한 Glass 표면에 Rain Repellent를 사용하면 오히려 시야를 방해하며, Rain Repellent가 고착되기 때문에 사용이 금지되고 있다. Rain Repellent의 고착은 제거가 어렵기 때문에 가능한 한 빨리 중성세제로 Cleaning 해야 한다.

제8장 ATA32 착륙장치 (LANDING GEAR SYSTEM)

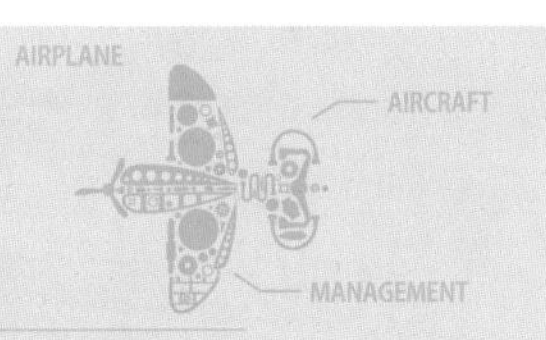

항공기 Landing Gear System(착륙장치)은 Take-off, Landing, Taxing(지상활주) 및 지상에 정지되어 있을 때, 항공기 무게를 지탱하고, 진동을 흡수하며, 특히 착륙시에는 항공기의 수직운동 속도성분에 해당하는 운동에너지를 흡수해야 하므로 매우 큰 충격을 받게 된다. 따라서 Landing Gear는 적당한 구조와 강도를 갖도록 설계된다. 또한 지상 활주 중에 방향 전환 기능과 제동력을 가져야 한다.

Landing Gear System은 기본적으로 이착륙과 활주 때 사용하는 Landing Gear, 착륙시의 충격을 방지하는 데 필요한 Shock Strut(완충장치), 지상활주를 위해 필요한 Wheel(바퀴)등의 활주장치, Steering System(조향장치), Brake System(제동장치)로 구성된다. 착륙장치는 비행 중에 사용되는 것이 아니므로 외부 노출시 Parasite Drag(유해항력)만을 유발시킬 뿐이다. 따라서 고속 대형기는 동체 또는 날개 안으로 Landing Gear를 접어 들이는 Retractable Type(접개식), 저속 소형기는 공기저항은 무시되고 무게절감 효과를 고려하여 Fixed Type Landing Gear(고정식)를 장착하며 유선형의 Fairing(덮개)를 씌우기도 한다.

초창기 항공기의 Landing Gear는 복잡하지 않고 단순 형태였으며 미국 라이트 형제가 제작한 최초의 비행기는 레일을 사용 이륙하였고, 풀밭에 미끄러지며 착륙하였다. 그러나 비행의 기본적인 문제점들이 해결된 후 곧바로 항공기의 지상 운용 특성 개선 및 취급문제에 관심이 쏠리게 되었다.

1. LANDING GEAR 종류

착륙장치를 사용 목적에 따라 분류할 때, 육상용은 Tire가 장착된 Wheel Type, 눈 위에서는 Ski Type, 수상용으로는 Float Type이 주로 사용되며, 특히 육상용 Landing Gear는 Wheel 배열 방식, Landing Gear 장착방식 및 충격 흡수방식에 따라 다음과 같이 분류될 수 있다.

1. WHEEL의 배열

① TAIL WHEEL-TYPE LANDING GEAR

초창기 항공기의Conventional Landing Gear로서 Main Wheel이 항공기 Center of Gravity(무게중심) 전방에 위치하고 동체 후방 꼬리부분에 장착된 Tail Wheel에 의해 방향 전환을 하는 형식으로 Main Wheel이 전방에 위치하므로 활주로 노면 상태의 영향을 덜 받으나 Ground Loop(지상전복) 사고가 자주 발생하였다.

[그림 3-250 테일 휠 타입 랜딩 기어/DC-3]

② TRICYCLE-TYPE LANDING GEAR

엔진의 성능향상에 따라 Propeller의 고속 회전이 가능해지면서 Propeller의 길이가 짧아져 전방에 Nose Wheel, 후방에 Main Wheel이 배열된Tricycle Landing Gear가 Landing Gear의 배치 형태로 일반화 되어 오늘에 이르고 있다. Nose Landing Gear는 항공기 동체의 전방하부에 부착되어 있으며 항공기의 10[%] 미만의 하중만 받으며 지상 활주시에 항공기의 방향을 조종하는 Steering System(조향장치)가 부착되어 있다. Main Landing Gear는 기체 무게중심 후방에 좌우에 장착되어 있으며 전체의 90[%] 이상의 하중을 받는다.

Tricycle Type Arrangement는 지상에서 항공기 동체가 수평을 유지할 수 있어 항공기 내에서 승객들의 이동이 용이하며, 조종사에게 이륙이나 착륙 중 좋은 시야를 제공하며, 지상에서 안정성이 뛰어나 지상전복(Ground Loop)를 방지하고 고속상태에서 항공기의 급제동이 가능하다.

[그림 3-251 트리 클린 랜딩 기어/DC-6]

③ TANDEM TYPE LANDING GEAR

Tandem Landing Gear 배열은 대형 항공기에서 무게 하중을 분산하기 위해 사용되며, Main Wheel이 전후로 일렬로 배열된다.

[단일식]

[이중식]

[보기식]

[그림 3-252 TANDEM TYPE LANDING GEAR]

2. LANDING GEAR 장착 방식

모든 항공기는 필연적으로 두 가지 형태의 항공 역학적 항력을 가지고 있다. 동체 스킨을 지나는 Airflow의 마찰에 의해 발생되는 Parasite Drag(유해항력) 와 양력을 발생하기 위해 발생하는 Induced Drag(유도항력)이다. 속도가 증가하면 필요한 양력을 발생하기 위해 요구되는 Angle of Attack(영각)의 감소로 유도항력이 감소되는 동안 속도의 증가로 Fairing의 유해항력은 증가한다.

① FIXED TYPE

저속 소형 항공기는 공기저항으로 인한 손실 보다는 무게절감으로 효과가 더 크므로 가벼운 Fixed Type Landing Gear를 사용 한다.

Fixed Landing Gear는 Wheel Pants라 불리는 Streamlined Fairing으로 Wheel을 감싸서 유해항력을 현저히 감소시킬 수 있다.

② RETRACTABLE TYPE

고속 대형 항공기는 동체 내에 Landing Gear를 접어 넣음으로써 약간의 무게 증가에 따른 비용 증가보다 항력 최소화로 인한 비행 효율을 개선을 통한 더 많은 비용절감 효과를 얻을 수 있다.

3. SHOCK ABSORBING(충격 흡수) 방식

Landing Gear는 착륙시 항공기 수직속도 성분에 의한 운동 에너지를 흡수함으로써 충격을 완화하여 항공기 구조에 작용하는 하중이 설계 착륙하중 이하로 감소시켜 주며 Taxing 시의 격심한 진동을 흡수하기 위한 장치를 갖추고 있다.

① SPRING STEEL(스프링 스틸)

항공기는 충격을 흡수하지 못하고 탄성매체를 통해 에너지를 받았다가 되돌리므로 감쇠성이 없어 반동이 크게 작용하므로 Damper가 있어야 한다. Coil Spring Steel Landing Gear, Flat Steel Leaf Landing Gear 또는 Tubular Spring Steel Strut를 사용한다.

② RUBBER(고무)

고무의 탄성을 이용하여 충격을 흡수하는 방식이며 감쇠성은 좋으나 내구성이 없어 주기적으로 교환해 주어야 한다.

③ RIGID(견고한 방식)

구형 항공기에는 착륙시의 모든 하중이 항공기 동체 구조물에 직접 전달되는 Rigid Landing Gear가 사용되었다. 이런 형식의 Landing Gear계통은 Hard Landing시 구조물의 손상 원인이 되기도 한다. Rigid Landing Gear를 장착한 Helicopter는 매우 부드럽게 정상적으로 착륙한다.

④ BUNGEE CORD

착륙시의 충격 흡수를 위해 고무를 사용하기도 한다. 느슨하게 엮은 천 튜브로 감싼 고무 끈의 다발 bungee Cord 형태 이다. Rubber Bungee Cord는 착륙시의 충격과 Taxing 시의 과도한 진동을 흡수한다.

⑤ SHOCK STRUT(완충 스트럿)

오늘날 항공기에 가장 널리 사용되는 완충장치로서, Shock Absorber는 Air-Oil Shock Absorber (Oleo Strut)이다. 그림 3-253에서 보인 바와 같이 동체에 장착된 Outer Cylinder 내에서 Inner Cylinder가 상하로 자유롭게 움직인다. 충격하중으로 Piston이 위로 움직이면 자동유가 좁은 Orifice를 통하여 밀려 올라가는 동안 에너지가 흡수되고 공기를 압축하게 되어 충격에너지가 흡수된다.
유체의 마찰에 의한 운동 에너지 흡수와 기체의 압축성에 의한 Spring 효과가 복합적으로 작용하여 충격 흡수 효율이 높다.

[그림 3-253 OLEO STRUT TYPE 충격 흡수]

ⓐ SHOCK STRUT SERVICING 절차

Nose와Main Gear 각각 다른 노출 길이를 가지며, 정상적인 연료 탑재 상태에서 항공기를 수평면 위에 놓고 측정해야 하며 다음과 같은 일반적 절차를 따른다.

㉠ Shock Strut를 정상적인 지상 작동 상태에 있게 한다. 항공기 주변의 모든 장애물을 치운다. 일부 항공기는 Shock Strut Servicing을 위해서 Jacking이 필요하다.

㉡ Filler Plug 주변의 먼지나 이물질을 깨끗이 닦는다.

㉢ 공기 밸브에서 Cap을 제거한다. 그림 3-254 (A)

㉣ Swivel Hex Nut가 안전하게 조여져 있는지 점검한다. 그림 3-254 (B)

㉤ 만약 Air Valve에 Valve Core가 있으면 그림 3-254 (C)와 같이 Valve Core를 눌러공기를 빼낸다. 이 때 고압 공기의 배출로 시력 상실과 같은 큰 부상을 초래할 수 있으므로 항상 밸브의 한쪽으로 비켜서 작업을 한다.

ⓑ Valve Core를 장탈 한다. 그림 3-254 (D)

ⓢ Swivel Hex Nut를 반시계 방향으로 돌려 Strut의 공기를 뺀다. 그림 3-254 (E)

ⓞ Shock Strut가 완전히 압축되어 공기 압력이 제거되었으면 밸브Assembly를 장탈 한다. 그림 3-254 (F)

ⓙ 제작사에서 권고하는 형식의 Hydraulic Fluid를 공기 밸브(또는 Oil Charging Valve)를 통해 거품이 나오지 않을 때 까지 보급한다. 이 때 Inner Cylinder는 완전히 압축된 상태에 있어야 한다.

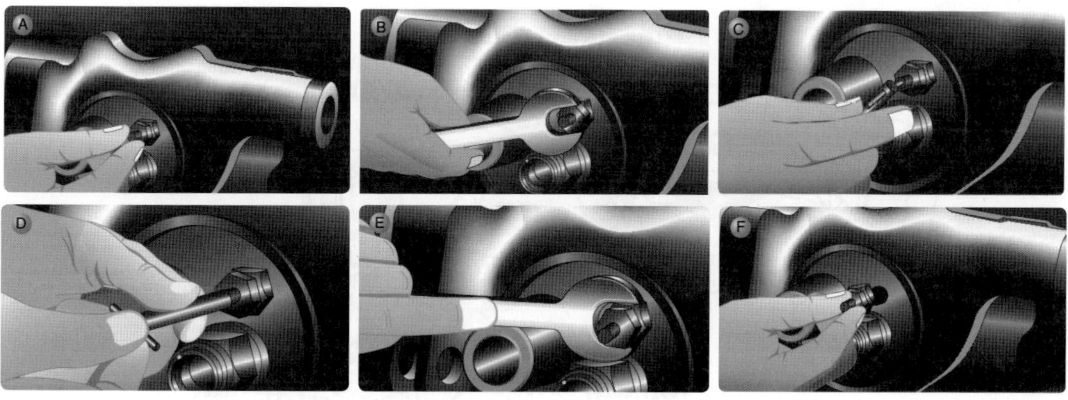

[그림 3-254 SHOCK STRUT SERVICING]

ⓒ 공기 Valve Assembly에 새로운 O-Ring을 끼워 장착후 정해진 Torque로 조인다.

ⓚ 공기 Valve Core를 장착한다.

ⓣ 고압의 Nitrogen(질소)를 보급하여 Shock Strut의 Piston을 서서히 팽창 시키면서 Servicing Chart(그림3-255)에 따라 압력과 두 지점 사이의 팽창거리를 측정하여 결정한다. 천천히 팽창 시켜서 과열이나 과팽창은 피한다.

ⓟ Swivel Hex Nut를 장착하고 주어진 Torque로 조인다.

ⓗ Valve Cap을 닫는다.

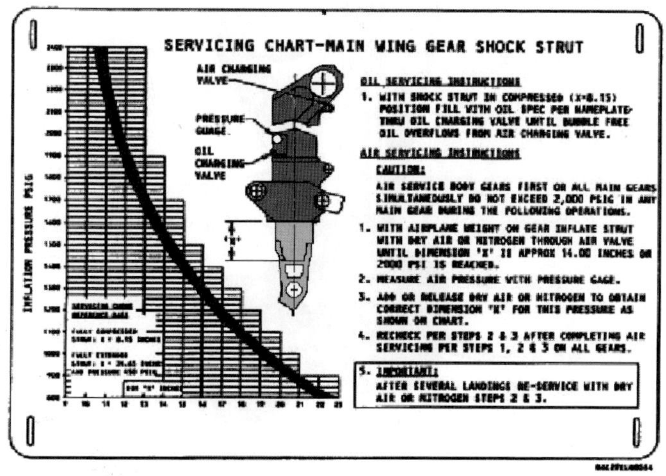

[그림 3-255 SERVICING CHART]

2. LANDING GEAR COMPONENT(랜딩 기어 구성 요소)

Landing Gear를 지지하고 안전성을 유지하기 위하여 다양한 형태의 부품들로 구성되어 있다. 여기서는 Retractable Landing Gear System 주요 구성품의 기능과 용어에 대해 설명하기로 한다.
각 부품에 대한 정확한 용어는 각 제작 사에 따라 약간의 차이점이 있으며 그림 3-256은 B747-400 항공기 Landing Gear의 주요 구성품을 보여주고 있다.

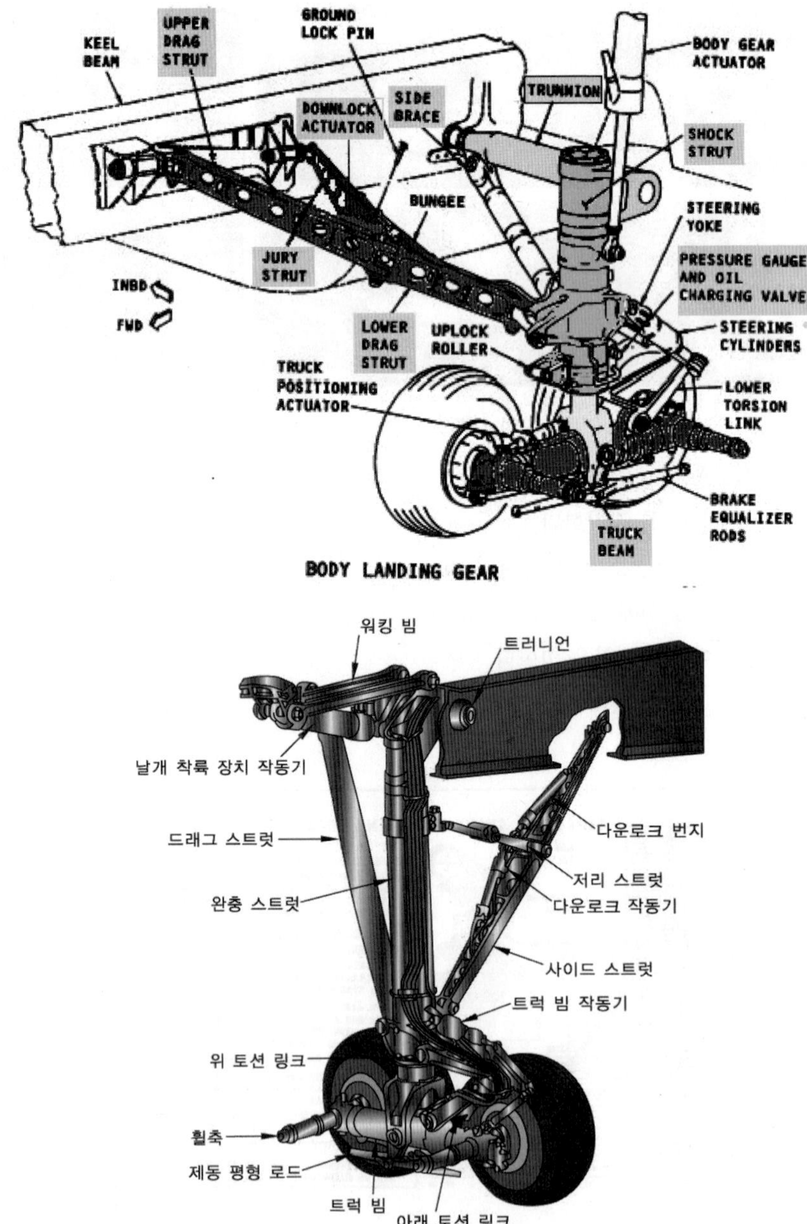

[그림 3-256 B747-400 주요 랜딩 기어 구성 요소]

1. TRUNNION

Trunnion은 항공기 동체 구조물에 Landing Gear Assembly를 장착하는 부위로 양끝이 Bearing으로 되어 있어, Gear가 Retraction과 Extension시의 Pivot 역할을 한다. Trunnion의 중심부위에 Landing Gear strut가 장착된다.

2. STRUT

Strut는 충격 흡수기를 포함하는 Landing Gear의 주요수직구조 부재이다. Strut의 상부는 Trunnion에 장착 되어 있다. Strut는Air-Oleo Shock Absorber를 위한 Cylinder를 형성하며, Outer Cylinder라 부르기도 한다.

3. PISTON

Piston은 Air-Oleo Shock Absorber의 움직이는 부위로 Strut의 내부에 장착되어 있다. Piston의 하부는 Axle 또는 Axle을 장착하는 다른 Component에 장착되어 있으며, Piston Rod, Piston Tube, Inner Cylinder라 부르기도 한다.

4. TORQUE LINK

그림 3-257과 같이 Torque Link는 Landing Gear를 곧게 전방으로 향하게 하며, Torque Link의 한 부분은 Strut에 다른 부분은 Piston에 연결된다. Link는 중심에서 Hinge가 되어 Piston이 Strut 내부에서 위아래로 움직일 수 있다. Torque Link는 Torsion Link라 부르기도 한다.

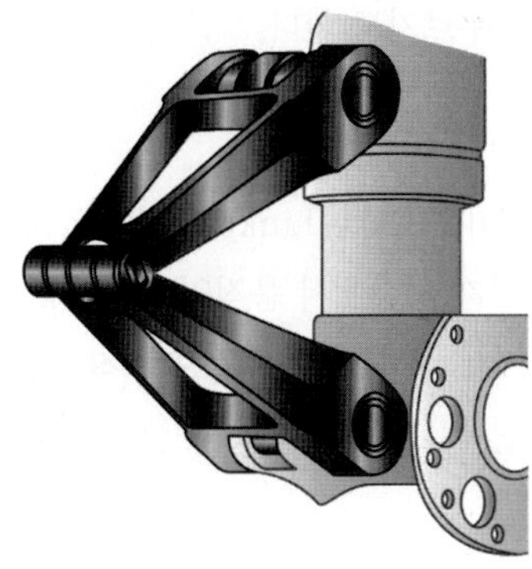

[그림 3-257 TORQUE LINK]

5. TRUCK

Truck은 Piston의 하부에 연결되며, Wheel 장착을 위한 Axle과 조합되어 “H”형 Beam을 이룬다. Take-Off 또는 Landing 시 항공기 자세에 따라 Piston과의 연결부위가 전후로 일정 각도로 Tilt 될 수 있게 되어 착륙 시 지면으로부터 충격을 1차 흡수하며 Landing Gear가 Retraction시 수납 공간을 최소화 해준다. Truck을 Bogie라고 부르기도 하며 무게절감을 위해 내부가 비어 있는 Tubular Beam 형식으로 설계된다.

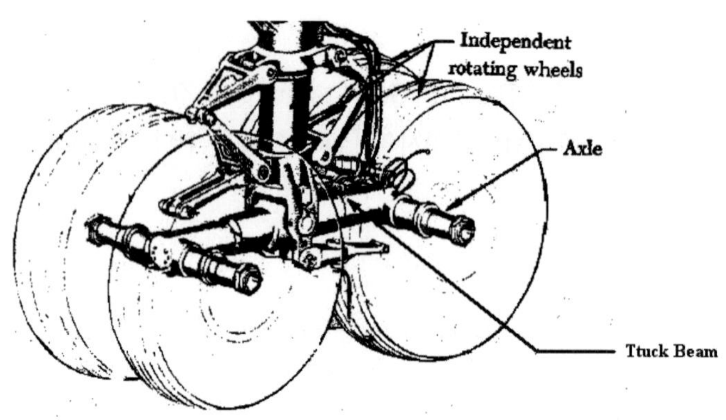

[그림 3-258 TRUCK BEAM(BOGIE)]

6. DRAG LINK

Drag Link는 Landing Gear Assembly를 항공기 길이 방향에서 지지하기 위해 설계되었으며, Gear가 Retraction Operation 할 수 있도록 중앙부위가 Hinge로 되어 있다. Drag Link를 Drag Strut이라 부르기도 한다.

7. SIDE BRACE LINK

Side Brace Link는 Landing Gear Assembly를 항공기 횡 방향에서 지지하기 위해 설계되었으며, Gear가 Retract 될 수 있도록 중앙 부위가 Hinge로 되어 있다.
Side Brace Link를 Side Strut이라 부르기도 한다.

8. OVER-CENTER LINK

Over-center Link는 Drag 또는 Side Brace Link의 중앙 Pivot Joint에 힘을 가해 Landing Gear를 Retracting 할 때를 제외하고 항공기가 지상에서 움직일 때 Link가 접히는 것을 예방한다.
Over-center Link는 Gear의 Retraction을 위해 유압으로 작동한다. Over-center Link는 Down-lock 또는 Jury Strut이라 부르기도 한다.

9. SHOCK STRUT SEAL

Oleo Shock Strut는 Strut와 Piston이 Gland Nut에 의해 장착되며, 그림 3-259와 같이 Dynamic Seal과 Static Seal로 되어 있다.
Shock Strut의 Hydraulic Fluid(Hydraulic Fluid) Leak(누설) 시 수리를 용이하게 하기 위해서 두 Set의 Spare Seal이 Lower Bearing에 장착되어 있어 Inner Cylinder를 분리하지 않고 Seal을 쉽게 교체할 수 있다.
Spare Seal이 다 소모된 후에는 Shock Strut의 Inner Cylinder와 Outer Cylinder를 분리한 후 Seal을 교체 하여야 하며, 이때 Spare Seal도 장착한다.

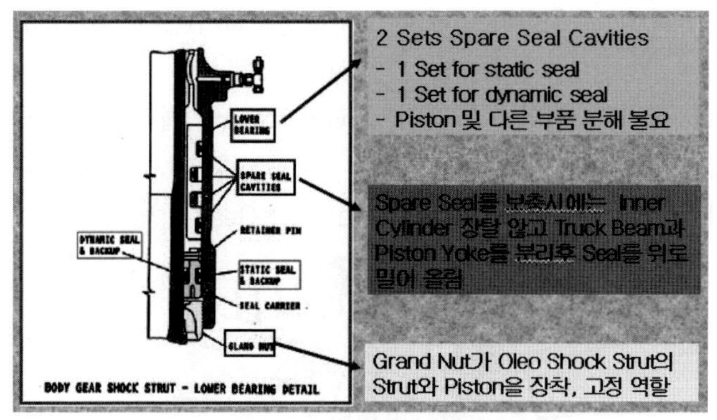

[그림 3-259 SHOCK STRUT SEAL]

3. RETRACTION SYSTEM

Retractable Landing Gear의 목적은 항력을 감소하기 위한 것이다. Landing Gear를 Retraction하기 위해서 여러 형태로 설계되어 있으며 Mechanical System, Hydraulic System과 Electric System으로 되어 있다.

1. MECHANICAL SYSTEM(기계식 시스템)

구형 항공기는 Mechanical Retractable Landing Gear System을 사용하며, 현재 많이 생산되는 경비행기는 Mechanical Emergency Extension System(기계식 비상 시스템)을 사용하고 있다.

Mechanical System은 조종사가 Cabin 내에 있는 Lever 또는 Crank Mechanism을 손으로 작동하여 Gear를 Retract 또는 Extend 시킨다. Lever가 수직 위치에서 수평 위치로 움직일 때 Lever는 Gear의 Lock을 풀며, Over-center Spring, Torque Tube와 Bell crank의 연계작동에 의하여 Gear를 Retract 시킨 후 Cabin Floor에 있는 잠금장치의 Lever를 고정 시킴으로써 Gear가 Up 상태에서 Lock 된다. 반대 방향으로의 작동은 Gear를 Extend 시키며, Lever를 수직위치에 놓으면 Gear가 Down 위치에서 Lock 된다. 이 계통에는 Emergency Extension 계통이 필요치 않다.

현대 항공기는 Emergency System으로 Mechanical Gear Extension System을 채택하고 있다. 수동 조절 부위에 적절하게 연결하여 전기모터의 힘으로 Ratchet(한 방향 회전톱니) 또는 Crank를 구동함으로써 Gear가 완전히 Extend 될 때까지 Gear Mechanism을 구동 시킨다. Gear가 Down & Lock 되었나를 지시하기 위해 표준 Gear Indicating System(기어 표시 시스템)이 이 계통에 사용된다.

2. ELECTRICAL RETRACTION SYSTEM(전기 구동 시스템)

전기로 구동되는 Gear Retraction System(그림 3-260)의 특징은 다음과 같다.

① 모터에 의해 전기적 에너지를 회전 운동으로 바꾸어 준다.

② 감속 Gear Box 장치에 의해 속도를 감소시키고 회전력을 증가시킨다.

③ 다른 Gear는 회전 운동을 Push Pull 운동으로 바꾼다.

④ Linkage는 Push-Pull 움직임을 Landing Gear Shock Strut에 전달한다.

기본적으로 계통은 전기적으로 구동되는 Jack으로 Gear를 들거나 내린다. 조종석 Switch가 "UP" 위치로 움직이면 전기 모터가 작동한다. Shaft, Gear, Adapter, Actuator Screw, Torque Tube 등을 통해서 힘이 드래그 Strut Linkage에 전달된다. 그래서 Landing Gear가 접히고 도어가 닫히게 된다. 만약 스위치를 "Down" 위치에 놓으면 모터가 거꾸로 작동해서 Gear가 내려지고 Door가 닫힌다.
Door와 Gear의 작동 순서는 유압으로 작동되는 Landing Gear 장치와 똑같다.

[그림 3-260 전기식RETRACTION 시스템식]

3. HYDRAULIC RETRACTION SYSTEM(유압 시스템)

그림 3-261에서 보인 일반적인 유압으로 작동되는 Landing Gear Retraction 장치에 Actuator Cylinder, Selector Valve, Up-lock, Down-lock, Sequence Valve, Tube와 다른 일반적인 Hydraulic Component가 있다. 이 계통은 서로 연결되어 Landing Gear가 순서에 맞게 접히게 되고, 팽창되고 그리고 여기에 맞게 Landing Gear 도어가 작동된다. 유압식 Landing Gear Retraction 장치의 작동은 매우 중요하므로 상세히 다룬다. 우선, Landing Gear가 Retraction되면 무엇이 발생하는지 생각해 보자. Sequence Valve가 "UP" 위치로 가면 압력 상태의 Hydraulic Fluid가 Gear Up Line 쪽으로 간다. Hydraulic Fluid는 Sequence Valve C와 D, 3개의 Gear Down-lock, Nose Gear 실린더, 2개의 Main Actuator Cylinder 등 8개의 Unit으로 간다. Sequence Valve C와 D에서 Hydraulic Fluid Flow를 보자. Sequence Valve가 닫혀 있어서 압축된 Hydraulic Fluid가 Door Cylinder로 갈 수가 없다. 그래서 Door는 닫을 수 없다.
그러나 Hydraulic Fluid가 3개의 Down-lock Cylinder로 즉시 가서 Gear가 Unlock된다. 동시에 Hydraulic Fluid는 각 Gear-Actuating Cylinder의 윗쪽으로 들어가서 Gear는 접히기 시작한다. Nose Gear가 완전히 접히게 되면 Actuating Cylinder의 크기가 작기 때문에 첫 번째로 Up Lock를 걸리게 한다. 또한 Nose Gear 도어가 Nose Gear로부터의 Linkage에 의해 혼자서 작동되어 Door가 닫힌다. Main Landing Gear는 아직 접히는 중이고, Hydraulic Fluid가 각 Main Gear 실린더의 아래쪽으로 떠나도록 밀어낸다. Hydraulic Fluid가 Orifice Check Valve를 통해 제한 없이 흐르고 시퀀스 Check 밸브 A나 B를 열고, Landing Gear Selector Valve를 통해 흘러서 유압 계통 Return line으로 간다. Main Gear가 완전히 접힌 위치에 도착하면서 Spring Force로 작용하는 Up-lock에 걸리고, Gear Linkage가 Sequence Valve C와 D의 Plunger를 친다. 이것이 Sequence Check Valve를 열고 Hydraulic Fluid가 Door Cylinder로 흘러서 Landing Gear Door를 닫는다.

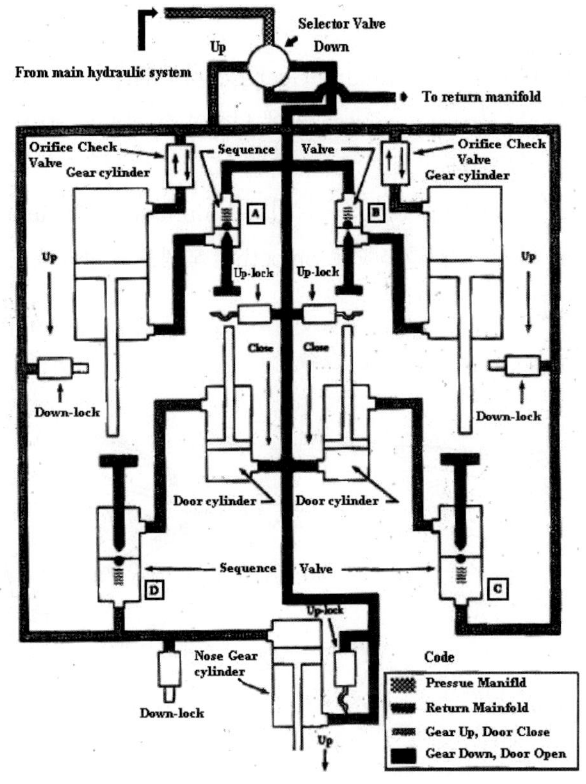

[그림 3-261 유압식RETRACTION 시스템식]

그림 3-262에서는 B747 항공기 Main Landing Gear의 Retraction 상태를 보여주고 있다.

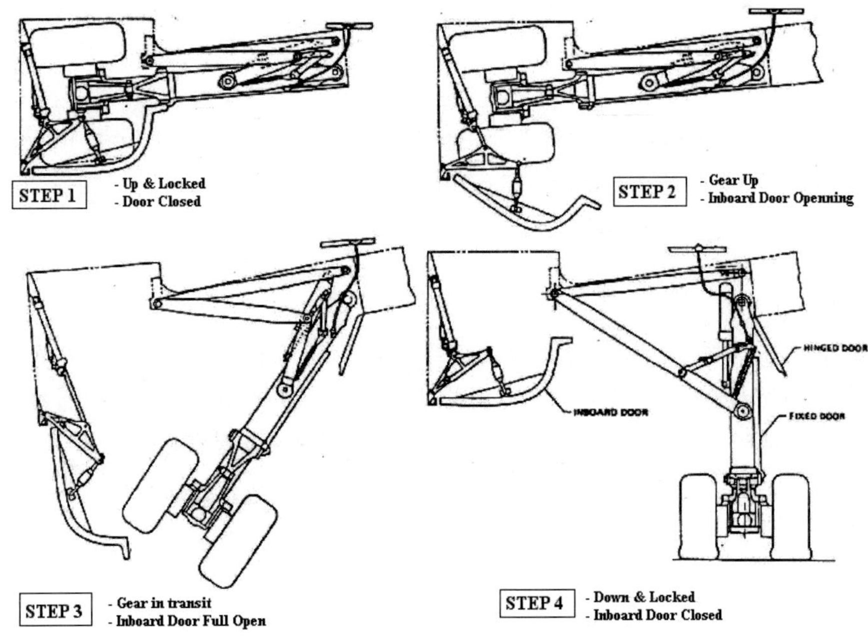

[그림 3-262 B747 메인 랜딩 기어 Retraction]

4. LANDING GEAR DOOR SYSTEM

그림 3-263에서와 같이 B747 항공기의 Landing Gear Door는 Wheel Well Door와 Strut Door로 구성되어 있으며, Wheel Well Door는 Hydraulic Pressure에 의하여 작동되고, Strut Door는 Gear에 Linkage로 연결되어 Gear 작동시 같이 작동된다.

또한 지상에서 정비목적으로 Open이나 Close 할 수 있도록 Manual Open Handle이 마련되어 있다.

비행 중 모든 Door는 Close 되어 공기역학적으로 Smooth한 외형을 구성하여 항력을 감소시킨다.

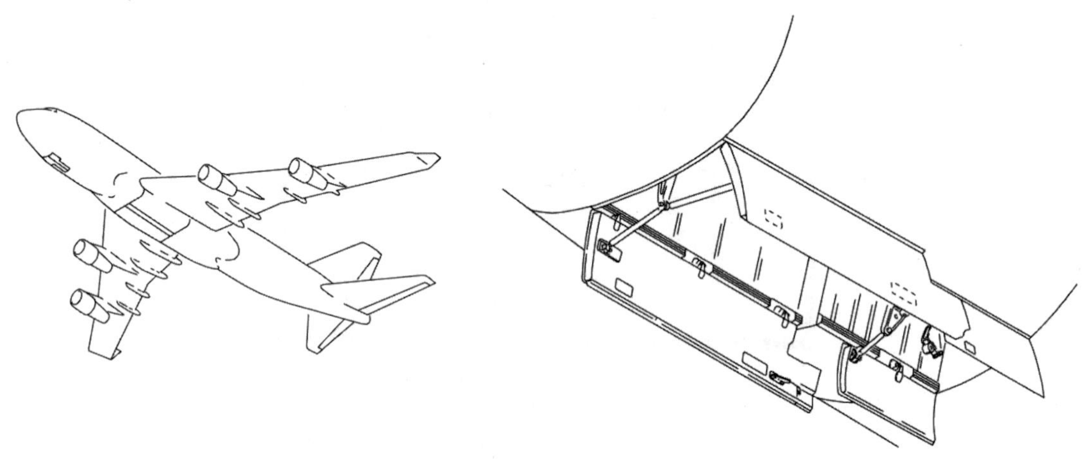

[그림 3-263 LANDING GEAR DOORS]

5 NOSE WHEEL STEERING SYSTEM

1. 경항공기

경항공기는 Nose Wheel Steering 능력을 단순한 장치로 된 Mechanical Linkage를 Rudder Pedal에 연결해서 제공한다. 가장 흔한 것은 Nose Wheel Pivot 지점에 위치한 Horn에 Pedal을 연결하기 위하여 Push-Pull Rod를 이용하는 것이다.

2. 대형 항공기

대형 항공기는 큰 덩치에 맞는 확실한 조종이 필요하며, Nose Gear Steering에 그림 3-264 Landing Gear Steering Power Source을 이용한다. 비록 대형 항공기 Nose Gear Steering 장치가 제작상 각각 다르긴 하지만 기본적으로 이 장치는 거의 같은 방법과 같은 장치로 작동한다.

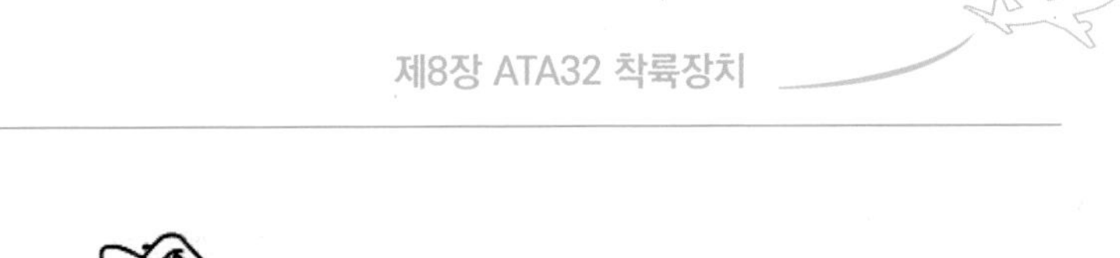

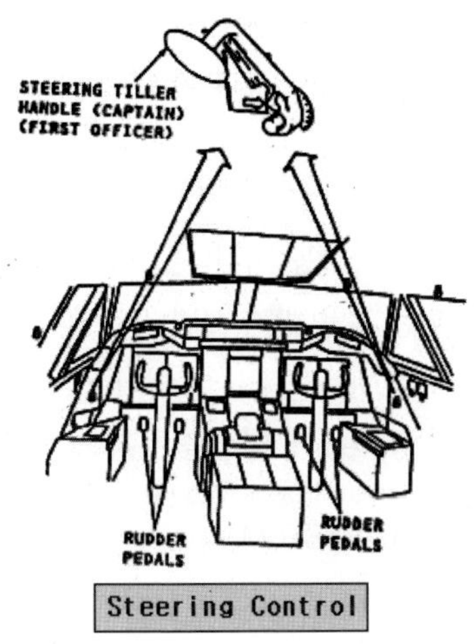

[그림 3-264 B747-400 랜딩 기어 조향 제어]

Steering System은 Nose와 Body Gear에 마련되어 있으며, 지상에서 Taxing 중이거나 활주 중에 비행기 방향을 Control하기 위해 있다. Body Gear Steering은 Nose Gear가 20° 이상 회전 시 Tire 마모 방지를 위해 Nose Gear의 작동 방향과 반대 방향으로 작동한다.

Take Off와 Landing Roll 시(High Speed) Rudder Pedal로 Nose Wheel Steering을 Control 한다. Tiller 또는 Rudder Pedal을 움직이면 Cable Compensator와 Pivot Link를 거쳐 연결된 2개의 Cable Loop를 움직인다.(그림 3-265)

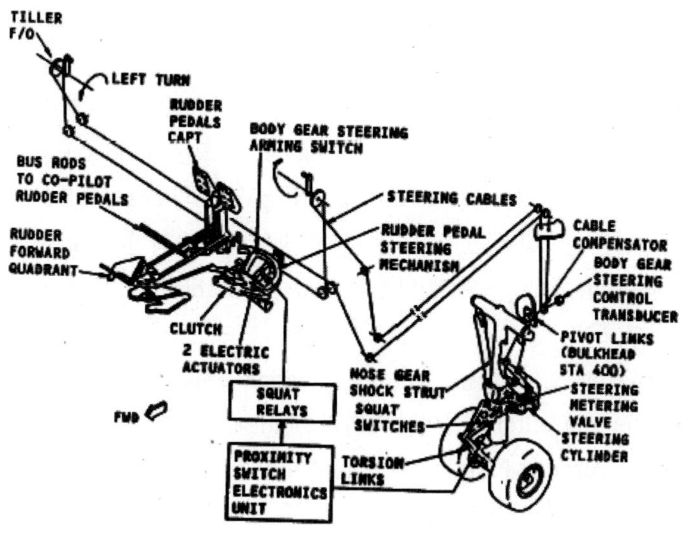

[그림 3-265 B747-400 앞바퀴 착륙 기어 조향 작동]

Loop는 Steering Metering Valve를 움직여 Hydraulic Pressure를 Steering Cylinder로 보내어 Torsion Link를 통해 Inner Strut와 Wheel을 작동 시킨다.

Tiller를 중립위치에서 150° 움직이면 Nose Gear Steering은 최대 70°까지 작동시키고 Spring에 의해 Tiller를 중립위치로 가게 한다. Tiller Position Indicator는 고정된 Scale 위에 Tiller를 움직이면 Pointer가 같이 움직여 지시한다.

Nose Gear Squat Switch는 Nose Gear의 Air/Ground 상태를 감지하여 비행기가 지상에 있을 때 Rudder Pedal Steering Mechanism을 작동 시킨다. Cable Compensator는 Cable이 끊어졌을 경우에 Steering Metering Valve가 작동되는 것을 방지 시킨다.

Pivot Link는 Cable Compensator와 Nose Gear Steering Metering Valve를 연결하며, Nose Gear의 Extension과 Retraction 시 Cable System에 영향을 주지 않고 움직이게 한다.

3. NOSE WHEEL STEERING HYDRAULIC SYSTEM

Landing Gear Control Lever를 Down 위치로 하면 유압은 Steering Valve에 공급될 수 있다. Steering Metering Valve는 Slide & Sleeve Type Valve로 한 쌍의 Swivel Valve가 있다.

Slide Valve가 중립위치로 움직일 때 Swivel Valve를 통한 3,000[psi]의 작동압이 Steering Actuator로 들어간다. Nose Wheel Steering Actuator는 Double Acting(Push-Pull) Hydraulic Piston & Cylinder이다.

Steering Metering Valve는 Spring Compensator와 연결되어 Steering Actuator 내에 Return되는 압력이 200[psi] 이상에서 Return 되도록 하여 Hydraulic Power가 없어도 항상 System 내의 압력을 200[psi]로 유지시켜 Shimmy Damper 역할을 하도록 한다.

Metering Valve 내에는 Bypass Check Valve가 있어 Port 사이로 Hydraulic Fluid를 흐르게 하여 Cavitation을 방지한다. Bypass Valve는 Towing 중 High Pressure가 Steering Actuator에 가해질 때 Steering System을 보호 한다.

Steering Hydraulic System에는 Valve 내의 적은 마찰 힘이 작용하여 잔유 압력을 감압시키므로 Bypass Valve를 Close Position으로 유지시켜 준다. Steering Tiller 또는 Rudder Pedal의 움직임은 Steering Cable 한쪽에 Tension을 준다. 이것은 Steering Metering Valve의 Correct Port에 Hydraulic Pressure를 보낸다. 그러면 Steering Collar는 요구되는 회전 방향으로 움직인다. 요구되는 회전이 되면 Cable Tension Input은 Steering Collar 주위에 있는 Follow-Up Cable에 의해 감지되어 Slide Valve는 중립으로 돌아간다.

Tiller 또는 Rudder Pedal은 회전하는 동안 또는 Rudder Pedal Steering Mechanism의 Centering Spring 작동으로 System이 Center로 돌아갈 때까지 Hold 해야 한다.

Steering이 되는 동안 Hydraulic Fluid는 Metering Valve에 의해 우측 Actuator Piston의 한쪽과 좌측 Actuator Piston 반대편으로 들어간다. 이와 같은 동작은 Steering Collar의 Push-Pull Action을 준다. 이 Push-Pull 동작은 Slide Valve의 위치 이동과 Steering 각도가 약 54° 될 때까지 계속된다.

이 지점에서 Pulling되는 Actuator는 Stroke의 끝이 되며, Actuator의 회전동작에 의해서 Steering Actuator Swivel Valve 내의 Pressure와 Return Line이 막힌다. 다른 쪽 Actuator의 계속 Pushing 작용은 Pulling Actuator가 Null Point를 지나 작동하게 한다.

즉 Steering 각도가 55° 이상으로 계속되면 Pulling Actuator는 Pushing Actuator로 작동하여 70°까지 회전한다. 이때 Pulling Actuator의 양쪽 Port에 유압은 작용하지 않는다.
Steering Tiller를 150° 회전하면 Steering Angle은 Max 70°까지 이루어진다.

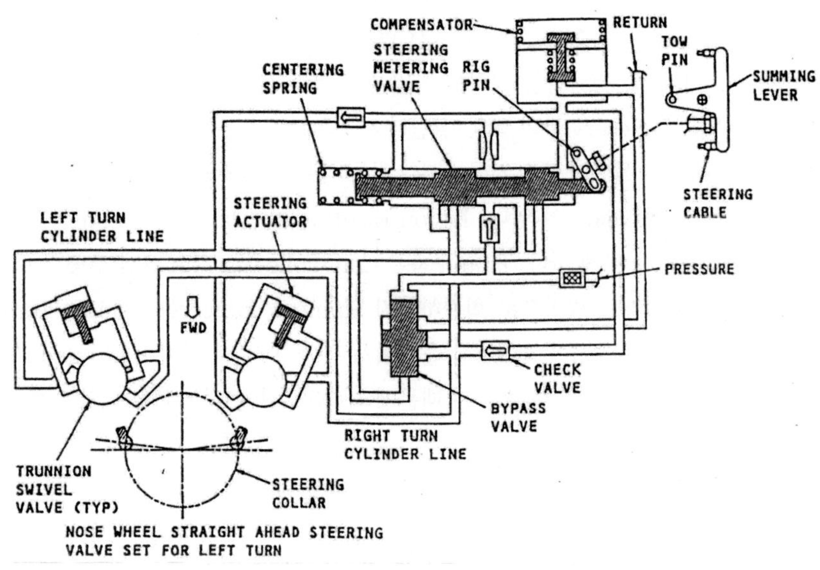

[그림 3-266 앞쪽기어 조향 작동]

6. SHIMMY DAMPER

Shimmy Damper는 Hydraulic Dam Plug에 의해 진동과 Shimmy(이상 진동)를 조절한다.
Damper는 장착되거나 Nose Gear의 일부로 제작되어 Taxing, 착륙, 이륙 중에 Nose Wheel의 Shimmy를 막는다. 다음과 같은 3가지 형태의 Shimmy Damper가 흔히 항공기에 사용된다.

- Piston형(Piston Type)
- 베인형(Vane Type)
- Nose Wheel Steering System과 같이 작동되는 것

1. PISTON TYPE SHIMMY DAMPER

그림 3-267의 Piston Type Shimmy Damper는 2개의 큰 구성품으로 구성되며, Cam Assembly와 Damper Assembly이다. Shimmy Damper는 Nose Gear Shock Strut Outer Cylinder의 낮은 쪽 끝의 Bracket에 장착된다. Cam Assembly는 Shock Strut의 Inner Cylinder에 장착되고, Nose Wheel과 함께 회전한다.
Cam Lobe는 Wheel이 중앙에 있을 때 Damping 효과가 가장 큰 저항을 회전에 제공하도록 위치시킨다.
Follow Up Crank는 U자 모양의 Casting(주물)로 Roller를 갖고 있어서 Cam Lobe를 따르면서 회전을

제한한다. Crank Arm은 작동하는 Piston Shaft에 연결된다. Damper Assembly는 스프링 힘으로 작용하는 Reservoir Piston으로 구성되고 갇혀 있는 Hydraulic Fluid(Hydraulic Fluid)가 일정한 압력을 갖도록 유지시켜 Cylinder와 Piston을 작동한다.

Ball Check Valve는 Reservoir에서 Actuating Cylinder로 Hydraulic Fluid를 흐르게 하여 작동 실린더의 Hydraulic Fluid 손실을 채워준다. Actuating Cylinder에 있는 로드 때문에 Piston의 Filler End로부터 멀어지는 Stroke Filler 쪽으로 가는 행정보다 많은 Hydraulic Fluid를 갖는다. 이 차이는 Reservoir Orifice에 의해서 조절되고 Reservoir와 작동 실린더 사이의 양쪽 길에 작은 흐름을 허용한다.

Piston이 Reservoir 속으로 들어가서 표시를 볼 수 없을 때는 Reservoir에 Hydraulic Fluid를 보급해야 한다. 작동 실린더에는 작동 Piston이 있다. Piston Head의 작은 Orifice는 Piston의 한쪽으로부터 다른 쪽으로 Hydraulic Fluid가 흐르게 한다. Piston 축은 Cam Follower Crank(캠 추종 크랭크)의 암에 연결된다. Nose Wheel Fork가 어느 방향으로 회전하든지 Shimmy Damper는 Cam Following Roller를 움직여서 Operating Piston이 Chamber 내에서 움직이게 한다. 이 움직임이 Hydraulic Fluid를 Piston의 Orifice를 통과 하게 한다. Orifice가 아주 작기 때문에 착륙과 이륙에서는 Piston의 빠른 움직임은 제한되고 Nose Wheel Shimmy는 제거된다.

Nose Wheel Fork의 점차적인 회전은 Damper에 의해 제한되지 않는다. 이것은 항공기가 느린 속도로 Steering 할 수 있게 한다. 만약 포크가 어느 쪽으로든지 캠의 가장 높은 지점을 지나면 Nose Wheel의 더 이상의 움직임은 실제적으로 제한되지 않는다.

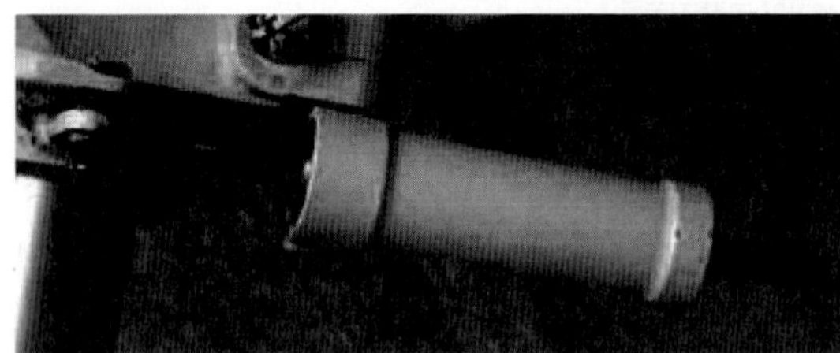

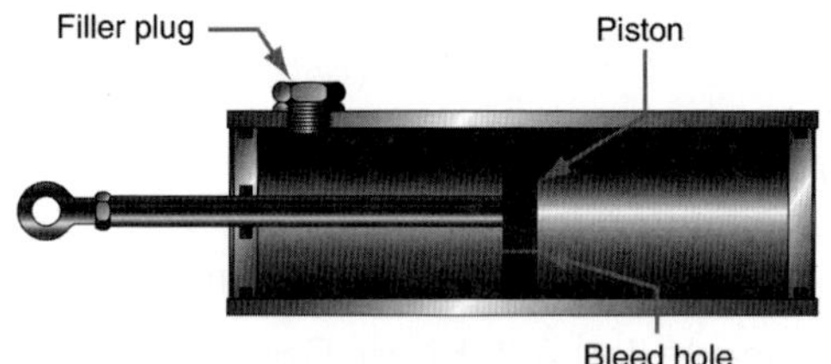

[그림 3-267 일반적인 피스톤 형 SHIMMY DAMPER]

Piston Type Shimmy Damper는 일반적으로 최소의 Servicing과 정비만 요구되지만, 정기적으로 Damper Assembly 주변에 Hydraulic Fluid 누출의 증거가 있는지 점검하고 Reservoir의 Hydraulic Fluid 양을 적절히 유지해야 한다. 캠 Assembly는 Binding의 흔적이나 마모, 느슨하게 풀린 것, Broken Part 등이 있는지 점검한다.

2. VANE TYPE SHIMMY DAMPER

Vane Type Shimmy Damper는 Nose Wheel Shock Strut의 Nose Wheel Fork 바로 위에 위치하고, 내부나 외부의 어느 쪽에도 장착될 수 있다. 만약 내부로 장착되면 Shimmy Damper의 housing은 Shock Strut 내부에 맞게 고정되고, Shaft는 Nose Wheel Fork에 Spline으로 연결된다. 만약 외부에 장착되면 Shimmy Damper의 Housing은 Shock Strut의 측면에 Bolt로 연결되고 Shaft는 기계적인 Linkage로 Nose Wheel Fork에 연결된다.

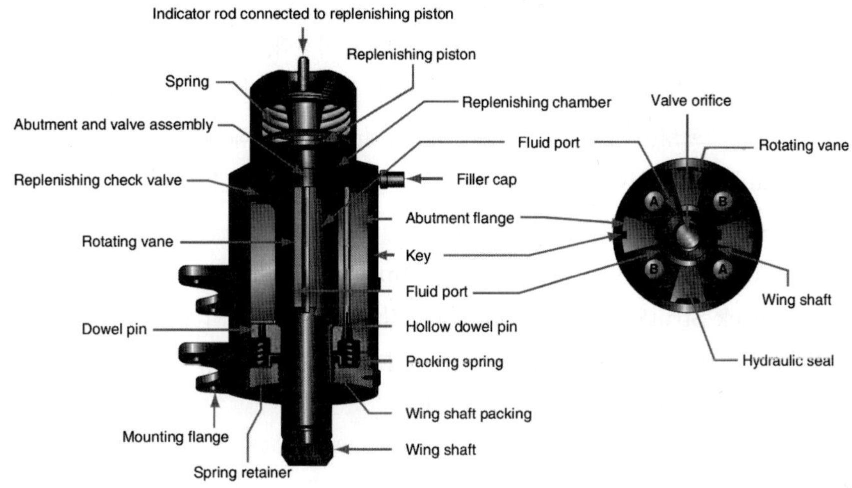

[그림 3-268 일반적인 베인 타입 SHIMMY DAMPER]

상기 그림 3-268에서 하우징은 3개의 부품으로 나누어진다.

- Replenishing Chamber(보충 챔버)
- Working Chamber(작동 챔버)
- Lower Shaft Packing Chamber

보급용 Chamber는 Housing의 맨 위 부품으로 Hydraulic Fluid를 저장한다. 스프링 힘으로 작용하는 보급용 Piston(Replenishing Piston)에 의해서 Hydraulic Fluid를 공급하고 Piston 샤프트는 위쪽 하우징을 통해서 뻗쳐져 Hydraulic Fluid 지시계의 역할을 한다.

Piston 뒤쪽에는 Piston Spring이 있고, 이것은 대기 중으로 개방되어 Hydraulic Lock을 막는다. Piston을 지나서 누출되는 Hydraulic Fluid를 막는데 오링 패킹(O-Ring Packing)을 사용한다. Grease Fitting은 보급용 챔버를 Hydraulic Fluid로 채우는 수단을 제공한다. 작동 Chamber는 Abutment와 밸브 Assembly에 의해 보급용 Chamber로부터 분리된다. 작동 챔버는 2개의 One-Way Ball Check Valve가 있고, 이것은 Hydraulic Fluid가 보급용 챔버에서 작동 챔버로만 흐르게 한다. 이 Chamber는 Abutment Flange라고 부르는 2개의 Stationary Vane에 의해 4부분으로 나누어지고, 이것은 Housing의 내부 벽에 키로 되어 있고 2개의 Rotating Vane은 날개 축의 전체 부품이다. 샤프트는 Valve Orifice를 갖고 있어서 Hydraulic Fluid가 통과하여 챔버에서 다른 챔버로 간다. Nose Wheel을 어느 쪽이든 돌려서 Housing에서 Vane이 회전하게 한다.

이 결과로 두 부분의 작동 Chamber가 작아지고, 반대쪽 두 챔버는 커진다. 회전 베인은 한 챔버에서 다른 챔버로 움직이는 Hydraulic Fluid의 속도에 좌우된다. 퍼지는 모든 Hydraulic Fluid는 Shaft의 밸브 Orifice를 지나서 통과해야 한다. Orifice를 지나는 Hydraulic Fluid의 흐름 저항은 흐름 속도에 비례한다. 이 말은 Shimmy Damper가 지상에서 취급할 때나 정상 Nose Gear의 Steering과 같은 느린 동작에서 거의 저항이 없지만, 착륙, 이륙, 빠른 속도의 Taxing에서는 Shimmy에 많은 저항을 만든다는 것이다.

자동 Orifice 조절이 온도 변화를 보상한다. 샤프트 속의 Bimetallic Thermostat(바이메탈식 온도 조절 장치)가 온도와 Viscosity(점도) 변화에 따라 Orifice를 개폐 시킨다. Nose Wheel의 심한 꼬임에 의해서 갑작스럽게 예외적으로 높은 압력이 작동 챔버에 발생하면 클로징 플랜지(Closing Flange)가 밑으로 움직이고 하부 샤프트 패킹 스프링(Lower Shaft Packing Spring)을 압축해서 Hydraulic Fluid가 Vane의 아래쪽 끝(Lower End)을 돌아 지나서 구조부의 손상을 막는다. 적절한 유량을 유지하는 것이 Vane Type Shimmy Damper의 계속적인 기능에 필요하다.

Shimmy Damper의 검사에는 누출 흔적과 모든 Fitting(피팅)과 연결부의 검사가 포함되어야 한다. 이 연결부의 검사는 Shock Strut와 Damper Shaft의 움직이는 부품 사이의 연결부가 풀려 있는지 확인한다. Shimmy Damper는 넘치게 보급해서는 안된다. 만약 지시계 로드가 정해진 높이보다 높게 지시할 때는 Hydraulic Fluid를 Damper에서 Bleed(Bleed) 해낸다.

3. STEER DAMPER

스티어 댐퍼는 유압으로 작동되고 Steering 작동과 Shimmying을 제거하는 두 가지 분리된 기능을 한다. 그림 3-269는 일반적인 Steer Damper이다. 기본적으로 Steer Damper는 밀폐된 실린더이며, 회전식 Vane-Type Shimmy Damper와 Valving System(밸브 계통)으로 되어 있다.

Steer Damper는 짝수의 작동 챔버를 갖고 있다. Steer Damper에는 Wing Shaft(날개 축)에 하나의 vane과 Abutment Flange에 하나의 Abutment Leg가 있어서 2개의 챔버를 갖고 있다.

[그림 3-269 STEER DAMPER]

비슷하게, 날개 축에 2개의 Vane이 있고, 2개의 Abutment Leg가 Abutment Flange에 있어서 한 유닛(Unit)은 4개의 챔버가 된다. Single이나 Double-Vane Unit는 가장 흔히 사용하는 것 중의 하나이다. 기계적 링케이지가 날개 축의 튀어나온 Spline 부분에서 Wheel Fork까지 연결되고 힘을 전달하는 수단으로 사용된다.

Steer Damper의 Linkage는 Automatic Wheel Centering을 위해서 Reservoir의 바깥에 있는 Coil spring과 연결된다. Steer Damper는 2개의 분리된 기능을 하는데, 하나는 Nose Wheel Steering이고 나머지 하나는 Shimmy Damping이다. Steer Damper는 어떤 이유에서든지 고압의 Hydraulic Fluid가 Steer Damper의 Inlet로부터 제거되면 Damping을 시작한다. 이 고압은 Steer Damper의 밸브 계통을 작동시키고, Control Passage로부터 장착 상태에 따라 다음 둘 중의 어느 한 가지 방법으로 제거된다.

Inlet Line이 3-Way Solenoid Valve에 의해 공급되면 높은 압력 공급은 차단되고 Hydraulic Fluid는 밸브의 Outlet Port를 통해 계통을 빠져나가서 Discharge Line으로 간다. 2-Way Solenoid Valve가 장착되어 있으면 Hydraulic Fluid가 Orifice를 통해서 컨트롤 통로를 떠나고 Orifice는 Return Line Plunger의 중심에 위치해 있다.

효과적인 Damping은 작동 챔버에 공기가 섞이지 않은 Hydraulic Fluid를 유지시켜서 얻는다.

7. LANDING GEAR의 안전장치

Landing Gear의 부주의한 Retraction은 기계적인 Down Lock, Safety Switch, Ground Lock과 같은 안전장치에 의해 예방된다.

1. SAFETY SWITCH

그림 3-270은 Landing Gear 안전 회로에 있는 Landing Gear 안전 스위치로 Main Gear Shock Strut의 Bracket에 장착된다. 이 스위치는 Landing Gear Torque Link를 통하는 Linkage에 의해 작동된다. Torque Link는 실린더에서 Shock Strut Piston이 Extend 되거나 Retract에 따라 분리되고 모인다. Strut가 압축되면 Torque Link는 가까워지고, 조절 Link가 안전 스위치를 오픈 시킨다.

이륙 중에 항공기의 무게가 Strut에 작용되지 않으면, Strut와 Torque Link는 Extend되어 조절 Link가 안전 스위치를 닫는다.

그림 3-270과 같이 안전 스위치가 닫히면 그라운드(Ground)가 완성된다. 그러면 Solenoid가 자화 되고 Selector Valve를 풀어서 Gear 핸들이 Gear를 들어 올리는 위치로 한다.

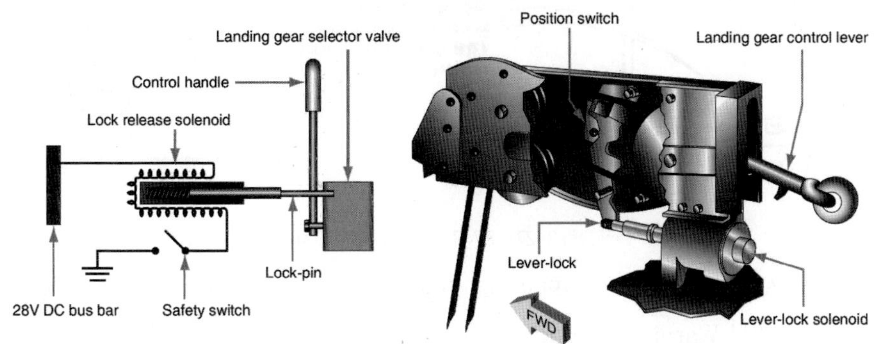

[그림 3-270 일반적인 착륙 장치 안전 회로반]

2. GROUND LOCK

항공기가 지상에 있을 때 Gear 풀림을 방지하는 장치를 "Ground Lock"이라고 부른다.

가장 흔한 형식이 Landing Gear의 Over Centered Linkage(Jury Strut)에 일치된 구멍을 만들어 핀을 끼우는 형태이다.

모든 형태의 Ground Lock에는 Red Streamer가 붙어 있어서 장착 여부를 확인할 수 있다.

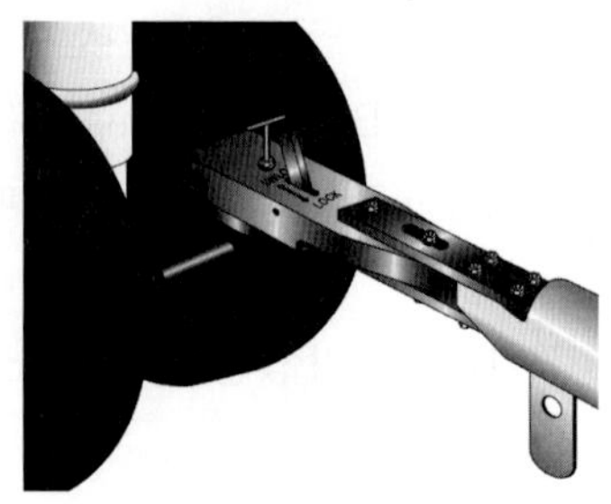

[그림 3-271 B747-400 GEAR Ground Lock Pin]

3. GEAR INDICATOR(기어 표시등)

Landing Gear작동 위치의 지시를 위해서 Indicator가 조종실에 장착된다. 모든 Retraction Type Gear 항공기에는 Landing Gear의 정상 작동 여부에 대한 Visual 및 Aural Warning 장치가 있다.

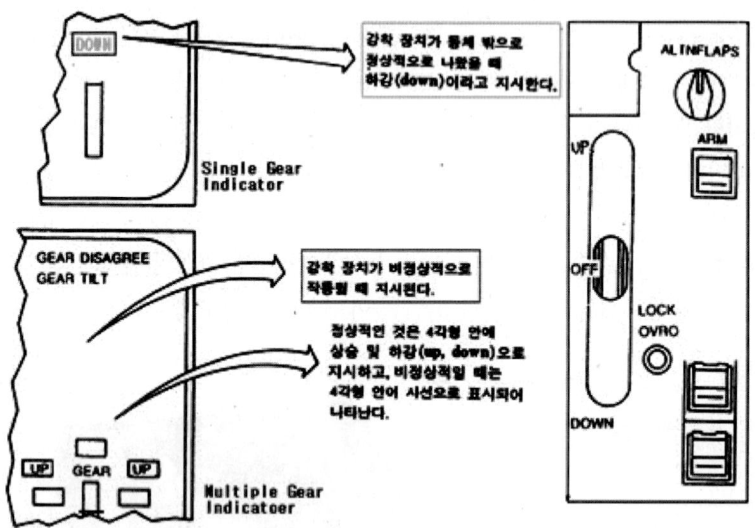

[그림 3-272 B747-400 기어 위치 표시기]

하나 또는 그 이상의 Throttle이 지체되고 Landing Gear가 Down Lock 이외의 위치이면 Horn이 울리고 경고등이 들어오거나 Warning Message가 Display된다.

4. NOSE WHEEL CENTERING

센터링 장치는 내부 센터링 캠(Internal Centering Cam)에 의해서 Nose Wheel을 중심에 오게 해서 Wheel Well로 접히게 한다. 만약 Centering Unit가 없으면, 동체 Wheel Well과 Nose Landing Gear에 손상이 생긴다. Nose Gear가 접히는 중에 항공기의 중량은 Strut에 의해 지지되지 않고 Strut는 중력과 Strut 내부의 공기 압력에 의해 펴진다. Strut가 펴지면서 Piston이 Strut의 볼록한 부분이 고정된 Centering Cam의 경사진 부분과 접촉해서 이것을 따라 들어간다.

이렇게 해서 자체적으로 Align되어, Nose Gear를 회전하여 똑바로 정면을 향하게 한다.

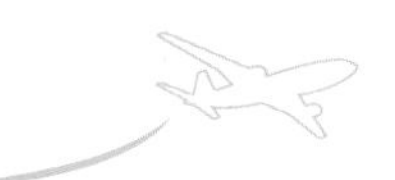

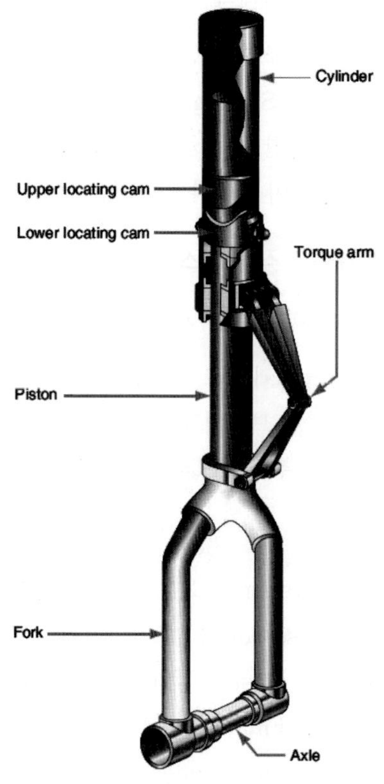

[그림 3-273 NOSE 착륙 장치 센터링 캠]

내부 Centering Cam은 대부분 대형 항공기 Gear Centering Cam에서도 공통적인 특징이다. 소형 항공기는 Strut에 외부 Roller나 Guide Pin을 사용한다. Retraction시 Strut가 Wheel Well로 접히면서 Roller나 Guide Pin이 Wheel Well에 붙어 있는 Ramp나 Track에 의해 Roller나 Guide Pin을 안내해서 Nose Wheel이 바르게 펴진 상태로 Wheel Well에 들어가게 한다.

5. EMERGENCY EXTENSION SYSTEM(비상 작동 시스템)

Main Power System이 고장일 때 Landing Gear를 펴지게 한다. 어떤 항공기는 조종석에 Emergency Release Handle이 있고 이것은 Gear Up-lock의 기계적인 Linkage를 통해 연결된다. 핸들이 작용하면 Up-lock를 풀고, Landing Gear가 Own Weight(Free Fall) 및 Air Loads에 의해 Extension 시킨다. 일부 항공기에서 Up-lock을 풀 때 압축 공기를 사용하는데 이것은 Up-lock Lease Cylinder에서 연결된다.

8. BRAKE SYSTEM

Brake는 항공기의 감속, 정지, 대기(Holding), 방향 전환(Steering)에 사용한다. Brake는 적정 거리 내에 항공기를 정지하도록 충분한 Energy 흡수 능력이 있어야 한다. 즉, Brake는 정상 엔진 작동 중에 항공기를 지상에 대기시켜야 하고, 또한 지상에서 항공기의 방향 전환을 위한 감속을 해야 한다.

Brake는 Main Landing Gear Wheel에 장착되고 서로 독립적으로 작동한다. 우측 Landing Gear Wheel은 Rudder Pedal의 끝에 가해지는 힘에 의해 조종되고, 좌측은 좌측 Pedal에 의해 작동 된다. Brake가 효율적으로 정상적으로 작동하기 위해서는 Brake System내 각Components가 적절하게 작동해야 하며 Brake 계통 전반에 대해 자주 검사하고 계통에 충분한 Hydraulic Fluid를 유지 시키며, 각 Brake Assembly는 적절히 조절하고 마찰 표면에 그리스나 오일 등이 없어야 한다.

1. BRAKE ACTUATING SYSTEM(브레이크 작동 시스템)

일반적으로 3가지 형식의 Brake Actuating System이 적용된다.

- Independent Brake System(독립 브레이크 시스템)
- Power Brake Control System(파워 브레이크 제어 시스템)
- Power Boost Brake System(파워 부스트 브레이크 시스템)

① INDEPENDENT BRAKE SYSTEM

일반적으로 Independent Brake System은 소형 항공기에 사용된다. 이 형식의 Brake System을 "독립적"이라고 하는 이유는 각각의 Reservoir가 있고, 항공기의 Main 유압 계통과는 완전히 분리되어 있기 때문이다. 독립적인 Brake계통은 Master Cylinder에 의해 힘을 받는다. Reservoir, 두개의 Master Cylinder, Brake Pedal, Hydraulic Fluid Line 그리고 각 Main Landing Gear Wheel에 있는 Brake Assembly 등으로 구성된다. 각 Master Cylinder는 Brake Pedal의 압력에 의해 작동한다.

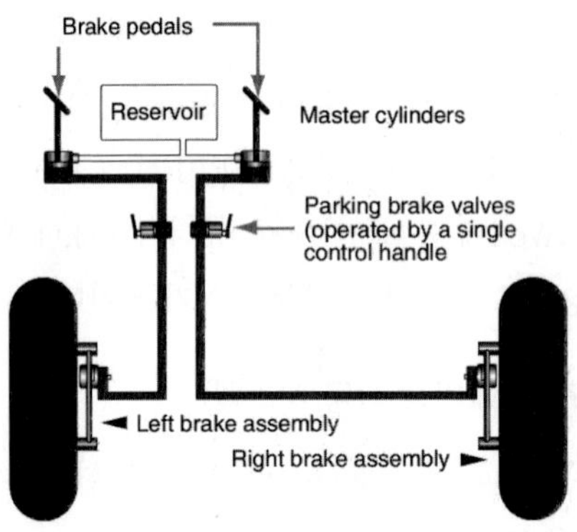

[그림 3-274 일반적인 독립 브레이크 시스템]

Master Cylinder는 Hydraulic Fluid로 채워져 있는 실린더의 내부 Piston의 움직임에 의해 작동된다. 형성된 유압은 휠에 있는 Brake Assembly에 연결된 Hydraulic Fluid Line에 전달된다. 이것이 Wheel을 정지시키는데 필요한 마찰을 만든다. Brake 페달이 풀리면, 마스터 실린더 Piston은 Return Spring에 의해 "OFF" 위치로 돌아간다. Brake Assembly로 유입된 Hydraulic Fluid는 Brake Assembly의 Piston에 의해 Master Cylinder로 되돌아간다. Brake Assembly Piston은 Brake의 Return Spring에 의해 "OFF" 위치로 되돌아간다. 일부 소형 항공기에 장착된 Single Master Cylinder는 Hand-Lever로 작동되고 양쪽 Main Wheel에 동시에 Brake 작동을 가한다.

Brake Pedal을 누르면 이것은 Master Cylinder의 Piston 로드로 전달되고, 실린더 내부의 Piston을 전방으로 밀어낸다. 약간 전방으로 움직이면 Compensating Port를 막고 압력이 증가하기 시작한다. 이 압력은 Brake Assembly에 전달된다. Brake 페달이 풀리면 "OFF" 위치로 돌아가고, Piston Return Spring이 전방 Piston Seal을 밀어서 Piston이 완전히 "OFF" 위치로 간다. Brake Assembly와 Brake로 들어갔던 Hydraulic Fluid는 라인이 연결되어 Brake Piston에 의해서 마스터 실린더로 되돌아간다. 초과되는 압력이나 부피는 보상 포트를 통하여 풀려서 Hydraulic Fluid가 Reservoir로 돌아간다.
이것이 마스터 실린더가 잠기거나 Brake가 끌리는 것을 막는다. 만약 전방 Piston Seal의 뒤에서 Hydraulic Fluid가 새면 중력에 의해서 Hydraulic Fluid가 Reservoir로부터 채워진다.
전방 Piston Seal의 기능은 Forward Stroke시 Seal 역할을 한다. 이것은 자동적으로 Hydraulic Fluid를 채워주는 것으로 Reservoir에 Hydraulic Fluid가 있는 동안은 Master Cylinder, Brake Connecting Line, Brake Assembly에 완전히 Hydraulic Fluid를 채우게 된다. 후방 Piston Seal은 항상 실린더의 뒤쪽 끝(Rear End)을 밀봉해서 Hydraulic Fluid의 누출을 막고, 유연 고무 부트(Flexible Rubber Boot)는 단지 먼지 덮개의 역할을 한다. Parking을 위해 Brake를 잡을 때는 Ratchet-Type Lock에 의해서 이루어지며, 이것은 Master Cylinder와 Foot Pedal 사이의 기계적인 Linkage에 붙어있다. Parking Brake를 풀려면 충분한 압력을 Brake 페달에 가해서 Ratchet을 풀어서 이루어진다.

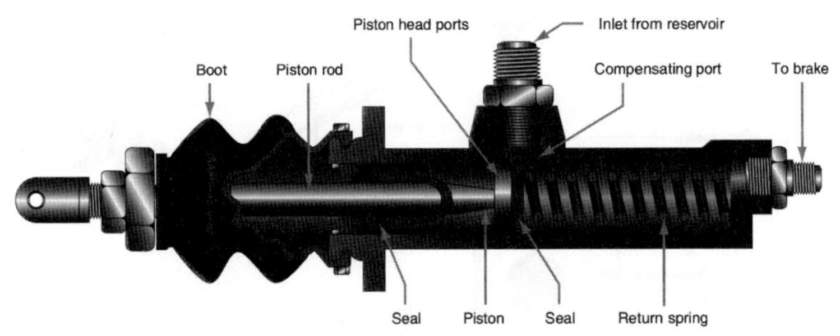

[그림 3-275 일반적인 마스터 브레이크 실린더]

② POWER BRAKE CONTROL SYSTEM

그림 3-276은 Brake 작동에 많은 용량의 Hydraulic Fluid가 필요한 Power Brake Control Valve System이다. 일반적으로 대형 항공기에 많이 적용된다. 대형 Brake는 Hydraulic Fluid의 이동량이 많고 고압이며, 또한 이런 조건 때문에 독립적인 Master Cylinder 계통이 대형 항공기 에는 적용 될 수 없다. 이 계통은 Main Hydraulic System의 Pressure Line으로부터 유압을 공급받는다.
이 라인의 첫 번째 장치가 Check 밸브로 이것이 주 계통의 고장 시에 Brake 계통 압력의 손실을 막는다. 다음 장치가 Accumulator(축압기)로 압력 상태의 예비 Hydraulic Fluid를 저장 한다. Brake가 가해지면 Accumulator의 압력이 감소되어, 더 많은 Hydraulic Fluid가 주 계통으로부터 들어오고 Check 밸브에 의해 Accumulator에 갇혀 있게 한다. Accumulator는 또한 Brake 유압 계통에 가해지는 과도한 하중을 위해 서지 챔버(Surge Chamber)와 같은 역할을 한다. Accumulator 다음 장치가 Pilot와 Copilot의 Control Valve이며 Brake를 작동시키는 Hydraulic Fluid의 양과 압력을 조절하거나 조종한다.

Brake Actuating Line에는 4개의 Check Valve와 2개의 Orifice Check Valve가 장착된다. Check 밸브는 오직 한쪽 방향으로만 Hydraulic Fluid를 흐르게 한다. Orifice Check Valve는 파일롯의 Brake Control Valve로부터는 한쪽 방향으로 제한 없이 Hydraulic Fluid를 흐르게 하지만 반대 방향으로의 흐름은 Poppet에 있는 Orifice에 의해 Hydraulic Fluid 흐름이 제한된다. Orifice Check Valve는 Chaffering 방지를 돕는다.

Brake Actuating Line의 다음 장치가 Pressure Relief Valve이다. 이 계통에서 압력 릴리프밸브는 825[psi]에서 열리게 되어 Return Line으로 Hydraulic Fluid를 배출하고 최소 760[psi]에서 닫힌다. 각 Brake Actuating Line에는 Shuttle Valve가 있으며, 정상 Brake 계통에서 Emergency Brake System을 분리시키는 목적으로 작동된다. Brake Actuating Shuttle Valve로 들어가면 Shuttle은 자동적으로 밸브의 반대쪽 끝으로 움직인다. 이것이 Brake 계통 Actuating Line을 "Close" 한다.

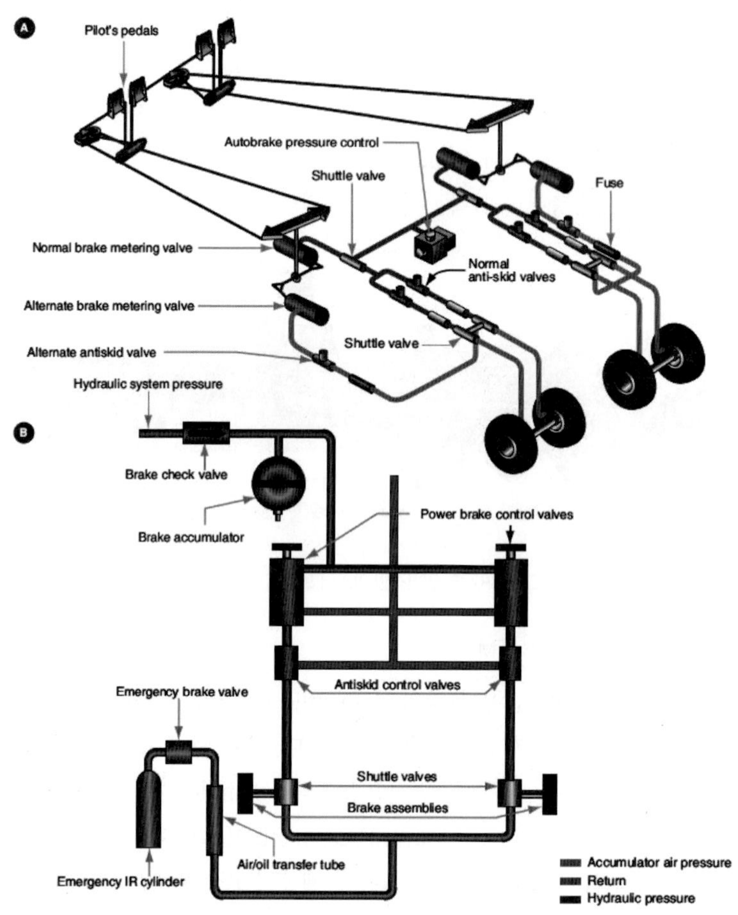

[그림 3-276 일반적인 파워 브레이크 제어 시스템]

ⓐ PRESSURE BALL-CHECK BRAKE CONTROL VALVE

그림 3-277의 Pressure Ball-Check Power Brake Control Valve는 주 계통 압력을 Brake에 맞게 풀거나 조절하고 Brake를 사용하지 않을 때는 Thermal Expansion을 제거한다.

Valve의 주요 구성품은 Housing, Piston Assembly, Tunning Fork이다.

Housing은 3개의 Chamber와 3개의 Port를 갖고 있다. 즉, Pressure Inlet, Brake, Return Port이다. Brake 페달의 움직임이 Linkage를 통해서 Brake에 전해진다. Tunning Fork Fork Swivel이 실린더에서 Piston을 위쪽으로 움직인다. 이 첫 번째 위쪽으로의 움직임에 의해 Piston 헤드가 Pilot Pin의 Flange를 접촉해서 Return Fluid Passage를 닫는다.

위로 계속해서 움직이면 Ball Check Valve를 자리에서 뜨게 하고, 주 계통 압력이 Brake Line으로 들어간다. Brake Actuating Cylinder와 Line에서 압력이 증가하면서 Piston의 위쪽에도 또한 압력이 증가한다. Piston 위쪽의 전체 힘이 Brake 페달에 가해지는 힘보다 크면 Piston이 Bar Spring의 장력을 누르고 밑으로 내려온다.

이것이 Ball Check Valve를 제자리에 앉게 하고 계통 압력을 닫는다. 이 지점에서 Pressure Port와 Return Port는 모두 닫히고, Power Brake Valve는 균형을 잡는다.

밸브가 균형을 유지하는 동안 압력 상태의 Hydraulic Fluid가 Brake Assembly와 라인에 갇혀 있다.

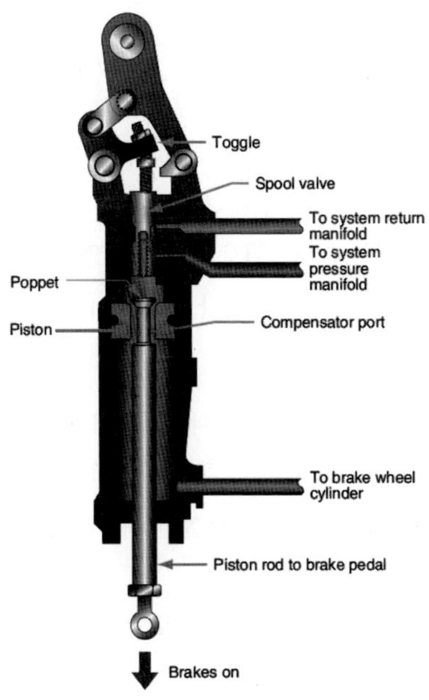

[그림 3-277 PRESSURE BALL-CHECK 파워 브레이크 제어 밸브]

ⓑ POWER BRAKE CONTROL VALVE(SLIDING SPOOL TYPE)

그림 3-278은 Sliding Spool Power Brake Control Valve로써 Housing에 Sleeve와 Spool이 있다. Spool은 Sleeve의 안쪽에서 움직이고, Brake 라인의 Pressure Return Port를 열고 닫는다. 2개의 스프링이 있으며, 큰 스프링을 Plunger Spring이라고 하고 Brake 페달에 느낌(Feel)을 제공한다.

작은 스프링은 Spool을 “OFF” 위치로 Return 시킨다. Plunger가 눌러지면 큰 스프링은 Spool의 Return Port를 닫고 Brake Line의 Pressure Port를 연다.

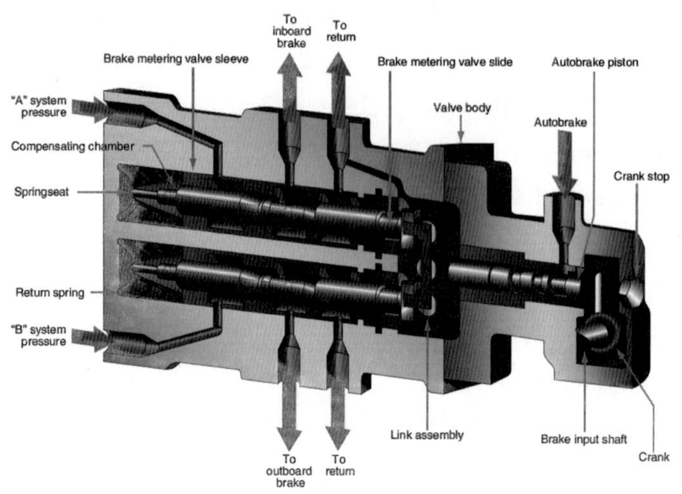

[그림 3-278 SLIDING SPOOL POWER BRAKE 제어 밸브]

압력이 밸브로 들어가면 Hydraulic Fluid가 구멍을 통해서 스풀의 반대쪽 끝으로 흐르고 압력이 스풀을 뒤로 밀어서 큰 스프링이 압력 포트를 닫지만, 리턴 포트는 개방시키지 못한다. 밸브는 이 때 정적(Static) 상태에 있다.

이 움직임은 부분적으로 큰 스프링을 압축해서 Brake 페달에 "Feel"을 준다. Brake 페달이 작은 스프링을 풀리게(Release)하면 Spool이 뒤로 움직이고 Return Port를 개방시킨다. 이것이 Hydraulic Fluid 압력은 Return Port를 통해서 흘러나오게 하여 Brake Line에 가게 한다.

ⓒ BRAKE DE-BOOSTER CYLINDER

일부의 Power Brake Control Valve 계통에는 De-Booster Cylinder가 있어서 파워 Brake 컨트롤 밸브와 함께 사용된다. De-Booster 장치는 일반적으로 고압 유압 계통과 저압 Brake를 갖고 있는 항공기에 사용된다. BrakeDe-Booster 실린더는 Brake에 압력을 감소시키고 Hydraulic Fluid의 흐름양을 증가시킨다.

그림 3-279는 일반적인 De-Booster Cylinder로써 Landing Gear Shock Strut의 Control Valve와 Brake 사이의 Line에 장착된다. Cylinder는 작은 챔버와 큰 챔버가 있으며, Piston은 작은 헤드와 큰 헤드가 있고, 스프링 힘으로 작용하는 Brake Check Valve, 그리고 Piston Return Spring이 있다.

"OFF" 위치에서 Piston Assembly는 Piston 리턴 스프링에 의해 De-Booster의 입구 끝에 고정된다. Ball Check 밸브는 가벼운 스프링에 의해서 작은 Piston 헤드에는 Seat에 머물러 있다.

Hydraulic Fluid가 Brake 장치에서 열 팽창에 의해 나오면 Ball Check Valve를 자리에 떨어지게 해서 De-Booster를 통해서 파워 컨트롤 밸브로 빠져나간다.

Brake가 가해지면 압력 상태의 Hydraulic Fluid가 Inlet Port로 들어가서 Piston의 작은 끝에 작용한다. Ball Check Valve는 샤프트를 통해서 지나는 Hydraulic Fluid를 막는다.

힘은 Piston의 작은 끝을 지나서 Piston의 큰쪽 끝에 전달 된다. Piston이 Housing에서 아래쪽으로 움직이면서 새로운 Hydraulic Fluid의 흐름이 출구 쪽 포트(Outlet Port)를 지나서 Housing의 큰쪽 끝에서 Brake 쪽으로 형성된다. 작은 Piston 헤드로부터의 힘이 큰 Piston헤드에서는 넓은 면적에 분배됨으로 출구 포트에서의 압력은 감소한다.

동시에 많은 양의 Hydraulic Fluid가 큰 Piston 헤드에 의해서 운반되는데 이 양은 작은 Piston 헤드를 움직이던 것보다 많은 양이다. 정상적으로 Brake는 움직이는 구간에서 낮은 쪽 끝에 도착하기 전에 완전히 가해진다. 그렇지만 만약 Piston이 정지하는데 필요한 충분한 저항이(이것은 주로 브레이크 장치나 연결 라인에서 작동유의 손실로 인한 것으로) 없으면, Piston은 계속 밑으로 움직여서 마침내는 샤프트 속에 있는 Ball Check Valve에서 Riser가 자리에서 떨어진다.

Hydraulic Fluid가 Piston 샤프트를 통해서 지나기 때문에 큰 Piston 헤드에 작용하여 Piston은 위로 움직이고, Brake Assembly의 압력이 정상으로 되면 Ball Check Valve는 자리에 앉는다. Brake 페달이 풀리면 압력이 입구 쪽 포트(Inlet Port)에서 제거되고, Piston 리턴스프링(Piston Return Spring)이 Piston을 빠르게 움직여서 De-Booster의 맨 위로 가게 한다. 빠른 움직임은 Brake Assembly까지의 라인에Suction을 만들어 Brake를 빠르게 풀게 한다.

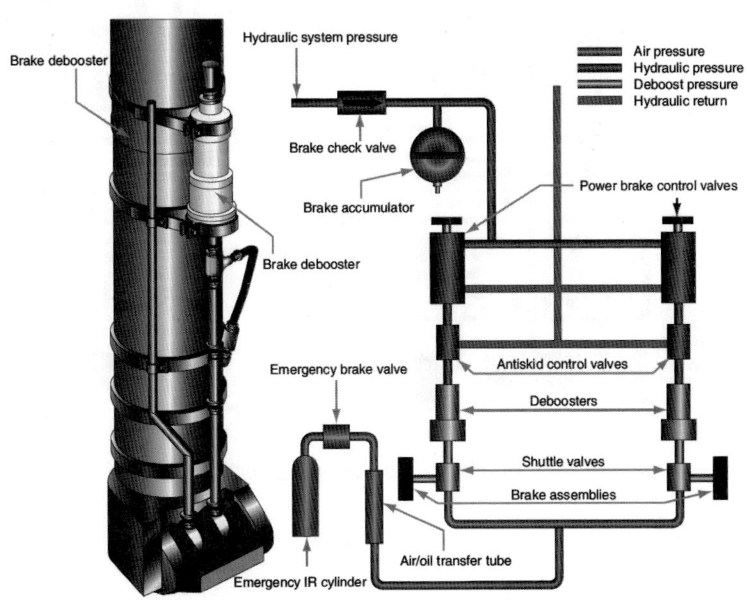

[그림 3-279 BRAKE DE-BOOSTER 실린더]

③ POWER BOOST BRAKE SYSTEM

일반적으로 Power Boost Brake계통은 착륙이 너무 빨라서 독립적인 Brake계통을 사용할 수 없는 곳에 사용하지만, Power Control Brake를 사용하기에는 무게가 가벼운 항공기에 사용한다. Main 유압계통 압력은 오직 Power Boost Cylinder를 통해서 페달을 돕는다.

그림 3-280은 Reservoir, 2개의 파워 Power Booster Master Cylinder, 2개의 Shuttle Valve 각 Main Landing Wheel에 있는 Power Boost Brake Assembly로 구성된다. 압축 공기 용기에는 Gauge와 Release Valve가 장착되어 Brake가 비상작동을 하게 한다.

주 압력 계통 압력은 Pressure Manifold에서 파워 마스터 실린더로 연결된다. Brake 페달을 밟으면, Brake 작동을 위한 Hydraulic Fluid는 셔틀 밸브를 통해서 파워 부스터 마스터 실린더에서 Brake로 간다. Brake 페달이 풀리면 마스터 실린더에 있는 Main System Pressure Port는 닫히고, Brake Assembly에 있는 Piston에 의해서 Return Port 밖으로 밀려난다. Brake 리저버는 Main Hydraulic System 리저버에 연결되어 Brake 작동시 적절한 Hydraulic Fluid가 공급되게 한다.

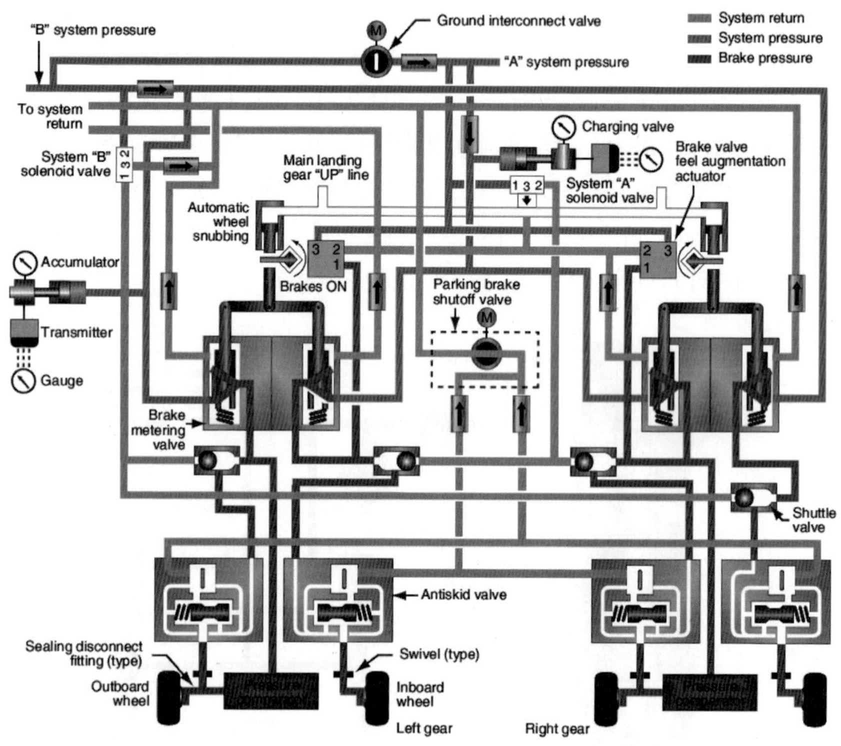

[그림 3-280 파워 부스트 마스터 실린더 브레이크 시스템]

2. BRAKE ASSEMBLY

Brake Assembly로 항공기에 흔히 사용되는 것으로는 Single-Disk, Dual-Disk, Multiple Disk, Segmented Rotor, Expander Tube Type 등이 사용된다.
소형 항공기는 Single-Disk, Dual-Disk Type이 쓰이고, Multiple Disk Type은 주로 중형 항공기에, 그리고 Segmented Rotor와 Expander Tube Type은 대형 항공기에서 주로 쓰인다.

① SINGLE DISK BRAKE

이 형식은 Rotation Disk의 양쪽에 마찰을 가해서 Brake를 잡고 이 디스크는 Landing Gear Wheel에 Key로 연결된다. Single-Disk Brake에는 여러 가지 변형된 형식이 있지만, 모든 작동은 같은 원리이며, 주로 실린더의 숫자나 Brake Housing Type이 다를 뿐이다. Brake Housing은 하나 혹은 여러 개로 나누어진 형식이 있다.

그림 3-281은 항공기에 장착된 Single-Disk Brake이다. Brake Housing은 Mounting Bolt에 의해 Landing Gear Axle Flange에 장착된다. 이 Brake Assembly는 1개의 Cylinder와 1개의 Housing이 있다. Housing의 각 Cylinder는 Piston, Return Spring 그리고 Automatic Adjusting Pin이 있다.
2개의 Brake Lining 가운데 1개는 Rotating Disk의 안쪽에, 1개는 바깥쪽에 있다. 이 Brake Lining은 "Puck"이라고도 한다. 바깥 쪽 Lining Puck은 3개의 Piston에 장착되어 Brake가 작동할 때 Cylinder의 안과 밖으로 움직인다.

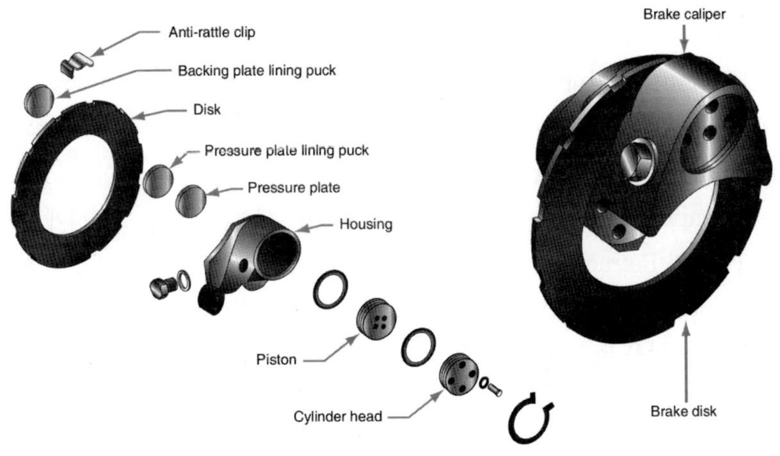

[그림 3-281 일반적인 싱글 디스크 타입 브레이크]

안쪽 라이닝 퍽은 Brake 하우징의 움푹한 곳에 장착되고, 움직이지 않는다. Brake Control Unit로부터 유압이 Brake 실린더로 들어가고, Piston에 힘을 가해서 Lining이 Rotating Disk에 밀착되어 마찰이 발생한다. Disk는 Landing Gear Wheel에 Key로 연결되어 Wheel의 Brake 공간에서는 횡방향으로 자유롭게 움직인다. 회전 디스크의 횡적인 움직임은 디스크의 양쪽 면에 똑같은 Brake 작용을 가능케 한다. Brake 압력이 풀리면 Return Spring이 Piston을 뒤로 밀어서 Lining과 Disk 사이에 정해진 간격을 유지시킨다. Brake의 Self-Adjusting 특징은 Lining의 마모에 관계없이 원하는 Lining과 Disk의 적정 간격을 유지한다. Brake가 가해지면 유압은 각 Piston을 움직이고, 각각의 라이닝이 디스크에 밀착된다. 동시에 Piston은 Spring Guide를 통해서 Adjusting Pin을 밀고, Grip의 마찰보다 세게 Pin 안쪽을 움직인다. 압력이 풀리면 Return Spring의 힘이 Piston을 Brake Disk에서부터 떨어뜨리지만 조절 핀을 움직일 만큼 세지는 않고, 이 핀은 Pin Grip의 마찰에 의해 고정된다. Piston은 Disk에 멀리 떨어져 Adjust Pin Head에 의해 정지될 때까지 뒤로 빠진다. 이것은 마모의 크기에 관계없고 Piston의 똑같은 거리가 Brake 작동에 필요하다.
Brake의 정비는 Bleeding, 작동 검사, Lining 및 Disk Wear Inspection, 마모된 Lining과 Disk의 교환 등이 포함된다. Single Disk Brake의 Bleeding은 Brake 하우징에 있는 Bleeder Valve를 통해서 이루어진다. Bleeding을 할 때는 항상 제작사의 지시를 따른다. 작동 검사는 Taxing 중에 한다.
각 Main Landing Gear Wheel의 Brake 작동은 똑같아야 하고 같은 Pedal Pressure 적용 하에서 소프트(Soft)나 스폰지 작동 현상이 없어야 한다. 페달 압력이 풀리면, Brake는 어떤 저항의 징후 없이 풀려야 한다.

② MULTIPLE–DISK BRAKE

Multiple–Disk Brake는 강력한 Brake로 Power Brake Control Type이나 Power Boost Master Cylinder에 사용하도록 설계되었다.

그림 3–282는 Multiple–Disk Brake이다. 5개 Rotating Disk(Rotor), 4개의 Stationary Disk(Stator), Circular Actuating Cylinder, Automatic Adjuster 그리고 기타 구성품으로 구성된다.

Rotor Disk는 Drive Key로 Wheel에 연결되어 Wheel과 함께 Stator Disk 사이에서 회전하고 Stator Disk는 Landing Gear에 장착되는 Torque Tube에 고정되어 Brake Pedal를 밟으면 Hydraulic Pressure가 Piston을 가압하여 Pressure Plate를 압축하고 이에 따라 Rotor와 Stator가 압착하여 마찰을 일으켜 Wheel의 회전을 멈추도록 Brake 작용을 하게한다. Brake를 Release하면 유압이 풀리면서 Return Spring이 Actuating Piston을 Retract하도록 힘을 가하고 이어서 Pressure Plate를 Back 시키고 Automatic Adjuster는 Rotor와 Stator사이 간격을 항상 일정하게 유지시켜준다. 안의 Hydraulic Fluid가 Retract되는 Annular Actuating Piston에 의해서 밀려나고 Automatic Adjuster을 통해서 Return Line으로 간다. Automatic Adjuster는 Brake에 정해진 양의 Hydraulic Fluid를 가두어 두는데, 이 양은 Rotor Disk와 Stator Disk 사이에 정확한 간격을 유지하기에 충분한 양이다.

Multiple Disk Brake의 정비는 Bleeding, Disk Wear점검, Disk 교환, 작동 검사 등이다.

Bleeder Valve가 있어서 Brake가 어느 위치에 있든지 Bleed가 가능하다. Bleeding 절차는 항공기 제작사의 지시를 따른다.

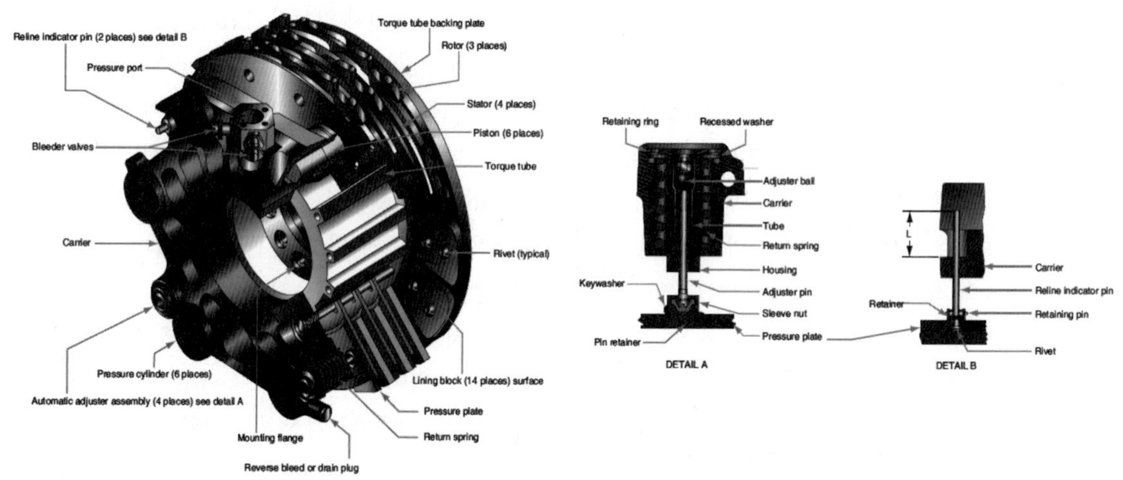

[그림 3–282 MULTIPLE–DISK BRAKE]

③ SEGMENTED ROTOR BRAKE

Segmented Rotor Brake는 강력한 Brake로 특히 고압력 유압 계통에 사용한다. 이 Brake는 Power Brake Control Valve나 Power Boost Master Cylinder를 사용한다.

Braking은 몇 개의 Fixed High–Friction Type의 Brake Lining과 Rotating Segment가 Set로이루어진다.

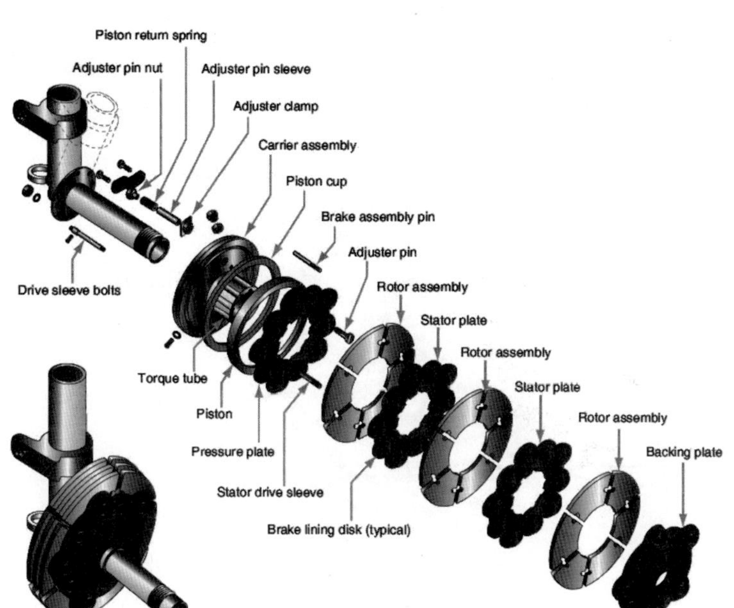

[그림 3-283 로터 브레이크 분해 및 어셈블리 유닛]

Segmented Rotor Brake는 Multi-Disk 형태와 비슷하다. Brake Assembly는 Carrier, 2개의 Piston, Piston Cup Seal, Pressure Plate, Auxiliary Stator Plate, Rotor Segment, Stator Plate, Compensating Shim, Automatic Adjuster, Braking Plate 등으로 구성된다.

Carrier Assembly는 Brake의 기본 장치이며, Landing Gear Shock Strut Flange에 장착된다.

2개의 Groove나 Cylinder가 Carrier에 기계가공 되어있어 Piston Cup과 Piston을 받는다.

Hydraulic Fluid는 Line을 통해서 이 Cylinder로 들어가는데, 이 Line은 Carrier의 바깥쪽 부분에 장착된다. Automatic Adjuster가 Carrier의 앞면에 위치한 구멍에 장착되어 Brake가 “OFF” 위치에서 고정된 거리를 유지시켜서 Lining Wear를 보상한다.

각 Automatic Adjuster는 Adjuster Pin과 Adjuster Clamp, Return Spring, Sleeve, Nut 및 Clamp Holding Assembly로 구성된다.

Pressure Plate은 납작하고, 원추형으로 비회전판이며, 안쪽에 Notch가 있어서 Stator Drive Sleeve 위에 끼워진다. Pressure Plate 다음에 있는 것이 보조 Stator Plate이다. Brake Lining은 보조 Stator Plate의 한쪽에 Rivet으로 고정된다.

Assembly의 다음 장치가 몇 개의 Rotor 부분이다. 각 Rotor Plate는 바깥 원추상에 Notch가 있다. 이것은 Landing Gear Wheel에 Key로 연결을 할 수 있게 하고 Wheel과 함께 회전한다. Rotor 사이에 끼워지는 것이 Stator Plate이다. Stator Plate는 비회전판이고, Brake Lining이 양쪽에 Rivet으로 조립되어 있다. Lining은 Multiple Block을 형성하고 분리되어 있어서 열의 효율적 발산을 돕는다.

마지막 Rotor 부분 다음이 Compensating Shim이며 Brake Lining이 모두 마모될 때까지 사용할 수 있게 한다. 심이 없으면 Lining의 1/2 밖에 사용할 수 없는데 Piston의 움직임이 제한되어 있기 때문이다.

대략 1/2의 Brake Lining을 사용한 후에 심은 제거된다. Adjust Clamp가 Automatic Adjuster Pin 위에서 재 위치되어 Piston 움직임을 가능하게 하여 나머지 Lining을 사용할 수 있게 한다. Backing Plate가 Assembly의 마지막 부품으로 비회전판이고 Brake Lining이 한쪽에 Rivet으로 고정된다.

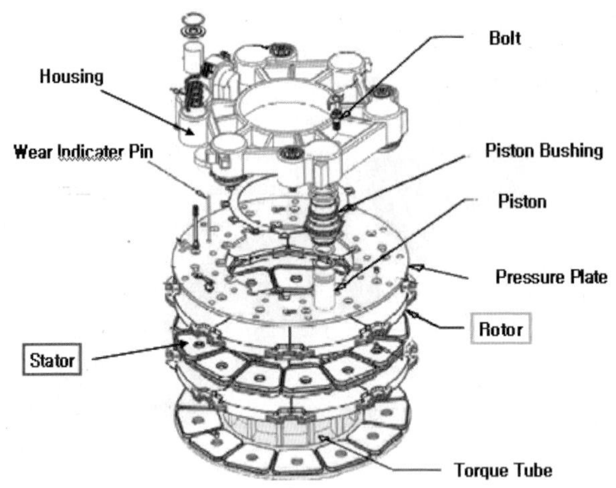

[그림 3-284 세그먼트 로터 브레이크-스틸 브레이크]

Backing Plate는 Brake 작동에 의한 엄청난 유압의 힘을 받는다. Brake Control Unit에서 풀어지는 유압이 Brake Cylinder로 들어가고, Piston 컵과 Piston에 작용해서 이것을 Carrier로부터 바깥쪽으로 가게 한다. Piston이 Pressure Plate에 가하는 힘은 다시 보조 Stator를 밀어낸다. 보조 Stator는 첫 번째 Segmented Rotor를 접촉하고, 이것은 다시 첫 번째 Stator Plate를 접촉한다. 횡방향의 움직임은 계속되어 모든 Brake 표면이 접촉된다. 보조 스테이터 플레이트, 스테이터 플레이트, 그리고 Backing Plate는 Stator Drive Sleeve에 의해 회전이 억제된다.

비회전 Lining은 모두 Rotor와 접촉해서 휠을 정지시키기에 충분한 마찰을 만들어 내고 이 Wheel에 Rotor가 Key로 연결된다. 자동 조절기의 기능은 Adjuster Pin과 Adjuster Clamp 사이의 정확한 마찰에 좌우된다. Brake Running 간격의 조절은 Brake가 조립되었을 때 조절 Washer와 Adjuster의 끝 사이에서 얻어지는 거리에 의해 조절된다.

Brake가 가해지는 동안, Pressure Plate는 Rotor 쪽으로 움직인다. Washer는 Pressure Plate와 함께 움직이고 Spring이 압축되게 한다.

Piston의 움직임이 커지고, Pressure Plate이 더 멀리 움직이면서 Lining은 Segmented Rotor와 접촉하게 된다. Lining이 마모되면서, Pressure Plate는 계속 움직이고 마침내 조절와셔를 통해서 조절기 슬리브와 직접 만난다. 더 이상의 힘이 스프링에 가해지지 않는다. 라이닝 마모에 의해서 생긴 Pessure Plate의 추가의 움직임은 Adjuster Pin이 Adjuster Clamp를 통해서 미끄러지게 한다. Brake 유압이 풀리면 Return Spring은 Pressure Plate를 밀어서 Adjuster Pin의 Shoulder의 밑에 Pressure Plate가 올 때까지 밀어낸다. 이 Cycle이 Brake에 가해지고, 풀리는 동안에 반복되고 Adjuster Pin은 Clamp를 통해 앞으로 나가는데, 이것은 Lining의 마모 때문이지만 작동 간격은 일정하게 남는다.

3. BRAKE SYSTEM의 검사와 정비

Brake 계통의 적절한 기능이 가장 중요하다. 검사를 자주 하고, 필요한 정비 역시 주의 깊게 한다. 누유 검사를 할 때는 계통이 작동압력 상태인지 확인을 한다. 그렇지만 느슨하게 풀린 Fitting을 조일 때는 압력이 없는 상태에서 행한다. Flexible Hose(연성호스)를 주의 깊게 점검해서 부푼 곳이나(Welling), Crack(균열), 기타 변형 8곳이 있는지 검사한다. 항상 적정 수준의 Hydraulic Fluid를 유지해서 Brake 고장이 생기거나 공기가 계통으로 들어오지 않게 한다. 계통에 공기가 있는 것은 Brake Pedal(페달)의 Spongy Action(스폰지 작용)으로 나타난다. 만약 공기가 계통 내에 있으면, 계통을 Bleeding 해서 제거한다. Brake 계통의 Bleeding에는 일반적으로 두 가지 방법이 사용된다.

① Top Downward : Gravity Method으로 Bleeding하는 것

② Bottom Upward : Pressure Method으로 Bleeding하는 것

이 2가지 방법은 Brake 계통의 설계나 방식에 좌우된다.

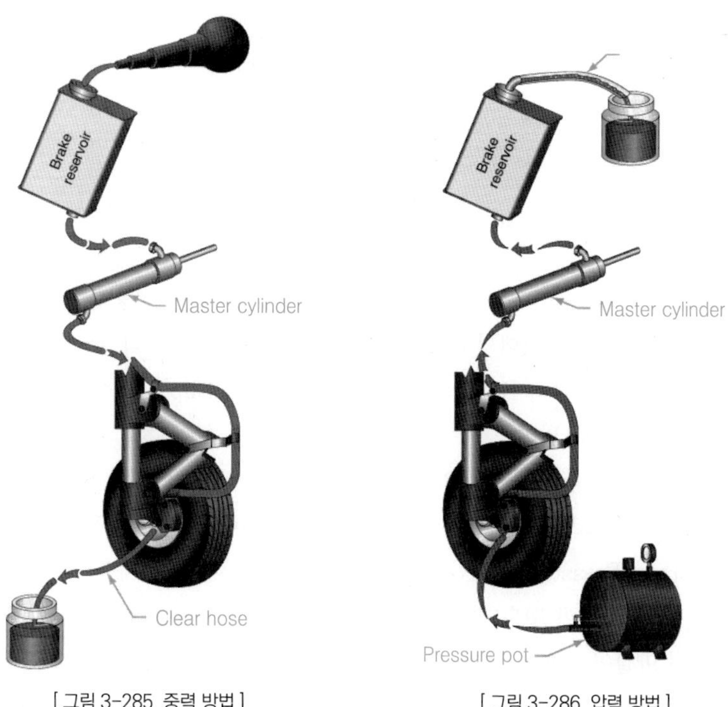

[그림 3-285 중력 방법]　[그림 3-286 압력 방법]

① GRAVITY METHOD OF BLEEDING BRAKE(블리딩 브레이크의 중력법)

중력 방식에서 Air는 Brake Assembly에 있는 Bleeder Valve를 통해서 Brake 계통으로부터 추출해낸다. Bleeder Hose가 Bleeder Valve에 장착되고 호스의 한쪽 끝은 용기에 넣는다. Brake를 작동해서 계통에서 공기가 섞인 Hydraulic Fluid를 빼낸다. 만약 계통이 독립적인 Master Cylinder System이면 Master Cylinder를 통해서 필요한 압력을 공급한다. 어느 경우든지 매번 Brake 페달이 풀리면 Bleed Valve를 닫거나 Bleed Hose를 막아서 공기가 거꾸로 계통 안으로 들어가지 못하게 한다. Bleeding은 Bleeder Hose를 통해서 기포가 나오지 않을 때까지 계속한다.

② PRESSURE METHOD OF BLEEDING BRAKE(블리딩 브레이크의 압력 방법)

압력 방식에서 Hydraulic Fluid에 혼입된 Air는 Brake계통 Reservoir의 다른 준비된 곳을 통해서 빠져나가게 한다. 일부 항공기는 Bleeder Valve가 Brake Line 위쪽에 있다.

Bleeding은 Bleed Tank를 사용해서 압력을 가한다. Bleed 탱크는 Portable Tank로서 압력 상태의 Hydraulic Fluid를 갖고 있다. Bleed Tank는 Air Valve가 있고, Air Pressure Gauge와 Connector Hose가 있다. 연결 호스는 Brake Assembly에 있는 Bleeder Valve에 장착되며, Shutoff Valve를 가지고 있다. 이 방법의 Bleeding은 항공기 제작사의 지시를 철저히 따라야 하며, Bleeding 작업 중에는 다음과 같은 사항을 따른다.

- 사용하는 Bleeding 장비가 깨끗하고 적정 Hydraulic Fluid가 채워져 있는지 확인한다.
- Hydraulic Fluid 공급이 부족하면 계통으로 공기가 들어가므로 적정량을 유지한다.
- Bleeding은 기포가 없어질 때까지 계속 확실한 Brake Pedal Pressure을 얻도록 한다.
- Bleeding 끝난 후에 Reservoir Fluid Level을 점검한다.
- Brake 압력을 가압한 상태에서 전체 계통의 Leak 여부를 점검 한다.

9. ANTI-SKID BRAKE CONTROL SYSTEM

1. SYSTEM OPERATION

Anti-Skid System은 Hydraulic Brake System에 의하여 Brake에 작용하는 유압을 제한하여 Wheel이 Skidding 되는 것을 방지한다. 최대의 Braking 효율은 모든 Wheel이 약간씩 Skid될 때 얻어진다.

그림 3-287에서 보인 바와 같이 Brake가 작용할 때 Wheel의 Slip이 시작될 까지는 압력이 증가하지만 Skid는 발생하지 않는다.(점A)

이 상태가 이상적이지만 조종사는 알 수가 없으므로 Brake Pedal을 계속 밟게 된다. 압력은 곧 Brake에 충분한 마찰은 발생하게 되고 Tire는 활주로와 Skid가 시작된다. 조종사는 Wheel이 감속되었음을 느끼고 Pedal을 놓지만 Brake Pressure가 감압되는 동안은 Wheel의 감속은 계속된다. 따라서 "C" 점에서 완전히 "Locked Up" 된다. 압력이 계속 떨어져 "D" 점에서는 압력이 Wheel이 다시 회전이 시작할 정도로 활주로와 Tire 사이의 마찰이 충분히 낮아진다.

Brake Pressure가 Zero로 떨어지자마자 Wheel Speed는 다시 증가 하게 된다. 따라서 Antiskid System은 "ON" and "OFF" Operation System을 채택하였고 Antiskid Control Unit, 각 Wheel 내의 Wheel Speed Transducer, Antiskid Module Assembly, 조종실에 있는 Fault Annunciator와 Master Antiskid Fault Light로 구성되어 있다.

Antiskid ON, OFF Switch는 Taxing과 Ground 작동 시 저속도에서 Brake Release 가능성을 제거하기 위하여 Antiskid System을 "OFF" 시킬 수 있다.

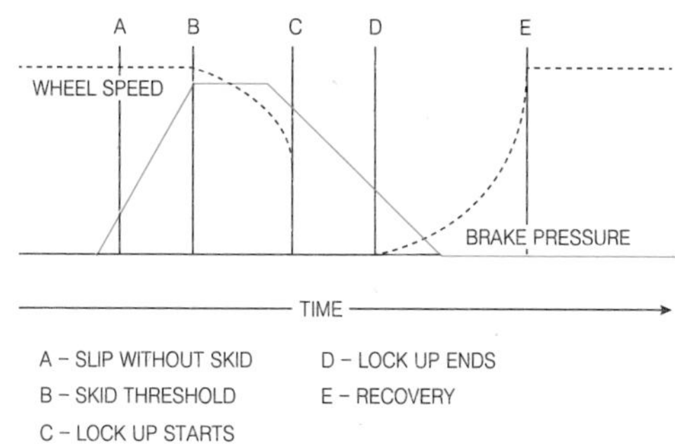

[그림 3-287 THE DEVELOPMENT OF A SKID BY ON-AND-OFF APPLICATION OF THE BRAKES]

2. SYSTEM COMPONENT

① WHEEL SPEED SENSOR

그림 3-288에서 같이 Axle에 장착된 Wheel Speed Transducer는 Wheel의 회전 속도를 측정하는 장치이다. 이것은 작은 전기 Generator 이며, Wheel의 구동 Cap을 통하여 Main Wheel에 맞물려서 회전한다. 회전함에 따라 Generator는 전압과 전류 신호를 보내게 된다. 이 신호의 세기에 따라 회전속도를 나타내게 되며, 이 신호는 Harness를 통하여 Skid Control Box에 보내어 진다.

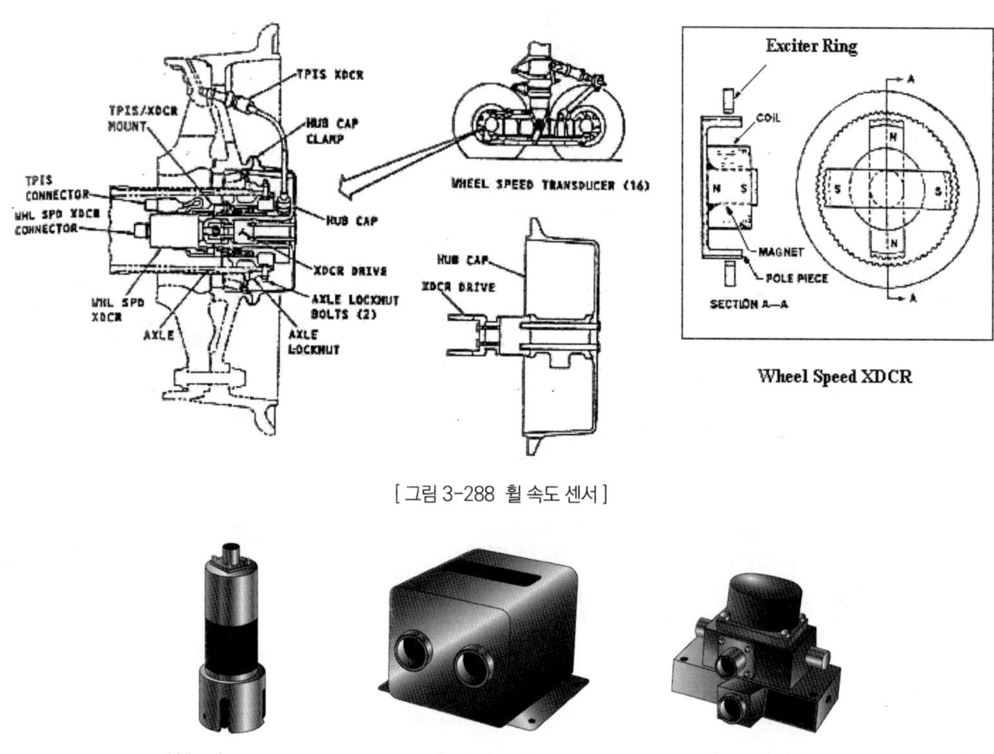

[그림 3-288 휠 속도 센서]

Wheel sensor Control unit Control valve

[그림 3-289 ANTISKID SYSTEM의 기본 구성품]

② CONTROL VALVE

그림 3-290은 Torque Motor Flapper Valve의 위치에 따라 Control되는 Brake Pressure의 걸림과 풀림에 대한 내부 유로를 나타내며, 3개의 상태, No Skid-Full Brake, Skid-Partial Brake, Skid-No Brake를 나타낸다.

Brake Metering Valve가 Open되고 Normal Brake Pressure가 Pressure Port로 들어오면, 이 Pressure는 Filter를 거쳐 내부의 Valve로 들어온다. Torque Motor Control Signal은 Anti-Skid Control Unit에 의해 제공된다. Control Signal은 Control Unit 내의 Valve Driver에 의해 제공되며, 필요 Brake Pressure 감소에 비례한다.

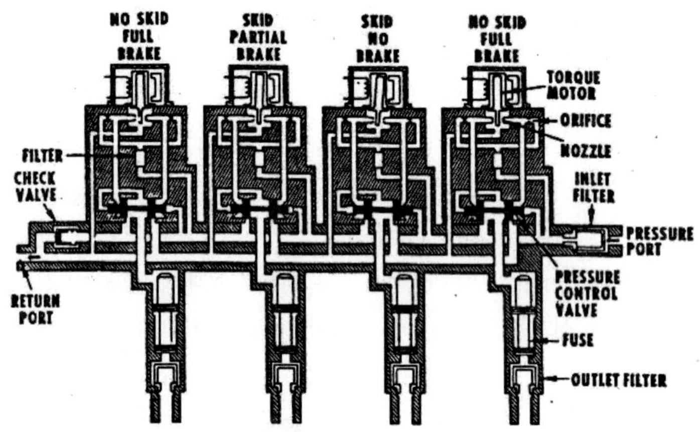

[그림 3-290 CONTROL VALVE]

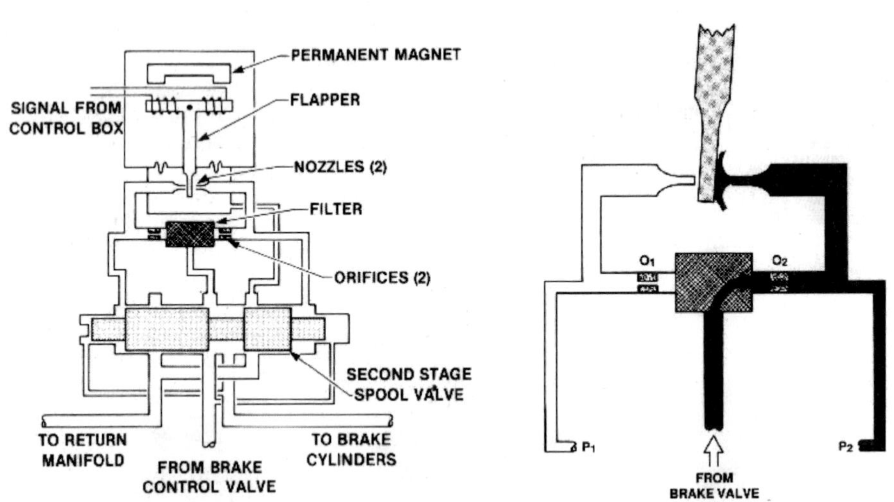

[그림 3-291 TORQUE MOTOR FLAPPER VALVE]

ⓐ 조건 : No Skid-Full Brake

Torque Motor는 중립 위치이다.(No Control Signal Input) 이 경우, Flapper Valve는 Pressure

Control Valve의 우측 Pressure가 약간 증가되도록 기울어져 있다. Pressure Control Valve 우측의 Pressure가 높게 되면, 이 Valve는 좌측으로 이동되며, Hydraulic Pressure는 Valve를 통해 Hydraulic Fuse와 Outlet Filter를 거쳐 Brake로 간다. Pressure Control Valve의 Return Port는 막혔으므로 Full Brake가 걸린다.

ⓑ 조건 : Skid–Partial Brake

Torque Motor가 "Slight Skid" Signal을 받아 약간 좌측으로 움직였다. 이 경우, 우측 Nozzle에 약간의 제한이 일어난다. 이 제한은 Pressure Control Valve의 좌측 Pressure를 높게 한다. 그러면 이 Valve는 우측으로 움직여 Brake로 가는 Pressure를 차단한다. 그러나 이때 Return Port는 막혀 있으므로, Brake에 걸린 pressure는 계속 유지된다.

ⓒ 조건 : Skid–No Brake

이 상태에서는 심한 Skid를 하고 있다. Control Unit로부터 Signal에 의하여 flapper Valve는 완전 좌측으로 이동한다. 그 결과 Control Valve와 좌측 압력이 증가되어 Pressure Control Valve는 완전히 우측으로 이동된다. 이때 Brake Port로 가는 Flow는 차단되고 Brake에 걸려있던 압력은 System으로 Return 된다.

ⓓ Anti–Skid Module에 장착되어 있는 Hydraulic Fuse는 Module Down Stream Line 파열 시 Hydraulic Fluid를 차단하여 Hydraulic Fluid Loss를 방지한다. Pressure Line의 Check Valve는 Parking Brake Module 내의 Valve가 Close Stick 됐을 경우에 Brake를 풀어줄 수 있게 한다. 이것은 Pressure Line을 통해 Pressure를 Release 한다.

③ ANTI–SKID CONTROL BOX

Control Box의 주요 기능은 Control Valve로 가는 전기적 Signal을 발생하여 Antiskid Module 내부에 있는 Servo Valve를 Control하므로 이루어진다. Voltage의 변화가 Brake에 Hydraulic Pressure를 조절한다. 각 Wheel에 Wheel Speed Transducer Signal에 의해 Wheel 감속율을 Monitoring 한다.

ⓐ NORMAL WHEEL CONTROL

정상 Skid Control은 Wheel 회전이 줄어들 때 작동하게 되며, 정지할 때까지는 작동하지 않는다. 이와 같이 Wheel 회전이 줄어들 때 휠의 Sliding 작용은 바로 시작하게 되며, 완전한 크기의 스키드에 도달하지는 않는다. 이러한 상태에서는 Skid control valve는 Hydraulic Pressure의 일부를 Wheel로 빼버리게 된다. 이것이 Wheel을 좀더 빠르게 회전 시키고 Sliding을 잠시 멈출 수 있게 하여 준다. 더 강하게 스키드가 있을 때는 더 많이 제동 압력을 빼내어야 한다. 각각의 Wheel의 Skid 탐지나 조종은 다른 Wheel들과 각각 연관되지 않고 독립적으로 이루어진다. Wheel Skid의 강도는 휠 감속 비율에 의해 측정된다.

ⓑ LOCKED WHEEL PROTECTION

Locked Wheel Skid Control은 Wheel이 Lock되었을 때 Brake가 완전히 Release되게 해준다. Lock된 Wheel의 상태는 Tire의 마찰이 생길 수 없는 빙판에서 일어난다. 이것은 Normal Skid

Control이 완전하게 Wheel이 Skid에 도달하는 것을 방지하지 못할 때 생긴다. Lock된 Wheel Skid를 Release시키기 위해 압력은 Normal Skid Control 기능 이상으로 길게 Bleed 되어야 한다. 이것은 Wheel이 다시 속도를 얻을 수 있는 시간적 여유를 주는 것이다. Locked Wheel Skid Control은 항공기 속도가 15~20[mph] 이하로 떨어지면 작동이 안되게 되어 있다. Locked Wheel Circuit는 전방과 후방 Wheel이 Locked Wheel Pair에 짝지어져 있다.

Wheel Control Circuit나 Transducer가 고장으로 인하여 Locked Wheel Pair가 서로 Wheel Speed를 비교하여 30[%] 이상 차이가 나면 Full Brake Release Signal을 발생한다.

Locked Wheel Circuit는 Paired된 Wheel Speed가 어느 쪽이든 25[Knots] 이상에서 Locked Wheel Circuit가 작동한다.

ⓒ HYDROPLANE/TOUCHDOWN PROTECTION

터치다운 보호회로는 Brake 페달을 누르더라도 착륙 접근하는 동안 Brake가 작동되는 것을 방지해 준다. 이것은 항공기가 활주로에 닿을 때 Wheel이 Lock되는 것을 방지해 준다. Skid Control Valve가 Brake 작동을 허용하는 데는 2가지 조건이 있다.

첫째는 Squat Switch가 항공기 전체 하중이 Wheel에 걸렸다는 신호를 해야 한다.

둘째는 Wheel Generator가 휠 속도가 15~20[mph] 이상이라는 것을 감지해야 한다.

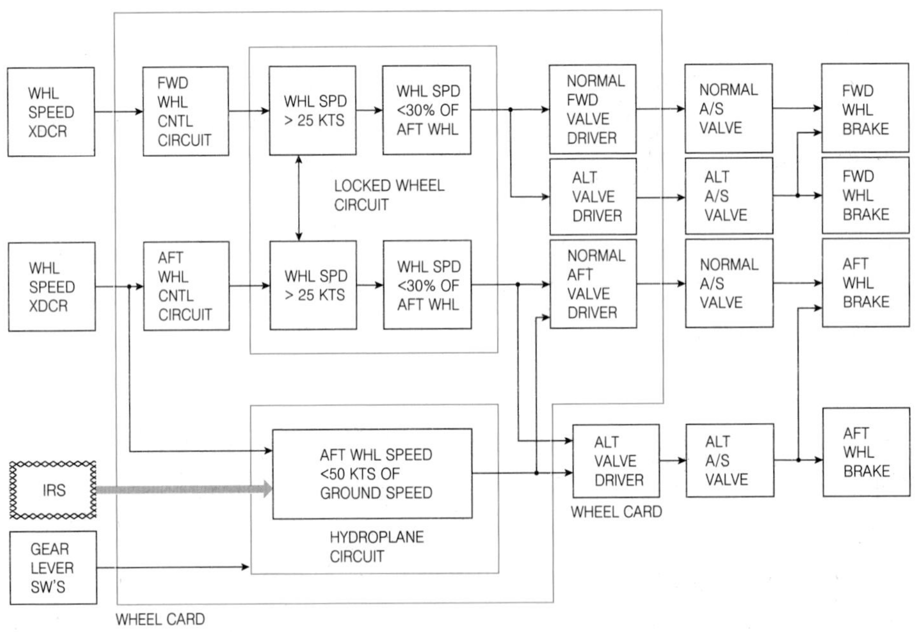

[그림 3-292 휠 잠김 및 유압과의 관계]

Hydroplane Circuit는 Hydroplane Comparator Circuit는 수막현상에 의해 갑작스런 Wheel 감속률이 발생하면 작동한다. 이때 Wheel Speed는 Inertial Reference System Ground Speed와 비교한다. Wheel Speed가 Ground Speed 보다 50[Kts] 이하로 차이나면 Hydroplane 회로에 의해 Full Brake Release를 한다.

Hydroplane Protection은 후방 Wheel에만 해당되고 전방 Wheel은 Locked Wheel Circuit에 의해 보호된다. 이 회로는 Landing 시 Touchdown Protection 기능도 한다. Landing Gear Up으로 선택하면 이 기능은 Inhibit 된다. 항공기 Wheel은 Tire의 장착을 제공하고 착륙 시 충격을 흡수하며, 지상에서 항공기를 지지하여 Taxing, Take Off, Landing 중에 조종을 돕는다.

10. AIRCRAFT WHEEL

1. WHEEL CONSTRUCTION

① SPLIT WHEEL

그림 3-293은 대형항공기에 일반적으로 많이 쓰이는 Split Wheel과 해당되는 부품 목록이다.

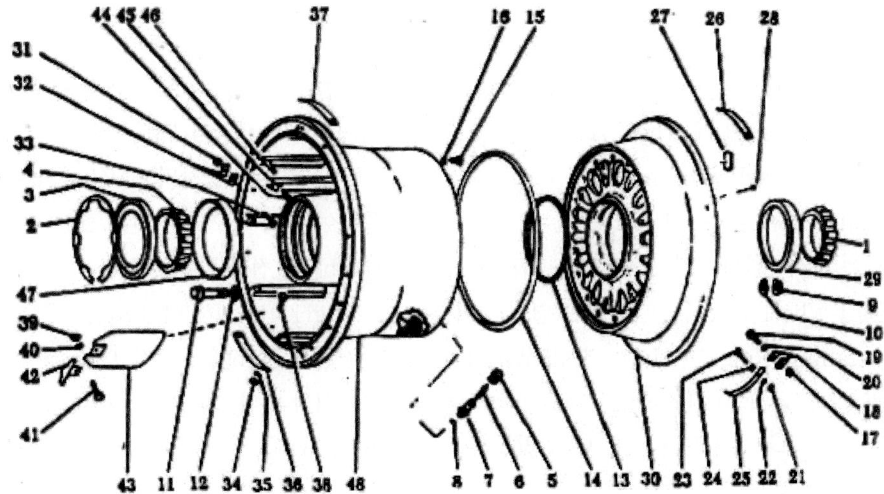

Item No.	Description	Item No.	Description
1	WHEEL LAXDINC CEAR, 49×17, TUBELESS, MAIN	15	IDENTIFICATION PLATE
2	CONE BEARING	16	INSTRUCTION PLATE
3	SEAL	27	PLATE, IDENTIFICATION
4	CONE, BEARING, VALVE ASSY, TUBELESS TIRE	28	INSERT, HELI-COIL
5	CAP, VALVE	29	CUP, BEARING
6	VALVE, INSIDE	30	WHEEL HALF, OUTER, WHEEL HALF, ASSY, INNER
7	STEM, VALVE	31	NUT
8	CROMMET, RUBBER(TIRE AND RIM ASSOC)	32	WEIGHT, WHEEL, BALANCE, 1/4
9	NUT	33	BOLT, MACHINE
10	WASHER	34	NUT
11	BOLT	35	WASHER, FLAT
12	WASHER	36	IDENTIFICATION PLATE
13	PACKING, PREFORMED	37	INSTRUCTION PLATE
14	PACKING, PREFORMED	38	BOLT, MACHINE
15	PLUG, MACHINE THD, THERMAL PRESSURE, RELIEF, ASSY OF	39	NUT
16	PACKING, PREFORMED, WHEEL HALF ASSY, OUTER	40	WASHER, FLAT
17	NUT	41	BOLT, MACHINE
18	WEIGHT, WHEEL, BALANCE, 1/4	42	BRACKET
19	BOLT, MACHINE	43	SHIELD, HEAT
20	WASHER	44	SCREW
21	NUT	45	INSERT
22	WASHER, FLAT	46	INSERT, HELI-COIL
23	BOLT, MACHINE	47	CUP, BEARING
24	WASHER, FLAT	48	WHEEL HALF,INNER

[그림 3-293 Split Wheel과 해당 부품 목록]

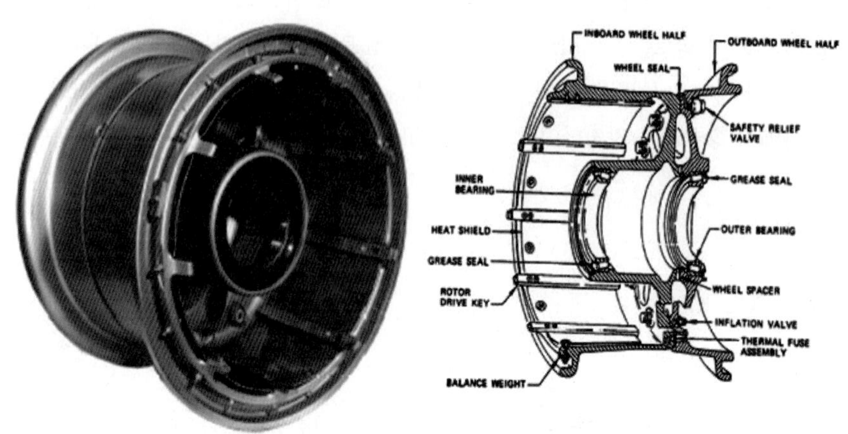

[그림 3-294 WHEEL ASSEMBLY]

ⓐ Main Landing Gear Wheel은 Tubeless이고, 알루미늄 Forging Split-Type Assembly이다.

ⓑ Inner/Outer Half Wheel Assembly는 18개의 Tie Bolt/Nut에 의해서 조여진다. Tubeless Tire Valve Assembly가 Inner Half Wheel Assembly(48)의 Web에 장착되고 Valve Stem(7)이 Outer Half Wheel Assembly(30)에 있는 Vent Hole을 통하여 빠져 나오고 이것은 Tubeless Tire를 부풀리는데 사용한다. Inner와 Outer Wheel Half Assembly의 접합 부위를 통한 공기의 누출은 Inner Half Wheel Assembly(48)의 표면에 붙어있는 Packing(14)에 의해 막아진다.

ⓒ Retaining Ring(2)이 Inner Half Wheel Assembly(48)의 Hub에 장착되고 Wheel이 Axle에서 제거될 때 Seal(3)과 Bearing Cone(4)을 제자리에 유지시켜 준다. Seal은 Bearing 윤활제를 유지시키고 먼지나 습기를 막는다. Half Wheel Assembly Hub에 있는 Taper Roller Bearing(1, 4, 29, 47)은 Axle에서 Wheel을 지지한다.

ⓓ Inner Half Wheel Assembly(48)에 있는 Boss에 Insert(45)가 장착되고 Brake Disk의 Drive Slot에 끼워져 Wheel이 회전하면서 Disk를 회전시킨다. Heat Shield(43)는 Wheel, Tire, Brake에 의해 발생되는 과도한 열을 막는다.

ⓔ 3개의 Thermal Relief Plug(15)는 Inner Half Wheel Assembly(48)에 장착되는데 이 위치는 접촉표면의 바로 아래이고, 과도한 Brake 열이 Tire속의 공기압력을 팽창시켜서 터지는 것을 막는다. Thermal Relief Plug의 Inner Core는 가용성 금속으로 제작되고 미리 정해진 온도에서 녹아 타이어에서 공기를 빼낸다.

11. AIRCRAFT TIRE

항공기 Tire는 Tubeless Type이고 착륙이나 이륙시의 충격을 흡수하기 위해 Air Cushion을 가진다. Tire는 지상에서 항공기의 하중을 지지하고 착륙 시 제동 및 정지를 위해 필요한 지면과의 마찰 작용을 한다.

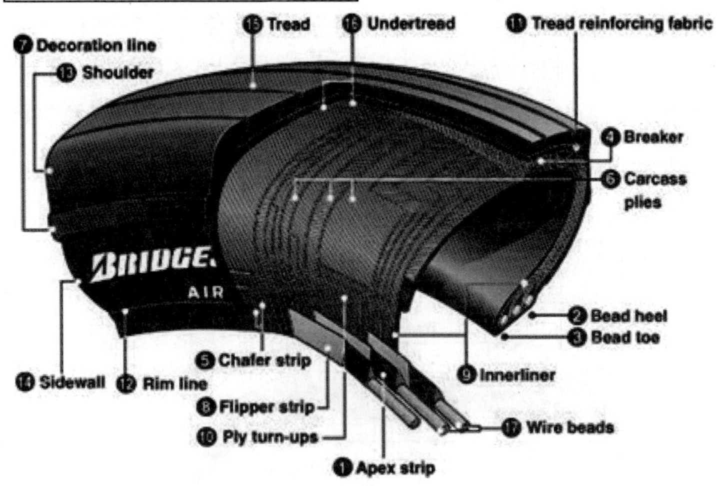

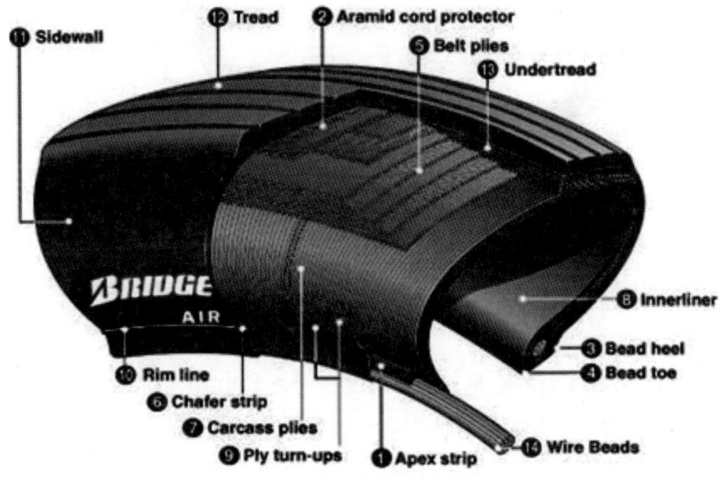

[그림 3-295 항공기 타이어의 구성]

1. 항공기 TIRE의 구조

항공기 Tire의 기본 구조는 일반 자동차 Tire와 유사하나 항공기 이착륙시 순간적 Impusive Load(충격력), High Speed(고속), Heavy Load(고하중), Heat Generation(열발생)등 열악한 조건하에서 정상 성능을 발휘하고 이륙 후 Landing Gear를 접을 때 간섭이 없어야 하는 항공기 Tire의 특성상 가볍고 작지만, 강하고 튼튼한 특수 구조로 제작 되어야한다. 1[Ton]이 채 안 되는 자동차 Tire 직경은 대략 0.7[m]이고 최고 허용 속도는 약 200[km] 이내인 반면 항공기 Tire는 400 여명 승객 탑승 시 380[ton]인 B747-400 항공기 경우 Tire 당 약 21[Ton]이 걸리지만 Tire 직경은 1.2[m]에 불과하다.

항공기 Tire는 구조 및 제작방식에 따라 Bias Tire와 Radial Tire의 두 종류가 있으며 Bias Type은 전통적인 구조 방식으로서 45도 전후 사선 방향 Cord가 서로 대각선을 이루도록 겹겹이 여러 Ply(층)으로 Carcass를 구성하는 것으로 무게가 무겁고 Sidewall이 두꺼워 충격 흡수성이 약하며 Service Life(수명)가 짧다. Radial Type은 최근에 B777, A330 등 신형기에 적용되기 시작한 Tire로서 Bias Tire의 Carcass를 구성하는 Cord가 45도 사선인데 반해 Radial Tire는 원주에 대해 직각으로 Radial(방사상) 방향으로 배열되고 단인 Wire Bead를 적용하여 Ply(층) 수를 줄여 Sidewall 두께가 얇아져 고 신축성으로 충격 흡수성이 개선되고 무게가 가벼워 졌다. 특히 Tread 아래 Protector Ply가 보강되어 외부 이물질에 대한 내구성이 향상되어 수명이 연장되었다. 항공기 Tire의 전형적인 구조는 그림 3-295/3-296에서 보여주고 있다.

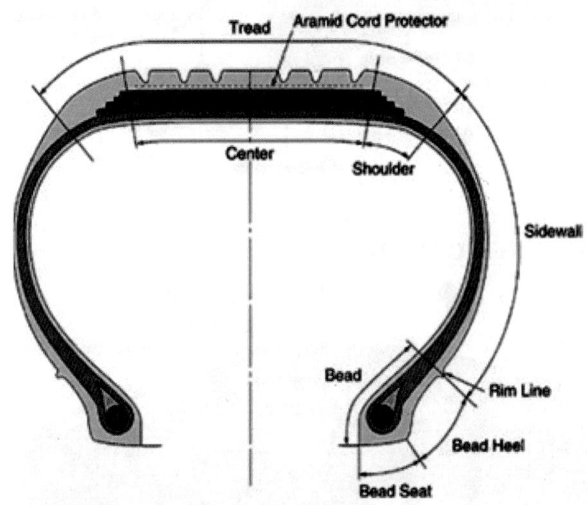

[그림 3-296 항공기 타이어 단면(RADIAL)]

① TREAD

마모 및 외부 요인으로부터 Tire를 보호하기 위한 두꺼운 Rubber Compound(고무층)으로 방향 유지성, 코너링, 제동성을 높이기 위해 여러 형태의 무늬가 적용되나 항공기는 회전 방향으로 연속된 Groove(홈)와 Rib(두둑) 만으로 구성된Circumferential Ribbed Pattern이 광범위하게 사용되고 있다.

② SHOULDER

Tread와 Sidewall 사이 어깨 부분으로 구조상 가장 두꺼우며 발생열을 쉽게 발산한다.

③ TREAD REINFORCEMENT

Tread Groove와 Top Carcass Ply사이에 위치하는 Nylon Cord Plies로서 High Speed Stability(고속 안정성)을 향상시키고 Load하에서 Tread의 Distortion(변형)을 막아주고 외부 이물질로 인한 Tire Puncture 또는 Cutting을 최소화 시켜주는 보호층 역할을 한다.

④ BRAKER

항상 사용되는 것은 아니나 보강용 Nylon Cord Fabric의 Uppermost Ply로서 Carcass Ply와 Tread를 보호하기 위해 Tread Rubber아래에 위치해 있으며 Tire 사용 중 발생하는 Stress를 분산시킨다.

⑤ CARCASS PLY/CORD BODY

Rubber Coated Nylon Cord Fabric Layers로서 Tire 강도 및 형태를 유지하며 내압을 견디는 골격에 해당하는 중요 부분으로 Tire에 Strength(강도)를 제공해 준다. Tire Body를 형성하며 둘러싸고 있는 Carcass Plies들은 Wire Bead와 Ply Turn-Ups에 의해 원주 방향으로 감겨있다.

⑥ BEAD

고무 사이에 끼어 있는 Steel Wire로써 Fabric으로 둘러싸여 있다. 또한 Carcass를 고정하고 있으며, Wheel에 Tire를 견고하게 밀착시켜 Air Sealing을 제공한다.

⑦ FLIPPER

Fabric과 Rubber Layer는 Bead Wire로부터 Carcass를 둘러싸고 있으며, Tire의 내구성을 증대시킨다.

⑧ CHAFER

타이어 장착 또는 장탈 중 Carcass의 손상을 최소화 해주는 Fabric 또는 Rubber Layers이다. 제동 시 발생하는 열로부터 Carcass를 보호하고 동적인 움직임에 대해 Seal 역할을 한다.

⑨ INNER LINER

Tubeless Tire에서는 비 투과성의 고무로 만들어진 내부층(Inner Layer)이 튜브 역할을 하게 되며, 이것이 공기가 카커스 플라이(Carcass Ply)를 통해 새는 것을 방지한다. 튜브형에서는 얇은 고무 라이너가 안쪽 플라이의 튜브와 부딪쳐서 벗겨지는 것을 방지한다.

⑩ SIDEWALL

Cord가 손상을 받거나 노출되는 것을 방지하기 위해 Carcass의 측면을 일차적으로 덮어 보호 역할을 한다. 특수한 Sidewall 구조인 "Chine Tire"는 활주로상의 물을 측면으로 분산시키기 위해 설계된 Nose Wheel Tire로써 후방에 위치한 제트 엔진으로 물이 분사되는 범위를 줄여준다.

2. TIRE CARE(관리)

지상에서 작동 중에는 Tire는 일종의 지상 조종면으로 생각할 수 있다. 고속도로에서와 마찬가지로 활주로에서도 안전운전 및 주의 깊은 검사 규정이 적용된다. 이 규정에는 속도, 제동, Cornering의 조종과 Tire의 Inflation Pressure, Cut 또는 Tread Wear 등에 대한 점검 정비등이 포함된다.
대부분의 사람들이 생각하는 것과는 달리 항공기 타이어의 가장 심각한 문제는 착륙시의 강한 충격이 아니고 지상에서 원거리를 운행하는 동안 급격히 타이어 내부 온도가 상승하는 것이다. 항공기 타이어는 자동차 타이어보다 약 두배 가량 더 잘 구부려지게 설계되어 있다.
이 탄성력으로 인해 내부 응력과 활주로를 굴러갈 때 마찰을 발생하게 된다. 높은 온도가 발생하면 타이어 바디에 손상을 주게 된다. 항공기 타이어의 과도한 온도 상승을 방지할 수 있는 가장 좋은 방법은 짧은 지상 활주, 느린 Taxing 속도, 최소한도의 제동, 적절한 Tire Inflation등이다.

과도한 Braking은 Tread 마찰을 증가시키고 급격한 Cornering은 Tread Wear를 촉진시킨다. 적당한 Inflation은 적절한 Flexing을 보장하고 온도 상승을 최소로 하며, 수명을 연장시키고 과도한 Tread 마모를 방지한다.

Inflation Pressure는 AMM 또는 타이어 제작사의 정보에 의해 규정된 기준에 의거하여 항상 최적 상태로 유지되어야 한다. Tire Pressure Gauge를 사용하여 Daily Inspection하는 것이 기본이다. Shoulder Area의 과도한 마모는 Under Inflation을 나타내며. 중간 부분이 심하게 닳으면 Over Inflation을 나타낸다. Cut(절단), 손상에 대해서 역시 주의 깊게 검사해야 한다. 이러한 손상을 줄일 수 있는 방법은 활주로 표면의 상태가 확실치 않을 경우 속도를 줄이는 것이다.

항공기 타이어는 자동차와 마찬가지로 지면과 잘 맞물려야 하므로 Tread Depth 역시 중요한 요소이다. Tread Groove는 지면의 물이 타이어 사이를 통과 할 수 있을 만큼 충분해야 하며, 물에 젖은 활주로 위를 미끄러지거나, 또는 수막현상의 위험을 최소한으로 할 수 있어야 한다. Tread는 육안으로, 또는 제작사의 규격에 따라 승인된 Depth Gauge로 검사해야 한다.

Tire 위에 가솔린 또는 오일이 묻었는가를 검사하고 이를 제거하는 것이다. 이와 같은 광물성 액체는 고무를 손상시키며, Tire의 수명을 단축시킨다. 그리고 Tire는 Ozone(오존)이나 Weather Checking을 위해 점검되어야 한다.

[그림 3-297 타이어 오염]

3. TIRE MAINTENANCE(정비)

기본적으로 항공기 Tire는 항공기 제작사가 발행한 AMM에 의거 점검하는 것이 기본 원칙이다.

① TIRE INFLATION PRESSURE CHECK(타이어 공기압 점검)

매일 정확한 Pressure Guage로 점검해야 하며 안전을 위해 Landing후 2시간 지나서 Check하는 것이 원칙이다.

② NYLON 신장의 허용 한계

지금의 모든 항공기 타이어는 Nylon Cord로 만들어지고 있으며, 정상적인 압력으로 Inflation되고 장착된 후 최소 2시간이 지난 후에 사용하도록 해야 한다. Cord Body의 신장에 따른 압력 감소를 보상하기 위해 공기 압력이 조절되어야 한다.

③ TUBELESS TIRE의 공기 확산 손실

24시간 동안의 최대 Diffusion량은 5[%]를 초과해서는 안된다. Pressure Drop 5[%]를 넘는 Wheel & Tire Assembly는 사용 불가하다.

④ UNDER INFLATION의 영향

Under Inflation은 직접 또는 잠정적인 위험 요소를 가지고 있다. 착륙 또는 Brake가 작용되면 Tire와 Wheel 사이에 Creep나 Slip에 의해 Tire나 Wheel에 심각한 손상을 초래할 수 있으며 Tread 가장자리 Shoulder부분이 급격히 Wear되고 Tire Sidewall의 과도한 Deflection으로 Tire Tread Peel-Off 또는 Tire Burst로 인하여 항공기 기체에 심각한 2차 손상을 초래한다.

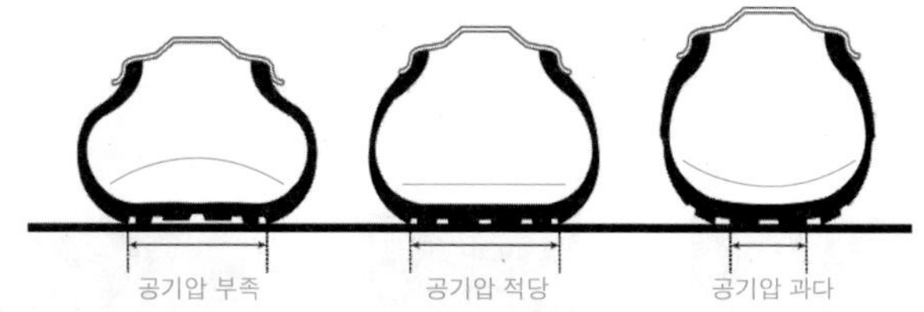

[그림 3-298 타이어 압력 변화의 영향]

⑤ OBSERVE LOAD RECOMMENDATION(권장 준수사항)

항공 운송이 시작된 이후 항공기용 타이어는 효율 및 안전성에 있어서 많은 역할을 하고 있다. 그러나 효율 및 안전성을 고려하여 어떠한 항공기 타이어에 대한 하중은 제한되어 있는 것이다. 항공기 타이어에 대해 그 한계를 초과하여 하중이 가해졌을 때는 다음과 같은 바람직하지 못한 결과가 초래될 수 있다.

ⓐ 과도한 Strain(변형)이 Cord Body 또는 Bead에 가해지면 안전도 및 사용 수명이 단축된다.

ⓑ 외부의 장애물에 부딪히거나 착륙시의 충격 등으로 Bruising(손상)이 생길 수 있는 경우가 많다.

ⓒ Wheel에 직접적 손상을 줄 가능성이 있다.

4. TIRE STORAGE(타이어 보관)

타이어나 튜브를 보관하는 이상적인 장소는 시원하고 건조하며, 상당히 어둡고 공기의 흐름이나 불순물(먼지 등)로부터 격리된 곳이 좋다. 저온의 경우는 그렇게 문제가 아니다.(32[°F] 이하가 아닐 경우) 고온(80[°F] 이상일 경우)은 상당히 해로우므로 피해야 한다.

① 습기와 오존을 피한다.

습한 공기는 산소와 오존의 공급을 증가시켜 고무의 수명을 단축시키므로 피해야 한다.
또한 전기 모터, 배터리 충전기, 전기 용접장비, Electrical Generator 및 그와 유사한 장비들은 오존을 발생시키므로 타이어를 보관하고 있는 장소로부터 멀리하는 것이 좋다.

② Chemical(화학)류에 의한 Contamination(오염)을 방지한다.

Oil, Solvent, Jet Fuel, Hydraulic Fluid 등과 접촉되지 않도록 주의해야 한다. 왜냐하면 이러한 것들은 화학적으로 고무를 급속히 파괴시키기 때문이다.

③ 암실에 저장 한다.

타이어 보관 장소는 어두워야 하며, 최소한 직사광선은 피하도록 한다. 창문은 청색 페인트로 입히거나 검정색 플라스틱으로 덮어 직사광선을 피해야 한다. 검정색 플라스틱은 더운 계절에는 보관 장소의 온도를 낮춘다.

④ TIRE RACK에 세워서 저장한다.

가능하면 타이어를 수직으로 세울 수 있는 타이어 Rack에 규칙적으로 배열하여 보관하는 것이 좋다. 타이어의 무게를 받치는 Rack의 면은 평편해야 한다. Tire를 쌓아 놓는다면 너무 높게 쌓아서는 안된다.

5. Tire 결함 유형

사용되고 있는 타이어는 규칙적으로 과도한 마모 또는 타이어의 안전을 해칠 수 있는 다른 조건들을 항시 검사해야 한다.

[그림 3-299 TIRE 손상 예]

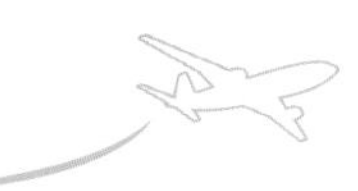

6. Tire 결함으로 인한 기체 손상 사례

[그림 3-300 타이어 파열로 인한 손상 예]

제9장 ATA35 산소계통 (OXYGEN SYSTEM)

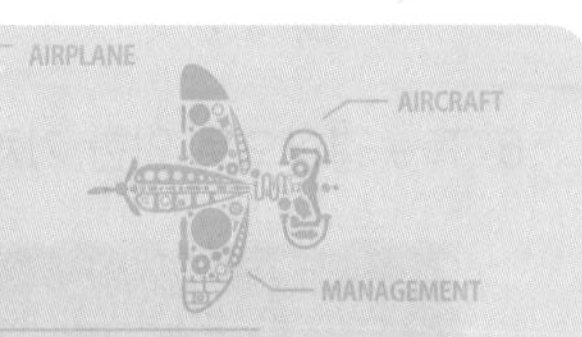

1 산소(Oxygen)

대기는 체적 상으로 약 21[%]의 산소, 78[%]의 질소, 그리고 1[%]의 다른 가스들로 구성되어 있으며, 이러한 가스들 중에 산소는 가장 중요하다. 고도가 증가함에 따라 공기는 희박해지고 압력은 감소하며, 이 결과로 생명유지의 기능으로서 이용할 수 있는 산소의 양이 감소된다.

[표 3-1 표준대기와 산소]

고도[FEET/M]	온도[℃]	압력[psi]	압력비	유효의식시간	비 고
0	15		147	1	
10,000/ 3,048	-5	10.1		정상호흡	
18,000/ 5,487	-21	7.34	1/2	20~30분	
27,500/ 8,384	-40	4.88	1/3	2~3분	
33,000/10,060	-51	3.80	1/4	60~90초	100[%] 산소필요
40,000/12,195	-56.5	2.72		15~20초	여압호흡 필요
63,000/19,207	-56.5	0.91	1/15	9~12초	혈액 비등점

※ 대기압은 2,343[ft] 고도 증가마다 약 1[psi] 감소
※ 온도는 1,000[ft] 고도 증가마다 약 2[℃] 감소

산소의 형태로는 크게 다음 3가지로 구분할 수 있다.

- 가스산소 : 산소가스는 강재의 실린더에 1,800~2,400[psi]의 압력 하에 저장된다. 산소가스는 고압으로 저장해야 하기 때문에 위험성과 무거운 단점을 가지고 있다.
- 액체산소 : 액체상태의 산소는 청색의 투명한 액체로 181[°F] 이하로 보관해야 한다. 액체산소는 보온병과 비슷한 드와용기(Dewar Bottle)에 저장하여 항공기에 장착한다. 액체산소는 공간이나 중량면에 있어서 상당히 경제적이고 고압으로 보관할 필요가 없어 안전하다. 그러나 아주 낮은 온도이기 대문에 취급 시 주의해야 하며 주기적으로 보충을 해주어야 하는 단점이 있다.
- 고체산소 : 화학제 산소라고 불리는 고체산소발생기는 강재의 용기 안에 나트륨염소산과 같은 화학제인 고체가 들어있는 것이다. 이 고체는 전기적 혹은 기계적으로 점화되어 화학반응을 통해 산소를 발생하여 사용하게 된다. 고체산소는 고압에 저장할 필요가 없고 화재의 위험성이 적기 때문에 안전하다. 또한 상대적으로 가볍고 가격이 저렴한 장점을 가지고 있다 그러나 고체산소를 사용 시에는 많은 열이 발생하여 항공기 구조에 손상을 줄 우려가 있는 단점을 가지고 있다.

Oxygen Cylinder Minimum Requirement(Flight Crew and Passenger)

◆ 항공법 제42조 및 시행규칙 제131조

여압장치가 있는 항공기가 여압장치의 고장으로 기내기압이 700헥토파스칼(hPa) 미만으로 떨어지는 경우에는 승무원 전원과 승객전원에게 계속하여 충분히 공급할 수 있는 양

■ FAR 121.329 / 기종별 AOM / 기종별 운항승무원 탑승기준

★ Flight Crew Oxy Cylinder

A/C Type	Cylinder Qty	Min. Press.	Remarks
747–400	2	700[psi]	4 crew
B747	2	700[psi]	5 crew
777	1	860[psi]	4 crew
737	1	870[psi]	4 crew
MD–11	2	600[psi] (System 1 & 2)	5 crew
A330	1	910[psi]	4 crew
A300–600	1	1,275[psi]	4 crew
Fokker–100	1	1,450[psi]	3 crew
G–IV	2	600[psi]	3 crew
CTN 560	1	1,600[psi]	2 crew + 6 pax

☆ Passenger Oxygen Cylinder

A/C Type	A/C Applicability	Min. Press.	Cylinder Qty
747～400 Passenger	HL7407, 7412, 7480～7483, 7487 ～ 7495	1,681[psi]	4
	HL7480(In case of Being converted to Combination Aircraft)	1,230[psi]	4
	HL7481(In case of the Pacific Ocean & Atlantic Ocean Flight)	1,716[psi]	4
	HL7402, 7404, 7460, 7461, 7465, 7472, 7473, 7484～7486, 7498	1,361[psi]	5
747～400 Freighter	HL7497, 7462, 7403, 7448, 7449, 7466, 7467, 7400, 7434, 7437, 7438	700[psi]	2
B747 Freighter	HL7405, 7408, 7470	700[psi]	2
	HL7452, 7459	1,100[psi]	1
B747 Pax	HL7469	850[psi]	5
GIV	HL7222	700[psi]	2

* Standards : Base on Cylinder Temperature at 21[℃] (70[℉])

2. 산소 계통(Oxygen System)

1. 개요

현대 여객기나 수송기는 통상 8,000[ft] 이하의 객실 압력을 유지하면서 고고도를 비행하는데 항공기의 고도가 증가되면 공기가 희박해지므로 항공기에 탑승하고 있는 승무원과 승객이 지상에서 호흡하는 것과 같은 상태로 만들어주기 위해서 객실 내에 여압을 가해주고 있다. 정상적인 비행 상태에서는 별도의 산소 공급이 필요치 않으나, 객실 여압 장치가 고장 날 경우를 대비 산소를 공급하여 줄 산소장치와 휴대용 비상 산소장비(Portable Oxygen Equipment)가 준비되어 있다.

2. 구성

Crew / Passenger Oxygen System & Portable Oxygen Equipment

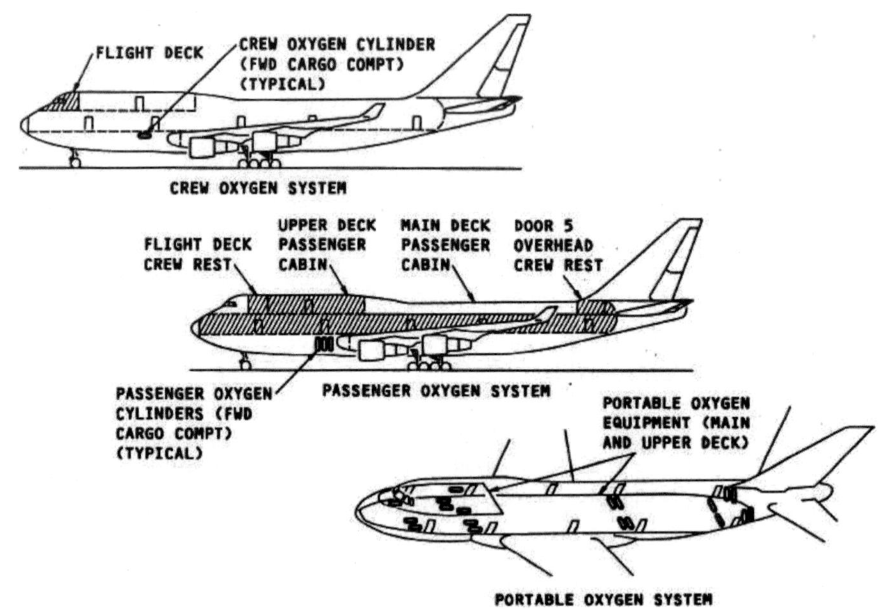

[그림 3-301 Oxygen Systems]

3. Crew Oxygen System

1. 개요

Crew Oxygen System은 Cockpit의 Pilots와 Observers에게 산소를 제공한다. 고압 산소 실린더로부터 각 Flight Crew Station의 Console에 장착된 산소마스크 보관함으로 산소가 공급된다. 하나 또는 두개의 고정된 산소 실린더가 Cockpit 또는 Fuselage에 내장되어 있고 각 실린더에 Pressure Regulator가 장착되어 있다. 또한 실린더 압력이 비정상적으로 올라갈 때 작동되는 Overpressure Safety System이 있어서 Safety Port(Green Disk)를 통해서 항공기 밖으로 산소를 배출 시킨다.

산소마스크는 Cockpit내 좌석수대로 구비되어 있고 쉽고 빠르게 착용할 수 있는 Quick-Donning Mask로서 Microphone이 연결되어 있다. 최신 항공기에는 Full- Face Mask가 설치되어 있는데 Crew가 산소를 사용할 경우에는 Mask의 Red Grip을 쥐고 보관함에서 꺼내면 자동으로 팽창되어 머리에 딱 들어 맞게 된다. Mask에 달려있는 Regulator는 NORMAL과 100[%], 그리고 EMERGENCY position이 있다.
산소마스크를 사용하고 난후 보관함에 집어 넣고 RESET/Test position으로 놓으면 산소마스크의 마이크로폰을 cutoff하고 Boom 마이크 또는 핸드 마이크의 사용이 가능하게 된다. 이 RESET/Test position은 Crew Oxygen System을 Test 하는데도 사용한다.

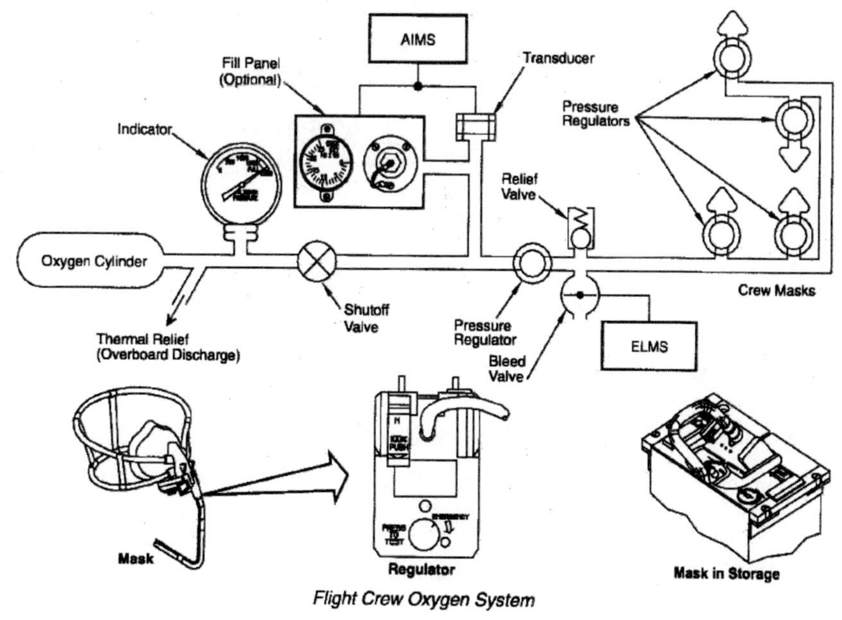

[그림 3-302 Crew Oxygen Systems]

2. 구성

① Oxygen Cylinder Assembly

현재 대형항공기에서는 고압산소 Cylinder를 사용하고 있다. 고압 Cylinder는 녹색으로 표시되며 모양과 용량이 다양하게 제작된다.

이들 Cylinder는 최고 2,000[psi]까지 충진할 수 있으나 보통 70[°F]에서 1,800~1,850[psi]의 압력까지 채운다. 산소 Cylinder가 장착되어 있는 곳은 기종에 따라 다르나 Cockpit, E/E Compartment 또는 FWD Cargo Compartment 중 한곳에 있으며 용량이 76.5~114 [Cubic Feet]인 1개~2개의 산소 Cylinder를 가지고 있다. Cylinder에는 Shutoff Valve, Direct Reading Pressure Gage, Frangible Disk, Pressure Transducer, Pressure Reducer 그리고 Thermal Compensator가 연결되어 있다. Cylinder Shutoff Valve의 Opening, Closing, Safety-Wiring 등 산소계통작업 시에는 반드시 Maintenance Manual 절차를 준수해야 한다.

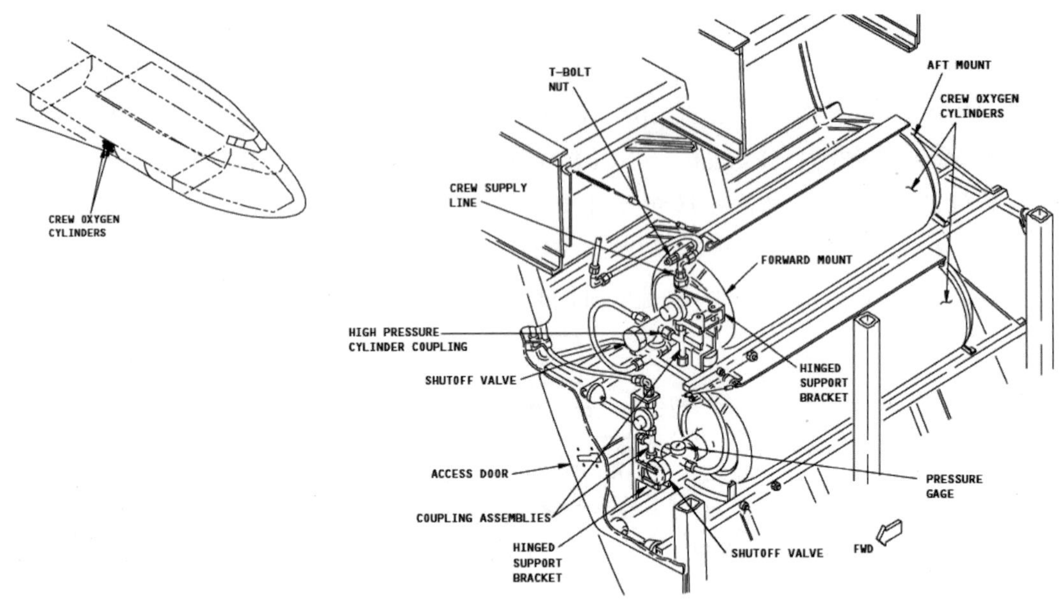

[그림 3-303 Crew Oxygen Cylinders]

② Thermal Compensator

Thermal Compensator는 Heat Sink(열을 줄임)하는 역할을 하고 Tubing에 압력이 걸렸을 때 온도가 과도하게 올라가는 것을 방지한다. 온도가 상승하기 쉬운 고압부분에 장착되어 있으며 길이가 약 5[inch]인 Brush 모양의 Wire Element가 Stainless Steel Tube안에 팽팽하게 들어차 있다. 정비작업시 Thermal Compensator의 오염 또는 Damage 방지를 위해 적절한 취급절차 및 안전사항을 준수해야 한다.

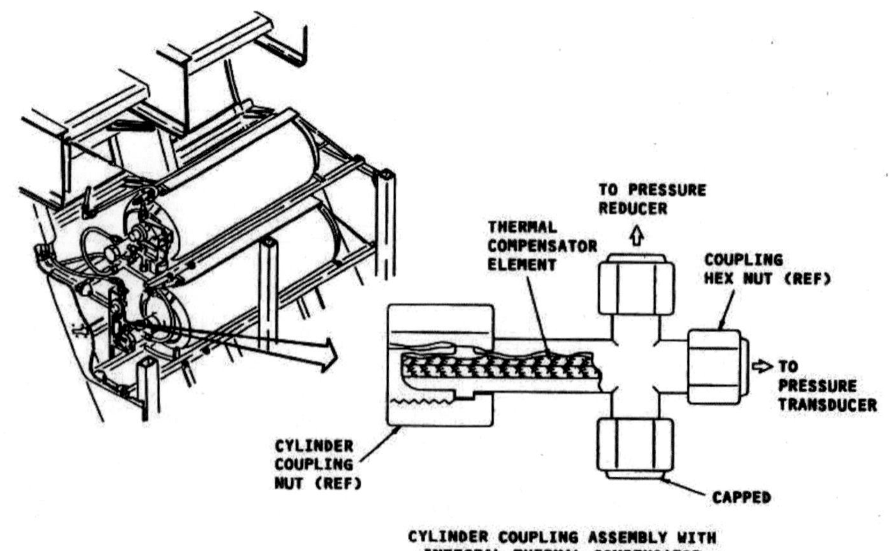

[그림 3-304 열 보상기]

③ Pressure Transducer(압력 변환기)

산소의 압력은 고압부분의 Cylinder Coupling에 장착된 Pressure Transducer를 통해 감지된다. Transducer는 Cylinder Pressure를 감지하여 이를 전기적 Signal로 변환시켜 Voltage Average Unit로 보내진다. Average Voltage(Pressure)는 Flight Deck Indication을 위해 EICAS로 전달된다.

④ Voltage Averaging Unit(전압 평균 단위)

Voltage Averaging Unit는 Oxygen Cylinder Pressure Transducer로부터 Input을 받아서 Indicating sys으로 Output를 제공한다.

⑤ Pressure Reducer(감압기)

Pressure Reducer는 Cylinder Coupling Assembly에 붙어 있고 Cylinder Pressure를 600~680[Psig]로 감압한다.

⑥ Pressure Regulator(압력 조절기)

Pressure Regulator는 Pressure Reducer로부터의 Oxygen Pressure를 좀더 감소시켜 Mask Regulator에서 요구하는 압력으로 조절한다. 600~680[Psig]의 Inlet Pressure는 60~75[Psig]로 감소된다. Relief Valve는 Regulator Downstream Components를 보호하기 위해 약 100[Psig]에 Setting 되어 있다.

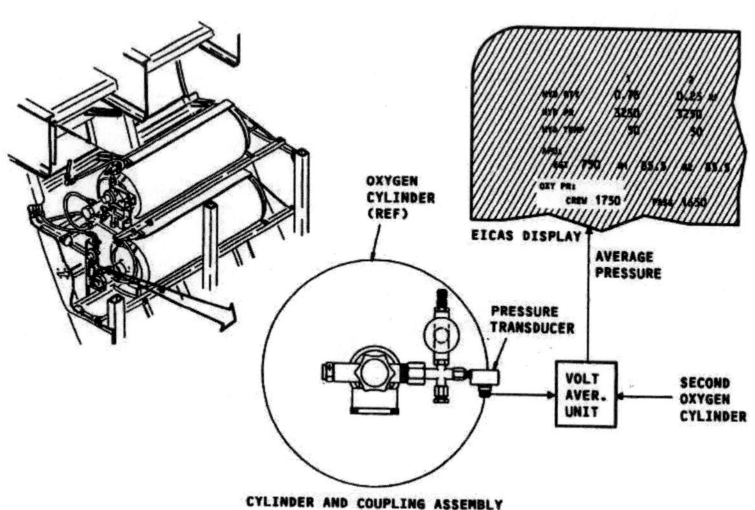

[그림 3-305 압력 변환기]

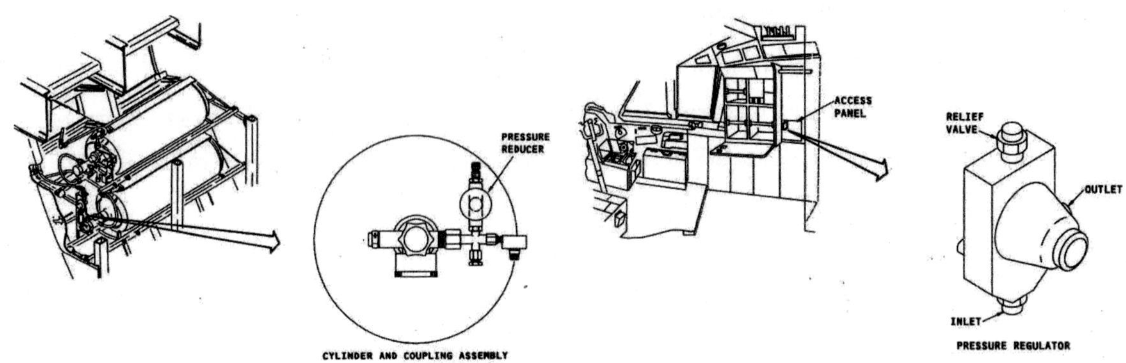

[그림 3-306 Oxygen 산소 감압기]　　[그림 3-307 압력 조절기]

⑦ Overboard Discharge Port and Indicator(과배출 포트 및 표시등)

Discharge Indicator는 Fuselage Skin에 있는 Discharge Port에 장착된 녹색 Plastic Disc로 되어 있으며 Cylinder내의 산소압력이 과도하게 되면 Cylinder Head에 있는 Safety Disc가 파열되며 Discharge Line Pressure가 500[psi] 이상되면 Indicator Disc가 다시 파열되어 산소를 기외로 배출시킨다.

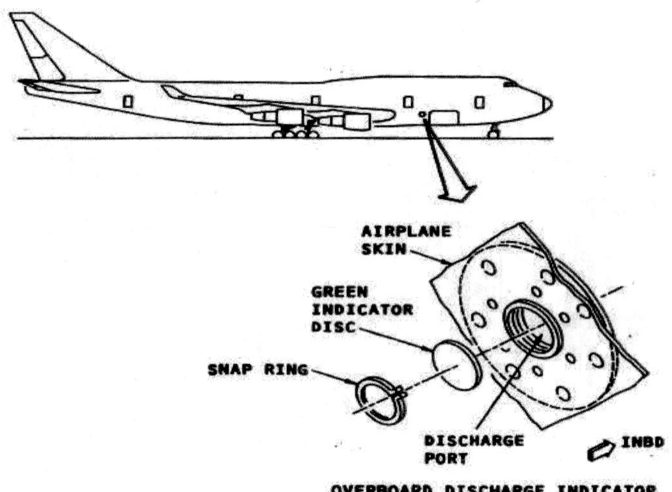

[그림 3-308 기외 배출 포트 표시기]

⑧ Oxygen Mask/Regulator ASSY(산소 마스크/조절기 ASSY)

각 Crew Station에는 Oxygen Mask/Regulator가 Box속에 보관되어 있는데 Door가 닫혀있는 상태에서는 Box 속에 있는 Shutoff Valve에 의해 Mask로의 Oxygen Flow는 방지된다. Mask/Regulator를 Box로부터 꺼내면 Box Door가 열리고, Box속의 Shutoff Valve가 Open된다.

Harness Inflation Control을 Depress하면 Harness는 팽창되고, Release하면 수축되어 머리를 감싸고 Mask는 안면에 밀착된다.

Oxygen Mask/Regulator Dilution Control은 Regulator 전면에 N, 100[%] PUSH라고 Marking이 되어있다. 100[%] PUSH를 누르면 100[%] 산소가 공급되고, EMERGENCY Position으로 Control Knob를 돌리면 Oxygen Flow는 Diluter Demand에서 Steady Flow로 전환된다.

Oxygen Mask/Regulator Dilution Control을 N 위치에 놓으면 산소는 Regulator 입구로 들어간다. Demand Diaphragm에 걸친 차압이 충분하면, Demand Valve가 열려서 산소를 Mask로 공급한다. 이 차압은 사용자가 호흡을 계속하는 동안 존재한다. Demand Valve를 통과한 후 산소는 Air Inlet Port를 통하여 들어가는 공기와 혼합된다. 높은 고도에서는 산소의 혼합비율이 높아지며 낮은 고도에서는 공기의 혼합비율이 높아진다.

Air Inlet Valve는 산소가 흐름에 따라 동시에 공기가 흐르도록 장치되어 있다. 100[%] PUSH를 누르면 추가되는 공기를 중단시킬 수 있다. 다시 N 위치에 놓으면 공기는 Air Inlet Port를 통해서 들어가며 요구되는 양의 공기가 산소에 추가되어 올바른 공기/산소 혼합비를 형성한다.

Control Knob를 Emergency 위치에 놓으면 기계적으로 Demand Valve가 열려 호흡에 관계없이 Mask에 계속 산소가 공급된다. Emergency는 더 높은 압력의 산소를 연속적으로 얻는데 사용된다.

⑨ Oxygen Distribution Line(산소 분배선)

Distribution Tubing은 High, Medium, Low Pressure Section으로 구성된다. High에서 Medium은 Cylinder로부터 Flight Deck의 Pressure Reducing Regulator(감압 조절기)까지이며 Stainless Steel로 되어 있다. 나머지 Tubing은 알루미늄 합금으로 되어 있다.

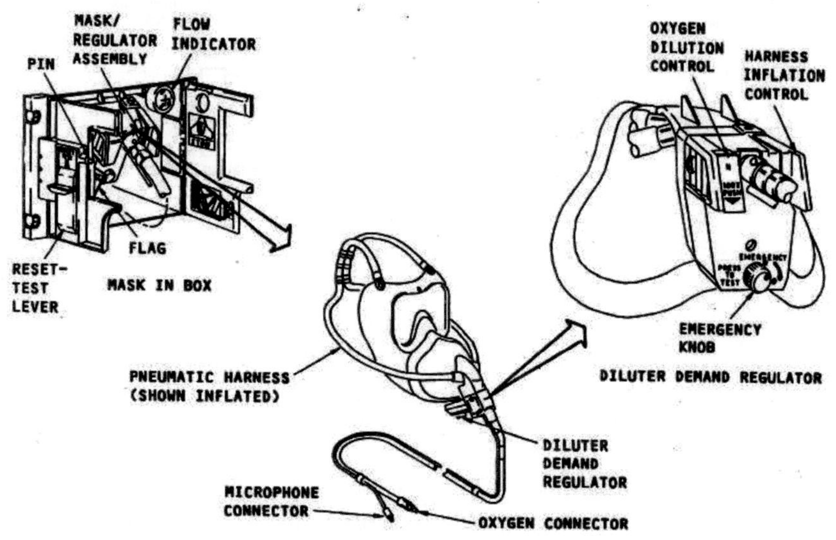

[그림 3-309 승무원 산소 마스크/조절기 조립체]

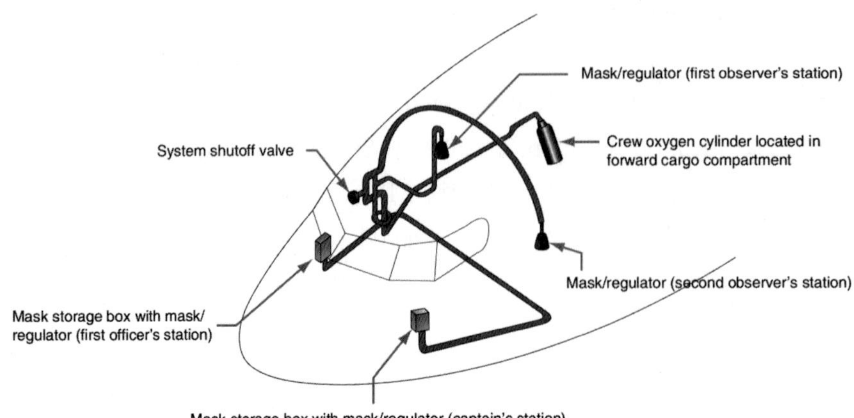

[그림 3-310 승무원 산소 분배 라인]

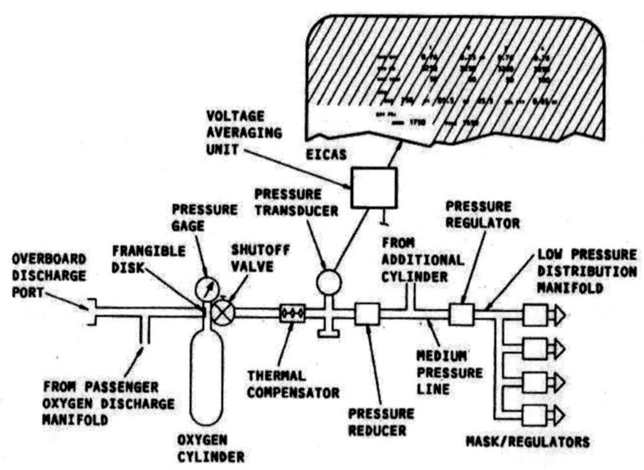

[그림 3-311 승무원 산소 시스템 작동원리]

4. Passenger Oxygen System

1. 개요

Cabin을 위한 Oxygen System은 2가지 Type이 있는데 Crew Oxygen System과 같이 Fixed Cylinder를 사용하는 방법과 Oxygen Generator를 사용하는 방법이 있다.

- Fixed Cylinder : Crew Oxygen System과 동일하며 단지 용량이 크다.
- Oxygen Generator : Chemical Oxygen System으로 화학반응을 일으켜 산소를 만드는 장치로 Active되는 동안 뜨겁고 한번 작동되면 멈출 수 없다.

$$H_2O_2 + MnO_2 \rightarrow O_2 + H_2O$$

Cabin Oxygen System은 Cabin Depressurization 발생시 객실의 모든 사람에게 산소를 제공하기 위함이며 객실고도가 14,000[ft] 이상 되면 자동으로 Oxygen Mask가 떨어지며 자동으로 Pre-Recording 된 Cabin Announcement가 방송된다. 또한 Cockpit에는 Oxygen Mask를 Drop 시킬 수 있는 스위치가 있다. Oxygen Mask는 객실 내 모든 좌석과 화장실에 Drop되어 객실 승무원 및 모든 승객들이 사용할 수 있도록 비치되어 있고 Drop된 상태에서 잡아당겨서 머리에 쓰면 산소가 공급되는데 만일 잡아 당기지 않은 상태에서(승객이 서서 있는 경우) 쓰면 산소가 공급되지 않는다.

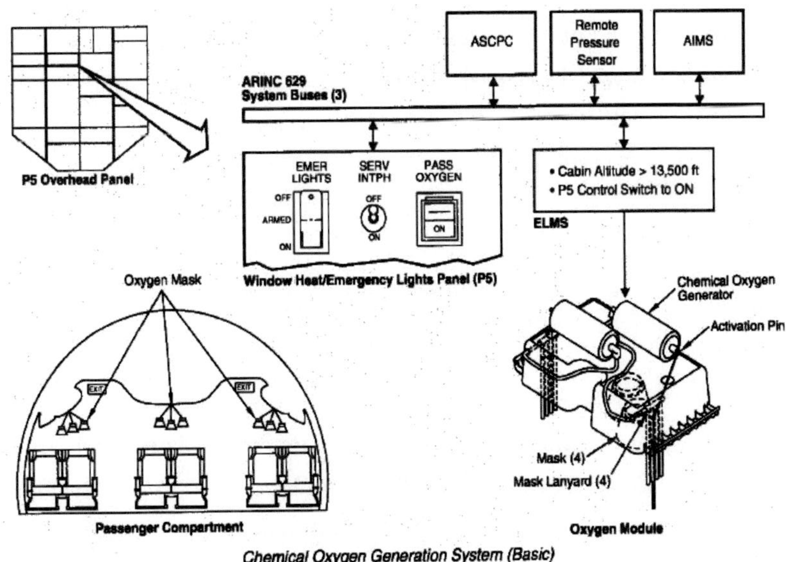

[그림 3-312 승객 산소 시스템]

2. 구성(Boeing 747 항공기 계열)

① Oxygen Cylinder(산소 용기)

Passenger Oxygen Cylinder는 Crew Oxygen Cylinder와 똑같은 것을 사용하며 전방 Cargo Compartment의 천장이나 우측 벽에 5개의 Cylinder가 장착되어 있다.

② Pressure Transducer(압력 변환기)

③ Voltage Averaging Unit(전압 평균화 장치)

④ Pressure Reducer(감압기)

⑤ Flow Control Unit(유량 제어 장치)

3개의 Continuous Flow Control Unit 즉 Electro-pneumatic Flow Control Unit(2개), Pneumatic Flow Control Unit가 전방 Cargo Compartment의 천장이나 Cargo Door 후방의 우측벽에 장착되어 있다. 모든 Uint는 Cabin고도가 14,000[ft]를 초과하면 자동으로 작동되어 Low Pressure Manifold

에 Pressure가 증가되어 모든 PSU Door를 Open시키고 Mask를 떨어지게 한다. Flow Controller에 붙어 있는 Reset Solenoid는 system을 Reset 시킨다.

⑥ Unitized Valve Assembly

각 Seat 또는 화장실 상부에 있는 PAX Service Unit에는 Mask, Mask Release Mechanism과 Oxygen Distribution과 S/O 장비가 들어 있다. Pressure Latch-valve-Manifold Assembly는 Oxygen Mask를 Close 상태로 유지하고 있다가 Oxygen Distribution Line의 Low-Pressure가 약 20[psi]로 상승되면 Door Latch가 Release되어 Mask가 떨어진다. Valve Flow Control Pin이 꽂힌 상태에서는 Outlet Valve는 Close되어 있으며 Mask를 잡아당기면 Pin이 빠져 Valve가 Open되고 Mask에 산소가 공급된다.

⑦ Bleed Relief Valve

이 Valve는 Low Pressure Distribution Manifold의 여러 곳에 장착되고 있다. Bleed Relief Valved는 PAX System의 Initial Surge Pressurization(초기 서지 가압) 동안에 Low Pressure System의 과도한 압력을 Vent 시킨다. 즉 27±1.5[psig]이면 Open되고 24[psig] 이하면 Close 된다.

⑧ Automatic Vent Valve

이 Valve는 Flow Control Unit가 Leaking되어 Low Pressure Distribution Manifold에 산소가 차 있지 않도록(PAX System 작동 방지) Vent시키는 역할을 한다. Oxygen System이 작동되면 Vent Valve는 Manifold Pressure가 1[psig]를 초과할 때 Oxygen Loss를 막기 위해 자동적으로 Close된다.

⑨ Oxygen Mask

승객용 Mask는 각 개인에 알맞게 간단하고 Cup 모양의 Rubber Molding으로 구부릴 수 있도록 되어 있으며, 간단한 Elastic Head Strap(고무밴드식)으로 승객이 얼굴에 착용할 수 있도록 되어 있다. 모든 산소 Mask는 깨끗하게 유지하여야 한다. 이것은 전염의 위험을 감소시키고 Mask의 수명을 연장시킨다. Mask를 깨끗하게 하기 위해서는 연한 비누와 물 용해제로 빨고 깨끗한 물에 헹군다.

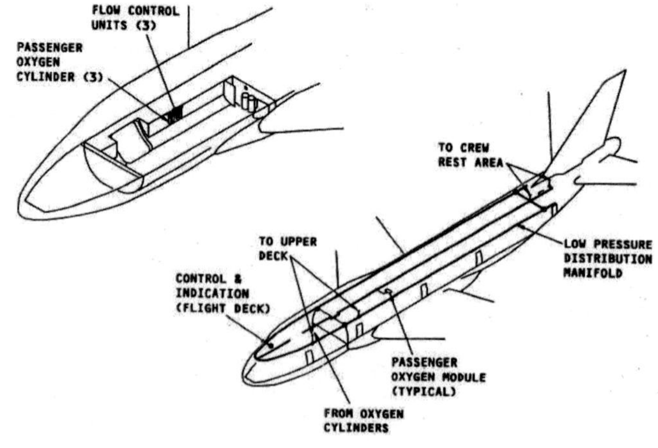

[그림 3-313 여객 산소 시스템]

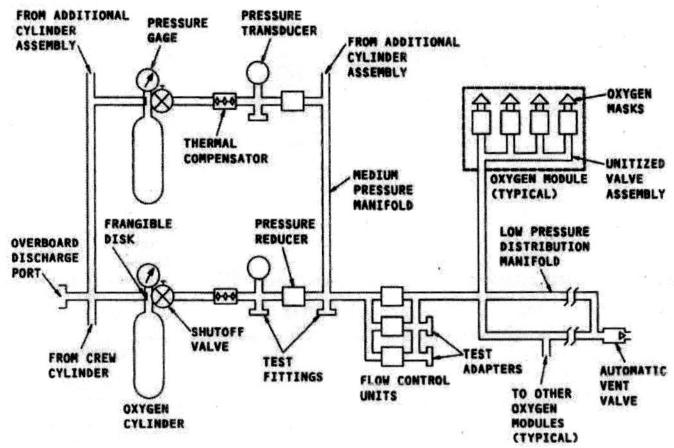

[그림 3-314 여객 산소 시스템 작동]

5. Portable Oxygen Equipment(휴대용 산소 장비)

1. 개요

Portable Oxygen Equipment는 실내 압력이 낮은 경우에 Flight Crew와 Cabin Attendant에게 산소를 공급하고 승객에게는 구급용으로 사용된다.

2. 구성

Portable Oxygen Equipment는 Crew와 Passenger를 위한 Portable Oxygen Cylinder로 구성되어 있다. Crew Portable Oxygen Cylinder는 Control Cabin에 있고 Passenger Portable Oxygen Cylinder는 Passenger Cabin 여러 곳에 편리하게 위치해 있다.

Crew Cylinder는 ON-OFF Valve, Pressure Regulator 그리고 Direct Reading Pressure Indicator, Pressure Relief Valve를 갖추고 있다.

각 Passenger Cylinder는 Demand Regulator가 없다는 점을 제외하고는 Crew Cylinder와 유사한 Equipment를 가지고 있다. Demand Regulate 대신에 2개의 Continuous Flow Outlet, 즉 High Rate와 Low Rate Flow를 가지고 있다. Pressure Gage는 Cylinder 내의 산소압력을 지시한다.

Cylinder Pressure는 70[F]에서 1,850[psi]이다. ON-OFF Valve는 Pressure Regulator로 가는 고압 산소흐름을 Control한다.

Pressure Regulator는 산소를 Demand Regulator의 Outlet Assembly에 알맞는 압력으로 공급하기 위해 감압한다.

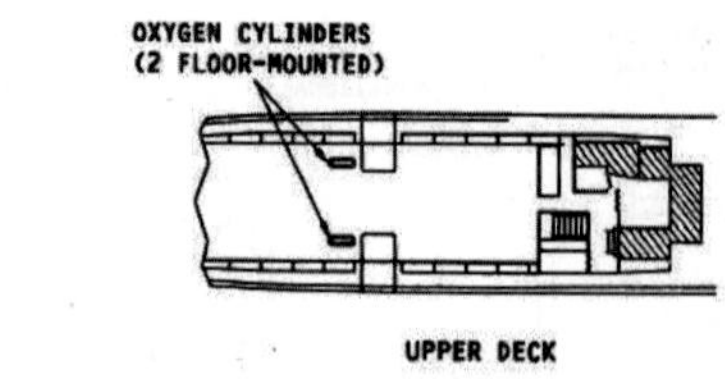

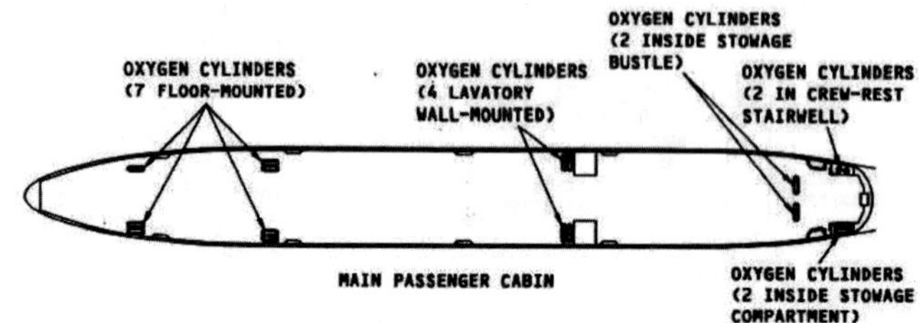

[그림 3-315 휴대용 산소 장비 위치]

6. Maintenance Practice(유지 관리 기준)

1. Safety Precaution(안전 예방 조치)

① Oil이나 Grease를 산소와 접촉시키지 말 것 다른 어떤 아주 적은양의 인화 물질이라 할지라도 폭발할 염려가 있다. 특히 Oil, Fuel 등

② 유기물질(Organic Material)을 멀리할 것 Trash(폐물), Rag(걸레) 등

③ 손이나 공구에 묻은 Oil이나 Grease등을 깨끗이 닦을 것

④ Shut-off Valve는 천천히 "Open"시킬 것

⑤ 어떤 Parts를 교환한 후에는 Leaking Test를 할 것

⑥ 산소계통 근처에서 어떤 것을 작동시키기 이전에 S/O Valve를 "Close"시킬 것

⑦ 불꽃, 고온물질, Spark Source를 멀리할 것

⑧ Oxygen Bottle을 항공기내에서 Recharge(재충전)시키지 말 것

⑨ 언제나 조심해서 다룰 것

⑩ 모든 Oxygen System 장비를 교환 시는 Tubing을 깨끗이 할 것

⑪ Oxy Bottle에 녹이 있을 경우, 교환하고 Bottle을 Hydro Pressure Test(수압 테스트)할 것

⑫ Spare Bottle을 저장 시는 직사광선을 피할 것

⑬ 공병일 경우 최소한 50[psi]의 산소를 저장, Air와 물이 들어가는 것을 방지할 것

2. Inspection/Check(검사/체크)

① Visual Inspection에서 부적절한 Cylinder가 사용되었나, Cylinder 표면에 파진 곳이나 부푼 곳이 없나 점검해야 한다.

② Cylinder 상부에 Crack 또는 Distortion(찌그러짐)이 있나 점검해야 한다.

③ Valve나 Cylinder 표면에 녹이 있나 점검해야 한다.

④ Cylinder의 High Pressure Test일자를 확인하라. Cylinder Neck에 새겨진 글자를 확인해야 한다. (DOT 3AA : 5년마다 / DOT 3HT : 3년마다)

⑤ Cylinder Pressure를 점검해야 한다.

⑥ Valve를 Close하고 Leaking Test를 실시하라. Test 후에는 깨끗한 물로 비눗물을 씻어낸 후 수건으로 닦고 말려야 한다.

⑦ Mask와 Hose에 Oil이나 Grease등이 묻어 있나 점검해야 한다.

⑧ Mask를 세척할 때에는 Microphone에 물이 들어가지 않게 해야 한다.

⑨ Mask와 Hose는 주기적으로 Mild Soap로 닦고 깨끗한 물로 씻어야 한다. 먼지와 땀은 Mask 내외부를 손상시킨다.

⑩ Mask에 결함이 있으면 교환해야 한다.

⑪ Mask는 모직 천에 넣지 말고 비닐 백에 넣어 직사광선이 없는 곳에 보관해야한다.

⑫ Cylinder에 충격을 가하지 말아야 하므로 Cylinder를 받침대로 사용하여서는 안된다.

제10장 ATA36 공압계통 (Pneumatic System)

1. General

공기압 계통은 유압 계통과 같은 원리로 작동되지만 압력을 전달하는 방법이 액체 대신 공기를 이용하는 점이 다르다. 공기압 계통이 사용되고 있는 것은 아래와 같다.

- Gyro Instrument의 구동 및 제빙 장치의 작동
- Brake
- Door의 개폐
- 유압 펌프, Alternator(교류 발전기), Starter(시동기), Water Injection Pump 등의 구동
- Emergency Power Source(비상 전원)

공기압 계통이나 유압 계통은 밀폐된 유체를 이용하는 점에서 유사한 장치이다. 이 경우, 밀폐되었다는 것은 폐회로로 되어 있다고 하는 것이다.

유체라는 것은 물, 오일 등과 같이 흐르는 것 전부를 가리킨다. 액체도 기체도 모두 흐르는 것이기 때문에 유체라고 생각할 수 있다. 그러나 이들 사이에는 본질적으로 큰 차이가 있다. 액체는 실용상 비압축성이라고 생각할 수 있지만, 기체는 대단히 압축성이 높다. 1[ℓ]의 물은 아무리 압력을 가해도 거의 같은 체적이 지만, 1[ℓ]의 공기는 아주 적은 체적으로도 압축될 수 있다. 이처럼 서로 차이가 있어도 모두 유체이며, 밀폐시켜 힘을 전달할 수 있다. 공기압 계통의 특징을 정리하면 다음과 같다.

1. 장점

- 압축공기가 갖는 압력, 온도, 유량과 이들의 조합으로 이용 범위가 넓다.
- 적은 양으로 큰 힘을 얻을 수 있다.
- Non-Inflammable(불연성)이고 깨끗하다.
- 유압 계통에 사용되는 Reservoir와 Return Line에 해당되는 장치가 불필요하다.
- 조작이 용이하다.
- Servo 계통으로서 정밀한 조종이 가능하다.

2. 단점

- Duct 의 배관이 많은 공간을 차지한다.
- Duct의 접속부에서 공기 누출이 생기기 쉬우므로 정비 시 빈번한 손질이 필요하다.
- Duct나 그 접속부의 파손으로 인해 누출된 고온 공기에 의하여 주변이 가열 된다.

공기압 계통에 압축 공기를 공급하는 장치는 계통의 공기압이 어느 정도 필요한가에 따라 그 종류가 결정된다.

2. 공기압의 종류

1. High Pressure System(고압 계통)

고압 계통의 공기압은 1,000~3,000[psi](70~211[kg/cm^2])의 압력이고, Bottle(금속 용기)에 저장된다. 이러한 종류의 공기 저장 용기에는 Charging Valve(충전 밸브)와 Control Valve(조절 밸브)가 장착되어 있다. 충전 밸브는 용기에 공기를 보충하기 위한 것으로서 지상에서 압축기로 공기를 보충한다. 조절 밸브는 Shut-Off Valve(차단 밸브)와 같고 계통이 작동할 때까지 공기를 용기에 저장해 두는 역할을 한다. 고압 저장 Cylinder는 경량이지만 비행 중에 계통에 재충전할 수 없기 때문에 계통의 작동이 실린더내의 공기량에 비례해서 제한된다. 이와 같은 장치로는 계통을 연속적으로 작동시킬 수 없지만, Landing Gear System(착륙 장치)나 Brake 등의 계통에 대한 비상용 동력원으로써 저장해 놓을 수가 있다. 그러나 항공기에 그 밖의 공기 압축 장치가 추가되면 이 장치의 유용성이 증대한다. 어떤 항공기에는 계통을 작동시키기 위해 압축 공기를 사용할 때, 공기 저장용기를 재충전할 수 있도록 공기 압축기가 영구적으로 장착되어 있다. 이 목적을 위해 여러 종류의 압축기가 이용되며, 압축 단수는 2단 또는 3단으로 되어 있다.

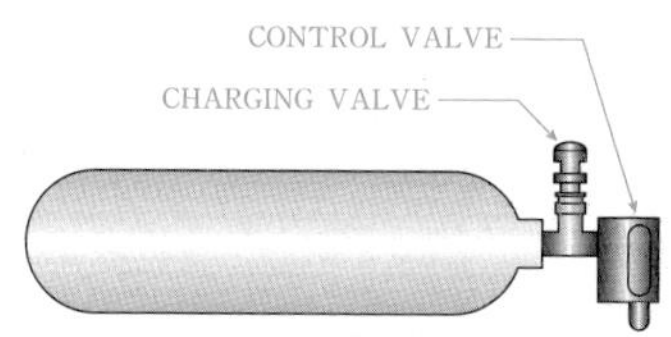

[그림 3-316 고압 공기 저장 용기]

그림 3-317은 2단 압축기의 원리를 나타내었다. 흡입된 공기는 우선 실린더 1에 의해 가압된 후 다시 실린더 2로 가압된다. 이 압축기에는 3개의 Check Valve가 이용되고 있다. Drive Shaft(구동축)은 전기 Motor 또는 엔진에 의해 구동 된다.

2개의 Piston은 역 방향으로 되어 있는 실린더 내부를 같은 방향으로 움직이고 흡입과 압축을 교대로 되풀이 한다. 실린더 2는 실린더 1 보다도 용적이 작고 압축된 공기가 통과한다. 실린더 2를 나온 고압 공기는 저장 용기에 저장된다.

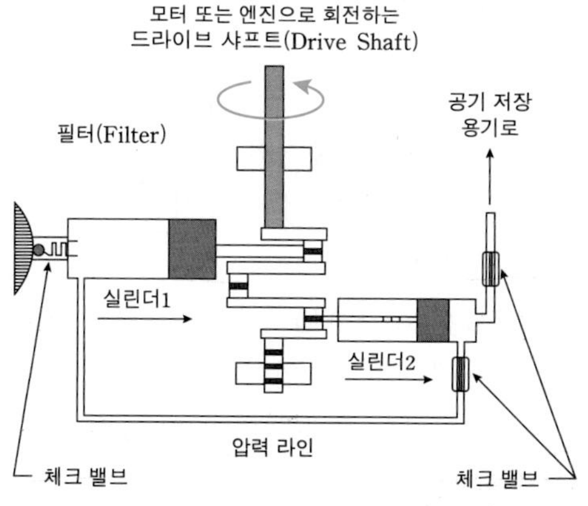

[그림 3-317 2단 압축기의 원리]

2. Medium Pressure System(중압 계통)

100~150[psi](7~11[kg/cm^2])의 중압 계통에는 통상 공기 용기를 사용하지 않는 대신 제트 엔진의 압축기로부터 공기를 Bleeding하여 사용하고 있다. 엔진에서 Bleeding 된 공기는 Pressure Regulator(압력 조절기)를 통하여 작동 계통으로 유입된다. [그림 3-318]

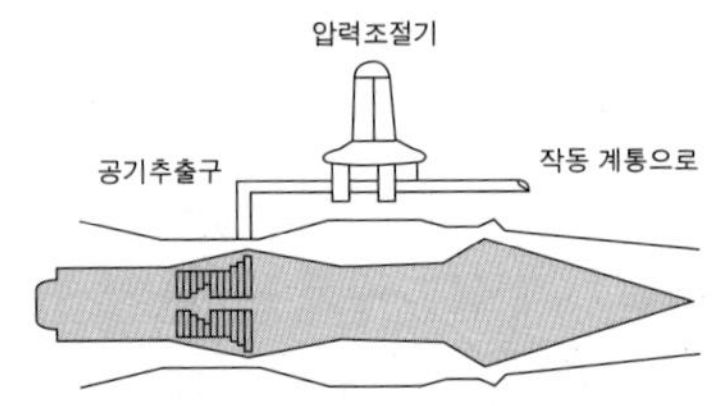

[그림 3-318 제트 엔진의 압축기를 이용한 공기압 계통]

3. Low Pressure System(저압 계통)

피스톤 엔진을 장착한 대부분의 항공기에는 Vane Type Pump에 의해 저압 공기를 만들어낸다. 이 펌프는 전기 모터 또는 엔진으로 구동 된다. 그림 3-319는 이 펌프의 원리이다. 압력 공기를 내보내는 원리는 유압 계통에 사용되는 Vane Type Pump와 동일하고 1~10[psi](0.07~0.7[kg/cm^2])의 압축 공기가 연속적으로 공급된다.

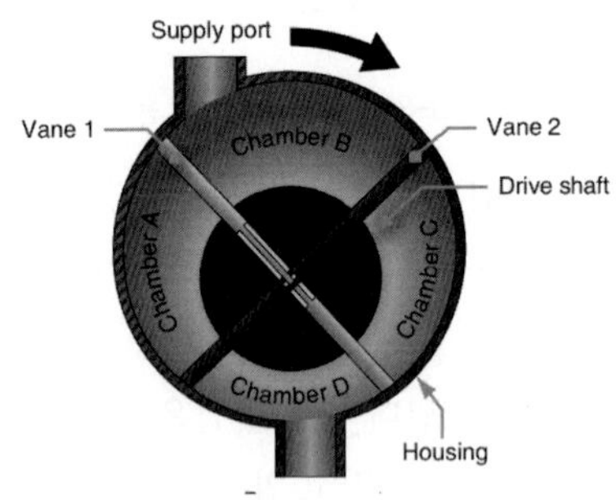

[그림 3-319 Vane 공기 펌프]

3. Control과 Servo의 기본 원리

공기압 계통에서 유량이나 압력을 조절하는 장치에는 전기식과 공기식의 2가지가 있다.

전기식은 그림 3-320과 같이 직류 또는 교류 전력에 의해 작동하는 모터나 Actuator에 의해, 밸브 내부의 Butterfly Valve를 회전시켜 유량을 조절한다.

공기식은 그림 3-320과 같이 Diaphragm의 양쪽 압력차와 스프링의 힘을 이용하여 Butterfly를 회전시키고 공기 흐름의 양을 조절한다. Diaphram에 가한 공기압이나 작동을 위한 공기압을 Servo Pressure라 부르고, (+)의 압력을 만드는 경우에는 펌프로부터의 공기를 Filter와 Orifice를 통해 Poppet Valve에 접속한다. Orifice 는 공기 흐름의 양을 제한하여 Diaphragm에 초기 단계에 전해지는 과도한 압력에서 보호된다. Poppet Valve를 닫으면서 보 압력은 상승하고 열면 강하한다.

Poppet Valve 는 출구의 개폐를 조절하여 Flapper Valve를 Modulating을 하여 원하는 공기량을 얻을 수 있다. 또 부압(−)을 필요로 하는 경우에는 Venturi나 Jet Pump를 사용하고 Poppet Valve의 개폐로 부압의 크기를 가감한다. Poppet Valve에는 스프링을 넣은 방식, 전기이용 방식, Diaphragm에 가한 압력이나 그 움직임을 전달하는 기구에 따라 많은 종류가 있다. Poppet Valve의 작동은 Manual(수동) 또는 전기, 압력, 온도 등을 이용한 것도 사용한다.

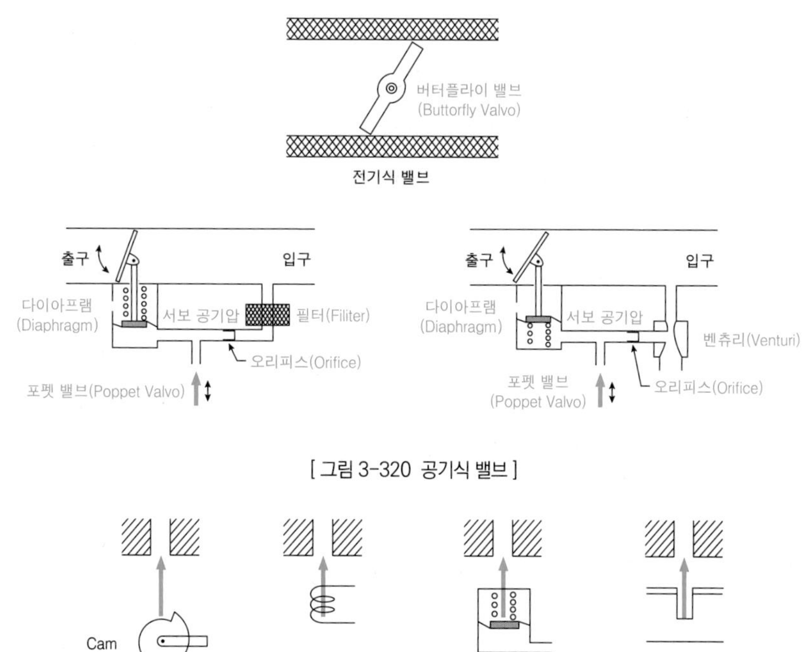

[그림 3-320 공기식 밸브]

[그림 3-321 Poppet Valve의 작동]

4. 기체 열역학의 기초

공기를 압축 또는 팽창시키면 공기의 상태를 나타내는 압력, 밀도, 온도가 변화한다. 그림 3-322에 표시된 것처럼 실린더와 피스톤 가운데 공기가 갇혀있고, 그림 (a)처럼 피스톤에 힘을 가하지 않으면, 내부의 공기, 주위의 실린더나 피스톤은 동일한 온도로 유지된다.

피스톤에 힘을 가해 그림 (b)의 상태일 때 공기 누출이 없고, 피스톤과 실린더 사이의 마찰이 없으며, 열의 발생이 없다고 가정한 경우, 밀폐된 공기는 압축되고, 압력, 밀도 및 온도는 증가하며, 피스톤이 수행한 일은 전부 공기의 내부에 저장된다.

이때, 실린더 내부의 공기와 주위 사이에는 열의 이동이 전혀 없는 Adiabatic Change(단열 변화)가 일어나는 상태가 된다.

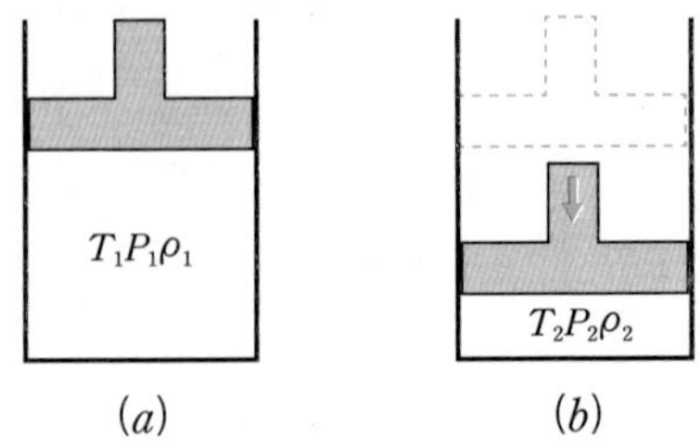

[그림 3-322 공기의 압축]

공기가 단열 변화할 때는 "단열 법칙"과 "상태 방정식"이 성립하고 이것으로부터 공기가 압축, 팽창할 때의 상태 변화를 알 수 있다. 압축, 팽창에 있어서 공기 상태량의 압력 P와 밀도 에는 다음 관계(단열 법칙)가 성립한다.

$$P\rho^{-\gamma}=K(\text{Contant}) \quad \cdots\cdots (4-1)$$

여기서, γ은 비열비(정압 비열과 정용 비열과의 비($C\rho/Cv$)이고, 특히 고온이 아니면 $\gamma=1.4$라고 가정할 수 있다.

또, 공기의 압력, 밀도, 온도(절대 온도 T)에는 다음 관계(상태 방정식)가 있다.

$$P\rho gRT \quad \cdots\cdots (4-2)$$

단, R : 기체 상수, g : 중력 가속도

단열 법칙의 식(4-1)과 상태 방정식의 식(4-2)으로부터 그림 3-322의 (a)에서 (b)로의 상태량은 다음의 관계가 된다.

$$P_1=\rho_2 gRT_1 \qquad P_2=\rho_2 gRT_2 \quad \cdots\cdots (4-3)$$

$$P_1=K\rho_1^{\gamma} \qquad P_2=K\rho_2^{\gamma} \quad \cdots\cdots (4-4)$$

압력비는 식(4-3) 및 식 (4-4)에서

$$\frac{P_2}{P_1}=\frac{\rho_2 gRT_2}{\rho_1 gRT_1}=\frac{\rho_2 T_2}{\rho_1 T_1} \quad \cdots\cdots (4-5)$$

$$\frac{P_2}{P_1}=\frac{K\rho_2^{\gamma}}{K\rho_1^{\gamma}}=\left(\frac{\rho_2}{\rho_1}\right)^{\gamma} \quad \cdots\cdots (4-6)$$

또, 압축, 팽창에 따른 압력과 온도 및 밀도와 온도의 관계는

$$P_2=P_1\left(\frac{T_2}{T_1}\right)^{\gamma/(\gamma-1)}=P_1\left(\frac{T_2}{T_1}\right)^{3.5} \quad \cdots\cdots (4-7)$$

$$\rho_2=\rho_1\left(\frac{T_2}{T_1}\right)^{\gamma/(\gamma-1)}=\rho_1\left(\frac{T_2}{T_1}\right)^{3.5} \quad \cdots\cdots (4-8)$$

이 된다. 실제로는 열전도나 마찰열 등에 의해 에너지 손실이 있고, 완전한 단열 변화를 시킬 수는 없지만, 피스톤에 의한 압축, 팽창이 단시간 내에 이루어진 때나 압축 팽창이 연속해 이루어지고 있을 때는 거의 단열 변화라고 볼 수 있다.

5 압축기 공기 공급원

공기압 계통이 필요로 하는 압축 공기의 공급원은 대량으로 연속해서 공급될 수 있어야 하며, 그림 3-323과 같이 터빈 엔진의 Compressor Section(압축기부)에서 Bleeding 하거나, 엔진으로부터 직접 구동 되는 Super Charger 또는 Compressor(압축기)를 사용하는 것, 또는 터빈 엔진에서 Bleeding한 압축 공기로 터빈을 구동하고 이것에 연결되어 있는 압축기에서 압축 공기를 얻는 것 등이 있다. 압축기에서 공급되는 압축 공기는 압축기 단계에 따라 8단계, 15단계 Air로 분리 하는데 엔진 출력에 따라 압축기 Source가 달라진다. 엔진 출력이 저속일 때는 15단계 Air를 사용하고 고속일 때는 8단계 Air를 사용한다.

엔진이 작동하지 않을 때는 지상 설비 또는 Ground Pneumatic Cart에서 공급하거나, 혹은 Auxiliary Power Unit(보조 동력 장치)라고 불리 우는 소형 가스터빈엔진에서 Bleeding하여 사용할 수 있다. 이 장비들은 User에 바로 사용할 수 있도록 Regulation된 Air를 공급한다. 대표적인 공급원인 가스터빈엔진의 압축기부의 공기 압력, 온도는 표 3-2에서 알수 있다.

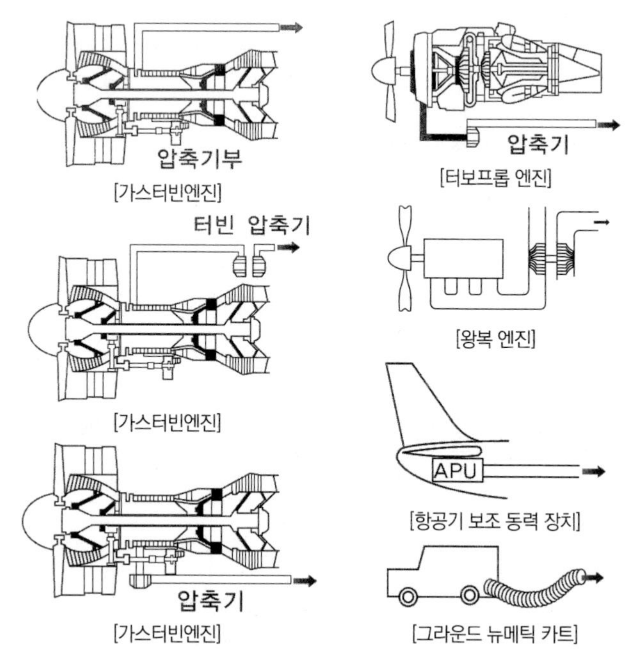

[그림 3-323 압축 공기의 공급원]

이 표의 엔진은 15단계 축류형 압축기를 갖고 있으며, 8단계 및 15단계에서 Bleeding된다. Bleeding 된 공기의 압력과 온도는 Bleeding하는 공기량, 엔진 회전 속도, 주위 압력 및 온도, 비행 속도에 의해 변동한다. 최근의 가스터빈엔진은 압축비가 크기 때문에 압축기의 마지막 단계에서 Bleeding되는 공기의 압력 및 온도는 매우 높다. 동력원으로서는 보다 높은 압력과 온도의 압축 공기를 사용하는 편이 효율적이지만, 이 계통에 사용되는 금속 재료의 내열성과 강도, 또 공기 누출에 따른 위험성을 고려하면 압력과 온도에는 한계가 있다. 공기의 압력이나 온도 변동은 수요 측에서 보면 공급의 불안정을 의미하는 것으로서 바람직한 것은 아니지만, 사용 목적에 의해 압력과 온도가 일정한 것, 온도만을 제한하는 것, Bleeding한 채로 압력, 온도가 변동하는 것 등 3종류의 공급 형태에 의해 수요에 대응하고 있다. [그림 3-323]

보통, 복수의 공급원으로부터 공통 Manifold에 모인 경우는 압력과 온도가 조절된다. 이 표는 표준 대기 상태에서 엔진 정지(램효과 없이), 또는 압축기에서 Bleeding하지 않는 경우의 대략적인 수치이다.

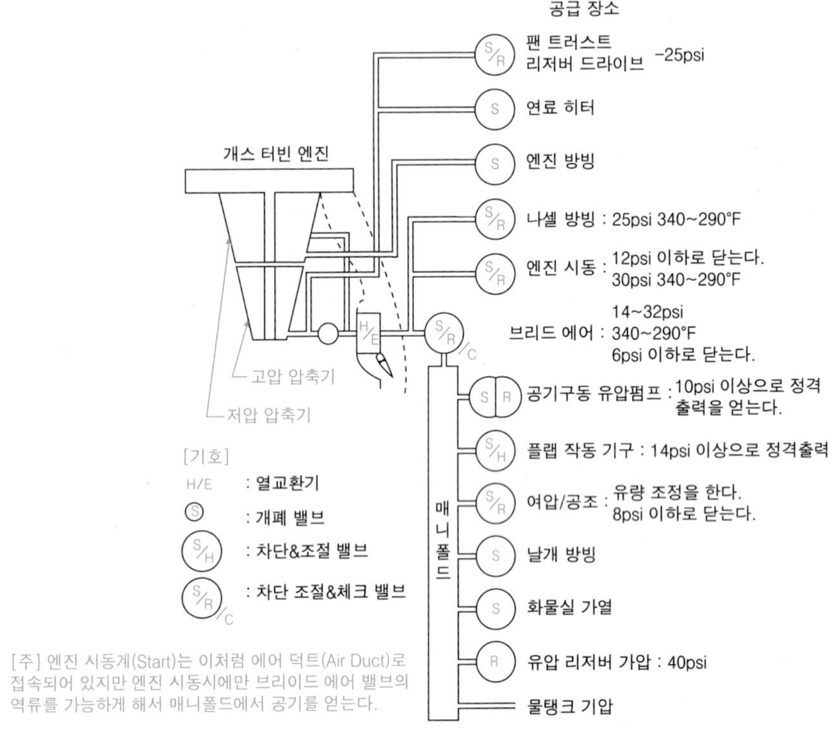

[그림 3-324 공기의 수요와 공급]

Eng Power Set	15 Stage Compressor		8 Stage Compressor	
	Psi	OF	Psi	OF
Take Off	357.6	954	82.2	588
Idle	63.6	377	27.0	186

[표 3-2 가스터빈엔진의 압축기에서의 공기 압력과 온도]

6. 압력 온도의 조절

1. 압력 조절

압축기나 Supercharger로부터의 공기는 공급원에 따라 압력이 변동하므로 공기압을 일정하게 유지하여야 한다. 그러나 순항 비행시의 엔진 효율을 높이기 위해 공기 압력을 낮추도록 되어 있는 것도 있다.

그림 3-325에 이 예를 나타냈다. 그림처럼 압력을 유지하기 위해 엔진 Compressor(압축기부)의 여러 부분에서 Bleeding하고, 저출력 시는 High Stage(고압축 단수), 또 고출력 시에는 Low Stage(저 압축 단수)를 선택하여 저압을 보충하며, 필요 이상으로 고압이 되는 것을 막고, Pressure Regulator(압력 조절기)

에 의해 비행 고도에 따른 압력이 유지된다. Bleeding하는 단수의 전환은 압력뿐만 아니라 공급하는 공기 유량에 의해 결정되는 것도 있다. 압축 공기를 공급받는 각 계통은 공급된 공기 압력과 온도 조절 여부에 관계없이 각 계통의 작동을 조종하는 공기의 Shut-Off Valve(차단 밸브)에 압력 조절 기능을 갖게 한 Shut-Off and Regulating Valve(차단/조절 밸브)를 이용하고 있는 것이 많다.

이 밸브는 공급되는 압력을 더욱 저압(10~30[psi])으로 하여 각 계통으로 공급한다.

공기압 계통의 기기를 다룰 때는 그 기기의 정격 출력을 얻는 데에 필요한 압력 혹은 유량이 각각 다르다는 것에 유의하여야 한다. 그리고 각 계통에도 의도적으로 압력차를 만들고 있다. 이것은 압축 공기를 충분히 공급할 수 없는 경우에 공기압이 저하함에 따라 공급 공기 압력이 낮은 것만큼 그 작동이나 기능이 최후까지 확보되도록 계통의 순위를 정하고 있기 때문이다.

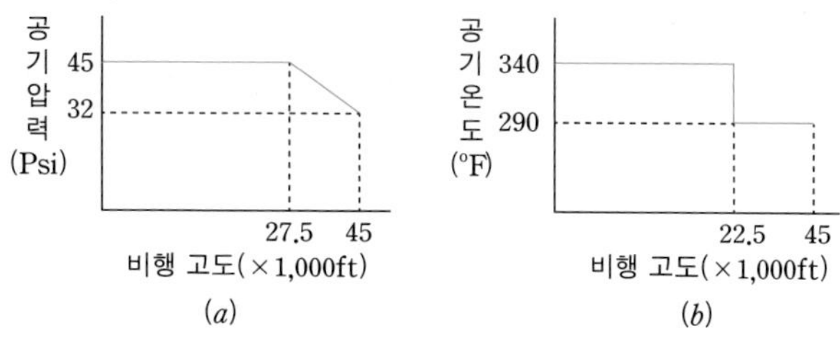

[그림 3-325 비행 고도에 대한 압력과 온도조절]

2. 온도 조절

온도 조절은 Bleeding Port를 선택해 저온을 보충하며, 필요 이상의 고온을 피하고 또 Heat Exchanger(열 교환기)에 의해 온도를 조절하는 것이다. 열 교환기의 냉각에는 Fan Air, 프로펠러 후류, 혹은 Ram Air가 사용되고, 온도 조절 장치는 열 교환기 출구의 압축 공기 온도를 감지하여 냉각용 공기의 흐름량을 조절하는 Door의 개폐에 의해 일정한 온도로 유지한다. 온도를 감지하여 작동하는 계통의 일반적 성질은 반응이 늦다는 것이다. 온도 상승 시 Over Shoot하여 제한 값을 초과할 수 있기 때문에 냉각 공기 흐름을 조절하는 도어는 빨리 열리고 천천히 닫히도록 보호 기능을 가지게 한다.

압축 공기의 조절 온도는 보통 340~410[°F](171.1~201[℃])의 범위 내에서 일정 값으로 유지된다. 그러나 압력의 경우와 같이 비행 고도가 높은 경우에는 조절된 온도는 낮아진다.

7. 공기의 공급로

공기압 공급원에서의 압축 공기는 직접 각 계통이나 장치로 공급되는 방법(그림 3-324)과, Manifold로 모은 후 각 계통이나 장치로 공급하는 방법(그림 3-326)이 있다.

직접 공급되는 방법은 그 공급원이 작동되지 않으면 사용할 수 없지만, Manifold에 의한 집중 공급 방식에는 어느 부분의 공급원이 작동되지 않아도 다른 공급원이 작동하는 한 그 범위 내에서 계속 사용할 수 있다. 그러나 Manifold가 파손되면 모든 것이 작동되지 않기 때문에 Manifold를 복수로 분할하고 분할된 Manifold는 완전하게 독립되어 있어 공급원에서의 공기는 각각으로 할당되며, 각 계통이나 장치도 각각 분리되어 접속되어 있다. 일례로 왼쪽 Wing과 오른쪽 Wing이 Wing Isolation Valve로 분리되어 있어 유사시에 한쪽 Wing

의 Pneumatic Power는 쓰지않고 문제가 없는 부분의 Air를 사용하기위해 Isolation Valve를 Closed 시켜 안정적인 Pneumatic Power를 공급 받는다.

보통은 전체에서 1개의 Manifold를 형성하고 있지만, 이상 발생시에는 각 부분을 독립시켜 파손이 생긴 부분, 혹은 그것에 관계하는 부분만을 작동하지 않게 하고, 다른 부분은 작동시킬 수 있다. 또한, 각종 Valve들은 Down Stream 즉 계통내의 아래부분이 Rupture 됐을 때 자동으로 System을 보호하기 위해서 계통내의 Air의 흐름을 차단하여 더 이상의 손실을 막아준다. 항공기 엔진이 작동하고 있지 않을 때는 항공기 APU나 지상의 Pneumatic Cart로부터의 압축 공기가 Manifold로 들어가 공급 계통 전체로 공급된다.

공기압은 기내의 여압, Aircondition, Hydraulic Reservoir 가압,비상 동력원, Flap의 작동 동력원으로서 전력 계통, 유압 계통과 함께 중요한 계통이며, 그 신뢰성을 높이기 위해 여러 가지 연구가 진행되고 있다.

Wing 및 Engine Nacelle 방빙 계통에 쓰이는 Air는 사용 후 외부로 방출된다. 그래서 지상에서 방빙 계통 사용 시 화상이나, 대기 온도가 비행중의 고도보다 온도가 높기 때문에 구조물에 변형을 초래 할 수 있으므로 항상 지상에서의 사용은 가급적 피해야 한다.

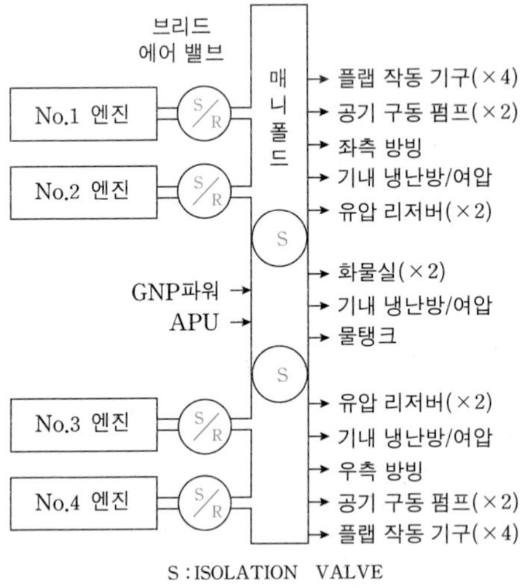

[그림 3-326 공기 Manifold]

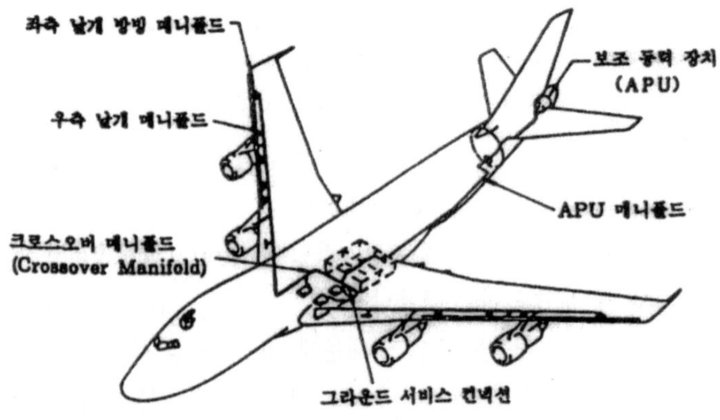

[그림 3-327 대형 제트 항공기의 공기 Manifold]

8. 공기압의 이용

공기압은 압력, 온도, 흐름량을 유지한 상태로 넓은 범위에 이용되고 있으며, 앞으로도 더욱 넓어질 것이라고 생각되어 진다.

- 기내 Air Conditioning(냉·난방), 여압 계통에는 객실 및 조종실 등의 온도, 압력, 환기에 사용된다.
- Anti-icing & Deicing 계통에는 비교적 큰 면적의 가열이 가능하며, 날개, Stabilizer, Nacelle, 엔진 공기 Engine Air In-Take의 방·제빙이나 물방울 제거에 사용된다.
- 유압 계통에는 유압 펌프의 구동이나 Reservoir의 가압에 사용된다.
- 연료의 가열이나 역분사 장치의 작동, 또 넓은 의미로는 엔진 내부의 냉각에도 사용된다.
- 조절 계통에는 날개 Leading Edge Flap의 작동이나 Boundary Layer Control(경계층 조절)에 사용된다.
- 그 밖에 화물실의 난방, 물탱크 가압 또 Jet Pump를 사용해 냉각용 공기 흐름을 만드는데 이용된다.

9. 조작과 표시

압력 공기 흐름을 ON, OFF하는 방법에는 전기 모터에 의한 개폐 외에 다음에 서술되는 ECPO(Electrical Control Pneumatically Operate)형이 널리 사용되고 있다.

ECPO 또는 ECPA(Electrical Control Pneumatically Activate)라고 불리는 이 밸브의 개폐는 전기 신호에 의해 이루어지고, 공기 흐름을 조절하는 Flapper Valve의 작동은 공기압의 압력에 의해 이루어지므로, 밸브의 작동에는 전기 신호와 공기압 모두가 필요 하다.(그림 3-328 A, 3-328 B)

전기 신호는 Servo Pressure에 변화를 주고 Servo Pressure의 압력차이가 밸브를 작동시킨다. 이것에는 대개의 경우, 전기 Solenoid가 사용되며, 밸브의 개폐는 전기 신호의 ON, OFF 또는 OFF, ON 혹은 2개의 솔레노이드를 사용해 어느 쪽이나 ON으로 하는 형식이 있다. 계통 전체에서 전력을 잃었을 때, 그 밸브를 어느 위치로 유지하느냐는 그 각각의 계통이나 장치의 필요성에 따라 적당한 것이 선택되어 진다.

위와 같은 이유에서 스위치의 위치가 반드시 밸브의 위치나 상태를 나타내고 있는 것은 아니다. 따라서 대개의 경우 상태를 나타내는 Light가 장착되어 있는데 보통 White Light는 Intransit 상태이고 Green Light는 Normal한 상태 Amber Light는 Abnormal한 상태를 말하며, 비행기 기종에 따라 Blue Light가 Intransit Light로 사용되는 경우도 있고, 그 대표적인 것을 아래에 설명한다.

1. Duct Pressure(덕트 압력)

Duct 압력에 의해 밸브가 열리고 Duct 내부 압력이 상승하여 일정의 압력에 도달하면, 압력 감지기가 이것을 감지한다. 이때, 밸브를 조종하면 스위치 위치와도 관련되고 지시 등의 점등, 소등의 의미가 다르게 된다. 그 구성은 그림 3-328 A와 같다.

압력을 감지해 스위치를 조작한 경우, 점등, 소등까지의 시간 지체는 거의 없다고 생각해도 좋다.

2. Duct Temperature(덕트 온도)

밸브가 열리고 Duct 내부 온도가 상승하여 소정의 온도에 도달하면 온도 감지기가 이것을 감지한다. 지시등의 Duct 압력에 따라 점등 되고, 스위치의 위치와도 관계한다.(그림 3-328A)

이 경우 지시등은 스위치 조작 후, 상당한 시간 지연 후 점등 혹은 소등되는 것에 유의해야 한다.

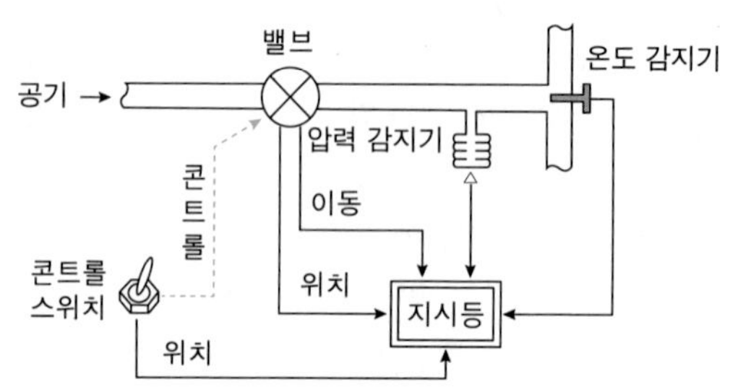

[그림 3-328 A 공압 계통의 표시등]

지시등이 점등하는 조건				표시등의 종류	점등이 나타내는 의미
콘트롤스위치의 위치	압력	온도	밸브의 위치		
관계없음	정해진 압력	정해진 온도	완전열림, 완전 닫힘	컨디션 라이트	작동 상태
			완전열림, 완전닫힘 이외	Intransit Light	밸브가 움직이고 있거나 어떤 중간 위치
ON	정해진 압력 이상	정해진 온도 이상	완전 열림	Agreement Light	스위치의 위치와 작동 상태가 일치해 작동중
	정해진 압력 이하	정해진 온도 이하	완전 열림 이외	Disagree – ment Light	스위치의 위치와 작동 상태 또는 밸브 위치가 일치하지 않을 때
OFF	정해진 압력 이상	정해진 온도 이외	완전 닫힘 이외		

[그림 3-328 B 공기압 계통의 지시등]

3. Valve Position(밸브 위치)

Control 스위치 및 밸브 위치, 밸브의 작동에 관련되고, 다음 3가지로 구분된다. (그림 3-328)

- 스위치의 위치와 밸브 위치가 일치했을 때 점등하는 Agreement Light는 대부분, 계통이나 장치를 작동 시키고 있을 때 점등한다.
- 스위치 위치와 밸브의 위치가 불일치할 때 점등하는 Disagreement Light는 스위치 조작 직후부터 밸브가 스위치와 같은 위치에 도달 할 때까지 점등 된 후 소등된다. 그리고 스위치와 밸브의 위치가 일치하지 않을 때도 점등하며 경고등이 된다.
- 스위치의 위치에 관계없이 밸브가 완전히 열리거나 닫히는 위치 이외에 점등하는 라이트를 Intransit Light라고 한다.

스위치 조작 때, 이 라이트가 점등하고 소등하는 것을 확인함으로써 작동 상태를 알 수 있다. 실제로 스위치 하나로 여러 개의 밸브를 제어할 수 있으며, 형식이 다른 여러 가지 밸브가 사용되고 있으므로, 스위치 조작에 의한 계통의 작동 상태 확인에는 충분한 지식과 확인 방법을 몸에 익힐 필요가 없다.

4. 계통 표시

공기압 계통의 상태는 압력계와 온도계에 의해 Manifold의 공기 압력과 공기 온도로 지시된다. 이 밖에 공급원의 Bleeding되고 있는 장소를 지시하는 라이트가 있으며, 압축기가 고압 또는 저압인지를 알 수 있다.

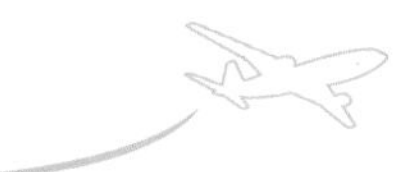

5. 보호 장치

온도와 압력 조절 기능의 결함이나 고온 공기의 누출은 공기압 계통을 구성하는 부품뿐만 아니라, 기체 구조 부분을 과열시키고 강도를 저하시켜 안전을 저해한다. 이 때문에 이상 상태를 감지하여 지시하고 고온 공기의 차단이나 과압력 공기를 항공기 외부로 자동적으로 방출하는 기능이나 조절 계통을 이중 또는 삼중으로 갖추고 있다.

만약 Air Duct가 파손되면 엔진으로부터 Bleeding 양이 이상적으로 증가하여 엔진 작동이나 성능의 특성에도 영향을 주기 때문에 Bleeding Port에는 Venturi Tube을 장착하여 흐름량을 제한하는 방법이 채택되고 있다. Duct 파손이 동체 여압 구역 내에서 발생한 경우, 압축공기가 직접 유입되거나 기내 공기가 Duct를 통해서 항공기 외부로 방출되고 객실 및 조종실 여압 조절 계통이 불안정하게 된다. 이 경우, Manifold나 Duct의 공기 압력에 의해 큰 파손임을 알 수 있지만, 보통은 Manifold나 Duct에 장착되어 있는 온도 감지기 엔진 주변이라면 엔진 화재, 날개 오버히트 라이트(Wing Over-Heat Light), 동체 내에 Duct 오버히트 라이트의 점등 등으로 알 수 있다. 공기 Duct는 두께가 얇은 원통형이다. 따라서 Duct의 외압이 내압보다 높은 경유에는 파손될 우려가 있기 때문에 여압 구역을 통과하는 부분에는 Pressure Equalizer를 장착하여 Duct 내·외부의 압력을 같게 해 준다.

10. 공기압 계통의 구성 부품

공기압 계통에 사용되는 밸브나 구성 부품은 기능이나 작동이 다양하고 종류도 여러 가지다. 대부분의 밸브는 감지하는 대상이 달라도, 공통적인 것은 Servo Pressure를 정밀하게 만들어 내어 그것을 이용하고 있는 것이다.

1. Relief Valve

Relief Valve는 계통의 파손을 막는 목적으로 사용된다. 이것은 압력 제한 장치로서 작용하고 과대 압력에 의해 Line이 파손되거나 Seal이 손상되는 것을 방지한다.

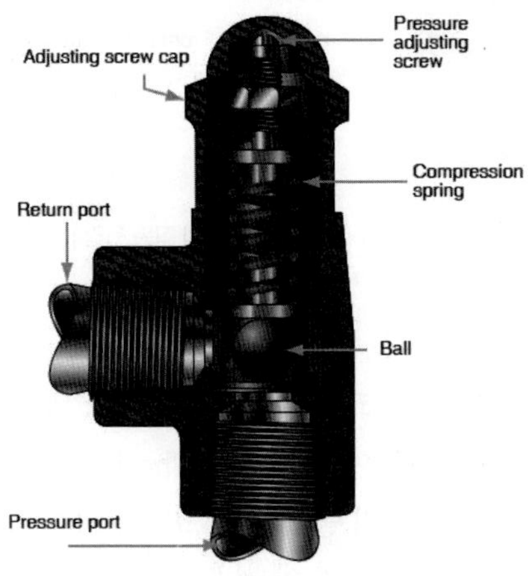

[그림 3-329 Relief Valve]

그림 3-329는 공기압 계통에 이용되는 Relief Valve의 단면이다. 밸브는 스프링의 힘으로 닫히고 공기는 압력라인으로 들어간다. 만약 압력이 지나치게 상승하면 Disk에 생기는 힘이 스프링의 힘을 이기고 밸브를 연다. 공기는 밸브를 통과하여 대기 중으로 방출된다. 밸브는 압력이 정상 값으로 되돌아올 때까지 그대로 열려있다.

2. Control Valve

조절 밸브도 일반적으로 공기압 계통에 필요한 부품이다. 그림 3-330은 이 밸브에 의한 비상용 Air Brake의 작동 원리를 나타낸 것이다. 조절 밸브는 3개 Port의 Housing, 2개의 Poppet Valve 그리고 2개의 Control Lever로 구성된다.

같은 그림 A에는 조절 밸브가 "OFF"로 되어 있다. 이 상태에서는 스프링이 좌측의 Poppet Valve를 닫고 있어 압축 공기는 압력 포트로 들어와도 Brake Port로 흐르는 것은 불가능하다.

같은 그림 B에는 조절 밸브가 조종사의 Action으로 "ON" 방향으로 움직여주면 Control valve는 스프링에 의해 우측 Poppet Valve가 닫히도록 하고 왼쪽 Valve는 Open시킨다. 압축 공기는 열려있는 좌측 Poppet Valve의 Drill Hole을 통하여 우측 Poppet Valve의 아래 Chamber로 들어간다. 우측 Poppet Valve는 닫혀 있기 때문에 고압 공기는 브레이크 포트에서 브레이크 라인으로 흘러간다.

그러면 좌측의 Poppet Valve가 닫히고, Brake로 고압 공기의 유입이 중단된다. 동시에 우측 Poppet Valve가 열리고, Brake Line으로 들어가 있던 압축 공기는 Vent Port에서 대기로 빠져나간다.

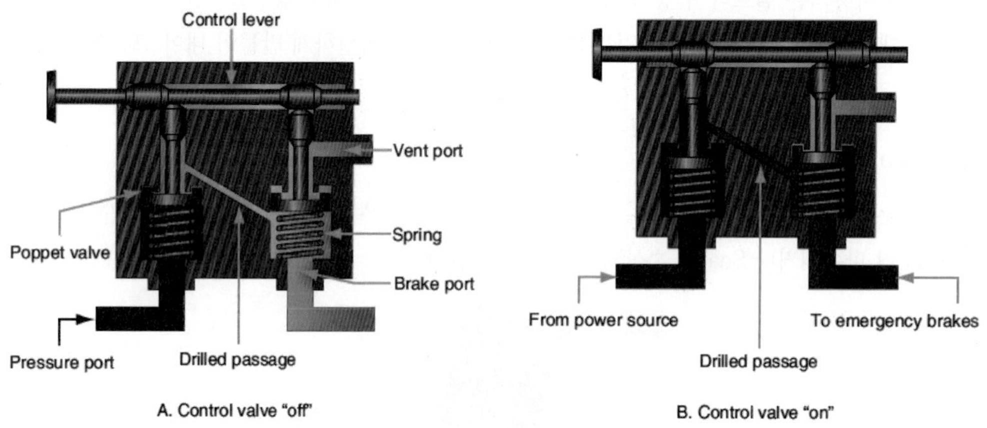

[그림 3-330 조절 밸브의 작동 원리]

3. Check Valve

유압 계통, 공기압 계통의 양쪽에 사용되고 있는 것으로 Check Valve가 있다. 그림 3-331은 공기압 계통에 사용되는 Flap Type의 Check Valve이다. 공기가 Check Valve 왼쪽에서 들어오면 약한 스프링을 밀어 플랩이 열리고 공기는 오른쪽으로 흘러 들어간다. 그러나 반대로 공기가 오른쪽에서 들어오면 공기 압력에 의해 플랩이 닫히고, 좌측으로는 흐르지 않는다. 이와 같이 공기압 계통에 사용되는 Check Valve는 한쪽 방향으로 흐름을 조절하는 곳에 이용된다.

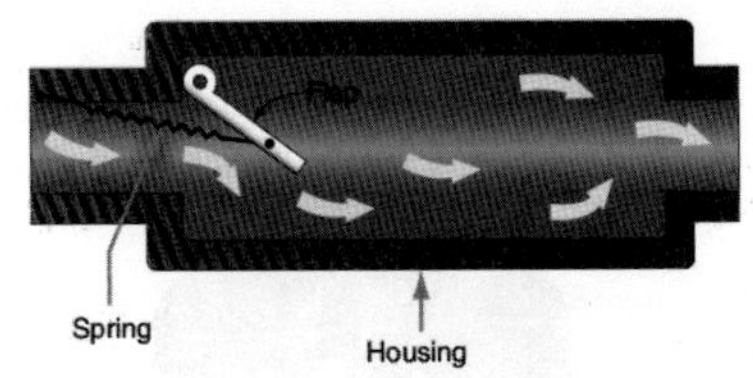

[그림 3-331 Pneumatic Check Valve]

4. Restrictor

Restrictor는 공기압 계통에 사용되는 Control Valve(조절 밸브)의 일종이다. 그림 3-332는 입구가 크고 출구가 작은 Orifice 형식의 Restrictor이다. 이 작은 출구에 의해 공기 흐름량이 줄고 작동 장치의 작동 속도가 늦어진다.

[그림 3-332 Orifice Restrictor]

5. Variable Restrictor

작동 속도 조정 장치의 일종으로서 그림 3-333에 나타나 있는 Variable Restrictor가 있다. 이것에는 조정용 Needle Valve가 장착되어 밸브를 회전 시키면 공기 흐름 구멍의 크기가 변화하고 이곳을 통과하는 공기량을 변화시킬 수 있다.

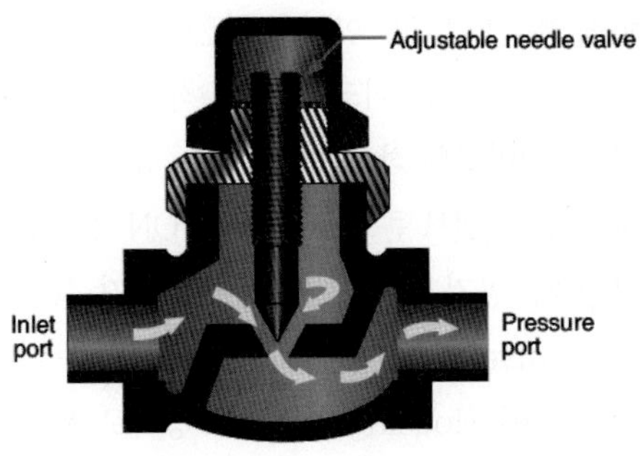

[그림 3-333 Variable Restrictor]

6. FILTER

공기압 계통은 각종 Filter에 의해 먼지의 침입을 막고 있다. Micronic Filter는 2개의 입·출구를 갖는 Housing, 교환 가능한 Cartridge 그리고 Relief Valve로 구성되어 있다.(그림 3-334)

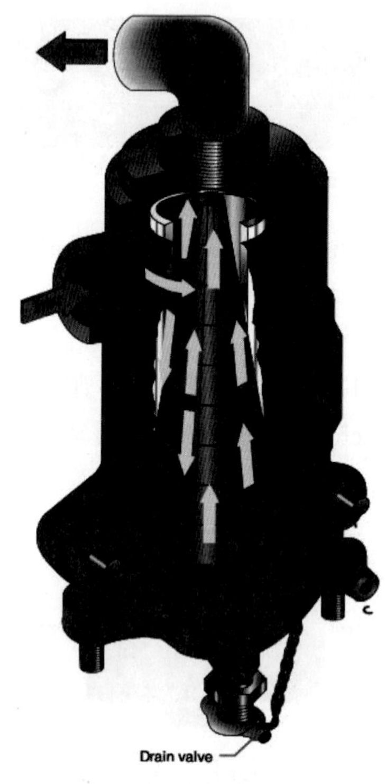

[그림 3-334 Screen Filter]

보통, 공기는 입구로 들어가 Cellulose로 만든 Cartridge의 주위를 순환하면서 Cartridge의 가운데로 유입되어 출구로 나간다. Cartridge가 먼지에 의해 막히면 압력을 받게 되어 Relief Valve가 열리고 Filter를 통과하지 않은 공기가 나오게 된다. 그림 3-334에 표시된 Screen-Type Filter는 Micronic Filter와 원리는 같지만, 교환 가능한 Cartridge 대신에 교환 불가능한 Wire Screen을 사용하고 있다. 이 스크린 형식 Filter에는 Housing Head에 핸들이 있고, 이것을 회전시킴으로써 금속 Scrapers로 Screen을 세척할 수 있게 되어 있다. 에어 보틀에는 보통 브레이크를 몇 번 작동시킬 수 있을 만큼의 압축 공기가 충전되어 있다. 고압 공기 라인은 비상용 브레이크의 작동을 조절하는 공기 밸브와 보틀에 연결되어 있다.

브레이크 계통이 고장 났을 때는 공기 밸브 콘트롤 핸들을 "ON" 위치로 한다. 밸브는 고압 공기를 브레이크로 통하여 라인으로 흘려 보낼 때, 공기가 브레이크에 들어가기 전에 Shuttle Valve를 통과하지 않으면 안된다. 그림 3-335는 Shuttle Valve의 한 가지 보기이다. 이 밸브에는 4개의 입구가 있는 Housing 가운데 Shuttle이 들어 있다. Shuttle은 Housing 가운데를 상하로 움직이는 일종의 Floating Piston(부동 피스톤)이다. 보통, 이 Shuttle은 아래로 움직여 아래쪽의 공기 구멍을 Seal하여 위에서 들어오는 작동유를 양쪽 2개의 라인으로 흐르도록 한다. 양쪽 2개 라인은 각각 브레이크에 연결되어 있다. 비상 브레이크를 작동시키면 고압 공기에 의해서 Shuttle이 올라가고 유압 라인을 Seal하여 고압 공기가 Shuttle Valve의 양쪽 라인으로 흐르게 된다.

브레이크를 작동시킨 후나 브레이크를 완만하게 했을 때는 공기 밸브가 닫히고 압력 공기를 Bottle에 저장한다. 동시에 공기 밸브는 공기 브레이크 라인을 대기에 방출한다.

브레이크 라인의 공기 압력이 내려감에 따라 Shuttle은 다시 Housing 아래로 내려가고 Brake Cylinder는 유압 라인에 접속된다.
브레이크 실린더에 남아있던 공기 압력은 Shuttle Valve의 윗 쪽 라인을 통하여 유압 Return Line으로 흐르게 된다.

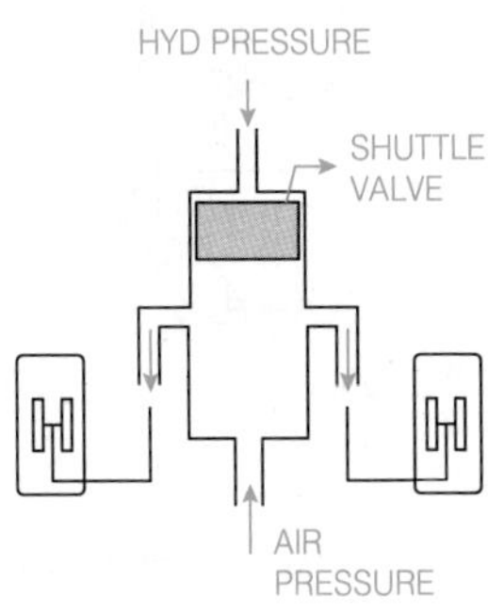

[그림 3-335 비상용 브레이크 계통]

윗 그림은 중형 항공기에 많이 사용되는 System 이며, 현재 대형항공기는 Air 대신에 Hydraulic System Source가 다른 Power가 이용된다.(#4 Hydraulic Power에서 비상 시 #2 Hydraulic Power를 사용한다.)

7. Shut-Off Valve

이 밸브는 열림과 차단 기능만을 갖는 것으로, 전기 모터로 직접 작동시킨다. 이것 외에 그림 3-336에 표시한 것처럼 전기 신호에 의해 밸브 상류의 압력으로 Butterfly Valve를 작동시키는 피스톤의 어느 한쪽을 선택해 공급하는 가장 간단한 것도 있다.
공기 압력을 잃었을 때, 밸브 위치를 열림 또는 닫힘 어느 한쪽의 위치로 유지할 필요가 있는 경우에는 그림 3-336에 나타내는 Servo 압력을 이용한 형식도 사용된다.

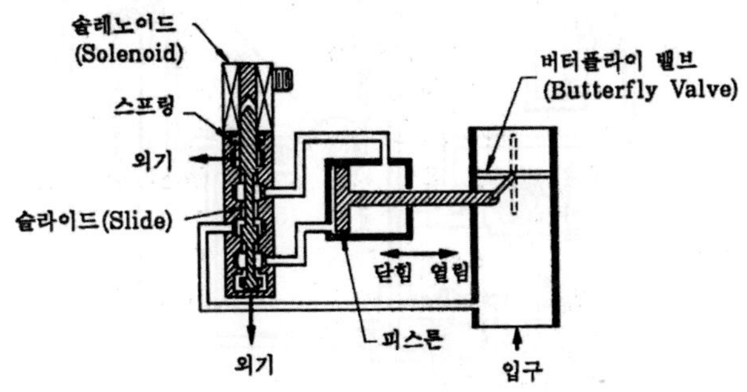

[그림 3-336 차단 밸브]

8. Shut-Off & Pressure Regulator Valve

열림과 차단을 가하며, 압력 조절기능을 가진 밸브를 그림 3-337에 나타낸다. 밸브 아래 압력을 Spring이나 Diaphragm을 사용해 서보 압력으로 변환하고 버터플라이 열림 정도를 조정한다.

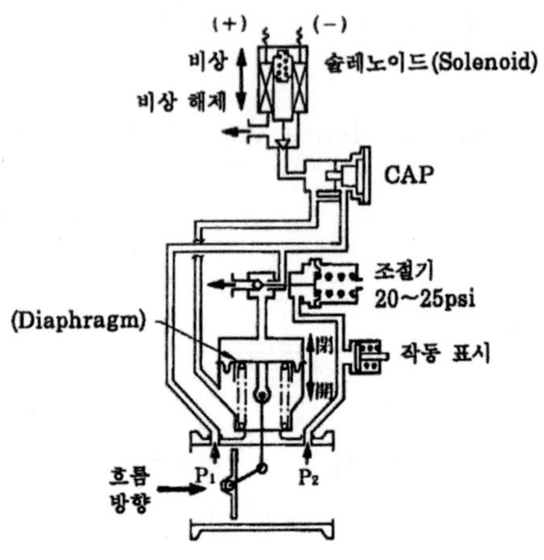

[그림 3-337 차단 및 압력 조절 밸브]

그림 3-338는 역류 방지 기능을 가지게 한 것으로서 밸브 전후의 압력 차이를 감지해 닫힌다.

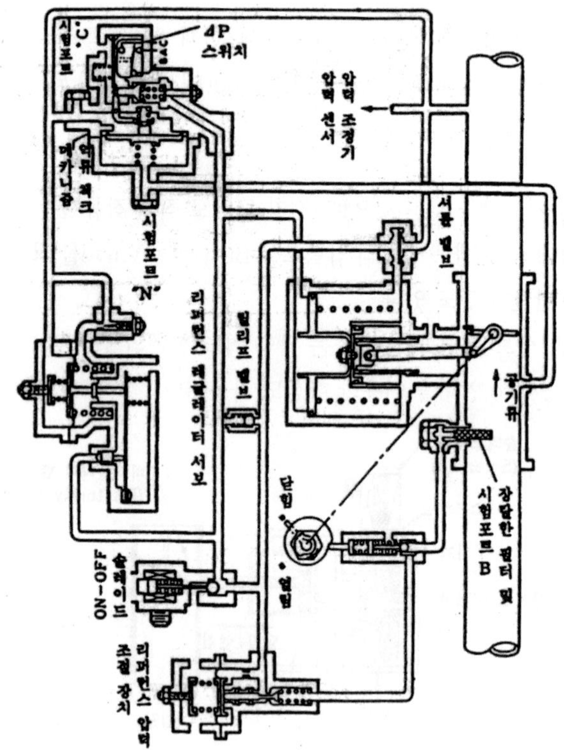

그림 3-338 압력 조절과 역류 방지 밸브

9. Shut-Off & Flow Regulator Valve

공기 흐름량을 조절하는 것으로서, 그림 3-339에 나타냈다. 공기 흐름량은 Venturi를 사용해 압력 차이로써 감지하고, 또 대기압과 관계되는 서보 압력으로 버터플라이 밸브를 작용시켜 그 열림의 정도를 조절한다.

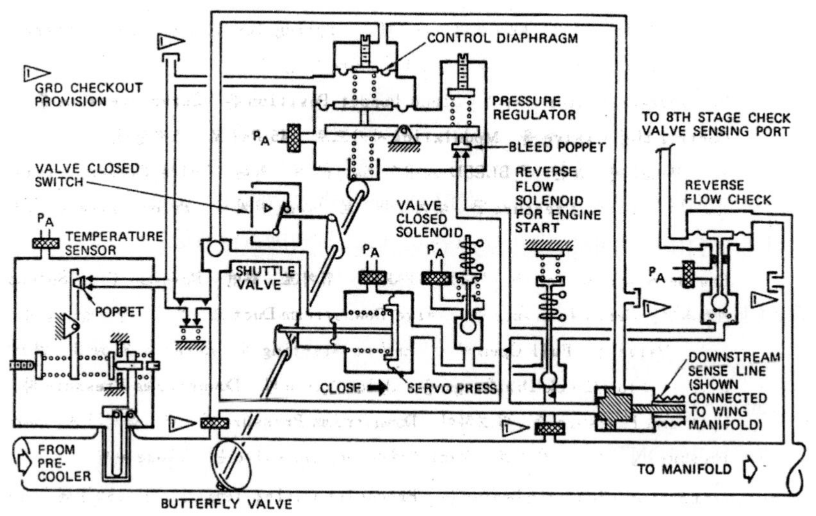

[그림 3-339 차단 및 흐름조절 밸브]

11. Engine 공기압 계통의 예(B744-400)

1. Engine Pneumatic Control(엔진 공압 컨트롤)

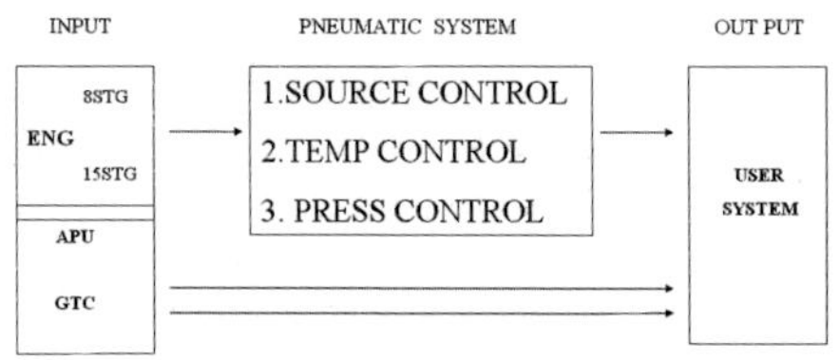

[그림 3-340 Engine Pneumatic]

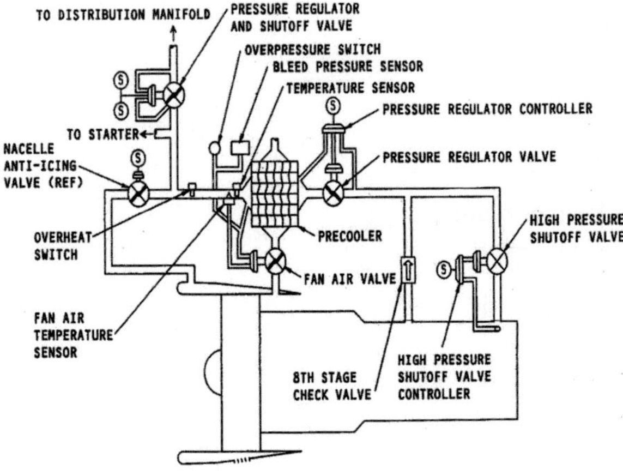

[그림 3-341 엔진 공압 매니 폴드]

① SOURCE CONTROL

- 고속 시 8단계
- 저속 시 15단계

예 B744

즉, 15단계가 110[psi] 이상이면 HPSOV Close되어 8단계 AIR 사용
15단계가 110[psi] 이하면 HPSOV Open되어 15단계 AIR 사용

■ HPSOV Close 시기

- Eng Bleed SW "OFF"
- NAI SW "ON"
- Eng Fire SW "ON"
- Precooler Down Stream
- OVHT(470[℉]/243[℃])
- Overpress(127[psi])

② Pressure Contorl

■ PRV의 역할

Pressure Control
(64±5[psig]로 Control)

■ PRV Open

Eng Bleed SW "ON"
NAI SW "ON"

■ PRSOV의 역할

Pressure 45[psi] 유지
PRV CLOSE

- Eng Bleed SW "OFF"
- Eng Fire SW "ON"
- Precooler Down Stream
- OVHT(470[℉]/243[℃])
- Eng Start시(역류 방지)

■ PRSOV의 역할

- SYS ON/OFF Control
- Pressure Contrl(45±2[psig])

- Back-Up Temp Control(405[°F] : CLS시작 ~ 450[°F] : Full Close)
- Eng Start시 Reverse Flow 허용(SYS에서 ENG으로 역류 시 Close)
- Up Stream Manifold Rupture 시 CLS

③ Temperature Control

■ FAV의 역할

Temperature Control(350±30[°F]로 Control)

■ FAV의 기능

Bleed Temp 350±30[°F] 이상 시 Fan Air V/V Open Modulating하여
Fan Air의 Preecooler통과량을 증가시켜 Temp를 내린다.
Bleed Temp 350±30[°F] 이하 시 Fan Air V/V Close Modulating
Fan Air의 Preecooler통과량 감소시켜 Temp를 올린다.
Over Pressure & Over Temp시 Prsov Close되어 System 보호

■ FAV OPEN

별도의 Control은 없고 Precooler Outlet Servo Pressure에 의해 Open

■ FAV의 Close

Fan Air Temp Sensor에 의해Pneumatic Signal을 받을 때Close 방향으로 Modulation해서 Temp Control

12. 공기 동력 계통의 정비

공기 동력 계통의 정비는 급유, 고장 탐구, 부품 장착, 분해 및 작동 점검으로 이루어진다.
공기 압축기의 Oil Level은 제조회사의 지시에 따라 매일 점검할 필요가 있다. 오일 량은 Sight Gage 또는 Drip Stick으로 알 수있다. 압축기의 Oil Tank에 급유할 때는 제조회사의 Manual에 지정된 오일을 규정된 양까지 보급한다.
급유 후는 Filler Plug(급유구 덮개)를 잘 잠그고 Safety Wire를 한다.
공기압 계통은 정기적으로 Cleaning하여 부품이나 라인으로부터 오염, 습기, 오일 등을 없앤다. 계통의 Cleaning은 계통에 압력을 가하고 계통 각 구성 부품의 배관을 분리해서 행한다. 압력 라인을 분리하면 계통에 대량의 공기가 흐르고 이물질 등은 계통에서 배출된다. 만일, 특정 계통에서 대량의 이물, 특히 Oil이 누출될 때는 Line이나 구성 부품을 분리하여 Cleaning하든가 교환한다.
공기압 계통의 Cleaning이 끝나면 모든 구성 부품을 재장착 하여 접속하고 계통의 공기 Bottle을 Drain하여 여기에 차있는 습기나 이 물질을 제거한다. Air Bottle의 Drain 종료 후 이 계통에 질소 또는 청정하고 건조한 공기를 주입하여 계통의 작동 점검, 누출 및 장착 검사를 완전하게 한다.

제11장 ATA38 상·하수 (Water and Waste System)

1. 개요

Potable Water System의 목적은 Galley나 lavatory에서 사용하고, 마시고, 씻을 수 있는 물을 저장하고 공급하는 데에 있다. Water Tank에서 Galley나 Lavatory에 물을 공급하는 방법은 Water Pump를 사용하지 않고, Tank 내부를 압축공기로 가압하는 방식을 채택하고 있다. Potable Water System은 Cabin에서 사용되는 관계로 Cockpit에 Control이나 Indicating해 주는 것이 없고 주로 Cabin 내에서 Cabin 승무원에 의해 Control 되도록 되어 있다. Galley나 Lavatory에서 사용되는 물은 Waste Drain Line을 따라 Drain Mast를 통해 항공기 밖으로 배출된다.

Toilet System은 Lavatory내에 설치되어 있으며, 승객의 대소변을 위생적으로 처리하여 인간의 가장 근본적인 욕구를 충족시켜 주는 계통이다. Toilet Tank 내의 Waste Water(오수)는 오직 지상에서만 Drain(배수)시켜 처리할 수 있도록 마련되어 있다.

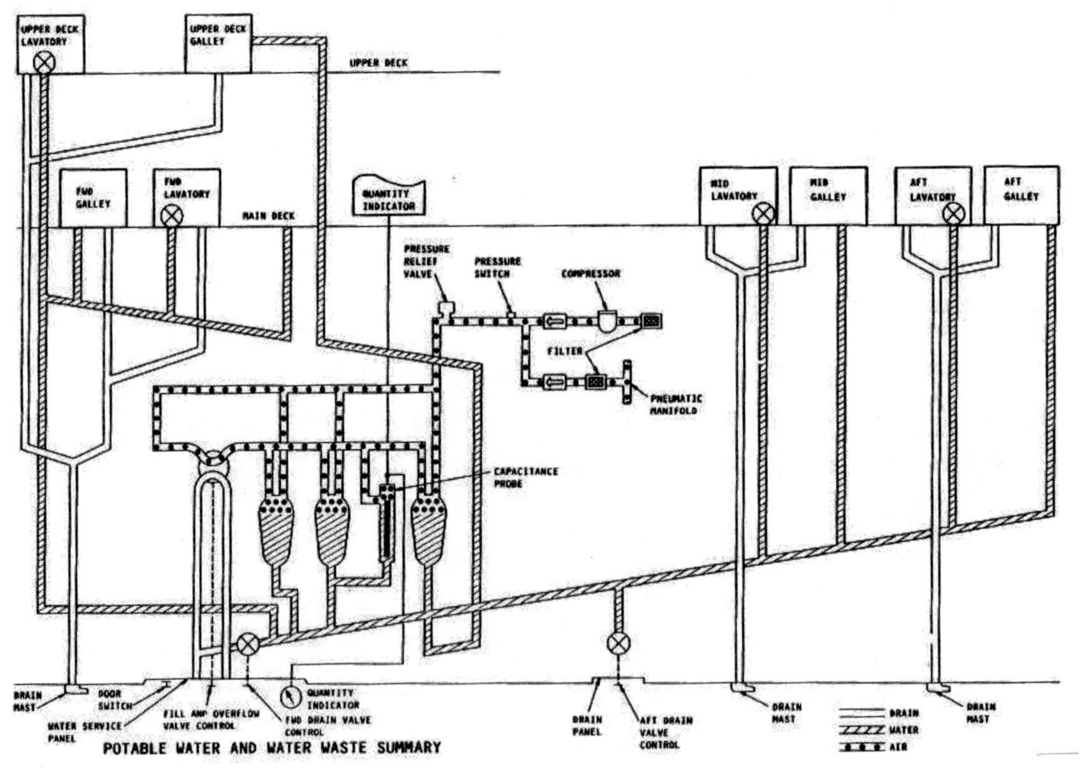

[그림 3-342 상수 및 오수 처리 시스템]

2. POTABLE WATER SYSTEM(상수/식수 계통)

1. 구 성

Potable Water System은 Water Storage Tank, Service Panel, Air Pressurization System, Indicating System으로 구성되어 있다.

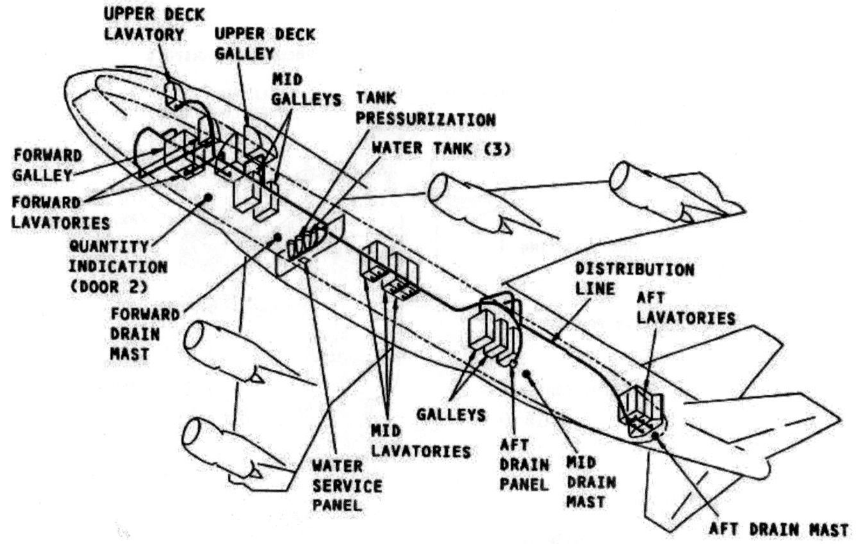

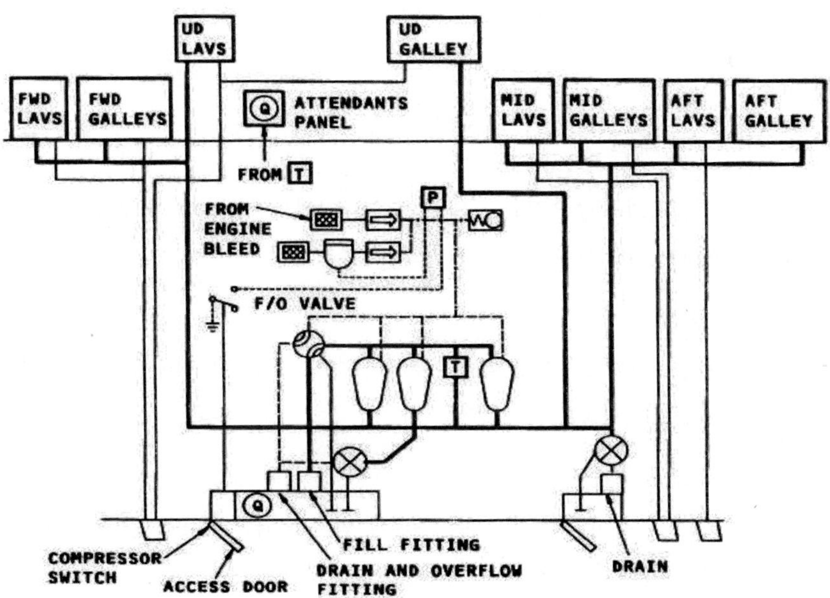

[그림 3-343 상수 시스템]

2. STORAGE TANK(저장 탱크)

Water Tank는 부식을 방지하기 위하여 Stainless Steel이나 Fiber Glass의 재질로 만들어져 있으며, 그 위치는 대부분 Fuselage Lower Side의 Cargo Compartment의 Side Wall에 위치한다. Water Service Panel로부터 물이 보급되고, Pneumatic System으로부터 온 Air Pressure에 의하여 가압되어 각각 사용처인 Galley나 Lavatory로 공급된다.

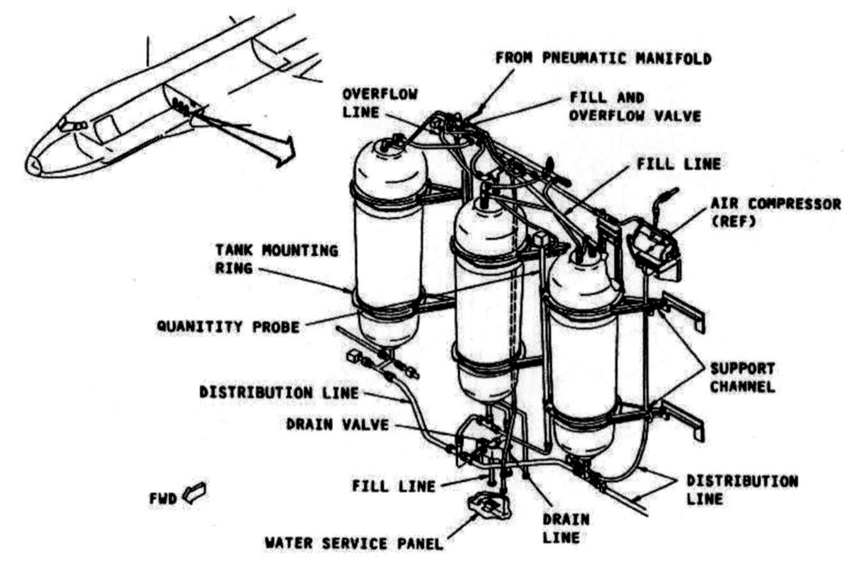

[그림 3-344 식수 및 저장 탱크]

3. SERVICE PANEL

① 개요

Water Tank의 물 보급과 배출은 Water Service Panel에서 수행되며 물 보급 시에는 Water Tank의 Structure를 보호하기 위해 보급 압력이 제한되어 있다.

② FILL FITTING(급수 충전)

급수차의 Hose가 항공기에 연결되는 부분으로서 급수차의 압력에 의해서 Tank내의 물이 채어진다. Fill Port는 1″ Port로 전 항공기 공통이다.

③ DRAIN PORT(배수 포트)

Fill Port로부터 급수된 물이 Tank를 가득 채우고 넘치게 되면 이 Port를 통하여 기외로 방출되며, Tank Drain시에도 이 Port를 이용한다.

④ FILL AND OVERFLOW VALVE HANDLE

Fill and Overflow Valve와 기계적으로 연결되어 Fill and Overflow Valve 작동을 Control 한다.

⑤ WATER QUANTITY INDICATOR(수량 표시기)

Cabin Attendant Panel과 Service Panel에 위치하여 Tank 내의 Water Quantity를 지시해 준다.

⑥ AIR COMPRESSOR INTERLOCK SWITCH(공기 압축 스위치)

Air Compressor의 작동 Power나 Quantity Indicator의 Power를 Control하여 Door가 Close 되어야 Air Compressor나 Quantity Indicator가 작동된다.

⑦ DRAIN VALVE HANDLE

정비 목적이나 동절기에 동파를 방지하기 위해 Tank 내의 물을 모두 Drain 시킬 때 Drain Handle을 Open 시키면 Drain Port를 통해 Tank 내의 물이 완전히 Drain 된다.

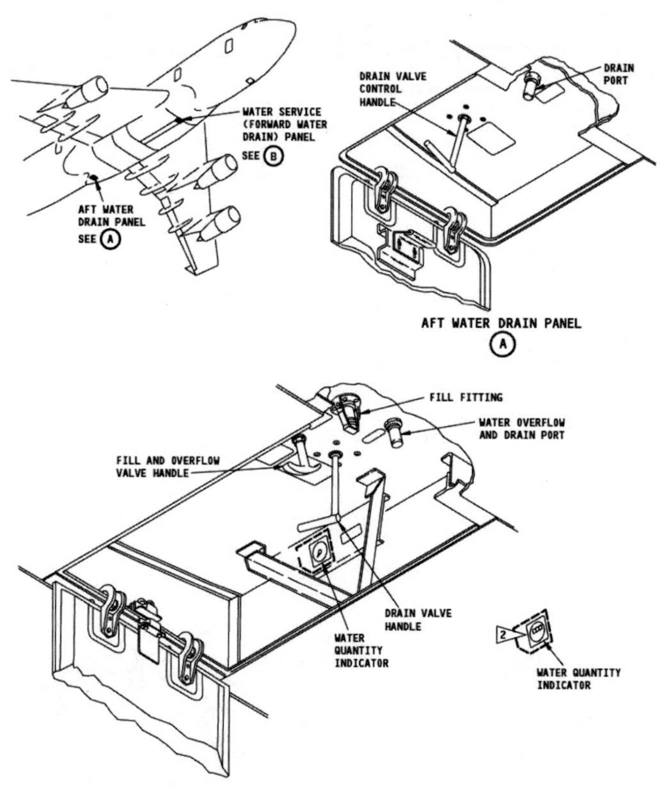

[그림 3-345 식수 및 서비스 패널]

4. FILL & OVERFLOW VALVE

Four Way Port Valve로서 Servicing Panel의 Handle에 의해서 Cable로 작동되며, Servicing Panel에 있는 Fill/Overflow Handle을 당기면 Fill Port와 Water Tank가 연결되고 Water Tank의 Overflow Line과 Overflow Port가 연결되어 물을 보급할 수 있고, Tank에 물이 가득 차면 Overflow Port를 통해서 Drain 된다.

만약 Fill/Overflow Handle을 당겨 놓지 않고 물을 보급하면 모두 Overflow Port를 통해서 Drain 된다.

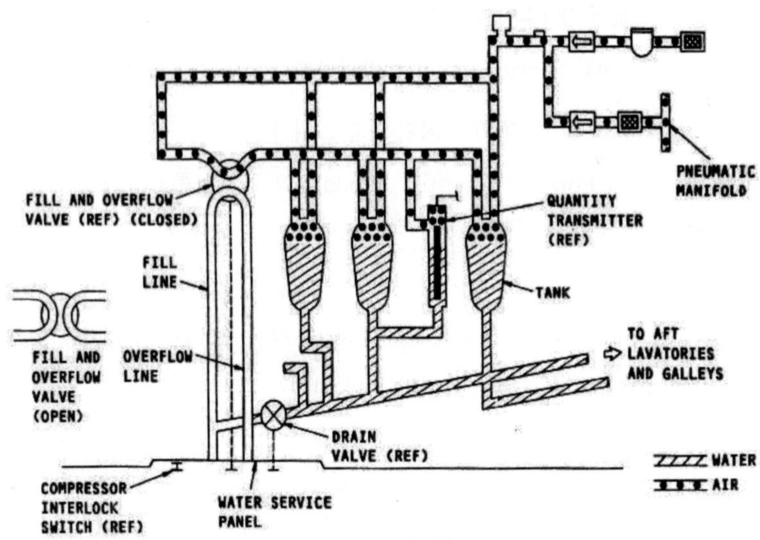

[그림 3-346 식수 및 오수처리 시스템리]

5. TANK DRAIN VALVE

Tank 내의 물을 완전히 Drain 시키는데 사용하며, Servicing Panel이나 Drain Panel에서 기계적으로 Control되나 일부 항공기에서는 Electric Power로 작동된다. Drain Valve는 항공기 전방과 후방에 각각 한 개씩 장착되어 있고, 전방에 위치한 Valve는 Servicing panel에서, 후방에 위치한 Drain Valve는 Drain Panel에 마련된 Drain Handle에 의해서 Control 할 수 있다. Drain Valve 상태가 불량하여 물이 새면 즉시 수정 조치를 해야 한다.

고공으로 비행하게 되면 물이 얼어 얼음덩이가 커져 낙하하면서 항공기를 손상시키거나 지상으로 떨어져 인명 손상이 발생될 우려가 있으므로 주의하여야 한다.

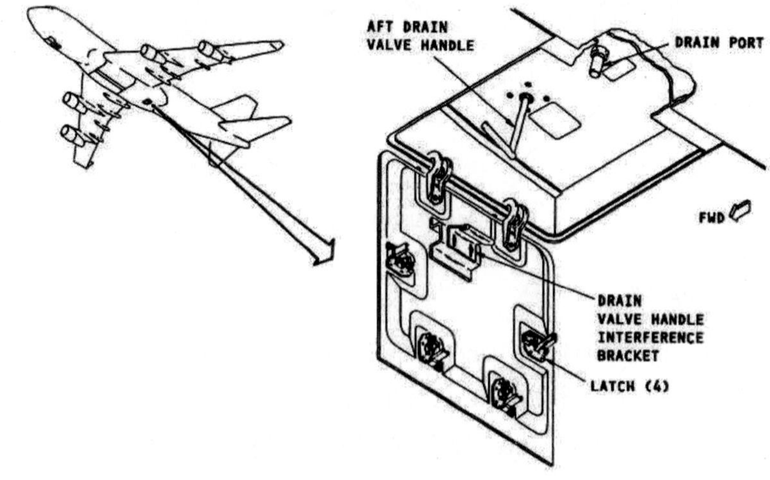

[그림 3-347 식수 및 서비스 패널]

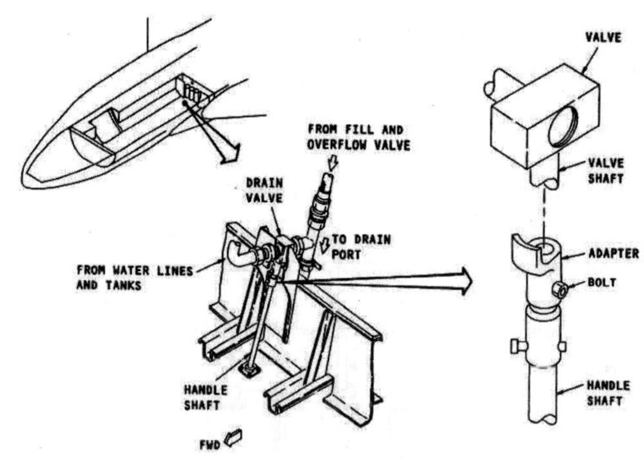

[그림 3-348 식수 및 탱크 배출 밸브]

6. WATER QUANTITY INDICATOR(수량 표시기)

Water Tank 내의 Water Quantity를 지시하기 위하여 있으며, Indicator 는 보통 Service Panel과 Cabin Attendant Panel에 위치한다. Quantity Indicator가 항상 지시하는 것은 아니고, Cabin 승무원이 물의 양을 알기 위해 Quantity Indicator Power Switch를 동작시켜야만 물의 양을 지시하도록 되어 있다.
이 System은 Tank 내에 설치되어 있는 Float에 의해 작동되는 Potentiometer Transmitter(전위계 송신기)에 의하여 각 Indicator(지시계)에 지시한다.

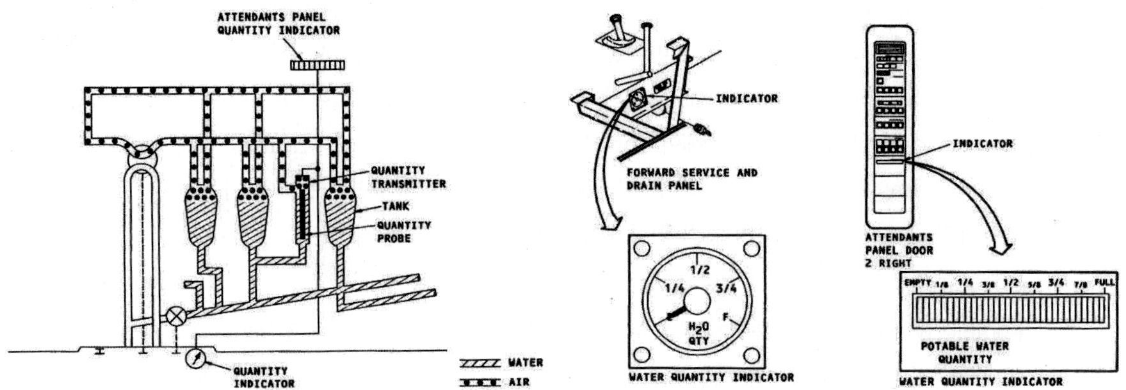

[그림 3-349 수량 표시기 시스템]

3. WATER TANK PRESSURIZATION SYSTEM(냉각수 탱크 가압 시스템)

1. 개 요

이 System의 목적은 Water Tank 내에는 별도의 Pump가 없기 때문에 Air Pressure를 가압하여 물을 공급시키기 위함이며, Air Source는 Engine Bleed Air, APU Bleed Air를 이용하고 Engine이나 APU가

작동하지 않을 경우에는 별도로 설치된 Air Compressor에 의하여 Air Pressure를 얻고 있다. 구성 품으로는 Air Compressor, Air Filter, Air Pressure Regulator, Pressure Relief Valve, Pressure Switch, Air Pressurization Shut-Off Valve, Check Valve로 이루어져 있다.

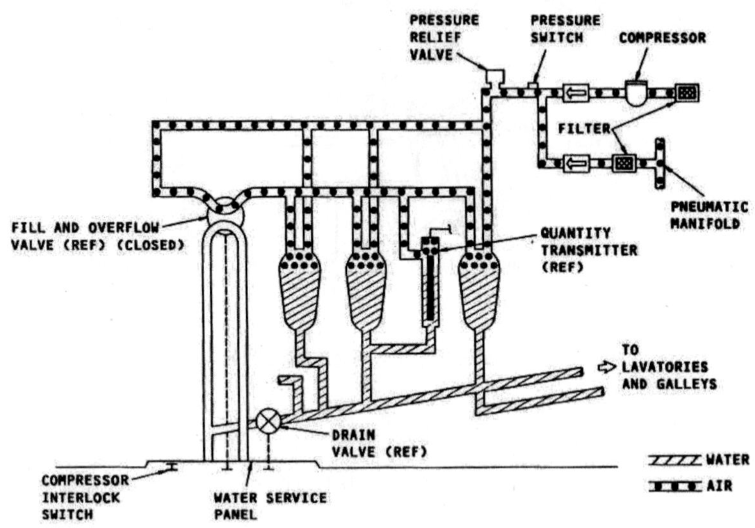

[그림 3-350 물 탱크 가압 시스템]

2 구성품 및 작동

① AIR COMPRESSOR(공기 압축기)

Water Tank 부근에 장착되어 있으며, AC 115[V] 3Φ Motor에 의해서 구동되며, Tank 상부에 장착된 Pressure Switch에 의해서 Control 된다. Water Servicing Panel이 Open되어 있으면 작동되지 않고, Servicing Panel을 Close 해야 Air Compressor가 작동 된다. Tank 상부에 장착된 Pressure Switch는 Engine Bleed Air 압력이 어느 규정치 이하로 떨어지면 자동으로 작동하여 Tank의 압력을 증가시키고, 다시 Tank 내의 압력이 규정치 이상으로 증가되면 자동으로 정지된다.

② AIR FILTER

Potable Water Tank로 들어가는 모든 공기를 Filtering하여 이물질이 Tank로 들어가는 것을 방지하여 주며, 이 Filter가 막히게 되면 Faucet에서 물이 잘 나오지 않게 되는 경우도 있으니 주기적인 교환이 요구되는 품목이다.

③ AIR PRESSURE REGULATOR(공기 압력 조절기)

Engine에서 나오는 Bleed Air 압력이 약 45~50[psi]의 높은 압력이기 때문에 이를 일정한 압력으로 조절하여 Water Tank에 보내주기 위하여 설치되어 있다.

④ PRESSURE RELIEF VALVE(감압 밸브)

보통 Tank의 상부에 부착되어 있으며, Air Pressure Regulator의 기능이 불량하던지 다른 이유로 해서 Water Tank에 과도한 압력이 걸려 Water Tank가 손상되는 것을 방지하는데 목적이 있다.

⑤ PRESSURE SWITCH(압력 스위치)

Water Tank의 상부에 부착되어 있어 Tank 내에 걸리는 Air 압력이 어느 규정치 이하로 떨어지면 Close되어 Air Compressor를 구동시키고 다시 Tank 내의 압력이 어느 규정치 이상으로 증가되면 Open되어 Air Compressor의 작동을 정지시키는 역할을 한다.

⑥ AIR PRESSURIZATION SHUT-OFF VALVE(공기 압력 차단 밸브)

Water Supply Line에서 물이 셀 경우에 공급되는 물을 차단하는 방법의 하나로서, Water Tank로 들어가는 Air Pressure를 차단하여 물 공급을 차단시킨다.

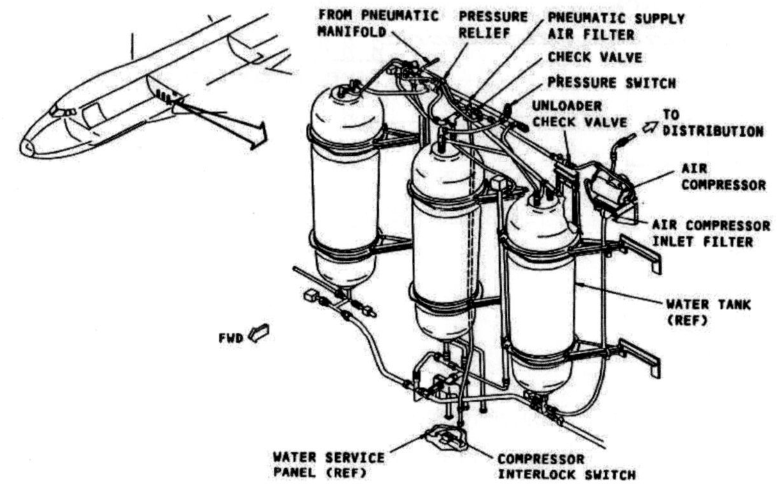

[그림 3-351 물이 셀경우 공기압 차단 밸브(SHUT-OFF VALVE)]

4. LAVATORY COMPONENT(화장실 구성 요소)

1 개 요

Air Pressure에 의하여 가압된 Water는 Supply Line을 거쳐 Galley나 Lavatory로 가서 2개로 갈라진다. 하나는 Water Heater를 거쳐 Heating되어 Hot Faucet로, 다른 하나는 Heater를 거치지 않고 직접 Cold Water Faucet로 들어가서 사용되는데 사용된 물은 Drain Valve를 거쳐 Drain Mast를 통해서 항공기 밖으로 배출된다.

구성품은 Water Heater, Water Filter, Faucet, Wash Basin, Wash Basin Drain Valve, Drain Mast, Cooler로 구성되어 있다.

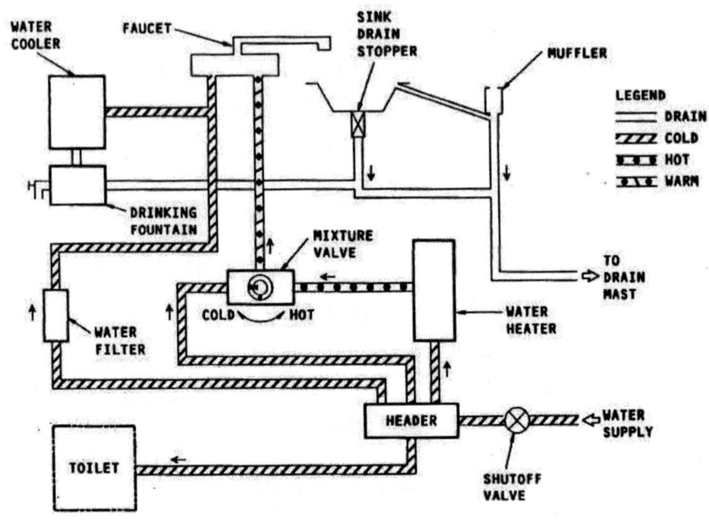

[그림 3-352 화장실 구성 요소 시스템]

2. 구성품

① WATER HEATER(온수기)

보통 115[V] AC로 작동되는 Heater Element로 구성되어 있으며, Thermal SW에 의해 일정한 온도의 물을 Faucet에 보내 주고 있다. Thermal SW가 Close Stick되어 Over Heating이 되면 Heater 내부에 있는 Overheat SW가 Trip되어 Heater를 보호하도록 되어 있다. 한 번 Overheat가 발생하면 Heater는 물의 온도가 떨어져도 다시 작동되지 않는다. 이 때는 Heater 상부의 Cap을 장탈하고 Heater가 충분히 식은 다음에 Overheat SW의 상부를 눌러 Reset를 해야 한다. Heater의 겉면에는 ON-OFF SW와 Heater의 상태를 표시해 주는 Indicator Light가 붙어 있다.

② WATER FILTER

Lavatory 벽에 부착되어 있고 Drinking Fountain에서 먹을 수 있는 물을 Filtering하여 공급하며 주기적으로 교환해야 한다. 물 맛이 이상하거나 냄새가 나면 Water Filter를 즉시 교환해야 한다.

③ FAUCET

Wash Basin에 더운 물과 찬 물을 선택하여 사용할 수 있도록 마련되어 있다. Self Venting Faucet는 Potable Water System의 물을 모두 Drain 시킬 때, Faucet 내부에 있는 Float가 내려가 Cabin Air가 Water Supply Line 속으로 들어가서 Drain이 잘 되도록 해 주고, Water Tank에 물을 보급하여 Galley나 Lavatory로 처음 공급시킬 때 Airlock이 발생하는 것을 방지하기 위해 Supply Line 속의 Air를 Cabin으로 Vent 시킨다. 이 때 물이 Faucet까지 차게 되면 Float가 떠서 물의 흐름을 차단한다.

④ WASH BASIN DRAIN VALVE(세면기 배수 밸브)

Wash Basin에서 사용한 Waste Water는 Drain Valve를 통해서 항공기 밖으로 배출된다.

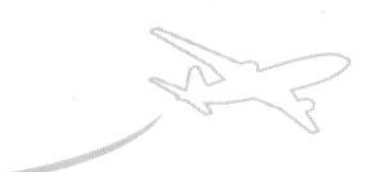

Wash Basin 상부에 있는 Drain Valve Control Handle을 작동 시키면 Drain Valve가 열려 Waste Water가 Drain Line을 통해 빠져나가고, Drain Valve Control Handle을 놓게 되면 Spring 힘에 의해 Drain Valve가 Close된다.

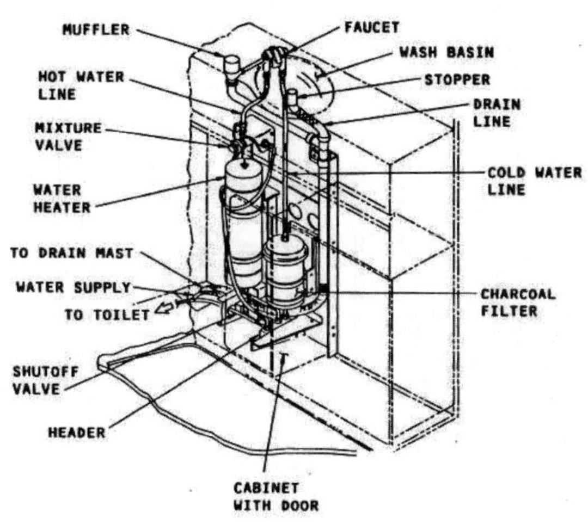

[그림 3-353 세면기 배수 밸브(Drain Valve)]

⑤ DRAIN MAST

Drain Mast는 Fuselage의 하부에 장착되어 있으며, Forward, Mid, After에 각각 위치한다. 내부에는 Drain Line이 통하고 있으며, 빙결을 방지하기 위하여 Electric으로 Heating한다. 지상에서는 적게 비행 중에는 많이 Heating되도록 되어 있고, Wash Basin Overflow Line으로부터 Cabin Air가 빠져나가게 하여 빙결을 방지하고 있다.

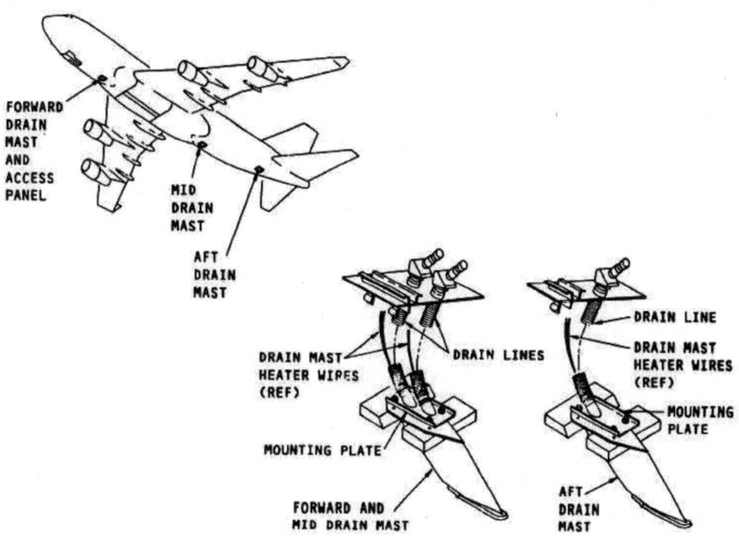

[그림 3-354 상수 및 배수 마스트]

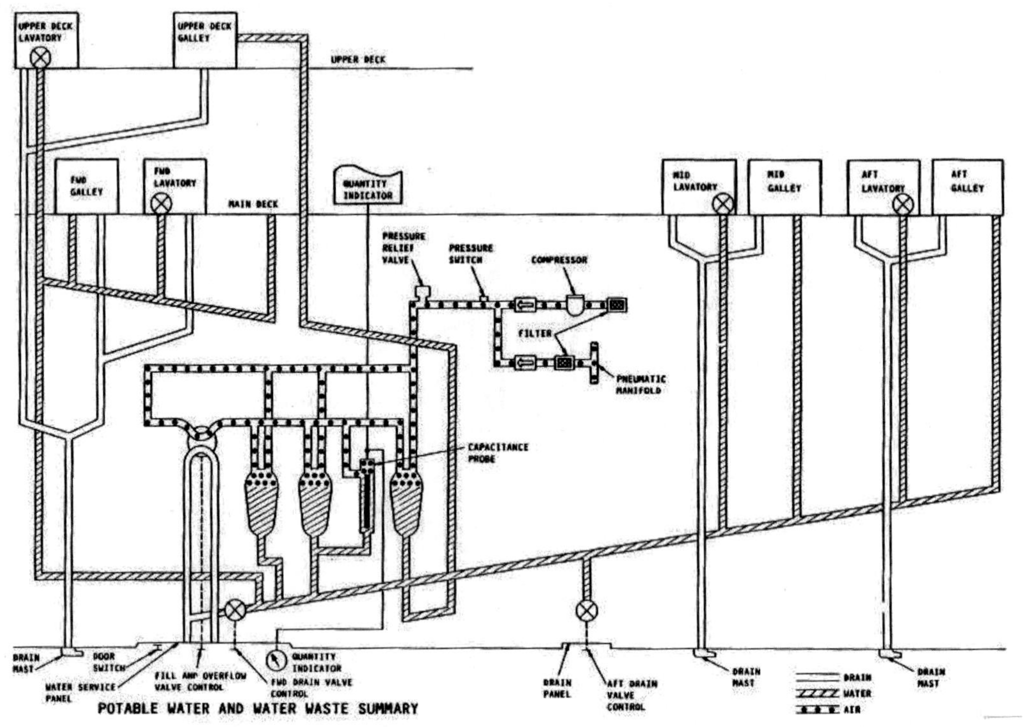

[그림 3-355 식수 및 오수 요약도]

5. TOILET WASTE SYSTEM(화장실 폐기물 시스템)

1. 개요

Toilet Waste system은 4개의 Waste Tanks와 Bulk Cargo Compartment에 위치한 Vacuum System Components로 되어 있다. Toilet에 대한 Flushing Cycle은 Flush Control Unit에 의해 조종된다. Unit는 Rinse Water & Flush Valve를 Control하고 Toilets의 Waste & Flushing Water는 Lines를 통해 4개의 Waste Tanks로 이송된다.

Toilet System은 Vacuum System이 사용되고 이 Vacuum System은 Differential Cabin Pressure 또는 Vacuum Blowers를 사용하며 Vacuum Blowers는 Ground 및 고도 16,000[ft] 이하에서 Auto로 작동된다. Waste Tank Capacity는 각 Tank에 있는 Level Sensors에 의해 감지되며 Sensors가 Waste Tank Full을 지시할 때 Flushing은 Full Waste Tank에 연결된 Toilet에서의 작동을 멈추게 되고 추가적으로 LAV INOP LT가 PAX Cabin의 Attendants Panel에 들어와서 해당되는 Lavatories를 더 이상 사용할 수 없음을 지시한다.

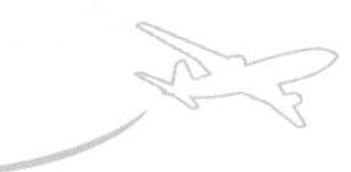

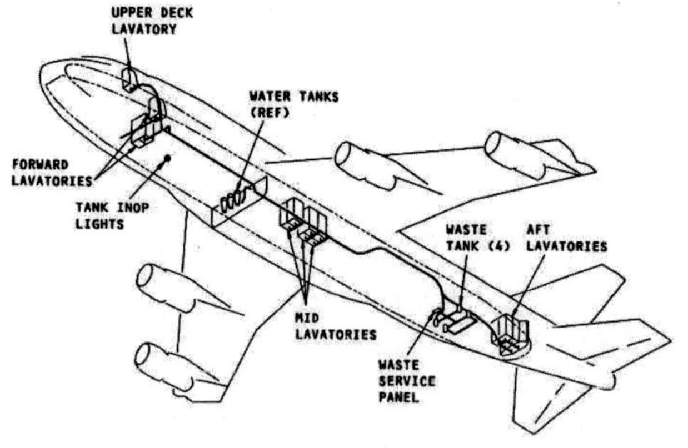

[그림 3-356 화장실 오수 위치수]

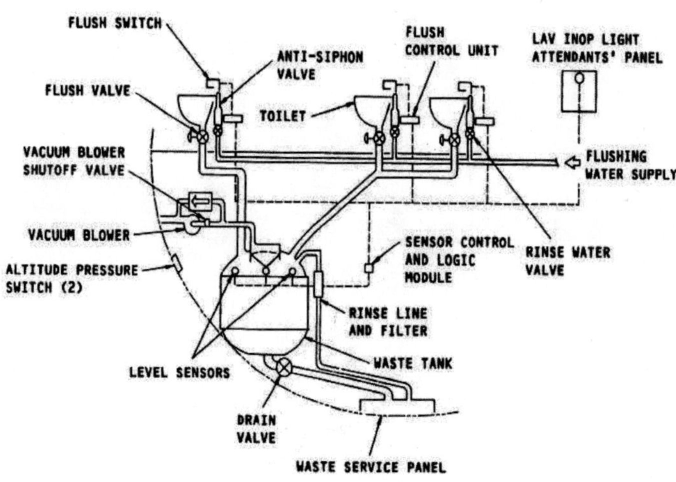

[그림 3-357 식수 및 화장실 폐기물 시스템]

Aircraft Maintenance

항공기 기체 Ⅱ (시스템)

기출 및 예상문제 상세해설

제1편 항공기 기체 Ⅱ (시스템)

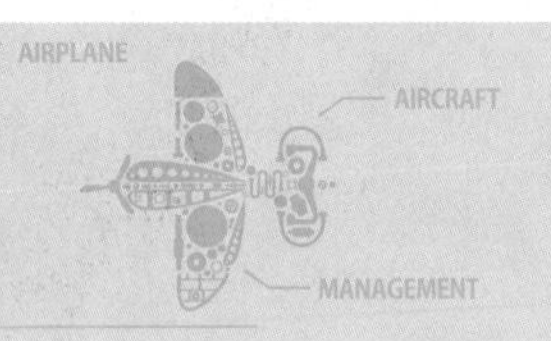

1 항공기 계통(Aircraft System)

1 기내 환경 계통

01 기내 환경계통(ECS)에 대한 설명이 아닌 것은?

① 승객과 승무원에게 지상에서와 비슷한 환경과 같게 객실의 온도를 조절

② 전자/전기/계기장비의 온도를 유지

③ 고 고도에서 비행을 위한 적절한 기내 환경 유지

④ Galley와 Lavatory의 환기

해설

ECS(Environmental Control System)

- 승객과 승무원에게 지상에서와 비슷한 환경과 같게 객실의 온도를 조절
- 전자/전기/계기장비에서 발생하는 열을 제거
- 고 고도에서 비행을 위한 적절한 기내 환경 유지
- Galley와 Lavatory의 환기
- 그 밖에 Cargo System에 지상에서와 비슷한 기내 환경을 제공

02 객실 여압 및 공기조화계통에 대한 설명이 아닌 것은?

① 항공기 객실 여압은 압축공기를 객실 고도에 맞게 조절하여 공급한다.

② 압축된 공기를 전량 계속해서 객실에 공급한다.

③ 압축된 공기를 전량 계속해서 객실에 공급함으로써 조절된다.

④ 객실내의 공기 조절은 Out Flow Valve가 한다.

해설

객실 여압 및 공기조화계통

항공기 객실 여압은 압축공기를 객실 고도에 맞게 조절하여 공급하는 것이 아니라 압축된 공기를 전량 계속해서 객실에 공급하며 압축된 공기를 전량 계속해서 객실에 공급함으로써 조절된다.

03 Air Conditioning System에 대한 설명이 아닌 것은?

① 압축공기의 온도를 인체에 알맞은 상태로 조절하는 장치이다.

② 압축기에서 압축된 가열 공기를 추가로 가열이 필요 있을 경우 압축공기를 재순환시켜 가열되도록 한다.

③ 계통의 공기 공급은 왕복기관의 과급기(Super Charger)에서 공급 받는다.

④ 계통의 공기 공급은 왕복기관의 압축기에서 가압된 블리드 공기를 사용한다.

해설

Air Conditioning System

- 냉각장치와 가열장치를 이용하여 객실 내부로 유입되는 압축공기의 온도를 인체에 알맞은 상태로 조절하는 장치로서 여압계통과 함께 사용된다.
- 여압공기는 압축기에서 압축될 때 이미 가열되어 있으므로 추가로 가열이 필요없으나, 온도를 좀더 높일 필요가 있을 때는 가솔린 연소가열기나, 전열기 및 제트 기관의 배기 가스를 이용한 열교환기 등을 사용하거나 압축공기를 재순환시켜 가열되도록 한다.
- 객실 여압계통의 공기 공급은 왕복기관의 과급기(Super Charger) 또는 터보 과급기(Turbo Super Charger)로부터 객실 여압에 필요한 공기를 받으며, 가스 터빈 기관의 압축기에서 가압된 블리드공기를 사용한다.

04 Air Cycle Cooling에 대한 설명이 아닌 것은?

① 가열 공기를 냉각시키는 공기 열교환기이다.

② 여러 개의 밸브로 구성되어 있는 기계적 냉각방식이다

③ 안전성이 높고 구조가 단순하며 고장이 적고 경제적이다.

④ 에어컨이나 냉장고와 비슷하며 적극적인 냉각방식이다.

해설

공기순환 냉각방식(Air Cycle Cooling)

[정답] 01 ② 02 ① 03 ④ 04 ④

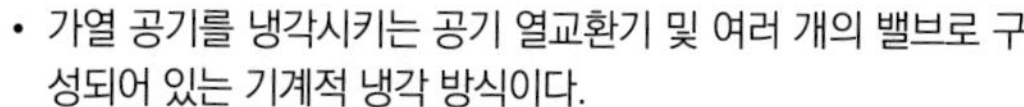

- 가열 공기를 냉각시키는 공기 열교환기 및 여러 개의 밸브로 구성되어 있는 기계적 냉각 방식이다.
- 안전성이 높고 구조가 단순하며 고장이 적고 경제적이다.

05 Vapor Cycle Cooling에 대한 설명이 아닌 것은?

① 냉각성이 강하다.
② 기관이 작동하지 않더라도 냉각이 가능한 증기순환 냉각방식을 사용한다.
③ 가열 공기를 냉각시키는 공기 열교환기이다.
④ 작동원리는 에어컨이나, 냉장고와 비슷하며 적극적인 냉각 방식이다.

해설

증기순환 냉각방식(Vapor Cycle Cooling)
냉각성이 강력하고, 기관이 작동하지 않더라도 냉각이 가능한 증기순환 냉각방식을 사용하며, 작동원리는 에어컨이나, 냉장고와 비슷하며 적극적인 냉각방식이다.

06 Heat Exchanger의 역할이 아닌 것은?

① Ram Air는 저온의 공기이다.
② Pack Valve를 통하여 유입된 공기는 고온, 고압이다.
③ 기관이 작동하지 않더라도 냉각이 가능하다.
④ 고온, 고압의 공기가 만나 열교환이 이루어지는 곳이다.

해설

Heat Exchanger(열교환기)
RAI Door를 통해 들어온 Ram Air와 Flow Control & Shut Off Valve(Pack Valve)를 통해 유입된 고온, 고압의 공기가 만나 열교환이 이루어 지는 곳이다.

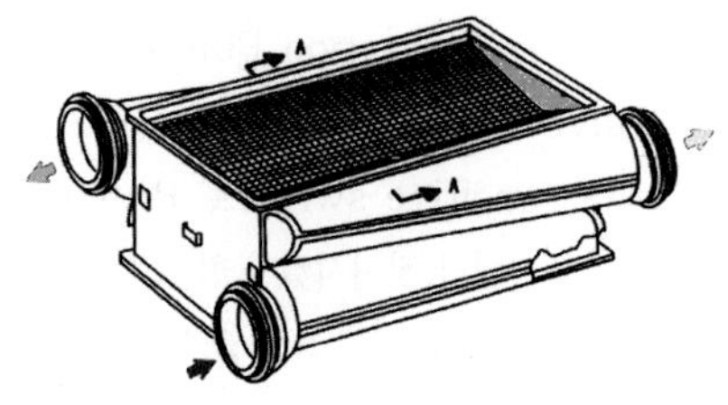

[Heat Exchanger]

07 Water Separator의 역할을 바르게 설명한 것은?

① 냉각된 공기에 수분을 함유하고 있어, Water Separator를 거쳐 냉각 공기로부터 수분이 분리된다.
② RAI Door를 통한 공기에 수분을 함유하고 있어, Water Separator를 거쳐 공기로부터 수분이 분리된다.
③ Pack Valve를 통한 공기에 수분을 함유하고 있어, Water Separator를 거쳐 공기로부터 수분이 분리된다.
④ Flow Control를 통한 공기에 수분을 함유하고 있어, Water Separator를 거쳐 공기로부터 수분이 분리된다.

해설

Water Seperator & Water Ejector Nozzle
- 터빈을 지나 팽창되며 냉각된 공기는 수분을 함유하고 있으므로 Water Separator를 거침으로써 냉각 공기로부터 수분이 분리된다.

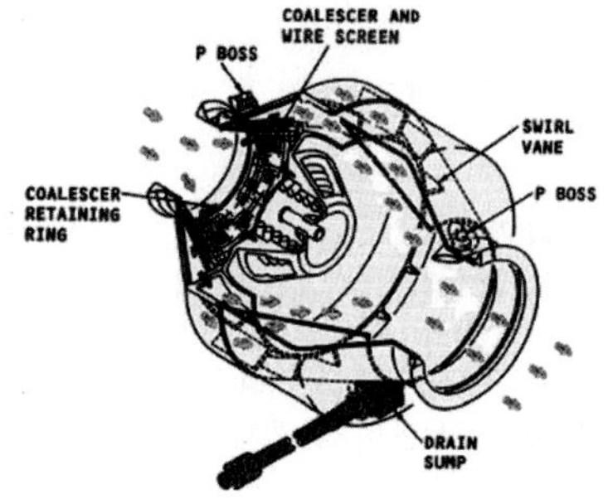

[Water Separator(수분 분리기)]

- 분리된 수분은 Water Aspirator에서 기화 시켜, 열교환기 전에 Ejector Nozzle을 통해 분사시킴으로써 냉각 효과를 높이게 된다.

08 항공기 전자 장비의 열은 어떻게 Cooling하는가?

① RAI Door를 통한 공기를 사용하여 장비에서 발생되는 열을 제거
② Cooling Airflow를 사용하여 장비에서 발생되는 열을 제거

[정답] 05 ③ 06 ③ 07 ① 08 ②

③ Pack Valve를 통한 공기를 사용하여 장비에서 발생되는 열을 제거

④ Flow Control을 통한 공기를 사용하여 장비에서 발생되는 열을 제거

해설

Equipment Cooling System

Cooling Airflow를 사용하여 장비에서 발생되는 열을 제거하고 장비에서 제거되는 더워진 공기는 Heating에 사용되거나 항공기 밖으로 배출된다.

09 항공기 여압계통의 설명이 옳지 않은 것은?

① 고공비행 시 압력과 온도를 유지해 주어 생명체가 안전하게 비행할 수 있게 한다.

② 조종실, 객실 및 화물실은 여압이 필요하다.

③ 꼬리날개(Tail Wing, Empennage)에도 반드시 여압이 필요하다.

④ 여압을 제한하는 중요한 요소는 기체 구조 강도를 고려해야 하기 때문이다.

해설

여압실의 구조와 기밀

- 고공비행 시 압력과 온도의 유지와 생명체가 안전하게 비행할 수 있게 한다.
- 조종실, 객실, 화물실은 여압을 하여야 한다.
- 여압을 제한하는 중요한 이유는 기체 구조 강도를 고려해야 하기 때문이다.

10 여압실의 단면 형상으로 많이 사용되는 것은?

① 타원형 ② 원형

③ 이중 거품형 ④ 물방울형

해설

여압실의 단면 형상

최근 항공기에는 여압실의 단면 형상으로 이중 거품형이 많이 사용되고 있는데, 이유는 동체의 높이를 증가시키지 않고 넓은 탑재 공간을 마련하기 위해서다.

11 항공기의 출입문을 기체 스킨 안으로 여는 문의 형태는?

① 플러그형(Plug Type)

② 티형(T Type)

③ 팽창형(Expand Type)

④ 밀폐형(Seal Type)

해설

여압실 도어(Pressurized Door)

구조에는 1[m]당 수 톤이라는 큰 힘이 걸리기 때문에 기체에 고정시키는 방법과 기밀이 어렵다. 여압실 도어에는 안으로 여는 것과 밖으로 여는 2개의 형식이 있다. 안으로 여는 도어(Plug Type)는 닫았을 경우, 캐빈의 압력으로 자연히 기체에 억눌러지는 형으로 되기 때문에 락이 불안전해도 안심이이 된다.
열렸을 경우, 기내의 공간이 줄고 비상 탈출에 방해가 된다.

12 객실 여압계통의 아웃플로 밸브의 기능은?

① 일정한 체적의 객실 공기를 배출시킨다.

② 지나치게 여압되지 않도록 한다.

③ 원하는 객실 압력을 유지한다.

④ 모든 고도에서 같은 객실 공기압을 유지한다.

해설

아웃플로 밸브(Outflow Valve)

객실로부터 빠져나가는 공기량을 조절해서 객실 압력을 유지한다.

13 비행기의 Cabin Pressure는 주로 어떻게 조절되는가?

① Maximum safe cabin altitude와 동일한 압력이 이르렀을 때 Pressurization Pump의 작동을 정지시키는 Valve로 조절

② Pressure – sensitive switch로 Pressurization Pump를 작동시켰다 정지시켰다 함으로써 조절한다.

③ 자동 Outflow Valve로 필요이상의 압력을 기체 밖으로 내보낸다.

④ Pressurization Pump의 Output Pressure를 조절하는 Pressure – sensitive switch로 보낸다.

[정답] 09 ③ 10 ③ 11 ① 12 ③ 13 ③

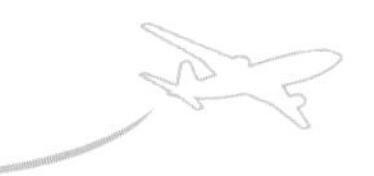

해설

아웃플로 밸브(Outflow Valve)

객실로부터 빠져나가는 공기량을 조절해서 자동 Outflow Valve로 필요이상의 압력을 기체 밖으로 내보낸다.

2 기내장비 및 설비(비상장비 포함)

01 항공기 설비의 위치 및 장비가 잘못 설명된 것은?

① Flight Compartment는 Passenger Compartment 후방

② Passenger Compartment는 승객이 탑승하는 동체 내부구조의 주요 부분

③ Cargo Compartment는 화물을 탑재하기 위한 장비들이 설치

④ Emergency Equipment는 항공기의 비상사태에서 사용되는 장비

해설

항공기 설비의 위치 및 장비

- Flight Compartment : Radom Bulkhead 후방과 Passenger Compartment 전방부분에 위치한다.
- Passenger Compartment : 승객이 탑승하는 동체 내부구조의 주요 부분이며, 조종실 후방 부분으로부터 After Pressure Bulkhead 까지로 여러 개의 Galley 와 Lavatory가 장착되어 있다.
- Cargo Compartment : 객실 하부에 위치하여 화물을 수송하는데 사용되며, 화물을 탑재하기 위한 장비들이 설치되어 있다.
- Emergency Equipment : 항공기의 비상사태에서 사용되는 장비들로서 Escape Slide 및 Escape Slide를 작동시키기 위한 장비, Life Raft, Life Vest, Emergency Transmitter 및 기타 여러 가지 Life Support 장비들이 이에 해당된다.

02 항공기 기내 화장실을 잘못 설치한 것은?

① 장거리에서는 30 ~ 40석

② 중거리에서는 40 ~ 50석

③ 단거리에서는 50 ~ 60석

④ 일반적으로 60 ~ 70석

해설

항공기내 화장실을 설치

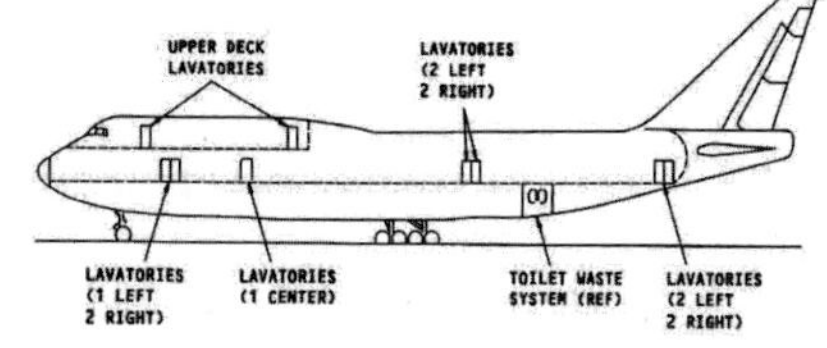

항공기내 화장실(Lavatory)을 설치 시, 좌석 수를 고려하여 적절한 수와 배치가 이루어 지는데, 장거리에서는 30~40석, 중거리에서는 40~50석, 단거리에서는 50~60석 당 1개소 비율로 화장실을 설치하고 그 배치도 특정의 화장실에 승객이 집중하지 않게 고려되어 있다.

03 항공기에서 발생될 수 있는 비상 사태가 아닌 것은?

① 객실내의 화재 ② 불시착

③ 객실 여압 감소 ④ 항공기계통의 고장

해설

Emergency Equipments

항공기 비상사태(조종실 또는 객실 내의 화재, 지면 및 수면에 불시착, 동체의 착륙, 객실 내부의 압력 감소, 환자 및 부상자 등에 사고가 발생했을 때 승객과 승무원이 무사히 탈출하고 구출되는 것을 돕기 위한 장비품이다. 긴급 불시착시에 탈출을 돕는 Escape Slide, Rope, 도끼, 휴대용 확성기가 필요하다.

04 항공기가 바다에 비상 착수하였을 때 필요한 장비가 아닌 것은?

① 구명 보트 ② 구명 동의

③ 손도끼 ④ 연기불꽃 신호장비

해설

수면 위의 불시착

Life Raft, Life Vest, 조난위치를 알리는 전파발신장치, 발화신호장치, 승객의 부상을 치료하는 구급약품(FAK) 등이 기내에 탑재되어 있다.

05 Emergency Escape Slide 작동 시 잘못된 설명은?

[정답] 01 ① 02 ④ 03 ④ 04 ③ 05 ④

① 대형 여객기에서는 탑승 문이 비상문이다.

② 90초 이내에 전원이 탈출하여야 한다.

③ Escape Slide는 10초 내에 자동적으로 전개되어야 한다.

④ 수면 위에 착륙 시 Emergency Escape Slide는 작동된다.

해설

Escape Slide

긴급 불시착했을 때 승객과 승무원을 안전하게 신속히 기체 밖으로 탈출 시키기위한 장치이다.
대형 여객기에서는 탑승 문이 그대로 비상문으로 되어 있으며, 여기에 Escape Slide가 장착되어 있다. 이러한 Slide는 법규에서 정해진 90초 이내에 전원이 탈출을 가능케 하기 위하여, 비상구를 열면 동시에 고압의 Nitrogen Gas에 의해 10초 내에 자동적으로 전개, 팽창하게 설계되어 있다.

8 화재감지계통

01 화재경고탐지장치 수감부로 사용되지 않는 것은?

① 열전쌍(Thermocouple)

② 열 스위치(Thermal Switch)

③ 와전류(Eddy current)

④ 광전지(Photo Cell)

해설

화재경고장치

- 열전쌍(thermocouple)식 화재 경고장치
- 열 스위치(thermal switch)식 화재 경고장치
- 저항 루프(resistance loop)형 화재 경고장치
- 광전지(photo cell)식 화재 경고장치

02 항공기 화재경고장치에 대한 설명이 아닌 것은?

① 기관 주위 및 화물실 등의 열에 민감한 재료를 사용하여 화재탐지장치를 설치

② 열전쌍식 화재경고장치는 온도의 급격한 상승에 의하여 화재를 탐지하는 장치

③ 광전지식 화재경고장치는 화재 시 발생하는 연기로 인한 반사광으로 화재 탐지하는 장치

④ 열 스위치식 화재경고장치는 온도 상승을 전기적으로 탐지하는 장치

해설

화재경고장치

기관의 그 주위 및 화물실 등의 열에 민감한 재료를 사용하여 화재탐지장치를 설치하여 화재가 발생하면 경고장치에 의해 신호를 보낸다.

- 열전쌍식 화재경고장치
  온도의 급격한 상승에 의하여 화재를 탐지하는 장치로 서로 다른 금속을 접합한 열전쌍을 이용한다.
- 열 스위치식 화재경고장치
  열팽창률이 낮은 니켈-철 합금인 금속 스트럿이 서로 휘어져 있어 평상시에는 접촉점이 떨어져 있으나 열을 받게 되면 열팽창률이 높은 스테인리스강으로 된 케이스가 늘어나게 되어 금속 스트럿이 펴지면서 접촉 점이 연결되어 화재를 경고하는 장치이다.
- 광전지식 화재경고장치
  광전지는 빛을 받으면 전압이 발생을 하는데 화재시 발생하는 연기로 인한 반사광으로 화재를 탐지하는 장치이다.
- 저항 루프형 화재 경고장치(Resistance Loop Type Detector)
  전기저항이 온도에 의해 변화하는 세라믹이나 일정 온도에 달하면 급격하게 전기저항이 떨어지는 융점이 낮은 소금(Eutectic Metal)을 이용하여 온도 상승을 전기적으로 탐지하는 장치이다.

03 화재의 구분이 잘못된 것은?

① A급 화재 : 종이, 나무, 의류 등 가연성 물질에 의한 화재

② B급 화재 : 연료, 윤활유, 그리스, 솔벤트, 페인트 등에 의한 화재

③ C급 화재 : 가연성 물질에 의한 원인이 되어 발생하는 화재

④ D급 화재 : 마그네슘, 분말금속 등 금속물질로 인한 화재

해설

화재의 구분

- A급 화재(일반화재) : 종이, 나무, 의류 등 가연성 물질에 의한 화재
- B급 화재(기름화재) : 연료, 윤활유, 그리스, 솔벤트, 페인트 등에 의한 화재
- C급 화재(전기화재) : 전기가 원인이 되어 발생하는 화재
- D급 화재(금속화재) : 마그네슘, 분말금속 등 금속물질로 인한 화재

[정답] 01 ③ 02 ④ 03 ③

04 휴대용 소화기에서 A급 화재에 사용되는 소화기는?

① 물 소화기 ② 이산화탄소 소화기
③ 프레온 소화기 ④ 분말 소화기

해설

A급 화재에는 물 소화기를 사용한다.

05 조종실이나 객실에 설치되어 있으며 B, C급 화재에 사용되는 소화기는?

① 물 소화기 ② 이산화탄소 소화기
③ 프레온 소화기 ④ 분말 소화기

해설

소화제 종류

- 물 : A급 화재만 사용하고 , B, C급 화재에는 사용이 금지된다.
- 이산화탄소 : B, C급 화재에 유효하다. D급 화재에는 효과가 없다.
- 프레온 가스 : 소화능력이 뛰어나 B, C급 화재에 사용된다.
- 분말 소화제 : B, C, D급 화재에 사용된다.
- 사염화탄소 : 소화능력은 좋지만 독성이 있어 사용을 금지한다.
- 질소 : 소화능력이 뛰어나며, 독성이 작다. 일부 군용기에 사용한다.

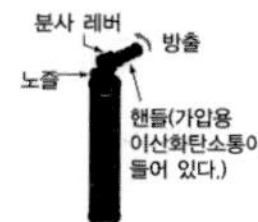

[물 소화기]

[탄소 개스 소화기]

[프레온 소화기]

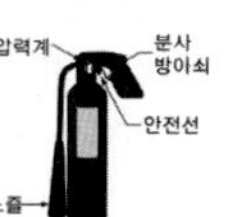

[분말 소화기]

06 사염화탄소 소화기의 취급 시 주의할 점은?

① 인체의 동상이 걸릴 우려
② 기화기의 내부에 소화액을 넣지 말것
③ 독가스의 발생
④ 소화액에 의한 의복의 부식

해설

사염화탄소

열에 의해 대량의 독가스를 발생하므로 주의가 필요

07 화재탐지방법이 아닌 것은?

① 온도상승률 탐지기 ② 연기 탐지기
③ 과열 탐지기 ④ 신호 탐지

해설

화재탐지방법

온도상승률 탐지기, 복사감지 탐지기, 연기 탐지기, 과열 탐지기, 일산화탄소 탐지기, 가연성 혼합가스 탐지기, 승무원 또는 승객에 의한 감시 등이 있다.

4 조종 계통

01 비행기의 세로축에 관한 Moment는?

① 옆놀이 모멘트(Rolling Moment)
② 선회 모멘트(Spinning Momet)
③ 빗놀이 모멘트(Yawing Moment)
④ 키놀이 모멘트(Pitching Moment)

해설

옆놀이(Rolling) 운동

항공기 동체의 앞과 끝을 연결한 세로축을 중심으로 항공기는 가속, 감속, 등속으로 직선운동을 하거나 회전운동을 하는데 이때의 회전운동을 말한다.
옆놀이 모멘트를 발생시키는 조종면은 도움날개이다.

축	운동	조종면	안정
세로축, X축, 종축	옆놀이(Rolling)	도움날개(Aileron)	가로안정
가로축, Y축, 횡축	키놀이(Pitching)	승강키(Elevator)	세로안정
수직축, Z축	빗놀이(Yawing)	방향키(Rudder)	방향안정

02 비행기의 가로축에 관한 Moment는?

① 옆놀이 모멘트(Rolling Moment)
② 선회 모멘트(Spinning Momet)
③ 빗놀이 모멘트(Yawing M0ment)
④ 키놀이 모멘트(Pitching Moment)

[정답] 04 ① 05 ② 06 ③ 07 ④ 01 ① 02 ④

해설

키놀이(Piching) 운동

한쪽 날개 끝에서 다른 쪽 날개 끝까지 연결한 가로축을 중심으로 하는 회전운동을 말한다. 키놀이 모멘트를 발생시키는 조종면은 승강키이다.

03 비행기의 수직축에 관한 Moment는?

① 옆놀이 모멘트(Rolling Moment)
② 선회 모멘트(Spinning Moment)
③ 빗놀이 모멘트(Yawing Moment)
④ 키놀이 모멘트(Pitching Moment)

해설

빗놀이(Yawing) 운동

항공기의 무게중심에서 세로축과 가로축이 만드는 평면에 수직인 축(수직축)을 중심으로 해서 진행방향에 대하여 좌우로 하는 회전운동을 말한다. 빗놀이 모멘트를 발생시키는 조종면은 방향이다.

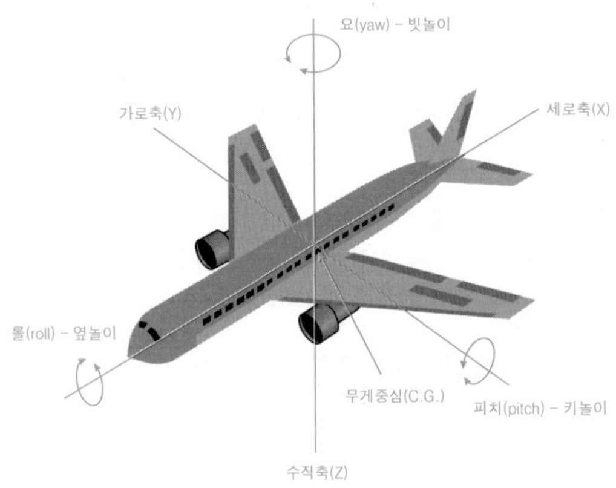

04 비행기의 기체축과 운동 및 조종면이 옳게 연결된 것은?

① 가로축 – 빗놀이운동(Yawing)–승강키(Elevator)
② 수직축 – 선회운동(Spinning)–스포일러(Spoiler)
③ 대칭축 – 키놀이운동(Pitching)–방향키(Rudder)
④ 세로축 – 옆놀이운동(Rolling)–도움날개(Aileron)

해설

3번 해설 참조

05 Spoiler의 역할 중 설명이 옳지 못한 것은?

① 도움날개 보조 ② 항력 증가
③ brake 작용 ④ 양력 증가

해설

스포일러(Spoiler)

- Flight Spoiler : 비행 중 날개 바깥쪽의 공중 스포일러의 일부를 좌우 따로 움직여서 항공기 자세를 조종하거나 같이 움직여 비행속도를 감소시킨다.
- Ground Spoiler : 착륙활주 중 지상 스포일러를 수직에 가깝게 세워서 항력을 증가시킴으로써 활주거리를 짧게 하는 브레이크 작용을 한다.

06 항공기의 1차 조종면은?

① Elevator, Flap, Spring tap
② Aileron, Elevator, Flap
③ Rudder, Aileron, Trim tap
④ Aileron, Elevator, Rudder

해설

1차 조종면

항공기의 세 가지 운동축에 대한 회전운동을 일으키는 도움날개(Aileron), 방향키(Rudder), 승강키(Elevator)이다.

07 항공기의 2차 조종면은?

① Flap, Spoiler, Elevator 등
② Flap, Spoiler, Tab 등
③ Flap, Spoiler, Aileron 등
④ Flap, Spoiler, Rudder 등

해설

2차 조종면

보조 조종계통으로 Flap, Spoiler, Leading Edge Flap, Slat, Trim Tab, Balance Tab, Servo Tab 등이 있다.

[정답] 03 ③ 04 ④ 05 ④ 06 ④ 07 ②

08 Flap에 대한 설명이 잘못된 것은?

① 장착 위치는 날개의 앞전과 뒷전에 부착
② 양력을 증감시켜 이·착륙 시 비행속도를 줄이기 위한 장치이다.
③ 종류는 단순 플랩(Plain Flap), 분할 플랩(Split Flap), 파울러 플랩(Fowler Flap), 간격 플랩(Slot Flap)이 있다.
④ 플랩의 작동은 기계식, 전기동력식, 유압식(대형기에 사용)이 있다.

해설

플랩(Flap)

- 날개의 앞전 및 뒷전에 부착되고 기계식, 전기동력식, 유압식(대형기에 사용)
- 날개의 뒷전을 가변식으로 하여 아래로 내림으로써 양력을 증가시켜 이·착륙 시 비행속도를 줄이기 위한 장치이다.
- 단순 플랩(Plain Flap), 분할 플랩(Split Flap), 파울러 플랩(Fowler Flap), 간격 플랩(Slot Flap)

09 Trailing Edge Flap의 종류가 아닌 것은?

① Plain Flap ② Fowler Flap
③ Split Flap ④ Krüger Flap

해설

플랩(Flap)의 종류

* 앞전 플랩 : 슬롯과 슬랫, 크루거 플랩, 드루프 앞전
* 뒷전 플랩 : 단순 플랩, 스플릿 플랩, 슬롯 플랩, 파울러 플랩

구분	종류	형태
앞전장치	fixed slot	
	slat	
	droop	
	Krüger flap	
뒷전장치	plain flap	
	split flap	
	Fowler flap	
뒷전장치	single–slotted f.	
	double–slotted f.	
	multiple–slotted f.	

10 파울러 플랩(Fowler Flap)의 역할이 잘못 설명된 것은?

① 날개 캠버를 증가시킨다.
② 날개의 면적도 증가시킨다.
③ 날개 뒷전 근처에 간격을 형성시켜 양력을 증가시킨다.
④ 슬랫과 같이 날개 뒷전 근처에 간격을 형성시킨다.

해설

파울러 플랩(Fowler Flap)

날개 캠버를 증가시키는 동시에 면적도 증가시키며 날개 뒷전 근처에 간격(slot)을 형성시켜 양력을 증가시킨다. 가장 성능이 우수한 고양력 장치이다.

11 항공기 날개의 양력을 증가시키는 데 사용되는 조종 장치는?

① 스피드 브레이크와 스포일러
② 뒷전과 앞전의 트랩
③ 앞전의 슬랫과 슬롯
④ 트림탭과 밸런스탭

해설

앞전의 슬랫과 슬롯

날개의 양력을 증가시키는 데 사용되는 조종면은 날개 뒷전의 플랩과 앞전의 슬랫과 슬롯이 있다.

12 Slot Flap의 역할은?

① 날개 캠버를 증가시킨다.
② 날개의 면적도 증가시킨다.

[정답] 08 ② 09 ④ 10 ④ 11 ③ 12 ④

③ 날개 뒷전 근처에 간격(Slot)을 형성시켜 양력을 증가시킨다.

④ 슬랫과 같이 날개 뒷전 근처에 간격을 형성시켜 캠버를 증가시킨다.

해설

Slot Flap

슬랫과 같이 날개 뒷전 근처에 간격을 형성시켜 캠버를 증가시킴으로써 양력을 증가시키는 장치이다.

13 항공기의 조종력을 0으로 조정해주는 역할을 하는 조종면은?

① Trim Tab ② Balance Tab

③ Spring Tab ④ Servo Tab

해설

트림(Trim) 탭

조종면의 힌지 모멘트를 감소시켜 조종사의 조종력을 0으로 조정해주는 역할을 하며 조종사가 조종석에서 임의로 탭의 위치를 조절할 수 있도록 되어 있다.

[트림 탭(Trim Tab)]

14 조종면의 움직이는 방향과 반대방향으로 움직이도록 되어 있는 조종면은?

① Servo Tab ② Spring Tab

③ Balance Tab ④ Trim Tab

해설

밸런스(Balance) 탭

조종면이 움직이는 방향과 반대의 방향으로 움직일 수 있도록 되어 있다.

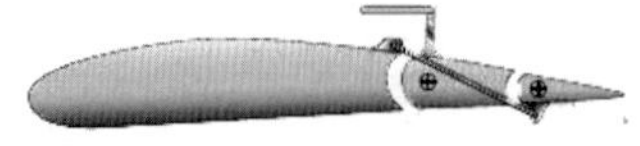

[밸런스 탭(Balance Tab)]

15 서보(Servo) 탭의 역할을 바르게 설명한 것은?

① 탭만 작동시켜 조종면을 움직이도록 설계되어 있다.

② 조종력을 0으로 조정해주는 역할을 한다.

③ 탭의 작용을 배가시키도록 한 장치이다.

④ 조종력을 조절할 수 있다.

해설

서보(Servo) 탭

조종석의 조종장치와 직접 연결되어 탭만 작동시켜 조종면을 움직이도록 설계된 것으로 이 탭을 사용하면 조종력이 감소되며 대형 항공기에 주로 사용한다.

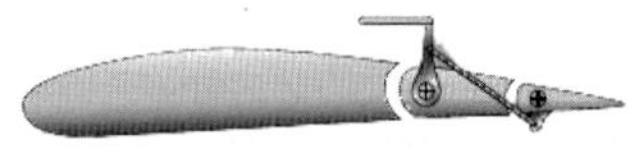

[서보 탭(Servo Tab)]

16 스프링(Spring) 탭의 역할을 바르게 설명한 것은?

① 탭만 작동시켜 조종면을 움직이도록 설계되어 있다.

② 조종사의 조종력을 0으로 조정해주는 역할을 한다.

③ 반대의 방향으로 움직일수 있도록 되어 있다.

④ 스프링의 장력으로 조종력을 조절할 수 있다.

해설

스프링(Spring) 탭

조종면 사이에 탭을 설치하여 탭의 작용을 배가시키도록 한 장치이다. 스프링 탭은 스프링의 장력으로 조종력을 조절할 수 있다.

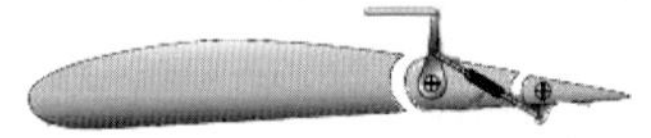

[스프링 탭(Spring Tab)]

17 조종간을 밀고 오른쪽으로 돌리면 왼쪽 Aileron과 Elevator의 방향은?

① Aileron은 위로, Elevator는 아래로

② Aileron은 아래로, Elevator는 위로

③ Aileron은 위로, Elevator는 위로

④ Aileron은 아래로, Elevator는 아래로

[정답] 13 ① 14 ③ 15 ① 16 ④ 17 ④

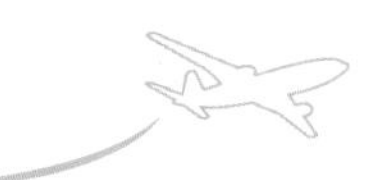

해설

주 조종면의 작동

- 도움날개(Aileron)는 조종간을 오른쪽으로 돌리면 좌측 도움날개는 내려가고 우측 도움날개는 올라가서 항공기가 오른쪽으로 옆놀이를 한다.
- 승강기(Elevator)는 조종간을 앞으로 밀면, 좌, 우가 동시에 내려가 항공기의 기수가 하강한다.
- 방향타(Rudder)는 방향타 페달로 작동되며, 좌측 방향타 페달을 앞으로 밀면 방향타는 좌측으로 돌아가 항공기 기수는 좌측으로 돌아간다.

18 일반적으로 도움날개는 날개의 끝에 장착되는데 그 이유는?

① 날개의 구조, 강도 때문에

② 날개끝 실속을 지연시키기 위해

③ 나선 회전을 방지하기 위해

④ 도움날개의 효과를 높이기 위해

해설

도움날개

도움날개는 좌우가 서로 반대로 작동하고 도움날개의 힌지 모멘트가 조타력이 되어서 비행중의 기체에 옆놀이 모멘트(Rolling Moment)를 일으킨다. 도움날개는 날개에 장착될 때 길이를 길게 할 수 없다. 스파의 높이가 충분하지 않아 경량, 소형 및 강성이 높을 것으로 필요로 하므로 같은 조종력으로 큰 옆놀이 모멘트를 얻기 위해서는 날개끝에 설치하는 것이 유리하다.

19 플랩 과하중 밸브(Flap Overload Valve)의 사용목적은 무엇인가?

① 라인이 파손되면 유압유의 완전 손실을 방지하기 위하여

② 플랩이 빠른 속도로 내려옴으로써 생기는 플랩의 손상을 방지하기 위하여

③ 플랩이 빠른 속도로 내려오게 하기 위하여

④ 플랩이 접히는 속도가 너무 빠른 것을 방지하기 위하여

해설

플랩 과하중 밸브(Flap Overload Valve)

빠른 속도로 내리면서 생기는 플랩의 손상을 방지하며 라인이 파손되어 생기는 유압유의 완전 손실을 방지한다.

20 Manual Control System의 설명이 잘못된 것은?

① 조종간 및 방향타 페달을 케이블로 이용하고 있다.

② 조종간 및 방향타 페달을 로드와 레버로 이용하고 있다.

③ 조종사가 가하는 힘과 조작범위를 동력으로 조종면에 전하는 방식이다.

④ 값이 싸고 가공 및 정비가 쉬우며 무게가 가볍다.

해설

Manual Control System

조종사가 조작하는 조종간 및 방향타 페달을 케이블이나 폴리 또는 로드와 레버를 이용, 힘과 조작범위를 기계적으로 조종면에 전하는 방식이다.

21 Manual Control System의 단점이 아닌 것은?

① Space가 필요　　② 강성이 낮다.

③ 마모가 많다.　　④ 무게가 가볍다.

해설

Manual Control System의 단점

- 마찰이 크고, 마모가 많다.
- Space가 필요(Cable의 간격은 7.5[cm] 이상 떨어짐)하다.
- 장력이 크며, 신장(늘어남)이 크다.(강성이 낮다)

22 인위적으로 조종사에게 감각을 느끼게 하는 조종장치는?

① 수동비행 조종장치(Manual Flight Control System)

② 자동비행 조종장치(Auto Pilot System)

③ 인공감각장치(Artificial Feeling Device)

④ 플라이 바이 와이어(Fly-by-wire)

해설

인공감각장치(Artificial Feeling Device)

동력조종장치에서 조종사가 동력으로 조종면을 작동할 경우 그 힘을 조종사가 알지 못하므로 인위적으로 조종사에게 감각을 느끼게 하는 장치를 말한다.

[정답] 18 ④　19 ①　20 ③　21 ④　22 ③

기출+예상

23 조종간이나 Rudder 페달의 움직임을 전기적 신호로 변환 작동시키는 조종장치는?

① Automatic Pilot System

② Fly-by-wire Control System

③ Manual Control System

④ Artificial Feeling Device

해설

Fly-by-wire Control System

항공기의 조종장치 속에 기체에 가해지는 중력가속도나 기울기를 감지하는 센서와 컴퓨터를 내장해서 조종사의 감지능력을 보충하도록 한 것이다. 조종간이나 방향타 페달은 조종사의 조종신호를 컴퓨터에 입력하기 위한 도구가 된다.

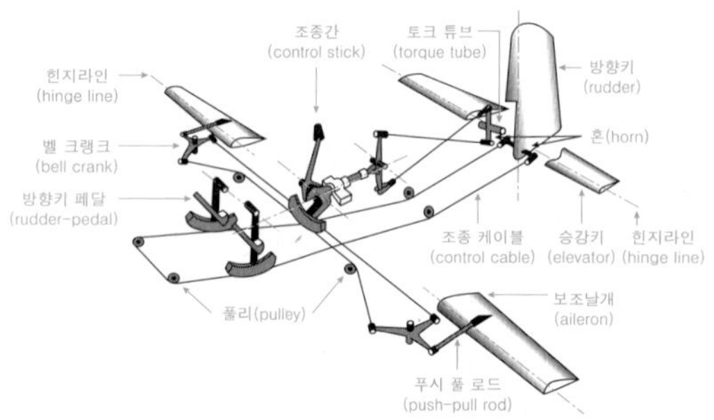

[플라이 바이 와이어(Fly By Wire) 조종 장치]

24 비행기가 오른쪽으로 편향하는 경향이 있을 때 어떻게 수정 하는가?

① 도움날개를 오른쪽으로 내린다.

② 도움날개를 왼쪽으로 내린다.

③ 방향키 탭을 왼쪽으로 구부린다.

④ 방향키 탭을 오른쪽으로 구부린다.

해설

탭은 조정비행 중인 항공기가 우측으로 돌아가려고 하면 방향키를 좌측으로 돌리면 된다.
탭은 조종면과 반대로 움직이기 때문에 방향키 탭을 우측으로 구부려야 한다.

25 미리 설정된 방향과 자세로부터 변위를 수정하기 위하여 조종량을 산출하는 기기는?

① 서보 앰프(계산기)

② 서보 모터(Servo Motor)

③ 자이로 스코프(Gyro Scope)

④ 방향 자이로

해설

서보 모터(Servo Motor)

자동조종장치에는 미리 설정된 방향과 자세로부터 변위를 검출하는 계통과 그 변위를 수정하기 위하여 조종량을 산출하는 서보 앰프(계산기), 조종신호에 따라 작동하는 서보 모터 (Servo Motor)가 있다. 변위를 검출하는 데는 자이로 스코프(Gyro Scope)를 이용한다.

26 일반적으로 동익의 정적 평형을 취하기 위해서 어떻게 하는가?

① 동익에 트림 탭을 붙인다.

② 동익의 전연에 평형중량을 붙인다.

③ 동익의 전연에 특별한 커버를 붙인다.

④ 조종간의 길이를 조절한다.

해설

평형중량(Balance Weight)

어떤 물체가 자체의 무게중심으로 지지되고 있는 경우 정지된 상태를 그대로 유지하려는 경향을 말한다. 조종면을 평형대에 장착했을 때 수평 위치에서 조종면의 뒷전이 내려가는 경우를 과소 평형이라 하고, 조종면의 뒷전이 올라가는 것을 과대 평형이라 한다.
조종면의 뒷전이 무거우면 바람직하지 못한 성능을 가져오게 되므로 일반적으로 허용되지 않으며 효율적인 비행을 하려면 조종면의 앞전이 무거운 과대 평형 상태를 유지해야 한다.
대부분의 항공기 제작회사에서는 조종면의 앞전을 무겁게 제작하기 위해 평형중량(Balance Weight)을 장착하고 있다.

27 조종면의 정적 평형 중 과대 평형이란?

① 물체 자체의 무게중심으로 지지되고 있는 상태

② 조종면을 어느 위치에 올려놓거나 회전 모멘트가 "0"으로 평형되는 상태

[정답] 23 ② 24 ④ 25 ① 26 ② 27 ④

③ 조종면을 평형에 위치했을 때 조종면의 뒷전이 밑으로 내려가는 경향
④ 조종면을 평형에 위치했을 때 조종면의 뒷전이 위로 올라가는 경향

해설

과대 평형
조종면의 뒷전이 올라가는 것을 과대 평형이라 한다.

28 조종면의 매스 밸런스(Mass Balance)의 목적은 무엇인가?

① 조타력의 경감
② 기수 올림 모멘트 방지
③ 키의 성능 향상
④ 조종면의 진동 방지

해설

매스 밸런스(Mass Balance)
조종면의 평형상태가 맞지 않는 상태에서 비행 시 조종면에 발생하는 불규칙한 진동을 플러터라 하는데 과소 평형 상태가 주원인이다. 플러터(Flutter)를 방지하기 위해서는 날개 및 조종면의 효율을 높이는 것과 평형중량을 설치하는 것인데, 특히 평형중량의 효과가 더 크다.

29 플러터(Flutter) 현상 방지 방법이 아닌 것은?

① 밸런스 패널의 바른 위치에 중량을 추가한다.
② 캡이나 보조날개의 내부 적당한 곳에 무게를 추가시킨다.
③ 앞전에 납을 달아 무게를 증가시킨다.
④ 평형을 맞추기 위해 뒷전에 납을 추가한다.

해설

플러터(Flutter) 현상 방지
날개 및 조종면의 효율을 높이는 것과 평형중량(Mass Balance)을 설치하는 것인데, 특히 평형중량의 효과가 더 크다.

30 케이블이 너무 팽팽하게 조절되었다면 항공기의 비행 시 예상되는 영향은?

① 항공기가 한쪽 날개 쪽으로 떨어지는 경향이 있다.
② 항공기의 조종조작이 무거워진다.
③ 조종사가 조종간에서 손을 떼고 비행할 수 없게 된다.
④ 조종사가 비행 중에 항공기를 조종을 할 수 없게 된다.

해설

케이블의 장력 조절
장력이 크면 풀리(Pulley)에 큰 반력이 생겨서 마찰력이나 장력이 커져서 조종성이 나빠지는 결과가 된다.

31 방향키(Rudder)를 수리한 후에는 무엇을 해야 하는가?

① 표면이 날개길이 축(Spinwise Axis)으로 재균형되어야 한다.
② 표면이 정상비행 위치 내에서 재균형되어야 한다.
③ 표면이 제조업체의 규정에 따라 균형을 맞춰야 한다.
④ 수직위치에서는 재균형이 필요없다.

해설

방향키(Rudder)의 균형
균형이 이루고 있지 않으면 비행기에 심한 플러터(Flutter)나 버펫팅(Buffetting)을 일으킬 수 있다.

32 항공기의 리깅 체크(Rigging Check)시 일반적으로 구조적 일치 상태 점검에 포함되지 않는 것은?

① 날개의 상반각
② 수직안정판 상반각
③ 날개 취부각
④ 수평안정판 상반각

해설

구조의 얼라이먼트 점검 종류
날개의 상반각, 날개의 장착각(취부각), 엔진 얼라인먼트, 수평안정판 장착각, 수평안정판 상반각, 수직안정판의 수직도, 대칭도 점검이 있다.

[정답] 28④ 29④ 30② 31③ 32②

5 연료 계통

01 Integral Fuel Tank의 설명이 잘못된 것은?

① 전방 후방 날개보 사이의 공간을 그대로 사용한다.
② 무게가 무겁다.
③ 보통 여러 개로 나누어져 있다.
④ 금속제 탱크는 연료 탱크를 따로 만들어 장착하여 사용한다.

해설

Integral Fuel Tank

- Integral Fuel Tank는 전방 후방 날개보 사이의 공간을 그대로 사용하고 여러 개의 Tank로 나누어져 있으며, 대형 항공기에 많이 사용한다. 장점은 무게가 가볍다.
- Cell Fuel Tank는 금속제 탱크 공간에 합성 고무제품의 Cell를 삽입한 연료 탱크로 구형 항공기 및 군용기 연료탱크로 많이 사용한다.
- 금속제 탱크는 금속으로 연료 탱크를 따로 만들어 장착하여 사용한다.

02 Fuel Jettison System의설치 목적은?

① 착륙 중량을 낮추기 위하여
② 기관으로 연료 공급을 돕기 위하여
③ 이륙 중량을 맞추기 위하여
④ 장거리를 운항하기 위하여

해설

Fuel Jettison System

항공기가 이륙 후 항공기 계통의 이상으로 출발지로 회항하려 하거나 예비 비행장으로 착륙하려고 할 때 착륙이 가능하도록 항공기의 중량을 낮추어 주어 연료를 배출할 수 있는 장치를 갖추어야 한다.

03 Fuel Tank는 온도 팽창을 고려하여 몇 [%]의 여유를 두는가?

① 2[%] 이상　　② 3[%] 이상
③ 5[%] 이상　　④ 7[%] 이상

해설

연료의 열 팽창에 따른 Volume의 증가로 인한 Tank의 손상을 막기 위해 Nominal Capacity는 Useable Capacity보다 2[%] 크게 설계된다. 이 2[%]의 공간을 Expansion Space라고 한다.

04 Fuel Tank의 구조에 대한 설명이 잘못된 것은?

① Wet Wing은 Wing의 Front Spar, Rear Spar 및 양쪽 End Rib 사이의 공간을 연료 Tank로 사용하는 것을 말한다.
② 민간 항공기에는 Main Wing과 Center Wing 또는 Horizontal Stabilizer에 장치되어 있는 항공기도 있다.
③ Integral Fuel Tank는 Wing의 Front Spar, Rear Spar의 공간을 사용한다.
④ Cell Tank는 Wing의 Front Spar, Rear Spar의 공간을 사용한다.

해설

Fuel Tank의 구조

- 연료 Tank는 항공기의 Wing과 동체에 설치되어 있다.
- Main Wing과 Center Wing 또는 Horizontal Stabilizer에 장치되어 있다.
- Wing을 이루고 있는 Front Spar, Rear Spar 및 양쪽 End Rib 사이의 공간을 연료 Tank로 사용하며 연료의 누설을 방지하기 위하여 모든 연결부는 특수 Sealant로 Sealing되어 있다. 이 Tank를 Integral Fuel Tank 또는 Wet Wing이라고 한다.

05 터빈 Engine 연료의 성질이 아닌 것은?

① 방빙성이 좋아야 한다.　　② 안전한 연소성
③ 옥탄가가 높다.　　④ 발열량이 클 것

해설

터빈 Engine 연료의 성질

- 방빙성이 좋아야 한다.
- 안전한 연소성
- 발열량이 클 것

[정답] 01 ② 02 ① 03 ① 04 ④ 05 ③

06 결빙점에 대한 설명이 잘못된 것은?

① JET A는 Kerosene Type, 결빙점은 －40[°C]이다.
② JET A－1는 Kerosene Type, 결빙점은 －47[°C]이다.
③ JET B는 Kerosene과 Gasoline이 혼합되어 있으며 결빙점은 －50[°C]이다.
④ JP－4 는 군용기에 쓰인다. 결빙점은 －30[°C]이다.

해설

연료의 결빙점

- JET A 는 Kerosene Type, 결빙점은 －40[°C]이다.
- JET A－1는 Kerosene Type, 결빙점은 －47[°C]이다.
- JET B는 Kerosene과 Gasoline이 혼합되어 있고, JP－4와 비슷하며 일반적인 군용기에 쓰인다. 결빙점은 －50[°C]

07 왕복 Engine 연료의 성질은?

① 방빙성이 좋아야 한다.　② 안전한 연소성
③ 옥탄가가 높다.　④ 발열량이 클 것

해설

왕복 Engine 연료

- 휘발성이 좋다.
- 가속성이 좋다.
- 옥탄가가 높다.

08 연료 종류에 대한 설명이 잘못된 것은?

① 항공기용 옥탄가의 등급은 115～145이다.
② 자동차용 옥탄가의 등급은 80～90이다.
③ 항공기용 연료의 색갈은 자색으로 착색해서 식별이 용이하다.
④ 자동차용 연료의 색갈은 청색으로 착색해서 식별이 용이하다.

해설

연료의 종류

- 옥탄가의 등급에 따라 115～145가 항공용이고 자동차용은 80～90이다.
- 항공용은 자색으로 착색해서 식별이 용이하다.

09 연료계통에 대한 설명이 잘못된 것은?

① Vent 계통은 연료를 Tank간에 이송시킨다.
② Fueling계통은 연료를 Defueling하거나 Tank간의 연료의 이송을 위한 구성품이 포함된다.
③ Engine Feed는 Tank에서 Engine까지 그리고 Tank에서 APU까지의 연료 공급기능을 말한다.
④ Defueling계통은 지상에서 정비 또는 기타 목적으로 Tank내의 연료를 Defueling한다.

해설

연료 계통(FUEL SYSTEM)

- Vent 계통 : 연료 Tank 내외의 차압에 의한 Tank 구조의 손상을 방지하고 Engine Feed 및 Jettison 계통에 충분한 Heat Pressure를 제공하기 위한 구성품 및 기체 구조를 포함하고 있다.
- Fueling계통 : 연료를 보급하기 위한 배관 및 관련 구성품과 정비 목적으로 필요시 연료를 Defueling(배유)하거나 Tank간의 연료의 이송을 위한 구성품이 포함된다.
- Engine Feed계통 : Tank에서 Engine까지 그리고 Tank에서 APU까지의 연료공급 기능을 말하며 Boost pump에 의한 연료 Tank의 수분을 Scavenge(제거)하는 기능도 있다.
- Defueling & Transfer계통 : 지상에서 정비 또는 기타 목적으로 Tank내의 연료를 Defueling 또는 Transfer(Tank간의 연료 이송) 하는 절차이다.
- Indicating계통 : Tank내의 유량을 측정, 지시하는 Fuel Quantity Indicating 계통과 Tank내 연료의 온도와 Engine에 공급되기 직전의 연료 온도를 측정하여 조종사에게 지시하는 Fuel Temperature Indicating 계통이 있다.
- Jettison(Dump)계통 : 비행 중 연료를 기체 밖으로 배출시켜 항공기 무게를 급속히 감소시키는 장치이다.

10 연료계통 구조에 대한 설명이 잘못된 것은?

① Main Wing에 설치되어 있는 연료 탱크는 특수 Sealant로 Sealing되어 있다
② 고무주머니 형태의 떼어낼 수 있도록 제작된 Tank를 Bladder Type Fuel Cell Tank라 한다.
③ Reserve Tank는 Wing의 중앙부에 위치하고 있다.
④ Vent Surge Tank는 Venting 중에 유출되는 연료를 일시 보관하는 목적으로 사용되는 Tank이다.

[정답] 06 ④　07 ③　08 ④　09 ①　10 ③

해설

연료 Tank의 구조

일반적인 연료 Tank는 Wing을 이루고 있는 Front Spar, Rear Spar 및 양쪽 End Rib 사이의 공간은 연료 Tank로 사용되며 연료의 누설을 방지하기 위하여 모든 연결부는 특수 Sealant로 Sealing되어 있다. 이러한 Tank를 Integral Fuel Tank 또는 Wet Wing이라고 한다.

나일론 천이나 고무주머니 형태의 떼어낼 수 있도록 제작된 Tank를 Bladder Type Fuel Cell Tank라 하며 상업용 민간 항공기에는 일부 항공기의 Center Wing Tank에 사용하고 있다.

11 Fuel Tank의 용량을 바르게 설명한 것은?

① Useable Capacity는 사용 가능한 연료 용량이다.

② Unuseable Capacity는 사용 가능한 연료 용량이다.

③ Useable Capacity는 Tank의 손상을 막기 위해 작게 설계되어 있다.

④ Useable Capacity는 Tank의 손상을 막기 위해 크게 설계되어 있다.

해설

Tank의 용량

- Useable Capacity : 사용 가능한 연료 용량
- Unuseable Capacity : 사용 불가능한 연료 용량
- Nominal Capacity : 연료의 열 팽창에 따른 Volume의 증가로 인한 Tank의 손상을 막기위해 Nominal Capacity는 Useable Capacity 보다 2[%] 크게 설계된다. 이 2[%]의 공간을 Expansion Space라고 한다.

12 Fuel Tank System을 바르게 설명한 것은?

① Baffle Check Valve는 Tank 내의 연료 유동을 제한 시킨다.

② Sump Drain Valve는 수분이나 잔류 연료를 제거하는 데 사용된다.

③ Over Wing Filler는 Drain Valve가 Jamming 될 우려를 제거한다.

④ Vent Surge Tank는 Vent 중 배출된 연료를 보관한다.

해설

Fuel Tank System

- Baffle Check Valve : 비행 자세의 변화에 따른 Tank 내의 연료 유동을 제한하기 위해 일부 Rib의 하부에는 Flapper Type Check Valve가 장착되어 있다.
- Water Drain Valve(Sump Drain Valve) : Tank의 최하부에 있으며 수분이나 잔류 연료를 제거하는 데 사용된다. 매 비행 전 점검 시 및 연료 보급 후 수행하며, 연료 보급 후는 연료 속의 수분이 가라앉을 수 있는 시간으로 약 30분 기다린 후 Drain한다.
- Over Wing Filler : Cover나 Cap으로 채워져 있으며 여기에는 Tank 용량이나 Fuel Grade 등이 표시되어 있다.
- Vent Surge Tank : Vent 중 배출된 연료를 보관하게 되고, 일정량 이상이되면 이 연료는 Vent Scoop를 통해 배출된다.

6 유압 계통

01 유체를 이용한 힘 전달 방식의 원리는?

① 파스칼의 원리　　② 아르키메데스의 법칙

③ 보일의 법칙　　④ 베르누이의 원리

해설

파스칼의 원리

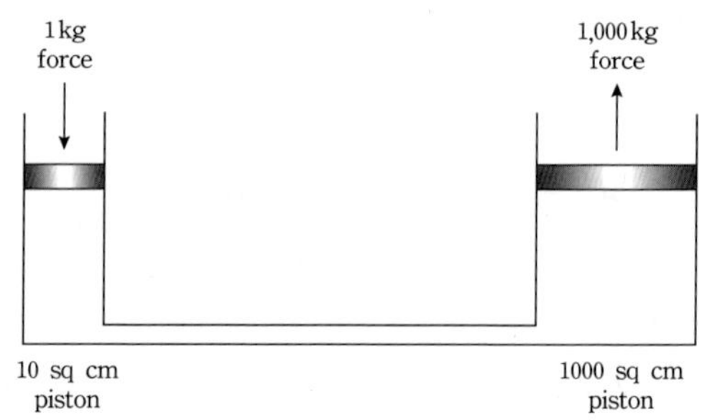

02 유체에 작용하는 압력의 면적은?

① 힘×단면적　　② 힘×부피

③ 힘÷단면적　　④ 힘×행정길이

해설

압력은 작용하는 힘을 면적으로 나눈 것으로 단위 면적당 작용하는 힘을 말한다.

[정답] 11 ① 12 ③ 01 ① 02 ③

03 유체에 작용하는 압력의 단위는?

① IN–LBS ② LBS/IN
③ LBS/IN ④ LBS

해설

유체에 작용하는 압력의 단위는 LBS/IN^2

04 피스톤 면적이 4[cm^2]이고, 작동부의 플랩 작동부의 피스톤 면적이 20[cm^2]일 때 수동펌프를 누르는 힘이 50[kPa]이라면 플랩에 작용하는 힘은?

① 10[kPa] ② 250[kPa]
③ 100[kPa] ④ 500[kPa]

해설

파스칼의 원리

모든 넓이에 같은 압력이 작용하므로 즉, 압력이 같으므로
$F_1/A = F_2/A_2$에서 $F_2 = A_2/A_1 \times F_1$이다.
$F_1 = 50[kPa]$, $A_1 = [4cm^2]$, $A_2 = 20[cm^2]$을 대입하면
$F_2 = 20/4 \times 50 = 250[kPa]$

05 작동유의 성질이 아닌 것은?

① 윤활성이 우수할 것
② 점도가 낮을 것
③ 화학적 안정성이 높을 것
④ 인화점이 낮을 것

해설

작동유의 성질

① 윤활성이 우수할 것
② 점도가 낮을 것
③ 화학적 안정성이 높을 것
④ 인화점이 높을 것
⑤ 발화점이 높을 것
⑥ 부식성이 낮을 것
⑦ 체적계수가 클 것
⑧ 거품성 기포가 잘 발생하지 않을 것
⑨ 독성이 없을 것
⑩ 열전도율이 좋을 것

06 인화점이 높고 내화학성이 커 많은 항공기에 주로 사용하는 작동유는?

① 식물성유 ② 광물성유
③ 동물성유 ④ 합성유

해설

합성유

인화점이 높아 내화성이 크므로, 대부분의 항공기에 사용되고, 사용 온도범위는 $-54[°C]$에서 $115[°C]$이다. 합성유는 페인트나 고무 제품을 화학 작용으로 손상시킬 수 있다. 독성이 있기 때문에 눈에 들어가거나 피부에 접촉되지 않도록 주의해야 한다.

07 천연고무 실을 사용하는 작동유는?

① 식물성유 ② 광물성유
③ 동물성유 ④ 합성유

해설

식물성 작동유

피마자기름과 알코올의 혼합물로 구성되어 있으므로 알코올 냄새가 나고, 색깔은 파란색이다. 구형 항공기에 사용되었던 것으로 부식성과 산화성이 크기 때문에 잘 사용하지 않는다. 이 작동유에는 천연고무 실이 사용되므로 알코올로 세척이 가능하며 고온에서는 사용할 수 없다.

08 합성고무 실을 사용하는 작동 유는?

① 식물성유 ② 광물성유
③ 동물성유 ④ 합성유

해설

광물성 작동유

광물성유는 원유로 제조되며 색깔은 붉은색이다. 광물성유의 사용 온도범위는 $-54[°C]$에서 $71[°C]$인데 인화점이 낮아 과열되면 화재의 위험이 있다.
현대 항공기의 유압계통에 사용되고 있으며 합성고무 실을 사용한다.

09 테프론 실을 사용하는 작동유는?

① 식물성유 ② 광물성유
③ 동물성유 ④ 합성유

[정답] 03 ② 04 ② 05 ④ 06 ④ 07 ① 08 ② 09 ④

해설

합성 작동유
실은 부틸, 실리콘고무, 테프론을 사용한다.

10 식물성 작동유의 색깔은?

① 자주색 ② 붉은색
③ 파란색 ④ 녹색

해설

식물성 작동유
식물성 작동유의 색깔은 파란색이며, 천연고무 실을 사용한다.

11 광물성 작동유의 색깔은?

① 자주색 ② 붉은색
③ 파란색 ④ 녹색

해설

광물성 작동유
광물성 작동유의 색깔은 붉은색이며, 합성고무 실을 사용한다.

12 합성 작동유의 색깔은?

① 자주색 ② 붉은색
③ 파란색 ④ 녹색

해설

합성 작동유
색깔은 자주색이며, 부틸, 실리콘고무, 테프론 실을 사용한다.

13 Hydraulic Reservoir에 대한 설명이 틀린 것은?

① 작동유를 공급하고 귀환하는 저장소이다.
② 계통 내에 열팽창에 의한 작동유의 증가량을 축적시키는 역할을 한다.
③ Reservoir의 용량은 축압기를 포함한 계통에는 150[%] 이상 이어야 한다.
④ Reservoir 안의 배플과 핀은 불규칙하게 동요되어 거품이 발생하는 것을 방지한다.

해설

Hydraulic Reservoir의 역할
- 레저버는 작동유를 펌프에 공급하고 계통으로부터 귀환되는 작동유를 저장하는 동시에 공기 및 각종 불순물을 제거하는 장소의 역할도 한다.
- 계통 내에서 열팽창에 의한 작동유의 증가량을 축적시키는 역할도 한다.
- 레저버는 착륙장치, 플랩 및 그 밖의 모든 유압 작동장치를 작동시키는 구성 부품에서 유압계통으로 되돌아오는 작동유를 저장할 수 있는 충분한 용량이어야 한다.
- 레저버의 용량은 온도가 38[°C](100[°F])에서 150[%] 이상이거나 축압기를 포함한 모든 계통이 필요로 하는 용량의 120[%] 이상이어야 한다.

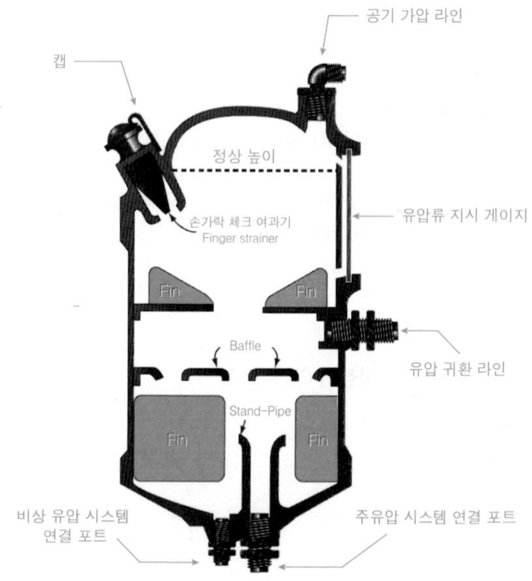

[Hydraulic Reservoir]

14 유압계통의 Reservoir에 Bleed공기를 가압하는 이유는?

① 작동유가 Pump까지 공급되도록 하기 위해
② Pump의 고장시 계통압을 유지하기 위해
③ 유압유에 거품이 생기는 것을 방지하기 위해
④ Return Hydraulic Fluid의 Surging방지하기 위해

[정답] 10 ③ 11 ② 12 ① 13 ③ 14 ①

해설

블리드(Bleed)공기
고공에서 생기는 거품의 발생을 방지하고, 작동유가 펌프까지 확실하게 공급되도록 레저버에 엔진 압축기의 블리드(Bleed)공기를 이용하여 가압한다.

15 유압계통의 Reservoir에 있는 Stand Pipe의 목적은?

① 유압 작동유에 혼합되어 있는 금속, 고무류를 분류한다.
② 유압 작동유 내의 공기를 분류하여 저장기에서 저장한다.
③ 유압 작동유 중의 수분을 분류한다.
④ 비상시 저장기 내의 유압 작동유를 저장하여 둔다.

해설

스탠드 파이프(Stand Pipe)
정상계통의 파손으로 인해 작동유가 누설되더라도 비상계통에서 사용할 충분한 작동유를 Stand Pipe 높이만큼 저장하여 비상 Pump로 공급할 수 있도록 한다.

16 Reservoir 안에 설치된 Baffle과 Fin의 역할은?

① 고공에서 거품이 생기는 것을 방지하고 작동유가 펌프까지 확실하게 공급 되도록 레저버 안을 여압한다.
② 레저버 안의 작동유 양을 알 수 있도록 하는 표시이다.
③ 레저버 안에 있는 작동유가 서지 현상이나 거품이 생기는 것을 방지한다.
④ 비상시 유압계통에 공급할 수 있는 작동유량을 저장하는 장치이다.

해설

배플(Baffle)과 핀(Fin)
레저버(Reservoir) 내에 있는 작동유가 심하게 흔들리거나 귀환되는 작동유에 의해 소용돌이치는 불규칙한 진동으로 작동유에 거품이 발생하거나 펌프 안에 공기가 유입되는 것을 방지한다.

17 축압기가 없는 경우 레저버(Reservoir)의 온도와 용량은?

① 38[°C]에서 125[%]
② 38[°C]에서 150[%]
③ 100[°C]에서 125[%]
④ 100[°C]에서 150[%]

해설

레저버의 온도와 용량
온도가 38[°C](100[°F])에서 150[%] 이상이거나 축압기를 포함한 모든 계통이 필요로 하는 용량의 120[%] 이상이어야 한다.

18 Hand Pump를 사용하는 이유는 무엇인가?

① Sequence Valve가 불량
② Reservoir유면이 낮기 때문
③ 압력 릴리프 밸브가 압력이 낮게 조절
④ 실린더의 압력 라인 누설

해설

Hand Pump
Main Hydraulic System으로 착륙장치를 접어 올릴 수가 없고 Hand Pump를 사용해서 가능했다면, 레저버 내에 정상 유압계통에 공급할 수 있는 충분한 양의 작동유가 없고 스탠드 파이프를 통해서 비상시에 사용할 수 있는 Hand Pump에만 공급할 수 있는 양만 남아 있다.

19 정상적인 유압계통에 사용되는 펌프의 종류는?

① 기어 펌프, 지로터 펌프, 베인 펌프, 피스톤 펌프
② 기어 펌프, 피스톤 펌프, 지로터 펌프, 진공 펌프
③ 피스톤 펌프, 베인 펌프, 지로터 펌프, 진공 펌프
④ 지로터 펌프, 기어 펌프, 진공 펌프, 베인 펌프

해설

유압 펌프의 종류
- 기어형 펌프(Gear Pump)
- 지로터 펌프(Gerotor Pump)
- 베인형 펌프(Vane Pump)
- 피스톤 펌프(Piston Pump)

[정답] 15 ④ 16 ③ 17 ② 18 ② 19 ①

20 유압계통에서 수동 펌프의 기능은?

① 릴리프 밸브(Relief Valve)에 이상이 있을 경우 압력으로부터 보호
② 비상시 최소한의 작동 실린더를 제한된 횟수만큼 작동시킬 수 있는 작동유를 저장
③ 유압계통에서 동력 펌프가 작동하지 않을 때 보조적인 기능
④ 작동유의 압력을 일정하게 유지시키는 기능

해설

수동 펌프(Hand Pump)
재래식 또는 현재 일부 항공기에서 동력 펌프가 고장 났을 때 비상용 또는 유압계통을 지상에서 점검할 때 사용한다.

21 고압을 필요로 하는 유압계통에 사용되는 펌프는?

① 기어형(Gear Type)
② 베인형(Vane Type)
③ 지로터형(Gerotor Type)
④ 피스톤형(Piston Type)

해설

피스톤 펌프(Piston Pump)
3000[psi] 이내의 고압이 필요한 유압계통에 사용한다.
Piston Type Power Driven Pump는 항공기의 Engine과 Transmission의 Accessory Drive Case에 Pump를 장착시킬 목적으로 Flange로 된 Mounting Base를 가지고 있다.

22 1500[psi] 이내로 제한하여 사용되는 유압 펌프는?

① 기어형(Gear Type)
② 베인형(Vane Type)
③ 지로터형(Gerotor Type)
④ 피스톤형(Piston Type)

해설

기어형 펌프(Gear Pump)
1,500[psi] 이내의 압력에서는 효율적이나, 그 이상 압력에서는 효율이 떨어지므로 1,500[psi] 이내로 제한하여 사용한다.

23 작동유의 배출량을 조절할 수 있고 용량이 가장 큰 펌프는?

① 기어형 펌프 ② 지로터형 펌프
③ 베인형 펌프 ④ 피스톤형 펌프

해설

피스톤 펌프
실린더 내부에서 피스톤의 왕복운동에 의해 펌프 작용을 하며, 고속, 고압의 유압장치에 적합하다. 그러나 다른 펌프에 비하여 복잡하고 값이 비싸나 상당히 높은 압력에 견딜 수 있다. 피스톤 펌프는 고정 체적형과 가변 체적형이 있고, 토출량의 변화 범위도 크고 효율이 좋으므로 널리 사용되고 있다.

24 Hydraulic System에 사용되는 축압기의 기능이 아닌 것은?

① 윤활유의 저장통이다.
② 서지 현상을 방지한다.
③ 압력조절기의 개폐 빈도를 줄여준다.
④ 충격적인 압력을 흡수한다.

해설

축압기(Accumulator)의 기능
- 가압된 작동유를 저장하는 저장통으로서 여러 개의 유압 기기가 동시에 사용될 때 압력 펌프를 돕는다.
- 동력 펌프가 고장 났을 때는 저장되었던 작동유를 유압 기기에 공급한다.
- 유압계통의 서지(surge)현상을 방지한다.
- 유압계통의 충격적인 압력을 흡수한다.
- 압력조정기의 개폐 빈도를 줄여 펌프나 압력 조정기의 마멸을 적게 한다.
- 비상시에 최소한의 작동 실린더를 제한된 횟수만큼 작동시킬 수 있는 작동유를 저장한다.

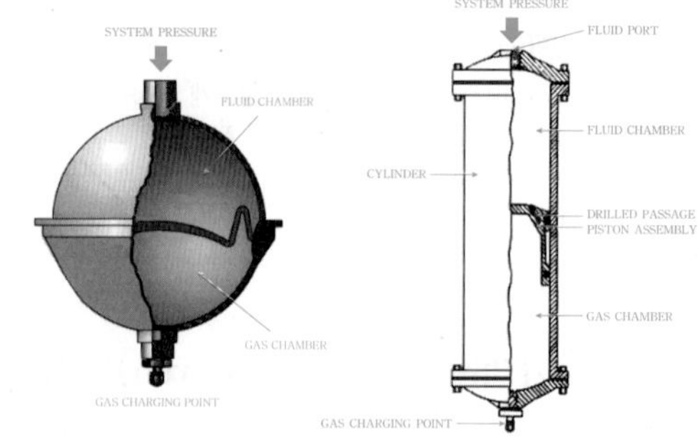

[정답] 20 ③ 21 ④ 22 ① 23 ④ 24 ①

25 **Hydraulic System에 사용되는 축압기의 형식이 아닌 것은?**

① 다이어프램(Diaphragm)형
② 플로트(Float)형
③ 피스톤(Piston)형
④ 블래더(Bladder)형

해설

축압기(Accumulator)의 종류

- 다이어프램(Diaphragm)형 축압기는 계통의 압력이 1,500[psi] 이하인 항공에 사용
- 블래더(Bladder)형 축압기는 3,000[psi] 이상의 계통에 사용
- 피스톤(Piston)형 축압기는 공간을 적게 차지하고 구조가 튼튼하기 때문에 현대 항공기에 많이 사용

26 **Hydraulic System에서 Shear Shaft의 역할은?**

① 유압 펌프에 프라이밍(Priming)을 넣는 역할을 한다.
② 과부하(Over Load)시 절단되어 유압 펌프를 보호한다.
③ 유압계통에 적당한 압력을 유지시킨다.
④ 진동 시 충격을 흡수하여 유압 펌프를 보호한다.

해설

전단축(Shear Shaft)

장비에 결함이 생길 때 절단되어 장비를 보호하는 데 쓰이는 축으로 엔진 구동 펌프의 구동축으로 사용되는데 펌프가 회전하지 않을 때 전단축이 절단되어 엔진을 보호하고 펌프의 손상을 방지하여 준다.

27 **축압기(Accumulator)의 다이어프램(Diaphragm)이 파열되면 어떤 현상이 있는가?**

① 무시할 정도이다.
② 유압계통의 작동이 완만해진다.
③ 유압계통의 압력이 정상일 때보다 낮아진다.
④ 유닛(Unit)을 작동시킬 때 압력 파동이 일어난다.

해설

다이어프램(Diaphragm)

유닛(Unit)을 작동시킬 때 압력 파동이 일어난다.

28 **유압계통에서 축압기(Accumulator)의 위치는?**

① 레저버(Reservoir)와 유압 펌프(Hydraulic Pump) 중간
② 유압 펌프(Hydraulic Pump)와 작동기(Actuator) 중간
③ 작동기(Actuator)와 리저버(Reservoir) 중간
④ 선택 밸브(Selector Valve)와 작동기(Actrator) 중간

해설

축압기의 위치

유압 펌프(Hydraulic Pump)와 작동기(Actuator)중간에 위치한다.

29 **다이어프램(Diaphragm)형 축압기의 최대압력은?**

① 유압계통의 최대압력의 1/3에 해당하는 압력으로 충전한다.
② 유압계통의 최대압력의 1/2에 해당하는 압력으로 충전한다.
③ 유압계통의 최대압력에 해당하는 압력으로 충전한다.
④ 유압계통의 최대압력보다도 높은 압력으로 충전한다.

해설

다이어프램형 축압기의 최대압력

최대압력의 1/3에 해당되는 압축공기(질소)를 충전하며, 계통의 압력이 1,500[psi] 이하인 항공기에 사용한다.

30 **축압기(Accumulator)의 충전 가스는?**

① 질소 ② 아르곤
③ 산소 ④ 수소

해설

축압기(Accumulator)의 충전 가스

다이어프램형 축압기는 유압계통의 최대압력의 1/3에 해당되는 압축공기(질소)를 충전하며 계통의 압력이 1,500[psi] 이하인 항공기에 사용한다.

[정답] 25 ② 26 ② 27 ④ 28 ② 29 ① 30 ①

31 축압기에 500[psi]로 공기가 충전되어 있고, 계통압력이 2,500[psi]로 올라가면 축압기의 공기압력은?

① 500[psi] ② 2,000[psi]
③ 2,500[psi] ④ 3,000[psi]

해설

축압기의 공기압력

계통의 압력이 충전된 공기의 압력보다 높을 때에는 작동유에 의하여 막이 움직여 공기가 압축되고 작동유가 저장되며 계통압력과 공기압력이 같아져서 평형을 이룬다.

32 유압계통압력은 정상이고, 엔진이 정지되어 있을 때 남아있는 압력이 없다면?

① 계통 릴리프 밸브가 너무 높게 조정되어 있다.
② 축압기에 공기압이 없다.
③ 압력조절기가 너무 높게 조정되었다.
④ 계통 내부에 공기가 있다.

해설

축압기에 공기 충전

공기의 압력으로 막이 움직여 작동유를 계통으로 공급되게 함으로써 유압기기가 작동되도록 한다. 계통의 압력이 충전된 공기의 압력보다 높을 때에는 작동유에 의하여 막이 움직여 공기가 압축되고 작동유가 저장되며 계통압력과 공기압력이 같아져서 평형을 이룬다.

33 축압기를 작업할 때 우선해야 할 일은?

① 계통에서 작동유를 빼낸다.
② 축압기의 공기압력을 제거한다.
③ 축압기 다이어프램을 제거한다.
④ 브레이크를 분리한다.

해설

축압기(Accumulator)의 작업

계통에 압력이 없을 때 실시하며 축압기를 장탈하기 위해서는 먼저 계통의 압력을 제거한 후 공기를 빼낸다.

34 축압기(Accumulator)를 사용하는 유압계통 내에서 커다란 망치 같은 소리가 들리는 원인은?

① 공기가 들어갔다.
② 정상 작동이다.
③ 약한 Free Load가 걸려 있다.
④ 강한 Free Load가 걸려 있다.

해설

약한 free load가 걸려 있다.

35 유압계통의 작동 실린더는?

① 유압의 운동에너지를 기계적인 에너지로 바꾼다.
② 유류 흐름을 직선운동으로 바꾼다.
③ 출력 펌프에 의하여 생긴 압력을 흡수한다.
④ 동요하는 유압을 보정한다.

해설

유압계통의 작동 실린더

가압된 작동유를 받아 기계적인 운동으로 변환시키는 장치로서 운동형태에 따라 직선운동 작동기와 유압모터를 사용한 회전운동 작동기로 구분한다.

36 일반적인 유압계통의 선택 밸브(Selector Valve)는 어느 것인가?

① Four Way Valve
② Selective Valve
③ Three Way Valve
④ Two Way Valve

해설

선택 밸브(Selector Valve)

여러 개의 port를 가지고 있다. port의 수는 valve가 사용되는데 있어 계통의 특별한 요구에 의하여 결정되는데 4개의 port를 가진 선택 밸브가 공통적으로 많이 사용된다.

[정답] 31 ③ 32 ② 33 ② 34 ③ 35 ① 36 ①

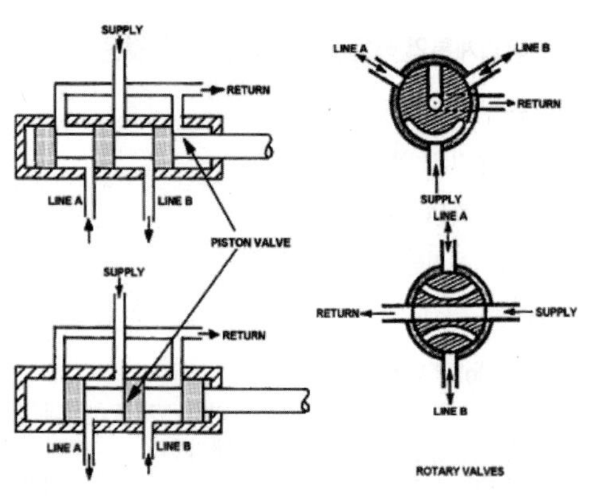

[선택 밸브(Selector Valve)]

37 선택 밸브(Selector Valve)의 종류가 아닌 것은?

① 회전형　　② 피스톤형

③ 포핏형　　④ 체크형

해설

선택 밸브(Selector Valve)

기계적으로 작동되는 밸브와 전기적으로 작동되는 밸브가 있다. 기계적으로 작동되는 밸브에는 회전형(rotary), 포핏형(poppet), 스풀형(spool), 피스톤형(piston)과 플런저형(plunger)이 있다.

38 릴리프 밸브(Relief Valve)에 대한 설명이 틀린 것은?

① 시스템 릴리프 밸브와 온도 릴리프 밸브가 있다.

② 압력조절기 및 계통의 고장 등으로 계통 내의 압력이 규정값 이상으로 되는 것을 방지하는 장치이다.

③ 온도 릴리프 밸브는 온도 증가에 따른 유압계통의 압력 증가를 막아주는 장치이다.

④ 압력이 규정 값 이상이 되면 볼을 밀어 올려 작동유의 공급을 막는다.

해설

릴리프 밸브(Relief Valve)

작동유에 의한 계통 내에 압력을 규정값 이하로 제한하는 데 사용되는 것으로서, 과도한 압력으로 인하여 계통 내의 관이나 부품이 파손되는 것을 방지하는 장치며 종류에는 시스템 릴리프 밸브와 온도 릴리프 밸브가 있다.

39 계통 내의 압력을 일정하게 유지시켜 주는 장치는?

① 압력 펌프

② 압력조절기

③ 축압기

④ 유량조절기

해설

압력조절기(Pressure Regulator)

일정 용량식 펌프를 사용하는 유압계통에 필요한 장치

40 감압 밸브(Pressure Reducing Valve)의 사용 목적은?

① 계통 내의 안전 최대 한계 압력을 제한한다.

② 펌프의 고장으로 작동유의 공급이 부족할 때 유압 공급 순서를 정한다.

③ 작동유 내의 공기를 제거하는 역할을 한다.

④ 낮은 압력으로 작동하는 계통에 압력을 낮추어 공급하는 역할을 한다.

해설

감압 밸브(Pressure Reducing Valve)

계통의 압력보다 낮은 압력이 필요한 일부 계통을 위하여 설치하는 것으로 일부 계통의 압력을 요구 수준까지 낮추고 이 계통 내에 갇힌 작동유의 열팽창에 의한 압력 증가를 막는다.

[정답] 37 ④　38 ④　39 ②　40 ④

41 Pressure Regulator의 Kick-in 상태란?

① 계통의 압력이 규정 값보다 높을 때 바이패스 밸브가 열리고 체크 밸브가 닫히는 상태
② 계통의 압력이 규정 값보다 낮을 때 바이패스 밸브가 닫히고 체크 밸브가 열리는 상태
③ 계통의 압력이 규정 값보다 높을 때 바이패스 밸브가 닫히고 체크 밸브가 열리는 상태
④ 계통의 압력이 규정 값보다 낮을 때 바이패스 밸브가 열리고 체크 밸브가 닫히는 상태

해설

압력조절기의 Kick-in, Kick-out

- Kick-in : 계통의 압력이 규정값보다 낮을 때 계통으로 유압을 보내기 위하여 귀환관에 연결된 바이패스 밸브가 닫히고 체크 밸브가 열려 있는 상태이다.
- Kick-out : 계통의 압력이 규정값보다 높을 때 펌프에서 배출되는 작동유를 계통으로 들어가지 않고 모두 레저버로 되돌려 보내기 위하여 귀환관에 연결된 바이패스 밸브가 열리고 체크 밸브가 닫히는 과정이다.

42 압력 조절기(Pressure Regulator) 기능은?

① 릴리프 밸브(relief vealve)가 이상이 있는 경우, 계통을 높은 압력으로부터 보호한다.
② 갑작스런 계통 내의 압력상승을 방지하고 비상시 최소한 작동실린더를 제한된 횟수만큼 작동시킬 수 있는 작동유를 저장한다.
③ 유압계통에서 동력 펌프가 작동되지 않을 때 보조적인 기능을 한다.
④ 불규칙한 배출압력을 규정범위로 조절하고, 압력을 일정하게 유지시킨다.

해설

압력 조절기(Pressure Regulator)

일정 용량식 펌프를 사용하는 유압계통에 필요한 장치로서 불규칙한 배출압력을 규정범위로 조절하고, 계통에서 압력이 요구되지 않을 때에는 펌프에 부하가 걸리 지 않도록 한다.

43 유압계통의 작동압력 중 가장 높은 것은?

① 릴리프 밸브의 열림 압력
② 압력 조절기의 열림 압력
③ 압력 조절기의 닫힘 압력
④ 축압기의 공기압

해설

릴리프 밸브(Relief Valve)

작동유에 의한 계통 내에 압력을 규정값 이하로 제한 하는데 사용되는 것으로서 과도한 압력으로 인해 계통내의 관이나 부품이 파손되는 것을 방지하는 장치이다. 종류에는 릴리프 밸브와 온도 릴리프 밸브가 있다.

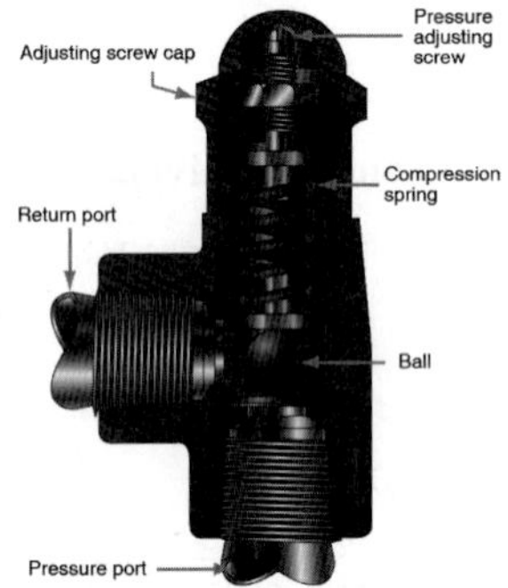

44 Thermal Relief Valve의 기능이 아닌 것은?

① 온도 증가에 따른 유압계통의 압력 증가를 막는 역할을 한다.
② 온도가 주변 온도의 영향으로 높아지면 밸브가 열려 증가된 압력을 낮추게 된다.
③ 온도 압력 상승을 억제한다.
④ 밸브는 계통 릴리프 밸브보다 높은 압력으로 작동하도록 되어 있다.

해설

온도 릴리프 밸브(Thermal Relief Valve)

온도 증가에 따른 유압계통의 압력 증가를 막는 역할을 한다. 작동유의 온도가 주변 온도의 영향으로 높아지면 작동유는 팽창하여 압력이 상승하기 때문에 계통에 손상을 초래하게 된다. 이것을 방지하기 위하여 온도 릴리프 밸브가 열려 증가된 압력을 낮추게 된다. 온도 릴리프 밸브는 계통 릴리프 밸브보다 높은 압력으로 작동하도록 되어 있다.

[정답] 41 ② 42 ④ 43 ① 44 ③

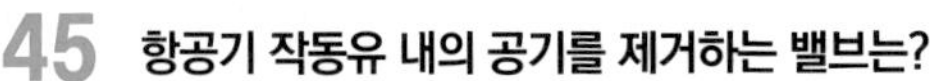

45 항공기 작동유 내의 공기를 제거하는 밸브는?

① Priority Valve

② Pressure Reducing Valve

③ Purge Valve

④ Debooster Valve

해설

퍼지 밸브(Purge Valve)

항공기 비행 자세의 흔들림이나 온도의 상승으로 인하여 펌프의 공급관과 출구쪽에 거품이 생긴 작동유를 레저버로 배출되게 하여 공기를 제거하는 밸브이다.

46 브레이크 디부스터(Debooster) 밸브의 역할은?

① 브레이크 작동기(Brake Actuator)의 압력을 높이기 위하여

② 파킹 브레이크(Parking Brake)를 사용할 경우에 동력 부스터(Power Booster)의 압력을 낮춘다.

③ 동력 부스터(Power Booster)의 압력을 낮추고 브레이크 공급량을 증가시키며 릴리스(Release)를 돕는다.

④ Lock-out Cylinder의 일종으로 브레이크 파열 시 작동유 유출을 제한한다.

해설

디부스터 밸브(Debooster Valve)

브레이크의 작동을 신속하게 하기 위한 밸브로 브레이크를 작동시킬 때 일시적으로 작동유의 공급량을 증가시켜 신속히 제동되도록 하며, 브레이크를 풀 때도 작동유의 귀환이 신속하게 이루어지도록 한다.

47 유압계통에 작동유의 압력이 규정 값 이하로 떨어지면 유로를 차단하는 것은?

① Sequence Valve

② Selector Valve

③ Priority Valve

④ Pressure Reducing Valve

해설

프라이어러티 밸브(Priority Valve)

작동유의 압력이 일정 압력 이하로 떨어지면 유로를 막아 작동기구의 중요도에 따라 우선 필요한 계통만을 작동시키는 기능을 가진 밸브

48 계통 내의 작동유의 흐름을 한쪽 방향으로만 흐르게 하는 밸브는?

① 선택 밸브 ② 체크 밸브

③ 시퀀스 밸브 ④ 셔틀 밸브

해설

체크 밸브(Check Valve)

한쪽 방향으로만 작동유의 흐름을 허용하고 반대방향의 흐름은 제한하는 밸브

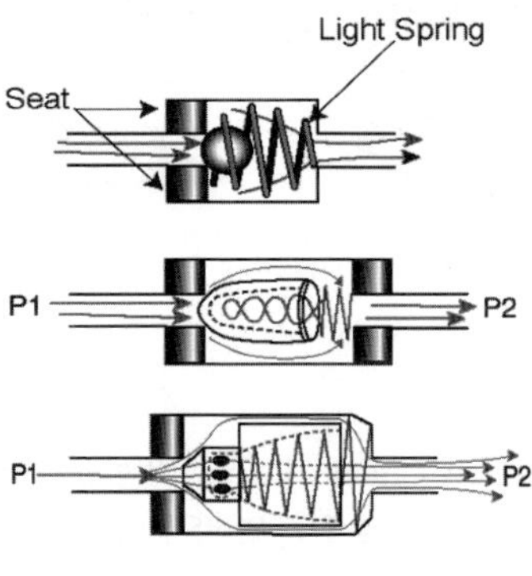

[체크 밸브(Check Valve)]

49 Orifice Check Valve의 사용 목적은?

① 한방향으로의 흐름은 허용하고 반대방향의 흐름은 차단한다.

② 방향의 흐름은 정상적으로 허용하고 반대방향의 흐름을 제한적으로 허용한다.

③ 양방향 유로를 형성할 때 Handle을 돌려주면 양방향에 모두 유로가 형성된다.

④ Orifice 흐름양을 조절할 수 있다.

해설

Orifice Check Valve

한방향의 흐름은 정상적으로 허용하고 반대방향의 흐름을 제한적으로 허용하는 밸브

[정답] 45 ③ 46 ③ 47 ③ 48 ② 49 ②

50 오리피스 체크 밸브(Orifice Check Valve)가 Flap Down Line에 쓰이는 이유는?

① 압력을 높이고 플랩이 올라가는 속도를 높여준다.
② 플랩이 up 위치로 너무 빨리 움직이는 것을 방지한다.
③ 플랩이 down 위치로 천천히 움직이도록 한다.
④ 플랩이 빨리 내려지도록 하기 위해서이다.

해설

오리피스 체크 밸브(Orifice Check Valve)
한방향으로는 정상적으로 흐름을 허용하고, 다른 방향으로는 흐름을 제한하는 밸브로 플랩(Flap)에 설치하여 Up 시에 공기력에 의해 급격히 올라가는 것을 방지하는 밸브

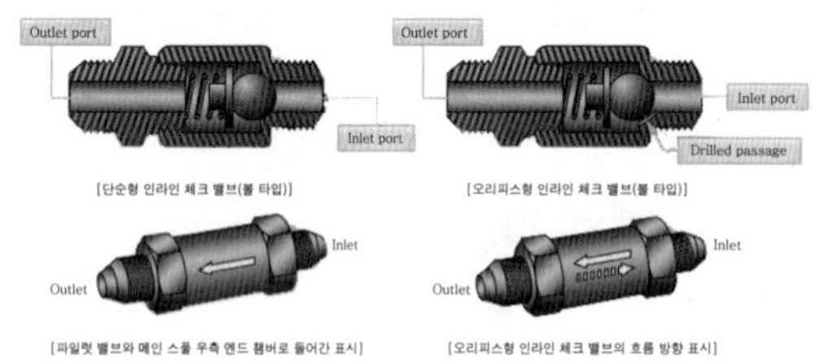

[단순형 인라인 체크 밸브(볼 타입)]
[오리피스형 인라인 체크 밸브(볼 타입)]
[파일럿 밸브와 메인 스풀 우측 엔드 챔버로 들어간 표시]
[오리피스형 인라인 체크 밸브의 흐름 방향 표시]

51 Orifice Check Valve 기능보다 Metering Check Valve가 할 수 있는 역할은?

① 한방향으로의 흐름은 허용하고 반대방향의 흐름은 차단하는 역할을 한다.
② 방향의 흐름은 정상적으로 허용하고 반대방향의 흐름을 제한적으로 허용한다.
③ 양방향 유로를 형성할 때 Handle을 돌려주면 양방향에 모두 유로가 형성된다.
④ Orifice 흐름양을 조절할 수 있다.

해설

Metering check Valve
Orifice Check Valve와 기능은 같으나 Orifice의 흐름양을 조절할 수 있다.

52 Hand Check Valve의 사용 목적은?

① 한 방향으로의 흐름은 허용하고 반대방향의 흐름은 차단한다.
② 방향의 흐름은 정상적으로 허용하고 반대 방향의 흐름을 제한적으로 허용한다.
③ 양방향 유로를 형성할 때 handle을 돌려주면 양방향에 모두 유로가 형성된다.
④ Orifice 흐름양을 조절할 수 있다.

해설

Hand check Valve
일반적인 사용 용도는 Check Valve와 같으나 양방향 모두에 유로를 형성할 때 Handle을 돌려주면 양방향에 모두 유로가 형성된다.

53 정해진 순서에 따라 작동이 되도록 유압을 공급하는 밸브는?

① S밸브 ② Check Valve
③ Sequence Valve ④ Shuttle Valve

해설

시퀀스 밸브(Sequence Valve)
두 개 이상의 작동기를 정해진 순서에 따라 작동되도록 유압을 공급하기 위한 밸브로서 타이밍 밸브(Timing Valve)라고도 한다

54 정상 브레이크계통을 비상 브레이크계통으로 바꿔주는 밸브는?

① 바이패스(Bypass) 밸브 ② 오리피스(Orifice) 밸브
③ 릴리프(Relief) 밸브 ④ 셔틀(Shuttle) 밸브

해설

셔틀 밸브(Shuttle Valve)
정상유압계통에 고장이 생겼을 때 비상계통을 사용할 수 있도록 하는 밸브이다.

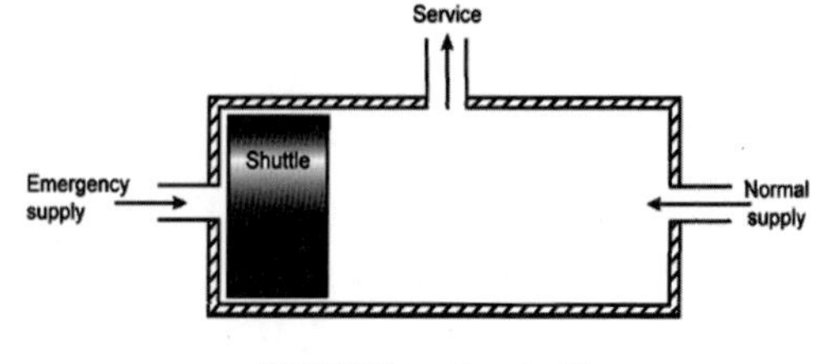

[셔틀 밸브(shuttle valve)]

[정답] 50 ② 51 ④ 52 ③ 53 ③ 54 ④

55 작동기로부터 귀환되는 작동유의 유량을 같게 하는 것은?

① 흐름 평형기(Flow Equalizer)
② 흐름 조절기(Flow Regulator)
③ 유압관 분리 밸브(Line Disconnect Valve)
④ 유압 퓨즈(Hydraulic Fuse)

해설

흐름 평형기(Flow Equalizer)
2개의 작동기가 동일하게 움직이게 하기 위하여 작동기에 공급되거나 작동기로부터 귀환되는 작동유의 유량을 같게 하는 장치이다.

56 유압 작동유의 과도한 누설을 방지하기 위한 장치는?

① 무부하 밸브(Unloading Valve)
② 유압 퓨즈(Hydraulic Fuse)
③ 체크 밸브(Check Valve)
④ 셔틀 밸브(Shuttle Valve)

해설

유압 퓨즈(Hydraulic Fuse)
유압계통의 튜브나 호스가 파손되거나, 기기 내의 Seal이 손상이 생겼을 때 과도 한 누설을 방지하기 위한 장치이다.

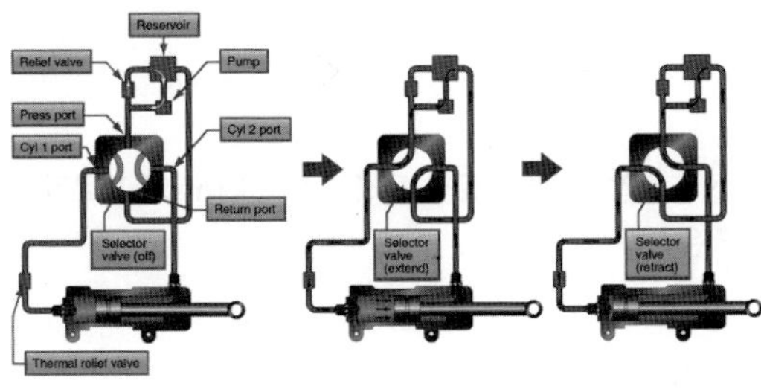

[유압 퓨즈(Hydraulic Fuse)]

57 Hydraulic Actuator의 역할이 아닌 것은?

① 유압의 형태로 되어 있는 Energy를 기계적인 힘으로 변환시켜준다.
② 유압의 형태로 되어 있는 Energy를 직접 전달한다.
③ Actuating Cylinder의 Linear Motion은 움직일 수 있는 물체에 전달된다.
④ Actuating Cylinder의 Linear Motion은 움직일 수 있는 Mechanism에 전달된다.

해설

Actuating Cylinder
- 유압의 형태로 되어 있는 Energy를 기계적인 힘으로 변환시켜 주는 역할을 한다.
- 작업을 수행 하는 Energy로 전환시켜 주는 역할을 한다.
- Actuating Cylinder의 Linear Motion은 움직일 수 있는 물체나 Mechanism에 전달된다.

58 유압관 분리 밸브(Quick Disconnect Valve)의 역할은?

① 유압계통이 사용되지 않을 때 작동유가 레저버로 배출되는 것을 방지한다.
② 유압라인을 장탈했을 때 작동유가 라인에서 배출되는 것을 방지한다.
③ 온도에 의한 팽창을 막는다.
④ 작동유가 한방향으로만 흐르도록 한다.

해설

유압관 분리 밸브(Quick Disconnect Valve)
유압 펌프 및 브레이크 등과 같이 유압기기를 장탈할 때 작동유가 라인에서 배출되는 것을 방지한다.

59 계통의 압력 변화에 관계없이 작동유의 흐름을 일정하게 유지시키는 장치는?

① 흐름 평형기(Flow Equalizer)
② 흐름 조절기(Flow Regulator)
③ 유압 퓨즈(Hydraulic Fuse)
④ 유압관 분리 밸브(Line Disconnect Valve)

해설

흐름 조절기(Flow Regulator)
흐름제어 밸브라고도 하며, 계통의 압력 변화에 관계없이 작동유의 흐름을 일정하게 유지시키는 장치이다.

[정답] 55 ① 56 ② 57 ② 58 ② 59 ②

60 엔진 작업 시 작동유 누설을 최소로 하기 위한 것은?

① 유압관 분리 밸브(Quick Disconnect Valve)
② 순차 밸브(Sequence Valve)
③ 릴리프 밸브(Relief Valve)
④ 배플 체크 밸브(Baffle Check Valve)

해설

유압관 분리 밸브(Quick Disconnect Valve)

유압 펌프 및 브레이크 등과 같이 유압기기를 장탈할 때 작동유가 외부로 유출되는 것을 최소화하기 위하여 유압기기에 연결된 유압관에 장착한다.

61 1,500[psi] 이상의 압력으로 작동하는 유압계통에 사용되는 Back Up Ring의 목적은?

① O-ring이 압출되는 것을 방지한다.
② 피스톤 축의 노출부분을 깨끗이 하고 윤활한다.
③ 계통 내부에 먼지가 들어가지 못하게 하고 피스톤 축이 긁히는 것을 방지한다.
④ 운동부와 정지 부품 사이의 밀폐 역할을 한다.

해설

Back Up Ring

1,500[psi] 이상의 압력을 받는 장치에서는 O-ring의 이탈을 방지하기 위해 Back Up Ring이 사용된다. 작동 실린더와 같이 양측에서 압력을 받는 O-ring이 사용될 때 는 2개의 Back Up Ring을 사용해야 한다. O-ring이 한방향에서만 압력을 받게 되는 때는 일반적으로 Back Up Ring을 한 개만 사용하면 된다. 이러한 경우에는 Back Up Ring은 압력을 받고 있는 O-ring의 반대편에 항상 위치시킨다.

[Spiral cut]

[Single turn(scarf-cut)]

[No cut solid]

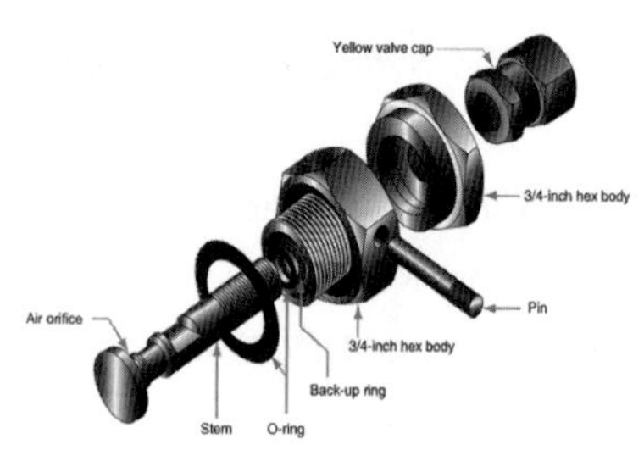

[Back Up Ring]

62 O-ring에 대한 설명이 틀린 것은?

① 가스나 작동유, 오일, 연료 등 누설 방지
② 두께가 너무 크면 마찰이 크게 되고 O-ring이 손상된다.
③ 두께가 10[%] 작은 것을 사용한다.
④ O-ring의 구분을 위해서 컬러코드가 있다.

해설

O-ring

- 작동유, 오일, 연료, 공기 등의 누설을 방지한다.
- 보통 O-ring의 두께는 홈의 깊이 보다 약 10[%] 정도 커지지 않으면 안되며, 너무 크면 마찰이 크게 되고 O-ring이 손상된다.
- O-ring은 식별을 위해 컬러코드가 붙어있으며, 컬러코드는 제작사를 표시하는 점(dot)과 재질을 표시하는 스트라이프(stripe)를 혼동하여 잘못 보는 일이 있으므로 컬러코드와 외관에 의해 선정하지 말고 부품번호에 의해 선정해야 한다.

63 유압계통에 주로 사용하는 Packing의 재료가 아닌 것은?

① 천연고무　　② 합성고무
③ 피혁　　④ 동(구리)

해설

패킹(Packing)의 재료

천연고무, 합성고무, 피혁, 석면 기타의 비강체 물질이 주로 사용된다. 또는 철, 구리, 납 및 이들의 합금을 조합해서 사용하기도 한다.

64 유압계통에 사용되는 Teflon Packing은 어떤 재질인가?

[정답] 60 ① 61 ① 62 ③ 63 ④ 64 ①

① 불소수지 합성　　② 합성고무
③ 천연고무　　④ 석면

해설

Poly Tetra Fluoro Ethylene(불소지)
미국 듀폰사(Dupont)가 개발한 불소수지. 1938년 듀폰연구소의 화학자인 플랭케 박사가 불소수지 PTFE(Poly Tetra Fluoro Ethylene)를 최초로 합성하여 Teflon이란 상품명으로 상용화하였다.

65 유압계통에 사용되는 Gasket과 Seal이 사용되는 곳은?

① 개스킷은 고정된 부품 사이의 밀폐용으로 사용한다.
② 실은 고정된 부품 사이의 밀폐용으로 사용한다.
③ 개스킷은 움직이는 부품 사이에 밀폐용으로 사용한다.
④ 실은 움직이는 부품에 밀폐용으로 사용한다.

해설

Paking, Gasket, Seal
- 패킹은 움직이는 부품 사이에 밀폐용으로 사용한다.
- 개스킷은 고정된 부품 사이의 밀폐용으로 사용한다.
- 실은 고정되거나 움직이는 부품과 부품 사이의 틈을 밀폐시키는 데 사용한다.

66 여과기(Filter)에 대한 설명이 아닌 것은?

① 작동유에 섞인 불순물을 여과
② 여과기는 저장 Tank, 압력 Line 등 계통을 보호하는 곳에 설치
③ Element가 막힐 경우 Bypss Valve를 통하여 공급
④ 작동유에 섞인 물을 제거

해설

여과기(Filter)
- 작동류에 섞인 금속가루, Paking, Sel의 부스러기 등과 같은 불순물 및 변질된 물질을 여과하여 작동유 압력 펌프와 밸브의 손상을 방지한다.
- 항공기의 저장 탱크 내부, 압력 라인, 귀환 라인 또는 계통을 보호하기 위한 장소에 설치되어 있다.
- 필터 구조는 헤드 및 Element로 구성되어 있고, Element가 막힐 경우 Element를 경유하지 않고 Bypss Valve를 통하여 작동유가 여과되지 않은 상태로 작동유 압력 계통에 공급된다.

7 방빙·제빙·제우계통

01 날개의 방빙장치를 바르게 설명한 것은?

① 전열식과 알코올 분출식으로 되어 있다.
② 가열 공기식은 압축기 뒷단의 블리드공기(Bleed Air)를 사용한다.
③ 알코올 분출식으로 되어 있다.
④ 가열 공기식과 알코올 분출식으로 되어 있다.

해설

날개의 방빙장치
날개의 방빙장치는 전열식, 가열 공기식이 있으며, 가열 공기식은 압축기 뒷단의 블리드공기(Bleed Air)를 사용한다.
알코올 분출식과 제빙 부츠식이 있으며, 공기 오일 분리기는 제빙 부츠에 설치되어 있는 것으로 공기 속의 오일이 고무의 부츠를 퇴화시키는 것을 방지한다.

02 Turbo Jet항공기의 날개 전연부의 방빙 방법은?

① 전연부의 합성고무 부츠를 전기적 열로 방빙한다.
② 각 날개에 위치한 연소 히터의 더운 공기를 이용하여 방빙한다.
③ 엔진 압축기부의 더운 블리드공기를 이용하여 방빙한다.
④ 전연부에 공기로 작동되는 팽창 부츠로 방빙한다.

해설

방빙 방법
- 전열식 방빙장치는 날개 앞전의 내부 전열선을 설치하여 전기에 의해 날개 앞전을 가열시킨다.
- 가열 공기식 방빙장치는 날개 앞전의 내부에 설치된 덕트를 통하여 가열 공기(블리드 에어)를 공급함으로써 날개 앞전 부분을 가열한다.

03 피토 튜브의 얼음 형성을 막는 데 사용하는 것은?

① 피토 헤드에 내장된 전기식 가열장치
② 피토 헤드 주위에 장착된 피토 히터
③ 피토 헤드에 장착된 블랭킷형 히터
④ 피토 헤드의 바닥에 장착된 개스킷 히터

[정답] 65 ① 66 ④ 01 ② 02 ③ 03 ①

해설

전기식 히터가 피토 헤드에 내장되어 얼음 형성을 막는다.

04 피토/스태틱 히터를 교환한 후에 정상적인 작동은 무엇으로 확인할 수 있는가?

① 전류계 지시
② 전압계 지시
③ 연결 부분의 시각 검사
④ 시스템의 저항 검사

해설

시각 검사는 기본적인 것으로 모든 연결 부분을 검사한다. 피토/스태틱 튜브 히터가 작동할 때 전류계 지시를 점검해서 히터의 적절한 작동을 최종적으로 검사한다.

05 전기적으로 가열되는 윈드실드 열센서(Heat Sensor)는 어디에 위치하는가?

① 유리 내부에 박혀 있다.
② 유리 외부 표면에 있다.
③ 유리 주위에 있다.
④ 프레임에 붙인다.

해설

열센서(Heat Sensor)

전기적으로 가열되는 윈드실드에서 서미스터형 열센서는 유리 판넬 층 사이에 위치한다.

06 뉴매틱형 제빙 부츠(Surface-boned Deicer Boots)를 장착할 때의 설명으로 옳은 것은?

① 고무와 날개 스킨 사이에 타이어 탈크(Tire Talc)를 바른다.
② 제빙 부츠가 장착되는 부분의 페인트를 모두 제거한다.
③ 고무와 날개 스킨 사이에 글리세린과 물을 바른다.
④ 고무와 날개 스킨 사이에 실래스틱 콤파운드(Silastic Compound)를 바른다.

해설

제빙 부츠(Surface-boned Deicer Boots) 장착

접착형 제빙 부츠를 항공기의 날개에 장착할 때 부츠가 접착될 부분의 페인트를 모두 제거하여 깨끗하게 하고 접착제를 바르는데 이때 Deicer boots 제작사의 지시를 반드시 준수한다.

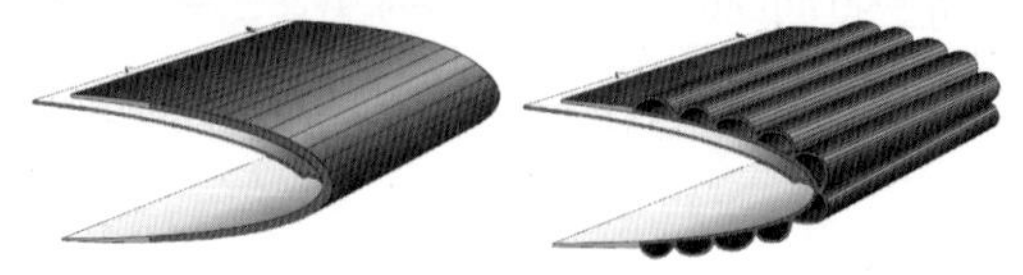

07 터빈엔진 압축기가 움직이지 않을 때 얼음을 녹이는 가장 적합한 방법은?

① 제빙액
② 뜨거운물
③ 방빙액
④ 고온공기

해설

고온공기

터빈엔진 내부의 얼음은 따뜻한 공기를 엔진으로 보내 모든 회전부품이 자유롭게 움직일 때까지 녹인다.

08 건조한 윈드실드에 레인 리펠런트(Rain Repellant)를 사용하면?

① 유리를 에칭(Etching)시킨다.
② 뿌옇게 되어 시계를 제한한다.
③ 유리를 분리시킨다.
④ 열이 축적되어 유리에 균열을 만든다.

해설

Rain Repellant

Syrupy Chemical Rain Repellant를 비가 오지 않는 상태에서 윈드실드에 분사하면 시계를 제한한다.

09 뉴매틱 제빙계통에서 오일 분리기(Oil Separator)의 목적은?

① 오일이 제빙 부츠를 상하지 않게 한다.
② 제빙 부츠에서 소모되는 공기에서 오일을 제거한다.

[정답] 04 ① 05 ① 06 ② 07 ④ 08 ② 09 ①

③ 진공계통에 오일이 축적되지 않게한다.

④ 진공 펌프로부터 오일을 제거한다.

해설

오일 분리기

공기로부터 오일을 분리시켜 오일을 엔진 크랭크 케이스 사이로 리턴시킨다. 이 오일은 제빙 부츠에 이르기 전에 제거되어 제빙 부츠의 손상을 막는다.

10 고온, 고압의 공기가 분사되어 빗방울을 불어내는 제우계통은?

① 유압식 와이퍼 계통 Ⅱ

② 제트 블라스트 계통

③ 방우제 계통

④ 전기식 와이퍼 계통

해설

제트 블라스트(jet blast) 제우계통

제트 기관의 압축공기나 기관 시동용 압축기의 블리드공기를 이용하여 고온, 고압의 공기를 윈드실드 앞쪽에서 분사하여 빗방울이 윈드실드의 표면에 붙기 전에 날려버린다.

11 윈드실드에 대한 설명이 잘못된 것은?

① 외측판은 최대 여압실 압력의 5 ~ 6배

② 내측판은 최대 여압실 압력의 3 ~ 4배

③ 충격강도는 무게 1.8[kg]의 새가 설계 순항 속도로 비행하고 있는 비행기의 윈드실드에 충돌해도 파괴되지 않아야 한다.

④ 조종실 앞 창문으로 내·외측은 유리, 중간층은 비닐층이고 외측판과 비닐 사이에 금속 산화 피막을 붙여서 전기를 통해 이때 발생하는 열로 방빙과 서리를 제거한다.

해설

윈드실드 패널(Windshield Panel)

조종실 앞 창문으로 내·외측은 유리, 중간층은 비닐층이고, 외측판과 비닐 사이에 금속 산화 피막을 붙여서 전기를 통해 이때 발생하는 열로 방빙과 서리를 제거한다.

- 외측판은 최대 여압실 압력의 7~10배
- 내측판은 최대 여압실 압력의 3~4배
- 충격강도은 무게 1.8[kg]의 새가 설계 순항 속도로 비행하고 있는 비행기의 윈드실드에 충돌해도 파괴되지 않아야 한다.

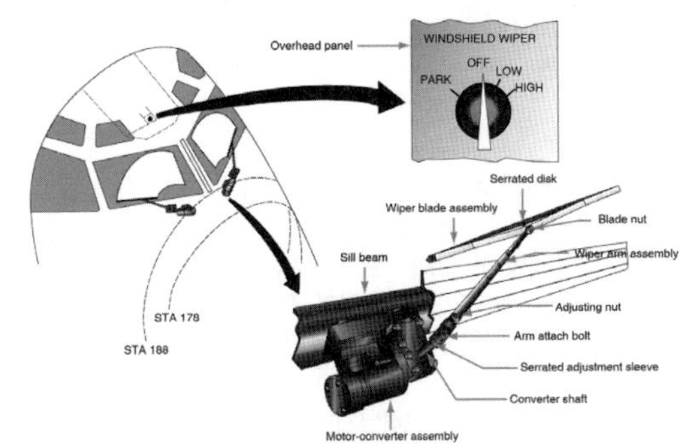

12 항공기 표면에서 서리를 제거할 때 사용하는 액체의 혼합액으로 맞는 것은?

① 에틸렌 글리콜과 이소프로필 알코올

② 중성세제

③ MEK와 에틸렌 글리콜

④ 나프타와 이소프로필 알코올

해설

액체의 혼합액

항공기의 서리는 제빙액으로 제거하는데 흔히 제빙액은 에틸렌 클리콜과 이소프로필 알코올성분을 포함하고 있다.

13 뉴매틱 제빙 부츠 시스템에서 팽창 순서를 조절하는 것은?

① 부츠 구조

② 진공 펌프(Vacuum Pump)

③ 분배 밸브(Distribution Valve)

④ 흡입 릴리프 밸브(Suction Relief Valve)

해설

진공 펌프(Vacuum Pump)

분배 밸브가 뉴매틱 제빙 부츠 시스템의 팽창 순서를 조절한다.

[정답] 10 ② 11 ① 12 ① 13 ③

14 빗방울 제거 방법과 관계 없는 것은?

① 윈드실드 와이퍼　② 공기 커튼
③ 제빙 부츠　④ 레인 리펠런트

해설

제빙 부츠는 제빙장치 이고 나머지는 빗방울 제거장치이다.

- 윈드실드 와이퍼는 와이퍼 블레이드를 적절한 압력으로 누르면서 움직여 빗방울을 기계적으로 제거한다.
- 공기 커튼는 압축공기를 이용하여 윈드실드 전면에 공기 커튼을 만들어 부착된 빗방울 등을 날려서 건조시키거나 부착을 막는 것이다.
- 제빙 부츠는 날개 또는 꼬리날개의 리딩에이지에 붙어 있는 고무로 된 부츠(팽창 가능한 고무로만 구성)에 고압공기를 흘려 팽창하거나 수축함으로써 얼음을 깨서 제빙하는 것이다.
- 레인 리펠먼트는 표면장력이 작은 화학액을 윈드실드 전면에 분사하여 피막을 만들어서 물방울이 그대로 공기의 흐름에 의해 날아가도록 한다.

15 왕복엔진 항공기에서 제빙 부츠를 부풀리는 압력 소스는?

① 베인형 펌프　② 지로터 펌프
③ 기어형 펌프　④ 피스톤형 펌프

해설

베인형 펌프

제빙 부츠를 부풀리기 위해 왕복엔진은 에어 펌프(Air Pump)를 사용한다.

16 에어 펌프의 진공을 조절하는 것은?

① 분배 밸브(Distributer Valve)
② 이젝터(Ejector)
③ 압력조절기(Pressure Regulator)
④ 흡입 릴리프 밸브(Suction Relief Valve)

해설

흡입 릴리프 밸브(Suction Relief Valve)

뉴매틱 제빙계통이 OFF일 때 제빙 부츠를 부풀리지 않도록 에어 펌프의 진공을 조절한다.

17 비행 중 방빙계통은 언제 작동시키는가?

① 항공기 비행 중에 계속
② 결빙이 계속될 때 주기적으로
③ 외기 온도가 0[°C] 이하일 때는 항상 작동시킨다.
④ 결빙 상태가 처음 나타나거나 혹은 결빙상태가 예상될 때

해설

방빙계통의 작동

처음 결빙이 나타날 때 혹은 결빙 상태가 예상될 때 작동시킨다. 날개의 리딩에지는 가열된 공기를 계속해서 따뜻하게 유지한다. 시스템이 리딩에이지의 제빙이 되도록 설계되면 상당히 뜨거운 공기가 날개의 안쪽으로 공급되기 때문에 과열을 방지하기 위하여 짧은 기간으로 제한한다.

18 온도감지장치(Temperature-Sensing Element)에 사용되는 것은?

① 저항(Resistor)　② 서미스터(Thermistor)
③ 캐패시터(Capacitor)　④ 콘덴서(Condensor)

해설

서미스터(Thermistor)

서미스터(전기저항의 특수한 형태로 저항은 온도와 반비례 관계이다)는 전기적으로 가열되는 윈드실드의 온도센서로 사용된다.

19 방빙 및 제빙에 알코올을 사용하는 이유는?

① 얼음과 혼합되지 않으므로
② 휘발성이 낮으므로
③ 독성이 강하므로
④ 빙점이 낮으므로

해설

방빙 및 제빙 액체는 물과 혼합되기 쉽고 빙점이 낮은 성질을 갖고 있다.

[정답] 14 ③　15 ①　16 ④　17 ④　18 ②　19 ④

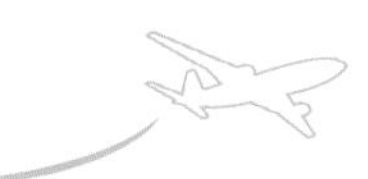

8 착륙장치

01 착륙장치의 기능이 아닌 것은?

① 지상에 정지되어 있을 때 항공기 무게를 지탱하여 진동을 흡수한다.

② 항공기 Taxing과 Take-off과 Landing의 기능을 갖고 있다.

③ 항공기의 수평운동 속도성분에 해당하는 운동에너지를 흡수한다.

④ 지상 활주 중에 방향전환 기능과 제동력을 가진다.

해설

항공기 착륙장치의 기능

- Take-off, Landing, Taxing 및 지상에 정지되어 있을 때, 항공기 무게를 지탱한다.
- 진동을 흡수하며, 특히 착륙 시에는 항공기의 수직운동 속도성분에 해당하는 운동에너지를 흡수해야 하므로 매우 큰 충격을 받게 된다.
- Landing Gear는 적당한 구조와 강도를 갖도록 설계된다. 또한 지상 활주 중에 방향전환 기능과 제동력을 가져야 한다.

02 항공기 착륙장치 사용 목적을 바르게 설명한 것은?

① 육상용은 Tire가 장착된 Wheel Type

② 눈 위에서는 Ski와 Wheel Type

③ 수상용으로는 Ski와 Float Type

④ 육상에서는 Wheel과 Float Type

해설

착륙장치 사용 목적의 분류

- 육상용은 Tire가 장착된 Wheel Type
- 눈 위에서는 Ski Type
- 수상용으로는 Float Type

03 항공기 착륙장치의 장착 방법과 위치가 잘못된 것은?

① 고정형은 날개나 동체에 장착 고정시킨 형식이다.

② 접개들이 형은 날개나 동체 안에 접어 올릴 수 있는 형식이며, 주로 후륜식이다.

③ 전륜식은 주 바퀴 앞에 방향전환 기능을 가진 조향바퀴가 있는 형식이다.

④ 후륜식은 주 바퀴 뒤에 방향전환 기능을 가진 조향바퀴가 있는 형식이다.

해설

착륙장치의 장착 방법과 위치

- 고정형은 날개나 동체에 장착 고정시킨 형식
- 접개들이 형은 날개나 동체 안에 접어 올릴 수 있는 형식
- 전륜식은 주 바퀴 앞에 방향전환 기능을 가진 조향바퀴가 있는 형식
- 후륜식은 주 바퀴 뒤에 방향전환 기능을 가진 조향비퀴가 있는 형식

04 Tricycle Type Landing Gear에 대한 설명이 잘못된 것은?

① 지상전복의 위험이 적다.

② 이륙 시 저항이 많으나 착륙성이 좋다.

③ 빠른 속도에서 브레이크를 사용할 수 있다.

④ 조종사의 시야가 넓어진다.

해설

Tricycle Type Landing Gear

앞바퀴식은 세발자전거와 같은 형태로서 주 바퀴의 앞에 항공기의 방향 조절 기능을 가진 앞바퀴가 설치된 것으로 대부분의 항공기에 사용하고 있다.

- 동체 후방이 들려 있으므로 이륙시 공기저항이 적고 착륙 성능이 좋다.
- 이·착륙 및 지상 활주 시 항공기의 자세가 수평이므로 조종사의 시계가 넓고 승객이 안락하다.
- 뒷바퀴 형은 브레이크를 밟으면 항공기는 주 바퀴를 중심으로 앞으로 기울어져 프로펠러를 손상시킬 위험이 있으나, 앞바퀴 형은 앞바퀴가 동체 앞부분을 받쳐 주므로 그런 위험이 적다.
- 터보 제트기의 경우, 배기가스의 배출을 용이하게 한다.
- 중심이 주 바퀴의 앞에 있으므로 뒷바퀴 식에 비하여 지상 전복(Ground Loop)의 위험이 적다.

05 항공기 착륙장치 무게중심의 배열을 바르게 설명한 것은?

① 이중식은 타이어 2개가 1조인 형식으로 주 바퀴에 적용된다.

[정답] 01 ③ 02 ① 03 ② 04 ② 05 ④

② 이중식은 타이어 4개가 1조인 형식으로 앞바퀴에 적용된다.
③ 보기식은 타이어 2개가 1조인 형식으로 주 바퀴에 적용된다.
④ 보기식은 타이어 4개가 1조인 형식으로 주 바퀴에 적용된다.

해설

착륙장치의 장착 방법과 위치

- 단일식은 타이어가 1개인 방식으로 소형기에 사용한다.
- 이중식은 타이어 2개가 1조인 형식으로 앞바퀴에 적용된다.
- 보기식은 타이어 4개가 1조인 형식으로 주 바퀴에 적용된다.

[단일식]

[이중식]

[보기식]

06 Fixed Type Landing Gear의 사용 목적이 아닌 것은?

① 공기저항으로 인한 손실보다는 무게절감으로 효과가 더 크다.
② 저속 소형 항공기에 많이 사용한다.
③ Wheel Pants라 불리는 Streamlined Fairing으로 Wheel을 감싸서 유해항력을 감소시킬 수 있다.
④ 항력 대소화로 인한 비행 효율의 개선을 통한 더 많은 비용절감 효과가 있다.

해설

Fixed Type Landing Gear

- 저속 소형 항공기는 공기저항으로 인한 손실 보다는 무게절감으로 효과가 더 크므로 가벼운 Fixed Type Landing Gear를 사용한다.
- Fixed Landing Gear는 Wheel Pants라 불리는 Streamlined Fairing으로 Wheel을 감싸서 유해항력을 현저히 감소시킬 수 있다.

07 Retractable Type Landing Gear에 대한 장점이 아닌 것은?

① Landing Gear가 외부 노출 시 유해항력(Parasite Drag)을 유발시킨다.
② Landing Gear를 동체 또는 날개 안으로 접어 들인다.
③ Landing Gear를 접어 넣음으로써 약간의 무게가 증가한다.
④ 항력 최소화로 인한 비행 효율의 개선을 통한 더 많은 비용절감 효과가 있다.

해설

Retractable Type Landing Gear

착륙장치는 비행 중에 사용되는 것이 아니므로 외부 노출 시 유해항력(Parasite Drag)만을 유발시킨다.

- 고속 대형기는 동체 또는 날개 안으로 Landing Gear를 접어 들이는 Retractable Type(접개식)이다.
- 고속 대형 항공기는 동체 내에 Landing Gear를 접어 넣음으로써 약간의 무게 증가에 따른 비용 증가보다 항력 최소화로 인한 비행 효율의 개선을 통한 더 많은 비용절감 효과를 얻을 수 있다.
- 저속 소형기는 공기저항은 무시되고 무게절감 효과를 고려하여 Fixed Type Landing Gear(고정식)를 장착하며 유선형의 Fairing (덮개)을 씌우기도 한다.

08 완충장치 방식에 관한 설명이 틀린 것은?

① 착륙 시 항공기의 수직속도 성분에 의한 운동에너지를 흡수
② 충격을 완화시켜 항공기를 보호하는 장치
③ 항공기 구조에 작용하는 하중이 설계 착륙하중 증가
④ Taxing 시의 격심한 진동을 흡수

해설

Shock Absorbing 방식

착륙 시 항공기의 수직속도 성분에 의한 운동에너지를 흡수함으로써 충격을 완화하여 항공기 구조에 작용하는 하중을 설계 착륙하중 이하로 감소시켜 주며 Taxing 시의 격심한 진동을 흡수하기 위한 장치를 갖추고 있다.

09 현대 항공기에 가장 널리 사용되는 완충장치는?

[정답] 06 ④ 07 ③ 08 ③ 09 ③

① Spring Steel Type Landing Gear
② Rubber Type Landing Gear
③ Shock Strut Type Landing Gear
④ Bungee Cord Landing Gear

해설

Shock Absorbing의 종류

① Spring Steel Type Landing Gear는 충격을 흡수하지 못하고 탄성 매체를 통하여 에너지를 받아, 되돌리므로 감쇠성이 없어 반동이 크게 작용해 Damper가 있어야 한다.
② Rubber Type Landing Gear는 고무의 탄성을 이용하여 충격을 흡수하는 방식이며, 감쇠성은 좋으나 내구성이 없어 주기적으로 교환해주어야 한다.
③ Rigid Landing Gear는 구형 항공기 착륙 시에 모든 하중이 항공기 동체 구조물에 직접 전달되는 Rigid Landing Gear가 사용되었다.
④ Bungee Cord Landing Gear는 착륙 시의 충격 흡수를 위하여 고무를 사용하기도 한다. 느슨하게 엮은 천 튜브로 감싼 고무 끈의 다발 Bungee Cord 형태로 Rubber Bungee Cord는 착륙 시의 충격과 Taxing 시에 과도한 진동을 흡수한다.
⑤ Shock Strut(Oleo Strut)은 현대 항공기에 가장 널리 사용되는 완충장치로 Shock Absorber는 Air-Oil Shock Absorber이다. 동체에 장착된 Outer Cylinder 내에서 Inner Cylinder가 상하로 자유롭게 움직인다. 충격하중으로 Piston이 위로 움직이면 자동유가 좁은 Orifice를 통하여 밀려 올라가는 동안 에너지가 흡수되고 공기를 압축하게 되어 충격에너지가 흡수된다.

10 Oleo Strut의 작동원리가 아닌 것은?

① 올레오식 완충장치는 대부분의 항공기에 사용된다.
② 실린더의 아래로부터 충격하중이 전달되어 피스톤이 실린더 위로 움직이게 된다.
③ 공기실의 부피를 증가시키게 하는 작동유는 공기를 압축시킨다.
④ 오리피스에서 유체의 마찰에 의해 에너지가 흡수된다.

해설

올레오식 완충장치의 원리

- 올레오식 완충장치는 대부분의 항공기에 사용된다.
- 착륙할 때 실린더의 아래로부터 충격하중이 전달되어 피스톤이 실린더 위로 움직이게 된다.
- 작동유는 움직이는 미터링 핀에 의해서 형성되는 오리피스를 통하여 위 체임버로 밀려들어 가게 된다.
- 오리피스에서 유체의 마찰에 의해 에너지가 흡수된다.
- 공기실의 부피를 감소시키게 하는 작동유는 공기를 압축시켜 충격에너지가 흡수된다.

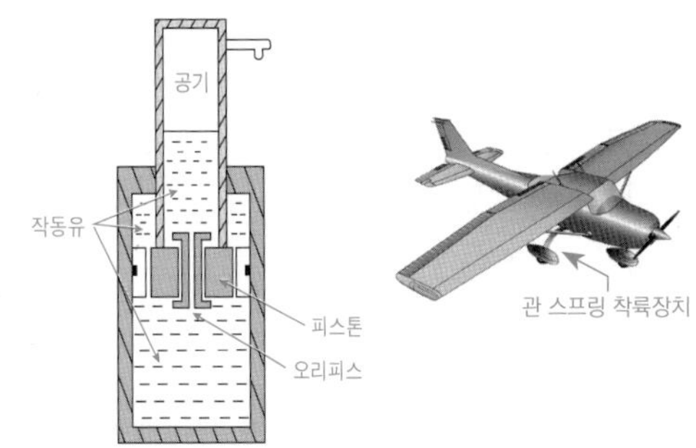

[Spring Steel Type Landing Gear 올레오식 완충장치]

11 Oleo Strut의 접지 시 충격에 대한 완충효율은?

① 25[%] 이상
② 40[%] 이상
③ 50[%] 이상
④ 75[%] 이상

해설

완충장치의 완충효율

완충장치는 착륙 시 항공기의 수직속도 성분에 의한 운동에너지를 흡수함으로써 충격 완화시켜 주기 위한 장치이다.

- 탄성식 완충장치 완충효율 : 50[%]
- 공기 압축식 완충장치 완충효율 : 47[%]
- 올레오식 완충장치 완충효율 : 75[%]

12 Oleo Strut의 팽창 길이 점검 방법이 아닌 것은?

① 완충 버팀대 속의 작동유체의 압력을 측정한다.
② 완충 버팀대 팽창도표를 이용하여 팽창 길이 규정 값을 점검한다.
③ 규정 값에 들지 않을 때에는 압축공기(질소)를 가감하여 맞춘다.
④ 올레오식 완충장치 완충효율은 50[%]

해설

팽창 길이 점검 방법

완충 버팀대의 팽창 길이를 점검하기 위해서는 완충 버팀대 속의 작동유체의 압력을 측정한다. 규정압력에 해당되는 최대 및 최소 팽창 길이를 표시해주는 완충 버팀대 팽창도표를 이용하여 팽창 길이가 규정 값에 들지 않을 때에는 압축공기(질소)를 가감하여 맞춘다.

[정답] 10 ③ 11 ④ 12 ④

13 **Oleo Strut가 밑바닥에 가라앉았을 때 예상되는 원인은?**

① 공기압이 충분하기 때문이다.
② 작동유가 과도하기 때문이다.
③ 공기압이 낮기 때문이다.
④ 공기압이 높기 때문이다.

해설

공기압 점검
완충 버팀대 팽창도표를 이용하여 팽창 길이가 규정 값에 들지 않을 때에는 압축공기(질소)를 가감하여 맞춘다.

14 **Shock Strut의 Cylinder와 Piston의 무리한 회전을 방지하는 것은?**

① Up Latch ② Torsion Link
③ Trunnion ④ Truck Beam

해설

Torsion Link
윗부분의 완충 버팀대에 아랫부분은 올레오 피스톤과 축으로 연결되어 피스톤이 과도하게 빠지지 못하게 한다. 완충 스트럿을 중심으로 피스톤이 회전하지 못하게 하는 것을 토션 링크 또는 토크 링크라 한다.

[토크 링크(Torque Link)]

15 **Truck Beam에 대한 설명이 잘못된 것은?**

① Wheel 장착을 위한 Axle과 조합되어 "H"형 Beam을 이룬다.
② 충격을 완화시켜 항공기를 보호하는 장치이다.
③ 착륙 시 지면으로부터 충격을 1차 흡수한다.
④ Gear가 Retraction 시 수납공간을 최소화한다.

해설

Truck Beam
Truck은 Piston의 하부에 연결되며 Wheel 장착을 위한 Axle과 조합되어 "H"형 Beam을 이룬다. Take-Off 또는 Landing 시 항공기 자세에 따라 Piston과의 연결 부위가 전후로 일정 각도로 Tilt 될 수 있게 되어 착륙 시 지면으로부터 충격을 1차 흡수하며 Gear가 Retraction 시 수납공간을 최소화하며, Truck을 Bogie라고 부른다.

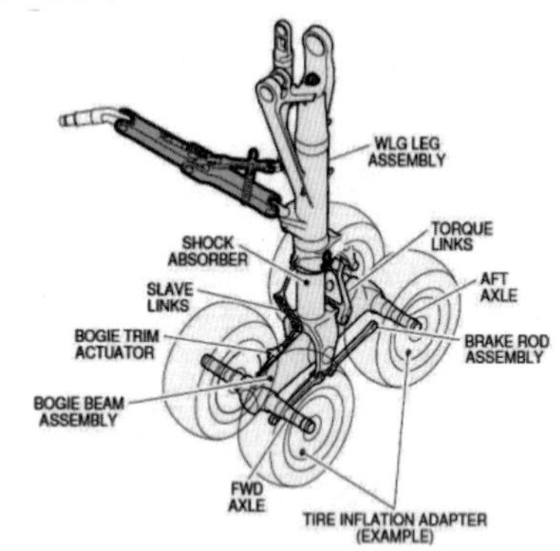

[Truck Beam(Bogie Beam)]

16 **항공기 착륙장치의 완충 스트럿(shock strut)을 날개 구조재에 장착할 수 있도록 지지하며, 완충 스트럿의 힌지축 역할을 담당하는 것은?**

① 트러니언(trunnion)
② 저리 스트럿(Jury strut)
③ 토션 링크(Torsion link)
④ 드래그 스트럿(Drag strut)

해설

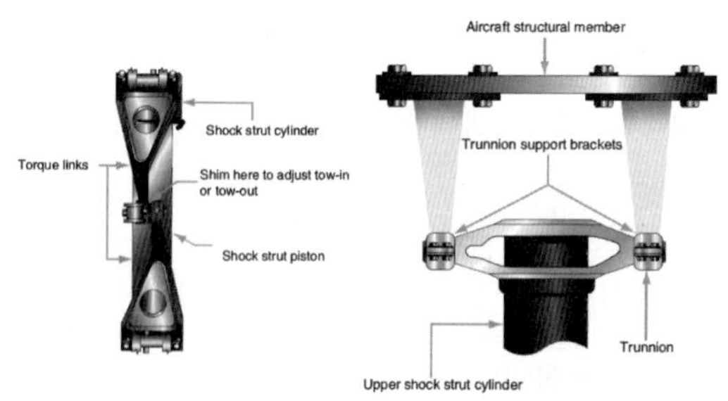

[정답] 13 ③ 14 ② 15 ② 16 ①

17 Landing Gear Retractable System에 대한 설명이 틀리는 것은?

① Mechanical System은 조종사가 Cabin 내에 있는 Lever를 손으로 작동한다.

② Electrical Retractable System은 모터에 의해 전기적 에너지를 회전운동으로 바꾼다.

③ Hydraulic Retractable System은 Push-Pull로 Shock Strut에 전달한다.

④ Landing Gear Door System은 Strut Door가 Gear에 Linkage로 연결되어 Gear 작동 시 같이 작동된다.

해설

Landing Gear Retractable System

① Mechanical System은 구형 항공기 Mechanical Retractable Landing Gear System에 사용하며, 조종사가 Cabin 내에 있는 Crank Mechanism 또는 Lever를 손으로 작동하여 Gear를 Retract 또는 Extend 시킨다.

② Electrical Retractable System은 모터에 의해 전기적 에너지를 회전운동으로 바꾸어 주며, 감속 Gear Box장치에 의하여 속도를 감소시키고 회전력을 증가시킨다.
다른 Gear는 회전운동을 Push Pull운동으로 바꾸어 주며, Linkage는 Push-Pull 움직임을 Landing Gear Shock Strut에 전달한다.

③ Hydraulic Retractable System은 Landing Gear Retraction 장치에 Actuator Cylinder, Selector Valve, Uplock, Down-lock Sequence Valve, Tube와, Hydraulic Component가 있다.

④ Landing Gear Door System은 Wheel Well Door를 Hydraulic Pressure에 의해 작동되게 하고, Strut Door가 Gear에 Linkage로 연결되어 Gear 작동 시 같이 작동된다.

18 Nose Landing Gear 설명 중 맞는 것은?

① Shimmy Damper는 Hydraulic Dam Plug에 의해 진동과 Shimmy를 조절한다.

② 센터링장치의 Damper는 Taxing, 착륙, 이륙 중에 Nose Wheel의 Shimmy를 막는다.

③ Shimmy Damper는 Nose Wheel을 중심에 오게 하여 Wheel Well로 접히게 한다.

④ Shimmy Damper가 없으면, 동체 Wheel Well과 Nose Landing Gear에 손상이 생긴다.

해설

Nose Landing Gear

- Shimmy Damper는 Hydraulic Dam Plug에 의해 진동과 Shimmy(이상 진동)를 조절하며, Damper는 장착되거나 Nose Gear의 일부로 제작되어 Taxing, 착륙, 이륙 중에 Nose Wheel의 Shimmy를 막는다.
- 센터링장치는 내부 센터링 캠에 의해 Nose Wheel을 중심에 오게 하여 Wheel Well로 접히게 한다.
  만약 Centering Unit이 없으면, 동체 Wheel Well과 Nose Landing Gear에 손상이 생긴다.

19 Nose Wheel Steering System의 역할이 아닌 것은?

① 경항공기는 Mechanical을 Rudder Pedal에 Hydraulic System을 연결해서 제공

② 경항공기는 Horn에다 Pedal을 연결하기 위하여 Push-Pull Rod를 이용

③ 대형 항공기는 큰 덩치에 맞는 확실한 조종이 필요

④ 대형 항공기는 Landing Gear Steering Power Source를 이용

해설

Nose Wheel Steering System

- 경항공기는 Nose Wheel Steering 능력을 단순한 장치로 된 Mechanical Linkage를 Rudder Pedal에 연결해서 제공한다. 가장 흔한 것은 Nose Wheel Pivot 지점에 위치한 Horn에다 Pedal을 연결하기 위하여 Push-Pull Rod를 이용하는 것이다.
- 대형 항공기 Steering System은 Nose와 Body Gear에 마련되어 있으며, 지상에서 Taxing 중이거나 활주 중에 비행기 방향을 Control하기위해 있다.
  Body Gear Steering은 Nose Gear가 20°이상 회전 시 Tire 마모 방지를 위해 Nose Gear의 작동방향과 반대방향으로 작동한다. 이륙과 착륙 시(High Speed) Rudder Pedal로 Nose Wheel Steering을 Control 한다.

[정답] 17 ③ 18 ① 19 ①

20 Bungee Spring의 역할은?

① 지상에서 공진을 방지한다.

② Landing Gear의 Up Lock을 돕는다.

③ Landing Gear Up 작동을 돕는다.

④ Landing Gear의 Down Lock을 돕는다.

해설

Bungee Spring

랜딩기어가 Down Lock된 후 Down Lock Actuator를 도와 기어가 Down Lock된 상태를 계속 유지하게 한다. 또한 비상 내림 시 랜딩 기어는 자중에 의해 내려 오므로 번지 스프링이 다운 로크를 시킨다.

21 Landing Gear가 내려오는 동안의 계기판의 지시등 색은?

① Red Light ② Amber Light

③ Green Light ④ No Light

해설

Landing Gear Light

- 랜딩기어 업 & 로크되면 조종석에는 아무 등도 들어오지 않는다.
- 랜딩기어가 작동 중일 때는 붉은색 등이 들어온다.
- 랜딩기어가 다운 & 로크되면 초록색 등이 들어온다.

22 Anti Skid장치란 무엇인가?

① 조종계통의 작동유가 누설되는 것을 방지하는 장치이다.

② 멀티디스크 브레이크를 말한다.

③ 착륙장치를 작동시키는 접개들이 장치이다.

④ Tire의 한쪽 면만 마모되는 것을 방지하는 장치이다.

해설

안티 스키드장치

항공기가 착륙, 접지하여 활주 중에 갑자기 브레이크를 밟으면 바퀴에 제동이 걸려 바퀴는 회전하지 않고 지면과 마찰을 일으키면서 타이어가 미끄러진다. 이 현상을 스키드라 하는데 스키드가 일어나 각 바퀴마다 지상과의 마찰력이 다를 때 타이어는 부분적으로 닳아서 파열되며 타이어가 파열되지 않더라도 바퀴의 제동효율이 떨어진다. 이 스키드 현상을 방지하기 위한 장치가 안티 스키드장치이다. 안티 스키드 감지장치의 회전속도와 바퀴의 회전속도의 차이를 감지하여 안티 스키드 제어 밸브로 하여금 브레이크계통으로 들어가는 작동유의 압력을 감소함으로써 제동력의 감소로 인하여 스키드를 방지한다.

23 대형 항공기에 주로 사용하는 브레이크 장치는?

① 슈(Shoe)식 브레이크

② 싱글 디스크(Single disk)식 브레이크

③ 멀티 디스크(Multi disk)식 브레이크

④ 팽창 튜브(Expander tube)식 브레이크

해설

브레이크의 종류

① 팽창 튜브식 : 소형 항공기에 사용
② 싱글 디스크식 : 소형 항공기에 사용
③ 멀티플 디스크식 : 대형 항공기에 사용
④ 시그먼트 로터식 : 대형 항공기에 사용

24 항공기에 주로 사용하는 Brake의 종류 아닌 것은?

① Multi Disk Brake

② Single Disk Brake

③ Split Type Brake

④ Expander Tube Type Brake

해설

브레이크의 종류

문제 23번 해설참조

25 Brake 사용에 대한 설명이 틀린 것은?

① 정상 브레이크는 평상시 사용한다.

② 파킹 브레이크는 작업시, 비상시 사용한다.

③ 보조 브레이크는 주 브레이크가 고장 났을 때 사용한다.

④ 비상 브레이크는 주 브레이크와 같이 마련되었다.

해설

Brake 사용

[정답] 20 ④ 21 ① 22 ④ 23 ③ 24 ③ 25 ④

- 정상 브레이크는 평상시 사용
- 파킹 브레이크는 작업시나 비상시 사용
- 비상 및 보조 브레이크는 주 브레이크가 고장 났을 때 사용하는 것으로 주 브레이크와 별도로 마련되었다.

26 Brake계통에서 Bleed Valve의 역할은?

① 비상시 Emergency Brake 작동을 위해 사용
② Brake 유압계통의 과도한 압력을 제거할 때 사용
③ Brake 유압계통에 섞여 있는 공기를 빼낼 때 사용
④ Parking Brake로 가는 유로를 만들기 위해 사용

해설

브레이크계통 공기빼기 작업은 압력식과 중력식이 있다. 압력식은 브레이크 쪽에서 압력을 가해 레저버 상부의 주입구를 통해 공기빼기를 하고, 중력식은 페달을 밟아 압력이 걸렸을 때 브레이크 블리드 밸브를 통해 공기빼기를 한다.

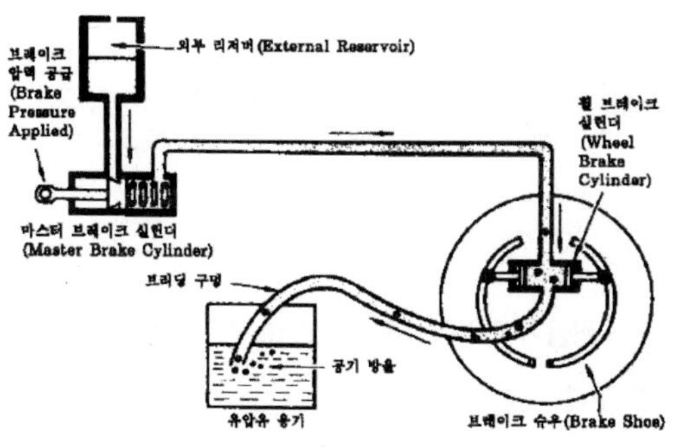

[압력식]

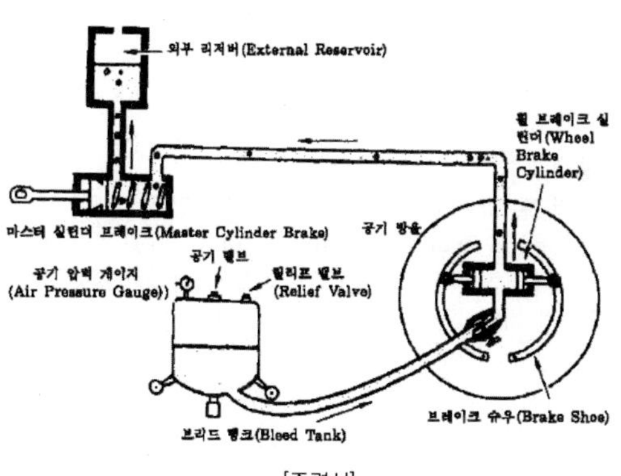

[중력식]

27 Brake Bleeding이란?

① 유류만 뺀다.
② 공기만 뺀다.
③ 공기와 유류를 뺀다.
④ 공기를 넣는다.

해설

Brake Bleeding(공기빼기)

브레이크계통 내 공기가 들어있을 경우 페달을 밟더라도 제동이 제대로 되지 않는 스펀지 현상이 발생하는데 이런 경우 계통 내의 공기빼기 작업을 하여야 한다. 공기빼기 작업을 할 때 작동유와 공기가 함께 섞여 나오며 공기가 모두 빠지면 페달을 밟았을 때 약간의 뻣뻣함이 느껴진다.

28 Brake Return Spring이 끊어지면 어떤 현상이 일어나는가?

① 움직임이 과도하게 된다.
② 페달이 안 밟힌다.
③ 작동이 느려진다.
④ 브레이크가 끌린다.

해설

브레이크의 압력이 풀리면 리턴 스프링에 의해 회전판과 고정판 사이에 간격을 만들어 제동 상태가 풀어지도록 되어 있는데 리턴 스프링이 끊어지면 간격이 없으므로 제동 상태가 유지되어 브레이크가 끌리는 현상이 발생한다.

29 Brake의 페달에 스펀지 현상이 일어나는 이유는?

① 계통에 물이 있기 때문
② 계통에 공기가 있기 때문
③ 브레이크 라이닝이 마모되었기 때문
④ 페달의 장력이 작아졌기 때문

해설

스펀지 현상

브레이크장치 계통에 공기가 작동유와 섞여 있을 때 공기의 압축성 효과로 인하여 브레이크장치가 작동할 때 푹신푹신하여 제동이 제대로 되지 않는 현상이다.

스펀지현상이 발생하면 계통에서 공기 빼기를 해주어야 한다. 공기빼기는 브레이크계통에서 작동유를 빼면서 섞여 있는 공기를 제거하는 것이다. 공기가 다 빠지면 기포가 발생하지 않고, 페달을 밟았을 때 뻣뻣함을 느낀다.

[정답] 26 ③ 27 ③ 28 ④ 29 ②

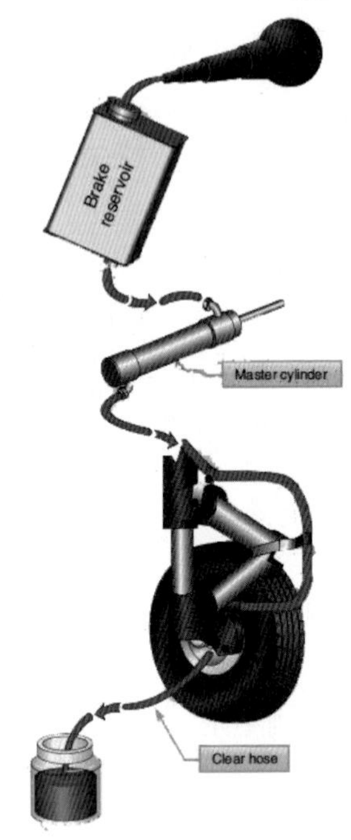

[쇽 스트럿(Shock Strut)의 블리딩(Bleeding)]

30 타이어의 마멸을 측정하고 제동효과를 주기위해 설치된 것은?

① Core Body ② Wire Bead
③ Tread Hole ④ Side Wall

해설

타이어의 구조

① 트레드(Tread) : 직접 노면과 접타이어의 구조 및 기능은 다음과 같다하는 부분으로 미끄럼을 방지하고 주행 중 열을 발산, 절손의 확대 방지의 목적으로 여러 모양의 홈이 만들어져 있다. 트레드의 홈은 마멸의 측정 및 제동효과를 증대시킨다.
② 코어 보디(Core Body) : 타이어의 골격 부분으로 고압공기에 견디고 하중이나 충격에 따라 변형되어야 하므로 강력한 인견이나 나일론 코드를 겹쳐서 강하게 만든 다음 그 위에 내열성이 강한 우수한 양질의 고무를 입힌다.
③ 브레이커(Breaker) : 코어 보디와 트레드 사이에 있으며, 외부 충격을 완화시키고 와이어 비드와 연결된 부분에 차퍼를 부착하여 제동장치에서 오는 열을 차단한다.
④ 와이어 비드(Wire Bead) : 비드 와이어라 하며, 양질의 강선이 와이어 비드부의 늘어남을 방지하고 바퀴 플랜지에서 빠지지 않게 한다.

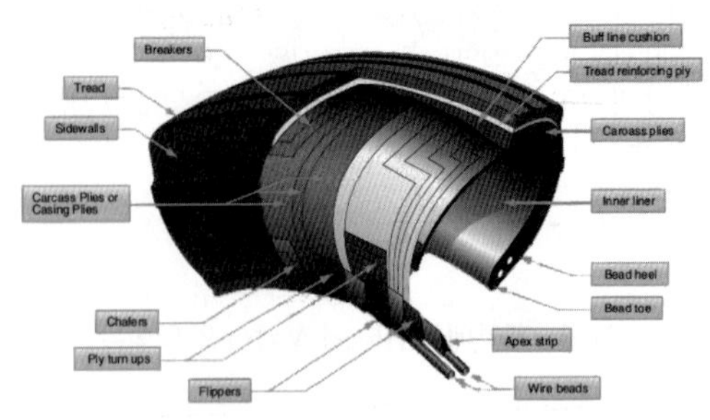

[항공기 타이어의 구조 및 명칭]

31 Wheel로부터 Tire까지의 색 표시를 무엇이라 하는가?

① 진동마크 ② 점검마크
③ 평형마크 ④ Slippage마크

해설

바퀴와 타이어 사이의 미끄러짐을 확인하기 위하여 폭 1″, 길이 2″ 크기의 적색 페인트마크가 있는데 이를 슬립 페이지마크라 한다.

32 항공기 타이어의 Fuse Plug의 기능은?

① Tire 홈 분리를 지적해준다.
② 특정한 상승온도에서 녹는다.
③ 보통 5~7개가 설치되어 있다.
④ 공기압 검사를 필요 없게 해준다.

해설

퓨즈 플러그

퓨즈 플러그는 바퀴에 보통 3~4개가 설치되어있다. 브레이크를 과도하게 사용했을 때 타이어가 과열되어 타이어 내의 공기압력 및 온도가 지나치게 높아지게 되면 퓨즈 플러그가 녹아 공기 압력을 빠져나가게 하여 타이어가 터지는 것을 방지해준다.

33 Tire가 과팽창하면 손상이 되는 곳은?

① Hub Frim ② Brakes
③ Back Plate ④ Wheel Flange

[정답] 30 ③ 31 ④ 32 ② 33 ④

해설

Wheel Flange

타이어가 과팽창되면 타이어의 와이어 비드 부분이 늘어나려고 하여 바퀴의 휠 플랜지 부분이 손상을 입을 수 있다.

34 유압계통에서 타이어는 무엇으로 세척하는가?

① 솔벤트 세척 ② 비눗물 세척
③ 가솔린 세척 ④ 알코올 세척

해설

타이어 세척방법

타이어는 오일, 연료, 유압 작동유, 또는 솔벤트 종류와 접촉하지 않게 주의해야 한다. 왜냐하면 이러한 것들은 화학적으로 고무를 손상시키며 타이어 수명을 단축시키므로 비눗물을 이용하여 세척한다.

35 타이어의 손상방지에 대한 설명이 맞는 것은?

① 오버 인플레이션(Over Inflation)
② 언더 인플레이션(Under Inflation)
③ 느린 택싱(Taxing), 최소한의 제동
④ 급격한 코너링(Cornering)

해설

타이어의 손상방지

항공기 타이어의 가장 심각한 문제는 착륙 시의 강한 충격이 아니고 지상에서 원거리를 운행하는 동안 급격히 타이어 내부 온도가 상승하는 것이다. 항공기 타이어의 과도한 온도 상승을 방지할 수 있는 가장 좋은 방법은 짧은 지상 활주, 느린 택싱 속도, 최소한의 제동, 적절한 타이어 인플레이션(Inflation) 등이다. 과도한 제동은 트레드 마찰을 증가시키고 급한 코너링은 트레드 마모를 촉진시킨다.

36 타이어 팽창압력의 결정요소가 아닌 것은?

① 온도 ② 항공기의 속도
③ 항공기 무게 ④ 타이어 크기

해설

타이어 팽창압력

타이어에 얼마만큼의 공기를 넣는지는 타이어의 크기, 외기온도, 비행기의 무게에 의해서 결정된다.

37 Tire의 Tread 중앙부분의 지나친 마모의 원인은?

① Brake의 결함 ② 과도한 팽창
③ 지나친 Tow in ④ 부족한 팽창

해설

적절한 인플레이션은 적절한 플렉싱(Flexing)을 보장하고 온도 상승을 최소로 하며 타이어 수명을 연장시키고 과도한 트레드 마모를 방지한다. 숄더(Shoulder)부분의 과도한 마모는 언더 인플레이션을 나타내고 타이어 트레드의 과도한 마모는 오버 인플레이션을 나타낸다.

38 Tire Pressure Check를 하려면 비행 후 얼마동안 대기해야 하는가?

① 동절기 1시간 이상
② 동절기 2시간 이상
③ 하절기 2시간 이상
④ 동절기 4시간 이상

해설

Tire Pressure Check

정확한 타이어 압력을 측정하기 위해서는 동절기에는 2시간 이상, 하절기에는 3시간 이상 경과 후 압력을 측정하여야 정확한 값을 얻을 수 있다.

39 Tire 보관 방법에 대한 설명이 맞는 것은?

① 산소가 차단된 곳
② 눕혀서 보관
③ 건조하고 어두운 곳
④ 습기 찬 곳

해설

Tire 보관 방법

타이어나 튜브를 보관하는 이상적인 장소는 시원하고 건조하며 상당히 어둡고 공기의 흐름이나 불순물(먼지)로부터 격리된 곳이 좋다.
저온 32[°F] 이하가 아닐 경우는 문제가 아니다.
고온 80[°F] 이상일 경우는 상당히 좋지않으므로 피해야 한다.

[정답] 34 ② 35 ③ 36 ② 37 ② 38 ② 39 ②

9 산소계통

01 고압산소계통에서 정상 압력은 얼마인가?

① 1,900[psi] ~ 2,000[psi]
② 1,500[psi] ~ 1,600[psi]
③ 1,800[psi] ~ 1,850[psi]
④ 2,000[psi] ~ 2,500[psi]

해설

고압산소 충전
고압산소 실린더는 파열되지 않도록 강한 재질로 만드는데 고강도이며 열처리된 합금강 실린더나 용기 표면을 강선으로 감은 금속 실린더 및 표면을 케블라로 감은 알루미늄 실린더 등이 있다. 모든 고압 실린더는 녹색으로 표시하며 이들 실린더는 최고 2,000[psi]까지 충전할 수 있고, 보통 70[°F]에서 1,800~1,850[psi]의 압력까지 채운다.

02 산소계통 작업 시 주의사항이 아닌 것은?

① 수동조작 밸브는 천천히 열 것
② 반드시 장갑을 착용할 것
③ 개구 분리된 선은 반드시 마개로 막을 것
④ 순수 산소는 먼지나 그리스 등에 닿으면 화재발생 위험이 있으므로 주의할 것

해설

산소계통 작업 시 주의사항
- 오일이나 그리스를 산소와 접촉하지 말 것, 오일, 연료 등 인화물질로 폭발할 우려가 있다.
- 손이나 공구에 묻은 오일이나 그리스를 깨끗이 닦을 것
- Shut Off Valve는 천천히 열 것
- 산소계통 근처에서 어떤 것을 작동시키기 전에 Shut Off Valve를 닫을 것
- 불꽃, 고온 물질을 멀리할 것
- 모든 산소계통 부품을 교환 시는 관을 깨끗이 할 것

03 산소용기 취급 시 주의사항은?

① 증류수는 산소를 발생하므로 가까이 해서는 안 된다.
② 실내에 두면 위험하므로 실외에 두어야 한다.
③ 연결부에 그리스를 칠해서는 안 된다.
④ 압력이 감소하면 열을 이용하여 항상 고압력이 되게 한다.

해설

산소용기 취급
산소는 산소와 접촉된 것을 산화시키고 급속히 반응하면 연소 혹은 폭발에 이른다.
배관이나 장비품에 물, 그리스 오일(Zone), 이물질의 혼합 혹은 부착은 절대로 피하여야 한다.

04 산소계통에서 산소용기의 압력을 저압으로 바꾸는 것은?

① 압력 릴리프 밸브(Pressure Relief Valve)
② 압력 리듀서 밸브(Pressure Reducer Valve)
③ 캘리브레이티드 픽스드 오리피스(Calibrated Fixed Orifice)
④ 딜류터 디맨드 레귤레이터(Diluter Demand Regulator)

해설

압력 리듀서 밸브(Pressure Reducing Valve)
산소용기 내의 고압산소는 수동 개폐 밸브(정상적으로는 열려 있음)를 통해 먼저 감압 밸브(Pressure Reducer Valve)에서 감압되어 배관을 지나 산소 조정기로 보낸다.

05 25,000[ft] 이상을 비행할 수 있도록 증명을 받은 산소 흡입 장치 및 분배장치의 수는?

① 전원이 사용할 수 있는 수
② 좌석수의 5[%]를 초과하는 수
③ 좌석수의 10[%]를 초과하는 수
④ 좌석수의 15[%]를 초과하는 수

해설

좌석의 수보다 적어도 10[%] 많아야 한다.

[정답] 01 ③ 02 ② 03 ③ 04 ② 05 ③

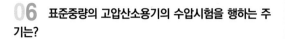

06 **표준중량의 고압산소용기의 수압시험을 행하는 주기는?**

① 매 5년 ② 매 4년
③ 매 3년 ④ 매 12년

해설

산소용기의 수압시험
표준중량의 산소용기는 매 5년마다 수압시험을 받아야 한다. 표준중량 이하의 산소용기는 매 3년마다 수압시험을 받는다.

07 **산소용기 압력이 정해진 최소의 압력 이하로 떨어지면 어떤 현상이 나타나는가?**

① 압력 감소 장치(Pressure Reducer)가 고장난다.
② 용기의 서멀 플러그(Thermal Plug)가 파열된다.
③ 자동 고도 조절 밸브가 열린다.
④ 용기 내에 습기가 모여서 부식이 생긴다.

해설

서멀 플러그(Thermal Plug)
산소용기를 빈 상태로 놓아두면 내부에 습기가 모여서 녹이나 부식이 생기게 되는 원인이 된다. 이런 이유로 산소용기의 내부 압력은 절대로 50[psi] 이하로 내려가게 해서는 안 된다.

08 **연속 흐름 산소계통의 마스크에 공급되는 산소량을 조절하는 것은?**

① 오리피스(Calibrated Orifice)
② 라인 밸브(Line valve)
③ 감압 밸브(Pressure Reducing Valve)
④ 조종사의 조절기(Pilot's Regulator)

해설

Continuous-flow oxygen System
기본적인 연속흐름 산소 계통에서 정해진 크기의 오리피스가 마스크로 공급되는 산소량을 조절 한다. 그렇지만 오리피스로 가는 압력은 수동 혹은 자동 압력 조절기에 의해서 결정된다.

09 **사이트게이지로 공기방울이 계속 보이는 이유는?**

① 프레온이 약간 과충전되었다.
② 프레온 충전이 너무 많이 되었다.
③ 시스템에 적절한 양의 공기가 있다.
④ 프레온 충전이 낮다.

해설

프레온의 충전
프레온계통의 사이트게이지에 공기방울이 보이는 것은 프레온의 충전이 적다는 뜻이다.

10 **콘덴서(Condenser : 응축기)의 냉각공기는 어디서 오는가?**

① 터빈 엔진 압축기
② 주변 공기
③ 서브쿨러 공기(Subcooler Air)
④ 여압된 객실 공기

해설

콘덴서(Condenser : 응축기)의 냉각
콘덴서 코일을 지나는 공기는 주변이나 바깥 공기이고 이 공기는 가열된 냉매(Refrigerant)로부터 열을 빼앗는다. 이 열의 손실로 인해서 냉매는 증기(Vapor)를 액체로 응축시킨다.

11 **휴대용 고압산소용기의 산소량을 결정하는 방법은?**

① 실린더 무게를 측정한다.
② 용기에 붙어 있는 압력게이지를 본다.
③ 마스크의 압력을 측정한다.
④ 사용 중에 흐름 지시계(Flow Indicator)를 본다.

해설

휴대용 고압산소용기의 이용 가능한 산소량은 용기에 붙어 있는 압력게이지에서 지시되는 압력을 보고 알 수 있다.

12 **딜류터 디맨드 산소 조절기에서 디맨드 밸브(Demand Valve)가 열리는 시기는?**

[정답] 06 ① 07 ④ 08 ② 09 ④ 10 ② 11 ② 12 ③

① 딜류터 컨트롤이 정상(Normal)에 세트될 때
② 사용자가 100[%] 산소를 요구할 때
③ 사용자가 숨을 쉴 때
④ 실린더 압력이 500[psi] 이상일 때

해설

Demand oxygen system

마스크를 쓴 사람이 숨을 들이 쉴 때마다 밸브가 열린다.
고공을 비행하는 항공기의 조종사를 위해 사용하는 호흡용 산소 요구계통은 조절기로부터 계량된 산소를 마스크로 이송하고 마스크에서 숨을 들이쉴 때에만 흐르고 내쉴 때에는 차단된다. 연속 흐름계통보다 소비량이 적고 경제적이다.

13 비상용 혹은 백업(Backup)용으로 단순하고 최소의 정비만이 요구되는 것은?

① 액체산소계통 ② 화학산소 발생계통
③ 고압산소계통 ④ 저압산소계통

해설

화학산소 발생계통은 여압 항공기의 비상용이나 백업용으로 사용되는데 덜 복잡하고 공간이나 무게가 효율적이고 정비가 간단하다.

10 공압계통

01 공압계통의 특성이 아닌 것은?

① 공압은 어느 정도 누설이 있더라도 압력에는 큰 영향을 주지 않는다.
② 공압계통은 유압계통보다 무겁고 계통이 복잡하다.
③ 사용한 공기를 대기 중으로 배출시킨다.
④ 공기가 실린더로 되돌아오는 귀환관이 필요 없다.

해설

공압계통의 특성

- 공압계통은 압력 전달 매체로서 공기를 사용하므로 비압축성 작동유와 달리 어느 정도 계통의 누설을 허용하더라도 압력 전달에는 큰 영향을 주지 않는다.
- 공압계통은 무게가 가볍다.
- 사용한 공기를 대기 중으로 배출시키므로 공기가 실린더로 되돌아오는 귀환관이 필요 없어 계통이 간단해질 수 있다.

02 공압계통의 사용처가 아닌 것은?

① 소형 항공기에서는 플랩 작동장치 등을 작동시키는 데 사용한다.
② 대형 항공기에서는 비상 브레이크장치 등에 사용한다.
③ 대형 항공기는 여압계통 등에 사용한다.
④ 소형 항공기는 시동장치 및 여압계통 등에 주로 사용한다.

해설

공압계통의 사용처

- 소형 항공기에서는 브레이크장치나 플랩 작동장치 등을 작동시키는 데 사용한다.
- 대형 항공기에서는 시동장치, 여압장치, 비상 브레이크장치, 엔진의 역추력장치, 방빙장치 등에 사용된다.

03 공기 저장통 안에 있는 Stack Pipe의 기능은?

① 비상시 최소한의 공기를 저장하기 위한 장치이다.
② 지상에서 항공기관이 작동하지 않을 때 계통에 공기를 공급하는 데 사용된다.
③ 공기 속에 포함된 수분이나 오일을 제거하기 위한 장치이다.
④ 제거되지 않은 수분이나 윤활유가 계통으로 섞여 나오지 않도록 한다.

해설

스택 파이프(Stack Pipe)

공기 저장통 안에는 스택 파이프가 설치되어 있어 제거되지 않은 수분이나 윤활유가 계통으로 섞여 나가지 않도록 한다.

04 공압계통의 셔틀 밸브(Shuttle Valve)의 기능은?

① 공기 저장통의 공기 압력을 규정 범위로 유지시키는 역할을 한다.
② 수분 제거기로 제거되지 않은 수분이나 오일 등을 화학적 탈수제로 완전히 제거시키는 장치이다.
③ 지상에서 항공기관이 작동하지 않을 때 계통에 공기를 공급하는 데 사용된다.
④ 유압계통 고장 시 공압을 사용할 수 있도록 하는 밸브이다.

[정답] 13 ② 01 ② 02 ④ 03 ④ 04 ④

해설

셔틀 밸브(Shuttle Valve)

유압계통 고장 시 공압을 사용할 수 있도록 하는 밸브이다.
셔틀밸브는 정삭작동 시 유체를 통하도록 허용해 주지만 정상계통의 유체 압력이 결함으로 인하여 불가능할 때, 다른 계통의 유체압력을 작동기로 가도록 해준다.
셔틀밸브는 주로 착륙장치와 브레이크 계통에 이용되어 정상계통에 결함이 있을 때 압축 공기를 사용하여 착륙기어를 내려주거나 브레이크를 부가적으로 작동시켜준다.

05 공압계통에서 Upstream이란?

① 밸브를 기준으로 배출 흐름

② 밸브를 기준으로 입구쪽 흐름

③ 밸브를 기준으로 출구쪽 흐름

④ 밸브 내부의 흐름

해설

Upstream

밸브를 중심으로 입구쪽 흐름을 말한다.

06 압축공기의 일반적인 압축공기의 공급원이 아닌 것은?

① 터빈 엔진 블리드공기

② 항공기 바깥 공기

③ 보조동력장치

④ 지상 공기압축기

해설

압축공기의 공급원

- 엔진압축기 블리드공기(Bleed Air)
- 보조동력장치(Auxiliary Power Unit) 블리드공기(Bleed Air)
- 지상 공기압축기에서 공급되는 공기

07 PRSOV(Pressure Regulator and Shut Off Valve)의 기능이 아닌 것은?

① On/Off Control

② Temperature Control

③ Pressure Control

④ Indication

해설

다기능 밸브의 기능

- 개폐(Open and Close) 기능
- 압력 조절(Pressure Regulating) 기능
- 역류 방지 기능
- 온도 조절(Temperature Control) 기능
- 엔진 시동 시의 역류 방지 기능의 허용

08 Bleed Air를 Engine과 Control Valve 사이를 서로 연결시켜주는 구성품은?

① Pneumatic Wires ② Governer

③ Hydraulic Tubes ④ Pneumatic Manifold

해설

Pneumatic Manifold

Engine과 Pneumatic Components 사이에는 Pneumatic Manifold로 연결되어 있다.

09 Duct Temperature Switch의 위치와 Valve의 위치가 일치했을 때 들어오는 Light는?

① Agreement Light ② Disagreement Light

③ In Transit Light ④ Condition Light

해설

- Condition Light : 작동 상태일 때 들어온다.
- In Transit Light : 스위치의 위치에 관계없이 밸브의 위치가 완전히 열리거나 닫히는 위치 이외에 있을 때 들어온다.
- Agreement Light : 스위치의 위치와 밸브 위치와 일치했을 때 들어온다.
- Disagreement Light : 스위치의 위치와 밸브 위치가 일치하지 않을 때 들어온다.

[정답] 05 ② 06 ② 07 ④ 08 ④ 09 ①

11 헬리콥터의 구조

01 헬리콥터의 구조 중에서 수평안전판과 꼬리회전날개가 부착되는 부분은?

① 파일론 ② 회전날개 헤드
③ 테일붐 ④ 동체

해설

헬리콥터의 구조
헬리콥터의 수평 안정판(Horizontal Stabilizer, UH-1에서는 Synchronized Elevator)과 꼬리회전날개(Tail Rotor)는 헬리콥터의 테일붐(Tail Boom)에 위치한다.

02 헬리콥터의 기체 구조 부분 중 동체에 위치하지 않는 것은?

① 기관실 ② 조종실
③ 파일론 ④ 연료 및 오일탱크

해설

헬리콥터의 구조
- 파일론은 테일붐 또는 테일콘의 뒷부분에 연결되어 있다.
- 윗부분에는 꼬리회전날개가 장착되도록 지지대의 역할을 하고, 수직 핀이 없는 경우에는 수직 핀의 역할도 한다.
- 파일론은 헬리콥터의 종류에 따라 그 위치와 명칭이 달라지며, 테일붐이나 테일콘이 없는 기체에서는 동체와 꼬리 구조의 중간 부분이 파일론이 된다.
- 파일론의 밑부분에 꼬리회전날개가 장착되어 파일론이 주로 안정판의 역할을 할 때에는 이것을 수직안정 핀이라 부른다.

03 Tail Boom의 구성에 대한 설명은?

① 주회전 날개의 밑에 있다.
② 동체의 착륙장치에 연결되어 있다.
③ 동체의 전방 구조에 연결되어 있다.
④ 동체의 후방 구조에 연결되어 있다.

해설

Tail Boom의 구성
테일붐의 일반적인 설계는 원형이며, 스트링거(Stringer), 외부표피(Outer Skin)가 있다. 스트링거나 스티프너는 붐 어셈블리에 필요한 강직성을 준다. 테일 로터 기어박스, 구동축, 수직 핀, 수평 안정판 등이 테일붐에 장착된다.

04 헬리콥터의 동체 구조에서 주 하중을 담당하는 부재는?

① 중심 구조(몸체 구조) ② 하부 구조
③ 객실 구조 ④ 후방 구조

해설

헬리콥터 구조
- 몸체 구조(Body Structure)
  몸체 구조는 동체의 주 구조재이며 양력과 추력뿐만 아니라 착륙하중(Landing Load)도 담당한다. 몸체 구조는 직접, 간접으로 동체의 다른 구조를 지지하며, 결국 다른 구조에 가해지는 힘은 몸체 구조로 전달된다. 트랜스미션 어셈블리는 메인 로터와 연결되어 착륙의 압축 하중을 흡수한다. 이 구조의 중간쯤에는 연료탱크가 있어 가장 안전하게 보호되어야 한다.
- 하부 구조(Bottom Structure)
  박스의 전방의 몸체 구조에 붙어 있는 것이 바닥 구조(Bottom Structure)와 캐빈 바닥(Cabin Floor)이다. 이 부분은 외팔보(Cantilevered Beam)이며 박스로부터 확장된 것으로 박스의 가로지르는(Cross) 구조와 연결된다. 이 두 빔(Beam)은 캐빈의 무게를 담당하고 박스에 전달한다. 가로지르는 구조(Cross Member)가 이 두 빔에 추가되어 바닥(Floor)과 하부 표피 판넬을 지지한다.
- 캐빈(Cabin Section)
  캐노피나 캐빈은 대개의 경우 합성(Synthetic)재질로 만든다. 이 부분은 캐빈 지붕, 정방(Nose), 수직재(Vertical Member) 등으로 구성되며 이들 모두는 폴리카보네이트(Polycarbonate)에 글래스 파이버로 보강한 것이다.
  열로 찍어 내고 밴딩(Banding)과 울트라소닉 프레임(Ultrasonic Frame)은 캐빈 바닥과 몸체 벌크 헤드에 볼트로 연결한다. 이 프레임에 위쪽창문(Upper Window), 윈드실드(Windshield), 아래창문(Lower Window) 등을 장착하며, 모두 폴리카보네이트

[정답] 01 ③ 02 ③ 03 ③ 04 ①

로 만든다. 투명한 폴리카보네이트는 특히 강한 강도 특성으로 잘 알려져 있다.

- 후미(Rear Section)
  동체의 후미는 빔에 의해 몸체에 연결되며 3개의 프레임으로 구성된다. 이 프레임은 스테인리스강 방화벽으로 덮히고, 엔진의 장착 지점을 제공한다. 이 부분의 안쪽은 화물칸(baggage area)으로 쓰인다. 테일붐 부분은 후미 프레임에 볼트로 연결된다.
- 테일붐(Tail Boom)
  테일붐은 일반적인 설계는 원형이며, 스트링거(Stringer), 외부표피(Outer Skin)가 있다. 스트링거나 스티프너는 붐 어셈블리에 필요한 강직성을 준다. 테일 로터 기어박스, 구동축, 수직 핀, 수평 안정판 등이 테일붐에 장착된다.
- 수직 핀(Vertical Fin)
  낮은 쪽 수직 핀은 대칭형 익형(Airfoil)으로써, 핀의 바닥에 로터 기어가 있으며 앞이 들린 상태에서의 착륙(Nose-up Landing) 중에 보호받는다.
  핀은 테일붐에 볼트로 연결된다. 핀 위쪽은 비대칭형 익형이고 순항 비행 중에 테일 로터의 하중을 덜어 준다.

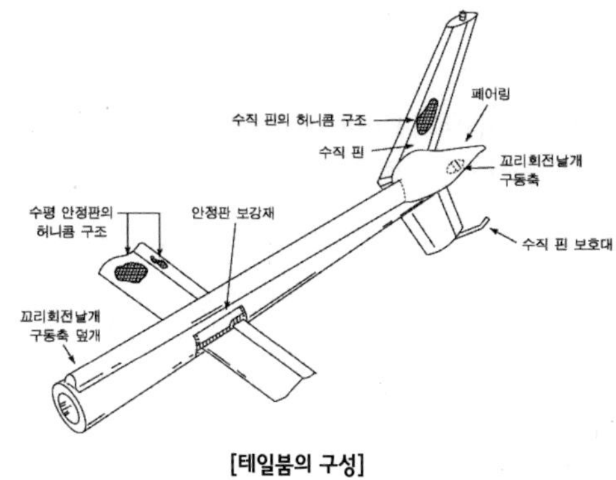

[테일붐의 구성]

05 헬리콥터에서 꼬리회전날개가 하는 역할은?

① 토크 상쇄 ② 항력 발생
③ 양력 발생 ④ 항력 억제

해설

꼬리회전날개

회전하는 메인 로터의 힘이 로터계통에 전달되면 헬리콥터의 동체는 뉴턴의 제3법칙인 작용과 반작용의 법칙에 의해 로터의 반대방향으로 움직이려 하는 경향을 가지게 되는데 이것을 토크(Torque)라고 한다.

이것을 해결하기 위해 대부분의 헬리콥터는 하나의 메인 로터에 하나의 테일 로터(Tail Rotor)를 사용하여 토크에 대항한다. 테일 로터에는 헬리콥터 동체의 토크 방향 조절을 위해 가변 피치 로터(Variable Pitch Rotor)가 장착되어 있는데, 메인 로터의 힘이 증가되면 동체를 똑바로 유지하기 위해 테일 로터의 피치가 증가되어 토크에 대항하는 힘(Counter Act)을 크게 한다. 테일 로터는 메인 로터의 토크 상쇄뿐만 아니라 토크를 제어하여 헬리콥터의 방향을 변화시킬 수 있으며, 작동은 조종사가 페달로 할 수 있다. 동축 헬리콥터(Coaxial Helicopter)의 경우는 두 개의 메인 로터가 있어 서로 반대방향으로 회전하여 메인로터로 인해 야기되는 토크를 상쇄한다.

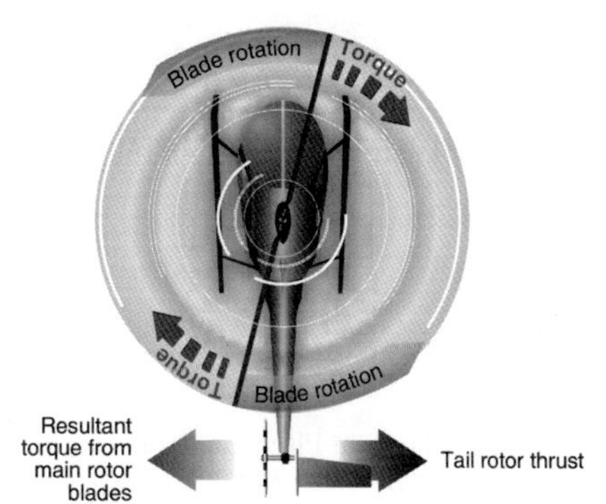

06 Truss Structure를 가진 헬리콥터의 가장 큰 장점은?

① 유효공간이 크다.
② 수리·정비가 용이하다.
③ 정밀하게 제작할 수 있다.
④ 공기저항을 줄일 수 있다.

해설

초기의 헬리콥터는 일반적인 튜브형 트러스(Tubular-Truss) 동체를 제작했다. 이 제작 형태가 강도 대 무게비가 크지만 제작 비용이 상당히 많이 든다. 각 튜브는 자르고 서로 맞추어 용접하거나 볼트 등으로 접합한 형태이다. 트러스 구조의 단점은 정확한 공차로 제작하기가 힘들며 내부 공간 확보가 힘들다는 것이고, 장점은 수리, 정비가 쉽다는 것이다.

07 헬리콥터의 Semi-monocoque 동체에서 수평 구조 부재는?

① Bulkhead ② Frame
③ Longeron ④ Ring

해설

Longeron(세로대)

[정답] 05 ① 06 ② 07 ③

동체의 길이방향으로 배치되고, 프레인과 함께 동체 모양을 형성하며 동체 축 방향의 인장력과 압축력을 담당한다.

12 헬리콥터의 조종장치

01 헬리콥터의 주요 3조종계통에 속하지 않는 것은?

① 동시피치 조종　② 자동 조종
③ 주기피치 조종　④ 방향 조종

해설

3조종계통

- 동시피치 조종(Collective Pitch Control) : 회전날개의 받음각을 동시에 증가시켜 조종간을 당기면 회전날개의 양력이 커져 항공기가 위로 상승, 조종간을 밀면 양력이 작아져 아래로 하강한다. 회전날개의 양력을 크게 하면 회전날개에 미치는 항력이 동시에 커지기 때문에 날개를 회전시키는 동력장치의 힘도 증가하도록 해준다.
- 주기피치 조종(Cyclic Pitch Control) : 회전날개의 회전면이 진행방향으로 기울도록 하여 조종간을 앞으로 밀면 전진하는 방향의 회전날개는 받음각이 작아지고, 후진하는 방향의 회전날개는 받음각이 커지게 한다. 날개의 받음각을 변화시켜 항공기가 전진하는 방향으로 회전날개를 기울게 하여 원하는 방향으로 비행한다.
- 방향 조종 : 꼬리회전날개를 이용하여 동체에 발생하는 회전력을 회전날개가 발생시키는 회전력으로 상쇄하면 항공기는 직선비행을 하게 되고, 회전력에 차이가 있으면 그 차이만큼 기수가 돌아간다.

02 회전날개 항공기의 조종계통이 아닌 것은?

① 방향조종계통
② 사이클릭 피치 조종계통
③ 컬렉티브 피치 조종계통
④ 리트리팅 조종계통

해설

문제 1번 참조

03 조종사가 조종장치에서 손을 떼었을 때 조종장치가 중립 위치로 되돌아가도록 하는 장치는 무엇인가?

① 주기피치 스틱　③ 액추에이터
③ 센터링장치　④ 동시피치 레버

04 기체를 경사지게 해서 헬리콥터를 원하는 방향으로 비행시키는 조종 기구는?

① 스와시 플레이트
② 주기피치 스틱
③ 동시피치 스틱
④ 방향 페달

해설

문제 1번 참조

05 헬리콥터의 Collective Pitch Control Lever를 위로 움직이면 어떤 현상이 발생하는가?

① 회전날개의 피치가 증가한다.
② 회전날개의 피치가 감소한다.
③ 헬리콥터의 고도가 낮아진다.
④ 회전날개의 피치가 감소하고 고도도 하강한다.

해설

위로 당기면 회전날개의 피치를 크게 하여 양력이 커져 항공기가 위로 상승한다.

06 헬리콥터의 운동 중 Collective Pitch Lever로 조종하는 운동은 어느 것인가?

① 수직방향운동
② 전진운동
③ 좌·우운동
③ 방향조종운동

해설

문제 1번 참조

[정답] 01 ② 02 ④ 03 ③ 04 ② 05 ① 06 ①

07 헬리콥터의 착륙장치에서 Skid Gear Type을 사용할 수 있는 이유는?

① 착륙하중이 고정날개 항공기보다 매우 크다.
② 구조가 간단하다.
③ 활주거리가 필요없다.
④ 정비가 용이하다.

해설

Skid Gear Type
수직 이착륙이 가능한 헬리콥터는 활주거리가 필요 없고, 착륙하중이 고정 날개보다 작기 때문에 스키드형 착륙장치를 많이 사용한다. 구조가 간단하고 정비가 용이하며 지면에 착지했을 때 헬리콥터의 무게를 스키드 전체에 고르게 분포시킬 수 있는 장점이 있다.

08 스키드 기어형 착륙장치의 구성품이 올바르게 짝지어진 것은?

① 전방 가로 버팀대, 후방 가로 버팀대, 스키드, 스키드 슈, 휠
② 전방 가로 버팀대, 휠, 스키드, 피팅
③ 전방 가로 버팀대, 후방 가로 버팀대, 스키드, 완충 버팀대, 휠
④ 전방 가로 버팀대

해설

스키드 착륙장치 구성품

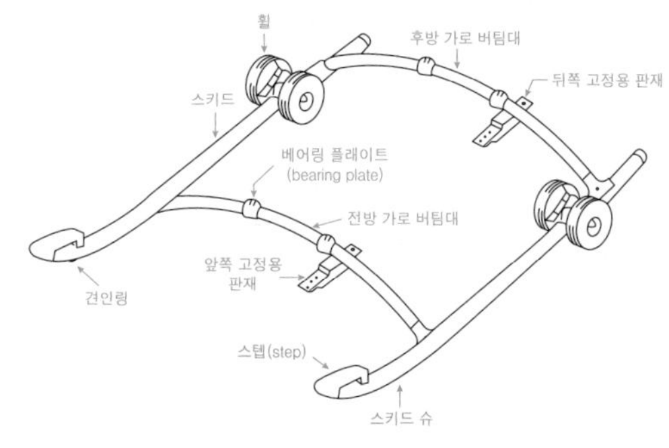

[스키드 착륙장치 구성품]

13 헬리콥터의 회전날개

01 피치각이 주어진 회전날개에서 회전할 때 발생하는 힘이 아닌 것은?

① 양력 ② 원심력
③ 항력 ④ 회전력

해설

회전력은 동체에서 발생한다.

02 헬리콥터의 회전날개가 회전하게 되면 처짐 현상(Droop)이 회복되어 수평 상태가 되는데 이때 수평 상태까지 되도록 하는 힘은?

① 압축력 ② 원심력
③ 전단력 ④ 양력

해설

회전날개가 회전하면 중심으로부터 수평방향으로 원심력을 받게 된다.

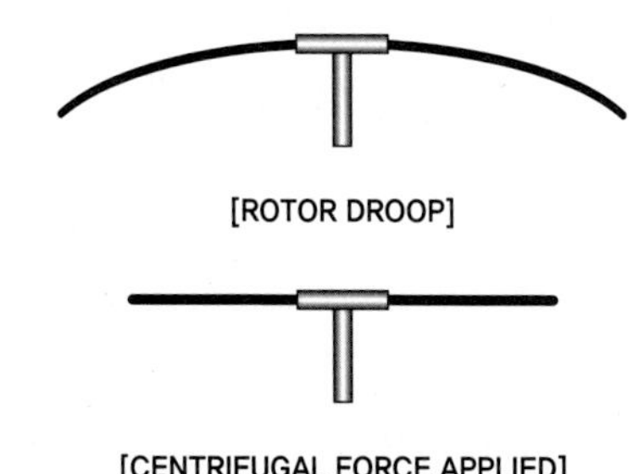

[ROTOR DROOP]

[CENTRIFUGAL FORCE APPLIED]

03 헬리콥터 주회전날개로 양력과 원심력의 합력에 의해서 위치가 정해지는 것은 어느 것인가?

① 궤도 ② 처짐
③ 코닝 ④ 회전면

해설

깔대기 형상(원추형)
두 힘의 합성으로 회전날개 바깥쪽이 위로 올라가 깔대기 형상(원추형)의 회전 경사로를 이루게 된다.

[정답] 07 ③ 08 ① 01 ④ 02 ② 03 ③

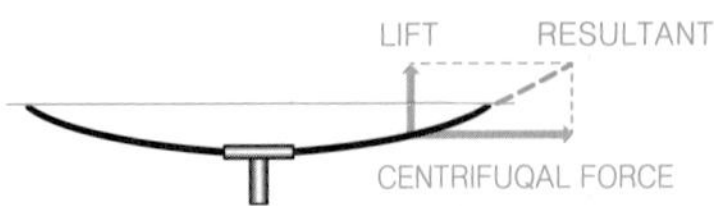

04 양력 불균형을 해소하기 위해서 설치하는 것은?

① Flapping Hinge ② Feathering Hinge
③ Drag Hinge ④ Lag

해설

Flapping Hinge

헬리콥터가 전진 비행을 하면 양쪽 회전날개의 상대 속도가 달라지게 되어 양력차가 발생하고 불균형 상태를 일으킨다. 전진하는 회전날개는 받음각을 작게 하고 후진하는 회전날개는 받음각을 크게 해줌으로써 회전날개의 위치에 관계 없이 양력이 균형을 이룰 수 있도록 해준다.

05 Coriolis Effect에 의한 기하학적 불평형을 제거하기 위한 힌지는?

① Flapping Hinge ② Feathering Hinge
③ Lead-lag Hinge ④ 수평 힌지

해설

Coriolis Effect

- 코리올리의 효과는 블레이드의 속도를 변화 시켜서 블레이드 플랩에 따른 회전축의 중심에서 거리의 변화를 보상하기 위한 것이다.
- 각각의 블레이드가 전진쪽에서 블레이드가 위쪽으로 휘게 되면 중력중심은 회전중심과 가까워진다. 이것이 블레이드를 가속시키는 경향이 있는데 마치 피겨스케이팅 선수가 TM핀을 가속하기 위해 팔을 안쪽으로 하는 것과 같다.
- 후진 블레이드에서는 반대 작용이 발생하는데 중력중심이 바깥쪽으로 움직이고 블레이드가 천천히 회전하려고 한다.
- 코리올리 효과를 바로 잡지 않으면 로터계통의 기하학적 불균형을 초래한다.
- 기하학적 불균형이 심한 진동을 일으키고 시위방향의 굽힘작용 때문에 블레이드 뿌리에 응력을 주게 된다.

06 헬리콥터에서 Lead-lag Hinge를 장착한 목적으로 맞는 것은?

① 기하학적인 불평형 제거
② 정적 평형 유지
③ 동적 평형
④ 동적 불평형 방지

해설

문제 5번 참조

07 Hub에 Flapping Hinge와 Feathering Hinge는 가지고 있으나 Lead-lag Hinge가 없는 형식의 회전날개는?

① 관절형 회전날개 ② 반고정형 회전날개
③ 고정식 회전날개 ④ 베어링리스 회전날개

해설

가장 흔한 로터계통으로 피치 변경을 위해서 페더링 축을 사용하고 이 움직임 이외에 로터가 플랩을 할 수 있게 한다. 일부는 짐발링을 사용하여 세로방향축에 대해 추가적인 움직임을 갖도록 한다. 추가적인 움직임 문제를 스와시 플레이트를 이용하여 회전 중에 피치가 바뀌게 된다.

08 반고정형 회전날개에 대한 설명으로 틀린 것은?

① Flapping Hinge가 있다.
② 두 개의 깃을 가진 회전날개의 형식이다.
③ Feathering Hinge가 있다.
④ Lead-lag Hinge가 있다.

해설

문제 7번 참조

09 목재 깃에 대한 설명 중 옳은 것은?

① 강도는 약하지만 습기에 강하다.
② 제작비가 싸고 정비가 용이하다.
③ 강도는 강하고 습기에 약하다.
④ 제작비가 싸지만 정비가 힘들다.

[정답] 04 ① 05 ③ 06 ① 07 ② 08 ④ 09 ②

해설

목재 깃

목재 깃은 같은 종류의 나무로 만들더라도 재질이 일정하지 않으므로, 각각의 깃은 표준 깃에 맞추어 2개를 한 조로 만들고, 교환할 때에는 한 쌍을 교환해야 한다. 목재 회전 날개 깃은 강도가 약하고 습기에 약하나, 제작비가 싸고 정비가 용이 하다.

10 헬리콥터의 회전날개에서 길이방향의 정적 평형을 맞추는 것은?

① 금속 코어
② 깃 윗면 돌출핀을 두개 둔다.
③ 뒷전에 위치한 팁(Tip)
④ 깃 끝에 있는 팁포켓(Tip pocket)

해설

길이 방향 정적 평형 작업

블레이드의 팁포켓(Tip pocket)이나 속 이빈 블레이드 리테이닝 볼트로 무게를 더하여 작업한다.

11 금속으로 된 헬리콥터 깃에서 깃의 하중을 허브에 전달하는 기능은?

① 팁 포켓 ② 트림 탭
③ 깃 얼라인먼트 핀 ④ 그립 플레이트

해설

그립 플레이트와 더블러는 블레이드 익근에 더해져서 장착응력(Attachment stress)을 블레이드의 넓은 지역으로 퍼지게 한다.

12 복합 재료 깃에 대한 설명 중 틀린 것은?

① 수명이 길다.
② 부식이 잘 일어나지 않는다.
③ 결함의 확산속도가 빠르다.
④ 접착제에 의해 수리가 용이하다.

해설

복합 재료의 장점

① 수명이 길다.
② 부식이 잘 일어나지 않는다.
③ 접착이나 층 분리 문제는 에폭시수지 주입으로 현장에서 수리 가능하다.

13 복합 재료 깃 중 유리 섬유를 사용한 깃의 장점은?

① 잘 파손되지 않는다.
② 무게가 가볍다.
③ 정비에는 시설과 장비가 필요 없다.
④ 부식이 일어나지 않는다.

해설

문제 12번 참조

14 헬리콥터에서 진동이 가장 심한 곳은 어디인가?

① 주회전날개 ② 꼬리회전날개
③ 트랜스미션 ④ 꼬리회전날개 구동축

해설

진동의 종류

① 저주파 진동은 0~500[rpm]의 비율이고, 이 범위는 보통 메인 로터와 비슷한 속도로 메인 로터는 300~500[rpm] 정도이다. 1:1 진동이 가장 흔하고 감지하기에 가장 쉽다. 이것은 로터가 1회전할 때마다 1회씩 진동이 나타난다. 이 진동은 좌우나 상하 중에 속한다. 상하진동은 보통 트랙과 관계가 있고 좌우진동은 불균형 상태와 관계가 있다. 또한 2:1이나 3:1 등의 다른 진동도 쉽게 발견하는데 이것은 헬리콥터의 로터계통에 좌우된다. 메인 로터 진동은 메인 로터의 여러 가지 특징에 의해서 일어나는데 예를 들면 가로방향과 세로방향 균형, 댐프너, 리드-레그 힌지, 결함 있는 헤드 구성품 등이다.
② 중주파 진동의 범위는 500~2,000[cpm]이다. 이 넓은 범위는 중주파로 구별하기 상당히 힘들다. 메인 로터의 동시 몇 번 이상을 치는 소리와 냉각팬이 범위에 속한다. 이런 이유로 중주파 진동은 구별할 수 있는 부저 소리와 같은 범위이다.
③ 고주파 진동의 범위는 2,000[cpm] 이상이다. 이 형태의 진동은 테일 로터와 연결되어 영향을 받는 앤티 토크 페달과 같은 고정된 구성품에서 느낄 수 있다. 고주파 진동의 주요 3가지 지역은 테일 로터, 엔진, 구동계통 등이다.

[정답] 10 ④ 11 ④ 12 ③ 13 ④ 14 ①

15 **헬리콥터의 주회전날개의 궤도점검에서 궤도가 맞지 않을 경우 발생하는 진동은?**

① 저주파수 진동 중 종진동
② 중간주파수 진동
③ 저주파수 진동 중 횡진동
④ 고주파수 진동

해설

문제 14번 해설 참조

16 **주회전날개 깃이 5개일 때 주회전날개가 1회 회전할 때 중간주파수 진동은?**

① 1　② 2.5
③ 5　④ 10

해설

문제 14번 해설 참조

17 **주회전날개 1회전 당 한 번 일어나는 진동으로 가장 보편적인 것으로 쉽게 느낄 수 있는 진동은?**

① 고주파수　② 중간주파수
③ 저주파수　④ 주회전날개 진동

해설

문제 14번 해설 참조

18 **헬리콥터의 진동 중 회전날개와는 무관하며 기관이나 동력 구동장치 등에서 발생되는 진동은?**

① 저주파수 진동　② 중간주파수 진동
③ 꼬리 진동　④ 고주파수 진동

해설

문제 14번 해설 참조

19 **회전날개계통의 작동점검과 조절에 속하지 않는 것은?**

① 궤도점검　② 조종계통의 리그작업
③ 평형점검　④ 커플링점검

해설

- 궤도점검 : 헬리콥터의 종진동을 방지하기 위한 작업
- 조종계통의 리그작업 : 조종계통의 작동 변위를 조절하고, 주회전날개와 조종장치, 그리고 꼬리 회전날개와 조종장치의 관계를 정확히 하여, 조종장치의 작동과 조종면의 작동이 일치 하도록 만드는 작업
- 평형점검 : 헬리콥터의 횡진동을 방지하기 위한 점검

20 **주회전날개의 궤도점검에 사용되지 않는 것은?**

① 막대　② 정적 평형조절장치
③ 깃발　④ 스트로브 방식

해설

궤도점검방식의 종류

- 스틱 방식
- 플래그 방식
- 스트로브 방식
- 예비 트랙 방식

21 **궤도점검을 스트로보스코프를 사용할 때 장비와 장착부분을 짝지어 놓은 것은?**

① 회전날개 깃의 선단과 점검용 깃발
② 고정경사판과 자기발생장치
③ 회전날개끝과 차단장치
④ 회전경사판과 반사표적

해설

헬리콥터의 Track 점검

전자 스트로브 방식 지상과 비행 중에 트랙검사를 할 수 있다. 반사판을 블레이드익단에서 기내로 향하도록 한다. 이 반사판은 스트라이프 시스템을 사용해서 블레이드를 식별한다.
이때 스트로브의 마그네틱 픽업 스위치는 회전경사판에 장착된다.

[정답] 15 ① 16 ③ 17 ③ 18 ④ 19 ④ 20 ② 21 ④

Aircraft Maintenance

Aircraft Maintenance

항공종사자 자격증명 실기시험 표준서

실기영역 세부기준

1. 실기영역 세부기준 [Part1 항공기체 및 발동기]

1. 법규 및 관계규정

과 목	세 부 과 목	평 가 항 목	실사방법	
			구술	실기
1. 정비작업범위	1. 항공종사자의 자격	1. 자격증명 업무범위(항공안전법 제36조, 별표) 2. 자격증명의 한정(항공안전법 제 37조) 3. 정비확인 행위 및 의무(항공안전법 32조, 제33조)	○	
	2. 작업 구분	1. 감항증명 및 감항성 유지(항공안전법 제23조, 제24조), 수리와 개조(항공안전법 제30조), 항공기 등의 검사 등(항공안전법 제31조) 2. 항공기정비업(항공사업법 제2절), 항공기취급업(항공사업법 제3절)	○	
2. 정비방식	1. 항공기 정비방식	1. 비행전후 점검, 주기점검(A, B, C, D 등) 2. Calendar 주기, Flight time 주기	○	
	2. 부분품 정비방식	1. 하드타임(Hardtime) 방식 2. 온컨디션 (On condition)방식 3. 컨디션 모니터링(Condition monitoring) 방식	○	
	3. 발동기 정비방식	1. HSI(Hot Section Inspection) 2. CSI(Cold Section Inspection)	○	

2. 기본작업

과 목	세 부 과 목	평 가 항 목	실사방법	
			구술	실기
3. 판금작업	1. 리벳의 식별	1. 사용목적, 종류, 특성 2. 열처리 리벳의 종류 및 열처리 이유	○	○
	2. 구조물 수리작업	1. 스톱홀(Stop hole)의 목적, 크기, 위치 선정 2. 리벳 선택(크기, 종류) 3. 카운터 성크(Counter sunk)와 딤플(Dimple)의 사용구분	○	○

과 목	세 부 과 목	평 가 항 목	실사방법	
			구술	실기
		4. 리벳의 배치(ED, Pitch) 5. 리벳작업 후의 검사 6. 용접 및 작업 후 검사		
	3. 판재 절단, 굽힘작업	1. 패치(Patch)의 재질 및 두께 선정기준 2. 굽힘 반경(Bending radius) 3. 셋백(Setback)과 굽힘 허용치(BA)	○	○
	4. 도면의 이해	1. 3면도 작성 2. 도면 기호 식별	○	○
	5. 드릴 등 벤치공구 취급	1. 드릴 절삭, 에지각, 선단각, 절삭 속도 2. 톱, 줄, 그라인더, 리마, 탭, 다이스 3. 공구 사용 시의 자세 및 안전수칙	○	○
4. 연결작업	1. 호스, 튜브작업	1. 사이즈 및 용도 구분 2. 손상검사 방법 3. 연결 피팅(Fitting, Union)의 종류 및 특성 4. 장착 시 주의사항	○	○
	2. 케이블 조정 작업 (Rigging)	1. 텐션미터(Tensionmeter)와 라이저(Riser)의 선정 2. 온도 보정표에 의한 보정 3. 리깅 후 점검 4. 케이블 손상의 종류와 검사방법	○	○
	3. 안전결선(Safety wire) 사용 작업	1. 사용목적, 종류 2. 안전결선 장착 작업(볼트 혹은 너트) 3. 싱글랩(Single wrap) 방법과 더블랩(Double wrap) 방법 사용 구분	○	○
	4. 토큐(Torque)작업	1. 토큐의 확인 목적 및 확인 시 주의사항 2. 익스텐션(Extension) 사용시 토큐 환산법 3. 덕트 클램프(clamp) 장착작업 4. Cotter pin 장착 작업	○	○
	5. 볼트, 너트, 와셔	1. 형상, 재질, 종류 분류 2. 용도 및 사용처	○	

과 목	세부과목	평가항목	실사방법	
			구술	실기
5. 항공기재료 취급	1. 금속재료	1. AL합금의 분류, 재질 기호 식별 2. AL합금판(Alclad) 취급(표면손상 보호) 3. Steel 합금의 분류, 재질 기호 4. Alodine 처리	○	
	2. 비금속재료	1. 열가소성과 열경화성 구분 2. 고무제품의 보관 3. 실런트 등 접착제의 종류와 취급 4. 복합소재의 구성 및 취급	○	
	3. 비파괴 검사	1. 비파괴 검사의 종류와 특징 2. 비파괴 검사 방법 및 주의사항	○	

3. 항공기 정비작업

과 목	세부과목	평가항목	실사방법	
			구술	실기
6. 기체 취급	1. Station number 구별	1. Station no. 및 Zone no. 의미와 용도 2. 위치 확인요령	○	
	2. 잭업(Jack up) 작업	1. 자중(Empty weight), Zero fuel weight, Payload관계 2. 웨잉(Weighing)작업 시 준비 및 안전절차	○	
	3. 무게중심(C.G)	1. 무게중심의 한계의 의미 2. 무게중심 산출작업(계산)	○	○
7. 조종 계통	1. 주조종장치(Aileron, Elevator, Rudder)	1. 조작 및 점검사항 확인	○	○
	2. 보조조종장치(Flap, Slat, Spoiler, Hori-zontal, Stabilizer 등)	1. 종류 및 기능 2. 작동 시험 요령	○	

과 목	세부과목	평가항목	실사방법	
			구술	실기
8. 연료 계통	1. 연료보급	1. 연료량 확인 및 보급절차 체크 2. 연료의 종류 및 차이점	○	
	2. 연료탱크	1. 연료 탱크의 구조, 종류 2. 누설(Leak)시 처리 및 수리방법 3. 탱크 작업 시 안전 주의사항	○	
9. 유압 계통	1. 주요 부품의 교환 작업	1. 구성품의 장탈착 작업시 안전 주의 사항 준수 여부 2. 작업의 실시요령	○	○
	2. 작동유 및 Accumu-lator air 보충	1. 작동유의 종류 및 취급 요령 2. 작동유의 보충작업	○	
10. 착륙장치 계통	1. 착륙장치	1. 메인 스트럿(Main strut or oleo cylinder)의 구조 및 작동원리 2. 작동유 보충시기 판정 및 보급방법	○	
	2. 제동계통	1. 브레이크 점검(마모 및 작동유 누설) 2. 브레이크 작동 점검 3. 랜딩기어에 휠과 타이어 부속품제거, 교환 장착	○	○
	3. 타이어계통	1. 타이어 종류 및 부분품 명칭 2. 마모, 손상 점검 및 판정기준적용 3. 압력 보충 작업(사용 기체 종류) 4. 타이어 보관	○	○
	4. 조향장치	1. 조향장치 구조 및 작동원리 2. 시미댐퍼(Shimmy damper) 역할 및 종류	○	
11. 추진 계통	1. 프로펠러	1. 블레이드(Blade) 구조 및 수리 방법 2. 작동절차(작동전 점검 및 안전사항 준수) 3. 세척과 방부처리 절차	○	
	2. 동력전달장치	1. 주요 구성품 및 기능점검 2. 주요 점검사항 확인	○	

과 목	세부과목	평가항목	실사방법	
			구술	실기
12. 발동기 계통	1. 왕복엔진	1. 작동원리, 주요 구성품 및 기능 2. 점화장치 작업 및 작업안전사항 준수 여부 3. 윤활장치 점검(기능, 작동유 점검 및 보충) 4. 주요 지시계기 및 경고장치 이해 5. 연료계통 기능(점검, 고장탐구 등) 6. 흡입, 배기 계통	○	○
	2. 가스터빈엔진	1. 작동원리, 주요 구성품 및 기능 2. 점화장치 작업 및 작업안전사항 준수 여부 3. 윤활장치 점검(기능, 작동유 점검 및 보충) 4. 주요 시기계기 및 경고장치 이해 5. 연료계통 기능(점검, 고장탐구 등) 6. 흡입 및 공기흐름 계통 7. Exhaust 및 Reverser 시스템 8. 세척과 방부처리 절차 9. 보조동력장치계통(APU)의 기능과 작동	○	○
13. 항공기 취급	1. 시운전 절차 (Engine run up)	1. 시동절차 개요 및 준비사항 2. 시운전 실시 3. 시운전 도중 비상사태 발생시(화재 등) 응급조치 방법 4. 시운전 종료후 마무리 작업 절차	○	
	2. 동절기 취급절차 (Cold weather operation)	1. 제빙유 종류 및 취급 요령(주의사항) 2. 제빙유 사용법(혼합율, 방빙 지속 시간) 3. 제빙작업 필요성 및 절차(작업안전 수칙 등) 4. 표면처리(세척과 방부처리) 절차	○	
	3. 지상운전과 정비	1. 항공기 견인(Towing) 일반절차 2. 항공기 견인(Towing)시 사용 중인 활주로 횡단시 관제탑에 알려야할 사항 3. 항공기 시동시 지상운영 Taxing의 일반절차 및 관련된 위험요소 방지절차 4. 항공기 시동시 및 지상작동(Taxing 포함) 상황에서 표준 수신호 또는 지시봉(Light wand) 신호의 사용 및 응답방법	○	○

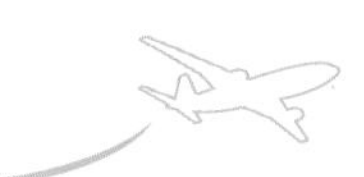

2. 실기영역 세부기준 [Part2 항공전자·전기·계기]

1. 법규 및 관계규정

과 목	세부과목	평가항목	실사방법	
			구술	실기
1. 법규 및 규정	1. 항공기 비치서류	1. 감함증명서 및 유효기간 2. 기타 비치서류(항공안전법 제52조 및 규칙 제113조)	○	
	2. 항공일지	1. 중요 기록사항(항공안전법 제52조 및 규칙 제108조) 2. 비치장소	○	
	3. 정비규정	1. 정비 규정의 법적 근거(항공안전법 제93조) 2. 기재사항의 개요 3. MEL, CDL	○	
2. 감항증명	1. 감항증명	1. 항공법규에서 정한 항공기 2. 감항검사 방법 3. 형식증명과 감항증명의 관계	○	
	2. 감항성 개선명령	1. 감항성개선지시(Airworthiness Directive)의 정의 및 법적 효력 2. 처리결과 보고절차	○	

2. 기본작업

과 목	세부과목	평가항목	실사방법	
			구술	실기
3. 벤치작업	1. 기본 공구의 사용	1. 공구 종류 및 용도 2. 기본자세 및 사용법	○	○
	2. 전자전기 벤치작업	1. 배선작업 및 결함 검사 2. 전기회로 스위치 및 전기회로 보호 장치 3. 전기회로의 전선규격 선택 시 고려사항 4. 전기 시스템 및 구성품의 작동상태 점검	○	○

과 목	세 부 과 목	평 가 항 목	실사방법	
			구술	실기
4. 계측작업	1. 계측기 취급	1. 국가교정제도의 이해(법령, 단위계) 2. 유효기간의 확인 3. 계측기의 취급, 보호	○	○
	2. 계측기 사용법	1.계측(부척)의 원리 2. 계측대상에 따른 선정 및 사용절차 3. 측정치의 기입요령	○	○
5. 전기·전자작업	1. 전기선 작업	1. 와이어 스트립(Strip) 방법 2. 납땜(Soldering) 방법 3. 터미널 크림핑(Crimping) 방법 4. 스플라이스(Splice) 크림핑(Crimping) 방법 5. 전기회로 스위치 및 전기회로 보호장치 장착	○	○
	2. 솔리드저항, 권선 등의 저항측정	1. 멀티미터(Multimeter) 사용법 2. 메가테스터/메가미터(Megatester/Megameter) 사용법 3. 휘트스톤 브리지(Wheatstone bridge) 사용법	○	○
	3. ESDS작업	1. ESDS 부품 취급 요령 2. 작업시 주의사항	○	
	4. 디지털회로	1. 아날로그 회로와의 차이	○	
	5. 위치표시 및 경고계통	1. Anti-skid 시스템 기본구성 2. Landing gear 위치/경고 시스템 기본 구성품	○	

3. 항공기 정비작업

과 목	세 부 과 목	평 가 항 목	실사방법	
			구술	실기
6. 공기조화 계통	1. 공기순환식 공기조화 계통(Air cycle air Conditioning system)	1. 공기 순환기(Air cycle machine)의 작동 원리 2. 온도 조절방법	○	
	2. 증기순환식 공기조화 계통(Vapor cycle air Conditioning system)	1. 주요부품의 구성 및 기능 2. 냉매(Refrigerant) 종류 및 취급 요령(보관, 보충)	○	
	3. 여압 조절 장치 (Cabin pressure control system)	1. 주요부품의 구성 및 작동 원리 2. 지시계통 및 경고장치	○	
7. 객실 계통	1. 장비현황(조종실, 객실, 주방, 화장실, 화물실 등)	1. Seat의 구조물 명칭 2. PSU(Passenger Service Unit) 기능 3. Emergency equipment 목록 및 위치 4. 객실여압 시스템과 시스템 구성품의 검사	○	
8. 화재탐지 및 소화 계통	1. 화재 탐지 및 경고 장치	1. 종류 및 작동원리 2. 계통(Cartridge, Circuit) 점검방법 체크	○	○
	2. 소화기계통	1. 종류(A, B, C, D) 및 용도구분 2. 유효기간 확인 및 사용방법 체크	○	
9. 산소 계통	1. 산소장치 작업(Crew, Passenger, Portable Oxygen bottle)	1. 주요 구성부품의 위치 2. 취급상의 주의사항 3. 사용처	○	
10. 동결방지 계통	1. 시스템 개요(날개, 엔진, 프로펠러 등)	1. 방·제빙하고 있는 장소와 그 열원 등 2. 작동시기 및 이유 3. Pitot 및 Static, 결빙방지계통 검사 4. 전기 Wind shield 작동 점검 5. Pneumatic de-icing boot 정비 및 수리	○	

과 목	세부과목	평가항목	실사방법	
			구술	실기
11. 통신항법 계통	1. 통신장치(HF, VHF, UHF 등)	1. 사용처 및 조작방법 2. 법적 규제에 대한 지식 3. 부분품 교환 작업 4. 항공기에 장착된 안테나의 위치 및 확인	○	○
	2. 항법장치(ADF, VOR, DME, ILS/GS, INS/GPS 등)	1. 작동원리 2. 용도 3. 자이로(Gyro)의 원리 4. 위성통신의 원리 5. 일반적으로 사용되는 통신/항법 시스템 안테나 확인 방법 6. 충돌방지등과 위치지시등의 검사 및 점검	○	
12. 전기조명 계통	1. 전원장치(AC, DC)	1. 전원의 구분과 특징, 발생원리 2. 발전기의 주파수 조정장치	○	
	2. 배터리 취급	1. 배터리 용액 점검 및 보충 작업 2. 세척 시 작업안전 주의사항 준수 여부 3. 배터리 정비 및 장 · 탈착 작업 4. 배터리 시스템에서 발생하는 일반적인 결함	○	○
	3. 비상등	1. 종류 및 위치	○	
13. 전자계기 계통	1. 전자계기류 취급	1. 전자계기류 종류 2. 전자계기 장 · 탈착 및 취급 시 주의사항 준수 여부	○	○
	2. 동정압(Pitot-Static tube) 계통	1. 계통 점검 수행 및 점검 내용 체크 2. 누설 확인 작업 3. Vacuum/Pressure, 전기적으로 작동하는 계기의 동력 시스템 검사 고장탐구	○	

Aircraft Maintenance

Aircraft Maintenance

제2편 항공정비사 실기 구술형 기출 및 예상문제

국가기술자격검정 항공정비사 실기 구술형 출제 예상문제

자격종목 및 등급(선택분야)	수검번호	성명
항공정비사 실기 구술형		듀오북스

1 항공기 정비일반

01 정비규정에서 정의하는 항공기 정비의 목적을 설명하시오.

해답

안전하고 쾌적한 운항을 위하여 항공기 품질을 유지 또는 향상시키는 점검(Inspection Check), 서비스(Service), 세척(Cleaning) 및 수리(Repair), 개조작업(Modi-fication) 등을 총칭하여 정비라 한다.

02 정비 규정에서 정하는 항공기 장비품(Equipment)이란?

해답

장비품(Equipment)은 항공기에 장착되는 부분품과 부품을 총칭한다.

03 미 항공운송협회(ATA)가 개발한 항공기정비방식 MSG-2 정비기법이란?

해답

정비방식(Maintenance Program)개발 분석기법이며, 장비품의 내구력 감소 발견 방법으로부터 분석을 시작하는 상향식 접근 방식(Bottom Up Approach)의 분석 기법을 사용하여 HT, OC, CM으로 구분하여 정한다.

04 미 항공운송협회(ATA)가 개발한 On Condition 정비기법이 요구하는 정비사항은?

해답

주어진 점검 주기와 주어진 주기에 반복적으로 행하는 검사, 점검, 시험 및 서비스 등을 말하며, 감항성 유지에 적절한 점검 및 작업 방법이 적용되어야 한다.

05 미 항공운송협회(ATA)가 개발한 Condition Mo-nitoring 정비기법이 요구하는 정비사항은?

해답

고장 자료를 수집 기록하고 분석하여 적절한 조치를 취하며, 예방작업이 아닌 고장탐구 작업을 가질 수 있고, 효과적인 고장 자료 수집 체계를 마련하고, 수집된 자료를 분석하여 그 결과를 전파하여야 한다.

06 한계 사용품(Time Regulated Parts)은 어떤 장비품인가?

해답

감항성이 인정되는 기간 또는 사용 시간의 한계가 있는 장비품을 말한다.

07 주간점검(Weekly Check)은 어떤 작업을 하는가?

해답

항공기 내외의 손상, 누설, 부품의 손실, 마모 등의 상태에 대해서, 점검을 수행하는 것으로 매 7일마다 수행하며, 항공기의 출발태세를 확인한다.

08 "A" Check는 어떤 작업을 하는가?

해답

운항에 직접 관련해서 빈도가 높은 정비 단계로서 항공기 내외의 Walk-Around Inspection, 특별장비의 육안점검, 액체 및 기체유의 보충, 결함 교정, 기내청소, 외부 세척 등을 행하는 점검이다.

09 ISI(Internal Structure Inspection)이란?

해답

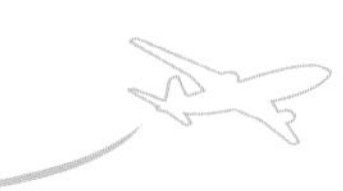

감항성에 일차적인 영향을 미칠 수 있는 기체구조를 중심으로 검사하여 항공기의 감성을 유지하기 위한 기체내부 구조에 대한 Sampling Inspection을 말한다.

10 항공기기 점검(Inspection, Check) 정비행위를 설명하시오.

해답

점검 항목의 상태와 기능이 정상인가를 확인하는 정비행위이며, 육안점검, 작동점검, 기능점검이 있다.

11 항공기 특수검사(Special Detailed Inspection) 정비 내용을 설명하시오.

해답

상세 검사와도 같으나 검사항목을 세밀히 점검한다는 의미에서 비파괴검사(NDT/NDI) 대용량 확대경 등 특수 작업과 분해 작업이 필요하기도 하다.

12 항공기 정비시설은 어떻게 구분하는가?

해답

항공기 정비시설이라 함은 항공기 정비 업무에 필요한 시설로서 항공기, 발동기, 장비품들을 정비하는 시설과 자재 저장시설로 구분한다.

13 인가된 항공기 정비방식(Approved Aircraft Maintenance Program)의 목적은?

해답

항공기 정비는 항공기의 안전성을 확보하고 이것을 토대로 정시성을 유지하면서 쾌적한 항송 수송 서비스를 제공하는 것을 목표로 한다.

14 인가된 항공기 정비요목(Approved Aircraft Maintenance Requirement)이란?

해답

정비기법에 의해 설정된 각각의 부위에 대하여 점검항목, 정비실시 시기와 실시방법 등을 정한 것을 말한다.

15 항공기 정비방식(Approved Aircraft Maintenance Program)에서 정시성이란?

해답

항공기의 정시 출발 태세를 확보하기 위해 계획된 작업을 시간 내에 완수함은 물론 고장 발생을 미연에 방지하여 정시 출발을 목표로 하는 것을 말한다.

16 항공기 정비방식(Approved Aircraft Maintenance Program)에서 감항성은?

해답

항공기가 안전하게 비행할 수 있는 성능을 말하며, 감항성은 항공운송에 있어 인명과 자산의 보호를 위하여 필수적인 항목이다. 운항 중 안전을 저해하는 다양한 요소를 제거하여 지속적인 항공기 성능을 항상 유지하여야 한다.

17 인가된 항공기 정비방식(Approved Aircraft Maintenance Program) 설정은?

해답

정비의 기본 목표를 달성하는데 필요한 정비기법, 정비요목, 정비작업 등 각각의 역할과 상호관계를 결정하여 작업을 효율적으로 수행할 수 있도록 하는 정비 체계이다.

18 항공기 불시 정비작업(Unschedule Maintenance)에서 불량상태가 감항성 또는 직접운항에 지장이 없다면 조치사항은?

해답

여객 서비스 및 비행계획을 위하여 완전한 수리보다는 그 상태 파악과 계속적으로 관찰함으로써 적절한 시기에 필요한 조치를 취할 수 있도록 한다.

19 불시 정비작업(Unschedule Maintenance)에서 정비이월(Defer) 방법을 설명하시오.

해답

불량상태가 감항성 또는 직접운항에 지장이 없고 정류시간, 시설, 정비 및 자재 등의 사정으로 계획 출발 시간 내에 결함 수정이 어려운 경우 탑재용 항공일지에 기록하여 정비이월 조치를 하여야 한다.

20 정비 규정으로 정하여 사용하는 부분품(Components)을 정의하시오.

해답

- 부분품(Components) : 어느 정도 복잡한 구조를 유지하고 있고 항공기에 대하여 장탈과 장착이 용이한 종합적인 장비품, 보기류(Assessory 및 Unit)를 말한다.
- 부품(Parts) : 항공기의 일부분을 유지하고 있는 것으로서 특정 형태를 유지하고 있어 단독으로 장탈 또는 장착이 가능하나 분해하면 제작시 부여된 본래의 기능이 상실된다.

21 HT(Hard Time) 정비방식을 설명하시오.

해답

- 주로 예방정비 방식으로 관련 Manual에 따라 주기적으로 Overhaul이 필요하며, 사용시간이 만료되기 전에 장탈하는 방법이다.(ATA가 개발한 MSG-2 정비방식)
- 장비품 등을 일정한 주기로 항공기에서 장탈하여 정비를 하거나 폐기하는 기법을 말하며, Discard, Off-A/C Restoration, Overhaul이 요구된다.

22 OC(On Condition)의 정비방식을 설명하시오.

해답

- 주어진 점검 주기와 주어진 주기에 반복적으로 행하는 검사, 점검, 시험 및 서비스 등을 말하며, 감항성 유지에 적절한 점검 및 작업 방법이 적용되어야 한다.(ATA가 개발한 MSG-2 정비방식)
- 주어진 점검 주기를 요한다.
- 주어진 점검 주기에 반복적으로 행하는 Inspection, Check, Test 및 Service를 요한다.
- 감항성 유지에 적절한 점검 및 작업방법이 적용되어야하며, 효과가 없을 경우, CM으로 관리할 수 있다.
- 장비품 등이 정기적으로 항공기로부터 장탈하거나, 분리하지 않고 정비되는 것은 Oc에 속한다.

23 CM(Condition Monitoring)의 정비방식을 설명하시오.

해답

- 고장 자료를 수집 기록하고 분석하여 적절한 조치를 취하며, 예방 작업이 아닌 고장 탐구 작업을 가질 수 있고, 효과적인 고장 자료 수집 체계를 말한다.(ATA가 개발한 MSG-2 정비방식)
- 고장자료를 수집 기록하고 분석하여 적절한 교정 조치를 요한다.
- 계획된 점검 주기 및 Maintenance Task를 요하지 않으나 Preventive Task가 아닌 Failure Finding Task를 가질 수 있다.
- 효과적인 고장자료 수집체제를 마련하여야 하며 수집된 자료를 분석하여 그 결과를 전파하여야 한다.

24 Hot Section의 정비방식이란?

해답

- Combustion Chamber, Turbine Section 및 Exhaust Section으로 구성되어 있으며 비절차는 기종에 따라 차이가 있다.
- 내부 육안 검사는 Borescope 장비를 이용한다. Combustion Chamber 내부에 균열, 비틀림, 불탄자리, 열점 현상 등이 발견되면, Engine을 장탈하여 기종에 따라 정해진 절차대로 Combustion Chamber부분을 정비한다.
- Combustion Chamber 조립 시 연소 라이너의 조립은 잘 되었는지 Borescope 장비로 확인한다.(연소 라이너의 조립이 잘 못되면 연소 효율과 기관 성능에 대한 영향을 끼치기 때문이다).
  ① 연소 노즐의 분사 상태를 점검하여 불량한 것을 교환한다.
  ② 점화 플러그의 점화 상태를 점검하여 불량한 것을 교환한다.

25 Cold Section 정비방식이란?

해답

- Air Intake Section, Compressure Section과 Diffuser Section을 말하며, 정비 절차는 기종에 따라 약간의 차이가 있다.
- Air Intake Section은 손전등을 사용하여 Air Inlet Guide Vane에 침식 상태, Air Intake Section에 느슨해지고, 벗겨지고, 깨어진 부분의 검사, Compressure 전방 부분에 윤활유의 누출 흔적은 없는지 육안 검사한다.
- Compressure Section은 Borescope 장비를 이용하여, Compressure Blade의 침식 상태와 결함 상태를 검사한다.
- Compressure Blade에 결함이 발견되면, Engine을 장탈하여 결함 결정에 따라 정비 방법을 결정하여 정비한다. Compressure의 Stall을 방지하기 위해 설치한 Air Bleed Valve와 Variable Static Vane의 작동 상태를 점검하여 결함이 발견되면, 기종에 따라 정해진 절차대로 Rig 작업을 한다.

- Compressure Case 및 Diffuser Section에 공기의 누설이나 균열 부분은 없는지 검사하여 결함이 있을 때에는 항공기에서 기관을 장탈하여, 결함 정도에 따라 정비 작업을 결정하여 수행한다.

26 MEL(Minimum Equipment List) 제정 이유(목적)은?

해답

현대의 운송용 항공기는 계통, 부분품, 계기, 통신 전자 장비 및 구조에 이르기까지 중요한 부분에는 이중으로 장치되어 있어, 어느 한 부분이 고장 난 상태에서도 비행안전이 유지되고 신뢰성을 보장할 수 있도록 되어 있기 때문에 최소 구비 장비목록(MEL)을 제정

27 CDL(Configuration Deviation List)은?

해답

항공기를 운용함에 있어 항공기 외부 표피를 구성하고 있는 부분품(Access Pnl, Cap, Fairing)중 훼손 또는 Deactivation 상태로 운항할 수 있는 기준을 설정하여 정시성 준수를 목적으로 한다.

28 항공안전법 제2조 1 "항공기"란?

해답

1. "항공기"란 공기의 반작용(지표면 또는 수면에 대한 공기의 반작용은 제외한다. 이하 같다)으로 뜰 수 있는 기기로서 최대이륙중량, 좌석 수 등 국토교통부령으로 정하는 기준에 해당하는 다음 각 목의 기기와 그 밖에 대통령령으로 정하는 기기를 말한다.
   가. 비행기
   나. 헬리콥터
   다. 비행선
   라. 활공기(滑空機)

29 항공안전법 시행령 제2조(항공기의 범위) 「항공안전법」(이하 "법"이라 한다) 제2조 제1호에서 "대통령령으로 정하는 것으로서 항공에 사용할 수 있는 기기"란?

해답

다음 각 호의 것을 말한다.
1. 최대이륙중량, 속도, 좌석 수 등이 국토교통부령으로 정하는 기준을 초과하는 동력비행장치(動力飛行裝置)
2. 지구 대기권 내외를 비행할 수 있는 항공우주선

30 항공안전법 시행규칙 제35조(감항증명신청)에 대해 설명하시오.

해답

35조(감항증명의 신청)

① 법 제23조제1항에 따라 감항증명을 받으려는 자는 별지 제13호서식의 항공기 표준감항증명 신청서 또는 별지 제14호서식의 항공기 특별감항증명 신청서에 다음 각 호의 서류를 첨부하여 국토교통부장관 또는 지방항공청장에게 제출하여야 한다. 〈개정 2020. 12. 10.〉
   1. 비행교범(연구·개발을 위한 특별감항증명의 경우에는 제외한다)
   2. 정비교범(연구·개발을 위한 특별감항증명의 경우에는 제외한다)
   3. 그 밖에 감항증명과 관련하여 국토교통부장관이 필요하다고 인정하여 고시하는 서류

② 제1항제1호에 따른 비행교범에는 다음 각 호의 사항이 포함되어야 한다.
   1. 항공기의 종류·등급·형식 및 제원(諸元)에 관한 사항
   2. 항공기 성능 및 운용한계에 관한 사항
   3. 항공기 조작방법 등 그 밖에 국토교통부장관이 정하여 고시하는 사항

③ 제1항제2호에 따른 정비교범에는 다음 각 호의 사항이 포함되어야 한다. 다만, 장비품·부품 등의 사용한계 등에 관한 사항은 정비교범 외에 별도로 발행할 수 있다.
   1. 감항성 한계범위, 주기적 검사 방법 또는 요건, 장비품·부품 등의 사용한계 등에 관한 사항
   2. 항공기 계통별 설명, 분해, 세척, 검사, 수리 및 조립절차, 성능점검 등에 관한 사항
   3. 지상에서의 항공기 취급, 연료·오일 등의 보충, 세척 및 윤활 등에 관한 사항

31 항공안전법 제20조(형식증명)는?

해답

항공안전법제20조(형식증명 등)

① 항공기등의 설계에 관하여 국토교통부장관의 증명을 받으려는 자는 국토교통부령으로 정하는 바에 따라 국토교통부장관에게 제2항 각 호의 어느 하나에 따른 증명을 신청하여야 한다. 증명받은 사항을 변경할 때에도 또한 같다.

32 경항공기 계류(Mooring)시 유의사항을 설명하시오.

해답

① 항공기의 계류 고리에 로프를 이용하여 고정시킨다.
② 로프를 항공기 날개에 버팀대에 묶어서는 안 된다. 항공기가 움직여서 로프가 팽팽해졌을 때에는 이 버팀대에 손상을 입힐 수 있기 때문이다.
③ 마닐라 로프는 물에 젖으면 줄어들기 때문에 약 1[in] 가량의 여유를 두어 느슨하게 묶어야 한다.
④ 신속하게 묶거나 풀 수 있도록 한다.
⑤ 계류 피팅 장치가 없는 항공기는 지정된 절차에 따라 계류시켜 주어야 한다.
⑥ 높은 날개의 단엽기에는 날개 버팀대의 바깥쪽 끝에 묶어야 하고 특별한 지시가 없는 한 구조강도가 허용되는 범위 내에서 적당한 고리 장치를 이용하여 계류시킨다.

33 항공기를 계류 중에 강풍이 예상되면 어떤 조치를 취하는가?

해답

① 항공기 기수를 풍향과 정면으로 위치
② 연료탱크에는 정비교범에 제시된 연료를 채울 것
③ Parking Brake Set할 것
④ 수평안정판을 항공기가 Nose Down되도록 위치시킬 것
⑤ Wheel에 괴어있는 Chock는 전, 후방을 서로 묶어놓을 것

34 항공기의 견인(Towing) 최대속도와 필요인원은?

해답

5[M/H](8[km/H]) 및 필요인원은 최소 4명

① 감독자 1명(견인차량 앞쪽에 걸어가면서 전체감시)
② 조종실감시자 1명
③ 주변감시자 1명(날개끝 또는 꼬리쪽에 위치)
④ 견인차량운전자 1명

35 동절기 항공기에 대한 특별한 주의 사항을 설명하시오.

해답

- Water 및 Waste Water 계통은 반드시 Drain 시키고 비행 전 다시 보급한 후에 Mechanism이나 Toilet Drain Cap이 열려 있지 않는지 확인한다.
- 항공기가 결빙조건에서 착륙하였다면 모든 Landing Gear와 Steering Cable과 Pulley 등에 얼음이나 물이 축적되었나 확인하고 그 얼음 조각으로 항공기 아랫면이나 Landing Gear 부위에 손상이 없는지 확인한다.
- Wing, Winglet, Control Surface, Fuselage, Tail Section, Hinge Point 등에 얼음 및 눈이 있는지 확인하고 막혀 있을 경우 Heater를 이용하여 조심스럽게 제거한다.

36 잭 작업시 주의사항 5가지를 쓰시오.

해답

① 바람의 영향을 받지 않는 곳에서 작업한다.
② 잭은 사용하기 전에 사용가능 상태여부를 검사해야 한다.
③ 위험한 장비나 항공기의 연료를 제거한 상태에서 작업해야 한다.
④ 잭으로 항공기를 들어 올렸을 때에는 항공기에 사람이 탑승하거나 항공기를 흔들어서는 안 된다.
⑤ 어느 잭이나 과부하가 걸리지 않도록 한다.

37 항공기 Towing시 주의사항은?

해답

① Towing Car에는 운전자 외 탑승을 금지한다.
② 위험요소가 없을 때에는 운전자를 포함 4명, 눈길이나 혼잡한 환경 시에는 7명이 견인토록 한다.
③ Towing 속도(8[km/H])를 준수해야 한다.

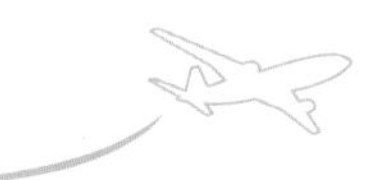

2 항공기 기체의 구조(Aircraft Structures)

01 항공기 기체의 구조를 설명하시오.

해답

고정익(Fixed-Wing) 항공기의 일반적인 기체의 구조는 동체(Fuselage), 날개(Wing), 안정판(Stabilizer), 조종면(Flight Control Surface), 착륙장치(Landing Gear), 엔진 마운트와 나셀(Engine Mount & Nacelle) 등으로 구성되어 있다.

02 항공기 기체 구조의 구성과 요소를 설명하시오.

해답

① 항공기 기체의 구성 요소(Component)는 리벳(Rivet), 볼트(Bolt), 스크루(Screw), 용접(Welding) 또는 접착제(Adhesive)의 접합방식에 의해 결합되어 있다.
② 구조상의 부재(Structural Member)는 스트링거(Stringer), 론저론(Longeron), 리브(Rib), 벌크헤드(Bulkhead) 등의 부품(Part)으로 구성된 항공기의 구조 재료들은 하중을 담당하거나 응력에 견딜 수 있게 설계되어져 있다.

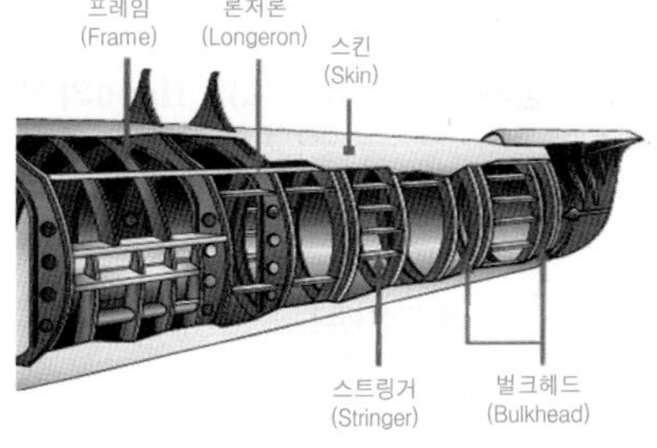

03 Truss 구조를 2가지로 나누고 형식에 따른 특정사항을 분류하시오.

해답

① Warren Type은 강재 튜브 접합점을 용접하여 보강선의 설치가 필요 없는 구조이다.
② Pratt Type은 대각선 방향으로 보강 선을 설치한 구조이다

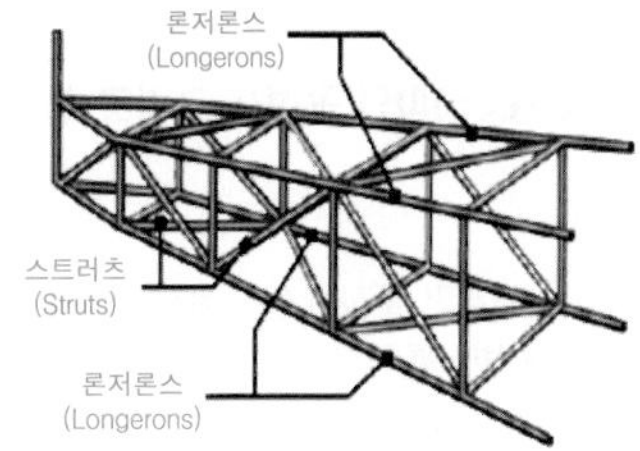

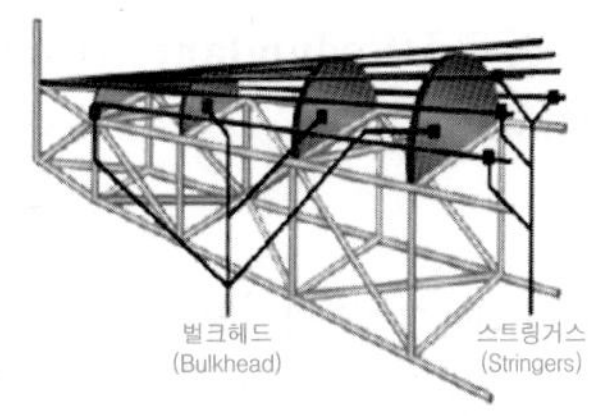

04 모노코크(Monocoque) 형식을 설명하시오.

해답

① 단일 셸(Single Shell)의 모노코크 동체는 외피(Skin) 또는 힘을 받쳐주는(Covering) 강도가 모든 일차적인 응력을 담당할 수 있도록 설계 되어 있다.
② 모노코크, 세미모노코크(Semi Monocoque), 강화 셸(Reinforced Shell)의 3가지로 분류가 된다.

05 샌드위치 구조(Sandwich Structure) 형식을 설명하시오.

해답

샌드위치 구조는 2개의 외판 사이에 발사(Foam)형, 벌집(Honeycomb)형, 파동(Wave)형 등의 심(Core)을 넣고 고착시켜 샌드위치 모양으로 만든 구조 형식이다.

06 세미모노코크 구조 구성품과 장점을 쓰시오.

해답

① Bulkhead, Former, Stringer, Longeron, Skin으로 구성되어져 있다.
② 하중의 일부는 외피가 담당하게 하고, 나머지 하중은 뼈대가 담당하게 하여 기체의 무게를 모노코크 구조에 비해 줄일 수 있는 장점이 있다.

07 페일세이프 구조의 4가지 방식을 설명하시오?

해답

① 페일세이프 구조는 하나의 주 구조(Main Structure)가 피로로 파괴되거나 일부분이 파괴된 뒤에도 남은 구조에 의해 그 항공기의 비행 특성에 불리한 영향을 끼치는 치명적 파괴 또는 과도한 구조 변경이 생기지 않도록 설계된 구조를 말한다.
② 페일세이프 구조는 다경로하중 구조, 이중 구조, 대치 구조, 하중경감 구조 방식이 있다.

08 다경로하중 구조(Redundant Structure) 방식에 대하여 설명하시오.

해답

하나의 부재가 파괴되어도 그 부재의 부담 하중은 다른 부재에 분배되므로 구조 전체에는 치명적인 부담이 되지 않게 하는 방식이다.

09 Keel Beam(동체하면 보강대)이란?

해답

동체의 날개, 엔진 등의 부착부위는 세로대, 세로지, Frame 등의 연속성이 중단되어 N/L/G Wheel Well과 Wing Center Section에 걸쳐 동체 하부중앙에 설치한 세로 부재로서 굽힘 강도를 유지하기 위한 보강대 이다. 배의 용골과 비슷하여 Keel Beam이라고 한다.

10 Rib가 사용되는 곳에는 어떤 곳들이 있는가?

해답

Wing, Stabilizer, Aileron, Elevator, Rudder, Flap 등이 있다.

12 날개의 구조(Wing Structure)를 설명하시오.

해답

① 항공기 날개는 항공기가 공기 속을 빠르게 움직일 때 양력을 발생할 수 있도록 설계된 표면을 말한다.
② 일부 항공기의 설계는 항공기의 크기, 중량, 용도, 비행시와 착륙시의 설계 속도, 그리고 계획된 상승률(Rate Of Climb) 등의 많은 요소가 따른다.
③ 고정익(Fixed-Wing) 항공기 날개는 조종실(Cockpit) 에서 조종사(Operator)가 앉았을 때 왼쪽이냐 오른쪽이냐에 따라 왼쪽 날개(Left Wing) 오른쪽 날개(Right Wing)로 부른다.

12 날개를 구성하는 주요 구성 요소?

해답

① 날개를 구성하는 주요 구성 부재는 날개 보, 리브, 스트링거, 정형재 및 외피 등이다.
② 날개 길이 방향으로 배치된 날개 보에 날개단면의 형태를 만들기 위한 리브를 직각으로 배치한 다음, 그 위에 외피를 씌운다.

13 Wing Spar의 구조에는 어떤 것들이 있는가?

해답

① 조립식 I Beam Spar
② 압출형재 I Beam Spar
③ 이중붙임 Spar
④ 용접강관 Spar : Truss Type

14 구조부재에 발생되는 손상의 종류는?

해답

① 피로(Fatigue)
② 굽음(Bent)
③ 절단(Cut)
④ 오일 캔(Oil Can)
⑤ 전단(Sheared)
⑥ 찍힘(Nicked)
⑦ 파괴(Broken)
⑧ 패임(Dent)

15 항공기 동체에 사용되는 Bulk Head의 목적을 설명하시오.

해답

① 집중 하중을 Skin으로 분산한다.
② 동체의 비틀림 변형을 방지한다.
③ 동체의 불연속적인 부분의 보강제 역할을 한다.
④ 동체의 굽힘 하중을 담당한다.

16 Engine을 몇 개의 정비단위로 나누어 정비성을 좋게 하기 위한 구조란?

해답

항공기 모듈 구조(Module Construction) 정비

17 크리프(Creep)파단 곡선을 그리고 설명하시오.

해답

일정한 응력을 받는 재료가 일정한 온도에서 시간이 경과함에 따라 하중이 일정하더라도 변형률이 변화되는 현상이다.

18 엔진 마운트와 나셀(Engine Mount & Nacelles)의 역할은?

해답

① 엔진 마운트는 엔진의 위치, 장착 방법, 크기, 형태, 그리고 특성 등에 따라 여러가지 다른 특이하게 장착 조건들로 설계되어 졌다.
② 나셀(Nacelle)은 기체에 장착된 기관을 둘러싼 부분을 말하며 기관 및 기관에 부수되는 각종 장치를 수용하기 위한 공간을 마련하고, 나셀의 바깥 면은 공기역학적 저항을 작게 하기 위한 유선형으로 되어 있다.

19 항공기 기체구조에서 파일론(Pylon)은 어떤 역할을 하는가?

해답

파일론(Pylon)은 엔진나셀(Nacelle)이나 포드(Pod)를 항공기의 동체나 날개에 부착하는 구조물이다.

20 꼬리날개 부분(Tail Section)의 역할을 설명하시오.

해답

① Empennage라고도 부르며, 대부분의 항공기에서는 꼬리 부분은 고정(Tail Cone Fixed Surface)된 곳과, 움직이는(Movable Surface) 부분이 있다.
② Tail Cone은 Fuselage의 가장 뒤쪽 끝을 감싸고 있는 부분이며, 고정된 수평안정판 및 수직안정판이 있으며, 움직이는 방향키(Rudder)와 승강키(Elevator)가 있다.

21 항공기 외부 표면과 유선형 덮개(Skin & Fairing)의 역할을 설명하시오.

해답

① 항공기의 외부를 매끈하게 하는 외부 표면 역할을 담당하고 있으며, 항공기의 동체, 날개, 꼬리 부분, 나셀을 덮고 있다.
② 표면에 사용되는 재료(Material)는 부식되지 않도록 처리된 알루미늄 합금(Aluminum Alloy)의 시트(Sheet)가 사용된다.

22 항공기 비상시 여객의 탈출구(Emergency Exit)의 위치를 설명하시오.

해답

① 여객이 출입하는 도어나 서비스 도어는 비상 탈출구를 겸하고 있다.
② 날개 윗면 등에 전용 비상 탈출구가 설치되어 있다.
③ 탈출구는 열렸을 때 방해가 되지 않게 밖으로 여는 형식이 많다.

23 Window와 Windshield의 차이점은 무엇인가?

해답

Window는 항공기의 측면 바람막이이고 Windshield는 조종석 전방의 바람막이를 말한다.

3 항공기 재료 및 하드웨어

항공기 재료

01 항공기 금재료의 일반적인 특성을 설명하시오.

해답

① 상온에서 고체이며, 결정체이다.
② 전기 및 열전도율이 양호하다.
③ 금속 특유의 광택을 가지고 있다.

02 항공기 금속재료의 규격을 설명하시오.

해답

- AA은 미국알루미늄협회의 규격으로, 알루미늄 합금에 대한 규격이다.
- ALCOA은 미국 ALCOA사의 규격으로, 알루미늄 합금에 대한 규격이다.
- AISI는 미국철강협회의 규격으로, 철강 재료에 대한 규격이다.
- AMS는 SAE의 항공부가 정한 민간 항공기 재료 규격으로, 티탄 합금, 내열 합금에 많이 쓰인다.
- ASTM은 미국재료시험협회의 규격으로, 모든 재료에 대한 규격이다.
- SAE 규격은 미국자동차기술자협회의 규격으로, 철강에 많이 쓰인다.

03 항공기 기체구조에 이용되는 재료의 특성은?

해답

① 경량이면서 강도가 우수
② 전기 및 열전도성이 우수
③ 성형성과 가공성이 우수

04 알루미늄합금 용도에 대하여 설명하시오.

해답

- 순수 알루미늄은 내식성, 가공성, 전기 및 열의 전도율이 매우 좋은 금속재료이며, 순수 알루미늄은 사용목적에 따라서 가공용 알루미늄합금과 주조용 알루미늄 합금으로 나누어진다.
- 가공용 알루미늄합금으로는 기계 가공(단조, 압연, 인발, 압출)을 통하여 판재(Plate), 봉재(Rod), 관재(Tube), 선재(Wire) 등을 만들 수 있으며, 주조 형 알루미늄합금으로는 주조를 통해 여러 가지 형상을 자유롭게 만들 수 있다.

05 알루미늄(Aluminum) 합금의 식별 기호를 설명하시오.

해답

- 항공 분야에서 사용하는 알루미늄 합금의 규격은 AA 규격을 사용한다.
- AA 규격 식별 기호 표시법은 미국알루미늄협회에서 가공용 알루미늄 합금에 지정한 합금 번호로, 네 자리의 숫자로 구성되어 있다.
- 첫째 자릿수는 합금의 종류, 두 번째 자릿수는 합금의 개조 여부, 나머지 두 자릿수는 합금번호를 나타낸다.

06 AN규격에 대해 설명하시오.

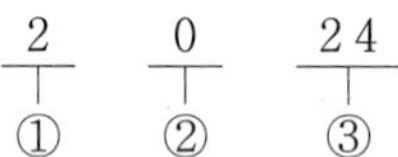

해답

① 2 : 알루미늄과 구리의 합금
② 0 : 개량처리를 하지 않은 합금
③ 24 : 합금의 분류 번호

07 알루미늄의 특성 기호에 대하여 설명하시오.

해답

알루미늄의 특성 기호란, 제조 과정에서, 가공 및 열처리 조건의 차이에 의하여 얻어진 냉간가공 상태 및 열처리 상태 등을 표시한다.

08 항공기에 주로 사용되는 알루미늄합금 1100(2S)의 장점을 설명하시오.

해답

- 항공기에 주로 사용되는 알루미늄합금 1100(2S)은 99[%] 이상의 순 알루미늄으로 내식성이 우수하다.
- 전연성이 풍부하고 가공성이 좋으나, 열처리에 의해 경화시킬 수 없고, 단지 냉간가공에 의해 약간의 강도를 증가시킬 수 있다.

09 강한 합금 재질에 내식성을 개선시킬 목적으로 개발된 Alclad Aluminum의 장점은?

해답

- 순수 알루미늄의 Coating 은 어떤 부식 물질과의 접촉을 방지한다.
- 표면이 긁히거나 또는 다른 융착으로부터 생기는 파손을 방지하여 전해적으로 Core를 2중으로 보호하게 된다.

10 알루미늄합금에는 다른 금속에서 찾아보기 힘든 시효 경화(Age Hardening) 현상이 있다. 시효 경화(Age Hardening) 란 어떤 성질을 말하는가?

해답

시효 경화(Age Hardening)란 열처리한 후 시간이 경과함에 따라 재료의 강도와 경도가 증가하는 성질을 말한다.

11 Al합금의 명칭 및 종류는?

해답

- Al합금 "2024"
  ① 2 : 주 합금원소(순수 알루미늄, 구리, 망간, 실리콘, 마그네슘, 마그네슘-실리콘)
  ② 0 : 개량번호(0은 원형)
  ③ 24 : 합금의 분류번호
- Al합금의 종류
  ① 내식 Al합금 : 1100, 3003, 5052, 5056, 6061
  ② 고강도 Al합금 : 2014, 2017, 2024, 7075
  ③ 내열 Al합금 : 2228, 2618

12 항공기에서 Al을 사용하는 이유 4가지는?

해답

① 가공성이 좋다.
② 적절히 처리하면 내식성이 좋다.
③ 비중의 분배에 따라 강도와 강성이 크다.
④ 저온의 기계적 성질이 좋다.

13 Alclad 처리 방법이란?

해답

고강도 알루미늄합금에 내식성을 개선시킬 목적으로 Al합금의 양면에 Al합금판 두께의 약 5.5[%] 깊이의 층을 순수 알루미늄을 Hot Rolling(열간압연)으로 압착시켜 부식과 표면을 보호하도록 처리한 것

14 Alclad처리한 알루미늄 합금 부품 표면이 Scratch 되지 않도록 주의해야하는 이유는?

해답

압착시킨 순수 알루미늄은 내식성을 갖고 있으나 압착막 아래의 알루미늄합금은 부식되기 쉬운 금속이다. 만약 막이 긁혀서 떨어져 나갔다면 부식이 생기기 때문이다.

15 합금이란?

해답

하나의 금속에 성질이 다른 금속 또는 비금속을 섞어서 녹여 새로운 성질의 금속으로 만들어진 금속을 말한다.

16 소재(금속, 비금속)의 가공 방법은?

해답

소성가공은 가소성을 이용하여 소재를 영구 변형시켜 필요한 모양으로 만드는 가공방법으로 주조, 단조, 압연, Press, 인발, 압출 등이 이에 속한다.
절삭가공은 소재를 공작기계 또는 공구를 이용하여 자르고 깎아 필요한 모양을 만드는 가공방법으로서 선반, 밀링, Grinding(연삭), Drilling 등이 이에 속한다.

17 강의 5대 합금원소의 주된 작용은?

해답

- 탄소(C)는 탄소를 증가시키면 인장강도나 경도는 증가하는데 인성은 줄고 충격에 약해지며 용접성도 떨어진다.
- 규소(Si)는 내산화성, 내식성을 높인다.
- 망간(Mn)은 증가하면 내충격성, 내마모성증가, 황(S)에 의한 취성이 방지된다.
- 인(P)은 Hardening Crack의 주된 원인이며 용접성도 나쁘며, 저탄소강의 내식성 및 절삭성을 좋게 한다.
- 황(S)은 고온 가공시 균열발생으로 열간가공불가, 충격저항감소, 망간(Mn)을 첨가하여 적열취성이 개선된다.

18 합금강(특수강)의 식별방법을 설명하시오.

해답

① 1XXX : 탄소강
② 13XX : 망간강
③ 2XXX : 니켈강
④ 3XXX : 니켈-크롬강
⑤ 4XXX : 몰리브덴강
⑥ 41XX : 크롬-몰리브덴강
⑦ 43XX : 니켈-크롬-몰리브덴강
⑧ 5XXX : 크롬강
⑨ 6XXX : 크롬-바나듐강
⑩ 72XX : 텅스텐-크롬강

19 SAE4130, 4340, 2330의 성분과 쓰이는 곳은?

해답

- 4130 크롬-몰리브덴강(L/G, 크랭크축, 볼트, 엔진부품)은 가공과 용접이 쉬우면서 강도가 떨어지지 않는다.
- 4340 니켈-크롬-몰리브덴강(L/G, 엔진부품)은 4130의 담금질성을 개선한 고장력강의 대표적인 것이다.
- 2330 니켈은 3[%] 함유한 강(연소실)이다.

20 SAE6150의 식별방법은?

해답

- SAE : Society Of Automotive Engineers, 미국자동차기술사협회
- 6 : 주합금원소의 종류, 크롬-바나듐강
- 1 : 주합금원소의 함유량, 크롬함유량이 1[%]
- 50 : 탄소의 평균함유량, 0.50[%]

21 내식강(CRES : Corrosion Resistance Steel)을 설명하시오.

해답

내식강은 기본적으로 크롬(Cr)을 다량 함유한 강이다.
① 마르텐사이트계 스테인레스강은 Cr을 13[%] 첨가한 13크롬강이며 내식성에 강도를 높인 내식강으로 Inlet Guide Vane, Compessor Blade 등에 사용한다.
② 오스테나이트계 스테인리스강은 18-8 스테인리스강이라 불리며, 18[%]의 크롬과 8[%]의 니켈을 첨가하여 내식성이 우수한 내식강으로 Engine Part, Fire Wall, Safety Wire, Cotter Pin 등의 제작에 사용한다.
③ 석출경화형 스테인리스강은 ①의 강도와 ②의 내식성을 모두 갖도록 개발된 내식강으로 내열성, 성형 가공성 및 용접성이 양호하다.

22 내열강이란 무엇을 말하는가?

해답

크리프강도와 내식성이 좋은 강으로 700[°C] 이상의 고온에 견디는 합금강으로 탄소강에 Ni, Cr, Al, Si 등의 합금원소를 첨가하여 내열성과 고온강도를 부여한 강으로 특히 Cr을 위주로 Ni, W(텅스텐), Si 등을 첨가한 내열강을 Silchrome 강이라고 한다.

23 항공기 기체에 많이 쓰이는 재료는?

해답

- 2024계열은 날개 밑면, 동체 Skin, Cowling 등에 많이 쓰인다.
- 7075계열은 날개 윗면 및 Stringer, 동체 Frame, 날개 Soar, 수직안정판, 수평안정판 등 구조 부분에 쓰인다.
- 4340계열은 L/G Strur, Flap Trak 등에 쓰인다.

24 024와 7075의 분별법은 무엇인가?

해답

유산 카드늄에 담그면 7075는 검은색 기포가 발생한다.

25 Inconel과 Stainless의 구별 방법을 설명하시오.

해답

염산에 1분간 노출 후 물로 세척하면 Stainless는 발포한다.

26 항공기에 사용되는 금속재료의 특성을 설명하시오.

해답

- 알루미늄
  ① 백색의 비철금속으로 비자성체이며 전도성이 우수한 양도체이다.
  ② 비중 : 2.7 이하, 녹는 온도 : 660[°C]
  ③ 가공성이 좋다.
  ④ 적절히 처리하면 내식성이 좋다.
  ⑤ 시효경화 성질을 가지고 있어서 열처리를 한 다음에는 강도가 증가한다.

⑥ 합금원소의 종류와 함유량애 따라 강도와 강성이 좋아진다.
⑦ 항공기의 80～85[%]가 Al합금으로 제작한다.

- 마그네슘
  ① 비중 1.7로서 공업용 금속중에서 가장 가벼워 장비품의 Housing 등에 사용한다.
  ② 전연성, 절삭성 등 가공성이 좋다.
  ③ 비중은 작지만 강도는 Al합금과 대등하고 녹는 온도 650[°C]이다.
  ④ 단위 중량당 강도(비강도)는 합금 중에서 최대이다.
  ⑤ 내식성이 좋지 않으므로 화학피막처리가 요구된다.
  ⑥ 내열성, 내마모성이 떨어져 항공기의 구조재로서 사용하지 않는다.
  ⑦ 비자성체이며 전도성이 우수한 양도체이다.
- 티타늄
  ① 내식성, 내열성이 좋다.
  ② 비중 : 4.5, 녹는 온도 : 1668[°C]
  ③ 열팽창계수가 작다(8.8×10^{-6})[Al 23×10^{-6}]
  ④ 열전도율이 작다.
  ⑤ 가격은 Al의 30～100배 정도이다.
  ⑥ 비자성체이며 스테인리스강의 전기저항에 필적한다.
  ⑦ 기체, 엔진의 구조용으로 사용한다.

27 타이타늄 구별법에 대하여 설명하시오.(기계적, 화학적)

해답

- 기계적 : Grinder로 갈면 선명한 백색의 불꽃이 일어난다.
- 화학적 : 재료의 Base Metal이 나올 때까지 Sand paper로 닦은 후 염산을 한 방울 떨어뜨려 10분 경과 후 반응이 없다.
- 과산화수소를 가하면 용해한 타이타늄과 반응을 일으켜 황색으로 변한다.

28 금속재료에 열처리를 하는 목적은 무엇인가?

해답

- 금속용도에 적합한 성질을 부여한다.
- 금속의 가공성을 좋게 한다.

29 열처리 종류에 대하여 설명하시오.

해답

- 담금질(Quenching)은 강의 A1변태점보다 20～30[°C]정도 높은 온도에서 일정시간 가열한 후 물, 기름 등에서 급속 냉각(앵랭)시켜 강도가 가장 높은 마아텐자이트 조직을 얻는 방법이다.
- 뜨임(Tempering)은 담금질한 강은 매우 단단하고 취약하며 강의 내부에 큰 응력이 생겨서 좋지 않다. 적당한 인성을 주거나 내부응력을 제거하기 위해 A1변태점 이하의 적당한 온도에서 가열한 후 공기 중에서 냉각시킨다.
- 풀림(Annealing)은 금속의 가공성을 개선하기 위하여 A1변태점 이상에서 일정시간동안 가열한 후 노내에서 서서히 냉각시켜 금속을 연화시킨다.
- 불림(Normalizing)은 강의 열처리, 용접, 성형 또는 기계 가공 등으로 생긴 내부응력을 제거하고 표준조직인 오스테나이트조직을 얻기 위한 조작으로 A1변태점이상의 온도에서 가열한 후 공기 중에서 냉각시킨다.

30 알루미늄합금의 용액열처리에 대하여 설명하시오.

해답

알루미늄합금을 규정된 시간동안 열처리로에서 적정온도까지 가열시킨 후 노에서 꺼내어 용액(물, 소금물, 기름)에 담금질을 시키는 열처리절차로 용체화처리라고도 한다.

31 철강부품을 경화시킨 후 뜨임처리를 하는 이유는 무엇인가?

해답

철강부품이 경화되면 취성(부서짐성)을 갖게 되기 때문에 취성을 제거하고 인성(질김성)을 갖도록 뜨임처리를 한다.

32 열처리 기호를 설명하시오.

해답

<table>
<tr><th>기호</th><th colspan="2">의 미</th></tr>
<tr><td>F</td><td colspan="2">제조상태 그대로인 것</td></tr>
<tr><td>O</td><td colspan="2">풀림 처리한 것</td></tr>
<tr><td rowspan="4">H</td><td colspan="2">냉간 가공한 것(비 열처리 한 것)</td></tr>
<tr><td>H1</td><td>가공 경화만 한 것</td></tr>
<tr><td>H2</td><td>가공 경화 후 적당하게 풀림 처리한 것</td></tr>
<tr><td>H3</td><td>가공 정화 후 안정화 처리한 것</td></tr>
<tr><td>W</td><td colspan="2">용체화 처리 후 자연 시효한 것</td></tr>
<tr><td rowspan="4">T</td><td colspan="2">열처리한 것</td></tr>
<tr><td>T1</td><td>고온 성형 공정부터 냉각 후 자연 시효를 끝낸 것</td></tr>
<tr><td>T2</td><td>풀림 처리한 것(주조용 합금)</td></tr>
<tr><td>T3</td><td>용체화 처리 후 냉간 가공한 것</td></tr>
</table>

기호		의 미
T	T361	용체화 처리 후 6[%] 단면축소 냉간 가공한 것(2024판재)
	T4	제조시에 용체화 처리 후 자연 시효한 것
	T42	사용자에 의해 용체화 처리 후 자연 시효 한 것 (2014-0, 20124-0, 6061-0만 사용한다.)
	T5	고온 성형 공정에서 냉각 후 인공 시효 한 것
	T6	용체화 처리 후 냉간 가공한 것
	T62	용체화 처리 후 사용자에 의해 인공 시효 한 것
	T7	용체화 처리 후 안정화 처리한 것
	T8	용체화 처리 후 냉간 가공하고 인공 시효한 것 (T3을 인공한 것)
	T9	용체화 처리 후 냉간 가공하고 냉간 시효한 것 (T6을 인공한 것)
	T10	고온 성형 공정부터 냉각하고 인공 시효하여 냉간 가공한 것

33 알루미늄합금의 가속열처리란?

해답

알루미늄합금을 담금질한 후 규정된 가열온도(120~200[°C])에서 일정시간동안 유지시키는 열처리방법으로 가속열처리로 인공시효라고도 한다.

34 철강구조물을 용접한 후 불림처리 방법을 설명하시오.

해답

철강구조물을 임계온도(A1변태점) 이상으로 가열한 후 공기중에서 냉각시켜 용접으로 인하여 생긴 내부응력을 제거하고 표준조직으로 만드는 열처리방법을 말한다.

35 강의 표면 경화법의 종류는?

해답

- 고주파 경화법은 강재의 표면에 고주파전류를 유도하고 그 저항열에 의해서 표면층을 급속히 담금질 온도까지 상승시켜 물이나 기름으로 급랭하여 표면만 경화시킨 것이다.
- 침탄법은 저탄소강 등의 표면층에 탄소를 침투 확산시켜 표면을 경화시킨다.
- 질화법은 질소를 강표면에 작용시켜 단단한 질화물을 만들고 이것을 내부에 확산시켜 질소 경화층을 형성시킨 것이다.
- 침탄질화법(청화법)은 시안화염을 600~900[°C]로 용해시킨 후 강을 담가 가열시켜 강표면에 탄소와 질소가 동시에 침투되어 강표면을 경화시킨 것이다.
- 금속침투법은 금속제품의 표면에 다른 금속을 부착시켜 그것을 내부로 침투 확산시켜 본 금속과의 합금성분으로 표면을 경화시킨 것이다.
- 시효경화는 담금질 처리 후 시간의 경과로 금속을 경화시킨 것이다.

36 비금속 재료에서 플라스틱의 성질을 설명하시오.

해답

- 플라스틱은 외력을 가하여 그 모양을 영구적으로 변형시킬 수 있는 성질을 가소성이라고 하며, 유기 물질로 합성된 가소성이 큰 물질을 플라스틱(Plastic) 또는 합성수지라 한다.
- 플라스틱은 한번 열을 가하여 성형하면 다시 가열하더라도 연해지거나 용융되지 않는 성질을 가지는 열경화성 수지와 열을 가하여 성형한 다음 다시 가열하면 연해지고, 냉각하면 다시 굳어지는 열가소성 수지로 구분된다.

37 비금속 재료에서 고무의 성질을 설명하시오.

해답

- 고무는 천연 고무와 합성 고무로 구분된다. 두 가지 모두 탄성을 가지는 고분자 물질로, 천연 고무는 윤활유, 연료 등에 약하기 때문에 항공기에는 거의 사용되지 않는다. 합성 고무는 천연 고무의 단점을 보완한 것으로, 사용 목적에 따라 여러 가지 종류가 개발되어 있으며, 항공기에도 널리 사용되고 있다.
- 합성 고무로 오일 실, 개스킷, 연료 탱크, 호스 등의 제작 용도로 사용되는 니트릴 고무, 호스나 패킹 및 진공 실 등에 사용되는 부틸 고무(BR : Butyl Rubber), 항공기용 부품으로서 오일 실, 패킹, 내약품성 호스, 라이닝 재료로 중요하게 사용되지만 가격이 비싼 플루오르 고무(Fluorine Rubber), 강도가 낮고 가격이 비싼 반면에 고온이 발생하는 장소에 사용되는 전선 피복, 패킹, 개스킷, 방진고무, 그 밖에 항공기의 각종 부품을 제조하는 데에 사용되는 실리콘 고무 등이 있다.

38 비금속 재료에서 복합 재료(Composite Material)의 성질을 설명하시오.

해답

- 2개 이상의 서로 다른 재료를 결합하여 각각의 재료보다 더 우수한 기계적 성질을 가지도록 만든 재료를 의미한다.
- 복합 재료는 고체 상태의 강화 재료(Reinforce Ma-terial)와 액체, 분말 또는 박판 상태의 모재(Matrix)를 결합하여 제작한다.
- 복합 재료로는 층으로 겹겹이 겹쳐서 만든 적층 구조재(Laminate Construction)와 복합 재료의 얇은 두 외피 사이에 허니콤이나 거품(Foam) 등과 같은 코어(Core)를 넣어 결합시킨 샌드위치 구조재(Sandwich Construction)가 있다.

39 비금속 재료에서 강화재의 성질을 설명하시오.

해답

- 강화재는 강화 섬유를 의미한다. 여기에서 섬유란, 필라멘트, 와이어, 위스커(Whisker), 고유한 상태의 입자와 같은 4가지 형태의 재료를 나타내는 포괄적인 용어이다.
- 강화재의 용도
  ① 유리 섬유(Fiber Glass)는 용해된 이산화규소(Sio_2)의 가는 가닥으로 만들어진 섬유로 용도가 많고 가격이 저렴하기 때문에 가장 많이 사용된다.
  ② 탄소·흑연 섬유(Carbon/Graphite Fiber)는 넓은 의미에서 탄소 섬유라고 하며, 엄밀히 말하면 탄소 섬유와 흑연 섬유로 구분된다. 탄소 섬유는 높은 강도와 견고성 때문에 항공기의 1차 구조재 제작에 사용되며, 아라미드 섬유보다는 인장강도가 낮지만 압축강도는 훨씬 크다.
  ③ 아라미드 섬유(Aramid Fiber)는 보통 케블러(Kevlar)라고 부르는데, 케블러는 미국 듀폰사에서 생산한 아라미드 섬유의 등록 상표이다. 아라미드 복합재료는 알루미늄 합금보다 인장강도가 4배 이상 높으며, 밀도는 알루미늄합금의 1/3 정도밖에 되지 않기 때문에 높은 응력과 진동 등의 피로 파괴에 견딜 수 있는 항공기 부품 제작에 주로 사용되며, 특히 충격과 마모에 강하다.
  ④ 보론 섬유(Boron Fiber)는 텅스텐의 가는 필라멘트에 보론(붕소)을 중착(Deposition)시켜 만든다. 보론 섬유의 지름은 약 0.1[mm]이며, 뛰어난 압축강도와 경도를 가지고 있지만 취급이 어렵고, 가격이 비싸다는 단점이 있다.
  ⑤ 세라믹 섬유(Ceramic Fiber)는 높은 온도가 요구되는 곳에 사용된다. 세라믹 섬유는 1,200[°C](2,200[°F])의 고온에서도 거의 원래의 강도와 유연성을 유지한다. 우주왕복선의 꼬리(Tail) 부분도 세라믹 복합 재료로 만들어졌기 때문에 내열성이 크고 열의 분산이 빠르게 일어난다. 세라믹 섬유는 주로 금속 모재와 함께 사용된다.
  ⑥ 모재(Matrix)는 일종의 플라스틱 형태로 강화 섬유와 서로 결합시켜주는 접착 재료이며, 모재는 강화 섬유에 강도를 부여하고, 외부의 하중을 강화 섬유에 전달한다. 그러므로 복합 소재의 강도는 강화 섬유에 응력을 전달하는 모재의 능력에 의하여 좌우된다.
  기존의 복합 재료에 사용되고 있는 대표적인 모재로는 수지 모재계, 강화 섬유 금속의 모재, 강화 섬유 세라믹(FRC : Fiber Reinforced Ceramics)의 모재 등을 들 수 있다.

40 비금속 재료에서 Core(삽입재, 심재) 재질과 모양의 분류는?

해답

- 재질에 의한 종류
  ① 유리섬유, 케블라, Nomex, Al합금, Cres 등 : Honeycomb Core
  ② Polyurethane, Vinyl 등 : Form(거품형) Core
  ③ Balsa Wood : Wood(목재) Core
- 모양에 의한 분류
  ① 벌집형(Hexagonal Shaped) Core
  ② 거품형(Overexpanded) Core

항공기 하드웨어

41 항공기 표준부품의 규격표시를 설명하시오.

해답

- AN규격(Air Force & Navy Aeronautical Stan-dard)은 1950년 이전에 미 공군 및 해군에 의해서 규격이 승인되어진 부품에 사용된다.
- NAS(National Aerospace Standard)는 미군 항공기와 미사일의 제조업자가 작성한 Ft-Lb 단위의 규격이다.
- MS규격(Military Standard)은 1950년 이후 미군에 의해 규격 승인된 부품에 사용된다.

42 나사의 같은 지름 및 길이에 의한 나사의 등급은?

해답

- 1등급(Class 1)은 Loose Fit(헐겁게 맞춤), 강도를 필요로 하지 않는 곳에 사용하는 Bolt이다.
- 2등급(Class 2)은 Free Fit(느슨하게 맞춤), 강도를 필요로 하지 않는 곳에 사용하는 Screw이다.
- 3등급(Class 3)은 Medium Fit(중간 맞춤), 강도를 필요로 하는 곳에 사용하는 Bolt이다.
- 4등급(Class 4)은 Close Fit(억지로 끼워 맞춤), 강도를 필요로 하는 곳에 사용, Nut와 Bolt를 끼우기 위해서는 Wrench를 사용한다.

43 Bolt는 어떤 곳에 사용하는가?

해답

항공기용 볼트는 매우 큰 하중(인장, 전단)을 받는 결합부분에 사용한다. 즉 큰 하중을 받는 부분을 반복해서 분해, 조립할 필요가 있는 곳이나 또는 리벳이나 용접이 부적당한 부분을 결합하는 데 사용한다.

44 Bolt에서 등급을 정하는 기준은?

해답

가공정밀도와 1[in]당 나사산의 수이다.

45 1등급 볼트와 3등급 볼트를 구별할 수 있는 방법은?

해답

끼워보면 알 수 있는데 1등급이면 잘 들어가고 3등급이면 잘 안 들어간다.

46 Bolt의 Thread(나사산)부분의 종류 및 구분은 어떻게 하는가?

해답

- Full Thread는 인장하중이 작용되는 곳에만 사용한다.
- Long Thread는 인장하중이 작용되는 곳에 사용, 전단력이 작용하는 곳에도 사용이 가능하다.
- Short Thread는 전단하중이 작용되는 곳에 사용한다.

47 일반적인 Bolt의 분류는 어떻게 하는가?

해답

- 형상에 의한 분류
  ① 육각머리볼트(AN3~AN20)는 인장 및 전단하중을 담당한다.
  ② 클레비스볼트(AN21~AN36)는 머리가 둥글고 Screw Driver를 사용하도록 머리에 홈이 파져 있다. 전단하중이 걸리는 조종계통 등에 사용한다.
  ③ 아이볼트(AN42~AN49)는 인장하중을 담당하고 고리는 케이블걸이, 턴버클에 걸리도록 되어 있다.
  ④ 드릴헤드볼트(AN73~AN81)는 심한 반복운동과 진동을 받는 부분에 사용한다.
  ⑤ 정밀공차볼트(AN173~AN181)는 구조부의 정밀한 결합을 필요한 부분에 사용하며 진동이나 변칙적인 하중에 견딘다.
  ⑥ 내부 렌칭볼트(NAS144~NAS158)는 고강도강으로 만들며 큰 인장력과 전단력이 작용하는 곳에 사용하며, 장착과 장착은 Allen Wrench를 사용하고 육각머리볼트와 대체해서 사용을 금지한다.
  ⑦ Jo Bolt는 Blind Rivet이 사용될 수 없는 고응력 부분에도 사용가능하고 현대 항공기의 영구적인 구조물의 일부로도 사용하며, 정비작업이 필요하지 않는 부분에 사용하고 진동에 탁월한 저항성을 가지고 있고 무게가 가볍다.
- 하중에 의한 분류
  ① Tension Bolt(인장하중 담당 볼트)
  ② Sheat Bolt(전단하중 담당 볼트)
- 재질에 의한 분류
  ① 알루미늄합금볼트
  ② 합금강볼트(고장력강, 내식강, 내열강)
  ③ 티타늄합금볼트

48 AN 3 DD 5 A 볼트의 규격에 대하여 설명하시오.

① AN ② 3 ③ DD ④ 5 ⑤ A

해답

① AN : 미국 공군 해군 표준
② 3 : 볼트의 직경 3/16[in]
③ DD : 볼트의 재질(알루미늄합금 2024)
④ 5 : 볼트의 길이 5/8[in]
⑤ A : 볼트의 생크부분(나사부)에 구멍이 없음

49 항공기에 사용되는 클레비스볼트가 일반적으로 사용되는 곳과 사용해서는 안 되는 곳과 사용할 때의 공구는 어떤 것으로 사용하는가?

해답

- 사용되는 곳 : 오직 전단하중이 작용하는 곳
- 사용되지 않는 곳 : 인장하중이 작용하는 곳
- 사용 공구 : 스크루 드라이버

50 Cable Fitting(End Terminal)을 조종면 Horn에 연결하기 위하여 사용하는 Clevis Bolt는 어떻게 조여야 하는가?

해답

Clevis Bolt는 Cable End Terminal과 Horn구멍에 관통시켜 끼운 Bolt가 회전되지 못할 정도로 Nut를 조이면 안 된다.

51 Bolt 규격번호 "AN3DD H 10A"는 무슨 뜻인가?

해답

- AN : 규격명(Air Force-Navy Aeronautical Standard)
- 3 : 계열번호 및 지름(3/16[in])
- DD : 재질기호(2024)
- H : 머리의 구멍이 있음(문자가 없으면 구멍 없음)
- 10 : Shank의 길이(1[in], 11은 1 1/8[in], 20은 2[in], 30은 3[in])
- A : 나사 끝에 구멍이 있음(문자가 없으면 구멍 없음)

52 Bolt 규격번호 "MS20004 H 10"은 무엇을 뜻하는가?

해답

- MS : 규격명(Military Standard)
- 2000 : 계열번호
- 4 : 지름(4/16[in])
- H : 머리의 구멍이 있음(문자가 없으면 구멍이 없음)
- 10 : 그립의 길이(10/16[in])

53 Bolt 길이와 지름의 단위는?

해답

- Bolt의 Grip 길이는 일반적으로 1/8[in] 단위이나 MS, NAS Bolt의 Grip 길이는 1/16[in] 단위이다.
- AN Bolt의 지름 No.10(3/16)에서 5/8[in]까지는 1/16[in] 단위, 3/4[in]에서 1 1/2[in]까지는 1/8[in] 단위이다.

54 AN Bolt들의 명칭과 직경 및 길이를 설명하시오.

해답

- AN3-AN20 : 표준6각볼트, 직경 1/16[in] 및 길이는 1/8[in] 단위
- AN21-AN37 : Crevis Bolt, 직경 및 Grip 길이는 1/16[in] 단위
- AN42-AN49 : Eye Bolt, 직경 1/16[in] 단위, 길이는 1/8[in] 단위
- AN173-AN185 : 정밀공차볼트, 직경 1/16[in], 길이는 1/8[in] 단위

55 Bolt 규격번호 "NAS 6603 D H 10"은 무엇을 뜻하는가?

해답

- NAS : 규격명(National Aircraft Standard)
- 66 : 계열번호
- 03 : 지름(3/16[in])
- D : 나사 끝에 구멍이 있음(문자가 없으면 구멍이 없음)
- H : 머리의 구멍이 있음(문자가 없으면 구멍이 없음)
- 10 : 그립의 길이(10/16[in])

56 MS와 NAS의 내부 렌칭볼트를 서로 호환해서 사용해도 문제가 없는가?

해답

NAS를 MS로 교환해서 사용하는 것은 가능하나 그 반대의 경우에는 불가하다. 왜냐하면 MS Bolt는 Fillet을 압연가공(Rolling)하고 볼트머리의 높이가 높아서 피로강도가 크기 때문이다.

57 Bolt의 장착 방법은?

해답

- Nut가 풀려서 떨어져도 Bolt가 빠지지 않도록 앞에서 뒤로, 위에서 아래로, 안쪽에서 바깥쪽을 향해 장착한다.
- 구조용 이외의 유압, 전기 계통 등의 Clamp의 장착 Bolt는 지정이 없는 한 어디를 향해도 좋다.

58 Bolt 체결 후 안전 고정 장치는 어떻게 하는가?

해답

Lock Washer, Self-Locking Nut, Cotter Pin, Safety Wire 등을 사용하여 안전 고정 장치를 한다.

59 작업시 Bolt Grip의 선정기준은?

해답

결합시키고자 하는 구조물의 두께의 합과 같거나 약간 길어야 한다. Grip 길이의 미세한 조정은 Washer의 추가삽입으로 가능하다.

60 Stud Bolt가 부러졌다면 무엇으로 빼야하는가?

해답

Pin Punch로 Bolt 양단 한 곳 중앙에 표식을 내고 Drill로 구멍을 뚫은 다음 Extractor 또는 Pin Punch로 빼낸다.

61 조임부의 Bolt, Washer의 일반적인 결합 방법은?

해답

- 부식방지측면에서 일반적으로 알루미늄합금부에는 알루미늄합금볼트와 와셔를 사용하고 강 재료에는 강으로 된 볼트와 와셔를 사용한다.
- 높은 알루미늄합금이나 강의 조임부의 부식을 고려하지 않고 강 볼트와 와셔를 사용하고 알루미늄합금부에 강 볼트를 사용할 경우에는 부식방지를 위해 카드늄 도금이 된 볼트를 사용한다.

62 Hi-Lock Bolt란 어떤 Bolt인가?

해답

화물칸내의 Track처럼 금속과 복합소재의 접합부나 골격구조와 스킨, 골격과 골격의 이음재 부품으로, 접합으로 인해 강도를 보강해 주어야 할 필요가 있는 부분에 사용한다.

63 Hi-Lock Bolt를 사용하는 곳과 사용할 수 없는 곳은?

해답

- 영구결합을 요하지 아니하는 곳에는 사용할 수 없다.
- 영구결합을 요하는 곳에만 사용할 수 있는데 금속과 복합재료의 접합부, 골격구조와 스킨, 골격과 골격의 이음재 부품으로 인해 강도를 보강해 주어야 할 필요가 있는 부분에 사용한다.

64 Hi-Lock에서 Nut부를 무엇이라 부르는가?

해답

Collar

65 High Lock Nut의 색깔은?

해답

자주색, 주황색

66 Taper Lock Bolt는 주로 어디에 사용하는가?

해답

- 가장 강한 Structure Fastener로서 Wing Structure (Spar)부분에 많이 사용한다.
- High Fatigue Performance(고 피로강도 성능)가 요구되는 곳에 사용한다.

67 Nut의 종류를 설명하시오.

해답

- 자동고정너트(Self-Locking Nut)는 과도한 진동에 쉽게 풀리지 않고 긴도를 요하는 연결부에 사용하고, 회전하는 부분에는 사용을 금지한다.
- 전금속형 자동고정너트는 너트 나사부를 삼각형, 타원 또는 내경이 다르게 2단계로 만들어 볼트를 고정시킨다.
- 비금속형 자동고정너트는 너트 안쪽에 Fiber 또는 Nylon Collar를 끼워 탄성을 줌으로써 자체가 스스로 체결되고 동시에 고정 작업이 이루어지는 너트이다.
  ※ 250[°F] 이하에서 Fiber는 15회, Nylon은 200회이다. 이상 사용금지한다.
- 비자동 고정너트는 Cotter Pin, Safety Wire 및 Check Nut 등으로 고정한다.
- 캐슬너트(AN310)는 Bolt Shank에 안전핀 구멍이 있는 Bolt에 사용. Cotter Pin으로 고정하며 인장하중에 강하다.
- 캐슬 전단너트(AN320)는 전단응력이 작용하는 곳에 사용한다.
- 평너트(AN315, 335)는 큰 인장하중이 작용하는 곳에 사용. Lock Washer 또는 Check Nut로 한다.
- 체크너트(AN316)는 평너트와 Set Screw 끝부분에 나사가 난 Rod에 장착한다.
- 윙너트(AN35)는 조립부를 빈번하게 장탈 혹은 장착하는 곳에 맨손으로 죌 수 있는 정도의 죔이 요구되는 부분에 사용한다.

68 Jam Nut 구별법에 대하여 설명하시오.

해답

Check Nut라고도 하는 육각 Nut로서 두께가 얇다. Bolt에 Nut를 2개 결합하면 풀림을 방지하기 때문에 다른 Nut나 조종 Rod 끝부분의 풀림방지용 고정 nut로 사용된다.

69 여러 Nut를 Table에 제시하고 Jam Nut를 Selection하고 용도를 설명하시오.

해답

Jam Nut는 Check Nut라고도 하며, 두께가 다른 평Nut에 비해 얇다. AN315 평 Nut 위에 2중으로 장착하여 Nut의 풀림방지용으로 사용된다.

70 Self-Locking Nut의 판별법은?

해답

All Metal(전금속) Nut는 Nut Thread부가 Taper 졌거나 나사부위가 삼각형, 타원형으로 찌그러져 있고 나사가 2개 부분으로 분할되어 있으며 Fiber나 Nylon Collar가 삽입된 형태는 비금속 자동고정 Nut이다.

71 Self-Locking Nut 장착여부를 판단하는 방법은?

해답

Nut의 풀림 방지장치(Safety Wire, Lock Washer, Cotter Pin, Check Nut 등)가 되어 있지 않는 Nut는 Self-Locking Nut라고 판정할 수 있고 Nut의 모양을 보고도 Self-Locking Nut를 알 수 있다.

72 Self-Locking Nut에 대해서 설명하시오.

해답

Self-Locking Nut는 AN365계열이며, Nut 자체에 고정 장치가 되어 있어서 심한 진동에도 풀리지 않는 특성이 있어서 Anti-Friction Bearing과 조종 풀리, Rocker Box 덮개와 배기관에 사용한다. 전금속형과 비금속형이 있다.

73 항공기볼트에 Self-Locking Nut를 사용할 때 어떤 형태의 하중을 피해야 하는가?

해답

Nut 또는 Bolt에 회전력이 작용하는 부분에는 자동고정너트를 사용해서는 안 된다.

74 AN 320 D - 5의 의미는 무엇인가?

해답

캐슬 전단너트에 재질은 2017, 사용볼트의 지름이 5/16[in]를 의미한다.

75 Washer의 사용 목적을 설명하시오.

해답

- 평와셔, Lock Washer, Key Washer, 특수와셔가 있으며, 와셔는 목재나 연한 재질의 금속을 사용하 Key Washer는 엔진이나 진동이 심한 부위에 사용한다.
- Washer의 목적
  ① 구조물이나 장착부품의 조이는 힘을 분산하며 평준화한다.(힘을 분산)
  ② 볼트, 너트의 코터핀 구멍위치 등을 조정한다.(볼트그립길이를 조정)
  ③ 볼트너트를 조일 때 구조물과 장착부품을 보호한다.(모재 손상을 방지)
  ④ 구조물과 장착부품의 조임 면의 부식을 방지한다.(부식을 방지)
- Washer의 사용법
  Bolt Head측과 Nut측을 합하여 최대 3개를 사용하며, 3개 사용시에는 Bolt Head측에 1개와 Nut 측에 2개를 사용하며, 2개 사용시에는 Head측과 Nut측에 1개씩, 1개 사용시에는 Nut측에 장착한다. 이때 Lock Washer 및 특수 Washer를 사용했다면 사용 개수에 포함시키지 않는다.

76 Lock Washer를 사용하는 이유는?

해답

Self-Locking Nut나 Cotter Pin, Safety Wire를 사용할 수 없는 곳에 Bolt, Nut, Screw의 풀림 방지를 위해 사용한다.

77 Key Washer의 사용처 및 Type은?

해답

Engine이나 진동이 심한 부품, 전기계통의 Toggle Switch의 Key홈에 끼워서 사용하며, 오직 1회만 사용가능. Cup Type, Tap Type 등이 있다.

78 Bolt와 Screw와의 차이점은?

해답

- Bolt는 Grip의 구분이 명확하고 고강도가 요구되는 곳에 사용하며 나사 등급은 Class 3(Medium Fit)이다.
- Screw는 머리에 Driver를 사용할 수 있는 홈이 있고 나사 등급은 Class 2(Free Fit)이며 강도가 낮고 Grip도 명확히 정해져 있지 않다.

79 Bolt, Screw의 재질은 어떻게 알 수 있는가?

해답

식별번호(Part No)의 재질번호를 보거나 또는 머리표식으로 알 수 있다.

80 Screw의 규격 "MS 35206-201"은 무엇을 나타내는가?

해답

MS는 규격명, 35206은 나사계열과 재질을 201은 Screw의 길이나 지름을 나타낸다.

81 Screw는 항공기의 어느 곳에 사용하는가?

해답

항공기의 동체와 Wing의 Access Panel(점검창 또는 Door) 연결에 사용한다.

82 Self-Tapping Screw의 사용처는?

해답

합판, 플라스틱, 마그네슘과 같이 스스로 Thread를 만들 수 있는 부품이나 구조물로 된 재료를 접합시키거나 Riveting을 위한 판재의 임시고정이나 Name Plate와 같은 비구조용 부재의 영구고정에 사용한다.

83 특수 Fastener의 종류는?

해답

- Dzus Fastener : 점검창
- Cam Lock Fastener : Cowling, Fairing
- Air Lock Fastener : 강도가 강한 곳에 사용

84 Insert란?

해답

- 항공기는 중량감소를 위해 설계상에 허용하는 한 연하고 가벼운 재질(Al, Mg, Cu)을 사용하고 있다.
- Insert는 강한 재질(Cres)로 만든 부품으로 모재의 Thread Hole을 보호하고 강도를 제공하도록 Bolt나 Screw를 장착 전에 모재의 Hole에 장착하는 부품이다.

85 Cold Working(냉간가공)이라고 하는 것은 무엇을 의미하는가?

해답

- 연한 재질에 강도를 증가시켜 주기 위해 재결정온도이하에서 금속을 가공하는 일로서 정밀도가 높고 표면이 아름다우며 질도 좋아진다.
- 알루미늄합금에 Insert을 접착시키는 공정은 냉간가공작업에 속한다.

86 리벳의 종류와 역할에 대해서 설명하시오.

해답

- Solid Shank Rivet는 항공기 구조부의 고정용, 수리용으로 사용한다.
- Blind Rivet는 간격이 제한된 밀집장소나 큰 부하를 제1조건으로 하지 않는 장소 또는 Bucking Bar가 접근이 불가능한 지역에 사용하며 Cherry Rivet, 폭발리벳, Riv Nut가 이에 속한다.

87 리벳의 종류를 설명하시오.

해답

- 접시머리리벳 : AN420, AN425, AN426, MS20426
- 둥근머리리벳 : AN430, AN435
- 납작머리리벳 : AN441, AN442
- 브래지어리벳 : AN455, AN456
- 유니버설리벳 : AN470, MS20470
- 항공기 외피용의 표준형으로서 접시머리리벳(Flush Head 또는 Countersink Rivet)과 유니버설 리벳의 2종류를 사용하고 있다.

88 AN 470 AD3 - 5A란 무엇인가?

해답

- AN470 : Universal Rivet
- AD : Rivet의 재질이 Al2117
- 3 : Rivet직경이 3/32[in]
- 5 : Rivet길이가 5/16[in]
- A : 양극산화처리(C : 화학피막처리)

89 Rivet MS 20470 DD4 - 5란 어떤 Rivet인가?

해답

Universal Head, 재질은 Al2024T이며 직경은 1/8[in], 길이는 5/16[in]인 Rivet이다.

90 Ice Box Rivet이란?

해답

- 고강도용 리벳은 사용하기 전에 리벳을 열처리하여 연화시켜야 한다.
- 열처리 후 상온에 노출되면 급속히 시효 경화되므로 이를 지연시키기 위하여 냉장 보관하는 리벳으로 2017과 2024로 만든 리벳이다.
- 2017 리벳은 상온 노출 후 1시간 후면 50[%]의 강도가 회복되고 4일이 지나면 100[%]의 강도가 회복되므로 1시간 이내, 2024 리벳은 10~20분 이내에 사용하여야 한다.

91 Ice Box Rivet 식별법 및 특징에 대하여 설명하시오.

해답

2017T(D), 2024T(DD)머리에 Raised Dot, Raised Double Dash의 Mark가 있고 상온에서 사용이 곤란하며, 열처리 후 사용해야 하고 시간이 경과함에 따라 원래의 강도 회복되어 취성을 갖게 된다.

92 Ice Box Rivet의 열처리방법에 대해서 설명하시오.

해답

- 2017T 리벳은 940[°F](930~950[°F])의 온도로 열처리로에서 1시간, 물에 급랭시켜 연하게 한 후 32[°F] 이하 냉동 보관하여 냉동고에서 꺼낸 후 1시간 이내 사용해야 한다.
- 2024T리벳은 920[°F](910~930[°F])의 온도로 열처리로에서 1시간, 32[°F] 이하 냉동 보관하여 냉동고에서 꺼낸 후 10~20분 이내 사용해야 한다.

93 Rivet Length 결정방법을 설명하시오.

해답

장착하고자 하는 판재 두께에 Rivet 직경의 1.5배 정도가 돌출되어야 한다.

94 Rivet Diameter 결정방법을 설명하시오.

해답

Rivet Diameter 결정방법은 Shearing & Bearing Strength를 고려하여 Rivet 직경은 장착하고자 하는 판재 중 두꺼운 판재의 3배가 적당하다.

※ $D=3T$(D : Rivet의 직경, T : 두꺼운 판재 두께)

95 Edge Distance를 설명하시오.

해답

Edge Distance는 판재의 가장자리에서 가장 가까운 Rivet Hole의 중심까지의 거리를 말하며, 일명 Edge Margin이라고도 한다.

※ E.D는 리벳 직경의 2배~4배(C.S.K Rivet은 2.5~4배)이어야 한다.

96 Drill작업시 Hole의 크기는 얼마 정도인가?

해답

리벳 생크의 직경보다 0.002~0.004[in] 크게(0.005~0.01[cm])

97 굽힘 가공시 응력집중이 일어나는 교점에 응력 제거 구멍을 뚫는데 이 구멍의 명칭은?

해답

Relief Hole의 Hole 크기는 최소 1/8[in] 이상 범위에서 최대 굽힘 반지름의 치수로 한다.

98 굴곡허용량(Bend Allowance)과 굴곡허용량을 계산할 때 고려해야 할 조건은?

해답

- 굴곡허용량은 굽힌 부분의 중립선상의 굽힘 접선간의 길이(판을 굽히는 데 소요되는 길이)
- 고려해야 할 조건 : 굽힘 반지름, 굽힘 각도, 판재의 두께

99 굽힘 여유(Bend Allowance)를 구하여라.

해답

계산식 : $BA=\frac{\theta}{360^\circ}\times 2\pi\left(R+\frac{1}{2}T\right)$

$$=\frac{90}{360^\circ}\times 2\pi\left(0.125+\frac{1}{2}0.04\right)\simeq 0.228$$

100 불량 Rivet의 제거 방법을 설명하시오.

해답

부적절하게 장착된 Rivet은 제거한 후 새로운 Rivet으로 장착해야 한다.

※ 교환용 Rivet은 가능한 같은 치수와 재질의 Rivet을 사용해야 하나, Rivet Hole이 커지거나 손상이 있을 경우에는 Oversize Rivet을 사용해야 한다.

101 조종계통에 사용하는 Cable의 종류를 들고 각각을 설명하시오.

해답

- 7×7 Cable은 유연성이 적어 큰 직경의 Pulley나 직선운동 방향에 사용하고 지름이 3/32 이하이며, 단선수가 3개에 이르기 전에 교환하여 준다.
- 7×19 Cable은 충분한 유연성이 있고 작은 직경의 Pulley에 사용되며 굽힘 응력에 대한 피로에 잘 견디는 특성이 있다. 지름은 1/8[in] 이상으로서 조종계통에 사용하며 단선수가 6개에 이르기 전에 교환하여 준다.

102 공기 1차 조종계통에 사용할 수 있는 가장 가는 Cable Size는 얼마인가?

해답

직경이 1/8[in] Cable

103 Pulley가 Cable의 운동방향을 변경하는 조종 Cable의 종류는?

해답

7×19 Extra-Flexible Cable(초가요성케이블)

104 Cable 검사방법을 설명하시오.

해답

- 검사 전 Cable을 세척한다.
- 육안검사로 Cable의 부식, 마모, Kink Cable, Bird Cage 등을 검사 할 수 있다.
- 마른 헝겊을 문질러 Cable의 절단여부를 쉽게 검사(검사기준은 해당 항공기 MM에 나와 있는 검사 기준을 적용하며 Kink Cable 또는 Bird Cage된 Cable은 교환한다.

※ Kink Cable : Wire가 구부러져 영구 변형된 상태이다.

※ Bird Cage : Cable이 꼬아져 부푼상태로 영구 변형된 상태이다.

105 Cable의 검사방법과 부식이 일어나는 이유는?

해답

- Cable을 꺾어서 7×7일 경우 3가닥, 7×19일 경우 6가닥이 절단되었으면 교환한다.
- 내부 부식은 Cable 세척시 Solvent에 의해 내부 윤활유가 다 없어져서 발생된다.
- Solvent로 세척시에는 실의 보풀이 일어나지 않는 천(안경닦는 천)을 사용한다.
- Cres Cable은 방청유를 사용할 필요가 없다.

106 이블내부 부식의 검사 절차와 처리 방법은?

해답

- Cable을 꼬임방향과 반대방향으로 비튼다.
- 부식의 가루가 있는지를 검사한다.
- 부식이 있다면 Solvent와 Brush로 세척한다.
- 건조 후 마른 걸레로 닦아낸다.
- 방청제로 Coating 한다.

※ 주로 Corrosion이 발생하는 부위는 Landing Gear의 Wheel Well, Battery Compartment 주변 등을 지나는 Cable에서 부식이 많이 발생한다.

107 Cable의 Cleaning(세척)방법을 설명하시오.

해답

- 고착되지 않는 녹, 먼지 등은 마른 수건으로 닦아낸다.
- 바깥면에 고착된 녹, 먼지는 #300~#400 Sand Paper로 없앤다.
- 표면에 고착된 방청유는 Kerosine(등유)을 적신 깨끗한 수건으로 닦는다.

108 Cable의 절단방법은?

해답

- Cable을 절단하는 부분의 길이를 구하는 방법에 대해서는 정비 교범에 따른다.
- 반드시 전용 Cable 절단기를 사용하고 절단하는 부분에는 Tape를 감아야 한다.

※ Tape를 감지 않고 절단하면 Preformed Cable(각각wire를 꼰 후 성형한 Cable)도 절단면이 흩어져 Fitting 안에 삽입이 어려워진다.

109 Cable에 사용하는 Grease는?

해답

고탄소강에는 MIL-G-25760A가 사용되고 고온용 Grease에는 Nox-Rust266을 사용한다.

110 Cable End Terminal의 Cable Splicing(연결)은 어떤 방법이 있는가?

해답

- Swaging Cable연결은 End Terminal 구멍에 Cable을 삽입 후 Swaging하여 연결하는 방법으로 이음강도는 Cable 정격 강도의 100[%]를 유지하여야 한다.
- 5권식 케이블연결 : Bushing이나 Thimble을 사용하여 Cable 가닥을 풀어 엮은 후 그 위에 안전결선을 감는 방법으로 7×7, 7×19 Cable이나 3/32[in] 이상의 Cable에 적용하며, 이음강도는 Cable 정격강도의 75[%]를 유지하여야 한다.
- Wrap Solder Cable연결 : Bushing이나 Thimble에 감아돌린 후 안전결선을 감아 납땜 용액(Stearic Acid)에 담가 납땜용액이 Cable에 스며들게 하는 방법으로 1×7, 1×19 Cable이나 3/32[in] 이하의 Cable에 적용하고 이음강도는 Cable 정격강도의 90[%]를 유지하여야 한다.

111 Cable Terminal Fitting의 종류는?

해답

① Stud Terminal
② Fork End T
③ Eye End T
④ Ball End T
⑤ Stop End T
⑥ Single Shank Ball End T
⑦ Double Shank Ball End T

112 Cable Swaging절차는?

해답

① Cable Cutter나 Chisel(끌)로 필요한 길이만큼 절단한다.
② Cable끝을 구부려 Terminal의 Hole 끝에 닿도록 밀어 넣는다.
③ 지정된 Swage Kit를 사용하여 Terminal Sleeve와 Cable을 압착한다.
④ 지정된 Go-No Go Gage로 Sleeve의 외경을 측정하여 적절히 압착되었는지 확인한다.
⑤ Swaging이 완료되면 Cable에 Paint로 표시한다.
⑥ Sleeve의 직경은 Go-No Go Gage로 검사한다.
⑦ Proof Test(보증시험)한다.

113 Able Swaging 후 행하는 검사는?

해답

① End Fitting(Terminal)손상유무 육안검사한다.
② Go-No Go Gage를 이용 Swaging된 Terminal의 Grip(Sleeve) 외경이 규정치수에 맞는가 검사한다.
③ Cable Assembly 길이를 검사한다.
④ Proof Test한다.

114 Swaging을 확인하는 Gage는 무엇인가?

해답

Go-No Go Gage

115 Cable의 지름은 무엇으로 측정하는가?

해답

Vernier Calipers로 측정

116 Rigging시 준수 사항은?

해답

① 정확한 케이블의 장력
② 이중 조종계통 사이의 동기 또는 평형
③ 조종석과 조종 면 사이의 링크의 동기
④ 조종면의 작동범위의 고정

- Rigging은 조종 장치가 중립일 때 조종장치와 관련된 조종 면이 중립상태가 되도록 조종 기구를 조절하는 작업이다.

117 Turn Buckle의 표시방법의 "B 5 L"은?

해답

- B : 재질로서 황동을 표시
- 5 : Cable의 직경을 표시(5/32[in])
- L : Barrel의 길이(L : 긴 것, S : 짧은 것)

118 Turn Buckle에 안전결선을 하는 방법은?

해답

Turn Buckle은 Cable의 교환이나 장력을 조절할 때 사용하는 부품으로 안전결선은 다음과 같다.

1) Safety Wire(안전결선)사용방법
   ① 단선식 : 1/8[in] 이하의 Cable에 사용, 터미널 측에 5~6회 단단하게 감고 끝을 맺는다.
      ⓐ Single Wrap Straight(단선직선형)
      ⓑ Single Wrap Spiral(단선나선형)
   ② 복선식 : 1/8[in] 이상의 Cable에 사용, 턴버클 피팅에 감아 최소 4바퀴 정도 감아 끝을 맺는다
      ⓐ Double Wrap Straight(복선직선형)
      ⓑ Double Wrap Spiral(복선나선형)
2) Lock Clip 사용방법

119 Turn Buckle의 조절 작업시 유의사항은?

해답

① End Terminal Thread가 Barrel로부터 3개 이상 나와 있지 않은가를 확인한다.
② Thread에는 윤활을 하면 안 된다.
③ Barrel의 검사구멍에 Pin을 꽂아 들어가지 않는가 확인한다.

120 Turn Buckle의 왼나사와 오른나사의 구분은?

해답

띠가 있는 곳이 왼나사, 반대쪽이 오른나사이다.

121 Turn Buckle 작업의 장점은?

해답

작업시간단축, 고정시키는(Locking) 기능이 좋고, 비틀림에 대한 저항이 크다.

122 Cable Tension Regulator란?

해답

- 알루미늄합금 항공기기체는 고고도에서 온도가 내려간 만큼 수축되어 조종 Cable이 느슨해져 위험하게 된다.
- 항공기기체와 Cable의 열팽창계수의 차이로 인한 Cable Tension의 변화를 일정하게 조절해 주는 장치이다.

123 Tube와 Hose의 차이점을 설명하시오.

해답

- Tube는 진동이 따르지 않는 고정부분에 사용되며 크기는 외경(분수)과 두께(소수)로 표시한다.
  - 금속 Tube는 1[in]를 16등분한 분수의 분자로 외경의 치수를 나타낸다.
    예 6번 tube는 6/16[in]이고, 8번 tube는 8/16[in] Tube이다.
- Hose는 움직임이 있거나 진동이 있는 곳에 설치하며 크기는 내경(분수, 1/16[in] 단위)으로 표시한다.

124 Tube의 두께를 측정하는 방법은?

해답

외경 마이크로미터(Plain Micrometer)와 작은 Ball Bearing으로 측정한다.

125 Tube 제작 방법에 대하여 설명하시오.

해답

① 제작하고자 하는 Tube의 재질, Size, 두께를 결정한다.
② 제작하고자 하는 길이로 Tube Cutting Tool을 이용하여 절단한다.
③ Tube 양단을 모따기한다.
④ Tube가 Flare Type인지 Flareless Type인지를 결정한다.
⑤ Tube에 Nut, Sleeve를 먼저 끼운다.
⑥ Bending한다.
⑦ Cleaning한다.
⑧ Proof Test : 사용압력의 5/3배 압력으로 Test한다.
⑨ 검사 : Dent된 부분의 굴곡부는 Tube의 20[%], Nick는 두께의 10[%]까지 허용한다.

126 항공기에 사용되는 케이블의 종류 3가지와 특징을 간단히 설명하시오.

해답

종류	특 징
7×19	19개의 와이어로 1개의 다발을 만들고 다발 7개로써 1개의 케이블을 만든 것으로 초가요성 케이블. 강도가 높고, 충분한 유연성이 있다.
7×7	7개의 와이어로 1개의 다발을 만들고 다발 7개로써 1개의 케이블을 만든 것으로 가요성 케이블로 7×19 케이블보다는 유연성이 없지만 마멸에 강하다.
1×19	19개의 와이어로 만든 것으로 비가요성 케이블로 구조보강용 와이어로 사용된다.

127 케이블의 종류 및 재질에 대해 설명하시오.

해답

① 종류
- ⓐ 일반용 케이블 : 플렉시블 케이블(Flexible Cable), 넌 플렉시블 케이블(Non-Flexible Cable)
- ⓑ 특수 케이블 : 로크 클래드 케이블(Lock Clad Cable), 나일론 재킷 케이블(Nylon Jacketed Cable), 푸시 풀 케이블(Push Pull Cable)

② 재질 : 탄소강, 내식강

128 작동유 배관은 주로 호스와 튜브를 사용한다. 각각의 크기는 무엇으로 나타내는가?

해답

- 호스 : 안지름으로 표시하며 1[in]의 16분비로 표시
- 튜브 : 바깥지름(분수)×두께(소수)

129 유압계통에 사용하는 패킹(Packing)은 어떤 재료를 사용하는가?

해답

- Teflon(테플론)은 미국 듀폰사(Dupont)가 개발한 불소수지로서 1938년 듀폰연구소의 화학자인 플랭케 박사가 불소수지 PTFE(Poly Tetra Fluoro Ethylene)를 최초로 합성하여 Teflon이란 상품명으로 상용화하였다.
- Asbestos(석면)은 마그네슘과 규소를 포함하고 있는 광물질로서 솜과 같이 부드러운 섬유로 되어 있다.
- Graphite(흑연)은 순수 Graphite로 되어 있어 화학적으로 불활성이고 마찰계수가 낮고, 3,500[deg]의 온도까지 사용가능하다.
- Neoprene(네오프렌)은 클로로프렌고무 또는 이것에 소량의 다른 단위체를 중합시킨 합성고무의 상품명이다.
- Buna(부나)는 부타디엔계 합성고무의 상품명이다.

130 유압계통에 사용되는 개스킷(Gasket)과 실(Seal)은 어떤 곳에 사용하는가?

해답

패킹은 움직이는 부품 사이에 밀폐용으로 사용하고 개스킷은 고정된 부품 사이의 밀폐용으로 사용하며, 실은 고정되거나 움직이는 부품과 부품 사이의 틈을 밀폐 시키는 데 사용한다.

131 유관의 데칼에 "PHDAN"이란 표기가 되었을 경우 뜻하는 바를 설명하시오.

해답

산소, 질소, 프레온 등의 위험물질이 통과하는 유관에 표시한다.

132 저압용 유압배관 자재는?

해답

순알루미늄 1100을 1/2 경화 또는 알루미늄합금 3003을 1/2 경화시킨 자재로 제작한다.

133 Tube에 발생한 결함의 수리기준 4가지는?

해답

① 긁힌 자국, 새겨진 흠의 깊이가 관두께의 10[%]를 넘지 않는 범위에서 굽힘, 인장부분이 아니면 수리가 가능하다.
② Tube에 심한 눌림 자국이나 찢어진 곳, 금이간 부분이 있으면 교환한다.
③ Flare에 균열이나 변형이 있으면 폐기한다.
④ 굽힘, 인장부분을 제외하고는 Tube 지름의 20[%] 이내의 움푹 들어간 곳(Dent)은 수리가 가능하다.

134 Single Flare와 Double Flare의 차이점은?

해답

Double Flare가 좀 더 매끈하고 밀폐특성이 우수하며 Torqe의 전단작용에 대한 저항력이 크다.

135 Tube의 Flaring시 Double Flare를 해야 하는 Tube는?

해답

3/8[in] 이하의 알루미늄 Tube이며 기밀유지, 이중고장력, 고 하중에 사용하기 위하여 필요하다.

① Single Flare, 외경이 1/2[in] 이상이다.
② Double Flare, 외경이 3/8[in] 이하이다.
③ Flare Type : 진동에 약하고 3000[psi]까지 사용한다.
④ Flareless Type : 진동에 대한 손상이 적고 고주파 진동에도 풀리는 현상이 적다.

136 Al Alloy Tube에 Flare를 만들 때 주의사항은?

해답

Flare Tool로 Flare를 만들 때 Tube 끝에 균열이 생기지 않도록 잘 다듬어 주어야 한다.

137 Double Flare는 어떤 재질의 금속으로 Tube를 만드는가?

해답

외경이 1/8[in]부터 3/8[in]인 5052-0와 6061-T Al Alloy Tube

138 Flare Type, Flareless Type의 구별 및 특성은?

해답

① Flare Type : Tube의 끝을 벌려놓은 형태이다.
② Flareless Type : 끝이 직각으로 절단되어 있다.

139 배관(Tube, Hose)의 연결방법은?

해답

① Flared-Tube Fitting 연결방법
② Flareless Fitting 연결방법
③ Bead와 Clamp 사용 연결방법
④ Swaged Fitting 연결방법

140 MS Flareless Fitting은 어떻게 조여야 하는가?

해답

손으로 Fitting를 꼭 맞도록 조인 다음, Wrench로 1/6내지 1/3 바퀴 돌려준다.

※ 이때 1/3 바퀴 이상을 돌려서는 절대 안 된다.

141 MS Flareless Fitting을 과도하게 조이면 어떤 손상이 일어나는가?

해답

과도한 조임은 Sleeve의 Cutting Edge(절단면)가 Tube내부로 파고 들어가 Tube를 약하게 만든다.

142 AN Fitting의 색깔에 따른 재질과 사용처는?

해답

① Blue : 1100, 3003 Al합금- 계기계통, Vent용 Tu-be 등
② Black : 내식강- L/G, Flap, Brake 등 고 유압 계통 등

143 AN Fitting와 AC Fitting은 어떻게 식별할 수 있는가?

해답

AN Fitting은 Flare Cone 끝과 첫 번째 나사산 사이에 어깨(Shoulder)를 갖고 있으나 AC Fitting은 Flare Cone까지 나사산을 가지고 있다.

144 Hose의 종류에는 어떤 것이 있는가?

해답

① Flexible Rubber Hose : 연료, 윤활유, 냉각 및 유압 계통에 사용한다.
② Teflon Hose : 고온, 고압작동 요구조건에 적합하며, 호스와 같은 용도로 사용하고 4불화 에틸렌수지로 진동과 피로에 강하도록 Cres Wire의 그물망으로 씌워져 있다.

145 Hose의 규격 MIL-H-8794 : Size-6-2/98?

해답

6 : 내경 6/16[in]
2/98 : 98년도 2/4분기에 제작되었음을 나타낸다.

146 Hose를 항공기에 설치시 여유를 주는 이유는?

해답

- 작동중인 Hose는 내부에 압력이 작용하여 직경 팽창과 길이 수축이 발생하며 항공기 진동 등으로 Hose의 이탈을 대응하기 위해 배관 설계 및 장착시에 여유를 주고 있다.
- Hose 길이의 5~8[%]의 여유를 준다.

147 Hose의 제작방법을 설명하시오.

해답

① 사용처의 압력에 따라 Hose를 선택한다.
ⓐ Teflon Hose : 철망과 고무로 제작되어 있으며 고압용에 쓰이고 열을 받는 부분이나 Oil, Fuel계통에 사용한다.
ⓑ Rubber Hose : 고무만으로 제작되어 있으며 중, 저압용으로 쓰이고 Air, 산소계통에 사용된다.
② Hose를 일정한 길이만큼 Cut-Off Machine으로 절단하는데 절단하려는 부위에 Tape를 감아야 열에 의해서 끝이 벌어지지 않는다.
③ Hose Depth Tool을 이용해 Fitting을 연결하려는 곳까지 Marking한다.
④ Hose Fitting을 연결한다.
⑤ Hose Assembly Machine으로 Swaging한다.
⑥ Cleaning한다.
⑦ Proof Test(보증시험)를 한다.

148 Hose 및 Tube 장착시에 주의사항을 설명하시오.

해답

Hose 및 Tube 장착 시에 주의사항
① Fitting 재질이 Tubing재질과 같은 것인지 확인한다.
② 누설이 없는지 장착상태를 확인한다.
③ Hose는 장착시에 꼬이지 않도록 유의한다.
④ Hose의 길이는 5~8[%] 여유를 두고 장착한다.

149 Hose의 길이를 따라 그려진 하얀 선은 무엇을 표시하는가?

해답

Hose를 장착할 때 Hose가 비틀렸는지 꼬이지 않았는지를 알 수 있게 해주며 이선이 일직선이 되어야 하며, 나선형으로 비틀려서는 안 된다.

150 Hose Assembly의 Proof Test(보증시험)압력은?

해답

시험압력은 Hose에 따라 다르며 일반적으로 Hose 작동압력의 5/3배로 시험한다.

151 항공기배관을 식별하는 방법으로 색깔, 문자, 그림 등으로 알 수 있는 것은?

해답

① 배관의 용도(기능)
② 유체(기체 및 액체)의 종류
③ 유로방향
④ 주의사항

152 고온 또는 저온용 Hose는 식별용 Tape나 Decal 대신에 무엇으로 식별표시를 하는가?

해답

고온 및 저온 또는 Oil, Grease가 다량 묻을 수 있는 배관에는 철제 tag를 이용하여 식별표시를 하여야 한다.

153 위험물 및 유독물질용 배관들은 어떻게 표시하는가?

해답

① 연료배관 : Tape, Decal 또는 철제 tag에 "FLAM"으로 표시
② 유독물질배관 : Tape 또는 Decal에 "TOXIC"으로 표시
③ 산소, 질소 및 냉매(Freon) : Tape 또는 Decal에 "PHDAN"으로 표시

154 Clamp의 종류 및 사용처에 대하여 설명하시오.

해답

Hose Clamp, Support Clamp, Adjustable Clamp 등이 있으며 Hose나 Tube의 누설방지 및 Hose, Tube, Wire 등의 고정, 지지 등에 사용된다.

155 Clamp는 몇 [in] 간격으로 장착하여야 하는가?

해답

Tube의 두께에 따라 다르지만 보통 24[in], 1/2[in] 이상의 Tube는 20[in] 간격으로 장착하여야 하며, Hose Clamp의 최대간격은 Max 24[in] 간격을 두고 장착하여야 한다.

156 Support Clamp의 사용 및 장착은?

해답

① 고무 Cushion Clamp : 진동방지, 배선안정을 위한 곳에 사용한다.
② Teflon Clamp : 합성 작동유(Skydrol), 고압 작동액 및 연료에 의한 기능저하가 예상되는 곳에 사용하며 진동감소효과가 낮다.
③ Bonded Clamp : 금속유압 line, 연료와 Oil Line에 주로 사용한다.

157 Torque Limiting Wrench가 없이 Hose를 Clamp로 고정시킬 경우 어떻게 하는가?

해답

① Self Sealing Hose : Worm Screw Type인 경우 Finger Tight+2회전, 기타 Hose인 경우 Finger Tight+2.5회전
② 기타 Hose Type : Worm Screw Type인 경우 Finger Tight+1.25회전, 기타 Hose인 경우 Finger Tight+2회전

158 Plumbing이란 무엇인가?

해답

항공기에 장착하는 Hose, Tube, Fitting, Connector뿐만 아니라 이들을 성형하고 설치하는 것을 말한다.

159 유압배관과 Electrical Wire Bundle(전선다발) 중 어느 것을 위에 설치하여야 하는가?

해답

전선다발을 유압배관 위에 설치하여야 한다.

160 유압계통에 사용하고 있는 Quick-Disconnect Fluid Coupling(신속유압분리기)은 주로 어디에 사용하는가?

해답

엔진구동펌프를 연료계통에 연결하는 곳에 사용한다.

161 Torque Wrench의 종류를 설명하시오.

해답

- 지시식(Indicator Type) Torque Wrench
  ① Deflecting Beam Torque Wrench
  ② Rigid Frame Torque Wrench
- 고정식(Limit Type) Torque Wrench
  ① Preset Torque Wrench
  ② Audible Indicating Torque Wrench

162 Torque Wrench의 일반적인 취급방법을 설명하시오.

해답

① Torque Wrench는 정기적으로 검증받아야 하며, Torque Wrench가 유효기간 내에 있는지 확인하여야 한다.

② Torque값에 적합한 범위의 Torque Wrench를 선택한다.
③ Torque Wrench는 용도 이외에 사용해서는 안 된다.
④ 만약 떨어뜨리는 등 정밀도에 영향을 미칠 수 있으므로 재검증이 필요하다.
⑤ Torque Wrench를 사용하기 시작했다면 다른 Torque Wrench와 교환해서 사용해서는 안 된다.
⑥ Limit(Preset Type)식 Torque Wrench는 오른나사용과 왼나사용이 있으므로 혼동해서 사용해서는 안 된다.

163 Torque Wrench의 사용방법을 설명하시오.

해답

- Torque Wrench의 사용은 보통 Nut쪽에서 Torque를 걸어주며 직각으로 사용하며 왼나사와 오른나사를 유념해야 한다.
- 연장(Extension) Bar를 사용할 경우에는 다음 공식으로 실제 죔 토크 값을 계산한다.

① 실제 조임 토크 값 = 토크렌치 지시 값 × 토크렌치의 연장 Bar를 포함한 길이 ÷ 토크렌치 길이

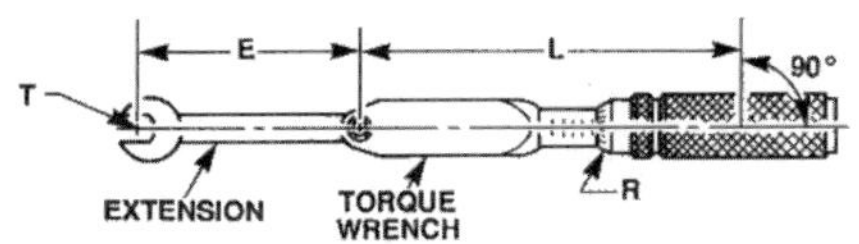

② 토크렌치의 유효길 10[in], 익스텐션의 유효길이 5[in], 필요한 토크 값은 900[in-lbs]일 때 필요한 토크에 상당하는 눈금표시는 $R=\frac{L}{L\times E}\times T=\frac{10}{10\times 5}\times 900=600$[in-lbs]이다.

164 Torque Wrench의 보관방법은?

해답

Zero Setting을 한 후 충격을 방지할 수 있는 보관함에 보관하여야 한다.

165 Safety Wire의 작업 목적은?

해답

항공기에 사용되고 있는 나사부품은 비행 중 또는 작동 중에 심한 진동과 하중 때문에 느슨해져서 빠질 우려가 있으므로 풀림방지를 위하여 안전결선을 하여야 하며, 나사부품을 조이는 방향으로 당겨 확실히 고정시켜야 한다.

166 Safety Wire(안전결선)의 크기 선택은?

해답

- 안전풀림방지용은 와이어의 지름은 Bolt 크기에 따라, 0.020, 0.032, 0.041[in]를 사용하며, 보통 0.032[in]가 많이 사용하게 된다.
- Screw와 Bolt가 좁게 배열되어 있을 때에는 0.020[in]를 사용한다.
- 단선식 안전결선으로 안전풀림방지장치를 할 때에는 구멍을 지나는 최대지름의 Wire를 사용한다.
- 비상용 장치에는 특별한 지시가 없는 한 0.020[in]인 동 Wire나 카드뮴 도금 Wire를 사용한다.

167 Safety Wire의 용도와 안전결선 방법을 설명하시오.

해답

- 안전풀림방지용으로 사용되고, 복선식 안전결선방법이 주로 많이 사용된다.
- 인치당 꼬임 수는 0.020[in]는 10번, 0.032[in]는 8번, 0.041[in]는 6번이 가장 적합하다.
- Wire는 직각으로 절단하며, 마지막 줄의 길이는 1/2[in]로 꼬는 수는 3~5번 정도가 적합하고, Wire의 끝 모양을 Pig Tail(돼지꼬리 모양)하여 Bolt 끝, 안쪽으로 바짝 붙여준다.

168 단선식 안전결선방법은 어느 곳에 사용 하는가?

해답

- 3개 또는 그 이상의 Unit(Bolt, Screw 등)이 좁은 간격으로 배열되었거나 폐쇄된 곳이나 전기계통의 부품으로서 좁은 간격이거나 개별 Unit 중심 간의 거리가 최대 2[in] 이하인 때 사용한다.
- 기타 비상구, 비상용 Brake Lever, 산소조절기, 소화제 발사장치 등의 Handle Cover Guard에 사용한다.

169 Safety Wire를 걸 때의 유의 사항을 설명하시오.

해답

① 항상 새 Safety Wire을 사용한다.
② Unit(Bolt, Screw 또는 부품)과 환경에 맞는 Safety Wire를 선택하여 필요한 길이로 절단한다.
③ Safety Wire는 직각으로 절단한다.
④ Unit 사이에 잠기는 방향으로 견고하게 설치한다.
⑤ 작업 중 Nick, Scratch 등이 생기지 않게 조심한다.

⑥ 다수의 Unit에 Safety Wire를 걸 때 Wire가 끊어져도 모든 Unit가 느슨해지지 않도록 적은 수로 나누어야 한다.
⑦ Internal Snap Ring에는 Lock를 위한 Safety Wire를 걸지 않는다.
⑧ 어쩔 수 없는 경우가 아니면 Connector 사이에는 Safety Wire를 걸지 않는다.
⑨ 불규칙적인 구부러짐이 있으면 똑바로 편다.
⑩ 1[in]당 지름이 0.020[in]는 10번, 0.032[in]는 8번, 0.041[in]는 6번 꼬임이 적당하다.
⑪ 절단된 여분의 Safety Wire는 엔진, 기체 및 부품 속에 떨어뜨려서는 안 된다.
⑫ 단선식 및 복선식 공히 최대 24[in]를 초과하지 않는다.

170 전결선 후 Pig Tail 작업을 설명하시오.

해답

- 안전결선작업 후 마지막 끝을 약 0.5[in](3～5회 꼬임) 잘라내고 Pig Tail(돼지꼬리)모양으로 끝을 안쪽으로 바짝 붙여서 구부린다.
- 잘라낸 Wire 끝에 다치거나 작업복 등이 걸리지 않도록 하여야 한다.

171 Cotter Pin 작업은 어떻게 하는가?

해답

Bolt 끝 위쪽과 Castle Nut의 홈 쪽 아래로 구부리는 우선방법과 Nut 주위를 감싸는 대처방법이 있다.
① 항상 새 Cotter Pin을 사용하여야 한다.
② Pin을 접어 구부릴 때에는 항상 펼친 상태로 구부려야 한다.
③ Bolt 직경을 넘지 않고 Washer에 닿지 않게 하여야 한다.
④ Pin의 절단은 직각으로 하고 눈이나 인체에 닿지 않게 한다.

172 고정 핀의 종류는?

해답

- 납작 핀(Flat Head Pin, Clevis Pin)은 Tie Rod Terminal 또는 Pulley Guard 등 조종계통 등에 사용하며, 강으로 제조하여 카드늄 도금되어 있고 항상 Pin의 머리가 위를 향하도록 장착한다.
- Taper Pin은 전단하중을 연결하는 연결부와 유격이 있어서는 안 되는 곳에 사용한다.
- Cotter Pin은 Bolt, Castle Nut, Pin 등의 풀림방지나 빠져나오는 것을 방지하는 곳에 사용한다.

173 Cotter Pin의 크기는 어떻게 결정하는가?

해답

가능한 한 구멍의 75[%] 크기에 맞게 선택한다.

174 Taper Pin은 어떤 곳에 사용되는가?

해답

Pin의 길이방향으로 Taper가 있는 Pin으로서 전단하중을 전달하는 연결부와 유격이 없는 곳에 사용한다.

175 Shear Shaft 또는 Shear Pin이란?

해답

Shaft 및 Coupling 등과 같은 Pin에 오목한 홈을 주어서 과도한 Torque가 걸렸을 때 오목한 부분에서 먼저 절단되어 내부 작동부를 보호하는 역할을 한다.

176 기체수리의 4가지 기본원칙은?

해답

① 본래의 윤곽유지 ② 본래의 강도유지
③ 최소의 무게유지 ④ 부식에 대한 보호

177 기골수리의 재료선택 3원칙은?

해답

① 동일 재질을 선택한다.
② 동일 강도를 유지한다.
③ 동일 두께의 재료를 선택하여야 한다.

178 항공기 동체 외피 수리 방법은?

해답

① Flush Patch Repair는 외피수리의 기본이며 수리부위가 돌출되지 않는 방식으로 특히 고속기의 임계표면에 필수적으로 수리하는 방법이다.

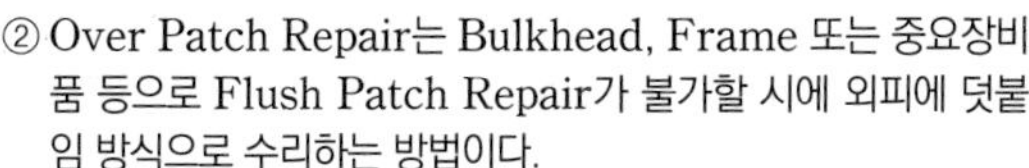

② Over Patch Repair는 Bulkhead, Frame 또는 중요장비품 등으로 Flush Patch Repair가 불가할 시에 외피에 덧붙임 방식으로 수리하는 방법이다.
③ Splice Patch Repair는 곡면판재의 균열로 인한 이음재(Splice) 부착수리 시에 길이는 긴 Flange폭의 2배 이상으로 한다.

179 Slip Roll Former로 어떤 종류의 판재성형을 하는가?

해답

금속판재의 큰 반경을 갖는 단순곡선성형(원형형태성형)

180 Bumping은 어떤 종류의 판재성형을 하는가?

해답

금속판재의 Compound Curve Forming(복합곡선성형)가공으로 일반적으로 움푹 들어간 구형곡면의 판금성형 방법이다.

181 잘못 장착한 리벳제거 후 리벳의 크기 선택방법은?

해답

① 리벳구멍이 손상이 없을 경우 원래크기의 리벳을 사용한다.
② 구멍이 손상되었을 경우에는 굵기의 리벳구멍으로 확장하여 원래의 크기보다 한치수 큰 리벳을 사용한다.
③ 판금체결을 위한 리벳의 직경은 두꺼운 판두께의 3배를 사용한다.

182 Rivet 지름과 길이는 무엇에 의해서 결정되는가?

해답

Rivet의 지름과 길이는 판재의 두께에 따라 결정된다.
① 리벳지름은 작업하고자 하는 판재중 두꺼운 판재두께의 3배가 적당(D=3T)하다.
② 길이는 작업하고자 하는 판재의 두께(Grip)에 Rivet직경의 1.5배 정도가 돌출되어야 적당하다.
L(리벳길이)=G(판두께)+1.5×리벳직경

183 리벳간격(Rivet Pitch)의 4D는 가능한가?

해답

Min Rivet Pitch : 3D, Max Rivet Pitch : 12D이기 때문에 가능하다.
※ 일반적인 리벳간격은 6D~8D이다.

184 Riveting 작업시 Min. Edge Distance(최소 연거리)는?

해답

판재의 가장자리에서 가장 가까운 Rivet Hole의 중심까지의 거리로써 Rivet직경의 2배(Flush Head는 2.5배)이어야 한다.

185 Riveting 작업시 연거리를 두는 이유는?

해답

너무 가까우면 가장자리가 갈라지고 너무 멀면 접착력이 떨어진다.

186 판재에 2줄 리벳작업을 할 때 열간(횡단)간격은 얼마인가?

해답

같은 줄(열)의 리벳간격의 3/4(75[%])이다.
※ 열간 간격은 Transverse Pitch 또는 Rivet Gage라고도 한다.

187 판금작업에서 Bend Allowance(굽힘허용량)이란?

해답

금속판재를 굽힐 때 소요되는 실제 굽혀진 부분의 길이
$BA=\theta/360\times 2\pi(R+T/2)$

188 판재굽힘 작업시에 Set Back을 주는 이유는?

해답

- 성형점에서 굴곡접선까지의 거리. $SB=K(R+T)$
- 굴곡부의 응력집중에 의해 파괴되는 것을 방지하기 위하여 판재두께, 굴곡각도, 판재질에 따라 굴곡반경을 다르게 한다. 이때 성형점에서 굴곡접선까지의 거리를 Set Back이라 한다.

189 최소 굴곡 반경이란?

해답

판재가 본래의 강도를 유지한 상태로 파손되기 직전의 구부릴 수 있는 최소의 반경이다.

190 판재의 Minimum Bend Radius(최소 굽힘 반경)은 무엇에 의해 결정되는가?

해답

판재의 두께와 경도(Hardness)

191 Stainless Steel에 구멍을 뚫을 때 Drill의 회전속도는?

해답

저속으로 회전시켜 구멍을 뚫는다.

192 Drill의 일반적인 사용방법은?

해답

경질재료나 두께가 얇은 판은 Drill날의 각도(날 끝각)는 118°로 저속으로 회전해야 하며, 연질재료나 두께가 두꺼운 판의 경우에는 90°로 고속으로 절삭한다.

193 Riveting시 Rivet개수 결정요소는?

해답

① 리벳작업 Area의 크기
② 재료의 두께에 따른 리벳의 직경
③ Rivet Pitch, Rivet Gage(열간 간격), Edge Distance 등 작업환경에 따라 수량 변동

194 수리에 필요한 리벳수량 구하는 공식은?

해답

손상길이×손상재료의 두께×재료의 최대인장응력×안전계수들을 곱한 값에 리벳의 단면적×리벳의 최대전단응력을 곱한 수로 나눈값이 필요한 리벳의 수량이다.

195 두꺼운 판과 얇은 판을 Rivet작업시 Rivet Head는 어느 방향인가?

해답

Rivet Head는 얇은 판 방향, Bucktail은 두꺼운 판 방향이다.

196 Rivet Gun과 Bucking Bar 중 무거운 것은?

해답

작용과 반작용 때문에 Rivet Gun이 더 무거워야 한다.

197 Ounter-Sunk Rivet이 쓰이는 장소는?

해답

공기저항을 많이 받는 항공기 외피에 사용한다.

198 Cleco란 무엇인가?

해답

- Rivet작업시 Drill작업 후 접합할 2개 판이 어긋나지 않도록 고정시켜 주는 공구이다.
- Cleco의 은색은 Rivet직경이 3/32[in], 동색은 4/32[in], 검은색은 5/32[in], 금색은 6/32[in]를 표기한다.

199 Riveting하는 방법을 설명하시오.

해답

① Pneumatic Hammering(Rivet Gun 사용)
② Rivet Squeezer
③ Hand Riveting 등이 있다.

200 Air Hammer로 Riveting 작업시에 적절한 공기 압력은?

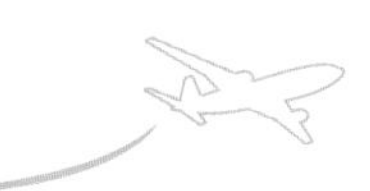

해답

90～100[psi]

201 루미늄합금 Rivet 작업에서 두들김을 적게 하여야 하는 이유는?

해답

과도한 Hammering은 Rivet을 경화시켜 Rivet이 부서져 장착을 어렵게 한다.

202 Rivet의 부식방지법에는 어떠한 것들이 있는가?

해답

- Rivet의 방식처리법에는 Rivet의 표면에 Protective Coating(보호막)을 사용한다.
- 보호막에는 Zink Chromate(크롬산아연), Metal Spray, Anodized Finish 등이 있다.
- Rivet의 보호막은 색깔로 구별할 수 있는데 크롬산아연으로 칠한 것은 노란색, Metal Spray한 것은 Silver Gray(은회색), 양극 처리한 포면은 Pearl(진주색, 은백색)로 구별한다.

203 Counter Sink와 Dimpling의 차이점은?

해답

- Counter Sink는 Rivet Head의 높이보다 결합해야 할 판재가 두꺼운 경우에 사용한다.
- Dimpling은 판재가 Rivet Head보다 얇을 경우 일반적으로 판재두께가 0.04[in](1[mm] 이하)의 판에 즉 얇은 판 때문에 Counter Sinking한계를 넘을 때 사용한다.

204 Counter Sunk를 할 수 없는 판의 두께는 몇 [in]인가?

해답

- Countersinking Limit는 0.04[in](1[mm]) 이상이다.
- 0.04[in] 이하일 경우 Dimpling을 수행한다.

205 어떤 금속판재에 Hot Dimpling을 하는가?

해답

판재의 두께가 0.04[in] 이하인 7,000계열 알루미늄합금과 마그네슘합금, 티탄합금

206 Dimpling작업 종류와 각각을 설명하시오.

해답

- Coin Dimpling : 일반적으로 사용하는 Dimpling작업방법으로 접시머리리벳이 장착될 판재구멍에 원뿔형 숫금형을 삽입한 후 가운데 구멍이 뚫려있는 동전모양의 암금형(Punch)이 숫금형(Die)을 가압시켜 리벳구멍 가장자리를 구부리는 Dimpling 방식이다.
- Radial Dimpling : Coin Dimpling이 불가한 경우에 사용하는 방식으로 접시머리리벳이 장착될 판재구멍에 원뿔형 숫금형(Punch)을 삽입한 후 암금형(Die)을 가압시켜 리벳구멍 가장자리를 구부러지게 하는 Dimpling 방식이다.

207 굴곡가공에 앞서 Relief Hole을 내는 이유는?

해답

- 2개 이상의 굴곡이 교차하는 장소에는 안쪽굴곡접선의 교점에 응력이 집중하여 교점에 균열이 일어난다.
- 굴곡가공에 앞서 응력집중이 일어나는 교점에 Relief Hole을 뚫는다.

208 Stop Hole이란?

해답

- Stop Hole은 판재에 균열이 발생했을 때 균열의 진전을 막기 위하여 균열 끝을 확인하고 균열진행방향으로 0.05[in]～0.1[in](일반적으로 1/16[in])간격을 두고 뚫은 구멍을 말한다.
- 균열끝자리를 눈으로 식별할 수 없는 금속 입자간의 파괴된 부분을 없애기 위한 것으로 Stop Drill이라고도 하며 Hole의 직경은 1/4[in]이다.

209 Oil Can 현상이란?

해답

금속판재의 Bucking(좌굴) 또는 Wrinkle(파형으로 주름짐)을 총칭하는 현상으로 외판이 가볍게 부풀어 올라온 것으로 손으로 누르면 들락날락하는 현상으로서 외판의 길이, 너비 등이 규격에 맞지 않을 경우나 불균등한 리벳작업 등으로 인하여 발생한다.

실기구술형

210 금속의 결합은 어떤 방법이 있는가?

해답

기계적 결합방법(볼트, 스크루, 리벳 등), 야금적(금속적) 결합방법(용접)이 있다.

211 용접의 장점과 단점을 설명하시오.

해답

- 장점은 용접된 부위의 강직성과 무게절감에도 불구하고 높은 강도를 유지할 수 있으며, 밀폐 효과가 높아 제작, 수리에 널리 이용된다.
- 단점은 단시간에 금속적 변화를 받음으로써 용접부가 변질하여 취성의 악영향을 일으켜 균열발생시 균열이 퍼져 전체가 쪼개질 위험이 있으며 숙련된 기술이 필요하다.

212 용접의 종류에는 어떤 방법들이 있는가?

해답

- 용접(접합부를 녹여[용융] 액체상태로 융합시켜 접합)
  ① 가스용접
    ⓐ 산소-아세틸렌용접
    ⓑ 산소-수소용접
    ⓒ 산소-프로판가스용접 등
  ② 아크용접
    ⓐ 전기아크용접
    ⓑ 불활성가스아크용접
- 압접(접합부를 반액체의 유연한 상태로 녹여 압력에 의해 접합)
  ① 단접은 용접부에 열을 가한 후 단조시켜 접합시키는 방법
  ② 전기저항용접은 2개 이상의 금속을 맞붙여 놓고 전류를 통하게 해서 접촉면에 발생하는 저항열을 이용하여 접합하려는 부분을 가열시킨 후 압력을 가해 접합하는 방법이다.
  ③ 점용접(Spot W), 심용접(Seam W), 버트용접(Upset Butt W), 플래시용접(Flash W), 쇼트용접(Shot W)이 있다.
- 납땜(접합부는 고체상태이며 용접봉이 용융되어 접합부를 연결시키는 용접)
  ① 연납땜(Soldering)은 용접봉이 450[°C] 이하에서의 용융접합용접이다.
  ② 경납땜(Brazing)은 용접봉이 450[°C] 이상에서의 용융접합용접이다.
- 특수용접
  ① 테르밋용접은 산화철분말과 알루미늄분말의 화학반응열(3,000[°C])로 용접하는 방법이다.
  ② 플라즈마용접은 플라즈마의 불길로 하는 용접이며, 금속 가운데서 특히 순금속이나 특수합금 또는 특수강으로 된 구조물의 용접에 사용한다.
  ③ Projection용접은 Spot용접의 일종으로 모재의 한쪽 또는 양쪽에 돌기(Projection)를 만들어 전류와 압력을 가하면 전류와 전압이 집중되며 집중열이 발생하는 용접법이다.

213 산소-아세틸렌 용접시 준비해야 할 것은?

해답

아세틸렌실린더, 산소실린더, 아세틸렌과 산소조절기, 압력게이지, 혼합헤드가 있는 토치, 2개의 유색호스(Green, Red), 특수 Wrench, Gas Lighter, 소화기 등이 있다.

214 산소호스와 밸브피팅의 취급과 주의사항은?

해답

- 산소호스와 밸브피팅은 절대로 오일과 그리스가 묻지 않게 하고 오일이나 그리스가 묻은 손으로 취급하지 않는다.
- 의복에 묻은 그리스 얼룩들이 분출되는 산소에 접속되면 급격히 타오르거나 폭발할 수도 있다.

215 용접시 Torch의 Tip 크기는 무엇으로 결정하는가?

해답

Tip의 크기(번호로 표시)는 재질의 두께에 의해 결정되며 Tip 구멍의 크기는 금속에 가해지는 열량을 결정해 준다.

216 Welding Torch Tip의 재질은?

해답

구리합금으로 만들어져 있으며 번호로써 크기를 표시한다.

217 산소-아세틸렌용접은 어디에 처음 점화하는가?

해답

먼저 아세틸렌밸브를 1/4～1/2 정도 열고 점화한 후 산소밸브로 점화불꽃은 조절한다.

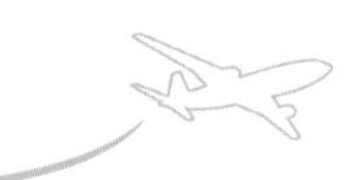

218 산소-아세틸렌용접을 Al 합금에 이용할 수 있는가?

해답

항공기 제작에는 대부분 산소-아세틸렌용접이 사용되나 Al합금의 용접에는 산소-수소용접을 사용한다.

219 아세틸렌병의 가스압력을 낮게 유지하는 이유는?

해답

아세틸렌가스는 약 15[psi] 이상의 압력에서는 불안전하게 되기 때문이다.
① 406~408[°C]에서 자연발화
② 505~515[°C]에서 폭발
③ 780[°C] 이상에서 산소없이 폭발

220 아크용접에 사용하는 피복 용접봉에서 피복제(용제)의 역할을 설명하시오.

해답

- 대기중의 산소나 질소와의 접촉을 차단시켜 산화를 방지한다.
- 아크를 안정시켜 준다.
- 융착 금속을 피복하여 급랭에 의한 조직변화방지로 작업효율을 증진시켜 준다.

221 알루미늄 또는 마그네슘을 용접한 후 용제의 모든 찌꺼기를 제거시켜야 하는 이유는?

해답

용제(Welding Flux)는 부식성 물질로 모재의 부식을 방지하기 위해 제거시켜야 한다.

222 알루미늄 용접시 가장 중요한 사항은?

해답

용접 전 알루미늄 표면을 Sanding하여 산화피막을 제거하여야 용접이 가능하다.

223 항공기 제작에 활용하는 전기저항용접의 종류는?

해답

주로 항공기 제작에 활용하는 전기저항용접
① 점용접(Spot Welding)
② 심용접(Seam Welding)
③ Butt Welding
④ Flash Welding
⑤ Shot Welding

224 Tack용접이란?

해답

용접을 완료할 때까지 용접할 자재를 고정시키기 위해 작게 점용접을 하는 것이다.

225 재용접할 용접부위는 어떻게 처리해야 하는가?

해답

전 용접자국들은 완전히 제거시켜서 새 용접물이 모재에 침투되어야 한다.

226 용접에서 Undercut과 Overlap의 차이점은 무엇인가?

해답

- Undercut은 전류가 높고 용접속도가 빠를 때 용접bead의 양단 또는 한쪽이 움푹 패이는 현상이다.
- Overlap은 전류가 낮고 용접속도가 느릴 때 용입불량으로 용접 bead가 과도하게 표면에 형성되는 현상이다.

227 텅스텐 불활성가스 아크용접(TIG)에 대하여 설명하시오.

해답

- 용접부분을 공기와 차단된 상태에서 용접하기 위하여 불활성가스인 Ar, He을 용접봉지지기를 통해 용접부에 공급하면서 용접하는 방법이다.
- 소모되지 않는 텅스텐전극과 별도의 용접봉을 사용한다.
- 텅스텐전극 아크(Tig)용접은 두께 0.6~3[mm]의 얇은 판재에 사용하며 Al, Mg, Cu 등의 합금 및 스테인리스강철 용접에 널리 사용된다.

228 항공기 동체의 Steel Tube(강관) 제작이나 수리 시에 산소-아세틸렌용접보다 TIG용접을 선호하는 이유는?

해답

열이 용접부위에 집중되어 가스용접만큼 비틀림이 생기지 않기 때문이다.

229 TIG용접과 MIG용접의 차이점을 설명하시오.

해답

- TIG용접은 주로 얇은 판재에 사용되며 텅스텐전극봉은 비소모성이며 별도의 용접봉을 사용한다.
- MIG용접은 3[mm] 이상의 두께에 적용하며 금속전극봉을 사용하며 소모성으로 용접 역할도 한다.

230 납땜시에 필요한 도구는?

해답

인두, 납, 송진[용제(Flux)의 주성분]

231 Soldering(연납땜)과 Brazing(경납땜)의 차이점은?

해답

- Soldering은 450[°C] 이하에서 용융되는 땜납으로 모재를 접합
- Brazing은 450[°C] 이상에서 용융되는 땜납으로 모재를 접합

232 Soldering과 Brazing에서 Flux(용제)의 역할은?

해답

용제는 가열된 모재에 산소가 접촉되지 않도록 모재를 덮어주며 용제산화물이 모재표면에 달라붙지 않도록 한다.

233 전선의 연납땜에는 어떤 Solder(땜납)를 사용하는가?

해답

- 60/40 Resin-Core Solder
- 전자, 전기제품의 땜납은 주석(Tin-Sn)함유량이 60[%]와 납(Lead-Pb)함유량이 40[%]인 땜납합금을 사용한다.

234 Fuel Tank의 용접순서는?

해답

- 최소 30분간 수증기로 환기
- 뜨거운 물(150~165[°F])로 1시간 정도 탱크내부 순환
- 용접 실시
- 뜨거운 물로 세척 후 질소 또는 이산화탄소(CO_2)를 채워 1시간 정도 경과
- 다시 뜨거운 물로 세척하고 나서 용접 융합제를 제거

235 비철금속의 입자부식검사는 어떤 검사가 가장 적합한가?

해답

와전류검사(Eddy Current Inspection)
※ 양도체 재료는 은, Cu, Al, Mg 등

236 Skin의 Crack검사 방법은?

해답

- 육안검사
- 색조침투검사(또는 형광침투검사)
- Eddy Current검사

237 Ultra-Sonic을 사용하는 Inspection에 대해 설명하시오.

해답

- 시험체에 초음파를 발사하여 내부에 존재하는 불연속(결함)으로부터 반사한 초음파의 에너지 양, 초음파의 진행시간 등을 분석하여 불연속의 위치 및 크기를 정확히 알아내는 방법이다.
- Osiloscope에 의해 결함을 판별할 수 있다.

238 부식이란 무엇인가?

해답

- 표면에 접하는 물, 산, 알칼리 등의 매개체에 의해 금속이 화학적으로 침해되는 것을 말한다.
- 금속표면이 비금속질의 화합물로 변화되거나 매개체 중에 용해되는 현상을 말한다.

239 일반적으로 생각할 때 부식이 일어나는 이유는 무엇이라고 생각하는가?

해답

지리적 및 계절적인 조건, 제작공정상 부적당한 열처리, 이질금속과 접촉, 부적당한 도장 등이 있다.

240 부식(Corrosion)의 종류를 설명하시오.

해답

① 표면부식(Surface C.)은 전기 및 화학적 작용에 의해 표면에 생긴 부식이다.
② 이질 금속간부식(Galvanic C. 동전기부식)은 서로 다른 두 금속 사이의 전기화학적 반응으로 인해 생기는 부식이다.
③ 공식부식(Pitting C. 점부식)은 금속표면 일부분의 부식속도가 빨라서 국부적으로 깊은 홈을 발생시키는 부식이다.
④ 입자간부식(Intergranular C.)은 부적절한 열처리로 알루미늄합금의 입자간 경계를 따라 발생하며, 압출한 알루미늄합금은 발생하기 쉽다.
⑤ 응력부식(Stress C.)은 과도한 응력으로 인해 발생하는 부식으로 압력을 가하여 Ushing을 장착한 주물품의 구멍 주위에 발생하기 쉽다.
⑥ 마찰부식(Fretting C. 찰과부식)은 금속 두 표면이 밀착되어 작은 마찰로 인해 보호막이 파괴되면서 표면에 생기는 부식 그리고 부식잔여물을 제거할 수 없는 곳에서 발생한다.
⑦ 박리부식(Exfoliation C.)은 입자간부식이 확대된 상태로 금속표면에 돌기가 생겨 얇은 조각(층)으로 벗겨지는 부식이다.
⑧ 필리폼부식(Filiform C.)은 항공기 표면에 부적당한 Primer 처리로 인해 폴리우레탄 및 에나멜페인트 등의 점도가 높은 Paint안에서 인산이 남아 페인트 피막 아래 리벳 주변에 발생하는 부식이다.
⑨ 미생물부식(Microbial C.)은 Kelosine(등유)을 연료로 하는 연료탱크에서 곰팡이 균의 번식으로 발생하는 부식이다.

241 Al은 육안으로 부식의 식별이 가능한가?

해답

표면부식, 점부식, 찰과부식 등과 같이 외부로 들어나는 형태의 부식은 육안식별이 가능하나 입자간부식과 같이 내부에서 부식이 진행하는 경우에는 부식초기에 발견이 곤란한 경우도 있다.

242 표면부식을 제거하고 더 이상의 부식진전을 막기 위한 처리가 필요한 알루미늄합금은 어떻게 조치해야 하는가?

해답

뻣뻣한 솔 또는 나일론 Scrubber(북북 문지르는 공구)로 부식잔여물을 제거하고 크롬산이나 다른 화학제로 칠하여 표면을 중화시킨 후 도장하여 준다.

243 입자간부식이 일어났을 경우에 조치사항은?

해답

열처리를 다시 한다.

244 알루미늄합금 부품은 열처리로서 꺼낸 후 즉각 담금질시켜야 하는 이유는?

해답

알루미늄합금은 열처리로에서 꺼낸 후 담금질이 지연되면(냉각용액에 담그는 것이 늦어지면) 입자구조가 커져 입자부식이 쉽게 형성되기 때문이다.

245 일반적으로 Filiform부식은 어떻게 나타나는가?

해답

Polyurethane Paint 또는 점도가 높은 최종 도장막 아래에 부풀어 오른 실같은 선들로 나타낸다.

246 부식된 곳을 제거해야 할 때 사용하는 공구재질은?

해답

모재와 같은 재질이거나 비금속 공구(목재 브러시, Nylon Scrubber 등)를 사용하여 부식을 제거한다.

247 알루미늄합금의 부식을 제거하기 위한 적절한 공구는?

해답

Aluminum Wool, Aluminum Wire Brushes, 심한 부식은 Rotary File로 제거시킬 수 있다.

248 알루미늄합금의 부식 제거절차에 대해 설명하시오.

해답

부식된 부위를 검사 → 부식된 부위를 Sand Paper로 갈아낸다 → Alodine #1200을 적용 → 황금색으로 변하면 물로 Rinse → Primer → Topcoat Painting

249 Al Alloy가 부식된 경우에 조치사항은?

해답

- 허용 한계치수 이내 부식인 경우에는 부식 부위를 깨끗이 사포질(Sanding)하여 제거한 후 Alodine처리 후 Primer를 칠하고 Top Coat Painting을 하면 되나, 제한치를 초과한 부식의 경우에는 수리 또는 교환을 하여야 한다.
- 사포질한 면적과 길이의 허용한계, 면적한계는 폭-깊이의 최소 10배, 길이-깊이의 20배, 깊이한계는 해당 항공기 정비교범에 명시한다.

250 부식을 검사하는 장비에는 어떠한 것들이 있는가?

해답

① 확대경
② Borescope는 접근할 수 없는 내부표면의 검사에 사용할 수 있고 강한 빛을 가진 작은 검사경이 있다.
③ Depth Gage는 부식된 부위의 깊이를 측정한다.

251 입자간 부식의 발생시 그 현상, 원인, 검사방법을 쓰시오.

해답

① 현상 : 합금의 결정입자 경계에서 발생되는 것으로 금속이 부풀어 박리됨
② 원인 : 부적절한 열처리에 의해 발생
③ 검사방법 : 초음파검사, 맴돌이전류탐상검사, 방사선 검사

252 항공기날개 내부기골의 부식검사는 어떤검사가 가장 적합한가?

해답

X-선검사(X-Ray Inspection)

253 식 제거 후 화학 피막처리의 목적과 Al 합금에 적용되는 설명을 하시오.

해답

- 알루미늄 표면에 산화피막을 형성시켜 산화를 방지한다.(부식으로부터 알루미늄을 보호)
- Al합금에 적용되는 것은 아노다이징, 알로다인이다.

254 항공기에서 사용되는 실런트(Sealant)의 목적 설명하시오.

해답

① 항공기의 구조 하중과 온도, 압력 여러 상태에서도 Integral Fuel Tank에 기밀을 유지한다.
② 모든 비행 상태에서 최소치로 정해진 압력을 유지한다.
③ 항공기 외부 표면을 공기역학적으로 매끄럽게 해주고 물이나 유체가 스며드는 것을 방지한다.
④ Structure에 부식시킬 수 있는 Fluid 침투를 방지하여 보호한다.
⑤ 전기계통의 구성품을 보호한다.
⑥ 방화벽에 불꽃이 번지는 것을 방지한다.
⑦ Battery에 사용되는 전해액을 격리시켜 Structure를 보호한다.

255 고강도 금속부품의 녹은 어떻게 제거시키는가?

해답

Glass Bead Blasting, 연한 연마지(Mild Abrasive Paper)로 광내기, Cloth Buffing Wheel로 미세 Buffing Compound를 사용하여 갈기 등으로 제거한다.

256 알루미늄합금 부식 방지법에는 어떠한 것들이 있는가?

해답

① Anodizing은 Al합금이나 Mg합금을 양극으로 하여 황산 또는 크롬산 등의 전해액에 담그면 양극에 발생하는 산소에 의해 산화피막이 금속표면에 형성되는 처리로서 내식성과 내마모성이 요구될 경우에 사용한다.
② Alodining은 Al금속에 보호피막을 만들기 위한 화학피막처리로서 현장에서 작은 부품을 제작하거나 보호용 아노다이징막이 손상되거나 제거되면 부품은 전해질 방법보다 화학적 방법으로 보호막을 형성시켜줄 때에 사용하며, 처리방법는 담가서 하는 Alodine 1200, Brush로 칠하며 사용빈도가 많은 Alodine 1000 등이 있다.
③ Alcladding은 고강도 알루미늄합금 상하양면에 순수알루미늄을 가열압착시켜 내식성을 갖게 한 것이다.
④ 도금(Plating)은 화학적 또는 전기화학적 방법에 의해 금속표면에 다른 금속의 막을 형성시키는 것으로 내식성, 내마멸성, 연소방지, 치수회복 등을 목적으로 한다.
⑤ Painting은 금속표면에 도료(Paint)를 칠해서 부식을 방지한다.

257 부식이 발생하기 쉬운 장소에는 어떤 것들이 있는가?

해답

엔진배기 부위, Battery실, 화장실 주변, Galley 부위, 착륙 장치, L/G Wheel Well, 조종 Cable, 외부 skin, 용접부위 등이 있다.

258 마그네슘합금의 부식제거방법과 부식제거 후 방식처리방법을 설명하시오.

해답

① 기계적인 방법은 Stiff Hog-Bristle Brush로 제거하거나 Abrasive Paper 240으로 Sanding 후 Abrasive Paper 400으로 마감 후 Sanding 한다.
② 화학적인 방법은 Chromic Acid Pickle(크롬산용액-Dow #15)을 부식표면에 바른 후에 10분간 건조시켜 물로 세척하여 제거한다.

259 도금(Plating)이란?

해답

철강재료의 방식목적으로 전기화학적으로 이질금속을 철강재료의 표면에 Coating하는 것으로 이질금속을 양극으로 철강금속을 음극으로 할 때 철강 금속표면에 이질 금속입자가 도금용액을 통해 음극으로 이동되어 철강표면에 이질금속 입자막을 형성시키는 작업 공정을 말한다.

260 Parkerizing(인산염피막처리)란?

해답

철강 재료의 방식법으로써 흑갈색의 인산염피막을 철강표면에 형성시켜 표면을 부식으로부터 보호시킨다.

261 Bonderizing이란?

해답

Parkerizing용액(인산+이산화망간+물)에 인산 동용액을 첨가시켜 철강표면에 동을 석출시킴으로써 방식피막을 가속화시키는 방법이다.

262 기체용 철강 Tube내부는 부식방지를 어떻게 하는가?

해답

Tube에 가열한 아마씨 기름(아마인유)을 채운 다음 배출시킨다.

263 Seal의 사용목적은?

해답

기체구조의 기밀유지를 위한 Pressure Seal, Door Seal, Window Seal 등의 종류와 유압, 연료, 엔진오일, 산소 그 외 여러 계통에 사용되는 각종 기체 및 액체의 누설방지를 주목적으로 한다.

264 Seal의 종류는?

해답

- 고정 부위의 기밀을 유지하기 위한 합성고무계 Gasket과 Sealant가 있으며, 압력 Seal, Door Seal, Window Seal로 사용된다.

• 움직이는 부위의 누설을 방지하기 위한 O-Ring, Oil Seal, Mechanical Seal이 있으며, 작동액, 연료, Oil 등의 유체누설방지를 위하여 사용된다.

265 Packing과 Gasket의 차이점은?

해답

두 개 모두 밀폐를 목적으로 사용되며 Packing(O-Ring Seal, O-Ring이라고도 함)은 상대운동을 하는 곳에 Gasket은 고정되어 상대운동이 없는 곳에 사용된다.

266 O-Ring 장착시 유의사항은?

해답

두께는 홈의 깊이보다 10[%] 정도 크게, 재사용금지, 사용처에 따라 올바른 재질사용, 유통기한을 확인하여야 한다.

267 O-Ring의 Color Code는?

해답

O-Ring은 식별을 위해 Color Code가 붙어 있으나 제작사를 표시하는 Dot와 재질을 표시하는 줄무늬(Stripe)를 혼동하여 잘못 보는 일이 있으므로 Color Code와 외관에 의해서 선정하지 말고 부품번호에 의해서 선정하여야 한다.

① Dot(점) : 제작사를 표시
② 줄(Stripe) : 식별 색으로 재질을 표시
③ Ex)녹색 : 부틸고무
④ 백색 : 에틸렌프로필렌고무

268 Back-Up Ring 구별 및 역할은?

해답

Teflon이나 가죽으로 되어 있고 압력이 걸렸을 때 O-Ring이 밀려나와(Extrusion) 손상되는 것을 방지하기 위해 장착되는 것으로 압력이 걸리지 않는 Down Stream (O-Ring의 뒤쪽)에 위치시킨다.

269 Seal(O-Ring Packing, Gasket) 사용시 주의사항은?

해답

① Cure Date(사용만료일자)를 확인한다.
② 꼬이지 않게 장착한다.
③ 윤활하여 사용한다.
④ 반드시 규격품만 사용한다.
⑤ 한번 사용한 Seal은 재사용을 금한다.
⑥ 포장되지 않은 것은 사용하지 말아야 한다.

270 Sealing을 하는 부위에는 어떠한 곳이 있는가?

해답

Fuel Area, Pressurized Area, Corrosion Area, Firewall Area, Electrical Area 등

272 밀폐제(Sealant 또는 Sealing Compound)의 종류를 설명하시오.

해답

① Cabin Pressure Sealant는 객실 내의 압력을 유지해 준다.
② Fuel Tank Sealant는 Thiokol계 합성고무가 주성분인 밀폐제이다.
③ Leather Sealant는 기체외부나 주익연결부의 Gap부분의 방수가 목적이다.
④ Seperatable Sealant는 Fuel탱크의 Access Door Seal에 사용한다.
⑤ 전기connector Potting Compound한다.
⑥ 고온용 Sealant는 고온 Duck 및 내열성이 요구되는 부분에 사용하며 Silicone이 주성분이다.
⑦ Anti-Seize Compound는 각종 유체 Tube의 Thread연결부나 Nut 등에 사용한다.
⑧ Rust Preventive Compound는 일정기간이나 일시적으로 철 등의 부식을 방지한다.

273 Sealant의 사용목적을 설명하시오.

해답

① 먼지 침투 방지
② 수분 침투 방지
③ 액체(연료, Oil, 작동액 등)의 누설방지
④ 내부 공기압력의 누설방지
⑤ 기체표면의 홈을 메워 공기흐름의 저항 감소

274 항공기에 RTV가 묻은 경우 처리방법은?

해답

- 굳기 전에 비눗물로 세척 후 물로 세척하고 굳은 후에는 Soft한 재질의 Tool로 Skin에 Scrach가 생기지 않도록 긁어 제거한다.
- RTV(Room Temperature Vulcanization, 실온경화액체고무)는 액체상태고무로 상온에서 경화되는 Silicone고무를 말한다.

275 Sealing 종류 및 방법은?

해답

① Faying Surface Sealing은 부품조립 후 접촉면 사이에 Sealant를 발라서 접착되게 하는 Sealing으로 Wet Sealing 이라고도 한다.
② Fillet Sealing은 부품연결 접합부 모서리나 Fastener Head 위에 발라주는 Sealing이다.
③ Injection Sealing은 비어있는 공간으로 압력을 가해서 Sealant를 메꾸어 넣어 밀폐시킨 얇게 칠한 초벌 Sealing이다.
④ Preepack Sealing은 부품을 장착하기 전에 비어있는 공간이나 구멍을 메꿔 밀폐시키는 Sealing이다.

276 BMS5-95B-2 Sealant에서 B-2의 의미는?

해답

BMS Injection Sealing을 의미하고, 2는 Appli-cation Time으로 2시간을 의미한다.
※ 연료탱크는 BMS5-26을 사용한다.

277 Sealing의 작업절차에 대해 설명하시오.

해답

Alodine → Primer → Solvent Cleaning → Precoat Sealing → Main Ealing → Top Coat Sealing → Curing

278 Seal을 포장한 겉표지의 용어를 설명하시오.

해답

① P/N : Part No(부품번호)
② Composition : Seal의 실제구성재료
③ Cure Date : 사용만료일자
④ MFG Date : 제조일자
⑤ Vendor : 제조자

279 항공기 작동유 중 합성유와 광물성유에 사용이 가능한 고무는?

해답

- 합성유(Skydrol)에 사용가능 고무(광물성유에 사용불가)
  ① 부틸고무
  ② 실리콘고무
  ③ 에틸렌-프로필렌고모
- 광물성유에 사용가능 고무(Skydrol에 사용불가)
  ① 부나고무-S/N
  ② 니트릴고무
  ③ 네오프렌고무
  ④ 불소고무
- 테플론고무는 모든 형태의 유체에 사용가능

280 운항중인 항공기의 일반적인 세척방법을 설명하시오.

해답

- 운항중인 항공기는 Oil, Grease, 먼지, 탄소퇴적물, 염분 등으로 오염되어 기체표면에 부식과 항력, 중력을 증가시키게 되어 수시로 외부세척과 내부세척을 실시하여야 한다.
- 외부세척에는 건식세척, 습식세척, 광택내기가 있다.
  ① 건식세척은 매연피막, 먼지, 흙 등을 제거하기 위하여 액체세제가 부적합한 곳에 건식세제를 발라 마른 헝겊으로 문질러 닦는다.
  ② 습식세척은 Oil, Grease, 탄소퇴적물과 부식피막의 제거를 위하여 알칼리세제나 유화세제를 분무기 또는 걸레로 바르고 고압분출수로 씻어낸다.
  ③ 광택내기는 산화피막이나 부식을 제거하기 위하여 광택연마제 또는 왁스를 이용하여 광을 낸다.
- 내부세척은 항공기 내부를 청결하게 유지하기 위하여 오물 및 먼지를 제거하기 위하여 진공청소기를 사용하며 Oil 등은 Solvent로 걸레를 이용하여 닦아낸다.

281 세척제의 종류와 사용방법을 설명하시오.

해답

① 아세톤 또는 MEK(Methyl Ethyl Ketone)은 Grease 제거
② 뷰틸 알코올은 산소계통에 사용

③ 벤젠은 Enamel Paint 제거
④ Thinner는 희석제의 세척
⑤ 비눗물은 고무 및 Plastic 제품의 세척
⑥ Naphta는 Paint칠 직전에 표면세척
⑦ Solvent는 복합소재 표면세척

282 투명한 Plastic Windshield와 Window는 무엇으로 세척하여야 하는가?

해답

연성 비누와 따뜻한 물

283 Painting작업 전 철차는?

해답

① Cleaning은 Thinner, Naphta, MEK 등으로 세척
② Masking은 Paint가 묻지 않아야 할 부분을 보호하기 위하여 Tape와 종이 등으로 가리는 작업
③ 알칼리 세척은 비눗물을 사용
④ 물 퍼짐 test는 완전히 세척이 안되면 물방울이 동그랗게 맺힌다.
⑤ 알로다이닝은 Alodine용액을 3～5분 적용 후 알루미늄표면이 황금색으로 변할 때 씻어낸다.

284 도장작업의 절차에 대하여 설명하시오.

해답

① 전처리는 기계적 처리나 화학적 처리로 부식, 기름, 먼지 등을 제거한다.
② Masking은 Paint가 묻지 않아야 할 부분과 세척시 물, 기름이 들어가지 않도록 모든 틈과 구멍을 막는다.
③ 알칼리 및 물 세척은 기름때, 먼지를 씻어낸다.
④ 건조 후 솔벤트 세척은 물 세척 후 남아있는 기름때를 씻어낸다.
⑤ Primer 작업은 부식방지 및 Paint 접착성 향상을 위해 칠해준다.
⑥ 표면을 매끄럽게 하기 위해 물 Sanding을 실시한다.
⑦ Top Coat Paint는 목적한 Paint를 사용해서 도장을 한다.
⑧ 다듬질은 광택을 내는 작업이다.
⑨ Marking은 명칭이나 안전, 주의, Simbol을 넣는다.

285 Alodine 후 Paint(Primer) 적용시간은?

해답

Alodine을 적용한 부분에 Paint(Primer)를 칠할 경우에는 48시간 이내에 하여야 하며 48시간을 넘길 경우에는 Alodine을 제거하고 다시 Alodine을 적용시킨다.
※ Primer를 칠한 후 72시간 이내에 Top Coat Paint를 칠해야 Paint의 성능저하 및 표면 경화를 방지할 수 있음

286 항공기에 사용하는 Primer(기초 칠) 종류에 대해 설명하시오.

해답

① Wash Primer
② Zinc Chromate Primer는 에나멜 페인트 및 래커 페인트의 기초칠이다.
③ Epoxy Primer는 폴리우레탄 페인트 및 에폭시 페인트의 기초칠이다.

287 Zinc Chromate Primer에는 어떤 종류의 Thinner를 사용하는가?

해답

톨루올(Toluol) 또는 톨루앤(Toluene)

288 루미늄합금 기체 외피에 칠하는 Wash Primer의 두께는 얼마인가?

해답

기체표면이 보일 정도로 엷게 칠한다.(약 0.4[mil])
※ 1[mil]은 1/1,000[in](0.025[mm])

289 Paint의 종류는?

해답

- 1액 형은 래커 페인트(건조 빠름), 에나멜 페인트(건조가 길)등은 희석제를 쓰지 않고도 자연 건조되는 Paint이다.
- 2액 형은 폴리우레탄 페인트(유연성), 에폭시 페인트(강성) 등은 주제와 경화제로 구분한다.

290 항공기 Paint의 특성은?

해답

- 유연성(Flexible)
- 고광택성(High Gloss)
- 내화학성
- 부식저항성

291 Epoxy Paint를 혼합시킬 때 전환제(Converter)에 대하여 설명하시오.

해답

전환제는 항상 수지에 첨가되어야 하며, 수지를 전환제에 첨가해서는 안된다.

292 Painting의 일반적인 두께는?

해답

1회 Coating후 0.6～1.0[mil]이며 항공기의 일반적인 페인트 두께는 3～4[mil](Primer 포함) 정도가 된다.

293 항공기 표면에 뿌려진(Sprayed) 마감도장에서 흐르거나(Run) 늘어진(Sag) 도장의 일반적인 원인은 무엇인가?

해답

너무 많은 양의 Painting으로 도장두께가 두꺼울 때 발생한다.

294 Spray을 한 Dope표면에 형성된 흰 반점(Blushing)을 제거하기 위한 조치는?

해답

흰 반점이 생긴 부위에 지연제(Retarder)와 Thinner를 1대2로 혼합하여 얇게 Spray하고 건조시킨 후 다시 한 번 Spray한다.
※ 흰 반점이 제거되지 않는다면 사포질(Sanding)을 하여 벗겨내고 새로운 Dope를 칠한다.

4 항공기 엔진

엔진계통의 기본 원리

01 열기관(Heat Engine)이란?

해답

열에너지를 기계적인 일로 바꾸는 장치

02 Power Plant란?

해답

항공기에서 추진동력은 물론, 비행에 필요한 모든 동력 즉 Electric, Hydraulic, Pneumatic, Vacuum 등을 생산하는 종합적인 장치

03 항공용 엔진에는 어떠한 종류가 있는가?

해답

① 왕복 엔진
② 제트 엔진
　ⓐ 덕트 엔진 : 펄스제트, 램제트
　ⓑ 가스터빈 엔진 : 터보제트, 터보팬, 터보프롭, 터보샤프트
　ⓒ 로켓 엔진

04 항공기 왕복기관의 가장 흔한 분류 방법은?

해답

① 냉각방법 : 공랭식과 액랭식
② 실린더 배열방법 : 대향형, 성형

05 다이나모미터란 무엇인가?

해답

엔진의 출력을 측정하기 위한 장치의 하나이다.
다이나모미터 : 직류전압 상승장치

06 Reciprocating Engine(왕복기관)에서 Air Cooled Type(공랭식)의 장점은 무엇인가?

해답

같은 마력의 액냉식 엔진에 비해
① 무게가 가볍다.
② 장치가 간단하다.
③ 총격(Gun Fire)을 적게 받는다.

07 터보제트 엔진의 특징을 설명하시오.

해답

연소실, 터빈 및 배기노즐로 구성되며 소량의 공기를 고속으로 분출시켜 추력을 얻음
① 소형 경량으로 큰 추력 발생
② 고속에서 추진효율이 우수함
③ 저속에서 추진효율 감소하고 연료소비율 증가
④ 소음이 심함
⑤ 추력의 100[%]를 배기가스 흐름에서 발생시킴

08 터보팬엔진의 특징을 설명하시오.

해답

터보제트기관에 팬을 추가한 방식으로 대량의 공기를 비교적 저속으로 분출시켜 추력은 줄지 않고 추진효율을 증가시킴
① 아음속에서 추진효율이 향상되어 연료소비율 감소
② 배기소음감소
③ 민간용 여객기 및 수송기에 널리 이용
④ 이·착륙 거리 단축
⑤ 무게가 가볍고 경제성 향상
⑥ 날씨 변화에 영향이 적음

09 터보팬 프롭 엔진의 구성은?

해답

터보제트기관에 감속장치와 프로펠러를 추가하여 특정의 저속에서 우수한 추진효율을 가짐, 총 추력의 75[%] 이상을 프로펠러에서 얻고 나머지를 배기가스에서 얻음

10 터보샤프트 엔진의 구성은?

해답

자유터빈방식을 사용하여 총 마력을 생산하며, 배기가스에 의한 추력은 전무함. 헬리콥터, 지상 장비, 선박, 발전기 등에 사용

11 마력(Horse Power)이란?

해답

동력의 단위로서 말 한 마리가 한 시간 동안에 할 수 있는 일의 양을 나타내며, 일/시간 또는 힘×속도로 계산하고 공학단위로 1마력은 75[kg·m/s], 영국단위로 550[ft·lb/s]이다.

12 제동마력(BHP)이란?

해답

왕복기관이 실제로 프로펠러축을 구동하는 마력이며 지시마력에서 마찰마력을 뺀 정미마력이다.

왕복 엔진 계통

01 왕복 엔진 종류 중 성형에 비해서 대향형 엔진의 장점은 무엇인가?

해답

전면면적이 작고 유선형이어서 공기저항이 적고, 소형경량으로 경비행기용으로 적합한 장점이 있다.

02 수평 대향형 엔진은 몇 열(Throw)인가?

해답

6Throw크랭크(실린더는 열 수가 없음)

03 수평 대향형 엔진의 Crank Shaft 회전속도에 대한 Cam Shaft의 회전속도?

해답

캠축에는 밸브와 같은 수의 캠로브가 있고, 모든 밸브는 1사이클에 한번씩 열리므로 1/2 회전비가 되어야 한다.

04 수평 대향형 엔진에는 어떤 베어링을 사용하는가?

해답

Steel-Backed, Lead-Alloy Plain Brg'

05 성형엔진의 커넥팅로드배열은 어떤 형태인가?

해답

마스터 로드의 큰 끝은 크랭크 핀에 의해 크랭크축에 연결되고 부 커넥팅 로드의 큰 끝은 마스터 로드의 큰 끝 원주상에 너클 핀으로 연결된다.

06 밸브 오버랩이란 무엇인지 설명하시오.

해답

① 상태 : 같은 실린더 내에서 배기 밸브와 흡입 밸브가 동시에 열려 있는 기간
② 시기 : 배기행정 말기에서 흡입행정 초기까지
③ 계산 : 10+EC
④ 장점
　ⓐ 완전배기 및 체적효율 증가
　ⓑ 실린더 및 배기밸브의 냉각효과
　ⓒ 출력 증가
⑤ 단점
　ⓐ 연료소모 증가
　ⓑ 역화 우려

07 왕복 엔진의 각 밸브에 한 개 이상의 스프링을 사용하는 이유는?

해답

안전(작동 중 한 개가 부러졌을 경우에도 작동 보장)과 Surge 방지를 위해 방향이 다른 2개를 겹쳐 사용함

08 왕복 엔진에서 압축비란 무엇인가?

해답

피스톤이 하사점에 있을 때의 실린더 전체적(행정체적+연소실체적)과 상사점에 있을 때의 연소실체적의 비를 말한다.

09 왕복기관에 발생하는 디토네이션이란 무엇인가?

해답

실린더 내에서 정상적인 점화가 시작된 후 점화전에서 먼 쪽 미연소 가스 영역에서 부분적인 단열압축으로 자연 발화하여 폭발하는 일종의 충격파 현상으로 소음과 진동을 동반하며 심한 경우 엔진파손으로 나타난다.

10 디토네이션의 원인은 무엇인가?

해답

① 압축비가 너무 클 때
② 낮은 옥탄가의 연료 사용
③ C.H.T가 너무 높을 때
④ 점화시기가 너무 빠를 때
⑤ 과부하로 map가 높고 ppm이 낮아 연소속도가 느릴 때
⑥ 혼합비가 너무 맞지 않을 때
⑦ C.A.T가 너무 높을 때

11 왕복 엔진의 흡입밸브가 열리기 시작할 때 피스톤은 어떤 행정에 있는가?

해답

배기행정

12 왕복 엔진의 배기밸브가 열리기 시작할 때 피스톤은 어떤 행정에 있는가?

해답

폭발행정

13 왕복 엔진에서 점화가 일어날 때 Piston은 어떤 위치에 있는가?

해답

압축행정의 상사점 전 즉, 점화진각

14 피스톤이 압축행정 상사점전 26°에서 점화가 일어나게끔 맞추어진 이유는 무엇인가?

해답

연료가 연소되어 연소실 내의 압력이 최대가 되는 점(Peak Pressure)을 출력행정 약 10°에 오도록 해야 Kick Back을 방지하면서 피스톤을 미는 힘을 최대로 할 수 있으므로 화염전파속도(연소속도)를 고려하여 점화시기를 앞당긴다.

참고

이 앞당겨진 각도를 점화진각이라 한다.

15 실린더의 중요한 구비조건 4가지를 들어라.

해답

① 엔진이 최대 설계하중으로 작동할 때 높은 온도로 인해 발생하는 내압에 견딜 수 있는 강도를 지녀야 한다.
② 무게가 가벼워야 한다.
③ 열전도성이 좋아 냉각효율이 좋아야 한다.
④ 설계가 쉽고 제작, 검사 및 점검 비용이 적어야 한다.

16 밸브시트의 장착방법은?

해답

실린더 내에서 가장 단단한 밀착을 요하는 부분이므로 시트의 뿌리부분 외경이 끼워지는 안쪽의 내경보다 크므로 시트는 드라이아이스에 냉각시키고 실린더 헤드는 가열시켜서 끼워 넣는 Shrinking법으로 장착한다.

17 Hydraulic Valve Lifter(유압식 밸브 리프터)를 사용하는 이유는 무엇인가?

해답

대향형 엔진에 사용되는 유압식 Valve Lifter는 밸브가 닫히고 푸시로드에 하중이 없을 때 오일 압력에 의해 푸시로드를 살짝 들어올려 밸브 간격(Clearance)을 항상 "0"으로 유지하므로 정비가 간단하고 밸브 작동이 유연하고 마모를 감소시킨다.

18 Choke Bore Cylinder란 무엇인가?

해답

실린더가 크랭크케이스에 장착될 때 케이스 속으로 심어지는 부분으로 장착강도를 증가시키고 도립 장착되는 실린더의 경우 둑 역할을 하여 윤활유 소모를 줄이고 Hydraulic Lock를 방지한다.

19 실린더가 정렬인지 아닌지 측정 방법은?

해답

실린더 보어 게이지로 측정하여 Limit인지 아닌지 확인 가능

20 Cam-Ground Piston이란 무엇인가?

해답

피스톤의 단면모양이 완전한 진원이 아닌 것으로 피스톤 핀이 장착되는 방향으로 수천분의 1[in] 정도 직경을 작게 하여 타원으로 가공하고 정상작동 중에 열팽창하여 진원이 되도록 한다.

21 피스톤링의 종류 및 역할은?

해답

① 압축링 : 기밀유지, 열전도
② 오일링
  ⓐ 오일조절링 : 실린더 벽에 적당한 두께의 오일유지
  ⓑ 오일제거링 : 오일소모 방지

22 대부분의 Piston Ring을 만드는 재료는 무엇인가?

해답

고급회주철 : 고온에서 탄성유지

23 왕복 엔진의 밀폐조건을 결정하는 실린더 압축검사가 중요한 이유는 무엇인가?

해답

압축검사는 Piston Ring과 실린더 벽 사이의 밀폐상태, 흡입과 배기 Valve Face와 Seat 사이의 밀폐상태를 결정할 수 있기 때문이다.

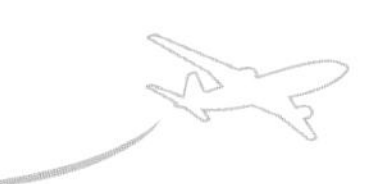

24 Full-Floating Wrist Pin(전부동식핀)이란 무엇인가?

해답

Piston Pin(Wrist Pin)의 종류

① 고정식 : Connecting Rod에도 고정되고 피스톤에도 고정되는 피스톤 핀
② 반부동식(반고정식) : 한쪽에만 고정되어 유동이 가능한 피스톤 핀
③ 전부동식 : 양쪽 다 헐렁하게 끼워져 완전 자유로운 핀이며 핀의 양쪽에 가락지(고정링)나 플러그를 끼워 핀이 빠져나오는 것을 방지한다.

25 Rocker Arm Shaft와 이 부품에 장착할 Bushing 사이의 간격은 무엇으로 측정하는가?

해답

버니어 캘리퍼스로 Shaft의 외경과 Bushing의 내경을 측정한다. 내경 측정은 Go-No Go Gage로 측정할 수 도 있다.

26 Valve Clearance란?

해답

Push Rod에 하중이 없을 때 Rocker Arm과 Valve Tip 사이의 간격을 말하며 간격이 크면 늦게 열리고 빨리 닫혀 열려있는 기간이 짧아지고, 간격이 좁으면 빨리 열리고 늦게 닫혀 열려있는 기간이 길어진다.

27 밸브간격의 측정은 어떻게 하는가?

해답

밸브 팁과 로커 암 사이에서 Feeler Gage를 넣어 측정한다.

28 대부분의 성형엔진들에 열간 간격과 냉간 간격이 주어진 이유는 무엇인가?

해답

대향형 기관에는 Hydraulic Valve Lifter를 사용하므로 밸브간격이 항상 0으로 되므로 간격이 없지만 성형기관은 고출력용이므로 간격이 있어야 한다.

열간 간격은 엔진이 정상 작동온도에서 열팽창되었을 때 생기는 간격이며 작동간격이라고도 한다.
냉간 간격은 엔진 정지 후 완전히 냉각되었을 때 생기는 간격이며 검사간격이라고도 한다.
냉간 간격이 0.010[in]이면 열간 간격은 0.070[in]까지 커진다. 그 이유는 실린더 헤드의 열팽창이 푸시로드의 열팽창보다 커서 푸시로드의 길이가 짧아진 결과이다.

29 밸브간격이 너무 넓으면 결과는?

해답

밸브간격이 너무 넓으면 늦게 열리고 빨리 닫히고 밸브간격이 너무 좁으면 빨리 열리고 늦게 닫힌다.

30 어떤 배기밸브의 내부 중공에 금속나트륨을 집어넣는 이유는 무엇인가?

해답

금속나트륨은 엔진작동온도(약 200[°F])에 녹아 대류작용에 의해 Head의 열을 흡수하여 Valve Stem으로 옮겨주어 Valve의 냉각을 촉진시켜 준다.

31 크랭크축의 중간이 비어 있는 이유는?

해답

무게 경감, 윤활의 통로, 탄소 퇴적물 및 기타 불순물을 거르는 망(슬러지 체임버) 구실을 한다.

32 크랭크 핀의 중간이 비어 있는 이유는?

해답

① 크랭크축의 전체무게 감소
② 윤활유의 통로역할
③ 찌꺼기 등을 모으는 Sludge Chamber 역할

33 엔진 크랭크축의 흔들림(Run Out) 측정은 무엇으로 측정하는가?

실기구술형

해답

Dial Indicator

34 왕복 엔진의 흡입공기를 가열시키기 위해 사용되는 열은 어디에서 받는가?

해답

배기관을 둘러싸고 있는 공기통로(Heater Muff)에 의해 데워진다.

35 왕복기관을 시동할 때 Induction System(급기계통)의 화재진화는 어떻게 하는가?

해답

엔진을 계속 작동시키며 화재를 진화시켜야 하며 만일 진화가 되지 않는다면 기화기 공기흡입구에 CO_2소화기로 소화액을 방출시켜 진화시킨다.

36 왕복기관 Induction Fire(급기화재) 진화에 가장 적당한 소화기는 무엇인가?

해답

이산화탄소(CO_2)소화기

37 Super Charger란 무엇인가?

해답

고도 증가에 따라 낮아지는 공기 밀도를 보상하도록 기화기와 매니폴드 사이에 일종의 압축기를 장착하여 혼합가스를 압축하여 공급하므로 임계고도까지는 출력의 감소를 막아주고 이륙시 짧은 시간 동안 최대 출력을 증가시킨다.

38 현대 왕복 엔진에 사용되는 대부분의 External Super Charger는 무엇으로 구동되는가?

해답

배기가스로 구동한다.(Turbo Supercharger)

39 대형 왕복 엔진의 Turbo-Super Charger와 기화기 사이에는 무엇을 일반적으로 장착하는가?

해답

램 에어에 의해 냉각을 시키는 Inter Cooler

40 Turbo-Super Charger의 Waste Gate 위치를 조정하는 데 사용되는 작동기는 어떤 종류의 작동기인가?

해답

작동기의 피스톤을 움직이기 위해 엔진오일압력을 사용하는 유압식 작동기이며 MAP에 의해 자동으로 조절된다.

41 Turbo-Super Charger Compressor의 속도는 무엇이 조정하는가?

해답

실린더에서 방출되는 배기가스로 터빈을 구동하고 터빈의 회전속도는 Waste Gate에 의해 조정되므로 압축기의 회전속도는 터빈의 회전속도와 같다.

42 왕복 엔진의 실린더 압력시험 방법의 2가지는?

해답

① 차압 시험방법(S-1 Type)
② 직접압력 시험방법(MK-1 Type)

43 Vapor Lock(증기폐쇄)란?

해답

연료배관 내에 열이 작용하면 연료가 기화하여 증기가 발생하고 이 증기압력이 연료압력보다 크면 오리피스나 급격한 휨이 있는 배관에서 흐름이 막혀 연료가 잘 흐르지 못하는 현상이다.

44 연료계통에 Vapor Lock가 발생하는 원인은?

해답

연료의 가열이 원인이며 어떤 경우이든 연료의 증기압이 연료압력보다 클 때 발생한다.

45 항공기 연료계통에 기화성이 너무 높은 연료를 사용하면 어떤 위험이 있는가?

해답

연료배관 내에서 Vapor Lock가 일어날 수 있으며 엔진으로 가는 연료의 흐름을 차단할 수 있다.

46 연료계통에서 Vapor Lock를 막기 위하여 대부분의 항공기는 어떻게 하는가?

해답

연료탱크내의 Boost Pump가 배관내의 연료압력을 높여주고, 연료 조절장치에 증기분리기를 설치하며, 연료라인을 열원과 멀리하고, 급격한 휨을 피하며, 증기압이 7[psi] 이상인 연료를 사용하지 않는다.

47 Vapor Lock가 발생했을 때 조치사항은 무엇인가?

해답

① 연료의 온도를 낮춘다.
② 부스트 펌프와 연료압력을 점검하고 높인다.
③ Line을 열부분과 격리한다.
④ 라인의 급격한 휨과 오리피스 부분을 점검한다.

48 왕복 엔진의 연료에 첨가되는 안티노크제의 종류와 그중 4에틸납을 쓰는 이유는 무엇인가?

해답

① 첨가제의 종류는 4에틸납, 아날린, 요오드화에틸, 에틸알코올, 크실렌, 톨루엔, 벤젠
② 이유는 다른 종류의 안티노크제보다 적은 양으로 큰 효과가 있다.

49 CFR(Cooperative Fuel Research) Engine이란?

해답

연료의 제폭성을 촉진(옥탄가를 측정)하기 위한 엔진이며, 가변압축비를 가진 단일기통 4행정 액냉식 엔진이다.

50 옥탄가가 70이란 말은 무슨 의미인가?

해답

이소옥탄과 노말헵탄으로 구성된 표준연료 중에 이소옥탄이 70[%]를 차지하고 나머지 30[%]는 노말헵탄으로 구성되어 있다는 말이다.

51 퍼포먼스 수(Performance Number)란 무엇인가?

해답

가솔린 Detonation을 일으키기 힘든 성질, 즉 제폭성의 척도 중 표준연료로서 이소옥탄과 노말헵탄을 써서 측정한 옥탄가로서는 100옥탄가 이상의 내폭성을 낼 수 없으므로 이소옥탄의 표준연료에 4에틸납을 첨가하여 CFR Engine으로 성능을 점검한 결과 성능 증가분을 합하여 만든 숫자로서 100 보다 클 수도, 작을 수도 있다.

52 파란색의 AV Gas는 어떤 연료인가?

해답

AV Gas의 ASTM 규격에서 4에틸납을 섞지 않은 연료는 염료를 쓰지 않으며 4에틸납의 비율에 따라 80/87(적색), 91/98(청색), 100/130(녹색), 108/135[감색, 115/145(자색)]로 착색한다.
이 경우의 숫자가 퍼포먼스 수이며, 위의 작은 수가 혼합비를 희박하게 했을 때의 성능번호, 아래의 큰 수가 농후하게 했을 때의 성능번호이다.

53 만일 왕복기관이 100옥탄연료를 사용토록 설계되어 있으나 80옥탄연료를 사용했다면 어떤 손상이 일어나는가?

해답

Detonation이 발생될 것이며 이로 인하여 심하면Connecting Rod가 휘든가 Piston이 과열되든가 Cylinder Head에 균열이 발생될 수 있다.

54 엔진구동연료펌프는 Pressure Relief Valve에서 나온 과도한 연료를 어디로 보내는가?

해답

펌프 입구로 되돌려 보낸다.

55 Engine Fuel Shut Off Valve는 Fire Wall의 어느 쪽에 위치하는가?

해답

Fire Wall 뒷면

56 만일 터빈연료를 실수로 왕복기관 연료탱크에 급유하고 엔진을 작동시켰다면 왕복기관 연료계통은 어떻게 해야 하는가?

해답

① Fuel System의 모든 연료를 Drain시킨다.
② AV Gas로 Fuel System을 세척하고 Filter를 교환한다.
③ Cylinder를 Bore Scope를 검사한다.
④ Oil System을 Drain시키고 Filter검사 후 필요하면 교환한다.
⑤ 엔진에 맞는 오일과 연료를 보급한다.
⑥ Cylinder Compression을 Check하고 필요하면 수정한다.
⑦ 엔진을 시동하여 작동점검을 수행한다.

57 왕복기관이 장착된 항공기의 연료탱크 주입구 주변에는 어떤 정보를 표시하여야 하는가?

해답

AV Gas란 글자와 최소연료등급(Min, Fuel Grade)을 표시하여야 한다.

58 부자식 기화기와 압력분사식 기화기의 차이점은 무엇인가?

해답

① 부자식 기화기는 부자실에 작용하는 대기압과 벤투리 목부분(연료노즐이 있는 부분)에 작용하는 부압의 차이에 의해 연료가 빨려나와 분사되며 비행자세의 변화에 따라 플로트실의 연료 유면의 높이가 변화하게 되어 기관이 작동 역시 불규칙하게 되고 스로틀 밸브 이전에 분사되므로 기화기 결빙이 생긴다. 벤투리가 연료의 변무와 연료 유량 조절의 두 가지 작용을 한다.
② 압력분사식 기화기는 A체임버와 B체임버의 공기압력 차이에 의해 연료가 계량되어 연료 펌프압력(정압)으로 스로틀 밸브 이후에 분사되므로 벤투리가 단순히 연료의 유량 조절 역할을 할 뿐이며 장점은 벤투리의 저항이 작고, 비행자세에 영향을 받지 않으며, 증기폐색이 없고, 기화기의 결빙현상이 거의 없으며, 연료의 분무화와 혼합비의 조정이 좋다.

59 부자식 기화기가 장착된 엔진을 시동시킬 때 기화기 온도조절장치는 어느 위치에 놓아야 하는가?

해답

Cold(Normal) Position에 놓아야 한다.

60 항공기 고도가 높아질수록 부자식기화기에서 공급하는 연료-공기혼합비는 농후 또는 희박, 어느 쪽으로 혼합하여야 하는가?

해답

만약 연료-공기혼합비가 자동조절되지 않는다면 항공기 고도가 높아질수록 희박한 연료로 혼합되어야 한다. 그 이유는 연료는 압력차에 의해서 계량되므로 고도가 높아지면 공기밀도(무게)가 감소하고 압력차는 같아 연료는 같이 계량되나 공기가 줄어드는 결과가 되므로 점점 농후하게 된다. 따라서 고도가 높아질수록 연료를 줄여야 같은 혼합비가 될 수 있다.

61 만일 Main Air Bleed가 막혔다면 Float기화기의 연료-공기혼합비는 어떻게 되는가?

해답

혼합비는 과도한 농후(Rich)가 될 것이다.

62 너무 높은 기화기 공기온도(Cat)는 왕복 엔진작동에 어떤 위험이 있는가?

해답

C.H.T(실린더 헤드온도)를 높게 하여 Detonation(이상폭발)의 원인이 될 수 있다.

63 Main Metering장치의 기능 3가지는?

해답

① 연료와 공기혼합기의 비율을 맞춘다.
② 방출노즐에 압력을 저하시킨다.
③ 스로틀 전개시 공기 흐름을 조정한다.

64 Mixture Control(혼합기 조종)장치의 주 기능은?

해답

① Automatic Mixture Control : 고도나 대기온도 증가시 혼합기가 농후하게 되는 것을 자동으로 방지한다.
② Manual Mixture Control : 엔진의 출력 정도에 따라 실린더 헤드 온도가 너무 높아지지 않는 범위 내에서 연료를 절감하도록 수동으로 조정한다.

65 왕복 엔진은 Magneto Swich를 사용하지 않고 Manual Mixture Control을 Idle Cutoff Position에 놓아 엔진작동을 중지시키는 이유는 무엇인가?

해답

연료를 차단시키고 점화는 계속되게 하여 연소실에는 남은 연료가 없이 엔진작동을 멈추게 함으로써 연료에 의한 부식을 방지하여 수명을 연장시키고 우발적인 시동의
사고를 방지할 수 있다.

66 Economizer(이코노마이저)란 무엇인가?

해답

스로틀이 순항출력 이하로 열려 있을 때는 희박하게 하여 연료를 절감하고 순항출력 이상의 고출력일 때 추가적인 연료를 분사하여 농후혼합비를 만들어 줌으로써 디토네이션 없이 출력이 증가하게 한다. 니들밸브식, 피스톤식, 매니폴드 압력식이 있다.

67 Accelerating System이란 무엇인가?

해답

기관의 출력을 증가시키기 위해 스로틀 밸브를 갑자기 열어 기관을 가속시킬 때 공기의 비중이 연료보다 작기 때문에 공기의 유량은 곧 증가하여 많은 양이 공급되지만 연료는 관성이 크기 때문에 즉시 증가된 양의 연료가 분출되지 못한다. 따라서 스로틀 밸브를 갑자기 여는 순간에만 더 많은 연료를 강제적으로 주사시켜 적당한 혼합비가 유지될 수 있도록 한 장치로 피스톤식과 다이어프램식이 있다.

68 압력분사식 기화기에 대해서 아는 대로 설명하시오.

해답

① 구성
ⓐ Throttle Body
ⓑ Regulator Unit
ⓒ Control Unit
ⓓ AMC Unit
ⓔ Adapter Pad
② 작동원리
A Chamber - Impact Air Pressure
B Chamber - Ventral Suction Pressure
C Chamber - Metered Fuel Pressure
D Chamber - Unmetered Fuel Pressure
E Chamber - Fuel Under Pump Pressure
A-B=Air Metering Force-$\triangle P_a$
D-C=Fuel Metering Force-$\triangle P_f$
$\triangle P_a$-$\triangle P_f$=Poppet Valve Opening Rate

69 AMCU(Automatic Mixture Control Unit)란?

해답

고도나 온도 증가에 따른 밀도 변화를 보증하여 혼합비를 일정하게 유지시키는 장치이며, 14.7[psi]의 질소가 든 Bellows를 사용하여 고도 또는 온도 증가시 대기압과의 차압에 의해 Needle Valve가 A Chamber로 들어가는 공기압력을 차단하여 혼합비를 조종한다.

70 ADI(Anti-Detonant Injection) System이 설치된 엔진에 사용되는 압력식 기화기의 Derichment Valve의 기능은 무엇인가?

해답

ADI Fluid가 기화기로 공급될 때 Water Pressure에 의해 열려 공급되게 하는 밸브

71 압력식 기화기를 장착한 엔진을 시동시킬 때 Fuel-Air Mixture Control은 어떤 위치에 놓아야 하는가?

해답

Primer로부터 연료를 공급받아 시동되도록 Idle Cutoff위치에 놓아야 하며 시동이 되면 Rich 위치로 한다.
부자식 기화기의 경우는 Full Rich 위치에서 시동한다.

72 압력식 기화기 혹은 연료분사장치에 사용되는 Alternate Air는 어디에서 받는가?

해답

Alternate Air Valve는 기화기 방빙을 위해 기화기 입구의 Air Scoop 내에서 찬공기와 Heater Muff를 거친 더운 공기를 교대로 공급하는 밸브이며 조종석의 Carb Heat Lever에 의해 Cold(Ram Filtered Air), Warm, Heat(Hot) 위치로 선택된다.

73 기화기가 가열되면 연료 - 공기혼합가스는 농후하게 되는가 희박하게 되는가?

해답

가열된 공기는 연료-공기혼합가스를 농후하게 만든다.

74 기화기 빙결로 인한 영향에는 어떤 것들이 있는가?

해답

출력감소, 진동, 엔진 시동시 역화 등

75 기화기에 Air Temperature Gage(CAT)가 있는 이유는 무엇인가?

해답

기화기의 결빙을 방지하기 위해서이다.

76 기화기의 빙결은 기화기 어디에 형성되는가?

해답

기화기 목 부분(Throat)과 Throttle Valve 주위

77 기화기(Carburetor)의 빙결이 일어나는 원인은?

해답

연료의 기화열 흡수(기화잠열)에 의해 주위 온도가 낮아져서 대기온도 0[°C] 이하의 수증기가 엔진 부품과 접촉하여 벤투리나 스로틀 근처에 착빙이 된다.

78 기화기 빙결에 대한 안전 처리에는 어떠한 것들이 있는가?

해답

① 이륙 전에 기화기 Heater 작동 점검
② 활공이나 착륙하기 위하여 출력을 감소할 때에는 기화기 Heater를 사용할 것
③ 빙결이 일어날 것이라고 판단될 때에는 언제나 기화기 Heater를 사용할 것

참고

통상 엔진의 착빙온도는 OAT 0~8[°C]이다.

79 왕복 엔진의 배기가스 온도(EGT)는 엔진에 의해 연소되는 연료-공기혼합가스와 어떤 관계가 있는가?

해답

완전연소가 되는 이론(Stoichiometric)혼합비는 최고의 배기가스온도를 만든다.
최고배기가스온도가 되도록 연료-공기혼합비를 맞춘 다음 이론혼합비의 농후 쪽에 혼합비를 맞추면 된다.(적정출력혼합비)

80 왕복 엔진을 Idling으로 조절할 때 함께 조절하는 2가지는 무엇인가?

해답

적당한 Idle RPM이 되도록 Throttle Stop과 가장 유연한 작동이 되도록 Idle Mixture를 조절한다.
이 두 가지는 반드시 같이 조절되어야 한다.

81 Reciprocating Engine에서 Idle이란?

해답

엔진이 스스로 운전될 수 있는 가장 느린 속도이며 스로틀 레버를 완전히 당겼을 때 유지되는 속도이다.

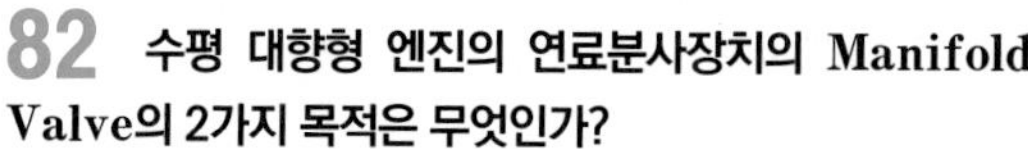

82 수평 대향형 엔진의 연료분사장치의 Manifold Valve의 2가지 목적은 무엇인가?

해답

① 완속 운전 동안 일정 배출압력을 제공하며
② 엔진을 정지시킬 때 연료를 정압차단(Positive Shut Off)되도록 한다.

83 Continuous-Flow Fuel Injection System으로부터 연료는 어디로 방출하는가?

해답

Intake Valve에 가까운 Cylinder Head에 장착된 Injector Nozzle을 통해 연소실로 방출한다.

84 Knocking(노크현상)이란 무엇인가?

해답

연소실 내에서 정상 점화 후 압축비가 너무 크면 미 연소된 부분의 혼합기가 부분적으로 단열 압축되어 고온 고압이 되고 자연발화하는 충격파의 일종으로 이때 발생하는 소리를 Knock라 한다.

85 Knock 발생의 원인이 되는 요소들은?

해답

① 압축비가 너무 높을 때
② 연료의 옥탄가가 너무 낮을 때
③ 혼합비가 너무 희박할 때
④ MAP(엔진의 부하)가 너무 클 때
⑤ CAT나 CHT가 너무 높을 때
⑥ RPM이 낮아 연소속도가 느릴 때

86 Pre-Ignition(조기점화)이란?

해답

정상점화 이전에 실린더내의 부분적인 과열에 의해 점화하는 현상으로 약하게 일어나면 출력에 도움이 되나 심하면 실린더 과열에 의해 Detonation으로 발전된다.

87 Back Fire(역화)란?

해답

혼합비가 너무 희박하면 연소속도가 감소하여 배기 후에 흡입밸브가 열리고 새로운 혼합가스가 들어 올 때 흡기관 쪽으로 불길이 터져 나오고, 심하면 기화기 공기 흡입구까지 역화하는 현상

88 After Fire(후화)란?

해답

혼합비가 너무 농후하면 화염전파속도가 느려져서 출력행정 말기에 밸브가 열릴 때 배기관 밖으로 불길이 나오는 현상

89 Kick Back 현상이란 무엇인가?

해답

시동시에 피스톤의 속도는 느린데 점화진각에서 정상적인 점화가 일어나면 피스톤이 상사점에 도달되기 전에 최고 압력점(PP)에 도달하여 피스톤을 눌러 버리므로 크랭크축이 역회전하는 현상이며 점화를 지연시켜주는 방법으로 방지할 수 있다.

90 Engine이 Wing 위에 있다면 연료를 어떻게 공급하는가?

해답

Booster Pump로 연료를 가압시켜 올라가게 한다.

91 Engine Driven Fuel Pump의 Compensated Relief Valve(Balance Type Diaphragm)는 무엇을 하는가?

해답

Relief Valve의 Spring이 Diaphragm에 연결되어 고도변화에 따른 대기압력 변화에 대응하여 기화기로 공급되는 계기압력을 일정하게 유지토록 해 준다.

92 Oil의 역할은 무엇인가?

실기구술형

해답

Oiling, Cooling, Sealing, Cleaning, Anti Corrsion

93 Reciprocating Engine에 사용하는 Oil의 종류는?

해답

광물성 액체 윤활유 MIL-L-22851 Type II
가스터빈용 오일
① Type1 : 초기의 합성유로 1960년대까지 사용
MIL-L-7808
② Type2 : 고대열성 Carbon의 축적이 적다.
MIL-L-23699, 현재 사용

94 Recip' Engine에 사용하는 Oil의 구비조건은?

해답

① 유성이 좋을 것
② 점도가 적당할 것
③ 점도지수가 높을 것
④ 유동점이 낮을 것
⑤ 산화, 탄화, 부식성이 적을 것

95 엔진 윤활유의 점도(Viscosity)란?

해답

점성의 점도를 말하는 것으로 흐름의 저항을 뜻한다.

참고

세이볼트 유니버셜 점도계 오일의 점도를 측정하는 장치로 60[ml]의 윤활유를 그릇에 넣고 일정온도(54.4, 98.8[°C])로 가열시키고 오리피스를 통해 흘러내리는 시간을 측정한다.

96 점도지수란 무엇인가?

해답

온도변화에 따르는 점도 변화율, 즉 이 변화가 적을수록 점도지수가 높으므로 엔진에 적당하다.

97 인화점이란?

해답

온도가 높아졌을 대 불꽃이 옮겨 붙는 온도

98 발화점이란?

해답

가열할 때 자연히 발화되는 온도

99 Wet Sump Lubrication System과 Dry Sump Lubrication System은 무엇인가?

해답

① Wet Sump System : 대부분의 대향형 엔진에서 사용하는 계통으로 Oil Tank가 따로 없고 엔진하부의 Oil Sump가 Tank 역할을 하며 배유펌프가 없이 중력에 의해 Sump로 귀유하는 간단한 계통이다.
② Dry Sump System : 성형엔진과 일부 대향형 엔진에 사용하는 계통으로 엔진과 따로 방화벽 뒷면상부 Oil Tank가 있고 엔진을 순환한 Oil이 Sump에 모이면 배유펌프에서 Tank로 귀유시키는 계통이다.

100 ry-Sump Lubricating System에 있는 Pressure Pump와 Scavenge Pump는 어느 것이 더 큰 Pump인가?

해답

Scavenger가 더 큰 체적을 갖는다.

101 Full-Flow Oil Filter는 그 내부에 Spring-Operated Bypass Valve를 갖고 있는 이유는 무엇인가?

해답

Filter가 막혀 Oil을 통과시키지 못할 경우에 Bypass Valve를 열어 이물질이 걸러지지 않은 Oil을 계통내로 흐를 수 있도록 하기 위함이다.

102 Check Valve에 대해 설명하시오.

해답

역류방지 장치로 특히 오일계통에서는 부식방지 및 다음 시동시 사전윤활을 위해 일정량의 오일이 계통 내에 존재하도록 해 주는 역할을 한다.

103 Oil Tmep' Regulator에 대해 설명하시오.

해답

오일 냉각기 입구에서 Return되는 오일의 온도에 따라 낮으면 바로 Bypass시키고 약간 더우면 외부 자켓만 거치며 아주 뜨거우면 전체 Core를 거치게 하여 냉각을 조절하는 장치

104 왕복 엔진의 Hopper의 기능은 무엇인가?

해답

Hopper Tank는 Oil Tank내에 있는 작은 통로로서
① 시동시 유온촉진(Warm-Up 시간단축)
② 배면비행시 오일공급
③ 거품방지의 역할

105 윤활유 희석(Oil Dilution)의 목적은?

해답

한랭기후가 예상될 때 엔진정지 전에 오일 흐름속에 연료를 분사하여 오일의 점도를 낮추고 탱크에 저장했다가 다음날 아침 엔진 시동이 묽은 오일이 쉽게 엔진에 유입되므로 시동이 용이하도록 하기 위한 것으로 엔진의 출력이 높아지면 연료는 증발하여 없어진다.

106 마찰을 결정하는 요소는?

해답

① 한 면이 다른 면에 대하여 접촉하는 상대속도
② 표면이 만들어진 상태와 재질
③ 접점의 운동성질
④ 표면에 의하여 운반되는 하중의 크기

107 일반적인 오일계통에 대해서 설명해 보아라.

해답

인체의 혈액계통에서 동맥에 상당하는 계통인 Pressure Oil System은 일정한 압력과 온도가 유지된 오일을 정해진 위치에 적절한 흐름량으로 공급하는 작용을 하며, Scavenge Oil System은 인체의 정맥계통에 해당하며 베어링부의 윤활과 냉각을 끝낸 오일을 탱크로 되돌리는 작용을 하며, 비행 중에 고도 변화에 대응해서 엔진 오일계통의 적절한 오일 흐름량과 완전한 Scavenge Pump 기능을 유지하기 위한 Breather System은 베어링부의 압력을 대기압에 대해서 항상 일정한 차압으로 유지하는 작용을 한다.

108 항공기 계기판에 표시되는 오일온도는 엔진으로 들어가는 온도인가 또는 엔진에서 나가는 온도인가?

해답

엔진으로 들어가는 온도이다.

109 Oil Filter가 막히면 어떤 현상이 발생하는가?

해답

Cockpit의 Oil Filter Gage에 Closing Light가 들어오며 Bypass Valve를 통해 걸러지지 않은 오일이 정상적으로 공급된다.

110 Oil Pressure가 낮다면 그 원인은 무엇인가?

해답

너무 높은 오일온도, 오일양의 부족, Pump의 고장, Pump, 공급계통에 큰 저항, 공급 Line의 느슨함

111 왕복 엔진에서 Oil 소모량이 많은 이유는?

해답

피스토링의 장력부족, 실린더 휠의 마모, 밸브가이드의 마모, 배유펌프의 고장 등으로 연소실에서 연소된다.

112 Dry-Sump 왕복 엔진의 Oil System에서 오일 속에 함유된 공기는 어디로 Vent시키는가?

해답

오일탱크로 Vent 시킨다.

113 오일필터의 종류 중에서 Strainer Type과 Disposable Filter Cartridge Type을 설명하시오.

해답

① Strainer Type : Mesh Type(철망형) 구조로 통상 50~100Micron의 여과 성능이며 막히면 세척하여 재사용이 가능
② Disposable Filter Cartridge Type : Full Flow Oil Filter이며 통상 10~50Micron의 여과 성능으로 Paper에 Resin을 첨가하여 Bellow Type으로 제작되어 여과성능 및 강도를 증가, 재사용 불가

114 왕복 엔진에 사용한 오일이 검게 되는 이유는?

해답

엔진오일은 167[°C] 이상에서 Carbonized(탄화)되기 시작하여 Black 화하거나 Oil Sludge로 변한다. 실제 엔진에서 피스톤과 실린더 벽 사이의 온도가 고온이므로 검게 되어 진다.

115 왕복 엔진 피스톤에 장착된 오일 제어 링의 기능은 무엇인가?

해답

피스톤과 실린더 벽 사이에 오일의 적정량을 유지시켜 주는 역할을 한다.

116 점화계통의 종류를 들어라.

해답

① 왕복 엔진 : 배터리 점화계통, 마그네토 점화계통(고압/저압 점화계통)
② 제트 엔진 : 직류 유도형, 교류 유도형, 직류 고전압 용량형, 교류 고전압 용량형

117 Reciprocating Engine Ignition System 중 단식(Single Type)과 복식(Dual Type)의 차이는?

해답

① 단식 : 한 개의 마그네토에 각 실린더마다 한 개의 점화전으로 점화(현재의 자동차용)
② 복식 : 독립된 점화장치가 이중으로 각 실린더마다 두 개의 점화전이 두 개의 마그네토로부터 점화(항공용)

118 Reciprocating Engine Ignition System 중 Low-Tension과 High-Tension의 기본적인 차이점은 무엇인가?

해답

고압계통은 마그네토내의 1차코일과 2차코일에서 고전압으로 생산되어 디스트리뷰터에서 점화순서대로 분배되고 스파크플러그에서 방전되는 계통으로 고압전선의 길이가 길어 고공비행시 플래시오버를 일어킬 수 있어 주로 저공비행하는 항공기에 사용된다.
저압계통은 마그네토내의 1차코일에서 발생된 저압의 전기를 디스트리뷰터를 통해 점화순서대로 분배하고 각 실린더 가까이까지 저압으로 공급되면 각 실린더 상부에 부착된 2차코일에서 고압으로 승압시켜 스파크플러그에서 방전하므로 고전압 전선의 길이가 짧아 고공에서도 누설의 영향이 적어 고공비행에 적합하나 2차코일의 수가 많아 무게가 증가하는 단점이 있다.

119 저압점화계통의 특징에 대해서 설명하시오.

해답

① Flash Over의 손상이 적다.
② 케이블 용량 즉, 커패시턴스의 문제가 적어진다.
③ 공기 중의 습기에 의한 누전이 적다.
④ 코로나에 의한 손상도 감소한다.

120 왕복 엔진에서 Magneto에 대해서 설명하시오.

해답

구동축에 연결된 영구자석이 회전하면서 폴슈를 통해 Coil Core에 자력선을 구축하고 1차코일의 자속밀도가 최대로 됐을 때 Breaker Point가 떨어져 1차회로를 차단하면 1차자속과 정자속의 합성된 자속이 급격히 붕괴되면서 시간에 대한 자속의 변화율을 크게 하므로 2차코일에 고압전기가 유도된다.

121 Magneto의 자석강도는 어떻게 검사하는가?

해답

Magneto를 검사장비에 장착하여 규정된 속도로 회전시키며 Breaker Point를 Open시켜 1차전류를 측정하면 된다. 마그네토가 발생시키는 전기의 세기는 ① 자석의 세기, ② 자석의 회전속도, ③ 코일의 권선비에 의한다.
실제 현장에서는 자석의 강도를 자석축을 돌릴 때 느낄 수 있는 저항력으로 측정한다.

122 Coil Core에서 자속밀도가 최대로 되었을 때 Magneto의 회전자석은 어떤 위치에 있는가?

해답

회전자석이 Neutral Position을 지나 5~17° 떨어진 E-Gap 위치에 있으며 Breaker Point가 열리고 1차전류가 붕괴되며 Coil Core내에서는 자속이 최대로 된다.

123 Magneto Timing의 E-Gap이란 무엇인가?

해답

Efficiency Gap(효율각)으로 마그네토의 회전자석이 회전하면서 중립위치를 지나 중립위치와 브레이커 포인트가 열리는 사이의 크랭크축의 회전각도를 말한다.

124 E-Gap을 주는 이유는 무엇인가?

해답

가장 강한 불꽃을 만들기 위해서이다.

125 마그네토 타이밍이란 무엇인가?

해답

모든 마그네토는 정확한 순간에 점화를 위한 불꽃을 발생하기 위하여 내부적으로 시간이 맞추어져야만 하는데 이를 위해서 마그네토 접점이 자기회로에 자장강도가 가장 클 때 열리도록 시간이 맞추어져 있다.

126 내부점화시기와 외부점화시기란 무엇인가?

해답

① 내부점화시기 : 마그네토가 탈거된 상태에서 E-Gap 위치(I Mark)와 브레이커 포인트가 열리는 순간을 맞추어 주는 작업
② 외부점화시기 : #1실린더의 피스톤이 점화진각에 위치할 때 Magneto Breaker Point가 열리는 시기가 되도록 점화시기를 일치시키는 작업

127 Magneto의 내부점화시기를 맞출 때 무엇을 점검하여야 하는가?

해답

내부점화시기는 회전자석이 E-Gap 위치와 Breaker Point가 열리는 순간이 일치되도록 조절되어야 하며, 배전기 회전자는 1번 실린더에 고전압을 보내는 위치에 있는가를 점검해야 한다.

128 왕복 엔진에서 축전지식 점화에 비해 마그네토 점화의 주 장점은 무엇인가?

해답

축전지식은 엔진 작동 중이라도 축전지가 끊어지면 엔진작동이 멈추지만 Magneto식은 자체 내의 전기적 에너지원을 갖고 있어서 축전지에 의존하지 않는 장점이 있다.

129 2개의 Magneto 사이의 Staggered(엇갈린) Timing의 목적은?

해답

엇갈린 점화시기를 사용하는 엔진은 배기 쪽이 연료-공기혼합비가 희박하고 연소팽창률이 느리기 때문에 배기 쪽에 있는 점화플러그가 좀 더 일찍 점화되게 함으로써 연소가 끝나는 시기를 일치시켜준다.

130 Timing Light와 Time Rite의 차이점은?

해답

① Timing Light : 점화시기 조절 등으로 마그네토의 Breaker Point가 떨어지는 정확한 시기를 전기적으로 확인하기 위한 장치
② Time Rite : Piston Position Indicator로써 피스톤이 어느 행정의 크랭크 각도에 위치하는지를 정확히 지시하고 점화시기조절에 필요한 피스톤의 위치를 정비사가 원하는 위치에 맞출 수 있는 장치

131 Mag' Timing Light를 사용할 때 Ignition SW는 어떤 위치에 놓아야 하는가?

해답

Both Position Off 위치에 있으면 1차코일이 접지된 상태이므로 포인트가 떨어져도 지시할 수가 없다.

132 Compensated Magneto Cam은 무엇이고 어떤 종류의 엔진에 사용되는가?

해답

성형기관에서는 대향형 기관과는 달리 커넥팅로드의 형태가 Master Rod만 Crank Pin에 연결되고 Articulated Rod들은 Master의 큰 끝 원주상에서 너클핀으로 연결되어 있으므로 회전하고 있는 원주상에 회전중심이 있게 되어 각 실린더마다 상사점의 길이에 조금의 차이가 생기는 복경사각이 있다.
엔진의 형식에 따라 정해지는 점화진각은 상사점부터 계산된 각도이므로 상사점이 다르면 상사점전 몇 도라고 하는 점화진각도 달라지므로 각 실린더마다 높이가 다른 캠을 제작하여 이 복경사각을 보상해주는 캠이 보상캠이며 캠로브의 수가 실린더 수와 같고 #1 실린더의 캠로브에는 Red Dot가 표시되고 회전방향이 화살표로 되어 있어 점화순서에 따른 캠로브의 순서를 알 수 있으며 크랭크축 회전수와 1/2 회전비로 회전한다.

133 마그네토에 장착된 콘덴서의 기능은 무엇인가?

해답

1차회로의 Breaker Point와 병렬로 연결된 콘덴서(Capacitor라고도 함)는 접점에 생길 수 있는 아크를 방지하여 접점을 보호하고 철심에 잔류자기를 빨리 소멸시키는 역할을 한다.

134 Magneto의 Distributor에 기록되어 있는 숫자의 의미는 무엇인가?

해답

Distributor Block에 있는 숫자들은 엔진의 점화순서(Firing Order)가 아니고 점화순서대로 연결된 일종의 배전기 블록 번호이다. 즉, 1번은 첫 번째 점화되는 실린더, 2번은 두 번째 점화되는 실린더를 표시한다.

135 Ign' SW가 Off 위치에 있을 때 Ign' Sys'은 어떻게 되는가?

해답

스위치의 접지상황이 P-Lead를 통해 1차회로에 전달되므로 작동 중이던 엔진은 정지한다.

136 고공비행하는 대부분의 왕복 엔진장착 항공기는 여압마그네토(Pressurized Magneto)를 사용한다. 그 이유는?

해답

고공의 낮은 공기밀도에서 절연효과가 감소되어 Flash Over 등의 악영향을 주므로 조절된 공기압력을 공급하는 계통이며, 주로 터보차저엔진에 사용하는 회색 또는 청색의 마그네토이다.

137 왕복 엔진에서 Ign' SW를 Off 했는데도 계속해서 엔진은 돌고 있다. 이때 예상되는 결함은?

해답

스위치와 마그네토를 연결하는 P-Lead가 Open된 상태

138 Massive Elect Rod Type Spark Plug에 대한 Fine Wire Type의 장점은 무엇인가?

해답

흔히 백금 플러그라고 불리는 Fine Wire 형식은 Massive Elect Rod형보다 내부간격이 넓어 압축가스에 의해 세척이 잘되므로 불순물에 의한 불량이 적고 수명을 오래 유지할 수 있다.

139 Hot Spark Plug와 Cold Spark Plug의 차이점은 무엇인가?

해답

Spark Plug는 자체온도가 500～800[°C] 정도 유지되어야 정상적인 Spark를 만든다. 만약 800[°C] 보다 높게 유지되면 조기점화를 일으키고 500[°C] 보다 낮게 유지되면 Cold Fouling이 생긴다. 고성능 기관(성형기관)의 경우는 온도 유지를 위해 빨리 냉각을 해야 하므로 리치가 긴 콜드 플러그를 사용함으로써 실린더와 접촉

면적을 크게 한다. 대항형 기관은 온도유지를 위해 보온이 필요하므로 리치가 짧은 하트 플러그를 사용한다.

140 Spark Plug Reach란 무엇인가?

해답

Gasket Seat에서 Shell Skirt 끝까지 같이 즉, 실린더에 장착되어지는 나사산의 길이를 말한다.

141 Spark Plug의 Elect Rod Gap 측정에는 어떤 Gauge를 사용하는가?

해답

0.015[in]와 0.019[in]로 구성된 Go-No Go Gauge

142 항공기용 왕복기관에 사용되는 시동보조장치의 종류는?

해답

Impulse Coupling, Booster Coil, Induction Vibrator.

143 Impulse Coupling의 기능은 무엇인가?

해답

시동시

① High Spin을 만들어 Coming-in Speed에 도달되도록 한다.
② 점화를 지연시켜 킥백을 방지한다.

144 Spark Plug를 장착할 때 항상 Torque Wrench를 사용해야 하는 이유는 무엇인가?

해답

Torque가 약하면 Gas Leak의 염려가 있고 Over Torque가 되면 Seal 또는 Thread가 손상될 우려가 있기 때문이다.

145 Spark Plug를 엔진에서 장탈할 때 번호가 매겨진 용기(Tray)를 사용하며 번호대로 보관하는 것이 좋다. 그 이유는 무엇인가?

해답

Spark Plug는 Cylinder의 내부조건에 민감하므로 각 실린더의 상태를 알 수 있고 재사용시 규정에 따른 조치를 할 수 있기 때문이다.

146 All Weather Spark Plug란 무엇인가?

해답

점화도선에 수분침투를 막을 수 있도록 Water Tight Seal의 탄력성 Grommet을 씌운 Shielded Spark Plug를 말한다.

147 Engine 과열시의 악영향은 무엇인가?

해답

① 혼합기의 연소 상태에는 나쁜 영향을 미친다.
② Engine 부품의 약화 및 수명을 단축한다.
③ 윤활작용을 해친다.

148 Engine Cylinder내에서 발생하는 Liquid Lock(유압폐쇄 : Hyd' Lock)란 무엇을 의미 하며 어떻게 해결하여야 하는가?

해답

성형기관이나 도립 직렬형 엔진에서 도립된 실린더의 경우 작동을 마친 직후 뜨거워진 유체가 중력에 의해 하부로 오면 연소실내에 축적되고 다음 시동을 시도할 때 이 비압축성인 유체가 압력이 걸려 크랭크축의 회전을 방해하는 현상이며 맨 아래의 스파크 플러그를 탈거하여 유체를 빼내면 해제된다.

149 왕복 엔진의 냉각장치 중 Augmentor Tube의 사용목적은 무엇인가?

해답

Exhaust Collector의 뒷부분에 부착된 Stainless Steel의 Tube로 배기가스의 배출속도를 벤투리 원리를 이용하여 압력을 낮추고 이 작용을 이용하여 실린더 둘레의 냉각공기의 양을 증가시킨다.

실기구술형

150 엔진의 Pressure Baffle이란 무엇인가?

해답

실린더를 둘러싸고 있는 얇은 알루미늄 판으로 냉각공기를 실린더 둘레와 후면으로 골고루 분사시키는 냉각장치이다.

151 왕복 엔진의 Pressure Cooling System에 장착된 Blast Tube의 기능은 무엇인가?

해답

Cylinder Head에 장착되는 Baffle에 장치된 공기 튜브로 Rear Spark Plug의 냉각을 위한 장치이다.

152 알루미늄주물 Cyl' Head의 Cooling Fin이 굽은 것은 어떻게 수리하는가?

해답

① 원래의 상태로 복원이가능하면 복원을한다.
② 취성 때문에 펼 수 없다면 잘라내고 갈아주면 된다.(단, 전체면적의 10[%] 범위 내에서만 가능하다.)

153 지상에서 가동 중인 왕복 엔진의 Cowl Flap은 어떤 위치에 있어야 하는가?

해답

램 공기가 없으므로 완전히 열려있어야 한다.

154 헬리콥터의 왕복기관에 냉각공기량을 증가시키기 위하여 무엇이 사용되는가?

해답

팬에 의한 강제통풍(Belt-Driven Fan)

155 대부분 왕복 엔진의 배기부품들은 어떤 자재로 만드는가?

해답

인코넬 강, 또는 내식강(Corrosion-Resistant Steel)

156 왕복 엔진의 배기부품들을 묶어줄 때 Clamp는 어떻게 조여야 하는가?

해답

배기계통의 부분품들이 열팽창으로 손상되지 않도록 Clamp를 조여야 한다.

157 왕복 엔진의 배기계통에 있는 Ball Joint와 Bellow의 사용목적은 무엇인가?

해답

가스의 누설방지, 표면적인 치수유지, 그리고 Misalignment를 바로 잡는다.

158 Muffler의 내부결함은 엔진성능에 어떤 영향을 주는가?

해답

Exhaust Back Pressure를 증가시키고 엔진출력 손실의 원인이 된다.

159 연필로 배기장치에 표식을 하면 안 된다. 그 이유는?

해답

연필심속의 흑연(탄소)은 금속표면에서 가열되면 금속에 침투되어 금속에 취성을 갖게 하고 쉽게 균열을 일으키게 하기 때문이다.

160 Power Recovery Turbine은 왕복 엔진출력을 어떻게 증가시키는가?

해답

배기가스의 힘으로 터빈을 구동하고 이 회전력을 PRT 내부의 감속기어장치에서 감속하여 크랭크축에 추가적인 동력을 공급한다.

161 항공기용 왕복 엔진의 구비조건을 들어라.

해답

① 마력당 중량비가 작을 것　② 신뢰성이 클 것
③ 내구성이 좋을 것　④ 열효율이 높을 것
⑤ 진동이 적을 것　⑥ 점비가 용이할 것
⑦ 적응성이 높을 것

162 엔진성능에 영향을 주는 요소에는 어떤 것들이 있는가?

해답

① 행정체적　② 압축비
③ 기관의 동력　④ 열효율과 체적효율

163 왕복 엔진과 제트 엔진의 추력을 나타내는 단위는?

해답

① 왕복 엔진 : 마력[HP]
② 제트 엔진 : 파운드[lbs]

164 정미마력이란?

해답

정미(제동)마력은 엔진에 의하여 프로펠러나 혹은 다른 장치를 구동하기 위하여 얻어지는 실제적인 마력으로 지시마력에서 마찰마력을 뺀 마력을 말한다. 대부분의 항공기 엔진의 정미마력은 지시마력의 90[%] 정도이다.

가스터빈기관 이론 및 구조 SYSTEM

165 가스터빈 엔진이 왕복 엔진과 다른 점은 무엇인가?

해답

가스터빈 엔진에서는 연속 연소가스로써 터빈을 회전시킴으로써 직접 회전 운동을 얻는 점과 유효 출력이 회전축 출력 외에 배기가스의 분사추력을 이용할 수 있으나 왕복기관은 매 사이클마다 모든 실린더에 전기적으로 점화를 시키며 축 동력만을 발생한다.

166 가스터빈 엔진의 특징으로는 무엇이 있는가?

해답

① 소형 경량으로 큰 출력을 낼 수 있다.
같은 중량의 엔진이라면 왕복 엔진보다 2~5배 이상의 출력을 얻을 수 있다.
② 진동이 작다.
왕복 엔진처럼 왕복운동부분이 없고 회전부분만 있으므로 진동이 작다.
③ 시동이 쉽고 난기 운전이 불필요하다.
엔진 시동 후 엔진 Warm-Up이 필요 없이 즉시 최고출력까지 가속이 가능하다.
④ 연료비가 싸고 오일 소비량이 적다.
높은 옥탄 가솔린이 필요 없고, 윤활 부분도 왕복 엔진보다는 적다.
⑤ 고속 비행이 가능하다.
프로펠러는 시속 600[km] 이상에서는 충격파 발생과 효율의 급격한 하락으로 그 속도 이상으로는 비행이 불가능하지만 제트기는 아음속에서부터 초음속까지 가능하다.
⑥ 정비성이 좋다.
구조가 간단하고 정비성을 고려한 설계가 되어 있다.

167 Turbo Prop' 엔진은 무엇인가?

해답

수송기나 사업용기에 사용되는 엔진으로 중속, 중고도 비행에서 효율이 뛰어나고 엔진 출력의 약 90[%]를 프로펠러에서 나머지 10[%]는 제트에너지의 추진력에서 얻는다.

168 Turbo Fan Engine이란 무엇인가?

해답

기본적인 터보제트 엔진의 압축기 앞쪽이나 터빈의 뒤쪽에 팬을 장착하여 코어엔진을 거치지 않은 공기를 바이패스시켜서 2차적인 추력을 얻으므로 연료소비를 줄이고 추진효율을 높인 엔진이다.

169 Jet Engine의 기본 Cycle은?

해답

Brayton Cycle(정압 사이클)

170 제트 엔진의 브레이턴 사이클을 설명하시오.

해답

단열압축(압축기) → 정압수열(연소실) → 단열팽창(터빈) → 정압방열(배기노즐)

1872년 브레이턴에 의해 고안된 가스터빈기관의 이상적인 사이클로 연소과정이 정압상태에서 이루어지므로 정압 사이클이다.

171 제트 엔진의 추진원리는 무엇인가?

해답

Newton이 제안한 운동의 법칙 중 제3법칙(작용과 반작용의 원리)을 응용한 것이다.

172 Turbo Fan Engine 내부의 구성품을 간략히 설명하시오.

해답

Fan → Compressor(LPC & HPC) → Combustion Chamber → Nozzle Guide Vane → Turbine(HPC & LPC) → Exhaust Nozzle

173 가스터빈 엔진의 주요 구조를 앞쪽부터 차례로 배열하시오.

해답

전방프레임 → 압축기 → 디퓨저 → 연소실 → 노즐 다이어프램 → 터빈 → 배기노즐

174 터빈 엔진의 Two Basic Section은 무엇인가?

해답

Hot Section과 Cold Section

175 Jet Engine의 Hot Section과 Cold Section의 구분은?

해답

연소실을 기준으로 앞쪽(공기 흡입구, 팬, 압축기와 액세서리)은 Cold Section이고, 뒤쪽(연소실과 터빈, 배기부분)은 Hot Section으로 구분

176 가스터빈 엔진에서 가장 고온 부분은 어디인가?

해답

연소실 중심이 2,000[°C]로 가장 높지만 냉각공기에 의해 열이 차단되므로 재료에는 Hot Gas가 닿지 않는다. 따라서 실제 재료가 받는 온도로 치면 고압터빈의 입구가 가장 높다.

177 터빈 엔진의 Hot Section Inspection시 점검 사항은?

해답

① 연소실 : 균열, 변형
② 터빈 휠과 케이스, 배기부분 : 균열, 과열흔적, 비틀림, 침식, 탄 흔적

178 터빈 엔진의 Hot Section에서 발견되는 일반적인 결함형태는 어떠한가?

해답

Hot Section의 결함형태는 고온집중에 의한 균열발생이 일반적임

179 터빈 엔진 주변의 기골은 엔진의 과도한 열로부터 어떻게 보호하는가?

해답

단열 덮개(Insulating Blanket)로 과도한 열로부터 기골을 보호한다.

180 터빈 엔진의 과도한 열로부터 기골을 보호하기 위해 사용하는 단열 덮개는 어떤 재료로 만드는가?

해답

금속판 사이에 삽입시킨 유리섬유(Fiber Glass)로 만든다.

181 터빈 엔진에 유입되는 대부분 공기의 역할은 무엇인가?

해답

대부분 공기는 엔진냉각에 사용된다.

182 Gas Turbine Engine에서 Gas Generator 부분은 어디를 가리키는가?

해답

가스터빈 고온, 고압가스를 발생하는 주요 구성 부분으로 압축기, 연소실, 터빈으로 된 부분을 말하며, Turbo Jet의 공기흡입 부분과 배기노즐을 제외한 부분, 터보프롭의 프로펠러 구동 부분과 배기노즐을 제외한 부분, 터보팬의 공기 흡입구 부분과 노즐을 제외한 부분을 각각 가리킨다.

183 Free-Turbine Turbo-Shaft Engine이란 무엇인가?

해답

터보 샤프트 엔진에서 터빈을 분리시켜서 가스제너레이터의 터빈은 압축기를 구동하고 분리된 터빈(자유터빈)은 프로펠러 또는 트랜스미션과 연결되어 있다.

184 Engine의 Station Number란?

해답

- JT9D Engine의 경우
  ① : Fan Inlet
  ② : LPC Outlet or HPC Inlet
  ③ : HPC Out
  ④ : C/C Out or HPT Inlet
  ⑤ : HPT Out or LPT Inlet
  ⑥ : LPT Out
- PW4000 Engine
  ① : Inlet
  ② : Fan Inlet
  ③ : HPC Outlet or LPT C/C Inlet
  ④ : C/C Out
  ⑤ : LPT Out
- 스테이션 넘버는 제작사별로 다르게 표시되어 왔으나 1990년 이후 FAA에 의해 표준화되었다.
  STA 0 ; Ambient
  STA 1 ; Intake
  STA 2 ; Fan Inlet(Single Spool은 Comp' Inlet)
  STA 3 ; Comp' Discharge
  STA 4 ; Turbine Nozzle Guide Vane Inlet
  STA 5 ; LPT Outlet(Single Spool은 터빈출구)
  STA 6 ; A/B Diffuser(Flame Holder Area)
  STA 7 ; A/B Exhaust Nozzle Inlet
  STA 8 ; A/B Exhaust Nozzle
  STA 9 ; A/B Exhaust Nozzle End Area
  STA 12 ; T/F Eng' 2차공기 팬입구
  STA 14 ; T/F Eng' 2차공기 팬출구
  STA 2.5 ; T/F Eng' HPC in 또는 LPC out
  STA 4.5 ; T/F Eng' LPT in 또는 HPT out
  STA 4.95 ; EGT Probe

185 N1, N2, HPT, LPC 등 명칭의 정의 Station 1의 위치는?

해답

① N1 : LPC와 LPT를 구동하는 Spool의 회전수
② N2 : HPC와 HPT를 구동하는 Spool의 회전수
③ HPC : High Pressure Compressor
④ LPC : Low Pressure Compressor
⑤ Station1 : Nose Cowl 바로 앞쪽

186 흡입 덕트의 종류 5가지는?

해답

① Nose Inlet ② Wing Inlet
③ Pod Inlet ④ Scoop Inlet
⑤ Annular Inlet

187 아음속 대형 항공기의 흡입 덕트는?

해답

확산형

188 터빈 엔진의 Divergent Inlet Duct란 무엇인가?

해답

확산형 흡입 덕트는 공기가 흐르는 방향의 단면적이 점점 커지는 덕트로 아음속 항공기에 사용되며 연속의 방정식과 베르누이 정리에 의거 속도에너지가 압력에너지로 변하여 전압의 상승효과가 된다.

189 터빈 엔진의 Convergent Inlet Duct란 무엇인가?

해답

수축형 덕트는 공기가 흐르는 방향의 단면적이 점점 작아지는 Duct이다.

190 Supersonic Aircraft Engine의 Inlet Duct의 Type은?

해답

Convergent-Divergent Duct

191 C-D Duct가 일부의 초음속 항공기에 사용되는 이유는 무엇인가?

해답

초음속 항고기라고 해서 항상 초음속 비행만 하는 것이 아니기 때문에 이륙이나 착륙, 상승 등의 아음속 비행 시에도 압축기 입구의 공기 흡입 속도를 마하 0.5 정도로 유지하기 위함이다.

192 터빈 엔진을 장착한 헬리콥터의 Inlet Duct의 종류는?

해답

Bellmouth Inlet Duct

193 VIGV의 역할은?

해답

Variable Inlet Guide Vane(가변입구안내정익)은 압축기의 실속을 방지하기 위한 장치로서 공기유입속도와 압축기 rpm에 따라 안내 깃의 각도를 자동 조절하여 압축기 동익에 유입되는 공기의 받음각을 압축하기 가장 좋은 각도로 유지함으로써 실속을 방지하면서 압축기의 효율을 높게 한다.

194 BPR이란?

해답

By Pass Ratio는 터보팬엔진에서 팬에서 압축된 공기 중 팬덕트에서 By Pass되는 2차 공기와 코어 엔진을 통과하는 1차 공기의 비율 즉 바이패스되는 공기가 엔진을 통과하는 공기의 몇 배인가를 나타내는 무차원량이다.

195 Turbo Fan Engine에서 Primary Air Flow란?

해답

Fan에서 압축된 공기가 압축기, 연소실, 터빈을 통과하여 배기 노즐로 분사되는 공기를 말한다.

196 Turbo Fan Engine에서 Secondary Air Flow란?

해답

Fan에서 압축된 공기가 Core Engine을 거치지 않고 Fan Duct에서 분사되면서 2차 추력을 만들며 이 공기는 연료소모 없이 추력을 발생하므로 연비가 개선되고 이 공기의 비율이 클수록 BPR이 큰 것이다.

197 Engine Air Inlet Vortex Destroyer는 엔진의 외부물질에 의한 손상(FOD)을 막는데 어떻게 돕는가?

해답

지상에서 엔진이 고출력으로 작동 중일 때 엔진전방에서 형성되는 소용돌이가 붕괴되도록 Compressor Bleed Air를 고속으로 붙어주어 FOD를 막는다.

198 Fan Blade의 재료는?

해답

티타늄합금

199 Engine Compressor의 목적은 무엇인가?

해답

첫째 연소실에 필요 충분한 공기를 공급하고, 둘째 엔진 블리드 에어를 이용해 고온부분의 Hot Section Part를 냉각시키며, 셋째는 Customer Bleed Air나 Customer Service Air를 제공한다.

200 Compressor의 필요조건을 설명하시오.

해답

① 대량의 공기를 처리할 수 있을 것
② 높은 압력비를 얻을 수 있을 것
③ 효율이 높을 것
④ FOD의 흡입에도 강할 정도로 견고할 것
⑤ 제작이 용이하고 가격이 저렴할 것

201 압축기의 종류와 각각의 특징을 설명하시오.

해답

① 원심식 압축기(Centrifugal Force Type)
Impeller, Diffuser, Manifold로 구성되며, 경량이면서 구조가 튼튼하고 단당 압력비가 크나 입출구의 압력비가 낮고 대량공기를 처리할 수가 없어 대형으론 불가능하고 전면면적이 크다.
② 축류식 압축기(Axial Flow Type)
Rotor와 Stator로 구성되며 여러 단으로 구성하여 전체 압력비가 크며 대량공기의 처리가 가능하여 대형으로 적합하며, 현재 고성능 엔진에 사용되며, FOD에 약하고 제작비가 비싸며 무겁다.
③ 축류-원심식(Hybrid Type)
소형 가스터빈에 사용되며 전방은 축류형이고 마지막 단계가 원심식인 압축기이다.

202 축류식 압축기의 Stator의 목적은 무엇인가?

해답

Stator는 흡입된 공기의 속도에너지를 압력에너지로 전환시키며 공기의 흐름방향을 변화시켜 다음 단계의 Rotor에 적절한 각도로 공기를 유입되게 한다.

203 압축기 깃의 장착에는 어떠한 방법들이 있는가?

해답

Dove Tail, Pin Joint

204 VSV란?

해답

Variable Stator Vane으로 압축기 실속방지장치 중의 하나이며 현재 축류식 압축기를 사용하는 거의 모든 엔진에 채용하고 있다. 압축기 전방단계의 정익의 취부각을 가변하여 엔진 RPM에 따라 EVC(Engine Vane Control)에 의해 자동 조절케 함으로써, 공기 유입량, 즉 유입속도를 변화시키므로 동익의 영각을 일정하게 한다.

205 Stall이 일어나는 원인은?

해답

① CDP가 너무 클 때
② CIT가 너무 높을 때
③ Choke 현상 발생시

206 압축기 실속의 결과로써 발생할 수 있는 것으로는 무엇이 있는가?

해답

EGT 상승, 심한 진동, 폭발음과 함께 RPM Drop
Engine Parameter의 Fluctuation, Comp' Fail 등

207 축류식 압축기의 실속과 실속의 원인 및 예방책에 대하여 설명하시오.

해답

① 압축기 실속
비행기 날개의 양력은 날개 받음각이 클수록 증가하고 어떤 각도에서 최대에 달하여 그것을 넘으면 날개 면에 공기 흐름이 박리를 일으켜 양력이 급속히 떨어지는 것처럼 축류식 압축기의 로터에서도 박리현상으로 실속이 발생한다.
② 실속의 원인
비행기 비행 자세의 급변에 따르는 기관 유입공기 흐름의 난류, 측풍과 돌풍, 다른 엔진으로부터 배기가스의 흡입 등으로 회전속도와 흡입가스의 속도가 맞지 않아서 발생된다.
③ 실속방지
로터의 회전방향과 로터에 대한 유입공기의 받음각이 적당하면 실속이 일어나지 않는다.

208 실속을 방지하기 위한 구조를 설명하시오.

해답

① Multi Spool Engine
압축기 로터와 터빈 로터를 각각 저압용, 고압용 등 2개 이상으로

실기구술형

분할해서 독립된 축으로 구동시켜 유입되는 공기의 양, 즉 속도에 맞춰 회전속도를 유지함으로써 실속을 방지한다.

② Variable Stator Vane 설치
축류식 압축기의 인렛가이드 베인 및 스테이터의 취부각을 가변 구조로 해서 유입 공기 흐름량의 변화에 따라 로터에 대한 받음각을 항상 일정하게 유지하도록 한다.

③ Bleed Valve
기관의 시동시와 저출력 작동시만 이 밸브가 자동적으로 열리도록 해놓고 압축 공기의 일부를 이 밸브를 통해서 대기 중으로 방출시킨다. 이 방출을 Air Bleed Surge Bleed라고 하며 블리드에 의해 압축기 전방의 유입 공기량은 방출 공기량 증가 만큼만 증가되므로 로터에 대한 받음각이 감소해서 실속이 방지된다.

209 Axial Folw Compressor의 Choking 현상은?

해답

동익에 걸리는 받음각이 너무 작을 때 Blade의 Concave Area에서 박리가 일어나는 현상이다.

210 Engine의 Choking현상이 발생하는 이유와 방지책은?

해답

- Choking현상이 발생하는 이유
  ① Blade의 영각이 너무 작을 때
  ② RPM이 저속일 때
  ③ 공기의 유입 속도가 불균일 할 때 발생
- Choking현상의 방지책
  ① Variable Inlet Guide Vane 설치
  ② Variable Stator Vane 설치
  ③ Variable Bypass Valve 설치
  ④ Multil-Spool Compressor 사용
  ⑤ Bleed Valve 설치

211 대형 Turbo-Fan Engine의 압축기 실속방지 계통은?

해답

다축식, Blade Valve, Variable Stator Vane

212 Turbine Engein에서 N1, N2의 개념은?

해답

① 저압 로터(N1) : 자체 속도를 유지한다.
② 고압 로터(N2) : 엔진 속도를 유지한다.

213 Bleed Air가 사용되는 곳은?

해답

Air Condition System, Anti-Icing, Turbine Cooling, Gyro계기, 유압계통, 시동장치, 역추력장치 등에 사용된다.

214 Compressor Stall과 Surge를 구분하시오.

해답

1Unit(단위 : 1개 Blade, 1개 Engine, 1대 항공기)에서 발생한 흐름의 떨어짐을 Stall 즉, 단수개념을 말하며 이것이 여러 개 모여 복수 다발적으로 발생시(즉 전파되면) Surge 즉, 복수개념을 말한다.

215 Engine Stall 후 정비사가 우선 검사해야 할 곳은?

해답

NDI로 Blade(Fan, Compressor, Turbine) 검사

※ Surge 발생시 조치사항
① Comp' Bore Scope Insp'
② Comp' VSV Rigging Check
③ Comp' VBV Rigging Check
④ Comp' Bleed System 점검
⑤ Fuel System 점검

216 터보팬엔진에서 Compressor에 오물이 끼면 엔진에 나타나는 성질은?

해답

압축효율 감소로 인하여 RPM 증가, EGT 상승

217 터빈 엔진의 압축기는 어떻게 세척하는가?

해답

시동기에 의한 Motoring 또는 저속작동 중에 유화 형 에멀션 세척제를 엔진에 분무하여 준 다음, 맑은 물을 뿌려준다. 좀 더 강한 세척방법은 복숭아씨 혹은 호두 껍질을 갈아 만든 연마제를 저속 작동 시 엔진내부로 쏘아주어 세척한다.

218 티타늄합금으로 된 Fan Blade의 Tip이 Bent 되었다면?

해답

수리허용한계를 확인하고 한계 내에서 Blending한다.

219 Fan Blade Blending시 Caution 사항은?

해답

① Damage(Bent, Dent, Nick) Limit 확인한다.
② 안전장비(Mask, Goggles) 착용한다.
③ Blending시 손상두께의 6배 정도로 Smooth하게 한다.
④ 열 변형이 없어야 하므로 동력장비사용은 자제하고 마지막 0.002[in]는 줄이나 사포로 마무리한다.

220 정비 지침서에 Warning, Caution, Note를 설명하시오.

해답

① Warning : 작업시 반드시 지켜야 하는 사항으로 지키지 않으면 인명이나 장비품에 중대한 손상 또는 위험을 초래할 수 있는 사항
② Caution : 작업시 반드시 지켜야 하는 사항으로 지키지 않으면 장비품에 중대한 손상 또는 위험을 초래할 수 있는 사항
③ Note : 제작자의 권고사항으로 지키지 않으면 장비품의 성능에 지장을 초래할 수 있는 사항

221 Compressor Blade의 Shingling 현상이란?

해답

Fan 또는 Compressor Blade의 Mid Span 또는 Tip Shroud가 서로 겹치는 현상

222 Diffuser란 무엇인가?

해답

압축기 출구와 연소실 입구 사이에 장착되는 입구보다 출구의 단면적이 넓어 공기속도는 감소되고 압력이 상승된다. 그러므로 Compressor에서 나온 공기의 속도에너지가 압력에너지로 변화 후 연소실로 들어간다.

223 Combustor의 외부 Case의 명칭은?

해답

P&W-Diffuser Case, GE-Comp' Rear Case

224 터빈 엔진 연소실의 3가지 종류와 특성은?

해답

① Can Type : 설계 및 정비성은 좋으나 고공에서 연소가 불안정하고 시동시 과열되기 쉬워 현재는 잘 사용되지 않는다.
② Annular Type : 구조간단, 짧은 전장, 연소안정, 출구온도분포 균일하여 현재가장 많이 사용되나 장비가 어렵다.
③ Cannular Type : 캔과 애뉼러의 중간 특성

225 연소실에 유입되는 공기의 속도를 줄이는 이유는?

해답

좋은 연소 성능을 위하여

226 연소실의 구비조건을 설명하시오.

해답

① 연소 효율이 높을 것
② 압력손실이 적을 것
③ 고공에서 재점화가 용이할 것
④ 유해 물질의 배출이 적을 것

227 연소실의 냉각은 어떻게 하는가?

해답

연소실로 유입된 공기 중 연소에 참여하지 않는 2차 공기로 냉각한다.

228 터빈 엔진은 몇 개의 점화기(Ignitor)가 있는가?

해답

점화기(Ignitor)는 2개이다.

229 최근 고성능엔진에서 사용하고 있는 연소실구조 형태인가?

해답

애뉼러형

230 Swirl Guide Vane이란?

해답

연소실 입구에 위치하여 유입공기에 소용돌이를 만들어 연료와 잘 혼합되고 속도를 줄여 연소효율을 높이는 장치

231 연소실 내의 1차 공기와 2차 공기를 구분하시오.

해답

Primary Air는 Swirl Guide Vane을 통하여 유입되는 공기로 압축기에서 공급되는 총 공기의 약 25[%] 정도가 되며, 혼합비를 15:1로 유지하여 실제로 연소에 사용되는 공기이며, Secondary Air는 연소실의 외곽으로 유입되는 75[%]의 공기로 Hold과 Louver를 통해 냉각 띠를 형성하여 연소실 냉각을 하며 후방에서 1차 공기와 혼합됨으로써 허용 TIT까지 냉각시켜 터빈입구로 보낸다.

232 터빈이란 무엇인가?

해답

연소실을 나온 고온, 고압의 가스를 팽창시켜 그 열에너지를 고속의 운동에너지로 바꾸어 회전 일을 만들며 압축기와 팬, 액세서리 등을 구동하기 위한 기계적인 일을 담당하는 회전 기계이다.

233 터빈이 구비해야 할 필요조건은?

해답

① 효율이 높아야 한다.
② 스테이지당 팽창비가 커야 한다.
③ 신뢰성이 높고 수명이 길어야 한다.
④ 제작이 용이하고 가격이 싸야 한다.
⑤ 정비성이 좋아야 한다.

234 터빈 엔진의 터빈노즐의 사용목적은 무엇인가?

해답

터빈입구의 정익으로 연소실에서 나온 고온가스를 수축시켜 압력과 온도를 감소시키고 속도를 증가시켜 고속으로 터빈버킷을 때리게 함으로써 최대효율로 터빈 휠을 회전시키게 한다.

235 노즐 다이어프램이란?

해답

터빈 노즐을 말하는 것으로 연소실에서 나온 연소가스를 터빈에 맞는 각도로 유입시키고 또한 유입되는 연소가스의 속도를 증가시켜 터빈 블레이드에 보내는 역할을 한다.

236 터빈 엔진에서 가장 고온에 노출되는 곳은?

해답

고압터빈의 Inlet

237 축류식 터빈 엔진들 중 터빈과 압축기가 한 Set 이상인 엔진에 대하여 설명하시오.

해답

터빈과 압축기를 고압과 저압으로 분리시켜 LPT는 LPC를 구동하고, HPT는 HPC를 구동하도록 한 2 Spool 터빈 엔진이며 N1은 자체속도를 제어하고 N2는 엔진속도를 제어하며 시동시에 부하를 줄일 수 있는 장점이 있다.

238 Turbine Blade Root 형태는?

해답

Fir Tree Type(X-mas tree)

239 Turbine에서 Shrouded Bucket이란?

해답

Turbine Blade Tip에 Shroud가 붙은 구조로서 구조는 복잡하지만, 블레이드 공진을 방지할 수 있고, 가스가 새는 것을 막는 효과가 있으며 또 블레이드 단면이 얇아서 공력 특성이 우수한 등의 이점이 있다.

240 터빈의 냉각방법에 대하여 설명하시오.

해답

Convection Cooling(대류), Impingement Cooling(충돌), Air Film Cooling(공기막), Transpiration Cooling(침출)

241 일부 터빈 엔진의 Turbine Inlet Guide Vane과 제1단계 Turbine Blade의 냉각방법을 설명하시오.

해답

고압압축기 Bleed Air를 중공 Guide Vane과 중공 Turbine Blade로 흐르게 하여 냉각시킨다.

242 터빈 엔진의 Rotor Shaft를 지지하는 Brg'는 어떤 종류를 사용하는가?

해답

Anti-Friction(비마찰) Brg'으로 Ball Brg' 또는 Roller Brg'을 사용한다.

243 Turbo Jet Engine에서 Balance Chamber란?

해답

압축기의 로터가 회전하면서 공기를 후방으로 밀어내기 때문에 축은 추력이 작용하는 방향으로 빠져 나갈려는 힘을 받는다. 이를 방지하는 것이 추력베어링인데 이 베어링을 도와 추력하중을 흡수하도록 압축기 1단계 디스크의 전방에 압축공기를 불어 넣어서 축이 전방으로 빠지지 않도록 하는 방이 Thrust Balance Chamber이다.

244 Turbine Blade의 Creep현상이란?

해답

고온, 고속(높은 원심력)에서 터빈 깃이 신장되어 원래 형태로 복귀되지 못하는 현상이다.

245 TCCS이란?

해답

Turbine Case Cooling System 또는 Active Clearance Control System으로 팬 압축공기를 사용하여 터빈의 케이스를 냉각시키므로 Blade와 Case 사이의 간격을 최소로 유지하여 터빈의 효율을 증대시키고 연비를 개선시킨다.

246 터빈이 좋고 나쁨은 무엇을 보고 알 수 있는가?

해답

터빈 입구의 전압과 출구의 전압과의 비인 터빈 팽창비가 스테이지당 클수록 터빈효율이 좋다.

247 아음속 항공기의 배기 Duct Type은?

해답

Convergent Duct(수축형)

248 대형항공기(B747-400)의 역추력장치의 작동 힘은?

해답

Hydraulic Power

249 Fan Blade Blending 작업시 Caution 사항 7가지를 설명하시오.

해답

① Dent Limit가 허용 한도 내에 있는지 확인한다.
② 분진에 의한 피해 방지 위해 보호 공구를 사용한다.

실기구술형

③ 팬 루트 쪽보다 팁 쪽의 허용이 크다.
④ Dent 쪽의 블렌딩시 Smooth하고 넓게 블렌딩한다.
⑤ 팬에 충격을 주는 것을 금지한다.
⑥ 사용 중이던 배출을 계속 사용한다.
⑦ 전기 그라인딩 같은 열을 내는 공구 사용 금지한다.

250 Turbine, HPC, LPC에 나타나는 Shingling 현상이라고 하는 것은 어떤 현상인가?

해답

Blade가 서로 겹치는 현상

251 연소실과 터빈은 어떻게 냉각하는가?

해답

① 연소실 : 2차 공기흐름에 의해 연소실 liner 안쪽에 공기막을 형성시켜 직접 연소가스가 닿지 않도록 한다.
② 터빈 : 대류냉각, 침출냉각, 공기막냉각, 충돌냉각

252 엔진을 기체에 장착할 때 Flexible하게 장착하는 이유는 무엇인가?

해답

엔진의 열팽창과 충격으로 인한 진동을 흡수하기 위해서이다.

253 EPR(Engine Pressure Ratio)이란 무엇인가?

해답

Engine Exhaust Total Pressure를 Engine Inlet Total Pressure로 나눈 값, 즉 Engine Thrust를 측정하는 값

$$ERP=\frac{TDP}{CIP}=\frac{P_{t7}}{P_{t2}}$$

254 As Turbine Engine에서 ERP이란?

해답

터빈 출구압력과 압축기 입구압력의 비를 나타낸다.

255 터빈 엔진의 FCU를 조정(Trim)할 때 무엇을 조절하는가?

해답

Idle Speed와 Maximum-Thrust Speed

256 Trim의 목적은 무엇인가?

해답

엔진의 정해진 RPM에 의해서 정격추력을 내도록 FCU를 조정하기 위함

257 Engine Trimming시기는 언제인가?

해답

FCU교환시, 엔진교환시, Tail Pipe 교환시, Thrust Reverser 교환시, 기타 엔진 성능에 관련된 파트나 구성품 교환시

258 엔진의 일반적인 트림 방법은?

해답

① 항공기의 기수를 바람과 반대방향으로 하고 풍속은 200[mph]를 초과하지 않는 것이 최적
② 트림에 필요한 계기 설치
③ 부분적으로 스로틀을 정지시킬 수 있는 거소가 규정내에서 연료 조정 트림 정지를 할 수 있는 것을 설치
④ 대기온도나 대기압을 기록
⑤ ERP도는 RPM, EGT, 연료 흐름양을 기록
⑥ 표준 상태의 정확한 [%]에서 새로운 엔진트림의 RPM을 관찰

259 FCU를 Trimming할 때 터빈 엔진 항공기는 바람의 방향에 대하여 어떤 방향으로 놓여야 하는가?

해답

풍속이 10[mph] 이하일 때에는 항공기 기수는 어떤 방향이라도 무관하며, 풍속이 10~25[mph]일 때는 기수는 바람이 불어오는 방향을 향해 놓여 있어야 한다.
풍속이 25[mph] 이상일 때는 엔진을 Trimming해서는 안 된다.

260 FADEC이란?

해답

Full Authority Digital Electronic Control의 약어로서 최근의 디지털 전자 기술의 발달에 따라 지금까지의 유압 기계식 FCU와 아날로그 전자식 FCU 대신에 디지털 전자식 엔진 조절 장치가 출현했으며 이는 연료의 조절 정밀도를 높이고 연료비의 개선과 엔진의 안정적인 운전을 가능하게 하였다. FADEC은 계통의 신뢰성을 높이기 위해 서로 독립된 2중의 계통으로 구성되어 있고 고장의 경우는 자기 진단 기능에 의해 자동적으로 정상적인 계통으로 교체되도록 되어 있다.

261 FADEC에서 수감하는 것은?

해답

PLA, N1, N2, CIT, CDP

262 항공기 가스터빈용 제트연료의 특징은?

해답

증류연료로 작동하도록 설계되어 있으며 가솔린보다는 높은 함량의 탄소와 유황이 섞여 있다. 또한 연료에는 연료탱크의 부식 및 산화를 방지하기 위한 약품이 섞여 있으며, 고공, 저온에서 사용할 수 있도록 결빙방지제가 들어 있다. 현재 사용되고 있는 제트연료는 케로신계와 와이드 커트계가 있는데 케로신계는 등유 성분만으로 되어 있고 와이드 커트계는 등유성분과 가솔린 성분이 반반씩 섞여 있다.

263 제트연료의 필요(구비)조건은 무엇인가?

해답

① 증기압이 낮을 것
② 어는점이 낮을 것
③ 인화점이 높을 것
④ 대량생산이 가능하고 가격이 저렴할 것
⑤ 발열량이 크고 부식성이 없을 것
⑥ 점성이 낮고 깨긋하며 균질일 것

264 제트연료의 첨가 물질에는 어떠한 것들이 있는가?

해답

산화방지제, 금속불활성제, 부식방지제, 결빙방지제, 정전기방지제, 미생물살균제

265 터보제트 항공기 연료에 Prist를 첨가하는 2가지 이유는 무엇인가?

해답

Prist는 Biocidal Agent(살균제)
① 연료탱크 내에서 거품을 형성시키는 Bacteria를 죽이고
② 연료 속에 들어있는 수분의 결빙온도를 낮추어 주는 방빙제(Anti Freeze Agent)역할을 한다.

266 제트연료의 규격은 어떻게 정의되어 지는가?

해답

제트연료의 규격은 나라, 엔진 제작사, 항공기 제작사, 항공회사, 국제기관에서 각자 독자적으로 제정되고 있으나 인간규격에서는 미국 ASTM(American Society For Testing Materials)의 Jet A와 Jet B가 세계적으로 가장 유명하다.

267 Jet연료의 종류를 열거하고 특징 및 사용처에 대하여 설명하시오.

해답

① 군용 : JP-4,5,6,8
② 민간용 : Jet A, Jet A-1, Jet B

268 Jet-A 연료는 어떤 연료인가?

해답

① 고점도 케로신(등유) 계열의 연료
② 인화점이 110~150[°F]
③ 빙결온도는 −40[°F]이며
④ 발열량은 18,600[Btu/Pound]

269 터빈연료의 기본 2종류와 장·단점은?

해답

① 케로신계 : Jet A와 A-1, JP-5, JP-8
인화점이 높고 발화점이 낮고 비중과 석출점이 높으며 휘발성이 낮고 가격이 싸다.
② 와이드커트계 : Jet B와 JP-4
인화점이 낮고 발화점이 높고 비중과 석출점이 낮으며 휘발성이 높고 가격이 비싸다.

270 터빈 엔진에 장착된 항공기 연료탱크 주입구 주변에는 어떤 정보를 표시하여야 하는가?

해답

Jet Fuel이란 글자와 사용가능 연료명칭 또는 그 명칭을 참고할 수 있는 비행교범을 표시하며 가압연료계통에는 최대허용연료공급압력과 최대허용배유압력을 표시한다.

271 Fuel System을 탱크로부터 노즐까지 설명하시오.

해답

Fuel System은 크게 기체연료계통과 기관연료계통으로 나눈다.
① 기체계통 : Tank → Boost P/P → Shut Off V/V
② 기관계통 : Fuel P/P → H/E → Filter → FCU → Fuel/Oil Cooler → P/D V/V → Manifold → Nozzle

272 Main Fuel Pump의 종류는?

해답

Gear, Piston, Centrifugal Type이 있다,

273 터빈 엔진의 연료조정장치는 연료를 어디로 배출하는가?

해답

Spray Nozzle들을 통해 연소실로 배출한다.

274 FCU의 기본 입력 신호는 무엇인가?

해답

PLA, CIT, P_{amb}, CDP, RPM

275 FCU의 역할은 무엇인가?

해답

혼합기가 지나치게 농후하거나 희박한 화염소실, 압축기 실속의 각 영역을 피하면서, 동시에 가장 좋은 가감속 성능을 발휘하도록 연료 흐름양의 조절 성능을 담당

276 연료장치는 어떠한 것들을 감지해서 작동하는가?

해답

조종사의 요구, CIT, CDP, RPM, 터빈 온도

277 터빈 엔진의 기본적인 2가지 형태의 Fcu는?

해답

① Hydro-Mechanical(유압기계식)
② Electronic Type(전자식)

278 터빈 엔진의 FCU에 의해 감지되는 엔진의 매개변수(Parameter)는 무엇이 있는가?

해답

PLA, CIT, CDP, TIT 등이 있으며 예를 들어, CIT가 높으면 밀도가 낮고, 공기량이 적고 연소실 공기량은 적고 연료량은 많아지는 현상이 발생하는데 이러한 것들을 이용해서 FCU에서 연료를 조절한다.

279 터빈 엔진의 P & D Valve의 사용목적은 무엇인가?

해답

여압 및 배출밸브로서 FCU와 Manifold 사이에 위치하여 연료의 흐름을 1차 연료와 2차 연료로 분배시키고, 기관이 정지시에는 매니폴드나 연료 노즐에 남아 있는 연료를 외부로 방출하는 역할과 연료의 압력이 일정압력 이상이 될 때 까지 연료의 흐름을 차단하는 역할

280 P & D Valve에서 Drain시킨 Fuel은 어떻게 처리하는가?

해답

과거에는 외부로 방출 했지만 현대 항공기들은 Return시켜 재사용한다.

281 연료노즐에 대하여 아는 대로 설명하시오.

해답

① 분무식

ⓐ Simplex : 기본적으로 하나의 분무형태를 제공하는 작고 둥근 오리피스이며 Spin Chamber에서 소용돌이를 만들고 오리피스를 나갈 때 분무되어진다.

ⓑ Duplex : 단일라인과 이중라인이 있으나 기본적인 원리는 같다. 1차 연료는 시동시 연료의 착화를 위해 노즐 중심의 작은 오리피스부터 넓은 각도로 분사되며, 2차 연료는 연소실내에서 균등한 연소가 얻어지도록 외측의 큰 오리피스를 통하여 좁은 각도로 멀리 분사된다.

② 증발식

Vaporizing Tube라고도 하며 터보 프롭이나 터보 샤프트 엔진에 사용되며 연료가 1차 공기와 함께 증발관 속을 통과하는 동안에 기열 증발해서 연소실 내로 분사된다.

282 Fuel Filter에 대해 설명하시오.

해답

① Cartridge Type : 저압계통에 사용하며 종이 재질로 되어 있어 재사용이 불가능하므로 주기적으로 교환하는 형식

② Screen Type : 저압계통에 사용하며 강철 망으로 구성, 세척하여 재사용 가능

③ Screen-Disk Type : By pass와 Relief Valve가 있어서 Filter가 막혔을 경우 연료를 바로 여과하지 않고 계통으로 흐르게 한다. 계통차압이 약 15~20[psi] 정도 되면 열린다.

283 터빈 엔진 연료계통에 Fuel Heater를 사용하는 이유는?

해답

연료 속에 있는 수분이 빙결되어 Filter가 막히지 않도록 연료를 따듯하게 유지하기 위하여 사용한다.

284 Fuel Tank의 Vent 시스템의 목적은 무엇인가?

해답

탱크 안과 밖의 압력차를 없애서 탱크의 팽창이나 찌그러짐을 막는다. 또, 연료탱크로의 유입 및 탱크로부터의 유출을 쉽게 하여 연료펌프의 기능을 확보하고, 연료의 보급 및 방출을 확실히 한다. 또한, 복수 탱크일 경우에는 이들 탱크의 연료 레벨을 동일하게 유지한다.

285 연료탱크의 Vent가 막히면 어떤 현상이 발생하는가?

해답

Vent 라인은 계통 내 압력 유지와 계통 보호에 있는데, Vent가 막히게 된다면 Vapor Lock현상이 일어나 연료의 흐름을 차단시키거나 부분적으로 연료의 흐름을 멈추게 하며 계통라인의 파멸을 일으킬 수도 있다.

286 연료탱크 내의 Baffle Pin의 목적은 무엇인가?

해답

탱크 내 연료의 Surge 현상을 억제한다.

287 오일의 구비조건 5가지를 설명하시오.

해답

① 점성과 유동점이 낮을 것

② 점도지수가 높을 것

③ 공기와 윤활유의 분리성이 좋을 것

④ 기화성이 낮을 것

⑤ 인화점, 산화안정성, 열적 안정성이 높을 것

288 가스터빈 엔진의 오일펌프 종류에는 어떠한 것들이 있는가?

해답

Gear Type, Vane Type, Gerotor Type

289 오일펌프의 종류 및 특징은?

해답

① Gear Type : 200~2,000[psi] 정도의 고압이 요구되는 곳에 사용된다.

② Gerotor Type : 200~1,000[psi] 정도의 중압이 요구되는 곳에 사용된다.

③ Vane Type : 50~300[psi] 정도의 저압이 요구되는 곳에 사용되며 저렴하다.

290 Engine Oil System의 3가지 종류와 각각의 역할은?

해답

① Pressure System : oil supply
② Scavenge System : oil return to tank
③ Breather System : Bearring 부위 윤활시 오일누설현상을 방지하기 위한 Seal Back- Pressure

291 Oil Flow 순서는?

해답

Oil Tank → Main Oil Pump → Main Oil Filter → Pressure Regulator → Fuel Oil Cooler → Oil Nozzle → Oil Scavenge Pump → Oil Tank

292 만약 오일이 정상보다 낮게 공급되고 있다면 조종사는 이를 어떻게 알 수 있는가?

해답

오일온도가 높고 오일압력이 낮은 것으로 판단할 수 있다.
만약 오일압력이 낮다면 Cockpit Indication은 Low Oil Pressure Light On되고 High Oil Temp' Indication.
만약 Oil Q'ty가 낮다면 Cockpit Indication은 Low Oil Q'ty Light On된다.

293 터보제트 엔진에 사용하는 Oil은?

해답

합성유(Synthetic Oil)

294 Hot Tank와 Cold Tank Oil System의 차이점을 설명하시오.

해답

① Hot Tank Sys'은 작동을 마치고 귀유되는 오일이 냉각기를 거치지 않고 탱크로 들어가는 계통
② Cold Tank Sys'은 귀유하는 오일이 오일 냉각기를 거처 차가운 오일이 탱크로 들어가는 계통
③ Cold Tank를 사용하는 이유는 탱크가 뜨거울 때 윤활유와 공기가 쉽게 분리되어 거품을 방지할 수 있기 때문이다.

295 Oil System에서 배유펌프와 용량이 압력펌프보다 큰 이유는 무엇인가?

해답

작동 중에 공기가 섞여 체적이 불어나기 때문이다.

296 터보제트 엔진의 윤활계통 내에서 연료-오일 열교환기의 기능은 무엇인가?

해답

고온의 Oil은 저온의 연료와 열교환함으로써 연료는 가열되어 필터가 얼지 않으며 오일은 냉각되어 원래의 점도를 유지한다.

297 오일 냉각기에 있는 Thermal By Pass Valve의 역할은?

해답

시동될 때와 같이 온도가 낮은 오일은 냉각기를 By Pass하고 작동 중 뜨거운 오일은 냉각기를 통과하게 한다.

298 Engine Run-Up 중 Oil' High 발생시 확인 사항은 무엇인가?

해답

① Oil Q'ty 확인
② Oil Pressure 확인
③ Oil Consumption 확인

299 Engine Shut Down 후 냉각기 결함으로 연료와 오일이 혼합되었다면 Cockpit에 나타나는 현상과 그 원인을 설명하시오.

해답

① 현상 : Oil Q'ty 증가
② 원인 : 연료압력이 오일압력보다 높기 때문에 냉각기가 누설되면 연료가 오일에 혼합된다.

300 Engine Shut Down 후 Oil Q'ty가 증가했다면 어떤 결함을 예상할 수 있는가?

해답

Cooler의 Core Crack 또는 Packing이 절손되었다.

301 터보제트 엔진 오일계통의 마지막 장착된 오일 필터 위치는 어디인가?

해답

Oil을 Brg'에 연무(Mist)시켜주는 노즐 바로 앞에 Last Change Filter가 있다.

302 Oil Nozzle의 마모시 예상되는 지시상의 결함은?

해답

Oil Pressure Drop

303 Oil Tank 내에서 연료 냄새가 난다. 조치사항은?

해답

먼저 Fuel/Oil Cooler를 교환하여야 하며, 반드시 Oil Flashing을 하여야 한다.

304 터보제트 엔진의 오일 주입구 주변에는 어떤 정보를 표기하여야 하는가?

해답

Oil이라는 글자와 사용가능 Oil 명칭 혹은 사용가능 Oil 명칭을 찾을 수 있는 항공기 비행교범(Airplane Flight Manual)의 해당란을 표시하여야 한다.

305 PW4000 Engine의 Oil Pressure는?

해답

Oil Pressure Regulator가 없으므로 Oil Pressure는 N_2 RPM에 따라 변한다. Idle RPM에서 약 100[psid], 순항시 200[psid], 이륙 시 300~500[psid]

306 SOAP(Spectrometric Oil Analysis Program) 이란?

해답

일정주기마다 엔진에서 Oil Sample을 채취해서 시험실로 보내 이를 태워 분석하는 분광오일분석 검사방법이며 Oil Sample 내에 존재하는 금속입자들이 타면서 내는 불빛의 파장으로 금속의 종류를 알아낸다, Al입자는 Piston, 철(Fe)입자는 실린더벽, 피스톤링, 동(Cu)입자는 Main Bearing, Bushing의 마모흔적을 나타낸다. 단 한 번의 Sample 분석은 의미가 없으며 정규적인 분석으로서 금속입자 발생량의 증감으로 이상상태 를 판정하는 검사방법이다.

307 Packing과 Gasket을 비교하여 설명하시오.

해답

① Packing : Seal의 일종으로 고무재질의 둥근 링 형태로 움직이는 부분에서 사용
② Gasket : Seal의 일종으로 고무, 동, 알루미늄의 재질로 고정된 부품을 조립시 사용한다.

308 Oil System에서 Breather Pressure란?

해답

베어링 Compartment의 여압된 공기가 Air-Oil Seal에서 Sealing 후 Brg'Compartment 내에 유입된 공기와 Sump의 고온에 의해 발생된 Vapor Gas Mist의 혼합된 압력으로 통상 5~12[psi] 정도이며 Gear Box, Oil Tank Pressure와 같다.

309 Oil System에서 De-Oiler란?

해답

Oil Tank 상부의 Scavenge Line에 달팽이관으로 된 Tube로 Oil의 점성을 이용하여 오일속의 공기를 분리시키는 장치이다.

310 Oil System에서 Deaerator란?

해답

Gear Box에 장착된 Centrifugal Force Type Valve로 원심력에 의해 오일계통 내의 Breather Air에 포함된 Oil을 분리하고 공기를 외부로 배출시키는 밸브이다.

311 Main Bearing의 Air-Oil Seal 형식에서 Carbon Seal Face Type과 Carbon Seal Ring Type을 비교하여 설명하시오.

해답

① Carbon Seal Face Type: Eng' Thrust Bearing 또는 비교적 열팽창이 적은 부분에 사용하며 Bearing Housing에 장착된 Carbon Seal Face와 Main Shaft에 장착된 Metal Seal Plate의 면에서 Sealing이 되는 형식
② Carbon Seal Ring Type : 열팽창이 큰 엔진의 후방부에 있는 Roller Bearing부분에 주로 사용되며 왕복기관의 피스톤 링처럼 2개의 Ring Type으로 되어 있으며 Carbon Seal Ring의 Outside에서 Sealing이 되는 형식

312 Labyrinth Seal이란?

해답

Multi Disk Type의 Knife Edge Seal과 Honeycomb 구조의 Seal Ring의 조합으로 Sealing하는 형식이다.

313 MCD란?

해답

Magnetic Chip Detector의 약자이며 Oil Scavenge 부분에 자석으로 된 Plug를 장착하여 철금속의 Chip들을 모아 엔진의 각 부분의 결함을 알아내는 장치이다.

314 Jet Oil의 용기는 1Quarter의 Can으로 되어 있다. 이때 Quarter의 단위는?

해답

1/4 Gallon이다.

315 엔진에 보급하고 남은 Jet Oil의 처리 방법은?

해답

Can이 일단 개봉되면 공기와 접촉하여 변질될 수 있어, 남은 오일은 폐기하여야 한다.

316 Turbine Engine에 사용되는 Starting System의 종류는?

해답

① Pneumatic Starting System
② Electrical Starting System
③ Cartridge Starting System

317 가스터빈 엔진의 시동기의 종류와 특징은?

해답

① 전동기식 시동기 : APU, GPU, 소형비행기에 사용중량이 크다.
② 시동기-발전기식 : 시동시에는 시동기로 사용되며 시동 후에는 발전기로 사용, 가장 많이 쓰이며 무게가 가볍다.
③ 공기식 시동기 : 전기식 시동기의 1/5 정도의 무게이며 대부분의 대형 상업용 항공기에 사용한다.

318 시동기의 장착부위는?

해답

Main Gear Box

319 대부분의 대형 터빈 엔진에는 어떤 점화장치를 사용하는가?

해답

High Intensity, Intermittent Duty, Capacitor Ignition System

320 Ignition System의 구조를 설명하시오.

해답

① Ignition Exciter : 점화플러그에서 고온에너지의 강력한 전기불꽃을 튀게 하기 위해 항공기의 저 전원전압을 고전압으로 변환하는 장치
② High Tension Lead : Exciter와 점화플러그(Ignitor)를 접속하고 있는 고전압전선
③ Ignitor : 연소실 내에 불꽃방전

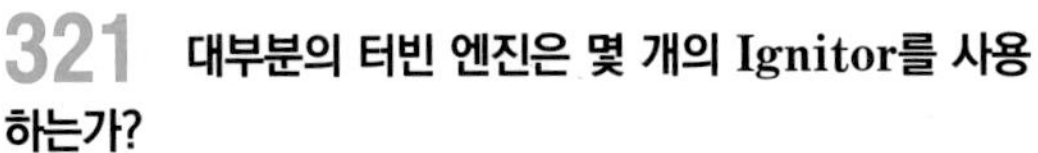

321 대부분의 터빈 엔진은 몇 개의 Ignitor를 사용하는가?

해답

엔진당 2개의 Ignitor를 사용한다.

322 Ignition Vibrator의 역할은 무엇인가?

해답

가스터빈기관의 점화장치에서 28[V]의 직류를 받아 스프링의 힘과 바이브레이터 코일의 자장에 의해 진동하면서 변압기 역할을 하는 점화코일의 1차 코일에 액류를 공급한다.

323 항공기 가스터빈 엔진의 Ignition System 전원은 무엇을 사용하는가?

해답

직류 28[V] 또는 교류 115[V] 400[Hz]를 사용하고 있으며, 점화계통은 엔진의 시동 및 비행 중에 Flame Out이 생길 때 재 점화를 위해 사용되며 일단 엔진이 정상 운전 상태로 들어가면 곧 작동이 정지된다. 이외에 이착륙 중과 Icing 기상조건 및 악기류 속의 비행에서 연소정지를 예방하기 위해 장시간 연속해서 사용한다.

324 터빈 엔진에 사용하는 2종류의 점화장치란?

해답

유도형과 용량형으로 구분하고 유도형은 유도코일로써 승압시켜 사용하고 용량형은 커패시터에 의해 전하를 모아 짧은 시간에 고에너지로 방전한다. 전압의 정도로 고전압계통과 저전압계통이 있는데 저전압은 약 2,000～20,000[V], 고전압은 20,000[V] 이상이다, 또 전류로 직류와 교류로도 구분하는데 교류를 사용하면 전압이 높아 전류가 작아지므로 장치의 무게를 줄일 수 있다.

325 Turbine Engine Ignition System에서 Spark Time Interval은?

해답

1/2～1/4[sec]

326 Turbine Engine Ignition System에서 Continuous Ignition 이란?

해답

시동을 제외한 Take-Off, Landing, Heavy Rain, Snow, Icing, Compressor Stall, Emergency Descent 등 In-Flight Mode에서 Engine의 Flame Out을 방지하기 위하여 Automatically 또는 필요시 선택하여 점화를 지속시킨다.

327 Glow Plug Ignitor는 어떤 계통에 사용하는가?

해답

Low Voltage System

328 Jet Engine Ignition System이 왕복기관보다 우수한 점은?

해답

시동시에만 점화가 필요하고 Ignitor의 수명이 길게 되고 Timing 장치가 필요 없고 점화분석 장치가 필요하지 않다.

329 Jet Engine Ignition System이 왕복기관보다 불리한 점은 무엇인가?

해답

연소실 내의 와류현상과 빠른 공기, 또 기화성이 나쁘기 때문에 연소하기 어렵다.

330 Light-Up Time이란 무엇인가?

해답

Starter Lever(Switch)가 Cut-Off Position에서 Idle Position으로 변경 후 연료가 점화, 연소되기 시작하여 EGT가 Jump하는 순간까지의 시간

331 소비전력(W)란?

해답

W(Watts)=V(Volt)×A(Ampere)

332 일과 에너지의 단위인 J(Jules)의 전기적인 공식은?

해답

J=W(Watts)×sec(Time)

333 Celsius를 Fahreheit로 변환하는 공식은?

해답

$t_f=\frac{9}{5}t_c+32,\ t_c=\frac{5}{9}(t_f-32)$

334 Absolute Temperature란?

해답

이상기체의 온도를 1[°C] 변화시키면 체적은 1/273만큼 변한다. 따라서 −273[°C]일 때의 이상기체는 부피가 0이 되는데 이때의 온도를 절대온도라 하고 섭씨의 절대온도를 $T_c=t_c+273$K로, 화씨의 절대온도를 $T_f=t_f+460$R로 표시한다.

335 Motoring 이란 무엇을 말하는가?

해답

연료 및 오일계통을 분리 작업시 계통 내에 공기가 차므로 Air Locking을 방지하기 위하여 엔진을 공회전시켜 공기를 빼내고 또한 계통 내에 오일이나 연료가 고인 것을 제거하기 위하여 엔진을 공회전시키는 것

336 Dry Motoring, Wet Motoring에 대하여 설명하시오.

해답

① Dry Motoring : Ignition & Fuel Off상태에서 Starter만으로 엔진을 공회전시키는 것으로 엔진관련 작업 후 소음이나 진동 여부를 파악, 엔진의 냉각이나 내부 청소가 필요할 때 한다.
② Wet Motoring : Ignition Off, Fuel On상태에서 Starter만으로 엔진을 공회전시켜 연료나 HYD, Oil의 누설 여부를 점검한다, 반드시 작동 후 Dry Motoring을 실시하여 잔여연료를 Blow Out시켜야 함

337 Fan Engine의 Normal Start에 대해 설명하시오.

해답

Dry Motoring 후 정상 시동 RPM에 도달될 때 Fuel SW를 On에 위치하면 점화가 시작되면서 연료가 공급되고 RPM, Oil Pressure, Fuel Flow, EGT가 In-crease하며 Idle RPM에 90초 이내에 도달하여 모든 Parameter가 안정되는 상태이다.

338 ENG' Run-Up Procedure에 대해 설명하시오.

해답

- N_2회전 시작 → N_2 20[%] RPM에서 N_1회전 시작 → N_2 20[%] RPM에서 Starter Lever On. Ignition → 자체 동력으로 회전 → N_2 49~50[%]에서 Pneumatic Starter Disconnect → Battery SW On → Main Power SW On → APU SW Down(N1 24[%], 특히 EGT 76[%] 이상 시) → Starter Lever Increase(Fuel Supply) → Engine Starting(N_1, N_2, EGT Ind' 주의)
- B747-400(PW4056 ENG)의 경우
  Starter S/W Pull – N_2 RPM 15[%](가능한 Max Motoring을 Recommend) 이상 도달시 Fuel Control S/W "Run" Position

339 비정상시동의 종류를 설명하시오.

해답

① Hot Start : FCU의 고장, 연료라인 빙결, 압축기 입구의 공기흐름제한 등으로 인해 엔진 시동시 EGT가 규정한계치 이상으로 증가하는 현상
② Hung Start : 시동이 걸린 후 Idle RPM으로 증가되지 않고 낮은 RPM으로 머무르는 현상
③ No Start : 엔진이 규정된 시간 내에 시동되지 않는 것

340 Turbo Fan Engine의 No Start를 설명하고 그 원인을 설명하시오.

해답

① Dry Motoring 후 Normal Start RPM에 도달했을 때 Fuel SW On Position에 위치하면, 점화 및 연료가 공급되고 RPM, Oil Pressure, Fuel Flow, EGT가 Increase하는데 Idle RPM에 90초 이내에 도달되지 못하는 현상으로 Hung Start, Hot Start로 진행될 수 있다.

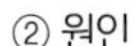

② 원인
- ⓐ Normal Start RPM에 도달되기 전에 시동한 경우(Early Start)
- ⓑ 불안정한 혼합비(Too Rich or Too Lean)
- ⓒ Compressor 결함(VSV, VBV, or Air Leak)
- ⓓ 엔진 노후 등으로 효율이 떨어짐

341 Turbo Fan Engine의 Hung Start를 설명하고 그 원인을 설명하시오.

해답

① Dry Motoring 후 Normal Start RPM에 도달했을 때 Fuel SW On Position에 위치하면 점화 및 연료가 공급되고 RPM, Oil Pressure, Fuel Flow, N2 RPM이 40[%] 대에서 더 이상 증가하지 않는 현상이며 EGT가 급격히 Increase하면 Hot Start로 진행된다.

② 원인
- ⓐ Early Start
- ⓑ Too Rich Mixture 또는 연소실 내에 남은 연료

342 Turbo Fan Engine의 Hot Starter를 설명하고 그 원인을 설명하시오.

해답

① Dry Motoring 후 Normal Start RPM에 도달했을 때 Fuel SW On Position에 위치하면 점화 및 연료가 공급되고 RPM, Oil Pressure, Fuel Flow, EGT가 Increase하나 EGT가 Starting Limit를 초과하는 현상이다.

② 원인
- ⓐ Early Start
- ⓑ Too Rich Mixture 또는 연소실 내에 남은 연료

③ 조치사항은 신속히 연료를 차단하고 EGT가 충분히 떨어질 때까지 Dry Motoring하고 압축기 및 연료계통을 점검한 후 재시동한다.

343 터보팬 엔진의 아이들 종류와 기능을 설명하시오.

해답

① Ground(Minimum) Idle은 제작사의 엔진형식에 따라 약간의 차이가 있지만 지상에서 시동하여 60[%] N_2 RPM에서 Engine Parameter가 안정되는 것을 말한다.

② Approach(Flight or High) Idle은 항공기가 In Flight Mode 또는 Landing 후 약 4초 동안 Throttle Lever의 Position은 변함이 없으나 RPM이 약 5~10[%] 높게 유지되는 Idle을 말한다.

344 엔진 시동시에 필요한 계기는?

해답

EGT 계기, RPM 계기, Oil 온도와 압력계기

345 터보제트 엔진을 Idling(완속)가동시킬 때 위험지역은 전방 얼마의 거리인가?

해답

25[feet]

346 Engine Shut-Down 후 Internal Fire가 발생했다면 확인할 수 있는 방법은?

해답

엔진정지 후 EGT가 감소되지 않으면 Tail Pipe를 통해 연기 또는 화염을 검사하고 Dry Motoring한다.

347 제트 엔진의 Water Injection System에 대하여 설명하시오.

해답

대기온도 증가에 따른 공기밀도 감소로 인하여 공기유량감소를 초래하여 결국 추력 감소를 야기시킨다. 그러므로 공기흡입구, 디퓨저 케이스에 물을 분사해 공기온도 감소 → 공기밀도증가 → 공기유량 증가로 추력을 증가시키기 위한 장치로 T/O시 10~30[%] 추력증가 효과가 있음

348 터보엔진에 냉각목적으로 물을 분사하는 2개의 위치는?

해답

① Compressor Inlet
② Diffuser Section의 Inlet

349 물분사란 무엇이며 어떤 때 사용하는가?

해답

압축기 입구나 출구에 물이나 물·메탄을 분사하여 이륙마력의 8~15[%] 이상의 증가를 얻는다. 짧은 활주에서 이륙시 최대출력이 필요할 때 또는 비상시 착륙시도한 후 복행할 때 사용한다.

350 터보팬엔진의 소음이 적은 이유가 무엇이라고 생각하는가?

해답

① 1차 공기와 2차 공기 흐름은 터보제트보다 속도가 늦고
② 소음 흡입 Liner가 있고
③ 팬을 지나는 압축공기의 대부분이 연소실로 들어가지 않고 그대로 밖으로 나가며
④ 배기가스의 분출 속도가 느리기 때문이다.
정지하고 있는 대기와 고속의 1차 가스 사이에 비교적 속도가 느린 2차 가스가 있기 때문에 상대속도를 줄인다.

351 소음(Noise)을 어떻게 표현하는가?

해답

들어서 좋지 않은 음의 총칭이며, 음의 크기, 시끄러워 짜증남으로 정의되고, 항공기가 발생하는 소음에는 엔진이 발생하는 소음과 날개의 플랩이나 바퀴가 발생하는 기체 소음의 2가지로 나뉜다.

352 소음의 종류에는 어떤 것들이 있는가?

해답

팬소음과 터빈소음이 있으며 각각은 또다시 Blade의 회전에 의한 소음과 대기와의 마찰에 의한 소음으로 나뉜다. 이러한 소음은 Multi Tube Jet Nozzle이나 꽃잎형 노즐, 배기믹서 또는 고 바이패스 비의 사용으로 감소시킬 수 있다.

353 소음감소장치에는 어떤 것들이 있는가?

해답

① 다수 튜브 제트 노즐
② 주름살형(꽃잎형) 노즐
③ 소음 흡수 라이너

354 터보제트 엔진의 소음감소장치는 소음량을 어떻게 감소시킬 수 있는가?

해답

① 배기가스가 대기와 접하는 면적을 넓게 한다.
② 상대속도를 줄인다.
④ 저주파 음을 고주파 음으로 변환시킨다.
⑤ 소음 흡수 라이너를 장착한다.

355 배기면적의 변화는 터빈 엔진 작동상에 어떤 효과를 줄 수 있는가?

해답

압력 비, RPM, 엔진내부로 흐르는 질량흐름(Mass Air Flow), EGT 에 효과를 줄 수 있다.

356 Thrust Reverser란 어떤 역할을 하는가?

해답

팬 리버서와 터빈 리버서로 구성되어 있으며, 배기가스의 추력을 바꾸어(역추력)주는 역할을 하여, 항공기가 착륙시에 활주 거리를 짧게 한다.
① 스로틀이 저속위치에 있을 때에만 작동이 되는 항공 역학적인 방식이 있다.
② 엔진 RPM이 65[%] 이하일 때만 작동이 되는 기계적인 차단 방식이 있다.

357 터보제트 엔진에 사용하는 2가지 종류의 역추력 장치의 역할을 설명하시오.

해답

① Clamshell Type은 기계적인 차단방식으로 배기노즐 끝부분에 설치되어 있다.
② Cascade Type은 항공 역학적 차단방식으로 배기관 내에 설치되어 있다.

358 역추력장치의 최소 작동 조건을 설명하시오.

해답

① 반드시 Ground Mode일 것

② Throttle Lever Idle 상태일 것
③ Reverser Lever를 작동하여 80[%] 이상 Deploy되어야 Reverser Power를 Increase할 수 있다.

359 터보팬엔진의 Thrust Reverser 역할에 설명하시오.

해답

항공기 착륙시에 지상 활주거리를 단축하기 위한 장치로서 엔진의 Fan Down Stream Air를 Blockage로 차단하여 전방 약 120° 방향으로 보내어 항공기 속도를 감소시킨다.

360 항공기가 Approach Mode에서 속도가 너무 빠를 때 Reverser 사용 여부와 사용할 수 없는 이유를 설명하시오.

해답

항공기가 In-Flight Mode에 있으므로 L/G에 장착된 Limit Switch에서 전원 공급을 차단하므로 작동이 안된다.

361 정미 추력이란?

해답

엔진이 비행 중 발생하는 유효한 추력이다.

362 총 추력이란?

해답

항공기가 지상에 정지하고 있을 때 엔진이 발생하는 추력 즉, 비행속도가 0일 때의 추력이다.

363 비추력이란?

해답

기관에 흡입되는 단위 공기유량에 대한 진추력을 말한다.

364 엔진의 추력에 영향을 주는 요소에는 어떠한 것들이 있는가?

해답

① 대기온도(온도가 낮아지면 추력 증가)
② 대기압력(압력이 낮아지면 추력 감소)
③ 비행속도(속도가 증가하면 어느 속도까지는 감소하지만 그 이상에서는 추력증가)
④ 비행고도(고도가 증가할수록 추력 감소)

365 터빈 엔진의 T.S.F.C가 의미하는 것은?

해답

1[lbs]의 추력을 1시간 동안 출력하기 위해 필요한 연료의 양(lbs)으로 Thrust Specific Fuel Consumption의 약어

366 Engine Thrust와 온도와의 관계는?

해답

① 온도 상승시 밀도 감소로 → 추력감소
② 온도 저하시 밀도 증가로 → 추력증가

367 대형 항공기(B747-400)에서 Engine Starting 시에 Fuel Switch를 "Run" Position에 놓으면 작동되는 장치는?

해답

연료공급 및 점화장치

368 터보제트 엔진을 고출력으로 작동시킨 후 정지시키기 전에 Engine을 냉각시키는 것이 중요한 이유는 무엇인가?

해답

엔진이 가열되어 있는 동안에 엔진을 정지시킨다면 Turbine Blade의 Tip에 붙어 있는 Shroud가 수축하여 Turbine Rotor를 고착시킬(Seize) 가능성이 있기 때문이다.

369 GPU Fault Massage는?

해답

Low Oil, Over Speed, High Temperature

370 엔진은 Lower Wing의 Forward Mount와 After Mount로 장착된다. 각 Mount가 담당하는 Load는?

해답

① Forward Mount는 항공기에 장착되는 기준이 되는 Mount로서, Thrust Load, Weight Load, Side Load를 담당하며 Vibration을 흡수하도록 Vib' Isolator가 장착되어 있다.
② After Mount는 Engine Turbine 쪽에 장착되어 있으며, Weight Load, Torsion Load, Thermal Expansion을 담당한다.

371 Run-On Torque란?

해답

Bolt와 Self Locking Nut를 체결할 때 Vibration 등에 의해 Loose되는 것을 방지하기 위하여 Nut를 결합 후 나사가 2.5 Threads 이상일 때 Dial Torque Wrench로 조이는 방향으로 Slowly Turn할 때 지시하는 Torque를 말하며 Manual에 명시되어 있다.
※ 반드시 Range내에서만 사용가능하며 Run-On Torque된 Bolt와 Nut를 Set로 사용하여야 한다.

372 Engine Preservation을 설명하시오.

해답

엔진을 정해진 기간 동안 저장하려 할 때 각 계통의 부식을 방지하도록 방부제를 보급하여 보관하는 방법이며 저장기간에 따라 방법에 차이가 있다.

373 Engine De-Preservation에 대하여 설명하시오.

해답

저장된 엔진을 사용하기 위해 저장 해제하는 방법이며 방부액을 비워내고 계통에 맞는 Fluid를 공급하고 Motoring하면서 방부제를 배출한다.

374 APU(Auxiliary Power Unit)의 Idle RPM은?

해답

APU는 100[%] RPM의 Constant Speed Engine이며, Pneumatic Power나 Electric Power에 따라 연료 공급량이 변한다.

375 Air와 Pneumatic을 구분하여 설명하시오.

해답

① Air는 대기를 포함하여 압축 여부에 관계없는 기체의 상태이며 대기, Bleed, Cooling, Exhaust, Breather Air 등을 총칭한다.
② Pneumatic은 공기의 힘을 다른 에너지로 변환하는 것을 의미한다.

376 Tank, Reservoir, Sump 뜻을 구분하여 설명하시오.

해답

① Tank는 소모되는 Air 또는 Fluid를 저장하여 사용하고 사용 후 재보급하여 사용하는 Fuel, Oil, Air 등을 보관하는 장소이다.
② Reservoir는 Fluid를 저장하여 Recycle하여 사용하는 비소모성 액체 저장 통이다.
③ Sump는 Tank의 가장 낮은 부분에 불순물이 섞여져 있는 Fluid가 고일 수 있도록 마련된 곳이다.

377 시효성 물자에 명시된 Cure Date란?

해답

시효 만료 일자 표시 즉, 유효 보관기간이다.

378 Cure Date가 충분히 남아있고 포장상태가 Open된 Packing의 사용여부는?

해답

Packing은 공기에 노출되면 급속히 경화되므로 사용할 수 없다.

379 Wire Harness를 엔진에 장착시 Slack을 유지하는 이유는 무엇인가?

해답

엔진은 고온으로 작동되므로, 열팽창에 의해 Harness의 Cutting과 같은 결함을 방지하기 위해서 6[in] 길이에 1/2[in] 정도의 Slack을 유지한다.

380 Moment Weight란?

해답

힘이 가해지는 순간의 무게를 뜻하며, 힘과 거리의 곱인 물리량을 가진다.

381 Rotor Balancing 방법을 설명하시오.

해답

① Static Balance는 Balancing된 Rotor Disk에 Blade의 Weight Moment를 계량하여 대칭으로 같은 번호가 장착돼야 균형이 된다.
② Dynamic Balance는 Static Balancing된 Rotor Assy를 엔진 RPM의 약 1/3~1/2의 속도로 회전시켜 Balancing 하는 작업이다.
③ Trim Balance는 정적 또는 동적 균형 후 엔진을 조립하거나 엔진에서 Blade를 교환하고 Test Cell 또는 항공기에서 Max RPM까지 Run-Up하면서 미세하게 잡는 Balancing 작업이다.

382 Jet Engine Thrust에 영향을 주는 요소를 설명하시오.

해답

OAT, Altitude, Air Speed

383 OAT가 어떤 이유로 추력에 영향을 주는가?

해답

공기의 온도가 증가하면 팽창하여 밀도가 감소하므로 추력이 감소한다.

384 Altitude가 어떤 이유로 추력에 영향을 주는가?

해답

고도가 높아지면 밀도가 감소한다.

385 Engine Starting시 Warm-Up이란?

해답

엔진이 시동된 후 엔진온도와 오일온도가 정상작동 온도가 될 때까지 Idle RPM 상태에서 난기 운전하는 것을 말한다.

386 Engine Shutdown시 Cool Down이란?

해답

엔진을 정지시키기 전에 터빈 케이스와 버킷이 고착되는 것을 방지하기 위해서 Iidle RPM 상태에서 냉기 운전을 하는 것을 말한다.

387 Pneumatic Starter의 장착 위치는?

해답

Accy Gear Box(Main G/B)

388 Pneumatic Starter가 장착된 엔진의 시동절차는?

해답

① Electric Power On
② APU, GPU 또는 작동 중인 다른 엔진에 의한 공기압 확인
③ Starter Valve Switch
④ Eng'이 시동 가능한 RPM에 도달하면 시동 SW Run 위치
⑤ 오일압력, RPM, EGT, F/F 등이 Idle 범위까지 도달하는가 확인
⑥ Eng'의 RPM이 Starter Shaft의 RPM보다 커지면 Fly Weight가 원심력에 의해 벌어지면서 Starter Valve의 Solenoid의 전원 차단
⑦ Pneumatic Source 차단 - Starter 정지

389 Part의 Crack과 Scratch를 설명하시오.

해답

① Crack은 부품이 Thermal Fatigue, Vibration 또는 Shock에 의해서 갈라지는 현상이다.
② Scratch는 예리한 물체 또는 다른 물체에 의하여 표면이 긁히는 현상이다.

프로펠러 이론 및 SYSTEM

390 Propeller에서 Blade각은 어디에서 어떻게 측정하는가?

해답

만능 프로펠러 각도기로 깃의 참고점이나 Hub에서 75[%] 되는 지점에서 측정하며, 각도판 조절기를 돌려서 각도판의 0점과 아들자의 0점과 사이의 각도를 읽으면 깃각이 된다.

391 프로펠러의 효율이란 무엇인가?

해답

프로펠러가 엔진으로부터 제동마력을 받아 비행할 때 입력과 출력과의 비

392 Propeller의 Feathering System이란 무엇인가?

해답

비행 중 Engine이 고장나면 Engine을 Shut Down시켜야 풍차회전에 의한 고장확대를 방지하고 Propeller의 회전에 의한 항력도 감소시킬 수 있다. 엔진이 정지되기 전에 Propeller의 Blade Angle을 최대(90°가까이)의 각이 되도록 하면 엔진도 정지하고 저항을 최소로 할 수 있다. 이때 깃각을 신속하게 증가시켜 주는 계통을 프로펠러와 페더링이라 하고 정속 프로펠러에 이 기능을 추가한 프로펠러를 완전 페더링 프로펠러라 한다.

393 Propeller Blade에 형성된 얼음을 제거하기 위하여 어떤 형태의 제빙장치를 사용하는가?

해답

전기로 가열시키는 De-Ice Boot로 제빙시킨다.

394 Propeller Blade의 방빙에는 무엇을 사용하는가?

해답

Ethylene Glycol과 Isopropyl Alcohol 혼합물을 Blade에 뿌려준다.

395 Adjustable Pitch Propeller는 이륙시 High Pitch인가, Low Pitch인가?

해답

고속시 고각, 저속시 저각이므로 Low Pitch이다.

396 Propeller Blade의 Centrifugal Twisting (원심염력) Moment는 Blade를 High Pitch 또는 Low Pitch로 돌리려는 경향 중 어느 경향이 있는가?

해답

Blade를 Low Pitch로 돌리려는 경향이 있다.
(공기력은 High Pitch로 돌리려는 경향이 있다.)

397 Prop'의 Counter-Weight는 Blade를 High 또는 Low Pitch로 돌리려는 경향 중 어느 경향이 있는가?

해답

Blade를 High Pitch로 돌리려는 경향이 있다.

398 Controllable Prop'와 Constant Speed Prop' 사이의 차이점은?

해답

Controllable Pitch Prop'는 Pitch를 조정하기 위해서 수동으로 작동되는 3-Way Valve를 사용하여 정해진 2개의 위치(각도)

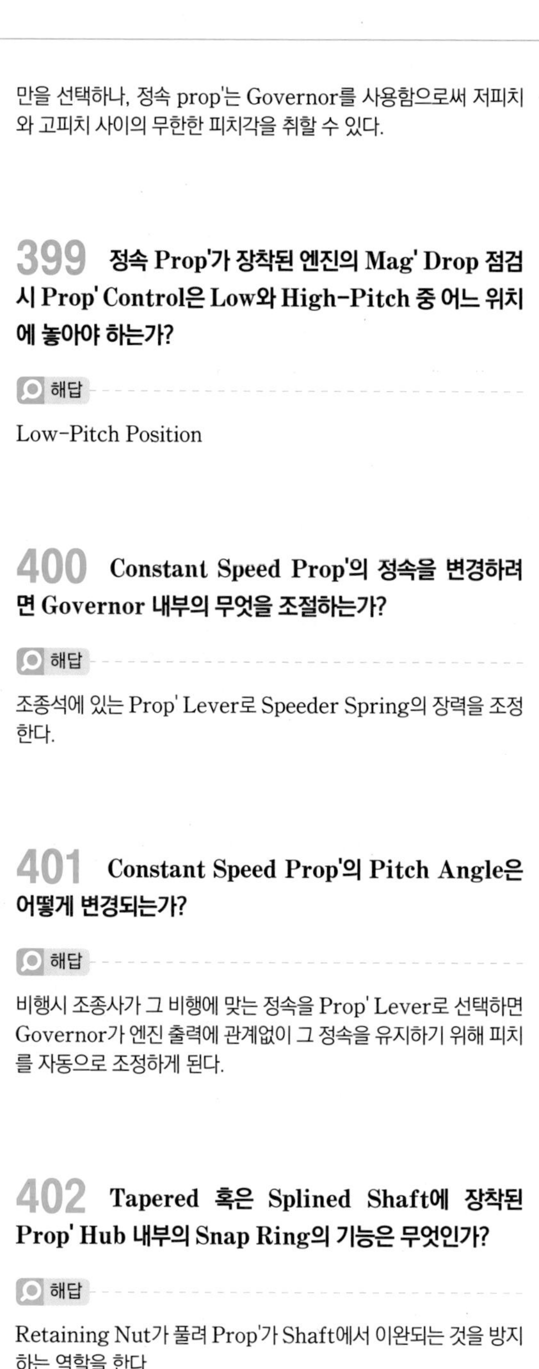

만을 선택하나, 정속 prop'는 Governor를 사용함으로써 저피치와 고피치 사이의 무한한 피치각을 취할 수 있다.

399 정속 Prop'가 장착된 엔진의 Mag' Drop 점검 시 Prop' Control은 Low와 High-Pitch 중 어느 위치에 놓아야 하는가?

해답

Low-Pitch Position

400 Constant Speed Prop'의 정속을 변경하려면 Governor 내부의 무엇을 조절하는가?

해답

조종석에 있는 Prop' Lever로 Speeder Spring의 장력을 조정한다.

401 Constant Speed Prop'의 Pitch Angle은 어떻게 변경되는가?

해답

비행시 조종사가 그 비행에 맞는 정속을 Prop' Lever로 선택하면 Governor가 엔진 출력에 관계없이 그 정속을 유지하기 위해 피치를 자동으로 조정하게 된다.

402 Tapered 혹은 Splined Shaft에 장착된 Prop' Hub 내부의 Snap Ring의 기능은 무엇인가?

해답

Retaining Nut가 풀려 Prop'가 Shaft에서 이완되는 것을 방지하는 역할을 한다.

403 Prop' Blade의 평평한 면은 깃면(Blade Face) 인가, 깃등(Blade Back)인가?

해답

깃면(Blade Face)

404 목재 Prop' 끝(Tip)에 뚫어져 있는 작은 구멍들의 용도는 무엇인가?

해답

목재 Prop'는 깃의 앞전과 Tip에 Metal Tipping을 하고 Tip 쪽에는 Drain Hole을 만들어 내부에 발생하는 습기를 원심력에 의해 배출시킨다.

405 Hydromatic Prop'가 Feathering되는 힘은?

해답

고압의 엔진오일이 Governor를 통해 Prop'로 유입되므로 깃각이 최대각으로 변하면서 엔진을 정지시킨다.

406 Turbo-Prop' 항공기에서 Alpha Range Operation이란?

해답

항공기가 Take-Off에서 Landing까지 In Flight Mode Operation을 포함한 Ground Mode Operation을 말한다.

실기구술형

01 현대 항공기의 Environmental Control System(ESC)는 어떤 계통인가?

해답

① ECS(Environmental Control System)는 항공기 내를 인간의 거주에 적합한 상태로 하고, 모든 안락한 기내 환경을 만들기 위한 항공기계통이다.
② 환경제어계통으로 Air Conditioning System, Equipment Cooling System, Cabin Pres-suri-zation System을 말한다.

02 Air Conditioning System이란?

해답

항공기 조종실, 객실 및 화물실의 공기를 쾌적한 상태의 온도로 조절하는 계통으로 냉각기 또는 가열기를 사용하여 기내의 온도를 21[°C]에서 27[°C]로 만들어 주는 장치이다.

03 항공기에 장착된 2종류의 Air Condition SYS은?

해답

① Air-Cycle Cooling System(공기순환냉각계통)
② Vapor-Cycle Cooling System(증기순환냉각계통)

04 ACM(Air Cycle Machine)의 원리는?

해답

① 공기가 압축되면 온도가 상승하고 감압되면 공기의 온도가 떨어지는 원리를 이용한 장치이다.
② Turbojet Engine 항공기의 Bleed Air를 1차 열교환기에서 일부 온도를 낮춘 다음 ACM의 압축기에서 압축 후 2차 열교환기를 거쳐 Turbine에서 확산하여 방출시키면 팽창된 공기의 온도가 내려가 항공기내의 냉각작용에 이용된다.

05 ACM에서 Turbine의 역할은 무엇인가?

해답

2차 열교환기를 통과하여 온도를 낮춘 Bleed Air를 Turbine을 통과시킴으로써 공기가 팽창되어 압력과 온도를 낮추어 주는 역할을 한다.

06 ACM계통에서 온도조절은 어떻게 하는가?

해답

① ACM은 Turbojet Engine 항공기에 사용되는 공기순환냉각장치로 Engine Bleed Air를 1차 열교환기에서 냉각시킨다.
② 압축기로 압축시킨 공기를 2차 열교환기를 거처 2차로 온도를 낮춰 팽창터빈에서 공기확산으로 감압과 냉각된 공기로 만든 후 수분분리기에서 수분을 제거시켜 적정 객실온도로 맞추기 위해 Bleed Air와 혼합하여 온도를 조절한다.

07 Air-Cycle Air Conditioning System에 수분분리기를 사용하는 이유는?

해답

팽창 터빈 내에서 공기의 급속한 냉각은 수분을 안개상태에서 응축시키게 되며 수분이 포함된 공기가 객실에 들어가기 전에 각종 Valve 및 Filter를 결빙시켜 공기순환을 막히지 않도록 수분분리기에 의해서 수분을 제거한다.

08 ACM을 사용하는 항공기의 Temperature Control Valve의 기능은?

해답

ACM에 의한 냉각공기와 Engine의 Bleed Air를 혼합하여 기내에서 요구하는 온도(21~27[°C])로 조절하는 장치이다.

09 객실여압을 하는 이유는 무엇인가?

해답

① 조종실과 객실에 알맞은 압력과 온도를 공급하고 냄새와 탁한 공기를 없앰으로써 승객과 승무원에게 편안함과 안락함을 주기 위함이다.
② 고도상승에 따른 산소 결핍을 방지하기 위해 인간이 호흡할 수 있도록 산소를 공급한다.

10 객실에 공급되는 여압의 압력은 무엇으로 결정되는가?

해답

항공기 객실의 기체 구조강도

11 항공기의 비행중 항공기 내외의 차압(ΔP)은?

해답

① 소형항공기 4∼6[psid]
② 대형항공기 6∼9.5[psid]

12 공기량 조절장치에는 어떠한 것들이 있으며 각각의 특징을 설명하시오.

해답

① 공기압식 유량조절장치 : 고정용량의 엔진구동압축기에 연결되어 순항고도에서 요구되는 공기량을 객실에 공급한다.
② Spill Valve 출구쪽에 Ventury를 두어 대기로배출해야 할 공기량을 조절한다.
③ 자유식 유량조절장치 : Piston Type Valve에 의해서 제트 엔진의 압축기로부터 객실로 공급하는 공기의 흐름을 자동 조절한다.

13 객실여압계통의 Pneumatic 공급방식에 대해서 설명하시오.

해답

① 엔진브리드식은 제트 엔진 항공기에 많이 사용되는 것으로 압축기의 지정된 Stage에 공기 브리드관을 설치하여 압축된 공기를 객실에 공급한다.
② 공기구동압축기실은 제트 엔진의 압축기에서 공급되는 압축공기를 이용하여 원심식 터빈을 구동시키고 이 터빈의 동력으로 원심식 소형압축기를 구동시켜 따로 마련한 공기흡입구를 통하여 압축된 공기를 객실에 공급한다.
③ 기계구동압축기식은 왕복 엔진 항공기에 사용되는 것으로 임펠러나 Roots Blower에 의해서 압축된 공기를 객실에 공급한다.

14 객실로 공급되는 공기의 압력을 일정하게 조절해 주는 장치에는 어떠한 것들이 있는가?

해답

① Outflow Valve : 객실내부의 압력이 일정한 기압이 되도록 압축공기의 일부를 기체의 외부로 배출하는 밸브로서 전기모터에 의해서 열리고 닫히는 Butterfly Type이 사용된다.
② Cabin Pressure Regulator : 지정된 객실기압이 되도록 Outflow Valve의 위치를 조절하여 객실압력이 등압범위에서는 일정한 압력고도로 유지시키고 차압 범위에서는 최대 차압을 초과하지 않도록 조절한다.
③ Safety Valve : 객실내부 압력이 규정된 최대 허용 차압보다 큰 경우에 작동하는 Pressure Relief Valve와 대기압이 객실압력보다 높은 경우 작동되는 Vacuum(Negative Pressure) Relief Valve 그리고 조종석에서 수동으로 Switch에 의하여 작동되는 Dump Valve의 기능이 혼합되어 있는 Valve이다.
④ Pressure Relief Valve : 객실의 차압이 미리 설정하고 있던 최대값에 도달하면 과도한 객실압력을 배출시켜 기체구조의 파손을 방지하는 Valve이다.
⑤ Negative Pressure Relief Valve : 기체 외부의 압력이 내부보다 높을 때 Valve를 열어주어 외부공기를 끌어들여 기체구조의 파손을 방지하는 Valve이다. 항공기 객실구조는 외부압력보다 낮은 상태의 압력에 견디도록 설계되어 있지 않기 때문이다.

15 Cabin Pressure가 떨어지면 객실에서는 어떤 현상이 일어나는가?

해답

객실여압계통의 고장 또는 파손 등으로 객실압력이 급격히 떨어져 인체에 영향을 주는 11,000[ft]에 도달하면 Pressure Sensor가 감지하여 경고음(Horn, Bell)과 경고 등(Warning Light)을 작동시키며, 객실고도가 13,000[ft]에 도달하면 비상산소계통의 산소 mask가 승객머리위로 떨어져 승객에게 산소를 공급하게 된다.

16 객실여압의 등압상태(Isobaric Mode)란 무엇인가?

해답

비행고도가 바뀌어도 기체내외의 차압을 일정하게 유지하고 있는 상태

17 객실여압의 일정차압상태(Constant Differential Pressure Mode)란?

해답

객실내 여압이 기체구조적 고려사항에 의해 허용되는 최대압력에 도달된 후 외부공기압력보다 높은 압력으로 객실내부압력을 일정하게 유지시키고 있는 상태이다.

18 Cabin Pressure를 8,000[ft] 해당 압력으로 유지하는 이유는 무엇인가?

해답

항공기의 실제고도와 관계없이 승무원과 승객에게 추가로 산소를 공급할 필요가 없기 때문이다. 8,000[ft] 이상의 고도에서 장시간

머물게 되면 정신적, 육체적으로 시행착오를 일으킬 수 있는 산소결핍증(Anoxia)현상이 일어날 수 있기 때문이다.

19 여압계통의 아웃 플로밸브가 작동되지 않을 경우 사용되는 부품은?

해답

Cabin Pressure Relief Valve(Safety Relief Valve)

20 항공기가 지상에 있을 때 무엇이 객실을 여압시키는 것을 막아주는가?

해답

L/G에 장착되어 있는 Squat Switch가 Safety Valve가 열린 상태로 있게 한다.

21 객실 내 순환공기의 유통이 낮아지면 Combustion Heater는 어떻게 작동하는가?

해답

공기순환이 낮아지고 객실온도가 미리 맞추어 놓은 온도에 도달되었다면 Limit Switch가 Heater로 가는 연료를 차단시켜 준다.

22 대형여객기의 객실을 가열시키는 따뜻한 공기는 어디에서 오는가?

해답

Engine의 Compressor Hot Bleed Air를 사용한다.

23 왕복 엔진 항공기에서 Ram Air Duct로 들어간 공기는 어떻게 해서 원하는 온도로 높일 수 있는가?

해답

왕복 엔진은 Cabine Super-Charger에 의해서 공기가 압축될 때 자동적으로 온도가 올라가기 때문에 더 열을 가할 필요는 없지만 더 높은 온도로 올리려면 Combustion Heater나 Electric Heater, 방열판 등을 이용하여 필요한 객실온도로 조절한다.

24 VCM(Vapor Cycle Machine)의 작동원리에 대해서 설명하시오.

해답

저온(3～4[°C])에서 기화되는 냉매를 활용하여 액체냉매가 기체냉매로 기화될 때 주변의 열을 흡수하는 원리를 이용한 장치로 객실공기를 VCM의 증발기 배관 사이를 통과시키면 배관내부의 액체냉매가 기화될 때 공기의 열을 빼앗긴 냉각된 공기를 객실로 보내 항공기 내의 냉각작용에 이용한다. 전기로 작동하는 압축기를 사용하여 ACM보다 냉각성능이 뛰어나고 지상에서 엔진을 작동하고 있지 않을 때에도 냉각용으로 사용가능하다.

25 VCM에 사용되는 냉매는 어떤 것들인가?

해답

① 냉매 R-12, R-22 등으로 알려진 Freon Type 액체냉매 또는 친환경냉매인 R-123a가 사용된다.
② 냉매를 따로 측정할 수 없으며, Sight Gage(점검 창)에 거품의 흐름이 보이면 냉매가 부족함을 알 수 있다.

26 소형단독왕복 엔진 항공기의 객실을 가열시키는 따뜻한 공기는 어디에서 오는가?

해답

Engine Muffler(소음기)덮게

27 소형항공기의 Combustion Heater에 사용되는 연료는?

해답

별도의 연료를 사용하지 않고 항공기 연료탱크의 연료를 사용한다.

28 자동조종계통(Auto Pilot)을 설명하시오.

해답

자동비행장치로서 장거리 비행시 조종사의 피로(Load)를 경감시키고, 경제적인 비행을 실현하는데 목적이 있으며 여러 계통으로부터 입력신호를 받아 항공기의 3축을 안정되게 유지하여 자세의 안정, 방위 및 비행고도의 유지 등이 이륙에서 착륙에 이르기까지 항공기를 자동적으로 제어하는 장치이다. MCP, FCC, Sensor로 구성되어져 있다.

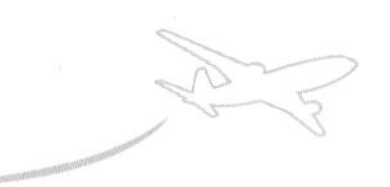

29 Auto-Flight에서 화면으로 보이는 가장 중요한 Computer는 무엇인가?

해답

FMC(Flight Management Computer)

30 Auto Trim이란?

해답

Auto Pilot이 Engage되어 Pitch축을 조절할 때 FCC가 Stab를 Con해 줌으로써 항력을 줄이고 Speed를 개선시켜준다.

31 FMCS란?

해답

Flight Management Computer System의 약자로서 비행계획을 수립하고, Auto Throttle 등을 통해 조종사의 업무를 경감시켜준다.

32 FMC(Flight Management Computer)의 기능과 역할에 대해 설명하시오.

해답

조종사를 대신해서 자동으로 비행을 담당하는 컴퓨터를 말한다. 설정된 항로와 현재 그 항공기의 위치를 IRU로 받아 계산에 의해 목적지까지의 비행을 도와준다.
Auto Throttle을 통해 조종사의 업무를 경감시켜준다.

① 출발지에서 목적지까지 비행계획을 짠다.
② 정확한 위치 자료를 위하여 VOR, DME, ILS를 자동적으로 조종한다.
③ 가장 경제적인 경로인 수직 안내와 항공기 피치로부터 포인터까지의 측면 비행 안내를 돕는다.
④ Engine Thrust를 조절하기 위해서 자동적으로 Throttle을 움직여 준다.
⑤ 28일을 주기로 하여 새로운 Data를 입력시켜야 한다.

33 FMC란 무엇인가?

해답

Flight Management Computer로서

① Flight Planning : 출발지에서부터 목적지까지의 비행계획을 세움
② 위치계산 : IRU에서 계산된 위치 데이터와 비교하여 정확한 항공기 위치계산
③ Guidance 제공 : 가로방향과 수직방향의 스티어링
④ 데이터베이스 기능 : 28일 주기로 새로운 데이터 값을 입력

34 전파란?

해답

전계와 자계가 고리 모양으로 연결되어 공간상에 물결 치듯 방사되는 파장

35 통신방식 중 FM 통화방식에 대해서 설명하시오.

해답

신호파의 크기에 따라 반송파의 주파수를 변화시키는 변조방식은 잡음이 혼합하기 어려워 음질이 좋고 점유 주파수대가 매우 넓기 때문에 상당히 높은 주파수에 사용한다.

36 주파수변조(Frequency Modulation)는 무엇으로 하는가?

해답

주파수변조기(반송파의 주파수변화를 신호파의 진폭에 비례시키는 변조방식)

참고

변조(Modulation) : 송신에서 신호의 전송을 위해 고주파를 저주파에 포함시키는 과정
① 주파수변조(FM-Frequency Modulation)
② 진폭변조(AM-Amplitude Modulation)
③ 위상변조(PM-Phase Modulation)

37 대부분 항공기통신의 주파수대역은 얼마인가?

해답

3~300[MHz]의 VHF Band와 3~30[MHz]의 HF Band이다.

38 HF/VHF란?

해답

① HF(High Frequency) : 3~30[MHz] 공간파를 이용하여 원거리까지 전파되므로 항공기와 지상, 항공기와 항공기 상호간 국제선 장거리 통신에 적합, Vertical Pin에 위치. Fading 때문에 깨끗한 통신을 할 수가 없으므로 사용 주파수가 수시로 변화된다. 항공기에서의 주파수는 2~22[MHz]
② VHF(Very High Frequency) : 30~300[MHz] 가시거리 통신만 가능하므로 원거리 통신을 위해서는 중계소가 필요하다. 안정되고 깨끗한 통신가능

참고

UHF주파수 : 300~3,000[MHz]
SHF주파수 : 3~30[GHz]

39 HF와 VHF의 차이점은?

해답

HF는 단파를 사용하기 때문에 장거리통신에 이용되며 VHF는 초단파를 사용하기 때문에 단거리통신(국내선 및 공항주변통신)에 사용

40 HF주파수대에서 주파수 간격은?

해답

2[MHz]부터 29.999[MHz]간을 1[kHz]간격으로 최대 28,000[Channel]. 일반적으로 2~25[MHz]의 범위에서최고 144[Channel]까지 수용

41 항공기 장거리통신에 사용되는 주파수대역은?

해답

고주파대역인 2~25[MHz]

42 항공기의 VHF주파수 중 국제비상주파수대(Emergency Frequence)는?

해답

VHF주파수대는 118,000~135,975[MHz]로서 25[kHz] 주파수 간격으로 통신채널배정, Emergency 주파수는 121.50[MHz]임

참고

관제탑 사용주파수 : 118~121.4[MHz]

43 VHF통신에 사용하는 안테나의 종류는?

해답

수직극성회초리안테나(Vertically Polarized Whip Antenna)

44 VHF 혹은 Uhf의 안테나를 수신기 또는 송신기에 연결시 사용하는 전선은?

해답

동축 케이블(Coaxial Cable)

45 VHF Emergence 주파수대는?

해답

121.50[MHz]

46 Emergency Locator Transmitter가 작동하는 2개의 주파수는 얼마인가?

해답

121.5[MHz]와 243.0[MHz]

47 ELT송신기의 항공기 장착위치는?

해답

항공기 꼬리부분, 가능한 한 최후방에 장착하여 항공기 추락시 최소의 손상이 되도록 한다.

48 VOR주파수에 대해서 답하시오.

해답

108.00~118.00[MHz]로서 108.00~117.95[MHz]가 중복되는 범위에서는 소수점 첫 자리가 짝수이면 VOR주파수이며 홀수이면 ILS주파수이다.

49 VOR장비는 어느 주파수대역에서 작동하는가?

해답

108～117.95[MHz] 사이의 VHF주파수대역

50 VOR Antenna의 좋은 장착위치는 어디인가?

해답

수직꼬리날개 상단 중심선

51 항공기 안테나 중에서 Blade Type 및 Loop Type의 사용용도는 무엇인가?

해답

① Blade Type : VHF Antenna(고속기 안테나-공기저항최소화)
② Loop Type : ADF Antenna(자동방향탐지기 안테나)

52 Fading이란?

해답

전파 경로상의 변동에 따라 수신 감도가 시간에 따라 변화하는 현상

53 SELCAL(Selected Call) System기능은?

해답

지상에서 항공기를 호출하기 위한 장치로서 지상에서 4개의 Code를 만들어서 HF 또는 VHF전파를 이용 송신하면 자기의 Code가 일치되면 Chime과 Light가 점등되어 조종실에 알려주므로 Close Monitoring이 필요없다.(선택된 항공기에만 Calling을 할 수 있도록 지정교신을 하는 장치)

54 Transceiver란?

해답

하나의 Housing안에 수신기와 송신기를 위한 회로가 함께 되어 있는 라디오 통신장비

참고

Transceiver＝Transmitter＋Receiver

55 Static Discharge(정전기방전기)의 목적은?

해답

정전기로 인한 무선통신 방해 제거

56 Multiplexer, Decoder, Encoder에 대하여 설명하시오.

해답

① Multiplexer : 여러 개의 입력중에서 하나만을 선택하여 출력에 연결시키는 기능을 수행한다 → Data Selector기능
② Decoder(해독기) : 2진수로 입력된 입력조합을 하나의 출력이 동작하도록 연결
③ Encoder(부호기) : N개의 입력신호 중 하나만이 출력 1이 되므로 N비트코드를 발생한다.

57 항공기 동체에 PAS(Passenger Address System)방송이 이루어 질 때의 우선순위는?

해답

① 조종실 Announcement
② 객실 승무원 Announcement
③ Pre-Recorded Announcement
④ PES Video Audio(Pes : Passenger Entertainment System)
⑤ Boarding Music

58 PAS란?(Passenger Address System)

해답

① 조종실에서 제공하는 Announcement
② 객실 승무원석에서 제공하는 Announcement
③ Pre-Recorded Announcement
④ Boarding Music

59 안테나를 항공기 외피에 설치할 때 외피내부에 덮판(Doubler)장착이 필요한 이유는?

해답

Doubler는 외피를 보강시켜 공기부하(Wind Load)가 외피를 변형시키거나 균열되는 것을 방지시켜 주기 때문이다.

60 충격이 방지되도록 장착된 모든 전자장비는 Bonding선으로 기체에 연결한다. 그 이유는?

해답

Bonding Braid(본딩선)은 전자장비로부터 항공기 기체로 귀환 전류가 흐르게 하기 때문이다.

61 TCAS의 의미는 무엇인가?

해답

Traffic Alert & Collision Avoidance System의 약자로서 항공 교통량의 증가로 인한 항공기 간의 공중 충돌 가능성을 사전에 탐지하여 Pilot에게 Visual 및 Aural Warning을 제공한다.
ATC Transponder의 원리를 이용 "응답"신호를 송출하므로 "응답"신호를 수신하기까지의 왕복시간을 계산하여 항공기까지의 거리를 계산하고 "응답"신호에 포함된 "고도신호"를 분석하여 침입자와의 상대고도를 지시한다.

62 항공기 Radar 주변에서 작업할 때 알아야 할 주의사항은 무엇인가?

해답

Radar Antenna에서 발신되는 고에너지 맥동전파(Pulse)는 심각한 인명을 손상시키기에 충분하며 주변 건물에서 반사되는 반사파는 수신회로를 파괴시킬 수도 있다. 그런 이유로 사람이나 건물이 100[yard](300[feet]) 이내에 있을 때에는 Radar를 작동시켜서는 안되며 항공기의 급유 및 배유시에도 작동을 금해야 한다.

63 항공기에서 사용하는 Black Box란?

해답

① DFDR : Digital Flight Data Recorded(비행자료기록장치)
② CVR : Cockpit Voice Recorded(조종실음성기록장치)

64 전도체의 저항에 영향을 주는 4가지 요소는 무엇인가?

해답

① 재료　② 단면적
③ 길이　④ 온도

65 합성저항기의 저항은 어떻게 말할 수 있는가?

해답

저항기(Resistor)의 한쪽끝 둘레에 있는 일련의 색깔 Band로써 말할 수 있다.

66 모든 전기회로들이 가지고 있는 3가지 요소는?

해답

① 전기에너지의 원천(Source)
② 에너지를 사용할 부하(Load)
③ 원천과 부하를 연결해 주는 도체(Conductor)

67 축전기(Capacitor)의 사용목적은?

해답

정전기장에 있는 전기에너지를 저장하여 준다.

68 Capacitance(축전기의 전기용량)의 단위와 기호는?

해답

단위 : 파라드(Farad). 기호 : "C"

69 반도체에서 흐르는 전류의 크기 정도는 얼마인가?

해답

mA(Milliampere)

70 전압, 전류 및 저항의 단위와 기호를 설명하시오.

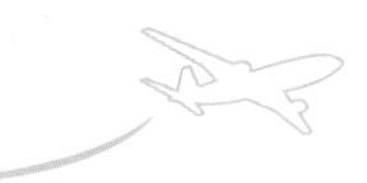

해답

① 전압(Voltage) : 단위-Volt, 기호-E
② 전류(Current) : 단위-Ampere, 기호-I
③ 저항(Resistance) : 단위-Ohm, 기호-R

71 항공기 정비사가 알아야 할 가장 중요한 전기법칙은?

해답

옴의 법칙

72 전해질 축전기를 교류회로에 사용하는 이유는?

해답

전해질 축전기(Electrolytic Capacitor)는 극성을 갖고 있다. 한 쪽 극에서는 전류를 통과시키지만 다른 쪽 극에서는 전류를 차단하기 때문이다.

73 Inductance(코일의 유도전기용량)란?

해답

교류회로에서 코일에 유도된 전압을 말하며 전자기장에 있는 전기에너지를 저장할 수 있는 능력을 나타낸다.

74 Impedance(교류회로의 합성저항)란?

해답

교류회로에서 전류흐름을 막는 저항의 합으로 저항(R), 정전저항(XC), 유도저항(XL)의 벡터 합을 뜻한다.

75 교류회로의 총저항을 무엇이라 하는가?

해답

Impedance : 교류회로에 저항 이외의 인덕턴스 또는 커패시턴스를 포함할 때 이들의 합성저항성분을 임피던스라 하며 Z로 표시한다.

76 전자석의 극은 어떻게 알 수 있는가?

해답

전자의 흐름방향(음극에서 양극)으로 전자석을 왼손으로 감싸 잡았다면 엄지손가락방향은 전자석의 북극(N)을 가리킨다.

77 킬로와트, 메가와트란?

해답

- 1[kW] : 1,000[W]
- 1[MkW] : 1,000,000[W]

78 여러 가지의 회로구성품들의 교환에 관한 DC Circuit의 3가지 형태는 무엇이 있는가?

해답

① 직렬회로 ② 병렬회로 ③ 직·병렬회로가 있다.

79 전자기유도(Electromagnetic Induction)란 어떤 의미인가?

해답

전기적으로 분리된 상태에서 하나의 도체로부터 다른 도체로 전기에너지가 이동한다는 뜻임

80 Megohm은 몇 [Ω]인가?

해답

1,000,000[Ω](Mega=Million)

81 Milliampere는 몇 암페어인가?

해답

1/1,000[Amp]

참고

Micro-Amp는 1/1,000,000[Amp]

실기구술형

82 직렬회로에서 전체저항을 구하는 방법을 설명하시오.

해답

$R_t = R_1 + R_2 + R_3 + R_4 \cdots\cdots R_n$

83 병렬회로에서 전체저항을 구하는 방법을 설명하시오.

해답

$1/R_t = 1/R_1 + 1/R_2 + 1/R_3 + 1/R_4 \cdots\cdots 1/R_t$

84 부성저항에 대하여 설명하시오

해답

금속도체는 온도상승과 함께 저항은 점진적으로 증가하지만 반도체, 탄소, 전해 액등은 일반적으로 온도가 높아지면 저항이 줄어들어 온도계수가 부(-)의 값을 가지는 저항을 부성저항이라 함

85 절연저항 측정 장비는?

해답

Megohmmeter

참고

일반적인 저항계로 측정할 수 있는 저항 값을 초과하는 고저항값을 측정하는 장비로서 점화계통 및 고전압회로의 절연저항측정에 사용됨

86 저항을 측정하는 계기는?

해답

Megohmmeter, "Megger"라는 계기는 등록상품명임

87 AC와 DC의 차이점을 설명하시오.

해답

① AC : 전압이 직류보다 높으므로 전선이 가늘게 되고, 동일 용량의 직류기구보다 30[%] 가볍고 대형화 고급화에 따라 기상전력 수요가 급증하므로 교류를 채택한다.
② DC : 전압이 일정, Wire 무게증가, 감압이 어렵다.

88 다음 용어들을 설명하시오.

해답

① 자기(Magnetism)
금속 물질을 끌어당기는 물체의 성질을 말하며 강자성체와 비자성체로 나누어진다.
ⓐ 강자성체 : 자기에 강하게 반응하는 물질로서 강철, 니켈, 연철, 코발트 등이 있다.
ⓑ 비자성체 : 자기에 거의 반응하지 않는 물질로서. 고무, 플라스틱 들이 있다.
② 자계
자기력이 미치는 공간
③ 자력선
자계의 상태를 표현하는 데에는 자력선을 사용한다. 자력선의 방향이 자계의 방향을 표시하고 자력선의 밀도가 자계의 세기로 표현된다. 자력선은 자석의 N극으로부터 나와서 S극에서 끝난다. 또 자력선은 서로 뒤섞이는 일이 없다.
④ 자속
자화된 자성체의 변화 상태를 표현한다.

89 코로나방전(Corona Discharge)이란 무엇인가?

해답

고전압의 2개의 전극이 한쪽 또는 양쪽이 뾰족한 모양일 때 극부분의 전기장이 강해져 극사이의 일부에서 방전이 일어나는 현상으로 기체속 방전의 한 형태이다.

90 Static Discharger의 역할은 무엇인가?

해답

항공기가 고속으로 비행하면 공기중의 먼지나 비, 눈, 얼음 등과의 마찰에 의해 기체 표면에 정전기가 생기는데 이 정전기가 점차 축적되어 결국에는 코로나방전이 시작된다. 코로나방전은 매우 짧은 간격의 펄스형태로 방전하므로 항공기의 무선 통신기에 통신방해를 준다. 이러한 유해한 잡음을 없애기 위해 길이 약 10[cm]의 큰 저항체를 가진 Static Discharger를 장치하여 이를 통해 대기 중으로 정전기를 방전시킨다.

91 ESDS에 대하여 설명하시오.

해답

Electrostatic Discharge Sensitive Device(정전기방전흡인장치)의 약어로 인체에 축적된 정전기로 인해 전기, 전자 장비들의 전기충격으로 손상을 방지하도록 항공기 전기, 전자 장비실(E&E

Bay) 또는 전기, 전자 장비품 수리 작업장 입구에 인체(손)를 접촉하여 인체의 정전기를 지면으로 방전시키는 안전장치를 말한다.

- 정전기 제어대책
  ① 작업환경에 대한 대책
  ② 운반 및 보관에 대한 대책
  ③ 공급업자에 대한 대책

92 전기계통에 사용하여야 할 Wire Size는 어떻게 결정하는가?

해답

도선에 흐를 전류의 크기와 도선으로 인한 전압강하(Line Drop)를 고려하여 전선의 굵기를 결정한다.

93 와이어의 굵기를 측정하는 데 사용되는 공구는?

해답

B.S(Brown & Sharp) Wire Gage로 측정하며
AWG(America Wire Gage)라고도 한다.

94 Wire의 굵기는 번호와 어떤 관계가 있는가?

해답

숫자가 작을수록 와이어의 굵기는 굵어진다.

95 항공기에 사용하는 전선의 Size에서 16번 Wire를 사용하는 곳에 18번 Wire를 사용할 수 있는가?

해답

18번 Wire는 16번 Wire보다 가늘기 때문에 사용할 수 없다.

96 Four-Gage 구리전선의 일부를 알루미늄전선으로 교체한다면 알루미늄전선의 굵기는 얼마나 적정한가?

해답

2Gage, 구리전선을 알루미늄전선으로 교체할 때는 2 Gage 더 굵은 알루미늄전선을 사용하여야 한다.

97 항공기 전기계통에 사용하는 알루미늄전선은 구리전선에 비하여 어떤 단점이 있는가?

해답

알루미늄전선은 구리(동)전선보다 큰 취성(부서짐성)을 갖고 있으며 알루미늄전선이 찍히거나 진동을 받게 되면 쉽게 단선되는 단점을 갖고 있다.

98 항공기 전기계통에 사용할 수 있도록 허가된 가장 가는 알루미늄전선의 굵기는?

해답

Six-Gage(6번 Wire)

참고

항공기에 사용되는 동전선의 굵기 : AWG2/0～AWG20

99 대부분의 엔진전기계통에는 한가닥의 굵은선보다 여러 가닥의 가는 선으로 꼰 선을 사용하는 이유는 무엇인가?

해답

한 가닥의 굵은 선은 진동으로 단선되기 쉽기 때문이다.

100 항공기에 전선을 설치할 때 전선을 꼬는 이유는?

해답

전선을 꼬면 전선에 흐르는 전류에 의해 발생하는 자기장을 최소화 시킬 수 있기 때문이다.

101 Bonding Wire(Bonding Jumper)란?

해답

2개 이상의 분리된 금속구조물 또는 기계적 접합이나 전기적 접속이 불안전한 금속구조물을 전기적으로 완전히 접속시키고자 사용하는 도선을 말하며
① 양단간의 전위치를 제거해 줌으로써 정전기 발생을 방지
② 전기 회로의 Earth 회로로서 저저항을 꾀함
③ 무선 방해를 감소하고 계기의 지시오차를 없앰
④ 공중 낙뢰로 인한 조종석등의 손상 방지
⑤ 화재의 위험성이 있는 항공기 각 부분간의 전위차를 없앰

102 Bonding Wire의 기능을 설명하시오.

해답

① 전기기기의 "Earth" 회로로서 저저항을 꾀함
② 무전방해(간섭)를 감소하여 무선잡음제거
③ 공중낙뢰로 인한 조종익 "Hinge"류의 손상방지
④ 화재의 위험성이 있는 항공기 각 부분간의 전위차를 상쇄하여 화재예방
⑤ 본딩선은 가능한 짧아야 하고 양단의 저항은 0.003[Ω] 이하

103 Terminal Strip의 Single Stud에 연결할 수 있는 최대전선수는 몇 개인가?

해답

4개의 전선

104 전선에 장착할 Solderless Connector의 색깔은 무엇을 나타내는가?

해답

절연체의 색깔은 Connector에 삽입할 전선의 굵기를 표시
① Red Terminal : 18～22 Gage의 전선
② Blue Terminal : 14～16 Gage의 전선
③ Yellow Termina l : 10～12 Gage의 전선

105 Wire에서 Wrap을 묶는 간격은?

해답

8～12[in]

106 Limit Switch의 정의와 회로상의 적용은?

해답

회로의 흐름을 연결 또는 단락시켜주고, 작동매체에 적용 범위의 한계값을 결정하기도 하며, Landing Gear나 Flap 등의 Actuator 등에 사용된다.

107 Switch의 종류에는 어떤 것들이 있는가?

해답

① Rotary S/W : TV의 채널선택과 같이 한 개의 Knob로 여러 개의 회로선택
② Toggle S/W : On/Off/Reset으로 구성
③ Proximately S/W : 근접하면 자력 등에 의하여 작동
④ Alternate S/W : 한 번 누르면 On, 다시 누르면 Off
⑤ Momentary S/W : 누르고 있을 때만 작동
⑥ Pressure S/W : 유압 또는 공압에 의해서 규정 압력 이상 혹은 이하에서 Cut-Out, Cut-In되는 스위치, 자동압력 조절기나 경고 장치에 사용된다.

108 Switch를 백열등회로에 사용한다면 Switch의 용량을 낮추어야 하는 이유는?

해답

냉열 필라멘트의 저저항에 의한 고인입 전류는 Switch의 용량을 낮춰주어야 하기 때문이다.

109 Switch를 직류전동기회로에 사용한다면 Switch의 용량을 낮추어야 하는 이유는?

해답

직류전동기에 흐르는 초기전류는 Armature가 돌기 시작한 후 전동기가 사용하는 전류보다 훨씬 높다. 이러한 고인입전류 때문에 Controlling Switch는 용량을 낮춰야만 한다.

110 Relay란 무엇인가?

해답

① 조종실에 있는 스위치에 의해 간접적으로 작동
② 전선이 차지하는 무게 감소
③ 위험부분(큰 전류가 지나가는)이 조종석내를 거치지 않게 함

111 Circuit Code의 종류를 아는 대로 설명하시오.

해답

C	Fly Control	J	Ignition
D	De/Anti Icing	K	Engine Control
W	Warning Device	N	Ground
Q	Fuel & Oil	P	Power

112 Circuit Breaker(회로차단기)의 역할은 무엇인가?

해답

미리 설정된 정격값 이상의 전류가 흐르면 회로를 차단하는 부품으로 장비에 과전류가 흘렀을 경우 기내배선과 장비를 보호한다.

113 Circuit Breaker는 어떻게 과부하를 차단하는가?

해답

과부하전류가 흐르면 Bimctal이 작동하여 Trip되고 Knob가 튀어나와 회로를 차단한다.

114 Fuse나 Circuit Breaker는 각각 어디에 장착되어 있는가?

해답

Fuse는 부하앞에 Circuit Breaker Generator가 동작된 다음에 장착되어 있다.

115 Wheatstone Bridge란?

해답

4개의 저항을 서로 마주보게 연결하고 검류계를 Bridge와 같이 접속한 회로를 말하며 저항값을 측정하기 위해서 사용된다. 서로 마주보는 두 변에 작용하는 저항의 곱은 나머지 두 변에 작용하는 곱과 같다.

116 Voltmeter와 Ammeter의 연결 방법은?

해답

Voltmeter : 병렬연결, Ammeter : 직렬연결

117 Multimeter로 측정 가능한 것들을 열거하시오.

해답

직류전압/전류, 교류전압/저항, Decibel

118 Multimeter 취급시 주의사항은 무엇인가?

해답

① 전압 측정시의 극성 고려
② 전류, 전압 측정시 대략치를 미리 고려
③ 전압은 병렬, 전류는 직렬로 연결
④ Ohm미터 측정은 전류가 흐르고 있는 상태에서는 하지 말 것

119 Multimeter로 측정할 수 있는 전압이 100[Volt]일 때 만약 200[Volt]의 전압을 측정하여야 한다면 측정할 수 있는 방법은?

해답

션트(배율기)저항을 직렬로 연결

120 항공기 Battery에 대해서 설명하시오.

해답

근래에 Nickle-Cadmium Battery가 주로 사용되고 있다. Storage Battery는 전기적인 에너지를 화학적인 에너지로 변환 공급한다.

121 Battery의 전해액 용량 측정방법은?

해답

① 납산축전기 : 축전기의 충전상태는 전해액의 비중으로 나타낼 수 있으며 이것은 비중계로 측정한다.
② 니켈-카드늄축전기 : 전해액 수면의 높이로 확인할 수 있으나 충전정도는 정밀한 전압계를 사용하여 셀마다 전압을 측정하여 판단한다.

122 납산 배터리에서 배터리액이 부족하면 어떻게 보충하는가?

해답

증류수에 유산을 섞어 보충하며 용량은 단자 전압 규정치의 약 2/3에 도달할 때의 공급할 수 있는 전기량

123 납산 배터리의 결빙방지법은?

해답

전해액의 비중은 21~32[°C]에서는 변화가 작기 때문에 수정할 필요가 없지만, 겨울철에는 결빙방지를 위해서 충전을 한다.

124 24-Volt Lead-Acid Battery에는 몇 개의 Cell이 있는가?

해답

12개

125 완전히 충전된 납산축전지 전해액의 비중은 얼마인가?

해답

1.275~1.300

126 납산축전지의 비중을 측정할 때 온도의 정확성이 요구되지 않는 온도범위는 얼마인가?

해답

70~90[°F]

127 납산축전지의 전해액비중 측정은 어떤 계기로 하는가?

해답

Hydrometer(비중계)

128 Lead-Acid Battery Compartment는 부식을 방지하기 위하여 어떻게 처리하는가?

해답

Asphaltic(Tar Base) Paint 또는 Polyurethane Enamel Paint로 칠한다.(내산성 페인트)

참고

Ni - Cd Battery실은 내알카리성 페인트

129 납산축전지에서 흘린 전해액은 무엇으로 중화시키는가?

해답

중탄산염 소다수용액(A Solution Of Bicarbonate Of Soda And Water)

130 납산축전지에 전해액을 보충할 때 전해액 수위는 어떻게 결정하는가?

해답

Cell에 있는 Indicator에 표시된 위치에 도달될 때까지 보충한다.

131 납산축전지와 니켈카드뮴축전지를 동시에 정비하는 작업장에서는 어떤 주의사항을 지켜야 하는가?

해답

두 종류의 축전지는 분리해서 보관되어야 하며 한 종류에 사용한 공구는 다른 종류의 축전지에 사용해서는 안 된다.

132 Ni-Cd Battery에서 흘린 전해액은 무엇으로 중화시키는가?

해답

붕산수용액 또는 아세트산, 레몬주스

133 대부분의 항공기의 Battery는 어떤 Type인가?

해답

Ni-Cd Battery Type으로서 충전시간이 짧고 비중의 변화가 거의 없다.

134 Ni-Cd Battery의 특징은?

해답

① 해당 Cell만 정비가 가능하므로 정비가 용이하다.
② 20개의 Cell로 구성되어 있다.
③ 수명이 길다.
④ Gas의 발생이 적다.
⑤ Cell의 교환이 용이하고 저온에서의 방전 특성이 양호하다.
⑥ 고전류 사용시에도 전압 변동이 없다.
⑦ 전해액 보충은 Battery가 완전 충전된 이후 일정기간 경과 후 실시한다.(2～4시간)
⑧ Cell당 전압은 1.2～1.25[V]이며 정상 전압은 24[V]이다.
⑨ 중화는 아세트산, 레몬주스, 붕산, 암모니아로 한다.

135 Ni-Cd Battery의 Charging상태를 알 수 있는 방법은?

해답

정밀한 전압계를 사용하여 셀마다 전압을 측정하여 판단한다. 그러나 전압은 90[%] 방전할 때까지도 거의 일정하게 유지되므로 전압계로 충전상태를 판단하는 데에는 어려움이 있다. 이때에는 정전압전원에 연결하고 충전전류를 측정하면 충전상태를 가장 잘 알 수 있다.

136 Battery에 거품이 생기는 이유는?

해답

충전시 과전압으로 과충전되어 Battery 전해액이 끓어서 생긴다.

137 니켈카드뮴축전지 전해액의 높이는?

해답

충전 완료 후 3～4시간 후 액면 높이는 눈으로 확인하고, 비중은 전압계로 확인한다.

138 정전류 충전의 특징은?

해답

충전시간의 예측이 가능하며 충전시간을 초과하지 않으면 과충전의 위험이 없다.

139 항공기에서 Battery를 장탈할 때 가장 먼저 장탈해야 하는 단자는 어느 것인가?

해답

접지단자(Ground Connection), (-)단자, (+)단자 순으로 분리한다.

참고

장착할 때에는 장탈시의 역순으로 연결한다.

140 직류발전기를 장탈하기 전의 주의사항으로는?

해답

모든 Power Switch를 Off하고 Battery와 Generator 단자를 제거한다.

141 사인파교류의 유효전압이란 무엇인가?

해답

직류가 발생시킨 열량과 같은 열량을 발생시키는 데 필요한 교류의 전압값

142 Y결선과 △결선의 차이점을 설명하시오.

해답

- Y결선
  ① 선간전압은 상전압의 $\sqrt{3}$ 배이다.
  ② 위상은 상전압보다 30도 앞선다.
  ③ 선간전류의 크기와 위상은 상전류와 같다.
- △결선
  ① 선간전압의 크기와 위상은 상전압과 같다.
  ② 위상은 상전류보다 30도 늦다.
  ③ 선전류는 상전류의 $\sqrt{3}$ 배이다.

143 흔히 얘기하는 AC 115[V]/60[Hz]란 말은 무슨 말인가?

해답

시간에 따라 크기와 방향이 주기적으로 바뀌는 것을 교류라하며 한 번 변하는 것을 주기 또는 다른 말로 Cycle이라 한다. 전파의 주파수란 이러한 Cycle이 1초에 몇 번 발생하는 가를 [Hz]단위로 나타낸 것이다. 예컨대 AC 115[V]/60[Hz] 가정용 전원은 최대 +115[V], 최소-115[V]로 1초에 60번 반복되는 전압인 것이다.

144 항공기에 사용하는 전압 및 주파수는?

해답

AC 115[V], 3상, 400[Hz]과 DC 28[V]

145 항공기의 주파수를 400[Hz]로 사용하는 이유는?

해답

무선 저항 감소, 항공기 무게 감소, RPM이 적당하다.

146 항공기에서는 115[V]/60[Hz]를 사용하지 않고 115[V]/400[Hz]를 사용하는 이유는?

해답

전기계기나 변압기를 만들 때 철심이나 구리선 등이 일반전원(60[Hz])의 1/6～1/8 정도면 되고 중량도 가볍기 때문에 주파수가 높으면 유도성리액턴스가 높으므로 낮은 전류가 흐른다.

147 Generator의 원리를 설명하시오.

해답

① 교류발전기 : 전기와 자석의 상관관계를 나타낸 플레밍의 왼손법칙에 의해 자장속에서 접도체가 자속의 흐름을 절단할 때 전도체에 유도기전력이 발생한다.
② 직류발전기 : 교류발전기에서 나온 출력전압을 정류하여 주는 Commutator라는 장치를 가지고 있다.

148 터빈 엔진구동 교류발전기에서 만들어진 교류전류가 일정한 주파수를 유지되도록 해주는 것은 무엇인가?

해답

엔진과 교류발전기 사이에 장착되어 있는 유압작동 정속구동장치(Constant-Speed Drive)이다.

149 CSD에 대해서 설명하시오.

해답

CSD란 Constant Speed Drive로서 엔진의 회전수에 관계없이 항상 일정하게 발전기를 회전시키기 위해서 엔진과 발전기축 사이에 장착하는 장비품으로 발전기의 출력 주파수를 일정하게 해준다.

150 단상 교류발전기와 3상 교류발전기의 원리 및 비교하시오.

해답

① 단상 교류발전기는 전자유도에 의하여 사인파의 교류 전기를 발전한다. 전기자를 고정하고 무게가 가벼운 계자가 회전
② 3상 교류발전기는 단상 교류발전기와 같으나 단지 전기자의 가닥수를 3개로 하여 같은 회전으로 안정되고 효과적인 작동을 함

151 Generator단자에는?

해답

입력단자, 출력단자, 접지단자, Equalizer 단자 등 4가지

152 Brushless Generator란?

해답

브러시와 슬립링이 없이 잔여자기를 이용하여 여자전류를 발생시키는 방식으로 전기자(Armature)를 고정하고 무게가 가벼운 계자(Field)를 회전하여 발전시키는 발전기로 Arc 발생이 없고 출력파형이 안정적이어서 고고도에 적합하다.

153 Brushless Generator의 장점으로는 어떤 것들이 있는가?

해답

① Brush와 Slip Ring이 없어서 정비유지가 감소된다.
② 출력파형이 안정된다.
③ Arcing 우려가 없고 고고도 비행시 안전하다.
④ 가볍다.

154 Brushless Motor의 특징을 들어라.

해답

AC Motor이며 Brush의 교환이 필요없고, Arc 발생이 적고, 유지보수가 쉽고, 기계적으로 간단하다.

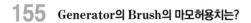

155 Generator의 Brush의 마모허용치는?

해답

75[%] 이상 닳으면(마모되면) 교환

156 Generator Field의 Flashing이란?

해답

발전기가 처음 발전을 시작할 때에는 Frame에 남아있는 잔여자기를 사용하나 만약 잔류자기가 전혀 남아있지 않아 발전하지 못할 때 외부전원으로부터 Field Coil에 잠시동안 전류를 통해 주는 것을 Flashing라고 한다.

157 전기부하가 30Ampere이나 발전기 출력을 감시할 수 없다면 발전기 용량을 얼마로 하여야 하는가?

해답

발전기 출력을 감시할 수 없다면 총연속연결부하가 출력규격의 80[%] 이하이어야 한다. 고로 37.5[Amp] 용량의 발전기를 필요로 하나 실제는 40[Amp] 발전기를 사용한다.

158 두 개의 AC Generator를 한 Bus에 연결하여 사용할 때 동기화시켜야 할 3가지는 무엇인가?

해답

① Voltage
② Frequency
③ Phase Rotation

159 많은 소형 터빈 엔진에 사용하는 Starter-Generator는 무엇을 하는 장비품인가?

해답

터빈 엔진을 시동시키는 Starter로 사용하는 단독엔진결합 장비품으로서 엔진이 작동중에는 복권형 발전기로 사용되는 장비품이다.

160 쌍발항공기의 발전기를 "Paralleling"한다는 말은 무슨뜻인가?

해답

각 엔진에 장착된 발전기를 병렬로 연결해서 출력전압을 동일하게 조절하여 발전기의 전기부하를 균등하게 분담토록 하는 것을 말한다.

161 Growler를 이용하여 Generator Armature의 어떤 결함을 찾을 수 있는가?

해답

Shorted Coil(코일의 합선)

162 유도전동기란 무엇을 말하는가?

해답

유도전동기는 교류전동기(만능, 동기, 유도) 중의 하나로 교류에 대한 작동 특성이 좋아 시동이나 계자여자에 있어 특별한 조치가 필요하지 않고, 부하감당 범위가 넓다. 정확한 회전수를 요구하지 않을 때에는 비교적 큰 부하를 감당할 수 있다. 대형 항공기에서 비교적 작은 부하의 작동기로 사용되기도 한다.

163 Generator와 Motor의 일반적인 차이점은 무엇인가?

해답

① Generator : 기계적인 에너지를 전기적인 에너지로 바꿔주며 플레밍의 오른손법칙 사용
② Motor : 전기적인 에너지를 Motor의 회전동력인 기계적인 에너지로 바꿔주는 장치로 플레밍의 왼손법칙사용

164 직류전동기의 전기자(Armature)를 역회전시키기 위해서는 무엇을 하여야 하는가?

해답

전기자 또는 계좌(Field)의 극성 중 어느 하나만의 극성을 바꾸어야 한다. 만약 두 개의 극성을 모두 바꾸게 되면 회전방향은 바뀌지 않는다.

165 직권형 직류전동기는 High, Low Starting Torque중 어느 것인가?

해답

High Starting Torque

166 분권형 직류전동기의 전기자(Armature) 회전 방향을 반대방향으로 할 수 있는 방법은 무엇인가?

해답

전기자를 기준으로 Shunt Field Coil의 연결을 반대로 한다.

167 Transformer, Rectifier, Inverter, T.A 의 용도는?

해답

① Transformer(변압기) : AC를 승압 또는 감압
② Rectifier(정류자) : AC를 DC로 변환
③ Inverter : DC를 AC로 변환
④ T.R(Transformer Rectifier) : AD를 감압 후 DC로 정류

168 대부분의 경항공기에 장착된 소형 직류발전기에는 어떤 종류의 정류기가 사용되는가?

해답

6 Silicon Diode를 갖춘 3 Phase, Full-Wave Rectifier

169 직류발전기에서 직류전류를 얻기 위한 정류기로서 무엇을 사용하는가?

해답

여러 개의 Brush와 하나의 Commutator

170 Exciter의 원리는?

해답

변압기의 원리와 마찬가지로 축전기에 충전된 전압이 진공관의 Gap을 뛰어넘어 2차 코일에 더 큰 전압이 발생되어 이를 점화에 사용한다. Breather 저항은 아크 방지와 잔류 전류를 없애주는 역할을 한다.

171 Convertor의 작동 원리에 대해서 설명하시오.

해답

교류 전압의 주파수를 변화시켜 상호 유도 작용을 이용한 교류 극수에 차이를 둔 동축 모터와 Alternator의 조합으로 Inverter와 함께 사용한다.

172 Voltage Regulator란?

해답

분권계좌 코일에 흐르는 전류를 조절하여 발전기의 출력 전압을 일정하게 유지시켜주는 장비품

173 Voltage Regulator의 원리와 및 기능은?

해답

카본파일식 전압조절기 : 카본파일에 가해지는 압축력이 크면 저항은 감소하고 작으면 저항은 증가한다. 계자에 공급되는 전류를 조절함으로써 출력전압을 일정하게 조절한다.

174 Vibrator-Type Voltage Regulator는 직류발전기의 출력전압 조절을 어떻게 하는가?

해답

Voltage Regulator Relay에서 생성된 자기장의 강도는 발전기 출력전압에 비례한다. 전압이 Regulator에 의한 출력전압 이상으로 상승한다면 Relay의 접점을 끊어주고 발전기 계자회로에 저항을 삽입시켜 전압을 낮춰준다. 발전기 출력전압을 일정하게 조절하기 위하여 계자회로에 저항을 넣었다 뺐다하여 Relay접점이 연결과 끊어짐의 반복으로 진동이 생기며 지속적인 전압조절이 어렵고 단속적이어서 소형기에 사용하며 Carbon File Type은 대형기에 사용된다.

175 Fuse 또는 회로차단기(Circuit Breaker)를 갖지 않는 전기회로는 어느것인가?

해답

Starter Motor Circuit

176 Servo란 무엇인가?

해답

전기적인 신호(Signal)를 기계적인 신호로 변환시켜 주고, 작은 입력신호를 큰 출력으로 변환시킨다.

177 Engine Electric Starter는 직렬, 병렬 전동기 중 어느 것을 사용하는가?

해답

Series-Wound Motor(직렬 전동기)

178 Electric System의 전력단위에서 VA와 W를 구분하여 설명하시오.

해답

① VA는 교류전류의 부하나 전원의 용량을 나타내는 전기적인 양이며 계산은 전압과 전류의 곱이므로 VA이며 피상전력이라 하고 여기에 역률을 곱하면 유효전력이 된다.
② W는 유효전력으로 실제로 소비하는 전력의 단위이다.

179 조종실내의 장비에 대해 설명하시오.

해답

조종실에는 Captain Seat, First Officer Seat, Flight Engineer Seat, Observer Seat가 Track 또는 Floor Fitting에 장착되어 있다.
이들 장비는 전후(H), 상하(V), 회전(S), Recline(R)의 조작을 기계적으로 일부는 전기적으로 할 수 있으며, 허리 및 어깨를 잡아주는 Seat Belt가 붙어 있다.
단, 기장석 후방의 Observer Seat는 접고 펼 수 있게 되어 있다.

180 EMERGENCY EQUIPMENT란?

해답

항공기에는 돌발 사고가 발생했을 때를 대비하여, 승객과 승무원이 무사히 탈출하고 구출 할 수 있는 비상용 장비품이 구비되어 있다.
① 긴급 불시착시에 탈출을 돕는 Escape Slide, Rope, 도끼, 휴대용 확성기, 수면 위 불시착에 대비하여 Life Raft, Life vest, 조난위치를 알리는 전파발신장치, 발화신호장치, 승객의 부상을 치료하는 구급약품(FAK) 등이 기내에 탑재되어 있다.
② Descent device
조종실 천장부근의 격리된 Stowage Holder 내에 저장되어 있다. 이 Device들은 Flight Crew 들이 Escape Slide를 사용하지 못하는 조건이 될 때 탈출하는 설비이다.
Descent 중에 발생하는 속도의 증가는 Device 내의 Braking Action을 증가시켜 서서히 내려올 수 있도록 되어 있다.

참고

비상사태의 종류

① Fire inside the aircraft
② Crash(land)
③ Belly landing
④ Ditching
⑤ Cabin depressurization
⑥ Sickness
⑦ Injuries

181 Emergency Escape Slide란?

해답

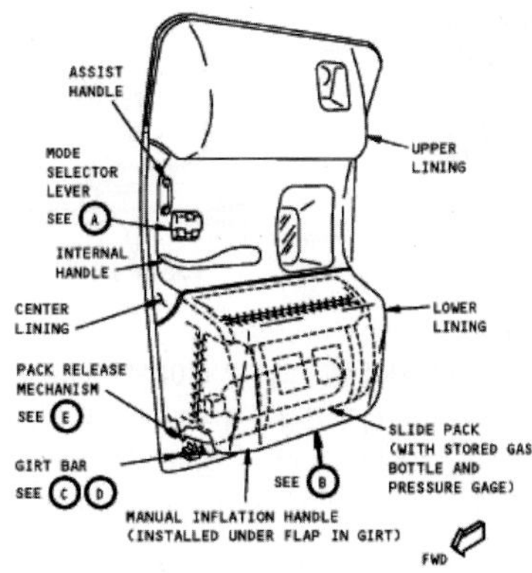

MAIN CABIN ENTRY DOOR 3 RIGHT SIDE
(LEFT SIDE IS EQUIVALENT)

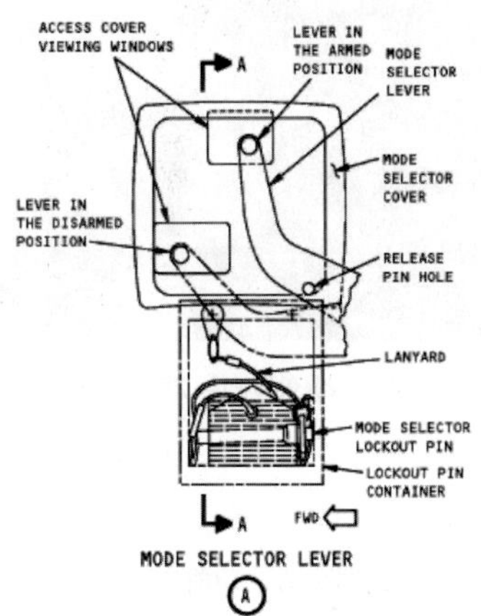

MODE SELECTOR LEVER
A

긴급 불시착했을 때 승객과 승무원을 안전하게 신속히 기체 밖으로 탈출시키기 위한 장치이다. 현재의 대형 여객기에서는 탑승 문이 그대로 비상문으로 되며, 여기에 Escape Slide가 장착되어 있다. 이러한 Slide는 법규에서 정해진 90초 이내에 전원이 탈출을 가능케 하기 위하여, 비상구를 열면 동시에 고압의 Nitrogen Gas에 의해 10초 내에 자동적으로 전개, 팽창하여 미끄럼대의 형태로 되게 설계되어 있다.

참고

① Emergency Signal Equipment
표류 중에 소재를 알려주는 것으로 백색광탄, 적색광탄, Power Megaphone, Radio Beacon이 장비되어 있다. Radio Beacon 은 보통 비닐커버로 포장되어 있는데 커버를 떼어내어 해수에 띄우면 자동적으로 Antenna가 펴져서 전파법에 정해진 2종류의 조난 주파수(121.5와 243MHz)의전파를 발신한다.

② Life Saving Equipment

ⓐ Life Vest
개인용 구명조끼로 의자 밑에 한 개씩 장착되어 있고 내장되어 있는 압축공기 또는 입으로 공기를 불어넣어 팽창시킬 수 있다.

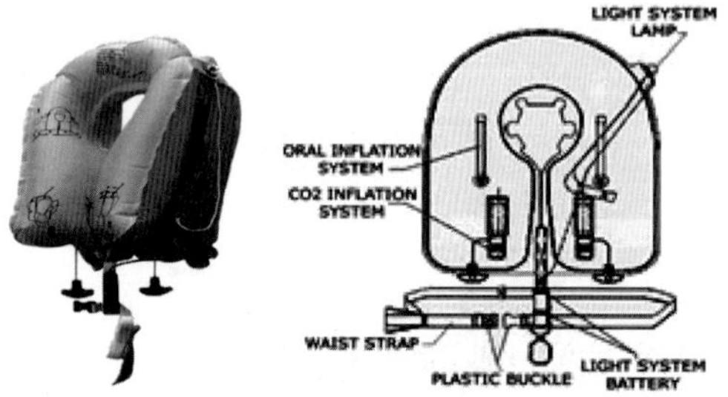

ⓑ Life Raft
수면에 긴급 불시착 했을 때 투하하여 압축 Gas로써 팽창시켜 탑승자를 수용하고 표류하기 위한 것으로 여기에는 비상용식량, 바닷물을 담수로 만드는 장치, 약품, 비상신호장비 등이 내장되어 있고, 강우나 직사광선을 피하기 위한 천장도 부착되어 있다.

[현재 주로 사용하고 있는 25인승 Slide]

182 실 여압조절계통에 대해 설명하시오.

해답

항공기를 여압하는 데 있어 두 가지 형식의 공기 누출이 있다. 하나는 동체구조물의 결합부위, Door Seal주변, Control Cable의 동체 관통부위와 Window Seal에서 누출되는 불가피한 경우이며, 또 다른 하나는 Outflow Valve와 Safety Valve를 통해 누출되는 경우로 객실 여압을 의도적으로 조절하기 위해서이다.
객실 여압을 조절하기 위한 공기의 누출이 조절 불가능한 공기의 누출보다 훨씬 많다. Pressurization Control System에는 Pneumatic Type과 전기적으로 조절되는 Outflow V/V를 장착한 전자식이 있다.

183 화재탐지계통에서 화재가 발생되었다는 3가지 신호 화재 탐지계통은?

해답

Fire Detection System에서 화재탐지계통은 화재가 발생되었다는 신호를 발생하여야 한다. 일반적으로 사용하는 3가지 화재탐지계통은 Thermal Switch계통, Thermocouple계통, Continuous Loop Detector계통이다.

184 항공기에 방호용 산소를 갖추어야 할 조건은?

해답

A급, B급 또는 E급의 화물실이 있는 경우 방호용 산소 장치를 갖추어야 한다.

185 항공기의 Fire Zone이라 함은?

해답

Fire Zone이라 함은 화재 탐지(Fire Detection)와 화재 소화 장비, 그리고 화재에 대한 높은 저항력이 요구되는 곳으로서 항공기 제작자에 의해서 지정된 지역이나 부위이다.

186 Fire Zone Classification Class C Zone은 어느 지역인가?

해답

① Class A Zone : 유사한 모양의 장애물에 공기의 흐름이 정렬된 장치를 통과하는 여러 곳이다. 왕복기관의 Power Section 지역이다.

② Class B Zone : 공기의 흐름이 장해물을 공기력으로 제거하는 다수의 지역이다. Heat Exchanger Duct와 Exhaust Manifold Shroud 지역이다.
③ Class C Zone : 비교적 적은 공기의 흐름이 있다. Power Section으로부터 격리된 Engine Accessory Components 지역이다.

187 Thermocouple에 적용되는 2가지 중요한 법칙이란?

해답

① 중간 온도의 법칙 : 주변의 온도 변화에도 열점과 냉점상의 온도에 의한 열기전력은 변하하지 않는다.
② 중간 금속 삽입의 법칙 : 제3의 금속이 어느 한쪽부위에 끼워지더라도 열점, 냉점 사이의 열기전력은 변화하지 않는다.

188 소화계통에서 배관이 길어지면 CO_2를 사용하는데 그 이유는?

해답

열팽창 계수가 커서 조속한 분사로 화재 진압

189 화재의 종류는 어떻게 구분하며 각각의 진화방법은?

해답

① Class A(일반화재) : 종이, 나무, 의류, 가구, 실내장식품 등 보통의 가연성 물질의 화재 – 물을 이용한 냉각법과 CO_2에 의한 질식법
② Class B(기름화재) : 연료, 그리스, 솔벤트, 페인트, 기타 가연성 석유제품의 화재 – CO_2와 포말에 의한 질식법
③ Class C(전기화재) : 전기기기, 전기제품, 전기용품의 화재 – CO_2와 포말에 의한 질식법
④ Class D(금속화재) : 마그네슘과 분말금속 등 금속물질의 화재 – 분말과 포말에 의한 질식법

190 Fire Detector(화재 탐지기)의 종류는?

해답

① 온도상승률 탐지기(Rate Of Temperature Rise Detector)
② 과열 탐지기(Overheat Detector)
③ 연기 탐지기(Smoke Detector)
④ 일산화탄소 탐지기(Carbone Monoxide Detector)
⑤ 복사감지 탐지기(Radiation Sensing Detector)
⑥ 가연성 혼합기 탐지기(Combustible Mixture Detector)
⑦ 광섬유 탐지기(Fiber-Optic Detector)
⑧ 승무원 또는 승객에 의한 탐지

191 항공기 화재발생영역과 화재탐지기의 형식은?

해답

① 항공기의 화재발생영역은 Power Plant, APU, Fuel Heater, 화물적재실 ,L/G Wheel Well,객실 등이며
② 화재탐지기형식은 Thermal Switch Type, Thermocople Typc, Pressure Type, Resistance Loop Type 등이 있다.

192 화재경고장치 중에서 Thermal Switch Type과 Thermocouple Type의 특징을 각각 설명하시오.

해답

① Thermal Switch Type : 화재시 서로 다른 2금속의 열팽창에 의해 전기접점이 접촉(Spot Type)되어 조종석의 경고등이나 경고음으로 화재발생을 탐지하는 형식으로 화재구역에 2중회로로 병렬연결되어 있어 합선이나 단선(Cut)되더라도 화재를 탐지할 수 있다.
② Thermocouple Type : 화재시 열저항값이 다른 선(크루멜과 알루멜 등)을 연결(열접점)하여 급격한 온도상승에 의한 저항 변화에 따른 전류를 감지하여 조종석의 경고등이나 경고음으로 화재발생을 탐지하는 형식으로 화재로 인한 급격한 온도상승률에 의해 작동되므로 일반적인 과열상태는 탐지하지 못한다.

193 Thermal Switch Fire Detection System은 일반적인 과열상태도 조종사에게 경고하여 주는가?

해답

정해진 고온도에서 전기접점이 접촉되도록 되어 있어 화재가 났을 때에는 조종사에게 화재를 경고하여 주나 일반적인 과열상태는 접점이 접촉되지 않아 조종사에게 경고하여 주지 않는다.

194 어떤 화재탐지기 형태가 온도상승률에 의해 작동하는가?

해답

Thermocouple System

195 Thermocouple Fire Detection System은 일반적인 과열상태로 조종사에게 경고하여 주는가?

해답

열전대화재감지장치는 화재로 인한 급격한 온도상승률에 기초하여 작동되기 때문에 화재만을 식별하여 주나 서서히 증가하는 과열상태는 경고시켜 주지 않는다.

196 실제 항공기에 가장 많이 사용하고 있는 2종류의 Smoke Detector(연기감지기)는 무엇들인가?

해답

① Photoelectric Smoke Detector(광전기 연기감지기)
② Visual Smoke Detector(육안 연기감지기)

197 Smoke Detector는 항공기 어디에 장착되는가?

해답

연기감지기는 승객수화물실과 화물칸에 장착되어 있다.

198 Continuous Loop Fire Detection System이 파손되었다면 화재탐지가 작동되지 않는가?

해답

2개 loop의 중심선이 검출회로에 연결되어 있어 단선(Open Wire Cut)이나 단락(Short,합선)으로 인한 급격한 저항변화로 고장이 났음을 나타내지만 화재발생시에는 화재를 탐지하여 경고시켜 준다.

199 Pressure Type Continuous Element Fire Detector System은 화재와 일반적인 과열상태도 탐지하는가?

해답

Sensor 일부분의 고온도 또는 Sensor 전체의 일반적인 과열온도(평균 이상의 온도)에서도 Diaphram Switch를 접촉시켜 가스를 방출시키고 화재경보등 또는 화재경보음을 작동시킨다.

200 Fire Extinguisher는 어디에 장착되어 있는가?

해답

Engine, APU, Cargo, Waste Box 등의 위치에 진화제를 충전시킨 용기로 장착되어 있다.

201 어떤 종류의 화재진화제가 객실화재와 엔진화제에 가장 좋은가?

해답

Halon 1301(Bromotrifluoromethane, "BT"진화제라고도 함)

202 항공기 화재진화에 사용하는 "CB"화재진화제의 단점은?

해답

알루미늄과 마그네슘부품을 부식시키는 단점이 있다.

참고

Halon 1011(Bromochloromethane)를 "CB"진화제라 함

203 Carbon Tetrachloride(4염화탄소)는 화재진화제로 추천하지 않는 이유는?

해답

Halon 104("CTC"진화제)라고도 하며 Carbon Tetrachloride가 발화되면 독가스, 즉 죽음의 가스를 만들어 내기 때문이다.

204 항공기에 장착된 고속방출장치(High Rate Discharge Extinguisher)의 화재진화제로 무엇이 사용되는가?

해답

① Halon 1301 : 충전시킬 때 별도의 가압제가 불필요
② Halon 1211 : 충전시킬 때 질소 또는 Halon 1301로 충전
위 ①, ② 진화제는 상품명으로 Freon진화제라고 함

205 제트여객기에서 Fire-Pull T-Handle을 잡아당기면 어떤 일이 일어나는가?

해답

① 소화기병의 배출스위치 덮개가 벗겨지고 진화제가 배출하게 되며
② Generator Field Relay가 떨어져 발전이 중단되며
③ 연료가 엔진으로 유입되는 것을 차단하며
④ 유압작동유가 Pump로 유입되는 것을 차단하고
⑤ Engine Bleed Air를 차단시키며
⑥ 유압펌프의 Low Pressure Light를 꺼지게 한다.

206 고속방출병(High-Rate Discharge Battle)에 담긴 화재진화제는 무엇이 방출시키는가?

해답

전기적으로 점화가능 분말충전재가 점화되어 고속방출병의 밀폐막을 찢어 고압진화제를 방출시킨다.

207 고속방출병(High-Rate Discharge Battle)에 충전시킨 화재진화제의 충전상태는 어떻게 결정하는가?

해답

고속방출병(HRD Battle)에 충전되어 있는 내용물의 압력을 표시해주는 병에 장착되어 있는 압력계기의 압력으로 적정상태인가를 결정한다.

208 항공기객실 화재진화제로 주로 사용하는 3가지 물질은 무엇인가?

해답

① 물
② Halon 1301
③ 이산화탄소(CO_2)

209 엔진화제에 가장 많이 사용되는 2가지 화재진화제는?

해답

① Halon 1301
② CO_2

210 일산화탄소 검출기는 항공기 탑승객들에게 일산화탄소의 과다배출을 어떻게 경고하여 주는가?

해답

일산화탄소가 누출되면 조종석 또는 객실에 설치된 일산화탄소검출기의 Chemical Crystal이 노란색에서 초록색으로 변하는 것으로 알 수 있다.

211 Brake 화재는 어떤 종류의 소화기를 사용하는가?

해답

건조분말소화기

참고

광물성작동유는 인화성물질임

212 CO_2 소화기는 내부에 담겨 있는 CO_2량을 어떻게 검사하는가?

해답

CO_2가 담겨 있는 상태로 무게를 측정하여 검사한다.

213 소화기 Bottle의 소화액 검사는?

해답

무게를 측정하여 10[%] 이상의 무게차이가 나면 교환한다.

214 항공기 동체의 고정(Built-In, 붙박이) 소화기의 진화액 방출여부는 어떻게 알 수 있는가?

해답

소화액병 근처에 있는 항공기 외부의 분출마개(Blowout Plug)의 정상여부를 점검하여 방출상태를 알 수 있다.

215 만일 항공기 동체표면에 장착되어 있는 화재소화계통의 Red Disk가 파열되어 있다면 무엇을 표시하는가?

해답

과열로 인하여 진화액이 방출되었음을 나타낸다.

216 엔진나셀의 Yellow Blow-Out Plug가 파열되었다면 화재진화계통에 무엇이 일어났음을 나타내는가?

해답

Built-In(붙박이) Fire Extinguishing System이 작동중에 과열로 진화제가 방출되었음을 나타낸다.

217 Electrical Continuity(전기적 연속성)를 알기 위하여 고속화재진화방출병의 Electrical Squib(전기기폭관)를 점검할 때 무엇을 주의해야 하는가?

해답

폭발제의 분말은 작은 양의 전류에도 점화되므로 전류를 보내서는 안 된다.

218 Pressure-Type Continuous-Element Fire Detector System은 어떻게 작동점검을 하는가?

해답

저전압 교류전류를 Detector Element의 덮개(Sheath)에 흐르게 하면 Element가 가열되어 Diaphram Switch가 접속되어 가스를 배출시키게 한다.

219 여객기 화물실은 화재등급을 어떻게 분류하는가?

해답

① A급화물실 : 승무원이 착석한 채로 육안으로 화재를 발견할 수 있고 휴대용 소화기로 진화할 수 있는 소규모 화물실
② B급화물실 : 연기탐지기 또는 화재탐지기로 화재를 발견하고 승무원이 휴대용 소화기로 진화할 수 있는 화물실
③ C급화물실 : 연기탐지기 또는 화재탐지기로 화재를 발견하고 승무원이 고정 소화장치로 진화 가능한 화물실
④ D급화물실 : 공기유통이 적고 화재가 발생하더라도 화재가 실내에 밀폐되어 산소공급의 중단으로 자연 진화될 수 있는 화물실
⑤ E급화물실 : 화물전용기의 화물실로 연기탐지기 또는 화재탐지기로 화재를 발견하고 여압장치를 중단하여 산소량을 제한하여 진화시킬 수 있는 화물실

220 화재시 공기유통에 기초한 엔진실의 화재지역등급(Fire Zone Classification)은 어떻게 분류하는가?

해답

① A급지역(Class A Zone) : 다량의 공기유통이 가능한 왕복 엔진의 동력실
② B급지역(Class B Zone) : 공기역학적으로 다량의 공기유통이 가능한 터빈 엔진실
③ C급지역(Class C Zone) : 엔진동력부분과 부속부품실이 별도로 되어 있으며 비교적 소량의 공기유통이 되는 지역
④ D급지역(Class D Zone) : 거의 공기순환이 되지 않는 Wing, Wheel Well 등과 같은 공기유통이 되지 않는 지역
⑤ X급지역(Class X Zone) : 대형 기체구조부품들 사이의 소화액 분포가 어려운 움푹들어간 부위를 갖는 지역으로 다량의 공기유통이 요구되는 지역

221 Water Tank의 위치는 어디인가?

해답

Cabin Door밑에 Cargo내에 위치한다.

222 Escape Slide(탈출미끄럼대)란 무엇인가?

해답

항공기가 비상상태에서 물위에 착수했을 때 Slide(미끄럼대)와 Raft(구명정)로 사용될 수 있는 장비품으로 Door의 Lower Lining내에 Packboard(꾸러미)로 장착되어 있다. 비행조건에서는 Arming(폭발준비상태)되어 있어서 Door가 열리면 Door로부터 자동으로 펼쳐지고 부풀어 오르게 되어 미끄럼대로 사용된 후 항공기로 부터 분리시켜 구명정으로 활용되는 비상장구이다. 내부에는 생존에 필요한 Sea Survival Kit가 함께 들어있다.

223 Flight Control에 대하여 설명하시오.

해답

항공기가 이륙/상승/순항/하강/착륙하여 목적지까지 비행하기 위해서는 항공기 자세 및 속도를 변화시켜야 하며 또한 양력 및 항력증감 등을 수행하는 모든 것을 조종계통이라고 한다.

224 Primary Control Surface(1차조종면)의 종류와 조종방법을 설명하시오.

해답

① Aileron : Control Wheel을 좌우로 회전하여 조종
② Elevator : Control Wheel을 앞뒤로 밀거나 당겨서 조종
③ Rudder : 방향타 페달을 밟는 것으로 조종

225 Secondary Control Surface(2차 조종면)의 종류에는 무엇이 있는가?

해답

Flap, Spoiler, Tab, Slat

226 2차 조종면의 기능은?

해답

1차 조종면이 발생시키는 항공기 3축운동을 도와주거나 항공기 속도를 줄이고 이륙시 양력을 크게 하고 착륙시 항력을 크게 해 활주거리를 줄이게 하는 역할

227 Stopper란 무엇인가?

해답

조종계통에 보조날개, 승강타 및 방향타의 운동범위를 제한하기 위한 장치로 조절식 또는 고정식의 Stopper를 장착하고 있다.

228 Tab의 역할은 무엇인가?

해답

주조종면의 뒷전에 위치하여 비행자세를 조정하거나 주조종면에 작용하는 공기력을 보조하는 역할을 한다.

229 Tab의 종류를 들고 각각을 설명하시오.

해답

① Trim Tab : 비행중에 발생하는 항공기의 불균형상태를 1차 조종면을 움직이지 않고 조종석의 Trim Controller(트림조절장치)에 의해 Tab만 조작하여 정상 비행토록 하는 장치
② Servo Tab : 1차 조종면을 직접 조작하지 않고 Tab를 조작하여 Tab에 작용하는 공기력으로 1차 조종면을 움직여 조타력을 가볍게 하는 장치로서 Control Tab이라고도 함
③ Balance Tab : 1차 조종면을 조작하면 Tab이 반대방향으로 움직여 조종력을 경감시키는 장치
④ Spring Tab : 조종면과 Tab 사이에 Spring을 삽입한 Servo Tab의 일종으로 비행속도의 변화에 동반하는 조종력 유지의 변화를 Spring에 의해 개선하고 있다. 현재의 대형 항공기에서는 필수장치
⑤ Fixed Tab : 1차 조종면의 뒷전에 작은 판을 붙여서 비행기 본래의 비정상적인 비행자세를 수정하도록 하는 Tab의 일종으로 지상에서 정비사가 필요한 만큼 적절히 굽혀서 비행기 자세를 수정하게 하는 장치

230 Flight Control System의 운동전달방식에 따른 종류에 대하여 설명하시오.

해답

① Manual Control System(수동조정장치) : Cable Control Sys, Push Pull Rod Control Sys, Torque Tube Control Sys
② Power Control System(동력조정장치)
 ⓐ 가역식 조종계통＝유압부스터장치(HYD Booster)
 ⓑ 비가역식 조종계통＝인공감각장치(Artificial Feel-ing Device)
③ Fly-By-Wire Control System
④ Fly By Light Control System(광신호조종장치)

231 조종계통에서 Cable과 Push Pull Rod의 역할상 차이점을 설명하고 Actuator의 역할에 대하여 설명하시오.

해답

① Cable : 조종계통에서 당기는 힘만 전달하는 요소(인장력 전달가능)
② Push Rod : 조종계통에서 밀고 당기는 운동을 전달하는 요소(인장력/압축력 전달가능)
③ Actuator의 역할 : Control Column(조정간)으로부터 전해진 힘(Signal)을 운동에너지(작동력)로 변환 하여 Control Surface를 움직인다.

232 조종사 감시판넬(Annunciator Panel)의 Landing Gear 위치표시부분의 적색등은 무엇을 나타내는가?

해답

Landing Gear가 착륙 불안정조건에 있음을 표시한다.

233 Aileron Lock-Out이란?

해답

고속비행에서 바깥쪽의 Aileron이 작동하지 않도록 Aileron를 고정시키는 장치

234 SRM이란?

해답

Stabilizer Trim/Rudder Ratio Module은 항공기 속도에 따라 Rudder의 작동 각도를 제하는 장치로써 Yaw Damper Actuator가 내장되어 Pedal과 관계없이 Rudder를 작동시켜 Turn Coordition과 Yaw Damping을 방지한다.

235 Elevator의 Flutter방지법은?

해답

Mass Balance을 장착하여 Flutter를 방지할 수 있다.

236 Flutter란 무엇인가?

해답

조종면이 정적 및 동적으로 과소평형으로 중립비행 중 조종면이 중립위치에 있지 못하고 뒷전이 내려가 후류에 의해 풍압을 받아 진동이 생기는 것을 말한다. 조종면의 Flutter는 조종면을 파손시킬 수 있다.

237 Mass Balance(질량평형)이란 무엇인가?

해답

조종면의 중량분포가 적절하지 않으면 비행중이나 조종중에 Flutter를 일으킬 위험이 있기 때문에 보통은 Leading Edge에 납판을 부착시켜 Flutter를 방지하고 있으며 이 납판을 Mass Balance라 한다.

238 착륙하기 위하여 엔진추력을 감소시키고자 Throttle을 뒤로 잡아당겼을 때 무엇이 경고음을 내게 하는가?

해답

Landing Gear들 중 어느 하나라도 내려가지 않았거나 잠금장치가 풀리지 않았다면 경고음이 울리게 된다.

239 Landing Gear Safety Switch의 위치는 어디인가?

해답

항공기 무게가 Landing Gear에 걸렸을 때 Switch가 작동되도록 Landing Gear Shock Strut들 중 하나의 Bracket에 설치되어 있다.

참고

Safety(Squat) Switch : 항공기가 지상에 있을 때 Strut가 압축되어 Switch를 눌러 Switch가 Off(Open)되어 전류의 흐름이 차단되어 Selector Valve를 고정시켜(Lock) Gear가 Up되는 것을 막아주고 항공기가 공중에 있을 때에는 Strut가 뻗혀져 Switch가 닫혀(Close) Switch를 On시켜 Solenoid가 자화되어 Selector Valve의 고정 장치가 풀려(Unlock) Gear를 Up할 수 있도록 조종 Lever작동을 허용한다.

240 L/G가 지상에서 우발적으로 Retract(Up)되는 것을 방지하기 위해 마련된 장치들은?

해답

① Safety Switch
② Ground Lock(Down Lock)
③ Mechenical Down Lock

241 모든 Landing Gear가 Down되어 고정된 것을 조종사는 어떻게 알 수 있는가?

해답

3개 Landing Gear가 모두 Down되어 고정되면(Locked) 조종사 감시 Pannel에 있는 3개의 녹색등이 켜지는 것으로 알 수 있다.

242 조종석에 있는 Annunciator Panel이란?

해답

항공기의 모든 경고 및 조건등(Condition Light)이 설치된 곳으로 조종사가 한눈에 모든 계통을 감시하기 쉽게 만든 판넬이다.

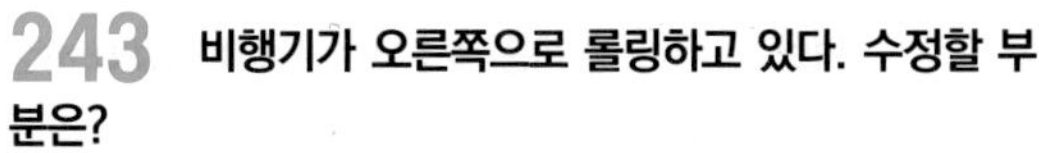

243 비행기가 오른쪽으로 롤링하고 있다. 수정할 부분은?

해답

우측 날개가 중립으로부터 약간 올라 갔다.
고정 탭을 올려 주면 힌지 모먼트에 의해 보조날개는 탭에 상당한 공기력만큼 내려간다.

244 조종간을 앞으로 밀면 비행기는 어떻게 움직이는가?

해답

승강키가 내려가서 수평꼬리날개의 캠버가 커져 양력이 증가하여 비행기 수평꼬리날개는 위쪽으로 올라가고 기수를 아래로 내려가게 된다.

245 조종면(Flight Control Surfaces)에 대하여 설명하시오.

해답

고정익(Fixed-Wing) 항공기의 방향 조종은 조종면에 의해서 가로축(Lateral Axis), 세로축(Longitudinal Axis) 그리고 수직축(Vertical Axis)에 따라서 움직인다. 이들 Control Device는 이륙(Take off), 비행(Flight), 그리고 착륙(Landing)시에 항공기의 자세를 조종하기 위한 1차 조종면(Primary Control Surface)과 이를 보조해 주는 2차 조종면(Auxiliary Control Surface) 2개의 주요 Group으로 나누어진다.

246 동력식 조종계통에서 조종사에게 조종력의 감각을 느끼게 하는 장치는?

해답

인공감각장치

247 인공감각장치(Artificial Feeling Device)에 사용되는 장치로 조종간의 움직임에 스프링의 작용을 느끼게 하는 장치는?

해답

Feel Spring

248 대형 제트 항공기에 사용되고 있는 Triple Slotted Flap은 어떤 역할을 하는가?

해답

대형 제트 항공기에 사용되고 있는 Triple Slotted Flap은 전후 Flap은 이륙 및 착륙에서 높은 양력을 발생한다. 이 Flap은 Fore Flap, Mid Flap 및 AFT Flap의 3개로 구성되어 있다.

249 Flight Spoiler는 언제 작동하는가?

해답

대형 항공기에 사용되는 Spoiler로 공중 및 지상의 어디에서도 작동한다.

250 Ground Speed Brake는 언제 작동하는가?

해답

대형 항공기에 사용되는 Spoiler로 지상에서 착지 후에만 작동한다.

251 조종면을 수리할 때 힌지 후방에 중량을 가하면 생기는 Flutter를 방지하려면 어떤 검사를 하여야 하는가?

해답

조종면을 수리할 때 반드시 항공기의 중심 위치를 측정하고 매뉴얼에서 제시한 허용범위로 확인하는 매스 밸런스(Mass Balance) 검사가 필요하다.

252 다음은 연료계통의 구성품들이다. 연료흐름 순서대로 나열하시오.

① 연료여과기　② 연료조정장치
③ 주 연료펌프　④ 연료분사노즐
⑤ 여압 및 드레인밸브　⑥ 연료 매니폴드

해답

주 연료펌프 → 연료여과기 → 연료조정장치 → 여압 및 드레인밸브 → 연료 매니폴드 → 연료분사노즐

253 연료보급시 3점 접지를 순서에 맞게 적으시오.

해답

① 항공기 기체와 지면
② 연료 보급차량과 지면
③ 연료주입노즐과 항공기 기체

254 비행 중 각 연료 탱크내의 연료 중량과 연료 소비 순서 조정은 연료 관리 방식에 의해 수행되는데 그 방법으로는 탱크간 이송(Tank To Tank Transfer) 방법과 탱크와 기관 이송(Tank To Engine Transfer) 방법이 있다. 차이점을 말하시오.

해답

① Tank To Tank Transfer : 각 탱크에서 해당 기관으로 연료를 공급하고, 그 소비되는 양만큼 동체 탱크에서 각 탱크로 이송하고, 그후 날개 안쪽에서 바깥쪽 탱크로 연료 이송하다가 모든 탱크의 연료량이 같아지면 연료 이송을 중단한다.
② Tank To Engine Transfer : 탱크간의 연료 이송은 하지 않고, 먼저 동체 탱크에서 모든 기관으로 연료를 공급한 후, 날개 안쪽 탱크에서 연료를 공급하다가 모든 탱크의 연료량이 같아지면 각 탱크에서 해당 기관으로 연료를 공급한다.

255 가스터빈기관의 연료계통에서 여압 및 드레인 밸브에 대하여 간단히 답하시오.(장착위치, 기능)

해답

① 장착위치 : F.C.U와 연료 매니폴드 사이
② 기능
  ⓐ 연료의 흐름을 1차 연료와 2차 연료로 분리
  ⓑ 기관이 정지되었을 때에 매니폴드나 노즐에 남아 있는 연료를 외부로 방출
  ⓒ 연료압력이 일정 압력 이상이 될 때까지 연료의 흐름을 차단하는 역할

256 Weight & Balance를 계산할 때 최소연료(Min. Fuel)란?

해답

최대연속출력에서 30분간 작동에 필요한 연료량으로 소량의 연료가 최대임계평형조건에 악영향을 줄 때의 연료량이며 무게와 평형을 계산할 때 사용되는 최대연료량이다.

257 제트기관의 오일계통에서 Hot Tank System을 순서대로 나열하시오.

해답

오일 탱크 → 메인 오일 펌프 → 메인 오일 여과기 → 오일 조절 압력 밸브 → 연료오일 냉각기 → 최종 오일 여과기 → 오일노즐 → 베어링부 → 스캐빈지 펌프(배유) → 오일 탱크

258 항공기계통에 유압을 사용하는 이유와 유압의 특징은 무엇인가?

해답

① 이유 : 작은 힘으로 큰 힘을 전달하고 작동 부분의 운동방향 전환이 용이하며 무게가 가볍다.
② 특징 : 비압축성이며 점성이 낮고 유동성이 좋다. 파스칼의 원리에 따른다.

259 유압 Check Valve의 역할을 설명하시오.

해답

Check Valve는 액체를 한 방향으로만 흐르게 하고, 그 반대 방향으로는 흐르지 않게 하는 장치이다.(역류 방지)

260 유압계통의 Accumulator의 기능을 설명하시오.

해답

Accumulator의 기능은 계통의 작동과 Pump의 가압에서 오는 계통내의 Pressure Surge를 완화시킨다.

261 유압계통 축압기(Accumulator)의 Power Pump는 어떻게 보조해 주는가?

해답

Accumulator의 기능은 계통의 작동과 Pump의 가압에서 오는 계통내의 Pressure Surge를 완화시켜 주며, 축적된 Power로부터 Extra Power를 공급함으로써 한꺼번에 많은 계통이 작동할 Power Pump를 보조해 준다. Pump가 작동하지 않을 때 Hydraulic System의 제한된 작동을 위해, Power를 저장하여 빈번한 Pressure Switch의 작용으로 내부 또는 외부의 누설을 보상하기 위해 압력하에서 Fluid를 공급하는 역할을 한다.

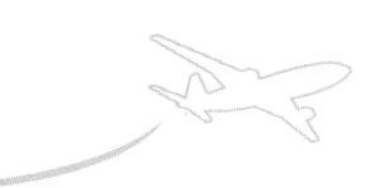

262 Hydraulic 직선형 Actuator는 어떤 Type 인가?

해답

Hydraulic Pressure를 기계적인 Energy로 변환하는데 사용되어 지며 Cylinder/Piston Type의 직선형 Actuator와 Hydraulic Motor를 사용한 회전형 Actuator가 있다.

263 항공기에 2개 이상의 독립된 유압계통에 심한 Fluid의 누출이 생기는 경우는 되는가?

해답

최근의 제트 항공기는 착륙 장치를 내리거나 Flight Control System(조종계통), Thrust Reverser(역추력장치), Flap(플랩), Brake(브레이크) 및 많은 보조 계통의 조작을 유압에 의존하고 있다. 이 때문에 대부분의 항공기는 2개 이상의 독립된 유압계통을 갖추고 이들 계통 가운데 심한 Fluid의 누출이 생기는 경우, 계통을 차단하는 수단을 강구하고 있다.

264 유압 동력 계통의 작동유를 저장하는 Reservoir의 기능을 3가지만 간단히 쓰시오.

해답

① 작동유를 저장
② 정상 작동에 필요한 작동유 공급
③ 계통의 최소한의 허용 누설량을 보충

265 유압계통의 누설로 레저버에 비상 작동유를 확보할 수 있도록 하는 장치는?

해답

Stand Pipe

266 최근의 유압계통으로 작동부품의 간격이 극히 적고 압력저하가 적은 레저버 귀환 관에 장착되는 여과기의 형식은?

해답

Micron Filter

267 유압계통에서 사용되는 동력펌프의 종류를 4가지만 쓰시오.

해답

기어형, 제로터형, 베인형, 피스형의 일정 용량식과 가변 용량식

268 작동유 배관은 주로 호스와 튜브를 사용한다. 각각의 크기는 무엇으로 나타내는가?

해답

① 호스 : 안지름으로 표시하며 1[in]의 16분비루 표시
② 튜브 : 바깥지름(분수)×두께(소수)

269 유압계통 작동유의 종류 3가지와 색깔을 쓰시오.

해답

① 식물성유 : 파란색
② 광물성유 : 붉은색
③ 합성유 : 자주색

270 유압계통에 사용하고 있는 Quick Disconnect Fluid Coupling(신속유압분리기)은 주로 어디에 사용하고 있나?

해답

엔진구동펌프를 연료계통에 연결하는 곳에 신속유압분리기를 사용한다.

271 Pascal의 원리란 무엇인가?

해답

밀폐된 용기안의 유체에 가해진 압력은 유체의 모든 부분과 용기의 벽에 손실없이 그대로 전달되며 이 압력은 용기 전체의 각 부분에 직각방향으로 작용한다.

272 유압으로 움직이는 기계적 이득(Mechanical Advantage)에 대해서 설명하시오.

해답

파스칼의 원리에 의해 작동력(F)은 피스톤 면적(A)의 넓이를 변화시켜 작동력을 배가(배력비)시킬 수 있다.

273 Hydraulic(HYD) System의 종류는?

해답

① Open HYD System : 수력발전소(HYD Power Generation)
② Closed HYD System : 항공기 유압계통(Aircraft HYD SYS)

274 Hydraulic Fluid(작동유)가 가지고 있어야 할 요구조건 5가지?

해답

① 비압축성일 것
② 점도가 낮을 것
③ 윤활성이 우수할 것
④ 화학적 안정성이 높을 것
⑤ 작동중 거품을 형성하지 않을 것

275 유압작동유(HYD Fluid)의 종류에는?

해답

- 식물성
  ① 청색(Blue)
  ② MIL-H-7644
  ③ 피마자유와 알코올의 혼합물로 쉽게 변질
  ④ 저온 특성이 약함
  ⑤ 천연고무 Seal에 사용
  ⑥ 인화성 작동액
  ⑦ 구형 항공기의 Brake에 사용
- 광물성
  ① 적색(Red)
  ② MIL-H-5606
  ③ 윤활성이 양호
  ④ 거품이 잘 일어나지 않으며
  ⑤ 부식방지제를 첨가하고 있고
  ⑥ 화학적으로 대단히 안정되어 있으며
  ⑦ 고온에서 점도변화가 적고
  ⑧ 부나고무, 니트릴고무, 네오프렌고무, 불소고무seal에 사용
  ⑨ 인화성 작동액
  ⑩ 항공기 L/G Shock Strut에 사용
- 합성유
  ① 자주색(Purple)
  ② MIL-H-8644
  ③ 인산염에스텔유(Skydrol)
  ④ 내화성이 강하고
  ⑤ 윤활성이 양호하며
  ⑥ 작동온도범위(−54～115[°C])가 넓고
  ⑦ 내식성이 크며
  ⑧ 유독성으로 눈이나 피부에 접촉되지 않도록 주의가 요구됨
  ⑨ Paint나 고무제품을 손상시키므로 묻지 않게 할 것
  ⑩ 부틸고무, 실리콘고무, 에틸렌-프로필렌고무, 테플론 고무 seal에 사용
  ⑪ 불연성 작동액
  ⑫ 힘 전달 매개체로 대형 항공기에 사용(단, 대기중에 오염되기 쉬우므로 용기는 꼭 맞게 밀봉되어야 한다.)

276 식물성 작동유가 사용되는 유압계통은 무엇으로 세척해야 하는가?

해답

식물성유, 그러나 광물성유도 가능하다.

277 광물성 작동유가 사용되는 유압계통은 무엇으로 세척해야 하는가?

해답

나프타(중유), 벤젠, Varsol 또는 Stoddard Solvent

278 Skydrol(인산염 에스텔유)작동유를 사용하는 유압계통은 무엇으로 세척해야 하는가?

해답

트리클로로에틸렌(Trichloroethylene,기름성분의 세척제)

참고

Skydrol : 미국 solutin Co(구 몬산토)의 상품명

279 인산염 에스텔유가 항공기 타이어에 묻었을 때 무엇으로 세척해야 하는가?

해답

비누와 물

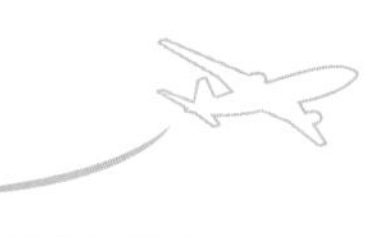

280 항공기에서 합성유(Skdrol)를 사용하는 이유는?

해답

① Non Flammable Material(불연성물질)이다.
② 작동온도 범위(−65∼255[°F])가 넓다.
③ 단위중량이 가볍다.(비중이 낮다)
④ 저부식성이다.

281 항공기의 각 계통에 사용될 유압작동유의 종류는 어떻게 알 수 있는가?

해답

해당 항공기 정비교범 또는 각 계통의 Reservoir 주입구주변의 표찰(Name Plate)에 표시되어 있다.

282 항공기에 사용되는 Hydraulic의 규격번호를 알 수 있는 곳은 어디인가?

해답

Reservoir의 Hydraulic 주입구주변 표찰(Name Plate)

283 Hydraulic의 교환 시기는 언제인가?

해답

① Over Temperature일 때
② 주기검사 때
③ Internal Leak시

284 유압을 사용하는 부분품에는 어떤 것들이 있는가?

해답

Flight Control, Auto Pilot, Landing Gear, Brake, Nose Wheel Steering 등

285 유압계통의 작동유를 공급할 때 분리할 배관이나 부품들은 어떻게 해야 하는가?

해답

해당배관이나 부품들의 Cap, Plug로 막아야 하며 Masking Tape나 접착제 tape들을 사용해서는 안 된다.

286 Hydraulic System에 대하여 아는 대로 설명하시오.

해답

① Reservoir(저유기) : 작동유저장, 열팽창 공간마련, 공기제거(Air Bleeding)
② Accumulator(축압기) : 가압작동유저장, Pressure Surge 방지, 비상시 작동기 (Actuator)에 유입공급
③ Module
  ⓐ Pressurization Module
    동력 pump에서 가압된 작동액이 Regulator와 Accumulator를 거친 다음 Actuator에서 기계적인 일을 할 때까지의 계통을 말한다.
  ⓑ Case Drain Module
    Lubrication과 Return HYD Cooling
  ⓒ Return Module
    Actuator로부터 Reservoir로 Return되기 전 System

287 Hydraulic System Pressure를 3,000[psi]로 하는 이유는?

해답

3,000[psi]에서 작동하는 작동유가 압력손실 및 마찰손실이 가장 적어 효율적으로 사용할 수 있기 때문이다.

288 HYD System을 Reservoir로부터 Actuator까지 설명하시오.

해답

Reservoir는 작동액의 원활한 공급을 위하여 공기압이 가압되어 있으며, Reservoir, Power Pump 등의 Pressure Module을 거쳐 각 Actuator로 간다.

289 유압계통작업시 제일 먼저 수행하여야 하는 작업사항은?

해답

Reservoir의 공기압을 감압시키고 계통내 유압을 제거시켜야 한다.

290 HYD Reservoir를 가압시키는 2가지 방법은?

해답

① 작동액 귀환관의 Aspirator(흡기펌프)로 압축
② Engine의 압축기 Bleed Air로 압축

291 HYD Reservoir의 가압 Source 및 가압 이유는?

해답

Engine Bleed Air 혹은 System Air로 Reservoir를 가압하여 Positive Pressure로 Pump에 작동유를 공급하여 Pump 입구에서 발생할 수 있는 기포(Cavitation)현상을 방지하기 위함

292 유압작업시 감압(Depressure)시키는 방법을 설명하시오.

해답

① HYD Reservoir 공기압 감압
② No Power상태에서 Flight Control계통을 여러번 작동시켜 계통압력을 감압

293 HYDraulic System의 흐름도는?

해답

Reservoir → Filter → Main Pump → Pressure Regulator → Accumulator → Actuator → Reservoir

294 HYD Suction Line은 어디에서 어디까지를 자칭하는가?

해답

Suction Line 없음

참고

유압계통의 구성 Line

① Supply Line
② Pressure Line
③ Return Line이 있음

295 HYD System에서 Return Line의 냉각방법은?

해답

열교환장치(Heat Exchanger)에 의해 차가운 연료로 귀환작동액을 냉각시킨다.

296 Heat Exchanger(열교환기)의 원리는?

해답

① Hydraulic : Reservoir로 Return되기 전 열교환기에 의해 Case Drain Fluid를 연료로 Cooling시킴
② Fuel : P & D(Purge And Drain) Valve로 가기 전에 열교환기에 의해 Hydraulic으로 연료를 Heating 시킴

297 Reservoir에 여압을 하는 이유는?

해답

① 대기압이 낮은 고고도에서 작동유를 Pump의 입구로 보내기 위함
② 작동유의 흐름을 원활히 하여 Pump Inlet에 Cavitation을 방지하므로 Pump의 손상을 막아주고
③ Tank 내에 거품이 생기는 것도 방지한다.

298 Accumulator의 원리와 및 용도는?

해답

두 부분으로 나누어진 밀폐된 통으로 위쪽은 작동유, 아래쪽은 공기로 채워져 있으며 계통내의 Pressure Surge를 완화하고 계통작동시 Power Pump로써 보조하며 Pump가 작동하지 않을 때 압력상태의 예비작동유를 저장하고 계통누설시 작동유를 공급한다.

300 Accumulator에 대해서 설명하시오.

해답

정상시에는 HYD Surge를 방지하고 비상시에는 저장된 압력을 이용하여 일정한 횟수만큼 또는 일정한 시간만큼 HYD Power를 사용할 수 있게 하는 장비품이며 다이어프램 Type, 블래더 Type, 피스톤 Type이 가장 많이 사용된다.

301 Accumulator의 공기압력은 어느 정도인가?

해답

계통압력의 1/3 정도, 약 1,000[psi]가 질소로 채워져 있고 나머지는 작동액으로 채워져 있다.

302 항공기 유압계통에 사용되는 Accumulator에 기체보충은 어떻게 하나?

해답

충분한 압력의 Nitrogen Bottle에 압력계기를 연결하고 다른 쪽은 축압기에 연결, Bottle쪽 Valve를 Open하여 축압기에 압축질소를 보급하고 충분히 보급되었다고 판단되면 Valve을 잠그고 Pressure Gage의 압력을 읽어 요구하는 압력치인지 확인한다.

303 Accumulator에서 압력을 점검하는 방법은?

해답

모든 Power Off 후 Pedal을 6~7회 밟아 내부의 작동액을 전부 귀환시켜 Reservoir로 보낸다. L/G Wheel Well내의 Selector Valve를 돌려 Pressure Gage로 압력을 점검한다.

304 Accumulator에서 공기압 측정은 어떻게 하는가?

해답

압력계기를 사용하여 측정한다.

305 Accumulator에서 공기압을 점검할 때 고려사항은?

해답

외부온도(공기는 압축성 유체로서 온도에 따라 밀도변화가 크다, 따라서 외기온도가 높으면 공기의 부피가 팽창하여 Accumulator와 계통에 과도한 압력을 줄 수 있다)

306 Accumulator의 공기압력을 빼는 방법은?

해답

유압계통의 압력을 차단한 상태에서 Pedal을 3~4회 밟아 Bleeding시킨다.

307 유압계통의 Pressure Regulator에 대해서 설명하시오.

해답

미리 설정된 압력이 최대값에 도달하면 Valve가 열려 Pump의 배출작동유를 Reservoir로 귀환시키고 최저값으로 내려갈 경우에는 Valve가 닫혀 계통내를 가압시켜 일정한 계통 압력을 자동적으로 유지하게 하는 압력조절기이다.

308 유압계통의 Unloading Valve란?

해답

Pump의 작동액 배출량을 자동적으로 조절하여 Accumu-lator가 계통내 압력을 일정하게 유지하게 한다. 미리 설정된 압력을 초과하면 작동액을 Reservoir로 귀환시켜 계통압력의 상승을 막아주는 역할을 하는 장치로 Pressure Regulator라고도 한다.

309 Pressure Relief Valve란?

해답

계통내의 압력조절장치 등의 고장으로 압력이 과도하게 상승되면 작동유를 Reservoir로 귀환시켜 계통의 파손을 방지시켜주는 Valve이다.

310 Thermal Relief Valve의 기능은?

해답

HYD Actuator와 Selector Valve 사이에 장착되어 작동유의 열팽창으로 인하여 과도한 압력상승으로 계통내 부품 및 배관 등의 파손방지를 위하여 작동유를 Reservoir로 귀환시켜주는 Valve이다.

311 Debooster란 무엇인가?

해답

Debooster는 Brake로 들어가는 작동유의 압력을 감소시키고 유량을 증가시켜 조종사가 제동장치의 제동을 용이하게 해 주는 장치로
① Brake사용시 작동유 공급량 증가로 빠른 제동이 되도록 함
② Brake를 풀어줄 때 귀환을 돕는다.
③ Brake 파열시 작동유 유출을 방지한다.

312 유압계통의 선택밸브형식 중 Closed-Center Selevtor Valve와 Open-Center Selector Valve의 차이점은 무엇인가?

해답

① Closed-Center Selector Valve(중앙닫힘선택밸브)
각기 병렬로 장착되어 있으며 Actuator의 한쪽으로 압력을 가진 작동유가 유입되고 반대쪽으로는 작동유가 Syster Return Manifold로 가게 한다. 계통의 압력상승을 막고 Pump의 하중을 덜어주는 역할을 한다.
② Open-Center Selector Valve(중앙열림선택밸브)
직렬로 장착되며 Valve가 정지된 상태에는 작동유가 Valve 중심을 통과하게 하며 Pump Unloading Valve로서 작동한다.

313 Shuttle Valve에 대해서 설명하시오

해답

정상적인 유압계통에 고장이 발생하였을 경우에 비상계통(비상 pump 또는 고압공기)으로 연결하는 자동이송 Valve이다.

314 Hydraulic Fuse란?

해답

유압배관(Tube 및 Hose) 파열 또는 밀폐제(O-Ring, Seal 등) 손상시 작동유의 흐름을 차단시켜 작동유가 짧은 시간에 다량으로 외부로 누설되는 것을 방지하는 장치이다.

315 유압계통에 사용되는 Actuator의 기능은?

해답

가압된 작동유를 받아 기계적인 운동으로 변환시키는 장치로서 운동형태에 따라 직선운동 작동기(Linear Actuator)와 유압 Motor를 이용한 회전운동 작동기(Rotary Actuator)로 구분한다.

316 Single-Action HYD Actuating Cylinder란?

해답

단지 한 방향으로 Piston을 작동시키기 위해 한쪽에는 유압이 작용하고 다른 한쪽에는 Spring이 내장되어 유압에 의해 Piston이 작용하고 유압이 없을 때에는 Spring에 의해 귀환되는 직선운동 작동기이다.

317 Double-Action HYD Actuating Cylinder란?

해답

Piston의 양방향 모두 유압에 의하여 움직이는 직선운동 작동기이다.

318 유압 System의 Limit Switch의 기능과 실제 사용은?

해답

회로의 흐름을 연결 또는 차단시켜 주고 작동매체에 적용범위의 한계값을 결정하기도 하며 이는 Landing Gear나 Flap 등의 Actuator 등에 사용된다.

319 HYD Pump의 종류에는 어떠한 것이 있는가?

해답

기어타입, 베인타입, 제로터타입, 피스톤타입이 있으며 피스톤타입은 고압이 필요한 계통에 사용할 수 있기 때문에 현재 항공기에 가장 많이 사용된다.

320 Pump 중에서 Constant Pump와 Variable Pump의 차이는?

해답

① Constant Pump : 펌프의 회전수에 따라 고정된 양의 작동유 공급, Gear Pump, Vane Pump, Gerotor Pump, Cam Type Pump, Piston Pump
② Variable Pump : 펌프의 회전수에 관계없이 Piston의 행정거리가 변화되어 가변배출량을 공급

321 HYD Power Generation에는 어떠한 것들이 있는가?

해답

① Engine Driven Pump(EDP) : Engine Gear Box에 직접 연결되어 기계적인 에너지로 변환시켜 압력을 계통에 공급한다.
② Demand Pump : EDP가 작동하지 않을 때 작동된다.
③ Auxiliary Pump : APU에서 Brake 작동을 위해 장착됨
④ Air Driven Pump(ADP) : Engine 또는 APU에서 나오는 Bleed Air에 의해 ADP Turbine을 구동하여 펌프를 작동시킨다.
⑤ AC Motor Pump : AC 115[V], 3Phase Power가 전기 Motor를 구동시키고 Pump는 Motor축에 물려 구동된다.
⑥ Power Transfer Unit : Hydraulic Moter와 Pump가 한 축에 같이 연결되어 작동되며 어느 한 계통의 HYD Pressure를 다른 계통으로 전달한다.
⑦ Actuating Cylinder : 작동유의 압력에너지를 기계적인 힘, 또는 운동으로 변환시키는 작동기이다.

322 대부분의 Engine-Driven Hydraulic Pump는 구동연결축(Coupling)에 절단부(Shear Sec-tion)를 갖는 이유는?

해답

Pump가 구동중 내부 잡힘(Seize)으로 멈춘다면 절단부가 먼저 절단되어 Pump를 Engine에서 분리시켜 더 이상의 다른 부품의 손상을 방지하기 위한 것으로 Quill Shaft라고도 한다.

323 Double-Action Pump란?

해답

Pump Handle을 사용하여 가압작동액을 양방향으로 보낼수 있는 Pump를 말한다.

324 Main HYD Pump는 작동유를 Reservoir 바닥과 Stand Pipe 중 어디로부터 공급받는가?

해답

Main Pump의 작동유는 Stand Pipe로부터 공급받으며 비상 pump는 Reservoir 바닥의 작동유를 사용한다. 만일 계통내에 파열된 곳이 발생한다면 Main Pump는 모든 작동유를 기체 밖으로 Stand Pipe를 거쳐 배출시킨다. 그러나 Reservoir 바닥의 잔여 작동유는 비상 Pump가 L/G Down과 Brake를 작동시키는데 사용된다.

325 Stand Pipe(저유탑)이 있는 이유는?

해답

L/G가 정상작동 중에는 Stand Pipe를 통하여 작동유를 배출하고 비상시 L/G Down 및 Brake의 작동에 필요한 작동유를 보유하기 위하여 저유기 바닥에 Stand Pipe를 설치하여 작동액이 고이게 한 후 바닥의 배출구를 비상작동에 사용하기 위함이다.

326 Line Disconnector의 역할은 무엇인가?

해답

Engine이나 Power Pump를 교환할 때 계통내 유체가 누설되는 것을 방지하며 장탈과 장착을 용이하게 하기 위하여 설치되어 있는 것으로 Quick Disconnec-tor라고도 한다.

327 유압계통의 Line-Disconnect Fitting은 어디에 장착되는가?

해답

Engine-Driven Pump를 유압계통에 연결하는 배관에 장착한다.

328 Baffle의 목적은?

해답

Reservoir내에 설치되어 있는 부품으로 작동유의 유동방지 및 귀환작동유의 기포를 제거하기 위함이다.

329 일부 유압계기들은 계기와 유압펌프사이에 Snubber(완충기)가 장착되어 있는데 그 이유는?

해답

Snubber는 System작동 중 작동액이 요동치는 것을 막아준다.

실기구술형

330 Wing Flap Over-Load Valve라는 것은 무엇인가?

해답

빠른 속도의 비행상태에서 Flap을 내렸을 때 Flap에 과부하가 걸려 구조적으로 손상되는 것을 방지하기 위한 Valve로서 과부하시 유로가 Bypass되어 유압을 감압시켜 Flap 각도가 완화되어 손상을 방지시키는 기능을 한다.

331 Hydraulic Actuator는 어떤 역할을 하는가?

해답

Actuating Cylinder는 유압의 형태로 되어 있는 Energy를 기계적인 힘이나 일 또는 어떠한 작업을 수행하는 Energy로 전환시켜 주는 역할을 한다. Actuating Cylinder의 Linear Motion(직선운동)은 어떤 움직일 수 있는 물체나 Mechanism에 전달된다.

332 항공기에 사용되는 Ice Control System의 Anti-Icing의 역할은?

해답

항공기에 사용되는 Ice Control System은 크게 Anti-Icing System과 De-Icing System으로 구별할 수 있다. Anti-Icing System은 형성된 얼음을 제거하는 De-Icing System과는 달리 얼음이 형성되는 자체를 방지하는 System이다. 이는 얼음이 형성되어서는 안 될 부품이나 표면에 뜨거운 공기나 Engine Oil, Electric Heater 등을 사용하여 가열하는 방법이다.

333 Thermal Anti-Icing의 기능을 설명하시오.

해답

열에 의한 Anti-Icing 장치는 날개의 Leading Edge(앞 부분) 내부에 날개 폭 방향으로 연결 되어 있는 Duct에 가열된 공기를 보내어 내부에서 날개의 앞부분을 따뜻하게 함으로써 얼음의 형성을 막는 것이다.

334 Chemical Anti-Icing의 방식을 설명하시오.

해답

Chemical Anti-Icing의 방식은 결빙 온도를 내려 수분을 액체 상태로 유지시키기 위하여 Alcohol을 사용하는 방식이다. 지상에서 기체의 제설시에 사용하는 Ethylene Glycol 원액을 Dope하는 것도 결빙을 지연시키는 효과가 있다.

335 Wing 및 Engine Nacelle 방빙계통에 쓰이는 Air를 사용 후 외부로 방출하는 이유는?

해답

지상에서 방빙계통 사용시 화상이나, 대기 온도가 비행 중의 고도보다 온도가 높기 때문에 구조물에 변형을 초래할 수 있다.

336 Pitot Tube Anti-Icing System에서 Heating Element는 어떻게 점검하는가?

해답

Pitot Tube Anti-Icing은 Pitot Tube의 입구에 얼음이 형성되는 것을 막기 위해서 Pitot Tube는 그 내부에 Heating Element를 가지고 있다.

337 Wing과 Tail의 Leading Edge부분에 형성된 얼음은 어떻게 제거하는가?

해답

De-Icing System은 Wing과 Tail의 Leading Edge 부분에 형성된 얼음을 Pneumatic Deicer Boots를 이용해서 제거하는 System이다.

338 비행중 항공기날개에 얼음이 얼지 않게 하는 이유는?

해답

얼음은 날개골의 형상을 변화시키고 공기역학적인 양력을 감소시키며 얼음의 무게를 증가시키게 된다.

339 비행중 항공기에 생성된 결빙은 어떤 영향을 일으키는가?

해답

① 항공기의 진동을 유발시킨다.
② 항공기 무게증가로 연료소비률을 증가시킨다.
③ 항공기 성능을 저하시킨다.
④ 항공기 구조를 손상시키고 조종력불균형을 유발시킨다.
⑤ 조종석 계기의 지시값 오차를 발생시킨다.

340 비행중 결빙확인 방법은?

해답

① 육안확인
② 야간비행시 결빙확인등(Light)으로 확인
③ 전자식 감지기(Ice Detector)로 확인

341 Anti-Icing/De-Icing이란?

해답

① Anti-Icing(방빙)이란 Engine의 Bleed Air 또는 전열선을 이용하여 Engine Nacelle, Wing Leading Edge, Window에 얼음이 형성되는 것을 방지하는 것이며.
② De-Icing(제빙)이란 고무 Boot 또는 고압공기를 이용하여 이미 생성된 얼음을 제거하는 것을 말한다.

342 항공기의 Anti-Icing(방빙)방법 2가지를 설명하시오.

해답

① 화학적 방빙방법 : Propeller Blade, Wind- Shield, Carburetor 등의 결빙우려가 있는 부분에 Iso-Prophyl Alcohol을 분사하여 방빙
② 열적 방빙방법 : 날개앞전의 방빙을 위해 가열 Duct를 설치하고 내부로 가열공기를 통하게 하거나 앞전내부에 전열선을 설치하여 방빙

343 항공기의 Anti-Icing Area는?

해답

Wing Leading Edge, Windshield, Engine Inlet,화장실 배수구, Cabine Drain Mast, 외부동정압관, Water Waste 배관 등

344 Thermal Anti-Icing System은 어떻게 작동하는가?

해답

엔진압축기의 Bleed Air를 날개의 Leading Edge의 2중외피 사이의 공간에 유입시켜 외피의 얼음을 녹여 얼음형성을 막는다. 고온의 유입공기는 Timer가 조절한다.

345 Deicer Boot란 무엇이고 Deicing시키는 방법은?

해답

항공기 외부에 형성된 얼음을 파괴시켜 떨어버리기 위하여 날개의 앞전에 장착한 고무띠를 Deicer Boot라고 하며 압축공기를 Deicer Boot에 유입시켜 고무의 팽창으로 얼음을 제거시킨다.

346 Pneumatic Deicer Boots는 얼음이 형성되기 전 또는 형성된 후 중 어느 때 작동하는가?

해답

Pneumatic Deicer Boot는 그 위에 얼음이 형성되기 전에는 작동하지 않는다. Boot 위에 얼음이 형성된 후 Boot내부로 고압이 유입되어 팽창되면 얼음이 파괴되어 날개골상부로 흐르는 공기가 얼음조각들을 날려 보내게 한다.

347 왕복 엔진 항공기의 Pneumatic Deicer Boots 또는 Shoes를 작동시키는 압축공기는 어디로부터 받는가?

해답

GYRO계기를 작동시키는 공기펌프의 배출공기

348 주날개와 꼬리날개의 Leading Edge에 고무 Deicer Boot는 어떻게 장착시키는가?

해답

Machine Screw와 Rivnut로 장착하거나 일부는 접착제로 붙인다.

349 Wet Vacuum Pump와 Dry Vacuum Pump란?

해답

Wet Vacuum Pump는 Steel Vane을 사용하는 엔진오일로 윤활시키는 진공펌프이며 Dry Vacuum Pump는 Carbon Vane을 사용하여 윤활유가 필요하지 않는 펌프이다.

350 제빙계통의 오일분리기(Oil Separator)의 사용목적은?

해답

Wet Vacuum Pump에 사용되는 오일분리기는 Deicer Boot로 유입되는 압축공기중의 오일을 제거시키기 위하여 사용된다. Deicer Boot로 유입되는 오일이 Boot의 노화 또는 손상을 초래한다.

참고

비행 중 Boot를 팽창시킬 필요가 없는 경우에는 Boot 내부를 흡입하여 날개의 앞전에 밀착시키기 위해 Wet Vacuum Pump를 사용한다.

351 고무제품의 Deicer Boot는 무엇으로 세척하는가?

해답

비눗물로 세척한다.

352 비행전 항공기의 결빙은 무엇으로 방지하는가?

해답

Isopropyl Alcohol과 Ethylene Glycol혼합물인 Anti-Freezer를 사용하여 물의 어는 온도를 낮게 함으로써 결빙을 방지한다.

참고

① 제빙액 : Glycol+온수
② 방빙액 : Only Glycol
※ Glycol의 빙점 : −35[°C], 일반적으로 이륙 30분전 도포

353 Pitot Static Tube의 Ice 제거방법 및 외부에서 Ice가 제거된 것을 알 수 있는 방법은?

해답

① Ice 제거방법 : Tube를 감싸는 가열전선인 Heater에 의하여 얼음형성을 방지. Heater 사용 중을 알리는 지시등에 의하여 Icing이 제거된 것을 알 수 있다.
② Ice Detector(신기종) : Sensor에 얼음이 일정한 두께이상 형성되면 자동으로 Heater가 작동하여 얼음을 녹인다.

354 Windshield의 Heating방법은?

해답

① Engine Bleed Air 사용 : Windshield를 이중구조로 하여 중간부분에 Bleed Air를 유입시켜 Heating시킨다.
② 전열선을 사용 : Windshield 다층구조의 일층에 투명한 전도성의 금속산화피막을 넣어 전류를 흐르게 하고 그 발열작동으로 Heating시킨다.

355 전기식 가열 Windshield가 과열되는 것은 어떻게 방지하는가?

해답

Windshield 겹층 사이에 삽입된 열감지기가 Wind-shield를 가열시키는 전류를 조절해서 과열되는 것을 방지한다.

356 Windshield 방빙 및 Rain Protection(방우 또는 제우)방법은?

해답

① Windshield 방빙
  ⓐ 방빙액사용
  ⓑ 뜨거운 공기사용
  ⓒ 전열선사용
② Rain Protection(방우 또는 제우)
  ⓐ Windshield Wiper : Wiper Blade를 적절히 누르면서 기계적으로 빗물을 제거시킨다.
  ⓑ Air Curtain : 압축공기를 이용하여 Wind-shield에 공기 Curtain을 만들어 물방울을 Blow-Out시키며 건조시킨다.
  ⓒ Rain Repellent(방우제) : 화학액체를 도포하여 빗물을 흘러내리게 하여 표면에 맺히지 않게 한다.

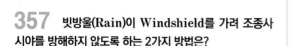

357 빗방울(Rain)이 Windshield를 가려 조종사 시야를 방해하지 않도록 하는 2가지 방법은?

해답

① 엔진압축기의 Bleed Air로 빗방울을 날려 보내거나
② 전기식 또는 유입식 Windshield Wiper로 빗방울을 닦아 낸다.

358 Windshield에 방우제(Rain Repellent)는 언제 사용하는가?

해답

많은 양의 비가 내려 Windshield가 빗물에 젖어 있을 때에만 사용하여야 한다.

359 소형 항공기의 Carburetor에 생기는 얼음은 어떻게 막는가?

해답

엔진배기계통 주위에서 강려된 공기를 직접 기화기로 보내 얼음을 녹임

360 Digital System의 특징(장점)을 서술하시오.

해답

① Digital System은 설계가 쉽다.
② 정보저장이 쉽다.
③ 정확도가 높다.
④ 쉽게 Programming할 수 있다.
⑤ Digital 회로는 잡음에 덜 영향을 받는다.
⑥ 1개의 IC칩으로 제조할 수 있다.
⑦ 다중신호 전송 및 처리가 가능하다.

361 Digital System에서 Parity Bit의 기능은 무엇인가?

해답

착오검출용방법으로 사용한다.

362 계기의 구비조건은?

해답

① 내구성이 클 것　② 정확할 것
③ 작고 간편할 것　④ 중량이 가벼울 것

363 계기를 크게 구분하면 어떻게 구분하나?

해답

수감부, 확대부, 지시부

364 수감부와 확대부의 각각의 형식은?

해답

① 수감부의 형식 : 아네로이드, 다이어프램, 벨로즈, 버든튜브
② 확대부의 형식 : DC 셀신, 마그네신, 오토신

365 항공계기의 구분은?

해답

비행계기, 항법계기, 엔진계기

366 항공기 계기판의 Color Marking의 의미는?

해답

① 적색방사선(Red Radiation) : 최저, 최대 운용한계표시
② 노란색호선(Yellow Arc) : 경계, 경고 범위표시
③ 녹색호선(Green Arc) : 사용안전 운용범위표시
④ 청색호선(Blue Arc) : 기화기를 장착한 엔진의 공연비가 Auto일 때의 사용안전 운용범위표시
⑤ 백색호선(White Arc) : 최대착륙중량시 실속속도에서 플랩을 내릴 수 있는 속도까지의 범위표시
⑥ 백색방사선(White Radiation) : 유리의 Slip 유무를 알기 위해 Case에 표시하는 것

367 Light의 색깔 종류와 그 의미는?

해답

① Green Light : Operating
② Amber Light : Caution
③ Red Light : Warning

368 안전범위표시가 되어 있는 계기판유리가 정위치에서 벗어났을 때 어떤 방법으로 정비사에게 경고하여 주는가?

해답

계기판유리와 계기 Case테두리에 표시된 White Slippage Mark로 유리가 벗어났는지 여부를 알려준다. 만일 유리가 정위치에서 벗어났다면 부정확한 수치위에 안전범위를 나타내게 될 것이다.

369 계기를 장탈할 때 +, -선을 함께 감아주는 이유는?

해답

잔류자기를 상쇄시켜 주파수 장애를 감소시키고, Needle이 영점에서 유동을 적게 하여 Needle을 보호한다.

370 Jumpering이란?

해답

계기 보관시 충격에 의한 Armature의 흔들림을 방지하기 위해 뒷면에 두 단자를 굵은 도선으로 연결 보관하는 것

371 Junction Box의 목적은 무엇인가?

해답

전기계기의 Radio Shield를 먼지나 습기로부터 보호하며 도선의 시점과 종점을 마련 해준다.

372 계기 내부에 케로신을 넣는 이유는 무엇인가?

해답

산화 및 부식을 방지하고, 갑작스러운 진동으로 인해 계기가 손상되는 것을 방지하는 완충역할을 한다.

373 전기, 계기의 보호 조치 방법에는 어떠한 것들이 있는가?

해답

대기중에 노출된 금속은 카드뮴 도금하여 부식을 방지하며 알루미늄 합금은 양극산화처리로써 산화알루미늄 피막을 형성하여 부식을 방지하고 이질금속간의 접촉에서 오는 부식을 방지하기 위해서는 제3의 완화 물질을 삽입한다.

374 전자계기 Case를 철강재료로 제작하여 사용하는 경우가 많이 있다. 그 이유는?

해답

Steel Case는 계기내부의 자석에 의해 만들어지는 자속을 집중시켜 주변의 다른 계기에 영향을 주지 않기 때문이다.

375 항공기 계기판을 항공기기체에 전기적 접착(Electrical Bonding)을 시키는 이유는 무엇인가?

해답

Bonding Strap은 계기들로부터 항공기 기체로 귀환전류(Return Current)를 흐르게 한다.

376 RPM 측정방법과 계기에 어떻게 표시되나?

해답

회전체에 추가 하나 있어 회전하면서 1개의 기준점을 지나가는 것을 감지하여 측정하고 표시는 분당 회전수로 표시된다.

377 왕복 엔진의 회전계기(Tachometer)의 단위는?

해답

분당회전수(RPM)를 100단위로 설정한다.

378 터빈 엔진의 회전계기(Tachometer)의 단위는?

해답

엔진의 정격이륙 RPM의 백분율[%]로 표시한다.

379 EGT 측정방법에 대해서 설명하시오

해답

열팽창계수가 서로 다른 두 개의 금속재료(주로 Al과 Chromel)를 접합하여 배기가스에 닿게 하면 접합점의 온도차이로 인하여 열기전력이 발생하며 이것을 이용하여 온도를 측정한다.

380 EGT 측정방법과 계기에 어떻게 표시되나?

해답

열점(측정할 장소)과 냉점(계기)의 온도차에 따른 기전력을 측정(제베크효과)하여 이를 온도로 환산하여 계기에 섭씨로 표시된다.

381 수평대향(Horizontally Dpposed)Engine의 연료분사량을 측정하는 연료량계기는 무엇이 사용되는가?

해답

연료분사 Nozzle에서의 압력강하를 측정하는 압력계기

382 고도의 종류에는 어떤 것들이 있는가?

해답

① 진고도 : 해면상으로부터의 고도
② 절대고도 : 항공기에서 그 당시의 지형까지의 고도
③ 기압고도 : 표준 대기선으로부터의 고도(29.92[inHg])
④ 밀도고도 : 표준 대기의 밀도에 상당하는 고도
⑤ 객실고도 : 객실공기 압력에 해당하는 고도의 압력으로 계산하여 환산한 고도

383 QNE, QNH, QFE에 대하여 설명하시오.

해답

① QNE : 고도계에서 해면의 기압을 표준기압(1013MB)으로 Setting하여 나타낸 표준기압고도로서 장거리비행에 사용되며 14,000[ft] 이상에서 사용한다.
② QNH : 실제 그 지역의 해면상의 기압을 0[ft]로 기압 보정하여 나타낸 고도로서 진고도를 나타내며 비행기 이·착륙시 14,000[ft] 이하에서 사용한다.
③ QFE : 지상에 있는 항공기의 고도계를 0[ft]가 지시되도록 기압 보정을 하면, 그 기상의 기압을 읽을 수 있으며, 항공기가 이륙을 하면 고도계는 지상으로부터 고도를 지시한다.
LRRA(Lowrange Radio Altimeter)를 사용하여 항공기와 지상간의 절대고도를 알아낸다.

384 고도계의 원리는 무엇을 이용한 것인가?

해답

압력계기 수감부 아네로이드의 차압을 이용한다.

385 고도계(Altimeter)에 대해서 설명하시오.

해답

계기의 뒤쪽 출구가 정압계통에 연결된 일종의 아네로이드 기압계이며 기압을 측정하여 간접적으로 고도를 지시한다.
① 원리 : 항공기상승 → 대기압감소 → 공기배출 → 아네로이드팽창 항공기하강 → 대기압증가 → 공기유입 → 아네로이드수축
② Source : 대기압
③ Read : 긴바늘(100[ft]), 중간바늘(1,000[ft]), 짧은바늘(10,000[ft])

386 Low Range Radio Altimeter(전파고도계)란?

해답

대지고도를 측정하는 전파고도계로써 주로 항공기가 착륙할 때 이용된다. 전파가 물체에 부딪혀서 반사되는 성질을 이용하여 절대고도를 측정하며 2,500[ft] 이하에서만 사용한다.

387 Pitot-Static Probe의 역할, 기능, 원리를 설명하시오.

해답

① 역할 : 정확한 Pitot Pressure를 얻게 한다.
② 기능 : 대기로부터 Pitot Pressure와 Static Pressure를 Sensing한다.
③ 원리 : 베르누이정리를 이용한 동압계산

388 Pitot/Static Tube의 원리는 무엇이며 이와 관련되어 있는 계기는 어떠한 것들이 있는가?

해답

Static Pressure와 Pitot Pressure를 감지하여 항공기의 고도와 속도를 결정하기 위한 것이며 이와 관련된 계기에는 속도계, 고도계, 승강계, 마하계가 있다.

389 Pitot Tube가 얼어서 구멍이 막혔다면?

해답

동압과 정압이 작동하지 못하므로 속도계, 마하계가 작동하지 못한다.

390 Pitot Tube Heating 고장시 발생하는 결함은?

해답

Pitot Tube Icing이 생김으로써 관련 Air Speed계기, Air Data Computer, 여압계통, Auto Pilot 등에 고장유발

391 Static Port가 동체 양면에 있는 이유는?

해답

항공기 선회시 또는 측풍에 의한 오차를 방지한다.

392 만일 정비사가 정압계기를 교환했다면 무엇을 점검하여야 하는가?

해답

정압계통의 기밀여부를 점검하여야 한다.

393 계기비행 조건하에서 비행하는 항공기의 정압계통을 점검할 때 최대허용 누출량은 얼마인가?

해답

① 비여압항공기는 1분간 고도 1,000[ft] 상승시마다 100[ft]이상 누출되어서는 안 된다.
② 여압항공기는 객실의 최대인가차압에서 계통을 점검하여야 하며 1분간 최대차압에 해당하는 고도의 2[%] 또는 100[ft] 중 큰 수치보다 더 많이 누출이 되어서는 안 된다.

394 동압만 받는 계기는 무엇인가?

해답

동압만 받는 계기는 없음

참고

① 정압만 받는 계기 : 고도계(Altimeter), 승강계(VSI)
② 동압과 정압 모두를 받는 계기 : 속도계, 마하계

395 Elevator Feel System의 역할에 대하여 설명하시오.

해답

Pitot Pressure, Static Pressure에 의해 항공기 속도와 H/S 위치 Signal을 Feel Computer가 받아 이것을 유압으로 변환시켜 항공기 속도가 빠를수록 항공기 Nose가 Down될 수 있도록 Cockpit의 Control Wheel에 무거운 Feeling을 주기 위한 System

396 Engine이 작동하지 않을 때 Manifold Pressure Gage는 어떤 압력을 나타내는가?

해답

현재의 대기압을 나타낸다.

397 왕복 엔진에 사용되는 Manifold Pressure Gage의 압력수감위치는 어디인가?

해답

엔진의 Intake Manifold

398 왕복 엔진의 압력을 측정하는 데 사용하는 장치는?

해답

Bourdon Tube장치

399 대부분의 엔진오일 압력계기는 엔진과 계기 사이에 Restrictor를 장착한 이유는 무엇인가?

해답

Restrictor는 계기바늘이 흔들리지 않도록 압력파동을 멈추게 한다.

400 Torquemeter는 엔진에 의해 만들어진 회전력을 어떻게 측정하는가?

해답

Torquemeter는 오일압력계기이다.
Torquemeter가 측정하는 압력은
① Torque Sensor에서 감지하며
② Turboprop엔진의 감속기어를 구동시키는 Torsional Shaft의 변형량에 비례한다.

401 Turbojet Engine의 압력비(EPR : Engine Pressure Ratio)를 알기 위해 측정하는 2가지의 압력은?

해답

① Turbine Discharge Total Pressure(PT7)
② Compressor Inlet Total Pressure(PR2)

402 항공기의 속도를 나타내는 용어에는 어떠한 것들이 있는가?

해답

① 지시대기속도(IAS) : 동압만을 구하여 계산한 속도
② 수정대기속도(CAS) : 압력이 감지되는 센서의 항공기 장착 위치상 고유로 발생되는 오차나 계기가 기계적으로 지시하는 데 따른 오차 등을 수정한 속도
③ 등가대기속도(EAS) : 공기의 압축성을 수정한 속도
④ 진대기속도(TAS) : 밀도를 수정한 속도

403 비행중 항공기 속도는 어떻게 감지하는가?

해답

항공기가 대기중에서 움직이며 피토관의 압력(전관)은 정압관의 압력보다 커지게 된다. 이들 압력 차이는 Diaphragm을 낮은 압력 쪽으로 팽창하게 되고 격막에 연결된 바늘은 일정속도를 가리킨다.

404 Airspeed Indicator 계기판의 White Arc는 어떤 의미를 갖는가?

해답

Flap을 내려도 되는 항공기 속도를 의미한다.

405 항공기 속도계기 중 백색호선이 의미하는 뜻은?

해답

최대착륙중량시의 실속속도에서 Flap을 Down시킬 수 있는 속도까지의 범위

참고

적색방사선 표시지시(Barber Pole) : 최대운용한계속도

406 SRM이란?

해답

Stab Trim/Rudder Ratio Module은 항공기 속도에 따라 Rudder의 작동 각도를 제한하는 장치로서, Yaw Damper Actuator가 내장되어 Pedal과 관계없이 Rudder를 작동시켜 Turn Coordination과 Yaw Damping을 방지한다.

407 승강계에 대해서 아는 대로 설명하시오.

해답

정압을 이용한 고도 상승률을 나타내는 계기로서 이러한 승강계는 모세관의 원리를 이용하는 것이다. 모세관의 원리는 홀의 크기가 작으면 작을수록 고도 상승률에 대한 지시치는 정확히 움직이기는 하나 바늘의 움직임이 더뎌진다. 모세관이 크게 된다면 바늘의 움직임은 빠르게 제자리로 돌아오도록 되어 있다. 지시계에서 바늘이 시계방향으로 움직이면 항공기가 분당 상승하는 피트율이 되고 바늘이 반시계 방향으로 움직이면 항공기가 분당 하강하는 피트율이 됨을 의미한다.

408 항공기의 온도를 나타내는 용어에는 어떠한 것들이 있는가?

해답

① TAT(Total Air Temperature) : 항공기에 장착한 TAT Probe의 전기 저항식 온도계

② SAT(Static Air Temperature) : 항공기가 위치한 고도의 순수한 외기 온도
③ OAT(Outside Air Temperature) : Sat와 같이 외기 온도를 나타내나 보통 한 지역을 대표하는 백엽상에서 측정된 기상 예보상의 온도

409 Bi-Metal과 Thermocouple에 대하여 설명하시오.

해답

① Bi-Metal : 열팽창계수가 다른 두 개의 금속(예 철-황동)을 서로 맞붙여 놓으면 온도변화에 따른 팽창율 차이로 온도측정
② Thermocouple : 고온부와 참조부 두 접점간의 온도상승률 차이로 기전력이 발생하여 열전류가 흐르고 열기전력이 발생하는데 이 열기전력을 이용하여 온도를 측정(크로멜과 알루멜, 철과 콘스탄탄)

참고

① 왕복 엔진 : 실린더헤드 온도측정
② 터빈 엔진 : 배기가스 온도측정

410 Cylinder Head에 온도계를 장착할 때 Thermocouple Lead의 길이를 변경하면 안된다 그 이유는 무엇인가?

해답

Thermocouple에 의해 작동하는 계기는 전류를 측정하는 장비이다. Thermocouple과 도선(Lead)의 저항은 계기에 규정된 저항값을 유지하여야 하기 때문이다.

411 Thermocouple-Type Cylinder Head 온도계기는 엔진이 작동되지 않을 때 어떤 온도를 표시하는가?

해답

대기온도를 표시한다.

412 Turbine Engine의 배기가스 온도측정은 어떻게 하는가?

해답

직렬 Thermocouple로 만든 평균온도 측정기이며 배기관(Tail Pipe) 내부 둘레에 장착되어 있다.

413 전기식 오일 온도계기의 바늘이 눈금판의 High Side를 표시한다면 무엇을 나타내는 것인가?

해답

계기바늘이 무한대 저항을 표시하는 것은 Bulb Circuit의 Open이 원인이며 Bulb Circuit의 저항이 높으면 높을수록 바늘이 눈금판의 높은 쪽으로 회전하게 된다.

414 전자식 유량표시계통에서 연료탱크 내에 Sensor는 무엇을 사용하는가?

해답

연료탱크 내에 상단부터 바닥까지 설치한 관식의 축전기(Capacitor)

415 대부분의 소형 대향연료분사엔진(Horizontally Opposed Fuel Injected Engine)의 Flowmeter는 무엇을 사용하는가?

해답

Injector Nozzle의 압력강하를 측정하는 압력계기를 사용한다.

416 Single-Engine헬기에 이중 Tachometer를 사용한 이유는?

해답

한 바늘은 엔진의 회전속도를 표시하고 다른 바늘은 Main Rotor의 회전속도를 나타낸다. 바늘들이 접합되면 Clutch는 미끄러지지 않고 Rotor는 단단히 맞물리게 된다.

417 Turbine Engine에 장착된 Tachometer의 단위는?

해답

이륙 RPM의 [%]로 나타낸다.

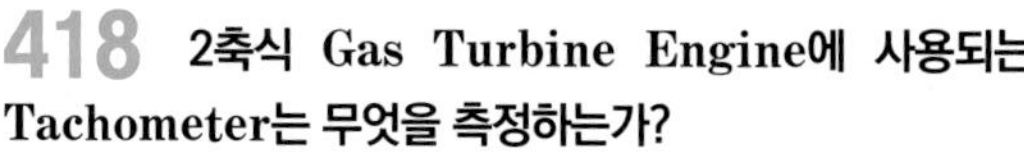

418 2축식 Gas Turbine Engine에 사용되는 Tachometer는 무엇을 측정하는가?

해답

① N1 Tachometer는 저압압축기의 RPM을 측정하다.
② N2 Tachometer는 고압압축기의 RPM을 측정한다.

419 Gear식 왕복 엔진의 Tachometer는 Crank Shaft의 속도를 표시하는가 혹은 Pro-perller Shaft의 속도를 표시하는가?

해답

Crankshaft의 속도를 표시한다.

420 EICAS란 무엇인가?

해답

Engine Indicating And Crew Alert System으로서 엔진에 관련된 정보(파라미터)들을 조종사에게 인지시켜 주는 장치이다.
① Upper EICAS : Main(주) EICAS로서 Primary Data 즉, Primary Eng' Data, Crew Alerting Messages, Flap & Gear Status, 연료량을 지시
② Lower EICAS : Aux'(보조) EICAS로서 Secon-dary Data 즉, Fuel Flow, Eng' Vibration, Oil Quantity, Oil Press, Temp를 지시

421 CMC(Central Maintenance Computer)의 기능은?

해답

각종 System의 Test를 수행할 수 있으며 결함사항을 감시(Monitoring)하고 필요시 출력하여 볼 수 있으며 조종사가 비행 전 항공기의 신뢰성 확인이 가능하도록 만든 Computer로서 Fault(결함)의 종류에는
① Present Leg Fault
② Existing Fault
③ Fault History가 있다.

422 Historical Storage란 무엇인가?

해답

CMC 내부에 내장된 기능으로서 계통이나 장비의 Fault, Fail 내력을 보여주는 기능

423 Environmental Area의 Sealing은 어떻게 하는가?

해답

① Fuel Area : 항공기의 Structure Loading과 온도, 압력 여러 상태에서도 Integral Fuel Tank에 기밀 유지
② Pressurized Area : 모든 Flight 상태에서 최소치로 정해진 압력을 유지
③ Environmental Area : 항공기 외부 표면에 공기 역학적으로 매끄럽게 해주고 물이나 Fluid가 스며드는 것을 방지

424 Brake계통의 Gravity Method Bleeding 방법을 설명하시오.

해답

Bleeder Hose가 Bleeder Valve에 장착되고 호스의 한쪽 끝을 용기에 넣어 Brake를 작동하면서 계통에서 공기가 섞인 Hydraulic Fluid를 빼낸다.

425 Shock Strut의 Hydraulic Fluid가 Leak시 Inner Cylinder를 분리하지 않고 Seal을 쉽게 교체할 수 있는 방법은?

해답

Shock Strut의 Hydraulic Fluid가 Leak시 수리를 용이 하게 하기 위해서 두 Set의 Spare Seal이 Lower Bearing에 장착되어 있어 Inner Cylinder를 분리하지 않고 Seal을 쉽게 교체할 수 있다. Spare Seal이 다 소모된 후에는 Shock Strut의 Inner Cylinder와 Outer Cylinder를 분리한 후 Seal을 교체하여야 하며, 이때 Spare Seal도 장착한다.

426 Segmented Rotor Brake에는 Rotor와 Stator가 있다. Stator의 역할은?

해답

Stator Plate는 비 회전판이고, Brake Lining이 양쪽에 Rivet으로 조립되어 있다. Lining은 Multiple Block을 형성하고 분리되어 있어서 열의 효율적 발산을 돕는다.

실기구술형

427 착륙장치의 업 로크 스위치(Up Lock Switch)와 다운 로크 스위치(Down Lock Switch) 경고 회로에 대하여 설명하시오.

해답

① 바퀴가 완전히 내려가면 다운 로크 스위치가 녹색 경고등 회로를 형성시켜 녹색불이 켜진다.
② 바퀴가 올라가지도 내려가지도 않은 상태에서는 업 로크 스위치(Up Lock Switch)와 다운 로크 스위치(Down Lock Switch)에 의해 붉은색등이 켜진다.
③ 바퀴가 완전히 올라가서 업 로크 스위치가 작동하면 붉은색 경고등이 차단된다.

428 안티스키드계통에 사용되는 중요한 부품의 명칭 4가지를 쓰시오.

해답

① 바퀴 회전수 감지 변환기 ② 속도 감지 변환기
③ 안티스키드 제어 회로 ④ 안티스키드 제어 밸브

429 착륙장치의 형식 중 앞바퀴형의 장점을 쓰시오.

해답

① 이륙시 저항이 적고 착륙성능이 좋다.
② 이착륙 및 지상활주시 조종사의 시계가 넓다.
③ 강력한 브레이크를 사용할 수 있다.
④ 지상 전복 우려가 없다.

430 타이어의 구조에 Tread의 목적은?

해답

미끄럼 방지, 주행중 열 발산, 절손의 확대 방지

431 착륙시 지면으로부터 기체구조에 전달되는 충격하중이나 진동을 흡수하는 완충장치(Shock Strut)의 종류를 쓰시오.

해답

고무식, 평판 스프링식, 오일 스프링식 , 공기 압력식, 올레오식

432 잭 작업시 주의사항 5가지를 쓰시오.

해답

① 바람의 영향을 받지 않는 곳에서 작업한다.
② 잭은 사용하기 전에 사용가능상태 여부를 검사해야 한다.
③ 위험한 장비나 항공기의 연료를 제거한 상태에서 작업해야 한다.
④ 잭으로 항공기를 들어 올렸을 때에는 항공기에 사람이 탑승하거나 항공기를 흔들어서는 안 된다.
⑤ 어느 잭이나 과부하가 걸리지 않도록 한다.

433 Orifice Check Valve란?

해답

Orifice Valve와 Check Valve의 기능을 모두 가지고 있는 Valve로서 한 방향으로는 흐름을 자유롭게 하고 반대방향으로는 흐름을 제한하는 장치로서 예를 들면 항공기 L/G Down시 유압과 Gear 무게에 의해 Down되는 것을 방지하기 위해 L/G Down Return Line에 설치한다.

434 Sequence Valve에 대하여 설명하시오.

해답

Landing Gear System에 주로 사용되는 Valve로 작동유의 작용이 정해진 순서에 의하여 작동하도록 기계적인 연동장치에 의하여 유로를 선택해 주는 장치로 Timing Valve 또는 Load & Fire Valve라고도 한다.

435 Priority Valve에 대해서 설명하시오.

해답

계통내의 Pump 및 배관동 손상으로 작동유 누설로 압력이 낮아지면 중요 장비품의 작동 우선순위를 주기 위하여 다른 계통을 차단시켜 주는 Valve로 작동유 공급순서를 정해주는 장치이다.

436 Orifice Valve란?

해답

양방향 모두 Hydraulic Fluid Flow(유량의 흐름)을 제한하는 장치로 계통의 작동속도를 느리게 하는 역할을 하며 고정식과 가변식이 있다. 가변식은 Niddle Valve를 조절하여 유량을 조절할 수 있다.

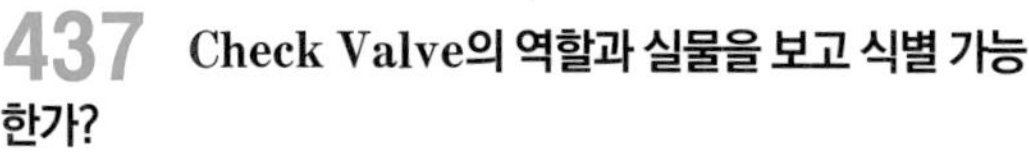

437 Check Valve의 역할과 실물을 보고 식별 가능한가?

해답

작동유의 흐름을 한쪽으로 흐르게 하고 반대쪽으로의 흐름은 차단하는 역할을 하며, Valve Body에 표시되어 있는 화살표를 보고 식별 가능하며 화살표는 유체의 흐름방향이다.

438 Takeoff Warning System(이륙경고계통)이 작동하는 것은 어떤 조건에서 발생하는가?

해답

이륙하기 위하여 Power Throttle Lever를 앞으로 밀었을 때 만약 Stabilizer, Flap, Speed Brake 등의 비행조종면들이 이륙 불안전조건에 있다면 이륙경고계통은 음성경고(Aural Warning)를 한다.

439 Landing Gear의 역할은?

해답

지상에서 ① 항공기 동체를 지지하여 주고 ② 지상 활주를 가능하게 하며 ③ 착륙시 항공기에 가해지는 충격에너지를 흡수해 준다.

440 Strut의 완충방식에 대하여 설명하시오.

해답

① 고무완충방식 : 충격흡수를 위해 고무 끈의 다발을 이용 고무의 탄성으로 충격흡수(50[%])
② 평판스프링식 : 탄성매체를 통해 에너지를 받았다 되돌렸다하며 충격완화(50[%])
③ 공기압축식 : 공기의 압축성 이용(47[%])
④ 공유압식(Oleo식) : 공기의 압축성과 작동유가 Orifice를 이동하는 양을 제한하여 충격흡수(75[%])
⑤ Air-Oleo Combination : Oleo식에 외부실린더 추가(80[%])

441 Landing Gear Oleo Strut의 작동원리를 설명하시오.

해답

항공기가 착륙시 아래에서 위로 충격하중이 작용하여 안쪽 Strut가 위로 움직일 때 작동유가 Metering Pin과 Orifice Hole에 의해 작동유의 유출량을 제한하고 공기실에 침투한 작동유가 공기를 압축하여 충격을 흡수한다.

442 Oleo Shock Strut에서 활주시 충격(Taxi Shock)은 무엇이 흡수하는가?

해답

압축 공기

443 Oleo Type Shock Strut에 작동유 보급방법은?

해답

Strut를 완전히 수축시킨 다음 Filler Plug를 장탈하고 Filler(주입구)에서 Over Flow가 될 때까지 작동유를 공급하면 된다.

444 Oleo Shock Strut의 정확한 공기의 양은 어떻게 결정하는가?

해답

항공기 무게가 Shock Strut에 가해졌을 때 Cylin-der밖으로 노출된 Strut의 길이(Dimension X)로 결정한다.

445 항공기 Landing Gear 각 구성품의 특징에 대하여 아는 대로 설명하시오.

해답

① Brake Equalizer Rod(제동평형로드) : 항공기를 정지시키기 위해 Brake를 사용하면 Bogie Type Wheel의 앞쪽바퀴와 뒤쪽바퀴가 서로 다르게 Brake작용이 일어날 경우 관성에 의하여 어느 한쪽 바퀴가 들려 일어나지 않도록 붙잡아 주는 역할을 한다, 즉 앞뒤바퀴가 받는 하중(Load)을 서로 균등하게 한다.
② Drag Strut : 앞뒤로 작용하는 하중을 지지한다.
③ Side Strut : 좌우방향으로 작용하는 하중을 지지한다.
④ Walking Beam : Gear Actuator에 의해 착륙장치를 접어 들이거나 펼칠 때 Actuator에 의해 날개구조부재에 가해지는 반작용력을 경감시켜 주는 역할을 한다.
⑤ Trunnion Link : Shock Strut와 동체의 연결부로서 항공기가 방향전환(Steering)하거나 Gear가 접힐 때 Strut를 필요한 만큼 앞뒤로 Swing하거나 Pivot할 수 있게 설치한다.

⑥ Torsion Link(Scissor) : Torque Link라고도 하며 A자 모양의 2개 부품으로 이루어지며 윗부분은 Upper Strut에 아랫부분은 Lower Strut와 축으로 연결되어 Lower Strut가 과도하게 빠지지 못하게 하고 Strut축을 중심으로 Lower Strut가 회전하지 못하게 한다. 또한 Steering시 회전력을 전달하는 기능을 한다.
일부 항공기들은 65도 이상의 각도로 방향전환 견인시 Torsion Link를 분리하여 주어야 한다.
⑦ Jury Strut : 항공기가 지상에서 움직일 때 Side Strut가 접히는 것을 방지하는 역할을 한다. Lock Actuator에 의해 작동되며 Gear의 Down Lock와 Up Lock를 걸어 주며 Over-center Link라고도 부른다.
⑧ Truck Beam : Bogie Type Wheel의 전방과 후방에 Axle을 연결하는 Tube모양의 Steel Beam
⑨ Truck Positioning Actuator(Trim Cylin-der) : Shock Strut에 대하여 Truck Beam이 90도로 유지되게 하며 90도로 유지(일정 경사각을 갖는 항공기는 일정 경사각)되지 않으면 Landing Gear Lever가 Up Position으로 움직이지 못한다.
⑩ Down Lock Bungee : 내부에 Spring이 들어있는 Cylinder로서 착륙장치에 작동유압이 제거되더라도 고정상태에서 Down Lock이 풀어지지 않도록 착륙장치를 고정시켜 주는 장치이다.

446 L/G Alternate Extension(Emergency Extension)이란?

해답

유압계통의 고장시 Landing Gear를 기계적이나 전기적으로 Gear의 Up Lock를 풀어서 자중으로 Gear Down 되게 하며 Lock를 해준다.

447 1개의 Strut에 2개 이상의 Wheel이 장착되는 구조를 무엇이라 하는가?

해답

Bogie Type 또는 Truck Type이라고 한다.

448 g Gear 주기검사시 가장 먼저 해야 하는 일은?

해답

Air Bleeding을 한다.

449 Landing Gear Up조건은?

해답

① L/G Lever가 Up 위치에 놓여 있고
② L/G가 Ground에서 떨어져 있고
③ Down Lock가 풀려(Release) 있어야 한다.

450 Landing Gear System 작동시 Flow Sequence는?

해답

① Down : L/G Control Lever Down Posi-tion선택 – Up Lock Release → Door Open → L/G Down → Down Lock → Door Close
② Up : L/G Control Lever Up Position선택 - ownlock Release → Door Open → L/G Up → Up Lock → Door Close

451 L/G System의 Dimension X란?

해답

Oleo Type L/G Shock Strut System에서 Shock Strut가 공기와 작동유의 비율이 일정할 때 Strut의 팽창길이를 말하며 B737 M/L/G의 경우 Axle Shaft상부에서 Lower Cylinder 노출부 상단까지의 길이를 말한다. Servicing Chart에서 이 치수에 해당하는 질소압력을 주입시켜야 한다.

452 N/L/G Shock Strut의 Centering Cam의 목적은?

해답

항공기를 들어 올리거나(Jacking), 이륙시 자동으로 N/L/G가 중립위치로 돌아오도록 하여 Wheel Well로 용이하게 접혀 들어가게 해준다.

453 Shimmy Damper란?

해답

항공기가 활주중 지면과 Tire간의 마찰에 의한 Tire 밑면의 가로방향 변형과 회전축 주위의 흔들림과의 합성진동에 의한 Shimmy

라는 불안정한 진동의 공진상태가 발생하는데 이러한 시미현상을 방지하기 위한 장치를 말한다.

454 Shimmy Damper는 Nose Wheel의 이상 진동(Shimmying)을 어떻게 방지하는가?

해답

Shimmy에 의해 앞착륙장치가 좌우로 진동하면 Damper의 Pistion이 좌우로 왕복운동을 하여 Piston Orifice를 통해 작은 양의 작동유가 강제로 통과함으로써 운동에너지를 흡수하여 이상진동을 방지한다.

455 Shimmy Damper에 이상이 생겼을 때 어느 곳을 우선적으로 검사하여야 하는가?

해답

Damper Assembly 주변의 작동유 누설여부, Reservoir내 작동유의 양이 적절한지 여부, Cam Assembly의 Binding 흔적, 마모, Loose된 것, Broken Part 등의 유무여부를 검사하여야 한다.

456 Nose Landing Gear의 방향전환장치는?

해답

조종석 좌우의 Tiller를 이용하여 방향을 선택하면 Cable에 의해 Compensator에 전달되고 Metering Valve가 유로를 선택하여 Steering Actuator를 작동시키게 된다. 이 힘에 의해 상부 Strut가 회전되고 Torsion Link가 하부 Strut를 회전시켜 Nose Wheel이 선회하게 되어 방향을 전환 시킨다.

457 항공기 Towing(견인)시 N/L/G의 최대 Steering 각도를 초과하여 회전시킬 때의 사고 방지대책은 무엇인가?

해답

항공기 기종별로 차이가 있다. 어떤 기종은 Torsion Link를 분리 후 견인할 수 있지만 그렇지 않은 기종은 N/L/G의 최대회전각도를 초과하여 회전시키면 안 되며, Towing Bar(견인봉)의 연결을 반대쪽 방향으로 연결하여 견인해야 한다.

458 Nose Gear에서 By-Pass Pin(Tow Pin)의 역할은?

해답

지상에서의 Towing시 Bypass Valve를 작동시켜 Steering Actuator로 유로를 형성하여 일정한 각도까지는 Torsion Link를 분리하지 않고 Nose Wheel를 선회시킬 수 있게 한다.

459 Body Gear Steering이란 무엇인가?

해답

대형 항공기들은 Nose Gear만으로 Steering(조향)할 경우 동체에 장착된 Gear에 걸리는 회전력으로 Strut의 비틀림하중이 Tire 마멸을 증가시켜 이를 방지하고자 Nose Gear가 일정한 각도 이상으로 선회하면 Body Gear를 Nose Wheel의 반대방향으로 Steering되도록 조정하여 지상선회반경을 최소로 해 주는 역할을 한다.

460 Brake System에 대해서 아는 대로 설명하시오.

해답

항공기는 이착륙 및 지상에서의 이동시 Wheel과 Tire에 의해 지지된다. 각 Main Gear Axle에는 Wheel 및 Brake가 장착되어 있다. Brake System은 모든 활주로상태에서 최대의 제동효과를 얻기위해 Anti- Skid System을 갖추고 있다. 유압에 의해 작동되는 Brake는 Parking 및 이동시와 Engine Runup시에 항공기를 정지시키고 이륙 후에는 Wheel의 회전을 정지시키며 착륙시 활주거리를 단축시킨다. Brake System은 3,000[psi] 유압으로 작동되며 Normal Brake는 Rudder Pedal을 사용하고 Parking Brake는 Lever에 의해 Anti-Skid와 Auto-Brake는 Switch에 의해 Control된다.

461 Brake의 종류에는 어떤것 들이 있으며 그 구성은?

해답

① 소형 항공기 : Expanded Tube, Single Disk Brake
② 중형 항공기 : Dual Disk Brake
③ 대형 항공기 : Multi-Disk Brake, Segment Rotor Disk Brake

참고

구성 : Stator, Rotor, Pressure Plate, Torque Plate 등

462 Brake Accumulator란?

해답

Brake를 작동시키기 위한 ① 작동액 압력을 저장하는 장치로서 계통내에서 발생하는 ② 압력파동(Pressure Surge)을 완하시키며 ③ Brake로 유입되는 유압을 일정하게 유지하게 하기 위한 기능을 하며 ④ 여러 번 Full Brake를 사용할 수 있고 ⑤비상시 작동액 압력을 사용할 때도 이용된다.

463 Brake Metering Valve란?

해답

Brake Pedal의 힘을 Brake Control Linkage에 의해 전달받아 Brake로 들어가는 압력(유량)을 조절한다. Brake Pedal을 밟으면 Valve Slide가 안쪽으로 움직여 Return Port를 Close 시키고 압력 Port를 열어 Valve Slide안의 통로를 통해 직접 유압이 Brake로 공급된다.

464 HYD Power Brake를 사용하는 Brake System의 Shuttle Valve의 사용목적은 무엇인가?

해답

Shuttle Valve는 자동이송밸브이며 Normal Power (HYD Power)Fail시 Emergency Backup Power (Pneumatic Power)를 연결시켜 주는 Valve이다.

465 Brake System의 Master Cylinder에 있는 Compensator Port의 목적은?

해답

Brake를 작동시키지 않을 때 Master Cylinder에 있는 Compensator Port가 Open되어 Brake의 압력이 Brake Reservoir에서 Wheel Cylinder로 흐르게 하여 Brake 배관내에서 압력이 증가되는 것을 막아주며 Brake가 늦게 작동되는 것을 막아준다.

466 Brake 누설시 제일 먼저 차단되는 곳은 어디인가?

해답

Hydraulic Fuse, Debooster

467 유압제동장치에서 Pedal이 푹신푹신한 느낌(Spongy Feel : Dragging 현상)을 갖고 있다면 어떻게 조치하여야 하는가?

해답

Spongy Feel은 Brake내의 공기가 원인이므로 공기를 배출(Bleeding)시켜야 한다.

468 Landing Gear에 장착된 Brake System의 Air Bleeding 절차를 설명하시오.

해답

유압제동장치에 Spongy Feel, 계통내 부품교환 또는 System Open(계통개방)이 된 경우에는 Air Bleeding을 해야 하는데 Gravity Method(중력식)과 Pressure Method(압력식)이 있다.

① Gravity Bleeding Method(중력식 Bleeding)
Power Brake에 적용하는 방식으로 투명 Brake Cylinder를 거쳐 Master Cylinder에서 작동액과 공기가 나온다. Pedal을 반복적으로 밟아 작동액에 공기방울이 없어질 때까지 계속하여 Air Bleeding을 실시하는 방법이다.

② Pressure Bleeding Method(압력식 Breeding)
압력식은 계통내 작동액중에서 공기방울(기포)을 낮은 곳에서 상부로 배출시키는 방법이기 때문에 중력식보다 우수한 방법이다. Brake Cylinder의 Bleed Valve(Port)와 지상작업을 위한 가압용 Bleed Tank(가압 Tank)에 Hose를 연결하고 가압 Tank의 압력을 Brake Cylinder에 가하면 Reservoir에서 기포가 나오게 되며 이 기포가 나오지 않을 때까지 압력을 가압하여 Air Blee-Ding하는 방식이다.

469 Brake Air Bleeding 후 Reset시켜 주어야 할 부품은?

해답

Hydraulic Fuse

470 Auto-Brake System이란 무엇인가?

해답

최신 항공기의 유압 Brake System에 적용하고 있는 자동제동장치로서 Anti-Skid Control System이 정상작동조건하에서 착륙 또는 이륙포기 과정중에 작동하여 활주속도가 자동적으로 감속함으로써 조종사의 힘을 덜어주는 역할을 하는 장치이다.

471 Brake Bleed System의 역할(기능)은?

해답

작동시 Sponge현상을 방지하기 위하여 계통내의 공기를 Bleeding(배출)해 주는 역할을 한다.

472 mbly의 Wear Indicator Pin은 언제 교환하는가?

해답

1/64[in] 남았을 때 교환한다.

473 Anti-Skid System에 대하여 설명하시오.

해답

Power Brake계통에 의하여 Brake가 작동하는 항공기에 적용되는 계통으로 항공기가 고속으로 착륙할 때 Wheel의 회전속도가 빠른 상태에서 Brake압력이 가해지면 Wheel의 회전속도가 급격히 감속하면서 활주로면에 Tire가 끌리면서(Skidding) 닳게 되므로 Tire의 국부적인 마모현상으로부터 Tire를 보호하기 위하여 설치한 계통으로 Wheel의 회전속도와 Brake압력을 적절히 조절하여 Brake의 효율을 최대로 하면서 끌림이 일어나지 않도록 한다.

474 Anti-Skid Control Unit의 기능을 설명하시오.

해답

① Nomal Skid Control : 항공기가 착지되면 지상인 것을 감지하여 Brake효율에 맞도록 작동압력을 조절하여 정상 Skid Control을 하여 작동속도를 줄이는 기능
② Touchdown Protection : 착륙시 착지전 Pedal을 밟아도 Brake 압력작동유를 Return(귀환)으로 연결시켜 Brake가 작동하지 못하게 하는 보호기능
③ Locked Wheel Protection : 서로 쌍을 이루는 두 개의 Wheel간에 Wheel 속도가 25[knot] 이상의 차이가 나면 빠른 쪽 Wheel을 제어하는 Skid Control이 느린 쪽 Wheel의 제동을 풀어 주는 보호기능(1[knot]=1,852[m])
④ Fail-Safe Protection : System이 고장일 때 자동적으로 Brake System이 수동작동으로 전환되며 경고등을 켜주는 보호기능

475 Anti-Skid Brake란?

해답

HYD Brake System에 의해서 Brake에 작용하는 유압을 제한하여 Wheel이 끌리는(Skidding)을 방지하는 Brake

476 Anti-Skid Brake System을 갖고 있는 항공기가 젖은 활주로에서 Wheel의 Ski-dding(끌림)을 어떻게 방지하는가?

해답

Anti-Skid System은 Wheel의 감속률을 Moni-toring(감시)한다, 만일 어떤 Bogie Type Wheel이 감속시작보다 다른 Wheel보다 더 빨리 감속된다면 해당 Wheel의 감속이 정지될 때까지 Brake에 공급되는 압력을 차단하여 Wheel의 회전정지로 인한 미끄러짐(끌림)을 방지한다.

477 Anti-Skid Surge Accumulator란 무엇인가?

해답

Anti-Skid System의 Return Line(귀환배관)에 위치하며 Brake Return Fluid(귀환작동액)의 Surge(파동)현상을 흡수하며 좀 더 빨리 Brake를 풀어 Tire의 마모를 감소시킨다.

478 Anti-Skid Brake System에서 Skid가 발생되고 있을 때 Brake가 풀리지 않고 있다면 어떤 장치가 문제가 있는가?

해답

Anti-Skid Control Valve의 고장

479 Anti-Skid Brake System에서 Skid Detector(Sensor)는 어디에 있는가?

해답

Wheel Hub의 중앙에 있다.

실기구술형

480 역추력장치는 활주로가 젖어 있거나 얼음이 얼었을 경우 제동력은?

해답

역추력장치는 활주로가 젖어 있거나 얼음이 얼었을 경우 제동력은 항공기를 정지시키는데 50[%] 정도의 제동력을 낼 수 있다.

481 접개들이식 착륙장치(Retractable Landing Gear)계통을 장비한 항공기가 반드시 갖추어야할 계통은?

해답

비상 펴짐 장치(Emergency Down System)

482 시미현상이란?

해답

지상 활주 중에 지면과 타이어 사이의 마찰로 인하여 바퀴 축 주위로 발생되는 진동현상

483 브레이크 작동시에 일어나는 비정상 작동 현상 3가지를 서술하시오.

해답

① 드래깅(Draging) : 브레이크를 밟은 후 제동력을 제거해도 원상태로 회복이 되지 않는 현상
② 그래빙(Grabbing) : 브레이크 라이닝이 오염 물질에 의해 브레이크 작동이 거칠어지는 현상
③ 페이딩 (Fading) : 브레이크 장치의 가열로 인해 미끄러지는 현상

484 Expander Tube형식의 Brake에 사용되는 Tube Shield의 역할은?

해답

팽창 튜브가 블록 사이에서 밀려나오는 것을 방지

485 Shock Strut Air은 어떻게 빼는가?

해답

Swivel Hex Nut를 반시계 방향으로 돌려 Strut의 공기를 뺀다.

486 Shock Strut Air Valve에 Valve Core가 있어 공기를 뺄 때 주의 하여야할 사항은?

해답

압력 공기의 배출로 시력 상실과 같은 큰 부상을 초래할 수 있으므로 항상 밸브의 한쪽으로 비켜서 작업을 한다.

487 Split Wheel의 분할형 바퀴 사이의 기밀유지를 위하여 무엇을 사용하는가?

해답

O-Ring Seal

488 Tire Wheel의 NDI방법은?

해답

와전류검사(전자유도탐상검사, EDD Current Inspection)

489 항공기 Tire가 하는 역할은 무엇인가?

해답

착륙이나 이륙시의 충격을 흡수하고 지상에서 항공기의 하중을 지지하며 착륙제동 및 정지를 위해 필요한 마찰작용을 한다.

490 Tire구조에 대하여 설명하시오

해답

① Tread : 직접 노면과 접하는 고무부분, 여러 모양의 홈이 있음
② Breaker : Core Body와 Tread 사이의 내열성고무
③ Carcass Ply 또는 Core(Cord)Body : 고무로 Coating된 나일론코드, 타이어 강도제공
④ Wire Bead : 고탄소강 Wire뭉치, Carcass를 고정하고 있으며 Wheel에 접촉되는 부분
⑤ Flipper : Bead Wire로부터 Carcass를 둘러싸고 있으며 타이어의 내구성을 증대

⑥ Chafer : 제동열로부터 Carcass를 보호
⑦ Bead Heel : Wheel Flange에 붙는 외부 Bead의 끝부분
⑧ Bead Toe : Wheel Flange에 붙는 내부 bead의 끝부분
⑨ Inner Liner : 공기가 Carcass Ply를 통해 새는 것을 방지
⑩ Side Wall : 고무부분으로 Cord가 손상을 받거나 노출되는 것을 방지

491 Tire의 Tread와 Tread 사이의 Groove(골)의 목적은 무엇인가?

해답

주행시 직진안정성을 유지하고 열과 Water를 DisCharge(배출)시켜주며 마모정도를 측정할 수 있게 한다.

492 Tire의 Carcass Ply가 보일 때 조치사항은?

해답

교환한다.

참고

Carcass Ply가 16Ply 이하일 때는 25[%] 손상시 교환, 16Ply 이상일 때는 3Ply 손상시 교환

493 Tire점검에서 정상적인 마모에 의한 교환시 모기지에서 교환한계치는 얼마인가?

해답

Tread가 완전히 닳은 부분이 전체둘레의 2/3을 초과하거나 또는 Carcass Ply 일부 노출시 교환한다.

494 Tire에서 Side Vent Hole이란?

해답

Tire의 제작 또는 재생시 Carcass층에 발생하는 수분 또는 공기를 배출시키는 구멍이다.

495 Wheel Fuse Plug의 역할은?

해답

Brake의 과도한 열에 의한 Brake Wheel 손상과 Tire내의 압력상승에 의한 Tire 폭발을 방지하며 과도한 압력시 녹는 물질(순수 납)로 만들어진 Plug가 녹아 구멍이 뚫리면서 Tire 내부압력을 배출시킨다, 녹는 온도가 약 290[℉]이다.

496 Wheel에서 Thermal Fuse가 녹으면 일어나는 현상과 조치사항은?

해답

Tire에서 과도한 압력이 빠져 나간다. Tire는 분리하여 Wheel의 Fuse를 교환하여야 하며 Tire는 폐기시켜야 한다.

497 Wheel & Tire Assembly 장착방법?

해답

MM(정비교범) → Hub Cab장탈 → 액슬너트 장착 → 리테이너링 장탈 → Protector장착(나사산 보호를 위해서) → 타이어 장탈

498 Tire교환시 최대 Jacking 높이는?

해답

2[in] 기준이며 Wind Condition 등 비정상상태에서는 항공기정비교범(AMM)의 해당(Chapter)를 참고하여 작업하여야 한다.

499 타이어에 압력주입시 질소를 사용하는 이유는?

해답

폭발 및 산화를 방지하고자 함이며 산소를 사용하게 되면 타이어 Inner Liner부분과 화학반응하여 Wheel이 과열되면 폭발 Gas를 발생시킬 수 있다.

500 Wheel과 Tire를 조립한 후 12시간 혹은 24시간 보관한 후에 점검하는 이유는 무엇인가?

해답

① Tire가 Wheel에 바르게 안착될 수 있는 시간을 허용

② Tire Cord가 압력에 의한 신장으로 안정화 시간허용 Cord신장으로 2～10[%] 압력강하, 초기 이를 보상 압력주입
③ Aid(질소)의 누설여부를 확인

참고

B737 Nose Tire의 압력은 160～180[psi]이다.

501 Tire에 질소를 충전 후 압력의 안정화(Stretch)시간은 얼마인가?

해답

12시간

502 Tire 내부에 Inflation시킨 후 24시간이 지난 다음 몇 [%] 이상 Drop되면 안되는가?

해답

5[%] 이상

503 Tire에서 좌우 Tire의 압력이 어느 정도 차이가 나면 Tire를 교환하는가?

해답

좌우비 90[%] 이하

504 항공기에서 짝을 이루는 Dual Type의 두 Tire의 압력차가 얼마나 나면 Tire를 교환하나?

해답

5[psi] 이상

505 항공기 Tire의 안전한 운영방법은?

해답

항공기 Tire의 가장 심각한 문제는 착륙시의 강한 충격이 아니고 지상에서 원거리를 활주하는 동안 급격히 Tire내부 온도가 상승하는 것이다. 항공기 Tire는 자동차 Tire보다 약 2배 가량 더 유연성을 갖도록 설계되어 있다. 이러한 항공기 Tire의 과도한 온도상승을 방지할 수 있는 가장 좋은 방법은 짧은 지상 활주, 느린 활주속도, 최소한의 제동, 적절한 Tire 압력주입(Inflation) 등이다.

506 Tire Under Inflation에 대하여 설명하시오.

해답

Under Inflation일 때 착륙 또는 Brake가 작동되면 Tire와 Wheel 사이의 분리 미끄럼(Slip)의 발생이 쉽고 활주로의 가장자리에 부딪칠 때 Tire Side Wall이나 Shoulder가 찌그러져서 파손 Tread의 가장자리부분이 급격히 불균일하게 닳게 된다.
Tire Core Body파열을 초래할 수 있으며 과도한 열과 심하게 Flexing(구부러짐)됨으로 Cord가 늘어지거나 Tire가 파손되는 원인이 된다. Over Inflation보다도 안 좋은데 그 이유는 활주거리가 길어지기 때문이다.

507 Wheel & Tire Assembly에서 Under Inflation시 외부에 나타나는 현상은?

해답

Shoulder부분이 마모되며 Inner Liner에 Wrin-kle(주름)이 생긴다.

508 Wheel & Tire Assembly에서 Over Inflation시 외부에 나타나는 현상은?

해답

지면에 닿는 Tread 중심부분이 마모된다.

509 Tire가 High Pressure 및 Low Pressure시 발생하는 문제는 무엇인가?

해답

Tire의 이상마모 발생, High Pressure시 Tread의 중앙부분이 마모되고, Low Pressure시 Shoulder 및 Side Wall 마모가 심함

510 Tire에서 Red Marking은 무엇인가?

해답

Tire의 Balance Mark(평형표식)로 Tire의 가장자리 가벼운 곳에 Red Dot(빨간점)로 표시하고 공기주입고(Valve) 또는 Wheel의 무거운 부분을 여기에 맞춰 Tire를 조립하여 가벼운 부분의 무게를 보상한다.

참고

Tire와 Wheel 사이에 미끄러짐 확인을 위하여 폭 1[in], 길이 2[in] 크기의 적색페인트 표식은 Slippage Mark라고 한다.

511 Bias Tire와 Radial Tire의 차이점을 설명하시오.

해답

① Bias Tire : 전통적인 구조방식으로 Tire Cord(나일론 등 섬유)를 바퀴진행방향에 45도 비스듬이 교차배치하여 적층한 Tire로 Wire Bead가 2줄로 Side Wall이 두꺼워 무겁고 충격흡수성이 약하며 수명이 짧다.
② Radial Tire : Tire Cord를 바퀴진행방향에 직각이 되도록 배치하여 적층한 Tire로 단일 Wire Bead를 적용하여 Side Wall 두께가 얇아 가볍고 신축성이 있어 충격흡수성이 좋다. 현대 대형 항공기에 사용

512 Bias Tire 외부에 표기된 N16-1RF가 뜻하는 것은?

해답

① N16 : Carcass Ply가 16겹
② 1RF : Reinforcing Ply가 1겹

513 Radial Tire 외부에 표기된 N06-B08이 뜻하는 것은?

해답

① N06 : Carcass Ply가 6겹
② B08 : Belt(Breaker)가 8겹

514 Bias Tire 외부에 표기된 26PR에서 PR의 의미는?

해답

Ply Rating(Tire 강도지수)의 약어로서 Tire가 정적이나 동적인 상태하에서 최대하중을 지시하는 것을 나타내며 26PR은 총, Carcass Ply수를 나타내는 것은 아니다.

515 Bias Tire에서는 Cut Limit(절단한계)가 산정되어 있는데 외부로부터 Cut(절단)시 Actual Number Ply의 몇 [%]까지인가?

해답

40[%]

516 Bias Tire에서 Side Wall이 Nick되어 Carcass Ply가 노출되었을 때 Tire처리방법은?

해답

Tire의 Retread Area에 속하지 않으므로 폐기시킨다.

517 Tire의 Side Wall에서 Cord가 노출되었다면 Tire는 어떻게 하여야 하는가?

해답

Tire를 폐기 처리하여야 한다.

518 Bias Tire 내부의 Cord Broken, Separation Fatigue를 검사하는 방법의 명칭은?

해답

Shear-Graphic Inspection

519 ed Dot 표기가 없다면 Tire와 Wheel의 장착 방법은?

해답

Wheel Valve Stem(Body)에 Tire Serial Number를 위치시켜 장착한다.

실기구술형

520 Tire 식별표시 중 Retread한 Tire를 확인하는 방법은?

해답

"R( )" 괄호안에 숫자가 있다면 재생한 횟수를 의미한다.

521 새 Tire 또는 재생 Tire를 장착한 후 Retractable L/G(접개들이식 강착장치)를 갖춘 항공기를 접개들이시험을 하는 이유는?

해답

새 Tire나 재생 Tire는 강착장치를 접어 들였을 때 Wheel Wall에 걸림현상의 발생여부를 점검하기 위해 접개들이시험을 한다. 왜냐하면 사용중이었던 Tire와 크기가 다를 수 있는 가능성이 있기 때문이다.

522 Toe-In과 Toe-Out에 대하여 설명하시오.

해답

Toe-In은 좌우 Wheel이 평행이 아니고 Wheel의 앞쪽이 뒤쪽보다 약간 좁게 되어 있는 상태를 말한다. 반대로 뒤쪽보다 앞쪽이 넓은 것을 Toe-Out이라고 한다. 옆방향으로의 미끄러짐과 Tire의 마멸을 방지하고 Wheel이 안쪽으로 굴러가려 하므로 바깥쪽으로 굴러가려는 힘과 상쇄되어 미끄러지지 않고 똑바로 굴러갈 수 있다.

523 Toe-In에 대하여 설명하시오

해답

① Main Gear : 항공기의 활주성능을 개선하기 위해 Tire의 직선질주를 각각 동체방향으로 미세하게 조절하는 것으로서 Torsion Link에 Washer 또는 Shim을 추가하거나 제거함으로써 가능하다.
Torsion Link가 없다면 Toe-In, Toe-Out을 측정하여 Size에 맞는 덧붙임판을 사용한다.

② Engine : 동체를 타고 흐르는 공기를 효과적으로 Engine으로 향하게 하기 위해 Engine의 방향을 동체방향으로 모으는 것이다.

524 TSO-C62D란 무엇을 의미하는가?

해답

Technical Standard Order(기술표준품 표준서)의 약자로 FAA에서 Tire 제작에 기준이 되는 요구조건을 제정해 놓은 규격서이다. 어떤 업체가 TSO기준을 충족시키는 품목을 설계하고 제작할 수 있는 능력이 입증될 경우 해당업체에 기술표준품 형식인증서(TSO Authori-zation)를 감항당국이 발행한다.

525 MIL-T-5041H3-3-1 Conductive Material이란 무엇인가?

해답

모든 항공기의 Tire는 Ground로 정전기를 방출하기 위해 필요한 전도성물질로 구성되어야 함을 나타내는 규격서

526 Tire 저장시 보관온도범위는?

해답

32~80[°F](0~27[°C])

527 Tire 저장방법은?

해답

직사광선을 피하고 차갑고 건조하며 전기/전자장비가 없는 장소에 보관한다. 전기/전자장비가 작동 중에 공기중의 산소를 오존으로 변화시키며 오존은 고무를 퇴화시켜 수명을 단축시킨다. Tire는 가능하면 수직으로 저장하고 부득이 쌓아 놓을 수 밖에 없을 때에는 직경이 40[in]까지는 5개 이상, 40~49[in]까지는 4개 이상, 49[in] 이상은 3개 이상 쌓지 말 것

528 Tire에 Grease가 묻었을 경우 조치사항은?

해답

화학적으로 고무를 급속히 퇴화시키기 때문에 만약 Oil이나 Grease가 묻게 되면 즉시 중성세제와 따뜻한 물로 세척한다.

529 H49 X 19.0 - 22 32PR이란?

해답

① H : Rim너비와 Tire 단면너비의 비가 60∼70[%]이고 Bead Chafer로 형성된 것을 뜻함(Rim은 Tire가 Wheel에 접촉되는 면)
② 49 : 외경이 49[in]
③ 19.0 : 폭이 19[in]
④ 22 : 내경이 22[in]
⑤ 32PR : Ply Rating(강도지수)의 약어로서 측정한 상태에서 최대하중을 지시함. Ply 등급은 Tire강도의 지표와 같은 것이며 Ply의 실질적인 수를 나타내지는 않는다.

530 Tire 44-19-22 각 숫자가 의미하는 뜻은?

해답

Tire의 외경 44[in], Tire폭 19[in], Rim의 직경(Tire내경) 22[in]

531 Tire 교환시 Brake를 잡아주는가 혹은, 풀어주는가, 만약 풀어준다면 그 이유는?

해답

Brake를 풀어준다. 교환된 Tire의 원활한 장착을 위하여

532 토크렌치에 익스텐션을 장착한 것이다. 토크렌치의 유효길이는 10[in] 익스텐션의 유효길이는 5[in], 필요한 토크값은 900[in-lbs]일 때 필요한 토크에 상당하는 눈금표시에는 얼마까지 조이면 되는가?

해답

$$R=\frac{L}{L\times E}\times T=\frac{10}{10+5}\times 900=600[\text{in-lbs}]$$

533 경항공기 계류(Mooring)시 유의사항을 설명하시오.

해답

① 항공기의 계류 고리에 로프를 이용하여 고정시킨다.
② 로프를 항공기 날개에 버팀대에 묶어서는 안 된다. 항공기가 움직여서 로프가 팽팽해졌을 때에는 이 버팀대에 손상을 입힐 수 있기 때문이다.
③ 마닐라 로프는 물에 젖으면 줄어들기 때문에 약 1[in] 가량의 여유를 두어 느슨하게 묶어야 한다.
④ 신속하게 묶거나 풀 수 있도록 한다.
⑤ 계류 피팅 장치가 없는 항공기는 지정된 절차에 따라 계류시켜 주어야 한다.
⑥ 높은 날개의 단엽기에는 날개 버팀대의 바깥쪽 끝에 묶어야 하고 특별한 지시가 없는 한 구조강도가 허용되는 범위 내에서 적당한 고리 장치를 이용하여 계류시킨다.

534 진북, 자북, 나북이란?

해답

① 진북 : 지구 자전축, 즉 북극성을 기준으로 정한 지리상의 북을 말한다.
② 자북 : 지구가 하나의 거대한 자석과 같이 고유의 자기력을 나타내는데 이것을 지자기라 하고, 지자기상의 북을 기준으로 한 것이다.
③ 나북 : 나침반의 영구자석 N극이 지자기상의 S극에 끌려 지시한 북을 말한다.

535 원격지시 컴퍼스란?

해답

수감부는 자기의 영향이 적은 익단이나 미부에 설치하며 지시계만 조종석에 설치하여 원격 지시로 지시한다. 따라서 자차를 줄이고 자성체의 영향을 감소시킬 수 있는 이점이 있다.

536 Aircraft Compass가 흔들리고(Swing) 있다면 어떤 결함인가?

해답

Deviation Error(자차결함)

537 자차의 수정 시기는?

해답

① 100시간 주기검사시
② Engine 교환 후
③ 전기기기 교환 후
④ 기체 대수리 작업 후
⑤ 3개월마다

538 지자기의 3요소란?

해답

① 편각 : 지축과 지자기축과의 불일치
② 복각 : 지자기 자력선과 수평선각
③ 수평분력 : 지자기력의 지수수평선에 대한 분력

539 자기 컴퍼스의 오차에는 어떤 것들이 있는가?

해답

① 정적오차 : 반원차, 사분원차, 불이차
② 동적오차 : 북선오차, 가속도오차, 와동오차

540 Magnetic Compass가 항공기에 장착되었다면 허용할 수 있는 최대편차는 얼마인가?

해답

Standby Compass와 RMI간에 10도

541 Magnetic Compass에는 어떤 액체를 넣는가?

해답

Kerosine과 유사한 특수탈수액(Water-Clear Fluid)

542 항공기의 방위를 나타내는 계기에는 무엇이 있는가?

해답

자이로, 마그네틱, VOR 등의 항법계기

543 자이로의 특성을 설명하시오.

해답

① 강직성 : 자이로는 외력이 가해지지 않으면 회전자의 축방향을 우주공간에 대하여 계속적으로 유지하려는 성질을 가지고 있는데 이러한 성질을 강직성 혹은 세차성, 선행성이라고 하며 방향자이로 지시계 등에 사용된다.
② 섭동성 : 자이로가 회전하고 있을 때 회전자의 앞면에 힘을 가하면, 가한 점에서 회전방향으로 90도 진행된 점에 가해진 것과 같은 힘이 작용하여 회전축은 같은 방향으로 움직이는 성질을 말한다. 이는 선회계 등에 사용된다.

544 Gyro계기의 종류와 성질

해답

① 방향자이로지시계 : 강직성 이용
② 수평자이로지시계 : 강직성과 섭동성 이용

545 Gyro의 동력원은?

해답

① 공기구동식
② 전기구동식
  ⓐ Ball식 직립장치
  ⓑ 와전류식 직립장치(Eddy Currency Type)
  ⓒ 전자식 직립장치(Pendulum Type)
  ⓓ 수준기식 직립장치(Liquid Level Type)

546 항공기 Gyro계기를 작동시키는 2가지 동력원은?

해답

흡입에 의하든 가압에 의하든
① 공기로 구동하거나 ② 전기로 구동한다.

547 2분선회경사계와 4분선회경사계의 차이는 무엇인가?

해답

Two-Minute Turn Indication은 표준회전율(초당 3도)이 한 바늘폭의 편차를 표시하고 Four-Minute Turn Indication은 0.5표준회전율(초당 1.5도)이 한 바늘폭의 편차를 표시한다. 4분회전경사계는 중앙표시점으로부터 2개 바늘폭이 떨어진 곳에 있는 개집모양의 표식이 있고 바늘이 개집과 직선이 되었을 때 항공기는 표준회전율이 된다.

548 Turn And Slip Indicator와 Turn Coordinator의 차이는 무엇인가?

해답

선회경사계(Turn And Slip Indicator)는 항공기 수직(Yaw)축에 민감하고 회전의(Turn Coordi-nator)는 세로(Roll)축과 수직축에 민감하게 작동하는 Canted Gyro를 사용한다.

549 ADI, HSI의 기능 및 특징에 대하여 설명하시오.

해답

① ADI(Attitude Director Indicator) : 자세와 비행명령을 지시한다. 자세를 표시하는 수평의와 비행지시봉이 중앙에 있고, ILS 편위량 등을 표시하는 바늘이 있다. 각 계통에 고장이 생겼을 때 조종사에게 알리고 경고를 주기 위해 표시바늘을 계기면으로부터 감춰버리는 방법을 사용한다.
② HSI(Horizontal Situation Indicator) : 기수지시계에 무선항법정보를 포함한 것으로 계기하나로 조종사에게 많은 비행정보를 지시하고 비행시 다른 많은 계기들을 참조해야 할 기능들을 없애준다.

550 PFD & ND에 대해 설명하시오

해답

① PFD : Primary Flight Display는 비행계기(항공기 자세계, 방위계, 속도계, 고도계, 승강계)와 항공기착륙에 필요한 항법계기와 자동조종장치 선택 Mode가 지시된다.
② ND : Navigation Display는 Approach Mode, VOR Mode, Map Mode 등을 나타내어 항법에 관련된 방향이나 지도 등을 보여준다.

551 EFIS란 무엇인가?

해답

Electronic Flight Instrument System으로서 조종사에게 Display Unit를 통해 기본 비행 정보와 항법 정보를 알려준다.
① PFD(Primary Flight Display) : Airspeed, Altitude, Heading 등
② ND(Navigation Display) : VOR, Map, Plan

552 항법계통(Navigation System)에는 어떠한 것들이 있는가?

해답

① 무선 항공 계통 : ADF, VOR, DME, TACAN
② 자립 항법 계통 : INS, IRS
③ 항법 보조 계통 : GPWS, Weather Radar
④ 착륙 유도 계통 : ILS, MLS, Marker Beacon
⑤ 위성 항법 계통 : 헨
⑥ 지시 및 경고 계통 : EICAS, EFIS
⑦ 비행 관리 계통 : FMCS

553 각각의 용어를 풀어쓰라.

해답

- VOR(VHF Omni-Range)
- INS(Inertial Navigation System)
- IRS(Inertial Reference System)
- GPWS(Ground Proximity Warning System)
- MLS(Microwave Landing System)

554 항법장치의 구성품 및 역할에 대해서 설명하시오.

해답

항법장비 중 중요한 기능 3가지
① 항공기 위치확인
② 침로결정
③ 도착예정시간의 산출로서 대표적인 장비는 INS이다.

555 INS란 무엇이며 구성은?

해답

① Navigation System의 도움 없이 항공기에 설치된 장비 스스로가 항공기의 위치를 알아내고, 항공기의 Heading과 자세를 알아내는 장치
② Accelerometer, Gyro, 적분기 등으로 구성

556 Red Navigation Light는 어느 쪽 날개에 있는가?

해답

왼쪽날개

557 INS의 종류 및 특징은?

해답

① LTN-72R : Way Point를 직접 손으로 CDU를 통해 입력(비행경로)
② LTN-72L : Way Point가 자동으로 선택됨. 그러나 28일 주기로 NDB를 교환하여야 함

실기구술형

558 ADF(Automatic Directional Finder)란?

해답

Automatic Direction Finder로서 자동 방향 탐지기이다. 주파수는 200[kHz]~1.7[MHz]로써 극지향성 Loop Ant'와 무지향성 Sense Ant'로써 방향을 탐지한다. VOR의 등장 이후부터는 점차 퇴역하는 System이다.
지상에 설치한 Nondirectional Radio Beacon(무지향성 무선표지국)으로부터 송신되는 전파를 항공기에 장착된 ADF장비로 수신하여 전파의 도래방향을 계기상에 지시하는 장치

559 VOR이란?

해답

항공기에서 지상국까지 자북을 기준으로 한 절대방위를 알 수 있게 해주는 System으로서 VOR지상국에서 발사되는 기준신호와 가변신호의 위상차를 측정하여 지상국 방위를 알아내는 것이다.

560 항공기에 장착된 Instrument Landing System의 3개 구성품은 무엇인가?

해답

① Localizer의 수신기
② Glide Slope
③ Marker Beacons

561 ILS란 무엇인가에 대해서 설명하시오.

해답

Glide Slope, Localizer, Marker Beacon으로 구성되어 있으며, 이러한 장비를 이용하여 항공기가 안전하게 착륙 혹은 계기에 의해 착륙을 완료하는 시스템으로서
① Glide Slope은 활주로를 중심으로 상하의 각도가 얼마만큼 되는 지를 Beam을 따라 가면서 알려주는 장치이다.
② Localizer는 항공기 착륙시에 활주로에 대한 좌우의 각을 알려주는 장치이다.
③ Marker Beacon은 항공기가 착륙을 위해 활주로까지의 거리가 얼마만큼 남아 있는지를 거리, 소리, 지시 등으로써 나타내 주는 장치이다.

562 DME에 대해 설명을 하시오.

해답

Distance Measuring Equipment로서 거리에 대한 정보를 항행중인 항공기에 연속적으로 제공하는 항행보조 방식으로 Pulse 전파를 지상국에 송신하고 지상국에서는 항공기에 응답 Pulse를 보낸다. 지상전파를 송신한 후부터 수신하기까지의 시간을 계산해서 거리를 지시해준다.

563 DME장비의 주파수대역은?

해답

962~1,024[MHz]과 1,151~1,213[MHz]의 UHF 주파수대역

564 DME안테나의 좋은 장착위치는?

해답

다른 안테나와 거리를 멀게 하여 전방동체하부 중심선상에 장착한다.

565 ATC Transponder는 어떤 종류의 안테나를 사용하는가?

해답

UHF 그루터기 안테나(UHF Slub Antenna) C Band Type

566 ATC Transponder 안테나의 좋은 장착위치는?

해답

다른 안테나와 거리를 멀게 하여 동체하부 중심선상에 장착한다.

567 현대 항공기에 사용되는 2가지 형태의 연료탱크는?

해답

① Integral Fuel Cell(Tank)
② Bladder Type Fuel Cell(Tank)

568 Integral Fuel Cell이란 무슨 뜻인가?

해답

연료가 새지 않도록 날개 속에 Cell을 연료탱크로 사용하고 있는 것이다.

569 Integral Tank와 금속 Tank의 차이점을 말하시오.

해답

① Integral Tank(Wet Wing)
  ⓐ 날개의 무게 감소
  ⓑ 연료 누설방지를 위해 특수 Sealant로 Sealing
  ⓒ Front Spar, Rear Spar 및 양쪽 End Rib의 공간을 연료탱크로 사용
② 금속 Tank : Bladder Type Tank(Dry Wing)
  ⓐ Al, Carbon Steel, Stainless Steel로 제작
  ⓑ 많은 양의 연료를 저장
  ⓒ 전기적인 화재의 위험성이 있음

참고

고무 Tank : Rubber Cell Tank로 소형기, 군용기에 사용
① Self Sealing Type : 작은 파손시 자동 밀폐
② Non-Self Sealing Type : 천에 얇게 고무를 입힌 것으로 밀폐 기능은 없음

570 Dry Wing과 Wet Wing의 차이점을 설명하시오.

해답

Wing 내부에 연료가 있으면 Wet Wing이고 없으면 Dry Wing이다.

571 Fuel Tank에 Fuel가압시 압력은?

해답

50±5[psi](경항공기는 중력을 이용)

572 Fuel Cell에 대해서 설명하시오.

해답

① Form이 있는 것과 없는 것이 있다.
② Form이 있는 것은 연료칸막이가 없고 Form이 대신 연료의 유동을 막아준다.
③ Form이 없는 것은 연료칸막이로 되어 있어 연료의 유동을 막는다.
④ Fuel Cell에는 Sealing Compound로 연료의 누설을 방지한다.

573 항공기 연료탱크 중에서 Surge Tank라는 것이 있는데 이는 어떤 연료탱크를 말하는가?

해답

Wing Tip에 위치하고 있으며 Main Tank가 Over Flow일 때 넘치는 연료를 보관한다. Main Tank의 양이 넘치는 Wing Tip 아래면에 있는 Ram Air Scoop를 통하여 밖으로 배출되고 탱크의 용량내에서 Main Tank의 양이 줄어들면서 자중에 의하여 Main Tank로 흘러들어간다.

574 Vent Air Scoop란 무엇인가?

해답

비행중 탱크내의 공기압을 유지시켜 주기 위하여 탱크내로 Ram Air를 공급하는 역할을 하며 연료보급 중 내부에 걸리는 정압이나 연료가 소모될 때 걸리는 부압을 제거시켜 기체를 보호하며 Vent Ram Air Scoop라고도 한다.

575 연료탱크의 Vent System의 목적은 무엇인가?

해답

탱크 안과 밖의 압력차를 없애서 탱크의 팽창이나 찌그러짐을 막는다. 또 연료탱크로의 유입 및 탱크로부터의 유출을 쉽게 하여 연료펌프의 기능을 확보하고 연료의 보급 및 방출을 확실히 한다. 또한 복수탱크일 경우에는 이들 탱크의 연료레벨을 동일하게 유지한다.

576 연료탱크에 몇 개의 방이나 또는 탱크내부에 벽을 설치하는 이유는 무엇인가?

해답

항공기가 비행중 자세가 변하면 방이나 벽이 연료가 앞뒤로 요동치는 것을 막아주기 때문이다.

577 Fuel System Strainer들은 어디에 장착되어 있는가?

해답

연료탱크 출구에 한 개의 Strainer와 탱크출구와 연료Metering Device 입구 사이의 배관에 Main Strainer가 장착되어 있으며 일부 Strainer는 계통 중 가장 낮은 곳에 설치하여 연료에 함유된 수분을 저장했다 배출시키는 역할도 한다.

578 항공기 연료탱크에 장착된 Centrifugal Booster Pump(원심승압펌프)의 3가지 용도는 무엇인가?

해답

① 엔진시동시 연료압력을 생성시켜 연료를 엔진으로 공급
② 고고도에서 적정한 연료압력을 유지하며 연료의 증기폐쇄(Vapor Lock)를 방지
③ 연료를 한 탱크로부터 다른 탱크로 이송(Transfer)

참고

대부분 항공기의 Boost Pump는 전기로 작동한다.

579 Compensated Engine-Driven Fuel Pump란?

해답

대기압에 의해 작동하는 Pressure Relief Valve를 갖는 엔진구동 연료펌프이다. Compensated Pump(보상펌프)는 연료배출압력을 변화시켜서 기화기(Carburetor)로 유입되는 공기압력보다 높은 압력으로 펌프의 연료량을 일정하게 배출시켜 준다.

580 Engine-Driven Fuel Pump에 Bypass Valve가 장착되어 있는 이유는 무엇인가?

해답

엔진구동펌프가 고장났을 때 연료를 Booster Pump로부터 엔진구동펌프를 거치지 않고 Bypass Valve를 거처 엔진으로 유입시켜 엔진의 시동과 비상시 작동을 가능하게 한다.

581 항공기 Fuel Valve는 작동장치에 Detent를 가지고 있는 이유는 무엇인가?

해답

Detent는 Fuel Valve가 Full "Off"위치와 Full "On"위치에 있을 때 조종사가 감촉으로 소정의 위치에 도달한 것을 느낄 수 있도록 해 준다.

582 항공기 연료계통에서 Cross-Feed System이란?

해답

어느 탱크에서든 어느 엔진으로 라도 연료를 보낼 수 있는 System을 말한다.

참고

Transfer System : Tank To Tank 이송

583 일부 항공기들은 비행중 연료방출장치(Fuel Jettison System)를 갖추고 있다. 그 이유는 무엇인가?

해답

Dump Drain System이라고도 하며 최대착륙중량보다 최대이륙중량이 큰 항공기는 연료방출장치를 장착해야 된다. 이것은 항공기가 최대착륙중량을 초과하는 연료가 연소되기 전에 비상조건이 발생했을 때 최대착륙중량을 초과하는 연료를 착륙을 위해 강제로 방출시키기 위한 장치이다.

584 Fuel Dump Valve의 목적은?

해답

비상착륙시 항공기의 안전을 위하여 연료를 짧은 시간 내에 Drain(배출)시키기 위한 Valve이다.

585 Sump Drain Valve란 무엇인가?

해답

연료탱크내의 수분이나 잔류연료를 Drain하기 위하여 탱크의 가장 낮은 부분에 장착한 Valve로 Water Drain Valve라고도 한다.

586 Vent와 Dump의 차이점에 대하여 설명하시오.

해답

Vent는 스스로 연료탱크의 내외 압력조절을 위하여 승압과 감압시키는 기능과 두 개 이상의 탱크에서 연료수위를 조절, 연료의 승압과 방출을 쉽게 도와 줌, 하지만 Dump는 단지 연료의 배출기능만 있다.

587 정비사가 대형 항공기의 연료탱크에 들어가기 전에 어떤 안전대책을 취해야 하는가?

해답

연료탱크내의 모든 연료증기를 완전하게 배출시켜야 하며 탱크내부로 들어가는 정비사는 순면작업복 착용 등 안전장치를 갖추어야 하며 탱크외부에는 감시하는 정비사가 있어야 한다.

588 Single-Point Fueling System이란?

해답

날개 밑 주유구를 통해 연료를 항공기로 공급하는 가압연료공급장치로 Fueling Station에서 연료가 공급배관을 거처 선택된 연료탱크로 공급되도록 하는 장치를 말한다.

참고

Fueling Station : 날개하면에 있는 연료주입구와 급유 및 배유 조작을 위한 Control Panel이 있는 곳

589 연료탱크의 연료증기(가스)는 무엇으로 배출시키는가?

해답

이산화탄소가스 또는 질소가스로 가압시켜 배출시킨다.

590 Turbojet 항공기는 Fuel Temperature Indicator를 장착하고 있는 이유는 무엇인가?

해답

비행 중 낮은 온도에서 연료중의 물이 Filter를 결빙시켜 엔진으로 공급되는 연료를 차단시킬 수 있기 때문에 결빙온도에 도달하기 전에 Fuel Heater를 가동시켜 연료의 온도를 결빙온도 이상으로 유지시키기 위해 연료온도 표시기(Fuel Temperature Indicator)를 장착하고 있다.

591 왕복 엔진 항공기의 연료누설은 어떻게 알 수 있는가?

해답

누설주변의 연료얼룩색깔 : Corogard Paint(날개밑면에 칠하는 페인트로 연료에 의해 얼룩발생)

592 Turbine Engine항공기의 Mass-Flow Fuel Flowmeter는 연료의 어떤 특성으로 연료량을 측정하는가?

해답

연료의 밀도

593 대형항공기 연료탱크의 Drip Gage의 사용목적은?

해답

정비사가 연료탱크내의 바닥으로부터 연료수위를 측정하여 연료량을 알 수 있도록 해준다.

594 연료보급시 3점 접지방법 및 순서는?

해답

① 항공기와 연료차를 3[m] 이상 띄운 상태에서 연결
② 연료차를 Ground에 접지
③ 항공기를 Ground에 접지
단, 반드시 소화기를 항공기 또는 연료차로부터 40[m] 이내에 비치해야 하며 15[m] 이내에서는 발화행위는 금지하여야 함

595 항공기에서 연료를 배유시키기 전에 취해야 할 안전조치사항은 무엇인가?

해답

① 연료차가 적정한 위치에 있는가를 확인하고
② 연료차와 항공기간에 전기적으로 접지시켜야 하며
③ 배유(Defueling)작동에 필요한 것을 제외한 모든 전력은 차단하고
④ 항공기의 연료를 연료차 또는 용기로 배유시켜야 한다.

596 항공기 급유시 주의사항은?

해답

① 3점 접지를 실시한다.
② 지정된 장소에 소화기와 감시원을 배치한다.
③ 작업장 주위 15[m] 이내에서 흡연 인화성 물질 취급금지한다.
④ 규정주입압력 준수한다.
⑤ 연료탱크내 2[%] 이상 공간을 남긴다.
⑥ 통신 및 전자장비점검을 병행할 수 없다.

597 왕복 엔진 항공기와 터빈 엔진 항공기의 연료탱크 주입구 주변에는 어떤 표식을 하여야 하는가?

해답

① 왕복 엔진 항공기 : Fuel 글자와 연료의 최소등급을 표시
② 터빈 엔진 항공기 : Fuel 글자, 사용가능 연료명칭, 최대허용가능 연료 공급압력과 최대허용가능 배유압력을 표시

598 산소 공급 장치 3가지를 나누어 보시오.

해답

산소 공급에 따라 ① 보충용 산소장치, ② 방호용 호흡장치, ③ 구급용 산소장치의 3가지로 나누어 진다.

599 유관의 데칼에 "PHDAN"이란 표기가 되었을 경우 뜻하는 바를 설명하시오.

해답

산소, 질소, 프레온 등의 위험물질이 통과하는 유관

600 산소호스와 밸브피팅의 취급시 주의사항은?

해답

산소호스와 밸브피팅은 절대로 오일과 그리스가 묻지 않게 하고 오일이나 그리스가 묻은 손으로 취급하지 않는다. 심지어 의복에 묻은 그리스얼룩들이 분출되는 산소에 접속되면 급격히 타오르거나 폭발할 수도 있기 때문이다.

601 항공기에 사용하는 산소와 일반 산소와의 차이점은?

해답

Breathing Oxygen이라고 표시되어 있고 수분의 함유량이 매우 낮으나 병원환자용 산소와 용접용 산소에는 수분함유량이 매우 높아 항공기에는 사용할 수 없다.

참고

항공기용 산소 : 수분함유량 2[mg/l], 순도 99.5[%] 이상, 일체 악취가 없어야 함

602 항공기에 산소를 탑재하는 3가지 형태는?

해답

① 산소가스(고압 1200/1800/2400[psi],저압 300/450[psi]) : 대부분 상용기에 사용
② 액체산소(LOX : Liquid Oxgen) : 군용기에 사용
③ 고체산소(Chemical Candle형태) : 화재의 위험이 적고 장기 저장이 가능

603 항공기내의 산소는 어디에서 공급이 되는가?

해답

① Oxygen Generator(산소분자가 많이 함유된 고체화합물이 화학반응을 일으켜 산소를 발생시키는 산소발생기)
② Oxygen Cylinder(Bottle)

604 Oxygen Generator는 어디에 있는가?

해답

객실승객 머리 위에 있는 PSU(Passenger Servive Unit)내의 저장용 격실(Stowage Compartment)에 있다.

605 Oxygen System에서 Over Pressure 여부의 식별방법은?

해답

산소 Cylinder가 온도상승으로 압력이 정상압력의 150[%]에 도달하면 Thermal Relief Valve가 열려 과압을 기체밖으로 배출시키며 동체표면 배출구의 Green Disk가 파열되어 과압이 발생했음을 식별할 수 있다.

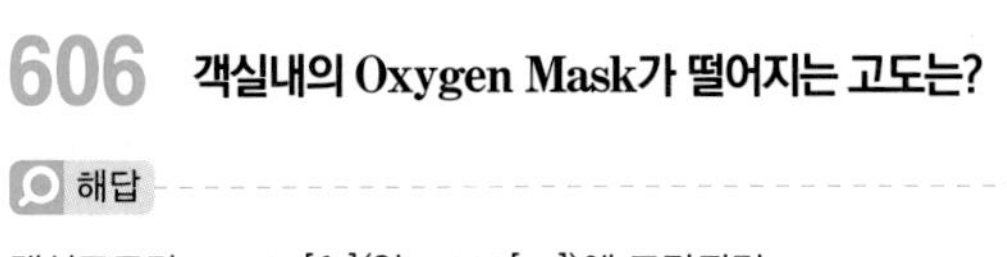

606 객실내의 Oxygen Mask가 떨어지는 고도는?

해답

객실고도가 13,000[ft](약 4,000[m])에 도달되면

607 산소흡입장치의 형태와 그 내용을 설명하시오.

해답

① Continuos-Flow Type(연속흐름형) : Mask로 규정량의 산소를 연속적으로 공급하는 산소흡입장치이다.
② Pressure-Demand Type(압력요구형) : Mask를 착용한 사람이 흡입할 때만 산소가 공급되는 산소흡입상지로 특정고도 이상에서 산소조절기가 압력을 조절해서 산소를 흡입할 수 있게 해 준다.
③ Diluter-Demand Type(희석요구형) : 승무원용 산소흡입 장치로 산소와 외부공기가 희석되어 숨을 쉴때마다 희석산소를 공급하는 장치이다.

608 산소계통작업시 주의사항은?

해답

① Oil, Grease 및 유기물질로부터 격리할 것
② Shut-Off Valve를 천천히 개폐할 것
③ 부품교환시 누설시험을 실시할 것
④ 불꽃(Spark) 및 고온물질을 멀리할 것
⑤ 항공기에 장착된 상태에서 재충전하지 말 것
⑥ 저장시 직사광선을 피할 것
⑦ 공병은 50[psi] 이상의 압력으로 저장할 것(Air나 물이 들어가는 것을 방지)

609 산소계통의 누설점검에는 무엇을 사용하는가?

해답

오일성분이 없는 비누성분의 특수누설탐지액

610 항공기에 탑재한 산소병에는 어떤 표식을 찍어 놓았는가?

해답

DOT 3AA 또는 DOT 3HT라는 표식 및 제작일자, 내압시험을 실시한 일자들

참고

DOT : Department Of Transportation Of America
DOT 3AA : 5년마다 내압시험, DOT 3HT : 3년마다 내압시험

611 Bottle에 Marking되어 있는 1-97, 3-98 등의 숫자의 의미는 무엇인가?

해답

① 내압시험 일자로서 1-97은 97년 1월을 의미한다.
② 내압시험 일자로서 3-98은 98년 3월을 의미한다.

612 공압계통으로서 기관의 블리드 공기가 사용되는 항공기계통으로는 어느 것들이 있는지 5가지만 간단히 서술하시오.

해답

① 객실여압 및 공기조화계통
② 방빙 및 제빙 계통
③ 크로스 블리드 시동계통
④ 연료 가열기(Fuel Heater)
⑤ 리저버 여압 계통
⑥ 공기구동 유압펌프, 팬 리버서 구동계통

613 공기에 사용되는 Pneumatic의 공급원은?

해답

엔진이 작동하지 않을 때는 Ground Pneumatic Cart에서 공급하거나, 혹은 Auxiliary Power Unit(APU : 보조 동력 장치)라고 불리 우는 소형 가스 터빈 엔진에서 Bleeding하여 사용할 수 있다. 이 장비들은 User에 바로 사용할 수 있도록 Regulation된 Air를 공급한다.

614 공기압 계통은 Cleaning은 어떻게 행 하는가?

해답

공기압 계통은 정기적으로 Cleaning하여 부품이나 라인으로부터 오염, 습기, 오일 등을 없앤다. 계통의 Cleaning은 계통에 압력을 가하고 계통 각 구성 부품의 배관을 분리해서 행한다.

615 공압시동기를 사용하는 대형가스터빈 엔진 시동시 시동기는 정상적으로 작동하나 엔진은 전혀 회전하지 않는다면 예상되는 결함부위는?

해답

① 버터 플라이 밸브(공기밸브)
② 압축기 로터, 기어박스 등의 고착
③ 윤활유 압력 및 배유 펌프의 고착
④ F.O.D에 의한 손상

616 공압계통(Pneumatic System)의 장점은 무엇이 있는가?

해답

① 적은 양으로 큰 힘을 얻을수 있다.
② 불연성이고 깨끗하다
③ 조작이 용이하다
④ 유압계통에 사용되는 Reservoir와 Return Line에 해당되는 장치가 불필요하다.

617 Pneumatic은 어디에서 공급되고 무엇을 구동시키는가?

해답

Turbo-Jet 항공기는 Engine의 Compressor에서 공급되어지고 표기 Gage, 제빙 및 방빙장치, Brake, L/G Door개폐, 유압Pump, 시동기(Pneumatic Starter),비상용 동력원으로 사용된다.

618 Pneumatic System이 필요로 하는 압축공기는 어디에서 공급이 되는가?

해답

① 터빈 엔진의 Compressor Section에서 Blee-ding한 공기
② 엔진에 의해 구동되는 압축기(Super Charger)로 압축한 공기
③ 터빈 엔진에서 Bleeding한 압축공기로 터빈을 구동하고 이것에 연결되어 있는 압축기에 의해 만들어진 공기
④ Engine이 작동하지 않는 지상에서는 GPC(Ground Power Cart) 또는 APU(Auxiliary Power Unit)에 의한 압축공기

619 Engine의 Bleed Air가 사용되는 곳은?

해답

Air Condition System, Anti-Icing/De-Icing System, Turbine Cooling System, Gyro Gage, 유압계통의 비상용 동력원, 시동장치, 역추진장치(Thrust Reverser)등에 사용된다.

620 Pneumatic Duct의 Water Seperator의 사용목적은?

해답

계통내 압력을 필요한 압력으로 낮출 때 압축된 공기의 온도도 내려가 공기 중의 수분이 응축되어 결빙으로 계통을 막기 전에 수분을 걸러내는 장치로서 ACM(공기순환냉각기)의 Down Stream에 장착되어 원심력에 의해 수분을 걸러낸다.

621 Pneumatic Actuator의 Piston운동속도는 무엇이 조절하는가?

해답

Variable(가변) Orifice

622 지상에서 Engine 시동시 Power Source는?

해답

GTC(Gas Turbine Compressor) 또는 APU(Auxiliary Power Unit : 지상에서 항공기 엔진이 작동하지 않을 때 에어컨디션이나 전기 및 시동에 필요한 공기를 공급하는 항공기 장비품)

623 APU는 어떤 Starter를 사용하는가?

해답

Electrical Starter를 사용하며 Starter의 종류에는 전기식(전동기식)과 공기식(공기터빈식, 가스터빈식, 공기충돌식)이 있다.

624 APU Fail시 Engine 시동을 위한 Pneumatic을 제공하는 장비의 이름은?

해답

Gas Turbine Compressor(GTC)와 Air Service Unit

Aircraft Maintenance

Aircraft Maintenance

제3편 항공정비사 실기시험 (작업형)

제1장 계측작업(항공정비사)

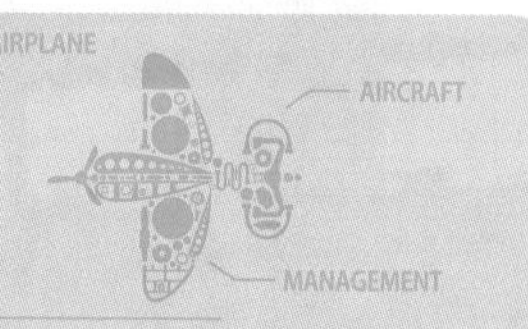

1 계측작업 시 안전 유의사항

1) 정밀측정기는 사용하기 전에 먼지나 기름 등을 제거하기 위하여 깨끗이 닦아야 한다.
2) 정확한 측정을 위하여 측정물을 깨끗이 닦아야 한다.
3) 측정기의 "0"점이 일치되어 있는지를 확인해야 한다.
4) 측정할 때 무리한 힘을 가하지 말고, 항상 일정한 측정력을 가해야 한다.
5) 측정기는 소중히 다루어 파손되는 일이 없도록 해야 한다.
6) 눈금을 읽을 때는 시각 차를 일으키지 않도록 눈과 눈금이 직각이 되는 방향에서 읽어야 한다.
7) 사용 후에는 깨끗이 닦아 습기를 없애고, 온도와 습도변화가 적은 곳에 보관한다.
8) 측정기는 주기적으로 정밀도 점검 및 교정을 받아야 한다.(교정라벨 확인)

2 버니어 캘리퍼스(Vernier calipers)

1. 측정용도 : 길이, 외경, 내경, 깊이

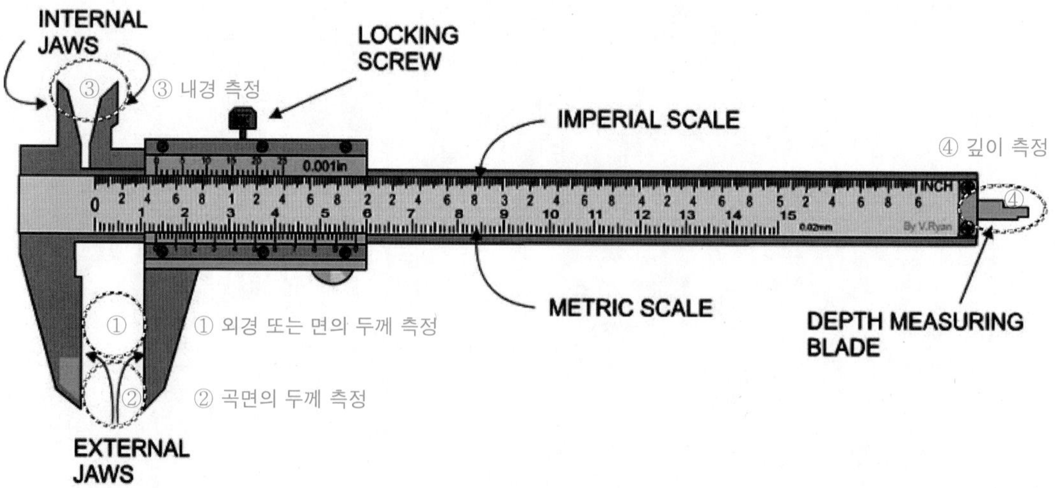

1) 측정 (mm scale)

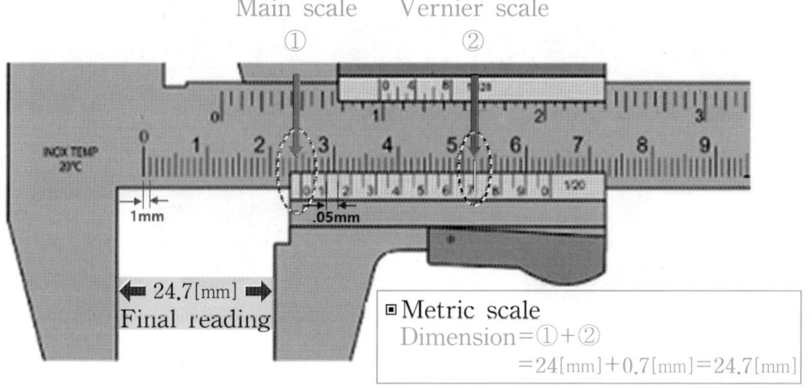

- Vernier calipers 판독 법 (mm scale)

① Main scale : 작은 눈금의 단위는 1[mm]로 표시되며 Vernier scale의 "0" 아래 수치를 읽는다.

② Vernier scale : Main scale의 1[mm]를 0.05[mm] 단위로 표시되며 Main scale의 눈금과 일치하는 눈금의 수치를 읽는다.

예 위 도면에서 ① Main scale이 24[mm]이며

② Vernier scale이 0.70[mm]이므로

24[mm]+0.70[mm]=24.70[mm]

2) 최소 눈금 0.001[inch] 읽기

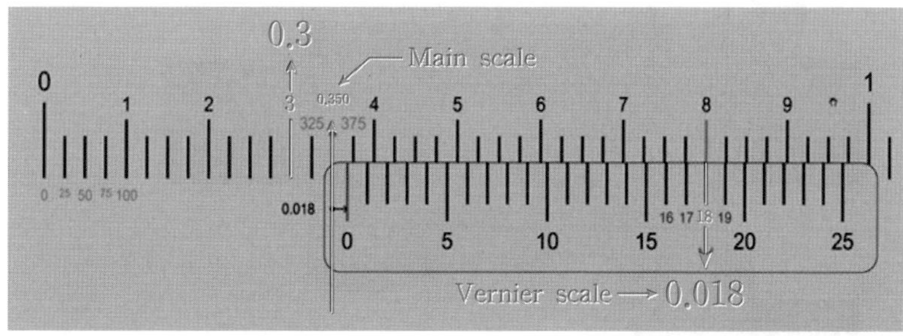

- Vernier calipers 판독 법 (inch scale)

① Main scale : 작은 눈금의 단위는 0.025[inch]로 표시되며 Vernier scale의 "0" 아래 수치를 읽는다.

② Vernier scale : Main scale의 0.025[inch]를 0.001[inch] 단위로 표시되며 Main scale의 눈금과 일치하는 눈금의 수치를 읽는다.

예 0.350+0.018=0.368[inch]

a) 최소 눈금 1/128[inch] 읽기

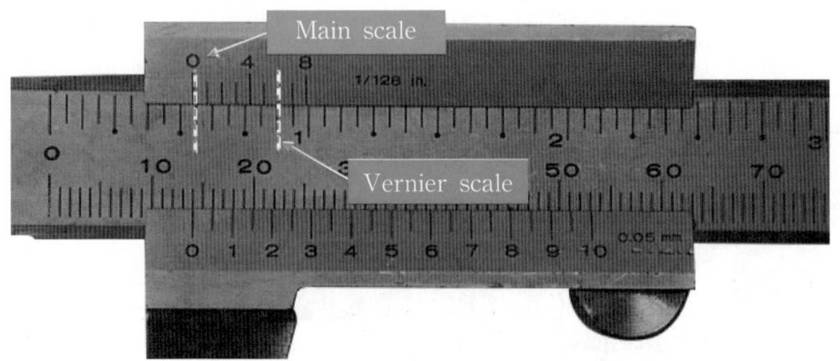

- Vernier calipers 판독 법 [1/128" (inch scale)]

① Main scale : 작은 눈금의 단위는 1/2[inch]로 표시되며 Vernier scale의 "0" 아래 수치를 읽는다.

② Vernier scale : Main scale의 1/16[inch]를 1/128[inch] 단위로 표시되며 Main scale의 눈금과 일치하는 눈금의 수치를 읽는다.

예 1/2+6/128=1/2+3/64=35/64[inch]

b) 최소 눈금 0.05[mm] 읽기

- Vernier calipers 판독 법 0.05[mm](1/20mm scale)

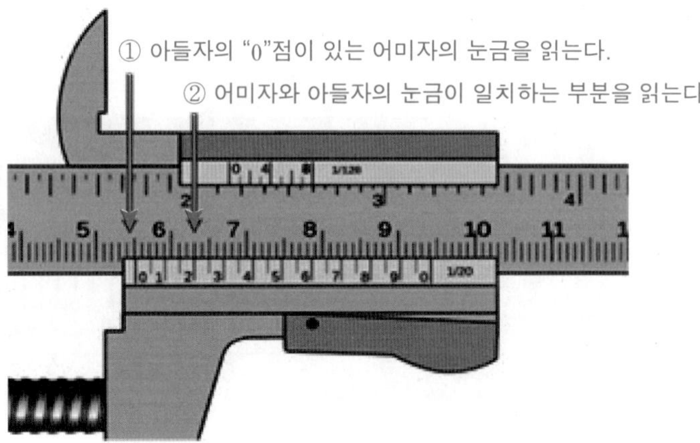

① 아들자의 "0"점이 있는 어미자의 눈금을 읽는다.
② 어미자와 아들자의 눈금이 일치하는 부분을 읽는다.

① Main scale : 아들자의 "0"점이 어미자의 55[mm]와 56[mm] 사이에 위치하므로 Vernier scale의 "0" 아래 수치를 읽는다.

② Vernier scale : 아들자 2에서 어미자의 눈금과 일치하므로 0.2[mm]이다.

예 55+0.2=55.2[mm]=5.52[cm]

c) 최소 눈금 0.02[mm] 읽기

- Vernier calipers 판독 법(0.02mm scale)

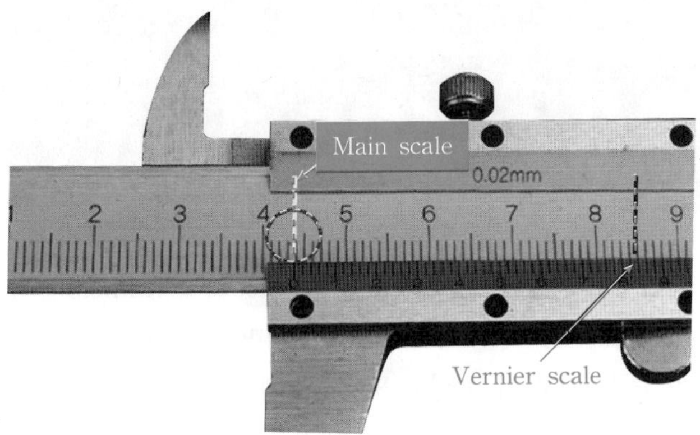

① Main scale : 아들자의 "0"점이 어미자의 43[mm]와 44[mm] 사이에 위치하므로 Vernier scale의 "0" 아래 수치를 읽는다.

② Vernier scale : 아들자 8.4에서 어미자의 눈금과 일치하므로 0.84[mm]이다.

예 43+0.84=43.84[mm]

3 마이크로 미터(Micrometer)

1. 외측 마이크로미터(OD Micro-meter) - mm scale

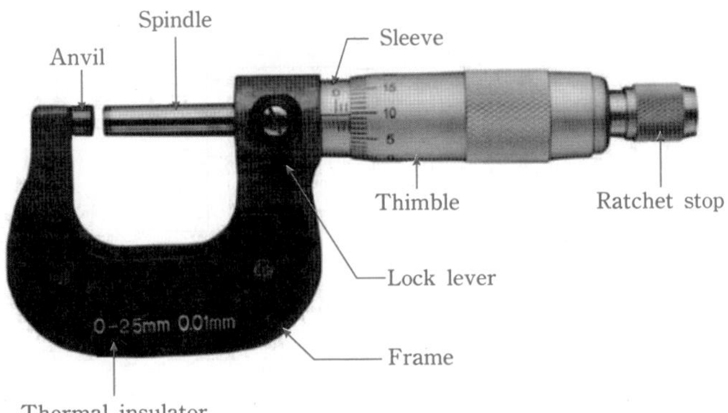

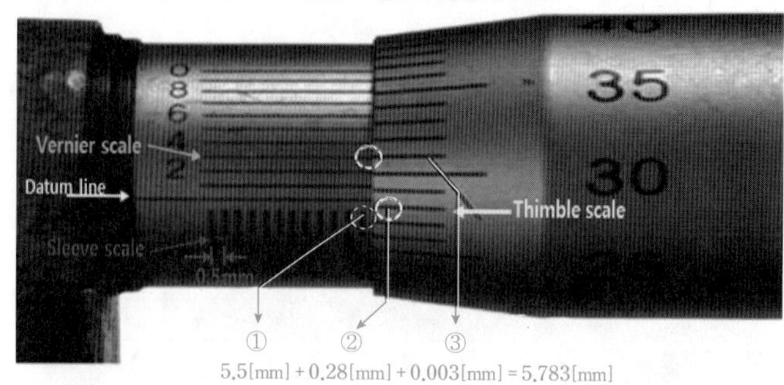

① Main scale : 작은 눈금이 0.5[mm] 단위로 표시되며 Sleeve에 Thimble 전방 눈금을 읽는다.

② Thimble scale : 작은 눈금이 0.01[mm] 단위로 표시되며 Datum Line 또는 아래 눈금을 읽는다.

③ Vernier scale : 작은 눈금이 0.001[mm]로 표시되며 Thimble scale과 일치하는 눈금을 읽는다.

예 ① Main scale이 5.5[mm], ② Thimble scale이 0.28[mm], ③ Vernier scale이 0.003[mm]이므로

→ 5.5[mm]+0.28[mm]+0.003[mm]=5.783[mm]임

2. 외측 마이크로미터(OD Micro-meter) - inch scale

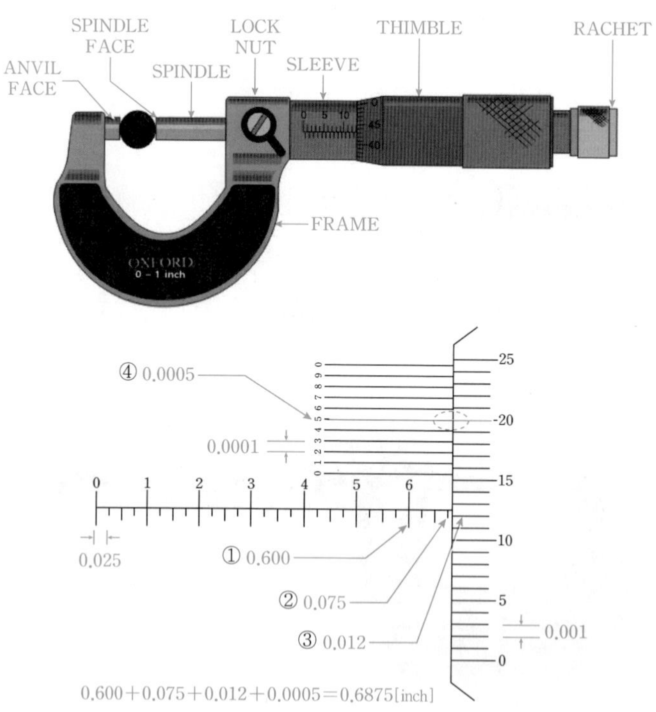

① Main scale이 0.600+0.075[inch]

② Thimble scale이 0.012[inch]

③ Vernier scale이 0.0005[inch]이므로

→ 0.675[inch]+0.012[inch]+0.0005[inch]=0.6875[inch]

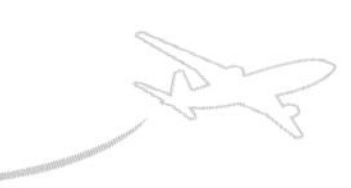

3. 내경 마이크로미터(OD Micro-meter)

① Micro meter를 Manual에 따라 필요 규격으로 조립 한다.

② 측정은 다른 Micro meter와 같이 1[inch] 내에서 측정 한다.

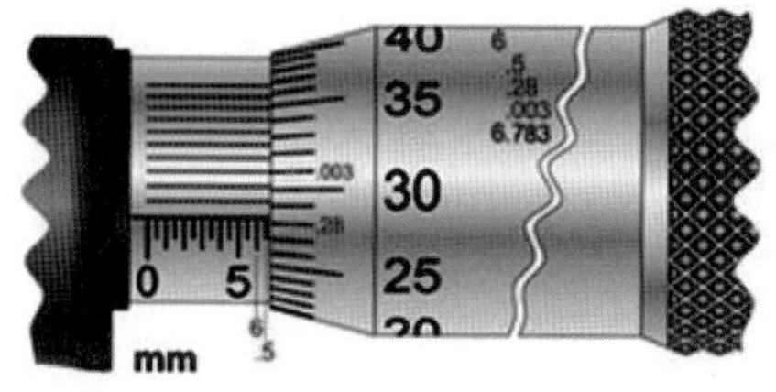

- How to Read Micro-meter(mm scale)

  ① Sleeve scale : 6.5

  ② Thimble scale : 0.28

  ③ Vernier scale : 0.003

  → Dimension : ①+②+③=6.5+0.28+0.003
  =6.783[mm]

- How to Read Micro-meter(inch scale)

  ① Sleeve scale : 0.25

  ② Thimble scale : 0.005

  ③ Vernier scale : 0.0002

  → Dimension : ①+②+③=0.25+0.005+0.0002
  =0.2552[inch]

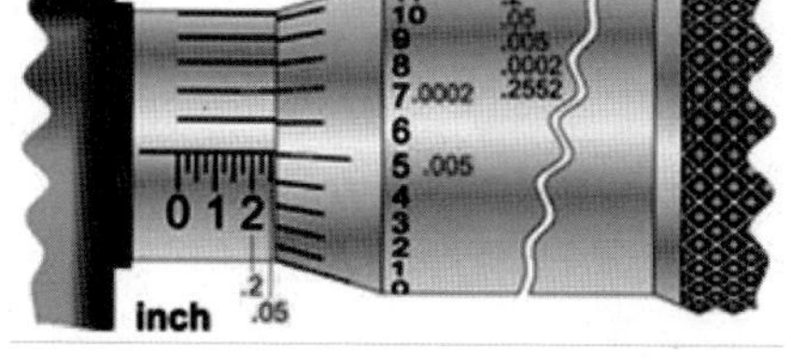

4. 깊이 측정 마이크로미터(Depth micrometer) – inch scale

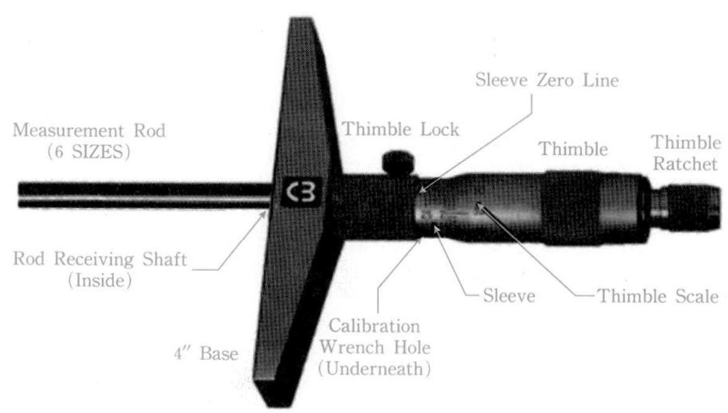

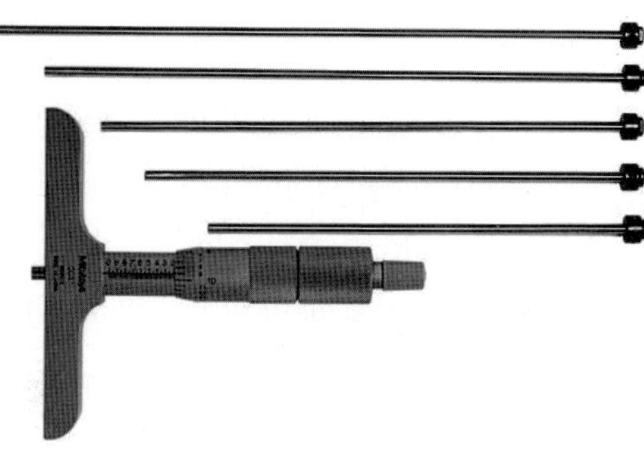

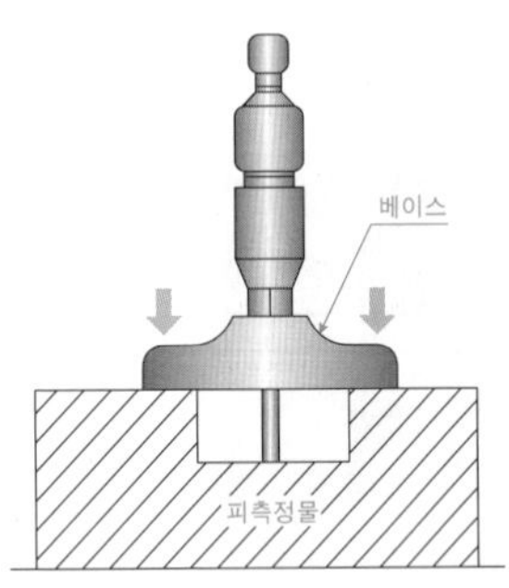

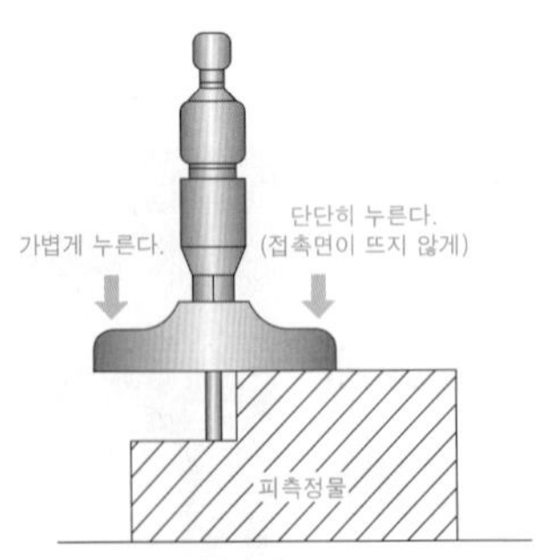

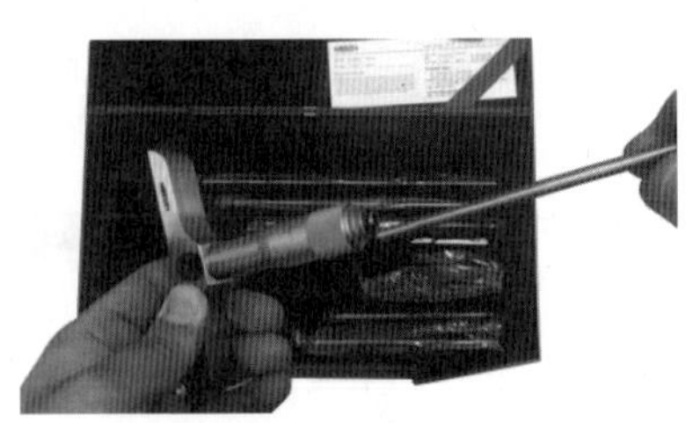

① Micro meter를 측정 깊이에 따라 필요 규격으로 조립 한다.

② 측정은 다른 Micro meter와 같이 1[inch] 내에서 측정 한다.

③ 눈금 읽는 방법은 동일하나 "0"의 위치가 반대로 딤블(Thimble)쪽에 있는 마이크로미터도 있음에 유의해야한다.

4 다이얼 게이지(Dial Gauge)

[Surface plate (정반)]

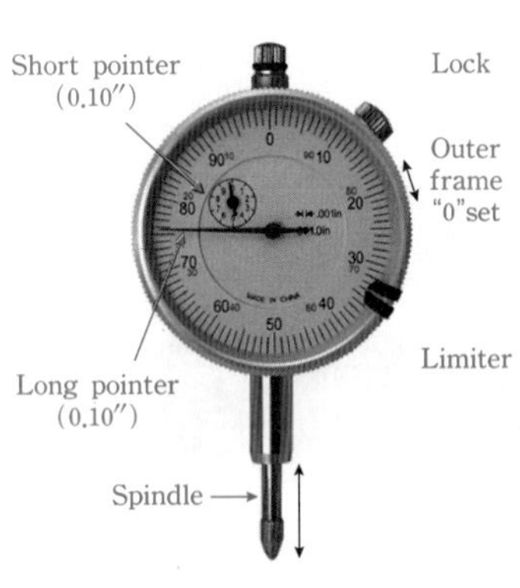

측정 법

① 측정 물에 Gauge head가 약간 눌린 상태로 고정한다.

② Outer frame을 회전하여 "0"을 맞춘다.

③ Frame Lock

④ Long pointer scale이 한바퀴 회전하면 Short pointer scale이 한 눈금 이동한다.

▶ 시편이 1[inch]가 초과되는 경우에는 2단계로 측정하여 합산할 것

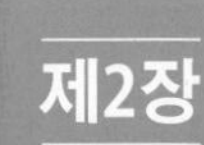

제2장 항공기 비행 전 점검(항공정비사)

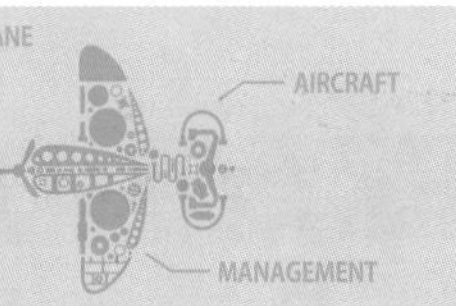

1 항공기 비행 전 점검

예 그림과 같은 번호 방향에 따라 점검을 수행하고 뒷장 점검 목록에 어떤 부위에서 수행할 작업인지 점검구역 번호를 완성한다.

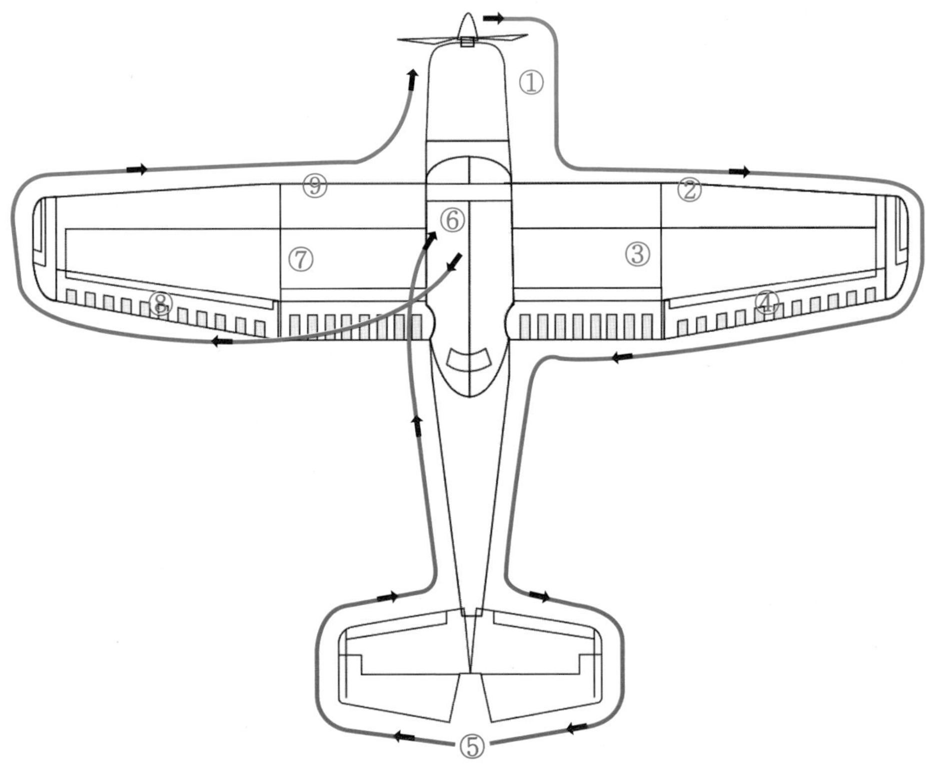

[Walk around inspection procedures]

▶ 번호 순서 및 위치는 변형될 수 있음

2 점검 목록에 앞페이지 그림의 위치 번호 기록하기

[Walk-around Inspection Check List]

No.	Check item	Check Area No
1	Disconnect tail tie-down, if installed.	
2	Remove pitot tube cover, if installed, and check pitot tube opening for stoppage.	
3	Check propeller and for damage and security.	
4	Check nose-wheel strut and tire for proper inflation.	
5	Check fuel valve handle "ON".	
6	Disconnect L/H Wing tie-down, if installed.	
7	Check stall warning vent opening for stoppage.	
8	Turn on master switch and check fuel quantity indication, then turn master switch off.	
9	Remove rudder gust lock, if installed.	
10	Check spinner for nick and security.	
11	Check ignition switch "OFF".	
12	Check R/H main wheel tire for proper inflation.	
13	Check oil level.	

3 점검 위치 별 점검목록

1. CABIN 점검목록

1. Pitot Tube Cover -- REMOVE. Check for pitot blockage.
2. Pilot's Operating Handbook -- AVAILABLE IN THE AIRPLANE.
3. Airplane Weight and Balance -- CHECKED.
4. Parking Brake -- SET.
5. Control Wheel Lock -- REMOVE.

6. Ignition Switch -- OFF.
7. Avionics Master Switch - OFF.
8. Master Switch -- ON.
9. Fuel Quantity Indicators -- CHECK QUANTITY and ENSURE LOW FUEL ANNUNCIATORS (L LOW FUEL R) ARE EXTINGUISHED.
10. Avionics Master Switch -- ON.
11. Avionics Cooling Fan -- CHECK AUDIBLY FOR OPERATION.
12. Avionics Master Switch -- OFF.
13. Static Pressure Alternate Source Valve -- OFF.
14. Annunciator Panel Switch -- PLACE AND HOLD IN TST POSITION and ensure all annunciators illuminate.
15. Annunciator Panel Test Switch -- RELEASE. Check that appropriate annunciators remain on.
16. Fuel Selector Valve -- BOTH.
17. Fuel Shutoff Valve -- ON (Push Full In).
18. Flaps -- EXTEND.
19. Pitot Heat -- ON. (Carefully check that pitot tube is warm to touch within 30 seconds.)
20. Pitot Heat -- OFF.
21. Master Switch -- OFF.
22. Elevator Trim -- SET for takeoff.
23. Baggage Door -- CHECK, lock with key.
24. Autopilot Static Source Opening (if installed) -- CHECK for blockage.

2. EMPENNAGE 점검목록

1. Rudder Gust Lock (if installed) -- REMOVE.
2. Tail Tie-Down -- DISCONNECT.
3. Control Surfaces -- CHECK freedom of movement and security.
4. Trim Tab -- CHECK security.
5. Antennas -- CHECK for security of attachment and general condition.

3. RIGHT WING Trailing Edge 점검목록

1. Aileron -- CHECK freedom of movement and security.
2. Flap -- CHECK for security and condition.

4. RIGHT WING 점검목록

1. Wing Tie-Down - DISCONNECT.
2. Main Wheel Tire - CHECK for proper inflation and general condition (weather checks, tread depth and wear, etc …).
3. Fuel Tank Sump Quick Drain Valves - DRAIN
4. Fuel Quantity - CHECK VISUALLY for desired level.
5. Fuel Filler Cap - SECURE and VENT UNOBSTRUCTED.

5. NOSE 점검 목록

1. Fuel Strainer Quick Drain Valve (Located on bottom of fuselage) - DRAIN
2. Engine Oil Dipstick/Filler Cap -- CHECK oil level, then check I dipstick/filler cap SECURE. Do not operate with less than five quarts. Fill to eight quarts for extended flight.
3. Engine Cooling Air Inlets -- CLEAR of obstructions.
4. Propeller and Spinner -- CHECK for nicks and security.
5. Air Filter -- CHECK for restrictions by dust or other foreign matter.
6. Wing Tie-Down -- DISCONNECT.
7. Landing/Taxi Light(s) -- CHECK for condition and cleanliness of cover.

6. LEFT WING Trailing Edge 점검목록

1. Aileron-- CHECK for freedom of movement and security.
2. Flap -- CHECK for security and condition.

4 항공기 C.G 측정(항공정비사)

1. 항공기 무게중심 측정

1) 항공기의 무게중심 측정 준비작업을 하라.
   ① 수평자를 사용하여 항공기의 수평 상태를 확인한다.
      ⓐ 지정한 항공기 기준선에서 앞 바퀴 및 주 바퀴 까지의 거리를 측정한다.(Spinner cone or Wing L/E)
      ⓑ 측정된 거리와 주어진 각바퀴의 값을 이용하여 무게중심 위치를 구한다.

[무게 측정 표]

- 형식 : Cessna 150 또는 동등 항공기

1. 기준선에서 앞 바퀴까지의 거리 ·········· ( )[cm]
2. 기준선에서 주 바퀴까지의 거리 ·········· ( )[cm]

▶ 기준선 위치는 Propeller spinner cone 끝 부분

	무게[kg]	기준선부터 거리[cm]	모멘트[kg.cm]
앞 바퀴	220		
우측 바퀴	270		
좌측 바퀴	260		
무게중심 위치		기준선에서 ( )	

2) Spinner cone 앞 끝부분에서 추를 내려 위치를 표시한다.
3) 앞바퀴의 중심선에 추를 내려 위치를 표시한다.
4) 앞바퀴의 중심선까지의 직선거리를 측정한다.(직각자 및 줄자 사용)
5) 우측 주 바퀴의 중심선에 추를 내려 위치를 표시한다.
6) 우측 주 바퀴의 중심선까지의 직선거리를 측정한다.
7) 좌측 주 바퀴의 중심선에 추를 내려 위치를 표시한다.
8) 좌측 주 바퀴의 중심선까지의 직선거리를 측정한다.
9) 각 바퀴의 중량[kg]×기준선 부터 거리[cm]=모멘트[kg.cm]를 기록한다.
10) 모멘트[kg.cm]의 합을 각 바퀴의 중량의 합으로 나누면 C.G이다.
11) 기준선에서 230[cm]후방에 50[kg]의 화물을 실었을 경우 무게중심의 변화를 계산하라.
12) C.G를 구한 도표에 화물의 모멘트를 구하여 기록한다.
13) 모멘트[kg.cm]의 합을 각 바퀴의 중량의 합으로 나누면 C.G이다.

	무게[kg]	기준선부터 거리[cm]	모멘트[kg.cm]
앞 바퀴	220		
우측 바퀴	270		
좌측 바퀴	260		
화물 위치	50	230	
	800		
변화된 무게중심 위치		C.G에서 (	[cm])

14) C.G 변화 : C.G에서 00[cm](X방)으로 이동한다.

▶ 기준선을 (Wing L/E)에서 C.G를 구하는 방법

① L/E보다 앞바퀴가 전방에 위치하므로 거리 및 모멘트값을 "-"로 계산한다.

② 화물을 탑재할 경우 기준선에서의 거리가 변화된다.

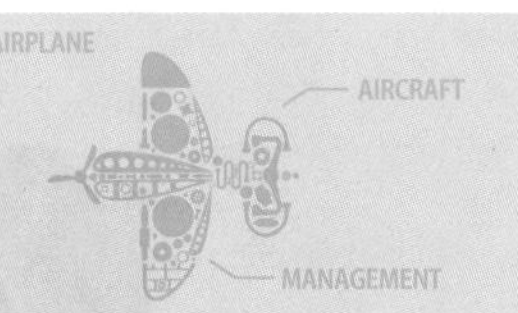

제3장 항공기 엔진 검사(항공정비사)

1 왕복엔진의 부품 검사

1. 피스톤(Piston) 검사

피스톤의 청결상태, 부식 또는 열변형, 마모, 긁힘, 찍힘 등을 육안 점검하여 결함상태를 확인하고 기록한다.

2. 피스톤 링(Piston Ring) 검사

피스톤링의 청결상태, 마모 등 육안으로 보이는 결함상태를 육안 점검하여 결함상태를 확인하고 기록한다.

3. 피스톤링의 옆 간극(Side clearance)측정

① Piston Ring Groove를 깨끗이 닦는다.
② Piston Ring Groove에 Piston Ring을 끼운다.
③ Piston Ring을 Groove의 한쪽으로 밀고 Feeler Gauge를 사용하여 Piston Ring의 Side Gap을 측정하여 기록한다.
▶ 3~4곳을 측정하여 평균값을 기록한다.

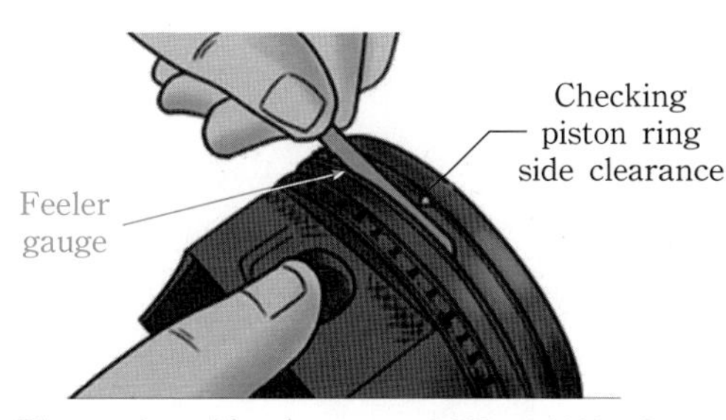

Piston ring side clearance 0.002~0.003[inch]

4. 피스톤링의 끝 간극(End clearance)측정

① Piston Ring을 Cylinder에 삽입한다.
② Piston을 사용하여 Piston Ring이 BDC(Bottom Dead Center) 위치까지 밀어 넣는다.
③ Feeler Gauge를 사용하여 Piston Ring의 End Gap을 측정한다.

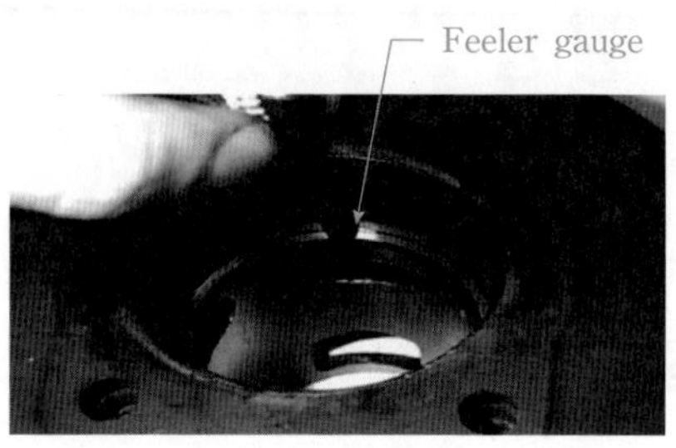

Piston ring End clearance 0.018~0.039[inch]

▶ 실제 측정값과 기술도서 지시된 값과 비교한다.

① 옆 간극(Side Gap)이 규정값 보다 클 경우 ➔ 링 교환
규정값 보다 작을 경우 ➔ Lapping compound를 이용해 Piston Ring의 옆면을 적절한 값까지 Lapping 한다.

② 끝 간극(End Gap)이 규정값 보다 클 경우 ➔ 링 교환
규정값 보다 작을 경우 ➔ Piston Ring을 Vise에 고정 하고 평 줄을 이용해 적절한 값까지 조금씩 갈아 낸다.

항공기 조종케이블작업(항공정비사)

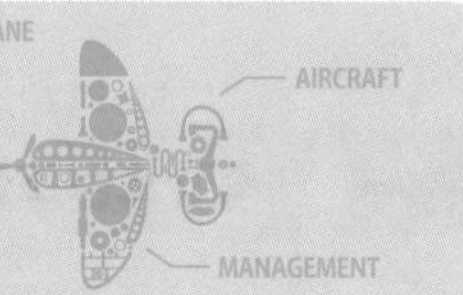

1 Tension meter의 종류

1. T-5 TYPE

그림과 같이 RISER를 NO. 1, 2, 3 중 선택 장착 및 케이블 직경 측정자(Cable size gaugc)와 환산 테이블이 있어야한다.

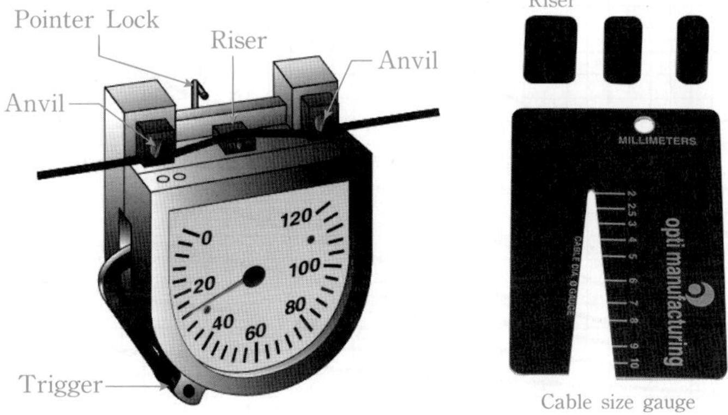

2. C-8 TYPE

RISER를 교환하지 않고 모든 케이블을 측정할 수 있으며 케이블 직경도 측정 가능하다.

▶ 게이지 측정값도 변환없이 "INCH POUND"로 지시한다.

2 측정 또는 조절하고자 하는 케이블의 TENSION값과 온도와의 관계

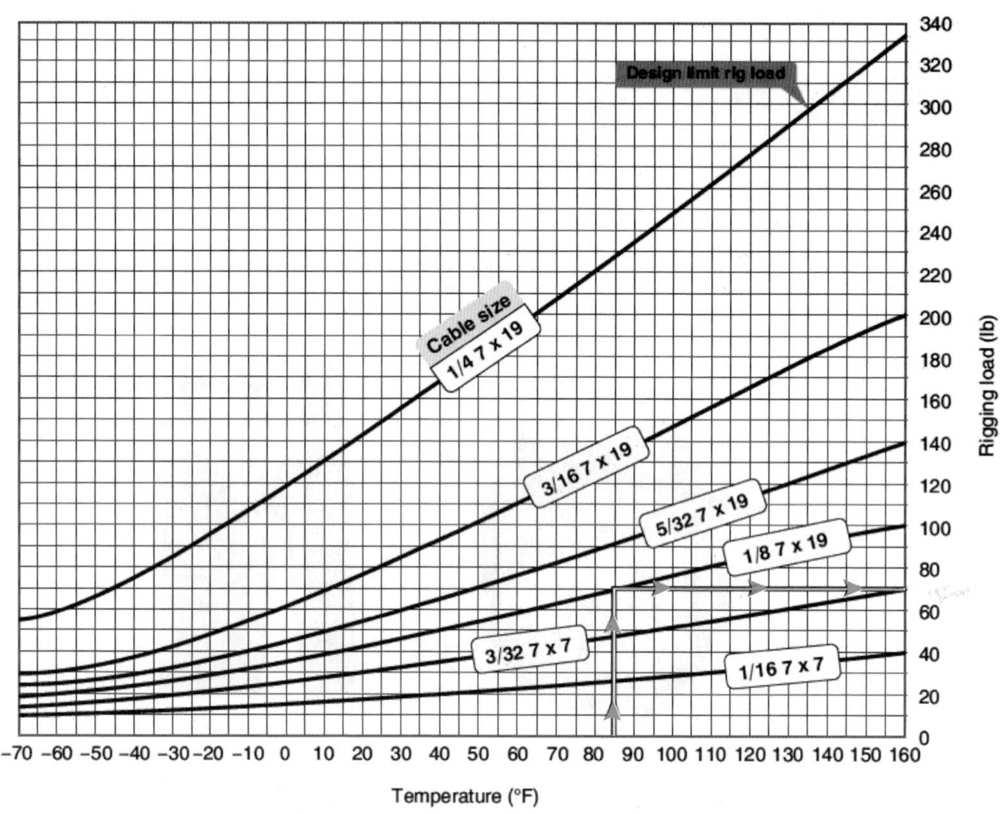

1) "TENSION LIMIT"는 위 그래프와 같이 해당 "MANUAL"에 제공된다.

2) 그날 해당 장소에 온도를 알아야한다.(만일 섭씨온도계 이면 화씨로 변환 해야 한다)

▶ F=9/5C+32

3 교정 유효기간

1) 모든 정밀기기는 정해진 교정기간이 있고 교정 후 반드시 교정 라벨을 부착한다.

2) 교정 라벨을 확인하여 현재일이 교정일과 차기 교정일 사이에 있어야 한다.

3) 유효기간은 교정일 부터 차기 교정일까지를 말한다.

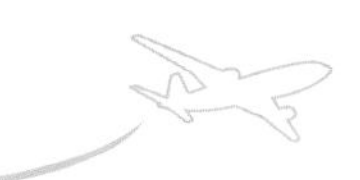

4 케이블의 점검

1) 외부 오염 및 내부 부식 유무 검사
2) WIRE 가닥의 CUT 검사
3) 케이블의 변형 및 마모 검사

5 CABLE TENSION 측정방법

1. T-5측정기 사용법

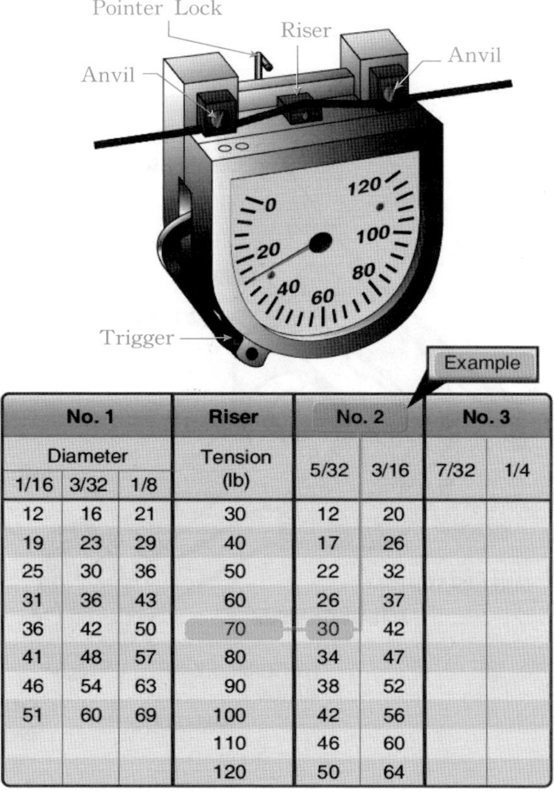

No. 1			Riser	No. 2		No. 3	
Diameter			Tension (lb)	5/32	3/16	7/32	1/4
1/16	3/32	1/8					
12	16	21	30	12	20		
19	23	29	40	17	26		
25	30	36	50	22	32		
31	36	43	60	26	37		
36	42	50	70	30	42		
41	48	57	80	34	47		
46	54	63	90	38	52		
51	60	69	100	42	56		
			110	46	60		
			120	50	64		

① Cable Tension은 Anvil이라고 하는 담금질을 한 2개의 Steel Block 사이에서 Cable에 Offset를 주는데 필요한 힘의 크기를 측정해서 정한다.

② Offset를 만들기 위해 Riser 또는 Plunger를 Cable에 장착한다.
Cable Tension을 측정하려면 Trigger를 내리고, 측정하는 Cable을 2개의 Anvils에 넣는다.
그리고 Trigger를 위로 움직여 조여 준다. Trigger가 움직이면 Riser를 위로 올리고 Anvil 아래쪽 2개의 지점에 직각으로 Cable을 넣는다. 여기에 필요한 힘이 Dial Pointer로 지시한다.(Trigger를 내리기 위해서는 손잡이를 위로 올리고 Cable을 넣은 다음 Trigger를 올리기 위해서는 손잡이를 아래로 내린다.)

③ Figure에서 보여준 Sample Chart와 같이, 다른 Size의 Cable에는 다른 번호의 Riser를 사용한다.
각 Riser에는 Identification Number(식별 번호)가 붙어 있어 쉽게 Tension Meter에 삽입할 수 있다.

④ 또한, 각 Tension Meter는 Figure에서와 같이 Calibration Table을 갖고 있어 Dial을 읽을 경우 파운드로 환산할 때 사용된다.

⑤ Dial을 읽는 것은 다음과 같이 하여 환산한다.
직경 5/32[inch]의 Cable의 Tension을 측정하는데, No.2의 Riser를 사용해서 "30"이라고 읽었으면, Cable의 실제의 Tension은 Calibration Table에서 보는 것과 같이 70[lbs]가 된다.

2. C-8측정기 사용법

① C-8 Cable Tension meter 외부 명칭

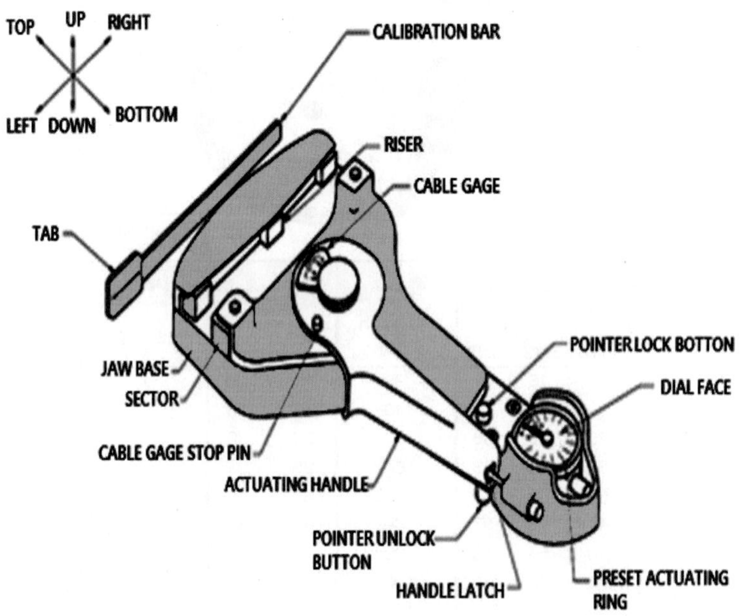

② 측정기의 Handle을 아래로 내려 Handle Latch로 고정시킨다.

③ Cable size gage를 반 시계 방향으로 멈출 때까지 돌린다.

④ Cable을 장력 측정기에 삽입하고 손잡이를 약간 눌렀다가 천천히 놓으면서 Cable size를 측정한다.

⑤ 손잡이를 다시 눌러 고정시킨다.

⑥ Cable size gage 와 Indicator cable size의 눈금과 일치하는 Cable size를 읽는다.

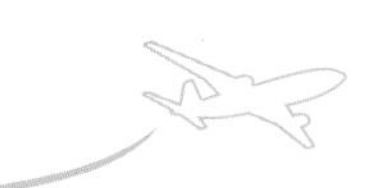

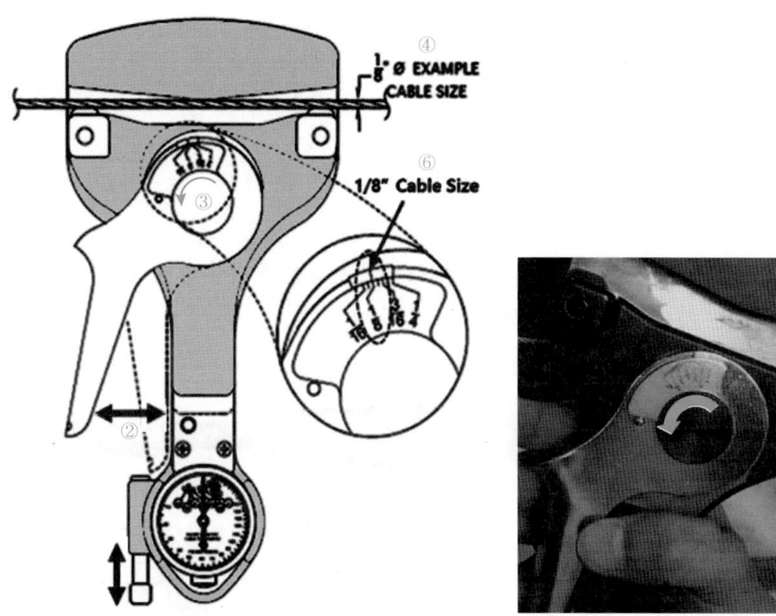

실기작업형

⑦ Dial face를 돌려 Cable size에 맞춘다.

⑧ 케이블을 측정기에 설치하고, 손잡이를 풀어서 눈금에 표시된 수치값을 읽는다.

⑨ 지시값을 읽기 어려우면 고정 단추를 눌러 지시계를 고정시킨 후 케이블에서 측정계를 장탈 하여 수치값을 읽는다.

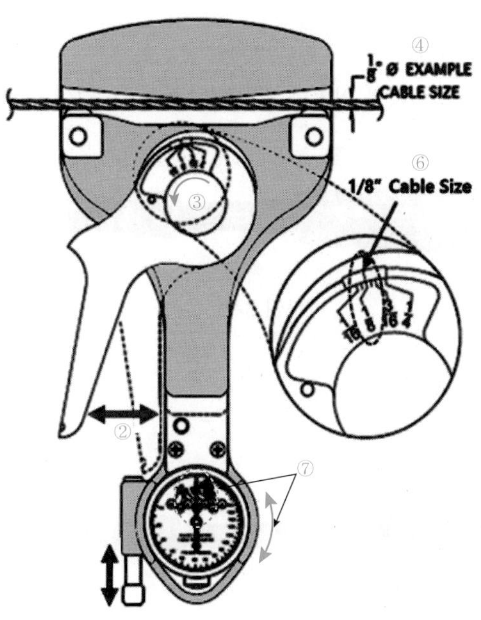

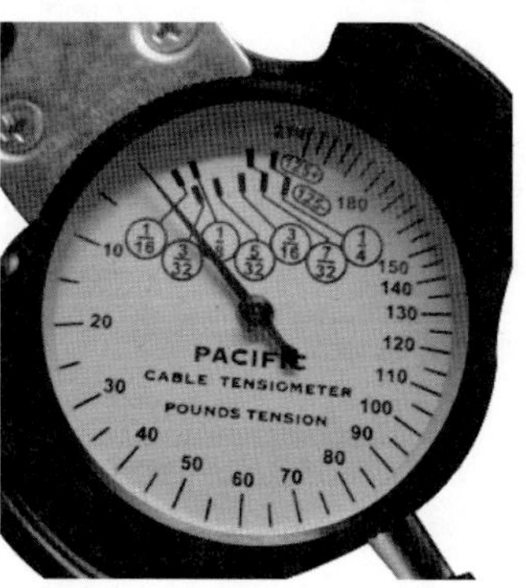

6 턴버클(Turnbuckle)조절 및 Locking

1. Cable Tension을 위한 턴버클 조절

1) 단선 결선법

① Turnbuckle의 배럴 내부에 있는 나사(Thread)가 한쪽은 오른나사 반대쪽은 왼나사이다.
(왼나사 쪽에는 가는 실선으로 표시됨)

② Tension조절을 위해서는 양쪽에 장착된 터미널을 고정시키고 배럴(Barrel)을 회전시켜 조절한다.

③ 조절한 다음에는 반드시 Tension을 다시 측정한다.

④ Turnbuckle의 Tension이 적당한지를 확인한다.
확인하는 방법은 나사산이 3개 이내가 밖으로 나와 있거나 검사홀에 Wire를 넣어 막혀 있으면 된다.

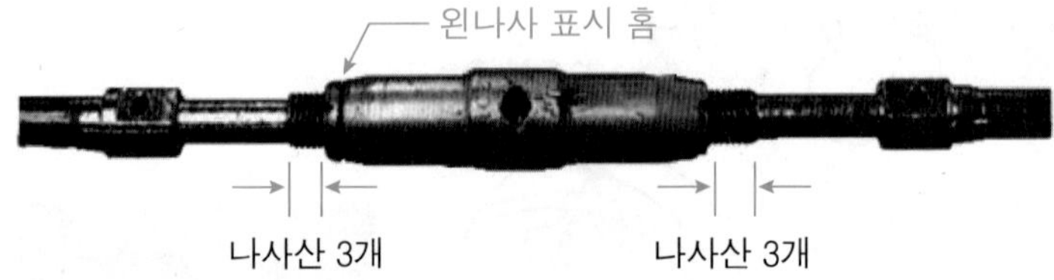

⑤ 턴버클 길이의 4배 정도가 되게 와이어를 자른다.

⑥ 그림과 같이, 턴버클 배럴에 있는 구멍에 와이어를 끼운다.

⑦ 그림과 같이, 턴버클이 죄어지는 방향으로 와이어를 반 회전 시켜 턴버클 엔드 접합 기구의 구멍에 끼운 후 배럴의 중앙을 향하여 반대로 구부린다.

⑧ 그림과 같이, 턴버클 생크 주위로 와이어를 4회 이상 감는다.

실기작업형

2) 복선 결선 법

① 작업에 적합한 재질과 지름의 와이어를 선택한다.

② 턴버클 길이의 4배 정도가 되도록 와이어를 두 가닥 자른다.

③ 그림과 같이, 턴버클 중심에 있는 구멍에 2개의 와이어를 끼워 턴버클의 끝을 향해 90°되게 구부린다.

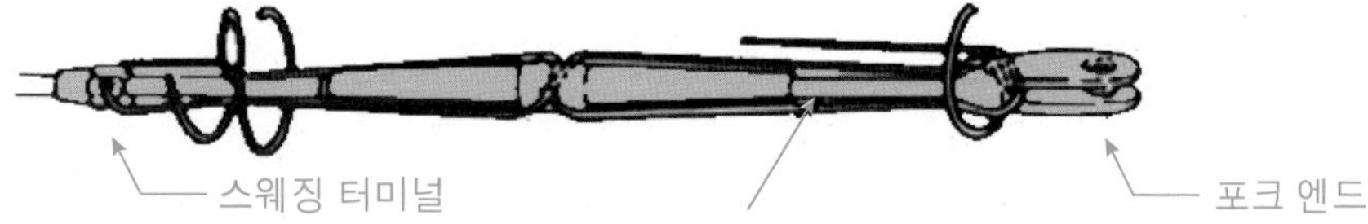

④ 턴버클의 안이나 포크 엔드의 갈라진 틈 속으로 와이어 끝을 집어 넣는다.

⑤ 다음 그림과 같이, 와이어를 양끝에서 턴버클 중심을 향하여 다시 좁힌다.

⑥ 남은 와이어로 생크 주위의 와이어를 4번 정도 감는다.

⑦ 그림과 같이, 구멍을 통과한 선을 잡고 턴버클의 중심을 향하여 먼저 감은 선과 반대 방향으로 4번 이상 감는다.

3) Turnbuckle Safety

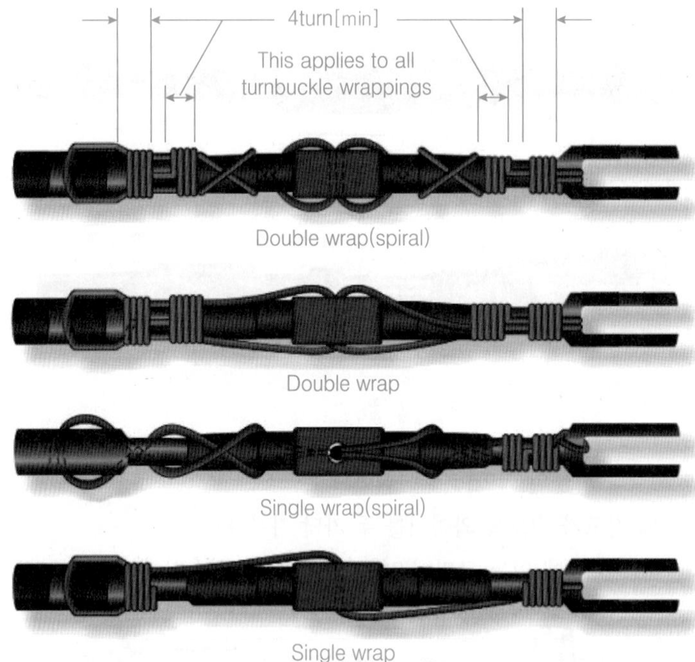

2. 클립에 의한 Locking방법

① Tension조절을 위해서는 양쪽에 장착된 터미널을 고정 시키고 배럴(Barrel)을 회전시켜 조절한다.

② 클립에서 직선 부분의 끝을 배럴과 케이블 터미널 사이에만들어진 구멍을 맞추고 그 속에 집어 넣는다.

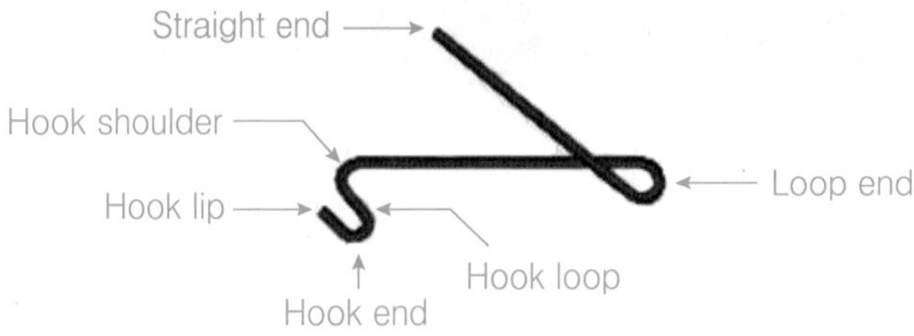

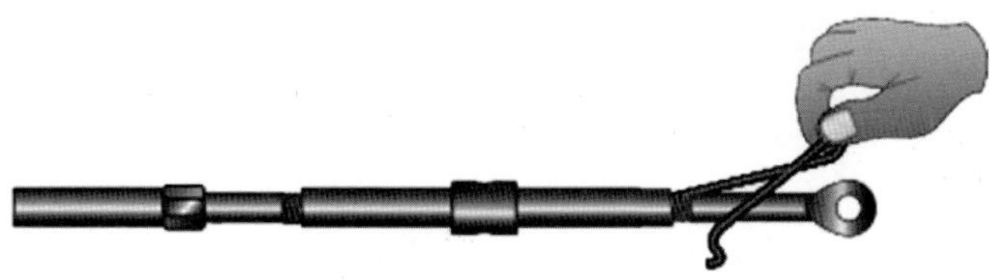

③ 클립의 고리 모양으로 되어 있는 쪽을 배럴 밖으로 하여 그 끝을 배럴의 가운데 구멍에 끼워 넣는다. 이때, 클립 2개를 배럴의 같은 쪽 구멍에 넣어 고정해도 좋다.

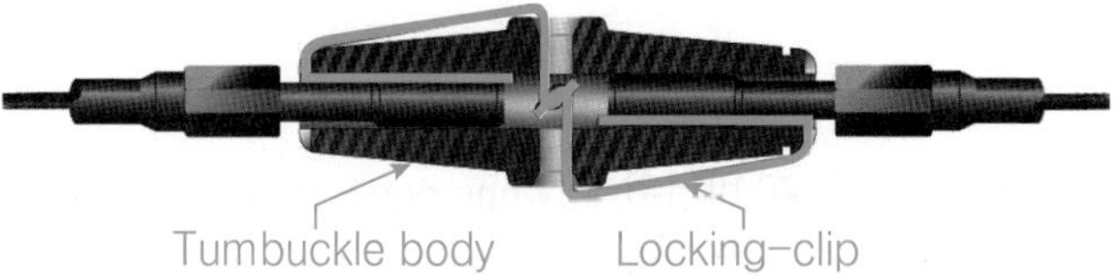

제5장 항공기 판금작업(항공정비사)

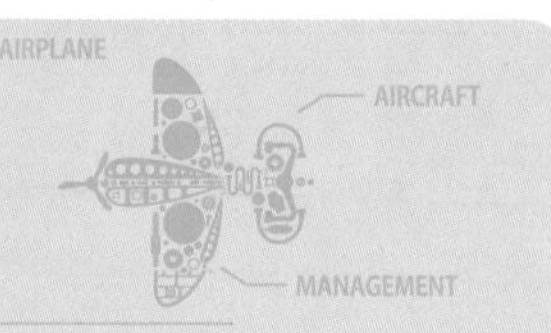

1 LAY-OUT 및 DRILLING(금 긋기 및 구멍내기)

1. 판재 겹치기 리베팅

① 알루미늄 판재를 겹쳐 Tape로 고정 후 비닐위에 Name pen으로 주어진 판재에 도면을 그린다.

② Ball pin Hammer와 Center punch로 Drill point marking.

③ $\phi 3.0$[mm] Drill을 사용하여 나무위에 판재를 고정하고 Drilling한다.

④ 알루미늄 판재를 도면과 같이 위치하고 Tape로 고정 한다.

⑤ $\phi 3.2$[mm] Reamer를 사용하여 Hole을 다듬는다.

⑥ 알루미늄 판재를 분리하여 Hole 주변의 Debris 및 비닐을 제거한다.

⑦ 알루미늄 판재를 도면과 같이 위치하고 Cleco Fasteners로 고정한다.(마스킹 테이프를 사용할 수 있음)

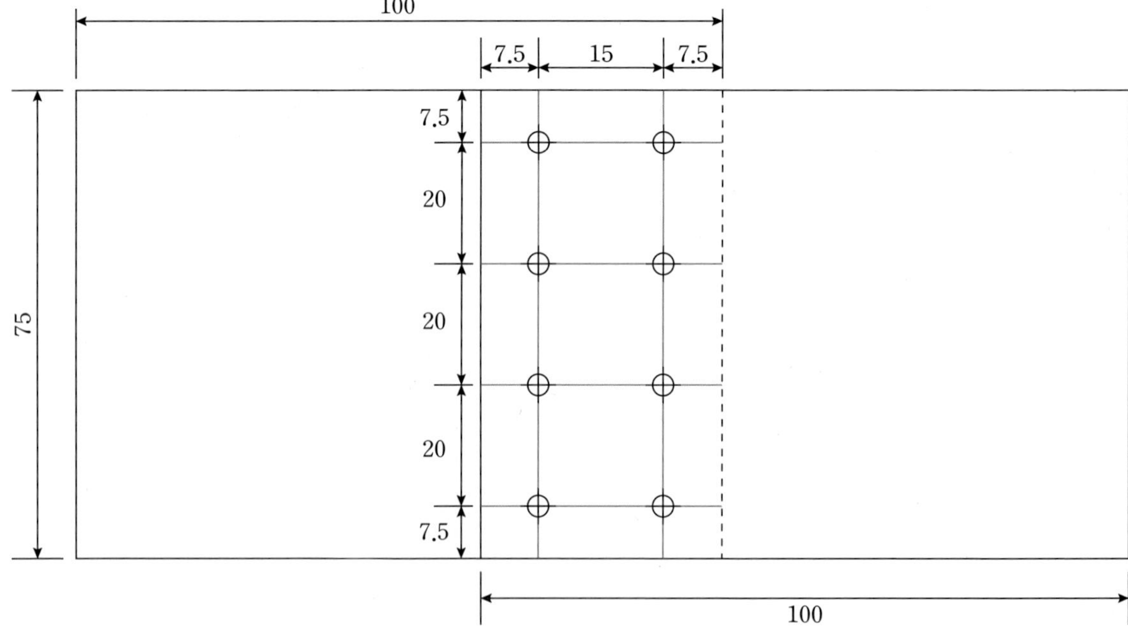

2. 판재 절곡 및 리벳팅

① 주어진 판재에 금 긋기(Lay-out) 한다.(그림 참고)

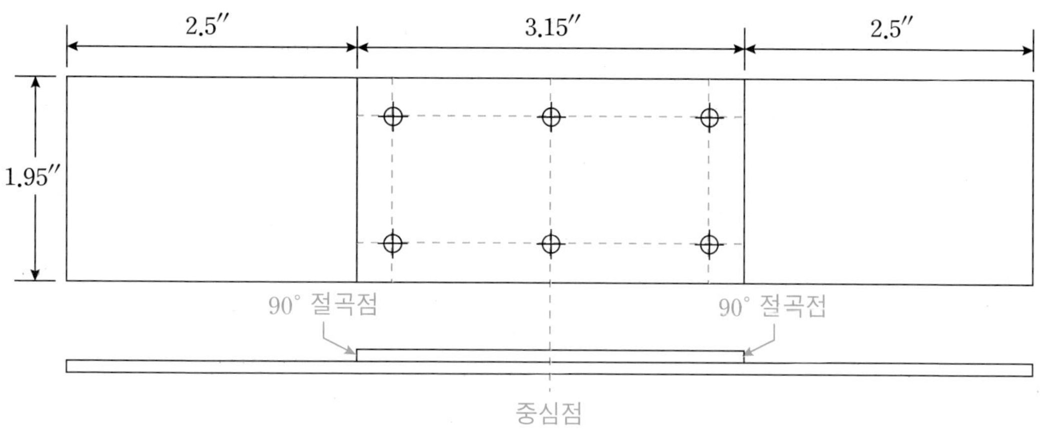

② 센터 펀치로 드릴링 할 중심을 펀칭 한다.

③ 리벳 직경과 동일한 드릴로(3[mm]) 긴 판재와 짧은 판재를 중심선에 겹치기 고정한 상태로 드릴링 한다.

④ 뚫어진 구멍에 리머(3.2[mm])로 리밍 한다.

⑤ 남아있는 버를 모두 제거하고 판재 모서리 등 손질한다.

⑥ 긴 판재를 절곡기를 사용 양쪽을 90°로 절곡한다(그림 참고)

⑦ 절곡한 판재 안쪽에 작은 판재를 넣어 홀을 맞추고 고정한다.

⑧ 적절한 위치를 바이스에 고정하고 리벳팅을 한다.

▶ 이때 리벳 머리가 절곡한 판재 밖같 쪽에 오도록 해야 한다.

실기작업형

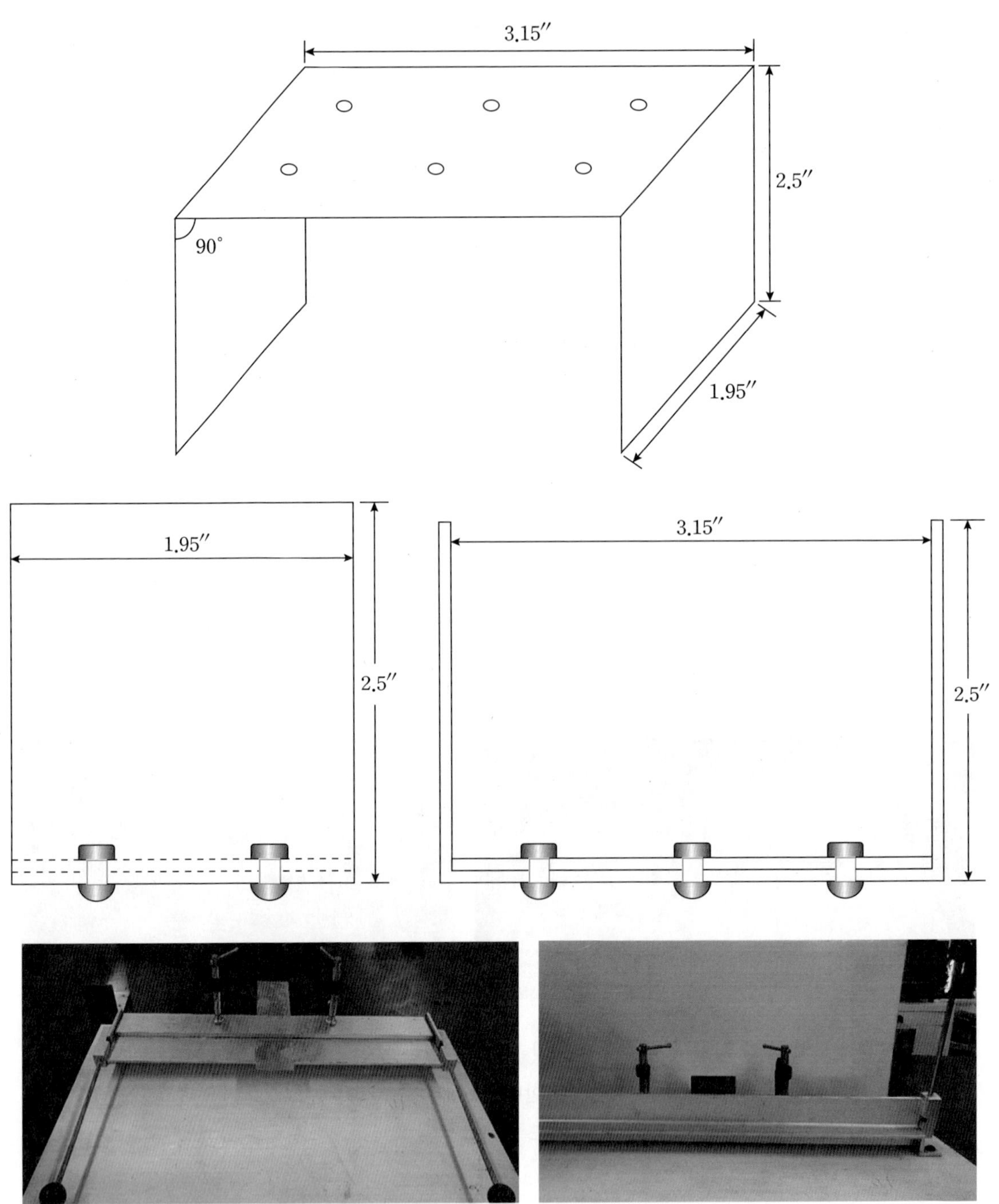
3.15″
2.5″
90°
1.95″
1.95″
2.5″
3.15″
2.5″

2 리벳 장착하기(RIVETING)

1. 리벳의 선택방법

① Rivet의 지름(Diameter of shank) : 접합하는 판재 중 두꺼운 판재의 3배

② Rivet의 길이 산정 : 접합하는 판재 두께 + 지름의 1.5배.

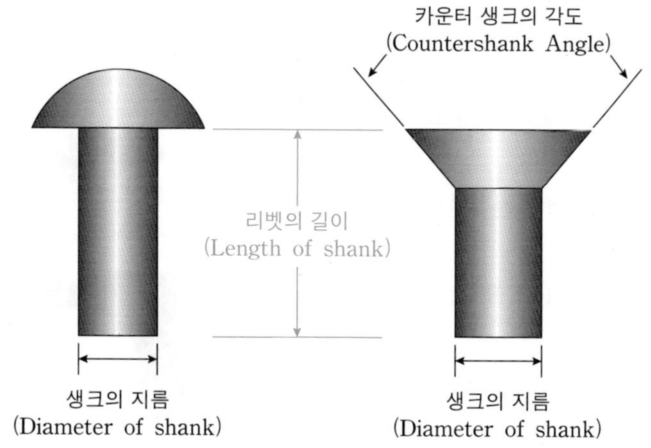

③ 연거리(Edge distance of rivet) : 판재의 모서리에서 Rivet Hole 중심까지의 거리
(통상 2.5D~4D이며 도면에 거리가 주어진다.)

④ Rivet pitch : Rivet line 방향으로 측정한 인접한 Rivet과 Rivet의 중심 거리
(통상 3D~12D이며 도면에 거리가 주어진다.)

리벳 컷터

클레코

2. RIVETING

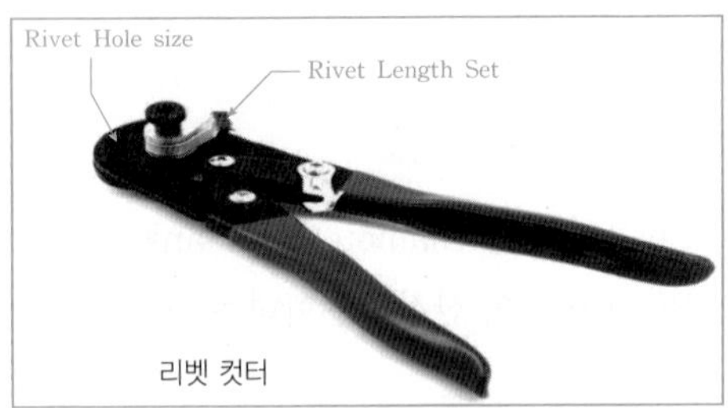

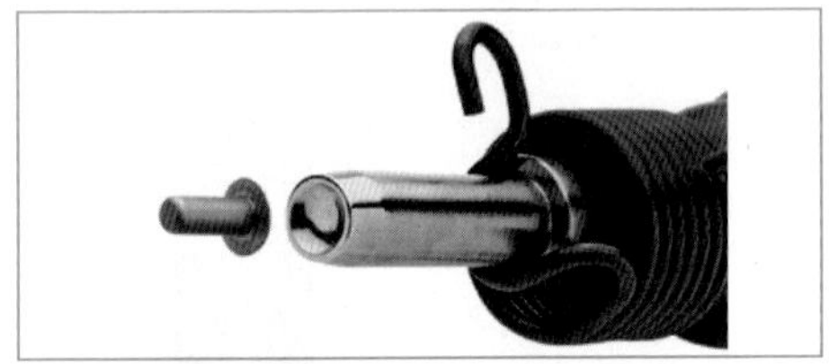

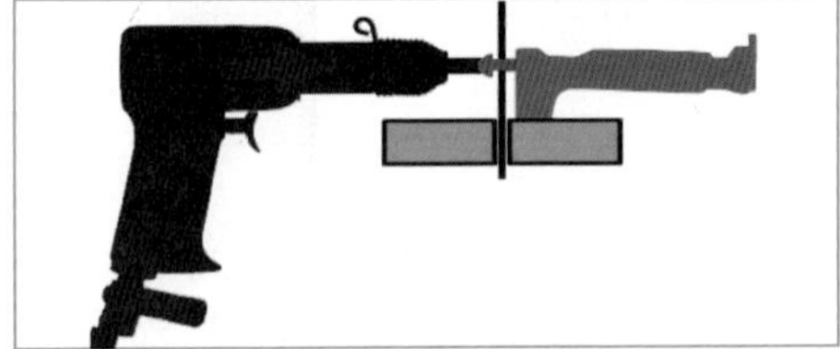

① 판재 두께가 1[mm]이므로 Rivet의 지름은 3[mm]이며 길이는 2[mm]+4.5[mm]=6.5[mm]이나 주어진 Rivet의 길이가 (7[mm])보다 길면 Rivet Cutter로 절단하여 사용한다.

② Rivet Gun의 Tip을 Rivet Head에 맞게 선택하여 접속한다.

③ Vise에 판재를 고정한다.

④ Rivet Gun을 지면을 향해 Pneumatic Pressure를 알맞게 조절한다.

⑤ Rivet Gun을 Rivet Head에 일직선으로 맞춘다. (판재와 90°)

⑥ Bucking bar를 Rivet Tail에 일직선으로 맞춘다. (판재와 90°)

⑦ 알맞은 Pressure로 Riveting을 하며, Buck Tail이 1/2D가 되도록 한다.

▶ Rivet와 Vise면이 가까울수록 Riveting이 안정적임.
▶ Bucking Bar의 한 면을 Vise에 밀착 시키면 판재와 90° 맞추기가 편리함.
▶ Rivet gun은 Rivet머리와 Rivet set이 떨어지지 않을 정도만 가볍게 밀어야 한다.

3. 리벳 제거하기

① 줄(File)로 리벳 머리를 밀어 평평하게 한다.
② 센터 펀치로 머리의 중심을 펀칭 한다.
③ 리벳 직경보다 한 치수 작은 드릴로 리벳 머리 높이 까지 드릴링 한다.
④ 뚫어진 구멍에 핀 펀치를 삽입하여 옆으로 당겨 주면 리벳 머리가 떨어져 나간다.
⑤ 리벳 싱크에 핀펀치를 대고 햄머로 가볍게 치면 남은 리벳이 떨어져 나간다.
▶ 이 때 벅테일 가까이에 바이스의 적절한 면을 이용하여 받쳐 주어야만 판재의 원형을 유지할 수 있다.

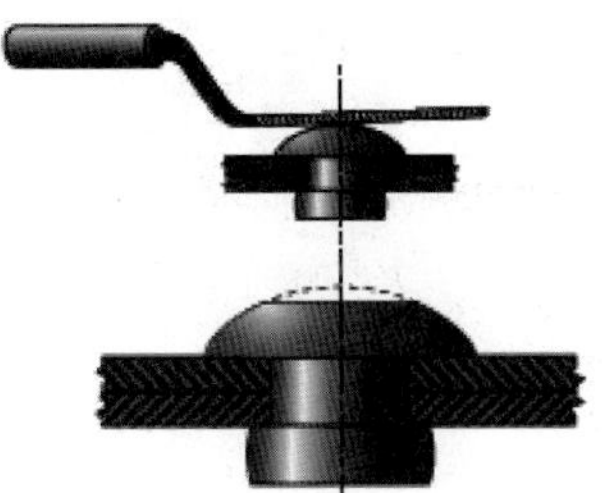

1. File a flat area on manufactured head

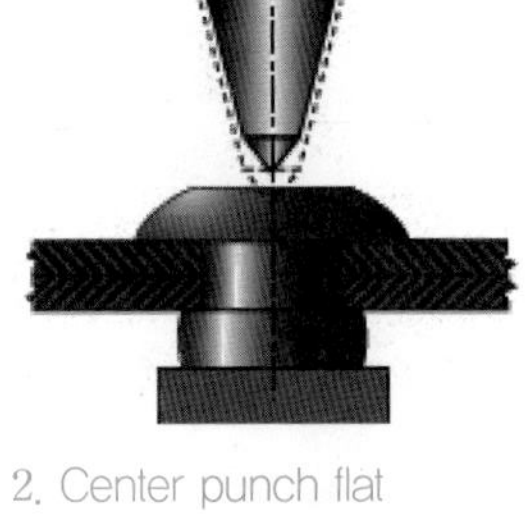

2. Center punch flat

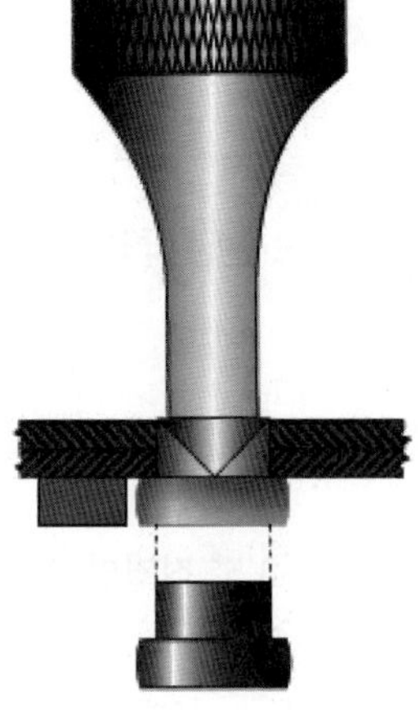

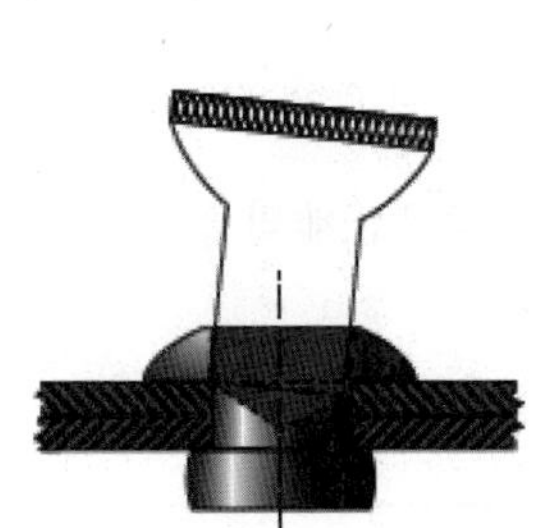

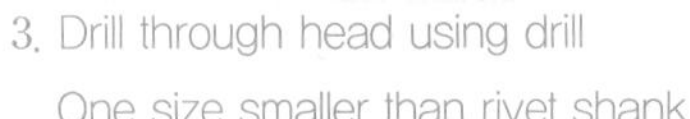

3. Drill through head using drill One size smaller than rivet shank

4. Remove weakened rear with machine punch

5. Punch out rivet with machine punch

제6장 튜브 밴딩(Tube Bending) 작업 (항공정비사)

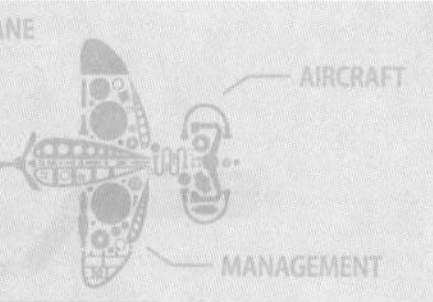

1 튜브 밴딩 작업

1. Lay-out($r=0.5$" Tube 중심선에 위치한 경우)

▶ Tube가 0.5" 직경인 경우 Tube 중심선에 맞추어 $r=1.5$"이다.

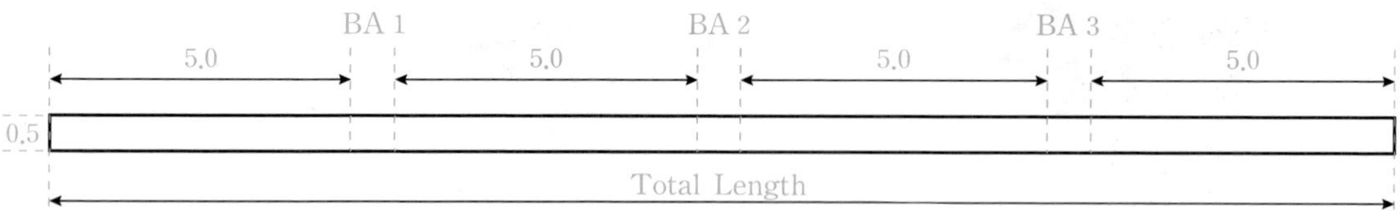

위 그림과 같이 B.A(Bend Allowance)굴곡 허용량을 계산하여 튜브에 표시한다.

$$BA\text{공식} : BA=2\pi(r)\times\frac{\theta}{360}$$

(r=굽힘 반경, D=튜브 직경, θ=굽힘 각)

1) Tube Marking(금 긋기)

① Tube끝에서 5[inch]에 Name pen으로 Marking한다.

$$BA1=2\pi(r)\times\frac{\theta}{360}$$

$$=2\pi\times(1.5)\times0.25=2.356$$

② Name pen으로 Marking된 부분에서 2.356[inch]에 Marking하고 5[inch]에 Marking한다.

③ $BA2(BA3)=\frac{2.356}{2}=1.178$

$BA2$(1.178[inch])를 Marking하고 5[inch]에 Marking한다.

④ $BA3$(1.178[inch])를 Marking하고 5[inch]에 Marking한다.

▶ $BA3$는 $BA2$와 같다(굽힘 각도가 같음).

⑤ Tube 전체의 길이는 5+2.356+5+1.178+5+1.178+5=24.712[inch]

▶ inch자가 없을 경우 mm로 환산한다. 1[inch]=25.4[mm]

2) Tube Bending

① 5[inch] 끝에 Tube bender의 "0"에 맞추고 90°, 135°, 135°를 도면과 같이 차례로Bending한다.

② 밴딩이 완료되었으면 남은 치수만큼 잘라내고 다듬는다.

튜브 밴더

③ 도면(r=1.5") Tube 중심선에 위치할 경우

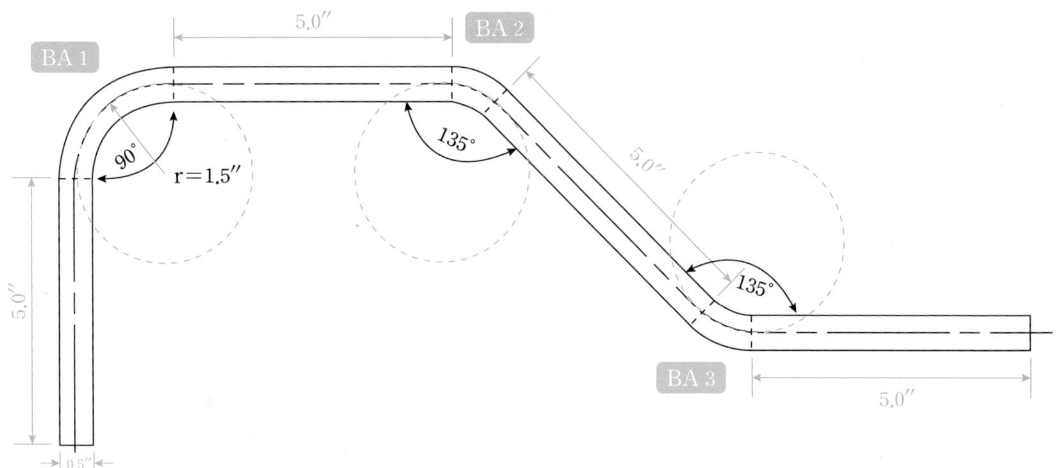

2. Lay-out(r=1.25" Tube 안지름에 위치한 경우)

▶ Tube Vending Tool이 Tube 중심선에 맞추어 있으나 안지름으로 표시된 경우 r=1.25[inch]

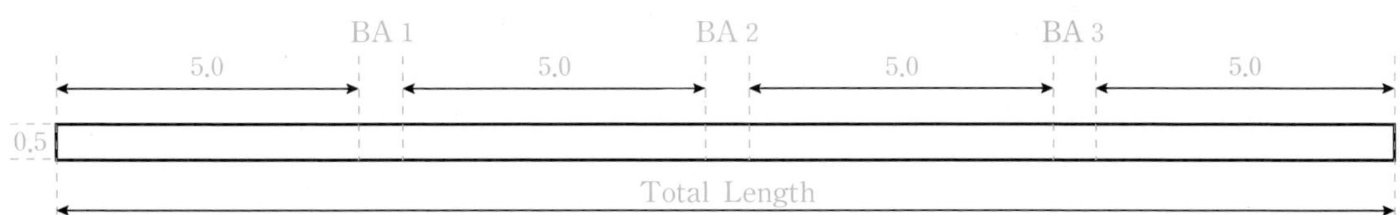

위 그림과 같이 B.A(Bend Allowance)굴곡 허용량율 계산하여 튜브에 표시한다.

$$BA\text{공식}: BA=2\pi\left(r+\frac{d}{2}\right)\times\frac{\theta}{360}$$
(r=굽힘 반경, D=튜브 직경, θ=굽힘 각)

1) Tube Marking (금 긋기)

① Tube끝에서 5[inch]에 Name pen으로 Marking한다.

$$BA1=2\pi\left(r+\frac{d}{2}\right)\times\frac{\theta}{360}$$
$$=2\pi\times(1.25+0.25)\times0.25=2.356$$

② Name pen으로 Marking된 부분에서 2.356[inch]에 Marking하고 5[inch]에 Marking한다.

③ $BA2(BA3)=\frac{2.356}{2}=1.178$

$BA2$(1.178[inch])를 Marking하고 5[inch]에 Marking한다.

④ $BA3$(1.178[inch])를 Marking하고 5[inch]에 Marking한다.

▶ $BA3$는 $BA2$와 같다(굽힘 각도가 같음).

⑤ Tube 전체의 길이는 5+2.356+5+1.178+5+1.178+5=24.712[inch]

▶ inch자가 없을 경우 mm로 환산한다. 1[inch]=25.4[mm]

2) Tube Bending

① 5[inch] 끝에 Tube bender의 "0"에 맞추고 90°, 135°, 135°를 도면과 같이 차례로 Bending한다.

② 밴딩이 완료되었으면 남은 치수만큼 잘라내고 다듬는다.

튜브 밴더

③ 도면(r=1.5") Tube 중심선에 위치할 경우

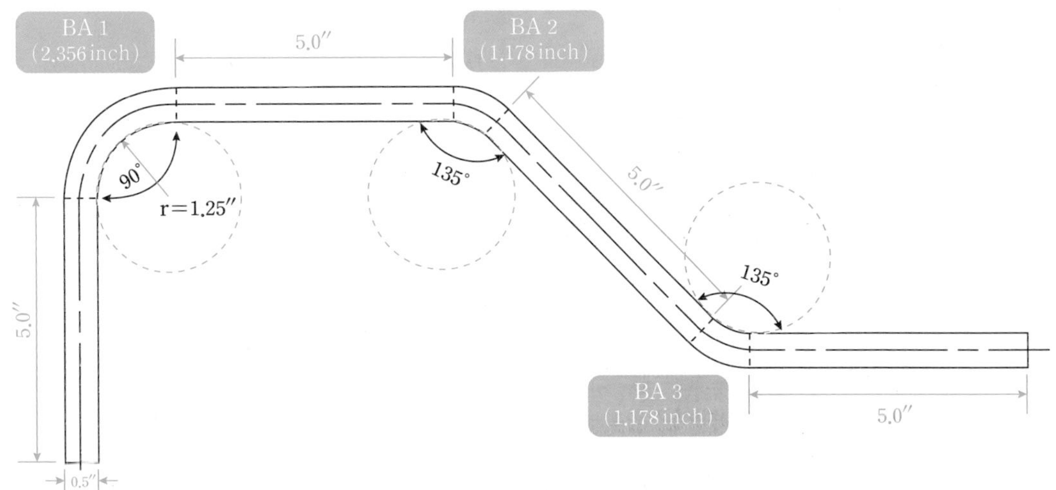

2 튜브 절단 작업

1) 튜브 컷터를 사용하여 300[cm] 튜브를 도면의 작품을 제작 하기위해 필요한 치수로 자른다.

▶ 약 65[cm]정도 필요함.(70~75[cm]로 자름)

2) 절단(Cutting)방법

① 주의할 점은 끝을 직각으로 이루게 하고 매끄럽게 한다.

② 절단하려는 지점에 절단 휠(Cutting Wheel)이 오도록 절단기에 튜브를 놓고 튜브의 둘레를 따라 절단기를 회전시키면서 중간 중간에 엄지손가락으로 스크루를 돌려서 절단휠에 약간의 압력을 가하여 준다. 이때 한번에 너무 센 압력을 주게 되면 튜브가 찌그러지거나 매끄럽게 잘려지지 않는다.

③ 절단 후 튜브의 내부와 외부의 거친 조각(BURR)을 제거해야 한다.

제7장 토크, 안전장치작업(항공정비사)

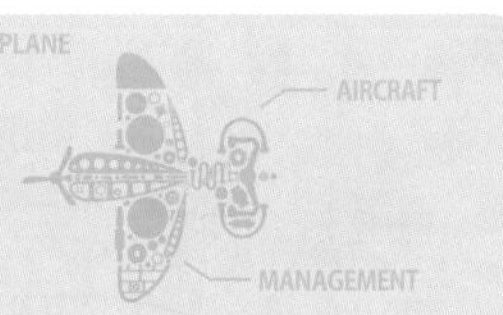

1 볼트(BOLT), 너트(NET), 와셔(WASHER)장착

1) 사용가능한 볼트 너인지 확인한다.(상태 및 규격)
2) 특별한 지시가 없다면 볼트와 너트 아래에는 와셔를 사용해야 한다.(기계적 마찰 및 이질금속간 부식방지)
3) 가능한 언제나, 볼트의 머리는 위쪽방향, 앞쪽방향, 회전하는 방향을 향하도록 체결해야 한다.
4) 볼트 그립길이가 정확한지 확인해야 한다. 그립길이는 볼트 생크의 나사산이 없는 부분의 길이이다.
   일반적으로, 그립길이는 볼트로 조여지는 재료의 두께와 같아야 한다.
   그러나 약간 큰 그립길이의 볼트에는 와셔, 너트 또는 볼트머리 아래에 추가해서 그립길이를 조절하여 사용하면 된다.

▶ 볼트와 너트가 코터핀이나 안전결선이 요구되는 종류라면 토크작업 시 홀을 맞추어야 하며, 맞지않을 경우 위와 같이 추가로 와셔를 사용하면 된다.

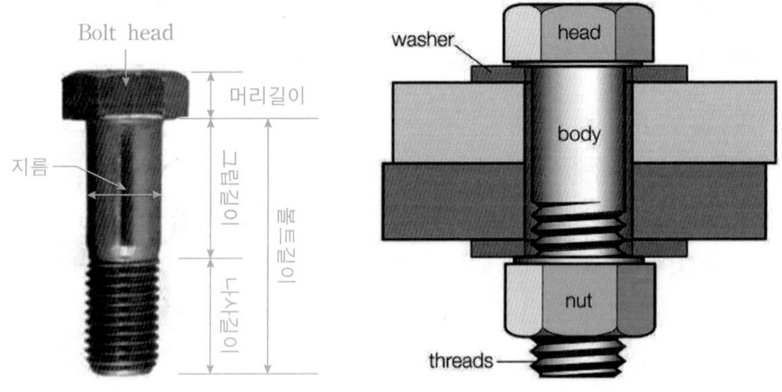

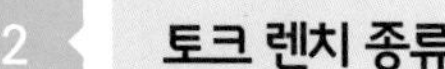

2 토크 렌치 종류

1) 오디블 인디케이팅 토크렌치(Audible indicating torque wrench)

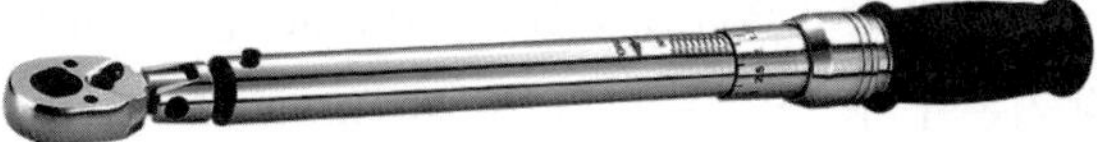

2) 프리셋 토크드라이버(Pre-set torque driver)

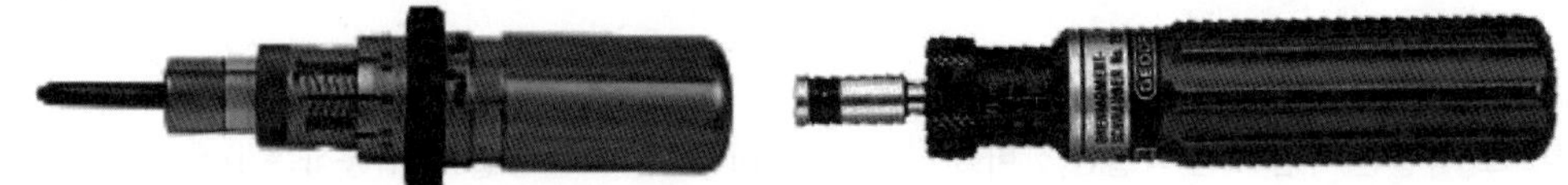

3) 리지드 프레임 토크렌치(Rigid frame torque wrench)

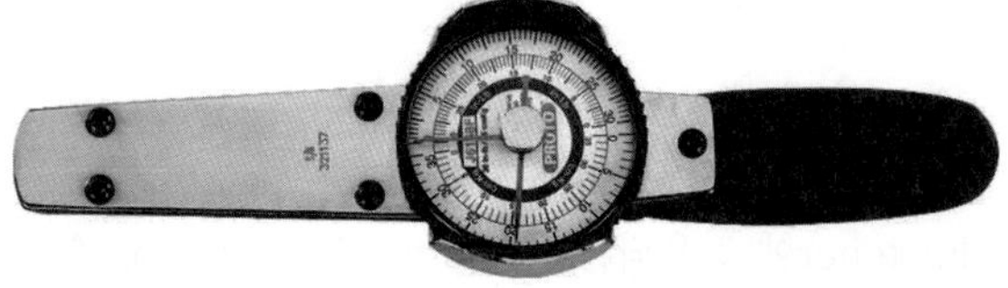

4) 디플렉팅 빔 토크렌치(Deflecting beam torque wrench)

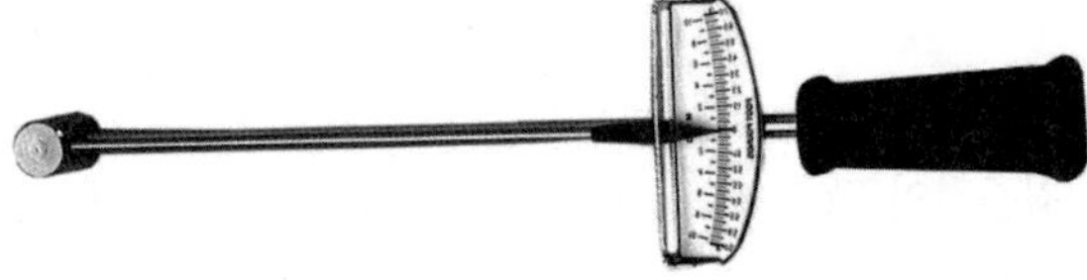

3 토크 작업 순서

1) 토크 렌치의 켈리브레이션 날짜와 범위를 확인한다.(교정 라벨을 확인 차기교정일자가 도래했는지 여부)
2) "0"점 조절을 한다.(원하는 토크값으로 셋팅)
3) 규정 토크값을 인지하여 토크를 준다.
4) 토크값 측정시에는 눈금을 바로 위에서 측정한다.

4 토크 작업의 종류

1. Standard Torque

일반적으로 MNL에 명기되어 있지 않고 Bolt 또는 Nut의 thread 형태, Size, Lubricating, Locking 등을 토대로 적용되며 이중 가장 기본이 되는 요소는 Fastener의 Thread(J-Thread)가 되며, 일반적인 Torque을 Standard Torque라 하며, A/C 또는 Engine SPM 또는 항공기 MM 등에 Standard Torque 방법이 명기되어 있으며, Special Torque값이 MNL에 주어지지 않은 경우 Standard Torque 절차를 적용하여 수행한다.

2. Special Torque

일반적으로 특별한 작업 또는 특별한 장비를 사용하여 Torque값이 적용될 때 사용하는 Torque로 통상 Engine의 경우 Clearance Chart(Fit & Clearances section)에 Torque값 및 절차가 서술되어 있으며, Manual 해당 작업 Text에도 서술된 경우도 있으며 대부분 Stretch, Torque Multiplier을 이용한 Torque 등이 Special Torque에 해당된다.

3. Run-on Torque

일반적으로 Self-locking Fastener에 적용되는 Torque로 Self-locking fastener의 Reuse 가능성을 판단하는 기준이 되는 것으로 Bolt 또는 Stud에 장착될 Nut을 장착 완전히 1~3 Thread 이상이 나왔을 때 걸리는 Torque로, Run-on Torque의 Limit는 Min값과 Max값으로 주어진다.

4. Final Torque

Bolt와 Nut를 체결할 때 최종적인 Torque로 A/C 또는 Engine SPM 또는 항공기 O.M 등에 Standard Torque 방법이 명기되어 있으며, Special Torque값이 MNL에 주어지지 않은 경우 Standard Torque 절차를 적용하여 수행한다.

5. Group Torque

Engine Flange 등 180~200개가 넘는 Bolts을 모두 대각선 방향으로 Torque을 수행할 수 없으므로 8개 또는 16개의 Group으로 나누어 1개 Group을 하나로 삼아 대각선 방향으로 Torque을 수행하는 방법을 의미하며 자세한 순서는 해당 MNL에 명기되어 있다.

6. Breakaway Torque

체결된 Bolt와 Nut를 탈착 할 때 적용되는 Torque로 마찰력 등의 힘이 작용하므로 통상 Final Torque값 보다 약 150[%]의 Torque가 작용한다.

5 토크값의 적용

Dry 토크의 경우나 특별히 Cold나 Hot지역이 아닌 경우 중간값을 적용한다.
단, 코터핀이나 안전 결선을 해야 하는 경우에는 우선 최솟값으로 적용하고 최댓값 사이에서 홀을 맞춘다.

1. Wet Torque 와 Dry Torque

- Wet Torque : 나사산에 고착 방지용 컴파운드나 윤활제를 바르고 최솟값으로 토크작업을 한다.
- Dry Torque : 나사산에 고착 방지용 컴파운드나 윤활제를 바르지 않고 중간값으로 토크작업을 한다.

6 연장 바(Extension bar)사용시 토크값 계산

어댑터나 익스텐션 바를 이용하여 토크 렌치를 사용해야 할 경우가 있는데 이럴 경우에는 Manual에 지시된 토크값을 적용하는 것이 아니라 수정된 토크값을 계산하여 적용해야 한다.

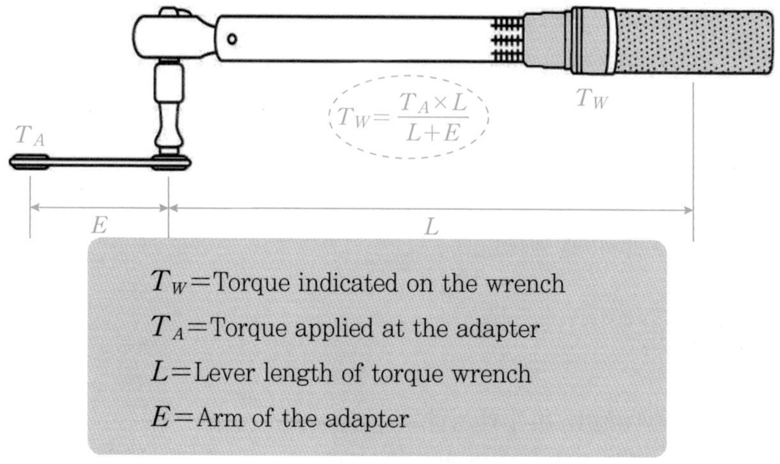

T_W=Torque indicated on the wrench
T_A=Torque applied at the adapter
L=Lever length of torque wrench
E=Arm of the adapter

7 풀림 방지 코터핀(Cotter pin)장착

1. 우선적 방법

① 특별한 지시가 없으면 우선적 방법을 적용한다.
② 핀 끝의 긴 쪽을 위로하여 손으로 가능한 만큼 밀어 넣는다.

③ 코터핀을 구멍에 넣은 다음 슬립조인트 플라이어를 이용해서 한 쪽은 너트 위쪽으로 구부리고 한 쪽은 너트 아래쪽으로 구부린다.(코터핀 끝이 너트에 접촉되도록 눌러준다.)

④ 커터를 이용해서 너트의 길이와 크기에 맞게 코터핀을 절단 한다. 이 때, 절단 조각이 튀지 않게 손으로 감싼 후 절단한다.

2. 차선적 방법

① 볼트 끝부분에서 구부려 접은 끝이 가까이 있는 부품과 닿을것 같은 경우나 걸리기 쉬운 경우에 쓰는 방법이다.

② 코터핀을 구멍에 넣은 다음 플라이어를 이용해서 너트 양쪽으로 구부린다.
(코터핀 끝이 너트에 접촉되도록 눌러준다.)

③ 너트 크기에 맞게 코터핀을 절단한다. 이 때, 절단 조각이 튀지 않게 손으로 감싼 후 절단을 한다.

우선식 방법(Preferred Method)

차선식 방법(Optional Method)

8 풀림 방지 안전 결선(Safety wire)

1. 복선식(일자형 기준)

① 첫 번째 Bolt에 Safety wire를 10시 반 방향으로 넣는다.

② 시계방향으로 돌린 후 손으로 Wire를 한번만 꼬아준다.

③ Safety wire twister & Cutter로 두 번째 Bolt의 거리만큼 Safety wire를 물고 적당한 꼬임 수 만큼 꼰다.(인치 당 6~8회)

④ 두 번째 Bolt에 Safety wire 를 10시 반 방향으로 넣고 반 시계 방향으로 돌린 후 손으로 Safety wire를 한 번만 꼬아준다.

⑤ 세 번째 Bolt의 거리에 맞게 Safety wire 를 물은 후 손으로 돌려서 적당하게 꼰다.

⑥ 세 번째 Bolt의 10시 반 방향으로 Safety wire 를 넣고 반 시계 방향으로 돌린 후 Pig tail을 만들어 마무리한다.

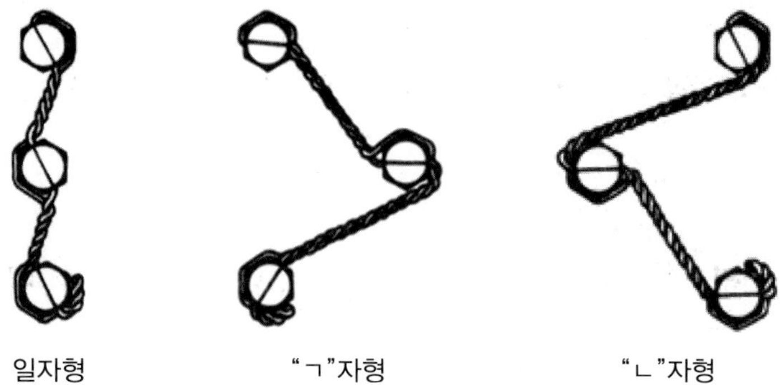
일자형　　"ㄱ"자형　　"ㄴ"자형

2. 공통사항

① 꼬임 수는 일정하게(1인치 당 6~8회)

② Safety wire가 들어가는 위치 일자형기준 9:00~12:00방향

③ Safety wire가 나오는 위치 일자형기준 3:00~6:00방향

④ Bolt head를 감는 방향은 Bolt head를 감은선과 꼰 Safety wire의 중복을 최소화 하는 방향으로 한다.

⑤ 마무리할 때는 꼬임 수는 좀더 많게(인치 당 약 10회 정도) 길이는 약 1/2[inch]정도로 잘라 끝이 아래로 향하게 한다.

3. 단선식

① Bolt와 Bolt의 간격이 좁을 경우와 머리가 작은 스크류 등에만 적용한다.

② Bolt 들이 어떠한 기하학적 모양을 이루고 있더라 하더라도 "Safety wire 를 잡아 당기는 방향이 Bolt가 조여지는 방향" 이라는 원리에 충실하게 와이어를 Bolt구멍에 넣는다.
맨 처음 Safety wire를 넣었던 Bolt에서 마지막으로 Safety wire 를 연결하여 Pig tail을 만들고 마무리 한다.

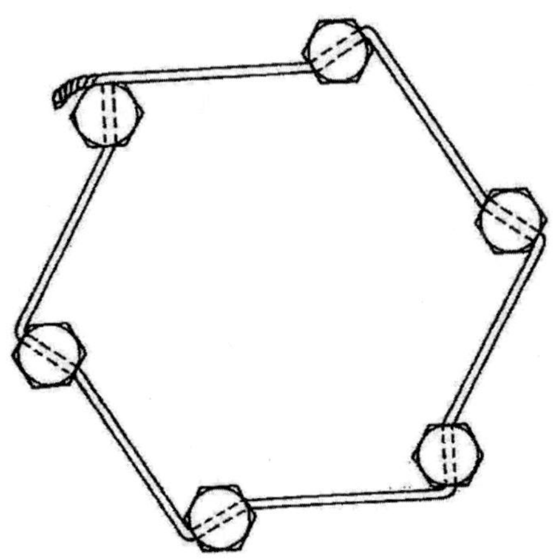

제8장 유도작업(항공정비사)

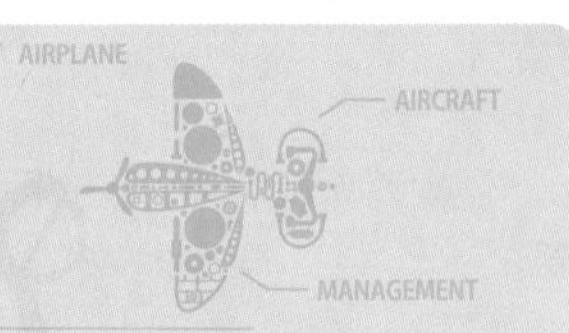

1 항공기유도신호의 법령근거

항공안전법 시행규칙 제194조 별표26의 6 유도신호

법 제67조에 따라 비행하는 항공기는 별표26에서 정하는 신호를 인지하거나 수신할 경우에는 그 신호에 따라 요구되는 조치를 하여야 한다.

1. 항공기 안내(Wingwalker)		2. 출입문의 확인	
	오른손의 막대를 위쪽을 향하게 한 채 머리 위로 들어 올리고, 왼손의 막대를 아래로 향하게 하면서 몸쪽으로 붙인다.		양손의 막대를 위로 향하게 한 채 양팔을 쭉 펴서 머리 위로 올린다.
3. 다음 유도원에게 이동 또는 항공교통관제기관으로부터 지시 받은 지역으로의 이동		4. 직진	
	양쪽 팔을 위로 올렸다가 내려 팔을 몸의 측면 바깥쪽으로 쭉 편 후 다음 유도원의 방향 또는 이동구역 방향으로 막대를 가리킨다.		팔꿈치를 구부려 막대를 가슴 높이에서 머리 높이까지 위 아래로 움직인다.
5. 좌회전(조종사 기준)		6. 우회전(조종사 기준)	
	오른팔과 막대를 몸쪽 측면으로 직각으로 세운 뒤 왼손으로 직진신호를 한다. 신호동작의 속도는 항공기의 회전속도를 알려준다.		왼팔과 막대를 몸쪽 측면으로 직각으로 세운 뒤 오른손으로 직진신호를 한다. 신호동작의 속도는 항공기의 회전속도를 알려준다.
7. 정지		8. 비상정지	
	막대를 쥔 양쪽 팔을 몸 쪽 측면에서 직각으로 뻗은 뒤 천천히 두 막대가 교차할 때 까지 머리위로 움직인다.		빠르게 양쪽 팔과 막대를 머리 위로 뻗었다가 막대를 교차시킨다.

9. 브레이크 정렬		10. 브레이크 풀기	
	손바닥을 편 상태로 어깨 높이로 들어 올린다. 운항승무원을 응시한 채 주먹을 쥔다. 승무원으로부터 인지신호(엄지손가락을 올리는 신호)를 받기 전까지는 움직여서는 안 된다.		주먹을 쥐고 어깨 높이로 올린다. 운항승무원을 응시한 채 손을 편다. 승무원으로부터 인지신호(엄지손가락을 올리는 신호)를 받기 전까지는 움직여서는 안 된다.
11. 고임목 삽입		12. 고임목 제거	
	팔과 막대를 머리 위로 쭉 뻗는다. 막대가 서로 닿을 때 까지 안쪽으로 막대를 움직인다. 운항승무원에게 인지표시를 반드시 수신하도록 한다.		팔과 막대를 머리 위로 쭉 뻗는다. 막대를 바깥쪽으로 움직인다. 운항승무원에게 인가받기 전까지 초크를 제거해서는 안 된다.
13. 엔진시동걸기		14. 엔진 정지	
	오른팔을 머리 높이로 들면서 막대는 위를 향한다. 막대로 원 모양을 그리기 시작하면서 동시에 왼팔을 머리 높이로 들고 엔진시동 걸 위치를 가리킨다		막대를 쥔 팔을 어깨 높이로 들어 올려 왼쪽 어깨 위로 위치시킨 뒤 막대를 오른쪽 · 왼쪽 어깨로 목을 가로질러 움직인다.
15. 서행		16. 한쪽 엔진의 출력 감소	
	허리부터 무릎 사이에서 위 아래로 막대를 움직이면서 뻗은 팔을 가볍게 툭툭 치는 동작으로 아래로 움직인다.		손바닥이 지면을 향하게 하여 두 팔을 내린 후, 출력을 감소시키려는 쪽의 손을 위아래로 흔든다.
17. 후진		18. 후진하면서 선회(후미 우측)	
	몸 앞 쪽의 허리높이에서 양팔을 앞쪽으로 빙글빙글 회전시킨다. 후진을 정지시키기 위해서는 신호 7 및 8을 사용한다.		왼팔은 아래쪽을 가리키며 오른팔은 머리 위로 수직으로 세웠다가 옆으로 수평위치까지 내리는 동작을 반복한다.
19. 후진하면서 선회(후미 좌측)		20. 긍정(Affirmative)/모든 것이 정상임(All Clear)	
	오른팔은 아래쪽을 가리키며 왼팔은 머리 위로 수직으로 세웠다가 옆으로 수평위치까지 내리는 동작을 반복한다.		오른팔을 머리높이로 들면서 막대를 위로 향한다. 손 모양은 엄지손가락을 치켜세운다. 왼쪽 팔은 무릎 옆쪽으로 붙인다.

실기작업형

ⓗ 21. 공중정지(Hover)

양 팔과 막대를 90° 측면으로 편다.

ⓗ 22. 상승

팔과 막대를 측면 수직으로 쭉 펴고 손바닥을 위로 향하면서 손을 위쪽으로 움직인다. 움직임의 속도는 상승률을 나타낸다.

ⓗ 23. 하강

팔과 막대를 측면 수직으로 쭉 펴고 손바닥을 아래로 향하면서 손을 아래로 움직인다. 움직임의 속도는 강하율을 나타낸다.

ⓗ 24. 왼쪽으로 수평이동(조종사 기준)

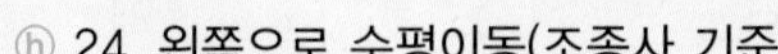

팔을 오른쪽 측면 수직으로 뻗는다. 빗자루를 쓰는 동작으로 같은 방향으로 다른 쪽 팔을 이동시킨다

ⓗ 25. 오른쪽으로 수평이동(조종사 기준)

팔을 왼쪽 측면 수직으로 뻗는다. 빗자루를 쓰는 동작으로 같은 방향으로 다른 쪽 팔을 이동시킨다.

ⓗ 26. 착륙

몸의 앞쪽에서 막대를 쥔 양팔을 아래쪽으로 교차시킨다.

27. 화재

화재지역을 왼손으로 가리키면서 동시에 어깨와 무릎사이의 높이에서 부채질 동작으로 오른손을 이동시킨다.

- 야간 – 막대를 사용하여 동일하게 움직인다.

28. 위치대기(Stand-by)

양팔과 막대를 측면에서 45°로 아래로 뻗는다. 항공기의 다음 이동이 허가될 때 까지 움직이지 않는다.

29. 항공기 출발

오른손 또는 막대로 경례하는 신호를 한다. 항공기의 지상이동(taxi)이 시작될 때 까지 운항승무원을 응시한다.

30. 조종장치를 손대지 말 것(기술적·업무적 통신신호)

머리 위로 오른팔을 뻗고 주먹을 쥐거나 막대를 수평방향으로 쥔다. 왼팔은 무릎 옆에 붙인다.

31. 지상 전원공급 연결(기술적·업무적 통신신호)

머리 위로 팔을 뻗어 왼손을 수평으로 손바닥이 보이도록 하고, 오른손의 손가락 끝이 왼손에 닿게 하여 "T"자 형태를 취한다. 밤에는 광채가 나는 막대 "T"를 사용할 수 있다.

32. 지상 전원공급 차단(기술적·업무적 통신신호)

신호 25와 같이 한 후 오른손이 왼손에서 떨어지도록 한다. 운항승무원이 인가할 때 까지 전원공급을 차단해서는 안 된다. 밤에는 광채가 나는 막대 "T"를 사용할 수 있다.

33. 부정(기술적·업무적 통신신호)		34. 인터폰을 통한 통신의 구축(기술적·업무적 통신신호)	
	오른팔을 어깨에서부터 90°로 곧게 뻗어 고정시키고, 막대를 지상 쪽으로 향하게 하거나 엄지손가락을 아래로 향하게 표시한다. 왼손은 무릎 옆에 붙인다.		몸에서부터 90°로 양 팔을 뻗은 후, 양손이 두 귀를 컵 모양으로 가리도록 한다.
35. 계단 열기·닫기			
	오른팔을 측면에 붙이고 왼팔을 45° 머리 위로 올린다. 오른팔을 왼쪽 어깨 위쪽으로 쓸어 올리는 동작을 한다.		

2 유도신호

1. 항공기에 대한 유도원의 신호

1) 유도원은 항공기의 조종사가 유도업무 담당자임을 알 수 있는 복장을 해야 한다.
2) 유도원은 주간에는 일광 형광색봉, 유도봉 또는 유도장갑을 이용하고, 야간 또는 저 시정상태에서는 발광유도봉을 이용하여 신호를 하여야 한다.
3) 유도신호는 조종사가 잘 볼 수 있도록 조명봉을 손에 들고 다음의 위치에서 조종사와 마주 보며 실시한다.
   ① 비행기의 경우에는 비행기의 왼쪽에서 조종사가 가장 잘 볼 수 있는 위치
   ② 헬리콥터의 경우에는 조종사가 유도원을 가장 잘 볼 수 있는 위치
4) 유도원은 다음의 신호를 사용하기 전에 항공기를 유도하려는 지역 내에 항공기와 충돌할 만한 물체가 있는지를 확인해야 한다.

▶ 비고

1. 항공기 유도원이 배트, 조명유도봉 또는 횃불을 드는 경우에도 관련 신호의 의미는 같다.
2. 항공기의 엔진번호는 항공기를 마주 보고 있는 유도원의 위치를 기준으로 오른쪽에서부터 왼쪽으로 번호를 붙인다.
3. “ⓗ”가 표시된 신호는 헬리콥터에 적용한다.
4. 주간에 시성이 양호한 경우에는 조명막대의 대체도구로 밝은 형광색의 유도봉이나 유도장갑을 사용할 수 있다.

2. 유도원에 대한 조종사의 신호

1) 조종실에 있는 조종사는 손이 유도원에게 명확히 보이도록 해야 하며, 필요한 경우에는 쉽게 식별할 수 있도록 조명을 비추어야 한다.

2) 브레이크

① 주먹을 쥐거나 손가락을 펴는 순간이 각각 브레이크를 걸거나 푸는 순간을 나타낸다.

② 브레이크를 걸었을 경우 : 손가락을 펴고 양팔과 손을 얼굴 앞에 수평으로 올린 후 주먹을 쥔다.

③ 브레이크를 풀었을 경우 : 주먹을 쥐고 팔을 얼굴 앞에 수평으로 올린 후 손가락을 편다.

3) 고임목(Chocks)

① 고임목을 끼울 것 : 팔을 뻗고 손바닥을 바깥쪽으로 향하게 하며, 두 손을 안쪽으로 이동시켜 얼굴 앞에서 교차되게 한다.

② 고임목을 뺄 것 : 두 손을 얼굴 앞에서 교차 시키고 손바닥을 바깥쪽으로 향하게 하며, 두 팔을 바깥쪽으로 이동시킨다.

4) 엔진시동 준비완료

시동시킬 엔진의 번호만큼 한쪽 손의 손가락을 들어올린다.

3. 기술적·업무적 통신신호

1) 수동신호는 음성통신이 기술적·업무적 통신신호로 가능하지 않을 경우에만 사용해야 한다.

2) 유도원은 운항승무원으로부터 기술적·업무적 통신신호에 대하여 인지하였음을 확인해야 한다.

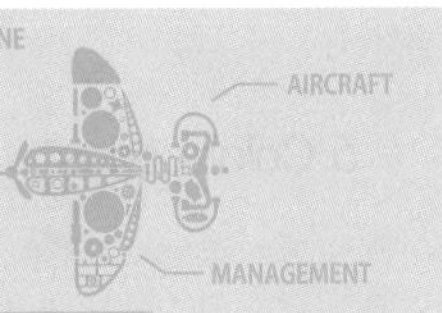

1 Resistor 의 Color code 읽는 법

1. 저항의 색상 코드

Lead 타입의 저항의 색상 코드에 대한 규칙을 알아본다.
그림과 같이 저항의 색상 코드는 4자리 색상, 5자리 색상, 6자리 색상 코드에 따라 구분된다.
이 색상 코드는 저항의 값 숫자, 배수, 오차, 온도계수 등의 정보를 담고 있다.

- 4 Color codes

색	1st Band (100 자리 수)	2nd Band (10 자리 수)	3rd Band (1 자리 수)	4th Band (배수)
흑색	0	0	×1	
갈색	1	1	×10	±1%
적색	2	2	×100	±2%
등색	3	3	×1000	
황색	4	4	×10000	
록색	5	5	×100000	±0.5%
청색	6	6	×1000000	±0.25%
자색	7	7	×10000000	±0.1%
회색	8	8	×100000000	±0.05%
백색	9	9	×1000000000	
금색			×0.1	±5%
은색			×0.01	±10%
무색				±20%

- 5 Color codes

E12 Range, Resistor 103KΩ, 5% Tolerance, Carbon Film

색	1st Band (100 자리 수)	2nd Band (10 자리 수)	3rd Band (1 자리 수)	4th Band (배수)	5stBand (오차 ±%)
흑색	0	0	0	×1	
갈색	1	1	1	×10	±1%
적색	2	2	2	×100	±2%
등색	3	3	3	×1000	
황색	4	4	4	×10000	
록색	5	5	5	×100000	±0.5%
청색	6	6	6	×1000000	±0.25%
자색	7	7	7	×10000000	±0.1%
회색	8	8	8	×100000000	±0.05%
백색	9	9	9	×1000000000	
금색				×0.1	±5%
은색				×0.01	±10%
무색					±20%

- 6 Color codes

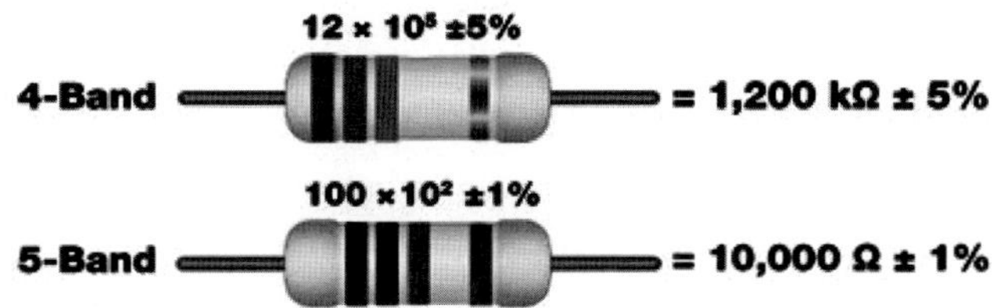

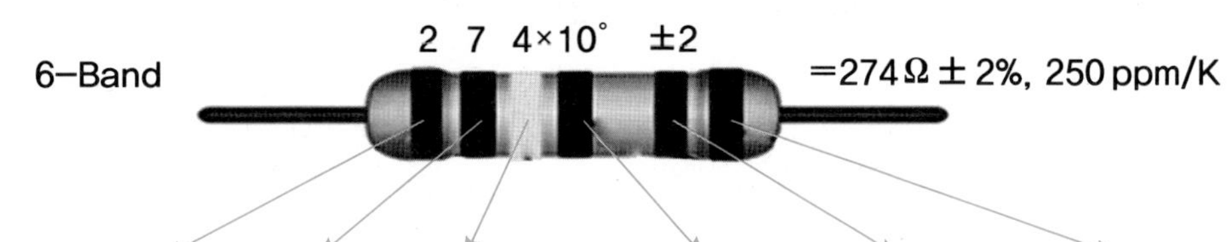

Color	1st Digit	2nd Digit	3rd Digit		Multiplier	Tolerance	Temperature Coefficient
Black	0	0	0		1 Ω		250 ppm/K
Brown	1	1	1		10 Ω	±1%	100 ppm/K
Red	2	2	2		100 Ω	±2%	50 ppm/K
Orange	3	3	3	×	1k Ω		15 ppm/K
Yellow	4	4	4		10k Ω		25 ppm/K
Green	5	5	5		100k Ω	±0.5%	20 ppm/K
Blue	6	6	6		1M Ω	±0.25%	10 ppm/K
Violet	7	7	7			±0.1%	5 ppm/K
Grey	8	8	8				1 ppm/K
White	9	9	9				
Gold					0.1 Ω	±5%	
Silver					0.01 Ω	±10%	

2 전압강하, 전류 및 합성저항 측정

1) 지정된 회로도면을 보고 주어진 재료로 브래드 보드(Breadboard)에 회로를 구성한다.

① Multi meter 지침을 '0'점 위치로 조정 한다.(Zero setting)

▶ Resistance(저항) 측정 시 Multi-meter의 각 Resistance Range selector를 선택할 때마다 "0"을 맞춘다.(Zero setting)

② 멀티 미터를 사용하여 주어진 6개의 저항 중 1[kΩ], 2[kΩ], 4[kΩ] 저항값을 갖는 3개의 저항을 선택한다.

ⓐ Resistance(저항)의 Color code를 확인하고 1[kΩ], 2[kΩ], 4[kΩ]의 저항을 선택하고 Multi-meter의 Range selector를 1[kΩ]에 선택 후 "0"(Zero setting)을 한다.

ⓑ Multi meter를 사용하여 1[kΩ], 2[kΩ], 4[kΩ]의 저항을 측정한다.

▶ Resistance(저항) 및 Multi-meter의 오차가 있으므로 Multi meter값을 측정하여 단위를 정확하게 기록한다.

[회로도]

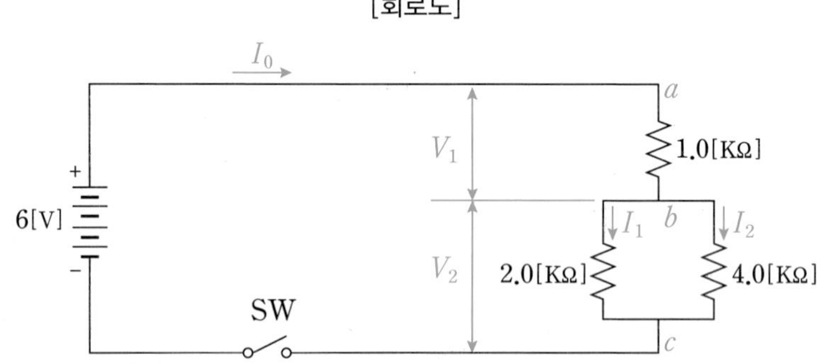

ⓒ 회로 도면과 같이 브래드 보드(Breadboard)에 회로 연결작업을 한다.

▶ Breadboard의 사용법, 점퍼선 연결 법 숙지 요함

ⓓ Multi meter를 사용하여 지정된 전압과 전류를 측정한다.

▶ 회로구성 시 멀티 미터 단자로 체크가 용이하도록 전선의 끝단 피복을 적당히 떼어낼 것

2) 전압, 전류 및 저항 측정 방법

① 멀티 미터 지침을 '0'점 위치로 조정 한다.(Zero setting)

② 멀티 미터를 사용하여 주어진 6개의 저항 중 1[kΩ], 2[kΩ], 4[kΩ] 저항값을 갖는 3개의 저항을 선택한다.

▶ Resistance(저항) 및 Multi-meter의 오차가 있으므로 Multi meter값을 측정하여 정확한 단위를 기록한다.

③ 회로 도면과 같이 Breadboard에 회로 연결작업을 한다.

▶ Breadboard의 사용법, 점퍼선 연결 법을 숙지할 것

④ 6V DC 전원(Battery)를 회로에 연결하고 스위치 "ON"한다.

▶ Multimeter의 Selector를 DCV 10[V] Range에 선택 후 Battery 전압을 측정한다.
(통상 Battery 전압은 6.0[V]~6.5[V]를 지시하여야 전류측정이 안정적임)

▶ Battery 전압이 5.8[V] 이하이면 Battery를 교환하라. $V1$, $V2$ 및 Io값 부정확할 수 있으므로 교체한다.

⑤ Multi meter를 사용하여 $a-b$ 간의 전압 강하 ($V1$)와 $b-c$ 간의 전압 강하 ($V2$)을 측정한다.
(Battery Voltage가 6[V]일 경우)

- $V1$: __________
- $V2$: __________

▶ 오옴[Ω]의 법칙에 따라 합성저항, 전류, 전압강하를 계산하고 Multimeter로 측정하여 확인하며, 측정값 및 단위를 명확하게 기입한다.

▶ Battery의 전압, 저항의 오차로 측정값이 변하므로 반드시 Multi meter의 측정값을 기록한다.

⑥ 합성 저항, 전류, 전압강하 측정 계산

ⓐ 합성저항(R)=1÷(1÷2,000+1÷4,000)+1,000=2.333[kΩ]

ⓑ 전류(Io)=E/R=6÷2,333=0.00257A=2.57[mA]

ⓒ 전압강하($V1$)=IR=0.00257×1,000=2.57[V]

ⓓ 전압강하($V2$)=IR=0.00257×1,333=3.43[V]

⑦ Multi meter를 사용하여 전류(Io)값을 측정하고 그 값을 기록 한다.(정확한 Multi meter의 단위를 기록)

[회로도]

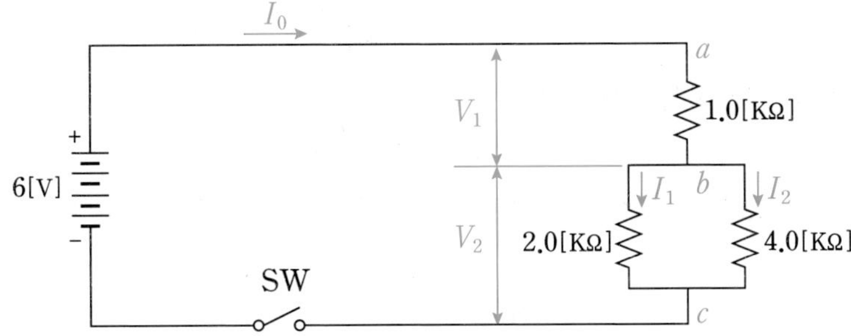

▶ 전류 측정 시 DC 25[mA]를 선택하고 반드시 전원의 극성을 정확하게 확인할 것
또한 계산식을 참조하여 Multi meter의 측정값을 기록한다.

▶ 전압강하 $V1$, $V2$ 측정 시 DC 10[V]를 선택하고 반드시 전원의 극성을 정확하게 확인할 것
또한 계산식을 참조하여 Multi meter의 측정값을 기록한다.

▶ 합성저항 측정 시 1[kΩ]을 선택하고 반드시 "0" 조절 후 전원을 차단하고 측정하라.
또한 계산식을 참조하여 Multi meter의 측정값을 기록한다.

⑧ 스위치를 "OFF" 시키고 전원을 회로에서 분리한다.

3) 저항이 1[kΩ], 1.5[kΩ], 3[kΩ] 전원이 9[V]인 경우

① 멀티 미터를 사용하여 주어진 6개의 저항 중 1[kΩ], 1.5[kΩ], 3[kΩ] 저항값을 갖는 3개의 저항을 선택한다.

ⓐ Resistance(저항)의 Color code를 확인하고 1[kΩ], 1.5[kΩ], 3[kΩ]의 저항을 선택하고 Multi-meter의 Range selector를 1[kΩ]에 선택 후 "0"(Zero setting)을 한다.

ⓑ Multi-meter를 사용하여 1[kΩ], 1.5[kΩ], 3[kΩ]의 저항을 측정하여 기록한다.

▶ Resistance(저항) 및 Multi-meter의 오차가 있으므로 Multi-meter값을 측정하여 기록한다.

[회로도]

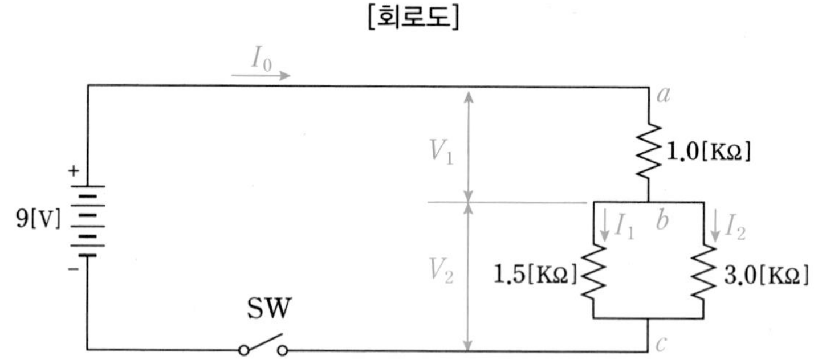

② 합성 저항, 전류, 전압강하 측정 계산

ⓐ 합성저항(R)$=1\div(1\div1{,}500+1\div3{,}000)+1{,}000=2.0$[kΩ]

ⓑ 전류(Io)$=E/R=9\div2{,}000=0.0045\text{A}=4.5$[mA]

ⓒ 전압강하($V1$)$=IR=0.0045\times1{,}000=4.5$[V]

ⓓ 전압강하($V2$)$=IR=0.0045\times1{,}000=4.5$[V]

3 저항의 직렬, 병렬 및 직병렬 회로의 구성

1) 지정한 직·병렬회로를 구성하고 저항을 측정한다.(소수 둘째 자리 까지 측정하여 반올림하여 첫 자리까지 기록할 것)

① 주어진 $R1$, $R2$, $R3$의 저항을 각각 측정하고 높은 것부터 기록한다.

측정값 : $R1$: [kΩ] $R2$: [kΩ] $R3$: [kΩ] 전압 : [VDC]

멀티 미터 지침을 '0'점 위치로 조정한다.(Zero setting)

▶ Resistance(저항) 측정 시 Multi-meter의 각 Resistance Range selector를 선택할 때마다 "0"을 맞춘다.(Zero setting)

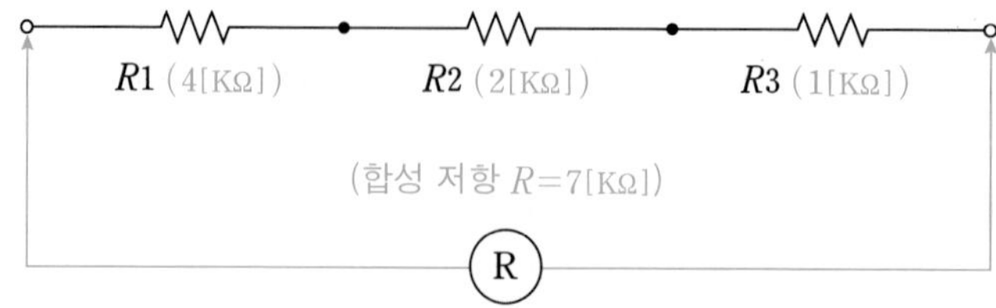

② 주어진 $R1$, $R2$, $R3$의 저항을 각각 측정하고 높은 것부터 기록한다.

측정값 : $R1$: 4 [kΩ]　$R2$: 2 [kΩ]　$R3$: 1 [kΩ]　전압 : 9 [VDC]

ⓐ Resistance(저항)의 Color code를 확인하고 1[kΩ], 2[kΩ], 4[kΩ]의 저항을 선택하고 Multi-meter의 Range selector를 1[kΩ]에 선택 후 "0"(Zero setting)을 한다.

ⓑ Multi-meter를 사용하여 1[kΩ], 2[kΩ], 4[kΩ]의 저항을 측정한다.

ⓒ 직렬 합성 저항 : $R=R1+R2+R3=4[\text{k}\Omega]+2[\text{k}\Omega]+1[\text{k}\Omega]=7[\text{k}\Omega]$

③ $R1$, $R2$, $R3$의 저항을 직렬로 회로를 구성하고 저항값과 9[V]전압을 걸었을 때 전류를 측정하여 기록한다.

측정값 : 합성전압 :　　　　　　전류 :

ⓐ 전류 측정 : 전류 : $I=V\div R=9[\text{V}]\div 7[\text{k}\Omega]$

$=0.00129[\text{A}]=1.29[\text{mA}]$

▶ Battery 전압이 8.8[V] 이하일 경우, 전류의 측정값이 부정확할 수 있으므로 Battery교체할 것

▶ 반드시 Multi-meter의 전류 측정값을 측정한다.

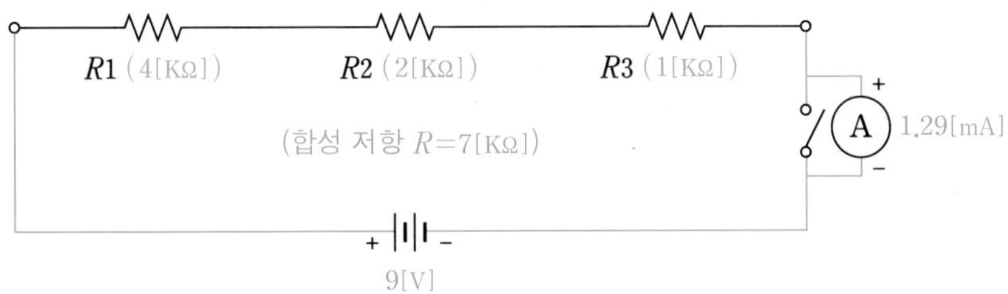

④ $R1$, $R2$, $R3$의 저항을 병렬로 회로를 구성하고 저항값과 9[V]전압을 걸었을 때 전류를 측정하여 정확한 단위로 기록한다.

측정값 : 합성전압 :　　　　　　전류 :

ⓐ 병렬합성 저항 : 전류 : $R=1\div(1\div R1+1\div R2+1\div R3)$

$=1\div(1\div 4{,}000[\Omega]+1\div 2{,}000[\Omega]+1\div 1{,}000[\Omega])=571.4[\Omega]$

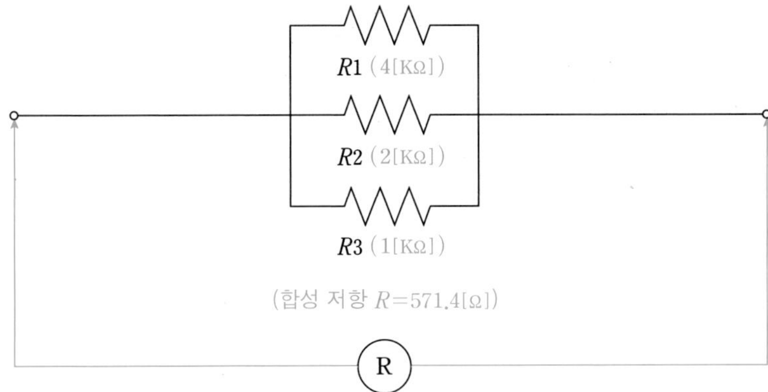

ⓑ 전류 측정 : 전류 : $I=V\div R=9[\text{V}]\div 571.4[\Omega]$
$=0.01575[\text{A}]=15.75[\text{mA}]$

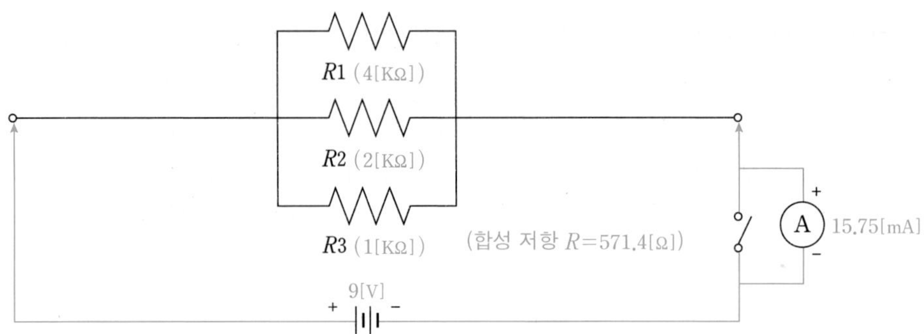

⑤ $R1$, $R2$의 저항을 병렬로 $R3$의 저항은 직렬로 회로를 구성하고 저항값과 9[V]전압을 걸었을 때 전류를 측정하여 기록한다.

측정값 : 합성전압 : ______________ 전류 : ______________

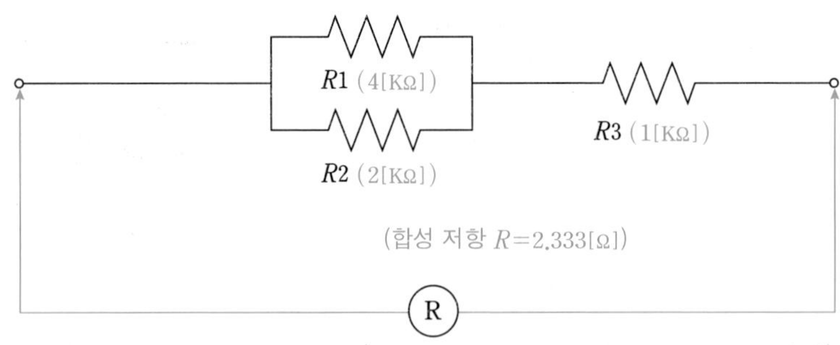

ⓐ 직·병렬 합성 저항 : $R=1\div(1\div R1+1\div R2)+R3$
$=1\div(1\div 4[\text{k}\Omega]+1\div 2[\text{k}\Omega])+1[\text{k}\Omega]=2.333[\text{k}\Omega]$

ⓑ 전류 측정 : 전류 : $I=V\div R=9[\text{V}]\div 2.333[\text{k}\Omega]$
$=0.00386[\text{A}]=3.86[\text{mA}]$

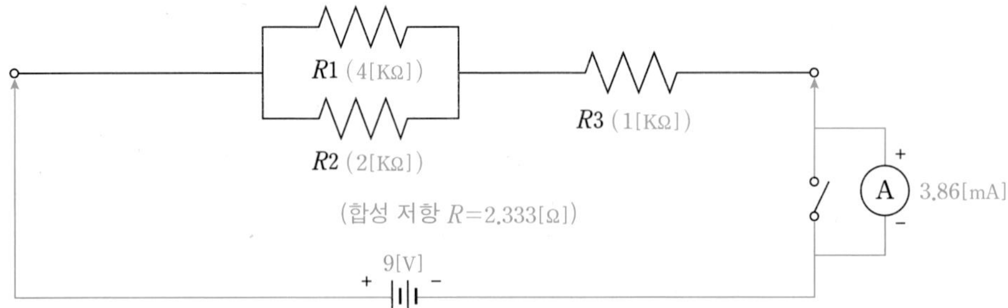

2) 저항이 1[kΩ], 1.5[kΩ], 3[kΩ], 전원이 9[V]인 경우 방법은 ②와 동일하다.

① 주어진 $R1$, $R2$, $R3$ 의 저항을 각각 측정하고 높은 것부터 기록한다.

측정값 : $R1$: [kΩ] $R2$: [kΩ] $R3$: [kΩ] 전압 : [VDC]

멀티 미터 지침을 '0'점 위치로 조정한다.(Zero setting)

▶ Resistance(저항) 측정 시 Multi-meter의 각 Resistance Range selector를 선택할 때마다 "0"을 맞춘다.(Zero setting)

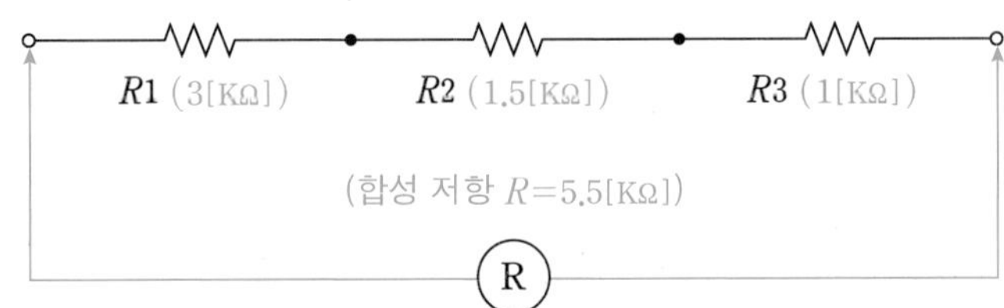

② 주어진 $R1$, $R2$, $R3$의 저항을 각각 측정하고 높은 것부터 기록한다.

측정값 : $R1$: [kΩ] $R2$: [kΩ] $R3$: [kΩ] 전압 : [VDC]

ⓐ Resistance(저항)의 Color code를 확인하고 1[kΩ], 1.5[kΩ], 3[kΩ]의 저항을 선택하고 Multi-meter의 Range selector를 1[kΩ]에 선택 후 "0"(Zero setting)을 한다.

ⓑ Multi-meter를 사용하여 1[kΩ], 1.5[kΩ], 3[kΩ]의 저항을 측정한다.

ⓒ 직렬 합성 저항 : $R=R1+R2+R3=3[k\Omega]+1.5[k\Omega]+1[k\Omega]=5.5[k\Omega]$

③ $R1$, $R2$, $R3$의 저항을 직렬로 회로를 구성하고 저항값과 9[V]전압을 걸었을 때 전류를 Multi-meter로 측정하여 단위를 정확히 기록한다.

측정값 : 합성전압 : 전류 :

ⓐ 전류 측정 : 전류 : $I=V\div R=9[V]\div 5.5[k\Omega]$

$=0.001636[A]=1.636[mA]$

▶ Battery 전압이 8.8[V] 이하일 경우, 전류의 측정값이 부정확할 수 있으므로 Battery교체할 것

▶ 반드시 Multi-meter의 전류 측정값을 측정한다.

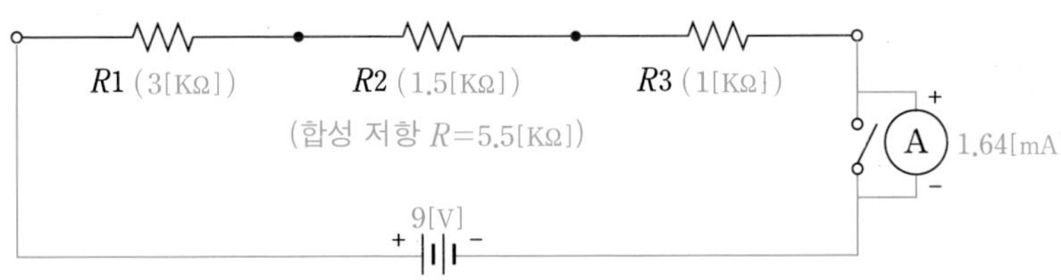

④ $R1$, $R2$, $R3$의 저항을 병렬로 회로를 구성하고 저항값과 9[V]전압을 걸었을 때 전류를 측정하여 기록한다.

측정값 : 합성전압 : ______ 전류 : ______

ⓐ 병렬합성 저항 : 전류 : $R=1\div(1\div R1+1\div R2+1\div R3)$

$=1\div(1\div 3{,}000[\Omega]+1\div 1{,}500[\Omega]+1\div 1{,}000[\Omega])=500[\Omega]$

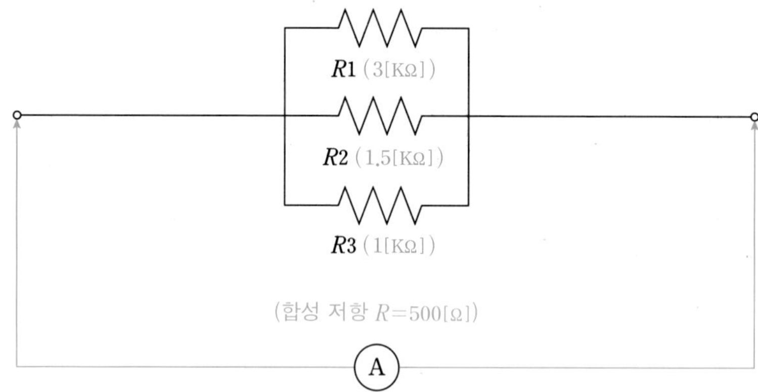

ⓑ 전류 측정 : 전류 : $I=V\div R=9[\text{V}]\div 500[\Omega]$

$=0.018[\text{A}]=18.0[\text{mA}]$

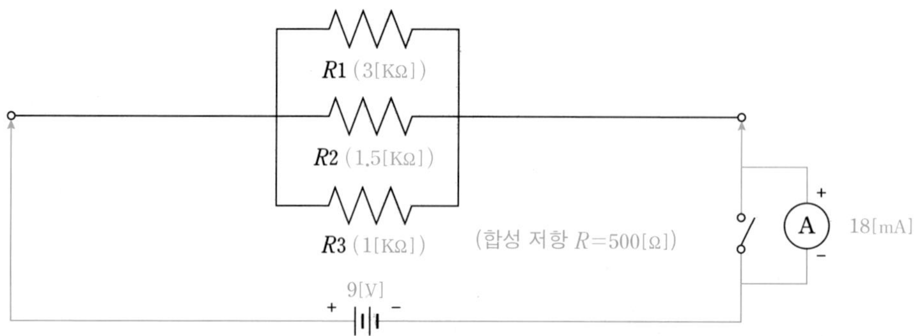

⑤ $R1$, $R2$의 저항을 병렬로 $R3$의 저항은 직렬로 회로를 구성하고 저항값과 9[V]전압을 걸었을 때 전류를 측정하여 기록한다.

측정값 : 합성전압 : 2.0 [kΩ] 전류 : 4.5 [mA]

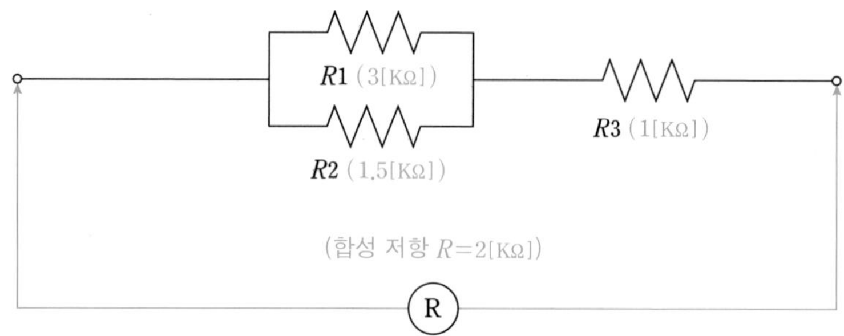

ⓐ 직·병렬 합성 저항 : $R=1\div(1\div R1+1\div R2)+R3$

$=1\div(1\div3[\text{k}\Omega]+1\div1.5[\text{k}\Omega])+1[\text{k}\Omega]=2.0[\text{k}\Omega]$

ⓑ 전류 측정 : 전류 : $I=V\div R=9[\text{V}]\div2.0[\text{k}\Omega]$

$=0.0045[\text{A}]=4.5[\text{mA}]$

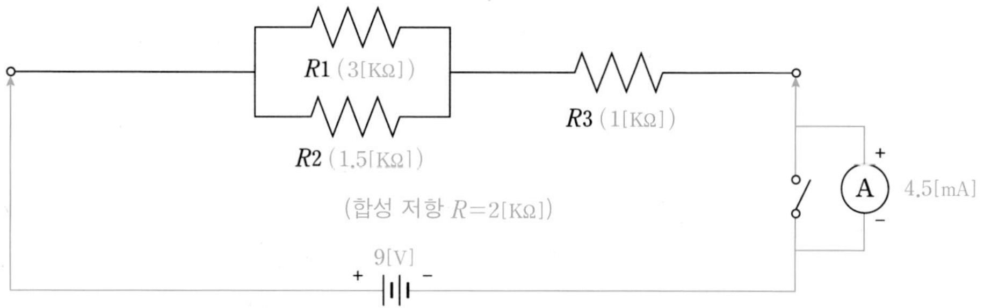

4 Relay & Lamp 회로 구성

1. 작업 사항

▶ 지정된 회로차단기, 스위치, 릴레이, Lamp를 Breadboard에 장착 후 기능을 점검한다.

1) 소요 자재 및 공구

소요 공구			소요 자재		
1	직류 전원 장치(DC 24[V])	1개	1	회로 차단기	1개
2	멀티 미터	1개	2	스위치	2개
			3	릴레이	1개
			4	Lamp (24[VDC])	1개
			5	점퍼선	

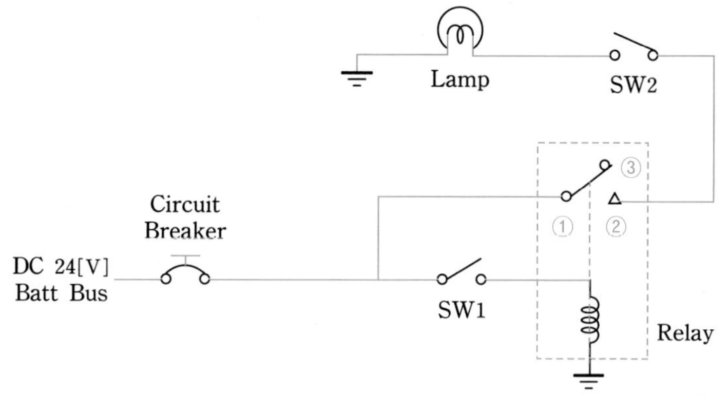

2. 회로 구성

1) 5 pin Relay의 연결은 24[V] Power에 Relay를 연결하고 ①과 ②가 도통이 되는지 확인한다.

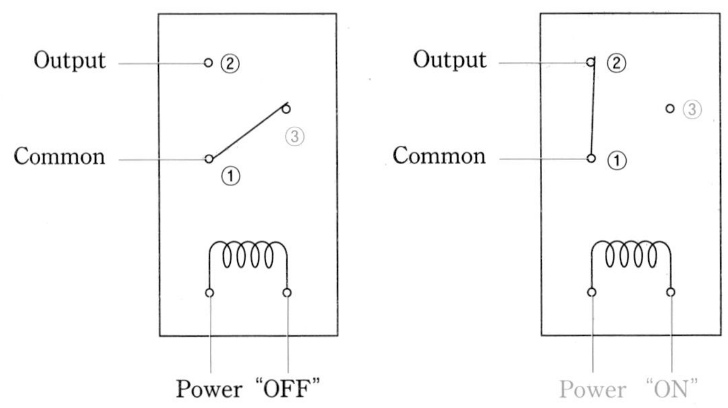

2) 회로도를 보고 회로차단기, 스위치, 릴레이, Lamp를 Breadboard에 장착한다.
3) 24VDC Power를 연결 한다.
4) Circuit Breaker를 Push하야 Power를 연결한다.
5) SW 1을 "ON"하면 Relay 작동 음이 들린다.
6) SW 2을 "ON"하면 Lamp가 "On" 된다.
7) 2개의 SW 중 1개라도 : OFF"하면 Lamp가 꺼진다.
8) 부품을 Bread Bord에서 제거 후 주변정리를 한다.

5 Lamp 회로를 구성하고 전압 강하 및 전류 측정

1. 작업 사항

▶ 지정된 Battery, 스위치, Lamp, 지정된 저항을 Breadboard에 장착 후 기능을 점검한다.

1) 소요 자재 및 공구

소요 공구			소요 자재		
1	직류 Battery (6 or 9[V])	1개	1	스위치	1개
2	멀티 미터	1개	2	Lamp	1개
			3	저항 (5, 10, 50, 100, 1[kΩ])	각 1개
			4	Breadboard	1개
			5	점퍼선	약간

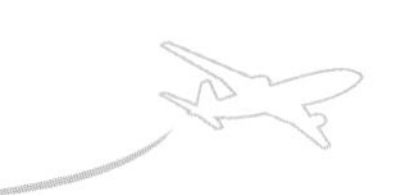

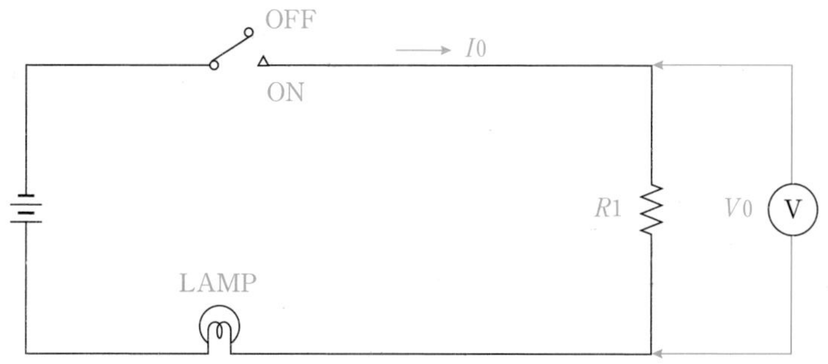

① 주어진 준비물에서 저항과 전압을 Multi meter를 이용하여 "Check"한다.
(지정된 저항($R1$)과 전압을 측정하여 기록한다)

EX-1 저항 : 5[Ω], 10[Ω], 100[Ω], 1[kΩ] 전압 : 9[VDC]

▶ $R1$이 10[Ω], LAMP가 180[Ω] 및 Battery가 9[V]일 경우

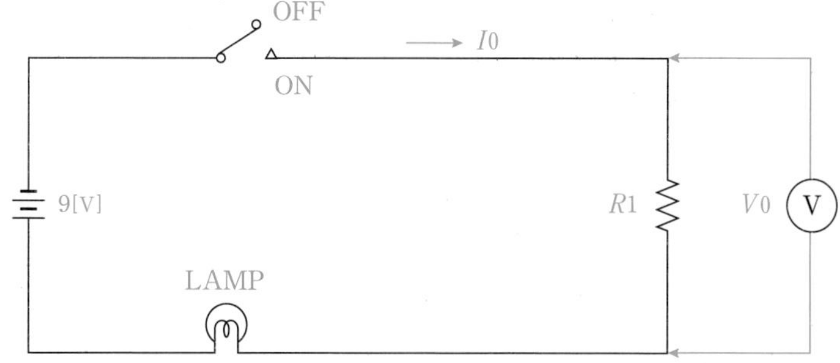

ⓐ Multi meter로 Lamp의 직류저항을 측정한다.(100~180[Ω])

ⓑ Breadboard에 회로를 구성한다.

ⓒ 전류측정 : $I0 = V \div (R1 + \text{LAMP저항})$

$= 9 \div (10 + 180) = 0.0474[\text{A}] = 47.4[\text{mA}]$

ⓓ 전압강하측정 : $V0 = I0 \times R1 = 0.047 \times 10$

$= 0.47[\text{V}] = 470[\text{mV}]$

ⓔ SW를 "OFF"하면 전압 및 전류는 "0"이다.

ⓕ 부품을 BreadBoard에서 제거 후 주변정리를 한다.

실기작업형

EX-2 저항 : 5[Ω], 10[Ω], 100[Ω], 1[kΩ] 전압 : 9[VDC]

▶ $R1$이 100[Ω], LAMP가 180[Ω] 및 Battery가 9[V]일 경우

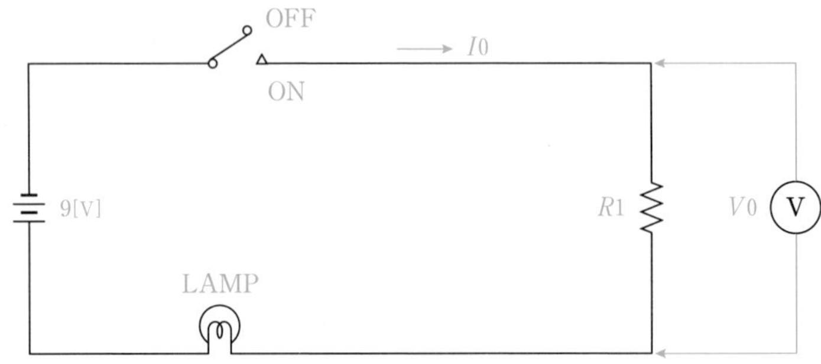

ⓐ Multi meter로 Lamp의 직류저항을 측정한다.(100~180[Ω])

ⓑ Breadboard에 회로를 구성한다.

ⓒ 전류측정 : $I0 = V \div (R1 + \text{LAMP저항})$

$= 9 \div (100 + 180) = 0.032[\text{A}] = 32[\text{mA}]$

ⓓ 전압강하측정 : $V0 = I0 \times R1 = 0.032 \times 100 = 3.2[\text{V}]$

ⓔ SW를 "OFF"하면 전압 및 전류는 "0"이다.

ⓕ 부품을 BreadBoard에서 제거 후 주변정리를 한다.

6 절연저항(Insulation) 및 권선저항 측정

1. HIOKI IR4056 MΩ INSULATION TESTER 특징

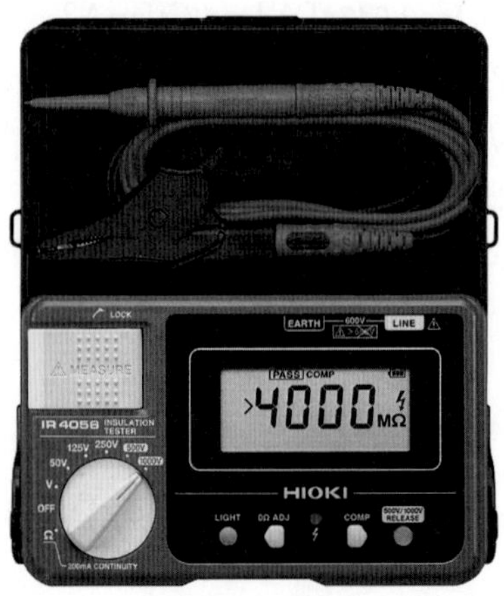

사양					
정격 출력 전압	50[V] DC	125[V] DC	250[V] DC	500[V] DC	1,000[V] DC
유효 최대 지시치	100 M	250 M	500 M	2,000 M	4,000 M
정확도 1차 유효 측정 범위(MΩ)	±2%rdg. ±2dgt. 0.200~10.00	±2%rdg. ±2dgt. 0.200~10.00	±2%rdg. ±2dgt. 0.200~10.00	±2%rdg. ±2dgt. 0.200~10.00	±2%rdg. ±2dgt. 0.200~10.00
하한 저항	0.05 M	0.125 M	0.25 M	0.5 M	1 M
과부하 보호	600VAC (10초)				600VAC (10초)
DC전압 측정	4.2[V](0.1[V] 해상도)/600[V](1[V] 분해 능, 4개 범위) 정확도 : ±1.3% rdg, ±8dgt, 입력 저항 : 100[kΩ] 이상				
AC전압 측정	420[V](0.001[V] 분해 능) ~ 600[V](1[V] 해상도, 2범위, 50~60[Hz]) 정확도 : ±2.3% rdg, ±8dgt, 입력 저항 : 100[kΩ] 이상, 평균 정류기				
저저항 측정	접지 배선의 연속성을 검사하기 위해 10[Ω](0.01[Ω] 분해 능) ~ 1,000[Ω](1[Ω] 분해 능) 3개 범위, 기본 정확도 : ±3% rdg, 토2dgt, 시험 전류 200[mA] 이상 (6[Ω] 이하)				
디스플레이	역광이 있는 반 투과 형 FSTN LCD, 막대 그래프 표시기)				
응답 시간	PASS/FAIL 결정에 대략 0.8초 소요(사내 테스트 기준)				
기타 기능	실시간 회로 표시기, 자동 방전, 자동 DC/AC 감지, 비교기, 방수, 자동 절전				
전원 공급 장치	LR6(AA) 알카라인 건전지×4 연속 사용 : 20시간(비교기 꺼짐, 백라이트 꺼짐, 500[V] 범위, 무부하) 측정 횟수 : 1,000회 (5초 ON 시, 25초 OFF 주기, 공장 출력 전압을 유지하기 위한 저항값)				
크기	159[mm](6.26[inch])W×177[mm](6.97[inch])H×53[mm](2.09[inch])D				

2. HIOKI IR4056 MΩ INSULATION TESTER 부분 명칭

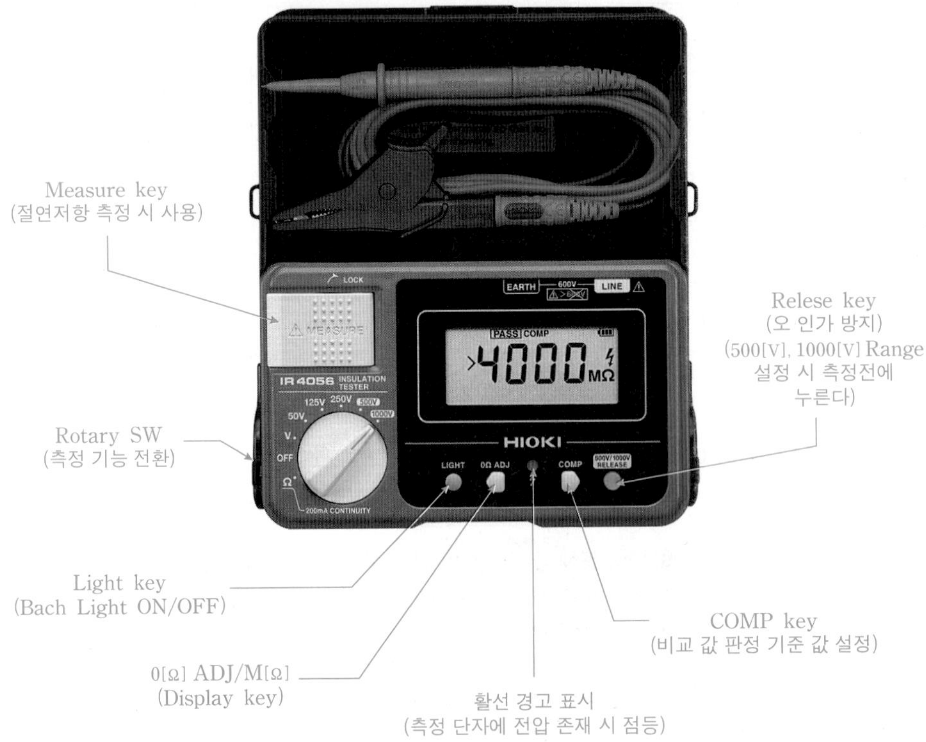

3. 직류발전기의 내부 구조

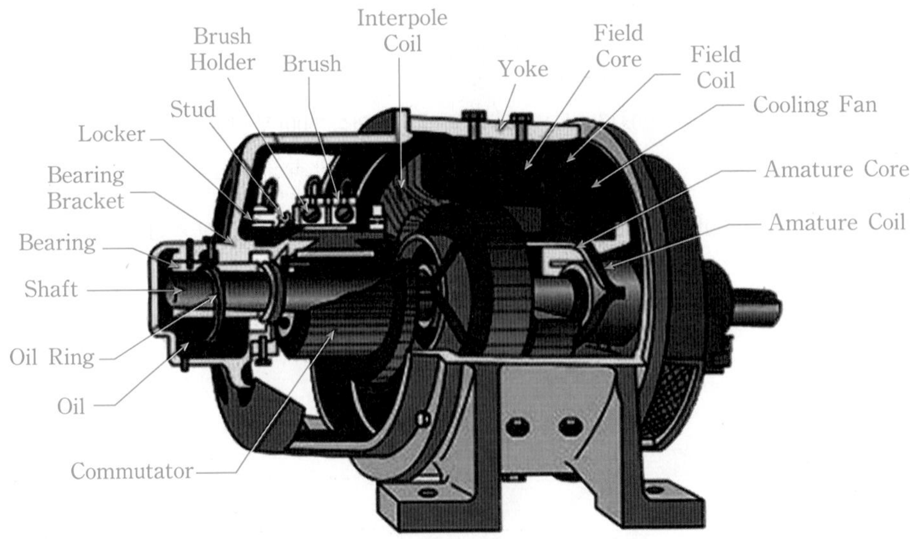

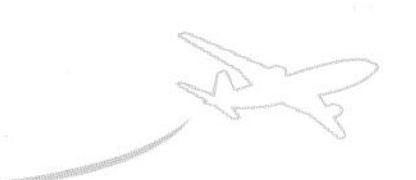

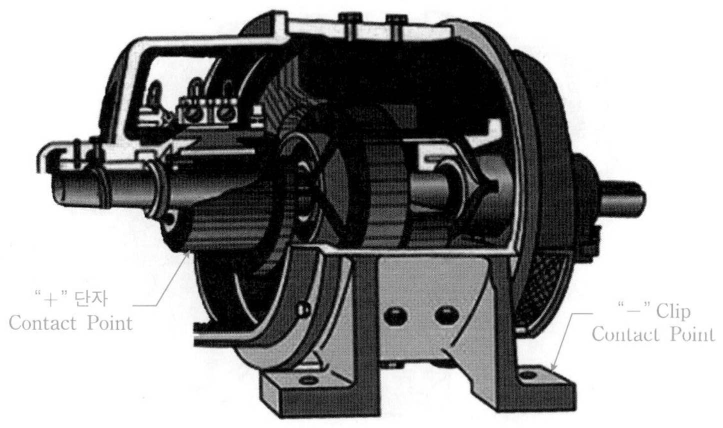

실기작업형

4. 직류발전기의 Insulation check

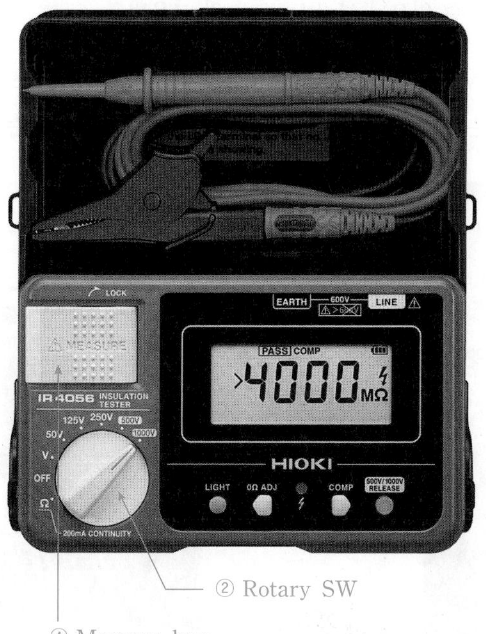

① Insulation teste의 "−" Clip을 Case에 연결한다.

② Rotary SW를 500[V] 또는 1,000[V]를 선택한다.

③ "+" 단자를 Commutator에 접촉한다.

④ Master key를 누르거나 들어 올려 절연저항을 측정한다.

▶ Insulation Tester의 전압이 높으므로 감전에 유의할 것

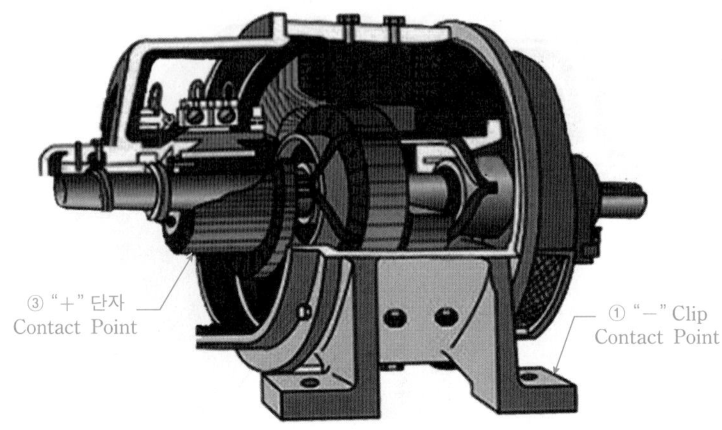

5. 직류발전기의 Coil Resistance check(Multi meter 측정)

▶ Insulation teste로 측정할 수 있으나 Multi meter의 사용법

① Multi meter의 Rotary SW를 저항(Ω) Range의 $R \times 1$을 선택하고 "0"조절을 한다.

② Amature Coil 저항 측정은 Commutator에 접촉하여 저항값이 나타나는 수치를 읽는다.

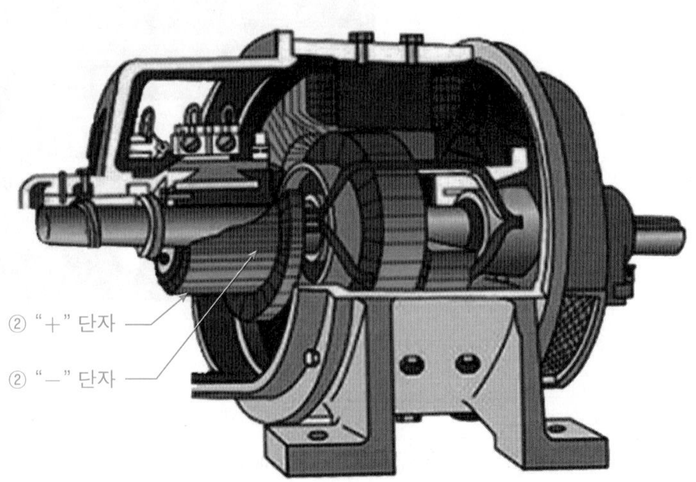

6. 변압기(Transeformer) Insulation check

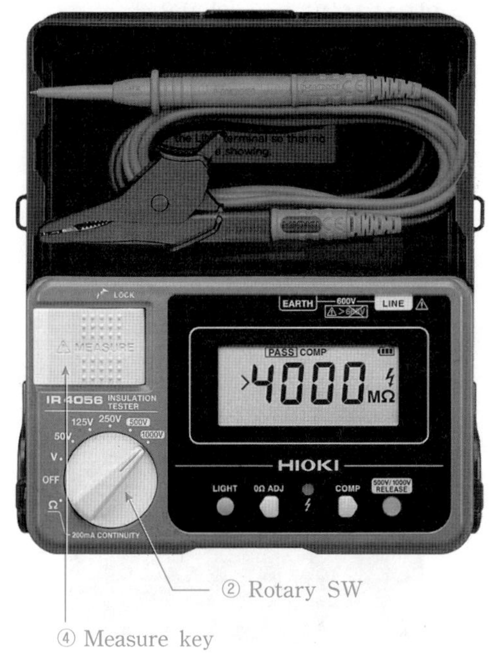

① Insulation teste의 "−" Clip을 Case에 연결한다.

② Rotary SW를 500[V]를 선택한다.

③ "+" 단자를 Commutator에 접촉한다.

④ Master key를 누르거나 들어 올려 절연저항을 측정한다.

▶ Insulation Tester의 전압이 높으므로 감전에 유의할 것

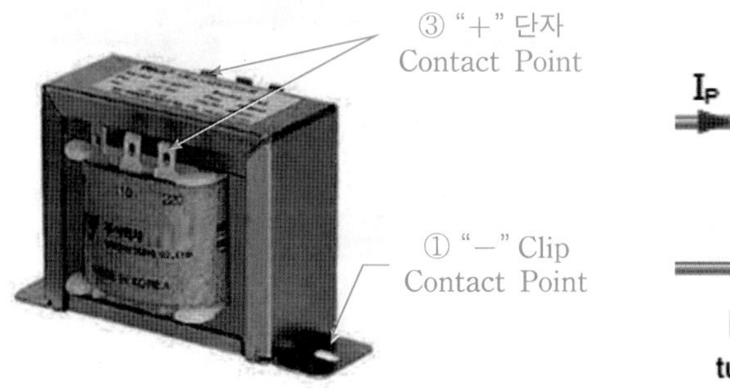

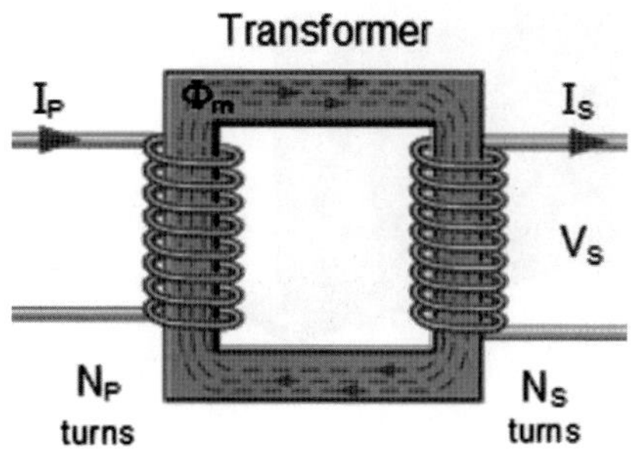

7. 변압기(Transeformer) 의 Coil Resistance check(Multi meter 측정)

▶ Insulation teste로 측정할 수 있으나 Multi meter의 사용법

① Transformer의 입력단의 저항 측정은 Multi meter의 Rotary SW를 저항[Ω] Range의 R×100을 선택하고 "0"조절을 한다.

② Transformer의 입력단의 저항 측정은 Multi meter의 Rotary SW를 저항[Ω] Range의 R×10을 선택하고 "0"조절을 한다.

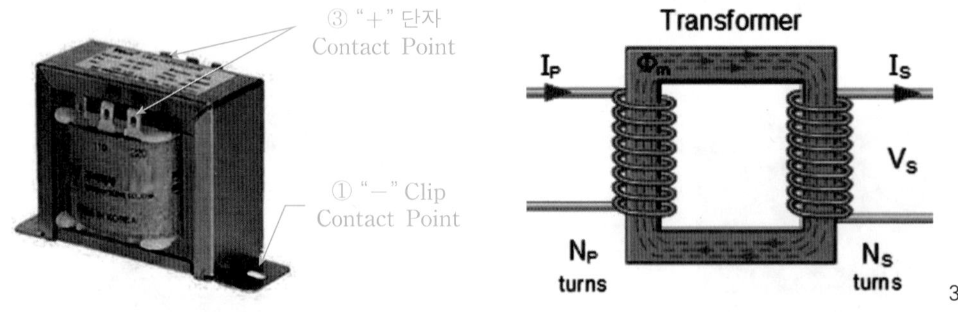

[참고 문헌]

인용 및 참고 문헌	발행 주체	발행시기
미 연방항공국(FAA) 교재	미 연방항공국	2018년
대한항공 사업내직업훈련교재	청연	1993년
교육부 국정교과서	경남교육청	2014년
FAA 번역교재	국토교통부	2020년

저　　자

이 명 성

감　　수

한국항공우주기술협회 회　장 이 상 희
한국에어텍전문학교 이 사 장 박 덕 영
한서항공전문학교 이 사 장 이 동 구

집필감수

한국항공기술전문학교 교　수 박 명 수
한국항공기술전문학교 교　수 이 덕 희
한국항공기술전문학교 교　수 이 종 호
정석항공과학고등학교 교　사 이 명 원

저자와
협의 후
인지생략

항공정비사 필기+실기(구술형+작업형)

Aircraft Maintenance

발행일 3판1쇄 발행 2022년 3월 15일
발행처 듀오북스
지은이 이명성
펴낸이 박승희

등록일자 2018년 10월 12일 제2021-20호
주소 서울시 중랑구 용마산로96길 82, 2층(면목동)
편집부 (070)7807_3690
팩스 (050)4277_8651
웹사이트 www.duobooks.co.kr

정가 40,000원 **ISBN** 979-11-90349-38-3 13550